# 建筑施工手册

（第六版）

5

《建筑施工手册》（第六版）编委会

中国建筑工业出版社

**图书在版编目（CIP）数据**

建筑施工手册. 5 /《建筑施工手册》(第六版)编委会编著. -- 北京 ：中国建筑工业出版社，2024. 10.

ISBN 978-7-112-30305-2

Ⅰ. TU7-62

中国国家版本馆 CIP 数据核字第 2024DW6024 号

《建筑施工手册》（第六版）在第五版的基础上进行了全面革新，遵循最新的标准规范，广泛吸纳建筑施工领域最新成果，重点展示行业广泛推广的新技术、新工艺、新材料及新设备。《建筑施工手册》（第六版）共 6 个分册，本册为第 5 分册。本册共分 6 章，主要内容包括：屋面工程；防水工程；建筑防腐蚀工程；建筑节能与保温隔热工程；建筑工程鉴定、加固与改造；古建筑与园林工程。

本手册内容全面系统、条理清晰、信息丰富且新颖独特，充分彰显了其权威性、科学性、前沿性、实用性和便捷性，是建筑施工技术人员和管理人员不可或缺的得力助手，也可作为相关专业师生的学习参考资料。

责任编辑：高　悦　曹丹丹　杨　杰　张伯熙

责任校对：王　烨

**建筑施工手册**

（第六版）

5

《建筑施工手册》（第六版）编委会

*

中国建筑工业出版社出版、发行（北京海淀三里河路 9 号）

各地新华书店、建筑书店经销

北京红光制版公司制版

廊坊市海涛印刷有限公司印刷

*

开本：787 毫米×1092 毫米　1/16　印张：66　字数：1643 千字

2025 年 5 月第一版　　2025 年 5 月第一次印刷

定价：**198.00** 元

ISBN 978-7-112-30305-2

（43599）

# 第六版出版说明

《建筑施工手册》自 1980 年问世，1988 年出版了第二版，1997 年出版了第三版，2003 年出版了第四版，2012 年出版了第五版，作为建筑施工人员的常备工具书，长期以来在工程技术人员心中有着较高的地位，为促进工程技术进步和工程建设发展作出了重要的贡献。

近年来，建筑工程领域新技术、新工艺的应用和发展日新月异，数字建造、智能建造、绿色建造等理念深入人心，建筑施工行业的整体面貌正在发生深刻的变化。同时，我国加大了建筑标准领域的改革，多部全文强制性标准陆续发布实施。为使手册紧密结合现行规范，充分体现权威性、科学性、先进性、实用性、便捷性，内容更全面、更系统、更丰富、更新颖，我们对《建筑施工手册》（第五版）进行了全面修订。

第六版分为 6 册，全书共 41 章，与第五版相比在结构和内容上有较大变化，主要为：

（1）根据行业发展需要，在编写过程中强化了信息化建造、绿色建造、工业化建造的内容，新增了 3 个章节："3 数字化施工""4 绿色建造""19 装配式混凝土工程"。

（2）根据广大人民群众对于美好生活环境的需求，增加"园林工程"内容，与原来的"31 古建筑工程"放在一起，组成新的"35 古建筑与园林工程"。

为发扬中华传统建筑文化，满足低碳、环保的行业需求，增加"25 木结构工程"一章。

同时，为切实满足一线工程技术人员需求，充分体现作者的权威性和广泛性，本次修订工作在组织模式等方面相比第五版有了进一步创新，主要表现在以下几个方面：

（1）在第五版编写单位的基础上，本次修订增加了山西建设投资集团有限公司、浙江省建设投资集团股份有限公司、湖南建设投资集团有限责任公司、广西建工集团有限责任公司、河北建设集团股份有限公司等多家参编单位，使手册内容更能覆盖全国，更加具有广泛性。

（2）相比过去五版手册，本次修订大大增加了审查专家的数量，每一章都由多位相关专业的顶尖专家进行审核，参与审核的专家接近两百人。

手册本轮修订自 2017 年启动以来经过全国数百位专家近 10 年不断打磨，终于定稿出版。本手册在修订、审稿过程中，得到了各编写单位及专家的大力支持和帮助，在此我们表示衷心的感谢；同时感谢第一版至第五版所有参与编写工作的专家对我们的支持，希望手册第六版能继续成为建筑施工技术人员的好参谋、好助手。

中国建筑工业出版社

2025 年 4 月

# 《建筑施工手册》（第六版）编委会

河北建设集团股份有限公司
广西建工集团有限责任公司
中国建筑第六工程局有限公司
中国建筑第七工程局有限公司
中建科技集团有限公司
中建钢构股份有限公司
中国建筑第二工程局有限公司
陕西建工集团股份有限公司
南京工业大学
浙江亚厦装饰股份有限公司
山西建设投资集团有限公司
四川华西集团有限公司
江苏省工业设备安装集团有限公司
上海市安装工程集团有限公司
河南省第二建设集团有限公司
北京市园林古建工程有限公司

# 编 写 分 工

1 施工项目管理

主编单位：中国建筑第五工程局有限公司

参编单位：中建三局集团有限公司

上海建工二建集团有限公司

执 笔 人：谭立新 王贵君 何昌杰 许 宁 钟 伟 邹友清 姚付猛 蒋运高 刘湘兰 蒋 婧 赵新宇 刘鹏昆 邓 维 龙岳甫 孙金桥 王 辉 叶 建 洪 健 王 伟 尤伟军 汪 浩 王 洁 刘 恒 许国伟 付 国 席金虎 富秋实 曹美英 姜 涛 吴旭欢

审稿专家：王要武 张守健 尤 完

2 施工项目科技管理

主编单位：中建三局集团有限公司

参编单位：中建三局工程总承包公司

中建三局第一建设工程有限公司

中建三局第二建设工程有限公司

执 笔 人：黄晨光 周鹏华 余地华 刘 波 戴小松 文江涛 饶 亮 范 巍 程 剑 陈 骏 饶 淇 叶 建 王树峰 叶亦盛

审稿专家：景 万 张晶波

3 数字化施工

主编单位：中国建筑股份有限公司技术中心

参编单位：广州优比建筑咨询有限公司

中国建筑科学研究院有限公司

浙江省建工集团有限责任公司

广联达信息技术有限公司

杭州品茗安控信息技术股份有限公司

中国建筑一局（集团）有限公司

中国建筑第三工程局有限公司

中国建筑第八工程局有限公司

中建三局第一建设工程有限责任公司

执 笔 人：邱奎宁 何关培 金 睿 刘 刚 楼跃清 王 静 陈津滨 赵 欣 李自可 方海存 孙克平 姜月菊 赛 菡 汪小东

审稿专家：李久林 杨晓毅 苏亚武

4 绿色建造

主编单位：中国建筑业协会绿色建造与智能建筑分会

参编单位：中国建筑服务有限公司技术中心

湖南建设投资集团有限责任公司

中国建筑第八工程局有限公司

中亿丰建设集团股份有限公司

执 笔 人：肖绪文 于震平 黄 宁 陈 浩 王 磊 李国建 赵 静 刘 星
彭琳娜 刘 鹏 宋 敏 卢海陆 阳 凡 胡 伟 楚洪亮 马 杰

审稿专家：汪道金 王爱勋

**5 施工常用数据**

主编单位：中国建筑股份有限公司技术中心
中国建筑第四工程局有限公司

参编单位：哈尔滨工业大学
中国建筑标准设计研究院有限公司
浙江省建设投资集团股份有限公司
湖南建设投资集团有限责任公司
河北建设集团安装工程有限公司

执 笔 人：李景芳 于 光 王 军 黄晨光 陈 凯 董 艺 王要武 钱宏亮
王化杰 高志强 武子斌 王 力 叶启军 曲 侃 李 亚 陈 浩
张明亮 彭琳娜 汤明雷 李 青 汪 超

审稿专家：彭明祥 王玉岭

**6 施工常用结构计算**

主编单位：中国建筑股份有限公司技术中心
中国建筑第四工程局有限公司

参编单位：哈尔滨工业大学
中国建筑标准设计研究院有限公司

执 笔 人：李景芳 于 光 王 军 黄晨光 陈 凯 董 艺 王要武 钱宏亮
王化杰 高志强 王 力 武子斌

审稿专家：高秋利

**7 试验与检验**

主编单位：北京城建集团有限责任公司

参编单位：北京城建二建设工程有限公司
北京经纬建元建筑工程检测有限公司
北京博大经开建设有限公司

执 笔 人：张晋勋 李鸿飞 钟生平 董 伟 邓有冠 孙殿文 孙 冰 王 浩
崔颇伟 温美娟 沙雨亭 刘宏黎 秦小芳 王付亮 姜依茹

审稿专家：马洪晔 杨秀云 张先群 李 翀 刘继伟

**8 施工机械与设备**

主编单位：上海建工集团股份有限公司

参编单位：上海建工五建集团有限公司
上海建工二建集团有限公司
上海华东建筑机械厂有限公司
中联重科股份有限公司
抚顺永茂建筑机械有限公司

执 笔 人：陈晓明 王美华 吕 达 龙莉波 潘 峰 汪思满 徐大为 富秋实
李增辉 陈 敏 黄大为 才 冰 雍有军 陈 泽 王宝强

审稿专家：吴学松　张　珂　周贤彪

**9　建筑施工测量**

主编单位：北京城建集团有限责任公司

参编单位：北京城建二建设工程有限公司

北京城建安装工程有限公司

北京城建勘测设计研究院有限责任公司

北京城建中南土木工程集团有限公司

北京城建深港装饰工程有限公司

北京城建建设工程有限公司

执 笔 人：张晋勋　秦长利　陈大勇　李北超　刘　建　马全明　王荣权　任润德

汤发树　耿长良　熊琦智　宋　超　余永明　侯进峰

审稿专家：杨伯钢　张胜良

**10　季节性施工**

主编单位：中国建筑第八工程局有限公司

参编单位：中国建筑第八工程局有限公司东北分公司

执 笔 人：白　羽　潘东旭　姜　尚　刘文斗　郑　洪

审稿专家：朱广祥　霍小妹

**11　土石方及爆破工程**

主编单位：湖南建设投资集团有限责任公司

参编单位：湖南省第四工程有限公司

湖南建工集团有限公司

湖南省第三工程有限公司

湖南省第五工程有限公司

湖南省第六工程有限公司

湖南省第一工程有限公司

中南大学

国防科技大学

执 笔 人：陈　浩　陈维超　张明亮　孙志勇　龙新乐　王江营　李　杰　张可能

李必红　李　芳　易　谦　刘令良　朱文峰　曾庆国　李　晓

审稿专家：康景文　张继春

**12　基坑工程**

主编单位：上海建工集团股份有限公司

参编单位：上海建工一建集团有限公司

上海市基础工程集团有限公司

同济大学

上海交通大学

执 笔 人：龚　剑　王美华　朱毅敏　周　涛　李耀良　罗云峰　李伟强　黄泽涛

李增辉　袁　勇　周生华　沈水龙　李明广

审稿专家：侯伟生　王卫东　陈云彬

**13　地基与桩基工程**

主编单位：北京城建集团有限责任公司

参编单位：北京城建勘测设计研究院有限责任公司
中国建筑科学研究院有限公司
北京市轨道交通设计研究院有限公司
北京城建中南土木工程集团有限公司
中建一局集团建设发展有限公司
天津市勘察设计院集团有限公司
天津市建筑科学研究院有限公司
天津大学
天津建城基业集团有限公司
执 笔 人：张晋勋　高文新　金　淮　刘金波　郑　刚　周玉明　杨浩军　刘卫未
于海亮　徐　燕　娄志会　刘朋辉　刘永超　李克鹏
审稿专家：李耀良　高文生

**14　脚手架及支撑架工程**

主编单位：上海建工集团股份有限公司
参编单位：上海建工七建集团有限公司
中国建筑科学研究院有限公司
上海建工四建集团有限公司
北京卓良模板有限公司
执 笔 人：龚　剑　王美华　汪思满　尤雪春　李增辉　刘　群　曹文根　陈洪帅
吴炜程　吴仍辉
审稿专家：姜传库　张有闻

**15　吊装工程**

主编单位：河北建设集团股份有限公司
参编单位：河北大学建筑工程学院
河北省安装工程有限公司
中建钢构股份有限公司
河北建设集团安装工程有限公司
河北治平建筑设备租赁有限公司
执 笔 人：史东库　李战体　陈宗学　高瑞国　陈振明　郭红星　杨三强　宋喜艳
审稿专家：刘洪亮　陈晓明

**16　模板工程**

主编单位：广西建工集团有限责任公司
参编单位：中国建筑第六工程局有限公司
广西建工第一建筑工程集团有限公司
中建三局集团有限公司
广西建工第五建筑工程集团有限公司
海螺（安徽）节能环保新材料股份有限公司
执 笔 人：肖玉明　黄克起　焦　莹　谢鸿卫　唐长东　余　流　袁　波　谢江美
张绮雯　刘晓敏　张　倩　徐　皓　杨　渊　刘　威　李福昆　李书文
刘正江
审稿专家：胡铁毅　姜传库

**17　钢筋工程**

主编单位：中国建筑第七工程局有限公司
参编单位：重庆大学中建七局第四建筑有限公司
天津市银丰机械系统工程有限公司
哈尔滨工业大学
南通四建集团有限公司
执 笔 人：黄延铮　张中善　冯大阔　闫亚召　叶雨山　刘红军　魏金桥　梅晓彬
严佳川　季　豪
审稿专家：赵正嘉　徐瑞榕　钱冠龙

**18　现浇混凝土工程**

主编单位：上海建工集团股份有限公司
参编单位：上海建工建材科技集团股份有限公司
上海建工一建集团有限公司
大连理工大学
执 笔 人：龚　剑　王美华　吴　杰　朱敏涛　陈逸群　瞿　威　吕计委　徐　磊
张忆州　李增辉　贾金青　张丽华　金自清　张小雪
审稿专家：王巧莉　胡德均

**19　装配式混凝土工程**

主编单位：中建科技集团有限公司
参编单位：北京住总集团有限责任公司
北京住总第三开发建设有限公司
执 笔 人：叶浩文　刘若南　杨健康　胡延红　张海波　田春雨　刘治国　郑　义
陈　杭　白　松　刘　兮　苏衍江
审稿专家：李晨光　彭其兵　孙岩波

**20　预应力工程**

主编单位：北京市建筑工程研究院有限责任公司
参编单位：北京中建建筑科学研究院有限公司
天津大学
执 笔 人：李晨光　王泽强　张开臣　尤德清　张　喆　刘　航　司　波　胡　洋
王长军　芦　燕　李　铭　高晋栋　孙岩波
审稿专家：曾　滨　郭正兴　李东彬

**21　钢结构工程**

主编单位：中建钢构股份有限公司
参编单位：同济大学
华中科技大学
中建科工集团有限公司
执 笔 人：陈振明　周军红　赖永强　罗永峰　高　飞　霍宗诚　黄世涛　费新华
黎　健　李龙海　冉旭勇　宋利鹏　刘传印　周创佳　姚　钊　国贤慧
审稿专家：侯兆新　尹卫泽

**22　索膜结构工程**

主编单位：浙江省建工集团有限责任公司

参编单位：浙江大学
天津大学
绍兴文理学院
浙江科技大学
浙江省建设投资集团股份有限公司

执 笔 人：金 睿 赵 阳 刘红波 程 骥 肖 锋 胡雪雅 冷新中 戚珈峰 徐能彬

审稿专家：张其林 张毅刚

### 23 钢-混凝土组合结构工程

主编单位：中国建筑第二工程局有限公司

参编单位：中建二局安装工程有限公司
中国建筑第二工程局有限公司华南分公司
中国建筑第二工程局有限公司西南分公司

执 笔 人：翟 雷 张志明 孙顺利 石立国 范玉峰 王冬雁 张智勇 陈 峰 郝海龙 刘 培 张 茅

审稿专家：李景芳 时 炜 李 峰

### 24 砌体工程

主编单位：陕西建工集团股份有限公司

参编单位：陕西省建筑科学研究院有限公司
陕西建工第二建设集团有限公司
陕西建工第三建设集团有限公司
陕西建工第五建设集团有限公司
中建八局西北建设有限公司

执 笔 人：刘明生 时 炜 张昌叙 吴 洁 宋瑞琨 郭钦涛 杨 斌 王奇维 孙永民 刘建明 刘瑞牛 董红刚 王永红 夏 巍 梁保真 柏 海 袁 博 李列娟 李 磊

审稿专家：林文修 吴 体

### 25 木结构工程

主编单位：南京工业大学

参编单位：哈尔滨工业大学（威海）
中国建筑西南设计研究院有限公司
中国林业科学研究院木材工业研究所
同济大学
加拿大木业协会
北京林业大学
苏州昆仑绿建木结构科技股份有限公司
大连双华木结构建筑工程有限公司

执 笔 人：杨会峰 陆伟东 祝恩淳 杨学兵 任海青 宋晓滨 倪 竣 岳 孔 朱亚鼎 高 颖 陈志坚 史本凯 陶昊天 欧加加 王 璐 牛 爽 张聪聪

审稿专家：张 晋 何敏娟

**26 幕墙工程**

主编单位：中建不二幕墙装饰有限公司
参编单位：中国建筑第五工程局有限公司
执 笔 人：李水生 郭 琳 刘国军 谭 卡 李基顺 贺雄英 谭 乐 蔡燕君
涂战红 唐 安 陈 杰
审稿专家：鲁开明 刘长龙

**27 门窗工程**

主编单位：中国建筑装饰集团有限公司
参编单位：中建深圳装饰有限公司
中建装饰总承包工程有限公司
执 笔 人：刘凌峰 郑 春 彭中要 周 昕
审稿专家：刘清泉 胡本国 杲晓东

**28 建筑装饰装修工程**

主编单位：浙江亚厦装饰股份有限公司
参编单位：北京中铁装饰工程有限公司
深圳广田集团股份有限公司
中建东方装饰有限公司
深圳海外装饰工程有限公司
执 笔 人：何静姿 丁泽成 张长庆 余国潮 陈继云 王伟光 徐 立 安 峣
彭中飞 陈汉成
审稿专家：胡本国 武利平

**29 建筑地面工程**

主编单位：中国建筑第八工程局有限公司
参编单位：中建八局第二建设有限公司
执 笔 人：潘玉珀 韩 璐 王 堃 郑 垒 邓程来 董福永 郑 洪 吕家玉
杨 林 毕研超 李垤辉 张玉良 周 锋 汲 东 申庆赟 史 越
金传东
审稿专家：朱学农 邓学才 佟贵森

**30 屋面工程**

主编单位：山西建设投资集团有限公司
参编单位：山西三建集团有限公司
北京建工集团有限责任公司
执 笔 人：张太清 李卫俊 霍瑞琴 吴晓兵 郝永利 唐永讯 闫永茂 胡 俊
徐 震 谢 群
审稿专家：曹征富 张文华

**31 防水工程**

主编单位：北京建工集团有限责任公司
参编单位：北京市建筑工程研究院有限责任公司
北京六建集团有限责任公司
北京建工博海建设有限公司
山西建设投资集团有限公司

执 笔 人：张显来 唐永讯 刘迎红 尹 硕 赵 武 延汝萍 李雁鸣 李玉屏
王荣香 王 昕 王雪飞 岳晓东 刘玉彬 刘文凭
审稿专家：叶林标 曲 慧 张文华

32 建筑防腐蚀工程
主编单位：中建三局集团有限公司
参编单位：东方雨虹防水技术股份有限公司
中建三局数字工程有限公司
中建三局第三建设工程有限公司
中建三局集团北京有限公司
执 笔 人：黄晨光 卢 松 丁红梅 裴以军 孙克平 丁伟祥 李庆达 伍荣刚
王银斌 卢长林 邱成祥 单红波
审稿专家：陆士平 刘福云

33 建筑节能与保温隔热工程
主编单位：北京中建建筑科学研究院有限公司
参编单位：中国建筑一局（集团）有限公司
中建一局集团第二建筑有限公司
中建一局集团第三建筑有限公司
中建一局集团建设发展有限公司
中建一局集团安装工程有限公司
北京市建设工程质量第六检测所有限公司
北京住总集团有限责任公司
北京科尔建筑节能技术有限公司
执 笔 人：王长军 唐一文 唐葆华 任 静 张金花 孟繁军 姚 丽 梅晓丽
郭建军 詹必雄 董润萍 周大伟 蒋建云 鲍宇清 吴亚洲
审稿专家：金鸿祥 杨玉忠 宋 波

34 建筑工程鉴定、加固与改造
主编单位：四川华西集团有限公司
参编单位：四川省建筑科学研究院有限公司
西南交通大学
四川省第四建筑有限公司
中建一局集团第五建筑有限公司
执 笔 人：陈跃熙 罗苓隆 徐 帅 黎红兵 刘汉昆 薛伶俐 潘 毅 黄喜兵
唐忠茂 游锐涵 刘嘉茵 刘东超
审稿专家：张 鑫 雷宏刚 卜良桃

35 古建筑与园林工程
主编单位：北京市园林古建工程有限公司
参编单位：中外园林建设有限公司
执 笔 人：
古建筑工程编写人员：张峰亮 张莹雪 张宇鹏 李辉坚
刘大可 马炳坚 路化林 蒋广全
园林工程编写人员：温志平 刘忠坤 李 楠 吴 凡 张慧秀 郭剑楠 段成林

**审稿专家**：刘大可（古建）　向星政（园林）

**36　机电工程施工通则**

**主编单位**：江苏省工业设备安装集团有限公司

**参编单位**：中国建筑土木建设有限公司
河海大学
中建八局第一建设有限公司
中国核工业华兴建设有限公司
北京市设备安装工程集团有限公司
中亿丰建设集团股份有限公司

**执 笔 人**：马　记　季华卫　马致远　刘益安　陈固定　王元祥　王　毅　王　鑫
柏万林　刘　玮

**审稿专家**：徐义明　李本勇

**37　建筑给水排水及供暖工程**

**主编单位**：中建一局集团安装工程有限公司

**参编单位**：中国建筑一局（集团）有限公司
北京中建建筑科学研究院有限公司
北京市设备安装工程集团有限公司
中建一局集团建设发展有限公司
北京建工集团有限责任公司
北京住总建设安装工程有限责任公司
长安大学
北京城建集团安装公司
北京住总第三开发建设有限公司

**执 笔 人**：孟庆礼　赵　艳　周大伟　王　毅　张　军　王长军　吴　余　唐葆华
张项宁　王志伟　高惠润　吕　莉　杨利伟　李志勇　田春城

**审稿专家**：徐义明　杜伟国

**38　通风与空调工程**

**主编单位**：上海市安装工程集团有限公司

**参编单位**：上海理工大学
上海新晃空调设备股份有限公司

**执 笔 人**：张　勤　张宁波　陈晓文　潘　健　邹志军　许光明　卢佳华　汤　毅
许　骏　王坚安　金　华　葛兰英　王晓波　王　非　姜慧娜　徐一堃
陆丹丹

**审稿专家**：马　记　王　毅

**39　建筑电气安装工程**

**主编单位**：河南省第二建设集团有限公司

**参编单位**：南通安装集团股份有限公司
河南省安装集团有限责任公司

**执 笔 人**：苏群山　刘利强　董新红　杨利剑　胡永光　李　明　白　克　谷永哲
耿玉博　丁建华　唐仁明　陆桂龙　蔡春磊　黄克政　刘杰亮　廖红盈
张　华　付永锋　王宝沣

审稿专家：王五奇　陈洪兴　史均社

**40　智能建筑工程**

主编单位：中建安装集团有限公司

参编单位：中建电子信息技术有限公司

执 笔 人：刘　森　毕　林　温　馨　王　婕　刘　迪　何连祥　胡江稳　汪远辰

审稿专家：洪劲飞　董玉安　吴悦明

**41　电梯安装工程**

主编单位：中建安装集团有限公司

参编单位：通力电梯有限公司

江苏维阳机电工程科技有限公司

执 笔 人：刘长沙　项海巍　于济生　王　学　白咸学　唐春园　纪宝松　刘　杰

魏晓斌　余　雷

审稿专家：陈凤旺　蔡金泉

## 出版社审编人员

岳建光　范业庶　张　磊　张伯熙　万　李　王砾瑶　杨　杰　王华月　曹丹丹

高　悦　沈文帅　徐仲莉　王　治　边　琨　张建文

# 第五版出版说明

《建筑施工手册》自 1980 年问世，1988 年出版了第二版，1997 年出版了第三版，2003 年出版了第四版，作为建筑施工人员的常备工具书，长期以来在工程技术人员心中有着较高的地位，对促进工程技术进步和工程建设发展作出了重要的贡献。

近年来，建筑工程领域新技术、新工艺、新材料的应用和发展日新月异，我国先后对建筑材料、建筑结构设计、建筑技术、建筑施工质量验收等标准、规范进行了全面的修订，并陆续颁布出版。为使手册紧密结合现行规范，符合新规范要求，充分体现权威性、科学性、先进性、实用性、便捷性，内容更全面、更系统、更丰富、更新颖，我们对《建筑施工手册》（第四版）进行了全面修订。

第五版分 5 册，全书共 37 章，与第四版相比在结构和内容上有很大变化，主要为：

（1）根据建筑施工技术人员的实际需要，取消建筑施工管理分册，将第四版中“31 施工项目管理”、“32 建筑工程造价”、“33 工程施工招标与投标”、“34 施工组织设计”、“35 建筑施工安全技术与管理”、“36 建设工程监理”共计 6 章内容改为“1 施工项目管理”、“2 施工项目技术管理”两章。

（2）将第四版中“6 土方与基坑工程”拆分为“8 土石方及爆破工程”、“9 基坑工程”两章；将第四版中“17 地下防水工程”扩充为“27 防水工程”；将第四版中“19 建筑装饰装修工程”拆分为“22 幕墙工程”、“23 门窗工程”、“24 建筑装饰装修工程”；将第四版中“22 冬期施工”扩充为“21 季节性施工”。

（3）取消第四版中“15 滑动模板施工”、“21 构筑物工程”、“25 设备安装常用数据与基本要求”。在本版中增加“6 通用施工机械与设备”、“18 索膜结构工程”、“19 钢—混凝土组合结构工程”、“30 既有建筑鉴定与加固”、“32 机电工程施工通则”。

同时，为了切实满足一线工程技术人员需要，充分体现作者的权威性和广泛性，本次修订工作在组织模式、表现形式等方面也进行了创新，主要有以下几个方面：

（1）本次修订采用由我社组织、单位参编的模式，以中国建筑工程总公司（中国建筑股份有限公司）为主编单位，以上海建工集团股份有限公司、北京城建集团有限责任公司、北京建工集团有限责任公司等单位为副主编单位，以同济大学等单位为参编单位。

（2）书后贴有网上增值服务标，凭 ID、SN 号可享受网络增值服务。增值服务内容由我社和编写单位提供，包括：标准规范更新信息以及手册中相应内容的更新；新工艺、新工法、新材料、新设备等内容的介绍；施工技术、质量、安全、管理等方面的案例；施工类相关图书的简介；读者反馈及问题解答等。

本手册修订、审稿过程中，得到了各编写单位及专家的大力支持和帮助，我们表示衷心地感谢；同时也感谢第一版至第四版所有参与编写工作的专家对我们出版工作的热情支持，希望手册第五版能继续成为建筑施工技术人员的好参谋、好助手。

中国建筑工业出版社

2012 年 12 月

# 《建筑施工手册》（第五版）编委会

# 参编单位

同济大学
哈尔滨工业大学
东南大学
华东理工大学
上海建工一建集团有限公司
上海建工二建集团有限公司
上海建工四建集团有限公司
上海建工五建集团有限公司
上海建工七建集团有限公司
上海市机械施工有限公司
上海市基础工程有限公司
上海建工材料工程有限公司
上海市建筑构件制品有限公司
上海华东建筑机械厂有限公司
北京城建二建设工程有限公司
北京城建安装工程有限公司
北京城建勘测设计研究院有限责任公司
北京城建中南土木工程集团有限公司
北京市第三建筑工程有限公司
北京市建筑工程研究院有限责任公司
北京建工集团有限责任公司总承包部
北京建工博海建设有限公司
北京中建建筑科学研究院有限公司
全国化工施工标准化管理中心站
中建二局土木工程有限公司
中建钢构有限公司
中国建筑第四工程局有限公司
贵州中建建筑科研设计院有限公司
中国建筑第五工程局有限公司
中建五局装饰幕墙有限公司
中建（长沙）不二幕墙装饰有限公司
中国建筑第六工程局有限公司
中国建筑第七工程局有限公司
中建八局第一建设有限公司
中建八局第二建设有限公司
中建八局第三建设有限公司
中建八局第四建设有限公司
上海中建八局装饰装修有限公司
中建八局工业设备安装有限责任公司
中建土木工程有限公司
中建城市建设发展有限公司
中外园林建设有限公司
中国建筑装饰工程有限公司
深圳海外装饰工程有限公司
北京房地集团有限公司
中建电子工程有限公司
江苏扬安机电设备工程有限公司

# 第五版执笔人

## 1

| | | |
|---|---|---|
| 1 | 施工项目管理 | 赵福明 田金信 刘 杨 周爱民 姜 旭 张守健 李忠富 李晓东 尉家鑫 王 锋 |
| 2 | 施工项目技术管理 | 邓明胜 王建英 冯爱民 杨 峰 肖绪文 黄会华 唐 晓 王立营 陈文刚 尹文斌 李江涛 |
| 3 | 施工常用数据 | 王要武 赵福明 彭明祥 刘 杨 关 柯 宋福渊 刘长滨 罗兆烈 |
| 4 | 施工常用结构计算 | 肖绪文 王要武 赵福明 刘 杨 原长庆 耿冬青 张连一 赵志缙 赵 帆 |
| 5 | 试验与检验 | 李鸿飞 宫远贵 宗兆民 秦国平 邓有冠 付伟杰 曹旭明 温美娟 韩军旺 陈 洁 孟凡辉 李海军 王志伟 张 青 |
| 6 | 通用施工机械与设备 | 龚 剑 王正平 黄跃申 汪思满 姜向红 龚满哗 章尚驰 |

## 2

| | | |
|---|---|---|
| 7 | 建筑施工测量 | 张晋勋 秦长利 李北超 刘 建 马全明 王荣权 罗华丽 纪学文 张志刚 李 剑 许彦特 任润德 吴来瑞 邓学才 陈云祥 |
| 8 | 土石方及爆破工程 | 李景芳 沙友德 张巧芬 黄兆利 江正荣 |
| 9 | 基坑工程 | 龚 剑 朱毅敏 李耀良 姜 峰 袁 芬 袁 勇 葛兆源 赵志缙 赵 帆 |
| 10 | 地基与桩基工程 | 张晋勋 金 淮 高文新 李 玲 刘金波 庞 炜 马 健 高志刚 江正荣 |
| 11 | 脚手架工程 | 龚 剑 王美华 邱锡宏 刘 群 尤雪春 张 铭 徐 伟 葛兆源 杜荣军 姜传库 |
| 12 | 吊装工程 | 张 琨 周 明 高 杰 梁建智 叶映辉 |
| 13 | 模板工程 | 张显来 侯君伟 毛凤林 汪亚东 胡裕新 王京生 安兰慧 崔桂兰 任海波 阎明伟 邵 畅 |

## 3

| | | |
|---|---|---|
| 14 | 钢筋工程 | 秦家顺 沈兴东 赵海峰 王士群 刘广文 程建军 杨宗放 |

| | | |
|---|---|---|
| 15 | 混凝土工程 | 龚　剑　吴德龙　吴　杰　冯为民　朱毅敏　汤洪家　陈尧亮　王庆生 |
| 16 | 预应力工程 | 李晨光　王　丰　仝为民　徐瑞龙　钱英欣　刘　航　周黎光　宋慧杰　杨宗放 |
| 17 | 钢结构工程 | 王　宏　黄　刚　戴立先　陈华周　刘　曙　李　迪　郑伟盛　赵志缙　赵　帆　王　辉 |
| 18 | 索膜结构工程 | 龚　剑　朱　骏　张其林　吴明儿　郝晨均 |
| 19 | 钢-混凝土组合结构工程 | 陈成林　丁志强　肖绪文　马荣全　赵锡玉　刘玉法 |
| 20 | 砌体工程 | 谭　青　黄延铮　朱维益 |
| 21 | 季节性施工 | 万利民　蔡庆军　刘桂新　赵亚军　王桂玲　项翥行 |
| 22 | 幕墙工程 | 李水生　贺雄英　李群生　李基顺　张　权　侯君伟 |
| 23 | 门窗工程 | 张晓勇　戈祥林　葛乃剑　黄　贵　朱帷财　唐际宇　王寿华 |

**4**

| | | |
|---|---|---|
| 24 | 建筑装饰装修工程 | 赵福明　高　岗　王　伟　谷晓峰　徐　立　刘　杨　邓　力　王文胜　陈智坚　罗春雄　曲彦斌　白　洁　宓文喆　李世伟　侯君伟 |
| 25 | 建筑地面工程 | 李忠卫　韩兴争　王　涛　金传东　赵　俭　王　杰　熊杰民 |
| 26 | 屋面工程 | 杨秉钧　朱文键　董　曦　谢　群　葛　磊　杨　东　张文华　项桦太 |
| 27 | 防水工程 | 李雁鸣　刘迎红　张　建　刘爱玲　杨玉苹　谢　婧　薛振东　邹爱玲　吴　明　王　天 |
| 28 | 建筑防腐蚀工程 | 侯锐钢　王瑞堂　芦　天　修良军 |
| 29 | 建筑节能与保温隔热工程 | 费慧慧　张　军　刘　强　肖文凤　孟庆礼　梅晓丽　鲍宇清　金鸿祥　杨善勤 |
| 30 | 既有建筑鉴定与加固改造 | 薛　刚　吴学军　邓美龙　陈　娣　李金元　张立敏　王林枫 |
| 31 | 古建筑工程 | 赵福明　马福玲　刘大可　马炳坚　路化林　蒋广全　王金满　安大庆　刘　杨　林其浩　谭　放　梁　军 |

**5**

| | | |
|---|---|---|
| 32 | 机电工程施工通则 | 刘　青　韦　薇　鞠　东 |

33 建筑给水排水及采暖工程 纪宝松 张成林 曹丹桂 陈 静 孙 勇 赵民生 王建鹏 邵 娜 刘 涛 苗冬梅 赵培森 王树英 田会杰 王志伟

34 通风与空调工程 孔祥建 向金梅 王 安 王 宇 李耀峰 吕善志 鞠硕华 刘长庚 张学助 孟昭荣

35 建筑电气安装工程 王世强 谢刚奎 张希峰 陈国科 章小燕 王建军 张玉年 李显煜 王文学 万金林 高克送 陈御平

36 智能建筑工程 苗 地 邓明胜 崔春明 薛居明 庞 晖 刘 森 郎云涛 陈文晖 刘亚红 霍冬伟 张 伟 孙述璞 张青虎

37 电梯安装工程 李爱武 刘长沙 李本勇 秦 宾 史美鹤 纪学文

## 手册第五版审编组成员（按姓氏笔画排列）

卜一德 马荣华 叶林标 任俊和 刘国琦 李清江 杨嗣信 汪仲琦 张学助 张金序 张婀娜 陆文华 陈秀中 赵志缙 侯君伟 施锦飞 唐九如 韩东林

## 出版社审编人员

胡永旭 余永祯 刘 江 郦锁林 周世明 曲汝铎 郭 栋 岳建光 范业庶 曾 威 张伯熙 赵晓菲 张 磊 万 李 王砾瑶

# 第四版出版说明

《建筑施工手册》自1980年出版问世，1988年出版了第二版，1997年出版了第三版。由于近年来我国建筑工程勘察设计、施工质量验收、材料等标准规范的全面修订，新技术、新工艺、新材料的应用和发展，以及为了适应我国加入WTO以后建筑业与国际接轨的形势，我们对《建筑施工手册》（第三版）进行了全面修订。此次修订遵循以下原则：

1. 继承发扬前三版的优点，充分体现出手册的权威性、科学性、先进性、实用性，同时反映我国加入WTO后，建筑施工管理与国际接轨，把国外先进的施工技术、管理方法吸收进来。精心修订，使手册成为名副其实的精品图书，畅销不衰。

2. 近年来，我国先后对建筑材料、建筑结构设计、建筑工程施工质量验收规范进行了全面修订并实施，手册修订内容紧密结合相应规范，符合新规范要求，既作为一本资料齐全、查找方便的工具书，也可作为规范实施的技术性工具书。

3. 根据国家施工质量验收规范要求，增加建筑安装技术内容，使建筑安装施工技术更完整、全面，进一步扩大了手册实用性，满足全国广大建筑安装施工技术人员的需要。

4. 增加补充建设部重点推广的新技术、新工艺、新材料，删除已经落后的、不常用的施工工艺和方法。

第四版仍分5册，全书共36章。与第三版相比，在结构和内容上有很大变化，第四版第1、2、3册主要介绍建筑施工技术，第4册主要介绍建筑安装技术，第5册主要介绍建筑施工管理。与第三版相比，构架不同点在于：（1）建筑施工管理部分内容集中单独成册；（2）根据国家新编建筑工程施工质量验收规范要求，增加建筑安装技术内容，使建筑施工技术更完整、全面；（3）将第三版其中22装配式大板与升板法施工、23滑动模板施工、24大模板施工精简压缩成滑动模板施工一章；15木结构工程、27门窗工程、28装饰工程合并为建筑装饰装修工程一章；根据需要，增加古建筑施工一章。

第四版由中国建筑工业出版社组织修订，来自全国各施工单位、科研院校、建筑工程施工质量验收规范编制组等专家、教授共61人组成手册编写组。同时成立了《建筑施工手册》（第四版）审编组，在中国建筑工业出版社主持下，负责各章的审稿和部分章节的修改工作。

本手册修订、审稿过程中，得到了很多单位及个人的大力支持和帮助，我们表示衷心地感谢。

# 第四版总目（主要执笔人）

## 1

| | | |
|---|---|---|
| 1 | 施工常用数据 | 关　柯　刘长滨　罗兆烈 |
| 2 | 常用结构计算 | 赵志缙　赵　帆 |
| 3 | 材料试验与结构检验 | 张　青 |
| 4 | 施工测量 | 吴来瑞　邓学才　陈云祥 |
| 5 | 脚手架工程和垂直运输设施 | 杜荣军　姜传库 |
| 6 | 土方与基坑工程 | 江正荣　赵志缙　赵　帆 |
| 7 | 地基处理与桩基工程 | 江正荣 |

## 2

| | | |
|---|---|---|
| 8 | 模板工程 | 侯君伟 |
| 9 | 钢筋工程 | 杨宗放 |
| 10 | 混凝土工程 | 王庆生 |
| 11 | 预应力工程 | 杨宗放 |
| 12 | 钢结构工程 | 赵志缙　赵　帆　王　辉 |
| 13 | 砌体工程 | 朱维益 |
| 14 | 起重设备与混凝土结构吊装工程 | 梁建智　叶映辉 |
| 15 | 滑动模板施工 | 毛凤林 |

## 3

| | | |
|---|---|---|
| 16 | 屋面工程 | 张文华　项桦太 |
| 17 | 地下防水工程 | 薛振东　邹爱玲　吴　明　王　天 |
| 18 | 建筑地面工程 | 熊杰民 |
| 19 | 建筑装饰装修工程 | 侯君伟　王寿华 |
| 20 | 建筑防腐蚀工程 | 侯锐钢　芦　天 |
| 21 | 构筑物工程 | 王寿华　温　刚 |
| 22 | 冬期施工 | 项翥行 |
| 23 | 建筑节能与保温隔热工程 | 金鸿祥　杨善勤 |
| 24 | 古建筑施工 | 刘大可　马炳坚　路化林　蒋广全 |

## 4

| | | |
|---|---|---|
| 25 | 设备安装常用数据与基本要求 | 陈御平　田会杰 |
| 26 | 建筑给水排水及采暖工程 | 赵培森　王树瑛　田会杰　王志伟 |
| 27 | 建筑电气安装工程 | 杨南方　尹　辉　陈御平 |
| 28 | 智能建筑工程 | 孙述璞　张青虎 |
| 29 | 通风与空调工程 | 张学助　孟昭荣 |
| 30 | 电梯安装工程 | 纪学文 |

## 5

| | | |
|---|---|---|
| 31 | 施工项目管理 | 田金信　周爱民 |

32 建筑工程造价 丛培经
33 工程施工招标与投标 张 琰 郝小兵
34 施工组织设计 关 柯 王长林 董玉学 刘志才
35 建筑施工安全技术与管理 杜荣军
36 建设工程监理 张 莹 张稚麟

## 手册第四版审编组成员（按姓氏笔画排列）

王寿华 王家隽 朱维益 吴之昕 张学助 张 琰 张惠宗
林贤光 陈御平 杨嗣信 侯君伟 赵志缙 黄崇国 彭圣浩

## 出版社审编人员

胡永旭 余永祯 周世明 林婉华 刘 江 时咏梅 郦锁林

# 第三版出版说明

《建筑施工手册》自1980年出版问世，1988年出版了第二版。从手册出版、二版至今已16年，发行了200余万册，施工企业技术人员几乎人手一册，成为常备工具书。这套手册对于我国施工技术水平的提高，施工队伍素质的培养，起了巨大的推动作用。手册第一版荣获1971～1981年度全国优秀科技图书奖。第二版荣获1990年建设部首届全国优秀建筑科技图书部级奖一等奖。在1991年8月5日的新闻出版报上，这套手册被誉为“推动着我国科技进步的十部著作”之一。同时，在港、澳地区和日本、前苏联等国，这套手册也有相当的影响，享有一定的声誉。

近十年来，随着我国经济的振兴和改革的深入，建筑业的发展十分迅速，各地陆续兴建了一批对国计民生有重大影响的重点工程，高层和超高层建筑如雨后春笋，拔地而起。通过长期的工程实践和技术交流，我国建筑施工技术和管理经验有了长足的进步，积累了丰富的经验。与此同时，许多新的施工验收规范、技术规程、建筑工程质量验评标准及有关基础定额均已颁布执行。这一切为修订《建筑施工手册》第三版创造了条件。

现在，我们奉献给读者的是《建筑施工手册》（第三版）。第三版是跨世纪的版本，修订的宗旨是：要全面总结改革开放以来我国在建筑工程施工中的最新成果，最先进的建筑施工技术，以及在建筑业管理等软科学方面的改革成果，使我国在建筑业管理方面逐步与国际接轨，以适应跨世纪的要求。

新推出的手册第三版，在结构上作了调整，将手册第二版上、中、下3册分为5个分册，共32章。第1、2分册为施工准备阶段和建筑业管理等各项内容，分10章介绍；除保留第二版中的各章外，增加了建设监理和建筑施工安全技术两章。3～5册为各分部工程的施工技术，分22章介绍；将第二版各章在顺序上作了调整，对工程中应用较少的技术，作了合并或简化，如将砌块工程并入砌体工程，预应力板柱并入预应力工程，装配式大板与升板工程合并；同时，根据工程技术的发展和国家的技术政策，补充了门窗工程和建筑节能两部分。各章中着重补充近十年采用的新结构、新技术、新材料、新设备、新工艺，对建设部颁发的建筑业“九五”期间重点推广的10项新技术，在有关各章中均作了重点补充。这次修订，还将前一版中存在的问题作了订正。各章内容均符合国家新颁规范、标准的要求，内容范围进一步扩大，突出了资料齐全、查找方便的特点。

我们衷心地感谢广大读者对我们的热情支持。我们希望手册第三版继续成为建筑施工技术人员工作中的好参谋、好帮手。

1997年4月

## 手册第三版主要执笔人

### 第1册

1　常用数据　　关　柯　刘长滨　罗兆烈

2 施工常用结构计算 赵志缙 赵 帆
3 材料试验与结构检验 项翥行
4 施工测量 吴来瑞 陈云祥
5 脚手架工程和垂直运输设施 杜荣军 姜传库
6 建筑施工安全技术和管理 杜荣军

## 第2册

7 施工组织设计和项目管理 关 柯 王长林 田金信 刘志才 董玉学 周爱民
8 建筑工程造价 唐连珏
9 工程施工的招标与投标 张 琰
10 建设监理 张稚麟

## 第3册

11 土方与爆破工程 江正荣 赵志缙 赵 帆
12 地基与基础工程 江正荣
13 地下防水工程 薛振东
14 砌体工程 朱维益
15 木结构工程 王寿华
16 钢结构工程 赵志缙 赵 帆 范懋达 王 辉

## 第4册

17 模板工程 侯君伟 赵志缙
18 钢筋工程 杨宗放
19 混凝土工程 徐 帆
20 预应力混凝土工程 杨宗放 杜荣军
21 混凝土结构吊装工程 梁建智 叶映辉 赵志缙
22 装配式大板与升板法施工 侯君伟 戎 贤 朱维益 张晋元 孙 克
23 滑动模板施工 毛凤林
24 大模板施工 侯君伟 赵志缙

## 第5册

25 屋面工程 杨 扬 项桦太
26 建筑地面工程 熊杰民
27 门窗工程 王寿华
28 装饰工程 侯君伟
29 防腐蚀工程 芦 天 侯锐钢 白 月 陆士平
30 工程构筑物 王寿华
31 冬季施工 项翥行
32 隔热保温工程与建筑节能 张竹荪

# 第二版出版说明

《建筑施工手册》（第一版）自1980年出版以来，先后重印七次，累计印数达150万册左右，受到广大读者的欢迎和社会的好评，曾荣获1971～1981年度全国优秀科技图书奖。不少读者还对第一版的内容提出了许多宝贵的意见和建议，在此我们向广大读者表示深深的谢意。

近几年，我国执行改革、开放政策，建筑业蓬勃发展，高层建筑日益增多，其平面布局、结构类型复杂、多样，各种新的建筑材料的应用，使得建筑施工技术有了很大的进步。同时，新的施工规范、标准、定额等已颁布执行，这就使得第一版的内容远远不能满足当前施工的需要。因此，我们对手册进行了全面的修订。

手册第二版仍分上、中、下三册，以量大面广的一般工业与民用建筑，包括相应的附属构筑物的施工技术为主。但是，内容范围较第一版略有扩大。第一版全书共29个项目，第二版扩大为31个项目，增加了"砌块工程施工"和"预应力板柱工程施工"两章。并将原第3章改名为"施工组织与管理"、原第4章改名为"建筑工程招标投标及工程概预算"、原第9章改名为"脚手架工程和垂直运输设施"、原第17章改名为"钢筋混凝土结构吊装"、原第18章改名为"装配式大板工程施工"。除第17章外，其他各章均增加了很多新内容，以更适应当前施工的需要。其余各章均作了全面修订，删去了陈旧的和不常用的资料，补充了不少新工艺、新技术、新材料，特别是施工常用结构计算、地基与基础工程、地下防水工程、装饰工程等章，修改补充后，内容更为丰富。

手册第二版根据新的国家规范、标准、定额进行修订，采用国家颁布的法定计量单位，单位均用符号表示。但是，对个别计算公式采用法定计量单位计算数值有困难时，仍用非法定单位计算，计算结果取近似值换算为法定单位。

对于手册第一版中存在的各种问题，这次修订时，我们均尽可能一一作了订正。

在手册第二版的修订、审稿过程中，得到了许多单位和个人的大力支持和帮助，我们衷心地表示感谢。

## 手册第二版主要执笔人

### 上　册

| 项目名称 | 修订者 |
|---|---|
| 1. 常用数据 | 关　柯　刘长滨 |
| 2. 施工常用结构计算 | 赵志缙　应惠清　陈　杰 |
| 3. 施工组织与管理 | 关　柯　王长林　董五学　田金信 |
| 4. 建筑工程招标投标及工程概预算 | 侯君伟 |
| 5. 材料试验与结构检验 | 项翥行 |
| 6. 施工测量 | 吴来瑞　陈云祥 |

7. 土方与爆破工程　江正荣
8. 地基与基础工程　江正荣　朱国梁
9. 脚手架工程和垂直运输设施　杜荣军

**中　册**

10. 砖石工程　朱维益
11. 木结构工程　王寿华
12. 钢结构工程　赵志缙　范懋达　王　辉
13. 模板工程　王壮飞
14. 钢筋工程　杨宗放
15. 混凝土工程　徐　帆
16. 预应力混凝土工程　杨宗放
17. 钢筋混凝土结构吊装　朱维益
18. 装配式大板工程施工　侯君伟

**下　册**

19. 砌块工程施工　张稚麟
20. 预应力板柱工程施工　杜荣军
21. 滑升模板施工　王壮飞
22. 大模板施工　侯君伟
23. 升板法施工　朱维益
24. 屋面工程　项桦太
25. 地下防水工程　薛振东
26. 隔热保温工程　韦延年
27. 地面与楼面工程　熊杰民
28. 装饰工程　侯君伟　徐小洪
29. 防腐蚀工程　侯君伟
30. 工程构筑物　王寿华
31. 冬期施工　项翥行

1988 年 12 月

# 第一版出版说明

《建筑施工手册》分上、中、下三册，全书共二十九个项目。内容以量大面广的一般工业与民用建筑，包括相应的附属构筑物的施工技术为主，同时适当介绍了各工种工程的常用材料和施工机具。

手册在总结我国建筑施工经验的基础上，系统地介绍了各工种工程传统的基本施工方法和施工要点，同时介绍了近年来应用日广的新技术和新工艺。目的是给广大施工人员，特别是基层施工技术人员提供一本资料齐全、查找方便的工具书。但是，就这个本子看来，有的项目新资料收入不多，有的项目写法上欠简练，名词术语也不尽统一；某些规范、定额，因为正在修订中，有的数据规定仍取用旧的。这些均有待再版时，改进提高。

本手册由国家建筑工程总局组织编写，共十三个单位组成手册编写组。北京市建筑工程局主持了编写过程的编辑审稿工作。

本手册编写和审查过程中，得到各省市基建单位的大力支持和帮助，我们表示衷心的感谢。

## 手册第一版主要执笔人

### 上　册

| | | |
|---|---|---|
| 1. 常用数据 | 哈尔滨建筑工程学院 | 关　柯　陈德蔚 |
| 2. 施工常用结构计算 | 同济大学 | 赵志缙　周士富　潘宝根 |
| | 上海市建筑工程局 | 黄进生 |
| 3. 施工组织设计 | 哈尔滨建筑工程学院 | 关　柯　陈德蔚　王长林 |
| 4. 工程概预算 | 镇江市城建局 | 左鹏高 |
| 5. 材料试验与结构检验 | 国家建筑工程总局第一工程局 | 杜荣军 |
| 6. 施工测量 | 国家建筑工程总局第一工程局 | 严必达 |
| 7. 土方与爆破工程 | 四川省第一机械化施工公司 | 郭瑞田 |
| | 四川省土石方公司 | 杨洪福 |
| 8. 地基与基础工程 | 广东省第一建筑工程公司 | 梁　润 |
| | 广东省建筑工程局 | 郭汝铭 |
| 9. 脚手架工程 | 河南省第四建筑工程公司 | 张肇贤 |

### 中　册

| | | |
|---|---|---|
| 10. 砌体工程 | 广州市建筑工程局 | 余福荫 |
| | 广东省第一建筑工程公司 | 伍于聪 |
| | 上海市第七建筑工程公司 | 方　枚 |

| | | |
|---|---|---|
| 11. 木结构工程 | 山西省建筑工程局 | 王寿华 |
| 12. 钢结构工程 | 同济大学 | 赵志缙　胡学仁 |
| | 上海市华东建筑机械厂 | 郑正国 |
| | 北京市建筑机械厂 | 范懋达 |
| 13. 模板工程 | 河南省第三建筑工程公司 | 王壮飞 |
| 14. 钢筋工程 | 南京工学院 | 杨宗放 |
| 15. 混凝土工程 | 江苏省建筑工程局 | 熊杰民 |
| 16. 预应力混凝土工程 | 陕西省建筑科学研究院 | 徐汉康　濮小龙 |
| | 中国建筑科学研究院建筑结构研究所 | 裴　骕　黄金城 |
| 17. 结构吊装 | 陕西省机械施工公司 | 梁建智　于近安 |
| 18. 墙板工程 | 北京市建筑工程研究所 | 侯君伟 |
| | 北京市第二住宅建筑工程公司 | 方志刚 |

## 下　册

| | | |
|---|---|---|
| 19. 滑升模板施工 | 河南省第三建筑工程公司 | 王壮飞 |
| | 山西省建筑工程局 | 赵全龙 |
| 20. 大模板施工 | 北京市第一建筑工程公司 | 万嗣诠　戴振国 |
| 21. 升板法施工 | 陕西省机械施工公司 | 梁建智 |
| | 陕西省建筑工程局 | 朱维益 |
| 22. 屋面工程 | 四川省建筑工程局建筑工程学校 | 刘占罴 |
| 23. 地下防水工程 | 天津市建筑工程局 | 叶祖涵　邹连华 |
| 24. 隔热保温工程 | 四川省建筑科学研究所 | 韦延年 |
| | 四川省建筑勘测设计院 | 侯远贵 |
| 25. 地面工程 | 北京市第五建筑工程公司 | 白金铭　阎崇贵 |
| 26. 装饰工程 | 北京市第一建筑工程公司 | 凌关荣 |
| | 北京市建筑工程研究所 | 张兴大　徐晓洪 |
| 27. 防腐蚀工程 | 北京市第一建筑工程公司 | 王伯龙 |
| 28. 工程构筑物 | 国家建筑工程总局第一工程局二公司 | 陆仁元 |
| | 山西省建筑工程局 | 王寿华　赵全龙 |
| 29. 冬季施工 | 哈尔滨市第一建筑工程公司 | 吕元骐 |
| | 哈尔滨建筑工程学院 | 刘宗仁 |
| | 大庆建筑公司 | 黄可荣 |

手册编写组组长单位　北京市建筑工程局（主持人：徐仁祥　梅　璋　张悦勤）

手册编写组副组长单位　国家建筑工程总局第一工程局（主持人：俞佾文）
同济大学（主持人：赵志缙　黄进生）

手册审编组成员　王壮飞　王寿华　朱维益　张悦勤　项翥行　侯君伟　赵志缙

出版社审编人员　夏行时　包瑞麟　曲士蕴　李伯宁　陈淑英　周　谊　林婉华
胡凤仪　徐竞达　徐焰珍　蔡秉乾

1980 年 12 月

# 目　录

# 30 屋面工程

屋面是建筑物的外围护结构，是房屋建筑的一个分部工程，屋面工程质量涉及材料、设计、施工和管理等方面，因此，屋面工程应遵循“材料是基础，设计是前提，施工是关键，管理是保证”的综合治理原则。

本章主要介绍一般工业与民用建筑各种屋面的施工方法、技术要求和注意事项，同时按屋面构造层次对找坡层与找平层、保温层与隔热层、防水层与接缝密封、保护层与隔离层、瓦屋面与采光顶的施工提出了质量要求。

屋面工程的基本构造一般包括：找坡层、找平层、隔汽层、保温隔热层、防水层、隔离层和保护层等。

屋面工程按形式划分，可分为平屋面、坡屋面；按保温隔热功能划分，可分为保温隔热屋面和非保温隔热屋面；按防水层位置划分，可分为正置式屋面和倒置式屋面；按采用的防水材料划分，可分为卷材防水屋面、涂膜防水屋面、复合防水屋面、瓦屋面、金属板材屋面等。

## 30.1 屋面工程基本要求

### 30.1.1 材料要求

#### 30.1.1.1 防水材料

屋面常用防水材料主要包括聚合物改性沥青类防水卷材、合成高分子类防水卷材、改性沥青防水涂料、合成高分子防水涂料、建筑密封材料、瓦类、板类防水材料和堵漏材料等。

1. 防水卷材

屋面常用防水卷材的类别、品种和执行标准见表 30-1。

**屋面常用防水卷材类别、品种及执行标准** **表 30-1**

| 序号 | 类别 | 品种 | 执行标准 |
|---|---|---|---|
| 1 | 合成高分子类防水卷材 | 三元乙丙橡胶防水卷材（EPDM） | GB 18173.1 |
| 2 | | 氯化聚乙烯防水卷材（CPE） | GB 12953 |
| 3 | | 带自粘层的防水卷材（橡胶类、塑料类） | GB/T 23260 |
| 4 | | 种植屋面用耐根穿刺防水卷材（橡胶类、塑料类） | GB/T 35468 |
| 5 | | 聚氯乙烯（PVC）防水卷材 | GB 12952 |
| 6 | | 热塑性聚烯烃防水卷材（TPO） | GB 27789 |

续表

| 序号 | 类别 | 品种 | 执行标准 |
|---|---|---|---|
| 7 | 聚合物改性沥青类防水卷材 | 弹性体改性沥青防水卷材（SBS） | GB 18242 |
| 8 | | 塑性体改性沥青防水卷材（APP） | GB 18243 |
| 9 | | 自粘聚合物改性沥青防水卷材 | GB 23441 |
| 10 | | 种植屋面用耐根穿刺防水卷材（有胎沥青类） | GB/T 35468 |
| 11 | | 带自粘层的防水卷材（沥青类） | GB/T 23260 |
| 12 | | 改性沥青聚乙烯胎防水卷材 | GB 18967 |
| 13 | 防水垫层 | 坡屋面用防水材料　聚合物改性沥青防水垫层 | JC/T 1067 |
| 14 | | 坡屋面用防水材料　自粘聚合物沥青防水垫层 | JC/T 1068 |
| 15 | | 隔热防水垫层 | JC/T 2290 |
| 16 | | 透汽防水垫层 | JC/T 2291 |

屋面工程常用防水卷材名称、类型及标记见表 30-2。

**屋面工程常用防水卷材名称、类型及标记　　表 30-2**

| 序号 | 品种 | 产品名称 | 代号 | 类型 | 标记 | 示例 |
|---|---|---|---|---|---|---|
| 1 | 合成高分子类防水卷材 | 三元乙丙橡胶防水卷材 | EPDM | 分为均质片、复合片、自粘片、异形片、点（条）粘片 | 类型代号、材质（简称或代号）、规格（长度×宽度×厚度）。异形片材加入壳体高度 | 均质片：长度为 20.0m，宽度为 1.0m，厚度为 1.2mm 的硫化型三元乙丙橡胶（EPDM）片材标记为：JL 1-EPDM-20.0m×1.0m×1.2mm<br>异形片：长度为 20.0m，宽度为 2.0m，厚度为 0.8mm，壳体高度为 8mm 的高密度聚乙烯防排水片材标记为：YS-HDPE-20.0m × 2.0m×0.8mm×8mm |
| 2 | | 氯化聚乙烯防水卷材 | CPE | 产品按有无复合层分类，无复合层的为 N 类、用纤维单面复合的为 L 类、织物内增强的为 W 类；每类产品按理化性能分为Ⅰ型和Ⅱ型 | 按产品名称（代号 CPE 卷材）、外露或非外露使用、类型、厚度、长×宽和标准顺序标记 | 长度 20m、宽度 1.2m、厚度 1.5mm Ⅱ型 L 类外露使用氯化聚乙烯防水卷材标记为：CPE 卷材外露 LⅡ 1.5/20×1.2 GB 12953—2003 |
| 3 | | 带自粘层的防水卷材 | — | 产品名称为：带自粘层的+主体材料防水卷材产品名称 | 按本标准名称、主体材料标准标记方法和标准编号顺序标记 | 长度 20m、宽度 2.1m、厚度 1.2mmⅡ型 L 类聚氯乙烯防水卷材标记为：带自粘层 PVC 卷材 LⅡ 1.2/20×2.1 GB 12952—GB/T 23260—2009 |
| 4 | | 种植屋面用耐根穿刺防水卷材 | — | 塑料类和橡胶类 | 由标准号、产品名称、采用卷材所执行的标准标记组成 | 长度 20m、宽度 2.00m、厚度 1.50mm 种植屋面用耐根穿刺聚氯乙烯防水卷材标记为：GB/T 35468—2017 耐根穿刺防水卷材 GB 12952—2011 PVC 卷材 1.50mm/20m×2.00m |

续表

| 序号 | 品种 | 产品名称 | 代号 | 类型 | 标记 | 示例 |
|---|---|---|---|---|---|---|
| 5 | 合成高分子类防水卷材 | 聚氯乙烯防水卷材 | PVC | 按产品的组成分为均质卷材（代号 H）、带纤维背衬卷材（代号 L）、织物内增强卷材（代号 P）、玻璃纤维内增强卷材（代号 G）、玻璃纤维内增强带纤维背衬卷材（代号 GL） | 按产品名称、是否外露使用、类型、厚度、长度、宽度和标准号顺序标记 | 长度 20m、宽度 2.00m、厚度 1.50mm、L 类外露使用聚氯乙烯防水卷材标记为：PVC 卷材 外露 L 1.50mm/20m×2.00m GB 12952—2011 |
| 6 | | 热塑性聚烯烃防水卷材 | TPO | 按产品的组成分为均质卷材（代号 H）、带纤维背衬卷材（代号 L）、织物内增强卷材（代号 P） | 按产品名称（代号 TPO 卷材）、类型、厚度、长度、宽度和标准号顺序标记 | 长度 20m、宽度 2.00m、厚度 1.50mm、P 类热塑性聚烯烃防水卷材标记为：TOP 卷材 P 1.50mm/20m×2.00mm GB 27789—2011 |
| 7 | 聚合物改性沥青类基防水卷材 | 弹性体改性沥青防水卷材 | SBS | 1. 按胎基分为聚酯毡(PY)、玻纤毡(G)、玻纤增强聚酯毡(PYG)<br>2. 按上表面隔离材料分为聚乙烯膜（PE）、细砂（S）、矿物粒料(M)。下表面隔离材料为细砂（S）、聚乙烯膜(PE)（注：细砂为粒径不超过 0.60mm 的矿物颗粒）<br>3. 按材料性能分为Ⅰ型和Ⅱ型 | 产品按名称、型号、胎基、上表面材料、下表面材料、厚度、面积和标准编号顺序标记 | $10m^2$ 面积、3mm 厚、上表面为矿物粒料、下表面为聚乙烯膜聚酯毡Ⅰ型弹性体改性沥青防水卷材标记为：SBS Ⅰ PY M PE 3 10 GB 18242—2008 |
| 8 | | 塑性体改性沥青防水卷材 | APP | | | $10m^2$ 面积、3mm 厚上表面为矿物粒料、下表面为聚乙烯膜聚酯毡Ⅰ型塑性体改性沥青防水卷材标记为：APP Ⅰ PY M PE 3 10 GB 18243—2008 |
| 9 | | 自粘聚合物改性沥青防水卷材 | — | 产品按有无胎基增强分为无胎基（N 类）、聚酯胎基（PY 类），N 类按上表面材料分为聚乙烯膜（PE）、聚酯膜(PET)、无膜双面自粘(D)；PY 类按上表面材料分为聚乙烯膜(PE)、细砂（S）、无膜双面自粘（D）<br>产品按性能分为Ⅰ型和Ⅱ型，卷材厚度为 2.0mm 的 PY 类只有Ⅰ型 | 按产品名称、类、型、上表面材料、厚度、面积、标准编号顺序标记 | $20m^2$ 面积、2.00mm 聚乙烯膜面Ⅰ型 N 类 自粘聚合物改性沥青防水卷材标记为：自粘卷材 N Ⅰ PE 2.0 20 GB 23441—2009 |
| 10 | | 种植屋面用耐根穿刺防水卷材 | — | 沥青类、塑料类、橡胶类 | 产品的标记由标准号、产品名称、采用卷材所执行的标准标记组成 | $10m^2$ 面积、4mm 厚、上表面为矿物粒料、下表面为聚乙烯膜、聚酯毡Ⅱ型弹性体改性沥青种植屋面用耐根穿刺防水卷材标记为：GB/T 35468—2017 耐根穿刺防水卷材 GB 18242 SBSⅡ PY M PE 4 10 |

续表

| 序号 | 品种 | 产品名称 | 代号 | 类型 | 标记 | 示例 |
|---|---|---|---|---|---|---|
| 11 | 聚合物改性沥青类基防水卷材 | 带自粘层的防水卷材 | — | 产品名称为：带自粘层的＋主体材料防水卷材产品名称 | 按标准名称、主体材料标准标记方法和标准编号顺序标记 | 规格为 3mm 矿物料面聚酯胎Ⅰ型，$10m^2$ 的带自粘层的弹性体改性沥青防水卷材标记为：带自粘层 SBS Ⅰ PY M3 10 GB 18242—GB/T 23260—2009 |
| 12 | 聚合物改性沥青类基防水卷材 | 改性沥青聚乙烯胎防水卷材 | — | 1. 按施工工艺分为热熔型和自粘型<br>2. 热熔型产品按改性剂的成分分为高聚物改性沥青防水卷材、高聚物改性沥青耐根穿刺防水卷材<br>3. 隔离材料：热熔型卷材上下表面隔离材料为聚乙烯膜；自粘型卷材上下表面隔离材料为防粘材料<br>热熔型：T；自粘型：S；高聚物改性沥青防水卷材：P；高聚物改性沥青耐根穿刺防水卷材：R；高密度聚乙烯膜胎体：E；聚乙烯膜覆面材料：E | 按施工工艺、产品类型、胎体、上表面覆盖材料、厚度和标准号顺序标记 | 3.0mm 厚的热熔型聚乙烯胎聚乙烯膜覆面高聚物改性沥青防水卷材，标记为：T PEE 3 GB 18967—2009 |
| 13 | 防水垫层 | 坡屋面用聚合物改性沥青防水垫层 | — | 改性垫层的上表面材料一般为聚乙烯膜（PE）、细砂（S）、铝箔（AL）等，增强胎基为聚酯毡（PY），玻纤毡（G）。改性垫层也可按生产商要求采用其他类型的上表面材料 | 按产品主体材料名称、胎基、上表面材料、厚度、宽度、长度和标准号顺序标记 | SBS 改性沥青聚酯胎细砂面、2mm 厚、1m 宽、20m 长的防水垫层标记为：SBS 改性聚合物改性沥青防水垫层 PY-S-2mm×1m×20m-JC/T 1067—2008 |
| 14 | 防水垫层 | 坡屋面用自粘聚合物沥青防水垫层 | — | 自粘垫层的上表面材料一般为聚乙烯膜（PE）、聚酯膜（PET）、铝箔（AL）等，无内部增强胎基。自粘垫层也可按生产商要求采用其他类型的上表材料 | 按产品主体材料名称、胎基、上表面材料、厚度、宽度、长度和标准号顺序标记 | 自粘聚合物沥青 PE 膜面、1.2mm 厚、1m 宽、20m 长的防水垫层标记为：自粘聚合物沥青防水沥青垫层 PE-1.2mm×1m×20m-JC/T 1068—2008 |
| 15 | 防水垫层 | 隔热防水垫层 | — | 产品按材质分为匀质类（N）和织物类（T）；按反射面分为单面（S）和双面（D）热反射型 | 按产品名称、标准号、分类、厚度和面积顺序标记 | 匀质类 单面厚度 80μm 面积 $100m^2$ 隔热防水垫层标记为：隔热防水垫层 JC/T 2290—2014 N S 80 100 |

续表

| 序号 | 品种 | 产品名称 | 代号 | 类型 | 标记 | 示例 |
|---|---|---|---|---|---|---|
| 16 | 防水垫层 | 透汽防水垫层 | — | 产品按性能分为Ⅰ型、Ⅱ型、Ⅲ型<br>Ⅰ型宜用于墙体，Ⅱ型宜用于金属屋面，Ⅲ型宜用于瓦屋面 | 按产品名称、标准号、分类、规格和面积顺序标记 | Ⅰ型单位面积质量 $50g/m^2$ 面积 $200m^2$ 透汽防水垫层标记为：透汽防水垫层 JC/T 2291—2014 Ⅰ 50 200 |

2. 防水涂料

屋面常用防水涂料的类别、品种和执行标准见表 30-3。

**屋面常用防水涂料类别、品种及执行标准　　表 30-3**

| 序号 | 类别 | 品种 | 执行标准 |
|---|---|---|---|
| 1 | 合成高分子防水涂料 | 聚氨酯防水涂料（PU） | GB/T 19250 |
| 2 | | 喷涂聚脲防水涂料 | GB/T 23446 |
| 3 | | 聚甲基丙烯酸甲酯防水涂料（PMMA） | JC/T 2251 |
| 4 | | 聚合物水泥防水涂料（JS） | GB/T 23445 |
| 5 | | 聚合物乳液建筑防水涂料 | JC/T 864 |
| 6 | 改性沥青防水涂料 | 水乳型沥青防水涂料 | JC/T 408 |
| 7 | | 喷涂速凝橡胶沥青防水涂料 | JC/T 2317 |
| 8 | | 非固化橡胶沥青防水涂料 | JC/T 2428 |
| 9 | | 热熔橡胶沥青防水涂料 | JC/T 2678 |

屋面工程常用防水涂料名称、类型及标记见表 30-4。

**屋面工程常用防水涂料名称、类型及标记　　表 30-4**

| 序号 | 品种 | 名称 | 代号 | 类型 | 标记 | 示例 |
|---|---|---|---|---|---|---|
| 1 | 合成高分子防水涂料 | 聚氨酯防水涂料（PU） | PU | 产品按组分分为单组分（S）和多组分（M）两种；产品按基本性能分为Ⅰ型、Ⅱ型和Ⅲ型；产品按是否暴露使用分为外露（E）和非外露（N）；产品按有害物质限量分为A类和B类 | 按产品名称、组分、基本性能、是否暴露、有害物质限量和标准号的顺序标记 | A类Ⅲ型外露单组分聚氨酯防水涂料标记为：PU防水涂料 S Ⅲ E A GB/T 19250—2013 |
| 2 | | 喷涂聚脲防水涂料 | — | 产品按组成分为涂（纯）聚脲防水涂料（代号JNC）、喷涂聚氨酯（脲）防水涂料（代号JNJ）；产品按物理力学性能分为Ⅰ型、Ⅱ型 | 按产品代号、类别和标准编号顺序标记 | Ⅰ型喷涂聚氨酯（脲）防水涂料标记为：JNJ防水涂料 Ⅰ GB/T 23446—2009 |
| 3 | | 聚甲基丙烯酸甲酯防水涂料（PMMA） | PMMA | 产品按物理力学性能分为Ⅰ型和Ⅱ型 | 按标准编号、产品名称和分类的顺序标记 | Ⅰ型聚甲基丙烯酸甲酯防水涂料标记为：JC/T 2251—2014 PMMA 防水涂料 Ⅰ |

续表

| 序号 | 品种 | 名称 | 代号 | 类型 | 标记 | 示例 |
|---|---|---|---|---|---|---|
| 4 | 合成高分子防水涂料 | 聚合物水泥防水涂料 | JS防水涂料 | 按物理力学性能分为Ⅰ型、Ⅱ型和Ⅲ型；Ⅰ型适用于活动量较大的基层，Ⅱ型和Ⅲ型适用于活动量较小基层 | 按产品名称、类型、标准号的顺序标记 | Ⅰ型聚合物水泥防水涂料标记为：JS防水涂料Ⅰ GB/T 23445—2009 |
| 5 | | 聚合物乳液防水涂料 | — | 按应用要求分为通用型（T）和高弹型（G）；按使用部位分为外露型（E）和非外露型（N） | 按产品名称、标准号、产品类型和是否能够外露使用的顺序标记 | 高弹型外露使用的聚合物乳液建筑防水涂料标记为：聚合物乳液建筑防水涂料 JC/T 864GE |
| 6 | 改性沥青防水涂料 | 水乳型沥青防水涂料 | — | 按性能分为H型和L型 | 按产品类型和标准号顺序标记 | H型水乳型沥青防水涂料标记为：水乳型沥青防水涂料 JC/T 408—2005 |
| 7 | | 喷涂速凝橡胶沥青防水涂料 | SN | | 按产品名称和标准号顺序标记 | 喷涂橡胶沥青防水涂料标记为：SN 防水涂料 JC/T 2317—2015 |
| 8 | | 非固化橡胶沥青涂料 | — | 非外露防水用 | 按产品名称、标准编号顺序标记 | 非固化橡胶沥青防水涂料的标记为：非固化防水涂料 JC/T 2428—2017 |
| 9 | | 热熔橡胶沥青防水涂料 | — | 按应用部位分为H类（平面）和V类（立面和平面） | 按产品名称、标准号、分类的顺序标记 | 立面用热熔橡胶沥青防水涂料标记为：热熔橡胶沥青防水涂料 JC/T 2678—2022V |

3. 密封材料

建筑密封材料按其外观形状可分为定型密封材料与不定型密封材料，屋面工程应采用不定型密封材料，包括各种密封胶（膏）。屋面常用密封材料的类别、品种和执行标准见表 30-5。

**屋面常用密封材料类别、品种及执行标准　　表 30-5**

| 序号 | 类别 | 常用品种 | 执行标准 |
|---|---|---|---|
| 1 | 高分子密封材料 | 硅酮和改性硅酮建筑密封胶 | GB/T 14683 |
| 2 | | 混凝土建筑接缝用密封胶 | JC/T 881 |
| 3 | | 聚氨酯建筑密封胶 | JC/T 482 |
| 4 | | 聚硫建筑密封胶 | JC/T 483 |
| 5 | | 丙烯酸酯建筑密封胶 | JC/T 484 |
| 6 | | 丁基橡胶防水密封胶粘带 | JC/T 942 |
| 7 | 改性沥青密封材料 | 建筑防水沥青嵌缝油膏 | JC/T 207 |

### 30.1.1.2　保温材料

屋面保温材料应根据屋面所需传热系数或热阻，选择轻质、高效的有机或无机保温材料。保温材料的导热系数是衡量材料性能优劣的主要指标。目前常用的屋面保温材料可分为板状、纤维、整体三种类型。屋面常用保温材料的类别、品种和执行标准见表30-6。

屋面常用保温材料的类别、品种和执行标准 表30-6

| 序号 | 类别 | 品种 | 产品标准 |
|---|---|---|---|
| 1 | 板状 | 挤塑聚苯乙烯泡沫塑料 | GB/T 10801.2 |
| 2 | | 模塑聚苯乙烯泡沫塑料 | GB/T 10801.1 |
| 3 | | 硬质聚氨酯泡沫塑料 | GB/T 21558 |
| 4 | | 膨胀珍珠岩制品 | GB/T 10303 |
| 5 | | 加气混凝土砌块 | GB/T 11968 |
| 6 | | 泡沫玻璃制品 | JC/T 647 |
| 7 | | 泡沫混凝土砌块 | JC/T 1062 |
| 8 | 纤维 | 建筑绝热用玻璃棉制品 | GB/T 17795 |
| 9 | | 建筑用岩棉绝热制品 | GB/T 19686 |
| 10 | 整体 | 喷涂聚氨酯硬泡体保温材料 | JC/T 998 |
| 11 | | 现浇泡沫混凝土 | JG/T 266 |

#### 30.1.1.3 其他材料

1. 瓦类材料

在屋面中常用的瓦类防水材料有烧结瓦、混凝土瓦和沥青瓦。屋面常用瓦类材料的类别和执行标准见表30-7。

屋面常用瓦类材料的类别和执行标准 表30-7

| 序号 | 类别 | 执行标准 |
|---|---|---|
| 1 | 沥青瓦 | GB/T 20474 |
| 2 | 烧结瓦 | GB/T 21149 |
| 3 | 混凝土瓦 | JC/T 746 |

2. 板类材料

见玻璃采光顶屋面部分。

### 30.1.2 施 工 要 求

屋面工程施工应遵照“按图施工、材料检验、工序检查、过程控制、质量验收”的原则。

(1) 按图施工：施工单位必须按照工程设计图纸和施工技术标准施工，不得擅自修改屋面工程设计，不得偷工减料。

(2) 材料检验：施工单位必须按照工程设计要求、施工技术标准和合同约定，对进入施工现场的屋面防水、保温材料进行见证抽样检验，检验合格后方可使用。未经检验或检验不合格的材料，不得在工程使用。

(3) 工序检查：施工单位必须建立、健全施工质量检验制度，严格工序管理，做好隐蔽工程的质量检查和记录。屋面工程每道工序施工后，均应采取相应的保护措施。

(4) 过程控制：施工单位应按有关的施工工艺标准和经审定的施工方案施工，并应对施工全过程实行质量控制。

（5）质量验收：应按现行国家标准《屋面工程质量验收规范》GB 50207 的规定执行。施工单位对施工过程中出现质量问题或不能满足安全使用要求的屋面工程，应当负责返修或返工，并应重新进行验收。

**30.1.2.1　施工方案**

施工单位应根据设计图纸，结合施工的实际情况，编制有针对性的施工方案或技术措施。

**30.1.2.2　进场材料质量控制**

（1）屋面工程所采用的防水、保温材料，应有产品合格证书和性能检测报告等出厂质量证明文件，其质量必须符合国家现行产品标准和设计要求。

（2）材料进入现场后，首先根据设计要求对出厂质量证明文件进行核查，主要包括出厂合格证、中文说明书及相关性能检测报告等；进口材料应按规定进行出入境商品检验，并出具检验报告。这些质量证明文件应纳入工程技术档案。其次是对进场材料的品种、规格、包装、外观和尺寸等可以通过目视和简单尺量、称量、敲击等方法进行检查，并应经监理工程师或建设单位代表核准，形成相应进场验收记录；对于进场的防水和保温材料应实施抽样检验，以验证其质量是否符合要求。检验应执行见证取样送检制度，并提出检验报告。抽样检验不合格的材料不得在工程上使用。

**30.1.2.3　施工质量控制**

（1）施工单位应建立、健全施工质量的检验制度，严格工序管理，作好隐蔽工程的质量检查和记录。

（2）在屋面工程施工前必须经过图纸会审，切实掌握施工图中的细部构造和有关技术要求。施工前项目施工技术人员应向班组进行技术交底，内容包括施工部位、施工顺序、构造层次、节点构造做法、工程质量标准及保证措施、成品保护措施、防火要求和安全注意事项。对于采用的新材料、新工艺、新技术必须事先进行培训学习。屋面工程施工时，每道工序施工完成后，应经监理单位或建设单位检查验收，合格后方可进行下道工序的施工。当下道工序或相邻工程施工时，应对屋面已完成的部分采取保护措施。伸出屋面的管道、设备或预埋件等，应在防水层施工前安设完毕。屋面防水层完工后，不得在其上凿孔、打洞或重物冲击。

（3）屋面防水层完工后，应检验屋面有无渗漏和积水，可在雨后或持续淋水 2h 以后进行；具备条件的应做蓄水检验，蓄水时间不应小于 24h，同时应检验排水系统是否通畅，确认屋面无渗漏后，再做保护层。

## 30.1.3　管理要求

屋面工程施工单位应遵守有关施工安全、劳动保护、防火和防毒的法律法规，建立相应的管理制度，并应配备必要的设备、器具和标识。

**30.1.3.1　安全与防护**

1. 防火措施

（1）对进场的职工应进行消防安全知识教育，建立现场安全用火制度，施工现场应备有消防设备。

（2）采用热熔施工时，液化气罐、氧气瓶等应有技术检验合格证。使用时，要严格检查各种安全装置是否齐全有效。

（3）对易燃、易爆的危险品应严加管理，分库存放。

（4）汽油喷灯、火焰加热器等需专人保管和使用，施工现场不得贮存过多汽油及其他溶剂，下班后必须放入指定仓库。

（5）所有溶剂型材料均不得露天存放。

2. 防毒措施

（1）从事有毒原料施工的人员应根据需要穿戴防毒口罩、胶皮手套、防护眼镜、工作服、胶鞋等防护用品。

（2）所有溶剂及有挥发性的防水材料，必须用密封容器包装。

（3）废弃的防水材料及垃圾要集中处理，不能污染环境。

（4）在铺设纤维保温材料时，施工人员应穿戴头罩、口罩、手套、鞋帽和工作服，以防矿物纤维刺伤皮肤和眼睛或吸入肺部。

3. 防护措施

（1）严禁在雨天、雪天和五级风及其以上时施工。

（2）屋面周边和预留孔洞部位，必须按临边、洞口防护规定设置安全护栏和安全网；屋面坡度大于25%时，应采取防滑措施。

（3）施工人员应根据需要配备防护用品，包括防护服、防滑鞋、安全帽、安全带等；任何情况下，无可靠安全措施，均不得施工。

（4）从事高处作业人员要定期体检，凡患高血压、心脏病、贫血病、癫痫病以及其他不适合高处作业疾病的人员，不得从事高处作业。

**30.1.3.2 绿色施工**

（1）屋面保温和防水材料在运输、存放和使用时，应根据其性能采取防水、防潮和防火措施。现浇泡沫混凝土保温层所用的水泥、集料、掺合料等宜工厂干拌、封闭运输。

（2）聚苯乙烯泡沫塑料板、玻璃棉、岩棉类保温材料裁切后的剩余材料应封闭包装、回收利用。

（3）进入现场的屋面保温和防水材料及辅助用材，应根据材料特性进行有害物质含量的现场复检。

（4）保温板材和卷材施工应结合保温和防水的工艺要求，进行预先排板。

（5）基层清理应采取控制扬尘的措施。

（6）现浇泡沫混凝土保温层施工宜泵送浇筑；搅拌和泵送设备及管道等冲洗水应收集处理；养护应采用覆盖、喷洒等节水方式。

（7）现场喷涂硬泡聚氨酯时，应对作业面采取遮挡、防风和防护措施，环境温度宜为10～40℃，空气相对湿度宜小于80%，风力不宜大于3级。

（8）采用热熔法施工时，应控制燃料泄漏，并控制易燃材料储存地点与作业点的间距。高温环境施工时，应采取措施加强通风；封闭环境下不得采用热熔法施工。

（9）防水涂料喷涂施工时，应采取遮挡等防止污染的措施。

**30.1.3.3 屋面维护**

（1）总承包单位在工程交付时应向建设单位提供屋面工程资料；建设单位应向业主单

位和物业单位提供屋面工程使用和维护说明书。

(2) 屋面排水系统应保持畅通，严防水落口、天沟、檐沟堵塞和积水。排水系统不但交工时要畅通，在使用过程中应经常检查，防止水落口、天沟、檐沟堵塞，以免造成屋面长期积水和大雨时溢水。

(3) 使用过程中严禁在防水层上凿孔打洞和重物冲击、使用明火或燃放烟花爆竹。

(4) 严禁在裸露防水层上使用沥青、油脂、化学溶剂或其他可能对防水层使用寿命产生影响的物质。

(5) 金属屋面的防水密封胶达到材料正常使用年限时，不具有防水功能的密封胶应及时更换。

(6) 严寒及寒冷地区坡屋面檐口部位的防冰雪融坠措施应完好有效。

(7) 工程交付使用后，应由使用单位建立维护保养制度，指定专人定期对屋面进行检查、维护。

(8) 防水达到设计工作年限时应进行评定，根据评定结论进行维修或翻新。

(9) 屋面修缮过程中，不得随意增加屋面荷载或改变原屋面的使用功能。瓦屋面修缮时，更换的瓦件应采取固定加强措施。

## 30.2　找坡层、找平层与隔汽层

### 30.2.1　找坡层与找平层

#### 30.2.1.1　施工准备

1. 材料

找坡层所用材料宜为质量轻、吸水率低，且具有一定强度的材料，找平层应根据基层的类型进行选择，其质量、技术性能必须符合设计要求和现行国家标准规定，材料使用部位及要求见表30-8。

**材料使用部位及要求　　表30-8**

<table>
<tr><th>施工部位</th><th colspan="2">使用材料</th><th colspan="4">材料要求</th></tr>
<tr><td rowspan="4">找坡层</td><td colspan="2">散状材料</td><td colspan="4">焦渣内不得含有机杂质和未燃尽的煤、石灰石或含有遇水能膨胀分解的物质。焦渣闷水时间不得小于5d。散状找坡材料经试配确定配合比</td></tr>
<tr><td rowspan="3">轻骨料混凝土</td><td colspan="5">轻骨料混凝土干表观密度不大于1950$\mathrm{kg/m^3}$，吸水率宜小于20%</td></tr>
<tr><td>保温轻骨料混凝土</td><td rowspan="2">强度等级合理范围</td><td>LC5.0<br>LC7.5</td><td rowspan="2">密度等级合理范围</td><td>≤800$\mathrm{kg/m^3}$</td></tr>
<tr><td>结构保温轻骨料混凝土</td><td>LC7.5<br>LC10<br>LC15<br>LC20</td><td>800～1400$\mathrm{kg/m^3}$</td></tr>
<tr><td rowspan="2">找平层</td><td colspan="2">水泥砂浆</td><td rowspan="2" colspan="4">水泥宜采用普通硅酸盐水泥、矿渣硅酸盐水泥、硅酸盐水泥；<br>砂子宜用中粗砂，含泥量不应大于3%；<br>石子粒径不宜大于15mm，含泥量不应大于1%</td></tr>
<tr><td colspan="2">细石混凝土</td></tr>
</table>

2. 作业条件

（1）找坡层施工前，结构主体应通过各方责任主体验收，并办理相关验收手续。

（2）基层及女儿墙四周墙根、管道根部等已清理干净，并经验收合格。

（3）需埋设在找坡层中的管线及埋件等均已安装完毕，位置准确固定牢靠。

（4）找平层施工前应对前道工序（结构层、保温层或找坡层）进行验收并办理隐蔽工程验收手续，坡度符合设计要求。

（5）施工环境温度宜为 5～35℃，雨天、雪天和五级风及以上时不得施工。

**30.2.1.2 技术要求**

（1）混凝土结构层采用结构找坡时，坡度不应小于 3%；当采用材料找坡时，宜采用质量轻、吸水率低和有一定强度的材料，坡度宜为 2%，天沟、檐沟纵向坡度≥1%，沟底水落差≤200mm，以确保屋面排水畅通。

（2）找坡层材料宜采用轻骨料混凝土、泡沫混凝土。轻骨料混凝土强度等级不应低于 LC5.0。找坡材料应分层铺设和适当压实，表面应平整。

（3）装配式钢筋混凝土板的板缝处理：

1）嵌填混凝土前板缝内应清理干净，并应保持湿润。

2）当板缝宽度大于 40mm 或上窄下宽时，应按设计要求对板缝进行处理。

3）嵌填细石混凝土的强度等级不应低于 C20，填缝深度宜低于板面 10～20mm，且应振捣密实和浇水养护。

4）板端缝应按设计要求增加防裂的构造措施。

（4）找平层：

1）卷材防水层、涂膜防水层的基层宜设找平层。找平层厚度和技术要求应符合相关规定，见表 30-9。

**找平层厚度和技术要求** **表 30-9**

| 基层 | 找平层 | 厚度和技术要求（mm） |
|---|---|---|
| 整体现浇混凝土板 | 无找平层 | 混凝土结构面随振捣随抹压 |
| | 水泥砂浆 | M15 水泥砂浆：15～20 |
| | 聚合物水泥砂浆 | M15 聚合物水泥砂浆：5～8 |
| 整体材料保温层 | 水泥砂浆 | M15 水泥砂浆：20～25 |
| | 细石混凝土 | C20 细石混凝土：30～35 |
| | 配筋细石混凝土 | C20 配筋细石混凝土：40～45 |
| 装配式混凝土板 | 细石混凝土 | C20 细石混凝土：30～35 |
| | 配筋细石混凝土 | C20 配筋细石混凝土：40～45 |
| 板状材料保温层 | 配筋细石混凝土 | |

2）保温层或找坡层上设置找平层时，应留设分格缝，分格缝宽宜为 5～20mm，深度与找平层厚度一致，分格缝纵横间距不宜大于 6m，分格缝如兼作排汽道时，缝宽宜为 40mm。

3）结构层上设置的找平层与结构同步变形，找平层可以不设分格缝。

4）找平层铺设前应将基层清理干净，并洒水湿润。为有利于找平层与结构面结合，找平层施工时应在结构面上涂刷一道水胶比为 0.4～0.5 的素水泥浆，随涂刷素水泥浆随铺设水泥砂浆或混凝土拌合物。

5）卷材防水层的基层与突出屋面结构的交接处，以及基层的转角处，找平层均做成圆弧形，且应整齐平顺。找平层圆弧半径应符合表 30-10 的规定。

找平层圆弧半径（mm）　表 30-10

| 卷材种类 | 圆弧半径 |
| --- | --- |
| 聚合物改性沥青类防水卷材 | 50 |
| 合成高分子类防水卷材 | 20 |

### 30.2.1.3　找坡层施工

1. 工艺流程

基层清理→弹线找坡→找坡材料拌制→找坡层铺设→检查验收。

2. 基层清理

（1）清理结构层或保温层上的松散杂物，基层必须干净、平整，基层清理经验收合格后方可进行下道工序。当基层为混凝土结构面时，应对其进行凿毛并清理干净，铺设找坡层前进行洒水湿润，但不得有积水；当基层为保温层时，基层不宜大量浇水。

（2）突出屋面的管道、支架等根部，应用细石混凝土固定严密、牢靠。

3. 弹线找坡

（1）根据屋面形式、排水方式、屋面汇水面积等情况，将屋面划分成若干个排水区域，并在结构层或保温层上弹出控制线。

（2）根据结构层女儿墙上的 0.5m 标高线，量出找坡层上平标高。

（3）按找坡层上平标高并根据屋面排水方向和设计坡度进行找坡。

（4）拉线找坡时，可按找坡层上平标高，沿十字方向拉线，在结构层或保温层上设置若干个标高控制点，分区域准确控制屋面坡度。

4. 找坡层材料拌制

（1）找坡层材料配合比应符合设计要求。

（2）找坡层材料拌制时，应采用分次投料搅拌方法，即先将水泥和水投入搅拌筒内进行搅拌，制成均匀的水泥净浆，再加入轻质骨料搅拌均匀后使用。

5. 找坡层铺设

（1）找坡层材料铺设时，宜按先远后近、先里后外的施工顺序，并应根据各标高控制点的高度摊铺，摊铺应分段分层进行，每层虚铺厚度不宜大于 150mm，铺设过程中，为防止杂物进入水落口造成堵塞，应对其采取临时封堵措施。

（2）分段分层铺设后，应用铁锹拍平及用铁滚筒滚压，并以表面出现泛浆为宜，随即用刮杠找坡、找平。在滚压过程中，应及时调整坡度和平整度。

（3）对墙根和水落口、管道根部等周围不易滚压处，应用铁抹子拍打平实。

（4）找坡层最薄处厚度不宜小于 20mm，在找坡起始点 1m 范围内，可采用 1∶2.5 水泥砂浆完成。

（5）找坡层铺设完成后，应检查其坡度和平整度，并应适时浇水养护，养护时间不得少于 7d。

(6) 轻骨料混凝土找坡层铺设:

1) 轻骨料混凝土拌合物浇筑倾落的自由高度不应超过1.5m，若倾落高度大于1.5m时，应加串筒、斜槽、溜管等辅助工具使其下落，避免拌合物离析，厚度较厚时应分层浇筑。

2) 振捣可采用插捣成型，厚度在200mm以下，可采用表面振捣成型；厚度大于200mm时，宜先用插入式振捣器振捣密实后再采用表面振捣。用插入式振捣器振捣时，插入间距不应大于振捣器振动作用半径的一倍，连续多层浇筑时，插入式振捣器应插入下层拌合物约50mm，振捣时间不宜过长，控制在10～30s，以拌合物表面泛浆为宜。

3) 浇筑成型结束后，宜采用拍板、刮板、辊子或振动抹子等工具及时将浮在表层的轻粗骨料颗粒压入混凝土内，若颗粒上浮面积较大，可采用表面振动器复振至表面泛浆，然后再做抹面。

4) 在轻骨料混凝土浇筑完成后，强度未达到1.2MPa前，不得在上面踩踏行走。

5) 轻骨料混凝土浇筑成型后要及时覆盖和保湿养护，养护时间不少于7d；用粉煤灰水泥、火山灰水泥拌制的轻骨料混凝土及在施工中掺缓凝型外加剂的轻骨料混凝土，保湿养护时间不少于7d。

(7) 泡沫混凝土找坡层施工参照本手册30.3.1.6现浇泡沫混凝土保温层施工。

**30.2.1.4 找平层施工**

1. 工艺流程

基层清理→分格缝弹线→贴饼冲筋→砂浆或细石混凝土拌制→找平层铺设→养护→检查验收。

2. 基层清理

(1) 清理结构层或保温层上的松散杂物，基层必须清理干净、平整，基层清理经验收合格后方可进行下道工序。铺设找平层前，当基层为混凝土结构面时，应对其进行凿毛并清理干净，铺设前进行洒水湿润，但不得有积水；当基层为保温层时，基层不宜大量浇水。

(2) 突出屋面的管道、支架等根部，应用细石混凝土固定严密、牢靠。

(3) 基层清理完毕后，在铺设找平层材料前，宜在基层上均匀涂刷素水泥浆一遍。

3. 分格缝留设

保温层上找平层应留设分格缝，分格缝纵横缝间距不宜大于6m。应先在保温层上弹出分格缝线，再将分格条用水泥砂浆沿弹线固定，分格条在找平层终凝前取出。

4. 贴饼冲筋

根据结构层女儿墙上的0.5m标高线，量出找平层上平标高，按找平层上平标高沿十字方向拉线贴饼，并用干硬性砂浆冲筋，间距宜为1～1.5m。

5. 砂浆或混凝土拌制

(1) 水泥砂浆或细石混凝土宜采用预拌砂浆或预拌混凝土。

(2) 水泥砂浆或细石混凝土应按设计配合比采用机械搅拌，原材料用量应计量准确。

6. 找平层铺设

找平层铺设前，先洒水湿润基层，然后将搅拌好的水泥砂浆或细石混凝土摊铺在基层上，当在找坡层上铺设时宜按分格块顺流水方向摊铺，然后用刮杠沿两边冲筋刮平并控制好找平层上平标高。在水泥砂浆或细石混凝土初凝前压实找平，终凝前完成收水后进行二次压光，并及时取出分格条。

7. 细部处理

卷材防水层的基层与突出屋面结构的交接处，以及基层的转角处，找平层均应做成半径为 20～50mm 圆弧形；水落口周边半径 500mm 范围内坡度不应小于 5%。檐沟表面平整美观、线条顺直，流水通畅、无积水现象。

8. 养护

找平层铺设完成后，终凝前取出分格条，终凝后进行保湿养护，养护时间不少于 7d。

#### 30.2.1.5　质量检查

1. 找坡层

屋面找坡层质量检验项目要求和检验方法，见表 30-11。

找坡层质量检验项目要求和检验方法　　表 30-11

| 检验项目及要求 | | | 检验方法 |
|---|---|---|---|
| 主控项目 | 所用材料的质量及配合比应符合设计要求 | | 检查出厂合格证、质量检验报告和计量措施 |
| | 排水方向和坡度应符合设计要求 | | 观察检查和用坡度尺检查 |
| | 找坡层用轻骨料混凝土的强度等级应符合设计要求 | | 检查抗压强度试验报告 |
| 一般项目 | 找坡层应平整、粗糙 | | 水准仪抄测标高、目测检查 |
| | 表面平整度允许偏差 | 7mm | 2m 靠尺和塞尺检查 |

2. 找平层

屋面找平层所用材料的质量及配合比应符合设计要求，排水坡度、表面平整度、分格缝的宽度及间距等均应符合设计要求，找平层质量检验项目要求和检验方法见表 30-12。

找平层质量检验项目要求和检验方法　　表 30-12

| 检验项目及要求 | | | 检验方法 |
|---|---|---|---|
| 主控项目 | 所用材料的质量及配合比应符合设计要求 | | 检查出厂合格证、质量检验报告和计量措施 |
| | 排水方向和坡度应符合设计要求 | | 观察检查和用坡度尺检查 |
| | 找平层用水泥砂浆及混凝土的强度等级应符合设计要求 | | 检查抗压强度试验报告 |
| 一般项目 | 找平层应抹平、压光，不得有酥松、起砂、起皮现象 | | 观察检查 |
| | 找平层作为防水层基层时，基层应坚实、平整、干净、无浮灰，不得有空鼓，并符合防水材料施工对基层的要求 | | 观察检查和敲击检查 |
| | 基层与突出屋面结构的交接处和转角处，找平层应做成圆弧形，且应整齐平顺 | | 观察检查 |
| | 分格缝的宽度和间距，均应符合设计要求 | | 观察和尺量检查 |
| | 表面平整度允许偏差 | 5mm | 2m 靠尺和塞尺检查 |

### 30.2.2 隔 汽 层

隔汽层是阻止室内水蒸气渗透到保温层内的构造层，应设置在结构层上、保温层下。

**30.2.2.1 施工准备**

1. 材料

常用的隔汽材料有防水卷材、防水涂料、塑料膜等，其气密性、水密性及其他性能应符合相关标准的规定。

2. 作业条件

(1) 结构层施工完毕，经验收并办理隐蔽验收手续。

(2) 基层应坚实、平整、干净，不得有酥松、起砂、起皮等情况。

(3) 基层及四周墙根、管道根部等已清理干净，并经验收合格。

(4) 施工前，应将伸出屋面的管线、埋件及设备基础等施工完毕，位置准确、固定牢靠。

(5) 进场的防水材料应有出厂合格证、检验报告，并按规范进行抽样复试，复试合格后方可使用。

**30.2.2.2 技术要求**

(1) 隔汽层应沿周边墙面向上连续铺设，高出保温层上表面不得小于150mm。

(2) 卷材隔汽层：

1) 按屋面设计要求及卷材铺贴方向、搭接宽度放线定位，并在基层弹线试铺。基层干燥程度应根据卷材类型和铺贴方法确定。

2) 隔汽层的卷材宜采用空铺，卷材搭接缝应满粘密封严密，且不得有扭曲、皱褶和翘边。其最小厚度及搭接宽度应符合规定，见表30-13。

**卷材隔汽层最小厚度及搭接宽度** **表30-13**

| 隔汽层材料品种 | 最小厚度（mm） | 搭接宽度（mm） |
|---|---|---|
| 自粘聚合物沥青防水卷材 | 1.0 | 80 |
| 聚合物改性沥青防水卷材 | 2.0 | 100 |

(3) 涂料隔汽层

1) 双组分或多组分防水涂料配比应准确，搅拌应均匀，控制适当的稠度、黏度和固化时间。

2) 隔汽层应沿周边墙面向上连续涂刷，高出保温层上表面不得小于150mm。

(4) 塑料膜隔汽层

塑料膜参照卷材隔汽层铺设时应平整，不得有皱褶，搭接宽度不得小于50mm。

**30.2.2.3 隔汽层施工**

基层清理→管道根部固定→隔汽层铺设→检查验收。

1. 基层清理

隔汽层施工前，结构层表面应坚实、平整、干净、干燥。

2. 管道根部固定

突出或穿过屋面隔汽层的管道、管线、支架等周围应封严，转角处应无折损；隔汽层凡有缺陷或破损的部位，均应进行返修。

3. 隔汽层铺设

（1）卷材隔汽层

1）按设计要求及卷材铺贴方向、搭接宽度放线定位，并进行试铺；铺贴时应对准铺贴位置线。铺贴多跨和有高低跨的屋面时，应按先高后低、先远后近的顺序进行。

2）隔汽层卷材宜采用空铺，卷材搭接缝应满粘，搭接缝应顺流水方向。

3）屋面坡度大于25%时，卷材应采取满粘和钉压的固定措施，卷材宜平行屋脊铺贴。平行屋脊的卷材搭接缝应顺流水方向。立面或大坡面铺贴聚合物改性沥青防水卷材时，应采用满粘法，其搭接宽度不应小于80mm，并宜减少短边搭接。相邻两幅卷材短边搭接缝错开不应小于500mm。

（2）涂膜隔汽层

1）涂膜隔汽层涂布前，应将基层表面尘土、杂物清理干净，满涂一道基层处理剂。

2）涂膜隔汽层涂布时，应按设计和防水构造要求在天沟、檐沟与屋面交接处、女儿墙、变形缝两侧墙体根部等易开裂的部位铺设一层或多层带有胎体增强材料的附加层。

3）涂膜隔汽层应按先高后低、先远后近、先立面后平面进行涂布，先涂布排水比较集中的水落口、天沟、檐口等节点部位，再往上涂屋脊、天窗等。

4）为了确保涂布的厚度满足要求，涂布次数必须由两层以上涂层组成，每一涂层应涂布2～3遍，均匀涂布，达到分层涂布，多道薄涂。后一道涂布必须在前一道涂布干燥并经检验合格后方可施工。

5）喷涂速凝橡胶沥青涂料可连续喷涂，一次完成设计要求的厚度。

**30.2.2.4　质量检查**

隔汽层质量应符合设计要求，不得有破损现象，铺设应平整。隔汽层质量检验项目要求和检验方法见表30-14。

**隔汽层质量检验项目要求和检验方法　　表30-14**

| 检验项目及要求 | | 检验方法 |
|---|---|---|
| 主控项目 | 所用材料的质量应符合设计要求 | 检查出厂合格证、质量检验报告和进场检验报告 |
| | 隔汽层厚度应符合设计要求 | 尺量检查 |
| | 隔汽层不得有破损现象 | 观察检查 |
| 一般项目 | 卷材隔汽层应铺设平整，不得有扭曲、皱褶和起泡等缺陷，搭接宽度应满足规范要求，搭接缝应粘结牢固，密封严密 | 观察检查 |
| | 涂膜隔汽层应粘结牢固，表面平整，涂布均匀，不得有堆积、起泡和露底等缺陷 | 观察检查 |
| | 塑料膜、土工布铺设应平整，其搭接宽度不应小于50mm，不得有皱褶 | 观察和尺量检查 |

# 30.3 保温层和隔热层

## 30.3.1 保 温 层

### 30.3.1.1 施工准备

1. 材料品种及性能

屋面保温层按形式可分为板状材料保温层、纤维材料保温层和整体材料保温层三种。板状保温材料主要有膨胀珍珠岩制品、聚苯乙烯泡沫塑料、硬质聚氨酯泡沫塑料、泡沫玻璃制品、加气混凝土砌块、泡沫混凝土砌块等；纤维保温材料主要有玻璃棉制品、岩棉制品；整体保温材料主要有喷涂硬泡聚氨酯和现浇泡沫混凝土。

按材料性质可分为有机保温材料和无机保温材料，有机保温材料有聚苯乙烯泡沫塑料、硬泡聚氨酯，其他均为无机材料。

按吸水率可分为高吸水率和低吸水率（＜6%）保温材料。泡沫玻璃、聚苯乙烯泡沫板、硬泡聚氨酯为低吸水率材料，独立闭孔结构。

2. 作业条件

清理屋面基层表面的杂物和灰尘，结构基层表面的凹坑、裂缝应用水泥砂浆修补平整。突出屋面的管道、支架等根部，应用细石混凝土固定牢固。

板状材料保温层采用无机胶粘剂时，基层应湿润；采用有机胶粘剂时，基层应干燥。喷涂硬泡聚氨酯保温层基层的含水率应控制在9%范围内。

干铺的保温材料可在负温度下施工，用水泥砂浆粘贴的板状保温材料施工温度不宜低于5℃，喷涂硬泡聚氨酯宜为15～35℃，空气相对湿度宜小于85%，风速不宜大于三级，现浇泡沫混凝土宜为5～35℃。

### 30.3.1.2 技术要求

（1）保温层宜选用吸水率低、密度和导热系数小，并有一定强度的保温材料；屋面为停车场等高荷载情况时，应根据计算确定保温材料的强度；纤维材料做保温层时，应采取防止压缩的措施；屋面坡度超过25%时，保温层应采取防滑措施。

（2）当保温层设置在防水层下面的屋面构造中，保温层含水率较高时，应采取排汽构造措施。屋面找平层设置的分格缝可兼作排汽道，排汽道的宽度宜为40mm，排汽道应纵横贯通，并应与大气连通的排汽孔相通，排汽孔可设在檐口下或纵横排汽道的交叉处；排汽道纵横间距不宜大于6m，屋面面积每36m$^2$不宜少于一个排汽孔，排汽孔应做防水处理。

（3）倒置式屋面，保温层应采用吸水率小（体积吸水率≤3%）的闭孔材料，且长期浸水后保温材料的热阻保留率不得低于70%，如挤塑聚苯乙烯泡沫板、泡沫玻璃等，屋面排水应采用结构天沟，进入保温层内的雨水应顺坡排入天沟。保温层底面宜设置排水措施，或采用带排水槽的保温板。保温层在天沟边沿应设置带排水孔的端部堵头；天沟底防水层宜采用细石混凝土或水泥砂浆保护并找坡，纵向找坡不宜小于1%。天沟内侧防水层宜采用细石混凝土、热镀锌钢丝网水泥砂浆、砖砌体等进行保护。详细构造如图30-1

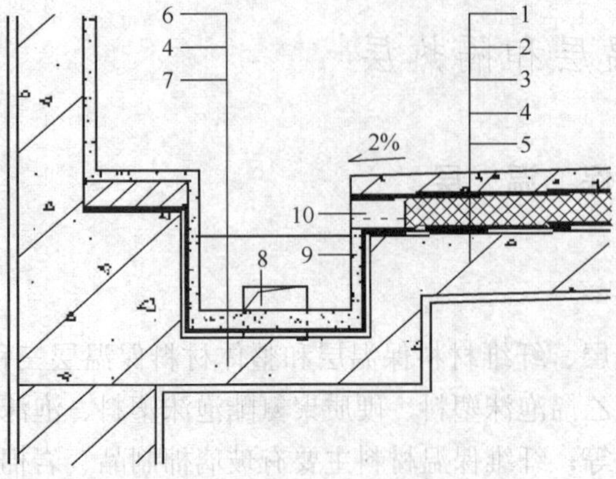


图 30-1　防水层设置在保温层下面的基本防水构造

1—细石混凝土面层；2—隔离层；3—保温层；4—防水层；5—混凝土屋面结构找坡；6—水泥砂浆或细石混凝土找坡找平；7—混凝土天沟底板；8—天沟过水孔；9—天沟侧面防水层保护层；10—保温层端部堵头

所示。

**30.3.1.3　板状材料保温层施工**

板状材料保温层工艺流程：基层清理→弹分格线→胶粘剂配制→板状保温材料铺设→检查验收。

（1）清理屋面基层表面的杂物和灰尘，结构基层表面的凹坑、裂缝应用水泥砂浆修补平整。突出屋面的管道、支架等根部，应用细石混凝土固定严密，采用无机胶粘剂时，基层应湿润，采用有机胶粘剂时，基层应干燥。

（2）在基层上弹出十字中心线，按板块尺寸和周边尺寸进行分格和控制，板缝宽度以不大于 2mm 为宜。

（3）胶粘剂应根据使用说明书的配合比配制。由专人负责，严格计量，机械搅拌均匀，一次配置量应在可操作时间内用完。拌好的胶粘剂，在静停后再使用时还需二次搅拌。

（4）粘贴板状保温材料时，应先将胶粘剂涂抹在基层上，再将板块按分线位置逐一粘严、粘牢。板状保温材料的粘接缝应挤紧拼严，不得在板块侧面涂抹胶粘剂，超过 2mm 的缝隙应采用相同材料的板条或片填塞严实。破碎不齐的板状保温材料可锯平拼接使用，或用同类材料粘贴补齐或嵌填密实后使用。

（5）采用粘接法施工时，胶粘剂应与保温材料相容；在胶粘剂固化前不得上人踩踏。

（6）设计有要求或坡度超过 25%的屋面，板状保温材料应采取固定防滑措施，选择专用螺钉和垫片，固定件与结构层之间应连接牢固。倒置式屋面的板状材料保温层的固定防滑措施，应在结构层内预埋 $\phi$12 锚筋，锚筋间距宜为 1.5m，伸出保温层长度不宜小于 25mm，并与细石混凝土保护层内钢筋网片绑牢，锚筋穿破防水层处应采用密封材料封严。

（7）屋面热桥部位如屋顶与外墙的交接处等，应按设计要求采取隔断热桥措施。

**30.3.1.4　纤维材料保温层施工**

纤维材料保温层工艺流程：基层清理→弹分格线→固定件安装→纤维保温材料铺设→检查验收。

（1）清理屋面基层表面的杂物和灰尘，修补结构基层表面的凹坑、裂缝，固定突出屋面的管道、支架等。基层应平整、干燥、干净。

（2）在基层上弹出十字中心线，按板块尺寸和周边尺寸或装配式骨架尺寸进行分格和控制。

（3）板状纤维保温材料的防滑措施宜采用带套筒的金属固定件，固定件应设在结构层上。毡状纤维保温材料应采用塑料钉，塑料钉应用胶粘剂将其与结构层粘牢。

(4) 纤维材料保温层施工时的含水率，不应大于正常施工环境湿度下的自然含水率，施工时，应避免重压，并应采取有效措施防潮。

(5) 纤维保温材料应紧靠在基层表面上，平面接缝应拼紧拼严。上下层接缝应相互错开。板状纤维保温材料用于金属压型板上面时，应采用专用螺钉和垫片将保温板与压型板固定，固定点应设在压型板的波峰上；毡状纤维保温材料用于混凝土基层上面时，应采用塑料钉先与基层粘牢，再放入保温毡，最后将塑料垫片与塑料钉热熔焊接；毡状纤维保温材料用于金属压型板的下面时，应采用不锈钢条或铝板制成的承托网，将保温毡兜住并与檩条固定。

(6) 上人屋面宜采用装配式骨架铺设纤维保温材料，先在基层上铺设保温龙骨或金属龙骨，龙骨之间应填充纤维保温材料，再在龙骨上铺钉水泥纤维板。金属龙骨和固定件应经防锈处理，金属龙骨与基层之间应采取隔热断桥措施。

(7) 屋面热桥部位（屋顶与外墙的交接处等）应按设计要求采取隔断热桥措施。

**30.3.1.5 喷涂硬泡聚氨酯保温层施工**

喷涂硬泡聚氨酯保温层工艺流程：基层清理→材料配制→现喷硬泡聚氨酯→检查验收。

(1) 清理屋面基层表面的油垢、浮灰、尘土及基层凸起物等杂物；结构基层如果出现高低茬、表面凹坑、裂缝等缺陷，应用水泥砂浆修补平整；突出屋面的管道、支架等根部，应用细石混凝土固定牢固；基层应坚实、平整、干燥、干净；基层的含水率应控制在9%范围内。

(2) 配制硬泡聚氨酯的原材料应按工艺设计配比准确计量，投料顺序不得有误，混合应均匀，热反应充分。硬泡聚氨酯喷涂前，应对喷涂设备进行调试，并应准备试样进行硬泡聚氨酯的性能检测。

(3) 喷涂硬泡聚氨酯时喷嘴与施工基面的间距应由试验确定。根据硬泡聚氨酯的设计厚度，一个作业面应分遍喷涂完成，每遍厚度不宜大于15mm，当日的作业面应当连续喷涂施工完毕。

(4) 喷施第一遍硬泡聚氨酯之后，在硬泡层内插上与设计厚度相等的标准厚度标杆，标杆间距宜为300～400mm，并呈梅花状分布，插标杆后继续喷涂施工。控制喷涂厚度刚好覆盖标杆头为止。喷涂施工结束后，应检查保温层的厚度和平整度。

(5) 对喷涂不平或保温层厚度不符合要求的部位，应及时采用相同保温材料进行修补；对保温层的平整度不符合要求的部位，可用手提刨刀进行修整，修整时散落的碎屑应清理干净。

(6) 硬泡聚氨酯表面不得长期裸露，硬泡聚氨酯喷涂完工后，应在7d内及时做水泥砂浆找平层、抗裂聚合物水泥砂浆层或防护涂料层。

(7) 硬泡聚氨酯保温工程应加强施工过程防火管理，严禁与其他施工工种同时交叉作业，材料进场过程中、喷涂过程中和裸露保温层上，严禁电焊等明火作业和切割等带电作业。

(8) 硬泡聚氨酯喷涂后20min内严禁上人。在已完成的保温层上不得直接推车和堆放重物，应垫脚手板保护。

#### 30.3.1.6　现浇泡沫混凝土保温层施工

现浇泡沫混凝土保温层工艺流程：基层清理→弹线→安装嵌缝条→泡沫混凝土制备、卸浆、输送→泡沫混凝土浇筑及养护→检查验收。

（1）应清理屋面基层表面的油污、浮尘和积水。修补基层裂缝、孔洞等缺陷部位，突出屋面的管道、支架等根部，应用细石混凝土固定牢固，屋面的管道及水落口应用塑料橡胶袋封堵密实，防止泡沫混凝土将管道堵塞。

如遇天气干燥时，应先对基层进行洒水预湿处理，至少洒水两遍，但基层表面不得有明显积水。

（2）按设计坡度及流水方向。找出屋面坡度走向，弹线确定保温层厚度范围。在分隔条位置安装嵌缝条，间距不宜大于6m，宽度宜为20～30mm，深度宜为浇筑厚度的1/3～2/3。

（3）根据设计导热系数、干密度、抗压强度等要求，试配泡沫混凝土，确定其水泥、发泡剂、水及外加剂等的掺量。根据混凝土发泡剂的配合比和生产工艺，通过发泡瓶反应罐稀释后加压配制。

（4）按设计要求的泡沫混凝土配合比，先将定量的水加入搅拌机内，再将称量好的水泥、掺加料、外加剂等投入搅拌机内，搅拌均匀，不允许有团块及大颗粒存在。将配制好的发泡浆体和水泥料浆一起混合，然后进行高速搅拌，使混合均匀，上部没有泡沫漂浮，下部没有泥浆块，稠度合适，即可形成泡沫混凝土。

（5）现场拌好的泡沫混凝土应随制随用，留置时间不宜大于30min。泡沫混凝土的浇筑出料口离基层的高度不宜超过1m。泵送时应采取低压泵送。

（6）大面积浇筑应采用分区浇筑方法，用模板将施工面分割成若干小块逐块施工，也可采用分段分层、全面分层的浇筑方法。泡沫混凝土应分层浇筑，一次浇筑厚度不宜超过200mm，以免下部泡沫混凝土浆体承压过大而破泡，待其初凝后，可进行下一层的浇筑。

（7）浇筑第一层泡沫混凝土之后，在泡沫混凝土层内插上与设计厚度相等的标准厚度标杆，标杆间距宜为600～800mm，并呈梅花状分布，插标杆后继续浇筑泡沫混凝土，控制浇筑厚度至刚好覆盖标杆头为止。

（8）浇筑过程中，应随时检查泡沫混凝土的湿密度。浇筑完成后，应及时检查泡沫混凝土保温层的厚度和平整度。保温层的厚度和平整度不符合要求时，应及时用相同的保温材料进行修整。

（9）泡沫混凝土浇筑后应及时进行保湿养护，保湿养护可采用洒水、覆盖等方式。对采用硅酸盐水泥、普通硅酸盐水泥或矿渣水泥配制的混凝土，养护时间不得少于7d；对采用有外加剂或矿物掺合料配制的泡沫混凝土，养护时间不得少14d。泡沫混凝土养护期间，不得在其上踩踏及堆放物品。

#### 30.3.1.7　质量检查

（1）保温层质量检验项目、要求和检验方法见表30-15。

**保温层质量检验项目、要求和检验方法** **表 30-15**

| 类别 | 检验项目及要求 | | 检验方法 |
|---|---|---|---|
| 板状保温材料 | 主控项目 | 板状保温材料的质量，应符合设计要求 | 检查出厂合格证、质量检验报告和进场检验报告 |
| | | 板状材料保温层的厚度应符合设计要求，其正偏差应不限，负偏差应为5%，且不得大于4mm | 钢针插入和尺量检查 |
| | | 屋面热桥部位处理应符合设计要求 | 观察检查 |
| | 一般项目 | 板状保温材料铺设应紧贴基层，应铺平垫稳，拼缝应严密，粘贴应牢固 | 观察检查 |
| | | 固定件的规格、数量和位置均应符合设计要求；垫片应与保温层表面齐平 | 观察检查 |
| | | 板状材料保温层表面平整度的允许偏差为5mm | 2m靠尺和塞尺检查 |
| | | 板状材料保温层接缝高低差的允许偏差为2mm | 直尺和塞尺检查 |
| 纤维材料保温层 | 主控项目 | 纤维保温材料的质量，应符合设计要求 | 检查出厂合格证、质量检验报告和进场检验报告 |
| | | 纤维材料保温层的厚度应符合设计要求，其正偏差应不限，毡不得有负偏差，板负偏差应为4%，且不得大于3mm | 钢针插入和尺量检查 |
| | | 屋面热桥部位处理应符合设计要求 | 观察检查 |
| | 一般项目 | 纤维保温材料铺设应紧贴基层，拼缝应严密，表面应平整 | 观察检查 |
| | | 固定件的规格、数量和位置应符合设计要求；垫片应与保温层表面齐平 | 观察检查 |
| | | 装配式骨架和水泥纤维板应铺钉牢固，表面应平整；龙骨间距和板材厚度应符合设计要求 | 观察和尺量检查 |
| | | 具有抗水蒸气渗透外覆面的玻璃棉制品，其外覆面应朝向室内，拼缝应用防水密封胶带封严 | 观察检查 |
| 喷涂硬泡聚氨酯保温层 | 主控项目 | 喷涂硬泡聚氨酯所用原材料的质量及配合比，应符合设计要求 | 检查原材料出厂合格证、质量检验报告和计量措施 |
| | | 喷涂硬泡聚氨酯保温层的主要性能应符合设计要求 | 检验报告 |
| | | 喷涂硬泡聚氨酯保温层的厚度应符合设计要求，其正偏差应不限，不得有负偏差 | 钢针插入和尺量检查 |
| | | 屋面热桥部位处理应符合设计要求 | 观察检查 |
| | 一般项目 | 喷涂硬泡聚氨酯应分遍喷涂，粘结应牢固，表面应平整，找坡应正确 | 观察检查 |
| | | 喷涂硬泡聚氨酯保温层表面平整度的允许偏差为5mm | 2m靠尺和塞尺检查 |

续表

| 类别 | | 检验项目及要求 | 检验方法 |
|---|---|---|---|
| 现浇泡沫混凝土保温层 | 主控项目 | 现浇泡沫混凝土所用原材料的质量及配合比，应符合设计要求 | 检查原材料出厂合格证、质量检验报告和计量措施 |
| | | 现浇泡沫混凝土保温层的主要性能应符合设计要求 | 检验报告 |
| | | 现浇泡沫混凝土保温层的厚度应符合设计要求，其正负偏差应为5%，且不得大于5mm | 钢针插入和尺量检查 |
| | | 屋面热桥部位处理应符合设计要求 | 观察检查 |
| | 一般项目 | 现浇泡沫混凝土应分层施工，粘结应牢固，表面应平整，找坡应正确 | 观察检查 |
| | | 现浇泡沫混凝土不得有贯通性裂缝，以及疏松、起砂、起皮现象 | 观察检查 |
| | | 现浇泡沫混凝土保温层表面平整度的允许偏差为5mm | 2m靠尺和塞尺检查 |

（2）屋面保温材料进场检验项目见表30-16。

**屋面保温材料进场检验项目　　表30-16**

| 序号 | 材料名称 | 组批及抽样 | 外观质量检验 | 材料性能检验 | 标准及试验方法 |
|---|---|---|---|---|---|
| 1 | 模塑聚苯乙烯泡沫塑料 | 同规格按1000m² 为一批，不足1000m² 的按一批计。<br>在每批产品中随机抽取20块进行规格尺寸和外观检验。从规格尺寸和外观质量检验合格的产品中，随机取样进行物理性能检验 | 色泽均匀，阻燃型应掺有颜色的颗粒；表面平整，无明显收缩变形和膨胀变形；熔结良好；无明显油渍和杂质 | 表观密度、压缩强度、导热系数、尺寸稳定性、吸水率、燃烧性能 | 《绝热用模塑聚苯乙烯泡沫塑料(EPS)》GB/T 10801.1 |
| 2 | 挤塑聚苯乙烯泡沫塑料 | 同类型、同规格按1000m² 为一批，不足1000m² 的按一批计。<br>在每批产品中随机抽取10块进行规格尺寸和外观质量检验。从规格尺寸和外观质量检验合格的产品中，随机取样进行物理性能检验 | 表面平整，无夹杂物，颜色均匀；无明显起泡、裂口、变形 | 压缩强度、吸水率、绝热性能、尺寸稳定性、燃烧性能 | 《绝热用挤塑聚苯乙烯泡沫塑料(XPS)》GB/T 10801.2 |
| 3 | 石墨改性模塑聚苯乙烯泡沫塑料板 | 同配比、同工艺、同类型、同规格按屋面面积1000m² 为一批，每天产量至少为一批。在每批产品中随机抽取20块进行尺寸偏差和外观检验。从检验合格的产品中，随机取样进行材料性能检验 | 表面平整，色泽均匀、无油渍、杂质和破损 | 表观密度、压缩强度、导热系数、尺寸稳定性、吸水率、熔结性、燃烧性能 | 《建筑绝热用石墨改性模塑聚苯乙烯泡沫塑料板》JC/T 2441 |

续表

| 序号 | 材料名称 | 组批及抽样 | 外观质量检验 | 材料性能检验 | 标准及试验方法 |
|---|---|---|---|---|---|
| 4 | 硬质聚氨酯泡沫塑料 | 同原料、同配方、同工艺条件按1000m² 为一批，不足1000m² 的按一批计。<br>在每批产品中随机抽取10块进行规格尺寸和外观检验。从规格尺寸和外观检验合格的产品中，随机取样进行物理性能检验 | 表面平整，无严重凹凸不平 | 芯密度、压缩强度、导热系数、尺寸稳定性、吸水率、燃烧性能 | 《建筑绝热用硬质聚氨酯泡沫塑料》GB/T 21558、《绝热用聚异氰脲酸酯制品》GB/T 25997、《喷涂聚氨酯硬泡体保温材料》JC/T 998 |
| 5 | 泡沫玻璃绝热制品 | 同品种、同规格按屋面面积1000m² 为一批，不足1000m² 的按一批计。<br>在每批产品中随机抽取6个包装箱，每箱各抽1块进行规格尺寸和外观质量检验。从规格尺寸和外观质量检验合格的产品中，随机取样进行物理性能检验 | 垂直度、最大弯曲度、缺棱、缺角、孔洞、裂纹 | 体积密度、抗压强度、体积吸水率、导热系数 | 《泡沫玻璃绝热制品》JC/T 647 |
| 6 | 纤维保温材料 | 同原料、同工艺、同品种、同规格按屋面面积1000m² 为一批，不足1000m² 的按一批计。<br>在每批产品中随机抽取6个包装箱或卷进行规格尺寸和外观质量检验。从规格尺寸和外观质量检验合格的产品中，抽取1个包装箱或卷进行物理性能检验 | 表面平整，无妨碍使用的伤痕、污迹、破损，覆层与基材粘贴平整牢固 | 表观密度、导热系数、燃烧性能、甲醛释放量、抗压强度、质量吸湿率、憎水率 | 《建筑绝热用玻璃棉制品》GB/T 17795、《建筑用岩棉绝热制品》GB/T 19686 |
| 7 | 金属面绝热夹芯板 | 同原料、同生产工艺、同厚度按屋面面积1000m² 为一批，不足1000m² 的按一批计。<br>在每批产品中随机抽取5块进行规格尺寸和外观质量检验，从规格尺寸和外观质量检验合格的产品中，随机抽取3块进行物理性能检验 | 表面平整，无明显凹凸、翘曲、变形；切口平直、切面整齐，无毛刺；芯板切面整齐，无剥落 | 传热系数、粘结性能、剥离性能、抗弯承载力、防火性能 | 《建筑用金属面绝热夹芯板》GB/T 23932 |

## 30.3.2 种植隔热层

### 30.3.2.1 施工准备

屋面防水层应满足防水等级为Ⅰ级的设防要求，且上面应采用耐根穿刺防水材料或其他阻根措施。种植隔热层施工应在屋面防水层和保温层施工验收合格后进行，并应对已完的屋面防水层进行雨后或持续淋水2h后检查，有条件的进行蓄水试验，蓄水时间不少于24h，不得有渗漏。

根据设计图纸做好人行通道、挡墙、种植区的测量放线工作。

施工所需的排（蓄）水材料、过滤材料、种植土等应按照规定抽样复验，并提供检验

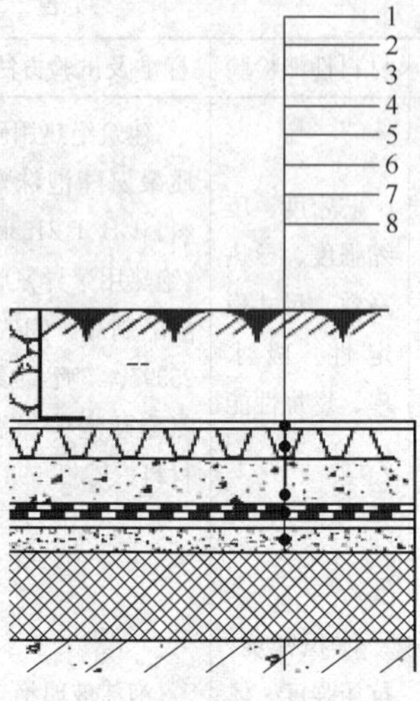

图 30-2　种植隔热层构造层次
1—种植土层；2—过滤层；3—排(蓄)水层；4—保护层；5—防水层；6—找平层；7—保温层；8—结构层

报告。

雨天、雪天和五级风及以上时不得施工。

**30.3.2.2　技术要求**

种植隔热层的构造层次应包括植被层、种植土层、过滤层和排（蓄）水层等，种植隔热层构造层次见图 30-2。

种植屋面应有 2%～3%的排水坡度。屋面四周应设混凝土或砖砌挡墙，挡墙下部应设泄水孔，孔内侧放置疏水粗细骨料或铺聚酯无纺布过滤层，以免种植介质流失。排水层应与排水系统相通，并保持排水畅通。

种植隔热层与防水层之间宜设保护层。如采用碎（卵）石、陶粒排水层，一般应在防水层上增设水泥砂浆或细石混凝土保护层；如采用塑料排水层，一般不设任何保护层。

种植隔热层所用材料及植物等应与当地气候条件相适应，并应符合环境保护要求，种植隔热层宜根据植物种类及环境布局的需要进行分区布置，分区布置应设挡墙或挡板。

排水层材料应根据屋面功能及环境、经济条件等进行选择；过滤层宜采用 200～400g/m² 的土工布，过滤层应沿种植土周边向上铺设至种植土高度。

种植土四周应设挡墙，挡墙下部应设泄水孔，并应与排水出口连通。

种植土应根据种植植物的要求选择综合性能良好的材料；种植土厚度应根据不同种植土和植物种类等确定。

种植隔热层的屋面坡度大于 20%时，其排水层、种植土应采取防滑措施。

种植土应根据种植植物的要求选择综合性能良好的材料；种植土厚度应根据不同种植土和植物种类等确定。

**30.3.2.3　施工工艺**

施工工艺流程：基层清理→人行通道及挡墙施工→排（蓄）水层铺设→过滤层铺设→种植土层铺设→植被层施工→检查验收。

（1）防水层或保护层上的垃圾及杂物应清理干净，保护层的铺设不应改变屋面排水坡度。

（2）人行通道及挡墙施工：

1）种植屋面上的种植介质四周应设分区挡墙，挡墙上部加盖走道板，板宽宜为 500mm，挡墙下部应设泄水孔。泄水孔周边应堆放过水的卵石，泄水孔处采用钢丝网片拦截。

2）砖砌挡墙的高度应比种植介质面高 100mm。距挡墙底部高 100mm 处按设计留设泄水孔，泄水孔的尺寸（宽×高）宜为 20mm×60mm，泄水孔中距宜为 750～1000mm。

3）采用预制槽形板作为分区挡墙和走道板，应符合有关设计要求。为防止种植介质流失，走道板板肋根部的泄水孔处应设滤水网。滤水网可用塑料网、塑料多孔板或环氧树脂涂覆的钢丝网制作，用水泥砂浆固定。

（3）排水层施工应符合下列要求：

1）陶粒或卵石的粒径不应小于 25mm，含泥量不应大于 1%，排水层应铺设平整、厚度均匀。

2）带支点塑料板应铺设平整，塑料板的支点应向上，塑料板的搭接宽度不应小于100mm。

3）挡墙泄水孔不得堵塞。

（4）种植隔热层与防水层之间应设细石混凝土保护层。种植介质的施工应避免损坏防水层；覆盖材料的表观密度、厚度应按设计的要求选用。

（5）过滤层土工布应沿种植介质周边向上铺设至种植介质高度，并与挡土墙（板）粘牢；土工布的搭接宽度不应小于100mm，接缝宜采用粘合或缝合。

（6）在种植土与女儿墙、屋面凸起结构、周边泛水之间及檐口、排水口等部位，应设置300～500mm宽的卵石缓冲带。种植土进场后不得集中堆放，铺设应均匀摊平、分层踏实，厚度500mm以下的种植土不得采用机械回填。种植土的厚度及自重应符合设计要求。种植土表面应低于挡墙高度100mm。摊铺后的种植土表面应采取覆盖或洒水措施防止扬尘。

**30.3.2.4 细部做法**

（1）种植屋面的女儿墙、周边泛水部位和屋面檐口部位，应设置缓冲带，其宽度不应小于300mm。缓冲带可结合卵石带、园路或排水沟等设置，如图30-3所示。

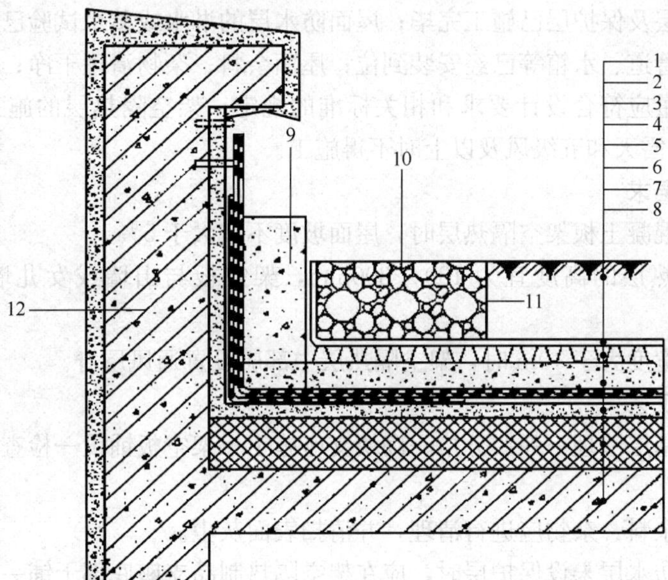


图30-3 女儿墙（立墙）泛水

1—种植土层；2—过滤层；3—排（蓄）水层；4—保护层；5—防水层；6—找平层；7—保温层；8—结构层；9—挡墙；10—卵石缓冲带；11—挡土板；12—女儿墙（立墙）

（2）种植屋面防水层的泛水高度高出种植土不应小于250mm；地下建筑顶板防水层的泛水高度高出种植土不应小于500mm。

（3）竖向穿过屋面的管道，应在结构层内预埋套管，套管高出种植土不应小于250mm。

（4）屋面变形缝上不应种植，变形缝墙应高于种植土，可铺设盖板作为园路。

#### 30.3.2.5 质量检查

种植隔热层质量检验项目、要求和检验方法见表 30-17。

种植隔热层质量检验项目、要求和检验方法 表 30-17

| 检验项目及要求 | | 检验方法 |
|---|---|---|
| 主控项目 | 种植隔热层所用材料的质量，应符合设计要求 | 检查出厂合格证和质量检验报告 |
| | 排水层应与排水系统连通 | 观察检查 |
| | 挡墙或挡板泄水孔的留设应符合设计要求，并不得堵塞 | 观察和尺量检查 |
| 一般项目 | 碎（卵）石、陶粒应铺设平整、均匀，厚度应符合设计要求 | 观察和尺量检查 |
| | 排水板应铺设平整，接缝方法应符合国家现行有关标准的规定 | 观察和尺量检查 |
| | 过滤层土工布应铺设平整、接缝严密，其搭接宽度的允许偏差为－10mm | 观察和尺量检查 |
| | 种植土应铺设平整、均匀，其厚度的允许偏差为±5%，且不得大于30mm | 尺量检查 |

### 30.3.3 架空隔热层

#### 30.3.3.1 施工准备

屋面的防水层及保护层已施工完毕；屋面防水层的淋水或蓄水试验已完成，并检验合格；屋顶设备、管道、水箱等已经安装到位；屋面余料、杂物清理干净；砌块及架空隔热制品的规格、质量应符合设计要求和相关标准的规定；架空隔热层的施工环境温度宜为5～35℃；雨天、雪天和五级风及以上时不得施工。

#### 30.3.3.2 技术要求

（1）当采用混凝土板架空隔热层时，屋面坡度不宜大于5%。

（2）架空隔热层的高度宜为180～300mm，架空板与山墙或女儿墙的距离不应小于250mm。

（3）当屋面宽度大于10m时，架空隔热层中部应设置通风屋脊。

#### 30.3.3.3 施工工艺

工艺流程：基层清理→弹线分格→砌块支座施工→架空板铺设→检查验收。

1. 基层清理

（1）对屋面余料、杂物应进行清理，并清扫表面灰尘。

（2）当屋面防水层未设保护层时，应在架空隔热制品支座底部干铺一层卷材，且伸出支座周边宜为100～150mm。

2. 弹线分格

（1）根据设计要求，按架空隔热制品的平面布置和架空板的尺寸弹出支座中心线。

（2）架空板与山墙或女儿墙的距离不应小于250mm。

（3）当屋面宽度大于10m时，架空隔热层中部应设置通风屋脊。

（4）架空板应按设计要求设置伸缩缝，如设计无要求，伸缩缝间距不宜大于12m，伸缩缝宽度宜为15～20mm。

3. 砌块支座施工

（1）砌块支座施工应满足砌体工程施工规范要求。

（2）支座高度应根据屋顶的通风条件确定。如设计无要求，支座高度宜为180～300mm。

（3）砌块支座可采用支墩或条墙，支座的间距偏差不得大于10mm。

（4）砌块条墙应根据该地区夏季主导风向布置。

（5）支座施工完毕，应及时清理落地灰和砌块碴，架空层中不得堵塞。

4. 铺设架空板

（1）架空板坐浆必须饱满，铺设应平整、稳固，板缝应嵌填密实。

（2）横向拉线，纵向用靠尺，控制好板缝的顺直、板面的坡度和平整度，相邻两块架空板的高低差不得大于3mm。

（3）铺设架空板时，应及时清理所生成的落地灰。

（4）架空板铺设完毕，应进行1～2d的养护，待砂浆强度达到设计要求后，方可上人走动。

**30.3.3.4 质量检查**

架空隔热层质量检验项目、要求和检验方法见表30-18。

**架空隔热层质量检验项目、要求和检验方法** **表30-18**

| 检验项目及要求 | | 检验方法 |
|---|---|---|
| 主控项目 | 架空隔热制品的质量，应符合设计要求 | 检查材料或构件合格证和质量检验报告 |
| | 架空隔热制品的铺设应平整、稳固，缝隙勾填应密实 | 观察检查 |
| 一般项目 | 架空隔热制品距山墙或女儿墙不得小于250mm | 观察和尺量检查 |
| | 架空隔热层的高度及通风屋脊、变形缝做法，应符合设计要求 | 观察和尺量检查 |
| | 架空隔热制品接缝高低差的允许偏差为3mm | 直尺和塞尺检查 |

## 30.3.4 蓄水隔热层

**30.3.4.1 施工准备**

蓄水隔热层施工应在屋面防水层和保温层施工验收合格后进行，并应对已完的屋面防水层进行试验，平屋面蓄水48h，坡屋面淋水3h，不得有渗漏；防水混凝土和防水砂浆的配合比应经试验确定，并应做到计量准确；防水混凝土和防水砂浆施工环境气温宜为5～35℃；雨天、雪天和五级风及以上时不得施工。

**30.3.4.2 技术要求**

（1）蓄水隔热层不宜在寒冷地区、地震设防地区和振动较大的建筑物上采用。

（2）蓄水隔热层的蓄水池应采用强度等级不低于C25、抗渗等级不低于P6的现浇防水混凝土，蓄水池内宜采用20mm厚防水砂浆抹面。

（3）蓄水隔热层的排水坡度不宜大于0.5%。

（4）蓄水隔热层应划分为若干蓄水区，每区的边长不宜大于10m，在变形缝的两侧应分成两个互不连通的蓄水区。长度超过40m的蓄水隔热层应分仓设置，分仓隔墙可采用现浇混凝土或砌体。

（5）蓄水池应设溢水口、排水管和给水管，排水管应与排水出口连通。

(6) 蓄水池溢水口距分仓墙顶面的高度不得小于100mm。

(7) 蓄水池应设置人行通道。

#### 30.3.4.3　施工工艺

工艺流程：基层清理→弹线分仓→防水混凝土施工→防水砂浆施工→蓄水试验→检查验收。

(1) 将防水层上的杂物和尘土清理干净。防水层上应铺抹10mm厚低强度等级砂浆做隔离层，隔离层不得有破损和漏铺现象。

(2) 蓄水池施工时，所设置的给水管、排水管和溢水管等均应与池身同步施工。

(3) 每个蓄水区的防水混凝土应一次浇筑完毕，不得留施工缝。

(4) 防水混凝土应用机械振捣密实，表面应抹平和压光，初凝后应覆盖养护，终凝后浇水养护不得少于14d；蓄水后不得断水。

1) 水泥砂浆防水层的基层应平整、坚实、清洁，并应充分湿润，无明水；基层表面的孔洞、缝隙，应采用与防水层相同的水泥砂浆堵塞并抹平。

2) 水泥砂浆防水层应分层铺抹，各层应紧密结合，每层宜连续施工；铺抹时应压实抹平，最后一层表面应提浆压光。

3) 水泥砂浆终凝后应及时进行养护，养护时间不得少于14d；聚合物水泥砂浆硬化后应采用干湿交替的养护方法。

(5) 蓄水池应在混凝土和砂浆养护结束后进行蓄水试验，蓄水至设计规定高度，蓄水48h后观察检查，发现有渗漏部位应及时治理。

#### 30.3.4.4　细部做法

(1) 蓄水隔热层与屋面防水层之间应设隔离层。

(2) 蓄水隔热层的溢水口管顶距分仓墙顶面应不小于100mm，见图30-4；分仓缝内应嵌填泡沫塑料，上部用卷材封盖，然后加扣混凝土盖板，见图30-5。

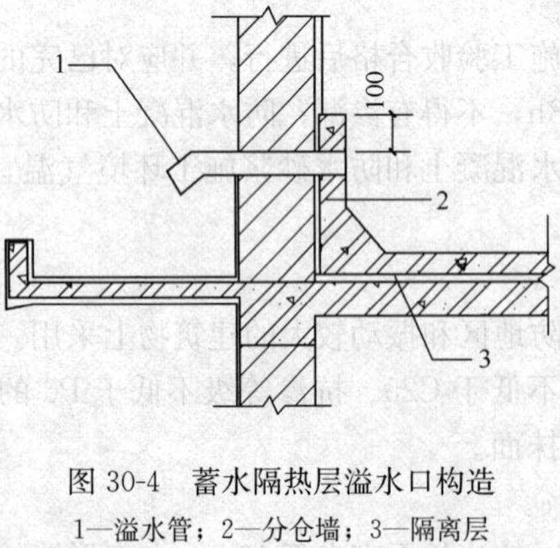


图30-4　蓄水隔热层溢水口构造

1—溢水管；2—分仓墙；3—隔离层

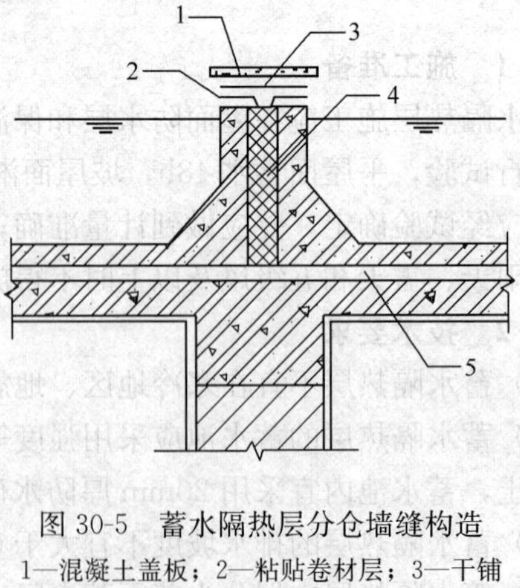


图30-5　蓄水隔热层分仓墙缝构造

1—混凝土盖板；2—粘贴卷材层；3—干铺卷材层；4—泡沫塑料；5—隔离层

#### 30.3.4.5　质量检查

蓄水隔热层质量检验项目、要求和检验方法见表30-19。

蓄水隔热层质量检验项目、要求和检验方法 表 30-19

| 检验项目及要求 | | 检验方法 |
|---|---|---|
| 主控项目 | 防水混凝土所用材料的质量及配合比，应符合设计要求 | 检查出厂合格证、质量检验报告、进场检验报告和计量措施 |
| | 防水混凝土的抗压强度和抗渗性能，应符合设计要求 | 检查混凝土抗压和抗渗试验报告 |
| | 蓄水池不得有渗漏现象 | 蓄水至规定高度观察检查 |
| 一般项目 | 防水混凝土表面应密实、平整，不得有蜂窝、麻面、露筋等缺陷 | 观察检查 |
| | 防水混凝土表面的裂缝宽度不应大于 0.2mm，并不得贯通 | 刻度放大镜检查 |
| | 蓄水池上所留设的溢水口、过水孔、排水管、溢水管等，其位置、标高和尺寸均应符合设计要求 | 观察和尺量检查 |
| | 蓄水池结构的允许偏差和检验方法应符合表 30-20 的规定 | |

蓄水池结构的允许偏差和检验方法见表 30-20。

蓄水池结构的允许偏差和检验方法 表 30-20

| 项目 | 允许偏差（mm） | 检验方法 |
|---|---|---|
| 长度、宽度 | +15，−10 | 尺量检查 |
| 厚度 | ±5 | |
| 表面平整度 | 5 | 2m 靠尺和塞尺检查 |
| 排水坡度 | 符合设计要求 | 坡度尺检查 |

## 30.4 防水层与接缝密封

### 30.4.1 卷材防水

#### 30.4.1.1 施工准备

防水卷材施工前应编制施工方案或技术措施。与防水层相关的各构造层验收合格符合设计要求，屋面各种设备的基础、排水管，伸出的管道、各种预埋管等安装完毕。

屋面基层应坚实、平整、干净、干燥，不得有酥松、起砂、起皮现象。

屋面基层的排水坡度应符合设计要求。

封闭式保温层或保温层干燥有困难的卷材屋面，可采用排汽构造措施。

防水施工人员应经过理论与实际操作的培训，并持上岗证。

热熔卷材施工前应申请明火作业报告，经批准后方可施工。施工现场不得有电焊或其他明火作业。

雨天、雪天和五级风及以上时不得施工作业。

### 30.4.1.2 技术要求

1. 防水卷材施工方法的选用

防水卷材的铺贴方法、搭接方法与材料的性能以及基层情况有关，同一材料不同生产厂商的工艺要求也有所不同，因此，除了参考表 30-21 的方法外，尚应符合生产厂商的工艺要求。

防水卷材的铺贴方法、搭接方法选用　表 30-21

| 材料类型 | 与基层固定方法 | 卷材搭接方法 | 说明 |
|---|---|---|---|
| 热熔型改性沥青防水卷材 | 热熔粘贴、热沥青涂料粘结 | 热熔搭接 | 卷材主要指 SBS、APP 改性沥青防水卷材，热沥青胶结料包括非固化改性沥青防水涂料 |
| 自粘改性沥青防水卷材 | 自粘粘贴、热沥青涂料粘结 | 自粘搭接 | 有胎及无胎的自粘改性沥青防水卷材。当气温较低时，应采用热风或喷火枪辅助搭接 |
| 湿铺改性沥青防水卷材 | 素水泥净浆、水泥砂浆、聚合物水泥防水砂浆 | 自粘搭接 | 有胎及无胎的湿铺改性沥青防水卷材。当气温较低时，应采用热风或喷火枪辅助搭接 |
| 单层卷材防水屋面用改性沥青卷材 | 空铺机械固定 | 热风焊接、热熔搭接 | 不得直接在绝热层表面采用热熔法施工 |
| 胶粘法粘结防水卷材 | 胶粘剂 | 胶粘剂、丁基搭接胶带、胶粘剂＋密封胶 | 卷材主要指普通三元乙丙、硫化或非硫化氯化聚乙烯、硫化型橡胶共混防水卷材。搭接用材料由卷材生产厂商配套提供 |
| 聚氯乙烯（PVC）、热塑性聚烯烃（TPO）、可焊接三元乙丙（EPDM）防水卷材 | 空铺机械固定、空铺压置、胶粘剂 | 热风焊接 | 可用于单层卷材防水屋面，也可用于一般建筑防水。采用不同固定方法时，应采用相应型号的卷材 |

2. 卷材防水层基层

（1）基层应坚实，无空鼓、起砂、裂缝、松动和凹凸不平等影响防水层施工质量的缺陷，否则需要用水泥砂浆进行修补平整，必要时应凿除基层重新进行找平。混凝土屋面表面建议采用随捣随抹的方法找平，防水层直接施工在坚实的混凝土表面，可以减少窜水现象。对于不符合防水材料基层平整度要求的混凝土表面，可以进行局部水泥砂浆修整，也可用水泥砂浆或聚合物水泥防水砂浆进行找平。

平整的基层，为防水卷材与基层的粘结提供了更可靠的粘结面，同时也是防止了因基面不平而产生积水的现象。基层平整度用 2m 靠尺和塞尺检查，允许偏差不大于 5mm，允许平缓变化，但每米长度内不得多于一处。

（2）基层的含水率应满足防水材料工艺要求，含水率应采用检测仪进行检测。检测仪检测时，应注意不要在太阳高温下检测，以免出现表面干燥而实际整体含水率偏高的现象。简易方法可采用 $1m^2$ 卷材平坦地干铺在找平层上，静置 3～4h 后掀开检查，找平层覆盖部位未见水印可以认为符合要求的检验方法。由于受找平层下面保温层或吸水性找坡层的含水率影响，即使通过以上方法检测找平层表面含水率已满足施工要求，但在太阳高温下，保温层中的水分会透过找平层，凝结在防水层与找平层界面，在高蒸汽压的作用下，使防水层出现起鼓现象，因此，保温层或找坡层含水率较高时应设置排汽构造。

（3）为使防水卷材在直角阴角处便于铺设和不被折断，在阴角部位宜做成圆弧。圆弧大小与卷材的厚度有关，聚合物改性沥青防水卷材圆弧半径宜为 50mm，橡胶类、塑料类高分子防水卷材胶粘法粘铺时，圆弧半径宜为 20mm。其他防水卷材没有需要圆弧处理时，可以不做圆弧。管根部位也相同，当防水卷材在该部位可以做到质量保证时，可以不做圆弧处理。

3. 施工环境条件

卷材防水工程施工环境气温要求见表 30-22。

**卷材防水工程施工环境气温要求** **表 30-22**

| 材料类型 | 铺贴或搭接方法 | 施工环境最低气温要求 |
|---|---|---|
| 聚合物改性沥青防水卷材 | 热熔法施工 | −10℃ |
| | 热粘法施工 | +5℃ |
| 自粘改性沥青防水卷材 | 自粘铺贴；自粘搭接 | +10℃ |
| | 湿铺法铺贴；自粘搭接 | +10℃ |
| 橡胶类高分子防水卷材 | 胶粘法铺贴；胶粘法搭接或胶带搭接 | +5℃ |
| 塑料类高分子防水卷材 | 空铺；热焊接法 | −10℃ |
| | 胶粘法铺贴；热焊接法 | +5℃ |

4. 卷材防水施工

（1）防水附加层

大面防水施工前，先要对需要加强的节点部位进行单独的防水处理。屋面主要的节点有水落口、管根、墙根、排气烟道根部等，屋面需要加强防水的部位主要有变形缝、天沟、瓦屋面的阴脊排水部位等。

（2）基层处理剂

基层处理剂是为了改善和提高卷材与基层的结合效果，在防水层施工前涂布在基层表面的一道工序。不是所有的防水卷材都需要采用基层处理剂进行基层处理，也不是所有基面都需要涂刷基层处理剂。不同的卷材在不同基层上施工时，所选用的处理剂也不相同。譬如，有解决与光滑金属粘结的基层处理剂，有封闭基层水分的基层处理剂，有提高基层强度的基层处理剂，还有改善低温条件施工粘结强度的基层处理剂等。涂刷或喷涂基层处理剂前要检查找平层的质量和干燥程度，并清扫干净，符合要求后才可进行。基层处理剂可采用喷涂或涂刷的方法进行，屋面节点、周边、转角等部位应采用毛刷施工。基层处理剂由材料生产厂家配套提供，使用方法与用量应符合基层处理剂说明要求。当基层的强度和条件符合卷材粘结要求时，可以不涂布专用基层处理剂。

（3）铺贴方向

卷材的铺贴方向应根据屋面坡度和屋面是否有振动来确定。当屋面坡度小于 3%时，卷材宜平行于屋脊铺贴；屋面坡度在 3%～15%时，卷材可平行或垂直屋脊铺贴；屋面坡度大于15%或受振动时，聚合物改性沥青类防水卷材和合成高分子类防水卷材可根据屋面坡度、屋面是否受振动、防水层的粘结方式、粘结强度、是否机械固定等因素综合考虑采用平行或垂直屋脊铺贴。上下层卷材不得相互垂直铺贴。屋面坡度大于25%时，卷材宜垂直屋脊方向铺贴，并应采取防止卷材下滑的固定措施，固定点应密封。

（4）施工顺序

由屋面最低标高处向上施工，先细部后整体。铺贴天沟、檐沟卷材时，宜顺天沟、檐口方向，减少搭接。铺贴多跨和有高低跨的屋面时，应按先高后低、先远后近的顺序进行。大面积屋面施工时，为提高工效和加强管理，可根据面积大小、屋面形状、施工工艺顺序、人员数量等因素划分施工流水段。流水段的界线宜设在屋脊、天沟、变形缝等处。

（5）搭接方法及宽度

铺贴卷材应采用搭接法，上下层及相邻两幅卷材的搭接缝应错开。平行屋脊的搭接缝应顺流水方向搭接；垂直于屋脊的搭接缝应顺年最大频率风向（主导风向）搭接。

叠层铺设的各层卷材，在天沟与屋面的交接处应采用叉接法搭接，搭接缝应错开；接缝宜留在屋面或天沟侧面，不宜留在沟底。

坡度超过25%的拱形屋面和天窗下的坡面上，应尽量避免短边搭接，如必须短边搭接时，在搭接处应采取防止卷材下滑的措施。如预留凹槽，卷材嵌入凹槽并用压条固定密封。

聚合物改性沥青卷材及合成高分子卷材的搭接缝，宜用与其材性相容的密封材料封严。上下层及相邻两幅卷材的搭接缝应错开，同一层相邻两幅卷材短边搭接缝错开应不小于500mm，上下层卷材长边搭接缝错开应不小于幅宽1/3。各种防水卷材的搭接宽度应符合表30-23的要求。

**防水卷材搭接宽度（mm）**　　**表30-23**

<table>
<tr><th>卷材品种</th><th colspan="2">搭接方法</th><th>搭接宽度</th></tr>
<tr><td>聚合物改性沥青防水卷材</td><td colspan="2">热熔、热粘、胶粘</td><td>100</td></tr>
<tr><td>自粘聚合物改性沥青防水卷材</td><td colspan="2">自粘</td><td>80</td></tr>
<tr><td>湿铺防水卷材</td><td colspan="2">自粘</td><td>80</td></tr>
<tr><td rowspan="2">三元乙丙橡胶防水卷材</td><td colspan="2">胶粘剂、粘结料</td><td>100</td></tr>
<tr><td colspan="2">胶粘带、自粘胶</td><td>80</td></tr>
<tr><td>聚氯乙烯（PVC）防水卷材</td><td rowspan="2">热风焊接</td><td>单焊缝</td><td>60，有效焊接宽度不小于25</td></tr>
<tr><td>热塑性聚烯烃（TPO）防水卷材</td><td>双焊缝</td><td>80，有效焊接宽度10×2+空腔宽度</td></tr>
</table>

（6）卷材与基层的粘贴方法

可分为满粘法、条粘法、点粘法和空铺法等形式，除单层防水卷材屋面外，其他防水卷材屋面施工宜采用满粘法。当防水层上有重物覆盖或基层变形较大的情况下，为防止基层变形拉裂卷材防水层，可选用空铺法、点粘法、条粘法和机械固定法，设计中应确定适用的工艺方法。

**30.4.1.3　热熔法施工**

热熔法施工主要是指弹性体（SBS）改性沥青防水卷材、塑性体（APP）改性沥青防水卷材、聚乙烯胎改性沥青防水卷材等厚质改性沥青卷材的铺贴施工方法，这些卷材除了采用热熔法施工外，还可以采用改性沥青涂料粘结等方法铺贴施工。

1. 工艺流程

基层清理→节点加强处理→涂刷基层处理剂→定位弹线→热熔铺贴卷材→热熔封边→检查验收。

2. 基层处理剂施工

基层处理剂宜选用厂家配套供应产品，并按厂家使用说明施工。

改性沥青防水卷材基层处理剂通常采用冷底子油，冷底子油有溶剂型和水性之分，溶剂型一般用汽油作溶剂，挥发干燥速度快，是一种自行配制的传统处理剂，对环境有污染，应控制使用。水性冷底子油质量好坏相差较大，应进行检验试用后确定。水性冷底子油中的水分需要蒸发完成后再进行卷材施工，否则可能出现起鼓现象。待冷底子油干燥后（指触不粘）及时进行卷材铺贴，以防粘灰后影响粘结效果。长时间不进行卷材施工或被雨水淋刷后，应进行清理后重新涂刷基层处理剂，基层处理剂被损坏的要重新进行涂刷。

冷底子油涂布量一般在 0.20～0.30kg/m$^2$，可以用滚涂、喷涂、刷涂等方法施工。

3. 平面部位铺贴

先将卷材打开，根据平面弹线位置将卷材进行预铺，预铺后把卷材从两端卷向中间，从中间向两端滚铺粘贴。将加热器对准卷材与基层交接处，加热卷材底面沥青层及基层，加热要均匀，加热器距交界处约 300mm 往返加热，趁沥青涂盖层呈熔融状态时，边烘烤边向前缓慢地滚铺卷材使其粘结到基层上，随后用压辊压实排除空气并使其粘结紧密。

粘贴第二层卷材时，在烘烤上层卷材底面沥青层的同时，烘烤下一层卷材上表面沥青层，重复第一层操作过程进行粘结。第二层卷材的长边接缝应与第一层卷材的长边接缝错开 1/3～1/2 幅宽，卷材的短边接缝错开 500mm，上下两层卷材不得相互垂直铺设。

4. 立面部位铺贴

先将卷材打开，根据立面弹线位置将卷材进行预铺，预铺后把卷材从上往下卷向底端，先将卷材末端热熔固定，再从下往上热熔滚铺粘贴。将加热器对准卷材与基层交接处的夹角加热卷材底面沥青层及基层，加热要均匀，加热器距交界处约 300mm 往返加热，趁沥青涂盖层呈熔融状态时，边烘烤边向上缓慢地滚铺卷材使其粘结到基层上，随后用轧辊压实排除空气并使其粘结紧密。

粘贴第二层卷材时，在烘烤上层卷材底面沥青层的同时，烘烤下一层卷材上表面沥青层，重复第一层操作过程进行粘结。第二层卷材的长边接缝应与第一层卷材的长边接缝错开 1/3～1/2 幅宽，卷材的短边接缝错开 500mm，上下两层卷材不得相互垂直铺设。

5. 满粘法、条粘法、点粘法施工

（1）满粘法

用加热器由卷材横向一边向另一边缓慢移动，均匀烘烤卷材所有部位，使其表面沥青全部呈熔融状态，以达到卷材与基层或卷材与卷材的全粘结。满粘法施工时，做到卷材在向前移动的过程中用专用的工具进行压实，不得有空鼓，尤其要将卷材搭接部位压实，并且搭接部位的内搭接边不得有空鼓。

（2）条粘法

卷材与基层采用条状粘结时，每幅卷材与基层的粘结面积不小于三条，每条宽度根据确定的粘结面积而定，一般平屋面工程每条宽度不小于150mm。

（3）点粘法

卷材与基层采用点状粘结时，每平方米粘结不小于5个点，平屋面工程每个点面积为100mm×100mm，对坡度较大的屋面应增加点粘面积。

6. 卷材搭接

卷材搭接可在大面铺贴时同时完成，也可以平面完成后，单独进行搭接缝热熔施工。接缝热熔时应自然溢出沥青胶，或用压板轻压挤出沥青胶。在热熔处理时，搭接缝操作中未溢出沥青胶时，应进行返工处理，但不能使用加热器直接对搭接部位的卷材进行加热，要用加热器将金属油灰刀表面加热成高温状态，再将金属灰刀插入未溢出沥青胶的搭接缝中，通过灰刀的高温熔化卷材表面的沥青，抽出灰刀后使用压辊反复压实溢出沥青胶。

7. 三维阴阳角附加层

屋面三维阴阳角卷材附加层可以通过卷材交叉叠层搭接完成，也可通过增加独立附加层完成。独立加强的主要目的是防止屋面卷材防水层在三维阴阳角部位出现“通透点”，通过单独设置加强弥补缺陷。

（1）二水平阴角＋竖向阳角的卷材附加层裁剪方法见图30-6。

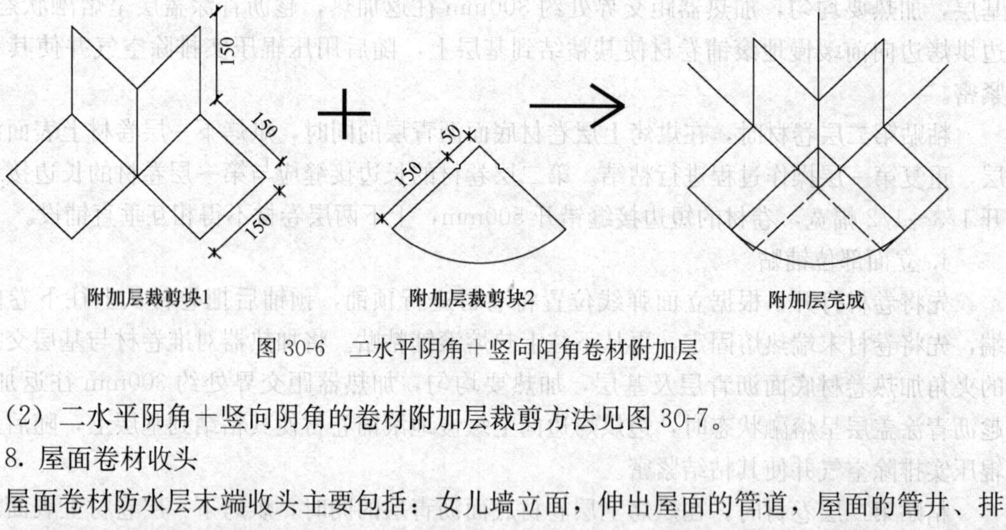


图30-6　二水平阴角＋竖向阳角卷材附加层

（2）二水平阴角＋竖向阴角的卷材附加层裁剪方法见图30-7。

8. 屋面卷材收头

屋面卷材防水层末端收头主要包括：女儿墙立面，伸出屋面的管道，屋面的管井、排汽管、通风道、设备基础、水平出入口等部位。为了防止立面雨水从收头部位卷材后面的抹灰层内“抄后路”进入防水层，卷材收头部位应采用截水措施。主要方法有以下几种：

（1）女儿墙为砌体结构时，应在砌体的一定高度留置凹槽，将卷材埋入，高分子密封胶进行封口，并用水泥砂浆填补凹槽。

（2）女儿墙为混凝土墙体时，防水卷材收头应紧贴混凝土墙面，固定后用密封胶封口，然后抹灰层压盖在收头部位。

（3）当采用金属披水压条时，卷材可以贴在抹灰层表面收头封口，金属披水上端应嵌入抹灰层，阻止抹灰层水分进入防水层。

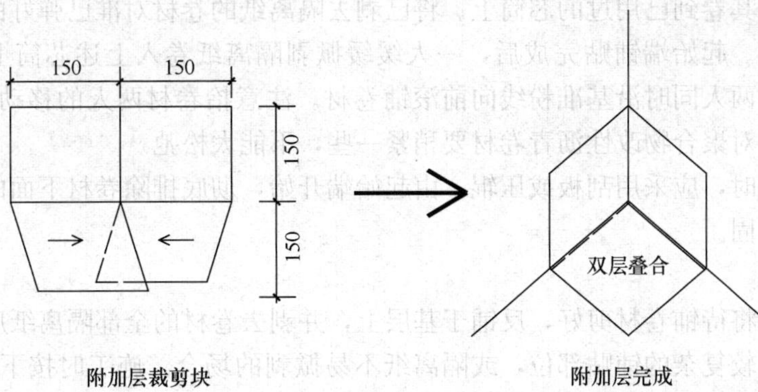

图 30-7　二水平阴角＋竖向阴角卷材附加层

**30.4.1.4　自粘法施工**

采用自粘法铺贴的防水卷材类型很多，主要有改性沥青类自粘防水卷材、高分子橡胶类自粘防水卷材、高分子塑料类自粘防水卷材、自粘聚合物改性沥青防水垫层等。

自粘聚合物改性沥青防水卷材是由沥青为主体，掺入橡胶等改性体，在上表面覆以塑料膜、矿物颗粒、防粘隔离层等，下表面覆防粘隔离层的一种自粘型防水卷材。

自粘聚合物改性沥青防水卷材分为两大类。一类是表面覆有塑料膜的薄型卷材，厚度有 1.2mm、1.5mm、2.0mm。这类卷材在《自粘聚合物改性沥青防水卷材》GB 23441—2009 中，属于无胎基型（N 类），在《湿铺防水卷材》GB/T 35467—2017 中，属于高分子膜基防水卷材，又按强度分为高强度类（H 类）和高延伸率类（E 类），高分子膜可以位于卷材的表层，也可位于卷材的中间（胎基）。湿铺防水卷材施工详见 30.4.1.5 湿铺法施工。

另一类是聚酯胎基（PY 类），厚度有 2.0mm、3.0mm、4.0mm。表面材料有聚乙烯膜（PE）、无膜双面自粘（D）等形式。

1. 工艺流程

基层清理→节点加强处理→涂刷基层处理剂→铺贴卷材→排气压实→检查验收。

2. 基层处理剂施工

除了在钢板板面等特殊的基层粘贴自粘卷材外，混凝土基层、水泥砂浆基层面均应涂刷基层处理剂。处理剂宜选用厂家配套供应产品，并按厂家使用说明施工。

3. 自粘改性沥青防水卷材铺贴施工

施工时剥去隔离纸即可直接铺贴。自粘型卷材的粘结胶通常有聚合物改性沥青粘结胶、合成高分子粘结胶两种。施工铺贴一般采用满粘法，为增加粘结强度，基层表面应涂刷基层处理剂，干燥后即可铺贴卷材。卷材铺贴可采用滚铺法、展铺法或抬铺法。

低温下施工时可采用热风机辅助加热铺贴，搭接缝也可单独加热粘贴，以改善卷材低温粘结性能下降的问题。

(1) 滚铺法

当铺贴面积大、隔离纸容易掀剥时，采用滚铺法，即掀剥隔离纸与铺贴卷材同时进行。施工时不需打开整卷卷材，用一根钢管插入成筒卷材中心的芯筒，然后由两人各持钢管一端抬至待铺位置的起始端，并将卷材向前展出约 500mm，由另一人掀剥此部分卷材的隔离纸，并将其卷到已用过的芯筒上。将已剥去隔离纸的卷材对准已弹好的粉线轻轻摆铺，再加以压实。起始端铺贴完成后，一人缓缓掀剥隔离纸卷入上述芯筒上，并向前移动，抬着卷材的两人同时沿基准粉线向前滚铺卷材。注意抬卷材两人的移动速度要相同、协调。滚铺时，对聚合物改性沥青卷材要稍紧一些，不能太松弛。

在滚铺的同时，应采用刮板或压辊，由起始端开始，彻底排除卷材下面的空气，将卷材压实，粘贴牢固。

（2）抬铺法

抬铺法是先将待铺卷材剪好，反铺于基层上，并剥去卷材的全部隔离纸后再铺贴卷材的方法。适合于较复杂的铺贴部位，或隔离纸不易掀剥的场合。施工时按下列方法进行：首先根据基层形状裁剪卷材。裁剪时，将卷材铺展在待铺部位，实测基层尺寸（考虑搭接宽度）裁剪卷材。然后将剪好的卷材认真仔细地剥除隔离纸，用力要适度，已剥开的隔离纸与卷材宜成锐角，这样不易拉断隔离纸。如出现小片隔离纸粘连在卷材上时可用小刀仔细挑出，注意不能刺破卷材。实在无法剥离时，应用密封材料加以涂盖。全部隔离纸剥离完毕后，将卷材有胶面朝外，沿长向对折卷材。然后抬起并翻转卷材，使搭接边转向搭接粉线。当卷材较长时，在中间安排数人配合，一起将卷材抬到待铺位置，使搭接边对准粉线，从短边搭接缝开始沿长向铺放好搭接缝侧的半幅卷材，然后再铺放另半幅。在铺放过程中，各操作人员要默契配合，铺贴的松紧度与滚铺法相同。铺放完毕后再进行排气、滚压。

（3）立面和大坡面铺贴

除了屋面平面卷材在四周收头翻边时，可在立面适当翻起粘贴外，由于自粘改性沥青防水卷材与基层的粘结力相对较弱，高温天气有热流淌或蠕变下坠现象，因此不适合用于屋面较高的立面防水。即使在立面翻边或大坡面上粘贴，也应采用适当的固定措施或表面压置等措施。

**30.4.1.5　湿铺法施工**

湿铺法施工的防水卷材主要有湿铺自粘聚合物改性沥青防水卷材，本节介绍湿铺自粘聚合物改性沥青防水卷材的施工方法。

1. 工艺流程

基层清理→节点加强处理→定位弹线→制备水泥胶结料→铺抹水泥胶结料→揭除卷材隔离膜→铺贴卷材→排气→卷材搭接边粘结→检查验收。

2. 卷材铺贴

（1）定位弹线

卷材铺贴弹线施工是避免卷材铺贴时出现错位、歪斜、搭接不当的现象产生。根据铺贴区域形状、排水方向等，确定铺贴定位。弹线可以用墨斗或粉线包，也可以边铺贴卷材边拉小线校核顺直。

（2）制备水泥胶结料

1）当采用水泥素浆为胶结料时，水∶水泥的重量比为1∶3左右，用电动搅拌器搅拌（图30-8）。搅拌好的水泥素浆为具有一定流动性的黏稠的糊状，不得有未搅开的水泥颗粒。用于立面部位时水泥素浆的流动性可稍小些，以不流坠为宜。

2）当采用水泥砂浆为胶结料时，水∶水泥∶中砂的重量比为2∶5∶10左右。因水泥品种、砂含水率等因素影响，施工前应先进行配合比试配，确定最佳稠度。砂浆稠度控制在50～70mm，不离析，不泌水，和易性良好，观感上与砌筑砂浆相仿。搅拌水泥砂浆胶结料宜采用小型砂浆搅拌机。

3）当混凝土或水泥砂浆基层吸水性较高时，除基层湿润外，水泥胶结料的水胶比可稍大些。在基层上涂刷聚合物胶稀释剂，如丙烯酸乳液、EVA 乳液、聚乙烯醇（108 胶）等，可有效地减缓基层吸水速度，并增加水泥胶结料的粘结强度。

图 30-8 搅拌水泥素浆

4）拌和好的水泥胶结料应在初凝前用完。水泥砂浆在施工过程中如有离析现象，应进行二次拌和，必要时可加入水泥素浆，不得随意加水。

5）当立面混凝土基层因光滑、吸水率小而水泥胶结料不容易附着时，应在混凝土面先采用界面剂进行界面处理，然后粘贴防水卷材。

6）在水泥胶结料中掺入聚合物胶粉或胶乳，可配制成具有防水性能的聚合物水泥防水砂浆型胶结料。配制聚合物水泥防水砂浆型胶结剂时，胶乳品种、掺入量、水胶比等应通过试验确定。配制防水型水泥胶结料时，将稀释好的聚合物乳液或液态防水剂计量后随水一同加入，固态防水粉计量后先与水泥、砂干拌均匀。

（3）铺抹水泥胶结料

水泥胶结料按照卷材的位置摊铺，并用抹子、刮板刮抹平整，外边缘稍宽出将要铺贴的卷材的范围，然后立即铺贴揭掉下表面隔离膜的卷材。如果下一幅相邻卷材铺贴间隔时间较长，多余的水泥素浆或水泥砂浆应在该幅卷材铺贴后立即铲掉。当水泥砂浆出现轻微的泌水时，可在表面撒上少许的干水泥粉。水泥胶结料厚度与基层平整度相关，通常水泥素浆的铺抹厚度一般为 2mm 左右，水泥砂浆 5mm 左右。稠度较小的水泥砂浆还应特别注意压实，以保证其与基层间的结合紧密及其自身的密实，如图 30-9 所示。

（4）揭除隔离膜、铺贴卷材

第一幅卷材隔离膜全部揭除后，用滚铺或抬铺等方法进行铺贴。揭除隔离膜时，应保留搭接边隔离膜（图 30-10）。注意避免露出的胶料相互粘结，同时注意尽量避免污染搭接边。

图 30-9 铺抹水泥胶结料

图 30-10 揭除下表面隔离膜

卷材露出胶料的一面向下铺放在刚铺抹好的水泥素浆或水泥砂浆上。卷材边缘保留下表面隔离膜的部分与前一幅卷材比对好搭接宽度后暂时叠在一起，如图 30-11 所示。相邻两幅卷材的短边接缝应相互错开 1/2 幅宽以上。

（5）排气

卷材铺贴后，随即用抹子或刮板，向卷材的两侧刮压卷材，排出多余的水泥胶结料和空气，使卷材水泥胶结料完全填充卷材与基层之间，使卷材紧密粘贴，如图 30-12 所示。

图 30-11　大面铺贴卷材

图 30-12　排气、压实

（6）卷材搭接缝粘贴

待水泥胶结料固化后，达到上人强度时，将卷材搭接部位的隔离膜揭掉，用小压辊将搭接边压实粘牢。当气温较低时，可采用热风枪进行加热，以提高搭接边粘结边粘贴性。必要时，卷材搭接边可涂刮密封胶封口，加强搭接边防水性能。

卷材阴阳角附加层见 30.4.1.2 技术要求。

（7）卷材收头

卷材在防水区域边缘均应进行收头处理。收头方法根据收头部位、基层情况等，采用密封胶密封、金属压条或金属箍固定并密封、进入抹灰层内并固定等方法。

**30.4.1.6　胶粘法施工**

采用胶粘法施工的防水卷材主要有三元乙丙橡胶防水卷材、氯化聚乙烯类防水卷材，部分塑料类防水卷材。部分采用胶粘铺贴的防水卷材，卷材与卷材的搭接，有采用丁基胶粘带搭接或热焊接搭接的方法搭接。

1. 工艺流程

基层处理→局部附加层处理→（涂布基层处理剂）→定位弹线→涂布基层胶粘剂→铺设卷材→卷材收头处理→检查验收。

2. 基层处理

基层应干燥、坚实、平整、干净，无起砂、起皮等缺陷。基层干燥程度可采用简易方法检测：将 $1m^2$ 的防水卷材覆盖在基层表面上，静置 3～4h，若覆盖部位的基层表面无水印，且紧贴基层一侧的卷材亦无凝结水痕，即可铺贴卷材。基层与立面阴角应做成圆弧，圆弧半径宜为 20mm。基层若高低不平或凹坑较大时，采用聚合物水泥防水砂浆或 1∶2.5 水泥砂浆抹平。基层表面突出的异物、砂浆疙瘩等必须铲除，尘土杂物清除干净。

3. 涂布基层处理剂

根据生产厂家的要求和基层情况，确定是否需要涂布基层处理剂。光滑平整干净的混凝土基面通常可以不涂刷基层处理剂，水泥砂浆层涂刷基层处理剂可以增加粘结强度。胶粘剂一般由厂家配套供应，对单组分胶粘剂只需开桶搅拌均匀后即可使用；而双组分胶粘剂则必须严格按厂家提供的配合比和配制方法进行计量、拌合，搅拌均匀后才能使用。同时有些卷材的基层胶粘剂和卷材接缝胶粘剂为不同品种，使用时不得混用，以免影响粘贴效果。搭接缝采用胶粘带时，应选择与卷材匹配的胶粘带，并按需要备足。基层处理剂可采用毛刷涂刷、长把滚筒滚刷或喷枪喷涂施工。

4. 弹线

根据所选卷材的宽度留出搭接缝尺寸，按卷材铺贴方向弹基准线，卷材铺贴施工应沿弹好线的位置进行。屋面坡度小于3%时，卷材宜平行屋脊铺贴；屋面坡度在3%以上卷材可平行或垂直屋脊铺贴。

5. 涂刷胶粘剂

卷材表面的涂刷：通常卷材面和基层表面均应涂胶粘剂。卷材表面涂刷基层胶粘剂时，先将卷材展开摊铺在旁边平整干净的基层上，用长柄滚刷蘸胶粘剂，均匀涂刷在卷材的背面，不得涂刷得太薄而露底，也不得涂刷过多而产生聚胶。还应注意在搭接部位不得涂刷胶粘剂，此部位留作涂刷接缝胶粘剂，或粘贴胶粘带，留置宽度即卷材搭接宽度。

基层表面的涂刷：涂刷基层胶粘剂的重点和难点与基层处理剂相同。在阴阳角、平立面转角处、卷材收头处、排水口、伸出屋面管道根部等节点部位，这些部位有附加增强层时应用接缝胶粘剂或配套涂料，涂刷工具宜用油漆刷。涂刷时，切忌在一处来回涂滚，以免将底胶“咬起”，形成凝胶而影响质量。条粘法、点粘法应按规定的位置和面积涂刷胶粘剂。

6. 卷材铺贴

各种胶粘剂的性能和施工环境不同，胶粘剂涂布完成后溶剂挥发需要的时间有所不同。要控制好胶粘剂涂刷与卷材铺贴的间隔时间。一般要求基层及卷材上涂刷的胶粘剂达到表干程度，其间隔时间与胶粘剂性能及气温、湿度、风力等因素有关，通常为10～30min，施工时可凭经验确定：用指触不粘手时即可开始粘贴卷材。间隔时间的控制是冷粘贴施工的难点，这对粘结力和粘结的可靠性影响甚大。

(1) 抬铺法

在涂布好胶粘剂的卷材两端各安排一人，拉直卷材，中间根据卷材的长度安排1～4人，同时将卷材沿长向对折，使涂布胶粘剂的一面向外，抬起卷材，将一边对准搭接缝处的粉线，再翻开上半部卷材铺在基层上，同时拉开卷材使之平服。操作过程中，对折、抬起卷材、对粉线、翻平卷材等工序，几人均应同时进行。

(2) 滚铺法

将涂布完胶粘剂并达到要求干燥度的卷材用$\phi50$～$\phi100$的塑料管或原来用来装运卷材的筒芯重新成卷，使涂布胶粘剂的一面朝外，成卷时两端要平整，不应出现笋状，以保证铺贴时能对齐粉线，并要注意防止砂子、灰尘等杂物粘在卷材表面。成卷后用一根$\phi30\times1500$(mm)的钢管穿入中心的塑料管或筒芯内，由两人分别持钢管两端，抬起卷材的端头，对准粉线，固定在已铺好的卷材顶端搭接部位或基层面上，抬卷材两人同时匀速向前，展开卷材，并随时注意将卷材边缘对准粉线，同时应使卷材铺贴平整，直到铺完一幅卷材。

每铺完一幅卷材，应立即用干净而松软的长柄压辊从卷材一端顺卷材横向顺序滚压一遍，彻底排除卷材粘结层间的空气。排除空气后，平面部位卷材可用外包橡胶的大压辊滚压（一般重 30～40kg），使其粘贴牢固。滚压应从中间向两侧边移动，做到排气彻底。

平面立面交接处，则先粘贴好平面，经过转角，由下往上粘贴卷材，粘贴时切勿拉紧，要轻轻沿转角压紧压实，再往上粘贴，同时排出空气，最后用手持压辊滚压密实，滚压时要从上往下进行。

7. 卷材搭接缝

（1）胶粘剂搭接

卷材铺好与基层压粘密实后，应将搭接部位的结合面清除干净，可用棉纱蘸少量汽油擦洗。然后采用油漆刷均匀涂刷接缝胶粘剂，不得出现露底、堆积现象。涂胶量可按产品说明书控制，待胶粘剂表面干燥后（指触不粘）即可进行粘合。粘合时应从一端开始，边压合边驱除空气，不许有气泡和皱褶现象，然后用手持压辊顺边认真仔细滚压一遍，使其粘结牢固。T 形缝三层重叠处不易压严，要用密封材料预先加以填封，否则将会成为渗水通道。

（2）胶粘带搭接

搭接缝采用密封粘胶带时，应对搭接部位的结合面清除干净，掀开隔离纸，先将一端粘住，平顺地边掀隔离纸边粘胶带于一个搭接面上，然后用手持压辊顺边认真仔细滚压一遍，使其粘结牢固。

搭接缝全部粘贴后，缝口要用密封材料封严，密封时用刮刀沿缝刮涂，不能留有缺口，密封宽度不应小于 10mm。用单面粘胶带封口时，可直接顺接缝粘压密封。

**30.4.1.7　空铺法施工**

空铺法施工的防水卷材主要有 PVC（聚氯乙烯）防水卷材、HDPE（高密度聚乙烯）防水卷材、TPO（热塑性聚烯烃）防水卷材、改性沥青防水卷材等。固定方式有机械固定和铺设压铺层两种方法。高分子防水卷材搭接用热风焊接法施工，改性沥青卷材可采用热风焊接法施工，也可采用热熔搭接法施工。

空铺法工艺通常用于单层防水卷材屋面，也可用于普通屋面防水。空铺法施工的卷材防水层周边 800mm 范围内应满粘。卷材收头应采用金属压条钉压固定和密封处理。

1. 工艺流程

（1）机械固定法

基层处理→隔汽层铺设（设计确定）→保温层安装（设计确定）→隔离层铺设（设计确定）→定位→防水卷材铺设和机械固定→热风焊接→细部和收口处理→检查验收。

（2）铺设压铺层

基层处理→隔汽层铺设（设计确定）→保温层安装（设计确定）→隔离层铺设（设计确定）→防水卷材铺设→热风焊接→细部和收口处理→检查验收→保护层铺设→压置物铺设。

2. 基层处理

基层验收除应符合相关国家规范要求外，尚应包括以下要求：

（1）屋面天沟排水坡度符合设计要求，且顺畅、无低洼积水处。

（2）节点部位符合设计要求。

（3）机械固定施工，当基层为混凝土结构板时，其厚度不应小于 60mm，强度等级不低于 C25。

3. 防水层施工

（1）防水层铺设

施工前进行精确放样，尽量减少短边接缝。相邻两幅卷材的短边接缝相互错开至少 500mm。结构层为钢结构时，整幅卷材应与屋面压型钢板的波峰方向垂直铺设。

采用背覆无纺布的卷材时，纵向搭接应以预留的背面未覆无纺布的一边为焊接边，横向为对接连接，其上焊接 200mm 覆盖条。

采用均质片卷材（无背覆无纺布）时，其纵横向接缝均为搭接。

屋面周边区域，卷材可以沿与周边区域平行或垂直的方向铺设。

（2）防水层固定

1）机械固定施工

机械固定按固定方式分为点式固定和线性固定两种。防水卷材采用专用固定件进行固定安装。施工中不得采用点焊的方法临时固定防水层。

① 点式固定

点式固定分为穿孔固定和无穿孔固定。穿孔固定时，卷材纵向搭接宽度为 120mm，其中的 50mm 用于覆盖固定件（金属垫片和螺钉）。按照设计间距，在混凝土结构层屋面上先用电钻钻孔，钻头直径 5.0/5.5mm，钻孔深度比螺钉深 25mm，然后用电动螺丝刀将固定件旋进，以后循环操作即可，见图 30-13。

无穿孔固定时，将增强型机械固定条带用压条或垫片机械固定在轻钢结构屋面或混凝土结构屋面基面上，然后将防水卷材粘贴到增强型机械固定条带上，相邻的卷材用自粘接缝搭接带粘结而形成连续的防水层。

② 线性固定

卷材纵向搭接宽度为 80mm，焊接完毕后按照设计间距，将金属压条合理排列，在混凝土结构层屋面上先用电钻钻孔，钻头直径 5.0/5.5mm，钻孔深度比螺钉深 25mm，然后用电动螺丝刀将固定件旋进，压紧金属压条，以后循环操作即可，见图 30-14。

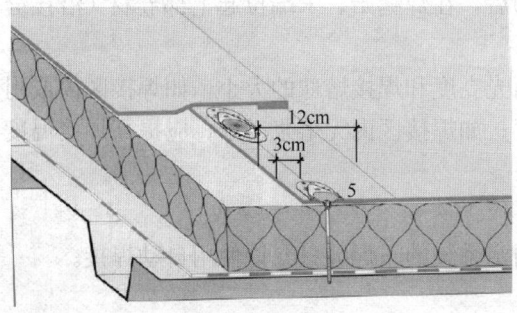

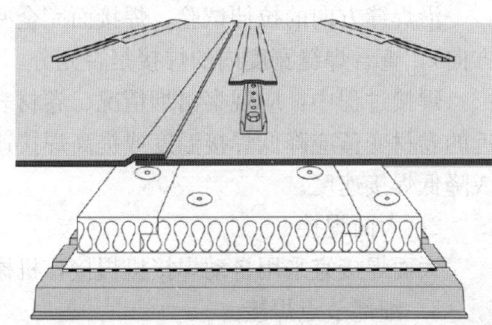

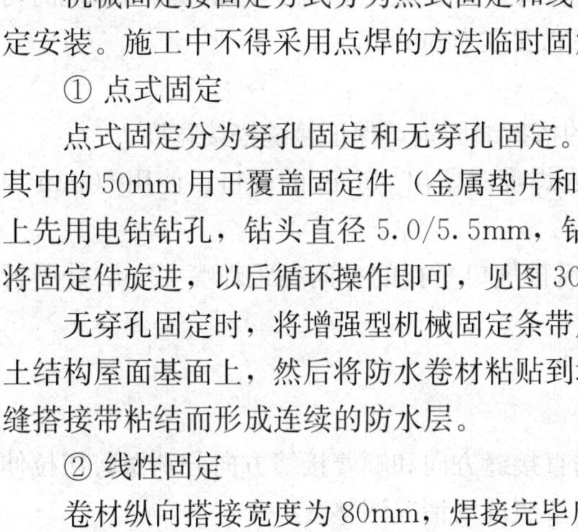


图 30-13 点式固定

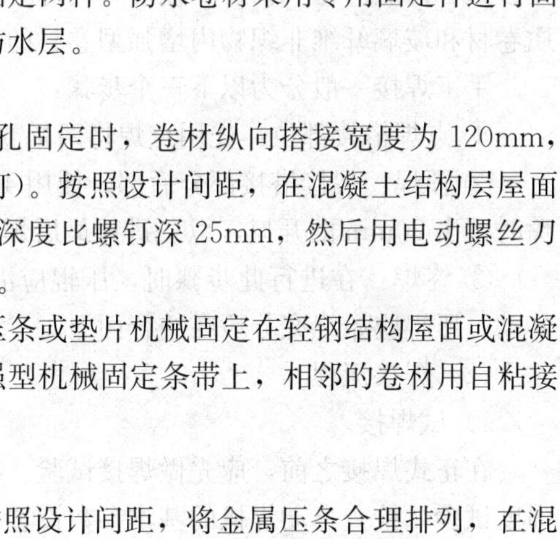

图 30-14 线性固定

2）空铺压置固定施工

将卷材空铺于基层上，覆压卵石或砂砾等；上人屋面，应设保护层再铺设人行走道板或面砖。

在保温层上空铺卷材时，应保证卷材与保温层的相容性，且卷材上部荷载应具备足够的抗风能力。

4. 卷材搭接缝焊接工艺

卷材所有搭接通过热风焊接，背面有复合无纺布的卷材，应在搭接边处留有光面部位用于焊接。

（1）焊接方法

1）自动焊接

采用焊接机器焊接，主要应用于大面积的卷材焊接，程序为：调整卷材搭接宽度→设置焊接参数→预热焊机→焊接→焊缝检查。

自动焊接的搭接宽度一般为 80mm；在机械固定系统中，要覆盖固定件时，搭接宽度为 120mm。

2）手工焊接

采用手持焊枪焊接，主要应用于细部卷材焊接，工序为：调整卷材搭接宽度→设置焊接参数→预热焊枪→初焊→预焊→终焊→焊缝检查。搭接宽度对用于空铺和满粘系统的匀质卷材和玻璃纤维非织物内增强型卷材的搭接宽度应为 80mm。

手工焊接一般分为以下三个步骤：

① 点焊搭接部位：先用点焊将两幅卷材的搭接缝固定，保证接缝搭接宽度。

② 预焊：焊接搭接部分后部，使用 40mm 焊嘴时留出 35mm 的开口；使用 20mm 焊嘴时留出 20mm 的开口，以备进行最后焊接。

③ 终焊：在进行此步骤时，压辊应沿焊嘴排气口平行的方向在距焊嘴 30mm 处平行移动。压辊应始终充分压在结合面上。

（2）焊接流程

1）试焊接

在正式焊接之前，应先做焊接试验。在垂直接缝方向和顺着接缝方向分别做剪切拉伸强度试验，检查自动焊机的基本参数设置，并按照现场情况调整。

垂直接缝方向的拉伸试验：垂直接缝切下 20mm 宽卷材条，握着两端向相反方向拉，完全冷却的焊缝在剪切拉伸试验中决不能分离，断裂应发生在焊缝以外。

沿焊缝方向的拉伸试验：焊接面完全冷却后，在焊缝始、末端拉起上部卷材（沿接缝方向），查看焊缝宽度内的焊接是否充分。

焊接过程中，应观察出烟情况、卷材表面光亮度和焊接熔珠的大小，如焊接区内或附近的卷材变黄应降低焊接温度或提高焊接速度；如焊接区内无熔浆溢出，应提高焊接温度或降低焊接速度。

2）大面焊接

大面焊接宜采用自动焊接机焊接，机械固定系统的直焊缝只允许使用自动焊接。

3）细部节点焊接

细部节点应采用手工焊接，接缝的有效焊接宽度可比大面有效焊接宽度小。

5. 三维阴阳角焊接

(1) 二水平阴角＋竖向阴角

卷材在二水平阴角＋竖向阴角的三维阴阳部位，通过卷材折叠焊接的方法施工。卷材折叠可以在平面上，也可以在立面上折叠，下面介绍卷材在平面上折叠的方法，见图 30-15。

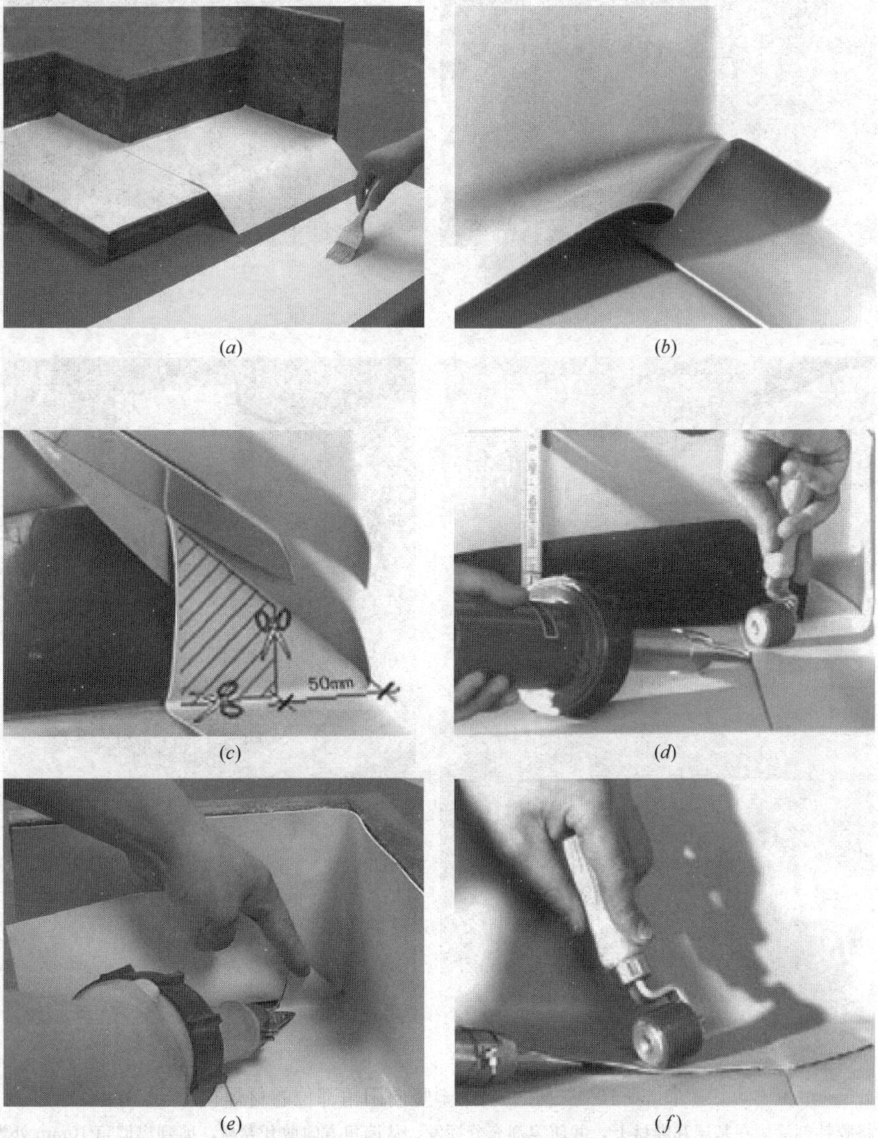


图 30-15　二水平阴角＋竖向阴角部位卷材焊接

(*a*) 将胶粘剂涂刷在基层和卷材上，并使溶剂充分挥发；(*b*) 将卷材做成 45°斜角，压进墙角；
(*c*) 阴影部分剪到离墙角 50mm 处；(*d*) 先焊接经剪切剩下的折角，再焊接下面的搭接部分；
(*e*) 加热折角焊缝与基层卷材的搭接部分，并用手压几秒钟；
(*f*) 掀起未焊实的部分，从折角边缘开始热风焊接。最后从墙角向外焊接

(2) 二水平阴角＋竖向阳角施工方法

卷材在二水平阴角＋竖向阳角的三维阴阳部位，通过卷材裁剪、补缺焊接的方法施工，见图 30-16。

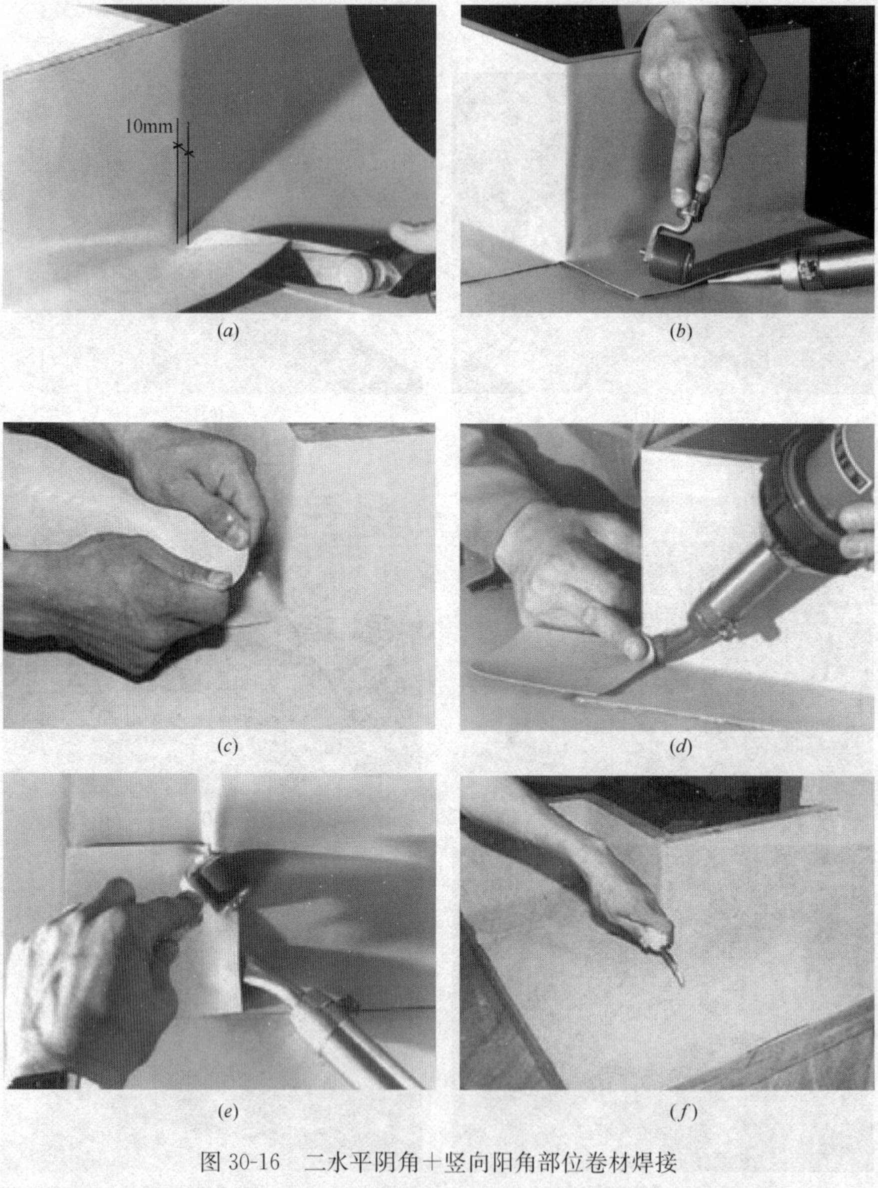


(a)　　(b)

(c)　　(d)

(e)　　(f)

图 30-16　二水平阴角＋竖向阳角部位卷材焊接

(a) 将胶粘剂涂刷在基层和卷材上，并使溶剂充分挥发。从墙角方向剪开卷材，剪到离墙角 10mm 处为止；
(b) 围绕墙角粘结卷材，将搭接部分焊接在屋面的卷材上，不能有皱；
(c) 裁剪比待修补的区域大 50mm 的卷材，将要焊接的竖角处的卷材剪成圆角，并加热，拉伸卷材的圆角；
(d) 将该卷材点焊到墙角处，使卷材圆角高出平面 20mm 以上。从下而上点焊圆角，然后焊两边；
(e) 焊接卷材的搭接部分；(f) 检查所有的焊缝

### 30.4.1.8 质量检查

1. 卷材防水层检验项目

卷材防水层质量检验项目要求和检验方法见表30-24。

**卷材防水层质量检验项目要求和检验方法** **表30-24**

| 检验项目及要求 | | 检验方法 |
|---|---|---|
| 主控项目 | 防水卷材及其配套材料的质量，应符合设计要求 | 检查出厂合格证、质量检验报告和进场检验报告 |
| | 卷材防水层不得有渗漏或积水现象 | 雨后观察或淋水、蓄水试验 |
| | 卷材防水层在檐口、檐沟、天沟、水落口、泛水、变形缝和伸出屋面管道的防水构造，应符合设计要求 | 观察检查 |
| | 卷材接缝剥离强度、接缝不透水性应符合GB 55030的规定 | 检查卷材接缝剥离强度和接缝不透水性检测报告 |
| 一般项目 | 卷材的搭接缝应粘结或焊接牢固，密封严密，不得扭曲、皱褶和翘边 | 观察检查 |
| | 卷材防水层的收头应与基层粘结，钉压应牢固，密封应严密 | 观察检查 |
| | 卷材防水层的铺设方向应正确，卷材搭接宽度的允许偏差为−10mm | 观察和尺量检查 |
| | 采用机械固定法铺贴高分子防水卷材固定件规格、布置方式、位置和数量应符合设计要求 | 观察检查、尺量检查和检查隐蔽工程验收记录 |
| | 屋面排汽构造的排汽道应纵横贯通，不得堵塞；排汽管应安装牢固，位置应正确，封闭应严密 | 观察检查 |

2. 防水卷材现场抽样复验项目

防水卷材现场抽样数量和质量检验项目见表30-25。

**屋面防水材料进场检验项目** **表30-25**

| 序号 | 材料名称 | 组批及抽样 | 质量检验 | 材料性能检验 | 标准及试验方法 |
|---|---|---|---|---|---|
| 1 | 聚合物改性沥青类防水卷材 | 以同类型的10000m² 为一批，不足10000m² 也作为一批，在每批产品中随机取3卷进行尺寸偏差和外观检验。在上述检验报告的试件中任取一卷，在距外层端部500mm处截取3m进行材料性能检验。 | 表面平整，边缘整齐，无孔洞、缺边、裂口、胎基浸透，每卷卷材的接头 | 可溶物含量、拉伸性能、吸水率（浸水后质量增加）、耐热度、低温柔度、接缝剥离强度 | 《弹性体改性沥青防水卷材》GB 18242、《塑性体改性沥青防水卷材》GB 18243、《改性沥青聚乙烯胎防水卷材》GB 18967、《自粘聚合物改性沥青防水卷材》GB 23441、《湿铺防水卷材》GB/T 35467、《种植屋面用耐根穿刺防水卷材》GB/T 35468 |
| 2 | 合成高分子类防水卷材 | | 规格尺寸、折痕、杂质异常粘着、凹痕、气泡，每卷卷材的接头 | 拉伸性能、低温弯折性、不透水性、接缝剥离强度、接缝不透水性、吸水率（除聚乙烯丙纶）、灰分含量（仅聚乙烯丙纶） | 《聚氯乙烯（PVC）防水卷材》GB 12952、《氯化聚乙烯防水卷材》GB 12953、《高分子防水材料 第1部分：片材》GB/T 18173.1、《热塑性聚烯烃（TPO）防水卷材》GB 27789、《高分子增强复合防水片材》GB/T 26518 |

## 30.4.2　涂膜防水层

### 30.4.2.1　施工准备

见 30.4.1.1。

### 30.4.2.2　技术要求

1. 防水涂料施工方法的选用

防水涂料施工方法应根据生产厂商建议和基层情况选用，同一材料不同生产厂商的工艺要求也有所不同，小面积施工与细部节点施工有所不同。因此，除了参考表 30-26 的方法外，尚应符合生产厂商的工艺要求。

防水涂料施工方法选用　　表 30-26

| 材料类型 | 基层处理 | 施涂方法 | 是否加胎布 | 说明 |
|---|---|---|---|---|
| 水性高分子防水涂料 | 宜采用基层处理剂 | 喷涂、滚涂、刷涂 | 宜加一至二道无纺布 | 防水涂料主要指：聚合物水泥防水涂料（JS）、聚合物乳液防水涂料。基层处理剂可采用配制的涂料稀释制成 |
| 水性改性沥青防水涂料（速凝型） | 宜采用基层处理剂 | 机械喷涂 | — | 喷涂速凝橡胶沥青防水涂料 |
| 水性改性沥青防水涂料（涂刷型） | 宜采用基层处理剂 | 喷涂、滚涂、刷涂 | 宜加一至二道无纺布或耐碱玻纤网格布 | 防水涂料主要指：水性 SBS 改性沥青防水涂料、水性氯丁胶乳改性沥青防水涂料等 |
| 非固化橡胶沥青防水涂料 | 基层宜采用抛丸处理，根据需要涂刷基层处理剂 | 刮涂、喷涂 | — | 热熔非固化采用刮涂或喷涂方法施工，常温非固化采用刮涂施工。非固体防水涂料应与卷材复合使用 |
| 聚氨酯防水涂料 | 可采用基层处理剂 | 刮涂、喷涂 | 宜加一至二道耐碱玻纤网格布 | 包括单组分或双组分聚氨酯防水涂料 |

2. 涂膜防水层基层要求

防水层的基层可以是水泥砂浆找平层或结构混凝土面。找平层坡度应符合设计和规范要求，基面应平整、坚固不开裂、干净、不起砂、不起皮。除了水性防水涂料可在无明水的潮湿基层上施工外，其他防水涂料施工时基层应干燥。水性防水涂料在干燥基层施工的效果比在潮湿基层更好。

3. 施工环境条件

防水涂料分为水乳型、溶剂型、反应型、热熔型。水乳型、溶剂型涂料要求挥发材料中的水或溶剂而固化，在气温较低时不易挥发，而且水乳型涂料在 0℃以下时会受冻破乳，所以溶剂型防水涂料环境施工温度－5℃以上，水乳型防水涂料环境施工温度＋5℃以上。反应型涂料在低温时反应过慢，成膜差，为保证成膜质量，可在＋5℃以上条件下作业。热熔型涂料，是加热后刮涂施工，冷却固化成膜，因此可以在－10℃环境条件下作业。

防水涂料不能在雨天、五级及以上的大风天气、下雪天施工。防水涂料施工环境气温条件见表30-27。

涂膜施工环境气温条件 表30-27

| 序号 | 防水涂料类型 | 施工环境气温 |
| --- | --- | --- |
| 1 | 水乳型涂料 | +5～35℃ |
| 2 | 溶剂型涂料 | −5～35℃ |
| 3 | 反应型涂料 | +5～35℃ |
| 4 | 热熔型涂料 | −10～35℃ |

4. 涂料防水施工要求

(1) 涂膜防水层的施工顺序因其材料本身的特性决定了施工应按“先高后低，先远后近”的原则进行，遇高低跨屋面时，一般先涂布高跨屋面，后涂布低跨屋面。从施工成品保护角度因素考虑，对于相同高度屋面，要合理安排施工段，先涂布距上料点远的部位，后涂布近处；在同一屋面上，先涂布排水较集中的水落口、天沟、檐沟、檐口等节点部位，再进行大面积涂布。

(2) 涂膜防水层施工前，应先对一些特殊部位如水落口、天沟、檐沟、泛水、伸出屋面管道根部等节点，可先加铺胎体增强材料，然后涂刷涂膜材料进行处理。

(3) 需铺设胎体增强材料时，如坡度小于15%可平行屋脊铺设；坡度大于15%应垂直屋脊铺设，并由屋面最低标高处开始向上铺设。胎体增强材料长边搭接宽度不得小于50mm，短边搭接宽度不得小于70mm。采用两层胎体增强材料时，上下层不得互相垂直铺设，搭接缝应错开，其间距不应小于幅宽的1/3。

(4) 防水涂膜应分遍涂布，待先涂布的涂料干燥成膜后，方可涂布后一遍涂料，且前后两遍涂料的涂布方向应相互垂直。

(5) 在涂膜防水屋面上使用两种或两种以上不同防水材料时，应考虑不同材料之间的相容性，不相容的两种材料叠层施工会造成相互结合困难，或互相侵蚀引起防水层失效。

(6) 在涂膜防水层实干前，不得在其上进行其他施工作业。涂膜防水层上不得直接堆放物品。

**30.4.2.3 聚氨酯防水涂膜施工**

聚氨酯防水涂料为化学反应型涂料，按产品组分形式分为双组分型与单组分型。按固化反应形式分为双组分反应固化型、单组分湿气固化型和水固化型聚氨酯防水涂料。

双组分聚氨酯防水涂料中，甲组分为聚氨酯预聚体，乙组分为固化组分，现场将甲、乙组分按所要求的配合比混合均匀，涂覆后可形成高弹性膜层。

单组分聚氨酯防水涂料为聚氨酯预聚体，在现场涂覆后经过与空气中的水分的化学反应，形成高弹性膜层。

水固化聚氨酯为聚氨酯预聚体，使用时加入20%的水作固化剂，混合均匀，涂覆后可形成高弹性膜层。

1. 工艺流程

(1) 单组分聚氨酯涂膜防水层工艺流程

基层清理→节点部位附加层→大面分层涂刮单组分聚氨酯防水涂料→检查验收。

(2) 双组分聚氨酯涂膜防水层工艺流程

基层清理→配制双组分聚氨酯防水涂料→节点部位附加层→大面分层涂布双组分聚氨酯防水涂料→检查验收。

2. 防水层施工

（1）基层处理

基层应干燥，表面应坚实平整，无油污、裂缝、孔洞、空鼓、松动、起砂等缺陷，基层缺陷应进行修补平整。

聚氨酯防水涂料通常不采用基层处理剂进行基层处理，当在潮湿基面施工或特殊基面施工时，应按生产厂家要求涂刷相应的基层处理剂。

（2）配料和搅拌

单组分聚氨酯防水涂料一般用铁桶或塑料桶密闭包装，打开桶盖后即可施工。使用前用电动搅拌器将涂料搅拌均匀，搅拌时间不少于2min。

双组分聚氨酯防水涂料按生产厂家配合比进行混合，用电动搅拌器充分搅拌3～5min，形成均匀状涂料。

（3）涂布施工

防水涂料大面积施工前，节点部位应进行增强密封防水处理。墙根、管根等部位增涂1～2遍，厚度不小于1.5mm，需要时可增加一层玻纤网格布作胎体增强。当采用胎体布时，注意由于基层不平整产生胎体悬空、褶皱现象，应进行铺平压实，必要时将胎体割破后铺贴平整。

平面采用涂刮方法施工时，可先倒料在待涂刷的基层上，用橡胶刮板将其均匀刮开，每遍厚度约0.6～1.0mm，用料约0.8～1.5kg/m$^2$。立面施工宜采用防流坠型聚氨酯，每遍厚度约0.4～0.8mm，用料约0.6～1.2kg/m$^2$。

后一道涂层施工应在前一道涂层表干后进行，前后两道涂刮方向应互相垂直。

当采用胎体增强时，玻纤网格布应在第一道涂料施工时铺设。铺设玻纤网格布时，应先在基面上涂刷涂料作为胶粘剂，随即铺贴玻纤布，同时在表面涂刮涂料覆盖。玻纤网格布搭接宽度长边不应小于50mm，短边不应小于70mm，涂料应将全部胎体浸透。

（4）检查修整

由于基层砂浆或混凝土面有小气孔或麻点，涂布涂料时容易将气体包裹在涂料下面，气体上升逸出涂层后，会在涂层表面留下气孔。气孔的密度与基层质量、基层含水率以及聚氨酯涂料固体含量等有关。因此，虽然从理论上可以认为属于反应型的聚氨酯防水涂料可一次涂布施工，但由于基层条件原因，以及达到涂层厚度均匀的目的，要求涂层至少分两次涂布。

（5）其他注意事项

聚氨酯防水涂料在固化前遇水会发生反应，出现起泡、起皮现象，因此在施工前应注意天气情况，避开下雨和大雾天气。

聚氨酯防水涂料宜采用机械喷涂施工。采用手工刮涂施工时，不得随意添加稀释剂，不得用滚筒滚涂施工。

### 30.4.2.4　水乳型改性沥青防水涂膜施工

水乳型改性沥青防水涂料由于改性体的不同和生产工艺不同，有多种产品形式，常见的有涂刮型改性沥青防水涂料、喷涂速凝改性沥青防水涂料等。

喷涂速凝橡胶沥青防水涂料为双组分涂料，防水涂料主剂A组分为棕褐色黏稠状液体，固化剂B组分为无色透明液体，采用专用喷枪喷涂，两组分在空中交汇混合，随即发生破乳反应，落地成膜。成膜过程中水分从涂膜中析出，成为完整的橡胶质防水层。喷涂作业前应缓慢、充分搅拌A料。严禁现场向A料和B料中添加任何其他物质。严禁混淆A料和B料的进料系统。

1. 工艺流程

设备喷涂前准备→清理基层→节点部位加强处理→大面喷涂施工→养护→检查修补→检查验收。

2. 防水层施工

(1) 基层处理

基层表面应坚实平整，不得有酥松、起砂、起皮现象。基层必须清理干净，不得有杂物和灰尘，以免影响粘结强度。基层宜干燥，但可在无明水的潮湿基层面施工。

(2) 设备调试

喷涂设备在施工前应进行调试，达到喷涂要求后方可施工。

正式喷涂施工前应进行试喷，将喷涂料喷涂在硬纸板上或调试桶内，观察涂层固化是否正常，合格后正式喷涂。

(3) 喷涂施工

1) 按生产厂家工艺标准配比A、B组分，正式施工前应进行试喷作业，检查和调整合适的压力、扇面范围、角度等。

2) 将A、B组分的进料管以及回流管分别插入料桶中，将回流阀处于打开状态，打开设备电源开关，打开喷枪开关，缓缓调节A、B组分的回流阀，使喷出的双组分液体扇面可以充分重叠混合。喷涂作业时，喷枪宜垂直于喷涂基层，距离宜适中，并宜匀速移动。喷涂要横平竖直交叉进行，均匀有序。

3) 施工时需连续喷涂至设计厚度。每一遍的喷涂厚度为0.25～0.50mm，上、下遍应交替改变喷涂方向，一次多遍，交叉喷涂至设计规定的厚度。

(4) 养护

涂料经喷出后约3s开始固化成膜。依据周围环境温度、湿度的不同，胶膜干燥时间为24h，期间胶膜将反应产生的气体和水分排出，当气温较高时，可能会有少量气泡出现。防水层厚度达不到设计要求时，可进行二次喷涂施工，第二道喷涂施工宜在前一道施工完毕72h后进行。

(5) 检查、修整、注意事项

喷涂后24h内，由专职人员进行检查，检查涂膜厚度是否达标，否则需要补喷。同时检查节点部位及涂层表面损伤情况，发现问题及时修补。

严禁在雨、雪、四级及以上风力的天气施工。环境温度低于5℃时不宜施工，也不宜在35℃以上或夏天太阳暴晒时施工。

**30.4.2.5 水性聚合物防水涂膜施工**

水性聚合物防水涂料主要有聚合物水泥防水涂料(JS)、聚合物乳液防水涂料等。聚合物水泥防水涂料由聚合物乳液与无机粉料按一定比例配制而成，按现行国家标准《聚合物水泥防水涂料》GB/T 23445，共分三个型号。聚合物乳液防水涂料是各类以合成高分子乳液为主要原料，加入其他添加剂而制成的水性防水涂料。其性能指标应满足《聚合物乳液建筑防水涂料》JC/T 864的规定，聚合物乳液防水涂料按应用需求分为通用型和高弹型，按使用分为外露型和非外露型。

1. 工艺流程

（1）一层无纺布胎体增强防水层工艺流程

基面清理→涂刷基层处理剂（经稀释的防水涂料）→节点部位加强处理→第一遍涂料＋无纺布＋第二遍涂料→第三遍涂料→按设计厚度增加涂刷遍数→检查验收。

（2）二层无纺布胎体增强防水层工艺流程

基面清理→涂刷基层处理剂（经稀释的防水涂料）→节点部位加强处理→第一遍涂料＋无纺布＋第二遍涂料→第三遍涂料＋无纺布＋第四遍涂料→第五遍涂料→按设计厚度增加涂刷遍数→检查验收。

2. 涂层施工

（1）基面处理

基层应坚固、平整、干净、无明水，混凝土或砂浆缺陷用水泥砂浆进行修补平整。可在无明水的潮湿基层施工，但基层干燥对涂膜的成膜质量更加有利。

（2）防水涂料配制

1）聚合物乳液防水涂料为单组分，施工时直接使用。

2）聚合物水泥防水涂料按产品说明进行配比。配比时将粉料慢慢加入液料中，同时开动电动搅拌器搅拌。应采用机械搅拌器搅拌，搅拌时间约5min，至混合料均匀细微，不含团粒。配好的涂料根据材料性能和天气情况，宜在30min内使用。

（3）基层处理剂

用正常配比的防水涂料，加与液料同等的水进行稀释，均匀涂刷在基面上。

（4）防水层施工

聚合物水泥防水涂料屋面使用通常选用延伸较好的Ⅰ型，聚合物乳液防水涂料宜选用Ⅱ类。防水层应采用无纺布作胎体增强，当涂层厚度要求大于1.5mm时，可以采用二道无纺布增强。

无纺布胎体增强层施工时，应先涂刷一遍涂料，以涂料作胶粘剂，随即铺贴无纺布，并同时在无纺布表面滚涂一遍涂料，“涂料＋无纺布＋涂料”一次完成。多遍涂刷时，应在前一遍涂层干燥成膜后，施工后一遍涂层，前后两遍涂层涂刷方向应垂直。分层涂刷时应注意用力适度，不漏底、不堆积。

由于水性防水涂料为挥发固化型材料，一次涂刷过厚会造成表面结皮，内部水分无法蒸发，导致气泡产生。因此，根据气温情况，一次涂布厚度不宜超过0.5mm。通常平面一次涂布厚度为0.3～0.5mm，立面一次涂布厚度为0.2～0.4mm。

胎体增强材料宜选用40～60g/m$^2$无纺布。胎体增强材料搭接宽度长边不应小于50mm，短边不应小于70mm。上下层胎体增强材料的长边搭接缝应错开，且不得小于幅宽的1/3，上下层胎体增强材料不得相互垂直铺设。胎体应铺贴平整，应排除气泡，并应与涂料粘结牢固。涂布时应使涂料浸透胎体，并应覆盖完全，不得有胎体外露现象，胎体表面的涂膜厚度应不小于1.0mm。

涂料施工宜采用机械喷涂，也可采用滚涂或刷涂施工。

### 30.4.2.6 质量检查

1. 涂膜防水层质量检验

涂膜防水层的质量验收包括涂膜防水层施工质量和涂膜防水层的成品质量，其质量检验包括主材和辅材、施工过程和成品等几个方面。涂膜防水层质量检验的项目、要求和检验方法见表 30-28。

**涂膜防水层质量检验项目、要求和检验方法** **表 30-28**

| 检验项目及要求 | | 检验方法 |
|---|---|---|
| 主控项目 | 防水涂料和胎体增强材料的质量应符合设计要求 | 检查出厂合格证、质量检验报告和进场检验报告 |
| | 涂膜防水层不得有渗漏或积水现象 | 雨后观察或淋水、蓄水试验 |
| | 涂膜防水层在檐口、檐沟、天沟、水落口、泛水、变形缝和伸出屋面管道的防水构造，应符合设计要求 | 观察检查 |
| | 涂膜厚度平均值应不小于设计厚度，涂膜最小厚度不应小于设计厚度的 85%，涂料每平方米用量应符合设计要求 | 用涂层测厚仪或割开法检测和检查每平方米涂料用量记录 |
| 一般项目 | 涂膜防水层与基层应粘结牢固，表面应平整，涂布应均匀，不得有流淌、皱褶、起泡和露胎体等缺陷 | 观察检查 |
| | 涂膜防水层的收头应用防水涂料多遍涂刷 | 观察检查 |
| | 铺贴胎体增强材料表应平整顺直，搭接尺寸应准确，应排除气泡，并应与涂料粘结牢固；胎体增强材料搭接宽度允许偏差为−10mm | 观察和尺量检查 |

2. 防水涂料现场抽样复验项目

进入施工现场的防水涂料和胎体增强材料应按表 30-29 的规定进行抽样检验，不合格的防水涂料严禁在建筑工程中使用。

**防水涂料现场抽样复验项目** **表 30-29**

| 材料名称 | 组批及抽样 | 外观质量 | 材料性能检验 | 标准及试验方法 |
|---|---|---|---|---|
| 改性沥青防水涂料 | 以同类型、同规格 10t 为一批，不足 10t 按一批抽样 | 均匀，无色差、无凝胶、无结块、无杂质 | 固体含量、耐热性、拉伸性能、撕裂强度、低温柔性、不透水性、吸水率、粘结强度 | 《水乳型沥青防水涂料》JC/T 408、《非固化橡胶沥青防水涂料》JC/T 2428、《热熔橡胶沥青防水涂料》JC/T 2678 |
| 合成高分子防水涂料 | 以同类型、同规格 10t 为一批，不足 10t 按一批抽样 | 均匀，无色差、无凝胶、无结块、无杂质 | 固体含量、拉伸性能、低温柔性、不透水性、粘结强度 | 《聚氨酯防水涂料》GB/T 19250、《聚合物水泥防水涂料》GB/T 23445、《喷涂聚脲防水涂料》GB/T 23446、《聚合物乳液建筑防水涂料》JC/T 864、《聚甲基丙烯酸甲酯（PMMA）防水涂料》JC/T 2251、《单组分聚脲防水涂料》JC/T 2435、《金属屋面用丙烯酸高弹防水涂料》JG/T 375 |
| 聚合物水泥防水涂料 | | 均匀，无色差、无凝胶、无结块、无杂质 | 固体含量、拉伸性能、低温柔性、不透水性、粘结强度 | |

续表

| 材料名称 | 组指及抽亲 | 外观质量 | 材料性能检验 | 标准及试验方法 |
|---|---|---|---|---|
| 胎体增强材料 | 每 3000m² 为一批，不足 3000m² 按一批抽样 | 表面平整，边缘整齐，无折痕、无孔洞、无污迹 | 单位面积质量，拉力，延伸率 | 《土工合成材料 土工布及土工布有关产品单位面积质量的测定方法》GB/T 13762 |

## 30.4.3 复合防水

复合防水是指由彼此相容、优势互补的卷材和涂料组合在一起的防水工艺。复合防水一般采用防水卷材与防水涂料，或防水卷材与具有防水功能的水泥胶结料复合使用，防水卷材与防水涂料应相容。沥青基防水卷材宜与沥青基防水涂料复合使用，其他防水卷材与防水涂料复合使用时应经过试验确定。防水卷材与防水涂料复合后的粘结剥离强度应符合表 30-30 的规定。

**卷材与涂料复合后的粘结剥离强度　　表 30-30**

| 项目 | 指标 |
|---|---|
| 标准试验条件下 | ≥5N/10mm |
| 热处理（80℃，168h）保持率 | ≥80% |
| 浸水（23℃，168h）保持率 | ≥80% |

注：试验方法按现行国家标准《胶粘剂 T 剥离强度试验方法 挠性材料对挠性材料》GB/T 2791—1995，其试件尺寸为长 200mm，宽 25±0.5mm，粘合面尺寸为长 150mm，宽 25±0.5mm。

复合防水的主要形式是改性沥青防水涂料＋改性沥青防水卷材复合防水。

### 30.4.3.1 改性沥青防水涂料＋改性沥青防水卷材复合防水

改性沥青防水涂料＋改性沥青防水卷材复合防水中，改性沥青防水涂料主要有热熔非固化改性沥青防水涂料、常温非固化改性沥青防水涂料、热熔改性沥青防水涂料、喷涂速凝橡胶沥青防水涂料等，改性沥青防水卷材主要有热熔聚合物改性沥青防水卷材、自粘聚合物改性沥青聚酯胎防水卷材、自粘高分子膜基（N 类）防水卷材。本节以“非固化橡胶沥青防水涂料＋聚合物改性沥青防水卷材”为主要内容，对相关材料及施工工艺进行说明。其中卷材包括了热熔型聚合物改性沥青防水卷材、自粘聚酯胎改性沥青防水卷材、自粘高分子膜基（N 类）防水卷材。

1. 基层处理

清除基层表面杂物、油污、砂子等，清扫工作必须在施工中随时进行。基层缺陷应采用水泥砂浆修补平整。基层宜干燥，部分生产厂家产品可以在无明水的潮湿基层施工。

2. 工艺流程

清扫基层→（基层抛丸处理）→涂刷基层处理剂→弹线→加热涂料→节点加强处理→试铺防水卷材→大面涂刮（喷涂）涂料→铺贴卷材→卷材搭接→收口密封→检查验收。

3. 复合防水施工

(1) 抛丸处理

热熔非固化橡胶沥青防水涂料＋改性沥青防水卷材的复合防水工艺通常直接在混凝土面施工，由于多数工程混凝土有浮浆和较多的积灰，涂料与基层不能实现很好的粘结，刮涂施工时涂料也会出现起卷等现象。因此，除了坚固、平整、光滑干净的混凝土外，采用抛丸机对基层进行抛丸处理是很有必要的。

经过抛丸处理的基层可以不涂刷基层处理剂，不经抛丸处理的基层应涂刷基层处理剂。

(2) 加热涂料

热熔非固化橡胶沥青防水涂料分喷涂型和刮涂型，两种不同施工方法的涂料其性能指标相同。当非固化橡胶沥青防水涂料采用可溶塑料袋包装时，加热时将包装内的涂料取出，直接放入加热器中。当采用铁桶灌装时，先将桶盖揭开，放入脱桶器中加热，使涂料与包装桶脱开，然后涂料倒入专用的加热器中进行加热。加热温度不宜高于 160℃。

(3) 节点加强处理

水落口、穿屋面管道、阴角等节点部位应采用非固化橡胶沥青涂料进行加强处理，附加层宽度应符合设计或规范要求。涂料附加层宜增设玻纤网格布，网格布不得出现褶皱或露胎现象。

(4) 涂布防水涂料与卷材铺贴

1) 涂刮法：把加热完毕的橡胶沥青涂料，装入施工专用桶内，按照弹线的范围将非固化橡胶沥青防水涂料涂刮在基面上，涂刮厚度应均匀，不露底、不堆积。

2) 喷涂法：采用专用喷涂设备，在基面上喷涂非固化橡胶沥青防水涂料，喷涂厚度均匀，不露底。

3) 铺贴卷材：涂料涂布的同时应进行卷材的铺贴，揭除自粘卷材下表面隔离膜，将卷材粘贴在刚涂布的涂料上。用压辊在卷材上进行碾压，使卷材与涂料形成满粘。

4) 卷材搭接：当卷材为自粘改性沥青防水卷材时，将搭接边的隔离膜揭除，进行自粘搭接，搭接宽度 80mm。当采用热熔改性沥青卷材时，搭接宽度为 100mm。搭接边应采用压辊碾压密实。

5) 收头密封：卷材收头处，用压条进行固定，并用防水涂料进行密封。

**30.4.3.2 质量检查**

复合防水质量检验项目、要求和检验方法见表 30-31。

**复合防水质量检验项目、要求和检验方法** **表 30-31**

| 检验项目及要求 | | 检验方法 |
|---|---|---|
| 主控项目 | 复合防水所用防水材料及其配套材料的质量应符合设计要求 | 检查出厂合格证、质量检验报告和进场检验报告 |
| | 卷材和涂料复合粘结剥离强度应符合规范的规定 | 检查卷材与涂料复合粘结剥离强度检测报告 |
| | 复合防水层不得有渗漏和积水现象 | 雨后观察或淋水、蓄水试验 |
| | 复合防水层在天沟、檐沟、檐口、水落口、泛水、变形缝和伸出屋面管道的防水构造，应符合设计要求 | 观察检查 |
| 一般项目 | 卷材与涂膜应粘贴牢固，不得有空鼓和分层现象 | 观察检查 |
| | 复合防水的总厚度应符合设计要求 | 针测法或取样量测 |

## 30.4.4 密 封 防 水

屋面防水接缝密封主要用于屋面构件与构件、各种卷材防水层收头的密封防水处理，与防水卷材、防水涂膜、保温材料等配套使用。

**30.4.4.1　施工准备**

密封材料严禁在雨天、雪天、五级风及以上或其他影响嵌缝质量的条件下施工。施工环境气温，改性沥青密封材料宜为0～35℃，溶剂型密封材料宜为0～35℃，乳胶型及反应固化型密封材料宜为5～35℃。产品说明书对温度的要求与上述不符时，按说明书规定的温度范围使用。

**30.4.4.2　技术要求**

密封材料品种选择应根据当地历年最高气温、最低气温、屋面构造特点和使用条件等因素，选择耐热度、柔性相适应的密封材料；还需根据屋面接缝位移的大小和接缝的宽度，选择位移能力相适应的密封材料，并根据屋面接缝的暴露程度，选择耐高低温、耐紫外线、耐老化和耐潮湿等性能相适应的密封材料。

接缝处的密封材料底部设置背衬材料，背衬材料宽度应比接缝宽度大20%，嵌入深度应为密封材料的设计厚度。背衬材料应选择与密封材料不粘结或粘结力弱的材料；采用热灌法施工时，应选用耐热性好的背衬材料。

密封防水处理连接部位的基层，应涂刷基层处理剂；基层处理剂应选用与密封材料材性相容的材料。

基层要求：

(1) 基层应牢固，表面应平整、密实，不得有裂缝、蜂窝、麻面、起皮和起砂现象；密封材料嵌填前对基层上黏附的灰尘、砂粒、油污等均应作清扫、擦拭。接缝处浮浆可用钢丝刷刷除，然后宜采用小型电吹风器吹净，否则会降低粘结强度，特别是溶剂型或反应固化型密封材料。

(2) 嵌填密封材料前，基层应干净、干燥。一般水泥砂浆找平层完工10d后接缝才可嵌填密封材料，并且施工前应晾晒干燥。

**30.4.4.3　改性沥青密封材料施工**

1. 工艺流程

基层检查与修补→堵塞背衬材料→（粘贴防污胶带）→涂刷基层处理剂→批嵌或灌浇密封材料→抹平、压光、修整、清理防污胶带→固化、养护→检查验收。

2. 基层处理剂与背衬材料

基层处理剂要符合下列要求：

(1) 有易于操作的黏度（流动性）。

(2) 对被粘结体有良好的浸润性和渗透性。

(3) 不含能溶化被粘结体表面的溶剂，与密封材料有很好的相容性，不造成侵蚀，有良好的粘结性。

(4) 干燥快。基层处理剂一般采用密封材料生产厂家配套提供或推荐的产品。

背衬材料是填塞在接缝的底部，控制密封材料嵌填的深度，以防止密封材料与接缝底部粘结而形成三面粘结现象的一种弹性材料。采用的背衬材料应能适应基层的膨胀和收缩，具有施工时不变形、复原率高和耐久性好等性能。背衬材料宜采用半硬质的泡沫塑料，一般以泡沫聚乙烯塑料、泡沫聚苯乙烯塑料为主，形状有圆形、棒状或方形板状及薄膜。不同接缝形状，可选用不同的背衬材料。一般以圆形棒状使用较多。在填塞时，圆形棒状背衬材料其直径应不小于接缝宽度的1.2倍。如接缝较浅，可用扁平的隔离条。

3. 改性沥青密封材料施工

改性沥青密封材料常用热灌法施工。施工时应由下向上进行，尽量减少接头。垂直于屋脊的板缝宜先浇灌，同时在纵横交叉处宜沿平行于屋脊的两侧板缝各延伸浇灌150mm，并留成斜槎。密封材料熬制及浇灌温度应按不同材料要求严格控制。

采用热灌法工艺施工的密封材料需要在现场加热，使其具有流动性后使用。热灌法适用于平面接缝的密封处理。加热采用导热油传热和保温的加热炉，用文火缓慢加热熔化装入锅中的密封材料，锅内材料要随时用棍棒进行搅动以使加热均匀，避免锅底材料温度过高而老化变质。在加热过程中，要注意温度变化，可用200～300℃的棒式温度计测量温度。加热温度应由厂家提供，或根据材料的种类确定。若现场没有温度计时，温度控制以锅内材料液面发亮，不再起泡，并略有青烟冒出为度。加热到规定温度后，应立即运至现场进行浇灌，灌缝时温度应能保证密封材料具有很好的流动性。

**30.4.4.4　高分子密封材料施工**

1. 工艺流程

高分子密封材料施工工艺流程见图30-17。

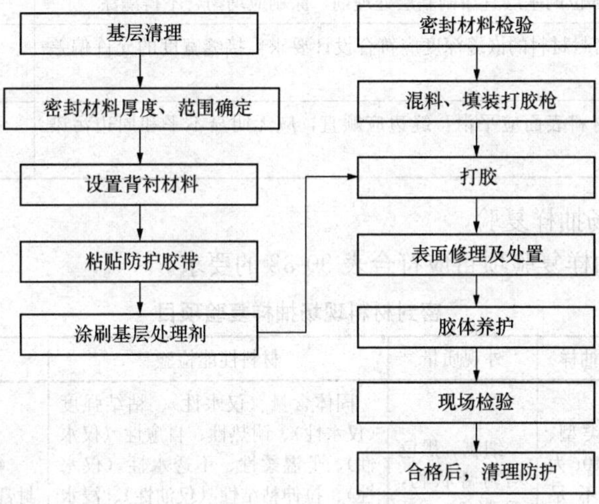


图30-17　密封胶打胶工艺流程

2. 基层处理剂与背衬材料

见30.4.4.3改性沥青密封材料防水施工。

3. 高分子密封材料施工

高分子密封材料常用胶枪压胶（打胶）施工。接缝两侧的混凝土基层应坚实、平整，不得有蜂窝、麻面、起皮和起砂现象，表面应清洁、干燥，无油污、无灰尘。接缝中应设置连续的背衬材料，背衬材料与接缝两侧基层之间不得留有空隙，预留深度应与密封胶设计厚度一致。

接缝两侧基层表面防护胶带粘贴应连续平整，宽度不应小于20mm。

应待基层处理剂表干后嵌填密封材料，并应根据接缝的宽度选用口径合适的挤出嘴，挤出应均匀；嵌填密封材料后，应在密封材料表干前用专用工具对密封材料表面进行修整；溢出的密封材料应在固化前进行清理；密封材料嵌填深度控制在接缝宽度的0.5～

0.7倍且不应小于8mm。

**30.4.4.5 质量检查**

1. 密封材料嵌缝质量检验

密封材料嵌缝质量检验项目、要求和检验方法见表30-32。

**密封材料嵌缝质量检验项目、要求和检验方法** **表30-32**

| 检验项目及要求 | | 检验方法 |
|---|---|---|
| 主控项目 | 密封材料及其配套材料的质量，应符合设计要求 | 检查出厂合格证，质量检验报告和进场检验报告 |
| | 密封材料嵌填应密实、连续、饱满，粘结牢固，不得有气泡、开裂、脱落等缺陷 | 观察检查 |
| | 接缝密封防水部位不得有渗漏现象 | 雨后观察或淋水试验 |
| 一般项目 | 1. 基层应牢固，表面应平整、密实，不得有裂缝、蜂窝、麻面、起皮和起砂现象；<br>2. 基层应清洁、干燥，并应无油污、无灰尘；<br>3. 嵌入的背衬材料与接缝间不得留有空隙；<br>4. 密封防水部位的基层宜涂刷基层处理剂，涂刷应均匀，不得漏涂 | 观察检查 |
| | 接缝宽度和密封材料的嵌缝深度应符合设计要求，接缝宽度的允许偏差为±10% | 尺量检查 |
| | 嵌填的密封材料表面应平滑，缝边应顺直，应无明显不平和周边污染现象 | 观察检查 |

2. 密封材料现场抽样复验

密封材料现场抽样复验项目应符合表30-33的要求。

**密封材料现场抽样复验项目** **表30-33**

| 序号 | 材料名称 | 组批及抽样 | 外观质量 | 材料性能检验 | 标准及试验方法 |
|---|---|---|---|---|---|
| 1 | 改性沥青密封材料 | 以同类型、同规格10t为一批，不足10t也按一批抽样 | 细腻、黑色均匀膏状物，无凝胶、无结块 | 固体含量（仅水性）、粘结强度（仅水性）、耐热性、自愈性（仅水性）、低温柔性、不透水性（仅水性）、拉伸粘结性（仅油性）、浸水后拉伸粘结性（仅油性）、施工度（仅油性）、挥发性（仅油性）、热老化（仅水性） | 《建筑构件连接处防水密封膏》JG/T 501、《建筑防水沥青嵌缝油膏》JC/T 207 |
| 2 | 高分子密封材料 | 以同类型、同规格5t为一批，不足5t也按一批抽样 | 细腻、均匀膏状物，无气泡、结块、凝胶、结皮，无不易分散的析出物 | 密度、流动性、适用期、拉伸模量、弹性恢复率、定/拉伸粘结性、质量损失率 | 《硅酮和改性硅酮建筑密封胶》GB/T 14683、《聚氨酯建筑密封胶》JC/T 482、《聚硫建筑密封胶》JC/T 483、《丙烯酸酯建筑密封胶》JC/T 484、《混凝土接缝用建筑密封胶》JC/T 881、《幕墙玻璃接缝用密封胶》JC/T 882、《金属板用建筑密封胶》JC/T 884 |

## 30.4.5 细部节点及构造部位防水

细部节点是指细小部位，如阴角、阳角、水落口、管根等节点部位，通常称细部、节点或细部节点。构造部位是指除了大面外的建筑构造部位，如变形缝部位、天沟部位、女儿墙部位、排汽烟道部位等。因此大面积防水层施工前，应独立认真地对每一节点和部位进行处理，并进行单独质量检查，确保细部节点及构造部位的施工质量。

**30.4.5.1　天沟、水落口防水**

1. 天沟

天沟是外挑檐沟、内檐沟、跨中天沟等各种屋面排水沟的统称。天沟的形式包括现浇混凝土结构天沟、预制混凝土天沟、金属天沟、由减少找坡层或保温材料厚度形成的建筑天沟。本节主要以现浇混凝土结构天沟为例说明。

天沟应采取比大面防水层多增加一道防水的措施，以防防水层破损时，起到后备保护作用。天沟防水附加层可以采用与屋面同种防水材料，也可根据天沟的可施工性，选择在复杂部位施工涂料防水。天沟、檐沟防水层和附加层铺贴时应从沟底开始，纵向铺贴；如沟底过宽，纵向搭接缝宜留在屋面或沟的两侧，附加层介入屋面的宽度不应小于250mm。卷材应由沟底翻上至沟外檐顶部，沟内卷材附加层在天沟、檐沟与屋面交接处宜空铺，空铺的宽度不应小于200mm。卷材收头应用金属压条钉压，并用密封材料封严，涂膜收头应用防水材料多遍涂刷。外挑檐沟外侧下端应做滴水处理。

天沟防水除了正确选用附加防水层外，过水孔密封防水必须十分重视。反梁过水孔构造应根据排水坡度要求留设反梁过水孔，图纸应注明孔底标高；留置的过水孔宜设置成矩形，高度不应小于75mm，宽度不应小于150mm，采用预埋管道时其管径不得小于75mm。由于结构受力与过水孔开洞对梁断面的削弱，过水孔部位结构混凝土经常存在微裂缝现象，因此，无论天沟防水层采用何种防水材料，过水孔必须在防水施工之前，采用高分子防水涂料进行防水密封。

2. 水落口

水落口分为直式水落口和横式水落口。卷材及涂料防水在水落口部位应做附加层，涂料附加层设置增强胎基布。

(1) 直式水落口：防水附加层分两个部分完成，先将卷材或涂料胎基布按图30-18形状设置在水落口内，上部“裙分”粘贴于天沟底面。然后按图30-19将附加层或涂料胎基布“瓜皮”分割，贴在水落口侧壁。铺至水落口的各层卷材和附加增强层，均应粘贴在杯口上，用雨水罩的底盘将其压紧。

图30-18　水落口附加层（一）

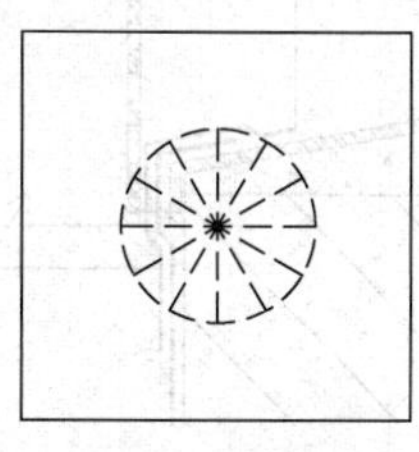

图30-19　水落口附加层（二）

(2) 横式水落口

屋面水落口采用侧排雨水斗的材料有铸铁、不锈钢、PVC等，型号大小也不尽相同，型号选择与排水量、墙体厚度等有关。雨水斗可以与结构施工时一起埋置，也可以施工时留置孔洞，但不允许后凿开孔安装。雨水斗与女儿墙的间隙要用水泥砂浆或细石混凝土填实，必要时可采用机械固定。

侧排雨水斗的位置正处于屋面女儿墙根部，女儿墙阴角附加层应在雨水斗安装固定后进行施工。防水卷材“破口”时，尽可能将平面尺寸留置大一些，“破口”后的卷材与雨水斗粘贴牢固。为了防止水从卷材“破口”的角部进水，以及卷材与雨水斗粘结处进水，在水落口的四周及水落口内侧卷材收头处，采用与檐沟防水层材性相容的防水涂料进行加强防水密封处理，也可采用密封胶进行防水密封。

水落口周边应下凹形成集水槽，凹槽内用水泥砂浆向雨水斗找坡。水落口的下边缘应与结构板平，使水落口处于屋面最低处，使雨水直接进入雨水斗内，见图 30-20。

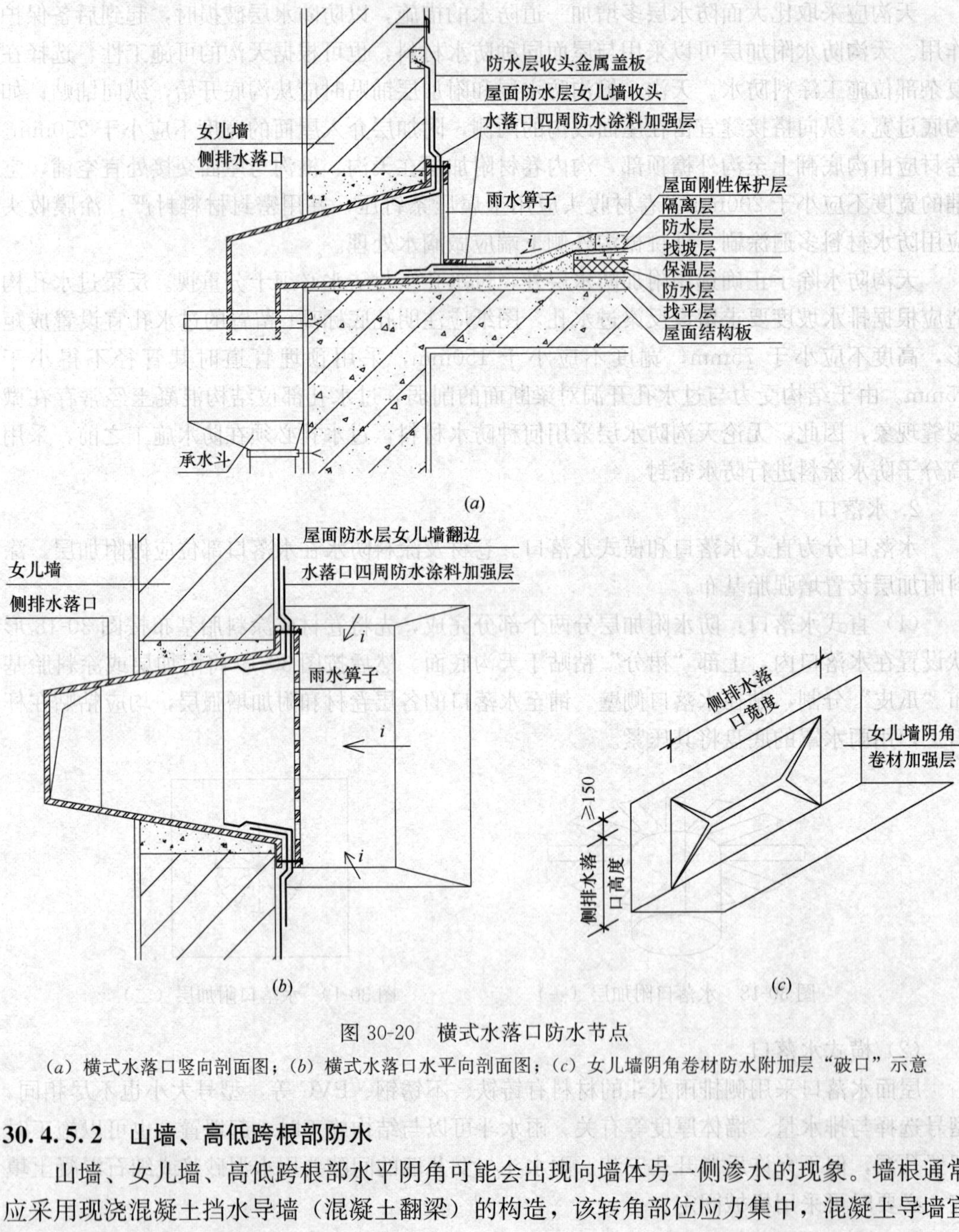


图 30-20　横式水落口防水节点

(*a*) 横式水落口竖向剖面图；(*b*) 横式水落口水平向剖面图；(*c*) 女儿墙阴角卷材防水附加层“破口”示意

### 30.4.5.2　山墙、高低跨根部防水

山墙、女儿墙、高低跨根部水平阴角可能会出现向墙体另一侧渗水的现象。墙根通常应采用现浇混凝土挡水导墙（混凝土翻梁）的构造，该转角部位应力集中，混凝土导墙宜

与屋面混凝土一次浇筑；当二次浇捣时，新旧混凝土之间可能会存在渗漏水通道。因此，在大面防水层施工前，应进行加强防水措施。

混凝土挡水导墙高度应高出屋面完成面200mm以上，宽度与墙体相同。防水附加层平面宽度应不小于250mm，墙面高度应高出屋面完成面250mm以上。

墙根与屋面交接阴角部位清理干净后，用聚合物水泥防水砂浆进行防水找平，并做成圆弧状。防水附加层为防水卷材时，圆弧半径宜为$R=50$mm；防水附加层为防水涂料时，圆弧半径宜为$R=20$mm。防水附加层材料宜选用聚氨酯防水涂料、湿铺聚合物改性沥青防水卷材等与基层粘结力强、有防窜水功能的、耐久性好的防水材料，厚度不宜小于1.5mm，见图30-21。

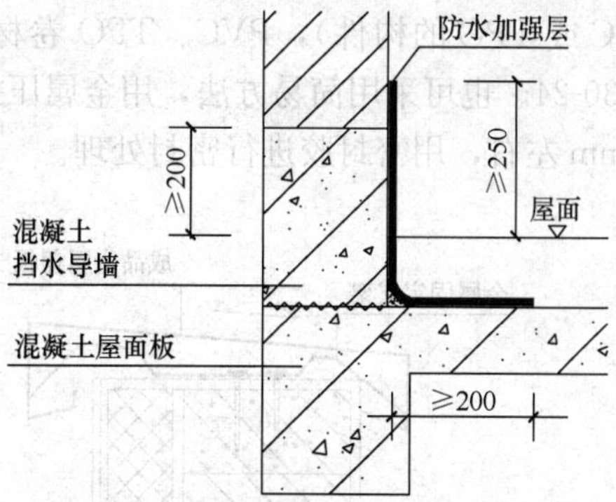


图30-21　墙根水平阴角防水加强处理

### 30.4.5.3　女儿墙、檐口防水

1. 女儿墙顶防水

(1) 砖砌女儿墙压顶

砖砌女儿墙一般采用配筋现浇混凝土压顶，压顶与女儿墙的构造柱相连，见图30-22。

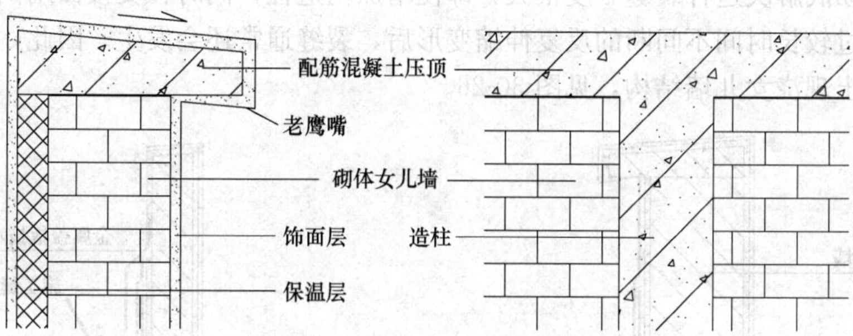


图30-22　砌体女儿墙混凝土压顶

(2) 金属制品压顶

采用金属成品压顶是防止女儿墙顶面开裂、渗漏水的有效解决方案，而且在美观、耐久、安装、维修等多方面，都是值得推荐使用的做法。

金属成品压顶可用于砌体女儿墙、混凝土女儿墙、保温外墙的屋面收头、幕墙的屋面收头等部位。通常金属成品压顶为可拆卸式安装，由基座固定件先安装在女儿墙顶面，成型的压顶板以扣压的方式与基座固定件连接，也有用不锈钢螺钉与固定件连接的方法。金属压顶可以根据设计需要进行加工，面板与面板之间一般采用密封胶进行封闭，也有采用简易扣接的方法。金属女儿墙压顶虽然安装平整美观，但要防止风压作用变形或振动后松动脱落，见图30-23。

(3) 女儿墙顶防水材料防水

当女儿墙或非上人屋面檐口挡墙高度较低时，屋面防水层会直接将女儿墙顶面及内侧全部覆盖，这也是防止由于女儿墙开裂造成渗漏水的方案之一。覆盖女儿墙的防水材料一般以卷材为主，特别在单层屋面工程中，在女儿墙外檐口安装专用复合压板（表面复合PVC或TPO的构件），PVC、TPO卷材直接与复合压板焊接，形成整体防水效果，见图30-24。也可采用简易方法，用金属压条将卷材固定在女儿墙顶面的外口边，距外边缘20mm左右，用密封胶进行密封处理。

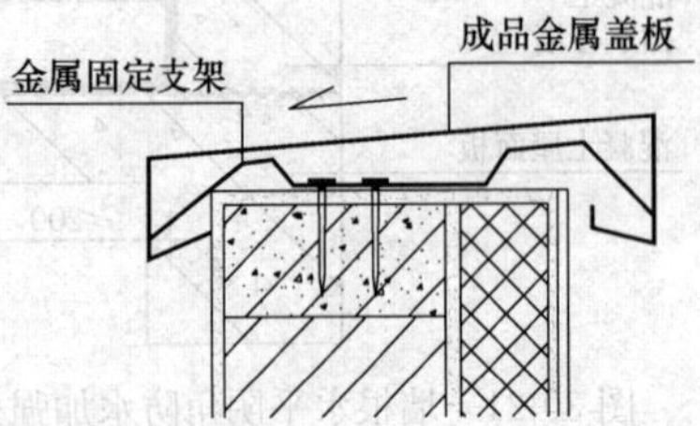


图30-23 金属成品压顶

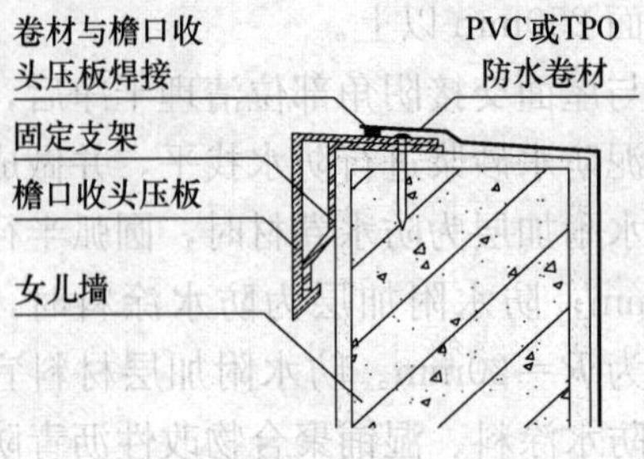


图30-24 防水卷材覆盖女儿墙顶面

由于防水涂料通常比较薄，与基层粘结力较强，在变形开裂时提供应变的长度较小，容易产生拉裂现象，通常不建议用于女儿墙外露防水。

2. 女儿墙墙身防水

(1) 女儿墙不同墙体材料交接面裂缝主要指砌体女儿墙与混凝土结构屋面之间的裂缝（图30-25），裂缝的产生是由于温差变化造成不同线膨胀系数材料之间的伸缩不同而形成的裂缝。要彻底解决这种裂缝难度很大，即使增加构造柱，同时在交接面用钢丝网等进行加强，但经过较长时间不间断的反复伸缩变形后，裂缝通常还会发生。因此，取而代之的是钢筋混凝土现浇女儿墙结构，见图30-26。

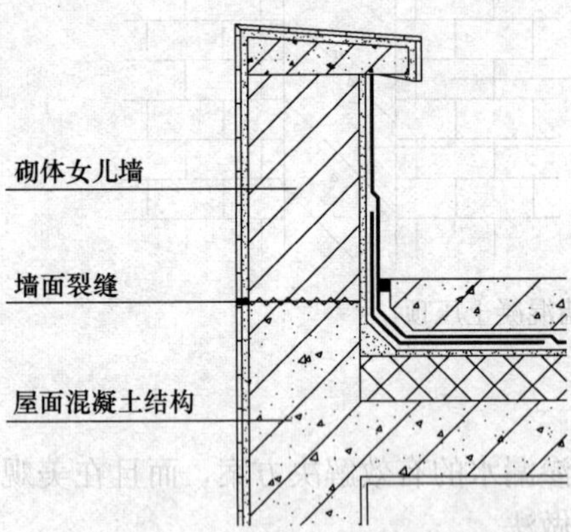


图30-25 砌体女儿墙与混凝土梁接缝开裂

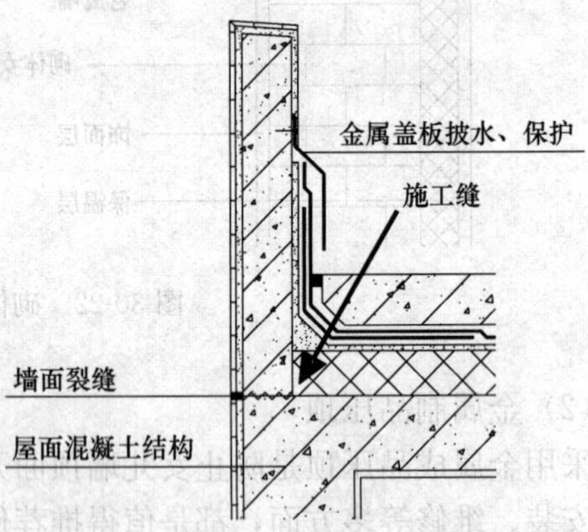


图30-26 混凝土女儿墙二次浇捣施工缝

(2) 现浇女儿墙结构混凝土自身也会出现裂缝，一种是纵向混凝土收缩和温差共同作用产生的竖向裂缝，另一种是屋面混凝土结构与女儿墙混凝土二次浇捣的水平施工缝存在渗水通道。但由于是同质材料的裂缝，在相同温差变形中，不会产生或只是产生很小的收缩差。因此，这种裂缝可以通过修补得到彻底解决，见图30-26。

**30.4.5.4 出屋面管道防水**

出屋面管道防水除了屋面防水层在出屋面管道处应进行收头密封处理外，管道与屋面混凝土结构的根部应进行防水加强处理。

伸出屋面的管道应安装牢固，穿过混凝土屋面板部位应预埋防水套管。后安装或管道位置变更后安装的部位，混凝土开凿应采用专用钻孔机械钻孔，不得重打硬敲。

(1) 有套管的独立管道需要处理套管与混凝土的接缝，以及套管与管道间隙缝。竖向管首先用 1∶2 水泥砂浆、聚合物水泥防水砂浆、无收缩自流平砂浆或硬质发泡聚氨酯填塞套管与管道间隙缝。填塞砂浆前要先对下口进行封底，除了无收缩砂浆外，其他砂浆均需分二至三次填实，表面抹平，每次时间间隔不少于 48h。在塞缝砂浆完全固化后，用防水涂料进行加强防水处理，见图 30-27。

(2) 无套管直接穿混凝土的单管，通常用防水涂料在管根进行多道涂布，涂料必须直接施涂在结构混凝土与管道体上。也可以同时将管道埋入混凝土段，用遇水膨胀密封胶或丁基橡胶止水条绕管止水，见图 30-28。

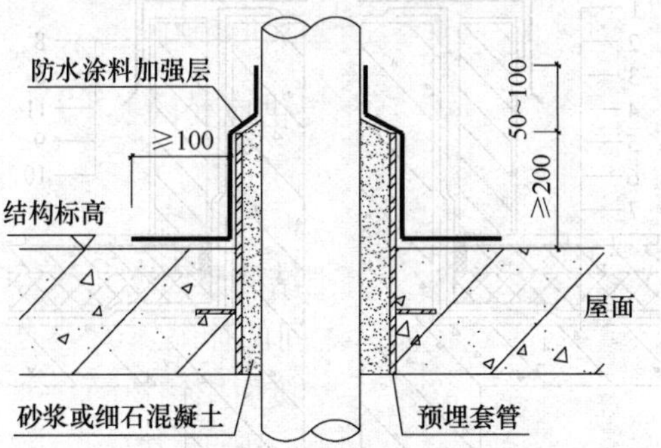

图 30-27 屋面预埋套管根部防水涂料加强层

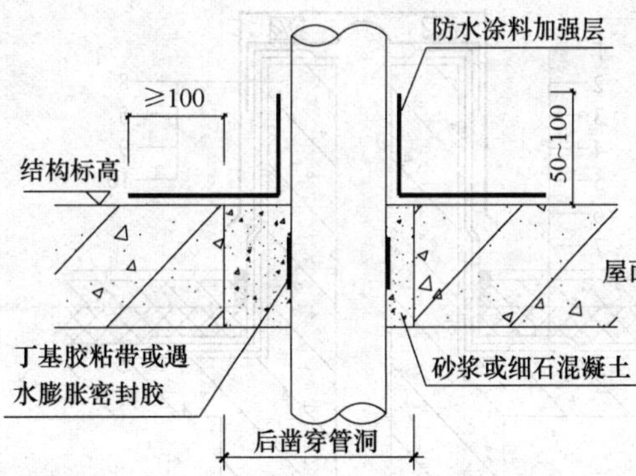

图 30-28 后凿穿管洞根部防水涂料加强层

当选用卷材防水附加层时，防水层在管根部位应"瓜皮"分割，上翻粘贴在管壁上；管道附加层包裹在管道上，下面"裙分"后粘贴搭接在平面卷材上。附加层"裙分"阴角用密封胶进行密封防水，上部收头用金属箍固定，并在上口用密封胶封口防水，如图 30-29、图 30-30 所示。

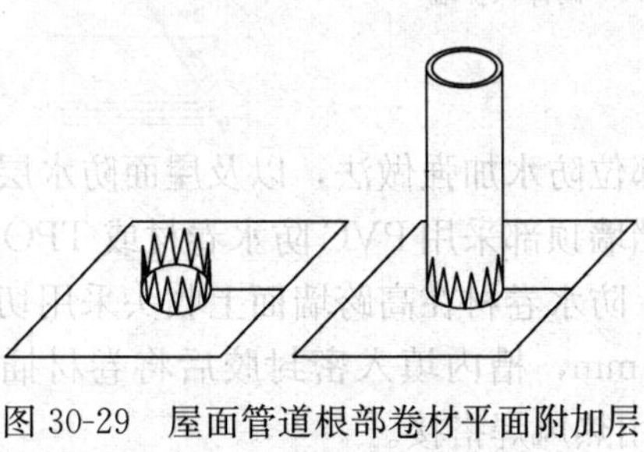
图 30-29 屋面管道根部卷材平面附加层

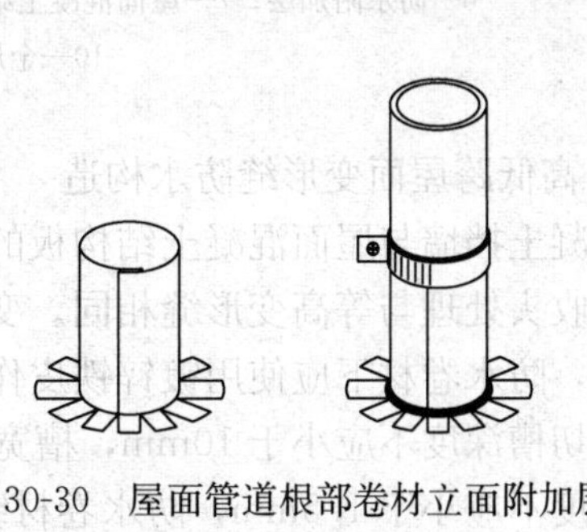
图 30-30 屋面管道根部卷材立面附加层

### 30.4.5.5 变形缝及水平出入口防水

1. 屋面等高变形缝

屋面变形缝两侧应采用现浇钢筋混凝土挡墙，挡墙高度应高出建筑完成面不小于 300mm，混凝土厚度不应小于 120mm。混凝土挡墙与屋面混凝土结构板的交接部位应设置防水附加层。防水附加层宜采用高分子防水涂料或高分子膜基改性沥青湿铺防水卷材，厚度宜为 2.0mm。变形缝部位的泛水应从屋面平面连续翻高铺设至变形缝挡墙顶面，并在挡墙顶部平面收头固定。变形缝挡墙顶部宜采用 PVC 防水卷材或 TPO 防水卷材制作成防水盖条，做成拱形“Ω”状，不应做成可积水的凹形“Ω”状，松铺覆盖在缝隙上。防水卷材厚度不应小于 1.2mm，卷材盖条纵向接缝应采用热风焊接，卷材盖条两侧应下挂不应小于 100mm，卷材盖条用水泥钉进行固定；挡墙立面上的防水层应采用砌体保护或采取其他保护措施。

变形缝顶部应加扣金属盖板防水。金属盖板应采用不锈钢或不易生锈的其他材料制作，厚度不应小于 1.5mm。金属盖板兼作泛水保护层时，盖板侧面下挂至屋面饰面层 50～100mm。当立面防水层采用砌体保护时，金属盖板侧面下挂不应小于 100mm。金属盖板应根据风力，采取钢钉或通长金属压条固定；也可根据实际情况采用混凝土盖板作为变形缝顶部防水措施，见图 30-31。

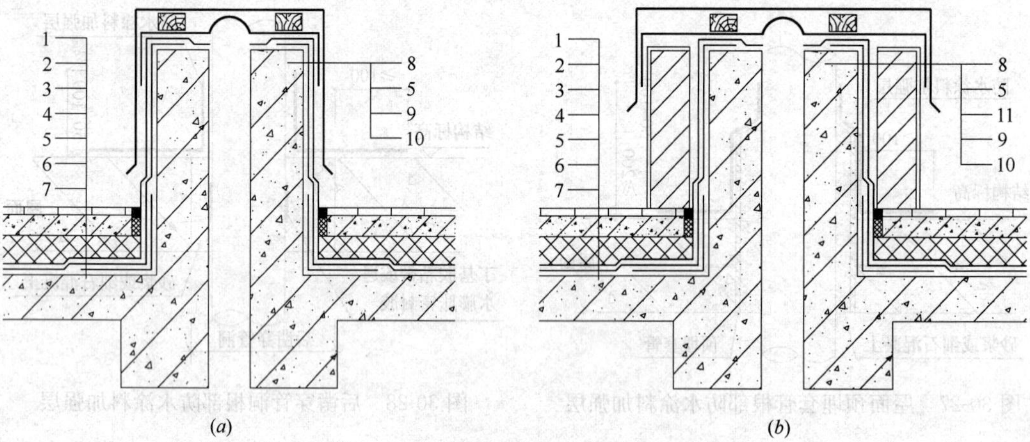


图 30-31　屋面等高变形缝防水构造

(a) 金属盖板立面保护；(b) 砌体立面保护

1—屋面饰面层；2—细石混凝土；3—隔离层；4—保温层；5—防水层（二道）；
6—防水附加层；7—屋面混凝土结构；8—混凝土挡墙；9—塑料类防水卷材附加层；
10—金属盖板；11—砌体保护墙

2. 高低跨屋面变形缝防水构造

混凝土挡墙与屋面混凝土结构板的交接部位防水加强做法，以及屋面防水层在变形缝部位的收头处理与等高变形缝相同。变形缝挡墙顶部采用 PVC 防水卷材或 TPO 防水卷材防水时，防水卷材下应使用镀锌铁皮作衬垫。防水卷材在高跨墙面上收头采用切槽埋置的方法，切槽深度不应小于 10mm，槽宽宜为 5mm，槽内填入密封胶后将卷材插入。防水卷材厚度不应小于 1.5mm，防水卷材纵向采用热风焊搭接。

镀锌铁皮厚度不应小于 0.6mm，用铁钉固定在高跨墙上，坡度不应小于 30°，纵向搭接不应小于 30mm。镀锌铁皮衬垫与防水卷材外挑出保护层面不小于 30mm；变形缝最外侧应采用金属盖板保护。金属盖板应采用不锈钢或其他不易生锈的材料制作，厚度不应小于 1.5mm。金属保护盖板侧面下挂应超过变形缝顶面不小于 100mm。金属盖板应固定在高跨墙面上，并用金属压条固定，上口采用密封胶密封。金属盖板较大时，可在盖板的上端与下挂端同时固定，见图 30-32。

3. 高低跨变形缝水平出入口防水构造

高低跨变形缝部位的水平出入口应尽量保证变形缝通长设置的完整性，门的踏步平台高度应高出变形缝防水措施的最高部位，室外踏步宜采用可移动的钢架平台，以便变形缝渗漏维修，同时可减少屋面防水层在该部位复杂的节点处理。

水平出入口应设置雨篷，门的四周应做好防水措施。采用钢平台踏步的高低跨变形缝水平出入口防水构造见图 30-33。

#### 30.4.5.6 设备基座防水

1. 较大或有震动的设备基座

对于较大或有震动的设备基座，应直接从屋面结构板上浇筑设备基座，并通过钢筋与设备基座相连成整体。当设备基座为后增加时，混凝土浇筑前，应做好新旧混凝土的界面衔接，并通过植筋增加连接可靠性。

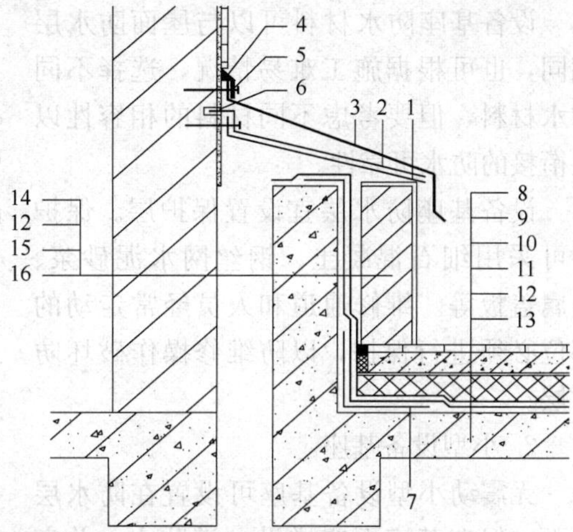


图 30-32 高低跨屋面变形缝防水构造

1—镀锌铁皮衬垫；2—变形缝防水卷材；3—金属盖板；4—密封胶；5—金属压条及铁钉固定；6—卷材收头埋槽；7—防水附加层；8—屋面饰面层；9—细石混凝土；10—隔离层；11—保温层；12—防水层（二道）；13—屋面混凝土结构；14—砌体保护墙；15—混凝土挡墙；16—高跨墙体

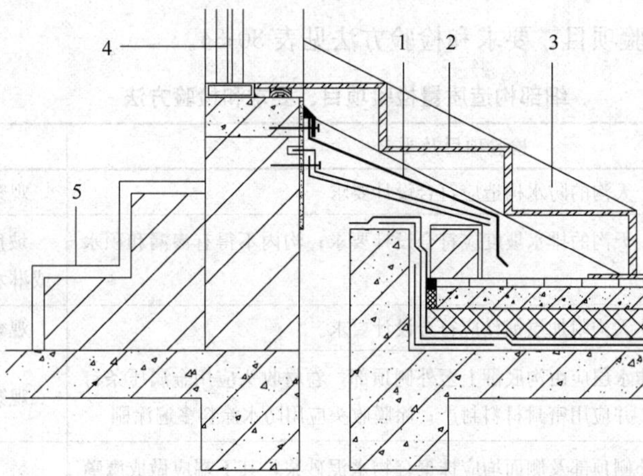


图 30-33 钢平台踏步的高低跨变形缝水平出入口防水构造

1—变形缝防水构造；2—室外钢平台踏步；3—踏步侧边栏板；4—出屋面门；5—室内踏步

设备基座防水层施工与设备在基座上的安装以及安装时间有关。

方法一，基座防水层与屋面防水层同时施工，完成后，将基座混凝土用防水全部覆盖，留出安装螺栓或孔洞，不会因设备安装而破坏防水层，见图 30-34。

方法二，卷材屋面防水层在设备基座边缘应进行收头固定密封，待设备安装完成后，施工基座表面的防水层，并与屋面防水搭接形成整体。

较大面积设备基座表面应进行找坡排水，必要时设置排水沟，防止积水或设备挡水积水现象。

设备基座防水材料可以与屋面防水层相同，也可根据施工难易情况，选择不同防水材料，但要考虑不同材料的相容性以及衔接的防水可靠性。

设备基座防水层宜设置保护层。保护层可采用细石混凝土、钢丝网水泥砂浆、金属盖板等。维修通道和人员经常走动的部位必须进行保护，以防维修操作破坏防水层。

2. 小型设备基座

无震动小型设备基座可设置在防水层表面，但在基座下应增设一道防水，并宜在防水层表面铺设一层抗刺穿性较好、强度较高的隔离层，如 PVC、TPO 等防水卷材。

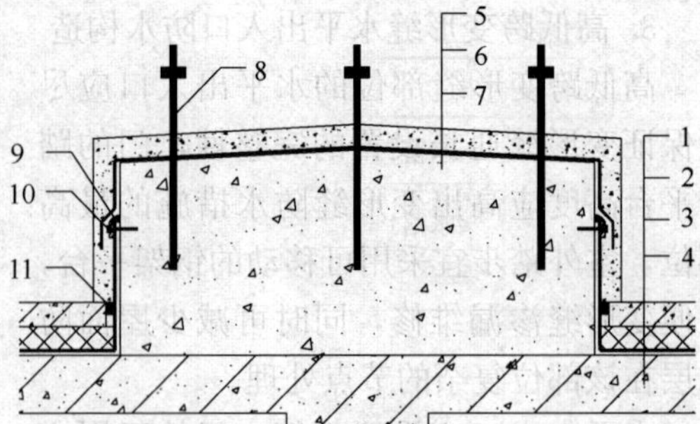

图 30-34　设备基座防水构造

1—细石混凝土保护层；2—保温层；3—屋面防水层；4—屋面结构板；5—设备基座防水保护层；6—设备基座防水层；7—混凝土设备基座；8—设备安装螺杆；9—收头密封胶封口；10—金属压条及固定件；11—密封胶

重量更轻的设备基座可以设置在最表面的刚性保护层之上，这类设备基座可以不做防水处理。

小型设备安装严禁打穿防水层固定设备。

### 30.4.5.7　质量检查

细部构造质量检验项目、要求和检验方法见表 30-34。

细部构造质量检验项目、要求和检验方法　　表 30-34

| 部位 | | 检验项目及要求 | 检验方法 |
|---|---|---|---|
| 檐沟和天沟 | 主控项目 | 檐沟、天沟的防水构造应符合设计要求 | 观察检查 |
| | | 檐沟、天沟的排水坡度应符合设计要求；沟内不得有渗漏和积水现象 | 坡度尺检查和雨后观察或淋水、蓄水试验 |
| | 一般项目 | 檐沟、天沟附加层铺设应符合设计要求 | 观察和尺量检查 |
| | | 檐沟防水层应由沟底翻上至外侧顶部，卷材收头应用金属压条钉压固定，并应用密封材料封严；涂膜收头应用防水涂料多遍涂刷 | 观察检查 |
| | | 檐沟外侧顶部及侧面均应抹聚合物水泥砂浆，其下端应做成鹰嘴或滴水槽 | 观察检查 |
| 女儿墙和山墙 | 主控项目 | 女儿墙和山墙的防水构造应符合设计要求 | 观察检查 |
| | | 女儿墙和山墙的压顶向内排水坡度不应小于 5%，压顶内侧下端应做成鹰嘴或滴水槽 | 观察和坡度尺检查 |
| | | 女儿墙和山墙的根部不得有渗漏和积水现象 | 雨后观察或淋水试验 |
| | 一般项目 | 女儿墙和山墙的泛水高度及附加层铺设应符合设计要求 | 观察和尺量检查 |
| | | 女儿墙和山墙的卷材应满粘，卷材收头应用金属压条钉压固定，并应用密封材料封严 | 观察检查 |
| | | 女儿墙和山墙的涂膜应直接涂刷至压顶下，涂膜收头应用防水涂料多遍涂刷 | 观察检查 |

续表

| 部位 | | 检验项目及要求 | 检验方法 |
|---|---|---|---|
| 水落口 | 主控项目 | 水落口的防水构造应符合设计要求 | 观察检查 |
| | | 水落口杯上口应设在沟底的最低处；水落口处不得有渗漏和积水现象 | 雨后观察或淋水、蓄水试验 |
| | 一般项目 | 水落口的数量和位置应符合设计要求；水落口杯应安装牢固 | 观察和手板检查 |
| | | 水落口周围直径 500mm 范围内坡度不应小于 5%，水落口周围的附加层铺设应符合设计要求 | 观察和尺量检查 |
| | | 防水层及附加层应在直式水落口杯压边下粘牢封严，防水层及附加层伸入水落口杯内不应小于 50mm，并应粘结牢固 | 观察和尺量检查 |
| 变形缝 | 主控项目 | 变形缝的防水构造应符合设计要求 | 观察检查 |
| | | 变形缝处不得有渗漏和积水现象 | 雨后观察或淋水试验 |
| | 一般项目 | 变形缝的泛水高度及附加层铺设应符合设计要求 | 观察和尺量检查 |
| | | 防水层应铺贴或涂刷至泛水墙的顶部 | 观察检查 |
| | | 等高变形缝顶部宜加扣混凝土或金属盖板。混凝土盖板的接缝应用密封材料封严；金属盖板应铺钉牢固，搭接缝应顺流水方向，并应做好防锈处理 | 观察检查 |
| | | 高低跨变形缝在高跨墙面上的防水卷材封盖和金属盖板，应用金属压条钉压固定，并应用密封材料封严 | 观察检查 |
| 伸出屋面管道 | 主控项目 | 伸出屋面管道的防水构造应符合设计要求 | 观察检查 |
| | | 伸出屋面管道根部不得有渗漏和积水现象 | 雨后观察或淋水试验 |
| | 一般项目 | 伸出屋面管道的泛水高度及附加层铺设，应符合设计要求 | 观察和尺量检查 |
| | | 伸出屋面管道周围的找平层应抹出高度不小于 30mm 的排水坡 | 观察和尺量检查 |
| | | 卷材防水层收头应用金属箍固定，并应用密封材料封严；涂膜防水层收头应用防水涂料多遍涂刷 | 观察检查 |
| 屋面出入口 | 主控项目 | 屋面出入口的防水构造应符合设计要求 | 观察检查 |
| | | 屋面出入口处不得有渗漏和积水现象 | 雨后观察或淋水试验 |
| | 一般项目 | 屋面垂直出入口防水层收头应压在压顶圈下，附加层铺设应符合设计要求 | 观察检查 |
| | | 屋面水平出入口防水层收头应压在混凝土踏步下，附加层铺设和护墙应符合设计要求 | 观察检查 |
| | | 屋面出入口的泛水高度不应小 250mm | 观察和尺量检查 |
| 反梁过水孔 | 主控项目 | 反梁过水孔的防水构造应符合设计要求 | 观察检查 |
| | | 反梁过水孔处不得有渗漏和积水现象 | 雨后观察或淋水试验 |
| | 一般项目 | 反梁过水孔的孔底标高、孔洞尺寸或预埋管管径，均应符合设计要求 | 尺量检查 |
| | | 反梁过水孔的孔洞四周应涂刷防水涂料；预埋管道两端周围与混凝土接触处应留凹槽，并应用密封材料封严 | 观察检查 |

续表

| 部位 | | 检验项目及要求 | 检验方法 |
|---|---|---|---|
| 设施基座 | 主控项目 | 设施基座的防水构造应符合设计要求 | 观察检查 |
| | | 设施基座处不得有渗漏和积水现象 | 雨后观察或淋水试验 |
| | 一般项目 | 设施基座与结构层相连时，防水层应包裹设施基座的上部，并应在地脚螺栓周围做密封处理 | 观察检查 |
| | | 设施基座直接放置在防水层上时，设施基座下部应增设附加层，必要时应在其上浇筑细石混凝土，其厚度不应小于 50mm | 观察检查 |
| | | 需经常维护的设施基座周围和屋面出入口至设施之间的人行道，应铺设块体材料或细石混凝土保护层 | 观察检查 |

## 30.5　保护层与隔离层

### 30.5.1　保　护　层

**30.5.1.1　施工准备**

(1) 施工完的防水层应进行雨后观察、淋水或蓄水试验，并应在合格后再进行保护层的施工。

(2) 已完成的保温层或防水层经验收合格并办理隐蔽验收手续。

(3) 施工前弹好水准基准线。

(4) 材料进场已经检验并符合要求。

(5) 对作业人员已进行技术交底，特殊作业工种必须持证上岗。

(6) 保护层施工的环境气温条件：块体材料干铺不宜低于−5℃，湿铺不宜低于 5℃，水泥砂浆及细石混凝土宜为 5～35℃。

(7) 细石混凝土保护层施工前，应先铺设隔离层并设置分格缝。

**30.5.1.2　技术要求**

(1) 保护层可采用浅色涂料、铝箔、矿物粒料、块体材料、水泥砂浆、细石混凝土等材料。保护层材料的适用范围和技术要求应符合相关规定，见表 30-35。

保护层材料的适用范围和技术要求　　表 30-35

| 保护层材料 | 适用范围 | 技术要求 |
|---|---|---|
| 浅色涂料 | 不上人屋面 | 丙烯酸系反射涂料 |
| 铝箔 | 不上人屋面 | 0.05mm 厚铝箔反射箔 |
| 矿物粒料 | 不上人屋面 | 不透明的矿物粒料 |
| 水泥砂浆 | 不上人屋面 | 20mm 厚 1∶2.5 或 M15 水泥砂浆 |
| 块体材料 | 上人屋面 | 地砖或 30mm 厚 C20 细石混凝土预制块 |
| 细石混凝土 | 上人屋面 | 40mm 厚 C20 细石混凝土或 50mm 厚细石混凝土内配 $\phi 4@100$ 双向钢筋网片 |

（2）采用块体材料做保护层时，应留分格缝铺设。

（3）采用水泥砂浆做保护层时，表面应抹平压光，并应设置表面分格缝，分格面积宜为 $1m^2$。

（4）采用细石混凝土做保护层时，表面应抹平压光，并应设置分格缝，其纵横间距不应大于 4m，分格缝宽度宜为 10～20mm，并应用密封材料嵌填。

（5）采用浅色涂料做保护层时，应与防水层粘结牢固，厚薄应均匀，不得漏涂，其施工工艺可参照防水涂膜施工。

（6）块体材料、水泥砂浆、细石混凝土保护层与女儿墙或山墙之间，应预留宽度为 30mm 的缝隙，缝内宜填塞聚苯乙烯泡沫塑料，并应用密封材料嵌填。

（7）需经常维护的设施周围和屋面出入口至设施之间的人行道，应铺设块体材料或细石混凝土保护层。

**30.5.1.3 块体材料保护层施工**

基层清理→放线找坡→分格缝留设→块体排布→块体铺贴→勾缝→分格缝嵌填→检查验收。

（1）基层清理：基层经检查合格，并将杂物清理干净。

（2）放线找坡：根据设计排水坡度的要求进行弹线，满足排水要求。

（3）分格缝留设：按设计或施工方案要求排好板块。

（4）块体排布：根据块体材料尺寸、屋面实际尺寸及出屋面构件、管道等分布情况排出块体放置位置。

（5）块体铺贴：铺设前应将基层湿润，若采用砂结合层时，应洒水压实，并用刮尺刮平，以满足块体铺设的平整度要求，块体应对接铺砌，缝隙宽度一般为 8～10mm。块体铺砌完成后，应适当洒水并轻轻拍平、压实，以免产生翘角现象。为防止砂流失，在保护层四周 500mm 范围内，应改用低强度等级水泥砂浆做结合层；若采用水泥砂浆做结合层时，应先在防水层上做隔离层。块体应先浸水湿润并阴干，如块体尺寸较大，可采用铺灰法铺砌，即先在隔离层上将水泥砂浆摊开，然后摆放块体；如块体尺寸较小，可将水泥砂浆刮在块体的粘结面上再进行摆铺。每块块体摆铺完后应立即挤压密实、平整，使块体与结合层之间不留空隙。

（6）勾缝：若采用砂结合层铺设块体时，板缝先用砂填至一半的高度，然后用 1∶2 水泥砂浆勾成凹缝；若采用水泥砂浆结合层时，铺砌 1～2d 后用 1∶2 或 M15 水泥砂浆勾成凹缝。

（7）分格缝嵌填：采用密封材料嵌填。

**30.5.1.4 水泥砂浆保护层施工**

基层清理→放线找坡→分格缝留设→贴饼、冲筋→配制砂浆→铺设水泥砂浆→压置表面分格缝→养护→分格缝嵌填→检查验收。

（1）基层清理：基层经检查合格，并将杂物清理干净。

（2）放线找坡：根据设计排水坡度的要求进行弹线，满足排水要求。

（3）分格缝留设：施工时应根据结构及施工方案排板情况采用木板条或泡沫条设置纵横分格缝。

（4）贴饼、冲筋：根据结构层女儿墙上的 0.5m 标高线，量出找平层上平标高，按找平层上平标高沿十字方向拉线贴饼，以做好的灰饼为标准抹条形冲筋，高度与灰饼同高，形成控制标高的“田”字格，用刮尺刮平，作为砂浆面层厚度控制的标准。

（5）配制砂浆：水泥砂浆配合比一般为水泥：砂＝1：2.5（体积比），强度等级不应低于 M15 或采用 M15 预拌水泥砂浆。

（6）铺设水泥砂浆：铺设前应将基层湿润，刷一道素水泥浆或界面结合剂，随刷随铺设砂浆并拍实，用刮尺找平，终凝前，用铁抹子压光。

（7）养护：施工完成后 24h 左右覆盖和洒水养护，每天不少于 2 次，严禁上人，养护期不得少于 7d。

（8）分格缝嵌填：采用密封材料嵌填。

### 30.5.1.5　细石混凝土保护层施工

基层清理→放线找坡→分格缝留设→浇筑细石混凝土→养护→分格缝嵌填→检查验收。

（1）基层清理：基层经检查合格，并将杂物清理干净。

（2）放线找坡：根据设计排水坡度的要求进行弹线，满足排水要求。

（3）分格缝留设：施工时应根据结构及施工方案排板情况采用木板条或泡沫条设置纵横分格缝，分格缝纵横间距不应大于 4m，分格缝宽度为 10～20mm。

（4）浇筑细石混凝土：

1）混凝土浇筑应按照由远而近、先低后高的原则进行。在每个分格内，混凝土应连续浇筑，不宜留设施工缝，混凝土要铺平铺匀，宜采用铁辊滚压或人工拍实，不宜采用机械振捣，以免破坏防水层。压实后随即用刮尺按排水坡度刮平，并在初凝前用木抹子提浆抹平，初凝后及时取出分格缝木板条，泡沫条不用取出，终凝前用铁抹子压光。

2）若采用配筋细石混凝土保护层时，钢筋网片的位置设在保护层中间偏上部位，钢筋网片应在分格缝处断开，在铺设钢筋网片时用砂浆垫块支垫。

（5）养护：细石混凝土保护层浇筑完后，应及时进行养护，养护时间不应少于 7d。养护初期禁止上人，养护方法可采用洒水湿润，也可采用喷涂养护剂、覆盖塑料薄膜或锯末等方法，必须保证细石混凝土处于充分的湿润状态。

（6）分格缝嵌填：采用密封材料嵌填。

### 30.5.1.6　质量检查

水泥砂浆、细石混凝土、块体材料保护层质量检验项目及要求、检验方法见表 30-36。

**保护层质量检验项目、要求和检验方法　　表 30-36**

| 检验项目及要求 | | 检验方法 |
|---|---|---|
| 主控项目 | 保护层所用材料的质量及配合比应符合设计要求 | 检查出厂合格证、质量检验报告和计量措施 |
| | 块体材料、水泥砂浆或细石混凝土保护层的强度等级，应符合设计要求 | 检查块体材料、水泥砂浆或混凝土抗压强度试验报告 |
| | 保护层的排水方向和坡度应符合设计要求 | 观察检查和坡度尺检查 |

续表

| 检验项目及要求 | | 检验方法 |
|---|---|---|
| 一般项目 | 块体材料保护层表面应干净，接缝应平整，周边应顺直，镶嵌应正确，应无空鼓现象 | 小锤轻击和观察检查 |
| | 水泥砂浆、细石混凝土保护层不得有裂纹、脱皮、麻面和起砂等现象 | 观察检查 |
| | 块体材料、水泥砂浆保护层表面平整度允许偏差为4mm | 用2m靠尺和塞尺检查 |
| | 细石混凝土保护层表面平整度的允许偏差为5mm | 用2m靠尺和塞尺检查 |
| | 水泥砂浆、细石混凝土和块体材料保护层缝格平直允许偏差为3mm | 拉线和尺量检查 |
| | 块体材料保护层接缝高低差允许偏差为1.5mm | 用直尺和塞尺检查 |
| | 块体材料保护层板块间隙宽度允许偏差为2mm | 尺量检查 |
| | 保护层厚度允许偏差为设计厚度的10%，且不得大于5mm | 用钢针插入和尺量检查 |

## 30.5.2 隔 离 层

### 30.5.2.1 施工准备

(1) 施工完的防水层应进行雨后观察、淋水或蓄水试验，并应在合格后再进行保护层和隔离层的施工。

(2) 铺抹低强度等级砂浆施工宜为5～35℃，干铺塑料膜、土工布、卷材可在负温下施工。

(3) 雨天、雪天和五级风及以上时不得施工。

### 30.5.2.2 技术要求

隔离层材料主要采用塑料膜、土工布、卷材、低强度等级砂浆，隔离层材料的适用范围和技术要求见表30-37。

隔离层材料的适用范围和技术要求　　表30-37

| 隔离层材料 | 适用范围 | 技术要求 |
|---|---|---|
| 塑料膜 | 块体材料、水泥砂浆保护层 | 0.4mm厚聚乙烯膜或3mm厚发泡聚乙烯膜 |
| 土工布 | 块体材料、水泥砂浆保护层 | 200g/m² 聚酯无纺布 |
| 卷材 | 块体材料、水泥砂浆保护层 | 沥青卷材一层 |
| 低强度等级砂浆 | 细石混凝土保护层 | 10mm厚黏土砂浆<br>石灰膏：砂：黏土=1：2.4：3.6 |
| | | 10mm厚石灰砂浆<br>石灰膏：砂=1：4 |
| | | 5mm厚掺有纤维的石灰砂浆 |

### 30.5.2.3 隔离层施工

基层清理→隔离层铺设→检查验收。

(1) 基层清理：隔离层施工前，应清理防水层或保温层上的杂物、灰尘和明水。

（2）隔离层铺设：

1）隔离层铺设不得有材料破损和漏铺现象。

2）干铺塑料膜、土工布、卷材时，其搭接宽度不应小于 50mm，铺设应平整，不得有皱褶。

3）低强度砂浆铺设时，其表面应平整、压实，不得有起壳和起砂现象。

4）根据现场情况，确定塑料膜或土工布隔离层尺寸，裁剪后予以试铺，裁剪尺寸应准确。

5）低强度等级商品砂浆隔离层铺设应符合下列规定：

① 防水层经验收合格，表面尘土、杂物清理干净并干燥。

② 根据弹好的控制线，顺排水方向拉线冲筋，冲筋的间距为 1.5m。

③ 在基层上分仓均匀地扫素水泥浆一遍，随扫随铺水泥砂浆，砂浆的稠度应控制在 70mm 左右，用刮杠沿两边冲筋标高刮平，木抹子搓平。

④ 砂浆铺抹稍干后，用铁抹子压实二遍成活。头遍拉平、压实，使砂浆均匀密实，待浮水沉失，人踩上去有脚印但不下陷时，再用抹子压第二遍，将表面压实，不得漏压，不得有起壳和起砂等现象。

⑤ 隔离层材料强度低，在隔离层上继续施工时，要注意对隔离层加强保护。混凝土运输不能直接在隔离层表面进行，应采取垫板等措施。绑扎钢筋时不得扎破表面，浇捣混凝土时更不能振酥隔离层。

#### 30.5.2.4　质量检查

隔离层质量检验项目及要求、检验方法，见表 30-38。

**隔离层质量检验项目及要求、检验方法　　表 30-38**

| 检验项目及要求 | | 检验方法 |
|---|---|---|
| 主控项目 | 隔离层所用材料的质量及配合比，应符合设计要求 | 检查出厂合格证和计量措施 |
| | 隔离层不得有破损和漏铺现象 | 观察检查 |
| 一般项目 | 塑料膜、土工布、卷材应铺设平整，其搭接宽度不应小于 50mm，不得有皱褶 | 观察和尺量检查 |
| | 低强度等级砂浆表面应压实、平整，不得有起壳、起砂现象 | 观察检查 |

## 30.6　瓦屋面与玻璃采光顶

### 30.6.1　瓦　屋　面

我国常用的瓦材有黏土小青瓦、水泥瓦（英红瓦）、沥青瓦、装饰瓦、琉璃瓦、筒瓦、黏土平瓦、金属瓦等。本节所述瓦材的质量应符合相关的国家规范或行业规范的要求，主要介绍块瓦（烧结瓦、混凝土瓦）屋面和沥青瓦（玻纤沥青瓦）屋面。

#### 30.6.1.1　施工准备

（1）瓦屋面工程施工前，应对主体结构进行质量验收，并应符合现行国家标准《混凝土结构工程施工质量验收规范》GB 50204、《钢结构工程施工质量验收标准》GB 50205和《木结构工程施工质量验收规范》GB 50206 的有关规定。

(2) 有保温层的现浇钢筋混凝土屋面，在檐口处的钢筋混凝土应上翻，上翻高度应为保温层与持钉层厚度之和。当保温层放在防水层上面时，檐口最低处应设置泄水孔。

(3) 伸出屋面管道、设备、预埋件等，应在瓦屋面施工前安装完毕并做密封处理。

(4) 块瓦屋面采用的木质基层、顺水条、挂瓦条的防腐、防火及防蛀处理，以及金属顺水条、挂瓦条的防锈处理均已完毕。

(5) 防水层或防水垫层施工完毕，应经雨后或淋水试验合格后，方可进行持钉层施工。

(6) 瓦屋面的施工环境气温宜为 5～35℃，沥青瓦屋面低于 5℃时应采取加强粘结措施。

(7) 屋面周边和预留孔洞部位必须设置安全防护栏和安全网或其他防坠落的防护措施。

(8) 屋面坡度大于 30%时，应采取防滑措施。

(9) 施工人员应戴安全帽，系安全带和穿防滑鞋。

(10) 雨天、雪天和五级风及以上时不得施工。

(11) 施工现场应设置消防设施，并应加强火源管理。

**30.6.1.2 技术要求**

1. 基本要求

(1) 瓦屋面防水等级和防水做法应符合现行《屋面工程技术规范》GB 50345 的规定。

(2) 瓦屋面应根据瓦的类型和基层种类采取相应的构造做法。

(3) 瓦屋面与山墙及突出屋面结构的交接处，均应做不小于 250mm 高的泛水处理。钢筋混凝土檐沟的纵向坡度不宜小于 1%，檐沟内应做防水。

(4) 屋面坡度大于 100% 以及强风多发和抗震设防烈度为 7 度及以上地区，应采取加强瓦材固定等防止瓦材下滑的措施，宜采用内保温隔热措施。

(5) 沥青瓦屋面应按设计要求提供抗风揭试验检测报告。

(6) 严寒及寒冷地区瓦屋面，檐口部位应采取防止冰雪融化下坠和冰坝形成等措施。

(7) 持钉层的厚度应符合下列规定：

1) 持钉层为木板时，厚度不应小于 20mm。

2) 持钉层为人造板时，厚度不应小于 16mm。

3) 持钉层为细石混凝土时，厚度不应小于 35mm。

(8) 细石混凝土找平层、持钉层或保护层中的钢筋网应与屋脊、檐口预埋的钢筋连接。

(9) 坡屋面上应设置施工和维修时使用的安全扣环等设施。

2. 防水垫层

(1) 应根据屋面防水等级、屋面类型、屋面坡度和采用的瓦材或板材等选择防水垫层材料。

(2) 有空气间层隔热要求的屋面，应选择隔热防水垫层；瓦屋面采用纤维状材料作保温隔热层或湿度较大时，保温隔热层上宜增设透气防水垫层。

（3）防水垫层的性能应满足屋面防水层设计使用年限的要求。

（4）防水垫层可空铺、满粘或机械固定。屋面坡度大于 50%，防水垫层宜采用机械固定或满粘法施工；防水垫层的搭接宽度不得小于 100mm。

（5）固定钉穿透防水垫层，钉孔部位应采取密封措施。

（6）防水垫层在瓦屋面构造层次中的位置应符合下列规定：

1）防水垫层设置在瓦材和屋面板之间，屋面应为内保温隔热构造。

2）防水垫层铺设在持钉层和保温隔热层之间，应在防水垫层上铺设配筋细石混凝土持钉层。

3）防水垫层铺设在保温隔热层和屋面板之间，瓦材应固定在配筋细石混凝土持钉层上。

（7）屋面细部节点部位的防水垫层应增设附加层，宽度不宜小于 500mm。

3. 块瓦屋面

（1）烧结瓦、混凝土瓦屋面的坡度不应小于 30%。

（2）块瓦屋面应符合下列规定：

1）保温隔热层上铺设细石混凝土保护层作持钉层时，防水垫层应铺设在持钉层上，构造层依次为块瓦、挂瓦条、顺水条、防水垫层、持钉层、保温隔热层、屋面板。

2）保温隔热层镶嵌在顺水条之间时，应在保温隔热层上铺设防水垫层，构造层依次为块瓦、挂瓦条、防水垫层或隔热防水垫层、保温隔热层、顺水条、屋面板。

3）屋面为内保温隔热构造时，防水垫层应铺设在屋面板上，构造层依次为块瓦、挂瓦条、顺水条、防水垫层、屋面板。

4）采用具有挂瓦功能的保温隔热层时，在屋面板上做水泥砂浆找平层，防水垫层应铺设在找平层上，保温板应固定在防水垫层上，构造层依次为块瓦、有挂瓦功能的保温隔热层、防水垫层、找平层（兼作持钉层）、屋面板。

5）采用波形沥青防水板时，波形沥青防水板应铺设在挂瓦条和保温隔热层之间，构造层依次为块瓦、挂瓦条、波形沥青防水板、保温隔热层、屋面板。

（3）通风屋面的檐口部位宜设置隔栅进气口，屋脊部位宜作通风构造设计。

（4）屋面排水系统可采用混凝土檐沟、成品檐沟、成品天沟；天沟宜采用混凝土排水沟或金属排水沟。

（5）采用木质基层、顺水条、挂瓦条，均应做防腐、防火和防蛀处理；采用金属顺水条、挂瓦条均应做防锈蚀处理。

（6）烧结瓦、混凝土瓦应采用干法挂瓦，瓦与屋面基层应固定牢靠。

（7）烧结瓦和混凝土瓦铺装的有关尺寸应符合下列规定：

1）瓦屋面檐口挑出墙面的长度不宜小于 300mm。

2）脊瓦在两坡面瓦上的搭盖宽度，每边不应小于 40mm。

3）脊瓦下端距坡面瓦的高度不宜大于 80mm。

4）瓦头伸入檐沟、天沟内的长度宜为 50～70mm。

5）金属檐沟、天沟伸入瓦内的宽度不应小于 150mm。

6）瓦头挑出檐口的长度宜为 50～70mm。

7）突出屋面结构的侧面瓦伸入泛水的宽度不应小于 50mm。

4. 沥青瓦屋面

（1）沥青瓦屋面的坡度不应小于 20%。

（2）沥青瓦屋面应符合下列规定：

1）沥青瓦屋面为外保温隔热构造时，保温隔热层上应铺设防水垫层，且防水垫层上应做 35mm 厚配筋细石混凝土持钉层。构造层依次为沥青瓦、持钉层、防水垫层、保温隔热层、屋面板。

2）屋面为内保温隔热构造时，构造层依次为沥青瓦、防水垫层、屋面板。

3）防水垫层铺设在保温隔热层之下时，构造层应依次为沥青瓦、持钉层、保温隔热层、防水垫层、屋面板。防水垫层铺设在保温隔热层和屋面板之间，瓦材应固定在配筋细石混凝土持钉层上。

（3）沥青瓦坡屋面可采用通风屋脊。

（4）沥青瓦应具有自粘胶带或相互搭接的连锁构造。矿物粒料或片料覆面沥青瓦的厚度不应小于 2.6mm，金属箔面沥青瓦的厚度不应小于 2mm。

（5）沥青瓦的固定方式应以钉为主、粘结为辅。每张瓦片上不得少于 4 个固定钉；在大风地区或屋面坡度大于 100%时，每张瓦片不得少于 6 个固定钉。

（6）天沟部位铺设的沥青瓦可采用搭接式、编织式、敞开式。搭接式、编织式铺设时，沥青瓦下应增设不小于 1000mm 宽的附加层；敞开式铺设时，在防水层或防水垫层上应铺设厚度不小于 0.45mm 的防锈金属板材，沥青瓦与金属板材应用沥青基胶粘材料粘结，其搭接宽度不应小于 100mm。

（7）沥青瓦铺装的有关尺寸应符合下列规定：

1）脊瓦在两坡面瓦上的搭盖宽度，每边不应小于 150mm。

2）脊瓦与脊瓦的压盖面不应小于脊瓦面积的 1/2。

3）沥青瓦挑出檐口的长度宜为 10～20mm。

4）金属泛水板与沥青瓦的搭盖宽度不应小于 100mm。

5）金属泛水板与突出屋面墙体的搭接高度不应小于 250mm。

6）金属滴水板伸入沥青瓦下的宽度不应小于 80mm。

**30.6.1.3 块瓦屋面施工**

1. 工艺流程

基层验收→铺防水垫层→铺持钉层→钉顺水条、挂瓦条→铺设块瓦→铺设脊瓦→细部处理→雨后或淋水试验→检查验收。

2. 基层验收

（1）块瓦屋面工程的板状材料保温层、纤维材料保温层、喷涂硬泡聚氨酯保温层施工工艺见 30.3.1，本节不再说明。

（2）块瓦屋面基层为上述保温层时，保温层应铺设完成，并经检验合格。

3. 铺设防水垫层

（1）块瓦的下面应铺设防水垫层。防水垫层可铺设在持钉层与保温层之间或保温层与结构层之间。

（2）防水垫层可空铺、满粘或机械固定，屋面坡度大于 50%，防水垫层宜采用满粘或机械固定施工。

（3）铺设防水垫层的基层应平整、干净、干燥。

（4）铺设防水垫层时，平行正脊方向的搭接应顺流水方向，垂直正脊方向的搭接宜顺年最大频率风向。

（5）铺设防水垫层的最小搭接宽度：自粘聚合物改性沥青防水垫层应为80mm；聚合物改性沥青防水垫层满粘应为100mm，空铺应为上下100mm，左右300mm。

4. 铺持钉层

（1）在满足屋面荷载的前提下，木板持钉层厚度不应小于20mm；人造板持钉层厚度不应小于16mm；细石混凝土持钉层厚度不应小于35mm。

（2）细石混凝土持钉层的内配钢筋应骑跨屋脊，并应与屋脊的檐口、檐沟部位的预埋锚筋连牢；预埋锚筋穿过防水垫层时，破损处应局部密封处理。

（3）细石混凝土持钉层可不设分格缝；持钉层与突出屋面结构的交接处应预留30mm宽的缝隙。

（4）防水垫层铺设在持钉层与保温层之间时，细石混凝土持钉层的下面应干铺一层卷材。

5. 钉顺水条、挂瓦条

（1）顺水条应垂直正脊方向铺钉在持钉层上，顺水条表面应平整，间距不宜大于500mm。

（2）挂瓦条的间距应按瓦片尺寸和屋面坡长计算确定。檐口第一根挂瓦条应保证瓦头出檐50～70mm，屋脊处两个坡面上最上的两根挂瓦条，应保证脊瓦与坡瓦的搭接长度不小于40mm。

（3）铺钉挂瓦条时应在屋面上拉通线，挂瓦条应铺钉平整、牢固，上棱成一直线。

6. 铺设块瓦

（1）铺瓦前要选瓦，凡缺边、掉角、裂缝、砂眼、翘曲不平、张口缺爪的瓦，不得使用。

（2）瓦片应均匀分散堆放在两坡屋面基层上，严禁集中堆放。挂瓦应由两坡从下向上同时对称铺设。

（3）挂瓦时，沿檐口、屋脊拉线，并从屋脊拉一斜线到檐口，由下到上依次逐块铺挂。

（4）在大风、地震设防地区或屋面坡度大于100%时，应用18号镀锌钢丝将全部瓦片与挂瓦条绑扎钉固。其他地区和一般坡度的瓦屋面檐口两排瓦片应采取固定加强措施。

7. 铺设脊瓦

（1）斜脊、天沟处应先将整瓦挂上，按脊瓦搭盖平瓦和沟瓦搭盖滴水的尺寸要求，弹出墨线并编上号码，其多余瓦面应用钢锯锯掉，然后再按号码次序挂上。

（2）脊瓦应采用与坡面瓦配套的配件瓦。挂正脊、斜脊脊瓦时，应拉通线铺平挂直，正脊的搭口应顺主导风向，斜脊的搭口应顺流水方向。脊瓦搭口、脊瓦与块瓦间缝隙处以及正脊与斜脊的交接处，要用聚合物水泥填实抹平。

（3）山墙处应先量好尺寸，将瓦锯好后再挂上檐口封边瓦，檐口封边瓦宜采用卧浆做法，并用聚合物水泥砂浆勾缝处理。

8. 细部处理

（1）屋脊部位

1）屋脊部位防水垫层或防水层上应增设附加层，宽度不应小于250mm。

2）防水垫层或防水层应顺流水方向铺设和搭接。

3）屋脊瓦应采用与主瓦相配套的配件脊瓦。

4）脊瓦下端距坡面瓦的高度不宜大于80mm，脊瓦在两坡面瓦上的搭盖宽度，每边应不小于40mm。

5）脊瓦与坡瓦之间的缝隙，应采用聚合物水泥砂浆填实抹平。

6）通风屋脊的托木支架和通长方木条应固定在结构层上，脊瓦应固定在通长方木条上，通风防水自粘胶带应铺设在脊瓦与坡面瓦之间，与坡面瓦的搭接宽度不应小于150mm。

（2）檐口部位

1）檐口部位防水垫层或防水层下应增设附加层，附加层伸入屋面的宽度不应小于1000mm。

2）防水垫层或防水层应顺流水方向铺设和搭接。

3）在屋檐最下排的挂瓦条上应设置托瓦木条。

4）块瓦与檐口齐平时，金属泛水应铺设在附加层上，并伸入檐口内，在金属泛水板上应铺设防水垫层或防水层。

（3）檐沟部位

1）檐沟部位防水垫层或防水层下应增设附加层，附加层伸入屋面的宽度不应小于250mm。

2）檐沟防水层伸入瓦内的宽度不应小于150mm，并应与屋面防水垫层或防水层顺流水方向搭接。

3）檐沟防水层和附加层应由沟底翻上至外侧顶部，卷材收头应用金属压条钉固，并用密封材料封严；涂膜收头应用防水涂料多遍涂刷。

4）瓦头伸入檐沟内的长度宜为50～70mm。

5）金属檐沟伸入瓦内的宽度不应小于150mm。

（4）天沟部位

1）天沟部位防水垫层或防水层下应沿天沟中心线增设附加层，宽度不应小于1000mm。

2）防水垫层或防水层应顺流水方向铺设和搭接。

3）混凝土天沟采用防水卷材时，防水卷材应由沟底上翻，垂直高度不应小于150mm。金属天沟伸入瓦内的宽度不应小于150mm。

4）天沟宽度和深度应根据屋面集水区面积确定。

5）块瓦伸入天沟的长度宜为50～70mm。

（5）山墙部位

1）山墙压顶可采用混凝土或金属制品，压顶应向内排水，坡度不应小于5%，压顶内侧下端应做滴水处理。

2）山墙泛水部位防水垫层或防水层下应增设附加层，宽度不应小于250mm。

3）防水垫层或防水层的泛水高度不应小于250mm。卷材收头应用金属压条钉固，并用密封材料封严，涂膜收头应用防水涂料多遍涂刷。

4）硬山墙泛水宜采用自粘柔性泛水材料。自粘柔性泛水材料立面高度不应小于100mm，与瓦件搭接宽度不应小于150mm，搭接缝不得处于仰角状态。自粘柔性泛水材料立面应固定在结构墙体上，并应采用密封胶进行封口和安装金属披水盖板。硬山墙泛水也可采用聚合物水泥砂浆抹成，侧面瓦伸入泛水的宽度不应小于50mm。

5）悬山墙泛水宜采用檐口封边瓦卧浆做法，并用聚合物水泥砂浆勾缝处理，檐口封边瓦应用固定钉固定在持钉层上。

（6）立墙部位

1）立墙部位防水垫层或防水层下应增设附加层，宽度不应小于250mm。

2）防水垫层或防水层的泛水高度不应小于250mm。

3）立墙泛水可采用自粘柔性泛水带覆盖在防水垫层或防水层或瓦上，泛水带或防水垫层或防水层或瓦搭接应大于300mm，并应压入上一排瓦的底部。

4）金属泛水板应用金属压条钉固，并密封处理。

（7）伸出屋面管道部位

1）管道泛水处防水垫层或防水层下应增设附加层，宽度不应小于250mm。

2）管道泛水处的防水层泛水高度不应小于250mm。

3）卷材收头应用金属箍紧固和密封材料封严，涂膜收头应用防水涂料多遍涂刷。

4）伸出屋面管道应采用自粘柔性泛水带，并应将管道及块瓦粘结牢固。

5）管道与瓦面交接的迎水面，应用自粘柔性泛水带与块瓦搭接，宽度不应小于300mm，并应压入上一排瓦片的底部。

6）管道与瓦面交接的背水面，应用自粘柔性泛水带与块瓦搭接，宽度不应小于150mm。

9. 雨后、淋水试验

检查屋面有无渗漏、积水、排水系统是否通畅，应在雨后或淋水2h后进行，并应填写淋水试验记录。具备蓄水条件的檐沟、天沟应进行蓄水试验，蓄水时间不得少于24h，并应填写蓄水试验记录。

10. 检查验收

瓦屋面完成验收后，应填写分部工程质量验收记录。

**30.6.1.4　沥青瓦屋面施工**

1. 工艺流程

基层验收→铺防水垫层→铺持钉层→铺设沥青瓦→铺设脊瓦→细部处理→雨后或淋水试验→检查验收。

2. 基层验收，同块瓦屋面。

3. 铺设防水垫层，同块瓦屋面。

4. 铺持钉层，同块瓦屋面。

5. 铺设沥青瓦

（1）铺沥青瓦前，应在屋面上弹出水平及垂直基准线，按线铺设。

（2）宽度规格为333mm的沥青瓦，每张瓦片的外露部分不应大于143mm。

(3) 铺沥青瓦应自檐口向上铺设，起始层瓦应由瓦片经切除垂片部分后制得，且起始层瓦沿檐口应平行铺设并伸入檐口 10mm，再用沥青基胶粘材料和基层粘结。第一层瓦应与起始层瓦叠合，但瓦切口应向下指向檐口；第二层瓦应压在第一层瓦上且露出瓦切口，但不得超过切口长度。相邻两层沥青瓦的拼缝及切口应均匀错开。

(4) 沥青瓦以钉为主、粘结为辅的方法与基层固定。木质持钉层上铺设沥青瓦，每张瓦片上不得少于 4 个固定钉；细石混凝土持钉层铺设沥青瓦，每张瓦片不得少于 6 个固定钉。

(5) 固定钉应将钉垂直钉入持钉层内；固定钉穿入细石混凝土持钉层的深度不应小于 20mm，固定钉可穿透木质持钉层。

(6) 固定钉钉入沥青瓦，顶帽应与沥青瓦表面齐平。

(7) 大风地区或屋面坡度大于 100%时，铺设沥青瓦应增加每张瓦片固定钉数量，并应在上下沥青瓦之间采用沥青基胶粘材料加强。

6. 铺设脊瓦

(1) 宜将沥青瓦沿切口剪开分成三块作为脊瓦，并用不少于两个固定钉固定，同时应用沥青基胶粘材料密封。

(2) 脊瓦应顺年最大频率风向搭盖，搭盖两坡面沥青瓦每边不小于 150mm；脊瓦与脊瓦的压盖面不小于脊瓦面积的 1/2。

(3) 应在斜屋脊的屋檐处开始铺设并向上直到正脊。斜屋脊铺设完成后再铺正脊，从常年主导风向的下风侧开始铺设。应在屋脊弯折处折沥青瓦，并将沥青瓦的两侧固定，用沥青基胶粘材料涂盖暴露的顶帽。

7. 细部处理

(1) 屋脊部位

1) 屋脊可采用与主瓦相配套的专用脊瓦或采用沥青瓦裁制而成。

2) 正脊脊瓦外露搭接边宜顺常年风向一侧。

3) 每张屋脊瓦片的两侧应各用一个固定钉，固定钉距离侧边宜为 25mm。

4) 外露的固定钉顶帽采用沥青基胶粘材料涂盖。

(2) 天沟部位

1) 搭接式天沟

① 沿天沟中心线铺设一层宽度不应小于 1000mm 的防水垫层附加层，将外边缘固定在天沟两侧；且防水垫层铺过天沟中心线不应小于 100mm，相互搭接满粘在附加层上。

② 应从一侧铺设沥青瓦并跨过天沟中心线不小于 300mm，应在天沟两侧不小于 150mm 处，将沥青瓦用固定钉固定。

③ 一侧沥青瓦铺设完后，应在屋面弹出天沟中心线和一条距离中心线 50mm 的辅助线，将另一侧屋面的沥青瓦铺设至施工辅助线处。

④ 修剪完沥青瓦上部边角，并用沥青基胶粘材料固定。

2) 编织式天沟

① 沿天沟中心线铺设一层宽度不应小于 1000mm 的防水垫层附加层，将外边缘固定在天沟两侧；且防水垫层铺过天沟中心线不应小于 100mm，相互搭接满粘在附加层上。

② 在两个相互衔接的屋面上同时向天沟方向铺设沥青瓦至距离中心线 75mm 处，再

铺设天沟处的沥青瓦，交叉搭接。搭接的沥青瓦应延伸至相邻屋面 300mm，并在距天沟中心线 150mm 处用固定钉固定。

3）敞开式天沟

① 防水垫层铺过中心线不应小于 100mm，相互搭接满粘在屋面板上。

② 铺设敞开式天沟部位的泛水材料应采用厚度不小于 0.45mm 的镀锌金属板或性能相似的防锈金属材料，铺设在防水垫层上。

③ 沥青瓦与金属泛水用沥青基胶粘材料粘结，搭接宽度不应小于 100mm。沿天沟泛水的固定钉应密封覆盖。

（3）檐口部位

1）檐口部位应增设防水垫层附加层，严寒地区或大风区域，应采用自粘聚合物沥青防水垫层加强，下翻宽度不应小于 100mm，屋面铺设宽度不应小于 900mm。

2）应将起始瓦覆盖在塑料泛水板或金属泛水板的上方，并在底边满涂沥青基胶粘材料。

3）檐口部位沥青瓦和其他瓦之间应满涂沥青基胶粘材料。

（4）钢筋混凝土檐沟

1）檐沟部位应增设防水垫层附加层；并应延伸铺设到混凝土檐沟内。

2）铺设沥青瓦初始层，初始层沥青瓦宜裁减掉外露部分的平面沥青瓦，自粘胶条靠近檐沟铺设，初始层沥青瓦伸入檐沟内的长度宜为 10～20mm。

3）从檐沟向上铺设沥青瓦，第一道沥青瓦与初始层沥青瓦边缘对齐。

（5）悬山部位

1）防水垫层应铺设至悬山边缘。

2）悬山部位宜采用泛水板，泛水板应固定在防水垫层上，并向屋面伸进不少于 100mm，端部向下弯曲。

3）沥青瓦应覆盖在泛水上方，悬山部位的沥青瓦应用沥青基胶粘材料满粘处理。

（6）立墙部位

1）阴角部位应增设防水垫层附加层；防水垫层应满粘铺设，沿立墙向上延伸不少于 250mm；金属泛水板或耐候性泛水带覆盖在防水垫层上，泛水带与瓦之间应采用胶粘剂满粘；泛水带与瓦搭接应大于 150mm，并应粘结在下一排瓦的顶部；非外露型泛水的立面防水垫层宜采用钢丝网聚合物水泥砂浆层保护，并用密封材料封边。

2）沥青瓦应用沥青基胶粘材料满粘。

（7）穿出屋面管道

1）穿出屋面管道泛水可采用防水卷材或成品泛水件。

2）管道穿过沥青瓦时，应在管道周边 100mm 范围内用沥青基胶粘材料将沥青瓦满粘。

3）泛水卷材铺设完毕，应在其表面用沥青基胶粘材料满粘一层沥青瓦。

8. 雨后、淋水试验

同块瓦屋面。

9. 检查验收

同块瓦屋面。

### 30.6.1.5 细部做法

1. 檐口

(1) 烧结瓦、混凝土瓦屋面的瓦头挑出檐口长度宜为50～70mm（图30-35、图30-36）。

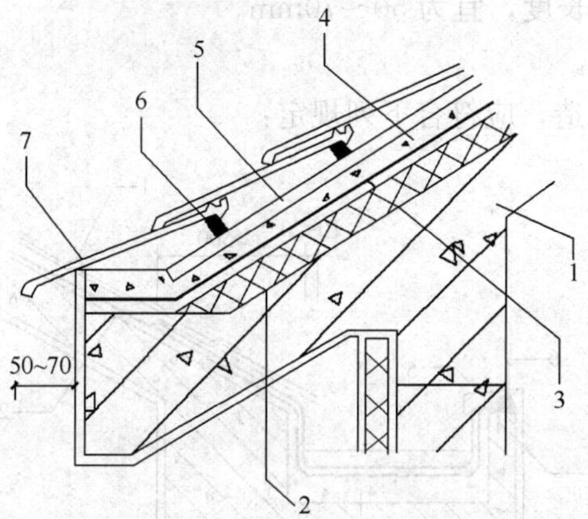


图 30-35 烧结瓦、混凝土瓦屋面檐口（一）

1—结构层；2—保温层；3—防水层或防水垫层；
4—持钉层；5—顺水条；6—挂瓦条；
7—烧结瓦或混凝土瓦

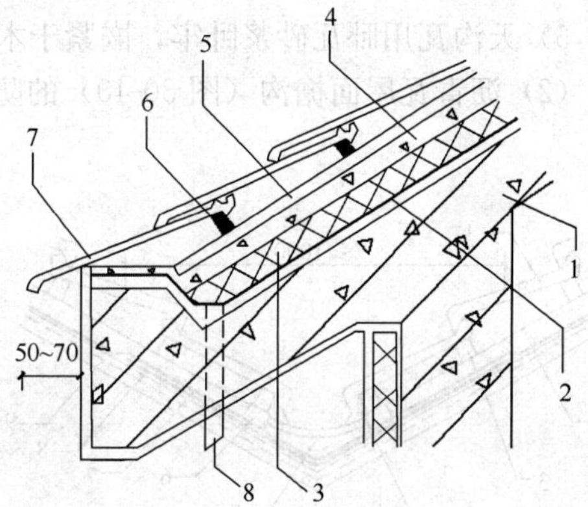


图 30-36 烧结瓦、混凝土瓦屋面檐口（二）

1—结构层；2—防水层或防水垫层；3—保温层；
4—持钉层；5—顺水条；6—挂瓦条；
7—烧结瓦或混凝土瓦；8—泄水管

(2) 沥青瓦屋面的瓦头挑出檐口长度宜为10～20mm；金属滴水板应固定在基层上，伸入沥青瓦下宽度不应小于80mm，向下延伸长度不应小于60mm（图30-37）。

2. 檐沟和天沟

(1) 烧结瓦、混凝土瓦屋面檐沟（图30-38）和天沟（图30-39）的防水构造，应符合下列规定：

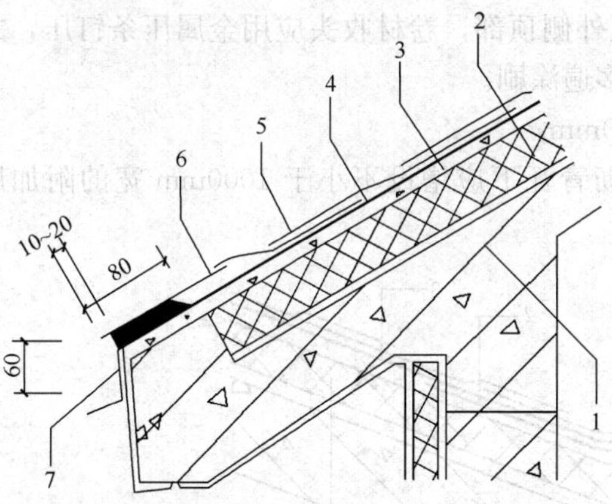


图 30-37 沥青瓦屋面檐口

1—结构层；2—保温层；3—持钉层；4—防水层或
防水垫层；5—沥青瓦；6—起始层沥青瓦；
7—金属滴水板

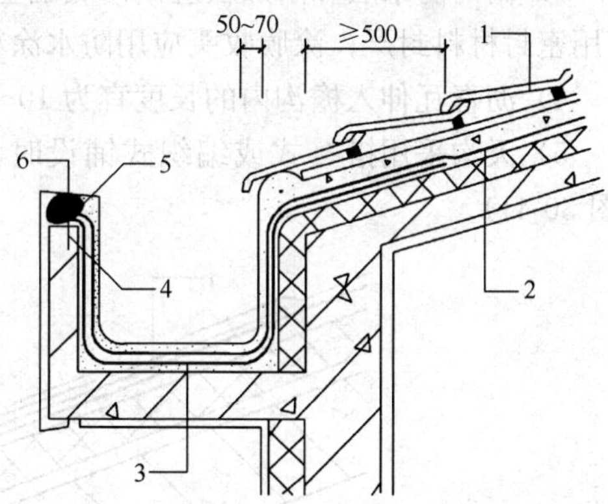


图 30-38 烧结瓦、混凝土瓦屋面檐沟

1—烧结瓦或混凝土瓦；2—防水层或防水垫层；
3—附加层；4—水泥钉；5—金属压条；
6—密封材料

1) 檐沟和天沟防水层下应增设附加层，附加层伸入屋面的宽度不应小于500mm。

2) 檐沟和天沟防水层伸入瓦内的宽度不应小于150mm，并应与屋面防水层或防水垫层顺流水方向搭接。

3）檐沟防水层和附加层由沟底翻上至外侧顶部，卷材收头应用金属压条钉压，并应用密封材料封严；涂膜收头应用防水涂料多遍涂刷。

4）烧结瓦、混凝土瓦伸入檐沟、天沟内的长度，宜为 50～70mm。

5）天沟瓦用卧瓦砂浆卧牢，嵌紧于木条间。

（2）沥青瓦屋面檐沟（图 30-40）的防水构造，应符合下列规定：

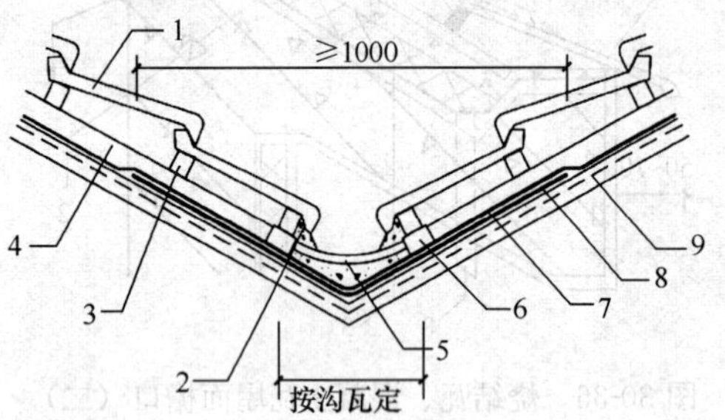


图 30-39　烧结瓦、混凝土瓦屋面天沟

1—烧结瓦或混凝土瓦；2—钢丝网水泥砂浆沿沟边坐浆；3—挂瓦条；4—顺水条；5—天沟瓦；6—通长木条；7—防水层；8—防水附加层；9—防水垫层（细石混凝土找平层）

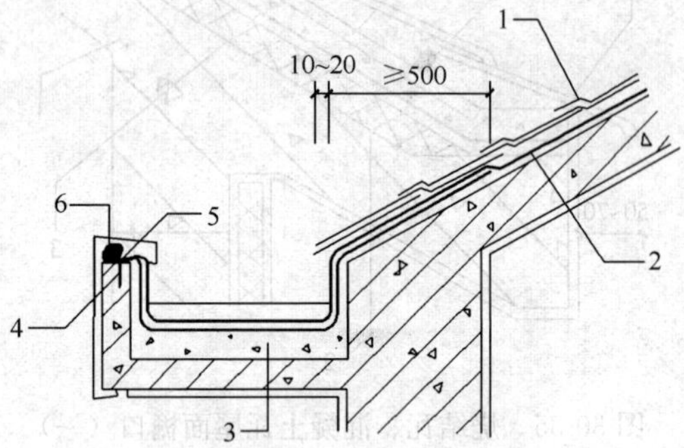


图 30-40　沥青瓦屋面檐沟

1—沥青瓦；2—防水层；3—找坡层；4—钢钉；5—水泥砂浆；6—密封胶

1）檐沟防水层下应增设附加层，附加层伸入屋面的宽度不应小于 500mm。

2）檐沟防水层伸入瓦内的宽度不应小于 150mm，并应与屋面防水层或防水垫层顺流水方向搭接。

3）檐沟防水层和附加层应由沟底翻上至外侧顶部，卷材收头应用金属压条钉压，并应用密封材料封严；涂膜收头应用防水涂料多遍涂刷。

4）沥青瓦伸入檐沟内的长度宜为 10～20mm。

5）天沟采用搭接式或编织式铺设时，沥青瓦下应增设不小于 1000mm 宽的附加层（图 30-41）。

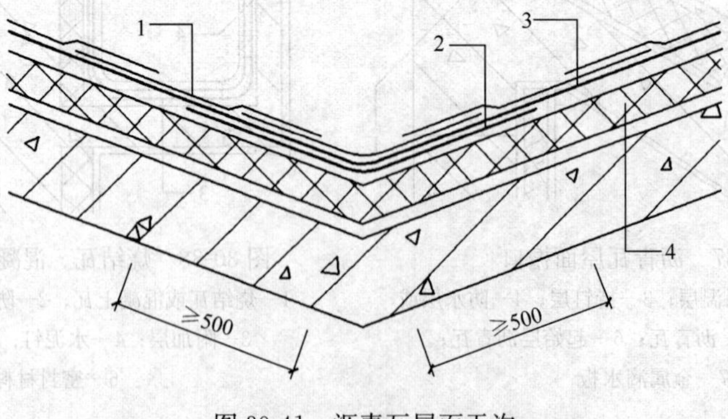


图 30-41　沥青瓦屋面天沟

1—沥青瓦；2—附加层；3—防水层或防水垫层；4—保温层

6）天沟采用敞开式铺设时，在防水层或防水垫层上应铺设厚度不小于0.45mm的防锈金属板材，沥青瓦与金属板材应顺流水方向搭接，搭接缝应用沥青基胶粘材料粘结，搭接宽度不应小于100mm。

3. 山墙

（1）烧结瓦、混凝土瓦屋面山墙泛水应采用聚合物水泥砂浆抹成，边瓦伸入泛水的宽度不应小于50mm（图30-42）。

（2）沥青瓦屋面山墙泛水应采用沥青基胶粘材料满粘一层沥青瓦片，防水层和沥青瓦收头应用金属压条钉固定，并应用密封材料封严（图30-43）。

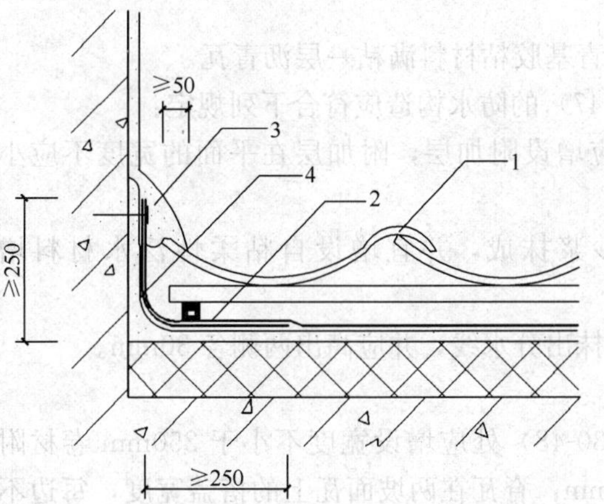


图30-42 烧结瓦、混凝土瓦屋面山墙

1—烧结瓦或混凝土瓦；2—防水层或防水垫层；3—聚合物水泥砂浆；4—附加层

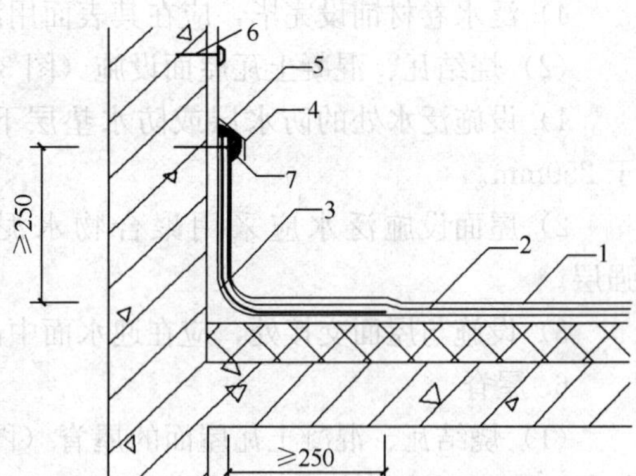


图30-43 沥青瓦屋面山墙

1—沥青瓦；2—防水层或防水垫层；3—附加层；4—金属盖板；5—密封材料；6—水泥钉；7—金属压条

4. 封檐

（1）烧结瓦、混凝土瓦屋面挑檐檐口封边瓦宜采用卧浆做法，并用水泥砂浆勾缝处理；檐口封边瓦应用固定钉固定在木条或持钉层上（图30-44）。

（2）沥青瓦屋面挑檐部位防水垫层应铺设至悬山边缘（图30-45）；悬山部位宜采用

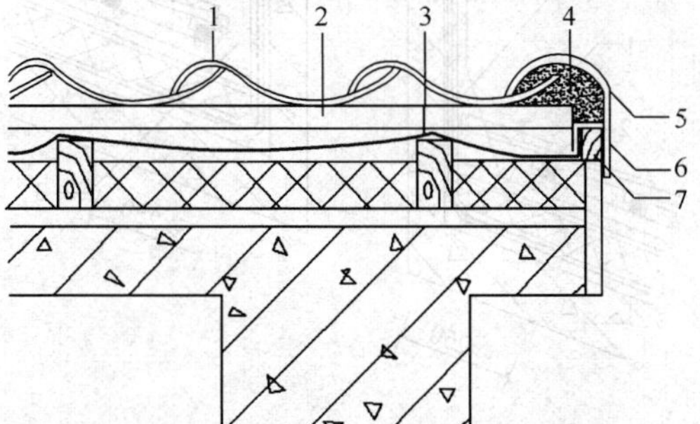


图30-44 烧结瓦、混凝土瓦屋面封檐

1—烧结瓦或混凝土瓦；2—挂瓦条；3—防水垫层；4—水泥砂浆封边；5—檐口封边瓦；6—镀锌钢钉；7—木条

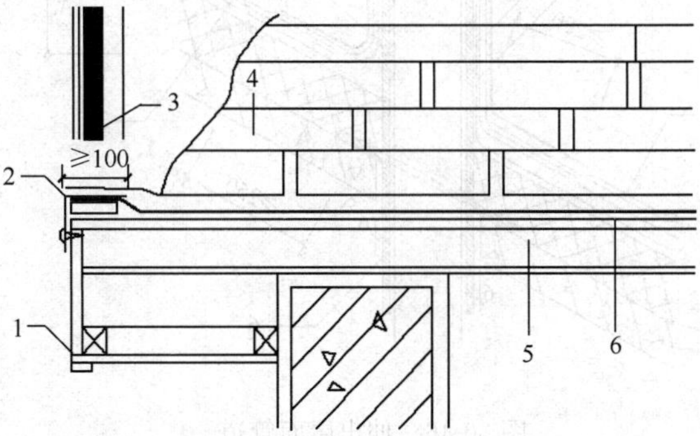


图30-45 沥青瓦屋面封檐

1—封檐板；2—金属泛水板；3—胶粘材料；4—沥青瓦；5—屋面板；6—防水垫层

泛水板，泛水板应固定在防水垫层上，并向屋面伸进不少于100mm，端部应向下弯曲；沥青瓦应覆盖在泛水板上方，悬山部位的沥青瓦应用沥青基胶粘材料满粘处理。

5. 伸出屋面管道

（1）沥青瓦屋面管道（图30-46）的防水构造应符合下列规定：

1）阴角处应满粘铺设防水垫层及防水附加层，防水附加层沿管道和屋面铺设，宽度均不应少于250mm，防水垫层应满粘铺设，沿管道向上延伸不应少于250mm。

2）穿出屋面管道泛水可采用防水卷材或成品泛水件。

3）管道穿过沥青瓦时，应在管道周边100mm范围内，用沥青基胶粘材料将沥青瓦满粘。

4）泛水卷材铺设完毕，应在其表面用沥青基胶粘材料满粘一层沥青瓦。

（2）烧结瓦、混凝土瓦屋面设施（图30-47）的防水构造应符合下列规定：

1）设施泛水处的防水层或防水垫层下应增设附加层，附加层在平面的宽度不应小于250mm。

2）屋面设施泛水应采用聚合物水泥砂浆抹成，并宜增设自粘柔性泛水材料增强层。

3）设施与屋面交接处，应在迎水面中部抹出分水线，并应高出两侧各30mm。

6. 屋脊

（1）烧结瓦、混凝土瓦屋面的屋脊（图30-48）处应增设宽度不小于250mm卷材附加层。脊瓦下端距坡面瓦的高度不宜大于80mm，脊瓦在两坡面瓦上的搭盖宽度，每边不应小于40mm；脊瓦与坡瓦面之间的缝隙应采用聚合物水泥砂浆填实抹平。通风屋脊的托木支架应固定在结构层上，脊瓦应固定在支撑木上，自粘柔性泛水材料应铺设在脊瓦与坡面瓦之间，与坡面瓦的搭接宽度不应小于100mm。

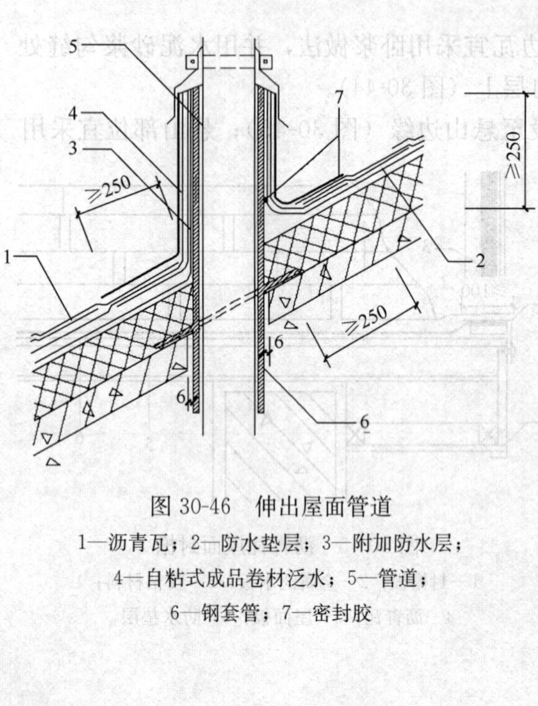


图30-46　伸出屋面管道

1—沥青瓦；2—防水垫层；3—附加防水层；4—自粘式成品卷材泛水；5—管道；6—钢套管；7—密封胶

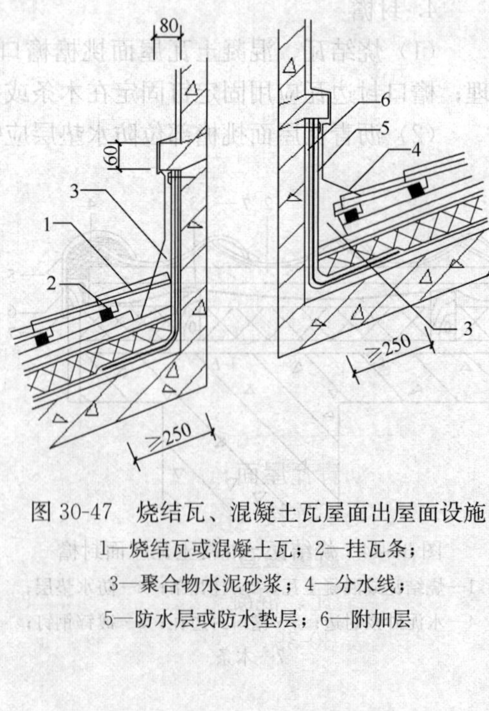


图30-47　烧结瓦、混凝土瓦屋面出屋面设施

1—烧结瓦或混凝土瓦；2—挂瓦条；3—聚合物水泥砂浆；4—分水线；5—防水层或防水垫层；6—附加层

(2) 沥青瓦屋面屋的屋脊处应增设宽度不小于250mm的卷材防水附加层。脊瓦在两坡面瓦上的搭盖宽度，每边不应小于150mm（图30-49）。

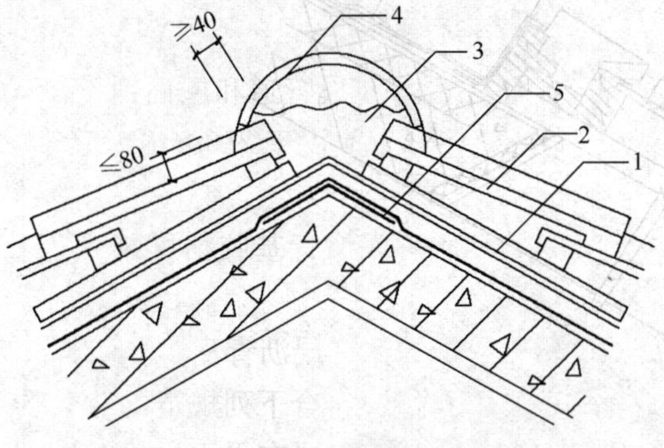


图30-48 烧结瓦、混凝土瓦屋面屋脊

1—防水层或防水垫层；2—烧结瓦或混凝土瓦；3—聚合物水泥砂浆；4—脊瓦；5—附加层

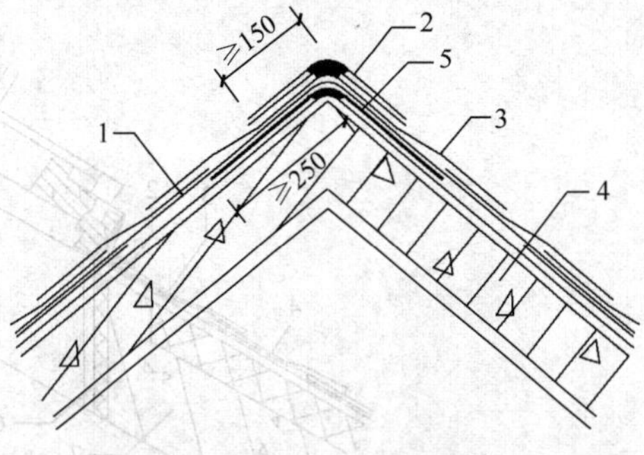


图30-49 沥青瓦屋面屋脊

1—防水层或防水垫层；2—脊瓦；3—沥青瓦；4—结构层；5—附加层

7. 屋顶窗

(1) 烧结瓦、混凝土瓦与屋顶窗交接处，应采用金属排水板、窗框固定铁脚、窗口附加防水卷材、挂瓦条等连接（图30-50）。

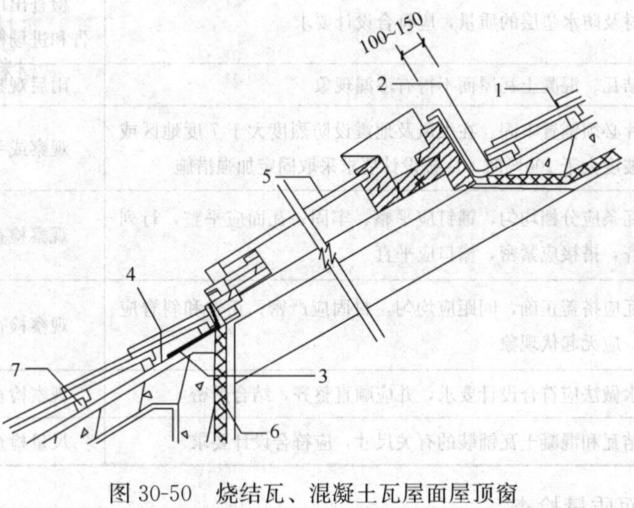


图30-50 烧结瓦、混凝土瓦屋面屋顶窗

1—烧结瓦或混凝土瓦；2—金属排水板；3—窗口附加防水卷材；4—防水层或防水垫层；5—屋顶窗；6—保温层；7—挂瓦条

(2) 沥青瓦屋面与屋顶窗交接处应采用金属排水板、窗框固定铁脚、窗口附加防水卷材等与结构层连接（图30-51）。

### 30.6.1.6 质量检查

1. 烧结瓦、混凝土瓦屋面质量检查

详见表30-39。

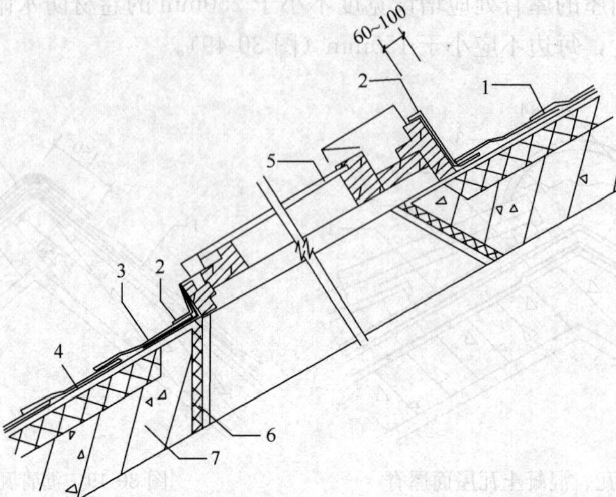


图 30-51　沥青瓦屋面屋顶窗

1—沥青瓦；2—金属排水板；3—窗口附加防水卷材；4—防水层或防水垫层；5—屋顶窗；6—保温层；7—结构层

**烧结瓦、混凝土瓦屋面质量检查项目、要求和检验方法　　表 30-39**

| 检验项目及要求 | | 检验方法 |
|---|---|---|
| 主控项目 | 瓦材及防水垫层的质量，应符合设计要求 | 检查出厂合格证、质量检验报告和进场检验报告 |
| | 烧结瓦、混凝土瓦屋面不得有渗漏现象 | 雨后观察或淋水试验 |
| | 瓦片必须铺置牢固。在大风及地震设防烈度大于 7 度地区或屋面坡度大于 100%时，应按设计要求采取固定加强措施 | 观察或手扳检查 |
| 一般项目 | 挂瓦条应分档均匀，铺钉应平整、牢固；瓦面应平整，行列应整齐，搭接应紧密，檐口应平直 | 观察检查 |
| | 脊瓦应搭盖正确，间距应均匀，封固应严密；正脊和斜脊应顺直，应无起伏现象 | 观察检查 |
| | 泛水做法应符合设计要求，并应顺直整齐，结合严密 | 观察检查 |
| | 烧结瓦和混凝土瓦铺装的有关尺寸，应符合设计要求 | 尺量检查 |

2. 沥青瓦屋面质量检查

详见表 30-40。

**沥青瓦屋面质量检查项目、要求和检验方法　　表 30-40**

| 检验项目及要求 | | 检验方法 |
|---|---|---|
| 主控项目 | 沥青瓦及防水垫层的质量，应符合设计要求 | 检查出厂合格证、质量检验报告和进场检验报告 |
| | 沥青瓦屋面不得有渗漏现象 | 雨后观察或淋水试验 |
| | 沥青瓦铺设应搭接正确，瓦片外露部分不得超过切口长度 | 观察检查 |

续表

| 检验项目及要求 | | 检验方法 |
|---|---|---|
| 一般项目 | 沥青瓦所用固定钉应垂直钉入持钉层，顶帽不得外露 | 观察检查 |
| | 沥青瓦应与基层粘钉牢固，瓦面应平整，檐口应平直 | 观察检查 |
| | 泛水做法应符合设计要求，并应顺直整齐，结合严密 | 观察检查 |
| | 沥青瓦铺装的有关尺寸，应符合设计要求 | 尺量检查 |

3. 防水垫层质量检查

详见表 30-41。

**防水垫层质量检查项目、要求和检验方法** **表 30-41**

| 检验项目及要求 | | 检验方法 |
|---|---|---|
| 主控项目 | 防水垫层及其配套材料的类型和质量应符合设计要求 | 观察检查和检查出厂合格证、质量检验报告和进场抽样复验报告 |
| | 防水垫层在屋脊、天沟、檐沟、檐口、山墙、立墙和穿出屋面设施等细部做法应符合设计要求 | 观察检查和尺量检查 |
| 一般项目 | 防水垫层应铺设平整，铺设顺序正确，搭接宽度不允许负偏差 | 观察检查和尺量检查 |
| | 防水垫层采用满粘施工时，应与基层粘结牢固，搭接缝封口严密，无皱褶、翘边和鼓泡等缺陷 | 观察检查 |
| | 进行下道工序时，不得破坏已施工完成的防水垫层 | 观察检查 |

4. 细部做法质量检查

详见表 30-42。

**细部构造质量检查项目、要求和检验方法** **表 30-42**

| 细部构造类型 | 检验项目及要求 | | 检验方法 |
|---|---|---|---|
| 1. 檐口 | 主控项目 | 檐口的防水构造应符合设计要求 | 观察检查 |
| | | 檐口的排水坡度应符合设计要求；檐口部位不得有渗漏和积水现象 | 坡度尺检查和雨后观察或淋水试验 |
| | 一般项目 | 檐口 800mm 范围内的卷材应满粘 | 观察检查 |
| | | 卷材收头应在找平层的凹槽内用金属压条钉压固定，并应用密封材料封严 | 观察检查 |
| | | 涂膜收头应用防水涂料多遍涂刷 | 观察检查 |
| | | 檐口端部应抹聚合物水泥砂浆，其下段应做成鹰嘴和滴水槽 | 观察检查 |

续表

| 细部构造类型 | | 检验项目及要求 | 检验方法 |
|---|---|---|---|
| 2. 檐沟、天沟 | 主控项目 | 檐沟、天沟的防水构造应符合设计要求 | 观察检查 |
| | | 檐沟、天沟的排水坡度应符合设计要求，沟内不得有渗漏和积水现象 | 坡度尺检查和雨后观察或淋水、蓄水试验 |
| | 一般项目 | 檐沟、天沟附加层铺设应符合设计要求 | 观察和尺量检查 |
| | | 檐沟防水层应由沟底翻上至外侧顶部，卷材收头应用金属压条钉压固定，并应用密封材料封严，涂膜收头应用防水涂料多遍涂刷 | 观察检查 |
| | | 檐沟外侧顶部及侧面均应抹聚合物水泥砂浆，其下端应做成鹰嘴或滴水槽 | 观察检查 |
| 3. 山墙 | 主控项目 | 山墙的防水构造应符合设计要求 | 观察检查 |
| | | 山墙的压顶向内排水坡度不应小于5%，压顶内侧下端应做成鹰嘴或滴水槽 | 观察和坡度尺检查 |
| | | 山墙根部不得有渗漏和积水现象 | 雨后观察或淋水试验 |
| | 一般项目 | 山墙的泛水高度及附加层铺设应符合设计要求 | 观察和尺量检查 |
| | | 山墙的卷材应满粘，卷材收头应用金属压条钉压固定，并应用密封材料封严 | 观察检查 |
| | | 山墙的涂膜应直接涂刷至压顶下，涂膜收头应用防水涂料多遍涂刷 | 观察检查 |
| 4. 封檐 | 主控项目 | 封檐的防水收头构造应符合设计要求，不得有渗漏现象 | 雨后或进行2h淋水，观察检查 |
| | | 封檐的固定、搭接方式及搭接尺寸应符合产品安装要求 | 观察检查和尺量检查 |
| | 一般项目 | 封檐铺设应顺直，应无起伏现象 | 观察检查 |
| | | 封檐搭盖正确，间距应均匀，封固应严密 | 观察和手扳检查 |
| 5. 伸出屋面管道 | 主控项目 | 伸出屋面管道的防水构造应符合设计要求 | 观察检查 |
| | | 伸出屋面管道根部不得有渗漏和积水现象 | 雨后观察或淋水试验 |
| | 一般项目 | 伸出屋面管道的泛水高度及附加层铺设应符合设计要求 | 观察和尺量检查 |
| | | 伸出屋面管道周围的找平层应抹出高度不小于30mm的排水坡 | 观察和尺量检查 |
| | | 卷材防水层收头应用金属箍固定，并应用密封材料封严，涂膜防水层收头应用防水涂料多遍涂刷 | 观察检查 |

续表

| 细部构造类型 | | 检验项目及要求 | 检验方法 |
|---|---|---|---|
| 6. 屋脊 | 主控项目 | 屋脊的防水构造应符合设计要求 | 观察检查 |
| | | 屋脊处不得有渗漏现象 | 雨后观察或淋水试验 |
| | 一般项目 | 平脊和斜脊铺设应顺直，应无起伏现象 | 观察检查 |
| | | 脊瓦应搭盖正确，间距应均匀，封固应严密 | 观察和手扳检查 |
| 7. 屋顶窗 | 主控项目 | 屋顶窗的防水构造应符合设计要求 | 观察检查 |
| | | 屋顶窗及其周围不得有渗漏和积水现象 | 雨后观察或淋水试验 |
| | 一般项目 | 屋顶窗用金属排水板、窗框固定铁脚应与屋面连接牢固 | 观察检查 |
| | | 屋顶窗用窗口防水卷材应铺贴平整，粘结应牢固 | 观察检查 |

## 30.6.2　玻 璃 采 光 顶

玻璃采光顶根据外形造型可分为平顶采光顶、坡顶采光顶、圆穹顶采光顶、锥形采光顶等。

玻璃采光顶按支承结构可分为钢结构、索杆结构、铝合金结构、玻璃梁结构等，按封闭形式可分为封闭式采光顶、敞开式采光顶。

玻璃采光顶选用材料的物理力学性能应满足设计要求，严寒和寒冷地区选用的材料应满足防低温脆断的要求。

玻璃采光顶应采取合理的排水措施，应采用支承结构找坡，排水坡度宜不小于5%，玻璃面板在自重及承载力引起挠度变形时，玻璃表面不应积水。

玻璃采光顶用于严寒地区时，宜采取除雪融冰措施。用于高湿场合时，应考虑防腐措施，室内侧应有冷凝水收集引流装置。

玻璃采光顶应有防火、排烟和防雷要求，防雷系统应与主体结构的防雷体系有可靠的连接。

玻璃采光顶应设计玻璃自爆防坠落设施，可采取每片玻璃均匀分布若干根不锈钢钢丝绳的措施。

### 30.6.2.1　施工准备

1. 作业条件

(1) 按规定编制和审批专项施工方案，对作业人员进行安全技术交底。

(2) 主体结构施工完毕，并验收合格。

(3) 玻璃采光顶与主体结构连接的预埋件，应在主体结构施工时按设计要求埋设，预埋件的位置偏差不应大于20mm。采用后置埋件时，进行锚固力拉拔检测。

(4) 玻璃采光顶的支承构件、玻璃及其配套的紧固件、连接件、密封材料等材料品种、规格和性能应符合设计要求和有关标准的规定。

(5) 现场材料堆放、现场生产加工场及板块运输周转场地、道路必须符合施工要求。

构件储存时应依照采光顶安装顺序排列放置，储存架应有足够的承载力和刚度，在室外储存时应采取保护及安全防护措施。

（6）操作平台和脚手架已搭设完毕。

（7）大型钢构件应进行吊装设计，包括吊装受力计算、吊点设计、附件设计、就位和固定方案、就位后的位置调整等，并宜进行试吊。施工吊装现场作业条件必须满足施工要求。施工机具设备均已检验合格。

（8）施工测量控制轴线，标高基准点已与总包交接并经复验合格。施工测量控制网已经建立。

（9）现场临水、临电应符合施工需要及安全技术要求。

2. 玻璃采光顶材料的贮运、保管

1）采光顶部件在搬运时应轻拿轻放，严禁发生互相碰撞。

2）采光玻璃在运输中应采用有足够承载力和刚度的专用货架；部件之间应用衬垫固定，并应相互隔开。

3）采光顶部件应放在专用货架上，存放场地应平整、坚实、通风、干燥，并严禁与酸碱等物质接触。

#### 30.6.2.2 技术要求

玻璃采光顶设计应根据建筑物的屋面形式、使用功能和美观要求，选择结构类型、材料和细部构造，应对排水系统进行设计，并满足保温、防雷、防火的要求。

1. 物理性能

玻璃采光顶的物理性能等级，应根据建筑物的类别、高度、体形、功能以及建筑物所在的地理位置、气候和环境条件进行设计。玻璃采光顶的物理性能分级指标，应符合现行行业标准《建筑玻璃采光顶技术要求》JG/T 231 的有关规定。具体性能应符合下列规定：

（1）结构性能

玻璃采光顶结构性能应包括可能承受的风荷载、积水荷载、雪荷载、冰荷载、遮阳装置及照明装置荷载、活荷载及其他荷载，应按照现行国家标准《建筑结构荷载规范》GB 50009 和《建筑抗震设计规范》GB 50011 的规定对玻璃采光顶承受的各种荷载和作用以垂直于玻璃采光顶的方向进行组合，并取最不利工况下的组合荷载标准值为玻璃采光顶结构性能指标。

玻璃采光顶结构性能分级应符合表 30-43 的规定。

**结构性能分级表** **表 30-43**

| 分级代号 | 1 | 2 | 3 | 4 | 5 | 6 | 7 | 8 | 9 |
|---|---|---|---|---|---|---|---|---|---|
| 分级指标值 $S_k$（kPa） | $1.0 \leqslant S_k < 1.5$ | $1.5 \leqslant S_k < 2.0$ | $2.0 \leqslant S_k < 2.5$ | $2.5 \leqslant S_k < 3.0$ | $3.0 \leqslant S_k < 3.5$ | $3.5 \leqslant S_k < 4.0$ | $4.0 \leqslant S_k < 4.5$ | $4.5 \leqslant S_k < 5.0$ | $S_k \geqslant 5.0$ |

注：1. $S_k$值为按《建筑采光顶气密、水密、抗风压性能检测方法》GB/T 34555—2017 进行抗风压性能试验时的安全检测压力差；
2. 各级均需同时标注 $S_k$ 的实测值；
3. 分级指标值 $S_k$为绝对值。

在自重作用下，面板支承构件的挠度宜小于其跨距的 1/500，玻璃面板挠度不超过长边的 1/120。

在相应结构性能分级指标作用下，玻璃采光顶应符合下列要求：

1）结构构件在垂直于玻璃采光顶构件平面方向的相对挠度应不大于1/200。

2）玻璃板表面不应积水，相对挠度不应大于计算边长的1/80，绝对挠度宜不大于20mm。

3）玻璃采光顶不应发生损坏或功能性障碍。

（2）气密性能

气密性能系指在风压作用下，其开启部分为关闭状况的玻璃采光顶透过空气的性能。封闭式玻璃采光顶气密性能应满足节能设计要求。可开启部分采用压力差为10Pa时的开启缝长空气渗透量 $q_L$ 作为分级指标，玻璃采光顶整体（含可开启部分）采用压力差为10Pa时的单位面积空气渗透量 $q_A$ 作为分级指标，分级应符合表30-44的规定。

**玻璃采光顶气密性能分级表** **表 30-44**

| 分级代号 | | 1 | 2 | 3 | 4 |
|---|---|---|---|---|---|
| 分级指标值 $q_L$ [$m^3/(m \cdot h)$] | 可开启部分 | $4.0 \geqslant q_L > 2.5$ | $2.5 \geqslant q_L > 1.5$ | $1.5 \geqslant q_L > 0.5$ | $q_L \leqslant 0.5$ |
| 分级指标值 $q_A$ [$m^3/(m^2 \cdot h)$] | 玻璃采光顶整体 | $4.0 \geqslant q_A > 2.0$ | $2.0 \geqslant q_A > 1.2$ | $1.2 \geqslant q_A > 0.5$ | $q_A \leqslant 0.5$ |

注：第4级应在分级后同时注明具体分级指标值。

（3）水密性能

水密性能系指在风雨同时作用下玻璃采光顶透过雨水的能力；水密性设计值以作用在玻璃采光顶表面的风压标准值除以2.25作为玻璃采光顶固定部分的设计值，可开启部位与固定部位对应。水密性能分级指标 $\Delta P$ 应符合表30-45的规定。

**玻璃采光顶水密性能分级表** **表 30-45**

| 分级代号 | | 2 | 3 | 4 |
|---|---|---|---|---|
| 分级指标值 $\Delta P$（Pa） | 固定部分 | $1000 \leqslant \Delta P < 1500$ | $1500 \leqslant \Delta P < 2000$ | $\Delta P \geqslant 2000$ |
| | 可开启部分 | $500 \leqslant \Delta P < 700$ | $700 \leqslant \Delta P < 1000$ | $\Delta P \geqslant 1000$ |

注：1. $\Delta P$ 为测试结果满足委托要求的水密性能检测指标压力差值；
2. 各级下均需同时标注 $\Delta P$ 的实测值。

（4）保温性能

保温性能系指玻璃采光顶内外存在空气温度差的条件下，玻璃采光顶阻抗从高温一侧向低温一侧传热的能力（不包括从缝隙中渗透空气的传热）。

玻璃采光顶保温性能以传热系数（$K$）和抗结露因子（$CRF$）表示。传热系数（$K$）分级见表30-46，抗结露因子（$CRF$）分级见表30-47。

**玻璃采光顶传热系数分级表** **表 30-46**

| 分级代号 | 1 | 2 | 3 | 4 | 5 | 6 | 7 | 8 |
|---|---|---|---|---|---|---|---|---|
| 分级指标值 $K$ [W/($m^2 \cdot K$)] | $K > 5.0$ | $5.0 \geqslant K > 4.0$ | $4.0 \geqslant K > 3.0$ | $3.0 \geqslant K > 2.5$ | $2.5 \geqslant K > 2.0$ | $2.0 \geqslant K > 1.5$ | $1.5 \geqslant K > 1.0$ | $1.0 \geqslant K$ |

注：$K$ 为传热系数，需同时标注 $K$ 的实测值。

玻璃采光顶抗结露因子（*CRF*）分级表 表 30-47

| 分级代号 | 1 | 2 | 3 | 4 | 5 | 6 | 7 | 8 |
|---|---|---|---|---|---|---|---|---|
| 分级指标值 *CRF* | $CRF \leqslant 40$ | $40 < CRF \leqslant 45$ | $45 < CRF \leqslant 50$ | $50 < CRF \leqslant 55$ | $55 < CRF \leqslant 60$ | $60 < CRF \leqslant 65$ | $65 < CRF \leqslant 75$ | $CRF > 75$ |

注：抗结露因子是玻璃采光顶阻抗室内表面结露能力的指标，指在稳定传热状态下，试件热侧表面与室外空气温度差和室内外空气温度差的比值。

（5）隔热性能

玻璃采光顶隔热性能以太阳得热系数（*SHGC*，也称太阳能总透射比）表示，分级指标应符合表 30-48 的规定。

玻璃采光顶太阳得热系数分级表 表 30-48

| 分级代号 | 1 | 2 | 3 | 4 | 5 | 6 | 7 |
|---|---|---|---|---|---|---|---|
| 分级指标值 *SHGC* | $0.8 \geqslant SHGC > 0.7$ | $0.7 \geqslant SHGC > 0.6$ | $0.6 \geqslant SHGC > 0.5$ | $0.5 \geqslant SHGC > 0.4$ | $0.4 \geqslant SHGC > 0.3$ | $0.3 \geqslant SHGC > 0.2$ | $SHGC \leqslant 0.2$ |

（6）光热性能

玻璃采光顶光热性能以光热比（*r* 或 *LSG*）表示，分级应符合表 30-49 的规定。

玻璃采光顶光热性能分级表 表 30-49

| 分级代号 | 1 | 2 | 3 | 4 | 5 | 6 | 7 | 8 |
|---|---|---|---|---|---|---|---|---|
| 光热比 *r* | $r < 1.1$ | $1.1 \leqslant r < 1.2$ | $1.2 \leqslant r < 1.3$ | $1.3 \leqslant r < 1.4$ | $1.4 \leqslant r < 1.5$ | $1.5 \leqslant r < 1.7$ | $1.7 \leqslant r < 1.9$ | $r \geqslant 1.9$ |

注：光热比 *r* 或 *LSG* 为可见光透射比 $\tau_v$ 和太阳能总透射比 *g* 的比值。

（7）热循环性能

1）热循环试验中试件不应出现结露现象，无功能性障碍或损坏。

2）玻璃采光顶的热循环性能应满足下列要求：热循环试验至少三个周期；试验前后玻璃采光顶的气密性、水密性能指标不应出现级别下降。

（8）隔声性能

隔声性能是指通过空气传到玻璃外表面的噪声经过玻璃反射后的减少量。以玻璃采光顶空气计权隔声量 $R_w$ 进行分级，其分级指标应符合表 30-50 的规定。

玻璃采光顶的空气声隔声性能分级表 表 30-50

| 分级代号 | 2 | 3 | 4 |
|---|---|---|---|
| 分级指标值 $R_w$（dB） | $30 \leqslant R_w < 35$ | $35 \leqslant R_w < 40$ | $R_w \geqslant 40$ |

注：4 级时需同时注明 $R_w$ 的实测值。

（9）采光性能

玻璃采光顶采光性能以透光折减系数 $T_r$ 和颜色透射指数 $R_a$ 作为分级指标，透光折减

系数 $T_r$ 分级指标应符合表 30-51 的规定，颜色透射指数 $R_a$ 应符合表 30-52 的规定。有辨色要求的玻璃采光顶的颜色透射指数 $R_a$ 不应低于 80。

玻璃采光顶透光折减系数分级表 表 30-51

| 分级代号 | 1 | 2 | 3 | 4 | 5 |
|---|---|---|---|---|---|
| 分级指标值 $T_r$ | $0.20 \leqslant T_r < 0.30$ | $0.30 \leqslant T_r < 0.40$ | $0.40 \leqslant T_r < 0.50$ | $0.50 \leqslant T_r < 0.60$ | $T_r \geqslant 0.60$ |

注：1. $T_r$ 为透射漫射光照度与漫射光照度之比；
2. 5 级时需同时标注 $T_r$ 的实测值。

玻璃采光顶颜色透射指数分级表 表 30-52

| 分级代号 | 1 | | 2 | | 3 | 4 |
|---|---|---|---|---|---|---|
| | A | B | A | B | | |
| 分级指标值 $R_a$ | $R_a \geqslant 90$ | $80 \leqslant R_a < 90$ | $70 \leqslant R_a < 80$ | $60 \leqslant R_a < 70$ | $40 \leqslant R_a < 60$ | $20 \leqslant R_a < 40$ |

（10）抗冲击性能

抗冲击性能表示玻璃采光顶对冰雹、大风时飞来物等撞击的能力。

1）抗软重物冲击性能以撞击能量 $E$ 和撞击物的降落高度 $H$ 作为分级指标，玻璃采光顶的抗软重物撞击性能分级指标应符合表 30-53 的规定。

玻璃采光顶抗软重物撞击性能分级表 表 30-53

| 分级代号 | | 1 | 2 | 3 | 4 |
|---|---|---|---|---|---|
| 室外侧分级指标值 | 撞击能量 $E$（N·m） | 300 | 500 | 800 | >800 |
| | 降落高度 $H$（mm） | 700 | 1100 | 1800 | >1800 |

注：当室外侧定级值为 4 级时标注撞击能力实际测试值。例如室外侧 1900N·m。

2）抗硬重物冲击性能

当玻璃采光顶面板材料为夹层玻璃时，抗硬重物冲击性能检测后夹层玻璃下层玻璃不应发生损坏。当玻璃采光顶面板材料为含夹层玻璃的中空玻璃或夹层真空玻璃时，抗硬重物冲击性能检测后夹层玻璃下层玻璃不应发生破坏。

3）抗风携碎物冲击性能

玻璃采光顶的抗风携碎物冲击性能以发射物的质量和冲击速度作为分级指标，其分级指标应符合表 30-54 的规定。

玻璃采光顶抗风携碎物冲击性能分级表 表 30-54

| 分级 | | 1 | 2 | 3 | 4 | 5 |
|---|---|---|---|---|---|---|
| 发射物 | 材质 | 钢珠 | 木块 | 木块 | 木块 | 木块 |
| | 长度（m） | — | 0.53±0.05 | 1.25±0.05 | 2.42±0.05 | 2.42±0.05 |
| 质量 | | 2.0g±0.1g | 0.9kg±0.1kg | 2.1kg±0.1kg | 4.1kg±0.1kg | 4.1kg±0.1kg |
| 速度（m/s） | | 39.6 | 15.3 | 12.2 | 15.3 | 24.4 |

2. 排水系统

玻璃采光顶的防水等级、防水设防要求应符合现行国家标准《屋面工程技术规范》GB 50345 的规定。屋面排水系统应能及时地将雨水排至雨水管道或室外。

（1）排水系统设计所采用的降雨历时、降雨强度、屋面汇水面积和雨水流量应符合现行国家标准《建筑给水排水设计标准》GB 50015 的有关规定。

（2）当采光顶采取无组织排水时，应在屋檐设置滴水构造。

（3）玻璃是不渗透材料，玻璃采光顶防水设防无需采用防水卷材或防水涂料处理，而是集中对玻璃面板之间的装配接缝嵌填弹性密封胶，保证密封不渗漏。

玻璃间的接缝宽度应能满足玻璃和密封胶的变形要求，且不应小于 10mm；密封胶的嵌填深度宜为接缝宽度的 50%～70%，较深的密封槽口底部应采用聚乙烯发泡材料填塞。玻璃接缝密封宜选用位移能力级别为 25 级硅酮耐候密封胶，密封胶应符合现行国家标准《硅酮和改性硅酮建筑密封胶》GB/T 14683 的有关规定。

（4）玻璃采光顶的防结露设计，应符合现行国家标准《民用建筑热工设计规范》GB 50176的有关规定；对玻璃采光顶内的冷凝水，应采取控制、收集和排除的措施。玻璃采光顶的型材应设置集水槽并使所有集水槽相互沟通，使玻璃下的结露水汇集，并将结露水汇集排放到室外或室内水落管内。

**30.6.2.3　点支承玻璃采光顶施工**

1. 工艺流程

测量放线→支承构件制作与安装→附件安装→驳接座及爪件安装→玻璃安装→注胶、清理→检查验收。

2. 测量放线

（1）应根据玻璃采光顶的结构布置图和三维图，对玻璃采光顶分格，各支承件纵、横向轴线及标高，形成三维立体控制网，满足玻璃采光顶支承结构和钢爪定位要求（如为索杆结构，则应分别测量确定支承结构、钢拉杆和钢拉索安装位置）。

（2）玻璃采光顶的施工测量应与主体结构测量相配合，测量偏差应及时调整，不得积累。施工过程中应定期对采光顶的安装定位基准点进行校核。

（3）将玻璃的位置弹到地面上，然后再根据外缘尺寸确定安装点。测量放线应在风力不大于四级的情况下进行。

3. 支承构件制作与安装

1）支承构件所用材料的品种规格和性能应符合设计要求。型材、玻璃、玻璃垫条、垫杆等与结构胶、耐候胶进行相容性试验和粘接性试验符合设计要求后方可使用。

2）严格按照图纸和工艺文件的要求进行放样下料，根据节点图确定安装孔位，以及进行连接件的制作加工。对于造型复杂的，应在工厂进行试拼装和安装，以确定各部位连接准确及采光顶各部位几何尺寸的精确。

3）根据板材的厚度、切割设备的性能要求及切割用气体等选择合适的工艺参数，切割面的平直度、线形度、光洁度等应符合要求。

4）构件冷矫正的环境温度：碳素结构钢不宜低于－16℃；低合金钢不宜低于－12℃，

构件热矫正的最低加热温度：碳素结构钢不宜低于700℃，低合金钢不宜低于800℃。

5）支承构件与主体结构之间应采用预埋件连接；预埋件位置不准确或有遗漏时，应采用其他可靠的连接措施，并应通过试验确定其承载力。

6）各支承构件之间应采用焊接连接，其焊缝长度和焊缝高度应符合设计要求，焊缝不得有咬边、焊瘤、弧坑、未焊透、未熔合、气孔、夹渣等缺陷。

7）钢结构构件及其连接部位，均应作防腐处理。

8）不同金属材料的接触面应采取隔离措施，防止电化学腐蚀。

9）钢桁架及网架结构安装就位、调整后应及时紧固；钢索杆结构的拉索、拉杆预应力施工应符合设计要求。

4. 附件安装

（1）排水、防水附件在材料搭接的部位要牢固，并应注胶密实。要求做到无缝、无孔，以防止雨水渗漏。在安装时还应控制好排水坡度和排水方向，在有檐口的地方，应注意玻璃采光顶与檐口的节点做法。

（2）玻璃采光顶防雷装置，应设置一圈直径大于8mm圆钢作均压环，并采用直径大于8mm圆钢将均压环与主体结构引下线的接头焊接连接。铝合金构件应采用铜线与均压环的圆钢柔性连接，但接线头必须搪锡处理，接线处应采用防松垫板压紧。安装完毕后，必须作防雷测试。

（3）安装玻璃采光顶防火附件装置时，应按设计要求进行。防火材料的厚度要达到设计要求，自动灭火设备应安装牢固。

5. 驳接座及爪件安装

（1）根据玻璃分格确定驳接座安装位置，安装驳接座时，要采用焊接进行点焊定位，所有驳接座点焊定位后，再拉通线进行检查，调正偏离定位点的驳接座。每个驳接座安装位置和高度都应严格按照设计图纸和放线定位要求进行。

驳接座安装必须通顺平直。要用分段拉通线校核，对焊接造成的偏位要进行调直。驳接座的间距要均匀一致，尺寸符合设计要求。

（2）驳接座调正后，进行焊接，焊条符合设计要求，驳接座周边满焊，焊高按设计图要求，焊缝应连续，不漏焊、不夹渣，无未熔合缺陷。

（3）防腐处理：钢结构进行除锈处理后，涂防锈漆二道，涂面漆二道。钢结构表面浮锈必须清除干净，油漆调和要按规定进行，涂刷均匀，防止流坠、橘皮缺陷产生。

（4）所有连接件焊接完毕后，进行隐蔽工程质量验收，验收合格后再涂刷防锈漆。

（5）驳接座焊接安装结束后定位爪件。先用螺钉将爪件与驳接座连接，所有爪件安装完后，进行调整，调整时可采取拉通线的方法，调整爪件的角度，使爪件孔横向和纵向分别在一条直线上，调好后固定爪件。

（6）爪件装入驳接座后应能进行三维调整。对爪件座位置进行检验，相邻爪件座的水平度、高低差等应符合规范规定。

6. 玻璃板块的安装

玻璃宜采用机械吸盘安装，并应采取必要的安全措施；玻璃接缝应采用中性硅酮耐候密封胶。点支式玻璃采光顶的玻璃必须采用全钢化玻璃。

（1）对于玻璃采光顶的玻璃安装，通常采用电动葫芦垂直运输到相应安装高度，站在相关位置的施工人员将玻璃板块推送到安装位置处进行玻璃安装。

（2）应把驳接头先固定在全玻璃面板上，并在驳接头上注防水胶。

（3）采用吊锤、卷尺及水平仪、经纬仪、水准仪进行校验调整，直线度误差≤2mm。确认完全无误，符合图纸设计要求后才能进行打胶，胶缝宽度误差≤±2mm。

7. 局部打胶及清理

（1）复核玻璃板块之间的距离及平整度，确认无误后清洗玻璃，在接缝中填塞与接缝宽度相配套的聚乙烯泡沫条，并保证连接且深度一致，以保证胶面厚度均匀可靠。

（2）在接缝两边饰面上粘贴不小于 25mm 宽度的保护胶带，防止密封胶粘到外饰面上造成污染，影响外观效果。

（3）用酒精或其他易挥发的清洁剂，擦拭胶缝的表面，除去缝中其他杂物，保证表面清洁无污染，防止密封胶粘接不牢，影响密封胶效果。

（4）注胶之前需做密封胶与饰面材料之间的相容性试验，合格后方可进行注胶。

（5）修胶：注好的密封胶表面要用刮板或其他修胶工具进行修整，以保证胶缝表面光滑、平整、均匀。

（6）清理：对玻璃板面进行清洗，保持外饰面清洁，同时撕去保护胶带，除去玻璃板块表面的保护膜。

**30.6.2.4　框支承玻璃采光顶施工**

1. 施工工艺

测量放线→铝合金主次龙骨安装→玻璃组件组装及安装调整→封边收口、附件安装→玻璃接缝密封胶的施工→检查验收。

2. 测量放线

应根据玻璃采光顶分格测量，确定玻璃采光顶各分格点的空间定位；根据面板的编号，依据安装布置图，把面板准备齐全，并运输到安装位置附近，并把安装位置清扫干净，确定安装控制点和控制线。

3. 铝合金主次龙骨安装

（1）支承结构应按顺序安装，玻璃采光顶框架组件安装就位、调整后应及时紧固；不同金属材料的接触面应采用隔离材料；

龙骨安装前，应根据测量放线，在施工现场进行挂线。检查预埋件位置偏差，对于后置埋件应进行现场锚固力拉拔试验，合格后方能进行下一道工序。

（2）首先将连接件准确地固定到埋件上，然后安装主龙骨，安装时将铝合金主龙骨用螺栓与连接件相连，根据控制线对主龙骨进行复核，调整主龙骨的垂直、平整度，对焊缝处做防锈处理。

（3）在主龙骨上安装次龙骨，并用螺母紧固。同一层次龙骨安装由下向上进行，当安装完一层时，应进行检查、调整、校正以保证达到质量标准。

（4）主次龙骨安装就位后，应及时进行临时固定。主次龙骨安装完成后，进行全面调整，调整完毕后，应及时进行永久固定。

4. 玻璃组件组装及安装调整

（1）明框玻璃组件组装

1）玻璃与构件槽口的配合应符合设计要求和技术标准的规定；玻璃安装时，应注意保护玻璃，当玻璃上部明框有槽时，让玻璃上部先入槽；当玻璃下部有槽时，先把氯丁胶放入槽内，将玻璃慢慢放入槽中，再用聚乙烯泡沫填充棒固定住玻璃，防止玻璃在槽内摆动造成意外破裂。对于中间部位的玻璃，先在玻璃上安装垫块，玻璃定位。玻璃安装好后，应调整玻璃上下、左右、前后的缝隙的大小，其允许偏差不得超过±2mm，压紧扣板将玻璃固定住。

2）玻璃四周密封胶条的材质、型号应符合设计要求，镶嵌应平整、密实，胶条的长度宜大于边框内槽口长度1.5%～2.0%，胶条在转角处应斜面断开，并应用粘结剂粘结牢固。

3）组件中的导气孔及排水孔设置应符合设计要求，组装时应保持孔道通畅。

4）明框玻璃组件应拼装严密，框缝密封应采用中性硅酮耐候密封胶。

（2）隐框及半隐框玻璃组件组装

1）玻璃及附框粘结表面的尘埃、油渍和其他污物，应分别使用带溶剂的擦布和干擦布清除干净，并应在清洁1h内嵌填密封胶。

2）所用的结构粘结材料应采用硅酮结构密封胶，其性能应符合现行行业标准《建筑幕墙用硅酮结构密封胶》JG/T 475的有关规定；硅酮结构密封胶应在有效期内使用。硅酮结构密封胶使用前，应进行相容性和剥离粘结性试验。

3）硅酮结构密封胶应嵌填饱满，并应在温度15～30℃、相对湿度50%以上、洁净的室内进行，不得在现场嵌填。

4）硅酮结构密封胶的粘结宽度和厚度应符合设计要求，胶缝表面应平整光滑，不得出现气泡。

5）硅酮结构密封胶固化期间，不应使胶处于受力状态，以保证其粘结强度。

玻璃板块注胶后应水平放置在板架或垫块上，注意板块不允许受任何挤压。未固化前不能挪动和严禁上墙安装。在标准条件下，通常双组分结构胶初步固化时间为3d，完全固化时间为5d。

6）选择完好的紧固装置，并确定紧固装置的安装位置。隐框玻璃面板，必须确定压板的间距，以及压板的大小。

（3）玻璃组件安装和调整

采光顶玻璃组件的安装顺序一般采用先中间后两边或先上后下的安装方法。根据安装布置图和编号，把玻璃组件运输到安装位置附近，并把安装位置清扫干净，确定安装控制点和控制线。

1）玻璃组件安装前，压块按设计要求间距300mm放置在槽板上，待安装玻璃组件后，再压到指定位置处。

2）玻璃组件内外清洁到位，特别是边角的位置要擦净，因为玻璃安装完后无法擦洗。

3）通过提升设备将已经吸住玻璃的电动吸盘搬运到玻璃组件的预定安装位置。安装顺序从上到下，先安装最上层，待安装调整完后，作为基准层，再安装下层。

4）玻璃组件先安上一块后，要拧紧临时压板，将玻璃组件固定在框架上，再安装其他板块玻璃。当采光顶一个施工段所有玻璃安装完毕后，进行整体调整，调整完毕，应进行整体平整度的检查。

5）玻璃组件调整完，压块、胶条要及时进行安装固定。玻璃压块应用不锈钢螺栓固定，间距不大于 300mm。要压紧拧牢，确保每片玻璃内的衬垫齐全，使金属与玻璃隔离，保证玻璃的受力部分为面接触。

6）玻璃组件安装调整完后，要进行验收。

5. 封边收口、附件安装

（1）玻璃采光顶的周边封堵收口、屋脊处压边收口、支座处封口处，均应铺设平整且可靠固定；避免收口板块直接与主体水泥砂浆接触，造成腐蚀，达不到应有的密封效果，而造成漏水。

（2）玻璃采光顶天沟、排水槽、通气槽及雨水排出口等细部构造应符合设计要求。

（3）装饰压板应顺流水方向设置，表面应平整，接缝应符合设计要求。

6. 玻璃接缝密封胶的施工

（1）胶缝的厚度和宽度均须满足设计要求，打胶的厚度不应打得太薄或太厚。且胶体表面应平整、光滑，玻璃清洁无污物。封顶、封边、封底应牢固美观、不渗水。

（2）密封前充分清洁间隙缝，不应有水、油渍、涂料、铁锈、水泥砂浆、灰尘等。充分清洁粘结面，加以干燥。

（3）按设计图纸，用聚乙烯泡沫棒填充接缝时，须保证注胶厚度和防止三面胶接（一般措施：在耐候硅酮密封胶施工前，用无粘结胶带铺于缝隙的底部，将缝底与胶分开）。为避免密封胶污染面材，应在缝两侧贴保护胶纸。贴胶带纸牢固密实，转角及接头处连接顺畅且紧贴板边。胶带纸粘贴时不允许有张口、脱落，不顺直等现象。

（4）玻璃打胶：用手动胶枪将密封胶均匀挤入胶缝处，再用橡胶刮刀进行刮胶，刮刀根据大小、形状能任意切割。

（5）打胶后，应在胶快干时及时将胶带纸清理干净，并立即处理因撕胶带时碰伤的胶表面，必要时可用溶剂擦拭。胶在未完全硬化前，不要触碰。

（6）嵌缝胶的深度（厚度）应小于缝宽度，因为当板材发生相对位移时，胶被拉伸，胶缝越厚，边缘的拉伸变形越大，越容易开裂。

（7）不宜在夜晚、雨天嵌填密封胶，嵌填温度应符合产品说明书规定，嵌填密封胶的基面应清洁、干燥。

**30.6.2.5　细部做法**

玻璃采光顶应对下列部位进行细部构造深化设计：高低跨处泛水，采光顶板缝、单元体构造缝，天沟、檐沟、水落口，采光顶周边交接部位，洞口、局部凸出体收头，其他复杂的构造部位。

1. 点支承玻璃采光顶细部做法

连接件的钢制驳接爪与玻璃之间应设置厚度不小于 1mm 的衬垫材料，衬垫材料的面积不应小于支承装置与玻璃的结合面。

(1) 檐口

檐口应满足设计要求，挑出不少于 50mm，并用硅酮耐候密封胶封闭（图 30-52）。

(2) 玻璃接缝

穿孔式连接的玻璃的胶缝宽度为 12～15mm，夹板式连接的面板玻璃胶缝为 15mm（图 30-53）。

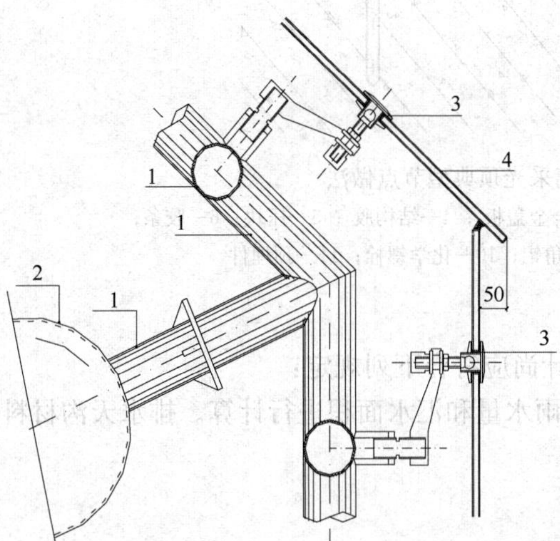


图 30-52 点支式玻璃采光顶檐口做法

1—钢管；2—网架球；3—尼龙衬垫；4—钢化夹层玻璃

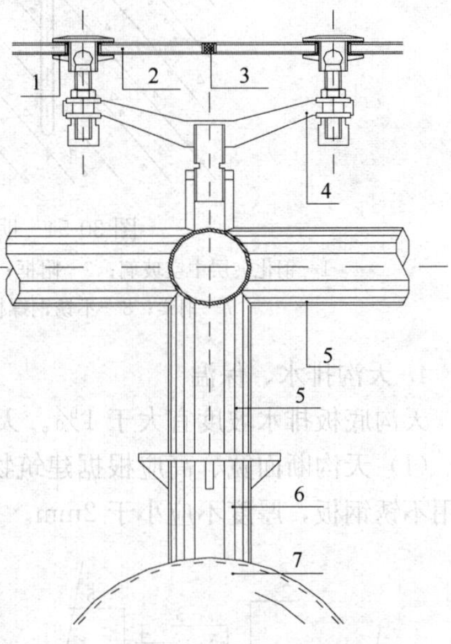


图 30-53 玻璃接缝典型做法

1—尼龙衬垫；2—钢化夹层玻璃；3—硅酮密封胶；4—驳接爪；5—钢管；6—球铰基座；7—球铰

2. 框支承玻璃采光顶细部做法

框支承玻璃采光顶一般采用铝合金型材作为相对独立的支撑系统，其杆件跨度较小(2～4m)。当安装跨度较大时，可采用钢构件对铝合金构件进行加强，或者增设钢结构或钢筋混凝土结构以减小铝合金构件的跨度。

(1) 明框玻璃采光顶典型节点

铝合金框支承玻璃采光顶包括明框玻璃采光顶和隐框玻璃采光顶，为便于排水采用横向隐缝处理的半隐框构造形式也归入明框玻璃采光顶。具体做法见图 30-54。

(2) 隐框玻璃采光顶典型节点

隐框玻璃采光顶接缝宽度应符合设计要求，且不小于 12mm，接缝密封和背衬材料深度与接缝宽度宜相等。接缝涂胶宜为圆凹面，并便于排水。典型做法见图 30-55。

3. 高低跨泛水

高低跨泛水处保温、防水做法应符合工程设计要求。防水收头高度大于等于 250mm，并粘贴固定牢固，固定点做密封处理。板块玻璃或玻璃组件应采用硅酮耐候密封胶收边封口。典型做法见图 30-56。

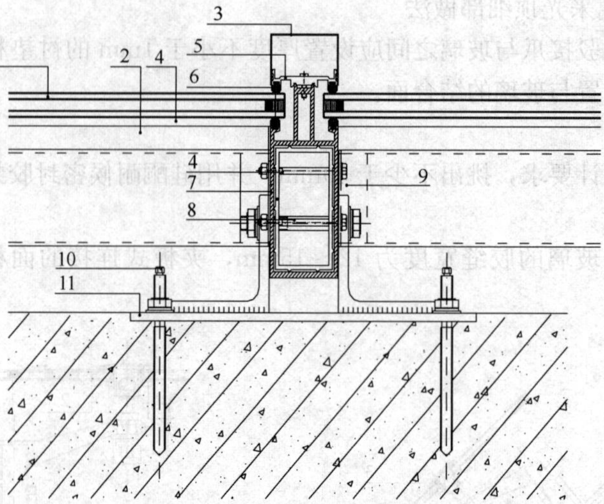


图 30-54　明框玻璃采光顶典型节点做法

1—钢化夹层中空玻璃；2—附框；3—铝合金盖板；4—结构胶；5—压块；6—胶条；7—钢梁；8—不锈钢螺栓；9—角铝；10—化学螺栓；11—预埋件

4. 天沟排水、保温

天沟底板排水坡度宜大于 1%。天沟设计尚应符合下列规定：

（1）天沟断面宽、高应根据建筑物当地雨水量和汇水面积进行计算。排水天沟材料宜采用不锈钢板，厚度不应小于 2mm。

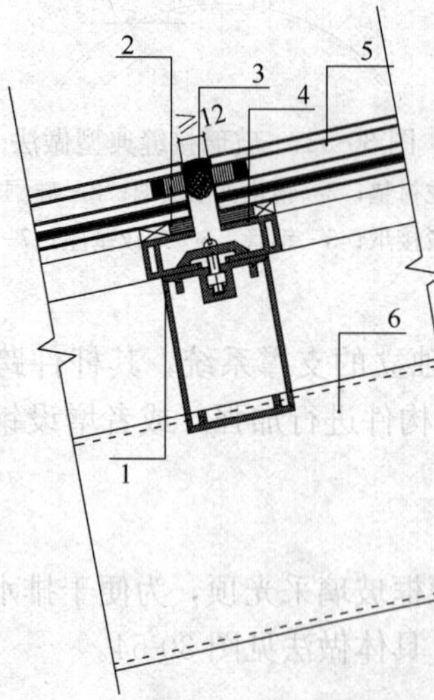


图 30-55　隐框玻璃采光顶接缝做法

1—铝合金次梁；2—硅酮结构胶；3—密封胶及泡沫棒；4—铝合金副框；5—钢化夹层中空玻璃；6—铝合金主梁

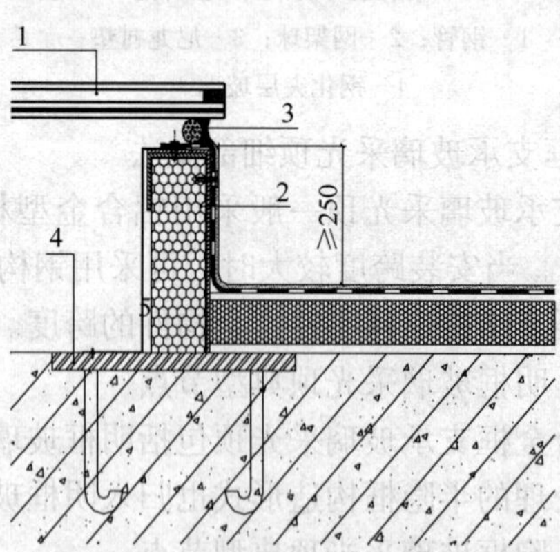


图 30-56　高低跨泛水典型做法

1—钢化夹层中空玻璃；2—保温材料；3—密封胶及泡沫棒；4—预埋件

（2）天沟室内侧宜设置柔性防水层。

（3）较长天沟应考虑设置伸缩缝，顺直天沟连续长度不宜大于 30m，非顺直天沟应根据计算确定，但连续长度不宜大于 20m。

（4）较长天沟采用分段排水时其间隔处宜设置溢流口。

（5）玻璃采光顶天沟排水、防水附件宜顺流水方向搭接，在搭接的部位要牢固，并应注胶密实，排水沟高度应大于等于 250mm。典型做法见图 30-57。

5. 防雷

采光顶的金属框架应与主体结构的防雷系统可靠连接，必要时应在其尖顶部位设接闪器，并与其金属框架形成可靠连接。玻璃采光顶防雷做法示意图见图 30-58。

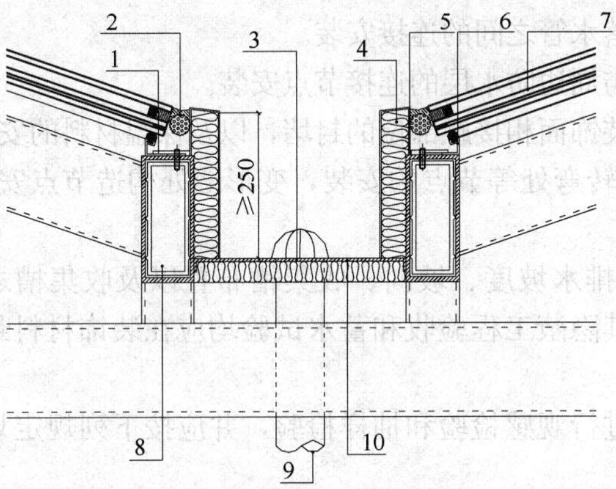


图 30-57 排水天沟做法

1—压块；2—密封胶及泡沫棒；3—不锈钢排水槽；4—保温材料；5—绝缘垫片；6—铝合金副框；7—钢化夹层中空玻璃；8—钢梁；9—水落管；10—钢板托

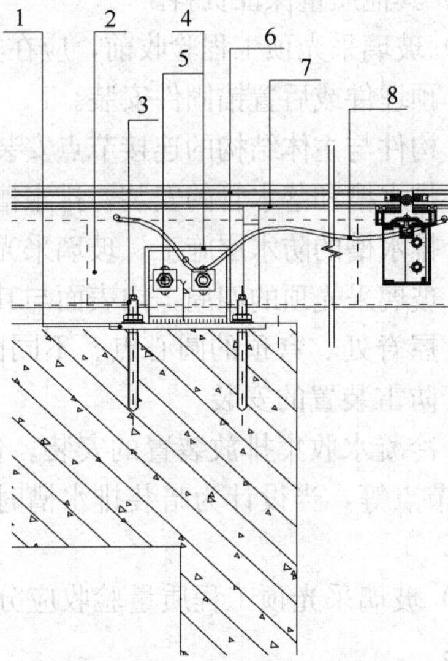


图 30-58 玻璃采光顶防雷做法示意图

1—预埋件；2—钢梁；3—化学螺栓；4—不锈钢板；5—不锈钢螺栓；6—钢化夹层中空玻璃；7—镀锌钢板；8—导电电线

### 30.6.2.6 质量检查

1. 基本规定

（1）采光顶玻璃表面应平整、洁净，颜色应均匀一致。

（2）采光顶验收时应复核下列资料：

1）竣工图、结构计算书、热工计算书、设计变更文件及其他设计文件。

2）工程所用各种材料、附件及紧固件，构件及组件的产品合格证书、性能检测报告，进场验收报告记录和主要材料复试报告。

3）工程中使用的硅酮结构胶应提供具有相应资质检测机构出具的硅酮结构胶相容性和剥离粘结性试验报告；使用前应对其邵氏硬度、拉伸粘结强度、相容性进行复试。对张拉索杆体系采光顶工程，应采用大变形硅酮结构密封胶，并应对其拉伸变形进行复试。进口硅酮结构胶提供商检证。

4）硅酮结构胶的注胶及养护时环境的温度、湿度记录，注胶过程记录；双组分硅酮结构胶的混匀性试验记录及拉断试验记录。

5）构件的加工制作记录；现场安装过程记录。

6）后置锚固件的现场拉拔检测报告。

7）设计要求进行气密性、水密性、抗风压、热工和抗风掀试验时，应提供其检验报告。

8）现场淋水试验记录，天沟或排水槽等关键部位的48h蓄水试验记录。

9）防雷装置测试记录。

10）隐蔽工程验收文件。

11）拉杆和拉索的张拉记录。

12）其他质量保证资料。

（3）玻璃采光顶工程验收前，应在安装施工过程中完成下列隐蔽项目的现场验收：

1）预埋件或后置锚固件安装。

2）构件与主体结构的连接节点安装，构件之间连接节点安装。

3）排水槽和落水管的安装，排水槽与落水管之间的连接安装。

4）排水槽的防水层施工，玻璃采光顶与周边防水层的连接节点安装。

5）玻璃采光顶的四周，内表面与其他装饰面相接触部位的封堵，以及保温材料的安装。

6）屋脊处、穹顶的圆心点、不同面的转弯处等节点的安装，变形缝处构造节点安装。

7）防雷装置的安装。

8）冷凝水收集排放装置的安装。包括排水坡度、坡向、收集槽布置以及收集槽之间的连接节点等，当设计为暗装排水槽时，其隐蔽工程验收和蓄水试验均应在装饰材料封闭前完成。

（4）玻璃采光顶工程质量验收应分别进行观感检验和抽样检验，并应按下列规定划分检验批：

1）安装节点设计相同，使用材料，安装工艺和施工条件基本相同的玻璃采光顶工程每500～1000$m^2$为一个检验批，不足500$m^2$应划分为一个检验批；每个检验批每100$m^2$应至少抽查一处，每处不得少于10$m^2$。

2）排水槽等细部构造应单独划分检验批，每个检验批每20m应至少抽查一处，每处不得小于2m。

3）同一个工程的不连续玻璃采光顶工程应单独划分检验批。

4）对于异形或有特殊要求的玻璃采光顶工程，检验批的划分应根据结构、工艺特点及工程规模，由监理单位、建设单位和施工单位共同协商确定。

（5）玻璃采光顶工程抽样检查的数量应满足下列要求：每个玻璃采光顶的构件或接缝应各抽查5%，并均不得少于3根（处）；采光顶的分格应抽查5%，并不得少于10个。

2. 玻璃采光顶观感检验应符合下列要求：

（1）玻璃采光顶框架、支承结构及面板安装应准确并符合设计要求。

（2）装饰压板应顺水流方向设置，表面应平整，不应有肉眼可察觉的变形、波纹或局部压砸等缺陷；装饰压板应按照设计要求接缝。

（3）铝合金型材不应有脱膜，严重砸坑，严重划痕等现象；钢材表面氟碳涂层厚度基本一致，色泽均匀，不应有掉漆返锈、焊缝未打磨等现象；玻璃的品种、规格与颜色应与设计相符合，色泽应均匀一致，并不应有析碱、漏气和镀膜脱落现象。

（4）玻璃采光顶的周边封堵收口，屋脊处压边收口，支座处封口处理以及防雷体系均应符合设计要求。

(5) 玻璃采光顶的隐蔽节点应进行遮封装修，遮封板安装应整齐美观；变形缝、排烟窗等节点做法应符合设计要求。

(6) 排水槽的节点做法应符合设计要求。

(7) 现场淋水试验和排水槽的蓄水试验不应有渗漏。

(8) 玻璃采光顶的电动或手动开启窗以及电动遮阳帘，其抽样检验的工程验收应符合现行国家标准《建筑装饰装修工程质量验收标准》GB 50210 的有关规定。

3. 玻璃采光顶验收

玻璃采光顶的预埋件应位置准确，安装应牢固。玻璃及玻璃组件的制作与安装，应符合现行行业标准《建筑玻璃采光顶技术要求》JG/T 231—2018 的有关规定。玻璃表面应平整、洁净，颜色均匀一致，玻璃采光顶与支承结构、周边墙体之间的连接应符合设计要求。玻璃采光顶验收项目及检验方法见表 30-55。明框玻璃采光顶铺装的允许偏差和检验方法见表 30-56。隐框玻璃采光顶铺装的允许偏差和检验方法见表 30-57。点支承玻璃采光顶铺装的允许偏差和检验方法见表 30-58。

**玻璃采光顶验收项目及检验方法　　表 30-55**

| 项目 | | 检验方法 |
|---|---|---|
| 主控项目 | 采光顶玻璃及其配套材料的质量，应符合设计要求 | 检查出厂合格证和质量检验报告 |
| | 玻璃采光顶不得有渗漏现象 | 雨后观察或淋水试验 |
| | 硅酮耐候密封胶的打注应密实、连续、饱满，粘结应牢固，不得有气泡、开裂、脱落等缺陷 | 观察检查 |
| 一般项目 | 玻璃采光顶铺装应平整、顺直；排水坡度应符合设计要求 | 观察和坡度尺检查 |
| | 玻璃采光顶的冷凝水收集和排除构造，应符合设计要求 | 观察检查 |
| | 明框玻璃采光顶的外露金属框或压条应横平竖直，压条安装应牢固；隐框玻璃采光顶的玻璃分格拼缝应横平竖直，均匀一致 | 观察和手扳检查 |
| | 点支承玻璃采光顶的支承装置应安装牢固，配合应严密；支承装置不得与玻璃直接接触 | 观察检查 |
| | 采光顶玻璃的密封胶缝应横平竖直，深浅应一致，宽窄应均匀，应光滑顺直 | 观察检查 |
| | 明框玻璃采光顶铺装的允许偏差和检验方法应符合表 30-56 的规定 | |
| | 隐框玻璃采光顶铺装的允许偏差和检验方法应符合表 30-57 的规定 | |
| | 点支承玻璃采光顶铺装的允许偏差和检验方法应符合表 30-58 的规定 | |

**明框玻璃采光顶铺装的允许偏差和检验方法　　表 30-56**

| 项目 | | 允许偏差（mm） | | 检验方法 |
|---|---|---|---|---|
| | | 铝构件 | 钢构件 | |
| 通长构件水平度（纵向或横向） | 构件长度≤30m | 10 | 15 | 水准仪检查 |
| | 30m＜构件长度≤60mm | 15 | 20 | |
| | 60m＜构件长度≤90m | 20 | 25 | |
| | 90m＜构件长度≤150m | 25 | 30 | |
| | 构件总长度＞150m | 30 | 35 | |
| 单一构件直线度（纵向或横向） | 长度≤2m | 2 | 3 | 拉线或尺量检查 |
| | 长度＞2m | 3 | 4 | |

续表

| 项目 | | 允许偏差（mm） | | 检验方法 |
|---|---|---|---|---|
| | | 铝构件 | 钢构件 | |
| 相邻构件平面高低差 | | 1 | 2 | 直尺或塞尺检查 |
| 通长构件直线度（纵向或横向） | 构件长度≤35m | 5 | 7 | 经纬仪检查 |
| | 构件长度＞35m | 7 | 9 | |
| 分格框对角线差 | 对角线长≤2000mm | 3 | 4 | 尺量检查 |
| | 对角线长＞2000mm | 3.5 | 5 | |

注：纵向构件或接缝是指垂直于坡度方向的构件或接缝；横向构件或接缝是指平行于坡度方向的构件或接缝。

**隐框玻璃采光顶铺装的允许偏差和检验方法　表 30-57**

| 项目 | | 允许偏差（mm） | 检验方法 |
|---|---|---|---|
| 通长接缝水平度（纵向或横向） | 接缝长度≤30m | 10 | 水准仪检查 |
| | 30m＜接缝长度≤60mm | 15 | |
| | 60m＜接缝长度≤90m | 20 | |
| | 90m＜接缝长度≤150m | 25 | |
| | 接缝长度＞150m | 30 | |
| 相邻板块的平面高低差 | | 1 | 直尺或塞尺检查 |
| 相邻板块的接缝直线度 | | 2.5 | 拉线或尺量检查 |
| 通长接缝直线度（纵向或横向） | 接缝长度≤35m | 5 | 经纬仪检查 |
| | 接缝长度＞35m | 7 | |
| 玻璃间接缝宽度（与设计值比） | | 2 | 尺量检查 |

**点支承玻璃采光顶铺装的允许偏差和检验方法　表 30-58**

| 项目 | | 允许偏差（mm） | 检验方法 |
|---|---|---|---|
| 通长接缝水平度（纵向或横向） | 接缝长度≤30m | 10 | 水准仪检查 |
| | 30m＜接缝长度≤60m | 15 | |
| | 接缝长度＞60m | 20 | |
| 相邻板块的平面高低差 | | 1 | 直尺或塞尺检查 |
| 相邻板块的接缝直线度 | | 2.5 | 拉线或尺量检查 |
| 通长接缝直线度（纵向或横向） | 接缝长度≤35m | 5 | 经纬仪检查 |
| | 接缝长度＞35m | 7 | |
| 玻璃间接缝宽度（与设计值比） | | 2 | 尺量检查 |

# 参　考　文　献

[1]　中国建筑工程总公司．建筑工程施工工艺标准汇编[M]. 北京：中国建筑工业出版社，2005.

[2]　毛志兵．防水、保温及屋面工程细部节点做法与施工工艺图解[M]. 北京：中国建筑工业出版社，2018.

[3]　张太清，霍瑞琴．屋面工程施工工艺[M]. 北京：中国建筑工业出版社，2019.

[4]　瞿培华，胡骏，陈少波．建筑外墙防水与渗漏治理技术[M]．北京：中国建筑工业出版社，2017.

[5]　杨杨，储劲松，张文华．防水工程施工[M]. 北京：中国建筑工业出版社，2010.

# 31 防水工程

建筑防水工程的设计应满足工程防水设计工作年限、防水等级的要求。防水做法应依据防水等级和防水使用环境类别确定，防水设防应遵循“因地制宜、防排结合”的原则。

建筑防水工程按照建筑工程部位，可分为地下防水、屋面防水、室内防水和外墙防水；按照构造做法，可分为结构自防水和材料防水层防水；按照材料不同，可分为刚性防水和柔性防水等。

本章包含了防水材料、地下防水、屋面防水、室内防水、外墙防水、防水工程渗漏水治理和绿色施工七节的内容。其中，防水材料包括防水材料分类、施工工艺及适用范围、防水材料及相关材料性能，其他分部分项工程内容均包括防水工程设计基本要求、施工要点、细部构造节点防水、质量检查与验收。防水工程渗漏水治理包括了基本规定、常用材料、地下、屋面、室内、外墙渗漏原因查勘判断、治理方案及施工、质量验收等内容。防水工程绿色施工包含资源节约、环境保护及作业环境与职业健康等内容。增加了防水卷材湿铺和预铺反粘施工、新型的非渗油蠕变橡胶防水涂料施工，装配式外墙防水，屋面、室内和外墙渗漏治理的内容。

## 31.1 防 水 材 料

### 31.1.1 防 水 材 料 分 类

近年来，随着新的防水材料品种不断问世，防水材料已由20世纪80年代的单一品种发展成为多门类、多品种、多元化的产品结构。目前防水材料的分类方法很多，本章中将防水材料分为防水卷材、防水涂料、密封材料和刚性防水材料四大类。

防水卷材按基本成分组成可分为高聚物改性沥青防水卷材和合成高分子防水卷材两类。高聚物改性沥青防水卷材主要有弹性体（SBS）改性沥青防水卷材及塑性体（APP）改性沥青防水卷材。合成高分子防水卷材主要包括三元乙丙、热塑性聚烯烃（TPO）、聚氯乙烯（PVC）、聚乙烯丙纶等防水卷材。

防水卷材按使用时的附加功能在原有材料基础上衍生出自粘防水卷材、湿铺防水卷材、预铺防水卷材等。

防水涂料一般按涂料的类型和按涂料成膜物质的主要成分进行分类。

按防水涂料液态类型可分为溶剂型、水乳型和反应型三类。

按成膜物质的主要成分可分为合成树脂类、橡胶类、橡胶沥青类。

建筑防水密封材料可分为不定型和定型密封材料两大类，前者指膏糊状材料，如腻子、塑性密封膏和弹性密封膏等，后者指根据工程要求制成的带、条、垫状的密封材料，如止水带及止水条等。

刚性防水材料分为防水混凝土、无机防水砂浆、聚合物水泥防水砂浆。

## 31.1.2　防水材料及相关材料性能

### 31.1.2.1　防水卷材

1. 弹性体（SBS）改性沥青防水卷材

（1）材料组成

弹性体（SBS）改性沥青防水卷材是以玻纤毡、聚酯毡或玻纤增强聚酯毡为胎基，苯乙烯-丁二烯-苯乙烯（SBS）热塑性弹性体改性沥青为涂盖料、两面覆以隔离材料制成的防水卷材。

（2）技术性能

随着《建筑与市政工程防水通用规范》GB 55030—2022 自 2023 年 4 月 1 日起实施，对防水材料的性能提出了更高的要求，试验方法更为严格。本章节中，在与之相适应的标准发布实施前仍以现行标准为准。

执行《弹性体（SBS）改性沥青防水卷材》GB 18242 标准。其主要物理力学性能应符合表 31-1 的要求。

**SBS 改性沥青防水卷材的物理力学性能　　表 31-1**

<table>
<tr><th rowspan="3">序号</th><th rowspan="3" colspan="2">项目</th><th colspan="5">性能指标</th></tr>
<tr><th colspan="2">Ⅰ</th><th colspan="3">Ⅱ</th></tr>
<tr><th>PY</th><th>G</th><th>PY</th><th>G</th><th>PYG</th></tr>
<tr><td rowspan="4">1</td><td rowspan="4">可溶物含量（g/m²）≥</td><td>3mm</td><td colspan="4">2100</td><td>—</td></tr>
<tr><td>4mm</td><td colspan="4">2900</td><td>—</td></tr>
<tr><td>5mm</td><td colspan="5">3500</td></tr>
<tr><td>试验现象</td><td>—</td><td>胎基不燃</td><td>—</td><td>胎基不燃</td><td>—</td></tr>
<tr><td rowspan="3">2</td><td rowspan="3">耐热性</td><td>℃</td><td colspan="2">90</td><td colspan="3">105</td></tr>
<tr><td>≤mm</td><td colspan="5">2</td></tr>
<tr><td>试验现象</td><td colspan="5">无流淌、滴落</td></tr>
<tr><td rowspan="2">3</td><td rowspan="2" colspan="2">低温柔性（℃）</td><td colspan="2">−20</td><td colspan="3">−25</td></tr>
<tr><td colspan="5">无裂缝</td></tr>
<tr><td>4</td><td colspan="2">不透水性（30min）</td><td>0.3MPa</td><td>0.2MPa</td><td colspan="3">0.3MPa</td></tr>
<tr><td rowspan="3">5</td><td rowspan="3">拉力</td><td>最大峰拉力（N/50mm）≥</td><td>500</td><td>350</td><td>800</td><td>500</td><td>900</td></tr>
<tr><td>次高峰拉力（N/50mm）≥</td><td>—</td><td>—</td><td>—</td><td>—</td><td>800</td></tr>
<tr><td>试验现象</td><td colspan="5">拉伸过程中，试件中部无沥青涂盖层开裂或与胎基分离现象</td></tr>
<tr><td rowspan="2">6</td><td rowspan="2">延伸率</td><td>最大峰时延伸率（%）≥</td><td>30</td><td rowspan="2">—</td><td>40</td><td rowspan="2">—</td><td>—</td></tr>
<tr><td>第二峰时延伸率（%）≥</td><td>—</td><td>—</td><td>15</td></tr>
<tr><td rowspan="2">7</td><td rowspan="2">浸水后质量增加（%）≤</td><td>PE、S</td><td colspan="5">1.0</td></tr>
<tr><td>M</td><td colspan="5">2.0</td></tr>
</table>

续表

| 序号 | 项目 | | 性能指标 | | | | |
|---|---|---|---|---|---|---|---|
| | | | Ⅰ | | Ⅱ | | |
| | | | PY | G | PY | G | PYG |
| 8 | 热老化 | 拉力保持率（%）≥ | 90 | | | | |
| | | 延伸率保持率（%）≥ | 80 | | | | |
| | | 低温柔性（℃） | −15 | | −20 | | |
| | | | 无裂缝 | | | | |
| | | 尺寸变化率（%）≤ | 0.7 | — | 0.7 | — | 0.3 |
| | | 质量损失（%）≤ | 1.0 | | | | |
| 9 | 渗油性 | 张数≤ | 2 | | | | |
| 10 | 接缝剥离强度（N/mm）≥ | | 1.5 | | | | |
| 11 | 钉杆撕裂强度[a]（N）≥ | | — | | | | 300 |
| 12 | 矿物粒料粘附性[b]（g）≤ | | 2.0 | | | | |
| 13 | 卷材下表面沥青涂盖层厚度[c]（mm）≥ | | 1.0 | | | | |
| 14 | 人工气候加速老化 | 外观 | 无滑动、流淌、滴落 | | | | |
| | | 拉力保持率（%）≥ | 80 | | | | |
| | | 低温柔性（℃） | −15 | | −20 | | |
| | | | 无裂缝 | | | | |

注：[a] 仅适用于单层机械固定施工方式卷材。
[b] 仅适用于矿物粒料表面的卷材。
[c] 仅适用于热熔施工的卷材。

（3）性能特点及适用范围

1）Ⅰ型的聚酯毡胎或玻纤毡胎 SBS 改性沥青防水卷材，有一定的拉力，低温柔度较好。适用于一般和较寒冷地区的建筑作屋面防水层。当采用板岩片（彩砂）或铝箔覆面的卷材作外露屋面防水层时，无需另做保护层；若采用聚乙烯膜或细砂等覆面的卷材作外露屋面防水层时，必须涂刷耐老化性能好的浅色涂料或铺设块材、铺抹水泥砂浆、浇筑细石混凝土等作保护层。

2）Ⅱ型的聚酯毡胎 SBS 改性沥青防水卷材，具有拉力高、延伸率较大、低温柔性好、耐腐蚀、耐霉变和耐候性能优良以及对基层伸缩或开裂变形的适应性较强等特点，适用于一般及寒冷地区的屋面和地下工程（迎水面）的防水层。

3）Ⅱ型的玻纤毡胎 SBS 改性沥青防水卷材，具有拉力较高、尺寸稳定性和低温柔性好、耐腐蚀、耐霉变和耐候性能优良等特点，但延伸率差，仅适用于一般和寒冷地区且结构稳定的建筑作屋面或地下工程（迎水面）的防水层。双层使用时，可采用一层玻纤毡胎和一层聚酯毡胎的 SBS 改性沥青防水卷材作复合防水层。

4）玻纤增强聚酯毡胎 SBS 改性沥青防水卷材，具有抗拉强度高、低温柔性好、可机械固定、节约原材料等特点，适用于一般和寒冷地区装配式结构、钢结构等大跨度单层防水卷材机械固定屋面防水系统。

5）厚度小于 3mm 的 SBS 改性沥青防水卷材，严禁采用热熔法施工。

2. 塑性体（APP）改性沥青防水卷材

（1）材料组成

塑性体（APP）改性沥青防水卷材是以玻纤毡、聚酯毡或玻纤增强聚酯毡为胎基，无规聚丙烯（APP）改性沥青为涂盖料，两面覆以隔离材料制成的防水卷材。

（2）技术性能

执行《塑性体（APP）改性沥青防水卷材》GB 18243 标准。其主要物理力学性能应符合表 31-2 的要求。

**APP 改性沥青防水卷材主要物理力学性能　　表 31-2**

| 序号 | 项目 | | | 性能指标 | | | | |
|---|---|---|---|---|---|---|---|---|
| | | | | Ⅰ | | Ⅱ | | |
| | | | | PY | G | PY | G | PYG |
| 1 | 可溶物含量（g/m²）≥ | 3mm | | 2100 | | | | — |
| | | 4mm | | 2900 | | | | — |
| | | 5mm | | 3500 | | | | |
| | | 试验现象 | | — | 胎基不燃 | — | 胎基不燃 | — |
| 2 | 耐热性 | ℃ | | 110 | | 130 | | |
| | | ≤mm | | 2 | | | | |
| | | 试验现象 | | 无流淌、滴落 | | | | |
| 3 | 低温柔性（℃） | | | −7 | | −15 | | |
| | | | | 无裂缝 | | | | |
| 4 | 不透水性（30min） | | | 0.3MPa | 0.2MPa | 0.3MPa | | |
| 5 | 拉力 | 最大峰拉力（N/50mm）≥ | | 500 | 350 | 800 | 500 | 900 |
| | | 次高峰拉力（N/50mm）≥ | | — | — | — | — | 800 |
| | | 试验现象 | | 拉伸过程中，试件中部无沥青涂盖层开裂或与胎基分离现象 | | | | |
| 6 | 延伸率 | 最大峰时延伸率（%）≥ | | 25 | | 40 | | — |
| | | 第二峰时延伸率（%）≥ | | — | | — | | 15 |
| 7 | 浸水后质量增加（%）≤ | PE、S | | 1.0 | | | | |
| | | M | | 2.0 | | | | |
| 8 | 热老化 | 拉力保持率（%）≥ | | 90 | | | | |
| | | 延伸率保持率（%）≥ | | 80 | | | | |
| | | 低温柔性（%） | | −2 | | −10 | | |
| | | | | 无裂缝 | | | | |
| | | 尺寸变化率（%）≤ | | 0.7 | — | 0.7 | — | 0.3 |
| | | 质量损失（%）≤ | | 1.0 | | | | |
| 9 | 接缝剥离强度（N/mm）≥ | | | 1.0 | | | | |
| 10 | 钉杆撕裂强度[a]（N）≥ | | | — | | | | 300 |
| 11 | 矿物粒料粘附性[b]（g）≤ | | | 2.0 | | | | |
| 12 | 卷材下表面沥青涂盖层厚度[c]（mm）≥ | | | 1.0 | | | | |

续表

| 序号 | 项目 | | 性能指标 | | | | |
|---|---|---|---|---|---|---|---|
| | | | Ⅰ | | Ⅱ | | |
| | | | PY | G | PY | G | PYG |
| 13 | 人工气候加速老化 | 外观 | 无滑动、流淌、滴落 | | | | |
| | | 拉力保持率（%）≥ | 80 | | | | |
| | | 低温柔性（%） | −2 | | −10 | | |
| | | | 无裂缝 | | | | |

注：[a] 仅适用于单层机械固定施工方式卷材。

[b] 仅适用于矿物粒料表面的卷材。

[c] 仅适用于热熔施工的卷材。

（3）性能特点及适用范围

1）Ⅰ型的聚酯毡胎或玻纤毡胎 APP 改性沥青防水卷材，具有耐热度较高和耐腐蚀、耐霉变等性能，但低温柔度较差，适用于非寒冷地区作一般建筑工程的屋面防水层。

2）Ⅱ型的聚酯毡胎 APP 改性沥青防水卷材，具有拉力高、延伸率较大、耐热度好、耐腐蚀、耐霉变和耐候性能优良、低温柔度较好，以及对基层伸缩或开裂变形的适应性较强等特点，适用于一般和较寒冷或较炎热地区的屋面和地下工程迎水面的防水层。

3）Ⅱ型的玻纤毡胎 APP 改性沥青防水卷材，具有拉力较高、尺寸稳定性和耐热度好、耐腐蚀、耐霉变、低温柔度较好和耐候性能优良等特点，但无延伸率，适用于一般和较寒冷地区且结构稳定的一般工程作屋面或地下工程迎水面渗漏治理的防水层。

4）玻纤增强聚酯毡胎 APP 改性沥青防水卷材，具有抗拉强度高、耐热性好、可机械固定、节约原材料等特点，适用于一般和较寒冷或较炎热地区装配式结构、钢结构等大跨度单层防水卷材机械固定屋面防水系统。

5）厚度小于 3mm 的 APP 改性沥青防水卷材，严禁采用热熔法施工。

3. 自粘聚合物改性沥青防水卷材

（1）材料组成

自粘聚合物改性沥青防水卷材是以自粘聚合物改性沥青为基料，非外露使用的无胎基或采用聚酯胎基增强的本体自粘防水卷材。

自粘聚合物改性沥青防水卷材按有无胎基增强分为无胎基（N 类）、聚酯胎基（PY 类）。

N 类按上表面材料分为聚乙烯膜（PE）、聚酯膜（PET）、无膜双面自粘（D）。

PY 类按上表面材料分为聚乙烯膜（PE）、细砂（S）、无膜双面自粘（D）。

产品按性能分为Ⅰ型和Ⅱ型，卷材厚度为 2.0mm 的 PY 类只有Ⅰ型。

（2）技术性能

执行《自粘聚合物改性沥青防水卷材》GB 23441 标准。

其 N 类卷材物理力学性能应符合表 31-3 的要求，PY 类卷材物理力学性能应符合表 31-4的要求。

**N 类卷材物理力学性能**　　**表 31-3**

| 序号 | 项目 | | 性能指标 PE Ⅰ | PE Ⅱ | PET Ⅰ | PET Ⅱ | D |
|---|---|---|---|---|---|---|---|
| 1 | 拉伸性能 | 拉力（N/50mm）≥ | 150 | 200 | 150 | 200 | — |
| | | 最大拉力时延伸率（%）≥ | 200 | | 30 | | — |
| | | 沥青断裂延伸率（%）≥ | 250 | | 150 | | 450 |
| | | 拉伸时现象 | 拉伸过程中，在膜断裂前无沥青涂盖层与膜分离现象 | | | | — |
| 2 | 钉杆撕裂强度（N）≥ | | 60 | 110 | 30 | 40 | — |
| 3 | 耐热性 | | 70℃滑动不超过 2mm | | | | |
| 4 | 低温柔性（℃） | | −20 | −30 | −20 | −30 | −20 |
| | | | 无裂纹 | | | | |
| 5 | 不透水性 | | 0.2MPa，120min 不透水 | | | | — |
| 6 | 剥离强度（N/mm）≥ | 卷材与卷材 | 1.0 | | | | |
| | | 卷材与铝板 | 1.5 | | | | |
| 7 | 钉杆水密性 | | 通过 | | | | |
| 8 | 渗油性（张数）≤ | | 2 | | | | |
| 9 | 持粘性（min）≥ | | 20 | | | | |
| 10 | 热老化 | 拉力保持率（%）≥ | 80 | | | | |
| | | 最大拉力时延伸率（%）≥ | 200 | | 30 | | 400 沥青层断裂延伸率 |
| | | 低温柔性（℃） | −18 | −28 | −18 | −28 | −18 |
| | | | 无裂纹 | | | | |
| | | 剥离强度卷材与铝板（N/mm）≥ | 1.5 | | | | |
| 11 | 热稳定性 | 外观 | 无起鼓、皱褶、滑动、流淌 | | | | |
| | | 尺寸变化（%）≤ | 2 | | | | |

**PY 类卷材物理力学性能**　　**表 31-4**

| 序号 | 项目 | | | 性能指标 Ⅰ | Ⅱ |
|---|---|---|---|---|---|
| 1 | 可溶物含量（g/m²）≥ | | 2.0mm | 1300 | — |
| | | | 3.0mm | 2100 | |
| | | | 4.0mm | 2900 | |
| 2 | 拉伸性能 | 拉力（N/50mm）≥ | 2.0mm | 350 | — |
| | | | 3.0mm | 450 | 600 |
| | | | 4.0mm | 450 | 800 |
| | | 最大拉力时延伸率（%）≥ | | 30 | 40 |

续表

| 序号 | 项目 | | 性能指标 | |
|---|---|---|---|---|
| | | | Ⅰ | Ⅱ |
| 3 | 耐热性 | | 70℃无滑动、流淌、滴落 | |
| 4 | 低温柔性（℃） | | −20 | −30 |
| | | | 无裂纹 | |
| 5 | 不透水性 | | 0.3MPa，120min 不透水 | |
| 6 | 剥离强度（N/mm）≥ | 卷材与卷材 | 1.0 | |
| | | 卷材与铝板 | 1.5 | |
| 7 | 钉杆水密性 | | 通过 | |
| 8 | 渗油性/张数≤ | | 2 | |
| 9 | 持粘性（min）≥ | | 15 | |
| 10 | 热老化 | 最大拉力时延伸率（%）≥ | 30 | 40 |
| | | 低温柔性（℃） | −18 | −28 |
| | | | 无裂纹 | |
| | | 剥离强度卷材与铝板（N/mm）≥ | 1.5 | |
| | | 尺寸稳定性（%）≤ | 1.5 | 1.0 |
| 11 | 自粘沥青再剥离强度（N/mm）≥ | | 1.5 | |

(3) 性能特点及适用范围

1) 无胎自粘卷材低温柔度好，具有柔韧性和延展性，适应基层因应力产生变形的能力强。施工方法采取自粘法，施工方便、安全环保。

2) 自粘聚酯膜卷材具有防水性好、耐穿刺、抗拉强度高、延伸率高、低温性能优异、耐腐蚀性强及粘附性持久等特点，卷材与水泥基层粘结强度高，刚柔结合，有利于提高工程的防水质量，当卷材遭受穿刺时有自愈合的功能。

3) 该卷材可与沥青基防水卷材、水泥基防水涂料、聚氨酯防水涂料等多种防水材料配合使用进行复合防水。

4) 该卷材适用于非外露屋面或地下工程（迎水面）的防水层。Ⅱ型的自粘聚酯毡胎卷材拉力较大，低温柔性更好，适用于寒冷地区中、高档建筑的地下工程（迎水面）和设有刚性保护层屋面的防水层。

4. 湿铺防水卷材

(1) 材料组成

湿铺防水卷材是采用水泥净浆或水泥砂浆与混凝土基层粘结的具有自粘性的聚合物改性沥青防水卷材。

湿铺防水卷材按增强材料分为高分子膜基防水卷材、聚酯胎基防水卷材（PY 类），高分子膜基防水卷材分为高强度类（H 类）、高延伸率类（E 类）、高分子膜可以位于卷材的表层或中间。

(2) 技术性能

执行《湿铺防水卷材》GB/T 35467 标准。其主要物理力学性能应符合表 31-5 的要求。

湿铺防水卷材的物理性能　表 31-5

| 序号 | 项目 | | 指标 | | |
|---|---|---|---|---|---|
| | | | H | E | PY |
| 1 | 可溶物含量（$g/m^2$）⩾ | | — | | 2100 |
| 2 | 拉伸性能 | 拉力（N/50mm）⩾ | 300 | 200 | 500 |
| | | 最大拉力时延伸率（%）⩾ | 50 | 180 | 30 |
| | | 拉伸时现象 | 胶层与高分子膜或胎基无分离 | | |
| 3 | 撕裂力（N）⩾ | | 20 | 25 | 200 |
| 4 | 耐热性（70℃，2h） | | 无流淌、滴落，滑移⩽2mm | | |
| 5 | 低温柔性（−20℃） | | 无裂纹 | | |
| 6 | 不透水性（0.3MPa，120min） | | 不透水 | | |
| 7 | 卷材与卷材剥离强度（搭接边）（N/mm） | 无处理⩾ | 1.0 | | |
| | | 浸水处理⩾ | 0.8 | | |
| | | 热处理⩾ | 0.8 | | |
| 8 | 渗油性（张数）⩽ | | 2 | | |
| 9 | 持粘性（min）⩾ | | 30 | | |
| 10 | 与水泥砂浆剥离强度（N/mm） | 无处理⩾ | 1.5 | | |
| | | 热处理⩾ | 1.0 | | |
| 11 | 与水泥砂浆浸水后剥离强度（N/mm）⩾ | | 1.5 | | |
| 12 | 热老化（80℃，168h） | 拉力保持率（%）⩾ | 90 | | |
| | | 伸长率保持率（%）⩾ | 80 | | |
| | | 低温柔性（−18℃） | 无裂纹 | | |
| 13 | 尺寸变化率（%） | | ±1.0 | ±1.5 | ±1.5 |
| 14 | 热稳定性 | | 无起泡、流淌，高分子膜或胎基边缘卷曲最大不超过边长 1/4 | | |

(3) 性能特点及适用范围

1）湿铺防水卷材是以沥青为主体，掺入适量的橡胶和助剂，通过特定的配方技术和成型工艺，制成的一种新型改性沥青防水材料。该卷材具有与现浇混凝土或水泥素浆粘结良好的特点。

2）该卷材采用湿铺法施工，操作简便，可与基层形成密封层，粘结强度高，有利于防止窜水现象发生，防水质量可靠，适用于地下、屋面等防水工程。

5. 预铺防水卷材

(1) 材料组成

预铺防水卷材是由主体材料、自粘胶、表面防（减）粘保护层（除卷材搭接区域）、隔离材料（需要时）构成的，与后浇混凝土粘结，防止粘结面窜水的防水卷材。

产品按主体材料分为塑料防水卷材（P 类）、沥青基聚酯胎防水卷材（PY 类）、橡胶防水卷材（R 类）。

(2) 技术性能

执行《预铺防水卷材》GB/T 23457 标准。其主要物理力学性能应符合表 31-6 的要求。

**预铺防水卷材的物理性能** **表 31-6**

| 序号 | 项目 | | 性能指标 | | |
|---|---|---|---|---|---|
| | | | P | PY | R |
| 1 | 可溶物含量（g/m²）≥ | | — | 2900 | — |
| 2 | 拉伸性能 | 拉力（N/50mm）≥ | 600 | 800 | 350 |
| | | 拉伸强度（MPa）≥ | 16 | — | 9 |
| | | 膜断裂伸长率（%）≥ | 400 | — | 300 |
| | | 最大拉力时伸长率（%）≥ | — | 40 | — |
| | | 拉伸时现象 | 胶层与主体材料或胎基无分离现象 | | |
| 3 | 钉杆撕裂强度（N）≥ | | 400 | 200 | 130 |
| 4 | 弹性恢复率（%）≥ | | — | | 80 |
| 5 | 抗穿刺强度（N）≥ | | 350 | 550 | 100 |
| 6 | 抗冲击性能（0.5kg·m） | | 无渗漏 | | |
| 7 | 抗静态荷载 | | 20kg，无渗漏 | | |
| 8 | 耐热性 | | 80℃，2h 无位移、流淌、滴落 | 70℃，2h 无位移、流淌、滴落 | 100℃，2h 无位移、流淌、滴落 |
| 9 | 低温弯折性 | | 主体材料−35℃，无裂纹 | — | 主体材料和胶层−35℃，无裂纹 |
| 10 | 低温柔性 | | 胶层−25℃，无裂纹 | −20℃，无裂纹 | — |
| 11 | 渗油性（张数）≤ | | 1 | 2 | 1 |
| 12 | 抗窜水性（水力梯度） | | 0.8MPa/35mm，4h 不窜水 | | |
| 13 | 不透水性（0.3MPa，120min） | | 不透水 | | |
| 14 | 与后浇混凝土剥离强度（N/mm）≥ | 无处理≥ | 1.5 | 1.5 | 0.8，内聚破坏 |
| | | 浸水处理≥ | 1.0 | 1.0 | 0.5，内聚破坏 |
| | | 泥沙污染表面≥ | 1.0 | 1.0 | 0.5，内聚破坏 |
| | | 紫外线处理≥ | 1.0 | 1.0 | 0.5，内聚破坏 |
| | | 热处理≥ | 1.0 | 1.0 | 0.5，内聚破坏 |
| 15 | 与后浇混凝土浸水后剥离强度（N/mm）≥ | | 1.0 | 1.0 | 0.5，内聚破坏 |
| 16 | 卷材与卷材剥离强度（搭接边）[a]（N/mm）≥ | 无处理≥ | 0.8 | 0.8 | 0.6 |
| | | 浸水处理≥ | 0.8 | 0.8 | 0.6 |
| 17 | 卷材防粘处理部位剥离强度[b]（N/mm）≤ | | 0.1 或不粘合 | | |

续表

<table>
<tr><th rowspan="2">序号</th><th rowspan="2" colspan="2">项目</th><th colspan="3">性能指标</th></tr>
<tr><th>P</th><th>PY</th><th>R</th></tr>
<tr><td rowspan="4">18</td><td rowspan="4">热老化<br>（80℃，168h）</td><td>拉力保持率（%）≥</td><td colspan="2">90</td><td>80</td></tr>
<tr><td>伸长率保持率（%）≥</td><td colspan="2">80</td><td>70</td></tr>
<tr><td>低温弯折性</td><td>主体材料−32℃，无裂纹</td><td>—</td><td>主体材料和胶层−32℃，无裂纹</td></tr>
<tr><td>低温柔性</td><td>胶层−23℃，无裂纹</td><td>−18℃，无裂纹</td><td>—</td></tr>
<tr><td>19</td><td colspan="2">尺寸变化率（%）≤</td><td>±1.5</td><td>±0.7</td><td>±1.5</td></tr>
</table>

注：[a] 仅适用于卷材纵向长边采用自粘搭接的产品。

[b] 颗粒表面产品可以直接表示为不粘合。

（3）性能特点及适用范围

1）预铺防水卷材是以塑料、沥青、橡胶为主体材料，通过特定的配方技术和成型工艺，制成的一种新型防水材料。该卷材具有与后浇混凝土粘结良好的特点。

2）该卷材采用预铺法施工，操作简便，可与基层形成密封层，粘结强度高，有利于防止窜水现象发生，防水质量可靠，适用于地下工程底板和外防内贴法铺设卷材防水层的防水工程。

6. 三元乙丙橡胶（硫化型）防水卷材

（1）材料组成

该产品是以三元乙丙橡胶为主剂，掺入适量的丁基橡胶和多种化学助剂，经密炼、过滤、挤出成型和硫化等工序加工制成的高弹性防水卷材。

（2）技术性能

执行《高分子防水材料（第一部分 片材）》GB 18173.1 标准。其主要物理力学性能应符合表 31-7 的要求。

三元乙丙橡胶防水卷材（硫化型）主要物理力学性能 表 31-7

<table>
<tr><th>序号</th><th colspan="2">项目</th><th>性能指标</th></tr>
<tr><td>1</td><td colspan="2">断裂拉伸强度（MPa）≥</td><td>7.5</td></tr>
<tr><td>2</td><td colspan="2">拉断伸长率（%）≥</td><td>450</td></tr>
<tr><td>3</td><td colspan="2">撕裂强度（kN/m）≥</td><td>25</td></tr>
<tr><td>4</td><td colspan="2">不透水性（30min 无渗漏）</td><td>0.3MPa</td></tr>
<tr><td>5</td><td colspan="2">低温弯折（℃）≤</td><td>−40</td></tr>
<tr><td>6</td><td colspan="2">加热伸缩量（mm）</td><td>延伸≤2，收缩≤4</td></tr>
<tr><td rowspan="2">7</td><td rowspan="2">热空气老化保持率<br>（80℃×168h）≥</td><td>拉伸强度（%）</td><td>80</td></tr>
<tr><td>拉断伸长率（%）</td><td>70</td></tr>
</table>

(3) 性能特点及适用范围

1) 三元乙丙橡胶防水卷材具有拉伸强度高、耐老化性能好、使用寿命长、伸长率大、对基层伸缩或开裂变形的适应性强等特点，适用于耐久性、耐腐蚀性和适应变形要求高的屋面或地下工程迎水面的防水层。

2) 三元乙丙橡胶防水卷材的接缝技术要求高，必须选用与该卷材相容并与其配套的专用胶粘剂、胶粘带、密封材料等进行卷材接缝的粘结密封处理。胶粘剂的粘结剥离强度不应小于 15N/10mm，胶粘带的粘结剥离强度不应小于 6N/10mm，其浸水 168h 后的保持率均应大于 70%，否则不允许在地下防水工程中使用。对施工完的防水层，应及时做好成品保护。

7. 热塑性聚烯烃（TPO）防水卷材

(1) 材料组成

该产品是以乙烯和 α 烯烃的聚合物为主要原料制成的防水卷材。

该产品按产品的组成分为均质卷材（代号 H）、带纤维背衬卷材（代号 L）、织物内增强卷材（代号 P）。厚度规格为：1.20mm、1.50mm、1.80mm、2.00mm。

(2) 技术性能

执行《热塑性聚烯烃（TPO）防水卷材》GB 27789 标准。

其主要物理力学性能应符合表 31-8 的要求。

**热塑性聚烯烃（TPO）防水卷材主要物理力学性能　　表 31-8**

| 序号 | 项目 | | 性能指标 | | |
|---|---|---|---|---|---|
| | | | H | L | P |
| 1 | 中间胎基上面树脂层厚度（mm）≥ | | — | — | 0.4 |
| 2 | 拉伸性能 | 最大拉力（N/cm）≥ | — | 200 | 250 |
| | | 拉伸强度（MPa）≥ | 12 | — | — |
| | | 最大拉力时伸长率（%）≥ | — | — | 15 |
| | | 断裂伸长率（%）≥ | 500 | 250 | — |
| 3 | 热处理尺寸变化率（%）≤ | | 2.0 | 1.0 | 0.5 |
| 4 | 低温弯折性 | | −40℃无裂纹 | | |
| 5 | 不透水性 | | 0.3MPa，2h 不透水 | | |
| 6 | 接缝剥离强度（N/mm）≥ | | 4.0 或卷材破坏 | | 3.0 |
| 7 | 热老化（115℃） | 时间 | 672h | | |
| | | 外观 | 无起泡、裂纹、分层、粘结和孔洞 | | |
| | | 最大拉力保持率（%）≥ | — | 90 | 90 |
| | | 拉伸强度保持率（%）≥ | 90 | — | — |
| | | 最大拉力时伸长率保持率（%）≥ | — | — | 90 |
| | | 断裂伸长率保持率（%）≥ | 90 | 90 | — |
| | | 低温弯折性 | −40℃无裂纹 | | |

续表

| 序号 | 项目 | | 性能指标 H | L | P |
|---|---|---|---|---|---|
| 8 | 耐化学性 | 外观 | 无起泡、裂纹、分层、粘结和孔洞 | | |
| | | 最大拉力保持率（%）≥ | — | 90 | 90 |
| | | 拉伸强度保持率（%）≥ | 90 | — | — |
| | | 最大拉力时伸长率保持率（%）≥ | — | — | 90 |
| | | 断裂伸长率保持率（%）≥ | 90 | 90 | — |
| | | 低温弯折性 | −40℃无裂纹 | | |
| 9 | 人工气候加速老化 | 时间 | 1500h[a] | | |
| | | 外观 | 无起泡、裂纹、分层、粘结和孔洞 | | |
| | | 最大拉力保持率（%）≥ | — | 90 | 90 |
| | | 拉伸强度保持率（%）≥ | 90 | — | — |
| | | 最大拉力时伸长率保持率（%）≥ | — | — | 90 |
| | | 断裂伸长率保持率（%）≥ | 90 | 90 | — |
| | | 低温弯折性 | −40℃无裂纹 | | |

注：[a] 单层卷材屋面使用产品的人工气候加速老化时间为2500h。

(3) 性能特点及适用范围

1) 热塑性聚烯烃（TPO）防水卷材具有抗老化、拉伸强度高、伸长率大、潮湿屋面可施工、外露无需保护层、施工方便、无污染等特点，适用于耐久性、耐腐蚀性和适应变形要求高的屋面或地下工程的迎水面防水层。

2) 热塑性聚烯烃（TPO）防水卷材是近几年美国和欧洲盛行的一种新材料，并且逐渐占据重要地位，是欧美增长最快的防水产品。TPO防水卷材是综合了EPDM和PVC的性能优点，具有前者的耐候能力和低温柔度，又能同后者在高温下像塑料一样加工成型。因此，这种材料具有良好的加工性能和力学性能，并具有高强度的焊接性能。

3) 热塑性聚烯烃（TPO）防水卷材的接缝技术要求高，可广泛应用于屋面、地下室、地铁、堤坝、水利、隧道及钢结构屋面、垃圾填埋场等各种防水、防渗工程。

8. 聚乙烯丙纶复合防水卷材

(1) 材料组成

聚乙烯丙纶防水卷材是采用线性低密度聚乙烯树脂（原生料）、抗老化剂等原料由自动化生产线一次性热融挤出并复合丙纶无纺布加工制成。卷材中间层是聚乙烯膜防水层，其厚度不应小于0.5mm，上下两面是丙纶无纺布增强兼粘结层。总厚度不应小于0.7mm。

(2) 技术性能

执行《高分子增强复合防水片材》GB/T 26518标准。其主要物理力学性能应符合表31-9的要求。

**聚乙烯丙纶复合防水卷材物理力学性能** **表 31-9**

| 序号 | 项目 | | 指标 | |
|---|---|---|---|---|
| | | | 厚度≥1.0mm | 厚度<1.0mm |
| 1 | 断裂拉伸强度（N/cm） | 常温（纵/横）≥ | 60.0 | 50.0 |
| | | 60℃（纵/横）≥ | 30.0 | 30.0 |
| 2 | 拉断伸长率（%） | 常温（纵/横）≥ | 400 | 100 |
| | | −20℃（纵/横）≥ | 300 | 80 |
| 3 | 撕裂强度（N）（纵/横）≥ | | 50.0 | 50.0 |
| 4 | 不透水性（0.3MPa×30min） | | 无渗漏 | 无渗漏 |
| 5 | 低温弯折性（−20℃） | | 无裂纹 | 无裂纹 |
| 6 | 加热伸缩量（mm） | 延伸≤ | 2.0 | 2.0 |
| | | 收缩≤ | 4.0 | 4.0 |
| 7 | 热空气老化保持率（80℃×168h） | 断裂拉伸强度保持率（%）（纵/横）≥ | 80 | 80 |
| | | 拉断伸长率保持率（%）（纵/横）≥ | 70 | 70 |
| 8 | 耐碱性［饱和 $Ca(OH)_2$ 溶液，常温×168h］ | 断裂拉伸强度保持率（%）（纵/横）≥ | 80 | 80 |
| | | 拉断伸长率保持率（%）（纵/横）≥ | 80 | 80 |
| 9 | 复合强度（表层与芯层）（MPa）≥ | | 0.8 | 0.8 |

（3）性能特点及适用范围

聚乙烯丙纶复合防水卷材具有很好的抗老化、耐腐蚀性能，变形适应能力强，低温柔性好、易弯曲和抗穿孔性能好，抗拉强度高、防水抗渗性能好、施工简便。

聚乙烯丙纶复合防水卷材应与具有防水、粘接、密封功能的胶结材料组成复合防水层，适用于屋面、地下、室内等防水工程。

9. 聚氯乙烯（PVC）防水卷材

（1）材料组成

该产品是以聚氯乙烯树脂为主要原料，掺入多种化学助剂，经混炼、挤出或压延等工序加工制成的防水卷材。按产品组成分为均质卷材（代号 H）、带纤维背衬卷材（代号 L）、织物内增强卷材（代号 P）、玻璃纤维内增强卷材（代号 G）、玻璃纤维内增强带纤维背衬卷材（代号 GL）。

（2）技术性能

执行《聚氯乙烯（PVC）防水卷材》GB 12952 标准。其主要物理力学性能应符合表 31-10的要求。

**聚氯乙烯防水卷材主要物理力学性能** **表 31-10**

<table>
<tr><th rowspan="2">序号</th><th rowspan="2">项目</th><th colspan="5">性能指标</th></tr>
<tr><th>H</th><th>L</th><th>P</th><th>G</th><th>GL</th></tr>
<tr><td>1</td><td>中间胎基上面树脂层厚度（mm）≥</td><td colspan="2">—</td><td colspan="3">0.4</td></tr>
</table>

续表

| 序号 | 项目 | | 性能指标 | | | | |
|---|---|---|---|---|---|---|---|
| | | | H | L | P | G | GL |
| 2 | 拉伸性能 | 最大拉力（N/cm）≥ | — | 120 | 250 | — | 120 |
| | | 拉伸强度（MPa）≥ | 10.0 | — | — | 10.0 | — |
| | | 最大拉力时伸长率（%）≥ | — | — | 15 | — | — |
| | | 断裂伸长率（%）≥ | 200 | 150 | — | 200 | 100 |
| 3 | 低温弯折性 | | −25℃无裂纹 | | | | |
| 4 | 不透水性 | | 0.3MPa，2h 不透水 | | | | |
| 5 | 接缝剥离强度（N/mm）≥ | | 4.0 或卷材破坏 | | | 3.0 | |
| 6 | 热老化（80℃） | 时间 | 672h | | | | |
| | | 外观 | 无起泡、裂纹、分层、粘结和孔洞 | | | | |
| | | 最大拉力保持率（%）≥ | — | 85 | 85 | — | 85 |
| | | 拉伸强度保持率（%）≥ | 85 | — | — | 85 | — |
| | | 最大拉力时伸长率保持率（%）≥ | — | — | 80 | — | — |
| | | 断裂伸长率保持（%）≥ | 80 | 80 | — | 80 | 80 |
| | | 低温弯折性 | −20℃无裂纹 | | | | |
| 7 | 人工气候加速老化 | 时间 | 1500h | | | | |
| | | 外观 | 无起泡、裂纹、分层、粘结和孔洞 | | | | |
| | | 最大拉力保持率（%）≥ | — | 85 | 85 | — | 85 |
| | | 拉伸强度保持率（%）≥ | 85 | — | — | 85 | — |
| | | 最大拉力时伸长率保持率（%）≥ | — | — | 80 | — | — |
| | | 断裂伸长率保持率（%）≥ | 80 | 80 | — | 80 | 80 |
| | | 低温弯折性 | −20℃无裂纹 | | | | |

注：1. 单层卷材屋面使用产品的人工气候加速老化时间为 2500h。
2. 非外露使用的卷材不要求测定人工加速老化。

（3）性能特点及适用范围

1）聚氯乙烯防水卷材，具有拉伸强度高、延伸率较大、耐腐蚀、耐穿刺和抗穿孔性能较好、其接缝可进行焊接施工、使用寿命长等特点。适用于一般及寒冷地区的屋面、地下工程迎水面以及种植屋面的防水层。

2）该类卷材与基层的连接可采用机械固定法或冷粘法进行施工，但卷材的接缝应采用焊接法。单缝焊时，有效焊接宽度不应小于 25mm；双缝焊时，有效焊接宽度为 10mm×2+空腔宽度。

3）该类卷材适用于非外露屋面和地下工程作防水层。

4）外露使用时应考虑人工气候加速老化性能，非外露使用可不考虑。

**31.1.2.2 防水涂料**

1. 聚氨酯防水涂料

（1）材料组成

聚氨酯防水涂料是一种由二异氰酸酯、聚醚树脂等经加成聚合反应制成的含异氰酸酯基的预聚体，配以催化剂、无水助剂、无水填充剂等经混合等工序制造而成的一种单组分防水涂料。产品按性能分为基本性能（Ⅰ型、Ⅱ型、Ⅲ型），产品按是否暴露使用分为外露（E）、非外露（N），产品按环保性能分为A类、B类。

(2) 技术性能

执行《聚氨酯防水涂料》GB/T 19250 标准。其主要物理力学性能应符合表 31-11 的要求。

**聚氨酯防水涂料物理力学性能　　表 31-11**

| 序号 | 项目 | | 性能指标 | | |
|---|---|---|---|---|---|
| | | | Ⅰ | Ⅱ | Ⅲ |
| 1 | 拉伸强度（MPa）≥ | | 2.00 | 6.00 | 12.0 |
| 2 | 断裂伸长率（%）≥ | | 500 | 450 | 250 |
| 3 | 撕裂强度（N/mm）≥ | | 15 | 30 | 40 |
| 4 | 低温弯折性（℃）≤ | | −35 | | |
| 5 | 不透水性 | | 0.3MPa30min 不透水 | | |
| 6 | 固体含量（%）≥ | | 85.0 | | |
| 7 | 表干时间（h）≤ | | 12 | | |
| 8 | 实干时间（h）≤ | | 24 | | |
| 9 | 加热伸缩率（%） | | −4.0～+1.0 | | |
| 10 | 粘结强度（MPa）≥ | | 1.0 | | |
| 11 | 定伸时老化 | 加热老化 | 无裂纹及变形 | | |
| | | 人工气候老化[a] | 无裂纹及变形 | | |
| 12 | 热处理/碱处理/酸处理 | 拉伸强度保持率（%） | 80～150 | | |
| | | 断裂伸长率（%）≥ | 450 | 400 | 250 |
| | | 低温弯折性（℃）≤ | −30 | | |
| 13 | 人工气候老化（1000h）[a] | 拉伸强度保持率（%） | 80～150 | | |
| | | 断裂伸长率（%）≥ | 450 | 400 | 250 |
| | | 低温弯折性（℃）≤ | −30 无裂痕 | | |
| 14 | 燃烧性能[a] | | 点火 15s，燃烧 20s，Fs≤150mm，无燃烧滴落物引燃滤纸 | | |

注：[a] 仅外露产品要求测定。

(3) 性能特点及适用范围

聚氨酯是一种反应固化型防水涂料，产品形态为黑褐色或白色黏稠状液体。单组分聚氨酯防水涂料不需现场配制，可直接涂刮（刷）或喷涂在基层表面，经吸收空气中的水分而反应固化成膜。涂膜固化后具有聚氨酯橡胶的高强度、高延伸率和高弹性，耐水性能优良。固化后不能通过溶剂或化学试剂使其溶解。该涂料的反应固化速度与配方设计、环境温度与湿度有关，温度高、湿度大、固化速度快、涂膜收缩率大，温度偏低时固化速度慢，为保证涂膜质量和施工操作的要求。该涂料可对固化系统和物理性能进行适当的调整。

适用范围：

1）宜用于结构主体的迎水面非外露防水部位。

2）聚氨酯防水涂料的主要原料含有有害物质，因此在原材料的储存、运输、生产，以及施工过程中应妥善保管、防止材料泄漏、聚氨酯防水涂料在产品设计和施工时应考虑有害物质的排放，应选用达到环保要求的无毒溶剂，并应达到国家环保部门对聚氨酯防水涂料有害物质排放标准的要求。

2. 喷涂型聚脲防水涂料

(1) 材料组成

喷涂型聚脲防水涂料（SPUA）是由高反应活性的端氨基聚醚和胺扩链剂等组分组成的一种新型的无溶剂、高含固量的双组分反应固化型防水涂料。

喷涂型聚脲防水涂料根据原材料的品种不同，又分为脂肪族和芳香族两种喷涂型聚脲防水涂料。

(2) 技术性能

执行《喷涂聚脲防水涂料》GB/T 23446 标准。其主要物理力学性能应符合表 31-12 的要求。

**喷涂聚脲防水涂料主要物理力学性能　　表 31-12**

<table>
<tr><th rowspan="2">序号</th><th colspan="2" rowspan="2">项目</th><th colspan="2">性能指标</th></tr>
<tr><th>Ⅰ型</th><th>Ⅱ型</th></tr>
<tr><td>1</td><td colspan="2">固体含量（%）≥</td><td>96</td><td>98</td></tr>
<tr><td>2</td><td colspan="2">凝胶时间（s）≤</td><td colspan="2">45</td></tr>
<tr><td>3</td><td colspan="2">表干时间（s）≤</td><td colspan="2">120</td></tr>
<tr><td>4</td><td colspan="2">拉伸强度（MPa）≥</td><td>10.0</td><td>16.0</td></tr>
<tr><td>5</td><td colspan="2">断裂伸长率（%）≥</td><td>300</td><td>450</td></tr>
<tr><td>6</td><td colspan="2">撕裂强度（N/mm）≥</td><td>40</td><td>50</td></tr>
<tr><td>7</td><td colspan="2">低温弯折性（℃）≤</td><td>−35</td><td>−40</td></tr>
<tr><td>8</td><td colspan="2">不透水性</td><td colspan="2">0.4MPa，2h 不透水</td></tr>
<tr><td rowspan="2">9</td><td rowspan="2">加热伸缩率（%）</td><td>伸长≤</td><td colspan="2">1.0</td></tr>
<tr><td>收缩≤</td><td colspan="2">1.0</td></tr>
<tr><td>10</td><td colspan="2">粘结强度（MPa）≥</td><td>2.0</td><td>2.5</td></tr>
<tr><td>11</td><td colspan="2">硬度（邵 A）≥</td><td>70</td><td>80</td></tr>
<tr><td>12</td><td colspan="2">耐磨性（750g/500r）/mg ≤</td><td>40</td><td>30</td></tr>
<tr><td rowspan="3">13</td><td rowspan="3">耐化学介质（酸、碱、盐）</td><td>拉伸强度保持率（%）</td><td colspan="2">80～150</td></tr>
<tr><td>断裂伸长率（%）≥</td><td>250</td><td>400</td></tr>
<tr><td>低温弯折性（℃）≤</td><td>−30</td><td>−35</td></tr>
<tr><td rowspan="3">14</td><td rowspan="3">人工气候老化</td><td>拉伸强度保持率（%）</td><td colspan="2">80～150</td></tr>
<tr><td>断裂伸长率（%）≥</td><td>250</td><td>400</td></tr>
<tr><td>低温弯折性（℃）≤</td><td>−30</td><td>−35</td></tr>
</table>

(3) 性能特点及适用范围

性能特点：

1) 喷涂型聚脲防水涂料具有优异的物理性能，高强度，高延伸率，冻融循环性能好。

2) 该涂料可以通过配方调整（不同牌号）达到不同物理性能要求。形成具有不同应用硬度要求（邵 A30～A65）的系列产品；脂肪族喷涂型聚脲防水涂料的分子结构中不含双键，因此，它在耐候性能方面较优秀，适用于外露工程使用。芳香族喷涂型聚脲防水涂料的分子结构中含有双键，一般适用于非外露工程。

3) 喷涂聚脲防水涂料的主要原料含有有害物质，因此在原材料的储存、运输、生产以及施工过程中应妥善保管、防止材料泄漏。施工时应加强劳动保护，并应符合国家环保部门对喷涂型聚脲防水涂料有害物质排放标准的要求。

适用范围：

1) 该涂料适用于在多种基层表面、任意曲面、斜面及垂直面上施工，并可采用先进、高速的喷涂设备进行喷涂施工，施工速度 10s 内即形成膜体而不产生流淌现象，10min 可上人。该涂膜可与多种基层粘结牢固，且涂层致密、无接缝。

2) 可用于屋面、地下、隧道、种植屋面以及污水处理池等工程的迎水面。

3. 丙烯酸酯类防水涂料

(1) 材料组成

该产品以丙烯酸酯类聚合物乳液为主要成膜物，加入成膜助剂、颜料、消泡剂、稳定剂、增稠剂、填料等加工制成的单组分水乳型防水涂料。

该涂料根据聚合物的乳液类别分为纯丙烯酸酯乳液涂料、硅-丙乳液涂料、苯-丙乳液涂料等形成系列产品。

(2) 技术性能

执行《聚合物乳液建筑防水涂料》JC/T 864 标准。其主要物理力学性能应符合表 31-13 的要求。

聚合物乳液建筑防水涂料主要物理力学性能　表 31-13

| 序号 | 项目 | | 性能指标 | |
|---|---|---|---|---|
| | | | Ⅰ型 | Ⅱ型 |
| 1 | 拉伸强度（MPa）≥ | | 1.0 | 1.5 |
| 2 | 断裂延伸率（%）≥ | | 300 | |
| 3 | 低温柔性，绕 $\phi$10mm 棒弯 180° | | −10℃，无裂纹 | −20℃，无裂纹 |
| 4 | 不透水性（0.3MPa，30min） | | 不透水 | |
| 5 | 固体含量（%）≥ | | 65 | |
| 6 | 干燥时间（h） | 表干时间≤ | 4 | |
| | | 实干时间≤ | 8 | |
| 7 | 处理后的拉伸强度保持率（%） | 加热处理≥ | 80 | |
| | | 碱处理≥ | 60 | |
| | | 酸处理≥ | 40 | |
| | | 人工气候老化处理[a] | — | 80～150 |

续表

| 序号 | 项目 | | 性能指标 | |
|---|---|---|---|---|
| | | | Ⅰ型 | Ⅱ型 |
| 8 | 处理后的断裂延伸率（%） | 加热处理≥ | 200 | |
| | | 碱处理≥ | | |
| | | 酸处理≥ | | |
| | | 人工气候老化处理[a]≥ | — | 200 |
| 9 | 加热伸缩率 | 伸长≤ | 1.0 | |
| | | 缩短≤ | 1.0 | |

注：[a] 仅用于外露使用产品。

(3) 性能特点及适用范围

水乳型丙烯酸酯类防水涂料，具有较好的耐候性，并根据乳液类型的不同在物理性能和耐候性能等方面均有差异。如：纯丙烯酸酯类防水涂料的耐候性好，水乳型苯-丙防水涂料的耐候性低于水乳型纯丙烯酸酯防水涂料，但价格偏低，水乳型硅-丙防水涂料有憎水功能，耐污染能力强，具有较好的耐候性，兼具装饰、防水功能等。

适用范围：

适用于屋面、厕浴间、外墙防水工程。不宜用于地下工程和长期泡水的工程。

1）水乳型纯丙烯酸酯类防水涂料具有较好的耐候性，适用于屋面及外墙防水工程。

2）水乳型苯-丙防水涂料适用于非外露屋面、室内防水工程。

3）水乳型硅－丙防水涂料具有较好的耐候性、憎水性和耐污染性等特点，适用于屋面、外墙防水工程。

4. 聚合物水泥（JS）防水涂料

(1) 材料组成

聚合物水泥（JS）防水涂料是以聚合物乳液（甲组分）和水泥等刚性粉料（乙组分）组成的双组分防水涂料。

属挥发固化与水泥水化反应复合型防水涂料，产品按性能分为Ⅰ型、Ⅱ型和Ⅲ型。

(2) 技术性能

执行《聚合物水泥防水涂料》GB/T 23445 标准。其主要物理力学性能应符合表 31-14 的要求。

**聚合物水泥（JS）防水涂料主要物理力学性能　　表 31-14**

| 序号 | 试验项目 | | 性能指标 | | |
|---|---|---|---|---|---|
| | | | Ⅰ型 | Ⅱ型 | Ⅲ型 |
| 1 | 固体含量（%）≥ | | 70 | 70 | 70 |
| 2 | 拉伸强度 | 无处理（MPa）≥ | 1.2 | 1.8 | 1.8 |
| | | 加热处理后保持率（%）≥ | 80 | 80 | 80 |
| | | 碱处理后保持率（%）≥ | 60 | 70 | 70 |
| | | 浸水处理后保持率（%）≥ | 60 | 70 | 70 |
| | | 紫外线处理后保持率（%）≥ | 80 | — | — |

续表

| 序号 | 试验项目 | | 性能指标 | | |
|---|---|---|---|---|---|
| | | | Ⅰ型 | Ⅱ型 | Ⅲ型 |
| 3 | 断裂伸长率 | 无处理（%）⩾ | 200 | 80 | 30 |
| | | 加热处理（%）⩾ | 150 | 65 | 20 |
| | | 碱处理（%）⩾ | 150 | 65 | 20 |
| | | 浸水处理（%）⩾ | 150 | 65 | 20 |
| | | 紫外线处理（%）⩾ | 150 | — | — |
| 4 | 低温柔性（ϕ10mm 棒） | | −10℃无裂纹 | — | — |
| 5 | 粘结强度 | 无处理（MPa）⩾ | 0.5 | 0.7 | 1.0 |
| | | 潮湿基层（MPa）⩾ | 0.5 | 0.7 | 1.0 |
| | | 碱处理（MPa）⩾ | 0.5 | 0.7 | 1.0 |
| | | 浸水处理（MPa）⩾ | 0.5 | 0.7 | 1.0 |
| 6 | 不透水性（0.3MPa，30min）⩾ | | 不透水 | 不透水 | 不透水 |
| 7 | 抗渗性（砂浆背水面）（MPa）⩾ | | — | 0.6 | 0.8 |

(3) 性能特点及适用范围

由聚合物乳液和刚性材料双组分组合，需在施工时按一定比例配制成防水涂料；Ⅰ型是以聚合物乳液为主要成分，应用时按规定比例加入乙组分经现场混合搅拌均匀而成。涂料经现场涂刷、固化后形成具有一定强度和延伸率的防水涂膜。Ⅱ型和Ⅲ型是以水泥等刚性材料为主要成分的涂料。固化后形成具有较高强度和较低延伸率的聚合物改性水泥涂层。

适用范围：

1) 适用于屋面、地下、外墙、厕浴间等防水工程。Ⅰ型产品适用于非长期浸水环境下迎水面的防水工程，Ⅱ型和Ⅲ型产品可用于长期浸水环境下的迎水面或背水面防水工程。

2) 应用于地下防水工程等长期泡水部位的渗漏治理时，其耐水性应大于80%（耐水性：浸水 168h 后，材料的粘结强度及抗渗性能保持率）；浸水 168h 后拉伸强度⩾1.5MPa；不透水性（30min）⩾0.3MPa，砂浆迎水面⩾0.8MPa。该涂料不得在5℃以下施工。

5. 水乳型阳离子氯丁橡胶沥青防水涂料

(1) 材料组成

该产品以阳离子乳化沥青为主要成分并加入阳离子氯丁橡胶乳液以及助剂等混合改性而成稳定的单组分乳液型防水涂料。产品按性能分为 L 型和 H 型。

(2) 技术性能

执行《水乳型沥青防水涂料》JC/T 408 标准。其主要物理力学性能应符合表 31-15 的要求。

水乳型阳离子氯丁橡胶沥青防水涂料主要物理力学性能　表 31-15

| 序号 | 项目 | 性能指标 | |
|---|---|---|---|
| | | L | H |
| 1 | 固体含量（%）≥ | 45 | |
| 2 | 耐热度（℃） | 80±2 | 110±2 |
| | | 无流淌、滑移、滴落 | |
| 3 | 不透水性（0.1MPa，30min） | 不渗水 | |
| 4 | 粘结强度（MPa）≥ | 0.30 | |
| 5 | 低温柔度（℃） | −15 | 0 |
| 6 | 断裂伸长率（%）≥ | 600 | |

（3）性能特点及适用范围

该涂料具有延伸率大、耐腐蚀性能较好、与基层粘结力强并可在潮湿基面施工等特点。适用于屋面、厕浴间等防水工程。

6. 热熔型橡胶改性沥青防水涂料

（1）材料组成

热熔型橡胶改性沥青防水涂料是以优质沥青和高聚物为主体材料，并添加其他改性添加剂制成的含固量100%、采用热熔法施工的橡胶改性沥青防水涂料。

（2）技术性能

其主要物理力学性能应符合表 31-16 的要求。

热熔型橡胶改性沥青防水涂料主要物理力学性能　表 31-16

| 序号 | 项目 | | 性能指标 |
|---|---|---|---|
| 1 | 外观 | | 黑色均匀块状物，无杂质、无气泡，不流淌 |
| 2 | 柔韧性（30mim） | | −25℃无裂纹、无断裂 |
| 3 | 耐热性（60℃，5h） | | 无流淌、起泡、滑动 |
| 4 | 粘结性（MPa，50mm/min）＞ | | 0.20 |
| 5 | 不透水性（0.2MPa，30min） | | 不渗水 |
| 6 | 断裂伸长率（%）（50mm/min） | 无处理＞ | 800 |
| | | 碱处理＞ | 500 |
| | | 酸处理＞ | 500 |

（3）性能特点及适用范围

热熔型橡胶改性沥青防水涂料须配备专用的现场加热设备（即可移动专用的导热油加热炉以及燃料等），适用于非外露屋面、地下室和厕浴间等工程迎水面的防水工程。

7. 非固化橡胶沥青防水涂料

（1）材料组成

非固化橡胶沥青防水涂料是以优质沥青、橡胶和特种添加剂为主体材料，制成的黏弹性胶状体。该防水涂料是以涂刮法施工的材料，亦可与防水卷材或其他材料复合组成复合防水层。该涂料具有自愈合功能，当防水层出现破损时，破损部位周围的非固化橡化沥青能通过自愈合的作用而填充受损部位，阻断水的渗漏。

(2) 技术性能

执行《非固化橡胶沥青防水涂料》JC/T 2428 标准。其主要物理力学性能应符合表 31-17 的要求。

**非固化橡胶沥青防水涂料主要物理力学性能　　表 31-17**

| 序号 | 项目 | | 技术指标 |
|---|---|---|---|
| 1 | 闪点（℃）≥ | | 180 |
| 2 | 固体含量（%）≥ | | 98 |
| 3 | 粘结性能 | 干燥基面 | ≥95%内聚破坏 |
| | | 潮湿基面 | |
| 4 | 延伸性（mm）≥ | | 15 |
| 5 | 低温柔性 | | −20℃，无断裂 |
| 6 | 耐热性（℃） | | 65 |
| | | | 无滑动、流淌、滴落 |
| 7 | 热老化（70℃，168h） | 延伸性（mm）≥ | 15 |
| | | 低温柔性 | −15℃，无断裂 |
| 8 | 耐酸性（2% $H_2SO_4$ 溶液） | 外观 | 无变化 |
| | | 延伸性（mm）≥ | 15 |
| | | 质量变化（%） | ±2.0 |
| 9 | 耐碱性［0.1% NaOH＋饱和 $Ca(OH)_2$ 溶液］ | 外观 | 无变化 |
| | | 延伸性（mm）≥ | 15 |
| | | 质量变化（%） | ±2.0 |
| 10 | 耐盐性（3% NaCl 溶液） | 外观 | 无变化 |
| | | 延伸性（mm）≥ | 15 |
| | | 质量变化（%） | ±2.0 |
| 11 | 自愈性 | | 无渗水 |
| 12 | 渗油性（张）≤ | | 2 |
| 13 | 应力松弛（%）≤ | 无处理 | 35 |
| | | 热老化（70℃，168h） | |
| 14 | 抗窜水性（0.6MPa） | | 无窜水 |

(3) 性能特点及适用范围

该材料是可长期保持非固化状态和自愈合能力的橡胶改性沥青类防水涂料，可单独或与其他防水材料复合使用，适用于新建、改扩建或维修工程的屋面及地下等防水工程。

8. 非渗油蠕变橡胶防水涂料

(1) 材料组成

主要成分为橡胶，通过对橡胶改性，使其在加热后可形成流动性好的胶状材料，施工后形成化学性能稳定的防水层，它是可长期保持黏性膏状体的具有蠕变性的防水材料。

（2）技术性能

执行《非渗油蠕变橡胶防水涂料应用技术规程》T/CECS 534 标准。其主要物理力学性能应符合表 31-18 的要求。

**非渗油蠕变橡胶防水涂料的主要性能要求　　表 31-18**

| 序号 | 项目 | | 性能指标 |
|---|---|---|---|
| 1 | 闪点（℃）≥ | | 180 |
| 2 | 固体含量（%）≥ | | 99 |
| 3 | 粘结性能 | 干燥基面 | 100%内聚破坏 |
| | | 潮湿基面 | |
| 4 | 延伸性（mm） | ≥ | 300 |
| 5 | 低温柔性 | | −20℃，无断裂 |
| 6 | 耐热性 | 立面 | 90℃，无滑动、流淌、滴落 |
| | | 平面 | 75℃，无滑动、流淌、滴落 |
| 7 | 热老化（70℃，168h） | 延伸性（mm）≥ | 200 |
| | | 低温柔性 | −15℃，无断裂 |
| 8 | 耐酸性（2%$H_2SO_4$ 溶液） | 外观 | 无变化 |
| | | 延伸性（mm）≥ | 200 |
| | | 质量变化（%） | ±2.0 |
| 9 | 耐碱性［0.1%NaOH＋饱和 $Ca(OH)_2$ 溶液］ | 外观 | 无变化 |
| | | 延伸性（mm）≥ | 200 |
| | | 质量变化（%） | ±2.0 |
| 10 | 耐盐性（3%NaCl 溶液） | 外观 | 无变化 |
| | | 延伸性（mm）≥ | 200 |
| | | 质量变化（%） | ±2.0 |
| 11 | 自愈性 | | 无渗水 |
| 12 | 渗油性（张）≤ | | 1 |
| 13 | 抗窜水性（0.6MPa） | | 无窜水 |

（3）性能特点及适用范围

该材料能封闭基层裂缝和毛细孔，能适应复杂的施工作业面、适应基层变形，粘结性能好，可与多种基面有效粘结，不剥离且有效防止窜水，且特有的蠕变性能可确保优异的自愈性，适用于房屋建筑工程、市政工程等。

**31.1.2.3　防水砂浆**

砂浆防水是一种刚性防水层，防水砂浆包括聚合物水泥防水砂浆、掺外加剂或掺合料的防水砂浆，宜采用多层抹压法施工。水泥砂浆抹面防水由于价格低廉、操作简便，在建筑工程中多年来被广泛采用。水泥砂浆防水层可用于地下工程主体结构的迎水面或背水面，不应用于环境有侵蚀性、受持续振动或温度高于 80℃的地下工程防水。水泥砂浆防水层应在初期支护、围护结构及内衬结构验收合格后方可施工。

1. 防水砂浆的性能及适用范围

在普通砂浆使用材料的基础上，掺加聚合物、外加剂及掺合料后的防水砂浆性能有所改变，改变后的防水砂浆主要性能，见表31-19。其中耐水性指标是指砂浆浸水168h后材料的粘结强度及抗渗性的保持率。

防水砂浆主要性能 表31-19

| 防水砂浆种类 | 粘结强度(MPa) | 抗渗性(MPa) | 抗折强度(MPa) | 干缩率(%) | 吸水率(%) | 冻融循环(次) | 耐碱性 | 耐水性(%) |
|---|---|---|---|---|---|---|---|---|
| 掺外加剂、掺合料的防水砂浆 | >0.6 | ≥0.8 | 同普通砂浆 | 同普通砂浆 | ≤3 | >50 | 10%NaOH溶液浸泡14d无变化 | — |
| 聚合物水泥防水砂浆 | >1.2 | ≥1.5 | ≥0.8 | ≤0.15 | ≤4 | >50 | | ≥80 |

防水砂浆的适用范围：结构稳定，埋置深度不大，不会因温湿度变化、振动等产生有害裂缝的地上及地下防水工程。

2. 防水砂浆材料及设防要求

使用硅酸盐水泥、普通硅酸盐水泥或特种水泥。砂与拌制水泥砂浆用水同混凝土。聚合物乳液的外观应为均匀液体，无杂质、无沉淀、不分层。聚合物乳液的质量要求应符合国家现行标准《建筑防水材料用聚合物乳液》JC/T 1017的有关规定。外加剂的技术性能应符合国家现行国家有关标准的质量要求。水泥砂浆的品种和配合比设计应根据防水工程要求确定。聚合物水泥防水砂浆厚度单层施工宜为6～8mm，双层施工宜为10～12mm；掺外加剂或掺合料的水泥防水砂浆厚度宜为18～20mm。水泥砂浆防水层的基层混凝土强度或砌体用的砂浆强度均不应低于设计值的80%。

### 31.1.2.4 密封胶

1. 建筑用硅酮结构密封胶

(1) 材料组成

建筑用硅酮结构密封胶是以聚硅氧烷为主剂，加入硫化剂、促进剂、填料、颜料等配制而成的建筑结构密封胶。

产品分类：分为双组分型及单组分型两种。

单组分硅酮结构密封胶在接触空气后，借助于空气中的水分进行缩合交联反应而固化，并根据硫化剂不同逸脱出小分子的种类分为脱醋酸型、脱醇型、脱酮污型、脱胺型等。双组分硅酮结构密封胶则通过以适当的配比混合两组分，进行聚合反应而固化，一般无副反应发生。对基材的粘附活性不如单组分硅酮结构密封胶。

(2) 技术性能

执行《建筑用硅酮结构密封胶》GB 16776标准。其主要物理力学性能应符合表31-20的要求。

建筑用硅酮结构密封胶主要物理力学性能 表31-20

| 序号 | 项目 | | 性能指标 |
|---|---|---|---|
| 1 | 下垂度 | 垂直放置(mm) ≤ | 3 |
| | | 水平放置 | 不变形 |

续表

| 序号 | 项目 | | | 性能指标 |
|---|---|---|---|---|
| 2 | 挤出性[a]（s）⩽ | | | 10 |
| 3 | 适用期[b]（min）⩾ | | | 20 |
| 4 | 表干时间（h）⩽ | | | 3 |
| 5 | 硬度（邵氏 A） | | | 20～60 |
| 6 | 拉伸粘结性 | 拉伸粘结强度（MPa） | 23℃⩾ | 0.60 |
| | | | 90℃⩾ | 0.45 |
| | | | −30℃⩾ | 0.45 |
| | | | 浸水后⩾ | 0.45 |
| | | | 水-紫外线光照后⩾ | 0.45 |
| | | 粘结破坏面积（%）⩽ | | 5 |
| | | 23℃时最大拉伸度时伸长率（%）⩾ | | 100 |
| 7 | 热老化 | 热失重（%）⩽ | | 10 |
| | | 龟裂 | | 无 |
| | | 粉化 | | 无 |

注：[a] 仅适用于单组分产品。
[b] 仅适用于双组分产品。

（3）性能特点及适用范围

性能特点：

1）建筑用硅酮结构密封胶具有耐紫外线、耐臭氧、耐候性好的特点，使用寿命长。

2）有一定的弹性，可有效抵抗热应作用、风荷载、地震作用、振动及气候变化的影响。

3）粘结力强，特别是与粘结物化学结构相似的玻璃、陶瓷具有优良的粘结性能。

适用范围：

建筑用硅酮结构密封胶主要适用于建筑玻璃幕墙及金属板屋面和幕墙的结构性粘结密封。

2. 硅酮建筑密封胶

（1）材料组成

以聚硅氧烷为主要成分，室温固化的单组分密封胶。

产品分类：硅酮类建筑密封胶按固化机理分为 A 型（酸性）和 B 型（中性）两类；按用途分为 G 类（镶装玻璃用）和 F 类（建筑接缝用）两类。

产品按位移能力分为 25、20 两个级别；按拉伸模量分为高模量（HM）和低模量（LM）两个级别。

（2）技术性能

执行《硅酮建筑密封胶》GB/T 14683 标准。其主要物理力学性能应符合表 31-21 的要求。

硅酮建筑密封胶主要物理力学性能　　表 31-21

| 序号 | 项目 | | 性能指标 | | | |
|---|---|---|---|---|---|---|
| | | | 25HM | 20HM | 25LM | 20LM |
| 1 | 密度（g/cm³） | | 规定值±0.1 | | | |
| 2 | 下垂度（mm） | 垂直≤ | 3 | | | |
| | | 水平 | 无变形 | | | |
| 3 | 表干时间（h）≤ | | 3[a] | | | |
| 4 | 挤出性（mL/min）≥ | | 80 | | | |
| 5 | 弹性恢复率（%）≥ | | 80 | | | |
| 6 | 拉伸模量（MPa） | 23℃ | >0.4 或>0.6 | | ≤0.4 和≤0.6 | |
| | | −20℃ | | | | |
| 7 | 定伸粘结性 | | 无破坏 | | | |
| 8 | 紫外线辐照后粘结性[b] | | 无破坏 | | | |
| 9 | 冷拉-热压后粘结性 | | 无破坏 | | | |
| 10 | 浸水后定伸粘结性 | | 无破坏 | | | |
| 11 | 质量损失率（%）≤ | | 10 | | | |

注：[a] 允许采用供需双方商定的其他指标值。
[b] 此项仅适用于 G 类产品。

(3) 性能特点及适用范围

性能特点：

1) 硅酮建筑密封胶的位移能力为 20%以上，具有弹性好、耐候性好、使用范围宽等特点。

2) 用于玻璃、陶瓷、混凝土等基层，粘结力强。

适用范围：

1) 硅酮建筑密封胶适用于镶装玻璃和建筑物变形缝、门窗框、厕浴间等部位的防水嵌缝密封处理。

2) G 类密封胶（镶装玻璃）为单组分酸性密封胶，易对金属基材产生腐蚀，仅适用于窗玻璃之间接缝渗漏水的治理以及大型玻璃水槽及室内大板玻璃的镶装，不得用于铝合金门窗的防水密封。

3. 聚硫建筑密封胶

(1) 材料组成

聚硫建筑密封胶是以液态聚硫橡胶为主体，加入增塑剂、增粘剂、补强剂、偶联剂、固化剂及填料等制成的双组分室温硫化型建筑密封胶。

产品分类：产品按流动性分为非下垂型（N）和自流平型（L）两个类型。

产品按位移能力分为 25、20 两个级别。

产品按拉伸模量分为高模量（HM）和低模量（LM）两个次级别。

(2) 技术性能

执行《聚硫建筑密封胶》JC/T 483 标准。其主要物理力学性能应符合表 31-22 的要求。

**建筑用聚硫建筑密封胶主要物理力学性能　表 31-22**

| 序号 | 项目 | | 性能指标 | | |
|---|---|---|---|---|---|
| | | | 20HM | 25LM | 20LM |
| 1 | 密度（g/cm³） | | 规定值±0.1 | | |
| 2 | 流动性 | 下垂度（N 型），mm≤ | 3 | | |
| | | 流平性（L 型） | 光滑平整 | | |
| 3 | 表干时间（h）≤ | | 24 | | |
| 4 | 适用期（h）≥ | | 2 | | |
| 5 | 弹性恢复率（%）≥ | | 70 | | |
| 6 | 拉伸模量（MPa） | 23℃ | ＞0.4 或＞0.6 | | ≤0.4 和≤0.6 |
| | | −20℃ | | | |
| 7 | 定伸粘结性 | | 无破坏 | | |
| 8 | 浸水后定伸粘结性 | | 无破坏 | | |
| 9 | 冷拉-热压后粘结性 | | 无破坏 | | |
| 10 | 质量损失率（%）≤ | | 5 | | |

注：适用期允许采用供需双方商定的其他指标值。

(3) 性能特点及适用范围

性能特点：

1) 聚硫建筑密封胶无毒、无溶剂，使用安全环保。

2) 水密、气密性优良。

3) 具有耐油、耐腐蚀、耐老化、耐辐射、耐污染性好等特点。

适用范围：

聚硫建筑密封胶适用于金属幕墙、构筑物、预制混凝土、中空玻璃、油库、污水处理池、垃圾填埋场、机场跑道、门窗框四周等接缝部位的防水密封处理。

4. 聚氨酯建筑密封胶

(1) 材料组成

以氨基甲酸酯聚合物为主要成分的单组分和多组分建筑密封胶。

产品分类：

品种：聚氨酯建筑密封胶产品按包装形式分为单组分（Ⅰ）和多组分（Ⅱ）两个品种。

类型：产品按流动性分为非下垂型（N）和自流平型（L）两个类型。

组别：产品按位移能力分为 25、20 两个级别。

次级别：产品按拉伸模量分为高模量（HM）和低模量（LM）两个次级别。

(2) 技术性能

执行《聚氨酯建筑密封胶》JC/T 482 标准。其主要物理力学性能应符合表 31-23 的要求。

聚氨酯建筑密封胶主要物理力学性能 表 31-23

| 序号 | 项目 | | 20HM | 25LM | 20LM |
|---|---|---|---|---|---|
| 1 | 密度（$g/cm^3$） | | 规定值±0.1 | | |
| 2 | 流动性 | 下垂度（N型）（mm）≤ | 3 | | |
| | | 流平性（L型） | 光滑平整 | | |
| 3 | 表干时间（h）≤ | | 24 | | |
| 4 | 挤出性[a]（mL/min）≥ | | 80 | | |
| 5 | 适用期[b]（h）≥ | | 1 | | |
| 6 | 弹性恢复率（%）≥ | | 70 | | |
| 7 | 拉伸模量（MPa） | 23℃ | ＞0.4或＞0.6 | ≤0.4和≤0.6 | |
| | | −20℃ | | | |
| 8 | 定伸粘结性 | | 无破坏 | | |
| 9 | 浸水后定伸粘结性 | | 无破坏 | | |
| 10 | 冷拉-热压后的粘结性 | | 无破坏 | | |
| 11 | 质量损失率（%）≤ | | 7 | | |

注：[a] 此项仅适用于单组分产品。

[b] 此项仅适用于多组分产品，允许采用供需双方商定的其他指标值。

(3) 性能特点及适用范围

性能特点：

1) 聚氨酯建筑密封胶具有粘结力强，防水效果好、耐腐蚀性能好等特点。

2) 在低温下仍具有较好的弹性和延伸性。在−50℃仍保持弹性良好。

适用范围：适用于道路、桥梁、运动场馆、机场和建筑屋面、厕浴间、地下工程接缝部位渗漏水的密封处理。

5. 丙烯酸酯建筑密封胶

(1) 材料组成

以弹性丙烯酸酯乳液为基料，加入少量表面活性剂、增塑剂、改性剂、填充剂及颜料等配制而成的单组分建筑密封胶。

级别：产品按位移能力分为12.5和7.5两个级别。

12.5级为位移能力12.5%，其试验拉伸压缩幅度为±12.5%；

7.5级为位移能力7.5%，其试验拉伸压缩幅度为±7.5%。

次级别：12.5级密封胶按其弹性恢复率又分为两个次级别。

弹性体（记号12.5E）：弹性恢复率等于或大于40%；

塑性体（记号12.5P和7.5P）：弹性恢复率小于40%。

(2) 技术性能

执行《丙烯酸酯建筑密封胶》JC/T 484标准。其主要物理力学性能应符合表31-24的要求。

**丙烯酸酯建筑密封胶主要物理力学性能** **表 31-24**

| 序号 | 项目 | 性能指标 | | |
|---|---|---|---|---|
| | | 12.5E | 12.5P | 7.5P |
| 1 | 密度（g/cm³） | 规定值±0.1 | | |
| 2 | 下垂度（mm）≤ | 3 | | |
| 3 | 表干时间（h）≤ | 1 | | |
| 4 | 挤出性（ml/min）≥ | 100 | | |
| 5 | 弹性恢复率（%）≥ | 40 | 见表注 | |
| 6 | 定伸粘结性 | 无破坏 | — | |
| 7 | 浸水后定伸粘结性 | 无破坏 | — | |
| 8 | 冷拉-热压后粘结性 | 无破坏 | — | |
| 9 | 断裂伸长率（%）≥ | — | 100 | |
| 10 | 浸水后断裂伸长率（%）≥ | | 100 | |
| 11 | 同一温度下拉伸-压缩循环后粘结性 | | 无破坏 | |
| 12 | 低温柔性（℃） | −20 | −5 | |
| 13 | 体积变化率（%）≤ | 30 | | |

注：报告实测值。

(3) 性能特点及适用范围

性能特点：

1) 丙烯酸酯建筑密封胶为水乳型，黏度低，呈膏状，无溶剂污染，无毒、不燃，安全可靠。

2) 基料为白色膏状，可配制成各种颜色。

3) 具有较低的黏度，可在潮湿而无明水的基面施工。可以配成非下垂型密封胶，适用于垂直缝施工。

4) 水乳型密封胶的干燥时间比溶剂型密封胶长，一般在 30min 后开始结膜。

5) 丙烯酸酯建筑封胶的耐热性好，使用温度为 70～80℃。固化后的密封胶低温 −35℃不脆裂。

适用范围：

主要适用于低水压且不长期浸水工程接缝部位的防水密封处理。

6. 遇水膨胀止水胶

(1) 材料组成

遇水膨胀止水胶是一种遇水膨胀的无溶剂单组分弹性止水密封胶。它是以聚氨酯的预聚体为基础、含有接枝技术的尿烷膏状体。

(2) 技术性能

执行《遇水膨胀止水胶》JG/T 312 标准。其主要物理力学性能应符合表 31-25 的要求。

遇水膨胀止水胶的物理性能指标　　表 31-25

| 序号 | 项目 | | 指标 | |
|---|---|---|---|---|
| | | | PJ-220 | PJ-400 |
| 1 | 固体含量（%）≥ | | 85 | |
| 2 | 密度（$g/cm^3$） | | 规定值±0.1 | |
| 3 | 下垂度（mm）≤ | | 2 | |
| 4 | 表干时间（h）≤ | | 24 | |
| 5 | 7d 拉伸粘结强度 | | ≥0.4MPa | ≥0.2MPa |
| 6 | 低温柔性 | | -20℃，无裂纹 | |
| 7 | 体积膨胀倍率（%）≥ | | 220 | 400 |
| 8 | 长期浸水体积膨胀倍率保持率（%）≥ | | 90 | |
| 9 | 抗水压（MPa） | | 1.5，不渗水 | 2.5，不渗水 |
| 10 | 实干厚度（mm）≥ | | 2 | |
| 11 | 浸泡介质后体积膨胀倍率保持[a]（%）≥ | 饱和 $Ca(OH)_2$ 溶液 | 90% | |
| | | 5%NaCl 溶液 | 90% | |

注：[a] 此项根据地下水性质由供需双方商定执行。

(3) 性能特点及适用范围

该材料止水效果好，具有橡胶的弹性止水和遇水后自身体积膨胀止水的双重密封止水；耐久性强，质量变化率低，施工便捷，单组分胶状物，可使用标准嵌缝胶施工枪施工；粘结性好，能牢固地粘贴在混凝土表面，而且对金属、橡胶、木材、水泥构件、陶瓷、玻璃等都有很强的黏附性；有抗下垂性，嵌填垂直接缝和顶缝不流淌。

适用于工业与民用建筑地下工程、市政隧道、防护工程、山岭及水底隧道、地下铁道、污水处理池等工程的施工缝（含后浇带）、变形缝和预埋构件的防水，以及已有工程的渗漏水治理。

#### 31.1.2.5 止水带及止水条

1. 止水带

止水带是地下工程变形缝、后浇带、施工缝、诱导缝等部位应选的防水配件。它具有适应变形的能力，当缝两侧建筑沉降不一致时，可继续起防水作用；可以阻止大部分地下水沿变形缝、后浇带、施工缝、诱导缝等部位进入室内；可以成为衬托，便于堵漏修补等作用。

(1) 常用止水带形式有橡胶或塑料止水带、金属止水带、钢边橡胶止水带、注浆橡胶止水带、橡胶或塑料止水带加遇水膨胀止水条复合止水带、橡胶腻子加橡胶或塑料复合止水带、钢板橡胶腻子复合止水带等。止水带形式见图 31-1。

(2) 常用止水带的构造及适用防水等级、环境条件，见表 31-26。按防水等级要求正确选用止水带。橡胶或塑料止水带适用于水压小、变形裂缝较小的变形缝。金属止水带适应变形能力较差，采用不锈钢板或紫铜片制成，制作较难，一般用于环境温度高于 50℃部位。钢边橡胶止水带两侧钢边与混凝土的黏附性较好，其中间的橡胶部分可满足混凝土变形缝的扭转、膨胀及扯离等变形需要，可承受较大的扭力及拉力。在设计允许的变形范围内止水带不会产生松动及脱落现象。适用于水压大、变形大的变形缝及施工缝。注浆橡

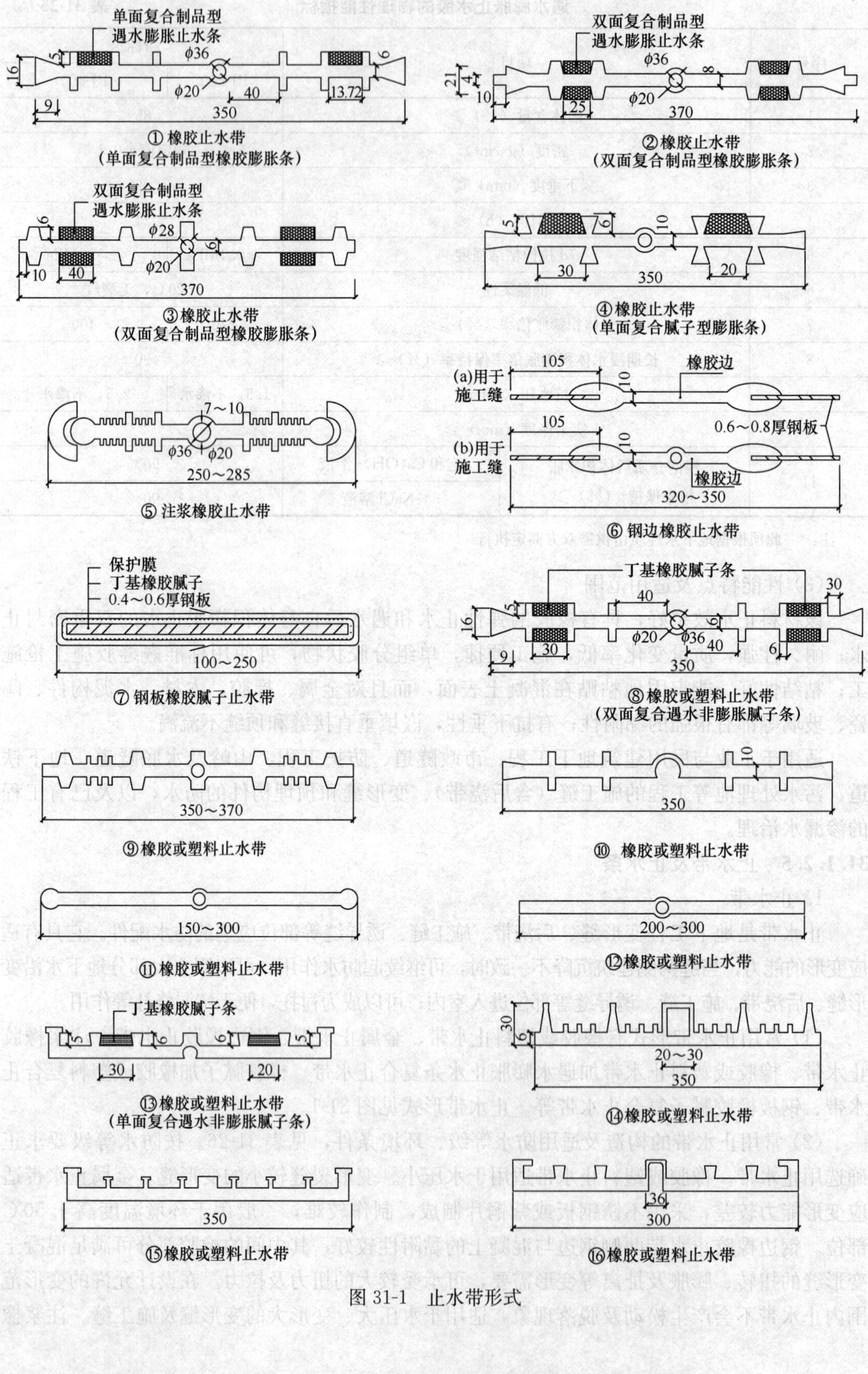
单面复合制品型
遇水膨胀止水条
φ36
φ20
16
5
6
9
40
13.72
350
① 橡胶止水带
(单面复合制品型橡胶膨胀条)
双面复合制品型
遇水膨胀止水条
φ36
φ20
21
4
10
8
25
370
② 橡胶止水带
(双面复合制品型橡胶膨胀条)
双面复合制品型
遇水膨胀止水条
φ28
φ20
6
10
40
370
③ 橡胶止水带
(双面复合制品型橡胶膨胀条)
5
6
10
30
350
20
④ 橡胶止水带
(单面复合腻子型膨胀条)
7～10
φ36
φ20
250～285
⑤ 注浆橡胶止水带
105
(a)用于
施工缝
10
橡胶边
105
(b)用于
施工缝
0.6～0.8厚钢板
橡胶边
320～350
⑥ 钢边橡胶止水带
保护膜
丁基橡胶腻子
0.4～0.6厚钢板
100～250
⑦ 钢板橡胶腻子止水带
丁基橡胶腻子条
40
30
16
5
φ20
φ36
30
40
6
9
350
⑧ 橡胶或塑料止水带
(双面复合遇水非膨胀腻子条)
350～370
⑨ 橡胶或塑料止水带
10
350
⑩ 橡胶或塑料止水带
150～300
⑪ 橡胶或塑料止水带
200～300
⑫ 橡胶或塑料止水带
丁基橡胶腻子条
5
6
6
5
30
20
⑬ 橡胶或塑料止水带
(单面复合遇水非膨胀腻子条)
30
6
20～30
350
⑭ 橡胶或塑料止水带
350
⑮ 橡胶或塑料止水带
36
300
⑯ 橡胶或塑料止水带

图 31-1　止水带形式

胶止水带及止水带两翼预埋注浆管即可增加与止水带混凝土的黏附性，又可满足变形缝的扭转、膨胀及扯离等变形需要，提高止水性能。适用于水压大、变形裂缝较大的变形缝。橡胶或塑料止水带加遇水膨胀止水条复合止水带：遇水膨胀止水条阻塞了止水带与混凝土之间的缝隙，止水效果明显。适用于水压大、变形裂缝较小的变形缝。橡胶腻子加橡胶或塑料复合止水带：止水带无论是双翼单面还是双面复合橡胶腻子，都可使止水带与混凝土粘结良好，提高止水性能。适用于水压小、变形裂缝较小的变形缝。钢板橡胶腻子复合止水带：橡胶腻子与混凝土物理及化学的结合力均较强，含固量较高冬期不脆裂，夏季炎热不流淌。它可将起骨架作用的钢板粘于混凝土中，止水效果明显。适用于水压大、变形较大的变形缝及施工缝。止水带的宽度不宜过宽或过窄，一般取值为250～500mm，常用值为320～370mm。遇有腐蚀性介质时，应选用氯丁橡胶、丁基橡胶、三元乙丙橡胶止水带。

**常用止水带适用防水等级、环境条件** 表31-26

| 编号 | 适用部位 | 适用防水等级 | 适用环境条件 |
|---|---|---|---|
| ①～④ | 变形缝 | 一级 | 水压大、变形裂缝小 |
| ⑤ | 变形缝 | 一级 | 水压大、变形裂缝大 |
| ⑥ | 变形缝、施工缝 | 一级 | 水压大、变形大 |
| ⑦ | 变形缝、施工缝 | 一级 | 水压大、变形较大 |
| ⑧～⑩ | 变形缝 | 一、二级 | 水压小、变形裂缝小 |
| ⑪、⑫ | 变形缝、施工缝 | 三、四级 | 水压大、变形裂缝大 |
| ⑬、⑭ | 变形缝 | 一、二级 | 水压较大、变形小 |
| ⑮、⑯ | 变形缝 | 二、三级 | 水压较小、变形小 |

(3) 设计、施工应采取有效措施使沉降的变形缝最大沉降差值小于30mm。必要时可采用可卸式止水带，使用螺栓将覆盖在变形缝上可使止水带固定。它具有易安装，拆卸方便的优点。但其材料为不锈钢造价高，制作安装精度要求高，止水效果也不如中埋式和外贴式止水带好。因此可卸式止水带不能替代中埋式和外贴式止水带。外贴式止水带将水止于变形缝外，与外防水层结合共同发挥防水作用，效果较中埋式止水带好。环境温度高于50℃处的变形缝，可采用中埋式金属止水带（图31-2）。重要工程应使用两种止水带，如中埋止水带与外贴止水带相结合，中埋止水带和可卸式止水带相结合。中埋式止水带与外贴防水层、遇水膨胀橡胶条、嵌缝材料、可卸式止水带等复合使用，见图31-3～图31-5。

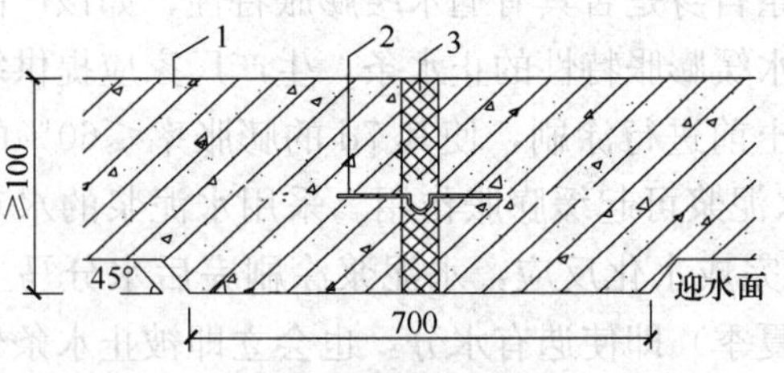


图31-2 中埋式金属止水带

1—混凝土结构；2—金属止水带；3—填缝材料

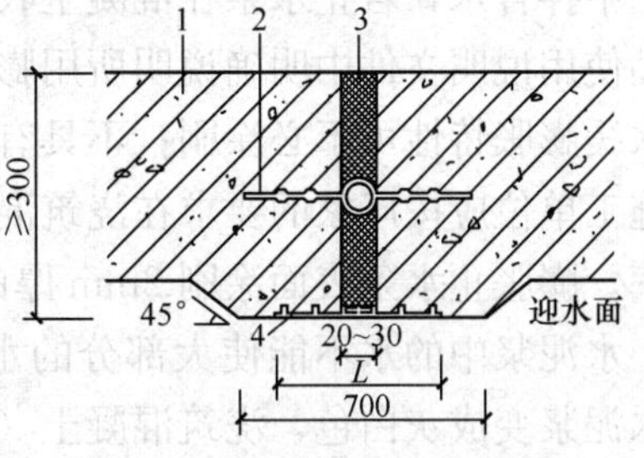


图31-3 与外贴防水层复合使用

1—混凝土；2—中埋式止水带；3—填缝材料；4—外贴防水层

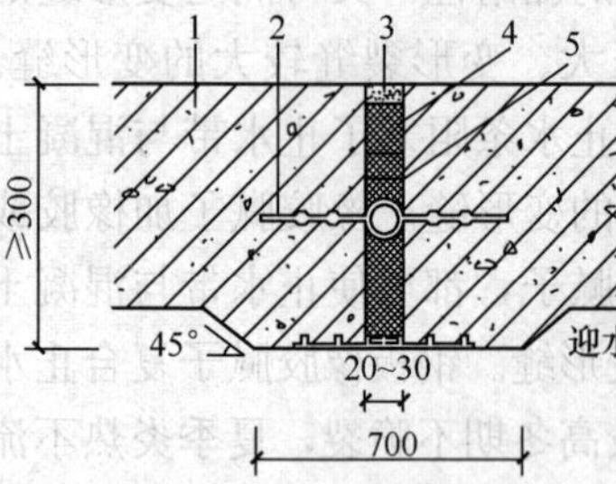


图 31-4　与遇水膨胀橡胶条、嵌缝材料复合使用

1—混凝土结构；2—填缝材料；3—密封材料；4—背衬材料；5—填缝材料

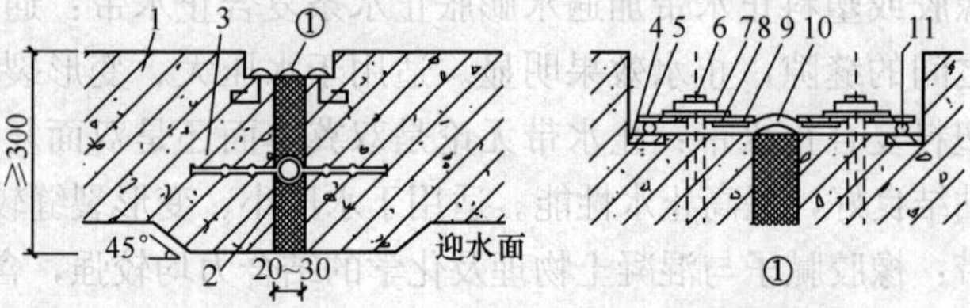


图 31-5　与可卸式止水带复合使用

1—混凝土结构；2—中埋式止水带；3—中埋式止水带；4—预埋钢板；5—紧固件压板；6—预埋螺栓；7—螺母；8—垫圈；9—紧固件压块；10—Ω形止水带；11—紧固件圆钢

(4) 外贴式止水带相关要求，防水施工的材性应选择与外设柔性防水材料的材性相容，以使两者具有良好的粘接性能。当柔性防水材料为改性沥青时，可选择乙烯-共聚物沥青（ECB）止水带；当柔性防水材料为橡胶型时，可选择橡胶型止水带；当柔性防水材料为塑料型时，可选择塑料型止水带；当柔性防水材料为涂料时，可直接在止水带表面涂刷涂料。止水带的接缝宜为一处，应设在边墙较高的部位，不得设在结构的转角处。乙烯一共聚物沥青（ECB）止水带及塑料型止水带的接头应采用热熔焊接连接，橡胶型止水带的接头应采用热压硫化连接。当柔性防水材料为涂料时，因其材性与止水带相容，两者具有良好的粘接性能，可直接在止水带表面涂刷涂料。当柔性防水材料为卷材时，热熔焊接或用沥青玛𤧛脂粘贴，用于改性沥青防水卷材与乙烯—共聚物沥青止水带之间；橡胶型胶粘剂粘结，用于橡胶型防水卷材与橡胶型止水带之间；热熔焊接，用于塑料型防水卷材与塑料型止水带之间。当柔性防水材料的材性与外贴式止水带的材性不相容时，两者之间可采用卤化丁基橡胶防水胶粘剂粘结。

2. 止水条

遇水膨胀止水条（胶）应具有缓胀性能，7d 的净膨胀率不宜大于最终膨胀率的 60%，最终膨胀率宜大于 220%。

遇水不缓膨胀的止水条应涂刷缓膨胀剂进行缓膨处理。遇水不缓膨胀的止水条可吸收混凝土中拌合水，若止水条在混凝土收水凝固前既已膨胀，即失去止水的作用。生产厂家在产品使用说明文件中明确说明所用膨胀条自身是否具有遇水缓膨胀特性，如该产品已具备遇水缓膨胀特性可不必涂刷；不具有遇水缓膨胀特性的止水条，生产厂家应提供缓膨胀剂，施工单位应按厂家的要求在浇筑混凝土前进行涂刷，使其 7d 的膨胀率≤60%的最终膨胀率。膨胀止水条表面涂刷 2mm 厚的水泥浆可起缓膨胀作用。采用水泥浆的水灰比原则为，水泥浆中的水不能使大部分的水泥完成水化反应，水泥浆涂刷完后水分马上被蒸发，水泥浆变成灰白色，浇筑混凝土（或夏季）即使遇有水分，也会立即被止水条外部的水泥吸收，水泥条由灰白色变成了深色，将水与止水条隔离，止水条就不会预先膨胀。因此，低水灰比的水泥浆作为缓膨胀剂更有效。水泥浆水灰比一般为 0.35，在使用前应根据施工要求经试验确定。

#### 31.1.2.6 防水混凝土及砂浆外加剂

1. 防水混凝土的设计抗渗等级

防水等级为一至三级的地下整体式混凝土结构，应采用防水混凝土，四级宜采用防水混凝土。防水混凝土在满足抗渗等级的同时，还应满足抗压、抗冻和抗侵蚀性等耐久性要求。防水混凝土的设计抗渗等级应符合表 31-27 的规定。

**防水混凝土的设计抗渗等级** **表 31-27**

| 工程埋置深度 $H$（m） | 设计抗渗等级 | 设计抗渗能力（MPa） |
|---|---|---|
| $<10$ | P6 | 0.6 |
| $10\leqslant H<20$ | P8 | 0.8 |
| $20\leqslant H<30$ | P10 | 1.0 |
| $H\geqslant30$ | P12 | 1.2 |

2. 防水混凝土的种类、特点及适用范围

钢筋混凝土在保证浇筑及养护质量的前提下能达到 100 年左右的寿命，其本身具有承重及防水双重功能，便于施工，耐久性好，渗漏水易于检查、修补简便等优点是防水混凝土作为防水第一道防线。混凝土结构自防水不适用于允许裂缝开展宽度大于 0.2mm 的结构、遭受剧烈振动或冲击的结构、环境温度高于 80℃的结构，以及可致耐蚀系数小于 0.8 的侵蚀性介质中使用的结构。防水混凝土的抗渗等级应不小于 P6，分为普通防水混凝土、掺外加剂防水混凝土。普通防水混凝土由胶凝材料（水泥及胶凝掺合料）、砂、石、水搅拌浇筑而成的混凝土，不掺加任何混凝土外加剂，通过调整和控制混凝土配合比各项技术参数的方法提高混凝土的抗渗性，达到防水的目的。这类混凝土的水泥用量较大。掺外加剂防水混凝土在普通混凝土中掺加减水剂、膨胀剂、密实剂、引气剂、复合型外加剂、水泥基渗透结晶型材料、掺合料等材料搅拌浇筑而成的防水混凝土。常用有减水剂防水混凝土、引气剂防水混凝土、密实剂防水混凝土、水泥基渗透结晶型掺合剂防水混凝土、补偿收缩防水混凝土、纤维防水混凝土、自密实高性能防水混凝土、聚合物水泥混凝土。常用防水混凝土的种类、特点及适用范围，见表 31-28。

**常用防水混凝土的种类、特点及适用范围** **表 31-28**

| 种类 | | 特点 | 适用范围 |
|---|---|---|---|
| 普通防水混凝土 | | 水泥用量大，材料简便 | 一般工业、民用、公共建筑地下防水工程 |
| 外加剂混凝土 | 减水剂防水混凝土 | 拌合物流动性好 | 钢筋密集或振捣困难的薄壁型防水结构及对混凝土凝结时间和流动性有特殊要求的防水工程、冬期、雨期防水混凝土施工、大体积混凝土的施工等 |
| | 引气剂防水混凝土 | 抗冻性好 | 高寒、抗冻性要求较高、处于地下水位以下遭受冰冻的地下防水工程和市政工程 |
| | 密实剂防水混凝土 | 密实性好，抗渗性高，早期强度高 | 工期紧、抗渗性能及早期强度要求高的防水工程和各类防水工程，如游泳池、基础水箱、水电、水工等 |
| 水泥基渗透结晶型掺合剂防水混凝土 | | 强度高、抗渗性好 | 需提高混凝土强度、耐化学腐蚀、抑制碱骨料反应、提高冻融循环的适应能力及迎水面无法做柔性防水层的地下工程 |

续表

| 种类 | 特点 | 适用范围 |
|---|---|---|
| 补偿收缩防水混凝土 | 抗裂、抗渗性能好 | 地下防水工程、隧道、水工、地下连续墙、逆作法，预制构件、坑槽回填及后浇带、膨胀带等防裂抗渗工程，尤其适用于超长的大体积混凝土的防裂抗渗工程 |
| 纤维防水混凝土 | 高强、高抗裂、高韧性，高耐磨、高抗渗性 | 对抗拉、抗剪、抗折强度和抗冲击、抗裂、抗疲劳、抗震、抗爆性能等要求均较高的工业与民用建筑地下防水工程 |
| 自密实高性能防水混凝土 | 流动性高、不离析、不泌水 | 浇筑量大、体积大、密筋、形状复杂或浇筑困难的地下防水工程 |
| 聚合物水泥混凝土 | 抗拉、抗弯强度较高，密实性好、裂缝少，抗渗明显，价格高 | 地下建（构）筑物防水以及化粪池、游泳池、水泥库、直接接触饮用水的贮水池等防水工程 |

3. 防水混凝土材料要求

（1）水泥品种宜采用硅酸盐水泥、普通硅酸盐水泥，采用其他品种水泥时应通过试验确定；在受侵蚀性介质作用的条件下，应按介质的性质选用相应的水泥品种。如：在受硫酸盐侵蚀性介质作用的条件下，可采用粉煤灰硅酸盐水泥，火山灰质硅酸盐水泥，或抗硫酸盐硅酸盐水泥；不得使用过期或受潮结块的水泥，并不得将不同品种或不同强度等级的水泥混合使用。防水混凝土水泥品种选用参考，见表 31-29。

**防水混凝土水泥品种选用参考表　　表 31-29**

| 水泥品种 | 优点 | 缺点 | 适用范围 |
|---|---|---|---|
| 硅酸盐水泥 | 强度高，抗冻性能、耐磨性能、不透水性能好，早强快硬 | 水化热高，耐侵蚀能力差，保水性差 | 适用于高强等级、预应力混凝土工程；不适用大体积混凝土 |
| 普通硅酸盐水泥 | 早期强度较高，抗冻性能、耐磨性能较好，低温条件下强度增长快，泌水性、干缩率小 | 水化热较高，耐硫酸盐侵蚀能力较差，保水性较差 | 适用于一般地下防水工程，干湿交替的防水工程及水中结构；不适用于含有硫酸盐地下水侵蚀介质地区地下防水工程 |
| 矿渣硅酸盐水泥 | 水化热较低，抗硫酸盐侵蚀能力较好，耐热性较普通硅酸盐水泥高 | 早期强度较低，保水性、抗冻性较差，泌水性及干缩变形大 | 适用于大体积混凝土，一般地下防水工程应掺入外加剂减小泌水现象 |
| 火山灰质硅酸盐水泥 | 水化热较低，抗硫酸盐侵蚀能力较好，耐水性强 | 早期强度较低，低温条件下强度增长较慢，保水性、抗冻性较差，需水性及干缩性大 | 适用于含有硫酸盐地下水侵蚀介质地区地下防水工程，不适用于干湿交替作用及受反复冻融的防水工程 |
| 粉煤灰硅酸盐水泥 | 水化热低、抗硫酸盐侵蚀能力好、保水性好、需水性及干缩性小、抗裂性较好 | 早期强度低，低温条件下强度增长较慢 | 适用于大体积混凝土，地下防水工程，不适用于干湿交替作用及受反复冻融的防水工程 |

续表

| 水泥品种 | 优点 | 缺点 | 适用范围 |
|---|---|---|---|
| 复合硅酸盐水泥 | 水化热低、抗硫酸盐侵蚀能力好、保水性好 | 早期强度低，后期强度增长较快、抗冻性较差 | 适用于大体积混凝土地下防水工程，不适用于干湿交替作用及受反复冻融的防水工程 |

(2) 石子宜选用坚固耐久、粒形良好的洁净石子；最大粒径不宜大于 40mm，泵送时其最大粒径不应大于输送管径的 1/4，当钢筋较密集或防水混凝土的厚度较薄时应采用 5～25mm 粒径的细石料。石子吸水率不应大于 1.5%，含泥量不得大于 1%，泥块含量不得大于 0.5%。不得使用碱活性骨料。石子的质量要求应符合国家现行标准《普通混凝土用砂、石质量及检验方法标准》JGJ 52 的有关规定。

(3) 砂宜选用坚硬、抗风化性强、洁净的中粗砂，不宜使用海砂；含泥量不得大于 2.0%，泥块含量不得大于 1.0%；砂的质量要求应符合国家现行标准《普通混凝土用砂、石质量标准及检验方法》JGJ 52 的有关规定。

(4) 水应符合国家现行标准《混凝土用水标准》JGJ 63 的有关规定。

(5) 掺合料：随着混凝土技术的发展，现代混凝土的设计理念正在更新，尽可能地减少硅酸盐水泥用量而掺入一定量具有一定活性的粉煤灰、粒化高炉矿渣粉、硅粉等矿物掺合料，配制出性能良好的防水混凝土。

矿物掺合料的重要作用是降低水泥水化热，减少混凝土裂缝，提高混凝土的耐久性与安全性。减小混凝土孔隙率，改善混凝土孔隙特征，提高抗渗性能。增加混凝土密实性。矿物掺料过去配制防水混凝土是作为一种惰性的精细料，起节约水泥，改善石子级配填充微细空隙作用。磨细工艺的发展激发了矿物掺合料的潜在活性外加剂对砂料也有一定激活作用。矿粉粒化高炉矿渣粉的品质要求应符合现行国家标准《用于水泥和混凝土中的粒化高炉矿渣粉》GB/T 18096 的有关规定。

粉煤灰的品质应符合国家现行标准《用于水泥和混凝土中的粉煤灰》GB 1596 的有关规定，级别不应低于Ⅱ级，烧失量不应大于 5%，用量宜为胶凝材料总量的 20%～30%，当水胶比小于 0.45 时，粉煤灰用量可适当提高。

硅粉品质应符合《用于水泥和混凝土中的粉煤灰》GB 1596 的有关规定，用量宜为胶凝材料总量的 2%～3%。硅质粉末作为细掺料直接填充到砂浆或混凝土的颗粒间隙之中，提高了密实性及抗渗性。如粉煤灰、火山灰、硅藻土、硅粉等。这些细粉末掺入砂浆或混凝土之中，改善了材料的微级配以及和易性，特别是粉煤灰可较大降低单位用水量、减少空隙率。矿物质的细掺料可促进水化反应，且火山灰反应产物可填充混凝土中的孔隙，大大改善长期的抗渗性。硅灰是活性很高的细掺料，其比表面积高达 $20m^2/g$，几乎全是活性非晶态的 $SiO_2$，掺入一定量（10%）的硅灰可显著改善混凝土的水密性。若将矿物细掺料与超塑化剂结合使用，提高混凝土的密实性和抗渗性的效果更好。

纤维分为钢纤维、聚丙烯类纤维。当其作为增强材料使用时，必须将其分散后方可使用。钢纤维是最为有效的混凝土纤维配筋材料，它是用钢质材料加工而成的短纤维，分为切断、剪切、铣削、熔融抽丝等几种类型。一般钢纤维的抗拉强度不低于 380MPa，其弹性模量较混凝土高 4 倍，并且在混凝土中化学稳定性能良好。聚丙烯类纤维抗拉强度为

276～773MPa，其弹性模量较低、耐火性能差、在氧气或空气中光照易老化、具有憎水性不易被水泥浆浸湿。掺入混凝土中可显著提高混凝土的抗冲击强度。纤维按弹性模量可分为高弹性模量纤维及低弹性模量纤维，高弹性模量纤维中钢纤维应用较多，低弹性模量纤维中聚丙烯纤维应用较多。

（6）外加剂

1）减水剂是一种表面活性剂，它以分子定向吸附作用将凝聚在一起的水泥颗粒絮凝状结构高度分散解体，并释放出其中包裹的拌合水，使在坍落度不变的条件下，减少了拌合用水量；同时由于高度分散的水泥颗粒更能充分水化，使混凝土更加密实，提高了混凝土的密实性和抗渗性。防水混凝土掺入减水剂其拌合物具有很好的流动性，掺入高效型减水剂减水率高、坍落度大；掺入早强型减水剂可提高混凝土早期强度；掺入缓凝型减水剂可推迟水化峰值出现，大体积混凝土施工可减小混凝土内外温差。

常用的减水剂有高效减水剂、木质素磺酸钙、引气减水剂、聚羧酸高效引气减水剂等。聚羧酸系超塑剂（PCA）与传统的高效减水剂相比，在减水率、保坍性，降低水泥水化热，减少收缩，以及与矿物掺合料的适应性等方面，具有突出的优点，为制备高抗渗，高抗裂和高耐久性的混凝土呈现出明显的优势。当 PCA 的掺入量仅为萘系高效减水剂的 1/10～1/5 时，其减水率可高达 30%以上。坍落度损失小，保持性好大大改善了混凝土浇筑时的流动性。降低水泥水化热，延缓水化放热峰值出现，PCA 对延缓水泥水化放热和降低 7d 水泥水化热作用极为明显，这对降低混凝土的水化热，减少温度应力引起的开裂具有良好作用。我国城市地铁隧道混凝土工程中已获得较为广泛的应用，成效显著。常用于防水混凝土的减水剂适用范围及优缺点，见表 31-30。

**常用于防水混凝土的减水剂适用范围及优缺点　　表 31-30**

<table>
<tr><th>种类</th><th>适用范围</th><th>优点</th><th>缺点</th></tr>
<tr><td>高效减水剂<br>FDN、UNF</td><td>一般防水混凝土工程及高强度等级防水混凝土工程</td><td>除具有普通减水剂优点外，防冻性、抗渗性好</td><td>水化热释放集中，硬化初期内外温差大</td></tr>
<tr><td>木质素磺酸钙</td><td>一般防水混凝土工程，大型设备基础等大体积混凝土，不同季节施工的防水混凝土工程</td><td>有增塑及引气作用，提高抗渗性能最为显著，有缓能作用，可推迟水化热峰出现</td><td>分散作用不及高效减水剂低温强度增长慢</td></tr>
<tr><td>引气剂减水剂</td><td rowspan="2">各种防水混凝土工程，抗渗、抗冻要求高的混凝土工程</td><td rowspan="2">对抗冻融性能有较大提高，对贫混凝土更适合高抗渗等级混凝土工程含气量增加 1%，W/C 可降低 0.02</td><td rowspan="2">强度随含气量增加而降低，含气增 1% 降强约2%</td></tr>
<tr><td>聚羧酸系高效引气减水剂</td></tr>
</table>

2）引气剂在混凝土拌合物中加入后，会产生大量微小、密闭、稳定而均匀的气泡，而使混凝土黏滞性增大，不易松散和离析，可以显著地改善混凝土的和易性，同时改变混凝土毛细管的形状及分布发生，切断渗水通路，因而提高了混凝土的密实性和抗渗性；由于弥补了混凝土内部结构的缺陷，抑制其胀缩变形，可减少因干湿及冻融交替作用而产生的体积变化，有效地提高混凝土的抗冻性，较普通混凝土提高 3～4 倍。常用的引气剂有松香类引气剂，松香酸钠（松香皂）、松香热聚物；烷基苯磺酸盐类引气剂，烷基磺酸钠、烷基苯磺酸钠；另外还有脂肪醇磺酸盐类引气剂，脂肪醇聚氧乙烯醚、脂肪醇聚氧乙烯磺

酸钠和脂肪醇硫酸钠等。

3）膨胀剂是能使混凝土在硬化过程中产生化学反应而导致一定的体积膨胀的外加剂。其特点为遇水与水泥中矿物组分发生化学反应，反应产物是导致体积膨胀效应的水化硫铝酸钙（即钙钒石）、氢氧化钙或氢氧化亚铁等。在钢筋和邻位约束下使结构中产生一定的预压应力从而防止或减少结构产生有害裂缝。同时，生成的反应物晶体具有填充、堵塞毛细孔隙作用，增高混凝土密实性。膨胀剂按化学组成分为 4 类：硫铝酸钙类、硫铝酸钙-氧化钙类、氧化钙类、氧化镁类。常用的膨胀剂有 U 型膨胀剂、明矾石膨胀剂、复合膨胀剂，以及脂膜石灰膨胀剂等。U 型膨胀剂 UEA-H 不仅膨胀性能更好，还可提高混凝土的抗压强度，且碱度更低、与水泥和其他外加剂的适应性更强、施工更方便。膨胀剂不宜与氯盐类外加剂复合使用，与防冻剂复合使用时应慎重。硫铝酸钙类、硫铝酸钙-氧化钙类膨胀剂不适用于环境温度长期高于 80℃的工程，氧化钙类膨胀剂不得用于海水工程，各类膨胀剂均不适用于厚度 2m 以上混凝土结构，厚度 1m 以上混凝土结构应慎用，且不适用于温差大的结构，如屋面、楼板等。

4）密实剂是能降低混凝土在静水压力下的透水性的外加剂，在搅拌混凝土过程中添加的粉剂或水剂，在混凝土结构中均匀分布，充填和堵塞混凝土中的裂隙及气孔，使混凝土更加密实而达到阻止水分透过目的。有一类密实剂在混凝土硬化后涂刷在其表面，使渗入混凝土表面以达到表面层密实而产生防止水分透过的作用。这种抗渗型防水剂不能阻止较大压力的水透过，主要是防止水分渗透的作用。氯化钙可以促进水泥水化反应，获得早期的防水效果，但后期抗渗性会降低。氯化钙对钢筋有锈蚀作用，可以与阻锈剂复合使用，但不适用于海洋混凝土。三氯化铁防水剂掺入混凝土中与 $Ca(OH)_2$ 反应生产氢氧化铁凝胶，提高混凝土密实性及抗渗性等级，抗渗压力可达 2.5～4.6MPa。不适用于钢筋量大及预应力混凝土工程。三乙醇胺对水泥的水化起加快作用，水化生成物增多，水泥石结晶变细，结构密实，因此提高了混凝土的抗渗性，抗渗压力可提高 3 倍以上。同时具有早强和强化作用，质量稳定，施工简便，可提高模板周转率、加快施工进度。Fs102 混凝土密实剂属无机液态外加剂，是将硫磺、砂子与矿物掺合料在 1200℃高温下煅烧，提取的液态溶液。只需水泥重量 0.2%的微小掺量与水泥拌合，即可获得高密实性、高抗渗性的混凝土。Fs102 密实剂的优点是与水极易溶合；能显著减小收缩，提高了混凝土的抗裂性及耐久性；抗氯离子渗透性可提高 13%～18%，且自身不含碱、氯、氨等有害成分，对钢筋无锈蚀作用；可减小或取消超长板块混凝土后浇带或加强带。

**31.1.2.7 其他材料**

1. 水泥基渗透结晶型防水材料

（1）材料组成

水泥基渗透结晶型防水材料是以硅酸盐水泥、石英砂等为基材，掺入活性化学物质组成的一种新型刚性防水材料。外观为灰色粉末。与水拌合调成浆状涂刷在结构混凝土表面后，材料中的活性物质以水为载体向混凝土内部渗透，在混凝土中形成不溶于水的枝蔓状结晶体，填塞毛细孔道，使混凝土致密、防水。从而提高了基体混凝土的致密性和强度。

（2）技术性能

执行《水泥基渗透结晶型防水材料》GB 18445 标准。其主要物理力学性能应符合表 31-31的要求。

**水泥基渗透结晶型防水材料主要物理力学性能** **表 31-31**

| 序号 | 项目 | | 性能指标 | |
|---|---|---|---|---|
| | | | Ⅰ | Ⅱ |
| 1 | 安定性 | | 合格 | |
| 2 | 凝结时间 | 初凝时间（min）⩾ | 20 | |
| | | 终凝时间（h）⩽ | 24 | |
| 3 | 抗折强度（MPa）⩾ | 7d | 2.80 | |
| | | 28d | 3.50 | |
| 4 | 抗压强度（MPa）⩾ | 7d | 12.0 | |
| | | 28d | 18.0 | |
| 5 | 湿基面粘接强度（MPa）⩾ | | 1.0 | |
| 6 | 抗渗压力（28d，MPa）⩾ | | 0.8 | 1.2 |
| 7 | 第二次抗渗压力（56d，MPa）⩾ | | 0.6 | 0.8 |
| 8 | 渗透压力比（28d，%）⩾ | | 200 | 300 |

(3) 性能特点及适用范围

性能特点：

1）水泥基渗透结晶型防水材料耐水性能良好，涂刷 1.0～1.2mm 厚度，可使混凝土抗渗压力提高 3 倍以上。

2）对混凝土基体有很强的渗透性，渗透结晶深度随时间延长而加深。

3）可用在迎水面、背水面的混凝土潮湿基面上施工，施工方法简便。

适用于地下室、人防、隧道、管道、地下车库等防水堵漏工程。

2. 水性渗透型无机防水剂

(1) 材料组成

水性渗透型无机防水剂是以碱金属硅酸盐溶液为基料，加入催化剂、助剂等混合而成，具有渗透性，可封闭水泥砂浆或混凝土毛细孔通道和裂纹的功能性防水剂。

产品按组成的成分不同，分为Ⅰ型和Ⅱ型。

Ⅰ型以碱金属硅酸盐溶液为主要原料（简称 M1500）；

Ⅱ型以碱金属硅酸溶液及惰性材料为主要原料（简称 DPS）。

(2) 技术性能

执行《水性渗透型无机防水剂》JC/T 1018 标准。其主要物理力学性能应符合表 31-32 的要求。

**水性渗透型无机防水剂材料主要物理力学性能** **表 31-32**

| 序号 | 试验项目 | 性能指标 | |
|---|---|---|---|
| | | Ⅰ型 | Ⅱ型 |
| 1 | 外观 | 无色透明、无气味 | |
| 2 | 密度（g/cm³）⩾ | 1.10 | 1.07 |
| 3 | pH | 13±1 | 11±1 |
| 4 | 黏度（s） | 11.0±1.0 | |

续表

| 序号 | 试验项目 | | 性能指标 | |
|---|---|---|---|---|
| | | | Ⅰ型 | Ⅱ型 |
| 5 | 表面张力（mN/m）≤ | | 26.0 | 36.0 |
| 6 | 凝胶化时间（min） | 初凝 | 120±30 | — |
| | | 终凝 | 180±30 | ≤400 |
| 7 | 抗渗性/渗入高度（mm）≤ | | 30 | 35 |
| 8 | 贮存稳定性，10次循环 | | 外观无变化 | |

（3）性能特点及适用范围

性能特点：

DPS是混凝土永凝液的简称，也称界面渗透型防水涂料。

DPS是碱激活的化学渗透液，用原液直接喷涂于混凝土表面，利用渗透原理，使混凝土中的氢氧化钙和该溶液中的催化剂反应，形成晶体，填满混凝土内所有细小孔隙，从而成为混凝土整体结构的一部分，起着密封、防水、防磨损、牢固保护混凝土的作用，增强混凝土及其表面层的密实度和硬度，具有永久性的防水功效。

其主要特点如下：

1）DPS为无色、无味、透明的液体，无毒性、对环境无危害。溶液不燃烧，透气，冻结后无损害，储存时间长。

2）DPS喷涂于混凝土表面，不改变、不影响表面的颜色和结构，可阻止对水、油脂、石油和酸的吸收，使混凝土表面无碱、干爽、光洁。可改善与柔性防水材料或饰面层的结合，延长装饰层的使用寿命，能降低表面的化学侵蚀和物理磨损。

3）DPS为深层渗透防水密封剂，属刚性防水材料，对于工程易发生位移、变形部位的防水处理，需与柔性防水材料配合使用。

4）溶液有良好的渗透性，在渗透结晶过程中，挤出混凝土内的杂质和水分，分散水化热，从而控制混凝土膨胀，可抵抗表面裂纹。

5）适用于新、旧混凝土的界面连接，连接层形成高强晶体，因而适于作修补堵漏材料。

适用范围：

1）水性渗透型无机防水剂可喷涂或刷涂在水泥砂浆、混凝土基面，对基体起防水、密实、保护作用。

2）适用于地下室、厕浴间、隧道、游泳池等防水、堵漏工程。

3. 丁基橡胶防水密封胶粘带

（1）材料组成

丁基橡胶防水密封胶粘带是以饱和聚异丁基橡胶、丁基橡胶、卤化丁基橡胶等为主要原料制成的弹塑性胶粘带。它属压敏特性的粘结密封材料，能长期保持粘结性状态。

分类：产品按粘结面分为单面胶粘带和双面胶粘带。

单面胶粘带按覆面材料分为无纺布、铝箔和其他覆面材料。

按用途分为高分子防水卷材用和金属板屋面用的粘结密封材料。

（2）技术性能

执行《丁基橡胶防水密封胶粘带》JC/T 942标准。其主要物理力学性能应符合表31-33

的要求。

丁基橡胶防水密封胶粘带主要物理力学性能　　表 31-33

| 序号 | 项目 | | | | 性能指标 |
|---|---|---|---|---|---|
| 1 | 持粘性（min）⩽ | | | | 20 |
| 2 | 耐热性（80℃，2h） | | | | 无流淌、龟裂、变形 |
| 3 | 低温柔性（−40℃） | | | | 无裂纹 |
| 4 | 剪切状态下的粘合性（N/mm） | | 防水卷材 | ⩾ | 2.0 |
| 5 | 剥离强度（N/mm） | | 防水卷材 | ⩾ | 0.4 |
| | | | 水泥砂浆板 | ⩾ | 0.6 |
| | | | 彩钢板 | | |
| 6 | 剥离强度保持率（%） | 热处理（80℃，168h） | 防水卷材 | ⩾ | 80 |
| | | | 水泥砂浆板 | | |
| | | | 彩钢板 | | |
| | | 碱处理，$Ca(OH)_2$ 溶液，168h | 防水卷材 | ⩾ | 80 |
| | | | 水泥砂浆板 | | |
| | | | 彩钢板 | | |
| | | 浸水处理，168h | 防水卷材 | ⩾ | 80 |
| | | | 水泥砂浆板 | | |
| | | | 彩钢板 | | |

（3）性能特点及适用范围

丁基橡胶防水密封胶粘带具有优异的气密性、水密性和良好的自粘性、延伸性、耐候性、耐低温性及耐水性，无溶剂污染，即粘即用、施工安全方便等特点。

丁基橡胶密封胶粘带可单独使用，也可与防水卷材配套使用，适用于金属板屋面、卷材屋面及其细部构造的防水处理。

4. 膨胀剂

（1）材料组成

混凝土膨胀剂是指与水泥、水拌合后，经水化反应生成钙矾石，使混凝土产生膨胀而起到补偿收缩作用的外加剂。其中包括硫铝酸钙类和硫铝酸钙-氧化钙类混凝土膨胀剂等品种。

（2）技术性能

执行《混凝土膨胀剂》JC 476 标准。其主要物理力学性能应符合表 31-34 的要求。

混凝土膨胀剂主要物理力学性能指标　　表 31-34

| 序号 | 项目 | | 性能指标 |
|---|---|---|---|
| 1 | 化学成分 | 氧化镁（%）⩽ | 5.0 |
| | | 含水率（%）⩽ | 3.0 |
| | | 总碱量（%）⩽ | 0.75 |
| | | 氯离子（%）⩽ | 0.05 |

续表

| 序号 | 项目 | | | | 性能指标 |
|---|---|---|---|---|---|
| 2 | 物理性能 | 细度 | 比表面积（$m^2/kg$）≥ | | 250 |
| | | | 0.08mm 筛筛余（%）≤ | | 12 |
| | | | 1.25mm 筛筛余（%）≤ | | 0.5 |
| | | 凝结时间 | 初凝（min）≥ | | 45 |
| | | | 终凝（h）≤ | | 10 |
| | | 限制膨胀率（%） | 水中 | 7d≥ | 0.025 |
| | | | | 28d≤ | 0.10 |
| | | | 空气中 | 21d≥ | −0.020 |
| | | 抗压强度（MPa）≥ | 7d | | 25.0 |
| | | | 28d | | 45.0 |
| | | 抗折强度（MPa）≥ | 7d | | 4.5 |
| | | | 28d | | 6.5 |

注：细度用比表面积和 1.25mm 筛筛余或 0.08mm 筛筛余和 1.25mm 筛筛余表示，仲裁检验用比表面积和 1.25mm 筛筛余表示。

(3) 性能特点及适用范围

膨胀剂与水泥、水搅拌后经水化反应生成的硅酸钙凝胶使混凝土适度膨胀，在临位钢筋的约束下，可以抵消或减少混凝土的收缩，可起到抗渗防裂和治理渗漏的作用。

补偿收缩混凝土适用于一般工业与民用建筑的地下防水结构，水池、水塔、人防、洞库等防水工程及修补堵漏。

## 31.1.3 防水材料施工工艺及适用范围

### 31.1.3.1 防水卷材施工

1. 热熔改性沥青防水卷材

(1) 基层要求

1) 基层应坚实，无空鼓、起砂、裂缝、松动和凹凸不平等缺陷。

2) 基层表面要平整，用 2m 长直尺检查，直尺与基层的间隙不应超过 5mm。只允许平缓变化，每米长度内不得多于 1 处。

3) 表面干燥，可采用便携式基层含水率检测仪检测，含水率应小于 9%；或采用干燥程度简易检验方法：将 $1m^2$ 卷材平坦地干铺在基层上，静置 3～4h 后掀开检查，基层覆盖部位与卷材上未见水印即可。

4) 基层与突出屋面结构的连接处、管根，地下工程的平面与立面交接处、阴阳角部位等应用水泥砂浆做成圆弧或 45°（135°）折角，其尺寸视卷材品质确定。

(2) 施工工艺

铺贴卷材前，应在基层表面涂刷基层处理剂，基层处理剂应与卷材的材性相容，基层处理剂可采用喷涂法或涂刷法施工，喷、涂应均匀一致、不露底，待表面干燥后方可铺贴卷材。

屋面的水落口及周边、天沟、女儿墙、阴阳角、出墙管道；地下的阴阳角、伸缩缝、穿墙管等部位必须设附加层。阴角附加层卷材裁剪方法见图 31-6，阳角附加层卷材裁剪方法见图 31-7，管根附加层卷材裁剪方法见图 31-8。

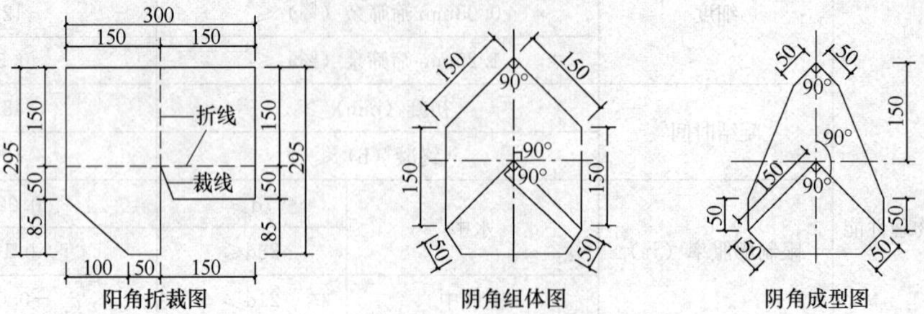


图 31-6　阴角附加层卷材裁剪图

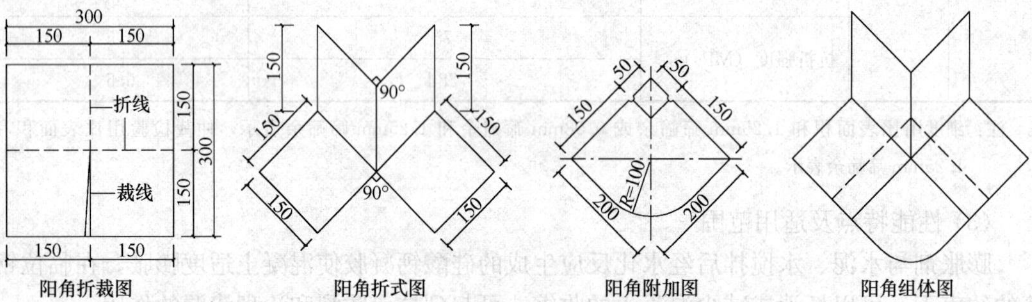


图 31-7　阳角附加层卷材裁剪图

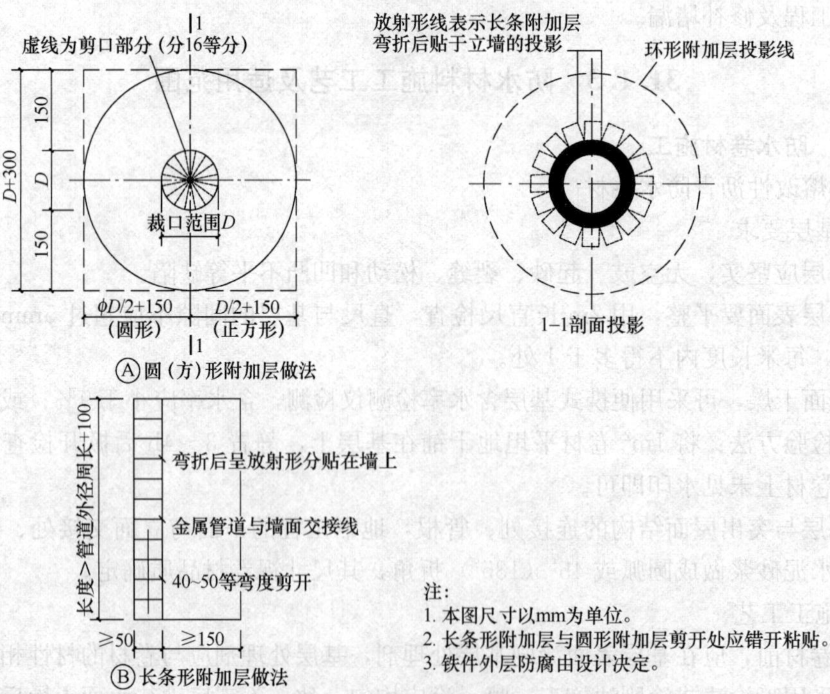


图 31-8　管根附加层卷材裁剪方法

先将卷材打开，根据平面弹线位置将卷材进行预铺，预铺后把卷材从两端卷向中间，从中间向两端滚铺粘贴。将火焰加热器对准卷材与基层交接处的夹角加热卷材底面沥青层及基层，加热要均匀，加热器距交界处约300mm往返加热，趁沥青涂盖层呈熔融状态时，边烘烤边向前缓慢地滚铺卷材使其粘结到基层上，随后用轧辊压实排除空气并使其粘结紧密。

粘贴第二层卷材时，在烘烤上层卷材底面沥青层的同时，烘烤下一层卷材上表面沥青层，重复第一层操作过程进行粘结。上下两层卷材和相邻两幅卷材的接缝应错开至少1/3幅宽，且两层卷材不得相互垂直铺设。同层卷材搭接不应超过3层。卷材收头应固定密封。

卷材防水层搭接部位的处理及要求：

1）卷材防水层的搭接部位必须与大面卷材同时热熔，防水层的搭接边必须自然溢出沥青条。

2）卷材搭接宽度应符合相关技术规范和质量验收规范要求，特别重要或搭接有特殊要求，接缝宽度按设计要求，最小搭接宽度应符合表31-35的规定。

**防水卷材最小搭接宽度**（mm） **表31-35**

| 防水卷材 | 搭接方式 | 搭接宽度 |
|---|---|---|
| 聚合物改性沥青类防水卷材 | 热熔法、热沥青 | ≥100 |
| | 自粘搭接（含湿铺） | ≥80 |
| 合成高分子类防水卷材 | 胶粘剂、粘结料 | ≥100 |
| | 胶粘带、自粘胶 | ≥80 |
| | 单缝焊 | ≥60，有效焊接宽度不应小于25 |
| | 双缝焊 | ≥80，有效焊接宽度10×2+空腔宽 |
| | 塑料防水板双缝焊 | ≥100，有效焊接宽度10×2+空腔宽 |

满粘法、条粘法、点粘法、空铺法的操作：

1）满粘法

满粘法用火焰加热器由卷材横向一边向另一边缓慢移动，均匀烘烤卷材所有部位，使其表面沥青全部呈熔融状态，以达到卷材与基层或卷材与卷材的全粘结。满粘法施工时，要做到卷材在向前移动的过程中用专用的工具进行压实，不得有空鼓，尤其要将卷材搭接部位压实。

适用于坡屋面、屋面面积较小，结构变形较小的屋面。

2）条粘法

卷材与基层采用条状粘结时，每幅卷材与基层的粘接面积不小于3条，每条宽度根据确定的粘接面积而定，一般平屋面工程每条宽度不小于150mm。

适用于采用留槽排汽不能解决卷材防水层开裂和起鼓的无保温层屋面；或温差较大，基层又十分潮湿的排汽屋面。

3）点粘法

卷材与基层采用点状粘结时，每平方米粘接不小于5个点，平屋面工程每个点面积为100mm×100mm，对有坡度的屋面工程应增加点粘面积。

适用于采用留槽排汽不能解决卷材防水层开裂和起鼓的无保温层屋面；或温差较大，基层又十分潮湿的排汽屋面；及地下防水工程底板垫层混凝土的平面部位。

4）空铺法

卷材与基层之间采用不粘结的铺设方式，施工将卷材按照弹线位置铺贴后，将卷材的搭接部位进行热熔连接。

适用于基层易变形和湿度大，找平层水蒸气难以由排汽道排入大气的屋面；及地下防水工程底板垫层混凝土的平面部位。

（3）注意事项

铺贴卷材严禁在雨天、雪天施工；五级风及其以上时不得施工，施工气温不宜低于－10℃。

（4）适用范围

1）Ⅰ型的聚酯毡胎或玻纤毡胎SBS改性沥青防水卷材，有一定的拉力，低温柔度较好。适用于一般和较寒冷地区的建筑作屋面防水层。当采用板岩片（彩砂）或铝箔覆面的卷材作外露屋面防水层时，无需另作保护层；若采用聚乙烯膜或细砂等覆面的卷材作外露屋面防水层时，必须涂刷耐老化性能好的浅色涂料或铺设块材、铺抹水泥砂浆、浇筑细石混凝土等作保护层。

2）Ⅱ型的聚酯毡胎SBS改性沥青防水卷材，具有拉力高、延伸率较大、低温柔性好，耐腐蚀、耐霉变和耐候性能优良以及对基层伸缩或开裂变形的适应性较强等特点。适用于一般及寒冷地区的屋面和地下工程（迎水面）的防水层。

3）Ⅱ型的玻纤毡胎SBS改性沥青防水卷材，具有拉力较高、尺寸稳定性和低温柔度好，耐腐蚀、耐霉变和耐候性能优良等特点，但延伸率差。仅适用于一般和寒冷地区且结构稳定的建筑作屋面或地下工程（迎水面）的防水层。

2. 自粘聚合物改性沥青防水卷材

（1）基层要求

同热熔改性沥青防水卷材。

（2）施工工艺

铺贴卷材前，应在基层表面涂刷基层处理剂，基层处理剂应与卷材的材性相容，基层处理剂可采用喷涂法或涂刷法施工，喷、涂应均匀一致，不露底，待表面干燥后方可铺贴卷材。

屋面的水落口及周边、天沟、女儿墙、阴阳角、出墙管道；地下的阴阳角、伸缩缝、穿墙管等部位必须设附加层。

卷材铺贴前应在基层上弹基准线，试铺，确定卷材搭接位置，保证卷材铺贴的方向顺直美观。按已弹好的基准线位置将成卷卷材的自粘面朝下，对准弹好的粉线，首先将卷材末端固定后，再逐渐展开成卷卷材的同时，揭掉卷材下表面剥离纸后自粘铺贴卷材防水层，在铺贴过程中用压辊压实卷材，使卷材与基层粘结牢固。自粘卷材为压敏型自粘材料，搭接缝必须施加一定压力方能获得良好的粘贴强度，因此施工时必须使用合适的工具进行搭接带的压实，首先采用手持压辊，施加一定的压力对搭接带进行压实，再采用压辊对搭接带边缘进行二次条形压实。自粘卷材搭接宽度应符合表31-35的要求，屋面及地下工程长短边搭接宽度均不应小于80mm。卷材收头部位需用密封材料封严。

(3) 注意事项

雨、雪天及五级风以上不得铺贴卷材，施工环境温度为5～35℃，最佳温度为10～35℃。

(4) 适用范围

适用于非外露屋面或地下工程（迎水面）的防水层。Ⅱ型的自粘聚酯毡胎卷材拉力较大，低温柔性更好，适用于寒冷地区中、高档建筑的地下工程（迎水面）和设有刚性保护层屋面的防水层。

3. 湿铺改性沥青防水卷材

(1) 基层要求

基层应坚固、平整，洁净，无起沙，空鼓、开裂，浮浆等现象，基层较干燥时需要洒水润湿，但不得有明水。

(2) 施工工艺

1）卷材铺贴前宜先定位、弹线、试铺。

2）地下工程的阴阳角、伸缩缝、穿墙管等部位必须设附加层。

3）水泥素浆的配制：配制水泥素浆一般按水泥：水=2：1（重量比），先按比例将水倒入搅拌桶，再将水泥放入水中，浸泡15～20min并充分浸透后，用电动搅拌器搅拌均匀成腻子状即可。

4）刮涂水泥素浆：其厚度视基层平整情况而定，一般为1.5～2.5mm，刮涂时应注意压实、刮平。刮涂水泥素浆的宽度宜比卷材长、短边各宽出100mm，并在刮涂过程中注意保证平整度。

5）防水卷材大面积铺贴：揭除卷材下表面隔离膜，卷材露出自粘胶料的一面向下铺贴在刚刮好的水泥素浆上，边撕隔离膜边铺贴卷材，用刮板和滚筒等从上方赶压卷材，排出卷材与水泥素浆的空气，使卷材胶料与水泥素浆紧密结合，搭接处堆积的水泥素浆要及时清理干净，卷材铺贴的同时，进行搭接边的粘接工作，将相邻卷材搭接边的隔离膜撕开，边撕开隔离膜边粘贴压实，长短边搭接宽度应符合表31-35的规定，施工时，相邻两幅卷材的搭接缝要错开。采用两层防水卷材叠加复合防水做法时，第一层防水卷材应采用双面自粘卷材湿铺法施工，第二层可采用单面自粘卷材自粘法施工，上下两层卷材和相邻两幅卷材的接缝应错开至少1/3幅宽，且两层卷材不得相互垂直铺设。

6）成品养护：防水层铺好后，凉放24～48h，一般情况下，环境温度越高所需时间越短。高温天气防水层暴晒时，可用遮阳布或其他物品遮盖。

(3) 注意事项

不得在雨、雪天及五级风以上施工，施工环境温度为5～35℃。

(4) 适用范围

湿铺法施工，操作简便，可与基层形成密封层，粘结强度高，对基层伸缩或开裂变形的适应性强，有利于防止窜水现象发生，防水质量可靠，适用于地下、屋面等防水工程。

4. 胶粘法橡胶类防水卷材

(1) 基层要求

同热熔改性沥青防水卷材。

（2）施工工艺

1）涂布基层处理剂：将与卷材配套的专用基层处理剂均匀涂刷在干净、干燥的基层表面上，涂刷时不得漏刷，也不应有堆积现象，待基层处理剂固化干燥后才能铺贴卷材。

2）屋面的水落口及周边、天沟、女儿墙、阴阳角、出墙管道；地下的阴阳角、伸缩缝、穿墙管等部位必须设附加层。

3）涂刷卷材胶粘剂：先将与卷材相容的专用配套胶粘剂搅拌均匀，方可进行涂布施工。基层胶粘剂可涂刷在基层或涂刷在基层和卷材底面。涂刷均匀，不露底，不堆积。采用空铺法、条粘法、点粘法时，应按规定的位置和面积涂刷。

① 在卷材表面涂刷胶粘剂：将卷材展开摊铺在平整干净的基层上，用长把辊刷蘸取专用胶粘剂，均匀涂刷在卷材表面上，涂刷时不得漏涂，也不得堆积，且不能往返多次涂刷。

② 在基层表面涂刷胶粘剂：在卷材表面涂刷胶粘剂的同时，用长把辊刷蘸取胶粘剂，均匀涂刷在基层处理剂已经干燥的基层表面上，涂胶后静置 20～40min，待指触基本不粘时，即可进行卷材铺贴施工。

4）铺贴卷材：铺贴卷材时，可根据卷材的配置方案，先用弹出基准线。第一种方法是将卷材沿长边方向对折成二分之一幅宽卷材，涂胶面相背，然后将待铺卷材卷首对准已铺卷材短边搭接基准线，待铺卷材长边对准已铺卷材长边搭接基准线，贴压完毕后，将另一半展铺并用压辊将卷材滚压粘牢。第二种方法是将已涂胶粘剂的卷材卷成圆筒形，然后在圆筒形卷材的中心插入一根 $\phi$30mm×1500mm 的铁管，由两人分别手持铁管的两端，并使卷材的一端固定在预定部位，再沿基准线展铺卷材，使卷材松弛地铺贴在基层表面。在铺贴卷材的过程中，不允许拉伸卷材，也不得有皱褶现象存在。

5）卷材搭接粘结处理

① 用搭接胶粘接卷材接缝

相邻卷材搭接定位，用专用清洗剂清洁搭接区后，均匀涂刷配套搭接胶粘剂。待搭接胶粘剂干燥至仍有黏性但用手指向前压推不动时（避免过干），沿底部卷材的内边缘 13mm 以内，挤涂直径为 3～4mm 的配套内密封膏膏条，并确保密封膏不间断。内密封膏挤涂完毕后，进行卷材接缝粘合作业，用手一边压合一边排除空气，使搭接部位粘合，不要拉伸卷材或使卷材出现皱褶，随后立即用手持钢压辊以正向压力向接缝外边缘辊压，保证粘结牢固，滚压方向应与接缝方向相垂直。用沾有配套清洗剂的布清理接缝，以接缝为中心线挤涂配套外密封膏，然后用带有凹槽的专用刮板沿接缝中心线以 45°刮涂压实外密封膏，使之定型。外密封膏应在搭接缝完成 2h 后挤涂，并应于当日完成。卷材搭接宽度应符合表 31-35 的规定。

② 用胶粘带粘接卷材接缝

在卷材搭接区涂刷配套底涂，打开胶粘带（约 1m），沿弹好的线把胶粘带铺粘在下层卷材上，用手压实。把上层卷材铺放在胶粘带的隔离膜上，最少应有 3mm 宽度的胶粘带超出卷材搭接边外边缘。用手持钢压辊或橡胶压辊压实胶粘带，揭去上层卷材下面胶粘带上的隔离膜，并把上层卷材直接铺粘在暴露的胶粘带上面，并沿垂直于搭接边的方向用手压实上层卷材，并用 50mm 宽的钢压辊用力压实搭接缝。卷材搭接宽度应符合表 31-35 的规定。

(3) 注意事项

施工环境温度不得低于5℃，雨天、雪天、五级风及以上天气不得施工。

(4) 适用范围

橡胶类防水卷材具有拉伸强度高、耐老化性能好、使用寿命长、伸长率大、对基层伸缩或开裂变形的适应性强等特点，适用于耐久性、耐腐蚀性和适应变形要求高的屋面或地下工程迎水面的防水层。

5. 预铺反粘防水卷材

(1) 基层要求

基层表面平整、牢固，无杂物，不得有明水。阴阳转角抹成圆弧形。

(2) 施工工艺

1) 空铺防水卷材：宜先在垫层上弹线，以确定卷材基准位置。把卷材自粘胶层（带砂面层）朝上，高分子片材面朝下，按基准线铺展第一幅卷材，再铺设第二幅卷材。铺设卷材时，卷材不得用力拉伸，应随时注意与基准线对齐，以免出现偏差难以纠正。

2) 卷材长边搭接：卷材长边连接采用自粘搭接的方式，揭除搭接部位的隔离膜，粘贴在一起，然后进行碾压、排气、粘贴牢固。卷材搭接宽度应符合表31-35的规定，长边不应小于80mm。

3) 短边搭接：短边搭接采用配套胶带辅助搭接，将下层卷材上表面贴上双面胶带，最后将上层卷材搭上碾压粘贴牢固，搭接宽度不小于120mm。

4) 节点部位加强密封处理。

(3) 注意事项

施工环境温度宜为5～35℃，雨天、雪天、五级风及以上天气不得施工。

(4) 适用范围

该卷材采用预铺法施工，操作简便，可与基层形成密封层，粘结强度高，对基层伸缩或开裂变形的适应性强，有利于防止窜水现象发生，防水质量可靠，适用于地下、屋面等防水工程。

#### 31.1.3.2 防水涂料施工

1. 水性乳液型防水涂料

(1) 基层要求

基层表面必须认真清扫干净，坚实平整不起砂，基本干燥，不得有积水。

(2) 施工工艺

1) 刷涂底层：取水性乳液型防水涂料按配比要求制备底层用料，用滚刷均匀地涂刷底层，用量约为0.4kg/m$^2$，待手摸不沾手后进行下一道工序。

2) 细部附加层：按设计要求在管根等部位的凹槽内嵌填密封膏，密封材料应压嵌严密，并与缝壁粘结牢固，不得有开裂、鼓泡和下塌现象。在地漏、管根、阴阳角和出入口易发生漏水的薄弱部位，须增加一层胎体增强材料，宽度不得小于300mm，搭接宽度不得小于100mm，施工时先刷涂防水涂料，再铺增强层材料，然后再涂刷两遍防水涂料。

3) 涂刷中、面层防水层：取水性乳液型防水涂料，用滚刷均匀地涂在底层防水层上面，每遍约为0.8～1.0kg/m$^2$，接槎宽度不应小于100mm，多遍涂刷（一般3遍以上），直到达到设计规定的涂膜厚度要求。

(3) 注意事项

施工时环境气温应在5℃以上，对于户外露天作业的工程，如预计24h内有阵雨、霜冻时应停止施工。

(4) 适用范围

适用于屋面、厕浴间、外墙防水工程。不宜用于地下工程和长期泡水的工程。

1) 水乳型纯丙烯酸酯类防水涂料具有较好的耐候性，适用于屋面及外墙防水工程。

2) 水乳型苯—丙防水涂料适用于非外露屋面、室内防水工程。

3) 水乳型硅—丙防水涂料具有较好的耐候性、憎水性和耐污染性等特点，适用于屋面、外墙防水工程。

2. 聚氨酯防水涂料

(1) 基层要求

同热熔改性沥青防水卷材。

(2) 施工工艺

基层处理：基层表面如不能达到操作要求时，应用水泥砂浆找平，并采用掺入水泥量15%的聚合物乳液调制的水泥腻子填充刮平。遇有穿墙套管时，套管应安装牢固收头圆滑。

配料和搅拌：单组分涂料一般用铁桶或塑料桶密闭包装，打开桶盖后即可施工。使用前应进行搅拌，反复滚动铁桶或塑料桶，使桶内涂料混合均匀，达到内部各个部分浓度一致。最好是将桶装涂料倒入开口的大容器中，机械搅拌均匀。没有用完的涂料，应加盖密封，桶内如有少量结膜现象，应清除或过滤后使用。

涂刷基层处理剂：当基面较潮湿时，应涂刷湿固化型界面处理剂或潮湿界面隔离剂，基层处理剂在用刷子薄涂时需用力，使涂料尽可能的挤进基层表面的毛细孔中，这样可将毛细孔中可能残存的少量灰尘等无机杂质部分挤出，并像填充料一样混和在基层处理剂中，增强了其与基层的结合力。

细部加强层：防水涂料大面积施工前，阴阳角、变形缝、穿墙管根部等部位均需增加一层胎体增强材料，并增涂2～4遍防水涂料，宽度不应小于600mm。

涂布防水涂料：涂布立面涂料时宜采用蘸涂法，涂刷应均匀。平面涂布时可先倒料在待涂刷的地上，用橡胶刮板将其均匀刮涂在基面上，每层用料为0.8～1.0kg/m²，厚度为0.6～0.8mm。第1层涂完后静置约12～24h，再涂第2层厚度为0.8～1.0mm，施工时可在第1层与第2层之间铺设无纺布，以提高涂层强度。涂层总厚度约为1.5mm。当设计厚度为2.0mm时，在第2层涂料固化不粘手时，再涂刷0.3～0.5mm厚的第3层涂层。这一层对防水性能要求较高，应与第2层交叉涂刷。注意不可在一处倒得过多，否则涂料难以刷开，造成厚薄不匀现象。涂刷时涂层中不能裹入气泡，如有气泡应及时消除。涂刷的遍数应按试验确定，不可一遍涂刷过厚。在前一遍涂层干燥后进行后一遍涂层的涂刷前要将涂层上的灰尘、杂质清理干净，后遍涂料涂布前应检查并修补前遍涂层存在的气泡、露底、漏刷、胎体增强材料皱褶、翘边、杂物混入等有缺陷，然后再涂布后遍涂层。涂料涂布应分条或按顺序进行，分条进行时，每条宽度应与胎体增强材料宽度相一致。各道涂层之间按相互垂直的方向涂刷，以提高涂膜防水层的整体性和均匀性，同层涂膜的先后搭压宽度宜为30～50mm；涂膜防水层的甩槎处搭槎宽度应大于100mm，接涂前应将其甩槎表面处理干净。

如果铺设胎体增强材料，涂膜防水层中铺贴的胎体增强材料，同层相邻的搭接宽度不应小于 100mm，上下层接缝应错开 1/3 幅宽。铺胎体增强材料是在涂刷第 2 遍或第 3 遍涂料前，采用湿铺法或干铺法铺贴。湿铺法就是在第 2 遍涂料或第 3 遍涂料涂刷时，边倒料、边涂布、边铺贴的操作方法。在施工时，用刷子或刮板将涂料仔细均匀地涂布在已干燥的涂层上，使全部胎体增强材料浸透涂料，这样上下两层涂料就能结合良好，保证了防水效果。干铺法是在上道涂层干燥后，先干铺胎体增强材料，然后用刮板均匀满刮一道涂料，并使涂料浸透到已固化的底层涂膜上而使得上下层涂膜及胎体形成一个整体的涂膜防水层。

收头处理：所有胎体增强材料收头均应用密封材料压边，防止收头部位翘边，压边宽度不得小于 10mm。收头处的胎体增强材料应裁剪整齐，如有凹槽时可压入凹槽内，不得出现翘边、皱褶、露白等现象，否则应进行处理后再涂封密封材料。

稀撒石渣：为增强防水层与粘结贴面材料（如瓷砖、缸砖等）的水泥砂浆之间的粘结力，在最后一遍涂层固化前，在其表面稀撒干净的石渣（直径为 2mm），这些石渣在涂膜固化后可牢固地粘贴在涂膜的表面。

(3) 注意事项

施工时要使用有机溶剂，故应注意防火，施工人员应采取保护措施（戴手套、口罩、眼镜等），施工现场要求通风良好，以防溶剂中毒，施工温度宜在 0℃以上。

(4) 适用范围

适用于非外露屋面防水、地下工程迎水面以及厕浴间工程的防水工程。

3. 热熔改性沥青防水涂料

(1) 基层要求

同热熔改性沥青防水卷材。

(2) 施工工艺

1) 涂刷基层处理剂：基层表面宜采用与热熔型防水涂料配套的底层处理剂，涂刷时应均匀一致，不得有漏刷和露底现象，待涂刷的处理剂干燥，不粘手后方可进行热熔防水涂料的施工作业。

2) 改性沥青块的融化：将运至施工作业现场的改性沥青块投入到熔化炉中融化，熔化材料的熔化温度不宜超过 200℃，同时不停地搅拌，待改性沥青块融化成液体状时，即可打开放料阀门将液料放入施工作业的料桶中备用。

3) 施工作业：大面积施工作业前，应先确定附加层的部位，阴阳角以及管道周边附加层的宽度不应小于 250mm。在水落口、出屋面的管道、阴阳角、天沟等部位应铺设附加层。施工时应均匀刮涂热熔改性沥青防水涂料，其厚度不应小于 1.5mm，并应在涂层内夹铺胎体增强材料。

热熔型防水涂料的施工作业温度宜为 180℃，将融化好备用的涂料倒在已经处理完毕的基层表面上，边倒边刮，也可以采用喷涂法进行喷涂施工，根据规定的涂膜厚度分别刮涂或喷涂均匀。每遍刮涂或喷涂的厚度控制在 1.5～2.0mm，前后两遍的施工作业方向应相互垂直。

若涂膜层中需要铺贴增强材料时，应在刮涂或喷涂一遍涂料后涂料尚未冷却成膜，并有黏性时铺贴，胎体材料铺贴时应整齐搭接，排除胎体与涂料之间的空气，不得有鼓包和褶皱等现象，待涂料冷却后即可涂刮或喷涂上层涂料。

(3) 注意事项

施工环境温度宜为5～35℃。雨天、雪天不得施工，四级风以上时不宜施工。

(4) 适用范围

适用于非外露屋面、地下室和厕浴间等工程迎水面的防水工程。

4. 水性改性沥青防水涂料

(1) 基层要求

同水性乳液型防水涂料。

(2) 施工工艺

参见水性乳液型防水涂料。

(3) 注意事项

气温低于0℃或高于35℃不得施工，雨天、雪天不得施工，四级风以上时不宜施工。

(4) 适用范围

该涂料具有延伸率大、耐腐蚀性能较好、与基层粘结力强并可在潮湿基面施工等特点，适用于屋面、厕浴间等防水工程。

5. 喷涂聚脲防水涂料

(1) 基层要求

1) 基层应坚实，无空鼓、起砂、裂缝、松动和凹凸不平等缺陷。

2) 基层表面要平整，用2m长直尺检查，直尺与基层的间隙不应超过5mm。只允许平缓变化，每米长度内不得多于1处。

3) 表面干燥，可采用便携式基层含水率检测仪检测，含水率应小于9%；或采用干燥程度简易检验方法：将$1m^2$塑料薄膜平坦地干铺在基层上，四周用胶带密封，静置3～4h后掀开检查，如有水珠或基层颜色加深，则含水率较高，反之含水率视为合格。因该材料对基层干燥度要求较高，尽管基层干燥度检测合格，但其是否符合施工要求，还应现场结合材料特性及环境状况确定。

(2) 施工工艺

1) 细部加强层：界面剂大面积涂刷前，阴阳角、变形缝、穿墙管根部等部位均需使用配套涂层修补材料做一层胎体增强材料，涉及细部需密封处理的宜选用聚氨酯密封胶。

2) 涂刷界面剂：界面剂应按要求的配比配制，配量适中，混合均匀。界面剂可采用涂刷、辊涂或刮涂的方法施工，涂覆的界面剂应薄而均匀，无漏涂，无堆积。

3) 喷涂施工：喷涂作业时，喷枪宜垂直于待喷基面，距离适中，并宜匀速移动，应按照先细部构造后整体的顺序连续作业，一次多遍、交叉喷涂至设计要求的厚度。两次喷涂时间间隔超出喷涂防水涂料生产厂家规定的复涂时间时，再次喷涂作业前应在已有涂层的表面施作层间处理剂。两次喷涂作业面之间的接槎宽度不应小于150mm。

(3) 注意事项

1) 喷涂聚脲作业应在环境温度大于5℃，相对湿度小于85%，且基层表面温度比露点温度至少高3℃的条件下进行。在四级风及以上的露天环境条件下，不宜实施喷涂作业。严禁在雨天、雪天实施露天喷涂作业。

2）喷涂作业工人应配备工作服、护目镜、防护面具、乳胶手套、安全鞋、急救箱等劳保用品。

(4) 适用范围

适用于屋面、地下、隧道、种植屋面以及污水处理池等工程的迎水面。

6. 非渗油蠕变橡胶防水涂料

(1) 基层要求

1）基层应坚实、密实、平整、干净、无明水，且无影响粘结的附着物。

2）混凝土或砂浆基层不应有疏松、开裂、空鼓、起砂等现象。

(2) 施工工艺

1）细部加强层：大面积施工前，阴阳角、变形缝、穿墙管根部等部位均需设置附加层。

2）采用刮涂法施工时，先将非渗油蠕变橡胶防水涂料放入专用设备中加热，将加热熔融的涂料注入施工桶中，平面施工时将涂料倒在基面上，用刮板均匀涂刮，一次成型至规定厚度。

3）采用喷涂法施工时，应将非渗油蠕变橡胶防水涂料加热达到预定温度后，采用专用喷涂设备进行施工，涂层的厚度应均匀，大面积施工前应进行试喷。

4）每次施工作业面的幅宽应比粘铺的防水卷材或覆盖材料宽100mm左右。

(3) 注意事项

非渗油蠕变橡胶防水涂料施工温度不宜低于−10℃，严禁在雨天、雪天、五级及以上大风时露天施工。如施工时下雨或下雪，应立即停止施工，并对已施工部位采取有效保护措施。

(4) 适用范围

适用于房屋建筑工程、市政工程等。

**31.1.3.3 复合防水施工**

1. 非固化橡胶沥青防水涂料与改性沥青防水卷材复合防水施工

(1) 基层要求

1）基层应坚实，无空鼓、起砂、裂缝、松动和凹凸不平等缺陷。

2）基层表面要平整，用2m长直尺检查，直尺与基层的间隙不应超过5mm。只允许平缓变化，每米长度内不得多于1处。

3）基层表面宜干燥。

(2) 施工工艺

1）施工时应先确定附加层的部位，阴阳角以及管道周边附加层的宽度不应小于250mm。在水落口、出屋面的管道、阴阳角、天沟等部位应铺设附加层。施工时应均匀刮涂非固化橡胶沥青防水涂料，其厚度不应小于1.5mm，并应在涂层内夹铺胎体增强材料或在涂层表面铺设覆面增强材料。

2）非固化橡胶沥青防水涂料宜采用刮涂或喷涂法施工

① 刮涂法施工时，应将涂料放入专用设备中进行加热，把加热熔融的涂料注入施工桶中，在平面施工时宜将涂料倒在基面上，用齿状刮板涂刮，涂层的厚度平面不小于

2.0mm（涂料用量 2.6kg/m²），立面不小于 1.5mm（涂料用量 1.95kg/m²）。

刮涂时应一次形成规定厚度，每次刮涂的宽度应比粘铺的卷材或保护隔离材料宽 100mm 左右。

② 喷涂法施工时，将涂料加热达到预定温度后，启动专用的喷涂设备，检查喷枪、喷嘴运行是否正常。开启喷枪进行试喷，达到正常状态后，进行大面积喷涂施工，同层涂膜的先后搭压宽度宜为 30～50mm。调整喷嘴与基面的距离及喷涂设备压力，使喷涂的涂层厚薄均匀。每一喷涂作业面的幅宽应大于卷材或保护隔离材料宽 100mm 左右。

3）粘铺卷材层的施工

每一幅宽的涂层完成后，随即粘铺卷材，铺贴的卷材应顺直、平整、无折皱。高聚物改性沥青防水卷材的搭接缝宜采用热熔法施工，施工时，应用加热器加热卷材搭接缝部位的上下层卷材，待卷材表面开始熔融时，即可粘合搭接缝，并使接缝边缘溢出热熔的沥青胶。

(3) 注意事项

1）施工环境温度宜为 5～35℃，不宜在低于－10℃及高于 35℃或烈日暴晒下施工。

2）雨天、雪天不得施工，四级风以上时不宜施工。

(4) 适用范围

适用于新建、改扩建或维修工程的屋面及地下等防水工程。

2. 水泥胶结料与聚乙烯丙纶复合防水施工

(1) 基层要求

1）基层应坚实，无空鼓、起砂、裂缝、松动和凹凸不平等缺陷。

2）基层表面要平整，用 2m 长直尺检查，直尺与基层的间隙不应超过 5mm。只允许平缓变化，每米长度内不得多于 1 处。

3）基层表面应湿润但无明水。

(2) 施工工艺

1）配置聚合物水泥防水胶粘材料：与卷材配套的聚合物水泥防水胶粘材料应按生产厂家的产品使用说明书要求配制，计量应准确，搅拌应均匀，搅拌时应采用电动搅拌器具，拌制好的聚合物水泥防水胶粘材料应在规定时间内用完。

2）铺贴附加层施工：附加层可采用聚烯丙纶卷材，附加层宽度应符合设计要求，卷材附加层粘贴应平整牢固，不得扭曲、皱褶、空鼓。

3）铺贴大面防水卷材：防水卷材铺贴时应顺流水方向搭接，并从防水层最低处开始向上铺贴，上下两层卷材不得相互垂直铺贴，上下层卷材的搭接缝应错开至少 1/3 幅宽。铺贴卷材前应在基层上弹出基准线，卷材的长边和短边搭接宽度均不应小于 100mm。将配置好的聚合物水泥防水胶粘材料均匀地涂刮在基层上，不得有露底或堆积现象，厚度以 1.3～1.5mm 为宜。

聚合物水泥防水胶粘材料涂刮后随即铺贴卷材，防止时间过长影响粘接质量，铺贴防水卷材时不得起褶皱、不得用力拉伸卷材，并及时排除卷材下面多余的空气和聚合物水泥防水胶粘材料，以保证卷材与基层之间粘接密实。搭接缝表面应涂 1.5mm 厚 50mm 宽的聚合物水泥防水胶粘材料进行增强密封处理。卷材收头处应用聚合物水泥防水胶粘材料找平封严。

(3) 注意事项

室外防水工程雨天、五级风或五级风以上不得施工，防水层完工后聚合物水泥防水胶粘材料固化前下雨时，应采取保护措施。卷材铺贴时，环境温度不得低于5℃，不得高于35℃，超出温度范围应采取措施。

(4) 适用范围

适用于屋面、地下、室内等防水工程。

#### 31.1.3.4 密封止水胶施工

1. 遇水膨胀止水胶

(1) 基层要求

施工表面的灰尘应进行清理，对是否平整、干湿度无特殊要求。

(2) 施工方法

① 将密封胶放入填缝枪中，前端开口，旋上胶嘴，根据接缝要求切割胶嘴的大小和宽度。

② 用挤胶枪将密封胶挤到施工缝隙中。

#### 31.1.3.5 止水带施工

(1) 中埋式止水带尽量靠近外防水层安装，漫射位置应准确，其中间空心圆环应与变形缝的中心线重合；止水带应固定，墙体内止水带可平直安装，顶、底板内止水带应成盆状安设；中埋式止水带先施工一侧混凝土时，其端模应支撑牢固，并应严防漏浆；止水带的接缝宜为一处，应设在边墙较高位置上，不得设在结构转角处，接头宜采用热压焊接；中埋式止水带在转弯处应做成圆弧形，橡胶（钢边橡胶）止水带的转角半径不应小于200mm，转角半径应随止水带的宽度增大而相应加大。安设于结构内侧的可卸式止水带所需配件应一次配齐；转角处应做成45°折角，并应增加紧固件的数量。变形缝与施工缝均用外贴式止水带（中埋式）时，其相交部位采用十字配件（图31-9）。变形缝用外贴式止水带的转角部位采用直角配件（图31-10）。

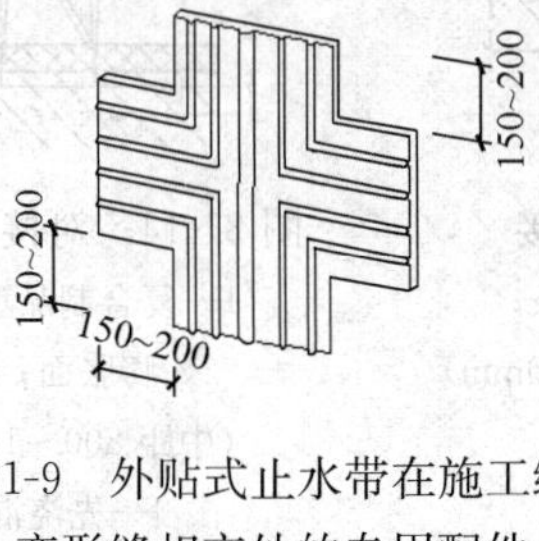


图31-9 外贴式止水带在施工缝与变形缝相交处的专用配件

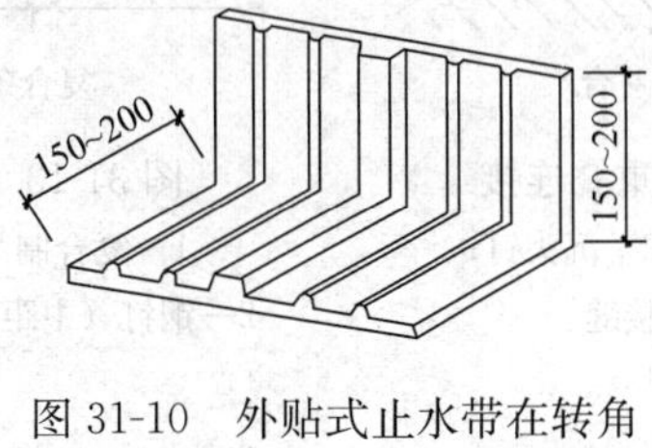


图31-10 外贴式止水带在转角处的直角专用配件

(2) 水平止水带采用盆装方法可改善变形缝混凝土浇筑时，水平止水带下方易窝有空气，造成混凝土不易密实的情况。顶、底板内止水带应成盆状安设，止水带宜采用专用钢筋套或扁钢固定。采用扁钢固定时，止水带端部应先用扁钢夹紧，并将扁钢与结构内钢筋焊牢。固定扁钢用的螺栓间距宜为500mm，顶（底）板中埋式止水带的固定见图31-11。

(3) 普通钢板止水带的施工可用搭接方法，普通钢板止水条的厚度一般为2mm，应采用焊接焊连接。焊缝应包满无渗透，药渣应清除干净，焊接质量验收后焊缝应作防腐处理。是否渗透可在焊缝部位淋水或涂刷煤油后观察，如有渗透应重新补焊严密。钢筋绑扎

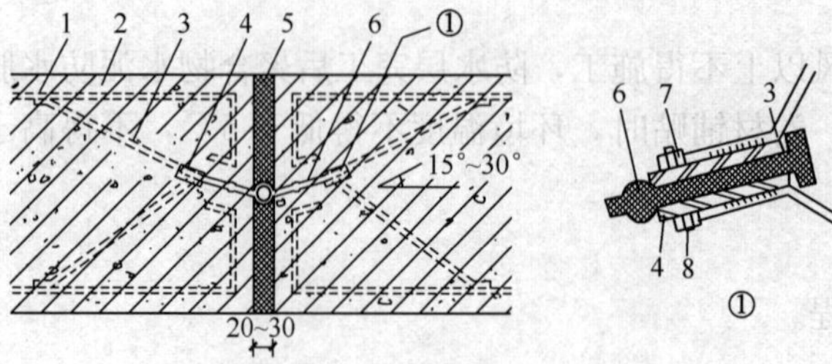


图 31-11　顶（底）板中埋式止水带的固定
1—结构主筋；2—混凝土结构；3—固定用钢筋；
4—固定止水带扁钢；5—填缝材料；
6—中埋式止水带；7—螺母；8—双头螺杆

完毕后，浇筑混凝土前，将钢板用锚固筋进行焊接，固定在设计的预留施工缝处，安装应居中，预留施工缝上下（墙体为左右）应各占 1/2 板宽的钢板。

**31.1.3.6　止水条施工**

(1) 止水条的敷设：可用于水平、侧向、垂直或仰面施工缝。橡胶型遇水膨胀止水条在敷设前，先在基层涂刷胶粘剂；本身具有粘接性能的腻子型遇水膨胀止水条，将粘结表面附设的防粘隔离纸撕掉，粘结面朝向基面即可敷设。根据遇水膨胀止水条不同的种类，选择不同的粘贴方法。

(2) 止水条连接及固定方法：遇水膨胀止水条的连接可采用重叠连接（图 31-12）、斜面对接（图 31-13）及错位靠接（图 31-14）等方法。为避免在浇捣混凝土时止水条可能出现移位、弹起、脱落、翻转等现象，尤其是垂直施工缝，浇捣混凝土时很可能将其震落，止水条不起作用，为此敷设粘贴止水条后，应用水泥钉将止水条钉压固定。水泥钉间距一般为 800～1000mm，平面部位的钉压间距可宽些，拐角、立面等部位的间距应适当加密见图 31-15～图 31-17。

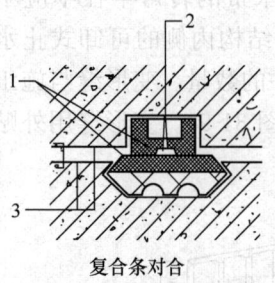

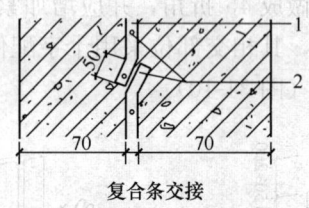

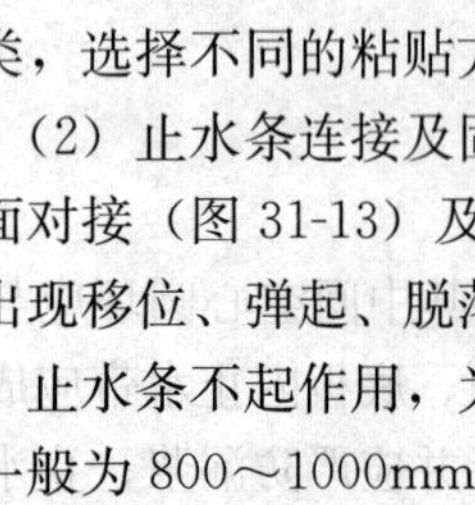


复合条对合

图 31-12　重叠连接
1—膨胀面；2—沉头钉；
3—拼接缝

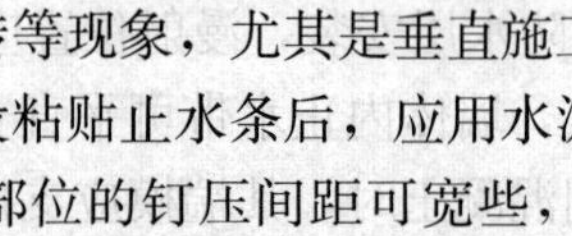


复合条交接

图 31-13　斜面连接
1—复合制品型膨胀条；
2—钢钉（中距 800～1000mm）

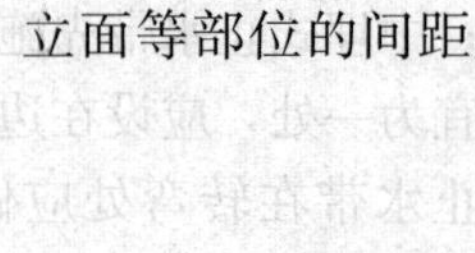

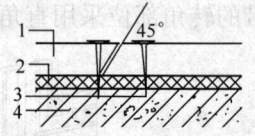


图 31-14　对接及错位靠接
1—复合制品型膨胀条；
2—膨胀面；3—钢钉
（中距 800～1000mm）；
4—先浇混凝土

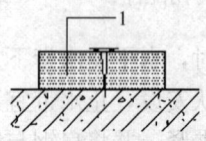

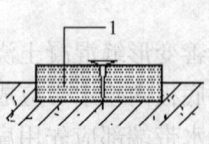

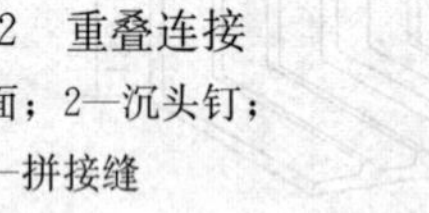


图 31-15　钢钉固定
中距 800mm
1—腻子条粘贴
于平面

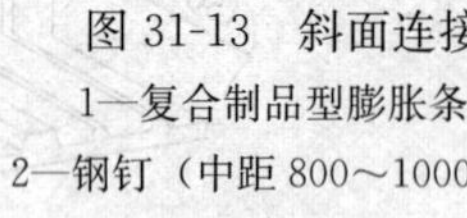


图 31-16　钢钉固定
中距 900～1000mm
1—腻子条粘贴于
平面凹槽

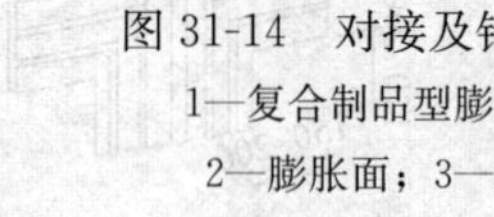

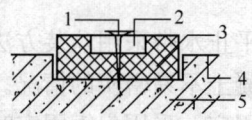


图 31-17　复合条敷粘
1—凸头钉；2—复合
制品型膨胀条；
3—膨胀面；4—施工缝；
5—先浇混凝土

### 31.1.3.7 防水砂浆施工

1. 防水砂浆施工

(1) 基层处理：基层处理是使防水砂浆与基层结合牢固，不空鼓和密实不透水的关键。基层处理包括清理、刷洗、补平、浇水湿润等工序。基层表面应平整、坚实、清洁，并应充分润湿、无明水。基层表面的孔洞、缝隙，应采用与防水层相同的防水砂浆堵塞并抹平。施工前应将预埋件、穿墙管预留凹槽内嵌填密封材料后，再施工水泥砂浆防水层。新建混凝土工程表面可在拆除模板后用钢丝刷将其刷毛，在抹面前应浇水冲刷干净；旧混凝土工程表面可用錾子、剁斧、钢丝刷等工具凿毛，清理后冲水，并用棕刷刷洗干净。混凝土基层表面孔洞、缝隙处理：可根据孔洞、缝隙不同程度分别进行处理。混凝土密实、表面不深的蜂窝麻面，用水冲洗干净、表面无明水后，用 2mm 厚素水泥浆打底，水泥砂浆压实找平即可。混凝土密实、表面棱角及凸起部位的可用扁铲或錾子剔凿平整，厚度大于 1mm 的凹坑，其边缘应用錾子剔凿成慢坡，浇水清洗干净、表面无明水，用 2mm 厚素水泥浆和水泥砂浆分层找平。混凝土基层较大的蜂窝孔洞用錾子将蜂窝孔洞处松散不牢的石子剔凿至混凝土密实处，水冲洗干净、表面无明水后用 2mm 厚素水泥浆及水泥砂浆交替抹至与混凝土基层面平齐，水泥砂浆压实抹平。砌体表面残留的砂浆等污物应清除干净，并浇水冲洗。毛石和料石砌体基层将砌体基层的灰缝剔深 10mm 的直缝。石砌体表面凹凸不平的清理完毕后，基层表面应做找平层，先在石砌体表面刷一道厚约 1mm、水灰比 0.5 左右的水泥素浆，再抹 10～15mm 厚的 1∶2.5 水泥砂浆，表面扫毛。一次抹灰不能找平时，分次抹灰找平应间隔两天。为保证防水砂浆层和基层结合牢固、不空鼓，基层处理完毕后必须浇水充分湿润。尤其是砌体必须浇至其表面基本饱和，抹灰浆后没有吸水现象。

(2) 防水砂浆的拌制：聚合物水泥防水砂浆的用水量应包括乳液的含水量。砂浆的拌制可采用人工搅拌或机械搅拌，拌合料要均匀一致。拌合好的砂浆应在规定时间内用完，不宜存放过久防止离析与初凝，落地灰及初凝后的砂浆不得加水搅拌后继续使用。当自然环境温度不满足要求时应采取有效措施，确保施工环境温度达到要求。工程在地下水位以下，施工前应将水位降到抹面层下并排除地表积水。旧工程维修防水层，为保证防水层施工顺利进行，应先将渗漏水堵好或堵漏，抹面交叉施工。

(3) 铺抹水泥砂浆防水层：应分层铺抹或喷射，铺抹时应压实、抹平，最后一层表面应提浆压光。水泥砂浆防水层各层应紧密粘合，每层宜连续施工。必须留设施工缝时，应采用阶梯坡形槎，槎的搭接要依照层次操作顺序层层搭接，接槎与阴阳角处的距离不得小于 200mm。聚合物水泥防水砂浆拌合后应在规定时间内用完，施工中不得任意加水。地面防水层在施工时为防止踩踏应由里向外顺序进行。

(4) 养护：聚合物水泥防水砂浆未达到硬化状态时，不得浇水养护或直接受雨水冲刷，硬化后应采用干湿交替的养护方法。潮湿环境中，可在自然条件下养护。使用特种水泥、掺合料及外加剂的防水砂浆，应按产品相关的要求进行养护。

2. 聚合物水泥防水砂浆的施工要点

用于改性水泥的专用胶乳产品有丙烯酸酯乳液、羧基丁苯胶乳、丁苯胶乳、阳离子氯丁胶乳及环氧乳液等。聚合物水泥中聚合物和水泥同时承担胶结材料的功能，是有机高分子材料与无机水硬性材料的有机复合材料。聚合物水泥砂浆，除具有优良的机械力学性能外，还具有优良的抗裂性及抗渗性，弥补了普通水泥砂浆“刚性有余，韧性不足”的缺陷，使刚性抹面技术对防水工程的适应能力得以提高。它可以在潮湿的基面上直接施工，特别适用于渗漏地下工程在背水面做防水层；适用于地下和地上建（构）筑物的防水工程及人防、涵洞、地下沟道、地铁、水下隧道的防水工程。为获取聚合物水泥砂浆良好的抗渗性能，使其基面形成刚性防水层，必须采用低聚灰比的水泥砂浆。应采用生产厂家用于地下工程的配合比拌制聚合物水泥砂浆产品。如施工单位自行配制聚合物水泥砂浆时，其聚灰比应由试验室根据工程所需的抗渗性能经试配确定。用于地下工程聚合物水泥砂浆的聚灰比一般小于0.12。除以下所提要点外，其他要求均按本节"1. 防水砂浆施工"执行。

如阳离子氯丁胶乳等多数乳液凝聚较快，在低聚灰比的情况下，乳液砂浆凝固速度更快。拌制好的乳液砂浆应在规定的时间内用完。应根据施工用量随拌随抹，以免浪费。涂布结合层：混凝土基面的浮灰、杂物清理干净，浇水充分湿润后，涂刷乳液水泥浆，涂刷应均匀，将基层的缝隙、细小孔洞都封堵严密。立面部位由上至下涂刷，平面由一端开始涂刷至另一端。乳液水泥浆涂刷约15min后，可进行铺抹乳液水泥砂浆。施工顺序宜先立面后平面。一般立面每次抹面厚度为5～8mm，平面8～12mm。阴阳角处防水层必须抹成圆弧。应顺着一个方向一次抹压成型，即边铺压边抹平。乳液具有成膜特性，抹压时切勿反复搓动，以防砂浆起壳或表面龟裂。本层乳液水泥砂浆施工完毕后，应对其施工质量进行严格检验。表面如发现细微孔洞或裂缝，应再涂刷一遍乳液水泥浆，使防水层表面达到密实。聚合物水泥砂浆的凝固时间比普通水泥砂浆长，水泥砂浆保护层应待聚合物水泥砂浆初凝后铺抹，一般为4h。聚合物水泥砂浆的养护应采用干湿交替的方法。聚合物水泥砂浆防水层铺抹后未达到硬化时不得直接浇水养护或直接受雨水冲刷，以防表面浮出的白色乳液被冲掉，聚合物乳液的密封性能将失去，降低防水性能。为使水泥在得到乳液中的水分后进行水化反应，乳液在干燥状态下脱水固化，早期（施工后7d内）保持湿润养护，后期应在自然条件下养护。在潮湿的地下室施工时，在自然状态下养护即可，不必采用湿润养护。

绿色施工：聚合物水泥砂浆的配制工作应有专人负责，配料人员应配防护手套。乳液中的低分子物质挥发较快，尤其是炎热季节，在通风较差的地下室、水塔内或地下水池（水箱）施工时，应采取机械通风措施，以免中毒及降低聚合物乳液防水性能。

3. 特种水泥抹面防水砂浆的施工要点

利用早强水泥、双快水泥及自流平水泥等特种水泥早期强度提高快、凝结时间短、又有微膨胀性效应的特性，将5层砂浆抹面法简化成2～3层砂浆防水层。操作方便，效果明显，近年来使用较多，已普遍用作地下工程的内防水层。基层凿毛充分湿润后，刷水灰比为0.38～0.4、2～3mm厚的净浆层，在其硬化前，将水灰比为0.4～0.42、灰砂比为1∶2、5～8mm厚的砂浆抹压在净浆层上，砂浆层未凝固前（约10min），再抹一层3～7mm砂浆层，抹压应来回多次，特别是初凝前需抹面，使浆水挤压入面层，起到防水效果。凝固后不少于7d喷水养护。

#### 31.1.3.8　膨润土毯施工

1. 基层要求

基层应坚实、清洁，不得有明水和积水。基面平整度 $D/L$ 不大于1/6（$D$ 为初期支护基面相邻两凸面间凹进去的深度，$L$ 为初期支护基面相邻两凸面间的距离）。铺设膨润土防水材料防水层的基层混凝土强度等级不得低于C15，水泥砂浆强度等级不得低于

M7.5。阴阳角部位应做成直径不小于30mm的圆弧或30mm×30mm的钝角。

2. 施工工艺

变形缝、后浇带等接缝部位应设置宽度不小于500mm的加强层，加强层应设置在防水层与结构外表面之间。穿墙管件部位宜采用膨润土橡胶止水条、膨润土密封膏或膨润土粉进行加强处理。

膨润土防水材料宜采用单层机械固定法铺设；固定的垫片厚度不应小于1.0mm，直径或边长不宜小于30mm；固定点宜呈梅花形布置，立面和斜面上的固定间距宜为400～500mm，平面上应在搭接缝处固定。膨润土防水毯的织布面应向着结构外表面或底板混凝土。

立面与斜面铺设膨润土防水材料时，应上层压着下层，防水毯与基层、防水毯与防水毯之间应密贴，并应平整无褶皱。膨润土防水材料分段铺设时，应采取临时防护措施。

膨润土防水材料甩槎与下幅防水材料连接时，应将收口压板、临时保护膜等去掉，并应将搭接部位清理干净，涂抹膨润土密封膏，然后采用搭接法连接，接缝处应采用钉子和垫圈钉压固定，搭接宽度应大于100mm。搭接部位的固定间距宜为200～300mm，固定位置距搭接边缘的距离宜为25～30mm。平面搭接缝可干撒膨润土颗粒，用量宜为0.3～0.5kg/m。破损部位应采用与防水层相同的材料进行修补，补丁边缘与破损部位边缘的距离不应小于100mm；膨润土防水板表面膨润土颗粒损失严重时应涂抹膨润土密封膏。

膨润土防水材料的永久收口部位应用金属收口压条和水泥钉固定，压条断面尺寸应不小于1.0mm×30mm，压条上钉子的固定间距应不大于300mm，并应用膨润土密封膏密封覆盖。膨润土防水材料与其他防水材料过渡时，过渡搭接宽度应大于400mm，搭接范围内应涂抹膨润土密封膏或铺撒膨润土粉。

3. 适用范围

膨润土防水材料防水层应用于pH为4～10的地下环境，含盐量较高的地下环境应采用经过改性处理的膨润土，并应经检测合格后方可使用。膨润土防水材料应用于地下工程主体结构的迎水面。

**31.1.3.9 防水透气膜施工**

1. 基层要求

基层表面应平整、干净、干燥、牢固，无尖锐凸起物。

2. 施工工艺

（1）铺设从外墙底部一侧开始，将防水透气膜沿外墙横向展开，铺于基面上，沿建筑立面自下而上横向铺设，按顺水方向上下搭接，当无法满足自下而上铺设顺序时，应确保沿顺水方向上下搭接。

（2）防水透气膜横向搭接宽度不小于100mm，纵向搭接宽度不小于150mm。搭接缝采用配套胶粘带粘结。相邻两幅膜的纵向搭接缝相互错开，间距不小于500mm。

（3）防水透气膜随铺随固定，固定部位预先粘贴小块丁基胶带，用带塑料垫片的塑料锚栓将透气膜固定在基层墙体上，固定点每平方米不少于3处。

（4）铺设在窗洞或其他洞口处的防水透气膜，以“I”字形裁开，用配套胶粘带固定在洞口内侧。与门、窗框连接处应使用配套胶粘带满粘密封，四角用密封材料封严。

（5）幕墙体系中穿透防水透气膜的连接件周围用配套胶粘带封严。

# 31.2　地下防水工程

## 31.2.1　地下防水工程设计基本要求

### 31.2.1.1　地下工程防水等级及标准

地下工程防水等级应依据工程类别和工程防水使用环境类别分为一级、二级、三级。暗挖法地下工程防水等级应根据工程类别、工程地质条件和施工条件等因素确定。

地下工程按其防水功能重要程度分为甲类、乙类和丙类，具体划分应符合表 31-36 的规定。

地下工程防水类别　　表 31-36

| 工程类型 | 地下工程防水类别 | | |
|---|---|---|---|
| | 甲类 | 乙类 | 丙类 |
| 建筑工程 | 有人员活动的民用建筑地下室，对渗漏敏感的地下室 | 除甲类和丙类以外的建筑地下室 | 对渗漏不敏感的物品、设备使用或贮存场所，不影响正常使用的建筑地下工程 |
| 市政工程 | 对渗漏敏感的市政地下工程 | 除甲类和丙类以外的市政地下工程 | 对渗漏不敏感的物品、设备使用或贮存场所，不影响正常使用的市政地下工程 |

地下工程防水使用环境类别划分应符合表 31-37。

地下工程防水使用环境类别划分　　表 31-37

| 工程类型 | 地下工程防水类别 | | |
|---|---|---|---|
| | Ⅰ类 | Ⅱ类 | Ⅲ类 |
| 建筑工程 | 抗浮设防水位标高与地下结构板底标高高差 $H\geqslant 0$m | 抗浮设防水位标高与地下结构板底标高高差 $H<0$m | — |
| 市政工程 | 抗浮设防水位标高与地下结构板底标高高差 $H\geqslant 0$m | 抗浮设防水位标高与地下结构板底标高高差 $H<0$m | — |

现行规范规定地下工程的防水等级应分为三级，各等级防水标准见表 31-38。

地下工程防水等级及判定标准　　表 31-38

| 防水等级 | 判定标准 | |
|---|---|---|
| | 建筑地下工程 | 隧道及其他地下工程 |
| 一级 | 不允许渗水，结构内表面无湿渍 | |
| 二级 | 不允许滴漏、线漏，可有零星分布的湿渍；<br>总湿渍面积不应大于总防水面积（包括顶板、侧墙、底板）的 1/1000，单个湿渍的面积不应大于 0.1m$^2$；<br>任意 100m$^2$ 防水面积上的湿渍个数不应超过 2 处 | 可见零星分布的湿渍和滴漏，不得有线漏。隧道顶部不允许滴漏；<br>总湿渍面积不应大于总防水面积的 1.5/1000，单个湿渍的面积不应大于 0.15m$^2$；<br>任意 100m$^2$ 防水面积上的湿渍、滴漏或流挂总数不应超过 3 处；<br>单个湿渍的渗漏量不应大于 1.5L/d；单个滴漏或流挂的渗漏量不应大于 2.0L/d；<br>工程平均渗漏量不应大于 0.05L/(m$^2$·d)；任意 100m$^2$ 防水面积上的渗漏量不应大于 0.08L/(m$^2$·d)；<br>渗漏水统计应包括湿渍和滴漏或流挂的数量、湿渍面积与渗漏量 |

续表

| 防水等级 | 判定标准 | |
|---|---|---|
| | 建筑地下工程 | 隧道及其他地下工程 |
| 三级 | — | 可有少量湿渍和滴漏或流挂，不得有线流和漏泥砂；<br>总湿渍面积不应大于总防水面积的 6/1000，单个湿渍的面积不应大于 0.3m²；<br>任意 100m² 防水面积上的湿渍、滴漏或流挂总数不应超过 6 处；<br>单个湿渍的渗漏量不应大于 3.0L/d；单个滴漏或流挂的渗漏量不应大于 5.0L/d；<br>工程平均渗漏量不应大于 0.2L/(m²·d)；任意 100m² 防水面积上的渗漏量不应大于 0.32L/(m²·d)；<br>渗漏水统计应包括湿渍、滴漏或流挂的数量、湿渍面积与渗漏量 |

**31.2.1.2　防水设防要求**

地下工程的防水设防要求，应根据使用功能、使用年限、水文地质、结构形式、环境条件、施工方法及材料性能等因素确定。明挖法地下工程主体结构防水做法应符合表 31-39 的规定，明挖法地下工程防水混凝土的最低抗渗等级应符合表 31-40 的规定，明挖法地下工程结构接缝的防水设防措施应符合表 31-41 的规定。对于处于侵蚀性介质中的工程，应采用耐侵蚀的防水混凝土、防水砂浆、防水卷材或防水涂料等防水材料；对处于冻融侵蚀环境中的地下工程，其混凝土抗冻融循环不得少于 300 次；对于结构刚度较差或受振动作用的工程，宜采用延伸率较大的卷材、涂料等柔性防水材料。

**主体结构防水做法**　　**表 31-39**

| 防水等级 | 防水做法 | 防水混凝土 | 外设防水层 | | |
|---|---|---|---|---|---|
| | | | 防水卷材 | 防水涂料 | 水泥基防水材料 |
| 一级 | 不应少于 3 道 | 为 1 道，应选 | 不少于 2 道；防水卷材或防水涂料不应少于 1 道 | | |
| 二级 | 不应少于 2 道 | 为 1 道，应选 | 不少于 1 道；任选 | | |
| 三级 | 不应少于 1 道 | 为 1 道，应选 | | | |

**明挖法地下工程防水混凝土最低抗渗等级**　　**表 31-40**

| 防水等级 | 市政工程现浇混凝土结构 | 建筑工程现浇混凝土结构 |
|---|---|---|
| 一级 | P8 | P8 |
| 二级 | P6 | P8 |
| 三级 | P6 | P6 |

**明挖法地下工程结构接缝的防水设防措施**　　**表 31-41**

| 施工缝 | | | | | 变形缝 | | | | | 后浇带 | | | | | 诱导缝 | | | |
|---|---|---|---|---|---|---|---|---|---|---|---|---|---|---|---|---|---|---|
| 混凝土界面处理剂或外涂型水泥基渗透结晶型防水材料 | 预埋注浆管 | 遇水膨胀止水条或止水胶 | 中埋式止水带 | 外贴式止水带 | 中埋式中孔型橡胶止水带 | 外贴式中孔型止水带 | 可卸式止水带 | 密封嵌缝材料 | 外贴防水卷材或外涂防水涂料 | 补偿收缩混凝土 | 预埋注浆管 | 中埋式止水带 | 遇水膨胀止水条或止水胶 | 外贴式止水带 | 中埋式中孔型橡胶止水带 | 密封嵌缝材料 | 外贴式止水带 | 外贴防水卷材或外涂防水涂料 |
| 不应少于 2 种 | | | | | 应选 | 不应少于 2 种 | | | | 应选 | 不应少于 1 种 | | | | 应选 | 不应少于 1 种 | | |

#### 31.2.1.3　地下工程防水设计方案选择的内容

地下工程防水方案根据工程规划、结构设计、材料选择、结构耐久性和施工工艺等确定。地下工程防水设计应做到定级准确、方案可靠、施工简便、耐久适用、经济合理，并根据地表水、地下水、毛细管水等的作用，以及由于人为因素引起的附近水文地质改变的影响确定。单建式的地下工程，宜采用全封闭、部分封闭的防排水设计；附建式的全地下或半地下工程的防水设防高度，应高出室外地坪高程 500mm 以上。地下工程防水设计，应包括防水等级和设防要求；防水混凝土的抗渗等级和其他技术指标、质量保证措施；其他防水层选用的材料及其技术指标、质量保证措施；工程细部构造的防水措施，选用的材料及其技术指标、质量保证措施；工程的防排水系统、地面挡水、截水系统及工程各种洞口的防倒灌措施等内容。地下工程迎水面主体结构应采用防水混凝土，并应根据防水等级的要求采取其他防水措施。地下工程的变形缝（诱导缝）、施工缝、后浇带、穿墙管（盒）、预埋件、预留通道接头、桩头等细部结构，应加强防水措施。地下工程的排水管沟、地漏、出入口、窗井、风井等，应采取防倒灌措施；寒冷及严寒地区的排水沟应采取防冻措施。

## 31.2.2　防水混凝土工程

#### 31.2.2.1　防水混凝土配制

1. 防水混凝土配合比

(1) 防水混凝土配合比设计技术参数

胶凝材料用量应根据混凝土的抗渗等级和强度等级等选用，其总用量不宜小于 320kg/m$^3$；当强度要求较高或地下水有腐蚀性时，胶凝材料用量可通过试验调整；在满足混凝土抗渗等级、强度等级和耐久性条件下，水泥用量不宜小于 260kg/m$^3$；砂率宜为 35%～45%，泵送时可增至 45%；灰砂比宜为 1：1.5～1：2.5；水胶比不得大于 0.50，有侵蚀性介质时水胶比不宜大于 0.45；普通防水混凝土坍落度不宜大于 50mm。防水混凝土采用预拌混凝土时，入泵坍落度宜控制在 120～160mm，坍落度每小时损失值不应大于 20mm，坍落度总损失值不应大于 40mm；掺入引气剂或引气型减水剂时，混凝土含气量应控制在 3%～5%；预拌混凝土的初凝时间宜为 6～8h。

(2) 防水混凝土配合比设计原则及要点

根据工程性质及设计图纸的要求，由混凝土的抗渗性和耐久性以及施工季节确定水泥的品种，由混凝土的强度等级确定水泥的强度等级。在必须符合工程要求，以及防水混凝土选材要求的前提下，应优先考虑当地的砂石材料。根据混凝土强度等级、水泥品种、地理环境、配筋情况、施工工艺等选择相应的外加剂。依据抗渗性以及施工最佳和易性来确定水胶比。施工和易性要由结构条件如结构截面、钢筋布置等，以及施工方法如运输、浇筑和振捣等综合因素决定。

抗渗混凝土不等同于高强度、高性能混凝土，它是以抗渗等级作为设计依据，与普通混凝土也是两个完全不同的概念。以抗渗等级作为配制设计的主要依据，提高砂浆的不透水性，增大砂浆数量，在混凝土粗骨料周边形成足够数量和良好质量的砂浆包裹层，使粗骨料彼此隔离，有效地阻隔沿粗骨料互相连通的渗水孔网。突出矿物掺合料在防水混凝土配制中的重要地位，以胶凝材料用量（含水泥与矿物掺合料），取代传统的水泥用量；水胶比（水与胶凝材料之比）取代传统的水灰比；水泥依然占据主导地位，其他胶凝材料粉煤灰、磨细矿渣粉、硅粉等也占有重要位置；矿物掺合料掺量一般为胶凝材料的25%～35%；采用复合掺合料时，其品种数量应经试验确定。严格控制防水混凝土中总碱含量及氯离子含量，各类材料的总碱量（$Na_2O$当量）不得大于$3kg/m^3$；氯离子含量不应超过胶凝材料总量的0.1%；可加入合成纤维或钢纤维，以提高混凝土抗裂性。

2. 减水剂防水混凝土配制要点

应根据结构要求、混凝土原材料的组成、特性等因素以及施工工艺、施工季节的温度，正确地选择减水剂品种，并根据相关标准进行钢筋锈蚀、28d抗压强度比及减水率等项目的试验。参考产品说明书推荐的"最佳掺量"，根据实际混凝土所用其他原材料、施工要求及施工时的气温，经过试验确定减水剂适宜掺量。减水剂的掺量增加时混凝土的凝结时间也随之延长。尤其是木质素类减水剂若超量掺加，减水效果提高不大，且混凝土凝结时间也更加延长，强度还会相应降低。高效减水剂若超量掺加，泌水率也随着加大，影响混凝土施工质量。在试配过程中，注意所用水泥是否与所选减水剂相适应，在有条件的情况下，宜对水泥和减水剂进行多品种比较，不宜在单一的狭隘范围内寻求"最佳掺量"。混凝土中若掺加粉煤灰，应调整减水剂用量，以解决粉煤灰含有一定量的碳，降低减水效果情况。使用引气型减水剂含气量应控制在3%～5%，可与消泡剂复合使用。减水剂也可与其他外加剂复合使用，掺量应根据试验确定。

3. 三乙醇胺防水混凝土配制要点

三乙醇胺密实剂适用于各种水泥，尤其能改善矿渣水泥的泌水性和黏滞性，明显提高其抗渗性。三乙醇胺防水混凝土的水泥用量可有所降低，砂率应随水泥用量的降低而相应提高，当水泥用量为280～300$kg/m^3$时，砂率以40%为宜，掺三乙醇胺的混凝土灰砂比可小于普通混凝土1：2.5的限制。具体用量应经试验确定。由于三乙醇胺对不同品种的水泥作用不同，更换水泥品种应重新进行试验。三乙醇胺防水剂应制成浓度适当的溶液后使用。配制溶液时先将水放入容器中，再将配制好的三乙醇胺放入水中，搅拌直至完全溶解，即成防水剂溶液。拌合混凝土每50kg水泥随拌合水掺入2kg三乙醇胺防水剂溶液。溶液中的用水量应从拌合水中扣除，以免使水胶比增加。

4. 引气剂防水混凝土配制要点

由于水胶比的大小直接影响混凝土内部气泡的数量与质量，因此引气剂防水混凝土水胶比的控制很必要，适宜的水胶比可使混凝土获得最佳含气量和较高的抗渗性，配制混凝土时要注意调整水胶比。砂子的细度影响混凝土内部气泡的生成。粗砂生成的气泡较大，中砂、细砂有利于混凝土的物理力学性能和抗渗性。细度模数约2.6的砂效果较好。混凝土的含气量直接影响着引气剂防水混凝土的质量，混凝土含气量应控制在3%～5%。影响混凝土含气量的材料因素：水泥品种、细度、碱含量及用量，掺合料的品种及用量，骨料的类型、级配及最大粒径，水的硬度，复合使用的外加剂的品种，混凝土配合比等。影响混凝土含气量的施工因素：搅拌机的类型、状态、搅拌速度、搅拌量、搅拌持续时间，振捣方式及施工环境等。

5. 补偿收缩混凝土及配制要点

补偿收缩混凝土使用膨胀水泥或添加膨胀剂的混凝土能同步抑制混凝土自身孔隙和裂缝。补偿收缩混凝土硬化初期，由于水泥水化作用生成的水化物结晶体体积增大而产生膨胀，其生长膨胀过程中将水泥石中的孔隙填充，堵塞并切断混凝土内连通的毛细孔道，使混凝土内的总孔隙率变小，可抑制孔隙、改善孔隙结构；同时，补偿收缩混凝土在硬化初期产生的适度膨胀在钢筋、相邻物体等限制条件下产生的收缩应力即自应力可抵消混凝土在干缩和徐变时产生的大部分拉应力，使混凝土的拉应变值小于允许极限拉伸变形值或接近于零，因此混凝土可减少，或不出现裂缝。在补偿收缩混凝土硬化过程后期产生膨胀而消除裂缝达到抗渗防水目的。

膨胀剂的性能指标应符合《混凝土膨胀剂》JC 476 的标准，不得使用硫铝酸盐水泥、铁铝酸盐水泥及高铝水泥。常用的膨胀水泥有：明矾石膨胀水泥、石膏矾土膨胀水泥、低热微膨胀水泥。贮存超过 3 个月的膨胀水泥，应复试其膨胀率符合要求后再用。膨胀剂的掺量应代替胶凝材料，一般普通型膨胀剂掺量为胶凝材料的 8%～12%，单方掺量≥30kg/m$^3$，低掺量的高性能膨胀剂掺量为胶凝材料的 6%～8%，填充用膨胀混凝土，膨胀剂掺量为胶凝材料的 10%～15%，单方掺量≥40kg/m$^3$。掺膨胀剂的补偿收缩防水混凝土应在限制条件下使用，混凝土的膨胀只有在限制条件下才能产生预压力，才能起到控制混凝土出现有害裂缝的作用。因此应根据结构部位的限制膨胀率设定值确定膨胀剂的适宜掺量。《混凝土外加剂应用技术规范》GB 50119 规定：水泥的组分和活性不同，化学外加剂的品种及掺量不同，根据施工现场原材料及混凝土坍落度要求，在达到设计强度等级和抗渗等级的同时，配制的补偿收缩混凝土应达到水中 14d 的限制膨胀率≥0.015%，一般为 0.02%～0.03%，相当在混凝土结构中建立大于 0.2MPa 的预压应力。填充性膨胀混凝土水中 14d 的限制膨胀率≥0.025%，一般为 0.035%～0.045%。补偿收缩混凝土配合比的各项技术参数，可参考普通防水混凝土的技术参数。确定膨胀剂的掺量应按防水混凝土技术规范要求，其水泥用量不得小于 260kg/m$^3$，水胶比不宜大于 0.5。用于地下或水中的掺入粉煤灰的大体积混凝土，为减少混凝土温差应降低水泥用量，可采用 60d 抗压强度作为设计强度等级。补偿收缩混凝土配合比试验室可在考虑施工和易性的前提下，参考普通防水混凝土的技术参数，初步选出水胶比、水泥用量，计算出用水量，再依据选定的砂率，求出砂、石的重量，得出初步配合比，以此制作强度试件及膨胀试件（包括自由膨胀试件和限制膨胀试件），在检验试件的强度、膨胀率（特别是限制膨胀率）均满足设计要求后，确定补偿收缩混凝土配合比。

6. 自密实高性能防水混凝土及配制要点

自密实高性能防水混凝土是通过外加剂、胶凝材料及粗细骨料的选择及配合比设计，使混凝土拌合物屈服值减小并具有足够的塑性黏度，粗骨料能悬浮在水泥浆中具有很高的流动性而不泌水、不离析、在自重力作用下不经振捣自动流平，并包裹钢筋及充满模板空隙，形成密实而均匀的混凝土结构。自密实混凝土的强度等级一般为 C25～C60。自密实混凝土的拌合物具有高流动性、保塑性、抗离析性、充填性及可泵性等特点。高流动性可保证混凝土拌合物在自重力作用下，通过钢筋稠密区不须任何密实成型措施即可不留下任何孔洞，工作性能可达到坍落度250～270mm，扩展度550～700mm，流过高差≤15mm，穿过靴形仪前后混凝土中骨料含量差≤10%。保塑性既要保证混凝土泵送要求又要保证混凝土流动性在2～3h内保持不变，免振捣自密实混凝土拌合物的保塑性比普通混凝土高很多，其指标要求90min内混凝土拌合物满足流动性、抗离析性、充填性的要求。抗离析性直接影响混凝土拌合物浇筑后的均匀性，因此自密实混凝土的抗离析性是指混凝土在流动过程中始终保持匀质性能力，即不泌水、不离析、不分层。充填性是衡量混凝土拌合物能否通过钢筋稠密区，自动填充整个模腔的能力。高施工性能，能保证混凝土在不利的建筑条件下密实成型，由于使用大量的矿物细掺料可降低混凝土的升温，提高抗劣化能力，从而提高混凝土的耐久性。由于自密实混凝土体积收缩小、抗渗性能高，同时可避免混凝土因振捣不足而造成的孔洞、蜂窝、麻面等质量缺陷。

所选水泥应与所选的高效减水剂相容。掺入矿物细掺料可以调节混凝土的施工性能、提高混凝土的耐久性、降低混凝土的温升。应选用具有高活性、低需水量的矿物细掺料。粉煤灰比矿渣的需水量小，收缩少，但抗碳化性能差，矿渣比粉煤灰需水量大，抗离析性差，但活性高。通常可利用不同细掺料的复合效应，取长补短按适当比例同时掺用矿渣及粉煤灰。当混凝土强度等级不高时，也可用石英砂粉、石灰石粉做细掺料，以提高混凝土流动度。影响混凝土流动性的主要因素是粗骨料的含量。随着粗骨料体积的增加，粗骨料间咬合、摩擦的概率也增大，混凝土拌合物的流动性就会明显下降。粗骨料的粒径、粒形及级配对自密实混凝土拌合物的施工性，特别是对拌合物的间隙通过性影响很大。选用卵石最大粒径不超过25mm；选用碎石最大粒径不超过20mm；稠密钢筋及预埋件部位等间隙小的构件石子粒径应满足规范要求。石子吸水率不应大于1.5%。自密实混凝土砂率大，应选用中粗砂，以偏粗砂为好。应严格控制砂中细颗粒的含量，保证0.63筛的累计筛余大于70%，0.35筛的累计筛余大于98%。要求高效减水剂不但减水率高、保塑性能好，而且配制的混凝土拌合物具有高流动性，适宜的凝结时间及泌水率，良好的泵送性，对硬化混凝土力学性质、干缩及徐变无负面影响，耐久性好。多选用高性能引气型减水剂，如奈系或聚羧酸系高效减水剂。自密实混凝土应满足拌合物高施工性能的要求，具有高流动性、抗离析性及保塑性。因此配合比各项参数与同强度普通防水混凝土相比不同之处为，浆骨比较大，粗骨料用量较小；胶浆材料总量一般大于500kg/m$^3$；砂率最大可高达50%左右；细掺料总量占胶凝材料总量的30%以上，水胶比不宜大于0.4。由于自密实混凝土粗骨料用量小，粉体材料用量大，其干缩会大一些，可掺加粉煤灰及少量膨胀剂以减少收缩。也可加入合成纤维减少收缩提高抗裂性。自密实混凝土虽然掺入大量的混合材料，碱度降低会加速碳化，但因其水胶比低、密实度高，抵抗碳化的能力会增加。其掺加矿物细掺料后，在水胶比相同的情况下较普通混凝土碳化速率增加，而由于水胶比的降低碳化速率可达到与普通混凝土相近。细掺料的品种、掺量及水胶比直接影响碳化速率，因此选用适当的矿物细掺料通过调整配合比可解决自密实混凝土抵抗碳化性能。

7. 钢纤维抗裂防水混凝土及配制要点

纤维抗裂防水混凝土是以混凝土作基材，添加非连续的短纤维或连续的长纤维作增强材料组成的复合材料。纤维混凝土在建筑防水领域的开发应用，是近几年来众多混凝土改性技术中效果最明显的应用技术之一。在混凝土中掺加纤维，由于纤维均匀地分布在混凝土拌合物中，可结合紧密，改变微裂缝发展的方向、阻止微细裂缝的连通，纤维分散了混凝土定向收缩的拉应力，从而达到抗裂效果。有效地提高混凝土的抗裂性和其他机械力学性能。

钢纤维抗裂防水混凝土是在混凝土拌合物中掺入钢纤维组合而成的复合材料。因大量很细的钢纤维均匀地分散在混凝土的骨料周围，主要起增强、增韧、限裂和阻裂作用，其与混凝土接触的面积很大，在所有的方向都使混凝土的强度得到提高，水泥浆在拌合料中包裹在骨料和钢纤维的表面，填充骨料与骨料、骨料与钢纤维之间的缝隙，并起润滑作用，使混凝土拌合料具有一定的和易性，硬化后的水泥浆将骨料、钢纤维粘结成坚固、密实的整体。与普通防水混凝土相比，钢纤维抗裂防水混凝土的抗拉、抗弯强度，耐磨、耐冲击、耐疲劳、韧性及抗裂等性能都有提高。钢纤维混凝土的性能取决于基体混凝土的性能和钢纤维的性能以及相对含量，同时也与施工搅拌、浇筑、振捣、养护等工艺有关。除钢纤维外，混凝土的其他组成材料与普通混凝土相同。

钢纤维的增强效果与钢纤维的直径（或等效直径）、长度、长径比及表面形状有关。直径或等效直径为 0.3～1.2mm、长度为 15～60mm、长径比在 30～100 范围内的钢纤维，可满足增强效果及施工性能。钢纤维混凝土中钢纤维的体积率同样影响其增强效果，一般浇筑成型的钢纤维混凝土体积率为 0.5%～2%。用于钢纤维混凝土的水泥用量较普通混凝土大，一般为 360～450kg/$m^3$。石子粒径过大将削弱钢纤维的增强作用，且钢纤维易集中于大骨料周围，不便于钢纤维的分散，石子的最大粒径不宜大于 20mm。石子的级配应符合要求，否则将影响钢纤维混凝土拌合物的流动性及水泥用量。为改善混凝土拌合物的和易性、减少水泥用量或提高混凝土强度，可掺加一定量的外加剂，用于防水混凝土的外加剂均可使用，常用的为减水剂。钢纤维抗裂防水混凝土配合比除满足普通防水混凝土的一般要求外，还应满足抗拉强度、抗折强度、韧性及施工时混凝土拌合物的和易性和钢纤维不结团的要求。因此，钢纤维抗裂防水混凝土配合比除按抗压强度控制外，还应根据工程性质及要求，分别按抗拉强度及抗折强度控制，确定配合比，同时能充分发挥钢纤维混凝土的增强作用。对有耐腐蚀及耐高温要求的结构应选用不锈钢纤维。钢纤维抗裂防水混凝土在拌合料中加入钢纤维后和易性有所下降，可适当增加单位用水量及单位水泥用量来获取适当的和易性。在配合比设计时还应考虑钢纤维在拌合物中能否分散均匀，使钢纤维的表面包满砂浆，确保钢纤维抗裂防水混凝土的质量。水灰比宜选用 0.45～0.50，水泥用量宜为 360～400kg/$m^3$，钢纤维体积率较大时可适当增加水泥用量，但不应大于 500kg/$m^3$；坍落度可比相应的普通防水混凝土小 20mm。

8. 聚丙烯纤维抗裂防水混凝土及配制要点

聚丙烯纤维抗裂防水混凝土是在普通防水混凝土拌合物中掺加适量的聚丙烯纤维配制成的一种复合材料。在混凝土中，作为骨料胶粘材料的水泥，同时也握裹了大量的微细纤维。混凝土凝结的过程中，均匀分散的纤维彼此相联结为乱向分布的重重网状承托系统，承托骨料，有效减少骨料的离析及泌水，在一定程度上改善了混凝土的密实度，黏聚性更好；由于泌水的改善，保水性更好，水泥基体水化反应更均匀彻底，从而从根本上改善了混凝土的质量。同时，在混凝土凝结的过程中，当水泥基体收缩时，由于纤维这些微细配筋的作用，有效地消耗了能量，聚丙烯纤维因大量的能量吸收，就控制了水泥基体内部微裂的生成及发展，可以抑制混凝土开裂的过程，使混凝土抗裂能力、抗折强度大幅度提高，并极大改善其抗冲击性能及降低其脆性提高混凝土的韧性，也在一定程度上提高了混凝土的抗拉强度。同时也提高了混凝土的抗冻、耐磨及抗渗能力，大大增强了混凝土耐久性。凝结后即使有微裂缝产生，在内部或外部应力作用下，它要扩展为大的裂纹，极难形成贯通性的渗水毛细孔通道或裂缝，从而有效地达到了抗裂及抗渗防水的目的。经我国国家建筑材料检测中心对杜拉纤维混凝土（每立方米混凝土掺入约 0.5kg 的杜拉纤维）的测试，其混凝土抗裂性能提高约 70%；抗冻融性能提高 85%；抗渗性能提高 60%～70%；抗冲击性能也有显著提高。

用来增强水泥基复合材料的聚丙烯纤维在形式上主要有单丝、纤化纤维及挤压带三种。聚丙烯纤维增强水泥基材有两种不同的方式，有连续网片和短切纤维。聚丙烯纤维混凝土主要分网状膜裂纤维和同束状单丝纤维。聚丙烯纤维的主要优点是良好的化学稳定性及抗碱性，熔点较高，原材料价格低廉。其不足之处是弹性模量低、耐火性差，当温度超过 120℃时，纤维就软化，使聚丙烯纤维增强水泥基复合材料的强度显著下降。在空气或氧气中光照易老化，有憎水性而不易被水泥浆浸湿。因包裹纤维的混凝土可提供保护层，有助于减小对火和其他环境因素的损伤。聚丙烯纤维完全为物理性配筋，与混凝土集料及外加剂不起任何化学反应，故无需改变混凝土或砂浆的其他配合比，对坍落度影响很小，初凝、终凝时间变化甚微，黏聚性增强，泵送性能可以改善。

9. 聚合物水泥混凝土及配制要点

聚合物水泥混凝土是高分子材料与普通混凝土有机结合的性能较普通混凝土优越的复合材料。聚合物在混凝土内形成弹性网膜状体，填充水泥水化产物与骨料之间的空隙，并结合为一体，起到增强与骨料的粘结作用，因此，聚合物水泥混凝土较普通混凝土具有优良的特性。既提高了混凝土的密实度、抗压强度，又使抗拉强度、抗弯强度有显著的提高，同时也不同程度地改善了混凝土的耐化学腐蚀性能并减少了混凝土的收缩变形，增加了适应变形的能力，因此，减少混凝土裂缝，使抗渗性获得显著提高。

聚合物掺入水泥混凝土中不应影响水泥水化过程或对水泥水化产物有不良作用。聚合物本身在水泥碱性介质中，不会被水解或破坏。聚合物应对钢筋无锈蚀作用。聚合物可与水泥、骨料、水等一起搅拌，其使用方法与混凝土外加剂相同，其掺量一般为水泥用量的 5%～25%，不宜过多。用于与水泥掺合使用的聚合物分为以下三类。聚合物分散体橡胶乳液体类的有天然橡胶胶乳、合成橡胶胶乳；树脂乳液有热塑性及热固性树脂乳液、沥青质乳液；混合分散体有混合橡胶、混合乳胶；水溶性聚合物的甲基纤维素(MC)、聚乙烯醇、聚丙烯酸盐-聚丙烯酸钙及糠醇；液体聚合物的环氧树脂、不饱和聚酯。主要助剂包括稳定剂、消泡剂、抗水剂、促凝剂等。乳液多数为阴离子型，这些聚合物乳胶与水泥浆混合后与水泥浆中大量溶出的多价钙离子作用，而致使乳液变质破乳、凝聚，以及在搅拌过程中聚合物乳液产生析出及过早凝聚，使聚合物不能在水泥浆中均匀分散，必须加入稳定剂阻止这种变质现象，改善聚合物乳液对水泥水化生成物的化学稳定性以及对搅拌剪切力的机械稳定性，使聚合物与水泥混合均匀，有效结合并紧密黏附成稳定的聚合物水泥多相体。常用的稳定剂有 OP 型乳化剂、均染剂 102、农乳 600 等。稳定剂多采用表面活性剂，应根据聚合物品种选择稳定剂及掺量。乳胶与水泥拌合时，因乳液中的稳定剂及乳化剂等表面活性剂的影响，会产生大量的小气泡，这些气泡如不消除将增加混凝土的孔隙率，使混凝土的强度及抗渗性能明显下降，为避免这种情况，必须加入适量的消泡剂。常用的消泡剂有异丁烯醇、3-辛醇、磷酸三丁酯、二烷基聚硅氧烷等。消泡剂的针对性很强，同种材料在一种体系中能消泡，在另一种体系中却能助泡，必须有针对性地选择消泡剂。通常用于聚合物水泥混凝土中的聚合物已加入消泡剂，购买前应确认。当聚合物掺量较多而延缓聚合物水泥混凝土的凝结时，应加入适量的促凝剂，促使其凝结。

聚合物的品种、性能、掺量，及其相应的助剂种类和掺量是影响聚合物水泥混凝土呈现最佳力学性能的主要因素。水胶比的影响没有普通混凝土大，聚合物水泥混凝土的水胶比以和易性来表示。聚合物的掺量对混凝土影响较大，其掺量过小，对混凝土性能的改善也小；其掺量加大，混凝土各项性能也随之提高，但其掺量超过一定范围时，混凝土强度、粘结性、干缩等性能反而向劣质转化。聚合物水泥混凝土配合比设计时，除抗压强度及和易性外，还应考虑抗拉强度、防水性（水密性）、粘结性及耐腐蚀性等，水胶比会影响一些，但聚灰比（聚合物和水泥在整个固体中的重量比）影响更大、更密切。聚合物水泥混凝土配合比，除设计聚灰比外，其他组分与普通混凝土基本相同。聚灰比在5%～20%的范围内，水胶比在0.3～0.6范围内。

**31.2.2.2　防水混凝土施工**

1. 施工准备

编制先进合理的《防水混凝土施工方案》，作好方案交底工作。落实施工所用机械、工具、设备。施工现场消防、环保、文明工地等准备工作已完成，临时用水、用电到位，做好基坑的降排水工作使地下水位稳定保持在基底最低标高0.5m以下，直至施工完毕。基坑上部采取措施防止地面水流入基坑内。

2. 钢筋工程

钢筋应绑扎牢固，避免因碰撞、振动使绑扣松散、钢筋移位，造成露筋。钢筋及绑扎钢丝均不得接触模板。墙体采用顶模棍或梯格筋代替顶模棍时，应在顶模棍上加焊止水环，马凳应置于底铁上部不得直接接触模板。钢筋保护层应符合设计规定，且迎水面钢筋保护层厚度不应小于50mm。当保护层厚度大于等于50mm时，为避免保护层过厚造成混凝土产生收缩裂缝设置防裂钢筋网，钢筋直径4～6mm，间距为150～200mm。应以相同配合比的细石混凝土或水泥砂浆制成垫块，将钢筋垫起，以保证保护层厚度，严禁以垫铁或钢筋头垫钢筋，或将钢筋用铁钉及钢丝直接固定在模板上。在钢筋密集的情况下，更应注意绑扎或焊接质量。并用自密实高性能混凝土浇筑。

3. 模板工程

模板吸水性要小并具有足够的刚度、强度，如钢模、木模、木（竹）胶合板等材料。模板安装应平整拼缝严密不漏浆。模板构造及支撑体系应牢固稳定、能承受混凝土的侧压力及施工荷载，并应装拆方便。固定模板使用的螺栓可采用工具式螺栓加焊止水钢环复合成品膨胀环、工具式螺栓加腻子型膨胀环、螺栓焊止水钢环、螺栓加腻子型膨胀环、预埋金属套管加腻子型膨胀环、预埋塑料套管加腻子型膨胀环等做法。止水环尺寸及环数应符合设计规定。如设计无明确规定，止水钢环为螺栓外有效高度不小于30mm的方形止水环，成品膨胀环高度为20mm，腻子型膨胀环宽度为20mm、高度为7mm。模板拆除应符合《混凝土结构工程施工质量验收规范》GB 50204规定并注意防水混凝土结构成品保护。主体柔性防水材料在螺栓孔（套管）部位宜增设加强层，加强层宽度为600mm+$d(D)$，即孔（管）周边为300mm。

加焊止水钢环复合成品膨胀环的工具式螺栓分为螺栓内置节及外置节，内置节上焊止水环并用丁基胶在止水钢环上粘结成品膨胀环，拆模时，将工具式螺栓外置节取下，在螺栓孔周边300mm范围做附加防水层，然后施工外墙主防水层，防水做法示意图，见图31-18；加腻子型膨胀环内置节上加腻子型膨胀环，拆模时，将工具式螺栓外置节取下再以密封膏及1∶2聚合物或填充性膨胀水泥砂浆将螺栓凹槽封堵严密，在螺栓孔周边300mm范围做附加防水层，然后施工外墙主防水层，防水做法示意图，见图31-19；在对拉螺栓中部加焊止水钢环或加腻子型膨胀环，止水钢环与螺栓必须满焊严密，拆模后将螺栓沿墙面底割去，在螺栓孔周边300mm范围做附加防水层，然后施工外墙主防水层，防水做法示意图，见图31-20、图31-21。在对拉螺栓中部加腻子型膨胀环，固定模板时，可在混凝土结构两边螺栓周围加垫木块，拆模后取出垫木块形成凹槽，将螺栓沿平凹底割去，再用密封膏密封及1∶2防水或膨胀水泥砂浆将凹槽封堵，在螺栓孔周边300mm范围做附加防水层，然后施工外墙主防水层，防水做法示意图见图31-22；混凝土结构内预埋钢套管，钢套管上加腻子型膨胀环，套管长度同墙厚，起撑模作用，以确保模板之间混凝土结构的设计尺寸。支模时在预埋套管中穿入对拉螺栓拉紧固定模板。拆模后将螺栓抽出，套管内以腻子型膨胀条及1∶2聚合物或填充性膨胀水泥砂浆封堵密实，在套管周边300mm范围做附加防水层，然后施工外墙主防水层，预埋钢套管支撑做法见图31-23；对拉螺栓穿过塑料套管，塑料套管上加腻子型膨胀环，塑料套管（长度相当于结构厚度）将模板固定压紧，浇筑混凝土后，拆模时将螺栓及塑料套管均拔出，然后用1∶2聚合物或填充性膨胀水泥砂浆将螺栓孔封堵严密，在套管周边300mm范围做附加防水层，然后施工外墙主防水层，此做法可节约螺栓、加快施工进度、降低工程成本，用于结构复合防水则效果更佳，预埋塑料套管防水、塑料套管支撑做法见图31-24。穿墙螺栓拆除后螺栓孔处理见图31-25。

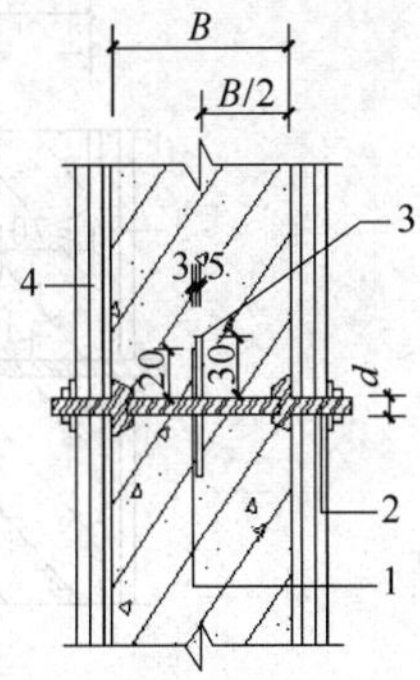


图31-18　防水做法示意图（一）

1—成品膨胀环，丁基胶粘结；2—螺栓拆除后的防水处理见图31-25($a$)；3—方形止水钢环；4—模板

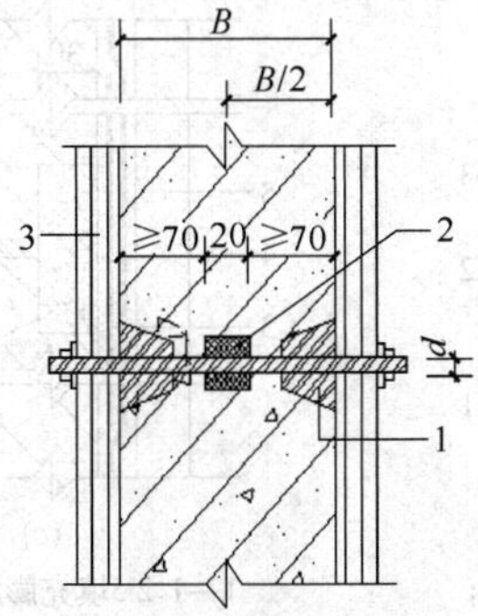


图31-19　防水做法示意图（二）

1—拆除后的防水做法见图31-25($d$)；2—腻子型膨胀环；3—模板

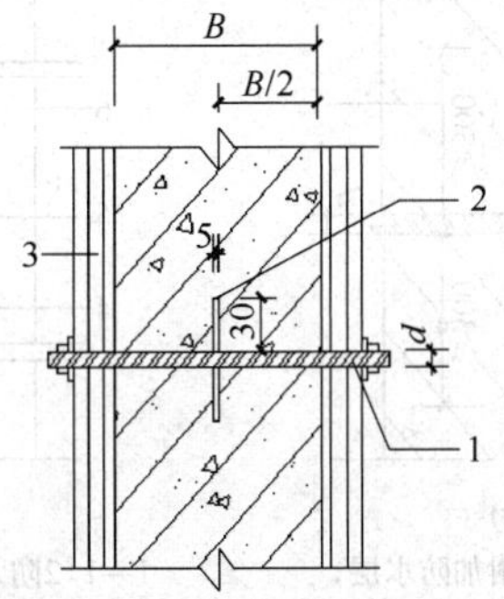


图31-20　防水做法示意图（三）

1—螺栓拆除后的防水处理见图31-25($a$)；2—方形止水钢环（内径$d+2$）；3—模板

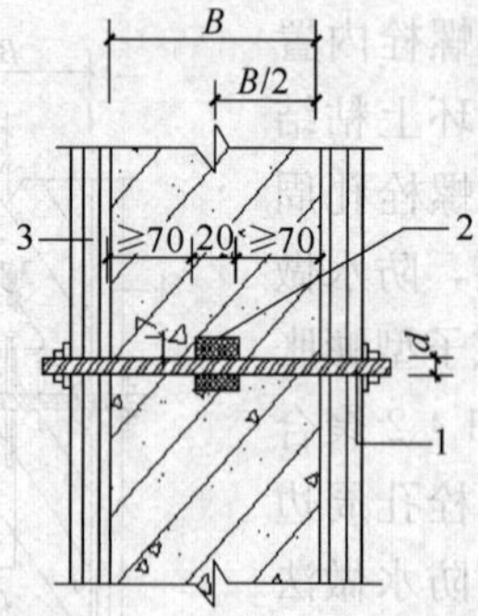


图 31-21　防水做法示意图（四）

1—螺栓拆除后的防水处理见图 31-25(*a*)；2—7×20(mm) 腻子型膨胀环；3—模板

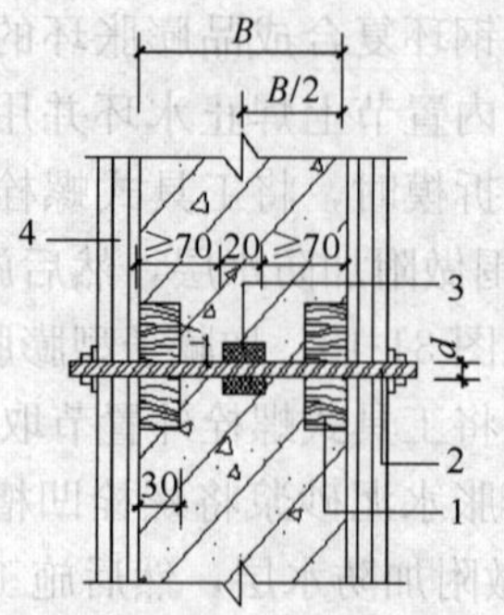


图 31-22　防水做法示意图（五）

1—木堵头；2—螺栓拆除后的防水处理见图 31-25(*a*)、(*b*)；3—7×20(mm) 腻子型膨胀环；4—模板

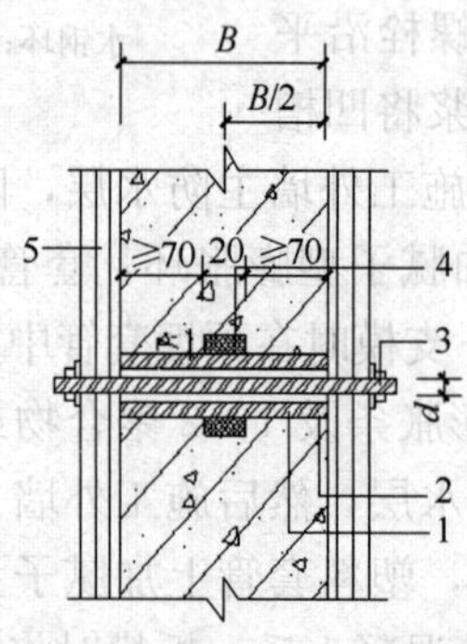


图 31-23　防水做法示意图（六）

1—螺栓拆除后的防水做法见图 31-25(*e*)、(*f*)；2—金属套管；3—螺栓；4—7×20(mm) 腻子型膨胀环；5—模板

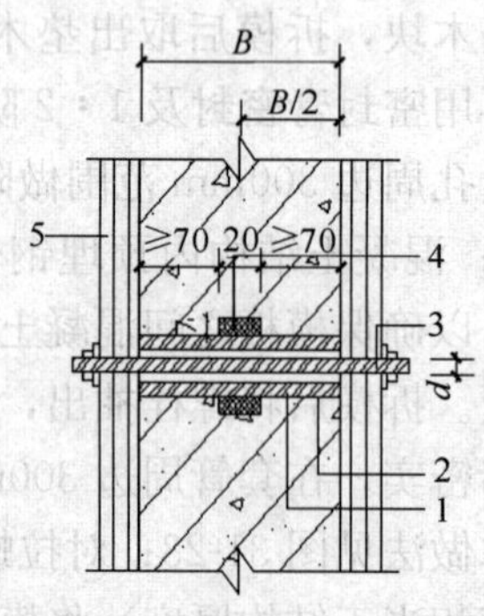


图 31-24　防水做法示意图（七）

1—螺栓拆除后的防水做法见图 31-25(*g*)；2—塑料套管；3—螺栓；4—7×20(mm) 腻子型膨胀环；5—模板

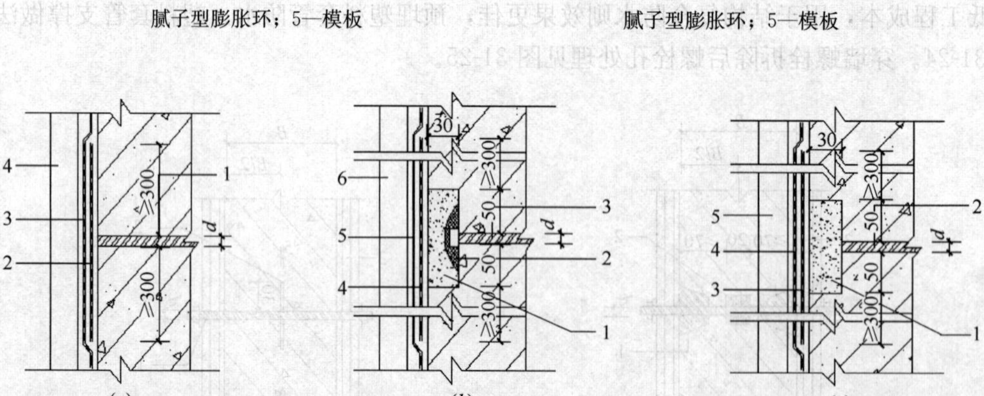


(*a*)

1—螺栓；2—附加防水层；3—外墙主防水层；4—保护墙

(*b*)

1—1∶2防水砂浆；2—密封膏密封；3—螺栓；4—附加防水层；5—外墙主防水层；6—保护墙

(*c*)

1—1∶2.5填充膨胀性水泥砂浆；2—螺栓；3—附加防水层；4—外墙主防水层；5—保护墙

图 31-25　穿墙螺栓拆除后螺栓孔处理示例

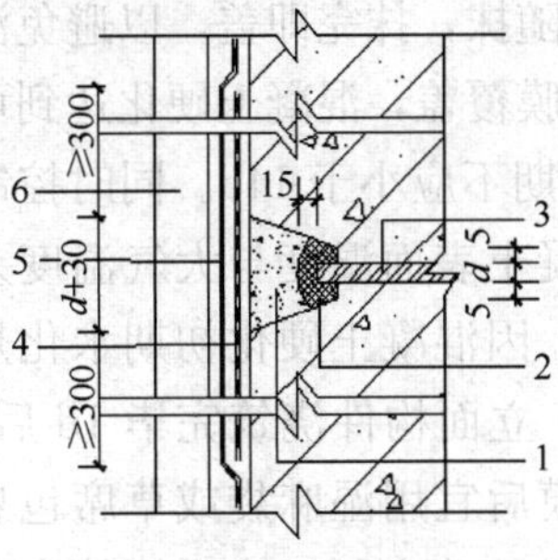


(*d*)

1—1:2聚合物或填充性膨胀水泥砂浆；2—密封膏密封；3—螺栓；4—附加防水层；5—外墙主防水层；6—保护墙

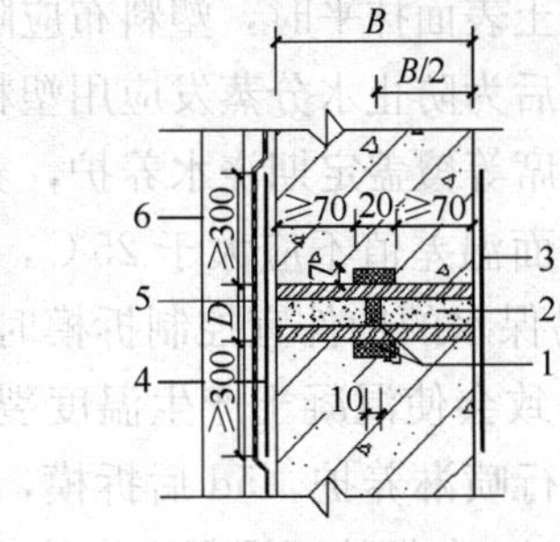


(*e*)

1—腻子型膨胀条；2—1:2聚合物或填充性膨胀水泥砂浆；3—金属套管；4—附加防水层；5—外墙主防水层；6—保护墙

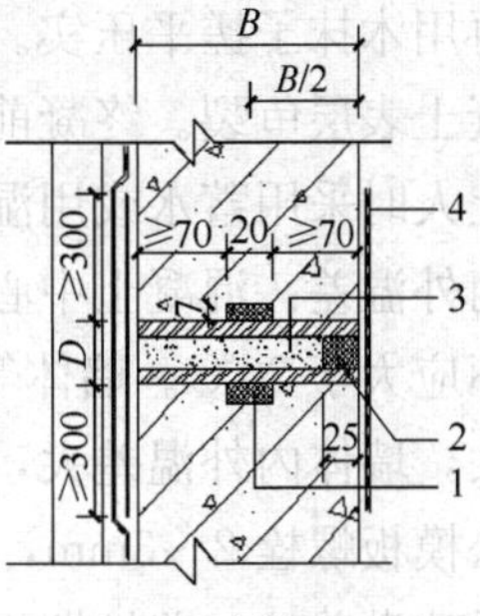


(*f*)

1—腻子型膨胀条；2—25厚密封材料；3—1:2聚合物或填充性膨胀水泥砂浆；4—附加防水层

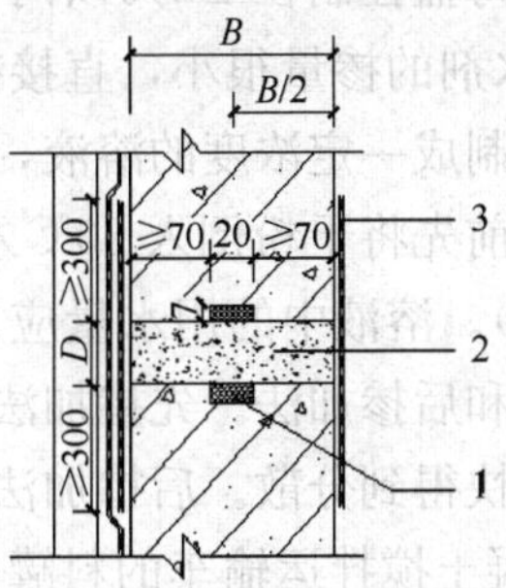


(*g*)

1—腻子型膨胀条；2—1:2聚合物或填充性膨胀水泥砂浆；3—附加防水层

图 31-25 穿墙螺栓拆除后螺栓孔处理示例（续）

4. 混凝土工程

(1) 防水混凝土施工基本要求

混凝土的搅拌、运输、浇筑、振捣的常规做法及季节性施工见第17章混凝土施工。外墙抗渗混凝土与内墙非抗渗混凝土交接处为防止非抗渗混凝土流入到抗渗混凝土中，浇筑时先浇筑抗渗混凝土，并且抗渗混凝土往非抗渗混凝土的内墙中浇筑300mm的距离。该处墙体部分分层浇筑时，非抗渗混凝土每层的高度稍低于抗渗混凝土的厚度。混凝土后浇带两侧混凝土浇筑后，应用盖板封闭严密，避免落入杂物和进入雨水污染钢筋。

墙体水平施工缝不应留在剪力最大处或底板与侧墙的交接处，应留在高出底板表面不小于300mm的墙体上。拱（板）墙结合的水平施工缝，宜留在拱（板）墙接缝线以下150～300mm处。墙体有预留孔洞时，施工缝距孔洞边缘不应小于300mm。

防水混凝土的养护对其抗渗性能影响极大，尤其是早期湿润养护。浇筑后的前14d，水泥硬化速度快，强度增长可达28d标准强度的80%，混凝土在湿润条件下内部水分蒸发缓慢，不会造成早期失水，对水泥水化有利，当水泥充分水化时，其生成物将混凝土内部毛细孔堵塞，切断毛细通路，使水泥石结晶致密，混凝土抗渗性及强度可迅速提高；14d以后，水泥水化速度逐渐减慢，强度增长也趋缓慢。继续养护虽然仍有益，对质量的影响远不如早期，因此应加强前14d的养护。超长大体积混凝土，浇筑后的混凝土应立即在混凝土表面覆盖一层塑料布，3～6h内表面用长刮尺刮平，在初凝前反复搓面3～4遍，再用木抹子搓平压实。在对混凝土表面抹平时，塑料布应随揭随抹，抹完即盖，以避免混凝土表层龟裂。终凝前表面抹压后为防止水分蒸发应用塑料薄膜覆盖，混凝土硬化达到可上人时采用蓄水或用湿麻袋、草席等覆盖定期浇水养护，养护期不应小于 14d。同时控制内外温差：混凝土中心温度与表面温差值不应大于 25℃，混凝土表面温度与大气温度差不应大于 20℃。墙体等立面不易保水的构件宜控制拆模时间，因混凝土硬化初期水化热大，墙体内外温差大，膨胀不一致会使混凝土产生温度裂缝。立面构件浇筑完毕 1d 后，松模板螺栓 2～3mm，从顶部进行喷淋养护。5d 后拆模，拆模后宜用湿麻袋或草席包裹后喷淋养护，养护期不应小于 14d。冬期施工混凝土浇筑后不能浇水养护，应采用综合蓄热法、蓄热法、暖棚法、掺化学外加剂等方法，不得采用电热法或蒸汽直接加热法。

(2) 减水剂防水混凝土施工要点

严格控制减水剂掺量，误差每盘控制在±2%以内，微机控制计量的搅拌站累计计量误差控制在±1%以内。粉剂减水剂的掺量很小，直接掺入易使减水剂分散不均匀，影响混凝土的质量，因此减水剂宜配制成一定浓度的溶液，严禁将减水剂干粉倒入混凝土搅拌机内拌合。干粉状减水剂在使用前先将干粉倒入 60℃左右的热水中搅匀，制成 20%浓度的溶液（用密度计控制溶液浓度）。溶液中的用水量应从拌合水中扣除，以免使水胶比增加。减水剂掺加方法有先掺加法和后掺加法。先掺加法是将配好的减水剂溶液与拌合水一同加入搅拌机内，使减水组分尽快得到分散。后掺加法是当混凝土搅拌运输车到达施工现场浇筑前 2min 将减水剂掺入混凝土搅拌运输车的料罐中，同时加快搅拌料罐的转速，使减水剂与混凝土搅拌均匀。后掺加法技术使减水剂更有效的发挥作用，可减少混凝土坍落度的损失，提高混凝土的和易性及强度，效果很好。无论采用哪种掺加方法，掺减水剂的混凝土必须搅拌均匀后方可出料。因工程需要需二次添加减水剂时，应通过试验确定。使用引气型减水剂，应采取高频振动、插入振动，或与消泡剂复合使用等方法，以消除过多的有害气泡。应注意养护，尤其是早期潮湿养护。

(3) 三乙醇胺混凝土施工要点

配制防水剂溶液应严格，必须充分搅拌至完全溶解，以防三乙醇胺分布不匀，或氯化钠和亚硝酸钠溶解不充分而造成不良后果。掺量应严格，防水剂溶液应和拌合用水掺合均匀使用，不得将防水剂材料直接投入搅拌机中，致使拌合不均匀而影响混凝土的质量。重要的防水工程可采用加入亚硝酸钠阻锈剂的配方配制三乙醇胺防水混凝土，可抑制钢筋锈蚀。寒冷地区冬期施工，可掺入三乙醇胺早强外加剂，提高混凝土的早强抗冻性，但应由试验室根据该地区的具体条件进行试配，确定外加剂掺量，以确保混凝土强度的增长及混凝土抗渗质量。

(4) 引气剂防水混凝土施工要点

引气剂制成溶液使用。溶液中的用水量应从拌合水中扣除，以免使水胶比增加。采用机械搅拌。先将砂子、水泥、石子倒入搅拌机，再将引气剂与拌合水搅匀后投入搅拌机。不得单独将引气剂直接投入搅拌机，以免气泡分布不匀，影响混凝土质量。混凝土从搅拌机出料口输出，经运输、浇筑振捣后，含气量损失大约为 1/4～1/3。在搅拌机出料口进行取样检测混凝土拌合物的坍落度及含气量时应考虑混凝土在运输、浇筑及振捣过程中含气量的损失，施工中每隔一定的时间进行现场检查，使含气量严格控制在规定范围内。采用高频振捣器振捣，排除大气泡，保证混凝土质量及抗渗性。养护应注意保持湿润。引气剂防水混凝土在低温（5℃）下养护，会完全丧失抗渗能力。冬期施工要注意蓄热保温，否则影响混凝土质量。

(5) 补偿收缩混凝土施工要点

严格掌握混凝土配合比，确保膨胀剂掺量准确。膨胀剂称量误差应小于0.5%，膨胀水泥称量误差应小于1%。计量装置必须准确，开盘前应检验校正，使用中应进行校核。膨胀剂可直接投入料斗同水泥、砂子、石子干拌0.5～1min，拌合均匀后再加水搅拌，拌合时间应较普通混凝土延长30s，预拌混凝土拌合时间延长10s。预拌混凝土可将膨胀剂以混凝土罐车所载混凝土量按比例预先称好放在装料架上备用，待混凝土罐车到达施工现场后再将称好的膨胀剂通过架子加料口投入罐内，至少搅拌5min，拌匀后方可使用。人工浇筑，现场坍落度为70～80mm；泵送混凝土浇筑，现场坍落度为120～160mm。混凝土出罐温度宜小于30℃，现场施工温度超过30℃，或混凝土运输、停放时间超过30～40min，应在混凝土拌合前采取加大坍落度的措施；混凝土拌合后，不得再次加水搅拌。现场施工温度超过30℃时墙体混凝土应适当调高膨胀剂的掺量，降低入模温度。负温施工混凝土入模温度不得低于5℃。混凝土应连续运输、连续浇筑不得中断。混凝土浇筑应分层阶梯式推进，浇筑间隔不得超过混凝土的初凝时间。混凝土浇筑时间间隔若超过初凝时间，应事先考虑设置施工缝。再次浇筑时按施工缝要求进行处理后方可施工。运输距离较远或夏季炎热天气施工可在混凝土中掺入适量缓凝减水剂，以确保混凝土的流动性及坍落度满足施工要求。低温施工时可掺入防冻减水剂或早强减水剂，以提高混凝土的早期强度。混凝土浇筑的自由落距应控制在2m以内。混凝土楼板及厚度小于1m的底板可一次浇筑完成；厚度大于1m的底板应分层浇筑，采用"斜面布料、分层振捣"的方法。楼板混凝土浇筑时为防止上层钢筋下沉，应将上层钢筋置于铁马凳上。浇筑墙体混凝土采用溜槽或输料管从一端逐渐推向另一端，分层厚度一般为500mm。必须采用机械振捣，振捣应均匀、密实，不允许有欠振、漏振和超振等现象。混凝土终凝前应对其表面反复抹压以防止表面出现沉降收缩裂缝。

收缩补偿混凝土的养护非常重要，混凝土中膨胀结晶体钙矾石（$C_3A_3 \cdot CaSO_4 \cdot 32H_2O$）的生成需要充足的水，一旦失水就会粉化。混凝土浇筑完毕1～7d内是膨胀变形的主要阶段，必须加强混凝土的早期养护，若早期养护开始时间较迟，不但可能抑制混凝土膨胀，还可能产生大量的有害裂缝。常温下混凝土浇筑后8～12h，即应进行浇水养护。保持外露混凝土表面呈湿润状态。养护用水不得浇冷水，也不得在阳光下暴晒，应和环境温度相同。现场施工温度超过30℃应特别加强保湿养护。超长大体积混凝土，终凝前表面抹压后为防止水分蒸发应用塑料薄膜覆盖，混凝土硬化达到可上人时采用蓄水或用湿麻袋、草席等覆盖定期浇水养护，养护期不应小于14d。同时控制内外温差应小于30℃。墙体等立面不易保水的构件宜控制拆模时间，因混凝土硬化初期水化热大，墙体内外温差大，膨胀不一致会使混凝土产生温度裂缝。立面构件浇筑完毕1d后，松模板螺栓2～3mm，从顶部进行喷淋养护。3d后拆模，拆模后宜用湿麻袋或草席包裹后喷淋养护。冬期施工混凝土应用塑料薄膜和保温材料覆盖养护。浇筑补偿收缩混凝土前施工缝应剔除表面松散部分至密实处，清水湿润12～24h后，铺30mm厚1∶2掺膨胀剂的水泥砂浆。

C40以上的补偿收缩混凝土墙体裂缝多为表层裂缝。宽度小于0.2mm的非贯穿裂缝无需修补，在潮湿环境下微裂缝可自愈。宽度大于0.2mm裂缝应开30～50mm的缝，表面蜂窝剔凿至密实处，清水冲洗干净后，用1∶2掺膨胀剂的水泥砂浆修补好；贯穿裂缝应使用无机或有机灌浆并局部采用聚合物水泥防水砂浆处理。补偿收缩混凝土浇筑完毕后出现露筋、蜂窝及渗漏等缺陷应认真处理：露筋处首先将松散部分剔除，剔凿至密实处，重新支带有喇叭的模板，用提高一个强度及抗渗等级的补偿收缩混凝土浇筑，并严格养护，混凝土达到强度等级的80%以后将凸出部位剔平；补偿收缩混凝土养护及缺陷护理完毕后应及时维护，地下室应尽早创造条件进行回填土的施工，屋面应尽早施工保温层、找平层及防水层。遇骤冷或强风时地下通道应临时封闭以防出现温差裂缝。

UEA无缝技术——膨胀加强带施工：设计规范考虑混凝土收缩变形，规定30～40m设置一道后浇带，采用补偿收缩混凝土时，后浇带的最大间距可延长为60m，60d后再用补偿收缩混凝土灌填。施工繁琐、工期长，且易留渗水隐患。超长结构超出60m的可用膨胀加强带代替后浇带——在结构收缩应力最大部位施予较大的膨胀应力即为膨胀加强带。膨胀加强带一般宽2m，膨胀加强带两侧用限制膨胀率大于0.015%（UEA掺量为10%～12%）的补偿收缩混凝土，膨胀加强带内部用限制膨胀率大于0.03%（UEA掺量为14%～15%）、强度等级较带外混凝土提高5MPa的补偿收缩混凝土，膨胀加强带两侧用钢筋固定钢丝网拦隔加强带外混凝土流入加强带内。地下超长混凝土结构可连续浇筑，避免设置若干条后浇带的间隔施工法；取消后浇带，增强了混凝土结构的整体性，减少处理后浇带的难度以及质量缺陷；可缩短工期提高施工速度；增强了混凝土的密实性，有效地提高了混凝土结构的抗裂性，从而提高了混凝土结构的抗渗能力。膨胀加强带的施工技术要点：原材料除应符合本节有关要求外，尚应注意膨胀剂以UEA-H型为宜。并选用低水化热的水泥。不得使用碱活性骨料。膨胀加强带及其两侧混凝土的配合比，必须经试验确定。严格区分膨胀加强带及其两侧混凝土的不同配合比，严禁混淆。计量应准确，由专人负责。为防止不同配合比的混凝土流入膨胀加强带内，膨胀加强带的两侧应设置孔径2～5mm的钢丝网片拦隔，并用$\phi16$钢筋固定。底板等平面结构能连续施工不设施工缝时，先浇筑带外小膨胀混凝土，浇至加强带时改为大膨胀混凝土，加强带浇筑完毕后再改为小膨胀混凝土。也可将加强带两侧小膨胀混凝土同时浇筑完毕后再浇筑带内大膨胀混凝土；底板等平面结构不能连续施工时，先浇筑一侧的小膨胀混凝土至加强带，按施工缝要求留置及处理后，浇筑加强带内大膨胀混凝土后再浇筑带外另一侧的小膨胀混凝土；由于边墙厚度小，若长度较长养护困难大易产生竖向裂缝，边墙膨胀加强带每隔30～40m设置一道，并在加强带两侧设置止水钢板，加强带两侧小膨胀混凝土浇筑完毕14d后再浇筑带内大膨胀混凝土。振捣宜采用高频插入式振捣器。混凝土浇筑后、凝结前用抹子抹压混凝土表面两三遍，防止混凝土表面龟裂。要求严格养护。防止混凝土早期失水。

（6）自密实高性能防水混凝土施工要点

原材料进场后应单独放置，并按规定进行抽检复试。自密实混凝土配合比应经试验确定，并实测现场砂石含水率进行配合比调整，应严格控制原材料计量及混凝土坍落度。后台工作应由专人负责。混凝土搅拌投料顺序为骨料→胶凝材料→水→外加剂。搅拌时间不少于3min，要充分搅拌均匀。混凝土施工过程中，应经常检测搅拌机（或混凝土运输车）

及泵管出口的坍落度，根据情况及时调整确保泵送顺利，坍落度的调整由专人负责，严禁随意加水。现场应设置两台混凝土输送泵以防止混凝土泵送时中断。泵管布置应合理，出料口处水平管长度适当增加，尽量减少弯头，硬管接头垫圈保持密封，防止因漏浆造成堵管，泵管应牢固以减少其晃动。混凝土浇筑应连续，尽量采用泵送及塔吊配合，为减少坍落度损失搅拌完毕的混凝土应及时输送至浇筑位置，尽可能缩短出料口与入模口的距离，可配合使用串筒或溜槽，防止混凝土产生离析。如搅拌不及时或混凝土运输车受阻，应放缓泵送速度，也可采用隔 5min 开泵一次，使泵正反转两个冲程以防止堵管。尽管是“自密实”“自流平”“免振”，但对狭窄部位或钢筋稠密处仍须稍加振捣，以排除可能截留的空气，确保混凝土密实。振捣采用插入式高频振捣器，分层振捣厚度为 500mm，插入下一层混凝土约 50mm，振捣密实均匀。自密实混凝土水胶比较小，早期强度增长快，一般 3d 强度可达设计强度的 60%，因此混凝土的早期养护非常重要，防止因脱水影响混凝土强度增长。养护方法同本节的补偿收缩混凝土。

(7) 钢纤维抗裂防水混凝土施工要点

混凝土配合比及钢纤维适宜掺量须经试验确定，原材料的计量应准确。为提高纤维的分散性，采用非离子型界面活性剂聚氧乙烯辛基苯酚醚是有效的。但该活性剂会使混凝土增加拌生空气量，为了防止形成多孔而降低强度，可并用 0.05% 的消泡剂硅乳浊液。搅拌设备可采用水平双轴强制式搅拌机。当纤维掺量较大时，应适当减少一次拌合量，一次搅拌量不宜大于其额定搅拌量的 80%。在搅拌过程中应避免结团、纤维折断与弯曲，搅拌机因超负荷停止运转及出料口堵塞等情况的发生。为使纤维能均匀分散于混凝土中，除使用集束状钢纤维外，其他品种的钢纤维均应通过摇筛或分散机加料。钢纤维混凝土在投料、搅拌、运输、浇筑过程的各个环节中，关键是有利于钢纤维混凝土分布的均匀性及密实性。采用预拌法制作纤维混凝土，关键要使纤维在水泥硬化体中均匀分散。特别是当纤维掺量较多时，如不能使其充分分散，就容易同水泥浆或砂子一起结成球状的团块，显著降低增强效果。目前常用的投料与搅拌工艺有以下三种：①湿拌工艺：先将除钢纤维以外的粗细骨料、水泥进行干拌，再加水湿拌同时用纤维分散机均匀投入钢纤维共同搅拌，这种方法的关键是钢纤维的投料应采用纤维分散机；②先干后湿搅拌工艺：先将钢纤维、粗细骨料、水泥进行干拌，使钢纤维均匀分散到固体组分中，再加水湿拌，这样可避免钢纤维尚未分散即被水泥净浆或水泥砂浆包裹成钢纤维团，达到钢纤维在混凝土中分散均匀的目的；③分段加料搅拌工艺：50%（砂+石子）+100%钢纤维混合干拌均匀→50%（砂+石子）+100%水泥+水及外加剂湿拌，这种投料及搅拌工艺搅拌时间应延长，适合于自由落体搅拌机。钢纤维混凝土的搅拌时间应通过试验确定，应较普通混凝土规定的搅拌时间延长 1～2min。采用先干拌后加水的搅拌方法，干拌时间不宜少于 1.5min。

钢纤维混凝土的浇筑与传统的施工方法有区别，特别是密实成型和纤维处理等工艺措施。钢纤维相互摩擦和相互缠绕，具有一定的刚性，形成空间网络结构，抑制了内部水及水泥浆的流动度。即使掺有表面活性剂，搅拌后的纤维混凝土的流动性，也随着纤维掺量的增加而显著下降，这就增加了施工难度。钢纤维混凝土成型工艺常用有振动成型、喷射成型、挤压成型、灌浆或渍浆成型等工艺。钢纤维混凝土振捣成型工艺已普遍采用，可参照普通混凝土的工艺，重点应注意纤维方向有效系数的提高。为防止施工和易性下降，除增加活性剂的数量外，掺加聚合物乳液，有效的方法是成型过程中施以外部振动和加压等。纤维掺量不得过多，否则，在浇筑时不但不能密实填充模型，反而引起强度下降；采用平板振动可使钢纤维由三维乱向趋于二维乱向，以提高纤维方向有效系数，可避免振捣时将纤维折断，也防止钢纤维结团。与普通混凝土相比，钢纤维混凝土的振动时间要适当延长；采用插入式振动器，不得将振动器垂直插入结构受力方向的混凝土中，否则钢纤维沿振动器趋向分布，降低纤维方向有效系数，影响纤维的增强效果。一般采用与平面夹角不大于30°斜向插入。振动时间不宜过长，特别是大流动性混凝土拌合物，其黏性阻力小，纤维比重大，振动时间过长则会使钢纤维下沉造成新的不均匀现象。钢纤维混凝土喷射成型工艺是采用喷射机经压缩空气将钢纤维混凝土拌合物喷射至要求部位，喷射层与受喷面粘结应良好。

纤维定向处理：不同的振实方法，对钢纤维混凝土中纤维的取向有很大影响。振捣混凝土时根据结构构件的受力特点，采用磁力定向、振动定向及挤压定向等方法，人为地使纤维定向。尤其是喷射法施工，喷射物分布均匀，钢纤维在喷射时不易受到损伤，不会产生结团现象，能提高长径比，提高界面粘结性能，同时，也可增大纤维含量，使钢纤维混凝土的物理力学性能有较大的改善。采用离心法或离心-振动复合成型法，可使钢纤维处于最有利的环向受力状态。泵送流态的钢纤维混凝土拌合物直接浇筑入模，不加插捣，则纤维在其中呈三维乱向。插入式振动器振实钢纤维混凝土时，大部分钢纤维在与振动方向垂直的平面上呈二维乱向，少部分纤维为三维乱向。喷射混凝土，纤维在喷射面上呈二维乱向。离心法或挤出法制备钢纤维混凝土制品，纤维的取向介于一维定向与二维乱向之间。钢纤维混凝土拌合物在磁场中振捣时，钢纤维可沿磁力线方向分布，即钢纤维呈一维定向分布。

浇筑前应检查混凝土是否离析，并测定和控制坍落度。若产生离析或出现坍落度损失，不能满足施工要求时，应加入原水胶比的水泥浆或二次掺入减水剂，进行二次搅拌，严禁直接加水搅拌。浇筑施工应不间断地连续进行。混凝土拌合物从搅拌机出料到浇筑完毕所需时间不宜超过30min。浇筑时如需留置施工缝，应按现行防水技术规范的规定处理。加强养护，要特别注意混凝土早期的保温保湿养护不得少于14d。

(8) 聚丙烯纤维抗裂防水混凝土施工要点

聚丙烯纤维的使用非常方便，可根据配比确定的掺量（一般为体积掺量0.05%～0.15%）加入料斗中的骨料一同送入搅拌机加水搅拌。在混凝土搅拌站，可直接将整袋纤维置于传送带上的骨料中。由于包装纸袋为特制的快速水降解纸制成，进入搅拌机后将水迅速分散于水泥中。采用常规搅拌设备搅拌要适当延长搅拌时间（约120s），纤维束即可彻底分散为纤维单丝，并均匀地分布于混凝土中；采用强制式搅拌设备无须延长搅拌时间。每立方米混凝土掺入0.7kg纤维，纤维丝数量即可达2000多万条。聚丙烯纤维抗裂防水混凝土施工及养护与普通防水混凝土相同。

(9) 聚合物水泥混凝土施工要点

配制方法有三种。一种与普通混凝土配制工艺相同，容器中加入聚合物乳液、稳定剂、消泡剂等，用一定量的水混合搅拌均匀。水泥和砂投入搅拌机中干拌均匀，加入石子、水、聚合物乳液共同搅拌均匀制成聚合物水泥混凝土。第二种单体直接加入后聚合的方法配制。第三种是可分散聚合物粉末直接加入水泥中配制聚合物水泥混凝土，聚合物水泥混凝土的浇筑及振捣与普通混凝土的施工方法相同，其基层应洁净、无尘土等杂物；若基层为旧有混凝土或砂浆层，应将其表面的杂物及油污除去，剔凿至坚实洁净的面层，用水冲刷一遍，表面不得有积水。基层如有渗漏水，应先行堵漏。基层如有孔隙、裂缝或管道穿过，应沿裂缝或管道开 V 形凹槽，并用高等级砂浆填实抹平。不得任意加水，拌合及浇筑过程中如出现拌合物趋于黏稠而影响施工和易性时，可补加适量备用乳液，再行搅拌均匀后使用。当所选胶乳凝聚较快时，应掌握拌合量及浇筑时间，根据浇筑速度，随拌随用。聚合物水泥混凝土的养护方法取决于聚合物的种类，例如，聚醋酸乙烯酯乳液耐水性很差，在水中养护强度将大大降低。由于聚合物性能不同，应根据所选聚合物的特殊性，采取相应的养护方法。混凝土浇筑完毕在硬化之前，不得直接浇水养护，同时应避免遭受雨淋。聚合物水泥混凝土的养护方法与普通防水混凝土不同，通常采取干湿交替的养护方法。混凝土硬化后的 7d 以内，保持湿润养护，在此期间使水泥充分水化，水泥强度增长快，形成混凝土的刚性骨架；7d 以后，混凝土在大气环境中自然干燥养护，以利于聚合物胶乳脱水固化，使聚合物形成的点、网、膜交联于水泥混凝土的刚性骨架之中紧密粘结，将混凝土内部毛细孔道填塞。地下施工应防止中毒，加强通风，以免形成污染的施工环境；施工道路应畅通，原材料的堆放处应有防火措施；有腐蚀性的聚合物，应设专人管理和操作，管理和操作人员应配戴必要的防护用品。

## 31.2.3 底板防水工程

底板防水层设置在迎水面，底板坑池、地梁等下凹部位设置防水层，与大面防水层连接，成为连续整体。

### 31.2.3.1 底板防水构造

1. 底板防水基本构造

底板防水基本构造见图 31-26。

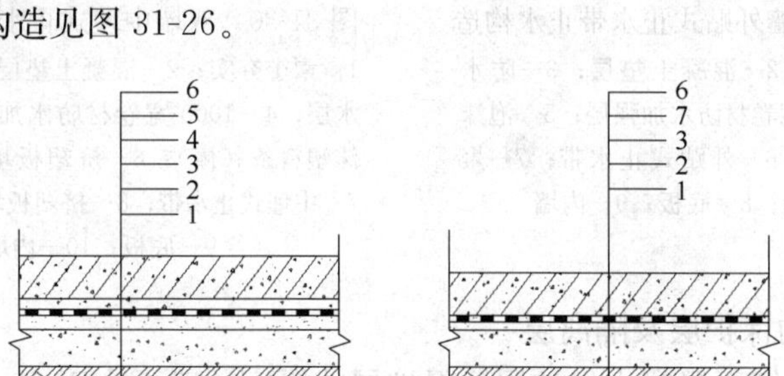


图 31-26 底板防水基本构造

1—素土夯实或碎石层；2—混凝土垫层；3—砂浆找平层；4—防水层（一道或二道）；5—细石混凝土保护层；6—抗渗混凝土底板；7—预铺反粘防水卷材（一道）

2. 双墙底板防水构造

双墙先后浇筑防水混凝土防水构造见图 31-27，双墙同时浇筑混凝土防水构造见图 31-28，双墙外贴式止水带止水构造见图 31-29，双墙中埋式止水带止水构造见图 31-30。

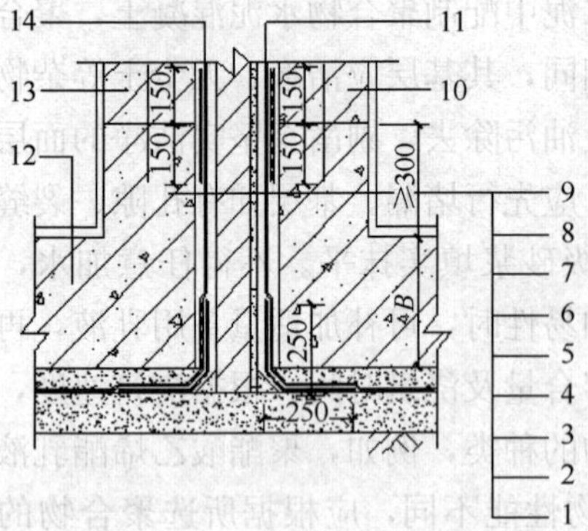


图 31-27　双墙先后浇筑防水构造

1—后浇防水混凝土内墙；2—保护层；3—防水层（外防内贴）；4—水泥砂浆找平层；5—砌筑墙体；6—水泥砂浆保护层；7—防水层(外防外贴)；8—基层处理剂；9—先浇防水混凝土内墙；10—后浇内墙；11—外防内贴；12—底板；13—先浇内墙；14—外防外贴

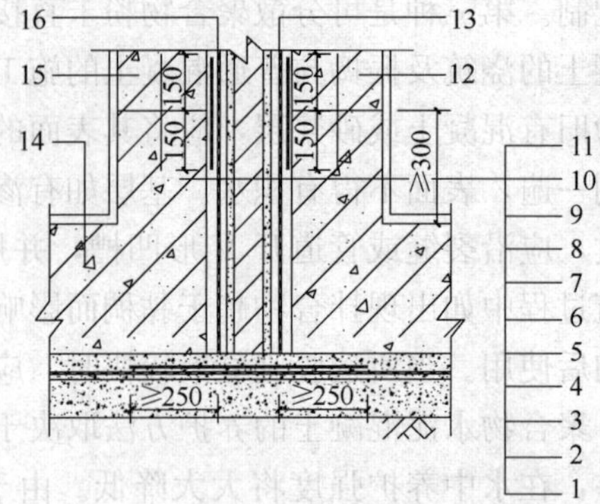


图 31-28　双墙同时浇筑防水构造

1—防水混凝土内墙；2—保护层；3—防水层（外防内贴）4—基层处理剂；5—水泥砂浆找平层；6—砌筑墙体；7—水泥砂浆找平层；8—基层处理剂；9—防水层（外防内贴）；10—保护层；11—防水混凝土内墙；12—内墙；13—外防内贴；14—底板；15—内墙；16—外防内贴

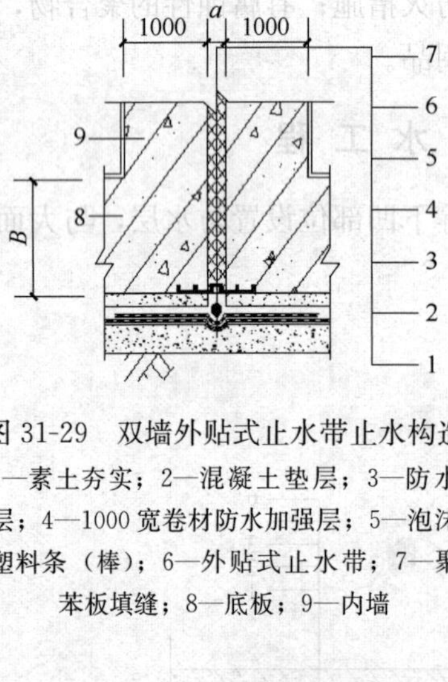


图 31-29　双墙外贴式止水带止水构造

1—素土夯实；2—混凝土垫层；3—防水层；4—1000 宽卷材防水加强层；5—泡沫塑料条（棒）；6—外贴式止水带；7—聚苯板填缝；8—底板；9—内墙

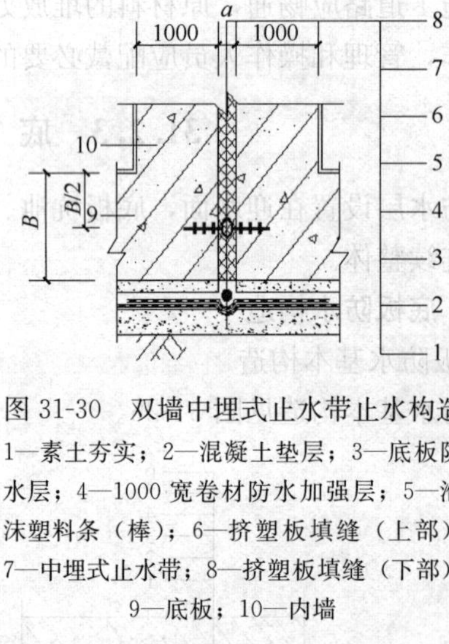


图 31-30　双墙中埋式止水带止水构造

1—素土夯实；2—混凝土垫层；3—底板防水层；4—1000 宽卷材防水加强层；5—泡沫塑料条（棒）；6—挤塑板填缝（上部）；7—中埋式止水带；8—挤塑板填缝（下部）；9—底板；10—内墙

3. 底板防水层的保护层及隔离层

防水层表面设置细石混凝土保护层，保护层的厚度一般不小于 50mm，强度等级不低于 C20。根据施工作业条件及钢筋绑扎安装对防水层的影响，确定地梁、电梯井坑、承台基坑等部位底面与侧面，是否设置防水层的保护层。防水保护层可选用挤塑聚苯板、砂浆、砌体等进行保护。

预铺反粘防水卷材与底板结构混凝土之间不设保护层及隔离层。

### 31. 2. 3. 2　底板防水施工

（1）基层表面应干净、平整、坚实、无浮浆和明水。混凝垫层宜随捣随抹，表面平整，不得有尖锐凸块。

（2）卷材防水层与基层可空铺或点粘铺贴，搭接缝应粘接牢固。参见本章 31. 1. 3. 1

防水卷材施工相关内容。

(3) 涂膜防水层分层涂布，涂层厚薄应均匀。夹铺胎体增强材料时，胎体层应充分浸透防水涂料。参见本章 31.1.3.2 防水涂料施工相关内容。

(4) 防水层经检查合格后，应及时做保护层。

## 31.2.4 侧墙防水工程

### 31.2.4.1 侧墙防水构造

外防水是把防水层设置在建筑结构的迎水面，是建筑结构的第一道防水层。受外界压力水的作用防水层紧压于结构上，防水效果好。地下工程的柔性防水层应采用外防水。而不采用内防水做法。混凝土外墙防水有“外防外贴法”和“外防内贴法”两种。外防外贴法是墙体混凝土浇筑完毕、模板拆除后将立面防水层直接铺设在需防水结构的外墙外表面。外防内贴法是混凝土垫层上砌筑永久保护墙，将防水层铺设在底板垫层和永久保护墙上，再浇筑混凝土外墙。“外防外贴法”和“外防内贴法”两种设置方式的优、缺点比较见表 31-42。

“外防外贴法”和“外防内贴法”的优、缺点　　表 31-42

| 名称 | 优点 | 缺点 |
|---|---|---|
| 外防外贴法 | 便于检查混凝土结构及防水层的质量，且容易修补；<br>防水层直接贴在结构外表面，防水层较少受结构沉降变形影响 | 工序多、工期长；<br>作业面大、土方量大；<br>外墙模板需用量大；<br>底板与墙体留槎部位预留的卷材接头不易保护好 |
| 外防内贴法 | 工序简便、工期短；<br>无需作业面、土方量较小；<br>节约外墙外侧模板；<br>卷材防水层无需临时固定留槎，可连续铺贴，质量容易保证 | 卷材防水层及混凝土结构的抗渗质量不易检查，修补困难；<br>受结构沉降变形影响，容易断裂、产生漏水；<br>墙体单侧支模质量控制较难；<br>浇捣结构混凝土时可能会损坏防水层 |

1. 外防外贴法防水施工

浇筑混凝土垫层，在垫层上砌筑永久性保护墙，墙下干铺一层防水卷材。墙的高度应大于需防水结构底板厚度加 100mm；在永久性保护墙上用石灰砂浆接砌高度大于 200mm 的临时保护墙；在永久性保护墙上抹 1∶3 水泥砂浆找平层，在临时保护墙上抹石灰砂浆找平层，并刷石灰浆；找平层基本干燥达到防水施工条件后，根据所选卷材的施工要求进行铺贴。大面积铺贴卷材之前，应先在转角处粘贴一层卷材附加层；底板大面积的卷材防水层宜空铺，铺设卷材时应先铺平面，后铺立面，交接处应交叉搭接。从底面折向立面的卷材与永久性保护墙的接触部位，应采用空铺法施工；卷材与临时性保护墙或围护结构模板的接触部位，应将卷材临时贴附在该墙上或模板上，并应将顶端临时固定。当不设保护墙时，从底面折向立面的卷材接槎部位应采取可靠的保护措施；底板卷材防水层上应浇筑厚度不小于 50mm 的细石混凝土保护层，然后浇筑混凝土结构底板和墙体；混凝土外墙浇筑完成后应将穿墙螺栓眼进行封堵处理、对不平整的接槎处进行打磨处理；铺贴立面卷材应先将接槎部位的各层卷材揭开，并将其表面清理干净，如卷材有局部损伤，应及时进行修补；卷材接槎的搭接长度，高聚物改性沥青类卷材为 150mm，合成高分子类卷材为

100mm；当使用两层卷材时，卷材应错槎接缝，上层卷材应盖过下层卷材。墙体卷材防水层施工完毕，经过检查验收合格后，应及时做好保护层。侧墙卷材防水层宜采用软质保护材料或铺抹 20mm 厚 1∶2.5 水泥砂浆。卷材防水层甩槎、接槎构造做法见图 31-31。

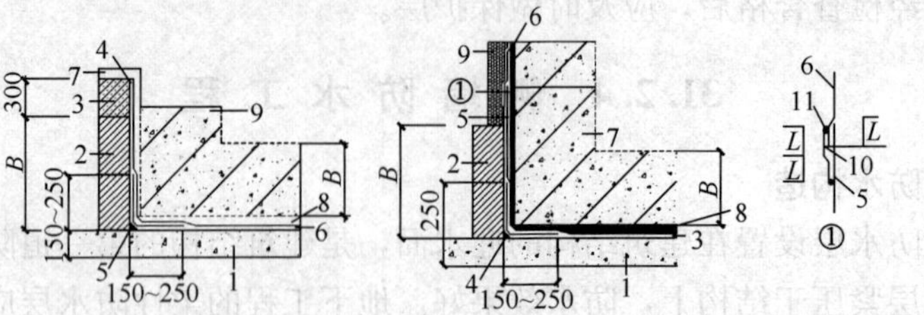


(a)　　(b)

图 31-31　卷材防水层甩槎、接槎构造

(a) 甩槎；
1—垫层；2—永久保护墙；3—临时保护墙；4—找平层；5—卷材附加层；6—卷材防水层；7—墙顶保护层压砖；8—防水保护层；9—主体结构

(b) 接槎
1—垫层；2—永久保护墙；3—找平层；4—卷材附加层；5—原有防水层；6—后接立面防水层；7—结构墙体；8—防水保护层；9—外墙防水保护层；10—盖缝条；11—密封材料；L—合成高分子卷材 100mm，高聚物改性沥青卷材 150mm

2. 外防内贴法防水构造

浇筑混凝土垫层，在垫层上砌筑永久性保护墙，墙下干铺一层防水卷材，在永久性保护墙内表面应抹厚度为 20mm 的 1∶3 水泥砂浆找平层。找平层干燥后涂刷基层处理剂，干燥后方可铺贴卷材防水层。在全部转角处均应铺贴卷材附加层，附加层应粘贴紧密。铺贴卷材应先铺立面，后铺平面，先铺转角，后铺大面。卷材防水层经验收合格后，应及时做保护层。侧墙卷材防水层宜采用软质保护材料或铺抹 20mm 厚 1∶2.5 水泥砂浆保护层。卷材防水层施工完毕后再施工混凝土底板及墙体。外防内贴法示意见图 31-32。

临水地下建筑外墙防水要设置到连体圈梁下部，在永久保护墙内侧增加保温层并设附加层，见图 31-33。

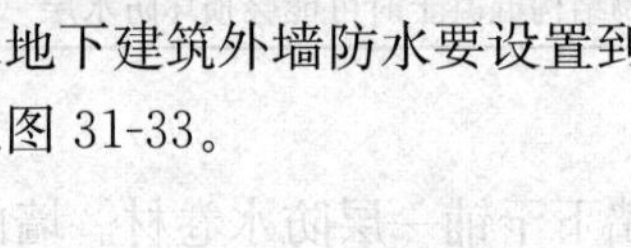

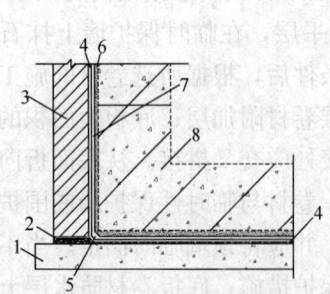

图 31-32　外防内贴法示意图

1—混凝土垫层；2—干铺油毡；3—永久性保护墙；4—找平层；5—卷材附加层；6—卷材防水层；7—保护层；8—混凝土结构

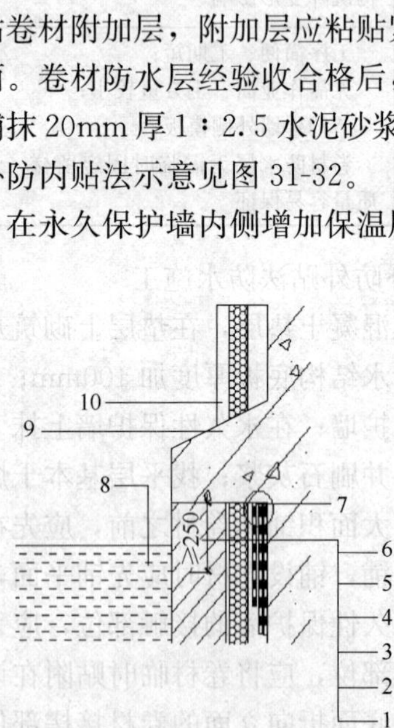


图 31-33　临水地下建筑外墙防水构造

1—≥P8 防水混凝土外墙；2—找平层；3—外墙防水层；4—附加防水层；5—保温层；6—永久保护墙；7—密封膏密封；8—临江、河、湖、海或深冻土基础、膨胀土地基；9—连体圈梁；10—饰面

3. 防水收头构造

地下侧墙防水保护层可采用砖体保护和软保护，砖体保护构造示意见图 31-34，软保护构造示意见图 31-35。在寒冷或严寒地区，外墙外保温应延伸至冻土层以下，防水保护层采用软保护时，如软保护所用保温隔热材料热工性能应符合外墙节能保温要求，软保护可以替代此部位外墙保温层。侧墙防水收头位置在散水上皮 0～500mm，附加防水层高度

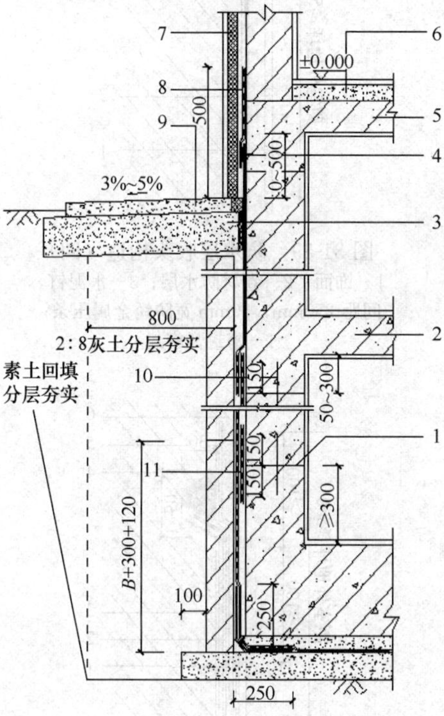


图 31-34 底板、外墙：卷材外防外贴；外墙下部：卷材外防内贴

1—施工缝；2—负 n 层楼板；3—散水；4—收头；5—一层楼板；6—楼层；7—外墙面层及外墙外保温；8—附加防水层高度至距室外地坪≥500；9—散水；10—止水带；11—防水加强层

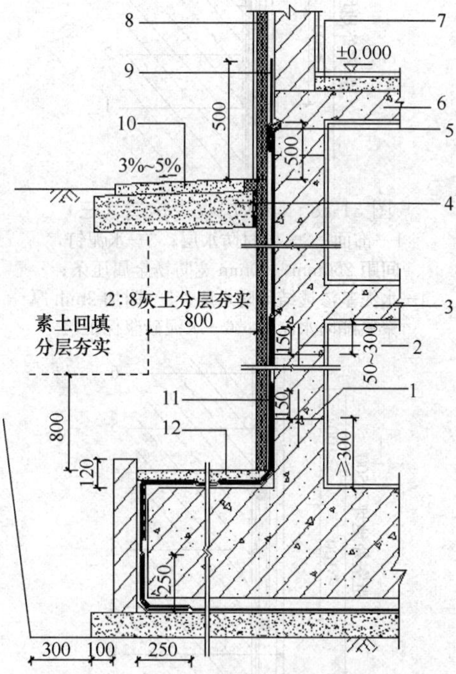


图 31-35 底板、外墙：卷材外防外贴；承台处外立面：卷材外防内贴

1—施工缝；2—止水带；3—负 n 层楼板；4—散水；5—收头；6—一层楼板；7—楼层；8—外墙面层及外墙外保温；9—附加防水层高度至距室外地坪≥500；10—散水；11—防水加强层；12—细石混凝土保护层

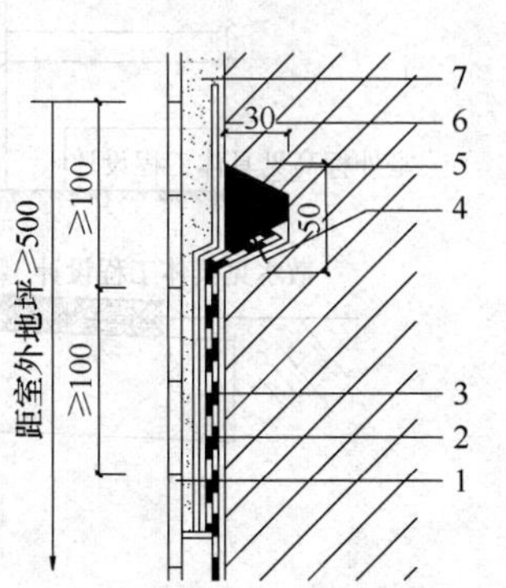


图 31-36 防水层收头构造（一）

1—饰面；2—附加卷材防水层；3—卷材防水层；4—水泥钉@600mm 镀锌垫片；5—密封膏密封；6—附加 2mm 厚聚氨酯防水涂料；7—水泥砂浆

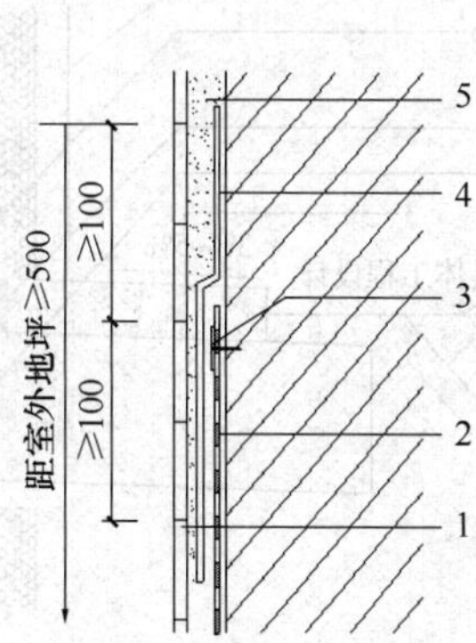


图 31-37 防水层收头构造（二）

1—饰面；2—卷材防水层；3—水泥钉@250mm，50mm 宽防锈金属压条；4—附加 2mm 厚聚氨酯防水涂料；5—水泥砂浆保护层

距散水上皮不小于500mm，当防水材料收头在散水时，附加防水层高于距地面50mm。收头处构造参见图31-36～图31-43。

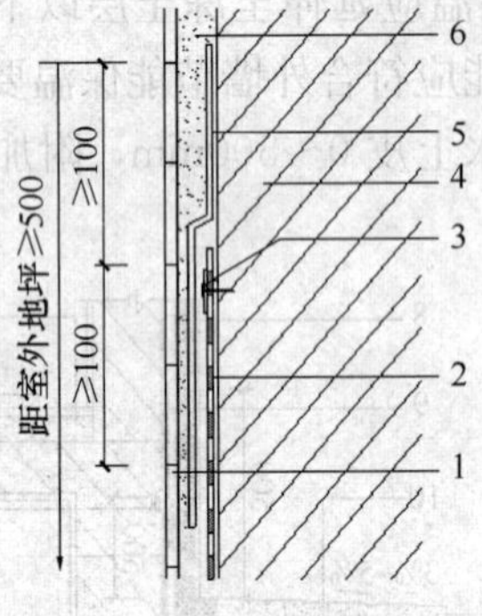


图31-38　防水层收头构造（三）
1—饰面；2—卷材防水层；3—水泥钉，间距250mm，50mm宽防锈金属压条；4—水泥基渗透结晶防水层；5—附加2mm厚聚氨酯防水涂料；6—水泥砂浆保护层

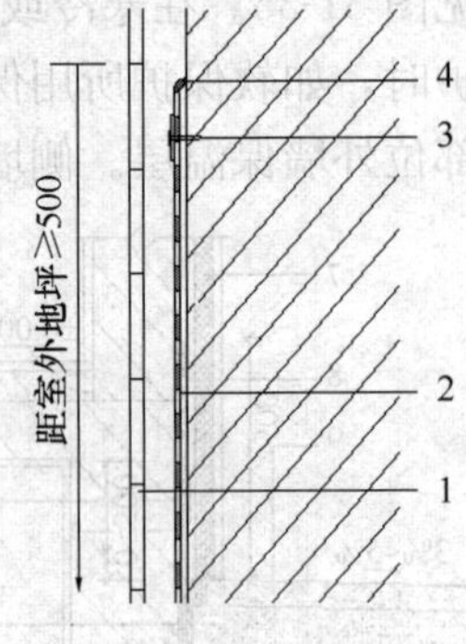


图31-39　防水层收头构造（四）
1—饰面；2—卷材防水层；3—水泥钉，间距250mm，50mm宽防锈金属压条；4—密封膏密封

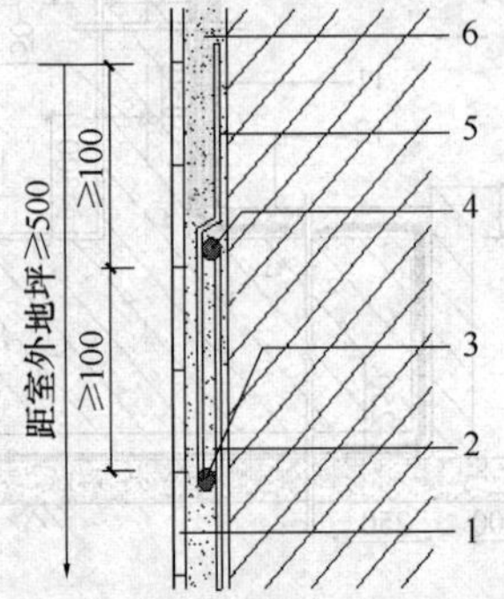


图31-40　防水层收头构造（五）
1—饰面；2—防水涂料防水层；3—密封膏密封；4—密封膏密封；5—附加2mm厚聚氨酯防水涂料；6—水泥砂浆保护层

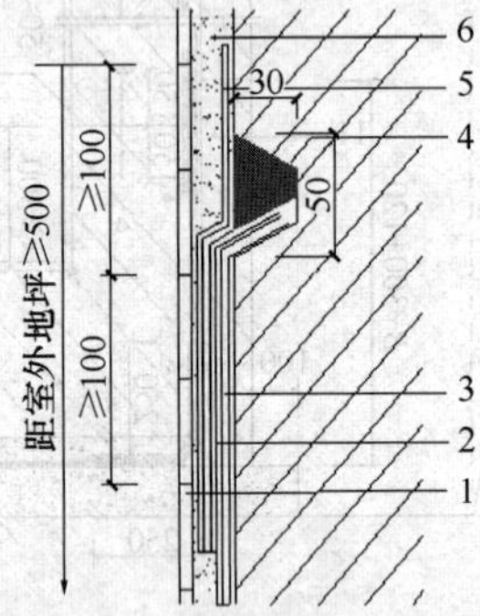


图31-41　防水层收头构造（六）
1—饰面；2—附加防水层；3—防水涂料防水层；4—密封膏密封；5—附加2mm厚聚氨酯防水涂料；6—水泥砂浆保护层

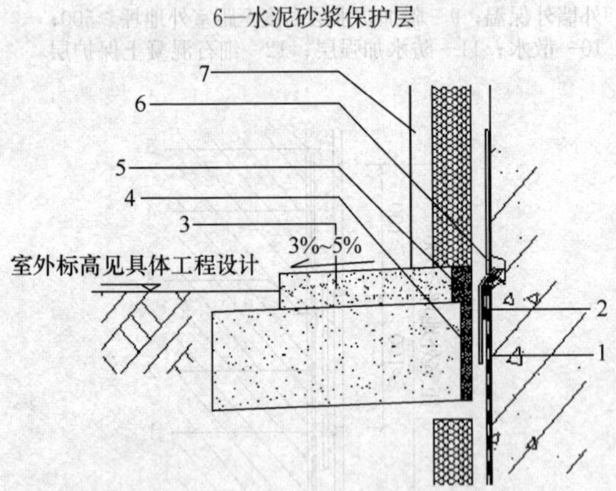


图31-42　防水层收头在散水处构造
1—外墙防水层；2—附加防水层；3—散水；4—木丝板填充；5—密封材料；6—附加防水层高度至距地面50mm；7—饰面

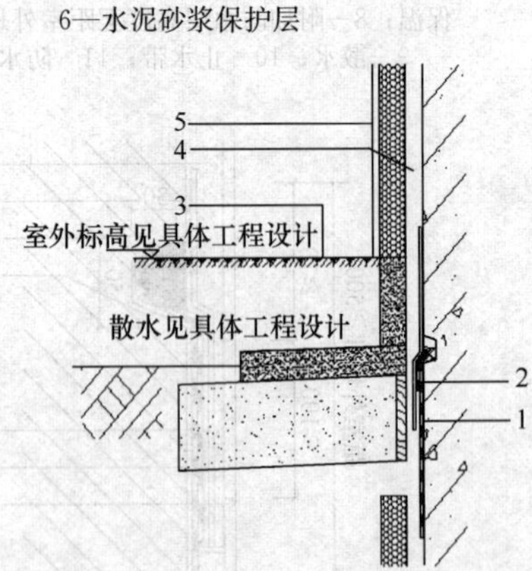


图31-43　种植顶板防水层收头构造
1—外墙防水层；2—附加防水层；3—种植地面；4—附加防水层高度至距地面50mm；5—饰面

#### 31.2.4.2 侧墙防水施工

（1）侧墙表面的螺杆孔应采用聚合物水泥防水砂浆分层填实。蜂窝麻面等缺陷应修补平整。螺杆孔及修补后的部位，应采用防水涂料做加强处理，加强层应覆盖修补区域并超过修补接缝不小于50mm。加强层采用聚氨酯防水涂料时，厚度不应小于1.5mm，并用无纺布做胎体增强。

（2）卷材防水层应与基层满粘铺贴，搭接缝应粘结牢固；参见本章31.1.3.1防水卷材施工相关内容。

（3）涂料防水层应分层涂布，涂层厚薄应均匀，避免流淌或堆积现象；参见本章31.1.3.2防水涂料施工相关内容。

（4）预铺防水卷材立面施工时，在自粘边位置距离卷材边缘10～20mm范围内，应每隔400～600mm进行机械固定，并应保证固定位置被卷材完全覆盖；

（5）保护层做法应符合设计要求，回填土施工不得损坏防水层。

### 31.2.5 顶板防水工程

地下室顶板防水层应设置在迎水面，并宜直接铺设或涂刷在混凝土结构表面。

#### 31.2.5.1 顶板防水设防的基本构造

顶板防水设防的基本构造见图31-44。

（1）设置在顶板的防水层，采用与混凝土粘结性较好的防水材料直接设置在结构混凝土表面；采用二道防水设防时，相邻设置与分开设置的第二道防水层应选用防水卷材。

（2）地下工程种植顶板覆土厚度小于2.0m时，按种植顶板要求设置防水层；种植土中的积水通过排蓄水板、盲沟、盲管等排至周边土体或排水管网。

#### 31.2.5.2 顶板防水施工

（1）顶板混凝土面为防水层的基层时，表面应平整、干净。顶板混凝土浇筑时，随捣随抹压光，防水层直接涂刷或铺设在混凝土基面上。当采用水泥砂浆找平层时，应抹平压光，无起砂、空鼓等缺陷。

（2）防水层与基层宜满粘，粘结应牢固；参见本章31.1.3.1防水卷材施工相关内容。

（3）侧墙防水层到顶板的收头位置应留在顶板平面上。顶板防水层与侧墙防水层的搭接，应下翻至侧墙面。二道防水设防时，后一道防水层应压盖前一道防水层的收头部位，见图31-45。当防水层为防水卷材时，收头处应进行密封处理。

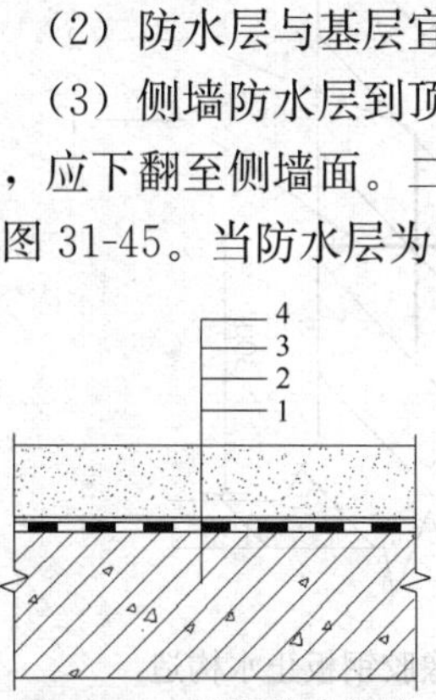


图31-44 顶板防水设防基本构造

1—防水混凝土顶板；2—防水层（一道或二道）；3—隔离层；4—混凝土保护层或找坡层

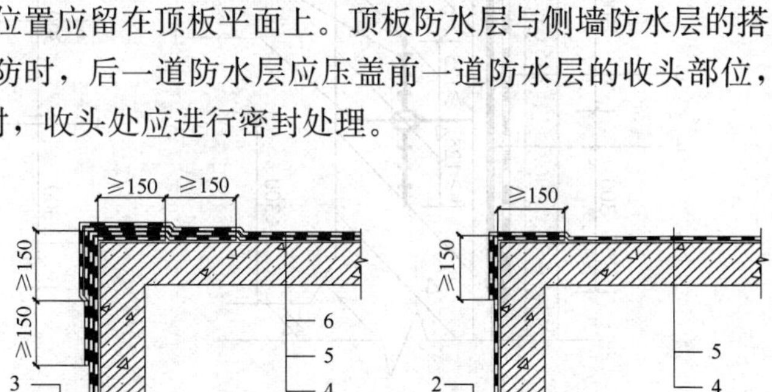

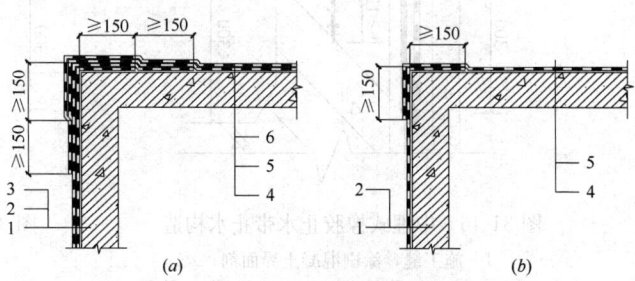

图31-45 侧墙与顶板交接处防水层搭接

（*a*）二道防水层搭接；（*b*）单道防水层搭接

1—混凝土结构侧墙；2—侧墙第一道防水层；3—侧墙第二道防水层；4—混凝土结构顶板；5—顶板第一道防水层；6—顶板第二道防水层

（4）防水层的保护层施工时，应做好防水层的成品保护。

## 31.2.6　细部节点构造与施工

### 31.2.6.1　施工缝

由于施工工序要求，混凝土非一次浇筑完成，前后两次浇筑的混凝土之间形成的缝即施工缝。施工缝处由于混凝土的收缩，易形成渗水的隐患。防水混凝土应连续浇筑，尽量减少留置施工缝。施工缝分为水平施工缝和垂直施工缝两种。水平施工缝是施工中不可避免的；垂直施工缝应与变形缝相结合，垂直施工缝留置必须征求设计人员的同意，且应避开地下水和裂隙水较多的地段。无论哪种施工缝都应进行防水处理。

1. 施工缝的防水构造形式及做法

水平施工缝基本为墙体施工缝，其防水构造应根据防水等级的不同，可在混凝土施工缝处设置中埋式遇水膨胀止水条、橡胶止水带、钢板止水带、预埋注浆管、混凝土构件外贴式止水带、外涂防水涂料或外抹防水砂浆等做法。垂直施工缝的防水构造参见本节变形缝做法。主体柔性防水材料在施工缝部位宜增设加强层，加强层宽度为600mm，即缝上下各为300mm。

（1）中埋式止水带有钢板止水带、自粘丁基橡胶钢板止水带、钢边橡胶止水带、橡胶止水带。中埋式橡胶止水带外墙施工缝构造，见图31-46；自粘丁基橡胶钢板止水带外墙施工缝构造，见图31-47；钢边橡胶止水带与遇水膨胀止水条复合止水构造，见图31-48；钢板止水带由于造价低、与混凝土结合较好，防水效果较橡胶止水带好。钢板止水带一般采用2mm厚、300mm宽的低碳钢板。钢板止水带与腻子型遇水膨胀止水条复合使用效果更好（图31-49）。

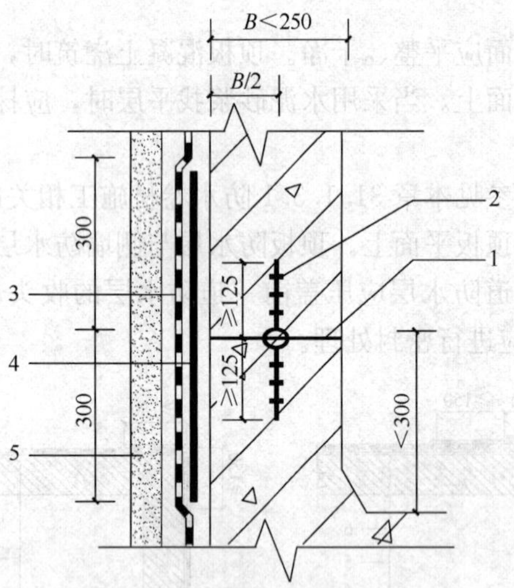


图31-46　中埋式橡胶止水带止水构造

1—施工缝，涂刷混凝土界面剂；2—中埋式橡胶止水带；3—外墙主防水层；4—防水附加层；5—保护层

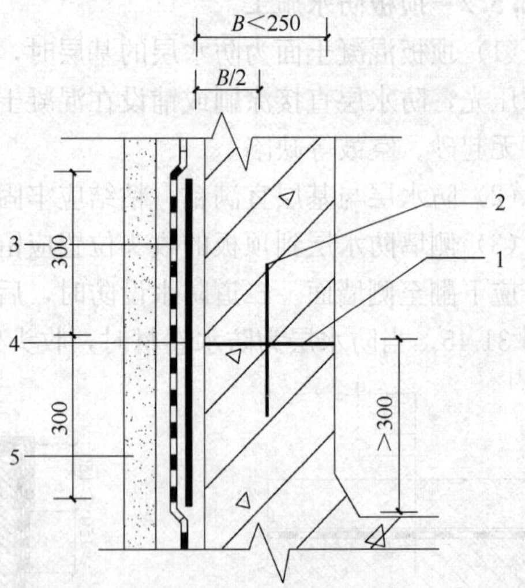


图31-47　丁基橡胶钢板止水构造

1—施工缝，涂刷混凝土界面剂；2—自粘丁基橡胶钢板止水带；3—外墙主防水层；4—防水附加层；5—保护层

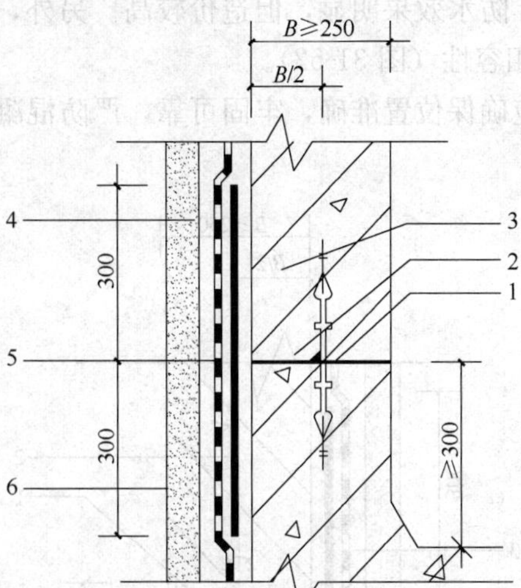


图 31-48 钢边橡胶止水带和腻子型遇水膨胀止水条复合止水构造

1—施工缝，涂刷混凝土界面剂；2—腻子型膨胀条；3—钢边橡胶止水带；4—外墙主防水层；5—防水附加层；6—保护层

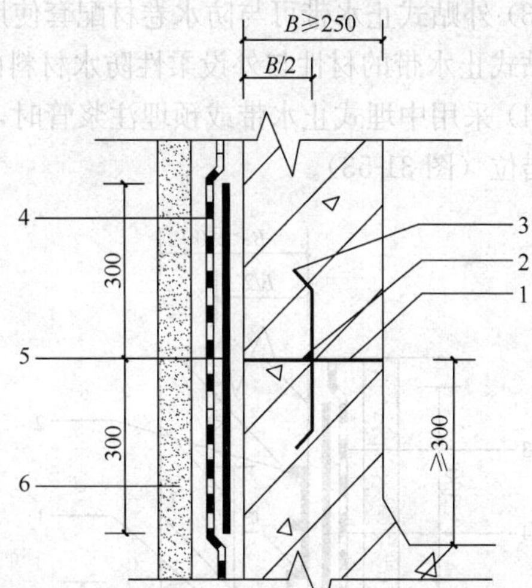


图 31-49 中埋式钢板止水带和腻子型遇水膨胀止水条复合止水构造

1—施工缝，涂刷混凝土界面剂；2—腻子型膨胀条；3—钢板或钢边橡胶止水带；4—外墙主防水层；5—防水附加层；6—保护层

(2) 遇水膨胀止水条（胶）：10mm×30mm 遇水膨胀止水条膨胀面朝下，间隔 800～1000mm 用钢钉固定，施工简易质量容易得到保证。水平、侧向、垂直或仰面施工缝均应采用(图 31-50)；10mm×30mm 遇水膨胀止水条与改性防水砂浆复合使用效果更好(图 31-51)。

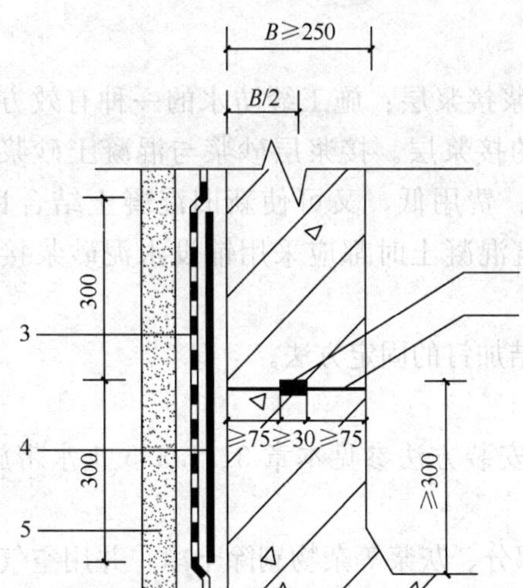


图 31-50 遇水膨胀止水条止水构造

1—施工缝；2—腻子型遇水膨胀止水条；3—外墙主防水层；4—防水附加层；5—保护层

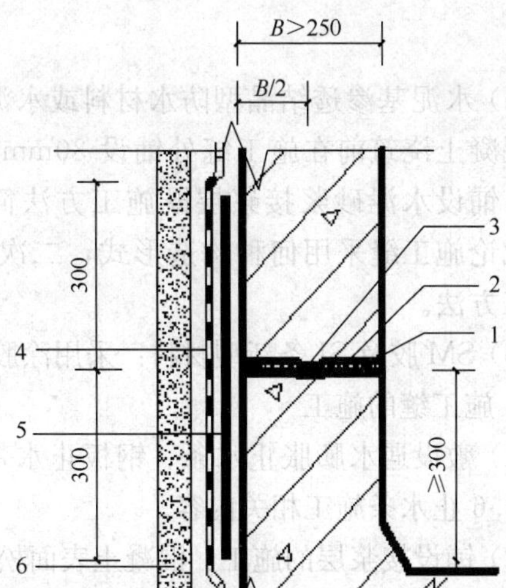


图 31-51 遇水膨胀止水条水泥基渗透结晶型复合止水构造

1—施工缝；2—水泥基渗透结晶型防水材料；3—腻子型遇水膨胀止水条；4—外墙主防水层；5—防水附加层；6—保护层

(3) 外贴式止水带可与防水卷材配套使用，防水效果明显，但造价较高。另外，应考虑外贴式止水带的材性与外设柔性防水材料的相容性（图 31-52）。

(4) 采用中埋式止水带或预埋注浆管时，应确保位置准确，牢固可靠，严防混凝土施工时错位（图 31-53）。

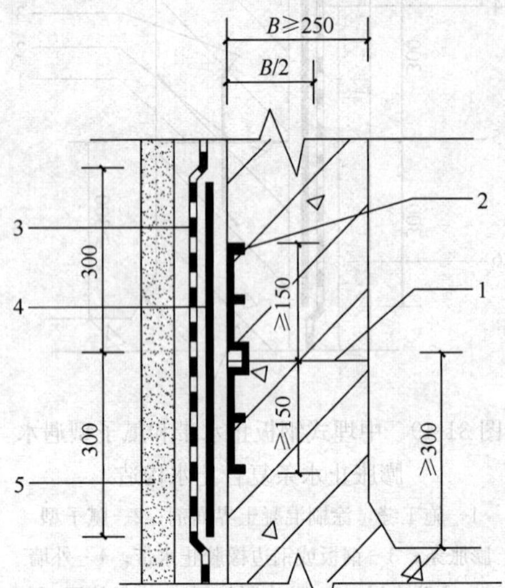


图 31-52　外贴式橡胶止水带止水构造
1—施工缝；2—外贴式橡胶止水带；
3—外墙主防水层；4—防水附加层；
5—保护层

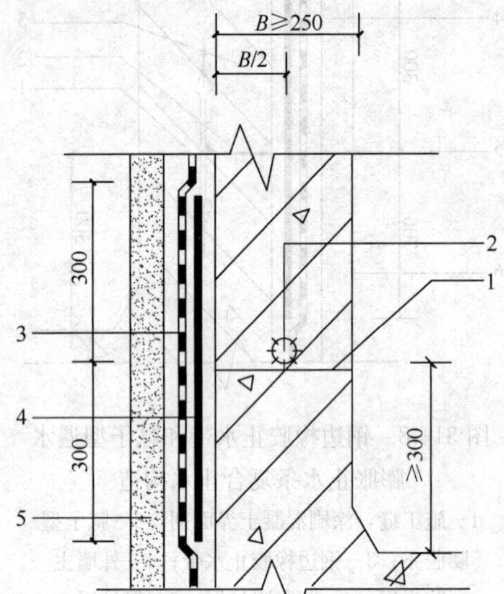


图 31-53　预埋注浆管止水构造
1—施工缝；2—预埋注浆管；
3—外墙主防水层；4—防水
附加层；5—保护层

(5) 水泥基渗透结晶型防水材料或水泥砂浆接浆层：施工缝防水的一种有效方法是二次混凝土浇筑前在施工缝处铺设 30mm 厚的接浆层。接浆层砂浆与混凝土砂浆配比相同。铺设水泥砂浆接浆层既施工方法简便、费用低，又可使新旧混凝土结合良好，因此无论施工缝采用何种构造形式，二次浇筑混凝土时都应采用铺设水泥砂浆接浆层的施工方法。

(6) SM 胶及 SJ 条新型材料：采用涂胶粘结加钉的固定方法。

2. 施工缝的施工

(1) 敷设遇水膨胀止水条、钢板止水带的安装方法参见本章 31.1.3.5 止水带施工、31.1.3.6 止水条施工相关内容。

(2) 铺设接浆层的施工：混凝土表面松散部分、灰浆等杂物剔除干净，并用空气压缩机将浮灰等彻底清理后，浇水使混凝土表面及模板充分湿润至饱和，且无明水。基层混凝土表面湿润至饱和后，均匀铺设水泥砂浆接浆层，最薄处不应小于 30mm。接浆层铺设的同时可浇筑混凝土，铺设面应先于混凝土浇筑面 6～8m。

(3) 浇筑下部混凝土时应严格控制预留施工缝的高度，误差不宜大于±20mm。

(4) 施工缝部位柔性防水材料宜增设附加防水层，附加防水层宽度为 600mm，防水涂料应增加涂刷遍数 1～2 遍。

### 31.2.6.2 变形缝

1. 变形缝的种类

为了避免建筑物由于过长而受到气温变化的影响或因荷载不同及地基承载能力不均或地震作用对建筑物的作用等因素，致使建筑构件内部发生裂缝或破坏，在设计时事先将建筑物分为几个独立的部分，使各部分能自由变形，这种将建筑物垂直分开的缝统称为变形缝。按其功能变形缝可分为伸缩缝、沉降缝和防震缝三种。伸缩缝即为预防建筑墙体等构件因气温的变化使其热胀冷缩而出现不规则的破坏等情况发生，沿建筑物长度的适当位置设置一条竖缝，让建筑物纵向有伸缩的余地，这条缝即为伸缩缝或称温度缝；沉降缝即当建筑物建造在土质差别较大的地基上，或因建筑物相邻部分的高度、荷载和结构形式差别较大时，建筑物会出现不均匀的沉降，导致它的某些薄弱部位发生错动、开裂。为此在适当位置设置垂直缝隙，把它划分为若干个刚度（即整体性）较好的单元，使相邻各单元可以自由沉降，这种缝称为沉降缝。它与伸缩缝不同之处在于，从建筑物基础到屋顶在构造上全部断开。沉降缝的宽度随地基状况和建筑物高度的不同而不同。墙身沉降缝的构造与伸缩缝构造基本相同。但调节片的作法必须保证两个独立单元自由沉降。由于沉降缝沿基础断开，故基础沉降缝需另行处理，常见的有悬挑式和双墙式两种。建筑物的下列部位宜设置沉降缝：建筑平面的转折部位；高度或荷载差异处；长高比过大的砌体承重结构或钢筋混凝土结构的适当部位；地基土的压缩性有显著差异处；建筑结构或基础类型不同处；分期建造房屋的分界处。防震缝即在抗震设防烈度为 8 度、9 度的地区，当建筑物立面高差在 6m 以上，或建筑物有错层且楼层高差较大，或建筑物各部分结构刚度截然不同时，应设防震缝；防震缝和伸缩缝一样，将整个建筑物分成若干体形简单、结构刚度均匀的独立单元。防震缝沿建筑物全高设置且两侧布置墙体。一般基础可不设防震缝，但地震区凡需设置伸缩缝、沉降缝者，均按防震缝要求考虑。

2. 变形缝的构造形式

变形缝的构造比较复杂，施工难度也比较大，地下室常常在此部位发生渗漏，堵漏修补也比较困难。因此变形缝应满足密封防水、适应变形、施工方便、检修容易等要求。用于伸缩的变形缝宜少设，可根据不同的工程结构类别、工程地质情况采用后浇带、加强带、诱导缝等替代措施。变形缝处混凝土结构的厚度不应小于 300mm。用于沉降的变形缝最大允许沉降差值不应大于 30mm。变形缝的宽度宜为 20～30mm。变形缝止水带的使用有很大关系，主要原因有止水带材料与混凝土材性不一致，两者不能紧密粘结，当混凝土收缩结合处产生裂缝，水便缓慢地沿裂缝处渗入；变形缝止水带搭接方式基本是叠搭，不能完全封闭成为渗水隐患；变形缝两侧结构不均匀沉降量过大，沉降差使止水带受拉变薄、扭裂或扯断，与混凝土之间出现大缝，形成渗水通道；变形缝混凝土施工时，水平止水带下方易窝有空气，造成混凝土不易密实，甚至产生孔隙，使止水带不起作用。20～30mm 宽的变形缝内塞填聚苯板或其他柔性填缝材料，变形缝两侧浇筑混凝土时不易振捣密实；应采取有效的解决方法。变形缝的防水措施可根据工程开挖方法、防水等级，变形缝可采用的几种复合防水构造形式，见图 31-54～图 31-61。

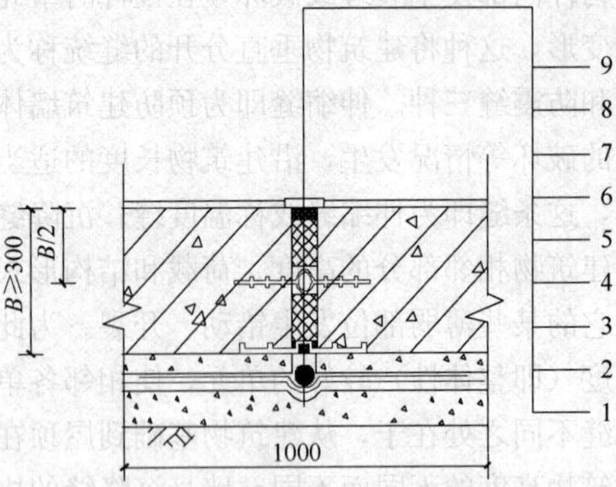


图 31-54　底板变形缝防水构造（一）

1—混凝土垫层；2—底板防水层；3—1000mm 宽卷材防水加强层；4—泡沫塑料棒；5—外贴式止水带；6—聚苯板填缝（下部）；7—中埋式止水带；8—聚苯板填缝（上部）；9—密封膏密封

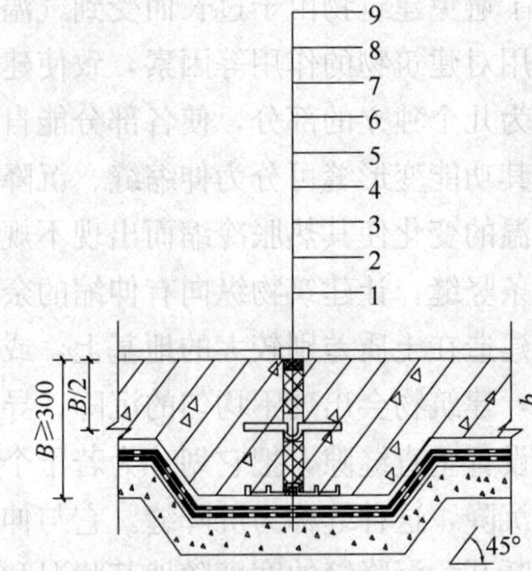


图 31-55　底板变形缝防水构造（二）

1—混凝土垫层；2—底板防水层；3—1000mm 宽卷材防水加强层；4—外贴式止水带；5—聚苯板填缝（下部）；6—中埋式止水带；7—聚苯板填缝（上部）；8—密封膏密封；9—变形缝面层

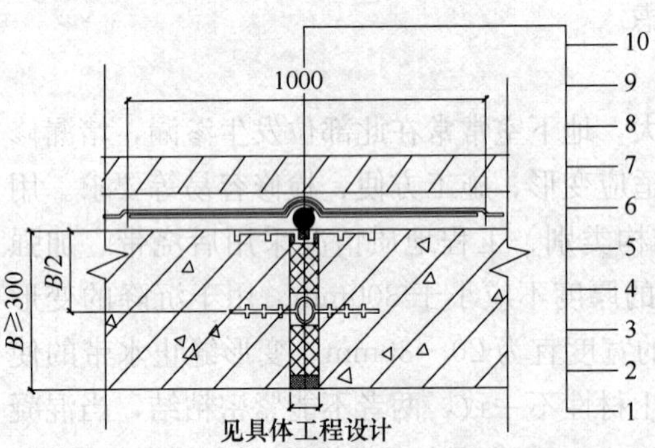


图 31-56　外墙变形缝防水构造

1—密封膏密封；2—变形缝聚苯板条（内侧）；3—中埋式橡胶止水带；4—变形缝聚苯板条（外侧）；5—密封膏密封；6—外贴式止水带；7—泡沫塑料棒；8—1000mm 宽卷材防水加强层；9—外墙防水层；10—保护墙

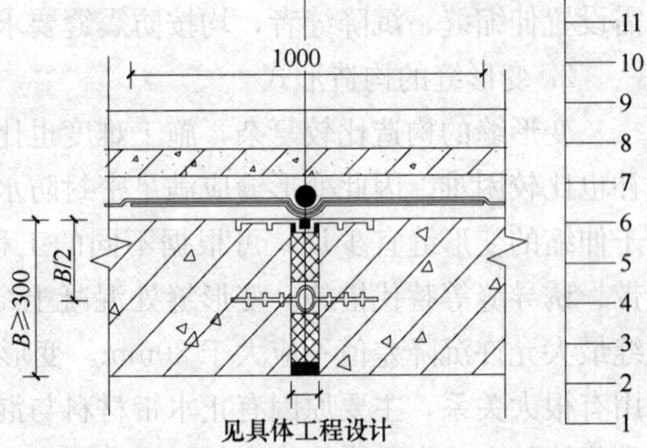


图 31-57　顶板变形缝防水构造

1—密封膏密封；2—聚苯板条（下部）；3—中埋式橡胶止水带；4—聚苯板条（上部）；5—密封膏；6—1000mm 宽卷材防水加强层；7—顶板防水层；8—泡沫塑料棒；9—砂浆隔离层；10—细石混凝土保护层；11—覆土或面层

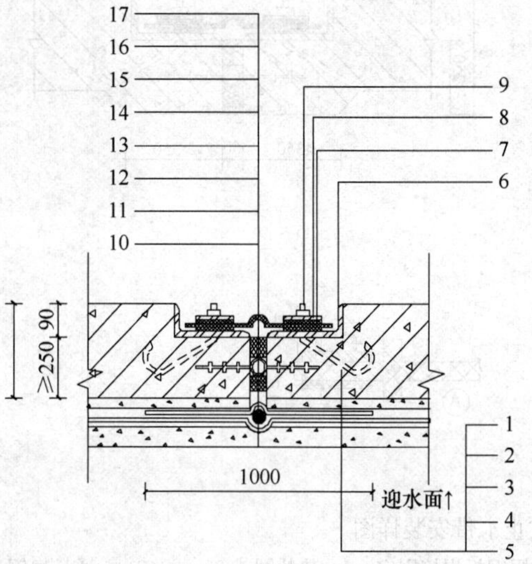


图 31-58 中埋式止水带与可卸式止水带并用底板防水构造

1—防水混凝土底板；2—混凝土保护层；3—1000mm 宽卷材防水加强层；4—底板防水层；5—混凝土垫层；6—预埋角钢；7—丁基密封胶带；8—紧固件压板；9—预埋螺栓；10—混凝土垫层；11—底板防水层；12—泡沫塑料棒；13—1000mm 宽卷材防水加强层；14—聚苯板条（下部）；15—中埋式止水带；16—聚苯板条（上部）；17—可卸式橡胶止水带

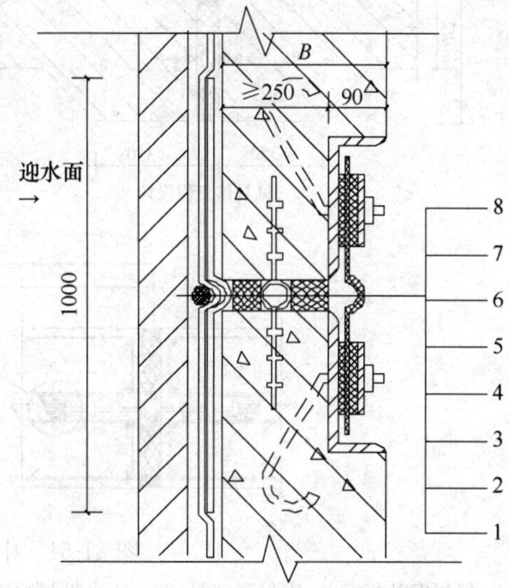


图 31-59 中埋式止水带与可卸式止水带并用外墙防水构造

1—可卸式橡胶止水带；2—聚苯板条（内侧）；3—中埋式止水带；4—聚苯板条（外侧）；5—1000mm 宽卷材防水加强层；6—外墙防水层；7—泡沫塑料棒；8—保护墙

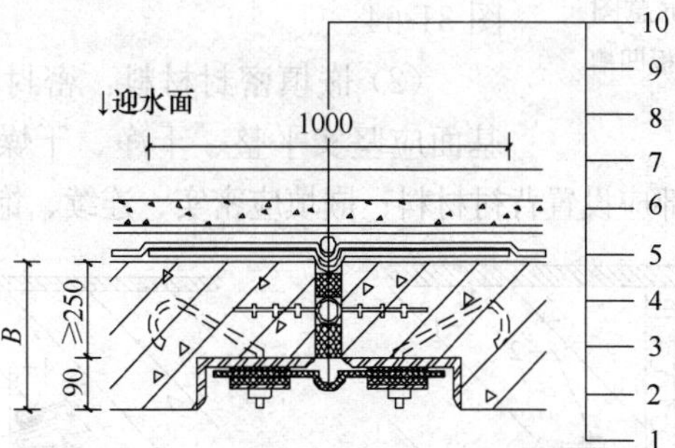


图 31-60 中埋式止水带与可卸式止水带并用顶板防水构造

1—可卸式橡胶止水带；2—聚苯板条（下部）；3—中埋式止水带；4—聚苯板条（上部）；5—1000mm 宽卷材防水加强层；6—顶板防水层；7—泡沫塑料棒；8—砂浆隔离层；9—细石混凝土保护层；10—覆土或面层

3. 变形缝的施工

（1）变形缝的留置：混凝土浇筑与变形缝留置时，背水面变形缝两侧混凝土浇筑振捣一定要密实。变形缝内填塞聚苯板或其他柔性填缝材料，浇筑变形缝两侧混凝土时振捣不易密实，应采取有效措施。可按变形缝宽度预先用 3mm 厚钢板制作凹槽，凹槽内用木楔塞实后固定于变形缝内，混凝土浇筑养护完成后，将其取出用聚苯板或其他柔性填缝材料

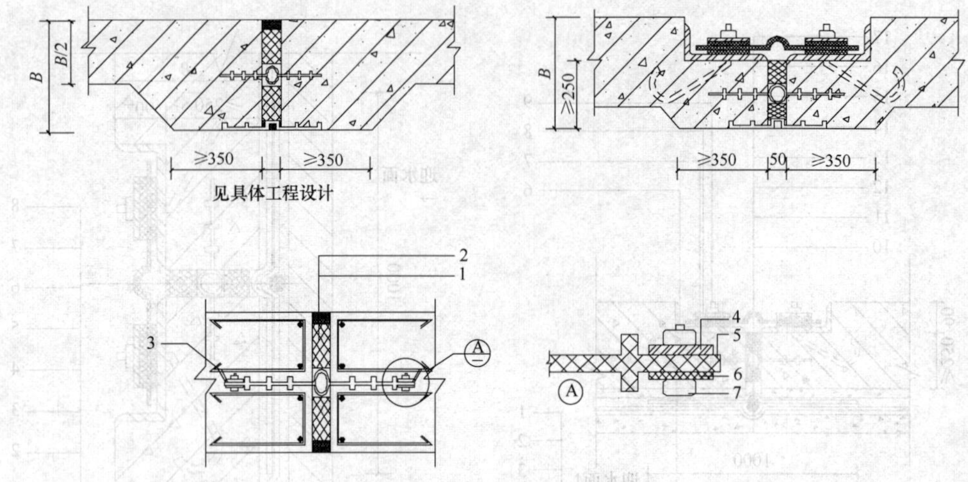


图 31-61　中埋式止水带安装详图

1—挤塑聚苯板；2—密封膏密封；3—止水带与结构钢筋用钢板焊接固定；4—垫片圈或 30mm×3mm 通长扁钢；5—橡胶止水带；6—30mm×3mm 通长扁钢；7—M10 螺栓@500

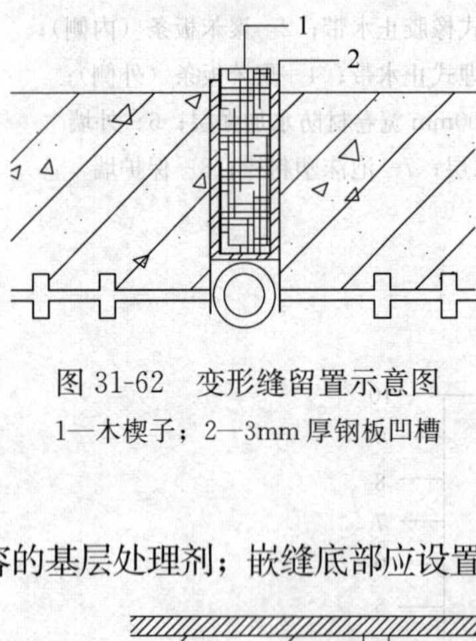


图 31-62　变形缝留置示意图

1—木楔子；2—3mm 厚钢板凹槽

将变形缝填实。变形缝留置，见图 31-62。变形缝两侧同时浇筑混凝土时，支撑固定填缝材料的钢筋可能会成为渗水通路的载体，可采用预制细石混凝土或聚合物水泥砂浆压条支撑固定填缝材料解决，压条内预埋 $\phi$6 钢筋与结构钢筋相连，压条预埋 $\phi$6 钢筋外露部位加膨胀止水条。外墙变形缝两侧混凝土同时浇筑，见图 31-63。顶板、底板变形缝两侧混凝土同时浇筑，见图 31-64。

（2）嵌填密封材料：密封材料嵌填施工时缝内两侧基面应坚实平整、干净、干燥，并应刷涂与密封材料相容的基层处理剂；嵌缝底部应设置背衬材料；嵌填应密实、连续、饱满，并应粘结牢固。

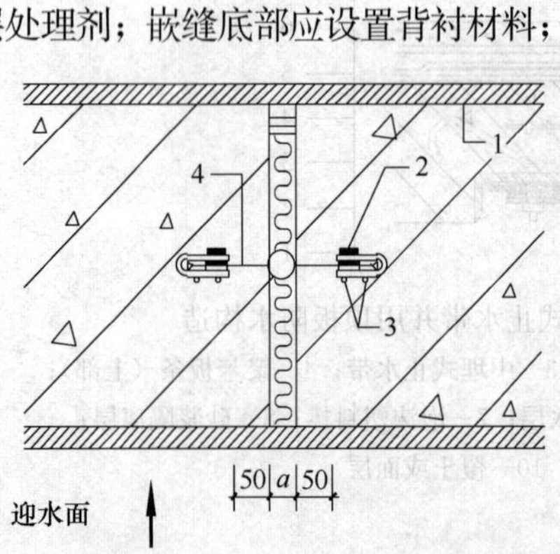


图 31-63　外墙变形缝两侧混凝土同时浇筑示意图

1—侧模；2—压条；3—结构筋；4—止水带

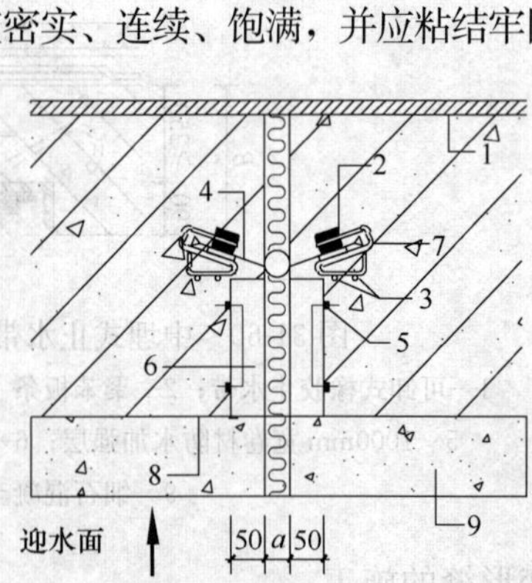


图 31-64　顶板、底板变形缝两侧混凝土同时浇筑示意图

1—模板（顶板）；2—膨胀条；3—与结构筋焊接；4—止水带；5—7mm×25mm 腻子型止水条；6—聚合物水泥砂浆压条；7—钢筋卡；8—结构面；9—垫层（底板）

(3) 变形缝处防水层的施工在缝表面粘贴卷材或涂刷涂料前，应在缝上设置隔离层。卷材防水层、涂料防水层的施工参见本章防水卷材施工、防水涂料施工相关内容。

**31.2.6.3 诱导缝**

为满足有效引导、裂而不漏的要求，在混凝土结构中通过减少钢筋对混凝土的约束等方法设置诱导缝。建筑地下工程诱导缝宜设置在地下室的墙板上，下端至底板（楼板）面或水平施工缝面，上端至顶板（楼板）底面或梁（暗梁）底部。

1. 诱导缝的构造

诱导缝部位混凝土宜连续浇筑，采用诱导器、减小混凝土截面和减少钢筋通过数量的方法进行裂缝诱导；诱导器表面包裹自粘丁基橡胶，也可采用表面平整光滑的金属或塑料片；诱导器宽度应根据混凝土截面减少率计算确定。无诱导器诱导缝构造，见图 31-65。混凝土侧墙厚度小于等于 350mm 时，可设一个诱导器；侧墙厚度大于 350mm 时，可设一个或两个诱导器，见图 31-66。

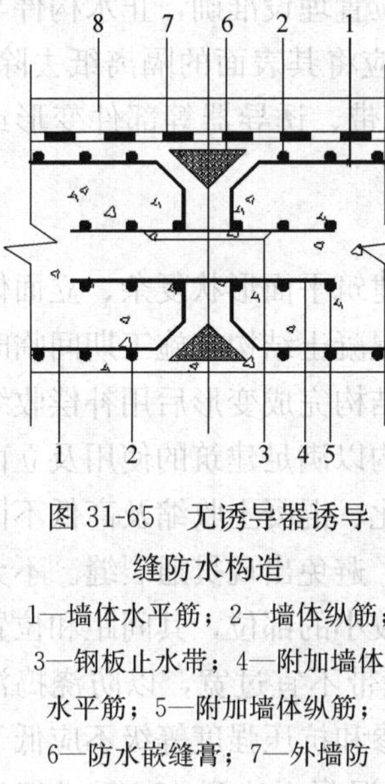


图 31-65 无诱导器诱导缝防水构造

1—墙体水平筋；2—墙体纵筋；3—钢板止水带；4—附加墙体水平筋；5—附加墙体纵筋；6—防水嵌缝膏；7—外墙防水层；8—防水保护层

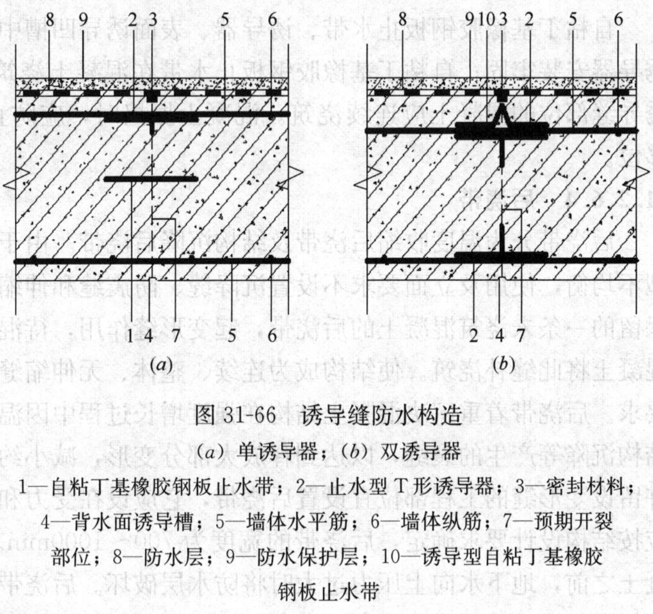


图 31-66 诱导缝防水构造

(a) 单诱导器；(b) 双诱导器

1—自粘丁基橡胶钢板止水带；2—止水型 T 形诱导器；3—密封材料；4—背水面诱导槽；5—墙体水平筋；6—墙体纵筋；7—预期开裂部位；8—防水层；9—防水保护层；10—诱导型自粘丁基橡胶钢板止水带

(1) 诱导缝预裂缝断面的混凝土减少比例，为混凝土墙板厚度的 1/3～1/2。混凝土截面减少计算包括表面诱导梯形槽、诱导器长度的断面减少总和。

(2) 诱导缝预裂缝断面的水平钢筋减少量应通过计算确定，钢筋应均匀间隔断开，断开比例宜为 1/3～1/2，钢筋断开间距宜为 50～100mm。

(3) 诱导缝断面内防水措施应符合表 31-43 的要求。

**诱导缝结构断面内防水措施** **表 31-43**

| 防水材料名称 | 规格 | 选用 |
|---|---|---|
| 止水型诱导器 | 双面自粘丁基橡胶，厚度各 2～3mm | 应选一种或两种 |
| 自粘丁基橡胶钢板止水带 | 双面自粘丁基橡胶，厚度各 2～3mm | |
| 诱导型自粘丁基橡胶钢板止水带 | 单面自粘丁基橡胶，厚度 2～3mm | |

（4）诱导缝侧墙内外应设置诱导梯形槽，梯形槽的宽度宜为30～50mm，深度宜为10～20mm。诱导缝迎水面防水措施应符合表31-44的要求。

诱导缝迎水面防水措施　　表31-44

| 防水材料名称 | | 厚度 | 宽度 | 选用 |
|---|---|---|---|---|
| 防水卷材 | SBS聚酯胎改性沥青防水卷材 | 4.0mm | 400mm | 应选一种 |
| | 改性沥青聚乙烯胎防水卷材 | 4.0mm | 400mm | |
| | 湿铺聚酯胎改性沥青防水卷材 | 3.0mm | 400mm | |
| | 三元乙丙橡胶自粘防水卷材 | 1.5mm | 400mm | |
| 密封胶 | | 诱导槽填平 | | 应选 |

2. 诱导缝的施工

自粘丁基橡胶钢板止水带、诱导器、表面诱导凹槽中心的位置埋设准确，止水构件与诱导器安装牢固；自粘丁基橡胶钢板止水带在混凝土浇筑前，应将其表面的隔离纸去除；诱导缝部位的混凝土应连续浇筑。混凝土振捣时，应防止止水带、诱导器等部件变形或移位。

**31.2.6.4　后浇带**

后浇带分为温度收缩后浇带及结构沉降后浇带。由于很多建筑平面形状复杂、立面体型不均衡，使用及立面要求不设置沉降缝、防震缝和伸缩缝。混凝土结构在施工期间临时保留的一条未浇筑混凝土的后浇带，起变形缝作用，待混凝土结构完成变形后用补偿收缩混凝土将此缝补浇筑。使结构成为连续、整体、无伸缩缝的结构以满足建筑的使用及立面要求。后浇带着重解决混凝土结构在强度增长过程中因温度变化、混凝土收缩及高低不同结构沉降等产生的裂缝，以达到释放大部分变形，减小约束力，避免出现贯通裂缝。不允许留设变形缝的工程部位宜设置后浇带，它应设在受力和变形较小的部位，其间距和位置应按结构设计要求确定，后浇带的宽度为700～1000mm。后浇带不宜过宽，以防浇捣混凝土之前，地下水向上压力过大时将防水层破坏。后浇带用抗渗和抗压强度等级不应低于两侧混凝土的补偿收缩混凝土浇筑，温度收缩后浇带在其两侧混凝土达到42d后进行浇筑；高层建筑的结构沉降后浇带应结构封顶、沉降完成后按规定时间进行浇筑。

1. 后浇带防水构造

后浇带两侧混凝土可做成平直缝或阶梯缝，后浇带处底板钢筋不断开，特殊工程需断开时两侧钢筋应伸出，搭接长度应符合现行《混凝土结构工程施工质量验收规范》GB 50204的要求，并设附加钢筋。后浇带处的柔性防水层必须是一个整体不得断开，并应采取设置附加层、外贴止水带或中埋式止水带等措施（图31-67～图31-71）。沉降后浇带两侧底板可能产生沉降差，其下方防水层因受拉伸会造成撕裂，因此，沉降后浇带局部垫层混凝土应加厚，并附加钢筋，使沉降差形成时垫层混凝土产生斜坡，避免防水层断裂（图31-72）。采用掺膨胀剂的补偿收缩混凝土（图31-73、图31-74），水中养护14d后的限制膨胀率不应小于0.015%，膨胀剂的掺量应根据不同部位的限制膨胀率设定值经试验确定。底板、外墙采用超前止水方法（图31-75）。

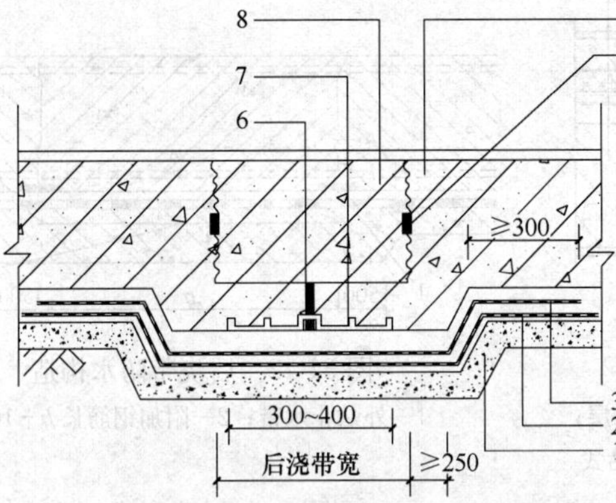


图 31-67 底板后浇带防水构造

1—混凝土垫层；2—防水层；3—附加防水层；4—遇水膨胀橡胶止水条；5—现浇防水混凝土底板；6—防水嵌缝材料；7—外贴式止水带；8—后浇填充性膨胀混凝土

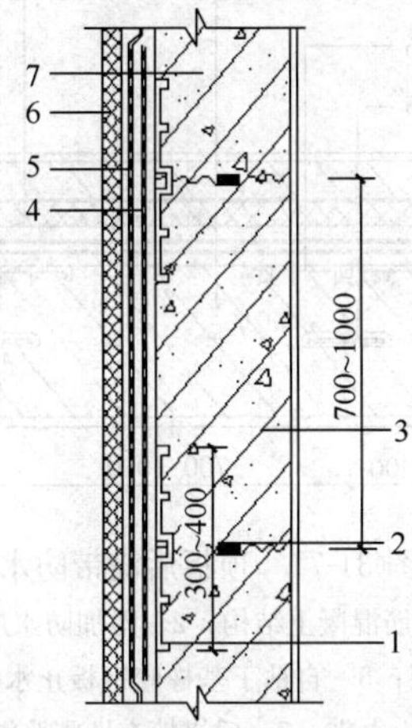


图 31-68 外墙后浇带防水构造

1—外贴式止水带；2—遇水膨胀橡胶止水条；3—后浇填充性膨胀混凝土；4—防水附加层；5—防水层；6—保温层；7—现浇钢筋混凝土结构

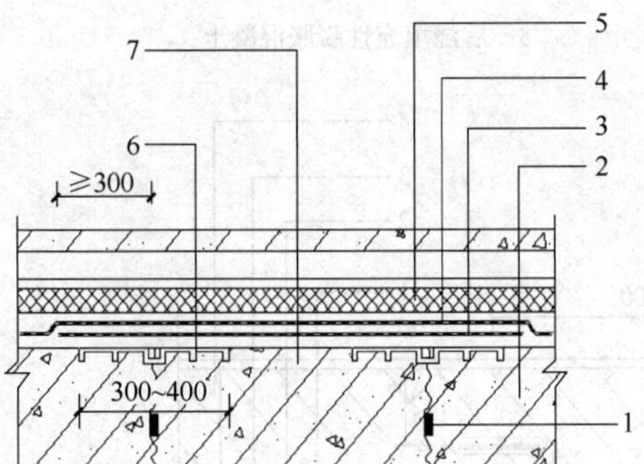


图 31-69 顶板后浇带防水构造

1—遇水膨胀橡胶止水条；2—现浇防水混凝土顶板；3—附加防水层；4—防水层；5—保温层；6—外贴式止水带；7—后浇填充性膨胀混凝土

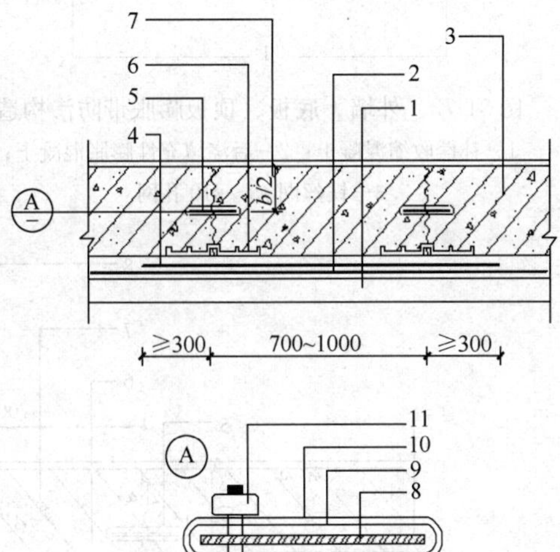


图 31-70 底板、外墙后浇带防水构造

1—混凝土垫层（底板）；2—防水层；3—现浇混凝土结构；4—附加防水层；5—自粘丁基橡胶钢板止水带；6—外贴式止水带；7—后浇填充性膨胀混凝土；8—镀锌铁皮；9—丁基橡胶腻子；10—隔离纸；11—$\phi$10 螺栓@500mm，用于电焊固定（单边有）

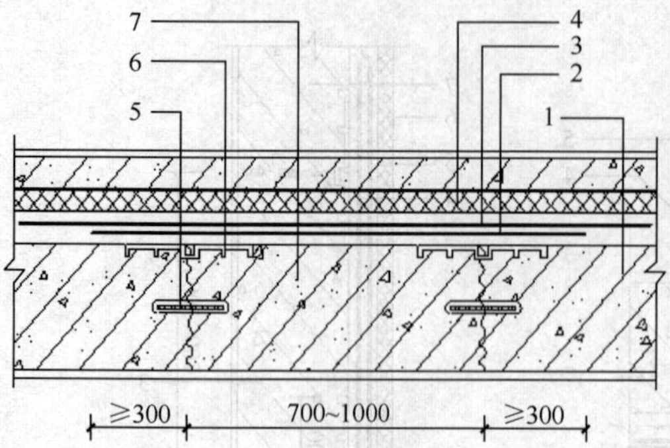


图 31-71　顶板后浇带防水构造

1—现浇钢筋混凝土结构；2—附加防水层；3—防水层；4—保温层；5—自粘丁基橡胶钢板止水带；6—外贴式止水带；7—后浇填充性膨胀混凝土

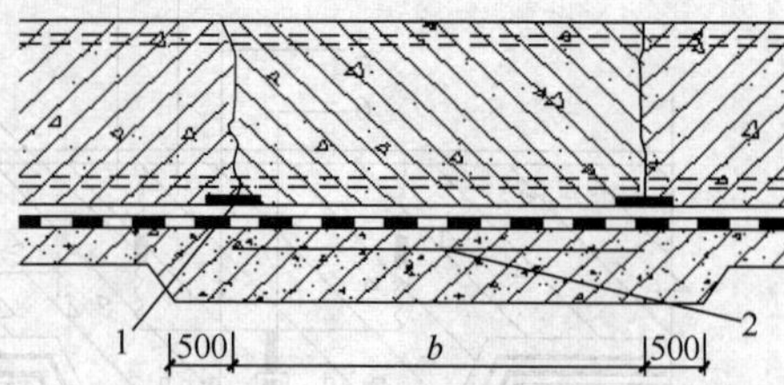


图 31-72　后浇带防水构造

1—外贴止水带；2—附加钢筋长 $b$+100

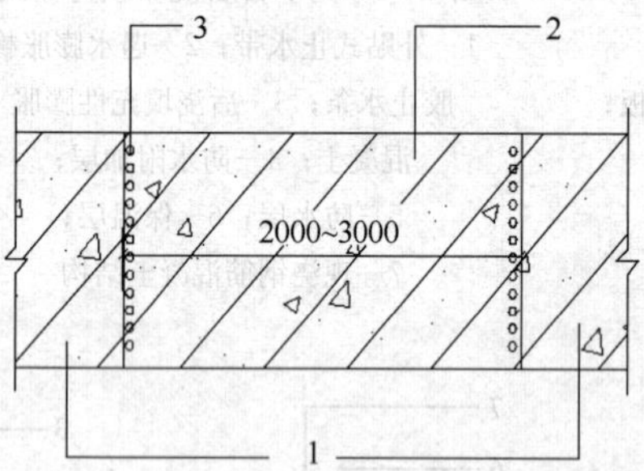


图 31-73　外墙、底板、顶板膨胀带防渗构造

1—补偿收缩混凝土；2—后浇填充性膨胀混凝土；3—铁丝网 $\phi5\sim\phi10$ 孔网

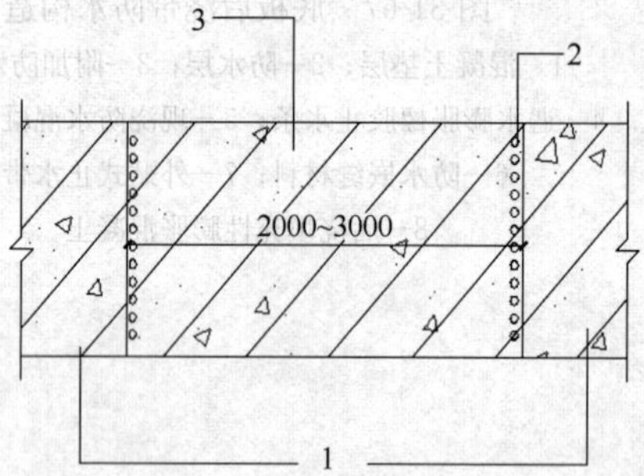


图 31-74　楼板膨胀带防裂构造

1—混凝土；2—铁丝网 $\phi5\sim\phi10$ 孔网；3—后浇填充性膨胀混凝土

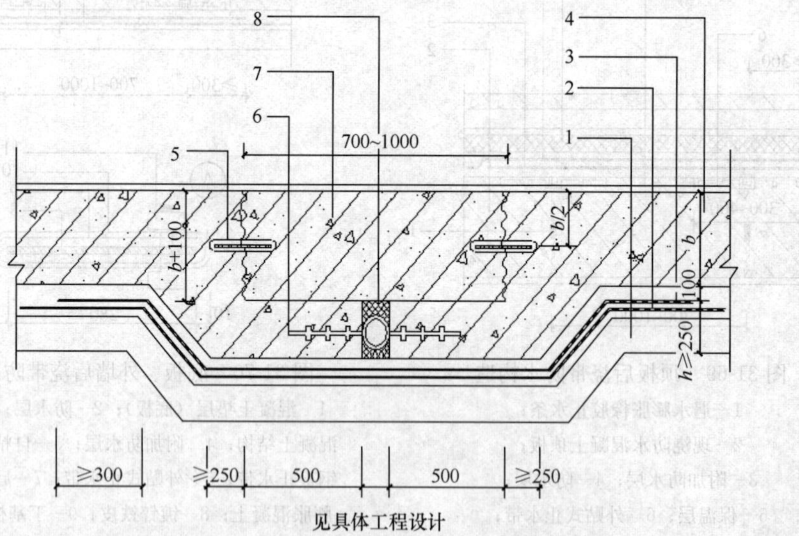


见具体工程设计

图 31-75　底板、外墙超前止水式后浇带防水构造

1—混凝土垫层；2—防水层；3—附加防水层；4—现浇钢筋混凝土结构；5—自粘丁基橡胶钢板止水带；6—橡胶止水带；7—后浇填充性膨胀混凝土；8—填充密封材料

2. 后浇带的施工

(1) 在后浇带处的柔性防水层应设附加层。底板后浇带下部柔性防水层应在底板混凝土施工前完成，柔性防水层施工完毕后，作细石混凝土保护层；外墙后浇带处柔性防水层应在外墙混凝土施工完毕后并在混凝土后浇带处加设钢板或混凝土板后连续施工；顶板后浇带处柔性防水层的施工应在顶板后浇带混凝土填充完毕后施工。

(2) 后浇带两侧施工缝的止水材料施工方法，见本章施工缝的内容。

(3) 后浇带混凝土施工前，后浇带部位和外贴式止水带应认真保护，防止落入杂物和损伤外贴式止水带。后浇带混凝土应在其两侧混凝土龄期达到 42d，高层建筑的结构沉降后浇带应在结构封顶沉降完成后按规定时间进行浇筑。浇筑前还应认真清理落入带内的建筑垃圾、污水等杂物。因底板很厚，钢筋又密，清理杂物较困难，结构施工期间应采取有效的防护措施，清理工作应认真。带两侧施工缝表面如粘有油污等，则需将其凿毛至清新的混凝土面，为保证施工质量，可将带两侧施工缝涂刷水泥基渗透结晶型防水涂料。当后浇带混凝土采用膨胀剂拌制补偿收缩混凝土时，应按配合比准确计量。补偿收缩混凝土的配合比除应符合本章 31.1.2.1 的要求外，膨胀剂掺量不宜大于 12%。后浇带混凝土应一次浇筑，不得留设施工缝；混凝土浇筑后应及时养护，养护时间不得少于 28d。

**31.2.6.5 桩头格构柱及抗浮锚杆**

1. 桩头、格构柱及抗浮锚杆防水构造

(1) 桩基渗水通道主要发生部位：桩基钢筋与混凝土之间，底板与桩头之间出现的施工缝，混凝土桩与地基土两者膨胀收缩不一致在桩壁与地基土之间形成的缝隙。桩头所用防水材料应具有良好的粘结性、湿固化性，桩头防水材料应与其他防水材料具有良好的相容性，应与垫层防水层连为一体。桩头防水构造形式见图 31-76、图 31-77。

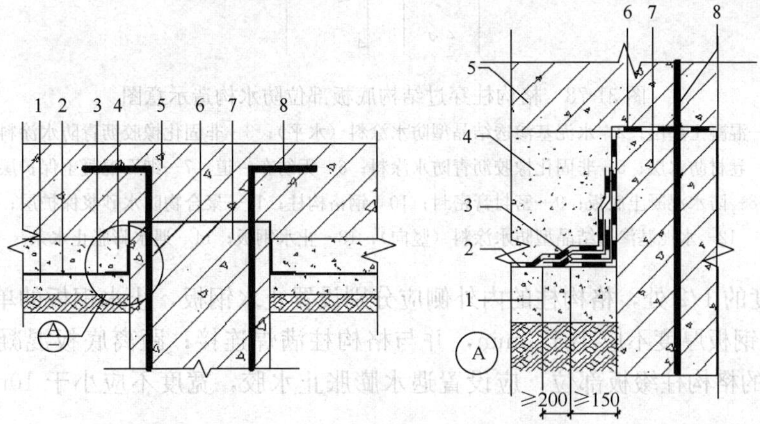


图 31-76 底板防水层为防水涂料的桩头防水构造

1—混凝土垫层；2—底板涂料防水层；3—防水涂料加强层；4—混凝土保护层；5—混凝土底板；6—水泥基渗透结晶型防水涂料；7—桩头；8—桩头钢筋

(2) 用于基坑支护的型钢混凝土格构柱，穿过结构底板部位混凝土格构柱支承桩顶面防水及与底板防水层的衔接，按本节进行密封处理。格构柱穿过结构底板部位防水构造见图 31-78。

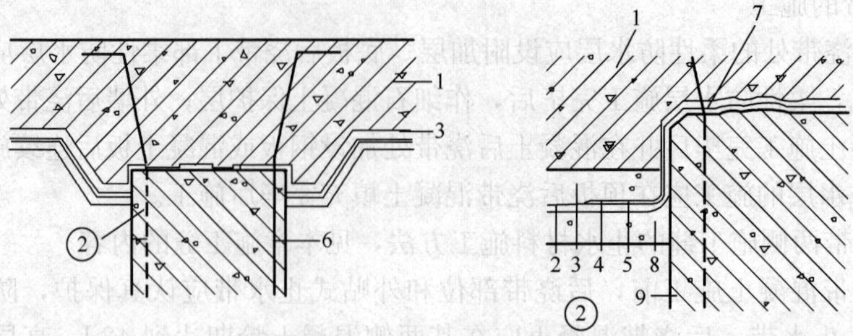


图 31-77　桩头防水构造

1—结构底板；2—底板防水层；3—细石混凝土保护层；4—聚合物水泥防水砂浆；5—水泥基渗透结晶型防水涂料；6—桩基受力筋；7—遇水膨胀止水条；8—混凝土垫层；9—桩基混凝土

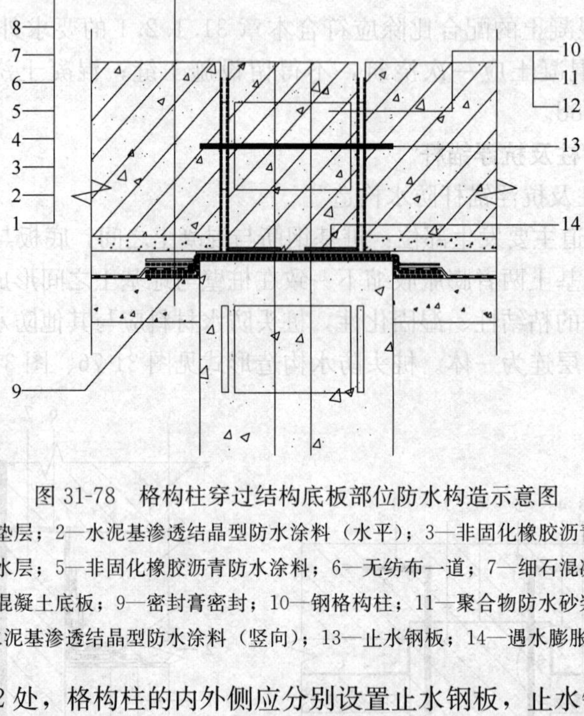


图 31-78　格构柱穿过结构底板部位防水构造示意图

1—混凝土垫层；2—水泥基渗透结晶型防水涂料（水平）；3—非固化橡胶沥青防水涂料；4—卷材防水层；5—非固化橡胶沥青防水涂料；6—无纺布一道；7—细石混凝土保护层；8—防水混凝土底板；9—密封膏密封；10—钢格构柱；11—聚合物防水砂浆保护层；12—水泥基渗透结晶型防水涂料（竖向）；13—止水钢板；14—遇水膨胀止水条

底板厚度的 1/2 处，格构柱的内外侧应分别设置止水钢板，止水钢板的单侧宽度宜为 50～80mm，钢板厚度不应小于 3mm，并与格构柱满焊连接；距离底板混凝土室内地面 100mm 左右的格构柱缀板部位，应设置遇水膨胀止水胶，宽度不应小于 10mm，厚度不应小于 5mm。

(3) 锚杆体顶面采用防水涂料整体防水，防水涂料的厚度不应小于 2.0mm；多根锚杆间距较小时，锚杆之间间隙可采用密封胶防水；锚杆防水层与底板防水层在平面的搭接宽度不应小于 150mm；抗浮锚杆防水构造见图 31-79。

2. 桩头、格构柱及抗浮锚杆防水施工

桩头、格构柱支承桩及抗浮锚杆防水施工应按设计要求将顶面剔凿至混凝土密实处，并应清洗干净；破桩后如发现工程桩和混凝土格构柱支承桩渗漏水，应及时采取堵漏措施。涂刷水泥基渗透结晶型防水涂料时，应连续、均匀，不得少涂或漏涂，并应及时进行养护。对遇水膨胀止水条（胶）进行保护。采用其他防水材料时，基面应符合施工要求。

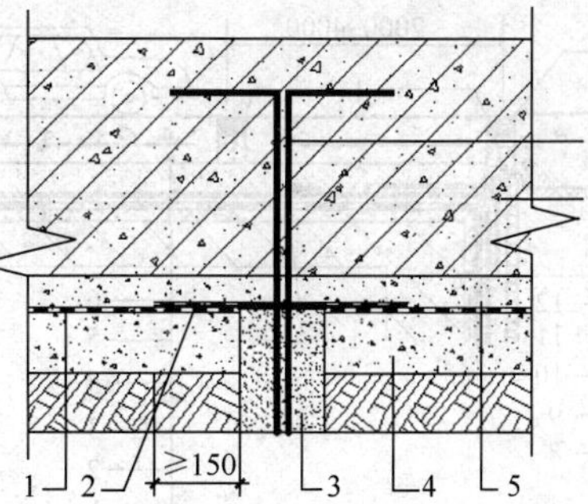


图 31-79　抗浮锚杆防水构造

1—底板防水层；2—锚杆顶面涂料防水层；3—灌注砂浆；4—混凝土垫层及找平层；5—细石混凝土保护层；6—混凝土底板；7—锚杆钢筋

**31.2.6.6　坑、槽**

1. 坑、池、槽、储水库等应采用防水混凝土整体浇筑，内部应设防水层。受振动作用时应设柔性防水层。底板以下的坑、池、槽，其局部底板应相应降低，并应使防水层保持连续。见图 31-80～图 31-83。

2. 当坑、池、槽、储水库等防水混凝土不能整体浇筑时，施工缝做法参见本章 31.2.6.1 施工缝相关内容。坑、池、槽、储水库等防水施工方法参见本章 31.2.2 防水混凝土施工、31.1.3.1 防水卷材施工、31.1.3.2 防水涂料施工。

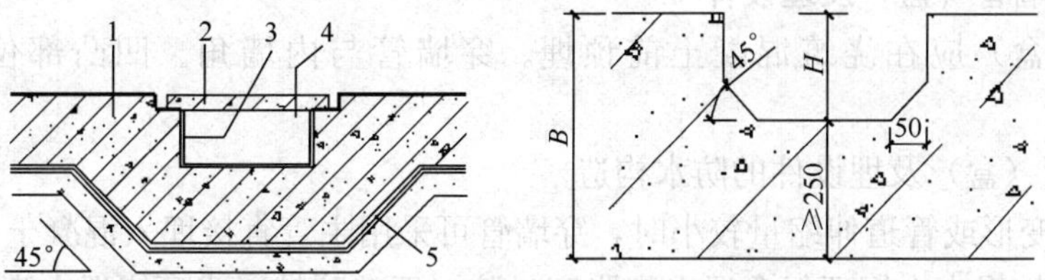


图 31-80　底板下坑、池的防水构造

1—底板；2—盖板；3—坑、池防水层；4—坑、池；5—主体结构防水层

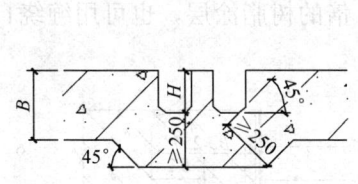

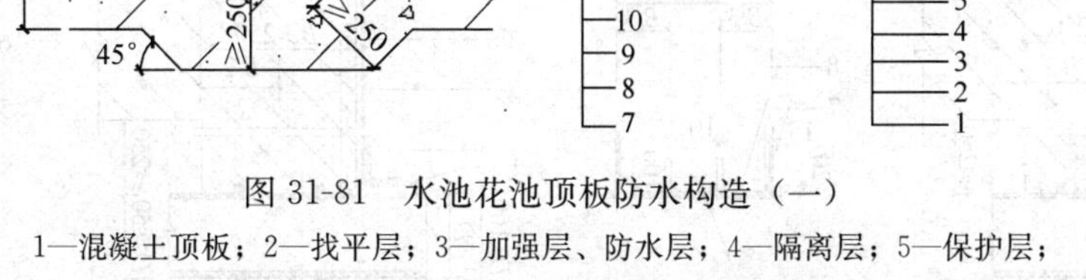

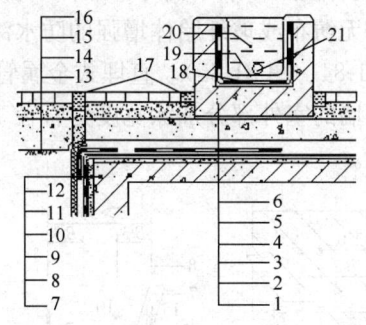


图 31-81　水池花池顶板防水构造（一）

1—混凝土顶板；2—找平层；3—加强层、防水层；4—隔离层；5—保护层；6—自防水钢筋混凝土水池或花池；7—外墙；8—找平层；9—防水层；10—防水加强层；11—聚乙烯泡沫塑料片材；12—回填灰土；13—回填素土；14—垫层；15—砂浆粘结层；16—面砖装饰层；17—密封材料；18—防水层；19—水泥砂浆层；20—水或种植土；21—花池设排水管

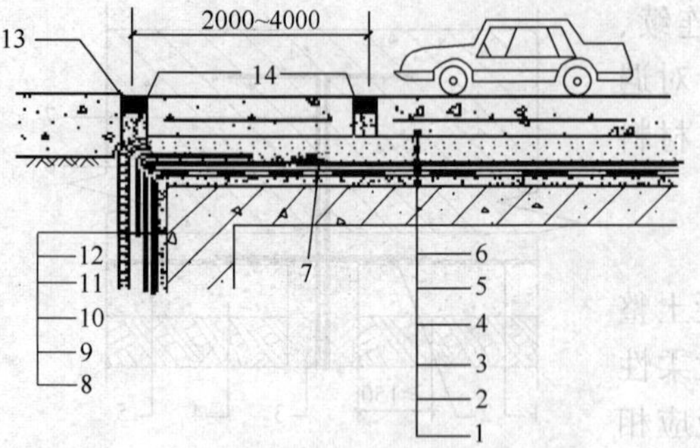


图 31-82　水池花池顶板防水构造（二）

1—混凝土顶板；2—找平层；3—柔性防水层；4—塑料板防水层；5—保护层；6—面层；7—异种材料搭接；8—找平层；9—双层材料防水层；10—防水加强层；11—聚乙烯泡沫塑料片材；12—回填土；13—密封材料；14—分格缝

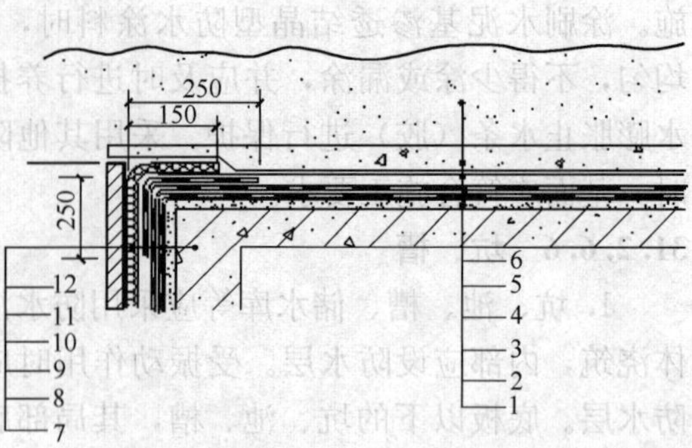


图 31-83　水池花池顶板防水构造（三）

1—混凝土顶板；2—找平层；3—双层材料防水层；4—低档材料隔离层；5—保护层；6—种植土；7—找平层；8—双层材料防水层；9—防水加强层；10—聚乙烯泡沫塑料片材；11—砌体保护层；12—回填土

## 31.2.6.7　穿墙管（盒）及埋设件

穿墙管（盒）应在浇筑混凝土前预埋。穿墙管与内墙角、凹凸部位的距离应大于 250mm。

1. 穿墙管（盒）及埋设件的防水构造

（1）结构变形或管道伸缩量较小时，穿墙管可采用主管直接埋入混凝土内的固定式防水法，主管应加焊止水钢环复合遇水膨胀密封胶（丁基胶带）或环绕遇水膨胀密封胶（丁基胶带）。穿墙管直径较小的可选用环绕遇水膨胀密封胶（丁基胶带），距墙体混凝土内外四分之一墙厚位置设置。主管加焊的止水钢环应满焊密实。止水钢环与遇水膨胀密封胶（丁基胶带）复合使用，效果更好。主体柔性防水层，应在穿墙管处增设附加层。防水附加层宜选用加无纺布或玻纤胎体增强的防水涂层，其宽度在管道上、混凝土上均为 100～150mm（图 31-84、图 31-85）。直埋式金属管道进入室内时，为防止电化学腐蚀作用，应在管道伸出外墙的室外部分加涂宽度为管径 10 倍的树脂涂层，也可用缠绕自粘防腐材料代替树脂涂层。

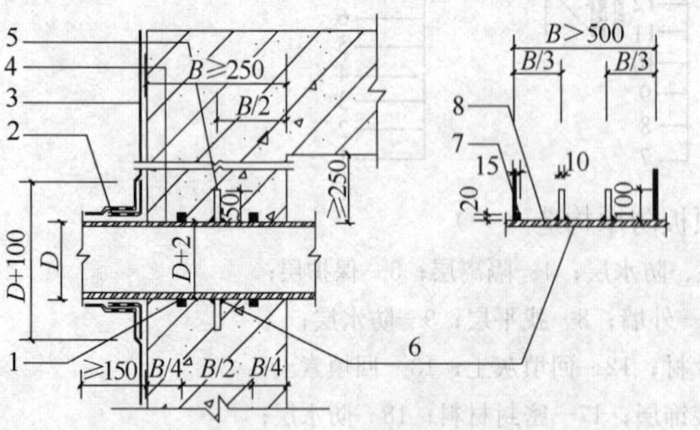


图 31-84　穿墙管（盒）及埋设件（一）

1—附加防水层；2—外墙主防水层；3—穿墙钢管；4—止水钢环；5—丁基胶带或遇水膨胀密封胶；6—密封膏密封；7—穿墙钢管；8—止水钢环

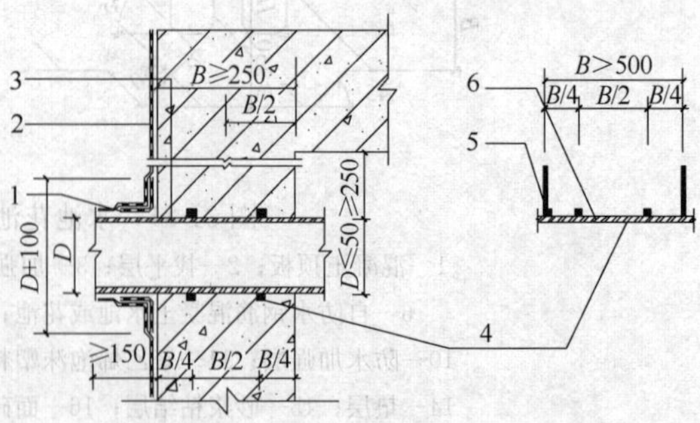


图 31-85　穿墙管（盒）及埋设件（二）

1—附加防水层；2—外墙主防水层；3—穿墙钢管；4—丁基胶带或遇水膨胀密封胶；5—密封膏密封；6—穿墙钢管

(2) 结构变形或管道伸缩量较大或有更换要求时，应采用套管式防水法，套管应加焊止水钢环复合遇水膨胀止水胶或丁基胶带（图 31-86、图 31-87）。主体柔性外防水层在套管四周应做加强层，防水加强层也选用加无纺布或玻纤胎体增强的防水涂层，防水加强层可以延长至管道的宽度不宜小于 150mm，并用密封材料封严。

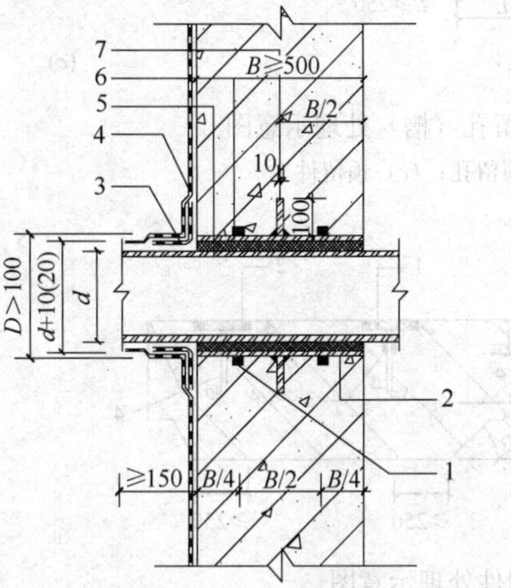


图 31-86 穿墙管（盒）及埋设件（三）

1—丁基胶带或遇水膨胀密封胶；
2—密封材料；3—附加防水层；
4—外墙主防水层；5—穿墙钢管；
6—套管；7—止水钢环

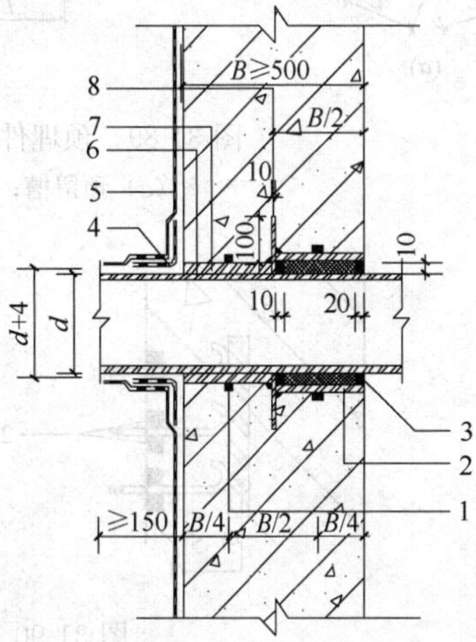


图 31-87 穿墙管（盒）及埋设件（四）

1—丁基胶带或遇水膨胀密封胶；
2—填充材料；3—密封材料；
4—附加防水层；5—外墙主防水层；
6—穿墙钢管；7—套管；8—止水钢环

(3) 穿墙管线较多时，宜相对集中，并应采用穿墙盒方法。穿墙盒的封口钢板应与墙上的预埋角钢焊严。小盒可用改性沥青填满；大盒应浇筑自流平无收缩水泥砂浆。管径较大且排管较疏时，可用 3.5～5.0mm 厚的钢板与钢套管焊严密，置于模板内浇筑混凝土，墙内钢筋适当移位不断开。小型地下室，可按排管要求预埋钢套管预制钢筋混凝土孔板，直接浇入混凝土侧壁之中，或用聚合物水泥砂浆随墙砌入（图 31-88）。穿管后，两端密封焊实。室外若设置管沟，可采用法兰连接后装管道，法兰钢板厚度根据管径大小而定。主体的柔性防水层应按前述方法增设防水附加层。室外直埋电缆入户前宜设置接线井，室内外电缆在接线井内连接。室内电缆出户时，应做好防水密封处理。

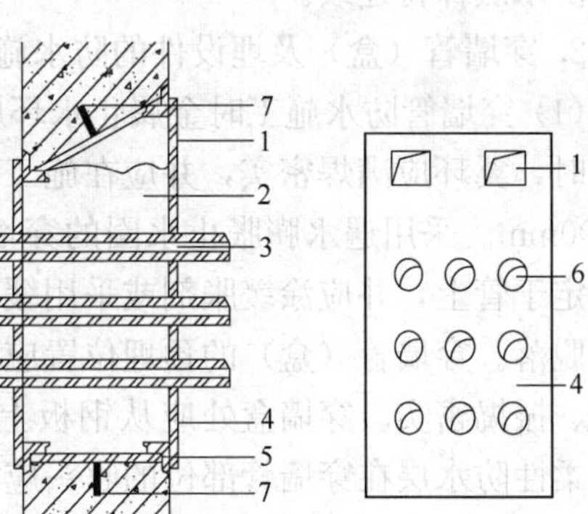


图 31-88 穿墙群管防水构造

1—浇注孔；2—柔性材料或无收缩水泥砂浆；
3—粘遇水膨胀止水圈的穿墙管；
4—封口钢板；5—固定角钢；
6—预留孔；7—止水钢板

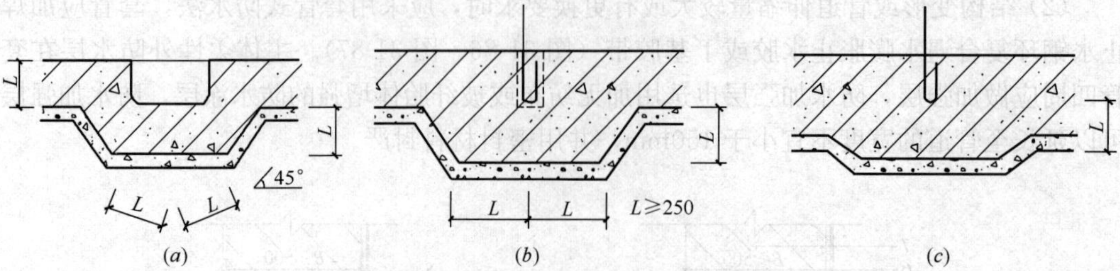


图 31-89　预埋件或预留孔（槽）处理示意图

（a）预留槽；（b）预留孔；（c）预留件

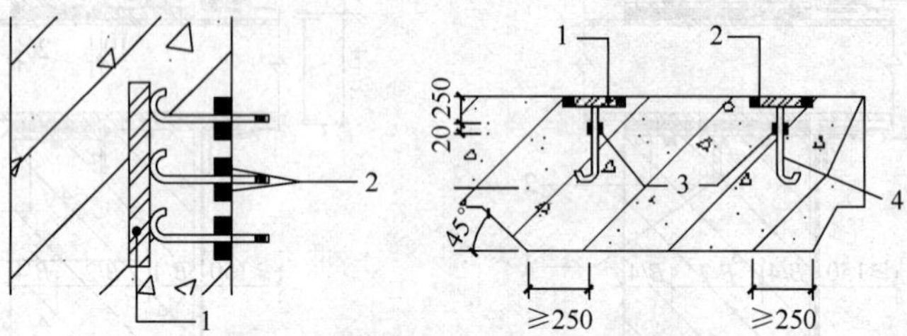


图 31-90　预埋件处理示意图

1—预埋钢板；2—止水条；3—5×20 腻子型膨胀条；4—锚筋

(4) 埋设件构造要求：结构上的埋设件应采用预埋或预留孔（槽）等。埋设件端部或预留孔（槽）底部的混凝土厚度不得小于 250mm，当厚度小于 250mm 时，应采取局部加厚或其他防水措施（图 31-89、图 31-90）。预留孔（槽）内的防水层，宜与孔（槽）外的结构防水层保持连续。

2. 穿墙管（盒）及埋设件的防水施工

(1) 穿墙管防水施工时金属止水环应与主管或套管满焊密实。采用套管式穿墙管防水构造时，翼环应满焊密实，并应在施工前将套管内表面清理干净。相邻穿墙管的间距应大于 300mm。采用遇水膨胀止水圈的穿墙管，管径宜小于 50mm，止水圈应采用胶粘剂满粘固定于管上，并应涂缓胀剂或采用缓涨型遇水膨胀止水圈，安装应牢固，以免浇捣混凝土时脱落。穿墙管（盒）的预埋位置应准确，不得后改、后凿。管（盒）周围的混凝土应浇筑、振捣密实。穿墙盒处应从钢板上的预留浇筑孔注入柔性密封材料或细石混凝土处理。柔性防水层在穿墙管部位的收头应采用管箍或钢丝紧固，并用密封材料封严。防水附加层及收头涂膜材料应选择与防水卷材相容的材料，涂膜附加层内应加无纺布或玻纤胎体材料进行增强处理，其剪裁方法与防水卷材相同。柔性防水层在穿墙盒部位的四周用螺栓、金属压条固定在封口钢板上，并用密封材料封严。当工程有防护要求时，穿墙管除应采取防水措施外，尚应采取满足防护要求的措施。穿墙管伸出外墙的部位，应采取防止回填时将管体损坏的措施。

(2) 埋设件的施工要求：埋设件的预埋、凹槽的位置应准确，不得后改、后埋。采用滑模施工边墙设有埋设件时，墙内、外螺栓之间宜采用预埋螺母或钢板焊接连接。埋设件周围的混凝土应浇筑、振捣密实。

### 31.2.6.8 通道接头

1. 预留通道接头处的最大沉降差值不得大于 30mm。预留通道接头应采取变形缝防水构造形式，见图 31-91～图 31-94。

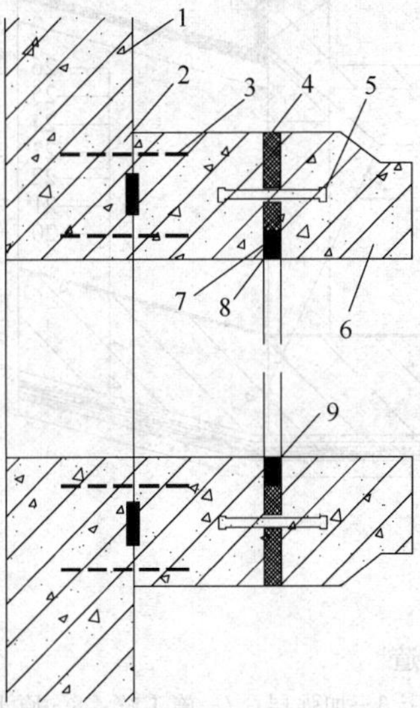


图 31-91 预留通道接头防水构造（一）

1—先浇混凝土结构；2—连接钢筋；3—止水条（胶）；4—填缝材料；5—中埋式止水带；6—后浇混凝土结构；7—橡胶条（胶）；8—嵌缝材料；9—背衬材料

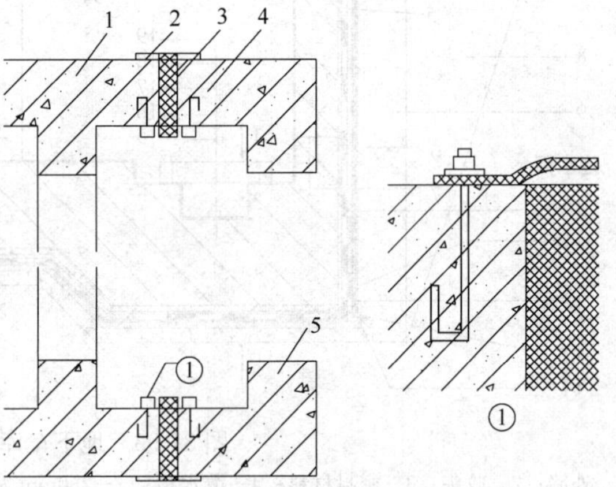


图 31-92 预留通道接头防水构造（二）

1—先浇混凝土结构；2—防水涂料；3—填缝材料；4—可卸式止水带；5—后浇混凝土结构

2. 预留通道接头的防水施工

预留通道应对先施工部位的混凝土、中埋式止水带和防水有关的预埋件等应及时保护，并应确保表面混凝土和中埋式止水带清洁，埋设件不得锈蚀。中埋式止水带、遇水膨胀橡胶条（胶）、预埋注浆管、密封材料、可卸式止水带的施工应符合本章节施工缝的有关要求。接头混凝土施工前应将先浇筑混凝土端部表面凿毛，露出钢筋或预埋的钢筋接驳器钢板，与待浇混凝土部位的钢筋焊接或连接好后再行浇筑。当先浇混凝土中未预埋可卸式止水带的预埋螺栓时，可选用金属或尼龙的膨胀螺栓固定可卸式止水带。采用金属膨胀螺栓时，可选用不锈钢材料或金属涂膜、环氧涂料等涂层进行防锈处理。

### 31.2.6.9 孔口、窗井

（1）孔口、窗井防水构造要求地下工程通向地面的各种孔口应采取防地面水倒灌的措施。人员出入口高出地面的高度宜为 500mm，汽车出入口设置明沟排水时，其高度宜为 150mm，并应采取防雨措施。窗井的底部在最高地下水位以上时，窗井的底板和墙应做防水处理，并宜与主体结构断开，如图 31-95 所示。通风口应与窗井同样处理，竖井窗下缘离室外地面高度不得小于 500mm。窗井或窗井的一部分在最高地下水位以下时，窗井应与主体结构连成整体，其防水层也应连成整体，并应在窗井内设置集水井，如图 31-96 所

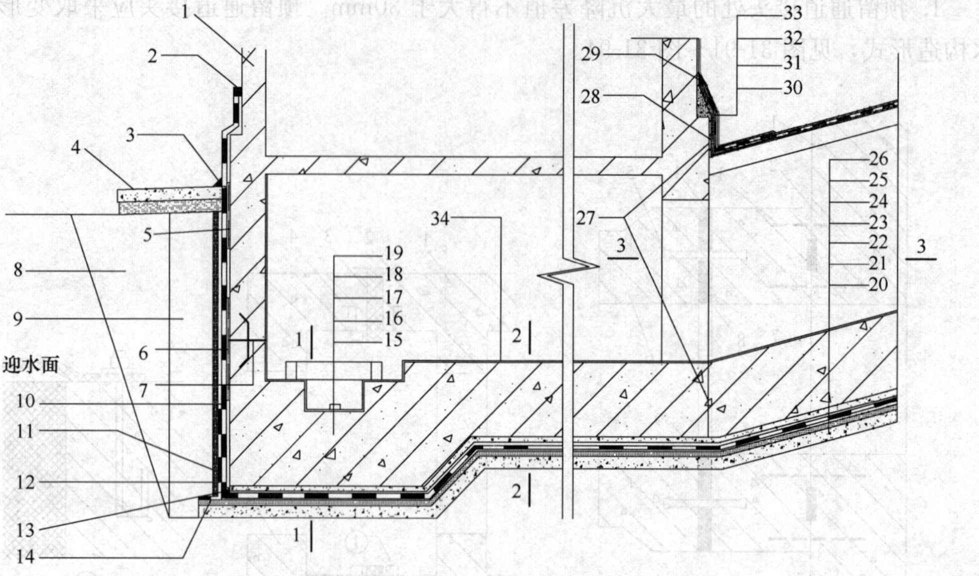


图 31-93　地下车库防水构造

1—外墙；2—收头；3—密封材料；4—散水板；5—250mm 宽加强层；6—加强层；7—施工缝；8—原土分层夯实；9—2：8 灰土分层夯实；10—防水层；11—5mm 厚聚乙烯泡沫塑料片材；12—加强层（空铺）；13—$\phi$50 聚乙烯棒；14—按防水材料种类甩接槎；15—局部加厚底板；16—20mm 厚 1：2 防水砂浆；17—$\phi$100 硬塑料管至集水井排水管；18—明沟；19—明沟箅子；20—垫层；21—找平层；22—加强层；23—防水层；24—隔离层；25—细石混凝土；26—底板；27—10mm×30mm 腻子型膨胀条钢钉中距 500～800mm；28—纵横分格缝中距 4～6m 嵌缝密封；29—收头；30—30mm 厚 1：3 砂浆保护层；31—甩槎坡形通道顶板防水层（至出入口收头）；32—甩槎坡形通道顶板加强层（至出入口收头）；33—外墙柔性防水层（与顶板防水层有效交圈）；34—20mm 厚 1：2.5 水泥砂浆耐磨层

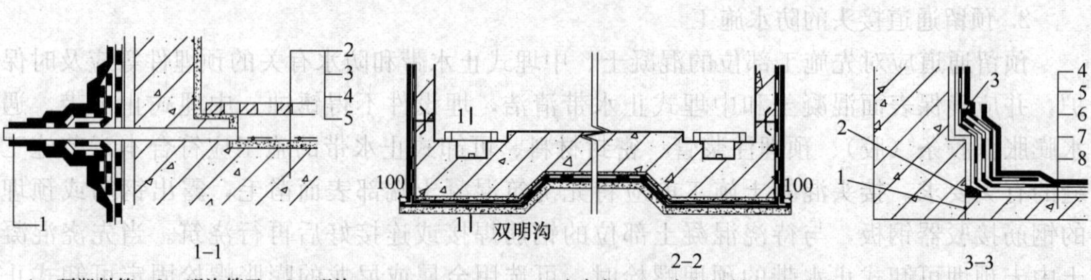

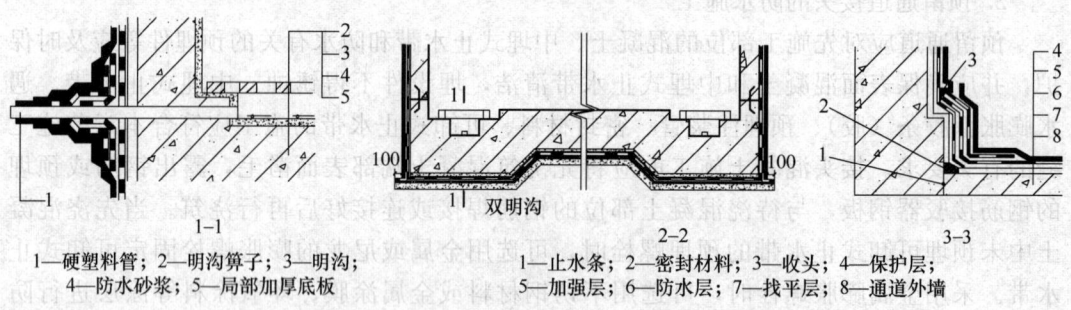

1—硬塑料管；2—明沟箅子；3—明沟；4—防水砂浆；5—局部加厚底板

1—止水条；2—密封材料；3—收头；4—保护层；5—加强层；6—防水层；7—找平层；8—通道外墙

图 31-94　地下车库防水构造剖面

示。无论地下水位高低，窗台下部的墙体和底板应做防水层。窗井内的底板，应低于窗下缘 300mm。窗井高出地面不得小于 500mm。窗井外地面应作散水，散水与墙面间应采用密封材料嵌填。

（2）孔口、窗井防水施工方法参见本章：防水混凝土、卷材防水、涂层防水的施工三节。

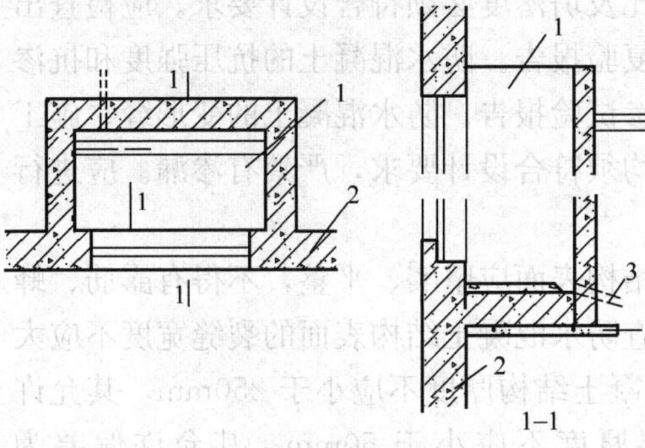

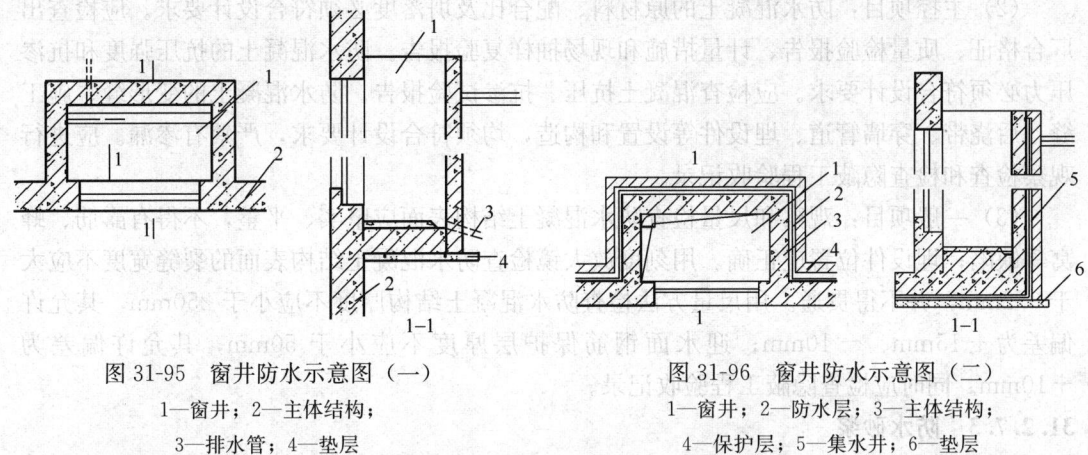

图 31-95　窗井防水示意图（一）

1—窗井；2—主体结构；

3—排水管；4—垫层

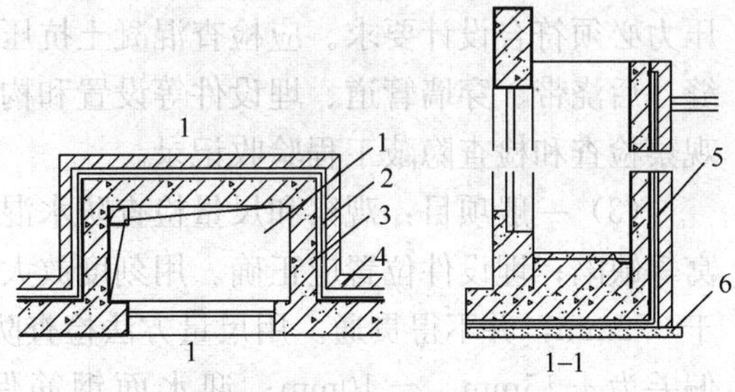


图 31-96　窗井防水示意图（二）

1—窗井；2—防水层；3—主体结构；

4—保护层；5—集水井；6—垫层

## 31.2.7　地下防水工程质量检验与验收

地下防水工程的施工，应建立各道工序的自检、交接检和专职人员检查的“三检”制度，并有完整的检查记录。未经建设（监理）单位对上道工序的检查确认，不得进行下道工序的施工。

### 31.2.7.1　一般要求

施工过程中注重验收资料的收集整理，验收资料包括管理类资料、原材料、施工记录、施工试验资料、检查验收资料等。

（1）管理类资料：防水工程施工方案，防水工程施工技术交底；专业防水施工单位、各类防水产品厂家的企业资质、营业执照；专业防水施工人员上岗证；砂、石等采矿证。技术总结报告等其他必须提供的资料。

（2）原材料：防水混凝土、防水砂浆应具有：水泥、砂、石、外加剂、掺合料等出厂合格证、试验报告（或质量检验报告）、产品性能和使用说明书、复验报告；防水材料及主要配套材料应具有：出厂合格证、质量检验报告、产品性能和使用说明书、现场复验报告。

（3）施工记录：隐蔽工程检查记录（如防水混凝土、防水砂浆、柔性防水基层、细部处理、多层柔性防水中每一层的隐蔽工程检查）；防水混凝土的浇筑申请、开盘鉴定、拆模申请及预拌混凝土运输单等；地下工程防水效果检查记录。

（4）施工试验资料：混凝土、砂浆配合比申请单；混凝土、砂浆试块抗压强度、抗渗试验记录及强度统计，结构实体混凝土强度试验记录等。

（5）检查验收资料：结构实体混凝土强度验收；各分项工程的检验批、分项工程质量验收记录、子分部工程质量验收记录等。

（6）竣工图。

### 31.2.7.2　防水混凝土

（1）检验批划分：原材料、混凝土拌合物、混凝土施工应符合《混凝土结构工程施工质量验收规范》GB 50204 的规定。防水混凝土分项工程检验批的抽样检验数量，按混凝土外露面积每 100m$^2$ 抽查 1 处，每处 10m$^2$，且不得少于 3 处。

（2）主控项目：防水混凝土的原材料、配合比及坍落度必须符合设计要求。应检查出厂合格证、质量检验报告、计量措施和现场抽样复验报告。防水混凝土的抗压强度和抗渗压力必须符合设计要求。应检查混凝土抗压、抗渗试验报告。防水混凝土的变形缝、施工缝、后浇带、穿墙管道、埋设件等设置和构造，均须符合设计要求，严禁有渗漏。应进行观察检查和检查隐蔽工程验收记录。

（3）一般项目：观察和尺量检查防水混凝土结构表面应坚实、平整，不得有露筋、蜂窝等缺陷；埋设件位置应正确。用刻度放大镜检查防水混凝土结构表面的裂缝宽度不应大于0.2mm，并不得贯通。用尺量方法检查防水混凝土结构厚度不应小于250mm，其允许偏差为＋15mm、－10mm；迎水面钢筋保护层厚度不应小于50mm，其允许偏差为＋10mm。同时应检查隐蔽工程验收记录。

**31.2.7.3　防水砂浆**

（1）检验批划分：水泥砂浆防水层分项工程检验批的抽样检验数量，按施工面积每$100m^2$抽查1处，每处$10m^2$，且不得少于3处。

（2）主控项目：水泥砂浆防水层的原材料及配合比必须符合设计要求。检查出厂合格证、质量检验报告、计量措施和现场抽样复验报告。观察和用小锤轻击检查水泥砂浆防水层各层之间必须结合牢固，无空鼓现象。

（3）一般项目：观察和尺量检查水泥砂浆防水层表面应密实、平整，不得有裂纹、起砂、麻面等缺陷；阴阳角处应做成圆弧形。观察检查水泥砂浆防水层施工缝留槎位置应正确，接槎应按层次顺序操作，层层搭接紧密。检查隐蔽工程验收记录。观察和尺量检查水泥砂浆防水层的平均厚度应符合设计要求，最小厚度不得小于设计厚度的85%。

**31.2.7.4　卷材防水层**

（1）检验批划分：卷材防水层分项工程检验批的抽样检验数量，按铺贴面积每$100m^2$抽查1处，每处$10m^2$，且不得少于3处。

（2）主控项目：卷材防水层所用卷材及主要配套材料必须符合设计要求，检查出厂合格证、质量检验报告和现场抽样复验报告。观察检查卷材防水层及其转角处、变形缝、穿墙管道等细部做法均须符合设计要求，检查隐蔽工程验收记录。

（3）一般项目：观察和尺量检查卷材防水层的基层应牢固，基面应洁净、平整，不得有空鼓、松动、起砂和脱皮现象；基层阴阳角处应做成圆弧形，检查隐蔽工程验收记录。观察检查卷材防水层的搭接缝应粘（焊）接牢固，密封严密，不得有皱褶、翘边和鼓泡等缺陷；观察检查侧墙卷材防水层的保护层与防水层应粘结牢固，结合紧密、厚度均匀一致；观察和尺量检查卷材搭接宽度的允许偏差为－10mm。

**31.2.7.5　涂料防水层**

（1）检验批划分：涂料防水层分项工程检验批的抽样检验数量，按涂层面积每$100m^2$抽查1处，每处$10m^2$，且不得少于3处。

（2）主控项目：涂料防水层所用的材料及配合比必须符合设计要求。检查出厂合格证、质量检验报告、计量措施和现场抽样复验报告。观察查验涂料防水层及其转角处、变形缝、穿墙管道等细部做法均须符合设计要求。检查隐蔽工程验收记录。

（3）一般项目：观察和尺量检查涂料防水层的基层应牢固，基面应洁净、平整，不得有空鼓、松动、起砂和脱皮现象；基层阴阳角处应做成圆弧形。并检查隐蔽工程验收记录。观察检查涂料防水层应与基层粘结牢固，表面平整、涂刷均匀，不得有流淌、皱褶、鼓泡、露胎体和翘边等缺陷。针测法或割取 20mm×20mm 实样用卡尺测量，涂料防水层的平均厚度应符合设计要求，最小厚度不得小于设计厚度的 80%。观察检查侧墙涂料防水层的保护层与防水层应结合紧密，厚度均匀一致。

**31.2.7.6 细部构造**

（1）主控项目：检查出厂合格证、质量检验报告和进场抽样复验报告，细部构造所用止水带、遇水膨胀橡胶腻子止水条和接缝密封材料必须符合设计要求。观察检查和检查隐蔽工程验收记录，变形缝、施工缝、后浇带、穿墙管道、埋设件等细部构造作法，均须符合设计要求，严禁有渗漏。

（2）一般项目：观察检查和检查隐蔽工程验收记录。中埋式止水带中心线应与变形缝中心线重合，止水带应固定牢靠、平直，不得有扭曲现象。观察检查和检查隐蔽工程验收记录。穿墙管止水环与主管或翼环与套管应连续满焊，并做防腐处理。观察检查接缝处混凝土表面应密实、平顺、洁净、干燥、不得有蜂窝、麻面、起皮和起砂等缺陷；密封材料应嵌填严密、连续、饱满、粘结牢固，不得有开裂、鼓泡和下塌现象。

# 31.3 屋面防水工程

屋面工程防水设计遵循“合理设防、防排结合、因地制宜、综合治理”的原则，确定屋面防水等级和设防要求。屋面防水工程防水施工的内容详见本手册第 30 章相关章节。

# 31.4 室内防水工程

室内防水工程适用于厕浴间、厨房、蒸汽室、水池、游泳池、设有配水点的封闭阳台等具有防水要求的房间、构筑物、独立容器的设计、施工与验收。

建筑室内防水工程应遵循“迎水面防水，以防为主、防排结合、刚柔相济、因地制宜、经济合理、安全环保”的原则。应采用经过试验、检测和鉴定，并经实践检验质量可靠、符合环保要求的新材料，应推广和使用行之有效的新技术、新工艺。

室内防水应包括有防水要求的：楼、地面的防水、排水及墙面防水；蒸汽室或有特殊要求房间墙面、顶面防潮；水池、游泳池等的防水、防渗；无地下室的住宅地面应设置的防潮层等。长期处于蒸汽环境下的室内，所有的墙面、楼地面和顶面均应设置防水层。

## 31.4.1 室内防水设计基本要求

**31.4.1.1 一般要求**

（1）室内防水设计应包括：室内防水构造设计、排水系统设计、细部构造防水密封措施及对防水、密封材料的名称、规格型号、主要性能等的设计要求。

（2）室内防水工程采用的防水材料性能、指标等应符合国家现行的相关标准规定，并应符合现行《民用建筑工程室内环境污染控制规范》GB 50325 对环保性能的要求。防水保护层兼做面层时，其材料不得对人体及环境产生不利影响，并应符合现行国家标准《食品安全性毒理学评价程序和方法》GB 15193.1 和《生活饮用水卫生标准》GB 5749 的有关规定。

（3）用水空间与非用水空间楼地面交接处应有防止水流入非用水房间的措施。

（4）室内需进行防水设防的区域，不应跨越变形缝、抗震缝等可能出现较大变形的部位。

（5）自身无防护功能的柔性防水层应设置保护层，保护层或饰面层应符合下列规定：

① 地面饰面层为石材、厚质地砖时，防水层上应用不小于 20mm 厚的 1∶3 水泥砂浆做保护层。地面饰面层为瓷砖、水泥砂浆时，防水层上应浇筑不小于 30mm 厚的细石混凝土做保护层。

② 墙面防水高度高于 250mm 时，防水层上应采取防止饰面层起壳剥落的措施。

（6）地漏应设在人员不经常走动且便于维修和便于组织排水的部位。楼地面向地漏处的排水坡度不宜小于 1%，从地漏边缘向外 50mm 范围内的排水坡度为 5%，地面不得有积水现象。公共厕浴间等大面积防水地面应分区，每一个分区设一个地漏，区域内排水坡度应不小于 1%，坡度直线长度不大于 3m。

（7）铺贴墙（地）面砖宜用专用粘贴材料或符合粘贴性能要求的防水砂浆。

**31.4.1.2　住宅功能房间室内防水设计**

（1）卫生间、浴室、楼、地面、墙面应设置防水层，顶棚应设置防潮层，门口应有阻止积水外溢的措施。

（2）厨房楼、地面宜设置防水层，墙面宜设置防潮层；厨房布置在无水点的下层时，顶棚应设置防潮层。

（3）当厨房设有采暖系统的分集水器、生活热水控制总阀门时，楼、地面宜就近设置地漏。

（4）排水立管不应穿越下层住户的居室；当厨房设有地漏时，地漏排水支管不应穿过楼板进入下层住户的居室。

（5）厨房的排水立管支架和洗涤池不应直接安装在与卧室相邻的墙体上。

（6）设有配水点的封闭阳台，墙面应设防水层，顶棚宜防潮，楼、地面应有排水措施，并应设置防水层。

（7）采用地面辐射采暖的住宅，底层无配水点的房间地面应在绝热层下部设置防潮层。

**31.4.1.3　防水材料选用**

（1）厕浴间、厨房等室内小区域复杂部位楼地面防水，宜选用防水涂料或刚性防水材料做迎水面防水，也可选用柔性较好且易于与基层粘贴牢固的防水卷材。墙面防水、防潮层宜选用刚性防水材料或经表面处理后与粉刷层有较好结合性的其他防水材料。顶面防水、防潮层应选用刚性防水材料。厕浴间、厨房有较高防水要求时，应做两道防水层，防水材料复合使用时应具有相容性。

（2）按使用功能不同，水池中使用的防水材料应具有相应的、良好的耐水性、耐腐性、耐久性和耐菌性。

（3）高温池防水，宜选用刚性防水材料。选用柔性防水层时，材料应具有良好的耐热性、热老化性能稳定性、热处理尺寸稳定性。

（4）在饮用水水池和游泳池中使用的防水材料及配套材料，必须符合现行国家标准《生活饮用水输配水设备及防护材料的安全性评价标准》GB/T 17219 等现行有关标准的规定。

（5）室内防水工程做法和材料选用，根据不同部位和使用功能，可按表 31-45、表 31-46的要求设计。

**室内防水做法选材（楼地面、顶面）**　　**表 31-45**

| 序号 | 部位 | 保护层、饰面层 | 楼地面（池底） | 顶面 |
|---|---|---|---|---|
| 1 | 厕浴间、厨房间 | 防水层面直接贴瓷砖或抹灰 | 刚性防水材料、聚乙烯丙纶卷材 | |
| | | 混凝土或水泥砂浆保护层 | 刚性防水材料、合成高分子涂料、改性沥青涂料、渗透结晶型防水涂料 | |
| 2 | 蒸汽室、水池（高温） | 防水层面直接贴瓷砖或抹灰 | 刚性防水材料 | 聚合物水泥防水砂浆、刚性无机防水材料 |
| | | 混凝土或水泥砂浆保护层 | 刚性防水材料、合成高分子涂料、聚合物水泥砂浆、渗透结晶型防水涂料 | |
| 3 | 游泳池、水池（常温） | 无饰面层 | 刚性防水材料 | |
| | | 防水层面直接贴瓷砖或抹灰 | 刚性防水材料、聚乙烯丙纶卷材 | |
| | | 混凝土或水泥砂浆保护层 | 刚性防水材料、合成高分子涂料、改性沥青涂料、渗透结晶型防水涂料 | |

**室内防水做法选材（立面）**　　**表 31-46**

| 序号 | 部位 | 保护层、饰面层 | 立面（池壁） |
|---|---|---|---|
| 1 | 厕浴间、厨房间 | 防水层面直接贴瓷砖或抹灰 | 刚性防水材料、聚乙烯丙纶卷材 |
| | | 防水层面经处理或钢丝网抹灰 | 刚性防水材料、合成高分子防水涂料 |
| 2 | 蒸汽室 | 防水层面直接贴瓷砖或抹灰 | 刚性防水材料、聚乙烯丙纶卷材 |
| | | 防水层面经处理或钢丝网抹灰、脱离式饰面层 | 刚性防水材料、合成高分子防水涂料 |
| 3 | 游泳池、水池（常温） | 无保护层和饰面层 | 刚性防水材料 |
| | | 防水层面直接贴瓷砖或抹灰 | 刚性防水材料、聚乙烯丙纶卷材 |
| | | 混凝土或水泥砂浆保护层 | 刚性防水材料、合成高分子防水涂料、改性沥青防水涂料、渗透结晶型防水涂料 |
| 4 | 高温水池 | 防水层面直接贴瓷砖或抹灰 | 刚性防水材料 |
| | | 混凝土保护层 | 刚性防水材料、合成高分子防水涂料、渗透结晶型防水涂料 |

（6）室内工程防水层最小厚度要求见表 31-47。

室内工程防水层最小厚度（mm）　表 31-47

| 序号 | 防水层材料类型 | | 厕所、厨房、有配水点的封闭阳台 | 浴室、游泳池、水池 | 两道设防或复合防水 |
|---|---|---|---|---|---|
| 1 | 聚合物水泥、合成高分子涂料 | | 1.2 | 1.5 | 1.0 |
| 2 | 刚性防水材料 | 掺外加剂、掺合料防水砂浆 | 20 | 25 | 20 |
| | | 聚合物水泥防水砂浆Ⅰ类 | 10 | 20 | 10 |
| | | 聚合物水泥防水砂浆Ⅱ类、刚性无机防水材料 | 3.0 | 5.0 | 3.0 |
| | | 水泥基渗透结晶型防水涂料 | 0.8 | 1.0 | 0.6 |

（7）建筑室内工程使用的防水材料，应有产品合格证书和出厂检验报告，材料的品种、规格、性能应符合国家现行产品标准和设计要求，进场材料应按规定抽样复验合格后方可使用。

（8）防水混凝土应通过配合比设计，掺加外加剂、掺合料配制，其抗渗等级不得小于P6，配合比中水、水泥、砂石、外加剂、掺合料等各种原材料必须符合国家、行业标准的相关规定。

（9）防水砂浆包括外加剂防水砂浆、聚合物水泥防水砂浆和无机防水堵漏材料，各种材料技术性能应符合现行国家或行业标准的要求。防水砂浆应使用由专业生产厂家生产的商品砂浆，并应符合现行国家标准《预拌砂浆》GB/T 25181 和行业标准《聚合物水泥防水砂浆》JC/T 984 的规定。

（10）防水涂料可选用聚合物水泥防水涂料、聚合物乳液防水涂料、聚氨酯防水涂料等合成高分子防水涂料和改性沥青防水涂料。用于立面的防水涂料应具有良好的与基层粘结性能。防水涂料的物理性能和外观质量应符合现行国家、行业标准的有关规定。住宅室内防水工程不得使用溶剂型防水涂料。

（11）防水卷材包括聚合物改性沥青类防水卷材、合成高分子类防水卷材。防水卷材及粘贴各类卷材的胶粘材料的物理性能和外观质量、品种规格应符合现行国家或行业标准的有关规定。防水卷材及配套使用的胶粘剂应具有良好的耐水性、耐久性、耐穿刺性、耐腐蚀性和耐菌性。

（12）密封材料的物理性能和外观质量、品种规格应符合现行国家或行业标准的有关规定。密封材料应具有优良的水密性、耐腐蚀性、防霉性以及符合接缝设计要求的位移能力。

（13）墙面、顶棚防潮材料宜采用防水砂浆、聚合物水泥防水涂料；无地下室的住宅地面可采用聚氨酯防水涂料、聚合物乳液防水涂料、水乳型沥青防水涂料和防水卷材做防潮层。防潮层施工方法同防水层，采用不同材料做防潮层时，防潮层厚度应按设计及相关规范、规程选用。

## 31.4.2　楼、地面防水

### 31.4.2.1　楼、地面防水设计

（1）对于有排水要求的房间，应绘制平面布置大样图，并应以门口及沿墙周边为标准

标高，标注主要排水坡度和地漏表面标高。室内楼地面防水等级为一级时，防水做法不应少于2道，防水层防水涂料或防水卷材不应少于1道；防水等级为二级时，防水做法不应少于1道，防水层防水材料任选。

(2) 对于无地下室的住宅，地面宜采用强度等级为C15的混凝土作为刚性垫层，且厚度不宜小于60mm。楼面基层宜为现浇钢筋混凝土楼板；当为预制钢筋混凝土条板时，板缝间应采用防水砂浆堵严抹平，并应沿通缝涂刷宽度不小于300mm的防水涂料形成防水涂膜带，涂层应夹铺胎体增强材料。

(3) 混凝土找坡层最薄处的厚度不应小于30mm，砂浆找坡层最薄处的厚度不应小于20mm。找平层兼找坡层时，应采用强度等级为C20的细石混凝土；需设填充层铺设管道时，宜与找坡层合并，填充材料宜选用轻骨料混凝土。

(4) 有防水要求的楼地面应设排水坡，并应坡向地漏或排水设施，排水坡度不应小于1.0%。

(5) 装饰层宜采用不透水材料和构造，主要排水坡度应为0.5%～1.0%，粗糙面层排水坡度不应小于1.0%。厕浴间和有防滑要求的地面应符合设计防滑要求。

(6) 防水层应符合下列规定：

1) 对于有排水的楼地面，应低于相邻房间楼、地面20mm或做挡水门槛；当需进行无障碍设计时，应低于相邻房间面层15mm，并应以斜坡过渡。

2) 当防水层需要采取保护措施时，可采用20mm厚1∶3水泥砂浆做保护层。

(7) 采用整体装配式卫浴间的结构楼地面应采取防排水措施。

**31.4.2.2 楼、地面防水施工**

1. 一般规定

(1) 防水施工单位应有专业施工资质，作业人员应持证上岗。

(2) 防水施工应按设计及相关规范、规程要求进行施工。施工前，施工单位应进行图纸会审和现场勘察，应掌握工程防水技术要求和现场实际情况，编制防水工程施工方案，必要时应对防水工程进行二次设计。

(3) 防水材料及防水施工过程不得对环境造成污染。进场的防水材料应有合格证、检测报告，并应抽样复验，严禁使用不合格材料。

(4) 穿过有防水要求的楼板、墙面的管道和预埋件等，应在防水工程施工前完成安装。二次埋置的套管，其周围混凝土强度等级应比原混凝土提高一级，并应掺加膨胀剂。

(5) 室内防水工程的施工环境温度宜为5～35℃。

(6) 室内防水工程的施工，应建立各道工序的自检、交接检和专职人员检查的"三检"制度，并有完整的检查记录。对上道工序检查确认后，方可进行下道工序的施工。防水层完成后，下道工序施工前应采取成品保护措施。

(7) 施工管理：自然光线较差的室内防水施工应配备足够的照明灯具，通风较差时，应准备通风设备；施工现场应配备防火器材，注意防火、防毒。

2. 基层处理

(1) 基层表面应坚实平整，无浮浆、无起砂、无裂缝现象。阴阳角部位宜做成圆弧形。基层表面不得有明水，基层含水率应满足其防水材料的施工要求。采用水泥基胶粘剂的基层应充分湿润，但不得有明水。

（2）与基层相连接的各类管道、地漏、预埋件、设备支座等应安装牢固。管根、地漏与基层的交接部位，应预留宽 10mm、深 10mm 沟槽，并用密封材料嵌实。

3. 防水混凝土施工

防水材料、细部构造、施工方法等均参见地下防水工程相关章节。

4. 防水砂浆施工

防水材料、细部构造、施工方法等均参见地下防水工程相关章节。

5. 防水涂料施工

（1）工艺流程

基层清理→涂刷基层处理剂→配制防水涂料→附加层及细部构造处理→分遍涂刷防水层→第一次蓄水试验→保护层、饰面层施工→第二次蓄水试验→工程质量验收。

（2）操作要点

1）基层清理：将基层表面的灰皮、尘土、杂物等铲除清扫干净，对管根、地漏和排水口等部位应认真清理。遇有油污时可用钢丝刷或砂纸刷除干净。表面必须平整，如有凹陷处应用 1∶3 水泥砂浆找平。

2）基层处理剂：防水涂料施工时，应采用与涂料配套的基层处理剂。基层处理剂涂刷应均匀、不流淌、不堆积。

3）配制防水涂料：双组分涂料应按配比要求在现场配制，并应使用机械搅拌均匀，不得有颗粒悬浮物。

4）细部附加层施工：防水涂料在大面积施工前，应先在阴阳角、管根、地漏、排水口、设备基础等部位施作附加防水层，并应夹铺胎体增强材料，铺贴胎体增强材料时应充分浸透防水涂料，不得露胎及褶皱。附加防水层的宽度和厚度应符合设计及相关规范、规程的规定，胎体长短边搭接不应小于 50mm，相邻短边接头应错开不小于 500mm。

5）分遍涂刷涂料：防水涂料应薄涂、多遍施工，前后两遍的涂刷方向应相互垂直，涂层厚度应均匀，不得有漏刷或堆积现象。应在前一遍涂层实干后，再涂刷下一遍涂料，分遍涂刷直至达到设计厚度要求。施工时宜先涂刷立面，后涂刷平面。

6）水泥基渗透结晶型防水涂料施工：工艺流程及操作要点参照地下防水章节中相关内容。

7）防水涂料施工完成验收合格后，方可进行下道工序施工。

6. 聚乙烯丙纶防水卷材施工

（1）工艺流程

基层清理→涂刷基层处理剂→附加层及细部构造处理→防水卷材铺贴→防水卷材收头密封处理→第一次蓄水试验→保护层、饰面层施工→第二次蓄水试验→工程质量验收。

（2）操作要点

1）防水卷材施工宜先铺立面，后铺平面。防水卷材与基层应满粘施工，卷材之间搭接缝应粘牢封严，搭接宽度应满足相关规范、规程、标准要求。

2）涂刷基层处理剂时应符合下列规定：

① 基层处理剂应涂刷均匀，无露底、堆积。

② 基层处理剂干燥后应立即进行下道工序施工。

3）防水卷材施工应符合下列规定：

① 防水卷材应在阴阳角、管根、地漏等部位先铺设附加层，附加层材料可采用与防水层同品种的卷材或与卷材相容的涂料。

② 卷材与基层应满粘施工，表面应平整、顺直，不得有空鼓、起泡、褶皱现象。

③ 防水卷材应与基层粘贴牢固，搭接缝处应粘牢封严。

④ 聚乙烯丙纶复合防水卷材施工时，基层应湿润，但不得有明水。

4）防水卷材施工完成验收合格后，方可进行下道工序施工。

7. 聚乙烯丙纶卷材—聚合物水泥防水粘结料复合防水施工

对于楼层内的游泳池、水池等防水要求较高的，除使用抗渗混凝土刚性防水外，可增设聚乙烯丙纶卷材—聚合物水泥防水粘结料复合防水层。聚乙烯丙纶卷材的中间芯片为低密度聚乙烯片材，两面为热压一次成型的高强丙纶长丝无纺布，厚度≥0.7mm，聚乙烯丙纶的原料必须是原生的正规优质品，严禁使用再生原料及二次复合生产的卷材。聚合物水泥防水粘结料是以配套专用胶与水泥加水配制而成，粘结料应具有较强的粘结力和防水功能。

（1）工艺流程

基层清理→聚合物水泥防水粘结料配制→细部附加层处理→涂刷聚合物水泥防水粘结料→铺贴聚乙烯丙纶卷材→嵌缝封边→第一次蓄水试验→保护层饰面层施工→第二次蓄水试验→工程质量验收。

（2）操作要点：

1）聚合物水泥防水粘结料配制及使用要求：配制时将专用胶放置于洁净的容器中，边加水边搅拌至专用胶全部溶解，然后加入水泥继续搅拌均匀，直至浆液无凝结块体不沉淀时即可使用。每次配料必须按作业面工程量预计数量配制，聚合物水泥粘结料宜于4h内用完，剩余的粘结料不得随意加水使用。聚合物水泥防水粘结料用于卷材与基层或卷材与卷材之间粘结，也可作为卷材接缝的密封嵌填。

2）施工时应先做立墙、后做地面，厕浴间墙体防水做法及管道穿楼面防水做法、阴阳角及地漏细部构造参见本书第31.4.4条防水细部构造。

3）主体防水层（大面积防水层）施工程序：①基层涂刷聚合物水泥防水粘结料：用毛刷或刮板均匀涂刮粘结料，厚度达到1.3mm以上，涂刮完粘结料后应及时铺贴卷材。②卷材的铺贴：按粘贴面积将预先剪裁好的卷材铺贴在立墙、地面，铺粘时不应用力拉伸卷材，不得出现皱褶。用刮板推擀压实并排除卷材下面的气泡和多余的防水粘结料浆。③卷材搭接：卷材的搭接缝宽度长边为100mm，短边120mm。搭接缝边缘用聚合物水泥防水粘结料勾缝涂刷封闭，密封宽度不应小于50mm。相邻两边卷材铺贴时，两个短边接缝应错开；如双层铺贴时，上下层的长边接缝应错开1/2～1/3幅宽。

4）防水层施工完成验收合格后，方可进行下道工序的施工。

8. 无机防水材料施工

无机防水材料施工，指底层采用无机抗渗堵漏防水材料做刚性防水，上层做柔性涂膜防水（如单组分聚氨酯防水涂料、聚合物水泥防水涂料等）的复合施工。无机抗渗堵漏防水材料是由无机粉料与水按一定比例配制而成的刚性抗渗堵漏剂。

(1) 工艺流程

基层清理→细部附加层→刚性防水层→柔性防水层→第一次蓄水试验→保护层、面层施工→第二次蓄水试验→工程质量验收。

(2) 操作要点

1) 附加层施工：将地漏、管根、阴阳角等部位清理干净，用无机抗渗堵漏材料嵌填、压实、刮平。阴阳角用抗渗堵漏材料刮涂两遍，立面与平面分别为200mm。

2) 刚性防水层：以抗渗堵漏材料与水按产品使用说明比例配制，搅拌成均匀无团块的浆料，用橡胶刮板均匀刮涂在基面上，要求往返顺序刮涂，不得留有气孔和砂眼，每遍的刮压方向与上遍相垂直，共刮二遍，每遍刮涂完毕，用手轻压无印痕时，开始洒水养护，避免涂层粉化。

3) 柔性防水层：刚性防水层养护表干后，管根、地漏、阴阳角等节点处用防水涂料涂刮一遍，做法同附加防水层施工。

4) 大面积涂刮防水涂料，涂刮2～3遍，达到设计厚度要求。

5) 墙面最后一遍防水涂料施工完尚未固化前，可均匀撒布粗砂，以增加防水层与保护层之间的粘结力。

6) 复合防水层施工完成验收合格后，方可进行下道工序的施工。

9. 密封施工

(1) 密封材料施工环境温度：溶剂型宜为5～35℃，乳胶型及反应固化型宜为5～35℃。当产品有技术说明时，应根据说明要求进行施工。不满足施工要求的温度时，必须采取有效措施达到标准方可施工。

(2) 密封防水部位的基层应牢固、干净、干燥，表面平整、密实，不得有裂缝、起皮和起砂现象，可根据需要涂刷基层处理剂。基层处理剂表干后应立即嵌填密封材料。

(3) 密封施工宜在卷材、涂料防水层施工前、刚性防水层施工后进行。

(4) 单组分密封材料可直接使用。多组分密封材料应配比准确，混合均匀，拌合后应在规定时间内用完。未混合的多组分密封材料和未用完的单组分材料应密封存放。

(5) 密封材料施工宜采用胶枪挤注施工，也可用腻子刀等嵌填压实，嵌填应饱满，不得有气泡和孔洞。

(6) 密封材料应根据预留凹槽尺寸、形状和材料性能，采用一次或多次嵌填。采用冷嵌法施工时，应先将少量密封材料批刮在缝槽两侧，分次将密封材料嵌填在缝内，并防止裹入空气，接头应采用斜槎。

(7) 密封材料嵌填完成后，应在表干前用腻子刀进行修整。密封材料固化后，方可进行保护层施工。

## 31.4.3　墙　面　防　水

### 31.4.3.1　墙面防水设计规定

(1) 厕浴间、蒸汽室和设有配水点的封闭阳台等设计要求墙面应设置防水层的，防水层高度宜距楼、地面面层1200mm。厕浴间淋浴区墙面防水层高度不应小于2000mm，且不低于淋浴喷淋口高度。

(2) 盥洗池盆等用水处墙面防水层翻起高度不应小于1200mm。墙面其他部位泛水翻起高度不应小于 250mm。

（3）有防水设防的功能房间，除应设置防水层的墙面外，其余部分墙面和顶棚均应设置防潮层。

（4）钢筋混凝土结构独立水容器防水、防渗应符合下列规定：

1）应采用强度等级为 C30、抗渗等级为 P6 的防水混凝土结构，且受力壁体厚度不宜小于 200mm。

2）水容器内侧应设置柔性防水层。

3）设备与水容器壁体连接处应做防水密封处理。

**31.4.3.2　墙面防水施工**

防水卷材及防水涂料的施工工艺及操作要点同楼、地面防水施工。墙面防水涂料涂刷时，每遍涂刷的厚度应小于地面涂刷的厚度，以防止流淌现象发生。

## 31.4.4　防水细部构造

**31.4.4.1　穿越楼板管道、地漏**

（1）穿越楼板管道：应设置防水套管，管根四周 50mm 范围内的排水坡度不应小于 5%，套管高度应高出装饰层完成面 20mm 以上；套管与楼地面间、管道与套管间均应采用防水密封材料嵌填压实（图 31-97）。阴阳角和管道穿过楼板面的根部应增加铺涂附加防水层。

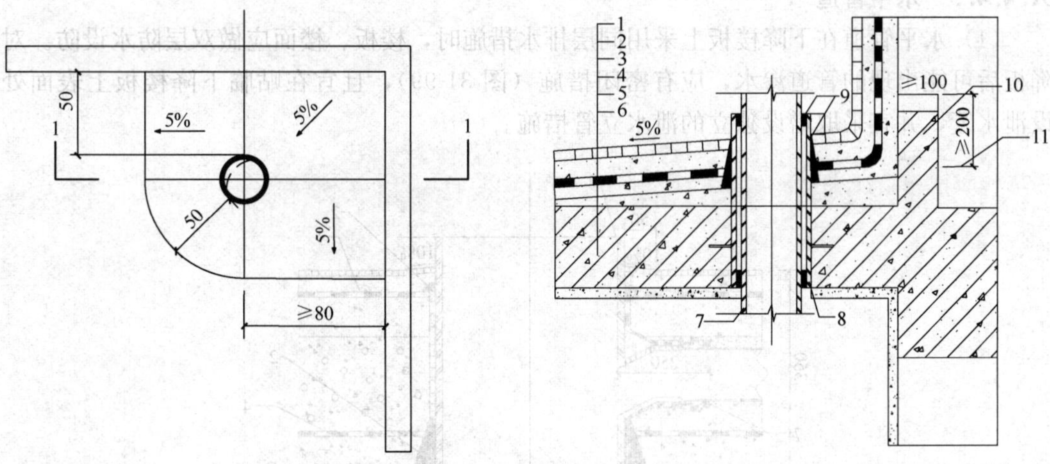


图 31-97　管道穿越楼板的防水构造

1—楼、地面面层；2—粘结层；3—防水层；4—找平层；5—垫层或找坡层；6—钢筋混凝土楼板；7—排水立管；8—防水套管；9—密封胶；10—C20 细石混凝土翻边；11—装饰层完成面层高度

（2）地漏：立管定位后，楼板四周缝隙用微膨胀水泥砂浆堵严（缝宽大于 40mm 时用微膨胀细石混凝土堵严），地漏的管道根部应采取密封防水措施。垫层向地漏处找不小于 1%的坡度，地漏四周 50mm 范围内，按 3%～5%找坡，便于排水。地漏上口外围找平层处应预留 10mm×15mm 的凹槽，在凹槽中填嵌防水密封胶，与防水层相接交圈、密封牢固。地漏箅子安装在面层，并要低于地坪面层不小于 5mm（图 31-98）。

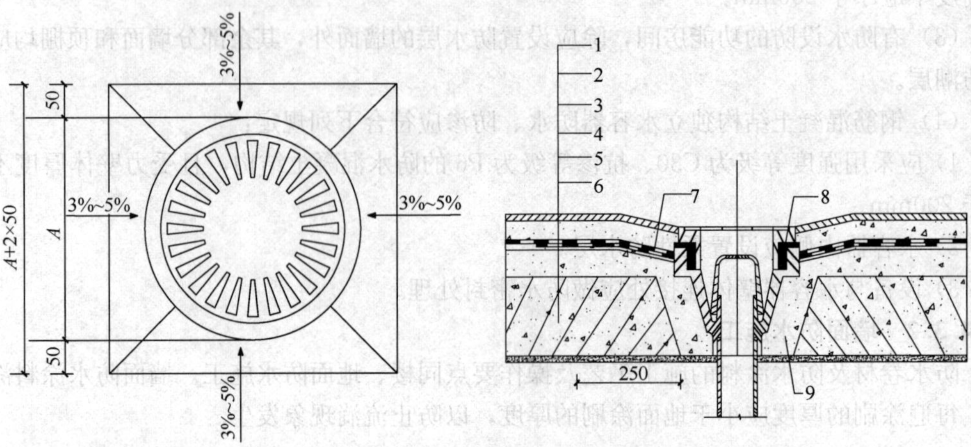


图 31-98　地漏防水构造

1—楼、地面面层；2—粘结层；3—防水层；4—找平层；5—垫层或找坡层；6—钢筋混凝土楼板；7—防水附加层；8—密封胶；9—C20 细石混凝土掺聚合物填实

### 31.4.4.2　门口

厕浴间、厨房和有排水要求的建筑地面应低于与其相连接非防水区域地面，门口处设置错台或者斜坡，标高差应符合设计要求。

### 31.4.4.3　水平管道

（1）水平管道在下降楼板上采用同层排水措施时，楼板、楼面应做双层防水设防。对降板后可能出现的管道渗水，应有密闭措施（图 31-99），且宜在贴临下降楼板上表面处设泄水管，并宜采取增设独立的泄水立管措施。

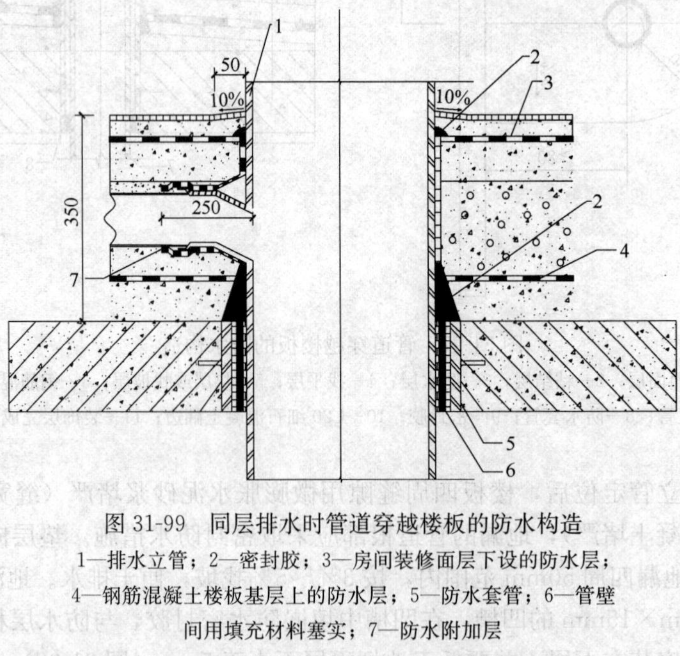


图 31-99　同层排水时管道穿越楼板的防水构造

1—排水立管；2—密封胶；3—房间装修面层下设的防水层；4—钢筋混凝土楼板基层上的防水层；5—防水套管；6—管壁间用填充材料塞实；7—防水附加层

（2）对于同层排水的地漏，其旁通水平支管宜与下降楼板上表面处的泄水管联通，并接至增设的独立泄水立管上（图 31-100）。

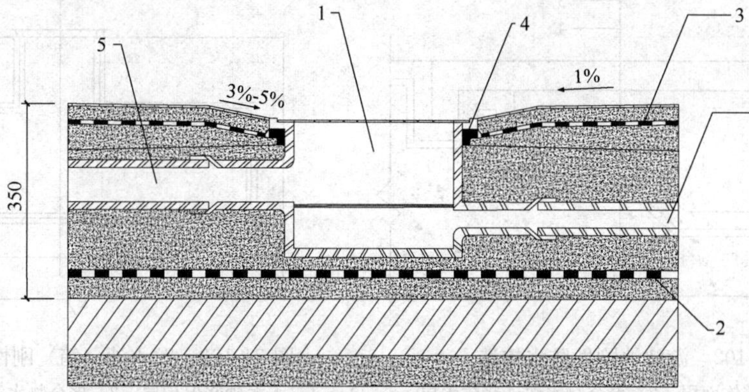


图 31-100 同层排水时的地漏防水构造

1—产品多通道地漏；2—下降的钢筋混凝土楼板基层上设置的防水层；
3—房间装修面层下设置的防水层；4—密封胶；5—排水支管接至排水立管；
6—旁通水平支管至增设的独立泄水管

（3）当墙面设置防潮层时，楼、地面防水层应沿墙面上翻，且至少应高出饰面层 200mm。当卫生间、厨房采用轻质隔墙时，应做全防水墙面，其四周根部除门洞外，应做 C20 细石混凝土坎台，并应至少高出相连房间的楼、地面饰面层 200mm（图 31-101）。

#### 31.4.4.4 游泳池、水池防水构造

（1）池体宜采用防水混凝土，混凝土厚度不应小于 200mm。对刚度较好的小型水池，池体混凝土厚度不应小于 150mm。水池混凝土抗渗等级应经计算确定，但不应低于 P6。

（2）室内游泳池等水池，应设置池体内防水层。受地下水或地表水影响的地下池体，应做内外防水处理，外防水设计与施工应按现行国家标准《地下防水技术规范》GB 50108 要求进行。为防止室内游泳池、水池等的渗漏或水的流失和便于循环使用，可根据工程实际分别采用刚性防水或刚柔结合的复合防水构造。

1）刚性防水构造：对工程结构稳固、基本无振动或结构变形的池体工程，一般采用多道刚性或以刚性为主的防水构造，其构造层次见图 31-102、图 31-103。

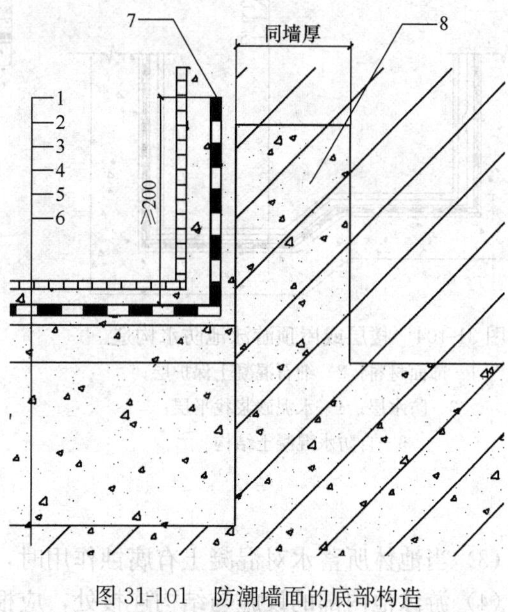


图 31-101 防潮墙面的底部构造

1—楼、地面面层；2—粘结层；3—防水层；4—找平层；
5—垫层或找坡层；6—钢筋混凝土楼板；
7—防水层翻起高度；8—C20 细石混凝土坎台

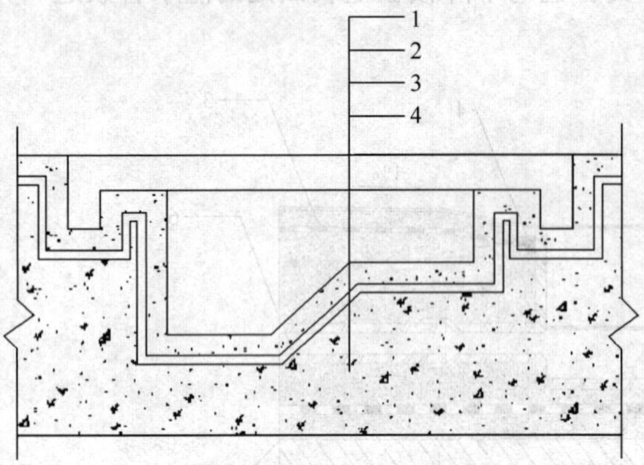


图 31-102　游泳池刚性防水构造

1—满粘贴瓷砖饰面层；2—聚合物水泥砂浆防水层；3—水泥基渗透结晶型防水涂层；4—自防水混凝土结构（结构找坡）

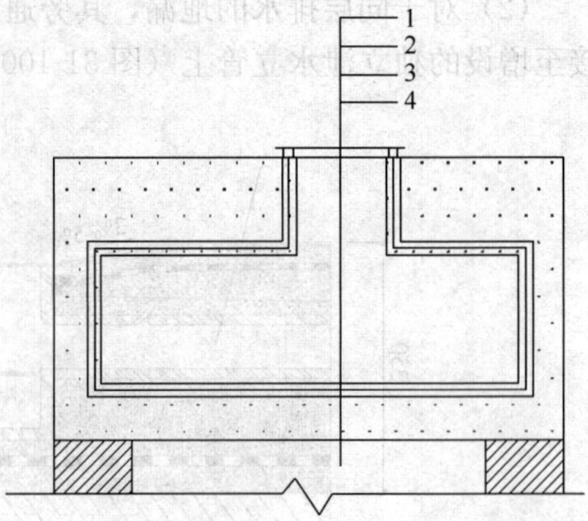


图 31-103　贮水池（箱）刚性防水构造

1—水泥砂浆保护层；2—聚合物水泥砂浆防水层；3—水泥基渗透结晶型防水涂层；4—自防水混凝土结构

2）复合防水构造：对工程结构基本稳固并有可能产生微量变形的工程，宜选用多道复合防水构造，其构造层次见图 31-104、图 31-105。

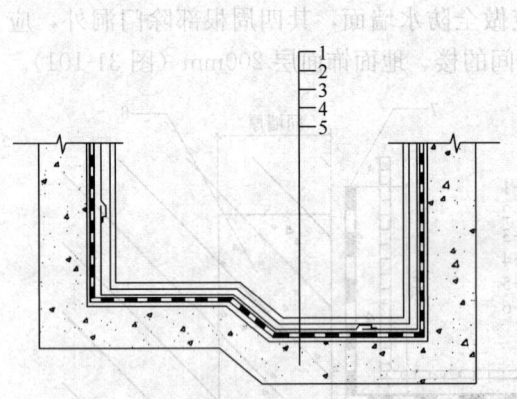

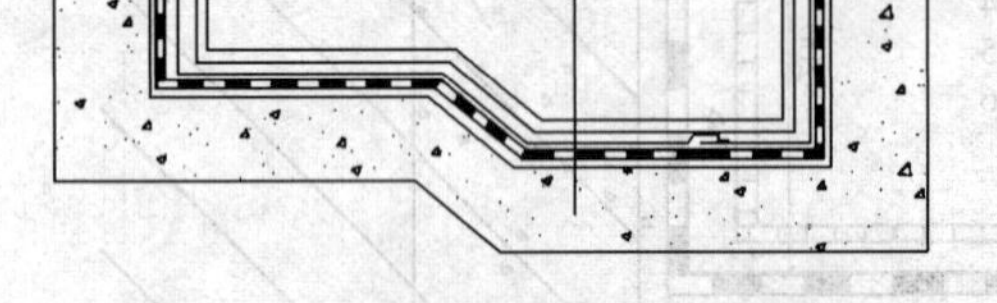


图 31-104　楼层或屋顶游泳池防水构造

1—饰面材料；2—细石混凝土保护层；3—防水层；4—水泥砂浆找平层；5—自防水混凝土结构

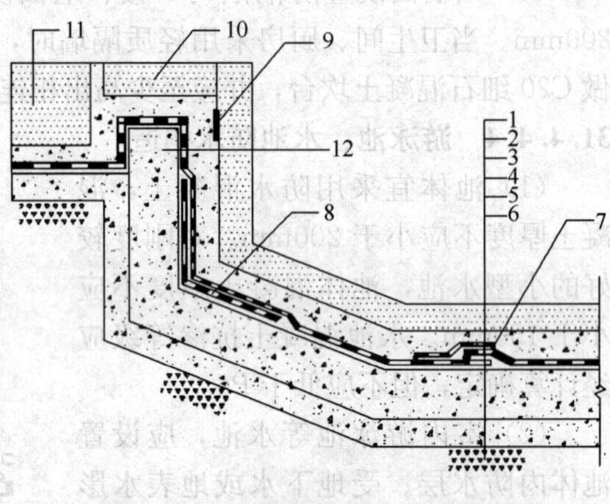


图 31-105　贮水池或喷水池防水构造

1—饰面材料；2—细石混凝土保护层；3—防水层；4—自防水混凝土结构底板；5—垫层；6—素土夯实；7—密封膏嵌缝；8—自粘卷材附加层；9—高分子益胶泥粘结层；10—饰面块体材料；11—混凝土压块；12—自防水混凝土结构池壁

（3）当池体所蓄水对混凝土有腐蚀作用时，应按防腐工程进行防腐防水设计。

（4）游泳池内部的设施与结构连接处，应根据设备安装要求进行密封防水处理。

（5）池体水温高于 60°时，防水层表面应做刚性或块体保护层。

## 31.4.5　室内防水工程质量检验与验收

### 31.4.5.1　质量验收程序、标准

室内防水工程质量验收程序和组织，应符合现行国家标准《建筑工程施工质量验收统

一标准》GB 50300 及《建筑地面工程施工质量验收规范》GB 50209 的规定，按工序或分项工程进行验收，构成分项工程的各检验批应符合相应质量标准的规定。

防水层施工质量检验还应符合现行国家标准《地下防水工程质量验收规范》GB 50208 及《屋面工程质量验收规范》GB 50207 的有关规定。

住宅室内防水工程质量验收执行《住宅室内防水工程技术规范》JGJ 298 相关规定。

**31.4.5.2 材料质量保证措施**

建筑室内防水工程所使用的防水材料应有产品合格证和出厂检测报告，材料的品种、规格、性能等应符合国家现行标准规定及设计要求。对进场的防水材料应按规范、规程及相关文件要求进行抽样复验，复验合格后方可在工程中使用。防水混凝土、防水砂浆质量检验与验收同地下防水部分。

**31.4.5.3 主控项目**

（1）防水材料应符合设计要求和国家现行有关标准的规定。

检验方法：观察检查和检查型式检验报告、出厂检验报告、出厂合格证。

检查数量：同一工程、同一材料、同一生产厂家、同一型号、同一规格、同一批号检查一次。

（2）卷材类、涂料类防水材料进入施工现场，应对材料的主要物理性能指标进行复验。

检验方法：检查复验报告。

检查数量：执行现行国家标准《屋面工程质量验收规范》GB 50207 的有关规定。

（3）厕浴间和有防水要求的建筑地面必须设置防水隔离层。楼层结构必须采用现浇混凝土或整块预制混凝土板，混凝土强度等级不应小于 C20；房间的楼板四周除门洞外应做混凝土坎台，高度不应小于 200mm，宽同墙厚，混凝土强度等级不应小于 C20。施工时结构层标高和预留孔洞位置应准确，严禁随意凿洞。

检验方法：观察和尺量检查。

检查数量：有防水要求的建筑地面子分部工程的分项工程施工质量每检验批抽查数量应按其房间总数随机检验不应少于 4 间，不足 4 间，应全数检查。

（4）水泥类防水层的防水等级和强度等级应符合设计要求。

检验方法：观察检查和检查防水等级检查报告、强度等级检测报告。

检查数量：检验同一施工批次、同一配合比混凝土和水泥砂浆的强度试块，应按每一层（或检验批）建筑地面工程不少于 1 组。当每一层（或检验批）建筑地面工程面积大于 $1000m^2$ 时，每增加 $1000m^2$ 应增做 1 组试块；小于 $1000m^2$ 按 $1000m^2$ 计算，取样 1 组。

（5）防水层严禁渗漏，排水坡向应正确、排水通畅。

检验方法：观察检查和蓄水、淋水检验（防水层施工完成后应采用蓄水方法检查，蓄水深度最浅处不得小于 10mm，蓄水时间不得少于 24h）；检查有防水要求的建筑地面的面层应采用淋水方法、坡度尺检查和检查验收记录。

检查数量：有防水要求的建筑地面子分部工程的分项工程施工质量每检验批抽查数量应按其房间总数随机检验不应少于 4 间，不足 4 间，应全数检查。

#### 31.4.5.4　一般项目

(1) 防水层厚度应符合设计要求。

检验方法：观察检查和用钢尺、卡尺检查。

检查数量：有防水要求的建筑地面子分部工程的分项工程施工质量每检验批抽查数量应按其房间总数随机检验不应少于4间，不足4间，应全数检查。

(2) 防水层与其下一层应粘结牢固，不应有空鼓；防水涂层应平整、均匀、无脱皮、起壳、裂缝、鼓泡等缺陷。

检验方法：用小锤轻击检查和观察检查。

检查数量：有防水要求的建筑地面子分部工程的分项工程施工质量每检验批抽查数量应按其房间总数随机检验不应少于4间，不足4间，应全数检查。

(3) 防水保护层（面层）表面的允许偏差应符合表31-48的规定。

防水保护层（面层）表面的允许偏差　　表31-48

| 序号 | 项目 | 防水隔离层表面允许偏差 | 检查方法 |
|---|---|---|---|
| 1 | 表面平整度 | 3mm | 2m靠尺和楔形塞尺检查 |
| 2 | 标高 | ±4mm | 水准仪检查 |
| 3 | 坡度 | 不大于房间相应尺寸的2/1000，且不大于30mm | 坡度尺检查 |
| 4 | 厚度 | 在个别地方不大于设计厚度的1/10，且不大于20mm | 钢尺检查 |

## 31.5　外墙防水工程

墙体是建筑物的重要组成部分。墙体的渗漏现象，无论是在全装配式大板建筑体系、框架轻板建筑体系还是在现浇大板建筑体系及砖混建筑体系中都不同程度的出现。外墙渗漏不仅影响建筑的使用寿命和结构安全，而且还直接影响使用功能，随着墙体多种新型材料的开发与应用，导致外墙面的渗漏率有逐年增加的趋势，给人们的生活和工作带来极大的不便，特别是多雨地区高层建筑外墙渗漏更为严重，危害更大。为了克服外墙渗漏问题，应采取有针对性的技术措施。

### 31.5.1　外墙防水设计基本要求

#### 31.5.1.1　外墙防水应满足的基本功能要求

应具有防止雨雪水侵入墙体的作用，可承受风荷载的作用及可抵御冻融和夏季高温破坏的作用。做到墙体无渗漏；门、窗周边，穿墙孔洞等节点无渗漏；阳台根部、高低跨墙根部等水平构造交接部位无渗漏；满足多台风地区、多雨地区外墙不渗漏；防止因墙体构造层内冷凝结露，造成内墙面潮湿、霉变现象。

#### 31.5.1.2　防排构造要求

(1) 排水和导水是十分重要的构造措施，防水设计时注重防排结合，考虑多道构造措施以防备第一道防水措施失效造成的局部渗漏水，疏导为主、防治为辅，尽量减少人为因素影响。

(2) 无外保温外墙防水层构造见表31-49。

无外保温外墙防水层构造 表 31-49

| 外墙体系 | 饰面材料 | 防水层设置位置 | 防水材料选用 |
|---|---|---|---|
| 无外保温外墙 | 涂料 | 外墙的迎水面；在找平层和涂料面层之间（图 31-106） | 防水砂浆和防水涂料 |
| | 面砖 | 找平层和面砖粘结层之间（图 31-107） | 防水砂浆 |

涂料饰面外墙防水构造见图 31-106，面砖饰面外墙防水构造见图 31-107。

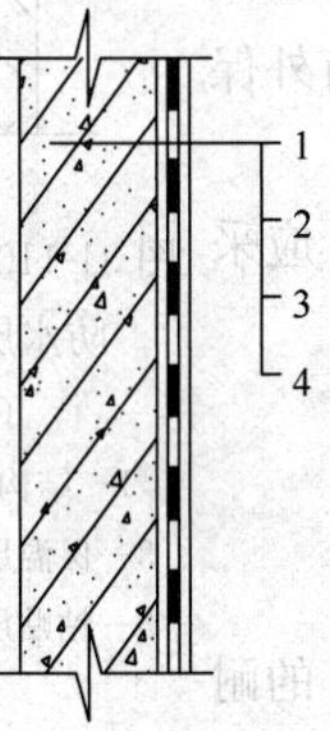


图 31-106 涂料饰面外墙防水构造
1—结构墙体；2—找平层；
3—防水层；4—涂料面层

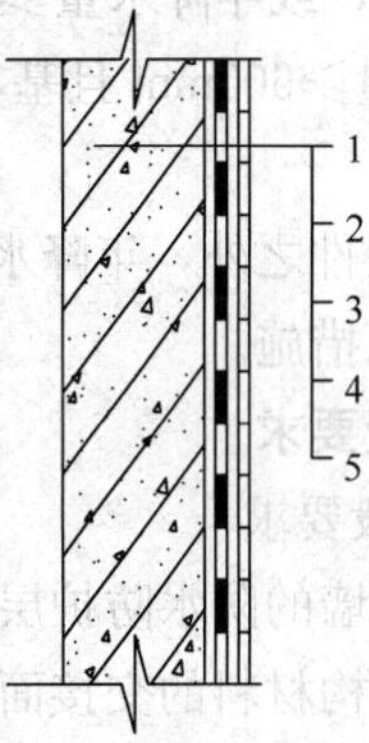


图 31-107 面砖饰面外墙防水构造
1—结构墙体；2—找平层；3—防水层；
4—粘结层；5—饰面砖面层

（3）外保温外墙防水层构造见表 31-50。

外保温外墙防水层构造 表 31-50

| 外墙体系 | 饰面材料 | 防水层设置位置 | 防水材料选用 |
|---|---|---|---|
| 外保温外墙 | 涂料 | 保温层的迎水面上，聚合物水泥防水砂浆设在保温层和涂料饰面之间（图 31-108）；涂料防水层设在抗裂砂浆层和涂料饰面之间（图 31-109） | 聚合物水泥防水砂浆和防水涂料，聚合物水泥防水砂浆可兼作保温层的抗裂砂浆层 |
| | 面砖 | 保温层的迎水面上（图 31-110） | 聚合物水泥防水砂浆和防水涂料，聚合物水泥砂浆可兼做保温层的抗裂砂浆层 |

涂料饰面外墙防水构造见图 31-108，抗裂砂浆层兼作防水层外墙防水构造（涂料饰面）见图 31-109，抗裂砂浆层兼作防水层外墙防水构造（面砖饰面）见图 31-110。

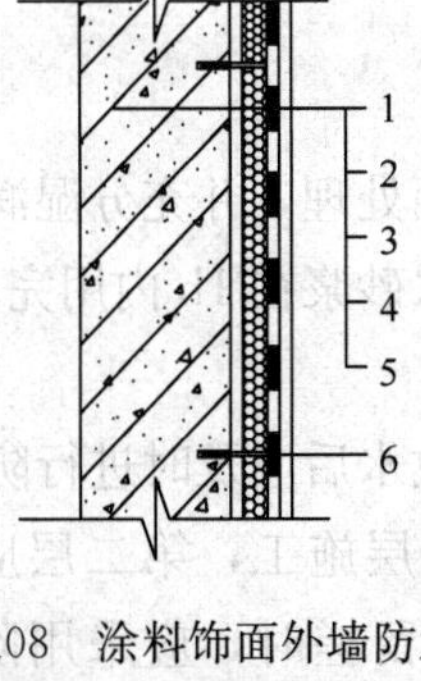


图 31-108 涂料饰面外墙防水构造
1—结构墙体；2—找平层；3—保温层；
4—防水层；5—涂料层；6—锚栓

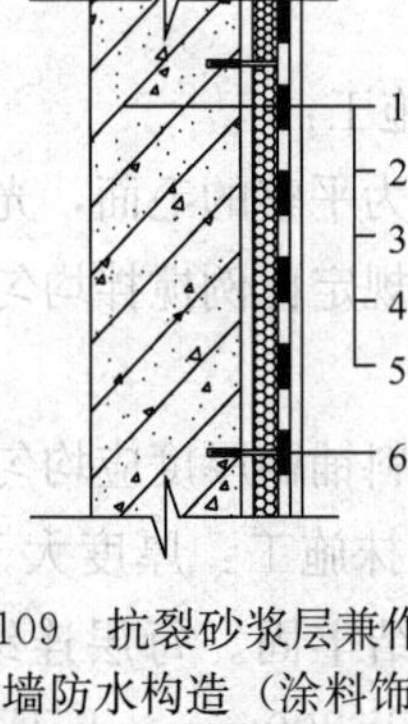


图 31-109 抗裂砂浆层兼作防水层外墙防水构造（涂料饰面）
1—结构墙体；2—找平层；3—保温层；
4—防水抗裂层；5—装饰面层；6—锚栓

#### 31.5.1.3　防水设防要求

（1）符合下列情况之一的外墙，应采用墙面整体防水设防的外墙：

年降水量≥800mm 地区的外墙；年降水量≥600mm 且基本风压为 0.5kN/m² 地区的外墙；年降水量≥400mm 且基本风压为 0.4kN/m²，或年降水量≥500mm 且基本风压为 0.35kN/m²，或年降水量≥600mm 且基本风压为 0.3kN/m² 地区有外保温的外墙。

（2）以上条件之外，年降水量≥400mm 地区的外墙，应采用节点构造防水措施。

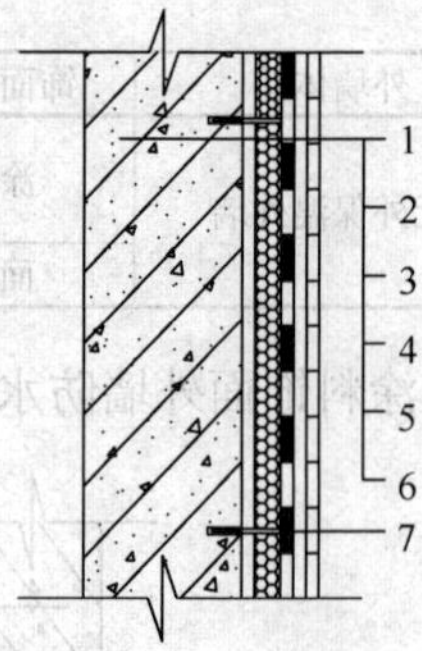


图 31-110　抗裂砂浆层兼作防水层外墙防水构造（面砖饰面）

1—结构墙体；2—找平层；3—保温层；4—防水抗裂层；5—粘贴层；6—饰面面砖层；7—锚栓

#### 31.5.1.4　一般要求

1. 设计一般要求

（1）建筑外墙的防水防护层应设置在迎水面。

（2）不同结构材料的交接面应采用宽度不小于 300mm 的耐碱玻璃纤维网格布或经防腐处理的金属网片做抗裂增强处理。

（3）外墙各构造层次之间应粘结牢固，并宜进行界面处理。界面处理材料的种类和做法应根据构造层次材料确定。

2. 施工一般规定

外墙门窗框及伸出外墙的管道、设备或预埋件应在防水防护施工前安装完毕，并验收合格。其他规定同防水工程相关内容。

### 31.5.2　外墙防水施工

#### 31.5.2.1　无外保温外墙防水施工

（1）外墙结构表面的油污、浮浆应清除，孔洞、缝隙应堵塞抹平，不同结构材料交接处的增强处理材料应固定牢固。

（2）外墙结构表面清理干净，做界面处理，涂层应均匀，不露底，待表面收水后，进行找平层施工。找平层砂浆强度和厚度应符合设计要求。厚度在 10mm 以上时，应分层压实、抹平。

（3）防水砂浆施工：

1）基层表面应为平整的毛面，光滑表面应做界面处理，并充分湿润。

2）防水砂浆按规定比例搅拌均匀。配制好的防水砂浆在 1h 内用完；施工中不得任意加水。

3）界面处理材料铺刷厚度应均匀、覆盖完全。收水后应及时进行防水砂浆的施工。

4）防水砂浆涂抹施工：厚度大于 10mm 时应分层施工，第二层应待前一层指触不粘时进行，各层粘结牢固。每层连续施工，当需要留槎时，应采用阶梯坡形槎，接槎部位离阴阳角不小于 200mm，上下层接槎应错开 300mm 以上。接槎应依层次顺序操作、层层搭接紧密。铺抹时应压实、抹平，并在初凝前完成，遇气泡时应挑破，保证铺抹密实。

5）窗台、窗楣和凸出墙面的腰线等部位上表面的流水坡应找坡准确，外口下沿的滴水线应连续、顺直。

6）砂浆防水层分格缝的留设位置和尺寸应符合设计要求。分格缝的密封处理应在防水砂浆达到设计强度的 80%后进行，密封前将分格缝清理干净，密封材料应嵌填密实。

7）砂浆防水层在转角部位应抹成圆弧形，圆弧半径应大于等于 5mm，转角抹压应顺直。

8）门框、窗框、管道、预埋件等与防水层相接处应预留 8～10mm 宽的凹槽，并做密封处理。

9）砂浆防水层未达到硬化状态时，不得浇水养护或直接受雨水冲刷。聚合物水泥防水砂浆硬化后应采用干湿交替的养护方法；普通砂浆防水层应在终凝后进行保湿养护。养护时间不少于 14d。养护期间不得受冻。

10）普通防水砂浆、聚合物水泥防水砂浆、聚合物水泥防水涂料等墙体防水层的设置既要考虑防水效果还要考虑防水层与基层的粘结性能，以及外饰面砂浆或面砖粘贴的粘结性能。憎水型防水砂浆在使用前应进行粘结试验，或由生产厂家提供粘结性试验报告，以保证防水砂浆与基层的粘结力，以及表面被粘结的性能可靠。

（4）防水涂膜施工

1）涂料施工前应先对细部构造进行密封或增强处理。

2）双组分涂料配制前，将液体组分搅拌均匀。配料应按规定要求进行，采用机械搅拌，配制好的涂料应色泽均匀，无粉团、沉淀。

3）涂料涂布前，应先涂刷基层处理剂。

4）涂膜宜多遍完成，后遍涂布应在前遍涂层干燥成膜后进行。每遍涂布应交替改变涂层的涂布方向，同一涂层涂布时，先后接槎宽度为 30～50mm。甩槎应避免污损，接涂前应将甩槎表面清理干净，接槎宽度不小于 100mm。

5）胎体增强材料应铺贴平整、排除气泡，不得有褶皱和胎体外露，胎体层应充分浸透防水涂料；胎体的搭接宽度不小于 50mm，底层和面层厚度不小于 0.5mm。

**31.5.2.2 外保温外墙防水施工**

（1）保温层应固定牢固、表面平整、干净。

（2）外墙保温层的抗裂砂浆层施工：

1）抗裂砂浆施工前应先涂刮界面处理材料，然后分层抹压抗裂砂浆。

2）抗裂砂浆层的中间设置耐碱玻纤网格布或金属网片。金属网片与墙体结构固定牢固。玻纤网格布铺贴应平整无皱褶，两幅间的搭接宽度不应小于 50mm。

3）抗裂砂浆应抹平压实，表面无接槎印痕，网格布或金属网片不得外露。防水层为防水砂浆时，抗裂砂浆表面应搓毛。

4）抗裂砂浆终凝后，及时洒水养护，时间不得少于 14d。

（3）防水透气膜施工：参见本章 31.1.3.9。

### 31.5.2.3　装配式建筑外墙防水施工

（1）外墙板之间的高低缝、企口缝等位置准确，构造合理，宽窄一致。

（2）确保预制构件与后浇混凝土结合面的粗糙度，现浇节点部位在后塞保温块背面可采取贴柔性薄型卷材或胶带等措施防止混凝土漏浆，避免堵塞、污染接缝及其两侧混凝土基层。见图 31-111。

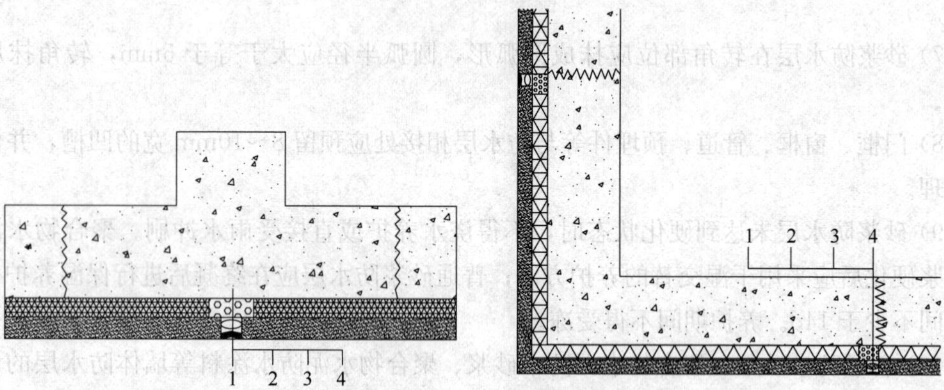


图 31-111　装配式预制墙板间后浇混凝土节点密封防水构造
1—后浇混凝土结构墙体；2—后塞保温材料；3—背衬材料；4—建筑耐候密封胶

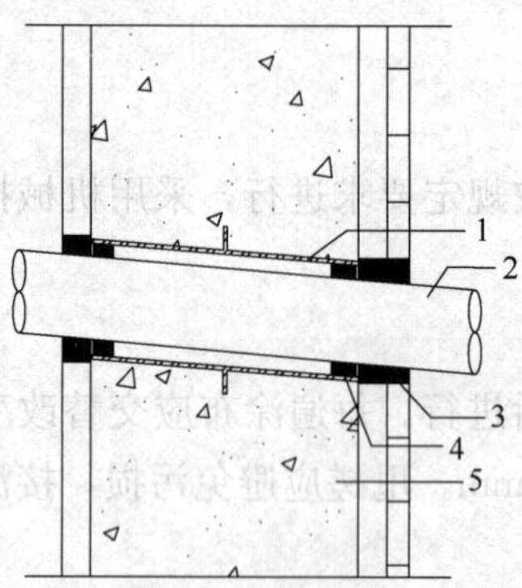


图 31-112　预制外墙板预留孔洞防水构造
1—预埋防水套管；2—穿墙管道；3—耐候建筑密封胶；4—套管与管道间嵌填密封材料；5—预制墙板

（3）基层平整，无错台，表面清洁干净。

（4）孔洞防水封堵

1）外墙板上预留的设备孔道洞口，应按设计要求设置向外排水坡度，一般为 5%～10%，内外高低差不宜少于 30mm，宜埋放防水套管，套管管口应与预制外墙墙面平齐。

2）外墙板的预留孔洞应用聚合物水泥砂浆或聚氨酯发泡胶填塞密实，外侧涂刷不小于 1.0mm 厚的聚氨酯防水涂料，涂刷范围以螺栓孔为中心、半径为 50mm 为宜。

3）穿墙套管的缝隙内，应用聚合物水泥砂浆或聚氨酯发泡胶填塞密实，套管与混凝土墙身之间的凹槽涂刷基层处理剂，嵌填建筑密封胶。见图 31-112。

（5）接缝密封防水施工

1）接缝宽度应根据工程所在环境的极限温度变形、风荷载及地震作用下的层间位移、密封胶最大拉伸-压缩形变量及施工安装误差等因素通过计算确定，一般以 10～30mm 为宜。

2）迎水面接缝内填充 PE 棒等背衬材料，嵌填耐候建筑密封胶，胶缝应饱满顺直，厚度为接缝宽度的 0.5 倍或 0.75 倍。见图 31-113。

3）每隔两三层，在水平缝和垂直缝相交的十字缝部位的竖直缝上端，设置导水管做引水处理，管径 8mm 为宜，倾斜角度 20°，高出面板 5mm，排水管应采用密封胶包裹严密无缝隙，安装牢固。见图 31-114。

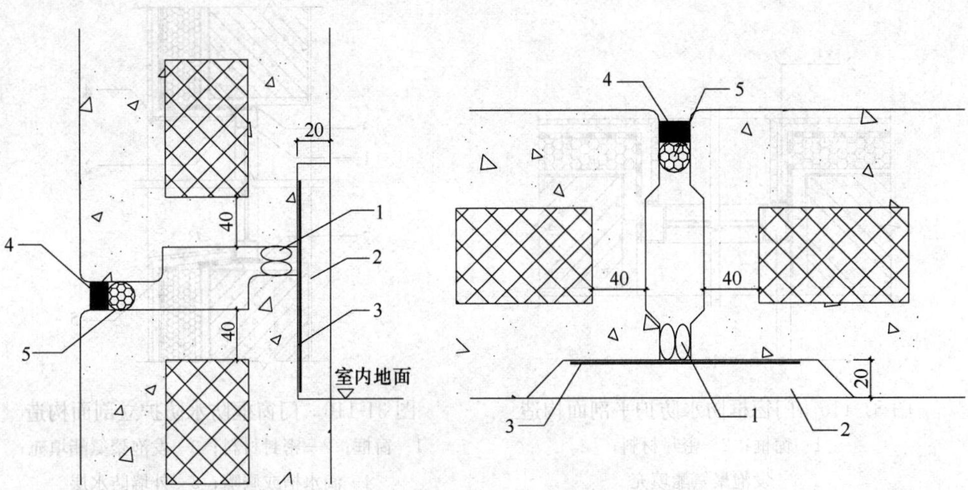


水平缝防水构造　　　　垂直缝防水构造

图 31-113　预制保温夹芯外挂墙板接缝密封防排水构造

1—密封条；2—聚合物砂浆；3—高分子咬合型接缝带；4—耐候建筑密封胶；5—背衬材料

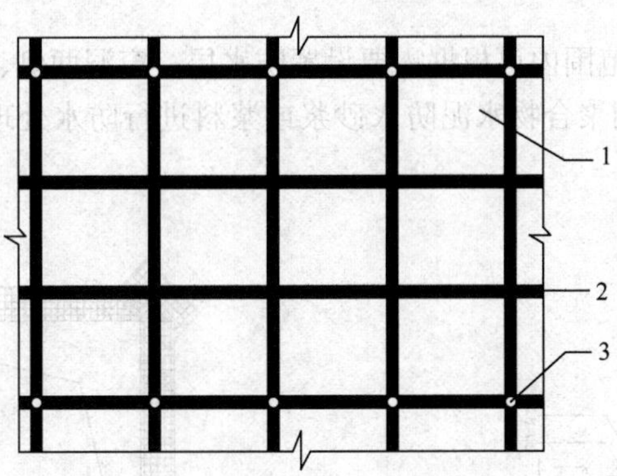


图 31-114　预制外墙板排水管防排构造

1—预制外墙板；2—耐候建筑密封胶；3—排水管

## 31.5.3　构造及细部节点防水

### 31.5.3.1　外墙门窗防水

（1）门窗框与墙体间的缝隙宜采用发泡聚氨酯填充。外墙防水层应延伸至门窗框，防水层与门窗框间应预留凹槽并嵌填密封材料；门窗上楣的外口应做滴水处理；外窗台应设置坡度不小于5%的排水坡度，挑窗台宽度宜突出墙面60mm，并在下端设置滴水线或滴水槽（图 31-115、图 31-116）。

（2）窗框不应与外墙饰面齐平，应凹进不少于50mm，窗框周边装饰时应留设凹槽，外墙装饰面层收口后，窗框内、外侧的四周均应嵌填耐候密封胶，胶体应连续，厚度、宽度符合设计要求。

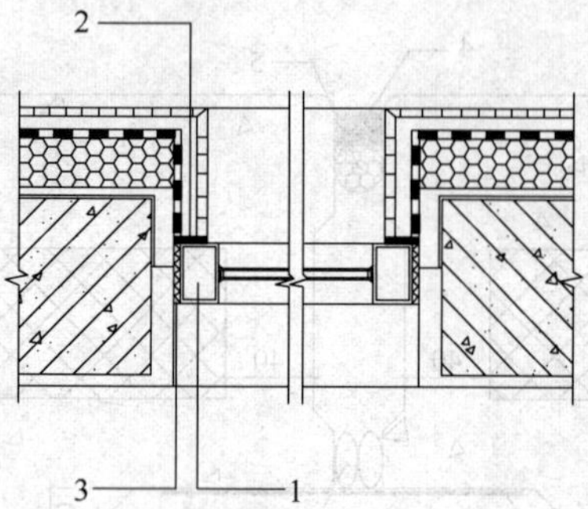


图 31-115　门窗框防水防护平剖面构造
1—窗框；2—密封材料；
3—发泡聚氨酯填充

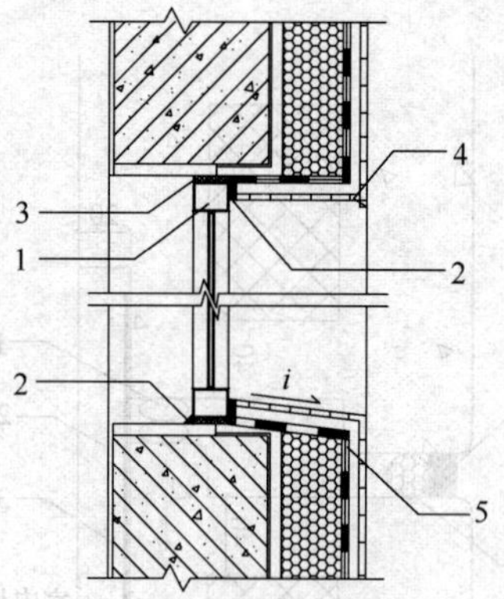


图 31-116　门窗框防水防护立剖面构造
1—窗框；2—密封材料；3—发泡聚氨酯填充；
4—滴水槽或鹰嘴；5—外墙防水层

(3) 飘窗挑板的表面与周边的抹灰应采用防水砂浆防水并找坡，四周做滴水线或滴水槽。窗框与板的缝隙采用聚合物水泥防水砂浆填实，窗框内、外侧与饰面层相接的阴角用密封胶密封。迎水面转角及窗框与墙面的交界处可设置丁基密封胶带或防水涂料等进行防水密封处理。

(4) 窗洞周边一定范围内可根据需要设置防水层，窗洞两侧、顶面、窗台以及四周不小于 200mm 的墙面，用聚合物水泥防水砂浆或浆料进行防水处理，防水层的厚度为 3～5mm（图 31-117）。

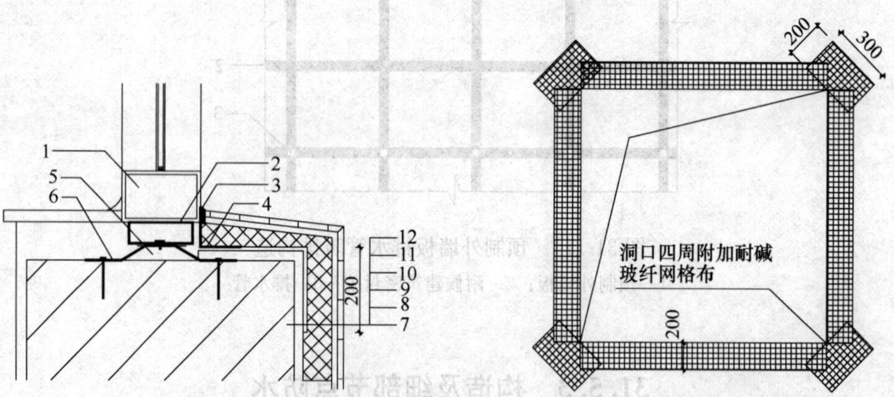


图 31-117　窗洞四周防水加强防水构造和窗洞四周抗裂砂浆层网格布四周加强构造
1—窗框；2—副框；3—密封胶；4—柔性防水层；5—聚合物水泥防水砂浆；6—铁脚固定件；
7—结构墙体；8—找平层；9—聚合物水泥防水砂浆；10—保温层；11—抗裂砂浆＋网格布；
12—饰面层

#### 31.5.3.2　女儿墙防裂防水

(1) 现浇钢筋混凝土女儿墙应双向配筋，厚度应不小于 150mm；女儿墙混凝土应与屋面结构边跨同时浇筑，如必须留施工缝时，应在与女儿墙相连接的屋面结构层以上 100mm 处留设向外倾的斜槎施工缝，缝的外端应嵌填密封材料。

(2) 砖混结构女儿墙不应设分格缝，避免出现渗水。

(3) 保温层、找平层和女儿墙之间应留 50～80mm 伸缩缝，内填密封油膏构成柔性防水节点。

(4) 刚性或板块保护层和女儿墙接合处应设 30mm 宽变形缝，缝内清理干净后用密封材料嵌填严实。

(5) 女儿墙压顶宜采用现浇钢筋混凝土或金属压顶，压顶向内找坡，坡度不应小于 2%。采用混凝土压顶时，外墙防水层应上翻至压顶，内侧的滴水部位用防水砂浆做防水层（图 31-118）。采用金属压顶时，防水层应做到压顶的顶部，金属压顶采用专用金属配件固定（图 31-119），金属固定件根部用密封胶密封。

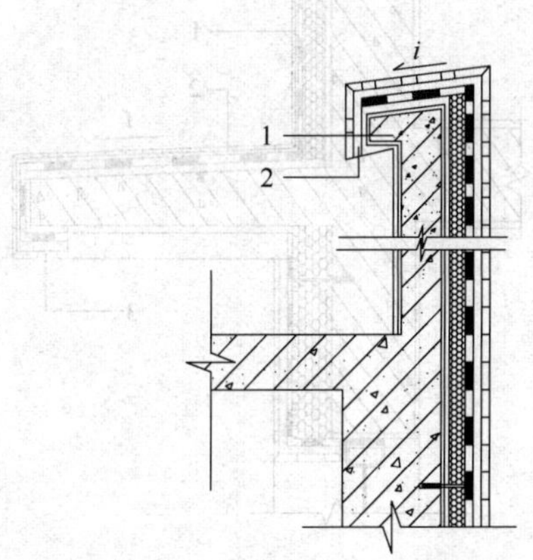


图 31-118　混凝土压顶女儿墙防水构造

1—混凝土压顶；2—防水砂浆

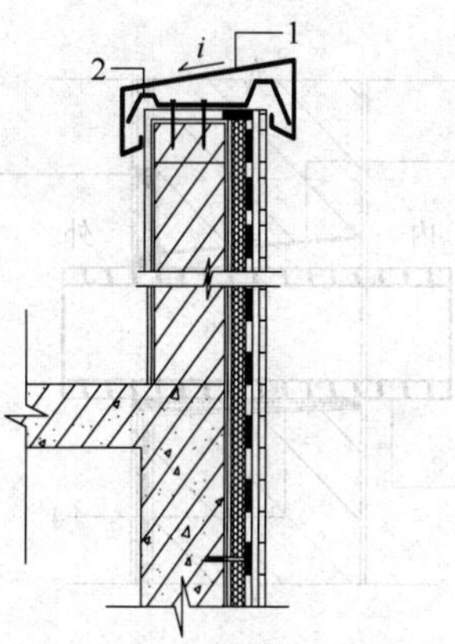


图 31-119　金属压顶女儿墙防水构造

1—金属压顶；2—金属配件

**31.5.3.3　外墙变形缝防水**

(1) 变形缝内应清理干净，不得填塞建筑垃圾，寒冷地区应填嵌保温材料。

(2) 变形缝处应增设合成高分子防水卷材附加层，卷材两端应满粘于墙体，并应用密封材料密封，满粘的宽度应不小于 150mm（图 31-120）。

(3) 外墙变形缝镀锌薄钢板盖板的设置应符合变形缝构造要求，确保沉降、伸缩变形自由。安装盖板必须整齐、平整、牢固，搭接处必须平咬口且顺流水方向咬口严密。

(4) 成品变形缝盖板有金属盖板（抗震）型、金属卡锁（抗震）型、橡胶嵌平型等，安装前可在变形缝靠近外墙面的 500mm 范围墙面上涂刷聚合物水泥防水涂料。

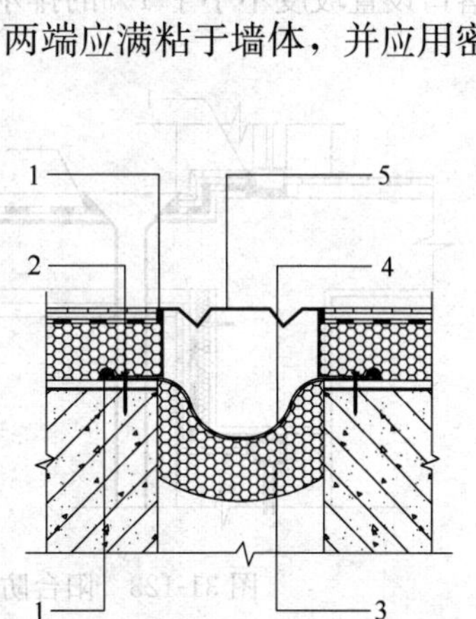


图 31-120　变形缝防水防护构造

1—密封材料；2—锚栓；3—保温衬垫材料；4—合成高分子防水卷材（两端粘结）；5—不锈钢板或镀锌铁皮

**31.5.3.4　外墙预埋件防水**

外墙所有预埋件，如水落管卡具栽钩、旗杆孔、避雷带支柱、空调托架、接地引下线竖杆等，必须在外墙饰面之前，安装预埋完毕，严禁在装饰后打洞埋设预埋件。预埋件根部应精心抹压严密。严禁急压成活或挤压成活。外墙预埋件四周应用密封材料封闭严密，密封材料与防水层应连续。

#### 31.5.3.5 外墙穿墙孔洞防水

穿过外墙的管道宜采用套管，穿墙管洞应内高外低，坡度不小于5%，套管周边应做防水密封处理（图31-121）。

#### 31.5.3.6 挑檐、雨篷、阳台、露台等节点防水

（1）突出外墙面的腰线、檐板等部位，均应抹成不小于5%的向外排水坡，下部做滴水，与墙面交角处做成直径100mm的圆角。与外墙连接的根部缝隙应嵌填密封材料。

（2）雨篷应设置坡度不小于1%的排水坡，外口下沿应做滴水处理；雨篷与外墙交接处的防水层应连续；雨篷防水层应沿外口下翻至滴水部位（图31-122）。

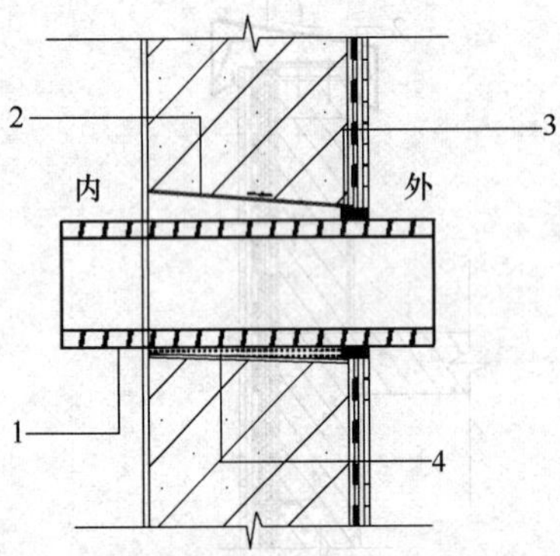


图31-121 穿墙管道防水防护构造
1—穿墙管道；2—套管；3—密封材料；4—聚合物砂浆

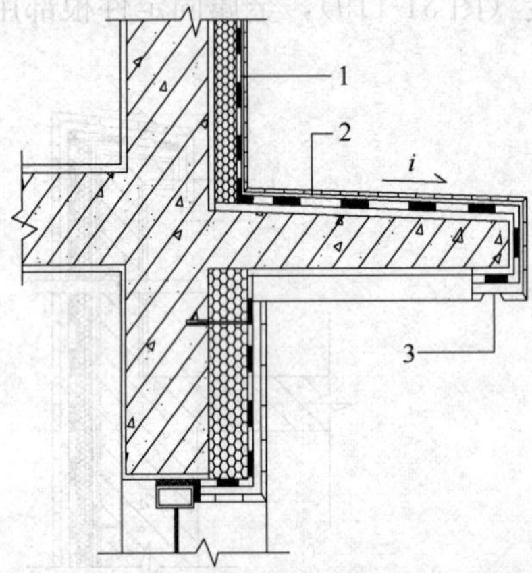


图31-122 雨篷防水防护构造
1—外墙防水层；2—雨篷防水层；3—滴水

（3）阳台、露台等地面应做防水处理，标高应低于同楼层地面标高20mm，阳台应向水落口设置坡度不小于1%的排水坡，水落口周边应预留凹槽，并在槽内嵌填密封材料，外口下沿应做滴水设计（图31-123）。阳台栏杆与外墙体交接处应用聚合物水泥砂浆做好填嵌处理。

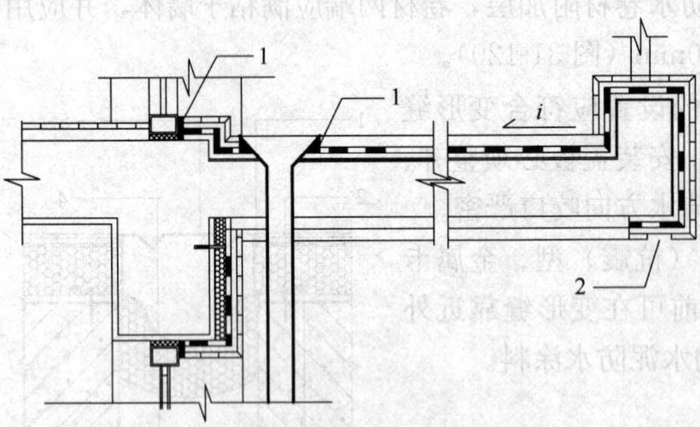


图31-123 阳台防水防护构造
1—密封材料；2—滴水

#### 31.5.3.7 混凝土梁、柱与砌体墙接缝防水施工

（1）砌体墙构造柱与框架梁的刚性节点改为柔性节点，使其既能抵抗地震时的水平推力，又能消除柱两侧墙体压应力集中导致的剪切变形开裂。

（2）悬臂梁上的墙体，在L形和T形交接处均设置构造柱，与悬臂梁节点柔性连接。每2层砌块高度设2$\phi$6通长拉结筋与构造柱可靠连接，墙顶与悬臂梁之间用20mm厚聚苯板填实。内外装饰时留出10mm宽缝，用耐候硅酮胶嵌成防水柔性缝，以消除悬臂梁下挠而导致墙体开裂。

(3) 砌筑过程中，砌体与框架柱、剪力墙的节点缝逐层填实砂浆后，再每侧划入30mm深；每砌完5层砌块，用嵌缝抹子将内外灰缝原浆压实，以封闭毛细孔。

(4) 在墙体预埋电气配管，可待砌体砂浆达到设计强度后用无齿锯切槽，使槽深大于配管直径10mm，将配管在槽内固定牢固，用喷雾器吹洗湿润管槽后，再用1∶2石膏砂浆抹平压实并凿毛。对穿越墙体的通风空调管道，在砌筑时准确预留孔洞，严禁遗漏；对消防、给水系统穿越墙体的管道，用成孔机在墙体上打孔，并埋设钢套管。

(5) 混凝土与砌体的接缝表面覆盖不小于300mm宽的热镀锌钢丝网进行刚性加强处理，接缝加强部分的砂浆采用具有一定韧性的聚合物水泥防水砂浆。采取柔性接缝带时宽度通常为120～200mm，竖向搭接按顺水方向上下搭接。

**31.5.3.8　墙面分格缝防水施工**

(1) 砂浆防水层留分格缝，分格缝设置在墙体结构不同材料交接处，水平缝与窗口上沿或下沿平齐；垂直缝间距不大于6m，且与门、窗框两边垂直线重合。缝宽为8～10mm，缝内采用密封材料或防水涂料做密封处理，涂层厚度不小于1.2mm。

(2) 外墙饰面层要求

防水砂浆饰面层应留置分格缝，分格缝间距根据建筑层高确定，但不应大于6m，缝宽为10mm；面砖饰面层留设宽度为5～8mm的面砖接缝，用聚合物水泥砂浆勾缝，勾缝应连续、平直、密实、光滑、无裂缝、无空鼓；涂料饰面层应涂刷均匀，厚度应根据具体的工程与材料确定，但不得小于1.5mm。

**31.5.3.9　外挑线脚防水施工**

(1) 混凝土线脚宜与结构梁结合在一起，否则应做一个与墙体同宽的混凝土上翻梁，上翻高度应大于100mm。

(2) 砖外挑线脚的平面以上墙面100mm和线脚以下100mm范围内，应采用聚合物水泥防水砂浆进行防水处理。

(3) 线脚外挑平面应向外找坡，坡度以不积水为原则，下口应做成滴水线或滴水槽(图31-124、图31-125)。

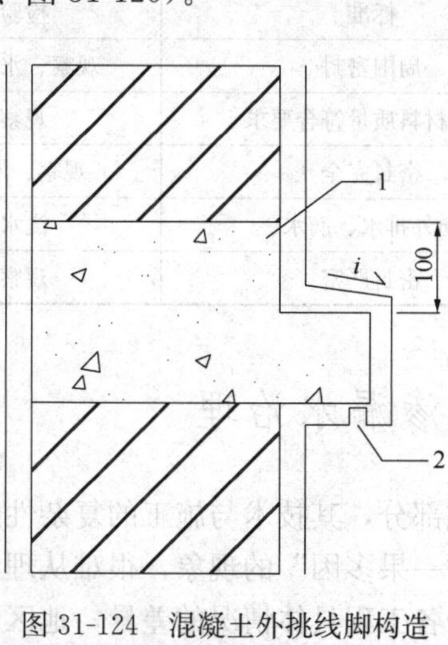


图31-124　混凝土外挑线脚构造

1—混凝土翻梁；2—滴水槽

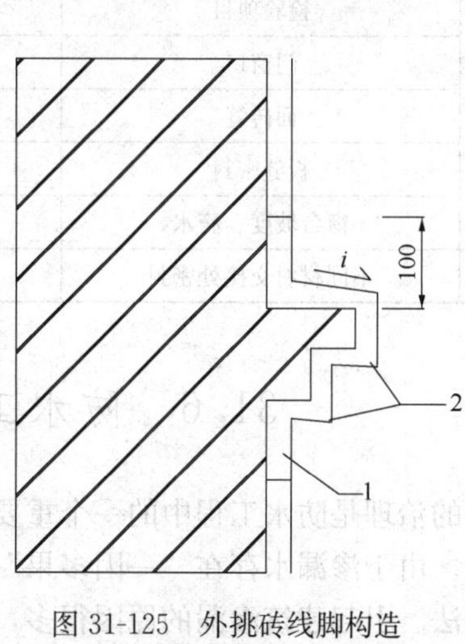


图31-125　外挑砖线脚构造

1—聚合物水泥砂浆；2—滴水线

### 31.5.4 外墙防水工程质量检查与验收

#### 31.5.4.1 外墙防水工程的质量基本要求

(1) 防水层不得有渗漏现象。

(2) 使用的材料应符合设计及相关规范要求。

(3) 找平层应平整、密实，不得有空鼓、酥松、起砂、起皮现象。

(4) 门窗洞口、穿墙管、预埋件及收头等部位的防水构造，应符合设计要求。

(5) 砂浆防水层应坚固、平整，不得有空鼓、开裂、酥松、起砂、起皮现象。防水层平均厚度不应小于设计厚度，最薄处不应小于设计厚度的80%。

(6) 涂膜防水层应无裂纹、皱褶、流淌、鼓泡和露胎体现象。平均厚度不应小于设计厚度，最薄处不应小于设计厚度的80%。

(7) 防水透气膜应铺设平整、固定牢固，构造符合设计要求。

(8) 外墙防水层渗漏检查应在持续淋水30min后进行。

(9) 外墙防水使用的材料应有产品合格证和出厂检验报告，对进场的防水防护材料应抽样复验，并提供抽样复验报告，不合格的材料不得在工程中使用。

(10) 外墙防水层粘结强度应不小于0.4MPa。

(11) 外墙防水工程按外墙面积500～1000$m^2$为一个检验批，不足500$m^2$时应划分为一个检验批；每个检验批每100$m^2$抽查一处，每处10$m^2$，且不少于3处；不足100$m^2$时按100$m^2$计算，节点构造全部检查。

(12) 工程隐蔽验收记录包括防水层的基层；密封防水处理部位；门窗洞口、穿墙管、预埋件及收头等细部做法。

#### 31.5.4.2 外墙面防水工程质量检验项目、标准及方法

外墙面质量检验项目、标准及方法见表31-51的规定。

质量检验项目、标准及方法　　表31-51

| | 检验项目 | 标准 | 检验方法 |
|---|---|---|---|
| 外墙面防水工程 | 门窗口 | 周围密封 | 观察、水密性试验 |
| | 面砖缝 | 勾缝材料质量符合要求 | 观察检查 |
| | 板缝密封 | 密封完全 | 观察、淋水试验 |
| | 窗台坡度、滴水 | 向外排水、滴水 | 浇水检查 |
| | 不同材料交接处密封 | 密封严密 | 观察检查 |

## 31.6 防水工程渗漏水治理

渗漏水的治理是防水工程中的一个重要组成部分，其技术与施工的复杂性远比新建工程防水困难。由于渗漏水存在“一因多果”和“一果多因”的现象，很难从理论上找出统一的治理方法。引起建筑渗漏的原因很多，由于各工程具体情况的差异，地区气候和降雨情况的不同，以及施工作业条件的限制，渗漏水治理的方式可以多方案比较，采用切实可行、质量可靠的方法进行治理。

防水工程渗漏水治埋是一项复杂而又困难的综合性工作，它是在现场察看的基础上，通过调查获得多方面资料，结合各种检测方法和工作经验，做出正确原因判断后，根据工程实际可操作条件确定最终治理方案。

下述这些与防水工程相关的基本原理，有助于渗漏水原因的判断。

通常情况下，大面积出现问题情况并不多见，大多数渗漏都发生在细部节点上。引用美国《建筑防水手册》上的两个渗漏水成因的基本原理。

90%—1%原理：近90%的渗漏水问题都出现在仅占整个建筑或结构表面面积不到1%的细部节点部位。这些细部节点包括：女儿墙压顶、防水层收头、屋面及穿墙管道、窗框周边防水、幕墙根部、变形缝等。正是这些不到1%的表面积上的缺陷，造成整个建筑出现各种渗漏水问题。尽管现代建筑技术在不断发展，但渗漏水问题还将长期存在。

99%原理：99%的渗漏水不是由于材料失效导致的，是与防水设计和施工质量相关。这里所指材料是指符合国家标准质量要求的材料，而非指劣质材料。设计选材不当、防水构造设置不当、施工细部处理不当，才是导致渗漏水问题的主要原因。

## 31.6.1 基 本 要 求

### 31.6.1.1 渗漏原理

（1）水不仅受重力影响有向下移动的性能，同时还有平面流淌的性能。

（2）普通水泥砂浆、大多数的面砖无机勾缝材料、混凝土的微裂缝等，在毛细作用下，其渗水或吸潮会比预想的严重。

（3）除了可外露使用的防水材料外，一般防水材料在外露环境下老化速度相当快。即使表观情况很好的防水材料，如玻璃胶、结构胶，在一定年限后也会产生脱胶、开裂等现象。也就是说，从长期使用来看，打胶是不可靠的，特别是质量较差的密封胶。

（4）无论是地下室、屋面、外墙，受温差变化影响产生的变形量足够使结构的某些部位被拉开，这些在结构完成后一二年内被拉开的小裂缝，在整个建筑生命的过程会随着温差变化而重复地扩大或闭合。如果结构设置了变形缝或墙面设置了分格缝，变形会更多地集中在这些预设置的缝上，但也不会因此完全避免不会发生缩胀变形裂缝。

（5）下雨不漏而停雨后渗水的原因主要是，从进水点到渗出点之间存在可蓄容水量较大的材料。当下小雨时，进入屋面、墙体的水较少，雨停后通过蒸发扩散，在室内不会产生明显的湿迹。当进水量较多时，特别是雨后太阳高温照射下，蓄在材料中的水分会迅速扩散，造成表面水分来不及蒸发而出现湿迹。

（6）冷凝水现象无法采用防水材料得到改善和解决，只能通过减少各部位与空气的温差、减小空气的相对湿度、加强通风等方法解决。

### 31.6.1.2 现场查勘

1. 了解情况

现场查勘前，应详细了解原设计说明、施工图、相关部位材料情况、建筑物的用途、该部位结构施工和防水施工情况、历次治理情况等，并应编制现场查勘书面报告。

2. 现场查勘宜采用走访、观察、仪器检测等方法

（1）目测检查

目测检查的要点必须全面、深入，与渗漏部位相关的所有部位都必须认真、仔细地检

查。在对相关区域全面检查的基础上，对细节部位要近距离检查，如门窗、分格缝、裂缝、出墙面管道等。检查的工具包括手持照明工具、照相机、卷尺、小铁锤等。

(2) 无损检查及仪器辅助检查

无损检查方法有很多，根据需要可以进行蓄水试验、外墙淋水试验等。

利用仪器检查在国外比较普遍。红外线成像仪利用温差成像色差，可以判断潮湿与干燥区域的分布；声波检测仪通过橡皮锤敲击测试部位，通过回声判断空鼓或卷材脱开情况；磁场检漏仪利用电磁波判断潮湿区域范围等。

(3) 破坏性检测

必要时通过破坏性检测，除去表面障碍物，以直观的方法判断渗漏部位或渗漏路径，如凿开墙面饰面层、割开局部防水层、对混凝土进行钻孔取芯判断裂缝状况等。

3. 现场查勘宜包括的内容

(1) 工程所在位置周围的环境，使用条件、气候变化对工程的影响。

(2) 渗漏水发生的部位、现状。

(3) 渗漏水变化规律。

(4) 渗漏部位防水层质量现状及破坏程度，细部防水构造现状。

(5) 渗漏原因、影响范围，结构安全和其他功能的损害程度。

4. 现场查勘具体方法

(1) 对地下室墙、地面、顶板，宜观察其裂缝、蜂窝、麻面及细部节点部位损坏等现状，宜直接观察渗漏水量较大或比较明显的部位；对于慢渗或渗漏水点不明显的部位，宜辅以撒水泥粉确定。

(2) 对屋顶、外墙的渗漏部位，宜在雨天进行反复观察，画出标记，做好记录。

对卷材、涂膜防水层，宜直接观察其裂缝、翘边、龟裂、剥落、腐烂、积水及细部节点部位损坏等现状，并宜在雨后观察或蓄水检查防水层大面及细部节点部位渗漏现象；对刚性防水层，宜直接观察其开裂、起砂、酥松、起壳；密封材料剥离、老化；排汽管、女儿墙等部位防水层破损等现状，并宜在雨后观察或蓄水检查防水层大面及细部节点渗漏现象；坡屋顶瓦件，宜直接观察其裂纹、风化、接缝及细部节点部位现状，并宜在雨后观察瓦件及细部节点部位渗漏现象。

(3) 对厕浴间和楼地面，宜直接观察其裂缝、积水、空鼓及细部节点部位损坏等现状，并宜在蓄水后检查楼地面、厕浴间墙面及细部节点部位渗漏情况。

(4) 对清水、抹灰、面砖与板材等墙面，宜直接观察其裂缝、接缝、空鼓、剥落、酥松及细部节点部位损坏等现状，并宜在雨后观察和淋水检查墙面及细部节点部位渗漏情况。

#### 31.6.1.3　原因判断

正确判断渗漏水原因，从某种意义上已经解决了 80%的技术问题，是制定正确治理方案的前提。然而，渗漏工程的查漏治理比新建工程防水施工更加困难，具有更高的技术要求。

判断渗漏水原因可从以下方面入手：

1. 判断渗漏路径

按照水只能向下或水平流动的特点，判断可能存在的渗漏源。当防水层与结构层紧密粘结时，渗漏点与防水层的破损点是对应的，而绝大部分情况渗漏点与防水层的进水点是不对应的。

(1) 窜水现象

在防水层与结构层之间，存在保温层、间隔层、低强度等级砂浆时，从破损处进入的水，在这些可蓄水层或间隔空间中渗流，造成夹层大范围潮湿，这种现象称为“窜水”。“窜水”虽然自身不是造成渗漏水的根本原因，但由于渗漏点与进水点的不对应性，无法判断防水层的进水位置，是判断渗漏的最大障碍，也是治理工作的最大难点，屋面、外墙面都普遍存在这种现象。

(2) 远距离渗漏现象

有时渗漏点与进水点距离差距很远，在途经过程中完全没有现象表现。例如：某露台高低跨墙体根部防水层破坏，雨水渗入室内架空木地板内，造成隔了一户的下一层住户的客厅漏水。

2. 判断渗漏水原因

发生渗漏水现象通常有多个因素形成，从大因素而言，可以归结到设计、施工、材料、使用不当四大方面。只要其中一项出问题，就会造成渗漏水。有时，这些因素和缺陷具有长期隐蔽性，在经过春夏秋冬一个周期的温差、雨季轮回后，问题才会逐渐暴露出来。在分析具体原因时，对同一渗漏现象进行分类判断，一般先要确定导致渗漏水的直接原因，然后再归纳为设计还是施工或其他原因。

在原因与现象的相互关系中，存在“一因多果”的情况。比如女儿墙裂缝导致雨水抄后路进入屋面防水层，可能会造成多处屋面或外墙渗漏水现象。

有时渗漏水现象存在“一果多因”的情况。比如，窗框周边渗漏水的现象，可能由于设计不合理、施工塞缝不实、窗框自身拼管进水等多种原因引起，而这些原因最终可以归结为设计、施工、材料、使用四大因素。

(1) 设计原因

设计原因是指防水构造设计不合理、防水材料选用错误、对结构变形可能引起的防水层破坏没有采取相应的措施。由于不了解防水施工工艺，没有顾及防水施工可操作性等设计不合理现象。如由于天沟设计过小，暴雨时天沟内雨水溢出进入干挂石材内侧墙面，导致墙面、窗框渗漏水。

(2) 材料原因

材料原因是指材料自身的质量问题所造成的渗漏水。

1) 使用劣质材料，材料在一二年内就发生老化破坏现象。

2) 偷工减料，防水层厚度没有达到设计和规范要求，致使无法抵挡基层的微开裂而造成渗漏。过薄的涂料层，其表面老化层占比过高，涂料的有效厚度得不到基本保证，在轻微的外力作用下很容易开裂造成渗漏水。

3) 某些材料自身存在缺陷，工艺不成熟、配套材料不匹配等。在分格缝中采用嵌入永久性塑料条作为成槽和防水的措施，但是由于塑料与砂浆的线膨胀系数差异很大，塑料条普遍与砂浆存在脱开现象，而且塑料条容易老化，造成分格缝进水而渗入墙体。

(3) 施工原因

施工原因是指由于施工工艺不当、节点处理不当，以及对施工完毕的防水层没有及时、有效地进行成品保护等原因造成的渗漏水。而影响施工质量的原因又是错综复杂的，有人、机、料、法、环等影响因素。

施工人员的责任心、操作技能水平是关键因素。从 90%—1%原理可以发现，细部节点的处理是防止渗漏水的最为关键要素之一。高低跨墙根、窗框四周等容易渗漏的部位，没有得到有效的密封防水处理，造成横向流窜现象。化学压力注浆是一种针对混凝土裂缝渗漏水止水堵漏最为有效的方法之一，但是由于缺乏对工艺与材料性能的了解，施工时注入速度过快，注入浆液量过大，会造成外墙面砖起鼓脱落的严重事故。施工环境对防水工程的质量影响不可忽视。这些影响包括烈日高温或冬季低温对施工的影响，防水砂浆高温施工很容易开裂，而冬季夜间气温降至零度以下，防水砂浆也会被冻坏，环境影响还包括施工操作面对施工的影响，如在吊篮上进行外墙防水施工，其质量保证不如在稳定的脚手架上更可靠。

(4) 使用及其他原因

使用不当、不可抗拒因素、结构设计不当等，都会造成渗漏水。在墙上开凿管道孔洞、安装广告牌等，都有可能造成墙面渗漏水。结构设计不当会影响到防水系统的抵御能力。当女儿墙采用砖砌体时，由于刚度较差，在温差变形时女儿墙会产生水平和竖向裂缝，雨水会通过裂缝进入饰面层和防水层后面，造成外墙渗漏水现象。当整体结构发生变化或强台风等不可抗力的作用下，也会使原有防水系统出现破坏。由于周边基础施工土方开挖，引起地基应力变化，造成结构不均匀沉降，产生墙体开裂而发生渗漏现象，这些因素在结构设计时并未考虑，属环境条件变化后出现的不可预见性问题。

#### 31.6.1.4　治理方案

1. 编制渗漏治理方案前应收集的资料

(1) 原防水设计文件。

(2) 原防水系统使用的构配件、防水材料及其性能指标。

(3) 原施工组织设计、施工方案及验收资料。

(4) 历次治理技术资料。

2. 制定治理方案应考虑的问题

首先根据房屋使用要求、防水等级，结合现场查勘书面报告，确定采用局部维修或整体翻修的治理措施；因结构损害造成的渗漏水，应先进行结构修复；且不得采用损害结构安全的施工工艺及材料；渗漏治理中宜改善提高渗漏部位的导水功能；渗漏治理应统筹考虑保温和防水的要求。

制定治理方案所涉及的技术和施工问题远大于新建工程防水设计，考虑的内容包括：

细部治理修复措施、施工可操作性、施工环境是否许可、材料运输方法和施工脚手架的确定、拆除相关构造层的可行性、恢复防水及保温相关层施工、选择合适的防水材料、确定各相关层的施工工艺、施工过程的质量控制、治理工程的验收、成品保护、经济成本等。

治理方案需要在综合考虑各方面因素后，确定较为合理、可靠、方便的技术方案，通过多方案比较、论证后确定最终方案。涉及结构安全、外观和颜色改变、更改原设计构造、变更相关材料时，应由原设计单位进行方案审核，同意后方可进行施工。

(1) 施工可行性

在确定防水渗漏原因后，治理方案最主要考虑的问题是施工可行性。有时虽然能确定渗漏水原因，但无法施工或采取某种方案施工的代价很大，只能采取排水引水措施得以解决。对4～5层高的外墙进行渗漏治理，可以搭设外脚手架，也可采用吊篮施工，这时需要考虑这两种方案的可实施性。有的建筑立面比较丰富，吊篮无法靠近墙面，工人无法进行操作，或者屋面上没有安装吊篮的条件，这种情况只能搭设外架或挑架进行施工。

(2) 防水技术方案

防水技术方案往往与成本代价相关联，随着防水效果和可靠度的提高，通常治理成本也会提高。比如外墙面砖渗漏水，如果要永久彻底解决渗漏水问题，凿除整个墙面的面砖及保温层，重新进行防水层、保温层、面砖层的施工，虽然问题解决了，但是付出的代价十分巨大，是原施工代价的两倍以上。如果采用对外墙面砖缺陷进行局部凿除修补，对整个砖面进行重新勾缝防水，整体墙面喷涂有机硅憎水剂，对窗边渗漏水部位在室内进行堵漏治理等，也可做到不渗漏的效果。这种治理方案的成本肯定要小得多，但牺牲的是耐久使用年限。面砖勾缝存在材料老化的问题，可能在三五年后要求再进行局部或全面勾缝、再次喷涂有机硅憎水剂，进行周期性的后续维修。

(3) 材料选用

整体翻修或大面积维修时，应对防水材料进行现场见证抽样复验。局部维修时，应根据用量及工程重要程度，由委托方和施工方协商防水材料的复验。

材料的选择与施工方法密切相关，采用局部治理施工还是整体翻修治理，都是根据材料的性质、施工部位、基层情况、施工安全、成本投入等进行选择。应满足施工环境条件的要求，且应配置合理、安全可靠、节能环保；应与原防水层相容、耐用年限相匹配；对于外露使用的防水材料，其耐老化、耐穿刺等性能应满足使用要求；应满足由温差等引起的变形要求。防水卷材宜选用高聚物改性沥青防水卷材、合成高分子防水卷材等，并宜热熔或胶粘铺设；柔性防水涂料宜选用聚氨酯防水涂料、喷涂聚脲防水涂料、聚合物水泥防水涂料、高聚物改性沥青防水涂料、丙烯酸乳液防水涂料等，并宜涂布（喷涂）施工；刚性防水涂料宜选用高渗透性改性环氧树脂防水涂料、无机防水涂料等，并宜涂布施工；密封材料宜选用合成高分子密封材料、自粘聚合物沥青泛水带、丁基橡胶防水密封胶带、改性沥青嵌缝油膏等分层填嵌；抹面材料宜选用聚合物水泥防水砂浆或掺防水剂的水泥砂浆等，并宜抹压施工；刚性、柔性防水材料宜复合使用。由于渗漏水原因的复杂性以及进行治理方式的多样性，需要根据实际情况选择防水材料及做法。

(4) 治理施工

施工前应根据治理方案进行技术、安全交底；潮湿基层应进行处理，并应符合治理方案要求；铲除原防水层时，应预留新旧防水层搭接宽度；应做好新旧防水层搭接密封处理，使两者连接成为一体；不得破坏原有完好的防水层和保温层；施工过程中应随时检查治理效果，并应做好隐蔽工程施工记录；对已完成渗漏治理的部位应采取保护措施；渗漏治理完工后，应恢复该部位原有的使用功能。

(5) 治理施工对周边环境的破坏及影响

治理中局部的敲打施工可能会影响到周边结构或建筑装修，如果没有采取相应措施，可能会造成二次损坏。施工过程很可能还会影响到住户的日常生活和安全，在治理方案中应包括相应的措施。

1）施工应避免对完好的部位造成破坏。局部治理确定治理范围后，宜用切割机将治理范围与完好范围切开，然后再用凿子或电锤进行清凿，减少对周边面砖、砂浆破坏。

2）防止施工污染。在防水涂料施工、水泥砂浆修补、喷涂外墙有机硅憎水剂等施工操作时，注意对周边的污染，必要时采取对窗户用纸或塑料薄膜遮盖等保护措施。

3）注意施工安全。渗漏治理施工应由具有资质的专业施工队伍承担，作业人员应持证上岗。既要注意施工操作人员的安全，又要注意施工过程可能造成他人的安全问题。治理施工的安全措施需要根据实际情况制定，渗漏治理施工最为常见的安全事故是高空坠落和坠物伤人事故，作业人员必须做好自身安全措施，同时在作业区地面做好安全围栏或安全架的警戒措施、区域，设置安全出入口和警示标志，保护行人安全。渗漏治理场所应保持通风良好；治理施工过程中遇有易燃、可燃物及保温材料时，严禁明火作业；在 2m 及以上高处作业无可靠防护设施施工时，应使用安全带。施工现场临时用电应符合现行行业标准《施工现场临时用电安全技术规范》JGJ 46 的规定；手持式电动工具应符合现行国家标准《手持式电动工具的管理、使用、检查和维修安全技术规程》GB/T 3787 的规定。

4）防止损伤破坏暗埋管线。在治理施工前要了解相应部位的管线情况，防止切割、开凿对管线的损伤破坏；化学注浆时应注意墙体中电线埋管，化学浆液进入线管内会造成电线腐蚀、开关损坏、烟感器失灵等事故。

5）应结合工程特点、施工方法、现场环境和气候条件等提出改善劳动条件和预防伤亡中毒等事故的安全技术措施，注意文明施工，降低和减少噪声、扬尘、污水对住户的影响。

## 31.6.2 常用材料

渗漏治理材料应能适应施工现场环境条件，应与原防水材料相容并避免对环境造成污染，应满足工程的特定使用功能要求。

### 31.6.2.1 刚性堵漏材料

是以水泥、砂石为原材料，掺入少量外加剂、高分子聚合物材料，通过调整配合比、抑制和减少孔隙率或改变孔隙特征、增加各原材料界面间的密实性等一系列方法配制成具有一定抗渗能力的水泥砂浆和混凝土类防水材料。

常用刚性堵漏材料有：水泥基渗透结晶型防水涂料、缓凝型无机防水堵漏材料、聚合物水泥防水砂浆、防水混凝土，以及用以改善混凝土和砂浆性能的外加剂（防水剂、减水剂、膨胀剂等）等。防水涂料宜选用与基面粘结强度高和抗渗性能好的材料。

### 31.6.2.2 化学注浆材料

采用化学材料按比例配制用于灌浆的真溶液，可通过反应形成固化物。

常用化学注浆材料有：聚氨酯灌浆材料、环氧树脂灌浆材料、丙烯酸盐灌浆材料、水泥—水玻璃或水泥基灌浆材料、脲醛树脂灌浆材料、酚醛树脂灌浆材料、甲基丙烯酸甲酯灌浆材料等。裂缝堵水注浆宜选用聚氨酯或丙烯酸盐等化学浆液。有结构补强要求时可选用环氧树脂、水泥基或憎水型聚氨酯等固结体强度高的灌浆料。聚氨酯灌浆材料在存放和配制过程中不得与水接触。环氧树脂灌浆材料不宜在水流速度较大的条件下使用，且不宜用作注浆止水材料。丙烯酸盐灌浆材料不得用于有补强要求的工程。衬砌后注浆宜选用特种水泥浆或掺有膨润土、粉煤灰等掺合料的水泥浆或水泥砂浆。

#### 31.6.2.3 密封止水材料

能承受接缝位移以达到气密性、水密性目的而嵌入建筑接缝中的定型和非定型的材料。

1. 非定型密封材料

(1) 合成高分子密封材料：聚氨酯密封胶，聚硫密封胶，有机硅建筑密封胶，丙烯酸酯建筑密封胶，氯磺化聚乙烯建筑密封胶。

(2) 改性沥青密封材料：SBS 沥青弹性密封胶，沥青橡胶防水嵌缝胶。

2. 定型密封材料

(1) 遇水非膨胀型定型密封材料：塑料止水带，橡胶止水带，自粘性橡胶密封条，自粘丁基橡胶密封带。

(2) 遇水膨胀型定型密封材料：PN 腻子型遇水膨胀橡胶止水条，BW 遇水膨胀止水条，止水胶条，遇水膨胀橡胶条。

### 31.6.3 地下渗漏水治理

地下工程渗漏处理技术是一项复杂的系统工程，它涉及建筑与结构设计、工程材料、施工操作和治理维护等诸多因素，是多种学科的综合体现，治理难度大，技术性强。

#### 31.6.3.1 一般要求

地下工程渗漏治理应遵循“以堵为主，堵排结合，刚柔相济，因地制宜，多道设防，综合治理”的原则。根据现场实际情况，分别采用“堵、排、涂、抹”的施工方法，可以达到治理渗漏的目的。渗漏治理前应进行工程技术资料的调查收集和现场查勘。

1. 资料收集

(1) 工程所在周围的环境，渗漏水水源及变化规律，渗漏水发生的部位、现状及影响范围。

(2) 结构稳定情况及损害程度。

(3) 使用条件、气候变化和自然灾害对工程的影响及现场作业条件等。

(4) 掌握工程设计相关资料，原防水设防构造使用的防水材料及其性能指标。

(5) 渗漏部位相关的施工方案。

(6) 相关验收资料。

(7) 历次渗漏水治理的技术资料等。

2. 现场查勘

(1) 地下室有积水时，宜先将积水抽干后，再进行查勘。

(2) 查勘墙地面、顶板结构裂缝、蜂窝、麻面等渗漏水情况。

(3) 查勘变形缝、施工缝、后浇带、预埋件周边、管道穿墙（地）部位、孔洞等渗漏水情况。

3. 渗漏水部位的查找方法

(1) 渗漏水量较大或比较明显的部位，可直接观察确定。

(2) 慢渗或渗漏水点不明显的部位，将表面擦干后均匀撒布干水泥粉，出现湿渍处，可确定为渗漏水部位。

4. 地下工程渗漏水治理

施工应按制定的治理方案实施，治理一般在背水面进行。

(1) 地下工程渗漏水治理，有降水和排水条件的地下工程，治理前应做好降水、排水工作。结构仍在变形、未稳定的裂缝，应待结构稳定后再进行处理。渗漏治理应在结构安全的前提下进行，当渗漏部位有结构安全隐患时，应先进行结构加固再进行渗漏治理。严禁采用有损结构安全的渗漏治理措施及材料。渗漏水治理施工时应按先顶（拱）后墙而后底板的顺序进行，尽量少破坏原结构和防水层。治理过程中应严格每道工序的操作，上道工序未经验收合格，不得进行下道工序施工。

(2) 根据渗漏查勘结果及渗水点的位置、渗水状况及损坏程度选定治理方案。任何渗漏水情况都应采取先止水后防水的治理方案。地下室渗漏治理宜按照大漏变小漏、缝漏变点漏、片漏变孔漏的原则，逐步缩小渗漏水范围。

(3) 地下室渗漏治理选用的材料应符合下列规定：

1) 防水混凝土的配合比应通过试验确定，其抗渗等级不应低于原防水混凝土设计要求；掺用的外加剂宜采用防水剂、减水剂、膨胀剂及水泥基渗透结晶型防水剂等。

2) 防水抹面材料宜采用掺水泥基渗透结晶型防水剂、聚合物乳液等非憎水性外加剂、防水剂的防水砂浆。

3) 防水涂料的选用应符合国家现行标准《地下工程渗漏治理技术规程》JGJ/T 212 的规定。

4) 防水密封材料应具有良好的粘结性、耐腐蚀性及施工性能。

5) 注浆材料的选用应符合国家现行标准《地下工程渗漏治理技术规程》JGJ/T 212 的规定。

6) 导水及排水系统宜选用铝合金或不锈钢、塑料类排水板、金属排水槽或渗水盲管等装置。

(4) 无论是混凝土结构还是砌体结构的渗漏都必须先止水后防水。渗漏治理的技术措施有：注浆止水、快速封堵、安装止水带、设置刚性防水层、设置柔性防水层等。现浇混凝土结构及实心砌体结构地下工程渗漏治理的技术措施，见表 31-52、表 31-53。

**现浇混凝土结构地下工程渗漏治理的技术措施**　　表 31-52

| 技术措施 | | 渗漏部位 | | | | | 材料 |
|---|---|---|---|---|---|---|---|
| | | 裂缝及施工缝 | 变形缝 | 大面积渗漏 | 孔洞 | 管道根部 | |
| 注浆止水 | 钻孔注浆 | ● | ● | ○ | × | ● | 聚氨酯灌浆材料、丙烯酸盐灌浆材料、水泥-水玻璃灌浆材料、环氧树脂灌浆材料、水泥基灌浆材料等 |
| | 埋管（嘴）注浆 | × | ○ | × | ○ | ○ | |
| | 贴嘴注浆 | ○ | × | × | × | × | |
| 快速封堵 | | ○ | × | ● | ● | ● | 速凝型无机防水堵漏材料等 |
| 安装止水带 | | × | ● | × | × | × | 内置式密封止水带、内装可卸式橡胶止水带 |
| 嵌填密封 | | × | ○ | × | × | ○ | 遇水膨胀止水条（胶）、合成高分子密封材料 |

续表

| 技术措施 | 渗漏部位 | | | | | 材料 |
|---|---|---|---|---|---|---|
| | 裂缝及施工缝 | 变形缝 | 大面积渗漏 | 孔洞 | 管道根部 | |
| 设置刚性防水层 | ● | × | ● | ● | ○ | 水泥基渗透结晶型防水涂料、缓凝型无机防水堵漏材料、环氧树脂类防水涂料、聚合物水泥防水砂浆 |
| 设置柔性防水层 | × | × | × | × | ○ | Ⅱ型或Ⅲ型聚合物水泥防水涂料 |

注：●—宜选，○—可选，×—不宜选。

**实心砌体结构地下工程渗漏治理的技术措施　　表 31-53**

| 技术措施 | 渗漏部位 | | | 材料 |
|---|---|---|---|---|
| | 裂缝/砌块灰缝 | 大面积渗漏 | 管道根部 | |
| 注浆止水 | ○ | × | ● | 丙烯酸盐灌浆材料、亲水型聚氨酯灌浆材料 |
| 快速封堵 | ● | ● | ● | 速凝型无机防水堵漏材料等 |
| 设置刚性防水层 | ● | ● | ○ | 聚合物水泥防水砂浆、环氧树脂类防水涂料 |
| 设置柔性防水层 | × | × | ○ | Ⅱ型或Ⅲ型聚合物水泥防水涂料 |

注：●—宜选，○—可选，×—不宜选。

**31.6.3.2 混凝土渗漏水治理**

（1）大面积严重渗漏且有明水时，宜先采取钻孔注浆或快速封堵止水，再在基层表面设置刚性防水层。当采取钻孔注浆止水时，宜在基层表面均匀布孔，钻孔间距不宜大于500mm，钻孔深度不宜小于结构厚度的1/2，孔径不宜大于20mm，灌浆材料宜采用聚氨酯或丙烯酸盐灌浆材料。当工程周围土体疏松且地下水位较高时，可钻孔穿透结构至迎水面并注浆，钻孔间距及注浆压力宜根据浆液及周围土体的性质确定，注浆材料宜采用水泥基、水泥、水玻璃或丙烯酸盐等灌浆材料。注浆时应采取有效措施防止浆液对周围建筑物及设施造成破坏。当采取快速封堵止水时，宜大面积均匀抹压速凝型无机防水堵漏材料，厚度不宜小于5mm。对于抹压速凝型无机防水堵漏材料后出现的渗漏点，宜在渗漏点处进行钻孔注浆止水。设置刚性防水层时，宜先涂布水泥基渗透结晶型防水涂料或渗透型环氧树脂防水涂料，再抹压聚合物水泥防水砂浆，必要时可在砂浆层中铺设耐碱纤维网格布。

（2）大面积轻微渗漏水和漏水点，宜先采用漏点引水，再做抹压聚合物水泥防水砂浆或涂布涂膜防水层等进行加强处理，最后采用速凝材料进行漏点封堵。

（3）大面积渗漏而无明水时，宜先多遍涂刷水泥基渗透结晶型防水涂料或渗透型环氧树脂防水涂料，再抹压聚合物水泥防水砂浆。

（4）施工中应注意当向地下工程结构的迎水面注浆止水时，钻孔及注浆设备应符合设计要求。当采取快速封堵止水时，宜先清理基层，除去表面的酥松、起皮和杂质，然后分多遍抹压速凝型无机防水堵漏材料形成连续的防水层。涂刷渗透型环氧树脂防水涂料时，应按照从高处向低处、先细部后整体、先远处后近处的顺序进行施工。

1）注浆止水

注浆工艺可分为钻孔注浆、埋管（嘴）注浆和贴嘴注浆三类。钻孔注浆是近年来使用广泛的注浆工艺，其具有对结构破坏小并能使浆液注入结构内部止水效果好的优点；适用于由于混凝土施工不良引起的混凝土结构内部疏松等形成的渗漏水孔道，造成大面积严重渗漏水；埋管（嘴）注浆需要开槽不但会造成基层破坏而且注浆压力偏低，一般仅用于孔洞和底板变形缝的渗漏治理；贴嘴注浆由于不能快速止水一般用于无明水的潮湿裂缝。

① 钻孔注浆

用于水压或渗漏量大的裂缝。

水泥类浆液法：具备加固与防水两种效果。普通砂浆水灰比可根据进浆快慢调整。一般先用配合比 1∶2，水灰比为 0.6～0.8 注入结构壁，如进浆顺畅速度快，应适当减小配合比、水灰比；如进浆缓慢，水灰比可调至 0.8～1.0 并适当加大压力。孔隙较大以及宽度大于 0.2mm 的裂缝，水泥浆液水灰比宜为 0.5～0.6，也可掺入适量外加剂进行注浆堵水。孔隙较小以及宽度小于 0.2mm 的裂缝，可采用超细水泥浆液或自流平水泥浆液等进行注浆。普通硅酸盐水泥浆液的凝固时间较长，可掺入一定的速凝剂，注入的浆液在一般情况下有效，而在干湿交替的地下岩石中，凝固的浆液易产生干缩裂缝。由于裂缝的发生使注入的浆液失去了作用，采用普通硅酸盐水泥与双快水泥按 1∶（1～3）掺合，水灰比为 0.6～0.8 可改善这现象。采用双快水泥、自流平水泥或 CGM 灌浆料等水泥注浆料，它们具有速凝早强（20min 后水泥强度可达 1～3MPa），可灌注性好的特点，能渗透到混凝土内部各细小裂缝空隙中，有效地堵住渗水通道。借助外界施加的压力，使水泥浆充满结构之中。

化学注浆法：经水泥浆液注浆后仍有洇渗现象，可再采用化学注浆法进行注浆堵漏。化学注浆法材料有低模数水玻璃掺超细水泥，采用亲水型聚氨酯浆液，则具有黏度低，可灌性好等特点。遇水膨胀注浆液是一种快速高效的防渗漏堵漏化学灌浆材料，对于各类工程出现的大量涌水、漏水等有独特的止水效果，已在大量的工程中得到广泛应用。适用于各种渗漏堵漏处理。其产品具有良好的亲水性，水既是稀释剂，又是固化剂。浆液遇水后先分散乳化，进而凝胶固结。可在潮湿或涌水的情况下进行灌浆，对水质适应性强。固结体经急性毒性试验属实际无毒类。固结体为弹性体可遇水膨胀，具有弹性止水和以水止水的双重功能。

注浆机具：手压泵由泵体加材料筒组成，体积轻小移动方便，注浆堵漏，水泥浆液、化学浆液，单液、双液均可使用。注水泥浆液的泵体宜选用高耐磨性，注化学浆液时可用一般泵体也可采用塑料泵体。机械或液压式注浆泵适用于注浆量大、压力高的工程，也可在结构背面注浆，分为单液注浆机及双液注浆机。双液注浆机的混合器用于两种不同浆液混合注浆，如化学浆液的甲乙液、水泥浆与玻璃水等。注浆施工应一次注入，注浆量大的部位，应选用可连续注浆的设备；注浆系统的工作能力必须达到所需的注浆压力和流量。所选用的输浆管必须有足够的强度；浆液在管内要流动通畅；管件装配及拆卸方便。注浆机具使用完毕后应彻底清洗，以免影响下次使用。丙烯酸盐和水泥浆液的注浆机具用水冲洗，聚氨酯注浆机具用丙酮或二甲苯清洗。应经常检查注浆活塞杆的磨损情况，当出现杆壁冒浆多时需及时更换。

注浆施工：根据工程混凝土裂缝孔洞的大小、渗漏水量及地下水的压力情况，选定注浆范围及浆液种类，根据渗漏水流速、孔隙水压力，确定注浆压力、浆液配合比、凝结时间及注浆的孔位位置、数量及其埋深。注浆材料应选多种品种，分两三次进行注浆。注浆孔的孔距应根据工程情况调查及浆液的扩散半径而定，渗水面广时孔位布置应加密，一般按梅花形布置。注水泥浆液间距宜为 0.8～1m，孔深不应穿透结构物，留 100～200mm 长度为安全距离。水泥浆液注浆后仍有洇渗现象再用化学注浆法，孔间距一般为 0.3～0.5m，钻孔深度为结构厚度的 1/3～1/2。孔径略大于注浆嘴。注浆孔位置应选在漏水量最大的部位，使注浆孔的底部与漏水缝隙相交，以达到几乎引出全部漏水效果。水平裂缝可沿缝由下向上钻斜孔；垂直裂缝可正对缝隙钻直孔。埋入式注浆嘴将集中渗漏点剔凿成深 100～120mm、外径 150～200mm 喇叭口孔洞。观察缝隙方向，用 $\phi12$～20 的钻头对准缝口向结构内钻 100～150mm 深，将孔洞内清洗干净，用快凝胶浆把注浆嘴稳固于孔洞内，其埋深应不小于 50mm。压环式注浆嘴插入钻孔后，用扳手转动螺母压紧活动套管及压环，弹性橡胶圈在压力作用下向孔壁四周膨胀，使注浆嘴与孔壁连接牢固。楔入式注浆嘴缠麻后用锤将其打入孔内，与孔壁连接牢固。除单孔漏水埋入一个注浆嘴外。一般埋设的注浆嘴不少于两个，一嘴为注浆嘴，另一嘴供水（气）外排。注浆嘴埋设后为避免出现漏浆、跑浆现象，其周围漏水或可能漏水的部位，均应采取封闭措施。水只由注浆嘴内渗漏。注浆前应安装并检查注浆机具，确保在注浆施工中的安全使用。为确定浆液配合比、注浆压力，在埋设注浆嘴具有一定的强度且漏水处封闭后，用有色水代替浆液进行预注浆，可计算注浆量、注浆时间，同时观察封堵情况及各孔连通情况，以保证注浆正常进行。注浆一般从漏水量较大或在较低处的注浆嘴开始，待检查孔处漏浆时关闭该孔，停止压浆。稳定 1～2h 再次注浆，注到进浆困难不再进浆时即可停止压浆，关闭注浆阀。先关闭注浆阀，再停止压浆，以防止浆液回流，堵塞注浆管道。注浆结束后，将注浆孔及检查孔封填密实。注浆过程中应注意观察注浆压力和输浆量的变化。当管路堵塞或被注物内不畅时，泵压骤增、注浆量减少；当泵压不上升、进浆量较大时，应调整浆液黏度和凝固时间，或掺入惰性材料。注浆施工中当遇有跑浆、冒浆现象，属封闭不严导致，应停止注浆，重做封闭工作。注浆过程中局部通路被暂时堵塞可引起压力增高现象，在高压下充塞物会被冲开，压力相应下降。浆液凝固后，剔除注浆嘴，检查注浆堵漏效果，仍有洇渗现象，可再采用化学注浆法进行注浆堵漏。必要时可重复注浆。

注浆施工前应严格检查机具、管路及接头处的牢靠程度，以防压力爆破伤人。有机化工材料具有一定的腐蚀性和刺激性。操作人员在配制浆液和注浆时，应戴眼镜、口罩、手套等劳保用品，以防浆液误入口中或溅到皮肤上。注浆液溅到皮肤上，应立即用肥皂清洗。聚氨酯浆液溅到皮肤上，先用酒精或丙酮清洗，再用肥皂水或稀氨水清洗，并涂抹油脂膏。溅到眼睛内应立即就医处理。聚氨酯浆液具有可燃性，注意防火。

② 埋管（嘴）注浆

埋设管（嘴）前应清理裂缝基层，并沿裂缝剔凿成深度不小于 50mm 的凹槽。注浆管（嘴）宜使用硬质金属或塑料管，并宜配制阀门。注浆管（嘴）宜位于凹槽中部。埋设注浆管（嘴）的凹槽应采用速凝型无机防水堵漏材料封闭。注浆管（嘴）间距宜根据漏水压力、漏水量及灌浆材料的凝结时间确定，一般为 500～1000mm。注浆材料宜使用聚氨酯灌浆材料，注浆压力宜为静水压力 1.5～2.0 倍。

③ 贴嘴注浆

注浆嘴底座宜带有锚固孔。注浆嘴宜布置在裂缝较宽的位置及其交叉部位，间距宜为 200～300mm，裂缝封闭宽度宜为 50mm。

2）快速封堵

快速封堵法适用于渗水不大的结构破损点、大面积轻微渗漏水的漏水点、施工缝、裂缝等部位。优点是快速简便，缺点是不能将水拒于结构外部，材料的耐久性也有待提高。可作为一种临时快速止水措施与其他技术措施共同使用。快速封堵法常用以水泥为基料，掺有速凝剂及催化剂等化学物品，使材料很快凝固并增强，如堵漏灵、堵漏王等。此类材料由于掺有外加剂，凝结时间快、强度高，后期收缩量也大，修补处易产生裂缝，使修补点不久又失效。采用超早强速凝水泥、双快水泥、自流平速凝水泥掺入微膨胀剂的水泥浆直接堵漏的方法近年来多有使用。这种纯水泥净浆特点是水泥既具有初终凝时间短，强度增强快，又具有一定的微膨胀，加强养护效果很好。

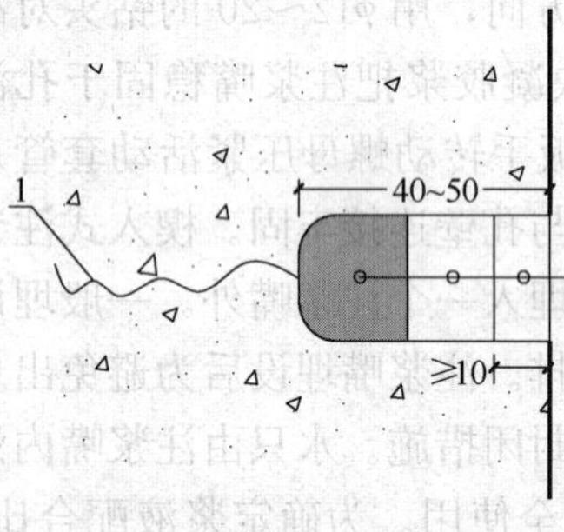


图 31-126　裂缝快速封堵止水

1—裂缝；2—速凝型无机防水堵漏材料；3—腻子状水泥基渗透结晶型防水材料；4—聚合物水泥防水砂浆

将渗漏处沿裂缝走向切割出深 40～50mm、宽 40mm 的 U 形凹槽，清除碎块及砂粒后，用清水将其清洗干净，孔壁用稀水泥浆刷一遍，将堵缝材料用水调和成半干粉团，搓成柱状，待半干粉团发热时，迅速堵塞于所凿孔洞，用力挤压四周壁，使胶泥与周壁混凝土紧密相贴，并待发热硬化后即可松手，挤压处理无水渗出后嵌填腻子状水泥基渗透结晶型防水涂料，然后铺抹聚合物水泥防水砂浆找平即可（图 31-126）。

3）设置刚性防水层

大面积漏水，漏水点封堵后宜在结构背水面施作刚性防水层封堵慢渗。刚性防水材料可分为涂料如水泥基渗透结晶型防水涂料、缓凝型无机防水堵漏材料、环氧树脂类防水涂料和聚合物水泥防水砂浆两类。通常复合使用这两类材料形成一道完整的防水层。设置刚性防水层时，宜沿裂缝走向在两侧各 200mm 范围内的基层表面先涂布水泥基渗透结晶型防水涂料，再抹压聚合物水泥防水砂浆。对于裂缝分布较密的基层，宜用聚合物水泥防水砂浆大面积设置刚性防水层再设置柔性防水层。

**31.6.3.3　混凝土孔洞渗漏水治理**

孔洞的渗漏宜先采取注浆或快速封堵止水，再设置刚性防水层。

（1）当水位在 2～4m、水压大或孔洞直径大于等于 50mm 时，宜采用埋管（嘴）注浆止水。注浆管（嘴）宜使用硬质金属管或塑料管，并宜配制阀门，管径宜符合引水卸压及注浆设备的要求。注浆材料宜使用速凝型水泥—水玻璃或聚氨酯灌浆材料。注浆压力应根据灌浆材料及工艺进行选择。当采用下管引水封堵时，将引水管穿透卷材层至碎石内引走孔洞漏水，用速凝材料填满孔洞，挤压密实，表面应低于结构面不小于 15mm（图 31-127），嵌填完毕，经检查无渗漏水后，拔管堵眼，再用聚合物水泥防水砂浆分层抹压至板面齐平。

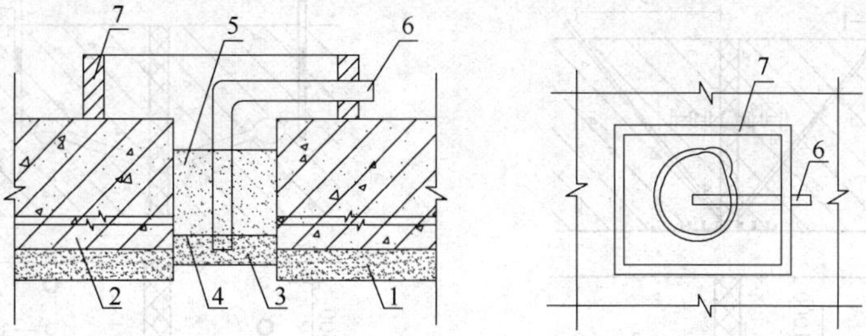


图 31-127 孔洞漏水下管引水堵漏

1—垫层；2—基层；3—碎石层；4—卷材；5—速凝材料；6—引水管；7—挡水墙

（2）当水位小于等于 2m、水压小或孔洞直径小于 50mm 时，可采用埋管（嘴）注浆止水，也可采用快速封堵止水。当采用快速封堵止水时，宜先清除孔洞周围疏松的混凝土，并宜将孔洞周围剔凿成“V”形凹坑，凹坑最宽处的直径宜大于孔洞直径 50mm 以上，深度不宜小于 40mm，用水冲刷干净，槽壁涂刷混凝土界面剂后，再在凹坑中嵌填速凝型无机防水堵漏材料止水，并宜用聚合物水泥防水砂浆找平。止水后宜在孔洞周围 200mm 范围内的基层表面涂布水泥基渗透结晶型防水涂料或渗透型环氧树脂防水涂料，并宜抹压聚合物水泥防水砂浆。埋管注浆止水施工中应注意注浆管（嘴）应埋置牢固并做好引水泄压处理。待浆液固化并经检查无明水后，宜按设计要求处理注浆嘴、封孔并清理基面。

（3）水位大于等于 4m、孔洞漏水水压很大时，应先引水泄压，将引水管（注浆管）周边用堵漏材料封堵严密，再用压力注浆封堵。宜采用木楔等堵塞孔眼，先将水止住，再用速凝材料封堵。经检查无渗漏后，再用聚合物水泥防水砂浆分层抹压密实。

#### 31.6.3.4 变形缝渗漏水治理

变形缝渗漏的治理宜先注浆止水，并宜安装止水带，必要时可设置排水装置。

1. 变形缝采用钻孔注浆

对于中埋式止水带宽度已知且渗漏量大的变形缝，宜采取钻斜孔穿过结构至止水带迎水面、注入疏水型聚氨酯灌浆材料止水，钻孔距变形缝边缘的距离宜为结构厚度和中埋式止水带宽度之和的一半，钻孔间距宜为 500～1000mm（图 31-128）；对于查清漏水点位置的，注浆范围宜为漏水部位左右两侧各 2m；对于未查清漏水点位置的，宜沿整条变形缝注浆止水。当钻斜孔至中埋式止水带迎水面并注浆有困难时，可垂直钻孔穿透中埋式橡胶止水带并注浆止水。对于顶板上查明渗漏点且渗漏量较小的变形缝，可在漏点附近的变形缝两侧混凝土中垂直钻孔至中埋式橡胶钢边止水带翼部，并注入聚氨酯灌浆材料止水，宜在止水后二次钻孔并注入可在潮湿环境下固化的灌浆材料，钻孔间距宜为 500mm（图 31-129）。施工中应注意浆液阻断点应埋设牢固且能承受注浆压力的破坏。

2. 变形缝采用埋嘴（管）注浆止水

因结构底板上中埋式止水带损坏而发生渗漏的变形缝，可采用埋嘴（管）注浆止水。对于查清渗漏位置的变形缝，宜先在渗漏部位左右各不大于 3m 的变形缝中布置浆液阻断点；对于未查清渗漏位置的变形缝，浆液阻断点宜布置在底板与侧墙相交处的变形缝中。

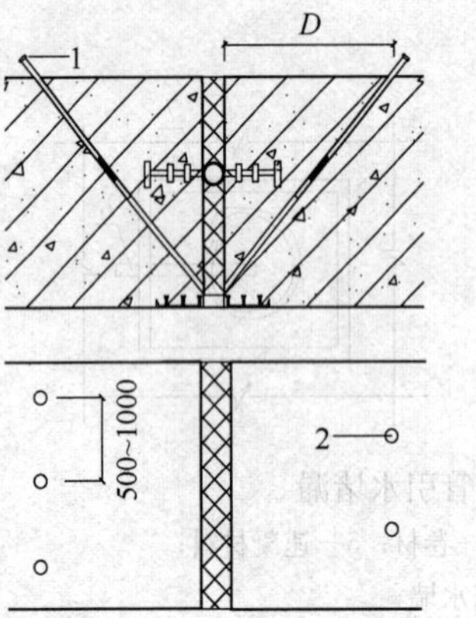


图 31-128　钻孔至止水带迎水面注浆止水

1—注浆嘴；2—钻孔

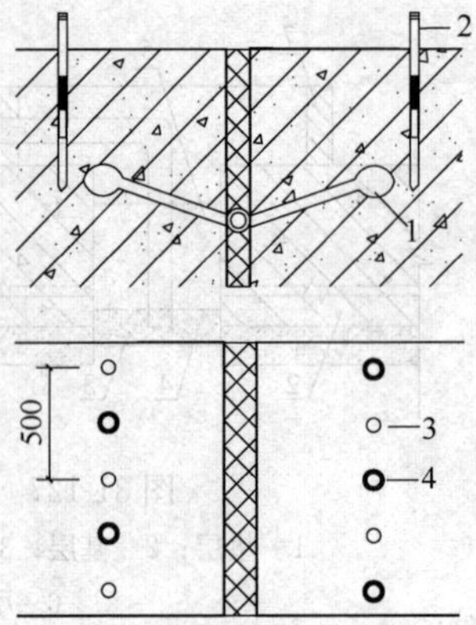


图 31-129　变形缝钻孔注浆止水

1—中埋式橡胶钢边止水带；2—注浆嘴；3—注浆止水钻孔；4—注浆补强钻孔

埋设管（嘴）前宜清理浆液阻断点之间变形缝内的填充物，形成深度不小于 50mm 的凹槽。注浆管（嘴）宜使用硬质金属或塑料管，并宜配置阀门。注浆管（嘴）宜位于变形缝中部并垂直于止水带中心孔，并宜采用防水堵漏材料。埋设注浆管（嘴）并封闭凹槽（图 31-130）。注浆管（嘴）间距可为 500～1000mm，并宜根据漏水压力、漏水量及灌浆材料的凝结时间确定。施工中注意注浆管（嘴）应埋置牢固并应做好引水处理。注浆过程中，当观察到临近注浆嘴出浆时，可停止注浆，并应封闭该注浆嘴，然后从下一注浆嘴开始注浆。停止注浆且待浆液固化，并经检查无湿渍、无明水后，应按要求处理注浆嘴、封孔并清理基面。

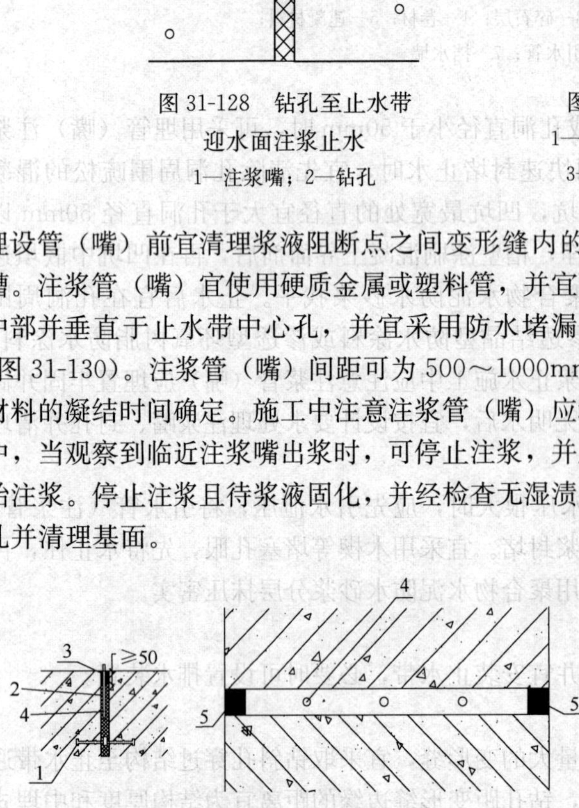


图 31-130　变形缝埋管（嘴）注浆止水

1—中埋式橡胶止水带；2—填缝材料；3—速凝型无机防水堵漏材料；4—注浆嘴；5—浆液阻断点

3. 变形缝背水面安装止水带

对于有内装可卸式橡胶止水带的变形缝，应先拆除止水带然后重新安装。安装内置式密封止水带前应先清理并修补变形缝两侧各 100mm 范围内的基层，做到坚固、密实、平整、干燥。必要时可向下打磨基层并修补形成深度不大于 10mm 凹槽。内置式密封止水带应采用热焊搭接，搭接长度不应小于 50mm，中部应形成“Ω”形，“Ω”弧长宜为变形缝宽度的 1.2～1.5 倍。当采用胶粘剂粘贴内置式密封止水带时，应先涂布底涂料，并宜在厂家规定的时间内用配套的胶粘剂粘贴止水带，止水带与变形缝两侧混凝土基层的粘结宽度均不应小于 80mm（图 31-131）。当采用螺栓固定内置式密封止水带时，宜先在变形缝两侧埋设膨胀螺栓或用化学植筋方法设置螺栓，螺栓间距不宜大于 300mm，转角附近的螺栓可适当加密，止水带与变形缝两侧混凝土基层的粘结宽度各不应小于 100mm。在混凝土基层及金属压板间应用丁基橡胶防水密封胶粘带压密封实，螺栓根部应做好密封处理（图 31-132）。当工程埋深较大且静水压力较高时，宜采用螺栓固定内置式密封止水带，并宜采用纤维内增强型密封止水带；在易遭受外力破坏的环境中使用，应采取可适应变形的止水带保护措施。

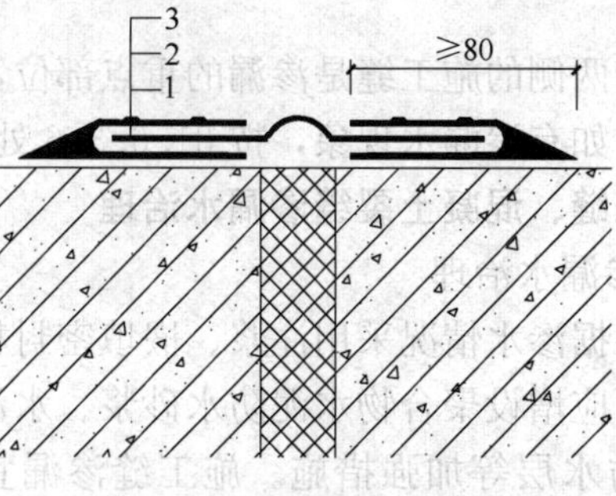


图 31-131　粘贴内置式密封止水带
1—胶粘剂层；2—内置式密封止水带；
3—胶粘剂固化形成的锚固点

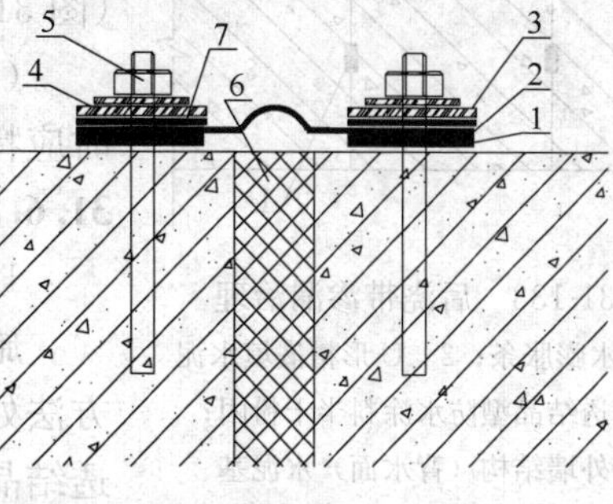


图 31-132　螺栓固定内置式密封止水带
1—丁基橡胶防水密封胶粘带；2—内置式密封止水带；
3—金属压板；4—金属垫片；5—预埋螺栓；
6—填缝材料；7—丁基橡胶防水密封胶粘带

施工时止水带的安装应在无渗漏水的条件下进行。与止水带接触的混凝土基层表面条件应符合设计要求。内装可卸式橡胶止水带的安装应符合现行国家标准《地下工程防水技术规范》GB 50108 的规定。粘贴内置式密封止水带，阴角处应使用专用修补材料做成圆角或钝角。底涂料及专用胶粘剂应涂布均匀，用量应符合设计要求；粘贴止水带时，宜使用压辊在止水带与混凝土基层搭接部位来回多遍辊压排气；胶粘剂未完全固化前，止水带应避免受压或发生位移，并宜采取保护措施。螺栓固定内置式密封止水带，阴角处应使用专用修补材料做成钝角，并宜配备专用的金属压板配件；膨胀螺栓的长度和直径应符合设计要求，金属膨胀螺栓宜采取防锈处理工艺。安装时，应采取措施避免造成变形缝两侧混凝土的破坏。进行止水带外设保护装置施工时应采取措施避免造成止水带破坏。

4. 变形缝外置排水槽安装

对于注浆止水后遗留局部、微量渗漏水或受现场施工条件限制无法彻底止水的变形缝，可沿变形缝走向在结构顶部及两侧设置排水槽。排水槽宜为不锈钢或塑料材质，并宜与排水系统相连，排水应畅通，排水流量应大于最大渗漏量。采用排水系统时，应加强对结构安全的监测。施工中安装变形缝外置排水槽时，排水槽应固定牢固，排水坡度应符合设计要求，转角部位宜使用专用的配件。

#### 31.6.3.5　后浇带渗漏水治理

（1）若是底板后浇带接缝处混凝土不密实或裂缝所引起的渗透，可将接缝上面用环氧树脂胶粘剂分段封口，然后用高压泵从一端向缝内注入亲水型聚氨酯堵漏剂（或其他亲水型堵漏剂或环氧灌缝浆液），注入量则视另一端冒浆液为止。产品遇水能自行乳化聚合反应成固体，固化后遇水能继续膨胀，起到止水堵漏作用。

（2）对零星点处的渗水可采用电锤钻孔，内填防水剂来达到堵漏防渗效果。具体方法：在渗水部位用电锤钻一个或几个孔径为 25mm 孔，深度根据底板厚度而定。孔打好后，将孔清理干净，用水润湿，然后将粉状防水剂（如堵漏灵）与水按 1∶0.35 左右的比例拌合，塞进孔中，用钢筋捣密实，也能达到堵漏效果。

（3）对结构后浇带缺陷也可凿 U 形槽，槽宽 20mm，槽深 25mm，用水冲刷干净，表

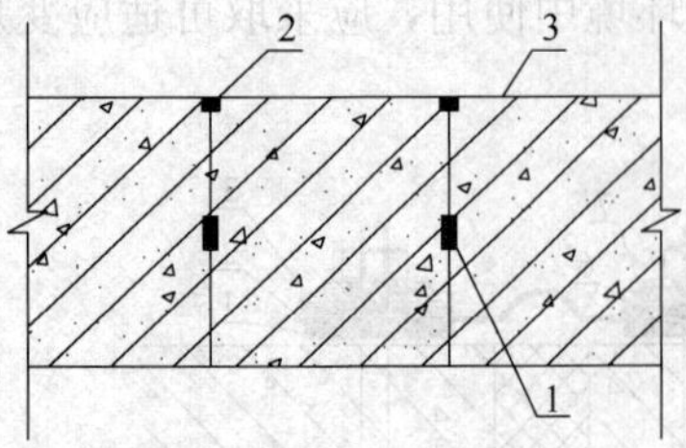


图 31-133　后浇带渗漏治理
1—遇水膨胀条；2—U形槽嵌填水泥基渗透结晶型防水涂料半干粉团；3—外墙结构（背水面）水泥基渗透结晶型防水涂料防水层

面无明水，槽内分层嵌填防水水泥基渗透结晶型防水涂料后，面层涂布水泥基渗透结晶型防水涂料治理（图 31-133）。

（4）后浇带两侧的施工缝是渗漏的重点部位，勘察时应特别注意，如有渗漏水现象，按 31.6.3.6 处治。

### 31.6.3.6　施工缝、混凝土裂缝渗漏水治理

1. 施工缝渗漏水治理

施工缝可根据渗水情况采用注浆、嵌填密封材料等方法处理，表面应增设聚合物水泥防水砂浆、水泥基渗透结晶型涂料防水层等加强措施。施工缝渗漏宜先止水，再设置刚性防水层。预埋注浆系统完好的施工缝，宜先使用预埋注浆系统注入超细水泥或亲水型灌浆材料止水。止水可采用钻孔注浆止水或速凝型无机防水堵漏材料快速封堵止水。建筑结构墙体施工缝的渗漏宜采取钻孔注浆止水并补强。注浆止水材料宜使用聚氨酯或水泥基灌浆材料；止水后，再宜二次钻孔并注入可在潮湿环境下固化的环氧树脂灌浆材料。在施工缝面布孔时，宜钻斜孔垂直基层并穿过施工缝。设置刚性防水层时，宜沿施工缝走向在两侧各 200mm 范围内的基层表面先涂布水泥基渗透结晶型防水涂料，再宜单层抹压聚合物水泥防水砂浆。

利用预埋注浆系统注浆止水时宜采取较低的注浆压力从一端向另一端、由低到高进行注浆。当浆液不再流入并且压力损失很小时，应维持该压力并保持 2min 以上，然后终止注浆。需要重复注浆时，应在固化前清除注浆通道内的浆液。

2. 混凝土裂缝漏水治理

（1）混凝土裂缝渗漏水的治理应符合的规定

1）水压较小的裂缝可采用速凝堵漏材料直接封堵。治理时，应沿裂缝剔出深度不小于 30mm、宽度不小于 15mm 的 U 形槽，用水冲刷干净，再用速凝堵漏材料嵌填密实，使速凝材料与槽壁粘结紧密，封堵材料表面低于板面不应小于 15mm，经检查无渗漏后，用聚合物水泥防水砂浆沿 U 形槽壁抹平、扫毛，再分层抹压聚合物水泥砂浆防水层。

2）水压较大的裂缝，可在剔出的沟槽底部沿裂缝放置线绳（或塑料管），沟槽采用速凝材料嵌填密实。抽出线绳，使漏水顺线绳导出后进行维修。裂缝较长时，可分段封堵，段间留 20mm 空隙，每段均用速凝材料嵌填密实，空隙用包有胶浆的钉子塞住，待胶浆快要凝固时，将钉子转动拔出，钉孔采用孔洞漏水直接封堵的方法处理。封堵完毕，采用聚合物水泥防水砂浆分层抹压防水层。

3）水压较大的裂缝急流漏水，可在剔出的沟槽底部每隔 500～1000mm 扣一个带有圆孔的半圆铁片（PVC 管），把胶管插入圆孔内，按裂缝渗漏水分段直接封堵。漏水顺胶管流出后，应用速凝材料嵌填沟槽，拔管堵眼，再分层抹压聚合物水泥防水砂浆防水层（图 31-134）；

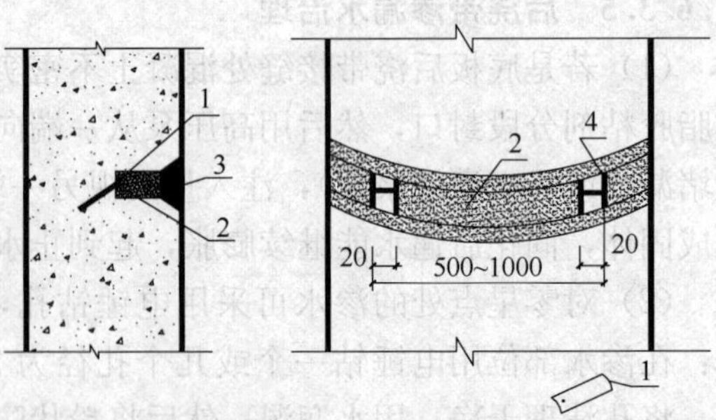


图 31-134　裂缝漏水下半圆铁片封堵
1—半圆铁片；2—速凝材料；3—防水砂浆；4—引流孔

4）局部较深的裂缝且水压较大的急流漏水，可采用注浆封堵：

① 裂缝处理：沿裂缝剔成V形槽，用水冲刷干净。

② 布置注浆孔：注浆孔位置宜选择在漏水密集处及裂缝交叉处，其间距视漏水压力、漏水量、缝隙大小及所选用的注浆材料而定，间距宜为500～1000mm。注浆孔应交错布置，注浆嘴用速凝材料嵌固于孔洞内。

③ 封闭漏水部位：混凝土裂缝表面及注浆嘴周边应用速凝材料封闭，各孔应畅通，经注水检查封闭情况。

④ 灌注浆液：确定注浆压力后（注浆压力应大于地下水压力2～3倍），注浆应按水平缝自一端向另一端、垂直缝先下后上的顺序进行。当浆液注到不再进浆，且邻近灌浆嘴冒浆时，应立即封闭，停止压浆，按顺序依次灌注直至全部注完。

⑤ 封孔：注浆完毕，经检查无渗漏现象后，剔除注浆嘴，封堵注浆孔，再分层抹压聚合物水泥防水砂浆防水面层。

（2）钻斜孔注浆治理混凝土结构竖向或斜向贯穿裂缝渗漏水

1）对无补强要求的裂缝：

① 注浆孔可布置在裂缝一侧或呈梅花形交叉布置在裂缝两侧，钻孔应斜穿裂缝，垂直深度宜为混凝土结构厚度的1/3～1/2，钻孔与裂缝水平距离宜为100～250mm，孔间距宜为300～500mm，孔径不宜大于20mm，斜孔倾角$\theta$宜为45°～60°，当需要预先封缝时，封缝的宽度不宜小于50mm，厚度不宜小于10mm（图31-135）。

② 注浆嘴应根据钻孔深度及孔径大小要求优先采用单向止逆压环式注浆嘴注浆，注浆液应采用亲水性低黏度环氧浆液或聚氨酯浆液。

③ 竖向结构裂缝灌浆顺序应沿裂缝走向自下而上依次进行。

④ 注浆宜用低压注浆，压力0.8～1.0MPa，注浆孔压力不得超过最大注浆压力，达到设计注浆终压或出现漏浆且无法封堵时应停止注浆。注浆范围内无渗水后，按照设计要求加固注浆孔。

⑤ 斜孔注浆裂缝较宽、钻孔偏浅时应封闭。采用速凝堵漏材料封闭时，宽度不宜小于50mm，厚度不宜小于10mm。

2）对有补强要求的裂缝，宜先钻斜孔并注入聚氨酯灌浆材料止水，钻孔垂直深度宜为结构厚度的1/4～1/3；再宜二次钻斜孔，注入可在潮湿环境下固化的环氧树脂灌浆材料或水泥基灌浆材料，钻孔垂直深度不宜小于结构厚度的1/2（图31-136）。注浆嘴深入钻孔的深度不宜大于钻孔长度的1/2。

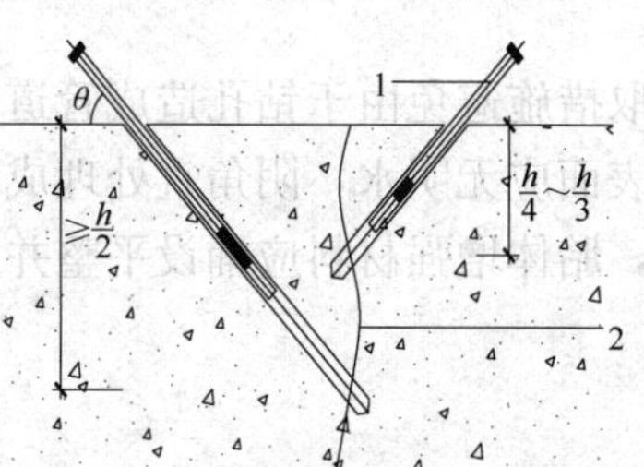


图31-135 钻孔注浆布孔

1—注浆嘴；2—裂缝

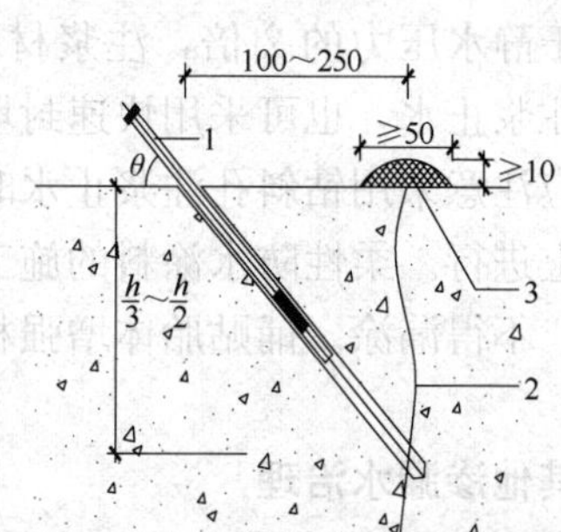


图31-136 钻孔注浆止水及补强的布孔

1—注浆嘴；2—裂缝；3—封缝材料

钻孔注浆时宜严格控制注浆压力等参数，并宜沿裂缝走向从下而上依次进行。使用速凝型无机防水堵漏材料快速封堵止水时，应在材料初凝前用力将拌合料紧压在待封堵区域直至材料完全硬化。潮湿而无明水裂缝的贴嘴注浆粘贴注浆嘴和封缝前，宜先将裂缝两侧待封闭区域内的基层打磨平整并清理干净，再宜用配套的材料粘贴注浆嘴并封缝。粘贴注浆嘴时，宜先用定位针穿过注浆嘴、对准裂缝插入，将注浆嘴骑缝粘压在基层表面，宜以拔出定位针时不黏附胶粘剂为合格。不合格时，应清理缝口，重新贴嘴，直至合格。粘贴注浆嘴时可不拔出定位针。立面上裂缝的注浆应沿裂缝走向自下而上依次进行。当观察到临近注浆嘴出浆时，可停止从该注浆嘴注浆，并从下一注浆嘴重新开始注浆。注浆全部结束且孔内灌浆材料固化，并经检查无湿渍、无明水后，应按工程要求拆除注浆嘴、封孔、清理基面。

**31.6.3.7　穿混凝土结构管道渗漏水治理**

穿墙管渗漏水治理，可先采用快速堵漏材料止水，再采用嵌填密封材料、涂布防水涂料、抹压聚合物水泥防水砂浆等措施处理。

(1) 常温管道穿墙（地）部位渗漏水，应沿管道周边剔成U形槽，槽宽20mm，槽深25mm，用水冲刷干净，表面无明水，用速凝材料嵌填密实，经检查无渗漏后，分层抹压聚合物水泥防水砂浆与基面嵌平（图31-137）。

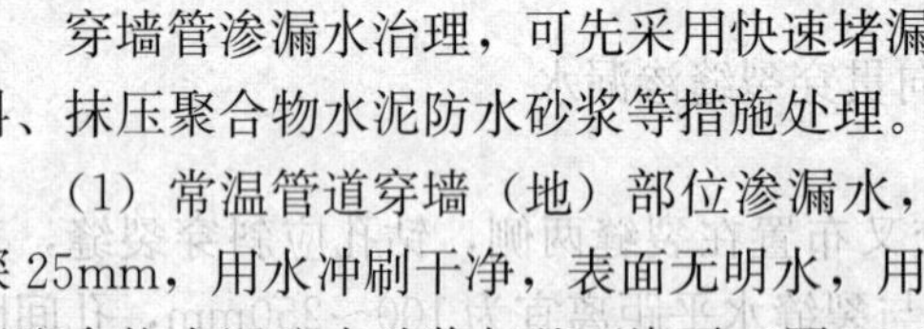

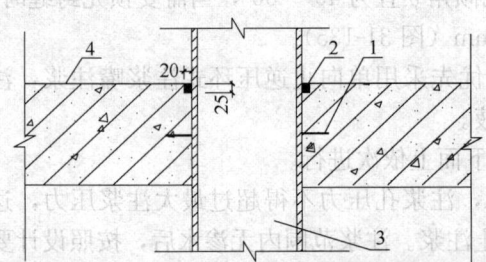


图31-137　穿墙管根部渗漏维修
1—止水环；2—U形槽嵌填水泥基渗透结晶型防水涂料；3—穿墙管；4—外墙结构（背水面）水泥基渗透结晶型涂料防水层

(2) 热力管道穿透内墙部位渗漏水，可采用埋设预制半圆套管的方法，将穿管孔剔凿扩大，套管外的空隙处应用速凝材料封堵，在管道与套管的空隙处用密封材料嵌填。

(3) 当管道根部渗漏量大时，宜采用钻孔注浆止水，钻孔宜斜穿基层并到达管道表面，钻孔与管道外侧最近直线距离不宜小于100mm，注浆嘴不宜少于2个，并宜对称布置。也可采用埋管（嘴）注浆止水。埋设硬质金属或塑料注浆管（嘴）前，宜先在管道根部剔凿直径不小于50mm、深度不大于30mm的注浆孔，宜用速凝无机防水堵漏材料以45°～60°的夹角埋设，并用速凝型无机防水堵漏材料封闭管道与基层间的接缝。注浆压力不宜小于静水压力的2倍，注浆材料宜采用聚氨酯灌浆材料。当管道根部渗漏量小时，可采用注浆止水，也可采用快速封堵止水。

施工中应注意采用钻斜孔注浆止水时应采取措施避免由于钻孔造成管道的破损，注浆时宜自下而上进行。柔性防水涂料的施工基层表面应无明水，阴角宜处理成圆弧形。涂料宜分层刷涂，不得漏涂。铺贴胎体增强材料时，胎体增强材料应铺设平整并充分浸透防水涂料。

**31.6.3.8　其他渗漏水治理**

1. 对拉螺栓根部的渗漏

先剔凿螺栓根部的基层，形成深度不小于40mm的凹槽，再切割螺栓并嵌填速凝型无机防水堵漏材料止水，并用聚合物水泥防水砂浆找平。

2. 预埋件周边渗漏水

应将其周边剔成环形沟槽，清除预埋件锈蚀，并用水冲刷干净，再采用嵌填速凝材料或灌注浆液方法进行封堵处理。

对于受振动而造成预埋件出现的渗漏水，宜凿除预埋件，将预埋位置剔成凹槽，先将凹槽底和四周防水处理好再安装更换（图 31-138）。

3. 地下连续墙幅间接缝渗漏

当渗漏量小时，宜先沿接缝走向采用钻孔注浆或快速封堵止水，再在接缝部位两侧各 500mm 范围内的基层表面涂布水泥基渗透结晶型防水涂料，并宜用聚合物水泥防水砂浆找平。浇筑补偿收缩混凝土前宜在混凝土基层表面涂布水泥基渗透结晶型防水涂料，补偿收缩混凝土的浇筑及养护宜符合现行国家标准《地下工程防水技术规范》GB 50108 的规定。采用注浆止水宜先钻孔穿过接缝并注入聚氨酯灌浆材料止水，再二次钻孔注入可在潮湿环境下固化的环氧树脂类灌浆材料，注浆压力不宜小于静水压力的 2 倍。采用快速封堵止水宜沿接缝走向切割形成 U 形凹槽，凹槽的宽度不宜小于 100mm，深度不宜小于 50mm，嵌填速凝型无机防水堵漏材料止水后预留凹槽的深度不宜小于 20mm。

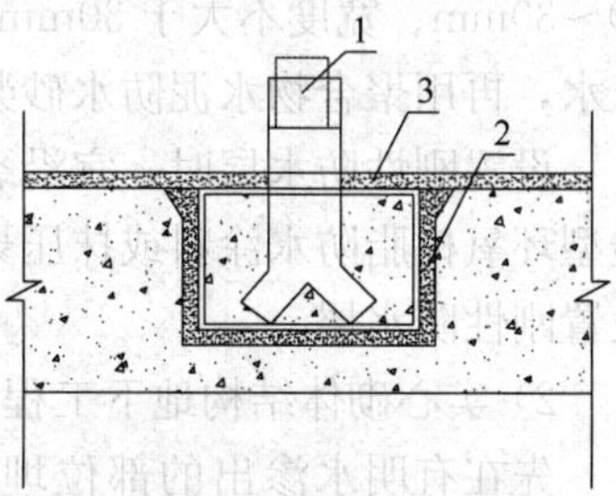

图 31-138 受振动的预埋件部位渗漏水治理
1—预埋件及预制块；2—速凝材料；3—防水砂浆

当渗漏水量大、水压高且可能发生涌水、涌砂、涌泥等险情或危及结构安全时，应先在基坑内侧渗漏部位回填土方或砂包，再在基坑接缝外侧用高压旋喷注入速凝型水泥-水玻璃灌浆材料形成止水帷幕，止水帷幕应深入结构底板 2m 以下。待漏水量减小后，再逐步挖除土方或移除砂包后从内侧止水并设置刚性防水层。设置止水帷幕时应采取措施防止对周围建筑物或构筑物造成破坏。高压旋喷成型止水帷幕宜由具有地基处理专业施工资质的队伍施工。

4. 混凝土蜂窝、麻面的渗漏

混凝土蜂窝孔洞维修时，应剔除松散石子，将蜂窝孔洞周边剔成斜坡并凿毛，用水冲刷干净。表面涂刷混凝土界面剂后，用比原强度等级高一级的细石混凝土或补偿收缩混凝土嵌填捣实，养护后，应用聚合物水泥防水砂浆分层抹压至板面齐平，抹平压光。当清理深度大于钢筋保护层厚度时，宜在新浇混凝土中设置直径不小于 6mm 的钢筋网片。混凝土蜂窝、麻面渗漏治理的施工宜分别按照裂缝、孔洞或大面积潮湿等不同病害形式进行处理。

5. 实心砌体结构地下工程渗漏

实心砌体结构地下防水工程渗漏治理后，宜在背水面形成完整的防水层。

1）裂缝或砌块灰缝的渗漏：

渗漏量大时采取埋管（嘴）注浆止水。注浆管（嘴）宜选用金属管或硬质塑料管，并宜配置阀门。注浆管（嘴）宜沿裂缝或砌块灰缝走向布置，间距不宜小于 500mm。埋设注浆管（嘴）前宜在选定位置开凿深度为 30～40mm、宽度不大于 30mm 的 U 形凹槽，注浆嘴应垂直对准凹槽中心部位裂缝并用速凝型无机防水堵漏材料埋置牢固，注浆前阀门宜保持开启状态。裂缝表面宜采用速凝型无机防水堵漏材料封闭，封缝的宽度不宜小于

50mm。注浆材料宜选用丙烯酸盐、亲水型聚氨酯等黏度较小的灌浆材料，注浆压力不宜大于0.3MPa。注浆宜按照从下往上、由里向外的顺序进行。当观察到浆液从相邻注浆嘴中流出时，宜关闭阀门并停止从该注浆孔注浆，并宜从相邻注浆嘴开始注浆。注浆全部结束、待孔内灌浆材料固化，并经检查无明水后，应按要求处理注浆嘴、封孔并清理基面。

当渗漏量小时可注浆止水，也可采用快速封堵止水。沿裂缝或接缝走向切割出深度20～30mm、宽度不大于30mm的U形凹槽，然后在凹槽中嵌填速凝型无机防水堵漏材料止水，再用聚合物水泥防水砂浆找平。

设置刚性防水层时，宜沿裂缝或接缝走向在两侧各200mm范围内的基层表面涂布渗透型环氧树脂防水涂料或抹压聚合物水泥防水砂浆。对于裂缝分布较密的基层，宜大面积设置刚性防水层。

2）实心砌体结构地下工程墙体大面积渗漏：

先在有明水渗出的部位埋管引水卸压，再在砌体结构表面大面积抹压厚度不小于5mm的速凝型无机防水堵漏材料止水。经检查无渗漏后，宜涂刷改性渗透型环氧树脂防水涂料或抹压聚合物水泥防水砂浆，最后再用速凝型无机防水堵漏材料封闭引水孔。当基层表面无渗漏明水时，宜直接大面积多遍涂刷改性渗透型环氧树脂防水涂料，并宜单层抹压聚合物水泥防水砂浆。在砌体结构表面抹压速凝型无机防水堵漏材料止水前，应清理基层表面，做到坚实干净，再宜抹压速凝型无机防水堵漏材料止水。

3）砌体结构地下工程管道根部渗漏的治理应先止水、再分两遍铺抹聚合物水泥砂浆防水层。

4）当砌体结构地下工程发生因毛细作用导致的墙体返潮、析盐等病害时，宜在墙体下部用聚合物水泥防水砂浆设置防潮层，防潮层的厚度不宜小于10mm，并应抹压平整。

5）空鼓、裂缝渗漏水，应剔除空鼓处水泥砂浆，沿裂缝剔成凹槽。砖砌体结构应剔除酥松部分并清除干净，采用下管引水的方法封堵。经检查无渗漏后，重新抹压聚合物水泥砂浆防水层至表面齐平。

6）阴阳角处渗漏水，应沿裂缝剔成V形槽，用水冲刷干净。布置注浆孔，注浆孔位置宜选择在漏水密集处及裂缝交叉处，其间距视漏水压力、漏水量、缝隙大小及所选用的注浆材料而定，间距宜为500～1000mm。注浆孔应交错布置，注浆嘴用速凝材料嵌固于孔洞内。阴阳角的防水层应抹成圆弧形，抹压应密实。

### 31.6.4　屋面渗漏水治理

屋面防水是构造防水与材料防水相结合的防水设防，防水材料的耐久性达不到建筑设计使用年限，防水层老化会出现渗漏，需要进行治理。

#### 31.6.4.1　一般要求

屋面渗漏治理查勘应全面检查屋面防水层大面及细部构造出现的弊病及渗漏现象，并应对排水系统及细部构造重点检查。

(1) 平屋面渗漏查勘：

1）卷材、涂膜防水层的裂缝、翘边、空鼓、龟裂、流淌、剥落、腐烂、积水等状况。

2）天沟、檐沟、檐口、泛水、女儿墙、立墙、伸出屋面管道、阴阳角、水落口、变形缝等部位的状况。

3）刚性防水层开裂、起砂、酥松、起壳等状况。

4）刚性防水层分格缝内密封材料的破损、剥离、老化等状况。

（2）瓦屋面渗漏治理查勘

1）瓦件裂纹、缺角、破碎、风化、老化、锈蚀、变形等状况。

2）瓦件的搭接宽度、搭接顺序、接缝密封性、平整度、牢固程度等状况。

3）屋脊、泛水、上人孔、老虎窗、天窗等部位的状况。

4）防水基层开裂、损坏等状况。

（3）屋面渗漏治理工程应根据房屋重要程度、防水设计等级、使用要求，结合查勘结果，找准渗漏部位，综合分析渗漏原因编制治理方案；治理宜在迎水面进行。

**31.6.4.2 平屋面渗漏水治理**

（1）用于建筑屋面渗漏治理工程。

（2）屋面渗漏宜从迎水面进行治理。

（3）屋面渗漏治理工程基层处理：

1）基层酥松、起砂、起皮等应清除，表面应坚实、平整干净、干燥，排水坡度应符合设计要求。

2）基层与突出屋面的交接处，以及基层的转角处，宜抹成圆弧。

3）水落口周围应抹成略低的凹坑。

4）刚性防水层的分格缝应修整、清理干净。

5）基层处理剂配比应准确，搅拌充分，大面积涂布可采取喷涂法或涂刷法施工；对屋面节点、周边、转角等部分应用毛刷进行涂刷；基层处理剂喷、涂应均匀一致，覆盖完全，待其干燥后应及时施工防水层。

（4）改性沥青卷材屋面出现渗漏、卷材防水层还未完全丧失防水功能进行局部治理时，宜在原改性沥青卷材防水层上采取喷涂速凝橡胶沥青防水涂层的治理措施。

（5）屋面渗漏治理过程中，不得随意增加屋面荷载或改变原屋面的使用功能；雨期治理施工应做好防雨遮盖和排水措施，冬期施工应采取防冻保温措施。

（6）屋面渗漏治理施工：

1）应按治理方案和施工工艺进行施工。

2）防水层施工时，应先做好节点附加层的处理。

3）防水层的收头应采取密封加强措施。

4）每道工序完工后，应经验收合格后再进行下道工序施工。

5）施工过程中应做好防水层等成品保护工作。

（7）屋面渗漏治理选用的防水材料应依据屋面防水设防要求、建筑结构特点、渗漏部位及施工条件选定：

1）防水层外露的屋面应选用耐紫外线、耐老化、耐腐蚀、耐酸雨性能优良的防水材料，外露屋面沥青卷材防水层宜选用上表面覆有矿物粒料或铝箔保护层的防水卷材。

2）上人屋面应选用耐水、耐霉菌性能优良的材料；种植屋面应选用耐根穿刺的防水卷材。

3）薄壳、装配式结构、钢结构等大跨度变形较大的建筑屋面应选用延伸性好、适应变形能力优良的防水材料。

4）屋面接缝密封防水，应选用粘结力强，延伸率大、耐久性好的密封材料。

（8）屋面工程渗漏治理中多种材料复合使用时：

1）耐老化、耐穿刺的防水层宜设置在最上面，不同材料之间应具有相容性。

2）合成高分子类卷材或涂膜的上部不得直接采用热熔型卷材。

（9）柔性防水层破损及裂缝的治理宜采用与其类型、品种相同或相容性好的卷材、涂料及密封材料；涂膜防水层开裂的部位，宜涂布带有胎体增强材料的防水涂料；刚性防水层渗漏治理时，应增做柔性防水层。

（10）屋面防水卷材渗漏采用卷材治理时：

1）铺设卷材的基层处理应符合治理方案的要求，其干燥程度应根据卷材的品种与施工要求确定。

2）在防水层破损或细部构造及阴阳角、转角部位，应涂刷涂料或铺设卷材附加层。

3）卷材铺设宜采用满粘法施工。

4）卷材搭接缝部位应粘结牢固、封闭严密；铺设完成的卷材防水层应平整，搭接尺寸应符合设计要求。

5）卷材防水层应先沿裂缝单边点粘或空铺一层宽度不小于100mm的卷材，或采取其他能增大防水层适应变形的措施，然后再大面积铺设卷材。

（11）粘贴防水卷材应使用与卷材相容的胶粘材料，其粘结性能应符合表31-54的规定。

**防水卷材粘结性能**　　　　**表31-54**

| 项目 | | 自粘聚合物沥青防水卷材粘合面 PY类 | 自粘聚合物沥青防水卷材粘合面 N类 | 三元乙丙橡胶和聚氯乙烯防水卷材胶粘剂 | 丁基橡胶自粘胶带 |
|---|---|---|---|---|---|
| 剪切状态下的粘合性（卷材-卷材） | 标准试验条件（N/mm） | ≥4或卷材断裂 | ≥2或卷材断裂 | ≥2或卷材断裂 | ≥2或卷材断裂 |
| 粘结剥离强度（卷材-卷材） | 标准试验条件（N/mm） | ≥1.5或卷材断裂 | | ≥1.5或卷材断裂 | ≥0.4或卷材断裂 |
| | 浸水168h后保持率（%） | ≥70 | | ≥70 | ≥80 |
| 与混凝土粘结强度（卷材-混凝土） | 标准试验条件（N/mm） | ≥1.5或卷材断裂 | | ≥1.5或卷材断裂 | ≥0.6或卷材断裂 |

（12）卷材防水层裂缝治理

1）在原防水层裂缝上铺设卷材时，应注意避免强呛水现象。采用卷材治理有规则裂缝时，应先将基层清理干净，再沿裂缝单边点粘宽度不小于100mm卷材隔离层，然后在原防水层上铺设宽度不小于300mm卷材覆盖层，覆盖层与原防水层的粘结宽度不应小于100mm；采用防水涂料治理有规则裂缝时，应先沿裂缝清理面层浮灰、杂物，再沿裂缝铺设隔离层，其宽度不应小于100mm，然后在面层涂布带有胎体增强材料的防水涂料，收头处密封严密。

2）对于无规则裂缝，宜沿裂缝铺设宽度不小于300mm卷材或涂布带有胎体增强材料的防水涂料。治理前，应沿裂缝清理面层浮灰、杂物。防水层应满粘满涂，新旧防水层应搭接严密。

3）对于分格缝或变形缝部位的卷材裂缝，应清除缝内失效的密封材料，重新铺设衬垫材料和嵌填密封材料。密封材料应饱满、密实，施工中不得裹入空气。

（13）卷材接缝开口、翘边的治理：应清理原粘结面的胶粘材料、密封材料、尘土，并应保持粘结面干净、干燥；依据设计要求或施工方案，采用热熔或胶粘方法将卷材接缝粘牢，并应沿接缝覆盖一层宽度不小于200mm的卷材密封严密；接缝开口处老化严重的卷材应割除，并应重新铺设卷材防水层，接缝处应用密封材料密封严密、粘结牢固。

（14）卷材防水层起鼓治理时，应先将卷材防水层鼓泡用刀割除，并清除原胶粘材料，基层应干净、干燥，再重新铺设防水卷材，防水卷材的接缝处应粘结牢固、密封严密。

（15）卷材防水层局部龟裂、发脆、腐烂等的治理：宜铲除已破损的防水层，并应将基层清理干净、修补平整；采用卷材治理时，应按照治理方案要求，重新铺设卷材防水层，其搭接缝应粘结牢固、密封严密；采用涂料维修时，应按照治理方案要求，重新涂布防水层，收头处应多遍涂刷并密封严密。

（16）屋面防水卷材渗漏采用高聚物改性沥青防水卷材热熔治理施工时：

1）火焰加热器的喷嘴距卷材面的距离应适中，幅宽内加热应均匀，以卷材表面熔融至光亮黑色为度，不得过分加热卷材。

2）厚度小于3mm的高聚物改性沥青防水卷材，严禁采用热熔法施工。

3）卷材表面热熔后应立即铺设卷材，铺设时应排除卷材下面的空气，使之平展并粘贴牢固。

4）搭接缝部位宜以溢出热熔的改性沥青为度，溢出的改性沥青宽度以2mm左右并均匀顺直为宜；当接缝处的卷材有铝箔或矿物粒（片）料时，应清除干净后再进行热熔和接缝处理。

5）重新铺设卷材时应平整顺直，搭接尺寸准确，不得扭曲。

（17）屋面防水卷材渗漏采用合成高分子防水卷材冷粘施工时：

1）基层胶粘剂应涂刷在基层和卷材底面，涂刷应均匀，不露底，不堆积；卷材空铺、点粘、条粘时，应按规定的位置及面积涂刷胶粘剂。

2）根据胶粘剂的性能，应控制胶粘剂涂刷与卷材铺设的间隔时间。

3）铺设卷材不得皱褶，也不得用力拉伸卷材，并应排除卷材下面的空气，辊压粘贴牢固。

4）铺设的卷材应平整顺直，搭接尺寸准确，不得扭曲。

5）卷材铺好压粘后，应将搭接部位的粘合面清理干净，并采用与卷材配套的接缝专用胶粘剂粘贴牢固。

6）搭接缝口应采用与防水卷材相容的密封材料封严。

7）卷材搭接部位采用胶粘带粘结时，粘合面应清理干净，撕去胶粘带隔离纸后应及时粘合上层卷材，并辊压粘牢；低温施工时，宜采用热风机加热，使其粘贴牢固、封闭严密。

（18）屋面防水卷材渗漏采用合成高分子防水卷材焊接和机械固定施工时：

1）对热塑性卷材的搭接缝宜采用单缝焊或双缝焊，焊接应严密。

2）焊接前，卷材应铺放平整、顺直，搭接尺寸准确，焊接缝的结合面应清扫干净。

3）应先焊长边搭接缝，后焊短边搭接缝。

4）卷材采用机械固定时，固定件应与结构层固定牢固，固定件间距应根据当地的使用环境与条件确定，并不宜大于600mm；距周边800mm范围内的卷材应满粘。

（19）采用涂膜防水治理时，涂膜防水层应符合国家现行有关标准的规定，新旧涂膜防水层搭接宽度不应小于100mm；应清理泛水部位的涂膜防水层，且面层应干燥、干净；泛水部位应先增设涂膜防水附加层，再涂布防水涂料，涂膜防水层有效泛水高度不应小于250mm。

（20）天沟水落口治理时，应清理防水层及基层，天沟应无积水且干燥，水落口杯应与基层锚固。施工时，应先做水落口的密封防水处理及增强附加层，其直径应比水落口大200mm，再在面层涂布防水涂料。

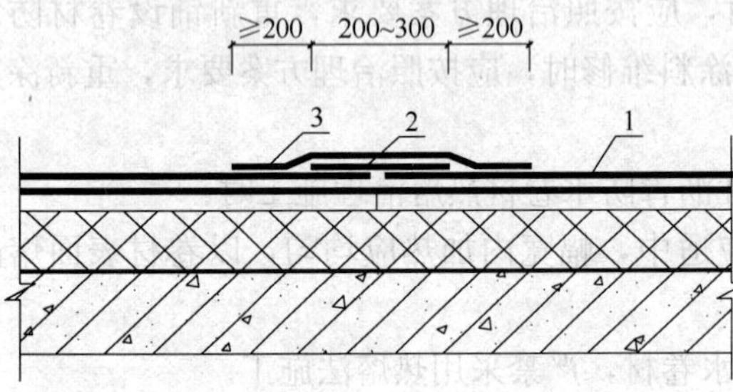

图31-139　涂膜防水层裂缝治理
1—原涂膜防水层；2—新铺隔离层；
3—新涂布有胎体增强材料的涂膜防水层

（21）涂膜防水层裂缝的治理：对于有规则裂缝维修，应先清除裂缝部位的防水涂膜，并将基层清理干净，再沿缝干铺或单边点粘空铺隔离层，然后在面层涂布涂膜防水层，新旧防水层搭接应严密（图31-139）；对于无规则裂缝维修，应先铲除损坏的涂膜防水层，并清除裂缝周围浮灰及杂物，再沿裂缝涂布涂膜防水层，新旧防水层搭接应严密。

（22）涂膜防水层治理：保留原防水层时，应将起鼓、腐烂、开裂及老化部位的涂膜防水层清除干净。局部维修后，面层应涂布涂膜防水层，且涂布应符合现行国家标准《屋面工程技术规范》GB 50345的规定；全部铲除原防水层时，应修整或重做找平层，水泥砂浆找平层应顺坡抹平压光，面层应牢固。面层应涂布涂膜防水层，且涂布应符合现行国家标准《屋面工程技术规范》GB 50345的规定。

（23）涂膜防水层渗漏治理施工：

1）基层处理应符合治理方案的要求，基层的干燥程度，应视所选用的涂料特性而定。

2）涂膜防水层的厚度应符合国家现行有关标准的规定。

3）涂膜防水层治理时，应先做带有胎体增强材料的涂膜附加层，新旧防水层搭接宽度不应小于100mm。

4）涂膜防水层应采用涂刷法或喷涂法施工。

5）涂膜防水层治理时，天沟、檐沟的坡度应符合设计要求。

6）防水涂膜应分遍涂布，待先涂布的涂料干燥成膜后，方可涂布后一遍涂料，且前后两遍涂料的涂布方向应相互垂直。

7）涂膜防水层的收头，应采用防水涂料多遍涂刷或用密封材料封严。

8）对已开裂、渗水的部位，应凿出凹槽后再嵌填密封材料，并增设一层或多层带有胎体增强材料的附加层。

9）涂膜防水层应沿裂缝增设带有胎体增强材料的空铺附加层，其空铺宽度宜为100mm。

(24) 涂膜防水层渗漏采用高聚物改性沥青防水涂膜治理施工时：

1) 防水涂膜应多遍涂布，其总厚度应达到设计要求。

2) 涂层的厚度应均匀，且表面平整。

3) 涂层间铺设带有胎体增强材料时，宜边涂布边铺胎体；胎体应铺设平整，排除气泡，并与涂料粘结牢固；在胎体上涂布涂料时，应使涂料浸透胎体，覆盖完全，不得有胎体外露现象；最上面的涂层厚度不应小于1.0mm。

4) 涂膜施工应先做好节点处理，铺设带有胎体增强材料的附加层，然后再进行大面积涂布。

5) 屋面转角及立面的涂膜应薄涂多遍，不得有流淌和堆积现象。

(25) 涂膜防水层渗漏采用合成高分子防水涂膜治理施工时：

1) 可采用涂刷或喷涂施工，当采用涂刷施工时，每遍涂布的推进方向宜与前一遍相互垂直。

2) 多组分涂料应按配合比准确计量，搅拌均匀，已配制的多组分涂料应及时使用；配料时，可加入适量的缓凝剂或促凝剂来调节固化时间，但不得混入已固化的涂料。

3) 在涂层间铺设带有胎体增强材料时，位于胎体下面的涂层厚度不宜小于1mm，最上层的涂层不应少于两遍，其厚度不应小于1mm。

(26) 涂膜防水层渗漏采用聚合物水泥防水涂膜治理施工时，应有专人配料、计量，搅拌均匀，不得混入已固化或结块的涂料。

(27) 屋面防水层渗漏采用合成高分子密封材料治理施工时：

1) 单组分密封材料可直接使用，多组分密封材料应根据规定的比例准确计量，拌合均匀，每次拌合量、拌合时间和拌合温度，应按所用密封材料的要求严格控制。

2) 密封材料可使用挤出枪或腻子刀嵌填，嵌填应饱满，不得有气泡和孔洞。

3) 采用挤出枪嵌填时，应根据接缝的宽度选用口径合适的挤出嘴，均匀挤出密封材料嵌填，并由底部逐渐充满整个接缝。

4) 一次嵌填或分次嵌填应根据密封材料的性能确定。

5) 采用腻子刀嵌填时，应先将少量密封材料批刮在缝两侧，分次将密封材料嵌填在缝内，并防止裹入空气，接头应采用斜槎。

6) 密封材料嵌填后，应在表干前用腻子刀进行修整。

7) 多组分密封材料拌合后，应在规定时间内用完，未混合的多组分密封材料和未用完的单组分密封材料应密封存放。

8) 嵌填的密封材料表干后，方可进行保护层施工。

9) 对嵌填完毕的密封材料，应避免碰损及污染，固化前不得踩踏。

(28) 刚性防水层泛水部位渗漏的治理：泛水渗漏的治理应在泛水处用密封材料嵌缝，并铺设卷材或涂布涂膜附加层；当泛水处采用卷材防水层时，卷材收头应用金属压条钉压固定，并用密封材料封闭严密（图31-140）。

(29) 分格缝渗漏治理：

1) 采用密封材料嵌缝时，缝槽底部应先设置背衬材料，密封材料覆盖宽度应超出分格缝每边50mm以上（图31-141）。

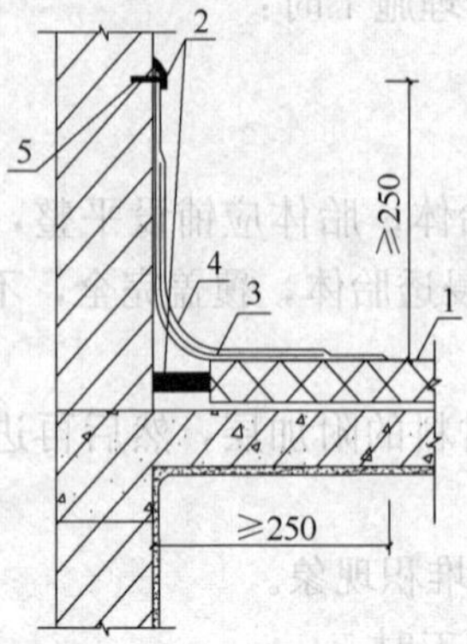


图 31-140　泛水部位的渗漏治理

1—原刚性防水层；2—新嵌密封材料；
3—新铺附加层；4—新铺防水层；
5—金属条钉压

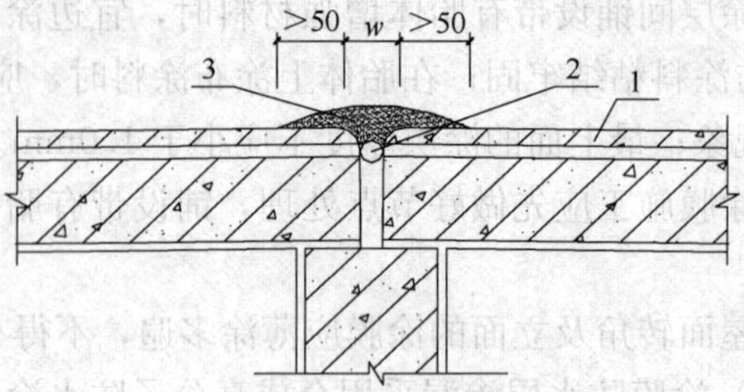


图 31-141　分格缝采用密封材料嵌缝治理

1—原刚性防水层；2—新铺背衬材料；
3—新嵌密封材料；
w—分格缝上口宽度

2）采用铺设卷材或涂布有胎体增强材料的涂膜防水层治理时，应清除高出分格缝的密封材料。面层铺设卷材或涂布有胎体增强材料的涂膜防水层应与板面贴牢封严。铺设防水卷材时，分格缝部位的防水卷材宜空铺，卷材两边应满粘，且与基层的有效搭接宽度不应小于 100mm（图 31-142）。

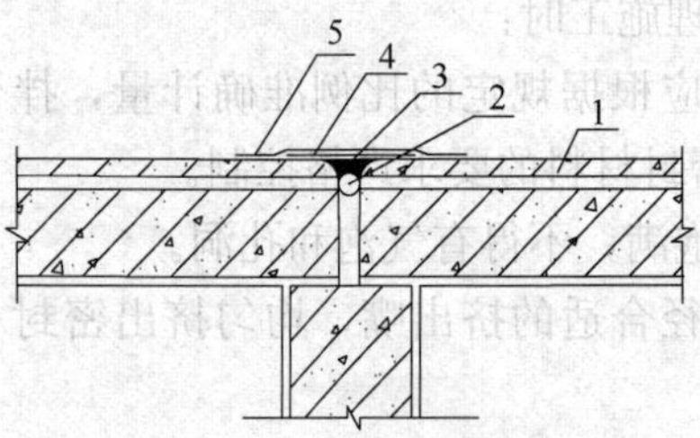


图 31-142　分格缝采用卷材或涂膜防水层治理

1—原刚性防水层；2—新铺背衬材料；
3—新嵌密封材料；4—隔离层；
5—新铺卷材或涂膜防水层

（30）刚性防水层表面因混凝土风化、起砂、酥松、起壳、裂缝等原因而导致局部渗漏时，应先将损坏部位清除干净，再浇水湿润后，采用聚合物水泥防水砂浆分层抹压密实、平整。

（31）刚性混凝土防水层裂缝，宜针对不同部位的裂缝状况采用防水卷材、防水涂料或密封材料进行治理。

1）有规则裂缝采用防水涂料治理时，宜选用高聚物改性沥青防水涂料或合成高分子防水涂料。应在基层补强处理后，沿缝设置宽度不小于 100mm 的隔离层，再在面层涂布带有胎体增强材料的防水涂料，且宽度不应小于 300mm；采用高聚物改性沥青防水涂料时，防水层厚度不应小于 3mm，采用合成高分子防水涂料时，防水层厚度不应小于 2mm；涂膜防水层与裂缝两侧混凝土粘结宽度不应小于 100mm。

2）有规则裂缝采用防水卷材治理时，应在基层补强处理后先沿裂缝空铺隔离层，其宽度不应小于 100mm，再铺设卷材防水层，宽度不应小于 300mm，卷材防水层与裂缝两侧混凝土防水层的粘结宽度不应小于 100mm，卷材与混凝土之间应粘贴牢固、收头密封严密。

3）有规则裂缝采用密封材料嵌缝治理时，应沿裂缝剔凿出 15mm×15mm 的凹槽，基层清理后，槽壁涂刷与密封材料配套的基层处理剂，槽底填放背衬材料，并在凹槽内嵌填密封材料，密封材料应嵌填密实、饱满，防止裹入空气，缝壁粘牢封严。

4）宽裂缝治理：应先沿缝嵌填聚合物水泥防水砂浆或掺防水剂的水泥砂浆；采用卷

材治理有规则裂缝时，应先将基层清理干净，再沿裂缝单边点粘宽度不小于100mm卷材隔离层，然后在原防水层上铺设与原防水层相同或相容，且宽度不小于300mm的卷材覆盖层，覆盖层与原防水层的粘结宽度不应小于100mm；采用防水涂料治理有规则裂缝时，应先沿裂缝清理面层浮灰、杂物，再沿裂缝铺设隔离层，其宽度不应小于100mm，然后在面层涂布带有胎体增强材料的防水涂料，收头处密封严密（图31-143）。

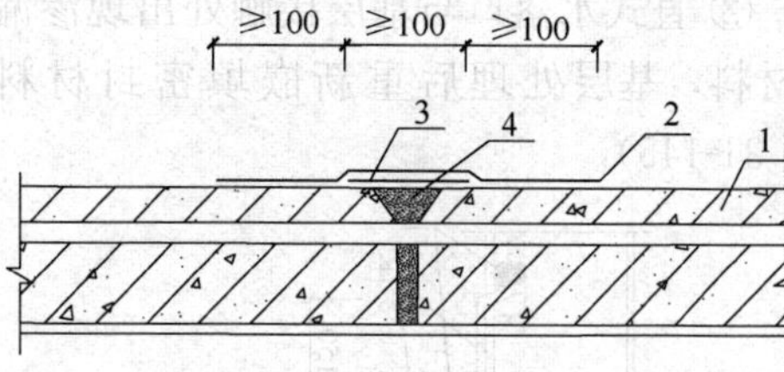


图31-143 刚性混凝土防水层宽裂缝渗漏治理
1—原刚性防水层；2—新铺卷材或有胎体增强的涂膜防水层；3—新铺隔离层；4—嵌填聚合物水泥砂浆

（32）刚性防水屋面大面积渗漏进行治理时，宜优先采用柔性防水层，且防水层施工应符合现行国家标准《屋面工程技术规范》GB 50345的规定。治理前，应先清除原防水层表面损坏部分，再对渗漏的节点及其他部位进行治理。

（33）刚性防水层渗漏采用聚合物水泥防水砂浆或掺外加剂的防水砂浆治理施工时：

1）基层表面应坚实、洁净，并应充分湿润、无明水。

2）防水砂浆配合比应符合设计要求，施工中不得随意加水。

3）防水层应分层抹压，最后一层表面应抹平。

4）聚合物水泥防水砂浆拌合后应在规定时间内用完，凡结硬砂浆不得继续使用。

5）砂浆层硬化后方可浇水养护，并应保持砂浆表面湿润，养护时间不应少于14d，温度不宜低于5℃。

6）防水层治理合格后，应恢复屋面使用功能。

（34）屋面渗漏治理施工严禁在雨天、雪天进行；五级风及其以上时不得施工，施工环境气温应符合现行国家标准的规定。

（35）当工程现场与治理方案有出入时，应暂停施工。需变更治理方案时，应做好洽商记录。

（36）保温隔热层浸水渗漏治理，应根据其面积的大小，进行局部或全部翻修；保温层浸水不易排除时，宜增设排水措施；保温层潮湿时，先增设排汽措施，再做防水层；屋面发生大面积渗漏，防水层丧失防水功能时，应进行翻修，并按现行国家标准《屋面工程技术规范》GB 50345的规定重新设计。

（37）屋面水落口、天沟、檐沟、檐口及立面卷材收头等渗漏治理施工：

重新安装的水落口应固定在承重结构上；当采用金属制品时应做防锈处理；天沟、檐沟重新铺设的卷材应从沟底开始，当沟底过宽、卷材需纵向搭接时，搭接缝应用密封材料封口；混凝土立面的卷材收头应裁齐后压入凹槽，并用压条或带垫片钉子固定，最大钉距不应大于300mm，凹槽内应用密封材料嵌填封严；立面铺设高聚物改性沥青防水卷材时，应采用满粘法，并宜减少短边搭接。

1）水落口防水构造渗漏治理

①横式水落口卷材收头处张口、脱落导致渗漏时，应拆除原防水层，清理干净，嵌填密封材料，新铺卷材或涂膜附加层，再铺设防水层（图31-144）。

② 直式水落口与基层接触处出现渗漏时，应清除周边已破损的防水层和凹槽内原密封材料，基层处理后重新嵌填密封材料，面层涂布防水涂料，厚度不应小于 2mm（图 31-145）。

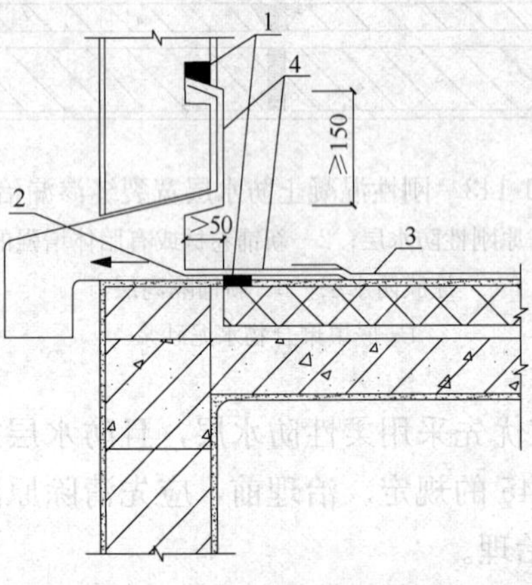


图 31-144　横式水落口与基层接触处渗漏治理

1—新嵌密封材料；2—新铺附加层；
3—原防水层；4—新铺卷材或涂膜防水层

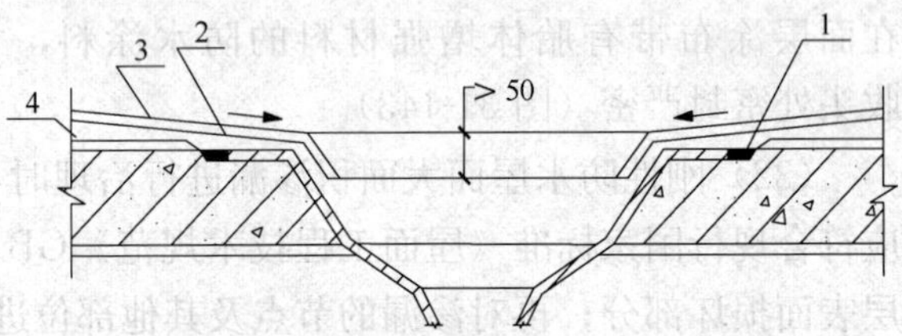


图 31-145　直式水落口与基层接触处渗漏治理

1—新嵌密封材料；2—新铺附加层；
3—新涂膜防水层；4—原防水层

2）天沟、檐沟卷材开裂渗漏治理

当渗漏点较少或分布零散时，应拆除开裂破损处已失效的防水材料，重新进行防水处理，治理后应与原防水层衔接形成整体，且不得积水（图 31-146）。

渗漏严重的部位翻修时，宜先将已起鼓、破损的原防水层铲除、清理干净，并修补基层，再铺设卷材或涂布防水涂料附加层，然后重新铺设防水层，卷材收头部位应固定、密封。

3）泛水处卷材开裂、张口、脱落的治理

① 女儿墙、立墙等高出屋面结构与屋面基层的连接处卷材开裂时，应先将裂缝清理干净，再重新铺设卷材或涂布防水涂料，新旧防水层应形成整体（图 31-147）。卷材收头可压入凹槽内固定密封，凹槽距屋面完成面高度不应小于 250mm，上部墙体应做防水处理（同样适用于变形缝挡墙根部渗漏处理）。

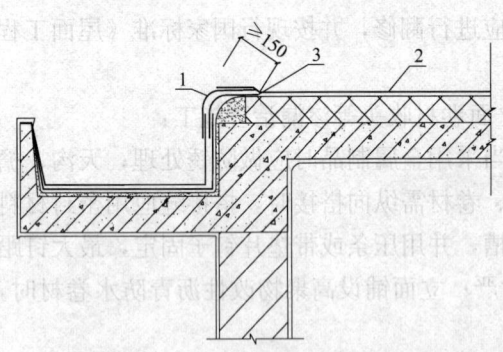

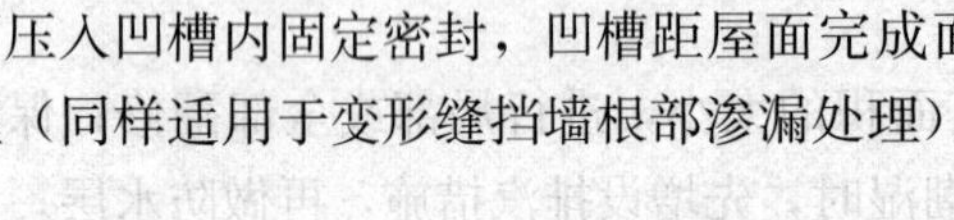


图 31-146　檐沟与屋面交接处渗漏治理

1—新铺卷材或涂膜防水层；2—原防水层；
3—新铺附加层

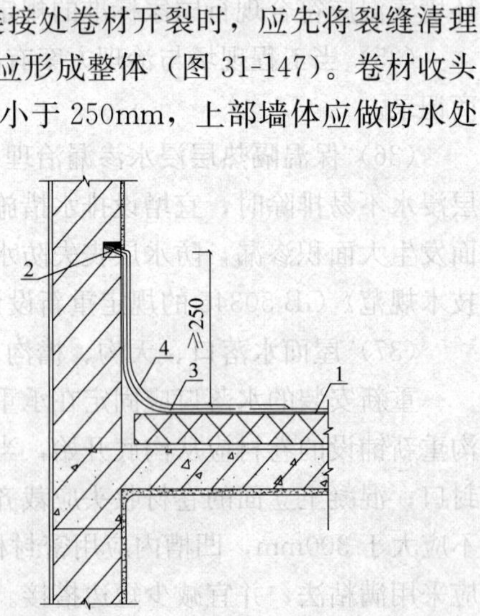


图 31-147　女儿墙、立墙与屋面基层连接处开裂治理

1—原防水层；2—密封材料；3—新铺卷材
或涂防水层；4—新铺附加层

② 女儿墙泛水处收头卷材张口、脱落不严重时，应先清除原有胶粘材料及密封材料，再重新满粘卷材。上部应覆盖一层卷材，并应将卷材收头铺至女儿墙压顶下，同时应用压条钉压固定并用密封材料封闭严密，压顶应做防水处理（图 31-148）。张口、脱落严重时应割除并重新铺设卷材。

③ 混凝土墙体泛水处收头卷材张口、脱落时，应先清除原有胶粘材料、密封材料、水泥砂浆层至结构层，再涂刷基层处理剂，然后重新满粘卷材。卷材收头端部应裁齐，并用金属压条钉压固定，最大钉距不应大于 300mm，再用密封材料封严；上部应采用金属板材覆盖，钉压固定后用密封材料封严（图 31-149）。

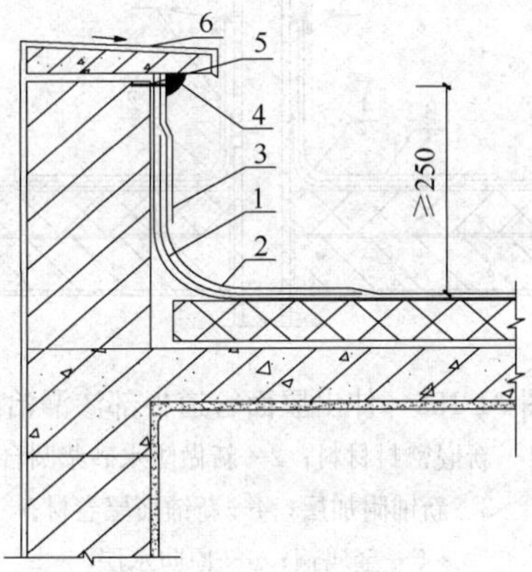


图 31-148 砖墙泛水收头卷材张口、脱落渗漏治理

1—原附加层；2—原卷材防水层；3—增铺一层卷材防水层；4—密封材料；5—金属压条钉压固定；6—防水处理

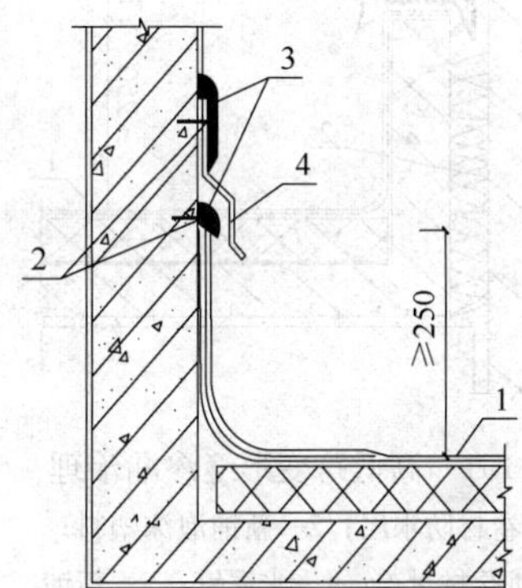


图 31-149 混凝土墙体泛水处收头卷材张口、脱落渗漏治理

1—原卷材防水层；2—金属压条钉压固定；3—密封材料；4—增铺金属板材或高分子卷材

4）女儿墙、立墙和女儿墙压顶开裂、剥落的治理

① 压顶砂浆局部开裂、剥落时，应先剔除局部砂浆后，再铺抹聚合物水泥防水砂浆。

② 压顶开裂、剥落严重时，应先凿除酥松砂浆，再修补基层，然后在顶部加扣金属盖板，金属盖板应做防锈蚀处理。

5）变形缝渗漏的治理

① 屋面水平变形缝渗漏治理时，应先清除缝内原卷材防水层、胶粘材料及密封材料，且基层应保持干净、干燥，再涂刷基层处理剂、缝内填充衬垫材料，并用卷材封盖严密，然后在顶部加扣混凝土盖板或金属盖板，金属盖板应做防腐蚀处理（图 31-150）。

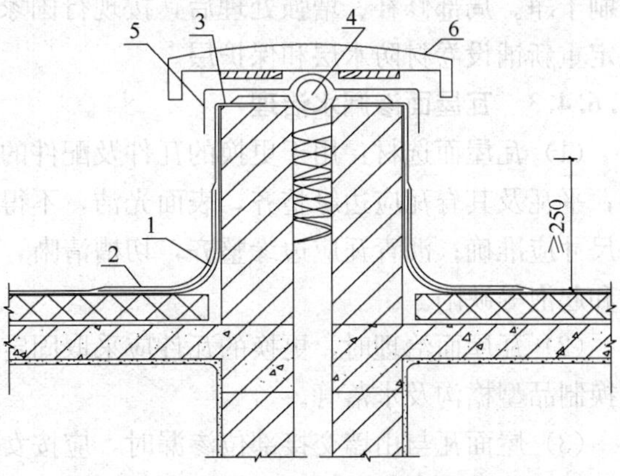


图 31-150 水平变形缝渗漏治理

1—原附加层；2—原卷材防水层；3—新铺卷材；4—新嵌衬垫材料；5—新铺卷材封盖；6—新铺金属盖板

② 高低跨变形缝渗漏时，应先按水平变形缝治理要求进行清理及卷材铺设，卷材应在立墙收头处用金属压条钉压固定和密封处理，上部再用金属板或

合成高分子卷材覆盖，其收头部位应固定密封（图 31-151）。

6）伸出屋面的管道根部渗漏时，应先将管道周围的卷材、胶粘材料及密封材料清除干净至结构层，再在管道根部重做水泥砂浆圆台，上部增设防水附加层，面层用卷材覆盖，其搭接宽度不应小于 200mm，并应粘结牢固，封闭严密。卷材防水层收头高度不应小于 250mm，先用金属箍箍紧，再用密封材料封严（图 31-152）。

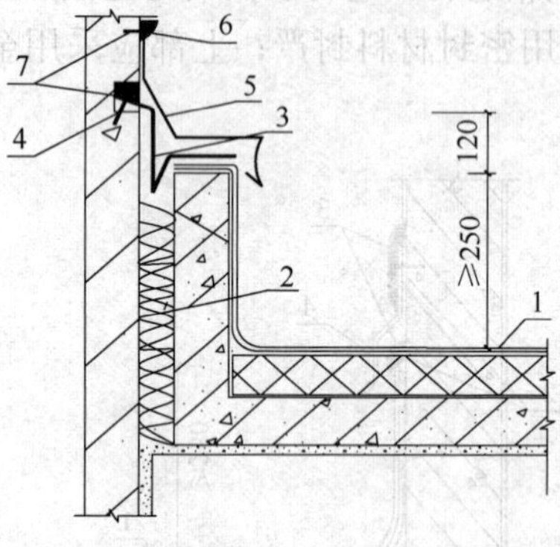


图 31-151 高低跨变形缝渗漏治理

1—原卷材防水层；2—新铺泡沫塑料；3—新铺卷材封盖；4—水泥钉；5—新铺金属板材或合成高分子卷材；6—金属压条钉压固定；7—新嵌密封材料

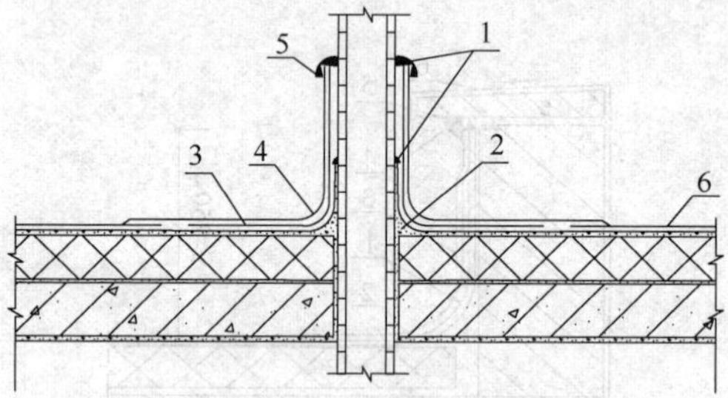


图 31-152 伸出屋面管道根部渗漏治理

1—新嵌密封材料；2—新做防水砂浆圆台；3—新铺附加层；4—新铺面层卷材；5—金属箍；6—原防水层

（38）卷材防水层大面积渗漏丧失防水功能时，可全部铲除或保留原防水层进行翻修：

1）防水层大面积老化、破损时，应全部铲除，并应修整找平层及保温层。铺设卷材防水层时，应先做附加层增强处理，并按现行国家标准《屋面工程技术规范》GB 50345 的规定，重新施工防水层及其保护层。

2）防水层大面积老化、局部破损时，在屋面荷载允许的条件下，宜在保留原防水层的基础上，增做面层防水层。防水卷材破损部分应铲除，面层应清理干净，必要时应用水冲刷干净。局部修补、增强处理后，按现行国家标准《屋面工程技术规范》GB 50345 的规定重新铺设卷材防水层和保护层。

**31.6.4.3 瓦屋面渗漏水治理**

（1）瓦屋面选材：用于更换的瓦件及配件的品种、规格、型号、色泽等应与原屋面一致；平瓦及其脊瓦应边缘整齐，表面光洁，不得有剥离、裂纹等缺陷，平瓦的瓦爪与瓦槽的尺寸应准确；沥青瓦应边缘整齐，切槽清晰，厚薄均匀，表面无孔洞、楞伤、裂纹、折皱和起泡等缺陷。

（2）瓦屋面治理时，更换的瓦件应采取固定加强措施，多雨地区的坡屋面檐口治理宜更换制品型檐沟及水落管。

（3）屋面瓦与山墙交接部位渗漏时，应按女儿墙泛水渗漏的治理方法进行治理，可在瓦面直接铺贴自粘柔性防水材料（自粘丁基橡胶止水带）进行治理。

（4）瓦屋面天沟、檐沟渗漏治理：混凝土结构的天沟、檐沟渗漏水的治理同平屋面；预制的天沟、檐沟应根据损坏程度决定局部维修或整体更换。

(5) 水泥瓦、黏土瓦和陶瓦屋面渗漏治理：少量瓦件产生裂纹、缺角、破碎、风化时，应拆除破损的瓦件，并选用同一规格的瓦件予以更换；瓦件松动时，应拆除松动瓦件，重新铺挂瓦件；块瓦大面积破损时，应清除全部瓦件，整体翻修。

(6) 沥青瓦屋面渗漏治理：沥青瓦局部老化、破裂、缺损时，应更换同一规格的沥青瓦；沥青瓦大面积老化时，应全部拆除沥青瓦，并按现行国家标准《屋面工程技术规范》GB 50345 的规定，重新铺设防水垫层及沥青瓦。

(7) 瓦屋面渗漏治理施工：

1) 更换的平瓦应铺设整齐，彼此紧密搭接，并应瓦榫落槽，瓦脚挂牢，瓦头排齐。

2) 更换的油毡瓦应自檐口向上铺设，相邻两层油毡瓦，其拼缝及瓦槽应均匀错开。

3) 每片油毡瓦不应少于 4 个油毡钉，油毡钉应垂直钉入，钉帽不得外露。当屋面坡度大于 150%时，应增加油毡钉或采用沥青胶粘贴。

(8) 屋面周边和既有孔洞部位应设置安全护栏，高处作业人员不得穿硬底鞋。

(9) 坡屋顶作业时，屋檐处应搭设防护栏杆并应铺设防滑设施。

(10) 遇有雨、雪天及五级以上大风时，应停止露天和高处作业。

(11) 脚手架应根据渗漏治理工程实际情况进行设计和搭设，并应与建筑物牢固拉接。

(12) 高处作业应符合现行行业标准《建筑施工高处作业安全技术规范》JGJ 80 的规定。

(13) 拆除作业应符合现行行业标准《建筑拆除工程安全技术规范》JGJ 147 的规定。

## 31.6.5 室内渗漏水治理

随着时间的推移，建筑物受不均匀沉降、天气变化和热胀冷缩的影响，以及施工质量和其他人为或客观的原因，在厕浴间、厨房、建筑物墙面上出现各种渗漏现象。室内地面渗漏影响下一层使用功能，墙面渗漏影响同层其他房间的使用，并经常造成邻里之间的矛盾。

### 31.6.5.1 一般要求

(1) 厕浴间、厨房的查勘应包括下列内容：

1) 地面和墙面及其交接部位裂缝、积水、空鼓等。

2) 地漏、管道与地面或墙面的交接部位。

3) 排水沟及其与下水管道交接部位等。

4) 应查阅相关设计、施工资料，对设计参数、施工材料、施工工艺等，并应查明隐蔽性管道的铺设路径、接头的数量与位置；以方便制定针对性的治理技术措施。

(2) 治理前应做好渗漏原因分析：

1) 室内墙面渗漏水包括窗框周边，填充墙与柱、梁交界处，外墙开裂处，屋面渗漏处等均可导致室内墙面发生渗漏水及墙皮起泡、墙皮脱落、发霉等现象。

2) 厕浴间和厨房防水层铺贴高度不够，淋浴水渗漏至墙体，造成墙面瓷砖脱落。

3) 防水工程完成后大多是被隐蔽在结构或其他构造层下面，在分析渗漏水时，水是如何进入表面层，进入表面层后又是通过什么方式和途径进入室内，分析过程中需要对各构造层与结构状况十分清晰，才能从各种现象中找到正确方向。

4) 土建、安装的不同施工工艺：同样的渗漏水现象，由于施工工艺或施工顺序的不同，造成渗漏的原因也有可能不同。如不同窗户类型安装与墙体、饰面层之间的关系，有副框与无副框窗安装方法与防水密封的关系等。

**31.6.5.2　室内渗漏水治理**

（1）厕浴间和厨房渗漏治理宜在迎水面进行。

（2）厕浴间、厨房、室内的墙面和地面面砖破损、空鼓和接缝的渗漏治理，应拆除该部位的面砖、对基层清理干净并进行防水处理后，再采用聚合物水泥防水砂浆粘贴与原有面砖一致的面砖，并应进行勾缝处理。

（3）厕浴间和厨房墙面防水层破损渗漏治理，应采用涂布防水涂料或抹压聚合物水泥防水砂浆进行防水处理；地面防水层破损渗漏的治理，应涂布防水涂料，且管根、地漏等部位应进行密封防水处理，治理后，排水应顺畅；地面与墙面交接处渗漏治理，应先清除面层至防水层，并在基层处理后，宜在缝隙处嵌填密封材料，并涂布防水涂料，立面涂布的防水层高度不应小于 250mm，水平面与原防水层的搭接宽度不应小于 150mm，防水层完成后应恢复饰面层；地漏部位渗漏治理，应先在地漏周边剔出 15mm×15mm 的凹槽，清理干净后，再嵌填密封材料封闭严密。

（4）对结构裂缝、施工缝、穿墙管等裂缝渗漏的治理与穿过楼地面管道的根部，应先清除管道周围构造层至结构层，再凿 U 形槽，槽宽 20mm，槽深 25mm，用水冲刷干净，表面无明水，槽内嵌填防水密封材料后，再抹压聚合物水泥砂浆或涂布防水涂料，恢复饰面层。

1）采用无机防水堵漏材料治理施工

① 防水材料配制应严格按设计配合比控制用水量。

② 防水材料应随配随用，已固化的不得再次使用。

③ 初凝前应全部完成抹压，并将现场及基层清理干净。

④ 宜按照从上到下的顺序进行施工。

2）采用防水涂料治理时应先清除管道周围构造层至结构层，重新抹压聚合物水泥防水砂浆找坡并在管根预留凹槽内嵌填密封材料，涂布防水涂料。

（5）墙面防水层高度不足引起的渗漏治理：

1）在增加防水层高度时，应先处理加高部位的基层，新旧防水层之间搭接宽度不应小于 150mm。

2）治理后，厕浴间防水层高度不宜小于 2000mm，厨房间防水层高度不宜小于 1800mm。

（6）厨房排水沟渗漏治理，可选用涂布防水涂料、抹压聚合物水泥防水砂浆，治理后应满足排水要求。

（7）地面因倒泛水、积水而造成的渗漏治理，应先将饰面层凿除，重新找坡，再涂刷基层处理剂，涂布防水涂料，然后铺设饰面层，重新安装地漏。地漏接口和翻口外沿应嵌填密封材料，并应保持排水畅通。

（8）楼地面裂缝渗漏治理应区分裂缝大小，裂缝较大时，应先凿除面层至结构层，清理干净后，再沿缝嵌填密封材料，涂布有胎体增强材料涂膜防水层，并采用聚合物水泥防水砂浆找平，恢复饰面层；裂缝较小时，可沿裂缝剔缝，清理干净，涂布涂膜防水层，宽度不应小于 100mm。

(9) 卫生洁具与给排水管连接处渗漏治理：

1) 便器与排水管连接处漏水引起楼地面渗漏时，宜凿开地面，拆下便器，并用防水砂浆或防水涂料做好便池底部的防水层。

2) 便器进水口漏水，宜凿开便器进水口处地面进行检查，皮碗损坏应更换。

3) 卫生洁具更换、安装、修理完成后，应经检查无渗漏水后再进行其他修复工序。

(10) 厕浴间渗漏采用防水砂浆治理的施工（同屋面刚性防水层治理的施工）。

(11) 厕浴间渗漏采用防水涂膜治理的施工（同屋面防水涂膜治理的施工）。

(12) 面砖接缝渗漏治理：

1) 接缝嵌填材料和深度应符合设计要求，接缝嵌填应连续、平直、光滑、无裂纹、无空鼓。

2) 接缝嵌填宜先水平后垂直的顺序进行。

## 31.6.6　外墙渗漏水治理

外墙是建筑物最外层起围护或承重作用的结构。通过外墙涂料、饰面砖、干挂石材、玻璃幕墙等装饰材料，丰富了建筑立面的效果，使建筑物更具有个性和美感，实现了人与自然的和谐相处。

墙面裂缝是指外墙面局部出现的一些较宽的独立裂缝，有水平方向和竖向裂缝，也有转角部位的斜向裂缝。无保温水泥砂浆饰面外墙，出现明显有规则裂缝的主要原因，是墙体结构层出现裂缝而影响至饰面层。而保温外墙饰面层出现明显有规则裂缝的主要原因，是保温层空鼓、块状保温材料接缝处固定问题等所造成。

墙体渗漏水检测最简单的方法是淋水试验，检测砂浆或面砖勾缝吸水性的方法是借助侧口型卡斯通管进行检测。卡斯通管带有刻度，检测前用密封胶将其固定在检测部位，然后加水至 0 刻度，通过记录固定时间间隔内液面下降的高度可得出吸水率（图 31-153、图 31-154）。

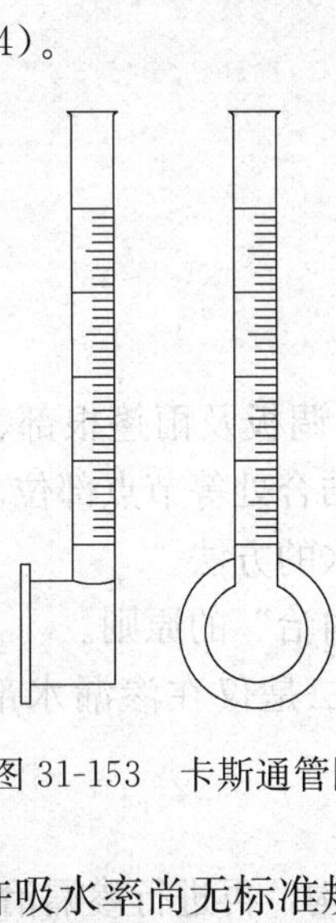

图 31-153　卡斯通管图

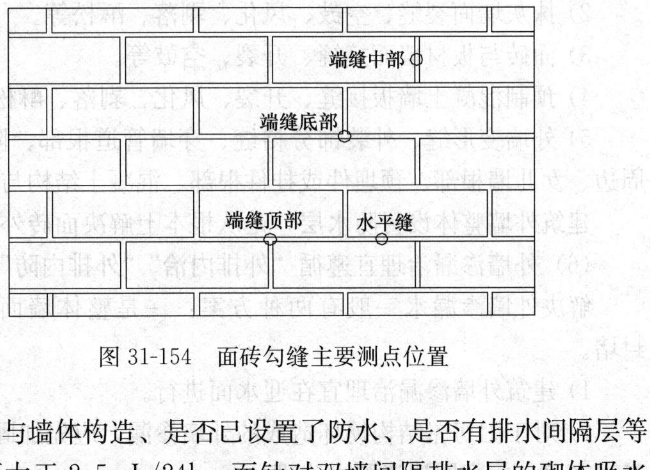


图 31-154　面砖勾缝主要测点位置

允许吸水率尚无标准规定，这与墙体构造、是否已设置了防水、是否有排水间隔层等有关。按抗裂砂浆吸水性要求为不大于 2.5mL/24h。而针对双墙间隔排水层的砌体吸水率，以导流系统最大排水量为限定值，要求不大于 5mL/5min。根据测定的吸水量和墙体结构情况，决定是否采取必要的治理措施。

#### 31.6.6.1 渗漏原因分析

（1）门窗周边渗漏原因分析：

门窗周边渗漏水是建筑工程外墙渗漏最为常见的通病，虽然门窗框周边渗漏水的来源并不一定是从外墙门窗框边直接进入，但最后还是通过与墙体之间唯一通道渗入室内。保温外墙还是非保温外墙或幕墙结构，做好门窗框与墙体间的缝隙防水十分重要。

（2）水泥砂浆涂料饰面裂缝原因分析：

水泥砂浆涂料饰面明显裂缝一般与结构墙体有直接关系，由于墙体结构的开裂，造成饰面层对应部位裂缝的产生。

1）框架梁底与填充墙之间的水平裂缝。

2）框架柱与填充墙之间的竖向裂缝。

3）因结构不均匀沉降，在填充墙与混凝土梁柱交接部位、门窗洞角部、墙身其他部位产生斜向裂缝。

4）混凝土墙体结构饰面层裂缝。

5）砌体女儿墙根部与屋面混凝土结构交接面的水平裂缝。

6）水泥砂浆饰面层与基层空鼓产生的裂缝。

（3）面砖渗漏水原因分析：

造成面砖外墙渗漏水的主要原因，除了与涂料外墙有相同的问题外，还有其特有的原因。

面砖镶贴工艺决定了面砖与基层间的粘结砂浆通常不能达到100%的满粘，在面砖四周或中间必定存在一定比例的空腔。在勾缝的质量无法保证的情况下，雨水必然会进入面砖的背后。勾缝砂浆的吸水性过大，墙面温差造成面砖与勾缝砂浆间产生微裂缝，造成室内外墙面出现渗漏水现象。

（4）外墙渗漏现场查勘应重点检查节点部位的渗漏现象。

（5）外墙渗漏治理查勘应包括下列内容：

1）清水墙灰缝、裂缝、孔洞等。

2）抹灰墙面裂缝、空鼓、风化、剥落、酥松等。

3）面砖与板材墙面接缝、开裂、空鼓等。

4）预制混凝土墙板接缝、开裂、风化、剥落、酥松等。

5）外墙变形缝、外装饰分格缝、穿墙管道根部、阳台、空调板及雨篷根部、门窗框周边、女儿墙根部、预埋件或挂件根部、混凝土结构与填充墙结合处等节点部位。

建筑外墙整体设置防水层，是从根本上解决面砖外墙渗漏水的方法。

（6）外墙渗漏治理宜遵循“外排内治”“外排内防”“外病内治”的原则。

解决外墙渗漏水一般有两种方案：一是整体墙面防水；二是仅在渗漏水部位进行封堵。

1）建筑外墙渗漏治理宜在迎水面进行。

2）对于因房屋结构损坏造成的外墙渗漏，应先加固修补结构，再进行渗漏治理。

#### 31.6.6.2 门窗周边渗漏水治理

当门窗框周边发生渗漏水时，可采取在外侧防水处理和室内堵漏防水的方式处理。采取何种方案更为合理，需要根据施工条件和是否影响饰面层修复等因素进行综合考虑决定。

窗台下方出现渗漏的原因比较复杂，造成渗漏的水源可能来自三个方面：一是由于侧边竖向窗框与墙体间的渗漏水，延伸至窗台下方造成渗漏水；二是室外窗台裂缝、密封不严，雨水直接进入窗框下，造成渗漏水；三是窗框质量问题，雨水从窗轨拼接部位及螺孔部位进入墙体，造成窗台渗漏水。

1. 室外（窗框外侧）防水方案

（1）窗框周边渗漏从窗外侧治理是优先选择的方案，可以从最大程度上阻止雨水渗入室内。从窗外侧进行防水通常有两种方法：一种方法是用密封胶带或防水卷材粘贴在窗框与墙体上，将窗框与墙体的缝隙密封，有时也采用加胎体增强的防水涂层进行密封防水处理。采用密封胶带防水的方案，适合在窗四周连续粘贴，不适合仅在渗漏水对应的外墙部位粘贴胶带；另一种方法是，将窗框与墙体间的填缝材料清除，重新用聚合物水泥防水砂浆或结合泡沫胶、防水涂料进行密封防水。这种方法可以在室内施工。

（2）密封胶带通常采用丁基橡胶腻子作粘结层，背面复合无纺布，可以与水泥砂浆粘结，胶带总厚度约为 0.4mm。胶带的宽度有 50mm、75mm、100mm 等，与窗框粘结宽度不小于 15mm。治理施工时应注意粘贴密封胶带的水泥砂浆基层质量，如果外侧窗框四周的水泥砂浆强度较低、存在渗水的可能时，应将侧面四周的砂浆铲除，用聚合物水泥防水砂浆找平后再粘贴密封胶带。墙体结构为混凝土时，密封胶带可以直接粘贴在混凝土面上（图 31-155）。

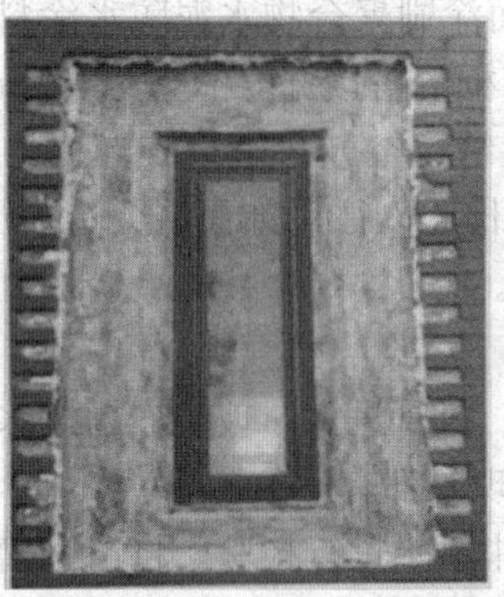

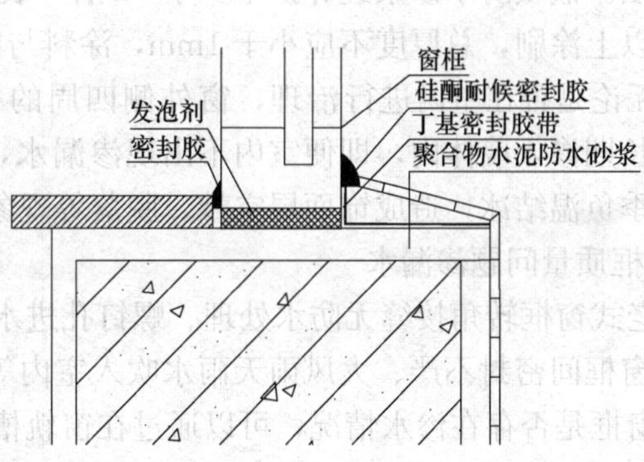


图 31-155　窗框四周密封胶带防水

（3）市场上还用一种叫“缝宝”的密封胶带产品，采用水泥胶结料与基层粘结，胶带上打上一些小孔，以增加与基层的粘结效果。这种密封带用于窗边密封防水时，一侧附有 20mm 宽的自粘胶层，可以粘贴在窗框上；另一侧采用水泥胶结料与基层粘贴。胶带的厚度约为 0.4mm，常用宽度有 50mm、100mm、150mm 等。水泥胶结料为厂家生产的配套产品，也可选用聚合物水泥防水砂浆、水不漏等无机胶粘剂（图 31-156）。

图 31-156　带自粘胶的水泥基密封胶带

1—锚固孔；2—自粘胶

（4）除了采用密封胶带外，也可采用防水涂料防水的方案。防水涂料选用聚合物水泥防水涂料，并用 40～50g/m² 无纺布作胎体增强，涂层的厚度不应小于 1.0mm，涂料与窗框搭接不应小于 15mm，平面宽度不应小于 50mm。当涂料涂布面积较宽时，在涂料固化前，表面撒上一些砂粒，以增强与水泥砂浆的粘结力。

2. 室内（窗框内侧）防水方案

(1) 高层建筑窗户渗漏水室外施工不方便，幕墙窗户渗漏水拆除幕墙有困难，饰面砖铲除后无法购到相同的样式，这些问题是渗漏水治理方案必须考虑的重要条件，当窗户渗漏水无法在室外进行治理施工时，或拆除饰面材料会造成建筑立面破坏时，施工只能在室内进行。有时室内施工也有很大难度，已装修使用的家庭，施工期间会造成污染，治理后还需要进行局部重新涂装或铺贴墙布等，但施工作业相比在室外要安全、方便。

(2) 室内渗漏水处理主要针对渗漏部位，局部凿开、清除窗框与结构墙体之间的填充材料，用聚合物水泥防水砂浆进行分层填实，并涂刷防水涂料进行密封防水，经雨后或淋水试验无渗漏后，再恢复饰面层。

(3) 窗侧边与窗顶均可采取局部凿开的方法治理，凿除的区域需要比渗漏的区域大一些，凿除的深度要超过窗框的 1/2 宽度。凿除作业时，应避免用力过大，造成周边砌体松动或外墙面砖脱落。

(4) 清除干净凿除部位松动的砖块、泡沫等填充物，用水湿润基层后，分层嵌填聚合物水泥防水砂浆。聚合物水泥防水砂浆每一遍厚度不宜大于 15mm，第二遍等前一遍砂浆终凝后嵌填。嵌填防水砂浆经养护不少于 3d 后，表面涂刷聚合物水泥防水涂料。防水涂料分两遍以上涂刷，总厚度不应小于 1mm，涂料与窗框的搭接宽度不应少于 15mm。

(5) 无论是否在室内进行治理，窗外侧四周的裂缝、空鼓、密封胶老化均应进行修整。雨水长期渗入墙体内，即便室内不出现渗漏水，长此以往对饰面层会造成严重破坏，特别是冬季负温结冰，造成饰面层空鼓、脱落等现象。

3. 窗框质量问题渗漏水

(1) 老式窗框转角接缝无防水处理、螺钉孔进水、拼管进水、玻璃嵌槽进水、窗扇间或窗扇与窗框间密封不严、大风雨天雨水吹入室内等现象都有发生。

(2) 窗框是否存在渗水情况，可以通过在窗轨槽中蓄水进行检验。将窗轨槽的排水孔临时封堵，在槽中蓄水，观察窗框周边是否出现渗水现象。为了分辨潮湿区域水源是否由窗槽进入，可以在窗槽蓄水中加入红色，以方便判断，蓄水时间不应小于 2h。

(3) 由于窗框拼缝、螺钉孔等造成渗漏水，可以通过在拼缝和螺钉孔部位填嵌密封胶封闭。

4. 注浆堵漏方案

(1) 采用化学注浆的方法封堵门窗框周边渗漏水，与渗漏部位的结构、注浆材料、注浆方法有关，施工不当会造成严重事故。

(2) 化学注浆通常会选用亲水型聚氨酯灌浆液或疏水型聚氨酯灌浆液，这两种材料的性能和在堵漏中发挥的作用完全不同。

(3) 当渗漏水部位还处于渗水或潮湿的状态时，聚氨酯浆液会遇水发泡膨胀，同时产生二氧化碳气体。部分没有遇水反应的浆液，在空气水分子的作用下形成原浆固结体。

(4) 根据聚氨酯浆液的特性，在窗框周边渗漏治理宜使用疏水型聚氨酯浆液。疏水型聚氨酯浆液遇水反应的发泡体不会因天晴失水而收缩，再次形成渗水通道的现象。而且，未遇水反应的原浆固结体也不会因后期遇水出现膨胀压力，破坏砌体、饰面层或造成窗框变形。

(5) 化学注浆施工要严格控制注浆压力和浆液进入量，过大的压力与过量的浆液会对饰面层和窗框造成破坏。

**31.6.6.3 墙面渗漏水治理**

(1) 框架梁、柱与填充墙之间的裂缝产生，与很多因素有关，包括砌筑砂浆收缩、砌块收缩、砌体与混凝土的线膨胀系数不一致等，这些因素主要发生在施工阶段，后期相对变形量并不大。不同材质接缝处渗漏水处理方法如下：

① 将裂缝切割凿除至结构墙体，宽度为裂缝两侧各 150mm，在填充墙与混凝土的交接缝上抹压聚合物水泥防水砂浆，并用镀锌钢丝网、钢板网或耐碱玻纤网格布作增强。金属网或玻纤网的宽度不小于 250mm，用水泥钉或锚栓固定在砌体和混凝土上。施工时，对接缝表面进行清理、湿润，对明显的裂缝、砖缝等缺陷，用聚合物水泥防水砂浆进行修补。在修补层防水砂浆固化后，再在聚合物水泥防水砂浆上加金属网或玻纤网进行抗裂处理，砂浆在增强网的两侧厚度各不小于 3mm，如原墙面有防水层的就和原防水层形成搭接，其宽度不宜小于 30mm（图 31-157）。

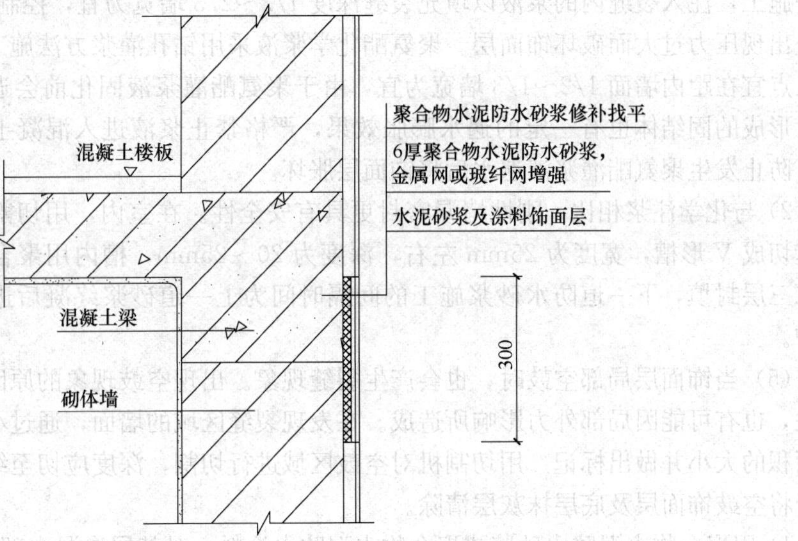


图 31-157 混凝土与砌体交接处裂缝渗漏治理

② 镀锌钢丝网应采用热镀锌产品，网格不宜大于 20mm，钢丝直径不宜小于 1mm。耐碱玻纤网格布的网孔中心距离宜为 5～8mm，单位质量不应小于 130g/m$^2$。聚合物水泥防水砂浆的性能，应符合行业标准《聚合物水泥防水砂浆》JC/T 984 中Ⅰ型指标的要求。

③ 聚合物水泥防水砂浆施工完成后，应进行干湿交替养护，养护时间不少于 3d。然后，恢复表面各饰面层。

(2) 因结构沉降造成的墙面开裂，在渗漏水治理施工前，应先进行结构地基和混凝土结构加固，在沉降稳定后再进行渗漏治理。

对于因沉降变形造成砌体严重破坏时，拆除或局部拆除砌体，重新对损坏部位进行重砌。在砌体墙表面用聚合物水泥防水砂浆进行防水，整个墙面采用镀锌钢丝网或耐碱玻纤网格布进行抗裂增强处理。在砂浆防水层外，进行其他饰面层施工。

（3）砌体女儿墙根部渗漏水。

1）砌体女儿墙根部容易开裂主要有两方面的原因：一是屋面位于建筑最顶部，受温差影响最大，而且屋面受其他构件的约束相对最小，因此，屋面系统的变形是整个建筑最大的部位；二是砌体女儿墙与屋面混凝土结构不同材料的线膨胀系数的不同，在温差变形作用下，砌体与混凝土之间的粘结强度不足以抵抗所产生的剪切应力，很容易在女儿墙砌体与混凝土之间产生裂缝。

2）一些没有设置混凝土翻梁的女儿墙或二次浇捣的翻梁，在发生屋面雨水从女儿墙根部渗出时，必须先从屋面进行堵漏防水处理，然后再进行外墙面裂缝封闭防水治理。

3）女儿墙根部外侧水平裂缝渗漏治理，应先沿裂缝切割宽度为 20mm、深度至构造层的凹槽，再在槽内嵌填密封材料，并封闭严密。

（4）混凝土墙体结构裂缝而造成的饰面层开裂渗漏水情况，除了切开外墙饰面层进行防水治理外，还可以在室内背水面进行堵漏处理。

混凝土墙体背水面堵漏的方法可以采取化学注浆和刚性防水两种方法：

1）化学注浆宜选用改性环氧树脂或聚氨酯灌浆材料。改性环氧树脂采用低压贴嘴注浆法施工，注入裂缝内的浆液以填充裂缝深度 1/2～2/3 墙宽为宜，控制好压力和注入量，防止出现压力过大而破坏饰面层。聚氨酯化学浆液采用钻孔灌浆方法施工，钻孔与裂缝的交叉点宜在距内墙面 1/2～1/3 墙宽为宜，由于聚氨酯灌浆液固化前会遇水发泡膨胀，固化后形成的固结体也有一定的遇水膨胀效果，严格禁止浆液进入混凝土墙体外的饰面层内，防止发生聚氨酯灌浆液遇水后将饰面层胀坏。

2）与化学注浆相比，刚性堵漏密封更具有安全性。在室内，用切割机将混凝土墙面裂缝切成 V 形槽，宽度为 25mm 左右，深度为 20～25mm，槽内用聚合物水泥防水砂浆分二三层封填，下一道防水砂浆施工的间隔时间为上一道砂浆终凝后进行，并注意保湿养护。

（5）当饰面层局部空鼓时，也会产生裂缝现象。出现空鼓现象的原因可能与粘结强度有关，也有可能因局部外力影响所造成。在发现裂缝区域的墙面，通过小锤轻击，检查空鼓面积的大小并做出标记。用切割机对空鼓区域进行切割，深度应切至结构墙体，然后用凿子将空鼓饰面层及底层抹灰层清除。

1）用聚合物水泥防水砂浆或聚合物水泥防水涂料，对基层渗漏水部位进行防水处理，并用金属网或玻纤网增强。防水处理完成后，恢复原饰面层。

2）饰面层裂缝区域墙面未出现渗漏水现象时，切除空鼓饰面层及底层抹灰层后，可以按原抹灰砂浆恢复，也可以在砂浆中掺入聚合物胶，以增加粘结力及防水性能。

（6）外墙空鼓渗漏水：

外墙空鼓情况在水泥砂浆涂料饰面外墙、面砖饰面外墙、保温外墙均有发生。造成空鼓的原因主要是粘结面材料的粘结强度不够，在温差变形应力作用下，发生界面脱开现象。强度较低的砂浆浸水后，粘结强度也会有所下降，特别在冬季可能发生冻胀现象，进一步加剧了砂浆层的破坏。

一些无窗、无分格缝的大面积外墙，由于表面温升速度快，与基层间产生了应变量差，当材料弹性模量不足以吸收产生的应力，同时剪切应力大于粘结强度时，两层材料间就可能发生脱开空鼓现象。

外墙上的各构造层之间均有可能发生空鼓脱开现象，产生空鼓的原因也各有不同。

未造成墙面渗漏的外墙局部空鼓，采取将空鼓区域切除，按原构造做法进行恢复。由于空鼓界面的两侧材料存在粘结与被粘结的相互关联作用，切除的构造层应直到结构墙体为止。

渗漏部位的外墙饰面空鼓，应将空鼓区域切除至结构墙体。在结构墙体渗漏水部位，用聚合物水泥防水砂浆加金属网或玻纤网进行抗裂增强处理，然后恢复各构造层。

恢复各构造层使用的材料须严格控制质量，砂浆类材料应选用质量保证的成品包装干粉类砂浆，采用聚合物水泥防水砂浆可以起到防水效果，同时增加各构造层的粘结效果和抗裂性能。

(7) 外墙不规则裂纹渗漏

一些涂料饰面的外墙表面分布着蛛网状的裂纹，即使在面积不大或已经设置了分格缝的墙面，也会发生分布密集的裂纹。发生蛛网裂纹的主要原因是水泥砂浆抹面的强度不够，砂浆配比设计没有考虑采取减少后期收缩和裂缝的措施，砂浆在温差变形、雨水浸蚀等作用下，砂浆由初期的少量裂纹逐年增加，形成了平均间距小于 300mm 的密集裂纹（图 31-158）。

有密集裂纹的外墙是否会发生渗漏水，与墙体结构的抗渗性能、其他构造层的防水性能有关，有密集裂纹的外墙不一定都会发生渗漏水现象，也不一定会有大面积空鼓情况，但渗漏与空鼓现象的比例相对较高。

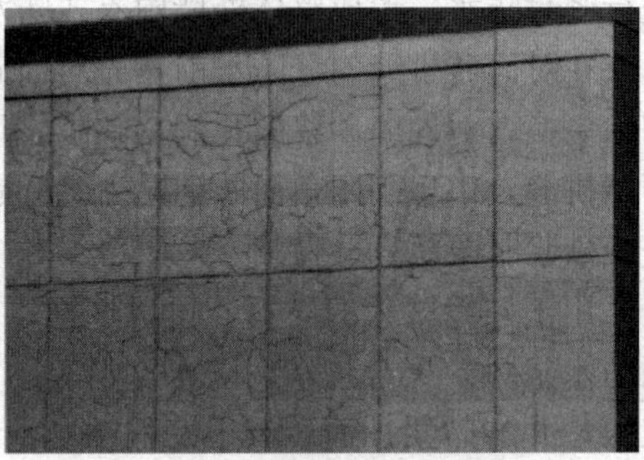

图 31-158 外墙不规则裂纹

密集裂纹外墙面维修治理首先要对整个墙面进行检查，发现空鼓区域需要进行切除修补。有渗漏水的外墙，根据室内渗漏水的部位，在对应的外墙面进行切开治理。外墙饰面层切开的区域以室内渗漏水的部位各边扩大 200mm，切割深度应至结构墙体为止。采用聚合物水泥防水砂浆加金属网或玻纤网进行防水加强处理。

对发生裂纹的墙面应及时进行治理维修，治理方法应根据饰面层的损坏程度，采取完全铲除重做饰面层，或经局部铲除、局部修补后，表面增做涂料饰面层。

(8) 抹灰墙面渗漏治理：

1) 抹灰墙面局部损坏渗漏时，应先剔凿损坏部分至结构层，并清理干净、浇水湿润，然后涂刷界面剂，并分层抹压聚合物水泥防水砂浆，每层厚度宜控制在 10mm 以内并处理好接槎。抹灰层完成后，应恢复饰面层。

2) 抹灰墙面裂缝渗漏的治理

① 对于抹灰墙面的龟裂，应先将表面清理干净，再涂刷颜色与原饰面层一致的弹性防水涂料。

② 对于宽度较大的裂缝，应先沿裂缝切割并剔凿出 15mm×15mm 的凹槽，且对于松动、空鼓的砂浆层，应全部清除干净，再浇水湿润后，用聚合物水泥防水砂浆修补平整，然后涂刷与原饰面层颜色一致且具有装饰功能的防水涂料。

(9) 面砖、板材饰面层渗漏的治理：

1) 接缝嵌填材料和深度应符合设计要求，接缝嵌填应连续、平直、光滑、无裂纹、无空鼓。

2) 接缝嵌填宜先水平后垂直的顺序进行。

面砖饰面是建筑外墙饰面使用较为普遍的形式，面砖的形式与铺贴方法也很丰富，很好地体现了建筑外墙立面的质感美观。而面砖饰面的外墙渗漏情况远高于水泥砂浆涂料外墙，发生面砖空鼓、脱落的现象也比涂料外墙普遍。

对于因面砖、板材等材料本身破损面导致的渗漏，当需更换面砖、板材时，宜采用聚合物水泥防水砂浆或胶粘剂粘贴。外墙有多处渗漏水，而且外墙面无法找到进水点时，可以通过重新勾缝，同时喷涂憎水剂的方法解决。

根据水在重力作用下向下运动和毛细渗水的特征，外墙防水处理的重点区域为室内渗漏点对应的外墙面、高度一至二层、宽度不小于 2m 的区域。经防水处理后的墙面可能会与未处理的墙面有一定色差，在划分区域时，可以考虑以阴阳角和楼层分格线为区域，以减少色差对立面美观的影响。渗漏较为严重的外墙，可以考虑整体外墙全面防水的方案。面砖勾缝防水的方案，是以不透水面砖为主防水面，用防水涂料防水或砂浆对面砖的拼缝进行密封防水，形成整体外墙雨衣式防水层。

在对面砖拼缝勾缝防水前，先对面砖墙面进行全面检查，对破损、空鼓部位面砖进行切除更换，对勾缝砂浆的孔洞、缺陷，用聚合物水泥防水砂浆进行嵌填。特别注意阴阳角面砖拼缝，由于阴阳角面砖铺贴工艺问题，拼缝砂浆不容易饱满，而且拼缝缝隙较小，在嵌填砂浆时要认真、仔细。

用于勾缝防水的涂料，可以选择以耐老化性能较好的以丙烯酸乳液配制的聚合物水泥防水浆料、聚合物水泥防水涂料等防水材料。防水涂料可以在一定程度上渗入勾缝砂浆内，并与砂浆、面砖有很好的粘结性。涂料用小毛刷蘸取涂料，均匀涂刷于拼缝砂浆面，涂料与面砖边搭接 2～5mm，盖过面砖与勾缝砂浆交接面。用相同的方法对勾缝砂浆涂刷防水涂料，第二次涂刷宜在第一遍成膜后进行，每遍涂刷的厚度约为 0.2～0.4mm。涂料刷缝施工时要防止对面砖造成大面积污染，对流淌的涂料应及时擦干。水性防水涂料不宜在 5℃以下施工，也不宜在雨后墙面潮湿时施工。涂料固化前防止雨淋，避开雨天施工。

完成面砖勾缝防水后，在表面喷涂两遍憎水涂料。两遍喷涂的时间间隔不宜太长，根据气温及风速，控制在第一遍无明显水迹后并在产生憎水效果前施工，一般在第一遍完成 1～2h 后进行。

外墙防水施工完成后，应对治理区域进行全面淋水试验，淋水 2h 后再次进行检查。

由于这种处理方法是在表面进行，勾缝处的涂料会存在老化问题，一定年限后还有可能出现局部渗漏水。结合建筑的维护治理保修计划，每两年检查墙面的渗漏水情况和墙面憎水效果，根据情况进行重新喷涂憎水剂。在局部出现渗漏水时，可按照上述方法进行渗漏治理，也可有计划地在三五年后对建筑的整个外墙进行一次全面勾缝防水和喷涂憎水剂处理。

（10）预制混凝土墙板渗漏治理：

1）墙板接缝处的排水槽、滴水线、挡水台、排水坡等部位渗漏，应先将损坏及周围酥松部分剔除，并清理干净，再浇水湿润，然后嵌填聚合物水泥防水砂浆，并沿缝涂布聚合物水泥防水涂料。

2）墙板的垂直缝、水平缝、十字缝需恢复空腔构造防水时，应先将勾缝砂浆清理干净，并更换缝内损坏或老化的塑料条或油毡条，再用护面砂浆勾缝。勾缝应严密，十字缝的四方应保持通畅，缝的下方应留出与空腔连通的排水孔。

3）墙板的垂直缝、水平缝、十字缝空腔构造防水改为密封材料防水时，应先剔除原勾缝砂浆，并清除空腔内杂物，再嵌填聚合物水泥防水砂浆进行勾缝，并在空腔内灌注水泥砂浆，并填背衬材料，嵌填密封材料。

保护层应按外墙装饰要求镶嵌面砖或用砂浆着色勾缝。

4）墙板的垂直缝、水平缝、十字缝防水材料损坏时，应先凿除接缝处松动、脱落、老化的嵌填材料，并清理干净，待基层干燥后，再用密封材料补填嵌缝，粘贴牢固。

5）当墙板板面渗漏时，板面风化、酥松、蜂窝、孔洞周围松动等的混凝土应先剔除，并冲水清理干净，再用聚合物水泥防水砂浆分层抹压，面层涂布防水涂料。蜂窝、孔洞部位应先灌注 C20 细石混凝土，并用钢钎振捣密实后再抹压聚合物水泥防水砂浆。高层建筑外墙混凝土墙板渗漏，宜采用外墙内侧堵水维修治理，并应浇水湿润后，再嵌填或抹压聚合物水泥防水砂浆，涂布防水涂料。

6）对于上、下墙板连接处，楼板与墙板连接处坐浆灰不密实，风化、酥松等引起的渗漏，宜采用内堵水维修治理，并应先剔除松散坐浆灰，清理干净，再沿缝嵌填密封材料，密封应严密，粘结应牢固。

#### 31.6.6.4　其他渗漏水治理

（1）墙体变形缝渗漏治理：

1）原采用弹性材料嵌缝的变形缝渗漏治理时，应先清除缝内已失效的嵌缝材料及浮灰、杂物，待缝内干燥后再设置背衬材料，然后分层嵌填密封材料，并应密封严密、粘结牢固。

2）原采用金属折板盖缝的外墙变形缝渗漏治理时，应先拆除已损坏的金属折板、防水层和衬垫材料，再重新嵌填衬垫材料，钉粘合成高分子防水卷材，收头处钉压固定并用密封材料封闭严密，然后在表面安装金属折板，折板应顺水流方向搭接，搭接长度不应小于 40mm。金属折板应做好防腐蚀处理后锚固在墙体上，螺钉眼宜选用与金属折板颜色相近的密封材料嵌填、密封（图 31-159）。

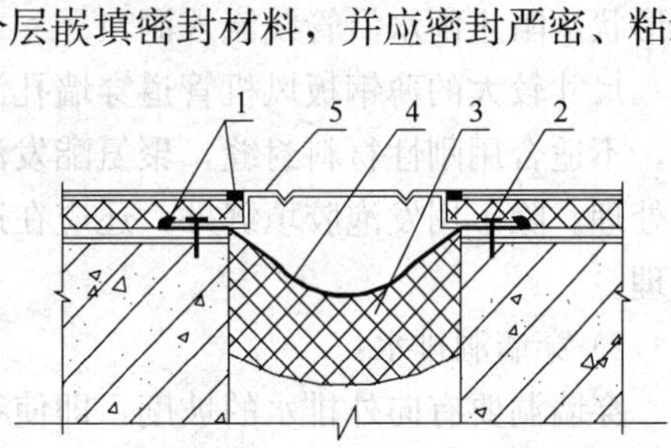

图 31-159　墙体变形缝渗漏治理
1—密封材料；2—钉压固定；3—衬垫材料；4—防水卷材；5—不锈钢板或镀锌薄钢板

（2）外装饰面分格缝渗漏治理，分格缝造成的外墙渗漏水会出现在对应的室内墙面或分格缝以下的墙体上，分格缝防水处理前，应对分格缝进行检查，清除分格缝内原有密封胶或塑料条，空鼓部位应进行切除修补，有孔洞、缺棱部位用防水砂浆进行修补，然后在分格缝内涂刷聚合物水泥防水涂料或填嵌密封胶进行防水密封处理。

防水涂料在分格缝内涂刷应饱满，涂刷应不少于两遍。待涂层固化后，根据建筑立面色彩需要，在防水涂料表面涂刷黑色或其他色泽涂料。密封胶应选择低模量高弹性型，填嵌密封胶的基层应干燥、干净，密封胶表面应内凹，以减小收缩拉伸应力，防止脱胶。防水涂料施工及注胶，应注意防止对周边墙面的污染。

(3) 混凝土结构阳台、雨篷根部墙体渗漏的治理：

1) 阳台、雨篷、遮阳板等产生倒泛水或积水时，可凿除原有找平层，再用聚合物水泥防水砂浆重做找平层，排水坡度不应小于1%。当阳台、雨篷等水平构件部位埋设的排水管出现淋湿墙面状况时，应加大排水管的伸出长度或增设水落管。

2) 阳台、雨篷与墙面交接处裂缝渗漏治理，应先在连接处沿裂缝墙上剔凿沟槽，并清理干净，再嵌填密封材料。剔凿时，不得重锤敲击，不得损坏钢筋。

3) 阳台、雨篷的滴水线（滴水槽）损坏时，应重新修复治理。

(4) 现浇混凝土墙体施工缝渗漏，可采用在外墙面喷涂无色透明或与墙面相似颜色的防水剂或防水涂料，厚度不应小于1mm。

(5) 外墙孔洞漏水：

外墙孔洞主要是指空调线管穿墙洞口、油烟或通风排风洞口、液化气穿墙管等。墙体洞口有的在结构施工时预留，也有后期设备管道安装时用机械钻孔。造成孔洞渗漏水的原因是孔洞进水和孔洞排水不当。

1) 洞口密封：

管道与穿墙洞口的间隙一般比较规则，管道与孔洞的间隙通常采用密封胶密封。当管道与孔洞的间隙过宽时，可以在间隙内打入聚氨酯发泡剂进行密封处理。管道间隙也可用水泥砂浆进行嵌填，由于砂浆容易产生收缩裂缝，在砂浆固化后，可在其表面涂布防水涂料进行处理。

空调管或一些软质电线与孔洞的间隙很难用密封胶进行密封防水，一般采用在洞内打入发泡胶进行密封。墙洞必须是内高外低，洞口外穿墙的管线应低于穿墙洞，或弯曲成下凹形状，阻止雨水沿管线流入洞口。

尺寸较大的薄钢板风机管道穿墙孔洞很容易发生渗漏。工作状态的风机管有很大的振动，不适合用刚性材料封缝，聚氨酯发泡胶具有一定的弹性，比较适合风机管道洞口的填缝处理。除了用发泡胶填缝外，还应在迎水面采用丁基密封胶带或防水涂料进行防水密封处理。

2) 穿墙洞排水：

穿墙洞要有向外排水的坡度，即使有雨水进入，也会被排出洞外。建筑物施工阶段混凝土结构的预埋套管一般为平行管，而预埋在砌体结构的带穿墙洞的混凝土预制块，可以做成带有斜坡的孔洞，后期用取芯机钻取的孔洞可以进行斜向打孔。

用取芯机在多孔砖墙体上钻孔后，应用水泥砂浆修孔并埋置 PVC 套管。

3) 穿墙洞外口挡水：

在一些油烟通风口，并没有管道或电线伸出墙面，洞口的外侧用成品的百叶框、防雨罩、塑料套圈等作为收口处理，这些收口配件可以用密封胶与墙面固定，起到阻止墙面雨水流入孔洞内的作用。

(6) 雨篷、外挑线脚渗漏水：

雨篷、外挑线脚渗漏水主要集中在构件阴角部位，有混凝土翻边的外挑构件，除翻边为二次浇捣，存在施工缝渗漏水外，一般很少发生渗漏现象。砖挑线脚、无上翻梁雨篷、线脚，阴角部位容易积水、积雪，在排水不畅的情况下雨水渗入墙体，出现渗漏水现象。雨篷、外挑线脚阴角渗漏水应从室外进行防水。

将室内渗漏水部位对应的外墙阴角凿开，根据渗漏水的区域，平面及立面墙上凿开的宽度不小于100mm，外挑线脚平面部分饰面层应全部凿除。凿开部位应将饰面层及保温等全部凿除，直到结构墙体。

阴角部位凿开后，可以用聚合物水泥防水砂浆、聚合物水泥防水涂料进行防水处理，然后恢复表面各构造层。聚合物水泥防水砂浆总厚度不小于5mm，分二三遍施工。也可先用普通水泥砂浆进行找平，然后涂刷聚合物水泥防水涂料，厚度不应小于2.0mm。恢复表面饰面层时，雨篷、外挑线脚的上平面应做成向外排水坡度。

雨篷混凝土板渗漏水时，应在迎水面进行治理。检查雨篷整体防水层情况，确定采用整体翻修或局部维修的治理方案。雨篷治理要特别注意雨篷的排水坡度及落水排水，雨篷积水会造成混凝土结构变形而产生开裂。经常性清理，保持排水畅通，防止发生严重积水现象。

(7) 高低跨墙根渗漏：

高低跨墙根渗漏水可以归结为屋面渗漏水问题，但由于墙根渗漏水直接影响到室内墙面，所以就以解决室内墙面渗漏水为目的，对高低跨墙根进行治理。

1) 高低跨墙根渗漏水的水源为屋面防水层失效，雨水进入防水层，在墙根部位出现的现象，也有可能雨水从防水的收头部位进入，造成墙根渗漏水。高低跨墙根渗漏水应将屋面墙根部位挖开，在屋面混凝土结构板与墙根阴角部位，用防水涂料或卷材进行治理，然后恢复各构造层。

屋面挖开的区域应比室内渗漏水区域边缘大200mm以上，或将整条墙根全部挖除治理。为了保证有足够的空间施工，屋面挖开宽度距墙面不小于500mm，如果屋面保温层内有积水现象，需要砌筑临时挡水墙。将屋面及墙面原疏松的砂浆层清凿干净，用聚合物水泥防水砂浆进行找平，然后涂刷防水涂料或铺贴防水卷材进行防水处理。

防水涂料可选用聚氨酯防水涂料、聚合物水泥防水涂料。采用聚氨酯防水涂料时，厚度应不小于2.0mm；采用聚合物水泥防水涂料时，厚度不宜小于2.0mm，并用无纺布作胎体增强层。如选用卷材防水，宜选用湿铺防水卷材、非固化沥青与改性沥青卷材复合防水等，也可采用涂料加卷材二道防水的方案，选用的防水材料应与基层有很好的粘结性和防窜水性。防水层在屋面平面宽度不应小于200mm，墙面高度应至原防水层收头部位（图31-160）。

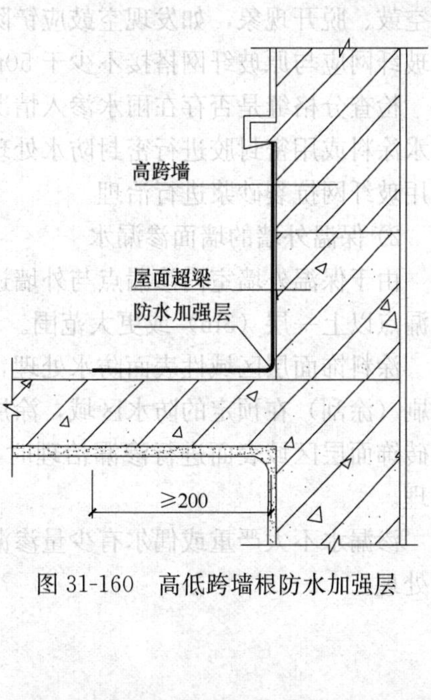


图31-160 高低跨墙根防水加强层

防水层施工完成后，应进行24h蓄水试验，无渗漏后，恢复原防水层、保温层及其他各构造层。

2）如果渗漏水从墙根的二次浇捣混凝土翻梁施工缝渗入室内，也可以在室内采用化学注浆的方法进行堵漏防水处理。

针对墙根的渗漏治理并未解决屋面防水层进水的问题，应从根本上解决屋面防水问题，在屋面防水治理时，对渗漏水部位墙根进行加强防水处理。

（8）保温外墙渗漏：

建筑节能主要以外墙外保温形式为主。外墙外保温使用的材料主要有挤塑型聚苯乙烯泡沫保温板（XPS）、模塑型聚苯乙烯泡沫保温板（EPS）、发泡聚氨酯板、岩棉板、酚醛树脂复合板、无机轻集料砂浆、聚苯颗粒保温系统、现发泡聚氨酯保温等。各种保温材料用于外墙保温的构造做法大致相同，结构墙体→砂浆找平层→防水层→界面处理或粘结层→保温层→抗裂砂浆＋玻纤网＋锚栓→饰面层，其中部分材料施工工艺有所不同，或增加、减少其中的构造层次。由于目前很多工程没有设置防水层，当保温层表面的抗裂砂浆出现开裂时，外墙渗漏水是不可避免的。

保温层表面的抗裂砂浆具有一定的透气功能，抗裂砂浆层阻挡了大量的表面雨水，但15％左右的吸水性在连续下雨的期间，保温层内的水分会增加。约5mm厚度的抗裂砂浆层，受温差变形、施工误差、材料质量偏差等因素影响，出现开裂的情况比较普遍。由此可见，保温外墙仅依靠抗裂砂浆防水，无法保证外墙防水效果。在保温层与墙体之间应设置防水层，或在保温与墙体结构之间设置排汽系统，均可阻止进入保温层的水分渗入室内。

由于保温外墙渗漏水具有室内渗漏与外墙进水点的不对应性，对保温外墙的渗漏处理方案应特别慎重。

1）外墙饰面层裂缝或其他缺陷治理

保温外墙的饰面层因裂缝、空鼓造成渗漏水时，应对裂缝、空鼓的饰面层进行切除，并重新铺贴玻纤网，抹压抗裂砂浆或聚合物水泥防水砂浆。治理时，应检查保温层是否存在空鼓、脱开现象，如发现空鼓应铲除保温层，重新按工艺要求进行保温层施工。治理区域玻纤网应与原玻纤网搭接不少于50mm，并应增加锚栓固定数量。

检查分格缝是否存在雨水渗入情况，如发现有渗水时，可对分格缝进行清理后，涂刷防水涂料或用密封胶进行密封防水处理。如有空鼓现象，可按上述方法进行切除后，重新采用玻纤网抗裂砂浆进行治理。

2）保温外墙的墙面渗漏水

由于保温外墙室内渗漏点与外墙进水点的不对应性，对室外墙面的检查区域应扩大至渗漏点以上一层（3m）或更大范围。

涂料饰面层区域性表面防水处理，可采用聚合物水泥防水涂料或聚合物水泥防水浆料涂刷（涂刮）在预定的防水区域，涂层固化后，在表面重新批腻子和涂刷外墙饰面涂料。面砖饰面层区域表面进行渗漏治理时，可对面砖拼缝采用聚合物水泥腻子进行重新勾缝处理。

渗漏水不太严重或偶尔有少量渗漏水的情况，可在选定区域喷涂憎水性防水剂进行防水处理。

在外墙表面进行防水处理的同时，渗漏部位对应的局部区域应切开饰面层及保温层，在结构墙体上采用聚合物水泥防水砂浆、聚合物水泥防水涂料等进行防水，然后恢复保温层及饰面层。

3）保温外墙窗框周边渗漏水

保温外墙窗框周边渗漏水的情况比较普遍，外墙的进水点受窗周边外墙区域防水或密封问题直接影响，更多的是因保温层进水，保温层的水分从窗框与结构墙体间隙渗入室内。

根据渗漏水部位，检查外墙饰面层及窗框密封胶是否存在孔洞、空鼓、脱胶等现象，对可能造成渗漏的表面缺陷进行修补。如果经外墙局部治理尚存在渗漏情况，应采取打开窗框外侧周边保温层进行防水密封处理，也可在室内凿开窗框与墙体之间接缝，挖除缝内填充材料，用聚合物水泥防水砂浆和防水涂料进行防水密封处理。

寒冷地区保温外墙渗漏水应引起足够重视，冬季保温层吸水后，可能发生因冻胀而破坏保温层及饰面层，造成保温层及饰面层空鼓或脱落的严重事故。

（9）幕墙结构外墙渗漏水：

此处仅对幕墙结构墙体渗漏及相关渗漏水问题提出治理方法。

1）幕墙结构进水控制

由于幕墙结构由众多的块材拼装而成，块材与块材之间、块材与结构墙体之间形成了上万米的拼接缝，如此之多的拼缝难免有质量缺陷，而且随着使用年限的增加，密封胶必然会逐年老化，出现开裂、脱落等现象。幕墙结构进水后，部分雨水沿幕墙流至地面，部分雨水受到窗框顶板、拉结铁件等水平构件的阻挡，雨水流向墙面，在结构墙体的窗框、孔洞等薄弱部位渗入室内。因此，幕墙结构的墙体应采取防水设防措施。

幕墙结构进水的部位主要发生在幕墙的一些水平面，如女儿墙顶面、窗台、外挑线脚等部位，以及幕墙与结构的衔接部位，如幕墙与非幕墙部位的交接部位、幕墙在阳台面的收头部位等。其他还有穿幕墙管道边进水、密封胶脱落进水等原因。

防止幕墙进水的主要方法是按块材拼缝进行密封。重新打胶是最为常用的方法，将原密封胶割除后，补打与原胶相同的密封胶。此外，也可采用丁基密封胶带对拼缝进行密封，采用胶带施工时可以保留原密封胶，在拼缝的表面粘贴比缝宽 3mm 以上的胶带，单边粘结面不应小于 15mm。粘贴胶带的基层表面应采用丙酮等溶剂进行清洁处理，以增强粘结效果。丁基胶带应选用单面覆有金属膜或树脂膜的胶带，也可选用无纺布覆面胶带，以便在表面涂刷涂料或油漆改变颜色。

2）窗框周边渗漏水

与其他饰面形式的外墙一样，窗框周边渗漏仍是幕墙渗漏最为常见质量通病。幕墙面及结构墙体面上的雨水向下流淌至窗套顶板时，雨水沿着板面流向窗户，当窗框与结构墙体存在渗水通道或密封不严时，雨水会渗入室内，造成窗框边渗漏现象。

由于幕墙在安装完成后，板材无法再次拆装，给幕墙结构渗漏治理维修增加了困难，无法判明幕墙与结构墙体之间的渗漏水情况及水的来源，也无法从迎水面进行堵漏治理。因此，幕墙结构渗漏水多数情况以室内堵漏为主。

幕墙结构窗框周边渗漏水可在采取室内防水堵漏的同时，采取断开窗套顶板与窗框的连接，阻止雨水流到窗框的辅助措施。具体方法是，将窗套顶板与窗框相连的密封胶割除，防止雨水沿顶板面流向墙面，也可采取其他措施，将雨水引离墙面。

3）通风排汽

幕墙与墙体之间的空隙是一道很好的空气间隔层和排汽通道。当进入幕墙内的雨水量不多，尚未超过保温材料和砌体“储水”能力承受范围，在室内尚未出现渗水湿渍就停止下雨的情况下，受潮的保温材料或墙体区域可以通过通风排汽蒸发水分，慢慢得到干燥。在墙面近地面的部位开设进风口，同时在幕墙顶部附近开设出风口，形成烟囱效果，有助于防止墙体结构渗漏水和室内墙面发霉。

## 31.6.7　质量检查与验收

### 31.6.7.1　一般规定

（1）房屋渗漏水治理施工完成后，应对治理工程质量进行验收。

（2）房屋渗漏水治理工程质量检验应符合下列规定：

1）整体翻修时应按治理面积每 100m² 抽查一处，每处 10m²，且不得少于 3 处。零星维修时可抽查治理工程量的 20%～30%。

2）细部构造部位应全部进行检查。

（3）对于屋面和楼地面的治理检验，应在雨后或持续淋水 2h 后进行。有条件进行蓄水检验的部位，应蓄水 24h 后检查，且蓄水最浅处不得少于 20mm。

（4）房屋渗漏水治理工程质量验收文件和记录应符合表 31-55 的要求。

房屋渗漏水治理工程质量验收文件和记录　表 31-55

| 序号 | 资料项目 | 资料内容 |
|---|---|---|
| 1 | 治理方案 | 渗漏查勘与诊断报告，渗漏治理方案、防水材料性能、防水层相关构造的恢复设计、设计方案及工程洽商资料，技术、安全交底 |
| 2 | 材料质量 | 质量证明文件：出厂合格证、质量检验报告、现场抽样复验报告 |
| 3 | 中间检查记录 | 隐蔽工程验收记录、施工检验记录（检查计量措施、浆液配合比、混凝土配合比）、淋水或蓄水检验记录 |
| 4 | 工程检验记录 | 质量检验及观察检查记录（工程检验批质量验收记录） |
| 5 | 证书资料 | 施工队伍的资质证书及主要操作人员的上岗证书 |
| 6 | 其他资料 | 事故处理、技术总结报告等其他必须提供的资料 |

### 31.6.7.2　主控项目

（1）选用材料的质量应符合设计要求，且与原防水层相容。

检验方法：检查出厂合格证和质量检验报告等。

（2）防水层治理完成后不得有积水和渗漏现象，有排水要求的，治理完成后排水应顺畅。

检验方法：雨后或蓄（淋）水检查。

（3）浆液配合比应符合设计要求。

检验方法：检查计量措施或试验报告及隐蔽工程验收记录。

（4）注浆效果必须符合设计要求。

检验方法：观察检查或采用钻孔取芯等方法。

(5) 止水带与紧固件压块以及止水带与基面之间应结合紧密。

检验方法：观察检查。

(6) 涂料防水层在管道根部等细部做法应符合设计要求。

检验方法：观察检查。

(7) 天沟、檐沟、泛水、水落口和变形缝等防水层构造、保温层构造应符合设计要求。

检验方法：观察检查和检查隐蔽工程验收记录。

**31.6.7.3 一般项目**

(1) 注浆孔的数量、钻孔间距、钻孔深度及角度应符合设计要求，注浆过程的压力控制和进浆量应符合设计要求。

检验方法：观察检查，检查施工记录及隐蔽工程验收记录。

(2) 卷材铺贴方向和搭接宽度应符合设计要求，卷材搭接缝应粘（焊）结牢固，封闭严密，不得有皱褶、翘边和空鼓现象。卷材收头应采取固定措施并封严。

检验方法：观察检查。

(3) 涂膜防水层应与基层粘结牢固，涂刷均匀，不得有皱褶、鼓泡、气孔、露胎体和翘边等缺陷。

检验方法：观察检查。

(4) 抹压防水砂浆应密实，防水层与基层及各层间结合应粘结牢固、无空鼓、无脱层。表面应平整，不得有酥松、起砂、起皮现象。

检验方法：观察和用小锤轻击检查。

(5) 涂膜防水层的平均厚度应符合设计要求，最小厚度不应小于设计厚度的90%。

检验方法：针刺法或取样量测。

(6) 水泥砂浆防水层的平均厚度应符合设计要求，最小厚度不得小于设计值的85%。

检验方法：观察和尺量检查。

(7) 嵌缝密封材料应与基层粘结牢固，表面应光滑，不得有气泡、开裂和脱落、鼓泡现象。

检验方法：观察检查。

(8) 瓦件的规格、品种、质量应符合原设计要求，应与原有瓦件规格、色泽接近，外形应整齐，无裂缝、缺棱掉角等残次缺陷。铺瓦应与原有部分相接吻合。

检验方法：观察检查。

(9) 上人屋面或其他使用功能的面层恢复情况。

检验方法：观察检查。

### 工程案例一：某工程电梯井渗漏治理

1. 渗漏原因

(1) 因底板先做防水层，再现浇侧壁混凝土墙，这样导致电梯井侧壁混凝土墙跟底板断层，原施工的防水层就没有起到应有的防水效果，这样地下水就会不断从断层处渗漏到电梯井内。

(2) 土建施工时，底板的大量积水没有排干、排净，而直接把混凝土倒入水中，造成底板四周出现很多蜂窝、麻面、孔洞、疏松。与底板交接不严实，电梯井底部位置处在正负零以下，地下水压较大，地下水通过孔洞、麻面、裂缝及疏松处渗漏至底坑，造成电梯井积水。

(3) 电梯井壁渗漏水，因电梯井壁正负零以下四周侧面是分两次水泥砂浆抹面，电梯井侧壁内外均未进行防水处理，造成地下水从井侧壁外墙渗透进壁内而造成电梯井积水。

2. 治理方法

采用地下渗漏水治理中的注浆钻孔方法治理。

### 工程案例二：某屋面节点渗漏治理

1. 渗漏原因

某种植屋面发生渗漏水现象，在浇花或下大雨时漏水较严重。在对该屋面进行渗漏治理时，将屋面种植土移出后对原防水层进行闭水试验没有出现渗漏水现象，查屋面防水层并无损伤现象。进一步细查发现该屋面主要渗漏水的原因是由于防水层在立面的设置高度不够，水抄防水层的“后路”进入防水层内部而发生渗漏水现象。

2. 治理方法

为保证立面防水层的高度，立面防水层距屋面面层的高度不应小于 250mm 或者将防水层直接延伸到女儿墙的顶部钉压固定，并用密封材料封严。

### 工程案例三：某卫生间渗水治理

1. 渗漏原因

某住宅装修后卫生间地面出现渗水，导致楼下住户卫生间顶部中间部位渗水，而该住户又不愿意将刚装修的耐磨砖地面打掉重做防水层。

2. 治理方法

只要能阻止卫生间地面水从地面耐磨砖缝中进入耐磨砖下面即可解决渗漏问题，对耐磨砖砖缝进行剔缝，并在四块砖拼接的十字缝点钻小孔，然后用针筒将高渗透环氧注入孔中和缝中，待孔、缝中浆液渗入后再灌注至孔与缝间浆液面不下降。上午施工灌注，晚上缝内浆液已凝固，往地面放水，两小时后楼下卫生间顶面已未见渗水。之后回访，住户说再未见渗水。

### 工程案例四：某建筑墙面渗漏水治理

某四层框架结构建筑，建于 20 世纪 90 年代。受外力作用，基础产生不均匀沉降，受温差变形、材料老化等因素的影响，存在不同程度的渗漏现象。渗漏部位分布在墙体、窗周边、女儿墙、沉降缝转角、梁与墙交接部位。

1. 渗漏原因

查勘裂缝及渗漏水情况，采用雨天观察方法查找渗漏水部位，用高强光源照射，查清裂缝发生的部位及裂缝隙宽度、长度、深度和贯穿情况，并予以标注，以便确定施工范围。

(1) 墙面节能型加气块性能不稳，砌体密实度不够，砂浆抹灰层局部空鼓裂缝，墙面砖勾缝密实度不足，遗漏勾缝是导致外墙渗漏水的主要原因。

(2) 窗与外墙的连接部位，密封不良，导致窗边渗漏水。

(3) 女儿墙、沉降缝转角为防水节点关键部位，伸缩变形使结构开裂，原防水层被拉裂。

(4) 梁与墙交接部位，混凝土与砖墙材质弹性模量不同，收缩变形不一致产生裂缝。

2. 治理方法

(1) 墙体部分：检查、清理墙面装饰砖，对渗漏墙面砖缝，整体连续勾缝。

(2) 窗与外墙的连接部位：进行密封处理，窗边区域涂刷涂料防水层。

(3) 女儿墙、沉降缝转角部位：转角处凿至原防水层，修补渗漏部位，重新设置防水层。

(4) 梁与墙交接部位：沿裂缝凿开后，修补裂缝，多道防水设防。

# 31.7 防水工程绿色施工

## 31.7.1 防水工程资源节约

### 31.7.1.1 基本要求

(1) 防水工程的绿色理念应贯穿整个设计、施工全过程。根据工程使用功能、工程造价、工程技术条件等因素，合理选择材料，提供符合适用、安全、经济、美观要求的构造方案。选材有以下基本要求：

1) 根据不同的工程部位选材。

2) 根据主体功能要求选材。

3) 根据工程环境选材。

4) 根据工程标准选材。

(2) 在满足设计和施工工艺的前提下，防水施工中应优先选用绿色、环保材料和再生材料，限制和淘汰非节能环保材料。

(3) 保护施工现场现有的道路、植被、公共设施，积极配合业主一切有关绿色施工的管理规定及措施。

### 31.7.1.2 节材与材料资源利用

(1) 施工中应根据施工进度、库存情况等，合理安排材料的采购、进场时间和批次，减少库存。施工现场材料按总平面布置图码放。

(2) 卷材防水宜采用自粘型防水卷材，采用的基层处理剂和胶粘剂应选用环保型材料，并封闭存放。

(3) 现浇钢筋混凝土楼板上做柔性防水层时，宜直接将结构板面压实、抹光，不做找平层。

(4) 防水混凝土应采用预拌混凝土。

## 31.7.2 防水工程环境保护

**31.7.2.1 有害气体排放控制**

（1）禁止使用溶剂型防水涂料，热熔性防水涂料应采用密闭加热专用炉。

（2）施工现场严禁焚烧油毡、橡胶、塑料制品及其他废弃物。

（3）液态防水涂料和粉末状涂料应采用封闭容器存放，余料应及时回收。

**31.7.2.2 水土污染控制**

（1）车辆清洗处及固定式混凝土输送泵旁应设置沉淀池，污水应经沉淀后综合循环利用。工程污水、试验室养护用水应经处理合格后，排入市政污水管道。

（2）施工现场存放的油料和化学溶剂等物品应设有专门的库房，库房地面应做防渗漏处理。废弃的油料和化学溶剂等列入《国家危险废物名录》的危险废物应按规定集中处理，不得随意倾倒。

（3）蓄水、淋水试验宜采用非传统水源。

**31.7.2.3 建筑垃圾控制**

（1）防水工程施工中主要产生的建筑垃圾为防水卷材和防水涂料施工余料，余料应及时回收。

（2）建筑垃圾应集中分类管理，宜对建筑垃圾进行综合利用。工程结束后，对施工中产生的建筑垃圾应清理出施工现场。

**31.7.2.4 室内环境质量**

（1）基层清理应采取控制扬尘的措施；采取一切合理措施，保护防水工程施工工作面的环境，改造工程铲平原防水层时，宜用专门的吸尘器吸尘，防止污染环境。

（2）涂膜防水宜采用滚涂或涂刷工艺，当采用喷涂工艺时，应采取防止污染的措施。

## 31.7.3 防水工程作业环境与职业健康

**31.7.3.1 作业环境**

（1）定期对防水作业现场人员进行环境保护、绿色施工的知识培训，加强环保意识。

（2）高温作业应采取有效措施，配备和发放防暑降温用品，合理安排作息时间。冬期作业应采取防火、防滑、防冻、防风、防中毒等安全措施，配备和发放取暖过冬用品。

（3）高处作业时，应有必要的防护措施。

（4）防水工程作业时应注意风向，防止下风操作人员中毒、受伤。

（5）采用热熔法施工防水卷材时，应控制燃料泄漏，并控制易燃材料储存地点与作业点的间距。高温环境或封闭条件施工时，应采取措施加强通风。

（6）采用热熔法施工防水涂料时，应采取控制烟雾措施。

**31.7.3.2 职业健康**

（1）施工前应进行安全技术交底工作，施工操作过程应符合安全技术规定。

（2）应定期对从事接触职业病危害作业的劳动者进行职业健康培训和体检，配备有效的防护用品，指导作业人员正确使用职业病防护设备和个人劳动防护用品。

# 参 考 文 献


[1] 建筑施工手册(第五版)编委会．建筑施工手册[M].5 版. 北京：中国建筑工业出版社，2012.

[2] 叶林标，曹征富. 建筑防水工程施工新技术手册[M]. 北京：中国建筑工业出版社，2018.

[3] 冯浩，朱清江. 混凝土外加剂工程应用手册[M]. 北京：中国建筑工业出版社，2005.

[4] 徐至钧. 纤维混凝土技术及应用[M]. 北京：中国建筑工业出版社，2002.

[5] 瞿培华，胡骏，陈少波，等．建筑外墙防水与渗漏治理技术[M]. 北京：中国建筑工业出版社，2017.

[6] 沈春林．建筑防水工程百问[M]. 北京：中国建筑工业出版社. 2010，136-138.

[7] 叶林标．地下工程混凝土结构自防水与集成防水施工技术[Z/OL]. 功夫防水微平台，防水保温新视野. 2019.05，20.

# 32 建筑防腐蚀工程

## 32.1 建筑防腐蚀工程基本类型与要求

在建筑物和构筑物的生产使用环境中，存在着各种酸碱盐类腐蚀性介质，这些介质对建筑物和构筑物的构配件有着不同程度的腐蚀破坏作用。为保证受腐蚀性介质作用的建筑物、构筑物在设计使用年限内的正常使用，需要采取提高结构构件自身耐久性和增设附加防护层等建筑防腐蚀措施。

### 32.1.1 腐蚀性介质及分级

(1) 各种腐蚀介质按其存在形态可分为气态介质、液态介质和固态介质。

1) 气态介质对建（构）筑物的腐蚀程度取决于气体的性质、作用量、环境相应湿度、温度以及作用时间，也和建筑材料的性质、致密性相关。对气态介质腐蚀最敏感的建筑材料是金属，比如钢结构生锈等，其次是钢筋混凝土，后者在气相腐蚀环境中主要表现为钢筋腐蚀。在同等条件下，黏土砖、混凝土在气相腐蚀环境中腐蚀较轻缓。在各种腐蚀气体中，以氯化氢、氯、硫酸酸雾等酸性气体对钢结构和混凝土结构的腐蚀最为严重。湿度是气体对金属形成电化学腐蚀的重要因素，在一定的温度条件下，大气湿度如果保持在60%以下，金属的腐蚀速度比较缓慢，随着大气温度、湿度的增加，腐蚀速度急剧加快。对于钢筋混凝土来说，环境湿度的作用是通过对材料的渗透在其内部显现的，材料的致密性决定了水分的渗透量。

2) 液态介质对建（构）筑物的腐蚀程度取决于液体的性质、浓度、作用量、作用时间、温度，建筑材料的性质、致密程度。液态介质的腐蚀作用不仅在建筑物表面进行化学溶蚀，同时还在其内部进行，其主要作用于地基基础、设备基础和地基，也作用于墙面和柱面等其他部位。不同性质的液体对建筑材料的腐蚀差别很大，例如酸对钢结构的腐蚀比较严重，主要体现在可以直接与钢结构发生化学反应置换出氢，导致钢材强度快速消失；同样，酸对混凝土的腐蚀也十分严重。碱对钢结构、混凝土结构的腐蚀则较轻缓。对一般建筑材料，溶液浓度越高，腐蚀性越强，硫酸钠虽然是盐类，但高浓度的硫酸钠溶液对砖墙的腐蚀甚至比酸还严重。

3) 固态介质对建、构筑物的腐蚀程度取决于固体的性质、溶解度、吸湿性、再结晶后的体积膨胀率，环境的温度、湿度，建筑材料的性质及致密程度。附着在金属构件表面的吸湿性固体盐会导致金属构件表面的露点降低，形成附着液膜，此时电阻降低而腐蚀加快，造成对建、构筑物的腐蚀。盐的溶解度和吸湿性越大，腐蚀性也越强。大部分盐类都具有再结晶的特点，盐类吸湿溶解后渗入材料内，可因水分的挥发在材料的孔隙中产生再结晶，在此条件下，材料的致密性和盐类再结晶后的体积膨胀率是导致材料发生膨胀腐蚀的重要因素。

(2) 腐蚀性介质按其性质、含量、环境条件及对建筑材料的长期作用可分为：强腐蚀、中腐蚀、弱腐蚀、微腐蚀四个等级。同一形态的多种介质同时作用于同一部位时，腐蚀性等级应取最高者；同一介质依据不同方法判定的腐蚀性等级不同时，应取最高者。

(3) 环境相对湿度应采用构配件所处部位的实际相对湿度；生产条件对环境相对湿度影响较小时，可采用工程所在地区的年平均相对湿度；经常处于潮湿状态或不可避免结露的部位，环境相对湿度应取大于75%。

#### 32.1.1.1 气态介质对建筑材料与结构的腐蚀性

常温下，常见气态介质对建筑物材料的腐蚀性等级可根据介质浓度和环境湿度按表32-1确定。

**常见气态介质对建筑材料的腐蚀性等级** 表 32-1

| 介质类别 | 介质名称 | 腐蚀介质浓度（$mg/m^2$） | 环境相对湿度（%） | 钢筋混凝土、预应力混凝土中的钢筋 | 水泥砂浆、素混凝土 | 钢材 | 烧结砖砌体 | 木 | 铝 |
|---|---|---|---|---|---|---|---|---|---|
| Q1 | 氯 | 1~5 | >75 | 强 | 弱 | 强 | 弱 | 弱 | 强 |
| | | | 60~75 | 中 | 弱 | 中 | 弱 | 微 | 中 |
| | | | <60 | 弱 | 微 | 中 | 微 | 微 | 中 |
| Q2 | | 0.1~1 | >75 | 中 | 微 | 中 | 微 | 微 | 中 |
| | | | 60~75 | 弱 | 微 | 中 | 微 | 微 | 中 |
| | | | <60 | 微 | 微 | 弱 | 微 | 微 | 弱 |
| Q3 | 氯化氢 | 1~10 | >75 | 强 | 中 | 强 | 中 | 弱 | 强 |
| | | | 60~75 | 强 | 弱 | 强 | 弱 | 弱 | 强 |
| | | | <60 | 中 | 微 | 中 | 微 | 微 | 中 |
| Q4 | | 0.05~1 | >75 | 中 | 弱 | 强 | 弱 | 弱 | 强 |
| | | | 60~75 | 中 | 弱 | 中 | 微 | 微 | 中 |
| | | | <60 | 弱 | 微 | 弱 | 微 | 微 | 弱 |
| Q5 | 氮氧化物 | 5~25 | >75 | 强 | 中 | 强 | 中 | 弱 | 弱 |
| | | | 60~75 | 中 | 弱 | 中 | 弱 | 弱 | 弱 |
| | | | <60 | 弱 | 微 | 中 | 微 | 微 | 微 |
| Q6 | | 0.1~5 | >75 | 中 | 弱 | 中 | 弱 | 弱 | 弱 |
| | | | 60~75 | 弱 | 微 | 中 | 微 | 微 | 微 |
| | | | <60 | 微 | 微 | 弱 | 微 | 微 | 微 |
| Q7 | 硫化氢 | 5~100 | >75 | 强 | 弱 | 强 | 弱 | 弱 | 弱 |
| | | | 60~75 | 中 | 微 | 中 | 微 | 微 | 弱 |
| | | | <60 | 弱 | 微 | 中 | 微 | 微 | 微 |
| Q8 | | 0.01~5 | >75 | 中 | 微 | 中 | 微 | 弱 | 弱 |
| | | | 60~75 | 弱 | 微 | 中 | 微 | 微 | 微 |
| | | | <60 | 微 | 微 | 弱 | 微 | 微 | 微 |

续表

| 介质类别 | 介质名称 | 腐蚀介质浓度（$mg/m^2$） | 环境相对湿度（%） | 钢筋混凝土、预应力混凝土中的钢筋 | 水泥砂浆、素混凝土 | 钢材 | 烧结砖砌体 | 木 | 铝 |
|---|---|---|---|---|---|---|---|---|---|
| Q9 | 氟化氢 | 1～10 | ＞75 | 中 | 弱 | 强 | 微 | 弱 | 中 |
| | | | 60～75 | 弱 | 微 | 中 | 微 | 微 | 中 |
| | | | ＜60 | 微 | 微 | 中 | 微 | 微 | 弱 |
| Q10 | 二氧化硫 | 10～200 | ＞75 | 强 | 弱 | 强 | 弱 | 弱 | 强 |
| | | | 60～75 | 中 | 弱 | 中 | 弱 | 微 | 中 |
| | | | ＜60 | 弱 | 微 | 中 | 微 | 微 | 弱 |
| Q11 | | 0.5～10 | ＞75 | 中 | 微 | 中 | 微 | 微 | 中 |
| | | | 60～75 | 弱 | 微 | 中 | 微 | 微 | 弱 |
| | | | ＜60 | 微 | 微 | 弱 | 微 | 微 | 弱 |
| Q12 | 硫酸酸雾 | 经常作用 | ＞75 | 强 | 强 | 强 | 中 | 中 | 强 |
| Q13 | | 偶尔作用 | ＞75 | 中 | 中 | 强 | 弱 | 弱 | 中 |
| | | | ≤75 | 弱 | 弱 | 中 | 弱 | 弱 | 弱 |
| Q14 | 醋酸酸雾 | 经常作用 | ＞75 | 强 | 中 | 强 | 中 | 弱 | 弱 |
| Q15 | | 偶尔作用 | ＞75 | 中 | 弱 | 强 | 弱 | 微 | 微 |
| | | | ≤75 | 弱 | 弱 | 中 | 微 | 微 | 微 |
| Q16 | 二氧化碳 | ＞2000 | ＞75 | 中 | 微 | 中 | 微 | 微 | 弱 |
| | | | 60～75 | 弱 | 微 | 弱 | 微 | 微 | 微 |
| | | | ≤60 | 微 | 微 | 弱 | 微 | 微 | 微 |
| Q17 | 氨 | ＞20 | ＞75 | 弱 | 微 | 中 | 微 | 弱 | 弱 |
| | | | 60～75 | 弱 | 微 | 中 | 微 | 微 | 微 |
| | | | ≤60 | 微 | 微 | 弱 | 微 | 微 | 微 |
| Q18 | 碱雾 | 偶尔作用 | — | 弱 | 弱 | 弱 | 中 | 中 | 中 |

注：1. 氮氧化物含量折合成二氧化氮浓度。
　　2. 素混凝土为未掺入外加剂的水泥混凝土。

#### 32.1.1.2　液态介质对建筑材料与结构的腐蚀性

常温下，常见液态介质对建筑材料与结构的腐蚀性等级见表 32-2。

常见液态介质对建筑材料与结构的腐蚀性等级　　表 32-2

| 介质类别 | | 介质名称 | pH 或浓度 | 钢筋混凝土、预应力混凝土 | 水泥砂浆、素混凝土 | 烧结砖砌体 |
|---|---|---|---|---|---|---|
| Y1 | 无机酸 | 硫酸、盐酸、硝酸、铬酸、磷酸、各种酸洗液、电镀液、电解液、酸性水（pH） | ＜4 | 强 | 强 | 强 |
| Y2 | | | 4～5 | 中 | 中 | 中 |
| Y3 | | | 5～6.5 | 弱 | 弱 | 弱 |
| Y4 | | 氢氟酸（%） | ≥2 | 强 | 强 | 强 |

续表

| 介质类别 | | 介质名称 | pH 或浓度 | 钢筋混凝土、预应力混凝土 | 水泥砂浆、素混凝土 | 烧结砖砌体 |
|---|---|---|---|---|---|---|
| Y5 | 有机酸 | 醋酸、柠檬酸（%） | ≥2 | 强 | 强 | 强 |
| Y6 | | 乳酸、C5～C20 脂肪酸（%） | ≥2 | 中 | 中 | 中 |
| Y7 | 碱 | 氢氧化钠（%） | >15 | 中 | 中 | 强 |
| Y8 | | | 8～15 | 弱 | 弱 | 强 |
| Y9 | | 氨水（%） | ≥10 | 弱 | 微 | 弱 |
| Y10 | 盐 | 钠、钾、铵的碳酸盐和碳酸氢盐（%） | ≥2 | 弱 | 弱 | 中 |
| Y11 | | 钠、钾、铵、镁、铜、镉、铁的硫酸盐（%） | ≥1 | 强 | 强 | 强 |
| Y12 | | 钠、钾的亚硫酸盐、亚硝酸盐（%） | ≥1 | 中 | 中 | 中 |
| Y13 | | 硝酸铵（%） | ≥1 | 强 | 强 | 强 |
| Y14 | | 钠、钾的硝酸盐（%） | ≥2 | 弱 | 弱 | 中 |
| Y15 | | 铵、铝、铁的氯化物（%） | ≥1 | 强 | 强 | 强 |
| Y16 | | 钙、镁、钾、钠的氯化物（%） | ≥2 | 强 | 弱 | 中 |
| Y17 | | 尿素（%） | ≥10 | 中 | 中 | 中 |

注：1. 表中的浓度系指质量百分比，以“%”表示。

2. 当液态介质采用离子浓度分类时，其腐蚀性等级可按现行国家标准《岩土工程勘察规范》GB 50021 的有关规定确定。

#### 32.1.1.3 固态介质对建筑材料与结构的腐蚀性

常温下，常见固态介质（含气溶胶）对建筑材料与结构的腐蚀性等级按表 32-3 确定；当固态介质有可能被溶解或易溶盐作用于构配件时，腐蚀性等级应按表 32-2 确定。

常见固态介质对建筑材料与结构的腐蚀性等级　　表 32-3

| 介质类别 | 溶解性 | 吸湿性 | 介质名称 | 环境相对湿度（%） | 钢筋混凝土、预应力混凝土 | 水泥砂浆、素混凝土 | 钢材 | 烧结砖砌体 | 木 |
|---|---|---|---|---|---|---|---|---|---|
| G1 | 难溶 | — | 硅酸铝，磷酸钙，钙、钡、铅的碳酸盐和硫酸盐，镁、铁、铬、铝、硅的氧化物和氢氧化物 | >75 | 弱 | 微 | 弱 | 微 | 弱 |
| | | | | 60～75 | 微 | 微 | 弱 | 微 | 微 |
| | | | | <60 | 微 | 微 | 弱 | 微 | 微 |
| G2 | 易溶 | 难吸湿 | 钠、钾的氯化物 | >75 | 中 | 弱 | 强 | 弱 | 弱 |
| | | | | 60～75 | 中 | 微 | 强 | 弱 | 弱 |
| | | | | <60 | 弱 | 微 | 中 | 弱 | 微 |
| G3 | 易溶 | 难吸湿 | 钠、钾、铵、锂的硫酸盐和亚硫酸盐，硝酸铵，氯化铵 | >75 | 中 | 中 | 强 | 中 | 中 |
| | | | | 60～75 | 中 | 中 | 中 | 中 | 弱 |
| | | | | <60 | 弱 | 弱 | 弱 | 弱 | 微 |

续表

| 介质类别 | 溶解性 | 吸湿性 | 介质名称 | 环境相对湿度（%） | 钢筋混凝土、预应力混凝土 | 水泥砂浆、素混凝土 | 钢材 | 烧结砖砌体 | 木 |
|---|---|---|---|---|---|---|---|---|---|
| G4 | 易溶 | 难吸湿 | 钠、钡、铅的硝酸盐 | ＞75 | 弱 | 弱 | 中 | 弱 | 弱 |
| | | | | 60～75 | 弱 | 弱 | 中 | 弱 | 弱 |
| | | | | ＜60 | 微 | 微 | 弱 | 微 | 微 |
| G5 | | | 钠、钾、铵的碳酸盐和碳酸氢盐 | ＞75 | 弱 | 弱 | 中 | 中 | 中 |
| | | | | 60～75 | 弱 | 弱 | 弱 | 弱 | 中 |
| | | | | ＜60 | 微 | 微 | 微 | 微 | 弱 |
| G6 | 易溶 | 易吸湿 | 钙、镁、锌、铁、铝的氯化物 | ＞75 | 强 | 中 | 强 | 中 | 中 |
| | | | | 60～75 | 中 | 弱 | 中 | 弱 | 弱 |
| | | | | ＜60 | 中 | 微 | 中 | 微 | 微 |
| G7 | | | 镉、镁、镍、锰、铜、铁的硫酸盐 | ＞75 | 中 | 中 | 强 | 中 | 中 |
| | | | | 60～75 | 中 | 中 | 中 | 中 | 弱 |
| | | | | ＜60 | 弱 | 弱 | 中 | 弱 | 微 |
| G8 | | | 钠、钾的亚硝酸盐，尿素 | ＞75 | 弱 | 弱 | 中 | 中 | 弱 |
| | | | | 60～75 | 弱 | 弱 | 中 | 弱 | 微 |
| | | | | ＜60 | 微 | 微 | 弱 | 微 | 微 |
| G9 | | | 钠、钾的氢氧化物 | ＞75 | 中 | 中 | 中 | 强 | 强 |
| | | | | 60～75 | 弱 | 弱 | 中 | 中 | 中 |
| | | | | ＜60 | 弱 | 弱 | 弱 | 弱 | 弱 |

注：1. 在1L水中，盐、碱类固态介质的溶解度小于2g时为难溶，大于或等于2g时为易溶。
2. 在温度20℃时，盐、碱类固态介质平衡时相对湿度小于60%时为易吸湿，大于或等于60%时为难吸湿。

**32.1.1.4　气态介质对钢材的腐蚀性等级**

常温下，气态介质对钢材的腐蚀以单位面积质量损失或厚度损失值作为腐蚀条件时，腐蚀性等级可按表32-4确定。

**常温下气态介质腐蚀性等级　　表32-4**

| 无保护的钢材在气态介质中暴露1年后的损失值 | | 介质对钢材的腐蚀性等级 |
|---|---|---|
| 质量损失（$g/m^2$） | 厚度损失（$\mu m$） | |
| ＞650～≤1500 | ＞80～≤200 | 强腐蚀 |
| ＞400～≤650 | ＞50～≤80 | 中腐蚀 |
| ＞200～≤400 | ＞25～≤50 | 弱腐蚀 |
| ≤200 | ≤25 | 微腐蚀 |

**32.1.1.5　海洋性大气环境对钢材的腐蚀性等级**

海洋性大气环境对钢材的腐蚀性等级可按表32-5确定。

海洋性大气环境对钢材的腐蚀性等级　表 32-5

| 年平均相对湿度（%） | 距涨潮海岸线（km） | 腐蚀性等级 |
|---|---|---|
| ＞75 | 0～5 | 强 |
|  | ＞5 | 中 |
| 60～75 | 0～3 | 强 |
|  | ＞3～5 | 中 |
|  | ＞5 | 弱 |

### 32.1.1.6　典型生产部位腐蚀性介质类别

工业领域各种工艺过程中典型生产部位腐蚀性介质类别举例见表 32-6。

生产部位腐蚀性介质类别举例　表 32-6

| 行业 | 生产部位名称 | 环境相对湿度（%） | 气态介质 |  | 液态介质 |  | 固态介质 |  |
|---|---|---|---|---|---|---|---|---|
|  |  |  | 名称 | 类别 | 名称 | 类别 | 名称 | 类别 |
| 化工 | 硫酸净化工段、吸收工段 | — | 二氧化硫 | Q10 | 硫酸 | Y1 | — | — |
|  | 硫酸街区大气 | — | 二氧化硫 | Q11 | — | — | — | — |
|  | 稀硝酸泵房 | — | 氮氧化物 | Q6 | 硝酸 | Y1 | — | — |
|  | 浓硝酸厂房 | — | 氮氧化物 | Q5 | 硝酸 | Y1 | — | — |
|  | 食盐离子膜电解厂房 | — | 氯 | Q2 | 氢氧化钠、氯化钠 | Y7、16 | — | — |
|  | 盐酸吸收、盐酸脱析 | ＞75 | 氯化氢 | Q3 | 盐酸 | Y1 | — | — |
|  | 氯碱街区大气 | — | 氯、氯化氢 | Q2、4 | — | — | — | — |
|  | 碳酸钠碳化工段 | — | 二氧化碳、氨 | Q16、17 | 碳酸钠、氯化钠 | Y10、16 | 碳酸钠 | G5 |
|  | 氯化铵滤铵机、离心机部位 | — | 氨 | Q17 | 氯化铵母液 | Y15 | — | — |
|  | 硫酸铵饱和部位 | ＞75 | 硫酸酸雾、氨 | Q12、17 | 硫酸、硫铵母液 | Y1、11 | — | — |
|  | 硝酸铵中和工段 | — | 氮氧化物、氨 | Q6、17 | 硝酸、硝酸铵 | Y1、13 | — | — |
|  | 尿素散装仓库 | 60～75 | 氨 | Q17 | — | — | 尿素 | G8 |
|  | 醋酸氧化工段、精馏工段 | — | 醋酸酸雾 | Q14 | 醋酸 | Y5 | — | — |
|  | 氢氟酸反应工段 | — | 氟化氢 | Q9 | 硫酸 | Y1 | — | — |
| 石油化工 | 己内酰胺车间（环己酮羟胺法） | — | — | — | 亚硝酸钠 | Y12 | 亚硝酸钠 | G8 |
|  | 氯乙烯工段 | — | 氯化氢 | Q4 | 盐酸 | Y1 | — | — |
|  | 精对苯二甲酸生产 PTA 工段 | — | 醋酸酸雾 | Q15 | 醋酸 | Y5 | — | — |

续表

| 行业 | 生产部位名称 | 环境相对湿度（%） | 气态介质 | | 液态介质 | | 固态介质 | |
|---|---|---|---|---|---|---|---|---|
| | | | 名称 | 类别 | 名称 | 类别 | 名称 | 类别 |
| 有色冶金 | 铜电解液废液处理 | ＞75 | 硫酸酸雾 | Q12 | 硫酸、硫酸铜 | Y1、11 | — | — |
| | 铜浸出、电解硫酸盐 | ＞75 | 硫酸酸雾 | Q12 | 硫酸 | Y1 | 硫酸铜 | G7 |
| | 锌电解过滤、压滤 | ＞75 | 硫酸酸雾 | Q12 | 硫酸、硫酸锌 | Y1、11 | — | — |
| | 镍电解净液 | ＞75 | 硫酸酸雾、氯化氢 | Q12、4 | 硫酸 | Y1 | — | — |
| | 钴电解净液 | ＞75 | 硫酸酸雾 | Q12 | 硫酸 | Y1 | — | — |
| | 铅电解净液 | 60～75 | 氟化氢 | Q9 | 氟硅酸 | Y4 | — | — |
| | 氟化盐制酸车间吸收塔部位 | — | — | — | 氢氟酸 | Y4 | — | — |
| | 氧化铝压滤厂房、分解过滤厂房 | — | 碱雾 | Q18 | 氢氧化钠、碳酸钠 | Y7、10 | — | — |
| | 镁电解 | — | 氯、氯化氢 | Q1、3 | — | — | 氯化镁 | G6 |
| 机械 | 各种金属件的酸洗 | ＞75 | 酸雾、碱雾 | Q12、18 | 酸洗液、氢氧化钠 | Y1、7 | — | — |
| | 电镀 | ＞75 | 酸雾、碱雾 | Q12、18 | 酸洗液、氢氧化钠 | Y1、7 | — | — |
| 钢铁 | 酸洗 | ＞75 | 氯化氢 | Q3 | 硫酸 | Y1 | — | — |
| | 半连轧酸洗槽 | ＞75 | 硫酸酸雾 | Q12 | 盐酸 | Y1 | — | — |

注：环境相对湿度表中未注明者，可按地区年平均相对湿度确定。

### 32.1.2　建筑防腐蚀工程的基本类型

在生产使用环境中的建（构）筑物，受到各种腐蚀介质作用，产生不同程度的物理、化学、电化学腐蚀，造成材料失效而引起结构破坏。

腐蚀介质与材料相互作用生成可溶性化合物或无胶结性能产物的过程，称为化学溶蚀。建筑材料的化学溶蚀主要与三个因素有关，一是介质的 pH，pH 愈低，则腐蚀性愈强；二是建筑材料中与介质可起化学反应的组分愈多，则材料被腐蚀倾向越大；三是腐蚀产物的溶解度愈高，则腐蚀速度愈快。这类腐蚀以酸对水泥类材料的腐蚀最具代表性。当腐蚀介质与建筑材料组分发生化学反应生成体积膨胀的新物质或盐溶液渗入材料孔隙积聚后再脱水结晶形成固态水化物体积膨胀，在材料中产生内应力使材料结构破坏的过程称为膨胀腐蚀。一般情况下，硫酸盐类的膨胀腐蚀比较严重且最具代表性。

工业建筑由于所处环境、作用部位、介质条件不同，其防腐蚀技术有严格的适用范围。有时为达到更理想的防护效果或在使用条件及介质情况复杂条件下，采用一种防腐蚀材料或措施无法进行有效保护时，就需要采用两种或多种材料复合、多种结构复合等技术与措施作联合保护。

**32.1.2.1 涂料类防腐蚀工程**

简单、方便、常用和有效的表面防护工程，若与树脂材料复合使用，防护效果更好，更具耐久性。主要用于大气环境下的墙面及部分构筑物的保护。

**32.1.2.2 树脂类防腐蚀工程**

简单、常用、高效、复杂介质和苛刻条件下的防护工程，常用于楼地面、沟、池、槽和耐蚀块材的砌筑，防护耐久性高，效果更好；周期短，可修复性强。

**32.1.2.3 水玻璃类防腐蚀工程**

氧化性强酸介质条件下混凝土结构表面的防护工程，常用于楼地面、地坪、设备基础和砌筑耐蚀块材，也可单独使用，但一般情况需采用树脂材料设置隔离层。

**32.1.2.4 块材类防腐蚀工程**

必须与其他材料复合，一般不能单独使用。主要用于重要建（构）筑物，如池、槽、设备基础的防护，可采用树脂材料、水玻璃材料作结合层。

**32.1.2.5 聚合物水泥砂浆防腐蚀工程**

碱、碱性盐介质条件下混凝土结构表面的防护工程，还可用于楼地面、地坪、设备基础和砌筑耐蚀块材。

**32.1.2.6 塑料类防腐蚀工程**

主要施工内容包括：硬聚氯乙烯塑料板制作的池槽衬里、软聚氯乙烯塑料板制作的池槽衬里或地面层、聚乙烯塑料板制作的池槽衬里、聚丙烯塑料板制作的池槽衬里，可与其他材料复合，也可单独使用。

**32.1.2.7 沥青类防腐蚀工程**

主要施工内容包括沥青砂浆和沥青混凝土铺筑的整体面层、碎石灌沥青垫层、沥青稀胶泥涂覆的隔离层等，主要用于地下工程。

**32.1.2.8 其他类型防腐蚀工程**

喷涂型聚脲防腐蚀工程：聚脲涂层固化快速，可在任意形面上成型，材料的养护周期短，能有效缩短维修和防腐保养工期。已在化工防腐、建筑防腐、防水保护等领域得到广泛运用。

金属、化学物质保护层类防腐蚀工程：在金属表面覆盖保护层，使金属制品与周围腐蚀介质隔离，从而防止腐蚀。主要用于钢铁制件的防腐蚀工程。

### 32.1.3 建筑防腐蚀工程的基本要求

建筑防腐蚀工程要求整体性好、抗渗性强，基层有足够的强度、干燥度、洁净度和平整度。防腐蚀施工具有“三怕”特点，即怕水、怕脏、怕晒，施工时必须采取挡雨、防潮、防烈日晒、防污染等措施。合理安排防腐蚀工程与相关建筑、安装工程的协调配合，施工后应保证充分养护。

**32.1.3.1 防腐蚀材料的要求**

（1）进入现场的建筑防腐蚀材料应有产品质量合格证、质量技术指标及检测方法和质量检验报告或技术鉴定文件。

(2) 需现场配制使用的材料应经试验确定。经试验确定的配合比不得任意改变。

(3) 建筑防腐蚀工程的施工，应按设计文件规定进行。当需要变更设计、材料代用或采用新材料时，应征得设计部门的同意。

(4) 施工前，应根据施工环境温度、湿度、原材料及工况特点试验选定适宜的配合比和施工方法，再进行大面积施工。

**32.1.3.2　防腐蚀工程施工要求**

(1) 建筑防腐蚀施工应符合国家现行有关环境保护、安全技术和劳动保护等标准的规定。

(2) 施工单位应建立防腐蚀施工现场的质量管理体系和安全管理体系，并应具有健全的质量管理制度、安全管理制度和相应的施工技术方案。

(3) 建筑防腐蚀工程施工前应具备下列条件：

1) 工程设计图纸和相关技术文件齐全，并已按规定程序进行设计交底和图纸会审。

2) 施工组织设计或施工方案已批准，并已进行技术和安全交底。

3) 施工人员已按有关规定考核合格。

4) 工程开工文件已齐备。

5) 用于防腐蚀施工的机械、工器具应检验合格，计量器具应在检定有效期内；施工用防腐蚀材料齐全，并按规定抽检、留样。

6) 已制订相应的职业健康安全与环境保护应急预案。

(4) 施工应按施工组织设计或施工方案进行，施工中各道工序应有完整的施工记录。

## 32.1.4　建筑防腐蚀工程常用的技术规范

建、构筑物防腐蚀工程的设计、施工、验收等过程均应严格执行国家、行业相关规范。

**32.1.4.1　设计技术规范**

国家现行标准《工业建筑防腐蚀设计标准》GB/T 50046、《建筑地面设计规范》GB 50037、《建筑结构可靠性设计统一标准》GB 50068、《岩土工程勘察规范》GB 50021、《建筑防腐蚀构造》20J333等。

**32.1.4.2　施工技术规范**

国家现行标准《建筑防腐蚀工程施工规范》GB 50212、《建筑钢结构防腐蚀技术规程》JGJ/T 251、《建筑用钢结构防腐涂料》JG/T 224。

**32.1.4.3　质量验收规范**

国家现行标准《建筑地面工程施工质量验收规范》GB 50209、《建筑防腐蚀工程施工质量验收标准》GB/T 50224。

**32.1.4.4　其他相关技术规范**

《防腐木材工程应用技术规范》GB 50828；

《工业设备及管道防腐蚀工程技术标准》GB/T 50726；

《锌覆盖层 钢铁结构防腐蚀的指南和建议》GB/T 19355.1～GB/T 19355.3；

《污水综合排放标准》GB 8978；

《施工现场临时用电安全技术规范》JGJ 46；

《冶金建筑工程施工质量验收规范》YB 4147；

《钢结构、管道涂装技术规程》YB/T 9256；

《石油化工涂料防腐蚀工程施工质量验收规范》SH/T 3548；

《电力工程地下金属构筑物防腐技术导则》DL/T 5394；

《电力变压器用防腐涂料》HG/T 4770；

《埋地钢质管道环氧煤沥青防腐层技术标准》SY/T 0447；

《固体废物处理处置工程技术导则》HJ 2035；

《埋地硬聚氯乙烯给水管理工程技术规程》CECS 17；

《钾水玻璃防腐蚀工程技术规程》CECS 116；

《钢结构防腐蚀涂装技术规程》CECS 343；

《呋喃树脂耐蚀作业质量技术规范》GB/T 35499；

《脱硫烟囱用防腐蚀材料技术要求》GB/T 37187；

《脱硫烟囱防腐蚀工程质量评定规范》GB/T 37179；

《钢筋混凝土腐蚀控制工程全生命周期 通用要求》GB/T 37181；

《腐蚀控制工程全生命周期管理工作指南》GB/T 37590；

《耐蚀涂层腐蚀控制工程全生命周期要求》GB/T 37595；

《腐蚀控制工程全生命周期 通用要求》GB/T 33314；

《钢筋混凝土阻锈剂耐蚀应用技术规范》GB/T 33803；

《缓蚀剂 气相缓蚀剂》GB/T 35491；

《预应力钢筒混凝土管防腐蚀技术》GB/T 35490；

《钢构件渗锌耐蚀作业质量控制评定技术规范》GB/T 35505；

《不透性石墨粘结作业技术规范》GB/T 35926；

《火电厂腐蚀控制工程全生命周期要求》GB/T 37539；

《乙烯基酯树脂防腐蚀工程技术规范》GB/T 50590。

## 32.2 基体处理及要求

建筑防腐蚀面层结构经常在短期内出现开裂、脱壳、起鼓、剥落等现象，而不能达到预期的防腐蚀效果，重要原因就是基体表面处理施工工艺存在缺陷。随着科学技术的进步和处理要求的不断提高，基体处理机械装备的广泛应用，不仅降低了工作强度，有利环境保护，同时提高了施工质量和效率。防腐蚀工程的基体应包括混凝土基层、钢结构基层和木质基层。

### 32.2.1 钢结构基体

钢结构的基体表面处理工艺与技术，通常执行我国现行国家标准《涂覆涂料前钢材表面处理 表面清洁度的目视评定 第1部分：未涂覆过的钢材表面和全面清除原有涂层后的钢材表面的锈蚀等级和处理等级》GB/T 8923.1。

#### 32.2.1.1 钢结构基体表面的基本要求

（1）钢结构的安装工程已完成并通过验收。

（2）表面应平整、洁净，不得有焊渣、焊疤或毛刺等缺陷。

（3）焊缝应饱满，不得有气孔、夹渣等缺陷。

（4）阳角的圆弧半径不宜小于3mm。

（5）已处理的钢结构表面不得再次污染，当受到二次污染时，应再次进行表面处理。经过处理的钢结构基面应及时涂刷底层涂料，时间间隔不应超过5h。

**32.2.1.2　基体处理方法及质量要求**

钢结构表面处理可采用喷射或抛射、手工或动力工具、高压射流等处理方法。

（1）手工和动力工具除锈：手工和动力工具除锈等级分为St2级、St3级，其含义是：

1）St2级：在不放大的情况下观察时，钢材表面无可见的油脂和污垢，并且没有附着不牢的氧化皮、铁锈、涂层和外来杂质。

2）St3级：非常彻底的手工和动力工具除锈，钢材表面应无可见油脂和污垢，并且无附着不牢的铁锈、氧化皮或油漆涂层等；并且比St2除锈更彻底，底材显露部分的表面有金属光泽。

（2）喷射或抛射除锈等级分为Sa1级、Sa2级、Sa2.5级、Sa3级，其含义是：

1）Sa1级：轻度的喷射处理，在不放大的情况下观察时，钢材表面无可见的油脂和污垢，并且没有附着不牢的氧化皮、铁锈、涂层和外来杂质等。

2）Sa2级：彻底的喷射清理，在不放大的情况下观察时，钢材表面无可见的油脂和污垢，并且没有氧化皮、铁锈、涂层和外来杂质，任何残留物应附着牢固。

3）Sa2.5级：非常彻底的喷射清理，在不放大的情况下观察时，钢材表面无可见的油脂和污垢，并且没有氧化皮、铁锈、涂层和外来杂质，任何残留的痕迹应仅是点状或条纹状的轻微色斑。

4）Sa3级：非常洁净的喷射或抛射除锈，钢材表面无可见的油脂、污垢、氧化皮、铁锈、油漆涂层等附着物，该表面显示均匀的金属色泽。

（3）高压射流表面处理质量应符合下列规定：

1）钢材表面应无可见的油脂和污垢，且氧化皮、铁锈和涂料涂层等附着物已清除，底材显露部分的表面应具有金属光泽。

2）高压射流处理的钢材表面经干燥处理后4h内应涂刷底层涂料。

（4）防腐蚀构造层与钢结构基层表面粗糙度应符合表32-7的规定。

**防腐蚀构造层与钢结构基层表面粗糙度　　表32-7**

| 防腐蚀构造层 | 粗糙度要求 |
|---|---|
| 树脂、涂料 | ≥30μm |
| 纤维增强塑料、聚脲、块材、聚合物水泥砂浆 | ≥70μm |

**32.2.1.3　常用机具**

建筑防腐蚀工程中，钢结构表面处理的常用设备包括：铣刨机、研磨机、抛丸机、喷砂机等，这些设备可以根据钢材的厚度、施工质量及不同的处理要求来选用。

1. 喷射或抛射除锈的设备

抛丸机是利用电机驱动抛丸轮产生的离心力将大量的钢丸以一定的方向“甩”出，这些钢丸以巨大的冲击能量打击待处理的表面，然后在大功率除尘器的协助下返回到储料斗循环使用。

湿式喷砂机是以喷砂磨料（如棕刚玉、玻璃珠等）和液体（水）为介质，以压缩空气（空气压缩机）为动力，对工件表面进行喷射加工的喷砂机。干式喷砂机是以压缩空气为动力，通过压缩空气在压力罐内建立的工作压力，将磨料通出砂阀，压入输砂管并经喷嘴射出，喷射到被加工材料表面达到预期加工目的。

2. 手工和动力工具除锈的设备

（1）铣刨机

铣刨机是以铣刀来铣钢结构表面，其强烈的冲击力能应用于钢结构表面的清洗、拉毛和铣刨。

（2）研磨机

研磨机是利用水平旋转的磨盘来磨平、磨光或清理钢结构的表面。其工作原理：利用沉淀在一定硬度的金属基体内、分布均匀、有一定的颗粒大小和数量要求的金刚石研磨条，镶嵌在圆形或三角形的研磨片上，在电机或其他动力的驱动下高速旋转，以一定的转速和压力作用在钢结构的表面，对钢结构表面进行磨削处理。

（3）手持式轻型机械

表面少量的有机涂层、油污等附着物，可用手持式轻型处理机械，如手持式角磨机、手砂轮来去除。

#### 32.2.1.4 基体表面处理的验收

建筑防腐蚀工程施工前，应对钢结构基体进行验收并办理交接手续，基体检查交接记录通常作为交工验收文件。基体的交接验收应包括：有无焊渣、毛刺、油污及其他附着杂质，除锈等级是否符合设计要求，粗糙度是否符合表 32-7 中的规定。当工程施工质量不符合设计要求时，必须修补或返工，返修记录也同时纳入交工验收文件。

钢结构基体的质量验收应按《建筑防腐蚀工程施工质量验收标准》GB/T 50224 规定的检验项目和方法进行。

### 32.2.2 混凝土结构基体

加强对混凝土基体处理的控制，可以有效地保证防腐蚀层的施工质量和使用效果，最大限度地减少损失及资源浪费，提高整个防腐蚀工程的安全性、耐久性。

#### 32.2.2.1 混凝土基体的基本要求

（1）基体应密实，不得有裂纹、脱皮、麻面、起砂、空鼓等现象。强度应经过检测并应符合设计要求，不得有地下水渗漏、不均匀沉陷。

（2）基体的表面平整度，应采用 2m 靠尺检查。当防腐蚀层厚度不小于 5mm 时，允许空隙不应大于 4mm；当防腐蚀层厚度小于 5mm 时，允许空隙不应大于 2mm。

（3）基体坡度应符合设计要求。

（4）浇筑混凝土时宜采用清水模板，当采用钢模板时选用的隔离剂不应污染基层。

（5）基体的阴阳角宜做成斜面或圆角，当基层表面进行块材铺砌施工时，基层的阴阳角应做成直角。

（6）经过养护的基体表面，不得有白色析出物。

(7) 经过养护的找平层表面不得出现裂纹、脱皮、麻面、起砂、空鼓等缺陷。

### 32.2.2.2　基体处理方法及质量要求

混凝土基体表面处理方式应符合表 32-8 的规定。

**混凝土基层表面处理方式**　　**表 32-8**

| 混凝土强度 | 处理方式 |
| --- | --- |
| ≥C40 | 抛丸、喷砂、高压射流 |
| C30～C40 | 抛丸、喷砂、高压射流、打磨 |
| C20～C30 | 抛丸、喷砂、高压射流、铣刨、打磨、研磨 |
| ≤C20 | 打磨、高压射流、铣刨、研磨 |

(1) 基层混凝土应养护到期，在深度 20mm 的厚度层内，含水率不应大于 6%，当设计对湿度有特殊要求时，应按设计要求进行。

(2) 混凝土基层表面处理应符合下列规定：

1) 采用手工或动力工具打磨后，基层表面应无水泥渣和疏松的附着物。

2) 采用抛丸、喷砂或高压射流后，基层表面应形成均匀粗糙面。

3) 采用机械研磨后，基层表面应平整。

4) 处理后的基层表面应清理干净。

(3) 已被油脂、化学品污染的混凝土基层表面或改建、扩建工程中已被侵蚀疏松的基层，应进行表面处理，处理方法应符合下列规定：

1) 基层表面被介质侵蚀呈疏松状，宜采用高压射流、喷砂或机械铣刨、凿毛处理。

2) 基层表面不平整时，宜采用细石混凝土、树脂砂浆或聚合物水泥砂浆进行修补，养护后应按新的基层进行处理。

(4) 凡穿过防腐蚀层的管道、套管、预留孔、预埋件，均应预先埋置或留设。

(5) 整体防腐蚀构造基层表面不宜作找平处理，必须进行找平处理时，处理方法应符合下列规定：

1) 当找平层厚度不小于 30mm 时，宜采用细石混凝土找平，强度等级不应小于 C30。

2) 当找平层厚度小于 30mm 时，宜采用聚合物水泥砂浆或树脂砂浆找平。

(6) 防腐蚀构造层与混凝土表面粗糙度应符合表 32-9 的规定。

**防腐蚀构造层与混凝土表面粗糙度**　　**表 32-9**

| 防腐蚀构造层 | 粗糙度要求 |
| --- | --- |
| 树脂、涂料、聚脲、纤维增强塑料 | ≥30μm |
| 树脂砂浆、聚合物水泥砂浆、钾水玻璃材料、块材 | ≥70μm |

### 32.2.2.3　常用机具

1. 常见设备的种类和功能

混凝土表面处理机械主要包括研磨设备、铣刨设备和抛丸设备等，其工作原理与钢结构表面处理设备基本相同，通过改变机械的功率，选用不同种类的刀具而达到处理混凝土表面的功能。

2. 机器的选择和应用

(1) 研磨机的选择

1）手持研磨机

处理边角等大型机器不能处理的地方，也常用来进行小面积凸凹不平的打磨处理。

2）轻型研磨机

新建表面的打毛处理。可以连接除尘器，或根据不同场合选配不同的工具。轻型研磨机可以处理到距离边角 1cm 的地方，便于搬运，效率高。

3）重型研磨机

新建表面的打毛处理以及旧地面的薄涂处理。机器的自重一般都超过 120kg，效率高，可以连接除尘器，有单盘、双盘和多盘等机型。

（2）铣刨机

去除表面的旧涂层和凸起较大情况下的找平处理一般选择铣刨机。机器的重量和功率的大小直接影响机器清理的深度和效率。混凝土表面可以选择标准刀片，标准刀片数量的多少直接决定了处理后表面的粗糙程度。

（3）抛丸机

经抛丸机处理后的地面会留下均匀的粗糙表面，可以大大提高涂层的结合强度，选择时要注意：电机的功率和抛丸的幅度直接影响清理的效率。功率大，施加在钢丸上的动能大，可以去除的浮浆、涂层的厚度大。抛丸幅度的大小应和电机的功率匹配。

#### 32.2.2.4 基体表面处理的验收

建筑防腐蚀工程施工前，应对混凝土结构基体进行验收并办理交接手续，基层检查交接记录通常作为交工验收文件。对基层的交接验收应包括：混凝土基层表面是否密实、平整、洁净，粗糙度是否符合表 32-9 中的规定。当工程施工质量不符合设计要求时，必须修补或返工，返修记录也同时纳入交工验收文件。

混凝土基层的质量验收应按《建筑防腐蚀工程施工质量验收标准》GB/T 50224 规定的检验项目和方法进行。

### 32.2.3 木 质 基 体

#### 32.2.3.1 木质基体的基本要求

经处理的木质基体表面应干燥、平整、光滑，并应无油污、灰尘和树脂等现象，木材的含水率不应大于 15%。

#### 32.2.3.2 基体处理方法及质量要求

为获得优质的涂膜，在防腐涂饰前，木质基材必须是干净的，木质基材表面所有脏污（如油脂、胶迹、灰尘、磨屑等）以及部分木材的抽提物（如树脂、浸填体、沉积物等）都应彻底清除。木质基材的基层处理主要包括去污、去脂、腻子填平、白坯砂磨等。

1. 去污

（1）表面除尘或管孔内的灰尘磨屑可用压缩空气吹，用鸡毛掸子掸，也可用笤帚、棕刷等来扫除。

（2）表面的油脂与胶迹可用温水、热肥皂水、碱水等擦洗，也可用酒精、汽油或其他溶剂擦拭溶掉。用碱水或肥皂水擦洗后，还应用清水洗刷，待干后再用砂纸打磨。

（3）可采用刨刀、刮刀等刮除表面粘附物，然后再用细砂纸顺木纹方向磨平。

2. 去脂

去脂可采取溶剂擦除、碱液洗涤、漆膜封闭以及加热铲除等方法。

3. 腻平和填平

先用腻子腻平局部缺陷，或用填平漆全面填平，从而使木材表面平整，以利于提高表面的涂料施工质量。

4. 白坯砂磨

采用砂纸或砂光机的砂带研磨木材表面，称为白坯砂磨，也称为白坯砂光或基材研磨。其目的是除去基层表面的不平、污迹与木毛，形成一个涂饰平滑的基础。

**32.2.3.3　常用机具**

木结构表面处理机械主要为砂光机，其工作原理是砂带机由电动机驱动，带动一个主动轮旋转，圆环状的砂纸套在轮子上，机器带动整个砂纸旋转，从而把木材打磨平整。

其他面层有少量的油污、灰尘等附着物的情况，可用手持式轻型处理机械来去除。

**32.2.3.4　基层表面处理的验收**

建筑防腐蚀工程施工前，应对木结构基层进行验收并办理交接手续，基层检查交接记录通常作为交工验收文件。对基层的交接，检查内容包括经处理的木质基层表面是否干燥、平整、光滑，有无油污、灰尘和树脂等，木材的含水率是否不大于15%。当工程施工质量不符合设计要求时，必须修补或返工，返修记录也同时纳入交工验收文件。

木结构基层的质量验收应按《建筑防腐蚀工程施工质量验收标准》GB/T 50224规定的检验项目和方法进行。

## 32.3　涂料类防腐蚀工程

涂料由成膜物质（油脂、树脂）与填料、颜料、增韧剂、有机溶剂等按一定比例配制生产而成。涂料类防腐蚀工程主要适用于建筑物、构筑物遭受化工大气或粉尘腐蚀、酸雾与盐雾腐蚀、腐蚀性固体作用及液体滴溅等部位。

常用的耐蚀涂料品种主要有：

(1) 建筑防腐蚀涂料：环氧类涂料、聚氨酯类涂料、丙烯酸树脂类涂料、高氯化聚乙烯涂料、氯化橡胶涂料、氯磺化聚乙烯涂料、聚氯乙烯萤丹涂料、醇酸树脂涂料、氟涂料、有机硅树脂高温涂料、乙烯基酯树脂类涂料。

(2) 专用底层涂料：乙烯磷化底层涂料、富锌类涂料、锈面涂料等。

(3) 特种功能涂料：树脂玻璃鳞片涂料、环氧树脂自流平涂料、防水防霉涂料等。

### 32.3.1　一　般　规　定

(1) 涂料的施工可采用刷涂、滚涂、喷涂。涂层厚度应均匀，不得漏涂或误涂。

(2) 涂刷施工应在处理好的基层上按底层、过渡层（中间层）、面层的顺序进行，涂刷方法随涂料品种而定，一般涂料可先斜后直、纵横涂刷，从垂直面开始自上而下再到水平面。涂刷完毕后，涂刷工具应及时清洗，以防止涂料固化。

(3) 防腐蚀涂料品种的选用、层数、厚度等应符合涂层配套设计规定。

(4) 防腐蚀涂料的底涂料、中间涂料和面涂料等，应选用相互间结合良好的涂层配套。

(5) 施工过程中不得自行将涂料掺加粉料，配制胶泥，也不得在现场用树脂等自配涂料。

(6) 施工工具应保持干燥、清洁。

(7) 在大风、雨、雾、雪天及强烈日光照射下，不宜进行室外施工；当在密闭或有限空间施工时，须采取强制通风，以改善作业环境。

## 32.3.2 涂料品种的选用

防腐蚀涂料品种的选用主要应该考虑以下因素：面层耐蚀涂料的品种选择与综合性能，中间涂层（过渡层，或称加强层）耐蚀涂料的品种选择与综合性能，底层耐蚀涂料的品种选择与综合性能，防护结构的选择要求，涂层之间的配套性，使用年限，涂层总厚度等。

### 32.3.2.1 面层耐蚀涂料的品种选择与综合性能

耐蚀面层涂料的选择，应符合下列规定：

(1) 酸性介质环境时，宜选用聚氨酯、聚氯乙烯萤丹、高氯化聚乙烯、乙烯基酯、氯磺化聚乙烯、丙烯酸聚氨酯、聚氨酯沥青、氯化橡胶、氟碳等涂料。

(2) 弱酸性介质环境时，可选用环氧、丙烯酸环氧和环氧沥青、醇酸树脂涂料。

(3) 碱性介质环境时，宜选用环氧涂料，不得选用醇酸涂料。

(4) 室外环境时，可选用丙烯酸聚氨酯、聚氯乙烯萤丹、氟碳、氯磺化聚乙烯、高氯化聚乙烯、氯化橡胶和醇酸等涂料，不应选用环氧、环氧沥青、聚氨酯沥青、芳香族聚氨酯和乙烯基酯等涂料。

(5) 地下工程时，宜采用环氧沥青、聚氨酯沥青等涂料。

(6) 当对涂层的耐磨、耐久和抗渗性能有较高要求时，宜选用树脂玻璃鳞片涂料。

(7) 在含氟酸介质腐蚀环境下，不应采用树脂玻璃鳞片涂料。可采用聚氯乙烯含氟萤丹涂料或不含二氧化硅颜填料的乙烯基酯树脂涂料。

常用的耐蚀涂料品种很多，在涂装设计与涂料施工前，必须对面层涂料的综合性能有所了解，表 32-10 列出了常用耐蚀面层涂料的性能。

**常用耐蚀面层涂料的性能　　表 32-10**

| 涂料种类 | 牌号或类型 | 耐酸 | 耐碱 | 耐水 | 耐候 | 耐磨 | 耐油 | 与基层附着力 | | 使用温度（℃） |
|---|---|---|---|---|---|---|---|---|---|---|
| | | | | | | | | 混凝土 | 钢 | |
| 环氧树脂涂料 | FE、RE 型 | ✓ | ☆ | ✓ | ○ | ☆ | ○ | ☆ | ☆ | ≤60 |
| 高氯化聚乙烯涂料 | 防护型 | ✓ | ✓ | ✓ | ☆ | ○ | ✓ | ✓ | ✓ | ≤90 |
| 氯化橡胶涂料 | 防护型 | ✓ | ✓ | ☆ | ☆ | ✓ | ✓ | ✓ | ✓ | ≤50 |
| 树脂玻璃鳞片涂料 | 二甲苯树脂型 | ☆ | ○ | ☆ | × | ☆ | ✓ | ✓ | ✓ | 60～80 |
| | 乙烯基酯树脂型 | ☆ | ○ | ☆ | ✓ | ☆ | ☆ | ✓ | ✓ | |
| 聚氨酯涂料 | 防护型 | ✓ | ✓ | ✓ | ○ | ☆ | ☆ | ✓ | ✓ | ≤130 |
| | 防水型 | ✓ | ✓ | ☆ | × | ☆ | ☆ | ✓ | ○ | ≤120 |
| 环氧沥青涂料 | 防护型 | ✓ | ☆ | ✓ | ○ | ○ | ○ | ☆ | ☆ | ≤50 |

续表

| 涂料种类 | 牌号或类型 | 耐酸 | 耐碱 | 耐水 | 耐候 | 耐磨 | 耐油 | 与基层附着力 | | 使用温度(℃) |
|---|---|---|---|---|---|---|---|---|---|---|
| | | | | | | | | 混凝土 | 钢 | |
| 醇酸树脂涂料 | C50 | ○ | × | ○ | ☆ | √ | √ | × | √ | ≤70 |
| 有机硅树脂高温涂料 | 耐高温、耐腐蚀，自干型 | ○ | ○ | ☆ | ☆ | √ | — | ☆ | ☆ | ≤450 |

注：1. 表中符号“☆”表示性能优异，优先使用；“√”表示性能良好，推荐使用；“○”表示性能一般，可以使用，但使用年限降低；“×”表示性能差，不宜使用。
2. 厚膜型涂料的性能与同类涂料基本相同，但一次成膜较厚。
3. 表中未示出的鳞片涂料，其性能与同类涂料基本相同，而抗渗性、耐久性、耐腐蚀性均有提高。
4. 涂料与基层的附着力与钢材的除锈等级和混凝土含水率等因素有关，本表是在同等基层处理条件下的相对比较。
5. 表中使用温度除注明者外，均为湿态环境温度；用于气态介质时，使用温度可相应提高 10～20℃。
6. 乙烯基酯树脂鳞片涂料的最高使用温度（湿态）与树脂型号有关，酚醛环氧型可达到 80～120℃。

#### 32.3.2.2　中间涂层（过渡层，或称加强层）耐蚀涂料的品种选择与综合性能

中间涂层耐蚀涂料的主要功能是提供优良的力学性能、有效的层间过渡，经过专用生产机械加工的耐蚀涂料，其分散性、机械性能才可得以体现，用于中间修补更具优越性。

当设计方案未明确修补要求或施工现场没有中间层涂料，而施工中需要修补时，可采用耐腐蚀树脂配制胶泥修补，但不得自行将涂料掺加粉料配制胶泥，也不得在现场用树脂等自配涂料。

#### 32.3.2.3　底层耐蚀涂料的品种选择与综合性能

底层涂料的选择，应符合下列规定：

（1）锌、铝和含锌、铝金属层的钢材，其表面应采用环氧底涂料封闭，底层涂料的颜料应采用锌黄类，不得采用红丹类。

（2）在有机富锌或无机富锌底涂料上，宜采用环氧云铁或环氧铁红的涂料，不得采用醇酸涂料。

（3）在水泥砂浆或混凝土表面上，应选用耐碱的底涂料。

防腐蚀涂料应用于钢结构时，应注意选择合适的配套底涂层。表 32-11 列出了常用防腐蚀底层涂料的品种与性能。

**常用防腐蚀底层涂料的品种与性能　　表 32-11**

| 底层涂料名称 | 性能 | 适用基层 | | |
|---|---|---|---|---|
| | | 钢铁 | 锌、铝 | 水泥 |
| 无机富锌涂料 | 对钢铁基层有阴极保护作用，耐水、耐油、防锈性能优异，耐高温，不能在低温环境下施工；对除锈要求很严格，与有机、无机涂料均能配套，但不得与油性涂料配套；不宜涂刷过厚，并不得长期暴露。适用于高温或室外潮湿环境的钢铁基层 | √ | — | × |
| 环氧富锌涂料 | 对钢铁有阴极保护作用，耐水、耐油，附着力强，基层除锈要求严格，适用于室内外潮湿环境或对涂层耐久性要求较高的钢铁基层，后道涂料宜采用环氧云铁 | √ | — | × |

续表

| 底层涂料名称 | 性能 | 适用基层 | | |
|---|---|---|---|---|
| | | 钢铁 | 锌、铝 | 水泥 |
| 环氧云铁 | 附着力与物理力学性能良好，具有较好的耐盐雾、耐湿热和耐水性能，适用于环氧富锌的后道涂料，也可直接作底层涂料，可与多种涂料配套 | ✓ | — | — |
| 环氧铁红 | 涂膜坚韧，附着力良好，能与多种涂料配套，不适用于有色金属基层的底层涂料 | ✓ | — | ✓ |

注：表中符号“✓”表示适用；“—”表示不推荐；“×”表示不适用。

**32.3.2.4　防护结构的涂装厚度与使用年限的选择要求**

腐蚀环境下的结构设计，除根据材料对化学介质的适应性，合理选择结构材料、结构类型、布置和构造，以保证及时排除或减少腐蚀性介质在构件表面的积聚、方便防护层的设置和维护外，还要保证在合理设计、正确施工和正常维护的条件下，防腐蚀构件、地面、墙面涂层等防护层能满足正常使用年限。

在气态和固态粉尘介质作用下，钢筋混凝土结构和预应力混凝土结构的表面防护涂层厚度按表32-12确定，钢结构的表面防护涂层最小厚度按表32-13确定，室外工程的涂层厚度宜再增加20～40μm。基础梁表面防护涂层可根据腐蚀性介质的性质和作用程度、基础梁的重要性、基础与垫层的防护要求选用。

**钢筋混凝土结构和预应力混凝土结构的表面防护涂层厚度　表32-12**

| 防护层设计使用年限（a） | 强腐蚀 | 中腐蚀 | 弱腐蚀 |
|---|---|---|---|
| ≥10～<15 | 耐蚀层，厚度≥200μm | 耐蚀层，厚度≥160μm | 耐蚀层，厚度≥120μm |
| ≥5～<10 | 耐蚀层，厚度≥160μm | 耐蚀层，厚度≥120μm | 1. 耐蚀层，厚度≥80μm<br>2. 聚合物水泥砂浆两遍<br>3. 普通内外墙涂料两遍 |
| ≥2～<5 | 耐蚀层，厚度≥120μm | 1. 耐蚀层，厚度≥80μm<br>2. 聚合物水泥砂浆两遍<br>3. 普通内外墙涂料两遍 | 1. 普通内外墙涂料两遍<br>2. 不作表面防护 |

钢结构保护层厚度包括涂料层的厚度和金属涂（镀）层厚度。采用喷锌、铝及其合金时，金属层厚度不宜小于120μm，采用热镀浸锌时，锌的厚度不宜小于85μm。

**钢结构的表面防护层最小厚度　表32-13**

| 防护层设计使用年限（a） | 耐蚀层最小厚度（μm） | | |
|---|---|---|---|
| | 强腐蚀 | 中腐蚀 | 弱腐蚀 |
| ≥15 | 320 | 280 | 240 |
| 10～15 | 280 | 240 | 200 |
| 5～10 | 240 | 200 | 160 |
| 2～5 | 200 | 160 | 120 |

钢铁基层的除锈等级与配套的底涂层，按表 32-14 确定。

钢铁基层的除锈等级与配套的底涂层　表 32-14

| 项目 | 最低除锈等级 |
|---|---|
| 富锌底层涂料<br>乙烯磷化底层涂料、氯化橡胶 | Sa2.5 |
| 环氧或乙烯基酯玻璃鳞片底层涂料 | Sa2 |
| 聚氨酯、环氧、聚氯乙烯萤丹、高氯化聚乙烯、氯磺化聚乙烯、醇酸、丙烯酸环氧、丙烯酸聚氨酯等底层涂料 | Sa2 或 St3 |
| 环氧沥青、聚氨酯沥青底层涂料 | St2 |
| 喷铝及其合金 | Sa3 |
| 喷锌及其合金 | Sa2.5 |
| 热镀浸锌 | Be |

注：1. 新建工程重要构件的除锈等级不应低于 Sa2.5。
2. 喷射或抛射除锈后的表面粗糙度宜为 40～75μm，并不应大于涂层厚度的 1/3。

## 32.3.3　施　工　准　备

### 32.3.3.1　材料验收、保管

（1）防腐蚀涂料的基本技术指标应符合国家有关标准的规定。

（2）涂料及其辅助材料均应有产品质量证明文件，符合防火、环保等相关规定，涂料供应方应提供符合国家现行标准的涂装要求及涂料施工指南。

（3）防腐蚀涂料和稀释剂在运输、贮存、施工及养护过程中，不得与酸、碱等化学介质接触。严禁明火，并应防尘、防暴晒。

（4）材料应密闭保存在阴凉干燥的仓库内，温度以 10℃为宜，不应低于 0℃。夏季应能自然通风或机械通风。

（5）防腐蚀涂料多为易燃物质，各种溶剂为有毒、易燃液体，挥发出的气体与空气混合可成为爆炸性气体，为此现场应按照化学品危险等级，放置在相应等级库房，并备有灭火器材。各种材料应严格分区域存放。

### 32.3.3.2　人员培训

涂料类防腐蚀工程要求施工和技术人员具备一定的化学知识。按照不同工种组织有针对性的技术培训，实施技术考核制度，合格后方可上岗。编好施工方案并及时做好技术交底工作，会同材料供应方共同熟悉材料性能。

### 32.3.3.3　施工环境

现场温度一般以 15～30℃为宜，相对湿度宜小于 85%，若喷涂现场自然通风不能满足要求，应进行机械通风。防暴晒、防尘及防火措施应到位。

### 32.3.3.4　施工工具

1. 涂刷工具

一般有油漆刷、铲刀、砂纸、搅拌工具、清洗工具、容器、涂料桶、过滤铜丝网等。对于用酸性固化剂的涂料或具有腐蚀性的涂料（如磷化底层涂料），应采用搪瓷塑料桶或其他材料制成的容器。

2. 空气喷涂机具

主要包括供气系统、供料系统和喷枪等。

（1）供气系统主要由空气压缩机、储气罐和油水分离器组成。

（2）涂料供应系统主要包括涂料容器。小面积施工时可不设单独的容器，而附设在喷枪上。

（3）喷枪有两种形式。吸上式喷枪由枪身、喷嘴、手柄、涂料容器等组成，涂料容器安在枪身下方，这种喷枪适用于低黏度快干型涂料的喷涂施工。自流式喷枪与吸上式喷枪相似，但涂料容器设在枪身上方，喷嘴设有调节装置，可将喷雾调节成圆形、纵扁形、横扁形等，适用于悬浮液或固体粉末涂料的喷涂施工。

3. 无气喷涂设备

高压无气喷涂是一种较先进的喷涂方法，其采用增压泵将涂料增至高压（常用压力60～300kg/cm$^2$），通过很细的喷孔喷出，从稀薄型到厚浆型的涂料都能适用。由于涂料里不混入空气，以及较高的涂料传递效率和生产效率，从而在墙体和金属表面形成致密的涂层，使无气喷涂表面质量明显地优于空气喷涂。高压无气喷涂机分为气动式无气喷涂机、电动式无气喷涂机（柱塞泵）和电动无气喷涂机（隔膜泵）。高压无气喷涂效率高，表面细腻平整，附着力强，涂料损耗少，从而得到建筑、机械、船舶、家具等行业的广泛使用。

#### 32.3.3.5 技术准备

（1）施工前，设计图纸和技术说明文件、相关的施工规范及质量验收标准应准备齐全。

（2）施工组织设计阶段，根据施工现场的环境状况制订详细的施工技术方案、施工作业规程及质检验收表；制订相应的技术实施细则、环保措施，在进行工艺和施工设备、机具选型时，优先选用技术领先的有利于环保的机具设备。

（3）施工阶段应加强人员培训，加强管理人员学习，由管理人员对操作人员进行培训，增强整体质量意识、环保意识，对质量终身负责，自觉履行环保义务。

（4）整个施工过程中，要注意与建设、监理、设计等各方沟通协调，及时解决施工过程中的各类技术问题。

### 32.3.4 涂料的配制及施工

#### 32.3.4.1 环氧树脂类涂料的配制与施工要点

环氧树脂涂料的基本特点是与基层粘结良好，具有较广泛的适用性。

（1）环氧树脂类涂料应包括单组分环氧树脂底层涂料和双组分环氧涂料。

（2）双组分应按质量比配制，并搅拌均匀。配制好的涂料宜熟化后使用。

（3）每层涂料的涂装应在前一层涂膜实干后，方可进行下一层涂装施工。

#### 32.3.4.2 聚氨酯类涂料的配制与施工要点

聚氨酯树脂涂料其产品品种较多，功能差异较大，常用的聚氨酯树脂涂料是改性聚氨酯涂料。

（1）聚氨酯类涂料应分为单组分和双组分，采用双组分时应按质量比配制，并应搅拌均匀。

（2）单组分聚氨酯涂料固化过程是吸附空气或表面的水分后成膜，因此特别干燥的表面或环境不宜施工。

（3）每次涂装应在前一层涂膜实干后进行，施工间隔时间不宜超过48h，对于固化已久的涂层应采用砂纸打磨后再涂刷下一层涂料。

（4）涂料的施工环境温度不应低于5℃。

（5）涂料不得擅自稀释。

### 32.3.4.3　丙烯酸树脂类涂料的配制与施工要点

丙烯酸树脂及其改性涂料主要用于防腐蚀面层涂装，其突出特点是耐酸性、耐候性好。

（1）丙烯酸树脂类涂料应包括单组分丙烯酸树脂涂料、丙烯酸树脂改性氯化橡胶涂料和丙烯酸树脂改性聚氨酯双组分涂料。

（2）用于防腐蚀涂装的丙烯酸涂料应是溶剂型的。

（3）施工使用丙烯酸树脂类涂料时，宜采用环氧树脂类涂料作底层涂料。

（4）丙烯酸树脂改性聚氨酯双组分涂料应按规定的质量比配制，并应搅拌均匀。

（5）每次涂装应在前一层涂膜实干后进行，施工间隔时间应大于3h，且不宜超过48h。

（6）涂料的施工环境温度应大于5℃。

### 32.3.4.4　高氯化聚乙烯涂料的配制与施工要点

高氯化聚乙烯涂料其涂膜性能略优于氯化橡胶及氯磺化聚乙烯，其特点是施工工艺较简单，同时涂膜较厚，质感好。

（1）高氯化聚乙烯涂料为单组分。

（2）每次涂装可在前一层涂膜表干后进行。

（3）施工环境温度应大于0℃。

### 32.3.4.5　氯化橡胶涂料的配制与施工要点

氯化橡胶涂料工艺较成熟，涂膜性能良好，尤其在抗紫外线、耐候性方面突出。

（1）氯化橡胶涂料优先选用固体含量较高、干膜厚度大、溶剂含量较低的产品。

（2）氯化橡胶涂料为单组分，可分普通型和厚膜型。厚膜型涂层干膜厚度每层不应小于70μm。

（3）每次涂装应在前一层涂膜实干后进行，涂覆的间隔时间应符合表32-15的规定。

**涂覆的间隔时间**　　**表32-15**

| 温度（℃） | −10～0 | 1～14 | 15以上 |
|---|---|---|---|
| 间隔时间（h） | 18 | 12 | 8 |

（4）施工环境温度宜为−10～30℃。

（5）氯化橡胶涂料施工时不得任意加入稀释剂。

### 32.3.4.6　氯磺化聚乙烯涂料的配制与施工要点

氯磺化聚乙烯涂料就其成膜树脂而言是一种很好的耐蚀材料，但其同时存在着针孔多、与钢材附着力差等问题。

（1）氯磺化聚乙烯涂料分为单组分和双组分，双组分应按质量比配制，并应搅拌均匀。

（2）工程中推荐用于混凝土表面，以减少因附着力差而产生的剥落。

（3）每次涂装应在前一层涂膜表干后进行。

（4）因涂膜较薄，施工中应有充分的保障，并减少针孔。

（5）施工现场必须注意通风，减少溶剂污染。

**32.3.4.7 聚氯乙烯萤丹涂料的配制与施工要点**

聚氯乙烯萤丹涂料对被涂覆的基层表面有较好的屏蔽和隔离作用，而且对金属基层具有磷化、钝化作用。由于该涂料具有较好的耐腐蚀性能，在建筑防腐蚀工程中已得到了广泛的应用。

（1）聚氯乙烯萤丹涂料为双组分，双组分应按质量比配制，并应搅拌均匀。

（2）每次涂装应在前一层涂膜实干后进行。

**32.3.4.8 醇酸树脂涂料的配制与施工要点**

醇酸树脂涂料具有耐候性、附着力好和光亮、丰满等特点，且施工方便。但涂膜较软，耐水、耐碱性欠佳。

（1）醇酸树脂耐酸涂料为单组分。

（2）每次涂装应在前一层涂膜实干后进行，涂覆的间隔时间应符合表32-16的规定。

**涂覆的间隔时间** **表32-16**

| 温度（℃） | 0～14 | 15～30 | ＞30 |
|---|---|---|---|
| 间隔时间（h） | ≥10 | ≥6 | ≥4 |

（3）涂料的施工环境温度不应低于0℃。

**32.3.4.9 氟涂料的配制与施工要点**

氟涂料是指以氟树脂为主要成膜物质的涂料。由于其引入的氟元素电负性大，碳氟键能强，故具有优良的防腐蚀、耐候性能和附着力强等特点，并且贮存期长，施工方便。

（1）氟涂料为双组分，应按质量比配制，并应搅拌均匀。

（2）涂料应包括氟树脂涂料和氟橡胶涂料。

（3）涂料应按底层涂料、中层涂料和面层涂料配套使用。

（4）涂料宜采用喷涂法施工。

（5）施工环境温度宜为5～30℃。

**32.3.4.10 有机硅耐温涂料的配制与施工要点**

有机硅耐温涂料是由有机硅树脂、耐热颜料、助剂、溶剂等配制而成，具有表干迅速、附着力好、柔韧性好、耐高温等特点，在除尘、烟道脱硫等高温条件下使用较多。

（1）底涂层应选用配套底涂料。

（2）有机硅耐温涂料为双组分，应按质量比配制，并应搅拌均匀。

（3）涂层宜薄不宜厚，太厚会产生开裂、起皮等现象。

（4）底层涂料养护24h，表干后应进行面层涂料施工。

（5）施工环境温度不宜低于5℃。

**32.3.4.11 乙烯基酯树脂涂料的配制与施工要点**

乙烯基酯树脂涂料是以环氧乙烯基酯树脂为基体成膜物质加工成的一种耐酸、耐碱、耐盐、氯腐蚀性能优异的重防腐蚀涂料。

（1）乙烯基酯树脂涂料有三组分和两组分的包装，三组分包含主剂、引发剂、促进剂，缺一不可。在使用时，引发剂、促进剂的含量需要严格控制，引发剂与促进剂二者绝对不能混合。两组分包装是由主剂和引发剂组成，相比三组分使用更方便。

(2) 施工环境温度宜为5～30℃，可采用滚涂、刷涂工艺进行施工。

(3) 三组分配制按比例加入促进剂搅拌均匀后，再按比例加入引发剂搅拌均匀。

(4) 每次涂装应在前一层涂膜表干后进行。

(5) 涂料配制后应在涂料初凝前使用完。

#### 32.3.4.12 富锌类涂料配制与施工要点

富锌类涂料应包括有机富锌涂料、无机富锌涂料和水性无机富锌涂料，该类涂料多用作底层涂料。富锌涂料多用于较重要的、难维修的构配件表面防腐蚀，因此对施工工艺要求较高。

(1) 富锌涂料宜采用喷涂法施工。

(2) 施工后应采用配套涂层封闭。

(3) 富锌涂层不得长期暴露在空气中。

(4) 富锌涂层表面出现白色析出物时，应打磨除去析出物后再重新涂装。

(5) 水性无机富锌涂料的施工温度和湿度应符合国家现行有关涂料技术规范的要求。

#### 32.3.4.13 玻璃鳞片涂料配制与施工要点

玻璃鳞片涂料包括环氧树脂玻璃鳞片涂料和乙烯基酯树脂玻璃鳞片涂料。由于玻璃鳞片在涂层中是重叠排列的，因此对涂膜的抗渗透性起了很大作用。

(1) 玻璃鳞片涂料应按规定的质量比配制，并应搅拌均匀。

(2) 每次涂装应在前一层涂膜表干后进行，涂覆的间隔时间应符合表32-17的规定。

**涂覆的间隔时间** **表32-17**

| 温度（℃） | 5～10 | 11～15 | 16～25 | 26～30 |
|---|---|---|---|---|
| 间隔时间（d） | ≥30 | ≥24 | ≥12 | ≥8 |

(3) 施工环境温度不应低于5℃。

(4) 玻璃鳞片涂料可采用滚涂、刷涂或喷涂施工。

#### 32.3.4.14 环氧树脂自流平涂料的配制与施工要点

(1) 环氧树脂自流平涂料应为双组分。

(2) 环氧树脂自流平涂料应按比例配制，并应搅拌均匀。配制好的涂料宜熟化后使用。

(3) 基层宜采用C25及以上混凝土浇筑或采用C25细石混凝土找平。

(4) 混凝土基层平整度的允许空隙不应大于2mm。当平整度达不到要求时，可采用打磨机械处理。

(5) 底层涂料宜采用刷涂、喷涂或滚涂法施工；面层涂料宜采用刮涂、抹涂或滚涂法施工，并应进行消泡处理。

(6) 涂层的养护时间应符合表32-18的规定。

**涂层的养护时间** **表32-18**

| 温度（℃） | 10～20 | 20～30 | >30 |
|---|---|---|---|
| 养护时间（h） | ≥10 | ≥7 | ≥5 |

### 32.3.5 常用防腐蚀涂层配套举例

在气态和固态粉尘介质作用下，常用防腐蚀涂层的配套举例可按表32-19选用。

**防腐蚀涂层配套举例** **表 32-19**

| 基层材料 | 涂层名称 | 除锈等级 | 底层 涂料名称 | 底层 遍数 | 底层 厚度（μm） | 中间层 涂料名称 | 中间层 遍数 | 中间层 厚度（μm） | 面层 涂料名称 | 面层 遍数 | 面层 厚度（μm） | 涂层总厚度（μm） | 使用年限 强腐蚀 | 使用年限 中腐蚀 | 使用年限 弱腐蚀 |
|---|---|---|---|---|---|---|---|---|---|---|---|---|---|---|---|
| 钢材 | 氯化橡胶涂层 | 不低于 Sa2 或 St3 | 氯化橡胶底层涂料 | 2 | 60 | — | — | — | 氯化橡胶面涂料 | 3 | 100 | 160 | — | — | 2～5 |
| | | | | 3 | 100 | | | | | 4 | 100 | 200 | — | 2～5 | 5～10 |
| | | | | 3 | 100 | | | | | 4 | 140 | 240 | 2～5 | 5～10 | 10～15 |
| | | | 环氧铁红底层涂料 | 2 | 60 | 环氧云铁中间涂料 | 1 | 80 | | 2 | 60 | 200 | 2～5 | 5～10 | 10～15 |
| | | | | 2 | 60 | | 1 | 80 | | 3 | 100 | 240 | 5～10 | 10～15 | ＞15 |
| | | St2.5 | 环氧富锌底层涂料 | 2 | 70 | | 1 | 70 | | 2 | 60 | 200 | 2～5 | 5～10 | 10～15 |
| | | | | 2 | 70 | | 1 | 70 | | 3 | 100 | 240 | 5～10 | 10～15 | ＞15 |
| | | | | 2 | 70 | | 2 | 110 | | 3 | 100 | 280 | 10～15 | ＞15 | ＞15 |
| | 高氯化聚乙烯涂层 | 不低于 Sa2 或 St3 | 高氯化聚乙烯底层涂料 | 2 | 60 | — | — | — | 高氯化聚乙烯面涂料 | 2 | 60 | 120 | — | — | 2～5 |
| | | | | 2 | 60 | | | | | 3 | 100 | 160 | — | 2～5 | 5～10 |
| | | | | 3 | 100 | | | | | 3 | 100 | 200 | 2～5 | 5～10 | 10～15 |
| | | | 环氧铁红底层涂料 | 2 | 60 | 环氧铁红中间涂料 | 1 | 80 | | 2 | 60 | 200 | 2～5 | 5～10 | 10～15 |
| | | | | 2 | 60 | | 1 | 80 | | 3 | 100 | 240 | 5～10 | 10～15 | ＞15 |
| | | St2.5 | 环氧富锌底层涂料 | 2 | 70 | | 1 | 70 | | 2 | 60 | 200 | 2～5 | 5～10 | 10～15 |
| | | | | 2 | 70 | | 1 | 70 | | 3 | 100 | 240 | 5～10 | 10～15 | ＞15 |
| | | | | 2 | 70 | | 2 | 110 | | 3 | 100 | 280 | 10～15 | ＞15 | ＞15 |
| | 丙烯酸聚氨酯涂层 | 不低于 Sa2 或 St3 | 丙烯酸聚氨酯底层涂料 | 2 | 60 | — | — | — | 丙烯酸聚氨酯面涂料 | 2 | 60 | 120 | — | — | 2～5 |
| | | | | 2 | 60 | | | | | 3 | 100 | 160 | — | 2～5 | 5～10 |
| | | | | 3 | 100 | | | | | 3 | 100 | 200 | 2～5 | 5～10 | 10～15 |
| | | | 环氧铁红底层涂料 | 2 | 60 | 环氧云铁中间涂料 | 1 | 80 | | 3 | 100 | 240 | 5～10 | 10～15 | ＞15 |
| | | | | 2 | 60 | | 2 | 120 | | 3 | 100 | 280 | 10～15 | ＞15 | ＞15 |

续表

| 基层材料 | 涂层名称 | 除锈等级 | 涂层构造 | | | | | | | | | 涂层总厚度（μm） | 使用年限 | | |
|---|---|---|---|---|---|---|---|---|---|---|---|---|---|---|---|
| | | | 底层 | | | 中间层 | | | 面层 | | | | | | |
| | | | 涂料名称 | 遍数 | 厚度（μm） | 涂料名称 | 遍数 | 厚度（μm） | 涂料名称 | 遍数 | 厚度（μm） | | 强腐蚀 | 中腐蚀 | 弱腐蚀 |
| 钢材 | 丙烯酸聚氨酯涂层 | St2.5 | 环氧富锌底层涂料 | 2 | 70 | | 1 | 70 | — | 2 | 60 | 200 | 2～5 | 5～10 | 10～15 |
| | | | | 2 | 70 | | 1 | 70 | | 3 | 100 | 240 | 5～10 | 10～15 | >15 |
| | | | | 2 | 70 | | 2 | 110 | | 3 | 100 | 280 | 10～15 | >15 | >15 |
| | | | | 2 | 70 | | 2 | 150 | | 3 | 100 | 320 | >15 | >15 | >15 |
| | 环氧涂层 | 不低于Sa2或St3 | 环氧铁红底层涂料 | 2 | 60 | — | — | — | 环氧面涂料 | 2 | 60 | 120 | — | — | 2～5 |
| | | | | 2 | 60 | | | | | 3 | 100 | 160 | — | 2～5 | 5～10 |
| | | | | 3 | 100 | | | | | 3 | 100 | 200 | 2～5 | 5～10 | 10～15 |
| | | | | 2 | 60 | 环氧铁红中间涂料 | 1 | 80 | | 2 | 60 | 200 | 2～5 | 5～10 | 10～15 |
| | | | | 2 | 60 | | 1 | 80 | | 3 | 100 | 240 | 5～10 | 10～15 | >15 |
| | | St2.5 | 环氧富锌底层涂料 | 2 | 70 | | 1 | 70 | | 2 | 60 | 200 | 2～5 | 5～10 | 10～15 |
| | | | | 2 | 70 | | 1 | 70 | | 3 | 100 | 240 | 5～10 | 10～15 | >15 |
| | | | | 2 | 70 | | 2 | 110 | | 3 | 100 | 280 | 10～15 | >15 | >15 |
| | | | | 2 | 70 | | 2 | 150 | | 3 | 100 | 320 | >15 | >15 | >15 |
| | 醇酸涂层 | St2 | 醇酸底层涂料 | 2 | 60 | — | — | — | 醇酸面涂料 | 2 | 60 | 120 | — | — | 2～5 |
| | | 不低于Sa2或St3 | | 2 | 60 | | | | | 3 | 100 | 160 | — | 2～5 | 5～10 |
| | | | | 3 | 100 | | | | | 3 | 100 | 200 | — | 5～10 | 10～15 |

续表

| 基层材料 | 涂层名称 | 基层处理 | 涂层构造 | | | | | | 涂层总厚度（μm） | 使用年限 | | |
|---|---|---|---|---|---|---|---|---|---|---|---|---|
| | | | 底层 | | | 面层 | | | | | | |
| | | | 涂料名称 | 遍数 | 厚度（μm） | 涂料名称 | 遍数 | 厚度（μm） | | 强腐蚀 | 中腐蚀 | 弱腐蚀 |
| 混凝土和水泥砂浆 | 氯化橡胶涂层 | 稀释的面层涂料或稀释的环氧面层涂料1遍，然后用腻子料局部找平 | 氯化橡胶底层涂料 | 1 | 30 | 氯化橡胶面层涂料 | 2 | 60 | 90 | — | 2～5 | 5～10 |
| | | | | 2 | 60 | | 2 | 60 | 120 | 2～5 | 5～10 | 10～15 |
| | | | | 2 | 60 | | 3 | 100 | 160 | 5～10 | 10～15 | >15 |
| | | | | 3 | 100 | | 3 | 100 | 200 | 10～15 | >15 | >15 |
| | 高氯化聚乙烯涂层 | | 高氯化聚乙烯底层涂料 | 1 | 30 | 高氯化聚乙烯面层涂料 | 2 | 60 | 90 | — | 2～5 | 5～10 |
| | | | | 2 | 60 | | 2 | 60 | 120 | 2～5 | 5～10 | 10～15 |
| | | | | 2 | 60 | | 3 | 100 | 160 | 5～10 | 10～15 | >15 |
| | | | | 3 | 100 | | 3 | 100 | 200 | 10～15 | >15 | >15 |
| | 丙烯酸聚氨酯涂层 | 稀释的环氧面层涂料1遍，然后用腻子料局部找平 | 丙烯酸聚氨酯底层涂料 | 2 | 60 | 丙烯酸聚氨酯面层涂料 | 2 | 60 | 120 | 2～5 | 5～10 | 10～15 |
| | | | | 2 | 60 | | 3 | 100 | 160 | 5～10 | 10～15 | >15 |
| | | | | 3 | 100 | | 3 | 100 | 200 | 10～15 | >15 | >15 |
| | 环氧涂层 | | 环氧底层涂料 | 2 | 60 | 环氧面层涂料 | 2 | 60 | 120 | 2～5 | 5～10 | 10～15 |
| | | | | 2 | 60 | | 3 | 100 | 160 | 5～10 | 10～15 | >15 |
| | | | | 3 | 100 | | 3 | 100 | 200 | 10～15 | >15 | >15 |
| | 醇酸涂层 | | 醇酸底层涂料 | 1 | 30 | 醇酸面层涂料 | 2 | 60 | 90 | — | 2～5 | 5～10 |
| | | | | 2 | 60 | | 2 | 60 | 120 | 2～5 | 5～10 | 10～15 |

### 32.3.6　质量要求及检验

（1）涂层表面应光滑平整，颜色一致，应无气泡、针孔、开裂、剥落、漏涂、干喷、误涂、流挂等现象。

（2）涂层厚度应均匀，涂层的层数和厚度应符合设计要求。

（3）涂层与钢铁基层的附着力不宜低于 5MPa；与水泥基层的附着力不宜低于 1.5MPa。采用划格法检查时，其附着力不宜大于 1 级。

（4）具体质量检验标准应符合现行国家标准《建筑防腐蚀工程施工质量验收标准》GB/T 50224 中的规定。

### 32.3.7　环保与绿色施工

环保绿色施工是指在保证质量、安全等基本要求的前提下，通过科学管理和技术进步，最大限度地节约资源与减少对环境负面影响的施工活动。为响应绿色环保施工的要求，实现“四节一环保”的目标，应采取如下措施：

（1）施工前应建立重要的环境因素清单，并编制具体的环境保护技术措施。

（2）合理利用新技术、新材料、新工艺，优先采用技术成熟、能源消耗低的工艺设备。采用高强、高性能的材料，减少传统材料的用量，扩大新材料、新工艺的使用。

（3）所有进场材料应检查验收合格，符合环保要求，尤其加强防腐蚀涂料、稀释剂、固化剂等辅助材料的环保验收，并保存验收资料，不得使用环保不达标或国家明令禁止的材料。

（4）施工现场设置满足污水处理要求的隔油池、沉淀池等，并保证正常发挥作用，按照规定配置消防设施，配备与火灾等级、种类相适应的灭火器材，并有防火标识。

（5）对于裸露的空地进行种树、植草，垃圾或废弃物分类堆放，按规定设置环境管理部门，配备满足环境管理需要的作业人员，对其进行环境交底、培训、检查等，满足施工现场环境管理需要。

（6）需现场配制的材料应按设计要求的配合比定量配制，即配即用，对于剩余的涂料要注意统一收集管理，并制订专项措施进行处理。

（7）施工过程中的有毒有害废弃物，应集中堆放到专用场所，按国家环保的规定设置统一的识别标志，并建立危险废物污染防治的管理制度和应急预案。

（8）施工现场配制的设备，应满足噪声、能耗等环境管理要求，如设备的能耗、尾气和噪声排放，不得出现漏油、遗洒、排放黑烟，不得超出相关法规的限值要求。

### 32.3.8　安　全　防　护

（1）施工前，应根据操作的具体情况，制订严格有效的安全防护措施及应急预案，并严格贯彻、督促切实执行。

（2）施工机具、设备和设施，使用前应检验合格，符合国家现行有关规范和标准。

（3）涂料中的大部分溶剂和稀释剂具有不同程度的毒性和刺激性，施工前应对施工人员进行安全技术交底，并在使用或配制中，均应有通风排气设备。

（4）施工现场严禁烟火，必须配备消防器材和消防水源。

(5) 为防止和有害物质接触，涂料操作人员必须穿戴防护用品，必要时按规定佩带防毒面具。

(6) 配制或施工毒性或刺激性大的涂料时，应采取轮换制，并缩短作业时间。

(7) 现场动火、有限空间施工和使用压力设备作业等施工，应办理相关的作业审批手续，作业区域应设置安全围挡和安全标志，并设专人监护、监控。作业结束后，应检查并消除安全隐患后再离开现场。

## 32.4 树脂类防腐蚀工程

树脂类防腐蚀工程包括：树脂胶料铺衬的纤维增强塑料整体面层，树脂胶泥、砂浆、细石混凝土、自流平制作的整体面层。

树脂类材料的优点是：耐腐蚀性、抗水性、绝缘性好，强度高，附着力强。树脂类防腐蚀工程往往采用几种构造复合使用，适用于腐蚀状况比较严重、介质条件复杂且苛刻的液态环境，与其他耐腐蚀材料相比，选用的树脂材料品种不同，防腐蚀工程的功能以及适用范围将有很大的不同，这使得树脂类防腐蚀工程更具有针对性、适应性。

### 32.4.1 一 般 规 定

(1) 施工必须严格按设计文件规定进行。当需要变更设计、材料代用或采用新材料时，必须征得原设计单位的同意。

(2) 树脂类防腐蚀工程使用的材料，均属化学反应型，各反应组分加入量对材料的耐蚀效果有明显影响；制成品是多种材料混配的，当级配不恰当时，不仅影响耐蚀效果，也影响施工工艺性及物理力学性能，因此所有材料在进入现场施工时，必须计量准确，按配制要求进行试配，确定的配合比必须同时满足施工规范的规定。配制施工材料时应注意：

1) 树脂类防腐蚀工程施工前，应经试验选定适宜的施工配合比并确定施工操作方法后，方可进行大面积施工。

2) 不饱和聚酯树脂、乙烯基酯树脂等，其固化体系中加入的材料种类较多，且每种材料加入量随施工环境条件的变化影响较大，因此施工时，其配合比除应符合规范规定的范围外，还应通过试验确定一个固定值，当环境条件发生较大变化时，必须重新确定。出厂时生产企业已经明确施工配合比的，如双组分材料，现场施工时只需按要求将两组分直接混合均匀，不需调整配合比。

(3) 严禁用明火或蒸汽直接加热树脂类材料。

(4) 当采用呋喃树脂或酚醛树脂进行防腐蚀施工时，在基层表面应采用环氧树脂胶料、乙烯基酯树脂胶料、不饱和聚酯树脂胶料或其纤维增强塑料作隔离层。

(5) 树脂类防腐蚀工程各层之间的施工间隔时间，应根据树脂的固化特性和环境条件确定。

(6) 在施工及养护期间，应采取通风、防尘、防水、防火、防暴晒等措施。

(7) 树脂类防腐蚀工程施工不得与其他工种交叉进行。

## 32.4.2　材　料　质　量　要　求

树脂类防腐蚀工程常用材料与制品，包括树脂、固化剂、纤维增强材料（如玻璃纤维丝、玻璃纤维布、玻璃纤维表面毡、玻璃纤维短切毡或涤纶布、涤纶毡和丙纶布、丙纶毡等）、填充材料（如粉料、细骨料和经过处理的玻璃鳞片等）。

1. 环氧树脂

环氧树脂品种包括 EP01441-310 和 EP01451-310 双酚 A 型，其质量应符合现行国家标准《双酚 A 型环氧树脂》GB/T 13657 的有关规定。

2. 不饱和聚酯树脂

不饱和聚酯树脂分为：双酚 A 型不饱和聚酯树脂、二甲苯型不饱和聚酯树脂、间苯型不饱和聚酯树脂、邻苯型不饱和聚酯树脂等。其质量应符合现行国家标准《纤维增强塑料用液体不饱和聚酯树脂》GB/T 8237 的有关规定。

不饱和聚酯树脂具有如下特性：

(1) 工艺性能良好，具有适宜的黏度，可以在室温下固化，常压下成型，颜色浅，易制成浅色或彩色制品。

(2) 固化过程中没有挥发物逸出，制品综合性能良好。

(3) 耐腐蚀性能突出。常温下对非氧化酸、盐溶液、极性溶液等都较稳定。

3. 乙烯基酯树脂

乙烯基酯树脂又称环氧乙烯基酯树脂，是综合性能优越、高度耐蚀材料，综合了环氧树脂与不饱和聚酯树脂的优点，大量的工程以及试验表明，乙烯基酯树脂的耐酸性超过胺固化环氧树脂，耐碱性超过酸酐固化环氧树脂及不饱和聚酯树脂，耐有机物和含氯介质腐蚀性能强，其耐温范围为 80～120℃。

用于防腐蚀工程的环氧乙烯基酯树脂品种主要有环氧甲基丙烯酸型和化学阻燃性环氧甲基丙烯酸型等。乙烯基酯树脂和其浇铸体的质量应符合现行国家标准《乙烯基酯树脂防腐蚀工程技术规范》GB/T 50590 的有关规定。

4. 呋喃树脂

呋喃树脂具有突出的耐蚀性、耐热性以及生产工艺简单等优点，呋喃树脂可用来制备防腐蚀的胶泥，用作化工设备衬里；或用来制备其他耐腐材料。呋喃树脂的质量应符合表 32-20的规定。

**呋喃树脂的质量　　表 32-20**

| 项目 | 指标 |
|---|---|
| 外观 | 棕黑色或棕褐色液体 |
| 黏度（涂-4 黏度计，25℃，s） | 20～30 |
| 储存期 | 常温下 1 年 |

5. 酚醛树脂

酚醛树脂质量应符合表 32-21 的规定，其外观宜为淡黄或棕红色黏稠液体。

**酚醛树脂的质量** **表 32-21**

| 项目 | 指标 | 项目 | 指标 |
|---|---|---|---|
| 游离酚含量（%） | <10 | 储存期 | 常温下不超过 1 个月，当采用冷藏法或加入 10% 的苯甲醇时，不宜超过 3 个月 |
| 游离醛含量（%） | <2 | | |
| 含水率（%） | <12 | | |
| 黏度（落球黏度计，25℃，s） | 40～65 | | |

6. 辅助化学助剂

树脂类材料常用的化学助剂主要有固化剂（引发剂、促进剂）和稀释剂。

(1) 固化剂

固化剂是使线型树脂变成坚韧体形固体的添加剂，包括多种类型，常用固化剂应按照以下原则选用：

1）环氧树脂的固化剂应优先选用低毒类固化剂，也可采用乙二胺等胺类固化剂。对潮湿基层可采用湿固化型的环氧固化剂。

2）呋喃树脂的固化剂应为酸性固化剂，宜添加到玻璃纤维增强塑料粉、胶泥粉、砂浆粉、混凝土粉中。

3）酚醛树脂的固化剂应优先选用低毒的酸性萘磺酸类固化剂，也可选用苯磺酰氯等固化剂。

4）乙烯基酯树脂和不饱和聚酯树脂常温固化用的固化体系应包括引发剂和促进剂。引发剂一般为过氧化物；促进剂习惯称之为加速剂，其作用是加速引发树脂与交联剂发生聚合反应，它是常温固化中不可缺少的。乙烯基酯树脂和不饱和聚酯树脂的引发剂与促进剂选用时，应按下列组合配套：

① 过氧化甲乙酮或过氧化环已酮与钴盐的苯乙烯液。

② 过氧化二苯甲酰与二甲基苯胺的苯乙烯。

乙烯基酯树脂和不饱和聚酯树脂常用的引发剂和促进剂见表 32-22 和表 32-23。

**乙烯基酯树脂和不饱和聚酯树脂常用的引发剂** **表 32-22**

| 名称 | 组成 | 用量 | 备注 |
|---|---|---|---|
| Ⅰ引发剂（催化剂糊 B） | 过氧化二苯甲酰二丁酯糊 | 2%～4% | 与Ⅰ促进剂配套使用 |
| Ⅱ引发剂（催化剂糊 H） | 过氧化环已酮二丁酯糊 | 1.5%～4% | 与Ⅱ或Ⅲ引发剂配套使用 |
| Ⅲ引发剂（催化剂 M） | 过氧化甲乙酮二甲酯溶液 | 1%～3% | 与Ⅲ或Ⅱ促进剂配套使用 |

**乙烯基酯树脂和不饱和聚酯树脂常用的促进剂** **表 32-23**

| 名称 | 组成 | 用量 | 备注 |
|---|---|---|---|
| Ⅰ引发剂（加速剂 D） | 二甲基苯胺苯乙烯液 | 1%～4% | 与Ⅰ引发剂配套使用 |
| Ⅱ引发剂（加速剂 E） | 萘酸钴液 | 1%～4% | 与Ⅱ或Ⅲ引发剂配套使用 |
| Ⅲ引发剂（加速剂 E） | 异辛酸钴液 | 1%～4% | 与Ⅱ或Ⅲ引发剂配套使用 |

(2) 稀释剂

稀释剂是降低树脂类材料黏度，使树脂类材料满足施工工艺要求的添加剂。稀释剂的选择，应符合下列规定：

1）环氧树脂稀释剂宜采用正丁基缩水甘油醚、苯基缩水甘油醚等活性稀释剂，也可采用丙酮、无水乙醇、二甲苯等非活性稀释剂。

2）乙烯基酯树脂和不饱和聚酯树脂的稀释剂宜采用苯乙烯。

3）呋喃树脂和酚醛树脂的稀释剂宜采用无水乙醇。

7. 增强纤维材料

增强纤维主要采用纤维及其制品（玻璃纤维、玻璃纤维布、玻璃纤维毡、涤纶纤维晶格布、涤纶纤毡等），不得使用陶土坩埚生产的玻璃纤维。按接触的化学介质及其性能、工艺条件不同，也常选用棉、麻纤维，或合成纤维及其制品。

（1）玻璃纤维短切毡

短切毡的基本特点为：由长度 50～70mm 不规则分布的短切纤维粘结而成。胶粘剂常用不饱和聚酯、乙烯基酯树脂，也有用机缝的方法使其具有一定强度。它铺覆性好，无定向性，不仅适用于手糊成型，也可用于模压及各种连续预浸渍工艺。当采用玻璃纤维短切毡时，单位质量宜为 300～450g/m$^2$，其质量应符合现行国家标准《玻璃纤维短切原丝毡和连续原丝毡》GB/T 17470 的规定。

（2）表面毡

树脂层所采用的玻璃纤维表面毡品种包括耐化学型表面毡和中碱型表面毡，表面毡是用胶粘剂将定长玻璃纤维随机、均匀铺放后粘结成毡，这种毡很薄，厚约为 0.3～0.4mm，单位质量宜为 30～50g/m$^2$。主要用于手糊成型制品表面，使制品表面光滑，而且树脂含量较高，能防止胶衣层产生微细裂纹，有助于遮住下面的玻璃纤维纹路，使其表面具有一定弹性，改善其抗冲击性、耐磨性、耐老化性、耐腐蚀性。当用于碱性介质时，宜采用聚酰胺等有机合成材料。

（3）玻璃纤维布

当选用玻璃纤维布时，厚度宜为 0.1～0.4mm，其质量应符合现行国家标准《玻璃纤维无捻粗纱布》GB/T 18370 的规定。

（4）棉纤维

棉纤维的表面有许多褶皱，有利于树脂吸附，与树脂浸润性好，粘结强度高。它有纱布、棉布两类，前者经酒精脱脂后常用作纤维增强塑料衬里的底层。脱脂纱布衬里与基体的粘结强度高于玻璃纤维，能防止树脂层的开裂、降低固化收缩率，故近年亦有用于耐腐蚀涂料的增强层。由于棉纤维的抗拉强度和弹性模量低于玻璃纤维，因此不用来制作大承载力的纤维增强塑料部件。棉纤维的耐酸性能低于玻璃纤维，故在纤维增强塑料衬里设备中，常用于底层衬里。

（5）合成纤维

用作增强材料的合成纤维主要有聚酯纤维、涤纶纤维及织物、聚丙烯腈纤维、改性丙烯酸纤维等有机纤维薄纱。在耐腐蚀增强塑料领域，均被作为防腐蚀富树脂层的增强材料。它与合成树脂有较高的粘附性和浸润性，制品表面光滑、耐磨、抗刮削。合成树脂薄纱可以防止树脂热应力和热变形所导致的开裂，提高防腐蚀层的抗渗能力。芳酰胺纤维是最新开发的一类新型合成纤维，密度低，强度和模量高，热稳定性好，在高温下不熔融软化，可代替玻璃纤维和棉纤维。

1）聚酯纤维：聚酯纤维俗称涤纶纤维，学名为聚对苯二甲酸乙二酯纤维，密度约

$1.38g/cm^3$，纤维软化点238～249℃，熔点255～260℃，能满足纤维增强塑料衬里设备的使用温度。其耐盐酸性能优于玻璃纤维，但耐硫酸性能较差，可用于玻璃纤维不耐蚀的含氟介质环境。聚酯纤维晶格布在工程施工时须进行防缩处理。采用聚酯短纤维制成的涤纶毡（即涤纶无纺布）对树脂的浸润性优于涤纶布。

2）聚丙烯纤维：俗称"丙纶纤维"，学名等规聚丙烯纤维，纤维的软化点为140～165℃，熔点为160～177℃，可满足衬里的使用温度。耐蚀性能优良，可耐除氯磺酸、浓硝酸及某些氧化剂之外的任何酸、碱介质。亦可用于玻璃纤维不能使用的氢氟酸及含氟介质腐蚀。涤纶布和丙纶布的经纬密度，为每平方厘米8×8根纱。

8. 填充料

粉料、细骨料、粗骨料、片状骨料可以统称为填充料。加入适当的填充料可以降低制品的成本，改善其性能。在胶液中填充料的用量一般为树脂用量的20%～40%（重量），配制胶泥时加入量可较多些，一般可为树脂用量的2～4倍。

（1）粉料

常用的粉料为石英粉，此外还有石墨粉、辉绿岩粉、滑石粉、云母粉等。粉料的主要物理性能见表32-24。

**粉料的主要物理性能** **表32-24**

| 项目 | | 要求 |
|---|---|---|
| 耐酸率（%） | | ≥95 |
| 含水率（%） | | ≤0.5 |
| 细度 | 0.15mm筛孔筛余量（%） | ≤5 |
| | 0.09mm筛孔筛余量（%） | 10～30 |

注：1. 如用酸性固化剂时粉料耐酸率不小于98%，体积安定性为合格。
2. 如含水率过大，使用前应加热脱水。
3. 当用于含氟类介质时，应选用硫酸钡粉或石墨粉；当用于含碱类介质时，不宜选用石英粉。

（2）骨料

配制树脂砂浆用的细（粗）骨料常用石英砂；常用片状骨料为玻璃鳞片，此外还有石墨鳞片、云母鳞片等。用玻璃鳞片增强的树脂系统，具有耐腐蚀性强、耐磨及抗渗漏，物理机械性能良好、施工简便等特点。骨料的质量应符合下列规定：

1）耐酸度不应小于95%，含水率不应大于0.5%。

2）当使用酸性固化剂时，耐酸度不应小于98%。

3）树脂砂浆用的细骨料，粒径不应大于2mm.

4）树脂细石混凝土的粗骨料，最大粒径不应大于结构截面最小尺寸的1/4。

5）当用于含氟类介质时，应选用重晶石砂石。

（3）各种材料品种的匹配与选用原则

1）耐氢氟酸介质，粉料可选用石墨粉或硫酸钡粉；为改变脆性，可混合使用硫酸钡和石墨粉（1∶1）。为增强密实度、提高粘结强度和降低收缩率，可混合使用石英粉和硅石粉（4∶1）；骨料应采用重晶石砂石。

2）碱环境下，粉料不宜选用石英粉。

9. 玻璃鳞片胶泥

玻璃鳞片增强树脂防腐蚀材料是一种玻璃薄片（薄片像鱼鳞，故称鳞片）和耐蚀树脂的混合物。玻璃鳞片的厚度为 2～5$\mu$m，粒径为 0.2～3mm。表面经过一定的加工处理，具有良好的分散性能、抗渗透效果和机械强度。玻璃鳞片胶泥的树脂品种包括乙烯基酯树脂、环氧树脂和双酚 A 型不饱和聚酯树脂，其质量应符合本章节中相应树脂的规定。玻璃鳞片宜选用中碱型，其质量应符合现行行业标准《中碱玻璃鳞片》HG/T 2641 的有关规定。

10. 树脂自流平

树脂自流平的品种包括乙烯基酯树脂和环氧树脂类，其质量应符合现行国家标准《乙烯基酯树脂防腐蚀工程技术规范》GB/T 50590 和《环氧树脂自流平地面工程技术规范》GB/T 50589 的有关规定。

11. 树脂类材料制成品的质量

（1）树脂类材料制成品的质量应符合表 32-25 的要求。

树脂类材料制成品的质量　　表 32-25

| 项目 | | 环氧树脂 | 乙烯基酯树脂 | 不饱和聚酯树脂 | | | | 呋喃树脂 | 酚醛树脂 |
|---|---|---|---|---|---|---|---|---|---|
| | | | | 双酚 A 型 | 二甲苯型 | 间苯型 | 邻苯型 | | |
| 抗压强度（MPa） | 胶泥 | ⩾80 | ⩾80 | ⩾70 | ⩾80 | ⩾80 | ⩾80 | ⩾70 | ⩾70 |
| | 砂浆 | ⩾70 | ⩾70 | ⩾70 | ⩾70 | ⩾70 | ⩾70 | ⩾60 | — |
| | 细石混凝土 | ⩾60 | ⩾70 | ⩾70 | ⩾70 | ⩾70 | ⩾70 | ⩾60 | — |
| | 自流平 | ⩾70 | ⩾70 | — | — | — | — | — | — |
| 抗拉强度（MPa） | 胶泥 | ⩾9 | ⩾9 | ⩾9 | ⩾9 | ⩾9 | ⩾9 | ⩾6 | ⩾6 |
| | 砂浆 | ⩾7 | ⩾7 | ⩾7 | ⩾7 | ⩾7 | ⩾7 | ⩾6 | — |
| | 纤维增强塑料（布） | ⩾100 | ⩾100 | ⩾100 | ⩾100 | ⩾90 | ⩾90 | ⩾80 | ⩾60 |
| 粘结强度（MPa） | 胶泥与耐酸砖（十字交叉法） | ⩾3 | ⩾2.5 | ⩾2.5 | ⩾3 | ⩾1.5 | ⩾1.5 | ⩾2.5 | ⩾1 |
| | 纤维增强塑料（底胶料）与 C30 混凝土（拉开法） | ⩾1.5 | ⩾1.4 | ⩾1.4 | ⩾1.2 | ⩾1.2 | ⩾1.2 | ⩾1.5（环氧底胶料） | ⩾1.5（环氧底胶料） |
| | 纤维增强塑料（底胶料）与聚合物水泥砂浆（拉开法） | ⩾2.5 | ⩾2 | ⩾1.7 | ⩾1.7 | ⩾1.6 | ⩾1.6 | ⩾2.5（环氧底胶料） | ⩾2.5（环氧底胶料） |
| 玻璃纤维增强塑料含胶量（%） | 布 | ⩾45 | | | | | | | |
| | 短切毡 | ⩾70 | | | | | | | |
| | 表面毡 | ⩾90 | | | | | | | |

（2）树脂玻璃鳞片胶泥制成品的质量应符合表 32-26 的要求。

树脂玻璃鳞片胶泥制成品的质量 表 32-26

| 项目类型 | | 乙烯基酯树脂 | 环氧树脂 | 不饱和聚酯树脂 |
|---|---|---|---|---|
| 拉伸强度（MPa） | | ≥25 | ≥25 | ≥23 |
| 弯曲强度（MPa） | | ≥35 | ≥30 | ≥32 |
| 耐磨性（1000g，500r，g） | | ≤0.05 | ≤0.05 | ≤0.05 |
| 粘结强度（MPa） | 与水泥基层（十字交叉法） | ≥1.5 | ≥2 | ≥1.5 |
| | 胶底料与C30混凝土（拉开法） | ≥1.3 | ≥1.5 | ≥1.2 |
| 抗渗性（MPa） | | ≥1.5 | ≥1.5 | ≥1.5 |

（3）树脂类原材料和制成品质量的试验方法应符合《建筑防腐蚀工程施工规范》GB 50212附录A的相关规定。

## 32.4.3 施 工 准 备

施工准备包括原材料的准备、施工机具的安排、技术培训等。

### 32.4.3.1 材料的验收、保管

（1）用于建筑防腐蚀工程施工的树脂材料包括：环氧树脂、乙烯基酯树脂、不饱和聚酯树脂、呋喃树脂、酚醛树脂等。原材料进场后，必须检查其规格、质量是否符合《建筑防腐蚀工程施工质量验收标准》GB/T 50224的相关要求。

（2）施工材料必须具有产品质量证明文件，其主要内容需包含：

1）产品质量合格证及材料检测报告。

2）质量技术指标及检测方法。

3）复验报告或技术鉴定文件。

（3）树脂材料应根据出厂说明确定是否在有效期内，如无说明或黏度过大时应进行检测，合格后才能使用。对其他辅助材料应根据实际情况，进行必要的检测分析。

（4）各种材料存放地点和施工场地应平整、坚实，材料要保持干燥、干净；原材料和配好的复合材料均需密封贮存于阴凉干燥库房内，并标明材料名称、性能等有关参数。

（5）石蜡润滑剂型玻璃布应进行脱蜡处理，脱蜡后放于干燥处备用。不宜折叠，以免产生皱纹，影响纤维增强塑料质量；纤维材料、涤纶、棉纤维材料须进行防缩处理；填充材料应注意防潮、防水、防污染。

### 32.4.3.2 人员培训

（1）建立施工项目组织机构，明确各级责任人。

（2）对作业人员应进行基本知识、操作、安全措施等的培训，经有资质的单位考核合格后方可持证上岗。

（3）对作业人员进行现场技术安全交底，明确风险源和技术措施。

### 32.4.3.3 施工环境

（1）施工前，有关人员应当查看、了解环境。施工时，一般环境温度以15～30℃为宜，相对湿度不应大于80%。温度低于10℃时，应采取加热保温措施。当酚醛树脂采用苯磺酰氯固化剂时，施工环境温度不应低于17℃；当采用低温施工型呋喃树脂时，施工和养护的环境温度不宜低于−5℃，树脂砂浆整体面层的施工环境温度不宜低于0℃。

（2）室外施工时应搭设棚盖，以及防雨、防晒、防风沙和防寒等各项措施。

#### 32.4.3.4　施工机具

各种施工用机具设备准备就绪，机械设备应经检查维修、试用，符合要求，各种工具规格齐全，并有一定的备用数量。

1. 机械设备

常用设备包含胶泥搅拌机、筛灰机、砖板切割机、砂轮切割机、手提式砂轮机、角磨机、喷砂、抛丸设备、普通砂轮机、卷扬提升设备、通风机及加热设备等。需进行热处理的工程，应准备好加热设备和保温用品。大型槽罐、地坑施工，应搭设好脚手架，安装卷扬机、动力电源、低压照明设备及通风、送风装置等。

2. 主要工具

不锈钢灰刀、小锤、工具钢扁铲、油灰刀、抹刀、手锤、普通扁铲、羊毛辊、赶泡辊、剪刀、锯齿形刮板、木锤、木锉、抠灰刀、油漆刷、搅拌铲、小铁锹、手推胶轮车、磅秤或台秤、胶泥搅拌盆、瓷桶、水桶、水勺、量筒、量杯、密度计、工业温度计、防毒面具、有害气体检测器、磁性测厚仪、电火花探测器等。

#### 32.4.3.5　技术准备

（1）施工前，设计图纸和技术说明文件、相关的施工规范及质量验收标准应准备齐全。

（2）施工组织设计阶段，根据施工现场的环境状况制订详细的施工技术方案、施工作业规程及质检验收表；制订相应的技术实施细则、环保措施。在进行工艺和施工设备、机具选型时，优先选用技术领先的有利于环保的机具、设备。

（3）施工阶段，加强人员的培训，加强管理人员的学习，由管理人员对作业人员进行培训，增强整体质量意识、环保意识，对质量终身负责，自觉履行环保义务。

（4）整个施工过程中，要注意与建设、监理、设计等各方沟通协调，及时解决施工过程中的各类技术问题。

### 32.4.4　材料的配制及施工

#### 32.4.4.1　树脂类材料的配制

（1）树脂类材料的施工配合比，根据设计防腐蚀要求、材料供应情况及操作需要由试验室试配确定。常用环氧树脂、乙烯基酯树脂和不饱和聚酯树脂、呋喃树脂、酚醛树脂的施工配合比，可分别参考表32-27～表32-30。

**环氧树脂材料的施工参考配合比（质量比）　　表32-27**

| 材料名称 | | 配合比 | | | | | | | |
|---|---|---|---|---|---|---|---|---|---|
| | | 环氧树脂 | 稀释剂 | 低毒固化剂 | 乙二胺 | 矿物颜料 | 耐酸粉料 | 石英砂 | 石英石 |
| 封底料 | | 100 | 40～60 | 15～20 | 6～8 | — | — | | |
| 基层修补胶泥料 | | 100 | 10～20 | — | 6～8 | — | 150～200 | — | — |
| 树脂胶料 | 铺衬与面层胶料 | 100 | 10～20 | 15～20 | 6～8 | 0～2 | — | — | — |
| | 接浆料 | | | | | — | — | — | — |

续表

| 材料名称 | | 配合比 | | | | | | | |
|---|---|---|---|---|---|---|---|---|---|
| | | 环氧树脂 | 稀释剂 | 低毒固化剂 | 乙二胺 | 矿物颜料 | 耐酸粉料 | 石英砂 | 石英石 |
| 胶泥 | 砌筑或嵌缝料 | 100 | 10～20 | 15～20 | 6～8 | — | 150～200 | — | — |
| 稀胶泥 | 灌缝或地面面层料 | 100 | 10～20 | 15～20 | 6～8 | 0～2 | 150～200 | — | — |
| 砂浆 | 面层或砌筑料 | 100 | 10～20 | 15～20 | 6～8 | 0～2 | 150～200 | 300～400 | — |
| | 石材灌浆料 | 100 | 10～20 | 15～20 | 6～8 | — | 150～200 | 150～200 | — |
| 细石混凝土 | 面层料 | 100 | 10～20 | 15～20 | 6～8 | — | 150～200 | 250～300 | 250～350 |

注：1. 除低毒固化剂和乙二胺外，还可用其他胺类固化剂，应优先选用低毒固化剂，用量应按供货商提供的比例或经试验确定。

2. 当采用乙二胺时，为降低毒性可将配合比所用乙二胺预先配制成乙二胺丙酮溶液（1∶1）。

3. 当使用活性稀释剂时，固化剂的用量应适当增加，其配合比应按供货商提供的比例或经试验确定。

4. 本表以环氧树脂 EP01451.31（E-44）举例。

5. 环氧树脂玻璃鳞片胶泥和环氧树脂自流平料与固化剂的配合比由供货商提供或经试验确定。

**乙烯基酯树脂和不饱和聚酯树脂材料的施工参考配合比（质量比）　　表 32-28**

| 材料名称 | | 树脂 | 引发剂 | 促进剂 | 苯乙烯 | 矿物颜料 | 苯乙烯蜡液 | 粉料 | | 细骨料 | | 粗骨料 |
|---|---|---|---|---|---|---|---|---|---|---|---|---|
| | | | | | | | | 耐酸粉 | 硫酸钡粉 | 石英砂 | 重晶石砂 | 石英石 |
| 封底料 | | 100 | 1～4 | 0.5～4 | 0～15 | — | — | — | — | — | — | — |
| 修补料 | | | | | — | — | — | 200～350 | (400～500) | — | — | — |
| 树脂胶料 | 铺衬与面层胶料 | | | 0.5～4 | | — | | 0～15 | — | — | — | — |
| | 封面料 | | | | — | 0～2 | 3～5 | — | — | — | — | |
| | 胶料 | | | | — | — | — | — | — | — | — | |
| 胶泥 | 砌筑或嵌缝料 | | | 0.5～4 | — | | — | 200～300 | — | — | — | |
| 稀胶泥 | 灌缝或地面面层料 | | | 0.5～4 | — | 0～2 | — | 120～200 | — | — | — | |
| 砂浆 | 面层或砌筑料 | | | 0.5～4 | — | 0～2 | — | 150～200 | (350～400) | 300～450 | (600～750) | — |
| | 石材灌浆料 | | | 0.5～4 | — | — | — | 120～150 | — | 150～180 | | — |
| 细石混凝土 | 面层料 | | | 0.5～4 | — | — | — | 150～200 | — | 250～300 | | 250～350 |

注：1. 表中括号内的数据用于耐含氟类介质工程。

2. 过氧化苯甲酰二丁酯糊引发剂与 N，N 二甲基苯胺苯乙烯液促进剂配套；过氧化环已酮二丁酯糊、过氧化甲乙酮引发剂与钴盐（含钴量不小于 0.6%）的苯乙烯液促进剂配套。

3. 苯乙烯石蜡液的配合比为苯乙烯∶石蜡＝100∶5。配制时，先将石蜡削成碎片，加水至苯乙烯中，用水浴法加热至 60℃，待石蜡完全溶解后冷却至常温。苯乙烯石蜡液应使用在最后一道封面料中。

4. 乙烯基酯树脂自流平料与固化剂的配合比，由供货商提供或经试验确定。

5. 乙烯基酯树脂和双酚 A 型不饱和聚酯树脂的玻璃鳞片胶泥与固化剂的配合比，由供货商提供或经试验确定。

**呋喃树脂材料的施工参考配合比（质量比）　表 32-29**

| 材料名称 | | 呋喃树脂 | 糠醇糠醛型 | | | | 石英砂 | 石英石 |
|---|---|---|---|---|---|---|---|---|
| | | | 玻璃纤维增强塑料粉 | 胶泥粉 | 砂浆粉 | 混凝土粉 | | |
| 封底料 | | 同环氧树脂、乙烯基酯树脂或不饱和聚酯树脂封底料 | | | | | | |
| 修补料 | | 同环氧树脂、乙烯基酯树脂或不饱和聚酯树脂封底料 | | | | | | |
| 树脂胶料 | | 100 | 40～50 | — | — | — | — | — |
| 树脂胶泥 | 砌筑 | 100 | — | 250～400 | — | — | — | — |
| | 灌缝 | 100 | — | 250～300 | — | — | — | — |
| 树脂砂浆 | | 100 | — | — | 400～450 | — | — | — |
| | | | — | — | — | — | 300～400 | — |
| | | | | | | | 200～250 | — |
| 树脂混凝土 | | 100 | — | — | — | 250～270 | 100～150 | 400～550 |
| | | | — | — | — | — | 100～200 | 400～550 |
| | | | — | — | — | — | 150～250 | 250～400 |

**酚醛树脂材料的施工参考配合比（质量比）　表 32-30**

| 材料名称 | | 酚醛树脂 | 稀释剂 | 低毒酸性固化剂 | 苯磺酰氯 | 耐酸粉料 |
|---|---|---|---|---|---|---|
| 封底料 | | 同环氧树脂、乙烯基酯树脂或不饱和聚酯树脂封底料 | | | | |
| 修补料 | | 同环氧树脂、乙烯基酯树脂或不饱和聚酯树脂封底料 | | | | |
| 树脂胶料 | 铺衬与面层胶料 | 100 | 0～15 | 6～10 | (8～10) | — |
| 胶泥 | 砌筑 | 100 | 0～15 | 6～10 | (8～10) | 150～200 |
| 稀胶泥 | 灌缝料 | 100 | 0～15 | 6～10 | (8～10) | 100～150 |

（2）胶泥配制时应严格按配合比准确称量，搅拌均匀。配料容器及工具，应保持清洁、干燥，无油污、无固化残渣等。

（3）环氧树脂胶料、胶泥、砂浆和细石混凝土的配制：将预热至 40℃左右的环氧树脂，与稀释剂按比例加入容器中，搅拌均匀并冷却至室温，配制成环氧树脂液备用。当有颜色要求时，应将色浆或用稀释剂调匀的颜料浆加入到环氧树脂液中，混合均匀。使用时取定量的树脂液，按比例加入固化剂搅拌均匀，配制成各种树脂胶料；胶料加入粉料搅匀制成胶泥；胶料加入粉料和细骨料搅匀制成砂浆；胶料加入粉料和粗细骨料搅拌均匀制成细石混凝土。

（4）乙烯基酯树脂或不饱和聚酯树脂胶料、胶泥、砂浆和细石混凝土的配制：按施工配合比先将乙烯基酯树脂或不饱和聚酯树脂与促进剂混匀，再加入引发剂混匀（严禁促进剂与引发剂直接混合），配制成胶料，当采用乙烯基酯树脂或不饱和聚酯树脂胶料封面时，最后一遍的封面树脂胶料中应加入苯乙烯石蜡液。当有颜色要求时，应将色浆或用稀释剂调匀的颜料浆加入到乙烯基酯树脂或不饱和聚酯树脂液中，混合均匀。胶料加入粉料搅匀制成胶泥；胶料加入粉料和细骨料搅匀制成砂浆；胶料加入粉料和粗细骨料搅拌均匀制成细石混凝土。

（5）呋喃树脂胶料、胶泥、砂浆和细石混凝土配制：在容器中将呋喃树脂按比例与含酸性固化剂的纤维增强塑料粉搅拌均匀，配置成胶料；胶料加入粉料搅匀制成胶泥；胶料加入粉料和细骨料搅匀制成砂浆；胶料加入粉料和粗细骨料搅拌均匀制成细石混凝土。

（6）酚醛树脂胶料、胶泥配制：在容器中称取定量酚醛树脂，加入稀释剂搅匀，再加入固化剂搅匀，配制成纤维增强塑料胶料；再加入粉料搅匀，配制成胶泥。配制胶泥时不宜加入稀释剂。使用硫酸乙酯固化剂应预先配制，先把无水乙醇放入容器中，在不断搅拌下缓慢加入一定比例的浓硫酸，控制反应温度不超过 50℃，严禁将无水乙醇加入浓硫酸中。配制好的硫酸乙酯在室温下贮存于耐腐蚀的密闭容器中备用；胶料加入粉料和细骨料搅匀制成砂浆；胶料加入粉料和粗细骨料搅拌均匀制成细石混凝土。

（7）环氧树脂自流平料的配制：应采用工厂化生产的树脂自流平料及配套的固化剂、促进剂和引发剂，配制时将开桶的树脂自流平材料搅拌均匀，按施工配合比要求，加入相应的固化剂、促进剂、引发剂，搅拌均匀后待用。在配制最后一遍施工的乙烯基酯树脂自流平胶料时，应加入苯乙烯石蜡液。

（8）树脂玻璃鳞片胶泥的配制：树脂玻璃鳞片胶泥的封底胶料和面层胶料，应采用与该树脂玻璃鳞片胶泥相同的树脂配制。配制时称取定量树脂玻璃鳞片胶泥料，按配比加入配套的固化剂、促进剂、引发剂，宜放入真空搅拌机中，在真空度不低于 0.08MPa 的条件下搅拌均匀。

（9）采用机械或是人工搅拌树脂材料，每次拌合树脂材料的多少，应根据环境温度、施工用量和各种因素而定，宜随拌随用，防止凝固。当树脂胶料、胶泥、砂浆、细石混凝土料和自流平料有凝固、结块等现象时，不得继续使用。

**32.4.4.2 纤维增强塑料的施工**

1. 纤维增强塑料的施工应具备的条件

（1）基层表面处理要求与工艺：符合现行国家标准《建筑防腐蚀工程施工规范》GB 50212并经过验收；地面防腐蚀施工还应同时符合现行国家标准《建筑地面工程施工质量验收规范》GB 50209 的要求并经过检查验收合格。

（2）封底层施工：在经过处理的基层表面，应均匀地涂刷封底料，不得有漏涂、流挂等缺陷。封底层可采用喷涂法施工，也可以用毛刷、滚筒蘸封底料在基层上进行二次封底施工，其间应自然固化 24h 以上。封底厚度不应超过 0.4mm，不得有流淌、气泡等。

（3）修补层：基层表面或层面间凹陷不平处，需用胶泥予以填平修补。酚醛或呋喃类纤维增强塑料可用环氧树脂或乙烯基酯树脂、不饱和聚酯树脂的胶泥料修补刮平基层。胶泥不宜太厚，否则会出现龟裂。

2. 纤维增强塑料的施工方法

纤维增强塑料的施工，现场广泛采用手糊法，手糊法又分间歇法和连续法两种。呋喃和酚醛类纤维增强塑料应采用间歇法施工。

（1）间歇法施工

1）在基层表面均匀地薄薄涂刷打底料，自然固化不少于 12h，酚醛纤维增强塑料和呋喃纤维增强塑料在施工时应涂两遍环氧树脂作打底料，自然固化不宜少于 24h。

2）基层表面凹陷处，用腻子修补填平，自然固化不少于 24h。酚醛纤维增强塑料应用环氧腻子刮平，修平表面后进行衬布施工。

3）铺贴顺序一般为先立面后平面，先细部（如沟道、孔洞处）后大面，先上后下，先里后外，先壁后底。

4）衬布前，要根据结构形状和尺寸进行下料剪边。平面可用整幅玻璃布一次连续成型，复杂部位应先放样编号，然后裁剪。裁剪好的玻璃布不应折叠，应平铺或成卷存放。

5）操作时，先在基层上均匀涂刷一层衬布胶料，随即衬上一层纤维增强材料，用沾有胶料的毛辊在纤维增强材料上滚压，使纤维增强材料浸透胶料，与基层紧贴，并用赶泡辊将层间的气泡赶出，胶料应饱满，自然固化 24h，修整表面后，再按上述衬布程序铺衬以下各层。如此反复，直至铺衬至设计要求的层数和厚度。

6）每间断一次，均应仔细检查衬布层的质量，如有毛刺、脱层、胶液流挂和气泡等缺陷，应进行打磨清除并修补。

7）铺衬时，同层布的搭接宽度不应小于 50mm，搭接应顺物料流动方向。上下两层布的接缝应互相错开，错开距离不得小于 50mm，阴阳角处应增加 1～2 层玻璃布。圆角及圆口翻边处应将玻璃布剪开贴紧。

8）铺衬完毕自然固化 24h 后，即可均匀涂刷第一道面层胶料，自然固化 24h 后再涂刷第二道面料。

（2）连续法施工

1）连续法施工除铺衬需连续进行外，其封底层、修补层和涂面层胶料施工均与间歇法相同。衬布应连续铺衬到设计要求的层数或厚度，并应自然养护 24h，然后进行面层胶料的施工。

2）铺衬一般采用鱼鳞式搭接法，即在铺完第一块布后，第二块布以半幅宽度搭铺在第一幅布上，另半幅铺在基层上，第三块布又以半幅宽度搭在第二块上，另半幅铺在基层上，如此连续贴衬，即形成两层纤维增强材料衬里。贴第三、四、五层时，每块纤维增强材料与前一块纤维增强材料的搭接宽度分别为 2/3、3/4、4/5，一次连续铺贴层数可根据实际情况而定。一次连续铺衬的层数或厚度，不应产生滑移，固化后不应起壳或脱层。连续法施工一般铺贴层数以三层为宜，否则容易出现脱层、脱落等质量事故，铺贴中的缺陷不便于修补。

3）当纤维增强塑料作树脂稀胶泥、树脂砂浆、树脂细石混凝土和水玻璃混凝土的整体面层或块材面层的隔离层时，其封底层、修补层、铺衬的施工与间断法、连续法铺贴施工相同。但在铺完最后一层布后，应涂刷一层面层胶料，同时应均匀稀撒一层粒径为 0.7～1.2mm的细骨料。

**32.4.4.3　树脂整体面层施工**

树脂整体面层包括树脂稀胶泥、树脂砂浆、树脂细石混凝土、树脂自流平和树脂玻璃鳞片胶泥等整体面层。

1. 树脂稀胶泥整体面层施工

基层应干净、干燥，并均匀涂刷一遍封底料。在封底料硬化后，将稀胶泥摊铺在基层表面上，用锯齿形刮板按设计要求厚度将稀胶泥刮平。有间隙时施工缝应做成斜槎。继续施工时，应将斜槎清理干净，涂一层接浆料，然后继续摊铺。

对要求做面层胶料的工程，待胶泥硬化干燥后，在其上再均匀涂刷面层胶料一遍或刮涂一层稀胶泥，使表面光滑密实。

2. 树脂砂浆整体面层施工

（1）基层上应先均匀涂刷封底料，表干后，用树脂胶泥修补基层的凹凸不平处，再涂刷一遍封底料，同时均匀稀撒一层粒径为0.7～1.2mm的细骨料，硬化后进行树脂砂浆的施工。在树脂砂浆摊铺前，应在施工面上涂刷一遍树脂胶料，将砂浆摊铺在基层的表面，摊铺时可用塑料或钢条控制摊铺的厚度。铺好的树脂砂浆，应立即压实抹光。

（2）树脂整体防腐蚀面层施工，应一次连续摊铺完成，必须留施工缝时，应留斜槎。当继续施工时，应将留槎处清理干净，边涂刷打底料，边继续摊铺施工。

（3）对要求做面层胶料的工程，应均匀涂刷面层胶料或刮涂一层稀胶泥。当进行两层胶料的施工时，第一层胶料硬化后，再进行第二层胶料的施工。

3. 树脂细石混凝土整体面层施工

树脂细石混凝土整体面层的施工与树脂稀胶泥整体面层的施工方式相同，除满足"树脂砂浆整体面层施工"的相关要求外，尚需要符合以下规定：

（1）树脂细石混凝土面层施工应采用振动器，并捣实抹光。

（2）采用分格法施工时，在基层上用分隔条分格，在格内分别浇捣树脂细石混凝土，待胶凝后，再拆除分隔条，再用树脂砂浆或树脂胶泥灌缝。当灌缝厚度超过15mm时，宜分次进行。

4. 树脂自流平整体面层施工

基层上应先均匀涂刷封底料，表干后，再涂刷一遍封底料，用树脂胶泥修补基层的凹凸不平处。将树脂自流平料均匀刮涂在基层表面。乙烯基酯树脂或溶剂型环氧树脂自流平每次施工厚度不宜超过1mm，无溶剂型环氧树脂自流平每次施工厚度不宜超过3mm。当基层上有纤维增强塑料隔离层或树脂砂浆层时，可直接进行树脂自流平面层施工。

5. 树脂玻璃鳞片胶泥整体面层施工

树脂玻璃鳞片胶泥面层，主要适用于操作平台、部分池槽、建筑构配件等受液相介质作用的部位。

基层上应先均匀涂刷封底料，再用树脂胶泥修补基层的凹凸不平处。防腐蚀作业面基层处理应达到32.2节的要求，检验合格后立即完成第一层封底料涂刷。涂刷应无漏涂，涂刷表面应无突出胶滴。第一层封底料表干后再涂刷第二遍封底料，涂刷方向与第一道相垂直。将树脂玻璃鳞片胶泥摊铺在基层表面，并用抹刀单向均匀地涂抹，每次厚度不宜大于1mm。层间涂抹间隔时间宜为12h。树脂玻璃鳞片胶泥料涂抹后，在初凝前，应单向滚压至光滑均匀为止。施工过程中，表面应保持洁净，若有流淌痕迹、滴料或凸起物，应打磨平整。同一层面涂抹的端部界面连接，应采用斜槎搭接方式。当采用乙烯基酯树脂或不饱和聚酯树脂玻璃鳞片胶泥面层时，应采用相同的树脂胶料封面。

#### 32.4.4.4 树脂类防腐蚀工程的养护

树脂类防腐蚀工程施工完成后需要进行养护，养护一般以常温20～30℃为宜，若养护环境温度低于15℃，应采取措施，提高养护温度，或延长养护时间。常温养护时间要求见表32-31。

**常温下树脂类防腐蚀工程养护期** **表 32-31**

| 树脂类别 | 养护期（d） | | |
|---|---|---|---|
| | 胶泥、砂浆、细石混凝土 | 纤维增强塑料 | 树脂自流平、玻璃鳞片胶泥 |
| 环氧树脂 | ≥10 | ≥15 | ≥10 |

续表

| 树脂类别 | 养护期（d） | | |
|---|---|---|---|
| | 胶泥、砂浆、细石混凝土 | 纤维增强塑料 | 树脂自流平、玻璃鳞片胶泥 |
| 乙烯基酯树脂 | ≥10 | ≥15 | ≥10 |
| 不饱和聚酯树脂 | ≥10 | ≥15 | ≥10 |
| 呋喃树脂 | ≥15 | ≥15 | — |
| 酚醛树脂 | ≥20 | ≥20 | — |

### 32.4.5　施　工　工　艺

树脂类防腐蚀工程施工工艺主要为树脂喷射工艺。

树脂喷射工艺是将混有促进剂和引发剂的树脂从喷枪两侧（或在喷枪内混合）喷出，同时将纤维增强材料用切割机切断并由喷枪中心喷出，与树脂一起均匀沉积到基层表面，待沉积到一定厚度，用手辊滚压，使树脂浸透纤维，压实并除去气泡，最后固化成制品的工艺过程。

树脂喷射工艺具有防腐蚀层均匀、密实、防护效果好的特点，适用于池、槽等衬里的防腐蚀施工，也可用作隔离层。

1. 施工工艺流程

喷射工艺喷射成型的主要设备是喷枪和切割器。基层表面处理验收合格后，利用喷枪将树脂和引发剂喷成细粒，并与切割器喷射出来的短切纤维混合后喷覆在基层表面，再经滚压固化形成隔离层。喷射成型后的工序（固化、后处理、涂面层等）同手糊法。喷射完毕后，所用容器、管道及压辊等都要及时清洗干净，防止树脂固化后损坏设备。

2. 树脂喷射工艺质量保障措施

（1）喷射工艺操作是常温常压下进行的，其适宜温度为25±5℃，如温度过高，树脂胶料固化太快，会引起喷射系统的阻塞。温度过低，树脂胶料过黏，混合不均，难以喷射，而且固化太慢。

（2）喷射装置的容器和管路内，不允许有水分，否则会影响固化。

（3）喷射时三种成分的喷出物应积聚在离喷枪口外300～500mm的成型面上。喷射时，喷枪应对准被喷射的表面。先开启两个组分的树脂开关，在基层表面喷一层树脂，然后开动切割器，开始喷射纤维和树脂混合物。

（4）注意喷枪匀速移动，不要留有空缺，每次喷层（指松散的纤维树脂层）厚度控制在1mm左右。

### 32.4.6　质量要求及检验

（1）树脂类防腐蚀工程的各类面层均应平整、色泽均匀，与基层结合牢固，无脱层、起壳和固化不完全等缺陷。

（2）纤维增强塑料面层，树脂稀胶泥、砂浆、细石混凝土、自流平和玻璃鳞片胶泥的整体面层与转角处、地漏、门户处、预留孔洞和管道出入口应结合严密、粘结牢固、拼缝平整，并应无渗漏和空鼓等现象。

(3) 纤维增强塑料面层采用玻璃纤维增强层时，含胶量应符合下列规定：

1) 玻璃纤维布的含胶量不应小于45%。

2) 玻璃纤维短切毡的含胶量不应小于65%。

3) 玻璃纤维表面毡的含胶量不应小于90%。

(4) 对钢基层或采用了导电底涂层的混凝土池、槽、混凝土构件的纤维增强塑料面层进行针孔检查时，通过的检测电流应为3000V/mm。

(5) 树脂原材料验收标准、制成品检验标准，整体面层的检验标准，工程验收与评定标准等，应满足《建筑防腐蚀工程施工质量验收标准》GB/T 50224的要求。

### 32.4.7 环保与绿色施工

环保绿色施工是指在保证质量、安全等基本要求的前提下，通过科学管理和技术进步，最大限度地节约资源与减少对环境具有负面影响的施工活动。为响应绿色环保施工的要求，实现“四节一环保”的目标，采取如下措施：

(1) 建立重要的环境因素清单，并编制具体的环境保护技术措施。

(2) 合理利用新技术、新材料、新工艺，优先采用技术成熟、能源消耗低的工艺设备。采用高强、高性能的材料，减少传统材料的用量，扩大新材料、新工艺的使用。

(3) 加强施工现场管理，合理规划施工现场管理区、生活服务区、材料堆放与仓储区、材料加工作业区，各区域应分开设置。

(4) 对临时用房、围墙、道路等根据施工规模、员工人数、材料设备需用计划和现场条件进行控制。对于材料的供应、存储、加工、成品半成品堆放使用，进行合理的流水管理，避免二次搬运。根据工程量的大小，确定采购产品的数量，尽量达到零库存。

(5) 在施工过程中，限制高VOC材料的使用，设置专用材料配制区域，四周设置围护，并应采取防尘措施。切割作业应选定切割点，并应进行封闭围护。进行基层清理、机械切割或喷涂作业时，应采取防扬尘措施。

(6) 需现场配制的材料应按设计要求配合比定量配制，即配即用，对于剩余的胶泥要注意收集，并制订专项措施进行处理。

(7) 施工过程中的危险废弃物，应集中堆放到专用场所，按国家环保行业的规定设置统一的识别标志，并建立危险废物污染防治的管理制度，制订事故的防范措施和应急预案。

(8) 运输危险废物时，应按国家和地方相关危险货物和化学危险品运输管理的规定执行。

### 32.4.8 安全防护

(1) 施工前，应根据操作的具体情况，制订严格有效的安全防护措施及应急预案，并严格贯彻、督促切实执行。

(2) 施工机具、设备和设施，使用前应检验合格，符合国家现行有关规范和标准。

(3) 操作人员在施工前应进行体格检查。患有气管炎、心脏病、肝炎、高血压以及对某些物质有过敏反应者均不得参加施工。

(4) 树脂类防腐蚀工程中的许多原材料，如乙二胺、苯类、酸类等，都具有程度不同的毒性和刺激性，故在使用或配制中，均应有良好的通风。

(5) 为防止和有害物质接触，操作人员应戴手套。施工中不慎与腐蚀或刺激性物质接触后，要立即用水或乙醇擦洗。

(6) 研磨、筛分、搅拌粉状填料应在密封箱内进行，操作人员应穿戴防尘口罩、防护眼镜、手套、工作服等防护用品，工作完毕后应冲洗或淋浴。

(7) 配制聚酯砂浆时，应特别注意过氧化环己酮固体易爆炸，须配成糊状使用，并严禁与促进剂直接混合。

(8) 配制、使用乙醇、苯、丙酮等易燃材料的施工现场，应严禁烟火，要通风，并应设置消防器材。

(9) 配硫酸时，应将酸液注入水中（严禁将水注入酸液中），并在配制现场备有10%的碱液和纯碱水溶液，以备中和洒出的酸液之用。

(10) 配制硫酸乙酯时应将硫酸慢慢注入酒精中，并充分搅拌，但温度不能超过60℃，严防酸雾飞出，配制量较大时应设有间接冷却装置（如循环水塔）。

(11) 采用毒性大的材料施工时，应采取轮换制，并缩短作业时间。

(12) 现场动火、受限空间施工和使用压力设备作业等施工，应办理相关的作业审批手续，作业区域应设置安全围挡和安全标志，并设专人监护、监控。作业结束后，应检查并消除安全隐患后再离开现场。

## 32.5　水玻璃类防腐蚀工程

建筑防腐蚀工程中水玻璃类材料是适用于高浓度酸介质环境下的主要材料。这类材料是以水玻璃为胶粘剂、固化剂、一定级配的耐酸粉料或粗细骨料配制而成。其特点是耐酸性能好，尤其对较高浓度的无机酸稳定性更好，机械强度高，资源丰富，价格较低；但抗渗性和耐水性能较差，不耐氢氟酸，也不耐碱，施工较复杂，养护期较长。水玻璃类防腐蚀工程所用的水玻璃，依据化学成分可分为：钠水玻璃、钾水玻璃。

### 32.5.1　一　般　规　定

(1) 水玻璃类材料使用时应符合下列规定：

1) 钠水玻璃类材料的施工配合比应符合《建筑防腐蚀工程施工规范》GB 50212中的规定。

2) 水玻璃类材料在氧化性酸和高浓度、高温酸性介质作用的部位具有良好的耐蚀性能。但在盐类介质干湿交替作用频繁、碱及呈碱性反应的介质、含氟酸作用的部位等不得使用。

3) 密实型水玻璃材料适用于常温介质作用的环境；当介质温度高于100℃时，应选用普通型水玻璃类材料；经常有稀酸或水作用的部位，应选用密实型水玻璃类材料，其表面应进行不少于5遍酸化处理。

4) 钠水玻璃材料不得与水泥砂浆、混凝土等呈碱性反应的基层直接接触；配筋水玻璃混凝土的钢筋表面，应涂刷防腐蚀涂料。

5) 钾水玻璃的固化剂应为缩合磷酸铝，宜掺入钾水玻璃胶泥、钾水玻璃砂浆或钾水玻璃混凝土混合料内。

（2）水玻璃应防止受冻。受冻的水玻璃应加热并充分搅拌均匀后方可使用。

（3）水玻璃类防腐蚀工程在施工期间严禁与水或水蒸气接触。

## 32.5.2 材料质量要求

### 32.5.2.1 钠水玻璃

（1）钠水玻璃外观应为无色或略带色的透明或半透明黏稠液体。钠水玻璃的质量应符合表 32-32 的规定。

**钠水玻璃的质量** 表 32-32

| 项目 | 指标 | 项目 | 指标 |
|---|---|---|---|
| 氧化钠（%） | ≥10.2 | 模数 | 2.6～2.9 |
| 密度（20℃，g/cm³） | 1.38～1.43 | 二氧化硅（%） | ≥25.7 |

注：施工用钠水玻璃的密度（20℃，g/cm³）为 1.38～1.42。

（2）钠水玻璃固化剂为氟硅酸钠，其分子式为 $Na_2SiF_6$，其技术指标见表 32-33。

**氟硅酸钠的技术指标** 表 32-33

| 项目 | 技术指标 |
|---|---|
| 外观 | 白色结晶或粉末 |
| 纯度（%） | ≥98 |
| 含水率（%） | ≤1 |
| 细度（0.15mm 方孔筛） | 全部通过 |

氟硅酸钠的用量可根据下式计算：

$$G = 1.5 \times \frac{N_1}{N_2} \times 100$$

式中 $G$——氟硅酸钠用量占钠水玻璃用量的百分比（%）；

$N_1$——钠水玻璃中含氧化钠的百分率（%）；

$N_2$——氟硅酸钠的纯度（%）。

（3）钠水玻璃材料的粉料、粗细骨料的质量应符合下列规定：

1）粉料常用铸石粉、石英粉、辉绿岩粉和石墨粉等，其技术指标见表 32-34。

**粉料技术指标** 表 32-34

| 项目 | | 指标 |
|---|---|---|
| 耐酸率（%） | | ≥95 |
| 含水率（%） | | ≤0.5 |
| 细度 | 0.15mm 筛孔余量（%） | ≤5 |
| | 0.075mm 筛孔余量（%） | 10～30 |

注：石英粉因粒度过细，收缩率大，易产生裂纹，故可与等重量的铸石粉混合使用。

2）细骨料常用石英砂，其技术指标见表 32-35。

细骨料技术指标　表 32-35

| 项目 | 指标 |
| --- | --- |
| 耐酸率（%） | ≥95 |
| 含水率（%）（不得含有泥土） | ≤0.5 |
| 含泥量（%）（用天然砂时） | ≤1 |

注：一般工程中也可用黄砂，但需经严格筛选，并作必要的耐腐蚀试验。

3）粗骨料常用石英石、花岗石，其技术指标见表 32-36。

粗骨料技术指标　表 32-36

| 项目 | 指标 |
| --- | --- |
| 耐酸率（%） | ≥95 |
| 含水率（%） | ≤0.5 |
| 含泥量 | 不允许 |
| 浸酸安定性 | 合格 |

（4）钠水玻璃材料细、粗骨料颗粒级配要求：

钠水玻璃砂浆采用细骨料时，粒径不应大于 1.25mm。钠水玻璃混凝土用的细骨料和粗骨料颗粒级配要求见表 32-37 和表 32-38。

细骨料的颗粒级配要求　表 32-37

| 方筛孔（mm） | 4.75 | 1.18 | 0.3 | 0.15 |
| --- | --- | --- | --- | --- |
| 累计筛余量（%） | 0～10 | 20～55 | 70～95 | 95～100 |

粗骨料的颗粒级配要求　表 32-38

| 方筛孔（mm） | 最大粒径 | 1/2 最大粒径 | 4.75 |
| --- | --- | --- | --- |
| 累计筛余量（%） | 0～5 | 30～60 | 90～100 |

注：粗骨料的最大粒径，不应大于结构最小尺寸的 1/4。

（5）钠水玻璃制成品的质量：

钠水玻璃制成品的质量应符合表 32-39 的规定。

钠水玻璃制成品的质量　表 32-39

| 项目 | 密实型 | | | 普通型 | | |
| --- | --- | --- | --- | --- | --- | --- |
| | 胶泥 | 砂浆 | 混凝土 | 胶泥 | 砂浆 | 混凝土 |
| 初凝时间（min） | ≥45 | ≥45 | ≥45 | ≥45 | ≥45 | ≥45 |
| 终凝时间（h） | ≤12 | ≤12 | ≤12 | ≤12 | ≤12 | ≤12 |
| 抗压强度（MPa） | — | ≥20 | ≥25 | — | ≥15 | ≥20 |
| 抗拉强度（MPa） | ≥3 | — | — | ≥2.5 | — | — |
| 与耐酸砖粘结强度（MPa） | ≥1.2 | — | — | ≥1 | — | — |
| 抗渗等级（MPa） | ≥1.2 | ≥1.2 | ≥1.2 | — | — | — |
| 吸水率（%） | — | — | — | ≤15 | ≤15 | ≤15 |
| 浸酸安定性 | 合格 | | | | | |

### 32.5.2.2　钾水玻璃

（1）钾水玻璃外观应为白色或灰白色黏稠液体，钾水玻璃的质量应符合表 32-40 的规定。

**钾水玻璃的质量　　表 32-40**

| 项目 | 指标 |
|---|---|
| 模数 | 2.6～2.9 |
| 密度（$g/cm^3$） | 1.4～1.46 |
| 二氧化硅（%） | 25～29 |
| 氧化钾（%） | ≥15 |
| 氧化钠（%） | <1 |

注：氧化钾、氧化钠含量宜按现行国家标准《水泥化学分析方法》GB/T 176 的有关规定检测。

（2）钾水玻璃模数或密度如不符合本表要求时，应进行调整。

（3）钾水玻璃的固化剂应为缩合磷酸铝，宜掺入钾水玻璃胶泥、钾水玻璃砂浆或钾水玻璃混凝土混合料内。

（4）钾水玻璃胶泥、砂浆、混凝土混合料的质量应符合下列规定：

1）钾水玻璃胶泥混合料的含水率不应大于 0.5%，细度要求 0.45mm 方孔筛筛余量不应大于 5%，0.15mm 方孔筛筛余量宜为 30%～50%。

2）钾水玻璃砂浆混合料的含水率不应大于 0.5%，细度宜符合表 32-41 的规定。

**钾水玻璃砂浆混合料的细度　　表 32-41**

| 最大粒径（mm） | 筛余量（%） | |
|---|---|---|
| | 最大孔径的筛 | 0.15mm 的方孔筛 |
| 1.18 | 0～5 | 60～65 |
| 2.36 | 0～5 | 63～68 |
| 4.75 | 0～5 | 67～72 |

3）钾水玻璃混凝土混合料的含水率不应大于 0.5%，粗骨料的最大粒径，不应大于结构截面最小尺寸的 1/4，用作整体地面面层时，不应大于面层厚度的 1/3。

4）钾水玻璃制成品的质量应符合表 32-42 的规定。

**钾水玻璃制成品的质量　　表 32-42**

| 项目 | | 密实型 | | | 普通型 | | |
|---|---|---|---|---|---|---|---|
| | | 胶泥 | 砂浆 | 混凝土 | 胶泥 | 砂浆 | 混凝土 |
| 初凝时间（min） | | ≥45 | — | — | ≥45 | — | — |
| 终凝时间（h） | | ≤15 | — | — | ≤15 | — | — |
| 抗压强度（MPa） | | — | ≥25 | ≥25 | — | ≥20 | ≥20 |
| 抗拉强度（MPa） | | ≥3 | ≥3 | — | ≥2.5 | ≥2.5 | — |
| 与耐酸砖粘结强度（MPa） | | ≥1.2 | ≥1.2 | — | ≥1.2 | ≥1.2 | — |
| 抗渗等级（MPa） | | ≥1.2 | | | — | | |
| 吸水率（%） | | — | | | ≤10.0 | | |
| 浸酸安定性 | | 合格 | | | 合格 | | |
| 耐热极限温度（℃） | 100～300 | — | | | 合格 | | |
| | 300～900 | — | | | 合格 | | |

注：1. 表中砂浆抗拉强度和粘结强度，仅用于最大粒径 1.18mm 的钾水玻璃砂浆。
2. 表中耐热极限温度，仅用于有耐热要求的防腐蚀工程。

#### 32.5.2.3　水玻璃材料的耐蚀性能

水玻璃类材料与其他耐蚀材料相比，在氧化性酸和高浓度、高温度的酸性介质作用的部位具有良好的耐蚀性能，但是在盐类介质干湿交替作用频繁的部位、碱及呈碱性反应的介质、含氟酸作用的部位等，由于耐蚀性能很差，所以不得使用。其在常用介质条件下的耐蚀性能，见表32-43。

水玻璃材料在常用化学介质中的耐蚀性能　　表32-43

| 介质名称 | 水玻璃类材料 | 介质名称 | 水玻璃类材料 | 介质名称 | 水玻璃类材料 |
|---|---|---|---|---|---|
| 硫酸（%） | 耐 | 盐酸（%） | 耐 | 硝酸（%） | 耐 |
| 醋酸（%） | 耐 | 铬酸（%） | 耐 | 氢氟酸（%） | 不耐 |
| 氢氧化钠（%） | 不耐 | 碳酸钠 | 不耐 | 氨水 | 不耐 |
| 尿素 | 不耐 | 氯化铵 | 尚耐 | 硝酸铵 | 尚耐 |
| 硫酸钠 | 尚耐 | 乙醇 | 渗透作用 | 汽油 | 渗透作用 |
| 5%硫酸和5%氢氧化钠交替作用 | 不耐 | 丙酮 | 渗透作用 | 苯 | 渗透作用 |

注：1. 表中介质为常温，%系指介质的质量百分比浓度。
2. 水玻璃类材料对氯化铵、硝酸铵、硫酸钠“尚耐”，仅适用于密实型水玻璃类材料。

## 32.5.3　施　工　准　备

#### 32.5.3.1　材料的验收、保管

（1）水玻璃类材料必须具有出厂合格证和质量检验资料。对原材料的质量有怀疑时，应进行复验。按《建筑防腐蚀工程施工质量验收标准》GB/T 50224规定的有关检验项目和《建筑防腐蚀工程施工规范》GB 50212中有关试验方法进行复验。

（2）材料进场后，应进行核对，注明品名、规格，根据材料性能、特点分别采取防雨、防潮、防火、防冻等措施。

（3）氟硅酸钠有毒，应作出标记，安全存放，专人保管。

#### 32.5.3.2　人员培训

水玻璃类材料防腐蚀工程对施工、技术人员要求较高，须具备一定的化学知识。按照不同工种组织有针对性的技术培训，实施技术考核制度，合格后方可上岗。编好施工方案并及时进行技术交底，会同材料供应方共同熟悉材料性能。

#### 32.5.3.3　施工环境

水玻璃类防腐蚀工程施工的环境温度，一般为15～30℃，相对湿度为不大于80%。当施工的环境温度，钠水玻璃材料低于10℃，钾水玻璃材料低于15℃时，应采取加热保温措施；原材料使用时的温度，钠水玻璃不应低于15℃，钾水玻璃不应低于20℃。

#### 32.5.3.4　施工机具

除使用一般混凝土施工用具外，还需配制各类专用机具，包括：氟硅酸钠加热脱水设备、氟硅酸钠和粉料密封搅拌箱、强制式搅拌机、粉料密封搅拌箱、平板或插入式振动器、比重计、铁板、抽油器、密度测定仪、电子秤。

#### 32.5.3.5　技术准备

技术准备工作的主要内容包括：

（1）施工前，设计图纸和技术说明文件、相关的施工规范及质量验收标准应准备齐全。

（2）施工组织设计阶段，根据施工现场的环境状况制订详细的施工技术方案、施工作业规程及质检验收表；制订相应的技术实施细则、环保措施，在进行工艺和施工设备、机具选型时，优先选用技术领先的有利于环保的机具设备。

（3）施工阶段应加强人员的培训，加强管理人员的学习，由管理人员对操作层人员进行培训，增强整体质量意识、环保意识，对质量终身负责，自觉履行环保义务。

（4）整个施工过程中，要注意与建设、监理、设计等各方沟通协调，及时解决施工过程中的各类技术问题。

（5）准备所有施工期间的质量检验评定、隐蔽工程记录、空白报表、签证单等。

## 32.5.4 材料的配制及施工

### 32.5.4.1 水玻璃类材料的配制

（1）钠水玻璃类材料的施工配合比可参照表 32-44 选用，并应符合下列规定：

1）钠水玻璃胶泥稠度应为 30～36mm。

2）钠水玻璃砂浆圆锥沉入度，当铺砌块材时，宜为 30～40mm；当抹压平面时，宜为 30～35mm；当抹压立面时，宜为 40～60mm。

3）钠水玻璃混凝土的坍落度，当机械捣实时，不应大于 25mm；当人工捣实时，不应大于 30mm。

钠水玻璃类材料的施工配合比　　表 32-44

| 材料名称 | | 配合比（质量比） | | |
|---|---|---|---|---|
| | | 普通型 | | 密实型 |
| | | 1 | 2 | |
| 钠水玻璃 | | 100 | 100 | 100 |
| 氟硅酸钠 | | 15～18 | — | 15～18 |
| 填料 | 铸石粉 | 250～270 | — | 250～270 |
| | 瓷粉 | (200～250) | — | — |
| | 石英粉：铸石粉＝7：3 | (200～250) | — | — |
| | 石墨粉 | (100～150) | — | — |
| | 耐酸粉 | — | 220～270 | — |
| 糠醇单体 | | — | — | 3～5 |

注：1. 表中氟硅酸钠用量是按水玻璃中氧化钠含量的变动而调整的，氟硅酸钠纯度按 100%计。

2. 配比 1 的填料可选一种使用。

3. 耐酸砂浆配合比：钠水玻璃：砂浆混合料＝100：（340～420）。

4. 耐酸混凝土配合比：钠水玻璃：混凝土混合料＝100：（490～750）。

（2）钾水玻璃类材料的施工配合比可参照表 32-45 选用，并应符合下列规定：

1）钾水玻璃胶泥的稠度宜为 30～35mm。

2）钾水玻璃砂浆的圆锥沉入度，当铺砌块材时，宜为 30～40mm；当抹压平面时，宜为 30～35mm；当抹压立面时，宜为 40～45mm。

3）钾水玻璃混凝土的坍落度宜为 25～30mm。

**钾水玻璃类材料的施工配合比　　表 32-45**

| 材料名称 | 混合料最大粒径（mm） | 配合比（质量比） | | | |
|---|---|---|---|---|---|
| | | 钾水玻璃 | 胶泥混合料 | 砂浆混合料 | 混凝土混合料 |
| 胶泥 | 0.45 | 100 | 220～250 | — | — |
| 砂浆 | 2.5 | 100 | — | 320～420 | — |
| 混凝土 | 25 | 100 | — | — | 490～750 |

注：1. 钾水玻璃胶泥粉已含有钾水玻璃的固化剂和其他外加剂。

2. 普通型钾水玻璃胶泥应采用普通型的胶泥粉；密实型钾水玻璃胶泥应采用密实型的胶泥。

（3）钠水玻璃胶泥、钠水玻璃砂浆的配制应符合下列规定：

1）机械搅拌：先将粉料、细骨料与固化剂加入搅拌机内，干拌均匀，然后加入钠水玻璃湿拌，湿拌时间不应少于 2min；当配制钠水玻璃胶泥时，不加细骨料。

2）人工搅拌：先将粉料和固化剂混合，过筛两遍后，加入细骨料干拌均匀，再逐渐加入钠水玻璃湿拌，直至均匀；当配制钠水玻璃胶泥时，不加细骨料。

3）当配制密实型钠水玻璃胶泥或砂浆时，可将钠水玻璃与外加剂糠醇单体一起加入，湿拌直至均匀。

（4）钠水玻璃混凝土的配制应符合下列规定：

1）机械搅拌：应采用强制式混凝土搅拌机，将细骨料、已混匀的粉料和固化剂、粗骨料加入搅拌机内干拌均匀，再加入水玻璃湿拌，直至均匀。

2）人工搅拌：应先将粉料和固化剂混合，过筛后，加入细骨料、粗骨料干拌均匀，最后加入水玻璃，湿拌不宜少于 3 次，直至均匀。

3）当配制密实型钠水玻璃混凝土时，可将钠水玻璃与外加剂糠醇单体一起加入，湿拌直至均匀。

（5）配制钾水玻璃材料时，应先将钾水玻璃混合料干拌均匀，再加入钾水玻璃搅拌，直至均匀。

（6）拌制好的水玻璃胶泥、水玻璃砂浆、水玻璃混凝土内不得加入任何物料，并应在初凝前用完。

### 32.5.4.2　水玻璃砂浆整体面层的施工

（1）在呈碱性的水泥砂浆或混凝土基层上铺设水玻璃类耐腐蚀材料时，基层应设置隔离层（金属基层不需做隔离层）。

（2）施工时，应先在隔离层或金属基层上涂刷两道稀胶泥（时间间隔 6～12h）。

（3）水玻璃砂浆抹面应分层进行，当抹立面时每层厚度为 3～5mm，抹平面时每层厚度为 8～10mm，总厚度按设计规定。每层砂浆之间均应涂刷水玻璃稀胶泥，并间隔 24h 以上。

（4）水玻璃胶泥、砂浆铺砌耐酸块料，若勾缝材料设计相同时，采用揉挤法；设计勾缝材料不同时，采用坐浆勾缝法。

（5）钾水玻璃砂浆整体面层的施工宜分格或分段进行。平面的钾水玻璃砂浆整体面层，宜一次抹压完成；立面的钾水玻璃砂浆整体面层，应分层抹压。抹压钾水玻璃砂浆时，平面应按同一方向抹压平整；立面应由下往上抹压平整。每层抹压后，当表面不粘抹具时轻拍轻压，不得出现褶皱和裂纹。

**32.5.4.3　水玻璃混凝土的施工**

（1）浇筑水玻璃混凝土的模板应支撑牢固，拼缝严密，表面应平整，并涂矿物油隔离剂。如水玻璃混凝土内埋有金属嵌件时，金属件必须除锈，并应涂刷防腐蚀涂料。

（2）水玻璃混凝土（如耐酸贮槽）的施工浇筑必须一次完成，严禁留设施工缝。当浇筑厚度大于规定值时（当采用插入式振动器时，每层灌筑厚度不宜大于200mm，插点间距不应大于作用半径的1.5倍，振动器应缓慢拔出，不得留有孔洞。当采用平板振动器或人工捣实时，每层灌筑厚度不宜大于100mm）应分层连续浇筑，分层浇筑时，上一层应在下一层初凝前完成。

（3）水玻璃混凝土整体地面应分格施工，分格间距不宜大于3m。缝宽宜为15～30mm，待固化后应采用同型号砂浆二次浇灌施工缝。浇筑地面时，应随时控制平整度和坡度，平整度采用2m直尺检查，允许空隙不应大于4mm，其坡度应符合设计规定。

（4）水玻璃混凝土浇筑应在初凝前振捣至泛浆，无气泡排除为止，最上一层捣实后，表面应在初凝前压实抹平。当需要留施工缝时，在继续浇筑前应将该处打毛清理干净，薄涂一层水玻璃，表干后再继续浇筑。地面施工缝应留成斜槎。

（5）承重模板的拆除，应在混凝土的抗压强度达到设计值的70％时方可进行。拆模后不得有蜂窝、麻面、裂纹等缺陷，当有大量上述缺陷时应返工，少量缺陷应将该处的混凝土凿去，清理干净，待稍干后用同型号的水玻璃胶泥或水玻璃砂浆进行修补。水玻璃混凝土在不同环境温度下的立面拆模时间见表32-46。

**水玻璃混凝土的立面拆模时间　　表32-46**

| 材料名称 | | 拆模时间（d）不少于 | | | |
|---|---|---|---|---|---|
| | | 10～15℃ | 16～20℃ | 21～30℃ | 31～35℃ |
| 钠水玻璃混凝土 | | 5 | 3 | 2 | 1 |
| 钾水玻璃混凝土 | 普通型 | — | 5 | 4 | 3 |
| | 密实型 | — | 7 | 6 | 5 |

**32.5.4.4　水玻璃类材料的养护和酸化处理**

水玻璃类材料在养护期间应防止早期过快脱水，严禁与水或水蒸气接触，水玻璃类材料的养护期见表32-47。

**水玻璃类材料的养护期　　表32-47**

| 材料名称 | | 养护期（d）不小于 | | | |
|---|---|---|---|---|---|
| | | 10～15℃ | 16～20℃ | 21～30℃ | 31～35℃ |
| 钠水玻璃材料 | | 12 | 9 | 6 | 3 |
| 钾水玻璃材料 | 普通型 | — | 14 | 8 | 4 |
| | 密实型 | — | 28 | 15 | 8 |

水玻璃类材料防腐蚀工程养护后，应采用浓度为30％～40％的硫酸作表面酸化处理，

酸化处理至无白色结晶盐析出时为止。酸化处理次数不宜少于5次，每次间隔时间：钠水玻璃材料不应少于8h；钾水玻璃材料不应少于4h。每次处理前应清除表面的白色析出物。

### 32.5.5　质量要求及检验

（1）水玻璃类材料的整体面层应平整、洁净、密实，无裂缝、起砂、麻面、起皱等现象。面层与基层应结合牢固，无脱层、起壳等缺陷。

（2）水玻璃类材料整体面层的平整度，采用2m直尺检查，其允许空隙不大于4mm。坡度应符合设计要求，允许偏差为坡长的±0.2%，最大偏差值不得大于30mm，作泼水试验时，水应能顺利排除。

（3）水玻璃类原材料验收标准、制成品检验标准，整体面层的检验标准，工程验收与评定标准等，应满足《建筑防腐蚀工程施工质量验收标准》GB/T 50224的要求。

### 32.5.6　环保与绿色施工

环保绿色施工是指在保证质量、安全等基本要求的前提下，通过科学管理和技术进步，最大限度地节约资源与减少对环境具有负面影响的施工活动。为响应绿色环保施工的要求，实现“四节一环保”的目标。应采取如下措施：

（1）施工前应建立重要的环境因素清单，并编制具体的环境保护技术措施。

（2）合理利用新技术、新材料、新工艺，优先采用技术成熟、能源消耗低的工艺设备。采用高强、高性能的材料，减少传统材料的用量，扩大新材料、新工艺的使用。

（3）所有进场材料应检查验收合格，符合环保要求，并保存验收资料，不得使用环保不达标或国家明令禁止的材料。

（4）水玻璃类材料防腐蚀工程施工过程中主要的污染物来自于胶泥和辅助的有机溶剂（如清洗用丙酮）。胶泥的使用应按施工规范的要求，定量配用，对于剩余的胶泥进行收集，作为固体垃圾交由环保部门处理。对于施工过程中用于清洗设备和工具的有机溶剂，要做到集中回收，集中处理，不能随意倾倒，以免造成环境污染。

（5）施工现场设置满足污水处理要求的隔油池、沉淀池等，并保证正常发挥作用，按照规定配制消防设施，配备与火灾等级、种类相适应的灭火器材，并有防火标识。

（6）对于裸露的空地进行种树、植草，垃圾或废弃物分类堆放，按规定设置环境管理部门，配备满足环境管理需要的作业人员，对其进行环境交底、培训、检查等，满足施工现场环境管理需要。

（7）施工过程中的有毒有害废弃物，应集中堆放到专用场所，按国家环保的规定设置统一的识别标志，并建立危险废物污染防治的管理制度和应急预案。

（8）施工现场配置的设备，应满足噪声、能耗等环境管理要求，如设备的能耗、尾气和噪声排放，不得出现漏油、遗洒、排放黑烟，不得超出相关法规的限值要求。

### 32.5.7　安　全　防　护

（1）施工前，应根据操作的具体情况，制订严格有效的安全防护措施及应急预案，并严格贯彻、督促切实执行。

（2）施工机具、设备和设施，使用前应检验合格，符合国家现行有关规范和标准。

(3) 水玻璃防腐蚀材料中的部分有机溶剂具有不同程度的腐蚀性和刺激性，施工前应对施工人员进行安全技术交底。在施工或配制中，均应有通风排气设备。

(4) 施工现场严禁烟火，必须配备消防器材和消防水源。

(5) 为防止和有害物质接触，施工操作人员必须穿戴防护用品，必要时按规定佩带防毒面具。

(6) 现场动火、有限空间施工和使用压力设备作业等，应办理相关的作业审批手续，作业区域应设置安全围挡和安全标志，并设专人监护、监控。作业结束后，应检查并消除安全隐患后再离开现场。

## 32.6 聚合物水泥砂浆类防腐蚀工程

聚合物水泥砂浆类防腐蚀工程包括：聚合物水泥砂浆铺抹的整体面层，聚合物水泥砂浆、胶泥的找平层，聚合物水泥素浆抹面层。所用的材料主要包括阳离子氯丁胶乳水泥砂浆、聚丙烯酸酯乳液水泥砂浆和环氧乳液水泥砂浆。这类材料的特点是粘结力强，可在潮湿的水泥基层上施工，可用于浓度不大于2%的酸性介质和中等浓度以下的碱和呈碱性盐类介质的腐蚀。在防腐蚀工程中聚合物水泥砂浆可抹压于水泥砂浆、混凝土、砖砌体、块石砌体或钢铁基层上。

### 32.6.1 一 般 规 定

(1) 聚合物水泥砂浆不应在养护期少于3d的混凝土或水泥砂浆基层上施工。

(2) 聚合物水泥砂浆在混凝土或水泥砂浆基层上进行施工时，基层应先用清水冲洗，并应保持潮湿状态，施工时基层不得有积水。

(3) 聚合物水泥砂浆在金属基层上施工时，基层表面应符合设计规定，凸凹不平的部位，应采用聚合物水泥砂浆或聚合物胶泥找平后，再进行施工。

(4) 聚合物水泥砂浆铺砌耐酸砖面层时，应预先用水将耐酸砖浸泡2h后，擦干水迹即可铺砌。

(5) 当采用块材铺砌时，基层的阴阳角应做成直角；当采用整体面层时，基层的阴阳角应做成斜角或圆角。

(6) 施工前应根据现场施工环境条件等，通过试验确定适宜的施工配合比和施工操作方法后，方可进行施工。

(7) 施工用的机械和工具应及时清洗。

### 32.6.2 材 料 质 量 要 求

**32.6.2.1 阳离子氯丁胶乳水泥砂浆**

1. 水泥

氯丁胶乳水泥砂浆中的水泥应选用强度等级为42.5的普通硅酸盐水泥或强度等级为42.5和42.5R的硅酸盐水泥，硅酸盐水泥和普通硅酸盐水泥的质量应符合现行国家标准《通用硅酸盐水泥》GB 175的规定。

2. 细骨料

拌制聚合物水泥砂浆的细骨料应采用石英砂或河砂。砂子应符合现行行业标准《普通混凝土用砂、石质量及检验方法标准》JGJ 52 的有关规定，细骨料的质量与颗粒级配见表 32-48 和表 32-49。

**细骨料的质量**　　**表 32-48**

| 项目 | 含泥量（%） | 云母含量（%） | 硫化物含量（%） | 有机物含量 |
|---|---|---|---|---|
| 指标 | ≤3 | ≤1 | ≤1 | 浅于标准色 |

注：有机物含量比标准色深时，应配成砂浆进行强度对比试验，抗压强度比不低于 0.95。

**细骨料的颗粒级配**　　**表 32-49**

| 筛孔（mm） | 4.75 | 2.36 | 1.18 | 0.6 | 0.3 | 0.15 |
|---|---|---|---|---|---|---|
| 筛余量（%） | 0 | 0～25 | 10～50 | 41～70 | 70～92 | 90～100 |

注：细骨料的最大粒径不宜超过涂抹层厚度或灰缝宽度的 1/3。

3. 阳离子氯丁胶乳的质量及其制成品的质量（表 32-50、表 32-51）

**阳离子氯丁胶乳的质量**　　**表 32-50**

| 项目 | 氯丁胶乳 |
|---|---|
| 外观 | 乳白色的均匀乳液 |
| 黏度（涂 4 杯，25℃，s） | 12～15.5 |
| 总固含量（%） | 47～52 |
| 密度（g/cm³，不小于） | 1.08 |
| 贮存稳定性 | 5～40℃，三个月无明显沉淀 |

**阳离子氯丁胶乳水泥砂浆的质量**　　**表 32-51**

| 项目 | 阳离子氯丁胶乳水泥砂浆 |
|---|---|
| 抗压强度（MPa） | ≥30 |
| 抗折强度（MPa） | ≥4.5 |
| 与水泥砂浆粘结强度（MPa） | ≥1.2 |
| 抗渗等级（MPa） | ≥1.5 |
| 吸水率（%） | ≤4 |
| 初凝时间（min） | >45 |
| 终凝时间（h） | <12 |

注：阳离子氯丁胶乳水泥砂浆原材料和制成品质量的试验方法应符合《建筑防腐蚀工程施工规范》GB 50212 中的有关规定。

4. 阳离子氯丁胶乳助剂

采用阳离子氯丁胶乳配制聚合物水泥砂浆时，应加入稳定剂、消泡剂及 pH 调节剂等助剂，拌制好的水泥砂浆应具有良好的和易性，并不应有大量气泡；助剂应使胶乳由酸性变为碱性，在拌制砂浆时不应出现胶乳破乳现象。

**32.6.2.2　聚丙烯酸酯乳液水泥砂浆**

1. 水泥

聚丙烯酸酯乳液水泥砂浆中的水泥应选用强度等级为 42.5 的普通硅酸盐水泥或强度

等级为 42.5 和 42.5R 的硅酸盐水泥，硅酸盐水泥和普通硅酸盐水泥的质量应符合现行国家标准《通用硅酸盐水泥》GB 175 的规定。

2. 细骨料

拌制聚合物水泥砂浆的细骨料应采用石英砂或河砂。砂子应符合现行行业标准《普通混凝土用砂、石质量及检验方法标准》JGJ 52 的有关规定，细骨料的质量与颗粒级配见表 32-48 和表 32-49。

3. 聚丙烯酸酯乳液的质量及其制成品的质量（表 32-52、表 32-53）

**聚丙烯酸酯乳液的质量　表 32-52**

| 项目 | 聚丙烯酸酯乳液 |
|---|---|
| 外观 | 乳白色的均匀乳液 |
| 黏度（涂 4 杯，25℃，s） | 11.5～12.5 |
| 总固物含量（%） | 39～41 |
| 密度（$g/cm^3$，不小于） | 1.056 |
| 贮存稳定性 | 5～40℃，三个月无明显沉淀 |

**聚丙烯酸酯乳液水泥砂浆的质量　表 32-53**

| 项目 | 聚丙烯酸酯乳液水泥砂浆 |
|---|---|
| 抗压强度（MPa） | ≥30 |
| 抗折强度（MPa） | ≥4.5 |
| 与水泥砂浆粘结强度（MPa） | ≥1.2 |
| 抗渗等级（MPa） | ≥1.5 |
| 吸水率（%） | ≤5.5 |
| 初凝时间（min） | >45 |
| 终凝时间（h） | <12 |

注：聚丙烯酸酯乳液水泥砂浆原材料和制成品质量的试验方法应符合《建筑防腐蚀工程施工规范》GB 50212 中的有关规定。

4. 助剂

采用聚丙烯酸酯乳液配制聚合物水泥砂浆时，不需另加助剂。

**32.6.2.3 环氧乳液水泥砂浆**

1. 水泥

环氧乳液水泥砂浆中的水泥应选用强度等级为 42.5 的普通硅酸盐水泥或强度等级为 42.5 的硫铝酸盐水泥，使用的水泥质量应符合现行国家标准规定。

2. 细骨料

拌制聚合物水泥砂浆的细骨料应采用石英砂或河砂。砂子应符合现行行业标准《普通混凝土用砂、石质量及检验方法标准》JGJ 52 的有关规定，细骨料的质量与颗粒级配见表 32-48 和表 32-49。

3. 环氧乳液的质量及其制成品的质量（表 32-54、表 32-55）

环氧乳液的质量　表 32-54

| 项目 | 环氧乳液 |
|---|---|
| 外观 | 乳白色的均匀乳液 |
| 黏度（涂 4 杯，25℃，s） | 14～18 |
| 总固物含量（%） | 48～52 |
| 密度（g/cm³，不小于） | 1.05 |
| 贮存稳定性 | 5～40℃，三个月无明显沉淀 |

环氧乳液水泥砂浆的质量　表 32-55

| 项目 | 环氧乳液水泥砂浆 |
|---|---|
| 抗压强度（MPa） | ≥30 |
| 抗折强度（MPa） | ≥4.5 |
| 与水泥砂浆粘结强度（MPa） | ≥1.8 |
| 抗渗等级（MPa） | ≥1.5 |
| 吸水率（%） | ≤4 |

注：环氧乳液水泥砂浆原材料和制成品质量的试验方法应符合《建筑防腐蚀工程施工规范》GB 50212 中的有关规定。

4. 环氧乳液助剂

配制环氧乳液水泥砂浆时，应选用已经添加助剂的环氧乳液，拌制好的水泥砂浆应具有良好的和易性，并不应有大量气泡。

### 32.6.2.4　聚合物水泥砂浆类材料的耐蚀性能

聚合物水泥砂浆类材料的耐腐蚀性能，见表 32-56。

聚合物水泥砂浆类材料的耐腐蚀性能　表 32-56

| 介质名称 | 氯丁胶乳水泥砂浆 | 聚丙烯酸酯乳液水泥砂浆 | 环氧乳液水泥砂浆 |
|---|---|---|---|
| 硫酸（%） | 不耐 | ≤2，尚耐 | ≤10，尚耐 |
| 盐酸（%） | ≤2，尚耐 | ≤5，尚耐 | ≤10，尚耐 |
| 硝酸（%） | ≤2，尚耐 | ≤5，尚耐 | ≤5，尚耐 |
| 醋酸（%） | ≤2，尚耐 | ≤5，尚耐 | ≤10，尚耐 |
| 铬酸（%） | ≤2，尚耐 | ≤5，尚耐 | ≤5，尚耐 |
| 氢氟酸（%） | ≤2，尚耐 | ≤5，尚耐 | ≤5，尚耐 |
| 氢氧化钠（%） | ≤20，尚耐 | ≤20，尚耐 | ≤30，尚耐 |
| 碳酸钠 | 尚耐 | 尚耐 | 耐 |
| 氨水 | 耐 | 耐 | 耐 |
| 尿素 | 耐 | 耐 | 耐 |
| 氯化铵 | 尚耐 | 尚耐 | 耐 |
| 硝酸铵 | 尚耐 | 尚耐 | 尚耐 |
| 硫酸钠 | 尚耐 | 尚耐 | 耐 |
| 丙酮 | 耐 | 尚耐 | 耐 |
| 乙醇 | 耐 | 耐 | 耐 |
| 汽油 | 耐 | 耐 | 耐 |
| 苯 | 耐 | 耐 | 耐 |
| 5%硫酸和5%氢氧化钠交替作用 | 不耐 | 不耐 | 尚耐 |

注：表中介质为常温，%系指介质的质量浓度百分比。

## 32.6.3 施 工 准 备

**32.6.3.1 材料的验收、保管**

（1）原材料的技术指标应符合要求，并具有出厂合格证或检验资料，对原材料的质量有怀疑时，应进行复验。应按《建筑防腐蚀工程施工质量验收标准》GB/T 50224 规定的有关检验项目和《建筑防腐蚀工程施工规范》GB 50212 中的有关试验方法进行复验。

（2）原材料进场后应放在防雨的干燥仓库内。胶乳、乳液、复合阻剂和水泥等应分别堆放，避免暴晒和杂物污染，冬期应采取防冻措施。

（3）胶乳、乳液的贮存温度一般为 5～30℃。贮存超过 6 个月的产品，应经质量检查合格后方可使用。

（4）聚合物水泥砂浆的乳液存放，夏季应避免阳光直射，冬期应防止冻结。

**32.6.3.2 人员培训**

聚合物水泥砂浆防腐蚀工程施工、技术人员应具备一定的化学知识，并有针对性地进行技术培训，按照工种不同实施技术考核，合格后方可上岗。编好施工方案并及时进行技术交底，会同材料供应方共同熟悉材料性能。

**32.6.3.3 施工环境**

聚合物水泥砂浆施工的环境温度宜为 10～35℃，当施工环境温度低于 5℃时，应采取加热保温措施。不宜在大风、雨天或阳光直射的高温环境中施工。

**32.6.3.4 施工机具**

通风机具，水泥砂浆施工机具，施工量大时，配备水泥拌合机械、离心式或积压式喷浆机。

**32.6.3.5 技术准备**

技术准备工作的主要内容包括：

（1）施工前，设计图纸和技术说明文件、相关的施工规范及质量验收标准应准备齐全。

（2）施工组织设计阶段，根据施工现场的环境状况制订详细的施工技术方案、施工作业规程及质检验收表；制订相应的技术实施细则、环保措施，在进行工艺和施工设备、机具选型时，优先选用技术领先的有利于环保的机具设备。

（3）施工阶段应加强人员的培训，加强管理人员的学习，由管理人员对操作层人员进行培训，增强整体质量意识、环保意识，对质量终身负责，自觉履行环保义务。

（4）整个施工过程中，要注意与建设、监理、设计等各方沟通协调，及时解决施工过程中的各类技术问题。

（5）准备所有施工期间的质量检验评定、隐蔽工程记录、空白报表、签证单等。

## 32.6.4 材料的配制及施工

**32.6.4.1 聚合物水泥砂浆类材料的配制**

（1）聚合物水泥砂浆宜采用人工拌合，当采用机械拌合时，应使用立式复式搅拌机。配制时应先将水泥与骨料拌合均匀，再倒入聚合物搅拌均匀。

（2）氯丁砂浆配制时应按确定的施工配合比称取定量的氯丁胶乳，加入稳定剂、消泡剂及 pH 调节剂，并加入适量水，充分搅拌均匀后，倒入预先拌合均匀的水泥和砂子的混合物中，搅拌均匀。拌制时不宜剧烈搅动；拌匀后不宜再反复搅拌合加水。

（3）丙乳砂浆配制时，应先将水泥与砂子干拌均匀，再倒入聚丙烯酸酯乳液和试拌时确定的水量，充分搅拌均匀。

（4）拌制好的聚合物水泥砂浆应在初凝前用完，如发现有凝胶、结块现象，不得使用。拌制好的水泥砂浆应有良好的和易性。

（5）聚合物水泥砂浆配合比（质量比）宜按表 32-57 选用。

**聚合物水泥砂浆配合比（质量比）**　　表 32-57

| 项目 | 氯丁胶乳水泥砂浆 | 氯丁胶乳水泥素浆 | 氯丁胶乳胶泥 | 聚丙烯酸酯乳液水泥砂浆 | 聚丙烯酸酯乳液水泥素浆 | 聚丙烯酸酯乳液胶泥 | 环氧乳液水泥砂浆 | 环氧乳液水泥素浆 | 环氧乳液胶泥 |
|---|---|---|---|---|---|---|---|---|---|
| 水泥 | 100 | 100～200 | 100～200 | 100 | 100～200 | 100～200 | 100 | 100～200 | 100～200 |
| 砂 | 150～250 | — | — | 100～200 | — | — | 200～400 | — | — |
| 阳离子氯丁胶乳 | 45～65 | 45～65 | 25～45 | — | — | — | — | — | — |
| 聚丙烯酸酯乳液 | — | — | — | 25～42 | 50～100 | 25～42 | — | — | — |
| 环氧乳液 | — | — | — | — | — | — | 50～120 | 50～120 | 25～60 |
| 固化剂 | — | — | — | — | — | — | 5～20 | 5～20 | 2.5～10 |

注：表中所列聚合物配比均是添加助剂后的数值范围。实际配比应根据聚合物供应商提供的配比及现场试验确定。

### 32.6.4.2　聚合物水泥砂浆整体面层施工

（1）铺抹聚合物水泥砂浆前，应先涂刷聚合物水泥素浆一遍，涂刷应均匀，干至不粘手时，再铺抹聚合物水泥砂浆。

（2）聚合物水泥砂浆一次施工面积不宜过大，应分条或分块错开施工，每块面积不宜大于 12m²，条宽不宜大于 1.5m，补缝或分段错开的施工间隔时间不应小于 24h。接缝用的木条或聚氯乙烯条应预先固定在基层上，待砂浆抹面后可抽出留缝条并在 24h 后进行补缝，分层施工时，留缝位置应相互错开。

（3）聚合物水泥砂浆应边摊铺边压抹，并宜一次抹平，不宜反复抹压；遇有气泡时应刺破压紧，表面应密实；在立面或仰面上，当面层厚度大于 10mm 时，应分层施工，分层抹面厚度宜为 5～10mm。待前一层干至不粘手时可进行下一层施工。

（4）聚合物水泥砂浆施工 12～24h 后，宜在面层上再涂刷一层聚合物水泥素浆。

（5）聚合物水泥砂浆抹面后，表面干至不粘手时即进行喷雾或覆盖塑料薄膜等进行养护，塑料薄膜四周应封严，潮湿养护 7d，在自然养护 21d 后方可使用。

## 32.6.5　质量要求及检验

（1）聚合物水泥砂浆整体面层应与基层粘结牢固，表面应平整，无裂缝、空鼓等缺陷。

(2) 对于金属基层，应使用测厚仪测定聚合物水泥砂浆面层的厚度。对于水泥砂浆和混凝土层，进行破坏性凿取检查测定厚度。对不合格处及在检查中破坏的部位必须全部修补好后，重新进行检验，直至合格。

(3) 整体面层的平整度，采用2m直尺检查，其允许空隙不应大于4mm。

(4) 整体面层的坡度应符合设计要求，其偏差不应大于坡度的±0.2%；当坡长较大时，其最大偏差值不得大于±30mm，且作泼水试验时，水应能顺利排除。

(5) 聚合物水泥砂浆施工中，每班应逐一检查原材料质量、配合比、砂浆的拌合、运送和抹涂、养护等项目一次；基层处理及表面温度应每班检查不少于一次。

## 32.6.6 环保与绿色施工

环保绿色施工是指在保证质量、安全等基本要求的前提下，通过科学管理和技术进步，最大限度地节约资源与减少对环境具有负面影响的施工活动。为响应绿色环保施工的要求，实现“四节一环保”的目标，应采取如下措施：

(1) 施工前应建立重要的环境因素清单，并编制具体的环境保护技术措施。

(2) 合理利用新技术、新材料、新工艺，优先采用技术成熟、能源消耗低的工艺设备。采用高强、高性能的材料，减少传统材料的用量，扩大新材料、新工艺的使用。

(3) 所有进场材料应检查验收合格，符合环保要求，并保存验收资料，不得使用环保不达标或国家明令禁止的材料。

(4) 施工现场设置满足污水处理要求的隔油池、沉淀池等，并保证正常发挥作用，按照规定配制消防设施，配备与火灾等级、种类相适应的灭火器材，并有防火标识。

(5) 对聚合物水泥砂浆材料的供应、存储、加工、成品半成品堆放使用，进行合理的流水管理，避免二次搬运。根据工程量的大小，确定采购产品的数量，尽量达到零库存。

(6) 对于裸露的空地进行种树、植草，垃圾或废弃物分类堆放，按规定设置环境管理部门，配备满足环境管理需要的作业人员，对其进行环境交底、培训、检查等，满足施工现场环境管理需要。

(7) 施工过程中的有毒有害废弃物，应集中堆放到专用场所，按国家环保行业的规定设置统一的识别标志，并建立危险废物污染防治的管理制度和应急预案。

(8) 施工现场配置的设备，应满足噪声、能耗等环境管理要求，如设备的能耗、尾气和噪声排放，不得出现漏油、遗洒、排放黑烟，不得超出相关法规的限值要求。

## 32.6.7 安 全 防 护

(1) 施工前，应根据操作的具体情况，制订严格有效的安全防护措施及应急预案，并严格贯彻、督促切实执行。

(2) 施工机具、设备和设施，使用前应检验合格，符合国家现行有关规范和标准。

(3) 聚合物水泥砂浆材料中的部分原材料具有不同程度的有毒有害物质，施工前应对施工人员进行安全技术交底，并在使用或配制中，均应有通风排气设备。

(4) 施工现场严禁烟火，必须配备消防器材和消防水源。

(5) 为防止和有害物质接触，施工操作人员必须穿戴防护用品。

(6) 现场动火、有限空间施工和使用压力设备作业等施工，应办理相关的作业审批手续，作业区域应设置安全围挡和安全标志，并设专人监护、监控。作业结束，应检查并消除安全隐患后再离开现场。

## 32.7　块材类防腐蚀工程

块材类防腐蚀工程是以各类防腐蚀胶泥或砂浆为胶结材料，铺砌各种耐腐蚀块材，适用于重载、强冲击、重腐蚀环境的建、构筑物，常用作地面、沟槽、基础的防腐蚀面层或衬里。其效果决定于胶泥和块材的物理、机械和耐腐蚀性能。因而在进行块材铺砌衬里时，应根据工艺操作条件进行胶泥和耐酸砖、板的选择，并进行合理的铺砌结构设计和施工。

块材砌筑具有较好的耐蚀性、耐热性和机械强度，抗冲击性优越，一些难以用其他方法解决的腐蚀问题，采用块材砌筑，得到了较好的解决。但块材砌筑整体性较差、热稳定性较差，接缝易出现质量问题，使用维护不当时易渗漏。

### 32.7.1　一　般　规　定

（1）块材的施工应在基层表面的封闭底层或隔离层施工结束后进行，施工前应将基层表面清理干净。

（2）当采用聚合物水泥砂浆铺砌耐酸砖等块材面层时，应预先用水将块材浸泡 2h 后，擦干水迹即可铺砌。

（3）铺砌时，应随时刮除缝内多余的胶泥或砂浆。

（4）施工过程中，当铺砌材料有凝固结块等现象时，不得继续使用。

（5）树脂涂层、纤维增强塑料、聚氨酯防水涂料隔离层在最后一道工序结束的同时应均匀地稀撒一层粒径为 0.7～1.2mm 的细骨料。

（6）防腐蚀工程的立面隔离层不应采用柔性材料及卷材类材料。

### 32.7.2　材料质量要求

#### 32.7.2.1　块材的质量要求

常用的耐腐蚀块材有耐酸砖、耐酸耐温砖、防腐蚀碳砖、乙烯基酯树脂砂浆块材、天然石材、铸石制品、浸渍石墨材料等。

1. 耐酸砖

常用的耐酸砖制品是以黏土为主体，并适当地加入矿物、助熔剂等，按一定配方混合、成型后经高温烧结而成的无机材料。耐酸砖的主要化学成分是二氧化硅和氧化铝，根据原料的不同一般可分为陶制品和瓷制品。陶制品表面大多呈黄褐色，断面较粗糙，孔隙率大，吸水率高，强度低，耐热冲击性能好；瓷制品表面呈白色或灰白色，质地致密，孔隙率小，吸水率低，强度高，耐酸腐蚀性能优良，可耐酸、碱、盐类介质的腐蚀，但不耐含氟酸和熔融碱的腐蚀。化工陶瓷砖板的耐化学介质腐蚀性能优良，除氢氟酸、300℃以上的磷酸、硅氟酸和浓度较大的碱类介质会破坏其结构外，对各类无机酸、有机酸、氧化性介质、氯化物、溴化物都具有较强的抵抗力。砖按理化指标分为 Z-1、Z-2、Z-3、Z-4 四种，其物理化学性能见表 32-58。

**耐酸砖的物理化学性能** **表 32-58**

| 项目 | 要求 | | | |
|---|---|---|---|---|
| | Z-1 | Z-2 | Z-3 | Z-4 |
| 吸水率（A,%） | 0.2≤A<0.5 | 0.5≤A<2 | 2≤A<4 | 4≤A<5 |
| 弯曲强度（MPa） | ≥58.8 | ≥39.2 | ≥29.4 | ≥19.6 |
| 耐酸度（%） | ≥99.8 | ≥99.8 | ≥99.8 | ≥99.7 |
| 耐急冷急热性（℃） | 温差 100 | 温差 100 | 温差 130 | 温差 150 |
| | 试验一次后，试样不得有裂纹、剥落等破损现象 | | | |

常用耐酸砖的规格，应按照设计文件确定，施工现场还可以根据用户要求定制、加工异形砖。耐酸砖的外形尺寸、外观质量等要求应满足表 32-59 的要求。

**耐酸砖的尺寸偏差及变形** **表 32-59**

| 项目 | | 允许偏差（mm） | |
|---|---|---|---|
| | | 优等品 | 合格品 |
| 长度偏差 | 尺寸小于 30mm | ±1 | ±2 |
| | 尺寸 30～150mm | ±2 | ±3 |
| | 尺寸 150～230mm | ±3 | ±4 |
| | 尺寸大于 230mm | 供需方沟通确定 | |
| 变形、翘曲、大小头 | 尺寸小于 150mm | ≤2 | ≤2.5 |
| | 尺寸 150～230mm | ≤2.5 | ≤3 |
| | 尺寸大于 230mm | 供需方沟通确定 | |

2. 耐酸耐温砖

以低膨胀材料熔融石英作为主要材料，结合多种优质黏土，放入少量的增强剂，在严格配方下，通过严格的生产工序而形成的一种材料。其在加工的过程中放入增强剂，使产品的基本品质得到更好的改善，并使基础砖的结构得到改善，使其性能更好。

耐酸耐温砖具有低热膨胀、导热系数小、抗热震性能优良等特点，还可以耐高温、抗氧化、抗熔渣侵蚀等，在耐腐蚀性等方面都有很突出的效果。同时，它还有很好的耐磨性，在实际应用中适合很多场所，如冶金、化工工业、制氢、化肥、轻工等行业。耐酸耐温砖按理化指标分为 NSW-1 和 NSW-2 两种牌号，其物理化学性能见表 32-60。

**耐酸耐温砖的物理化学性能** **表 32-60**

| 项目 | 要求 | |
|---|---|---|
| | NSW-1 类 | NSW-2 类 |
| 吸水率（%） | ≤5 | ≤8 |
| 耐酸度（%） | ≥99.7 | ≥99.7 |
| 压缩强度（MPa） | ≥80 | ≥60 |
| 耐急冷急热性 | 试验温差 200℃ | 试验温差 250℃ |
| | 试验 1 次后，试样不得有新生裂纹和破损剥落 | |

在选择的时候，耐酸耐温砖规格可以参照耐酸砖，还可以结合实际需求来合理选择，以确保有效发挥材料的作用与特点。耐酸耐温砖尺寸允许偏差见表 32-61。

**耐酸耐温砖的尺寸偏差及变形　　表 32-61**

| 项目 | | 允许偏差（mm） | |
|---|---|---|---|
| | | 优等品 | 合格品 |
| 长度偏差 | 尺寸小于 30mm | ±1 | ±2 |
| | 尺寸 30～150mm | ±2 | ±3 |
| | 尺寸 150～230mm | ±3 | ±4 |
| | 尺寸大于 230mm | 供需方沟通确定 | |
| 变形、翘曲、大小头 | 尺寸小于 150mm | ≤2 | ≤2.5 |
| | 尺寸 150～230mm | ≤2.5 | ≤3 |
| | 尺寸大于 230mm | 供需方沟通确定 | |

耐酸耐温砖外观质量要求见表 32-62。

**耐酸耐温砖的外观质量要求　　表 32-62**

| 缺陷类别 | | 要求 | |
|---|---|---|---|
| | | 优等品 | 合格品 |
| 裂纹 | 工作面 | 3～5mm 的允许 3 条 | 5～10mm 的允许 3 条 |
| | 非工作面 | 5～10mm 的允许 3 条 | 10～15mm 的允许 3 条 |
| 磕碰 | 工作面 | 伸入工作面 1～3mm，深度不大于 5mm，总长不大于 30mm | 伸入工作面 1～4mm，深度不大于 8mm，总长不大于 40mm |
| | 非工作面 | 长 5～20mm 的允许 5 条 | 长 10～20mm 的允许 5 处 |
| 开裂 | | 不允许 | |
| 疵点 | 工作面 | 最大尺寸 1～3mm，允许 3 个 | 最大尺寸 2～3mm，允许 3 个 |
| | 非工作面 | 最大尺寸 2～3mm，每面允许 3 个 | 最大尺寸 2～4mm，每面允许 4 个 |

注：缺陷不允许集中，$10cm^2$ 正方形内不得多于 5 处。

3. 防腐蚀碳砖

生产中采用优质的改性碳素材料，添加耐酸蚀性极强的有机复合物，同时采用高吨位摩擦成型、高压成型、高压浸渍、固化等工艺，有效地降低制品的气孔率，提高了制品的致密性，因而制品不易被酸浸润腐蚀。防腐蚀碳砖结构极为稳定，随温度的变化结构不发生改变，具有较长的使用寿命；成型质量好，外形尺寸精确（尺寸误差达到±0.5mm），并能按要求生产特异形制品。防腐蚀碳砖的质量应符合表 32-63 的规定。

**防腐蚀碳砖的质量　　表 32-63**

| 项目 | 指标 |
|---|---|
| 耐酸度（%） | ≥95 |
| 气孔率（%） | ≤12 |
| 体积密度（$g/cm^3$） | ≥1.6 |
| 常温耐压强度（MPa） | ≥60 |
| 常温抗折强度（MPa） | ≥15 |

4. 乙烯基酯树脂砂浆块材

乙烯基酯树脂是国际公认的高度耐腐蚀树脂，由双酚型或酚醛型环氧树脂与甲基丙烯酸反应得到的一类变性环氧树脂，为热固性树脂。乙烯基酯树脂制成品继承了其优异的防腐性能，常用于如水泥基或铁基纤维增强塑料衬里、高耐腐蚀地坪等防腐蚀工程。乙烯基酯树脂砂浆块材是由耐腐蚀乙烯基酯树脂、砂、粉料和助剂等材料按照一定配合比，经混合、模压、加热固化等工艺成型，并按一定规格制成的块材。

乙烯基酯树脂砂浆块材的质量应符合表 32-64 的规定。

**乙烯基酯树脂砂浆块材的质量　　表 32-64**

| 项目 | 指标 |
|---|---|
| 抗压强度（MPa） | ≥80 |
| 弯曲强度（MPa） | ≥30 |
| 抗冲击（1kg 钢球自由落体，m） | ≥3 |
| 吸水率（%） | ≤0.1 |
| 与树脂胶泥粘结强度（MPa） | ≥3 |

5. 天然石材

天然耐酸石材常用的有花岗石、石英石、石灰石、安山石等，其主要化学成分是二氧化硅、三氧化二铝以及钙、镁、铁等的氧化物，其性能取决于化学组成和矿物组成。

常用耐酸碱石材的组成及性能见表 32-65。

**各种耐酸碱石材的组成及性能　　表 32-65**

| 性能 | | 花岗石 | 石英石 | 石灰石 | 安山石 | 文石 |
|---|---|---|---|---|---|---|
| 组成 | | 长石、石英及少量云母等组成的火成岩 | 石英颗粒被二氧化硅胶结而成的变质岩 | 次生沉积岩（水成岩） | 长石（斜长石）及少量石英、云母组成的火成岩 | 由二氧化硅等主要矿物组成 |
| 颜色 | | 呈灰、蓝或浅红色 | 呈白、淡黄或浅红色 | 呈灰、白、黄褐或黑褐色 | 呈灰、深灰色 | 呈灰白或肉红色 |
| 特性 | | 强度高，抗冻性好，热稳定性差 | 强度高，耐火性好，硬度大，难于加工 | 热稳定性好，硬度较小 | 热稳定性好，硬度较小，加工比较容易 | 构造层理呈薄片状，质软易加工 |
| 主要成分 | | $SiO_2$：70%～75% | $SiO_2$：90%以上 | CaO：61%～65% | $SiO_2$：61%～65% | $SiO_2$：60%以上 |
| 密度（$g/cm^3$） | | 2.5～2.7 | 2.5～2.8 | | 2.7 | 2.8～2.9 |
| 抗压强度(MPa) | | 110～250 | 200～400 | 60～140 | 200 | 50～100 |
| 耐酸 | 硫酸(%) | 耐 | 耐 | 不耐 | 耐 | 耐 |
| | 盐酸(%) | 耐 | 耐 | 不耐 | 耐 | 耐 |
| | 硝酸(%) | 耐 | 耐 | 不耐 | 耐 | 耐 |
| 耐碱 | | 耐 | 耐 | 耐 | 较耐 | 不耐 |

石材的表面外观平整度应满足表 32-66 的要求。

石材的表面外观平整度要求　　表 32-66

| 名称 | 平整度要求 |
|---|---|
| 机械切割 | ±2mm |
| 人工加工或机械刨光 | ±3mm |

6. 铸石制品

铸石是以辉绿岩、玄武岩等天然岩石矿物为主要原料，并适当地混以工业废渣、加入一定的附加剂（如角闪石、白云石、萤石等）和结晶剂（如铬铁矿、钛铁矿等），经高温熔化、浇铸、结晶、退火等工序制成的非金属耐腐蚀材料（人造石材）。铸石材料制品具有耐磨、耐腐蚀、绝缘和较高的力学性能，常用于塔、池、槽、沟等衬里。

防腐蚀工程中常用的铸石制品是铸石板，铸石板强度高，硬度高，耐磨性好，孔隙率小，介质难以渗透。缺点是脆性较大，不耐冲击，传热系数小，热稳定性差，不能用于有温度剧变状况的场合。

铸石的物理、化学性能见表 32-67。

铸石的物理、化学性能　　表 32-67

| 项目 | | | 性能指标 | |
|---|---|---|---|---|
| | | | 平面板 | 弧面板 |
| 磨耗量（$g/cm^2$） | | | ≤0.09 | ≤0.12 |
| 耐急冷急热性能 | 水浴法：20～70℃反复一次<br>气浴法：室温～室温（175±2）℃以上反复一次 | 合格试样板/试样块数 | 36/50 | 31/50 |
| 冲击韧性（$kJ/m^2$） | | | ≥1.57 | ≥1.37 |
| 弯曲强度（MPa） | | | 63.7 | 58.8 |
| 压缩强度（MPa） | | | 588 | |
| 耐酸（碱）度（%） | 硫酸（密度 1.84$g/cm^3$） | | 99 | |
| | 硫酸溶液，20%（m/m） | | 96 | |
| | 氢氧化钠溶液，20%（m/m） | | 98 | |

铸石板尺寸偏差应符合表 32-68 的要求。

铸石板的尺寸允许偏差（mm）　　表 32-68

| 项目 | | 允许偏差 |
|---|---|---|
| 长、宽、对边距、直径、弦等 | ≤250 | +3，−4 |
| | ＞250 | ±4 |
| 厚度 | ＜25 | ±4 |
| | ≥25 | ±5 |

铸石板的外观质量必须符合表 32-69 的要求。

**铸石板的外观质量** 表 32-69

| 项目 | | 指标（mm） |
|---|---|---|
| 飞刺长度 | | ≤3 |
| 浇筑口凹凸 | | ≤1/3 板厚 |
| 翘曲 | ≤250 | ≤3 |
| | >250 | ≤5 |
| 边角缺损 | 工作面 | ≤3 |
| | 浇筑面 | ≤1/3 板厚 |
| 工作面气泡孔深度 | 20 | 3 |
| 裂纹 | 20 | 不允许贯穿 |

7. 浸渍石墨材料

石墨材料有天然石墨和人造石墨两种，作为防腐蚀材料一般使用人造石墨。由于人造石墨在制造过程中挥发分逸出，使其本身具有多孔性，其空隙率在30%左右，所以使用时以各种浸渍剂进行浸渍，以增加其致密性（不透性），常用的浸渍剂有酚醛树脂、环氧乙烯基酯树脂、呋喃树脂、水玻璃、聚四氟乙烯乳液等。浸渍石墨材料具有优良的导热性、耐腐蚀性、耐磨性，并且热膨胀系数很小。其耐化学介质腐蚀性能主要取决于各类胶泥的耐化学介质腐蚀性能，常用各类浸渍石墨板按理化指标分为 JXC-1、JXC-2 和 JXC-3 几种牌号，其物理、力学性能见表 32-70。

**各类浸渍石墨板的物理、力学性能** 表 32-70

| 物理性能 | JXC-1 | JXC-2 | JXC-3 |
|---|---|---|---|
| 密度（$g/cm^3$） | 1.7～1.9 | | |
| 抗压强度（MPa） | 50～70 | | |
| 抗拉强度（MPa） | 8～14 | | |
| 抗弯强度（MPa） | 22～28 | | |
| 浸渍深度 | 浸透 | | |
| 导热系数（$W \cdot m^{-1} \cdot K^{-1}$） | 104.7～127.9 | | |
| 线膨胀系数（$10^{-6}$℃$^{-1}$） | 2～4 | | |
| 使用温度（℃） | 150 | 180 | 200 |

### 32.7.2.2 耐腐蚀胶泥或砂浆

耐腐蚀块材砌筑用的胶粘剂俗称胶泥或砂浆，常用的耐腐蚀胶泥或砂浆包括：树脂胶泥或砂浆（环氧树脂胶泥或砂浆、不饱和树脂胶泥或砂浆、环氧乙烯基酯树脂胶泥或砂浆、呋喃树脂胶泥或砂浆）、水玻璃胶泥或砂浆（钠水玻璃、钾水玻璃）、聚合物水泥砂浆（氯丁胶乳水泥砂浆、聚丙烯酸酯乳液水泥砂浆和环氧乳液水泥砂浆）等。树脂原材料及制成品的质量要求应满足 32.4.2 小节的规定；水玻璃原材料及制成品的质量应满足 32.5.2 小节的规定；聚合物水泥砂浆原材料及制成品质量应满足 32.6.2 小节的规定。

常用胶泥、砂浆的主要特性见表 32-71。

常用胶泥、砂浆的主要特性　表 32-71

| 胶泥名称 | 性能特征 |
|---|---|
| 环氧树脂胶泥 | 耐酸、耐碱、耐盐、耐热性能低于环氧乙烯基酯树脂和呋喃树脂胶泥；粘结强度高；使用温度70℃以下 |
| 不饱和聚酯树脂胶泥 | 耐酸、耐碱、耐盐、耐热及粘结性能低于环氧乙烯基酯树脂和呋喃树脂胶泥，常温固化，无毒，施工性能好、品种多、选择余地大，耐有机溶剂性差 |
| 环氧乙烯基酯树脂胶泥 | 耐酸、耐碱、耐有机溶剂、耐盐、耐氧化性介质，强度高；常温固化，无毒，施工性能好，粘结力较强；品种多，耐热性好（150℃以下液体） |
| 呋喃树脂胶泥 | 耐酸、耐碱性能较好；不耐氧化性介质，强度高；抗冲击性能差；使用温度略高于酚醛树脂胶泥，施工性能一般 |
| 水玻璃胶泥 | 耐温、耐酸（除氢氟酸）性能优良，不耐碱、水、氟化物及300℃以上磷酸，空隙率大，抗渗性差 |
| 聚合物水泥砂浆 | 耐中低浓度碱、碱性盐；不耐酸、酸性盐；空隙率大，抗渗性差 |

## 32.7.3　施　工　准　备

### 32.7.3.1　材料的验收、保管

（1）块材防腐蚀工程中使用的块材应具备产品合格证、质量证明书或第三方的性能检测报告，其规格、型号、尺寸、外观、物理和化学性能等应符合设计要求。

（2）当设计无要求时，应符合下列规定：

1）耐酸砖、耐酸耐温砖质量指标应符合国家现行标准《耐酸砖》GB/T 8488 和《耐酸耐温砖》JC/T 424 的有关规定。

2）防腐蚀碳砖的质量指标应符合现行国家标准《工业设备及管道防腐蚀工程技术标准》GB/T 50726 的有关规定。

3）天然石材应组织均匀，结构致密，无风化，不得有裂纹或不耐腐蚀的夹层，不得有缺棱掉角等现象。

4）树脂原材料及制成品的质量和配制应符合 32.4 节的规定。酚醛树脂不得配制树脂砂浆。

5）水玻璃原材料及制成品的质量和配制应符合 32.5 节的规定。

6）聚合物水泥砂浆及制成品的质量和配制应符合 32.6 节的规定。

7）聚氨酯防水涂料选材应符合现行国家标准《聚氨酯防水涂料》GB/T 19250 的有关规定。纤维增强材料应符合 32.4.2 小节的规定。

8）高聚物改性沥青卷材原材料应符合现行国家标准《弹性体改性沥青防水卷材》GB 18242和《塑性体改性沥青防水卷材》GB 18243 的有关规定。

9）高分子卷材隔离层原材料应符合现行国家标准《高分子防水材料 第 1 部分：片材》GB/T 18173.1 的有关规定。

（3）石材应按种类和规格分开存放，保管过程中需要与厂家沟通，结合各类石材特性，做好相应防护工作。

### 32.7.3.2　人员培训

（1）建立施工项目组织机构，明确各级责任人。

（2）对施工作业人员进行基本知识、操作、安全措施等的培训，经考核合格后方可上岗。

#### 32.7.3.3 施工环境

(1) 个人防护用具已备齐，现场的消防器材、安全设施经安全监督部门验收通过。

(2) 施工机具应按规定位置就位，安装引风和送风装置，安装动力电源和低压安全照明设备。

(3) 露天场所应搭起临时工棚、配制材料的工作台。

#### 32.7.3.4 施工机具

各种施工用机具设备准备就绪，机械设备应经检查维修、试用，符合要求，各种工具规格齐全，并有一定的备用数量。

1. 机械设备

空压机（泵）、手提砂轮机、磨光机、砖板切割机、胶泥搅拌机、气割设备（烧割铸石板用）、电热切割设备（2cm 以下板材加工用）、普通砂轮机等。

2. 主要工具

灰刀、刮刀、抹刀、手锤、浆壶、水桶、喷壶、木垫板、平尺板、钢卷尺、靠尺、刮杠、线坠铲子、灰板、錾子、尼龙线、刷子等。

#### 32.7.3.5 技术准备

(1) 块材砌筑施工前，设计图纸和技术说明文件、相关的施工规范及质量验收标准应准备齐全。

(2) 施工组织设计阶段，根据施工现场的环境状况制订详细的施工技术方案、施工作业规程及质检验收表；制订相应的技术实施细则、环保措施，在进行工艺和施工设备、机具选型时，优先选用技术领先且有利于环保的机具、设备。

(3) 施工阶段，加强人员的培训，加强管理人员的学习，由管理人员对操作层人员进行培训，增强整体质量意识、环保意识，对质量终身负责，自觉履行环保义务。

(4) 整个施工过程中，要注意与建设、监理、设计等各方沟通协调，及时解决施工过程中的各类技术问题。

### 32.7.4 施 工 工 艺

#### 32.7.4.1 块材加工

在正式铺砌砖板前，应先在铺砌位置进行块材预排，当块材排列尺寸不够时，不能用碎砖、石或胶泥填塞，需对块材进行加工。将块材加工到适当尺寸，使之与实际需要的尺寸相符。块材加工方法，一般可分为动力工具切割法、手工法、烧割法和电割法。

(1) 动力工具切割法是采用手提式电动切割机直接对块材进行切割。在切割过程中，由于摩擦放热，因此应采取浇水的办法来进行降温，以保证切割的正常进行。

(2) 手工法主要是用手锤分次敲击，利用材料脆性的特点，先在砖板边缘处用力击破一点，然后逐步向里敲至要求位置。对于耐酸砖，如需从横向断开时，先画好线，然后用钻头沿线将表皮剥离，再用力敲击，即能沿线断裂。加工后砖板的断面如果不平，可在普通砂轮机上研磨。弧面也可用手工法加工。

(3) 烧割法适用于铸石制品。根据铸石制品质脆、耐热冲击性能较差、冷热不均时开裂的特点，用两块浸过水的石棉布放在铸石板上，中间留出一条加工线，然后用氧乙炔沿加工线烧 1～2min，铸石板即开裂。

（4）电割法适用于加工厚度 20mm 以下的陶瓷、铸石板。用镍铬电阻丝缠绕在加工位置上，控制调压器，使电阻丝烧红，加热 2～3min 后断电，用冷水沿加工线刷一下，板材即开裂。

**32.7.4.2　隔离层施工**

隔离层材料包括树脂、涂层类、纤维增强塑料、聚氨酯防水涂料、高聚物改性沥青卷材、高分子卷材等。

（1）树脂、涂层类隔离层：可采用喷涂、滚涂、涂刷和刮涂等方法，施工手法宜采用间断法，表面不得出现漏涂、起鼓、开裂等缺陷。

（2）纤维增强塑料隔离层：施工参考 32.4.4.2 小节“纤维增强塑料的施工”内容。

（3）聚氨酯防水涂料隔离层：聚氨酯防水涂料隔离层分底涂层和面涂层，在经过处理的基层表面涂刷底涂层，底涂层宜采用滚涂或刷涂。在底涂层固化后进行第一层面涂层施工，面涂层宜采用刮涂施工，底涂层和面涂层总厚度宜为 1.5mm，纤维增强材料不得少于一层。每层涂层表面不得出现漏涂、起鼓、开裂等缺陷。隔离层固化后才可进行后续工作。

（4）高聚物改性沥青卷材隔离层：基层表面应涂刷与铺贴卷材材质相容的基层处理剂，涂刷应均匀，干燥后铺贴卷材。铺贴时火焰加热器加热卷材应均匀，不得烧穿卷材；卷材表面热熔后应立即滚铺卷材，排尽空气，并滚压粘结牢固，不得有空鼓。卷材搭接处用喷枪加热，喷枪距加热面宜为 300mm。搭接部位应满粘牢固，搭接宽度不应小于 80mm。阴阳角处应加贴一层卷材，两边搭接宽度不应小于 100mm，并应粘结牢固。卷材接缝部位应溢出热熔的改性沥青胶；末端用配套密封膏嵌填严密。卷材的层数、厚度应符合设计要求，多层铺设时接缝应错开。材料宜选用表面带骨料无贴膜型高聚物改性沥青卷材，铺贴的卷材应平整顺直，搭接尺寸应准确，不得扭曲或皱褶。

（5）高分子卷材隔离层：基层表面应涂刷基层处理剂，涂刷应均匀，不得反复进行，并应干燥 4h。铺贴时，卷材不宜拉得太紧，应在自然状态下铺贴到基层表面，并应排除卷材和基层表面的空气。卷材预留搭接部位宜为 100mm，搭接应均匀涂刷专用胶粘剂，待不粘手后进行滚压处理。

**32.7.4.3　块材施工**

1. 施工工艺

块材结合层的砌筑方法应包括揉挤法、坐浆法和灌注法。

揉挤法主要适用于耐酸砖、耐酸耐温砖、防腐蚀碳砖及厚度小于 30mm 的块材等的砌筑。“揉挤法”，是指块材铺砌时，将砌筑的基体表面按二分之一结合层厚度涂抹胶泥，然后在块材铺砌面涂抹胶泥，中部胶泥涂量应高于边部，然后将块材按压在应铺砌的位置，用力揉挤，使块材间及块材与基体间的缝隙充满胶泥的操作方法。揉挤时应采用橡皮锤或木锤均匀敲打，挤出的胶泥应及时用刮刀刮去，并应保证结合层的厚度与胶泥缝的宽度。

坐浆法主要适应于厚度大于 30mm，面积较大、重量大、表面平整性一般，无法采用胶泥作为结合层的块材砌筑。坐浆法是指采用抗渗性较差、成本较低的胶泥（一般用水玻璃胶泥）作结合层铺砌块材，而块材四周边缝用树脂胶泥填满的操作方法。灌缝操作时，要按规定留出块材四周结合缝的宽度和深度。为了保证结合缝的尺寸，可在缝内预埋等宽的木条或硬聚氯乙烯板条，在砖板结合层固化后，取出预埋条，清理干净预留缝，然后刷一遍环氧树脂打底。采用树脂胶泥灌缝的块材面层，铺砌时，应随时刮除缝内多余的胶泥或砂浆；灌缝前，应将灰缝清理干净。

对于厚度大于60mm、面积很大的、人工开凿出的天然石材等块材砌筑工艺，由于重量和面积均很大、表面平整性一般，移动十分困难，无法采用胶泥或铺砌砂浆材料砌筑，可采用灌注技术。对于精度、平整度要求高的块材施工，无法采用胶泥或铺砌砂浆材料砌筑，可采用机械注射灌注技术。

2. 结合层施工质量保障措施

(1) 块材铺砌前应对基层或隔离层进行质量检查，合格后再进行施工。块材铺砌前应先预排。块材铺砌时应拉线控制标高、坡度、平整度，并随时控制相邻块材的表面高差及灰缝偏差。铺砌顺序应由低往高，先地沟、后地面、再踢脚墙裙。

(2) 平面铺砌施工：在平面上铺砌块材时，块材排列一般以横向为连续缝、纵向为错缝。块材砌筑时，应每铺砌一块，在待铺的另一行用块材顶住以防止滑动，待胶泥稍干后，进行下一行铺砌。

(3) 立面铺砌施工：铺砌立面时，应由下向上铺砌，铺砌上层块材时会对下层块材产生压力，使下层砌好但胶泥未固化的块材层错位或移动。因此，当立面为单层块材时可一次灌浆到位。立面铺砌时不能连续铺砌多层，连续铺砌2～3层高度后，应稍停片刻。多层块材一次灌浆深度为每层块材高度的2/3，待下层胶泥初凝不发生位移后继续铺砌。

(4) 铺砌平面和立面的交角时，阴角处立面块材应压在平面块材之上；阳角处平面块材应压住立面块材。铺砌一层以上块材时，阴阳角的立面和平面块材应互相交错，不宜出现重叠缝。

## 32.7.5 质量要求及检验

(1) 块材砌筑应注意的质量问题：

块材砌筑操作中常见缺陷与原因分析见表32-72。

**块材砌筑中常见缺陷与原因分析** 表32-72

| 现象 | 原因分析 |
| --- | --- |
| 硅质胶泥固化慢，影响施工质量 | 1. 水玻璃模数低于2.5；<br>2. 氟硅酸钠贮存或处理不当，分解变质；<br>3. 水玻璃密度低，填料中水分或其他杂质较多 |
| 硅质胶泥固化过快，固化后产生裂缝 | 1. 水玻璃模数超过3，密度超过1.5g/cm³以上时；<br>2. 固化剂加入过多；<br>3. 热处理时局部过热 |
| 合成树脂胶泥膨胀，敲碎胶泥后内部充满气泡 | 填料中含有碳酸盐，与酸性固化剂作用后生成大量气体产生膨胀 |
| 合成树脂胶泥不固化或固化过慢 | 呋喃胶粘剂：<br>1. 树脂中水分超过5%；<br>2. 用硫酸乙酯固化剂时，硫酸含量低。<br>环氧胶粘剂：<br>1. 用乙二胺作固化剂时，乙二胺浓度低于80%；<br>2. 增塑剂加入量超过20% |

续表

| 现象 | 原因分析 |
|---|---|
| 合成树脂胶粘剂硬化过快，或产生焦化现象 | 1. 配制量过多，以致配制时产生的热量不能放出，产生焦化现象；<br>2. 呋喃胶粘剂用硫酸乙酯固化剂，在空气不流通、温度过高的地方会发生焦化 |
| 合成树脂胶粘剂贴衬立面砖板材料时，胶泥流淌 | 1. 树脂过黏，填料混入很少，没达到配比要求；<br>2. 固化剂加入量不够或失效，胶泥不硬，立面砖板层会产生胶泥流失；<br>3. 胶泥配制过稀，立面会产生流失现象 |
| 砖板粘结不牢，使用后局部脱落 | 1. 胶泥质量不佳，如树脂聚合不良、杂物多；<br>2. 衬前砖板表面油污未清除；<br>3. 砖板表面不干燥，有积水，粘结不良，当合成树脂接触有水的砖板时，均不粘结；<br>4. 衬砌时未打底，砖板表面较光滑，则粘结不牢 |
| 胶泥渗透 | 1. 硅质胶泥本身有一定的渗透性，如果填料中的水分过多，水玻璃密度过低，则增加固化后的孔隙加速渗透；<br>2. 合成树脂胶粘剂水分过多，溶剂加入过多，虽然固化，但造成胶泥中大量孔隙，渗透性大；<br>3. 填料中水分含量超过指标，以及有微量碳酸盐存在造成孔隙率大 |

(2) 块材砌筑的结合层及灰缝应饱满密实，粘结牢固，不得有疏松、裂纹、起鼓和固化不完全等缺陷。块材和灰缝表面应平整无损，灰缝尺寸应符合各种胶结材料的有关要求。块材铺砌不宜出现十字通缝，多层块材不得出现重叠缝。灰缝表面应平整、色泽均匀。灰缝尺寸如设计无规定时，应符合表 32-73 的规定。

**结合层厚度和灰缝宽度** **表 32-73**

| 块材种类 | | 结合层厚度（mm） | | | | | | 灰缝宽度（mm） | | 灰缝深度（mm） |
|---|---|---|---|---|---|---|---|---|---|---|
| | | 树脂 | | 水玻璃 | | 聚合物 | | 挤缝 | 灌缝或嵌缝 | |
| | | 胶泥 | 砂浆 | 胶泥 | 砂浆 | 胶泥 | 砂浆 | | | |
| 耐酸砖、耐酸耐温砖、防腐蚀碳砖 | | 4～6 | — | 4～6 | | 4～6 | | 2～5 | — | 满缝 |
| 乙烯基酯树脂块材 | | 4～6 | — | — | — | — | — | 2～5 | — | 满缝 |
| 天然石材 | 厚度≤30mm | 4～8 | — | 4～8 | — | 4～8 | — | 3～6 | 8～12 | 满灌或满嵌 |
| | 厚度＞30mm | — | 8～15 | | 8～15 | 8～15 | 8～15 | — | 8～15 | 满灌或满嵌 |

(3) 块材面层的平整度，相邻块材之间的高差和坡度的检验：

1) 地面的面层应平整，并采用 2m 直尺检查，其允许偏差值不应大于表 32-74 中的数值。

块材面层平整度允许偏差值 表 32-74

| 材质 | 允许偏差值 |
|---|---|
| 耐酸砖、耐酸耐温砖和防腐蚀碳砖的面层 | ≤4mm |
| 机械切割天然石材的面层（厚度≤30mm） | ≤4mm |
| 人工加工或机械刨光天然石材的面层（厚度>30mm） | ≤6mm |

2）块材面层相邻块材之间的高差，不应大于表 32-75 中的数值。

块材面层相邻块材之间高差允许偏差值 表 32-75

| 材质 | 允许偏差值 |
|---|---|
| 耐酸砖、耐酸耐温砖和防腐蚀碳砖的面层 | ≤1.5mm |
| 机械切割天然石材的面层（厚度≤30mm） | ≤2mm |
| 人工加工或机械刨光天然石材的面层（厚度>30mm） | ≤3mm |

3）坡度应符合第 32.2.2 小节的规定，作泼水试验时，水应能顺利排出。

（4）块材原材料，隔离层的质量检验标准，应满足现行国家标准《建筑防腐蚀工程施工质量验收标准》GB/T 50224 的要求。

### 32.7.6 环保与绿色施工

环保绿色施工是指在保证质量、安全等基本要求的前提下，通过科学管理和技术进步，最大限度地节约资源与减少对环境负面影响的施工活动。为响应环保绿色施工的要求，实现“四节一环保”的目标，需采取如下措施：

（1）建立重要的环境因素清单，并编制具体的环境保护技术措施。

（2）合理利用新技术、新材料、新工艺，优先采用技术成熟、能源消耗低的工艺设备。采用高强、高性能的材料，减少传统材料的用量，扩大新材料、新工艺的使用。

（3）加强施工现场管理，合理规划施工现场管理区、生活服务区、材料堆放与仓储区、材料加工作业区，各区域应分开设置。

（4）对临时用房、围墙、道路等根据施工规模、员工人数、材料设备需用计划和现场条件进行控制。对于材料的供应、存储、加工、成品半成品堆放使用，进行合理的流水管理，避免二次搬运。根据工程量的大小，确定采购产品的数量，尽量达到零库存。

（5）在施工过程中，限制高 VOC 材料的使用，设置专用材料配制区域，四周设置围护，并应采取防尘措施。切割作业应选定切割点，并应进行封闭围护。进行基层清理、机械切割或喷涂作业时，应采取防扬尘措施。

（6）在施工过程中，应防止产生的各种粉尘、废气、废水、固体废物、振动对环境的污染和危害，控制措施可参照表 32-76。

环境因素辨识及控制措施 表 32-76

| 序号 | 主要作业活动 | 环境因素 | 主要控制措施 |
|---|---|---|---|
| 1 | 表面处理 | 砂尘、噪声、除锈废弃物 | 隔离、封闭施工，及时清除喷砂产生的砂尘。施工设备和电动工具应定期保养和维护，减少或降低因摩擦产生的噪声。废弃物应妥善处理 |
| 2 | 底涂、衬砖施工 | 易燃、有害气体 | 开启排风通风设备。严禁烟火 |
| 3 | 配料 | 易燃、有害气体；固化废物；切割剩余废砖 | 通风，固体废物妥善处理 |

注：表中内容仅供参考，现场应根据实际情况辨识。

### 32.7.7 安全防护

（1）施工前，应根据操作的具体情况，制订严格有效的安全防护措施及应急预案，并严格贯彻、督促切实执行。

（2）施工机具、设备和设施，使用前应检验合格，符合国家现行有关规范和标准。

（3）操作人员在施工前应进行体格检查。患有气管炎、心脏病、肝炎、高血压者以及对某些物质有过敏反应者均不得参加施工。

（4）配制各种胶粘剂时，操作场所必须有良好的通风设施；当使用易燃和含挥发性溶剂（丙酮、甲苯、酒精等）的材料时，应注意防火，所用照明设备应有防爆装置。

（5）施工中应为作业人员配备施工必需的防护用品，如为防止和有害物质接触，操作人员应戴橡胶手套。所配备的防护用品应符合现行国家标准的相关规定。

（6）块材处理，研磨、筛分、搅拌粉状填料应在密封箱内进行，操作人员应穿戴防尘口罩、防护眼镜、手套、工作服等防护用品，工作完毕后应冲洗或淋浴。

（7）现场动火、受限空间施工和使用压力设备作业等，应办理相关的作业审批手续，作业区域应设置安全围挡和安全标志，并设专人监护、监控。作业结束后，应检查并消除安全隐患后再离开现场。

## 32.8 其他类防腐蚀工程

### 32.8.1 塑料类防腐蚀工程

塑料类防腐蚀工程以聚氯乙烯塑料板、聚乙烯塑料板、聚丙烯塑料板等防腐蚀材料组成，用于地面面层、槽坑衬里、基础覆面及管道架等防腐蚀工程。

塑料类材料的优点是有良好的耐腐蚀性能和一定的机械强度，加工成型、铺贴方便，耐腐、绝缘和焊接性能好，原材料来源广，价格低，维护检修简便等。缺点是不耐高温，抗老化和冲击性较差。

#### 32.8.1.1 一般规定

（1）焊条使用前应进行去污去油处理，一般可用温碱水清洗，冲净晾干后备用，焊缝处用汽油、丙酮等擦拭干净。

（2）塑料板焊接应注意掌握焊接温度和速度。

（3）塑料板粘贴前，应在粘贴面进行去污脱脂处理，去污脱脂可用肥皂或一般溶剂如酒精、丙酮等。

（4）塑料粘贴完成后应进行养护，养护时间随所用胶粘剂固化期而定，硬化前不得使用或扰动。

#### 32.8.1.2 材料质量要求

1. 聚氯乙烯板材

聚氯乙烯板材分硬质和软质两种。板面应平整、光洁、无裂纹、色泽均匀、薄厚一致、密实无孔、无皱纹；板内应无气泡和未塑化杂质，不得出现分层现象；板的边缘不得有深度大于3mm的缺口。板材的规格、尺寸、厚度应根据现行规范进行选取。

硬聚氯乙烯板的质量应符合现行国家标准《硬质聚氯乙烯板材 分类、尺寸和性能 第1部分：厚度1mm以上板材》GB/T 22789.1的相关规定。

软聚氯乙烯板的质量应符合现行国家标准《工业设备及管道防腐蚀工程技术标准》GB/T 50726的相关规定。

2. 聚乙烯板

板面应平整、光洁、无裂纹、色泽均匀、薄厚一致、密实无孔、无皱纹；板内应无气泡和未塑化杂质，不得出现分层现象；板的边缘不得有深度大于3mm的缺口。聚乙烯板的质量标准应符合表32-77的规定。

**聚乙烯板的质量指标** **表32-77**

| 项目 | 指标 |
|---|---|
| 相对密度 | 0.94～0.96 |
| 拉伸强度（纵、横向）(MPa) | ≥21 |
| 抗压强度（MPa） | ≥22 |
| 膨胀系数（$10^{-5}$，$K^{-1}$） | 12.6 |
| 使用温度（℃） | －70～120 |
| 整体性 | 无裂缝 |

3. 聚丙烯板

板面应平整、光洁、无裂纹、色泽均匀、薄厚一致、密实无孔、无皱纹；板内应无气泡和未塑化杂质，不得出现分层现象；板的边缘不得有深度大于3mm的缺口。聚丙烯板的质量标准应符合表32-78的规定。

**聚丙烯板的质量指标** **表32-78**

| 项目 | 指标 |
|---|---|
| 相对密度 | 0.9～0.91 |
| 拉伸强度（纵、横向）(MPa) | 33 |
| 抗压强度（MPa） | 40 |
| 膨胀系数（$10^{-5}$，$K^{-1}$） | 11 |
| 使用温度（℃） | －30～115 |
| 整体性 | 无裂缝 |

4. 焊条

焊条应与焊件材质相同，表面应光洁、平整，并应无结瘤、折痕、裂纹、气泡或杂质，色泽应均匀一致。

聚氯乙烯、聚乙烯、聚丙烯焊条直径与板厚的关系应符合表32-79的规定。

**焊条直径与板厚的关系**（mm） **表32-79**

| 焊件厚度 | 2～5 | 5.5～15 | 16以上 |
|---|---|---|---|
| 焊条直径 | 2或2.5 | 2.5 | 2.5或3 |

5. 胶粘剂

胶粘剂应与板材配套使用，质量应符合设计要求及有关国家技术标准的规定，并应低毒环保。

### 32.8.1.3　施工准备

1. 施工机具

各种施工用机具、设备准备就绪，机械设备应完好，符合使用要求，各种工具规格齐全，并有一定的备用数量。

(1) 机械设备

空气压缩机、调压变压器、圆盘锯、手工锯、切割机、喷砂机等。空气压缩机使用前对机罐和气管进行检查，如有污迹和水迹，应清理后再用，应加设空气过滤器，以保证气流的清洁。

(2) 主要工具

焊枪、软管、过滤器、V形切口刀、切条刀、电热铲刀、塑料刮板、压辊等。

2. 施工环境

(1) 聚氯乙烯塑料粘贴时的施工环境温度应保持在15～30℃，空气相对湿度不应超过70%；焊接时的环境温度以不低于15℃为宜。

(2) 软聚氯乙烯、聚乙烯板在使用前24h，应解除包装应力，平放到施工地点。

### 32.8.1.4　施工工艺

1. 划线

将整张板材按所需防腐结构的实际尺寸划线、排料，要求紧凑，使用合理，尽量减少接缝和边角废料，划线应准确。对于形状复杂的构件应先制作样板，施工前应进行预拼。

2. 锯切、刨坡口

划好线的板材，用圆盘锯、带锯或手工锯锯切，注意控制锯切速度和方向。在板与板，或管与管需焊接处应刨成坡口，粘结时坡口多做成同向顺坡，焊接时多做成“V”形坡口，要求坡口平整，角度准确。当板厚大于等于10mm时，剖口角应为75°～80°；当板厚小于10mm时，应为85°～90°。软聚氯乙烯粘贴时，坡口应做成同向顺坡，搭接宽度应为25～30mm。

3. 铺贴

一般由中间向四边进行，需粘合的板底先用砂纸或喷砂打成毛面。铺贴时基层应干净、干燥，基层与板底上各刷涂胶粘剂两遍。一般软板用氯丁酚醛、氯丁橡胶胶粘剂或沥青橡胶、过氯乙烯胶粘剂；硬板用聚氨酯或过氯乙烯胶粘剂。两遍涂刷方向互相垂直，且在第一遍不粘手时涂刷第二遍，待第二遍略干时即可粘贴。

4. 整平

软板应用辊子滚压，赶出气泡。然后在板上铺塑料薄膜，用热砂加热压平，保持2～4h，粘贴后表面应平整，无皱纹和隆起，接缝横竖顺直。

5. 塑料板材焊接

(1) 通常采用电热空气焊枪。焊条直径根据被焊板材厚度选用，应按照表32-79的要求选用。但焊件厚度在16mm以上时，第一根根部焊条宜选用直径2～2.5mm的，使其易于挤入坡口根部。用两条以上焊条的焊缝，焊条接头须错开100mm左右，操作时焊枪上下、左右移动要均匀，并防止停留时间过长，出现烧焦、碳化现象。

(2) 聚氯乙烯板采用热风焊接施工时，焊条与焊件的夹角应为90°；焊枪与焊件的夹角宜为45°；焊聚氯乙烯板的焊枪温度宜为210～250℃；焊接速度宜为150～250mm/min；焊缝应高出母材表面2～3mm。

(3) 软聚氯乙烯板搭接缝焊接时，搭接宽度宜为25～30mm，在上下两板搭接内缝处，每隔200mm先点焊固定，再采用热风枪本体熔融加压焊接或用软聚氯乙烯焊条热风焊接。热风焊枪的温度宜为110～180℃；用热风焊接时，热风的气体流量宜为10～15L/min。两板搭接的外缝处应用焊条满焊封缝。

(4) 聚乙烯板宜采用热风焊接。焊枪温度宜为200～240℃；热气流量宜为10～15L/min；热气宜为氮气或二氧化碳等惰性气体。焊接时应压紧焊条，待熔区冷却到不透明时，方可放松。

(5) 聚丙烯板焊接时，焊枪温度宜为210～250℃；焊条与焊件的夹角宜为60°；焊接速度宜为100～120mm/min；热气流量宜10～15L/min；热气应为氮气或二氧化碳等惰性气体。

6. 软聚氯乙烯板、聚乙烯板用空铺法和压条螺钉固定法施工

池槽衬里防腐蚀可采用软聚氯乙烯板、聚乙烯空铺法和压条螺钉固定法施工，施工时要求：

(1) 池槽的内表面应平整，无凸瘤、起砂、裂缝、蜂窝、麻面等现象。

(2) 施工时接缝应采用搭接方式，搭接宽度宜为20～25mm。应先铺衬立面后铺衬底部。

(3) 支撑扁钢或压条下料应准确。棱角应进行打磨，焊接接头应磨平，支撑扁钢与池槽内壁应撑紧，压条应用螺钉拧紧，固定牢靠。支撑扁钢或压条外应覆盖软板并焊牢。

(4) 用压条螺钉固定时，螺钉应呈三角形布置，行距宜为500mm。

7. 软聚氯乙烯板的粘贴施工

软聚氯乙烯板的粘贴应符合下列规定：

(1) 软聚氯乙烯板粘贴前应用酒精或丙酮进行脱脂处理，粘贴面应打毛至无反光。

(2) 应用电火花探测器进行测漏检验，板表面不应有孔洞和划痕。

(3) 软聚氯乙烯板的粘贴可采用满涂胶粘剂法或局部涂胶粘剂法。当采用局部涂胶粘剂法时，应在接头的两侧或基层面周边涂刷胶粘剂，软板中间胶粘剂带的间距宜为500mm，其宽度宜为100～200mm。

(4) 粘贴时应在软板和基层面上各涂刷胶粘剂两遍，涂刷应纵横交错进行。涂刷应均匀，不得漏涂。第二遍的涂刷应在第一遍胶粘剂干至不粘手时进行。待第二遍胶粘剂干至微粘手时，再进行塑料板的粘贴。

(5) 粘贴时，应顺次将粘贴面间的气体排净，并应用辊子进行压合，接缝处必须压合紧密，不得出现剥离或翘角等缺陷。

(6) 当胶粘剂不能满足耐腐蚀要求时，在接缝处应用焊条封焊。

8. 塑料防腐蚀工程施工质量保障措施

(1) 基层应进行检查，宜办理交接验收手续。水泥砂浆或混凝土基层表面要求清洁、干燥、无杂物，并具有足够的强度，表面应平整、粗糙，含水率不大于6%。阴阳角处如用粘结法时应做成圆角，半径应为30～50mm，如有油污应用肥皂、丙酮、酒精等擦洗干净。钢基层表面应平整，无焊疤、毛刺、焊瘤和凹凸不平等现象，表面锈蚀应除净。

（2）施工中如发现焊接不牢、未焊透，焊接处出现可见断续小裂缝，用焊枪吹烤，焊缝会自然裂开，或塑料板之间的坡口空隙未被焊条均匀填平，有的凹陷，有的凸起，宽窄不一致等缺陷时，应用焊枪边吹边用铲刀去掉疵病部位，借助热空气将修补处加工成坡口，再按尺寸裁剪新塑料板进行补焊。在重要防腐部位，可采用覆板补救方法，即按有缺陷部位的尺寸裁剪新塑料板条，然后用胶粘剂粘盖，四周再用焊条焊牢。

（3）当胶粘剂达不到剥离强度指标或有自动脱胶现象，不能满足耐腐蚀要求时，应在接缝处用焊条封焊加强。

9. 成品保护

（1）防腐蚀面层施工完成后，应防止利器划破、戳穿、打凿。

（2）在面层上进行设备管线安装、焊接作业时，应加以保护，防止碰撞和明火灼烧。

（3）塑料面层应避免与甲苯、乙醚、脂肪酸接触。

**32.8.1.5　质量要求及检验**

（1）聚氯乙烯塑料面层应平整、光洁、色泽一致，与基层结合牢固，无脱层、鼓泡、隆起、翘边、裂缝、皱纹等现象，接缝横竖顺直。塑料板面层的表面平整度的允许空隙每两米不应大于 2mm，相邻板块的拼缝高差不应大于 0.5mm。

（2）检查满涂胶粘剂的粘结情况，3mm 厚板材脱胶处不应大于 $20cm^2$；0.5～1mm 厚板材脱胶处不得大于 $9cm^2$；各脱胶处间距不得小于 50cm。

（3）焊缝表面应饱满、平整、光滑、呈淡黄色，两侧挤出焊浆无焦化、焊瘤、焊肉不足、粘结不牢、起鳞、开裂、空隙、烧焦、碳化等缺陷，凹凸不得大于±0.6mm。焊缝应牢固，焊缝的抗拉强度不得小于塑料板强度的 60%。

（4）焊条排列紧密，无波纹形，每根焊条接头处应错开 100mm 以上。

（5）空铺法衬里和压条螺钉固定法衬里应进行 24h 的注水试验，检漏孔内应无水渗出。当发现渗漏，应进行修补。修补后应重新试验，直至不渗漏为合格。

（6）塑料类防腐蚀工程原材料、塑料板材衬里、塑料板材面层的质量检验，应满足《建筑防腐蚀工程施工质量验收标准》GB/T 50224 的要求。

**32.8.1.6　环保与绿色施工**

环保绿色施工是指在保证质量、安全等基本要求的前提下，通过科学管理和技术进步，最大限度地节约资源与减少对环境具有负面影响的施工活动。为响应环保绿色施工的要求，实现“四节一环保”的目标，应采取如下措施：

（1）建立重要的环境因素清单，并编制具体的环境保护技术措施。

（2）合理利用新技术、新材料、新工艺，优先采用技术成熟、能源消耗低的工艺设备。采用高强、高性能的材料，减少传统材料的用量，扩大新材料、新工艺的使用。

（3）加强施工现场管理，合理规划施工现场管理区、生活服务区、材料堆放与仓储区、材料加工作业区，各区域应分开设置。

（4）对临时用房、围墙、道路等根据施工规模、员工人数、材料设备需用计划和现场条件进行控制。对于材料的供应、存储、加工、成品半成品堆放使用，进行合理的流水管理，避免二次搬运。根据工程量的大小，确定采购产品的数量，尽量达到零库存。

（5）施工过程中的废弃物，应集中堆放到专用场所，并按照环保要求及时清理、清运出厂。

**32.8.1.7 安全防护**

（1）施工前，应根据操作的具体情况，制订严格有效的安全防护措施及应急预案，并严格贯彻、督促切实执行。

（2）施工机具、设备和设施，使用前应检验合格，符合国家现行有关规范和标准。

（3）操作人员在施工前应进行体格检查。患有气管炎、心脏病、肝炎、高血压以及对某些物质有过敏反应者均不得参加施工。

（4）焊接作业时，操作场所必须有良好的通风设施。

（5）施工中应为作业人员配备施工必需的防护用品，如为防止和有害物质接触，操作人员应戴橡胶手套。所配备的防护用品应符合现行国家标准的相关规定。

（6）现场动火、受限空间施工和使用压力设备作业等，应办理相关的作业审批手续，作业区域应设置安全围挡和安全标志，并设专人监护、监控。作业结束后，应检查并消除安全隐患后再离开现场。

## 32.8.2 沥青类防腐蚀工程

沥青类防腐蚀工程包括：沥青胶泥、沥青砂浆、沥青混凝土、碎石灌沥青等。在防腐蚀工程中，沥青胶泥常用于混凝土表面铺贴隔离层或涂覆隔离层；沥青砂浆、沥青混凝土多用于整体面层；碎石灌沥青多用于基础垫层。

**32.8.2.1 一般规定**

（1）防腐蚀工程施工前，必须在结构验收合格，工序交接手续完备之后进行。

（2）沥青混合料应使用机械拌制。

（3）沥青材料不得用明火直接加热。

（4）沥青的贮存应防曝晒和防污染。

**32.8.2.2 材料质量要求**

1. 原材料质量要求

道路石油沥青、建筑石油沥青应符合国家现行标准《道路石油沥青》NB/SH/T 0522、《建筑石油沥青》GB/T 494 的规定。常用的材料为石油沥青中的道路石油沥青和建筑石油沥青。其质量要求见表 32-80。

**道路、建筑石油沥青的质量** **表 32-80**

| 项目 | 道路石油沥青 | 建筑石油沥青 | | |
|---|---|---|---|---|
| | 60 号 | 40 号 | 30 号 | 10 号 |
| 针入度（25℃，100g，5s）(1/10mm) | 50～80 | 36～50 | 26～35 | 10～25 |
| 延度（25℃，5cm/min）(cm) | ≥70 | ≥3.5 | ≥2.5 | ≥1.5 |
| 软化点（环球法）(℃) | 45～58 | ≥60 | ≥75 | ≥95 |

注：延度中的“5cm/min”是指建筑石油沥青。

2. 沥青类材料制成品的质量

（1）沥青胶泥的技术指标见表 32-81。

沥青胶泥的技术指标　　表 32-81

| 项目 | 使用部位最高温度（℃） | | | |
|---|---|---|---|---|
| | 30 | 31～40 | 41～50 | 51～60 |
| 耐热稳定性（℃）不低于 | 40 | 50 | 60 | 70 |
| 浸酸后重量变化率（%） | 1 | | | |

（2）沥青砂浆和沥青混凝土的技术指标见表 32-82。

沥青砂浆和沥青混凝土的技术指标　　表 32-82

| 项目 | | 指标 |
|---|---|---|
| 抗压强度（MPa） | 20℃时 | ≥3 |
| | 50℃时 | ≥1 |
| 饱和吸水率（%）（以体积计） | | ≤1.5 |
| 浸酸安定性 | | 合格 |

3. 填充材料的质量指标

（1）细骨料：细骨料宜采用石英砂，粒径为 0.25～2.5mm 的中粗砂；耐酸度不应小于 95%；含泥量不应大于 1%。细骨料的颗粒级配见表 32-83。

细骨料的颗粒级配表　　表 32-83

| 方孔筛（mm） | 4.75 | 1.18 | 0.3 | 0.15 |
|---|---|---|---|---|
| 累计筛余（%） | 0～10 | 35～65 | 80～95 | 90～100 |

（2）粗骨料：粗骨料宜选用石英石，沥青混凝土骨料粒径不应大于 25mm，碎石灌沥青的石料粒径应为 30～60mm，耐酸度不应小于 95%。

粗骨料宜选用石英石、花岗石。耐碱工程粗骨料宜选用花岗石、石灰石、白云石等。

（3）粉料：耐酸度不应小 95%，细度 0.15mm 筛孔筛余不应大于 5%，0.075mm 筛孔筛余 10%～30%，亲水系数不应大于 1.1。粉料宜使用石英粉、辉氯岩粉、安山岩粉、瓷粉等；耐碱工程用滑石粉或磨细的石灰粉、白云石粉；耐含氟酸工程应用硫酸钡粉、石墨粉。

**32.8.2.3　施工准备**

1. 施工机具

各种施工用机具设备准备就绪，机械设备应完好，符合使用要求，各种工具规格齐全，并有一定的备用数量。

（1）机械设备

熔解设备、通风机、鼓风机、切割机等。

（2）主要工具

砂浴锅、铁盘、搅拌器、长柄勺、长嘴浇灌壶、移动式炉、温度计、扁铲、电热铲、喷灯、平钢板、铁罐、铁勺、台秤及碾压滚筒（40～50kg 重）、平板振动器、灭火器等。

2. 施工环境

施工环境温、湿度要求：沥青类材料施工温度不宜低于 5℃，否则熬制、烧筑、压实温度应适当提高；原材料使用温度应不低于15℃。

#### 32.8.2.4 材料的配制及施工

1. 沥青砂浆、沥青混凝土的配制

(1) 沥青胶泥的配制要求：

1) 沥青应破碎成粒径8～10cm的小块，均匀加热至160～180℃，经搅拌、脱水，至不再起泡沫，并除去杂物。

2) 按施工配合比，将预热至140℃左右的干燥粉料和骨料混合均匀，随即将熬至180～200℃的沥青升温至200～230℃，逐渐加入混匀的填料，不断翻拌至全部粉料和骨料被沥青覆裹为止。拌制温度宜为180～210℃。

(2) 沥青砂浆和沥青混凝土的施工配合比，宜按照表32-84选用。

**沥青砂浆和沥青混凝土的施工配合比（质量比）　　表32-84**

| 种类 | 粉料和骨料混合物 | 沥青混凝土（%）-沥青 |
|---|---|---|
| 沥青砂浆 | 100 | 11～14 |
| 细粒式沥青混凝土 | 100 | 8～10 |
| 中粒式沥青混凝土 | 100 | 7～9 |

注：本表是采用平板振动器振实的沥青用量，当采用碾压机或热滚筒压实时，沥青用量应适当减少。

(3) 粉料和骨料之间的比例应符合表32-85的颗粒级配要求。

**粉料和骨料混合物颗粒级配　　表32-85**

| 种类 | 混合物累计筛余（%） | | | | | | | | |
|---|---|---|---|---|---|---|---|---|---|
| | 19 | 13.2 | 4.75 | 2.36 | 1.18 | 0.6 | 0.3 | 0.15 | 0.075 |
| 沥青砂浆 | — | — | 0 | 20～38 | 33～57 | 45～71 | 55～80 | 63～86 | 70～90 |
| 细粒式沥青混凝土 | — | 0 | 22～37 | 37～60 | 47～70 | 55～78 | 65～85 | 70～88 | 75～90 |
| 中粒式沥青混凝土 | 0 | 10～20 | 30～50 | 43～67 | 52～75 | 60～82 | 68～87 | 72～92 | 77～92 |

2. 沥青稀胶泥涂覆的隔离层施工

(1) 基层表面应先均匀涂刷冷底子油两遍。每遍冷底子油应保持清洁，待干燥后，方可进行隔离层的施工。冷底子油的质量配比要求如下：

1) 采用汽油为溶剂时，第一层建筑石油沥青与溶剂汽油质量比应为30∶70；第二层建筑石油沥青与溶剂汽油质量比应为50∶50。

2) 采用煤油或轻质柴油为溶剂时，建筑石油沥青与煤油或轻质柴油质量比为40∶60（第一、二遍冷底子油用相同配合比）。

(2) 沥青稀胶泥的施工配合比中沥青与粉料的质量比应为100∶30。

(3) 沥青胶泥或热沥青的浇铺温度，建筑石油沥青不应低于190℃，建筑和普通石油沥青混合不应低于220℃，普通石油沥青不应低于240℃。当环境温度低于5℃时，应采取措施提高温度后方可施工。

(4) 卷材隔离层的涂覆要求：

1) 卷材涂覆前表面撒布物应清除干净，并保持干燥。

2) 卷材铺贴顺序应由低往高，先平面后立面。地面隔离层延续铺至墙面的高度为

100～150mm，贮槽等构筑物的隔离层应延续铺至顶部，转角或穿过管道处均应做成小圆角，并附加卷材一层。

3）卷材隔离层的施工应随浇随贴，每层沥青胶泥或热沥青的厚度不应大于 2mm。铺贴必须展平压实，接缝处应贴牢；油毡的搭接宽度，短边和长边均不应小于 100mm，上下两层油毡的搭接缝、同一层油毡的短边搭接缝均应错开。

4）涂覆的隔离层的层数，宜用两层，总厚度为 2～3mm。当隔离层上采用水玻璃类耐酸材料施工时，应随即均匀稀撒预热的耐酸砂粒（粒径 1.2～2.5mm）。

3. 碎石灌沥青垫层的施工

（1）所使用沥青的软化点应低于 90℃；石料应干燥，材质应符合设计要求。

（2）施工前，应清理基层，碎石灌沥青垫层不得在有明水或冻结的基土上进行施工。

（3）碎石灌沥青垫层施工时，先在基土上铺一层粒径为 30～60mm 的碎石，夯实后，再铺一层粒径为 10～30mm 的碎石，找平、拍实，随后浇灌热沥青。若设计要求垫层表面平整时，在浇灌热沥青后，随即撒布一层粒径为 5～10mm 的细石，整平后再浇一层热沥青。浇灌过程中，沥青的渗入深度应符合设计要求。

4. 沥青砂浆和沥青混凝土铺筑的整体面层

（1）沥青砂浆和沥青混凝土摊铺前，应在已涂有沥青冷底子油的水泥砂浆或混凝土基层上，先涂一层沥青胶泥（沥青：粉料＝100：30）。

（2）沥青砂浆和沥青混凝土应采用平板振动器（或碾压机）和热滚筒压实。特殊部位应采取热烙铁拍实。采用平板振动器和热滚筒压实时，沥青标号宜用 30 号；采用碾压机压实时，沥青标号宜用 60 号。

（3）沥青砂浆和沥青混凝土摊铺后，应随即刮平进行压实。每层压实厚度，沥青砂浆和细粒式沥青混凝土不宜超过 30mm，中粒式沥青混凝土不应超过 60mm；虚铺厚度应经试压确定，用平板振动器振实时，一般为压实厚度的 1.3 倍。

（4）沥青砂浆和沥青混凝土用平板振动器振实时，开始压实温度为 150～160℃，压实完毕温度不低于 110℃。当施工环境温度低于 5℃时，开始压实温度应为 160℃，压实完毕温度不应低 110℃。

（5）垂直施工缝应留成斜槎，用热烙铁拍实。继续施工时，应将斜槎清理干净，并加以预热。预热后，涂一层热沥青，然后继续摊铺沥青砂浆或沥青混凝土。接缝处应用热烙铁仔细拍实，并烙平至不露痕迹。分层摊铺时，上下层的垂直施工缝应相互错开，水平施工缝应涂一层热沥青。

（6）立面涂抹沥青砂浆应分层进行，每层厚度不应大于 7mm，最后一层抹完后，应用热烙铁烫平。

（7）产品缺陷处理，应将缺陷挖除，清理干净，预热后，涂一层热沥青，然后用沥青砂浆或沥青混凝土进行填铺、压实。

（8）当采用沥青砂浆预制块铺砌时，应按 32.7.4 小节的规定施工。

5. 沥青防腐蚀工程施工质量保障措施

（1）改建、扩建工程在已被侵蚀的基层上施工时，其基层必须先清除腐蚀产物和残留的侵蚀性介质。

（2）水泥砂浆或混凝土基层，必须坚固密实，裂缝、麻面应用 1：2 的水泥砂浆抹平。

(3) 金属结构预埋件表面应平整，施工前应把焊渣、毛刺、铁锈、油污、尘土等清除干净，并保持干燥。

6. 成品保护

(1) 隔离层防止利器划破戳穿。

(2) 已施工的沥青类防腐工程，严禁堆放重物和有机溶剂。

(3) 凡穿过防腐层的管道、套管、预留孔、预埋件，防腐蚀施工后，严禁切割、烧焊和凿孔。

**32.8.2.5 质量要求及检验**

(1) 铺压完的沥青砂浆和沥青混凝土，应与基层结合牢固。其面层应密实、平整，不得有裂纹、起鼓和脱层等现象。当出现此类现象时，应先将缺陷处挖除，清理干净，预热后，涂刷一层热沥青，再用沥青砂浆和沥青混凝土进行填铺、压实，不得使用沥青作表面处理。

(2) 地面面层平整度的允许偏差不大于 6mm，坡度应符合设计及要求。

(3) 沥青类防腐蚀工程原材料，各项施工工艺的质量检验标准，应满足现行标准《建筑防腐蚀工程施工质量验收标准》GB/T 50224 的要求。

**32.8.2.6 环保与绿色施工**

环保绿色施工是指在保证质量、安全等基本要求的前提下，通过科学管理和技术进步，最大限度地节约资源与减少对环境具有负面影响的施工活动。为响应环保绿色施工的要求，实现"四节一环保"的目标，应采取如下措施：

(1) 建立重要的环境因素清单，并编制具体的环境保护技术措施。

(2) 合理利用新技术、新材料、新工艺，优先采用技术成熟、能源消耗低的工艺设备。采用高强、高性能的材料，减少传统材料的用量，扩大新材料、新工艺的使用。

(3) 加强施工现场管理，合理规划施工现场管理区、生活服务区、材料堆放与仓储区、材料加工作业区，各区域应分开设置。

(4) 对临时用房、围墙、道路等根据施工规模、员工人数、材料设备需用计划和现场条件进行控制。对于材料的供应、存储、加工、成品半成品堆放使用，进行合理的流水管理，避免二次搬运。根据工程量的大小，确定采购产品的数量，尽量达到零库存。

(5) 在施工过程中，限制采用高 VOC 材料，设置专用材料配制区域，四周设置围护，并应采取防尘措施。切割作业应选定切割点，并应进行封闭围护。进行基层清理、机械切割或喷涂作业时，应采取防扬尘措施。

(6) 需现场配制的材料应按设计要求的配合比定量配制，即配即用，对于剩余的胶泥要注意收集，并制订专项措施进行处理。

(7) 施工过程中的危险废弃物，应集中堆放到专用场所，按国家环保的规定设置统一的识别标志，并建立危险废弃物污染防治的管理制度，制订事故的防范措施和应急预案。

(8) 运输危险废弃物时，应按国家和地方相关危险货物和化学危险品运输管理的规定执行。

**32.8.2.7 安全防护**

(1) 施工前，应根据操作的具体情况，制订严格有效的安全防护措施及应急预案，并严格贯彻、督促切实执行。

（2）施工机具、设备和设施，使用前应检验合格，符合国家现行有关规范和标准。

（3）贮存原材料的场地应单独隔离设置，严禁烟火。

（4）操作人员在施工前应进行体格检查。患有气管炎、心脏病、肝炎、高血压以及对某些物质有过敏反应者均不得参加施工。

（5）施工中应为作业人员配备施工必需的防护用品，如为防止和有害物质接触，操作人员应戴橡胶手套。所配备的防护用品应符合现行国家标准的相关规定。

（6）现场动火、受限空间施工和使用压力设备作业等，应办理相关的作业审批手续，作业区域应设置安全围挡和安全标志，并设专人监护、监控。作业结束，应检查并消除安全隐患后再离开现场。

（7）熬制沥青时，应使用带盖的熬煮锅，每锅装料不得超过容积的 2/3。加热时防止局部过热，如冒黄烟时应立即压火。

## 32.8.3　喷涂型聚脲涂料的施工

喷涂聚脲技术是在反应注射成型（RIM）技术基础上研发的一种无溶剂、快速厚膜涂装技术，聚脲涂料是一种高性能、长寿命的优异防护涂装材料。喷涂聚脲技术是在喷射成型基础上研发的一种无溶剂、双组分，采用专用设备喷涂的厚膜涂装技术。其材料的主要特征是：

（1）涂层快速固化，可在任意形面上成型，厚膜涂层一次成型且不流挂。

（2）施工效率高，材料的养护周期短，能有效缩短维修和防腐保养工期。

（3）涂层与各种工作基面的附着力较佳，且贴合性好。

（4）涂层材料具有拉伸强度大、延伸率高、撕裂强度大等优异力学性能。

（5）涂层材料具有良好的耐介质腐蚀性能。

喷涂型聚脲防腐施工技术已在化工防腐、建筑防腐、防水保护等领域得到广泛运用。

### 32.8.3.1　一般规定

（1）喷涂聚脲的施工要求专业性强，施工人员应经喷涂聚脲施工技术的专业培训，合格后上岗。

（2）混凝土结构伸缩缝的处理应符合现行行业标准《喷涂聚脲防水工程技术规程》JGJ/T 200 的有关规定。

（3）喷涂方法应符合小面积移动交叉施工的要求。操作移动速度应满足单层施工 0.35～0.45mm 厚度，设计厚度小于或等于 2mm 应连续横竖交叉施工 5～6 次，设计厚度大于 2mm 应将总厚度分为两次施工，喷涂聚脲间隔时间宜小于 60min。

（4）转角和焊缝线应比设计厚度多喷厚 0.5～1mm 且喷涂时先喷转角和焊缝，再大面积连续喷涂。设备内表面喷涂时，应先喷接管、人孔，后喷内腔，且接管、人孔与设备内腔焊接处应加厚 0.5～1.5mm。

（5）一次施工宽度应小于 1200mm，相邻施工的搭接缝应大于 120mm。

（6）喷涂时喷枪与基面宜保持 100～200mm 的距离，确保喷涂均匀、无漏点。

（7）底涂施工宜选用滚涂、刷涂和喷涂，涂层应连续、均匀，不得漏涂。

（8）配制好的底层涂料应在规定的时间内用完，已经初凝的涂料不得使用。

（9）喷涂聚脲的施工不应与其他工种交叉作业。

**32.8.3.2 材料质量要求**

（1）喷涂型聚脲涂料按其硬度分为弹性聚脲涂料和刚性聚脲涂料。

（2）喷涂型聚脲涂料原材料的质量应符合表 32-86 的规定；

**喷涂型聚脲涂料原材料的质量** **表 32-86**

| 项目 | 指标 | |
|---|---|---|
| | 弹性体聚脲 | 刚性体聚脲 |
| 外观 | A 组分为黄色或浅色液体，无凝胶、结块<br>B 组分为有色液体，无凝胶、结块 | |
| 固体含量（%） | ≥95 | |
| 凝胶时间（s） | ≤45 | ≤30 |
| 触干时间（min） | ≤10 | ≤5 |
| 密度（$g/cm^3$） | 0.95～1.1 | |
| 黏度（cps） | ≤1200 | |

（3）喷涂型聚脲防腐蚀工程采用的辅料应符合现行行业标准《喷涂型聚脲防护材料涂装工程技术规范》HG/T 20273 的有关规定。

**32.8.3.3 施工准备**

1. 施工机具

喷涂型聚脲防腐蚀工程应采用专用双组分高压喷涂设备施工，喷涂聚脲双组分材料应采用体积比为 1∶1 的施工设备混合完成，双组分材料应由提料泵连续输送。

2. 施工环境

施工环境温度宜大于 3℃，相对湿度宜小于 85%，不宜在风速大于 5m/s、雨、雾、雪天环境下施工。

**32.8.3.4 聚脲的配制及施工**

1. 聚脲的配制

（1）喷涂聚脲双组分材料应采用体积比为 1∶1 的施工设备混合完成。

（2）双组分材料应由提料泵连续输送。

（3）原料温度应为 15～40℃。

2. 聚脲的施工

（1）底层清理、修复：清除表面浮灰，底层涂料填补细小孔洞，形成表面连续结合层。

（2）立面和顶面施工：用环氧涂料滚刷一道，厚度 0.2～0.4mm（干膜），将涂料渗透到基面，养护干燥 2～8h 后用环氧涂料或丙烯酸涂料修补，补孔率 100%。干燥养护 2～4h后打磨平整，去除浮灰。

（3）潮湿面的施工要求：清除积水、渗水，漏水处用快干材料堵漏。

（4）采用聚氨酯水性涂料满刮一道，干膜厚度一般为 0.3～0.4mm，保证充分渗透，并且封闭基面细孔。温度不小于 15℃，养护 8～12h，或不大于 15℃，养护 16～24h，再喷涂聚脲层。

（5）养护干燥后，检查是否有未封闭的细孔及底面渗水，若有则重复前述步骤。

(6) 底涂与喷涂聚脲涂料的间隔时间应符合表 32-87 的规定。超过间隔时间的底涂，应进行处理后方可喷涂聚脲涂料。

底涂与喷涂聚脲涂料的间隔时间　　表 32-87

| 底涂种类 | 温度（℃） | 时间（h） |
|---|---|---|
| 聚氨酯底涂 | ≥30 | 1～3 |
| | 15～30 | 1～6 |
| | ≤15 | 6～24 |
| 环氧树脂底涂 | ≥15 | 4～6 |
| | 8～15 | 6～10 |
| | ≤8 | 24～48 |

(7) 底涂与基面的附着力应符合表 32-88 的规定。

底涂与基面的附着力　　表 32-88

| 项目 | 指标 | |
|---|---|---|
| | 环氧树脂底涂 | 聚氨酯底涂 |
| 底涂与混凝土基面的粘结强度（MPa） | ≥2 | ≥2 |
| 底涂与钢结构件基面的粘结强度（MPa） | ≥4.5 | ≥3.5 |

**32.8.3.5　质量要求与检验**

(1) 涂层的外观，涂膜光滑平整、颜色均匀一致，无返锈、气泡、流挂、开裂及剥落等缺陷；涂层表面采用电火花检测，无针孔；涂层厚度均匀。金属表面可用测厚仪，水泥基层及混凝土表面可用无损探测仪器直接检测，也可对同步样板进行检测；涂层附着力应符合设计要求。

(2) 聚脲喷涂涂层出现缺陷时，应按以下要求进行修补：

1) 修补料应现用现配，搅拌均匀，并应在初凝期前用完。

2) 先对修补处的底层表面进行处理。

3) 面积小于 $0.5m^2$ 的不连续鼓泡、壳层等缺陷，宜采用手工进行修补。

4) 连续面积大于或等于 $0.5m^2$ 的鼓泡、壳层等缺陷，应按《喷涂型聚脲防护材料涂装工程技术规范》HG/T 20273 的有关规定进行喷涂修补。针孔宜用修补料填补。

(3) 聚脲类防腐蚀工程原材料，各项施工工艺的质量检验，应满足《建筑防腐蚀工程施工质量验收标准》GB/T 50224 的要求。

**32.8.3.6　环保与绿色施工**

环保绿色施工是指在保证质量、安全等基本要求的前提下，通过科学管理和技术进步，最大限度地节约资源与减少对环境具有负面影响的施工活动。为响应环保绿色施工的要求，实现“四节一环保”的目标，应采取如下措施：

(1) 施工前应建立重要的环境因素清单，并编制具体的环境保护技术措施。

(2) 合理利用新技术、新材料、新工艺，优先采用技术成熟、能源消耗低的工艺设备。采用高强、高性能的材料，减少传统材料的用量，扩大新材料、新工艺的使用。

(3) 所有进场材料应检查验收合格，符合环保要求并保存验收资料，不得使用环保不达标或国家明令禁止的材料。

(4) 施工现场设置满足污水处理要求的隔油池、沉淀池等，并保证正常发挥作用，按照规定配制消防设施，配备与火灾等级、种类相适应的灭火器材，并有防火标识。

(5) 对于裸露的空地进行种树、植草，垃圾或废弃物分类堆放，按规定设置环境管理部门，配备满足环境管理需要的作业人员，对其进行环境交底、培训、检查等，满足施工现场环境管理需要。

(6) 需现场配制的材料应按设计要求的配合比定量配制，即配即用，对于剩余的涂料要注意统一收集管理，并制订专项措施进行处理。

(7) 施工过程中的有毒有害废弃物，应集中堆放到专用场所，按国家环保的规定设置统一的识别标志，并建立危险废弃物污染防治的管理制度和应急预案。

(8) 施工现场配制的设备，应满足噪声、能耗等环境管理要求，如设备的能耗、尾气和噪声排放，不得出现漏油、遗洒、排放黑烟，不得超出相关法规的限值要求。

**32.8.3.7 安全防护**

(1) 施工前，应根据操作的具体情况，制订严格有效的安全防护措施及应急预案，并严格贯彻、督促切实执行。

(2) 施工机具、设备和设施，使用前应检验合格，符合国家现行有关规范和标准。

(3) 聚脲涂料中的部分溶剂和稀释剂具有不同程度的毒性和刺激性，施工前应对施工人员进行安全技术交底。并在使用或配制中，均应有通风排气设备。

(4) 施工现场严禁烟火，必须配备消防器材和消防水源。

(5) 为防止和有害物质接触，涂料操作人员必须穿戴防护用品，必要时按规定佩带防毒面具。

(6) 配制或施工毒性或刺激性大的涂料时，应采取轮换制，并缩短作业时间。

(7) 现场动火、有限空间施工和使用压力设备作业等，应办理相关的作业审批手续，作业区域应设置安全围挡和安全标志，并设专人监护、监控。作业结束，应检查并消除安全隐患后再离开现场。

## 32.9 建筑防腐蚀工程验收

建筑防腐蚀工程的施工过程，包括：基层表面处理—防腐蚀结构底层处理—防腐蚀结构中层或过渡层处理—防腐蚀结构面层处理—防腐蚀层保护等阶段，每一个阶段均是前一步的隐蔽工程，因而每个阶段的交接构成了防腐蚀工程验收的全部内容。

### 32.9.1 防腐蚀工程交接

建筑防腐蚀工程的交接，应包括中间交接、隐蔽工程交接和交工验收交接。施工单位按合同规定的范围，完成全部防腐蚀工程项目后，应办理交工验收交接手续。工程未经验收交接，不得投入生产使用。

防腐蚀工程交接前，建设单位或监理单位应组织相关单位对其进行检查和验收，并应确认下列内容：

(1) 施工范围和内容符合合同规定。

（2）工程质量应符合设计文件、规范及验收标准。

（3）施工质量不符合现行国家标准《建筑防腐蚀工程施工规范》GB 50212、《建筑防腐蚀工程施工质量验收标准》GB/T 50224 的有关规定时，修补或返修的记录应纳入交工验收交接文件中。

## 32.9.2　工　程　验　收

建筑防腐蚀工程检验批、分项工程、分部工程质量的验收应在施工单位自检合格的基础上进行，构成分项工程的各检验批的质量应符合现行《建筑防腐蚀工程施工质量验收标准》GB/T 50224 相应质量要求的规定，检验批、分项工程质量验收应全部合格后，进行分部工程验收。

工程验收时，应提交下列资料：

（1）各种防腐蚀材料、成品、半成品的出厂合格证明、材料检测报告或现场抽样的复验报告。

（2）耐腐蚀胶泥、砂浆、细石混凝土、树脂胶料、涂料等的配合比和主要技术性能的试验报告。

（3）设计变更通知单、材料代用的技术文件及施工过程中对重大技术问题的处理记录。

（4）修补或返工记录。

（5）隐蔽工程施工和验收记录。

（6）建筑防腐蚀工程交工汇总表。

有特殊要求的防腐蚀工程，验收时应按合同约定检测相关技术指标。

建筑防腐蚀工程施工的基层表面预处理、隐蔽工程检查、工程交接和交工验收交接记录可按表 32-89～表 32-92 填写，防腐蚀工程交工验收资料交接汇总可按表 32-93 填写，建筑防腐蚀检验批质量验收记录、分项工程质量验收记录、分部工程质量验收记录按表 32-94～表 32-96 填写。

**混凝土基层表面预处理检查记录**　　　　**表 32-89**

工程编号或名称：

<table>
<tr><td>项目：</td><td colspan="2">装置：</td><td>工号：</td></tr>
<tr><td>部位名称</td><td></td><td>施工图号</td><td></td></tr>
<tr><td>环境温度</td><td></td><td>相对湿度</td><td></td></tr>
<tr><td>表面预处理要求</td><td></td><td>表面预处理方式</td><td></td></tr>
<tr><td>表面预处理前状况</td><td></td><td></td><td></td></tr>
<tr><td>表面预处理记录</td><td></td><td></td><td></td></tr>
<tr><td>表面预处理后状况</td><td></td><td></td><td></td></tr>
<tr><td>结论</td><td colspan="3"></td></tr>
<tr><td>总承包单位：<br>现场代表：<br><br><br>年　月　日</td><td colspan="2">建设单位（监理单位）：<br>建设单位项目专业技术<br>负责人（监理工程师）：<br><br>年　月　日</td><td>施工单位：<br>项目技术负责人：<br>项目专业质量检查员：<br>施工班组长：<br>年　月　日</td></tr>
</table>

### 钢结构基层表面预处理检查记录　　表 32-90

工程编号或名称：

| | | | | | | | | | | | | |
|---|---|---|---|---|---|---|---|---|---|---|---|---|
| 项目： | 装置： | | | | | | 工号： | | | | | |
| 部位名称 | | | | | | 施工图号 | | | | | | |
| 环境温度 | | | | | | 相对湿度 | | | | | | |
| 除锈等级要求 | | | | | | 表面预处理方式 | | | | | | |
| 实测项目 | | | | | | | | | | | | |
| 项目 | 除锈等级 | | | | | | 粗糙度 | | | | | |
| 部位 | 1 | 2 | 3 | 4 | 5 | 平均 | 1 | 2 | 3 | 4 | 5 | 平均 |
| | | | | | | | | | | | | |
| | | | | | | | | | | | | |
| 结论 | | | | | | | | | | | | |
| 总承包单位：<br>现场代表：<br><br>年　月　日 | 建设单位（监理单位）：<br>建设单位项目专业技术<br>负责人（监理工程师）：<br><br>年　月　日 | | | | | | 施工单位：<br>项目技术负责人：<br>项目专业质量检查员：<br>施工班组长：<br>年　月　日 | | | | | |

### 隐蔽工程施工检查记录　　表 32-91

| | | | |
|---|---|---|---|
| 工程名称 | | 分部分项名称 | |
| 图号 | | 隐蔽日期 | |
| 隐蔽内容 | | | |
| 施工简图或说明 | | | |
| 检查意见 | | | |
| 总承包单位：<br>现场代表：<br><br><br>年　月　日 | 建设单位（监理单位）：<br>建设单位项目专业技术<br>负责人（监理工程师）：<br><br>年　月　日 | 施工单位：<br>项目技术负责人：<br>项目专业质量检查员：<br>施工班组长：<br>年　月　日 | |

### 防腐蚀工程交接报告　　表 32-92

| | | | |
|---|---|---|---|
| 工程名称 | | | |
| 开工日期 | 年　月　日 | 移交日期 | 年　月　日 |
| 交接工程主要内容： | | | |
| 施工情况：（符合设计的程度，主要缺陷及处理意见） | | | |
| 交接意见： | | | |
| 交方承包单位：<br>现场代表：<br>年　月　日 | | 接收方单位：<br>现场技术负责人：<br>年　月　日 | |
| 总承包单位：<br>现场代表：<br>年　月　日 | | 建设单位（监理单位）：<br>建设单位项目专业技术负责人（监理工程师）：<br>年　月　日 | |

注：本表格适于工程中间交接和交工交接时填用。

**防腐蚀工程交工验收资料汇总表**　　**表 32-93**

编号：

| 工程名称 | | | | |
|---|---|---|---|---|
| 施工单位 | | | | |
| 编号 | 资料名称 | 份数 | 核查意见 | 核查人 |
| 1 | 原材料出厂合格证、质量证明书或复验报告 | | | |
| 2 | 设计文件、设计变更单、材料代用单 | | | |
| 3 | 施工组织设计 | | | |
| 4 | 基层检查交接记录 | | | |
| 5 | 防腐蚀施工记录 | | | |
| 6 | 中间交接记录 | | | |
| 7 | 隐蔽工程施工记录 | | | |
| 8 | 修补或返工记录 | | | |
| 9 | 交工验收记录 | | | |

结论：

施工单位项目经理：　　　　　　　　　　　　总监理工程师：
（建设单位项目负责人）

年　月　日　　　　　　　　　　　　　　　　年　月　日

**建筑防腐蚀检验批质量验收记录**　　**表 32-94**

检验批质量验收记录编号：

| 单位（子单位）工程名称 | | 分部(子分部)工程名称 | | 分项工程名称 | |
|---|---|---|---|---|---|
| 施工单位 | | 项目负责人 | | 检验批容量 | |
| 分包单位 | | 分包单位项目负责人 | | 检验批部位 | |
| 施工依据 | | | 验收依据 | | |

| | 验收项目 | | 设计要求及规范规定 | 最小/实际抽样数量 | 检查记录 | 检查结果 |
|---|---|---|---|---|---|---|
| 主控项目 | 1 | | | | | |
| | 2 | | | | | |
| | 3 | | | | | |
| | 4 | | | | | |
| | 5 | | | | | |
| 一般项目 | 1 | | | | | |
| | 2 | | | | | |
| | 3 | | | | | |
| 施工单位检查结果 | | 专业工长：<br>项目专业质量检查员：<br>年　月　日 | | | | |
| 监理单位验收结论 | | 专业监理工程师：<br>年　月　日 | | | | |

**建筑防腐蚀分项工程质量验收记录** **表 32-95**

| | | | | | |
|---|---|---|---|---|---|
| 单位（子单位）工程名称 | | | 分部（子分部）工程名称 | | |
| 分项工程数量 | | | 检验批数量 | | |
| 施工单位 | | 项目负责人 | | 项目技术负责人 | |
| 分包单位 | | 分包单位项目负责人 | | 分包内容 | |
| 序号 | 检验批名称 | 检验批容量 | 部位/区段 | 施工单位检查结果 | 监理单位验收结论 |
| 1 | | | | | |
| 2 | | | | | |
| 3 | | | | | |
| 4 | | | | | |
| 5 | | | | | |
| 6 | | | | | |
| 7 | | | | | |
| 说明： | | | | | |
| 施工单位检查结果 | 项目专业技术负责人：<br>年 月 日 | | | | |
| 监理单位验收结论 | 专业监理工程师：<br>年 月 日 | | | | |

**建筑防腐蚀分部工程质量验收记录** **表 32-96**

| | | | | | | |
|---|---|---|---|---|---|---|
| 单位（子单位）工程名称 | | | | 分项工程数量 | | |
| 施工单位 | | 项目负责人 | | 技术（质量）负责人 | | |
| 分包单位 | | 项目负责人 | | 分包内容 | | |
| 序号 | 分项工程名称 | 检验批数量 | 施工单位检查结果 | | 监理（建设）单位验收结论 | |
| | | | 合格 | 不合格 | 合格 | 不合格 |
| 1 | | | | | | |
| 2 | | | | | | |
| 3 | | | | | | |
| 质量控制资料 | | | □符合要求<br>□不符合要求 | | □符合要求<br>□不符合要求 | |
| 综合验收结论 | | | | | | |

| | | |
|---|---|---|
| 施工单位：<br>项目负责人：<br>年 月 日 | 设计单位：<br>项目负责人：<br>年 月 日 | 监理（建设）单位：<br>总监理工程师：<br>（建设单位项目负责人）<br>年 月 日 |

## 32.10 重要工业建、构筑物的防护与工程案例分析

### 32.10.1 化学工业的基本防护类型与实例

#### 32.10.1.1 化肥装置

1. 尿素造粒塔的结构特点及腐蚀状况

尿素造粒塔是尿素生产工艺过程的一个重要装置，其直径大于20m，塔高接近100m，就其构造讲是一座建筑物，就其功能来说，是十分重要的非金属化工设备。

(1) 尿素造粒塔的结构特点

尿素造粒塔由喷淋层、筒体造粒层及刮料层三部分构成，其特点是刚度好、整体性好、稳定性好、抗渗性好。

(2) 尿素造粒塔内腐蚀特点

尿素颗粒在干燥状态，腐蚀性很小，一旦受潮、吸水、溶解，则腐蚀危害极大。尿素在造粒塔内的形成是由熔融尿素液经过塔顶喷头喷射，遇到上升冷气流后急剧收缩的结果。现代化大型装置的生产工艺，提高了喷头出口温度，塔内基本形成气、液、固三相，对塔内壁产生腐蚀影响，主要原因为塔顶高温潮湿气雾的扩散、渗透，塔中部液体渗透、结晶、溶胀，塔下部颗粒冲刷，其中塔中部腐蚀最为严重，破坏性最大。

2. 尿素造粒塔常见的防护措施

针对尿素腐蚀对造粒塔内的影响（塔壁、塔底、刮料层），曾经采取了不少防护措施，产生的效果也有较大区别，每种防护措施都有一定的局限性。

塔底及刮料平台多采用不锈钢板、花岗石或两者搭接作面层，下面附设防腐蚀隔离层，并采用防腐蚀材料作结合层的结构，提高抗渗、抗冲、承载及防腐蚀功能。

塔外表面选择抗紫外线、耐候性较好的防腐蚀涂料进行防护。

3. 新型防腐蚀材料选用及构造设计

(1) 新型材料选用原则及依据

选用的塔内壁防腐蚀材料，必须具备：自身寿命长，耐温度急变性好，抗渗透性能强，粘结强度高，防腐蚀效果突出。塔外表面材料应能抗紫外线，耐蚀性好。对刮料平台还得考虑抗冲击性能。

(2) 防腐蚀构造设计及特点

综合塔内腐蚀特点，防蚀层构造设计，除保留传统的做法外，还应在提高耐温、抗渗、防粘塔、抗冲刷方面有新的进步，若兼顾施工等因素，塔内壁防腐蚀构造设计如下：

1)【方案A】

① 浇筑塔体（加减水剂、密实剂等），提高抗渗强度等级。

② 基层表面处理（符合《建筑防腐蚀工程施工规范》GB 50212要求）。

③ 稀释的乙烯基酯树脂打底两道（视具体情况，酌情增加粉料）。

④ 乙烯基酯树脂贴玻纤布两层、玻纤毡一层（形成富树脂层）。

⑤ 乙烯基酯鳞片涂料三道（达到抗渗、耐磨效果），涂层厚度不小于300μm。

⑥ 自然养护7～15d。

2)【方案 B】

① 浇筑筒体（加减水剂、密实剂等），提高抗渗强度等级。

② 基层表面处理（符合《建筑防腐蚀工程施工规范》GB 50212 要求）。

③ 稀释的乙烯基酯树脂打底两道（耐蚀乙烯基酯树脂为胶粘剂）。

④ 乙烯基酯树脂鳞片胶泥一道，厚度不小于 1mm。

⑤ 乙烯基酯鳞片涂料两道，涂层厚度大于 200um。

⑥ 自然养护 7～15d。

(3) 两种防腐蚀构造设计方案的比较

采用乙烯基酯树脂作为耐蚀树脂，玻璃鳞片为抗渗、耐磨填料，结构设计合理，这是一种“刚柔相济”的构造，实践证明取得了良好的防腐蚀效果。方案 B 复合构造性能及施工优点更加突出。具体防护特点见表 32-97。

具体防护特点　　表 32-97

| 项目 | 方案 A：玻璃钢（FRP）结构 | 方案 B：鳞片胶泥结构 |
|---|---|---|
| 基层材料 | 混凝土结构 | 混凝土结构 |
| 基本要求 | 混凝土符合：《建筑防腐蚀工程施工规范》GB 50212 | 混凝土符合：《建筑防腐蚀工程施工规范》GB 50212 |
| 甲基丙烯酸型耐蚀树脂 | 甲基丙烯酸乙烯基酯树脂 | 甲基丙烯酸型乙烯基酯树脂 |
| 增强材料 | 玻璃布/毡 | 玻璃鳞片（片径：2～3mm） |
| 施工方法 | 间歇式手糊成型 | 手工镘、刮、压平成型 |
| 施工周期 | 成型慢，要求施工人员素质高，阴阳角处理复杂，施工周期较长 | 非常适合结构较复杂的场合，容易成型，施工周期较短 |
| 粘结力 | FRP 成型太厚，收缩应力大，易引起起壳而破坏粘结 | 片状填料使横向应力很小，粘结力强 |
| 耐磨耗性 | 一般 | 好 |
| 修复性 | 不易修复 | 修复容易，操作简单 |

简单归结如下：

1) 抗渗透性能

据测定，1mm 厚的玻璃鳞片胶泥层有 100 多层鳞片平行排列，因此，气体、液体要透过涂层常常需要迂回曲折，延长了腐蚀路径。

2) 粘结力

鳞片胶泥固化时，鳞片同树脂在法线方向的收缩应力受到限制，因而胶泥与基体的粘结力强。如果施工中不采取一定的措施，玻璃钢是很容易起壳的。

3) 施工结构

FRP 一般要达到 2～3mm，某些部位甚至更厚，玻璃鳞片胶泥通常只须 1～1.5mm 即可达到要求，施工过程大为简化。

4. 新型防腐蚀构造设计的应用前景

方案 A 的构造设计，已经在我国西北某大化肥厂尿素造粒塔选用，经过十余年的运转，虽然生产过程经常有开停车，但应用状况良好。方案 B 的构造设计，目前在北方某化学工业公司大型尿素装置造粒塔使用，经过十多年的运转，效果显著。

采用树脂鳞片胶泥涂层的方案，不但兼顾了贴布、复合涂料等特点，而且在提高施工可操作性、加速工程进度、有利控制工程质量等方面，显出优越性。

目前采用的防护措施，综合造价基本与环氧树脂同类构造相当，经济上是合理的，从而具有十分广阔的应用前景。大力推广这项新技术，具有特别重要的意义，它不仅对尿素造粒系统有利，对硝胺、磷肥等造粒过程也都大有益处，当然，我们还应不断改进、加强新型构造设计的开发，使这些新型耐蚀材料及综合应用技术更上新台阶。

**32.10.1.2　纯碱装置**

1. 纯碱生产概况

纯碱生产通常采用氨碱法工艺，目前的工艺技术和国外先进的单机设备，综合了长距离（数十公里）输卤管道、盐矿、泊位码头、热电装置、玻璃行业生产线和完善的基础设施。纯碱产品，包括：轻质纯碱、重质纯碱、食品纯碱和副产品芒硝。

2. 纯碱工艺

(1) 工艺路线

纯碱生产主要采用氨碱法和联碱法两种工艺，少量以天然碱为原料加工制作。氨碱法因不需要配套合成氨装置，纯碱产品质量优异而备受欢迎。目前国内大规模的纯碱生产装置多采用氨碱法，主要以粗盐水、石灰石、氨及无烟煤为原料生产轻质纯碱，以固相水合法生产重质纯碱。

(2) 工艺原理

氨碱法生产纯碱为比利时人索尔维（Solvay）首创，故也称索尔维制碱法。它是以氯化钠为原料，在氨参与下，通过一系列反应而制得的。

(3) 工艺流程

1）盐硝车间

来自盐硝矿车间和从盐矿购进的原料卤水混合进入氨蒸发器，由液氨蒸发间接冷冻降温，产生 $Na_2SO_4 \cdot 10H_2O$ 结晶后进入沉硝罐。经自然沉降分离后，脱硝卤水进入制盐多效蒸发器，蒸发浓缩产生固体盐结晶。盐结晶重新溶解制成饱和粗盐水。饱和粗盐水经旋液分离器夹带的盐结晶后被送至重碱车间盐水岗位，用于纯碱生产。

2）石灰车间

石灰石和无烟煤块按照一定的比例混合后进入石灰窑，空气从石灰窑底部进入，使无烟块煤或焦炭和石灰石燃烧，利用无烟煤块燃烧产生的热量令石灰石分解成为二氧化碳、氧化钙。二氧化碳气体从石灰窑顶离开并经过窑气净化系统除尘处理后到重碱车间压缩岗位；氧化钙则从石灰窑底离开后进入化灰机，与热水混合消化成石灰乳送至重碱车间蒸吸和盐水岗位处理，分离出来的未分解石灰石则返回石灰窑再次利用。

3）重碱车间

利用盐硝车间送来的粗盐水经过石灰纯碱法精制合格的精盐水。

利用精盐水、二氧化碳气体和液氨，生产中间产品碳酸氢钠，并送往煅烧车间；利用来自石灰车间的石灰乳、压缩岗位送来的低压蒸汽回收生产母液中的氨，循环用于碳酸氢钠的生产，并产生蒸馏废液，送往石灰车间净化岗位处理。

4）煅烧车间

碳酸氢钠结晶在轻灰煅烧炉内与中压蒸汽间接换热，产生分解反应，生成纯碱产品，并分解出二氧化碳和水，从轻灰炉出来的轻灰进行凉碱炉进行降温，分类包装。

5）热电车间

自来水或直流水依次经过机械过滤器去除机械杂质、反渗透装置去除有机杂质、阳离子交换床去除阳离子和阴离子交换床去除阴离子后成为脱盐水，作为锅炉给水进入锅炉。

3. 腐蚀与防护方案选择

（1）腐蚀与防护方案选择的原则和依据

目前我国纯碱生产企业由于腐蚀存在的问题很多。主要包括：防腐蚀材料选择单一、不合理，传统材料有局限性；结构设计不严密，总体构造简单，没有根据实际作针对性防护；施工环节监控力度不够，施工技术水平不高，缺乏对新材料、新技术的认识；疏于管理，缺少经常性、制度化的维护检修，小缺陷形成大漏洞。

（2）腐蚀与防护方案的基本要点

1）盐硝车间

① 介质情况

$Na_2SO_4$、$Na_2SO_4 \cdot 10H_2O$ 晶浆、母液、卤水、饱和粗盐水。

② 防护方案要点

a. 室内楼层地面：环氧自流平，厚度 3mm（有冲击部位，环氧树脂砂浆，厚度 5mm）。

b. 室内底层地面：环氧乙烯基酯树脂砂浆，厚度 5mm（局部贴耐酸砖）。

c. 室内墙面：环氧玻璃鳞片涂料，厚度 300$\mu$m。

d. 室外墙面：高氯化聚乙烯涂料，厚度 200$\mu$m。

e. 母液、卤水、饱和粗盐水池：乙烯基酯树脂玻璃钢衬里，厚度大于 4mm，同时复合玻璃鳞片涂层，厚度 2mm。

2）石灰车间

① 介质情况

原料包括石灰石、石灰乳、氧化钙、澄清废液、碱渣等。

② 防护方案要点

a. 室内楼层地面：环氧自流平，厚度 3mm（有冲击部位，环氧树脂砂浆，厚度 5mm）。

b. 室内底层地面：环氧乙烯基酯树脂砂浆，厚度 5mm（局部贴耐酸砖）。

c. 室内墙面：环氧玻璃鳞片涂料，厚度 300$\mu$m。

d. 室外墙面：高氯化聚乙烯涂料，厚度 200$\mu$m。

e. 澄清桶：乙烯基酯树脂玻璃钢衬里，厚度大于 4mm，同时复合玻璃鳞片涂层，厚度 2mm。

f. 碱渣外运平台：环氧乙烯基酯树脂砂浆，厚度 5mm（局部贴耐酸砖）。

3）重碱车间

① 介质情况

粗盐水、精盐水、增稠盐泥、碳酸氢钠、液氨等。

② 防护方案要点

a. 室内楼层地面：环氧自流平，厚度 3mm（有冲击部位，环氧树脂砂浆，厚度 5mm）。

b. 室内底层地面：环氧乙烯基酯树脂砂浆，厚度 5mm（局部贴耐酸砖）。

c. 室内墙面：环氧玻璃鳞片涂料，厚度 300μm。

d. 室外墙面：高氯化聚乙烯涂料，厚度 200μm。

e. 精盐水、饱和粗盐水池：乙烯基酯树脂玻璃钢衬里，厚度大于 4mm，同时复合玻璃鳞片涂层，厚度 2mm。

4）煅烧车间

① 介质情况

碳酸氢钠、重碱、回收碱液等。

② 防护方案要点

a. 室内楼层地面：环氧自流平，厚度 3mm（有冲击部位，环氧树脂砂浆，厚度 5mm）。

b. 室内底层地面：环氧乙烯基酯树脂砂浆，厚度 5mm（局部贴耐酸砖）。

c. 室内墙面：环氧玻璃鳞片涂料，厚度 300μm。

d. 室外墙面：高氯化聚乙烯涂料，厚度 200μm。

e. 回收碱液：乙烯基酯树脂玻璃钢衬里，厚度大于 4mm，同时复合玻璃鳞片涂层，厚度 2mm。

5）热电车间

① 介质情况

脱盐水等。

② 防护方案要点

a. 室内楼层地面：环氧自流平，厚度 3mm（有冲击部位，环氧树脂砂浆，厚度 5mm）。

b. 室内底层地面：环氧乙烯基酯树脂砂浆，厚度 5mm（局部贴耐酸砖）。

c. 室内墙面：环氧玻璃鳞片涂料，厚度 300μm。

d. 室外墙面：高氯化聚乙烯涂料，厚度 200μm。

e. 脱盐水箱：乙烯基酯树脂玻璃钢衬里，厚度大于 4mm，同时复合玻璃鳞片涂层，厚度 2mm（南方地区可以直接采用环氧树脂玻璃鳞片涂层，厚度 2mm）。

4. 传统的防护方案介绍

目前，在纯碱行业中，传统的防腐蚀方案及材料，包括：

（1）地面：聚合物水泥砂浆，厚度 10～20mm（有冲击部位，厚度 25mm）。

（2）墙面：氯磺化聚乙烯涂料或高氯化聚乙烯涂料，厚度 200μm。

（3）设备：环氧树脂玻璃钢衬里，厚度大于 4mm。

## 32.10.2　有色工业的基本防护类型与实例

### 32.10.2.1　有色冶金电解装置

电解槽是有色冶金的关键设备，如果防腐蚀措施不当、效果不理想，将对建筑的安全构成危害。

（1）镍电解槽（典型规格7500mm×1500mm×1200mm）典型工艺条件：

温度：60～70℃；pH：1.5～2.5。

腐蚀环境成分：$Ni^{2+}$ 60～80g/L；$Cl^-$ 60～100g/L；$SO_4^{2-}$ 90～120g/L；$Na^+$ 20～50g/L；硼酸4～10g/L。

（2）镍电解槽（典型规格7500mm×1500mm×1200mm，采用不溶阳极）典型工艺条件：

温度：65～85℃；$H_2SO_4$：50～60g/L。

腐蚀环境成分：$Ni^{2+}$ 75～85g/L；$Cl^-$ 60～80g/L；$SO_4^{2-}$ 90～120g/L；硼酸5～10g/L。在阳极区有 $O_2$ 放出。

（3）铜电解槽（典型规格5700mm×1200mm×1400mm）典型工艺条件：

温度60～70℃；$H_2SO_4$ 160～200g/L。

腐蚀环境成分：$Cu^{2+}$ 45～55g/L；$Ni^{2+}$＜20g/L；$Cl^-$＜0.005g/L。

（4）钴电解槽（典型规格6100mm×1000mm×1300mm）典型工艺条件：

温度60～70℃，pH0.5～2；游离氯阴极区＜30mg/L，阳极罩内400～550mg/L。

腐蚀环境成分：$Cu^{2+}$＜0.0005g/L；$Cl^-$＜0.005g/L；硼酸5～10g/L。在阳极区有 $Cl^-$ 放电产生 $Cl_2$。

### 32.10.2.2 防腐蚀措施概述

FRP具有质量轻、强度高、绝缘、耐温性好、良好的施工工艺性和可设计等特点，某冶炼厂于20世纪90年代开始使用FRP内衬或FRP整体设备，主要应用在铜、镍等电解槽上。电解槽防腐蚀方案见表32-98。

**某公司若干电解槽防腐蚀情况** **表32-98**

| | | 镍电解槽 | 镍电解槽 | 铜电解槽 | 钴电解槽 |
|---|---|---|---|---|---|
| 曾用防护方案 | | ①混凝土衬生漆麻布；②混凝土衬软PVC；③混凝土衬硬PVC，维护量大，使用寿命短，平均使用1.3年就大修更换；④呋喃混凝土槽，大型槽体极易出现裂缝，成本高 | — | ①混凝土衬呋喃煤焦油；②197号聚酯混凝土槽；③呋喃混凝土槽；④整体花岗石槽；⑤混凝土衬环氧玻璃钢 | ①环氧整体FRP槽；②197号、3301号聚酯整体FRP槽；③变形渗漏，表面粗化 |
| 现采用方案 | 选用树脂 | E44环氧树脂 | MFE～3树脂 | MFE～3树脂 | MFE～4树脂 |
| | 防护结构 | ①混凝土衬0.2mm厚6布中碱无纺方格布环氧玻璃钢。<br>②混凝土衬0.2m厚6布中碱无纺方格布环氧玻璃钢 | 混凝土衬0.2mm厚6布中碱无纺布+50g/m² 表面毡两层 | 混凝土衬0.2mm厚+0.4布+短切毡+表面毡 | 混凝土衬0.2mm厚布+表面毡 |

### 32.10.2.3 合理选材步骤

FRP的耐腐蚀性能主要取决于耐腐蚀树脂的品种以及耐腐蚀层结构中的树脂含量。目前采用的电解槽FRP结构中，较多采用表面毡或短切毡，在制品表面形成富树脂层（其含胶量可达到70%～90%）以进一步提高耐腐蚀等级。常用树脂类材料的性能比较见

表 32-99。

常用树脂类材料的性能比较　　表 32-99

| 树脂 | | 工艺性能 | 备注 |
|---|---|---|---|
| 环氧树脂 | | 粘结强度高，收缩率低，吸水率小，耐热性较差（<60℃），容易改性，工艺性能良好 | 低温时施工性需改进 |
| 不饱和聚酯树脂 | 二甲苯型 | 黏度低，收缩小，耐热性一般，有厌氧性，对玻璃纤维浸润性好，固化时无小分子放出，机械强度高，施工操作方便 | 应用广，成型快 |
| | 双酚 A 型 | 黏度低，耐热性较好，有厌氧性，其他同二甲苯树脂 | 施工方便，成型快 |
| 乙烯基酯树脂 | | 黏度低，粘结性强，收缩率大，韧性好，机械强度高，对纤维浸润性好，施工操作简便，耐温性好（80～150℃） | 应用范围广，施工简便，成型快 |
| 呋喃树脂 | | 耐热性好（<140℃），粘结强度低，性质较脆，通过改性可提高强度，工艺性较复杂，固化反应剧烈 | 一次成膜太厚易出现小分子聚集，产生"气泡"，后期固化需加热处理 |

**32.10.2.4　新型乙烯基酯树脂**

针对有色行业电解槽的腐蚀工况，选用 MFE～3 乙烯基酯树脂作为防腐蚀材料。

MFE～3 树脂的力学性能突出，韧性高、抗疲劳性好，特别适用于制作玻璃钢制品的抗渗漏层。

1. 施工工艺性

MFE～3 树脂具有类似于不饱和聚酯树脂的优良成型工艺性，即适宜的黏度、室温固化和凝胶时间的可调节性，其分子中羟基的存在还有助于提高树脂对玻璃纤维的浸润性，适合于制作玻璃钢制品。其质量指标见表 32-100。

MFE～3 树脂质量指标　　表 32-100

| 项目 | MFE～3 |
|---|---|
| 外观 | 淡黄色透明液体 |
| 黏度（Pa·s，25℃） | 0.4±0.1 |
| 酸值（mgKOH/g） | 14±4 |
| 凝胶时间（min，25℃） | 12±4 |
| 固含量（%） | 60±3 |
| 热稳定性 h（80℃） | ≥24 |

2. 耐腐蚀性能

MFE～3 树脂的酯基都处在可交联双键附近，树脂固化后形成的不溶、不熔致密三维网状结构大分子对酯基具有空间保护作用，从而使其具有高度的水解稳定性。其耐蚀性能见表 32-101。

MFE～3 树脂相关耐蚀性能（浇筑体）　　表 32-101

| 介质 | 浓度（%） | 使用温度（℃） | 介质 | 浓度（%） | 使用温度（℃） |
|---|---|---|---|---|---|
| $Cl_2$（气相） | — | 105 | 次氯酸 | 10 | 85 |
| 盐酸 | ≤20 | 95 | | 20 | 70 |
| | 20～36 | 75 | 次氯酸钠 | 5～15 | 65 |
| 氯化钠 | 饱和 | 95 | 氢氧化钠 | 10 | 65 |

3. 力学性能

MFE～3 树脂分子链中的双酚 A 结构、交联剂中的苯环赋予了固化物良好的刚性、高的热变形温度及硬度，其韧性、抗疲劳性、防渗漏性和密封性较为突出。这对应力下减少 FRP 的微裂纹，提高耐蚀性，有着重大意义。其力学性能见表 32-102。

**MFE～3 树脂力学性能（浇筑体）　　表 32-102**

| 项目 | MFE～3 |
|---|---|
| 拉伸强度（MPa） | 60 |
| 拉伸模量（MPa） | $3.5\times10^3$ |
| 断裂延伸率（%） | 4.0 |
| 弯曲强度（MPa） | $1\times10^5$ |
| 弯曲模量（MPa） | $3.3\times10^3$ |
| 热变形温度（℃） | $1\times10^5$ |

## 32.10.3　钢结构公共设施的基本防护类型与实例

### 32.10.3.1　工程概况

上海铁路南站位于上海市西南部的柳州路、沪闵（徐家汇—闵行）高架公路、桂林路、石龙路范围内的区域中。北与地铁 1 号线、3 号线相接，原有沪杭（上海—杭州）铁路线从上海地图纬线坐标 H7 和 H8 轴线中穿行。

### 32.10.3.2　建筑特点

其是造型新颖、结构独特的大型钢结构建筑物，是当前世界上第一座主站建筑采用圆形平面造型的铁路客站。客站直径为 278m，屋面高度为 42m，屋面由中心内亚环、钢柱、分叉钢梁、钢檩条、钢管等 4000 余件钢构件焊接而成，大型钢结构屋面通过地面均布的 18 根钢内柱和 36 根钢外柱支撑于标高 9.9m 的环形钢筋混凝土结构平台上。钢结构工程安装面积 6 万余平方米，钢材用量 7000 余吨，防护涂料用量 100 余吨。

### 32.10.3.3　涂装设计

为保证钢结构工程底涂料的附着力、涂层系统（涂层结构）各类不同涂料的相容性（配套性）及涂装的可操作性，制订涂装设计方案前，工程建设单位和相关单位对工程拟用涂料进行了相容试验、附着力试验及层间附着试验，确定了上海南站大型钢结构涂装设计方案和涂装作业方案，工程涂装前还对进场涂料实物进行了质量抽查送检和试涂。

钢结构涂装设计方案为：钢结构表面喷射处理→水性硅酸锂富锌底涂料一道→环氧封闭涂料一道→环氧云铁中间涂料一道→可覆涂性聚氨酯丙烯酸面涂料两道。设计涂层厚度为 290μm，要求硅酸锂富锌底涂料与钢材表面的拉开法附着力不小于 3.5MPa，各类涂膜之间的划格法层间附着力大于 1 级。涂层设计预期使用寿命大于 10a。

钢结构涂装作业方案为：①于钢结构企业工厂内实施钢构件制造、表面处理、硅酸锂富锌底涂料及环氧封闭涂料的涂装。②于工程现场实施钢构件安装、损坏涂膜的修复、环氧云铁中间涂料及聚氨酯丙烯酸面涂料的涂装。③涂装工艺（方法）为：依钢构件形状、多少、面积等状况，采用刷涂、滚涂、高压无气喷涂或空气喷涂。

### 32.10.3.4　钢结构表面处理和涂装

1. 钢结构工厂表面处理和涂装

钢结构表面进行喷砂处理，质量等级 Sa2.5 级，表面粗糙度 40～70μm。

2. 钢结构表面涂装

第一道涂装：硅酸锂富锌底涂料，干膜厚度 100μm，覆涂间隔时间 24～144h（25℃，$RH \geqslant 65\%$）。

第二道涂装：环氧封闭涂料，干膜厚度 30μm，最小覆涂间隔时间不少于 6h（25℃）。

3. 现场安装钢结构后涂装

修补运输和安装时不慎损坏的涂膜，现场涂装。

第三道涂装：环氧铁红中间涂料，干膜厚度 80μm，最小覆涂间隔时间不少于 6h（25℃）。

第四道涂装：聚氨酯丙烯酸面涂料（中灰色），干膜厚度 40μm，最小覆涂间隔时间不少于 6h（25℃）。

第五道涂装：聚氨酯丙烯酸面涂料，干膜厚度 80μm，涂层厚度大于 290μm。

实践表明，上海铁路南站建设单位对其大型钢结构工程采取的涂装设计、涂装方案、涂装试验、涂料抽检等技术管理举措，是保证钢结构涂装工程质量和涂装工程进度的重要因素。

## 32.10.4　电力行业的基本防护类型与实例

### 32.10.4.1　火电厂湿法烟气脱硫技术

处于脱硫工况时，在强制氧化环境作用下，硫烟气中的 $SO_2$ 首先与水生成 $H_2SO_3$ 及 $H_2SO_4$，再与碱性吸收剂反应生成硫酸盐沉淀分离。

### 32.10.4.2　脱硫装置腐蚀区域及构成

主要分为三个部分：一是烟气输送及热交换系统；二是烟气中 $SO_2$ 的吸收及氧化系统；三是吸收剂（石灰石浆液）的传输及回收系统。图 32-1 所示为湿法空塔吸收烟气脱硫装置工艺流程。

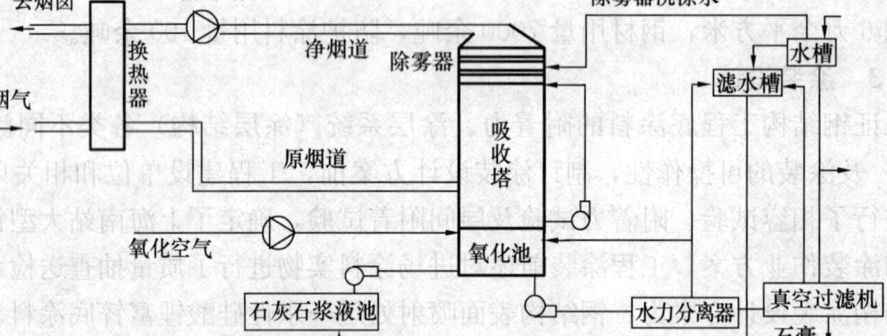


图 32-1　湿法空塔吸收烟气脱硫装置工艺流程示意

### 32.10.4.3　烟气脱硫装置结构的防腐蚀设计

吸收塔作为烟气脱硫装置的主要工作设备，因其承载较大，在设备结构设计中，其结构、强度、刚性往往考虑得较充分。

烟道结构设计整体结构强度及刚性实施烟道防腐蚀结构设计。

### 32.10.4.4　衬里结构总体设计

充分认识防腐蚀衬里材料特性和待衬设备的结构、强度、刚性及装置运行状态对衬里材料的影响，有效兼顾鳞片防腐蚀衬里材料与待衬设备的结构、强度、刚性及运行状态的匹配关系。各区域腐蚀环境分析和衬里结构构成见表 32-103。

**各区域腐蚀环境分析和衬里结构构成** **表 32-103**

| FGL 类型 | 普通型 | | 耐磨型 A | | 耐磨型 B | | 耐热型 | | 耐热耐磨型 | | 混凝土＋FGL |
|---|---|---|---|---|---|---|---|---|---|---|---|
| | 结构层 | 型号 | 结构层 | 型号 | 结构层 | 型号 | 结构层 | 型号 | 结构层 | 型号 | 结构层 |
| 耐温 | ≤100 | | ≤100 | | ≤100 | | ≤160 | | ≤160 | | ≤100 |
| 耐腐蚀 | ◎ | | ◎ | | ◎ | | ◎ | | ◎ | | ◎ |
| 耐磨 | ○ | | ⊙ | | ◎ | | ○ | | ◎ | | ○ |
| 衬里结构层 | 底漆层 | YZD～2 | 底漆层 | YZD～2 | 底漆层 | YZD～2 | 底漆层 | YZD～3 | 底漆层 | YZD～3 | 底漆层 |
| | 普通型 FGL 层 | YZJ～2 | 耐磨型 FGL 层 | — | 耐磨型 FGL 层 | — | 耐热型 FGL 层 | — | 耐热耐磨型 FGL 层 | — | 耐磨型 FGL 层 |
| | 普通型 FGL 层 | YZJ～2 | 耐磨型 FGL 层 | — | 耐磨型 FGL 层 | — | 耐热型 FGL 层 | — | 耐热耐磨型 FGL 层 | — | 耐磨型 FGL 层 |
| | 面漆层 | YZM～2 | 耐磨面漆层 | — | 耐磨型砂浆层 | — | 耐热面漆层 | — | 耐热耐磨型砂浆层 | — | 耐磨面漆层 |
| | — | — | — | — | 耐磨面漆层 | — | — | — | 耐热耐磨面漆层 | — | — |
| 厚度 | 1.5～2mm | | 2mm | | 3.5mm | | 1.5～2mm | | 3.5mm | | 2mm |
| 腐蚀环境分析 | 该结构适用区域为吸收塔出口烟道，除雾器区、净烟气换热器区烟道内壁及出口烟道。其主要腐蚀环境条件为：<br>1. 该区烟气温度为 40～90℃。<br>2. 含微量 $SO_2$ 腐蚀性湿烟气引发的内壁腐蚀。<br>3. 大气环境湿度及湿烟气引发的内壁露点腐蚀。<br>4. 低固体含量、高流速烟气引发的内衬层轻度磨损 | | 该结构适用区域为吸收塔 $SO_2$ 吸收区及氧化池侧壁。其主要腐蚀环境条件为：<br>1. 该区烟气温度为 46℃。<br>2. 脱硫液固体含量为小于 25wt%。<br>3. $SO_2$ 吸收过程中的新生态稀亚硫酸引发的内壁腐蚀。<br>4. 高固体含量浆液自重落体引发的内衬材料冲刷中度磨损。<br>5. 低温热应力引发的内衬材料轻度热应力破坏 | | 该结构适用区域为氧化池底部及上延 1m 高、搅拌浆中心周边 2m 区域。其主要腐蚀环境条件为：<br>1. 在机械搅拌及氧化空气作用下高固体含量浆液引发的内衬层的重度磨损。<br>2. 低温热应力引发的内衬层的轻度热应力破坏。<br>3. 在维修条件下人为机械力碰撞破坏引发的内衬层机械力损伤。<br>4. 因设备基座变形导致设备底板形变引发的内衬层形变应力开裂。<br>5. 氧化空气冲刷作用引发的下方防腐层局部腐蚀 | | 该区是指原烟气换热器出口烟道至吸收塔入口烟道。其主要腐蚀环境条件为：<br>1. 该区烟气温度为 101～150（事故状态）℃。<br>2. 未处理烟气固体含量为 3wt%～8wt%。<br>3. 树脂高温失强，烟道刚性不足，因结构震颤引发的衬层重度龟裂脱粘失效。<br>4. 高温 $SO_2$ 烟气引发的内衬层烧蚀腐蚀（温度大于 160℃时）。<br>5. 装置停用时大气环境湿度吸收残存 $SO_2$ 引发的露点腐蚀。<br>6. 低固体含量、高流速引发的内衬层轻度磨损 | | 该结构适用区域为高温原烟气与低温脱硫液交汇区域，即吸收塔入口及浆液喷淋区。其主要腐蚀环境条件为：<br>1. 该区烟气温度为 101～46℃，低温脱硫液温度为室温。<br>2. 脱硫浆液固体含量为 25wt%。<br>3. 高固体含量浆液压力喷射及自重落体引发的内衬冲刷重度磨损。<br>4. 区域环境冷热分布不均导致的内衬层强热应力开裂破坏（喷浆管因腐蚀扩嘴形成非雾化喷浆时）。<br>5. 树脂高温失强导致耐磨性能下降，力学龟裂形成介质穿透性渗透导致金属基体腐蚀 | | 该结构适用区域为脱硫装置的石灰石制备系统和石膏脱水系统：<br>1. 该区浆液温度为 40～46℃。<br>2. 脱硫液固体含量为 5wt%～70wt%。<br>3. 高固体含量浆液排注、搅拌引发的内衬层中度磨损。<br>4. 混凝土表面分层、疏松或湿度过大导致的内衬层开裂脱落 |

说明：表中符号：◎—好；⊙—较好；○—可。

以鳞片结构层（抗渗层）、纤维鳞片结构层（抗渗、抗热应力层）、鳞片纤维耐磨砂浆结构层（抗渗、抗磨、抗热应力层）、鳞片耐磨砂浆结构层（抗渗、抗磨应力层）作为复合衬里结构的基本结构层。烟气脱硫装置用鳞片衬里性能如表32-104所示。

**烟气脱硫装置用鳞片衬里材料性能表**　　表32-104

| 型号性能 | 高温胶泥 | 低温胶泥 | 耐磨砂浆 | 高温底漆 | 高温面漆 | 低温底漆 | 低温面漆 |
|---|---|---|---|---|---|---|---|
| 抗拉强度（MPa） | 36 | 35 | — | — | — | — | — |
| 弯曲强度（MPa） | 82 | 79 | 69 | — | — | — | — |
| 抗压强度（MPa） | 13、4 | 12、8 | 98 | — | — | — | — |
| 冲击强度（$J/cm^2$） | 0、43 | 0、52 | 0、38 | — | — | — | — |
| 密度（$g/cm^3$） | 1.47 | 1.52 | 1.32 | 1.1 | 1.1 | 1.1 | 1.1 |
| 树脂含量（%） | 49 | 48 | 45 | 90 | 80 | 90 | 80 |
| 孔隙率（%） | 1.41 | 1.43 | 1.3 | — | — | — | — |
| 巴氏硬度 | 54 | 52 | 58 | — | — | — | — |
| 线膨胀系数（$\times10^{-6}K^{-1}$） | 1.04 | 1.06 | 1.07 | — | — | — | — |
| 固化收缩率（%） | ≤0.5 | ≤0.5 | ≤0.5 | — | — | — | — |
| 磨损系数 | 59 | 57 | 80 | — | 74 | — | 68 |
| 使用温度（℃） | 160 | 90 | 160 | 160 | 160 | 90 | 90 |
| 不可溶分含量（%） | 88 | 86 | 90 | — | — | — | — |
| 黏度（mPa·s，25℃） | 胶泥状 | 胶泥状 | 胶泥状 | ≈5 | ≈10 | ≈5 | ≈10 |
| 施工料使用时间（h） | 40～50 | 40～50 | 40～50 | 40～50 | 40～50 | 40～50 | 40～50 |
| 单层施工厚度（mm） | 0.01 | 0.01 | 0.3～0.5 | ≈0.05 | ≈0.01 | ≈0.05 | ≈0.1 |
| 涂敷间隔时间（h） | 4 | 4 | 4 | 4 | 4 | 4 | 4 |

### 32.10.4.5　鳞片衬里施工技术

1. 施工料固化时间的控制

所谓固化时间，从施工角度讲就是施工料配制后的有效使用时间，这一时间的有效控制是方便施工和保证施工质量的前提。控制固化时间应兼顾固化剂用量范畴（或最佳用量）、配料量、施工人员单位施工能力、施工现场条件（包括温度、湿度、配料场所与施工现场的距离）、被防护设备及零部件施工难度等几个方面的问题。

2. 界面生成气泡的消除

鳞片衬里材料填料量大、十分黏稠，在大气中任何情况下的翻动及搅拌、堆摊都会导致料体与空气界面间裹入大量空气，形成气泡。此外，在鳞片衬里涂抹过程中，被防护表面与涂层间也不可避免地要包裹进许多空气，形成气泡。鉴于上述两类气泡均是由界面包裹进空气生成的，故称之为界面生成气泡。对于界面生成气泡的消除，主要可从抑制生成及滚压消除两方面入手。抑制生成是从控制施工操作入手，对施工人员提出两个方面的要求：一是施工用料在施工作业中严禁随意搅动。托料、上抹刀、镘抹依次循序进行。应尽可能减少随意翻动、堆积等习惯性行为。二是镘抹时，抹刀应与被抹面保持一适当角度，施工操作应沿夹角方向以适当速度推抹，使胶料沿被防护表面逐渐涂敷，达到使界面间空气在涂抹中不断自界面间推挤出。

3. 滚压作业

滚压作业是鳞片衬里施工特有的一道工序，其方法是用专门制作的沾有少量滚压液的羊毛辊在已施工镘抹定位的鳞片衬里表面沿一个方向滚压施压。滚压时应特别注意以下几点：一是滚压液不可浸沾过多；二是不可漏滚；三是当衬层出现流淌现象时，应多次重复沿一个方向滚压。

4. 表面流淌性的抑制

鳞片衬里涂抹后的流淌性是由高分子材料的特性及鳞片衬里本身因重力悬垂产生的坠流引起的。尽管在材料配方中已考虑此问题，但由于树脂黏度是随温度变化的，故还需视现场环境气温条件加以调整。

5. 衬里层间界面及端界面处理

鳞片衬里每次施工只能是区域性的，因此，就有一个端界面处理问题。在施工中，端界面必须采用搭接，不允许对接（图 32-2）。因为端界面形状自由性较大，对接难以保证两端面相互间有效密合，鳞片排列亦处于不良状态，使其成为防腐蚀薄弱点。此外，每层施工的端界面应尽可能相互错开，使其处于逐层封闭状态。

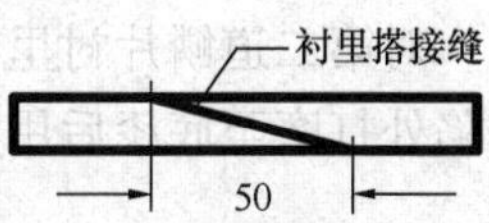

图 32-2 端界面搭接结构示意图

6. 衬层厚度控制

控制厚度的目的在于使整个被防护表面具有近似等同的抗腐蚀能力，避免局部首先破坏。此外，控制厚度还可以有效地降低材料投资成本。

7. 鳞片的定向排列

鳞片在衬层中的定向有序排列，是鳞片衬里抗介质渗透结构形成的前提。所谓定向有序，就是使鳞片成垂直于介质渗透方向有序的叠压排列。在施工中，这主要靠有序的涂抹及滚压来实现。

8. 鳞片衬里修补

在鳞片衬里施工中，不可避免地会出现这样那样的施工缺陷，因此必须通过修补，将经检测确认的衬里施工质量缺陷完全消除。包括：①衬层针孔；②表面损伤；③层内有显见杂物；④衬层厚度不足区；⑤衬层固化不足区；⑥表面流淌；⑦脚手架支撑点拆除后补涂。其修补过程是：首先用砂轮机将检查出来的缺陷处打磨成平滑的波形凹坑（针孔打磨至金属基体表面），且务必将缺陷完全消除，而后用溶剂擦洗干净打磨区，按鳞片衬里施工方法逐次补涂。具体各类缺陷的修补要求见图 32-3。

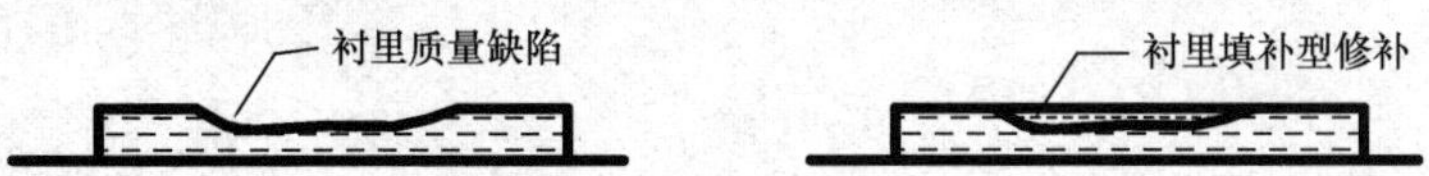

图 32-3 填补型修补

对漏涂、施工厚度不合格等质量缺陷实施填补型修补。填平补齐，滚压合格即可。

对漏滚、表面流淌等质量缺陷实施调整型修补。即将漏滚麻面、流淌痕打磨平滑用溶剂擦洗干净后，填平补齐，滚压合格即可，见图 32-4。

对第一道鳞片衬里未硬化、漏电点、夹杂物、碰伤等质量缺陷实施挖除型修补。衬里缺陷区打磨坑边沿坡度为 15°～25°，用溶剂擦洗干净后按鳞片衬里施工方法逐次补涂，见

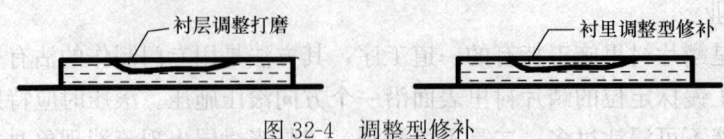

图 32-4　调整型修补

图 32-5。

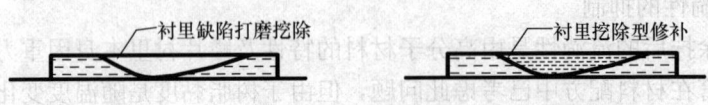


图 32-5　挖除型修补

对第二道鳞片衬里漏电点、碰伤质量缺陷实施两道一起的挖除型修补，需用砂轮机将缺陷处打磨至底漆后用溶剂擦洗干净，依图 32-6 按鳞片衬里施工方法逐次补涂。

图 32-6　两道衬里缺陷挖除型修补

9. 玻璃钢局部增强结构作业

采用玻璃布增强时，应先用预先配制好的略稠胶泥将待增强鳞片衬里表面区找平，然后按玻璃钢施工规程，逐层铺贴。需要强调的是，玻璃布增强后端部的玻纤毛刺由于胶液浸渍固化而成坚硬的毛刺或翘边，妨碍面漆的刷涂以及及时对玻璃布端部的封闭，因此，必须打磨平整。

# 33 建筑节能与保温隔热工程

## 33.1 建筑节能概述

### 33.1.1 建筑节能国内发展现状

建筑节能工作经历了30余年的发展，现阶段建筑节能65%的设计标准已经基本普及，为满足人民群众对美好生活的向往，建筑物迈向“更舒适、更节能、更高质量、更好环境”是大势所趋。因此，我国近年不断推进近零能耗建筑标准体系的建立，与我国1986～2016年的建筑节能30%、50%、65%的“三步走”进行合理衔接，同时也和我国2025、2035、2050中长期建筑能效提升目标有效关联。

2016年国务院印发了《“十三五”节能减排综合工作方案》，强调建筑行业必须强化建筑节能。明确提出实施建筑节能先进标准领跑行动，开展超低能耗及近零能耗建筑建设试点等要求。

为此，我国结合已有工程实践，提炼示范建筑在设计、施工、运行等环节的共性关键技术要点，形成我国自有技术体系，颁布实施了《近零能耗建筑技术标准》GB/T 51350—2019标准，为今后从并跑走向领跑、全面参与国际节能领域建设、产品部品出口国际奠定基础。

该标准中要求，近零能耗建筑的能耗水平较国家标准《公共建筑节能设计标准》GB 50189—2015和行业标准《严寒和寒冷地区居住建筑节能设计标准》JGJ 26—2018、《夏热冬冷地区居住建筑节能设计标准》JGJ 134—2010、《夏热冬暖地区居住建筑节能设计标准》JGJ 75—2012降低60%～75%以上；超低能耗建筑则是近零能耗建筑的初级表现形式，其室内环境参数与近零能耗建筑相同，能效指标略低于近零能耗建筑，其建筑能耗水平应较上述相关标准降低50%以上。不同类型能效指标见表33-1～表33-9。

**近零能耗居住建筑能效指标** **表33-1**

<table>
<tr><td colspan="2">建筑能耗综合值</td><td colspan="5">≤55[kWh/(m²·a)]或≤6.8[kgce/(m²·a)]</td></tr>
<tr><td rowspan="4">建筑本体性能指标</td><td rowspan="2">供暖年耗热量[kWh/(m²·a)]</td><td>严寒地区</td><td>寒冷地区</td><td>夏热冬冷地区</td><td>温和地区</td><td>夏热冬暖地区</td></tr>
<tr><td>≤18</td><td>≤15</td><td colspan="2">≤8</td><td>≤5</td></tr>
<tr><td>供冷年耗冷量[kWh/(m²·a)]</td><td colspan="5">$\leqslant 3+1.5\times WDH_{20}+2.0\times DDH_{28}$</td></tr>
<tr><td>建筑气密性(换气次数$N_{50}$)</td><td colspan="2">≤0.6</td><td colspan="3">≤1.0</td></tr>
<tr><td colspan="2">可再生能源利用率</td><td colspan="5">≥10%</td></tr>
</table>

注：1. 建筑本体性能指标中的照明、生活热水、电梯系统能耗通过建筑能耗综合值进行约束，不作分项限值要求；
2. 本表适用于居住建筑中的住宅类建筑，面积的计算基准为套内使用面积；
3. $WDH_{20}$(Wet-bulb degree hours 20)为一年中室外湿球温度高于20℃时刻的湿球温度与20℃差值的逐时累计值(单位：kKh，千度小时)；
4. $DDH_{28}$(Dry-bulb degree hours 28)为一年中室外湿球温度高于28℃时刻的湿球温度与28℃差值的逐时累计值(单位：kKh，千度小时)。

**近零能耗公共建筑能效指标　　表 33-2**

| | | | | | | |
|---|---|---|---|---|---|---|
| 建筑综合节能率 | | ≥60% | | | | |
| 建筑本体性能指标 | 建筑本体节能率 | 严寒地区 | 寒冷地区 | 夏热冬冷地区 | 夏热冬暖地区 | 温和地区 |
| | | ≥30% | | ≥20% | | |
| | 建筑气密性（换气次数 $N_{50}$） | ≤1.0 | | — | | |
| 可再生能源利用率 | | ≥10% | | | | |

注：本表也适用于非住宅类居住建筑。

**超低能耗居住建筑能效指标　　表 33-3**

| | | | | | | |
|---|---|---|---|---|---|---|
| 建筑能耗综合值 | | ≤65[kWh/(m²·a)]或≤8.0[kgce/(m²·a)] | | | | |
| 建筑本体性能指标 | 供暖年耗热量[kWh/(m²·a)] | 严寒地区 | 寒冷地区 | 夏热冬冷地区 | 温和地区 | 夏热冬暖地区 |
| | | ≤30 | ≤20 | ≤10 | | ≤5 |
| | 供冷年耗冷量[kWh/(m²·a)] | $\leqslant 3.5+2.0\times WDH_{20}+2.2\times DDH_{28}$ | | | | |
| | 建筑气密性(换气次数 $N_{50}$) | ≤0.6 | | ≤1.0 | | |

注：1. 建筑本体性能指标中的照明、生活热水、电梯系统能耗通过建筑能耗综合值进行约束，不作分项限值要求；
2. 本表适用于居住建筑中的住宅类建筑，面积的计算基准为套内使用面积；
3. $WDH_{20}$(Wet-bulb degree hours 20)为一年中室外湿球温度高于 20℃时刻的湿球温度与 20℃差值的逐时累计值(单位：kKh，千度小时)；
4. $DDH_{28}$(Dry-bulb degree hours 28)为一年中室外湿球温度高于 28℃时刻的湿球温度与 28℃差值的逐时累计值(单位：kKh，千度小时)。

**超低能耗公共建筑能效指标　　表 33-4**

| | | | | | | |
|---|---|---|---|---|---|---|
| 建筑综合节能率 | | ≥50% | | | | |
| 建筑本体性能指标 | 建筑本体节能率 | 严寒地区 | 寒冷地区 | 夏热冬冷地区 | 夏热冬暖地区 | 温和地区 |
| | | ≥25% | | ≥20% | | |
| | 建筑气密性（换气次数 $N_{50}$） | ≤1.0 | | | | |

注：本表也适用于非住宅类居住建筑。

**居住建筑非透光围护结构平均传热系数　　表 33-5**

| 围护结构部位 | 传热系数 K [W/(m²·K)] | | | | |
|---|---|---|---|---|---|
| | 严寒地区 | 寒冷地区 | 夏热冬冷地区 | 夏热冬暖地区 | 温和地区 |
| 屋面 | 0.10～0.15 | 0.10～0.20 | 0.15～0.35 | 0.25～0.40 | 0.20～0.40 |
| 外墙 | 0.10～0.15 | 0.15～0.20 | 0.15～0.40 | 0.30～0.80 | 0.20～0.80 |
| 地面及外挑楼板 | 0.15～0.30 | 0.20～0.40 | — | — | — |

**公共建筑非透光围护结构平均传热系数　　表 33-6**

| 围护结构部位 | 传热系数 K [W/(m²·K)] | | | | |
|---|---|---|---|---|---|
| | 严寒地区 | 寒冷地区 | 夏热冬冷地区 | 夏热冬暖地区 | 温和地区 |
| 屋面 | 0.10～0.20 | 0.10～0.30 | 0.15～0.35 | 0.30～0.60 | 0.20～0.60 |
| 外墙 | 0.10～0.25 | 0.10～0.30 | 0.15～0.40 | 0.30～0.80 | 0.20～0.80 |
| 地面及外挑楼板 | 0.20～0.30 | 0.25～0.40 | — | — | — |

分隔供暖空间和非供暖空间的非透光围护结构平均传热系数　表 33-7

| 围护结构部位 | 传热系数 K [W/(m²·K)] | |
|---|---|---|
| | 严寒地区 | 寒冷地区 |
| 楼板 | 0.20～0.30 | 0.30～0.50 |
| 隔墙 | 1.00～1.20 | 1.20～1.50 |

居住建筑外窗（包括透光幕墙）传热系数（*K*）和太阳得热系数（*SHGC*）值　表 33-8

| 性能参数 | | 严寒地区 | 寒冷地区 | 夏热冬冷地区 | 夏热冬暖地区 | 温和地区 |
|---|---|---|---|---|---|---|
| 传热系数 K [W/(m²·K)] | | ≤1.0 | ≤1.2 | ≤2.0 | ≤2.5 | ≤2.0 |
| 太阳得热系数 SHGC | 冬季 | ≥0.45 | ≥0.45 | ≥0.40 | — | ≥0.40 |
| | 夏季 | ≤0.30 | ≤0.30 | ≤0.30 | ≤0.15 | ≤0.30 |

注：太阳得热系数为包括遮阳（不含内遮阳）的综合太阳得热系数。

公共建筑外窗（包括透光幕墙）传热系数（*K*）和太阳得热系数（*SHGC*）值　表 33-9

| 性能参数 | | 严寒地区 | 寒冷地区 | 夏热冬冷地区 | 夏热冬暖地区 | 温和地区 |
|---|---|---|---|---|---|---|
| 传热系数 K（W/（m²·K）) | | ≤1.2 | ≤1.5 | ≤2.2 | ≤2.8 | ≤2.2 |
| 太阳得热系数 SHGC | 冬季 | ≥0.45 | ≥0.45 | ≥0.40 | — | — |
| | 夏季 | ≤0.30 | ≤0.30 | ≤0.15 | ≤0.15 | ≤0.30 |

注：太阳得热系数为包括遮阳（不含内遮阳）的综合太阳得热系数。

### 33.1.2 建筑节能必要性

我国的建筑节能形势严峻，快速城镇化带动建筑业快速发展，建筑业规模不断扩大。2001年起，我国建筑建造速度维持高位，年竣工面积平均超过15亿m²；保持高位的竣工面积使得我国建筑存量不断增长。建筑规模的持续增长主要从两方面驱动了能源消耗和碳排放增长：一方面，不断增长的建筑面积给未来带来了大量的建筑运行能耗需求，更多的建筑必然需要更多的能源来满足其供暖、通风、空调、照明、炊事、生活热水，以及其他各项服务功能；另一方面，大规模建设活动的建材使用、建材的生产导致了大量能源消耗和碳排放的产生。

在民用建筑方面，随着我国城镇化进程不断推进，民用建筑建造能耗也迅速增长。清华大学建筑节能研究中心估算了民用建筑的建造能耗，如图33-1所示。民用建筑的能耗从2004年的2.1亿tce增长到2017年的5.2亿tce，其中城镇住宅、农村住宅、公共建筑分别占比42%、14%、44%。

建筑节能工作经历了30余年的发展，从1986年到2016年，基本实现了节能30%、50%、65%的“三步走”目标，现阶段建筑节能65%的设计标准已经全面普及，建筑节能工作减缓了我国建筑能耗随城镇建设发展而持续高速增长的趋势，提高了人们居住、工作和生活环境的质量。

2016年国务院印发了《“十三五”节能减排综合工作方案》，强调建筑行业必须强化建筑节能。明确开展超低能耗及近零能耗建筑建设试点等要求。近年来，我国也在不断推进近零能耗建筑标准体系的建立，一方面实现了与节能“三步走”的合理衔接，另一方

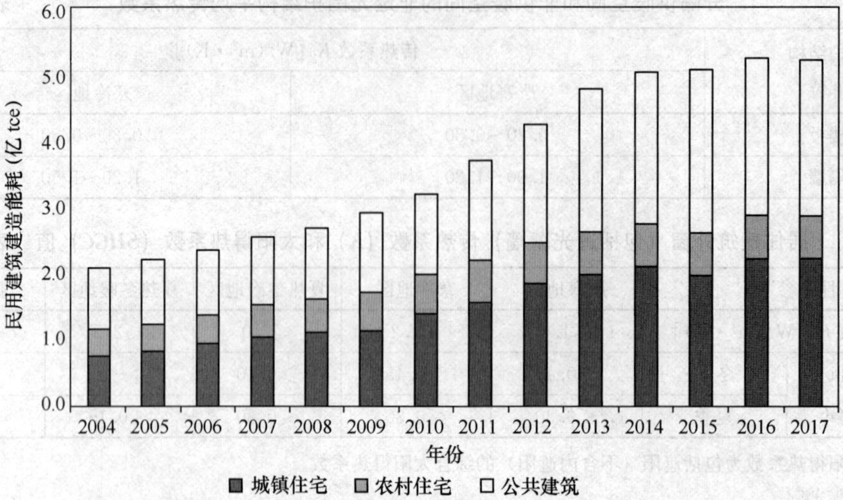


图 33-1　历年竣工民用建筑建造能耗（2004—2017 年）

面，也和我国 2025、2035、2050 中长期建筑能效提升目标有效关联，指导了建筑节能相关行业发展，在新建和改造工程中，广泛利用节能新技术、新工艺、新材料、新设备，积极探索节能新领域，发挥科技节能优势，挖掘节能潜力。

## 33.1.3　影响建筑能耗的主要因素

民用建筑能耗，受多种因素的影响，主要包括建筑围护结构以及为了实现建筑的各项服务功能所使用的耗能系统。

### 33.1.3.1　围护结构能耗

1. 围护结构热工性能对建筑采暖能耗的影响

建筑围护结构的热工性能决定了围护结构的传热耗热量和空气渗透耗热量，直接影响着建筑物的采暖和空调能耗。

（1）围护结构的传热耗热量

围护结构各部位的传热耗热量在不同节能阶段耗热量指标是不同的，随着对建筑物节能要求提高，围护结构各部位的耗热量逐渐下降。我国从“九五”计划对新建建筑提出“三步走”的节能目标，即“节能 30%”“节能 50%”“节能 65%”，现在部分城市率先提出了“节能 75%”的目标，2019 年，《近零能耗建筑技术标准》GB/T 51350—2019 发布，节能率进一步提高。以严寒寒冷地区为例，围护结构传热系数限值见表 33-10、图 33-2～图 33-6。

（2）围护结构的空气渗透耗热量

当室内外空气存在压差时，高压部分的空气通过围护结构上的缝隙、洞口渗透到低压一侧，为空气渗透。一般压差有风压和热压，夏季室内外温差比较小，主要是风压造成空气渗透；冬季如果室内采暖，室内外温差比较大，热压形成烟囱效应会增强空气渗透。室外的冷空气从建筑物的下部开口进入，室内的热空气从建筑物上部的开口流出，建筑物通过空气渗透消耗热量。在不同的节能阶段，通过对围护结构各部位采取相应的节能措施，以降低其各部位的耗热量，确保总体建筑的总耗热量降低的要求，见表 33-10。

**不同节能目标对围护结构各部位的性能要求** **表 33-10**

| 项目 | | 节能 50% JGJ 26—95 K[W/(m²·K)] 体形系数 ≤0.3 | 节能 50% JGJ 26—95 K[W/(m²·K)] 体形系数 >0.3 | 节能 65% JGJ 26—2010 K[W/(m²·K)] 窗墙面积比 — | 节能 65% 建筑层数 ≤3层 | 节能 65% 建筑层数 (4~8)层 | 节能 65% 建筑层数 ≥9层 | 节能 75% JGJ 26—2018 K[W/(m²·K)] 窗墙面积比 — | 节能 75% 建筑层数 ≤3层 | 节能 75% 建筑层数 ≥4层 |
|---|---|---|---|---|---|---|---|---|---|---|
| 严寒A区 | 外墙 | 0.52 | 0.40 | — | 0.25 | 0.40 | 0.50 | — | 0.25 | 0.35 |
| | 屋面 | 0.40 | 0.25 | — | 0.20 | 0.25 | 0.25 | — | 0.15 | 0.15 |
| | 外窗 | 2.00 | | ≤0.2 | 2.0 | 2.5 | 2.5 | ≤0.30 | 1.4 | 1.6 |
| | | | | (0.2~0.3] | 1.8 | 2.0 | 2.2 | | | |
| | | | | (0.3~0.4] | 1.6 | 1.8 | 2.0 | (0.30~0.45] | 1.4 | 1.6 |
| | | | | (0.4~0.45] | 1.5 | 1.6 | 1.8 | | | |
| 严寒B区 | 外墙 | 0.52 | 0.40 | — | 0.30 | 0.45 | 0.55 | — | 0.25 | 0.35 |
| | 屋面 | 0.50 | 0.30 | — | 0.25 | 0.30 | 0.30 | — | 0.20 | 0.20 |
| | 外窗 | 2.50 | | ≤0.2 | 2.0 | 2.5 | 2.5 | ≤0.30 | 1.4 | 1.8 |
| | | | | (0.2~0.3] | 1.8 | 2.2 | 2.2 | | | |
| | | | | (0.3~0.4] | 1.6 | 1.9 | 2.0 | (0.30~0.45] | 1.4 | 1.6 |
| | | | | (0.4~0.45] | 1.5 | 1.7 | 1.8 | | | |
| 严寒C区 | 外墙 | 0.56~0.68 | 0.45~0.56 | — | 0.35 | 0.50 | 0.60 | — | 0.30 | 0.40 |
| | 屋面 | 0.50~0.60 | 0.30~0.40 | — | 0.30 | 0.40 | 0.40 | — | 0.20 | 0.20 |
| | 外窗 | 3.00 | | ≤0.2 | 2.0 | 2.5 | 2.5 | ≤0.30 | 1.6 | 2.0 |
| | | | | (0.2~0.3] | 1.8 | 2.2 | 2.2 | | | |
| | | | | (0.3~0.4] | 1.6 | 2.0 | 2.0 | (0.30~0.45] | 1.4 | 1.6 |
| | | | | (0.4~0.45] | 1.5 | 1.8 | 1.8 | | | |
| 寒冷A区 | 外墙 | 0.68~1.16 | 0.65~0.82 | — | 0.45 | 0.60 | 0.70 | — | 0.35 | 0.45 |
| | 屋面 | 0.70~0.80 | 0.50~0.60 | — | 0.35 | 0.45 | 0.45 | — | 0.25 | 0.25 |
| | 外窗 | 4.0 | | ≤0.2 | 2.8 | 3.1 | 3.1 | ≤0.30 | 1.8 | 2.2 |
| | | | | (0.2~0.3] | 2.5 | 2.8 | 2.8 | | | |
| | | | | (0.3~0.4] | 2.0 | 2.5 | 2.5 | (0.30~0.50] | 1.5 | 2.0 |
| | | | | (0.4~0.5] | 1.8 | 2.0 | 2.3 | | | |
| 寒冷B区 | 外墙 | 1.20~1.40 | 0.85~1.10 | — | 0.45 | 0.60 | 0.70 | — | 0.35 | 0.45 |
| | 屋面 | 0.80 | 0.60 | — | 0.35 | 0.45 | 0.45 | — | 0.30 | 0.30 |
| | 外窗 | 4.0 | | ≤0.2 | 2.8 | 3.1 | 3.1 | ≤0.30 | 1.8 | 2.2 |
| | | | | (0.2~0.3] | 2.5 | 2.8 | 2.8 | | | |
| | | | | (0.3~0.4] | 2.0 | 2.5 | 2.5 | (0.30~0.50] | 1.5 | 2.0 |
| | | | | (0.4~0.5] | 1.8 | 2.0 | 2.3 | | | |
| 空气渗透 | | 0.5次/h | | 0.5次/h | | | | 0.5次/h | | |

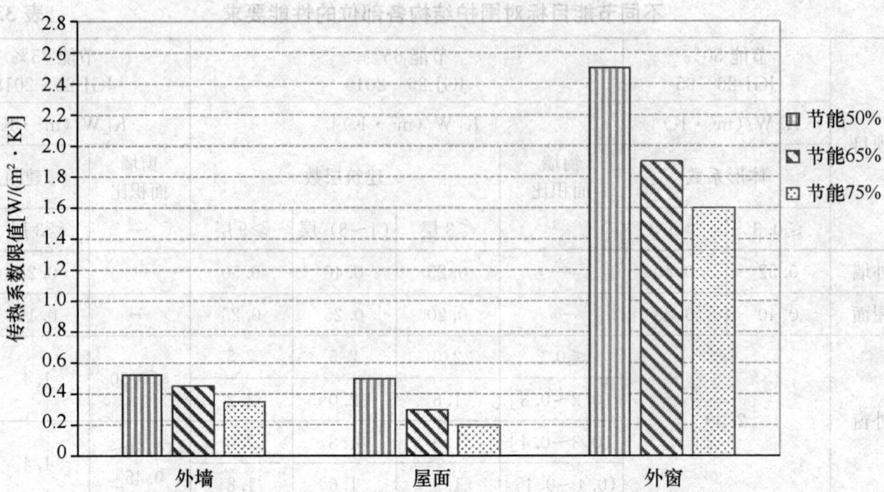


图 33-2　严寒 A 区外墙、屋面、外窗传热系数

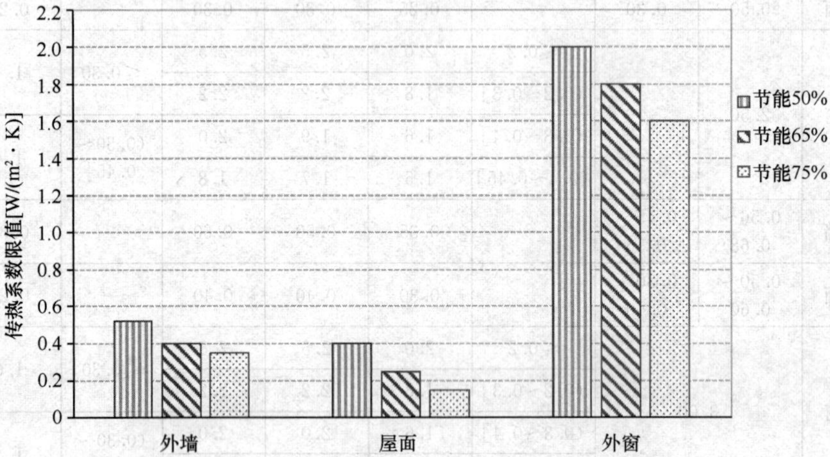


图 33-3　严寒 B 区外墙、屋面、外窗传热系数

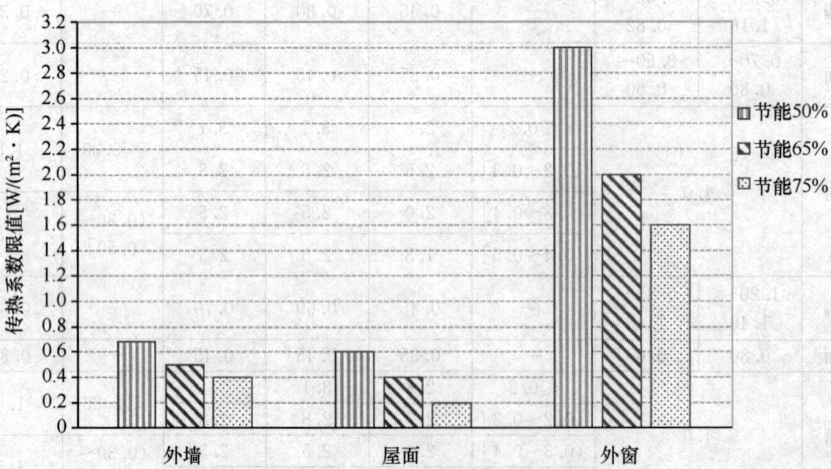


图 33-4　严寒 C 区外墙、屋面、外窗传热系数

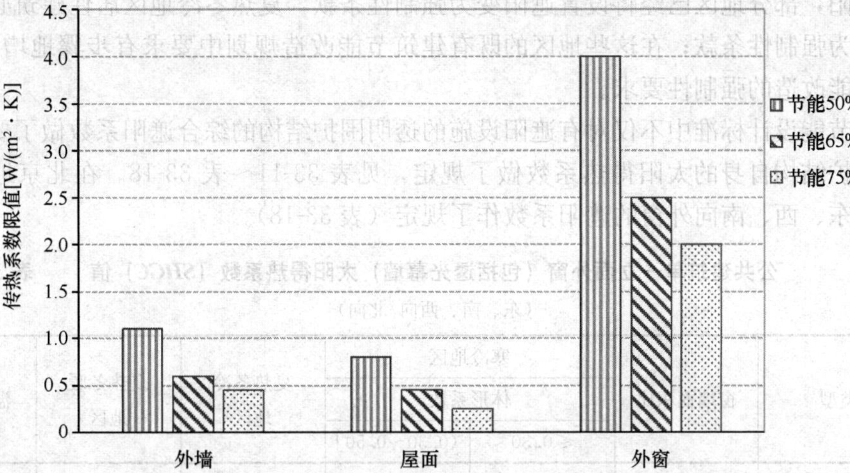


图 33-5 寒冷 A 区外墙、屋面、外窗传热系数

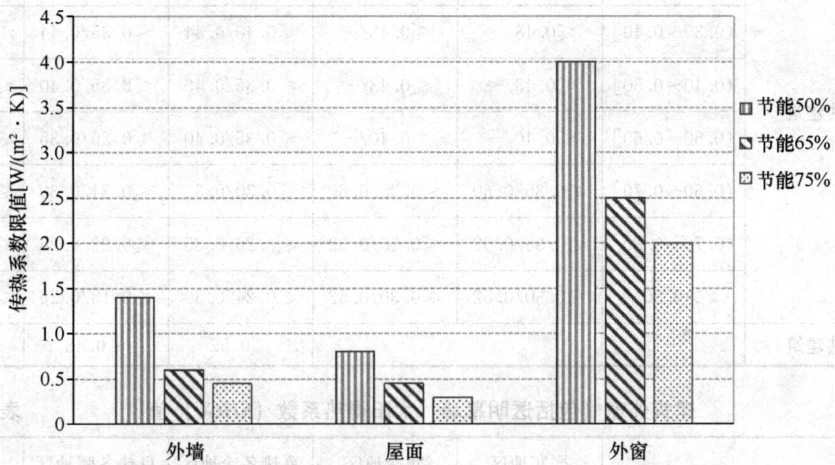


图 33-6 寒冷 B 区外墙、屋面、外窗传热系数

2. 建筑遮阳与隔热对建筑能耗的影响

(1) 建筑遮阳对建筑能耗的影响

建筑遮阳是建筑外围护结构不可缺少的节能措施，可有效遮挡或调节进入室内的太阳辐射，对降低夏季空调负荷和改善室内舒适度等有着重要作用。根据欧洲遮阳组织 2005 年的《欧盟 25 国遮阳系统节能及 $CO_2$ 减排》研究报告表明：采用遮阳的建筑，可以节约空调用能约 25%，采暖用能约 10%。可见，建筑遮阳可作为建筑节能的一种有效方式，建筑遮阳的发展对促进我国节能减排事业将起到重要作用。

在建筑中玻璃的通透性能使人们充分感受到自然和自然景观、自然光线和自然空间，但通过玻璃进入室内的热量，使室内温度迅速上升，产生温室效应。通过采用建筑遮阳，可以遮挡紫外线和辐射热，调节可见光，防止眩光。减少传入室内的太阳辐射热量，有效地降低了室内温度，减少了空调的能耗。

我国公共建筑节能设计标准中明确必须设置遮阳；居住建筑设计标准中规定寒冷地区

宜设置遮阳，部分地区已经将设置遮阳变为强制性条款，夏热冬冷地区居住建筑必须设置遮阳，作为强制性条款；在这些地区的既有建筑节能改造规划中要求有步骤地增设遮阳，并作为节能改造的强制性要求。

我国节能设计标准中不仅对有遮阳设施的透明围护结构的综合遮阳系数做了要求，还对透明围护结构自身的太阳得热系数做了规定，见表 33-11～表 33-18。在北京地区公共建筑中对东、西、南向外窗的遮阳系数作了规定（表 33-18）。

**公共建筑单一立面外窗（包括透光幕墙）太阳得热系数（*SHGC*）值　　表 33-11**

（东、南、西向/北向）

| 建筑类型 | 窗墙面积比 | 寒冷地区 体形系数 ≤0.30 | 寒冷地区 体形系数 (0.30～0.50] | 夏热冬冷地区 | 夏热冬暖地区 | 温和地区 |
|---|---|---|---|---|---|---|
| 甲类公共建筑 | ≤0.20 | — | — | — | ≤0.52/— | — |
| | (0.20～0.30] | ≤0.52/— | ≤0.52/— | ≤0.44/0.48 | ≤0.44/0.52 | ≤0.44/0.48 |
| | (0.30～0.40] | ≤0.48/— | ≤0.48/— | ≤0.40/0.44 | ≤0.35/0.44 | ≤0.40/0.44 |
| | (0.40～0.50] | ≤0.43/— | ≤0.43/— | ≤0.35/0.40 | ≤0.35/0.40 | ≤0.35/0.40 |
| | (0.50～0.60] | ≤0.40/— | ≤0.40/— | ≤0.35/0.40 | ≤0.26/0.35 | ≤0.35/0.40 |
| | (0.60～0.70] | ≤0.35/0.60 | ≤0.35/0.60 | ≤0.30/0.35 | ≤0.24/0.30 | ≤0.30/0.35 |
| | (0.70～0.80] | ≤0.35/0.52 | ≤0.35/0.52 | ≤0.26/0.35 | ≤0.22/0.26 | ≤0.26/0.35 |
| | >0.80 | ≤0.30/0.52 | ≤0.30/0.52 | ≤0.24/0.30 | ≤0.18/0.26 | ≤0.24/0.30 |
| 乙类公共建筑 | — | — | | ≤0.52 | ≤0.48 | — |

**建筑外窗（包括透明幕墙）太阳得热系数（*SHGC*）值　　表 33-12**

| | | 严寒地区 | 寒冷地区 | 夏热冬冷地区 | 夏热冬暖地区 | 温和地区 |
|---|---|---|---|---|---|---|
| 居住建筑得热系数（*SHGC*） | 冬季 | ≥0.45 | ≥0.45 | ≥0.40 | — | ≥0.40 |
| | 夏季 | ≤0.30 | ≤0.30 | ≤0.30 | ≤0.15 | ≤0.30 |
| 公共建筑得热系数（*SHGC*） | 冬季 | ≥0.45 | ≥0.45 | ≥0.40 | | |
| | 夏季 | ≤0.30 | ≤0.30 | ≤0.15 | ≤0.15 | ≤0.30 |

注：太阳得热系数为包括遮阳（不含内遮阳）的综合太阳得热系数。

**寒冷 B 区（2B）区夏季外窗太阳得热系数（JGJ 26—2018）　　表 33-13**

| 外窗的窗墙面积比 | 夏季太阳得热系数（东、西向） |
|---|---|
| 0.2<窗墙面积比≤0.3 | — |
| 0.3<窗墙面积比≤0.4 | 0.55 |
| 0.4<窗墙面积比≤0.5 | 0.50 |

注：此表摘自 JGJ 26—2018

**夏热冬冷地区不同朝向、不同窗墙面积比的外窗综合遮阳系数　　表 33-14**

| 建筑 | 窗墙面积比 | 外窗综合遮阳系数 $SC_w$（东、西向/南向） |
|---|---|---|
| 体形系数≤0.40 | 窗墙面积比≤0.20 | —/— |
| | 0.20<窗墙面积比≤0.30 | —/— |
| | 0.30<窗墙面积比≤0.40 | 夏季≤0.40/夏季≤0.45 |
| | 0.40<窗墙面积比≤0.45 | 夏季≤0.35/夏季≤0.40 |
| | 0.45<窗墙面积比≤0.60 | 东、西、南向设置外遮阳<br>夏季≤0.25 冬季≥0.60 |
| 体形系数>0.40 | 窗墙面积比≤0.20 | —/— |
| | 0.20<窗墙面积比≤0.30 | —/— |
| | 0.30<窗墙面积比≤0.40 | 夏季≤0.40/夏季≤0.45 |
| | 0.40<窗墙面积比≤0.45 | 夏季≤0.35/夏季≤0.40 |
| | 0.45<窗墙面积比≤0.60 | 东、西、南向设置外遮阳<br>夏季≤0.25　冬季≥0.60 |

注：此表摘自 JGJ 134—2010。

1. 表中的“东、西”代表从东或西偏北 30°（含 30°）至偏南 60°（含 60°）的范围；“南”代表从南偏东 30°至偏西 30°的范围。
2. 楼梯间、外走廊的窗不按本表规定执行。

**夏热冬暖地区北区居住建筑外窗平均综合遮阳系数　　表 33-15**

| 外墙平均指标 | 外窗平均传热系数 $K$ [W/(m²·K)] | 外窗加权平均综合遮阳系数 $S_w$ | | | |
|---|---|---|---|---|---|
| | | $CMF$≤0.25<br>或<br>$CMW$≤0.25 | 0.25<$CMF$≤0.30<br>或<br>0.25<$CMW$≤0.30 | 0.30<$CMF$≤0.35<br>或<br>0.30<$CMW$≤0.35 | 0.35<$CMF$≤0.40<br>或<br>0.35<$CMW$≤0.40 |
| $K$≤2.0<br>$D$≥2.8 | 4.0 | ≤0.3 | ≤0.2 | — | — |
| | 3.5 | ≤0.5 | ≤0.3 | ≤0.2 | — |
| | 3.0 | ≤0.7 | ≤0.5 | ≤0.4 | ≤0.3 |
| | 2.5 | ≤0.8 | ≤0.6 | ≤0.6 | ≤0.4 |
| $K$≤1.5<br>$D$≥2.5 | 6.0 | ≤0.6 | ≤0.3 | — | — |
| | 5.5 | ≤0.8 | ≤0.4 | — | — |
| | 5.0 | ≤0.9 | ≤0.6 | ≤0.3 | — |
| | 4.5 | ≤0.9 | ≤0.7 | ≤0.5 | ≤0.2 |
| | 4.0 | ≤0.9 | ≤0.8 | ≤0.6 | ≤0.4 |
| | 3.5 | ≤0.9 | ≤0.9 | ≤0.7 | ≤0.5 |
| | 2.5 | ≤0.9 | ≤0.9 | ≤0.8 | ≤0.6 |
| $K$≤1.0<br>$D$≥2.5 或<br>$K$≤0.7 | 6.0 | ≤0.9 | ≤0.9 | ≤0.6 | ≤0.2 |
| | 5.5 | ≤0.9 | ≤0.9 | ≤0.7 | ≤0.4 |
| | 5.0 | ≤0.9 | ≤0.9 | ≤0.8 | ≤0.6 |
| | 4.5 | ≤0.9 | ≤0.9 | ≤0.8 | ≤0.7 |
| | 4.0 | ≤0.9 | ≤0.9 | ≤0.9 | ≤0.7 |
| | 3.5 | ≤0.9 | ≤0.9 | ≤0.9 | ≤0.8 |

注：此表摘自 JGJ 75；$CMF$——平均窗地面积比；$CMW$——平均窗墙面积比。

**夏热冬暖地区南区居住建筑外窗平均综合遮阳系数　　表 33-16**

| 外墙平均指标（ρ≤0.8） | 外窗加权平均综合遮阳系数 $S_w$ | | | | |
|---|---|---|---|---|---|
| | CMF≤0.25<br>或 CMW≤0.25 | 0.25<CMF≤0.30<br>或<br>0.25<CMW≤0.30 | 0.30<CMF≤0.35<br>或<br>0.30<CMW≤0.35 | 0.35<CMF≤0.40<br>或<br>0.35<CMW≤0.40 | 0.40<CMF≤0.45<br>或<br>0.40<CMW≤0.45 |
| K≤2.5<br>D≥3.0 | ≤0.5 | ≤0.4 | ≤0.3 | ≤0.2 | — |
| K≤2.0<br>D≥2.8 | ≤0.6 | ≤0.5 | ≤0.4 | ≤0.3 | ≤0.2 |
| K≤1.5<br>D≥2.5 | ≤0.8 | ≤0.7 | ≤0.6 | ≤0.5 | ≤0.4 |
| K≤1.0<br>D≥2.5 或<br>K≤0.7 | ≤0.9 | ≤0.8 | ≤0.7 | ≤0.6 | ≤0.5 |

注：此表摘自 JGJ 75。

1. 外窗包括阳台门。

2. ρ 为外墙外表面的太阳辐射吸收系数。

**温和地区外窗综合遮阳系数　　表 33-17**

| 部位 | | 外窗综合遮阳系数 $SC_w$ | |
|---|---|---|---|
| | | 夏季 | 冬季 |
| 外窗 | 温和 A 区 | — | 南向≥0.50 |
| | 温和 B 区 | 东、西向≤0.40 | — |
| 天窗（水平向） | | ≤0.30 | ≥0.50 |

注：此表摘自 JGJ 475。

温和 A 区南向封闭阳台内侧外窗的遮阳系数不做要求，但封闭阳台透光部分的综合遮阳系数在冬季大于等于 0.50。

**北京地区单一立面透光部分太阳得热系数（*SHGC*）值　　表 33-18**

| 建筑类型 | 窗墙面积比 | 体形系数≤0.3 | | 0.3<体形系数≤0.4 | |
|---|---|---|---|---|---|
| | | 东、南、西 | 北 | 东、南、西 | 北 |
| 甲类建筑 | 窗墙面积比≤0.20 | — | — | — | — |
| | 0.20<窗墙面积比≤0.30 | 0.52 | — | 0.52 | — |
| | 0.30<窗墙面积比≤0.40 | 0.48 | — | 0.48 | — |
| | 0.40<窗墙面积比≤0.45 | 0.43 | — | 0.43 | — |
| | 0.45<窗墙面积比≤0.60 | 0.40 | — | 0.40 | — |
| | 0.60<窗墙面积比≤0.70 | 0.35 | 0.60 | 0.35 | 0.60 |
| | 0.70<窗墙面积比≤0.75 | 0.35 | 0.60 | 0.35 | 0.60 |
| 乙类建筑 | 窗墙面积比≤0.20 | — | — | — | — |
| | 窗墙面积比 | 0.48 | — | 0.43 | — |
| | 0.30<窗墙面积比≤0.40 | 0.43 | — | 0.40 | — |
| | 0.40<窗墙面积比≤0.45 | 0.40 | — | 0.35 | — |
| | 0.45<窗墙面积比≤0.60 | 0.35 | — | 0.35 | — |
| | 0.60<窗墙面积比≤0.70 | 0.35 | 0.60 | 0.35 | 0.60 |
| | 0.70<窗墙面积比≤0.75 | 0.35 | 0.60 | 0.35 | 0.60 |

注：此表摘自 DB11/687—2015。

(2) 围护结构隔热对建筑能耗的影响

围护结构的隔热性能是指在夏季自然通风房间中，围护结构阻隔太阳辐射热和室外高温的影响，内表面保持较低温度的能力。在夏季，太阳辐射热和室外高温，通过外围护结构进入室内的热量，造成室内过热，增加空调负荷，约占建筑空调负荷的 40%。在自然通风房间中，如果围护结构的隔热性能较差，其内表面的温度较高，这时，人会感到很热。因此，采取围护结构的隔热措施，对降低空调能耗影响是很大的。

**33.1.3.2 供热系统能耗**

供热系统包括各种形式的集中供热和分散供热，包括大量的城市级别热网与小区级别热网。地域涵盖北京、天津、河北、山西、内蒙古、辽宁、吉林、黑龙江、山东、河南、陕西（秦岭以北）、甘肃、青海、宁夏、新疆的全部城镇地区，以及四川的一部分。这些地区的供热形式按照热源形式及规模分类可分为大中规模的热电联产、小规模热电联产、区域燃煤/燃气锅炉、小区燃煤/燃气锅炉等，使用的能源种类主要包括燃煤、燃气和电力。

供热能耗是用于建筑物采暖所消耗的能量。其中，热量来自供热系统供热（占 70%～80%）、太阳辐射得热（通过窗户和其他部位进入室内占 15%～20%）和建筑物内部得热（包括炊事、照明、家电和人体散热，占 8%～12%）。建筑物得到这些热量通过围护结构的传热和门窗缝隙的空气渗透向外散失。当得热与失热达到平衡时，室内温度得到保持。

集中供热系统运行的能耗，取决于燃料本身的热值，热源（锅炉）的可供利用的有效热能（即锅炉的运行效率）以及室外管网输送效率。供热系统的节能，关键是采用高热值的清洁燃料或可再生能源的热量、提高热源的运行效率和室外管网输送效率。根据相关统计数据表明，我国北方城镇供热能耗占全国城镇建筑总能耗的 40%，折合成标准煤约 $20kg/m^2 \cdot a$，相当于北欧等国家同纬度条件下建筑物采暖能耗总额的 2～2.5 倍。“十二五”期间，我国建筑节能的重点放在建筑物围护结构的节能上，对大量老旧小区等建筑物实施了围护结构保温等节能改造，特别是对严寒和寒冷地区的既有建筑物，国家投入一定量的资金进行了节能改造；在建筑物围护结构上已经较充分地挖掘了潜力，再通过围护结构保温材料加厚的方式实现节能目标存在一定困难。而对供热系统进行优化、改造的还比较少，导致了大量的能耗浪费。因此，需要另辟蹊径，以提高设备效率、管网输送能力来实现新的节能目标。

**33.1.3.3 通风空调系统能耗**

通风空调系统是公共建筑的能耗大户，在大型公共建筑能耗中，通风空调系统能耗约占 50%～60%，因此，对于大型公共建筑来讲，通风空调系统的能耗占比最高。2017 年全国公共建筑面积约为 123 亿 $m^2$，其中农村公共建筑约有 13 亿 $m^2$。公共建筑总能耗（不含北方供暖）为 2.93 亿 tce，占建筑总能耗的 31%，其中电力消耗为 7436 亿 kWh。公共建筑总面积的增加、用能需求的增长导致公共建筑能耗居高不下，因此，通风空调系统的节能尤为重要。由于空调负荷随人流量及室外环境气候参数的变化而大幅波动，通风空调系统是这类公共建筑的能耗大户，由于系统比较复杂，工况较多，设备点较多，耗电特性也最为复杂，因而也是最具节能潜力的系统，投入回报比高，是节能工作的重点。

目前在大型公共建筑的通风空调系统中已采用多种节能技术，如制冷机组群控技术、冷冻水冷却水变频技术、风水一体化控制技术、排热风机优化控制技术、新风热回收技术等。许多节能技术已在实际系统中得到了应用，取得了较好的节能效果。

#### 33.1.3.4　建筑电气能耗

照明等电气系统也是公共建筑的另一主要能耗，建筑电气节能也是建筑节能的重要部分。据最新统计数据，我国每年的照明用电量约占总用电量的14%，且以每年5%～10%的速度增长。其中，公共建筑照明由于总安装功率大，使用时间长，占城市照明用电量的75%以上（以北京市为例，不含工业照明）。

建筑电气工程的节能是指在保证安全用电的基础上，在充分满足建筑物功能要求的前提下，采取有效措施，对变压器、空调、电动机、照明灯具、电梯等耗能系统进行实时监视和优化管理，提高设备利用率和管理水平，并对其进行有效、科学的控制与管理，提高对电能的利用率，降低项目的投资成本和运行成本，进而达到缓解资源紧张、减少环境污染的目的。

建筑电气节能措施主要从合理设计供配电系统、选择先进的生产工艺技术、选择节能的电气设备三个方面展开。包括在设计中充分考虑到节能，合理确定电压等级，选择负荷中心，科学地选择需用系数，改善三相不平衡，提高功率因数，选择新工艺的电缆，选择技术革新的变压器，选择节能的照明灯具、变频器，更新淘汰低效高能设备、改造现有系统，提高电网电能质量，实现电气节能。

## 33.2　墙体节能工程

### 33.2.1　墙体节能分类

外墙是建筑物的重要组成部分，在围护结构的传热耗热量中，外墙所占比例约为23%～34%。因此，墙体的保温隔热是建筑节能的一个重要方面。墙体保温主要是通过对墙体外侧或内侧进行一定的处理，起到保温节能、保护主体结构、延长建筑物寿命的作用。墙体保温根据保温层所处位置不同可分为：外墙外保温系统、外墙内保温系统、外墙夹心保温系统和外墙自保温系统。

外墙外保温系统是通过在外墙外表面设置保温层和防护层，对建筑物进行保温隔热的非承重保温构造总称。优点是：适用范围广；保温隔热效率高，相同保温材料与厚度，外保温效率比内保温高30%～40%；保护主体结构，延长建筑物寿命；通过优化设计，基本可以消除热桥的影响；有利于保持室温稳定，改善室内热环境质量，提高热舒适度；有利于提高墙体防水和气密性，减小外墙温度应力，抑制温度裂缝，提高外墙抗渗性，使墙体潮湿情况得到改善；便于旧建筑物进行节能改造；不占用房屋的使用面积。缺点是：工序较复杂，工程造价一般较高；对保温系统材料的要求较严格，并应配套供应；对保温系统的耐候性和抗裂、防火、防水、透气、抗震和抗风压能力有较高要求；要有专业的施工队伍和技术支持。

外墙内保温系统是通过在外墙内表面设置保温层和防护层，对室内起保温作用的非承重保温构造总称。优点是：保温材料复合在外墙内侧，施工简便易行；保温材料技术性能要求相对外墙较低；造价相对较低。缺点是：难以避免热桥的产生，在热桥部位外墙内表面易结露、潮湿甚至发霉和淌水；不利于内装修；防水和气密性较差；占用房屋的使用面积。

外墙夹心保温系统是通过置于外墙墙体的内、外侧墙体之间的保温材料，对建筑进行保温隔热的非承重保温构造总称。优点是：保温材料设置在外墙中间，有利于较好地发挥墙体本身对外界环境的防护作用；对施工季节和施工条件的要求不十分高，不影响冬期施工。缺点是：易产生热桥、内部易形成空气对流；在非严寒地区，此类墙体比传统墙体厚；内外侧墙片之间须由连接件连接，构造较传统墙体复杂，施工相对困难；外围结构的热桥较多；内外墙保温两侧不同温度差使外墙主体结构寿命缩短，墙面裂缝不易控制、抗震性能差。

外墙自保温系统是通过采用具有一定强度和保温隔热功能的墙体材料（如：轻质混凝土空心砌块，加气混凝土砌块等）砌筑外墙。优点是：施工方便，建筑综合成本低，可与建筑物同寿命。缺点是：保温效果差，热桥多，不能满足高标准节能要求。

我国刚开始进行建筑节能时，基本上都是采用外墙内保温的做法。后来通过总结多年的实践经验以及吸收借鉴欧美发达国家的成功案例，绝大部分地区都逐渐确立了以外墙外保温这种构造形式为主的外墙节能做法。

外墙外保温随着工程大面积的应用，在个别工程也出现诸如开裂、起鼓、脱落等问题。目前部分地区在推进墙体自保温的做法，试图一劳永逸，但由于适用范围有限，以及节能效果和质量等问题，未得到大量推广应用。

从综合角度来看，外墙外保温具有墙体热能损耗低、避免热桥和内表面结露、安全可靠性好、性价比高等优点，目前仍然是国内外建筑外墙较为成熟且应用最广的保温系统。

## 33.2.2 外墙外保温施工方法

### 33.2.2.1 聚苯板薄抹灰外墙外保温系统

1. 基本构造

聚苯板薄抹灰外墙外保温系统是以阻燃型聚苯乙烯泡沫塑料板为保温材料，用聚苯板胶粘剂加设机械锚固件安装于外墙外表面，用玻璃纤维网格布或者镀锌钢丝网增强的聚合物砂浆作抹面层，用涂料、饰面砂浆等进行表面装饰，具有保温功能和装饰效果的非承重构造总称。基本构造见表 33-19。聚苯乙烯泡沫塑料板保温板包括模塑聚苯板（EPS 板）、挤塑聚苯板（XPS 板）、PUR 和 PIR 聚氨酯板。系统饰面层应优先采用涂料、饰面砂浆等轻质材料。当采用面砖饰面做法时，应根据相关标准制定专项技术方案，并经专门论证。

**聚苯板薄抹灰外墙外保温基本构造** **表 33-19**

| 基层墙体① | 基本构造 | | | | | | | 构造示意图 |
|---|---|---|---|---|---|---|---|---|
| | 粘结层② | 保温层③ | 抹面层 | | | | 饰面层⑧ | |
| | | | 底层④ | 增强材料⑤ | 辅助连接件⑥ | 面层⑦ | | |
| 混凝土墙体，各种砌体墙 | 聚苯板胶粘剂 | 聚苯乙烯泡沫塑料板 | 抹面胶浆 | 玻纤网或镀锌钢丝网 | 机械锚固件 | 抹面胶浆 | 涂料、饰面砂浆 | 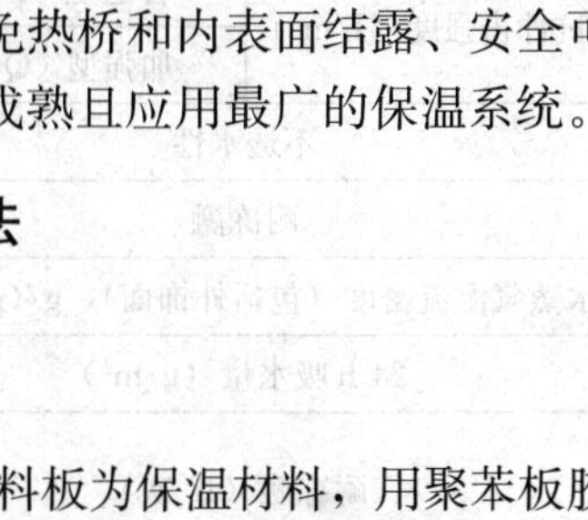  |

2. 适用范围

采取防火构造措施后，聚苯板薄抹灰外墙外保温系统可适用于各类气候区域建筑按设计需要保温、隔热的新建、扩建、改建的高度在 100m 以下住宅建筑和高度不大于 50m 的非人员密集场所的其他建筑，基层墙体结构可以是混凝土结构或砌体结构。

3. 性能要求

（1）系统性能

聚苯板薄抹灰外墙外保温系统性能要求，见表 33-20。

**聚苯板薄抹灰外保温系统性能要求表　　表 33-20**

| 项目 | | | 指标 | |
|---|---|---|---|---|
| | | | 涂料饰面系统 | 面砖饰面系统 |
| 系统热阻（$m^2 \cdot K/W$） | | | 复合墙体热阻符合设计要求 | |
| 耐候性 | 外观质量 | | 无宽度大于 0.1mm 的裂缝，无粉化、空鼓、剥落现象 | |
| | 系统拉伸粘结强度（MPa） | EPS 板 | 切割至聚苯板表面≥0.10 | |
| | | XPS 板 | 切割至聚苯板表面≥0.20 | |
| | 面砖拉伸粘结强度（MPa） | | — | 切割至抹面胶浆表面≥0.40 |
| 抗冲击强度（$J/m^2$） | 普通型（P 型） | | ≥3.0 且无宽度大于 0.1mm 的裂缝 | — |
| | 加强型（Q 型） | | ≥10.0 且无宽度大于 0.1mm 的裂缝 | — |
| 不透水性 | | | 试样防护层内侧无水渗透 | |
| 耐冻融 | | | 表面无裂纹、空鼓、起泡、剥离现象 | |
| 水蒸气湿流密度（包括外饰面），$g/(m^2 \cdot h)$ | | | ≥0.85 | |
| 24 h 吸水量（$g/m^2$） | | | ≤500 | |
| 耐冻融（10 次） | | | 裂纹宽度≤0.1mm 无空鼓、剥落现象 | 面砖拉伸粘结强度切割至抹面砂浆表面≥0.40MPa |

（2）组成材料性能

外墙外保温系统组成保温材料性能见表 33-21。

**外墙外保温系统组成保温材料性能见表　　表 33-21**

| 检验项目 | 性能要求 | | | | 试验方法 |
|---|---|---|---|---|---|
| | EPS 板 | | XPS 板 | PUR 板 | |
| | 033 级 | 039 级 | | | |
| 导热系数 [W/(m·K)] | ≤0.033 | ≤0.039 | ≤0.030 | ≤0.024 | 现行国家标准《绝热材料稳态热阻及有关特性的测定 防护热板法》GB/T 10294、《绝热材料稳态热阻及有关特性的测定 热流计法》GB/T 10295 |
| 表观密度（$kg/m^3$） | 18～22 | | 25～35 | ≥35 | 现行国家标准《泡沫塑料及橡胶表观密度的测定》GB/T 6343 |
| 垂直于板面方向的抗拉强度（MPa） | ≥0.10 | | ≥0.10 | ≥0.10 | 现行建筑工程行业建设标准《外墙外保温工程技术标准》JGJ 144—2019 |

续表

| 检验项目 | 性能要求 | | | | 试验方法 |
|---|---|---|---|---|---|
| | EPS板 | | XPS板 | PUR板 | |
| | 033级 | 039级 | | | |
| 尺寸稳定性（%） | ≤3 | | ≤1.5 | ≤3 | 现行国家标准《绝热用模塑聚苯乙烯泡沫塑料（EPS）》GB/T 10801.1、《绝热用挤塑聚苯乙烯泡沫塑料（XPS）》GB/T 10801.2、《硬质泡沫塑料吸水率的测定》GB/T 8810 |
| 吸水率（V/V,%） | B1级 | 不低于B2级 | | | 现行国家标准《建筑材料及制品燃烧性能分级》GB 8624 |

4. 施工工艺流程

施工准备→基层处理→测量、放线→挂基准线→粘贴聚苯板（按设计要求安装锚固件，做装饰条）→打磨、修理、隐检→（XPS板面涂界面剂）抹聚合物砂浆底层→压入翻包网布和增强网布→贴压增强网布→抹聚合物砂浆面层→（伸缩缝）→修整、验收→外饰面→检测验收。

5. 施工要点

（1）外保温工程应在外墙基层的质量检验合格后，方可施工。施工前，应装好门窗框或附框、阳台栏杆和预埋铁件等，并将墙上的施工孔洞堵塞密实。

（2）聚苯板胶粘剂和抹面砂浆应按配比要求严格计量，机械搅拌，超过可操作时间后严禁使用。

（3）粘贴聚苯板时，基面平整度≤5mm时宜采用条粘法，基面平整度＞5mm时宜采用点框法；粘结面积率应符合设计要求；聚苯板应错缝粘贴，板缝拼严，对于XPS板应采用配套界面剂涂刷后使用。

（4）锚固件数量，当外墙采用涂料饰面时，墙体高度在20～50m时，锚栓不宜少于4个/$m^2$；墙体高度在50m以上时，锚栓不宜少于6个/$m^2$；锚栓安装应在聚苯板粘贴24h后进行，安装时涂料饰面做法锚盘应压住聚苯板，且宜压住增强网。

（5）增强网，涂料饰面时应采用玻纤网，面砖饰面时宜采用后热镀锌钢丝网；施工时增强网应绷紧绷平，搭接长度玻纤网不少于80mm，钢丝网不少于50mm且应保证2个完整网格的搭接。

（6）聚苯板安装完成后应尽快抹灰封闭，抹灰分底层胶浆和面层胶浆两次完成，中间包裹增强网，抹灰时切忌不停揉搓，以免形成空鼓；抹灰总厚度宜控制在表33-22范围内。

**抹面胶浆厚度** **表33-22**

| 外饰面 | 涂料 | | 面砖 | | |
|---|---|---|---|---|---|
| 增强网 | 玻纤网 | | 玻纤网 | | 钢丝网 |
| 层数 | 单层 | 双层 | 单层 | 双层 | 单层 |
| 抹面胶浆总厚度（mm） | 3～5 | 5～7 | 4～6 | 6～8 | 8～12 |

（7）薄抹灰外保温系统采用燃烧性能等级为B1B2级的保温材料，首层防护层厚度不应小于15mm，其他层防护层厚度不应小于5mm且不宜大于6mm。并应在外保温系统中每层设置水平防火隔离带。防火隔离带的设计与施工用符合国家现行标准《建筑设计防火规范》GB 50016和《建筑外墙外保温防火隔离带技术规程》JGJ 289的规定。

（8）各种缝、装饰线条的具体做法参见相关标准。

（9）外饰面应在抹面层达到施工要求后方可进行施工。选择砖饰面时应在样板件检测合格、抹面砂浆施工7d后，按《外墙饰面砖工程施工及验收规程》JGJ 126的要求进行。

**33.2.2.2　聚苯板现浇混凝土外墙外保温系统**

1. 基本构造

聚苯板现浇混凝土外保温系统采用内表面带有凹槽的聚苯板，作为现浇混凝土外墙的外保温材料，聚苯板内外表面喷涂界面剂，安装于墙体钢筋之外，用尼龙锚栓将聚苯板与墙体钢筋绑扎，安装内外大模板，浇筑混凝土墙体并拆模后，聚苯板与混凝土墙体联结成一体，在聚苯板表面薄抹抗裂砂浆，同时铺设玻纤网格布，再做涂料饰面层，其基本构造见表33-23。

**聚苯板现浇混凝土外墙外保温系统基本构造表　　表33-23**

| 基层墙体① | 系统的基本构造 | | | | 构造示意图 |
|---|---|---|---|---|---|
| | 保温层② | 连接件③ | 抹面层④ | 饰面层⑤ | |
| 现浇混凝土墙体或砌体墙 | EPS板 | 锚栓 | 抗裂砂浆薄抹面层 | 涂料 | 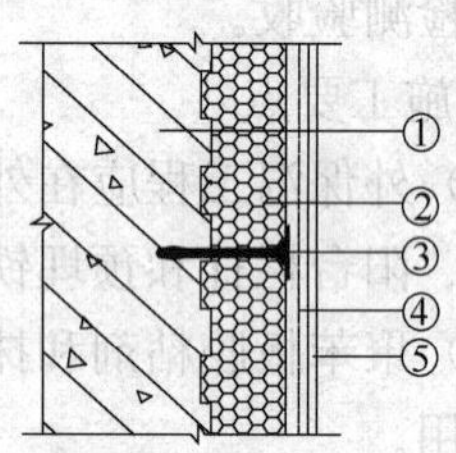 |

2. 适用范围

采取防火构造措施后，聚苯板现浇混凝土外墙外保温系统可适用于各类气候区域现浇混凝土结构的建筑高度不大于100m的住宅建筑和高度不大于50m的非人员密集场所的其他建筑。

3. 性能要求

聚苯板现浇混凝土外墙外保温系统的系统性能和组成材料性能要求同33.2.2.1。

4. 施工流程

聚苯板分块→聚苯板安装→模板安装→混凝土浇筑→模板拆除→涂刮抹面层浆→压入玻纤网布→饰面→检测验收。

5. 施工要点

（1）垫块绑扎。外墙围护结构钢筋验收合格后，应绑扎按混凝土保护层厚度要求制作好水泥砂浆垫块，同时在外墙钢筋外侧绑卡砂浆垫块（不得采用塑料垫卡）每平方米板内不少于3块，用以保证保护层厚度并确保保护层厚度均匀一致。

（2）聚苯板安装。聚苯板内外表面应涂刷界面砂浆。施工时先安装阴阳角聚苯板，再安装角板之间聚苯板。安装前先在聚苯板高低槽口均匀涂刷聚苯胶，将聚苯板竖缝两侧相互粘结在一起。在聚苯板上弹线标出锚栓的位置再安装尼龙锚栓，锚入墙内长度不得小于50mm。

(3) 模板安装。宜采用钢质大模板，按聚苯板厚度确定模板配制尺寸、数量。安装外墙外侧模板前应在聚苯板外侧根部采取可靠的定位措施，模板连接必须严密、牢固，以防止出现错台和漏浆现象。不得在墙体钢筋底部布置定位筋。宜采用模板上部定位。

(4) 浇筑混凝土。现浇混凝土的坍落度应≥180mm。混凝土浇筑前应在保温板槽口处连同外模板扣上金属Ⅱ型保护“帽”，宽度为保温板厚度＋模板厚度。

(5) 模板拆除后穿墙套管的孔洞应以干硬性砂浆捻塞，聚苯板部位孔洞用保温浆料堵塞。聚苯板表面凹进或破损、偏差过大的部位，应用胶粉聚苯颗粒保温浆料填补找平。

(6) 抹面层：用聚合物水泥砂浆抹灰。标准层总厚度 3～5mm，首层加强层 5～7mm。玻纤网搭接长度不小于 80mm。首层与其他需加强部位的抗冲击要求，在标准外保温做法基础上加铺一层玻纤网，并再抹一道抹面砂浆罩面，厚度 2mm 左右。

(7) 防火构造措施同 33.2.2.1-5 (7)。

(8) 各种缝、装饰线条具体做法参见相关标准。

#### 33.2.2.3 EPS 钢丝网架板现浇混凝土外墙外保温系统

1. 基本构造

EPS 钢丝网架板现浇混凝土外墙外保温系统，采用外表面有梯形凹槽和带斜插丝的单面钢丝网架聚苯板，在聚苯板内外表面及钢丝网架上喷涂界面剂，将带网架的聚苯板安装于墙体钢筋之外，在聚苯板上插入经防锈处理的 L 形 $\Phi 6$ 钢筋或尼龙锚栓，并与墙体钢筋绑扎，安装内外大模板，浇筑混凝土墙体并拆模后，有网聚苯板与混凝土墙体连接成一体，在有网聚苯板表面厚抹掺有抗裂剂的水泥砂浆，再做饰面层。基本构造见表 33-24。

聚苯板钢丝网架板现浇混凝土外墙外保温系统基本构造　　表 33-24

| 基层墙体 ① | 系统的基本构造 | | | | | 构造示意图 |
|---|---|---|---|---|---|---|
| | 保温层 ② | 抹面层 ③ | 钢丝网 ④ | 饰面层⑤ | 联结件⑥ | |
| 现浇混凝土墙体 | EPS 单面钢丝网架 | 聚合物砂浆厚抹面层 | 钢丝网架 | 涂料或饰面砖 | 钢筋或尼龙锚栓 | 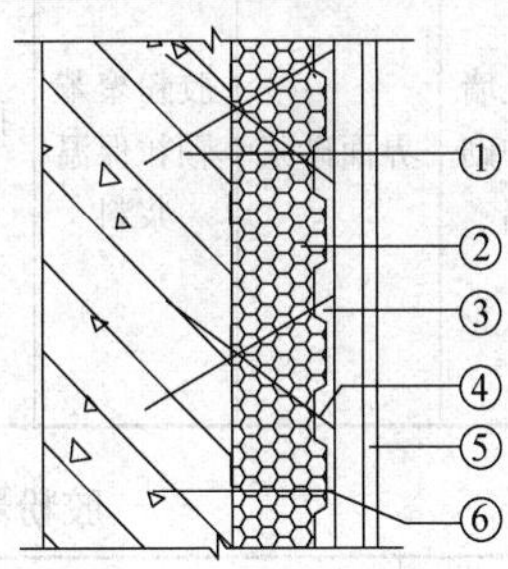 |

2. 适用范围

采取防火构造措施后，EPS 钢丝网架板现浇混凝土外墙外保温系统适用于各类气候区域建筑高度不大于 100m 的住宅建筑和建筑高度不大于 50m 的非人员密集场所的其他建筑。

3. 性能要求

聚苯板现浇混凝土外墙外保温系统的系统性能和组成材料性能要求同 33.2.2.1。

4. 施工流程

钢丝网架聚苯板分块→钢丝网架聚苯板安装→模板安装→混凝土浇筑→模板拆除→抹专用抗裂砂浆→外饰面。

5. 施工要点

(1) 安装 EPS 钢丝网架板聚苯板内外表面及钢丝网均应涂刷界面砂浆。施工时外墙钢筋外侧需绑扎水泥砂浆垫块（不得采用塑料垫卡），安装保温板就位后，应将塑料锚栓穿过保温板，深入墙内长度不得小于50mm，螺丝应拧入套管，保温板和钢丝网宜按楼层层高断开，中间放入泡沫塑料棒，外表用嵌缝膏嵌缝。板缝处钢丝网用火烧丝绑扎，间隔150mm。

（2）砂浆抹灰。拆除模板后，应用专用抗裂砂浆分层抹灰，在常温下待第一层抹灰初凝后方可进行上层抹灰，每层抹灰厚度不大于15mm。总厚度不宜大于25mm。采用涂料饰面时，应在抗裂砂浆外再抹5～6mm厚聚合物水泥砂浆防护层。

（3）防火构造措施同33.2.2.1-5（7）。

（4）各种缝、装饰线条的具体做法参见相关标准。

### 33.2.2.4　胶粉聚苯颗粒保温复合型外墙外保温系统

1. 基本构造

胶粉聚苯颗粒保温浆料外墙外保温系统是设置在外墙外侧，由胶粉聚苯颗粒保温浆料复合基层墙体或复合其他保温材料构成的具有保温隔热、防护和装饰作用的非承重构造系统。较典型的做法有胶粉聚苯颗粒外墙外保温系统（简称保温浆料系统）和胶粉聚苯颗粒贴砌聚苯板外墙外保温系统（简称贴砌聚苯板系统），其基本构造分别见表33-25和表33-26。

胶粉聚苯颗粒外墙外保温系统基本构造　　表33-25

| 基层墙体 | 系统基本构造 | | | | 构造示意图 |
|---|---|---|---|---|---|
| | 界面层① | 保温层② | 抗裂防护层③ | 饰面层④ | |
| 混凝土墙及各种砌体墙 | 界面砂浆 | 胶粉聚苯颗粒保温浆料 | 抗裂砂浆复合玻纤网或热镀锌钢丝网 | 涂料或面砖 | 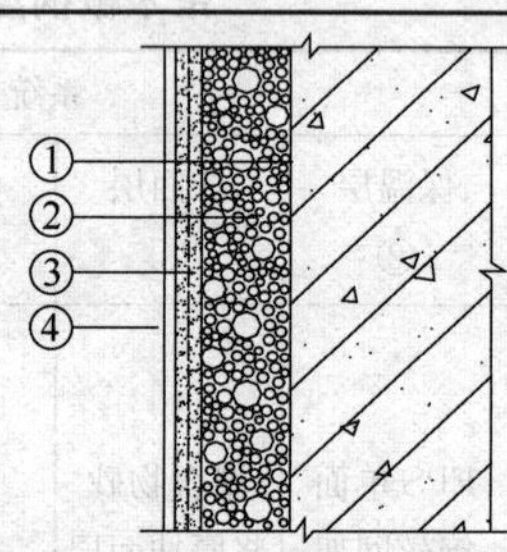 |

胶粉聚苯颗粒贴砌聚苯板外墙外保温系统基本构造　　表33-26

| 基层墙体① | 系统基本构造 | | | | 构造示意图 |
|---|---|---|---|---|---|
| | 界面层② | 保温层③ | 抗裂防护层④ | 饰面层⑤ | |
| 混凝土墙及各种砌体墙 | 界面砂浆 | 贴砌浆料＋梯形槽EPS板或双孔XPS板＋贴砌浆料（设计要求时） | 抗裂砂浆复合玻纤网或热镀锌钢丝网 | 涂料 | 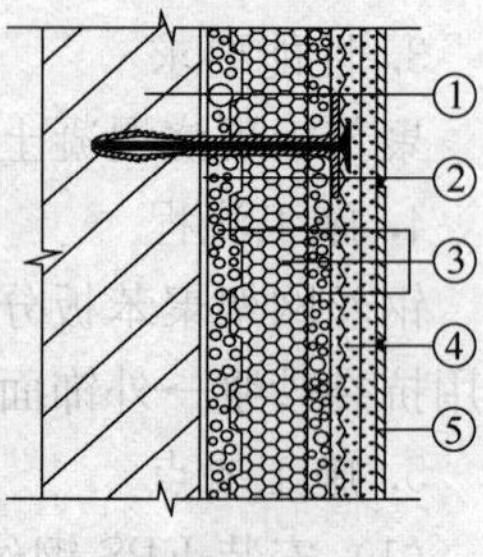 |

2. 适用范围

采取防火构造措施后，胶粉聚苯颗粒复合型外墙外保温系统可适用于各类气候区域建筑高度不大于100m的住宅建筑和建筑高度不大于50m的非人员密集场所的其他建筑。基层墙体可以是混凝土或砌体结构。而单一胶粉聚苯颗粒外墙外保温系统不适用于在严寒和寒冷地区。

3. 性能要求

（1）胶粉聚苯颗粒复合型外墙外保温系统性能指标同33.2.2.1-3（1）。

（2）组成材料性能

胶粉聚苯颗粒浆料的性能指标，见表33-27。其他材料性能同33.2.2.1-3（2）。

**胶粉聚苯颗粒保温浆料** **表33-27**

| 项目 | 胶粉聚苯颗粒保温浆料 | 胶粉聚苯颗粒粘结找平浆料 |
| --- | --- | --- |
| 湿表观密度（kg/m³） | ≤420 | ≤520 |
| 干表观密度（kg/m³） | ≤250 | ≤300 |
| 导热系数［W/(m·K)］ | ≤0.060 | ≤0.070 |
| 蓄热系数［W/(m²·K)］ | ≥0.95 | — |
| 抗压强度（56d）（MPa） | ≥0.25 | ≥0.3 |
| 压剪粘结强度（56d）（kPa） | ≥50 | — |
| 线形收缩率（%） | ≤0.3 | — |
| 软化系数 | ≥0.5 | — |
| 拉伸粘接强度（MPa）（常温常态56d，与带界面砂浆的聚苯板） | — | ≥0.10或聚苯板破坏 |
| 拉伸粘接强度（MPa）（常温常态56d，与带界面砂浆的水泥砂浆试块） | — | ≥0.12 |
| 燃烧性能 | B1级 | B1级 |

4. 施工流程

基层处理→喷刷基层界面砂浆→吊垂直线、弹控制线→抹胶粉聚苯颗粒保温浆料（或喷刷聚苯板界面砂→贴砌聚苯板→抹胶粉聚苯颗粒找平浆料→抹抗裂砂浆复合增强网布）→外饰面→检测验收。

5. 施工要点

（1）基层处理，基层墙面应清理干净、清洗油渍、清扫浮灰等。墙面松动、风化部分应剔除干净。墙表面凸起物大于10mm时应剔除。

（2）基层均应做界面处理，用喷枪或滚刷均匀喷刷界面处理剂。

（3）采用保温浆料系统时，应先按厚度控制线做标准厚度灰饼、冲筋。保温浆料抹灰不应少于两遍，每遍施工间隔应在24h以上，一次抹灰厚度不宜超过30mm，最后一遍宜在10mm。

（4）采用贴砌聚苯板系统时，梯形槽EPS板应在工厂预制好横向梯形槽并且槽面涂刷好界面砂浆。XPS板应预先用专用机械钻孔，贴砌面涂刷XPS板界面剂。贴砌聚苯板时，胶粉聚苯颗粒粘结层厚度约15mm，聚苯板间留约10mm的板缝用浆料砌筑，灰缝不饱满处及聚苯两开孔处用浆料填平。贴砌 24h 后再满涂聚苯板界面砂浆，涂刷界面砂浆再经 24h 后用胶粉聚苯颗粒粘结找平砂浆罩面找平。

（5）抗裂砂浆层施工。待聚苯颗粒保温层或找平层施工完成 3～7d 且验收合格后方可进行抗裂砂浆层施工。涂料饰面时抗裂砂浆复合耐碱玻纤网布，总厚度 3～5mm，面砖饰面时抗裂砂浆复合热镀锌电焊网，总厚度 8～12mm。

（6）在抗裂砂浆抹灰基面达到施工要求后，按相应标准进行外饰面施工。

（7）防火构造措施同 33.2.2.1-5（7）。

### 33.2.2.5　喷涂硬泡聚氨酯外墙外保温系统

1. 基本构造

喷涂硬泡聚氨酯外墙外保温系统是指由硬泡聚氨酯保温层、界面层、抹面层、饰面层构成，形成于外墙外表面的非承重保温构造。其硬泡聚氨酯保温层为采用专用的喷涂设备，将 A 组分料和 B 组分料按一定比例从喷枪口喷出后瞬间均匀混合，迅速发泡，在外墙基层上形成无接缝的聚氨酯硬泡体，基本构造见表 33-28。

**喷涂硬泡聚氨酯外墙外保温系统基本构造　　表 33-28**

| 基层墙体 ① | 系统的基本构造 | | | | | 构造示意图 |
|---|---|---|---|---|---|---|
| | 保温层 ② | 界面层 ③ | 增强网 ④ | 防护层 ⑤ | 饰面层 ⑥ | |
| 混凝土墙或砌体墙（砌体墙需用水泥砂浆找平） | 喷涂的聚氨酯硬泡体 | 硬泡聚氨酯专用界面剂 | 玻纤网格布或热镀锌钢丝网 | 抹面胶浆 | 柔性耐水腻子＋涂料 | 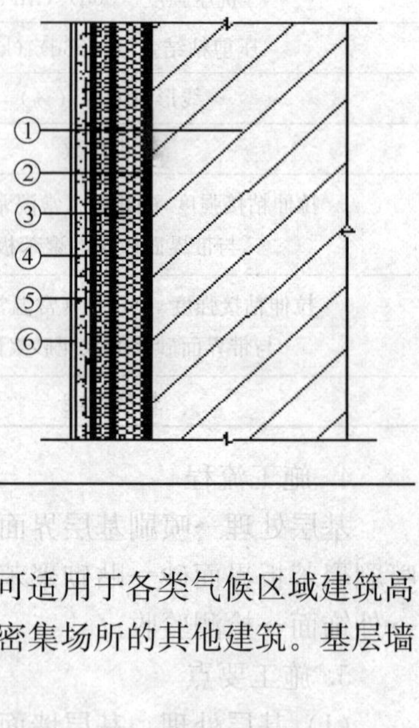 |

2. 适用范围

采取防火构造措施后，喷涂硬泡聚氨酯外墙外保温系统可适用于各类气候区域建筑高度不大于 100m 的住宅建筑和建筑高度不大于 50m 的非人员密集场所的其他建筑。基层墙体为混凝土或砌体结构。

3. 性能要求

（1）系统性能同 33.2.2.1-3（1）。

（2）组成材料性能。

1）硬泡聚氨酯主要性能指标，见表 33-29。

**硬泡聚氨酯主要性能指标　　表 33-29**

| 项目 | 指标 |
|---|---|
| 喷涂效果 | 无流挂、塌泡、破泡、烧芯等不良现象，泡孔均匀、细腻、24h 后无明显收缩 |

续表

| 项目 | | 指标 |
|---|---|---|
| 表观密度（$kg/m^3$） | | 30～50 |
| 导热系数［W/(m·K)］ | | ≤0.025 |
| 抗拉强度（kPa） | | ≥150 |
| 压缩强度（屈服点时或变形超过10%时的强度）（kPa） | | ≥150 |
| 水蒸气透湿系数［ng/(Pa·m·s)］ | | ≤6.5 |
| 吸水率（V/V）（%） | | ≤3 |
| 尺寸稳定性（48h）（%） | | ≤5 |
| 燃烧性能（垂直燃烧法） | 平均燃烧时间（s） | ≤30 |
| | 平均燃烧高度（mm） | ≤250 |

2）其他材料性能同33.2.2.1-3（2）。

3）喷涂硬泡聚氨酯外墙外保温系统材料的其他性能还需符合《聚氨酯硬泡外墙外保温工程技术导则》的要求。

4. 施工工艺流程

基层处理→吊垂线、弹控制线→门窗口等部位遮挡→喷涂硬泡聚氨酯保温层→修整硬泡聚氨酯保温层→涂刷聚氨酯专用界面剂→抹面胶浆复合增强网→饰面层→检测验收。

5. 施工要点

（1）基层处理。基层墙体应干燥、干净，坚实平整，平整度超差时可用抹面砂浆找平，找平后允许偏差应小于4mm，潮湿墙面和透水墙面宜先进行防潮和防水处理，必要时外墙基层应涂刷界面剂。

（2）硬泡聚氨酯喷涂施工。喷涂施工前，门窗洞口及下风口宜做遮蔽，防止泡沫飞溅污染环境。喷涂施工时的环境温度宜为10～40℃，风速应不大于5m/s（3级风），相对湿度应小于80%，雨天不得施工。喷枪头距作业面的距离不宜超过1.5m，移动的速度要均匀。在作业中，上一层喷涂的聚氨酯硬泡表面不粘手后，才能喷涂下一层。喷涂后的聚氨酯硬泡保温层应避免雨淋，表面平整度允许偏差不大于6mm，且应充分熟化48～72h后，再进行下道工序的施工。

（3）硬泡聚氨酯保温层处理。聚氨酯保温层表面应用聚氨酯专用界面进行涂刷。

（4）防护层抹灰。硬泡聚氨酯保温层经过处理后用抹面胶浆进行找平刮糙，抹面胶浆中应复合玻纤网格布或热镀锌钢丝网。

（5）防火措施同33.2.2.1-5（7）。

### 33.2.2.6 岩棉薄抹灰外墙外保温系统

1. 基本构造

岩棉薄抹灰外墙外保温系统由岩棉板或岩棉条保温层、固定保温层的锚栓和胶粘剂、抹面胶浆与玻纤网复合而成的抹面层以及饰面层等组成，包括必要时采用的护角、托架等配件，采用锚固和粘结相结合的方式固定于外墙外表面的非承重保温构造。此系统简称为岩棉外保温系统，包括：岩棉板外保温系统和岩棉条外保温系统。基本构造见表33-30。

**岩棉外保温系统基本构造　　表 33-30**

| 基层墙体① | 基本构造 | | | | | | | | | 构造示意图 |
|---|---|---|---|---|---|---|---|---|---|---|
| | 粘结层② | 保温层③ | 抹面层 | | | | | | 饰面层⑩ | |
| | | | 底层④ | 增强材料⑤ | 连接件⑥ | 中间层⑦ | 增强材料⑧ | 面层⑨ | | |
| 混凝土墙、各种砌块墙 | 胶粘剂 | 岩棉板或岩棉条 | 抹面胶浆 | 玻纤网 | 锚栓 | 抹面胶浆 | 玻纤网 | 抹面胶浆 | 饰面涂料 | 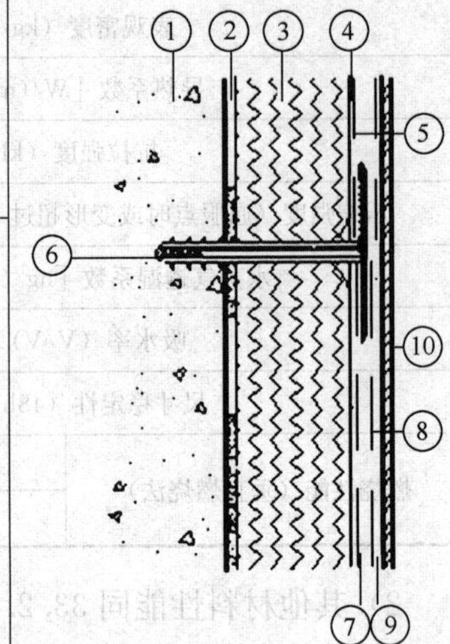 |

注：1. 岩棉板外保温系统与基层墙体的连接固定采用以机械锚固为主，粘结为辅的方式。岩棉条外保温系统与基层墙体连接固定采用以粘结为主，机械固定锚固为辅的方式。
2. 岩棉板与基层墙体的有效粘结面积率不应小于50%；岩棉条与基层墙体的有效粘结面积率不应小于70%。
3. 岩棉板外保温工程使用的锚栓数量应通过抗风压荷载设计确定，不应小于5个/$m^2$，且不宜大于14个/$m^2$；岩棉条外保温工程使用的锚栓数量不应小于5个/$m^2$。
4. 岩棉外保温工程的抹面可采用单网和双网做法，建议采用双网，确保安全。

2. 性能要求

(1) 系统性能

岩棉外保温系统性能指标见表33-31。

**岩棉外保温系统性能指标　　表 33-31**

| 项目 | | | 性能指标 |
|---|---|---|---|
| 耐候性 | 外观 | | 不得出现饰面层起泡或剥落、防护层空鼓或脱落等破坏，不得产生渗水裂缝 |
| | 抹面层与保温层拉伸粘结强度（MPa） | 岩棉板 | 岩棉板破坏 |
| | | 岩棉条 | 平均值≥0.08，允许一个单值小于0.08且大于0.06 |
| 吸水量（$g/m^2$） | | | ≤500 |
| 抗冲击性 | 建筑物二级及以上墙面 | | 3J级 |
| | 建筑物首层墙面及门窗洞口等易受碰撞部位 | | 10J级 |
| 水蒸气透过性能 | 防护层水蒸气渗透阻（$m^2 \cdot h \cdot Pa/g$） | 混凝土基层墙体 | $\leqslant 2.83\times10^3$ |
| | | 非混凝土基层墙体 | $\leqslant 2.10\times10^3$ |
| 耐冻融性能 | 冻融后外观 | | 30次冻融循环后，防护层无空鼓、脱落，无渗水裂缝 |
| | 拉伸粘结强度（MPa） | 岩棉板 | 岩棉板破坏 |
| | | 岩棉条 | 平均值≥0.08，允许一个单值小于0.08且大于0.06 |

(2) 组成材料性能

1）岩棉板、岩棉条材料性能指标及其试验方法见表 33-32，其锚栓性能指标及其试验方法见表 33-33。

**岩棉板、岩棉条材料性能指标及其试验方法** **表 33-32**

| 项目 | | 性能标准 | | | 试验方法标准 |
|---|---|---|---|---|---|
| | | 岩棉条 | 岩棉板 | | |
| | | | TR10 | TR15 | |
| 垂直于板面方向的抗拉强度（kPa） | | ≥100.0 | ≥10.0 | ≥15.0 | 现行国家标准《建筑用绝热制品 垂直于表面抗拉强度的测定》GB/T 30804 |
| 湿热抗拉强度保留率[1]（%） | | ≥50 | | | 现行国家标准《建筑用绝热制品 垂直于表面抗拉强度的测定》GB/T 30804 |
| 横向[2]剪切强度标准值 $F_{tk}$（kPa） | | ≥20 | — | | 现行国家标准《建筑用绝热制品 剪切性能的测定》GB/T 32382 |
| 横向[2]剪切模量（kPa） | | ≥1.0 | — | | |
| 导热系数 [W/(m·K)]（平均温度 25℃） | | ≤0.046 | ≤0.040 | | 现行国家标准《绝热材料稳态热阻及有关特性的测定 防护热板法》GB/T 10294<br>现行国家标准《绝热材料稳态热阻及有关特性的测定 热流计法》GB/T 10295 |
| 吸水量（部分浸入）（kg/m²） | 24h | ≤0.5 | ≤0.4 | | 现行国家标准《建筑用绝热制品 部分浸入法测定短期吸水量》GB/T 30805 |
| | 28d | ≤1.5 | ≤1.0 | | 现行国家标准《建筑用绝热制品 浸泡法测定长期吸水量》GB/T 30807 |
| 质量吸湿率（%） | | ≤1.0 | | | 现行国家标准《矿物棉及其制品试验方法》GB/T 5480 |
| 酸度系数 | | ≥1.8 | | | 现行国家标准《矿物棉及其制品试验方法》GB/T 5480 |
| 燃烧性能 | | A（A1）级 | | | 现行国家标准《矿物棉及其制品试验方法》GB/T 5480 |

注：1. 湿热处理的条件：温度(70±2)℃，相对湿度(90±3)%，放置 7d±1h，(23±2)℃干燥至质量恒定；
2. 沿岩棉条的宽度方向施加荷载。

**岩棉板、岩棉条锚栓性能指标及其试验方法** **表 33-33**

| 项目 | | 岩棉条外保温系统用锚栓性能指标 | 岩棉板外保温系统用锚栓性能指标 | 试验方法 |
|---|---|---|---|---|
| 抗拉承载力标准值 $F_k$（kN） | 普通混凝土墙体（C25） | ≥0.60 | ≥1.20 | 现行行业标准《外墙保温用锚栓》JG/T 366 |
| | 实心砌体墙体（MU15） | ≥0.50 | ≥0.80 | |
| | 多孔砖砌体墙体（MU15） | ≥0.40 | — | |
| | 混凝土空心砌体墙体（MU10） | ≥0.30 | — | |
| | 蒸压加气混凝土砌块墙体（A5.0） | ≥0.30 | ≥0.60 | |
| 锚盘抗拔力标准值 $F_{Rk}$（kN） | | ≥0.50 | ≥1.20 | |
| 锚盘直径（mm） | | ≥60 | | |
| 膨胀套管直径（mm） | | ≥8 | | |
| 锚盘刚度（kN/mm） | | | ≥0.50 | 现行行业标准《岩棉薄抹灰外墙外保温工程技术标准》JGJ/T 480—2019 |

2）其他材料性能同33.2.2.1-3（2）。

3. 适用范围

岩棉外保温系统适用于一般民用建筑，更适用于高层建筑和防火要求高的建筑。

4. 施工工艺流程

基层处理→测量放线→安装金属嵌固件（首层托架）→粘贴翻包网→粘贴岩棉板（带）→抹第一遍抹面胶浆压入耐碱玻纤网→安装锚固件→抹第二遍抹面胶浆（埋贴网布）。

5. 施工要点

（1）基层墙体的处理，穿墙螺栓孔封堵，清理混凝土墙面上残留的浮灰、脱模剂油污等杂物。

（2）墙面弹线：施工前首先读懂图纸，确认基层结构墙体体型突变的具体部位，并做出标记。此外还应弹出首层散水标高线具体位置。

（3）预粘板端翻包网布

在挑檐、阳台等位置预先粘贴板边翻包网布，将不小于250mm宽的网布中的150mm宽用专用胶粘剂牢固粘贴在基面上（胶粘剂厚度不得超过2mm），后期粘贴岩棉带时再将剩余网布翻包过来。

（4）设置金属嵌固带方法

粘贴岩棉带需要安装嵌固带时，先将下方的岩棉带用胶粘剂粘贴到墙体上；再将嵌固带工字头插入到下层岩棉带中，并用锚钉固定于墙体上；再将上层岩棉带粘贴于墙体上，并插入嵌固带工字头与下层岩棉带对齐不留缝隙。嵌固带的选用见表33-34。

**嵌固带选用表** **表33-34**

| | |
|---|---|
| 托架宽度 $A$（mm） | 40 |
| 托架厚度 $B$（mm） | 1.00 |

（5）在粘接好的岩棉表面涂刷界面剂。使用岩棉专用界面剂，界面剂（乳液）∶水泥=5∶1（重量比），搅拌均匀涂刷在岩棉贴面上。

（6）搅拌专用抹面胶浆，搅拌好的砂浆浆料2h内用完。搅拌时不得二次加水。

（7）抹第一遍抹面胶浆，厚度约为2～3mm，平整度不大于2mm，同时压入玻纤网，网格布对接，抹面胶浆凝固后网格似露非露。

（8）安装锚固件，按照方案要求的位置用冲击钻钻孔，要求有效锚固深度用于混凝土墙时不小于30mm，用于加气混凝土墙时不小于50mm（有抹灰层时，不包括抹灰层厚度）。钻孔深度为锚固深度再加上10mm。

（9）锚栓施工完毕并验收合格后进行第二遍面层聚合物砂浆施工，同时压入网格布。

### 33.2.2.7 保温装饰一体板外墙外保温系统

1. 基本构造

保温装饰一体板外墙外保温系统由粘结层、保温装饰一体板、锚固件、密封材料等组成。保温装饰一体板在工厂里由机械化生产线生产，集保温节能与装饰功能为一体，可以达到产品的预制化、标准化、组合多样化、施工装配化的目的。

保温装饰一体板外墙外保温系统基本构造见表33-35。

**保温装饰一体板外墙外保温系统基本构造** **表 33-35**

| 基层墙体① | 系统的基本构造 | | | | | 构造示意图 |
|---|---|---|---|---|---|---|
| | 粘结层② | 保温及饰面层③ | 辅助连接件④ | 嵌缝材料⑤ | 密封胶⑥ | |
| 现浇混凝土墙体或砌体墙 | 干粉聚合物胶粘剂 | 保温装饰板 | 锚栓及固定件 | 聚乙烯泡沫棒、硅酸盐水泥板 | 硅酮耐候密封胶 | 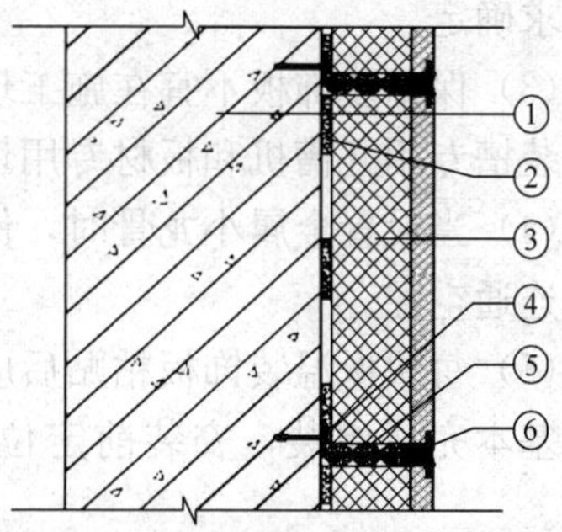 |

2. 适用范围

保温装饰一体板系统适用于钢筋混凝土结构或砌体结构的外墙外保温工程。

3. 系统性能

保温装饰一体板性能指标见表 33-36。

**保温装饰一体板性能要求表** **表 33-36**

| 项目 | | 指标 | |
|---|---|---|---|
| | | Ⅰ型 | Ⅱ型 |
| 单位面积质量（kg/m²） | | ＜20 | ＜20～30 |
| 拉伸粘结强度（MPa） | 原强度 | ≥0.10，破坏发生在保温材料中 | ≥0.12，破坏发生在保温材料中 |
| | 耐水 | ≥0.10 | ≥0.15 |
| | 耐冻融 | ≥0.10 | ≥0.15 |
| 抗冲击性（J） | | 建筑物首层 10J 级冲击合格<br>其他层 3J 级冲击合格 | |
| 温度变形（%） | | ≥0.07 | |
| 吸水量（g/m²） | | ≤500 | |
| 不透水性（2h） | | 面板内侧未渗透 | |
| 热阻（m²·K/W） | | 符合设计要求 | |
| 水蒸气透过性能［g/(m²·h)］ | 有机保温材料 | 防护层水蒸气透过量≥0.85 | |
| | 岩棉条 | 防护层水蒸气透过量≥1.67 | |

注：装饰一体板系统设有透气构造时，不检验水蒸气透过性能。

4. 施工工艺流程

基层检查→测量放线→精确切割板材和准备配套件→粘贴保温装饰板及成品配套构件→安装专用锚固件→细部构造处理→填嵌缝泡沫材料→打耐候硅酮胶→清理、清洁、揭膜→检查验收。

5. 施工要点

（1）胶粘剂应按照先加水或胶液体，后加粉料的顺序配制，配制好的胶粘剂一次配制量应在可操作时间内完成。

（2）采用点框粘方式粘贴保温装饰板，常规尺寸保温装饰板边框上涂抹胶粘剂宽度

60～80mm，并在板边上部用抹刀刮出50mm宽的缺口，然后在保温装饰板中部均匀涂抹若干个粘结点，每个涂点的直径不小于120mm，粘结剂宽度和粘结点数量根据粘结面积比要求确定。

（3）保温装饰板不宜在施工现场切割，当确需在施工现场切割时，施工现场应有锚固件安装槽专用开槽机和板材专用切割机，保温装饰板切割尺寸应符合设计要求。

（4）当设置金属小龙骨时，保温装饰板边框上的胶粘剂应与基层墙体粘贴牢固，不得留有连通空腔。

（5）每块保温装饰板粘贴后应及时安装锚固件，当锚固件由2个部件组成时，应在安装前基本完成组装，安装前定位螺钉可预留一定调整余量，安装调整到位后拧紧定位螺钉。

（6）当设置承托件时，应先安装承托件再安装保温装饰板，承托件或承托锚固点间距不应大于600mm。

（7）打胶作业时的基材表面适宜温度≥0℃且≤38℃，施胶时基材表面必须干燥。打密封胶应从上往下进行，均匀适量，密封胶深度不应小于5mm，与保温装饰板板面搭接宽度不应小于1mm，在保温板装饰板上的厚度宜为1～3mm。

（8）施胶完毕后应将胶带拉掉，纸胶带粘贴在板面的时间不得超过2h。

（9）待所有工艺全部完成后，撕去板面保护膜，如板面不慎留有（中性）耐候硅酮密封胶，应及时用布沾专用清洁剂清除，再用清水布清除一遍。

## 33.2.3　外墙内保温系统施工方法

### 33.2.3.1　增强石膏聚苯复合保温板外墙内保温施工方法

1. 基本构造

增强石膏聚苯复合保温板内保温做法是采用工厂预制的以聚苯乙烯泡沫塑料板同中碱玻纤涂塑网格布、建筑石膏及膨胀珍珠岩一起复合而成的增强石膏聚苯复合保温板，在外墙内表面用石膏粘结剂进行粘贴，然后在板面铺设中碱玻纤涂塑网格布并满刮腻子，最后在表面做饰面施工。基本构造见表33-37。

**增强石膏聚苯复合保温板外墙内保温基本构造表　　表33-37**

| 外墙<br>① | 保温系统构造 | | | 构造示意 |
|---|---|---|---|---|
| | 空气层<br>② | 保温层<br>③ | 面层<br>④ | |
| 钢筋混凝土、混凝土砌块、多孔砖、其他非黏土砖等外墙 | 如设计无特殊要求，则一般为20mm厚 | 增强石膏聚苯复合保温板 | 接缝处贴50mm宽玻纤布条，整个墙面粘贴中碱玻纤涂塑网格布，满刮腻子 | 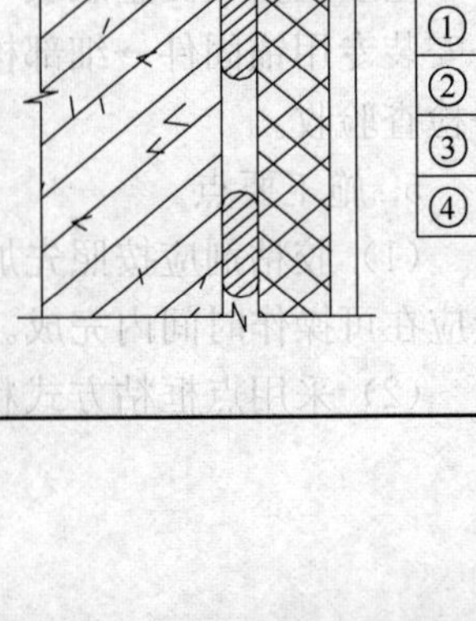 |

2. 适用范围

增强石膏聚苯板复合保温板适用于各气候区域的钢筋混凝土、混凝土砌块、多孔砖、其他非黏土砖等外墙内保温施工，但不宜用于厨房、卫生间等潮湿的房间。

3. 性能要求

(1) 系统性能

增强石膏聚苯复合保温板系统性能要求，见表 33-38。

**增强石膏聚苯复合保温板系统性能要求　　表 33-38**

| 项目 | 性能要求 |
|---|---|
| 抗冲击性（含饰面层） | 3J 级 |
| 吸水量（含饰面层）(24h) | 小于 2.0kg/m² |
| 水蒸气渗透层（含饰面层） | 符合设计要求 |
| 热阻 | 复合墙体热阻符合设计要求 |
| 抗裂性 | 墙体表面无裂痕、空鼓 |
| 燃烧性能 | B1 |

(2) 组成材料性能

增强石膏聚苯复合保温板性能要求，见表 33-39。

**增强石膏聚苯复合保温板性能要求　　表 33-39**

| 项目 | 指标 |
|---|---|
| 热阻（m²·K/W） | 符合设计要求 |
| 面密度（kg/m²） | ≤25 |
| 含水率（%） | ≤5 |
| 抗弯荷载，$G$（板材重量） | ≥1.8 |
| 面层抗压强度（MPa） | ≥7.0 |
| 收缩率（%） | ≤0.08 |
| 软化系数 | >0.5 |
| 抗冲击性 | 垂直冲击 10 次，背面无裂纹 |
| 燃烧性能 | B1 |

4. 施工流程

基层处理→分档、弹线→配板→抹冲筋点→安装接线盒、管卡、埋件→粘贴防水保温踢脚板→粘贴、安装保温板→板缝处理、粘贴玻纤网格布→保温墙面刮腻子→饰面→检测验收。

5. 施工要点

(1) 施工前基层墙面应进行处理，特别是结构墙体表面凸出的混凝土或砂浆要剔平，表面应清理干净，预埋件要留出位置或埋设完。

(2) 根据开间或进深尺寸及保温板实际规格，预排保温板。排板应从门窗口开始，非整板放在阴角，有缺陷的板应修补，弹线时应按保温层的厚度在墙、顶上弹出保温墙面的边线；按防水保温踢脚层的厚度在地面上弹出踢脚边线，并在墙面上弹出踢脚的上口线。

(3) 抹冲筋点：在冲筋点位置，用钢丝刷刷出直径不少于 100mm 的洁净面并浇水润湿，并刷一道聚合物水泥浆；用 1∶3 水泥砂浆做 $\Phi$100 冲筋点，厚度 20mm 左右（空气层厚度），在需设置埋件处做出 200mm×200mm 的灰饼。

(4) 粘贴防水保温踢脚板。在踢脚板内侧，上下各按 200～300mm 的间距布设粘结点，同时在踢脚板底面及侧面满刮粘结剂，按线粘贴踢脚板。粘结时用橡皮锤贴紧敲实，挤实碰头灰缝，并将挤出的粘结剂随时清理干净。粘贴踢脚板必须平整和垂直，踢脚板与结构墙间的空气层控制在 10mm 左右。

(5) 粘贴、安装保温板。将接线盒、管卡、埋件的位置准确地翻样到板面，并开出洞口。在冲筋点、相邻板侧面和上端满刮粘结剂，并且在板中间抹梅花状粘结石膏点，数量应大于板面面积的 10%，按弹线位置直接与墙体粘牢。粘贴后的保温板整体墙面必须垂直平整，板缝及接线盒、管卡、埋件与保温板开口处的缝隙，应用粘结剂嵌塞密实。

(6) 保温墙上贴玻纤网布。保温板安装完和胶粘剂达到强度后，检查所有缝隙是否粘结良好。板拼缝处应粘贴 50mm 宽玻纤网格布一层，门窗口角加贴玻纤网格布，粘贴时要压实、粘牢、刮平。墙面阴角和门窗口阳角处加贴 200mm 宽玻纤布一层（角两侧各 100mm）。然后在板面满贴玻纤布一层，玻纤布应横向粘贴，粘贴时用力拉紧、拉平，上下搭接不小于 50mm，左右搭接不小于 100mm。

(7) 待玻纤布粘贴层干燥后，墙面满刮 2～3mm 石膏腻子，分 2～3 遍刮平，与玻纤布一起组成保温墙的面层，最后按设计规定做内饰面层。

### 33.2.3.2　增强粉刷石膏聚苯板外墙内保温施工方法

1. 基本构造

增强粉刷石膏聚苯板墙体内保温系统，是由石膏粘贴聚苯板保温层、粉刷石膏抗裂防护层和饰面层构成的墙体内保温构造。基本构造见表 33-40。

增强粉刷石膏聚苯板墙体内保温系统基本构造　　表 33-40

| 基层墙体<br>① | 系统的基本构造 | | | | 构造示意图 |
|---|---|---|---|---|---|
| | 胶粘层<br>② | 保温层<br>③ | 抗裂防护层<br>④ | 饰面层<br>⑤ | |
| 钢筋混凝土墙、砌体墙、框架填充墙等 | 用 10mm 厚粘结石膏粘结 | 聚苯板（厚度按设计要求） | 抹粉刷石膏 8～10mm 横向压入 A 型玻纤涂塑网格布，再用建筑胶粘一层 B 型玻纤涂塑网格布 | 耐水腻子＋涂料或壁材 | 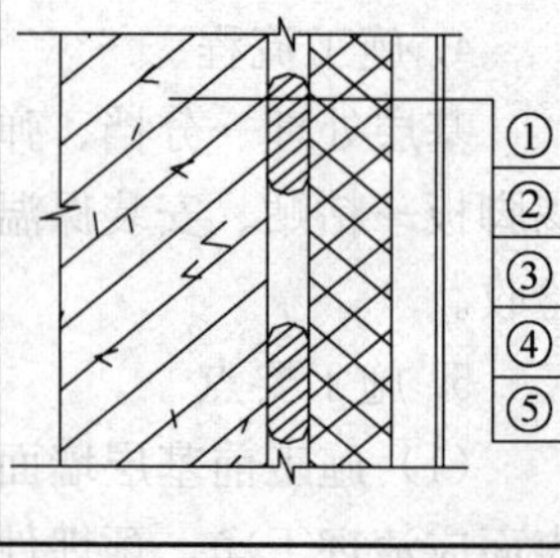 |

2. 适用范围

增强粉刷石膏聚苯板内保温系统适用于各气候区域的钢筋混凝土、混凝土砌块、多孔砖、其他非黏土砖等外墙内保温施工，但不宜用于厨房、卫生间等潮湿房间和梯脚板等部位。

3. 性能要求

(1) 增强粉刷石膏聚苯板内保温系统的系统性能，见表 33-41。

**增强粉刷石膏聚苯板墙体内保温系统性能指标** **表 33-41**

| 项目 | 性能要求 |
|---|---|
| 抗冲击性（含饰面层） | 3J 级 |
| 吸水量（含饰面层）(24h) | 小于 2.0kg/m² |
| 水蒸气渗透层（含饰面层） | 符合设计要求 |
| 热阻 | 复合墙体热阻符合设计要求 |
| 抗裂性 | 墙体表面无裂痕、空鼓 |
| 燃烧性能 | B1 |

(2) 组成材料性能

粉刷型石膏材料性能应符合表 33-42 中规定的要求。

**粉刷型石膏材料性能指标表** **表 33-42**

| 项目 | | 指标 |
|---|---|---|
| 可操作时间 (min) | | ≥50 |
| 凝结时间 (min) | 初凝时间 | ≥75 |
| | 终凝时间 | ≤240 |
| 保水率 (%) | | ≥65 |
| 抗裂性 | | 24h 无裂纹 |
| 强度 (MPa) | 绝干抗折强度 | ≥2.0 |
| | 绝干抗压强度 | ≥4.0 |
| | 剪切粘结强度 | ≥0.4 |
| 收缩率 (%) | | ≤0.05 |

4. 施工流程

基层处理→吊垂直、套方、弹线控制→配制粘贴石膏→粘贴聚苯板→抹灰，粘玻纤网格布→做门窗洞口护角及踢脚→刮柔性耐水腻子→涂刷饰面→检测验收。

5. 施工要点

(1) 基层处理。去除墙面影响附着的物质，凸出的混凝土或砂浆应剔平。

(2) 弹线、贴灰饼。根据空气层与聚苯板的厚度以及墙面平整度，在与墙体内表面相邻的墙面、顶棚和地面上弹出聚苯板粘贴控制线，门窗洞口控制线；如对空气层厚度有严格要求，可根据聚苯板粘贴控制线，做出 50mm×50mm 灰饼，按 2m×2m 的间距布置在基层墙面上。

(3) 粘贴聚苯板。墙面聚苯板应错缝排列，拼缝处不得留在门窗口四角处。加水配制的粘结石膏一次拌合量要确保 50min 内用完，稠化后严禁加水稀释再用。粘贴聚苯板可用点框法和条粘法。点框法适用于平整度较差的墙面，应保证粘贴面积不少于 30%。如采用挤塑聚苯板，应先在挤塑板上涂刷挤塑板界面剂，界面剂表干后再布粘结石膏。聚苯板的粘结要确保垂直度和平整度，粘贴 2h 内不得触碰、扰动。

(4) 抹灰、挂网格布。用粉刷石膏砂浆在聚苯板面上按常规抹灰做法做出标准灰饼，抹灰平均厚度 8～10mm，待灰饼硬化后即可大面积抹灰。在抹灰层初凝之前，横向绷紧

A型网格布，用抹子压入到抹灰层内，网格布要尽量靠近表面。网格布接槎处搭接不小于100mm。待粉刷石膏抹灰层基本干燥后，再在抹灰层表面绷紧粘贴B型网格布，网格布接槎处搭接不小于150mm。

(5) 刮腻子。待网格布胶粘剂凝固硬化后，宜在网格布上直接刮内墙柔性腻子，腻子层控制在1～2mm，不宜在保温墙再抹灰找平。

(6) 门窗洞口护角、厨厕间、踢脚板的处理。门窗洞口、立柱、墙阳角部位宜用粉刷石膏抹灰找好垂直后压入金属护角。水泥踢脚应先在聚苯板上满刮一层建筑用界面剂，拉毛后再用聚合物水泥砂浆抹灰；预制踢脚板应采用瓷砖胶粘剂满贴。厨房、卫生间墙体宜采用聚合物水泥胶粘剂和聚合物水泥罩面砂浆，防水层的施工宜在保温施工后进行。

### 33.2.3.3　胶粉聚苯颗粒保温浆料玻纤网格布聚合物砂浆外墙内保温施工方法

1. 基本构造

胶粉聚苯颗粒保温浆料玻纤网格布聚合物砂浆外墙内保温系统由界面层、胶粉聚苯颗粒保温浆料保温层、抗裂防护层和饰面层构成的墙体内保温构造。基本构造见表33-43。

**胶粉聚苯颗粒保温浆料玻纤网格布聚合物砂浆外墙内保温系统基本构造　　表33-43**

| 基层墙体 | 系统基本构造 | | | | 构造示意图 |
|---|---|---|---|---|---|
| | 界面层<br>① | 保温层<br>② | 抗裂防护层<br>③ | 饰面层<br>④ | |
| 混凝土墙及各种砌体墙 | 界面砂浆 | 胶粉聚苯颗粒保温浆料 | 抗裂砂浆复合耐碱涂塑玻璃纤维网格布 | 涂料或壁材 | 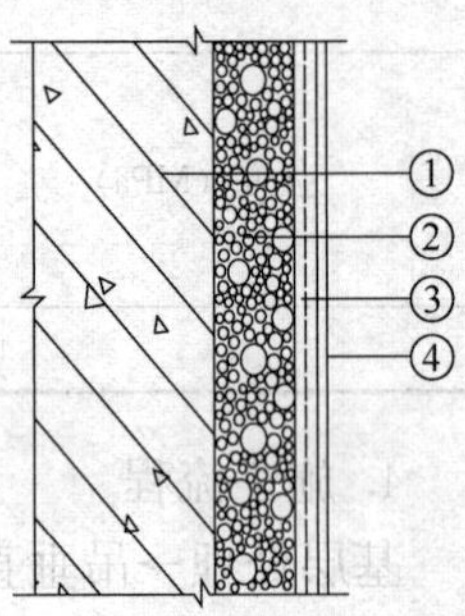 |

2. 适用范围

胶粉聚苯颗粒保温浆料玻纤网格布聚合物砂浆外墙内保温做法适用于夏热冬冷和夏热冬暖地区钢筋混凝土、混凝土砌块、多孔砖、其他非黏土砖等外墙内保温施工和寒冷地区无条件实现外保温的楼梯间、电梯间等部位的局部保温。

3. 性能要求

(1) 系统性能

同33.2.3.2增强粉刷石膏聚苯板墙体内保温系统性能要求。

(2) 组成材料性能

相关材料性能及要求详见《胶粉聚苯颗粒外墙外保温系统材料》JG/T 158—2013。

4. 施工流程

基层处理→喷刷基层界面砂浆→吊垂直线、弹控制线→抹胶粉聚苯颗粒保温浆料（或贴砌聚苯板→喷刷聚苯板界面砂浆→抹胶粉聚苯颗粒找平浆料→抹抗裂砂浆复合增强网布）→外饰面→检测验收。

5. 施工要点

(1) 基层处理：基层均应做界面处理，用喷枪或滚刷均匀喷刷。

(2) 界面砂浆基本干硬后方可抹保温浆料，保温浆料应分层抹灰，每层抹灰厚度宜为20mm左右，间隔时间应在24h以上，第一遍抹灰应压实，最后一遍抹灰厚度宜控制在10mm左右。

(3) 门窗边框与墙体连接应预留出保温层的厚度，缝隙应分层填塞密实，并做好门窗框表面的保护。

(4) 保温层固化干燥后方可抹抗裂砂浆，抗裂砂浆抹灰厚度为3～4mm，然后压入玻纤网格布，网格布搭接宽度不小于100mm，楼梯间隔墙等需要加强的位置应铺贴双层网格布，底层网格布采用对接，面层网格布采用搭接。门窗洞孔边角处应沿45°方向提前设置增强网格布，网格布尺寸宜为400mm×200mm。

(5) 抹完抗裂砂浆24h后方可进行饰面施工。

### 33.2.4 内置保温现浇混凝土复合剪力墙保温系统

1. 概述

内置保温现浇混凝土复合剪力墙保温系统是在混凝土剪力墙施工时，在钢筋骨架间放置保温板，然后绑扎剪力墙钢筋支设模板并在保温板两侧空腔内同时浇筑自密实混凝土形成的，兼受力与外墙保温于一体的复合剪力墙保温墙体。内置保温现浇混凝土复合剪力墙集承重、保温、隔热、隔声于一体，具有保温系统与主体结构设计使用年限相同，耐火极限高，施工速度快，外墙可装饰性强等特点。内置保温现浇混凝土复合剪力墙保温性能要求见表33-44，复合剪力墙保温材料的性能要求应符合表33-45的规定。复合剪力墙用XPS板、EPS板性能要求符合表33-46的规定。

**内置保温现浇混凝土复合剪力墙保温系统　表33-44**

| 系统基本构造 | | | | | | | 构造示意图 |
|---|---|---|---|---|---|---|---|
| 防护层 ① | 保温层 ② | 结构层 ③ | 钢筋焊接网 ④ | 受力或锚固钢筋焊接网 ⑤ | 腹筋 ⑥ | 拉结件⑦ | |
| 混凝土墙及各种砌体墙 | 界面砂浆 | 胶粉聚苯颗粒保温浆料 | 抗裂砂浆复合耐碱涂塑玻璃纤维网格布 | 涂料或壁材 | | | 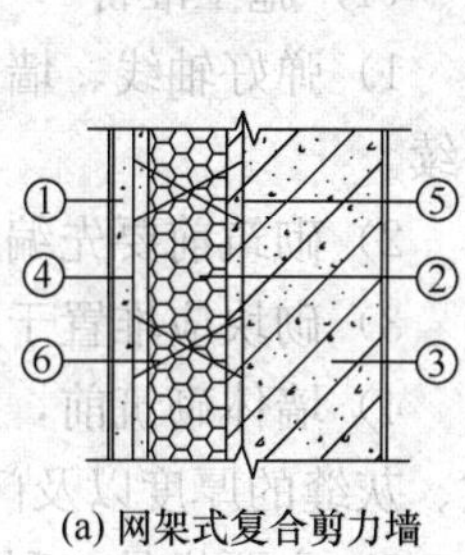  (a) 网架式复合剪力墙 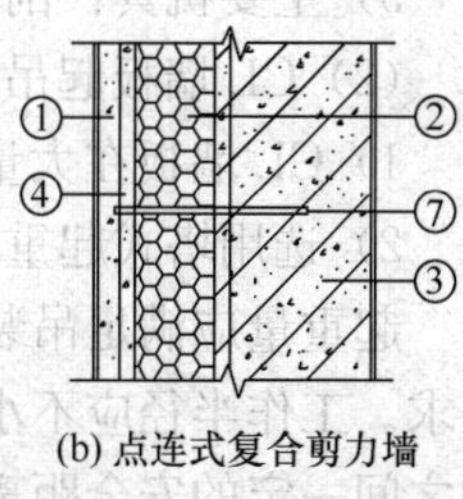  (b) 点连式复合剪力墙 |

**复合剪力墙保温材料性能要求　　表 33-45**

| 项目 | 厚度（mm） | |
|---|---|---|
| | 30～100 | >100 |
| 压缩强度（kPa） | ⩾200 | ⩾100 |
| 吸水率（%） | ⩽4.0 | |
| 导热系数 [W/(m·K)] | ⩽0.039 | |
| 燃烧性能等级 | 不应低于 B2 级 | |

**复合剪力墙用 XPS 板、EPS 板性能要求　　表 33-46**

| 项目 | | 性能要求 | |
|---|---|---|---|
| | | XPS | EPS |
| 吸水率(%) | | ⩽1.5 | ⩽4.0 |
| 透湿系数[ng/(m·s·Pa)] | | ⩽3.5 | ⩽4.5 |
| 尺寸稳定性(%) | | ⩽2.0 | ⩽3.0 |
| 导热系数[W/(m·K)] | | ⩽0.032 | ⩽0.039 |
| 表观密度(kg/m³) | | — | ⩾20 |
| 熔结性 | 断裂弯曲负荷(N) | — | ⩾25 |
| | 弯曲变形(mm) | — | ⩾20 |

2. 施工流程

施工准备→CL 墙板起吊安装→CL 墙板的安装就位→粘贴保温板（隔离带）→抹灰层抹面胶浆→铺设玻纤网→抹面层抹面胶浆→保温层伸缩缝处理→外饰面作业→检测验收。

注：CL 墙板是一种内置保温现浇混凝土复合剪力墙保温系统，由两层钢丝网或钢筋而形成的空间骨架，然后内外两侧浇筑混凝土，中间夹聚苯板构成的复合墙板，是一种新型复合混凝土剪力墙结构体系。

3. 施工要点

(1) 施工准备

1) 弹好轴线、墙身线以及门窗洞口的位置线，经验线符合设计要求，并办理完预检手续。

2) 砌筑前要先编制排块图，根据排块图进行摆地排砖。

3) 砌块应堆置于室内或不受雨、雪影响并能防潮的干燥场所。

4) 墙体砌筑前，应在转角处立好皮数杆，间距宜小于 15m，皮数杆应标明砌块的皮数、灰缝的厚度以及门窗洞口、过梁、圈梁和楼板等部位的位置。

5) 主要机具：刮勺、橡皮锤、水平尺、搅拌器、射钉枪、磨砂板、台式切割机等。

(2) CL 墙板起吊与安装

1) CL 墙板在大量起吊前，应先进行试吊，待取得经验后再大量起吊。

2) 选用塔式起重机，其作业参数满足以下条件：

起重量应满足吊装最远端和最重的墙板。起重高度应满足吊装最高一层的最高墙板的要求。工作半径应不小于吊装设备中心到最远墙板的安装位置，其中包括吊装机械与建筑物之间一定的安全距离。数量应以吊装设备的台班吊次和流水段所使用的吊次，以及吊装设备所服务的工作半径等，加以统筹考虑，合理安排。

3）吊装设备的位置。CL 墙板及其他材料的堆放一般应布置在吊装设备工作半径范围以内。

（3）CL 墙板的安装就位

1）CL 墙板的吊装一般采用逐间封闭式吊装或双间封闭式吊装；

2）根据引测到施工平面的水平和垂直控制线，用墨线放出 CL 复合剪力墙及内隔墙的轴线和边线及门窗洞口位置线、暗柱等边缘构件结点线等，并在相应位置标注墙板编号；

3）CL 墙板吊环（钩）应与钢丝网架绑扎牢固，起吊应垂直、平稳，绳索与墙板水平夹角不宜小于 45°，墙板就位时，应对准墙板边线，尽量一次就位，以减少撬动。

（4）粘贴保温板（隔离带）

配置胶粘剂：胶粘剂应用电动搅拌器搅拌均匀，一次的配置量宜在 60min 内用完。

## 33.2.5 检验与验收

### 33.2.5.1 检验

1. 材料检测

墙体节能工程的材料进厂后需进行抽样复检，其具体项目见表 33-47。

**材料检测项目** **表 33-47**

| 序号 | 材料名称 | 控制项目 | 检验方法标准 | 现场抽样数量 | 评定标准 |
|---|---|---|---|---|---|
| 1 | 模塑聚苯乙烯泡沫塑料板（EPS） | 表观密度 | GB/T 6343 | 以同一厂家生产、同一规格产品、同一批次进场，每 500m³ 为一批，不足 500m³ 也为一批 | 设计指标/JGJ 144 JG 149 |
| | | 抗拉强度 | GB/T 29906 | | |
| | | 尺寸稳定性 | GB/T 8811 | | |
| | | 导热系数 | GB/T 10294 GB/T 10295 | | |
| | | 燃烧性能 | GB/T 8626 GB/T 2406 | | |
| 2 | 挤塑聚苯乙烯泡沫塑料板（XPS） | 压缩强度 | GB/T 8813 | | 设计指标/GB/T 10801.2 |
| | | 尺寸稳定性 | GB/T 8811 | | |
| | | 导热系数 | GB/T 10294 GB/T 10295 | | |
| | | 燃烧性能 | GB/T 8626 | | |
| 3 | 围护结构绝热用岩棉 | 渣球含量 | GB/T 5480 | 以同一厂家、同一原料、同一生产工艺、同一品种同一批次进场，以 5000m² 为一批，不足 5000m² 也为一批 | GB/T 19686 |
| | | 纤维平均含量 | GB/T 5480 | | |
| | | 密度 | GB/T 5480 | | |
| | | 热阻 | GB/T 10294 GB/T 10295 | | |
| 4 | 硬质聚氨酯泡沫塑料（PU） | 表观密度 | GB/T 6343 | 每 10t 为一批，不足 10t 也为一批 | 设计指标 |
| | | 抗拉强度 | JG 149 | | |
| | | 导热系数 | GB 10294 GB 10295 | | |

续表

| 序号 | 材料名称 | 控制项目 | 检验方法标准 | 现场抽样数量 | 评定标准 |
|---|---|---|---|---|---|
| 5 | 胶粉聚苯颗粒保温浆料 | 导热系数 | GB 10294<br>GB 10295 | 每35t为一批，不足35t亦为一批。每批现场制作3块同条件试样 | 设计指标 |
| | | 干密度 | JG 158 | | |
| | | 压缩强度 | JG 158 | | |
| 6 | 胶粘剂 | 常温常态拉伸粘接强度（与水泥砂浆） | JG 149 | 每30t为一批，不足30t也为一批。其余同上 | 设计指标 |
| | | 浸水48h拉伸粘接强度（与水泥砂浆） | GB/T 9779 | | |
| 7 | 界面剂 | 常温常态拉伸粘接强度（与配套保温材料） | JG 158 | 每3t为一批，不足3t亦为一批。其余同上 | 设计指标 |
| 8 | 抹面胶浆 | 常温常态拉伸粘接强度（与配套保温材料） | JG 149 | 每30t为一批，不足30t亦为一批。从一批中随机抽取5袋，每袋取2kg，总计不少于10kg | 设计指标 |
| | | 浸水48h拉伸粘接强度（与配套保温材料） | | | |
| | | 柔韧性 | | | |
| 9 | 玻纤网格布 | 耐碱拉伸断裂强度 | GB/T 20102 | 每7000m²为一批，不足7000m²亦为一批 | 设计指标/JGJ 144 |
| | | 断裂强度保留率 | | | |
| 10 | 钢丝网 | 锌量指标 | GB/T 2973 | | GB/T 2973 |
| | | 网孔中心距 | GB/T 3897 | | 设计指标/产品标准 |
| | | 丝径 | | | |
| | | 焊点强度 | | | |
| 11 | 聚氨酯饰面板 | 保温层厚度 | JGJ 144 | 每5000m²为一批，不足5000m²亦为一批 | 设计指标/产品标准 |
| | | 保温板瓷砖拉拔强度 | JGJ 110 | | 设计指标/产品标准 |
| 12 | 瓷砖胶粘剂 | 粘接拉伸强度 | JC/T547 | 每30t为一批，不足30t亦为一批，其余同上 | 设计指标 |
| 13 | 聚合物水泥聚苯保温板 | 保温层厚度 | JGJ 144 | 每5000m²为一批，不足5000m²亦为一批 | 设计指标/产品标准 |
| 14 | 保温砌块 | 热阻 | GB/T 13475 | | 设计指标/产品标准 |
| | | 密度 | GB/T 4111 | | 设计指标/产品标准 |

2. 现场检测

外墙节能工程完工后，需对节能构造进行实体检测，当条件具备时也可直接对外墙的传热系数进行检测。其抽样数量可以在合同中约定，当无合同约定时每个单位工程的外墙至少抽查3处，每处一个检查点。当一个单位工程外墙有2种以上节能保温做法时，每种节能保温做法的外墙应抽查不少于 3 处。外墙节能构造的现场检验应在监理（建设）人员见证下实施，可委托有资质的检测机构实施，也可由施工单位实施。当对围护结构的传热系数进行检测时，应由建设单位委托具备检测资质的检测机构承担；其检测方法、抽样数量、检测部位和合格判定标准等可在合同中约定。

**33.2.5.2 墙体节能工程质量验收**

1. 一般规定

（1）外墙外保温系统的性能检验应满足《外墙外保温工程技术标准》JGJ 144 要求，其系统性能、组成材料性能和构造措施还应符合相关技术标准的要求。当采用粘贴饰面砖做饰面层时，饰面砖粘结强度尚应符合《建筑工程饰面砖粘结强度检验标准》JGJ/T 110 的规定。

（2）外墙饰面层施工质量应符合国标《建筑装饰装修工程质量验收标准》GB 50210 的规定。

（3）保温装饰板外墙外保温工程的主要验收工序有基层处理、保温装饰板粘锚、板缝填塞、板缝密封。

2. 主控项目

（1）所用材料和半成品、成品的品种、规格、性能必须符合设计和有关标准的要求。

1）检查产品合格证和型式检验报告。

2）检查进场复验报告，复验项目及要求，见表 33-47。

（2）保温层与墙体以及各构造层之间必须连接牢固，连接方式以粘结为主的无松动和虚粘现象，粘结面积应符合设计要求。面层无粉化、起皮、爆灰。按《建筑工程饰面砖粘结强度检验标准》JGJ/T 110 的方法选取 3 处有代表性的部位实测干燥条件下保温层与基层墙体的拉伸粘结强度，检查隐蔽工程验收记录。

（3）安装锚固件的墙面，锚固件数量、锚固位置和锚固深度应符合设计要求。检查隐蔽工程验收记录。

（4）板状保温材料厚度用钢针插入和尺量检查，检查隐蔽工程验收记录。其负偏差不得大于 3mm，现场喷涂的保温材料厚度不得有负偏差。

（5）外墙采用内置保温板现场浇筑混凝土墙体时，观察检查，检查隐蔽工程验收记录。保温板的安装应位置正确、接缝严密，保温板在浇筑混凝土过程中不得移位、变形，钢丝网的位置及间距应符合设计和标准要求，保温板内外表面及钢丝网表面应预喷涂界面剂，与混凝土粘结应牢固。

（6）采用预制保温墙板现场安装的墙体，核查型式检验报告，检查隐蔽工程验收记录，应符合下列规定：

1）保温墙板应有型式检验报告，其安全性应符合设计要求。

2）保温墙板的结构性能、热工性能及与主体结构的连接方法应符合设计要求，与主体结构连接必须牢固。

3）保温墙板的板缝处理、构造节点及嵌缝做法应符合设计要求。

4）保温墙板板缝不得渗漏。

（7）饰面层采用饰面板开缝安装时，保温层表面应按设计要求采取相应的防水措施，对照设计观察检查，检查隐蔽工程验收记录。

（8）当设计要求在墙体内设置隔气层、防火隔离带时，隔气层、防火隔离带的位置、使用的材料及构造做法应符合设计要求和相关标准的规定。观察检查，检查隐蔽工程验收记录。

3. 一般项目

（1）保温层面表面应平整洁净无裂缝，接槎平整，线角顺直、清晰。观察检查和尺量检查。

（2）增强网应铺压严实，不得有空鼓、褶皱、翘曲、外露等现象，搭接长度必须符合规范要求。加强部位的做法应符合设计要求。观察检查，检查隐蔽工程验收记录。

**33.2.5.3　墙体节能分项工程检测验收**

（1）节能工程应按照分项工程进行验收。当建筑节能分项工程的工程量较大时，可以将分项工程划分为若干个检验批进行验收。

（2）检验批应按主控项目和一般项目验收，主控项目应全部合格，一般项目应合格；当采用计数检验时，应有90%以上的检查点合格，且其余检查点不得有严重缺陷。

（3）当全检验批验收合格后，方可进行分项工程验收，并核查隐蔽工程验收资料、检验批资料、材料的质量证明文件及复试报告、墙体节能专项方案等资料。

# 33.3　屋面节能工程

## 33.3.1　屋面节能种类

屋面节能是建筑物围护结构节能的重要部分。在围护结构传热耗热量中，屋面传热约占6%～10%，别墅等低层建筑要占12%以上，所以是建筑能耗的一个重要因素。屋面节能技术与建筑屋顶的构造形式紧密相关，大致有构造式保温隔热屋面，建筑形式保温隔热屋面，生态覆盖式保温隔热屋面。

构造式保温隔热屋面，就是通常的保温隔热屋面，分为正置式和倒置式。正置式屋面保温材料一般为模塑聚苯板、珍珠岩、加气混凝土、岩棉制品等，这些材料吸水率大，所以防水层做在其上面，防止水分渗入，保证隔热层的干燥。此种形式的屋面适用于寒冷地区和夏热冬冷地区的屋面保温。倒置式屋面将保温层设置在防水层上，保温隔热层采用吸水率低的材料，如泡沫玻璃，挤塑聚苯板等，为防止保温隔热层破坏，在保温层上设置混凝土或地砖等进行保护。此种形式的屋面适用于寒冷地区和夏热冬冷地区的屋面保温。

建筑形式保温隔热屋面的典型是架空隔热屋面，即在平屋面上用砖墩支撑钢筋混凝土薄板等架空隔热制品，架设一定高度，形成隔热层。利用架空层空气的流动，减少太阳辐射热向室内传递。此种做法适用于炎热多风地区屋面，架空隔热屋面可与保温层同时采用也可以单独使用。

**33.3.1.1　保温材料的种类**

屋面保温层应采用轻质、高效的保温材料，以保证屋面保温性能和使用要求，屋面保温层按形式可分为板状材料保温层和整体现浇保温层三种，按材料性质可分为有机保温材料和无机保温材料，见表33-48。

**保温层及保温材料分类** **表 33-48**

| 分类方法 | 类型 | 品种名称 |
|---|---|---|
| 按形状划分 | 松散材料 | 膨胀珍珠岩、膨胀蛭石 |
| | 板状材料 | 聚苯乙烯泡沫板、硬质聚氨酯泡沫板、膨胀珍珠岩制品、泡沫玻璃、加气混凝土砌块、泡沫混凝土砌块 |
| | 整体现浇材料 | 现浇泡沫混凝土、水泥蛭石、水泥珍珠岩、喷涂硬泡聚氨酯 |
| 按材料性质划分 | 有机材料 | 聚苯乙烯泡沫板、硬泡聚氨酯 |
| | 无机材料 | 泡沫玻璃、加气混凝土、泡沫混凝土、蛭石、珍珠岩 |

### 33.3.1.2 保温材料的性能

保温材料主要由表观密度、导热系数和含水率三项指标控制，此三项指标相互影响，表观密度大，导热系数就大，保温性能就差；含水率大，导热系数也高，保温性能也差；所以保温材料在一定强度情况下，表观密度小、导热系数小、含水率低，则保温材料为优。板状保温材料的主要性能指标应符合表 33-49 要求。

**板状保温材料的主要性能指标** **表 33-49**

| 项目 | 指标 | | | | | | |
|---|---|---|---|---|---|---|---|
| | 聚苯乙烯泡沫塑料 | | 硬质聚氨酯泡沫塑料 | 泡沫玻璃 | 憎水型膨胀珍珠岩 | 加气混凝土 | 泡沫混凝土 |
| | 挤塑 | 模塑 | | | | | |
| 表观密度或干密度（kg/m³） | — | ≥20 | ≥30 | ≥200 | ≥350 | ≥425 | ≥530 |
| 压缩强度（kPa） | ≥150 | ≥100 | ≥120 | — | — | — | — |
| 抗压强度（MPa） | — | — | — | ≥0.4 | ≥0.3 | ≥1.0 | ≥0.5 |
| 导热系数［W/(m·K)］ | ≤0.030 | ≤0.041 | ≤0.024 | ≤0.070 | ≤0.087 | ≤0.120 | ≤0.120 |
| 尺寸稳定性（70℃，48h，%） | ≤2.0 | ≤3.0 | ≤2.0 | — | — | — | — |
| 水蒸气渗透系数［ng/(Pa·m·s)］ | ≤3.5 | ≤4.5 | ≤6.5 | — | — | — | — |
| 吸水率（%） | ≤1.5 | ≤4.0 | ≤4.0 | ≤0.5 | — | — | — |
| 燃烧性能 | 不低于 $B_2$ 级 | | | A 级 | | | |

现浇泡沫混凝土主要性能见表 33-50。

**现浇泡沫混凝土主要性能** **表 33-50**

| 项目 | 指标 |
|---|---|
| 干密度（kg/m³） | ≤600 |
| 导热系数［W/(m·K)］ | ≤0.14 |
| 抗压强度（MPa） | ≥0.5 |
| 吸水率（%） | ≤20 |
| 燃烧性能 | A 级 |

## 33.3.2　屋面保温施工技术要点

### 33.3.2.1　板状保温材料施工

1. 概述

板状保温材料有水泥、沥青或有机材料作胶结料的膨胀珍珠岩、蛭石保温板、微孔硅酸钙板、泡沫混凝土、加气混凝土和岩棉板、挤塑或模塑聚苯乙烯泡沫板、硬泡聚氨酯板、泡沫玻璃等。其中泡沫混凝土、加气混凝土等表观密度大、保温性能较差。目前生产的有机或无机胶结料憎水性膨胀珍珠岩和沥青作胶结料的膨胀珍珠岩、蛭石具有一定的憎水能力，吸水率在50%以下。聚苯乙烯泡沫板、泡沫玻璃和发泡聚氨酯吸水率低、表观密度小、保温性能好，应用越来越广泛。

2. 施工技术要点

(1) 铺设板状保温材料的基层应平整、干净、干燥。

(2) 板状保温材料不应破碎、缺棱掉角，铺设时遇有缺棱掉角破碎不齐的，应锯平拼接使用。

(3) 干铺板状保温材料，应紧靠基层表面，铺平、垫稳，分层铺设时，上下接缝应互相错开，接缝处应用同类材料碎屑填嵌饱满。

(4) 粘贴的板状保温材料，应铺砌平整、严实，分层铺设的接缝应错开，胶粘剂应视保温材料的材性选用，如热沥青胶结料、冷沥青胶结料、有机材料或水泥砂浆等，板缝间或缺角处应用碎屑加胶料拌匀填补严密。

### 33.3.2.2　整体保温层施工

1. 概述

整体现浇（喷）保温层目前有水泥膨胀珍珠岩、膨胀珍珠岩及膨胀蛭石、硬泡聚氨酯等。现浇水泥膨胀珍珠岩、水泥膨胀蛭石无憎水性能，含水率很高，施工后水分很难蒸发，应做排汽屋面，而且水分排出过程很长，保温效果大大降低。而现喷硬泡聚氨酯防水与保温兼优，施工技术成熟，已编制《硬泡聚氨酯保温防水工程技术规范》GB 50404，在全国各地特别是北方推广应用，更适用于严寒地区高档建筑屋面。由于这项技术专业化施工要求高，施工工艺较复杂，平整度难以保证，所以性能虽优，但全面推广尚有困难。

2. 施工技术要点

(1) 保温层的基层应平整、干净、干燥。

(2) 水泥膨胀珍珠岩、膨胀珍珠岩、膨胀蛭石应采取人工搅拌，避免颗粒破碎。以水泥为胶结料时，应将水泥制成水泥浆后，洒布均匀。

(3) 水泥膨胀珍珠岩、沥青膨胀珍珠岩、膨胀蛭石整体保温层，应拍实抹平至设计厚度，虚铺厚度和压实厚度应根据试验确定。保温层铺设后应立即进行找平层施工。

(4) 硬泡聚氨酯保温层的基层必须干燥，如有潮气，应涂刷防潮封闭底漆，然后进行喷涂施工。喷涂时要连续均匀，每层喷涂厚度不超过15mm。有雾、雨雪天和风速三级以上和气温低于10℃的天气，均不应进行硬泡聚氨酯现场喷涂施工。

### 33.3.2.3　架空隔热层施工

1. 概述

屋面的架空隔热层是为解决炎热季节室内温度过高的问题，采用架空隔热措施，是利用架空层空气的流动，减少太阳辐射热向室内传递，故在屋顶通风良好的建筑物上采用。架空层采用混凝土支墩、砌体支墩与混凝土板组合，金属支架与金属板组合，架空隔热层高度根据屋面宽度和坡度大小确定屋面较宽时，宜采用较高的架空层，以利于空气流通，屋面坡度较小时，进风口和出风口之间的压差较小，宜采用较高的架空层。

2. 施工技术要点

（1）架空隔热屋面应在通风较好的平屋面建筑上采用，夏季风量小的地区和通风差的建筑上适用效果不好，尤其在高女儿墙情况下不宜采用，应采取其他隔热措施。寒冷地区也不宜采用，因为到冬天寒冷时也会降低屋面温度，反而使室内降温。

（2）架空的高度一般在 100～300mm，并要视屋面的宽度，坡度而定。如果屋面宽度超过 10m 时，应设通风屋脊，以加强通风强度。

（3）架空屋面的进风口应设在当地炎热季节最大频率风向的正压区，出风口设在负压区。

（4）铺设架空板前，应清扫屋面上的落灰、杂物，以保证隔热层气流畅通，但操作时不得损伤已完成的防水层。

（5）架空板支座底面的柔性防水层上应采取增设卷材或柔软材料的加强措施，以免损坏已完工的防水层。

（6）架空板的铺设应平整、稳固；缝隙宜采用水泥砂浆或水泥混合砂浆嵌填。

（7）架空隔热板距女儿墙不小于 250mm，以利于通风，避免顶裂山墙。

## 33.3.3 检验与验收

### 33.3.3.1 材料检验

保温材料的导热系数、表观密度和干密度、抗压强度或压缩强度、燃烧性能，必须符合设计要求。屋面保温材料进场后需进行抽样复检，其具体检测项目见表 33-51。

屋面保温材料质量控制表 表 33-51

| 序号 | 材料名称 | 组批及抽样 | 外观质量检验 | 物理性能指标 |
|---|---|---|---|---|
| 1 | 模塑聚苯乙烯泡沫塑料 | 同规格按 $100m^3$ 为一批，不足 $100m^3$的按一批计。<br>在每批产品中随机抽取 20 块进行规格尺寸和外观质量检验合格的产品中，随机取样进行物理性能检验 | 色泽均匀，阻燃型应掺有颜色的颗粒；表面平整，无明显收缩变形和膨胀变形；熔结良好，无明显油渍和杂质 | 表观密度、压缩强度、导热系数、燃烧性能 |
| 2 | 挤塑聚苯乙烯泡沫塑料 | 同规格按 $50m^3$ 为一批，不足 $50m^3$ 的按一批计。<br>在每批产品中随机抽取 10 块进行规格尺寸和外观质量检验合格的产品中，随机取样进行物理性能检验 | 表面平整，无夹杂物，颜色均匀；无明显起泡、裂口、变形 | 压缩强度、导热系数、燃烧性能 |
| 3 | 硬质聚氨酯泡沫塑料 | 同原料、同配方、同工艺条件按 $50m^3$为一批，不足 $50m^3$的按一批计。<br>在每批产品中随机抽取 10 块进行规格尺寸和外观质量检验合格的产品中，随机取样进行物理性能检验 | 表面平整，无严重凹凸不平 | 表观密度、压缩强度、导热系数、燃烧性能 |

续表

| 序号 | 材料名称 | 组批及抽样 | 外观质量检验 | 物理性能指标 |
|---|---|---|---|---|
| 4 | 泡沫玻璃绝热制品 | 同品种、同规格按 250 件为一批，不足 250 件的按一批计。<br>在每批产品中随机抽取 6 个包装箱，每箱各抽 1 块进行规格尺寸和外观质量检验，从检验合格的产品中，随机取样进行物理性能检验 | 垂直度、最大弯曲、缺棱、缺角、空洞、裂纹 | 表观密度、压缩强度、导热系数、燃烧性能 |
| 5 | 膨胀珍珠岩制品（憎水型） | 同品种、同规格按 2000 块为一批，不足 2000 块的按一批计。<br>在每批产品中随机抽取 10 块进行规格尺寸和外观质量检验合格的产品中，随机取样进行物理性能检验 | 弯曲度、缺棱、缺角、空洞、裂纹 | 表观密度、压缩强度、导热系数、燃烧性能 |
| 6 | 加气混凝土砌块 | 同品种、同规格、同等级按 $200m^3$ 为一批，不足 $200m^3$ 的按一批计。<br>在每批产品中随机抽取 50 块进行规格尺寸和外观质量检验合格的产品中，随机取样进行物理性能检验 | 缺棱掉角、裂纹、爆裂、粘模和损坏深度、表面疏松层裂；表面油污 | 干密度、抗压强度、导热系数、燃烧性能 |
| 7 | 泡沫混凝土砌块 | | 缺棱掉角、裂纹、平面弯曲、爆裂、粘模和损坏深度、表面疏松层裂；表面油污 | 干密度、抗压强度、导热系数、燃烧性能 |
| 8 | 玻璃棉、岩棉、矿渣棉制品 | 同原料、同工艺、同品种、同规格条件按 $1000m^2$ 为一批，不足 $1000m^2$ 的按一批计。<br>在每批产品中随机抽取 6 个包装箱或卷进行规格和外观质量检验。从规格尺寸和外观质量检验合格的产品中，抽取 1 个包装箱或卷样进行物理性能检验 | 表面平整、伤痕、污迹、破损、覆层与基层粘贴 | 表观密度、导热系数、燃烧性能 |
| 9 | 金属面绝热夹芯板 | 同原料、同生产工艺、同厚度按 150 块为一批，不足 150 块的按一批计。<br>在每批产品中随机抽取 5 块进行规格尺寸和外观质量检验合格的产品中，随机取样进行物理性能检验 | 表面平整、无明显凹凸、翘曲、变形、切口平直、切面整齐、无毛刺；芯板切面整齐、无剥落 | 剥落性能、抗弯承载力、防火性能 |

**33.3.3.2　保温层质量检验与验收**

1. 质量检验规定

（1）铺设保温层的基层应平整，干燥，干净。

（2）保温材料在施工过程中应采取防潮、防水和防火等措施。

（3）屋面保温材料应采用吸水率低、表观密度和导热系数较小的材料，板状材料还应有一定的强度。保温材料的品种、规格和性能等应符合现行产品标准和设计要求。

（4）屋面保温与隔热工程，按国家和地区民用建筑节能设计标准进行设计和施工，同时还应符合现行国家标准《建筑节能工程施工质量验收标准》GB 50411 的有关规定。

（5）保温材料使用时的含水率应相当于该材料在当地自然风干状态下的平衡含水率。

（6）保温材料的导热系数、表观密度和干密度、抗压强度或压缩强度、燃烧性能，必须符合设计要求。

（7）防水层经验收合格后，方可进行种植、架空、蓄水隔热层施工。

（8）保温与隔热工程各分项工程每个检验批的抽检数量，应按屋面面积每 $100m^2$ 抽查 1 处，每处 $10m^2$，且不得少于 3 处。

2. 板状材料保温层

一般规定：

（1）板状材料保温层采用干铺法施工时，板状保温材料应紧靠在基层表面上；分层铺设的板块上下层接缝应相互错开，板间缝隙应采用同类型材料的碎屑嵌填密实。

（2）板状材料保温层采用粘贴法施工时，胶粘剂与保温材料的材性相容，并应贴严、粘牢；板状材料保温层的平面接缝应挤紧拼严，不得在板块侧面涂抹胶粘剂，超过 2mm 的缝隙应采用相同材料板条或片填塞严实。

（3）板状保温材料采用机械固定法施工时，应选择专用螺钉和金属垫片；固定件与结构层之间应连接牢固。

主控项目：

（1）板状保温材料的质量，应符合设计要求。

检验方法：检查出厂合格证、质量检测报告和进场检验报告。

（2）板状材料保温层的厚度应符合设计要求，其正偏差应不限，负偏差为 5%，且不得大 4mm。检验方法：钢针插入和尺量检查。

（3）屋面热桥部位处理必须符合设计要求。检验方法：观察检查。

一般项目：

（1）板状保温材料铺设应紧贴基层，应铺平垫稳，拼缝应严密，粘贴应牢固。

检验方法：观察检查。

（2）固定件的规格、数量和位置均应符合设计要求，垫片应与保温层表面齐平。

检验方法：观察检查。

（3）板状材料保温层表面平整度的允许偏差为 5mm，保温层接缝高低差的允许偏差 2mm。

3. 现浇泡沫混凝土保温层

一般规定：

（1）应将基层上的杂物和油污清理干净；基层应浇水湿润，但不得有积水。

（2）保温层施工前应对设备进行调试，应制备试样进行泡沫混凝土的性能检测。

（3）泡沫混凝土的配合比应准确计量，制备好的泡沫加入水泥料浆中应搅拌均匀。应随时检查泡沫混凝土的湿密度，是保证施工质量的有效措施。试样应在泡沫混凝土的浇筑地点随机制取，取样与试件留置应符合有关规定。

（4）浇筑过程中应随时检查泡沫混凝土的湿密度。

主控项目：

(1) 现浇泡沫混凝土所用原材料的质量及配合比，应符合设计要求。检验方法：检查原材料出厂合格证、质量检验报告和计量措施。

(2) 现浇泡沫混凝土保温层的厚度符合设计要求，其正负偏差为5%，且不得大于5mm。检验方法：钢针插入和尺量检查。

(3) 屋面热桥部位处理符合设计要求。

检验方法：观察检查。

一般项目：

(1) 现浇泡沫混凝土应分层施工，粘结应牢固，表面应平整，找坡应正确。

(2) 现浇泡沫混凝土不得有贯通性裂缝，以及疏松、起砂、起皮现象。

(3) 现浇泡沫混凝土保温层表面平整度的允许偏差为5mm。检验方法：2m靠尺和塞尺检查。

(4) 喷涂硬泡聚氨酯应与基层粘结牢固，表面不得有破损、脱层、起鼓、空洞及裂缝。

(5) 抗裂聚合物水泥砂浆应与喷涂硬泡聚氨酯粘结牢固，不得有空鼓、裂纹、起砂等现象。

(6) 涂料防护层不应有起泡、起皮、皱褶及破损。

(7) 喷涂硬泡聚氨酯复合保温防水层和保温防水层的表面平整度允许偏差为5mm，采用1m直尺和楔形塞尺检查。

4. 架空隔热层

一般规定：

(1) 架空隔热层的高度应按屋面宽度或坡度大小确定，设计无要求时，架空隔热层的高度宜为180～300mm。

(2) 当屋面宽度大于10m时，应在屋面中设置通风屋脊，通风口处应设置通风箅子。

(3) 架空隔热制品支座底面的卷材，涂膜防水层，应采取加强措施。

(4) 架空隔热制品的质量应符合下列要求：非上人屋面的砌块强度等级不应低于MU7.5；上人屋面的砌块强度等级不应低于MU10；混凝土板的强度等级不应低于C20板厚且配筋应符合设计要求。

主控项目：

(1) 架空隔热制品的质量，应符合设计要求；检验方法：检查材料或构件合格证及质量检验报告。

(2) 架空隔热制品的铺设应平整、稳固，缝隙勾填应密实。

检验方法：观察检查。

一般项目：

(1) 架空隔热制品距山墙或女儿墙不得小于250mm。检查方法：观察和尺量检查。

(2) 架空隔热的高度及通风屋脊、变形缝做法，应符合设计要求。

(3) 架空隔热制品接缝高低差的允许偏差为3mm。

# 33.4 门窗节能工程

## 33.4.1 门窗节能概述

### 33.4.1.1 门窗节能重点

我国现有建筑近400亿$m^2$，通过门窗损失的能量有49.7%，门窗节能是建筑节能的重要组成部分。我们需要窗户在夏季能阻挡室外热量的进入，冬季能阻止室内热量（红外线）的溢出。为此，窗户隔热保温节能技术主要是通过合理使用传热、太阳辐射和减少空气渗透三个途径来实现的。可采用密封材料增加窗户的气密性、采用保温隔热措施降低热量传递，采用遮阳措施减少太阳辐射得热，从而增加采暖或空调的负荷。

建筑物的窗户由镶嵌材料（玻璃）和窗框、扇型材组成，通过采用节能玻璃（如中空玻璃、热反射玻璃等)、节能型窗框（如塑料、玻璃钢等窗框、隔热金属框等）来增大窗户的整体传热阻以减少传热耗量；在南方地区太阳辐射非常强烈，通过窗户传递的辐射热占主要地位，可通过遮阳设施及高遮蔽系数的镶嵌材料（如Low-E玻璃）来减少太阳辐射量。

门窗设计时还需考虑地域特点、建筑朝向及门窗开启措施、外遮阳系数和太阳能利用和建筑物一体化的节能措施等，尽可能多地做到节能。生产门窗产品时需改进型材生产设备、稳定工艺配方、提高门窗的组装技术和开发多系列的节能门窗。施工中提高安装水平，确保节能门窗的最终节能效果。目前，节能门窗有塑钢窗、断桥铝合金窗和其他形式的保温隔热门窗等。

### 33.4.1.2 影响门窗节能的因素

1. 门窗组成材料对门窗保温隔热性能的影响

（1）镶嵌材料（玻璃）

外门窗（含采光顶）的保温隔热性能主要取决于所采用的玻璃的保温隔热性能，中空玻璃的间隔层层数、距离、间隔层内的气体，间隔条和暖变技术，Low-E中空玻璃膜层的辐射率对玻璃的保温性能都有影响，可根据标准对不同类型的外窗（含采光顶）部分的传热系数限值来确定玻璃。

外门窗（含采光顶）的遮阳系数可根据不同的玻璃本身的遮阳系数及外遮阳来选择，以达到限值的要求。不同颜色系列的着色玻璃、镀膜玻璃、热反射玻璃及Low-E中空玻璃膜层的间隔厚度都有不同的遮阳系数和光学性能。

（2）门窗框

1）选择传热系数小的型材做门窗框，窗框面积占外窗的比例根据窗框材料和窗型的不同为20%～40%。门窗框材料传热系数对外门窗的保温性能影响较大，塑料窗框、木窗框等材料本身的传热系数比玻璃小，对外窗的传热系数影响不大；铝合金窗框，钢窗框等材料本身的导热系数比玻璃大，形成热桥对外门窗的传热系数影响大。因此，门窗框材料应选择传热系数小的材料。

2）断桥处理，对于采用金属材料的门窗框，必须进行断桥处理。断桥型材的隔热原理是产生一个连续的隔热区域，利用隔热条将金属型材分隔成2个部分，消除结构体系“热桥”，减小整个门窗的传热系数。断桥处理做法有很多种，如聚酰胺（PA）断热条，聚氨酯（PU）等，对保温性能要求高的外窗（含采光顶）应选择断桥效果好的铝型材。隔热条“冷桥”选用材料为聚酰胺尼龙 66，其导热系数为 0.3 W/(m·K)，远小于铝合金的导热系数，而力学性能指标与铝合金相当。

3)腔式结构，通过腔式结构的 U-PVC 型材的传热系数可达到 1.9 W/(m$^2$·K)。国内很多企业正开发主型材为四腔、五腔结构的 U-PVC 塑料窗体系，其传热系数可达到 1.7 W/(m$^2$·K)，而常规的断桥铝合金型材的传热系数只能达到 3.72 W/(m$^2$·K)，同 U-PVC型材对比仍有很大的差距。

(3) 间隔条

间隔条用于中空玻璃制作，采用传热系数小的间隔条（暖边），能降低中空玻璃和整窗的传热系数。目前，常用的间隔条有，挤塑成型的 PVC 间隔条、硅酮（或三元乙丙）间隔条、不锈钢间隔条（0.13～0.15mm 壁厚）、塑钢合成间隔条、U 形钢间隔条、复合胶条和断热间隔条等。

(4) 隔热条

隔热条必须同时具备很高的强度及低热传导性，否则，会造成隔热金属门窗从隔热条连接处断裂或失去隔热的效果，隔热条的材质选择及制造工艺是隔热金属门窗的关键。

(5) 密封材料

中空玻璃密封材料应选用橡胶系列密封条或硅酮建筑密封膏，框扇间密封材料应选用橡胶系列密封条或经过硅化处理的密封毛条。

(6) 五金件

节能门窗采用的五金件应具有足够的强度，启闭灵活、无噪声，满足使用功能要求、环保要求和耐蚀性要求。其表面质量应具有良好的耐候性，手触部位表面应具有良好的耐磨性。

2. 门窗产品的质量对门窗保温隔热性能的影响

(1) 断桥铝合金门窗的品种、类型、规格、尺寸、性能、开启方向及铝合金门窗的型材壁厚应符合设计要求；塑料门窗的品种、类型、规格、尺寸、开启方向及填嵌密封处理、内衬增强型钢的壁厚及设置应符合设计要求和国家现行产品标准的质量要求。

(2) 节能门窗气密性能、保温性能、采光性能须达到节能设计要求。详见 33.4.3 检测与验收。

3. 门窗安装对门窗保温隔热性能的影响

节能门窗的安装宜采用带副框安装（干法作业）方式，安装方法见第 27 章门窗工程，重点应注意确保外门窗的保温隔热效果。

(1) 门窗框、副框和扇的安装必须牢固。固定片或膨胀螺栓的数量与位置应正确，连接方式应符合设计要求。固定点应距窗角、中横框、中竖框 150～200mm，固定点间距应不大于 600mm，并做好隐蔽验收记录。建筑门窗外框与副框间隙应满足表 33-52 的要求。

**建筑门窗外框与副框间隙表**　　**表 33-52**

| 项目名称 | 技术要求 |
|---|---|
| 左、右间隙值（两侧） | 4 ～ 6 mm |
| 上、下间隙值（两侧） | 3 ～ 5 mm |

（2）窗框与墙体间缝隙应采用弹性材料填嵌饱满，表面采用密封胶密封，并做好隐蔽验收记录。密封胶表面应光滑、顺直、无裂纹。

（3）塑料门窗拼樘料内衬增强型钢的规格、壁厚必须符合设计要求，型钢应与型材内腔紧密吻合，其两端必须与洞口固定牢固。窗框必须与拼樘料连接紧密，固定点间距应不大于600mm。

## 33.4.2 节能门窗的施工技术要点

### 33.4.2.1 按框扇材料分类

1. 金属保温门窗

节能金属保温门窗种类较多，目前采用较为普遍的有断桥铝合金门窗、涂色镀锌钢板门窗、铝塑门窗和铝镁门窗等。

（1）断桥铝合金门窗

1）构造特点，断桥铝合金门窗是利用PA66尼龙将室内外两层铝合金既隔开又紧密连接成一个整体，构成一种新的隔热型的铝型材，按其连接方式不同可分为穿条式和注胶式。该产品两面为铝材，中间用PA66尼龙做断热材料，兼顾尼龙与铝合金两种材料的优势，同时满足装饰效果和门窗强度及耐老性能的多种要求。断桥铝型材可实现门窗的三道密封结构，合理分离水气腔，成功实现气水等压平衡，显著提高门窗的水密性和气密性。

断桥铝合金门窗的传热系数 $K$ 值为 $3W/(m^2 \cdot K)$ 以下，比普通门窗热量散失减少一半，降低取暖费用30%左右，隔声量达29分贝以上，水密性、气密性良好，均达国家A1类窗标准。

2）节能性能（表33-53）

① 保温性好：中间用PA66尼龙做断热材料，隔热性好；

② 气密性好：窗各隙缝处均装多道密封毛条或胶条，气密性为一级；

③ 水密性好：门窗设计有防雨水结构，将雨水完全隔绝于室外。

**断桥铝合金门窗性能参数表** **表33-53**

| 门窗型号 | | 玻璃配置（白玻） | 抗风压性能（kPa） | 水密性能 $\Delta P$（Pa） | 气密性能 $[m^3/(m \cdot h)]$ | | 保温性能 $K$ $[W/(m^2 \cdot K)]$ |
|---|---|---|---|---|---|---|---|
| | | | | | $q_1$ | $q_2$ | |
| A型 | 60系列平开窗 | 5+9A+5 | ≥3.5 | ≥500 | ≤1.5 | ≤4.5 | 2.9～3.1 |
| | | 5+12A+5 | ≥3.5 | ≥500 | ≤1.5 | ≤4.5 | 2.7～2.8 |
| | | 5+12A+5 暖边 | ≥3.5 | ≥500 | ≤1.5 | ≤4.5 | 2.5～2.7 |
| | | 5+12A+5 Low-E | ≥3.5 | ≥500 | ≤1.5 | ≤4.5 | 1.9～2.1 |
| | | 5+12A+5+6A+5 | ≥3.5 | ≥500 | ≤1.5 | ≤4.5 | 2.2～2.4 |
| | 70系列平开窗 | 5+12A+5 | ≥3.5 | ≥500 | ≤1.5 | ≤4.5 | 2.6～2.8 |
| | | 5+12A+5 暖边 | ≥3.5 | ≥500 | ≤1.5 | ≤4.5 | 2.4～2.6 |
| | | 5+12A+5 Low-E | ≥3.5 | ≥500 | ≤1.5 | ≤4.5 | 1.8～2.0 |
| | | 5+12A+5+6A+5 | ≥3.5 | ≥500 | ≤1.5 | ≤4.5 | 2.1～2.4 |
| | 90系列推拉窗 | 5+12A+5 | ≥3.5 | ≥350 | ≤1.5 | ≤4.5 | <3.1 |
| | 60系列平开门 | 5+12A+5 | ≥3.5 | ≥500 | ≤0.5 | ≤1.5 | <2.5 |
| | 60系列折叠门 | 5+12A+5 | ≥3.5 | ≥500 | ≤0.5 | ≤1.5 | <2.5 |
| | 提升推拉门 | 5+12A+5 | ≥3.5 | ≥350 | ≤1.5 | ≤4.5 | <2.8 |

续表

| 门窗型号 | | 玻璃配置（白玻） | 抗风压性能（kPa） | 水密性能 ΔP（Pa） | 气密性能 [$m^3$/(m·h)] | | 保温性能 K [W/($m^2$·K)] |
|---|---|---|---|---|---|---|---|
| | | | | | $q_1$ | $q_2$ | |
| B型 | EAHX50 平开窗 | 5+12A+5 | ≥3.5 | ≥350 | ≤1.5 | ≤4.5 | 2.7～2.8 |
| | EAHX55 平开窗 | 5+12A+5 | ≥3.5 | ≥350 | ≤1.5 | ≤4.5 | 2.7～2.8 |
| | EAHD55 平开窗 | 5+9A+5+9A+5 | ≥4 | ≥350 | ≤1.5 | ≤4.5 | 2.0 |
| | EAHX60 平开窗 | 5+12A+5 | ≥3.5 | ≥350 | ≤1.5 | ≤4.5 | 2.7～2.8 |
| | EAHD60 平开窗 | 5+9A+5+9A+5 | ≥4 | ≥350 | ≤1.5 | ≤4.5 | 2.0 |
| | EAHX65 平开窗 | 5+12A+5 | ≥3.5 | ≥350 | ≤1.5 | ≤4.5 | 2.7～2.8 |
| | EAHD65 平开窗 | 5+9A+5+9A+5 | ≥4 | ≥350 | ≤1.5 | ≤4.5 | 2.0 |
| | EAH70 平开窗 | 5+9A+5+9A+5 | ≥4 | ≥350 | ≤1.5 | ≤4.5 | 2.0 |

（2）涂色镀锌钢板门窗

1）构造特点

涂色镀锌钢板门窗，又称“彩板钢门窗”“镀锌彩板门窗”，是钢门窗的一种。涂色镀锌钢板门窗是以涂色镀锌钢板和4mm厚平板玻璃或双层中空玻璃为主要材料，经过机械加工而制成的，色彩有红色、绿色、乳白、棕、蓝等。其门窗四角用插接件插接，玻璃与门窗交接处以及门窗框与扇之间的缝隙，全部用橡皮密封条和密封胶密封。传热系数 K 值可达 3.5W/($m^2$·K)，空气渗透值可达 0.5$m^3$m·h，具有很好的密封性能。

根据构造的不同，涂色镀锌钢板门窗又分为带副框和不带副框两种类型。带副框涂色镀锌钢板门窗适用于外墙面为大理石、玻璃马赛克、瓷砖、各种面砖等材料，或门窗与内墙面需要平齐的建筑；不带副框涂色镀锌钢板门窗适用于室外为一般粉刷的建筑，门窗与墙体直接连接，但洞口粉刷成型尺寸必须准确。

钢塑共挤复合门窗和不锈钢门窗亦属于钢门窗，其保温隔热性能均高于普通碳钢和铝门窗的保温隔热性能。

2）节能性能

① 具有良好的保温、隔声性能，当室外温度降到零下40℃时，室内玻璃仍不结霜。

② 装饰性、气密性、防水性和使用的耐久性好。

（3）铝塑门窗

铝塑门窗是将铝型材与塑料异型材复合在一起的，即外部铝合金框，内部塑料异型材框。组装时通过各自的角码用加工断桥铝的组角机连接。铝塑门窗节能性能参见表33-54。

**铝塑门窗性能参数表**　　　　**表 33-54**

| 门窗型号 | | 玻璃配置（白玻） | 抗风压性能（kPa） | 水密性能 ΔP（Pa） | 气密性能 [$m^3$/(m·h)] | | 保温性能 K [W/($m^2$·K)] |
|---|---|---|---|---|---|---|---|
| | | | | | $q_1$ | $q_2$ | |
| H型 | 60系列平开窗 | 5+9A+5 | ≥4.5 | ≥350 | ≤1.5 | ≤4.5 | 2.7～2.9 |
| | | 5+12A+5 Low-E | ≥4.5 | ≥350 | ≤1.5 | ≤4.5 | 2.3～2.6 |

续表

| 门窗型号 | | 玻璃配置（白玻） | 抗风压性能（kPa） | 水密性能 $\Delta P$（Pa） | 气密性能 $[m^3/(m\cdot h)]$ | | 保温性能 $K$ $[W/(m^2\cdot K)]$ |
|---|---|---|---|---|---|---|---|
| | | | | | $q_1$ | $q_2$ | |
| H型 | 60 系列平开窗 | 5+12A+5 Low-E | ≥4.5 | ≥350 | ≤1.5 | ≤4.5 | 1.8～2.0 |
| | | 5+12A+5+12A+5 | ≥4.5 | ≥350 | ≤1.5 | ≤4.5 | 1.6～1.9 |
| | | 5+12A+5+12A+5 Low-E | ≥4.5 | ≥350 | ≤1.5 | ≤4.5 | 1.2～1.5 |

2. 非金属保温门窗

(1) 塑钢门窗

1) 构造特点

非金属节能保温门窗节能效果从材质热传导系数、结构的保温节能和玻璃的保温节能三种特性归纳来讲首推塑钢门窗。塑钢门窗是继木门窗、钢门窗、铝门窗之后的第四代节能门窗，是以聚氯乙烯（UPVC）树脂为主要原料，加上一定比例的稳定剂、着色剂、填充剂、紫外线吸收剂等，经挤出成型材，然后通过切割、焊接或螺栓连接的方式制成门窗框扇，配装上密封胶条、毛条、五金件等，同时为增强型材的刚性，超过一定长度的型材空腔内需要填加钢衬（加型钢或钢筋），这样制成的门窗，称之为塑钢门窗。

塑钢窗的开启方式主要有推拉、外开、内开、内开上悬等，新型的开启方式有推拉上悬式。不同的开启方式各有其特点，一般讲，推拉窗有立面简洁、美观、使用灵活、安全可靠、使用寿命长、采光率大、占用空间小、方便带纱窗等优点。外开窗有开启面大、密封性、通风透气性、保温抗渗性能优良等优点。

2）节能性能

① 保温节能效果好

塑钢节能门窗具有良好的隔热性能，尤其是多腔室结构的塑钢门窗的传热性能更小。

② 物理性能良好

塑钢门窗安装时所有的缝隙均装有门窗密封胶条和毛条，确保门窗的节能功效。其塑钢门窗的空气渗透性（气密性）、雨水渗透性（水密性）、抗风性能及保温性能，可参见表 33-55。

**塑钢门窗性能参数表** **表 33-55**

| 门窗型号 | | 玻璃配置（白玻） | 抗风压性能（kPa） | 水密性能 $\Delta P$（Pa） | 气密性能 $[m^3/(m\cdot h)]$ | | 保温性能 $K$ $[W/(m^2\cdot K)]$ |
|---|---|---|---|---|---|---|---|
| | | | | | $q_1$ | $q_2$ | |
| C型 | 60 系列平开窗 | 4+12A+4 | 5.0 | 333 | 0.42 | 1.62 | 1.9 |
| | 60A 系列平开窗 | 4+12A+4 | 4.9 | 300 | 0.41 | 1.58 | 1.9 |
| | 66 系列平开窗 | 4+12A+4 | 4.9 | 300 | 0.41 | 1.58 | 1.9 |
| | 65 系列平开窗 | 4+12A+4 | 5.0 | 150 | 0.46 | 1.73 | 2.0 |
| | 68 系列平开窗 | 5+9A+5 | 4.8 | 333 | 0.22 | 0.80 | 2.1 |

续表

| 门窗型号 | | 玻璃配置<br>（白玻） | 抗风压性能<br>(kPa) | 水密性能 $\Delta P$<br>(Pa) | 气密性能<br>[$m^3/(m \cdot h)$] | | 保温性能 $K$<br>[$W/(m^2 \cdot K)$] |
|---|---|---|---|---|---|---|---|
| | | | | | $q_1$ | $q_2$ | |
| C型 | 70A 系列平开窗 | 5+9A+4+9A+5 | 3.5 | 133 | 0.46 | 1.76 | 1.7 |
| | 80 系列推拉窗 | 4+12A+4 | 1.6 | 167 | 1.37 | 4.36 | 2.3 |
| | 88 系列推拉窗 | 4+12A+4 | 2.1 | 250 | 1.21 | 3.83 | 2.2 |
| | 88A 系列推拉窗 | 4+12A+4 | 2.1 | 250 | 1.21 | 3.83 | 2.2 |
| | 95 系列推拉窗 | 4+12A+4 | 2.9 | 250 | 1.74 | 5.44 | 2.1 |
| | 106 系列平开门 | 4+12A+4 | 3.5 | 100 | 1.05 | 3.28 | 2.1 |
| | 62 系列推拉门 | 4+12A+4 | 1.5 | 100 | 1.51 | 4.38 | 2.2 |
| D型 | 60 系列内平开窗 | 4+12A+4 | 3.6 | 300 | 0.40 | 0.90 | 1.9 |
| | 60 系列内平开窗 | 4+12A+4 | 3.6 | 300 | 0.40 | 0.90 | 1.9 |
| | 80 系列推拉窗 | 5+9A+5 | 3.2 | 250 | 1.00 | 3.10 | 2.2 |
| | 88 系列推拉窗 | 5+6A+5 | 3.2 | 250 | 1.00 | 3.10 | 2.3 |
| E型 | 60F 系列平开窗 | 4+12A+4 | 4.9 | 420 | 0.02 | 1.00 | 2.176 |
| | 60G 系列平开窗 | 4+12A+4 | 4.7 | 390 | 0.15 | 1.20 | 2.198 |
| | 60C 系列平开窗 | 4+12A+4+12A+4 | 5.0 | 450 | 0.64 | 1.26 | 1.769 |
| | 60C 系列平开窗 | 框 4+10A+4<br>+10A+4<br>扇 4+12A+4<br>+12A+4 | 3.0 | 250 | 0.60 | 1.00 | 1.893 |
| F型 | AD58 内平开窗 | 6Low-E+12A+5 | 4.0 | 500 | 0.5 | | 1.8 |
| | AD58 外平开窗 | 6Low-E+12A+5 | 3.5 | 500 | 0.5 | | 1.82 |
| | MD58 内平开窗 | 6Low-E+12A+5 | 4.5 | 700 | 0.5 | — | 1.73 |
| | AD60 彩色共挤<br>内平开窗 | 6Low-E+12A+5 | 4.0 | 600 | 0.5 | — | 1.82 |
| | AD60 彩色共挤<br>外平开窗 | 6Low-E+12A+5 | 3.5 | 600 | 0.5 | — | 1.82 |
| | MD60 塑铝<br>内平开窗 | 6Low-E+12A+5 | 4.0 | 350 | 1.0 | — | 2.0 |
| | MD65 内平开窗 | 6Low-E+12A+5 | 4.0 | 600 | 0.5 | — | 1.70 |
| | MD70 内平开窗 | 6Low-E+12A+5 | 4.5 | 700 | 0.5 | — | 1.5 |
| | 美式手摇外开窗 | 5+12A+5 | 3.0 | 350 | 1.0 | — | 2.5 |
| | 上、下提拉窗 | 5+12A+5 | 3.5 | 350 | 1.0 | — | 2.5 |
| | 83 推拉窗 | 5+12A+5 | 4.5 | 350 | 1.0 | — | 2.5 |
| | 85 彩色共挤推拉窗 | 5+12A+5 | 3.5 | 350 | 1.0 | — | 2.5 |
| | 73 推拉门 | | 3.5 | 350 | 1.5 | — | 2.5 |
| | 90 推拉门 | | 4.0 | 350 | 1.5 | — | 2.5 |
| | 90 彩色共挤推拉门 | | 4.0 | 350 | 1.5 | — | 2.5 |

③ 隔声性能好

隔声效果取决于占门窗面积80%左右的玻璃。在门窗结构方面，优质胶条、塑料封口配件的使用，使得塑钢门窗密封性能效果显著，以60系列塑钢平开窗为例，其隔声性能见表33-56。

**60系列平开窗隔声性能表** **表33-56**

| 玻璃配置（白玻） | 5+9A+5 | 5+12A+5 | Low-E | 12A+5 | 5+12A+5+12A+5 | Low-E |
|---|---|---|---|---|---|---|
| 隔声性能（dB） | $R_w \geqslant 30$ | $R_w \geqslant 32$ | $R_w \geqslant 32$ | $R_w \geqslant 30$ | $R_w \geqslant 35$ | $R_w \geqslant 35$ |

（2）玻璃钢门窗

1）构造特点

玻璃钢门窗是以玻璃纤维及其制品为增强材料，以不饱和聚酯树脂为基体材料，通过拉挤工艺生产出空腹异型材，然后通过切割等工艺制成门窗框，再配上毛条、橡胶条及五金件制成成品门窗。

玻璃钢门窗是继木、钢、铝、塑料后又一新型门窗，玻璃钢门窗综合了其他类门窗的防腐、保温、节能性能，更具有自身的独特性能，在阳光直接照射下无膨胀，在寒冷的气候下无收缩，轻质高强无需金属加固，耐老化使用寿命长，其综合性能优于其他类门窗。

2）节能性能

轻质高强、密封性能佳、节能保温、尺寸稳定性好、耐候性好及色彩丰富，详见表33-57。

**玻璃钢门窗性能参数表** **表33-57**

| 型号 | 项目 | 玻璃配置（白玻） | 抗风压性能（kPa） | 水密性能 $\Delta P$（Pa） | 气密性能 $[m^3/(m \cdot h)]$ $q_1$ | 气密性能 $[m^3/(m \cdot h)]$ $q_2$ | 保温性能 $K$ $[W/(m^2 \cdot K)]$ |
|---|---|---|---|---|---|---|---|
| G型 | 50系列平开窗 | 4+9A+5 | 3.5 | 250 | 0.10 | 0.3 | 2.2 |
| | 58系列平开窗 | 5+12A+5 Low-E | 5.3 | 250 | 0.46 | 1.20 | 2.2 |
| | 58系列平开窗 | 5+9A+4+6A+5 | 5.3 | 250 | 0.46 | 1.20 | 1.8 |
| | 58系列平开窗 | 5Low-E +12A+4+9A+5 | 5.3 | 250 | 0.46 | 1.20 | 1.3 |
| | 58系列平开窗 | 4+V（真空）+4+9A+5 | 5.3 | 250 | 0.46 | 1.20 | 1.0 |

3. 发展趋势

（1）组成材料的生产配方向高效、无毒高性能发展

采用钙锌稀土或有机锡稳定剂等无铅或低铅配方取代铅盐配方，以满足与增强一部分消费群体环保意识的需求。目前，严格限制产品中的铅含量已经成为许多发达国家的一个基本国策。我国在这方面还有相当大的差距，应努力改进。

（2）防菌塑料异型材蕴藏着巨大的市场

采用银离子等防菌配方，可以满足部分消费群体健康意识的需求。银离子与致病菌代谢的巯基结合，可使失去活性，从而使细菌不能代谢；银离子与致病菌中螺旋状的DNA结合，与DNA（去氧核糖核酸）碱基结合使彼此形成一种交叉链，从而导致DNA的结构变性，抑制其复活，使细菌遗传基因失活；银离子与细菌细胞壁上暴露的聚糖反应，形成可逆性复合物，使他们不能把能量如氧转进细胞中，阻止了病菌的活动，导致其死亡。

（3）增强型材物理性能

1）在严寒与寒冷地区，适当增加抗冲击改性剂或采用新型抗冲击改性剂ACR取代原抗冲击改性剂CPE，以提高塑料异型材抗冲击性能。

2）在炎热、紫外线辐射强度高的地区，适当增加钛白粉、紫外线吸收剂的剂量，以提高塑料异型材的抗老化性能。

3）在沿海地区高层建筑，应使用A、B类壁厚（2.8mm或2.5mm）、型腔较大的异型材，以提高塑料门窗抗风压性能。

**33.4.2.2　按玻璃构造分类**

1. 中空玻璃窗

中空玻璃窗是一种良好的隔热、隔声、美观适用的节能窗。中空玻璃是由两层或多层平板玻璃构成，四周用高强度气密性好的复合粘剂将两片或多片玻璃与铝合金框、橡皮条或玻璃条粘接、密封，密封玻璃之间留出空间，充入干燥气体或惰性气体，框内充以干燥剂，以保证玻璃片间空气的干燥度，以获取优良的隔热隔声性能。由于玻璃间内封存的空气或气体传热性能差，因而产生优越的隔声隔热效果。

中空玻璃采用的玻璃厚度有4mm、5mm、6mm，空气层厚度有6mm、9mm、12mm间隔。根据要求可选用各种不同性能的玻璃原片，如无色透明浮法玻璃、压花玻璃、吸热玻璃、热反射玻璃、夹丝玻璃、钢化玻璃等与边框（铝框架或玻璃条等），经胶粘、焊接或熔接而制成。

中空玻璃是采用密封胶来实现系统的密封和结构稳定性，中空玻璃在使用期间始终面临着外来的水汽渗透和温度变化的影响以及来自外界的温差、气压、风荷载等外力的影响，因此，要求密封胶不仅能防止外来的水汽进入中空玻璃的空气层内而且还要保证系统的结构稳定。显然，保证中空玻璃空气层的密封和保持中空玻璃系统的结构稳定性是同样重要的。中空玻璃系统采用双道密封，第一道密封胶防止水汽的进犯，第二道密封胶保持结构的稳定性。

在两层玻璃中间除封入干燥空气之外，还在外侧玻璃中间空气层侧，涂上一层热性能好的特殊金属膜，它可以截止由太阳射到室内的相当的能量，起到更好的隔热效果。这种高性能中空玻璃，遮蔽系数可达到0.22～0.49，减轻室内空调（冷气）负荷；传热系数达到1.4～2.8W(m$^2$·K)，减轻室内采暖负荷，发挥更大的节能效率。

其性能如下：

1）良好的保温、隔热、隔声性能

中空玻璃系统结构稳定性及密闭性能非常好，中空玻璃的玻璃与玻璃之间留有一定的空腔，因此，具有良好的保温、隔热、隔声等性能。如在玻璃之间充以各种漫射光材料或电介质等，则可获得更好的声控、光控、隔热等效果。

2）抗水汽渗透能力和防渗水能力

中空玻璃密封胶设置两道，且在窗框与结构间亦用硅发泡胶及密封胶密封，确保了窗的密闭性，加强了抗水汽渗透能力和防渗水能力。

3）抗紫外线能力

高性能中空玻璃可以截止由太阳射到室内的相当的能量，因而可以防止因辐射热引起的不舒适感和减轻夕照阳光引起的目眩，改善住宅环境。

2. 双玻窗

双玻窗是一个窗扇上装两层玻璃，两层玻璃之间有一空气层的窗。双层玻璃有利于隔热、隔声，而提高双玻窗保温隔热效果的主要手段之一是增加玻璃与窗扇之间的密封，确保双玻之间空气层为不流动空气。根据窗的传热系数计算公式可得出：传热系数并不是随着空气间层厚度逐渐增加而降低，是有一定范围的。当空气层厚度在6～30mm范围内，传热系数呈递减趋势（图33-7），超过30mm传热系数降低幅度不大，一般采用20mm左右的空气层比较合适。

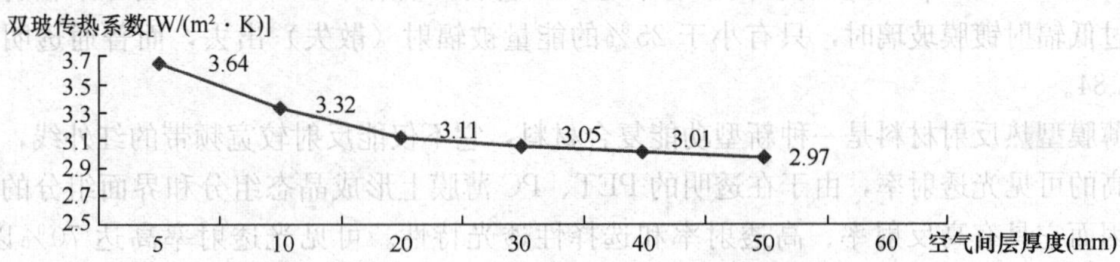


图33-7 不同空气层厚度玻璃传热系数

普通双玻窗构造及安装工艺简单，没有分子筛、干燥剂和密封，只是简单地用隔条将两块玻璃隔开，因此，保温隔热性能不如中空玻璃窗，易生雾结露凝霜，适用于中低档住宅的隔热保温。

其性能如下：

1）相对于单玻窗，提高了保温隔热性能。

2）性价比比较合适。

3. 多层窗

多层窗是由两道或以上窗框和两层或以上的多层中空玻璃组成的保温节能窗。多层窗集双玻窗及中空玻璃窗的性能优点，其结构特点决定了多层窗保温节能效果优于双玻窗和中空玻璃窗，适用于严寒地区和大型公建、高档公寓、高级饭店及特殊要求的建筑物上。

4. 发展趋势

（1）构造先进性

随着节能要求的不断提高，促使节能门窗从结构上不断改进，出现了三玻窗及多层窗，使保温节能更趋于理想效果。

（2）太阳能热反射玻璃

太阳能热反射玻璃又称阳光控制玻璃。其最大特点是利用镀膜能透过可见光而把起加热作用的远红外光反射到室外，同时玻璃材料吸收的太阳热能被镀膜所隔离，使热主要散发到室外一侧，尽可能地减少太阳的热作用，使室内热环境得到控制，同时减少眩光和色散，降低室内空调负荷和减少设备投资，从而达到节能的目的。这种热反射玻璃的隔热反射性能通常用阳光系数（或遮阳系数）表示，阳光系数越低，镀膜的性能也越好。

（3）低辐射玻璃和多功能镀膜玻璃

低辐射玻璃（ILE）、多功能镀膜玻璃（IMF）又称保温镀膜玻璃，这类材料具有最大的日光透射率和最小的反射系数，可让 80%的可见光进入室内被物体所吸收，同时又能将 90%以上的室内物体所辐射的长波保留在室内。ILE 和 IMF 大大提高了能量的利用率，在寒冷地区能有选择地传输太阳能量，同时把大部分的热辐射反射进室内，因此，在采暖建筑中可起到保温和节能的作用。IMF 与 ILE 相比，在热传输控制方面作用相同，但在减少热进入方面 ILE 性能更为优越。另外，低辐射玻璃和多功能镀膜玻璃对不同频谱的太阳光透过具有选择性，它能滤掉紫外线，避免室内家具、图片、艺术品等因紫外线照射而褪色，还能吸收部分可见光，可起到防眩光的作用，因此，广泛用于美术馆以及科学实验楼等。

另外还有一种节能更好的 Low-E 玻璃，也称低辐射镀膜玻璃，是一种对中远红外线（波长范围 2.5～25$\mu$m）具有较高反射率的镀膜玻璃。辐射率 $E<0.25$，当外来辐射的能量通过低辐射镀膜玻璃时，只有小于 25%的能量被辐射（散失）出去，而普通透明玻璃 $E=0.84$。

薄膜型热反射材料是一种新型功能复合材料，它不仅能反射较宽频带的红外线，还具有较高的可见光透射率，由于在透明的 PET、PC 薄膜上形成晶态组分和界面组分的金属膜，因而它具有高反射率、高透射率和选择性透光特性。可见光透射率高达 70%以上，而对太阳光全光谱不同波长反射率在 75%以上，在 4mm 厚普通玻璃上贴一层隔热膜片后，太阳热辐射透过减少 82.5%，在建筑上有极为广泛的应用前景，是一种良好的节能材料。

（4）高性能中空玻璃

用不同的镀膜玻璃和普通透明玻璃的多种组合，能形成具有特殊性能的中空玻璃，产生出优良的隔热隔声和艺术效果，尤其在大型公共建筑门窗、采光顶棚中应用。高性能中空玻璃为达到 0.22～0.49 遮蔽系数，确保传热系数达到 1.4～2.8W/(m$^2$·K)，可在中空玻璃内侧涂上一层特殊的金属膜。此种极薄的涂层具有非常好地保护太阳能的作用，同时还有很高的红外反射率值，在 85%或 75%范围内。当金属涂层为典型厚度，全部反射率可达 90%～95%，这会减少中空玻璃组件内外玻璃板的辐射转换。采用 6+12A+6 的标准中空玻璃构件的传热系数为 2.6W/(m$^2$·K)；如构件中的空气由惰性气体替代的话，其传热系数是 2.2W/(m$^2$·K)；空气层为 12mm 中空玻璃间充以惰性气体，玻璃采用镀膜玻璃，其传热系数是 1.4～1.9W/(m$^2$·K)。

另外，由于中空玻璃中间封入干燥空气，随着温度、气压的变化，内部空气压力也随之变化，玻璃面上会产生很小的变形，同时制造时亦可能产生微小翘曲，再加上施工过程中也可能形成畸变。因此，在一些安全要求高的建筑物上，其节能门窗中空玻璃也可采用钢化玻璃。

**33.4.2.3　不同节能门窗适用区域**

不同节能门窗适用区域见表 33-58。

**不同节能门窗适用区域** **表 33-58**

| 构造分类 | 名称 | 适用气候 | 适用地区 | 适用建筑 |
|---|---|---|---|---|
| 框扇材料 | 断桥铝合金门窗 | 严寒、寒冷地区 | 东北、西北、华北 | 大型公建、住宅、公寓、办公楼等 |
| | 涂色镀锌钢板门窗 | 我国各个地区 | | 商店、超级市场、试验室、教学楼、宾馆、剧场影院、住宅等 |
| | 塑钢门窗 | 夏热 | | 公建、住宅、公寓、办公楼、试验室、教学楼等 |
| | 玻璃钢门窗 | 我国各个地区 | | 办公楼、试验室、教学楼、洁净厂房等 |
| 玻璃构造 | 双玻窗 | 严寒、寒冷地区 | | 大型公建、住宅、公寓、办公楼等 |
| | 中空玻璃窗 | 我国各个地区 | | 住宅、饭店、宾馆、办公楼、学校、医院、商店、展览馆、图书馆等 |
| | 多层窗 | 严寒地区 | 东北、西北 | 大型公建、高档公寓、高级饭店 |

### 33.4.2.4 不同窗的节能效果比较实例

严寒地区某普通住宅，建筑面积 96m²，窗户总面积占房间建筑面积的 12%。选取有代表性的 9 种平开式窗户，对其传热系数（$K$）和太阳得热系数（$SHGC$）进行计算对比。$K$ 值的计算条件：室外气温－16℃，室内温度 21℃；风速 6.7m/s；无阳光。$SHGC$ 的计算条件：室外气温－30℃，室内温度 26℃；风速 3.4m/s；太阳直射 783W/m²。玻璃厚度为 6mm。中空窗结构：6mm 玻璃＋12mm 干燥空气层＋6mm 玻璃。低辐射镀膜玻璃的膜层位于两层玻璃之间朝外的玻璃上，计算结果见表 33-59。

**不同材料和构造的节能窗的传热系数及太阳得热系数汇总表** **表 33-59**

| 窗户编号 | 玻璃类型 | 窗框 | 传热系数 $K$ [W/(m²·K)] | $SHGC$ |
|---|---|---|---|---|
| 1 | 白色单玻 | 铝合金 | 7.50 | 0.80 |
| 2 | 白色单玻 | 塑钢 | 4.83 | 0.62 |
| 3 | 白色中空玻璃 | 铝合金断热 | 3.71 | 0.65 |
| 4 | 白色中空玻璃 | 塑钢 | 2.78 | 0.55 |
| 5 | 双层白玻璃 | 木框 | 2.77 | 0.56 |
| 6 | 茶色中空玻璃 | 塑钢 | 2.60 | 0.44 |
| 7 | 三层白玻璃 | 塑钢 | 2.01 | 0.53 |
| 8 | 中空低辐射膜，$e$[①]＝0.2 | 塑钢 | 1.86 | 0.52 |
| 9 | 中空低辐射膜，$e$＝0.08 | 塑钢 | 1.71 | 0.41 |

① $e$ 表示低辐射镀膜玻璃的远红外发射率。

以白色单玻铝合金窗户（即表 33-59 中编号为 1 的窗户）的能耗为基准，记为 $H$，其他窗户能耗为 $H_n$，定义 $HR$ 为其他窗户相对于基准窗的节能百分比。

$$HR=\left[\ (H-H_n)\ /H\ \right]\times 100\% \qquad (33\text{-}1)$$

计算结果，见表 33-60，$HR$ 代表了节能效果，$HR$ 越大，节能效果越好。

**窗户节能效果和传热系数对照表　　表 33-60**

| 窗户编号 | 1 | 2 | 3 | 4 | 5 | 6 | 7 | 8 | 9 |
|---|---|---|---|---|---|---|---|---|---|
| $K$ [W/(m$^2$·K)] | 7.50 | 4.83 | 3.71 | 2.78 | 2.77 | 2.60 | 2.01 | 1.86 | 1.70 |
| $HR$（%） | 100 | 31 | 51 | 63 | 64 | 60 | 78 | 81 | 79 |
| 节能效果排序 | | 8 | 7 | 5 | 4 | 6 | 3 | 1 | 2 |

由表 33-61，相同的窗框材料和窗型，而玻璃的类型不同对窗的传热系数影响较大。以塑钢类窗框为例，选择不同的玻璃和构造，可以获得不同气候区对窗户的传热系数要求的节能窗。

**不同类型玻璃和构造对塑钢窗传热系数的影响　　表 33-61**

| 窗户 | 白色单玻窗 | 白色中空玻璃窗 | 茶色中空玻璃窗 | 三层白玻璃窗 | 低辐射膜中空玻璃窗 |
|---|---|---|---|---|---|
| $K$ [W/(m$^2$·K)] | 4.83 | 2.78 | 2.60 | 2.01 | 1.71～1.86 |
| $HR$（%） | 100 | 42 | 46 | 58 | 61～65 |

## 33.4.3　检 测 与 验 收

### 33.4.3.1　材料及制品质量验收

门窗工程施工前，施工单位须备齐相关资质、门窗工程设计和门窗制品各项检验报告等文件资料。

1. 材料质量验收

同一厂家的同一品种、类型、规格的门窗每 100 樘划分为一个检验批，不足 100 樘也为一个检验批。

（1）型材检验，随机抽样，同一厂家同一品种、类型的产品各抽查不少于 1 樘，对照门窗设计图纸，剖开或拆开检查。检查门窗隔热断桥措施是否符合设计要求及产品标准的规定，PVC 塑料主型材断面是否具有独立的保温（隔声）腔室、增强型钢腔室及排水腔室。

（2）玻璃检验，核查该工程使用玻璃型式检验报告，节能门窗采用的玻璃应符合设计要求，其中中空玻璃应采用双道密封，镀（贴）膜玻璃的安装方向应正确，中空玻璃的均压管应密封处理。中空玻璃主要性能应符合表 33-62。检查数量：每个检验批抽查 5%，并不少于 3 樘，不足 3 樘时，全数抽查；高层建筑的外窗，每个检验批抽查 10%，并不少于 6 樘，不足 6 樘时，全数抽查。特种门每个检验批抽查 50%，并不少于 10 樘，不足 10 樘时，全数抽查。

中空玻璃检验项目和性能要求表 表 33-62

| 试验项目 | 试验条件 | 性能要求 |
|---|---|---|
| 密封 | 在试验压力低于环境气压 10±0.5kPa 下，在该气压下保持 2.5h | 初始偏差：<br>（4+12+4）必须≥0.8mm；<br>（5+9+5）必须≥0.5mm。<br>厚度偏差减少不超过初始偏差 15% |
| 露点 | 将露点仪温度降到≤－40℃，使露点仪与试样表面接触不低于 3min | 露点≤－40℃ |
| 紫外线照射 | 紫外线照射 168h | 试样内表面不得有结雾污染的痕迹 |
| 气候循环及高温、高湿 | 气候试验经 320 次循环，高温、高湿试验经 224 次循环，试验后进行露点测试 | 露点≤－40℃ |

（3）密封条查看该工程使用橡胶密封条型式检验报告和全数观察检查密封条位置是否正确，嵌装是否牢固，是否有脱槽和开裂现象，关闭门窗时密封条是否接触严密。

（4）五金件全数观察检查，应符合设计要求及产品相关规定。

（5）密封胶，核查该工程使用密封胶型式检验报告，随机取样，每个检验批抽查5%，并不少于3樘，不足3樘时，全数抽查；高层建筑的外窗，每个检验批抽查10%，并不少于6樘，不足6樘时，全数抽查。检查其物理性能应符合设计要求及相关标准的规定。

2. 制品质量验收

制品包括建筑外门窗、遮阳设施和天窗。

（1）检验批划分

1）同一厂家的同一品种、类型、规格的门窗，每100樘划分为一个检验批，不足100樘也为一个检验批。

2）同一厂家的同一品种、类型、规格的特种门，每50樘划分为一个检验批，不足50樘也为一个检验批。

（2）检查数量规定

1）每个检验批抽查5%，并不少于3樘，不足3樘时，全数抽查；高层建筑的外窗，每个检验批抽查10%，并不少于6樘，不足6樘时，全数抽查。

2）特种门每个检验批抽查50%，并不少于10樘，不足10樘时，全数抽查。

（3）外观检查

1）金属门窗表面应洁净、平整、光滑、色泽一致，无锈蚀。大面无划痕、碰伤，漆膜或保护层应连续。

2）塑料门窗表面应洁净、平整、光滑，大面无划痕、碰伤。

（4）物理性能检查

1）查看建筑外窗气密性能、保温性能、采光性能等检测报告。

2）见证取样

建筑外窗进入现场后，应按不同地区不同要求进行见证取样送检。随机抽样，同一厂家同一品种同一类型的产品各抽查不少于3樘（件）。北京市新出见证取样规定建筑外门窗见证取样100%。送第三方见证试验室进行复验，复验项目见表33-63。

建筑外窗保温隔热性能复验项目　表 33-63

| 地区名称 | 复验项目 | |
|---|---|---|
| 严寒、寒冷地区 | 窗 | 玻璃 |
| | 气密性、传热系数 | 中空玻璃露点 |
| 夏热冬冷地区 | 窗 | 玻璃 |
| | 气密性、传热系数 | 中空玻璃露点、玻璃遮阳系数、可见光透射比 |
| 夏热冬暖地区 | 窗 | 玻璃 |
| | 气密性 | 中空玻璃露点、玻璃遮阳系数、可见光透射比 |

注：复验传热系数 1 樘窗即可。

### 33.4.3.2　隐蔽工程检查验收

1. 铝合金门窗安装的允许偏差

结构施工门窗留洞偏差、铝合金门窗安装的允许偏差及检验方法遵照第 27 章门窗工程中规定执行，并做好隐蔽验收记录。

2. 塑料门窗安装的允许偏差

结构施工门窗留洞偏差、塑料门窗安装的允许偏差及检验方法遵照第 27 章门窗工程中规定执行，并做好隐蔽验收记录。

3. 金属副框安装

（1）金属副框隔热断桥方式应与门窗框的隔热断桥措施相当。

（2）金属副框做防腐处理，安装必须牢固。预埋件的数量、位置、埋设方式、与门窗框的连接方式必须符合设计要求，并做好隐蔽验收记录。

### 33.4.3.3　检测验收

1. 基本要求

（1）材料、构件和设备的进场验收应遵守下列规定：

1）对材料、构件和设备的品种、规格、包装、外观和尺寸等进行检查验收，并应经监理工程师（建设单位代表）确认，形成相应的验收记录。

2）对材料、构件和设备的质量证明文件进行核查，并应经监理工程师（建设单位代表）确认，纳入工程技术档案。进入施工现场的材料、构件和设备均应具有出厂合格证、中文说明书及相关性能检测报告。

3）应按照相关规定在施工现场随机抽样复验，复验应为见证取样送检。当复验的结果出现不合格时，则该材料、构件和设备不得使用。

（2）建筑节能工程使用材料的燃烧性能等级和防火处理应符合设计要求。

（3）当门窗采用隔热型材时，隔热型材生产企业应提供型材所使用的隔热材料的物理力学性能检测报告，当不能提供时，应按照产品标准对隔热型材至少进行一次横向抗拉强度和抗剪强度值的抽样检验。

2. 检测

建筑门窗分项工程验收前，应由有资质的检测单位对建筑外窗的各项物理性能进行现场抽样检测。

（1）物理性能检测，按相关标准检测下列性能：

1）气密性能，外窗在关闭状态，温度 293K（20℃）、压力 101.3kPa、空气密度 1.202kg/m$^3$的标准状态下，10Pa 压力差下测定单位时间通过测试试件单位缝长或通过测试试件单位面积的空气量，确定建筑外窗的气密性能分级。

2）采光性能，透光折减系数 $T_r$ 应符合设计要求。

3）节能门窗的性能参数，应符合设计要求。

（2）遮阳设施检测，核查质量证明文件，观察、尺量、手扳检查，并全数检查：

1）遮阳设施的性能尺寸，应符合设计和产品标准要求。

2）遮阳设施的安装应位置正确牢固，满足安全和使用功能的要求。

3）遮阳设施调节应灵活，能调节到位。

（3）天窗检测，观察、尺量检查及淋水检查，随机抽查，每个检验批抽查 5%，并不少于 3 樘，不足 3 樘时，全数抽查；高层建筑的外窗，每个检验批抽查 10%，并不少于 6 樘，不足 6 樘时，全数抽查。特种门每个检验批抽查 50%，并不少于是 10 樘，不足 10 樘时，全数抽查。

1）天窗的安装坡度应正确。

2）天窗封闭应严密，嵌缝处不得渗漏。

3. 验收

（1）建筑工程竣工前须进行建筑节能分部工程验收，而建筑节能分部工程验收前，须完成建筑门窗分项工程验收。

（2）节能门窗检验批及门窗节能分项工程应由总监理工程师（建设单位项目负责人）组织施工单位项目负责人和技术、质量负责人等进行验收。

（3）门窗节能工程须进行分部工程质量验收、分项工程质量验收及检验批/分项工程质量验收。

门窗节能工程验收的检验批划分应符合下列规定：

1）同一厂家的同一品种、类型、规格的门窗及门窗玻璃每 100 樘划分为一个检验批，不足 100 樘也应划分为一个检验批。

2）同一厂家的同一品种、类型和规格的特种门每 50 樘划分为一个检验批，不足 50 樘也应划分为一个检验批。

3）异形或有特殊要求的门窗检验批的划分也可根据其特点和数量，由施工单位与监理（建设）单位共同协商确定。

具体的验收项目和检查要求见《建筑节能工程施工质量验收标准》GB 50411—2019。

## 33.5 幕墙节能

### 33.5.1 概述

**33.5.1.1 幕墙保温节能简介**

建筑的热工设计主要包括保温、隔热和防潮设计，幕墙作为建筑的外围护结构同样要满足以上性能需求。为保证建筑物的使用质量，冬季采暖与夏季通风、室内温度等基本热环境均需满足。在此基础之上，幕墙作为现代建筑的常用维护方式，还要考虑节约能耗的要求。

根据建筑热工设计中围护结构热工设计的分类原则，热工性能限值是按围护结构的部位分别要求的，故将幕墙按透光幕墙、非透光幕墙和屋顶等不同部位提出相应保温节能要求。

**33.5.1.2 透光幕墙的节能分析和节点做法**

通过透光幕墙导致室内热量增加的太阳辐射是影响建筑能耗的重要因素。透光幕墙对建筑能耗高低的影响主要有以下两方面：一是透光幕墙的热工性能，直接影响冬季供暖和夏季空调室内外温差传热；二是透光材料（如玻璃），受太阳辐射影响而造成建筑室内的热量变化。冬季通过窗口和透光幕墙进入室内的太阳辐射有利于建筑的节能，因此，在节点中采用减小透光幕墙的传热系数的方式抑制温差传热，是降低透光幕墙热损失的重要途径之一。夏季太阳辐射通过透光幕墙进入室内增加空调冷负荷，因此减少进入室内的太阳辐射以及减小透光幕墙的温差传热都是降低空调能耗的途径，比如幕墙采用低辐射玻璃等措施；直射阳光通过阳面，尤其是东西向透明材料进入室内，造成室内过热，为兼顾采光、通风和视野需求，设置遮阳设施。遮阳设施的遮挡太阳辐射热量的效果除取决于遮阳形式外，还与遮阳设施的构造、安装位置、材料与颜色等因素有关，故而可以采用不同形式的遮阳措施。

**33.5.1.3 非透明幕墙的节能分析和节点做法**

非透明幕墙是指可见光不能直接透入室内的幕墙。非透明幕墙内部需用保温材料将主体结构包覆，防止出现保温缺陷和冷桥。同时，还需在系统节点设计中兼顾防火、防雨水等问题。非透明幕墙设置成开缝形式时，需注意夏季防潮设计，在幕墙内侧设置防水隔汽层。

设置可开启窗扇也是节能和提高室内热舒适性的重要手段。非透明幕墙开窗设置通常会受到建筑立面效果的制约，但可开启面积过小会严重影响建筑室内的自然通风效果，有的甚至使外窗完全封闭，导致室内自然通风不足，不利于室内空气流通和散热，不利于节能及改善室内卫生条件。

**33.5.1.4 屋顶及入口的节能要求和节点做法**

夏季屋顶太阳辐射强度大，屋顶的透光面积越大，相应建筑的能耗也越大，因此对屋顶透明部分的面积和热工性能应予以严格的限制。建筑中庭热环境不理想且能耗很大，主要原因是中庭透光围护结构的热工性能较差，传热损失大，太阳辐射得热过多。

因此夏季隔热的关键部位之一就是屋顶，当屋顶采用透明幕墙时，保证其内表面温度满足隔热设计标准的要求，就是隔热设计的主要任务。

冬季屋顶需满足最低限度的保温需求。

屋顶各种接缝的保温、防水处理也会影响室内节能效果，节点处理不当容易造成结露、长霉。

## 33.5.2 施工关键技术要点

**33.5.2.1 相关材料的施工技术要求**

1. 墙体保温隔热材料施工时需满足以下要求：

(1) 保温材料的厚度、导热系数、密度、抗压强度或压缩强度、燃烧性能等应符合设计要求。

(2) 保温隔热材料进场时应对其性能进行复验，且复验应为见证取样送检。

(3) 水平防火隔离带的位置、数量、宽度、燃烧性能应符合设计要求，应与基层墙体全面粘贴，粘贴或连接须牢固、拼接严密。

(4) 当幕墙为开缝安装时，保温层表面应具有防水功能，或具有其他防水措施。

(5) 保温隔热材料与其他部位交接口处，应采取密封措施。

(6) 保温隔热材料外侧设置隔汽层时，蒸汽渗透的方向是由外向内，因此隔汽层应设置在外侧；隔汽层应完整、严密；穿透隔汽层处采取密封措施。

(7) 幕墙节能工程使用的保温材料在安装施工中应采取防潮、防水等保护措施；有机保温材料堆放和施工中应采取防火灾措施。

2. 中空玻璃应符合下列规定：

(1) 玻璃厚度及空气隔层的厚度、传热系数、遮阳系数、可见光透射比等应符合设计要求。

(2) 胶层应双道密封外层密封胶胶层宽度不应小于 5mm 半隐框和隐框幕墙的中空玻璃的外层应采用硅酮结构胶密封胶层宽度设计要求，内层密封胶应均匀饱满无空隙。

(3) 中空玻璃的露点、抗风压性能、气密性能、水密性能、平面内变形应核查复验报告。

3. 热反射玻璃应符合下列规定：

(1) 在光线明亮处以手指按住玻璃面通过实影虚影判断膜面朝向，热反射玻璃的镀膜面不得暴露于室外。

(2) 热反射玻璃膜面应无明显变色脱落现象。

4. 密封胶现场施工应符合下列规定：

(1) 密封胶表面应光滑不得有裂缝现象接口处厚度和颜色应一致。

(2) 注胶应饱满平整，密实无缝隙。

(3) 密封胶粘结形式、宽度应符合设计要求。

**33.5.2.2 连接与节点的施工技术要求**

1. 单元幕墙连接与节点的施工技术要求：

(1) 单元构件和螺纹连接处应采用有效防水、放松措施；工艺孔应有防水处理。

(2) 对接型单元部件四周密封胶条应周圈闭合，在角部连接成一体，密封条镶嵌应牢固，对接严密。

(3) 插接型单元胶条应在两端头留有防止胶条回缩的余量。

(4) 单元幕墙的十字接口处应采取防渗漏措施。

(5) 单元幕墙的通气孔和排水孔处应采用透水材料封堵。

(6) 单元板块上设置开启扇时，应注意周圈胶条密封严密、排水顺畅、不渗漏，开启灵活，关闭严密。

2. 框架幕墙连接与节点的施工技术要求：

(1) 隐框幕墙采用密封胶封堵时，注胶应饱满、平整密实无缝隙，胶缝表面光滑、均匀。

(2) 框架周边与墙体接缝处应采用弹性材料封堵密实。

（3）明、隐框结合幕墙，其横竖防水结合处的密封需交圈、严密，不得渗漏。

（4）框架幕墙开启部位应密封严密、排水顺畅、不渗漏，开启应灵活，关闭严密。

（5）幕墙安装内衬板时内衬板四周宜套装弹性橡胶密封条内衬板应与构件接缝严密。

（6）非透明幕墙面板背后的空间内应设置保温构造层。幕墙保温材料与面板或与主体结构外表面之间应有不小于 50mm 的空气层。玻璃面板内侧应有不小于 50mm 的空气层。

3. 采光顶节点的施工技术要求：

（1）采光顶的坡度应正确，封闭严密、不得渗漏。

（2）采光顶周边与主体连接处应做好保温隔热及防水密封处理，保温材料敷设方式、厚度需满足设计要求。

（3）采光顶的周边、顶部设置开启天窗时，应注意封闭严密，嵌缝无渗漏。

（4）采光顶的冷凝水收集与排放应顺畅，不得渗漏。

4. 屋面节点的施工技术要求：

（1）屋面通风架空层高度、安装方式、通风口位置与尺寸应符合设计要求，架空层内不应有杂物，架空层面层应完整。

（2）保温隔热层应有防潮措施，其表面应有保护层，保护层做法应符合设计要求。

**33.5.2.3　热桥、断桥部位及构造缝施工要求**

（1）外墙热桥部位应按设计要求采用节能保温等隔断热桥措施，断热节点连接应牢固。

（2）幕墙节能工程使用隔热型材时，生产厂家应提供隔热型材的力学性能与热变形性能实验报告。

（3）幕墙伸缩缝、沉降缝、抗震缝处的保温或密封做法应符合设计要求；罩面平整一致无凹瘪，变形缝罩面与两侧幕墙结合处不得渗漏。

**33.5.2.4　幕墙通风换气装置、遮阳设施施工要求**

1. 幕墙通风换气装置的施工技术要求：

（1）幕墙通风换气装置应满足设计对于可开启部分开启后的通风面积要求。

（2）幕墙通风换气装置安装应牢固。

（3）幕墙通风器的通道应通畅、尺寸满足设计要求，开启装置应能顺畅开启和关闭。

2. 遮阳设施的施工技术要求：

（1）遮阳设施性能、规格、尺寸应符合设计要求。

（2）遮阳设施安装应牢固，位置要正确。

（3）活动遮阳设施的调节机构应灵活，能调节到位。

（4）设置有风感应控制系统的外遮阳产品，风感应控制系统的品种、规格要满足设计和相关规范的要求；风速测量的精度应符合设计要求，在危险风速下遮阳装置能按要求收回，风速超过设置值时应不能进行开启或伸展操作。

（5）严寒地区和寒冷地区，与水平面夹角小于 60°的户外遮阳，需满足雪荷载作用下的设计要求；用于天窗部位与水平面夹角小于 50°的户外百叶帘、卷帘，在雪荷载作用下需满足设计要求。

## 33.5.3 检测与验收

### 33.5.3.1 材料的检测与验收

1. 材料复验

工程使用的保温隔热材料、玻璃等，进场时应对下列材料性能进行复验，复验应为见证取样送检。

(1) 保温材料：导热系数或热阻、密度，有机保温隔热材料的燃烧性能。

(2) 幕墙玻璃：可见光透射比、传热系数、遮阳系数，中空玻璃密封性能。

(3) 隔热型材：抗拉强度、抗剪强度。

(4) 透光、半透光遮阳材料的太阳光透射比、太阳光反射比。

2. 隔热型材检测

隔热型材生产厂家应提供隔热型材所使用的隔断热桥材料的物理力学性能检测报告。当不能提供隔热材料的物理力学性能检测报告，应按照产品标准对隔热型材至少进行一次横向抗拉强度和抗剪强度值抽样检验。

### 33.5.3.2 气密、水密检测

1. 气密检测

(1) 当幕墙面积合计大于 $3000m^2$ 或幕墙面积占建筑外墙总面积超过50%时，应对幕墙进行气密性能检测，检测结果应符合建筑节能设计规定的等级要求。

(2) 密封条应镶嵌牢固、位置正确、对接严密。单元式幕墙板块之间的密封应符合设计要求。开启部分关闭应严密。

(3) 气密性能检测试件应包括幕墙的典型单元、典型拼缝、典型可开启部分。试件应按照幕墙工程施工图进行设计，在现场抽取材料、构件，在试验室安装试件检测。试件设计应经建筑设计单位项目负责人、监理工程师同意并确认。

2. 水密检测

(1) 玻璃幕墙大面施工前应取得雨水渗漏性能的检验报告，幕墙的气密性能应符合设计规定的等级要求；

(2) 玻璃幕墙大面完成防水施工措施，应现场淋水实验检测防水性能。

### 33.5.3.3 保温材料安装检查

1. 玻璃幕墙保温隔热安装要求

(1) 幕墙节能工程使用的保温材料，其厚度应符合设计要求，安装应牢固，不得松脱。

(2) 幕墙内衬板四周宜套装弹性橡胶密封条，内衬板应与构件接缝严密。

(3) 保温材料应安装牢固，并应与玻璃保持50mm以上的距离。

(4) 保温材料的填塞应饱满平整不留间隙，其填塞密度厚度应符合设计要求。

(5) 在冬季取暖的地区保温棉板的隔汽铝箔面应朝向室内，无隔汽铝箔面时应在室内侧有内衬隔汽板。

(6) 幕墙隔汽层应完整、严密、位置正确，穿透隔汽层处的节点构造应采取密封措施。

(7) 建筑幕墙与基层墙体、窗间墙、窗槛墙及裙墙之间的空间，应在每层楼板处采用

防火封堵材料封堵。

2. 玻璃幕墙保温隔热安装构造检查

(1) 核查幕墙热工性能计算书，对照热工计算书核对幕墙节点及安装。

(2) 检验玻璃幕墙保温隔热构造安装质量应采取观察检查的方法，并应与设计图纸核对，查施工记录必要时可打开检查。

(3) 保温板或保温层采取针插法或剖开法，尺量厚度。

(4) 橡胶条镶嵌应平整密实橡胶条长度宜比边框内槽口长 1.5%～2.0%，其断口应留在四角，拼角处应粘结牢固。

**33.5.3.4　断热、伸缩缝等细部节点的检查**

(1) 隔热热桥措施应符合设计要求，断热节点的连接应牢固。

(2) 严寒、寒冷地区采用非闭孔保温材料的构造应有完整的隔汽层。

(3) 幕墙隔汽层应完整、严密、位置正确，穿透隔汽层的部件，节点构造应密实。

(4) 橡胶条镶嵌应平整密实橡胶条长度宜比边框内槽口长 1.5%～2.0%，其断口应留在四角，拼角处应粘结牢固。

(5) 幕墙与周边墙体、屋面间的接缝处应采用弹性闭孔材料填充饱满，并应采用耐候密封胶等密封措施密封。伸缩缝、沉降缝、抗震缝处的幕墙保温或密封做法应符合设计要求。

(6) 变形缝罩面与两侧幕墙结合处不得渗漏。

**33.5.3.5　单元幕墙板块的检查**

(1) 密封条：规格正确，长度无负偏差，接缝的搭接符合设计要求；需要从室内打胶处理的十字接缝位置，胶匀称密实、饱满。

(2) 保温材料：固定牢固，厚度符合设计要求。

(3) 隔汽层：密封完整、严密。

(4) 凝结水排水系统通畅，管路无渗漏。

(5) 玻璃有镀膜要求时，可用目视观测镀膜面，确保镀膜面安装正确。

**33.5.3.6　幕墙通风换气装置、遮阳设施的检查**

1. 幕墙通风换气装置的检查

(1) 厂家应提供幕墙通风器质量证明文件。

(2) 幕墙通风换气装置安装应牢固，通道尺寸满足设计要求，通道通畅。

(3) 幕墙通风器通风口操控部件能顺利启闭，手动操控时转动力矩不大于 3.5N·m，电动时通风电机能在任何档位启动和关闭。

2. 遮阳设施的安装检查

(1) 厂家应提供遮阳设施质量证明文件。

(2) 遮阳设施的安装位置，遮阳尺寸应满足设计要求；安装应牢固，满足维护检修的要求。

(3) 活动遮阳设施的调节机构能调节到位，现场测试调节应方便灵活。

(4) 设置有风感应控制系统的外遮阳产品，风感应控制系统的品种、规格要满足设计和规范要求。

(5) 安置在地面以上 2.5m 范围内的可动或永久构件，其边角应倒圆。

(6) 严寒地区和寒冷地区，与水平面夹角小于 60°的户外遮阳，需按设计要求对其进行雪荷载检测。

(7) 用于天窗部位与水平面夹角小于50°的户外百叶帘、卷帘，需检测在雪荷载作用下的设计要求。

1) 产品外观与导轨无永久性损伤，不产生塑性变形和损坏。

2) 操作装置无功能性障碍或损坏，能够正常使用。

3) 手动遮阳产品的操作力数值应维持在实验前初始操作力的等级范围内。

(8) 坡度小于等于25°的遮阳篷在其完全伸展的情况下，承受最大积水产生的荷载时不发生破坏；积水荷载释放后，手动遮阳篷的操作力应保持在原操作力的等级范围内。

# 33.6 建筑遮阳工程

## 33.6.1 概　　述

### 33.6.1.1 建筑遮阳的分类及对建筑节能的作用

建筑遮阳是建筑节能重要的手段和技术措施。按其与建筑相对的位置，可以分为内置式遮阳和外置式遮阳，对于外置式遮阳，按其是否能活动又可以分为：固定式外遮阳和活动式外遮阳。

(1) 固定式外遮阳

固定式外遮阳对建筑外立面的凹凸、阳台、突出物等形成遮挡，主要有水平式遮阳、垂直式遮阳、挡板式遮阳及综合式遮阳四种基本形式，在实际应用中可以单独选用或者进行组合，如图33-8所示。

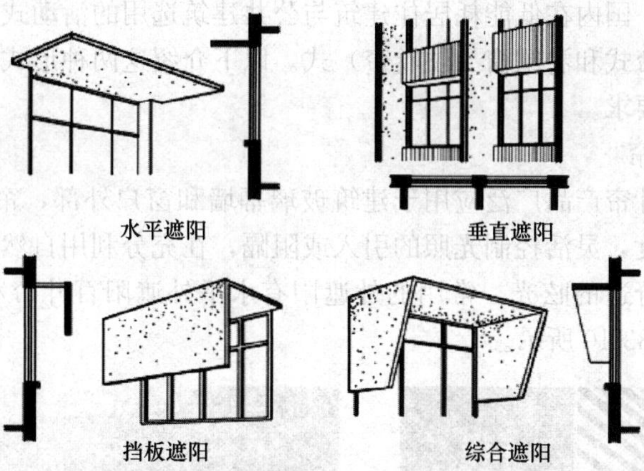


图33-8 固定式遮阳示意图

(2) 活动式外遮阳

活动式外遮阳装置可以由使用者根据环境变化和个人喜好，自由地调节遮阳装置角度或形状等工作状态，避免了固定式外遮阳带来的遮阳与采光、自然通风、冬季采暖、视野等方面的相互矛盾。

活动式外遮阳装置能够兼顾建筑能耗与自然采光两个方面的需求：①阻挡太阳光线直接射入室内，大幅消减了室内太阳辐射得热、降低空调能耗。②改变遮阳装置遮光、透光与透视状态，可调节室内自然光线明暗、强弱、消除炫光，在夏季有效营造舒适的室内光环境和热环境，提升室内环境质量与视觉舒适度。

外遮阳装置对于减少制冷能耗的效果比减少采暖能耗的效果更为明显。根据“欧洲组织”研究报告，总体上使用建筑外遮阳产品，夏季可以节约空调能耗25%以上，冬季节约采暖能耗10%以上。对东西向居室外窗而言，国内有实测案例对比建筑冷负荷指标，不设置外遮阳为3.12W/m$^2$，设置外遮阳降至1.70W/m$^2$，降低了1.42W/m$^2$，节能率为45%，可见外遮阳装置是建筑节能的重要措施之一。

**33.6.1.2　建筑遮阳的设置要求**

我国南北地理跨度大，有不同的气候区，建筑节能采用的技术指标不同，则外遮阳解决方案的侧重点亦有不同。建筑遮阳设置应遵循以下要求：

（1）寒冷地区的东、西、南向的外窗均应考虑遮阳措施（东西向宜设置活动外遮阳，南向宜设置水平外遮阳）。

（2）夏热冬冷和夏热冬暖地区，东、西、南向均应采取遮阳措施，东向和西向应重点考虑。

（3）遮阳措施以采用可调节的垂直遮阳形式为宜，既满足夏季太阳不直接照射入室内减少辐射得热的要求，亦不影响冬季充分采光、日照获取辐射得热的要求。

东西向主要房间设置活动外遮阳更为合理。我国地理当太阳东升西落时其高度角比较低，设置在窗口上沿的水平遮阳几乎不起遮挡作用，活动外遮阳展开或关闭后，可以全部遮蔽窗户亦可全部引入阳光。

**33.6.1.3　外遮阳装置的系统形式和主要组件**

目前，主要我国采用的活动式外遮阳装置形式有：金属遮阳板、百叶帘、卷闸窗（硬卷帘）及遮阳篷等。国内在低能耗居住建筑与公共建筑选用的活动式外遮阳装置主要是两种产品类型：百叶帘式和卷闸窗（硬卷帘）式。以下介绍这两种形式的活动外遮阳装置的性能、组件及安装要求。

1. 外遮阳百叶帘

外遮阳金属百叶帘产品广泛应用于建筑玻璃幕墙和窗户外部，帘体可以收叠和展开，也可以翻转调整角度，灵活控制光照的引入或阻隔，在充分利用自然光线的同时避免紫外线伤害和影响视觉舒适的眩光。常用的外遮阳有水平外遮阳百叶帘和竖向百叶帘两种方式，如图33-9、图33-10所示。

图33-9　水平外遮阳百叶帘

图33-10　竖向外遮阳百叶帘

百叶帘的主要组件如图 33-11 所示。

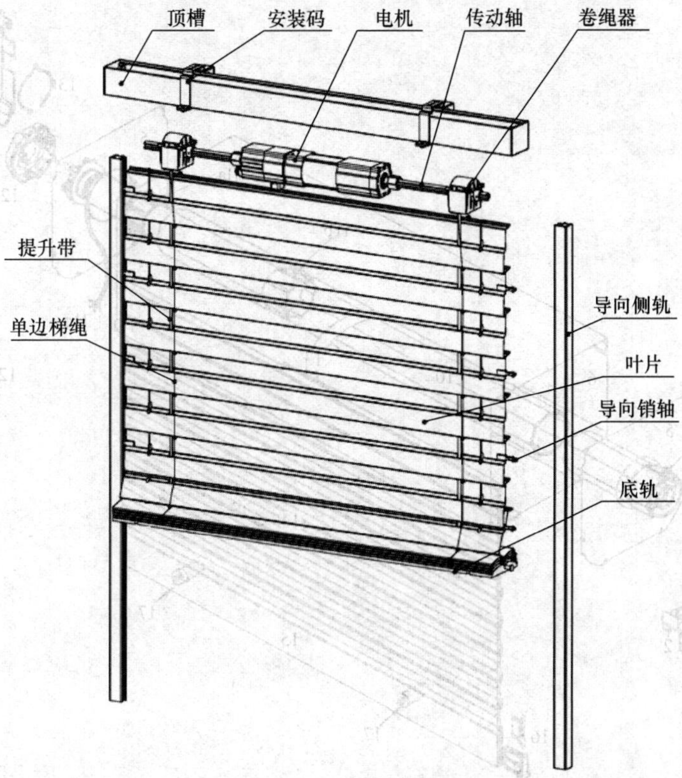


图 33-11　百叶帘组件示意图

2. 外遮阳卷闸窗（硬卷帘）

(1) 适用性

卷闸窗（硬卷帘）是专为外遮阳应用而设计的系统，适用于户外安装。如图 33-12 所示。

图 33-12　外遮阳卷闸窗

产品保温隔热性能优良，还兼有安全防盗屏障的功能。

（2）主要组件如图 33-13 所示。

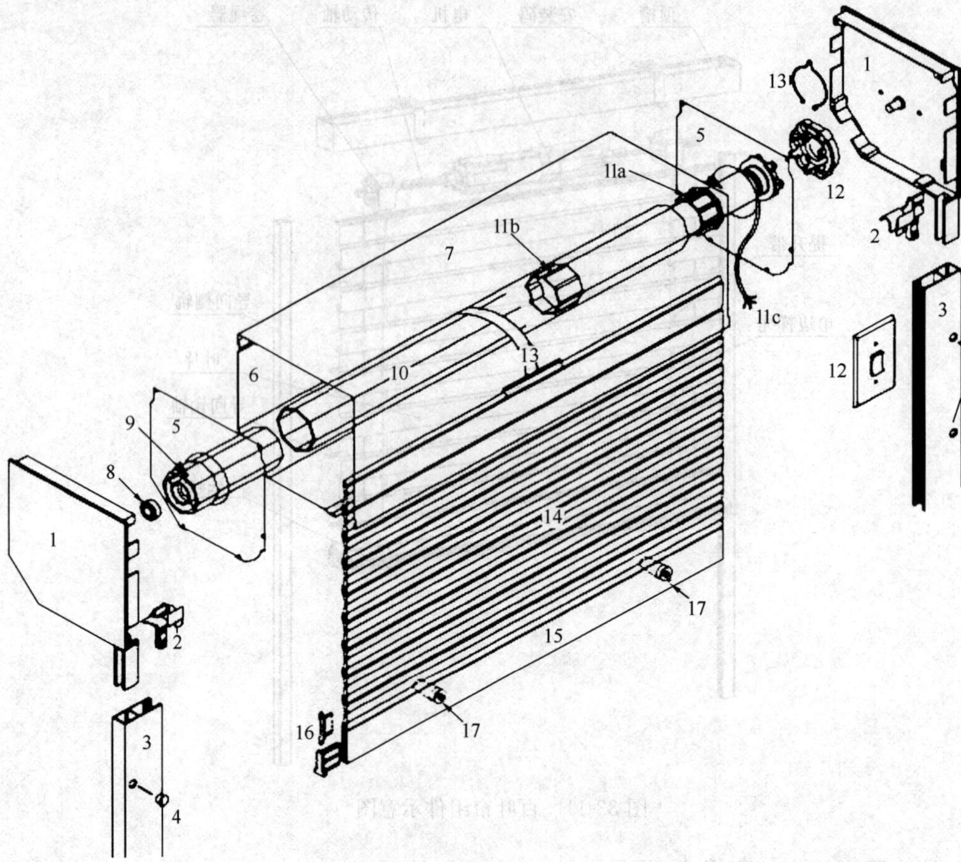


图 33-13　外遮阳卷闸窗组件示意图

1—端盖；2—帘片引导头；3—导轨；4—装饰帽；5—侧挡板；6—帘片盒下罩壳；7—帘片上罩壳；8—轴承；9—卷轴；10—管状电机；11a—电机皇冠；11b—电机转轮；11c—电机连线；12—电机安装支架；13—弹簧卡环；14—帘片；15—底梁；16—帘片侧扣；17—外限位器

#### 33.6.1.4　外遮阳工程安装节点设计

外遮阳工程与门窗、保温外墙、幕墙及机电专业分包工程有着紧密的关联，为保证安装方案设计的合理性、可行性，应请上述专业技术人员对工程相互关联的细部节点进行交底。

1. 设计基本要求

（1）建筑类型及外立面设计不同，建筑外窗规格、类型有多种选择。外遮阳装置的安装设计应以门窗单位安装节点为依据进行深化，将安全、可靠放于首位，在重点考虑建筑特征、遮阳产品自身特点条件下，重点解决外遮阳构件与建筑基墙结构连接固定的方式。

（2）对于外遮阳装置，安装设计应对窗口周边存在结构、构件影响的情况提出相互避让建议，提请设计单位、总包单位、保温单位、外墙单位配合解决。

（3）对于采取隐藏安装形式的外遮阳装置，安装设计除了应计算遮阳产品的容纳空间、施工空间，还要为遮阳产品在全寿命使用周期内需要进行的必要维护、检修，预留出足够的检修空间。

2. 电动百叶帘节点做法

(1) 节点做法示例1：KR80百叶嵌装，如图33-14、图33-15所示。

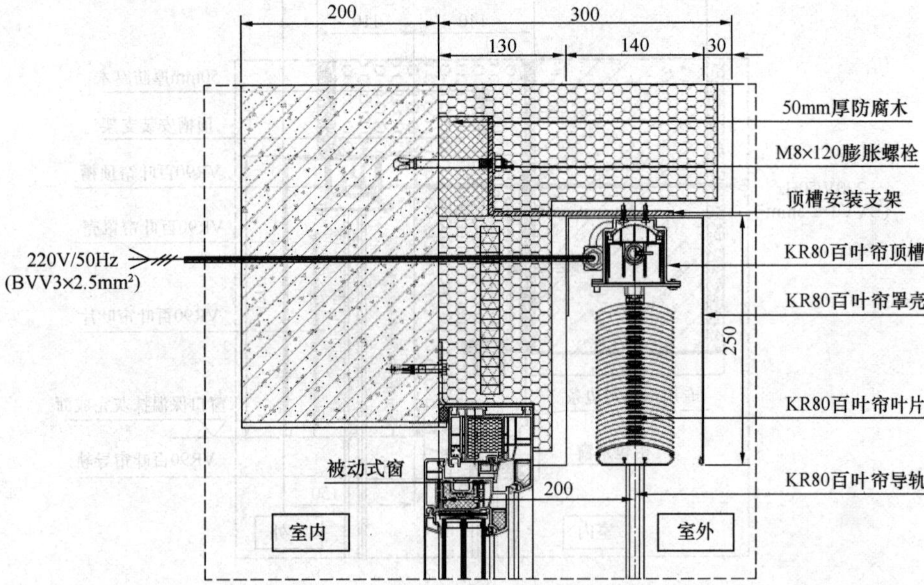


图33-14 KR80百叶帘嵌装竖向剖面节点详图

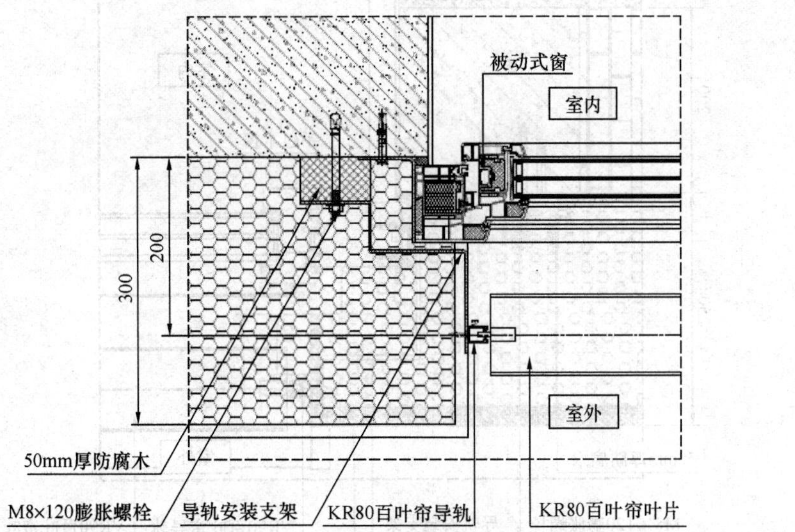


图33-15 KR80百叶帘嵌装横向剖面节点详图

说明：窗上口L形支架+防腐木在墙身预埋，作为百叶罩壳、上梁固定安装基础；

窗两侧Z形支架+防腐木在墙身预埋，转接到窗洞收口内壁作为百叶轨道固定安装基础。

（2）节点做法示例 2：VR90 百叶嵌装，如图 33-16、图 33-17 所示。

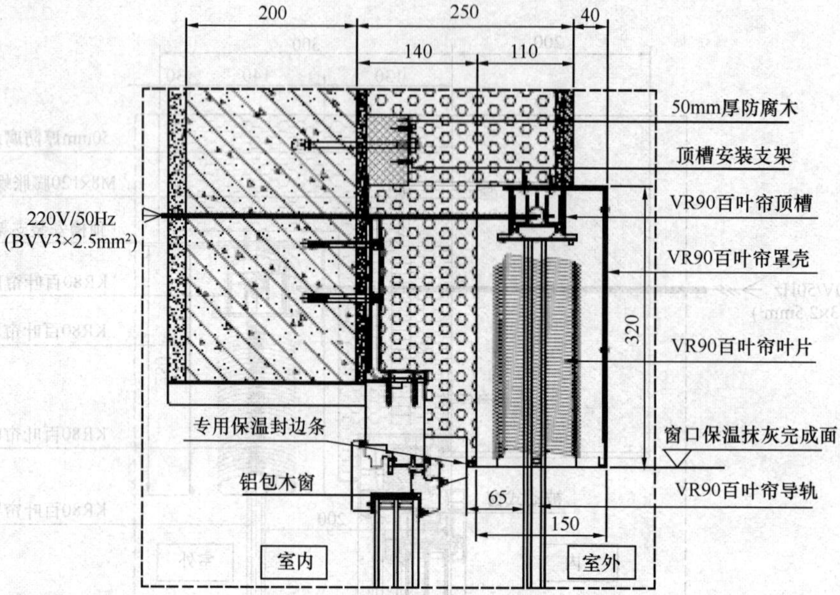


图 33-16 VR90 百叶帘嵌装竖向剖面节点详图

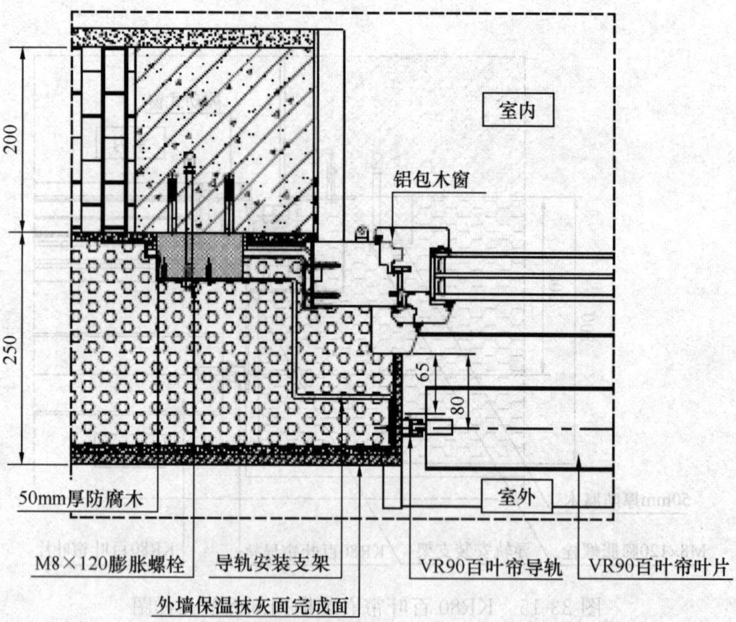


图 33-17 VR90 百叶帘嵌装横向剖面节点详图

说明：预埋做法与示例 1 相同。

（3）节点做法示例 3：VR90 百叶嵌装，如图 33-18、图 33-19 所示。

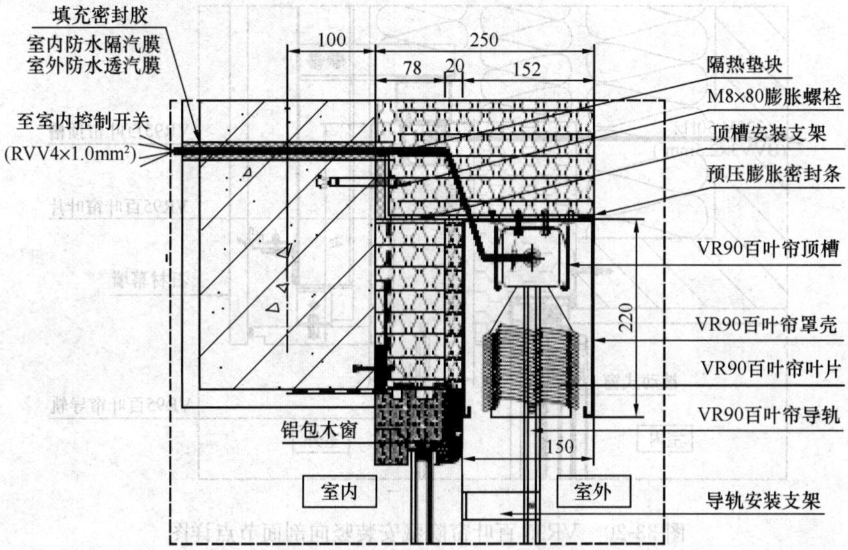


图 33-18　VR90 电动百叶帘嵌装竖向剖面节点详图

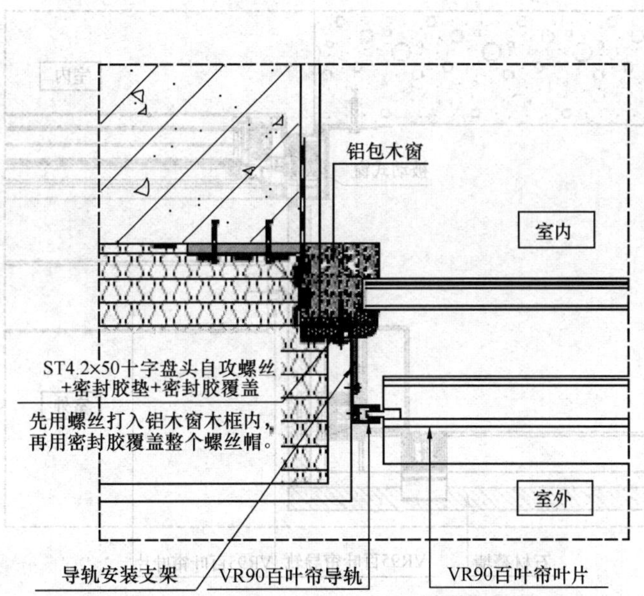


图 33-19　VR90 电动百叶帘嵌装横向剖面节点详图

说明：窗上口 L 形支架＋保温隔热垫在墙身预埋，作为百叶罩壳、上梁固定安装基础；
百叶轨道支架在窗框型材上固定安装，不与墙身结构相连接。

（4）节点做法示例 4：VR90 百叶隐藏安装，如图 33-20、图 33-21 所示。

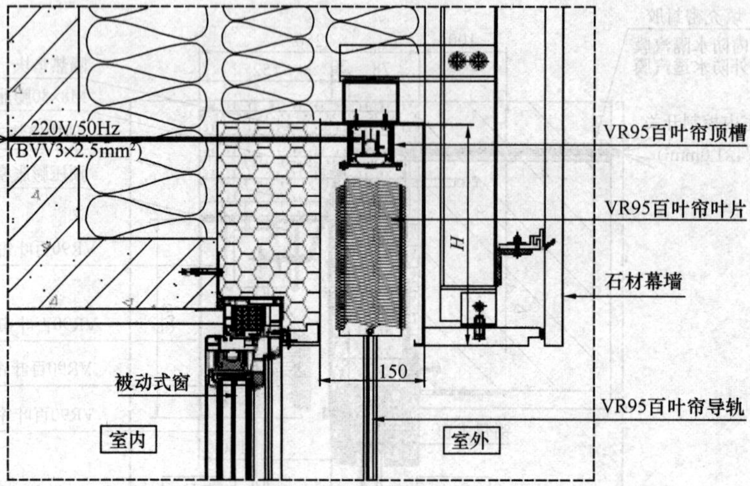


图 33-20　VR95 百叶帘隐藏安装竖向剖面节点详图

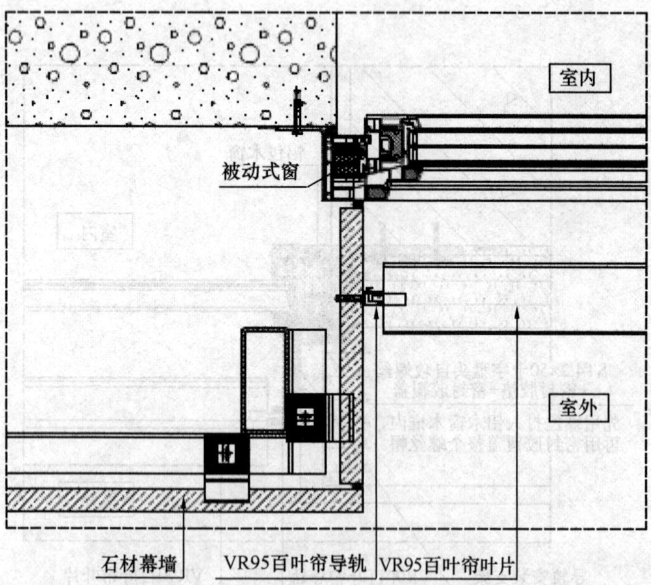


图 33-21　VR95 百叶帘隐藏安装横向剖面节点详图

说明：窗上口石材幕墙龙骨接出角钢，为百叶罩壳、上梁固定安装提供基础；百叶轨道以塑料胀栓固定安装于窗口石材侧板。

2. 电动卷闸窗（硬卷帘）节点做法

(1) 节点做法示例 1：电动卷闸窗外装，如图 33-22、图 33-23 所示。

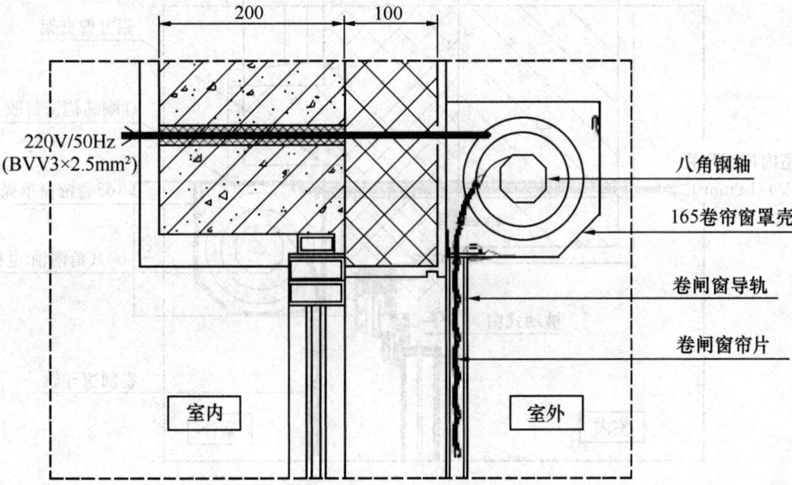


图 33-22　电动卷帘窗外装竖向剖面节点详图

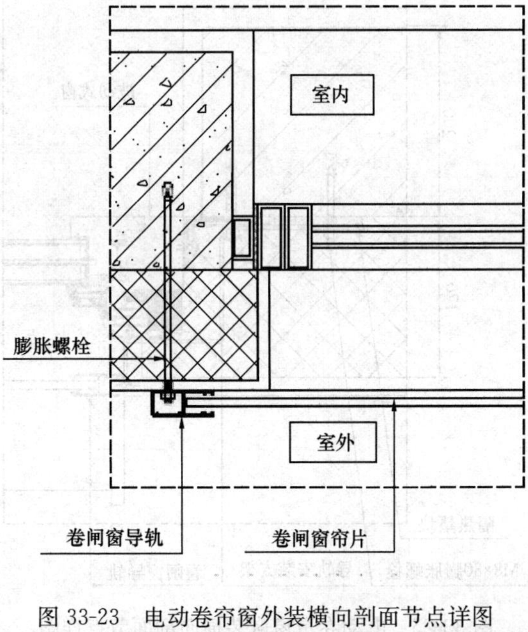


图 33-23　电动卷帘窗外装横向剖面节点详图

说明：卷闸窗（硬卷帘）导轨采用膨胀螺栓穿透保温层固定于墙身结构；
头箱总成（罩壳、端座、卷筒、电机、帘片）端座插脚插入导轨对应型腔紧定。

（2）节点做法示例 2：电动卷闸窗嵌装，如图 33-24、图 33-25 所示。

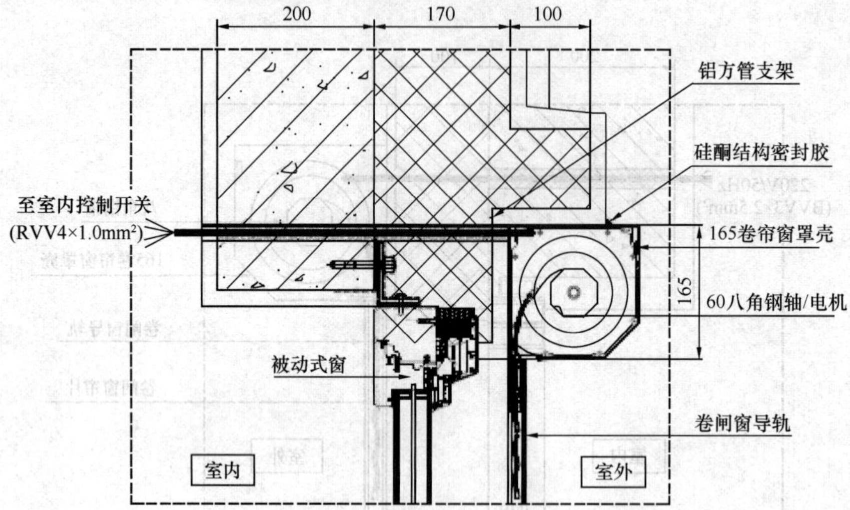


图 33-24　电动卷帘窗嵌装竖向剖面节点详图

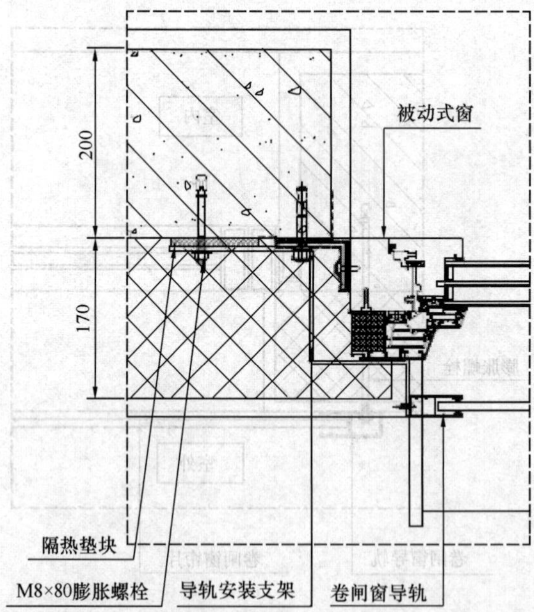


图 33-25　电动卷帘窗嵌装横向剖面节点详图

说明：窗两侧 Z 型支架＋保温隔热垫在墙身预埋，转接到窗洞收口内壁作为卷闸窗（硬卷帘）导轨固定安装基础；头箱总成与导轨装配一体，与预埋支架连接固定。

（3）节点做法示例3：电动卷闸窗隐藏安装，如图33-26、图33-27所示。

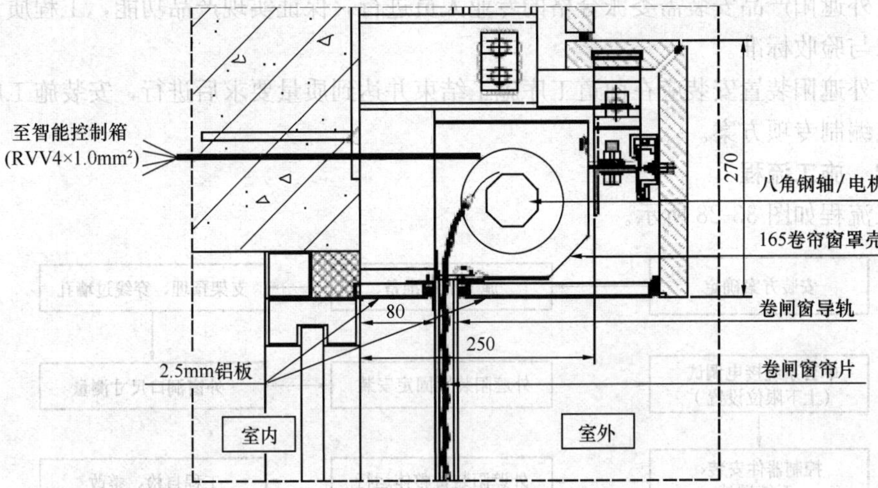


图33-26 电动卷帘窗隐藏安装竖向剖面节点详图

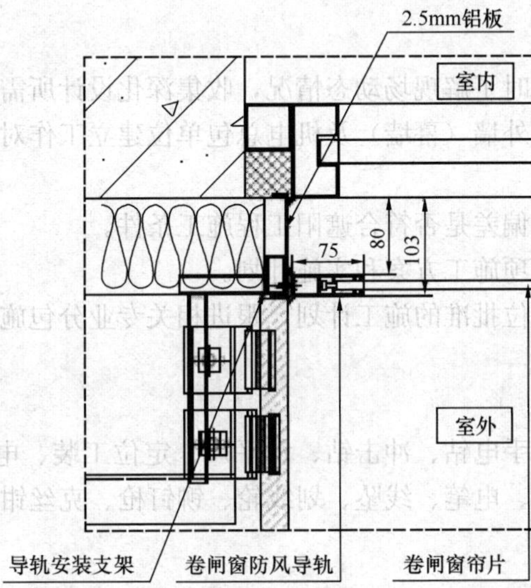


图33-27 电动卷帘窗隐藏安装横向剖面节点详图

说明：窗两侧幕墙龙骨接出构件，转接到窗洞收口内壁作为卷闸窗（硬卷帘）导轨固定安装基础；头箱总成与导轨装配一体，与预埋支架连接固定。卷闸窗（硬卷帘）调试后封闭幕墙装饰板。

## 33.6.2 施工技术要点

### 33.6.2.1 通用要求

（1）建筑外遮阳工程应使用绿色环保材料，部件和设备应符合国家有关标准，禁止使用明令禁止和没有安全认证的材料、设备。

（2）外遮阳产品不得进行任何附加改动，不当方式都有影响产品质量与安全性的潜在危险。

（3）外遮阳产品安装需委派合格的专业人员进行，保证实现产品功能，工程质量达到设计要求与验收标准。

（4）外遮阳装置安装应在前道工序施工结束并达到质量要求后进行，安装施工应根据项目特点编制专项方案。

**33.6.2.2　施工流程**

施工流程如图 33-28 所示。

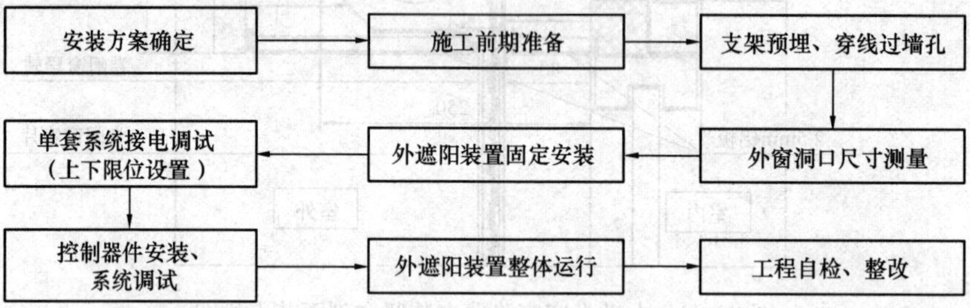


图 33-28　施工流程图

1. 施工前期准备

（1）委派责任工程师及时了解现场动态情况，收集深化设计所需数据信息。

（2）与总包单位、保温外墙（幕墙）及机电总包单位建立工作对接，相互做充分技术交底。

（3）检查施工部位基础偏差是否符合遮阳工程施工条件。

（4）拟定科学可行的专项施工方案和实施计划。

（5）根据甲方和总包单位批准的施工计划，跟进相关专业分包施工进展，确定遮阳工程施工条件。

（6）施工机具

型材切割机、角磨机、手电钻、冲击钻、水平尺、定位工装、电动螺丝刀、钢卷尺、钢板尺、手锯、手锤、扁铲、电笔、线坠、划线轮、铆钉枪、克丝钳子、扭力扳手、玻璃胶枪等。

2. 预埋施工阶段

外遮阳专业工程现场施工一般划分两个阶段进行，第一阶段主要以预埋为主，第二阶段进行外遮阳设备安装和调试；各阶段的施工条件与施工作业分项如图 33-29、图 33-30 所示。

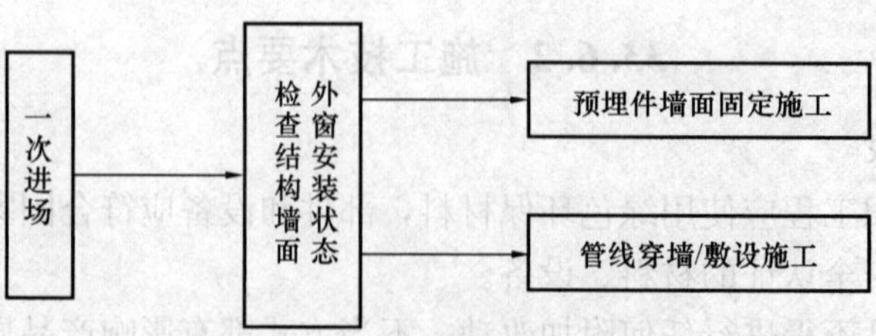


图 33-29　一次进场施工内容

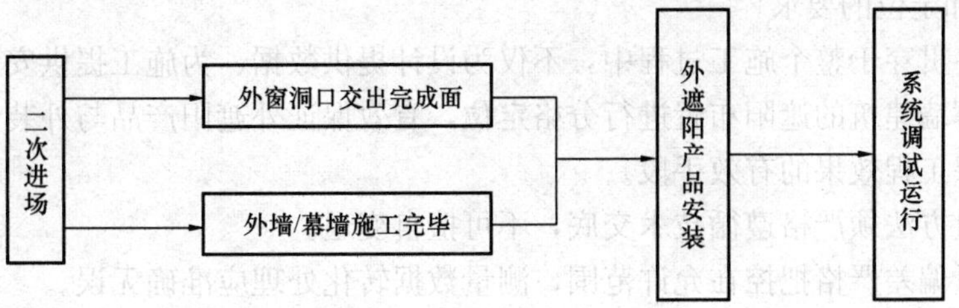


图 33-30 二次进场施工内容

(1) 根据批准的深化设计图纸和施工方案，在目标施工区安排外遮阳工程金属支架/角码安装或电源/控制管线预埋施工。

(2) 现场外窗安装完毕，外墙收口尺寸关系明确，即可组织在窗口周边墙身结构做预埋施工。

(3) 预埋件是外遮阳装置的承重金属支架/角码，根据外遮阳装置类型、规格，以外窗中线为参照确定预埋布点，采用锚栓固定。

(4) 以窗口为参照，根据设计图纸确定电源线路穿墙过孔相对位置，施工做法符合设计及规范要求。

(5) 建筑内部外遮阳装置电源/控制线路由设计院电气设计师进行专业设计，配线及路由根据该项目外遮阳工程方案确定。遮阳工程建筑内部布线施工，通常由项目机电总包单位一并承担。

3. 外遮阳装置安装、调试运行阶段

(1) 外窗洞口交出完成面，全数测量窗洞尺寸及外遮阳装置安装相关尺寸，下单加工外遮阳成品。

(2) 外墙（幕墙）分区施工结束，外遮阳装置的安装，产品组合依照产品类型和规范进行。

(3) 对单一窗口完成组合安装的外遮阳装置，接临时电进行运行调试，达到产品技术标准后设置上/下限位。

(4) 分区（或全部）外遮阳装置安装调试结束，建筑内部对应安装控制系统与控制器件，接入正式电源/控制线路。

(5) 分区（或全部）对外遮阳装置进行整体试运行，检查系统运行重复性与稳定性，对通病及工程难点进行重点观察。

(6) 对自检发现的问题进行整改，并分析潜在问题点。

**33.6.2.3 施工要点**

1. 施工安全的要求

(1) 户外施工必须要采取可靠的安全措施，未采取正确的预防措施，会导致发生人身伤害或设备损坏。

(2) 重点控制承重支架与建筑结构、遮阳构件与承重支架之间连接可靠性，确保外遮阳产品寿命周期内使用安全。

(3) 外遮阳产品电气连接调试，必须委派受过专业培训的电工到现场操作实施。

(4) 外遮阳控制系统安装接线须符合电气相关规范，保证产品用电安全。

2. 测量和定位的要求

测量始终贯穿于整个施工过程中，不仅为设计提供数据、为施工提供安装基准，而且为连续玻璃幕墙建筑的遮阳布置进行分格定位，有效保证外遮阳产品与外装饰工程的尺寸关系，是确保工程效果的有效手段。

（1）测量方法须严格遵循技术交底，不可擅自变通。

（2）测量偏差严格把控在允许范围，测量数据转化处理应准确无误。

（3）连续区域宜划分多个测量单元进行控制，减少积累误差，便于控制安装调整。

3. 预埋件安装的要求

（1）现场条件，外遮阳工程的固定支架基础应确保预埋在具备承载能力的建筑结构上，保证受力体系的安全可靠。

（2）位置确定：以门窗上边线为参照，返尺确定外遮阳百叶上梁/罩壳预埋支架固定标高及分布点位；以门窗侧边线为参照，返尺确定外遮阳卷闸窗（硬卷帘）侧轨预埋支架固定位置。

（3）锚栓检验：支架/角码固定使用锚栓，应按《混凝土结构后锚固技术规程》JGJ 145—2013规定，在现场结构做非破坏性检验，抗拔力合格。

（4）锚栓钻孔和固定：锚栓钻孔点应避开门窗密封带，如有影响需做调整。锚栓钻孔、清孔应符合规范和设计要求，深度允许偏差为±5mm；垂直度允许偏差为±2%；锚栓采用预插式安装，埋入墙身结构有效长度应≥50mm，埋入深度允许偏差为±5mm。

（5）被动式低能耗建筑项目中，金属支架固定后必须与建筑结构之间加入隔垫采取无热桥处理措施；如图 33-31 所示。

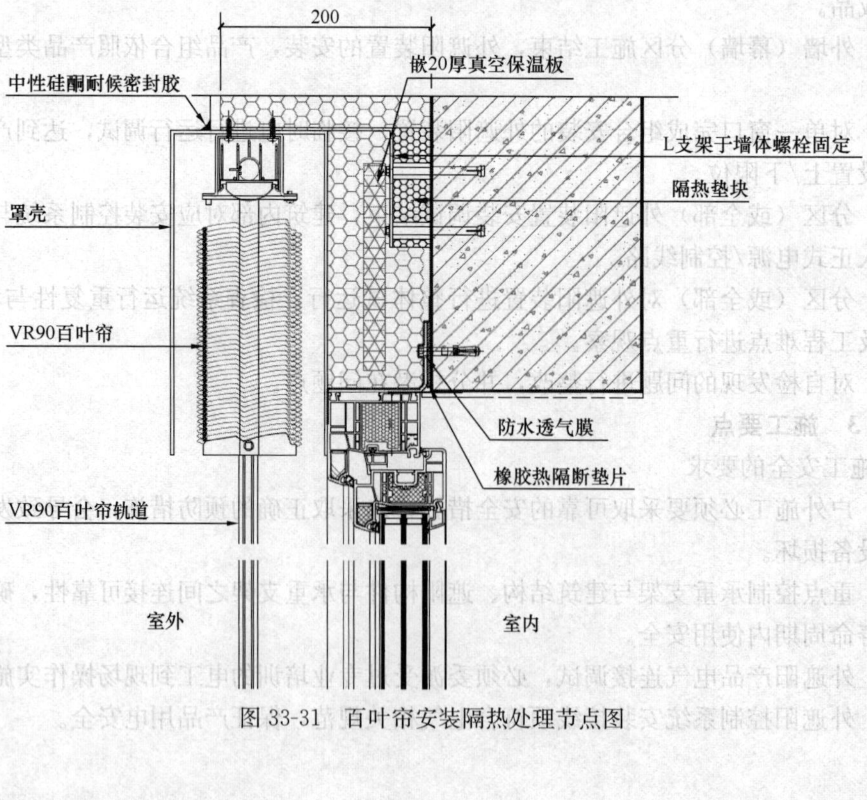


图 33-31　百叶帘安装隔热处理节点图

(6) 预埋施工难以避免局部破坏墙身表面，施工结束后应对破损之处进行修补。

(7) 应重点关注门窗气密层，预埋件支架如与门窗气密层重叠，需采取二次密封处理。

4. 电源/控制线过墙穿线施工要求

(1) 确定过墙孔位置

1) 以外窗上边线为参照，返尺确定管线穿墙孔标高。

2) 外遮阳百叶系统，管线穿墙孔确定在窗洞居中位置。

3) 外遮阳卷闸窗（硬卷帘）系统，管线穿墙孔确定在窗洞左（右）角部位置。

(2) 钻孔、布管

1) 管线穿墙孔直径应与线管管径吻合，要求钻孔室内高于室外，坡度>1%。

2) 布电线套管符合规范要求，清洁底孔并对敞口线管作临时封堵。

(3) 过墙孔封堵

对线管与穿墙孔之间防水封堵，中间缝隙分次填堵充实，内外墙面抹平。

(4) 被动式低能耗建筑项目，电源/控制线穿墙孔封堵应采取无热桥措施，内外墙面做密封处理。

(5) 电源/控制线应选用铜芯绝缘电缆或电线，线路穿保护管或线槽的敷设方式应符合《低压配电设计规范》GB 50054 及其他现行相关国家标准。

**33.6.2.4 百叶帘外遮阳系统安装**

1. 核查安装条件

(1) 外窗洞口已完成必要施工且墙面干燥。

(2) 外窗洞口/墙面平整度应符合规范要求。

(3) 外窗洞口尺寸偏差±3mm，并保证百叶帘系统最小安装尺寸。

2. 根据设计图纸确定百叶帘系统安装形式

百叶帘系统的安装方式一般有三种，如图 33-32 所示。

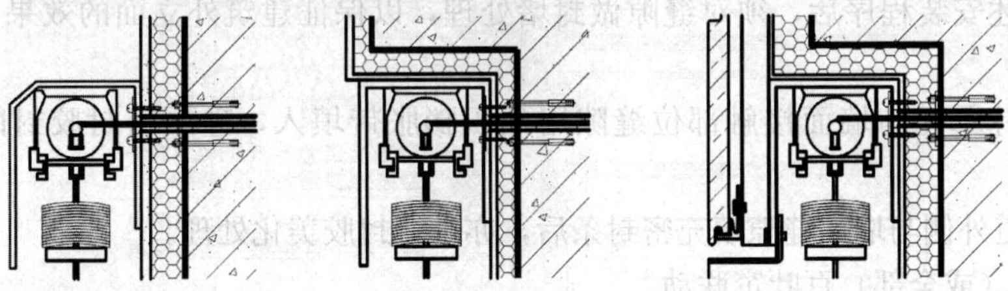

(a) (b) (c)

图 33-32 百叶帘帘片盒安装方式示意图

(a) 帘片盒明装；(b) 帘片盒嵌装；(c) 帘片盒暗装

明装：帘片盒及导轨（导索）突出于墙体外面，不影响窗口的高度，适用于新建、改建建筑。

嵌装：帘片盒置于窗口外墙外，不突出外墙面，适用于新建建筑。

暗装：用外墙饰面遮住帘片盒，外立面看不到帘片盒，适用于新建建筑，结合建筑整体设计。

详见标准图集 14J506-1《建筑外遮阳（一）》。

3. 百叶帘系统上梁L形预埋件支架

（1）L形预埋件支架数量根据百叶帘宽度尺寸计算分配。

（2）计算原则：左右两端预埋件支架距边界150mm；中间以约600mm间距等分。

4. 百叶帘罩壳安装

百叶帘罩壳是铝板折压成型箱体。百叶帘罩壳与百叶帘上梁L形预埋件支架组件同步就位，以ST4.8×35mm螺钉与预埋件联固，控制水平调整偏差≤5mm。

5. 百叶帘系统安装

百叶帘系统由上梁组件+百叶帘片组合总成。安装时，将百叶帘上梁装入L形预埋件支架组件，调整左右间距至相等，允许偏差≤3mm，锁紧预埋支架夹片螺母。

6. 百叶帘轨道安装

百叶帘轨道构件为铝合金型材，安装步骤：

（1）两支导轨型材开口相对，分别将帘片端头穿入置于窗口两侧。

（2）将导轨型材与轨道支架联固，检查垂直度保证与百叶上梁成90°夹角。

（3）检查两支导轨型材平行度，确保在同一垂直面，允许偏差≤3mm。

7. 百叶帘系统调试

单套百叶帘系统调试以临时电源操作，完成全部调试后将百叶电机接入正式控制线路，接线须符合电气规范。安装步骤：

（1）百叶电机通电，按调试指导书操作，上下运行百叶帘观察状态。

（2）百叶帘上下运行有卡滞、异响等异常时，分析原因做对应调整，直至达到运行顺畅标准。

（3）设定百叶电机上/下限位，保证百叶帘开启闭合到位。

（4）根据工程设计方案，设置控制器控制方式。

8. 缝隙处理

百叶系统与外窗洞口之间必然存在缝隙，其大小与收口质量有非常大的关联，百叶帘系统完成上述安装程序后，须对缝隙做封堵处理，以保证建筑外立面的效果。处理步骤如下：

（1）百叶罩壳与墙面接触部位缝隙用预压膨胀带填入，硅酮密封胶封闭防止渗入雨水。

（2）轨道外侧与墙面缝隙填充密封条后，亦进行封胶美化处理。

9. 分区（或全部）百叶帘联动

分区（或全部）百叶帘联动是工程交付前的最后环节，单套百叶帘系统接入整体控制系统根据指令统一运行。百叶帘联动要做多次、各种状态的运行，反复观察，关注重点：开启/闭合限位准确；运行有无卡滞；系统噪声/异响。运行过程有上述异常现象和状态存在，重新返回调试步骤，直至问题消除，整体运行顺畅、达到工程校验标准为止。

10. 百叶帘控制系统

百叶帘控制方式的根据工程设计方案执行。

（1）开关控制、无线遥控控制：功能设置按产品说明书正确设置。

（2）智能控制：功能设置按专项设计方案执行，并符合《建筑遮阳智能控制系统技术规程》T/CECS 613—2019。

(3) 第三方管理：提供接入协议、端口，交智能家居系统或楼宇管理系统控制。

**33.6.2.5 卷闸窗（硬卷帘）系统安装**

1. 核查安装条件

(1) 外窗洞口已完成必要施工，涂料粉刷墙面完全干燥。

(2) 外窗洞口/墙面平整度应符合规范要求。

(3) 外窗洞口尺寸偏差±3mm，并保证卷闸窗（硬卷帘）系统最小安装尺寸。

2. 根据设计图纸确定卷闸窗（硬卷帘）系统安装形式

有明装、嵌装和暗装三种方式，卷帘盒明装适用于既有建筑改造，卷帘盒突出外墙，施工简单，但美观度较差，安全性较差。卷帘盒嵌装，适用于新建建筑及既有建筑改造，施工简易，应考虑卷帘盒对窗洞口的高度影响及对墙体节能的影响。卷帘盒暗装，适用于新建建筑，卷帘盒安装牢固，可以有效降低雨水渗漏风险，但也应考虑卷帘盒对窗洞口的高度影响及对墙体节能的影响。

安装形式参见标准图集 14J506-1《建筑外遮阳（一）》。

3. 卷闸窗（硬卷帘）安装定位基准

确定并标记出窗口的中心基准线，在窗口两侧定位卷闸窗（硬卷帘）导轨前后位置、水平位置。定位偏差控制如下：

中心线重合度≤±1mm；导轨上下位置≤±2mm；导轨前后位置≤±2mm。

4. 导轨安装固定

卷闸窗（硬卷帘）导轨为铝合金型材。卷闸窗（硬卷帘）导轨固定形式根据工程设计方案确定。导轨固定形式分为：窗口外正面安装；窗口内侧面安装，安装步骤如下：

(1) 窗口两侧导轨开口相对安放，调整导轨位置与卷闸窗（硬卷帘）端座处于同一平面，允许偏差≤ 3mm。

(2) 调整导轨位置与水平面垂直，允许偏差≤3mm。

(3) 导轨型材根据设计方案固定于墙身结构或与预埋支架连固；导轨固定点根据卷闸窗（硬卷帘）尺寸计算分配。计算原则：

1) 导轨上端固定点，距边界 150mm。

2) 导轨下端固定点，距边界 200mm。

3) 中间固定点位，以约 600mm 间距等分。

(4) 导轨型材与墙身结构固定，采用 M6 膨胀螺栓固定导轨，膨胀螺栓长度根据外墙保温规格选择；

(5) 导轨型材或与预埋支架联固，采用 ST4.8×40mm 螺钉。

5. 卷闸窗（硬卷帘）系统安装

卷闸窗（硬卷帘）端座、转动部件与硬卷帘片及防水罩壳预先装配，合为头箱总成。安装步骤如下：

(1) 卷闸窗（硬卷帘）头箱总成高举超过两支导轨上端，将端座压铸件插脚插放在导轨对应的槽口内。

(2) 罩壳前部检修开启一片，待卷闸窗（硬卷帘）系统调试完毕以自攻钉与端座紧定。

6. 卷闸窗（硬卷帘）系统调试

单套卷闸窗（硬卷帘）系统调试以临时电源操作，完成全部调试后将卷闸窗（硬卷帘）电机接入正式控制线路，接线须符合电气规范。安装步骤如下：

(1) 仔细检查卷闸窗（硬卷帘）端盖、传动部分、帘片和导轨相互之间组合的吻合程度，手动盘绕检查感觉转动状态轻松。

(2) 卷闸窗（硬卷帘）电机通电，按调试指导书操作，上下运行卷帘，观察是否有卡滞、异响等异常，分析原因做对应调整，直至达到运行顺畅标准。

(3) 卷闸窗（硬卷帘）连体上下运行符合标准，设定电机上/下限位，保证百叶帘开启闭合到位。

(4) 根据工程设计方案，设置控制器控制方式。

7. 缝隙处理

卷闸窗（硬卷帘）系统与外窗洞口之间必然存在缝隙，其大小与收口质量有非常大的关联，卷闸窗（硬卷帘）系统完成上述安装程序后，须对缝隙做封堵处理，以保证建筑外立面的效果。处理步骤如下：

(1) 卷闸窗（硬卷帘）罩壳与墙面接触部位缝隙用预压膨胀带填入，硅铜密封胶封闭防止渗入雨水。

(2) 卷闸窗（硬卷帘）窗口外正面安装，导轨外侧与墙面接触部位缝隙用硅酮密封胶封闭，防止渗水，导轨固定所开工艺孔用装饰盖密封以防进水。

(3) 卷闸窗（硬卷帘）窗口内侧面安装，导轨与侧墙缝隙填充密封条后，进行封胶美化处理。

8. 分区（或全部）卷闸窗（硬卷帘）联动

分区（或全部）卷闸窗（硬卷帘）联动是工程交付前的最后环节，单套卷闸窗（硬卷帘）系统接入整体控制系统根据指令统一运行。

卷闸窗（硬卷帘）联动要做多次、各种状态的运行，反复观察，关注重点：开启/闭合限位准确；运行有无卡滞；系统噪声/异响。

运行过程有上述异常现象和状态存在，重新返回调试步骤，直至问题消除，整体运行顺畅、达到工程校验标准为止。

9. 卷闸窗（硬卷帘）控制系统

卷闸窗（硬卷帘）控制方式的根据工程设计方案执行：

(1) 开关控制、无线遥控控制：功能设置按产品说明书正确设置。

(2) 智能控制：功能设置按专项设计方案执行，并符合《建筑遮阳智能控制系统技术规程》T/CECS 613—2019。

**33.6.2.6　施工质量控制要求**

(1) 建筑外遮阳工程施工应按设计方案、施工图纸施行，所有变更都需经过确认审批流程。

(2) 建筑外遮阳施工构件、材料进场，专职质量员查验数量、型号、规格、质量标准应符合设计方案技术要求，查看合格证明文件。

(3) 建筑外遮阳装置成品进场安全防护。

1) 运送外遮阳产品分总成、部件进场需独立或分组以气泡膜完全包裹，物品运输过程分层加固，采取防串动、防磕碰措施。

2）外遮阳产品分总成、部件现场存放区必须平整并铺设保护垫毯，防止物品表面划伤或变形。

3）安装施工分拣、搬运外遮阳产品分总成应根据产品构造特点实施；罩壳构件采用薄铝板加工，特别注意防止扭曲、凹陷变形。

（4）建筑外遮阳所用铝板材料牌号符合《一般工业用铝及铝合金板、带材》GB/T 3880—2023 规定。

（5）预埋件与墙身结构连接，后锚固符合《混凝土结构后固技术规程》JGJ 145—2013 的规定，锚栓入墙不小于 50mm，垂直度允许偏差：±2%。

（6）低能耗建筑项目，预埋件与墙身结构之间应加 10mm 厚防潮保温垫板进行阻断热桥处理。

（7）穿线管出墙套管应做缝隙填充和保温密封处理，低能耗建筑项目对套管空气渗漏部位还应进行气密性处理。

（8）遮阳工程预埋施工待上道工序（外窗安装、墙缝封堵、气密性处理）合格后方可进行。支架固定后要进行检查，排查修补施工缺陷，并做好隐蔽工程记录和影像资料。

（9）外遮阳装置安装采用现场组装形式时，应按照该产品装配流程、工艺实施。

（10）外遮阳装置安装就位须进行细致调整后紧固，安装允许偏差符合表 33-64 要求：

**安装允许偏差** **表 33-64**

| 检查项目 | 水平度 | 垂直度 | 位置度 | 间距偏差 |
|---|---|---|---|---|
| 收缩率（mm） | 2 | 3 | 5 | 5 |

（11）单套外遮阳装置通电调试

1）驱动电机按说明书正确选择电源线序，接入电机对应线端。

2）电气接线符合《建筑电气工程施工质量验收规范》GB 50303—2015。

3）单套外遮阳装置进行整体试运行，查看伸展/回收是否顺畅、开启/闭合是否到位、运行状态是否协调、系统有无异响等。

4）对外遮阳装置试运行存在的偏差按调试步骤进行调整，达到该产品系统运行标准后设置上下限位，限位设置要求准确。

（12）外遮阳系统控制器件安装与控制线路布置，按工程设计方案与施工图实施，敷设施工方式应符合《低压配电设计规范》GB 50054—2011、《综合布线系统工程验收规范》GB/T 50312—2016。

（13）控制系统（控制器及控制线路）安装完成后，对连接点进行逐一检查，确认接线正确可靠、合格后，对全部遮阳装置进行统一的运行调试。

（14）有风速感应自动控制或气象参数采集智能控制的外遮阳工程，施工应符合《智能建筑工程施工规范》GB 50606—2010 和《建筑物防雷设计规范》GB 50057—2010。

（15）外遮阳风速感应器应逐个检查测量精度，在危险风速下外遮阳系统应能按设计要求收回，并在风速超过设置值的时段不能进行开启操作。

（16）建筑遮阳智能控制系统调试按产品说明书和设计要求进行设置调试，应能可靠实现对日照、温度、湿度、风、雨雪等气象参数的采集和记录。

## 33.6.3　检测与验收

**33.6.3.1　一般规定**

(1) 建筑外遮阳工程质量验收检验批根据项目规模，遮阳方案特点进行划分，并应符合《建筑工程施工质量验收统一标准》GB 50300—2013、《建筑遮阳工程技术规范》JGJ 237—2011 及各地方建筑遮阳工程施工及验收标准。

(2) 预埋施工根据分项进行检查验收，保留隐蔽工程检查记录及有关验收文件，验收包括但不限于以下各项：

1) 预埋件、后置锚固件、保温隔热垫及与墙身结构的连接。

2) 过墙孔、电线管及其封堵处理。

3) 预埋施工局部的气密性状态。

(3) 建筑外遮阳工程进场材料、构件等应符合设计要求，具有质量合格证明与有效期内的检验报告。

(4) 建筑外遮阳产品性能检测应符合以下标准的规定：

1)《建筑遮阳通用技术要求》JG/T 274—2018。

2)《建筑用遮阳金属百叶窗》JG/T 251—2017。

3)《建筑遮阳硬卷帘》JG/T 443—2014。

(5) 建筑外遮阳工程竣工验收应提供外遮阳产品使用、维护说明书及其他指导性技术文件。

**33.6.3.2　主控项目**

(1) 进场安装的遮阳装置产品型号、规格应符合工程设计要求。

(2) 进场安装的遮阳装置其产品组成部件材质、机械强度、可靠性及外观质量应符合设计要求，质量标准应符合《建筑遮阳通用技术要求》JG/T 274 各项规定。

(3) 遮阳装置的遮阳系数、抗风、机械耐久性等各项性能应符合设计要求和相关标准，检查性能检测报告，应符合《建筑遮阳通用技术要求》JG/T 274 对应条款要求。

(4) 驱动电机质量标准应符合《建筑遮阳产品用电机》JG/T 278—2010 规定，检查产品合格证书、安全认证证书与性能检测报告。

(5) 遮阳装置与主体结构的锚固连接应符合工程设计要求，并且现场结构做非破坏性检验，抗拔力合格。

(6) 遮阳装置与预埋支架连接牢固，电气接线应有可靠的接地措施。

(7) 遮阳装置运行应平稳无明显噪声，各种动作功能重复实现无障碍。

(8) 控制遮阳装置启闭、调节设置正确，符合要求，应操作自如，上/下限位功能可靠。

(9) 设置风感应控制系统的遮阳装置，风感应控制系统的品种、规格应符合设计要求和相关标准规定；风速测量的精度应符合设计要求，在危险风速下遮阳装置应能按设计要求收回。

**33.6.3.3　一般项目**

(1) 隐蔽前检查预埋件（支架/角码、隔热垫块）的完好性，表面无划伤、未做防锈处理、开裂、不完整等缺陷存在。

(2) 隐蔽前检查预埋件（支架/角码）位置度，偏差不超出其作用范围（除现场做必要的避让外），且未影响门窗气密层。

(3) 遮阳装置安装形位误差应在产品安装规范允许范围之内，水平度、垂直度不应存在可视偏差。

(4) 遮阳装置外观表面洁净、平整，无大面积划痕、碰伤等质量缺陷；型材、构件无变形、涂层无脱落等质量缺陷。

# 33.7 采暖节能工程

## 33.7.1 概　述

### 33.7.1.1 影响采暖系统节能的主要因素

冬季采暖主要是向建筑物内提供热量，保持建筑物内适宜的温度。从建筑热工设计角度，中国分为严寒、寒冷、夏热冬冷、夏热冬暖和温和五个气候分区，从建筑采暖的角度可以划分为需采暖地区、可采暖地区和非采暖地区。截至 2017 年，全国城镇冬季需采暖建筑面积约为 140 亿 $m^2$，占城镇总建筑面积的 37%，采暖能耗占城镇建筑总能耗近 47.1%，是建筑耗能的主要途径。采暖能耗主要分成采暖热损耗和建筑物热损耗两大类。建筑物热损耗是由建筑物的室外温度、朝向和临风位置等地理条件和建筑物功能、造型、体形系数、围护结构热工性能决定的。

采暖热损耗包括采暖热源损耗和供热管网能量损耗。目前，国内采暖供热热源主要是热电联产电厂、集中供热锅炉房和分散采暖，除直接燃煤取暖外，采暖热媒主要有热水和蒸汽两种类型，加工热媒的主要方式是燃煤锅炉、天然气锅炉、燃煤热电联产、天然气热电联产和太阳能热水工程等，此外还有部分燃油锅炉、水源热泵、气源热泵、电热锅炉和空调采暖。各种热媒加工方式的热量损失参差不齐，煤热电联产的能耗损失为 7.2W/$m^2$，电热锅炉的能耗更是高达 38.9W/$m^2$，因此，热源设备的供热效率控制是节能控制的一个重要方面。

供热管网热量损耗主要包括管网损耗和水泵损耗两大类，是采暖系统中能量损耗不可避免的主要部分。

(1) 供热管网热量损耗主要是集中供热系统，一方面管网分布面广、距离长，在供热过程中的热损耗，另一方面由于系统缺少必要的末端调节设施和手段，无法进行水力平衡或者系统设计了调节设施而运行水力严重失调，造成采暖系统局部过热或不热。为了使远端用户的室内温度达到标准温度，而加大供热量，致使过热区用户开窗散热以及通风换气时直接开窗造成的热量损失。

(2) 水泵损耗主要由于轴承和填料的摩擦阻力；叶轮旋转时与水的摩擦；泵内水流的漩涡、间隙回流、进出口冲击等原因，消耗了一部分动力机输入的功率，所以水泵不可能将输入功率完全变为有效功率，其中有部分功率损失，以及由于各种原因使得水泵运行在非高效段轴功率的增加而造成的损耗。

因此，影响采暖系统能耗的主要因素包含：采暖系统形式、设备的选配及施工安装和系统的运行管理。

1. 采暖系统形式、设备的选配对节能的影响

（1）目前室内采暖系统分为水暖和电暖两大类，水暖分为散热器采暖系统和地面辐射采暖系统，散热器采暖系统主要由热源接入口、散热器、温控系统、管道系统组成；低温辐射采暖系统主要由热源接入口、地面散热管道系统、温控系统组成。两者相比较而言，散热器以对流散热为主，采暖效果不够理想，舒适性和卫生条件欠佳；低温地面辐射采暖是以整个地面作为散热面，其辐射换热量占总换热量的60%以上，以辐射散热为主，在热辐射的作用下，围护结构内表面和室内其他物体表面的温度都比对流采暖时舒适得多。因此地板采暖舒适性和卫生条件均优于普通的散热器。

低温热水地面辐射采暖可分为埋管式和组合式两大类。埋管式是在现场进行铺设绝热层、浇灌混凝土填充层等全部工序，一般其自上而下的组成是：基层（构造层—楼板或地面）、找平层（水泥砂浆）、防潮层（与土壤相邻地面）、绝热层（上部敷设加热管）、填充层（水泥砂浆或豆石混凝土）、隔离层（潮湿房间）、面层（装饰面层及其找平层）。组合式包括：加热盘管预先预制在轻薄采暖板上的采暖系统和敷设在带预制沟槽的泡沫塑料保温板的沟槽中的采暖系统。

地板辐射采暖中有一种以太阳能作为热源的地板辐射采暖，是由太阳能集热器、控制器、集热泵、蓄热水箱、辅助热源、供回水管、关断阀、三通阀、过滤器、循环泵、温度计、分水器、加热器等组成，如图33-33所示。其原理是水箱中的水通过控制器控制水泵开启进入太阳能集热器加热，形成循环，当水箱水达到设定温度时，采暖循环泵将热水打入分水器进入户内采暖。但太阳能采暖系统集热器的热量输出是随时间变化的，它受气候变化周期的影响，所以，系统中要有一个辅助加热器。是一种具有节能、清洁环保、舒适性好和便于热计量的绿色采暖方式。

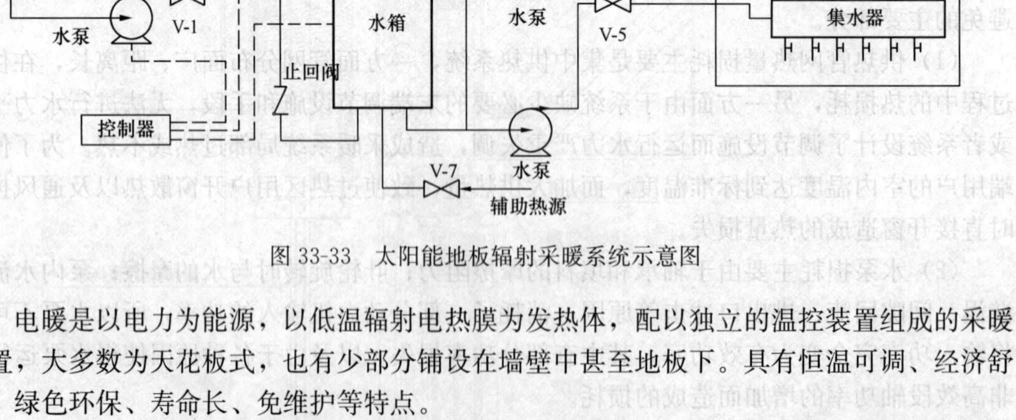

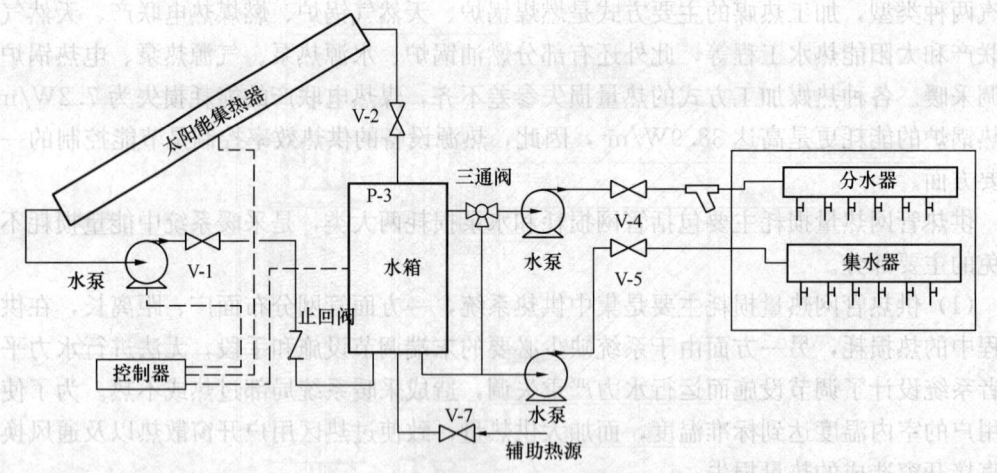


图33-33　太阳能地板辐射采暖系统示意图

电暖是以电力为能源，以低温辐射电热膜为发热体，配以独立的温控装置组成的采暖装置，大多数为天花板式，也有少部分铺设在墙壁中甚至地板下。具有恒温可调、经济舒适、绿色环保、寿命长、免维护等特点。

（2）在采暖系统形式上有单管系统、双管系统两种形式。大量的既有非节能建筑采用单管顺流垂直系统，用户的各个房间连接成几个或一个系统，用户无法控制室内温度、实

现按需用热，无形中造成了严重的能源浪费。再由于单管垂直系统水力和热力严重失调，往往热源近端的房间室温过高，热源远端的房间室温过低，严重影响了供热采暖质量。在既有建筑节能改造中，采用单管加旁通跨越管的新单管系统，旁通管通常比立管管径小一档，与散热器并联，在散热器一侧安装两通的散热器恒温阀，或是直接安装三通的散热器恒温阀。该系统能解决垂直失调，实现室内温度调节，降低不同朝向房间温差等问题，但对于分户热计量有一定的困难。因此，在采暖系统形式上，更多地使用双管系统，推行温度调节和分户热计量，实行供热计量收费。室内采暖系统宜南北朝向房间分开环路布置。采暖房间有不保温采暖干管时，干管散入房间的热量应予考虑，同时，房间的散热器面积应按设计热负荷合理选取。

（3）采暖系统设备材料主要包含热源设备和末端散热设备，热源设备和末端设备影响能耗的因素主要为设备的热效率。在设计选型、安装使用时应当使用节能指标达到国家节能规范要求的热源和末端设备。

2. 采暖系统施工安装及调试对节能的影响

采暖系统施工安装及调试对系统耗能影响的因素主要包括以下几个方面：

（1）设备材料：节能工程设计选定的设备材料技术指标，对节能影响重大，其各项性能指标必须满足设计和国家节能指标的要求。如对于室内集中采暖系统，散热器的单位散热量、金属强度；保温材料的导热系数、密度、吸水率等技术参数，都是采暖系统节能工程的重要性能参数，必须符合设计和国家相关规范要求。

（2）室内热水采暖系统组成件（主要包括散热末端、热力入口、温控阀、平衡阀、保温材料等）的安装是否符合节能设计要求，也是影响采暖系统节能的重要因素。如散热器安装数量、位置、安装方式不符合设计要求时，将直接造成采暖负荷的变化，最终影响到系统的平衡；温控阀的安装位置、方式不符合设计要求，将造成温控阀失去调节作用，而达不到节能要求；热力入口在集中热水采暖系统中是系统计量水力调节平衡的关键部位，其安装组成件、空间等必须满足系统平衡、维护的要求，否则系统将无法进行水力平衡和计量，影响运行维护管理。

（3）采暖系统的调试是检测采暖系统是否满足设计对其功能的要求，确保系统在设计工况状态下正常运行的一个重要环节；没有调试或者调试不充分将造成系统水力失衡，局部过热或不热，从而造成系统热量损耗超出设计指标。它是影响采暖系统正常运行和节能的重要因素。

#### 33.7.1.2 采暖节能工程的其他要求

（1）采暖节能工程施工前应编制专门节能施工方案，报送监理和业主审批后方可进行施工。

（2）采暖节能工程施工应按照规范要求单独作为分部工程进行验收。

（3）采暖节能工程的施工方案应包括设计要求的设备、材料的质量指标、复验要求、施工工艺、系统检测、质量验收要求等。

### 33.7.2 材 料 与 设 备

#### 33.7.2.1 散热器

（1）散热器是采暖系统中重要的末端的设备，散热器的单位散热量、金属热强度是采暖散热器热效率的重要参数。

（2）散热器的单位散热量 $K$ 值，是指散热器内热媒的平均温度与室内气温相差1℃时，每 $m^2$ 散热面积单位时间所传出的热量。该值与散热器面积（$F$）的乘积，再乘标准传热温度（64.5℃）就是该散热器的标准散热量（$Q$），即 $Q=K \cdot F \cdot 64.5$。在散热面积一定的情况下，$K$ 值越大，则散热器的散热量就越大。$K$ 值测量方法按《供暖散热器散热量测定方法》GB/T 13754—2017 采用上进下出连接方式，在闭式小室条件下检测确定。

（3）散热器的金属热强度（$q$）是指1kg的采暖散热器片每升高1℃所散发的热量。$q$ 值越大，说明散出同样的热量所耗用的金属质量越少。这个指标是衡量同一材质散热器节能和经济性的一个指标。对于各种不同材质的散热器，应分别按本材质的金属热强度进行比较，见表33-65。

**各类型散热器金属热强度值［W/(kg·℃)］　　表33-65**

| 散热器类型 | 钢制柱型散热器 | 钢制板型散热器 | 钢管散热器 | 铝制柱翼型散热器 | 铜铝复合柱翼型散热器 | 铜管对流散热器 | 铸铁散热器 | 卫浴型采暖散热器 | | |
|---|---|---|---|---|---|---|---|---|---|---|
| | | | | | | | | 钢质 | 不锈钢质 | 铜质 |
| 金属热强度 | 1.1 | 1.2 | 1.1 | 2.8 | 2.0 | 1.8 | 0.35 | 0.80 | 0.75 | 1.0 |

（4）散热器表面涂料：散热器一般采用银粉漆作表面涂料，这种金属涂料对散热器的辐射散热有一定的阻隔作用。为改善散热器的热工品质，节约能耗，应尽量采用非金属涂料。非金属涂料一般可使散热量提高13%～17%，参见表33-66，且非金属涂料颜色和种类很多，可配合建筑装修选择协调一致的颜色，增加室内的美观。

**不同表面状况的散热效率　　表33-66**

| 表面状况 | 散热效率（%） | 表面状况 | 散热效率（%） |
|---|---|---|---|
| 银粉漆 | 100 | 米黄色漆 | 116 |
| 自然金属表面 | 109 | 深棕色漆 | 116 |
| 浅绿色漆 | 113 | 浅兰色漆 | 117 |
| 乳白色漆 | 114 | | |

### 33.7.2.2　地面辐射采暖材料

1. 低温热水辐射采暖系统材料

低温热水辐射采暖地面的主要材料有绝热层材料、填充层材料和水系统材料。水系统材料又包括加热管管材、分水器和集水器及其附件等。

（1）绝热层材料

绝热材料应采用导热系数小、难燃或不燃，具有足够承载能力的材料，且不应含有殖菌源，不得有散发异味及有可能危害健康的挥发物。

辐射采暖工程中采用的聚苯乙烯泡沫塑料板材主要技术指标见表33-67。

**聚苯乙烯泡沫塑料板材主要技术指标　　表 33-67**

| 项目 | 性能指标 | | | |
|---|---|---|---|---|
| | 模塑 | | 挤塑 | |
| | 采暖地面绝热层 | 预制沟槽保温板 | 采暖地面绝热层 | 预制沟槽保温板 |
| 类别 | Ⅱ[1] | Ⅲ[1] | W200[2] | X150/W200[2] |
| 表观密度（$kg/m^3$） | ≥20.0 | ≥30.0 | ≥20.0 | ≥30.0 |
| 导热系数[3]［W/(m·K)］ | ≤0.041 | ≤0.039 | ≤0.035 | ≤0.030/≤0.035 |
| 水蒸气透过系数［ng/(Pa·m·s)］ | ≤4.5 | ≤4.5 | ≤3.5 | ≤3.5 |
| 吸水率（体积分数）（%） | ≤4.0 | ≤2.0 | ≤2.0 | ≤3.5 |

注：1. 模塑Ⅱ型密度范围在 20～30$kg/m^3$ 之间，Ⅲ型密度范围在 30～40$kg/m^3$。
2. W200 为不带表皮挤塑材料，X150 为带表皮挤塑材料。
3. 导热系数为 25℃时的数值。

预制沟槽保温板及其金属均热层的沟槽尺寸应与敷设的加热部件外径吻合，保温板总厚度、金属均热层最小厚度不应小于表 33-68 的要求，均热层材料的导热系数不应小于 237W/(m·K)，加热电缆铺设地砖、石材等面层时，均热层应采用喷涂有机聚合物的，具有耐砂浆性的防腐材料。

**预制沟槽保温板总厚度及均热层最小厚度　　表 33-68**

<table>
<tr><th colspan="2" rowspan="4">加热部件类型</th><th rowspan="4">保温板总厚度（mm）</th><th colspan="5">均热层最小厚度（mm）</th></tr>
<tr><th rowspan="3">地砖等面层</th><th colspan="4">木地板面层</th></tr>
<tr><th colspan="2">管间距＜200mm</th><th colspan="2">管间距≥200mm</th></tr>
<tr><th>单层</th><th>双层</th><th>单层</th><th>双层</th></tr>
<tr><td colspan="2">加热电缆</td><td>15</td><td>0.1</td><td rowspan="4">0.2</td><td rowspan="4">0.1</td><td rowspan="4">0.4</td><td rowspan="4">0.2</td></tr>
<tr><td rowspan="3">加热管外径（mm）</td><td>12</td><td>20</td><td>—</td></tr>
<tr><td>16</td><td>25</td><td>—</td></tr>
<tr><td>20</td><td>30</td><td>—</td></tr>
</table>

注：1. 地砖等面层，指在敷设有加热管或加热电缆的保温板上铺设水泥砂浆找平层后与地砖、石材等粘接的做法；木地板面层，指不需铺设找平层，直接铺设木地板的做法。
2. 单层均热层，指仅采用带均热层的保温板，加热管或加热电缆上不再铺设均热层时的最小厚度；双层均热层，指采用带均热层的保温板，加热管或加热电缆上再铺设一层均热层时每层的最小厚度。

发泡水泥绝热层的技术指标应符合表 33-69。

**发泡水泥绝热层技术指标　　表 33-69**

| 干体积密度（$kg/m^3$） | 抗压强度（MPa） | | 导热系数［W/(m·K)］ |
|---|---|---|---|
| | 7 天 | 28 天 | |
| 350 | ≥0.4 | ≥0.5 | ≤0.07 |
| 400 | ≥0.5 | ≥0.6 | ≤0.08 |
| 450 | ≥0.6 | ≥0.7 | ≤0.09 |

（2）填充层材料

豆石混凝土填充层的混凝土强度等级，不宜低于 C15，浇捣时应掺入适量防止混凝土龟裂的添加剂，豆石的粒径宜为 5～12mm。

水泥砂浆填充层材料应选用中粗砂子水泥，且含泥量不应大于 5%，以硅酸盐水泥或矿渣硅酸盐水泥为宜，水泥砂浆体积比不应小于 1∶3，强度不应低于 M10。

（3）水系统材料

水系统加热管管材选用需考虑许用应力指标、抗划痕能力、透氧率、蠕变特性等因素，目前常用的管材有 PE-X、PE-RT Ⅱ型、PE-RT Ⅰ型、PB、PP-R。加热管的材质和壁厚的选择，应满足设计使用寿命、施工和环保性能要求，加热管的使用条件满足现行国家标准《冷热水系统用热塑性塑料管材和管件》GB/T 18991 中的 4 级，加热管的工作压力不应小于 0.4MPa。分水器、集水器应符合产品标准的规定。

2. 加热电缆辐射采暖系统材料和温控设备

辐射采暖用加热电缆产品必须有接地屏蔽层。加热电缆冷、热线的接头应采用专用设备和工艺连接，不应在现场简单连接；接头应可靠、密封，并保持接地的连续性。

**33.7.2.3　采暖系统附属配件**

1. 温度控制阀

温度控制阀，属于比例式调节阀，利用感温元件控制阀门开度，改变采暖热水流量，达到调节、控制室内温度目的。工作过程无需外加能量，用于分户控制采暖末端散热量的热水采暖系统，可节约能量 20%～25%。

2. 热量表

热量表是用于测量及显示水流经热交换系统所释放或吸收热量的仪表，热量表是安装在热交换回路的入口或出口，用以对采暖设施中的热耗进行准确计量及收费控制的智能型热量表见图 33-34。其工作原理是在热交换系统中安装热量表，当水流经系统时，根据流量传感器给出的流量和配对温度传感器给出的供回水温度，以及水流经的时间，通过计算器计算并显示该系统所释放或吸收的热量。

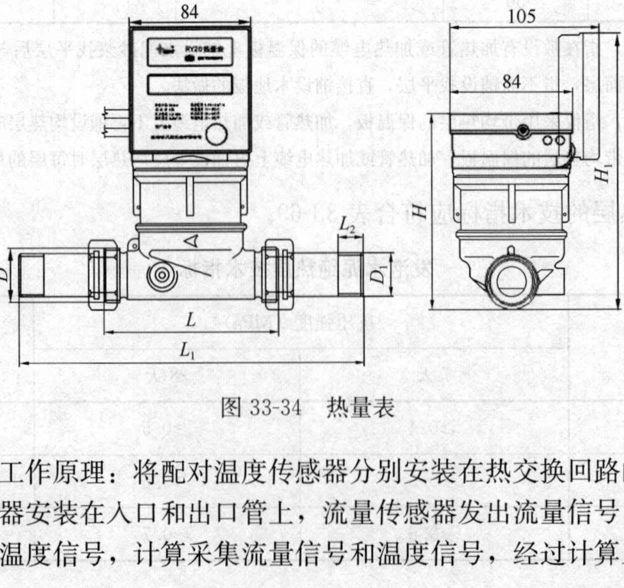


图 33-34　热量表

机械式热量表工作原理：将配对温度传感器分别安装在热交换回路的进水和回水的管道上，将流量传感器安装在入口和出口管上，流量传感器发出流量信号，配对温度传感器给出进水和回水的温度信号，计算采集流量信号和温度信号，经过计算显示出载液体从入口至出口所释放的热量值。

超声波热量表工作原理是通过测量管内的两个换能器互相发射超声波，在顺流方向时声波会加快传播，而在逆流方向时声波会延迟传播。利用顺逆流之间的时间差可换算出液体的流速从而计算出热水流量。进回水之间的温差由铂金属电阻进行测量，温差和热水流量按修正系数相乘并进行积分便可得出所消耗的热能或制冷量。

3. 平衡阀

平衡阀分为动态平衡阀和静态平衡阀。动态流量平衡阀亦称：自力式流量控制阀、自力式平衡阀、定流量阀、自动平衡阀等，它是根据系统工况（压差）变动而自动变化阻力系数，在一定的压差范围内，可以有效地控制通过的流量保持一个常值，即当阀门前后的压差增大时，通过阀门的自动关小的动作能够保持流量不增大，反之，当压差减小时，阀门自动开大，流量仍然保持恒定，但是，当压差小于或大于阀门的正常工作范围时，它并不能提供额外的压头，此时阀门打到全开或全关位置流量仍然比设定流量低或高就不能控制，如图 33-35 所示。

静态平衡阀是一种具有数字锁定特殊功能的调节型阀门采用直流型阀体结构，具有更好的等百分比流量特性，能够合理分配流量，有效地解决供热（空调）系统中存在的室温冷热不均问题。同时能准确地调节压降和流量，用以改善管网系统中液体流动动态，达到管网液体平衡和节约能源的目的。阀门设有开启度指示、开度锁定装置及用于流量测定的测压小阀，只要在各支路及用户入口装上适当规格的平衡阀，并用专用智能仪表进行一次性调试后锁定，将系统的总水量控制在合理的范围内，从而克服了“大流量、小温差”的不合理现象，见图 33-36。

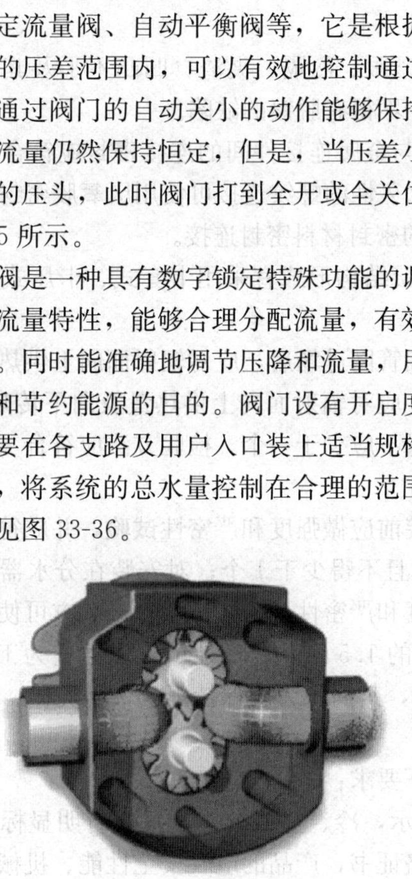

图 33-35 动态平衡阀

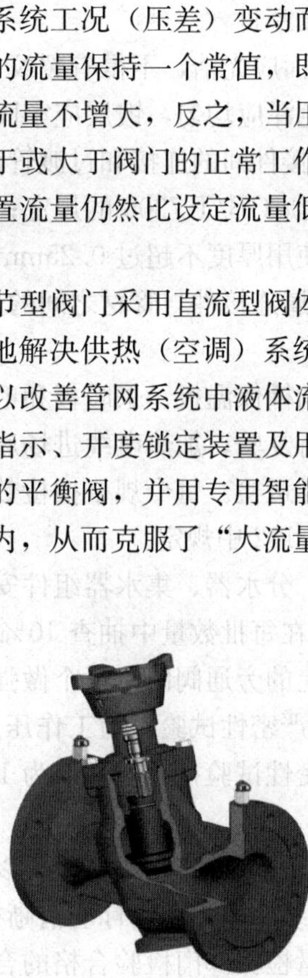

图 33-36 静态平衡阀

#### 33.7.2.4 设备材料检验

1. 采暖系统管材阀门仪表等配件验收

（1）采暖系统的散热设备、阀门、仪表、管材、保温材料等产品进场时，按设计要求对其类型、材质、规格及外观等进行逐一核对验收。验收应由供货商、监理、施工单位的代表等共同参加，并应经监理工程师（建设单位代表）检查认可，且形成相应的验收记录。各种产品和设备的质量证明文件和相关技术资料应齐全，并应符合国家现行有关标准的规定。

（2）采暖系统选用的管道其质量应符合相应产品标准中的各项规定和要求，并应符合以下规定：

1）加热管的表面应光滑、清洁，无分层、针孔、裂纹、气泡；并应有连续、清晰的生产厂家和生产标准的明确标识。

2）加热管和管件的颜色、材质应一致，色泽均匀，无分解变色。

（3）分水器、集水器及其连接件应符合下列规定：

1）分水器、集水器材料应包括分、集水干管、主管关断阀或调节阀、泄水阀、排气阀、支路关断阀或调节阀连接配件等；分、集水器（含连接件等附件）的材质一般为黄铜。黄铜件直接与PP-R或PP-B接触的表面必须镀镍。金属连接及过渡管件之间应采用专用管螺纹连接密封。

2）内外表面应光洁，不得有裂纹、砂眼、冷隔、夹渣、凹凸不平及其他缺陷。表面电镀的连接件色泽应均匀，镀层应牢固，不得有脱镀的缺陷。

3）金属连接件间的连接和过渡管件与金属连接件间的连接密封应符合现行国家标准《55°密封管螺纹》GB/T 7306的规定；永久性的螺纹连接可使用厌氧胶密封粘接；可拆卸的螺纹连接可使用厚度不超过0.25mm的密封材料密封连接。

4）铜制金属连接件与管材之间的连接结构形式宜采用卡套式、卡压式或滑紧卡套冷扩式夹紧结构。

（4）预制沟槽保温板、采暖板和毛细管网进场后，应对辐射面向上供热量或供冷量及向下传热量进行复验；加热电缆进场后，应对辐射面向上供热量及向下传热量进行复验；复验为见证取样送检。每个规格抽检数量不应少于一个。检验方法应符合《辐射供暖供冷技术规程》JGJ 142中规定。

（5）阀门、分水器、集水器组件安装前应做强度和严密性试验，并应符合下列规定：

1）试验应在每批数量中抽查10%，且不得少于1个；对安装在分水器进口、集水器出口及旁通管上的旁通阀门应逐个做强度和严密性试验，试验合格后方可使用。

2）强度和严密性试验应为工作压力的1.5倍，严密性试验压力应为工作压力的1.1倍；强度和严密性试验持续时间应为15s，其间压力应保持不变，且壳体、填料及阀瓣密封面应无渗漏。

（6）加热电缆和温控设备应符合以下要求：

1）加热电缆的型号和商标应清晰标示，冷、热线接头位置应有明显标志，加热电缆应有经国家质量检验部门检验合格的合格证书，产品的电气安全性能、机械性能应符合相应规范要求。

2）温控器应符合国家相关标准，外观不应有划痕，应标记清洗、面板扣合开启自如、温度调节部件使用正常。

2. 散热器验收

（1）散热器应有产品合格证，进场时应对其单位散热量、金属热强度进行复验，复验采取见证取样送检的方式，即在监理工程师或建设单位代表见证下，按照同一厂家同一规格的散热器随机抽取1%，但不得少于2组的规定，从施工现场随机抽取试样，送至有见证检测资质的检测机构进行检测，并形成相应的复验报告。

（2）散热器的外观检查应符合以下要求：

1）铸铁散热器应无砂眼、裂缝、对口面凹凸不平，偏口和上下口中心距不一致等现象。翼型散热器翼片完好，钢串片的翼片不得松动、卷曲、碰损。组对用的密封垫片，可用耐热胶板或石棉橡胶板，垫片厚度不大于1mm，垫片外径不应大于密封面，且不宜用两层垫片。

2）钢制、铝制合金散热器规格尺寸应正确，丝扣端正，表面光洁、油漆色泽均匀。无碰撞凹陷，表面平整完好。

3）散热器的组对零件：对丝、丝堵、补心、丝扣圆翼法兰盘、弯管、短丝、三通、弯头、活接头、螺栓螺母等应符合质量要求，无偏扣、方扣、乱丝、断扣，丝扣端正，松紧适宜。石棉橡胶垫以1mm厚为宜（不超过1.5mm厚），并符合使用压力要求。

4）散热器安装其他材料：圆钢、拉条垫、托钩、固定卡、膨胀螺栓、钢管、放风阀、机油、铅油、麻丝及防锈漆的选用应符合质量和规范要求。

3. 保温材料

保温材料的性能、规格应符合设计要求，并有合格证。保温材料进场时，应对其导热系数、密度、吸水率进行复验，复验采取见证取样送检的方式，即在监理工程师或建设单位代表见证下，按照同一厂家同材质的保温材料见证取样送检的次数不得少于2次规定，从施工现场随机抽取试样，送至有见证检测资质的检测机构进行检测，并形成相应的复验报告。

## 33.7.3 施工技术要点

### 33.7.3.1 采暖系统管道节能安装要点

采暖系统管道安装包括干管、支管、立管、支架及附属装置安装，施工时严格按照《建筑给水排水及采暖工程施工质量验收规范》GB 50242施工外，并应执行《建筑节能工程施工质量验收标准》GB 50411相关条款。

（1）采暖系统管道竖井施工：采暖系统管道竖井应保证留有保温施工安装及检修的空间，当竖井不能进入时，其中一侧须设置能够开启的检修门或活动墙板，如图33-37所示。避免由于空间过小，无法进行调试平衡，造成系统运行无法达到原设计状态。

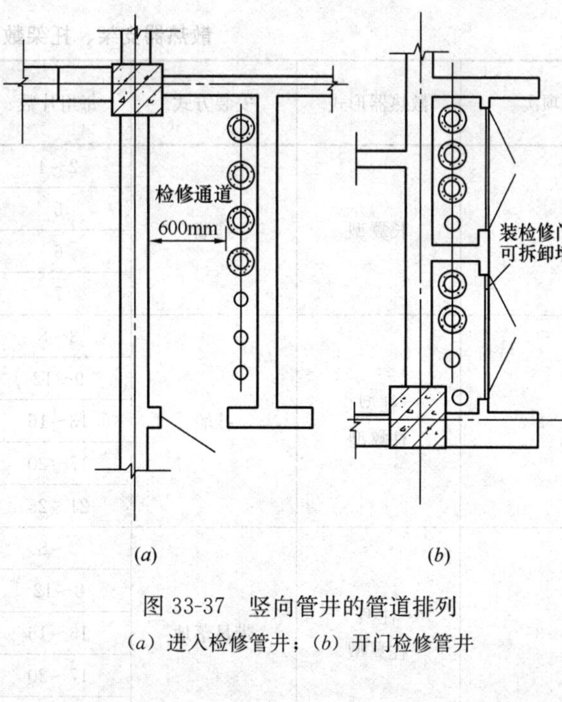


图33-37 竖向管井的管道排列
(a) 进入检修管井；(b) 开门检修管井

（2）在采暖系统中，散热器的连接应尽量采用上进下出同侧连接方式，既节省管材、方便安装，散热效果也好。下进下出的连接方式散热效果较差，常用于单管水平串联系统中。而下进上出的连接方式散热效果最差，一般不宜采用。散热器连接方式对散热效果的影响见表33-70。

**散热器不同连接方式的散热效率　　表 33-70**

| 图示 | 连接方式 | 散热效果（%） |
|---|---|---|
| 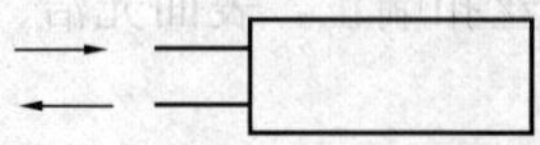 | 同侧上进下出 | 100 |
| 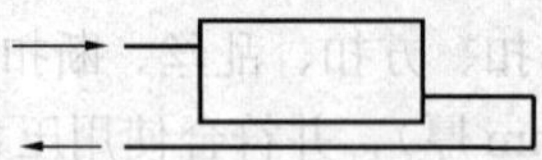 | 异侧上进下出 | 99 |
| 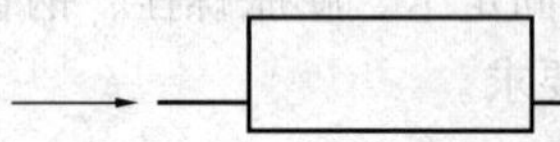 | 异侧下进下出 | 81 |
|  | 异侧下进上出 | 73 |
| 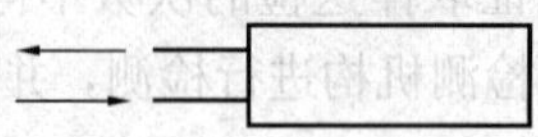 | 同侧下进上出 | 71 |

### 33.7.3.2　散热器安装

散热器安装应控制散热器中心线与墙面的距离和与窗口中心线取齐；安装在同一层或同一房间的散热器，应安装在同一水平高度。

（1）各种散热器的固定卡及托钩的形式、位置应符合标准图集或说明书的要求。各种散热器支架、托架数量，应符合设计或产品说明书要求。如设计无要求时，应符合表 33-71规定。

**散热器支架、托架数量　　表 33-71**

| 项次 | 散热器形式 | 安装方式 | 每组片数 | 上部托钩或卡架数 | 下部托钩或卡架数 | 合计 |
|---|---|---|---|---|---|---|
| 1 | 长翼型 | 挂墙 | 2～4 | 1 | 2 | 3 |
| | | | 5 | 2 | 2 | 4 |
| | | | 6 | 2 | 3 | 5 |
| | | | 7 | 2 | 4 | 6 |
| 2 | 柱型<br>柱翼型 | 挂墙 | 3～8 | 1 | 2 | 3 |
| | | | 9～12 | 1 | 3 | 4 |
| | | | 13～16 | 2 | 4 | 6 |
| | | | 17～20 | 2 | 5 | 7 |
| | | | 21～25 | 2 | 6 | 8 |
| 3 | 柱型<br>柱翼型 | 带足落地 | 3～8 | 1 | — | 1 |
| | | | 8～12 | 1 | — | 1 |
| | | | 13～16 | 2 | — | 2 |
| | | | 17～20 | 2 | — | 2 |
| | | | 21～25 | 2 | — | 2 |

（2）散热器安装底部距地大于或等于150mm，当散热器下部有管道通过时，距地高度可提高，但顶部必须低于窗台50mm。

（3）散热器的背面与装修后的墙内表面安装距离，应符合设计及产品说明要求，如设计无说明，应为30mm。

（4）散热器与管道连接，必须安装可拆卸件。

（5）散热器的外表面刷非金属性涂料。

（6）散热器应安装放气阀。

#### 33.7.3.3 采暖系统阀件附属设备安装

1. 恒温阀、温度调控装置安装

（1）恒温阀主要用于分户控制散热器散热量的热水采暖系统。

（2）恒温阀或温度控制装置的型号、规格、公称压力及安装位置应符合设计要求。

（3）室内温控装置传感器安装在距地面1.4m的内墙面上（或与室内照明开关并排设置），不要装在阳光直射、冷风直吹或受散热器直接影响的位置。

（4）明装散热器的恒温阀不应安装在狭小和封闭空间，其恒温阀阀头水平安装，且不应被散热器、窗帘或其他障碍物遮挡。暗装散热器的恒温阀采用外置式温度传感器。

（5）为了避免由焊渣及其他杂物引起功能故障，应对管道和散热器进行彻底清洗。特别旧的采暖系统进行改装时，宜在散热器恒温阀前端安装过滤器。

（6）采暖恒温调节阀示例及安装方式如图33-38、图33-39所示。

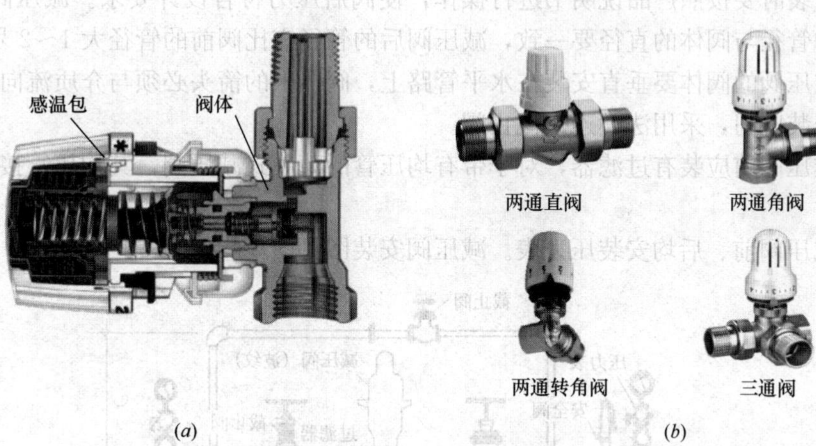


图33-38 恒温阀示例图

（a）恒温阀内部结构；（b）恒温阀的类型

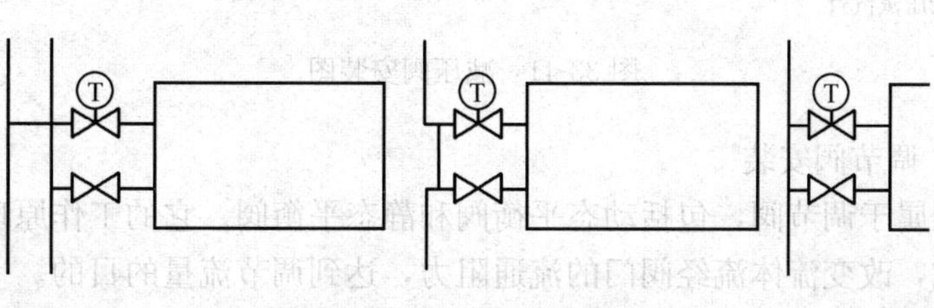


图33-39 恒温调节阀安装方式

2. 热计量装置安装

（1）户用热量表主要用于集中采暖系统分户热计量，通常有普通型及预付费两种类型。

（2）热量表水平安装在进水管管道上。水流方向与热量表箭头指示的方向一致。安装时热量表表头位置如果不便读数，可旋转表头至适合读数的位置，旋转时用力应均衡。

（3）热量表前应留够一定距离的直管段，如设计无说明，应大于 200mm。

（4）测温球阀或测温三通必须安装在散热回路的回水管管道上。

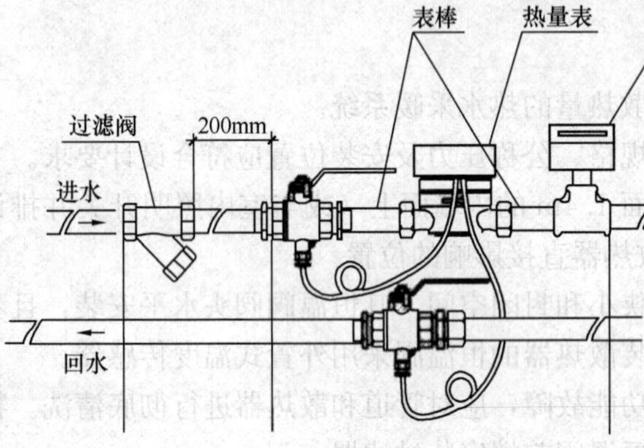


图 33-40　热量表安装示意图

（5）热量表表前应安装过滤器，并且系统管路在安装热量表前进行彻底清洗，以保证管道中没有污染物和杂物。

（6）流量传感器的方向不能接反，且前后管径要与流量计一致。

（7）热量表安装见图 33-40。

3. 减压阀安装

（1）减压阀的型号、规格、公称压力及安装位置应符合设计要求。安装时要按照产品说明书进行操作，使阀后压力符合设计要求。减压阀安装时，减压阀前的管径与阀体的直径要一致，减压阀后的管径宜比阀前的管径大 1～2 号。

（2）减压阀的阀体要垂直安装在水平管路上，阀体上的箭头必须与介质流向一致。减压阀两侧安装阀门，采用法兰连接截止阀。

（3）减压阀前应装有过滤器，对于带有均压管的薄膜式减压阀，其均压管接在低压管道的一侧。

（4）减压阀前、后均安装压力表。减压阀安装图见图 33-41。

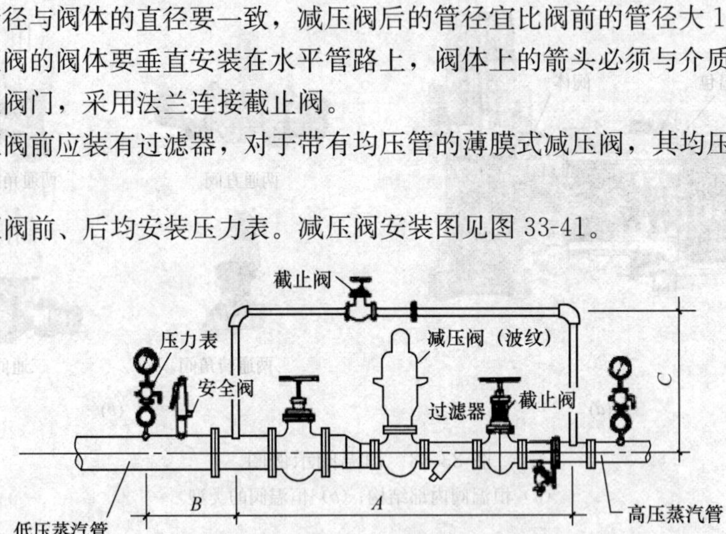


图 33-41　减压阀安装图

4. 平衡阀、调节阀安装

（1）平衡阀属于调节阀，包括动态平衡阀和静态平衡阀。它的工作原理是通过改变阀芯与阀座的间隙，改变流体流经阀门的流通阻力，达到调节流量的目的。

（2）平衡阀安装时，平衡阀及调节阀的型号、规格、公称压力及安装位置应符合设计要求。

(3) 平衡阀建议安装在回水管路上，平衡阀可安装在回水管路上，也可安装在供水管路上（每个环路中只需安装一处）。对于一次环路来说，为方便平衡调试，建议将平衡阀安装在水温较低的回水管路上。总管上的平衡阀，宜安装在供水总管水泵后。

(4) 由于平衡阀具有流量计量功能，为使流经阀门前后的水流稳定，保证测量精度，应尽可能将平衡阀安装在直管段处。

(5) 系统改造时，应注意新系统与原有系统水流量的平衡。平衡阀具有良好的调节性能，其阻力系数要高于一般截止阀。当应用有平衡阀的新系统连接于原有供热（冷）管网时，必须注意新系统与原有系统水量分配平衡问题，以免安装了平衡阀的新系统（或改造系统）的水阻力比原有系统高，而达不到应有的供水流量。

(6) 管网系统安装完毕，并具备测试条件后，使用专用智能仪表对全部平衡阀进行调试整定，并将各阀门开度锁定，使管网实现水力工况平衡，达到节能效果及良好的供热（冷）品质。在管网系统正常运行过程中，不应随意变动平衡阀的开度，特别是不应变动开度锁定的装置。

(7) 在管网系统中增设（或取消）环路时，除应增加（或关闭）相应的平衡阀之外，原则上所有新设户平衡阀及原有系统环路中的平衡阀均应重新调试整定（原环路中支管平衡阀不必重新调整），才能获得最佳供热（冷）效果和节能效果。

(8) 平衡阀安装见图 33-42。

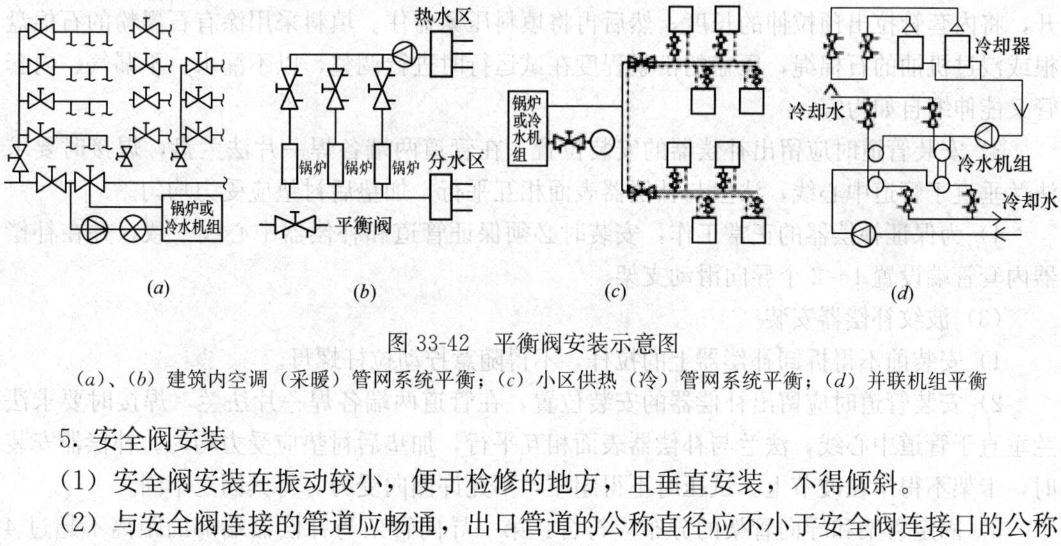


图 33-42 平衡阀安装示意图

(*a*)、(*b*) 建筑内空调（采暖）管网系统平衡；(*c*) 小区供热（冷）管网系统平衡；(*d*) 并联机组平衡

5. 安全阀安装

(1) 安全阀安装在振动较小，便于检修的地方，且垂直安装，不得倾斜。

(2) 与安全阀连接的管道应畅通，出口管道的公称直径应不小于安全阀连接口的公称直径，排出管应向上排至室外，离地面 2.5m 以上。

6. 补偿器安装

热水管道应尽量利用自然弯补偿热伸缩量，直线管段过长应设置补偿器。补偿器的型号、安装位置及预拉伸和固定支架的构造及安装位置应符合设计要求。

(1) 方形补偿器安装

1) 安装前检查是否符合设计要求，补偿器的三个臂应在一个平面上。水平安装时应与管道坡度、坡向一致。当沿其臂长方向垂直安装时，高点设放风阀，低点处设疏水器。安装时调整支架，使补偿器位置标高正确，坡度符合规定。

2）应做好预拉伸，设计无要求时预拉伸长度为其伸长量的一半。

3）方形伸缩器制作时，$DN40$ 以下可采用焊接钢管，$DN50$ 以上弯制补偿器用整根无缝钢管煨制，如需要接口，其焊口位置设在垂直臂的中间位置，且接口必须焊接，弯曲半径 $R=4D$。

4）方形伸缩器外形见图 33-43。

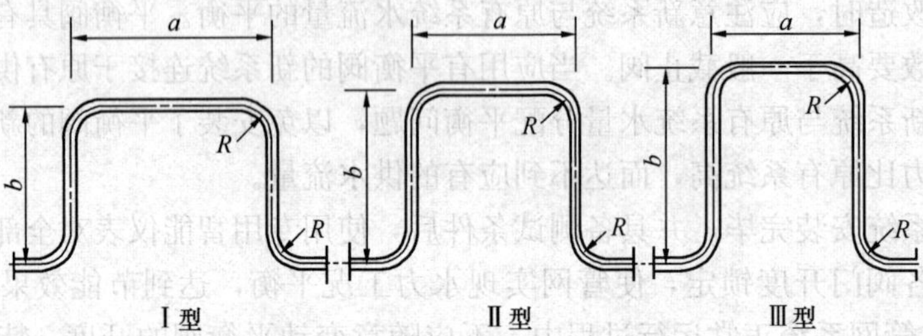


图 33-43　方形伸缩器外形

（2）套筒补偿器安装

1）套筒补偿器应靠近固定支架，并将外套管一端朝向管道的固定支架，内套管一端与产生热膨胀的管道连接。

2）套筒补偿器的预拉伸长度应根据设计要求。预拉伸时，先将补偿器的填料压盖松开，将内套管拉出预拉伸的长度，然后再将填料压紧盖住。填料采用涂有石墨粉的石棉盘根或浸过机油的石棉绳，压盖的松紧程度在试运行时进行调整，以不漏水、不漏气、内套管又能伸缩自如为宜。

3）安装管道时应留出补偿器的安装位置，在管道两端各焊一片法兰盘，焊接时要求法兰垂直于管道中心线，法兰与补偿器表面相互平行，加垫后衬垫应受力均匀。

4）为保证补偿器的正常工作，安装时必须保证管道和补偿器中心线一致，并在补偿器内套管端设置 1～2 个导向滑动支架。

（3）波纹补偿器安装

1）安装前不得拆卸补偿器上的拉杆，不得随意拧动拉杆螺母。

2）安装管道时应留出补偿器的安装位置，在管道两端各焊一片法兰，焊接时要求法兰垂直于管道中心线，法兰与补偿器表面相互平行，加垫后衬垫应受力均匀。补偿器安装时，卡架不得吊在波节上。试压时不得超压，不允许侧向受力，将其固定牢固。

3）固定管架和导向管架的分布应符合：第一导向管架与补偿器端部的距离不超过 4 倍管径；第二导向架与第一导向架的距离不超过 14 倍管径；第二导向管架以外的最大导向间距由设计确定，见图 33-44。

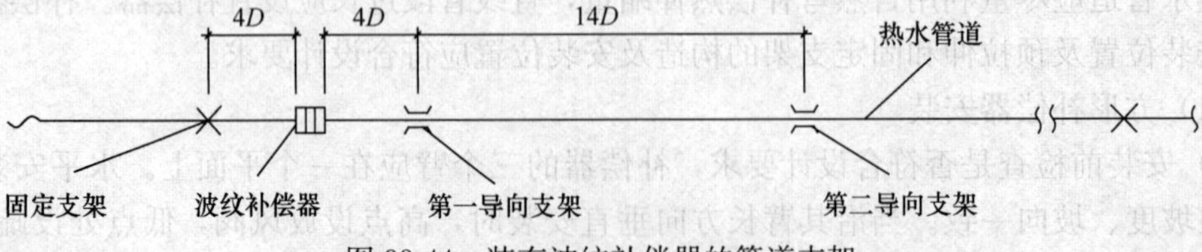


图 33-44　装有波纹补偿器的管道支架

说明：$D$ 为管道直径

#### 33.7.3.4 辐射采暖系统安装

1. 地面辐射采暖系统安装

(1) 加热盘管的敷设，宜在环境温度高于5℃的条件下进行。施工过程中，应防止油漆、沥青或其他化学溶剂接触管道。

(2) 加热管应按设计图纸标定的管间距和走向敷设，加热管应保持平直，管间距的安装误差不应大于 10mm。加热管敷设前，应对照施工图纸核定加热管的选型、管径、壁厚，并检查加热管的外观质量，管内部不得有杂质。加热管安装间断或完毕时，敞口处应随时封堵。

(3) 加热管及输配管弯曲敷设时应符合下列规定：

1) 圆弧的顶部应用管卡进行固定。

2) 塑料管弯曲半径不应小于管道外径的 8 倍，铝塑复合管的弯曲半径不应小于管道外径的 6 倍，铜管的弯曲半径不应小于管径的 5 倍。

3) 最大弯曲半径不得大于管道外径的 11 倍。

4) 管道安装时应防止管道扭曲，铜管应采用专用机械弯曲。

(4) 混凝土填充式采暖地面距墙面最近的加热管与墙面间距宜为 100mm；每个环路加热管总长度与设计图纸误差不应大于 8%。

(5) 加热盘管出地面与分（集）水器相连接的管段，穿过地面构造层部分外部应加装硬质套管，在分水器、集水器附近以及其他局部加热管排列比较密集的部位，当管间距小于 100mm 时，加热管外部应设置柔性套管。

(6) 埋设于填充层内的加热管及输配管不应有接头。在铺设过程中管材出现损坏、渗漏等现象时，应当整根更换，不应拼接使用。

(7) 盘管应加固定，固定点之间的距离为：直管段≤1000mm，宜为 500～700mm 弯曲段部分不大于 350mm，宜为 200～300mm。

(8) 细石混凝土填充层应采取膨胀补偿措施：地板面积超过 30m$^2$ 或地面长边超过 6m 时，每隔 5～6m 填充层应留 5～10mm 宽的伸缩缝；盘管穿越伸缩缝处，应设长度为 100mm 的柔性套管；填充层与墙、柱等的交接处，应留 5～10mm 宽的伸缩缝；伸缩缝内，应填充弹性膨胀材料。

(9) 细石混凝土的浇捣，必须在加热盘管试压合格后进行，浇捣混凝土时，加热盘管内应保持不低于 0.4MPa 的压力。待大于 48h 养护期满后方能卸压。

(10) 隔热材料应符合：导热系数不应大于 0.05W/(m·K)；抗压强度不应小于 100kPa；吸水率不应大于 6%；氧指数不应小于 32%。当采用聚苯乙烯泡沫塑料板作为隔热层时，其密度不应小于 20kg/m$^3$。

(11) 地面辐射采暖系统的调试与试运行，应在施工完毕且混凝土填充层养护期满后，正式采暖运行前进行。初始加热时，热水升温应平缓，供水温度应控制在比当时环境温度高 10℃左右，且不应高于 32℃；并应连续运行 48h；此后每隔 24h 水温升高 3℃，直至达到设计供水温度。在此温度下应对每组分水器、集水器连接的加热管逐路进行调节，直至达到设计要求。

(12) 其他施工安装要求应执行《辐射供暖供冷技术规程》JGJ 142 的规定。

2. 金属辐射板采暖系统安装

（1）辐射板安装前必须做水压试验，如设计无要求时，试验压力为工作压力的1.5倍，但不得小于0.6MPa。在试验压力下保持2～3min压力不降且不渗不漏为合格。

（2）辐射板管道及带状辐射板之间的连接，宜使用法兰连接。辐射板的送、回水管，不宜和辐射板安装在同高度上。送水管宜高于辐射板，回水管宜低于辐射板，并且有不小于5‰的坡度坡向回水管。

（3）辐射板之间的连接设置伸缩器，辐射板安装后不得低于最低安装高度。

（4）辐射板安装完毕应参与系统试压、冲洗。冲洗时采取防止系统管道内杂质进入辐射板排管内的保护措施。

（5）辐射板表面的防腐及涂漆要附着良好，无脱皮、起泡、流淌和漏涂缺陷。板面宜采用耐高温防腐蚀漆。

**33.7.3.5　热力入口装置安装**

（1）典型带计量地上安装热力入口安装见图33-45。

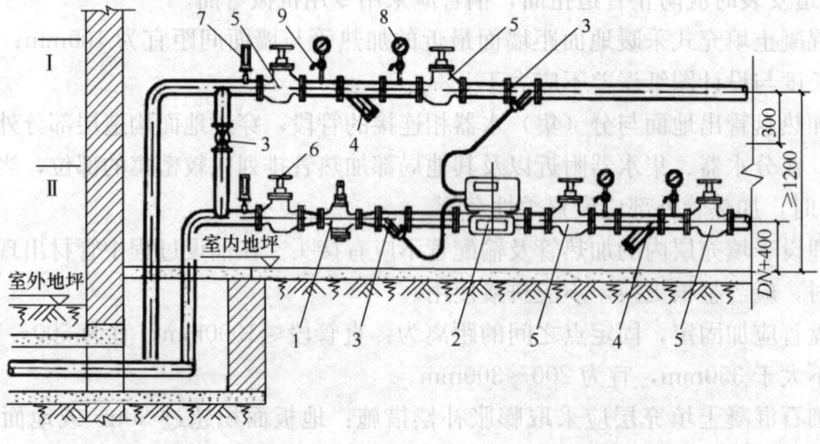


图33-45　带计量地上安装热力入口安装示意图

1—平衡阀；2—热量表；3—温度传感器底座；4—Y形过滤器；
5—截止阀；6—闸阀；7—温度计；8—压力表；9—压力表旋塞阀

（2）热力入口装置中各种部件的规格、数量、应符合设计要求；热计量装置、过滤器、压力表、温度计的安装位置、方向应正确、并便于观察、维护。

（3）热力入口小室的四壁和顶部，绝热性能良好。热水回水管上要加装平衡阀，阀前装过滤器，避免杂质流回换热站。热力入口管道、阀门保温应符合设计和规范要求，接缝应严密，减少热量损失。

（4）热力入口干管上的阀门均应在安装前进行水压试验。水力平衡装置及各类阀门的安装位置、方向应正确、并便于操作和调试。安装完毕后，应根据系统水力平衡要求进行调试并作出标志。

（5）室内采暖系统的管道冲洗一般以热力入口作为冲洗的排水口，具体的排水部位是尚未与外网连通的干管头，而不宜采用泄水阀做排水口。

（6）热力入口安装的温度计和压力表，其规格应根据介质的工作最高和最低值来选择温度计，压力表则按系统在该点处的静压和动压之和来确定其量程范围。安装仪表后做好保护工作，避免受损。

**33.7.3.6 保温工程**

保温结构一般由保温层和保护层组成。保温结构的设计或选用应符合保温效果好、造价低、施工方便、防火、耐火、美观等要求。保温层结构按保温材料和施工方法不同，分为绑扎式、涂抹式、预制保温管、浇灌式、填充式、喷涂式等。

保护层应具有保护保温层和防潮的性能，且要求其容重轻、耐压强度高、化学稳定性好，不易燃烧、保温外形美观等，根据供应条件、设备和管道所处的环境、保温材料类型等因素选用，常用的保护层有三类：包扎式复合保护层、金属保护层和涂抹式保护层。

(1) 采暖管道保温层和防潮层的施工应符合下列规定：

1) 保温材料采用不燃或难燃材料，其强度、密度、导热系数、规格及保温做法必须符合设计和施工规范。

2) 管道保温层厚度应符合设计要求。

3) 保温层表面平整，做法正确，搭接方向合理，封口严密，无空鼓和松动。

4) 保温管壳的粘贴应牢固、铺设应平整；硬质或半硬质的保温管壳每节至少应用防腐金属丝或难腐织带或专用胶带进行捆扎或粘贴 2 道，其间距为 300～350mm，且捆扎、粘贴应紧密，无滑动、松弛及断裂现象。

5) 硬质或半硬质保温管壳的拼接缝隙不应大于 5mm，并用粘结材料勾缝填满；纵缝应错开，外层的水平接缝应设在侧下方。

6) 松散或软质保温材料应按规定的密度压缩其体积，疏密应均匀；毡类材料在管道上包扎时，搭接处不应有空隙。

7) 防潮层应紧密粘贴在保温层上，封闭良好，不得有虚粘、气泡、褶皱、裂缝等缺陷。

8) 防潮层的立管应由管道的低端向高端敷设，环向搭接缝应朝向低端；纵向搭接缝应位于管道的侧面，并顺水。

9) 卷材防潮层采用螺旋形缠绕的方式施工时，卷材的搭接宽度宜为 30～50mm。

10) 阀门及法兰部位的保温层结构应严密，且能单独拆卸并不得影响其操作功能。

(2) 地板辐射采暖绝热层应符合下列规定：

1) 土壤防潮层上部、住宅楼板上部及其下为不采暖房间的楼板上部的地板加热管之下，以及辐射采暖地板沿外墙的周边，应铺设绝热层。

2) 绝热层采用聚苯乙烯泡沫塑料板时，厚度不宜小于下列要求（当采用其他绝热材料时，宜按等效热阻确定其厚度）：①楼板上部：30mm（受层高限制时不应小于 20mm）；②土壤上部：40mm；③沿外墙周边：20mm。

3) 铺设绝热层的原始工作面应平整、干燥、无杂物，边角交接面根部应平直无积灰。绝热层的铺设应平整，绝热层相互接合应严密。

4) 当敷有真空镀铝聚酯薄膜或玻璃布基铝箔贴面层时，铝箔面朝上。当钢筋、电线管、散热器支架、加热管固定卡钉或其他管道穿过时，只允许垂直穿过，不准斜插，其插口处用胶带封贴严实、牢固，不得有其他破损。

5) 绝热层铺设结合处应无缝隙，绝热层厚度允许偏差 $+0.1\delta$。

## 33.7.4　检 测 与 验 收

### 33.7.4.1 系统调试

1. 工艺流程

连接管路→检查采暖系统→试压→系统冲洗→系统调试。

2. 连接安装水压试验管路

(1) 根据水源的位置和工程系统情况制定出试压程序和技术措施，再测量出各连接管的尺寸，标注在连接图上。

(2) 一般选择在系统进户入口供水管的甩头处，连接至加压泵的管路。在试压管路的加压泵端和系统的末端安装压力表及表弯管。

3. 灌水前的检查

(1) 检查全系统管路、设备、阀件、固定支架、套管等，必须安装无误。各类连接处均无遗漏。

(2) 根据全系统试压或分系统试压的实际情况，检查系统上各类阀门的开、关状态，不得漏检。试压管道阀门全打开，试验管段与非试验管段连接处应予以隔断。

(3) 检查试压用的压力表的灵敏度是否符合要求。

(4) 水压试验系统中阀门都处于全关闭状态，待试压中需要开启再打开。

4. 水压试验

(1) 打开水压试验管路中的阀门，开始向采暖系统注水。开启系统上各高处的排气阀，使管道及采暖设备里的空气排尽。待水灌满后，关闭排气阀和进水阀，停止向系统注水。

(2) 打开连接加压泵的阀门，用试压泵通过管路向系统加压，同时打开压力表上的旋塞阀，观察压力升高情况，每加压至一定数值时，停下来对管道进行全面检查，无异常现象再继续加压，一般分 2～3 次升至试验压力。

(3) 试验压力应符合设计要求。当设计无规定时，应按《建筑给水排水及采暖工程施工质量验收规范》GB 50242 的相关规定执行。

5. 室内采暖系统冲洗

(1) 系统试压合格后，应对系统进行冲洗并清扫过滤器及除污器。

(2) 采暖系统冲洗时全系统内各类阀件应全部开启，并拆下除污器、自动排气阀等。

(3) 冲洗中，管路通畅，无堵塞现象，当排入下水道的冲洗水为清净水时可认为冲洗合格。全部冲洗后，再以流速 1～1.5m/s 的速度进行全系统循环，延续 20h 以上，循环水色透明为合格。

6. 散热器采暖系统调试

(1) 系统冲洗完毕应充水，进行试运行和调试。

(2) 制定出调试方案、人员分工和处理紧急情况的各项措施。

(3) 向系统内充水（以软化水为宜），先打开系统最高点的排气阀，指定专人看管。再打开系统回水干管的阀门，待最高点的排气阀见水后立即关闭。然后开启总进口供水管的阀门，最高点的排气阀须反复开闭数次，直至将系统中冷空气排净。

(4) 调整各个分路、立管、支管上的阀门，使其基本达到平衡。

（5）高层建筑的采暖系统调试，可按设计系统的特点进行划分，按区域、独立系统、分若干层等逐段进行。

7. 辐射采暖系统调试

辐射采暖系统调试内容除与散热器采暖系统调试内容一致的部分外，还应按照《辐射供暖供冷技术规程》JGJ 142 中相关规定进行辐射体表面平均温度和室内空气温度检测的等项目调试。

**33.7.4.2 采暖系统节能性能检测**

（1）联合试运转和调试结果应符合设计要求，采暖房间温度相对于设计温度不得低于2℃，且不高于1℃。

（2）安装调试完毕后，应请有资质的检测单位对采暖房间的温度进行检测。

（3）采暖系统节能性能检测项目及要求，详见表 33-72。

**采暖系统节能性能检测项目及要求　　表 33-72**

| 分项工程 | 项目名称 | 试验项目 | 相关检验标准 | 取样规定 |
|---|---|---|---|---|
| 采暖节能工程 | 保温材料 | 导热系数<br>表观密度<br>吸水率 | GB/T 10294<br>GB/T 10295<br>GB/T 6343<br>GB/T 17794 | 同一厂家同材质的保温材料送检不得少于 2 次 |
| | 散热器 | 单位散热量<br>金属热强度 | GB/T 13754 | 单位工程同一厂家同一规格按数量的 1%送检，不得少于 2 组 |
| | 采暖系统（自检） | 系统水压试验、室内外系统联合运转及调试<br>水力平衡<br>室内温度<br>补水率 | GB 50242<br>GB 50411<br>JGJ 132 | 全数检查<br>调试后检测 |

# 33.8 通风与空调节能工程

## 33.8.1 基 本 要 求

空调系统的能耗在整个建筑的能耗中占有相当大的比例，通风与空调系统对建筑的节能有着重要的影响。

**33.8.1.1 风管系统对节能的影响**

（1）风管材料的选用直接影响系统的使用年限，应严格按照设计要求选择风管的材料。

（2）风管的严密性对系统能量损失有重要影响，风管漏风量的大小对整个系统的冷量和压力状况有着明显的影响。

（3）风管安装是实现系统功能的重要的步骤，其施工质量间接影响了系统运行的制冷效率。安装的技术要求除应符合《建筑节能工程施工质量验收标准》GB 50411 和《通风与空调工程施工质量验收规范》GB 50243 的有关规定外，还应按照批准的设计图纸、相关技术规范和标准进行。

(4) 做好风管系统的保温隔热（对于空调风管系统管道底部需加设隔热垫木），正确选用保温材料，减少冷桥部位，降低冷量损耗。

(5) 风管系统在设计阶段或在施工前的深化设计阶段，需选择好风管系统的送风形式，例：下送上回的方式比上送上回的方式避免了与发热设备热空气产生的强烈混合形成的涡旋，从而减少了冷量的损失。

(6) 从供需平衡上减少多余能耗，根据房间实时空调负荷“按需供应”每个房间或末端的空调冷量或热量，防止各区域参数的失控（过冷或过热），一般采用变风量（VAV）空调系统来实现。变风量末端装置控制选择室内空气温度为被控参数，通过调节末端装置的电动阀改变送入室内的风量，来实现控制的目标；变风量系统的风机转速控制是系统节能的核心措施。

**33.8.1.2　水管系统对节能的影响**

(1) 水管材料的选用应符合设计和规范的要求，做好防腐保温。

(2) 水系统的水力平衡是节能的关键，减小水力失调，保证各个空调末端达到设计冷量，根据系统所需负荷调节水流量，从而达到节能。在施工中要正确选用水力平衡阀门，根据设计要求安装到正确的部位，保证其调节作用的实现。

(3) 水系统阀门的试验（强度试验和严密性试验）及安装应严格按规范进行，防止因安装错误造成系统阻力增加，或者不能实现其调节功能（质量问题），或者漏水造成安全隐患，这些都增加了系统能量损失，降低系统的节能效果。

(4) 水系统主管道至设备配管开三通时，应采用成品三通（图 33-46），不宜采用挖眼三通，由于施工的误差或工人的施工素养问题，会存在支管插入主管道太多，影响主管道阻力，增加水泵扬程及电能的消耗。

(5) 水系统主管道、立管、水平干管宜采用同程系统，来保证水力平衡，降低水泵能耗从而达到节能的效果。

(6) 做好水管系统的保温隔热（对于空调水管系统管道底部需加设木托，图 33-47），正确选用保温材料，减少冷桥部位，降低冷量损耗。

图 33-46　成品三通

图 33-47　管道木托

**33.8.1.3　设备、材料对节能的影响**

通风与空调系统的设备包括但不限于水系统设备及空调系统设备。这些设备不仅消耗大量的电能，还起着能量的输送作用，所以提高设备的效率和性能，对节能有着重要意义。

（1）选用节能设备，比如在系统中使用变频水泵、热回收机组等。

（2）设备选型时，在选型过程中对冷水机组等设备提高 COP 能效比及运行效率。

（3）对于施工过程中进场风机盘管等设备按照节能规范要求按批次抽取要求比例进行第三方送检，检测参数有：风量、冷量、功率、噪声等。

（4）保温材料选型时，依据设计降低导热系数，增加离心玻璃棉的容重和橡塑保温棉的湿阻因子，从而减少冷热量的损失，达到节能的目的。

（5）设备的安装应能保证机组设备的稳定运行。

**33.8.1.4 空调系统对节能的影响**

空调系统的形式应严格按照设计要求，并做好施工和调试工作，保证其功能的实现。

（1）节能系统对施工的要求往往比较高，提高施工技术和方法，严格按照设计要求及国家现行规范进行施工，保证节能系统的良好运行。

（2）做好节能系统的调试工作。作为空调系统，通过调试（单机试运转和联合调试）使系统达到平衡，同时能按设计要求做好各个房间的温度调控工作，使系统的运行达到节能的目的。

## 33.8.2 材料、设备进场检验

通风与空调系统材料与设备的选用对系统的高效性有着极其重要的作用，是整个系统能够节能运行的前提，合理正确地选用材料和设备，能够保证建筑良好的节能效果。为了达到建筑节能验收的标准，满足建筑节能的要求，通风与空调工程使用的材料与设备必须符合设计要求及国家有关标准的规定，严禁使用国家明令禁止使用与淘汰的产品。

**33.8.2.1 风管材料进场检验**

（1）风管的材料品种、规格、镀锌层厚度、性能与风管厚度等应符合设计要求和《通风与空调工程施工质量验收规范》GB 50243 的有关规定。

（2）半成品镀锌风管的材质、厚度、尺寸偏差、管口平整度偏差、连接方式等应符合设计和有关规范、标准的要求。

（3）成品镀锌风管的材质、厚度、尺寸偏差、管口平整度偏差、连接方式等应符合设计和有关规范、标准的要求。

（4）成品复合风管的芯材材质、内外贴面材质厚度、耐火等级、尺寸偏差、管口平整度偏差、连接方式等应符合设计和有关规范、标准的要求。

**33.8.2.2 空调水管材料进场检验**

（1）空调水管及阀门的材质、规格、型号、压力等级、厚度及连接方式等应符合设计和有关规范、标准的规定。

（2）焊接管件外径和壁厚应与管材匹配；丝扣管件应无偏扣、方扣、乱扣、断丝和角度不准确等缺陷；卡箍管件的规格、材质、外形尺寸应符合《沟槽式管接头》CJ/T 156 的规定；管道、阀件法兰密封面不得有毛刺及径向沟槽，带有凹凸面的法兰应能自然嵌合，凸面的高度不得小于凹槽的深度，管件连接件如图 33-48。

（3）阀件铸造规矩、无毛刺、裂纹，开关灵活严密，需进行强度及严密性试验通过后方可使用。

（4）法兰垫片应质地柔韧，无老化变质或分层现象，表面不应有折损、皱纹等缺陷。

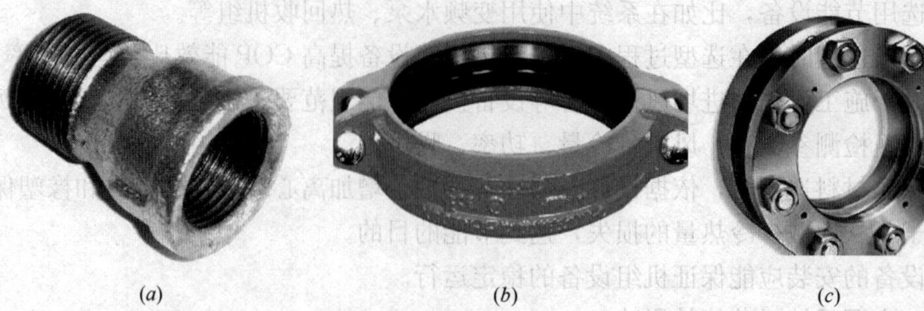

(*a*)　(*b*)　(*c*)

图 33-48　管道连接件

(*a*) 螺纹连接件；(*b*) 卡箍连接件；(*c*) 法兰连接件

#### 33.8.2.3　通风与空调设备进场检验

各种设备的型号、规格、技术参数应符合设计要求。

(1) 冷水机组及冷却塔应有出厂性能检测报告、合格证等，确保进场设备和设计选型资料的口径、压降、COP、功率等满足设计及招标技术规格书的相关要求。

(2) 通风机及空调机组、风机盘管的风机应有性能检测报告，设计的运行工况点在性能曲线上的位置应接近最高效率点。

(3) 风机盘管进场，应对其供冷量、供热量、风量、出口静压、噪声及功率进行复验。复验为见证取样送检。

(4) 设备开箱检验：开箱后检查设备名称、规格、型号是否符合设计图纸要求，产品说明书、合格证是否齐全。并根据装箱清单和设备技术文件，检查设备附件、专用工具等是否齐全，设备表面有无缺陷、损坏、锈蚀、受潮等现象。填写开箱检验记录，参与开箱检查责任人员签字盖章，作为交接资料和设备技术档案依据。

### 33.8.3　施工技术要点

#### 33.8.3.1　风管系统

通风与空调系统中风管系统的施工对节能的影响主要是风管制作的严密性，以及风管安装对系统气流的影响。风管的严密性影响到风管内部的压力状况和系统风量，造成空调系统冷量的损失，使系统负荷达不到设计的要求。不同的系统对风管安装有着不同的要求，严格依据规范安装风管使其接近或达到设计的要求，将对系统的节能有着直接的影响。下面主要介绍传统的空调系统和广泛使用的 VAV 节能系统风管制作安装的要点和对节能的影响。

1. 风管的制作安装要点

(1) 金属风管制作的工艺要点

连接要点：板材的拼接和圆形风管的闭合咬口可采用单咬口；矩形风管或配件的四角组合可采用转角咬口、联合角咬口、按扣式咬角；圆形弯管的组合可采用立咬口，各种风管的咬口类型见图 33-49。咬口宽度和留量根据板材厚度而定，应符合要求。咬口留量的大小、咬口宽度和重叠层数同使用机械有关。对单平咬口、单立咬口、转角咬口在第一块板上等于咬口宽，而在第二块板上是两倍宽，即咬口留量就等于三倍咬口宽；联合角咬口在第一块板上为咬口宽，在第二块板上是三倍咬口宽，咬口留量就是等于四倍咬口宽度。

为了保证风管的严密性，在进行风管咬口连接时，在接口处涂密封胶。

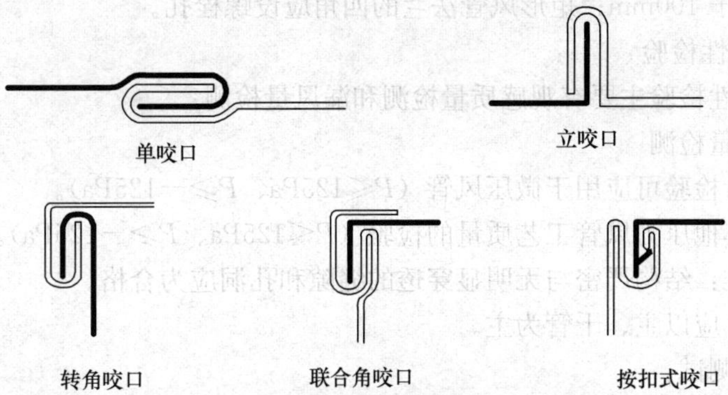


图 33-49 风管咬口类型

(2) 无法兰连接的质量要求

风管的接口及连接件尺寸准确，形状规则，接口处严密。

1) 薄钢板法兰的折边平直，弯曲度不大于 5/1000，弹簧夹、顶丝卡与薄钢板法兰匹配。

2) 插条与风管插口的宽度一致，允许偏差为 2mm。

3) 立咬口、包边立咬口立筋的高度应不小于同规格风管的角钢法兰宽度；同一规格风管的立咬口、包边立咬口的高度应一致；折角直线度的允许偏差为 5/1000。

4) 无法兰连接的密封：无法兰连接的风管一般采用密封胶密封，每个接缝处都要进行涂胶。

(3) 薄钢板法兰连接的要求

薄钢板法兰连接为《通风与空调工程施工质量验收规范》GB 50243—2016 第 4.3.1 条的表 4.3.1-2 中的矩形薄钢板法兰风管接口及附件，尺寸应准确，形状应规则，接口应严密；风管薄钢板法兰的折边应平直，弯曲度应不大于 5%。弹性插条或者弹簧夹应与薄钢板法兰折边宽度相匹配，弹簧夹的厚度应大于或等于 1mm，且不应低于风管本体厚度。角件与风管薄钢板法兰四角接口的固定应稳固紧贴，端面应平整，相连处的连续通缝不应大于 2mm；角件的厚度不应小于 1mm 及风管本体厚度。薄钢板法兰弹簧夹连接风管，边长不宜大于 1500mm。当对法兰采取相应的加固措施时，风管边长不得大于 2000mm。

(4) 角钢法兰连接金属风管的制作

1) 根据风管尺寸选择板材的厚度。

2) 根据施工图纸和现场实测情况绘制风管加工图，板材的放样、下料要尺寸准确，切边平直。

3) 风管与配件的制作：咬口紧密、宽度一致；折角平直、圆弧均匀；两端面平行；板材拼接的咬口缝要错开；无明显扭曲与翘角。

4) 角钢法兰的制作：下料前测量已拼装的风管口径，调直角钢，在 12mm 以上的钢板上拼缝；法兰对角线允许偏差为 3mm；法兰平面度的允许偏差为 2mm。

5) 风管与角钢法兰采用翻边铆接，翻边宽度不小于 6mm；翻边平整、宽度一致、紧贴法兰、牢固铆接。

6）中低压系统风管法兰的螺栓及铆钉孔的间距不大于150mm，高压系统和洁净空调系统的风管不大于100mm；矩形风管法兰的四角应设螺栓孔。

2. 风管严密性检验

风管的严密性检验主要有观感质量检测和漏风量检测。

（1）观感质量检测

1）观感质量检验可应用于微压风管（$P\leqslant125Pa$、$P\geqslant-125Pa$）。

2）可作为其他压力风管工艺质量的检验（$P\leqslant125Pa$、$P\geqslant-125Pa$）。

3）合格标准：结构严密与无明显穿透的缝隙和孔洞应为合格。

4）抽检率：应以主、干管为主。

（2）漏风量测试：

1）$P>125Pa$：按规定做漏风量测试。

2）抽样数量：《通风与空调工程施工质量验收规范》GB 50243—2016 附录 B（表 B.0.2-1第Ⅰ抽样方案表）。

3）合格标准：矩形风管系统在相应工作压力下，单位面积单位时间内的允许漏风量$[m^3/(h\cdot m^2)]$计算公式分别为：

低压系统　$$Q_L\leqslant0.1056P^{0.65} \tag{33-2}$$

中压系统　$$Q_M\leqslant0.0352P^{0.65} \tag{33-3}$$

高压系统　$$Q_H\leqslant0.0117P^{0.65} \tag{33-4}$$

式中　$P$——风管系统的工作压力（Pa）；

$Q_L$——低压系统单位面积单位时间内的允许漏风量$[m^3/(h\cdot m^2)]$；

$Q_M$——中压系统单位面积单位时间内的允许漏风量$[m^3/(h\cdot m^2)]$；

$Q_H$——高压系统单位面积单位时间内的允许漏风量$[m^3/(h\cdot m^2)]$。

① 低压、中压圆形金属风管、复合材料风管以及采用非法兰形式的非金属风管的允许漏风量，为矩形风管规定值的50%。

② 砖、混凝土风道的允许漏风量不应大于矩形低压系统风管规定值的1.5倍。

③ 排烟、除尘、低温送风系统按中压系统风管的规定，1～5级净化空调系统按高压系统风管的规定。

（3）测试方法见《通风与空调工程施工质量验收规范》GB 50243—2016 附录 C 风管强度及严密性测试。

3. 空调风管系统清洗

空调风管系统清洗是清洗包括风管在内的空气流通途径的所有设备和部件。以往只对空气过滤器（网）及送、回风口等部件进行清洗保养，但全系统清洗基本没有，特别是对隐蔽的风管系统。由于空调系统种类繁多，其中中央空调系统占的比例相当大，所以本节主要内容是针对中央空调系统清洗的施工，且选用普遍使用的清洗流程。

（1）施工过程

现场测量→施工准备→作业区的保护→拆除保温、风口等→空调系统的清洁→消毒→恢复系统原样→试车→交付使用。

（2）施工方法

依据《空调通风系统清洗规范》GB 19210 所规定的风管清洗操作规程进行清洗。

1）部分直径小的风管使用手动设备进行清洗，将风管内的灰尘杂物扫落或松动。

2）使用大功率吸尘设备，利用强大气流将扫除和松动的灰尘等杂物吸入完全密闭的积尘箱，彻底清除有害物质。

4. VAV 系统风管安装要点

变风量空调（VAV）系统的风管系统施工虽然与一般空调风管施工相同，但要求颇高。风管系统施工的优劣，对变风量空调系统各末端装置的入口压力平衡、风速检测精度与风量调节有直接影响。如果在施工时忽视了这些重要因素，会使 VAV 系统调试与运行产生许多问题，不但实现不了节能的效果，还会造成系统更大的能耗。本节单独对 VAV 施工方面注意的问题进行简要说明。

变风量末端装置的稳定运行，需要送风管内保持一定的静压，且送风管内在运行过程中应保持风速（控制风速 6～8m/s）、风压的稳定，因此，要求送风管的强度和密封性能要好，为此，送风管制作安装除符合定风量空调系统风管要求以外，还应注意以下方面：

（1）主风管与支风管连接要求：

1）为减小支风管与主风管连接处的局部阻力，圆形或矩形均需扩大接驳口（圆形风管应设置 90°圆锥形接管，矩形风管应设置 45°弧形接管，见图 33-50）。

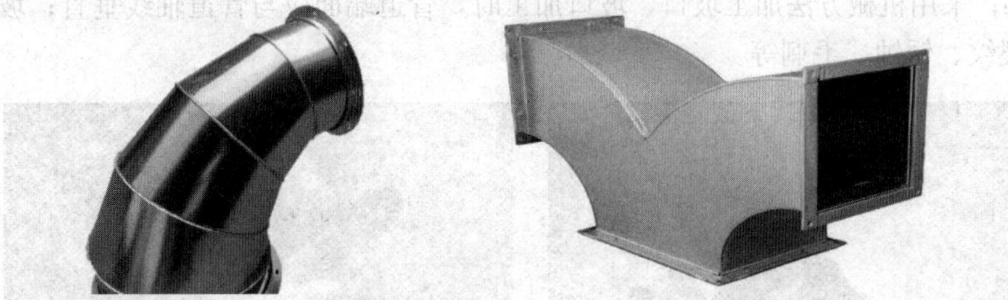

(a) (b)

图 33-50 风管接驳口示意图

(a) 圆形风管接驳口；(b) 矩形风管接驳口

2）不宜采用分流调节风阀或固定挡风板，因为它将大大增加主风管阻力，并在主风管内产生涡流和噪声。

3）对于采用毕托管式风速传感器的变风量末端装置，由于毕托管压差测速要求气流稳定且在 5m/s 以上才较准确，因此末端圆形进风口需接驳与其等径且长度为≥4$D$ 的直管。

4）对于采用超声波、热线型、小风车等风速传感器的变风量末端装置，在其矩形进风口上接驳等尺寸且长度为 2 倍长边（2$B$）的直管。

（2）末端装置出风支管安装

末端装置出风管到送风口静压箱，一般采用消声软管连接。由于软管摩擦阻力较大，因此软管布置不宜过长，控制在 2m 范围内且要求平直弯曲程度小，当有个别风口离末端装置较远时，可以先用玻璃纤维复合板风管过渡。软管施工要点如下：

1）尽量避免软管长度过长，水平位移过大，以免影响送风效果。

2）铝箔金属保温软管的连接采用卡箍紧固的连接方式，插接长度应大于 50mm。

3）当连接套管直径大于 300mm 时，应在套管端面 10～15mm 处压制环形凸槽，安装时卡箍应在套管的环形凸槽后面。

4）铝箔保温软管的安装参照小管径圆形风管的安装方式进行，吊卡箍用40×4（mm）扁钢制作，吊卡箍可直接安装在保温层上，支吊架的间距小于1.5m。

5）软管最大长度不宜超过2m，长度过长时，要采取加固措施，防止软管变形而影响送风效果。

### 33.8.3.2 空调水系统

1. 管道安装施工要点

空调水系统中管道的主要连接方式有焊接、丝接、法兰连接、卡箍连接等。为了减少系统阻力，保证系统的抗压能力，提高系统的运行效率，从而减少不必要的能量损失，在施工中要严格按照规范要求和相关规定进行安装，安装完毕后，还要依据《建筑节能工程施工质量验收规范》GB 50411进行验收。下面对管道施工中，满足节能要求的施工工艺要点进行介绍。

（1）焊接连接的管道预制、安装，如图33-51所示。

1）钢管切割后对管口进行清理和打磨，管口切断面倾斜不得超过1/4管壁厚度。

2）管道焊口的组对和坡口形式按相关标准的规定；对口的平整度为1%，全长不大于10mm；采用机械方法加工坡口，坡口加工时，管道端面应与管道轴线垂直；坡口表面不得有裂纹、锈蚀、毛刺等。

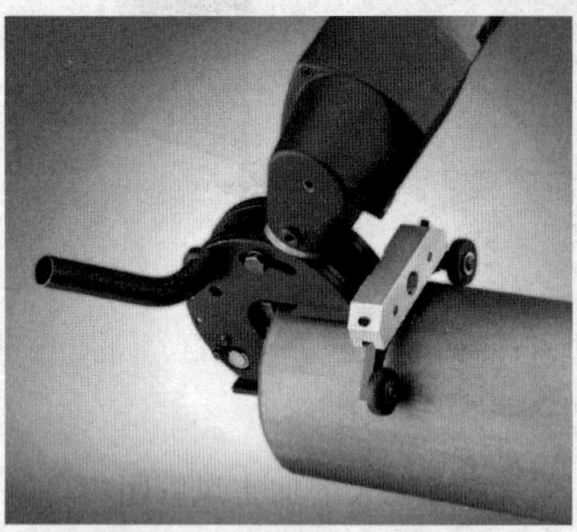

(*a*)　　(*b*)

图33-51　管道焊接工序

（*a*）管道坡口；（*b*）管道组对、焊接

3）焊接材料的品种、规格和性能应符合设计要求，并与管材匹配。

4）管子对口焊接，其错边偏差不大于管壁厚度的20%，且不大于2mm。

5）焊接质量应符合现行国家标准《现场设备、工业管道焊接工程施工规范》GB 50236的规定。

（2）丝接管道预制、安装

1）丝接连接的钢管采用机械切割，螺纹加工不得有大于螺纹全扣10%的断丝或缺丝，螺纹的有效长度允许偏差一扣。

2）填料采用细麻丝加铅油或聚四氟乙烯生料带，缠绕时应顺螺纹紧缠3～4层，并不得使填料挤入管内。

3）管件紧固后，将外露螺纹上的填料清理干净，镀锌钢管的外露螺纹应涂防锈漆。

4）镀锌钢管和钢塑复合管严禁焊接。

（3）法兰连接的管道预制、安装

1）法兰与管道连接，法兰端面应与管道中心线垂直；螺栓孔径和个数应相同（即压力等级一样），螺栓孔应对齐。

2）法兰的垫片应是封闭的，若需要拼接时其接缝应采用迷宫式的对接方式。垫片只能放一片，且不得有褶皱、裂纹或厚薄不均。

3）法兰螺栓紧固时，应对称十字交叉地分2～3次拧紧，使各个螺栓松紧适当；紧固后的螺栓，突出螺母的长度宜为2～3扣，不大于螺栓直径的0.5倍。

（4）卡箍连接的管道预制、安装

1）管道采用机械切割。切割断面应与管道的中心线垂直，允许偏差为：管径不大于100mm时，偏差不大于1mm，管径大于125mm时，偏差不大于1.5mm。

2）现场测量管段长度后进行下料。连接管段的长度应是管段两端口间净长度减去6～8mm，每个连接口之间应有3～4mm间隙。

3）管接头采用的平口端环形沟槽必须采用专用滚槽机加工成型。沟槽加工时管段应保持水平，钢管与滚槽机截面成90°，滚槽时应持续渐进。

4）组成卡箍接头的卡箍件、橡胶密封圈、紧固件应由生产接头的厂家配套供应，橡胶密封圈的材质根据介质的性质和温度确定。

2. 管道强度与严密性检验

（1）冷热水和冷却循环水管道安装完毕，应分段、分系统进行强度与严密性检验；冷凝水管安装完毕应进行充水试验。

（2）检验前应做好如下工作：完成临时快速补水管、紧急泄水管以及放空阀等的安装工作；对系统的坐标、标高、管件、阀门、支架及管道接口作一次全面检查；拆除不能参与试压的阀件和仪表，装上临时短管或堵头；隔离不能参与试压的设备。

（3）试验用压力表应经校验合格，精度不低于1.5级，满刻度值为最大被测压力的1.5～2倍。

（4）水压试验应使用清洁水作介质，水压试验过程中应分配专人巡视。

（5）试验压力应符合设计要求；当设计无要求时，强度试验压力为额定工作压力的1.2～1.5倍，当压力升至试验压力时停止升压，稳压5min，若压力降≤0.02MPa、系统无渗漏为强度试验合格；将压力降至额定工作压力，稳压30min，检查系统各管道接口、阀件等附属配件，不渗漏为严密性试验合格。

（6）管道试验合格后将水放尽，拆除临时设施，将系统复原。

#### 33.8.3.3 保温施工技术要点

保温材料类型见图33-52。

1. 玻璃棉板保温

（1）保温钉连接固定，保温钉与风管、部件及设备表面的连接，采用粘接，结合应牢固，不得脱落；保温钉的分布应均布，其数量底面每平方米不应少于16个，侧面不应少于12个，顶面不应少于8个。首行保温钉至风管或保温材料边沿的距离应小于120mm。

（2）保温材料纵向接缝不宜设在风管底面，保温钉按要求放置，并牢固可靠。

(3) 保温材料紧贴风管表面，不得有明显突起和散材外露，包扎牢固严密。

图 33-52　保温材料类型

(*a*) 玻璃棉保温材料；(*b*) 酚醛保温材料；(*c*) 橡塑保温材料

2. 橡塑海绵板

(1) 橡塑保温板的安装根据管道外形剪裁后，保温材料内表面至少 80% 涂上胶水，粘贴在风管上；在接缝处使用 10cm 宽的胶带密封，防止水气渗入。

(2) 绝热制品的拼缝宽度，当作为保温层时，不应大于 5mm；当作为保冷层时，不应大于 2mm。

(3) 在绝热层设置时，同层应错缝，上下层应压缝，其搭接的长度不宜小于 50mm。当外层管壳绝热层采用粘胶带封缝时，可不错缝。

(4) 水平管道的纵向接缝位置，不得布置在管道垂直中心线 45°范围内。当采用大管径的多块硬质成型绝热制品时，绝热层的纵向接缝位置，可不受此限制，但应偏离管道垂直中心线位置。

## 33.8.4　设备安装技术要点

### 33.8.4.1　风机安装

(1) 安装在无减震器支架上的风机，应垫 4～5mm 厚的橡胶板（消防风机除外），找平、找正后固定牢固。

(2) 安装在有减震器基座上的风机，地面要平整，各组减震器承受的荷载应均匀，不得偏心；安装后应采取保护措施，防止减震器损坏。

(3) 风机吊挂安装时，宜采用减震吊架。为减少吊架因风机启动的位移，应设置吊架摆动限制装置，以阻止风机启动惯性前移过量。

(4) 风机与电机用皮带连接时，两者应进行找正，使两个皮带轮的中心线重合。

(5) 风机与电机的传动装置外露部分应安装防护罩，风机的吸入口或吸入管直通大气时，应加装保护网或其他安全装置。

(6) 风机进、出口应通过软短管与风管连接，进、出风管应有单独的支撑。

(7) 轴流风机安装在墙内时，应在土建施工时配合预留孔洞和预埋件，墙外应装带钢丝网的 45°弯头，或在墙外安装活动百叶窗。

### 33.8.4.2　组合式空调机组安装

(1) 组合式空调机组安装前应检查各段体与设计图纸是否相符，各段体内所安装的设备、部件是否完备无损，配件是否齐全。

（2）多台空调箱安装前对段体进行编号，段体的排列顺序必须与设备图相符。

（3）清理干净段体内的杂物、垃圾和积尘，从设备的一端开始，逐一将段体抬上基础，校正位置后加上衬垫，将相邻两个段体连接严密、牢固。

（4）过滤器的安装应平整、牢固，并便于拆卸和更换；过滤器与框架之间、框架与机组的围护结构之间缝隙应封堵严密。

（5）机组组装完毕，应做漏风量检测，漏风量必须符合现行国家标准《组合式空调机组》GB/T 14294 的规定。

（6）组合式空调机组的配管应符合下列规定：

1）水管道与机组连接宜采用橡胶柔性接头，管道应设置独立的支、吊架。

2）机组接管最低点应设泄水阀，最高点应设放气阀。

3）阀门、仪表应安装齐全，规格、位置应正确，风阀开启方向应顺气流方向。

4）凝结水的水封应按产品技术文件的要求进行设置。

5）在冬季使用时，应有防止盘管、管路冻结的措施。

6）机组与风管采用柔性短管连接时，柔性短管的绝热性能应符合风管系统的要求。

**33.8.4.3 柜式空调机组、新风机组安装**

（1）安装位置应正确；与风管、静压箱的连接应严密、可靠；与管道连接采用软连接。

（2）冷凝水管的水封高度应符合要求。

**33.8.4.4 风机盘管安装**

（1）风机盘管安装前宜逐台进行质量检查：

1）电机壳体及表面热交换器有无损伤、锈蚀等缺陷。

2）单机三速试运转，机械部分不得有摩擦，电气部分不得漏电。

3）进行水压试验，试验压力为系统工作压力的 1.5 倍；定压观察 2～3min，压力不下降、机组不渗漏为合格。

（2）吊挂安装的风机盘管应平整牢固，位置正确；吊架应固定在主体结构上，吊杆不应自由摆动，吊杆与托架相连应用双螺母紧固。

（3）凝结水管的坡度和坡向应正确，凝结水应能畅通地流到指定位置。

（4）供回水阀、过滤器、电磁阀应靠近风机盘管安装，尽量安装在凝结水盘上方范围内，凝结水盘不得倒坡。

（5）风机盘管与水管的连接，应在管道系统冲洗合格后进行，以防止堵塞热交换器。

**33.8.4.5 风幕安装**

（1）安装位置、方向应正确，与门框之间采用弹性垫片隔离，防止风幕的振动传递到门框上产生共振。

（2）风幕的安装不得影响其回风口过滤网的拆除和清洗。

（3）安装高度应符合设计要求，风幕吹出的空气应能有效地隔断室内外空气的对流。

（4）纵向垂直度和横向水平度的偏差均不应大于 2/1000。

**33.8.4.6 单元式空调机组安装**

（1）分体单元式空调器的室外机和风冷整体单元式空调器的安装，固定应牢固可靠，无明显振动。遮阳、防雨措施不得影响冷凝器排风。

（2）分体单元式空调器的室内机的位置应正确，并保持水平，冷凝水排放应畅通，管道穿墙处必须密封，不得有雨水渗入。

（3）整体单元式空调器的四周应留有相应的检修空间。

（4）冷媒管道的规格、材质、走向及保温应符合设计要求；弯管的弯曲半径不应小于 3.5$D$（$D$ 为管道直径）。

**33.8.4.7　热回收装置安装**

（1）转轮式热回收装置安装的位置、转轮旋转方向及接管应正确，运转应平稳。

（2）排风系统中的排风热回收装置的进、排风管的连接应正确、严密、可靠，室外进、排风口的安装位置、高度及水平距离应符合设计要求。

### 33.8.5　系统调试与检测

根据《建筑节能工程施工质量验收标准》GB 50411 要求，通风与空调节能工程，安装完成后，为了达到系统正常运行和节能的目标，必须进行通风机组和空调机组等设备的单机试运转和调试及系统的风量平衡。本节的调试主要是通风系统和空调风管系统的调试，以及水系统的联动调试。

**33.8.5.1　调试步骤**

施工准备→设备单机试运转→无负荷联合试运转的测定与调整（风机风量、风压及转速测定，系统风口风量平衡，冷热源试运转，制冷系统压力、温度及流量等测定）→带负荷综合效能的测定与调整（室内温度、相对湿度的测定与调整，室内气流组织的测定，室内噪声的测定，自动调节系统参数整定和联合试运调试，防排烟系统测定）→综合效能评定。

**33.8.5.2　准备工作**

（1）绘制系统单线布局示意图，在示意图中标注各管段风量、风口风量、阀件位置、测点位置等。

（2）根据实际情况确定系统内风量、风压、风速的检测方法及各室内送风口、回风口风速、风量的检测方法。

（3）准备好测试用的器具和仪表。主要测量器具：压力表、温度计、转速表、电流表、声级计、风速表、风压表、湿度计等（图 33-53）。计量器具的种类、规格及精度应满足有关规定的要求，并应检定合格，使用时在有效期内。

（4）设备单机试运转前应对系统进行全面检查：

1）系统已全部安装完毕，满足使用功能。

2）电气及控制系统：电力供电已正常；电气控制系统已进行模拟动作试验；接地和绝缘已检测合格；敏感元件、调节器、调节执行机构等安装接线完毕，具备调试条件；自动控制装置的性能已达到要求；自动控制系统已进行模拟动作试验。

3）设备、零部件上的杂物、灰尘、油污已彻底清理，运转部件处于良好润滑状态。

4）手动盘车，机械转动部位灵活，无卡住、阻滞现象，传动情况良好。

5）设备、底座与基础连接无误、减震器无明显变形。

6）相关项目已没有影响调试结果的后续工序。

7）已具备调试场所，调试安全设施完善。

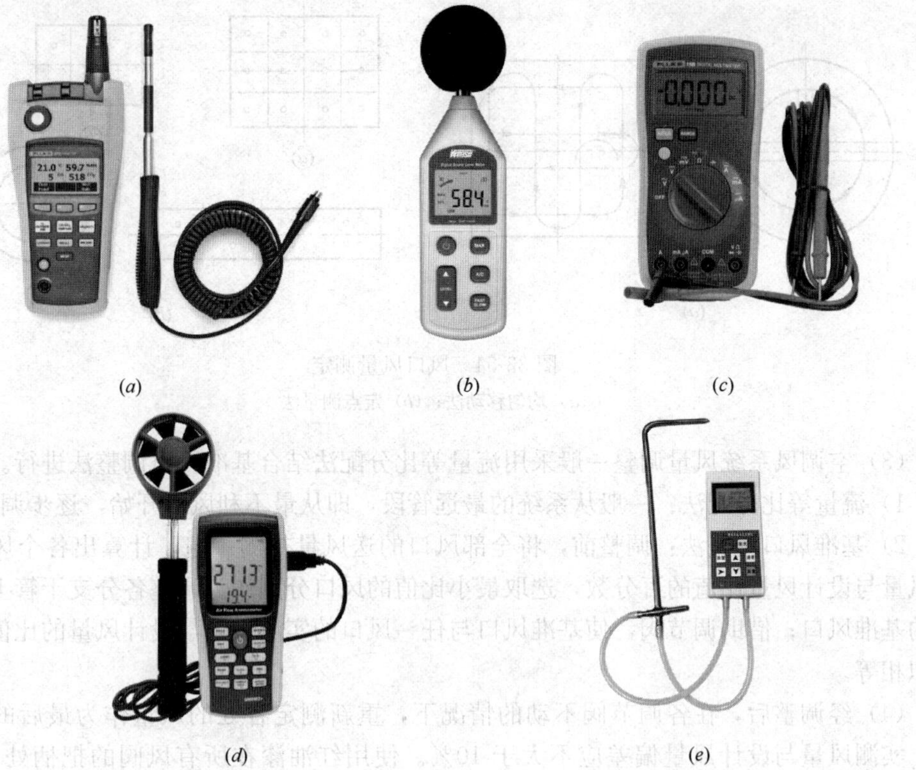

图 33-53 测试器具和仪表

(*a*) 热线风速仪；(*b*) 声级计；(*c*) 电流表；(*d*) 叶轮风速仪；(*e*) 皮托管压力仪表

### 33.8.5.3 风机单机试运转

(1) 运转前应将送、回（排）风管及风口上的阀门全部开启。

(2) 点动，检查风机的旋转方向是否正确。

(3) 风机启动时，若声音、振动异常，应立即停机检查。

(4) 风机正常运转后，定时测量轴承温升，所测温度应低于设备说明书中的规定值，如无规定值时，一般滚动轴承的温度不大于80℃，滑动轴承的温度不大于70℃。运转持续时间不小于 2h。

### 33.8.5.4 风量、风压的测定与调整

1. 空调风系统风量、风压的测定与调整

(1) 空调风系统总风量、风压的测定截面位置应选择在气流均匀处，按气流方向应选择在局部阻力之后 4～5 倍管径（或矩形风管大边尺寸）或局部阻力之前 1.5～2 倍管径（或矩形风管大边尺寸）的直管段上。测定截面上测点的位置和数量主要根据风管形状（矩形或圆形）和尺寸大小而定。

(2) 送、回风口风量测定可用热电风速仪或叶轮风速仪测得风速，求得风量。测量时应贴近格栅或网格，采用匀速移动法或定点测量法测定平均风速（图 33-54），匀速移动法不应少于 3 次，定点测量法不应少于 5 个，散流器可采用加罩测量法。风口的风量与设计风量的允许偏差不应大于 15%。

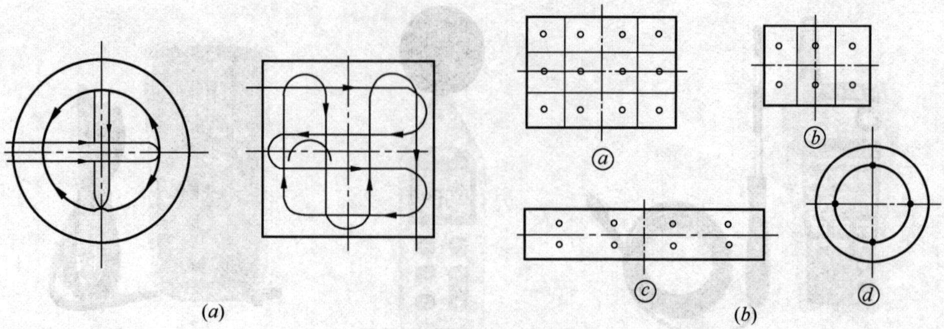


图 33-54 风口风量测定
(a) 均匀移动法；(b) 定点测量法

(3) 空调风系统风量调整一般采用流量等比分配法结合基准风口调整法进行。

1) 流量等比分配法：一般从系统的最远管段，即从最不利风口开始，逐步调向风机。

2) 基准风口调整法：调整前，将全部风口的送风量初测一遍，计算出各个风口的实测风量与设计风量比值的百分数，选取最小比值的风口分别作为调整各分支干管上风口风量的基准风口；借助调节阀，使基准风口与任一风口的实测风量与设计风量的比值百分数近似相等。

(4) 经调整后，在各调节阀不动的情况下，重新测定各处的风量作为最后的实测风量，实测风量与设计风量偏差应不大于 10%。使用红油漆在所有风阀的把柄处作标记，并将风阀位置固定。

(5) 防排烟系统及正压送风系统调试完成后，应与消防系统联动调试。

(6) 风管系统测试的主要内容：

1) 风机的风量、风压、噪声。

2) 系统的总风量及各风口的风量、风速。

3) 正压送风区域的正压。

4) 卫生间负压。

5) 空调房间的气流组织和噪声。

2. VAV 变风量系统风量、风压的测定与调整

VAV 变风量系统属于全空气系统的一种形式，所以上述风量、风压的测定内容基本适用于变风量系统，但变风量系统也有自身独特之处。VAV 变风量系统由一个 AHU 及系统中各个 VAV 空调箱组成，VAV 变风量系统的风量、风压的测定与调整可以分为一次风量的平衡和二次风量的平衡和调整。一次风量由变频空调机组 AHU 根据一次风管内的静压调节转速提供，二次风量由 VAV 末端的风机分高中低三档定风量送风。

(1) VAV 一次风量的平衡，需要调整系统一次风分支管上对开式多叶调节阀，在主支管与 VAV 空调箱接通之前，先根据各空调箱的风量参数计算出各支管路相应的设计面积、设计风量及设计参数，利用该阀门对一次风进行粗平衡，该过程只是针对空调机组及一次风进行粗平衡调试。

(2) 系统施工完成时，由于风管的全部接通，管路的沿程阻力和局部阻力会有所增加，从而引起已经粗平衡的一次风量的变化，应进一步调节风量平衡。将 VAV 空调箱的

一次风阀挡板固定在全开状态，利用一次风阀上的风压传感器测定的压力平均值求得一次风量并将其与设计风量值比较，根据需要进一步逐个调整对开式多叶调节阀的开启角度，使各机组一次风量值与设计值相吻合，经确认后，固定对开式多叶调节阀的把手位置并做好标志。同样方法对每个VAV空调箱的前端分支干管上的调节阀开度进行调整，从而达到每层的空调机组在最大风量工况下一次风系统风量平衡。

(3) VAV二次风量的平衡是对VAV空调箱送风管所带的几个送风口根据设计风量进行平衡。VAV末端系统风量的调整是从系统最不利的环路开始，逐步通向风机出风段。先测出最不利支管风量，并用支管上的风阀调整对应支管的风量，使其与总风量的比值和设计比值近似相等。然后测出并调整其他支管的风量，使其与总风量的比值和设计比值都近似相等。最后测定并调整风机的总风量，使其等于设计的总风量。此时，由于各支管的阻力已基本平衡，所以各支管的实际送风量和设计送风量就近似相等。

(4) 风量平衡后，一次风阀挡板应处于自动位置，待整个空调系统的水、电等专业都调试完成后，运行AHU和VAV空调箱，根据具体要求合理设定房间所需温度（房间设定的温度不宜过高或过低，否则VAV空调箱的一次风阀将始终处于全开位置，导致变频AHU一直全速运转，达不到节能的目的）。当室温达到设定温度时，VAV空调箱自动调整一次风阀挡板的开度，减少一次风量，增加回风量，同时变频AHU根据各个VAV空调箱的实际一次风量自动调整其总的一次送风量，从而能够利用最少的能耗，充分保证室内的空气清新和舒适的温度。

(5) 风量平衡后系统总风量调试实测结果与设计风量的偏差不应大于10%，各风口或吸风罩的风量与设计风量的偏差不应大于15%。

**33.8.5.5 系统联动调试与检测**

通风与空调系统的联动调试应在风系统的风量平衡调试结束和冷冻水、冷却水及热水循环系统均运转正常的条件下进行。系统联动调试分手动控制调试和自动控制调试两步，本章主要指手动控制调试，自动控制调试见本书其他有关内容。

空调冷（热）水、冷却水系统的调试前应对管路系统进行全面检查。支架固定良好；试压、冲洗用的临时设施已拆除，系统已复原；管道保温已结束等。

(1) 将调试管路上的手动阀门、电动阀门全部开到最大状态，开启排气阀。

(2) 向系统内充水，充水过程中要有人巡视，发现漏水情况及时处理。

(3) 系统冲满水后启动循环水泵和冷却塔，观察各部位的压力表和流量计读数及冷却塔集水盘的水位，流量和压力应符合设计要求。

(4) 调试定压装置。采用高位水箱的，应调试浮球阀的进水水位至最佳位置；采用低位定压装置的，应调试其正常工作压力、启泵压力、停泵压力至设计要求。

(5) 调整循环水泵进出口阀门开启度，使其流量、扬程达到设计要求（总流量与设计流量的偏差不应大于10%）。同时观察分水器、集水器上的压力表读数和压差是否正常，如不正常，调整压差旁通控制系统，直至达到设计要求（压差旁通控制系统手动调试只能粗调）。调整管路上的静态平衡阀，使其达到设计流量。

(6) 调试水处理装置、自动排气装置等附属设施，使其达到设计要求。

(7) 投入冷、热源系统及空调风管系统，进行系统的联动调试与检测。

(8) 通风与空调工程节能性能的检测。

**33.8.5.6　通风与空调工程节能性能的检测**

通风与空调工程交工前，应进行系统节能性能的检测，由建设单位委托具有检测资质的第三方进行并出具报告，检测的主要项目及要求见《建筑节能工程施工质量验收规范》GB 50411 相应内容。

按照 GB 50411 规定对材料和设备应在施工现场进行抽样复验，复验应为见证取样送检，同时现场还要求施工方自检项目。

## 33.9　空调与供暖系统冷热源及管网节能工程

### 33.9.1　概　述

空调与供暖系统的能耗可以分为以下三部分：冷热源能耗，空调机组及末端设备能耗和输送系统能耗。这三部分能耗中，冷热源能耗约占总能耗的一半，是空调与供暖系统节能的主要内容。

**33.9.1.1　空调与供暖系统冷热源及管网设备材料对节能的影响**

空调与供暖系统冷热源设备主要包含锅炉、冷水（热泵）机组、换热器、水泵、冷却塔等，其中锅炉、冷水（热泵）机组等核心冷热源设备承担了整个建筑的能量损耗，其制冷（热）量、效率等综合性能指标，反映了设备能量利用及转换的效率，它是影响系统节能的主要因素。因此设备的选用及安装应满足国家相关标准的规定。

水泵是冷热源系统中能量输送的设备，其耗能在空调与供暖系统中也占有相当大的比例。水泵轴功率和运行期延时小时数是影响泵运行耗电量大的主要原因，而泵的流量、扬程和运行效率又直接影响轴功率。但由于系统制式、设备选型及安装的各种原因，造成设备运行效率低，系统的平均运行效率约为40%～50%。严重浪费了能量，它是影响供暖及空调系统节能的另外一个重要因素。

**33.9.1.2　空调与供暖系统冷热源及管网组成形式对节能的影响**

供暖及制冷系统组成形式指冷热源系统管道的制式，按照现行《严寒和寒冷地区居住建筑节能设计标准》JGJ 26、《公共建筑节能设计标准》GB 50189 及相关节能标准的要求，冷热源机房、换热站的管道系统应设计成节能功能的制式，例如当系统的规模较大时，宜采用间接连接的一、二次泵水系统，从而提高热源的运行效率，减少输配电耗。一次泵水系统设计供水温度应取 115～130℃，回水温度应取 70 ～80℃。一、二次循环水泵应选用高效节能低噪声水泵。水泵台数宜采用 2 台，一用一备。系统容量较大时，可合理增加台数，但必须避免“大流量、小温差”的运行方式；对锅炉房、热力站和建筑物入口进行参数监测与计量的要求。锅炉房总管，热力站和每个独立建筑物入口应设置供回水温度计、压力表和热表（或热水流量计）。补水系统应设置水表。锅炉房动力用电、水泵用电和照明用电应分别计量。单台锅炉容量超过 7.0MW 的大型锅炉房，应设置计算机监控系统，这是系统节能的必备条件，但实际安装过程中，由于更改系统制式、减少必要的自控阀门等原因，导致系统无法运行在节能状态，因此保证系统在安装及运行过程中达到设计要求，是影响空调与供暖冷热源系统节能的重要因素。

管网在整个空调与供暖系统节能中也占有一定的比例，其影响因素主要包含以下两个方面：

（1）管网水力平衡：由于管网水力不平衡，水泵实际运行流量大于额定设计流量，从而使得水泵运行在低效率区，同时导致末端用户过冷或过热，都会造成不必要的能耗。

水力平衡是指网路中各个热用户在其他热用户流量改变时保持本身流量不变的能力，通常用热用户的水力稳定性系数 $r$ 来表示，按式（33-5）计算。

$$r = 1/X_{MAX} = Q_J/Q_{MAX} \tag{33-5}$$

式中 $Q_J$——用户的设计要求流量；

$Q_{MAX}$——用户出现的最大流量。

水力平衡一般分为静态水力平衡及动态水力平衡：

1）静态水力失调是稳态的、根本性的，是系统本身所固有的。通过在管道系统中增设静态水力平衡设备（水力平衡阀）对系统管道特性阻力数比值进行调节，使其与设计要求管道特性阻力数比值一致，此时当系统总流量达到设计流量时，各末端设备流量均同时达到设计流量，系统实现静态水力平衡。

2）动态水力失调是动态的、变化的，它不是系统本身所固有的，是在系统运行过程中产生的。通过在管道系统中增设动态水力平衡设备（流量调节器或压差调节器），当其他用户阀门开度发生变化时，通过动态水力平衡设备的屏蔽作用，使自身的流量并不随之发生变化，末端设备流量不互相干扰，此时系统实现动态水力平衡。

（2）管网保温：对于集中供热或供冷系统，管网规模距离长，沿程热损失较大，保温材料、厚度、施工质量也是影响热损耗的重要因素。

#### 33.9.1.3 空调与供暖系统冷热源及管网施工安装及调试对节能的影响

供暖系统施工安装及调试对系统耗能影响的因素主要包括以下几个方面：

（1）设备材料。冷热源及管网工程中，冷热源设备的性能是整个供暖及空调工程中节能的核心，其各项热指标将直接影响到建筑的耗能。因此施工安装过程中选用的设备材料各项指标必须满足设计要求的同时，还应满足国家节能要求的各项指标。对于锅炉的额定热效率、冷水（热泵）机组综合制冷性能系统（*COP*）、部分负荷性能系数（*IPLV*）空调机组能效比（*EER*）、水泵耗电输热比（*EHR*）和输送能效比（*ER*）等是反映设备节能效果的重要参数，因此设备进场时应严格核查其有关性能参数是否符合设计要求，并满足国家现行有关标准规定。

（2）冷热源系统设备及管网的（主要包括冷热源设备、辅助设备及管网、保温等）的安装是否符合节能设计要求，也是影响供暖系统节能的重要因素。因为在空调供暖系统中冷热源设备的能耗占整个空调供暖系统总能耗的大部分，其规格、数量是否符合设计要求，安装位置连接是否合理、正确，将直接影响空调与供暖系统的总能耗及空调效果。在安装过程中未经设计同意，擅自改变设备的规格、数量及安装位置，其后果是因增加或减少设备降低系统可靠性，使系统偏离设计工况，运行在低效率点，增加不必要的能耗。

同时对于冷热源系统的辅助设备及控制仪表阀件，如水力平衡装置、电动阀、热计量装置等，直接关系到系统节能运行，任意改变数量、安装位置、减少或增加设备等的不良做法，使得空调或供暖系统无法实现水力平衡和热计量，系统无法节能运行，因此增加不必要的能耗。

（3）系统调试。空调与供暖系统冷热源和辅助设备及其管道和室外管网系统调试，是检验系统安装质量、系统是否能够按照节能要求运行的重要手段。

**33.9.1.4　其他要求**

（1）空调与供暖系统冷热源设备、辅助设备及其管道和管网系统节能工程的施工，除应符合基本要点及《建筑节能工程施工质量验收标准》GB 50411 和《通风与空调工程施工质量验收规范》GB 50243 的有关规定外，还应按照批准的设计图纸、相关技术规范和标准进行。施工图纸修改必须有设计单位的设计变更通知书或技术核定签证。

（2）空调与供暖系统冷热源设备、辅助设备及其管道和管网系统节能工程的施工技术方案应包含节能设计要求的设备、材料的质量指标，复验要求，施工工艺，系统检测，质量验收要求等内容。

（3）锅炉安装施工单位，必须具有相应等级的施工许可证。

## 33.9.2　材料与设备

空调与供暖系统的冷热源设备主要包含以下内容：

**33.9.2.1　锅炉**

锅炉是利用热能将水加热使其产生热水或蒸汽的热源装置。锅炉的额定热效率是反映设备节能效果的重要参数，其数值越大，节能效果就越好。

锅炉的额定效率不应低于 GB 50189—2015 中规定数值，见表 33-73。

**锅炉的最低设计效率（%）**　　**表 33-73**

| 锅炉类型及燃料种类 | | 锅炉额定蒸发量 $D$（t/h）/ 额定热功率 $Q$（MW） | | | | | |
|---|---|---|---|---|---|---|---|
| | | $D<1$/ $Q<0.7$ | $1\leqslant D\leqslant 2$/ $0.7\leqslant Q\leqslant 1.4$ | $2<D<6$/ $1.4<Q<4.2$ | $6\leqslant D\leqslant 8$/ $4.2\leqslant Q\leqslant 5.6$ | $8<D\leqslant 20$/ $5.6<Q\leqslant 14.0$ | $D>20$/ $Q>14.0$ |
| 燃油燃气锅炉 | 重油 | 86 | | 88 | | | |
| | 轻油 | 88 | | 90 | | | |
| | 燃气 | 88 | | 90 | | | |
| 层状燃烧锅炉 | Ⅲ类烟煤 | 75 | 78 | 80 | | 81 | 82 |
| 抛煤机链条炉排锅炉 | | — | — | — | 82 | | 83 |
| 流化床燃烧锅炉 | | — | — | — | 84 | | |

**33.9.2.2　冷水（热泵）机组**

（1）冷水机组是将蒸气压缩循环压缩机、冷凝器、蒸发器以及自控元件等组装成一体，可提供冷水的压缩式制冷机。冷水机组见图 33-55。

（2）热泵机组是将蒸气压缩循环压缩机、冷凝器、蒸发器以及自控元件等组装成一体，能实现蒸发器与冷凝器功能转换，可提供热水（风）、冷水（风）的压缩式制冷机。

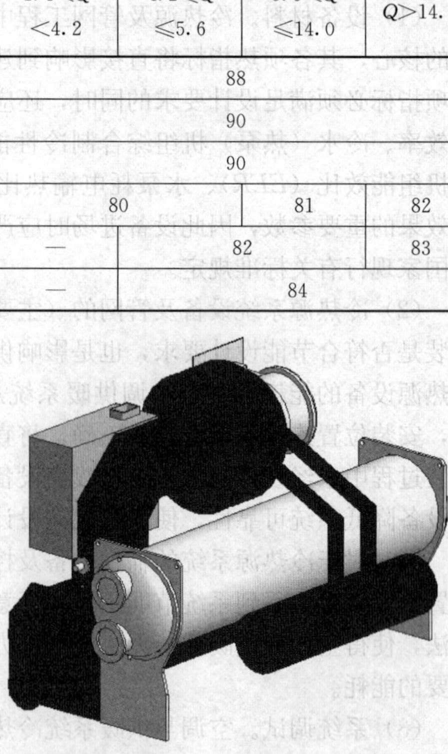

图 33-55　冷水机组

（3）冷水（热泵）机组要求制冷性能系数

冷水（热泵）机组工况差异对机组满负荷

效率存在很大的影响。故在选用冷水机组时，必须重视工况不同对冷水机组性能产生的影响，考虑并满足中国气候和水质条件的要求，以保证机组长期高效运行。

冷水（热泵）机组的制冷性能系数（*COP*）及综合部分负荷性能系数（*IPLV*）不应低于现行《公共建筑节能设计标准》GB 50189 中的规定数值，如表 33-74 及表 33-75 中所示。

**冷水（热泵）机组制冷性能系数（*COP*）**　**表 33-74**

| 类型 | | 名义制冷量 CC（kW） | 性能系数 *COP*（W/W） | | | | | |
|---|---|---|---|---|---|---|---|---|
| | | | 严寒A、B区 | 严寒C区 | 温和地区 | 寒冷地区 | 夏热冬冷地区 | 夏热冬暖地区 |
| 水冷 | 活塞式/涡旋式 | CC≤528 | 4.10 | 4.10 | 4.10 | 4.10 | 4.20 | 4.40 |
| | 螺杆式 | CC≤528 | 4.60 | 4.70 | 4.70 | 4.70 | 4.80 | 4.90 |
| | | 528<CC≤1163 | 5.00 | 5.00 | 5.00 | 5.10 | 5.20 | 5.30 |
| | | CC>1163 | 5.20 | 5.30 | 5.40 | 5.50 | 5.60 | 5.60 |
| | 离心式 | CC≤1163 | 5.00 | 5.00 | 5.10 | 5.20 | 5.30 | 5.40 |
| | | 1163<CC≤2110 | 5.30 | 5.40 | 5.40 | 5.50 | 5.60 | 5.70 |
| | | CC>1163 | 5.70 | 5.70 | 5.70 | 5.80 | 5.90 | 5.90 |
| 风冷或蒸发冷却 | 活塞式/涡旋式 | CC≤50 | 2.60 | 2.60 | 2.60 | 2.60 | 2.70 | 2.80 |
| | | CC>50 | 2.80 | 2.80 | 2.80 | 2.80 | 2.90 | 2.90 |
| | 螺杆式 | CC≤50 | 2.70 | 2.70 | 2.70 | 2.80 | 2.90 | 2.90 |
| | | CC>50 | 2.90 | 2.90 | 2.90 | 3.00 | 3.00 | 3.00 |

注：水冷变频机组和风冷或蒸发冷却机组性能系数不低于表中规定数值，水冷变频离心式机组的性能系数（*COP*）不应低于表 33-74 中数值的 0.93 倍，水冷变频螺杆式机组的性能系数（*COP*）不能低于表 33-74 中数值的 0.95 倍。

**冷水（热泵）机组综合部分负荷性能系数（*IPLV*）**　**表 33-75**

| 类型 | | 名义制冷量 CC（kW） | 综合部分负荷性能系数 *IPLV* | | | | | |
|---|---|---|---|---|---|---|---|---|
| | | | 严寒A、B区 | 严寒C区 | 温和地区 | 寒冷地区 | 夏热冬冷地区 | 夏热冬暖地区 |
| 水冷 | 活塞式/涡旋式 | CC≤528 | 4.90 | 4.90 | 4.90 | 4.90 | 5.05 | 5.05 |
| | 螺杆式 | CC≤528 | 5.35 | 5.45 | 5.45 | 5.45 | 5.55 | 5.65 |
| | | 528<CC≤1163 | 5.75 | 5.75 | 5.75 | 5.85 | 5.90 | 6.00 |
| | | CC>1163 | 5.85 | 5.95 | 6.10 | 6.20 | 6.30 | 6.30 |
| | 离心式 | CC≤1163 | 5.15 | 5.15 | 5.25 | 5.35 | 5.45 | 5.55 |
| | | 1163<CC≤2110 | 5.40 | 5.50 | 5.55 | 5.60 | 5.75 | 5.85 |
| | | CC>1163 | 5.95 | 5.95 | 5.95 | 6.10 | 6.20 | 6.20 |
| 风冷或蒸发冷却 | 活塞式/涡旋式 | CC≤50 | 3.10 | 3.10 | 3.10 | 3.10 | 3.20 | 3.20 |
| | | CC>50 | 3.35 | 3.35 | 3.35 | 3.35 | 3.40 | 3.45 |
| | 螺杆式 | CC≤50 | 2.90 | 2.90 | 2.90 | 3.00 | 3.10 | 3.10 |
| | | CC>50 | 3.10 | 3.10 | 3.10 | 3.20 | 3.20 | 3.20 |

注：水冷变频机组和风冷或蒸发冷却机组综合部分负荷性能系数不低于表中规定数值，水冷变频离心式机组的综合部分负荷性能系数（*IPLV*）不应低于表 33-75 中数值的 1.30 倍，水冷变频螺杆式机组的综合部分负荷性能系数（*IPLV*）不能低于表 33-75 中数值的 1.15 倍。

#### 33.9.2.3　吸收式制冷机组

以热能为动力，由制冷剂汽化、蒸汽被吸收液吸收、加热吸收液取出制冷剂蒸汽以及制冷剂冷凝、膨胀等过程组成的制冷循环，完成制冷循环和吸收剂循环的制冷机组，称吸收式制冷机组。

溴化锂吸收式机组性能参数应符合现行《蒸气和热水型溴化锂吸收式冷水机组》GB/T 18431及《公共建筑节能设计标准》GB 50189相关规范中数据，见表33-76中所示。

**溴化锂吸收式机组性能参数　　表33-76**

| 机型 | 名义工况 | | | | 性能参数 | |
|---|---|---|---|---|---|---|
| | 冷水进/出口温度（℃） | 冷却水进/出口温度（℃） | 蒸汽压力（MPa） | 单位制冷量蒸汽耗量 | 性能系数 制冷 | 性能系数 供热 |
| 蒸汽单效型 | 12/7 | 32/40 | 0.10 | ≤2.17 | | |
| 蒸汽双效型 | | 32/38 | 0.25 | ≤1.40 | | |
| | | | 0.4 | | | |
| | | | 0.6 | ≤1.31 | | |
| | | | 0.8 | ≤1.28 | | |
| 直燃 | 供冷 12/7 | 30/35 | | | ≥1.20 | |
| | 供热出口 60 | | | | | ≥0.90 |

#### 33.9.2.4　水（地）源热泵机组

水（地）源热泵机组是一种以循环流动于地埋管中的水或井水、湖水、河水、海水或生活污水及工业废水或共用管路中的水为冷（热）源，制取冷（热）风或冷（热）水的设备。按冷（热）源类型可以分为水环式水（地）源热泵机组、地下水式水（地）源热泵机组、地埋管式水（地）源热泵机组和地表水式水（地）源热泵机组四类。

现行国家标准《水（地）源热泵机组》GB/T 19409规定，冷热风型和冷热水型机组名义工况时的机组能效比和性能系数不应低于表33-77的数值。

**水（地）源热泵机组性能参数　　表33-77**

| 类型 | 名义制冷量（kW） | | 热泵型机组综合性能系数 *ACOP* | 单冷型机组 *EER* | 单热型机组 *COP* |
|---|---|---|---|---|---|
| 冷热风型 | 水环式 | | 3.5 | 3.3 | — |
| | 地下水式 | | 3.8 | 4.1 | |
| | 地埋管式 | | 3.5 | 3.8 | |
| | 地表水式 | | 3.5 | 3.8 | |
| 冷热水型 | 水环式 | *CC*≥150 | 3.8 | 4.1 | 4.6 |
| | | *CC*＜150 | 4.0 | 4.3 | 4.4 |
| | 地下水式 | *CC*≥150 | 3.9 | 4.3 | 4.0 |
| | | *CC*＜150 | 4.4 | 4.8 | 4.4 |
| | 地埋管式 | *CC*≥150 | 3.8 | 4.1 | 4.2 |
| | | *CC*＜150 | 4.0 | 4.3 | 4.4 |
| | 地表水式 | *CC*≥150 | 3.8 | 4.1 | 4.2 |
| | | *CC*＜150 | 4.0 | 4.3 | 4.4 |

注：1. 综合性能系数 *ACOP*—机组在额定制冷工况和额定；制热工况下满负荷运行时的能效与多个典型城市的办公建筑按制冷、制热时间比例进行综合加权，$ACOP=0.56EER+0.44COP$。
2. 能效比 *EER*—机组在额定制冷工况下满负荷运行时的能效；性能系数 *COP*—机组在额定制热工况下满负荷运行时的能效。
3. "—"表示不考核，单热型机组以名义制热量150kW作为分档界线。

#### 33.9.2.5 多联式空调（热泵）机组

多联式空调（热泵）机组是指一台或数台室外机可连接数台不同或相同形式、容量的直接蒸发式室内机构成的单一制冷循环系统，它可以向一个或数个区域直接提供处理后的空气。名义制冷工况和规定条件下要求的制冷综合性能系数 *IPLV*（C）见表 33-78。

**多联式空调（热泵）机组制冷综合性能系数 *IPLV*（C）　　表 33-78**

| 制冷量 *CC*（kW） | 综合部分负荷性能系数 IPLV（C） | | | | | |
|---|---|---|---|---|---|---|
| | 严寒 A、B区 | 严寒 C区 | 温和地区 | 寒冷地区 | 夏热冬冷地区 | 夏热冬暖地区 |
| *CC*≤28 | 3.80 | 3.85 | 3.85 | 3.90 | 4.00 | 4.00 |
| 28<*CC*≤84 | 3.75 | 3.80 | 3.80 | 3.85 | 3.95 | 3.95 |
| *CC*>84 | 3.65 | 3.70 | 3.70 | 3.75 | 3.80 | 3.80 |

#### 33.9.2.6 冷却塔

冷却塔是利用水和空气的接触，通过蒸发作用来散去工业上或制冷空调中产生的废热的一种设备。冷却塔根据其通风方式可分为自然通风冷却塔、机械通风冷却塔、混合通风冷却塔和引射式冷却塔；按冷却方式可分为直接蒸发式、间接蒸发式（闭式）冷却塔和混合冷却式冷却塔；按水和空气的流动方向可分为逆流式冷却塔、横流式冷却塔和混流式冷却塔。

目前使用最多的是逆流或横流形式的机械通风直接蒸发式冷却塔。逆流式冷却塔空气与水逆向流动，换热效果和换热段气流效果都较好，不容易形成出风气流短路。横流式冷却塔空气与水交叉流动，换热效率低于逆流式冷却塔，但噪声小，使用场合更宽。水损失较小，比较经济。采用重力自然落下的布水系统，散水孔不易堵塞，且布水均匀，最大限度地提高了填料性能。

冷却塔热力性能好坏、噪声高低、耗电大小、漂水多少是衡量冷却塔品质优劣的常规指标，冷却塔的冷却能力或冷却塔水流量是选用冷却塔的关键参数。图 33-56 所示为一种横流式冷却塔结构形式。

#### 33.9.2.7 换热器

换热器是将热流体的部分热量传递给冷流体的设备，又称热交换器，见图 33-57。

图 33-56　冷却塔

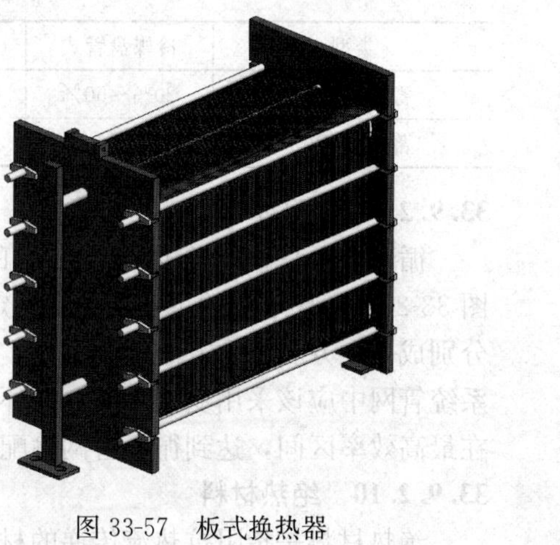

图 33-57　板式换热器

换热器在使用时，应选用传热系数高，使用寿命长的换热器。目前常用于供暖和空调系统的换热器类型见表 33-79。

**供暖和空调系统常用的换热器类型　　表 33-79**

| 换热器类型 | 传热系数（W/m²·K） | 工作压力（MPa） | 冷热介质允许压差（MPa） | 水阻（kPa） | 特点 |
|---|---|---|---|---|---|
| 波节管式 | 水-水 2000—3500 汽-水 2500—4000 | ≤8 | ≤8 | ≤30 | 适用于汽水换热，承压高，换热效率高。不结垢不堵塞，运行维修简单 |
| 板式 | 水-水 5000—6000 | ≤2.5 | ≤0.5 | ≤50 | 适用于水—水小温差，换热效率高，占地面积小，设备投资少，易结垢，易堵塞，调节性能好 |
| 螺纹扰动盘管式 | 水-水 1500—2500 汽-水 3000—4000 | ≤1.6 | ≤1.6 | ≤40 | 适用于水—水换热，可不加水箱具有容积性，连续运行稳定，不易结垢 |
| 螺旋螺纹管式 | 汽-水 7000—8000 | ≤1.6 | ≤1.6 | ≤50 | 适用于大温差汽—水换热，换热系数高，不渗不漏，耐腐蚀，外形体积小，节省占地面积 |

### 33.9.2.8　蓄冰装置

冰蓄冷设备是利用用电高、低峰期的电价差额，通过有效控制下的能量储存和释放，为空调系统提供经济冷源的设备。蓄冰槽亦可与电热锅炉配合，用于蓄热系统。

蓄冷装置主要是从设备制冷系统的蒸发温度、名义蓄冷量、净可利用蓄冷量、蓄冰率、融冰率、蓄冷特性与释冷特性等几方面来看。其中蓄冰率与融冰率这两个概念是冰蓄冷式系统中评价蓄冰设备的两个非常重要数值。通常对于同种蓄冷设备在相同条件下，其制冰率和融冰率越高越好，见表 33-80。

**冰蓄冷设备的蓄冰率　　表 33-80**

| 类型 | 冷媒盘管式 | 完全冻结式 | 制水滑落式 | 冰晶或冰泥 | 冰球式 |
|---|---|---|---|---|---|
| 蓄冰率 IPF1 | 20%～50% | 50%～70% | 40%～50% | 约 45% | 50%～60% |
| 蓄冰率 IPF2 | 30%～60% | 70%～90% | — | — | 90%以上 |

### 33.9.2.9　循环水泵

循环水泵是输送冷热流体工质的输配设备，是提供系统循环动力的机械设备，见图 33-24。循环水泵的主要参数有额定流量和扬程。理论上，水泵扬程和流量与水泵转速分别成一次方和二次方的比例关系，水泵的功率与转速成三次方的比例关系。空调与供暖系统管网中应该采用变频水泵，循环水泵的选型应该与管网特性相适应，才能使水泵工作在最高效率区间，达到循环管网输配系统节能的目的。

### 33.9.2.10　绝热材料

绝热材料是指阻抗热流传递的材料或者材料复合体。绝热材料一方面满足了建筑空间或热工设备的热环境，另一方面也节约了能源。

绝热材料在建筑中常见的应用类型及设计选用应符合《建筑绝热材料 性能选定指南》GB/T 17369—2014 的规定。

选用时除应考虑材料的导热系数外，还应考虑密度、吸水率等指标。

### 33.9.2.11 绝热管道

聚氨酯硬质泡沫塑料采用高功能聚醚多元醇和多次甲基多苯基多异氰酸酯为主要原料，在催化剂、发泡剂、表面活性剂等作用下，经化学反应发泡而成。

直埋保温管结构为：外保护层、保温层、防渗漏层三部分，外保护层材料为聚乙烯或玻璃钢或其他材料，其结构形式见图 33-58。

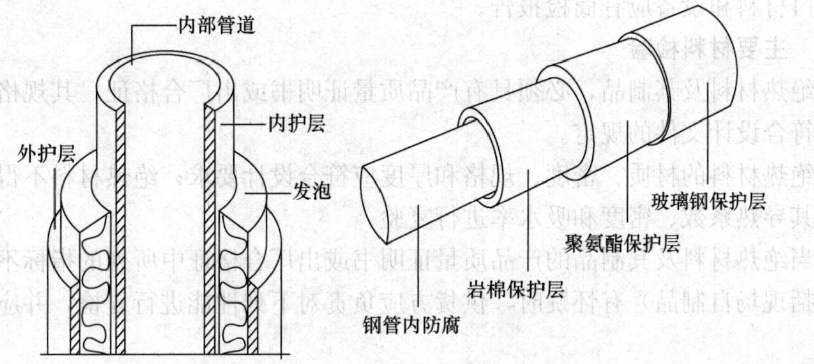


图 33-58 直埋保温管结构示意图

(2) 直埋保温管及其配件检验要求详见表 33-81。

直埋保温管及其配件检验要求 表 33-81

| 序号 | 产品名称 | 执行标准 | 备案审查时主要的检验项目 | 复验时主要的检验项目 | 复验批构成 | 备注 |
|---|---|---|---|---|---|---|
| 1 | "钢套钢"直埋保温管 | 企业标准 | 按标准 | 防腐层性能 | 每公里为一批 | |
| 2 | "钢套塑"直埋保温管 | CJ/T 114—2000 | 外护管：壁厚、密度、拉伸屈服强度、断裂伸长率、纵向回缩率；内外表面目测不应有损失其性能的沟槽，不允许有气泡、裂纹、凹陷、杂质、颜色不均等缺陷。<br>保温层：密度、吸水率、压缩强度、导热系数 | 外护管：壁厚、拉伸屈服强度、断裂伸长率；<br>保温层：密度 | 每公里为一批 | |
| 3 | 通用阀门 | GB/T 13927—2008 | 壳体强度、密封试验、上密封试验 | 壳体强度、密封试验、上密封试验 | 每公里为一批 | |
| 4 | 压力容器波纹膨胀节 | GB 16749—2018 | 尺寸公差、压力试验、致密性试验、刚度试验、稳定性试验、焊接质量 | 尺寸公差、压力试验 | 每公里为一批 | |

## 33.9.3　设备、材料进场检验

### 33.9.3.1　基本规定

空调与供暖系统冷热源及管网节能工程所使用的设备、管道、阀门、仪表、绝热材料等产品进场验收，应遵守下列规定：

（1）对材料和设备的类型、材质、规格、包装、外观等进行检查验收，并应经监理工程师（建设单位代表）确认，形成相应的验收记录。

（2）对材料和设备的质量证明文件进行核查，并应经监理工程师（建设单位代表）确认，纳入工程技术档案。上述材料和设备均应有出厂合格证、中文说明书及相关性能检测报告；进口材料和设备应有商检报告。

### 33.9.3.2　主要材料检验

（1）绝热材料及其制品，必须具有产品质量证明书或出厂合格证，其规格、性能等技术要求应符合设计文件的规定。

（2）绝热材料的材质、密度、规格和厚度应符合设计要求；绝热材料不得受潮；进场后，应对其导热系数、密度和吸水率进行复验。

（3）当绝热材料及其制品的产品质量证明书或出厂合格证中所列的指标不全或对产品质量（包括现场自制品）有怀疑时，供货方应负责对下列性能进行复检，并应提交检验合格证：

1）多孔颗粒制品的密度、机械强度、导热系数、外形尺寸等。松散材料的密度、导热系数和粒度等。

2）矿物棉制品的密度、导热系数、使用温度和外形尺寸等。散棉的密度、导热系数、使用温度、纤维直径、渣球含量等。

3）泡沫多孔制品的密度、导热系数、含水率、使用温度和外形尺寸等。

4）软木制品的密度、导热系数、含水率和外形尺寸等。

5）用于奥氏体不锈钢设备或管道上的绝热材料及其制品，应提交氯离子含量指标。

（4）受潮的绝热材料及其制品，当经过干燥处理后仍不能恢复合格性能时，不得使用。保冷工程所用的绝热材料及其制品。其含水率不应超过1%。软木制品的最大含水率不应超过5%。

（5）对防潮层、保护层材料及其制品的复检，应符合下列规定：

1）外形尺寸应符合要求，不得有穿孔、破裂、脱层等缺陷。

2）绝热结构用的金属材料，应符合现行国家《一般工业用铝及铝合金板、带材 第1部分：一般要求》GB/T 3880.1、《一般工业用铝及铝合金板、带材 第3部分：尺寸偏差》GB/T 3880.3、《碳素结构钢和低合金结构钢热轧钢板和钢带》GB/T 3274和《连续热镀锌和锌合金镀层钢板及钢带》GB/T 2518等标准的要求。

3）抽样检查：抗拉强度、抗压强度、密度、透湿率、耐热性、耐寒性等指标，均应符合标准或产品说明书的要求。

（6）管道的管径、壁厚及材质的化学成分应符合设计和国家标准要求。

### 33.9.3.3　主要设备检验

（1）对《建筑节能工程施工质量验收标准》GB 50411要求的设备的技术性能参数进

行核查（设计要求、铭牌、质量证明文件进行核对），并应经监理工程师（建设单位代表）确认，形成相应的验收记录。

（2）冷热源设备及附属设备的型号、规格和技术参数必须符合设计要求，设备主体和零部件表面应无缺损、锈蚀等情况。

1）为了保证空调与供暖系统冷热源及管网节能工程的质量，在空调与供暖系统冷热源及其辅助设备进场时，应对其热力等技术性能进行核查，根据设计要求对其技术资料和相关性能检测报告等所表示的热工等技术性能参数进行一一核对。

2）锅炉的额定热效率、电机驱动压缩机的蒸汽压缩循环冷水（热泵）机组的性能系数和综合部分负荷性能系数、多联式空调（热泵）机组名义制冷工况和规定条件下要求的制冷综合性能系数 *IPLV*（C）、冷热风型和冷热水型水（地）源热泵机组名义工况时的机组能效比和性能系数、热水型溴化锂吸收式机组及直燃型溴化锂吸收式冷（温）水机组的性能参数、换热器的传热系数等，其数值越大，节能效果就越好；反之亦然。因此，在上述设备进场时，应核查它们的有关性能参数是否符合设计要求并满足国家现行有关标准的规定。

（3）整体式蓄冰装置的保温结构，应有在安装地区气候条件下外壁不结露的计算书。

（4）其他材料和设备的要求，符合相关标准。

## 33.9.4 施工技术要点

### 33.9.4.1 冷水（热泵）机组安装

（1）机组与管道连接应在管道冲（吹）洗合格后进行。

（2）与机组连接的管路上应按设计及产品技术文件的要求安装过滤器、阀门、部件、仪表等，位置应正确、排列应规整，机组四周应留有足够的操作和检修的空间。

（3）机组与管道连接时，应设置软接头，管道应设独立的支、吊架。

（4）压力表距阀门位置不宜小于 200mm。

（5）冷水（热泵）机组应采取减振措施，减振装置的种类、规格、数量及安装位置应符合产品技术文件的要求，采用弹簧隔振器时，应设有防止机组运行时水平位移的定位装置。

### 33.9.4.2 水（地）源热泵机组安装

1. 地埋管换热系统的安装，应符合下列规定：

（1）钻孔和水平埋管的位置与深度、钻孔数量、地埋管的材质、管径、厚度及长度，均应符合设计要求。

（2）回填料及配比应符合设计要求，回填应密实。

（3）按照国家行业标准《地源热泵系统工程技术规范》GB 50366 的有关规定对地埋管换热系统进行水压试验，水压试验应合格。

（4）各环路流量应平衡，且应满足设计要求。

（5）循环水流量及进出水温差均应符合设计要求。

2. 地埋管换热系统管道的连接，应符合下列规定：

（1）埋地管道应采用热熔或电熔连接，并应符合国家现行标准《埋地塑料给水管道工程技术规程》CJJ 101 的有关规定。

（2）竖直地埋管换热器的U形弯管接头应选用定型产品。

（3）竖直地埋管换热器U形管的组对应能满足插入钻孔后与环路集管连接的要求，组对好的U形管的两开口端部应及时密封。

3. 地下水换热系统的施工，应符合下列规定：

（1）施工前应具备热源井及周围区域的水文地质勘察资料、设计文件和施工图纸，并完成施工组织设计。

（2）热源井的数量、井位分布及取水层位应符合设计要求。

（3）井身结构、井管配置、填砾位置、滤料规格、止水材料和管材及抽灌设备选用均应符合设计要求。

（4）热源井持续出水量和回灌量应稳定，并应满足设计要求。

（5）抽水试验结束前应采集水样进行水质测定和含沙量测定，经处理后的水质应满足系统设备的使用要求。

（6）对热源井和输配管网应单独进行验收，且应符合国家现行标准《管井技术规范》GB 50296 、《供水水文地质钻探与管井施工操作规程》CJJ/T 13、《室外给水设计标准》GB 50013及《给水排水管道工程施工及验收规范》GB 50268的有关规定。

（7）施工单位应提交热源成井报告作为验收依据。报告应包括热源井的井位图和管井综合柱状图，洗井和回灌试验、水质检验及验收资料。

4. 地表水换热系统施工前应具备地表水换热系统勘察资料、设计文件和施工图纸。地源热泵地表水换热系统的施工，应符合下列规定：

（1）换热盘管的材质、直径、厚度及长度，布置方式及管沟设置，均应符合设计要求。

（2）水压试验应符合国家标准《地源热泵系统工程技术规范》GB 50366的有关规定。

（3）各环路流量应平衡，且应满足设计要求。

（4）循环水流量及进出水温差均应符合设计要求。

**33.9.4.3　吸收式制冷机组安装**

（1）分体机组运至施工现场后，应及时运入机房进行组装，并抽真空。

（2）吸收式制冷机组的真空泵就位后，应找正、找平。抽气连接管宜采用直径与真空泵进口直径相同的金属管，采用橡胶管时，宜采用真空胶管，并对管接头处采取密封措施。

（3）吸收式制冷机组的屏蔽泵就位后，应找正、找平，其电线接头处应防水密封。

（4）吸收式机组安装后，应对设备内部进行清洗。

**33.9.4.4　冷却塔安装**

（1）冷却塔的安装位置应符合设计要求，进风侧距建筑物应大于1000mm。

（2）冷却塔与基础预埋件应连接牢固，连接件应采用热镀锌或不锈钢螺栓，其紧固力应一致，均匀。

（3）冷却塔安装应水平，单台冷却塔安装的水平度和垂直度允许偏差为2/1000。同一冷却水系统的多台冷却塔安装时，各台冷却塔的水面高度应一致，高差不应大于30mm。

（4）冷却塔的积水盘应无渗漏，布水器应布水均匀。

(5) 冷却塔的风机叶片端部与塔体四周的径向间隙应均匀，对于可调整角度的叶片，角度应一致。

(6) 机组的冷却塔，其填料的安装应在所有电、气焊接作业完成后进行。

(7) 冷却塔应采取减振措施，减振装置的种类、规格、数量及安装位置应符合产品技术文件的要求，采用弹簧隔振器时，应设有防止冷却塔运行时水平位移的定位装置。

**33.9.4.5 水泵安装**

1. 水泵吸入管安装要求：

(1) 水泵吸入管水平段应有沿水流方向连续上升的不小于0.5%坡度。

(2) 水泵吸入口处应有不小于2倍管径的直管段，吸入口不应直接安装弯头。

(3) 吸入管水平段上严禁因避让其他管道安装向上或向下的弯管。

(4) 水泵吸入管变径时，应做偏心变径管，管顶上平。

(5) 水泵吸入管应按设计要求安装阀门、过滤器。水泵吸入管与泵体连接处，应设置可挠曲软接头，不宜采用金属软管。

(6) 吸入管应设置独立的管道支、吊架。

2. 水泵出水管安装应满足设计要求，并应符合以下规定：

(1) 出水管段安装顺序应依次为变径管、可挠曲软接头、短管、止回阀、闸阀（蝶阀）。

(2) 出水管变径应采用同心变径。

(3) 出水管应设置独立的管道支、吊架。

3. 水泵减振装置安装应满足设计及产品技术文件的要求，并符合下列规定：

(1) 水泵内减振板可采用型钢制作或采用钢筋混凝土浇筑。多台水泵成排安装时，应排列整齐。

(2) 水泵减振装置应安装在水泵减振板下面。

(3) 减振装置应成对放置。

(4) 弹簧减振器安装时，应有限制位移措施。

**33.9.4.6 换热器安装**

(1) 换热设备安装应符合下列规定：

1) 安装前应清理干净设备上的油污、灰尘等杂物，设备所有的孔塞或盖，在安装前不应拆除。

2) 应在施工图核对设备的管口方位内、中心线和重心位置，确认无误后再就位。

3) 换热设备的两端应留有足够的清洗、维修空间。

(2) 换热设备与管道冷热介质进出口的接管应符合设计及产品技术文件要求，并应在管道上安装阀门、压力表、温度计、过滤器等。流量控制阀应安装在换热设备的进口处。

**33.9.4.7 蓄冰装置安装**

(1) 蓄冰槽、蓄冰盘管吊架就位应符合下列规定：

1) 临时放置设备时，不应拆卸冰槽下的垫木，防止设备变形。

2) 吊装前，应清除蓄冰槽内或封板上的水、冰及其他残渣。

3) 蓄冰槽就位前，应画出安装基准线，确定设备找正、调平的定位基准线。

4) 应将蓄冰盘管吊装至预定位置，找正、找平。

（2）蓄冰盘管布置应紧凑，蓄冰槽上方应预留不小于1.2m的净高作为检修空间。

（3）蓄冰设备的接管应满足设计要求，并应符合下列规定：

1）温度和压力传感器的安装位置处应预留检修空间。

2）盘管上方不应有主干管道、电缆、桥架、风管等。

（4）冰蓄冷系统管道充水时，应先将蓄冰槽内的水填充至视窗0%的刻度上，充水之后，不应再移动蓄冰槽。

（5）乙二醇溶液的填充应符合下列规定：

1）添加乙二醇溶液前，管道应试压合格，且冲洗干净。

2）乙二醇溶液的成方及比例应符合设计要求。

3）乙二醇溶液添加完毕后，在开始蓄冰规模运转前，系统应运转不少于6h，系统内的空气应完全排出，乙二醇溶液应混合均匀，再次测试乙二醇溶液的密度，浓度应符合要求。

4）现场制作冰蓄冷蓄热罐时，其焊接应符合现行国家标准《立式圆筒形钢制焊接储罐施工规范》GB 50128、《钢结构工程施工质量验收标准》GB 50205和《现场设备、工业管道焊接工程施工规范》GB 50236的有关规定。

**33.9.4.8　冷热源系统管道及管网安装**

1. 冷热源室外管网安装

（1）室外冷热源管道一般采用聚氨酯直埋保温管。

（2）管道系统的制式，应符合设计要求。

（3）根据设计图纸的位置，进行测量、扫桩、放线、挖土、地沟垫层处理等。

1）为便于管道安装，挖沟时应将挖出来的土堆放在沟边的一侧。土堆底边应与沟边保持0.6～1m的距离，沟底要求找平防止管道弯曲受力不均。

2）下沟前，应检查沟底标高、沟宽尺寸是否符合设计要求。保温管应检查保温层是否有损伤，如局部有损伤时，应将损伤部位放在上面，并做好标记，便于统一修理。

3）管道应先在沟外进行分段焊接以减少固定焊口。每段长度一般在25～35m为宜、下管时沟内不得站人，采用机械或人工下管均应将管缓慢、平直地下入沟内，不得造成管道弯曲。

4）沟内管道焊接，连接前必须清理管腔，找平找直，焊接处要挖出操作坑，其大小要便于焊接操作。

5）阀门、配件、补偿器支架等，应在施工前按施工要求预先放在沟边沿线，并在试压前安装完毕。

6）管道水压试验应符合设计要求和规范规定，办理隐检试压手续，将水泄净。

7）管道防腐应预先集中处理，管道两端留出焊口的距离，焊扣处的防腐在试压完后再处理。

2. 地沟管道安装

（1）在不通行地沟安装管道时。应在土建垫层完毕后立即进行安装。

（2）土建打好垫层后，按图纸标高进行复查并在垫层上弹出地沟的中心线按规定间距安放支座及支架。

（3）管道应先在沟边分段连接管道放在支座上时，用水平尺找平找正。

（4）地沟的管道应安装在地沟的一侧或两侧，支架一般采用型钢，支架的最大距离按照 GB 50243—2016 中要求执行，详见表 33-82。管道的坡度应按设计规定确定。

管道支架件的最大距离 表 33-82

| 公称直径 DN（mm） | | 15 | 20 | 25 | 32 | 40 | 50 | 70 | 80 | 100 | 125 | 150 | 200 | 250 | ≥300 |
|---|---|---|---|---|---|---|---|---|---|---|---|---|---|---|---|
| 支架最大间距（m） | $L_1$ | 1.5 | 2.0 | 2.5 | 2.5 | 3.0 | 3.5 | 4.0 | 5.0 | 5.0 | 5.5 | 6.5 | 7.5 | 8.5 | 9.5 |
| | $L_2$ | 2.5 | 3.0 | 3.5 | 4.0 | 4.5 | 5.0 | 6.0 | 6.0 | 6.5 | 7.5 | 7.5 | 9.0 | 9.5 | 10.5 |

注：1. 适用于工作压力不大于 2.0MPa，不保温或保温材料密度不大于 $200kg/m^3$ 的管道系统。

2. $L_1$用于保温管道，$L_2$用于不保温管道。

3. 洁净区（室内）管道支吊架应采用镀锌或采取其他的防腐措施。

（5）支架安装要平直牢固，同一地沟内有几层管道时，安装顺序应从最下面一层开始，再安装上面的管道，为了便于焊接，焊接连接口要选在便于操作的位置。

（6）遇有伸缩器时，应在预制时按规范要求做好预拉伸并做好记录，按设计位置安装。

（7）管道安装时坐标、标高、坡度、甩口位置、变径等复核无误后，再把吊卡架螺栓紧好，最后焊牢固定卡处的止动板。

（8）试压冲洗，办理隐检手续，把水泄净。

（9）管道防腐保温，应符合设计要求和施工规范规定，最后将管沟清理干净。

3. 架空管道安装

（1）按设计规定的安装位置、坐标，量出支架上的支座位置安装支座。

（2）支架安装牢固后。进行架空管道安装，管道和管件应在地面组装，长度以便于吊装为宜。

（3）管道吊装时采用机械或人工起吊。绑扎管道的钢丝绳吊点位置、应使管道不产生弯曲为宜。已吊装尚未连接的管段，要用支架上的卡子固定好。

（4）采用丝扣连接的管道，吊装后随即连接；采用焊接时，管道全部吊装完毕后再焊接，焊缝不许设在托架和支座上，管道连接焊缝与支架间的距离应大于 150～200mm。

（5）按设计和施工规范规定位置，分别安装阀门、集气罐、补偿器等附属设备并与管道连接好。

（6）管道安装完毕，要用水平尺在每段管上进行一次复核，找正调直，使管道在一条直线上。

（7）摆正或安装好管道穿结构处的套管，填堵管洞，预留口处应做好临时封堵。

（8）按设计或规范要求的压力进行试压和冲洗，合格后办理验收手续、把水泄净。

（9）管道防腐保温，应符合设计要求和施工规范规定，做好保温后外表面的防雨、防潮等保护措施。

**33.9.4.9 管道及配件绝热层、防潮层施工工艺**

1. 绝热层的施工

（1）当采用一种绝热制品，保温层厚度大于 100mm，保冷层厚度大于 80mm 时，应分为两层或多层逐层施工，各层的厚度宜接近。

（2）当采用两种或多种绝热材料复合结构的绝热层时，每种材料的厚度必须符合设计文件的规定。

（3）绝热制品的拼缝宽度，当作为保温层时，不应大于 5mm；当作为保冷层时，不应大于 2mm。

（4）在绝热层施工时，同层应错缝，上下层应压缝，其搭接的长度不宜小于 50mm。当外层管壳绝热层采用粘胶带封缝时，可不错缝。

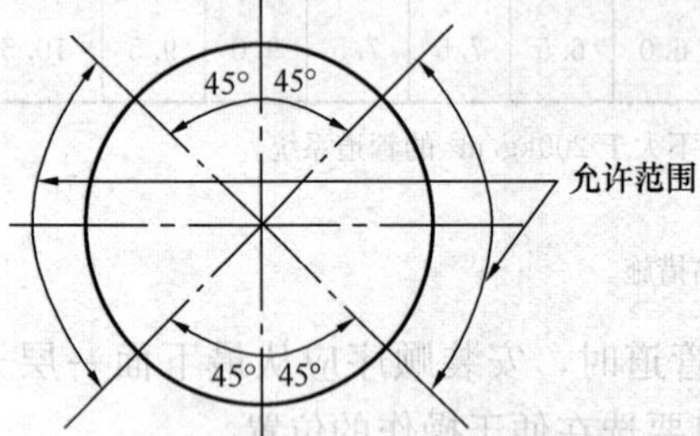

图 33-59　纵向接缝布置

（5）水平管道的纵向接缝位置，不得布置在管道垂直中心线 45°范围内（图 33-59）。当采用大管径的多块硬质成型绝热制品时，绝热层的纵向接缝位置，可不受此限制，但应偏离管道垂直中心线位置。

（6）方形设备或方形管道四角的绝热层采用绝热制品敷设时，其四角角缝应做成封盖式搭缝，不得形成垂直通缝。

（7）干拼缝应采用性能相近的矿物棉填塞严密，填缝前，必须清除缝内杂物。湿砌带浆缝应采用同于砌体材质的灰浆拼砌，灰缝应饱满。

（8）保温设备或管道上的裙座、支座、吊耳、仪表管座、支架、吊架等附件，当设计无规定时，可不必保温。保冷设备或管道的上述附件，必须进行保冷，其保冷层长度不得小于保冷层厚度的四倍或敷设至垫木处。

（9）支承件处的保冷层应加厚；保冷层的伸缩缝外面，应再进行保冷。

（10）管道端部或有盲板的部位，应敷设绝热层，并应密封。

（11）除设计规定需按管束保温的管道外，其余管道均应单独进行保温。

（12）施工后的绝热层，不得覆盖设备铭牌，可将铭牌周围的绝热层切割成喇叭形开口，开口处应密封规整。

2. 防潮层的施工

（1）设备或管道保冷层和敷设在地沟内管道的保温层，其外表面均应设置防潮层。

（2）设置防潮层的绝热层外表面，应清理干净，保持干燥，并应平整、均匀。不得有突角、凹坑及起砂现象。

（3）室外施工不宜在雨、雪天或夏日暴晒中进行。操作时的环境温度应符合设计文件或产品说明书的规定。

（4）防潮层以冷法施工为主。当用沥青胶粘贴玻璃布，绝热层为无机材料（泡沫玻璃除外）时，方可采用热法施工。沥青胶的配方，应按设计文件与产品标准的规定执行。

（5）当涂抹沥青胶或防水冷胶料时，应满涂至规定厚度，其表面应均匀平整，并应符合下列规定：

1）玻璃布应随沥青层边涂边贴。其横向、纵向缝搭接不应小于 50mm，搭接处必须粘贴密实。

2）立式设备和垂直管道的环向接缝，应为上搭下。卧式设备和水平管道的纵向接缝位置，应在两侧搭接，缝口朝下。

3）粘贴的方式，可采用螺旋形缠绕或平铺。待干燥后，应在玻璃布表面再涂抹沥青胶或防水冷胶料。

（6）管道阀门、支、吊架或设备支座处防潮层的做法，应按设计文件的规定进行。

**33.9.4.10 补口及补伤**

1. 补口

管道下沟、组焊、试压完毕进行补口。由于补口工作在管沟内完成，管道表面多粘有泥土、水及铁锈，为降低其对防腐质量的影响，可用氧-乙炔焰除去补口部位的粉尘及水分。补口处的防腐层结构与管身防腐层结构相同，补口层与原防腐层搭接宽度应不小于100mm。

2. 补伤

（1）防腐管线补伤使用的材料及防腐层结构，应与管体防腐层相同。

（2）将已损坏的防腐层清除干净，用砂纸打毛，损伤面及附近的防腐层。

（3）将表面灰尘清扫干净，按规定的顺序和方法涂漆和缠玻璃布，搭接宽度应不小于50mm。当防腐层破损面积较大时，应按补口方法处理。

（4）补伤处防腐层固化后，按标准规定进行质量检验，其中厚度只测1个点。

## 33.9.5 检测与验收

**33.9.5.1 设备单机调试**

1. 冷水（热泵）机组

（1）冷水（热泵）机组的单机调试应在冷冻水系统和冷却水系统正常运行的过程中进行，由制冷机组厂家技术人员完成。

（2）冷水（热泵）机组主要检验、测试的内容：蒸发器/冷凝器气压/水压试验；整机强度试验；氦检漏；电气接线测试；绝缘测试；运转测试等。各项测试的结果应符合设计和设备技术文件的要求，然后进行不少于8h的试运转。

（3）各保护继电器、安全装置的整定值应符合技术文件规定，其动作应灵敏可靠。

（4）机组的响声、振动、压力、温度、温升等应符合技术文件的规定，并记录各项数据。

2. 冷却塔

（1）冷却塔进水前，应将冷却塔布水槽、集水盘内清扫干净。

（2）冷却塔风机的电绝缘应良好，风机旋转方向应正确。

（3）冷却塔试运转时，应检查风机的运转状态和冷却水循环系统的工作状态，并记录运转中的情况及有关数据，如无异常情况，连续运转时间应不少于2h。

（4）冷却塔试运转结束后，应将集水盘清洗干净，如长期不使用，应将循环管路及集水盘中的水全部排出，防止设备冻坏。

3. 锅炉

锅炉的单体调试必须在燃烧系统、供水系统、供气（油）系统、安全阀、配电及控制系统均能正常运行的条件下进行。

（1）锅炉调试的内容

1）锅炉所有转动设备的转向、电流、振动、密封、噪声等检测，各保护联锁定值的设定。

2）水位保护、安全联锁指示调整。

3）燃烧系统联锁保护调整：包括火焰检测保护系统、点火系统、安全保护联锁系统；各负荷、风、燃料配比系统。

（2）锅炉试运行及调试

1）锅炉热态运行调试的内容：检测锅炉各控制单元动作是否正常；检测锅炉尾气排放数值；熄火保护调试；超压保护调试；低水位保护调试；低气压保护调试；超温保护调试；安全复位保护调试。

2）煮炉结束后将锅炉加至正常水位，启动燃烧器，调节气压及风门、风压，保证启动调节正常（烟囱无黑烟、燃烧平稳无异响）。

3）燃烧正常后，拔出光敏电阻，手动控制光敏电阻，检查熄火保护。

4）排污至低水位，检查锅炉自动进水，再排污至极低水位，检查锅炉在极低水位是否切断燃烧。

5）锅炉升压后，根据需要调节1号压力控制器，转换成小火运行，待锅炉运行至用户需要的最高压力后，调节2号压力控制器，使锅炉自动停炉。

6）排放蒸汽，降低炉内蒸汽压力，待降至适当压力时，调节1号压力控制器，使锅炉在此压力下自动启动。

7）待锅炉重新升压后，调节3号压力控制器，并模拟超压，锅炉此时应自动停炉并切断启动电源。

8）检查锅炉各承压部件是否有泄漏现象。

9）完成上述检查设定后，重新启动锅炉，正常运行，检查各环节是否正常。

10）安全阀定压：按安全阀的开启压力进行调整定压，先调整开启压力较高的安全阀，后调整开启压力较低的安全阀。安全阀定压工作完成后，应做一次安全阀自动排汽试验，合格后铅封，同时将开启压力、回座压力记入《锅炉安装质量证明书》中。

11）各项调试由锅检所专业人员在场监督验收，由锅检所出具验收报告并办理使用许可证，锅炉即可投入正常运行。

4. 水泵

（1）水泵试运转前，应检查水泵和附属系统的部件是否齐全，用手盘动水泵应轻便灵活、正常，不得有卡碰现象。

（2）水泵在试运转前，应将入口阀打开，出口阀关闭，待水泵启动后缓慢开启出口阀门。

（3）点动，检查水泵的旋转方向是否正确。

（4）水泵启动时，若声音、振动异常，应立即停机检查。

（5）水泵正常运转后，定时测量轴承温升，所测温度应低于设备说明书中的规定值，如无规定值时，一般滚动轴承的温度不大于75℃，滑动轴承的温度不大于70℃。运转持续时间不小于2h。

（6）水泵试运转结束后，应将水泵出入口阀门和附属管路系统的阀门关闭，将泵内积存的水排净，防止锈蚀或冻裂。

**33.9.5.2 系统联动调试**

通风与空调系统的联动调试应在风系统的风量平衡调试结束和冷冻水、冷却水及热水循环系统均运转正常的条件下进行。

1. 空调冷（热）水、冷却水系统的调试

（1）系统调试前应对管路系统进行全面检查。要求满足的条件：支架固定良好；试压、冲洗用的临时设施已拆除，系统已复原；管道保温已结束等。

（2）将调试管路上的手动阀门、电动阀门全部开到最大状态，开启排气阀。

（3）向系统内充水，充水过程中要有人巡视，发现漏水情况及时处理。

（4）系统冲满水后启动循环水泵和冷却塔，观察各部位的压力表和流量计读数及冷却塔集水盘的水位，流量和压力应符合设计要求。

（5）调试定压装置。采用高位水箱的，应调试浮球阀的进水水位至最佳位置；采用低位定压装置的，应调试其正常工作压力、启泵压力、停泵压力至设计要求。

（6）调整循环水泵进出口阀门开启度，使其流量、扬程达到设计要求（总流量与设计流量的偏差不应大于 10%）。同时观察分水器、集水器上的压力表读数和压差是否正常，如不正常，调整压差旁通控制系统，直至达到设计要求（压差旁通控制系统手动调试只能粗调）。

（7）调整管路上的静态平衡阀，使其达到设计流量。

（8）调试水处理装置、自动排气装置等附属设施，使其达到设计要求。

（9）投入冷、热源系统及空调风管系统，进行系统的联动调试与检测，检测结果应符合本手册 33.9.5.3 空调与供暖系统冷热源和辅助设备及其管网节能性能的检测与验收中的相关规定。

2. 供热系统联动调试与检测

（1）开启锅炉房分汽缸或分水器的阀门，向空调系统供热，调整减压阀后的压力至设计要求。

（2）调试换热装置进汽（热水）管上的温控装置，使换热装置出口的温度、压力、流量等达到设计要求。

（3）观察分水器、集水器及空调末端水系统的温度，应符合设计要求。

（4）供热系统调试过程中，应检查锅炉及附属设备的热工性能和机械性能；测试给水、炉水水质、炉膛温度、排烟温度及烟气的含尘、含硫化合物、一氧化碳、二氧化碳等有害物质的浓度是否符合国家规定的排放标准（此项应事先委托环保部门测试）；测试锅炉的出率（即发热量或蒸发量）、压力、温度等参数；同时测试给水泵、油泵、除氧水泵等的相关参数。

3. 供冷系统联动调试

制冷机组投入系统运行后，进行水量、温度、压力、电流、油温等参数及控制的调试。

**33.9.5.3 空调与供暖系统冷热源和辅助设备及其管网节能性能的检测与验收**

1. 系统施工质量验收

空调与供暖系统冷热源和辅助设备及其管网系统的施工质量验收，除应符合《建筑节能工程施工质量验收标准》GB 50411 的规定外，尚应按照批准的设计图纸和《建筑给水排水及采暖工程施工质量验收规范》GB 50242 及《通风与空调工程施工质量验收规范》GB 50243 等现行相关技术标准的规定执行。

（1）空调与供暖系统冷热源和辅助设备及其管网系统的安装质量全数观察检查，应符合下列规定：

1）管道系统的制式，应符合设计要求。

2）各种设备、自控阀门与仪表应按设计要求安装齐全，不得随意增减和更换。

3）空调冷（热）水系统，应能实现设计要求的变流量或定流量运行。

4）供热系统应能根据热负荷及室外温度变化实现设计要求的集中质调节、量调节或质-量调节相结合地运行，应符合施工图设计要求。

（2）空调与供暖系统冷热源和辅助设备及其管网系统的设备的型号、规格、技术参数及台数应符合施工图设计要求，通过对照设计图纸核查、观察检查，查阅产品进场验收记录对系统设备全数检查。

（3）空调与供暖系统冷热源设备、辅助设备的性能应符合施工图设计要求。通过对照设计要求及有关国家现行标准，核对有关设备的性能系数，对系统设备全数检查。

（4）空调与供暖系统冷热源和辅助设备及其管网系统的安装完毕后，必须进行单机试运行及调试和管网平衡调节；整个空调和供暖系统安装完毕后，必须进行系统无生产负荷下的联合试运行及调试，应满足施工图设计要求。并应用有检测资质的第三方检测，出具报告，合格后方可通过验收。单机试运行及调试按设备数量抽查 10%，且不少于 1 台；系统联合试运行及调试，检查整个系统。

（5）空调与供暖系统冷热源设备、辅助设备和配件的绝热，不得影响其操作功能。通过观察检查，抽查同类别数量的 10%，且不少于 2 件。

（6）空调与供暖系统冷热源和辅助设备及其管网系统的绝热衬垫和防潮应符合空调与供暖系统的绝热衬垫和防潮施工的要求。

2. 节能性能检测

空调与供暖系统冷热源和辅助设备及其管网系统交工前，应进行系统节能性能的检测，由建设单位委托具有检测资质的第三方进行并出具报告，检测的主要项目及要求按《建筑节能工程施工质量验收标准》GB 50411 相应要求。

联合试运行及调试结果应符合设计要求，且允许偏差或规定值应符合《建筑节能工程施工质量验收标准》GB 50411 的要求，见表 33-83。

**联合试运转及调试检测项目与允许偏差或规定值**　　**表 33-83**

| 序号 | 检测项目 | 允许偏差或规定值 |
|---|---|---|
| 1 | 室内温度 | 冬季不得低于设计计算温度 2℃，且不应高于 1℃<br>夏季不得高于设计计算温度 2℃，且不应低于 1℃ |
| 2 | 供热系统室外管网水力平衡度 | 0.9～1.2 |
| 3 | 供热系统的补水率 | ≤0.5% |
| 4 | 室外管网的热输送效率 | ≥0.92 |
| 5 | 空调机组的水流量 | ≤20% |
| 6 | 空调系统冷热水、冷却水总流量 | ≤10% |

通风与空调工程交工前，应进行系统节能性能的检测，由建设单位委托具有检测资质的第三方进行并出具报告，检测的主要项目及要求见《建筑节能工程施工质量验收标准》GB 50411 相应内容。

# 33.10 太阳能光热和光伏工程

## 33.10.1 概 述

近几年随着我国经济的快速发展和对环境保护的重视，太阳能作为一种新型环保的可再生能源得到了较大程度的开发和利用，建筑用能中广泛采用的利用太阳能的形式主要有两种：太阳能光热系统和太阳能光伏系统，它们分别从光能转换为热能和光能转换为电能的角度实现了太阳能的采集和利用。

太阳能光热系统作为较为简单、经济、环保、可靠的取热方式，是一种非常适合我国目前经济状况的采暖和供热方式。太阳能光热系统包括太阳能热水系统、太阳能供暖系统节能工程（其中太阳能供暖系统根据所用的循环工质，又可以分为热水型和空气型两种形式）。其系统定义如下：

（1）太阳能热水系统是将太阳能转换为热能，用于供应生活热水的装置。系统通常包括太阳能集热器、贮热水箱、循环泵、固定支架、控制系统和必要时配合使用的辅助能源，如图 33-60 所示。

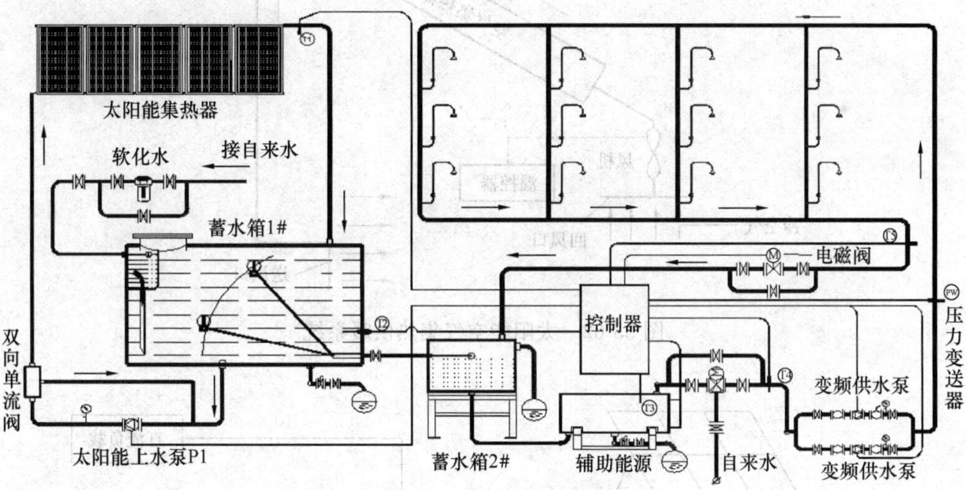


图 33-60 太阳能热水系统

（2）太阳能供暖系统是将太阳能转换为热能，满足建筑物冬季供暖和全年其他用热系统。系统通常包括太阳能集热器、换热蓄热装置、控制系统、其他能源辅助换热/加热设备、泵或风机、连接管道和末端散热供暖系统等，如图 33-61、图 33-62 所示。

太阳能光伏系统，主要部件有光伏电池阵列、蓄电池组、直流-交流逆变器、控制器及计量仪表等，如图 33-63 所示。

根据太阳能光伏系统是否并入公共电网，可分为独立太阳能光伏系统、并网太阳能光

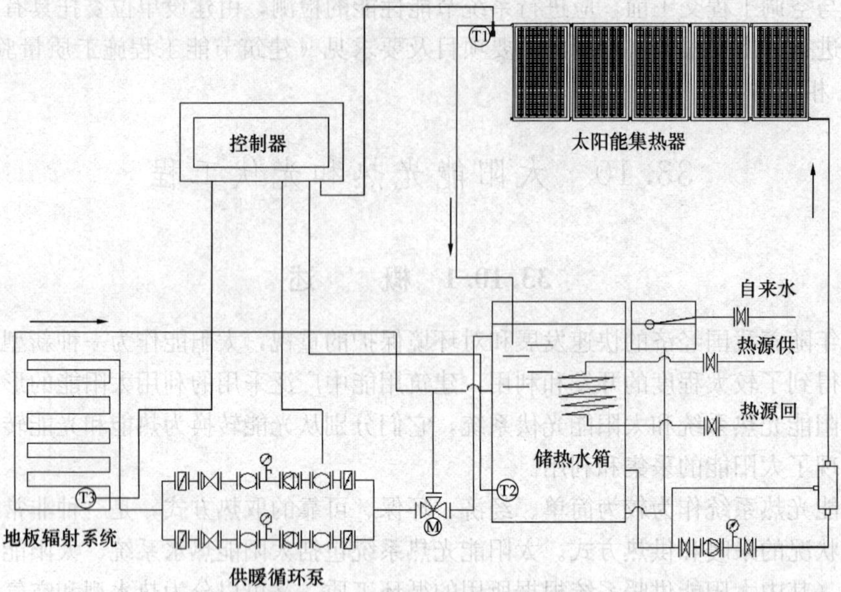


图 33-61　太阳能供暖系统

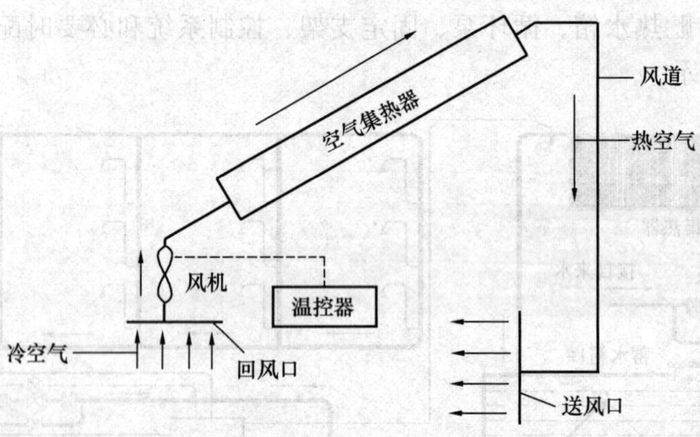


图 33-62　太阳能空气集热供暖系统

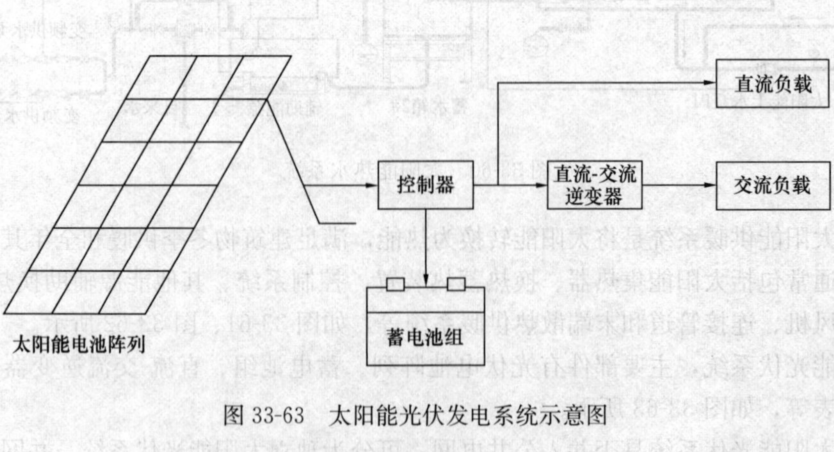


图 33-63　太阳能光伏发电系统示意图

伏系统。其系统的组成的区别在于是否配置并入电网所需的功率调节器、电网接入单元、主控与监视系统等。

**33.10.1.1 设备性能对太阳能光热系统节能的影响**

影响太阳能光热系统的节能效果的因素主要有使用地点年太阳辐射强度、太阳能集热器集热效率、太阳能集热器集热面积以及储热设备及管路的热损耗，由于年太阳辐射强度根据工程所在地的纬度和气候条件存在较大差异，太阳能集热器集热总面积为设计阶段根据建筑热负荷设计计算结果和工程初投资进行设计确定，故太阳能集热器的集热效率是影响太阳能光热系统节能效果的主要因素。另一方面，针对太阳能供暖系统，末端散热设备的形式选择对系统的能源利用效率有较大影响，相对于采用散热器末端的太阳能光热系统，采用低温辐射末端的系统可以降低供回水温度，从而有效提高集热器的集热效率。

储热水箱和管路的热损耗受水箱及管道外部的保温材料性能和施工质量影响较大，储热水箱的尺寸在满足系统运行对蓄热量的需求的前提下，尽量减小多余的容积，可减小表面散热量。保温材料的导热性能、密度、吸水率和厚度都是影响水箱和管道热损耗的重要因素。

类似于采暖系统，循环水泵是太阳能热水系统中能量输送的设备，也是太阳能集热系统中的主要耗能设备，循环水泵的选型应根据系统管路的运行中的实际管路阻力特性选取，使水泵工作在额定工况附近更有利于系统节能。

**33.10.1.2 设备性能对太阳能光伏系统节能的影响**

太阳能光伏系统发电性能的影响因素主要有：太阳辐射量、组件温度、组件的安装倾角和跟踪方式、组件串并联失配、组件遮挡、组件功率衰减、逆变器容量配比等。

（1）太阳辐射量与发电量呈正相关关系，太阳辐射量不但会受到季节因素（如太阳高度角）影响，同时还受天气条件如云量多少、云层厚度等影响，另外空气质量，是否有雾霾、空气清洁度的高低也会使太阳光产生衰减。

（2）组件温度特性对发电效率的影响表现为：随着晶体硅电池温度的增加，开路电压减少，在 20～100℃范围，大约每升高 1℃每片电池的电压减少 2mV；而电流随温度的增加略有上升。总的来说，温度升高太阳电池的功率下降，典型功率温度系数为 −0.35%/℃，即电池温度每升高 1℃，则功率减少 0.35%。

（3）光伏组件安装方式对太阳能系统收集太阳能的总量有很大影响，同一地区不同安装角度的倾斜面辐射量不一样，倾斜面辐射量可通过调整电池板倾角（支架采用固定可调式）或加装跟踪设备（支架采用跟踪式）来增加。

（4）组件串联会由于组件的电流差异造成电流损失，组串并联会由于组串的电压差异造成电压损失，组件串联失配损失最高不应超过 2%。

（5）组件遮挡包括灰尘遮挡、积雪遮挡、杂草、树木、电池板及其他建筑物等遮挡，遮挡会降低组件接收到的辐射量，影响组件散热，从而引起组件输出功率下降，还有可能导致热斑。

（6）组件功率的衰减是指随着光照时间的增长，组件输出功率逐渐下降的现象。组件衰减与组件本身的特性有关。其衰减现象可大致分为三类：破坏性因素导致的组件功率骤然衰减；组件初始的光致衰减；组件的老化衰减。多晶硅组件 1 年内衰降率不超过 2.5%，2 年内衰降率不超过 3.2%；单晶硅组件 1 年内衰降不应超过 3.0%，2 年内衰降不应超过4.2%。

（7）逆变器容量配比指逆变器的额定功率与所带光伏组件容量的比例，由于光伏组件的发电量传送到逆变器，中间会有很多环节造成折减，且逆变器、箱变等设备大部分时间是没有办法达到满负荷运转的，因此，光伏组件容量应略大于逆变器额定容量。根据经验，在太阳能资源较好的地区，光伏组件容量：逆变器容量＝1.2：1是一个最佳的设计比例。

### 33.10.2　材料与设备

1. 太阳能集热器

目前常用太阳能集热器包括真空管集热器和平板式集热器。真空管集热器是采用透明管（通常为玻璃管）并在管壁与吸热体之间有真空空间的太阳能集热器。平板式集热器是吸热体表面基本为平板形状的非聚光型太阳能集热器，两种集热器形式如图33-64所示。

(*a*)　　(*b*)

图33-64　常用太阳能集热器类型

（*a*）平板式集热器；（*b*）玻璃管式集热器

集热器的总面积和集热器的集热效率是影响太阳能光热系统的主要指标，集热器总面积是指整个集热器最大的投影面积，不包括那些固定和连接传热工质管路组成部分。集热器的集热效率与集热器的结构形式和吸热材料的性能相关。

2. 光伏组件

光伏组件一般采用半导体晶体硅通过一定的结构性串并和组合封装为光伏组件，是太阳能光伏系统的关键设备，如图33-65所示。

图33-65　太阳能光伏组件

当阳光照射到光伏组件阵列生成电能，其原理如图33-66所示。较常用光伏电池有多晶硅电池、单晶硅电池和非晶硅电池三种。目前半导体晶体硅的光电转换率一般在10%～20%，薄

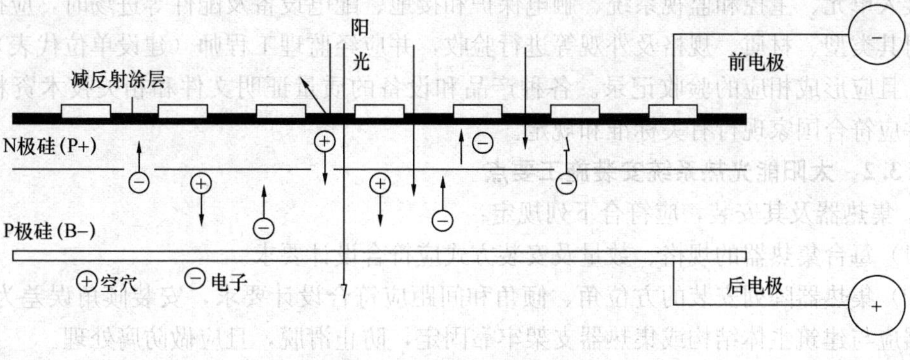


图 33-66　太阳能光伏发电原理

膜式光伏电池的光电转换效率更低。

## 33.10.3　施工技术要点

### 33.10.3.1　设备材料进场检验

1. 太阳能集热器进场检验

太阳能光热系统节能工程采用的集热设备进场时，其设备形式、外观、材质、性能、色彩等应符合设计要求，且有产品合格证。还应对其集热效率进行复验，复验应为见证取样送检，核查复验报告的检验方法。对于同一厂家同一品种的集热器按照下列规定进行见证取样送检：

(1) 分散式系统检验数量要求：500 台及以下抽检 1 台，500 台以上抽检 2 台。

(2) 集中分散式、集中式系统柜检验数量要求：200 台及以下抽检 1 台，200 台以上抽检 2 台。

2. 太阳能光伏构件进场检验

光伏构件采用的晶体硅、硅基薄膜、碲化镉、铜（铟、镓、硒）等太阳电池的转换效率，应符合国家现行有关标准的规定。光伏构件的性能指标应满足国家现行有关标准的要求，并应获得国家认可的认证证书。

建材型光伏构件覆盖屋面或墙面时，屋面和墙面基层、保温层的材料燃烧性能应符合现行国家标准《建筑材料及制品燃烧性能分级》GB 8624 的 A 级要求。

3. 保温材料进场检验

保温材料进场时，应对其导热系数、密度、吸水率进行复验，复验应为见证取样送检。同一厂家同材质的保温材料见证取样送检的次数不得少于 2 次。

4. 构件材料进场检验

工程材料及部件应符合国家现行相关标准的规定，并有出厂合格证书，且应满足设计要求；工程材料及部件的物理和化学性能应符合建筑所在地的气候、环境等要求。

支架构件的材质、连接螺栓等必须符合设计及规范的要求。检查材料出场合格证、检验报告单。现场组装的贮热水箱，用于制作贮热水箱的材质、规格应符合设计要求。

5. 电气设备与材料进场检验

太阳能光伏系统节能工程采用汇流箱、电缆、逆变器、充放电控制器、储能蓄电池、电网接入单元、主控和监视系统、触电保护和接地、配电设备及配件等进场时，应按设计要求对其类型、材质、规格及外观等进行验收，并应经监理工程师（建设单位代表）检查认可，且应形成相应的验收记录。各种产品和设备的质量证明文件和相关技术资料应齐全，并应符合国家现行有关标准和规定。

**33.10.3.2　太阳能光热系统安装施工要点**

1. 集热器及其安装，应符合下列规定：

（1）每台集热器的规格、数量及安装方式应符合设计要求。

（2）集热器阵列安装的方位角、倾角和间距应符合设计要求，安装倾角误差为±3°。集热器应与建筑主体结构或集热器支架牢靠固定，防止滑脱，且应做防腐处理。

（3）集热器间的连接方式应符合设计要求，且密封可靠，无泄漏，无扭曲变形。

（4）集热器之间非焊接方式连接的连接件，应便于拆卸或更换。

（5）集热器连接完毕，应进行检漏试验，检漏试验应符合设计要求与《民用建筑太阳能热水系统应用技术标准》GB 50364—2018 中相关的规定。

（6）集热器之间连接管的保温应在检漏试验合格后进行。保温材料及其厚度应符合现行国家标准《建筑给水排水及采暖工程施工质量验收规范》GB 50242 的规定。

（7）集热器连接波纹管安装不得有凸起现象。

2. 贮热水箱安装应符合下列规定：

（1）贮热水箱应与底座固定牢靠，底座基础应符合设计要求，无沉降与局部变形。

（2）用于制作贮热水箱的材质、规格应符合设计要求。

（3）钢板焊接的贮热水箱，水箱内外壁均应按设计要求做防腐处理。内壁防腐材料应卫生、无毒，并应能承受所贮存热水的最高温度。

（4）贮热水箱的内箱应做接地处理，接地应符合现行国家标准《电气装置安装工程接地装置施工及验收规范》GB 50169 的规定。

（5）敞口水箱的满水试验和密闭水箱的水压试验应符合设计要求，贮热水箱检漏试验的试验方法应符合设计要求和《民用建筑太阳能热水系统应用技术标准》GB 50364—2018 中相关的规定。试验结果应满足以下要求：满水试验静置 24h 观察，不渗不漏；水压试验在试验压力下 10min 压力不降，不渗不漏。

（6）现场制作的贮热水箱，保温应在检漏试验合格后进行。贮热水箱保温材料及性能应符合设计要求，还应符合现行国家标准《工业设备及管道绝热工程施工质量验收标准》GB 50185 的规定。

（7）室内贮热水箱四周应留有管路与设备安装与检修所需的必要空间。

3. 循环管路的安装应符合下列规定

（1）太阳能热水系统的管路安装应符合现行国家标准《建筑给水排水及采暖工程施工质量验收规范》GB 50242 的规定。管路及配件的材料应与设计要求一致，并与传热工质相容，直线段过长的管路应按设计要求设置补偿器。

（2）水泵安装应符合制造商要求，并应符合现行国家标准《压缩机、风机、泵安装工程施工及验收规范》GB 50275 的有关规定。水泵周围应留有检修空间，前后应设置截止阀，并应做好接地防护。功率较大的泵进出口宜设置减振喉，水泵与基础之间应按设计要求设置减振垫等隔振措施。

(3) 安装在室外的水泵，应采取妥当的防雨保护措施。严寒地区和寒冷地区应采取防冻措施。

(4) 电磁阀、电动阀应水平安装，阀前应加装细网过滤器，电磁阀与电动阀前后及旁通管应设置截止阀。

(5) 排气阀、安全阀规格、数量、安装位置应符合设计要求，并便于观察、操作和调试。水泵、电磁阀、电动阀及其他阀门的安装方向应正确，并应便于更换。过压及过热保护的阀门泄压口安装方向应正确，保证安全并设置符合设计要求的硬管引流，工质为防冻液的系统应设置防冻液收集措施。

(6) 承压管路与设备应做水压试验；非承压管路和设备应做灌水试验。试验方法应符合设计要求和《民用建筑太阳能热水系统应用技术标准》GB 50364—2018 第 6.9 节的规定。

(7) 严寒和寒冷地区以水为工质的室外管路，应采取防冻措施。

4. 辅助能源加热设备的安装应符合下列规定：

(1) 直接加热的电加热管的安装应符合现行国家标准《建筑电气工程施工质量验收规范》GB 50303 的规定。

(2) 供热锅炉及其他辅助设备的安装应符合现行国家标准《建筑给水排水及采暖工程施工质量验收规范》GB 50242 的规定。

5. 电气与控制系统的安装应符合下列规定：

(1) 电缆线路施工应符合现行国家标准《电气装置安装工程 电缆线路施工及验收标准》GB 50168 的规定。

(2) 其他电气设施的安装应符合现行国家标准《建筑电气工程施工质量验收规范》GB 50303 的相关规定。各类盘、柜应按说明书中要求放置在合适的环境，其安装应符合《电气装置安装工程 盘、柜及二次回路接线施工及验收规范》GB 50171 的规定。设备间应具备防潮和防高温蒸汽的相应措施。

(3) 电气设备和与电气设备相连接的金属部件应做等电位连接。电气接地装置的施工应符合现行国家标准《电气装置安装工程接地装置施工及验收规范》GB 50169 的规定。

(4) 传感器的接线应牢固可靠，接触良好。传感器控制线应做防水处理。传感器安装应与被测部位良好接触，温度传感器四周应进行良好的保温并做好标识。

6. 管道保温层和防潮层的施工要求

(1) 管道保温应在水压试验合格后进行，保温层的燃烧性能、材质、规格及厚度等应符合设计要求。

(2) 保温管壳的粘贴应牢固、铺设应平整。软质保温材料应按规定的密度压缩其体积，疏密应均匀。毡类材料在管道上包扎时，搭接处不应有空隙。

(3) 防潮层应紧密粘贴在保温层上，封闭良好，不得有虚粘、气泡、褶皱、裂缝等缺陷。

(4) 防潮层的立管应由管道的低端向高端敷设，环向搭接缝应朝向低端；纵向搭接缝应位于管道的侧面，并顺水。

(5) 卷材防潮层采用螺旋形缠绕的方式施工时，卷材的搭接宽度宜为 30～50mm。

(6) 阀门及法兰部位的保温层结构应严密，且能单独拆卸并不影响其操作功能。

7. 太阳能热水系统过滤器等配件的保温层应密实、无空隙，且不得影响其操作功能。

8. 末端用热水设备淋浴器、水龙头按末端用水设备（淋浴器、水龙头）安装应符合下列规定：

（1）每组设备的规格、数量及安装方式应符合设计要求。

（2）启闭阀门应灵活、并便于操作。

9. 太阳能集中热水供应系统应设热水回水管道；应保证干管和立管中的热水循环及供水压力平衡。

10. 根据建筑类型和使用要求合理确定太阳能光热系统在建筑中的位置，并做到太阳能热水系统与建筑一体化。

**33.10.3.3　太阳能光伏系统安装施工要点**

光伏发电设备安装前应制定光伏发电设备的专项施工方案，明确根据现场条件和光伏发电设备的特点制定具有针对性的施工技术方案，方案中应包括在运输和安装中防止光伏组件损伤的针对性措施。

1. 基座安装要求

（1）安装光伏组件或方阵的支架应设置基座。

（2）基座应与建筑主体结构连接牢固，并应由专业施工人员完成施工。

（3）屋面结构层上现场砌筑（或浇筑）的基座，完工后应做防水处理，并应符合现行国家标准《屋面工程质量验收规范》GB 50207 的规定。

（4）预制基座应放置平稳、整齐，固定牢固，且不得破坏屋面防水层。

（5）钢基座顶面及混凝土基座顶面的预埋件，在支架安装前应涂防腐涂料，并应妥善保护。

（6）连接件与机组之间的空隙，应采用细石混凝土填捣密实。

2. 支架安装要求

（1）固定支架和手动可调支架采用型钢结构的，其支架安装和紧固的紧固度应符合设计要求及《钢结构工程施工质量验收标准》GB 50205—2020 的相关要求。

（2）支架倾斜度角度符合设计要求，手动可调支架调整动作灵活，高度角调整范围满足设计要求；跟踪式支架与基础固定牢固，跟踪电机运转平稳。

（3）支架应按设计要求安装在主体结构上，位置准确，与主体结构固定牢靠，并应设置检修通道。

（4）固定支架前应根据现场安装条件采取合理的抗风措施。

（5）钢结构支架应与建筑物接地系统可靠连接。

（6）钢结构支架焊接完毕，应按设计要求做防腐处理。防腐施工应符合现行国家标准《建筑防腐蚀工程施工规范》GB 50212 和《建筑防腐蚀工程施工质量验收标准》GB/T 50224 的要求。

（7）装配式方阵支架梁柱连接节点应保证结构的安全可靠，不得采用单一摩擦型节点连接方式，各支架部件的防腐镀层要求应由设计根据实际使用条件确定。

3. 光伏组件安装要求

（1）检查光伏组件及各部件设备应完好，光伏组件采用螺栓进行固定，力矩符合产品或设计的要求。

(2) 光伏组件之间的接线在组串后应进行光伏组件串的开路电压和短路电流的测试，施工时严禁接触组串的金属带电部位。

(3) 光伏组件上应标有带电警告标识，光伏组件强度应满足设计强度要求。

(4) 光伏组件或方阵应按设计要求可靠地固定在支架或连接件上。

(5) 光伏组件或方阵应排列整齐。光伏组件之间的连接件应便于拆卸和更换。

(6) 光伏组件或方阵与建筑面层之间应留有安装空间和散热间隙，并不得被施工等杂物填塞。

(7) 光伏组件或方阵安装时必须严格遵守生产厂指定的安装条件。

(8) 坡屋面上安装光伏组件时，其周边的防水连接构造必须严格按设计要求施工，且不得渗漏。

(9) 光伏幕墙的安装应符合下列规定：

1) 双玻光伏幕墙应满足现行行业标准《玻璃幕墙工程质量检验标准》JGJ/T 139 的相关规定。

2) 光伏幕墙应排列整齐、表面平整、缝宽均匀，安装允许偏差应满足现行国家标准《建筑幕墙》GB /T 21086 的相关规定。

3) 光伏幕墙应与普通幕墙同时施工，共同接受幕墙相关物理性能检测。

4) 在盐雾、寒冷、积雪等地区安装光伏组件时，应与产品生产厂协商制定合理的安装施工和运营维护方案。

5) 在既有建筑上安装光伏组件，应根据建筑物的建设年代、结构状况，选择可靠的安装方法。

4. 汇流箱安装要求

检查汇流箱部件应完好且接线不松动，所有开关和熔断器处于断开状态，汇流箱安装位置符合设计要求，垂直度偏差应小于 1.5mm。

5. 逆变器安装要求

逆变器基础型钢其顶部应高出抹平地面 10mm 并有可靠的接地，逆变器安装方向符合设计要求，逆变器本体的预留孔及电缆管口进行防火封堵。

## 33.10.4 检 测 与 验 收

### 33.10.4.1 太阳能光热系统节能工程的验收

太阳能光热系统节能工程的验收可根据施工安装特点按系统组成、楼层等进行验收。验收主要项目有太阳能集热器、储热水箱、控制系统、管路系统等。

1. 太阳能光热系统的安装应符合下列规定：

(1) 太阳能光热系统的形式，应符合设计要求。

(2) 集热器、阀门、过滤器、温度计及仪表应按设计要求安装齐全，不得随意增减和更换；各类阀门的安装位置、方向应正确，并便于观察、操作、调试和维修，安装完毕后，应根据系统要求进行调试并做出标识。

(3) 贮热装置、水泵、换热装置、水力平衡装置安装位置和方向应符合设计要求，并便于观察、操作和调试；水泵等设备在室外安装应采取妥当的防雨、防晒、防冻等保护措施。

(4) 管道部件的材质及规格应符合设计要求；管道应独立设置管井，冷热水管道应分别敷设；管道的坡向及坡度应符合设计要求，当设计无要求时，坡度为0.3%～0.5%；管道的最高端排气阀及最低端排污阀数量、规格、位置应符合设计要求。

(5) 集热系统基座应与建筑主体结构连接牢固；支架应采取抗风、抗震、防雷、防腐措施，并与建筑物接地系统可靠连接。要求全数观察检查，核查质量证明文件和相关技术资料。

2. 太阳能光热系统的管道安装应符合下列规定：

管道安装完成后必须全数进行观察检查，管道的水压试验及管道的冲洗且水压试验及管冲洗必须符合设计要求。当设计未注明时，太阳能热水系统管道的水压试验压力应为工作压力的1.5倍，开式太阳能集热系统应以系统顶点工作压力加0.1MPa进行水压试验，同时在系统顶点压力的试验压力不小于0.3MPa；闭式太阳能集热系统和供热水系统应按现行国家标准《建筑给水排水及采暖工程施工质量验收规范》GB 50242的规定执行。管道冲洗排放口水质必须清澈无杂质。

3. 辅助能源加热设备的电水加热器安装应符合下列规定：

全数观察检查，核查质量证明文件和相关技术资料，应符合设计要求，对永久接地保护可固定，并加装防漏电、防干烧等保护装置。

4. 太阳能光热系统的控制系统安装应符合下列规定：

全数观察检查，核查质量证明文件和相关技术资料应符合下列规定：

(1) 传感器的规格、数量及安装方式应符合设计要求。

(2) 传感器的接线应牢固可靠，接触良好。接线盒与管套之间的传感器屏蔽线应做二次防护处理，两端应做防水保护。

(3) 所有电气设备和与电气设备相连接的金属部件应做接地处理。

(4) 电气与自动控制系统高温保护、防冻保护、过压保护必须可靠并应与安全报警联动。

5. 太阳能光热系统应随施工进度对与节能有关的隐蔽部位或内容进行验收，并应有详细的文字记录和必要的图像资料。太阳能热水系统中的土建工程验收前，应在安装施工中完成下列隐蔽项目的现场验收：

(1) 安装基础螺栓和预埋件。

(2) 基座、支架、集热器四周与主体结构的连接节点。

(3) 基座、支架、集热器四周与主体结构之间的封堵及防水。

(4) 太阳能热水系统与建筑物避雷系统的防雷连接节点或系统自身的接地装置安装。

6. 系统调试

(1) 系统调试应包括设备单机、部件调试和系统联动调试。系统联动调试应按照设计要求的实际运行工况进行。联动调试完成后，应进行连续三天试运行，其中至少有一天为晴天。

(2) 系统联动调试，应在设备单机、部件调试和试运转合格后进行。

(3) 设备单机、部件调试应包括下列内容：

1) 检查水泵安装方向。

2) 检查电磁阀安装方向。

3）温度、温差、水位、流量等仪表显示正常。

4）电气控制系统应达到设计要求功能，动作准确。

5）剩余电流保护装置动作准确可靠。

6）防冻、防过热保护装置工作正常。

7）各种阀门开启灵活，密封严密。

8）辅助能源加热设备工作正常，加热能力达到设计要求。

（4）系统联动调试应包括下列内容：

1）调整水泵控制阀门。

2）调整系统各个分支回路的调节阀门，使各回路流量平衡，达到设计流量。

3）温度、温差、水位、时间等控制仪的控制区域或控制点应符合设计要求。

4）调试辅助热源加热设备与太阳能集热系统的工作切换，达到设计要求。

5）调整电磁阀初始参数，使其动作符合设计要求。

（5）系统联动调试后的运行参数应符合下列规定：

1）设计工况下太阳能集热系统的流量与设计值的偏差不应大于10%。

2）设计工况下热水的流量、温度应符合设计要求。

3）设计工况下系统的工作压力应符合设计要求。

（6）系统热工性能检验的测试方法应符合现行国家标准《可再生能源建筑应用工程评价标准》GB/T 50801 的规定，质检机构应出具检测报告。

（7）太阳能集热系统效率和太阳能热水系统的太阳能保证率应满足设计要求，当设计无明确规定时，应符合本手册33.10.4.3中的检测要求。

（8）太阳能供热水系统的供热水温度应符合设计文件的规定，当设计文件无明确规定时供热水温度应大于等于45℃且小于等于60℃。

**33.10.4.2 太阳能光伏系统节能工程的验收**

光伏设备及系统调试主要包括光伏组件串测试、跟踪系统调试、逆变器调试、二次系统调试、其他电气设备调试。

1. 太阳能光伏系统的安装全数观察检查，应符合下列规定：

（1）太阳能光伏系统的安装方位、倾角、支撑结构等，应符合设计要求。

（2）光伏组件、汇流箱、电缆、逆变器、充放电控制器、储能蓄电池、电网接入单元、主控和监视系统、触电保护和接地、配电设备及配件等应按照设计要求安装齐全，不得随意增减、合并和替换。

（3）配电设备和控制设备安装位置等应符合设计要求，并便于观察、操作和调试。逆变器应有足够的散热空间并保证良好的通风。

（4）电气设备的外观、结构、标识和安全性应符合设计要求。

2. 光伏组件测试参数包括室外环境平均温度、平均风速、太阳辐照强度、电压、电流、发电功率、采光面积，光电转换效率使用总辐射表、便携式Ⅰ-Ⅴ测试仪现场检测，应符合设计文件的规定，并应符合本手册33.10.4.3中的要求。

3. 太阳能光伏系统，应具备下列性能：

（1）测量显示功能。

（2）数据存储与传输功能。

(3) 交（直）流配电设备保护功能。

**33.10.4.3　节能性能的检测**

太阳能光热系统联合试运转和调试正常后，应按照《可再生能源建筑应用工程评价标准》GB/T 50801 的规定的测试方法、评价方法、评定和分级，对太阳能系统集热系统效率、系统总能耗、集热系统得热量、贮热水箱热损因数、供热水温度（太阳能热水系统）、室内温度（太阳能供暖系统）进行现场检验。太阳能集热系统效率、太阳能保证率等应符合表 33-84 规定。

**不同资源区的太阳能保证率要求**　　**表 33-84**

| 资源区划分 | 年太阳辐照量 MJ/(m²·a) | 太阳能集热系统效率（%） | | 太阳能保证率（%） | |
|---|---|---|---|---|---|
| | | 太阳能热水系统 | 太阳能供暖系统 | 太阳能热水系统 | 太阳能供暖系统 |
| Ⅰ资源丰富区 | ≥6700 | 42 | 35 | ≥60 | ≥50 |
| Ⅱ资源较高区 | 5400～6700 | 42 | 35 | ≥50 | ≥40 |
| Ⅲ资源一般区 | 4200～5400 | 42 | 35 | ≥40 | ≥30 |
| Ⅳ资源贫乏区 | ＜4200 | 42 | 35 | ≥30 | ≥20 |

贮热水箱热损因数不应大于 30W/(m³·K)。贮热水箱热损因数测试时间从晚上 8 时开始至次日 6 时结束；测试开始时贮热水箱水温不得低于 50℃，与水箱所处环境温度差不小于 20℃；测试期间应确保贮热水箱的水位处于正常水位，且无冷热水出入水箱。

太阳能光伏系统应按照《可再生能源建筑应用工程评价标准》GB/T 50801 的相关规定进行系统的光电转换效率测试。不同光伏电池组成的光伏系统的光电转换效率应符合表 33-85。

**不同类型太阳能光伏系统的光电转换效率 $\eta_d$（%）**　　**表 33-85**

| 晶体硅电池 | 薄膜电池 |
|---|---|
| $\eta_d \geq 8$ | $\eta_d \geq 4$ |

当太阳能光伏系统的太阳能电池组件类型、系统与公共电网的关系相同，且系统装机容量偏差在 10%以内时，应视为同一类型太阳能光伏系统。试运行与测试根据项目类型，抽取同一类型太阳能光伏系统总数量的 5%，且不得少于 1 套进行测试，并采用万用表、光照测试仪等专业测试设备进行现场实测。

# 33.11 配电与照明节能工程

## 33.11.1 国家对配电与照明节能的基本要求

**33.11.1.1　配电与照明节能的特点**

(1) 应在保证用电安全、为使用提供最佳的服务条件。

(2) 应运用科技手段、采用高效设备和器材。

(3) 注重健康、环保。

(4) 能够有效地降低运行成本。

(5) 是绿色建筑的最重要部分之一。

**33.11.1.2 配电与照明节能的环境**

(1) 推广绿色照明，在有利于人们工作、生活需要的良好光环境，有利于人的身心健康的条件下，达到节约能源、保护环境的目的。

(2) 严格限制发光效率低的白炽灯和卤素灯的应用，推广节能灯，有很大的节电潜力。

(3) 建筑的主要光源是荧光灯，较高的场所，如大堂、中庭、演出厅等宜使用陶瓷金属卤化物灯。

## 33.11.2 材料与设备

**33.11.2.1 节能工程对材料设备的一般要求**

(1) 建筑节能工程使用的材料、设备等，必须符合设计要求及国家有关标准的规定。严禁使用国家明令禁止使用与淘汰的材料、设备。

(2) 材料和设备进场验收应遵守下列规定：

1) 对材料和设备的品种、规格、包装、外观和尺寸等进行检查验收，并应经监理工程师（或建设单位代表）确认，形成相应的验收记录。

2) 对材料和设备的质量证明文件进行核查，并应经监理工程师（或建设单位代表）确认，纳入工程技术档案。进入施工现场用于节能工程的材料和设备均应具有出厂合格证、中文说明书及相关性能检测报告；定型产品和成套技术应有型式检验报告，进口材料和设备应按规定进行出入境商品检验。

(3) 建筑节能工程使用材料的燃烧性能等级和阻燃处理，应符合设计要求和现行国家标准《建筑内部装修设计防火规范》GB 50222 和《建筑设计防火规范》GB 50016 的规定。

(4) 建筑节能工程使用的材料应符合国家现行有关标准对材料有害物质限量的规定，不得对室内外环境造成污染。

**33.11.2.2 建筑节能对配电与照明材料的特殊要求**

(1) 荧光灯灯具和高强度放电灯灯具的效率不应低于表 33-86 的规定。

**荧光灯灯具和高强度气体放电灯灯具的效率允许值** **表 33-86**

| 灯具出光口形式 | 开敞式 | 保护罩（玻璃或塑料） | | 格栅 | 格栅或透光罩 |
|---|---|---|---|---|---|
| | | 透明 | 磨砂、棱镜 | | |
| 荧光灯灯具 | 75% | 65% | 55% | 60% | — |
| 高强度气体放电灯灯具 | 75% | — | — | 60% | 60% |

(2) 管型荧光灯镇流器能效限定值不应小于表 33-87 的规定：

镇流器能效限定值　　表 33-87

| 标称功率（W） | | 18 | 20 | 22 | 30 | 32 | 36 | 40 |
|---|---|---|---|---|---|---|---|---|
| 镇流器能效因数（*BEF*） | 电感型 | 3.154 | 2.952 | 2.77 | 2.232 | 2.146 | 2.03 | 1.992 |
| | 电子型 | 4.778 | 4.370 | 3.998 | 2.870 | 2.678 | 2.402 | 2.270 |

（3）照明设备谐波含量限值应符合表 33-88 的规定。

照明设备谐波含量的限值　　表 33-88

| 谐波次数 *n* | 基波频率下输入电流百分比数表示的最大允许谐波电流（%） |
|---|---|
| 2 | 2 |
| 3 | 30λ |
| 5 | 10 |
| 7 | 7 |
| 9 | 5 |
| 11≤*n*≤39（仅有奇次谐波） | 3 |

注：λ——电路功率因数。

（4）低压配电系统选择的电线、电缆每芯导体电阻值应符合表 33-89 的规定。

不同标称截面的电缆、电线每芯导体最大电阻值　　表 33-89

| 标称截面（$mm^2$） | 20℃时导体最大电阻（Ω/km）圆铜导体（不镀金属） |
|---|---|
| 0.5 | 36 |
| 0.75 | 24.5 |
| 1 | 18.1 |
| 1.5 | 12.1 |
| 2.5 | 7.41 |
| 4 | 4.61 |
| 6 | 3.08 |
| 10 | 1.83 |
| 16 | 1.15 |
| 25 | 0.727 |
| 35 | 0.524 |
| 50 | 0.387 |
| 70 | 0.268 |
| 95 | 0.193 |
| 120 | 0.153 |
| 150 | 0.124 |
| 185 | 0.0991 |
| 240 | 0.0754 |
| 300 | 0.0601 |

### 33.11.2.3　对材料设备的质量控制及检测

1. 光源灯具及其附属装置的质量控制

照明节能主要与光源光效、灯具效率、气体放电灯启动设备质量、照明方式、灯具控制方案、日常维护管理等方面有关。我国节能灯仅占很小的份额，应大力发展高效节能灯具，除设计要求或特殊装饰效果的需要，原则上不应在新建项目上选择普通白炽灯。施工单位对照明设备的质量控制，主要体现在照明材料、设备的检查和验收等方面；杜绝不符合要求的照明材料、设备在工程中使用。

(1) 照明光源灯具及其附属装置的检查方法：

主要是现场检查，物资进场后对其技术资料和性能检测报告等质量证明文件与实物进行一一核对。

(2) 照明光源灯具及其附属装置的检查内容：

检查内容包括：产品出厂质量证明文件及检测报告（或相关认证文件）是否齐全；实际进场产品及其配件数量、规格等是否满足设计及施工要求；产品的外观质量能否满足设计要求或有关标准的规定。

合格质量证明文件必须是中文的表示形式，应具有产品名称、规格、型号、国家质量标准代号、出厂日期、生产厂家的名称、地址及必要的检测报告；检测报告内容必须包含《建筑节能工程施工质量验收规范》SZJG 31 中的相关性能参数指标，其产品性能检测结果应满足规范对照明光源灯具及其附属装置的参数要求。

2. 电缆、电线的质量控制

不合格的电缆、电线不但会造成安全隐患，还会使电线、电缆在输电能的过程中发热，增加电能损耗，因此电线、电缆的质量是配电与照明节能工程控制的重点。

(1) 检查方法，除应进行常规检查外，还要在监理或甲方的监督下进行见证取样，送到具有国家认可检测资质的检验机构进行检验，并出具检验报告。

(2) 检查数量，按照《建筑节能工程施工质量验收规范》SZJG 31 要求，检查数量为同厂家各种规格总数的 10%，且不少于两个规格。其中相同截面、相同材料（如镀金属、圆或成型铝导体、铝导体）导体和相同芯数为同规格，如 VV-3×50 与 YJV-3×50 为同规格，BV2.5 与 BVV2.5 为同规格。

(3) 检验内容，主要检测电线、电缆导体的电阻值，送检的电线、电缆应全部合格，并由检测单位出具检测报告，检测结果中的电线、电缆的导体电阻值应符合表 33-88 的要求。

### 33.11.2.4 材料设备的节能措施

1. 采用高效长寿电光源

光源是节能的首要因素，而光源和节能又取决于发光效率。高效光源主要指气体放电灯。低压气体放电灯以荧光灯为代表，高压气体放电灯主要为高压钠灯和金属卤化物灯。近年来，进一步提高光源的性能和技术参数呈现以下趋势：

(1) 提高发光效率，预计气体放电灯光效将普遍超过 100Lm/W，HID 灯将更高，白炽光源将通过多种技术革新进一步提高光效。

(2) 提高显色性能，多数光源的显色指数将超 80，荧光灯将普遍使用三基色荧光粉。

(3) 提高使用寿命，气体放电灯将超过 10000h，将有多种更长寿命的新光源出现。

各种光源的主要技术性能及适用场所（表 33-90）：

1) 在第一类场所，即高大工业厂房、户外场地，主要是推广金属卤化物灯和高压钠灯，前者以其较优的色温和显色指数，获得更多应用，而后者则以更高光效和更长寿命而受欢迎，尤其是在户外（道路、广场等）占有绝对优势，而在户内，则由于显色指数太低，而受到很大限制，显色改进型高压纳灯由于显色指数大大提高，而获得广泛应用。

2）在第二类场所，即较低矮的室内场所，如办公楼、教室、图书馆、商场，以及高度在4.5m以下的生产场所（如仪表、电子、纺织、卷烟等），应积极推广使用直管荧光灯，目前主要任务是使用T8灯管（直径26mm）取代T12灯管（直径38mm）。无论是光效和寿命，T8灯管都大大优于T12灯管，若用T8取代T12灯管可以节电10%以上，用带电子镇流器的T8灯管代替带铁心镇流器的T12灯管可节电30%左右，或使用能效比更高的T5灯管。新型的细径直管荧光灯优化的结构设计，使T5荧光灯的发光效率已可达每瓦100Lm左右，几乎是普通白炽灯的十倍。

3）在第三类场所，如家庭住宅、旅馆、餐厅、门厅、走廊等，以紧凑型荧光灯（包括H形、U形、D形、环形等）为主，替代白炽灯。紧凑型荧光灯的功率有5W、7W、9W、11W、13W、16W、18W、24W等，色温为6500K，适应不同光色的要求。在既要节能又要提高照明水平的情况下，使用紧凑型荧光灯虽然初投资略高于白炽灯，然而节电效果显著，足以补偿。

**常用光源的性能及适用场所** **表33-90**

| 光源名称 | 发光效能（Lm/W） | 显色指数（$R_a$） | 使用寿命（h） | 使用场所 |
|---|---|---|---|---|
| 白炽灯 | 8～12 | 99 | 1000 | 严格限制 |
| 卤素灯 | 12～16 | 99 | 2000 | 商店小型贵重商品的重点照明 |
| 直管荧光灯（卤磷酸钙荧光粉） | 60～80 | 57～72 | 8000 | 不再应用 |
| 直管荧光灯（三基色荧光粉） | 70～100 | 83～85 | 12000 | 办公室、镜灯、走廊、餐厅、会议室 |
| 紧凑型荧光灯（三基色荧光粉） | 45～65 | 80～85 | 6000 | 大堂、电梯厅、客房、走廊、多功能厅 |
| 石英金属卤化物灯 | 60～90 | 60～65 | 6000～8000 | 高空间、夜景照明 |
| 陶瓷金属卤化物灯 | 70～100 | 80～85 | 12000 | 中庭、大堂、商店 |
| 高压钠灯 | 90～130 | 23～25 | 16000 | 道路照明 |
| 发光二极管（LED） | 40～60 | 60～80 | 30000～50000 | 夜景照明、标志灯、广告牌 |

2. 采用高效节能的照明灯具

除光源外的第二要素，而且是不容易为人们所重视的因素。灯具的主要功能是合理分配光源辐射的光通量，满足环境和作业的配光要求，并且不产生眩光和严重的光幕反射。选择灯具时，除考虑环境光分布和限制眩目的要求外，还应考虑灯具的效率。对于高光效灯具的基本要求如下：

（1）提高灯具效率：现在市场上有些灯具效率仅有0.3～0.4，光源发出的光能，大部分被吸收，能量利用率太低。要提高效率，一方面要有科学的设计构思和先进的设计手段，运用计算机辅助设计来计算灯具的反射面和其他部分；另一方面要从反射罩材料、漫射罩和保护罩的材料等加以优化。

（2）提高灯具的光通量维持率，从灯具的反射面、漫射面、保护罩、格栅等的材料和表面处理上下功夫，使表面不易积尘、腐蚀，容易清扫，采取有效的防尘措施，有防尘、防水、密封要求的灯具，应经过试验达到规定的防护等级（IP 等级）。

（3）提供配光合理、品种齐全的灯具，应该有多种配光的灯具，以适应不同体形的空间，不同使用要求（照度、均匀度、眩光限制等）的场所的需要。

3. 采用高效节能的照明电器的附件

目前绝大多数节能光源都是气体放电灯，它们需要镇流器才能工作。普通电感式镇流器功耗大、光闪烁严重。目前已成功开发的节能镇流器－节能型电感式镇流器和电子镇流器，都比原电感镇流器的功耗降低一半以上。例如，直管荧光灯的电感镇流器自身功耗约为灯管功率的 23%～25%，有的低质量产品，据检验达到 30%，而国外有一些低功耗镇流器可达 12%～15%。提高镇流器的质量，对节能很有意义。若使用电感镇流器，则应带电容补偿，使每个灯具的功率因数在 0.9 以上。

4. 推广节能开关

电气照明除规定推广使用节能光源、灯具外，还应尽量采用节能照明开关和控制系统。目前，较普遍的节能开关主要有双控开关、延时断电开关和调光开关。延时断电开关和调光开关的节能效果比双控开关更显著。延时断电开关一般有声控开关、红外线开关和人体感应开关。声控开关制造容易，价格便宜（一般为每个几元至 10 多元）但可靠性差、寿命短。由于依靠声响开启开关，易误操作。任何声响都可能会使开关开启，常常会出现应该开灯时却不开，不该开灯时却又开；甚至反复多次开灯的情况，使光源、开关寿命缩短，或者损坏照明光源和开关设备。这种开关寿命一般只有 3 年左右，不推荐使用。

红外线开关和人体感应开关是使用在规定的空间距离范围内，人体分别感应开关发出的红外线或微波，使开关开启，延时一定时间后自动断开电源。红外线开关和人体感应开关，可靠性高、寿命长，建议推广使用。

调光开关是按照使用场所对照度需要的大小，用调光开关调节照明供电的电源电压，达到调节控制该场所照明光源照度的大小，实现节约电能的目的。

红外线开关、人体感应开关的调光开关分为只能控制白炽灯（阻性负载）和只能控制气体放电灯两种产品，设计选用时应注意。用在控制气体放电灯的红外线开关、人体感应开关和调光开关都可以用来控制白炽灯，反之则不能。

## 33.11.3 配电与照明节能工程技术要点

### 33.11.3.1 降低配电线路电能损耗

配电线路电能的损耗取决于线路的阻抗和电流，与阻抗成正比，与电流的平方成正比；而线路的阻抗与导线的导电率和长度成正比，与导线的截面成反比，因此配电线路选用高导电率的导体，尽量采用铜芯线缆，不采用铝芯线缆。变配电所应设在负荷中心，各层配电间、配电箱也应尽量设置在负荷中心，减少配电线路的长度。

对于没有特殊要求的场所，尽量采用三相供电，避免采用单相供电，可减少电流。三相与单相供电线路损耗比较，假设线路长度一样，负荷为电阻性负载且三相完全平衡，单相线路导线截面积 $S_1=16\text{mm}^2$，三相线路导线截面积 $S_2=4\text{mm}^2$，那么单相线路电阻 $R_1$ 为三相线路电阻 $R_2$ 的四分之一，在负载功率相同时，单相线路电流 $I_1$ 为三相线路电流 $I_2$ 的 3 倍，在只考虑线路损耗时，单相线路损耗 $P_1$ 为三相线路损耗的 1.5 倍，见图 33-67。

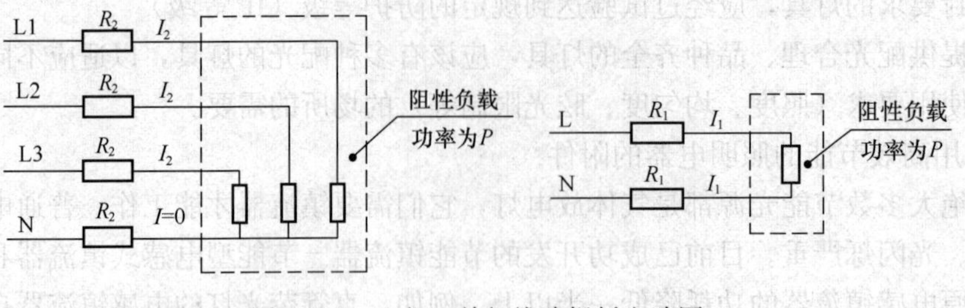


图 33-67　三相、单相线路损耗电路图

**33.11.3.2　减少谐波对系统的影响**

谐波是由与电网相连的各种非线性负载产生的。谐波使电能的生产、传输、利用的效率降低引起电抗、电阻的电流增大，造成过电流，谐波产生的额外热效应可引起设备发热，绝缘老化，降低设备的使用寿命。

在建筑物内引起谐波的主要谐波源有：铁磁设备、电弧设备以及电力电子设备。铁磁设备包括变压器，旋转电机等，电弧设备包括放电型照明设备（荧光灯等）。这两种设备均是无源型，其非线性是由铁芯和电焊的物理性导致的。电力电子设备的非线性是由半导体器件的开关导致的，属于有源型。电力电子设备主要包括电机调速用变频器、直流开关电源、计算机、不间断电源等，目前这部分设备产生的谐波所占比重越来越大，已成为配电系统的主要谐波污染。

目前针对电能质量的改善有以下几种方式：

(1) 增加 LC 滤波装置，它既可过滤谐波又可补偿无功功率。谐波装置又分为无源滤波和有源滤波，无源滤波针对特定谐波进行过滤，如果控制不当容易与电网发生串联和并联谐振。后者可对多次谐波进行过滤，一般不会与电网产生谐振。

(2) 有源电力滤波器的应用，有源电力滤波器是一种可以动态抑制谐波、负序和补偿无功的新型电力电子装置，它能对变化的谐波、无功和负序进行补偿。与传统的电能质量补偿方式相比，其调节响应更加灵活、快速。

**33.11.3.3　推广采用有利于节能的智能照明控制**

照明控制从最初的开关控制发展到现在的智能化控制，在节约能源中占有非常重要的位置，其目的是可以随时改变工作面上的照明水平。现有照明节能控制器中，光控调光控制器，适用于控制光源功率，当窗外射入的自然光增强时，灯功率和光输出自动调小，且保持工作面上照度不变，从而可以在保证照明质量的前提下，取得很好的节能效果。

另一类为红外控制开关和超声波控制开关节能装置。当在安装控制开关的场所有人时，红外线或超声波传感器发出信号，将灯自动打开；而当人离开该场所一定时间后（可设定时间范围），无人进入时，红外线或超声波传感器发出信号，控制灯自动关闭。

照明控制系统具有显著的节能、自动控制特点，具有现代照明的推广应用前景，是电气照明系统的发展方向。此类装置已在国内使用，并取得了很好的节能效果。

**33.11.3.4　减少母线、电缆因安装造成的能源消耗**

加强母线接头的制作质量，母线与母线、母线与电器接线端子搭接时母线与各类搭接连接的钻孔直径和搭接长度及力矩扳手钢制连接螺栓的力矩值应符合现行国家标准《建筑电气工程施工质量验收规范》GB 50303 中的相关要求，防止接头虚接造成的局部发热，造成无用的能源消耗。

交流单芯电缆或分相后的每相电缆敷设时不得形成闭合铁磁回路，尤其是在采用预分支电缆头作分支连接时，要防止分支处电缆芯线单相固定时采用的夹具和支架形成闭合铁磁回路。建议采用铝合金线夹，减少由于涡流和磁滞损耗产生的能耗。

## 33.11.4 配电与照明节能工程调试与测试

### 33.11.4.1 照明通电试运行及照度检测

1. 通电前的检查

(1) 电气线路的绝缘电阻满足规范要求（不小于 0.5MΩ）。

(2) 复查总电源开关至各照明回路开关接线是否正确，各回路标识是否一致。

(3) 检查漏电保护器的接线是否正确，严格区分工作零线与保护接地线，保护接地线严禁接入漏电开关。

(4) 检查开关箱内各接线端子连接是否正确、牢固可靠。

(5) 断开所有开关、合上总进线开关，检查漏电测试按钮是否灵敏可靠，并用漏电开关测试仪检测，动作电流≤30mA，在 0.1s 内漏电开关能有效跳闸。

(6) 分回路试通电：

1) 各回路灯具等用电设备全部置于断开位置。

2) 分路电源开关逐次合上，并应合一路试一路，以保证标志和顺序一致。

3) 逐个地合上灯具的开关，检查灯具的开关控制顺序是否对应。

4) 用插座检验器检查各插座相序连接是否正确，漏电时是否跳闸。

5) 将插座加入设计负荷，进行负荷试验。

2. 查找故障

(1) 发现故障应首先断开电源。确认无电后，再进行修复或整改。

(2) 对开关一经闭合，漏电保护器马上出现跳闸的现象，应重点检查工作零线是否与保护地线混接，导线是否绝缘不良，也可能外接负荷接地绝缘不良。

3. 系统通电运行

公用建筑照明系统通电连续试运行时间应为 24h，民用住宅照明系统通电连续试运行时间应为 8h，所有照明器具均应开启，照明插座应按设计负荷每 2h 记录运行状态一次。通电试运行中还应测试并记录照明系统的照度和功率密度，测试所得的照度值不小于设计值的 90%。

照度值检验应与功率密度检验同时进行，被检测区内发光灯具的安装总功率除以被检测区域面积即可得出被检测区域的照明功率密度值。每种功能区检查不少于两次。

4. 照度测量

(1) 一般照明时测点的布置

预先在测定场所打好网格，作测点记号，一般室内或工作区为 2～4m 正方形网格。对于小面积的房间可取 1m 的正方形网格。对走廊、通道、楼梯等处在长度方向的中心线上按 1～2m 的间隔布置测点。网格边线一般距房间各边 0.5～1m。

(2) 局部照明时测点布置

局部照明时，在需照明的地方测量。当测量场所狭窄时，选择其中有代表性的一点；当测量场所广阔时，可按一般照明时测点的布置所述布点。

(3) 测量平面和测点高度

无特殊规定时，一般为距地 0.8m 的水平面。对走廊和楼梯，规定为地面或距地面为 15cm 以内的水平面。

(4) 测量条件

根据需要点燃必要的光源，排除其他无关光源的影响。测定开始前，白炽灯需点燃 5min，荧光灯需点燃 15min，高强气体放电灯需点燃 30min，待各种光源的光输出稳定后再测量。对于新安设的灯，宜在点燃 100h（气体放电灯）和 20h（白炽灯）后进行照度测量。

(5) 测量仪器

照度测量应采用照度计，用于照明测量的照度计宜为光电池式照度计。按接收器的材料，照度计可分为硒光电池式和硅光电池式的照度计。照明测量宜采用精确度为二级以上的照度计。

(6) 测量方法

1) 测量时先用大量程挡数，然后根据指示值大小逐步找到需测的挡数，原则上不允许在最大量程的 1/10 范围内测定。

2) 指示值稳定后读数。

3) 要防止测试者人影和其他各种因素对接收器的影响。

4) 在测量中宜使电源电压不变，在额定电压下进行测量，如做不到，在测量时应测量电源电压，当与额定电压不符时，则应按电压偏差对光通量变化予以修正。

5) 为提高测量的准确性，一测点可取 2～3 次读数，然后取算术平均值。

(7) 测量数据要求

1) 照度值不得小于设计值的 90%。

2) 功率密度值不得大于现行国家标准《建筑照明设计标准》GB/T 50034 中的规定。

**33.11.4.2　低压配电电源质量检测**

(1) 检测方法，在已安装的变频和照明等可产生谐波的用电设备均可投入使用的情况下，使用三相电能质量分析仪在变压器的低压侧（变压器低压出线或低压配电总进线柜）进行测量。

(2) 检测仪器，检测仪器采用三相电能质量分析仪。

(3) 检测结果要求，检测结果应符合下列要求，并形成检测记录。

1) 供电电压允许偏差：三相供电电压允许偏差为标称系统电压的±7%；单相 220V 为+7%、−10%。

2) 公共电网谐波电压限值为：380V 的电网标称电压，电压总谐波畸变率（$THD_u$）为 5%，奇次（1～25 次）谐波含有率为 4%，偶次（2～24 次）谐波含有率为 2%。

3) 谐波电流不应超过表 33-91 中规定的允许值。

谐波电流允许值 表 33-91

| 标称电压（kV） | 基准短路容量（MVA） | 谐波次数及谐波电流允许值（A） | | | | | | | | | | | |
|---|---|---|---|---|---|---|---|---|---|---|---|---|---|
| | | 2 | 3 | 4 | 5 | 6 | 7 | 8 | 9 | 10 | 11 | 12 | 13 |
| 0.38 | 10 | 78 | 62 | 39 | 62 | 26 | 44 | 19 | 21 | 16 | 28 | 13 | 24 |
| | | 谐波次数及谐波电流允许值（A） | | | | | | | | | | | |
| | | 14 | 15 | 16 | 17 | 18 | 19 | 20 | 21 | 22 | 23 | 24 | 25 |
| | | 11 | 12 | 9.7 | 18 | 8.6 | 16 | 7.8 | 8.9 | 7.1 | 14 | 6.5 | 15 |

**33.11.4.3 大容量导线或母线检测**

大容量（630A 及以上）导线或母线连接处，在设计计算负荷运行情况下应作温度抽查记录，温升稳定且不大于设计值。

**33.11.4.4 建筑节能规范对检测验收的要求**

1. 一般要求

（1）适用于建筑配电与照明节能工程的施工质量验收。

本条指明了施工质量验收的适用范围是建筑物内的低压配电（380V/220V）和照明配电系统，以及与建筑物配套的道路照明、小区照明、泛光照明等。

（2）建筑配电与照明节能工程的施工质量验收，除应符合现行国家标准《建筑节能工程施工质量验收标准》GB 50411 和《建筑电气工程施工质量验收规范》GB 50303 的有关规定外，还应按照已批准的设计图纸，合同约定的内容和相关技术规定进行。

2. 主控项目

（1）照明光源、灯具及其附属装置的选择必须符合设计要求，进场验收时应对下列技术性能进行核查，并经监理工程师（或建设单位代表）检查认可，形成相应的验收、核查记录。质量证明文件和相关技术资料齐全，并符合国家现行有关标准和规定。

（2）低压配电系统选择的电缆、电线截面不得低于设计值，进场时应对其截面和每芯导体电阻值进行见证取样送检。

（3）工程安装完成后应对低压配电系统进行调试，调试合格后应对低压配电电源质量进行检测。

3. 一般项目

（1）母线与母线或母线与电器接线端子，当采用螺栓搭接连接时，应采用力矩扳手拧紧，制作符合现行国家标准《建筑电气工程施工质量验收规范》GB 50303 标准中的有关规定。

检验方法：使用力矩扳手对压接螺栓进行力矩检测。

检查数量：母线按检验批抽查 10%。

（2）交流单芯电缆或分项后的每项电缆宜品字形（三叶形）敷设，且不得形成闭合铁磁回路。检验方法：观察检查。检查数量：全数检查。

（3）三相照明配电干线的各相负荷宜分配平衡，其最大相负荷不宜超过三相负荷平均值的 115%，最小相负荷不宜小于三相负荷平均值的 85%。检验方法：在建筑物照明通电试运行时开启全部照明负荷，使用三相功率计检测各相负载电流、电压和功率。检查数量：全数检查。

# 33.12 超低能耗建筑

## 33.12.1 概 述

2007年，在中国住房和城乡建设部与德国联邦交通、建设及城市发展部的支持下，住房和城乡建设部科技发展促进中心与德国能源署在建筑节能领域开始开展技术交流、培训和合作，引入德国被动房的理念，开启了我国超低能耗建筑的探索之路。

2010年在上海世博会诞生了我国第一个超低能耗建筑——德国汉堡之家，考虑到上海湿热的气候特点，汉堡之家使用了高效的全热回收机组。该机组的显热回收效率为85%，湿度热回收效率为65%。通过湿度热回收可以显著降低除湿需求。汉堡之家建成后实测在±50Pa压差下的换气次数为0.4。

2012年通过引进德国先进建筑节能技术，中德合作项目建设了河北秦皇岛在水一方、黑龙江哈尔滨溪树庭院等被动式超低能耗绿色建筑示范工程；同时与美国、加拿大、丹麦、瑞典等多个国家开展交流与合作，建造完成了中国建筑科学研究院近零能耗建筑等示范工程。

2015年，中国在全球环境大会上承诺，2030年二氧化碳排放达到峰值，比2005年下降60%～65%。这一目标使得建筑节能任重道远。国务院、相关部委及部分省市纷纷出台政策，支持超低能耗建筑的研究和实践工作，极大地推动了超低能耗建筑的发展，超低能耗建筑的建设工作逐渐发展成在全国范围内进行大面积示范。住房和城乡建设部在《建筑节能与绿色建筑发展“十三五”规划》中提出“到2020年，建设超低能耗，近零能耗建筑示范项目1000万平方米以上”。

随着国家政策的出台和示范工程的建设，相关研究工作也在展开和不断深入，部分省市和研究机构近几年已经取得了一定成果，2016年，科技部将“近零能耗建筑技术体系及关键技术开发”列为“十三五”国家重点研发计划项目，超低能耗建筑的研究工作到达了一个新的层面，并逐渐形成了从超低能耗建筑到近零能耗建筑再到零能耗建筑的发展思路。与此同时，超低能耗建筑的标准体系也开始逐步建立，河北、山东等地相继发布了地方标准，2015年10月中华人民共和国住房和城乡建设部印发了《被动式超低能耗绿色建筑技术导则》，2019年1月中华人民共和国住房和城乡建设部和国家市场监督管理总局正式联合发布了《近零能耗建筑技术标准》GB/T 51350—2019，并于2019年9月1日正式实施。“十三五”期间我国累计完成超低能耗、近零能耗建筑面积近0.1亿平方米。

#### 33.12.1.1 超低能耗建筑的定义

超低能耗建筑是相对目前普通节能建筑而言的，在推广初期国内外有不同的称谓，其定义和技术指标也有所区别，如德国被动房是通过大幅度提升围护结构热工性能和气密性，利用高效新风热回收技术，将建筑供暖需求降低到15kWh/($m^2$·a)以下，从而可以使建筑物摆脱传统的集中供热系统的建筑物。瑞士的“近零能耗房”要求按此标准建造的建筑其总体能耗不高于常规建筑的75%，化石燃料消耗低于常规建筑的50%。

2015年国内《被动式超低能耗绿色建筑技术导则》中将其定义为“适应气候特征和自然条件，通过保温隔热性能和气密性能更高的围护结构，采用高效新风热回收技术，最大程度地降低建筑供暖供冷需求，并充分利用可再生能源，以更少的能源消耗提供舒适室内环境并能满足绿色建筑基本要求的建筑”。

2015 年河北省发布的国内最早的地方标准中则将其称为被动式低能耗建筑，定义为“将自然通风、自然采光、太阳能辐射和室内非供暖热源得热等各种被动式节能手段与建筑围护结构高效节能技术相结合建造而成的低能耗房屋建筑。”

为有利于超低能耗建筑的推广，避免不同称谓和定义导致混乱，现行国家标准《近零能耗建筑技术标准》GB/T 51350 中对其进行了规定，并根据能耗水平不同分为了超低能耗建筑、近零能耗建筑和零能耗建筑。其中近零能耗建筑为适应气候特征和自然条件，通过被动式建筑设计最大幅度降低建筑供暖空调照明需求，通过主动技术措施最大幅度提高能源设备与系统效率，充分利用可再生能源，以最少的能源消耗提供舒适室内环境，且室内环境参数和能耗指标满足该标准要求的建筑物。其能耗水平应较现行国家标准《公共建筑节能设计标准》GB 50189—2015 和现行行业标准《严寒和寒冷地区居住建筑节能设计标准》JGJ 26、《夏热冬冷地区居住建筑节能设计标准》JGJ 134、《夏热冬暖地区居住建筑节能设计标准》JGJ 75 降低 60%～75%以上。超低能耗建筑定义为近零能耗建筑的初级表现形式，其室内环境参数近零能耗建筑相同，能效指标略低于近零能耗建筑，其建筑能耗水平应较现行国家标准《公共建筑节能设计标准》GB 50189 和现行行业标准《严寒和寒冷地区居住建筑节能设计标准》JGJ 26、《夏热冬冷地区居住建筑节能设计标准》JGJ 134—2016、《夏热冬暖地区居住建筑节能设计标准》JGJ 75—2012 降低 50%以上。零能耗建筑则被定义为近零能耗建筑的高级表现形式，其室内环境参数近零能耗建筑相同，充分利用建筑本体和周边的可再生能源资源，使可再生能源年产量大于或等于全年全部用能建筑。

### 33.12.1.2 超低能耗建筑的基本要求

超低能耗建筑与普通节能建筑相比较除了能耗大幅度降低外，室内舒适性也有很大改善，相应的设计、施工运行等也有所不同，因此要真正达到超低能耗建筑还需要满足以下要求：

(1) 应根据气候条件，通过被动式技术手段降低建筑用能需求，通过主动式能源系统和设备的能效提升降低建筑（暖通空调、给水排水、照明及电气系统）能源消耗，通过可再生能源系统使用对建筑能源消耗进行平衡和替代。

(2) 设计、施工及运行应以能耗指标为约束目标，采用性能化设计方法。同时应采用更加严格的施工质量标准，保证精细化施工，并进行全过程质量控制；外围护结构和气密层施工完成后应进行建筑气密性检测，并达到标准要求的气密性指标要求。

(3) 应针对超低能耗建筑具体特点，实施智能化运行。同时，强调人的行为作用对节能运行的影响，编制运行管理手册和用户使用手册，培养用户节能意识并指导其正确操作，实现节能目标。

(4) 规划、设计、施工、监理、检测和运行管理人员应参加必要的专项培训，全面转变传统理念，提升并具备相应技术水平。

### 33.12.1.3 超低能耗建筑的技术指标

1. 建筑室内环境参数

(1) 建筑主要房间室内热湿环境参数应符合表 33-92 的规定。

**主要房间室内热湿环境参数　　表 33-92**

| 室内热湿环境参数 | 冬季 | 夏季 |
| --- | --- | --- |
| 温度（℃） | ≥20 | ≤26 |
| 相对湿度（%） | ≥30[a] | ≤60 |

注：当严寒地区不设置空调设施时，夏季室内热湿环境参数可不参与设备选型和能效指标的计算；当夏热冬暖和温和地区不设置供暖设施时，冬季室内热湿环境参数可不参与设备选型和能效指标的计算。

[a] 冬季室内湿度不参与设备选型和能耗指标的计算。

（2）居住建筑主要房间的室内新风量不应小于 30（$m^3$/h・人）。公共建筑的新风量应满足现行国家标准《民用建筑供暖通风与空气调节设计规范》GB 50736 的规定。

（3）居住建筑室内噪声昼间不应大于 40dB(A)，夜间不应大于 30dB(A)。酒店类建筑的室内噪声级应满足现行国家标准《民用建筑隔声设计规范》GB 50118 中室内允许噪声级一级的要求；其他建筑类型的室内允许噪声级应满足现行国家标准《民用建筑隔声设计规范》GB 50118 中室内允许噪声级高要求标准的规定。

2. 建筑能效指标

（1）近零能耗建筑

1）近零能耗居住建筑能效指标应符合表 33-93 的规定。

**近零能耗居住建筑能效指标表　　表 33-93**

| 建筑能耗综合值 | | ≤55[kWh/($m^2$・a)]或≤6.8[kgce/($m^2$・a)] | | | | |
| --- | --- | --- | --- | --- | --- | --- |
| 建筑本体性能指标 | 供暖年耗热量[kWh/($m^2$・a)] | 严寒地区 | 寒冷地区 | 夏热冬冷地区 | 温和地区 | 夏热冬暖地区 |
| | | ≤18 | ≤15 | ≤8 | | ≤5 |
| | 供冷年耗冷量[kWh/($m^2$・a)] | $\leq 3+1.5\times WDH_{20}+2.0\times DDH_{28}$ | | | | |
| | 建筑气密性(换气次数 $N_{50}$) | ≤0.6 | ≤1.0 | | | |
| 可再生能源利用率(%) | | ≥10% | | | | |

注：1. 建筑本体性能指标中的照明、生活热水、电梯系统能耗通过建筑能耗综合值进行约束，不作分项限值要求。
2. 本表适用于居住建筑中的住宅类建筑，面积的计算基准为套内使用面积。
3. $WDH_{20}$（Wet-bulb degree hours 20）为一年中室外湿球温度高于 20℃时刻的湿球温度与 20℃差值的逐时累计值（单位：kKh，千度小时）。
4. $DDH_{28}$（Dry-bulb degree hours 28）为一年中室外干球温度高于 28℃时刻的干球温度与 28℃差值的逐时累计值（单位：kKh，千度小时）。

2）近零能耗公共建筑能耗指标及气密性指标应满足表 33-94 要求。

**近零能耗公共建筑能效指标表　　表 33-94**

| 建筑综合节能率 | | ≥60% | | | | |
| --- | --- | --- | --- | --- | --- | --- |
| 建筑本体性能指标 | 建筑本体节能率（%） | 严寒地区 | 寒冷地区 | 夏热冬冷 | 夏热冬暖 | 温和地区 |
| | | ≥30% | | ≥20% | | |
| | 建筑气密性（换气次数 $N_{50}$） | ≤1.0 | | — | | |
| 可再生能源利用率 | | ≥10% | | | | |

注：本表也适用于非住宅类居住建筑。

（2）超低能耗建筑

1）超低能耗居住建筑能效指标应符合表 33-95 的规定。

**超低能耗居住建筑能效指标** **表 33-95**

| 建筑能耗综合值 | | ≤65(kWh/(m²·a))或≤8.0(kgce/(m²·a)) | | | | |
|---|---|---|---|---|---|---|
| 建筑本体性能指标 | 供暖年耗热量(kWh/(m²·a)) | 严寒地区 | 寒冷地区 | 夏热冬冷地区 | 温和地区 | 夏热冬暖地区 |
| | | ≤30 | ≤20 | ≤10 | | ≤5 |
| | 供冷年耗冷量(kWh/(m²·a)) | $\leqslant 3.5+2.0\times WDH_{20}+2.2\times DDH_{28}$ | | | | |
| | 建筑气密性(换气次数 $N_{50}$) | ≤0.6 | | ≤1.0 | | |

注：1. 建筑本体性能指标中的照明、生活热水、电梯系统能耗通过建筑能耗综合值进行约束，不作分项限值要求。
2. 本表适用于居住建筑中的住宅类建筑，面积的计算基准为套内使用面积。
3. $WDH_{20}$（Wet-bulb degree hours 20）为一年中室外湿球温度高于 20℃时刻的湿球温度与 20℃差值的逐时累计值（单位：kKh，千度小时）。
4. $DDH_{28}$（Dry-bulb degree hours 28）为一年中室外干球温度高于 28℃时刻的干球温度与 28℃差值的逐时累计值（单位：kKh，千度小时）。

2）超低能耗公共建筑能耗指标及气密性指标应满足表 33-96 要求。

**超低能耗公共建筑能效指标** **表 33-96**

| 建筑综合节能率 | | ≥50% | | | | |
|---|---|---|---|---|---|---|
| 建筑本体性能指标 | 建筑本体节能率 | 严寒地区 | 寒冷地区 | 夏热冬冷 | 夏热冬暖 | 温和地区 |
| | | ≥25% | | ≥20% | | |
| | 建筑气密性（换气次数 $N_{50}$） | ≤1.0 | | — | | |

注：本条也适用于非住宅类居住建筑。

（3）零能耗建筑

1）零能耗居住建筑的能效指标应符合下列规定：

① 建筑本体性能指标应符合表 33-92 的规定。

② 建筑本体和周边可再生能源产能量不应小于建筑年终端能源消耗量。

2）零能耗公共建筑的能效指标应符合下列规定：

① 建筑本体节能率应符合表 33-93 的规定。

② 建筑本体和周边可再生能源产能量不应小于建筑年终端能源消耗量。

## 33.12.2 施工技术要点

### 33.12.2.1 外门窗及遮阳

1. 技术要求

（1）居住建筑外窗（包括透光幕墙）热工性能可按表 33-97 选取；公共建筑外窗（包括透光幕墙）热工性能可按表 33-98 选取。

**居住建筑外窗（包括透光幕墙）传热系数（*K*）和太阳得热系数（*SHGC*）值** **表 33-97**

| 性能参数 | | 严寒地区 | 寒冷地区 | 夏热冬冷地区 | 夏热冬暖地区 | 温和地区 |
|---|---|---|---|---|---|---|
| 传热系数 K[W/(m²·K)] | | ≤1.0 | ≤1.2 | ≤2.0 | ≤2.5 | ≤2.0 |
| 太阳得热系数 *SHGC* | 冬季 | ≥0.45 | ≥0.45 | ≥0.40 | — | ≥0.40 |
| | 夏季 | ≤0.30 | ≤0.30 | ≤0.30 | ≤0.15 | ≤0.30 |

注：太阳得热系数为包括遮阳（不含内遮阳）的综合太阳得热系数。

**公共建筑外窗（包括透光幕墙）传热系数（*K*）和太阳得热系数（*SHGC*）值　表 33-98**

| 性能参数 | | 严寒地区 | 寒冷地区 | 夏热冬冷地区 | 夏热冬暖地区 | 温和地区 |
|---|---|---|---|---|---|---|
| 传热系数 $K$ [$W/(m^2 \cdot K)$] | | ≤1.2 | ≤1.5 | ≤2.2 | ≤2.8 | ≤2.2 |
| 太阳得热系数 *SHGC* | 冬季 | ≥0.45 | ≥0.45 | ≥0.40 | — | — |
| | 夏季 | ≤0.30 | ≤0.30 | ≤0.15 | ≤0.15 | ≤0.30 |

注：太阳得热系数为包括遮阳（不含内遮阳）的综合太阳得热系数。

（2）外门窗气密性能应符合规定：

1）外窗气密性能不宜低于 8 级。

2）外门、分隔供暖空间与非供暖空间户门气密性能不宜低于 6 级。

（3）严寒地区和寒冷地区外门透光部分宜符合表 33-96 和表 33-97 的规定；严寒地区外门非透光部分传热系数 $K$ 值不宜大于 1.2 $W/(m^2 \cdot K)$，寒冷地区外门非透光部分传热系数 $K$ 值不宜大于 1.5$W/(m^2 \cdot K)$。

（4）严寒地区分隔供暖与非供暖空间的户门的传热系数 $K$ 值不宜大于 1.3$W/(m^2 \cdot K)$，寒冷地区分隔供暖与非供暖空间的户门的传热系数 $K$ 值不宜大于 1.6$W/(m^2 \cdot K)$。

（5）门窗洞口尺寸应符合现行国家标准《建筑门窗洞口尺寸系列》GB/T 5824 规定的建筑门洞口尺寸和窗洞口尺寸，并应优先选用现行国家标准《建筑门窗洞口尺寸协调要求》GB/T 30591 规定的常用标准规格的门、窗洞口尺寸。

（6）除外窗预装的装配式墙板外，外门窗安装前结构工程应已验收合格，门窗洞口尺寸应符合设计要求洞口允许偏差应符合表 33-99 的规定。

**建筑门窗洞口尺寸允许偏差　表 33-99**

| 项目 | | 允许偏差（mm） |
|---|---|---|
| 洞口宽度、高度尺寸 | | ±5 |
| 洞口对角线尺寸 | | ≤10 |
| 洞口的平面位置、标高尺寸 | | ≤5 |
| 洞口的表面平整度、垂直度 | 混凝土工程 | ≤4 |
| | 砌体工程 | ≤5 |

（7）外门窗安装时，环境温度不宜低于 5℃。

2. 施工流程

（1）外门窗应按图 33-68 所示的流程施工，括号内为选择性工序。外窗安装可根据设计要求采用外挂式安装或带隔热附框的洞内安装方式，并宜采用争创安装，外挂式安装示意图见图 33-69。

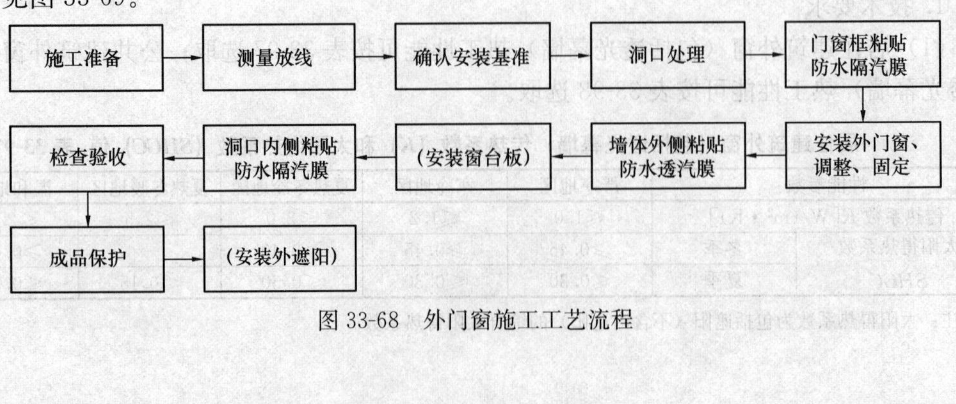


图 33-68　外门窗施工工艺流程

3. 施工要点

(1) 实测门窗洞口的偏差值，确定门窗安装的平面位置及高度，将门窗安装中心线和高度控制线宜在洞口上标识。

(2) 洞口边缘与外门窗框边缘之间的距离偏差应不大于 10mm。对超差洞口进行处理。

(3) 外门窗与室内侧基层连接应采用防水隔汽膜处理，外门窗框的防水隔汽膜粘贴应按以下操作工艺进行：

1) 当防水隔汽膜采用"一"字形或"U"字形粘贴时（图 33-70），应在外窗安装前沿外门窗内侧边缘一周粘贴防水隔汽膜。粘贴前应清洁粘贴表面并确定粘贴位置。粘贴表面应无灰尘、油污和保护膜，并保持干燥。粘贴位置应位于窗框侧面靠近室内部分，有效粘贴宽度应不小于 15mm，并预留部分防水隔汽膜与门窗洞口侧墙体粘贴，且宽度应不小于 50mm。防水隔汽膜接头搭接长度不小于 50mm。

2) 每粘完一侧的防水隔汽膜，用工具自防水隔汽膜起始端压至末端，所用工具不得有尖角，防止破坏防水隔汽膜。防水隔汽膜与外门窗框的粘贴应平整密实、宽度均匀、不留孔隙。

3) 外门窗口四角部位的防水隔汽膜不应形成内外贯通的缝隙。

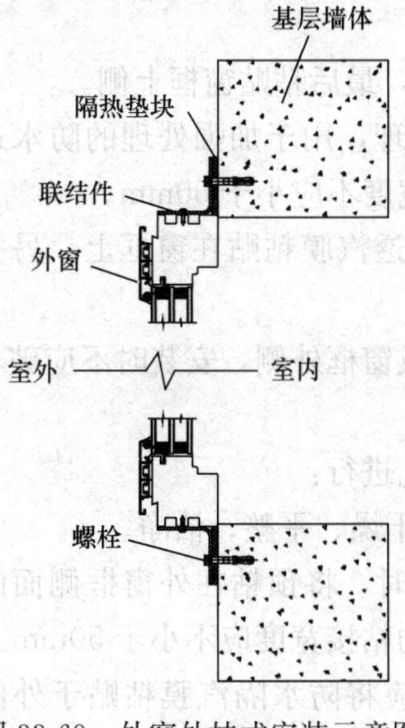


图 33-69 外窗外挂式安装示意图

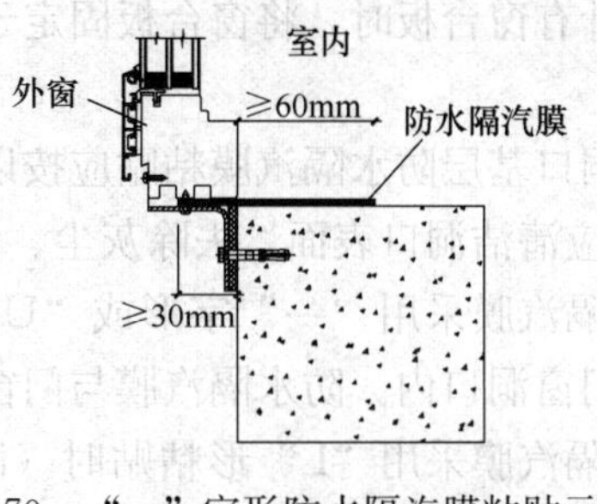


图 33-70 "一"字形防水隔汽膜粘贴示意图

(4) 外门窗采用外挂式安装时，其安装、调整和固定应按以下操作工艺进行：

1) 确定连接件的安装位置，将连接件固定在门窗框侧面，并可微调位置。连接件位置及间距应满足设计要求。位于角部的连接件与角部的距离不应大于 150mm，相邻连接件的距离不应大于 500mm，且每侧的联结件应不少于 2 个，固定连接件时不得破坏预粘的防水隔汽膜。

2) 在窗洞口底部相应的位置安装外门窗的临时支撑件。将外门窗紧贴墙体放于临时支撑件上，调整外门窗垂直和水平度。

3) 将外门窗侧面的连接件固定于基层墙体上，连接件与基层墙体之间设置保温隔热垫块，保温隔热垫块的厚度应不小于5mm。连接件在基层墙体内应固定牢固，连接件的固定点应位于实体墙上，距离洞口侧边边缘不应小于40mm，固定用螺栓在基层墙体内的有效固定深度不应小于50mm。

4）将连接件与门窗框固定牢固。

（5）外门窗采用带隔热附框的洞内安装方式时，隔热附框安装宜采用粘锚结合的方式安装于洞口内，锚固件位置和数量应进行安全核算；窗框应安装于隔热附框之上，并应连接牢固。

（6）装配式预制夹心保温墙板上的外窗应安装在预制外墙夹心保温处，下侧应采用保温隔热垫块进行支撑，通过内置在窗洞口的镀锌角钢连接固定。外窗内表面应与内页板外表面齐平。

（7）外门窗与室外侧基层连接应采用防水透汽膜处理，防水透汽膜粘贴应按以下操作工艺进行：

1）外门窗与基层墙体之间的缝隙应用防水透汽膜密封，防水透汽膜应完全覆盖外门窗连接件。粘贴前应将粘贴位置清洁干净并保持干燥。

2）防水透汽膜应先粘贴于外门窗框外侧，再粘贴于基层墙体，防水透汽膜与窗框有效粘贴宽度不应小于15mm，防水透汽膜与外门窗框及基层墙体的粘贴应平整密实、宽度均匀、断开位置应搭接。

3）防水透汽膜接头搭接长度不小于50mm。

4）防水透汽膜应先粘贴窗框下侧，再粘贴窗框两侧，最后粘贴窗框上侧。

5）外门窗联结件部位应采用防水透汽膜进行加强处理，用于加强处理的防水透汽膜应与四周墙体及外门窗四周防水透汽膜粘贴密实，粘贴宽度不应小于50mm。

6）对于装配式预制夹心保温墙板，应将室外侧防水透汽膜粘贴在窗框上，另一端粘贴到外叶板外侧，防水透汽膜粘贴应牢固，不应有断点。

（8）当设计有窗台板时，将窗台板固定于窗框底部或窗框外侧，安装时不应破坏防水透汽膜。

（9）门窗洞口基层防水隔汽膜粘贴应按以下操作工艺进行：

1）粘贴前应清洁洞口表面，去除灰尘、油污，保持干燥、平整、洁净。

2）当防水隔汽膜采用“一”字形或“U”字形粘贴时，将预粘在外窗框侧面的防水隔汽膜粘贴于门窗洞口内。防水隔汽膜与门窗洞口基层的粘接宽度应不小于50mm。

3）当防水隔汽膜采用“L”形粘贴时（图33-71），应将防水隔汽膜粘贴于外门窗框

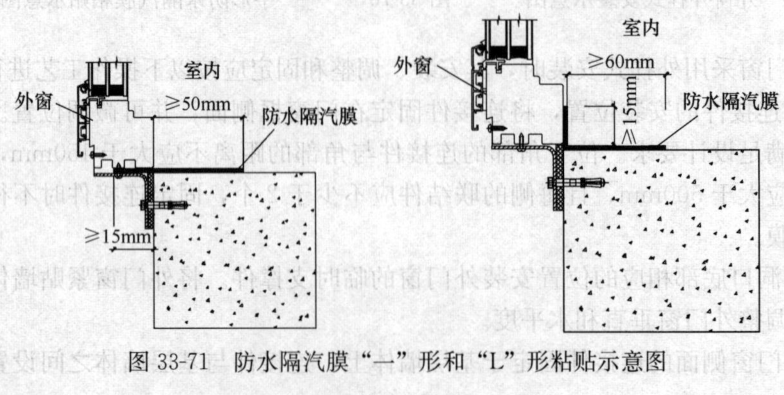


图33-71　防水隔汽膜“一”形和“L”形粘贴示意图

后，再与门窗洞口基层粘贴。防水隔汽膜与窗框的粘结宽度应不小于15mm，与窗洞口基层的粘结宽度应不小于50mm。防水隔汽膜接头搭接长度不小于50mm。

4）每粘完一侧的防水隔汽膜，应用工具自防水隔汽膜起始端压至末端，所用工具不得有尖角，防止破坏防水隔汽膜。防水隔汽膜与外门窗框的粘贴应平整密实、宽度均匀、不留孔隙。

5）外门窗口四角部位的防水隔汽膜不应形成内外贯通的缝隙。

（10）外门窗安装工程验收合格后，外门窗的室内和室外侧均应进行成品保护，防止后续施工破坏型材、玻璃和密封措施。

（11）当设计有外遮阳时，应在外窗安装已完成、外保温尚未施工时确定外遮阳的固定位置，并安装连接件，连接件位置应避开防水透汽膜。外遮阳应与主体建筑结构可靠连接，连接件与基层墙体之间应设置保温隔热垫块。活动外遮阳安装示意图如图33-72所示。具体做法可详见外遮阳安装章节。

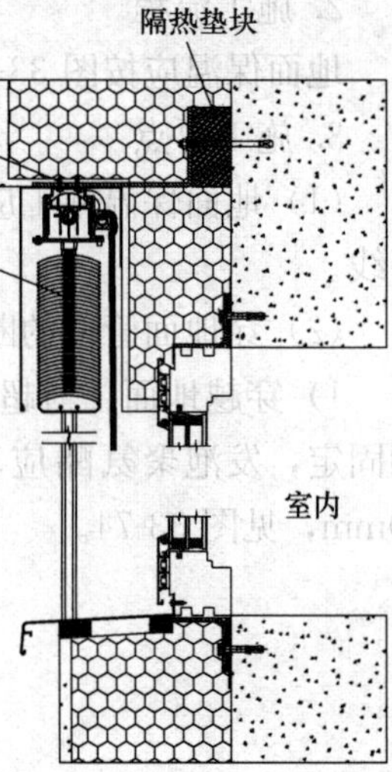


图33-72　活动外遮阳安装示意图

### 33.12.2.2　地面保温

1. 技术要求

（1）地面传热系数可按表33-100选取。

地面平均传热系数表　　表33-100

| 建筑形式 | 传热系数 $K$（W/(m²·K)） | | | | |
|---|---|---|---|---|---|
| | 严寒地区 | 寒冷地区 | 夏热冬冷地区 | 夏热冬暖地区 | 温和地区 |
| 居住建筑 | 0.15～0.30 | 0.20～0.40 | — | — | — |
| 公共建筑 | 0.20～0.30 | 0.25～0.40 | — | — | — |

（2）地面保温用保温材料的主要性能指标应符合表33-101的要求。当保温层位于地下室顶板底面时，保温材料应满足防火相关要求。

地面用保温材料主要性能指标　　表33-101

| 项目 | 主要性能指标[a] | | | | | | | 试验方法 |
|---|---|---|---|---|---|---|---|---|
| | 挤塑聚苯板 | 模塑聚苯板 | | 硬泡聚氨酯板 | 泡沫玻璃 | 岩棉板[b] | 玻璃棉板[b] | |
| 导热系数［W/(m·K)］ | ≤0.030 | ≤0.033 | ≤0.037 | ≤0.024 | ≤0.058 | ≤0.040 | ≤0.035 | GB/T 10294或GB/T 10295 |
| 表观密度（kg/m³） | 22～35 | 18～22 | | ≥32 | ≤160 | ≥100 | ≥40 | GB/T 6343 |
| 压缩强度（kPa） | ≥150 | ≥150 | | ≥150 | — | ≥40 | — | GB/T 13480 |
| 抗压强度（MPa） | — | — | | — | ≥0.5 | — | — | JG/T 469 |
| 尺寸稳定性（%）（70℃，2d） | ≤1.0 | ≤0.3 | | ≤1.0 | ≤0.3 | ≤1.0 | ≤1.0 | GB/T 8811 |
| 体积吸水率（%） | ≤1.5 | ≤2 | | ≤3 | — | ≤5.0 | — | GB/T 8810 |
| 短期吸水量（kg/m²） | — | — | | — | ≤0.30 | ≤0.4 | ≤0.5 | GB/T 25975 |
| 酸度系数 | — | — | | — | — | ≥1.8 | — | GB/T 5480 |
| 燃烧性能 | 不低于B₁ | | | | A | | | GB 8624 |

注：[a] 当保温层位于地下室顶板上表面和基础底面时，压缩强度或抗压强度应符合设计要求。
[b] 仅可用于非采暖地下室顶板。

2. 施工流程

地面保温应按图 33-73 所示的流程施工。

3. 施工要点

(1) 地面保温施工应在主体结构质量验收合格后进行。基层地面应平整坚实，弹出标高线。

(2) 穿地面管道的断热桥措施和气密性措施应按以下操作工艺进行：

1) 穿越地面、与超低能耗建筑边界外的建筑材料或空气直接接触的管道用发泡聚氨酯固定，发泡聚氨酯应填充密实，发泡聚氨酯的厚度沿管道直径方向单侧应不小于 50mm，见图 33-74。

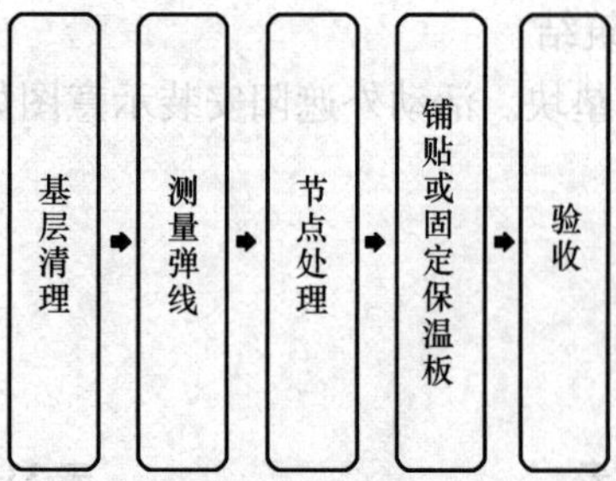

图 33-73　地面保温施工工艺流程

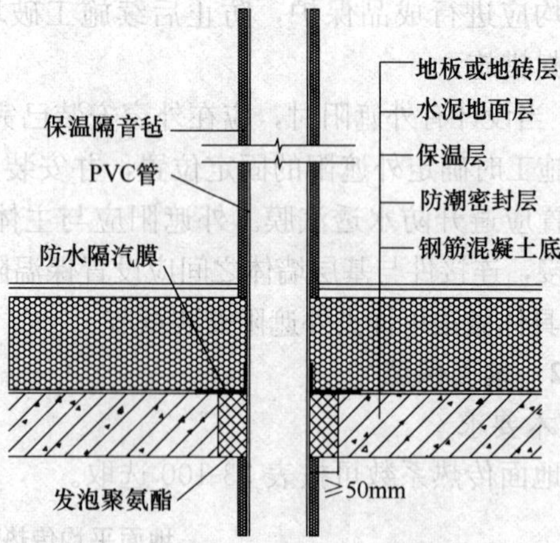

图 33-74　穿地面管道断桥做法

2) 发泡聚氨酯干燥后，粘贴防水隔汽膜进行气密性密封处理，具体做法参见本手册 33.12.2.5 建筑气密性做法。

(3) 铺贴或固定保温板应按以下操作工艺进行：

1) 保温板应错缝铺设。分层铺设时，上下接缝应相互错开。保温板应拼严，缝宽超过 2mm 时应用相应厚度的保温板片或发泡聚氨酯填塞。

2) 当保温层位于非采暖地下室顶板下表面时，宜采用粘锚结合的固定方式，锚栓数量每平方米应不少于 4 个，且每块保温板上应不少于 1 个。

(4) 地面保温验收合格后，方可进行后续的施工。

### 33.12.2.3　外墙保温

1. 技术要求

(1) 外墙平均传热系数可按表 33-102 选取。

外墙平均传热系数　表 33-102

| 建筑形式 | 传热系数 $K$ (W/(m$^2$·K)) | | | | |
|---|---|---|---|---|---|
| | 严寒地区 | 寒冷地区 | 夏热冬冷地区 | 夏热冬暖地区 | 温和地区 |
| 居住建筑 | 0.10～0.15 | 0.15～0.20 | 0.15～0.40 | 0.30～0.80 | 0.20～0.80 |
| 公共建筑 | 0.10～0.25 | 0.10～0.30 | 0.15～0.40 | 0.30～0.80 | 0.20～0.80 |

(2) 外墙外保温应符合现行国家标准《建筑设计防火规范》GB 50016 的相关规定，保温材料的物理性能指标应符合表 33-103 的要求。当保温材料为模塑聚苯板时系统、保温材料及配套材料的性能还应符合现行国家标准《模塑聚苯板薄抹灰外墙外保温系统材料》GB/T 29906 的规定，当保温材料为硬泡聚氨酯板时，系统、保温材料及配套材料的性能应符合现行《硬泡聚氨酯板薄抹灰外墙外保温系统材料》JG/T 420 的规定，防火隔离带厚度应不小于墙体保温板的厚度。当保温材料为岩棉条时，系统、保温材料及配套材料的性能还应符合现行《岩棉薄抹灰外墙外保温系统材料》JG/T 483 的规定。

**外墙保温材料主要性能指标** **表 33-103**

| 项目 | 性能指标 | | | | 试验方法 |
|---|---|---|---|---|---|
| | 模塑聚苯板 | | 岩棉条 | 硬泡聚氨酯板 | |
| | 033 级 | 037 级 | | | |
| 导热系数[W/(m·K)] | ≤0.033 | ≤0.037 | ≤0.046 | ≤0.033 | GB/T 10294 或 GB/T 10295 |
| 表观密度($kg/m^3$) | 18～22 | | ≥100 | ≥32 | GB/T 6343 |
| 垂直表面抗拉强度(MPa) | ≥0.10 | | ≥0.10 | ≥0.1 | GB/T 20804 |
| 压缩强度(kPa) | ≥100 | | ≥40 | ≤150 | GB/T 8813 |
| 尺寸稳定性(%) | ≤0.3 | | ≤1.0 | ≤1.0 | GB/T 8811 |
| 体积吸水率(%) | ≤3 | | ≤5 | ≤3 | GB/T 8810 或 GB/T 5480 |
| 短期吸水量($kg/m^2$) | — | | 0.5 | — | GB/T 25975 |
| 剪切强度标准值(横向)(kPa) | — | | ≥20 | — | GB/T 32382 |
| 酸度系数 | — | | ≥1.8 | — | GB/T 5480 |
| 燃烧性能 | $B_1$ | | A | $B_1$ | GB 8624 |

(3) 外墙外保温系统应采用断热桥锚栓。当基层墙体为钢筋混凝土时，锚栓的锚固深度应不小于 50mm。当基层墙体为加气混凝土块等砌体结构时，锚栓的锚固深度应不小于 65mm。

(4) 采用岩棉条薄抹灰外保温系统时，岩棉条的宽度不宜小于 200mm。

(5) 悬挑构件的预埋件与基层墙体之间的保温隔热垫块厚度应符合设计要求，且不小于 50mm。穿透围护结构的管道的预留洞口或套管直径应满足设计要求，洞口直径或套管内径应大于管道外径 60mm 以上。

(6) 外保温施工的墙体基面的尺寸偏差应符合表 33-104 规定。

**墙体基面的允许尺寸偏差** **表 33-104**

| 工程做法 | 项目 | | | 允许偏差≤mm | 检验方法 |
|---|---|---|---|---|---|
| 砌体工程 | 墙面垂直度 | 每层 | | 5 | 2m 托线板检查 |
| | | 全高 | ≤10m | 8 | 经纬仪或吊线、钢尺检查 |
| | | | >10m | 15 | |
| | 表面平整度 | | | 5 | 2m 靠尺和塞尺检查 |
| 混凝土工程 | 墙面垂直度 | 层高 | ≤5m | 5 | 经纬仪或吊线、钢尺检查 |
| | | | >5m | 8 | |
| | | 全高 | | $H/1000$ 且≤30 | 经纬仪、钢尺检查 |
| | 表面平整度 | | | 3 | 2m 靠尺和塞尺检查 |

(7) 施工时，环境温度和基层墙体温度应不低于5℃，风力不大于5级。雨天不得施工。

(8) 预制混凝土保温墙板系统应在工厂预制成型，养护完成后运送至工程现场，吊装施工时环境温度不应低于-5℃，风力不应大于3级，雨天不得施工。

2. 施工流程

外墙外保温系统应按图33-75所示的流程施工，括号内为选择性工序。

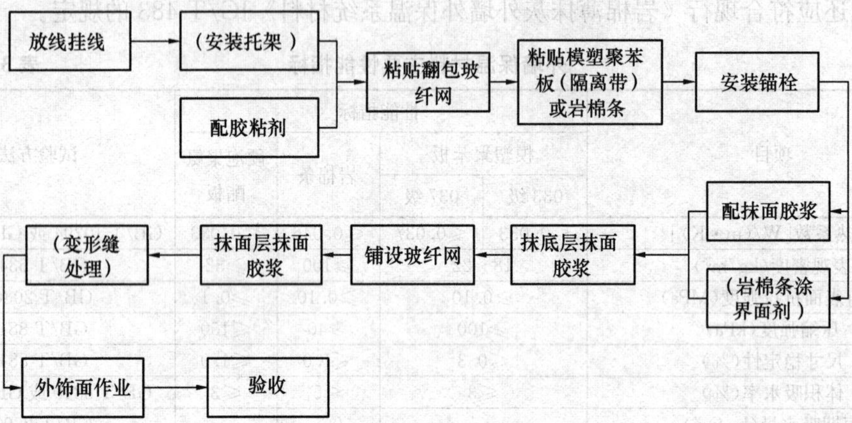


图33-75　外墙外保温系统施工流程图

3. 施工要点

(1) 粘贴模塑聚苯板或岩棉条：

1) 排板宜按水平顺序进行，上下应错缝粘贴，阴阳角处应做错茬处理。局部不规则处粘贴保温板（条）可现场裁切，切口应与板面垂直。阳角部位保温板（条）之间应抹胶粘剂，不得虚搭，如图33-76所示。阳角部位的保温板（条）长度应不小于600mm。

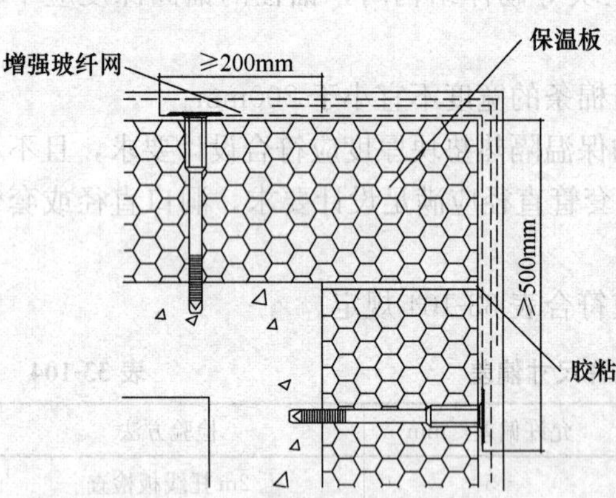


图33-76　阳角处增强做法示意图

2) 采用模塑聚苯板外保温系统时，可以单层粘贴也可以分层粘贴，接缝处应用发泡聚氨酯填充。分层粘贴时，第一层粘结可选择点框法或条粘法，基面平整度较差时宜选用点框法，粘结面积率不小于施工方案的规定。第二层保温板粘贴方式应采用条粘法，上下接缝还应错开。

3) 当需要采用防火隔离带时，防火隔离带厚度应不小于模塑聚苯板厚度，粘贴防火隔离带应与粘贴模塑聚苯板同步，自下而上顺序进行。隔离带应与基层满粘。分层粘贴时，其重叠部分高度不得小于300mm。隔离带与模塑聚苯板之间应拼接严密，宽度超过2mm的缝隙应用发泡聚氨酯填充。隔离带接缝应与上、下模塑聚苯板拼缝错开，错开距离应不小于200mm。每段隔离带长度不宜小于600mm。

4) 当采用岩棉条薄抹灰外保温系统时，应采用条粘法并宜在粘结与抹灰两面涂刷界面剂，还宜按图 33-77 所示每两层安装托架，托架挑出基层墙体部分的长度宜为保温层厚度的 2/3。托架与基层墙体之间应设置保温隔热垫块，保温隔热垫块的厚度应不小于 5mm。托架与基层墙体的联结应牢固可靠，固定用膨胀螺栓在基层墙体内的有效固定深度应不小于 50mm。

（2）断热桥锚栓安装

1）采用模塑聚苯板外保温系统时锚栓安装应至少在保温板粘贴 24h 后进行。锚栓套管长度应根据锚固深度、粘结砂浆厚度、保温板厚度等因素选择。当采用非沉入安装方式时，锚栓压盘应紧压保温板，锚钉长度小于锚栓套管时，套管应用发泡聚氨酯填满，如图 33-78 所示。当采用沉入式安装方式时，锚栓压盘应压入保温层内，并塞入与保温板相同材质的保温块，如图 33-79 所示。

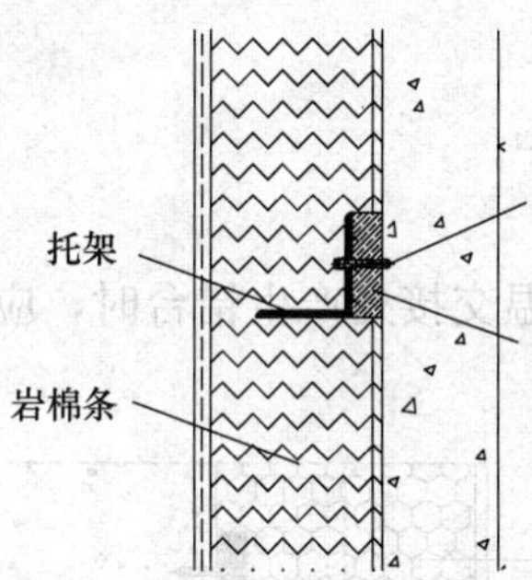

图 33-77　岩棉条外保温托架安装示意图

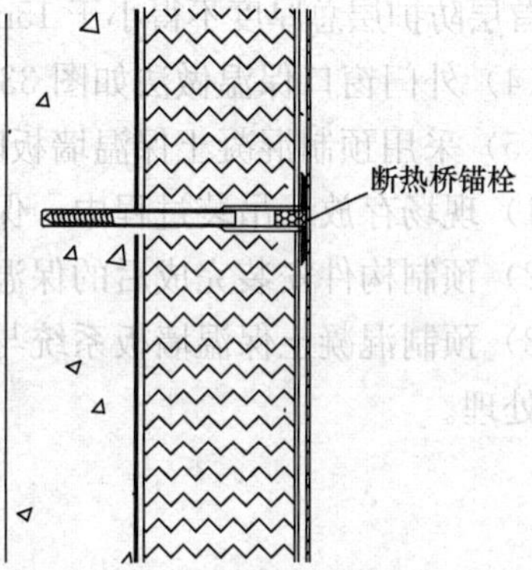

图 33-78　断热桥锚栓非沉入式安装示意图

2）采用岩棉条薄抹灰外保温系统时，可采用与模塑聚苯板外保温系统相同的锚栓安装方式，也可采用“双网法”即先加玻纤网抹灰（做法与底层抹面胶浆抹灰相同），再安装锚栓之后再抹面层抹面胶浆的形式，当采用“双网法”时，应采用非沉入式安装方式，锚盘位于两层网格布之间位置。

3）钻头直径应与锚栓套管直径相同，基层墙体为加气混凝土时不应使用电锤和冲击电钻。

4）锚栓应按设计数量均匀分布，宜呈梅花型布置。

5）当采用防火隔离带时，防火隔离带处的锚栓应位于防火隔离带中间高度，距端部应不大于 100mm，锚栓间距应不大于 600mm，每段隔离带上的锚栓数量不应少于 2 个。

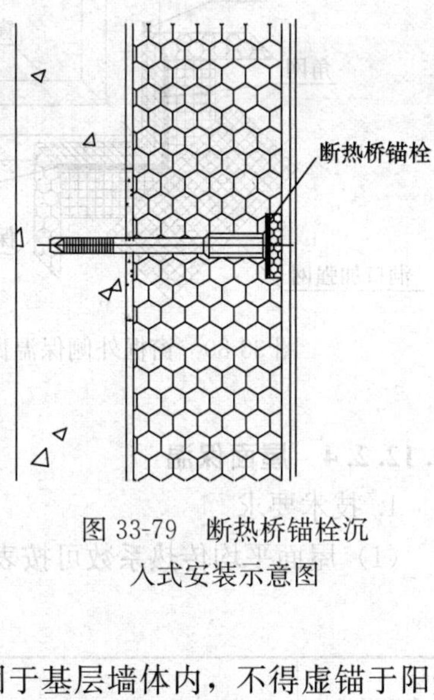

图 33-79　断热桥锚栓沉入式安装示意图

6）阳角部位的锚栓应压住增强玻纤网外，且应锚固于基层墙体内，不得虚锚于阳角保温层内。

（3）抹面胶浆

1）抹面胶浆施工宜在保温板粘结完毕 24h，且经检查验收合格后进行。底层抹面胶浆应均匀涂抹于板面，在抹面胶浆可操作时间内，将玻纤网贴于抹面胶浆上。玻纤网应从中央向四周抹平，铺贴遇有搭接时，搭接宽度不得小于100mm。阳角处的增强玻纤网位于大面玻纤网内侧，上下应采用对接。

2）当采用防火隔离带时，在防火隔离带位置应加铺增强玻纤网，增强玻纤网应先于大面玻纤网铺设，上下超出隔离带宽度不应小于100mm，左右可对接，对接位置离隔离带拼缝位置不应小于100mm。大面玻纤网的上下如有搭接，搭接位置距离隔离带不应小于200mm。

3）对于首层与其他需加强部位以及岩棉条外保温系统“双网法”的第二层抹灰，应再加铺一层玻纤网，并加抹一道抹面胶浆。当采用岩棉条外保温系统时，普通做法抹面胶浆总厚度应为3～5mm，“双网法”抹面胶浆总厚度应为5～7mm。当采用模塑聚苯板外保温系统时，首层防护层总厚度不得小于15mm；二层及以上防护层总厚度应不小于5mm。

（4）外门窗口保温做法如图33-80、图33-81所示。

（5）采用预制混凝土保温墙板时，应满足以下要求：

1）现场存放、吊装过程中，保温材料裸露部分应作保护；

2）预制构件安装完成后的保温系统应整体连续；

3）预制混凝土保温墙板系统与现浇混凝土转换层外保温交接处产生错台时，应进行防水处理。

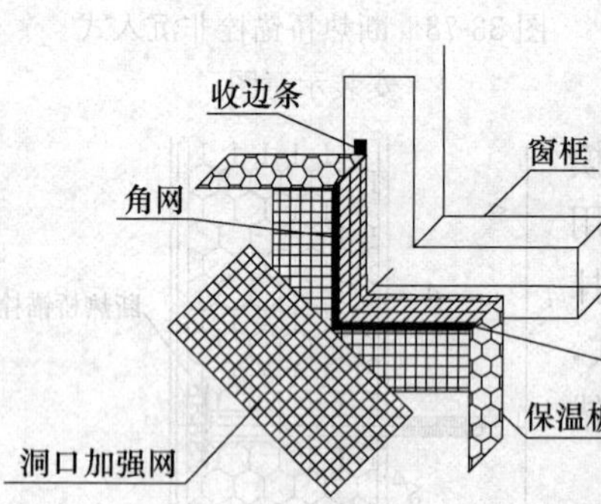


图33-80　窗框外侧保温做法

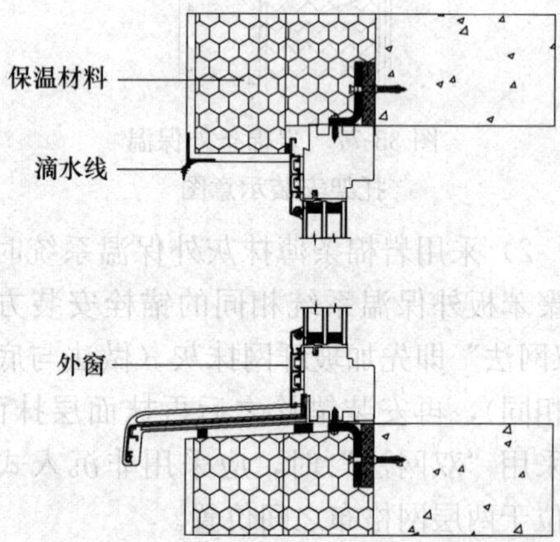


图33-81　窗洞口保温做法剖面图

### 33.12.2.4　屋面保温

1. 技术要求

（1）屋面平均传热系数可按表33-105取值。

屋面平均传热系数表　　表33-105

| 建筑形式 | 传热系数 $K$（W/(m²·K)） | | | | |
|---|---|---|---|---|---|
| | 严寒地区 | 寒冷地区 | 夏热冬冷地区 | 夏热冬暖地区 | 温和地区 |
| 居住建筑 | 0.10～0.15 | 0.10～0.20 | 0.15～0.35 | 0.25～0.40 | 0.20～0.40 |
| 公共建筑 | 0.10～0.20 | 0.10～0.30 | 0.15～0.35 | 0.30～0.60 | 0.20～0.60 |

（2）屋面保温应符合《建筑设计防火规范》GB 50016 的规定，屋面保温材料主要性能指标应符合表 33-106 的要求，挤塑聚苯板性能还应符合《绝热用挤塑聚苯乙烯泡沫塑料（XPS）》GB/T 10801.2 的要求，聚氨酯板性能还应符合《建筑绝热用硬质聚氨酯泡沫塑料》GB/T 21558 中Ⅱ型以上的要求，岩棉板性能还应符合《建筑外墙外保温用岩棉制品》GB/T 25975 的要求。

**屋面保温材料主要性能指标　　表 33-106**

| 项目 | 主要性能指标 | | | 试验方法 |
|---|---|---|---|---|
| | 挤塑聚苯板 | 硬泡聚氨酯板 | 岩棉板 | |
| 导热系数[W/(m·K)] | ≤0.030 | ≤0.024 | ≤0.040 | GB/T 10294 或 GB/T 10295 |
| 表观密度($kg/m^3$) | 22～35 | ≥32 | ≥100 | GB/T 6343 |
| 压缩强度(kPa) | ≥150 | ≥150 | ≥40 | GB/T 13480 |
| 尺寸稳定性(%)(70℃，2d) | ≤1.0 | ≤1.0 | ≤1.0 | GB/T 8811 |
| 体积吸水率(%) | ≤1.5 | ≤3 | ≤5.0 | GB/T 8810 |
| 短期吸水量($kg/m^2$) | — | — | ≤0.4 | GB/T 25975 |
| 酸度系数 | — | — | ≥1.8 | GB/T 5480 |
| 燃烧性能 | $B_1$ | | A | GB 8624 |

（3）屋面保温施工前，底层防水层应已施工完成并通过验收。铺设保温层的基层应平整、干燥、干净。

2. 施工流程

屋面保温应按图 33-82 施工。

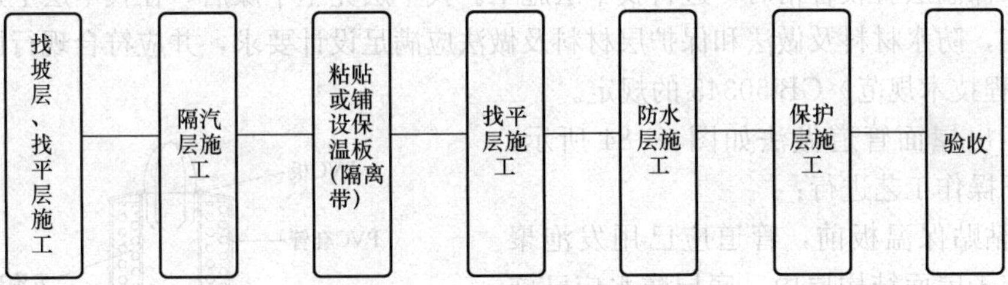


图 33-82　屋面保温施工工艺流程

3. 施工要点

（1）将屋面表面的灰浆、杂物清理干净后进行找坡层和找平层施工。

（2）找平层完全干燥后，在找平层上进行隔汽层的施工，隔汽材料及做法应满足设计要求，并应符合《屋面工程技术规范》GB 50345 的规定。

（3）屋面保温层应与外墙的保温层连续，女儿墙等突出屋面的结构体，其保温层应与屋面、墙面保温层连续，不得出现结构性热桥。

（4）当保温板采用干铺法时，应按以下操作工艺进行：

1）应分段、分块铺设保温板。铺设完的保温板应及时采取保护措施。

2）保温板应错缝铺设。分层铺设时，上下层接缝应相互错开。保温板拼缝应拼严并用发泡聚氨酯填塞。局部不规则处保温板可现场裁切，切口应与板面垂直。保温层应铺设紧密，表面平整。

（5）当保温板采用粘结法时，应按以下操作工艺进行：

1）用保温板胶粘剂将保温板粘贴在底层防水层上。屋面大面可采用点粘法粘贴保温板，天沟、檐沟、边角处应采用满粘法。

2）保温板应错缝粘贴。分层铺设时，上下层接缝应相互错开。保温板拼缝应拼严并用发泡聚氨酯填塞。局部不规则处保温板可现场裁切，切口应与板面垂直。保温层应铺设牢固，表面平整。

（6）当设计有防火隔离带时，防火隔离带宽度应不小于500mm，并应与保温层同步施工，做法示意见图33-83。

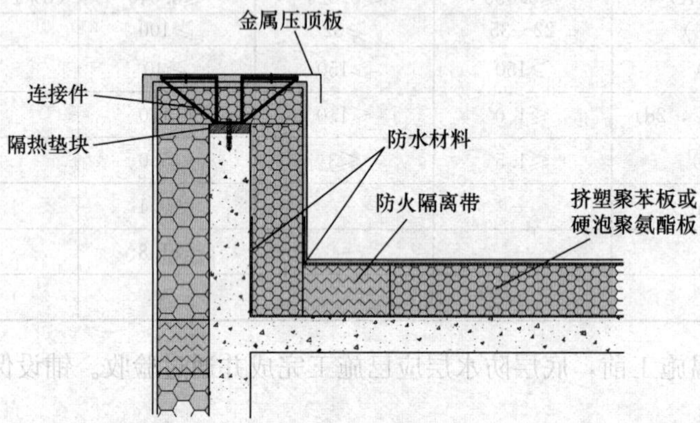


图33-83　屋面防火隔离带做法示意

（7）保温层验收合格后，进行找平层施工。找平层完全干燥后，在找平层上进行防水层的施工，防水材料及做法和保护层材料及做法应满足设计要求，并应符合现行国家标准《屋面工程技术规范》GB 50345的规定。

（8）出屋面管道做法如图33-84所示，应按以下操作工艺进行：

1）粘贴保温板前，管道应已用发泡聚氨酯固定于屋面结构层内。底层防水应已施工完成并通过验收。

2）按管道形状切割保温板后，干铺或粘贴于防水层上。保温板应紧贴管道。

3）在保温层上面确定套管位置并临时固定。套管内径应至少大于管道直径100mm。

4）套管与管道之间应用发泡聚氨酯填充密实。

5）找平层施工完成后进行防水层的施工，防水高度应满足设计要求。

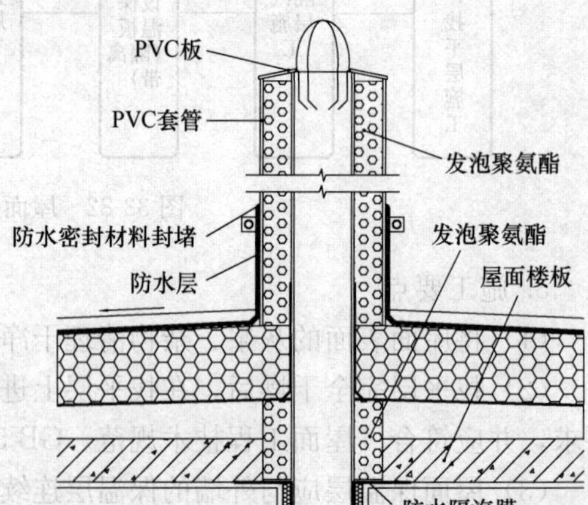


图33-84　出屋面管道做法示意

#### 33.12.2.5　建筑气密性

1. 技术要求

（1）建筑气密层应连续并包围整个外围护结构，并应选择适用的气密性材料。

(2) 防水隔汽膜和防水透气膜的主要技术性能指标应符合表 33-107 的要求。

防水隔汽膜和防水透气膜的主要技术性能指标 表 33-107

| 项目 | | | 性能指标 | | 试验方法 |
|---|---|---|---|---|---|
| | | | 防水隔气膜 | 防水透气膜 | |
| 180°剥离强度[a]，kN/m | 原强度 | 与水泥板 | ≥0.4 | | GB/T 2790 |
| | | 与塑料板 | | | |
| | | 与木板 | | | |
| | | 与铝合金板 | | | |
| | 浸水 48h，干燥 7d 强度 | 与水泥板 | ≥0.4 | | |
| | | 与塑料板 | | | |
| | | 与木板 | | | |
| | | 与铝合金板 | | | |
| | 耐候性 | 与水泥板 | ≥0.4 | | |
| | | 与塑料板 | | | |
| | | 与木板 | | | |
| | | 与铝合金板 | | | |
| 最大拉伸力，(N/50m) | | | ≥120（纵向） | | GB/T 7689.5 |
| 最大拉力时伸长率，% | | | ≥120（纵向） | | |
| 撕裂强度[b]，(kN/m) | | | ≥20（纵向） | | GB/T 529（裤型法） |
| 水蒸汽透过性 $S_d$，(m) | | | ≥12.0 | ≤5.0 | GB/T 17146[c] |
| 不透水性 | | | 1000mm，20h 不透水 | | GB/T 328.10 |
| 透气率（mm/s） | | | ≤1.0 | | GB/T 5453[d] |

注：[a] 自粘型产品可直接用于检测，而非自粘型产品的自粘部分和不带胶部分应分别进行检测，不带胶部分须采用配套胶粘材料；

[b] 采用该标准的裤型法测试；

[c] 按 GB/T 17146 中的 A 试验条件进行测试，式样数量 5 个，试验结果去掉最大值和最小值，取剩余 3 个数据的算术平均值；

[d] 测试试样两侧压差为 50Pa。

(3) 外围护结构墙体气密性抹灰应采用 M10 及以上等级的湿拌抹灰砂浆或干混抹灰砂浆，其性能应符合现行国家标准《预拌砂浆》GB/T 25181 的有关规定。

(4) 施工环境温度宜在 5℃～35℃范围内，风力大于 5 级或雨雪天不得进行室外侧防水透气膜施工。

2. 施工要点

(1) 粘贴前应清理基面，粘结基面应平整干燥，不得有灰尘、油污。

(2) 外门窗与外墙间的气密性措施应按 33.12.2.1 操作工艺进行。

(3) 无套管的穿外墙、屋面、地面的管道的气密性措施如图 33-85 所示，并应按以下操作工艺进行：

1) 粘贴防水隔汽膜前，清洁管道及墙体基面，管道周围起固定和断桥作用的发泡聚氨酯应已干燥，并已清理平整。

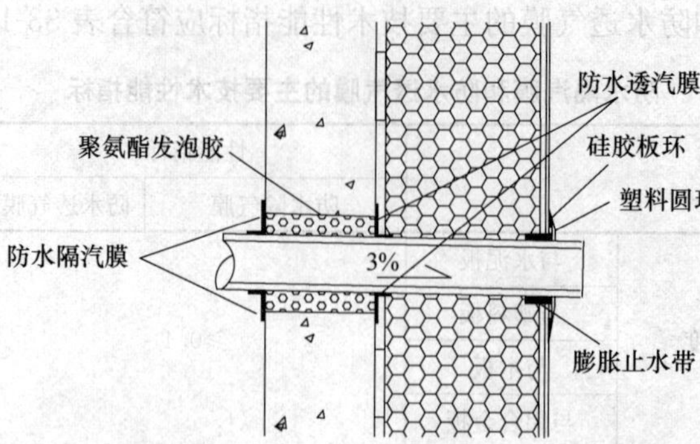


图33-85　无套管的穿外墙、屋面、地面的管道的气密性措施

2）粘贴防水隔汽膜。当管道为圆形时，宜将防水隔汽膜裁成小段后粘贴，每段防水隔汽膜应先与管道粘贴压实后再与墙体粘贴压实，拐角处应不留空隙，两段防水隔汽膜的拼接宽度应不小于10mm。防水隔汽膜应覆盖管道四周的保温层，与管道和墙体基面的有效粘结长度均应不小于50mm。当管道为矩形时，防水隔汽膜应绕管道一周，管道四角处防水隔汽膜应搭接，搭接长度应不小于50mm。防水隔汽膜与管道和墙体基面的粘贴宽度均应不小于50mm，粘贴应平整密实、宽度均匀、不留孔隙。

（4）预留套管的穿外墙、屋面、地面的管线的气密性措施参见图33-78，并应按以下操作工艺进行：

1）当套管内仍为管道时，防水隔汽膜粘贴应按无套管的穿外墙、屋面、地面管道的气密性措施操作工艺进行。

2）当套管内为多股电线时，每根电线应先用可双面粘贴的丁基胶带缠绕后粘结在一起，粘接应紧密不留孔隙，再用单面粘贴的防水隔汽膜与丁基胶带和室内墙体基面进行粘贴。

（5）框架结构现浇混凝土梁、柱、剪力墙与填充墙交界处的气密性措施应按以下操作工艺进行：

1）混凝土梁、柱、剪力墙与填充墙的交界处应粘贴防水隔汽膜，并用工具自起始端滑动压至末端，防水隔汽膜应与基层粘贴紧密，不留孔隙。所用工具不得有尖角破坏防水隔汽膜。粘贴长度超出交界处的距离应不小于50mm，交界处两侧的粘贴宽度均应不小于30mm。

2）防水隔汽膜粘贴完成后，应进行室内抹灰，抹灰层应覆盖防水隔汽膜和填充墙，抹灰厚度应不小于20mm，并应有相关的抗裂措施且满足室内装修相关标准的规定。

（6）现浇混凝土墙模板支护螺栓孔处的气密性措施应按以下操作工艺进行：

1）粘贴防水隔汽膜前宜去除螺栓孔内的塑料管并填充水泥砂浆，待水泥砂浆完全干燥，清理基面后再粘贴防水隔汽膜。

2）防水隔汽膜应完全覆盖螺栓孔，不留孔隙。

（7）电气接线盒安装在外墙上时，应先在孔洞内涂抹石膏或粘结砂浆，再将接线盒推入孔洞，石膏或粘结砂浆应将电气接线盒与外墙孔洞的缝隙密封严密。

（8）采用轻质材料填充的外墙，气密层部位应采用湿拌抹灰砂浆或干混抹灰砂浆抹灰，抹灰前应在墙面涂刷界面剂，采用钢丝网进行抹灰，抹灰厚度不应小于15mm。

（9）当采用装配式结构时，气密性处理应满足以下要求：

1）装配式框架结构外墙板内叶板竖缝宜采用现浇混凝土密封方式，横缝应采用高强度灌浆密封。

2）装配式框架结构外墙板内叶板竖缝和横缝宜采用柔性保温材料封堵，并应在室内侧进行气密性处理。

3）外叶板竖缝和横缝处宜在板缝口填充直径略大于缝宽的通长聚乙烯棒并灌注耐候硅酮密封胶进行密封。

4）装配式夹心外墙板与结构柱、梁之间的竖缝和横缝应在室内侧设置防水隔汽膜，再进行抹灰等处理。

**33.12.2.6 新风系统**

1. 技术要求

（1）新风热回收装置换热性能应符合下列规定：

1）显热回收装置的显热交换效率不应低于 75%。

2）全热热回收装置的全热交换效率不应低于 70%。

（2）居住建筑新风单位风量耗功率不应大于 0.45W/($m^3$/h)，公共建筑单位风量耗功率应符合现行国家标准《公共建筑节能设计标准》GB 50189 相关要求。

（3）新风热回收系统空气净化装置对大于等于 0.5$\mu$m 细颗粒物的一次通过计数效率宜高于 80%，且不应低于 60%。

2. 施工流程

新风系统风管及设备的安装应按图 33-86 所示的流程施工，括号内为可选择工序。

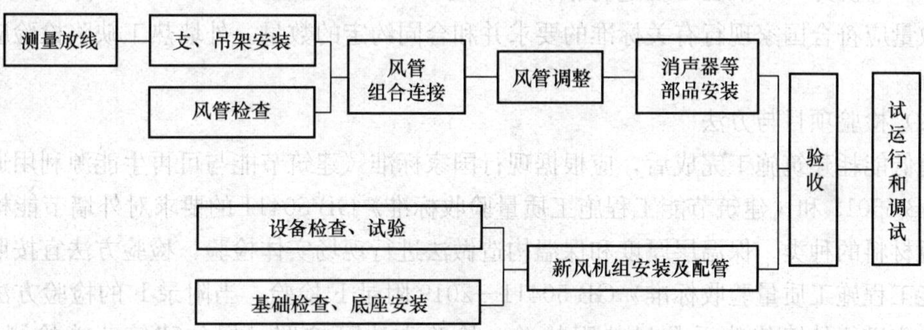


图 33-86 新风系统风管及设备安装工序

3. 施工要点

（1）风管安装前，应在安装位置测量放线，确定管道中心线位置。金属风管应无变形，非金属与复合风管应无破损、开裂、变形，复合风管承插口和插接件表面应无损坏。风管规格应与安装部位对应。

（2）进风管和排风管应用发泡聚氨酯固定于结构墙体内。预留开孔直径应大于进风管或排风管直径 100mm 以上，进风管或排风管应位于孔洞中央，空隙部位应用发泡聚氨酯填充密实，发泡聚氨酯应厚度均匀，见图 33-18。

（3）风管与部件的安装应符合《通风与空调工程施工规范》GB 50738 的规定。

（4）进风管位于室内的部分应采用保温材料进行包裹。保温材料的厚度应不小于 50mm，导热系数宜小于 0.05W/（m·K）。

（5）进风管和排风管应用防水隔汽材料进行气密性密封，做法详见 33.12.2.5。

（6）设备安装前，应检查各功能段的设置符合设计要求，外表及内部清洁干净，内部结构无损坏。通电试验中，手盘叶轮叶片应转动灵活、叶轮与机壳无摩擦。检查门应关闭严密。

（7）当设备为落地安装时，安装前应对基础进行检查。基础表面应无蜂窝、裂纹、麻面、漏筋；基础表面应水平。基础位置及尺寸、预留洞的位置和深度应符合设计要求。隔震底座与基础之间应按设计要求设置减震装置。设备应靠近外围护结构，但不得影响室内气密层的施工。

（8）当设备为吊装时，吊架及减震装置应符合设计及产品技术文件的要求。

（9）管道与主机进出风口之间的连接应选用变径或漏斗式大小头，接缝处严密不漏风，软接连接时无褶皱现象，且连接处无变径、转弯、分支等情况。

## 33.12.3　检 测 与 验 收

### 33.12.3.1　围护结构现场实体检验

1. 外墙

（1）检验数量

外墙节能构造实体检验按单位工程进行，每种节能构造不得少于3处，每处检查一个点，同工程项目、同施工单位且同期施工的多个单位工程，可合并计算建筑面积；每$30000m^2$可视为一个单位工程进行抽样，不足$30000m^2$也视为一个单位工程。传热系数检验数量应符合国家现行有关标准的要求并和合同约定的数量。外墙热工缺陷检验应为全数检查。

（2）检验项目与方法

超低能耗建筑施工完成后，应根据现行国家标准《建筑节能与可再生能源利用通用规范》GB 55015和《建筑节能工程施工质量验收标准》GB 50411的要求对外墙节能构造包括保温材料的种类、保温层厚度和保温构造做法进行现场实体检验，检验方法宜按照《建筑节能工程施工质量验收标准》GB 50411—2019附录F检验，当附录F的检验方法不适用时，应进行外墙传热系数过热阻检验，检验方法可按照《居住建筑节能检测标准》JGJ/T 132中规定的方法进行检测。

外墙热工缺陷检验方法可按照《居住建筑节能检测标准》JGJ/T 132中规定的方法进行检测。

2. 外门窗

（1）检验数量

每个单位工程的外窗至少抽查3樘。当一个单位工程外窗有2种以上品种、类型和开启方式时，每种品种、类型和开启方式的外窗应抽查不少于3樘。同工程项目、同施工单位且同期施工的多个单位工程，可合并计算建筑面积；每$30000m^2$可视为一个单位工程进行抽样，不足$30000m^2$也视为一个单位工程。

（2）检验项目与方法

超低能耗建筑施工完成后，应进行外窗气密性现场实体检验。按照《建筑外窗气密、水密、抗风压性能现场检测方法》JG/T 211中规定的方法进行。

#### 33.12.3.2 新风热回收装置性能检测

1. 检验数量

(1) 额定风量大于 3000m³/h 的热回收装置，应进行现场检测。

(2) 额定风量小于或等于 3000m³/h 的热回收装置应进行现场抽检，送至实验室检测。同型号、同规格的产品抽检数量不得少于1台。

2. 检验项目及方法

(1) 额定风量大于 3000m³/h 的热回收装置应按照《近零能耗建筑技术标准》GB/T 51350—2019 附录 F 新风热回收装置热回收效率现场检测方法中规定的方法进行检测。

(2) 额定风量小于或等于 3000m³/h 的热回收装置按照现行国家标准《热回收新风机组》GB/T 21087 的规定方法进行检测。

#### 33.12.3.3 建筑气密性检测

1. 检验数量

居住建筑应以栋或典型户为对象进行气密性能检测，取测试结果的体积加权平均值作为整栋建筑的换气次数。公共建筑应对整栋建筑进行测试，并将测试结果作为整栋建筑的换气次数。

2. 检验方法

按照《近零能耗建筑技术标准》GB/T 51350—2019 附录 E 建筑气密性检测方法规定的方法进行检测。

## 参考文献


[1] 薛军. 津京冀超低能耗建筑发展报告 2017[R]. 北京：中国建材工业出版社，2017.

[2] 清华大学建筑节能研究中心. 中国建筑节能年度发展研究报告 2018[R]. 北京：中国建筑工业出版社，2018.

[3] 清华大学建筑节能研究中心. 中国建筑节能年度发展研究报告 2019[R]. 北京：中国建筑工业出版社，2019.

[4] 建筑节能期刊编辑部. 吹响建筑节能迈向超低、近零能耗的冲锋号——我国首部建筑节能引领性国家标准《近零能耗建筑技术标准》主编徐伟院长专访[J]. 建筑节能，2019.3：1-4.

[5] 刘强，张春明，曾芳兰. 浅谈民用建筑电气设计节能技术应用 [J]. 科技创新与应用，2012.5：159-159.

# 34 建筑工程鉴定、加固与改造

## 34.1 概　述

建筑是人类采用各种建筑材料修建或构筑的物体，该物体必须能够满足修建者希望达到的特定需求。建筑是建筑物与构筑物的总称，但从建筑结构学的角度抽象出来，其实就是由一系列构件组合成的建筑结构体系。建筑结构是建筑的骨架，必须能够安全、可靠、持续地保证建筑完成修建者所希望的特定功能。与任何事物一样，建筑也存在一定的生命周期，包含其从修建开始，到竣工验收，再到投入使用，直至拆除或破坏。

建筑依其生命周期可以分为两个概念：在建建筑和既有建筑。所谓既有建筑，《既有建筑鉴定与加固通用规范》GB 55021—2021 将其定义为已建成可以验收和已投入使用的建筑。在这个基础上，我们类推定义出在建建筑的概念：在建建筑就是工程从开工到已建成可以验收前的建筑物。我们依据建筑的生命周期来明确定义建筑的性质，具有十分重要的意义，尤其是当我们需要对建筑进行鉴定和加固改造时，对建筑先行定义清楚就十分必要。当我们需要对建筑进行鉴定时，只有依据建筑所处的当前状态，才能合理地选择恰当的鉴定手段和方法，并依据对应的标准得出正确的鉴定结论。当我们对建筑进行加固改造时，也必须依据建筑当前所处的状态，采取合理的设计方案、安全措施和恰当的施工方法，才能达到我们需要的加固改造效果：

在我国，建筑鉴定与加固改造工程正在与日俱增，范围广、数量多，主要有以下原因：

1. 自然灾害

我国是一个多自然灾害的国家，地震、风灾、水灾、火灾等均对建筑造成严重的损失。其中：

（1）地震是一种不分国界的全球性自然灾害，它是迄今具有巨大潜能和最大危险性的灾害。我国现在 46％的城市和许多重大工程设施分布在地震带上，有 2/3 的大城市处于地震区，200 余个大城市位于 M7 级以上地区，20 个百万以上人口的大城市甚至位于地震烈度为 8 度的高强地震区，比如北京、天津、兰州、太原等。历次地震对建筑造成了不同程度的损坏：

（2）风灾：全球有超过 15％的人口居住在热带暴风雨威胁的地区——美国东南部、日本、菲律宾等，亦包括我国沿海。另外，在我国东起台湾、西达陕甘、南迄二广、北至漠河，以及湘黔丘陵和长江三角洲，均有强龙卷风。据统计，风灾平均每年损坏房屋（结构揭顶、吹折、倒塌）30 万间，经济损失达十多亿元。

(3) 水灾：我国海岸线长达 18000km，全国 70%以上的城市，55%的国民经济收入分布在沿海地带，每年仅因海洋灾害（风暴、海啸、海水入侵……）造成的直接经济损失超过 20 亿元，我国目前有 1/10 的国土，100 多座大中城市的高程在江河洪水位之下。我国每年水灾倒房发生数十万到数百万起，比地震倒房严重得多。

(4) 火灾：随着国民经济的发展和城市化进程的加速，人口和建筑群的进一步密集，建筑物发生火灾的概率大大增加，我国平均每年发生火灾 6 万余起（60800 次/年），其中建筑物火灾就占火灾总数 60%左右，因火场温度和持续时间不同而造成的灾害，使不少建筑物提前夭折，使更多的建筑受到严重损坏。

此外，还有冰灾、泥石流等自然灾害。

2. 老旧建筑性能退化

新中国成立以来所建造的大量工业建筑与民用建筑，已超过或临近设计工作年限。由于环境因素的影响，材料逐渐老化，房屋的可靠度逐渐降低，或者由于功能改造的需求，需要进行加固改造；一些古建筑，因为建造年代久远或其他原因，也需要进行加固和修缮，继续延长使用寿命。

3. 既有建筑的改扩建需求

当前国内外发展生产，提高生产力的重心，已从新建建筑转移到对已有建筑的技术改造，以取得更大的投资效益。在技术改造中，往往要求增加房屋高度、增加荷载、增加跨度、增加层数等。据统计，改造可比新建节约投资约 40%，缩短工期约 50%，收回投资比新建快 3～4 倍。当然，有些要求更高，例如一些改造要求在不停产的情况下进行，对结构加固改造而言，不仅要求安全、适用、耐久，还需要考虑施工时间和空间的耗费，避免给工业生产带来巨大的经济损失。同样，民用建筑、公共建筑的改造亦日益受到人们的重视，抓好旧房的增层改造，向现有房屋要面积，是一条重要的出路。我国城市现有的房屋中，有 20%～30%具备增层改造条件，增层改造不仅可以节省投资，同时可不再征用土地，这对缓解日趋紧张的城市用地矛盾也有重要的现实意义。

4. 勘察设计、施工过程中留下的隐患

工程地质勘察存在的问题——不认真进行地质勘察，随便确定地基承载力、勘察的孔间距太大，勘测深度不足，不能全面准确反映地基实际情况，基础设计失误，甚至违反规定，不搞地质勘察即进行设计等；设计人员的失误——结构内力计算错误，组合错误，结构方案不正确，物理力学模型选择考虑不周，荷载估计失误，基础不均匀沉降考虑不周，构造不当，在设计上受各种因素影响片面强调节约材料降低一次性投资等；结构的先天不足还来源于施工，如不严格执行施工规范、不按图施工、偷工减料、使用劣质材料、钢筋偏移、保护层厚度不足、配合比混乱等。建筑市场混乱，尤其劣质材料充斥市场，例如结构材料物理力学性能不良、化学成分不合格、水泥标号不足、安定性不合格、钢筋强度低、塑性差等，使房屋倒塌率偏高，正在施工或刚竣工就出现严重质量事故的现象在全国屡见不鲜（约 60%的事故就出现在施工阶段或建成尚未使用阶段）。以上因素使建筑结构失效的概率大大增加，尽管没有发生垮塌，但是给使用留下大量隐患，造成结构的先天不足。

5. 恶劣使用环境的影响

建筑的缺陷还来自恶劣的使用环境，如高温、超载、腐蚀、粉尘、疲劳，违章在结构构件上任意开孔、随意破坏和拆除构件，乱吊重物，温湿度变化，环境水冲刷、冻融、风化、碳化，以及由于缺乏建筑使用过程中正确的管理、检查、鉴定、维修、保护和加固的常识所造成的对建筑管理和使用不当，致使不少建筑出现不应有的早衰。

综上所述，不论是对在建建筑工程事故的处理，还是对既有建筑是否安全和可靠的判断；不论是为抵御灾害所需进行的加固，还是为灾后所需进行的修复；不论是为适应新的使用要求而对建筑实施的改造，还是对进入中老年期的建筑进行正常诊断处理，都需要对建筑进行检查和鉴定，以期对可靠性作出科学的评估，并在对建筑进行科学客观鉴定的基础上，对建筑实施准确的管理维护和改造加固，以保证建筑的安全和正常使用。

## 34.1.1 鉴　定

鉴定可以分为可靠性鉴定、抗震鉴定、危险房屋鉴定、地震灾后应急鉴定、火灾后工程结构鉴定及专项鉴定。可靠性鉴定、抗震鉴定、危险房屋鉴定、地震灾后应急鉴定、火灾后工程结构鉴定均针对既有建筑而言，是根据事情的缘由不同、鉴定的重点不同而进行的鉴定，这些鉴定的程序、方法、标准均有现行的国家、行业或协会标准可以依循。专项鉴定是针对建筑（在建或既有）某特定问题或某特定要求所进行的鉴定。专项鉴定应该针对特定问题或特定要求合理选择设计、施工、验收、检测、鉴定等标准来开展相关鉴定活动。

### 34.1.1.1 可靠性鉴定

可靠性鉴定，是指对既有建筑物的安全性、使用性（包括适用性和耐久性）所进行的调查、检测、分析、验算后进行综合评定的一系列活动。建筑物的可靠性可针对建筑结构体系、结构体系的一部分或结构构件进行。

一般情况下，既有建筑物的可靠性鉴定应该依据国家现行标准进行，国家相关规范标准有《既有建筑鉴定与加固通用规范》GB 55021、《民用建筑可靠性鉴定标准》GB 50292、《工业建筑可靠性鉴定标准》GB 50144。

### 34.1.1.2 抗震鉴定

抗震鉴定，是指通过检查新建建筑物或既有建筑物的设计、施工质量和现状，按规定的抗震设防要求，对其在地震作用下的安全性进行评估。一般情况下，建筑抗震鉴定依据现行国家现行规范《既有建筑鉴定与加固通用规范》GB 55021 和《建筑抗震鉴定标准》GB 50023 进行。

### 34.1.1.3 危险房屋鉴定

危险房屋鉴定的目的，是为了有效利用既有房屋，正确判断房屋结构的危险程度，及时治理危险房屋，确保房屋使用安全。危险房屋鉴定依据国家现行规范《既有建筑鉴定与加固通用规范》GB 55021 和《危险房屋鉴定标准》JGJ 125 进行。

### 34.1.1.4 地震灾后应急鉴定

地震灾后应急鉴定的重要性，是为在地震灾害发生后，能迅速、科学、有效地贯彻执行《中华人民共和国防震减灾法》及国务院的有关条例，使受地震灾害影响的建筑在应急处置和灾后恢复重建的鉴定与加固过程中，做到科学有序、技术可行、安全适用、经济合理、确保质量。我国在经历海城地震、唐山地震和汶川地震后，充分认识到地震灾后应急鉴定的重要性，也总结积累了经验，于2008年7月23日由住房和城乡建设部发布了《地震灾后鉴定与加固技术指南》。该指南提出，要根据两个不同阶段，即救援抢险阶段和恢复重建阶段，分别制订不同目标和要求来进行对受地震影响建筑的检查、评估、鉴定与加固的原则。

#### 34.1.1.5 火灾后工程结构鉴定

建筑物遭受火灾后，结构构件可能遭受严重损伤，承载力大大降低，严重影响结构安全。工程结构火灾后检测鉴定工作的目的，是给工程结构火灾后的处理决策提供技术依据，做到技术先进、科学合理、安全适用、确保质量。一般情况下，遭受火灾后的建筑物应依据中国工程建设标准化协会标准《火灾后工程结构鉴定标准》T/CECS 252进行鉴定评估。

#### 34.1.1.6 专项鉴定

针对建筑物（在建或既有）某特定问题或特定要求所进行的鉴定称为专项鉴定。专项鉴定应该针对特定问题或特定要求合理选择设计、施工、检测和验收标准来开展相关鉴定活动。专项鉴定所针对的特定问题或特定原因多种多样，如设备振动问题原因分析、构件裂缝原因分析、工程质量事故分析、房屋倒塌原因分析等。

### 34.1.2 加　固

目前，我国建筑业正处于新建、维修加固与现代化改造并举，且以加固和改造为主的发展阶段。截至目前，我国既有建筑面积已超过1200亿$m^2$，大部分既有建筑存在使用功能不完善、使用质量较低、能耗高、已超过或临近设计工作年限、遭受自然灾害、材料逐渐老化等问题。与此同时，我国每年拆除大量的既有建筑，不仅造成生态环境的破坏，也是对能源资源的极大浪费。鉴于此，对既有建筑的加固改造不仅是大势所趋，而且意义重大。

就加固原理而言，建筑物加固改造方法可以分为三类：一是直接加固法，就是对结构体系里承载力不足的结构构件直接进行加固，增加其抗力；二是间接加固法，就是在现有结构体系里增加新的结构构件，改变原结构的传力体系，使得新的结构体系里没有承载力不足的构件，从而达到加固的目的；三是限制荷载法，就是限制在既有建筑物上的荷载作用，如限制建筑物实际使用过程中的楼面荷载，仓库限制堆货高度，增设阻尼器减少动力荷载以及不透水土层地下室排水卸压抗浮加固。

建筑物加固改造施工前，必须对加固设计原理、加固材料性能和加固方法有充分的了解，采取必要的施工安全措施（如对既有构件卸荷）和合理的施工工艺流程进行施工，才能保证加固改造效果。

不同于新建工程，既有建筑加固改造主要具有以下特点：

1. 未知因素多

对原结构的隐蔽工程、长期使用或承受突变荷载导致的构件内部变化等情况，难以全面掌握；对一些建造时间较早、几经改造而资料又不完整的工程，加固改造施工图与现场实况的出入较大；加固改造施工可能对周边建筑和环境产生不可预料的影响等。以上未知因素，均会增大加固改造的施工难度和风险。

2. 加固改造设计和施工受制于原结构

加固改造设计是基于原结构的再设计，应对原结构进行实地踏勘考察，以制订切实可行的设计方案，并应与实际施工方法紧密结合，采取有效措施。加固改造施工是在已经定格的有限空间内实施，限制了某些施工机械的使用，原结构构件、设备、管道也会妨碍某些施工操作，呈现出结构加固施工困难、机械化作业程度低等特点。基于此，需认真考虑经济合理的施工技术方案。

3. 加固材料的特殊性

水泥、钢筋、型钢、普通混凝土和普通水泥砂浆等，是采用传统工艺生产的通用材料，其安全性已为广大技术人员所了解，无须重新鉴定，只需通过进场复验即可。而加固材料与之不同，其在工程中使用的量相对较少，工程人员对其性能缺乏全面的了解。

4. 加固改造带来的次生问题

在加固改造施工过程中，避免不了对原结构进行剔凿、开孔、局部拆除，可能影响既有建筑某些构件的强度、刚度和稳定性，也可能造成既有建筑防水系统的破坏；结构构件加固改造会影响使用空间；随着改造工程系统升级，吊顶内可能需要增设大量的管线、桥架、设备等，以致吊顶标高下降而压缩原有净空，甚至影响门窗开启等使用功能。因此，需要充分考虑加固改造带来的系列次生问题，并在加固改造施工中一并完善。

基于上述主要特点，本节将从加固设计对施工的要求、加固材料检测、加固过程控制、竣工验收和抗震加固五方面提出对加固改造施工实施过程的基本要求。

#### 34.1.2.1　加固设计对施工的要求

在当前的结构加固设计领域中，经验不足的设计人员仍占一定比例，致使加固工程中“顾此失彼”的失误案例时有发生，故在进行加固设计时尤其要注意以下几点：

(1) 结构的加固设计应与实际施工方法紧密结合，采取有效措施，保证新增构件和部件与原结构连接可靠，新增截面与原截面粘结牢固，形成整体，共同工作；并应避免对未加固部分以及相关的结构、构件和地基基础造成不利的影响。

(2) 对加固过程中可能出现倾斜、失稳、过大变形或坍塌的结构，应在加固设计文件中提出相应的临时性安全措施，并明确要求施工单位严格执行。

(3) 结构的加固可分为直接加固、间接加固及限制荷载加固法三类，设计时，可根据结构特点、实际条件和使用要求选择适宜的加固方法及配合使用的技术。

#### 34.1.2.2　加固材料检测

加固材料对加固工程的质量起重要作用，故在进行加固施工时，尤其要注意以下几方面：

(1) 工程结构加固的可靠性，虽然取决于设计、材料、施工、工艺、监理、检验等诸多因素的质量，但实际工程的统计数据表明，因加固材料性能不符合使用要求所造成的安全问题占有很大的比重，其后果甚至是极其严重的。因此，必须在加固材料出厂前，便对其进行系统的安全性检验与鉴定，以确认其性能和质量是否可以达到安全使用的要求。工程结构加固材料及制品的安全性鉴定结论应为工程加固选用材料的依据。同时，材料在批量进入施工现场时，要经历几个流通环节，任一环节出现问题，都有可能对加固材料的质量产生影响。因此，不能以持有安全性鉴定证书为理由免去进场取样复验程序。

(2) 检验批中，凡涉及结构安全的加固材料，均应进行现场见证取样检测或结构构件实体见证检验。任何未经见证取样的此类项目，其检测或检验报告不得作为施工质量验收依据。

（3）建筑结构加固工程所使用的材料应符合设计文件和国家现行有关标准的规定，且应具有质量合格证明文件，并应经进场复验合格后方可使用。

（4）施工单位应建立进场材料和制品的管理制度。材料和制品进场后应按种类、规格、批次分别堆放和储存；堆放和储存的场所和条件应对材性和品质无影响。

**34.1.2.3 加固过程控制**

1. 建筑结构加固工程技术文件和承包合同中规定，对加固工程质量的要求不得低于现行国家标准《建筑工程施工质量验收统一标准》GB 50300、《建筑结构加固工程施工质量验收规范》GB 50550、《砌体结构工程施工质量验收规范》GB 50203、《混凝土结构工程施工质量验收规范》GB 50204、《钢结构工程施工质量验收标准》GB 50205、《木结构工程施工质量验收规范》GB 50206。

2. 应加强建筑结构加固工程质量管理，保证工程的质量和安全，应有相应的施工技术标准、健全的质量管理体系、施工质量控制与质量检验制度以及综合评定施工质量水平的考核制度。

3. 原结构的清理、修整和支护主要包括下列内容：

（1）拆迁原结构上影响施工的管道、线路以及其他障碍。

（2）卸除原结构上的荷载（当设计文件有规定时）。

（3）修整原结构、构件加固部位。

（4）搭设安全支撑及工作平台。

4. 修整原结构、构件加固部位时，应符合下列要求：

（1）应清除原构件表面的尘土、浮浆、污垢、油渍、原有涂装、抹灰层或其他饰面层；对混凝土构件，尚应剔除其风化、剥落、疏松、起砂、蜂窝、麻面、腐蚀等缺陷至露出骨料新面；对钢构件和钢筋，还应除锈、脱脂并打磨至露出金属光泽；对砌体构件，尚应剔除其勾缝砂浆及已松动、粉化的砌筑砂浆层，必要时，还应对残损部分进行局部拆砌。当工程量不大时，可采用人工清理；当工程量很大或对界面处理的均匀性要求很高时，宜采用高压水射流进行清理。

（2）应采用相容性良好的裂缝修补材料对原构件的裂缝进行修补；若原构件表面处于潮湿或渗水状态，应在修补前进行疏水、止水和干燥处理。

5. 在现场核对原结构构造及清理原结构的过程中，若发现该结构整体牢固性不良，或原有的支撑、连结系统有缺损，或发现结构现状与设计图纸不符时，应及时向业主（或监理单位）和加固设计单位报告。在设计单位未采取补救措施前，不得按现有加固方案进行施工。

6. 建筑结构加固施工的全过程，应有可靠的安全措施。

（1）加固工程搭设的安全支护体系和工作平台，应定时进行安全检查，并确认其牢固性。

（2）加固施工前，应熟悉周边情况，了解加固构件受力和传力路径的可能变化。对结构构件的变形、裂缝情况，应设专人进行检测，并作好观测记录备查。

（3）在加固过程中，若发现结构、构件突然发生变形增大、裂缝扩展或条数增多等异常情况，应立即停工、支顶，并及时向安全管理单位或安全负责人发出书面通知。

(4) 对危险构件、受力大的构件进行加固时，应有切实可行的安全监控措施，并应得到总监理工程师的批准。

(5) 当施工现场周边环境有影响施工人员健康的粉尘、噪声、有害气体时，应采取有效的防护措施；当使用化学浆液（如胶液和注浆料等）时，尚应保持施工现场通风良好。

(6) 化学材料及其产品应存放在远离火源的储藏室内，并应密封单独存放。确定危险源后，应制订应急预案。

(7) 工作场地严禁烟火，并必须配备消防器材；现场若需动火，应事先申请，经批准后按规定用火。

7. 当结构加固需搭设模板、支架和支撑时，应根据结构的种类，分别按现行国家标准《砌体结构工程施工质量验收规范》GB 50203、《混凝土结构工程施工质量验收规范》GB 50204、《钢结构工程施工质量验收标准》GB 50205 和《木结构工程施工质量验收规范》GB 50206 的规定执行。

8. 加固工程的冬期施工，应符合现行行业标准《建筑工程冬期施工规程》JGJ/T 104 的要求，以及现行《建筑结构加固工程施工质量验收规范》GB 50550 有关章节的补充规定。

9. 当采用的结构加固方法需做防护面层时，应按设计规定的材料和工艺要求组织施工。其施工过程的控制和施工质量的检验应符合国家现行有关标准的规定。

#### 34.1.2.4 竣工验收

建筑结构加固工程施工质量验收工作综合性强、牵涉面广，不仅项目多，还与其他施工技术、施工过程控制以及产品质量评定等方面的标准有关。与新建工程相比，建筑结构加固工程增加了清理、修整原结构、构件以及界面处理的工序。为了更好地对加固过程及质量进行控制，除应满足新建工程的基本要求外，还需要在以下几方面加强管理：

1. 建筑结构加固工程作为建筑工程的一个分部工程，应根据其加固材料种类和施工技术特点划分为若干子分部工程；每一子分部工程应按其主要工种、材料和施工工艺划分为若干分项工程；每一分项工程应按其施工过程控制和施工质量验收的需要划分为若干检验批。建筑结构加固工程检验批的质量检验，应按现行国家标准《建筑结构加固工程施工质量验收规范》GB 50550 所规定的抽样方案执行。

2. 建筑结构加固工程施工质量控制

(1) 结构加固设计单位应按审查批准的施工图向施工单位进行技术交底；施工单位应据以编制施工组织设计和施工技术方案，经审查批准后组织实施。

(2) 加固材料、产品应进行进场验收。凡涉及安全、卫生、环境保护的材料和产品，应按现行《建筑结构加固工程施工质量验收规范》GB 50550 规定的抽样数量进行见证抽样复验；其送样应经监理工程师签封；不得使用复验不合格的材料和产品；施工单位或生产厂家自行抽样、送检的委托检验报告无效。

(3) 结构加固工程施工前，应核对原结构、构件现状与设计图纸是否一致，并应对原结构、构件进行清理、修整和支护。

(4) 结构加固工程的每道工序均应按现行《建筑结构加固工程施工质量验收规范》GB 50550 及企业的施工技术标准进行质量控制；每道工序完成后应进行检查验收；必要

时，尚应按隐蔽工程的要求进行检查验收；合格后，方允许进行下一道工序的施工。

（5）相关各专业工种交接时，应进行交接检验，并应经监理工程师检查认可。

3. 检验批中，凡涉及结构安全的加固材料、施工工艺、施工过程留置的试件、结构重要部位的加固施工质量等项目，均应进行现场见证取样检测或结构构件实体见证检验。任何未经见证取样的此类项目，其检测或检验报告不得作为施工质量验收依据。

4. 检验批合格质量标准应符合下列规定：

（1）主控项目的质量经抽样检验合格。

（2）一般项目的质量经抽样检验合格；当采用计数检验时，除现行《建筑结构加固工程施工质量验收规范》GB 50550另有专门规定外，其抽检的合格点率不应低于80%，且不得有严重缺陷。

（3）具有完整的施工操作依据、质量检查记录及质量证明文件。

5. 分项工程的质量验收，应在其所含检验批均验收合格的基础上按现行《建筑结构加固工程施工质量验收规范》GB 50550规定的检验项目，对各检验批中每项质量验收记录及其合格证明文件进行检查。

6. 分项工程合格质量标准应符合下列规定：

（1）分项工程所含的各检验批，其质量均符合《建筑结构加固工程施工质量验收规范》GB 50550关于合格质量的规定。

（2）分项工程所含的各检验批，其质量验收记录和有关证明文件完整。

**34.1.2.5 抗震加固**

1. 既有建筑抗震加固前，应依据34.1.1节的相应规定进行抗震鉴定。

2. 既有建筑抗震加固时，建筑的抗震设防类别及相应的抗震措施和抗震验算要求，应按现行国家标准《建筑抗震鉴定标准》GB 50023的规定执行。

3. 既有建筑的抗震加固及施工，除应符合现行《建筑抗震加固技术规程》JGJ 116的规定外，尚应符合国家现行有关标准、规范的规定。

4. 既有建筑抗震加固的设计原则应符合下列要求：

（1）加固方案应根据抗震鉴定结果经综合分析后确定，分别采用房屋整体加固、区段加固或构件加固，加强整体性，改善构件的受力状况，提高其综合抗震能力。

（2）布置加固或新增构件时，应消除或减少不利因素，防止局部加强导致结构刚度或强度突变。

（3）新增构件与原有构件之间应有可靠连接；新增的抗震墙、柱等竖向构件应有可靠的基础。

（4）加固所用材料类型与原结构相同时，其强度等级不应低于原结构材料的实际强度等级。

（5）对于不符合鉴定要求的女儿墙、门脸、出屋顶烟囱等易倒塌伤人的非结构构件，应予以拆除或降低高度，需要保持原高度时，应加固。

5. 抗震加固的方案、结构布置和连接构造，尚应符合下列要求。

（1）不规则的既有建筑，宜使加固后的结构质量和刚度分布较均匀、对称。

（2）对抗震薄弱部位、易损部位和不同类型结构的连接部位，其承载力或变形能力宜采取比一般部位增强的措施。

(3) 宜减少地基基础的加固工程量，多采取提高上部结构抵抗不均匀沉降能力的措施，并应计入不利场地的影响。

(4) 加固方案应结合原结构的具体特点和技术经济条件的分析，采用新技术、新材料。

(5) 加固方案宜结合维修改造来改善使用功能，并注意美观。

(6) 加固方法应便于施工，并应减少其对生产、生活的影响。

6. 抗震加固的施工应符合下列要求：

(1) 应采取措施避免或减少损伤原结构构件。

(2) 发现原结构或相关工程隐蔽部位的构造有严重缺陷时，应会同加固设计单位采取有效处理措施后方可继续施工。

(3) 对可能导致的倾斜、开裂或局部倒塌等现象，应预先采取安全措施。

7. 采用隔震和消能减震加固结构时，结构构件应满足竖向承载力要求，当不满足时，应先进行构件竖向承载力加固。

8. 采用消能支撑加固的施工，应符合下列要求：

(1) 消能支撑与主体结构的连接，应符合普通支撑构件与主体结构的连接构造和锚固要求。

(2) 在安装消能支撑前，应按规定进行性能检测，检测的数量应符合相关标准的要求。

9. 采用隔震加固的施工，应符合下列要求：

(1) 施工中，应采取可靠措施保证施工期间结构安全，避免建筑物因不均匀沉降或偶然水平作用而受到破坏，并宜考虑增加施工所需的空间和工作面。

(2) 加固时，应采取有效措施保证隔震部件与原主体结构之间的连接质量。

(3) 原结构的设备管线应满足隔震层的位移和变形，宜采用柔性连接或球形接点，并考虑安放装置及检修的空间。

(4) 加固后，应在隔震缝周围设置明显标志。

(5) 在安装隔震部件前，应按规定进行性能检测，检测的数量应符合相关标准的要求。

## 34.1.3 维　　护

建筑在使用过程中产生的自然损坏和人为损坏必然导致建筑使用功能的降低或丧失，为增加建筑的合理使用寿命，恢复其原有的功能，就必须有目的、有针对性地维护建筑物。

1. 建筑维护

建筑维护是对既有建筑的养护和修缮，包括对室内外饰面、门窗、外挂设备、防水构造、建筑隔墙及其他非结构构件的维护，以维持既有建筑的各项使用功能。

2. 结构维护

结构维护是指对建筑的结构构件进行安全性维护，保证结构的安全性和耐久性水平。

3. 设备设施维护

设备设施维护是指对建筑中的给水排水设备、供暖设施设备、通风和空调设备、电气设施设备、消防设施设备等进行维护，以保障其完好性、有效性、安全性、耐久性等各项性能，保证设备设施的正常运行。

## 34.1.4 改　造

随着时代的发展、科技的进步，许多既有建筑的功能已经不能满足使用者的需求，必须进行改造、优化，使其具有更强的适应性，以较少的投资解决所面临的问题，并在建筑的设计年限内延长其使用寿命。通过对建筑使用功能的改造，利用其在更新过程中所表现出的包容性，使建筑实质上实现可持续发展。对旧建筑功能的改造与再利用证明，建筑不是静止的物体，而是能够进行新陈代谢的活的生命体。

建筑功能一直是建筑的基本要素，从其发源到现代，始终没有动摇。原始的人类为了避风雨、御寒暑以及防止其他自然现象或者侵袭，需要赖以栖身的场所，即空间，也就是建筑的起源。人类社会由低级向高级发展，是由于社会生产力的发展和进步，人类物质生活和精神生活也是由低级向高级发展的。建筑满足的是人类最基本的生活需求，也必然随着时代的发展而逐渐变化。人们基于各种目的和使用要求建造房屋。纵观建筑的发展史，由满足最初的生存需求到逐渐增加的各种精神层面的追求，建筑式样和类型各不相同，原因可谓多种多样，但不可否认的是，功能需求始终是建筑发展最根本的要素。

既有建筑改造无论是功能的改变还是空间的拓展，其改造过程首先应符合当地的规划要求，与现有城市环境统筹协调，经过统一的安排及一定审批鉴定程序才可进行，坚决杜绝私改乱改。其次，改造涉及转变建筑类型时，应符合相应的建筑设计技术法规，在满足要求的情况下才可进行。我国关于建筑改造方面的规范正在逐步趋于完善，为改造的进行提供了保障。再次，功能的改变及空间的拓展势必会使原有建筑的使用状况发生一定的变化，这些改变对结构、消防疏散等提出了新的要求，因此任何改造在实施中均应以满足结构稳定安全及消防疏散安全为前提。最后，在低碳节能的建设背景之下，应大力提倡改造过程的节能环保，例如就地取材、采用新的建造技术等。

我国拥有超过 1200 亿 $m^2$ 的既有建筑，其中有相当一部分存在使用功能不合理的现象，究其根本，少量是由于最初设计不合理，但更重要的是，人们对这些既有建筑的使用要求已经逐渐发生了变化。将大量既有建筑拆除重建，不仅人力财力耗费巨大，而且会面临许多社会问题，所以是不现实的，通过合理的改造使其满足新的功能要求是最合理的途径。欧美一些发达国家在 20 世纪 70 年代以后率先对既有建筑进行改造，我国目前刚刚起步，对于建筑改造的研究十分急切，其市场发展潜力不可限量。

### 34.1.4.1 建筑改造

（1）既有建筑改造应编制改造项目设计方案，方案应明确改造项目的范围、建筑改造和环境改造内容及相关技术指标。

（2）既有建筑改造如使改造范围内建筑与改造范围外建筑之间的间距发生变化，其间距不应低于消防间距标准。

（3）既有建筑应结合改造，对原有消防设施进行增设、整改、修复，使其防火条件有所改善。

（4）既有建筑改造后，新建或改造的无障碍设施应与周边无障碍设施相衔接。

（5）既有多层住宅加装电梯改造时，加装电梯不应与卧室、起居室紧邻布置，受条件限制需要紧邻起居室布置时，应采取有效的隔声和减振措施。

(6) 既有建筑屋顶绿化改造应确保屋顶承重安全和防护安全，不应影响原有防雷设施的功效。

(7) 对既有建筑进行改造时，应严格控制室内环境污染，不得使用国家禁止使用或限制使用的建筑材料。

(8) 既有建筑环境改造应统筹各项配套设施建设，并与建筑主体改造同步实施。

(9) 既有建筑环境改造应对违法建筑及构筑物等进行治理。

**34.1.4.2　结构改造**

1. 既有建筑结构改造应综合考虑结构现状和建筑改造的总体要求，以满足安全性、适用性和经济性为目标。

2. 既有建筑结构改造设计资料中，应明确结构改造后的使用功能和后续设计工作年限。

3. 既有建筑结构改造前，应依据现行国家标准《既有建筑鉴定与加固通用规范》GB 55021等进行鉴定。鉴定确定原结构需进行加固时，应根据实际工程情况，依据现行国家标准《既有建筑鉴定与加固通用规范》GB 55021、《混凝土结构加固设计规范》GB 50367、《钢结构加固设计标准》GB 51367、《砌体结构加固设计规范》GB 50702、《古建筑木结构维护与加固技术标准》GB/T 50165、《建筑抗震加固技术规程》JGJ 116 等进行加固设计。

4. 在后续工作年限内，未经技术鉴定或具有相应资质的设计单位许可，不得改变改造后建筑的用途和使用环境。

5. 改造既有建筑结构时，应考虑新设基础对原基础的影响。除满足地基承载力要求外，还应按变形协调原则进行地基变形验算，同时应评估新设基础施工工艺和方法对原有建筑地基附加变形的影响。

6. 将既有建筑平屋面改造为坡屋面时，应根据房屋的具体情况合理选择坡屋面结构形式，采用轻质高强材料，新、旧构件间应有可靠连接，新增结构应满足抗风、抗雪的承载力要求。

7. 当既有非成套住宅采用外扩改造时，应符合下列规定：

(1) 应通过成套改造改善原结构的抗震性能，并确保房屋安全使用。

(2) 外扩部分应采用合理结构，进行抗震设计，并采取可靠连接措施保证与原结构协同受力或变形协调。

(3) 外扩部分与原建筑之间不应设沉降缝，并应控制外扩部分与原建筑之间的沉降差。

8. 给既有多层住宅加装电梯时，应符合下列规定：

(1) 拟加装电梯的既有多层住宅应在正常使用条件下处于安全状态，加装电梯不应降低原房屋的结构安全性能，并确保加装部分的结构安全和正常使用。

(2) 加装电梯需对原结构墙体作局部开洞处理时，开洞位置应设置在原结构外墙门窗洞口处，并应对原房屋结构的相关部位进行承载能力验算，必要时尚应进行整体验算，根据计算分析结果采取相应的补强加固措施。

(3) 加装部分应进行抗震设计。

(4) 当加装部分结构与既有结构采用脱开的形式时，除进行地基承载力、地基变形验算外，还应验算加装部分结构的抗倾覆稳定性，以确保加装部分的结构安全和正常使用。

(5) 当加装部分结构与既有结构采用连接的形式时，应遵循变形协调和共同受力原则，从基础到上部结构均应采取可靠措施，以加强既有结构与新增结构的整体性连接，避免沉降差对既有结构和加装电梯的不利影响，以确保既有结构和加装电梯的安全。

**34.1.4.3 设备设施改造**

1. 既有建筑的给排水设施改造、电气与智能化工程改造、暖通空调工程改造和燃气工程改造等，必须满足相关抗震设计要求。

2. 给水设施的改造应符合下列规定：

(1) 用水单位自行建设的与城市公共供水管道连接的户外管道及其附属设施，必须经城市自来水供水企业验收合格并交其统一管理后，方可使用。

(2) 生活给水系统应充分利用市政供水管网的压力直接供水。

3. 排水设施的改造应符合下列规定：

(1) 在实行雨污分流的地区，雨水和污水管道不应混接。

(2) 如果改造后的排水总量、排放口数量和排放的主要污染物及其浓度发生变化，应向当地排水行政主管部门提出申请。

(3) 雨水系统的改造，应按照当地雨水排水系统专业规划的要求，结合地区改建、道路建设等更新原有雨水排水系统。

4. 既有建筑电气改造工程的设计，应在对既有建筑供配电系统、照明系统和防雷接地系统现场勘查的基础上，根据改造后建筑物的用电负荷情况和使用要求进行供配电系统、照明系统和防雷接地系统设计。

5. 当供暖、通风及空调系统不能满足使用功能的要求，或有较大节能潜力时，应对相关设备或全系统进行改造。

6. 供暖、通风及空调系统改造的内容，应根据建筑物的用途、规模、使用特点、室外气象条件、负荷变化情况等因素，考虑现有系统和设备的折旧残值，通过比较用户的影响程度进行确定。

7. 对由于设计不合理，或者使用功能改变而造成的原有系统分区不合理的情况，在进行空调系统改造设计时，应根据实际使用情况重新对空调系统进行分区设置。

## 34.2 鉴　　定

2022 年 4 月 1 日，国家强制性工程建设规范《既有建筑鉴定与加固通用规范》GB 55021—2021 开始实施。规范要求既有建筑应定期进行安全性检查，并应依据检查结果及时采取相应措施。同时，规定在以下情况下应进行鉴定：

(1) 达到设计工作年限需要继续使用。

(2) 改建、扩建、移位以及建筑用途或使用环境改变前。

(3) 原设计未考虑抗震设防，或抗震设防要求提高。

(4) 遭受灾害或事故后。

(5) 存在较严重的质量缺陷或损伤、疲劳、变形、振动影响、毗邻工程施工影响。

(6) 日常使用中发现安全隐患。

(7) 有需要进行质量评价时。

针对既有建筑的鉴定应同时进行安全性鉴定和抗震鉴定。

## 34.2.1　民用建筑可靠性鉴定

民用建筑与人民的生活休戚相关。为了营造安全、舒适和耐久的生活环境，在使用过程中，需要针对建筑进行经常性的管理和维护、有重点的检查和鉴定、及时的修缮和加固，才能完成设计赋予其的结构功能。

当前，我国民用建筑可靠性鉴定采用概率极限状态鉴定法。依据结构各种功能要求的极限状态不同，民用建筑可靠性鉴定包含安全性鉴定和正常使用性鉴定。其中，正常使用性鉴定包含适用性鉴定和耐久性鉴定。

### 34.2.1.1　民用建筑可靠性鉴定程序及工作内容

民用建筑可靠性鉴定是一项灵活、系统的专业工作。为使该鉴定活动顺利进行，鉴定工作者应按照一定的程序对民用建筑实施鉴定，并在不同的鉴定环节进行相应的工作内容。下面给出了系统的鉴定程序和完整的工作内容，执行时，可根据问题的性质进行适当简化以及必要的调整或补充，应抓住其“主要矛盾”，以便有针对性、高效和顺利地开展检测鉴定工作。

1. 鉴定程序

图 34-1 所示为一种系统性鉴定的工作程序。为保证鉴定程序的完整性，程序框图包含可靠性评级和适修性评估，但下文仅讲述安全性和使用性鉴定。

2. 工作内容

以下为较为系统的鉴定工作内容，可根据实际需要和所遇到的问题进行研究，有针对性地制订调查、检查、检测和试验工作大纲。

(1) 鉴定的目的、范围和内容

鉴定的目的、范围和内容都极其重要，贯穿于鉴定的始终，应根据委托方提出的鉴定原因和要求，经初步调查后确定。

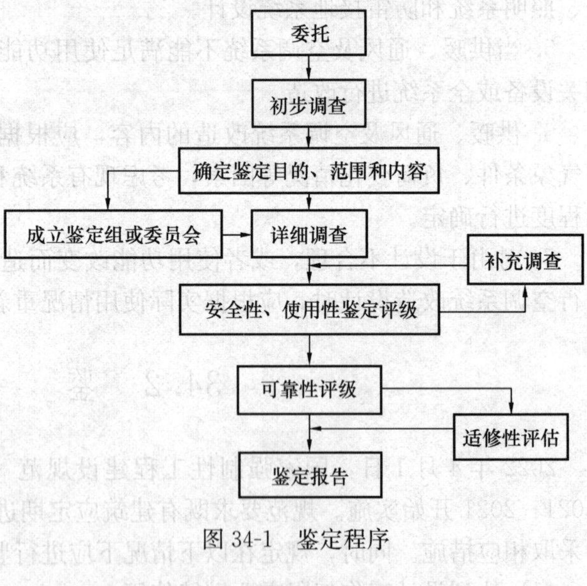


图 34-1　鉴定程序

(2) 初步调查

1) 查阅图纸资料。

2) 查询建筑物历史。

3) 考察现场。

4) 填写初步调查表。

5) 制订详细的调查计划及检测、试验工作大纲，并提出需由委托方完成的准备工作。

(3) 详细调查

“详细调查”包括访问、查档、验算、检验和现场检查实测等内容。

1) 结构体系基本情况勘查。

2）结构使用条件调查核实。

3）地基基础，包括桩基础的调查与检测。

4）材料性能检测分析。

5）承重结构检查。

6）围护系统的安全状况和使用功能调查。

7）易受结构位移、变形影响的管道系统调查。

（4）安全性和正常使用性的鉴定评级

应按构件、子单元和鉴定单元各分三个层次。每一层次分为四个安全性等级和三个使用性等级，并应按《民用建筑可靠性鉴定标准》GB 50292 表 3.2.5 规定的检查项目和步骤，从第一层构件开始，逐层进行。

1）单个构件应按相应的划分标准，并应根据构件各检查项目评定结果，确定单个构件等级。

2）根据子单元各检查项目及各构件集的评定结果确定子单元等级。

3）根据各子单元的评定结果确定鉴定单元等级。

4）当仅要求鉴定某层次的安全性或使用性时，检查和评定工作可只进行到该层次相应程序规定的步骤。

（5）可靠性鉴定评级

各层次可靠性鉴定评级，应以该层次安全性和使用性的评定结果为依据综合确定。每一层次的可靠性等级应分为四级。

（6）补充调查

在民用建筑可靠性鉴定过程中，当发现调查资料不足时，应及时组织补充调查。尤其对各种事故而言，补充调查就是补充取证。这项工作往往由于现场各种因素发生变化而无法进行。为此，在详细调查（即第一次取证）进场前，就要采取措施保护现场，为随后可能进行的补充取证保留结构的破坏原状和取证工作条件。所有保护现场的措施，应延续到鉴定工作全面结束，并经主管部门批准后才能解除。

（7）鉴定报告

民用建筑可靠性鉴定报告应包括下列内容：建筑物概况；鉴定的目的、范围和内容；检查、分析、鉴定的结果；结论与建议；附件。

**34.2.1.2 民用建筑可靠性鉴定评级标准**

可根据是否符合《民用建筑可靠性鉴定标准》GB 50292 的要求，及其符合或不符合的程度，对各种材料结构各层次的安全性、使用性和可靠性进行评级。

1. 民用建筑安全性鉴定评级

（1）单个构件或其检查项目

1）$a_u$：安全性符合标准对 $a_u$ 级的规定，具有足够的承载能力；不必采取措施。

2）$b_u$：安全性略低于标准对 $a_u$ 级的规定，尚不显著影响承载能力；可不采取措施。

3）$c_u$：安全性不符合标准对 $a_u$ 级的规定，显著影响承载能力；应采取措施。

4）$d_u$：安全性不符合标准对 $a_u$ 级的规定，已严重影响承载能力；必须及时或立即采取措施。

（2）子单元或子单元中的某种构件集

1）$A_u$：安全性符合标准对 $A_u$ 级的规定，不影响整体承载；可能有个别一般构件应采取措施。

2）$B_u$：安全性略低于标准对 $A_u$ 级的规定，尚不显著影响整体承载；可能有极少数构件应采取措施。

3）$C_u$：安全性不符合标准对 $A_u$ 级的规定，显著影响整体承载；应采取措施，且可能有极少数构件必须立即采取措施。

4）$D_u$：安全性极不符合标准对 $A_u$ 级的规定，严重影响整体承载；必须立即采取措施。

（3）鉴定单元

1）$A_{su}$：安全性符合标准对 $A_{su}$ 级的规定，不影响整体承载；可能有极少数一般构件应采取措施。

2）$B_{su}$：安全性略低于标准对 $A_{su}$ 级的规定，尚不显著影响整体承载；可能有极少数构件应采取措施。

3）$C_{su}$：安全性不符合标准对 $A_{su}$ 级的规定，显著影响整体承载；应采取措施，且可能有极少数构件必须及时采取措施。

4）$D_{su}$：安全性严重不符合标准对 $A_{su}$ 级的规定，严重影响整体承载；必须立即采取措施。

2. 民用建筑使用性鉴定评级

（1）单个构件或其检查项目

1）$a_s$：使用性符合标准对 $a_s$ 级的规定，具有正常的使用功能；不必采取措施。

2）$b_s$：使用性略低于标准对 $a_s$ 级的规定，尚不显著影响使用功能；可不采取措施。

3）$c_s$：使用性不符合标准对 $a_s$ 级的规定，显著影响使用功能；应采取措施。

（2）子单元或其中某种构件集

1）$A_s$：使用性符合标准对 $A_s$ 级的规定，不影响整体使用功能；可能有极少数一般构件应采取措施。

2）$B_s$：使用性略低于标准对 $A_s$ 级的规定，尚不显著影响整体使用功能；可能有极少数构件应采取措施。

3）$C_s$：使用性不符合标准对 $A_s$ 级的规定，显著影响整体使用功能；应采取措施。

（3）鉴定单元

1）$A_{ss}$：使用性符合标准对 $A_{ss}$ 级的规定，不影响整体使用功能；可能有极少数一般构件应采取措施。

2）$B_{ss}$：使用性略低于标准对 $A_{ss}$ 级的规定，尚不显著影响整体使用功能；可能有极少数构件应采取措施。

3）$C_{ss}$：使用性不符合标准对 $A_{ss}$ 级的规定，显著影响整体使用功能；应采取措施。

3. 民用建筑可靠性鉴定评级

（1）单个构件

1）$a$：可靠性符合标准对 $a$ 级的规定，具有正常的承载功能和使用功能；不必采取措施。

2）$b$：可靠性略低于标准对 $a$ 级的规定，尚不显著影响承载功能和使用功能；可不采取措施。

3）$c$：可靠性不符合标准对 $a$ 级的规定，显著影响承载功能和使用功能；应采取措施。

4）$d$：可靠性极不符合标准对 $a$ 级的规定，已严重影响安全；必须及时或立即采取措施。

（2）子单元或其中的某种构件

1）$A$：可靠性符合标准对 $A$ 级的规定，不影响整体承载功能和使用功能；可能有个别一般构件应采取措施。

2）$B$：可靠性略低于标准对 $A$ 级的规定，但尚不显著影响整体承载功能和使用功能；可能有极少数构件应采取措施。

3）$C$：可靠性不符合标准对 $A$ 级的规定，显著影响整体承载功能和使用功能；应采取措施，且可能有极少数构件必须及时采取措施。

4）$D$：可靠性极不符合标准对 $A$ 级的规定，已严重影响安全；必须及时或立即采取措施。

（3）鉴定单元

1）Ⅰ：可靠性符合标准对Ⅰ级的规定，不影响整体承载功能和使用功能；可能有极少数一般构件应在安全性或使用性方面采取措施。

2）Ⅱ：可靠性略低于标准对Ⅰ级的规定，尚不显著影响整体承载功能和使用功能；可能有极少数构件应在安全性或使用性方面采取措施。

3）Ⅲ：可靠性不符合标准对Ⅰ级的规定，显著影响整体承载功能和使用功能；应采取措施，且可能有极少数构件必须及时采取措施。

4）Ⅳ：可靠性极不符合标准对Ⅰ级的规定，已严重影响安全；必须及时或立即采取措施。

#### 34.2.1.3 施工验收资料缺失的房屋鉴定

我国不少城镇中存在一定数量设计文件和施工验收资料不全，甚至缺失资料便已投入使用的房屋建筑。其中一部分可能存在结构安全性和抗震性能不满足要求的问题，需要通过结构检测鉴定来确定建筑物的安全性和耐久性。

施工验收资料缺失的房屋鉴定需要满足以下要求：

（1）施工验收资料缺失的房屋鉴定应包括建筑工程基础及上部结构实体质量的检验与评定；当检验难以按现行有关施工质量验收规范执行时，则应进行结构安全性鉴定。

（2）建造在抗震设防区缺少施工验收资料房屋的鉴定，还应进行抗震鉴定。

（3）施工验收资料缺失的房屋结构实体质量检测和安全与抗震鉴定可按现行国家标准《民用建筑可靠性鉴定标准》GB 50292—2015 附录 F 的有关规定进行。

#### 34.2.1.4 民用建筑安全性鉴定评级

民用建筑的安全性鉴定评级，划分为构件、子单元和鉴定单元三个层次。在构件层面，以承载能力验算结果和承载状态调查实测结果为分级原则，以最低等级项目确定单个构件安全性等级为定级原则，对构件进行安全性评定。在子单元层面，分别对地基基础、上部承重结构和围护系统的承重部分三个子单元进行安全性评定。在鉴定单元层面，应根据三个子单元的安全性等级以及与整幢建筑有关的其他安全问题进行评定。

1. 构件

(1) 一般规定

1) 被鉴定结构或构件的承载能力验算

① 结构构件验算采用的结构分析方法，应符合国家现行设计规范的规定。

② 结构构件验算使用的计算模型，应符合其实际受力与构造状况。

③ 结构上的作用应经调查或检测核实，并应按《民用建筑可靠性鉴定标准》GB 50292—2015 附录 J 的规定取值。

④ 结构构件作用效应的确定，应符合下列规定：

a. 作用的组合、作用的分项系数及组合值系数，应按现行国家标准《建筑结构荷载规范》GB 50009 的规定执行。

b. 当结构受到温度、变形等作用，且对其承载有显著影响时，应计入由之产生的附加内力。

⑤ 构件材料强度的标准值应根据结构的实际状态按下列规定确定：

a. 当原设计文件有效，且不怀疑结构有严重的性能退化或设计、施工偏差时，可采用原设计的标准值。

b. 当调查表明实际情况不符合上款的规定时，应按《民用建筑可靠性鉴定标准》GB 50292—2015 附录 L 的规定进行现场检测，并应确定其标准值。

⑥ 结构或构件的几何参数应采用实测值，并应计入锈蚀、腐蚀、腐朽、虫蛀、风化、裂缝、缺陷、损伤以及施工偏差等的影响。

⑦ 当怀疑设计有错误时，应对原设计计算书、施工图或竣工图进行复核。

2) 当需通过荷载试验评估结构构件的安全性时，应按现行有关标准执行。当检验结果表明其承载能力符合设计和规范规定时，可根据其完好程度定为 $a_u$ 级或 $b_u$ 级。当承载能力不符合设计和规范规定，可根据其严重程度定为 $c_u$ 级或 $d_u$ 级。

3) 当建筑物中的构件同时符合下列条件时，可不参与鉴定。当有必要给出该构件的安全性等级时，可根据其实际完好程度定为 $a_u$ 级或 $b_u$ 级：

① 该构件未受结构性改变、修复、修理以及用途或使用条件改变的影响。

② 该构件未遭明显的损坏。

③ 该构件工作正常，且不怀疑其可靠性不足；

④ 在下一目标使用年限内，与过去相比，该构件所承受的作用和所处的环境不会发生显著变化。

4) 当检查一种构件的材料由于与时间有关的环境效应或其他均匀作用的因素引起的性能变化时，可采用随机抽样的方法在该构件中取 5～10 个构件作为检测对象，并应按现行检测方法标准规定的从每一构件上切取的试件数或划定的测点数测定其材料强度或其他力学性能，检测构件数量应符合下列规定：

① 当构件总数少于 5 个时，应逐个进行检测。

② 当委托方对该种构件的材料强度检测有较高的要求时，也可通过协商适当增加受检构件的数量。

(2) 混凝土结构构件

混凝土结构构件的安全性鉴定，应按承载能力、构造、不适于承载的位移或变形、裂缝或其他损伤等四个检查项目，分别评定每一受检构件的等级，并取其中最低一级作为该构件的安全性等级。

1）当按承载能力评定混凝土结构构件的安全性等级时，应按《民用建筑可靠性鉴定标准》GB 50292—2015 表 5.2.2 的规定分别评定每一验算项目的等级，并应取其中的最低等级作为该构件承载能力的安全性等级。混凝土结构倾覆、滑移、疲劳的验算，应按国家现行相关规范进行。

2）当按构造评定混凝土结构构件的安全性等级时，应按《民用建筑可靠性鉴定标准》GB 50292—2015 表 5.2.3 的规定分别评定每个检查项目的等级，并应取其中的最低等级作为该构件构造的安全性等级。

3）当混凝土结构构件的安全性按不适于承载的位移或变形评定时，应符合下列规定。

① 对于桁架的挠度，当其实测值大于计算跨度的 1/400 时，应按《民用建筑可靠性鉴定标准》GB 50292—2015 第 5.2.2 条验算其承载能力。验算时，应考虑由位移产生的附加应力的影响，并应按下列规定评级。

a. 当验算结果不低于 $b_u$ 级时，仍可定为 $b_u$ 级。

b. 当验算结果低于 $b_u$ 级时，应根据其实际严重程度定为 $c_u$ 级或 $d_u$ 级。

② 对除桁架外其他混凝土受弯构件不适于承载的变形的评定，应按《民用建筑可靠性鉴定标准》GB 50292—2015 表 5.2.4 的规定评级。

③ 对柱顶的水平位移或倾斜，当其实测值大于《民用建筑可靠性鉴定标准》GB 50292—2015 表 7.3.10 所列的界限值时，应按下列规定评级。

a. 当该位移与整个结构有关时，应根据《民用建筑可靠性鉴定标准》GB 50292—2015 第 7.3.10 条的评定结果，取与上部承重结构相同的级别作为该柱的水平位移等级。

b. 当该位移只是孤立事件时，则应在柱的承载能力验算中考虑此附加位移的影响，并按《民用建筑可靠性鉴定标准》GB 50292—2015 第 5.2.2 条的规定评级。

c. 当该位移尚在发展时，应直接定为 $d_u$ 级。

4）对于混凝土结构构件不适于承载的裂缝宽度的评定，应按《民用建筑可靠性鉴定标准》GB 50292 表 5.2.5 的规定进行评级，并应根据其实际严重程度定为 $c_u$ 级或 $d_u$ 级。

5）当混凝土结构构件出现下列情况之一的非受力裂缝时，也应视为不适于承载的裂缝，并应根据其实际严重程度定为 $c_u$ 级或 $d_u$ 级：

① 因主筋锈蚀或腐蚀，导致混凝土产生沿主筋方向开裂、保护层脱落或掉角。

② 因温度、收缩等作用产生的裂缝，其宽度已比《民用建筑可靠性鉴定标准》GB 50292—2015 表 5.2.5 规定的弯曲裂缝宽度值超过 50％，且分析表明已显著影响结构的受力。

6）当混凝土结构构件同时存在受力和非受力裂缝时，应按《民用建筑可靠性鉴定标准》GB 50292—2015 第 5.2.5 条及第 5.2.6 条分别评定其等级，并取其中较低的一级作为该构件的裂缝等级。

7）当混凝土结构构件有较大范围损伤时，应根据其实际严重程度直接定为 $c_u$ 级或 $d_u$ 级。

（3）钢结构构件

钢结构构件的安全性鉴定，应按承载能力、构造以及不适于承载的位移或变形等三个检查项目，分别评定每一受检构件等级；钢结构节点、连接域的安全性鉴定，应按承载能力和构造两个检查项目，分别评定每一节点、连接域等级；对冷弯薄壁型钢结构、轻钢结构、钢桩以及地处有腐蚀性介质的工业区，或高湿、临海地区的钢结构，尚应以不适于承载的锈蚀作为检查项目评定其等级；然后取其中的最低等级作为该构件的安全性等级。

1）当按承载能力评定钢结构构件的安全性等级时，应按《民用建筑可靠性鉴定标准》GB 50292—2015 表 5.3.2 的规定分别评定每一验算项目的等级，并应取其中的最低等级作为该构件承载能力的安全性等级。

2）当按构造评定钢结构构件的安全性等级时，应按《民用建筑可靠性鉴定标准》GB 50292—2015 表 5.3.3 的规定分别评定每个检查项目的等级，并应取其中的最低等级作为该构件构造的安全性等级。

3）当钢结构构件的安全性按不适于承载的位移或变形评定时，应符合下列规定。

① 对桁架、屋架或托架的挠度，当其实测值大于桁架计算跨度的 1/400 时，应按《民用建筑可靠性鉴定标准》GB 50292—2015 第 5.3.2 条验算其承载能力。验算时，应考虑由于位移产生的附加应力的影响，并按下列原则评级。

a. 当验算结果不低于 $b_u$ 级时，仍定为 $b_u$ 级，但宜附加观察使用一段时间的界限值；

b. 当验算结果低于 $b_u$ 级时，应根据其实际严重程度定为 $c_u$ 级或 $d_u$ 级。

② 对桁架顶点的侧向位移，当其实测值大于桁架高度的 1/200，且有可能发展时，应定为 $c_u$ 级或 $d_u$ 级。

③ 对其他钢结构受弯构件不适于承载的变形的评定，应按《民用建筑可靠性鉴定标准》GB 50292—2015 表 5.3.41 的规定评级。

④ 对柱顶的水平位移或倾斜，当其实测值大于《民用建筑可靠性鉴定标准》GB 50292—2015 表 7.3.10 所列的界限值时，应按下列规定评级。

a. 当该位移与整个结构有关时，应根据《民用建筑可靠性鉴定标准》GB 50292—2015 第 7.3.10 条的评定结果，取与上部承重结构相同的级别作为该柱的水平位移等级。

b. 当该位移只是孤立事件时，则应在柱的承载能力验算中考虑此附加位移的影响，并按《民用建筑可靠性鉴定标准》GB 50292—2015 第 5.3.2 条的规定评级。

c. 当该位移尚在发展时，应直接定为 $d_u$ 级。

⑤ 对偏差超限或其他使用原因引起的柱、桁架受压弦杆的弯曲，当弯曲矢高实测值大于柱的自由长度的 1/660 时，应在承载能力的验算中考虑其所引起的附加弯矩的影响，并按《民用建筑可靠性鉴定标准》GB 50292—2015 第 5.3.2 条的规定评级。

⑥ 对钢桁架中有整体弯曲变形，但无明显局部缺陷的双角钢受压腹杆，其整体弯曲变形不大于《民用建筑可靠性鉴定标准》GB 50292—2015 表 5.3.4-2 规定的限值时，其安全性可根据实际完好程度评为 $a_u$ 级或 $b_u$ 级；当整体弯曲变形已大于该表规定的限值时，应根据实际严重程度评为 $c_u$ 级或 $d_u$ 级。

4）当钢结构构件的安全性按不适于承载的锈蚀评定时，应按剩余的完好截面验算其承载能力，同时应兼顾锈蚀产生的受力偏心效应，并按《民用建筑可靠性鉴定标准》GB 50292—2015 表 5.3.5 的规定评级。

5）对钢索构件的安全性评定，除应按《民用建筑可靠性鉴定标准》GB 50292—2015 第 5.3.2 条～第 5.3.5 条规定的项目评级外，尚应按下列补充项目评级：

① 索中有断丝，若当断丝数不超过索中钢丝总数的5%时，可定为 $c_u$ 级；当断丝数超过5%时，应定为 $d_u$ 级。

② 索构件发生松弛，应根据其实际严重程度定为 $c_u$ 级或 $d_u$ 级。

③ 对下列情况，应直接定为 $d_u$ 级：

a. 索节点锚具出现裂纹。

b. 索节点出现滑移。

c. 索节点锚塞出现渗水裂缝。

6）对钢网架结构的焊接空心球节点和螺栓球节点的安全性鉴定，除应按《民用建筑可靠性鉴定标准》GB 50292—2015 第5.3.2条及第5.3.3条规定的项目评级外，尚应按下列项目评级：

① 空心球壳出现可见的变形时，应定为 $c_u$ 级。

② 空心球壳出现裂纹时，应定为 $d_u$ 级。

③ 螺栓球节点的筒松动时，应定为 $c_u$ 级。

④ 螺栓未能按设计要求的长度拧入螺栓球时，应定为 $d_u$ 级。

⑤ 螺栓球出现裂纹，应定为 $d_u$ 级。

⑥ 螺栓球节点的螺栓出现脱丝，应定为 $d_u$ 级。

7）对摩擦型高强度螺栓连接，当其摩擦面有翘曲，未能形成闭合面时，应直接定为 $c_u$ 级。

8）对大跨度钢结构支座节点，当铰支座不能实现设计所要求的转动或滑移时，应定为 $c_u$ 级；当支座的焊缝出现裂纹、锚栓出现变形或断裂时，应定为 $d_u$ 级。

9）对橡胶支座，当橡胶板与螺栓或锚栓发生挤压变形时，应定为 $c_u$ 级；当橡胶支座板相对支承柱或梁顶面发生滑移时，应定为 $c_u$ 级；当橡胶支座板严重老化时，应定为 $d_u$ 级。

（4）砌体结构构件

砌体结构构件的安全性鉴定，应按承载能力、构造、不适于承载的位移和裂缝或其他损伤等四个检查项目，分别评定每一受检构件等级，并应取其中最低一级作为该构件的安全性等级。

1）当按承载能力评定砌体结构构件的安全性等级时，应按《民用建筑可靠性鉴定标准》GB 50292—2015 表5.4.2的规定分别评定每一验算项目的等级，并应取其中的最低等级作为该构件承载能力的安全性等级。

2）当按连接及构造评定砌体结构构件的安全性等级时，应按《民用建筑可靠性鉴定标准》GB 50292—2015 表5.4.3的规定分别评定每个检查项目的等级，并应取其中的最低等级作为该构件的安全性等级。

3）当砌体结构构件安全性按不适于承载的位移或变形评定时，应符合下列规定。

① 对墙、柱的水平位移或倾斜，当其实测值大于《民用建筑可靠性鉴定标准》GB 50292—2015 表7.3.10条所列的限值时，应按下列规定评级。

a. 当该位移与整个结构有关时，应根据《民用建筑可靠性鉴定标准》GB 50292—2015 第7.3.10条的评定结果，取与上部承重结构相同的级别作为该墙、柱的水平位移等级。

b. 当该位移只是孤立事件时，则应在其承载能力验算中考虑此附加位移的影响。当验算结果不低于 $b_u$ 级时，仍可定为 $b_u$ 级；当验算结果低于 $b_u$ 级时，应根据其实际严重程

度定为 $c_u$ 级或 $d_u$ 级。

c. 当该位移尚在发展时，应直接定为 $d_u$ 级。

② 除带壁柱墙外，对偏差或使用原因造成的其他柱的弯曲，当其矢高实测值大于柱的自由长度的 1/300 时，应在其承载能力验算中计入附加弯矩的影响，并应根据验算结果按本条第 1 款第 2 项的原则评级。

③ 对拱或壳体结构构件出现的下列位移或变形，可根据其实际严重程度定为 $c_u$ 级或 $d_u$ 级。

a. 拱脚或壳的边梁出现水平位移；

b. 拱轴线或筒拱、扁壳的曲面发生变形。

4）当砌体结构的承重构件出现下列受力裂缝时，应视为不适于承载的裂缝，并应根据其严重程度评为 $c_u$ 级或 $d_u$ 级：

① 桁架、主梁支座下的墙、柱的端部或中部，出现沿块材断裂或贯通的竖向裂缝或斜裂缝。

② 空旷房屋承重外墙的变截面处，出现水平裂缝或沿块材断裂的斜向裂缝。

③ 砖砌过梁的跨中或支座出现裂缝；或虽未出现肉眼可见的裂缝，但发现其跨度范围内有集中荷载。

④ 筒拱、双曲筒拱、扁壳等的拱面、壳面，出现沿拱顶母线或对角线的裂缝。

⑤ 拱、壳支座附近或支承的墙体上出现沿块材断裂的斜裂缝。

⑥ 其他明显的受压、受弯或受剪裂缝。

5）当砌体结构、构件出现下列非受力裂缝时，应视为不适于承载的裂缝，并应根据其实际严重程度评为 $c_u$ 级或 $d_u$ 级。

① 纵、横墙连接处出现通长的竖向裂缝。

② 承重墙体墙身裂缝严重，且最大裂缝宽度已大于 5mm。

③ 独立柱已出现宽度大于 1.5mm 的裂缝，或有断裂、错位迹象。

④ 其他显著影响结构整体性的裂缝。

6）当砌体结构、构件存在可能影响结构安全的损伤时，应根据其严重程度直接定为 $c_u$ 级或 $d_u$ 级。

（5）木结构构件

木结构构件的安全性鉴定，应按承载能力、构造、不适于承载的位移或变形、裂缝以及危险性的腐朽和虫蛀等六个检查项目，分别评定每一受检构件等级，并应取其中最低一级作为该构件的安全性等级。

1）当按承载能力评定木结构构件及其连接的安全性等级时，应按《民用建筑可靠性鉴定标准》GB 50292—2015 表 5.5.2 的规定分别评定每一验算项目的等级，并应取其中的最低等级作为该构件承载能力的安全性等级。

2）当按构造评定木结构构件的安全性等级时，应按《民用建筑可靠性鉴定标准》GB 50292—2015 表 5.5.3 的规定分别评定每个检查项目的等级，并应取其中最低等级作为该构件构造的安全性等级。

3）当木结构构件的安全性按不适于承载的变形评定时，应按《民用建筑可靠性鉴定标准》GB 50292—2015 表 5.5.4 的规定评级。

4）当木结构构件具有下列斜率（$\rho$）的斜纹理或斜裂缝时，应根据其严重程度定为 $c_u$ 级或 $d_u$ 级。

① 对受拉构件及拉弯构件：$\rho>10\%$。

② 对受弯构件及偏压构件：$\rho>15\%$。

③ 对受压构件：$\rho>20\%$。

5）当木结构构件的安全性按危险性腐朽或虫蛀评定时，应按《民用建筑可靠性鉴定标准》GB 50292—2015 表 5.5.6 的规定评级；当封入墙、保护层内的木构件或其连接已受潮时，即使木材尚未腐朽，也应直接定为 $c_u$ 级。

2. 子单元

（1）一般规定

1）民用建筑安全性的第二层次子单元鉴定评级，应按下列规定进行。

① 应按地基基础、上部承重结构和围护系统的承重部分划分为三个子单元，分别进行评定；

② 当不要求评定围护系统可靠性时，可不将围护系统承重部分列为子单元，将其安全性鉴定并入上部承重结构。

2）当需验算上部承重结构的承载能力时，其作用效应按《民用建筑可靠性鉴定标准》GB 50292—2015 第 5.1.2 条的规定确定；当需验算地基变形或地基承载力时，其地基的岩土性能和地基承载力标准值应由原有地质勘察资料和补充勘察报告提供。

3）当仅要求对某个子单元的安全性进行鉴定时，该子单元与其他相邻子单元之间的交叉部位也应进行检查，并应在鉴定报告中提出处理意见。

（2）地基基础

1）地基基础子单元的安全性鉴定评级，应根据地基变形或地基承载力的评定结果确定。对建在斜坡场地的建筑物，还应按边坡场地稳定性的评定结果确定。

2）当鉴定地基、桩基的安全性时，应符合下列规定。

① 一般情况下，宜根据地基、桩基沉降观测资料以及不均匀沉降在上部结构中反应的检查结果进行鉴定评级。

② 当需对地基、桩基的承载力进行鉴定评级时，应以岩土工程勘察档案和有关检测资料为依据进行评定。当档案、资料不全时，还应补充近位勘探点，进一步查明土层分布情况，并应结合当地工程经验进行核算和评价。

③ 对建造在斜坡场地上的建筑物，应根据历史资料和实地勘察结果，对边坡场地的稳定性进行评级。

3）当地基基础的安全性按地基变形观测资料或其上部结构反应的检查结果评定时，应按下列规定评级。

① $A_u$ 级，不均匀沉降应小于现行国家标准《建筑地基基础设计规范》GB 50007 规定的允许沉降差；建筑物无沉降裂缝、变形或位移。

② $B_u$ 级，不均匀沉降不应大于现行国家标准《建筑地基基础设计规范》GB 50007 规定的允许沉降差；且连续两个月地基沉降量小于每月 2mm；建筑物的上部结构虽有轻微裂缝，但无发展迹象。

③ $C_u$ 级，不均匀沉降大于现行国家标准《建筑地基基础设计规范》GB 50007 规定的

允许沉降差；或连续两个月地基沉降量大于每个月 2mm；或建筑物上部结构砌体部分出现宽度大于 5mm 的沉降裂缝，预制构件连接部位可能出现宽度大于 1mm 的沉降裂缝，且沉降裂缝短期内无终止趋势。

④ $D_u$ 级，不均匀沉降远大于现行国家标准《建筑地基基础设计规范》GB 50007 规定的允许沉降差；连续两个月地基沉降量大于每月 2mm，且尚有变快趋势；或建筑物上部结构的沉降裂缝发展显著；砌体的裂缝宽度大于 10mm；预制构件连接部位的裂缝宽度大于 3mm；现浇结构个别部分也已开始出现沉降裂缝。

⑤ 以上 4 款的沉降标准，仅适用于建成已 2 年以上且建于一般地基土上的建筑物；对建在高压缩性黏性土或其他特殊性土地基上的建筑物，此年限宜根据当地经验适当加长。

4）当地基基础的安全性按其承载力评定时，可根据《民用建筑可靠性鉴定标准》GB 50292—2015 第 7.2.2 条规定的检测和计算分析结果，并应采用下列规定评级：

① 当地基基础承载力符合现行国家标准《建筑地基基础设计规范》GB 50007 的规定时，可根据建筑物的完好程度评为 $A_u$ 级或 $B_u$ 级。

② 当地基基础承载力不符合现行国家标准《建筑地基基础设计规范》GB 50007 的规定时，可根据建筑物开裂损伤的严重程度评为 $C_u$ 级或 $D_u$ 级。

5）当地基基础的安全性按边坡场地稳定性项目评级时，应按下列规定评级。

① $A_u$ 级：建筑场地地基稳定，无滑动迹象及滑动史。

② $B_u$ 级：建筑场地地基在历史上曾有过局部滑动，经治理后已停止滑动，且近期评估表明，在一般情况下不会再滑动。

③ $C_u$ 级：建筑场地地基在历史上发生过滑动，目前虽已停止滑动，但当触动诱发因素时，今后仍有可能再滑动。

④ $D_u$ 级：建筑场地地基在历史上发生过滑动，目前又有滑动或滑动迹象。

6）在鉴定中，当发现地下水位或水质有较大变化，或土压力、水压力有显著改变，且可能对建筑物产生不利影响时，应对此类变化所产生的不利影响进行评价，并应提出处理的建议。

7）地基基础子单元的安全性等级，应根据以上 3）～6）关于地基基础和场地的评定结果按其中最低一级确定。

（3）上部承重结构

1）上部承重结构子单元的安全性鉴定评级，应根据其结构承载功能等级、结构整体性等级以及结构侧向位移等级的评定结果进行确定。

2）上部结构承载功能的安全性评级，当有条件采用较精确的方法评定时，应在详细调查的基础上，根据结构体系的类型及其空间作用程度，按国家现行标准规定的结构分析方法和结构实际的构造确定合理的计算模型，并应通过对结构作用效应分析和抗力分析，并结合工程鉴定经验进行评定。

3）当上部承重结构可视为由平面结构组成的体系，且其构件工作不存在系统性因素的影响时，其承载功能的安全性等级应按下列规定评定。

① 可在多、高层房屋的标准层中随机抽取$\sqrt{m}$层为代表层作为评定对象；$m$ 为该鉴定单元房屋的层数；当$\sqrt{m}$为非整数时，应多取一层；对一般单层房屋，宜以原设计的每一

计算单元为一区，并应随机抽取$\sqrt{m}$区为代表区作为评定对象。

② 除随机抽取的标准层外，尚应另增底层和顶层，以及高层建筑的转换层和避难层为代表层。代表层构件应包括该层楼板及其下的梁、柱、墙等。

③ 宜按结构分析或构件校核所采用的计算模型，以及《民用建筑可靠性鉴定标准》GB 50292关于构件集的规定，将代表层（或区）中的承重构件划分为若干主要构件集和一般构件集，并应按《民用建筑可靠性鉴定标准》GB 50292—2015第7.3.5条和第7.3.6条的规定评定每种构件集的安全性等级。

④ 可根据代表层（或区）中每种构件集的评级结果，按《民用建筑可靠性鉴定标准》GB 50292—2015第7.3.7条的规定确定代表层（或区）的安全性等级。

⑤ 可根据本条第1款至第4款的评定结果，按《民用建筑可靠性鉴定标准》GB 50292—2015第7.3.8条的规定确定上部承重结构承载功能的安全性等级。

4）当上部承重结构虽可视为由平面结构组成的体系，但其构件工作受到灾害或其他系统性因素的影响时，其承载功能的安全性等级应按下列规定评定：

① 宜区分为受影响和未受影响的楼层（或区）。

② 对受影响的楼层（或区），宜全数作为代表层（或区）；对未受影响的楼层（或区），可按《民用建筑可靠性鉴定标准》GB 50292—2015第7.3.3条的规定抽取代表层。

③ 可分别评定构件集、代表层（或区）和上部结构承载功能的安全性等级。

5）在代表层（或区）中，主要构件集安全性等级的评定，可根据该种构件集内每一受检构件的评定结果，按《民用建筑可靠性鉴定标准》GB 50292—2015表7.3.5的分级标准评级。

6）在代表层（或区）中，一般构件集安全性等级的评定，应按《民用建筑可靠性鉴定标准》GB 50292—2015表7.3.6的分级标准评级。

7）各代表层（或区）的安全性等级，应按该代表层（或区）中各主要构件集间的最低等级确定。当代表层（或区）中一般构件集的最低等级比主要构件集最低等级低二级或三级时，该代表层（或区）所评的安全性等级应降一级或降二级。

8）上部结构承载功能的安全性等级，可按下列规定确定：

① $A_u$级：不含$C_u$级和$D_u$级代表层（或区）；可含$B_u$级，但含量不多于30%。

② $B_u$级：不含$D_u$级代表层（或区）；可含$C_u$级，但含量不多于15%。

③ $C_u$级：可含$C_u$级和$D_u$级代表层（或区）；当仅含$C_u$级时，其含量不多于50%；当仅含$D_u$级时，其含量不多于10%；当同时含有$C_u$级和$D_u$级时，其$C_u$级含量不应多于25%，$D_u$级含量不多于5%。

④ $D_u$级：其$C_u$级或$D_u$级代表层（或区）的含量多于$C_u$级的规定数。

9）结构整体牢固性等级的评定，可按《民用建筑可靠性鉴定标准》GB 50292—2015表7.3.9的规定，先评定其每一检查项目的等级，并应按下列原则确定该结构整体性等级：

① 当四个检查项目均不低于$B_u$级时，可按占多数的等级确定。

② 当仅一个检查项目低于$B_u$级时，可根据实际情况定为$B_u$级或$C_u$级。

③ 每个项目评定结果取$A_u$级或$B_u$级，应根据其实际完好程度确定；取$C_u$级或$D_u$级，应根据其实际严重程度确定。

10）对上部承重结构不适于承载的侧向位移，应根据其检测结果，按下列规定评级：

① 当检测值已超出《民用建筑可靠性鉴定标准》GB 50292—2015 表 7.3.10 界限，且有部分构件出现裂缝、变形或其他局部损坏迹象时，应根据实际严重程度定为 $C_u$ 级或 $D_u$ 级。

② 当检测值虽已超出《民用建筑可靠性鉴定标准》GB 50292—2015 表 7.3.10 界限，但尚未发现上款所述情况时，应进一步进行计入该位移影响的结构内力计算分析，并应按《民用建筑可靠性鉴定标准》GB 50292—2015 第 5 章的规定验算各构件的承载能力，当验算结果均不低于 $b_u$ 级时，仍可将该结构定为 $B_u$ 级，但宜附加观察使用一段时间的限制。当构件承载能力的验算结果低于 $b_u$ 级时，应定为 $C_u$ 级。

③ 对某些构造复杂的砌体结构，当按本条第 2 款规定进行计算分析有困难时，各类结构不适于承载的侧向位移等级的评定可直接按《民用建筑可靠性鉴定标准》GB 50292—2015 表 7.3.10 规定的界限值评级。

11）上部承重结构的安全性等级，应根据《民用建筑可靠性鉴定标准》GB 50292—2015 第 7.3.2 条至第 7.3.10 条的评定结果，按下列原则确定。

① 一般情况下，应按上部结构承载功能和结构侧向位移或倾斜的评级结果，取其中较低一级作为上部承重结构（子单元）的安全性等级。

② 当上部承重结构按上款评为 $B_u$ 级，但当发现各主要构件集所含的 $C_u$ 级构件处于下列情况之一时，宜将所评等级降为 $C_u$ 级：

a. 出现 $c_u$ 级构件交汇的节点连接。

b. 不止一个 $c_u$ 级存在于人群密集场所或其他破坏后果严重的部位。

③ 当上部承重结构按本条第 1 款评为 $C_u$ 级，但当发现其主要构件集有下列情况之一时，宜将所评等级降为级 $D_u$。

a. 多层或高层房屋中，其底层柱集为 $C_u$ 级。

b. 多层或高层房屋的底层，或任一空旷层，或框支剪力墙结构的框架层的柱集为 $D_u$ 级。

c. 在人群密集场所或其他破坏后果严重部位，出现不止一个 $d_u$ 级构件。

d. 任何种类房屋中，有 50%以上的构件为 $c_u$ 级。

④ 当上部承重结构按本条第 1 款评为 $A_u$ 级或 $B_u$ 级，而结构整体性等级为 $C_u$ 级或 $D_u$ 级时，应将所评的上部承重结构安全性等级降为 $C_u$ 级。

⑤ 当上部承重结构在按本条规定作了调整后仍为 $A_u$ 级或 $B_u$ 级，但当发现被评为 $C_u$ 级或 $D_u$ 级的一般构件集，已被设计成参与支撑系统或其他抗侧力系统工作，或已在抗震加固中，加强了其与主要构件集的锚固时，应将上部承重结构所评的安全性等级降为 $C_u$ 级。

12）对于检测、评估认为可能存在整体稳定性问题的大跨度结构，应根据实际检测结果建立计算模型，采用可行的结构分析方法进行整体稳定性验算；当验算结果尚能满足设计要求时，仍可评为 $B_u$ 级；当验算结果不满足设计要求时，应根据其严重程度评为 $C_u$ 级或 $D_u$ 级，并应参与上部承重结构安全性等级评定。

13）当建筑物受到振动作用引起使用者对结构安全表示担心，或振动引起的结构构件损伤，已可通过目测判定时，应按《民用建筑可靠性鉴定标准》GB 50292—2015 附录 M

的规定进行检测与评定。当评定结果对结构安全性有影响时，应将上部承重结构安全性鉴定所评等级降低一级，且不应高于 $C_u$ 级。

（4）围护系统的承重部分

1）围护系统承重部分的安全性，应在该系统专设的和参与该系统工作的各种承重构件的安全性评级的基础上，根据该部分结构承载功能等级和结构整体性等级的评定结果进行确定。

2）当评定一种构件集的安全性等级时，应根据每一受检构件的评定结果及其构件类别，分别按《民用建筑可靠性鉴定标准》GB 50292—2015 第 7.3.5 条或第 7.3.6 条的规定评级。

3）当评定围护系统的计算单元或代表层的安全性等级时，应按《民用建筑可靠性鉴定标准》GB 50292—2015 第 7.3.7 条的规定评级。

4）围护系统的结构承载功能的安全性等级，应按《民用建筑可靠性鉴定标准》GB 50292—2015 第 7.3.8 条的规定确定。

5）当评定围护系统承重部分的结构整体性时，应按《民用建筑可靠性鉴定标准》GB 50292—2015 第 7.3.9 条的规定评级。

6）围护系统承重部分的安全性等级，应根据《民用建筑可靠性鉴定标准》GB 50292—2015 第 7.4.4 条和第 7.4.5 条的评定结果，按下列规定确定。

① 当仅有 $A_u$ 级和 $B_u$ 级时，可按占多数级别确定。

② 当含有 $C_u$ 级或 $B_u$ 级时，可按下列规定评级：

a. 当 $C_u$ 级或 $D_u$ 级属于结构承载功能问题时，可按最低等级确定。

b. 当 $C_u$ 级或 $D_u$ 级属于结构整体性问题时，可定为 $C_u$ 级。

③ 围护系统承重部分评定的安全性等级，不应高于上部承重结构的等级。

3. 鉴定单元

（1）民用建筑第三层次鉴定单元的安全性鉴定评级，应根据其地基基础、上部承重结构和围护系统承重部分等的安全性等级，以及与整幢建筑有关的其他安全问题进行评定。

（2）鉴定单元的安全性等级，应根据《民用建筑可靠性鉴定标准》GB 50292—2015 第 7 章的评定结果，按下列规定评级：

1）一般情况下，应根据地基基础和上部承重结构的评定结果按其中较低等级确定。

2）当鉴定单元的安全性等级按上款评为 $A_u$ 级或 $B_u$ 级，但围护系统承重部分的等级为 $C_u$ 级或 $D_u$ 级时，可根据实际情况将鉴定单元所评等级降低一级或二级，但最后所定的等级不得低于 $C_{su}$ 级。

（3）对下列任一情况，可直接评为 $D_{su}$ 级：

1）建筑物处于有危房的建筑群中，且直接受到其威胁。

2）建筑物朝一方向倾斜，且速度开始变快。

（4）当新测定的建筑物动力特性，与原先记录或理论分析的计算值相比，有下列变化时，可判其承重结构可能有异常，但应经进一步检查、鉴定后再评定该建筑物的安全性等级。

1）建筑物基本周期显著变长或基本频率显著下降。

2）建筑物振型有明显改变或振幅分布无规律。

**34.2.1.5 民用建筑使用性鉴定评级**

1. 构件

（1）一般规定

1）使用性鉴定，应以现场的调查、检测结果为基本依据。鉴定采用的检测数据，应符合《民用建筑可靠性鉴定标准》GB 50292—2015 第 4.3.8 条的规定。

2）当遇到下列情况之一时，结构的主要构件鉴定尚应按正常使用极限状态的规定进行计算分析与验算：

① 检测结果需与计算值进行比较。

② 检测只能取得部分数据，需通过计算分析进行鉴定。

③ 改变建筑物用途、使用条件或使用要求。

3）对被鉴定的结构构件进行计算和验算，除应符合国家现行设计规范的规定和《民用建筑可靠性鉴定标准》GB 50292—2015 第 5.1.2 条的规定外，尚应符合下列规定：

① 对构件材料的弹性模量、剪变模量和泊松比等物理性能指标，可根据鉴定确认的材料品种和强度等级，采用国家现行设计规范规定的数值。

② 验算结果应按国家现行标准规定的限值进行评级。当验算合格时，可根据其实际完好程度评为 $a_s$ 级或 $b_s$ 级；当验算不合格时，应定为 $c_s$ 级。

③ 当验算结果与观察不符时，应进一步检查设计和施工方面可能存在的差错。

4）当同时符合下列条件时，构件的使用性等级可根据实际工作情况直接评为 $a_s$ 级或 $b_s$ 级：

① 经详细检查未发现构件有明显的变形、缺陷、损伤、腐蚀，也没有累积损伤问题。

② 经过长时间的使用，构件状态仍然良好或基本良好，能够满足下一目标使用年限内的正常使用要求。

③ 在下一目标使用年限内，构件上的作用和环境条件与过去相比不会发生显著变化。

5）当需评估混凝土构件、钢结构构件和砌体构件的耐久性及其剩余耐久年限时，可分别按《民用建筑可靠性鉴定标准》GB 50292—2015 附录 C、附录 D 和附录 E 进行评估。

（2）混凝土结构构件

混凝土结构构件的使用性鉴定，应按位移或变形、裂缝、缺陷和损伤等四个检查项目分别评定每一受检构件的等级，并取其中最低一级作为该构件使用性等级；混凝土结构构件碳化深度的测定结果，主要用于鉴定分析，不参与评级。但当构件主筋已处于碳化区内时，则应在鉴定报告中指出，并应结合其他项目的检测结果提出处理的建议。

1）当混凝土桁架和其他受弯构件的使用性按其挠度检测结果评定时，应按下列规定评级：

① 当检测值小于计算值及国家现行设计规范限值时，可评为 $a_s$ 级。

② 当检测值大于或等于计算值，但不大于国家现行设计规范限值时，可评为 $b_s$ 级。

③ 当检测值大于国家现行设计规范限值时，应评为 $c_s$ 级。

2）当混凝土柱的使用性需要按其柱顶水平位移或倾斜检测结果评定时，应按下列规定评级：

① 当该位移的出现与整个结构有关时，应根据《民用建筑可靠性鉴定标准》GB 50292—2015 第 8.3.6 条的评定结果，取与上部承重结构相同的级别作为该柱的水平位移

等级。

② 当该位移的出现只是孤立事件时，可根据其检测结果直接评级。评级所需的位移限值，可按《民用建筑可靠性鉴定标准》GB 50292—2015 表 8.3.6 所列的层间限值乘以 1.1 的系数确定。

3）当混凝土结构构件的使用性按其裂缝宽度检测结果评定时，应符合下列规定。

① 当有计算值时：

a. 当检测值小于计算值及国家现行设计规范限值时，可评为 $a_s$ 级。

b. 当检测值大于或等于计算值，但不大于国家现行设计规范限值时，可评为 $b_s$ 级。

c. 当检测值大于国家现行设计规范限值时，应评为 $c_s$ 级。

② 当无计算值时，构件裂缝宽度等级的评定应按《民用建筑可靠性鉴定标准》GB 50292—2015 表 6.2.4-1 或表 6.2.4-2 的规定评级。

③ 对沿主筋方向出现的锈迹或细裂缝，应直接评为 $c_s$ 级。

④ 当一根构件同时出现两种或以上的裂缝，应分别评级，并应取其中最低一级作为该构件的裂缝等级。

4）混凝土构件的缺陷和损伤等级的评定应按《民用建筑可靠性鉴定标准》GB 50292—2015 表 6.2.5 的规定评级。

（3）钢结构构件

钢结构构件的使用性鉴定，应按位移或变形、缺陷和锈蚀或腐蚀等三个检查项目，分别评定每一受检构件等级，并以其中最低一级作为该构件的使用性等级；对钢结构受拉构件，除应按以上三个检查项目评级外，尚应以长细比作为检查项目参与上述评级。

1）当钢桁架和其他受弯构件的使用性按其挠度检测结果评定时，应按下列规定评级：

① 当检测值小于计算值及国家现行设计规范限值时，可评为 $a_s$ 级。

② 当检测值大于或等于计算值，但不大于国家现行设计规范限值时，可评为 $b_s$ 级。

③ 当检测值大于国家现行设计规范限值时，可评为 $c_s$ 级。

④ 在一般构件的鉴定中，对检测值小于国家现行设计规范限值的情况，可直接根据其完好程度定为 $a_s$ 级或 $b_s$ 级。

2）当钢柱的使用性按其柱顶水平位移（或倾斜）检测结果评定时，应按下列原则评级：

① 当该位移的出现与整个结构有关时，应根据《民用建筑可靠性鉴定标准》GB 50292—2015 第 8.3.6 条的评定结果，取与上部承重结构相同的级别作为该柱的水平位移等级。

② 当该位移的出现只是孤立事件时，可根据其检测结果直接评级，评级所需的位移限值，可按《民用建筑可靠性鉴定标准》GB 50292—2015 表 8.3.6 所列的层间限值确定。

3）当钢结构构件的使用性按缺陷和损伤的检测结果评定时，应按《民用建筑可靠性鉴定标准》GB 50292—2015 表 6.3.4 的规定评级。

4）对钢索构件，当索的外包裹防护层有损伤性缺陷时，应根据其影响正常使用的程度评为 $b_s$ 级或 $c_s$ 级。

5）当钢结构受拉构件的使用性按长细比的检测结果评定时，应按《民用建筑可靠性鉴定标准》GB 50292—2015 表 6.3.6 的规定评级。

6）当钢结构构件的使用性按防火涂层的检测结果评定时，应按《民用建筑可靠性鉴定标准》GB 50292—2015 表 6.3.7 的规定评级。

（4）砌体结构构件

砌体结构构件的使用性鉴定，应按位移、非受力裂缝、腐蚀等三个检查项目，分别评定每一受检构件等级，并取其中最低一级作为该构件的安全性等级。

1）当砌体墙、柱的使用性按其顶点水平位移或倾斜的检测结果评定时，应按下列原则评级：

① 当该位移与整个结构有关时，应根据《民用建筑可靠性鉴定标准》GB 50292—2015 第 8.3.6 条的评定结果，取与上部承重结构相同的级别作为该构件的水平位移等级。

② 当该位移只是孤立事件时，则可根据其检测结果直接评级。评级所需的位移限值，可按《民用建筑可靠性鉴定标准》GB 50292—2015 表 8.3.6 所列的层间限值乘以 1.1 的系数确定。

③ 构造合理的组合砌体墙、柱应按混凝土墙、柱评定。

2）当砌体结构构件的使用性按非受力裂缝检测结果评定时，应按《民用建筑可靠性鉴定标准》GB 50292—2015 表 6.4.3 的规定评级。

3）当砌体结构构件的使用性按其腐蚀，包括风化和粉化的检测结果评定时，砌体结构构件腐蚀等级的评定应按《民用建筑可靠性鉴定标准》GB 50292—2015 表 6.4.4 的规定评级。

（5）木结构构件

木结构构件的使用性鉴定，应按位移、干缩裂缝和初期腐朽等三个检查项目的检测结果分别评定每一受检构件等级，并取其中最低一级作为该构件的安全性等级。

1）当木结构构件的使用性按挠度检测结果评定时，应按《民用建筑可靠性鉴定标准》GB 50292—2015 表 6.5.2 的规定评级。

2）当木结构构件的使用性按干缩裂缝检测结果评定时，应按《民用建筑可靠性鉴定标准》GB 50292—2015 表 6.5.3 的规定评级；当无特殊要求时，原有的干缩裂缝可不参与评级，但应在鉴定报告中提出嵌缝处理的建议。

3）在湿度正常、通风良好的室内环境中，对无腐朽迹象的木结构构件，可根据其外观质量状况评为 $a_s$级或 $b_s$级；对有腐朽迹象的木结构构件，应评为 $c_s$级；但当能判定其腐朽已停止发展时，仍可评为 $b_s$级。

2. 子单元

（1）一般规定

1）民用建筑使用性的第二层次子单元鉴定评级，应按地基基础、上部承重结构和围护系统划分为三个子单元，并应分别按《民用建筑可靠性鉴定标准》GB 50292—2015 第 8.2 节至 8.4 节规定的方法和标准进行评定。

2）当仅要求对某个子单元的使用性进行鉴定时，该子单元与其他相邻子单元之间的交叉部位也应进行检查。当发现存在使用性问题时，应在鉴定报告中提出处理意见。

3）当需按正常使用极限状态的要求对被鉴定结构进行验算时，其所采用的分析方法和基本数据应符合《民用建筑可靠性鉴定标准》GB 50292—2015 第 6.1.4 条的规定。

（2）地基基础

1）地基基础的使用性，可根据其上部承重结构或围护系统的工作状态进行评定。

2）当评定地基基础的使用等级时，应按下列规定评级：

① 当上部承重结构和围护系统的使用性检查未发现问题，或所发现问题与地基基础无关时，可根据实际情况定为$A_s$级或$B_s$级。

② 当上部承重结构和围护系统所发现的问题与地基基础有关时，可根据上部承重结构和围护系统所评的等级，取其中较低一级作为地基基础使用性等级。

（3）上部承重结构

1）上部承重结构子单元的使用性鉴定评级，应根据其所含各种构件集的使用性等级和结构的侧向位移等级进行评定。当建筑物的使用要求对振动有限制时，还应评估振动的影响。

2）当评定一种构件集的使用性等级时，应按下列规定评级。

① 对于单层房屋，应以计算单元中每种构件集为评定对象。

② 对于多层和高层房屋，应随机抽取若干层为代表层进行评定，代表层的选择应符合下列规定：

a. 代表层的层数应按$\sqrt{m}$确定；$m$ 为该鉴定单元的层数，当$\sqrt{m}$为非整数时，应多取一层。

b. 随机抽取的$\sqrt{m}$层中，当未包括底层、顶层和转换层时，应另增这些层为代表层。

3）在计算单元或代表层中，评定一种构件集的使用性等级时，应根据该层该种构件中每一受检构件的评定结果，按下列规定评级。

① $A_s$ 级。该构件集内不含 $c_s$ 级构件，可含 $b_s$ 级构件，但含量不多于 35%。

② $B_s$ 级。该构件集内可含 $c_s$ 级构件，但含量不多于 25%。

③ $C_s$ 级。该构件集内 $c_s$ 级含量多于 $B_s$ 级的规定数。

④ 对每种构件集的评级，在确定各级百分比含量的限值时，应对主要构件集取下限，对一般构件集取偏上限或上限，但应在检测前确定所采用的限值。

4）各计算单元或代表层的使用性等级，应按《民用建筑可靠性鉴定标准》GB 50292—2015 第 8.3.5 条的规定进行确定。

5）上部结构使用功能的等级，应根据计算单元或代表层所评的等级，按下列规定进行确定：

① $A_s$ 级。不含 $C_s$ 级的计算单元或代表层；可含 $B_s$ 级，但含量不多于 30%。

② $B_s$ 级。可含 $C_s$ 级的计算单元或代表层，但含量不多于 20%。

③ $C_s$ 级。在该计算单元或代表层中，$C_s$ 级含量多于 $B_s$ 级的规定值。

6）当上部承重结构的使用性需考虑侧向位移的影响时，可采用检测或计算分析的方法进行鉴定，应按下列规定进行评级。

① 对检测取得的主要由综合因素引起的侧向位移值，应按《民用建筑可靠性鉴定标准》GB 50292—2015 表 8.3.6 结构侧向位移限制等级的规定评定每一测点的等级，并应按下列原则分别确定结构顶点和层间的位移等级：

a. 对结构顶点，应按各测点中占多数的等级确定。

b. 对层间，应按各测点最低的等级确定。

c. 根据以上两项评定结果，应取其中较低等级作为上部承重结构侧向位移使用性等级。

② 当检测有困难时，应在现场取得与结构有关参数的基础上，采用计算分析方法进行鉴定。当计算的侧向位移不超过表 8.3.6 中 $B_s$ 级界限时，可根据该上部承重结构的完好程度评为 $A_s$ 级或 $B_s$ 级。当计算的侧向位移值已超出表 8.3.6 中 $B_s$ 级的界限时，应定为 $C_s$ 级。

7）上部承重结构的使用性等级，应根据《民用建筑可靠性鉴定标准》GB 50292—2015 第 8.3.3 条至 8.3.6 条的评定结果，按上部结构使用功能和结构侧移所评等级，并应取其中较低等级作为其使用性等级。

8）当考虑建筑物所受的振动作用可能对人的生理、仪器设备的正常工作、结构的正常使用产生不利影响时，可按《民用建筑可靠性鉴定标准》GB 50292—2015 附录 M 的规定进行振动对上部结构影响的使用性鉴定。当评定结果不合格时，应按下列规定对按《民用建筑可靠性鉴定标准》GB 50292—2015 第 8.3.3 条或第 8.3.5 条所评等级进行修正：

① 当振动的影响仅涉及一种构件集时，可仅将该构件集所评等级降为 $C_s$ 级。

② 当振动的影响涉及两种及以上构件集或结构整体时，应将上部承重结构以及所涉及的各种构件集均降为 $C_s$ 级。

9）当遇到下列情况之一时，可不按《民用建筑可靠性鉴定标准》GB 50292—2015 第 8.3.8 条的规定，应直接将该上部结构使用性等级定为 $C_s$ 级：

① 在楼层中，其楼面振动已使室内精密仪器不能正常工作，或已明显引起人体不适感。

② 在高层建筑的顶部几层，其风振效应已使用户感到不安。

③ 振动引起的非结构构件或装饰层的开裂或其他损坏，已可通过目测判定。

（4）围护系统

1）围护系统（子单元）的使用性鉴定评级，应根据该系统的使用功能及其承重部分的使用性等级进行评定。

2）当对围护系统使用功能等级评定时，应按《民用建筑可靠性鉴定标准》GB 50292—2015 表 8.4.2 规定的检查项目及其评定标准逐项评级，并应按下列原则确定围护系统的使用功能等级：

① 一般情况下，可取其中最低等级作为围护系统的使用功能等级。

② 当鉴定的房屋对表中各检查项目的要求有主次之分时，也可取主要项目中的最低等级作为围护系统使用功能等级。

③ 当按上款主要项目所评的等级为 $A_s$ 级或 $B_s$ 级，但有多于一个次要项目为 $C_s$ 级时，应将围护系统所评等级降为 $C_s$ 级。

3）当评定围护系统承重部分的使用性时，应按《民用建筑可靠性鉴定标准》GB 50292—2015 第 8.3.3 条的标准评级其每种构件的等级，并应取其中最低等级作为该系统承重部分使用性等级。

4）围护系统的使用性等级，应根据其使用功能和承重部分使用性的评定结果，按较低的等级确定。

5）对围护系统使用功能有特殊要求的建筑物，除应按《民用建筑可靠性鉴定标准》GB 50292—2015 鉴定评级外，尚应按国家现行标准进行评定。当评定结果合格时，可维持按《民用建筑可靠性鉴定标准》GB 50292—2015 所评等级不变；当不合格时，应将按《民用建筑可靠性鉴定标准》GB 50292—2015 所评的等级降为 $C_s$ 级。

3. 鉴定单元

（1）民用建筑鉴定单元的使用性鉴定评级，应根据地基基础、上部承重结构和围护系统的使用性等级以及与整幢建筑有关的其他使用功能问题进行评定。

（2）鉴定单元的使用性等级，应根据《民用建筑可靠性鉴定标准》GB 50292—2015 第 8 章的评定结果，按三个子单元中最低的等级确定。

（3）当鉴定单元的使用性等级按《民用建筑可靠性鉴定标准》GB 50292—2015 第 9.2.2 条评为 $A_{ss}$ 级或 $B_{ss}$ 级，但当遇到下列情况之一时，宜将所评等级降为 $C_{ss}$ 级：

1）房屋内外装修已大部分老化或残损。

2）房屋管道、设备已需全部更新。

**34.2.1.6 民用建筑可靠性鉴定评级**

（1）民用建筑的可靠性鉴定，应按《民用建筑可靠性鉴定标准》GB 50292—2015 第 3.2.5 条划分的层次，以其安全性和使用性的鉴定结果为依据逐层进行。

（2）当不要求给出可靠性等级时，民用建筑各层次的可靠性宜采取直接列出其安全性等级和使用性等级的形式予以表示。

（3）当需要给出民用建筑各层次的可靠性等级时，应根据其安全性和正常使用性的评定结果，按下列规定确定：

1）当该层次安全性等级低于 $b_u$ 级、$B_u$ 级或 $B_{su}$ 级时，应按安全性等级确定。

2）除上款情形外，可按安全性等级和正常使用性等级中较低的一个等级确定。

3）当考虑鉴定对象的重要性或特殊性时，可对本条第 2 款的评定结果作不大于一级的调整。

## 34.2.2 工业建筑可靠性鉴定

工业建（构）筑物是工业企业的重要组成部分，包括混凝土结构、钢结构、砌体结构为承重结构的单层和多层厂房等建筑物，烟囱、贮仓、通廊、水池等构筑物。

随着使用年限的增长及各种有害作用的累积，地震、爆炸、水灾、风灾及冰雪灾害的频繁发生，导致既有工业建筑的安全储备逐渐降低。为了适应工业建筑安全使用和维修改造的需要，需要加强对既有工业建筑的技术管理，不仅要进行经常性的管理与维护，而且要进行定期或应急的可靠性鉴定，以对存在的缺陷和损伤、遭受事故或灾害、达到设计使用年限、改变使用用途和使用条件等问题进行鉴定，并提出安全适用、经济合理的处理措施，给出可靠的鉴定方法和评定标准。工业建筑可靠性鉴定包括安全性评定和正常使用性评定（图 34-2）。

工业建筑可靠性鉴定，应符合下列要求。

1. 在下列情况下，应进行可靠性鉴定：

（1）达到设计使用年限拟继续使用时。

（2）使用用途或环境改变时。

（3）进行结构改造或扩建时。

（4）遭受灾害或事故后。

(a)　(b)　(c)　(d)　(e)　(f)

图 34-2　工业建筑鉴定相关情况

(5) 存在较严重的质量缺陷，或者出现较严重的腐蚀、损伤、变形时。

2. 在下列情况下，宜进行可靠性鉴定：

(1) 使用维护中需要进行常规检测鉴定时。

(2) 需要进行较大规模维修时。

(3) 其他需要掌握结构可靠性水平时。

3. 工业建筑在下列情况下，可进行专项鉴定：

(1) 结构进行维修改造有专门要求时。

(2) 结构存在耐久性损伤影响其耐久年限时。

(3) 结构存在疲劳问题影响其疲劳寿命时。

(4) 结构存在明显振动影响时。

(5) 结构需要长期监测时。

4. 工业建筑在下列情况下，可仅进行安全性鉴定：

(1) 各种应急鉴定。

(2) 国家法规规定的安全性鉴定。

(3) 临时性建筑需延长使用期限。

5. 鉴定对象可以是工业建筑整体或相对独立的鉴定单元，也可是结构系统或结构构件。鉴定的目标使用年限，应根据工业建筑的使用历史、当前的技术状况和今后的维修使用计划，由委托方和鉴定方共同商定。对鉴定对象不同的鉴定单元，可确定不同的目标使用年限。

**34.2.2.1 工业建筑可靠性鉴定程序及工作内容**

工业建筑可靠性鉴定要以现场检测结果为依据，既有结构经过多年的使用，与原设计和结构竣工验收时的状况有一定出入，不能仅凭借原设计图纸等资料就进行鉴定评估，鉴定人员应到现场详细了解结构的实际状况，考虑各种因素，并进行综合分析，以便得出科学、合理、可靠、准确的鉴定结论和处理意见。

1. 鉴定程序

图 34-3 所示为一种系统性鉴定的工作程序。为保证鉴定程序的完整性，图中的程序框图包含可靠性评级和适修性评估，下文主要讲述安全性和使用性鉴定。

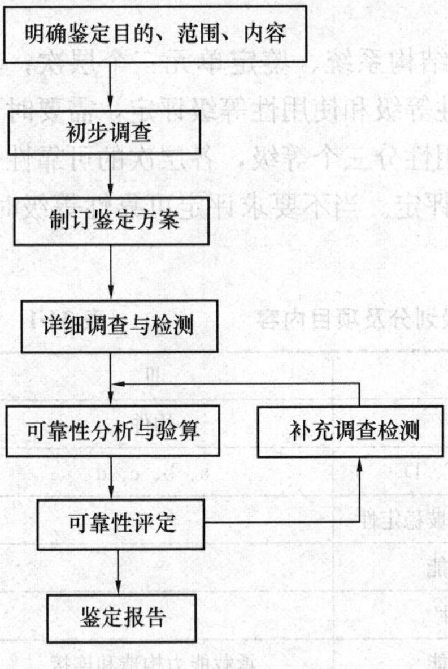

图 34-3 鉴定程序

2. 工作内容

以下是较为系统的鉴定工作内容，可根据实际需要选定，并根据实际遇到的问题进行适当调整，制订具有良好针对性的调查、检查、检测和试验工作大纲。

（1）鉴定的目的、范围和内容

鉴定的目的、范围和内容极其重要，贯穿于鉴定的始终，应由委托方提出，并应与鉴定方协商后确定。

（2）初步调查

1）查阅原设计施工资料，包括工程地质勘察报告、设计计算书、设计施工图、设计变更记录、施工及施工洽商记录、竣工资料等。

2）调查工业建筑的历史情况，包括历次检查观测记录、历次维修加固或改造资料，用途变更、使用条件改变、事故处理以及遭受灾害等情况。

3）应考察现场，调查工业建筑的现状、使用条件、内外环境以及存在的问题。

（3）制订鉴定方案

鉴定方案应根据鉴定目的、范围、内容及初步调查结果制订，应包括鉴定依据、详细调查和检测内容、检测方法、工作进度计划及需委托方完成的准备和配合工作等。

（4）详细调查与检测

详细调查与检测宜根据实际需要选择下列工作内容：

1）详细研究相关文件资料。

2）详细调查结构上的作用和环境中的不利因素，以及它们在目标使用年限内可能发生的变化，必要时应测试结构上的作用或作用效应。

3）检查结构布置和构造、支撑系统、结构构件及连接情况，详细检测结构存在的缺陷和损伤，包括承重结构或构件、支撑杆件及其连接节点存在的缺陷和损伤。

4）检查或测量承重结构或构件的裂缝、位移或变形。

5）调查和测量地基的变形，检测地基变形对上部承重结构、围护结构系统及吊车运行等的影响。

6）检测结构材料的实际性能和构件的几何参数，宜采用非破损方式进行检测，避免对结构构件造成损伤。

7）检查围护结构系统的安全状况和使用功能。

8）上部承重结构整体或局部有明显振动时，应测试结构或构件的动力反应和动力特性。

（5）可靠性分析与验算

可靠性分析与验算，应根据详细调查与检测结果，对建（构）筑物的整体和各个组成部分的可靠度水平进行分析与验算，包括结构分析、结构或构件安全性和正常使用性校核分析、所存在问题的原因分析等。

（6）可靠性鉴定评级

工业建筑物的可靠性鉴定评级，应划分为构件、结构系统、鉴定单元三个层次；其中，结构系统和构件两个层次的鉴定评级应包括安全性等级和使用性等级评定，需要时可由此综合评定其可靠性等级；安全性分四个等级，使用性分三个等级，各层次的可靠性分四个等级，并应按表 34-1 规定的评定项目分层次进行评定。当不要求评定可靠性等级时，可直接给出安全性和正常使用性评定结果。

**工业建筑可靠性鉴定评级的层次、等级划分及项目内容　　表 34-1**

| 层次 | Ⅰ | Ⅱ | | | Ⅲ |
|---|---|---|---|---|---|
| 层名 | 鉴定单元 | 结构系统 | | | 构件 |
| 可靠性鉴定 | 一、二、三、四 | 安全性评定 | 等级 | A、B、C、D | a、b、c、d |
| | 建筑物整体或某一区域 | | 地基基础 | 地基变形、斜坡稳定性 | — |
| | | | | 承载功能 | — |
| | | | 上部承重结构 | 整体性 | 承载能力构造和连接 |
| | | | | 承载功能 | |
| | | | 围护结构 | 承载功能、构造连接 | — |
| | | 正常使用性评定 | 等级 | A、B、C | a、b、c |
| | | | 地基基础 | 影响上部结构正常使用的地基变形 | 变形或偏差<br>裂缝<br>缺陷和损伤<br>腐蚀<br>老化 |
| | | | 上部承重结构 | 使用状况<br>使用功能 | |
| | | | | 位移或变形 | |
| | | | 围护系统 | 使用状况<br>使用功能 | |

注：1. 单个构件可按现行国家标准《工业建筑可靠性鉴定标准》GB 50144 附录 A 划分。

2. 若上部承重结构整体或局部有明显振动时，尚应针对振动对上部承重结构安全性、正常使用性的影响进行评定。

(7) 补充调查检测

在工业建筑可靠性鉴定过程中，当发现调查资料不足时，应及时组织补充调查。

(8) 鉴定报告

工业建筑可靠性鉴定报告宜包括下列内容：

1) 工程概况。

2) 鉴定的目的、内容、范围及依据。

3) 调查、检测、分析的结果。

4) 评定等级或评定结果。

5) 结论与建议。

**34.2.2.2 工业建筑可靠性鉴定评级标准**

根据现行国家标准《工业建筑可靠性鉴定标准》GB 50144 的要求，工业建筑可靠性鉴定的构件、结构系统、鉴定单元应按下列标准评定等级。

1. 构件的鉴定评级

(1) 构件的安全性评级标准

a 级：符合国家现行标准规范的安全性要求，安全，不必采取措施。

b 级：略低于国家现行标准规范的安全性要求，不影响安全，可不必采取措施。

c 级：不符合国家现行标准规范的安全性要求，影响安全，应采取措施。

d 级：极不符合国家现行标准规范的安全性要求，已严重影响安全，必须立即采取措施。

(2) 构件的使用性评级标准

a 级：符合国家现行标准规范的正常使用要求，在目标使用年限内能正常使用，不必采取措施。

b 级：略低于国家现行标准规范的正常使用要求，在目标使用年限内尚不明显影响正常使用，可不采取措施。

c 级：不符合国家现行标准规范的正常使用要求，在目标使用年限内明显影响正常使用，应采取措施。

(3) 构件的可靠性评级标准

a 级：符合国家现行标准规范的可靠性要求，安全适用，不必采取措施。

b 级：略低于国家现行标准规范的可靠性要求，能安全适用，可不采取措施。

c 级：不符合国家现行标准规范的可靠性要求，影响安全，或影响正常使用，应采取措施。

d 级：极不符合国家现行标准规范的可靠性要求，已严重影响安全，必须立即采取措施。

2. 结构系统的鉴定评级

(1) 结构系统的安全性评级标准

A 级：符合国家现行标准规范的安全性要求，不影响整体安全，不必采取措施，或有个别次要构件宜采取适当措施。

B 级：略低于国家现行标准规范的安全性要求，尚不明显影响整体安全，可不采取措施，或有极少数构件应采取措施。

C级：不符合国家现行标准规范的安全性要求，影响整体安全，应采取措施，或有极少数构件必须立即采取措施。

D级：极不符合国家现行标准规范的安全性要求，已严重影响整体安全，必须立即采取措施。

（2）结构系统的使用性评级标准

A级：符合国家现行标准规范的正常使用要求，在目标使用年限内不影响整体正常使用，不必采取措施，或有个别次要构件宜采取适当措施。

B级：略低于国家现行标准规范的正常使用要求，在目标使用年限内尚不明显影响整体正常使用，可能有极少数构件应采取措施。

C级：不符合国家现行标准规范的正常使用要求，在目标使用年限内明显影响整体正常使用，应采取措施。

（3）结构系统的可靠性评级标准

结构系统的可靠性等级，应分别根据每个结构系统的安全性等级和使用性等级评定结果，按下列原则确定。

A级：符合国家现行标准规范的可靠性要求，不影响整体安全，可正常使用，不必采取措施，或有个别次要构件宜采取适当措施。

B级：略低于国家现行标准规范的可靠性要求，尚不显著影响整体安全，不影响正常使用，可不采取措施，或有极少数构件应采取措施。

C级：不符合国家现行标准规范的可靠性要求，或影响整体安全，或影响正常使用，应采取措施，或有极少数构件必须立即采取措施。

D级：极不符合国家现行标准规范的可靠性要求，已严重影响整体安全，必须立即采取措施。

当系统的使用性等级为C级，安全性等级不低于B级时，宜定为C级；其他情况应按安全性等级确定。

位于生产工艺流程重要区域的结构系统，可按安全性等级和使用性等级中的较低等级确定或调整。

当振动对上部承重结构整体或局部的安全、正常使用有明显影响时，可根据现行国家标准《工业建筑可靠性鉴定标准》GB 50144规定的方法对结构振动使用性等级进行评定。

3. 鉴定单元

鉴定单元的可靠性等级，应根据其地基基础、上部承重结构和围护结构系统的可靠性评级评定结果，以地基基础、上部承重结构为主，按下列原则确定。

一级：符合国家现行标准规范的可靠性要求，不影响整体安全，可正常使用，可不采取措施，或有极少数次要构件宜采取适当措施。

二级：略低于国家现行标准规范的可靠性要求，尚不明显影响整体安全，不影响正常使用，可有极少数构件应采取措施。

三级：不符合国家现行标准规范的可靠性要求，影响整体安全，影响正常使用，应采取措施，可能有极少数构件应立即采取措施。

四级：极不符合国家现行标准规范的可靠性要求，已严重影响整体安全，必须立即采取措施。

### 34.2.2.3 工业建筑安全性鉴定评级

工业建筑的安全性鉴定评级划分为构件和结构系统两个层次。在构件层面，以承载能力验算结果和承载状态调查实测结果为分级原则，以最低等级项目确定单个构件安全性等级为定级原则，对构件进行安全性评定。在结构系统层面，分别对地基基础、上部承重结构和围护系统的承重部分三个子单元进行安全性评定。在鉴定单元层面，应根据三个子单元的安全性等级以及与整幢建筑有关的其他安全问题进行评定。

1. 构件的鉴定评级

(1) 一般规定

1) 构件的安全性等级应按承载能力项目的校核、构造和连接项目分析评定。

2) 当已确定构件处于危险状态时，应将构件的安全性等级评定为 d 级。

3) 当构件不具备分析验算条件，且结构载荷试验能对结构性能的影响控制在可接受的范围时，构件的安全性等级和使用性等级可通过载荷试验按《工业建筑可靠性鉴定标准》GB 50144—2019 第 6.1.3 条的规定评定。

4) 当构件的变形过大、裂缝过宽以及腐蚀、缺陷和损伤严重时，除应将使用性等级评为 c 级外，尚应结合工程实际经验、严重程度以及承载能力验算结果等综合分析对其安全性评级的影响。

(2) 混凝土构件

混凝土构件的安全性等级应按承载能力、构造和连接项目评定，并取其中较低等级作为构件的安全性等级。当构件出现受压及斜压裂缝时，视其严重程度，将承载能力项目直接评为 c 级或 d 级；当出现过宽的受拉裂缝、过度的变形、严重的缺陷损伤及腐蚀情况时，应按《工业建筑可靠性鉴定标准》GB 50144—2019 第 6.1.2 条的有关规定考虑其对承载能力的影响，且承载能力项目评定等级不应高于 b 级。

1) 混凝土构件的承载能力项目应按表 34-2 评定等级。

**混凝土构件承载能力评定等级　　表 34-2**

| 构件种类 | $R/\gamma_0 S$ | | | |
|---|---|---|---|---|
| | a | b | c | d |
| 重要构件 | ≥1.0 | <1.0，≥0.90 | <0.90，≥0.83 | <0.83 |
| 次要构件 | ≥1.0 | <1.0，≥0.87 | <0.87，≥0.80 | <0.80 |

2) 混凝土构件的构造和连接项目包括构造、预埋件、连接节点的焊缝或螺栓等，应根据对构件安全使用的影响按下列规定评定等级。

① 当结构构件的构造合理，满足国家现行标准要求时，评为 a 级；基本满足国家现行标准要求时，评为 b 级；当结构构件的构造不满足国家现行标准要求时，根据其不符合的程度评为 c 级或 d 级。

② 当预埋件的锚板和锚筋的构造合理、受力可靠，符合或基本符合国家现行标准规定，经检查无变形或位移等异常情况时，可视具体情况按《工业建筑可靠性鉴定标准》GB 50144—2019 第 3.3.1 条原则评为 a 级或 b 级；当预埋件的构造有缺陷，构造不合理，不符合国家现行标准规定，锚板有变形，锚板、锚筋与混凝土之间有滑移、拨脱现象时，可根据其严重程度按《工业建筑可靠性鉴定标准》GB 50144—2019 第 3.3.1 条原则评为 c

级或 d 级。

③ 当连接节点的焊缝或螺栓连接方式正确，构造符合国家现行规范规定和使用要求时，无缺陷或仅有局部表面缺陷，工作无异常时，可视具体情况按《工业建筑可靠性鉴定标准》GB 50144—2019 第 3.3.1 条原则评为 a 级或 b 级；当节点焊缝或螺栓连接方式不当，不符合国家现行标准要求，有局部拉脱、剪断、破损或滑移时，可根据其严重程度按《工业建筑可靠性鉴定标准》GB 50144—2019 第 3.3.1 条原则评为 c 级或 d 级。

④ 应取本条上述第①、②、③款中较低等级作为构造和连接项目的评定等级。

（3）钢构件

钢构件的安全性等级应按承载能力、构造两个项目评定，并取其中较低等级作为构件的安全性等级。

1）钢构件的承载能力项目，应根据结构构件的抗力和 $R$、作用效应 $S$ 及结构重要性系数 $\gamma_0$ 按表 34-3 评定等级。在确定构件抗力时，应考虑实际的材料性能和结构构造，以及缺陷损伤、腐蚀、过大变形和偏差的影响。承重构件的钢材应符合建造当时钢结构设计标准和相应产品标准的要求，如果构件的使用条件发生根本的改变，还应该符合国家现行标准规范的要求，否则，应在确定承载能力和评级时考虑其不利影响。

**构件承载能力评定等级**　　**表 34-3**

| 构件种类 | $R/\gamma_0 S$ | | | |
|---|---|---|---|---|
| | a | b | c | d |
| 重要构件、连接 | ≥1.00 | <1.00，≥0.95 | <0.95，≥0.88 | <0.88 |
| 次要构件 | ≥1.00 | <1.00，≥0.92 | <0.92，≥0.85 | <0.85 |

注：吊车梁的疲劳性能评定不受表中数据限制，应按本标准附录 D 规定的方法进行评定。

2）钢桁架中有整体弯曲缺陷但无明显局部缺陷的双角钢受压腹杆，其整体弯曲不超过《工业建筑可靠性鉴定标准》GB 50144—2019 表 6.3.7 中的限值时，其承载能力可评为 a 级或 b 级；若整体弯曲严重已超过时，可根据实际情况和对其承载力影响严重程度评为 c 级或 d 级。

（4）砌体结构构件

砌体结构的安全性等级应按承载能力、构造和连接两个项目评定，并取其中的较低等级作为构件的安全性等级。

1）砌体构件的承载能力项目应根据承载能力的校核结果按表 34-4 的规定评定。当砌体构件出现受压、受弯、受剪、受拉等受力裂缝时，应按《工业建筑可靠性鉴定标准》GB 50144—2019 第 6.1.2 条的有关规定分析其对承载能力的影响，且承载能力评定项目等级不应高于 b 级。当构件截面严重削弱时，其承载能力项目评定等级不应高于 c 级。

**砌体构件承载能力评定等级**　　**表 34-4**

| 构件种类 | $R/\gamma_0 S$ | | | |
|---|---|---|---|---|
| | a | b | c | d |
| 重要构件 | ≥1.00 | <1.00，≥0.9 | <0.9，≥0.85 | <0.85 |
| 次要构件 | ≥1.00 | <1.00，≥0.87 | <0.87，≥0.82 | <0.82 |

2）砌体构件构造与连接项目的等级应根据墙、柱的高厚比，墙、柱、梁的连接构造，砌筑方式等涉及构件安全性的因素，按下列规定的原则评定。

a级：墙、柱高厚比不大于国家现行设计规范允许值，连接和构造符合国家现行规范的要求。

b级：墙、柱高厚比大于国家现行设计规范允许值，但不超过10%；或连接和构造局部不符合国家现行规范的要求，但不影响构件的安全使用。

c级：墙、柱高厚比大于国家现行设计规范允许值，但不超过20%，或连接和构造不符合国家现行规范的要求；已影响构件的安全使用。

d级：墙、柱高厚比大于国家现行设计规范允许值，且超过20%，或连接和构造严重不符合国家现行规范的要求；已危及构件的安全。

2. 结构系统的鉴定评级

（1）一般规定

工业建筑鉴定第二层次结构系统的安全性鉴定评级，应对地基基础、上部承重结构和围护结构三个结构系统的安全性等级，分别按《工业建筑可靠性鉴定标准》GB 50144—2019 第7.2节至第7.4节的规定评定。

（2）地基基础

1）地基基础的安全性等级应遵循下列原则进行评定。

① 应根据地基变形观测资料和建（构）筑物现状进行评定。必要时，可按地基基础的承载力进行评定。

② 建在斜坡场地上的工业建筑，应对边坡场地的稳定性进行检测评定。

③ 对有大面积地面荷载或软弱地基上的工业建筑，应评价地面荷载、相邻建筑以及循环工作荷载引起的附加沉降，或桩基侧移对工业建筑安全使用的影响。

2）当地基基础的安全性按地基变形观测资料和建（构）筑物现状的检测结果评定时，应按下列规定评定等级。

A级：地基变形小于现行国家标准《建筑地基基础设计规范》GB 50007 规定的允许值，沉降速率小于0.01mm/d，建（构）筑物使用状况良好，无沉降裂缝、变形或位移，吊车等机械设备运行正常。

B级：地基变形不大于现行国家标准《建筑地基基础设计规范》GB 50007 规定的允许值，沉降速率小于0.05mm/d，半年内的沉降量小于5mm，建（构）筑物出现轻微沉降裂缝，但无进一步发展趋势，沉降对吊车等机械设备的正常运行基本没有影响。

C级：地基变形大于现行国家标准《建筑地基基础设计规范》GB 50007 规定的允许值，沉降速率大于0.05mm/d，建（构）筑物的沉降裂缝有进一步发展的趋势，沉降已影响到吊车等机械设备的正常运行，但尚有调整余地。

D级：地基变形大于现行国家标准《建筑地基基础设计规范》GB 50007 规定的允许值，沉降速率大于0.05mm/d，建（构）筑物的沉降裂缝发展显著，沉降已使吊车等机械设备不能正常运行。

3）当地基基础的安全性需要按承载力项目评定时，应根据地基和基础的检测、验算结果，按下列规定评定等级。

A级：地基基础的承载力满足现行国家标准《建筑地基基础设计规范》GB 50007 规

定的要求，建筑完好无损。

B级：地基基础的承载力略低于现行国家标准《建筑地基基础设计规范》GB 50007规定的要求，建筑可能局部有轻微损伤。

C级：地基基础的承载力不满足现行国家标准《建筑地基基础设计规范》GB 50007规定的要求，建筑有开裂损伤。

D级：地基基础的承载力不满足现行国家标准《建筑地基基础设计规范》GB 50007规定的要求，建筑有严重开裂损伤。

4）当场地地下水位、水质或土压力等有较大改变时，应对此类变化产生的不利影响进行评价。

5）地基基础的安全性等级，应根据《工业建筑可靠性鉴定标准》GB 50144—2019第7.2.2条至7.2.3条关于地基基础和场地的评定结果按较低等级确定。

（3）上部承重结构

1）上部承重结构的安全性等级，应按结构整体性和承载功能两个项目评定，并取其中较低的评定等级作为上部结构的安全性等级，必要时，可考虑过大水平位移或明显振动对该结构系统或其中部分结构安全性的影响。

2）结构整体性的评定应根据结构布置和构造、支撑系统或其他抗侧力系统两个项目，按《工业建筑可靠性鉴定标准》GB 50144—2019表7.3.2的要求进行评定，并取结构布置和构造、支撑系统两个项目中的较低等级作为结构整体性的评定等级。

3）上部承重结构承载功能的评定等级，当有条件采用较精确的方法评定时，应在详细调查的基础上，根据结构体系的类型及空间作用，按国家现行标准的规定确定合理的计算模型，通过结构作用效应分析和结构抗力分析，并结合该体系以往的承载状况和工程经验确定。进行结构抗力分析时，尚应考虑结构及构件的变形、损伤和材料劣化对结构承载能力的影响。

4）当单层厂房上部承重结构是由平面排架或平面框架组成的结构体系时，其承载能力的等级可按下列规定近似评定。

① 根据结构布置和荷载分布将上部承重结构分为若干框排架平面计算单元。

② 将平面计算单元中的每种构件按构件的集合及其重要性区分为重要构件集（同一种重要构件的集合）或次要构件集（同一种次要构件的集合）。平面计算单元中每种构件集的安全性等级，以该种构件集中所含构件的各个安全性等级所占的百分比按下列规定确定。

a. 重要构件集：

A级：构件集中不含c级、d级构件，可含b级构件，且含量不多于30%。

B级：构件集中不含d级构件，可含c级构件，且含量不多于20%。

C级：含d级构件，且含量少于10%。

D级：含d级构件，且含量不少于10%。

b. 次要构件集

A级：构件集中不含c级、d级构件，可含b级构件，且含量不多于35%。

B级：构件集中不含d级构件，可含c级构件，且含量不多于25%。

C级：含d级构件，且含量少于20%。

D级：含d级构件，且含量不少于20%。

③ 各平面计算单元的安全性等级，宜按该平面计算单元内各重要构件集中的最低等级确定。当平面计算单元中次要构件集的最低安全性等级比重要构件集的最低安全性等级低二级或三级时，其安全性等级可按重要构件集的最低安全性等级降一级或降二级确定。

④ 上部承重结构承载功能的评定等级可按下列规定确定。

A级：不含C级和D级平面计算单元，含B级平面计算单元，且含量不多于30%。

B级：不含D级平面计算单元，可含C级平面计算单元，且含量不多于10%。

C级：含D级平面计算单元，且含量少于5%。

D级：含D级平面计算单元，且含量不少于5%。

5）多层厂房上部承重结构承载功能的评定等级可按下列规定评定。

① 沿厂房的高度方向将厂房划分若干单层子结构，宜以每层楼板及其下部相连的柱子、梁为一个子结构；子结构上的作用除本子结构直接承受的作用外，还应考虑其上部各子结构传到本子结构上的荷载作用。

② 子结构承载功能的等级应按《工业建筑可靠性鉴定标准》GB 50144—2019 第7.3.4条的规定确定。

③ 整个多层厂房的上部承重结构承载功能的评定等级可按子结构中的最低等级确定。

（4）围护结构系统

围护结构系统的安全性等级，应按承重围护结构的承载功能和非承重围护结构的构造连接两个项目进行评定，并取两个项目中较低的评定等级作为该围护结构系统的安全性等级。

1）承重围护结构承载功能的评定等级，应根据其结构类别按《工业建筑可靠性鉴定标准》GB 50144—2019 第6章相应构件和第7.3.4条相关构件集的规定进行评定。

2）非承重围护结构构造连接项目的评定等级，可按《工业建筑可靠性鉴定标准》GB 50144—2019 表7.4.1评定，并按其中最低等级作为该项目的安全性等级。

**34.2.2.4 工业建筑使用性鉴定评级**

1. 构件使用性鉴定评级

（1）一般规定

当同时符合下列条件时，构件的使用性等级可根据实际使用状况评定为a级或b级：

1）经详细检查未发现构件有明显的变形、缺陷、损伤、腐蚀、裂缝、老化，也没有累积损伤，构件状态良好或基本良好。

2）在目标使用年限内，构件上的作用和环境条件与过去相比不会发生变化；构件有足够的耐久性，能够满足正常使用要求。

需评估混凝土构件的耐久年限时，对工业大气环境普通混凝土结构可按《工业建筑可靠性鉴定标准》GB 50144—2019 附录B的方法进行，其他情况可按国家现行标准《混凝土结构耐久性评定标准》CECS 220 进行评估。

对于重级工作制钢吊车梁和中级以上工作制钢吊车桁架，需要评估残余疲劳寿命时，可按《工业建筑可靠性鉴定标准》GB 50144—2019 附录E的方法进行评估。

（2）混凝土构件

混凝土构件的使用性等级应按裂缝、变形、缺陷和损伤、腐蚀四个项目评定，并取其中的最低等级作为构件的使用性等级。

1）混凝土构件的裂缝项目可按下列规定评定等级。

混凝土构件的受力裂缝宽度可按《工业建筑可靠性鉴定标准》GB 50144—2019 表 6.2.51～表 6.2.53 评定等级。

混凝土构件因钢筋锈蚀产生的沿筋裂缝在腐蚀项目中评定，其他非受力裂缝应查明原因，判定裂缝对结构的影响。

2）混凝土构件的变形项目应按《工业建筑可靠性鉴定标准》GB 50144—2019 表 6.2.6 评定等级。

3）混凝土构件缺陷和损伤项目应按《工业建筑可靠性鉴定标准》GB 50144—2019 表 6.2.7 评定等级。

4）混凝土构件腐蚀项目包括钢筋锈蚀和混凝土腐蚀，应按《工业建筑可靠性鉴定标准》GB 50144—2019 表 6.2.8 的规定评定，其等级应取钢筋锈蚀和混凝土腐蚀评定结果中的较低等级。

（3）钢构件

钢构件的使用性等级应按变形、偏差、一般构造和腐蚀等项目进行评定，并取其中的最低等级作为构件的使用性等级。

1）钢构件的变形是指荷载作用下梁板等受弯构件的挠度，应按下列规定评定构件变形项目的等级。

a 级：满足国家现行相关设计规范和设计要求。

b 级：超过 a 级要求，尚不明显影响正常使用。

c 级：超过 a 级要求，对正常使用有明显影响。

2）钢构件的偏差包括施工过程中存在的偏差和使用过程中出现的永久性变形，应按下列规定评定构件偏差项目的等级。

a 级：满足国家现行相关施工验收规范和产品标准的要求。

b 级：超过 a 级要求，尚不明显影响正常使用。

c 级：超过 a 级要求，对正常使用有明显影响。

3）钢构件的腐蚀和防腐项目应按下列规定评定等级。

a 级：没有腐蚀，且防腐措施完备。

b 级：轻微腐蚀，或防腐措施不完备。

c 级：大面积腐蚀，或防腐措施已破坏失效。

4）与构件正常使用性有关的一般构造要求，满足设计规范要求时，应评为 a 级；否则，应评为 b 级或 c 级。

（4）砌体构件

砌体构件的使用性等级应按裂缝、缺陷和损伤、老化三个项目评定，并取其中的最低等级作为构件的使用性等级。

1）砌体构件的裂缝项目应根据裂缝的性质，按《工业建筑可靠性鉴定标准》GB 50144—2019 表 6.4.5 的规定评定。裂缝项目的等级应取种类裂缝评定结果中的较低等级。

2）砌体构件的缺陷和损伤项目应按《工业建筑可靠性鉴定标准》GB 50144—2019 表

6.4.6 的规定评定。缺陷和损伤项目的等级应取各种缺陷、损伤评定结果中的较低等级。

3）砌体构件的腐蚀项目应根据砌体构件的材料类型，按《工业建筑可靠性鉴定标准》GB 50144—2019 表 6.4.7 规定评定。腐蚀项目的等级应取各材料评定结果中的较低等级。

2. 结构系统使用性评级

地基基础、上部承重结构和围护结构三个结构系统的使用性等级，应遵循下列规定。

(1) 地基基础的使用性评级

地基基础的使用性等级宜根据上部承重结构和围护结构使用状况评定，并按下列规定评定等级。

A 级：上部承重结构和围护结构的使用状况良好，或所出现的问题与地基基础无关。

B 级：上部承重结构和围护结构的使用状况基本正常，结构或连接因地基基础变形有个别损伤。

C 级：上部承重结构和围护结构的使用状况不完全正常，结构或连接因地基变形有局部或大面积损伤。

(2) 上部承重结构的使用性评级

上部承重结构的使用性等级应按上部承重结构使用状况和结构水平位移两个项目评定，并取其中较低的评定等级作为上部承重结构的使用性等级，必要时，尚应考虑振动对该结构系统或其中部分结构正常使用性的影响。

1）单层厂房上部承重结构使用状况的评定等级，可按屋盖系统、厂房柱、吊车梁三个子系统中的最低使用性等级确定；当厂房中采用轻级工作制吊车时，可按屋盖系统和厂房柱两个子系统的较低等级确定。子系统的使用性等级应根据其所含构件使用性等级的百分数确定。

A 级：不含 c 级构件，可含 b 级构件，且含量不多于 35%。

B 级：含 b 级构件不少于 35%，或含 c 级构件且不多于 25%。

C 级：含 c 级构件，且多于 25%。

注：屋盖系统、吊车梁系统包含相关构件和附属设施，如吊车检修平台、走道板、爬梯等。

2）多层厂房上部承重结构使用状况的评定等级，可按《工业建筑可靠性鉴定标准》GB 50144—2019 第 7.3.5 条规定的原则和方法划分若干单层子结构，单层子结构使用状况的等级可按《工业建筑可靠性鉴定标准》GB 50144—2019 第 7.3.7 条的规定评定，整个多层厂房上部承重结构使用状况的评定等级按下列规定评级。

A 级：不含 C 级子结构，可含 B 级子结构，且含量不多于 30%。

B 级：含 B 级子结构，且多于 30%，或含 C 级子结构，且不多于 20%。

C 级：含 C 级子结构，且多于 20%。

3）当上部承重结构的使用性等级评定需考虑结构水平位移的影响时，可采用检测或计算分析的方法，按《工业建筑可靠性鉴定标准》GB 50144—2019 表 7.3.9 的规定进行评定。当结构水平位移过大达到 C 级标准的严重情况时，应考虑水平位移过大以致达到 C 级标准的严重情况时，应考虑水平位移引起的附加内力对结构承载能力的影响，并参与相关结构的承载功能等级评定。

4）当鉴定评级中需要考虑明显振动对上部承重结构整体或局部的影响时，可按《工业建筑可靠性鉴定标准》GB 50144—2019 附录 F 的规定进行评定。若评定结果对结构的安全性有影响，应在上部承重结构承载功能的评定等级中予以考虑；若评定结果对结构的正常使用性有影响，则应在上部结构使用状况的评定等级中予以考虑。

5）当需要对上部承重结构的某个子系统进行安全性等级和使用性等级评定时，应根据该子系统在上部承重结构系统中的地位与作用，按《工业建筑可靠性鉴定标准》GB 50144—2019 第 7.3.4 条和第 7.3.5 条的有关规定评定该子系统的安全性等级，按《工业建筑可靠性鉴定标准》GB 50144—2019 第 7.3.7 条和第 7.3.8 条的规定评定该子系统的使用性等级。

（3）围护结构系统的使用性评级

1）围护结构系统的使用性等级，应根据承重围护结构的使用状况、围护系统的使用功能两个项目评定，并取两个项目中较低的评定等级作为该围护结构系统的使用性等级。

2）承重围护结构使用状况的评定等级，应根据其结构类别按《工业建筑可靠性鉴定标准》GB 50144—2019 第 6 章相应构件和第 7.3.7 条有关子系统的评级规定评定。

3）围护系统（包括非承重围护结构和建筑功能配件）使用功能的评定等级，宜根据《工业建筑可靠性鉴定标准》GB 50144—2019 表 7.4.2 中各项目对建筑物使用寿命和生产的影响程度确定主要项目和次要项目逐项评定，并按下列原则确定：

① 一般情况下，围护结构系统的使用功能等级可取主要项目的最低等级。

② 若主要项目为 A 级或 B 级，次要项目一个以上为 C 级，宜根据需要的维修量大小将使用功能等级降为 B 级或 C 级。

#### 34.2.2.5 工业建筑可靠性鉴定评级

工业建筑物的可靠性鉴定评级，应划分为构件、结构系统、鉴定单元三个层次；其中，结构系统和构件两个层次的鉴定评级应包括安全性等级和使用性等级评定，需要时，可由此综合评定其可靠性等级；各层次的可靠性分四个等级，并应按现行国家标准《工业建筑可靠性鉴定标准》GB 50144—2019 表 3.2.8 规定的评定项目分层次进行评定。

（1）构件的可靠性鉴定评级

评定单个构件的可靠性等级时，应根据安全性等级和使用性等级评定结果按下列原则确定：

1）当构件的使用性等级为 a 级或 b 级时，应按安全性等级确定。

2）当构件的使用性等级为 c 级，安全性等级不低于 b 级时，宜定为 c 级。

3）位于生产流程关键性部位的构件，可按安全性等级和使用性等级中的较低等级确定。

（2）结构系统的可靠性鉴定评级

结构系统的可靠性等级，应分别根据每个结构系统的安全性等级和使用性等级评定结果，按下列原则确定：

1）当结构系统的使用性等级为 A 级或 B 级时，应按安全性等级确定。

2）当系统的使用性等级为 C 级，安全性等级不低于 B 级时，宜定为 C 级；

3）位于生产工艺流程重要区域的结构系统，可按安全性等级和使用性等级中的较低等级确定。

（3）鉴定单元的可靠性鉴定评级

鉴定单元的可靠性等级，应根据其地基基础、上部承重结构和围护结构系统的可靠性评级评定结果，以地基基础、上部承重结构为主，按下列原则确定：

1）当围护结构系统与地基基础和上部承重结构的等级相差不大于一级时，可按地基基础和上部承重结构中的较低等级作为该鉴定单元的可靠性等级。

2）当围护结构系统比地基基础和上部承重结构中的较低等级低二级时，可按地基基础和上部承重结构中的较低等级降一级作为该鉴定单元的可靠性等级。

3）当围护结构系统比地基基础和上部承重结构中的较低等级低三级时，可根据标准相关原则和实际情况，按地基基础和上部承重结构中的较低等级降一级或降二级作为该鉴定单元的可靠性等级。

## 34.2.3 建筑抗震鉴定

### 34.2.3.1 抗震鉴定程序及工作内容

本章适用于抗震设防烈度为 6 度（0.05$g$）、7 度（0.10$g$、0.15$g$）、8 度（0.20$g$、0.30$g$）、9 度（0.40$g$）地区的既有建筑，以及非抗震设防区的现有学校、医院等人员密集场所及重要公共建筑的抗震鉴定，不适用于尚未竣工验收的在建建筑的抗震设计和施工质量的评定，以及地震灾后建筑抗震安全的应急评估。古建筑和行业有特殊要求的建筑，应按国家专门的规定进行抗震鉴定。

1. 鉴定程序

既有建筑的抗震鉴定，宜按图 34-4 所示的框图程序进行。为保证鉴定程序的完整性，图 34-4 所示的程序框图包含可靠性鉴定与补充调查。

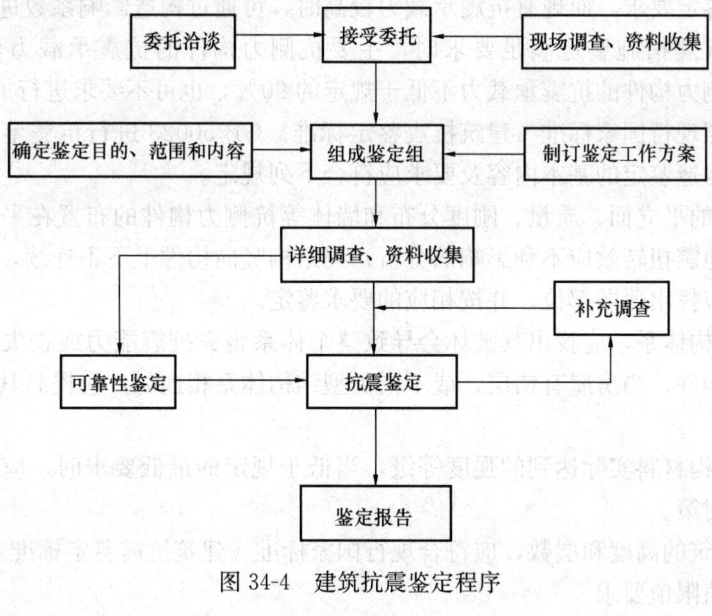


图 34-4 建筑抗震鉴定程序

2. 工作内容

（1）既有建筑的抗震鉴定应包括下列内容及要求。

1）搜集建筑的勘察报告、施工和竣工验收的相关原始资料；当资料不全时，应根据鉴定的需要进行补充实测。

2）调查建筑现状与原始资料相符合的程度、施工质量和维护状况，发现相关的非抗震缺陷。

3）根据各类建筑结构的特点、结构布置、构造和抗震承载力等因素，采用相应的鉴定方法，进行综合抗震能力分析。

4）对既有建筑整体抗震性能进行评价，对符合抗震鉴定要求的建筑，应说明其后续使用年限；对不符合抗震鉴定要求的建筑，提出相应的抗震减灾对策和处理意见。

（2）既有建筑的抗震鉴定，应根据下列情况区别对待。

1）建筑结构类型不同的结构，其检查的重点、项目内容和要求不同，应采用不同的鉴定方法；

2）对重点部位与一般部位，应按不同的要求进行检查和鉴定；

3）对抗震性能有整体影响的构件和仅有局部影响的构件，在综合抗震能力分析时，应分别对待。

（3）当按照现行国家标准《建筑抗震鉴定标准》GB 50023 进行抗震鉴定时，抗震鉴定分为两级。第一级鉴定应以宏观控制和构造鉴定为主进行综合评价，第二级鉴定应以抗震验算为主，结合构造影响进行综合评价。

1）A 类建筑的抗震鉴定，当符合第一级鉴定的各项要求时，建筑可评为满足抗震鉴定要求，不再进行第二级鉴定；当不符合第一级鉴定要求时，除现行国家标准《建筑抗震鉴定标准》GB 50023 各章有明确规定的情况外，应由第二级鉴定进行判断。

2）B 类建筑的抗震鉴定，应检查其抗震措施和现有抗震承载力，再进行判断。当抗震措施不满足鉴定要求，而现有抗震承载力较高时，可通过构造影响系数进行综合抗震能力的评定；当抗震措施鉴定满足要求时，主要抗侧力构件的抗震承载力不低于规定的 95%，次要抗侧力构件的抗震承载力不低于规定的 90%，也可不要求进行加固处理。

（4）当按照现行国家标准《建筑抗震鉴定标准》GB 50023 进行抗震鉴定时，既有建筑宏观控制和构造鉴定的基本内容及要求应符合下列规定。

1）当建筑的平立面、质量、刚度分布和墙体等抗侧力构件的布置在平面内明显不对称时，应进行地震扭转效应不利影响的分析；当结构竖向构件上下不连续，或刚度沿高度分布突变时，应找出薄弱部位，并按相应的要求鉴定。

2）检查结构体系，应找出其破坏会导致整个体系丧失抗震能力或丧失对重力的承载能力的部件或构件；当房屋有错层，或不同类型结构体系相连时，应提高其相应部位的抗震鉴定要求。

3）检查结构材料实际达到的强度等级，当低于规定的最低要求时，应提出并采取相应的抗震减灾对策。

4）多层建筑的高度和层数，应符合现行国家标准《建筑抗震鉴定标准》GB 50023 各章规定的最大值限值要求。

5）当结构构件的尺寸、截面形式等不利于抗震时，宜提高该构件的配筋等构造抗震鉴定要求。

6）结构构件的连接构造应满足结构整体性的要求。

7）非结构构件与主体结构的连接构造应满足不倒塌伤人的要求；如该连接构造位于

出入口及人流通道等处，应有可靠的连接。

8）当建筑场地位于不利地段时，尚应符合地基基础的有关鉴定要求。

（5）当按照现行国家标准《建筑抗震鉴定标准》GB 50023 进行抗震鉴定时，抗震设防烈度 6 度和《建筑抗震鉴定标准》GB 50023 各章有具体规定时，可不进行抗震验算；当抗震设防烈度 6 度第一级鉴定不满足时，可通过抗震验算进行综合抗震能力评定；对于其他情况，至少在两个主轴方向分别按《建筑抗震鉴定标准》GB 50023 各章规定的具体方法进行结构的抗震验算。

当现行国家标准《建筑抗震鉴定标准》GB 50023 未给出具体方法时，可采用现行国家标准《建筑抗震设计标准》GB/T 50011 规定的方法，按式（34-1）进行结构构件抗震验算。

$$S \leqslant R/\gamma_{Ra} \tag{34-1}$$

式中 $S$——结构构件内力（轴向力、剪力、弯矩等）组合的设计值；计算时，有关的荷载、地震作用、作用分项系数、组合值系数，应按现行国家标准《建筑抗震设计标准》GB/T 50011 的规定采用；其中，地震作用效应（内力）调整系数应按规定采用，抗震设防烈度为 8、9 度的大跨度和长悬臂结构应计算竖向地震作用；

$R$——结构构件承载力设计值，按现行国家标准《建筑抗震设计标准》GB/T 50011 的规定采用；其中，各类结构材料强度的设计指标应按相关规范，材料强度等级按现场实际情况确定；

$\gamma_{Ra}$——抗震鉴定的承载力调整系数，一般情况下，可按现行国家标准《建筑抗震设计标准》GB/T 50011 承载力抗震调整系数值采用，A 类建筑抗震鉴定时，钢筋混凝土构件应按现行国家标准《建筑抗震设计标准》GB/T 50011 承载力抗震调整系数值的 0.85 倍采用。

（6）对不符合鉴定要求的建筑，可根据其不符合要求的程度、部位对结构整体抗震性能影响的大小以及有关的非抗震缺陷等实际情况，结合使用要求、城市规划和加固难易等因素的分析，提出相应的维修、加固、改变用途或更新等抗震减灾对策。

**34.2.3.2 场地、地基与基础的抗震鉴定**

1. 场地

（1）6 度或 7 度时及建造于对抗震有利地段的建筑，可不进行场地对建筑影响的抗震鉴定。

（2）对建造于危险地段的既有建筑，应结合规划更新（迁离）；暂时不能更新的，应进行专门研究，并采取应急的安全措施。

（3）7 度、8 度或 9 度时，建筑场地为条状突出山嘴、高耸孤立山丘、非岩石和强风化岩陡坡、河岸和边坡的边缘等不利地段，应对其地震稳定性、地基滑移及对建筑的可能危害进行评估；非岩石斜坡的坡度及建筑场地与坡脚的高差均较大时，应估算局部地形导致其地震影响增大的后果。

（4）建筑场地有液化侧向扩展且距常时水线 100m 范围内，应判明液化后土体流滑与开裂的危险。

2. 地基与基础

（1）地基基础现状的鉴定，应着重调查上部结构的不均匀沉降裂缝和倾斜，基础有无腐蚀、酥碱、松散和剥落，上部结构的裂缝、倾斜有无发展趋势。

（2）符合下列情况之一的既有建筑，可不进行地基基础的抗震鉴定。

1）丁类建筑。

2）地基主要受力层范围内不存在软弱土、饱和砂土和饱和粉土或严重不均匀土层的乙、丙类建筑。

3）抗震设防烈度为6度时的各类建筑。

4）抗震设防烈度为7度时地基基础现状无严重静载缺陷的乙、丙类建筑。

（3）对地基基础现状进行鉴定时，当基础无腐蚀、酥碱、松散和剥落，上部结构无不均匀沉降裂缝和倾斜，或虽有裂缝、倾斜，但不严重，且无发展趋势，该地基基础可评为无严重静载缺陷。

（4）存在软弱土、饱和砂土和饱和粉土的地基基础，应根据烈度、场地类别、建筑现状和基础类型，进行液化、震陷及抗震承载力的两级鉴定。符合第一级鉴定的规定时，可不再进行第二级鉴定。静载下已出现严重缺陷的地基基础，应同时审核其静载下的承载力。

（5）地基基础的第一级鉴定应符合下列要求。

1）基础下主要受力层存在饱和砂土或饱和粉土时，对下列情况可不进行液化影响的判别。

① 对液化沉陷不敏感的丙类建筑；

② 符合现行国家标准《建筑抗震设计标准》GB/T 50011液化初步判别要求的建筑。

2）基础下主要受力层存在软弱土时，对下列情况可不进行建筑在地震作用下沉陷的估算。

① 抗震设防烈度为8度或9度时，地基土静承载力特征值分别大于80kPa和100kPa。

② 8度时，基础底面以下的软弱土层厚度不大于5m。

3）采用桩基的建筑，对下列情况可不进行桩基的抗震验算。

① 现行国家标准《建筑抗震设计标准》GB/T 50011规定可不进行桩基抗震验算的建筑；

② 位于斜坡但地震时土体稳定的建筑。

（6）地基基础的第二级鉴定应符合下列要求。

1）饱和土液化的第二级判别，应按现行国家标准《建筑抗震设计标准》GB/T 50011的规定，采用标准贯入试验判别法。判别时，可计入地基附加应力对土体抗液化强度的影响。存在液化土时，应确定液化指数和液化等级，并提出相应的抗液化措施；

2）软弱土地基及抗震设防烈度为8、9度时Ⅲ、Ⅳ类场地上的高层建筑和高耸结构，应进行地基和基础的抗震承载力验算。

（7）现有天然地基的抗震承载力验算，应符合下列要求。

1）天然地基的竖向承载力，可按现行国家标准《建筑抗震设计标准》GB/T 50011规定的方法验算，其中，地基土静承载力特征值应改用长期压密地基土静承载力特征值，其值可按式（34-2）、式（34-3）计算。

$$f_{sE}=\zeta_s f_{sc} \tag{34-2}$$

$$f_{sc}=\zeta_c f_s \tag{34-3}$$

式中 $f_{sE}$——调整后的地基土抗震承载力特征值（kPa）；

$\zeta_s$——地基土抗震承载力调整系数，可按现行国家标准《建筑抗震设计标准》GB/T 50011 采用；

$f_{sc}$——长期压密地基土静承载力特征值（kPa）；

$f_s$——地基土静承载力特征值（kPa），其值可按现行国家标准《建筑地基基础设计规范》GB 50007 采用；

$\zeta_c$——地基土静承载力长期压密提高系数，其值可按《建筑抗震鉴定标准》GB 50023 有关规定采用。

2）承受水平力为主的天然地基验算水平抗滑时，抗滑阻力可采用基础底面摩擦力和基础正侧面土的水平抗力之和；基础正侧面土的水平抗力，可取其被动土压力的1/3；抗滑安全系数不宜小于 1.1；当刚性地坪的宽度不小于地坪孔口承压面宽度的 3 倍时，尚可利用刚性地坪的抗滑能力。

（8）桩基的抗震承载力验算，可按现行国家标准《建筑抗震设计标准》GB/T 50011 规定的方法进行。

（9）抗震设防烈度为 7～9 度时，山区建筑的挡土结构、地下室或半地下室外墙的稳定性验算，可采用现行国家标准《建筑地基基础设计规范》GB 50007 规定的方法；抗滑安全系数不应小于 1.1，抗倾覆安全系数不应小于 1.2。验算时，土的重度应除以地震角的余弦，墙背填土的内摩擦角和墙背摩擦角应分别减去地震角和增加地震角。

（10）同一建筑单元存在不同类型基础或基础埋深不同时，宜根据地震时可能产生的不利影响估算地震导致两部分地基的差异沉降，检查基础抵抗差异沉降的能力，并检查上部结构相应部位的构造抵抗附加地震作用和差异沉降的能力。

**34.2.3.3 多层砌体房屋的抗震鉴定**

1. 一般规定

（1）本节所说的多层砌体房屋是指烧结普通黏土砖、烧结多孔黏土砖、混凝土中型空心砌块、混凝土小型空心砌块、粉煤灰中型实心砌块砌体承重的多层房屋。

（2）现有多层砌体房屋抗震鉴定时，应重点检查房屋的高度和层数、抗震墙的厚度和间距、墙体实际达到的砂浆强度等级和砌筑质量、墙体交接处的连接以及女儿墙、楼梯间和出屋面烟囱等易引起倒塌伤人的部位；抗震设防烈度为 7～9 度时，尚应检查墙体布置的规则性，检查楼、屋盖处的圈梁，检查楼、屋盖与墙体的连接构造等。

（3）多层砌体房屋的外观和内在质量应符合下列要求：

1）墙体不空鼓，无严重酥碱和明显歪闪。

2）支承大梁、屋架的墙体无竖向裂缝，承重墙体、自承重墙体及其交接处无明显裂缝。

3）木楼、屋盖构件无明显变形、腐朽蚁蚀和严重开裂。

4）砌体结构中的混凝土构件符合《建筑抗震鉴定标准》GB 50023 相应的规定。

（4）现有砌体房屋的抗震鉴定，应按房屋高度和层数、结构体系的合理性、墙体材料的实际强度、房屋整体性连接构造的可靠性、局部易损易倒部位构件自身及其与主体结构连接构造的可靠性以及墙体抗震承载力的综合分析，对整幢房屋的抗震能力进行鉴定。当砌体房屋层数超过规定时，应评为不满足抗震鉴定要求；当仅有出入口和人流通道处的女儿墙、出屋面烟囱等不符合规定时，应评为局部不满足抗震鉴定要求。

（5）对多层砌体房屋，应根据其后续使用年限的不同，分别按照《建筑抗震鉴定标准》GB 50023 中 A 类砌体房屋或 B 类砌体房屋的建筑抗震鉴定方法进行。

1）A 类砌体房屋应进行综合抗震能力的两级鉴定。在第一级鉴定中，墙体的抗震承载力应依据纵、横墙间距进行简化验算，当符合第一级鉴定的各项规定时，应评为满足抗震鉴定要求；不符合第一级鉴定要求时，除有明确规定的情况外，应在第二级鉴定中采用综合抗震能力指数的方法，计入构造影响进行判断。

2）在 B 类砌体房屋整体性连接构造的检查中，尚应包括构造柱的设置情况，墙体的抗震承载力应采用现行国家标准《建筑抗震设计标准》GB/T 50011 的底部剪力法等方法进行验算，或按照 A 类砌体房屋计入构造影响进行综合抗震能力的评定。

2. 鉴定方法

（1）A 类多层砌体房屋的鉴定方法

1）A 类多层砌体房屋的鉴定方法与现行国家标准《建筑抗震鉴定标准》GB 50023 的适用范围基本相同。其强调房屋综合抗震能力，将承重墙体、次要墙体、附属构件、楼盖和屋盖整体性及各种连接的要求归纳起来，综合评价整幢房屋的综合抗震能力。并根据现有房屋的特点，对其抗震能力进行分级鉴定。

2）A 类多层砌体房屋的第二级鉴定实质就是进行抗震承载力验算，应根据房屋的实际情况采用不同的方法进行鉴定。

① 房屋质量和刚度沿高度分布明显不均匀，或抗震设防烈度为 7 度、8 度、9 度时房屋层数分别超过 6 层、5 层、3 层，可按 B 类砌体房屋的抗震承载力验算方法进行验算。

② 对于第①款中所述以外的情况，应根据房屋不符合第一级鉴定的具体情况，分别采用楼层平均抗震能力指数方法、楼层综合抗震能力指数方法和墙端综合抗震能力指数方法进行第二级鉴定。

3）A 类多层砌体房屋第二级鉴定的三种鉴定方法

① 楼层平均抗震能力指数方法：现有结构体系、整体性连接和易引起倒塌的部位符合第一级鉴定，但横墙间距和房屋宽度均超过或其中一项超过第一级鉴定限值的房屋，可采用楼层平均抗震能力指数方法进行第二级鉴定，又称为二（甲）级鉴定。

② 楼层综合抗震能力指数方法：现有结构体系、楼屋盖整体性连接、圈梁布置和构造柱及易引起局部倒塌的结构构件不符合第一级鉴定的房屋，可采用楼层综合抗震能力指数方法进行第二级鉴定，又称为二（乙）级鉴定。

③ 墙段综合抗震能力指数方法

实际横墙间距超过刚性体系规定的最大值、有明显扭转效应和易引起局部倒塌的结构构件不符合第一级鉴定要求的房屋，当最弱的楼层综合抗震能力指数小于 1.0 时，可采用墙段综合抗震能力指数法进行第二级鉴定，又称为二（丙）级鉴定。

（2）B 类多层砌体房屋的鉴定方法

1）B 类多层砌体房屋主要是针对按照 89 版抗震设计规范设计建造的房屋，其适用范围除增加多孔砖外，基本与 89 版抗震设计规范一致。对 B 类建筑抗震鉴定的主要内容是依据89版规范中的有关条文，从鉴定的角度予以归纳、整理而成，与A类建筑相同的是，同样对结构体系、材料强度、整体连接和局部易损部位进行鉴定，不同的是，B类建筑还必须经过墙体抗震承载力的综合评定。

2）B类多层砌体房屋第二级鉴定

① 对B类现有砌体房屋的抗震分析，可采用底部剪力法，并可按现行国家标准《建筑抗震设计标准》GB/T 50011规定，只选择从属面积较大或竖向应力较小的墙段进行抗震承载力验算。

② 各层层高相当且较规则均匀的B类多层砌体房屋，尚可按A类砌体房屋的第二级鉴定方法进行综合抗震能力验算。

**34.2.3.4 多层及高层钢筋混凝土房屋的抗震鉴定**

1. 一般规定

（1）本节所说的框架房屋是指现浇及装配整体式钢筋混凝土框架（包括填充墙框架）、框架-抗震墙及抗震墙结构。

（2）现有钢筋混凝土房屋的抗震鉴定，应依据其设防烈度重点检查下列薄弱部位。

1）抗震设防烈度为6度时，应检查局部易掉落伤人的构件、部件以及楼梯间非结构构件的连接构造。

2）抗震设防烈度为7度时，除应按第1）项检查外，尚应检查梁柱节点的连接方式、框架跨数及不同结构体系之间的连接构造。

3）抗震设防烈度为8、9度时，除应按第1）、2）项检查外，尚应检查梁、柱的配筋，材料强度，各构件间的连接，结构体型的规则性，短柱分布，使用荷载的大小和分布等。

（3）钢筋混凝土房屋的外观和内在质量宜符合下列要求。

1）梁、柱及其节点的混凝土仅有少量微小开裂或局部剥落，钢筋无露筋、锈蚀。

2）填充墙无明显开裂或与框架脱开。

3）主体结构构件无明显变形、倾斜或歪扭。

（4）现有钢筋混凝土房屋的抗震鉴定，应按结构体系的合理性，结构构件材料的实际强度，结构构件的纵向钢筋和横向箍筋的配置和构件连接的可靠性，填充墙等与主体结构的拉接构造，以及构件抗震承载力的综合分析，对整幢房屋的抗震能力进行鉴定。

当梁柱节点构造和框架跨数不符合规定时，应评为不满足抗震鉴定要求；当仅有出入口、人流通道处的填充墙不符合规定时，应评为局部不满足抗震鉴定要求。

（5）A类钢筋混凝土房屋应进行综合抗震能力两级鉴定。当符合第一级鉴定的各项规定时，除9度外，应允许不进行抗震验算而评为满足抗震鉴定要求；不符合第一级鉴定要求和9度时，除有明确规定的情况外，应在第二级鉴定中采用屈服强度系数和综合抗震能力指数的方法进行判断。

B类钢筋混凝土房屋应根据所属抗震等级进行结构布置和构造检查，并应通过内力调整进行抗震承载力验算；或按照A类钢筋混凝土房屋计入构造影响对综合抗震能力进行评定。

（6）当砌体结构与框架结构相连或依托于框架结构时，应加大砌体结构所承担的地震作用，再按现行国家标准《建筑抗震鉴定标准》GB 50023进行抗震鉴定；对框架结构的鉴定，应计入两种不同性质的结构相连导致的不利影响。

（7）砖女儿墙、门脸等非结构构件和突出屋面的小房间，应符合现行国家标准《建筑抗震鉴定标准》GB 50023 的有关规定。

2. 鉴定方法

（1）现有钢筋混凝土房屋的抗震鉴定，应按结构体系的合理性，结构构件材料实际强度，结构构件的纵向钢筋和横向箍筋的配置和构件连接的可靠性，填充墙等与主体结构的拉结构造，以及构件抗震承载力进行综合分析，对整栋房屋的抗震能力进行鉴定。当梁柱节点构造和框架跨数不符合规定时，应评为不满足抗震鉴定要求，如 8 度、9 度时的单向框架，以及乙类设防的框架为单跨结构等，应要求进行加固，或提出防震减灾对策。当仅有出入口、人流通道处的填充墙不符合规定时，应评为局部不满足抗震鉴定要求，应进行处理。

（2）A 类钢筋混凝土房屋的抗震鉴定方法：进行综合抗震能力两级鉴定，当符合第一级的各项规定时，除 9 度外，应允许不进行抗震验算而评为满足抗震鉴定要求；不符合第一级鉴定要求和 9 度时，除明确规定的情况外，应在第二级鉴定中采用屈服强度系数和综合抗震能力指数的方法进行判断。

（3）B 类钢筋混凝土房屋的抗震鉴定方法：应根据所属的抗震等级进行结构布置和构造检查，并通过内力调整进行抗震承载力验算；或按照 A 类钢筋混凝土房屋计入构造影响对综合抗震能力进行评定。

**34.2.3.5　多层及高层钢结构房屋的抗震鉴定**

1. 一般规定

（1）本节所说的多层及高层钢结构房屋是指钢框架、钢支撑框架、钢框架与钢板剪力墙或钢筋混凝土剪力墙结构。

（2）进行抗震鉴定的钢结构，其材料性能应符合下列规定：

1）钢材的实测屈服强度、屈强比、伸长率，应符合现行国家标准《建筑抗震设计标准》GB/T 50011 的规定。

2）钢材的冲击韧性，应满足当地最低气温时的工作性能要求。

3）抗震鉴定后需要施焊的钢结构，其碳当量 $C_E$ 或焊接裂纹敏感指数 $R_{cm}$ 应符合现行国家标准《低合金高强度结构钢》GB/T 1591 的规定。

4）沿板厚方向受拉力的厚钢板（厚度 $t$ 不小于 40mm），应满足现行国家标准《建筑抗震设计标准》GB/T 50011 对 Z 向性能的要求。

（3）钢结构应按下列规定进行罕遇地震作用下的弹塑性变形验算。

1）下列结构应进行弹塑性变形验算：

① 高度大于 150m 的钢结构。

② 特殊设防类（甲类）建筑和重点设防类（乙类）9 度区的钢结构建筑。

③ 采用隔震层和消能减震设计的钢结构。

2）下列结构宜进行弹塑性变形验算：

① 高度不大于 150m 的钢结构。

② 竖向特别不规则的高层钢结构。

③ 7 度Ⅲ、Ⅳ类场地和 8 度区的乙类钢结构建筑。

（4）钢结构抗侧力构件的连接，在进行承载力验算时，应按现行国家标准《建筑抗震设计标准》GB/T 50011 的规定执行，并应符合下列规定。

1）抗侧力构件连接的承载力设计值不应小于相连构件的承载力设计值。

2）高强度螺栓连接不得滑移。

3）抗侧力构件连接的极限承载力应大于相连构件的屈服承载力。

（5）进行钢结构地震作用效应分析时，结构的阻尼比可按下列规定取值：

1）多遇地震作用时，不超过 12 层的钢结构可取 0.035，超过 12 层的钢结构可取 0.02。

2）罕遇地震作用时，可取 0.05。

（6）进行多高层钢结构地震作用效应分析时，应考虑自振周期的折减，对于多高层钢结构，折减系数可取 0.8～0.9。

2. 鉴定方法

（1）钢结构的抗震鉴定应按两个项目分别进行。第一个项目为整体布置与抗震构造措施核查鉴定；第二个项目为多遇地震作用下承载力和结构变形验算鉴定。对有一定要求的钢结构，同时包括罕遇地震作用下抗倒塌或抗失效性能分析鉴定。

（2）在进行整体布置鉴定时，应核查建筑形体的规则性、结构体系与构件布置的合理性以及结构材料的适用性。按现行国家标准《高耸与复杂钢结构检测与鉴定标准》GB 51008 的有关规定鉴定为满足或不满足。

（3）在进行抗震构造措施鉴定时，应分别对结构构件和节点、非结构构件和节点的抗震构造措施进行核查鉴定。按现行国家标准《高耸与复杂钢结构检测与鉴定标准》GB 51008 的有关规定鉴定为满足或不满足。

（4）在进行多遇地震作用下承载力鉴定时，构件和节点的抗震承载力应按式（34-4）进行验算。

$$S \leqslant R/\gamma_{RE} \tag{34-4}$$

式中 $S$——多遇地震产生的效应组合设计值，考虑水平抗震性能调整系数，按照现行国家标准《高耸与复杂钢结构检测与鉴定标准》GB 51008 的有关规定计算；

$R$——承载力设计值；

$\gamma_{RE}$——承载力抗震调整系数，根据后续使用年限的不同，按照现行国家标准《高耸与复杂钢结构检测与鉴定标准》GB 51008 的有关规定采用。

（5）在进行多遇地震作用下结构的变形鉴定时，除现行国家标准《高耸与复杂钢结构检测与鉴定标准》GB 51008 另有规定外，应按式（34-5）进行验算。

$$\Delta u_e/h \leqslant [\theta_e] \tag{34-5}$$

式中 $\Delta u_e$——多遇地震作用标准值产生的楼层内最大弹性层间位移；

$[\theta_e]$——弹性层间位移角限值，宜按现行国家标准《高耸与复杂钢结构检测与鉴定标准》GB 51008 有关规定采用；

$h$——计算楼层层高。

（6）在进行罕遇地震作用下结构的变形鉴定时，可采用现行国家标准《建筑抗震设计标准》GB/T 50011 规定的方法，按式（34-6）进行验算。

$$\Delta u_p/h \leqslant [\theta_p] \tag{34-6}$$

式中 $\Delta u_p$——罕遇地震作用标准值产生的楼层内最大弹塑性层间位移；

$[\theta_p]$——弹塑性层间位移角或整体倾角限值，宜按现行国家标准《高耸与复杂钢结构检测与鉴定标准》GB 51008 的有关规定采用。

（7）钢结构抗震性能可按下列规定进行鉴定。

1）符合下列情况之一，可鉴定为满足抗震性能：

① 第一个与第二个鉴定项目均鉴定为满足。

② 第一个项目中的整体布置鉴定为满足，抗震构造措施鉴定为不满足，但满足现行国家标准《钢结构设计标准》GB 50017 和《冷弯薄壁型钢结构技术规范》GB 50018 有关构造措施的规定，构件截面板件的宽厚比符合《高耸与复杂钢结构检测与鉴定标准》GB 51008 中的 D 类截面的限值，且第二个项目鉴定为满足。

③ 抗震设防烈度为 6 度区但不含建于Ⅳ类场地上的规则建筑高层钢结构，第一个项目鉴定为满足。

2）符合下列情况之一，应鉴定为抗震性能不满足：

① 第一个项目中的整体布置鉴定为不满足。

② 第二个项目鉴定为不满足。

③ 构造措施不符合现行国家标准《钢结构设计标准》GB 50017 和《冷弯薄壁型钢结构技术规范》GB 50018 的规定，或构件截面板件的宽厚比不符合《高耸与复杂钢结构检测与鉴定标准》GB 51008 中的 D 类截面的限值。

**34.2.3.6　内框架和底层框架房屋的抗震鉴定**

1. 一般规定

（1）本节所说的内框架和底层框架房屋是指按丙类设防的黏土砖墙与钢筋混凝土柱混合承重的内框架、底层框架砖房、底层框架抗震墙砖房。

（2）现有内框架和底层框架砖房抗震鉴定时，对房屋的高度和层数、横墙的厚度和间距、墙体的砂浆强度等级和砌筑质量应重点检查；并应根据结构类型和设防烈度重点检查下列薄弱部位：

1）底层框架和底层内框架砖房的底层楼盖类型，底层与第二层的侧移刚度比、结构平面质量和刚度分布，以及墙体（包括填充墙）等抗侧力构件布置的均匀对称性。

2）多层内框架砖房的屋盖类型和纵向窗间墙宽度。

3）抗震设防烈度为 7～9 度设防时，尚应检查框架的配筋和圈梁及其他连接构造。

（3）砖墙体和混凝土构件的外观和内在质量应符合现行国家标准《建筑抗震鉴定标准》GB 50023 各章的有关规定。

（4）内框架和底层框架房屋的砌体部分和框架部分，除符合本节规定外，尚应分别符合现行国家标准《建筑抗震鉴定标准》GB 50023 对多层砌体房屋和多层及高层钢筋混凝土房屋抗震鉴定的有关规定。

2. 鉴定方法

（1）现有内框架和底层框架砖房的抗震鉴定，应按房屋高度和层数、混合承重结构体系的合理性、墙体材料的实际强度、结构构件之间整体性连接构造的可靠性、局部易损易倒部位构件自身及其与主体结构连接构造的可靠性以及墙体和框架抗震承载力的综合分析，对整幢房屋的抗震能力进行鉴定。当房屋层数超过规定，或底部框架砖房的上、下刚度比不符合规定时，应评为不满足抗震鉴定要求；当仅有出入口和人流通道处的女儿墙等不符合规定时，应评为局部不满足抗震鉴定要求。

（2）A 类内框架和底层框架房屋的鉴定方法如下：应进行综合抗震能力的两级评定。

符合第一级鉴定的各项规定时，应评为满足抗震鉴定要求；不符合第一级鉴定要求时，除有明确规定的情况外，应在第二级鉴定采用屈服强度系数和综合抗震能力指数的方法，计入构造影响做出判断。

(3) B 类内框架和底层框架房屋的鉴定方法如下：应根据所属的抗震等级和构造柱设置等进行结构布置和构造检查，并应通过内力调整进行抗震承载力验算，或按照 A 类房屋计入构造影响对综合抗震能力进行评定。

**34.2.3.7 木结构和土石墙房屋的抗震鉴定**

1. 木结构房屋

(1) 本节所说的木结构房屋是指屋盖、楼盖以及支承柱均由木材制作的下列中、小型木结构：

1) 抗震设防烈度为 6～8 度时，不超过二层的穿斗木构架、旧式木骨架、木柱木屋架房屋和康房，单层的柁木檩架房屋。

2) 抗震设防烈度为 9 度时，不超过二层的穿斗木构架房屋、康房和单层的旧式木骨架房屋，不包括木柱木屋架和柁木檩架房屋。

(2) 抗震鉴定时，应重点检查承重木构架、楼盖和屋盖的质量（品质）和连接、墙体与木构架的连接、房屋所处场地条件的不利影响。

(3) 木结构房屋的外观和内在质量宜符合下列要求：

1) 柱、梁（柁）、屋架、檩、椽、穿枋、龙骨等受力构件无明显的变形、歪扭、腐朽、蚁蚀、影响受力的裂缝和弊病。

2) 木构件的节点无明显松动或拔榫。

3) 抗震设防烈度为 7 度时，木构架倾斜不应超过木柱直径的 1/3，8 度、9 度时不应有歪闪。

4) 墙体无空鼓、酥碱、歪闪和明显裂缝。

(4) 木结构房屋以抗震构造鉴定为主，可不做抗震承载力验算。8 度、9 度时Ⅳ类场地的房屋应适当提高抗震构造要求。

(5) 木结构房屋的抗震鉴定，应根据后续使用年限的不同，分别对 A 类木结构房屋或 B 类木结构房屋进行抗震鉴定：

1) A 类木结构房屋（旧式木骨架房屋、木柱木屋架房屋、柁木檩架房屋、穿斗木构架房屋和康房）应按照现行国家标准《建筑抗震鉴定标准》GB 50023，对木构架的布置和构造，墙体的布置和构造，以及易损部位的构造进行抗震鉴定。

2) B 类木结构房屋除按 A 类的要求检查外，尚应符合现行国家标准《建筑抗震鉴定标准》GB 50023 对 B 类木结构房屋的有关规定。

(6) 木结构房屋抗震鉴定时，尚应按有关规定检查其地震时的防火问题。

2. 生土房屋

(1) 本节所说的生土房屋是指抗震设防烈度为 6～8 度（0.20$g$）未经焙烧的土坯、灰土、夯土墙承重的房屋及土窑洞、土拱房。

(2) 抗震鉴定时，应重点检查墙体的布置、质量（品质）和连接，楼盖、屋盖的整体性及出屋面小烟囱等易倒塌伤人的部位。

(3) 房屋的外观和内在质量应符合下列要求：

1）墙体无明显裂缝和歪闪。

2）木梁（柁）、屋架、檩、椽等无明显的变形、歪扭、腐朽、蚁蚀和严重开裂等。

3）各类生土房屋的地基应夯实，墙脚宜设防潮层；土墙的防潮碱草不腐烂。

（4）生土房屋以抗震构造鉴定为主，可不作抗震承载力验算。

（5）生土房屋的抗震鉴定，应根据后续使用年限的不同，分别对A类生土房屋或B类生土房屋进行抗震鉴定：

1）A类生土房屋应按照现行国家标准《建筑抗震鉴定标准》GB 50023，对结构布置，土墙的构造楼、屋盖的构造以及易损部位的构造进行抗震鉴定。

2）B类生土房屋除按A类的要求检查外，尚应符合现行国家标准《建筑抗震鉴定标准》GB 50023对B类生土房屋的有关规定。

3. 石墙房屋

（1）本节所说的石墙房屋是指抗震设防烈度为6度、7度时单层的毛石和不超过三层的毛料石墙体承重的房屋。

（2）抗震鉴定时，应重点检查墙体的布置、质量（品质）和连接，楼盖、屋盖的整体性及出屋面小烟囱等易倒塌伤人的部位。

（3）房屋的外观和内在质量宜符合下列要求：

1）墙体无明显裂缝和歪闪。

2）木梁（柁）、屋架、檩、椽等无明显的变形、歪扭、腐朽、蚁蚀和严重开裂等。

（4）石墙房屋以抗震构造鉴定为主，可不进行抗震承载力验算。

（5）石墙房屋的抗震鉴定，应根据后续使用年限的不同，分别对A类石墙房屋或B类石墙房屋进行抗震鉴定：

1）A类石墙房屋应按照现行国家标准《建筑抗震鉴定标准》GB 50023，对结构布置，石墙体的构造，楼、屋盖的构造，以及易损部位的构造进行抗震鉴定。

2）B类石墙房屋除按A类的要求检查外，尚应符合现行国家标准《建筑抗震鉴定标准》GB 50023对B类石墙房屋的有关规定。

**34.2.3.8　烟囱和水塔的抗震鉴定**

1. 烟囱

（1）本节所说的烟囱是指普通类型的独立砖烟囱和钢筋混凝土烟囱，特殊形式的烟囱及重要的高大烟囱应采用专门的鉴定方法。

（2）烟囱的筒壁不应有明显的裂缝和倾斜，砖砌体不应松动，混凝土不应有严重的腐蚀和剥落，钢筋无露筋和锈蚀。不符合要求时，应修补和修复。

（3）烟囱的抗震鉴定应包括抗震构造鉴定和抗震承载力验算。根据后续使用年限的不同，分别按照现行国家标准《建筑抗震鉴定标准》GB 50023中A类烟囱或B类烟囱的抗震鉴定方法进行抗震鉴定。

2. 水塔

（1）本节说的水塔是指下列独立水塔，其他独立水塔或特殊形式、多种使用功能的综合水塔应采用专门的鉴定方法：

1）容积不大于500$m^3$、高度不超过35m的钢筋混凝土筒壁式和支架式水塔。

2）容积不大于200$m^3$、高度不超过30m的砖、石筒壁水塔。

3）容积不大于 $20m^3$、高度不超过 10m 的砖支柱水塔。

（2）对水塔进行抗震鉴定时，应重点检查筒壁、支架的构造和抗震承载力，基础的不均匀沉降等。

（3）水塔的外观和内在质量宜符合下列要求：

1）钢筋混凝土筒壁和支架仅有少量微小裂缝，钢筋无露筋和锈蚀。

2）砖、石筒壁和砖支柱无裂缝、松动和酥碱。

3）基础无严重倾斜，水塔高度不超过 20m 时，倾斜率不应超过 0.8%；水塔高度为 20～45m 时，倾斜率不应超过 0.6%。

（4）水塔的抗震鉴定应包括抗震构造鉴定和抗震承载力验算。根据后续使用年限的不同，分别按照现行国家标准《建筑抗震鉴定标准》GB 50023 中 A 类水塔或 B 类水塔的抗震鉴定方法进行抗震鉴定。

## 34.3 加 固 材 料

### 34.3.1 加固材料选用原则

加固材料应选用毒性和燃烧性能已分别通过卫生部门和消防部门的检验与鉴定的材料或制品，同时按现行国家标准《工程结构加固材料安全性鉴定技术规范》GB 50728 的要求通过安全性鉴定。

**34.3.1.1 安全性原则**

加固材料应按现行国家标准《工程结构加固材料安全性鉴定技术规范》GB 50728 的要求通过安全性鉴定，保障加固材料产品质量。

**34.3.1.2 环保原则**

加固材料或制品的毒性和燃烧性能，应分别通过卫生部门和消防部门的检验与鉴定。

**34.3.1.3 耐久性原则**

加固材料或制品的耐久性应满足现行国家标准《工程结构加固材料安全性鉴定技术规范》GB 50728 中对长期性能和耐介质腐蚀的要求。

### 34.3.2 结 构 胶

**34.3.2.1 结构胶的应用**

用于承重结构构件胶接、能长期承受设计应力和环境作用的胶粘剂，简称为结构胶。

1. 结构胶的种类

（1）工程结构加固用的结构胶，应按胶接基材的不同，分为混凝土用胶、结构钢用胶、砌体用胶和木材用胶等，每种胶还应按其现场固化条件的不同，划分为室温固化型、低温固化型和高湿面（或水下）固化型等三种类型结构胶。必要时，尚应根据使用环境的不同，区分为普通结构胶、耐温结构胶和耐介质腐蚀结构胶等。

（2）室温固化型结构胶的使用说明书，应按下列规定标明其最高使用温度类别：

1）Ⅰ类适用的温度范围为－45～60℃。

2）Ⅱ类适用的温度范围为－45～95℃。

3）Ⅲ类适用的温度范围为−45～125℃。

2. 结构胶的应用

工程结构用的结构胶粘剂，其设计使用年限应符合下列规定：

（1）当用于既有建筑物加固时，宜为30年。

（2）当用于新建工程（包括新建工程的加固改造）时，应为50年。

（3）当结构胶到达设计使用年限时，若其胶粘能力经鉴定未发现有明显退化者，允许适当延长其使用年限，但延长的年限须由鉴定机构通过检测，会同建筑产权人共同确定。

### 34.3.2.2　结构胶的主要性能指标

1. 以混凝土为基材的结构胶

（1）以混凝土结构构件为基材的结构胶按用途可分为粘贴钢材、粘贴纤维复合材、锚固等结构胶，包括以下性能指标，如表34-5～表34-9所示。

**以混凝土为基材，粘贴钢材用结构胶基本性能指标　　表34-5**

| 检验项目 | | | 检验条件 | 合格指标 | | | |
|---|---|---|---|---|---|---|---|
| | | | | Ⅰ类胶 | | Ⅱ类胶 | Ⅲ类胶 |
| | | | | A级 | B级 | | |
| 胶体性能 | 抗拉强度（MPa） | | 在（23±2）℃、（50±5）%RH条件下，以2mm/min加荷速度进行测试 | ≥30 | ≥25 | ≥30 | ≥35 |
| | 受拉弹性模量（MPa） | 涂布胶 | | ≥3.2×10³ | | ≥3.5×10³ | |
| | | 压注胶 | | ≥2.5×10³ | ≥2.0×10³ | ≥3.0×10³ | |
| | 伸长率（%） | | | ≥1.2 | ≥1.0 | ≥1.5 | |
| | 抗弯强度（MPa） | | | ≥45 | ≥35 | ≥45 | ≥50 |
| | | | | 且不得呈碎裂状破坏 | | | |
| | 抗压强度（MPa） | | | ≥65 | | | |
| 粘结能力 | 钢对钢拉伸抗剪强度（MPa） | 标准值 | （23±2）℃、（50±5）%RH | ≥15 | ≥12 | ≥18 | |
| | | 平均值 | （60±2）℃、10min | ≥17 | ≥14 | — | — |
| | | | （95±2）℃、10min | — | — | ≥17 | — |
| | | | （125±3）℃、10min | — | — | — | ≥14 |
| | | | （−45±2）℃、30min | ≥17 | ≥14 | ≥20 | |
| | 钢对钢对接粘结抗拉强度（MPa） | | 在（23±2）℃、（50±5）%RH条件下，按所执行试验方法标准规定的加荷速度测试 | ≥33 | ≥27 | ≥33 | ≥38 |
| | 钢对钢T冲击剥离长度（mm） | | | ≤25 | ≤40 | ≤15 | |
| | 钢对C45混凝土正拉粘结强度（MPa） | | | ≥2.5，且为混凝土内聚破坏 | | | |
| 热变形温度（℃） | | | 固化、养护21d，到期使用0.45MPa弯曲应力的B法测定 | ≥65 | ≥60 | ≥100 | ≥130 |
| 不挥发物含量（%） | | | （105±2）℃、（180±5）min | ≥99 | | | |

注：表中各项性能，除标有标准值外，均为平均值。

**以混凝土为基材，粘贴纤维复合材用结构胶基本性能指标　　表 34-6**

| 检验项目 | | | 检验条件 | 合格指标 | | | |
|---|---|---|---|---|---|---|---|
| | | | | Ⅰ类胶 | | Ⅱ类胶 | Ⅲ类胶 |
| | | | | A级 | B级 | | |
| 胶体性能 | 抗拉强度（MPa） | | 在（23±2)℃、(50±5)%RH条件下，以2mm/min加荷速度进行测试 | ≥38 | ≥30 | ≥38 | ≥40 |
| | 受拉弹性模量（MPa） | | | $\geq 2.4\times10^3$ | $\geq 1.5\times10^3$ | $\geq 2.0\times10^3$ | |
| | 伸长率（%） | | | ≥1.5 | | | |
| | 抗弯强度（MPa） | | | ≥50 | ≥40 | ≥45 | ≥50 |
| | | | | | 且不得呈碎裂状破坏 | | |
| | 抗压强度（MPa） | | | ≥70 | | | |
| | 钢对钢拉伸抗剪强度（MPa） | 标准值 | (23±2)℃、(50±5)%RH | ≥14 | ≥10 | ≥16 | |
| | | 平均值 | (60±2)℃、10min | ≥16 | ≥12 | — | — |
| | | | (95±2)℃、10min | — | — | ≥15 | — |
| | | | (125±3)℃、10min | — | — | — | ≥13 |
| | | | (−45±2)℃、30min | ≥16 | ≥12 | ≥18 | |
| 粘结能力 | 钢对钢粘结抗拉强度（MPa） | | 在（23±2)℃、(50±5)%RH条件下，按所执行试验方法标准规定的加荷速度测试 | ≥40 | ≥32 | ≥40 | ≥43 |
| | 钢对钢T冲击剥离长度（mm） | | | ≤20 | ≤35 | ≤20 | |
| | 钢对C45混凝土正拉粘结强度（MPa） | | | ≥2.5，且为混凝土内聚破坏 | | | |
| 热变形温度（℃） | | | 使用0.45MPa弯曲应力的B法测定 | ≥65 | ≥60 | ≥100 | ≥130 |
| 不挥发物含量（%） | | | (105±2)℃、(180±5)min | ≥99 | | | |

注：表中各项性能，除标有标准值外，均为平均值。

**以混凝土为基材，锚固用结构胶基本性能指标　　表 34-7**

| 检验项目 | | 检验条件 | 合格指标 | | | |
|---|---|---|---|---|---|---|
| | | | Ⅰ类胶 | | Ⅱ类胶 | Ⅲ类胶 |
| | | | A级 | B级 | | |
| 胶体性能 | 劈裂抗拉强度（MPa） | 在（23±2)℃、(50±5)%RH条件下，以2mm/min加荷速度进行测试 | ≥8.5 | ≥7.0 | ≥10 | ≥12 |
| | 抗弯强度（MPa） | | ≥50 | ≥40 | ≥50 | ≥55 |
| | | | | 且不得呈碎裂状破坏 | | |
| | 抗压强度（MPa） | | ≥60 | | | |

续表

| 检验项目 | | | 检验条件 | | 合格指标 | | | |
|---|---|---|---|---|---|---|---|---|
| | | | | | Ⅰ类胶 | | Ⅱ类胶 | Ⅲ类胶 |
| | | | | | A级 | B级 | | |
| 粘结能力 | 钢对钢拉伸抗剪强度（MPa） | 标准值 | (23±2)℃、(50±5)%RH | | ≥10 | ≥8 | ≥12 | |
| | | 平均值 | (60±2)℃、10min | | ≥11 | ≥9 | — | — |
| | | | (95±2)℃、10min | | — | — | ≥11 | — |
| | | | (125±3)℃、10min | | — | | — | ≥10 |
| | | | (−45±2)℃、30min | | ≥12 | ≥10 | ≥13 | |
| | 约束拉拔条件下带肋钢筋（或全螺杆）与混凝土粘结强度（MPa） | | 在(23±2)℃、(50±5)%RH | C30、ϕ25、l=150 | ≥11 | ≥8.5 | ≥11 | ≥12 |
| | | | | C60、ϕ25、l=125 | ≥17 | ≥14 | ≥17 | ≥18 |
| | 钢对钢T冲击剥离长度（mm） | | (23±2)℃、(50±5)%RH | | ≤25 | ≤40 | ≤20 | |
| 热变形温度（℃） | | | 使用0.45MPa弯曲应力的B法测定 | | ≥65 | ≥60 | ≥100 | ≥130 |
| 不挥发物含量（%） | | | (105±2)℃、(180±5)min | | ≥99 | | | |

注：表中各项性能，除标有标准值外，均为平均值。

**以混凝土为基材，结构胶长期使用性能指标　　表34-8**

| 检验项目 | | 检验条件 | 合格指标 | | | |
|---|---|---|---|---|---|---|
| | | | Ⅰ类胶 | | Ⅱ类胶 | Ⅲ类胶 |
| | | | A级 | B级 | | |
| 耐环境作用 | 耐湿热老化能力 | 在50℃、95%RH环境中老化90d（B级胶为60d）后，冷却至室温进行钢对钢拉伸抗剪试验 | 与室温下短期试验结果相比，其抗剪强度降低率（%）如下： | | | |
| | | | ≤12 | ≤18 | ≤10 | ≤12 |
| | 耐热老化能力 | 在下列温度环境中老化30d后，以同温度进行钢对钢拉伸抗剪试验 | 与同温度10min短期试验结果相比，其抗剪强度降低率如下： | | | |
| | | (80±2)℃ | ≤5 | 不要求 | | |
| | | (95±2)℃ | | | ≤5 | |
| | | (125±3)℃ | | | | ≤5 |
| | 耐冻融能力 | 在−25℃⇆35℃冻融循环温度下，每次循环8h，经50次循环后，在室温下进行钢对钢拉伸抗剪试验 | 与室温下，短期试验结果相比，其抗剪强度降低率不大于5% | | | |
| 耐应力作用的能力 | 耐长期应力作用能力 | 在(23±2)℃、(50±5)%RH环境中承受4.0MPa剪应力持续作用210d | 钢对钢拉伸抗剪试件不破坏，且蠕变的变形值小于0.4mm | | | |
| | 耐疲劳应力作用能力 | 在室温下，以频率为15Hz、应力比为5：1.5、最大应力为4.0MPa的疲劳荷载下进行钢对钢拉伸抗剪试验 | 经$2\times10^6$次等幅正弦波疲劳荷载作用后，试件不破坏 | | | |

注：若在申请安全性鉴定前，已委托有关科研机构完成该品牌结构胶耐长期应力作用能力的验证性试验与合格评定工作，且该评定报告已通过安全性鉴定机构的审查，则允许免做此项检验，而改做楔子快速测定。

**以混凝土为基材，结构胶耐介质侵蚀性能指标** **表 34-9**

| 应检验性能 | 介质环境及处理要求 | 合格指标 | |
|---|---|---|---|
| | | 与对照组相比强度下降率（%） | 处理后的外观质量要求 |
| 耐盐雾作用 | 5%氯化钠溶液；喷雾压力 0.08MPa；试验温度（35±2）℃；每 0.5h 喷雾一次，每次 0.5h；盐雾应自由沉降在试件上；作用持续时间：A 级胶及Ⅱ、Ⅲ类胶 90d；B 级胶 60d；到期进行钢对钢拉伸抗剪强度试验 | ≤5 | 不得有裂纹或脱胶 |
| 耐海水浸泡作用（仅用于水下结构胶） | 海水或人造海水；试验温度（35±2）℃；浸泡时间：A 级胶 90d；B 级胶 60d；到期进行钢对钢拉伸抗剪强度试验 | ≤7 | 不得有裂纹或脱胶 |
| 耐碱性介质作用 | Ca（OH）$_2$ 饱和溶液；试验温度（35±2）℃；浸泡时间：A 级胶及Ⅱ、Ⅲ类胶 60d；B 级胶 45d；到期进行钢对混凝土正拉粘结强度试验 | 不下降，且为混凝土破坏 | 不得有裂纹、剥离或起泡 |
| 耐酸性介质作用 | $H_2SO_4$ 的 5%溶液；试验温度（35±2）℃；浸泡时间：各类胶均为 30d；到期进行钢对混凝土正拉粘结强度试验 | 混凝土破坏 | 不得有裂纹或脱胶 |

（2）裂缝压注胶

1）裂缝压注胶分为裂缝封闭胶和裂缝修复胶两类。封闭胶用于封闭和填充裂缝；修复胶用于恢复混凝土构件的整体性和部分强度。

2）混凝土裂缝封闭胶的检验项目及合格指标，应符合以混凝土为基材的粘结纤维复合材的 B 级胶的要求。

3）混凝土裂缝修复胶包括下列指标（表 34-10）。

**混凝土裂缝修复胶指标** **表 34-10**

| 检验项目 | | 检验条件 | 合格指标 |
|---|---|---|---|
| 胶体性能 | 抗拉强度（MPa） | 浇筑毕养护 21d，到期立即在(23±2)℃、(50±5)%RH 条件下测试 | ≥25 |
| | 受拉弹性模量（MPa） | | ≥1.5×10$^3$ |
| | 伸长率（%） | | ≥1.7 |
| | 抗弯强度（MPa） | | ≥30 且不得呈碎裂破坏 |
| | 抗压强度（MPa） | | ≥50 |
| | 无约束线性收缩率（%） | 浇筑毕养护 21d，到期立即在(23±2)℃条件下测试 | ≤0.3 |
| 粘结能力 | 钢对钢拉伸抗剪强度（MPa） | 黏合毕养护 7d，到期立即在(23±2)℃、(50±5)%RH 条件下测试 | ≥15 |
| | 钢对钢对接抗拉强度（MPa） | | ≥20 |
| | 钢对干态混凝土正拉粘结强度（MPa） | | ≥2.5，且为混凝土内聚破坏 |
| | 钢对湿态混凝土正拉粘结强度（MPa） | | ≥1.8，且为混凝土内聚破坏 |
| 耐湿热老化性能 | | 在 50℃、(95±3)%RH 环境中老化 90d，冷却至室温进行钢对钢拉伸抗剪强度试验 | 与室温下，短期试验结果相比，其抗剪强度降低率不大于 18% |

注：1. 表中各项性能指标均为平均值；

2. 干态混凝土指含水率不大于 6%的硬化混凝土；湿态混凝土指饱和含水率状态下的硬化混凝土。

2. 以砌体为基材的结构胶

（1）以钢筋混凝土为面层的组合砌体构件，其加固用的结构胶指标与以混凝土为基材的结构胶指标相同。

（2）以素砌体为基材，粘贴钢板、纤维复合材及种植带肋钢筋、全螺纹螺杆和化学锚栓用的结构胶，其基本性能的指标与以混凝土为基材相应用途的 B 级胶的指标相同。

3. 以钢为基材的结构胶

以钢结构构件为基材的结构胶按用途可分为粘贴钢加固件、粘贴纤维复合材、种植锚固件等结构胶，包括以下性能指标，如表 34-11～表 34-13 所示。

**以钢为基材，粘贴钢加固件的结构胶基本性能指标　　　表 34-11**

<table>
<tr><th colspan="3" rowspan="3">检验项目</th><th rowspan="3">检验条件</th><th colspan="4">合格指标</th></tr>
<tr><th colspan="2">Ⅰ类胶</th><th rowspan="2">Ⅱ类胶</th><th rowspan="2">Ⅲ类胶</th></tr>
<tr><th>AAA 级</th><th>AA 级</th></tr>
<tr><td rowspan="7">胶体性能</td><td colspan="2">抗拉强度（MPa）</td><td rowspan="7">试件浇筑毕养护至 21d，到期立即在（23±2）℃、（50±5）%RH 条件下测试</td><td>≥45</td><td>≥35</td><td>≥45</td><td>≥50</td></tr>
<tr><td rowspan="2">受拉弹性模量（MPa）</td><td>涂布胶</td><td>≥4.0×10<sup>3</sup></td><td>≥3.5×10<sup>3</sup></td><td colspan="2">≥3.5×10<sup>3</sup></td></tr>
<tr><td>压注胶</td><td>≥3.0×10<sup>3</sup></td><td>≥2.7×10<sup>3</sup></td><td colspan="2">≥2.7×10<sup>3</sup></td></tr>
<tr><td rowspan="2">伸长率（%）</td><td>涂布胶</td><td colspan="2">≥1.5</td><td colspan="2">≥1.7</td></tr>
<tr><td>压注胶</td><td colspan="2">≥1.8</td><td colspan="2">≥2.0</td></tr>
<tr><td colspan="2">抗弯强度（MPa）</td><td colspan="2">≥50</td><td colspan="2">≥60</td></tr>
<tr><td colspan="2">抗压强度（MPa）</td><td colspan="4">且不得呈碎裂状破坏<br>≥65（Ⅰ类胶）；≥70（Ⅱ、Ⅲ类胶）</td></tr>
<tr><td rowspan="7">粘结能力</td><td rowspan="4">钢对钢拉伸抗剪强度（MPa）</td><td>标准值</td><td>试件粘合后养护 7d，到期立即在（23±2）℃、（50±5）%RH 条件下测试</td><td>≥18</td><td>≥15</td><td colspan="2">≥18</td></tr>
<tr><td rowspan="3">平均值</td><td>（95±2）℃；10min</td><td>—</td><td>—</td><td>≥16</td><td>—</td></tr>
<tr><td>（125±3）℃；10min</td><td>—</td><td>—</td><td>—</td><td>≥14</td></tr>
<tr><td>（−45±2）℃；30min</td><td>≥20</td><td>≥17</td><td colspan="2">≥20</td></tr>
<tr><td colspan="2">钢对钢对接接头抗拉强度（MPa）</td><td rowspan="3">试件粘合后养护 7d，到期立即在（23±2）℃、（50±5）%RH 条件下测试</td><td>≥40</td><td>≥33</td><td>≥35</td><td>≥38</td></tr>
<tr><td colspan="2">钢对钢 T 冲击剥离长度（mm）</td><td>≤10</td><td>≤20</td><td colspan="2">≤6</td></tr>
<tr><td colspan="2">钢对钢不均匀扯离强度（kN/m）</td><td>≥30</td><td>≥25</td><td colspan="2">≥35</td></tr>
<tr><td colspan="3">热变形温度（℃）</td><td>使用 0.45MPa 弯曲应力的 B 法</td><td colspan="2">≥65</td><td>≥100</td><td>≥130</td></tr>
</table>

注：表中各项性能指标，除标有标准值外，均为平均值。

**以钢为基材，粘贴碳纤维复合材的结构胶基本性能指标** **表 34-12**

| 检验项目 | | | 检验条件 | 合格指标 | | | |
|---|---|---|---|---|---|---|---|
| | | | | Ⅰ类胶 | | Ⅱ类胶 | Ⅲ类胶 |
| | | | | AAA 级 | AA 级 | | |
| 胶体性能 | 抗拉强度（MPa） | | 试件浇筑毕养护 21d，到期立即在（23±2）℃、（50±5）%RH 条件下测试 | ≥50 | ≥40 | ≥50 | ≥45 |
| | 受拉弹性模量（MPa） | 涂布胶 | | $\geqslant 3.3\times10^3$ | $\geqslant 2.8\times10^3$ | $\geqslant 3.0\times10^3$ | |
| | | 压注胶 | | $\geqslant 2.5\times10^3$ | | $\geqslant 2.5\times10^3$ | |
| | 伸长率（%） | 涂布胶 | | ≥1.7 | | ≥2.0 | |
| | | 压注胶 | | ≥2.0 | | ≥2.3 | |
| | 抗弯强度（MPa） | | | ≥50 | | ≥60 | |
| | | | | 且不得呈碎裂状破坏 | | | |
| | 抗压强度（MPa） | | | ≥65 | | ≥70 | |
| 粘结能力 | 钢对钢拉伸抗剪强度（MPa） | 标准值 | 试件粘合后养护 7d，到期立即在（23±2）℃、（50±5）%RH 条件下测试 | ≥17 | ≥14 | ≥17 | |
| | | 平均值 | （95±2）℃；10min | — | — | ≥15 | — |
| | | | （125±3）℃；10min | — | — | — | ≥12 |
| | | | （−45±2）℃；30min | ≥19 | ≥16 | ≥19 | |
| | 钢对钢对接接头抗拉强度（MPa） | | 试件粘合后养护 7d，到期立即在（23±2）℃、（50±5）%RH 条件下测试 | ≥45 | ≥40 | ≥45 | ≥38 |
| | 钢对钢 T 冲击剥离长度（mm） | | | ≤10 | ≤20 | ≤6 | |
| | 钢对钢不均匀扯离强度（kN/m） | | | ≥30 | ≥25 | ≥35 | |
| 热变形温度（℃） | | | 使用 0.45MPa 弯曲应力的 B 法 | ≥65 | | ≥100 | ≥130 |

注：表中各项性能指标，除标有标准值外，均为平均值。

**以钢为基材，种植锚固件等结构胶耐久性能指标** **表 34-13**

| 检验项目 | | 检验条件 | 合格指标 | | | |
|---|---|---|---|---|---|---|
| | | | Ⅰ类胶 | | Ⅱ类胶 | Ⅲ类胶 |
| | | | A 级 | B 级 | | |
| 耐环境作用 | 耐湿热老化能力 | 在 50℃、95%RH 环境中老化 90d 后，冷却至室温进行钢对钢拉伸抗剪强度试验 | 与室温下短期试验结果相比，其抗剪强度降低率（%）如下： | | | |
| | | | ≤12 | ≤18 | ≤10 | ≤15 |
| | 耐热老化能力 | 在下列温度环境中老化 90d 后，以同温度进行钢对钢拉伸抗剪试验 | 与同温度短期试验结果相比，其抗剪强度平均降低率（%）如下： | | | |
| | | （60±2）℃恒温 | ≤5 | ≤10 | | |
| | | （95±2）℃恒温 | | | ≤5 | |
| | | （125±3）℃恒温 | | | | ≤7 |
| | 耐冻融能力 | 在 −25℃ ⇆ 35℃冻融循环温度下，每次循环 8h，经 50 次循环后，在室温下进行钢对钢拉伸抗剪试验 | 与室温下短期试验结果相比，其抗剪强度平均降低率（%）不大于 5% | | | |

续表

| 检验项目 | | 检验条件 | 合格指标 | | | |
|---|---|---|---|---|---|---|
| | | | Ⅰ类胶 | | Ⅱ类胶 | Ⅲ类胶 |
| | | | A级 | B级 | | |
| 耐应力作用能力 | 耐长期剪应力作用能力 | 在各类胶最高使用温度下，承受5.0MPa剪应力，持续作用210d | 钢对钢拉伸抗剪试件不破坏，且蠕变的变形值小于0.4mm | | | |
| | 耐疲劳作用能力 | 在室温下，以频率为5Hz、应力比为5∶1、最大应力为5.0MPa的疲劳荷载下进行钢对钢拉伸抗剪试验 | 经$5\times10^6$次等幅正弦波疲劳荷载作用后，试件未破坏 | | | |

4. 以木材为基材的结构胶

木材与木材粘结室温固化型结构胶包括下列指标，见表34-14。

**木材与木材粘结室温固化型结构胶性能指标** **表34-14**

| 检验的性能 | | | 合格指标 | |
|---|---|---|---|---|
| | | | 红松等软木松 | 栎木或水曲柳 |
| 粘结性能 | 胶缝顺木纹方向抗剪强度（MPa） | 干试件 | ≥6.0 | ≥8.0 |
| | | 湿试件 | ≥4.0 | ≥5.5 |
| | 木材对木材横纹正拉粘结强度 $f_t^a$（MPa） | | $f_t^a \geqslant f_{t,90}$，且为木材横纹撕拉破坏 | |
| 耐环境作用性能 | 以20℃水浸泡48h→−20℃冷冻9h→室温置放15h→70℃热烘10h为一循环，经8个循环后，测定胶缝顺纹抗剪破坏形式 | | 沿木材剪坏的面积不得少于剪面面积的75% | |

### 34.3.2.3 结构胶的复验要求

根据现行国家标准《建筑结构加固工程施工质量验收规范》GB 50550的规定，加固工程用结构胶粘剂的进场复验应满足以下要求：

（1）加固工程使用的结构胶粘剂，应按工程用量一次进场到位。结构胶粘剂进场时，施工单位应会同监理人员对其品种、级别、批号、包装、中文标志、产品合格证、出厂日期、出厂检验报告等进行检查；同时，应对其钢拉伸抗剪强度、钢-混凝土正拉粘结强度和耐湿热老化性能等三项重要性能指标以及该胶粘剂不挥发物含量进行见证取样复验；对抗震设防烈度为7度及7度以上地区建筑加固用的粘钢和粘贴纤维复合材的结构胶粘剂，尚应进行抗冲击剥离能力的见证取样复验；所有复验结果均须符合现行国家标准《混凝土结构加固设计规范》GB 50367及《工程结构加固材料安全性鉴定技术规范》GB 50728的要求。

（2）检验数量：按进场批次，每批号见证取样3件，每件每组分称取500g，并按相同组分予以混匀后送独立检验机构复检。检验时，每一项目每批次的样品制作一组试件。

（3）检验方法：在确认产品批号、包装及中文标志完整的前提下，检查产品合格证、出厂日期、出厂检验报告、进场见证复验报告以及抗冲击剥离试件破坏后的残件。

## 34.3.3 裂缝注浆料

### 34.3.3.1 裂缝注浆料的应用

封闭、填充混凝土和砌体裂缝用的注浆料，应按其所使用粘结材料的不同，分为改性环氧基注浆料和改性水泥基注浆料。改性环氧基注浆料又分为室温固化型和低温固化型两种，水泥基注浆料又分为常温环境用和高温环境用两种。

在正常使用情况下，裂缝注浆料的设计使用年限与水泥砂浆和细石混凝土相应。高温环境使用的裂缝注浆料，由于其水化产物在长期高温下的稳定性尚不明确，因而其设计使用年限应由业主与设计单位共同商定，且不宜大于 30 年。

### 34.3.3.2 裂缝注浆料的主要性能指标

改性环氧基裂缝和水泥基裂缝注浆料安全性鉴定的检验项目及合格指标应符合表 34-15 和表 34-16 的规定。

改性环氧基裂缝注浆料安全性能指标　　表 34-15

| 检验项目 | | 检验条件 | 合格指标 |
|---|---|---|---|
| 浆体性能 | 劈裂抗拉强度（MPa） | 浆体浇筑毕养护 21d，到期立即在（23±2)℃、（50±5)%RH 条件下以 2mm/min 的加荷速度进行测试 | ≥7.0 |
| | 抗弯强度（MPa） | | ≥25 且不得呈碎裂状破坏 |
| | 抗压强度（MPa） | | ≥60 |
| 粘结能力 | 钢对钢拉伸剪切强度标准值（MPa） | 试件粘合毕养护 7d，到期立即在（23±2)℃、（50±5)%RH 条件下进行测试 | ≥7.0 |
| | 钢对钢粘结抗拉强度（mm） | | ≥15 |
| | 钢对混凝土正拉粘结强度（MPa） | | ≥2.5，且为混凝土内聚破坏 |
| 耐湿热老化能力（MPa） | | 在 50℃、98%RH 环境中老化 90d 后，冷却至室温进行钢对钢拉伸抗剪强度试验 | 老化后的抗剪强度平均降低率应不大于 20% |

注：表中各项性能指标均为平均值。

改性水泥基裂缝注浆料安全性能指标　　表 34-16

| 检验项目 | 龄期（d） | 检验条件 | 合格指标 |
|---|---|---|---|
| 抗压强度（MPa） | 3 | 采用 40mm×40mm×160mm 的试件，按现行国家标准《水泥胶砂强度检验方法（ISO 法）》GB/T 17671 规定的方法在（23±2)℃、（50±5)%RH 条件下检测 | ≥25.0 |
| | 7 | | ≥35.0 |
| | 28 | | ≥55.0 |
| 劈裂抗拉强度（MPa） | 7 | 采用现行国家标准《建筑结构加固工程施工质量验收规范》GB 50550 规定的试件尺寸和测试方法进行检测 | ≥3.0 |
| | 28 | | ≥4.0 |
| 抗折强度（MPa） | 7 | 采用现行国家标准《建筑结构加固工程施工质量验收规范》GB 50550 规定的试件尺寸和测试方法进行检测 | ≥5.0 |
| | 28 | | ≥8.0 |
| 与混凝土正拉粘结强度（MPa） | 28 | 采用现行国家标准《建筑结构加固工程施工质量验收规范》GB 50550 规定的注浆料浇筑成型方法和测试方法进行检测 | ≥1.5 |
| 耐施工负温作用能力（抗压强度比，%） | （−7+28） | 采用现行国家标准《水泥基灌浆材料应用技术规范》GB/T 50448 规定的养护条件和测试方法进行检测 | ≥80 |
| | （−7+56） | | ≥90 |

注：（−7+28）表示在规定的负温下养护 7d，再转标准养护 28d，其余类推。

裂缝注浆料涉及工程安全的工艺性能要求，应符合表34-17的规定。

**裂缝注浆料涉及工程安全的工艺性能标准　　表34-17**

<table>
<tr><th colspan="2" rowspan="2">检验项目</th><th colspan="2">注浆料性能指标</th></tr>
<tr><th>改性环氧类</th><th>改性水泥基类</th></tr>
<tr><td colspan="2">初始黏度（mPa·s）</td><td>≤1500</td><td>—</td></tr>
<tr><td rowspan="2">流动度（自流）</td><td>初始值（mm）</td><td>—</td><td>≥380</td></tr>
<tr><td>30min保留率（%）</td><td>—</td><td>≥90</td></tr>
<tr><td rowspan="2">竖向膨胀率</td><td>3h（%）</td><td>—</td><td>≥0.10</td></tr>
<tr><td>24h与3h之差值（%）</td><td>—</td><td>≥0.020</td></tr>
<tr><td colspan="2">23℃下7d无约束线性收缩率（%）</td><td>≤0.20</td><td>—</td></tr>
<tr><td colspan="2">泌水率（%）</td><td>—</td><td>0</td></tr>
<tr><td colspan="2">25℃测定的可操作时间（min）</td><td>≥60</td><td>≥90</td></tr>
<tr><td colspan="2">适合注浆的裂缝宽度 $\omega$（mm）</td><td>$1.5<\omega\leq3.0$</td><td>$3.0\leq\omega\leq5.0$，且符合材料说明书规定</td></tr>
</table>

用于高温环境的改性水泥基注浆料的性能，除应符合表34-16的安全性要求外，尚应符合表34-18的耐热性能要求。

**用于高温环境的改性水泥基注浆料耐热性能指标　　表34-18**

| 使用环境温度 | 抗压强度比（%） | 抗热震性（20次） |
|---|---|---|
| 按注浆料使用说明书规定的耐热性能指标确定，但不高于500℃ | ≥100 | 1. 试件热震后表面无脱落；<br>2. 热震后试件浸水端抗压强度与对照组标准养护28d的抗压强度比≥90% |

改性环氧基裂缝注浆料中不得含有挥发性溶剂和非反应性稀释剂；改性水泥基裂缝注浆料中氯离子含量不得大于胶凝材料质量的0.05%。任何注浆料均不得对钢筋及金属锚固件和预埋件产生腐蚀作用。

**34.3.3.3　裂缝注浆料的复检要求**

（1）应检查裂缝注浆料品种、型号、出厂日期、产品合格证、材料安全性鉴定报告及产品使用说明书的真实性。

（2）裂缝注浆料进场前，应对其抗压强度与混凝土正拉粘结强度两项安全性能进行复检。当有恢复截面整体性要求时，尚应对初黏度、线性收缩率（环氧类）、流动度竖向膨胀率、泌水率（改性水泥基类）等工艺性能进行复检。

## 34.3.4　水泥基灌浆料

**34.3.4.1　水泥基灌浆料的应用**

水泥基灌浆料的粗骨料细而少，因此其弹性模量、徐变、收缩均显著大于普通混凝土，而更接近水泥砂浆。在混凝土增大截面加固工程中，宜优先采用粗骨料粒径在10～16mm之间的减缩混凝土或自密实混凝土，只有在必要的情况下，才考虑使用灌浆料。

**34.3.4.2　水泥基灌浆料的主要性能指标**

工程结构加固用水泥基灌浆料安全性鉴定的检验项目及合格指标，应符合表34-19和

表 34-20 的规定。

结构加固用水泥基灌浆料安全性能指标 表 34-19

| 检验项目 | 龄期（d） | 检验条件 | 合格指标 |
|---|---|---|---|
| 抗压强度（MPa） | 1 | 采用边长为 100mm 立方体试件，按 GB/T 50081 规定的方法在（23±2）℃、（50±5）%RH 条件下进行检测 | ≥20.0 |
| | 3 | | ≥40.0 |
| | 28 | | ≥60.0 |
| 劈裂抗拉强度（MPa） | 7 | 采用直径为 100mm 的圆柱形试件，按 GB/T 50081 规定的方法进行检测 | ≥2.5 |
| | 28 | | ≥3.5 |
| 抗折强度（MPa） | 7 | 采用 100mm×100mm×400mm 的试件按 GB/T 50081 规定的方法进行检测 | ≥6.0 |
| | 28 | | ≥9.0 |
| 与钢筋握裹强度（MPa） | 28 | 采用 $\phi$20mm 光面钢筋，埋入浆体长度为 200mm，按 DL/T 5150 规定的方法进行检测 | ≥5.0 |
| 对钢筋腐蚀作用 | 0（新拌浆料） | 采用 GB 8076 规定的试样和方法进行检测 | 无 |
| 耐施工负温作用能力（抗压强度比，%） | （−7+28） | 采用 GB/T 50448 规定的养护条件和测试方法进行检测 | ≥80 |
| | （−7+56） | | ≥90 |

注：（−7+28）表示在规定的负温下养护 7d，再转标准养护 28d，其余类推。

结构用灌浆料涉及工程安全的工艺性能鉴定标准 表 34-20

| 检验项目 | | | 合格指标 |
|---|---|---|---|
| 重要工艺性能要求 | 最大骨料粒径（mm） | | ≤4.75 |
| | 流动度 | 初始值（mm） | ≥320 |
| | | 30min 保留率（%） | ≥90 |
| | 竖向膨胀率（%） | 3h | ≥0.10 |
| | | 24h 与 3h 之差值 | 0.02～0.30 |
| | 泌水率（%） | | 0 |

注：表中各项目的性能检验，应以灌浆料使用说明书规定的最大用水量制作试样。

当结构加固用灌浆料应用于高温环境时，灌浆料安全性能鉴定，除应符合表 34-19 和表 34-20 的要求外，尚应进行耐热性能检验，其检验结果应符合表 34-21 的规定。

用于高温环境的灌浆料耐热性能鉴定标准 表 34-21

| 使用环境温度 | 抗压强度比 | 热震性（20 次） |
|---|---|---|
| 按灌浆料使用说明书中耐热性能指标确定，但不高于 500℃ | 加热至受检温度，并恒温 3h 的试件抗压强度与未加热试件的 28d 抗压强度之比≥95% | 按现行国家标准《水泥基灌浆材料应用技术规范》GB/T 50448 规定的方法，测试结果应符合下列要求：<br>1. 试件表面应无崩裂、脱落；<br>2. 热震后的试件浸水端抗压强度与标准养护 28d 的抗压强度比（%）≥90% |

### 34.3.4.3 水泥基灌浆料的复检要求

混凝土结构及砌体结构加固用的水泥基灌浆料进场时，应按下列规定进行检查和复验。

(1) 应检查灌浆料品种、型号、出厂日期、产品合格证、材料安全性鉴定报告及产品使用说明书的真实性。

(2) 应按第 34.3.4.2 节规定的检验项目与合格指标检查产品的出厂检验报告，并见证取样复验其浆体流动度、抗压强度及其与混凝土正拉粘结强度等三个项目。若产品出厂报告中有漏检项目，也应在复验中予以补检。

(3) 若怀疑产品包装中净重不足，尚应抽样复验。复验测定的净重不应少于产品合格证标示值的 99%。

## 34.3.5　聚合物改性水泥砂浆

### 34.3.5.1　聚合物改性水泥砂浆的应用

聚合物改性水泥砂浆是以水泥和细骨料为基本材料，按照一定比例掺和聚合物进行改性，添加适量辅助材料混合制成的用于结构加固的砂浆。结构加固用的聚合物改性水泥砂浆，按聚合物材料的状态分为干粉类和乳液类。加固重要结构构件的，应选用乳液类。因与干粉类聚合物相比，乳液类虽运输、储存较麻烦，但它对水泥基材料的改性效果较显著而稳定。因聚合物在高温下会出现热变形问题，聚合物改性水泥砂浆的长期使用环境温度不宜高于 60℃。

### 34.3.5.2　聚合物改性水泥砂浆的主要性能指标

工程结构加固用的聚合物改性水泥砂浆，按聚合物材料的状态分为乳液类和干粉类。加固重要结构时，应选用乳液类。聚合物改性水泥砂浆中采用的聚合物材料应为改性环氧类、改性丙烯酸酯类、改性丁苯类或改性氯丁类聚合物，不得使用聚乙烯醇类、苯丙类、氯偏类聚合物以及乙烯-醋酸乙烯共聚物。

(1) 使用聚合物改性水泥砂浆的工程结构加固工程，其设计使用年限宜按 30 年确定。当用户要求按 50 年设计时，应具有耐应力长期作用鉴定合格的证书。

(2) 承重结构加固使用的聚合物改性砂浆分为Ⅰ级和Ⅱ级，应分别按下列规定采用：

1) 对于混凝土结构，当原构件混凝土强度等级不低于 C30 时，应采用Ⅰ级聚合物改性水泥砂浆；当原构件混凝土强度等级低于 C30 时，应采用Ⅰ级或Ⅱ级聚合物改性水泥砂浆。

2) 对于砌体结构，若无特殊要求，可采用Ⅱ级聚合物改性水泥砂浆。

(3) 聚合物改性水泥砂浆长期使用的环境温度不应高于 60℃。

以混凝土或砖砌体为基材的结构用聚合物改性水泥砂浆的基本性能指标和长期使用鉴定标准应符合表 34-22 及表 34-23 的要求。

**聚合物改性水泥砂浆基本性能鉴定标准（MPa）　表 34-22**

<table>
<tr><th colspan="3" rowspan="2">检验项目</th><th rowspan="2">检验条件</th><th colspan="2">合格指标</th></tr>
<tr><th>Ⅰ级</th><th>Ⅱ级</th></tr>
<tr><td rowspan="4">浆体性能</td><td colspan="2">劈裂抗拉强度</td><td rowspan="4">浆体成型后，不拆模，湿养护3d；然后拆侧模，仅留底模再湿养护 25d（个别为 4d），到期立即在(23±2)℃、(50±5)%RH 条件下进行测试</td><td>≥7</td><td>≥5.5</td></tr>
<tr><td colspan="2">抗折强度</td><td>≥12</td><td>≥10</td></tr>
<tr><td rowspan="2">抗压强度</td><td>7d</td><td>≥40</td><td>≥30</td></tr>
<tr><td>28d</td><td>≥55</td><td>≥45</td></tr>
</table>

续表

| 检验项目 | | | 检验条件 | 合格指标 | |
|---|---|---|---|---|---|
| | | | | Ⅰ级 | Ⅱ级 |
| 粘结能力 | 与钢丝绳粘结抗剪强度 | 标准值 | 粘结工序完成后，静置湿养护28d，到期立即在（23±2)℃、(50±5)%RH条件下进行测试 | ≥9 | ≥5 |
| | 与混凝土正拉粘结强度 | | | ≥2.5，且为混凝土内聚破坏 | |

注：除注明为标准值外，表中指标均为平均值。

**聚合物改性水泥砂浆长期使用性能鉴定标准** **表 34-23**

| 检验项目 | | 检验条件 | 鉴定合格指标 | |
|---|---|---|---|---|
| | | | Ⅰ级 | Ⅱ级 |
| 耐环境作用能力 | 耐湿热老化能力 | 在50℃、RH为98%环境中，老化90d（Ⅱ级聚合物砂浆为60d）后，其室温下钢丝绳对浆体套筒连接抗剪平均强度降低率（%） | ≤10 | ≤15 |
| | 耐冻融性能 | 在-25℃⇆35℃冻融交变流环境中，经受50次循环（每次循环8h）后，其室温下钢丝绳对浆体套筒连接抗剪平均强度降低率（%） | ≤5 | ≤10 |
| | 耐水性能 | 在自来水浸泡30d后，拭去浮水进行测试，其室温下钢标准块与基材的正拉粘结强度（MPa） | ≥1.5，且为基材内聚破坏 | |

**34.3.5.3 聚合物改性水泥砂浆的复检要求**

聚合物原材料进场时，施工单位应会同监理单位对其品种、型号、包装、中文标志、出厂日期、出厂检验合格报告等进行检查，同时尚应对聚合物砂浆体的劈裂抗拉强度、抗折强度及聚合物砂浆与钢粘结的拉伸抗剪强度进行见证取样复验。

## 34.3.6 纤维复合材

**34.3.6.1 纤维复合材的应用**

工程结构加固用的纤维复合材，包括碳纤维复合材、玻璃纤维复合材和芳纶纤维复合材。若为增韧目的，允许以混编或增层方式使用部分玄武岩纤维，但不得单独使用玄武岩纤维复合材。纤维复合材的纤维必须为连续纤维；其受力方式必须设计成仅承受拉应力作用。纤维复合材须与所选用的配套结构胶同时进行检测鉴定。若该品牌纤维拟与其他品牌结构胶配套使用，应分别按下列项目重做适配性检验：纤维复合材抗拉强度；纤维复合材与混凝土正拉粘结强度；纤维复合材层间剪切强度。

**34.3.6.2 纤维复合材的主要性能指标**

1. 碳纤维复合材

承重结构加固用的碳纤维，其材料品种和规格必须符合下列规定。

(1) 对于重要结构，必须选用聚丙烯腈基（PAN基）12k或12k以下的小丝束纤维，严禁使用大丝束纤维。

(2) 对于一般结构，除使用聚丙烯腈基12k或12k以下的小丝束纤维外，若有适配的结构胶，尚允许使用不大于15k的聚丙烯腈基碳纤维。

碳纤维复合材按其性能分为Ⅰ、Ⅱ、Ⅲ三个等级。进行安全性鉴定时，应按委托方报的等级进行检验。鉴定结果仅予以确认，不得因该检验批试样性能较高而给予升级。

（3）碳纤维复合材安全性鉴定的检验项目及合格指标应符合表34-24的规定。

**碳纤维复合材安全性能指标　　表34-24**

| 检验项目 | | 合格指标 | | | | |
|---|---|---|---|---|---|---|
| | | 单向织物 | | | 条形板 | |
| | | 高强Ⅰ级 | 高强Ⅱ级 | 高强Ⅲ级 | 高强Ⅰ级 | 高强Ⅱ级 |
| 抗拉强度（MPa） | 标准值 | ≥3400 | ≥3000 | — | ≥2400 | ≥2000 |
| | 平均值 | — | — | ≥3000 | — | — |
| 受拉弹性模量（MPa） | | $\geqslant 2.3\times10^5$ | $\geqslant 2.0\times10^5$ | $\geqslant 2.0\times10^5$ | $\geqslant 1.6\times10^5$ | $\geqslant 1.4\times10^5$ |
| 伸长率（%） | | ≥1.6 | ≥1.5 | ≥1.3 | ≥1.6 | ≥1.4 |
| 弯曲强度（MPa） | | ≥700 | ≥600 | ≥500 | — | — |
| 层间剪切强度（MPa） | | ≥45 | ≥35 | ≥30 | ≥50 | ≥40 |
| 纤维复合材与基材正拉粘结强度（MPa） | | 对混凝土和砌体基材：≥2.5，且为基材内聚破坏；<br>对钢基材：≥3.5，且不得为黏附破坏 | | | | |
| 单位面积质量（$g/m^2$） | 人工粘贴 | ≤300 | | | — | |
| | 真空灌注 | ≤450 | | | — | |
| 纤维体积含量（%） | | — | | | ≥65 | ≥55 |

注：除注明标准值外，表中指标均为平均值。

2. 芳纶纤维复合材

（1）承重结构用的芳纶纤维品种，应符合下列规定：

1）弹性模量不得低于$8.0\times10^4$MPa。

2）饱和含水率不得大于4.5%。

（2）芳纶纤维复合材按其性能分为Ⅰ级和Ⅱ级。

（3）芳纶纤维复合材安全性鉴定的检验项目及合格指标应符合表34-25的规定。

**芳纶纤维复合材安全性能指标　　表34-25**

| 项目 | | 类别 | | | |
|---|---|---|---|---|---|
| | | 合格指标 | | | |
| | | 单向织物 | | 条形板 | |
| | | 高强度Ⅰ级 | 高强度Ⅱ级 | 高强度Ⅰ级 | 高强度Ⅱ级 |
| 抗拉强度（MPa） | 标准值 | ≥2100 | ≥1800 | ≥1200 | ≥800 |
| | 平均值 | ≥2300 | ≥2000 | ≥1700 | ≥1200 |
| 受拉弹性模量 $E_f$（MPa） | | $\geqslant 1.1\times10^5$ | $\geqslant 8.0\times10^4$ | $\geqslant 7.0\times10^4$ | $\geqslant 6.0\times10^4$ |
| 伸长率（%） | | ≥2.2 | ≥2.6 | ≥2.5 | ≥3.0 |
| 弯曲强度（MPa） | | ≥400 | ≥300 | — | — |
| 层间剪切强度（MPa） | | ≥40 | ≥30 | ≥45 | ≥35 |
| 与混凝土基材正拉粘结强度（MPa） | | ≥2.5，且为混凝土内聚破坏 | | | |

续表

| 项目 | | 类别 | | | |
|---|---|---|---|---|---|
| | | 合格指标 | | | |
| | | 单向织物 | | 条形板 | |
| | | 高强度Ⅰ级 | 高强度Ⅱ级 | 高强度Ⅰ级 | 高强度Ⅱ级 |
| 纤维体积含量（%） | | — | | ≥60 | ≥50 |
| 单位面积质量（$g/m^2$） | 人工粘贴 | ≤450 | | — | |
| | 真空灌注 | ≤650 | | — | |

注：表中指标，除注明标准值外，均为平均值。

3. 玻璃纤维复合材

（1）工程结构加固用的玻璃纤维，应为连续纤维，且应采用高强S玻璃纤维或碱金属氧化物含量小于0.8%的E玻璃纤维；严禁使用中碱C玻璃纤维和高碱A玻璃纤维。

（2）玻璃纤维复合材安全性鉴定的检验项目及合格指标，应符合表34-26的规定。

**玻璃纤维复合材性能指标　　表34-26**

| 检验项目 | | 合格指标 | |
|---|---|---|---|
| | | 高强玻璃纤维 | E玻璃纤维 |
| 抗拉强度标准值（MPa） | | ≥2200 | ≥1500 |
| 受拉弹性模量（MPa） | | $\geq 1.0\times10^5$ | $\geq 7.2\times10^4$ |
| 伸长率（%） | | ≥2.5 | ≥1.8 |
| 弯曲强度（MPa） | | ≥600 | ≥500 |
| 层间剪切强度（MPa） | | ≥40 | ≥35 |
| 纤维复合材与混凝土正拉粘结强度（MPa） | | ≥2.5，且为混凝土内聚破坏 | |
| 单位面积质量（$g/m^2$） | 人工粘贴 | ≤450 | ≤600 |
| | 真空灌注 | ≤550 | ≤750 |

注：表中指标，除注明标准值外，均为平均值。

**34.3.6.3　纤维复合材的复检要求**

（1）纤维材料进场时，施工单位应会同监理人员对其品种、级别、型号、规格、包装、中文标志、产品合格证和出厂检验报告等进行检查，同时尚应对下列重要性能和质量指标进行见证取样复验：纤维复合材的抗拉强度标准值、弹性模量和极限伸长率；纤维织物单位面积质量或预成型板的纤维体积含量；碳纤维织物的K数。

若检验中发现该产品尚未与配套的胶粘剂进行过适配性试验，应见证取样送独立检测机构补检。

检查数量：按进场批号，每批号见证取样3件，从每件中，按每个检验项目各裁取1组试样的用料。

检验方法：在确认产品包装及中文标志完整性的前提下，检查产品合格证、出厂检验报告和进场复验报告；对于进口产品，还应检查报关单及商检报告所列的批号和技术内容是否与进场检查结果相符。

（2）结构加固使用的碳纤维，严禁用玄武岩纤维、大丝束碳纤维等替代。结构加固使用的S玻璃纤维（高强玻璃纤维）、E玻璃纤维（无碱玻璃纤维），严禁用A玻璃纤维或C玻璃纤维替代。

（3）纤维复合材的纤维应连续、排列均匀；织物尚不得有皱褶、断丝、结扣等严重缺陷；板材尚不得有表面划痕、异物夹杂、层间裂纹和气泡等严重缺陷。

检查数量：全数检查。

检验方法：观察，或用放大镜检查。

（4）纤维织物单位面积质量的检测结果，其偏差不得超过±3%；板材纤维体积含量的检测结果，其偏差不得超过$^{+5}_{-2}$%。

检查数量：按进场批次，每批抽取6个试样。

检验方法：检查产品进场复验报告。

## 34.3.7　合成纤维改性混凝土和砂浆

### 34.3.7.1　合成纤维改性混凝土和砂浆的应用

本章规定适用于以聚丙烯腈纤维、改性聚酯纤维、聚酰胺纤维、聚乙烯醇纤维和聚丙烯纤维配制的合成纤维改性混凝土或砂浆的安全性能要求。当需采用其他品种合成纤维替代时，其安全性鉴定的指标不应低于被替代的纤维。在工程结构加固工程中，合成纤维改性混凝土或砂浆主要用于下列场合：

（1）防止新增混凝土或砂浆的早期塑性收缩开裂。

（2）限制新增混凝土或砂浆在使用过程中的干缩裂缝和温度裂缝。

（3）增强新增混凝土或砂浆的弯曲韧性、耐冲击性和耐疲劳能力。

（4）提高混凝土或砂浆的抗渗性和抗冻性。

当用于结构增韧、增强目的时，应采用聚丙烯腈纤维、改性聚酯纤维、聚酰胺纤维和聚乙烯醇纤维；当仅用于限裂目的时，还可采用聚丙烯纤维。

### 34.3.7.2　合成纤维改性混凝土和砂浆的主要性能指标

结构加固用的合成纤维，其细观形态和几何特征应符合表34-27的规定。

**合成纤维的形态识别和几何特征的控制要求　　表34-27**

| 检测项目 | 识别标志与控制指标 | | | | |
|---|---|---|---|---|---|
| | 聚丙烯腈纤维（腈纶纤维） | 改性聚酯纤维（涤纶纤维） | 聚酰胺纤维（尼龙纤维） | 聚乙烯醇纤维（PVA纤维） | 聚丙烯纤维（丙纶纤维） |
| 纤维形态 | 束状，纵向有纹理 | 束状 | 束状，易分散成丝 | 集束 | 单丝或膜裂 |
| 截面形状 | 肾形或圆形 | 三角形 | 圆形 | 异形 | 圆形或异形 |
| 纤维直径（mm） | 20～27 | 10～15 | 23～30 | 10～14 | 10～15 |
| 纤维长度（mm） | 12～20 | 6～20 | 6～19 | 6～20 | 6～20 |

结构加固用的合成纤维，其安全性鉴定标准应符合表34-28的规定。

用于防止混凝土或砂浆早期塑性收缩开裂的合成纤维，其纤维体积率一般应控制在0.1%～0.4%范围内；若有特殊要求，应通过试配确定。用于混凝土或砂浆增韧的合成纤维，其纤维体积率应控制在0.5%～1.5%范围内；在能达到设计要求的情况下，应采用较低的纤维体积率。

**合成纤维安全性能** **表 34-28**

| 检验项目 | 合格指标 | | | | |
|---|---|---|---|---|---|
| | 聚丙烯腈纤维（腈纶纤维） | 改性聚酯纤维（涤纶纤维） | 聚酰胺纤维（尼龙纤维） | 聚乙烯醇纤维（PVA 纤维） | 聚丙烯纤维（丙纶纤维） |
| 抗拉强度（MPa） | ≥600 | ≥600 | ≥600 | ≥800 | ≥280 |
| 拉伸弹性模量（MPa） | $\geq 1.7\times10^{4}$ | $\geq 1.4\times10^{4}$ | $\geq 5\times10^{3}$ | $\geq 1.2\times10^{4}$ | $\geq 3.7\times10^{3}$ |
| 伸长率（%） | ≥15 | ≥20 | ≥18 | ≥5 | ≥18 |
| 吸水率（%） | <2 | <0.4 | <4 | <2 | <0.1 |
| 熔点（℃） | 240 | 250 | 220 | 210 | 175 |
| 再生链烯烃（再生塑料）含量 | 不允许 | 不允许 | 不允许 | 不允许 | 不允许 |
| 毒性 | 无 | 无 | 无 | 无 | 无 |

## 34.3.8 后锚固连接件

### 34.3.8.1 后锚固连接件的种类与应用

工程结构用的后锚固连接件应采用胶接植筋、胶接全螺纹螺杆和有机械锁紧效应的自扩底锚栓、模扩底锚栓和特殊倒锥形锚栓。

在考虑地震作用的结构中，严禁使用膨胀型锚栓作为承重构件的连接件。

### 34.3.8.2 后锚固连接件的主要性能指标

（1）混凝土基材的安全性能应符合下列规定。

1）当采用胶接植筋和胶接全螺纹螺杆时，其基材混凝土的强度等级应符合下列规定：当新增构件为悬挑结构构件时，其基材混凝土强度等级不得低于 C25 级。

当新增构件为其他结构构件时，其基材混凝土强度等级不得低于 C20 级。

2）当采用锚栓时，其基材混凝土的强度等级应符合下列规定：对于重要结构，不得低于 C30 级；对于一般结构，不得低于 C25 级。

（2）碳素钢、合金钢和不锈钢锚栓的安全性能指标应分别符合表 34-29、表 34-30 的规定。

**碳素钢及合金钢锚栓的安全性能指标** **表 34-29**

| 性能等级 | 4.8 | 5.8 | 6.8 | 8.8 |
|---|---|---|---|---|
| 抗拉强度标准值 $f_{stk}$（MPa） | ≥400 | ≥500 | ≥600 | ≥800 |
| 屈服强度标准值 $f_{yk}$ 或 $f_{s}$ 0.2k（MPa） | ≥320 | ≥400 | ≥480 | ≥640 |
| 伸长率 $\delta_{s}$（%） | ≥14 | ≥10 | ≥8 | ≥12 |
| 受拉弹性模量（MPa） | $\geq 2.0\times10^{5}$ | | | |

注：性能等级 4.8 表示 $f_{stk}=400$；$f_{yk}/f_{stk}=0.8$。

（3）胶接植筋的钢筋应采用 HRB400 级及 HRB335 级的带肋钢筋。胶接全螺纹钢螺杆应采用 Q235 和 Q345 的钢螺杆。钢筋和螺杆的强度指标应分别按现行国家标准《混凝土结构设计标准》GB/T 50010 和《钢结构设计标准》GB 50017 的规定采用。

**不锈钢（奥氏体 A1、A2、A4）锚栓性能指标　表 34-30**

| 性能等级 | 抗拉强度标准值 $f_{stk}$（MPa） | 屈服强度标准值 $f_{yk}$（MPa） | 伸长值 $\delta$ |
|---|---|---|---|
| 50 | ≥500 | ≥210 | ≥0.6$d$ |
| 70 | ≥700 | ≥450 | ≥0.4$d$ |
| 80 | ≥800 | ≥600 | ≥0.3$d$ |

（4）后锚固连接性能鉴定

后锚固连接的承载力检测，应采用破坏性检验方法，其检验结果的评定应符合下列规定。

① 当检验结果符合下列要求时，其锚固承载力评为合格：

$$N_{u,m} \geqslant [\gamma_u] N_t \tag{34-7}$$

$$且\ N_{u,min} \geqslant 0.85 N_{u,m} \tag{34-8}$$

式中　$N_{u,m}$——受检验锚固件极限抗拔力实测平均值。

$N_{u,min}$——受检验锚固件极限抗拔力实测最小值。

$N_t$——受检验锚固件连接的轴向受拉承载力设计值，应按现行国家标准《混凝土结构加固设计规范》GB 50367 的规定计算确定。

$[\gamma_u]$——破坏性检验安全系数，按表 34-31 取用。

② 当 $N_{u,m} < [\gamma_u] N_t$，或 $N_{u,min} < 0.85 N_{u,m}$ 时，应评为锚固承载力不合格。

**破坏性检验安全系数 $[\gamma_u]$　表 34-31**

| 锚固件种类 | 破坏类型 | |
|---|---|---|
| | 钢材破坏 | 非钢材破坏 |
| 植筋 | ≥1.45 | 不允许 |
| 锚栓 | ≥1.65 | ≥3.5 |

（5）后锚固连接的专项性能检验，应按现行行业标准《混凝土用机械锚栓》JG/T 160 的规定执行。通过该专项检验的后锚固连接，可作出其抗震或抗疲劳性能符合安全使用的鉴定。

**34.3.8.3　后锚固连接件的复检要求**

结构加固用锚栓应采用后扩底锚栓（即扩孔型锚栓）或定型化学锚栓，且应按工程用量一次进场到位。进场时，应对其品种、型号、规格、中文标志和包装、出厂检验合格报告等进行检查，并应对锚栓钢材受拉性能指标进行见证抽样复验，其复验结果必须符合现行国家标准《工程结构加固材料安全性鉴定技术规范》GB 50728 的规定。

（1）对地震设防烈度为 7 度、8 度的地区，除应按上述规定进行检查和复验外，尚应复查该批锚栓是否属“地震区适用”的锚栓。复查应符合下列要求。

1）国内产品应具有独立检验机构出具的符合现行行业标准《混凝土用机械锚栓》JG 160 规定的专项试验验证合格的证书。

2）进口产品应具有该国或国际认证机构检验结果出具的“地震区适用”的认证证书。

检查数量：按同一规格包装箱数为一检验批，随机抽取 3 箱（不足 3 箱应全取）的锚栓，经混合均匀后，从中见证抽取5%，且不少于5个进行复验；若复验结果仅有1个不合格，允许加倍取样复验；若仍有不合格者，则该批产品应评为不合格产品。

检验方法：在确认产品包装及中文标志完整性的条件下，检查产品合格证、出厂检验报告和进场见证复验报告；对后扩底锚栓，还应检查其扩孔刀头或刀具的真伪；对7度、8度地震区，尚应检查其认证或验证证书。

（2）钢锚板的钢种、规格、质量等应符合现行国家相应产品标准要求。对设计有复验要求的钢锚板，应进行见证抽样复验。

检查数量：以现行相应的产品标准为依据，按进场批号逐批检查。当设计有复验要求时，应按每批的钢锚板总数见证抽取1‰，且不少于3块进行复验。

检验方法：检查产品合格证、出厂检验报告和进场见证复验报告。

# 34.4 地 基 加 固

## 34.4.1 锚杆静压桩加固法

### 34.4.1.1 适用范围

锚杆静压桩法具有施工机具轻便灵活、施工方便、作业面小、可在室内施工以及耗能低、无振动、无噪声、无污染、施工不影响建筑物的使用等优点，广泛应用于既有建筑基础加固工程中，适用于淤泥、淤泥质土、黏性土、粉土、人工填土、湿陷性黄土等地基加固，特别适用于地基不均匀沉降引起上部结构开裂或倾斜、建筑物加层或厂房扩大、在密集建筑物群中或在精密仪器车间附近建造多层建筑物。

### 34.4.1.2 技术特点

锚杆静压法是利用建（构）筑物的自重作为压载，先在基础上开凿出压桩孔和锚杆孔，借锚杆反力，通过反力架，用千斤顶将桩段从基础压桩孔内逐段压入土中，当桩压力满足设计要求时，然后将桩与基础连接在一起，从而达到提高既有建筑物地基承载力和控制沉降的目的。施工示意见图34-5。

所需材料如下：

（1）材料：主要施工材料有锚杆螺栓、预制桩段、硫磺胶泥、环氧树脂胶泥（砂浆）、钢筋等。

（2）机具：主要机具有小型挖掘机、钻孔机、锚杆静力压桩机、电焊机、切割机、空压机、风钻、风镐、配制环氧树脂胶泥（砂浆）及硫磺胶泥用的器具等。

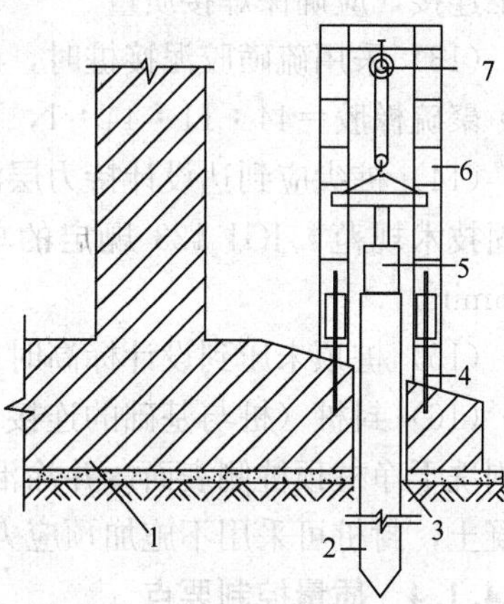

图34-5 锚杆静压桩装置示意图

1—基础；2—桩；3—压桩孔；4—锚杆；5—千斤顶；6—反力架；7—捯链

### 34.4.1.3 施工方法

1. 施工流程

施工流程如下：施工准备→挖出基础工作面→开凿压桩孔→钻锚杆孔→埋设锚杆→安装压桩架→起吊桩段→就位桩孔→压桩→起吊下节桩段→接桩→压桩→重复接桩压桩直至满足设计要求→封桩→桩与基础

连接→压桩施工完成。

2. 施工要点

(1) 锚杆静压桩设计应综合考虑既有建筑上部荷载和基础结构形式、加固目的、地质和水文条件以及周围地下管线、地下障碍、周围环境等因素。

(2) 当既有建筑基础承载力不能满足压桩要求时，应先对基础进行加固补强；也可采用新浇筑钢筋混凝土挑梁或抬梁作为压桩的承台。

(3) 依据设计和规范要求，编制合理的施工方案，做好交底工作，制作加工好桩段、锚杆螺栓、硫磺胶泥，平整施工工作面。

(4) 用小型挖掘机或人工开挖基础上部土方，提供工作面。

(5) 按设计要求凿出压桩孔，并将压桩孔壁凿毛，清理压桩孔。

(6) 按设计要求施钻锚杆孔，清理锚杆孔，孔内必须清洁干燥后再埋设粘结锚杆。

(7) 压桩架应安装牢固，并保持竖直，应均衡紧固锚固螺栓的螺母或锚具，压桩过程中应随时检查螺母，如有松动，应立即拧紧。

(8) 就位的桩段应保持垂直，使千斤顶、桩段及压桩孔轴线重合，不得偏心加压，压桩时，应垫钢板或桩垫，套上钢桩帽后再进行压桩，防止桩段破裂。

(9) 整根桩应一次连续压到设计标高，当必须中途停压时，桩端应停留在软弱土层中，且停压的间隔时间不宜超过 24h。压桩应连续进行，不得中途停顿，以防因间歇时间过长使压桩力骤增，造成桩压不下去或把桩头压碎。当压力表读数突然上升或下降时，要停机对照地质资料进行分析，判断是否遇到障碍物或产生断桩现象等。压桩施工应对称进行，防止基础因受力不平衡而倾斜。

(10) 接桩时或中途暂停压桩时，应避免桩端停在砂土层上，以免再压桩时因阻力增大而压入困难。

(11) 压桩施工时，不应将数台压桩机放在一个独立基础上同时加压，施工期间压桩力的总和不得超过该基础及上部结构所能发挥的自重，以防基础上抬造成破坏。

(12) 当采用焊接接桩时，应对准上、下节桩的垂直轴线，清除焊面铁锈，进行满焊施工连接，应确保焊接质量。

(13) 采用硫磺胶泥接桩时，硫磺胶泥的重量配合比可参照下列比值：硫磺∶水泥∶砂∶聚硫橡胶＝44∶11∶44∶1，可通过试配试验后适当调整施工配比。

(14) 桩尖应到达设计持力层深度，压桩力应达到现行行业标准《既有建筑地基基础加固技术规范》JGJ 123 规定的单桩竖向承载力标准值的 1.5 倍，且持续时间不应少于 5min。

(15) 桩顶未压到设计标高时，必须切除外露的桩头。严禁在悬臂情况下切除桩头。

(16) 封桩（桩与基础的连接）是整个压桩施工中的关键工序之一。封桩前，应凿毛和刷洗干净桩顶桩侧表面，并涂混凝土界面剂，压桩孔内封桩应采用 C30 或 C35 微膨胀混凝土，封桩可采用不施加预应力法和预应力法两种方法。

**34.4.1.4　质量控制要点**

(1) 桩身和封桩混凝土质量应符合设计要求，硫磺胶泥性能应符合现行行业标准《既有建筑地基基础加固技术规范》JGJ 123 的规定。

(2) 压桩孔与设计位置的平面偏差不得超过±20mm。压桩时桩段的垂直偏差不得超过桩段长的±1%。

(3) 压桩施工的控制标准应以设计最终压桩力为主，设计桩入土深度为辅。最终压桩力与桩入土深度应符合设计要求。严格控制接桩间歇时间和施工质量。压桩力不得大于该加固部分的结构自重，压桩孔宜为上小下大的正方棱台状，其孔口每边宜比桩截面边长大50～100mm。

(4) 钢筋混凝土桩宜为方桩，其边长为200～350mm，桩身混凝土强度等级不应低于C30。桩内主筋应按计算确定。当方桩截面边长为200mm时，配筋不宜少于4$\phi$10；当边长为250mm时，配筋不宜少于4$\phi$12；当边长为350mm时，配筋不宜少于4$\phi$16；抗拔主筋由计算确定。

(5) 每段桩节长度应根据施工净空高度及机具条件确定，宜为1.0～3.0m。

(6) 原基础承台应满足有关承载力要求，承台周边至边桩的净距不宜小于300mm，承台厚度不宜小于400mm。

(7) 桩顶嵌入承台内长度应为50～100mm；当桩承受拉力或有特殊要求时，应在桩顶四角增设锚固筋，伸入承台内的锚固长度应满足钢筋锚固要求。

(8) 压桩孔内应采用C30微膨胀早强混凝土浇筑密实。

(9) 当原基础厚度小于350mm时，封桩孔应用2$\phi$16钢筋交叉焊接于锚杆上，并应在浇筑压桩孔混凝土时，在桩孔顶面以上浇筑桩帽，厚度不得小于150mm。

(10) 锚杆规格及质量应满足设计要求。锚杆可用带螺纹锚杆、端头带镦粗锚杆或带爪肢锚杆，压力较小时，可用光面直杆镦粗螺栓。当压桩力小于400kN时，可采用M24锚杆；当压桩力为400～500kN时，可采用M27锚杆；锚杆螺栓的锚固深度可采用12～15倍螺栓直径，并不应小于300mm；锚杆露出承台顶面长度应满足压桩机具要求，一般不应小于120mm。锚杆螺栓在锚杆孔内的胶粘剂可采用植筋胶、环氧砂浆或硫磺胶泥等；锚杆与压桩孔、周围结构及承台边缘的距离不应小于200mm。

(11) 当桩身承受拉应力时，应采用焊接接头，桩节两端均应设置预埋铁件。其他情况可采用硫磺胶泥接头连接，桩节两端应设置焊接钢筋网片，一端预埋插筋，另一端预留插筋孔和吊装孔。

(12) 桩与基础连接前，应对压桩孔进行认真检查，验收合格后，方可浇捣混凝土。

## 34.4.2 树根桩加固法

树根桩是一束不同倾斜度、向各方向分叉开、形状如同树根的小直径钻孔灌注桩，其直径通常为100～300mm。国外是在钢套管的导向下用旋转法钻进。在托换工程中使用时，往往要钻穿既有建筑基础进入地基土中直至设计标高，清孔后下放钢筋（钢筋数量从1根到数根，视桩径而定），同时放入注浆管，压力注入水泥浆、水泥砂浆或细石混凝土，混凝土外加剂氯离子含量≤0.1%，边灌、边振、边拔管（升浆法）而成桩。亦可放入钢筋笼和注浆管，再填骨料，然后通过注浆管注入水泥浆或水泥砂浆而成桩。树根桩分为垂直桩、倾斜桩；单根桩、成排桩；端承桩、摩擦桩等多种不同类型。

### 34.4.2.1 适用范围

树根桩加固法适用于碎石土、砂土、粉土、黏性土、湿陷性黄土、淤泥、淤泥质土、人工填土和岩石等各类地层上既有建筑的修复和增层、古建筑整修、地下铁道的穿越等加固工程。

**34.4.2.2　技术特点**

树根桩法有以下特点：施工方便、噪声小、振动小、所需施工场地小、不危害既有建筑物、不扰动地基土、整体性好。

**34.4.2.3　施工方法**

1. 施工流程

施工流程如图34-6所示。

2. 施工要点

（1）对于软黏土成孔，可采用清水护壁；对于粉砂，应采用泥浆护壁；对于饱和软土，应在孔口1m范围设置套管；对地表有较厚的杂填土或端承桩，必须全长设置套管。当土层中有地下水且成孔困难时，可采用套管跟进成孔或利用套管替代钢筋笼一次成桩。

（2）应依据设计和规范要求编制合理的施工方案，做好交底工作，制作加工好钢筋笼、注浆管，合理选择起吊设备，尽可能一次起吊钢筋笼，平整施工工作面。

（3）钻机就位后，按设计钻孔倾角和方位，调整钻机的方向和立轴的角度，钻机应安装牢固和平衡。

（4）钻到设计标高后进行清孔，控制供水压力的大小，直至孔口溢出清水为止。

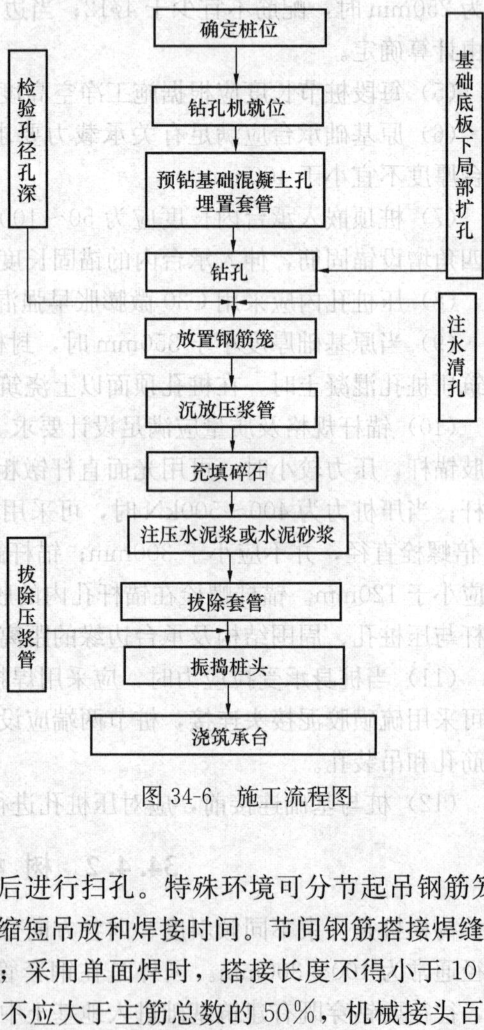


图34-6　施工流程图

（5）用起吊设备起吊钢筋笼，钢筋笼应顺直，因大部分钻孔是斜孔，下钢筋笼时，以人工配合，顺放钢筋笼至设计深度。在吊放钢筋笼的过程中，若发现缩颈、塌孔而使钢筋笼下放困难时，应起吊钢筋笼，分析原因后进行扫孔。特殊环境可分节起吊钢筋笼，用机械连接或焊接不断接长，施工时，应尽量缩短吊放和焊接时间。节间钢筋搭接焊缝采用双面焊时，搭接长度不得小于5倍钢筋直径；采用单面焊时，搭接长度不得小于10倍钢筋直径。焊接接头在同一截面上的接头数量不应大于主筋总数的50%，机械接头百分率，Ⅱ级接头不应大于50%，Ⅰ级接头不受限制。接头应相互错开，错开距离为35倍的主筋直径。

（6）注浆管可采用直径20～25mm的无缝铁管，在接头处应采用内缩节，使外管壁光滑，便于拔出，注浆管的管底口需用黑胶布或聚氯乙烯胶布封住。

（7）当采用碎石和细石填料时，待钢筋笼和注浆管入孔后，应立即投入用水清洗过的粒径为10～25mm的碎石，如果钻孔深度超过20m，可分二次投入。碎石应计量投入孔口填料区，并轻摇钢筋笼，促使石子下沉和密实，直至填满桩孔。填入量不应小于计算桩孔体积的0.9倍，在填灌过程中，应始终利用注浆管注水清孔。

(8) 注浆时，应控制压力，使浆液均匀上冒（俗称"升浆法"）。注浆管可在注浆过程中随注随拔，且须埋入水泥浆和水泥砂浆中2～3m，以保证浆体质量。注浆材料可采用水泥浆、水泥砂浆或细石混凝土，当采用碎石填灌时，注浆应采用水泥浆。注入水泥浆和水泥砂浆时，碎石孔隙中的泥浆被比重较大的水泥浆和水泥砂浆所置换，直至水泥浆和水泥砂浆从钻孔口溢出为止。注浆压力随桩长而增加，当桩长为20m时，其压力为0.3～0.5MPa；当桩长为30m时，其压力为0.6～0.7MPa。在注浆过程中，应对注浆管进行不定时上下松动。注浆施工时，应采用间隔施工、间歇施工或增加速凝剂掺量等措施，以防止出现相邻桩冒浆和串孔现象。树根桩施工中不应出现缩颈和塌孔。

(9) 浆液材料通常采用P.O42.5或P.O52.5普通硅酸盐水泥，砂料需过筛，配制中可加入适量减水剂及早强剂。纯水泥浆的水灰比一般采用0.40～0.55，水泥砂浆的水灰比可控制在0.5～0.6之间。由于压浆过程会引起振动，使桩顶部石子有一定数量的沉落，故在整个压浆过程中，应逐渐投入石子至桩顶，当浆液泛出孔口，压浆方可结束。

(10) 注浆结束后，起拔注浆管，每拔1m必须补浆一次，直至拔出为止。拔出注浆管之后，再往桩头加入碎石，并在1～2m范围内补充注浆，然后用细长软管振动棒振捣密实。

(11) 树根桩用作承重、支护或托换时，为使各根桩能联系成整体和加强刚度，通常都需浇筑承台，应凿开树根桩桩顶混凝土，露出钢筋，锚入所浇筑的承台内。

(12) 为提高树根桩的承载力，采用二次注浆的成桩法，需放置二根注浆管。一般二次注浆管做成花管形式，在管底口以上1.0m范围作成花管，其孔眼直径0.8cm，纵向四排，间距10cm，然后用聚氯乙烯胶布封住，防止放管时泥浆水或第一次注浆时水泥浆进入管内，注浆管一般是在钢筋笼内一起放到钻孔中。采用二次注浆工艺时，应在第一次注浆达到初凝（一般控制在60min范围内）后，才能进行第二次注浆。二次注浆除要冲破封口的聚氯乙烯胶布外，还要冲破初凝的水泥浆和水泥砂浆浆液的凝聚力，并剪裂周围土体，从而产生劈裂现象。第二次注浆压力一般为1～3MPa。因此，用于二次注浆的注浆泵额定压力不应低于4MPa。经二次注浆后，桩极限摩阻力一般可提高30%～50%（仅对二次注浆范围内土层而言），桩承载力一般可提高25%～40%。

**34.4.2.4 质量控制要点**

(1) 桩位平面位置允许偏差为±20mm，直桩垂直度和斜桩倾斜度偏差均应按设计要求不得大于1%。

(2) 钢筋笼主筋间距允许偏差为±10mm，长度允许偏差为±100mm，钢筋材质应满足设计要求，箍筋间距允许偏差为±20mm。

(3) 每3～6根桩应留一组试块，测定抗压强度，桩身强度应符合设计要求。

(4) 应采用载荷试验检验树根桩的竖向承载力，有条件时，也可采用动测法检验桩身质量，两者均应符合设计要求。

### 34.4.3　坑式静压桩加固法

**34.4.3.1　适用范围**

坑式静压桩法是将坑式托换与桩式托换融为一体的托换方法，适用于淤泥、淤泥质土、黏性土、粉土和人工填土等，且地下水位较低的情况。

**34.4.3.2　技术特点**

坑式静压桩法亦称为压入桩法或顶承静压桩法，是在已开挖基础下的托换坑内，利用建筑物上部结构自重做支撑反力，用千斤顶将预制好的钢管桩段或钢筋混凝土桩段接长后逐段压入土中的托换方法。

所需材料、机具如下。

（1）材料：主要材料有预制桩段、环氧树脂胶泥（砂浆）及硫磺胶泥（砂浆）等。

（2）机具：主要机具有油压千斤顶、高压油泵、捯链、电焊机、切割机、空气压缩机、风钻、风镐、配制环氧树脂胶泥（砂浆）及熬制硫磺胶泥（砂浆）用的器具等。

**34.4.3.3　施工方法**

1. 施工流程

流程如下：施工准备→开挖竖向导坑→开挖托换坑→托换压桩→接桩→封顶→回填托换坑及导坑。

2. 施工要点

（1）坑式静压桩是在既有建筑物基础底下进行施工作业，难度大，且有一定的风险。施工前，应详细调查加固基础的环境条件，编制可行的施工方案，做好交底工作，准备完好的施工机具与设备，采购合格材料，清理好压桩作业面，满足施工要求。

（2）施工时，先在被托换既有建筑的一侧，用人工或小型设备开挖一个比原有基础底面深 1.5m 的竖向导坑。

（3）将竖向导坑朝横向扩展到原有基础梁、承台梁或基础板下，垂直开挖一个托换坑。对不能直立的砂土或软土坑壁，进行适当支护；如坑内有水时，应在不扰动地基土的条件下降水后施工；为保护既有建筑安全，不能连续开挖托换坑，必须进行间隔式开挖和托换加固。

（4）托换压桩时，先在托换坑内垂直放正第一节桩，并在桩顶上加钢垫板，再在钢垫板上安装千斤顶及压力传感器，校正好桩的垂直度后，驱动千斤顶压桩，每压入一节桩，再接上一节桩。当日开挖的托换坑应当日托换完成，切不可撤除千斤顶，决不可使原有基础梁、承台梁或基础板处于悬空状态。在压桩过程中，应随时注意使桩保持轴心受压，若有偏移，要及时调整。

（5）当钢管桩压桩到位后，要拧紧钢板垫上的大螺栓，即顶紧螺栓下的钢管桩。对钢管桩，接桩可采用焊接；对钢筋混凝土桩，接桩可采用硫磺胶泥或焊接。接桩时应保证上、下节桩的轴线一致，并尽可能地缩短接桩时间。

（6）在压桩过程中，应随时记录压入深度及相应的桩阻力，并应随时校正桩的垂直度。

（7）对于钢管桩，应根据工程要求，在钢管内浇筑 C20 微膨胀早强混凝土，最后用

C30 混凝土将桩与原基础浇筑成整体。

(8) 对于钢筋混凝土方桩，应用 C30 微膨胀早强混凝土将桩与原基础浇筑成整体。当施加预应力封桩时，可采用型钢支架，而后浇筑混凝土。

(9) 封顶回填时，应根据不同的工程类型确定封顶回填的方案，通常采用在封顶混凝土里掺加膨胀剂或预留空隙后填实的方法。

**34.4.3.4 质量控制要点**

(1) 桩位平面允许偏差为±20mm，桩节垂直度不得大于1%的桩节长。

(2) 施工前，应对成品桩做外观及强度检验，接桩用焊条或半成品硫磺胶泥应有产品合格证书；压桩用千斤顶应进行标定后方可使用。硫磺胶泥半成品应每 100kg 做一组试件（3 件）进行试验。

(3) 桩尖应到达设计持力层深度，压桩力应达到现行行业标准《既有建筑地基基础加固技术规范》JGJ 123 规定的单桩竖向承载力特征值的 2 倍，且持续时间不应少于 5min。

(4) 在压桩过程中，应检查压力、桩垂直度、接桩间歇时间、桩的连接质量及压入深度。

### 34.4.4 注浆加固法——硅化法

**34.4.4.1 适用范围**

单液硅化法和双液硅化法施工只是使用的材料和适用的地层不一样，其工艺和质量控制要点基本相同。因此，在此只阐述双液硅化法（电动）的施工，单液硅化法可参考双液硅化法。当地基土为渗透系数大于 2.0m/d 的粗颗粒土时，可采用双液硅化法（水玻璃和氯化钙）；当地基土为渗透系数介于 0.1～2.0m/d 之间的湿陷性黄土时，可采用单液硅化法（水玻璃）；对于自重湿陷性黄土，宜采用无压力单液硅化法。

电动双液硅化法和电化学加固法，是在压力双液硅化法的基础上设置电路通入直流电，经过电渗作用扩大溶液的分布半径。施工时，把有孔灌浆浆液管作为阳极，铁棒作为阴极（也可用滤水管进行抽水），将水玻璃和氯化钙溶液先后由阳极压入土中，通电后，孔隙水由阳极流向阴极，而化学溶液也随之渗流分布于土的孔隙中，经化学反应后生成硅胶。经过电渗作用还可以使硅胶部分脱水，加速加固过程，并增加其强度。

双液硅化法具有价格低廉、施工简单、施工工期短、质量易于保证、不需要投入大型设备、浆液渗透性强、对环境无污染、加固效果明显、浆体结石率高、加固过程中附加沉降小、对相邻建筑基础无扰动、能够保证整体结构的安全等特点，广泛用于既有建筑地基的补强加固工程中，也是加固既有建筑地基行之有效且较为成熟的方法之一。

**34.4.4.2 技术特点**

硅化法可分单液硅化法和双液硅化法，硅化法根据溶液注入的方式分为压力硅化、电动硅化和加气硅化三类。双液硅化法是指依据地层条件，将水玻璃与氯化钙（或铝酸钠）溶液用泵或压缩空气，通过注液管压入土中，溶液接触反应后生成硅胶，将土壤颗粒胶结在一起，起到加固和止水作用。

### 34.4.4.3　施工方法

1. 材料与机具

使用的材料主要有水玻璃、氯化钙等，其主要性能参数见表 34-32。

**材料的主要性能参数**　　**表 34-32**

| 序号 | 溶液名称 | 主要性能 |
|---|---|---|
| 1 | 水玻璃 | 模数宜在 2.5～3.3，不溶于水的杂质不得超过 2% |
| 2 | 氯化钙 | pH≥5.5，杂质含量不得超过 1%，悬浮颗粒≤1% |

使用的主要机具设备见表 34-33。

**主要机具设备**　　**表 34-33**

| 序号 | 机具设备名称 | 使用功能 |
|---|---|---|
| 1 | 振动打拔管机 | 打拔管 |
| 2 | 齿轮泵 | 压力注入浆液 |
| 3 | 浆液搅拌机 | 搅拌浆液 |
| 4 | 蓄浆桶 | 蓄存浆液 |
| 5 | 磅秤 | 称量浆液材料 |
| 6 | 压力管 | 压力输送浆液 |
| 7 | 注浆花管 | 插入地层注入浆液 |

2. 施工方法

(1) 工艺流程

工艺流程如下：施工准备→选择浆液及配合比→灌浆试验确定技术参数→放线布孔→成孔→灌注浆液→封孔。

(2) 施工要点

1) 压力灌浆溶液的施工步骤应符合下列规定。

向土中打入灌注管和灌注溶液，应自基础底面标高起向下分层进行，达到设计深度后，将管拔出，清洗干净可继续使用。

加固既有建筑物地基时，在基础侧向应先施工外排，后施工内排。

灌注溶液的压力值由小逐渐增大，但最大压力不宜超过 200kPa。

2) 施工前，应依据设计和规范要求，编制好施工方案，尤其应先在现场进行灌浆试验，确定各项技术参数，选择好浆液及配合比。

3) 按照设计位置，进行灌注管的设置。采用打入法或钻孔法（振动打拔管机、振动钻或三脚架穿心锤）将灌注管沉入土中；灌注溶液钢管可采用内径为 20～50mm，壁厚大于 5mm 的无缝钢管，灌注管网系统的规格应能适应灌注溶液所采用的压力；灌注管间距为 1.73$R$，各行间距为 1.5$R$（$R$ 为一根灌注管的加固半径），灌注管四周孔隙用土填塞夯实。电极可用打入法或先钻孔 2～3m 再打入，电极沿每行灌注管设置，间距与灌注管相同。通过不加固土层的灌注管和电极表面，须涂沥青绝缘，以防电流的损耗和作防腐。

4）灌注溶液次序，根据地下水的流速而定，当地下水流速在1m/d时，向每个加固层自上而下地灌注水玻璃，然后自下而上地灌注氯化钙溶液，每层厚0.6～1.0m；当地下水流速为1～3m/d时，轮流将水玻璃和氯化钙溶液均匀地注入每个加固层中；当地下水流速大于3m/d时，应同时注入水玻璃和氯化钙溶液，以降低地下水流速，然后轮流将两种溶液注入每个加固层。

5）加固程序，一般自上而下进行，如土的渗透系数随深度而增大时，则应自下而上进行；如相邻土层的土质不同时，渗透系数较大的土层应先进行加固；砂类土每一加固层的厚度为灌浆管有孔部分的长度加0.5$R$，湿陷性黄土及黏土类土按试验确定。

6）加固土层以上应保留1m厚的不加固土层，以防溶液上冒，必要时须夯填素土或打灰土层。

7）计算溶液量全部注入土中后，所有注浆孔宜用2∶8灰土分层回填夯实。

8）地基加固结束后，尚应对已加固地基的建（构）筑物或基础进行沉降观测，直至沉降稳定，观测时间不应少于半年。

**34.4.4.4　质量控制要点**

（1）注浆点位置、浆液配比、注浆施工参数、注浆顺序、注浆过程的压力控制、检测要求等应符合设计和规范要求。当施工场地位于饮水源、河流、湖泊、鱼池等附近时，对注浆材料和浆液配比要严格控制。

（2）硅酸钠溶液灌注完毕，砂性土（砂土、黄土）的硅化地基加固体的检查和检测应在施工完毕15d后进行，黏性土的硅化地基加固体的检测应在60d进行。

（3）单液硅化法处理后的地基验收，应检查注浆体强度、承载力及其均匀性，应采用动力触探或其他原位测试检验，检查孔数为总量的2%～5%，不合格率大于或等于20%时，应进行二次注浆。必要时，应在加固土的全部深度内，每隔1m取土样进行室内试验，测定其压缩性和湿陷性。

（4）原材料要有材质报告，且应定期检查材料的比重。

（5）硅化注浆加固质量检验应符合下列规定：

硅酸钠溶液灌注完毕，应在7～10d后，对加固的地基进行检验。

必要时，尚应在加固土的全部深度内，每隔1m取土样进行室内试验，测定其压缩性和湿陷性。

## 34.4.5　注浆加固法——碱液法

**34.4.5.1　适用范围**

碱液法适用于非自重湿陷性黄土地基加固。

**34.4.5.2　技术特点**

碱液法加固是将一定浓度、温度的碱液借自重以无压自流方式注入土中，与土中二氧化硅、三氧化铝、氧化钙及氧化镁等可溶性及交换性碱土金属阳离子发生置换反应，使土粒表面融合形成胶结难溶于水的且具有一定强度的钙、铝硅酸盐胶结物，胶结物能起到胶结土颗粒，使土粒相互牢固地粘结在一起，增强土颗粒附加黏聚力的作用，从而使土体得到加固，提高地基承载力。

#### 34.4.5.3 施工方法

1. 材料与机具

(1) 材料

材料主要有氢氧化钠和氯化钙。

(2) 机具

机具主要有贮浆桶、注浆管、输浆胶管、磅秤、浆液搅拌机、贮液罐、阀门以及加热设备等。

2. 施工方法

(1) 工艺流程

工艺流程如下：施工准备→定位打管（钻）→封孔→配制浆液→灌注浆液→拔管→管路冲洗→填孔。

(2) 施工要点

1）施工前，应依据设计和规范要求，编制好施工方案，做好交底工作。

2）进行单孔灌注试验，以确定单孔加固半径、溶液灌注速度、温度及灌注量等技术参数。

3）灌注孔可用洛阳铲或螺旋钻成孔，或用带锥形头的钢管打入土中然后拔出成孔，直径一般为60～100mm。

4）插入内径20mm镀锌铁皮注液管，下部沿管长每20cm钻3～4个直径3～4mm的孔眼。向孔中填入粒径20～40mm石子，直至注液管下端标高。

5）灌注孔应分期分批间隔打设和灌注，相邻两孔灌注的间隔时间不宜少于3d，同时灌注的两孔间距不小于3m。每个孔必须灌注完全部溶液后，才可打设相邻的灌注孔。

6）碱液加固所用NaOH溶液可用浓度大于30%的NaOH溶液或固体烧碱加水配制，对于NaOH含量大于50g/L的工业废碱液和土烧碱液，经试验对加固有效时亦可使用。在配制好的碱液中，其不溶性杂质含量不宜超过1g/L，$Na_2CO_3$含量不应超过NaOH的5%。$CaCl_2$溶液要求杂质含量不超过1g/L，而悬浮颗粒不得超过1%，pH值不得小于5.5～6.0。

7）碱液加固多采用不加压的自渗方式灌注，溶液宜采取加热（温度90～100℃）和保温措施。在灌注过程中，桶内溶液温度应保持不低于80℃。灌注碱液的速度，宜为2～5L/min。

8）单液法先灌注浓度较大（100%～130%）的NaOH溶液，接着灌注较稀（50%）的NaOH溶液，灌注应连续进行，不应中断。双液法按单液法灌完NaOH溶液后，间隔8～12h再灌注$CaCl_2$溶液。$CaCl_2$溶液同样先浓（100%～130%）后稀（50%）。为加快渗透硬化，灌注完后，可在灌注孔中通入1.0～1.5大气压的蒸汽加温约1h。

9）当碱液的加入量为干土重的2%～3%时，土体即可得到很好的加固。单液加固每方土体需NaOH为40～50kg，双液加固NaOH、$CaCl_2$各需30～40kg。

10）加固时，用蒸汽保温可使碱液与地基地层作用快而充分，即在70～100kPa的压力下通蒸汽 1～3h，如需灌 $CaCl_2$ 溶液，在通气后随即灌注。对自重湿陷性显著的黄土而言，需用挤密成孔方法，并且注浆和注气要交叉进行，使地基尽快获得加固强度，以消除灌浆过程中所产生的附加沉陷。

11）加固已湿陷基础，灌浆孔设在基础两侧或周边各布置一排。如要求将加固体连成一体，孔距可取 0.7～0.8m。单孔的有效加固半径 $R$ 可达 0.4m，有效厚度为孔长加 0.5$R$。如不要求加固体连接成片，加固体可视作桩体，孔距为 1.2～1.5m，加固土柱体强度可按 300～400kPa 使用。

12）碱液加固施工，应合理安排灌注顺序和控制灌注速率。宜间隔 1～2 孔灌注，并且分段施工相邻两孔灌注的间隔时间不宜少于 3d。同时，灌注的两孔间距不应小于 3m。

**34.4.5.4 质量控制要点**

（1）应在盛溶液桶中将碱液加热到 90℃以上才能进行灌注，灌注过程中桶内温度应保持不低于 80℃。

（2）灌注碱液的速度宜为 2～5L/min。

（3）当采用双液加固时，应先灌注 NaOH 溶液，间隔 8～12h 后，再灌注 $CaCl_2$ 溶液，后者用量应为前者的 1/4～1/2。

（4）注浆施工时，宜采用自动流量和压力记录仪，并应及时对资料进行整理分析。

（5）碱液加固地基验收，应在加固施工完毕 28d 后进行。

（6）地基经碱液加固后，应继续进行沉降观测，观测时间不得少于半年，按加固前后的沉降观测结果或用触探法检测加固前后土中阻力的变化，确定加固质量。

（7）碱液加固质量检验应符合下列规定。

1）碱液加固施工应做好施工记录，检查碱液浓度及每孔注入量是否符合设计要求。

2）可通过开挖或钻孔取样，对加固土体进行无侧限抗压强度试验和水稳定性试验。取样部位应在加固土体中部，试块数量不少于 3 个，28d 龄期的无侧限抗压强度平均值不得低于设计值的 90%。将试块浸泡在自来水中，无崩解。当需要查明加固土体的外形和整体性时，可对有代表性加固土体进行开挖，测量其有效加固半径和加固深度。

## 34.4.6 灰土桩加固法

**34.4.6.1 适用范围**

灰土桩适用范围如下：①消除地基的湿陷性；②地下水位以上的湿陷性黄土、素填土、杂填土、黏性土、粉土的地基处理；③灰土桩复合地基承载力可达 250kPa，可用于 12 层左右的建筑物地基处理；④在深基开挖中，用来减少主动土压力和增大坑内被动土压力；⑤用于公路或铁路路基加固；⑥大面积的堆场加固等。当地基含水量大于 24%及其饱和度大于 65%时，应通过实验确定其适用性。

**34.4.6.2 技术特点**

灰土桩法又称为灰土挤密桩法，由土桩挤密法发展而成，是将不同比例的石灰和土掺和，通过不同方式将灰土夯入孔内，在成孔和夯实灰土时，可将周围土挤密，提高桩间土密度和承载力。

**34.4.6.3　施工方法**

1. 材料与机具

灰土桩法的主要材料有石灰和天然土，掺料有粉煤灰、炉渣、水泥等。

该方法涉及的主要机具有成孔机和夯实机，应依据不同的施工环境、地层和施工工艺选择合理的施工机具。

2. 施工方法

(1) 施工流程

施工流程如下：施工准备→机械或人工成孔→分层填料→机械或人工夯实。

(2) 施工要点

1) 依据设计和规范要求，编制合理的施工方案，做好交底工作，平整施工场地，检查好所有施工机具，准备足够的填料。

2) 灰土桩法各种施工工艺都是由成孔和夯实两部分工艺所组成，且成孔和夯实均有机械和人工两种方式。成孔和孔内回填夯实在整片处理时，宜从里（或中间）向外间隔1～2孔进行，对大型工程可采用分段施工；当局部处理时，宜从外向里间隔 1～2 孔进行。

3) 根据现场实际条件和设计情况，选择机械或人工法进行成孔。

4) 用机械或人工将拌制好的灰土料分层填入孔内，再用机械或人工分层夯实，即完成灰土桩施工。

5) 沉管法施工是利用沉管灌注桩机打入或振入套管，到设计深度后，拔出套管，分层投入灰土，利用套管反插或用夯实机分层夯实。

6) 冲击成孔法是利用冲击钻机将 0.6～3.2t 重的锥形锤头提升 0.5～2m 的高度后自由落下，反复冲击下沉成孔，锤头直径 350～450mm，孔径可达 500～600mm，成孔深度不受机架限制，成孔后分层填入灰土，用锤头分层击实。

7) 管内夯击法是在成孔前，管内填入一定数量的灰土，用内击锤将套管打至设计深度，提管并冲击管内灰土；分层投入灰土，用内击锤分层夯实，内击锤重 1～1.5t，成孔深度不大于 10m。

8) 成孔应按设计要求、成孔设备、现场土质和周围环境等情况，选用沉管（振动、锤击）、冲击或钻孔等方法。

9) 桩顶设计标高以上的预留覆盖土层厚度宜符合下列要求。

沉管（振动、锤击）成孔不宜小于 1m。

冲击成孔、钻孔夯扩法成桩，不宜小于 1.5m。

10) 桩孔宜按等边三角形布置，桩孔之间的中心距离，可为桩孔直径的 2.0～3.0 倍。

11) 桩孔内的填料，应根据工程要求或处理地基的目的确定。对于灰土，消石灰与土的体积配合比宜为 2∶8 或 3∶7。

12) 向孔内填料前，孔底应夯实，并应抽样检查桩孔的直径、深度和垂直度。

13) 桩孔的垂直度偏差不宜大于±1%。

14) 桩孔中心点的偏差不宜超过桩距设计值的±5%。

15）经检验合格后，应按设计要求向孔内分层填入筛好的灰土填料，并应分层夯实至设计标高。

16）铺设灰土垫层前，应按设计要求将桩顶标高以上的预留松动土层挖除或夯（压）密实。

17）在施工过程中，应有专人监理成孔及夯实回填的质量，并应做好施工记录。如发现地基土质与勘察资料不符，应立即停止施工，待查明情况或采取有效措施处理后，方可继续施工。

18）雨期或冬期施工，应采取防雨或防冻措施，防止填料受雨水淋或冻结。

**34.4.6.4 质量控制要点**

（1）在机械或人工成孔时，设计标高上的预留土层应满足下列要求：沉管（振动、锤击）成孔宜为0.5～0.7m，人工成孔宜为0.5～0.7m，冲击成孔宜为1.2～1.5m。

（2）灰土桩需对桩间土进行挤密，挤密效果以桩间土平均压实系数不小于0.93来控制。

（3）灰土桩的材料质量，应满足下列要求：宜采用有机质含量不大于5%的素土，严禁使用膨胀土、盐碱土等活动性较强的土。使用前应过筛，最大粒径不得大于15mm。石灰宜用消解（闷透）3～4d的新鲜生石灰块，使用前过筛，粒径不得大于5mm，熟石灰中不得夹有未熟的生石灰块。

（4）灰土料应按设计体积比要求拌和均匀，颜色一致。施工时使用的灰土含水量应接近最优含水量，应通过击实试验确定，一般控制灰土的含水量为10%左右，施工现场检验的方法是用手将灰土紧握成团，轻捏即碎为宜，如果含水量过多或不足时，应晒干或洒水湿润，拌和后的灰土料应当日使用。

（5）成桩后，应及时抽样检验灰土桩处理地基的质量。对于一般工程，主要应检查施工记录、检测全部处理深度内桩体的干密度。

（6）桩孔质量检验应在成孔后及时进行，所有桩孔均需检验并作出记录，检验合格或经处理后方可进行夯填施工。应随机抽样检测夯后桩长范围内灰土或土填料的平均压实系数，抽检的数量不应少于桩总数的1%，且不得少于9根。对灰土桩桩身强度有怀疑时，尚应检验消石灰与土的体积配合比。

（7）复合地基承载力检验应采用单桩或多桩复合地基荷载试验检测。检验数量不应少于桩总数的1%，且每项单体工程不应少于3点。

（8）灰土桩的成桩质量检验标准见表34-34。

**灰土桩成桩质量检验标准** **表34-34**

| 项目 | 序号 | 检查项目 | 允许偏差或允许值 | | 检查方法 |
|---|---|---|---|---|---|
| | | | 单位 | 数值 | |
| 主控项目 | 1 | 地基承载力 | 不小于设计值 | | 静载试验 |
| | 2 | 桩体填料平均压实系数 | ≥0.97 | | 环刀法 |
| | 3 | 桩长 | mm | 不小于设计值 | 测桩管长度或测绳测孔深 |

续表

| 项目 | 序号 | 检查项目 | 允许偏差或允许值 | | 检查方法 |
|---|---|---|---|---|---|
| | | | 单位 | 数值 | |
| 一般项目 | 1 | 土料有机质含量 | % | ≤5 | 灼烧减量法 |
| | 2 | 含水量 | % | 最优含水量±2 | 烘干法 |
| | 3 | 石灰粒径 | mm | ≤5 | 筛析法 |
| | 4 | 桩位 | 条基边桩沿轴线：≤1/4$D$<br>垂直轴线轴线：≤1/6$D$<br>其他情况：≤2/5$D$ | | 全站仪或钢尺量，$D$为桩径 |
| | 5 | 桩顶标高 | mm | ±200 | 水准测量，最上部500mm劣质桩体不计入 |
| | 6 | 垂直度 | ≤1/100 | | 用经纬仪测桩管 |
| | 7 | 桩径 | mm | +500 | 钢尺量 |
| | 8 | 砂、碎石褥垫层夯填度 | ≤0.9 | | 水准测量 |
| | 9 | 灰土垫层压实系数 | ≥0.95 | | 环刀法 |

## 34.4.7　旋喷桩加固法

### 34.4.7.1　适用范围

1. 适用地层条件

旋喷桩复合地基适用在淤泥、淤泥质土、一般黏性土、粉土、砂土、黄土、素填土等地基中采用高压旋喷注浆形成增强体的地基处理；当土中含有较多的大粒径块石、大量植物根茎或有较高的有机质时，以及地下水流速过大和已涌水的工程，应根据现场试验结果确定其适应性。

2. 适用工程范围

旋喷桩加固法适用于地基加固、挡土墙、砂土液化、止水帷幕等。

### 34.4.7.2　技术特点

高压旋喷桩在高压泵高压的作用下，将一定水灰比的水泥浆液通过高压管泵送至钻头，使所注入的高压水泥浆液经过喷嘴喷射出来，冲击、切削周围土体，同时钻杆会以一定的速度边旋转边提升，从而使浆液与土体充分搅拌，并按一定的浆土比例和质量大小有规律地重新排列，胶结硬化后，便形成有一定直径的柱状固结体。采用旋喷桩法，在弱土层中形成由水泥固结体与桩间土组成的复合地基，可大大提高地基的抗剪强度，改善土的变形性质，提高地基的承载力，减少地基的沉降变形。

### 34.4.7.3　施工方法

(1) 搜集相关邻近建筑物和地下埋设物等资料，制订旋喷桩的加固方案。

(2) 旋喷桩施工应根据工程需要和土质条件选用单管法、双管法、三管法，旋喷桩加固体的形状可分为柱状、壁状、条状或块状。

(3) 旋喷桩加固施工前，应进行试桩，确定施工参数、工艺以及加固体的强度和直径等数据。

(4) 施工流程如下：测量放线→确定孔位→钻机造孔→测量孔深→下喷射管→搅拌制浆→供水供气→喷射注浆→冒浆→旋摆提升→成桩成墙→充填回灌→清洗结束。

(5) 施工要点如下：

1）根据设计的施工图和坐标网点测量放出施工轴线。

2）在施工轴线上确定孔位，编上桩号、孔号、序号，依据基准点测量各孔口地面高程。

3）钻孔口径应大于喷射管外径 20～50mm，以保证喷射时正常返浆、冒浆；钻孔每钻进 5m，用水平尺测量机身水平和立轴垂直 1 次，以保证钻孔垂直；在钻进过程中，为防止塌孔，应采用泥浆护壁，黏土泥浆密度一般为 1.1～1.25g/cm$^3$；在钻进过程中，应随时注意地层变化，要详细记录孔深、塌孔、漏浆等情况；钻孔终孔深度应大于开喷深度 0.5～1.0m，以满足少量岩粉沉淀和喷嘴前端距离。

4）钻孔终孔时，测量钻杆钻具长度，孔深达到设计深度后，孔深小于 30m 时，孔斜率不大于 1%。

5）下喷射管前，应检查喷射管长度，测量喷嘴中心线是否与喷射管方向箭一致，喷射管应标识尺度；下喷射管前，应进行地面水、气、浆试喷；地面试喷经验收合格后，下入喷射管时，应采取措施防止喷嘴堵塞。

6）按设计的水灰比拌制水泥浆液，常用水灰比为 1；水泥浆的搅拌时间，使用高速搅拌机不少于 60s，使用普通搅拌机不少于 180s；纯水泥浆的搅拌存放时间，自制备至用完的时间应少于 2.5h；使用浆液前，应检查输浆管路和压力表，保证浆液顺利通过输浆管路喷入地层；水泥浆液中需要加入适量的外加剂及掺合料构成复合浆液，应通过试验确定。

7）单管法，施工用高压水泥浆的密度、流量、压力应符合设计要求；两管法，施工用高压水泥浆和压缩气的流量、压力要符合设计要求；三管法，施工用高压水和压缩气的流量、压力要符合设计要求。

8）高压喷射注浆法为自下而上连续作业。喷头可分单嘴、双嘴和多嘴，当注浆管下至设计深度，喷嘴达到设计标高，即可喷射注浆，开喷送入符合设计要求的水、气、浆，待浆液返出孔口正常后开始提升，高压喷射注浆喷射过程中出现压力突降或骤增，必须查明原因，及时处理；喷射过程中拆卸喷射管时，应进行下落搭接复喷，搭接长度不小于 0.2m；喷射过程中因故中断后，恢复喷射时，应进行复喷，搭接长度不小于 0.5m；喷射中断超过浆液初凝时间，应进行扫孔，恢复喷射时，复喷搭接长度不小于 1m；喷射过程中孔内漏浆，停止提升，直至不漏浆为止，继续提升，如果喷射过程中孔内严重漏浆，停止喷射，提出喷射管，采取堵漏措施。

9）高压喷射注浆孔口冒浆量的大小，能反映被喷射切割地层的注浆效果。单管法、两管法，注浆过程中，冒浆量小于注浆量的 20%时为正常现象，冒浆量超过 20%或完全不冒浆时，应采取下列措施：当地层中有较大空隙引起不冒浆时，可在浆液中掺和适量的速凝剂，缩短固结时间，使浆液在一定的土层范围内凝固，也可在空隙地段增大注浆量，填满空隙后再继续喷射；当冒浆量过大时，可通过提高喷射压力，或加快喷射的提升速度，减少冒浆量。

10）三管法，注浆过程中不冒浆，孔内严重漏浆，可采取以下措施处理：孔口少量返浆时，应降低提升速度，孔口不返浆时，应立即停止提升；加大浆液浓度或水泥砂浆，掺入少量速凝剂；降低喷射压力、流量，进行原位注浆。

11）提升速度应与注浆量匹配，供浆量应满足提速，提速应满足喷射半径长度，旋摆定喷射过程中要固定喷方向桩，以便随时检查和防止喷方向位移。在喷射过程中，接卸换管时，要检查喷射方向，防止喷射方向位移，旋喷注浆适用于细颗粒和粗颗粒松散地层，定喷注浆适用于细颗粒松散地层。

12）高压喷射注浆凝固体可形成设计所需要的形状，如旋喷形成圆柱状、盘形状，摆喷形成扇形状、哑铃状、梯形状、锥形状和墙壁状，定喷形成板状。

13）每一孔的高压喷射注浆完成后，孔内的水泥浆很快会产生析水沉淀，应及时向孔内充填灌浆，直到饱满，孔口浆面不再下沉为止。终喷后，充填灌浆是一项非常重要的工作，回灌的质量将直接影响工程的质量，必须做好充填回灌工作。充填灌浆需多次反复进行，回灌标准是直到饱满，孔口浆面不再下沉为止。

对高压喷射注浆凝固体有较高强度要求时，严禁使用冒浆和回浆进行充填回灌。应记录回灌时间、次数、灌浆量、水泥用量和回灌质量。

14）每一孔的高压喷射注浆完成后，应及时清洗灌浆泵和输浆管路，防止因清洗不及时或不彻底而使浆液在输浆管路中沉淀结块，堵塞输浆管路和喷嘴，影响下一孔的施工。

**34.4.7.4　质量控制要点**

（1）测量放线：根据设计的施工图测量放出的施工轴线，允许偏差为±10mm，当长度大于60m时，允许偏差为±15mm。

（2）确定孔位：测量孔口地面高程允许偏差不超过±1cm，定孔位允许偏差不超过±2cm。

（3）钻机造孔：钻机就位，主钻杆中心轴线对准孔位允许偏差不超过±5cm。①钻孔口径：开孔口径不大于喷射管外径10cm，终孔口径应大于喷射管外径2cm。②钻孔护壁：采用泥浆护壁，黏土泥浆密度为1.1～1.25g/cm³。③钻先导孔：每间隔20m布置一先导孔，终孔时1m取芯鉴别岩性。④钻孔深度：终孔深度大于设计开喷深度0.5～1.0m。⑤孔内测斜：孔深小于30m时，孔斜率不大于1%，其余不得大于1.5%。

（4）测量孔深：钻孔终孔时，测量钻杆钻具长度，允许偏差不超过±5cm。

（5）下喷射管：喷射管下至设计开喷深度允许偏差不超过±10cm。①喷射管：测量喷射管总长度，允许误差不超过2%，喷射管每隔±0.5m标识尺度。②方向箭：测量喷嘴中心线与喷射管方向箭允许误差不超过±1°。③调试喷嘴：确定设计喷射压力时，试压管路不大于20m，更换喷嘴时重新调试。

（6）搅拌制浆：使用高速搅拌机不少于60s；使用普通搅拌机不少于180s。①单管法、两管法，常用水灰比为1，密度为1.35～1.50g/cm³。②三管法，常用水灰比为0.6～0.8，密度为1.6～1.7g/cm³。③制浆材料称量误差不应大于5%，称量密度偏差不超过±0.1g/cm³。④所进水泥每400t取样化验1次，并应检测水泥的安定性和强度指标。

（7）供水供气：高压（浆）水压力不小于20MPa，气压力应控制在0.5～0.8MPa。

①高压浆：施工用高压浆压力偏差不超过±1MPa，流量偏差不超过±1L/min。②高压水：施工用高压水压力偏差不超过±1MPa，流量偏差不超过±1L/min。③压缩气：施工用压缩气压力偏差不超过±0.1MPa，流量偏差不超过±1L/min。

（8）喷射注浆：高压喷射注浆开喷后，待水泥浆液返出孔口后，开始提升。喷射过程中出现压力突降或骤增，必须查明原因，及时处理。喷射过程中孔内漏浆，停止提升。①检查喷头：不合格的喷头、喷嘴、气嘴禁止使用。②复喷搭接：喷射中断0.5h、1h、4h的，分别搭接0.2m、0.5m、1.0m。③三管法灌浆正常工作压力为0.1～0.3MPa。④为增加喷射长度和强度，喷射管喷头必须下落到开喷原位。

（9）冒浆：三管法，高压喷射注浆在砂土及砂砾卵石层施工，孔口冒出的浆液经过滤沉淀处理后方可利用，回收浆液密度为1.2～1.3g/cm$^3$。

（10）旋摆提升：当碎石土呈骨架结构时，应慎重使用高压喷射注浆施工工艺。①旋喷：旋摆次数（旋喷速度r/min）允许偏差不超过设计值的±0.5r/min。②摆喷：摆动次数（摆喷速度次/min）允许偏差不超过设计值的±1次/min。③提升：旋、摆、定喷提升速度，允许偏差不超过设计值的±1cm/min。

（11）成桩成墙：旋喷成桩、摆喷成墙、定喷成板，几何尺寸应满足设计要求。

（12）充填回灌：终喷提出喷射管后，应及时向孔内充填灌浆，直到饱满。

（13）清洗结束：每一孔注浆完成后，用清水将灌浆泵和输浆管路彻底冲洗干净。

### 34.4.8 水泥土搅拌桩加固法

水泥土搅拌桩加固法是软基处理的一种有效形式，是将水泥作为固化剂的主剂，利用搅拌桩机将水泥喷入土体，并充分搅拌，使水泥与土发生一系列物理化学反应，使软土硬结而提高地基强度。

#### 34.4.8.1 适用范围

水泥土搅拌桩加固法主要适用于处理淤泥、淤泥质土、素填土、软-可塑黏性土、松散-中密粉细砂、稍密-中密粉土、松散-稍密中粗砂和砾砂、黄土等土层；不适用于含大孤石或障碍物较多且不易清除的杂填土，硬塑及坚硬的黏性土、密实的砂类土以及地下水渗流影响成桩质量的土层。

#### 34.4.8.2 技术特点

水泥土搅拌桩是通过特制的深层搅拌机，将软土和水泥（固化剂）强制搅拌，并利用水泥和软土之间所产生的一系列物理、化学反应，使土体固结，形成具有整体性、水稳定性和一定强度的水泥土桩。它具有较好的抗渗能力，是一种较好的地基处理方法。

#### 34.4.8.3 施工方法

（1）施工材料

有水泥、石灰、沥青、水玻璃、氯化钙、尿素树脂、丙烯酸盐等。

（2）施工机具

主要有水泥搅拌桩机械、起吊设备、灰浆搅拌机、灰浆泵、水泵等。

（3）工艺流程如下：

施工准备→搅拌机就位→制备泥浆→预搅下沉→提升喷浆搅拌→重复上、下搅拌→清洗→移位。

（4）施工要点如下：

1）依据设计和规范要求，编制合理的施工方案，做好交底工作，平整施工场地，检查好所有施工机具。

2）桩机定位、对中、调平：放好搅拌桩桩位后，移动搅拌桩机到达指定桩位，对中，调平（用水准仪调平）。

3）调整导向架垂直度：采用经纬仪或吊线坠双向控制导向架垂直度。按设计及规范要求，垂直度小于1.0%桩长。

4）预先拌制浆液：搅拌机预搅下沉时，后台拌制水泥浆液，待压浆前将浆液放入集料斗中。选用水泥标号P.O42.5普通硅酸盐水泥拌制浆液，将水灰比控制在0.5～0.6之间，按照设计要求，每米深层搅拌桩水泥用量不少于50kg。水泥浆拌和时间不得少于3min，制备好的水泥浆不得离析、沉淀，水泥浆存放时间不得大于2h，否则应予废弃。将已制备好的水泥浆倒入浆池时，应加筛过滤，以免浆内结块。

5）搅拌下沉：启动搅拌桩机转盘，待搅拌头转速正常后，方可使钻杆沿导向架边下沉边搅拌，下沉速度可通过档位调控，工作电流不应大于额定值，在正常工作时的电流值几乎为定值，当电流值突变时，说明已钻到硬质层，再继续下钻50cm作为最后的桩长。

6）喷浆搅拌提升：下沉到达设计深度后，开启灰浆泵，通过管路送浆至搅拌头出浆口，出浆后，启动搅拌桩机及拉紧链条装置，按设计确定的提升速度（0.5～0.8m/min）边喷浆搅拌边提升钻杆，使浆液和土体充分拌和。为了保证桩的完整性，应严格控制喷浆停浆时间，开钻后要连续作业，严禁在尚未喷浆的情况下进行提钻作业。为了保证桩体浆体的均匀性，不宜在湿喷桩下钻时喷浆。

7）重复搅拌下沉：搅拌钻头提升至桩顶以上500mm高后，关闭灰浆泵，重复搅拌下沉至设计深度，下沉速度按设计要求进行。

8）喷浆重复搅拌提升：下沉到达设计深度后，喷浆重复搅拌提升，一直提升至地面。

9）桩机移位：施工完一根桩后，移动桩机至下一根桩位，重复以上步骤，进行下一根桩的施工。

10）施工时，应严格控制下钻深度、喷浆高程及停浆面，确保桩长和喷浆量达到要求。

**34.4.8.4　质量控制要点**

（1）水泥土搅拌桩使用的水泥品种、强度等级、水泥浆的水灰比、水泥加固土的掺入比和外加剂的品种掺量，必须符合设计要求。

（2）水泥搅拌桩施工采用二喷四搅工艺。第一次下钻时，为避免堵管，可带浆下钻，喷浆量应小于总量的1/2，严禁带水下钻。第一次下钻和提钻时，一律采用低档操作，复搅时可提高一个档位。每根桩的正常成桩时间应不少于40min，喷浆压力不小于0.4MPa。

（3）为保证水泥搅拌桩桩端、桩顶及桩身质量，第一次提钻喷浆时，应在桩底部停留30s，磨桩端，余浆上提过程中全部喷入桩体，且在桩顶部位进行磨桩头，停留时间为30s。

（4）施工时，应严格控制喷浆时间和停浆时间。每根桩开钻后，应连续作业，不得中断喷浆。严禁在尚未喷浆的情况下进行钻杆提升作业。储浆罐内的储浆不应小于1根桩的用量加50kg。

（5）在施工过程中，应及时做好施工记录和计量记录，并对照规定的施工工艺对工程桩进行质量验收，检查的重点是固化剂的用量、桩长、桩径、制桩过程中有无断桩现象、搅拌提升的时间、复搅的次数和复搅的深度等。

（6）加强现场质量管理，采取桩身浆液流量自动监测仪、严格控制水灰比、施工时采取旁站监督等措施。

## 34.4.9 排水固结加固法

### 34.4.9.1 适用范围

排水固结加固法适用范围如下：①适用于饱和软弱土层，处理后，可提高地基的承载力；②地下水位以上淤泥及淤泥质土、冲填土、沙土、粉土的地基处理；③消除地基的湿陷性；④可用于公路或铁路的路基加固。

### 34.4.9.2 技术特点

排水固结加固法通过在天然土层中增加排水途径，并对地基进行加载预压，将孔隙水快速排出，加速地基的固结，提高了土体的抗剪强度，使地基的沉降提前完成，地基土成为超固结土，从而达到加固软基的目的。

### 34.4.9.3 施工方法

（1）排水固结加固法的主要材料有土工布、中粗砂、沙袋、碎石、钢筋混凝土管。主要机具有水泵、压路机、打夯机、吊车，应依据不同的施工环境、地层和施工工艺，选择合理的施工机具。

（2）施工流程如下：施工准备→场地平整→铺设土工布→砂垫层施工→盲沟及降水井施工→堆载预压→排水固结→填土→碾压平整→卸载。

（3）施工要点如下：

1）依据设计和规范要求，编制合理的施工方案，做好交底工作，平整施工场地，检查好所有施工机具，准备足够的施工材料。

2）排水固结法的施工工艺由加载和排水两部分组成。加载是在砂垫层上进行，排水盲沟与集水井配合降水。

3）用机械或人工将级配均匀的中粗砂铺在基底，砂垫层厚度不应小于500mm。

4）场地纵、横向的排水盲沟的间距依工程情况而定，形状为上宽下窄的倒梯形，尺寸依现场情况而定，盲沟构造为用无纺布包裹碎石填充。盲沟埋深控制在地下水位标高以下1m为宜。

5）集水井采用钢筋混凝土管，直径700～1000mm为宜，集水井位于土工布之上，布置在纵、横向盲沟的交点处。盲沟内放置水泵抽水。

6）应确保堆载的沙袋具有较高的抗拉强度，通常情况下，其纵向抗拉强度在18MPa的范围内，抗拉纵向延伸率必须控制在17.6%左右，确保其能够最大限度地承受袋内砂的质量与弯曲出现的拉力，同时具备良好的抗老化能力与抗腐蚀能力。

7）堆载预压是排水固结法的重要组成部分，它促使颗粒间的自由水排出。预压的实施，主要体现在分级加荷，每级加荷的稳定性依赖于前一级预压后强度的提高。为加速地基固结，堆载预压与砂砾垫层及袋装砂井相结合对基底进行处理。为保证施工的安全与进度，应通过设置观测断面来观测沉降和位移，以指导施工。一般预压荷载值的大小约为建筑物荷载的1.3倍。

8）堆载预压完成后，对盲沟及集水井的空间进行回填土施工并压实，卸载之后，再进行整体的碾压施工。

**34.4.9.4 质量控制要点**

（1）应确保砂垫层的含泥量不大于5%，不能掺入杂质和有机质，应将砂垫层铺设在土工布之上。

（2）选用中、粗砂作为施工材料，这种材料具有较高的渗水率。

（3）盲沟内的碎石要级配均匀，粒径控制在3～5cm。土工布之间搭接长度不少于20cm。

（4）以相邻集水井的中间为分水点，对盲沟进行找坡，坡度在1%以上。

（5）盲沟和集水井施工过程中，要及时抽排集水井内的积水，将其高度控制在60cm以下。

（6）堆载预压时间应符合设计要求，当地基土承载力满足要求，沉降速度小于1mm/d时，可逐级去除荷载。

（7）回填材料应为粉细砂，分层回填厚度不超过30cm，卸载之后，应再次对土基进行碾压施工。

# 34.5 基 础 加 固

## 34.5.1 基础补强注浆加固法

基础补强注浆加固是指依据液压、气压或电化学原理，把按一定配比拌和的具有流动性、填充性、胶凝性的浆液，通过注浆管注入开裂或损坏的基础裂隙中，使浆液与原来基础材料胶结成整体，从而提高原来基础的强度。其注浆类型按加固机理可分为充填注浆、渗透注浆、挤密注浆和劈裂注浆等四种方法，可根据不同的地层选用不同的注浆类型。必须指出的是，在大多数注浆过程中，都会不同程度地出现充填、渗透、劈裂和压密四种流动形式，只是以何种方式为主的差别，难以产生完全为单一的流动方式。

**34.5.1.1 适用范围**

基础补强注浆加固法适用于砂土、粉土、黏性土和人工填土等地基加固，主要用于防渗堵漏、提高地基土强度和变形模量以及控制建筑物倾斜等。

**34.5.1.2 技术特点**

施工方便，可以加强基础的刚度与整体性。但是，一定要控制注浆的压力，压力不足，会造成基础裂缝不能充满；压力过高，会造成基础裂缝加大。在实际施工时，应进行试验性补强注浆，结合原基础材料强度和粘结强度，确定注浆施工参数。

**34.5.1.3 施工方法**

1. 材料与机具

该方法涉及的主要材料有注浆管（可采用PVC管或普通钢管）、浆液（一般为水泥浆、水泥砂浆或环氧树脂胶泥）。浆液应具有流动性、填充性和胶凝性。在凝固后，浆液凝固体应有一定的强度和粘结性，以满足注浆和加固的作用。

主要机具有钻孔机、空压机、注浆机、搅拌机等。

2. 施工流程

施工流程如下：施工准备→搭设钻孔平台→分区或分段钻孔→清孔→搅拌浆液→安放注浆管→注浆→封堵→等强→效果检测。

3. 施工要点

（1）施工前，应编制好施工方案，确定施工参数，依据施工方案做好交底工作，检查所需材料和设备机具是否满足施工要求。

（2）依据加固基础的结构形式，用脚手架或型钢搭设稳固的钻孔平台，平台应满足钻孔设备钻孔施工要求。

（3）在搭设好的钻孔平台上，用钻机按设计位置，在原基础裂损处钻孔。钻孔应分区分段进行，钻孔应沿裂隙方向或重力方向向下钻孔，满足浆液的流动性和填充性。钻孔孔径应比注浆管直径大2～3mm，对独立基础每边钻孔不应少于2个，对条形基础应沿基础纵向分段进行，每段长度可取1.5～2.0m。

（4）钻孔完成后，用空压机的高压风管对准孔内，将杂物或粉末清理干净。

（5）按方案中的配合比和搅拌机的容积配置浆液材料，放入搅拌筒内，经搅拌机拌制均匀。浆液材料可采用水泥浆、水泥砂浆或环氧树脂胶泥浆等。

（6）依据钻孔深度，安放注浆管，检查注浆头及管路状况是否良好，防止堵塞。如果浆液不下沉，可逐渐加大压力至0.6MPa，浆液在10～15min内不再下沉，可停止注浆。

（7）开启注浆机，进行注浆，注浆压力可取0.1～0.3MPa。

（8）当基础裂缝内浆液饱和、压力升高且达到注浆量时，上提注浆管。

（9）在注浆过程中，主要通过听声音、看压力、看注浆量来判断注浆效果。

（10）在注浆操作及拆除管路时，应戴防护眼镜，以免浆液溅入眼内，并做好劳动防护，作业人员必须佩戴橡胶手套。

（11）注浆完成后，应及时清洗注浆机、搅拌机和管路。

（12）应依据现场试验和实际情况，调整布孔方式、注浆参数、浆液配比及浆液材料。

（13）建立沉降观测网，对既有建筑及相关建筑、地下管线和地面的沉降、倾斜、位移和裂缝进行连续监测，做好监测记录，并应采用孔间隔注浆和缩短浆液凝固时间等措施，减少既有建筑基础因注浆而产生的附加沉降。内容包括建筑物损坏区的照片、裂缝位置和裂缝开展日期、编号、大小及其发展等。

#### 34.5.1.4 质量控制要点

基础补强注浆加固质量控制要点按表34-35执行。

**基础补强注浆加固质量控制标准　表 34-35**

| 项目 | 序号 | 检查项目 | | 允许偏差或允许值 | | 方法 |
|---|---|---|---|---|---|---|
| | | | | 单位 | 数值 | |
| 主控项目 | 1 | 原材料检验 | 水泥 | 设计要求 | | 检查产品合格证书或抽样送 |
| | | | 注浆用砂：粒径 | mm | <2.5 | 试验室试验 |
| | | | 细度模数 | | <2.0 | |
| | | | 含泥量及有机物含量 | % | <3 | |
| | | | 粉煤灰：细度 | 不粗于同时使用的水泥 | | 试验室试验 |
| | | | 烧失量 | % | <3 | |
| | | | 水玻璃：模数 | 2.5～3.3 | | |
| | | | 其他化学浆液 | 设计要求 | | 抽样送检 |
| | 2 | 注浆体强度 | | 设计要求 | | 查出厂质保书或抽样送检 |
| | 3 | 地基承载力 | | 设计要求 | | 取样检验 |
| 一般项目 | 1 | 各种注浆材料称量误差 | | % | <3 | 抽查 |
| | 2 | 注浆孔位 | | mm | ±20 | 用钢尺量 |
| | 3 | 注浆孔深 | | mm | ±100 | 量测注浆管长度 |
| | 4 | 注浆压力（与设计参数比） | | % | ±10 | 检查压力表读数 |

## 34.5.2　扩大基础加固法

当既有建筑的地基承载力或基础面积尺寸不满足设计要求时，可用混凝土套或钢筋混凝土套加大基础承载面积，提高承载力，达到加固既有建筑物的目的。

### 34.5.2.1　适用范围

扩大基础加固法主要适用于柱下独立基础、墙下条形基础等浅基础形式。

### 34.5.2.2　技术特点

其技术特点是施工便利、成本低廉和施工周期短。

### 34.5.2.3　施工方法

1. 施工流程

施工流程如下：施工准备→挖出原基础→清理原基础面→凿露钢筋或钻孔植筋→焊接、绑扎钢筋→搭设模板→浇筑混凝土→拆除模板→回填土方。

2. 施工准备

(1) 材料

该方法涉及的主要材料有锚栓、界面剂、钢筋、混凝土、水泥等。

(2) 机具

主要机具有小型挖掘机、空压机、清洗机、钻孔机、风镐或凿子、电焊机、振捣器等。

3. 施工要点

(1) 当基础偏心受压时，可采用不对称加宽；当基础中心受压时，可采用对称加宽。

(2) 当采用混凝土套加固时，基础每边加宽的宽度及外形尺寸应符合现行国家标准《建筑地基基础设计规范》GB 50007 中有关刚性基础台阶宽高比允许值的规定。

(3) 当采用钢筋混凝土套加固时，加宽部分主筋宜与原基础内主筋焊接。

(4) 加宽部分基础垫层铺设厚度和材料均与原基础垫层一致。

(5) 施工前，应详细调查加固基础所处的环境条件，编制可行的施工方案，做好交底工作，准备完好的施工机具与设备，采购合格材料，满足施工要求。

(6) 根据设计施工图用小型设备或人工开挖出原基础，开挖深度控制在原基础垫层以上 100mm 范围，采用人工清理至基础垫层下口，浇筑基础垫层，清理干净原基础面，开挖时，应防止破坏原基础。

(7) 用风镐或凿子凿除加宽部位基础混凝土，露出主筋，也可采取植筋措施将增加钢筋与原基础连接。

(8) 按设计和规范要求焊接和绑扎新增钢筋与原基础钢筋，支设稳固模板支架。

(9) 在浇筑混凝土前，应将原基础凿毛并刷洗干净，再涂刷水泥浆或混凝土界面剂，以增加新老混凝土基础的粘结力，应设置相应的排水措施，防止刷洗原基础时产生的废水浸泡基底。

(10) 对条形基础加宽时，应按长度 1.5～2.0m 划分成单独区段，分批、分段、间隔进行施工。

(11) 分层浇筑混凝土，待强度达到拆模要求时拆除模板，并回填土方。

**34.5.2.4 质量控制要点**

(1) 植筋施工应满足现行行业标准《混凝土结构后锚固技术规程》JGJ 145，在钻孔过程中，严禁切断原受力钢筋，防止留下结构安全隐患。

(2) 钢筋的连接应符合现行国家标准《混凝土结构设计标准》GB/T 50010 及设计要求。

(3) 混凝土施工质量应符合现行国家标准《混凝土结构工程施工质量验收规范》GB 50204 的规定。

(4) 进场所有材料应符合质量要求，应有产品合格证、产品质量检验报告和产品试验报告。

## 34.5.3 基础托换加固法

“托换技术”是指改变结构荷载传递路径的结构加固或地基加固的通称，广泛应用在地基基础加固工程中。基础托换加固法一般包括加深基础法、预压桩托换法、灌注桩托换法、打入桩托换法、沉井托换加固法等。

**34.5.3.1 适用范围**

(1) 加深基础法适用于地基浅层有较好的土层，可作为持力层，且地下水位较低的情况。

(2) 预压桩托换法是针对坑式静压桩的施工存在的问题而予以改进的工法，施工示意见图 34-7。

(3) 灌注桩托换法主要针对由于地层原因而无法使用静压成桩工法的情况。压胀式灌注桩托换可分为浅层地基处理和深层地基处理，其施工示意如图 34-8、图 34-9 所示。

(4) 打入桩托换法主要适用于当地层中含有障碍物，或是上部结构较轻且条件较差而不能提供合适的千斤顶反力，或是桩身设计较深而成本较高时，静压成桩法不再适用的情况。

(5) 沉井托换加固法是建筑物增层、纠偏时常用的方法，尤其是在场地比较狭窄的既有建筑加固工程中，有明显的加固效果。

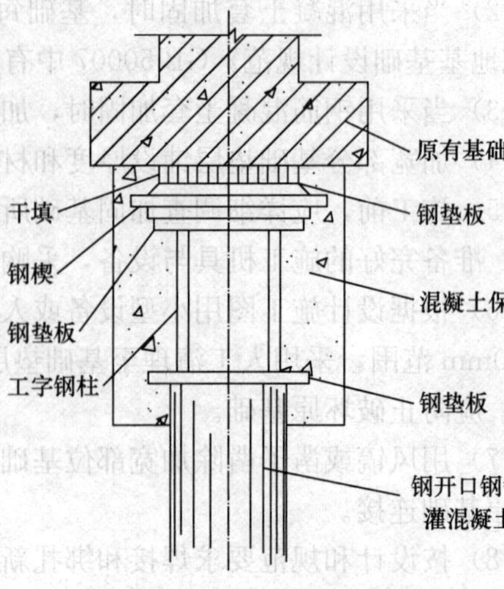

图 34-7 预压桩施工示意图

**34.5.3.2 技术特点**

1. 加深基础法

可将原基础埋置深度加深，使基础支承在较好的持力层上，以满足设计对地基承载力和变形的要求。当地下水位较高时，应采取相应的降水或排水措施。加深基础法费用低、施工简便，在加固施工期间，既有建筑仍可以使用。

2. 预压桩托换法

在坑式静压桩施工中撤出千斤顶时，桩体会发生回弹，影响施工质量。预压桩能阻止坑式静压桩施工中撤出千斤顶时压入桩的回弹，其方法是在撤出千斤顶之前，在被预压的桩顶与基础之间加入楔紧的工字钢。预压桩主要适用于黄土、湿陷性黄土、地下水位较高且建筑物荷载不大的情况。

3. 灌注桩托换法

灌注桩托换的优点是能在密集建筑群而又不搬迁的条件下进行施工，而且其施工占地面积较小，操作灵活，能够根据工程的实际情况变动桩径和桩长。其难点是如何发挥桩端支撑力，其缺点是需要处理和回收改善泥浆。

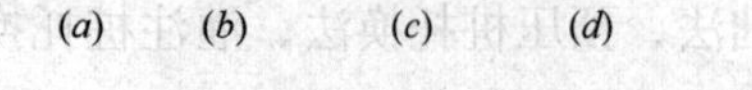

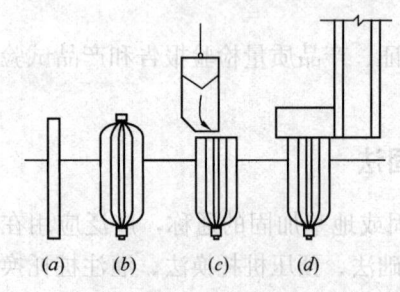

图 34-8 压胀式灌注桩浅层基础处理施工图

(*a*) 桩杆；(*b*) 压胀；(*c*) 浇筑混凝土；(*d*) 制作承台

压胀式灌注桩用于基础托换工程，此种工法桩杆材料是由薄钢板折叠制成，使用时，靠注浆的压力张开。在施工前，要先行成孔，然后放入桩杆。若进行浅层处理，则用气压将桩杆胀开，然后截去后浇筑混凝土而成桩的外露端头（图 34-8）；若进行的是深层处理，则用压力注浆设备和导管，将桩杆胀开的同时，压入水泥砂浆而成桩（图 34-9）。

4. 打入桩托换法

打入桩的桩体材料主要采用钢管桩，这是由于相比其他形式的桩，钢管桩更容易连接，其接头可用铸钢的套管或焊接而成。常用的打桩设备是压缩空气锤，空气锤安装在叉式装卸车或特制龙门导架上。导架的顶端是敞口的，这样可以更充分地利用有限的空间。在打桩过程中，还需要在桩管内不断取土。如遇到障碍物时，可采用小型冲击式钻机，通过开口钢管劈裂破碎或钻穿而将土取出。这种钻机可使钢管穿越最难穿透的卵石、碎石层。在桩端达到设计土层深度时，

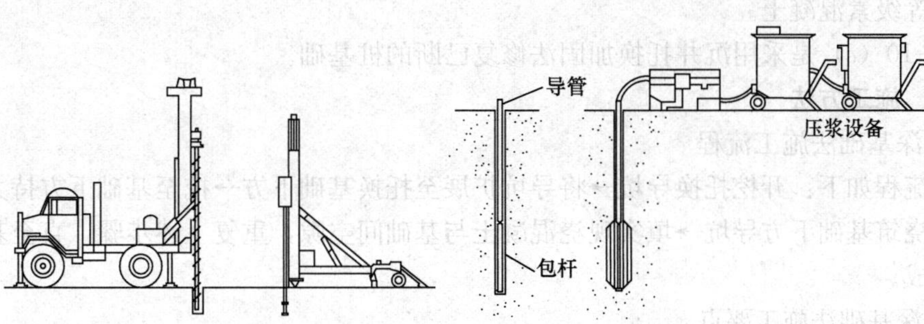

(a) (b) (c) (d)

图 34-9 压胀式灌注桩深层基础处理施工图

(a) 钻孔；(b) 放包杆；(c) 包杆与导管就位；(d) 压力注浆

则可以进行清孔和浇筑混凝土。

在所有的桩都按要求施工完成后，则可用搁置在桩上的托换梁（抬梁法或挑梁法托换）或承台系统来支撑被托换的柱或墙，其荷载的传递是靠钢楔或千斤顶来转移的。

打入桩的另一个优点是钢管桩桩端是开口的，对桩周的土体排挤较少，所以对周围环境影响不大。

5. 沉井托换加固法

图 34-10（a）为柱下条形基础，由于地基不均匀沉降造成基础开裂，采用沉井托换加固法支撑已经开裂的条形基础。用千斤顶和挖土法支撑条基并使沉井下沉，达到设计标高后封底或全部灌填低强度等级素混凝土，然后将已开裂的基础进行灌浆加固修复。

图 34-10（b）是采用沉井托换加固桩基础。由于单桩承载力不足，造成建筑物下沉，或在增加荷载作用下，原柱基础承载力已不能满足要求时，可在承台下开挖施工坑，并现场浇筑沉井，分节下沉，用挖土法和千斤顶加压法，至计算标高后，清底并封底或全部充

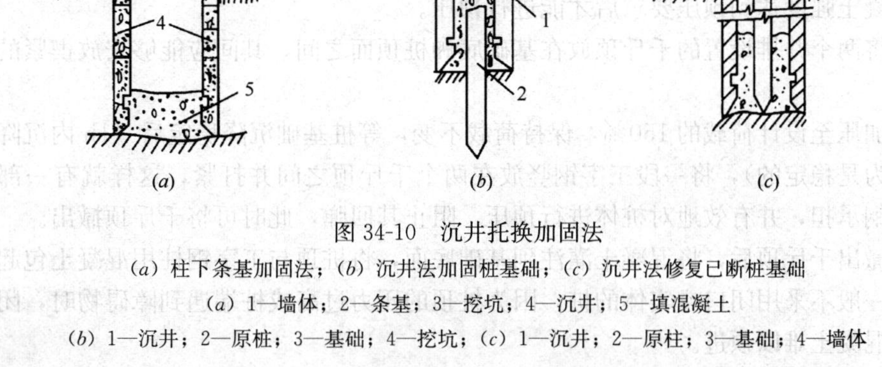
(a) (b) (c)

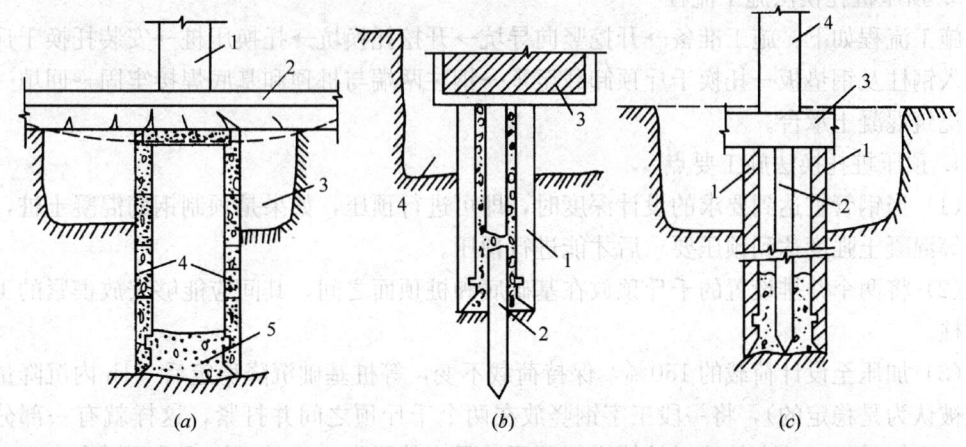

图 34-10 沉井托换加固法

(a) 柱下条基加固法；(b) 沉井法加固桩基础；(c) 沉井法修复已断桩基础

(a) 1—墙体；2—条基；3—挖坑；4—沉井；5—填混凝土

(b) 1—沉井；2—原桩；3—基础；4—挖坑；(c) 1—沉井；2—原柱；3—基础；4—墙体

填低强度等级素混凝土。

图 34-10（*c*）是采用沉井托换加固法修复已断的桩基础。

### 34.5.3.3 施工方法

1. 加深基础法施工流程

施工流程如下：开挖托换导坑→将导坑扩展至托换基础下方→挖至基础下方持力层→用混凝土浇筑基础下方导坑→填实现浇混凝土与基础间空隙，重复上述步骤，直至基础托换全部完成。

2. 加深基础法施工要点

（1）根据被托换加固结构荷载和坑下地基承载力大小，选用间断或连续混凝土墩进行加深基础。

（2）进行间断的墩式托换，应满足建筑物荷载条件对坑底土层的地基承载力要求。施工时，首先设置间断墩，以提供临时支承。

（3）当间断混凝土墩的底面积不能为建筑物荷载提供足够支承时，则可设置连续墩式基础。开挖间断墩间土，坑内灌注混凝土，干填砂浆，形成连续混凝土墩式基础。

（4）当大的柱基用坑式托换时，可将柱基面积划分几个单元，进行逐坑托换。

（5）依据基础的形式和设计情况，在贴近被托换基础侧面，通过人工或机械开挖一个比原有基础底面深 1.5m 且满足施工要求的竖向导坑。在开挖原基础和加深开挖时，应依据开挖深度，做好支护和防雨等施工措施，防止基坑壁坍塌，确保施工安全。

（6）将导坑扩展到托换基础下面，并继续在基础下面开挖至设计持力层标高。

（7）用现浇混凝土浇筑基础下的挖坑，至离原有基础底面 8～10cm 处停止浇筑，养护 1d 后，用干硬性水泥砂浆塞填 8～10cm 的空隙，用铁锤锤击短木，使填塞砂浆充分捣实成为密实的填充层。

（8）采用同样的步骤，继续分段分批挖坑和修筑墩子，直至基础托换全部完成。

3. 预压桩托换法施工流程

施工流程如下：施工准备→开挖竖向导坑→开挖托换坑→托换压桩→安装托换千斤顶→塞入钢柱及钢垫板→托换千斤顶卸载至零→钢柱两端与桩顶和基底焊接牢固→回填→支模、浇筑混凝土承台。

4. 预压桩托换法施工要点

（1）当钢管桩达到要求的设计深度时，即可进行预压，如果是预制钢筋混凝土桩，则需要等混凝土强度达到预压要求后才能进行预压。

（2）将两个并排设置的千斤顶放在基础底和桩顶面之间，其间应能够安放楔紧的工字钢钢柱。

（3）加压至设计荷载的 150%，保持荷载不变，等桩基础沉降稳定后（1h 内沉降量不增加被认为是稳定的），将一段工字钢竖放在两个千斤顶之间并打紧，这样就有一部分荷载由工字钢承担，并有效地对桩体进行预压，阻止其回弹，此时可将千斤顶撤出。

（4）撤出千斤顶后，将混凝土灌注到基础底面，将桩顶与工字钢柱用混凝土包起来。

（5）一般不采用闭口或实体的桩，因为桩顶的压力过高或桩端遇到障碍物时，闭口钢管或预制混凝土难以顶进。

（6）如在沉桩过程中出现压力桩反常、桩身倾斜、桩身或桩顶破损等异常情况时，应停止沉桩，会同有关方面查明原因，并进行必要的处理后，方可继续进行施工。

**34.5.3.4 质量控制要点**

1. 加深基础法质量控制要点

(1) 应严格按设计文件和有关规范要求进行施工。

(2) 混凝土、砂浆等材料应有产品合格证、质量检验报告、产品试验报告，符合规范及设计要求。

(3) 施工时，应严格进行隐蔽验收。

2. 预压桩托换法施工资料控制要点

(1) 施工前，应对成品桩做外观及强度检验，接桩用焊条或半成品硫磺胶泥应有产品合格证书；压桩用千斤顶应进行标定后方可使用。硫磺胶泥半成品应每 100kg 做一组试件（3 件）进行试验。

(2) 桩尖应到达设计持力层深度，压桩力应达到国家现行标准《建筑地基基础设计规范》GB 50007 规定的单桩竖向承载力标准值的 1.5 倍，且持续时间不应少于 5min。

(3) 在压桩过程中，应检查压力、桩垂直度、接桩间歇时间、桩的连接质量及压入深度。

## 34.6 混凝土结构加固

对于混凝土结构加固，一般采用增大截面加固法、置换混凝土加固法、体外预应力加固法、外包型钢加固法、粘贴钢板加固法、粘贴纤维复合材加固法、预应力碳纤维复合板加固法、增设支点加固法、预张紧钢丝绳网片 聚合物砂浆面层加固法、绕丝加固法等。混凝土结构的加固施工是一项专业性极强的工作，应要求由具有相应资质且有类似成熟经验的专业单位进行施工。加固施工一般应符合下列要求：

(1) 应采取有效措施，保证新增构件和部件与原结构连接可靠，新增截面与原截面结合牢固，形成整体共同工作。

(2) 应避免对未加固部分以及相关的结构、构件和地基基础造成不利的影响；应采取措施避免或减少损伤原结构构件。

(3) 发现原结构或相关工程隐蔽部位有严重缺陷时，应会同加固设计单位采取有效措施后方可继续施工。

(4) 对可能导致的倾斜、开裂或局部倒塌等隐患，应预先采取安全措施。

### 34.6.1 增大截面加固法

增大截面加固法，即增大原构件截面面积并增配钢筋，以提高其承载力和刚度，或改变其自振频率的一种直接加固法。

**34.6.1.1 适用范围**

该方法适用于钢筋混凝土受弯和受压构件的正截面和斜截面加固，一般用于梁、板、柱等钢筋混凝土构件的加固。增大截面加固法具有工艺简单、使用经验丰富、受力可靠、加固费用低廉等优点，但也具有湿作业工作量大、养护期长、占用建筑空间较多等固有缺点。

**34.6.1.2　技术特点**

一般而言，该方法是在原钢筋混凝土构件的外围加设主筋及箍筋，再浇筑混凝土包覆，可使原钢筋混凝土构件有效提升其承载力及刚度。必须注意的是新、旧混凝土接合面的施工处理，以及外加的钢筋应设置有效的锚固措施，以便发挥钢筋的作用，并保证新增截面与原截面共同工作，提高构件的承载力及刚度。

该方法工艺简单、受力可靠、费用低、应用面广；缺点是需支模、湿作业量大、工期长。

**34.6.1.3　施工方法**

1. 施工流程

施工流程如下：卸载→清理、修整原结构、构件→处理界面→安装新增钢筋及其连接→安装模板→新增截面混凝土施工及养护→施工质量检查与缺陷修整。

2. 施工要点

（1）卸载

采用增大截面加固法对混凝土结构进行加固时，应采取措施卸除或大部分卸除作用在结构上的活荷载。

（2）清理、修整原结构、构件

见本手册 34.1.2.3“加固过程控制”中的相关条款。

（3）处理界面（图 34-11）

1）采取下列打毛或打毛兼植入剪切销钉的措施：

① 当采用錾石花锤打毛时，应形成深 3mm，点数为 600～800 点/$m^2$ 且均匀分布的麻点；当改用凿子凿线槽时，应形成深 6mm、间距 100mm 的横向线条。

② 当采用砂轮机打毛时，应形成方向垂直于构件轴线、深 3mm、间距 50mm 的横向纹路；

③ 当采用高压水射流打毛时，其所选用的射流参数应符合《建筑结构加固工程施工质量验收规范》GB 50550 附录 C 的规定。

④ 当采用植入剪切销钉增强墙、板的打毛效果时，应采用直径 6mm 的销钉以结构胶植入混凝土；植入深度取板厚的 2/3；销钉外露长度不应小于 25mm；销钉间距，纵、横向均大于 300mm。

⑤ 当采用种植剪切销钉增强梁、柱的打毛效果时，新增的焊接箍筋可用以替代部分剪切销钉；一根梁、柱中的替代量不应大于剪切销钉量的 40%。

2）当设计要求涂刷结构界面胶时，应采用适用期能满足工序要求的界面胶；其涂刷时间及涂刷质量应符合施工方案的要求。

（4）安装新增钢筋及其连接

安装新增钢筋，并在需要的位置钻孔种植钢筋锚固，或采取其他有效措施对新增加钢筋进行可靠的锚固。主筋应采用植筋的方式或其他有效措施锚固；箍筋可以贯穿楼板锚固或与原有箍筋焊接。

（5）安装模板

1）用于增大截面的模板、支架的制作及安装应满足强度、刚度和稳定性的要求，并应符合现行行业标准《建筑施工模板安全技术规范》JGJ 162 的规定。

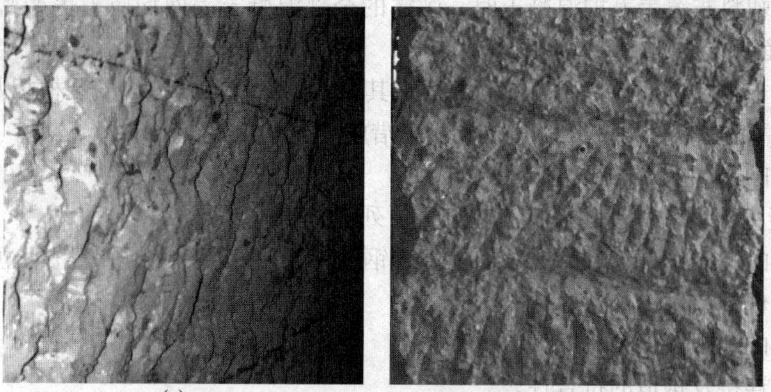


图 34-11 界面处理形式
(a) 麻点；(b) 线槽

2）新增钢筋的保护层厚度应符合设计要求。

(6) 新增截面混凝土施工及养护

1）浇筑混凝土前，应对以下项目按隐蔽工程要求进行检查和验收：①界面处理及涂刷结构界面胶的施工质量。②新增钢筋的品种、规格、数量和位置。③新增钢筋与原构件的连接质量。④植筋、锚栓施工质量。⑤预埋件的规格、位置。

2）混凝土构件增大截面加固工程的施工，可根据实际情况和条件选用人工浇筑、压力灌注、自密实技术或喷射技术进行施工。新增混凝土的配置、留置试块、浇筑、养护、强度检验及拆模时间，除应符合现行国家标准《建筑结构加固工程施工质量验收规范》GB 50550 的规定外，尚应分别符合国家现行标准《混凝土结构工程施工规范》GB 50666、《水泥基灌浆材料应用技术规范》GB/T 50448、《自密实混凝土应用技术规程》JGJ/T 283 或《喷射混凝土应用技术规程》JGJ/T 372 的规定。

3）当采用预拌混凝土或灌浆料时，其坍落度或坍落扩展度应符合设计要求。预拌混凝土或灌浆料的坍落度或坍落扩展度的检查应在交货地点进行。应拒收坍落度或坍落扩展度不符合设计要求的材料。

4）对灌浆料的应用，应有可靠的工程经验，因为这种材料的性能更接近砂浆；如果配制不当，容易导致新增面层产生裂缝。

5）混凝土浇筑完毕后，应按施工技术方案采取有效的养护措施，并应符合下列规定：

① 在浇筑完毕后，应对混凝土加以覆盖，并在 12h 内开始浇水养护；混凝土的表面不便浇水时，应涂刷养护剂，养护剂的性能和质量应符合现行行业标准《水泥混凝土养护剂》JC/T 901 的规定。

② 混凝土浇水养护的时间应符合下列规定：

a. 对采用硅酸盐水泥、普通硅酸盐水泥或矿渣硅酸盐水泥拌制的混凝土，不得少于 7d。

b. 对掺用缓凝剂或有抗渗要求的混凝土，不得少于 14d。

③ 浇水次数应能保持混凝土处于湿润状态；混凝土养护用水的水质应与拌和用水相同。

④ 采用塑料布覆盖养护混凝土时，敞露的全部混凝土表面均应覆盖严密，并应保持塑料布内表面有凝结水。

⑤ 混凝土强度达到 1.2MPa 前，不得在其上踩踏、堆放物料、安装模板及支架。

⑥ 当日平均气温低于 5℃时，在无相关措施情况下，不得浇水。

（7）施工质量检查与缺陷修整

1）混凝土新增截面拆除模板后应进行下列检查：

① 构件的轴线位置、标高、截面厚度、钢筋保护层厚度、表面平整度、垂直度；

② 预埋件的数量、位置。

③ 构件的外观缺陷。

④ 构件连接及构造的符合性。

⑤ 结构的轴线位置、标高、全高垂直度。

2）混凝土结构拆模后，当新浇混凝土存在外观质量缺陷时，应按现行国家标准《混凝土结构工程施工规范》GB 50666 的规定进行检查和评定。其尺寸偏差应按设计施工图对重要部位尺寸所注的允许偏差进行检查和评定。

3）混凝土结构外观一般缺陷修整应符合下列规定：

① 对于露筋、蜂窝、孔洞、夹渣、疏松、外表缺陷，应凿除固结不牢部分的混凝土，清理并湿润表面后，采用 1∶2～1∶2.5 水泥砂浆抹平。

② 应按现行国家标准《建筑结构加固工程施工质量验收规范》GB 50550 的规定处理裂缝。

③ 连接部位缺陷、外形缺陷，可与面层装饰施工一并处理。

4）混凝土结构外观严重缺陷修整应符合下列规定：

对于露筋、蜂窝、孔洞、夹渣、疏松等外观缺陷，应凿除胶结不牢固部分的混凝土至密实部位，采用比原混凝土强度等级高一级的细石混凝土浇筑密实，养护时间不应少于 7d。

对于严重的开裂缺陷，应进行加固处理。

清水混凝土的外观严重缺陷，宜用水泥砂浆或细石混凝土修补后以磨光机磨平。

5）混凝土结构尺寸的一般偏差，可结合装饰工程进行修整。

6）混凝土结构尺寸的严重偏差，应会同设计单位共同制订专项修整方案，由施工方实施。

### 34.6.1.4　质量控制要点

1. 主控项目

（1）新增混凝土的浇筑质量缺陷，应按现行国家标准《建筑结构加固工程施工质量验收规范》GB 50550 表 5.4.1 进行检查和评定；其尺寸偏差应按设计单位在施工图上对重要部位尺寸所注的允许偏差进行检查与评定。

（2）新增混凝土的浇筑质量不应有严重缺陷及影响结构性能和使用功能的尺寸偏差。

（3）新、旧混凝土结合面粘结质量应良好。锤击或超声波检测判定为结合不良的测点数不应超过总测点数的 10%，且不应集中出现在主要受力部位。

（4）当设计对使用结构界面胶（剂）的新旧混凝土粘结强度有复验要求时，应在新增混凝土 28d 抗压强度达到设计要求的当日，进行新旧混凝土正拉粘结强度（$f_t$）的见证抽样检验。检验结果应符合 $f_t \geqslant 1.5$MPa，且应为正常破坏。

(5) 新增钢筋的保护层厚度抽样检验结果应合格。其抽样数量、检验方法以及验收合格标准应符合现行国家标准《混凝土结构工程施工质量验收规范》GB 50204 的规定，但对结构加固截面纵向钢筋保护层厚度的允许偏差，应该按现行国家标准《建筑结构加固工程施工质量验收规范》GB 50550 的规定执行。

2. 一般项目

(1) 新增混凝土的浇筑质量不宜有一般缺陷。一般缺陷的检查与评定应按现行国家标准《建筑结构加固工程施工质量验收规范》GB 50550 表 5.4.1 进行。

(2) 新增混凝土拆模后，应对构件的尺寸偏差进行检查。

### 34.6.2 置换混凝土加固法

局部置换混凝土加固法，即对强度偏低或有严重缺陷的受压区混凝土进行局部置换，以提高其承载力的一种直接加固法。

#### 34.6.2.1 适用范围

本方法适用于承重构件受压区混凝土强度偏低或有严重缺陷的局部加固，也适用于钢筋混凝土受弯和受压构件的正截面和斜截面加固。它既可用于新建工程混凝土质量不合格的返修处理，也可用于已有混凝土结构受冻害、介质腐蚀、火灾烧损以及地震、强风和人为破坏后的修复。

#### 34.6.2.2 技术特点

该方法是将原结构或构件的破损混凝土凿除，用强度略高的新混凝土置换，使两者共同工作。其关键在于新浇混凝土与被加固构件原混凝土的界面处理效果能否达到可采用两者协同工作假设的程度。新建工程的混凝土置换，采用两者协同工作的假设，不会有安全问题。但是，对于既有结构的旧混凝土，因为它已完全失去活性，此时新、旧混凝土界面的粘合必须依靠具有良好渗透性和粘结能力的结构界面胶才能保证其协同工作；因此，在工程中选用界面胶时，必须十分谨慎，一定要选用优质、可信的产品，并要求厂商出具质量保证书，以保证工程使用的安全。

该方法工艺简单、受力可靠、费用低、应用面广；施工时需有支顶措施。

#### 34.6.2.3 施工方法

1. 施工流程

施工流程如下：现场勘查→搭设安全支撑及工作平台→卸载→剔除局部混凝土（必要时，原钢筋除锈或增补新钢筋）→处理界面→支模→浇筑（或喷射）混凝土→养护→承重模板拆除→施工质量检验→竣工验收。

2. 施工要点

(1) 现场勘察

需查明现场施工条件、拟置换构件或部分结构在整体结构中的位置及其与周边环境和构件的关系，为下一步实施卸载、支撑、置换等工序提供基础信息及资料。

(2) 搭设安全支撑及工作平台

(3) 卸载

1) 被加固构件卸载的力值、卸载点的位置确定、卸载顺序及卸载点的位移控制应符合设计规定及施工技术方案的要求。

2）卸载时的力值可用千斤顶配置的压力表经校正后进行测读；卸载点的结构节点位移宜用百分表测读。卸载所用的压力表、百分表的精度不应低于 1.5 级，标定日期不应超过半年。

3）卸载时，应有全程监控设施和安全支护设施，保证被卸载结构及其相关结构的安全。

（4）剔除局部混凝土

剔除被置换的混凝土时，应在到达缺陷边缘后，再向边缘外延伸清除一段不小于 50mm 的长度；对缺陷范围较小的构件，应从缺陷中心向四周扩展，逐步进行清除，其长度和宽度均不应小于 200mm。在剔除过程中，不得损伤钢筋及无须置换的混凝土；若钢筋或混凝土受到损伤，应由施工单位提出技术处理方案，经设计和监理单位认可后方可进行处理；处理后，应重新检查验收。

（5）处理界面

新、旧混凝土粘合面的界面处理应符合 34.6.1.3 第 1（3）节的要求，但不凿成沟槽。若用高压水射流打毛，宜按规定打磨成垂直于轴线方向的均匀纹路。

（6）置换混凝土施工

1）置换混凝土需补配钢筋或箍筋时，其安装位置及其与原钢筋焊接方法，应符合设计规定；其焊接质量应符合现行行业标准《钢筋焊接及验收规程》JGJ 18 的要求；若发现焊接伤及原钢筋，应及时会同设计单位进行处理；处理后，应重新检查、验收。

2）采用普通混凝土置换时，其施工过程的质量控制应符合现行国家标准《建筑结构加固工程施工质量验收规范》GB 50550 第 5.3.2 条及第 5.3.3 条的规定；其他未列事项应符合现行国家标准《混凝土结构工程施工质量验收规范》GB 50204 的规定。

3）采用喷射混凝土置换时，其施工过程的质量控制应符合现行中国工程建设标准化协会标准《喷射混凝土加固技术规程》CECS 161 的规定，其检查数量和检验方法也应按该规程的规定执行。

（7）拆除模析

置换混凝土的模板及支架拆除时，其混凝土强度应达到设计规定的强度等级。

其余环节均参考 34.6.1.3 中所提及的施工方法。

**34.6.2.4　质量控制要点**

1. 主控项目

（1）新置换混凝土的浇筑质量不应有严重缺陷及影响结构性能或使用功能的尺寸偏差。对已经出现的严重缺陷和影响结构性能或使用功能的尺寸偏差，应由施工单位提出技术处理方案，经设计和监理单位认可后进行处理。处理后，应重新检查验收。

（2）新、旧混凝土结合面的粘合质量应良好。

（3）当设计对使用界面胶（剂）的新、旧混凝土结合面的粘结强度有复验要求时，应按现行国家标准《建筑结构加固工程施工质量验收规范》GB 50550 第 5.4.4 条的规定进行见证抽样检验和合格评定。

（4）钢筋保护层厚度的抽样检验结果应合格。

2. 一般项目

(1) 新置换混凝土的浇筑质量不宜有一般缺陷。对已经出现的一般缺陷，应由施工单位提出技术处理方案，经监理单位认可后进行处理，并重新检查验收。

(2) 新置换混凝土拆模后的尺寸偏差应符合现行国家标准《混凝土结构工程施工质量验收规范》GB 50204 的规定。

### 34.6.3 体外预应力加固法

体外预应力加固法，即通过施加体外预应力，使原结构、构件的受力得到改善或调整的一种间接加固法。

**34.6.3.1 适用范围**

体外预应力加固法可以无粘结钢绞线、普通钢筋或型钢为预应力拉杆或撑杆，其适用范围如下：

(1) 以无粘结钢绞线为预应力下撑式拉杆时，宜用于连续梁和大跨简支梁的加固。

(2) 以普通钢筋为预应力下撑式拉杆时，宜用于一般简支梁的加固。

(3) 以型钢为预应力撑杆时，宜用于柱的加固。

体外预应力加固法不适用于素混凝土构件（包括纵向受力钢筋一侧配筋率小于 0.2% 的构件）的加固。

**34.6.3.2 技术特点**

该方法是在原构件体外采取无粘结钢绞线、高强钢筋或型钢，并施加预应力，使其提高承载力、刚度和抗裂度。这种方法无须将原构件表层混凝土全部凿除来补焊钢筋，只需在连接处将预应力拉杆或撑杆锚固即可。

该方法受力可靠、比较经济、使用面广、占空间较小，同时需张拉设备、锚固处理。

**34.6.3.3 施工方法**

1. 施工流程

施工流程如下：清理原结构→画线标定预应力拉杆（或撑杆）的位置→预应力拉杆（或撑杆）制作及锚夹具试装配→剔凿锚固件安装部位的混凝土，并做好界面处理→安装并固定预应力拉杆（或撑杆）及其锚固装置、支承垫板、撑棒、拉紧螺栓等零部件→安装张拉装置（必要时）→按施工技术方案进行张拉并固定→施工质量检验→防护面层施工。

2. 施工要点

(1) 清理原结构：见本手册 34.1.2.3“加固过程控制”中的相关条款。

(2) 画线标定预应力拉杆（或撑杆）的位置。

(3) 预应力拉杆（或撑杆）制作及锚夹具试装配。

1) 制作和安装预应力拉杆（或撑杆）时，必须复查其品种、级别、规格、数量和安装位置。复查结果必须符合设计要求。

2) 预应力杆件锚固区的钢托套、传力预埋件、挡板、撑棒以及其他锚具、紧固件等的制作和安装质量必须符合设计要求。

3) 在施工过程中，应避免电火花损伤预应力杆件或预应力筋；受损伤的预应力杆件或预应力筋应予以更换。

(4) 剔凿锚固件安装部位的混凝土，并做好界面处理。

（5）安装并固定预应力拉杆（或撑杆）及其锚固装置、支承垫板、撑棒、拉紧螺栓等零部件。

（6）安装张拉装置并按施工技术方案进行张拉并固定。

1）张拉预应力拉杆前，应检测原构件的混凝土强度；其现场推定的强度等级应基本符合现行国家标准《混凝土结构设计标准》GB/T 50010 对预应力混凝土结构的混凝土强度等级的规定。若构件锚固区填充了混凝土在张拉时，同条件养护的立方体试件抗压强度不应低于设计规定的强度等级的80%。

2）当采用机张法张拉预应力拉杆时，其张拉力、张拉顺序应符合现行国家标准《混凝土结构工程施工质量验收规范》GB 50204 的有关要求，并应符合下列规定：

① 应保证张拉施力同步、应力均匀一致。

② 应实时控制张拉量。

③ 应防止被张拉构件侧向失稳或发生扭转。

检查数量及检验方法按上述规范执行。

3）当采用横向张拉法张拉预应力拉杆时，应遵守下列规定：

① 拉杆应在施工现场调直，然后与钢托套、锚具等部件进行装配。调直和装配的质量应符合设计要求。

② 预应力拉杆锚具部位的细石混凝土填灌、钢托套与原构件间隙的填塞，拉杆端部与预埋件或钢托套连接的焊缝等的施工质量应检查合格。

③ 横向张拉量的控制，可先适当拉紧螺栓，再逐渐放松至拉杆仍基本平直、尚未松弛弯垂时停止放松，记录此时的读数，作为控制横向张拉量$\triangle H$的起点。

④ 横向张拉分为一点张拉和两点张拉。两点张拉时，应在拉杆中部焊一撑棒，使该处拉杆间距保持不变，并应用两个拉紧螺栓，以同规格的扳手同步拧紧。

⑤ 当横向张拉量达到要求后，宜用点焊将拉紧螺栓的螺母固定，并切除螺杆伸出螺母以外部分。

4）当采用横向张拉法张拉预应力撑杆时，应符合下列规定：

① 宜在施工现场附近，先用缀板焊连两个角钢，形成组合杆肢。然后在组合杆肢中点处，将角钢的侧立肢切割出三角形缺口，弯折成所设计的形状；再将补强钢板弯好，焊在角钢的弯折肢面上。

② 撑杆肢端部由抵承板（传力顶板）与承压板（承压角钢）组成传力构造。承压板应采用结构胶加锚栓固定于梁底。传力焊缝的施焊质量应符合现行行业标准《建筑钢结构焊接技术规程》JGJ 81 的要求。经检查合格后，将撑杆两端用螺栓临时固定。

③ 应按设计值严格进行控制预应力撑杆的横向张拉量，可通过拉紧螺栓建立预应力（预顶力）。

④ 横向张拉完毕，对双侧加固，应用缀板焊连两个组合杆肢；对单侧加固，应用连接板将压杆肢焊连在被加固柱另一侧的短角钢上，以固定组合杆肢的位置。焊接连接板时，应防止预压应力因施焊受热而损失；可采取上、下连接板轮流施焊或同一连接板分段施焊等措施，以减少预应力损失。焊好连接板后，撑杆与被加固柱之间的缝隙应用细石混凝土或砂浆填塞密实。

#### 34.6.3.4 质量控制要点

1. 主控项目

(1) 预应力拉杆锚固后，其实际建立的预应力值与设计规定的检验值之间的相对偏差不应超过±5%。

(2) 当采用钢丝束作为预应力筋时，其钢丝断裂、滑丝的数量不应超过每束一根。

2. 一般项目

预应力筋锚固后，多余的外露部分应用机械方法切除；但其剩余的外露长度宜为25mm。

### 34.6.4 外包型钢加固法

外包型钢加固法，即对钢筋混凝土梁、柱外包型钢及钢缀板焊成的构架，以达到共同受力并使原构件受到约束作用的直接加固方法。根据是否采用结构胶，该方法分为外粘型钢加固法（或称湿式外包钢加固法）和无粘结外包型钢加固法（或称干式外包钢加固法）。

#### 34.6.4.1 适用范围

本方法适用范围如下：

(1) 需要大幅度提高截面承载能力和抗震能力的钢筋混凝土柱及梁的加固；

(2) 当工程要求不使用结构胶粘剂时，采用干式外包钢加固法；当工程要求可采用结构胶粘剂时，采用湿式外包钢加固法。

#### 34.6.4.2 技术特点

湿式外包钢加固法，属于复合构件范畴；通过采用结构胶粘剂粘结，将型钢粘合于原构件的混凝土表面，使之形成具有整体性的复合截面，以提高其承载力和延性的一种直接加固法。干式外包钢加固法，不使用结构胶，或仅用水泥砂浆堵塞混凝土与型钢间缝隙，属于组合构件范畴；由于型钢与原构件间无有效的连接，因而其所受的外力只能按原柱和型钢的各自刚度进行分配，而不能视为复合构件受力，以致很费钢材，仅在不宜使用胶粘的场合使用。

该方法受力可靠、使用面广、占空间较小；缺点是费用高。

#### 34.6.4.3 施工方法

1. 施工流程

施工流程如下：清理、修整原结构、构件并画线定位（《建筑结构加固工程施工质量验收规范》GB 50550—2010 第3.0.4条及第3.0.5条）→制作型钢骨架→处理界面→安装及焊接型钢骨架→注胶或灌注砂浆施工（包括注胶或灌注砂浆前准备工作）→养护→施工质量检验→防护面层施工。

2. 施工要点

(1) 型钢骨架制作

1) 钢骨架及钢套箍的部件，宜在现场按被加固构件的修整后外围尺寸进行制作。当在钢部件上进行切口或预钻孔洞时，其位置、尺寸和数量应符合设计图纸的要求。

2) 钢部件的加工、制作质量应符合现行国家标准《钢结构工程施工质量验收标准》GB 50205 的规定。加工、制作质量的检查数量及检验方法也应按该规范的规定执行。已经出现的严重缺陷和损伤，应由施工单位提出技术处理方案，经设计和监理单位共同认可后予以实施，并对经处理的部位重新检查验收。

3）钢部件及其连接件的制作和试安装不应有影响结构性能和使用功能的尺寸偏差。其检查数量、检验方法和合格评定标准应按现行国家标准《钢结构工程施工质量验收标准》GB 50205 的规定执行。对于已出现的过大尺寸偏差的部位，应按设计提出的技术处理方案由施工单位实施后，重新检查验收。

（2）处理界面

1）外粘型钢的构件，其原混凝土界面（黏合面）应打毛；打毛的质量应符合《建筑结构加固工程施工质量验收规范》GB 50550 第 5.2.1 条的要求，但在任何情况下均不应凿成沟槽。

2）钢骨架及钢套箍与混凝土的黏合面经修整除去锈皮及氧化膜后，尚应进行糙化处理。糙化可采用砂轮打磨、喷砂或高压水射流等技术，但糙化程度应以喷砂效果为准。其中，钢加固件表面处理用的喷砂机，其工作压力应为 0.45MPa；其所配的喷砂料应为通过 80$R$ 筛孔，但通不过 60$R$ 筛孔的筛余料。

3）干式外包钢的构件，其混凝土表面应清理洁净，打磨平整，以能安装角钢肢为度。若钢材表面的锈皮、氧化膜对涂装有影响，也应予以除净。

（3）型钢骨架安装及焊接

1）安装钢骨架各肢时，应采用专门卡具以及钢锲、垫片等箍牢、顶紧；对于外粘型钢骨架的安装，应在原构件找平的表面上，每隔一定距离粘贴小垫片，使钢骨架与原构件之间留有 2～3mm 的缝隙，以备压注胶液；对干式外包钢骨架的安装，该缝隙宜为 4～5mm，以备填塞环氧胶泥或压入注浆料。

2）安装型钢骨架各肢后，应与缀板、箍板以及其他连接件等进行焊接。焊缝应平直，焊波应均匀，无虚焊、漏焊；焊缝的质量应符合现行国家标准《钢结构工程施工质量验收标准》GB 50205 的要求。

3）外粘或外包型钢骨架全部杆件（含缀板、箍板等连接件）的缝隙边缘，应在注胶（或注浆）前用密封胶封缝。封缝时，应保持杆件与原构件混凝土之间注胶（或注浆）通道的畅通。同时，尚应在设计规定的注胶（或注浆）位置钻孔，粘贴注胶嘴（或注浆嘴）底座，并在适当部位布置排气孔。待封缝胶固化后，进行通气试压。若发现有漏气处，应重新封堵。

（4）注胶或注浆施工

1）注胶（或注浆）设备及其配套装置在注胶（或注浆）施工前应按该产品标准规定的技术指标进行适用性检查和试运作安全检查，其检验结果应合格。

2）灌注用结构胶粘剂应经试配，并测定其初黏度；对结构构造复杂工程和夏季施工工程，还应测定其适用期（可操作时间）。若初黏度超出《建筑结构加固工程施工质量验收规范》GB 50550 及产品使用说明书规定的上限，应查明其原因；若属于胶粘剂的质量问题，应予以更换，不得勉强使用。对于气温异常的夏季工程，若适用期达不到《建筑结构加固工程施工质量验收规范》GB 50550 表 4.4.6 的要求，应采取措施降低施工环境气温；对于结构构造复杂的工程，宜改用其他优质结构胶粘剂。

3）应实时控制加压注胶（或注浆）全过程。压力应保持稳定，且应始终处于设计规定的区间内。当排气孔冒出浆液时，应停止加压，并以环氧胶泥堵孔。然后以较低压力维持10min，方可停止注胶（或注浆）。

**34.6.4.4　质量控制要点**

1. 主控项目

（1）外粘型钢的施工质量检验，应在检查其型钢肢安装、缀板焊接合格的基础上，对注胶质量进行下列检验和探测。

1）胶粘强度检验：应在注胶开始前，由检验机构派员到现场在被加固构件上预贴正拉粘结强度检验用的标准块（《建筑结构加固工程施工质量验收规范》GB 50550—2010附录U）；粘贴后，应在接触压条件下，静置养护7d。到期时，应立即进行现场检验与合格评定。其检查数量及检验方法应按《建筑结构加固工程施工质量验收规范》GB 50550—2010附录U确定。

2）注胶饱满度探测：应由检验机构派员到现场用仪器或敲击法进行探测，探测结果以空鼓率不大于5%为合格。

（2）对于干式外包钢的注浆质量检验，应探测其注浆的饱满度，且以空鼓率不大于10%为合格。对于填塞胶泥的干式外包钢，仅要求检查其外观质量，且以封闭完整，满足型钢肢安装要求为合格。

2. 一般项目

被加固构件注胶（或注浆）后的外观应无污渍，无胶液（或浆液）挤出的残留物；注胶孔（或注浆孔）和排气孔的封闭应平整；注胶嘴（或注浆嘴）底座及其残片应全部铲除干净。

## 34.6.5　粘贴钢板加固法

粘贴钢板加固法，即通过采用结构胶粘剂粘结，将钢板粘合于原构件的混凝土表面，使之形成具有整体性的复合截面，以提高其承载力和延性的一种直接加固法。

**34.6.5.1　适用范围**

本方法适用于对钢筋混凝土受弯、大偏心受压和受拉构件的加固，不适用于素混凝土构件，包括纵向受力钢筋一侧配筋率小于0.2%的构件加固。

**34.6.5.2　技术特点**

该方法是在原构件表面粘贴钢板，使其形成整体工作，提高承载力。该加固法属于复合构件范畴；通过采用结构胶粘剂粘结，将钢板粘合于原构件的混凝土表面，使之形成具有整体性的复合截面，以提高其承载力和延性。

该方法施工方便、工期短、占空间较小、适用面广。

**34.6.5.3 施工方法**

1. 施工流程

施工流程如下：清理、修整原结构、构件（《建筑结构加固工程施工质量验收规范》GB 50550—2010第3.0.4条及第3.0.5条）→加工钢板、箍板、压条及预钻孔→处理界面→粘贴钢板施工（或注胶施工）→固定、加压、养护→施工质量检验→防护面层施工。

2. 施工要点

（1）处理界面

1）原构件混凝土及加固钢板的界面（粘合面）经修整后，尚应分别按《建筑结构加固工程施工质量验收规范》GB 50550—2010第5.2.1条及第9.3.2条的要求进行打毛和糙化处理。

2）外粘钢板部位的混凝土，其表层含水率不宜大于4%，且不应大于6%。对于含水率超限的混凝土梁、柱、墙等，应改用高潮湿面专用的胶粘剂。对于俯贴加固的混凝土板，若有条件，也可采用人工干燥处理。

3）在处理混凝土粘合面时，尚应由检测机构派员到现场做粘贴质量检验的预布点工作。布点前，应按《建筑结构加固工程施工质量验收规范》GB 50550—2010附录U的取样规则随机抽取受检构件，然后在邻近受检构件加固部位处选择一个100mm×100mm见方的混凝土表面进行同条件的界面处理，以备在粘钢施工的同时粘贴检验用的钢标准块。

4）若需在钢板和混凝土上钻制锚栓孔，应先探明混凝土中原钢筋的位置，并在画线定位时予以避让。若探测有困难，且已在钻孔过程中遇到钢筋的障碍，允许移位2$d$（$d$为钻孔直径）重钻，但应用植筋胶将废孔填实。钻好的孔洞应采用压缩空气吹净孔内及周边的粉尘、碎渣；若孔壁的混凝土含水率超限，宜采用电热棒吊入烘烤孔壁。

5）粘贴钢板前，应用工业丙酮擦拭钢板和混凝土的粘合面各一道。若结构胶粘剂产品使用说明书要求涂刷底胶，应按规定进行涂刷。

（2）钢板粘贴施工

1）粘贴钢板专用的结构胶粘剂，其配制和使用应按产品使用说明书的规定进行。拌和胶粘剂时，应采用低速搅拌机充分搅拌。拌好的胶液色泽应均匀、无气泡，并应采取措施以防止混入水、油、灰尘等杂质。严禁在室外和尘土飞扬的室内拌合胶液；胶液应在规定的时间内使用完毕。严禁使用超过规定适用期（可操作时间）的胶液。

2）拌好的胶液应同时涂刷在钢板和混凝土粘合面上，经检查无漏刷后，即可将钢板与原构件混凝土粘贴；粘贴后的胶层平均厚度应控制在2～3mm。俯贴时，胶层宜中间厚、边缘薄；竖贴时，胶层宜上厚下薄；仰贴时，胶液的垂流度不应大于3mm。

3）粘贴钢板时，表面应平整，段差过渡应平滑，不得有折角。粘贴钢板后，应均匀布点加压固定。其加压顺序应从钢板的一端向另一端逐点加压，或由钢板中间向两端逐点加压；不得由钢板两端向中间加压。

4）加压固定可选用夹具加压法、锚栓（或螺杆）加压法、支顶加压法等。加压点之间的距离不应大于500mm。加压时，应按胶缝厚度控制在2.0～2.5mm进行调整。

5）在粘贴钢板施工时，应按照《建筑结构加固工程施工质量验收规范》GB 50550—2010附录U的规定将钢标准块粘贴在指定的位置上，按同条件进行加压和养护，以备检验使用。

6）外粘钢板中心位置与设计中心线位置的线偏差不应大于5mm；长度负偏差不应大于10mm。

7）混凝土与钢板粘结的养护温度不低于15℃时，固化24h后即可卸除加压夹具及支撑；72h后可进入下一工序。若养护温度低于15℃，应按产品使用说明书的规定采取升温措施，或改用低温固化型结构胶粘剂。

**34.6.5.4　质量控制要点**

1. 主控项目

（1）钢板与混凝土之间的粘结质量可用锤击法或其他有效探测法进行检查。按检查结果推定的有效粘贴面积不应小于总粘贴面积的95%。检查时，应将粘贴的钢板分区，逐区测定空鼓面积（即无效粘贴面积）；若单个空鼓面积不大于 10000mm²，可采用钻孔注射法充胶修复；若单个空鼓面积大于 10000mm²，应揭去重贴，并重新检查验收。

（2）钢板与原构件混凝土间的正拉粘结强度应符合《建筑结构加固工程施工质量验收规范》GB 50550—2010 第 10.4.2 条规定的合格指标的要求。若不合格，应揭去重贴，并重新检查验收。

2. 一般项目

胶层应均匀，无局部过厚、过薄现象；胶层厚度应按（2.5±0.5)mm 控制。

## 34.6.6 粘贴纤维复合材加固法

外粘纤维复合材加固法，即通过采用结构胶粘剂粘结，将纤维复合材粘贴于原构件的混凝土表面，使之形成具有整体性的复合截面，以提高其承载力和延性的一种直接加固法。

### 34.6.6.1 适用范围

该方法适用于钢筋混凝土受弯、受拉、轴心受压和大偏心受压构件的加固；不推荐用于小偏心受压构件的加固；不适用于素混凝土构件（包括配筋率不符合现行设计规范 GB 50010 最小配筋率构造要求的构件）的加固。

### 34.6.6.2 技术特点

该方法是在原构件表面粘贴碳纤维、玻璃纤维、芳纶纤维等，使其形成整体工作，提高承载力和延性。该加固法，属于复合构件范畴；通过采用结构胶粘剂粘结，将碳纤维、玻璃纤维、芳纶纤维等粘合于原构件的混凝土表面，使之形成具有整体性的复合截面，以提高其承载力和延性。

该方法施工方便、工期短、不占空间、适用面广；对胶粘剂要求高、市场产品杂乱、质量不易控制。

### 34.6.6.3 施工方法

1. 施工流程

施工流程见图 34-12。

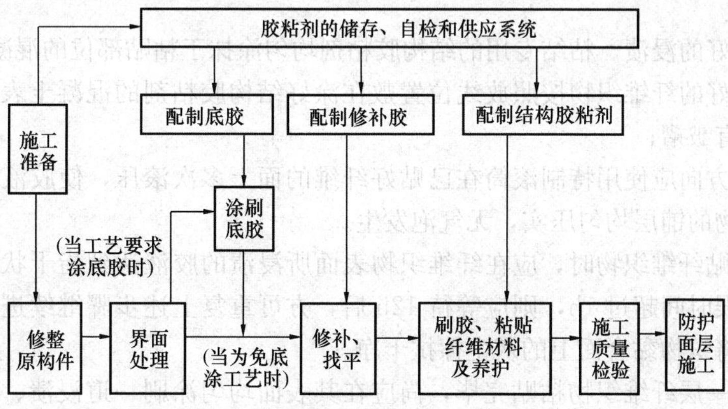


图 34-12 施工流程图

2. 施工要点

(1) 界面处理

1) 经修整露出骨料新面的混凝土加固粘贴部位，应进一步按设计要求修复平整，并采用结构修补胶对较大孔洞、凹面、露筋等缺陷进行修补、复原；有段差、内转角的部位应抹成平滑的曲面；构件截面的棱角应打磨成圆弧半径不小于 25mm 的圆角。在完成以上加工后，应将混凝土表面清理洁净，并保持干燥。

2) 粘贴纤维材料部位的混凝土，其表层含水率不宜大于4%，且不应大于6%。对于含水率超限的混凝土，应进行人工干燥处理，或改用高潮湿面专用的结构胶粘贴。

3) 当粘贴纤维材料采用的粘结材料是配有底胶的结构胶粘剂时，应按底胶使用说明书的要求进行涂刷和养护，不得擅自免去涂刷底胶的工序。若粘贴纤维材料采用的粘结材料是免底涂胶粘剂，应检查其产品名称、型号及产品使用说明书，并经监理单位确认后，方允许免涂底胶。

4) 底胶应按产品使用说明书提供的工艺条件配制，但应在拌匀后立即抽样检测底胶的初黏度。其检测结果应符合《建筑结构加固工程施工质量验收规范》GB 50550 表 4.4.6 的要求，且不得以添加溶剂或稀释剂的方法来改变其黏度；一经发现，应予弃用；已涂刷部位应予返工。底胶指干时，若其表面有凸起处，应用细砂纸磨光，并应重刷一遍。底胶涂刷完毕，应静置固化至指干时，才能继续施工。

5) 若在底胶指触干燥时，未能及时粘贴纤维材料，则应等待 12h 后粘贴，且应在粘贴前用细软羊毛刷或洁净棉纱团沾工业丙酮擦拭一遍，以清除不洁残留物和新落的灰尘。

(2) 纤维材料粘贴施工

1) 浸渍、粘结专用的结构胶粘剂，其配制和使用应按产品使用说明书的规定进行；拌合应采用低速搅拌机充分搅拌；拌好的胶液色泽应均匀、无气泡；其初黏度应符合《建筑结构加固工程施工质量验收规范》GB 50550 表 4.4.6 的要求；胶液注入盛胶容器后，应采取措施防止混入水、油、灰尘等杂质。

2) 纤维织物应按下列步骤和要求粘贴：

① 按设计尺寸裁剪纤维织物，且严禁折叠，若纤维织物原件已有折痕，应裁去有折痕的一段织物。

② 将配制好的浸渍、粘结专用的结构胶粘剂均匀涂抹于粘贴部位的混凝土表面。

③ 将裁剪好的纤维织物按照放线位置敷在涂好结构胶粘剂的混凝土表面，织物应充分展平，不得有皱褶；

④ 沿纤维方向应使用特制滚筒在已贴好纤维的面上多次滚压，使胶液充分浸渍纤维织物，并使织物的铺层均匀压实，无气泡发生。

⑤ 多层粘贴纤维织物时，应在纤维织物表面所浸渍的胶液达到指干状态时立即粘贴下一层，若延误时间超过 1h，则应等待 12h 后，方可重复上述步骤继续进行粘贴，但应在粘贴前重新将织物黏合面上的灰尘擦拭干净。

⑥ 待最后一层纤维织物粘贴完毕，尚应在其表面均匀涂刷一道浸渍、粘结专用的结构胶。

3) 预成型板应按下列步骤和要求粘贴：

① 按设计尺寸切割预成型板。切割时，应考虑现场检验的需要，由监理人员按《建

筑结构加固工程施工质量验收规范》GB 50550附录U取样规则，指定若干块板予以加长约150mm，以备检测人员粘贴标准钢块，作正拉粘结强度检验使用。

② 用工业丙酮擦拭纤维板材的粘贴面（贴一层板时为一面、贴多层板时为两面），至白布擦拭检查无碳微粒为止。

③ 将配制好的胶粘剂立即涂在纤维板材上。涂抹时，应使胶层在板宽方向呈中间厚、两边薄的形状，平均厚度为1.5～2mm。

④ 将涂好胶的预成型板用手轻压地贴在混凝土黏合面的放线位置上，然后用特制橡皮滚筒顺纤维方向均匀展平、压实，并应使胶液有少量从板材两侧边挤出。压实时，不得使板材滑移错位。

⑤ 需粘贴两层预成型板时，应重复上述步骤连续粘贴；若不能立即粘贴，应在重新粘贴前，将上一工作班粘贴的纤维板材表面擦拭干净。

⑥ 按相同工艺要求，在邻近加固部位处，粘贴检验用的150mm×150mm的预成型板。

4）纤维织物可采用特制剪刀剪断，或用优质美工刀切割成所需尺寸。织物裁剪的宽度不宜小于100mm。

5）纤维复合材胶粘完毕后，应静置固化，并应按胶粘剂产品说明书规定的固化环境温度和固化时间进行养护。当达到7d时，应先采用D型邵氏硬度计检测胶层硬度，据以判断其固化质量，并以邵氏硬度HD≥70为合格，然后进行施工质量检验、验收。若邵氏硬度HD<70，应揭去重贴，并改用固化性能良好的结构胶粘剂。

#### 34.6.6.4 质量控制要点

1. 主控项目

（1）纤维复合材与混凝土之间的粘结质量可用锤击法或其他有效探测法进行检查。根据检查结果确认的总有效粘结面积不应小于总粘结面积的95%。

探测时，应将粘贴的纤维复合材分区，逐区测定空鼓面积（即无效粘结面积）；若单个空鼓面积不大于10000mm²，允许采用注射法充胶修复；若单个空鼓面积不小于10000mm²，应割除修补，重新粘贴等量纤维复合材。粘贴时，其受力方向（顺纹方向）每端的搭接长度不应小于200mm；若粘贴层数超过3层，该搭接长度不应小于300mm；对非受力方向（横纹方向）每边的搭接长度可取为100mm。

（2）纤维复合材与基材混凝土的正拉粘结强度必须进行见证抽样检验。其检验结果应符合《建筑结构加固工程施工质量验收规范》GB 50550表10.4.2合格指标的要求。若不合格，应揭去重贴，并重新检查验收。

（3）纤维复合材胶层厚度（$\delta$）应符合下列要求：

1）对纤维织物(布)：$\delta=(1.5\pm0.5)$mm。

2）对预成型板：$\delta=(2.0\pm0.3)$mm。

2. 一般项目

纤维复合材粘贴位置，与设计要求的位置相比，其中心线偏差不应大于10mm；长度负偏差不应大于15mm。

### 34.6.7 预张紧钢丝绳网片——聚合物砂浆面层加固法

预张紧钢丝绳网片——聚合物砂浆面层加固法，即通过采用聚合物砂浆喷涂，将钢丝绳网片粘合于原构件的混凝土表面，使之形成具有整体性的复合截面，以提高其承载力和延性的一种直接加固法。

**34.6.7.1　适用范围**

该方法适用于钢筋混凝土梁、柱、墙等构件的加固，但《建筑结构加固工程施工质量验收规范》GB 50550 仅对受弯构件的加固作出规定。该方法不适用于素混凝土构件，包括纵向受拉钢筋一侧配筋率小于 0.2%的构件加固。

**34.6.7.2　技术特点**

该方法是在原构件表面粘合钢丝绳网片和聚合物砂浆面层，使其形成整体工作，提高构件的承载力和延性。该加固法属于复合构件范畴，是通过采用聚合物砂浆喷涂，将钢丝绳网片粘合于原构件的混凝土表面，使之形成具有整体性的复合截面，以提高其承载力和延性。

该方法工艺不复杂、受力可靠，多用于混凝土结构。

**34.6.7.3　施工方法**

1. 施工流程

施工流程如下：清理、修整原结构、构件→处理界面→安装钢丝绳网片→配制聚合物砂浆→聚合物砂浆面层施工→养护→施工质量检验→喷涂防护层。

2. 施工要点

（1）处理界面

1）原结构、构件的混凝土表面应按《建筑结构加固工程施工质量验收规范》GB 50550—2010 第 3.0.4 条的要求进行清理，并参照第 3.0.5 条的要求剔除原构件混凝土的风化、腐蚀层，除去原钢筋锈层和锈坑。必要时，还应进行补筋。修整后，尚应清除松动的骨料和粉尘，并应用清洁的压力水清洗洁净。若混凝土有裂缝，还应用结构加固用的裂缝修补胶进行修补。

2）在原构件的混凝土表面喷涂的结构界面胶（剂），宜采用与聚合物砂浆配套供应的结构界面胶（剂）；其性能和质量应符合《建筑结构加固工程施工质量验收规范》GB 50550—2010 和设计的规定。产品使用说明书提供的界面胶（剂）性能和质量指标，应高于《建筑结构加固工程施工质量验收规范》GB 50550—2010 的要求，否则该产品不能用在结构加固工程中。

3）原构件表面的含水率应符合聚合物砂浆及其界面胶（剂）施工的要求。

（2）钢丝绳网片安装

1）安装钢丝绳网片前，应先在原构件混凝土表面画线标定安装位置，并按标定的尺寸在现场裁剪网片。裁剪作业及网片端部的固定方式应符合产品使用说明书的规定。

2）安装网片时，应先将网片的一端锚固在原构件端部标定的固定点上，而网片的另一端则用张拉夹持器夹紧；并在此端安装张拉设备，通过张拉使网片均匀展平、绷紧。在网片没有下垂的状态下保持网片拉力的稳定，并应有专人进行监控。经检查网片位置及网片中的经绳和纬绳间距无误后，用锚栓和绳卡将网片经、纬绳的每一连结点在原构件混凝土或砌体上固定牢靠。然后卸去张拉设备，并按隐蔽工程的要求检查和验收安装质量。

3）当网片需要接长时，沿网片长度方向的搭接长度应符合设计规定；若施工图未注明，应取搭接长度不小于 200mm，且不应位于最大弯矩区。

4）安装网片时，应采取控制措施保证钢丝绳保护层厚度，且允许按加厚 3～4mm 设置控制点。

5）网片中心线位置与设计中心线位置的偏差不应大于 10mm；网片两组纬绳之间的净间距偏差不应大于 10mm。

（3）聚合物砂浆面层施工

1）聚合物砂浆的强度等级必须符合设计要求。用于检查钢丝绳网片外加聚合物砂浆面层抗压强度的试块，应会同监理人员在拌制砂浆的出料口随机取样制作。其取样数量与试块留置应符合下列规定。

① 同一工程每一楼层（或单层），每喷抹 $500m^2$（不足 $500m^2$，按 $500m^2$ 计）砂浆面层所需的同一强度等级的砂浆，其取样次数应不少于 1 次确定。若搅拌机不止 1 台，应按台数分别确定每台取样次数。

② 每次取样，应至少留置 1 组标准养护试块；与面层砂浆同条件养护的试块，其留置组数应根据实际需要确定。

2）若试块漏取，或不慎丢失，或对试块强度试验报告有怀疑时，应按《建筑结构加固工程施工质量验收规范》GB 50550—2010 附录 V 规定的现场检测方法进行补测。

3）聚合物砂浆面层喷抹施工开始前，应准备 30min 的砂浆用量；将聚合物砂浆各组分原料按序置入搅拌机充分搅拌；拌好的砂浆，其色泽应均匀，无结块、无气泡、无沉淀，并应防止混入水、油、灰尘等。

4）喷抹聚合物砂浆时，可用喷射法，也可采用人工涂抹法，但应用力擀压密实。喷抹应分 3 道或 4 道进行；仰面喷抹时，每道厚度以不大于 6mm 为宜。后一道喷抹应在前一道初期硬化时进行。初期硬化时间应按产品使用说明书确定。检查数量：按每一种类、每一规格被加固构件，任意抽取 3 个已喷抹面层 7d 的构件，在钢丝绳网格较稀部位粘贴钢标准块，以备 28d 时作现场正拉粘结强度检验（《建筑结构加固工程施工质量验收规范》GB 50550—2010 附录 U）。

5）聚合物砂浆面层喷抹完毕后，应按现行有关标准或产品使用说明书规定的养护方法和时间指派专人进行养护。

#### 34.6.7.4 质量控制要点

1. 主控项目

（1）聚合物砂浆面层的外观质量不应有严重缺陷及影响结构性能和使用功能的尺寸偏差。严重缺陷的检查与评定应按《建筑结构加固工程施工质量验收规范》GB 50550 表 12.5.1 进行；尺寸偏差的检查与评定应按设计单位在施工图上对重要尺寸允许偏差所作的规定进行。对于已经出现的严重缺陷及影响结构性能和使用功能的尺寸偏差，应由施工单位提出技术处理方案，经业主（监理）和设计单位共同认可后予以实施。处理后的部位应重新检查、验收。

（2）聚合物砂浆面层与原构件混凝土之间的有效粘结面积不应小于该构件总粘结面面积的 95%。否则，应揭去重做，并重新检查验收。

（3）聚合物砂浆面层与原构件混凝土间的正拉粘结强度，应符合《建筑结构加固工程施工质量验收规范》GB 50550 表 10.4.2 规定的合格指标的要求。若不合格，应揭去重做，并重新检查、验收。

(4) 聚合物砂浆面层的保护层厚度检查，宜采用钢筋探测仪测定，且仅允许有 8mm 的正偏差。

2. 一般项目

(1) 聚合物砂浆面层的喷抹质量不宜有一般缺陷。一般缺陷的检查与评定应按《建筑结构加固工程施工质量验收规范》GB 50550 表 12.5.1 进行。对于已经出现的一般缺陷，应由施工单位按技术处理方案进行处理，并重新检查、验收。

(2) 聚合物砂浆面层尺寸的允许偏差应符合下列规定：面层厚度仅允许有 5mm 正偏差。表面平整度不大于 3‰。

# 34.7　砌体结构加固

砌体结构加固一般采用钢筋混凝土面层加固法、钢筋网水泥砂浆面层加固法、外包型钢加固法、外加预应力撑杆加固法、粘贴纤维复合材加固法、钢丝绳网-聚合物改性水泥砂浆面层加固法、增设砌体扶壁柱加固法、砌体结构构造性加固法、砌体裂缝修补法等。砌体结构加固施工应满足第 34.6 节所述的一般要求。

## 34.7.1　钢筋混凝土面层加固法

**34.7.1.1　适用范围**

钢筋混凝土面层加固法适用于以外加钢筋混凝土面层加固砌体墙、柱以及带壁柱墙体的加固设计。

**34.7.1.2　技术特点**

钢筋混凝土面层加固法属于复合截面加固法的一种，其优点是施工工艺简单、适应性强、受力可靠、加固费用低廉、砌体加固后承载力有较大提高，并具有成熟的设计和施工经验，适用于柱、墙和带壁柱墙的加固。

**34.7.1.3　施工方法**

1. 工艺流程

采用混凝土面层加固法进行砌体结构加固施工时，可按照以下工艺流程进行：准备材料→处理基层→处理界面→绑扎钢筋→支护模板→浇筑混凝土→养护。

2. 施工要点

(1) 材料准备

施工前，应按照设计要求准备所需钢筋、模板、混凝土等材料，以及錾子、电锤、钢筋加工机械（切断机、调直机等）。

(2) 处理基层

凿去原墙表面的抹灰层，用钢丝刷刷除碎末灰粉。对于清水墙，应剔除已松动的勾缝砂浆，深度不小于 10mm。剔凿完毕，应用清水冲洗干净。

(3) 处理界面

原结构构件经剔凿、修整、清理、冲刷干净以后，按设计要求喷涂界面剂。设计对原构件表面有湿润要求时，应顺墙面反复浇水润湿，并应待墙面无明水后再进行面层施工。若设计无此要求，不得擅自浇水。

（4）绑扎钢筋

按照设计要求绑扎钢筋，钢筋的位置偏差应符合设计及规范的相关要求。

（5）其他

模板支护、混凝土浇筑及养护详见本手册第 34.6.1.3。

#### 34.7.1.4 质量控制要点

采用钢筋混凝土面层加固砌体结构构件的质量控制要点同混凝土结构增大截面法，具体内容详见本手册第 34.6.1.4。

### 34.7.2 钢筋网水泥砂浆面层加固法

#### 34.7.2.1 适用范围

钢筋网水泥砂浆面层加固法是对砌体构件外加钢筋网-高强水泥砂浆面层的加固方法，适用于各类砌体墙、柱的加固；对于块材严重风化（酥碱）的砌体，由于表层损失严重及刚度退化加剧，面层加固法很难协同工作，其加固效果甚微，因此，块材严重风化（酥碱）的砌体不应采用钢筋网水泥砂浆面层进行加固。砌体墙通常采用双面加固，俗称“夹板墙”，如图 34-13 所示。夹板墙可以较大幅度地提高墙体的承载能力和抗侧刚度。

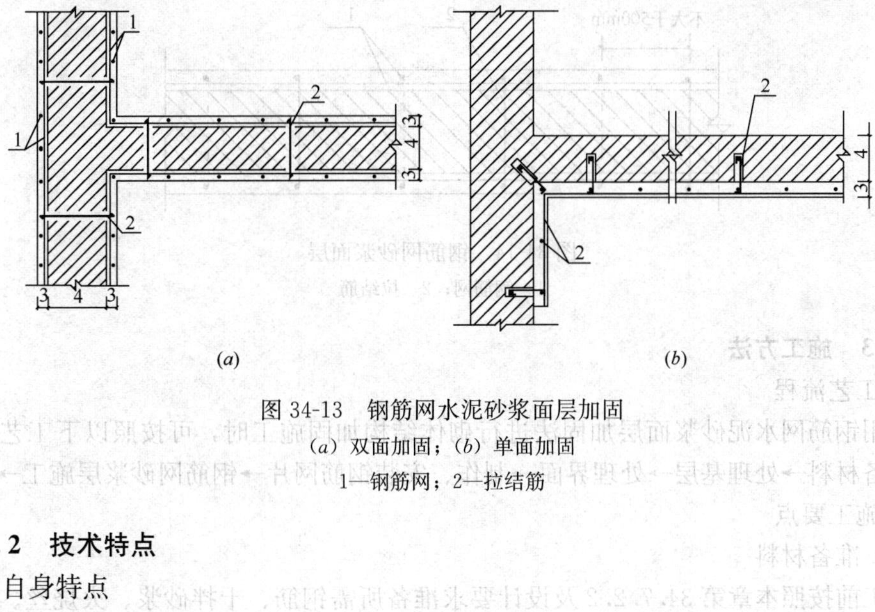


图 34-13 钢筋网水泥砂浆面层加固

（a）双面加固；（b）单面加固

1—钢筋网；2—拉结筋

#### 34.7.2.2 技术特点

1. 自身特点

我国是一个多地震国家，砌体结构房屋是我国量大面广的结构形式。钢筋网水泥砂浆面层加固法作为砌体结构的一种抗震加固措施，能够有效地提高砌体结构的抗震能力和变形性能，大幅改善墙体抗裂性能，防止因砌体构件开裂或者局部脱落而造成人员伤亡。该加固法因其操作简单、经济成本低而在工程实践中得到广泛应用。

2. 加固原理

钢筋网水泥砂浆面层加固法原理在于通过对被加固砌体构件砖和砂浆进行强度检测，结合加固目的，根据现行国家标准的要求进行计算，确定加固厚度及所需钢筋，并通过合理有效的拉结方式，使新增部分与原结构协同受力，形成新的复合体构件，提高被加固构件的承载能力，增强被加固构件的抗侧刚度。

为保证被加固墙体新增部分与原有构件之间能够变形协调和协同受力，需对被加固构件的块体和砂浆提出要求，规定对受压构件的原砌筑砂浆的强度等级应不低于 M2.5；对于受剪的砖砌体构件，原砌筑砂浆强度等级不宜低于 M1；对于受剪的低层砖砌体构件，原砌筑砂浆强度等级允许不低于 M0.4；对于受剪的砌块砌体构件，其原砌筑砂浆强度等级不应低于 M2.5。此外，被加固构件的块材不应存在严重风化（酥碱）现象。

3. 关键点

钢筋网水泥砂浆面层加固法的关键点在于新增钢筋与原构件的连接锚固，保证新增砂浆面层与原结构的协同受力。

（1）与周边构件的连接

钢筋网四周应采用锚筋、插入短筋或拉结筋等方式与楼板、梁、柱或墙体可靠连接。墙、柱加固增设的竖向受力钢筋，其上端应锚固在楼层构件、圈梁或配筋的混凝土垫块中；其伸入地下一端应锚固在基础内，可采用植筋方式进行锚固。

（2）与墙面的锚固

当采用双面钢筋网水泥砂浆时，钢筋网应采用穿通墙体的 S 形或 Z 形钢筋拉结，拉结钢筋宜成梅花状布置，其竖向间距和水平间距均不应大于 500mm（图 34-14）。

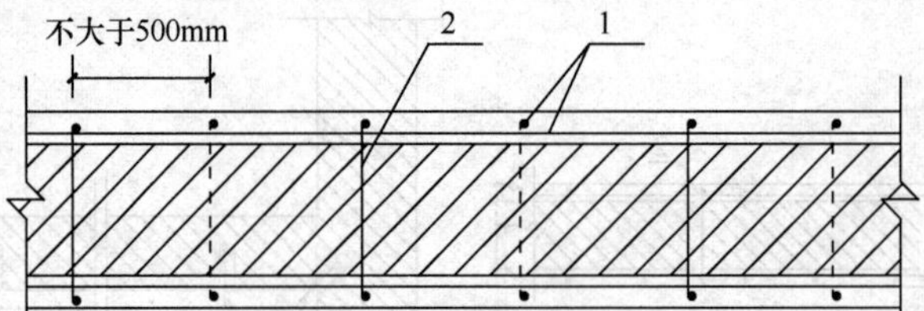


图 34-14　钢筋网砂浆面层

1—钢筋网；2—拉结筋

#### 34.7.2.3　施工方法

1. 工艺流程

采用钢筋网水泥砂浆面层加固法进行砌体结构加固施工时，可按照以下工艺流程进行：准备材料→处理基层→处理界面→制作、安装钢筋网片→钢筋网砂浆层施工→养护。

2. 施工要点

（1）准备材料

施工前按照本章第 34.7.2.2 及设计要求准备所需钢筋、干拌砂浆、火烧丝、界面剂等材料，以及錾子、电锤、钢筋加工机械（切断机、调直机等）、抹灰等常用工具。

（2）处理基层

凿去原墙表面的抹灰层，用钢丝刷刷除碎末灰粉，对于清水墙，应剔除已松动的勾缝砂浆，深度不小于 10mm。剔凿完毕，用清水冲洗干净。

（3）处理界面

原结构构件经剔凿、修整、清理、冲刷干净以后，按设计要求喷涂界面剂。设计对原构件表面有湿润要求时，应顺墙面反复浇水润湿，并应待墙面无明水后再进行面层施工。若设计无此要求，不得擅自浇水。

（4）制作、安装钢筋网片

钢筋网的网格间距不应大于300mm，钢筋网片的钢筋间距应符合设计要求。钢筋网片可点焊，也可绑扎，竖筋靠墙面，钢筋网片与原构件表面的净距为5mm，钢筋网片间的搭接宽度不小于100mm。

钢筋网片应按设计要求用拉结钢筋与墙体连接固定。对于双面加固的墙体，钻孔穿筋后拉结筋两端应弯折成S形，拉结筋与两面钢筋网片点焊，并用水泥砂浆灌孔。对于单面加固的墙体，锚筋一般采用化学植筋，植筋深度不小于20$d$，$d$为钢筋直径，钢筋一端应与钢筋网片点焊。拉结钢筋间距均不应大于500mm，且呈梅花状布置。

钢筋网四周应与楼板、梁、柱或墙体连接，可采用锚筋、插入短筋、拉结筋等连接方法。

当钢筋网的横向钢筋遇有门窗洞口时，对于单面加固，宜将钢筋弯入窗洞侧面并沿周边锚固；双面加固对于宜将两侧横向钢筋在洞口闭合。

(5) 抹水泥砂浆层

加固砂浆，宜选用强度等级为32.5～42.5级的硅酸盐水泥或普通硅酸盐水泥，砂浆稠度为70～80mm，受压构件加固用的砂浆强度等级不应低于M15，受剪构件加固用的砂浆强度等级不应低于M10。

抹水泥砂浆前，应提前24h将墙面浇水润透，待墙面表面阴干后再进行抹面，按施工规程分层抹至设计厚度，每层厚度10～15mm，当设计厚度$t \leqslant 35$mm，宜分2～3层抹压，第一层揉匀刮糙，第二、三层再压实抹平。当$t > 35$mm时，尚应适当增加抹压层数。

(6) 水泥砂浆层养护

水泥砂浆终凝后，墙体面层应每天浇水3～5遍，以防止表面干裂。

**34.7.2.4 质量控制要点**

(1) 所有进场材料应有产品合格证和相关的试验报告，并应按规范要求进场复试，合格后方可使用。

(2) 钢筋网安装及砂浆面层的施工应按先基础后上部、自下而上的顺序逐层进行；同一楼层尚应分区段加固；不得擅自改变施工图规定的程序。

(3) 钢筋网与原构件的拉结采用穿墙“S”筋时，“S”筋应与钢筋网片点焊，其点焊质量应符合现行标准《钢筋焊接及验收规程》JGJ 18的规定。

(4) 钢筋网与原构件的拉结采用种植Γ形剪切销钉、胶粘螺杆或尼龙锚栓时，其孔径及孔深应符合设计要求；其植筋质量应符规范规定。

(5) 穿墙“S”筋的孔洞、楼板穿筋的孔洞以及种植Γ形剪切销钉和尼龙锚栓的孔洞，均应采用机械钻孔。

(6) 当采用植筋或锚栓拉结钢筋网时，应在其施工完毕后，以隐蔽工程的验收要求提前进行施工质量检验。

(7) 钢筋网水泥砂浆面层的外观质量不应有严重缺陷、不宜有一般缺陷。

(8) 承重构件外加钢筋网砂浆面层与基材界面粘结的施工质量，可采用现场锤击法或其他探测法进行探查。按探查结果确定的有效粘结面积与总粘结面积之比的百分率不应小于90%。

(9) 本加固方法其他相关工序的施工质量应满足国家现行标准《建筑结构加固工程施工质量验收规范》GB 50550的相关规定。

## 34.7.3　外包型钢加固法

### 34.7.3.1　适用范围

外包型钢加固法适用于砌体柱的加固，在不增大原构件截面尺寸情况下，可大幅提高砌体柱的承载能力。通常做法为在砌体柱四角采用角钢进行约束，利用卡具将角钢与被加固构件卡紧紧贴，然后采用缀板与角钢焊接连成整体。

### 34.7.3.2　技术特点

1. 自身特点

外包型钢加固法为传统加固方法，优点是施工简便，现场工作量和湿作业少，受力十分可靠，不增大构件截面尺寸，且不影响原结构使用。所用加固材料主要为钢材，钢材本身具有强度高、韧性好等特点，将加固用角钢外包于砌体柱外一方面能有效地对砌体柱的横向变形进行约束，提高构件承载能力；另一方面，由于新增型钢本身具有较高的承载能力，故可大幅增加加固后的砌体柱承载能力。

2. 加固原理

外包型钢加固方法的主要原理在于通过在砌体柱外部加设型钢，使新增型钢与原构件共同受力，外包型钢与原构件所承受的外力按各自的刚度比例进行分配，分配时考虑被加固构件的缺陷对原砌体刚度的影响以及被加固砌体柱与新增角钢协同工作程度，然后分别按照现行国家标准《砌体结构设计规范》GB 50003 和《钢结构设计标准》GB 50017 的相关规定进行计算。

3. 技术难点

外包型钢加固法的难点在于如何保证角钢与被加固砌体柱紧密接触，以及加固后角钢与被加固砌体柱的协同受力问题。因此，本加固方法要求必须保证加固施工质量，且加固材料与原构件之间有足够的锚固措施。

### 34.7.3.3　施工方法

1. 工艺流程

采用外包型钢加固法进行砌体结构加固施工时，可按照以下工艺流程进行：准备材料→处理砌体表面→处理钢材表面→制作型钢骨架→组装、焊接型钢骨架→填充料施工→防护面层施工。

2. 施工要点

(1) 准备材料

按照设计要求准备施工前电焊机、切割机、空压机、型钢、填充料、打磨机、角磨机、砂轮磨光机等器具。

(2) 处理砌体表面

采用打磨机或其他器具剔除被加固砌体结构表面的抹灰层及其他附着物。在外包型钢加固位置测放打磨控制线，采用角磨机打磨掉砌体浮层，直至完全露出坚实新结构面。当砌体结构表层出现剥落、空鼓、蜂窝、腐蚀等劣化现象的部位，应予以剔除，用指定材料修补，对于裂缝部位，应首先进行封闭处理。打磨工作完成后，补放包钢位置线。

(3) 处理钢材表面

采用砂轮磨光机对钢材表面进行除锈和粗糙处理，直至钢材表面呈现金属光泽。打磨时粗糙度适当增大，打磨纹路应与钢材受力方向垂直，之后用棉纱蘸丙酮擦拭干净。

（4）制作型钢骨架

型钢骨架宜在施工现场按照修整后被加固构件的实测外围直径进行制作，并满足现行国家标准《钢结构工程施工质量验收标准》GB 50205 的相关规定。

（5）组装、焊接型钢骨架

钢骨架的安装应采用专门卡具以及钢楔、垫片等箍牢、顶紧。被加固构件每隔一定距离粘贴小垫片，使钢骨架与被加固构件之间留下缝隙以备填充料施工，对外粘型钢工程，该缝隙宜为 2～3mm，对干式外包钢工程，该缝隙宜为4～5mm。

（6）填充料施工

填充料施工前，应按产品标准规定的技术指标进行适应性检查。严格按照填充料的配比配置，并填充于型钢与原柱之间。灌浆料固化后用小锤轻轻敲击钢材表面，从音响判断粘结效果，如果有个别空洞声，表明局部不密实，应再次高压注浆方法补实。

（7）防护面层施工

填充料施工完成后，应静置 72h 进行固化过程的养护。检查验收后，应按设计要求进行防护处理表面，型钢表面宜包裹钢丝网，并抹厚度不小于 25mm 的水泥砂浆作为防护层。

**34.7.3.4 质量控制要点**

（1）型钢及配套胶粘剂进场时，应对其产品合格证、出厂检验报告等进行检查。各项性能指标应符合现行国家标准《工程结构加固材料安全性鉴定技术规范》GB 50728 的规定。

（2）外粘型钢胶粘强度应满足设计要求。

（3）外粘型钢现场空鼓率不得大于 5%。

（4）干式外包钢现场空鼓率不得大于 10%。

## 34.7.4 外加预应力撑杆加固法

**34.7.4.1 适用范围**

外加预应力撑杆加固法仅适用于烧结普通砖柱（以下简称“砖柱”）外加预应力撑杆加固。此外，应考虑其适用条件，被加固砖柱仅适用于 6 度及 6 度以下抗震设防区；被加固柱的上部结构应为钢筋混凝土现浇梁板，且能与撑杆上端的传力角钢可靠锚固；应有可靠的施加预应力的施工经验；环境温度不得大于 60℃的正常环境中；现已开裂、老化、腐蚀的砖柱不得采用外加预应力撑杆加固法进行加固。

**34.7.4.2 技术特点**

采用外加预应力撑杆加固法进行加固施工时，应对原结构局压区进行校核，防止局压破坏。此外，对于加固轴心受压砌体柱时，撑杆中的预顶力主要是以保证撑杆与被加固柱能较好地共同工作为度，因此施加的预应力值不宜过高，且在施工中需严格控制预应力值。

**34.7.4.3 施工方法**

1. 工艺流程

采用外加预应力撑杆加固法进行砌体结构加固施工时，可按照以下工艺流程进行：准备材料→处理砌体表面→确定预应力撑杆位置→制作预应力撑杆→安装预应力撑杆→施加预应力→焊接固定预应力撑杆→防护面层施工。

2. 施工要点

(1) 准备材料

按照设计要求准备施工前撑杆、打磨机、砂磨轮、钢托套、传力预埋件、挡板、撑棒以及其他锚具、紧固件等。

(2) 处理砌体表面

采用打磨机将被加固砌体结构表面打磨平整。当原砌体结构表面的平整度较差且打磨困难时，可在征求设计单位同意后，将原砌体结构表面清理洁净并剔除勾缝砂浆后，采用水泥砂浆找平。

(3) 确定预应力撑杆位置

在原构件表面画线定位预应力撑杆位置。

(4) 制作撑杆（含传力构造）及张拉装置

宜在施工现场附近制作撑杆（含传力构造）及张拉装置，按照实测砌体构件的尺寸，先用缀板焊连两个角钢形成组合杆肢，然后在组合杆肢中点处将角钢的侧立肢切割出三角形缺口，弯折成所设计的形状，再将补强钢板弯好，焊在角钢的弯曲肢面上，并在撑杆组合肢的上、下端焊接钢制抵承板。预应力撑杆的横向张拉构造，穿以螺杆，通过收紧螺杆建立预应力。预应力撑杆钢部件及其连接的制作、加工质量应符合现行国家标准《钢结构工程施工质量验收标准》GB 50205 的规定。

(5) 安装预应力撑杆

在安装预应力撑杆前，应先安装上、下两端承压板。安装预应力撑杆时，应先安装两侧的撑杆组合肢，应使其抵承板抵紧于承压板上，并用螺杆临时固定。

(6) 施加预应力

按照设计张拉方案，同时收紧安装在补强钢板两侧的螺杆，进行横向张拉。

(7) 焊接固定预应力撑杆

横向张拉结束后，应用缀板焊连两侧撑杆组合肢。焊接缀板时可采取上下缀板、连接板轮流施焊或同一板上分段施焊等措施，以防止预应力受热损失。焊好缀板后，撑杆与被加固柱之间的缝隙，应用水泥砂浆填塞密实。

(8) 防护面层施工

检查验收后，应按设计要求进行防护处理表面，防护施工应符合现行国家标准《建筑防腐蚀工程施工规范》GB 50212 的有关规定，且应保证防护材料与预应力撑杆的可靠粘结。

**34.7.4.4　质量控制要点**

预应力撑杆建立的预应力不应大于加固柱各阶段所承受的恒荷载标准值的 90%，且被加固的砌体柱外观应完好，未出现预顶过度引起的裂纹。

预应力撑杆及其连接件的外观表面不应有锈迹、油渍和污垢。

## 34.7.5 粘贴纤维复合材加固法

### 34.7.5.1 适用范围

粘贴纤维复合材加固法仅适用于烧结普通砖墙（以下简称“砖墙”）平面内受剪加固和抗震加固。当有可靠依据时，粘贴纤维复合材也可用于其他形式的砌体结构加固，如墙体平面外受弯加固等。此外，考虑到纤维复合材与砌体的粘结性能及其适用的条件，被加固的砖墙体现场实测的砖强度等级不得低于 MU7.5；砂浆强度等级不得低于 M2.5；现已开裂、腐蚀、老化的砖墙不得采用粘贴纤维复合材加固法进行加固。

### 34.7.5.2 技术特点

1. 自身特点

纤维复合材本身具有抗拉强度高、质量轻、耐久性好的优点，粘贴纤维复合材加固法具有施工便捷、适用范围广等特点，因此碳纤维作为划时代的补强材料而备受青睐和关注。与传统的加固方法相比，碳纤维复合材加固法有施工简便、不需要现场固定设施、易保证施工质量、节省空间、基本不增加结构尺寸及自重、耐腐蚀、耐久性能好等特点。另外，采用该加固方法可提高建筑物的使用寿命，降低加固成本。

2. 加固原理

纤维复合材加固方法的主要原理在于通过对被加固砌体构件砖和砂浆进行强度检测，结合加固目的，根据现行国家标准的要求进行计算，确定粘贴碳纤维复合材所需粘贴方式、面积、层数等参数，并采用环氧树脂胶粘剂沿受拉方向或垂直于裂缝方向粘贴在要补强的结构上，形成新的复合体，提高被加固构件的平面内受剪承载能力，增强被加固构件的整体性能。

由于纤维复合材与砌体结构中的块材和砂浆为不同性质的材料，材料强度相差巨大，因此对加固构件的砖强度和砂浆强度提出了要求，规定被加固的砖墙体现场实测的砖强度等级不得低于 MU7.5；砂浆强度等级不得低于 M2.5，砖墙不得开裂、腐蚀、老化等。

3. 技术难点

纤维复合材加固法的加固难点在于如何保证加固后的碳纤维复合材与原构件协同受力。因此，本加固方法要求必须保证加固施工质量，且加固材料与原构件之间有足够的锚固措施。

（1）粘贴方式

粘贴纤维复合材提高砌体墙平面内受剪承载力的加固方式，可根据工程实际情况选用水平粘贴方式、交叉粘贴方式、平叉粘贴方式或双叉粘贴方式等（图 34-15 和图 34-16）。每种

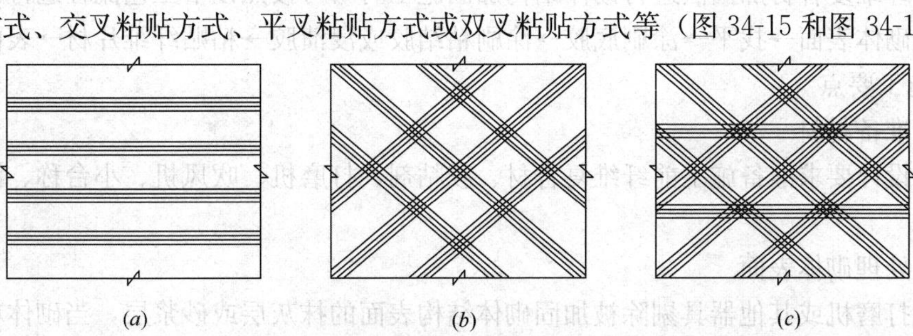

图 34-15 纤维复合材（布）粘贴方式示例

(*a*) 水平粘贴方式；(*b*) 交叉粘贴方式；(*c*) 平叉粘贴方式

方式的端部均应加贴竖向或横向压条。

(2) 锚固措施

沿纤维布条带方向应有可靠的锚固措施，如图 34-17 所示。

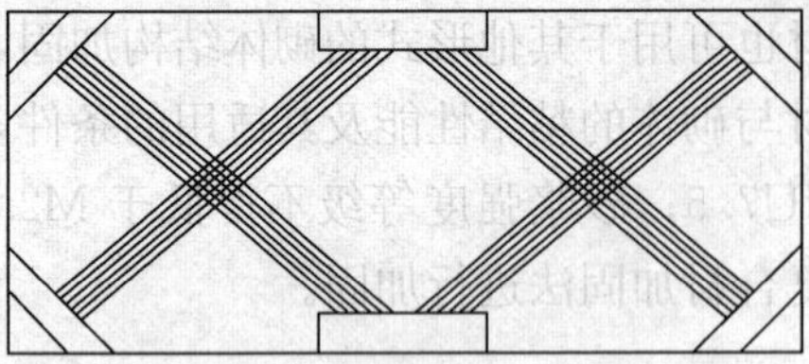

图 34-16　纤维复合材（条形板）粘贴方式示例

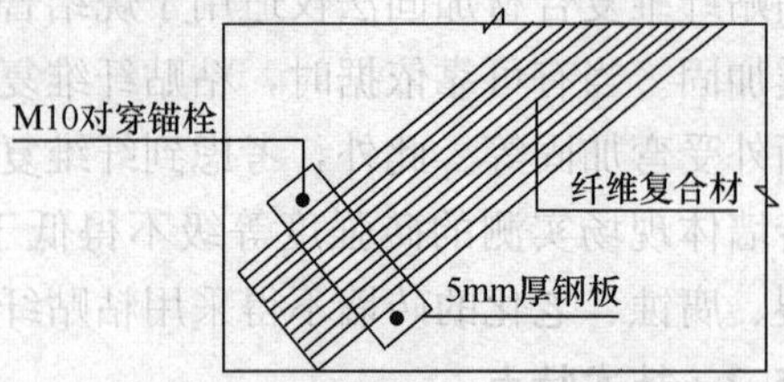


图 34-17　沿纤维布条带方向设置拉结构造

纤维布条带端部的锚固构造措施，可根据墙体端部情况，采用对穿螺栓垫板压牢，如图 34-18 所示。当纤维布条带需绕过阳角时，阳角转角处的曲率半径不应小于 20mm。当有可靠的工程经验或试验资料时，也可采用其他机械锚固方式。

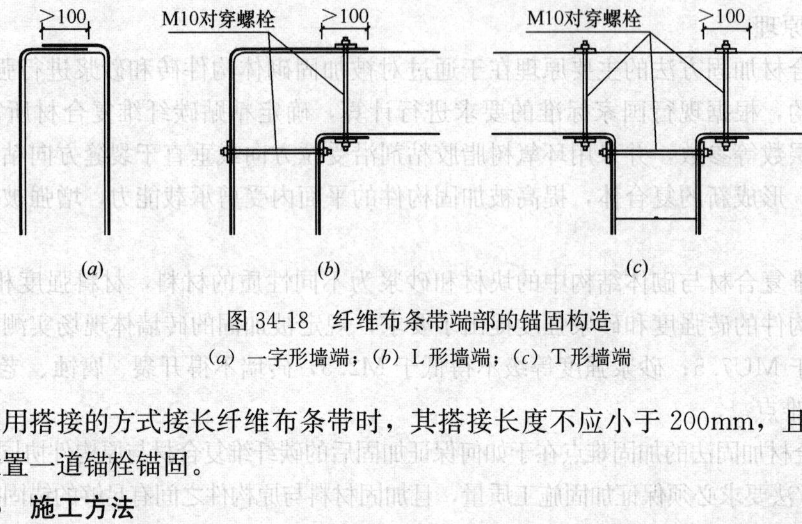


图 34-18　纤维布条带端部的锚固构造

(a) 一字形墙端；(b) L 形墙端；(c) T 形墙端

当采用搭接的方式接长纤维布条带时，其搭接长度不应小于 200mm，且应在搭接长度中部设置一道锚栓锚固。

### 34.7.5.3　施工方法

1. 工艺流程

采用纤维复合材加固法进行砌体结构加固施工时，可按照以下工艺流程进行：准备材料→处理砌体表面→找平→涂刷底胶→涂刷粘结胶或浸渍胶→粘贴纤维片材→表面防护。

2. 施工要点

(1) 准备材料

按照设计要求准备施工前纤维复合材、胶粘剂，打磨机、吹风机、小台称、滚筒刷等器具。

(2) 处理砌体表面

采用打磨机或其他器具剔除被加固砌体结构表面的抹灰层或砂浆层，当砌体粘贴表面出现有风化、疏松和腐蚀等劣化现象时，应予以清除。然后用吹风机清除构件表面的尘灰和残渣等，并采用棉纱蘸丙酮擦拭加固构件表面，应时刻保持加固表面的干净和干燥。

(3) 找平

采用聚合物改性水泥砂浆等找平材料对砌体灰缝、表面凹陷部位填补平整，且不应有棱角。

(4) 涂刷底胶

按照产品使用说明配制底胶；底胶配置完成后，待找平材料表面干燥后，采用滚筒刷或毛刷将底胶均匀涂抹于被加固砌体表面，待底胶表面指触干燥时，即可进入下一道工序施工。

(5) 涂刷粘结胶或浸渍胶

按照产品使用说明配制粘结胶或浸渍胶，然后采用滚筒刷或毛刷将粘结胶或浸渍胶均匀涂抹于被加固部位，当粘贴多层碳纤维复合材时，每粘贴一层，待上层碳纤维复合材表面浸渍胶指触干燥后粘贴下一层。此外，在最后一层纤维布的表面均匀涂抹浸渍胶，不得有漏涂或不饱满之处。

(6) 粘贴纤维片材

应按设计尺寸裁剪纤维复合材，并将裁剪好的碳纤维复合材按照要求粘贴在已涂刷粘结胶或浸渍胶的加固部位，并采用专用滚筒刷顺纤维方向多次滚压，挤除气泡，使粘结胶或浸渍胶充分浸透，滚压应按顺序从一个方向滚压或由中间向两边滚压，滚压过程中不得损伤纤维。

(7) 表面防护

在粘贴纤维片材完成且加固粘结材料完全固化后，应进行表面防护，表面防护施工应符合现行国家标准《建筑防腐蚀工程施工规范》GB 50212 的有关规定，且应保证防护材料与纤维片复合材可靠粘结。

#### 34.7.5.4 质量控制要点

质量控制要点如下：

(1) 纤维复合材及配套胶粘剂进场时，应检查其产品合格证、出厂检验报告等。各项性能指标应符合现行国家标准《工程结构加固材料安全性鉴定技术规范》GB 50728 的规定。

(2) 当纤维复合材尚未与配套胶粘剂进行适配性检验时，应取样按现行国家标准《工程结构加固材料安全性鉴定技术规范》GB 50728 的有关规定进行适配性检验。

(3) 采用纤维复合材和配套胶对砌体结构进行加固时，应严格按照设计要求执行，并应按隐蔽工程的要求对各工序进行检验及验收。当施工质量不满足要求时，应立即采取补救措施或返工。

(4) 纤维片材的实际粘贴面积不应少于设计面积；粘贴片材的位置偏差不应大于 10mm。

(5) 纤维片材与砌体结构之间的粘结质量，可用小锤轻敲或手压纤维片材表面的方法进行检查，总有效粘结面积不应低于纤维片材总面积的 95%。当纤维片材的单个空鼓面积不大于 $10000mm^2$ 时，可采用针管注胶的方法进行修补；当单个空鼓面积大于 $10000mm^2$ 时，应将空鼓部位纤维片材切除，重新搭接，并粘贴等量的纤维片材，搭接长度不应小于 200mm；严禁纤维片材端部锚固区出现空鼓。

(6) 验收时，应对加固施工质量进行现场抽样检验及评定。

现场检验应在已完成纤维片材粘贴并固化 7d 的砌体结构表面上进行，当采用聚合物改性水泥砂浆找平时，应在聚合物改性水泥砂浆龄期达到28d后进行。取样时，不论碳纤维复合材粘贴的层数，每批按实际粘贴的表面积均匀划分为若干区，每区100m²，不足100m² 按100m² 计，且每一楼层不得少于1区；以每区为一检验组，每组3个检验点，且应分布在不同的纤维片材条带上。

(7) 纤维片材加固砌体结构工程施工质量不合格时，应由施工单位返工，并重新进行检验和验收。

## 34.7.6 钢丝绳网——聚合物改性水泥砂浆面层加固法

### 34.7.6.1 适用范围

钢丝绳网水泥砂浆面层加固法适用于烧结普通砖墙的平面内受剪加固和抗震加固；严重腐蚀、粉化的砌体构件不得采用本方法进行加固。

为了使钢筋网水泥砂浆面层加固法能够有效地发挥其作用，原砌体构件按现场检测结果推定的块体强度等级不应低于MU7.5；砂浆强度等级不应低于M1.0；块体表面与结构胶粘结的正拉粘结强度不应低于1.5MPa。

### 34.7.6.2 技术特点

该加固法属于复合构件范畴。通过采用聚合物砂浆喷涂，将钢丝绳网片粘合于原构件表面，使之形成具有整体性的复合截面，以提高其承载力和延性。

### 34.7.6.3 施工方法

1. 施工流程

该方法的施工流程如下：清理、修整原结构、构件→处理界面→安装钢丝绳网片→配制聚合物砂浆→聚合物砂浆面层施工→养护→施工质量检验→喷涂防护层。

2. 施工要点

(1) 处理界面

1) 对修整好的灰缝进行勾缝。勾缝砂浆应为加固用的同等级聚合物砂浆；勾好的灰缝表面应凹进墙面5～10mm，且应刮毛。

2) 在原构件的砌体表面喷涂的结构界面胶（剂），宜采用与聚合物砂浆配套供应的结构界面胶（剂）；其性能和质量应符合现行国家标准《建筑结构加固工程施工质量验收规范》GB 50550和设计的规定。产品使用说明书提供的界面胶（剂）性能和质量指标，应高于现行国家标准《建筑结构加固工程施工质量验收规范》GB 50550的要求，否则该产品不能在结构加固工程中使用。

3) 原构件表面的含水率，应符合聚合物砂浆及其界面胶（剂）施工的要求。

(2) 安装钢丝绳网片

1) 安装钢丝绳网片前，应先在原构件表面画线标定安装位置，并按标定的尺寸在现场裁剪网片。裁剪作业及网片端部的固定方式应符合产品使用说明书的规定。

2) 安装网片时，应先将网片的一端锚固在原构件端部标定的固定点上，而网片的另一端则用张拉夹持器夹紧；并在此端安装张拉设备，通过张拉使网片均匀展平、绷紧。在网片没有下垂的状态下，保持网片拉力的稳定，并应有专人进行监控。经检查网片位置及网片中的经绳和纬绳间距无误后，用锚栓和绳卡将网片经、纬绳的每一连结点在原构件混凝土或砌体上固定牢靠。然后卸去张拉设备，并按隐蔽工程的要求进行安装质量检查和验收。

3）当网片需要接长时，沿网片长度方向的搭接长度应符合设计规定；若施工图未注明，应取搭接长度不小于200mm，且不应位于最大弯矩区。

4）安装网片时，应对钢丝绳保护层厚度采取控制措施予以保证，且允许按加厚3～4mm设置控制点。

5）网片中心线位置与设计中心线位置的偏差不应大于10mm；网片两组纬绳之间的净间距偏差不应大于10mm。

（3）聚合物砂浆面层施工

1）聚合物砂浆的强度等级必须符合设计要求。用于检查钢丝绳网片外加聚合物砂浆面层抗压强度的试块，应会同监理人员在拌制砂浆的出料口随机取样制作。其取样数量与试块留置应符合下列规定：

同一工程每一楼层（或单层），每喷抹500m$^2$（不足500m$^2$，按500m$^2$计）砂浆面层所需的同一强度等级的砂浆，其取样次数应不少于一次确定。若不止1台搅拌机，应按台数分别确定每台取样次数。

每次取样应至少留置1组标准养护试块；与面层砂浆同条件养护的试块，其留置组数应根据实际需要确定。

2）若漏取或不慎丢失试块，或对试块强度试验报告有怀疑时，应按《建筑结构加固工程施工质量验收规范》GB 50550附录V规定的现场检测方法进行补测。

3）聚合物砂浆面层喷抹施工开始前，应准备30min的砂浆用量；将聚合物砂浆各组分原料按序置入搅拌机充分搅拌；拌好的砂浆色泽应均匀，无结块、无气泡、无沉淀，并应防止混入水、油、灰尘等。

4）喷抹聚合物砂浆时，可用喷射法，也可采用人工涂抹法，但应用力赶压密实。喷抹应分3道或4道进行；仰面喷抹时，每道厚度以不大于6mm为宜。后一道喷抹应在前一道初期硬化时进行。初期硬化时间应按产品使用说明书确定。检查数量：按每一种类、每一规格被加固构件，任意抽取3个已喷抹面层7d的构件，在钢丝绳网格较稀部位粘贴钢标准块，以备28d时作现场正拉粘结强度检验（《建筑结构加固工程施工质量验收规范》GB 50550—2010附录U）。

5）聚合物砂浆面层喷抹完毕后，应按现行有关标准或产品使用说明书规定的养护方法和时间指派专人进行养护。

**34.7.6.4 质量控制要点**

1. 主控项目

（1）聚合物砂浆面层的外观质量不应有严重缺陷及影响结构性能和使用功能的尺寸偏差。严重缺陷的检查与评定应按《建筑结构加固工程施工质量验收规范》GB 50550—2010表12.5.1进行；尺寸偏差的检查与评定应按设计单位在施工图上对重要尺寸允许偏差所作的规定进行。对于已经出现的严重缺陷及影响结构性能和使用功能的尺寸偏差，应由施工单位提出技术处理方案，经业主（监理）和设计单位共同认可后予以实施。对经处理的部位应重新检查、验收。

（2）聚合物砂浆面层与原构件混凝土之间有效粘结面积不应小于该构件总粘结面面积的95%。否则，应揭去重做，并重新检查验收。

（3）聚合物砂浆面层与原构件混凝土间的正拉粘结强度应符合《建筑结构加固工程施

工质量验收规范》GB 50550—2010 表 10.4.2 规定的合格指标的要求。若不合格，应揭去重做，并重新检查、验收。

(4) 聚合物砂浆面层的保护层厚度检查，宜采用钢筋探测仪测定，且仅允许有 8mm 的正偏差。

2. 一般项目

(1) 聚合物砂浆面层的喷抹质量不宜有一般缺陷。一般缺陷的检查与评定应按《建筑结构加固工程施工质量验收规范》GB 50550—2010 表 12.5.1 进行。对已经出现的一般缺陷，应由施工单位按技术处理方案进行处理，并重新检查、验收。

(2) 聚合物砂浆面层尺寸的允许偏差应符合下列规定：面层厚度仅允许有 5mm 正偏差。表面平整度不大于 3‰。

## 34.7.7 砌体结构裂缝修补法

### 34.7.7.1 适用范围

砌体结构裂缝修补法适用于修补影响砌体结构、构件正常使用性的裂缝。对于因承载能力不足引起的裂缝，需先进行针对性加固，消除原因后再进行修补。修补裂缝时，应考虑裂缝种类、裂缝性质以及裂缝出现的相关部位，采用适宜的修补材料、修补方法和修补时间。

### 34.7.7.2 技术特点

1. 自身特点

砌体结构产生裂缝情况较为普遍，裂缝形成原因主要包括地基不均匀沉降、温度变形、建筑构造、施工质量、相邻建筑的影响、受力裂缝等。因此，在进行裂缝修补前，应根据砌体结构受力状态和裂缝特征（长度、宽度、深度、走向等）等因素，明确砌体结构或构件裂缝形成的原因，以便有针对性地进行裂缝修补。常用的裂缝修补方法有填缝法、压浆法、外加钢筋网片法和置换法等。

2. 加固原理

选用砌体结构裂缝修补法时，应考虑结构受力和裂缝特征等。对于墙体外观表面裂缝或者深度较浅的裂缝，可采用填缝封闭修补法进行表面封闭；对于宽度大于 0.5mm 且深度较深的裂缝，可采用压浆法利用无收缩水泥基灌浆料、环氧基灌浆料等材料进行压浆修复处理；如要提高砌体抗裂性能，限制裂缝开展，修复风化、剥蚀砌体，可采用外加网片法进行修复处理；对于砌体受力不大，砌体块材和砂浆强度不高的开裂部位，以及局部风化、剥蚀部位，可采用置换法进行处理。

3. 关键点

砌体结构裂缝修补技术的关键点在于应提前了解裂缝形成是否与结构受力有关，其次根据裂缝宽度、深度、长度、走向等特征，并结合修复目的确定不同的修复方法，以达到修复目的。

### 34.7.7.3 施工方法

1. 填缝法

(1) 工艺流程

采用填缝法进行裂缝修补施工时，可按照以下工艺流程进行：准备材料→处理基层→

沿缝开槽→填补裂缝。

（2）施工要点

1）准备材料

施工前，按照设计要求准备所需修复材料以及錾子、电锤、切割机、抹灰常用工具。

2）处理基层

凿去原墙裂缝表面的抹灰层，用钢丝刷刷除碎末灰粉，对于灰缝裂缝，应剔除已松动的勾缝砂浆，深度不小于10mm。剔凿完毕，用清水冲洗干净，对于采用有机材料修补的裂缝，不得湿润砌体表面。

3）沿缝开槽

采用机械器具沿裂缝走向开凿U形槽。当为静止裂缝时，槽深不宜小于15mm，槽宽不宜小于20mm。当为活动裂缝时，宜适当加大槽深，且应凿成光滑的平底，以利于铺设隔离层；槽宽宜按裂缝预计张开量$t$加以放大，通常可取为$15mm+5t$。另外，槽内两侧壁应凿毛。当为钢筋锈蚀引起的裂缝时，应凿至钢筋锈蚀部分完全露出为止，并进行除锈处理，然后在钢筋表面涂刷防锈液或防锈涂料。开槽完毕后，还应将槽内两侧凿毛的表面浮层清理干净。

4）填补裂缝

依据设计要求，采用相应的裂缝修补材料进行填补处理。对静止裂缝，可采用改性环氧砂浆、改性氨基甲酸乙酯胶泥或改性环氧胶泥等进行充填，其充填构造见图34-19（*a*）。对于活动裂缝，填补前，应干铺隔离层，且不得与槽底有任何粘结，隔离层可采用聚乙烯片、蜡纸或油毡片等材料；然后采用丙烯酸树脂、氨基甲酸乙酯、氯化橡胶或可挠性环氧树脂等弹性密封材料（或密封剂）进行填补处理，其充填构造见图34-19（*b*）。

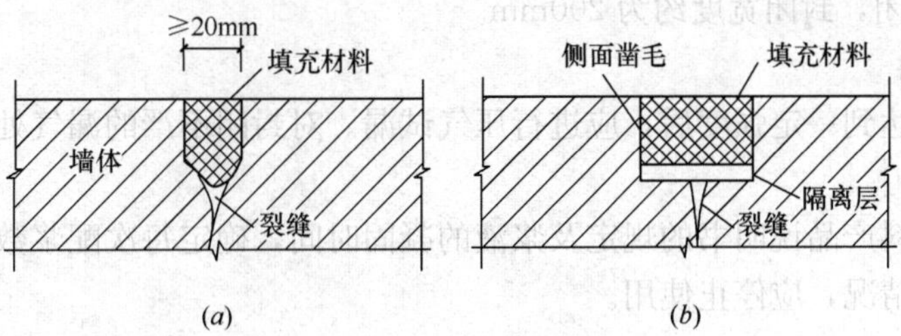


图34-19 填缝法裂缝修补图

2. 压浆法

（1）工艺流程

采用压浆法进行裂缝修补施工时，可按照以下工艺流程进行：准备材料→处理基层→安装灌浆嘴→封闭裂缝→压气试漏→配浆→压浆→封口处理。压力灌浆示意图如图34-20所示。

（2）施工要点

1）准备材料

施工前，应按照设计要求准备所需修复材料（无收缩水泥基灌浆料、环氧基灌浆料等），以及錾子、电锤、切割机、抹灰、钢丝刷、毛刷等常用工具。

2）处理基层

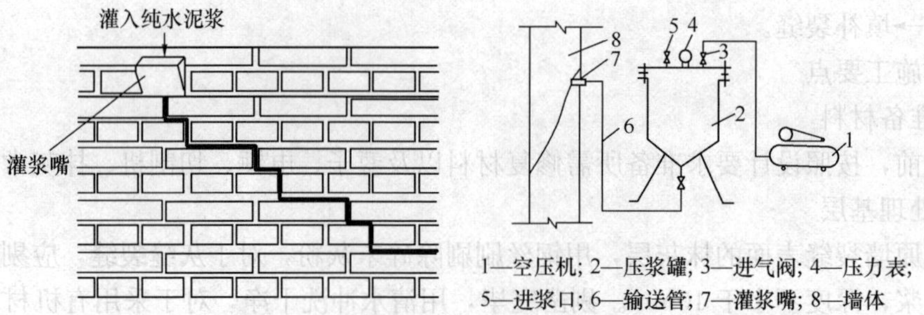


图 34-20 压浆法裂缝修补图

砌体裂缝两侧不少于 100mm 范围内的抹灰层应剔凿掉，油污、浮尘应清除干净；用钢丝刷、毛刷等工具，清除裂缝表面的灰土、浮渣及松软层等污物；用压缩空气清除缝隙中的颗粒和灰尘。

3）安装灌浆嘴

注胶嘴（或注浆嘴）及其基座应按裂缝走向设置。当裂缝宽度在 2mm 以内时，灌浆嘴间距可取 200～250mm；当裂缝宽度在 2～5mm 时，可取 350mm；当裂缝宽度大于 5mm 时，可取 450mm，且应设在裂缝端部和裂缝较大处。按标示位置钻深度 30～40mm 的孔眼，孔径宜略大于灌浆嘴的外径。钻好后，应清除孔中的粉屑，在孔眼用水冲洗干净后，先涂刷一道水泥浆，然后用环氧胶泥或环氧树脂砂浆将灌浆嘴固定，裂缝较细或墙厚超过 240mm 时，应在墙两侧均安放灌浆嘴。

4）封闭裂缝

在已清理干净的裂缝两侧，先用水浇湿砌体表面，再涂刷一道纯水泥浆，然后用 M10 水泥砂浆封闭，封闭宽度约为 200mm。

5）压气试漏

待水泥砂浆达到一定强度后，应进行压气试漏。对封闭不严的漏气处应进行修补。

6）配浆

应根据灌浆料产品说明书的规定及浆液的凝固时间，确定每次配浆数量。浆液稠度过大或者出现初凝情况，应停止使用。

7）压浆

压浆前，应先灌水，此时空气压缩机的压力控制在 0.2～0.3MPa；然后将配好的浆液倒入储浆罐，打开喷枪阀门灌浆，直至邻近灌浆嘴（或排气嘴）溢浆为止；压浆顺序应自下而上，边灌边用塞子堵住已灌浆的嘴，灌浆完毕且已初凝后，即可拆除灌浆嘴，并用砂浆抹平孔眼。

3. 外加网片法

采用外加网片法进行裂缝修补时，其工艺流程和施工工序见钢筋网水泥砂浆面层加固法。当采用钢筋网时，其钢筋直径不宜大于 4mm。当采用无纺布替代纤维复合材料修补裂缝时，仅可用于非承重构件的静止细裂缝的封闭性修补。

4. 置换法

(1) 工艺流程

采用置换法进行裂缝修补施工时，可按照以下工艺流程进行：准备材料→处理基层→

设置支撑→剔凿被置换砌体→处理界面→砌筑砌体→抹面处理。

(2) 施工要点

1) 准备材料

施工前，应按照设计要求准备所需修复材料（砖块、砌块、砂浆等），以及錾子、电锤、切割机、抹灰、钢丝刷、毛刷等常用工具。

2) 处理基层

采用抹灰刀或其他工具将需要置换部分及周边砌体表面抹灰层剔除。

3) 设置支撑

采用脚手架或其他类型支撑将被置换墙体区域周边墙体进行侧向支撑，防止局部置换过程中周边墙体的侧向变形。

4) 剔凿被置换砌体

采用錾子或电锤等机械器具沿着灰缝将被置换砌体凿掉。在凿打过程中，应避免扰动不置换部分的砌体。

5) 处理界面

采用錾子、钢丝刷等仔细把粘在交界面砌体上的砂浆剔除干净，清除浮尘后充分润湿墙体。

6) 砌筑砌体

根据设计文件的相关要求在凿出区域进行砌筑，在修复过程中，应保证填补砌体材料与原有砌体可靠嵌固。

7) 抹面处理

砌体修补完成后，在修复区域及其周边进行抹灰处理。

**34.7.7.4 质量控制要点**

质量控制要点如下：

(1) 所有进场材料应有产品合格证和相关的试验报告，并应按规范要求进场复试，合格后方可使用。

(2) 对压浆法进行裂缝修补时，施工前，应复查裂缝修补胶（浆）液的品种、型号及进场复验报告，以及所配制胶（浆）液的初始黏度。若拌合胶（浆）液时，发现有突然发热变稠的现象，应弃用该批胶（浆）液。

(3) 填缝法

填缝材料修补裂缝前，应检查U形槽的开槽尺寸和开槽质量是否满足设计要求。

当需设置隔离层时，U形槽的槽底应为光滑的平底。槽底铺设的隔离层，应是不吸潮膨胀且不与弹性密封材料及基材发生化学反应的材料；隔离层应紧贴槽底，但不与槽底粘连。

当在槽内填充柔性或弹性密封材料时，应先在槽内凿毛的两侧壁表面上涂刷一层胶液，方可填充所选用的密封材料。

(4) 压浆法

1) 压力灌注装置的安装和试压检验应符合相关要求。

2) 胶（浆）液固化时间达到7d时，应立即对裂缝灌注质量进行检验。

(5) 外加网片法和置换法

采用外加网片法和置换法进行砌体结构裂缝修复时，应重点检查外观质量以及现场施工是否与设计相符。

## 34.8 钢结构加固

钢结构加固方法一般采用改变结构体系加固法、增大截面加固法、粘贴钢板加固法、外包钢筋混凝土加固法、钢管构件内填混凝土加固法、预应力加固法、连接与节点的加固、钢结构局部缺陷和损伤的修缮等，钢结构加固的连接方法宜采用焊缝连接、摩擦型高强螺栓连接，亦可采用焊接与摩擦型高强螺栓的栓焊并用连接等。钢结构加固施工应符合第 34.6 节所述的一般要求。

### 34.8.1 改变结构体系加固法

改变结构体系加固法，即根据实际情况和条件，采用改变荷载分布方式、传力途径、节点性质、边界条件、增设附加杆件、施加预应力或考虑空间受力等措施对结构进行加固的方法。

改变结构体系加固法适用于考虑改变结构体系或计算图形的整体加固。主要有以下加固方式：

(1) 增设支撑系统形成空间结构，并按空间受力进行验算。

(2) 增设支柱或撑杆增加结构刚度。

(3) 增设支撑或辅助杆件，使构件的长细比减少，提高稳定性。

(4) 在排架结构中，可重点加强某柱列的刚度。

(5) 通过将一个集中荷载转化为多个集中荷载，改变荷载的分布。

(6) 在桁架中，可通过将端部铰接支承改为刚接，改变其受力状态。

(7) 增设中间支座，或将简支结构端部连接成为连续结构，于对连续结构，可采取措施调整结构的支座位置。

(8) 在空间网架结构中，可通过改变网络结构形式提高刚度和承载力；亦可在网架周边加设托梁，或增加网架周边支撑点，改善网架受力性能。

(9) 采取措施使加固构件与其他构件共同工作，或形成组合结构进行加固等。

在加固施工过程中，应结合加固设计图纸，并应参照增大截面加固法、粘贴钢板加固法、外包钢筋混凝土加固法、钢管构件内填混凝土加固法、预应力加固法、连接与节点的加固法等方法进行综合加固。

### 34.8.2 增大截面加固法

增大截面加固法是通过在原构件表面增设钢部件，并与原有构件可靠连接，达到提高承载力和刚度的一种加固方法。

#### 34.8.2.1 适用范围

在负荷状态下，钢结构构件采用焊接连接、螺栓连接和铆钉连接的增大截面加固工程的施工应符合本节规定。

#### 34.8.2.2 技术特点

增大截面加固法具有施工工艺简单、受力可靠、造价低廉等优点，广泛应用在工程实际中。在加固施工过程中，应加强对节点部位及原构件连接的处理措施，使荷载能够得到有效传递，达到加固的目的。

用增大截面法加固钢构件时，所选的截面形式应利于加固技术要求，并考虑已有缺陷和损伤的状况。

在负荷状态下进行钢结构加固时，应制订详细的加固工艺过程和技术条件，其所采用的工艺应保证加固件的截面因焊接加热、附加钻、扩孔洞等所引起的削弱不致产生显著影响，并应按隐蔽工程进行验收。

采用螺栓或铆钉连接方法增大钢结构构件截面时，加固与被加固板件应相互压紧，并应从加固件端部向中间逐次做孔和安装、拧紧螺栓或铆钉，且不应在加固过程中过大削弱截面的承载能力。

增大截面法加固有两个以上构件的超静定结构时，应首先将加固与被加固构件全部压紧并点焊定位，并应从受力最大构件开始依次连续地进行加固连接。

当采用增大截面法加固开口截面时，应将加固后截面密封，以防止内部锈蚀；加固后，截面不密封时，板件间应留出不小于 150mm 的操作空间，用于日后检查及防锈维护。

#### 34.8.2.3 施工方法

1. 施工顺序

(1) 核算施工荷载，并采取严格的安全与控制措施。

(2) 清理、修整原结构、构件。

(3) 加工、制作新增的部件和连接件；同时制订施工工艺和技术条件。

(4) 处理界面。

(5) 安装、接合新部件。

(6) 施工质量检验。

(7) 重做涂装工程。

2. 施工要点

(1) 施工前，应采取措施卸除或大部分卸除作用在结构上的活荷载，并对施工荷载进行验算。

(2) 清理、修整原结构、构件

加固施焊前，应复查待焊区间及其两端以外各 50mm 范围内的清理质量。若有新锈，或新沾的尘土、油迹及其他污垢，应重新进行清理。

(3) 处理界面

1) 原结构、构件的加固部位经除锈和修整后，其表面应显露出金属光泽，且不应有明显的凹面或损伤；若有划痕，其深度不得大于 0.5mm。

2) 原构件的裂纹应按《建筑结构加固工程施工质量验收规范》GB 50550—2010 第 17 章进行修复。修复所采取的焊接措施，其焊缝质量应符合《钢结构工程施工质量验收标准》GB 50205—2020 的规定。

3) 待焊区钢材焊接面应无明显凹面、损伤和划痕；原有的焊疤、飞溅物及毛刺应清除干净。

（4）新增钢部件加工

1）钢材的切割面或剪切面应无裂纹、夹渣、分层和大于1mm的缺棱。

2）气割或机械剪切的零部件，需要进行边缘加工时，其刨削量不应小于2.0mm。

3）当采用高强度螺栓连接时，钢结构制作和安装单位应按现行国家标准《钢结构工程施工质量验收标准》GB 50205的规定分别进行高强度螺栓连接摩擦面的抗滑移系数试验和复验；现场处理的构件摩擦面应单独进行摩擦面抗滑移系数试验；其结果应符合设计要求。

（5）新增钢部件安装、拼接施工

在负荷下进行钢结构加固时，必须制订详细的施工技术方案，并采取有效的安全措施，防止被加固钢构件的结构性能受到焊接加热、补加钻孔、扩孔等作业的损害。

1）新增钢构件与原结构的连接采用焊接时，必须制订合理的焊接顺序和施焊工艺，且应符合下列要求：

① 应根据原构件钢材材质选用相适应的低氢型焊条，其直径不宜大于4.0mm；

② 焊接电流不宜大于200A；

③ 应采用合理的焊接工艺，并采取有效控制焊接变形的措施。施焊顺序应能使输入热量对构件的中和轴平衡。

2）在负荷下采用焊接方法对钢结构构件进行加固时，应先将加固件与被加固件沿全长互相压紧，并用长20mm间距300～500mm的定位焊缝焊接后，再由加固件端部向内划分区段（每段不大于70mm）进行施焊。每焊好一个区段，应间歇3～5min。对于截面有对称的成对焊缝，应平行施焊；当有多条焊缝时，应按交错顺序施焊；对上、下侧有加固件的截面，应先施焊受拉侧的加固件，然后施焊受压侧的加固件；对一端为嵌固的受压杆件，应从嵌固端向另一端施焊；若为受拉杆，则应从非嵌固的一端向嵌固端施焊。

3）采用螺栓（或铆钉）连接新增钢板件时，应先将原构件与被加固板件相互压紧，然后从加固板件端部向中间逐个制孔，随即安装、拧紧螺栓或铆钉。

4）高强度螺栓连接副的施拧顺序和初拧、复拧扭矩应符合设计要求和国家现行行业标准《钢结构高强度螺栓连接技术规程》JGJ 82的规定。

5）采用增大截面法加固超静定结构（如框架、连续梁等）时，应首先将全部加固件与被加固构件压紧并点焊定位，然后从受力最大构件依次连续地进行加固连接。

6）新增钢部件与原结构接合的尺寸偏差，应按现行国家标准《钢结构工程施工质量验收标准》GB 50205的规定进行检查和评定。

**34.8.2.4　质量控制要点**

质量控制要点如下：

（1）设计要求全焊透的一、二级焊缝应采用超声波探伤进行内部缺陷的检验；超声波探伤不能对缺陷作出判断时，应采用射线探伤。探伤时，其内部缺陷分级应符合现行国家标准《焊缝无损检测　超声检测　技术、检测等级和评定》GB/T 11345和《焊缝无损检测　射线检测　第1部分：X和伽玛射线的胶片技术》GB/T 3323.1的规定。

（2）焊缝外观质量的检查与评定应符合表34-36的规定。

（3）高强度大六角头螺栓连接副终拧完成1h后的48h内应进行终拧扭矩检查；检查

结果应符合现行国家标准《钢结构工程施工规范》GB 50755 的规定。

(4) 扭剪型高强度螺栓连接副终拧后，除因构造原因无法使用专门扳手拧掉梅花头外，未在终拧中拧掉梅花头的螺栓数不应多于该节点螺栓数的 5%。对所有梅花头未拧掉的扭剪型高强度螺栓连接副，应采用扭矩法或转角法进行终拧并做标记，且应进行终拧扭矩检查。

**焊缝外观质量检查评定标准（mm）** **表 34-36**

<table>
<tr><th colspan="2" rowspan="2">应检查的外观<br>缺陷名称</th><th colspan="3">合格评定标准</th></tr>
<tr><th>一级</th><th>二级</th><th>三级</th></tr>
<tr><td colspan="2">裂纹、焊瘤、弧坑、未熔合、烧穿、接头不良</td><td colspan="3">不允许</td></tr>
<tr><td colspan="2">夹渣</td><td>不允许</td><td>不允许</td><td>允许有深度不大于 0.2 的夹渣</td></tr>
<tr><td colspan="2">表面气孔</td><td>不允许</td><td>不允许</td><td>允许有直径不大于 2.0 的气孔，但每 50 焊缝长度上不得多于 2 个</td></tr>
<tr><td colspan="2">电弧擦伤</td><td>不允许</td><td>不允许</td><td>允许存在个别电弧擦伤</td></tr>
<tr><td colspan="2">根部收缩</td><td>不允许</td><td>允许有深度不大于 0.4 的根部收缩</td><td>允许有深度不大于 0.6 的根部收缩</td></tr>
<tr><td rowspan="2">咬边</td><td>不修磨焊缝</td><td>不允许</td><td>允许有深度不大于 0.5 的咬边，但焊缝两侧咬边总长不得大于焊缝总长的 10%</td><td>允许有深度不大于 1.0 的咬边，长度不限</td></tr>
<tr><td>需修磨焊缝</td><td>不允许有咬边</td><td>不允许有咬边</td><td>（无此情形）</td></tr>
</table>

(5) 焊缝的尺寸偏差应符合现行国家标准《钢结构工程施工质量验收标准》GB 50205 的规定。

(6) 焊缝的焊波应均匀；焊道与焊道、焊道与基本金属间过渡应较平滑；焊渣和飞溅物应基本清除干净。

(7) 高强度螺栓连接副的施拧顺序和初拧、复拧扭矩应符合设计要求和现行行业标准《钢结构高强度螺栓连接技术规程》JGJ 82 的规定。

(8) 高强度螺栓连接副终拧后，螺栓丝扣外露应为 2 扣或 3 扣，其中允许有 10%的螺栓丝扣外露 1 扣至 4 扣。

### 34.8.3 粘贴钢板加固法

粘贴钢板加固技术是在钢结构表面用特制的建筑结构胶粘贴钢板，依靠结构胶使之粘结成整体共同工作，以提高结构承载力。

**34.8.3.1 适用范围**

本方法可用于钢结构受弯、受拉、受压构件以及受剪实腹式构件的加固。

**34.8.3.2 技术特点**

粘贴钢板加固钢结构是利用胶粘剂将钢板粘贴到钢结构损伤部位的表面，使一部分荷载通过粘结层传递到粘贴的钢板上，降低了结构损伤部位的应力。粘贴加固技术具有简便易行、成本低、效率高，在狭小空间亦可施工的优点，特别适合现场修复。且施工过程中无明火，适用于各种特殊环境。

**34.8.3.3　施工方法**

1. 施工流程

(1) 卸载。

(2) 清理、修整原结构构件并画线定位。

(3) 加工、制作连接钢板。

(4) 处理界面。

(5) 粘贴钢板。

(6) 注胶施工。

(7) 养护。

(8) 施工质量检验。

(9) 防护面层施工。

2. 施工要点

(1) 外粘型钢工程的施工环境应符合下列要求：

现场的温湿度应符合灌注型结构胶粘剂产品使用说明书的规定；若未作规定，应按不低于15℃进行控制。

操作场地应无粉尘，且不受日晒、雨淋和化学介质污染。

(2) 采用粘贴钢板对钢结构进行加固时，宜在加固前采取措施卸除或大部分卸除作用在结构上的活荷载。

钢部件的加工、制作质量应符合现行国家标准《钢结构工程施工质量验收标准》GB 50205 的规定。加工、制作质量的检查数量及检验方法也应按该规范的规定执行。对于已经出现的严重缺陷和损伤，应由施工单位提出技术处理方案，经设计和监理单位共同认可后，予以实施。对于经处理的部位，应重新检查验收。

(3) 钢部件及其连接件的制作和试安装不应有影响结构性能和使用功能的尺寸偏差。其检查数量、检验方法和合格评定标准应按现行国家标准《钢结构工程施工质量验收标准》GB 50205 的规定执行。对于已出现的过大尺寸偏差的部位，应按设计提出的技术处理方案，由施工单位实施后，重新检查验收。

(4) 界面处理

原结构构件的加固部位经除锈和修整后，其表面应显露出金属光泽，且不应有明显的凹面或损伤；若有划痕，其深度不得大于0.5mm。

原构件的裂纹应按《建筑结构加固工程施工质量验收规范》GB 50550—2010 第17章进行修复。修复所采取的焊接措施，其焊缝质量应符合《建筑结构加固工程施工质量验收规范》GB 50550—2010 第16章的规定。

待焊区钢材焊接面应无明显凹面、损伤和划痕；对原有的焊疤、飞溅物及毛刺应清除干净。

粘贴在钢结构构件表面上的钢板，其最外层表面及每层钢板的周边均应进行防腐蚀处理，并应符合现行国家标准《建筑结构加固工程施工质量验收规范》GB 50550 的有关规定。钢板表面处理用的清洁剂和防腐蚀材料不应对钢板及结构胶粘剂的工作性能和耐久性产生不利影响。

粘贴钢板加固钢结构构件时，加固钢结构构件表面宜采取喷砂方法处理。

（5）粘贴钢板

钢骨架各肢的安装，应采用专门卡具以及钢锲、垫片等箍牢、顶紧；外粘型钢骨架应安装在原构件找平的表面上，每隔一定距离粘贴小垫片，使钢骨架与原构件之间留有2～3mm的缝隙，以备压注胶液。

外粘或外包型钢骨架全部杆件（含缀板、箍板等连接件）的缝隙边缘应在注胶（或注浆）前用密封胶封缝。封缝时，应保持杆件与原构件混凝土之间注胶（或注浆）通道的畅通。同时，尚应在设计规定的注胶（或注浆）位置钻孔，粘贴注胶嘴（或注浆嘴）底座，并在适当部位布置排气孔。待封缝胶固化后，进行通气试压。若发现有漏气处，应重新封堵。

（6）注胶施工

注胶（或注浆）设备及其配套装置在注胶（或注浆）施工前，应按该产品标准规定的技术指标进行适用性检查和试运作安全检查，其检验结果应合格。

灌注用结构胶粘剂应经试配，并测定其初黏度；对于结构构造复杂工程和夏季施工工程，还应测定其适用期（可操作时间）。若初黏度超出现行国家标准《建筑结构加固工程施工质量验收规范》GB 50550及产品使用说明书规定的上限，应查明其原因；若属于胶粘剂的质量问题，应予以更换，不得勉强使用。对于气温异常的夏季工程，若适用期达不到《建筑结构加固工程施工质量验收规范》GB 50550—2010表4.4.6的要求，应采取措施降低施工环境气温；对于结构构造复杂工程，宜改用其他优质结构胶粘剂。

应对加压注胶（或注浆）全过程进行实时控制。压力应保持稳定，且应始终处于设计规定的区间内。当排气孔冒出浆液时，应停止加压，并以环氧胶泥堵孔。然后以较低压力维持10min，方可停止注胶（或注浆）。

注胶（或注浆）施工结束后，应静置72h进行固化过程的养护。养护期间，被加固部位不得受到任何撞击和振动的影响。养护环境的气温应符合灌注材料产品使用说明书的规定。若养护无误，仍出现固化不良现象，应由该材料生产厂家承担责任。

**34.8.3.4 质量控制要点**

（1）外粘型钢的施工质量检验，应在检查其型钢肢安装、缀板焊接合格的基础上，对注胶质量进行下列检验：

1）胶粘强度检验。应在注胶开始前，由检验机构派员到现场在被加固构件上预贴正拉粘结强度检验用的标准块（《建筑结构加固工程施工质量验收规范》GB 50550—2010附录U）；粘贴后，应在接触压条件下，静置养护7d。到期时，应立即进行现场检验与合格评定。其检查数量及检验方法应按《建筑结构加固工程施工质量验收规范》GB 50550—2010附录U确定。

2）注胶饱满度探测。应由检验机构派员到现场用仪器或敲击法进行探测，探测结果以空鼓率不大于5%为合格。

3）对干式外包钢的注浆质量检验，应探测其注浆的饱满度，且以空鼓率不大于10%为合格。对填塞胶泥的干式外包钢，仅要求检查其外观质量，且以封闭完整，满足型钢肢安装要求为合格。

（2）被加固构件注胶（或注浆）后的外观应无污渍、无胶液（或浆液）挤出的残留物；注胶孔（或注浆孔）和排气孔的封闭应平整；注胶嘴（或注浆嘴）底座及其残片应全部铲除干净。

(3) 采用粘贴钢板加固的钢结构应符合现行国家标准《建筑设计防火规范》GB 50016 耐火等级及耐火极限的规定，并应对胶粘剂和钢板进行防护。

(4) 采用本方法加固的钢结构，其长期使用的环境温度不应高于 60℃；处于高温、高湿、介质侵蚀、放射等特殊环境的钢结构采用本方法加固时，除应按国家现行有关标准的规定采取相应的防护措施外，尚应采用耐环境因素作用的胶粘剂，并应按专门的工艺要求进行粘贴。

## 34.8.4　外包钢筋混凝土加固法

**34.8.4.1　适用范围**

外包钢筋混凝土加固法适用于实腹式轴心受压、压弯和偏心受压的型钢构件加固，一般用于竖向受压构件的加固。

**34.8.4.2　技术特点**

外包钢筋混凝土加固法具有工艺简单、使用经验丰富、受力可靠、加固费用低廉等优点；也具有湿作业工作量大、养护期长、占用建筑空间较多等固有缺点。

**34.8.4.3　施工方法**

1. 施工流程

1) 处理界面。

2) 安装新增钢筋。

3) 安装模板。

4) 浇筑混凝土。

5) 养护及拆模。

6) 施工质量检验。

2. 施工要点

(1) 处理界面

1) 采用外包钢筋混凝土对钢结构进行加固时，宜在加固前采取措施卸除或大部分卸除作用在结构上的活荷载。

2) 原柱的型钢表面，应在清理、修整的基础上，依据施工方案于钢筋安装前或安装后，采用环保型清洗剂擦拭一遍。

3) 当对原柱型钢修整的除锈质量不符合设计要求时，应按现行国家标准《涂覆涂料前钢材表面处理　表面清洁度的目视评定》GB/T 8923.1～GB/T 8923.4 的相关规定进行复检和重新除锈。除锈合格后，应用清洗剂进行擦拭。

4) 对于型钢柱的过渡层、过渡段及型钢与混凝土间传递应力较大的部位，应在型钢柱上焊以传递剪力的栓钉。栓钉的直径及间距应由设计确定，加固施工单位应按设计规定如数焊接，并应控制质量。

(2) 安装新增钢筋

1) 新增钢筋的安装，应采用定位件固定钢筋位置。定位件的数量、间距和固定方式，应能保证钢筋位置的偏差符合现行国家标准《混凝土结构工程施工质量验收规范》GB

50204 的有关规定。

2）受力钢筋焊接施工应符合国家现行标准《混凝土结构工程施工规范》GB 50666 和《钢筋焊接及验收规程》JGJ 18 的规定。

3）当纵向受力钢筋采用绑扎搭接接头时，其接头的设置应符合现行国家标准《混凝土结构工程施工规范》GB 50666 的规定。

4）当钢筋与型钢采用钢筋连接套筒连接时，应符合下列规定：

① 连接接头抗拉强度应等于被连接钢筋的实际拉断强度或不小于 1.1 倍钢筋抗拉强度标准值，并应具有高延性。同一区段内焊接于型钢柱上的钢筋面积率不宜超过钢筋总面积率的 35%。

② 连接套筒接头应在构件制作期间完成焊接，焊缝连接强度不应低于对应钢筋的抗拉强度。

③ 当钢筋垂直于钢板时，可将钢筋连接套筒直接焊接于钢板表面；当钢筋与钢板成一定角度时，可加工成一定角度的连接板辅助连接。

④ 焊接于型钢上的钢筋连接套筒，应在对应于钢筋接头位置的型钢内设置加劲肋，加劲肋应正对连接套筒，并应按现行国家标准《钢结构设计标准》GB 50017 的相关规定验算加劲肋、腹板及焊缝的承载力。

5）当钢筋与型钢采用连接板焊接连接时，应符合下列规定：

① 钢筋与钢板焊接时，宜采用双面焊，亦可采用单面焊。双面焊时，钢筋与钢板的搭接长度不应小于钢筋直径的 5 倍；单面焊时，搭接长度不应小于 $12d$。

② 钢筋与钢板的焊缝宽度不得小于钢筋直径的 80%，焊缝厚度不得小于钢筋直径的 40%。

6）钢筋安装及其与型钢连接施工完毕后，应立即根据隐蔽工程的要求对施工质量进行检查、评定和修整。

（3）安装模板

外包钢筋混凝土的模板、支架的制作及安装应满足强度、刚度和稳定性的要求，并应符合现行行业标准《建筑施工模板安全技术规范》JGJ 162 的规定。

新增钢筋的保护层厚度应符合设计要求。

（4）混凝土浇筑

1）外包混凝土施工前，应根据设计要求，在型钢柱表面上焊接栓钉。

2）外包的混凝土，可根据实际情况和条件选用人工浇筑、喷射技术或自密实技术进行施工。

3）对梁、柱顶部与楼板相交处难以施工部位，应采取设置喇叭口等技术措施进行浇灌混凝土。

4）混凝土制备、运输和浇筑的施工，应符合现行国家标准《混凝土结构工程施工规范》GB 50666 的规定。对梁、柱顶部与楼板相交处难以施工部位，应采取设置喇叭口等技术措施进行浇灌混凝土。

（5）新增截面混凝土养护

混凝土浇筑完毕后，应按施工技术方案采取有效的养护措施，并应符合下列规定：

1）在浇筑完毕后，应对混凝土加以覆盖并在 12h 内开始浇水养护。混凝土的表面不便浇水时，应涂刷养护剂，养护剂的性能和质量应符合现行行业标准《水泥混凝土养护剂》JC/T 901 的规定。

2）混凝土浇水养护的时间应符合下列规定：

① 对采用硅酸盐水泥、普通硅酸盐水泥或矿渣硅酸盐水泥拌制的混凝土，养护时间不得少于 7d。

② 对掺用缓凝剂或有抗渗要求的混凝土，养护时间不得少于 14d。

③ 浇水次数应能保持混凝土处于湿润状态，混凝土养护用水的水质应与拌和用水相同。

④ 采用塑料布覆盖养护混凝土时，敞露的全部混凝土表面均应覆盖严密，并应保持塑料布内表面有凝结水。

⑤ 混凝土强度达到 1.2MPa 前，不得在其上踩踏、堆放物料、安装模板及支架。

⑥ 当日平均气温低于 5℃时，在无相关措施情况下，不得浇水。

**34.8.4.4　质量控制要点**

（1）混凝土新增截面拆除模板后应进行下列检查：

1）构件的轴线位置、标高、截面厚度、钢筋保护层厚度、表面平整度、垂直度。

2）预埋件的数量、位置。

3）构件的外观缺陷。

4）构件连接及构造的符合性。

5）结构的轴线位置、标高、全高垂直度。

（2）混凝土结构拆模后，当新浇混凝土存在外观质量缺陷时，应按现行国家标准《混凝土结构工程施工规范》GB 50666 的规定进行检查和评定。其尺寸偏差应按设计施工图对重要部位尺寸所注的允许偏差进行检查和评定。

（3）混凝土结构外观一般缺陷修整应符合下列规定：

1）对于露筋、蜂窝、孔洞、夹渣、疏松、外表缺陷，应凿除固结不牢部分的混凝土，清理并湿润表面后，采用强度等级不低于 M15 的水泥砂浆抹平。

2）对于裂缝，应按《建筑结构加固工程施工质量验收规范》GB 50550—2010 第 18 章的规定进行处理。

3）对于一般外观质量缺陷，可与面层装饰施工一并处理。

（4）混凝土结构外观严重缺陷修整应符合下列规定：

1）对于露筋、蜂窝、孔洞、夹渣、疏松等外观缺陷，应凿除粘结不牢固部分的混凝土至密实部位，采用比原混凝土强度等级高一级的细石混凝土浇筑密实，养护时间不应少于 7d。

2）对于严重的开裂缺陷，应进行加固处理。

3）清水混凝土的外观严重缺陷，宜用水泥砂浆或细石混凝土修补后以磨光机磨平。

（5）混凝土结构尺寸的一般偏差，可结合装饰工程进行修整。

（6）混凝土结构尺寸的严重偏差，应会同设计单位共同制订专项修整方案，由施工方实施。

### 34.8.5 钢管构件内填混凝土加固法

**34.8.5.1 适用范围**

钢管构件内填混凝土加固法主要适用于轴心受压和偏心受压的圆形和方形截面钢管构件的加固。在钢管内填充混凝土的构件截面可为圆形、矩形及多边形。

**34.8.5.2 技术特点**

钢管构件内填混凝土加固法主要利用钢管和混凝土协同受力，达到提高承载力的效果。

**34.8.5.3 施工方法**

1. 施工流程

(1) 清理、修整原结构、构件。

(2) 开浇筑孔、排气孔及清洗管壁用的排水孔。

(3) 处理界面。

(4) 浇筑混凝土。

(5) 混凝土养护。

(6) 施工质量检查。

(7) 重做涂装工程。

2. 施工要点

(1) 清理、修整原结构、构件：

浇筑混凝土前，应采用压力水清除钢管内的残渣、锈层及其他异物，同时应润湿内壁；清洗干净后，尚应由临时设置的排水孔排干滞留在管内的水。钢管内壁处理完毕并验收合格后，方可进行管内混凝土浇筑。

(2) 钢管混凝土结构浇筑应符合下列规定：

1) 内填混凝土强度等级和所用钢板强度应符合设计要求和国家现行有关标准的规定，应具有质量合格证明文件，并应经进场检验合格后使用。

2) 混凝土用粗骨料最大粒径不宜大于 20mm。

3) 内填混凝土应采用流动性良好且无收缩的混凝土，管内混凝土应填充密实并应与钢管壁之间有可靠粘结，并应避免混凝土拌合物出现泌水和离析现象。混凝土的配合比设计应根据实际工程要求和所用浇筑方法进行试配确定。

4) 内填混凝土坍落度宜控制在 150～200mm；水胶比宜控制在 0.40～0.45。

5) 内填混凝土的强度等级宜以同等条件养护的混凝土试块的抗压强度评定。

6) 浇筑混凝土前，应根据混凝土浇筑方法在原钢管构件上选定合适位置开混凝土浇筑口和排气孔，浇筑孔径不宜大于钢管直径的一半，排气孔孔径宜为 25mm；在施工过程中，应控制和检验施工质量，使其符合现行国家标准《钢结构工程施工质量验收标准》GB 50205 的规定。在负荷下浇筑时，尚应考虑开口或开孔对被加固件的截面削弱的影响，并应采取补强和封闭措施。

7) 钢管内填混凝土运输、浇筑及间歇的全部时间不应超过混凝土的初凝时间，同一根钢管内混凝土应连续浇筑。当钢管体积较大，混凝土初凝时间内不能完成该钢管的浇筑时，可设隔板将钢管分成若干段，分段对称灌注。下一段灌注口应紧靠上一段的隔板，使两段混凝土通过隔板紧密结合。隔板周边应与钢管内壁焊接，隔板厚度不应小于钢管壁厚以保证足够刚度。

8）浇筑混凝土采用泵送顶升浇筑法或自密实免振捣法时，浇筑前，应进行混凝土的试配和编制混凝土浇筑工艺，并应经试验后方可在工程中应用。

9）浇筑混凝土采用常规浇捣法时，应符合下列规定：

① 浇筑钢管混凝土前，应灌入 100mm 厚的同强度同等级水泥砂浆，使钢管混凝土和基础混凝土更好地连接，并应避免浇筑混凝土时发生粗骨料的弹跳现象。

② 混凝土一次浇灌高度不宜大于 1.5m。

③ 当圆形钢管管径不小于 400mm 或矩形钢管最小边长大于 350mm 时，宜采用插入式振动器振捣，插入点应均匀，每次振捣时间不应少于 30s；当圆形钢管管径小于 400mm 或矩形钢管最小边长小于 350mm 时，可采用外部振动器或附着式振动器于钢管外部振捣。

④ 振动器位置应随钢管内混凝土面的升高而调整，每次宜升高 1.0～1.5m。

10）浇筑混凝土采用泵送顶升法时，应符合下列规定：

① 钢管下部应设带有止回阀的进料口，混凝土可自下而上泵送顶升，可不振捣；

② 圆形钢管的进料管直径宜取钢管直径的 1/2；矩形钢管的进料管边长宜取钢管边长的 0.4～0.5 倍。

③ 输送泵的额定扬程应大于 1.5 倍的灌注顶面高度。

④ 输送泵的额定速度可按混凝土终凝时间内要求灌注的混凝土量来选定，且额定速度应防止造成管内混凝土输送不密实。

（3）钢管混凝土的养护应符合下列规定：

1）管内混凝土浇筑完成后，应将钢管的所有开孔封闭，防止管内水分蒸发。在养护初期，若遇高温天气，钢管温度高于 30℃时，应给钢管淋水降温。

2）浇筑内填混凝土后，应对管壁上的浇筑孔、排气孔进行等强封补，并应进行表面清理和防腐处理。

**34.8.5.4　质量控制要点**

（1）管内混凝土的浇筑质量可采用敲击法或其他有效探测法进行检查。检查结果应以空洞面积不大于钢管总面积的 5%为合格。

（2）应对泵送顶升浇筑的多层柱下部入口处的管壁及封补处的焊缝进行强度检验。

## 34.8.6　预应力加固法

**34.8.6.1　适用范围**

可采用预应力加固法加固钢结构体系或构件。

**34.8.6.2　技术特点**

钢结构整体预应力加固法，宜用于大跨度及空间结构体系。加固方法宜采用预应力钢索加固法、预应力钢索加撑杆加固法、预应力钢索斜拉法或悬索吊挂加固法。

加固钢结构构件的预应力构件，可采用中高强度的钢丝、钢绞线、钢拉杆、钢棒、钢带或型钢，亦可采用碳纤维棒或碳纤维带，但应根据实际加固条件通过构造和计算进行选择，所选材料的性能应符合相关标准的规定。

用于结构整体预应力加固的预应力构件及节点，宜布置在被加固钢结构或结构单元的范围内，且应具有明确的传力路径和计算简图。

**34.8.6.3 施工方法**

1. 施工流程

(1) 清理原结构，画线标定预应力拉杆（或撑杆）的位置。

(2) 预应力拉杆（或撑杆）制作及锚夹具试装配。

(3) 处理安装部位界面。

(4) 安装并固定预应力拉杆（或撑杆）及其锚固装置、支承垫板、撑棒、拉紧螺栓等零部件。

(5) 安装张拉装置。

(6) 按施工技术方案进行张拉并固定。

(7) 施工质量检验。

2. 施工要点

(1) 在钢结构加固施工前，应预先制订加固施工方案，并应编制相应的施工组织设计文件。

(2) 对于需要加固的钢结构，在施加预应力前，应对关键构件或超应力构件进行加固。

(3) 原结构的清理、修整和支护主要包括下列内容：

1) 拆除原结构上影响施工的管道和线路以及其他障碍。

2) 卸除原结构上的荷载（当设计文件有规定时）。

3) 修整原结构、构件加固部位。

4) 搭设安全支撑及工作平台。

(4) 钢结构加固用张拉设备和仪器，应事先进行计量标定。施加预应力应采用专门设备，其负荷标定值应大于施加拉力值的2倍，施加预应力的偏差不应超过设计值的5%。

(5) 预应力拉杆（或撑杆）制作及锚夹具试装配

预应力拉杆或撑杆制作和安装时，必须复查其品种、级别、规格、数量和安装位置。复查结果应符合设计要求。检查内容如下：

1) 预应力拉杆或撑杆的品种、规格、数量、位置。

2) 预应力拉杆或撑杆的锚固件、撑棒、转向棒等的品种、规格、数量、位置。

3) 当采用千斤顶张拉时，应验收锚具、夹具等的品种、规格、数量、位置。

4) 锚固区局部加强构造及焊接或胶粘的质量。

(6) 安装并固定预应力拉杆（或撑杆）及其锚固装置

1) 预应力撑杆锚固区的钢托套、传力预埋件、挡板、撑棒以及其他锚具、紧固件等的制作和安装质量应符合设计要求。

2) 在施工过程中，应避免焊渣和接地电火花损伤预应力杆件或预应力筋，受损伤的预应力杆件或预应力筋应予以更换。

3) 无粘结预应力筋在现场搬运和铺设过程中，不应损伤其塑料护套。当出现轻微破损时，应及时采用防水胶带封闭，严重破损的不得使用。

4）预应力拉杆下料长度应经计算确定，并应符合下列规定：

① 应采用砂轮锯或切断机下料，不得采用电弧切割。

② 当预应力拉杆采用钢丝束，且以挤压锚具、压花锚具锚固时；其制作方法及质量要求应符合现行国家标准《混凝土结构工程施工规范》GB 50666 的规定。

5）锚固区传力预埋件、挡板、承压板的安装位置和方向应符合设计要求。

6）新增的预应力拉杆、撑杆、缀板以及各种紧固件和锚固件，均应进行防腐蚀处理。

7）当被加固构件表面有防火要求时，应按现行国家标准《建筑设计防火规范》GB 50016 规定的耐火等级及耐火极限要求，对预应力构件及其连接进行防护。

（7）张拉施工

1）钢结构加固施工时，预应力施加的张拉顺序应符合设计规定。当设计无规定时，应根据结构特点、施工条件，由施工方制订张拉方案，并应经设计方或业主审核同意。

2）当采用机张法张拉预应力拉杆时，应符合下列规定：

① 应保证张拉施力同步、应力均匀一致。

② 应实时控制张拉量。

③ 应防止被张拉构件侧向失稳或发生扭转。

3）当采用横向张拉法张拉预应力拉杆时，应符合下列规定。

① 拉杆应在施工现场调直，然后与钢托套、锚具等部件进行装配。调直和装配的质量应符合设计要求。

② 预应力拉杆锚具部位的细石混凝土填灌、钢托套与原构件间隙的填塞，拉杆端部与预埋件或钢托套连接的焊缝施工质量应检查合格。

③ 横向张拉量的控制，可先适当拉紧螺栓，再逐渐放松至拉杆仍基本平直、尚未松弛弯垂时停止放松；记录此时的读数，作为控制横向张拉量 $\Delta H$ 的起点。

④ 横向张拉分为一点张拉和两点张拉。两点张拉时，应在拉杆中部焊一撑棒，使该处拉杆间距保持不变，并应用两个拉紧螺栓，以同规格的扳手同步拧紧。

⑤ 当横向张拉量达到要求后，宜用点焊将拉紧螺栓的螺母固定，并切除螺杆伸出螺母以外的多余部分。

**34.8.6.4　质量控制要点**

（1）进行钢结构加固施工前，应制订施工过程监测与控制方案。监测手段应能反应各施工步骤中关键结构参数的数值及其变化状况。

（2）在钢结构加固施工过程中，应根据预定的监测方案对主要构件的内力、变形、位置及其变化进行实时监测，并应与理论计算值比较，应使结构及构件的状态处在预定的控制范围内。

（3）对已确定的加固施工方案，应进行数值模拟计算，同时应记录各施工步骤关键构件的应力及节点位移。

（4）预应力拉杆锚固后，其实际建立的预应力值与设计规定的检验值之间相对偏差不应超过±5%。

（5）当采用钢丝束作为预应力筋时，其钢丝断裂、滑丝的数量不应超过每束一根。

（6）预应力筋锚固后外露部分长度宜为 25mm，其多余长度应用机械方法切除。

（7）预应力加固钢结构在施加预应力后，结构或构件的反向变形，不应超过其原荷载标准组合下的挠度。

### 34.8.7 连接与节点的加固

**34.8.7.1 适用范围**

钢结构连接的加固方法适用于连接与节点部位承载力不足或存在缺陷而进行的加固。

**34.8.7.2 技术特点**

连接与节点的加固可依据原结构的连接方法和实际情况选用焊接、铆接、普通螺栓或高强度螺栓连接，以提高连接与节点部位的承载能力。

在同一受力部位连接的加固中，不宜采用焊缝与铆钉或普通螺栓共同受力的刚度相差较大的混合连接方法，可采用焊缝和摩擦型高强螺栓在一定条件下共同受力的并用连接。

负荷下连接的加固，当采用端焊缝或螺栓加固而需要拆除原有连接，或需要扩大原钉孔，或增加钉孔时，应采取合理的施工工艺和安全措施，并核算结构、构件及其连接在负荷下加固过程中是否具有施工所要求的承载力。

**34.8.7.3 施工方法**

（1）一般规定

1）负荷下连接与节点的加固，当需要拆除原有连接或扩大、增加螺孔时，应采取合理的制孔工艺和安全措施，并进行施工条件下的承载力核算。

2）钢结构的焊接加固，施焊镇静钢板的厚度不大于30mm时，环境空气温度不应低于−15℃，当厚度超过30mm时，环境空气温度不应低于0℃，当施焊沸腾钢板时，环境空气温度应高于5℃。

3）当有雨雪天气时，严禁露天焊接；当有四级以上大风时，焊接作业区应有防风措施。

4）负荷状态下焊缝连接补强施焊的焊工必须取得相应位置施焊的焊接合格证书。

（2）焊缝补强施工

1）钢构件焊缝连接补强工程施焊前，应清除待焊区间及其两端以外各50mm范围内的尘土、漆皮、涂料层、铁锈及其他污垢，并应打磨至露出金属光泽。

2）当发现旧焊缝或其母材有裂纹时，应按本章的修补方法进行修复。

3）卸荷状态下的焊接施工，应符合现行国家标准《钢结构工程施工规范》GB 50755的规定。在下列情况下，应先进行焊接工艺试验：

① 原构件的钢材，加固施工单位不熟悉；

② 需要改变补强用的焊接材料型号；

③ 需要改变焊接方法；

④ 需要改变焊接设备；

⑤ 焊接需要预热或焊后需作热处理。

4）负荷状态下的焊接施工，应先对结构、构件最薄弱部位进行补强，并应采取下列措施：

① 应对能立即起到补强作用，且对原结构影响较小的部位先行施焊。

② 当需加大焊缝厚度时，应从原焊缝受力较小的部位开始施焊，且每次敷焊的焊缝

厚度不宜大于 2mm。

③ 应根据原构件钢材的品种，选用相应的低氢型焊条，且焊条直径不宜大于 4mm。

④ 焊接电流不宜大于 200A。

⑤ 当需多道施焊时，层间温度应低于 100℃。

⑥ 应按现行国家标准《钢结构焊接规范》GB 50661 的规定控制焊接变形。

（3）焊接连接施工

1）焊缝连接加固时，新增焊缝应布置在应力集中最小、远离原构件的变截面以及缺口，加劲肋的截面处；应使焊缝对称于作用力，并应避免使之交叉；新增的对接焊缝与原构件加劲肋、角焊缝、变截面等之间的距离不宜小于 100mm；各焊缝之间的距离不应小于被加固板件厚度的 4.5 倍。

2）当双角钢与节点板的角焊缝连接采用焊接加固时，应先从一角钢一端的肢尖端头开始施焊，继而施焊同一角钢另一端的肢尖焊缝，再按上述顺序和方法施焊角钢的肢背焊缝及另一角钢的焊缝。

3）用盖板加固受有动力荷载作用的构件时，盖板端应采用平缓过渡的构造措施，最大限度地减少应力集中和焊接残余应力。

（4）以栓换铆或栓焊并用的连接施工

1）螺栓或柳钉需要更换或需增补时，宜优先采用高强度螺栓连接；高强度螺栓的直径，宜比原钉孔或栓孔小 1～3mm。

2）当用摩擦型高强度螺栓部分地更换结构连接的铆钉，组成高强度螺栓与铆钉的混合连接时，宜将缺损铆钉及与其相对称布置的非缺损铆钉一并更换。

3）栓焊并用的连接施工时，应先紧固高强度螺栓，后实施焊接。在焊接 24h 后，对高强度螺栓进行补拧，补拧扭矩应为施工终拧扭矩值。焊缝形式应为贴角焊缝。

（5）节点加固施工

1）采用角焊缝加固端板连接节点的施工时，应按对称、分段的原则施焊，并应符合焊缝补强施工要求。

2）采用焊接盖板加固梁柱节点的施工时，盖板与柱翼缘之间宜设置坡口、采用对接焊缝连接；盖板侧面与梁翼缘之间宜采用半熔透焊缝连接。

3）采用焊接补强板加强节点域的施工时，补强板应覆盖节点域柱腹板并应伸出梁的上下翼缘外不小于 150mm；补强板与柱加劲肋和翼缘宜采用角焊缝连接；与柱腹板宜采用塞焊连成整体。

**34.8.7.4　质量控制要点**

质量控制要点如下。

（1）对一级、二级焊缝应进行焊缝探伤，探伤方法及探伤结果分级应符合现行国家标准《钢结构工程施工质量验收标准》GB 50205 的规定。

（2）焊缝的外观质量的检查评定，应符合现行国家标准《建筑结构加固工程施工质量验收规范》GB 50550 的规定；尺寸偏差应符合现行国家标准《钢结构工程施工质量验收标准》GB 50205 的规定。

（3）焊缝焊波、焊道的施工质量应符合现行国家标准《建筑结构加固工程施工质量验收规范》GB 50550 的规定。焊接完成后，应将焊渣和飞溅物清理干净。

（4）高强度螺栓摩擦型连接的板件间接触面处理，应符合现行国家标准《钢结构工程施工规范》GB 50755 的规定。

### 34.8.8 钢结构局部缺陷和损伤的修缮

**34.8.8.1 适用范围**

钢结构局部缺陷和损伤的修缮包括钢构件焊接、紧固件连接修缮、钢结构构件变形修缮、钢构件裂纹修缮、涂装修缮等。对可能导致钢结构整体承载力不足的缺陷和损伤，还应采取加固措施进行处理。

对下列缺陷和损伤，宜采取拆换措施：

（1）高强度螺栓连接出现延迟断裂现象。

（2）承受动力荷载的摩擦型高强度螺栓连接出现滑移现象。

（3）钢结构节点板弯折损伤伴有裂纹。

（4）承受动力荷载的钢构件出现疲劳裂纹。

**34.8.8.2 技术特点**

经可靠性鉴定确认可以修复的钢结构局部缺陷和损伤，应根据其类型及产生原因进行专项修复设计。

钢结构的缺陷和损伤的修复，应按设计规定卸除或部分卸除作用于结构上的活荷载，并采取可靠的安全措施。

**34.8.8.3 施工方法**

1. 钢结构构件连接修缮

（1）焊缝实际尺寸不足时，应根据验算结果在原有焊缝上堆焊辅助焊缝。当焊缝出现裂纹时，宜采用碳弧气刨或风铲刨掉原焊缝后重焊，并应作防腐蚀处理；当焊缝出现气孔、夹渣、咬边时，对常温下承受静载或间接动载的结构，若无裂纹或其他异常现象，可不作处理；焊缝内部的夹渣、气孔等超过现行国家标准《钢结构焊接规范》GB 50661 规定的外观质量要求时，应采用碳弧气刨或风铲将有缺陷的焊缝清除，然后以同型号焊条补焊，补焊长度不宜小于 40mm。

（2）由螺栓漏拧或终拧扭矩不足造成摩擦型高强度螺栓连接的滑移，可采用补拧并在盖板周边加焊进行修复。

（3）铆钉连接的修复应符合下列规定：对松动或漏铆的铆钉应更换或补铆；更换铆钉时，宜采用气割割掉铆钉头且不应烧伤主体金属；不得采用焊补、加热再铆合方法处理有缺陷的铆钉。修复时，可采用高强度螺栓代替铆钉，其直径换算按等强度确定；当采用高强度螺栓替换铆钉修复时，若铆钉孔缺陷不妨碍螺栓顺利就位时，可不处理铆钉孔；当孔壁倾斜度超过 5°，且螺栓不能与连接板表面紧贴时，应扩钻铆钉孔或采用楔形垫圈。

2. 钢结构变形修缮

（1）钢结构构件的变形可采用热加工方法矫正。当矫正有困难时，应予拆换或加固。

（2）钢结构腹板局部凹凸的处理，应符合下列规定。

当梁、柱腹板的受压区有局部凹凸时，应进行承载力验算。验算结果满足承载要求时，可不予处理。当不满足要求时，应予加固。当局部凹凸位于腹板受拉区且无裂纹时，可不予处理。

当局部凹凸对腹板受力有影响时，应进行修复。修复方法宜采用机械矫正法，当不能校平时，可采用火焰法校平。对腹板的凹凸部分，亦可采用增设加劲肋的方法处理，并应使加劲肋与腹板相贴一面的形状与腹板变形的轮廓一致。

(3) 钢结构节点板弯折变形的处理，应符合下列规定：

1) 当节点板弯折处无裂纹时，可在矫正后加设加劲肋。

2) 当节点板弯折处存在轻微裂纹，且节点板受力较小时，可用堵焊法修补裂纹，并按本条第1) 款进行处理。

3) 当节点板弯折变形不满足本条第1)、2) 款的规定时，应予以更换。

3. 钢结构裂纹修缮

(1) 结构因荷载反复作用及材料选择、构造、制作、施工安装不当产生的具有扩展性或脆断倾向性裂纹损伤时，应对结构进行修复。在修复前，必须分析产生裂纹的原因及其影响的严重性，制订加固方案，采取修复加固措施；对于不宜采取修复加固措施的构件，应予拆除更换。

(2) 钢结构、构件裂纹的修复，宜优先采用对接堵焊法，亦可采用挖补嵌板法，或附加盖板法进行修复。修复时，必须按设计、施工图的要求和专门制订的焊接工艺方案，由考试合格的高级焊工进行施工。

(3) 在钢结构构件上发现裂纹时，作为临时应急措施之一，可在裂纹端部以外0.5～1.0t处钻孔，防止裂纹进一步急剧扩展，并根据裂纹性质及扩展倾向采取修复加固措施。

(4) 当吊车梁腹板上部出现裂纹时，应根据检查的情况先采取调整轨道偏心等措施，采用焊接方法修复裂纹。当设计图纸要求附加斜肋板或全长肋板时，焊接方法及焊接质量应符合现行国家标准《钢结构工程施工规范》GB 50755的规定。

(5) 承受静载或间接动载钢结构构件的裂纹修复应符合下列规定。

修复裂纹时应优先采用焊接方法。

对网状、分叉裂纹区和有破裂、过烧或烧穿等缺陷的梁、柱腹板部位，宜采用焊接的嵌板修补。

用附加盖板修补裂纹时，宜采用双层盖板，裂纹两端应钻孔。当盖板用焊接连接时，应将加固盖板压紧，其厚度应与原钢板等厚，焊脚尺寸应等于板厚。当用摩擦型高强度螺栓连接时，应在裂纹的每侧用双排螺栓，盖板宽度应能布置螺栓，盖板长度每边应超出裂纹端部150mm。

4. 钢结构涂装修缮

(1) 钢结构构件涂装的修复应根据构件实际锈蚀、腐蚀程度采取修缮措施。当构件截面削弱程度不足以影响结构安全时，可采取表面除锈及增加防腐涂层的修复方法；当构件截面削弱程度已影响结构安全时，应采取相应加固措施进行修复。

(2) 钢结构构件表面除锈可采用手工除锈、机械除锈或喷砂除锈。除锈等级应符合现行国家标准《涂覆涂料前钢材表面处理　表面清洁度的目视评定》GB/T 8923.1～GB/T 8923.4的相关规定。

(3) 锈蚀、腐蚀缺陷的修复，应在重做防护措施前，采取酸洗、喷砂机械打磨等处理措施清除锈蚀、旧涂层和污垢等；新涂层的品种、涂刷层数和厚度应根据产品要求和耐久性要求确定。

#### 34.8.8.4 质量控制要点

对于一级、二级焊缝，应进行焊缝探伤，探伤方法及探伤结果分级应符合现行国家标准《钢结构工程施工质量验收标准》GB 50205的规定。

## 34.9 木结构加固

木结构加固方法一般采用粘贴纤维复合材加固法、墩接加固法、化学加固法、增设拉杆加固法、置换构件加固法等。木结构加固施工应符合第34.6节所述的一般要求。

### 34.9.1 粘贴纤维复合材加固法

#### 34.9.1.1 适用范围

常用的FRP从增强材料上来分有碳纤维、玻璃纤维和芳纶纤维三种，其性能见表34-37，其适用范围如下：

（1）纤维增强复合材料用于残损节点加固。

（2）纤维增强复合材料用于破损木梁加固。

（3）纤维增强复合材料用于木柱加固。

（4）纤维增强复合材料用于木墙、板的加固。

纤维增强复合材料性能表　　表34-37

| 种类 | 抗拉强度/MPa | 弹性模量/GPa | 延伸率/% | 密度/（$kg/m^3$） |
| --- | --- | --- | --- | --- |
| 玻璃纤维 | 1000～2700 | 75～100 | 2～5 | 2500～3000 |
| 碳纤维 | 2500～4000 | 180～250 | 1.0～1.8 | 1700～2000 |
| 芳纶纤维 | 1500～3000 | 65～150 | 2～3 | 1400～1800 |

#### 34.9.1.2 技术特点

FRP材料具有几何可塑性大、易剪裁成型及自重轻等优点，特别适用于非规则断面的传统木构件的表面粘贴，是木结构加固的理想材料。与传统的加固方法相比，FRP加固木结构具有以下几方面优势。

（1）纤维布非常轻薄，加固后的木结构经彩绘后不会影响外观，也几乎没有增加结构的自重。

（2）FRP材料强度高，可以代替传统加固法中需要加设的铁箍，且由于自身的耐腐蚀性，不用再进行防腐处理。

（3）基底材料环氧树脂和FRP材料均具有良好的耐腐蚀性，在加固木结构构件使其强度得到提高时，还能作为功能材料保护木结构免受腐蚀。

（4）从解决挠度修补的角度看，传统的支顶加固法会改变结构整体的传力体系，更换构件加固法可能会对其他构件造成损伤，而FRP加固法主要采用粘贴的方式，在不损伤原构件的情况下，提高了构件的承载力和刚度，可以避免对古建筑的落架大修和调整复位。

（5）从裂缝修补的角度看，传统的化学灌浆加固法从表面上可以对裂缝进行修补，但无法解决内部微小裂缝的修补问题，若采用外包铁箍或玻璃钢条，还会影响建筑外观；而采用FRP材料进行裂缝修补，可将中空部分用木块填充，灌注树脂材料，四周再用纤维布环绕包裹，使木结构处于纤维布的环向约束中，构件处于三轴压力作用下，形成类似钢管混凝土结构，不仅可以弥补木结构内部的微小裂缝，而且可以大大增强结构的整体力学性能和变形性能，同时可以保证结构整体外观不受影响。

（6）新型的FRP加固技术，如嵌入式加固法具有一些特别的优势，加固后，由于FRP材料嵌贴在结构表层中，结构外观几乎不受影响，同时FRP材料因内置而得到较好的保护，抗冲击性能、耐久性、防火性能等得以提高。此外，木结构易于切缝，施工便捷，特别适合使用嵌入式加固法。

**34.9.1.3　施工方法**

在采用FRP加固木结构之前，应充分调查并掌握原有木结构所处的环境及损伤状况，如有开裂、腐蚀劣化等状况，应先进行相应的处理，然后再进行加固施工。

1. 粘贴纤维布的施工

（1）涂刷底层树脂

配置底层树脂前，应先阅读树脂的使用说明，选择环境温度和湿度适宜的配制场所。底层树脂一般有主剂和固化剂两种组分，按一定的比例将两种组分在容器中混合，用搅拌工具混合，直至颜色均匀。树脂的混合比例以及两种组分混合所需的搅拌时间应按照生产商提供的说明严格执行。在树脂混合搅拌后，应根据生产商提出的要求在规定的时间内使用，不得再使用超出使用时间的树脂。

涂刷底层树脂前，必须确认构件表面没有粉尘、水渍或者其他对树脂渗透有影响的杂质。用滚筒刷将配置好的底层树脂均匀地涂刷于加固部位的构件表面。应选择刷毛短质量好的滚筒刷，以避免在涂刷树脂时刷毛留在树脂表面，降低树脂的粘结力。涂刷完底层树脂后，应检查是否存在局部因树脂过多而凝聚的现象，如存在凝聚的现象应尽量处理，以保证树脂表面的平滑。

一般在底层树脂指触干燥后，可进行下一工序的施工。指触干燥是指树脂刚达到凝胶的状态，即在施工现场通过手指触摸树脂表面有凝胶的感觉，但不会黏附树脂的状态。如树脂生产商提供实验依据，也可根据生产商的要求，待树脂完全固化后，再进行下一步的工序。

（2）找平材料找平

底层树脂指触干燥后，配置找平材料，进行找平处理。

首先应根据树脂生产商提供的使用说明，选择环境温度和湿度适宜的地方配置找平材料。找平材料一般有主剂和固化剂两种组分，应根据使用说明按一定的比例将两种组分混合均匀后使用。找平材料配置完后，根据生产商提出的要求在规定的时间内使用，不得再使用超出使用时间的材料。

使用找平材料前，必须确认涂刷底层树脂后的构件表面没有灰尘、水渍或者其他对树脂渗透有影响的杂质。加固构件表面存在较大的高差（1cm以上）时，应用找平材料在拐点处尽量修补出坡度，并使坡度越缓越好。转角部位采用找平材料修补成光滑的圆弧。

一般在找平材料表面指触干燥后，可以进行下一步施工工序。

(3) 剪裁纤维布

按照设计图纸要求，对加固部位弹线以明确加固区域，确认粘贴纤维布的尺寸大小以及需要粘贴的层数，应充分考虑到加固时所要用到的各种尺寸，合理安排剪裁方式，避免浪费材料。

(4) 涂刷浸渍树脂并粘贴纤维布

首先确认施工现场的环境条件是否符合施工要求，在不能达到要求的情况下，应采取相应措施或停止施工。

在涂刷浸渍树脂前，要先检查加固部位和纤维布表面的杂质是否已清理干净，然后按照树脂生产商的要求，按比例配置浸渍树脂，配置后的浸渍树脂要在规定的使用时间内均匀地涂抹在加固部位，不得再使用超出使用时间的树脂。

在涂刷浸渍树脂后，迅速将纤维布粘贴于加固表面。粘贴时，一名操作人员沿着事先弹好的线将纤维布一端固定于加固部位的顶端，另一人沿着加固方向将纤维布贴附于加固部位上。先将纤维布展开，与加固方向保持一致，然后两人从中间向两端用滚子（罗拉）反复碾压纤维布，各自只可以向一个方向滚动，不允许往复滚动。两人向相反方向碾压的一个目的是使纤维布尽可能拉伸，避免出现褶皱；另一个目的是在树脂还没有固化时，向相反方向碾压可以避免纤维布的移位。要多进行滚动，以挤出残留在内部的气泡，确保树脂能够充分浸润纤维。在碾压纤维布时，要确保纤维布没有偏离加固的方向或者移位。在碾压时，滚子滚动的方向要顺着纤维丝的方向，若滚子与纤维丝之间形成角度，滚子的尖锐螺纹易对纤维丝造成损害。

纤维布经过碾压后，在固化过程中可能有一定程度的回缩，容易出现褶皱或空鼓，纤维布越长，回缩量越大，所以单条纤维布的长度不应超过 4m。对于加固较长的构件或是环形粘贴时，纤维布需要进行搭接。搭接部位要尽量避开构件弯矩最大或是应力集中的区域，搭接长度应满足相关设计规定。

当需要进行多次粘贴时，重复上述步骤，但要注意进行下一层粘贴的间隔时间。一般最好是在上一层指触干燥的情况下，及时进行下一层的粘贴。如在树脂完全固化的情况下粘贴，需要先对粘贴表面检查并清理后再进行施工。

在最后一层纤维布表面均匀涂刷一层粘结树脂。作为保护层。树脂不需要涂刷很厚，只要能盖住粘贴的纤维布即可。

2. 粘贴 FRP 板材的施工

(1) 纤维板材的切割及表面处理

按照设计图纸要求，对加固部位弹线以明确加固区域，并按现场实际需要使用的尺寸，对碳纤维板材进行切割。切割可以使用钢锯、砂轮机或盘式金刚石切割刀等工具。板材一般不能重叠搭接。所以，在切割前，应确认好施工的实际长度，避免浪费材料。

为保证纤维板的粘结质量，一些品牌的碳纤维板在出厂前已将其中一面进行过粗糙化处理，施工时应注意选择粗糙面作为粘贴面。若使用双面均光滑未经粗糙化处理的碳纤维板时，应在现场将粘贴面打磨处理。

(2) 配置及涂抹碳板胶粘剂

将主剂（A 组分）和固化剂（B 组分）放在各自的容器内充分搅拌。在 A 组分的容器中加入 B 组分，用搅拌机（螺旋叶片式）充分搅拌，直至变成均匀的灰色，搅拌时要防止空气侵入，搅拌时间约 3min。

不同厂家生产的碳板胶粘剂，A、B 两种组分的配合比例也会有不同，应严格按照厂家的说明进行操作。由于胶粘剂的可使用时间因气温和混合量而变化，所以要将可使用时间内能使用完的量作为一次混合量。不得使用超过使用时间的胶粘剂。在低温条件下，树脂的固化反应可能会比较慢，所以在低温环境中施工时应该对树脂的固化特性进行确认，并由此制订保温养护的方法。

将碳纤维板的粘贴面擦拭干净，并立即涂抹配置好的碳板胶粘剂，胶层应呈突起状，最小厚度不小于 2mm。

（3）粘贴碳纤维板

将涂有胶粘剂的碳纤维板轻压贴于需要的位置。

用橡皮滚筒顺纤维方向均匀平稳压实，使胶粘剂从板的两侧挤出，使得构件表面与板材之间紧密接触，彻底排斥内部的空气。

挤出的和粘在板上的胶粘剂要及时用刮刀或抹布等工具除去。

养护至胶粘剂完全固化为止，养护时不要施加外力。一般在常温下养护时间大约 3d，低于常温时，时间要相应延长。

**34.9.1.4　质量控制要点**

1. 施工现场条件

施工现场的环境温度以 5～35℃为宜，温度太高或是太低都会对 FRP 片材加固施工及施工后的性能有一定的影响。温度较高时，底层树脂、找平材料及粘结树脂固化的时间很短，影响树脂对纤维的浸润；温度较低时，固化时间很长，固化后树脂脆性很大，降低了树脂的粘贴强度。

施工现场的相对湿度一般不得大于 70%，尤其是构件表面要保持干燥。如果环境的相对湿度较大，会降低树脂的粘贴强度，影响粘贴质量，粘贴后很容易出现空鼓或剥离现象。因此，在现场环境相对湿度较大的情况下，尤其是雨雪天气又露天作业的时候，应采取相应措施或停止施工。

2. 材料的现场存放

（1）FRP 片材的存放

应尽量避免露天放置 FRP 片材，否则必须采取添加覆盖物等防护措施。若在封闭的施工现场，应尽量选择干燥整洁的环境存放材料，避免材料附着灰尘，沾染油渍或是水渍，保证 FRP 片材在使用时表面是整洁的，并且没有受到损坏。

（2）树脂的现场存放

配套树脂材料的性能受环境温度的影响很大，应尽量选择温度适中的存放地方。树脂材料对人体的皮肤有一定的刺激性，存放时，应注意与人群保持一定的距离，已打开包装的树脂在不继续使用时，应及时封闭好。此外，还要注意避免灰尘、油渍或一些化学物质等混入树脂，造成其性能降低。

3. 施工的注意点

（1）对于木结构，先要做好表面处理，对于表面的虫孔、腐蚀、裂缝应进行剔除，灌缝或封闭处理，再用找平胶填平，构件表面不能有明显的凹陷。

（2）在粘贴区，可每隔一定的间距刻一条痕，以加强粘贴效果。

(3) 粘贴时，木结构粘贴面应保持干燥。

(4) FRP 粘贴面应保证干净无油渍。

(5) 粘贴时，环境温度应以 5~35℃为宜，如温度较低，将导致养护时间延长。

4. 缺陷修复

FRP 片材加固施工全部完成后，要对施工后的质量仔细检查，所有施工过的地方应仔细检查是否存在缺陷，任何可疑的地方都应用小锤敲击听声音。如有轻拍的声音，说明所施工的部位存在空鼓，检查人员应将所有的缺陷和需要进行修复的地方记录下来。

常见的缺陷有以下两种：

(1) 粘贴的纤维布局部出现空鼓

处理此类问题时，先根据实际情况确认空鼓的尺寸大小。小的气孔缺陷和空鼓（直径 1.6~3.2mm 之间）一般是混合的树脂产生的，无须修补或处理。当空鼓的面积不大于 100mm×100mm 时，可以采用针管注胶的方法进行修补；在注胶的时候，可在空鼓处选择二三个点进行灌浆，尽可能用树脂将空鼓填满。当发现树脂开始从间隙中渗出，用滚子（罗拉）将注胶处压实。

要注意注胶的针管选择不宜过大，过大的针头容易损伤碳纤维；树脂灌入针管中要尽快使用，当发现树脂凝固将针管口堵住，需要换新的针管。

当空鼓面积大于 100mm×100mm 时，需要将出现空鼓部位的纤维布切除，重新搭接贴上等量的纤维布，搭接长度应满足相关要求。

(2) 边缘或搭接部位的纤维布出现剥离

当边缘或搭接部位的纤维布出现剥离现象时，一般可采用树脂回填的方法修补。可用针管或其他有效的辅助工具将树脂回填剥离的地方，然后压实。对于边缘有损伤的纤维布，将已损伤的部位切除，重新搭接补上等量的纤维布，搭接长度应满足相关要求。

## 34.9.2 墩接加固法

### 34.9.2.1 适用范围

墩接加固法主要用于柱根糟朽严重：糟朽面积占柱截面面积 1/2；或有柱心糟朽现象，糟朽高度占柱高的 1/5~1/3 的情况，墩接高度为柱高的 1/5~1/3。

### 34.9.2.2 技术特点

(1) 当柱心完好，仅有表层腐朽，且经验算剩余截面尚能满足受力要求时，可将腐朽部分剔除干净，经防腐处理后，用干燥木材依原样和原尺寸修补整齐，并用耐水性胶粘剂粘结。如系周围剔补，尚需加设 2~3 道铁箍。

(2) 当柱脚腐朽严重，但自柱底面向上未超过柱高的 1/4 时，可采用墩接柱脚的方法处理。墩接时，可根据腐朽的程度、部位和墩接材料，选用下列方法：

1) 用木料墩接：先将腐朽部分剔除，再根据剩余部分选择墩接的榫卯式样，如“巴掌榫”

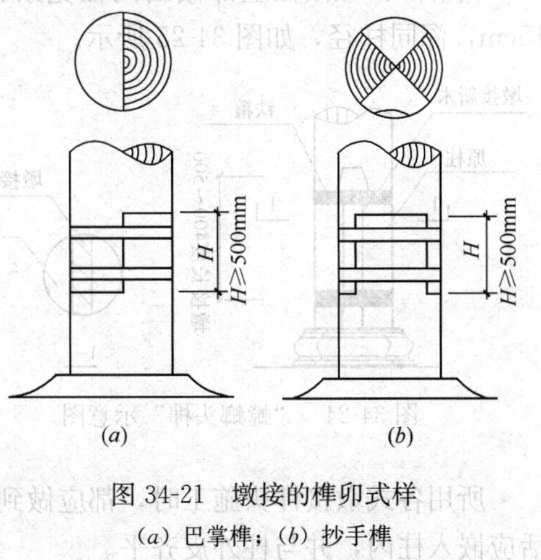


图 34-21 墩接的榫卯式样

(a) 巴掌榫；(b) 抄手榫

“抄手榫”等，如图 34-21 所示。施工时，除应使墩接榫头严密对缝外，还应加设铁箍或用碳纤维布双向交叉粘贴的复合材箍。

2）石料墩接：可用于不露明的柱，也可用于柱脚腐朽部分高度小于 200mm 的柱。露明柱可将石料加工为小于原柱径 100mm 的矮柱，周围用厚木板包镶钉牢，并在与原柱接缝处加设一道铁箍。

**34.9.2.3　施工方法**

依据糟朽程度、墩接材料及柱子所在位置的不同大体分为三种情况。

(1) 用木料墩接：这是使用最多的一种方法，露明柱更宜使用此种方法。先将糟朽部分剔除，依据剩余完好的木柱情况选择墩接柱的榫卯式样。以尽量多地保留原有构件为原则。榫卯式样各地做法不尽相同。常见的有以下几种：

“巴掌榫”：墩接柱与旧柱搭交长度最少应为 40cm 左右。用直径 1.2～2.5cm 螺栓连接，或外用 2 道铁箍加固。有些地区在搭交内部上、下各安一个暗榫，防止墩接柱发生滑动位移，如图 34-22 所示。

“抄手榫”：在柱断面上画十字线，分为四瓣，相搭交处都剔去十字瓣的两瓣，上下相叉，长度为 40～50cm。外用铁箍两道加固，如图 34-23 所示。

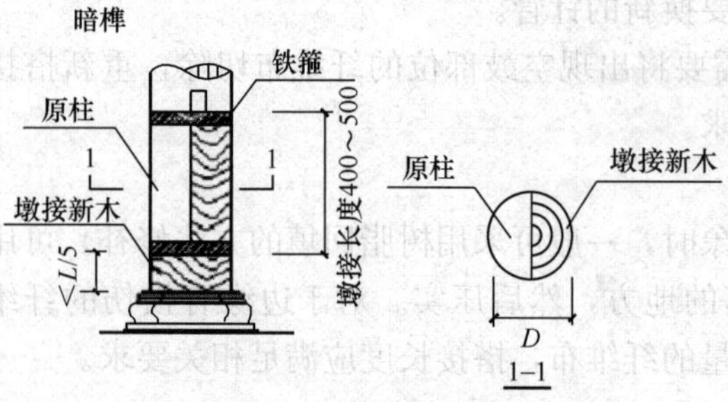


图 34-22　“巴掌榫”示意图

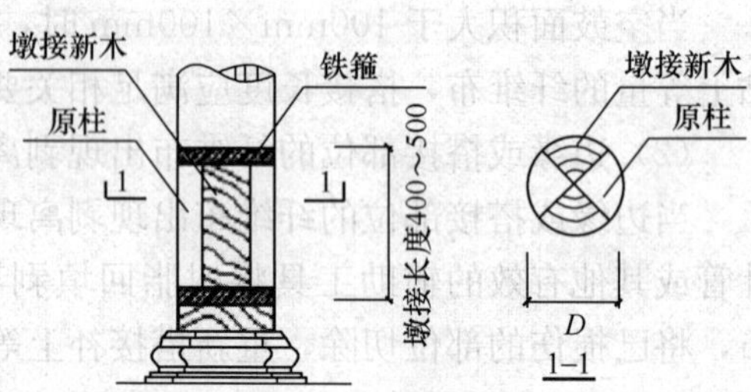


图 34-23　“抄手榫”示意图

“螳螂头榫”：墩接柱上部做出螳螂头式插入原有柱内，长度 40～50cm，榫宽 7～10cm，深同柱径，如图 34-24 所示。

“直榫”：墩接柱上部做出同径宽条状榫插入原有柱内，长度 40～50cm，榫宽 10～15cm，深同柱径，如图 34-25 所示。

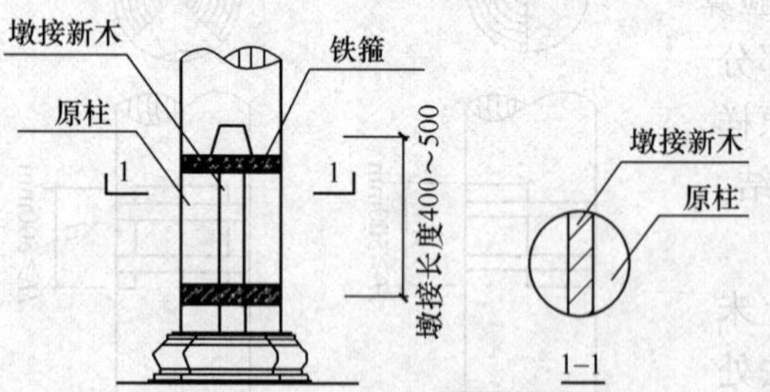


图 34-24　“螳螂头榫”示意图

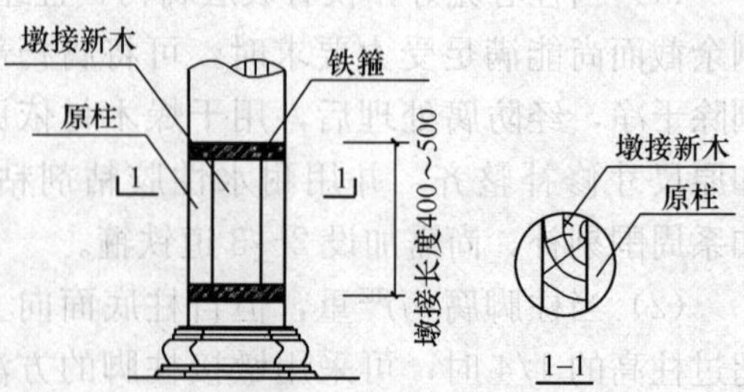


图 34-25　“直榫”示意图

所用各式墩接榫头施工时，都应做到对缝严实，用胶粘牢后再加铁活。露明柱所加铁活应嵌入柱内，并与柱外皮齐平。

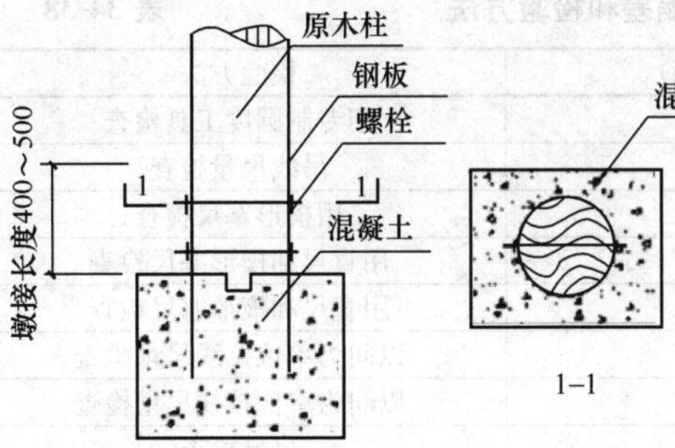


图 34-26 混凝土柱墩接示意图

（2）用混凝土柱墩接：墙内不露明的柱子有时也可采用预制混凝土柱墩接。依据需要墩接的高度，预制断面方形的混凝土柱，强度等级为 C15，每边比原柱长出 20cm 左右。在紧靠柱表皮处预埋铁条或角铁两根，铁条露出长度应为 40～50cm。用两根螺栓与原构件夹牢，埋入深度至少应与露明部分相等。为此，原构件需齐头截去糟朽部分。施工时，应注意先接预定墩接高度筑打混凝土柱，待干燥后再截去原构件，以防混凝土收缩后影响柱子的原有高度，如图 34-26 所示。

（3）矮柱墩接：柱根糟朽高度为 20cm 以下时，用木料墩接易劈裂，因而常用石料墩接，按预定高度用石料垫在柱础石上，并应做出管脚榫的卯口。露明柱为了不影响外观，应将石料砍凿为直径小于柱径 10cm 左右的矮柱，顶凿管脚榫的卯口，底凿卯口与厚柱础管脚榫卯口用铁榫卡牢。垫好后，周围用厚木板包镶钉牢，与原柱接缝处加铁箍一道，如图 34-27 所示。

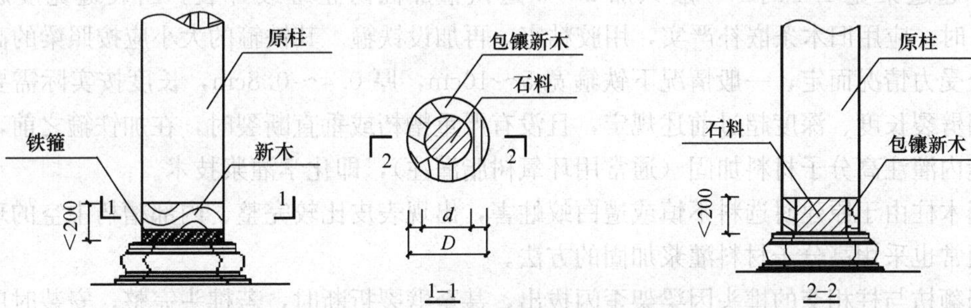


图 34-27 矮柱墩接示意图

#### 34.9.2.4 质量控制要点

柱子有多种墩接方法，不管使用哪种方法，在墩接过程中，对新、旧木料，特别是对保留的旧柱子部分，应严格按照规程做好化学防腐处理。在具体施工中，往往不能将腐朽部分全部截去，而要保留内部腐朽了一部分的旧柱子。处理这部分柱子，除了必要的喷涂防腐剂，还应做内部吊瓶防腐处理。

墩接时，要注意以下几点：

（1）尽量将腐朽部分截掉，对于不得已而保留的轻微腐朽部分，应妥善做好相应的防腐处理，以杀死原腐朽木材中残留的菌丝。

（2）接头部位截面尽量吻合，墩接时，应用环氧树脂胶粘牢，或用圆钉、螺栓紧固。粗大的柱子外面可再做铁箍，铁件应涂防锈漆。墙内檐柱墩接时，除应做好必要的防腐处理外，应再涂防腐油 1～2 道。

通过墩接加固法的构件的允许偏差和检验方法应符合表 34-38 的要求。

墩接加固法的构件的允许偏差和检验方法　表 34-38

| 项目 | 允许偏差（mm） | 检验方法 |
|---|---|---|
| 圆形构件圆度 | 4 | 用专制圆度工具检查 |
| 垂直度 | 3 | 吊线尺量检查 |
| 榫卯节点的间隙 | 2 | 用楔形塞尺检查 |
| 表面平整（方木） | 3 | 用直尺和楔形塞尺检查 |
| 表面平整（圆木） | 4 | 用直尺和楔形塞尺检查 |
| 上口平直 | 8 | 以间为单位拉线尺量检查 |
| 出挑齐直 | 6 | 以间为单位拉线尺量检查 |
| 轴线位移 | ±5 | 尺量检查 |

## 34.9.3　化学加固法

### 34.9.3.1　适用范围

化学加固法，又称为化学灌浆技术，简而言之，就是使用化学试剂提高木结构力学性能的一种方法。使用化学加固法，除能增加木材的强度外，还能增加木材的尺寸稳定性和防腐、抗虫能力。

化学加固法对不同位置木构件的适用范围不同。当木梁侧面裂纹长度不超过梁长1/2，深度不超过梁宽 1/4 时，一般只加 2～3 道铁箍加固防止继续开裂。当裂缝宽度超过 0.5cm 时，应用旧木条嵌补严实，用胶粘牢，再加设铁箍。其铁箍的大小应按照梁的高宽尺寸及受力情况而定，一般情况下铁箍宽 5～10cm，厚 0.4～0.8cm，长度按实际需要确定。当劈裂长度、深度超过前述规定，且没有严重糟朽或垂直断裂时，在加铁箍之前，应在裂缝内灌注高分子材料加固（通常用环氧树脂灌注），即化学灌浆技术。

当木柱由于原建时选料不慎或遭白蚁蛀害，出现表皮比较完整、内部糟朽中空的现象时，通常也采用高分子材料灌浆加固的方法。

当额枋与柱相交的榫头因梁架歪闪拔出，甚至劈裂折断时，若榫头完整，安装时应按原位归置，并在柱头处用铁活联结左、右额枋头，防止拨榫。若榫头劈裂折断或糟朽，可补换新榫头。补换新榫头时，可采用化学加固法连接新榫头与额枋。

总而言之，化学加固法适用于开裂较大，内部因虫蛀或腐朽形成中空的木结构，或额枋与新榫头连接的木结构。使用化学灌浆技术可以有效地改善木构件缺陷，但是这种技术无法修补木材内部细小的裂缝，具有一定的局限性。

### 34.9.3.2　技术特点

化学加固法（化学灌浆技术）的施工技术要点在于灌浆材料，一般采用低黏度的树脂，比如经常使用的甲凝、改性环氧树脂、不饱和聚酯树脂灌注剂以及环氧树脂灌注剂等。

对比分析甲凝和改性环氧树脂的性质：甲凝适用于干缝灌浆，如若湿缝灌浆，应使用亲水性好的改性环氧树脂，或在甲凝浆液中掺加 5%～10%丙烯酸改性剂。有试验就甲凝和改性环氧树脂在旧杉木劈裂缝灌浆修复效果作了对比，并得出实验结论：甲凝和改性环氧树脂等化学材料在一定压力灌注下，能渗透到木材裂缝两侧一定深度内的细胞壁和细胞腔中，与旧杉木材很好地粘结在一起。按实验室试验取得的数据，除甲凝灌浆材料弹性模量仅为木材的 1/3，应力传递受到影响，需要继续研究外，试验证明：应用化学灌浆材料修缮加固木结构房屋是可行的。

**34.9.3.3 施工方法**

木结构由于木质材料易腐朽、易虫蛀、易产生裂缝的性质，会使材料出现中空以及劈裂的情况，应针对不同的情况采用不同的化学施工方法。出现中空时，应先查清中空的范围和程度，出现劈裂时，应查清裂缝的长度与深度，按照具体情况和要求，用灌浆材料进行压注加固，分为以下几种情况：

（1）当木梁出现劈裂，且裂缝宽度、深度适宜采用化学加固法时，其施工方法如下：先将裂缝外口用树脂腻子勾缝，防止出现漏浆情况，勾缝应凹进表面约 0.5cm，预留 2 个以上的注浆孔，一般情况下采用人工灌注。裂缝灌浆料可参考现行行标《混凝土裂缝用环氧树脂灌浆材料》JC/T 1041 的规定采用。配制勾缝用环氧树脂腻子时，只要在上述灌浆液中加适量的石英粉即可。

（2）当木横梁截面的中和轴处出现贯穿梁跨全长的裂缝，其采用的灌浆方法和上面介绍处理裂缝的方法并不完全相同。加固方法的施工工艺如下：在木横梁裂缝走向的两面沿骑缝布置灌注管和排气管，并用环氧树脂贴玻璃布封缝，组成一个能承受灌浆压力的封闭内腔。经试压检查封闭内腔后，用注射器把浆液注入裂缝，并保压至少 10min，直至排气管出浆，缝隙饱满为止。第二天浆液基本硬化，若缝隙中灌浆液体不饱满，可以进行第二次灌注。

当用胶粘的无碱玻璃纤维布箍作为木构件裂缝加固的辅助措施时，应符合下列要求：

1）在构件上凿槽，缠绕聚酯玻璃纤维布箍或环氧玻璃纤维布箍，槽深应与箍厚相同；

2）粘合用的胶粘剂应采用改性环氧结构胶，其性能应符合下面所提到改性环氧结构胶的要求；

3）玻璃纤维布应采用脱蜡、无捻、方格布，厚度为 0.15～0.30mm；

4）缠绕的工艺及操作技术应符合现行有关标准的规定。

（3）当木构件需要粘结时，使用的耐水性胶粘剂宜采用改性环氧结构胶，施工时应符合下列要求。

1）改性环氧结构胶的性能，除应符合现行国家标准《工程结构加固材料安全性鉴定技术规范》GB 50728 的规定外，还应符合现行国家标准《木结构试验方法标准》GB/T 50329 第 10 章对木材胶粘能力的要求。

2）木构件粘结后，若需用锯割或凿刨加工时，夏季须经 48h 的养护，冬季须经 7d 的养护，方可进行加工操作。

3）木构件粘结时的含水率不得大于 15%。

4）在承重构件或连接中采用胶粘补强时，不得利用胶缝直接承受拉力。

（4）当木柱内部腐朽、蛀空，但表层的完好厚度不小于 50mm 时，可采用同种或材性相近的木材嵌补柱心并用结构胶粘结密实，若无法采用木材嵌补，可用高分子材料灌浆加固，其做法应符合下列要求：

1）先在预定灌浆柱的周围支撑牢固，以卸除柱子的荷载。选定柱子的一面，自上而下分段开孔，选定的部位应是柱中应力小的部位。开孔时若通长中空时，可先在柱脚凿方洞，洞宽不得大于 120mm，再每隔 500mm 凿一洞眼，直至中空的顶端。

2）在灌注前，应将朽烂木块、碎屑清除干净，直到见到好木为止。柱身内部不得留有木屑等任何浮物。

3）当柱中空直径超过 150mm 时，宜在中空部位用同种木材填充柱心，减少树脂固化后的收缩量。

4）详细检查柱身周围上下可能跑浆的漏洞和裂缝，以环氧腻子封闭严实，然后配料。

5）改性环氧树脂灌浆料的性能要求应符合表 34-39 及表 34-40 的规定。

6）灌浆时，应自下而上分段灌浆，灌注树脂应饱满，每次灌注量不宜超过 3kg，两次间隔时间不宜少于 30min。

7）每灌完一段后再补配上段的槽口木，用环氧树脂粘牢，干燥后再进行灌浆。灌浆后柱的表面不得留有污迹，若有污迹，可用丙酮或香蕉水随时擦拭干净。新补槽口木条应待其他构件补配后统一断白或油饰。

**环氧树脂灌浆料浆液性能要求　　表 34-39**

| 项次 | 检测项目 | | 浆液性能 | 测试方法标准 |
|---|---|---|---|---|
| 1 | 浆液密度（$g/cm^3$） | | >1.00 | GB/T 13354 |
| 2 | 初始黏度（mPa·S） | | <200 | GB 50550 |
| 3 | 适用期（min） | 25℃ | ≥40 | GB/T 7123 |
| | | 5℃ | ≤120 | |

**环氧树脂灌浆料固化物性能要求　　表 34-40**

| 项次 | 检测项目 | 固化物性质 | 测试方法标准 |
|---|---|---|---|
| 1 | 胶体抗压强度（MPa） | ≥70 | GB/T 2567 |
| 2 | 胶体抗拉强度（MPa） | ≥8.0 | GB/T 2567 |
| 3 | 粘结拉伸抗剪强度（MPa） | ≥15 | GB/T 7124 |
| 4 | 与水曲柳木材顺纹粘结抗剪强度（MPa） | ≥7.8（干态） | GB/T 50329 |
| | | ≥5.4（湿态） | |

（5）当梁枋内部因腐朽中空截面面积不超过全截面面积 1/5 时，可采用环氧树脂灌浆料灌注加固。加固时应符合下列要求：

1）应探明梁枋中空长度，在中空两端上部凿孔，用 0.5～0.8MPa 的空压机吹净腐朽的木屑及尘土。

2）环氧树脂灌浆料的性能应符合表 34-39 及表 34-40 的要求。

3）梁枋中空部位的两端，可用玻璃纤维布箍缠紧。箍宽不应小于 200mm，箍厚不应小于 3mm。

（6）额枋与新榫头的连接，当额枋厚度较大时，原构件榫头宽约为枋宽的 1/5～1/4，将残毁榫头锯掉，用硬杂木（榆、槐、柏）按原尺寸式样复制，后尾加长为榫头的 4～5 倍。嵌入额枋内，用胶或环氧树脂粘牢，并用螺栓与额枋连接牢固，螺栓帽隐入构件内，断白作旧时应予以隐蔽。如额枋宽度较狭时，更换榫头的后尾应适当减薄，若使用玻璃钢制作新榫头效果也较好。具体施工方法如下：

1）将槽烂榫头及其延伸部分去除，在额枋头开卯口，超过榫头长 4～5 倍，用干燥硬木心，外用玻璃布和不饱和聚酯树脂以手糊法缠绕，制成新的榫头。

2）将新榫头推入额枋开卯内，用环氧树脂粘合，固化后再以环氧树脂灌缝，并以树脂腻子勾严。

3）额枋开卯处表皮砍去0.5～1.0cm，然后用玻璃布和不饱和聚酯树脂缠绕牢固，利用聚酯树脂的收缩性大（4%～6%）的缺点转变为能起箍紧作用之优点。

4）聚酯玻璃钢树脂胶液材料的配方如下：307-2不饱和聚酯树脂：过氧化环己酮浆：萘酸钴苯乙烯液＝100：4：1～2（质量比）。玻璃布：厚度为0.15～0.30mm，以无碱脱蜡无捻方格为宜。

5）玻璃布接头相重叠的部分应在10cm以上，有利于排除气泡和保证质量。涂刷赶压玻璃布时，必须朝向缠绕方向或向其两侧着力进行，否则不易排除气泡，进而造成返工并影响质量。

以上是全用玻璃钢制作更换的情况，也可仅取用硬木更换新榫头，用环氧树脂粘好后，外用玻璃钢缠绕代替铁箍，外表做旧后比用铁箍美观，若工艺精细，则不易被人察觉。

对于木结构的单个构件（如斗、栱、昂、正心枋、外拽枋、挑檐枋）出现裂缝但未断裂时，也可采用化学加固法进行加固。灌浆粘结材料皆可用环氧树脂等高分子材料，其浆料配方同梁枋的维修加固。

**34.9.3.4 质量控制要点**

化学加固法对施工工艺要求较高，对于使用条件的限制也相对比较严格。对于出现中空情况的木构件，应注意以下几点：

（1）选择灌注树脂的洞眼，应注意避开梁、枋交于柱身的榫头，避让应力集中的部位。洞眼的尺寸和数量要以能保证清除朽烂的木渣、碎屑以及方便灌注树脂为宜。在满足这一前提下，宜少开大洞。

（2）将柱的中空内壁存在的朽烂木渣、碎屑清除干净，这对保证木柱与树脂粘结牢固十分重要，应认真对待。否则，将影响构件性能，使其达不到预期的技术要求。

（3）柱的中空直径较大时，应填充木块，其截面形状应加工成瓜棱形，有助于粘结牢固。

（4）使用改性环氧树脂灌浆料的商品时，其性能和质量应符合现行行业标准《混凝土裂缝用环氧树脂灌浆材料》JC/T 1041对Ⅱ级浆料的要求。当采用自配的灌浆料时，其性能和质量应符合表34-51和表34-52的规定。当采用石英粉为填料时，一定要在烘干后方可使用。

采用化学加固法处理出现裂缝的木构件时，应注意以下几点：

（1）注意灌注管和排气管管径的选择和管距大小，与裂缝大小、贯通情况和灌注有效扩散范围等都有关，管径一般是几毫米，管距一般为30～50cm。

（2）灌注压力应保持稳定，一般为1～2kg/cm$^2$，并注意保压时间。同时，灌浆采用的不饱和聚酯树脂灌注剂的配方应符合有关规范规定。

## 34.9.4 增设拉杆加固法

**34.9.4.1 适用范围**

对于桁架及水平受弯构件，应测定其最大挠度和挠度曲线；对于竖向杆件，应测定其倾斜度和侧向弯曲变形及曲线。当挠度或弯曲度超过以下限度时，可采用增设拉杆的方法进行加固。

(1) 榫结合桁架的挠度超过桁架跨度的 1/200 时。

(2) 受压杆件的侧向弯曲度超过杆件长度的 1/150 时。

(3) 屋盖中的檩条、楼盖中的主梁或次梁，其挠度超过下列计算值时，

$$f = L^2/2400h \tag{34-9}$$

式中　$L$——檩条或梁的跨度；

$h$——檩条或梁的截面高度。

采用增设拉杆加固法加固木梁时，多采用以下撑式钢拉杆加固法，其加固形式较多，一种较为简单的做法如图 34-28 所示。该方法一般用在加固截面小、承载能力不足、出现颤动或挠度过大的梁。新增的下撑拉杆与原有的梁构件一起组成新的受力构件，以增加构件的承载能力，进而满足受力要求。这种方法宜在材质完好的条件下使用，当木梁两端头的材质发生腐朽、虫蛀等损坏时，不得使用此法，以防钢拉杆固定不牢，无法达到加固的目的。

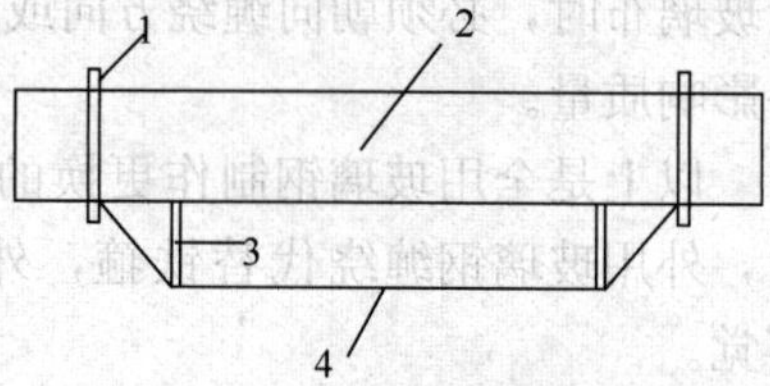


图 34-28　下撑拉杆加固梁
1—支撑钢拉杆；2—木梁；
3—撑杆；4—拉杆

但是，下撑式拉杆加固法会使得加固部位十分突兀，容易改变建筑原貌，在古建筑维修加固中会有使用限制。

如在加固时不考虑梁两端材质的问题，可采用传统支顶加固法，即通过对梁架进行支顶来减小其挠度的方法。该方法是在不拆落木构架的情况下，对整体梁构件支顶，使倾斜、扭转、拔榫的构件复位，再进行整体加固。对个别残损严重的梁枋、斗栱等，应同时进行更换，或采取其他修补加固措施。该法是在建筑大木构件尚完好，不需换构件或仅需换个别构件的情况下采取的加固措施。

支顶法的作用机理等同于下撑式拉杆加固法，可有效改善木梁的内力重分布，降低木梁的跨中挠度和弯矩，提高木梁的受荷性能。支顶加固通常有两种形式：当木梁下有梁枋时，应在梁枋上设置木柱作为附加支座；当木梁下没有梁枋时，应在木梁侧方设置铁钩拉接，铁钩一端钉入木梁内，另一端钉入附近梁架内，该铁钩同样起到附加支座作用。具体形式如图 34-29 所示。

当梁枋弯垂较大，出现断裂，或不足以承受上部荷载时，为不更换构件，还可在构件下部增加工字钢梁，具体形式如图 34-30 所示。

除木梁外，增设拉杆加固法还可用于加固木檩条、受拉杆架、受压杆件、木屋架、木斜梁等构件。

古建筑中的桁条也是构架中重要的受力构件，尤其金桁容易弯垂。对于桁条的弯垂，可在桁条下增设一道桁条以抵托弯垂，也可在桁条下增加斜撑支托。若构件没有严重糟朽劈裂，还可以在构架翻修时，将构件翻转，压平后继续使用。斗拱的受弯构件在受力不均衡等情况下，也会出现构件弯垂。当弯垂相对挠度不超过 1/120 时，可通过在小斗的腰上粘贴硬木垫来矫正形变；当弯垂超过 1/120 时，且增设拉杆等方法不能满足构件的受力要求时，则要更换构件。更换构件也是修缮中国古建筑传统木构的常用方法，可以较好地保

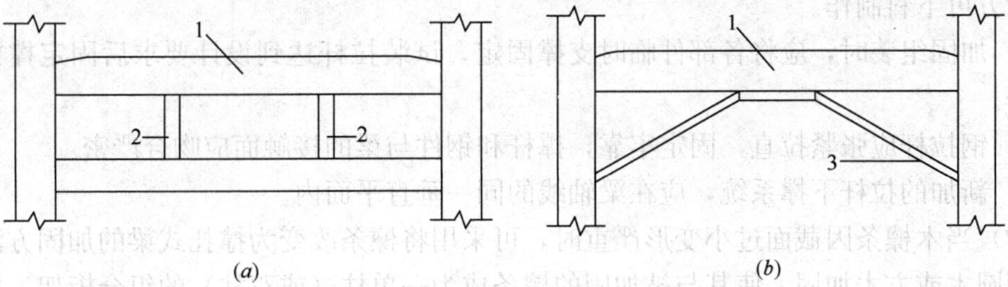


图 34-29 支顶加固法

（a）支顶法（支柱）；（b）支顶法（附加支座）

1—梁；2—支柱；3—木杆或钢杆

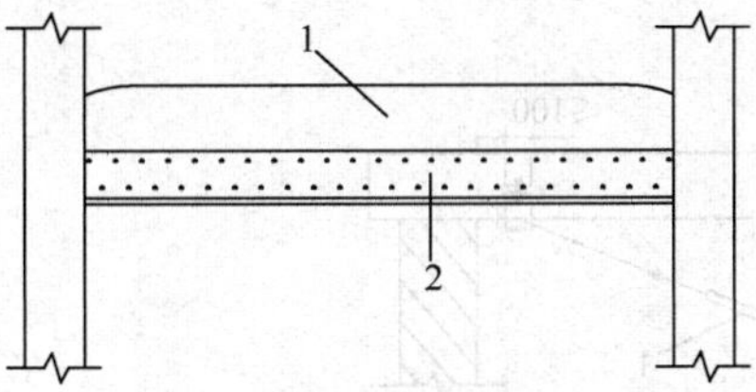


图 34-30 工字钢梁或附梁枋加固

1—梁；2—工字钢梁或附梁枋

存木构的形制。但修缮次数增加，会影响建筑构件材料的原真性，因此只有在其他方法都不满足要求时，才建议使用该方法。

### 34.9.4.2 技术特点

增设拉杆加固法的施工技术重点在于拉杆的选择以及拉杆与原构件的连接。增设的拉杆可以是钢拉杆，也可以是木拉杆。由于木拉杆和原木结构都是木材料，其性能相似，外形也相似，所以木拉杆可以与原木结构较好地贴合、配合受力工作。但木构件抗拉强度不及钢构件，因此钢拉杆较多用在实际加固木结构中。

钢拉杆主要用于受拉杆件、木斜梁及木屋架等构件的加固，主要是利用钢材抗拉强度高的特点部分或全部顶替受拉木构件的作用。钢拉杆可以通长设置，亦可分段设置，通长设置亦应间隔一段距离设置 U 形箍起稳定作用。钢拉杆的可承受拉应力远超过木拉杆，钢拉杆不仅增强了结构的抗侧移刚度，还提高了结构强度。但增设钢拉杆也有其缺点，例如将钢结构应用在木结构中将显得突兀，且钢结构与木结构在性能方面有差异，钢构件很可能不能与原木构件很好地贴合，而且对钢构件的加工精度也有很高的要求。所以，使用钢拉杆时，应注意增设的拉杆与原构架之间要有可靠的连接。

为了保证钢拉杆与原构件之间能有可靠的连接，使用钢拉杆时，应注意以下几点：在安装钢拉杆各组件前，要进行表面清理；组装时，应注意保护表面涂层及螺纹；可根据需要采用张拉设备或扭力扳手等措施对钢拉杆进行逐级张拉或紧固，以达到设计要求的张力；对钢拉杆施加张力时，应辅以应力或变形测试，使其最终满足施工要求；应对钢拉杆进行施工后期的防护和防腐；应时常检查钢拉杆和其他连接螺栓是否牢固，如有松动，就会影响连接的受力，应及时拧紧。

### 34.9.4.3 施工方法

采用增设拉杆法加固木结构时，当需加固结构的位置不同，增设拉杆的施工方法也不同。下面以加固具体的木构件来介绍增设拉杆的施工方法。

（1）采用下撑拉杆加固梁时，拉杆的设置方法如图 34-31 所示。且施工时，应注意以下要求。

1）要根据设计要求和加固构件的实际尺寸，做出的钢件、拉杆、撑杆样板，经复核无误后方可下料制作。

2）加固组装时，应将各部件临时支撑固定，试装拉杆达到设计要求后固定撑杆，张紧拉杆。

3）钢拉杆应张紧拉直，固定牢靠，撑杆和钢件与梁的接触面应吻合严密。

4）新加的拉杆下撑系统，应在梁轴线的同一垂直平面内。

(2) 当木檩条因截面过小变形严重时，可采用将檩条改变为撑托式梁的加固方法，在跨中用圆木或方木加固，使其与被加固的檩条成为一单柱（或双柱）的组合桁架，檩条同时亦成为桁架中之一杆件。圆木或方木与檩条之间采用钢拉杆连接加固，设置钢拉杆的方法如图 34-31 所示。在需要加固的一般受荷檩条距两端 10cm 处各钻一个孔，然后使用圆钢环、钢拉杆、螺栓、角钢及螺母等预制件进行安装，最后将螺母拧紧即可。如果檩条下挠过大时，在校紧螺母前，可把檩条稍加抬高。

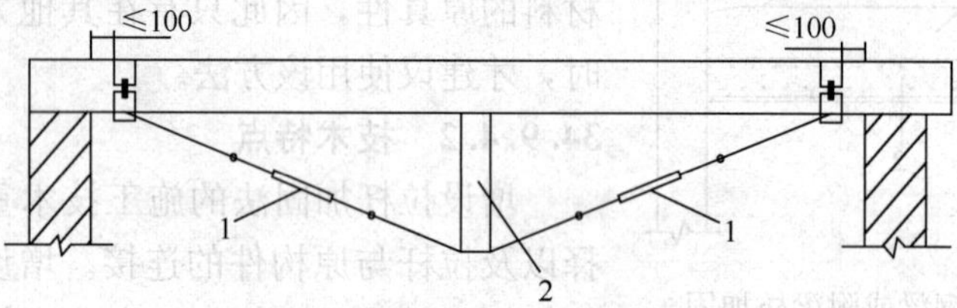


图 34-31　钢拉杆加固梁

1—花篮螺栓；2—圆木或方木

(3) 对于受压构件，如上弦、斜杆发生弯曲变形，可在发生弯曲的部位用螺栓绑设木方进行矫正，此法可以提高构件的刚度。也可采用增设腹杆的方法进行加固，将上弦与下弦采用钢杆连接，并将腹杆固定在上弦、下弦与钢杆形成的三角形之间，增设的腹杆可代替上弦承受一部分荷载，增加的钢杆不仅起固定上弦与下弦的作用，也可代替上弦受力，其加固方法如图 34-32 所示。

(4) 当受拉杆件（例如下弦）整体存在缺陷、损坏或承载力不足时，可采用钢拉杆加固的方法。钢拉杆的装置一般由拉杆及其两端的锚固所组成，加固方法如图 34-33 所示。

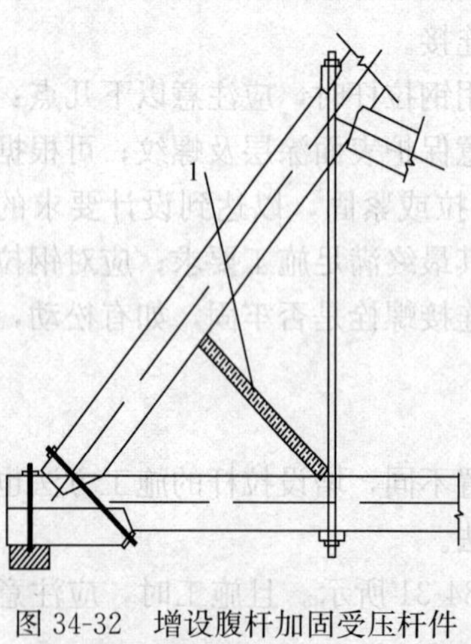


图 34-32　增设腹杆加固受压杆件

1—增设的腹杆

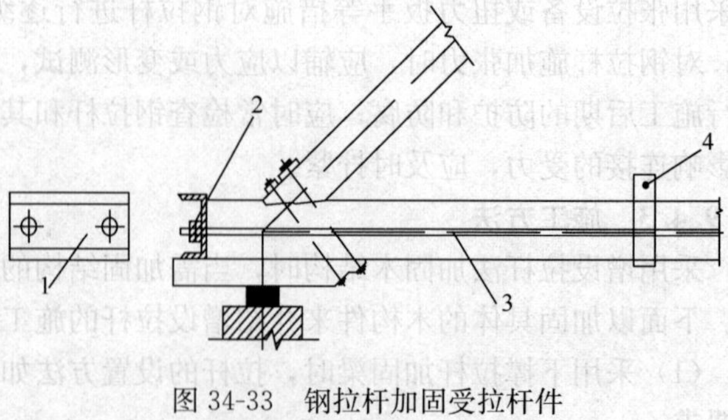


图 34-33　钢拉杆加固受拉杆件

1—槽钢；2—双螺母；3—加固钢拉杆左右各 1 根；4—U 形板及螺栓

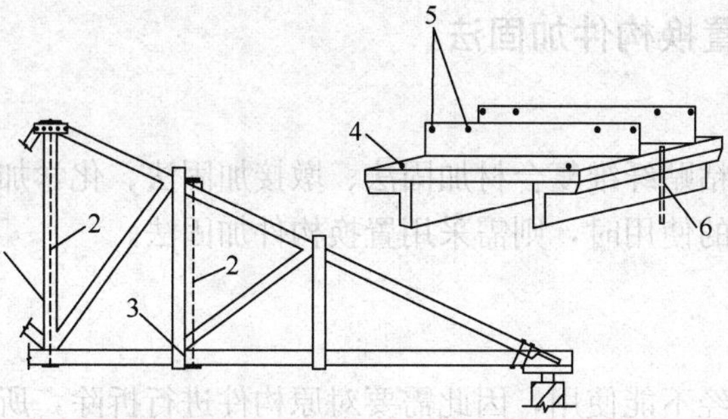


图 34-34 钢拉杆加固木竖杆

1—原有木拉杆；2—加固拉杆；3—受损木拉杆；4—螺栓孔；5—与脊檩锚固的木螺钉孔；6—加固拉杆

（5）当木屋架、木斜梁构件需加固时，多采用增设钢拉杆的加固方法。木屋架受拉的木竖杆受损或开裂时，可用圆钢拉杆加固木竖杆，代替木竖杆受力。钢拉杆应尽量设置在原木拉杆附近，增设钢拉杆的方法如图 34-34 所示。木拉杆用钢拉杆加固，可用在屋架中央，也可用于节间木竖杆的加固。

采用钢拉杆加固木屋架的木竖杆时，还应注意以下几点要求：

1）钢拉杆一般有 2 根或 4 根，这种形式的拉杆必须穿过钢垫板（或针对性钢件）的孔眼，与原木竖杆对称布置。

2）要求钢件加工规整，与屋架连接紧密，钢拉杆顺直，固定牢靠。

3）用钢拉杆加固中间的木竖杆前，应拆除局部屋面，临时支撑脊檩加固屋架。

4）用钢拉杆加固节间木竖杆时，可以不拆除屋面进行加固。

（6）屋面斜梁或人字屋架易在地震时产生水平变位，可采用钢拉杆加固斜梁，增设钢拉杆的方法及位置如图 34-35 所示。当木梁端部严重腐朽时，可将腐朽的部分切除，改用槽钢接长，代替原来的入墙部分。当屋架端部严重腐朽时，可将腐材切除后更换新材。如无法根除腐朽的木材，可在切除腐材后，用型钢焊成件或钢筋混凝土节点代替原有的木质节点构造。

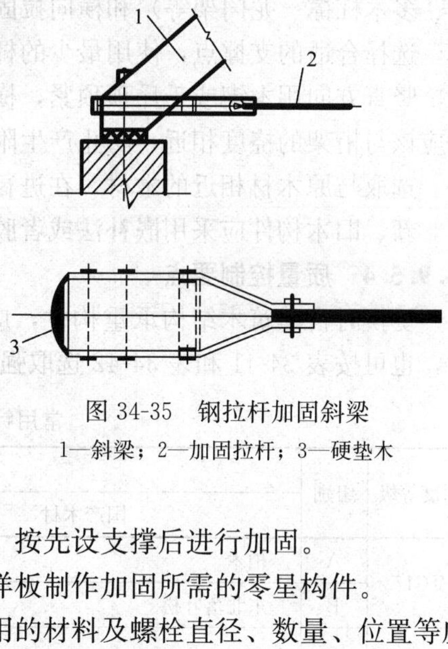


图 34-35 钢拉杆加固斜梁

1—斜梁；2—加固拉杆；3—硬垫木

### 34.9.4.4 质量控制要点

使用增设拉杆加固法时，其质量控制重点在于加固构件的设计和增设拉杆施工时的控制，应注意以下几点要求：

（1）增设拉杆加固施工前，应先制订施工方案，按先设支撑后进行加固。

（2）根据设计的足尺样板，逐件编号，严格按样板制作加固所需的零星构件。

（3）当采用木夹板作为加固零星构件时，加固用的材料及螺栓直径、数量、位置等应当符合设计要求，构件拼接钻孔时应定位临时固定，一次钻通孔眼，确保各构件孔位对应一致。受剪螺栓孔的直径不应大于螺栓直径 1mm，系紧螺栓的直径不应大于螺栓直径 2mm。

（4）加固用圆钢拉杆（直径为 $d$）的接头应用双绑条焊接，绑条直径≥$0.75d$，绑条在接头一侧的长度≥$5d$；

（5）采用增设拉杆加固法时，所选用的木材和钢材应符合国家现行有关标准的要求。

### 34.9.5 置换构件加固法

**34.9.5.1 适用范围**

当木构件损坏严重，传统保留原物的粘贴纤维复合材加固法、墩接加固法、化学加固法、增设拉杆加固法等不能够保证木结构的使用时，则需采用置换构件加固法。

**34.9.5.2 技术特点**

（1）操作复杂，工序多

使用置换构件加固法时，其原构件已经不能使用，因此需要对原构件进行拆除，所以要设计支撑方案图纸，做大量的支撑，整个工序多，操作复杂。

（2）加固效果最优

使用整体置换的构件一般会与原构件的性能相似，或者比原构件的性能更优。同时，新构件的使用也会借鉴原构件的损坏机理，所以置换后的构件所形成的整体结构比原结构的承载力更可靠，效果更好。

**34.9.5.3 施工方法**

在更换木结构时，需要一个卸载工序，或者将其脱离整个结构的工序，但是修理时一般又不能中断房屋的使用，因此需要进行施工支撑。支撑按形式分为竖直支撑（单木支撑、多木杠撑、龙门架等）和横向拉固（水平斜向搭头）两种。步骤如下：首先，进行定位，选择合适的支撑点，使用最少的杆件，但是能够防止各个方向的移动；其次，进行固定，竖直方向用木锲或千斤顶顶紧，横向用拖头拖牢；然后，要求顶起高度不能太高，高度应该与桁架的挠度相近，防止产生附加应力；最后，预留施工地方，方便操作。

选取与原木材相近的木材，在进行更换之前，需要进行防腐、干燥等处理。

新、旧木构件应采用嵌补法或者胶结法连接起来。

**34.9.5.4 质量控制要点**

更换时古建筑木结构承重构件，应优先采用与原构件相同的树种木材，当确有困难时，也可按表34-41和表34-42选取强度等级不低于原构件且性能相近的木材代替。

常用针叶树种木材强度等级 表34-41

<table>
<tr><th rowspan="2">强度等级</th><th rowspan="2">组别</th><th colspan="2">适用树种</th></tr>
<tr><th>国产木材</th><th>进口木材</th></tr>
<tr><td rowspan="2">TC17</td><td>A</td><td>柏木</td><td>长叶松</td></tr>
<tr><td>B</td><td>东北落叶松</td><td>欧洲赤松、欧洲落叶松</td></tr>
<tr><td rowspan="2">TC15</td><td>A</td><td>铁杉、油杉</td><td>北部北美黄杉（北部花旗松）、太平洋海岸黄柏、西部铁杉</td></tr>
<tr><td>B</td><td>鱼鳞云杉、西南云杉、油麦吊云杉、丽江云杉</td><td>南亚松、南部北美黄杉（南部花旗松）</td></tr>
<tr><td rowspan="2">TC13</td><td>A</td><td>侧柏、建柏、油松</td><td>北美落叶松、西部铁杉、海岸松、扭叶松</td></tr>
<tr><td>B</td><td>红皮云杉、丽江云杉、红松、樟子松</td><td>西加云杉、西伯利亚红松、新西兰、贝壳杉</td></tr>
<tr><td rowspan="2">TC11</td><td>A</td><td>西北云杉、新疆云杉</td><td>西伯利亚云杉、东部铁杉、铁杉-冷杉（树种组合）、加拿大冷杉、西黄松、杉木</td></tr>
<tr><td>B</td><td>速生杉木</td><td>新西兰辐射松、小干松</td></tr>
</table>

**常用阔叶树材强度等级** **表 34-42**

| 强度等级 | 适用树种 | |
|---|---|---|
| | 国产木材 | 进口木材 |
| TB20 | 青冈、椆木 | 甘巴豆（门格里斯木）、冰片香（卡普木、山樟）、重黄娑罗双（沉水稍）、重坡垒龙脑香（克隆木）、绿心樟（绿心木）、紫心苏木（紫心木）、李叶苏木（李叶豆）、双龙瓣豆（塔特布木）、印茄木（菠萝格） |
| TB17 | 栎木、槭木、水曲柳、刺槐 | 腺瘤豆（达荷玛木）、筒状非洲楝（蓬佩莱木、沙比利）、蟹木楝、深红默罗藤黄（曼妮巴利） |
| TB15 | 锥栗、槐木、桦木 | 黄娑罗双（黄柳桉）、异翅香（梅蓬瓦木）、水曲柳、尼克樟（红劳罗木） |
| TB13 | 楠木、檫木、樟木 | 深红娑罗双（深红柳桉）、浅红娑罗双（浅红柳桉）、巴西海棠木（红厚壳木） |
| TB11 | 榆木、苦楝 | 心形椴、大叶椴 |

更换承重构件的木材，其材质宜与原件相同或相近。若原件已残毁，无以为凭，则应按表 34-43 中的要求选材。

**承重结构木材材质标准** **表 34-43**

| 项次 | 缺陷名称 | 原木材质等级 | | 方木材质等级 | |
|---|---|---|---|---|---|
| | | Ⅰ等材 | Ⅱ等材 | Ⅰ等材 | Ⅱ等材 |
| | | 受弯构件或压弯构件 | 受压构件或次要受弯构件 | 受弯构件或压弯构件 | 受压构件或次要受弯构件 |
| 1 | 腐朽 | 不允许 | 不允许 | 不允许 | 不允许 |
| 2 | 木节<br>(1) 在构件任一面（或沿周长）任何 150mm 长度所有木节尺寸的总和不得大于所在面宽（或所在部位原木周长）的 | 2/5 | 2/3 | 1/3 | 2/5 |
| | (2) 每个木节的最大尺寸不得大于所测部位原木周长的 | 1/5 | 1/4 | | |
| 3 | 斜纹：<br>任何 1m 材长上平均倾斜高度不得大于 | 80mm | 120mm | 50mm | 80mm |
| 4 | 裂缝：<br>(1) 在连接的受剪面上；<br>(2) 在连接部位的受剪面附近，其裂缝深度（有对面裂缝时用两者之和）不得大于 | 不允许<br>直径的 1/4 | 不允许<br>直径的 1/2 | 不允许<br>材宽的 1/4 | 不允许<br>材宽的 1/3 |
| 5 | 生长轮（年轮）：<br>其平均宽度不得大于 | 4mm | 4mm | 4mm | 4mm |
| 6 | 虫蛀 | 不允许 | 不允许 | 不允许 | 不允许 |

为了避免新更换的木构件产生严重开裂和变形而影响安全，或降低木构件表面彩饰的

质量和寿命，故规定木材在加工前必须经过干燥处理，且含水率要求应比一般工程严。因此，对以自然风干为主的原木或方木，要求含水率不大于 20%；对斗拱及小木作，尽管其所用的材料需要达到十分干燥的程度，但由于其尺寸较小，不难解决人工干燥的条件，故从保证构件质量出发，要求不高于当地的木材平衡含水率。关于含水率的检测，采用现行国家标准《木结构设计标准》GB 50005 规定的按表层测定的方法。

## 34.9.6　裂缝处理技术

### 34.9.6.1　适用范围

因木材在加工过程中水分没有完全蒸发，木材表层和内部干燥速率不同，导致木纤维内外收缩不一致，从而产生裂缝。

因木结构在使用过程中，由于长时间受荷，加之木材老化，其抗拉、抗压、抗弯、抗剪等性能下降，从而在外力作用下产生裂缝。

### 34.9.6.2　技术特点

1. 操作简单

一般使用裂缝处理技术进行加固的构件，其裂缝都不会显著影响构件的承载力，所以在进行裂缝处理时，不用像其他加固法一样进行大量支撑，只需一些简单的辅助工具即可。

2. 加固效果好

木结构裂缝是木构件常见质量问题，主要是由于木材中含有水分，长时间使用后含水率下降，加之受到相应的荷载，导致木构件开裂，影响构件的使用安全，常根据裂缝的宽度和深度来使用相应的方法进行裂缝修补，一般两者较小时使用腻子勾缝抹实，或者使用木条嵌补裂缝，再用胶粘剂粘牢。其中，腻子是一种常用的装饰装修材料，常用来处理小裂缝和高低不同的缺陷；而胶粘剂对于嵌补木条与原有木构件之间的缝隙有良好的连接效果。当两者都较大时，还需要加铁箍约束裂缝，以防裂缝进一步加大。

### 34.9.6.3　施工方法

1. 木柱

如图 34-36 所示，对木柱的干缩裂缝，当其深度不超过柱径或该方向截面尺寸 1/3 时，可按下列嵌补方法进行修整：

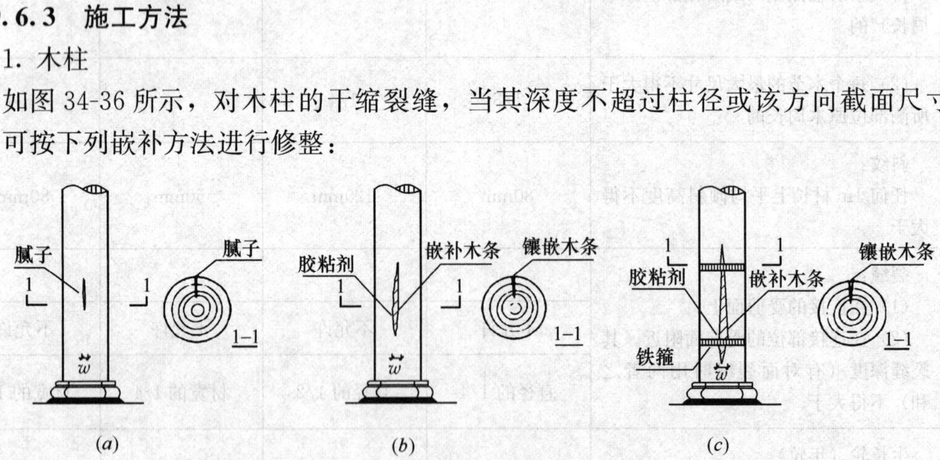


图 34-36　木柱嵌补方法

(a) $w<3$mm；(b) 3mm$<w<$30mm；(c) $w>$30mm

(1) 当裂缝宽度小于 3mm 时，可在柱的油饰或断白过程中用腻子勾抹严实；

（2）当裂缝宽度在 3～30mm 之间时，可用木条嵌补，并用改性结构胶粘剂粘牢；

（3）当裂缝宽度大于 30mm 时，除用木条以改性结构胶粘剂补严粘牢外，尚应在柱的开裂段内加铁箍或纤维复合材箍 2～3 道。若柱的开裂段较长，宜适当增加箍的数量。

当干缩裂缝的深度超过柱径或该方向截面尺寸 1/3 时或因构架倾斜、扭转而造成柱身产生纵向裂缝时，应待构架整修复位后，方可按上述第三个方法进行处理。当此类裂缝处于柱的关键受力部位，则应根据具体情况采取加固措施，或更换新柱。

对柱的受力裂纹或裂缝，以及尚在开展的斜裂缝，必须进行监测和强度验算，然后根据具体情况采取加固措施或更换新柱。

2. 梁枋

梁、枋等横向构件的受力不同于柱类构件，主要受抗弯与抗剪作用。对于此类构件，可按下列方法进行修补。

（1）在构件的水平裂缝深度（当有对面裂缝时，用两者之和）小于梁宽或梁直径的 1/3 的情况下，当裂缝较轻微时，可用铁箍直接加固；当裂缝较宽时，应考虑在嵌补的同时加设铁箍或玻璃钢箍、碳纤维箍箍紧；当构件裂缝较长、糟朽不是很严重时，需在裂缝内浇筑环氧树脂，再用铁箍或者玻璃钢箍、碳纤维箍箍紧。

（2）当构件的裂缝深度超过上述情况时，则应进行承载能力验算，如果满足受力要求，依然采用上述的嵌补法，不符合受力要求，则需采用下列方法：在梁下面支顶立柱；当条件允许时，可采用在梁枋内埋设碳纤维板、型钢或采用其他补强方法处理；更换构件，如图 34-37 所示。

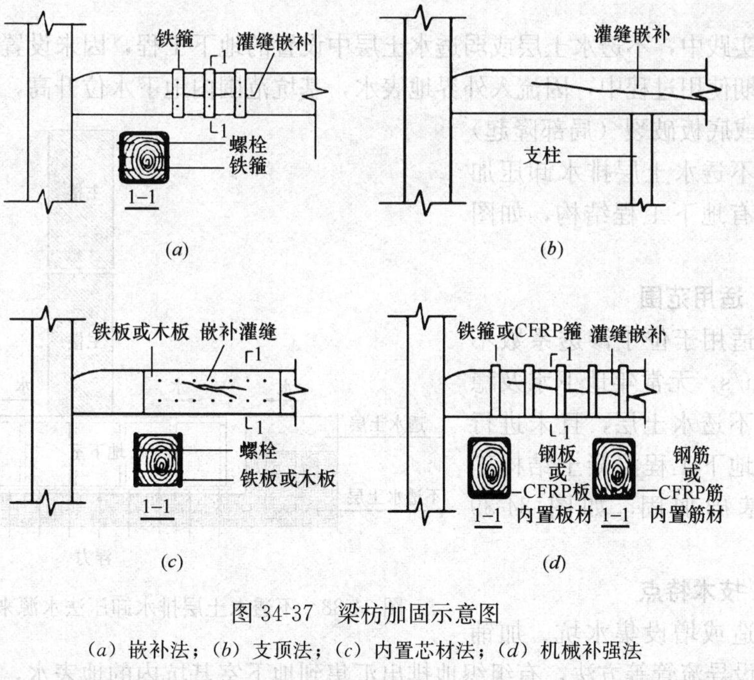


图 34-37 梁枋加固示意图

（*a*）嵌补法；（*b*）支顶法；（*c*）内置芯材法；（*d*）机械补强法

### 34.9.6.4 质量控制要点

（1）在制作构件时，应正确选取锯面方向，防止产生人为斜纹，并应控制并减少斜纹的倾斜率。其中，受拉杆件要避开斜纹，其连接部位要避开主裂缝和髓心；受弯构件的受拉区要避开斜纹和木节。榫的受剪面及受拉接头的螺孔间要避开干缩裂缝和髓心，对于已出现干裂的木材，可经挑选或利用锯削方向调整，控制裂缝对受剪的影响。

(2) 粘结木构件的胶粘剂，宜采用改性环氧结构胶，并应符合下列要求。

1) 改性环氧结构胶的性能，除应符合现行国家标准《工程结构加固材料安全性鉴定技术规范》GB 50728 的规定外，尚应符合现行国家标准《木结构试验方法标准》GB/T 50329 对木材胶粘能力的要求。

2) 木构件粘结后，若需用锯割或凿刨加工时，夏季应经过 48h，冬季应经过 7d 养护后，方可进行。

3) 木构件粘结时的木材含水率不得大于 15%。

4) 在承重构件或连接中采用胶粘补强时，不得利用胶缝直接承受拉力。

(3) 当用胶粘的无碱玻璃纤维布箍作为木构件裂缝加固的辅助措施时，应符合下列要求。

1) 在构件上凿槽，缠绕玻璃纤维布箍，槽深应与箍厚相同。

2) 无碱玻璃纤维布应采用脱蜡、无捻、方格布，厚度为 0.15～0.30mm。

3) 缠绕的工艺及操作技术，应符合现行有关标准的规定。

## 34.10　其他形式加固

### 34.10.1　不透水土层排水卸压加固法

在工程实践中，不透水土层或弱透水土层中设置的地下工程，因未设置抗浮锚杆或抗水板，在后期使用过程中，因流入外界地表水，基坑范围内地下水位升高，导致地下室结构整体上浮或底板破裂（局部隆起）时，可使用不透水土层排水卸压加固法加固既有地下工程结构，如图 34-38 所示。

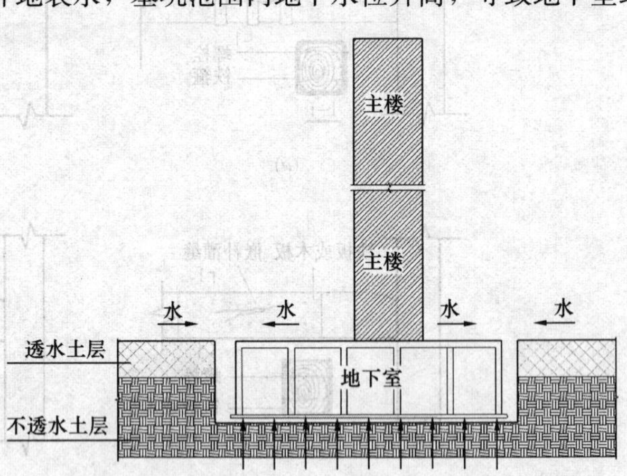

图 34-38　不透水土层排水卸压法水源来源示意图

#### 34.10.1.1　适用范围

该方法适用于位于渗透系数不大于 $10^{-5}$cm/s，无常年地下水及稳定水来源的不透水土层，且未进行抗浮设计的地下工程混凝土结构工程的地基基础加固，如图 34-39 所示。

#### 34.10.1.2　技术特点

通过改造或增设集水坑、加铺反滤层、增设导流管等方法，有组织地排出汇集到地下室基坑内的地表水，从而卸掉可能对地下室形成的水压力，同时解决了原结构抗浮和抗渗的双重问题。

该技术具有原理简单、方法科学、对原结构影响及破坏小、可操作性强、施工工期

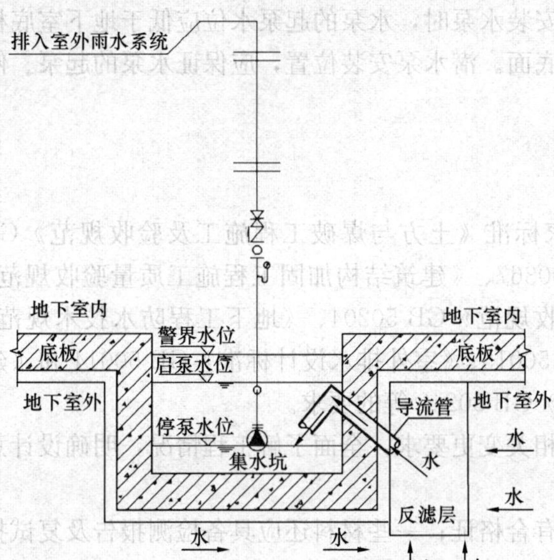


图 34-39 不透水土层排水卸压法排水卸压示意图

短、工程成本相对低廉，以及施工完成后容易观测和管理等特点。

### 34.10.1.3 施工方法

1. 材料与机具

（1）材料：有钢筋、混凝土等常规建筑材料，配套的焊条、焊剂、水泵、配套导管等。

（2）机具：有泵车、振动棒、钢筋切割机、电钻电锤、电焊机、钢筋调直机、弯曲机等。

2. 施工流程

施工流程如下：审阅地勘资料及设计文件→编制施工组织设计及相关专项方案→施工准备→局部降排水→集水坑土建施工→设置反滤层→安装导流管→恢复集水坑→集水坑水泵恢复（安装）并启用→安装排水管道→完善辅助措施→工程验收。

3. 施工要点

（1）资料收集和现场实际查勘。应全面了解拟施工（处理）的地下室的相关岩土勘察报告、原设计和竣工图纸、地下工程及建筑基坑施工等过程资料；实地勘查建筑周边和邻近区域的雨污水疏排情况；调查建筑场地地面及散水硬化情况；调查原集水坑及水泵实施情况，以及地下工程地下室底板、基础及相关构件的损伤等情况。

（2）应明确地下室底板破坏时最高隆起值，开孔卸压时的最高水头值，调查地下室最大积水量以及所用排水泵的数量及功率。

（3）做好每个环节的测量放线工作，严格将位置、标高控制在规范允许的范围内。

（4）在施工时，集水坑的位置应按设计坐标进行施工，尽可能均匀分布，避免因局部水头引起局部破坏或渗漏。集水坑改造施工时，在凿除已有集水坑局部混凝土过程中，应尽可能保护预留钢筋。对于需要割除的部分钢筋，应错开切割位置，避免恢复钢筋时的搭接接头位于同一断面。

（5）模板工程必须牢固可靠，不沉、不爆、不扭、无漏浆、断面尺寸正确；预埋件牢固，浇筑混凝土前，要全面检查模板、钢筋、预装水管线，合格后方可浇筑。

（6）增设的反滤层应按设计要求的层级和厚度一次施工完成。其施工用砂砾、碎石直径及比例应与设计相符合，反滤层的过滤网应按照设计要求位置放置，保证反滤层的施工质量。

（7）浇筑每个集水坑的混凝土前，应在已经处理的基层表面涂刷一层纯水泥浆界面结合剂。改造集水坑所用的混凝土应用高于原结构混凝土一个强度等级，严格按照混凝土施工要求进行施工和养护作业，一次浇筑完成，保证混凝土的施工质量。

（8）对于新增或改造集水坑与地下工程地下室结构板之间的新旧结合面，应按设计要求进行处理，保证不发生渗水。

(9) 宜选用水位自动控制潜水泵。在安装水泵时，水泵的起泵水位应低于地下室底板底面，导流管的出水口应低于地下室底板底面。潜水泵安装位置，应保证水泵的起泵、停泵及警戒水位，并按施工设计要求实施。

**34.10.1.4　质量控制要点**

质量控制要点如下：

(1) 施工设计及验收应满足现行国家标准《土方与爆破工程施工及验收规范》GB 50201、《混凝土结构加固设计规范》GB 50367、《建筑结构加固工程施工质量验收规范》GB 50550、《混凝土结构工程施工质量验收规范》GB 50204、《地下工程防水技术规范》GB 50108、《建筑给水排水设计标准》GB 50015、《室外排水设计标准》GB 50014 和《建筑给水排水及采暖工程施工质量验收规范》GB 50242 等的要求。

(2) 有关人员应在施工前熟悉图纸及相关变更要求，全面了解工程情况，明确设计意图和实用功能及要求。

(3) 工程所用的各种材料、设备均应有合格证；一些材料还应具备检测报告及复试报告，合格者方可使用，相关设备应具备相应的技术指标文件。

(4) 混凝土和砂浆应严格按照设计配合比进行配置，并按要求进行留置。

(5) 反滤层施工应保证其所用填料的级配符合设计要求，其中材料、厚度等要求做到层次分明、一次施工完成，防止其与地基土层混杂。反滤层顶面与地下室底板底面之间应有切实可靠的防渗漏措施，以防止因混凝土浆液渗漏而堵塞反滤层。

(6) 埋设（敷设）排水管道前，应按照现行国家标准《建筑给水排水及采暖工程施工质量验收规范》GB 50242 的要求进行潜水、排水试验。

(7) 在施工过程中，应派专人负责质量监控和监测，施工工序应按要求进行隐蔽验收。

**34.10.1.5　安全文明措施与环保要求**

(1) 施工现场临时用电应满足现行行业标准《施工现场临时用电安全技术规范》JGJ 46 的要求；施工现场应有足够的照明设备以满足施工的需求。

(2) 施工现场安全管理应符合现行行业标准《建筑施工安全检查标准》JGJ 591 的要求。

(3) 施工现场应采取有组织排水措施，将渗水有序排入市政排水管网。

(4) 在施工过程中挖出的土方、建渣等，应按相关要求进行处理，不能随意堆放或丢弃。

## 34.10.2　消能减震加固法

**34.10.2.1　适用范围**

消能减震加固法适用于抗震设防烈度为 6～9 度地区新建建筑结构和既有建筑结构加固。

**34.10.2.2　技术特点**

消能减震加固法是指在建筑结构的某些部位设置消能（阻尼）器（或元件）的抗震加固方法。消能减震结构由主体结构、消能器和支撑组成的消能部件及基础等组成。消能子结构是指与消能部件直接连接的主体结构单元。在地震作用下，建筑结构能通过设置的消能器产生摩擦、弯曲（或剪切、扭转）、弹塑（或黏弹）性滞回变形来耗散或吸收地震输入结构中的能量，以减小主体结构的地震反应。

采用消能减震加固法可减少20%～40%的建筑结构地震反应，从而增加结构的抗震能力，保护主体结构的安全。当遭受低于本地区抗震设防烈度的多遇地震影响时，消能减震装置应正常工作，主体结构应不受损坏，且不影响使用功能；当遭受相当于本地区抗震设防烈度的设防地震影响时，消能减震应正常工作，主体结构应无损坏或轻微损坏，不需修理仍可继续使用；当遭受高于本地区抗震设防烈度的罕遇地震影响时，消能减震不应丧失功能，主体结构应不发生危及生命安全和丧失使用功能的破坏。

**34.10.2.3 施工方法**

1. 材料

材料主要有位移相关型消能器（金属消能器和摩擦消能器）、速度相关型消能器（黏滞性消能器和黏弹性消能器）、屈曲约束支撑和复合型消能器。

2. 施工要点

（1）施工前，应依据设计和规范要求编制好施工方案，做好交底工作。

（2）划分结构的施工流水段。确定结构的消能部件及主体结构构件的总体施工顺序，并编制总体施工安装顺序表。确定同一部位各消能部件及主体结构构件的局部安装顺序，并编制安装顺序表。对于钢结构，消能部件和主体结构构件的总体安装顺序宜采用平行安装法，平面上应从中部向四周开展，竖向应从下向上逐渐进行。

（3）对于现浇混凝土结构，消能部件和主体结构构件的总体安装顺序宜采用后装法进行。对于木结构和装配式混凝土结构，各类构件或部件的总体施工安装顺序可按相关内容执行。

（4）消能部件宜根据需要沿结构主轴方向设置，形成均匀合理的结构体系。

（5）消能部件应设置在层间相对变形或速度较大的位置。

（6）消能器与支撑、连接件之间宜采用高强度螺栓连接或销轴连接，也可采用焊接。

（7）在消能器极限位移或极限速度对应的阻尼力作用下，与消能器连接的支撑、墙、支墩应处于弹性工作状态；消能部件与主体结构相连的预埋件、节点板等应处于弹性工作状态，且不应出现滑移或拔出等破坏。

（8）支撑及连接件一般采用钢构件，也可采用钢管混凝土或钢筋混凝土构件。

**34.10.2.4 质量控制要点**

（1）消能器与支撑、支承构件的连接，应符合钢构件连接、钢与钢筋混凝土构件连接、钢与钢管混凝土构件连接构造的规定。

（2）消能器与支撑、连接件之间宜采用高强度螺栓连接或销轴连接，也可采用焊接。

（3）钢筋混凝土构件作为消能器的支撑构件时，其混凝土强度等级不应低于C30。

（4）消能部件工程应作为主体结构分部工程的一个子分部工程进行施工和质量验收。消能减震结构的消能部件工程也可划分成若干个子分部工程。

（5）消能部件子分部工程的施工作业宜划分为两个阶段：消能部件进场验收和消能部件安装防护。消能器进场验收应提供下列资料：消能器检验报告；监理单位、建设单位对消能器检验的确认单。

（6）消能部件尺寸、变形、连接件位置及角度、螺栓孔位置及直径、高强度螺栓、焊接质量、表面防锈漆等应符合设计文件规定。

(7) 消能部件安装接头节点的焊接、螺栓连接，应符合设计文件和国家现行标准《钢结构焊接规范》GB 50661 及《钢结构高强度螺栓连接技术规程》JGJ 82 的规定。

(8) 消能部件采用铰接连接时，消能部件与销栓或球铰等铰接件之间的间隙应符合设计文件要求，当设计文件无要求时，间隙不应大于 0.3mm。

(9) 消能部件安装连接完成后，应符合下列规定：消能器没有形状异常及损害功能的外伤。消能器的黏滞材料、黏弹性材料未泄漏或剥落，未出现涂层脱落和生锈。

## 34.10.3　隔 震 加 固 法

### 34.10.3.1　适用范围

隔震加固法适用于抗震设防烈度为 6～9 度地区新建建筑结构和既有建筑结构加固。

### 34.10.3.2　技术特点

当遭受低于本地区抗震设防烈度的多遇地震影响时，隔震装置应正常工作，主体结构应不受损坏，且不影响使用功能；当遭受相当于本地区抗震设防烈度的设防地震影响时，隔震装置应正常工作，主体结构应无损坏或轻微损坏，不需修理仍可继续使用；当遭受高于本地区抗震设防烈度的罕遇地震影响时，隔震装置不应丧失功能，主体结构应不发生危及生命安全和丧失使用功能的破坏。

### 34.10.3.3　施工方法

1. 材料

材料主要用支座可按构造、材料、剪切性能进行分类。

支座按构造可分为Ⅰ、Ⅱ、Ⅲ三种类型（表 34-44）。

支座类型　　表 34-44

| | | |
|---|---|---|
| Ⅰ型 | 连接板和封板用螺栓连接。封板与内部橡胶粘合，橡胶保护层在支座硫化前包裹 | 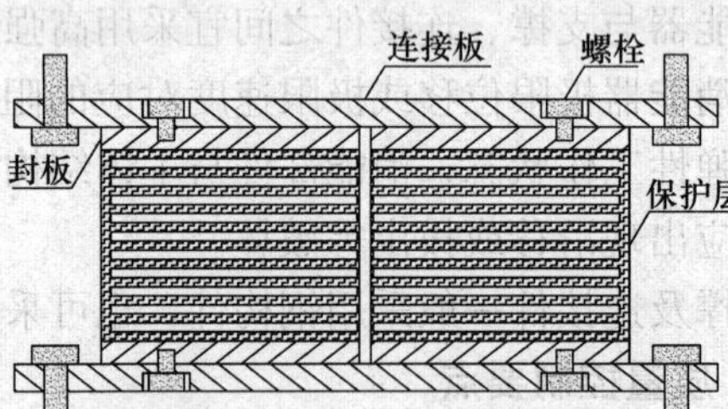 |
| | 连接板和封板用螺栓连接。封板与内部橡胶粘合，橡胶保护层在支座硫化后包裹 | 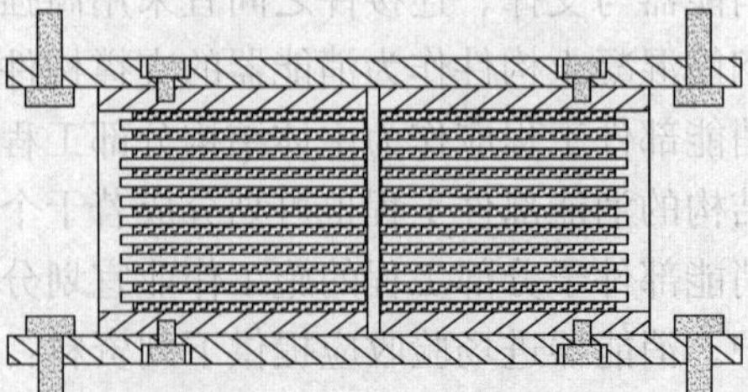 |

续表

| | | |
|---|---|---|
| Ⅱ型 | 连接板直接与内部橡胶粘合 | 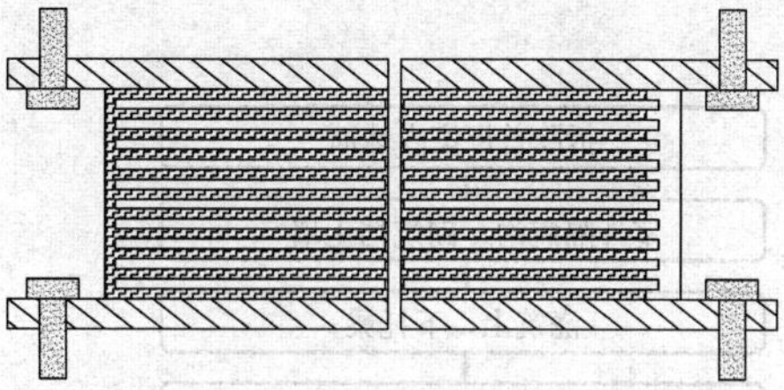 |
| Ⅲ型 | 支座与连接板用凹槽或暗销连接 | 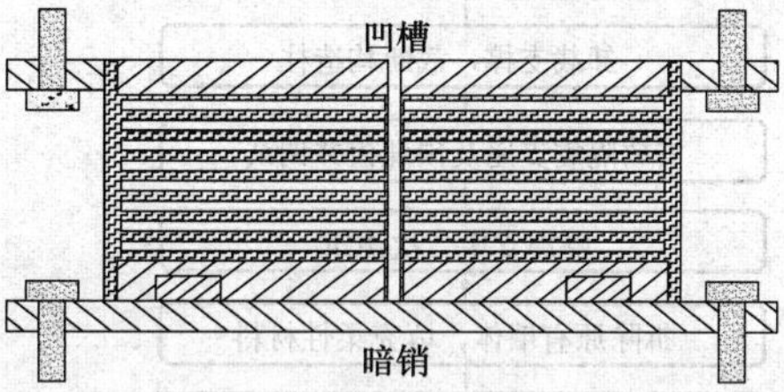 |

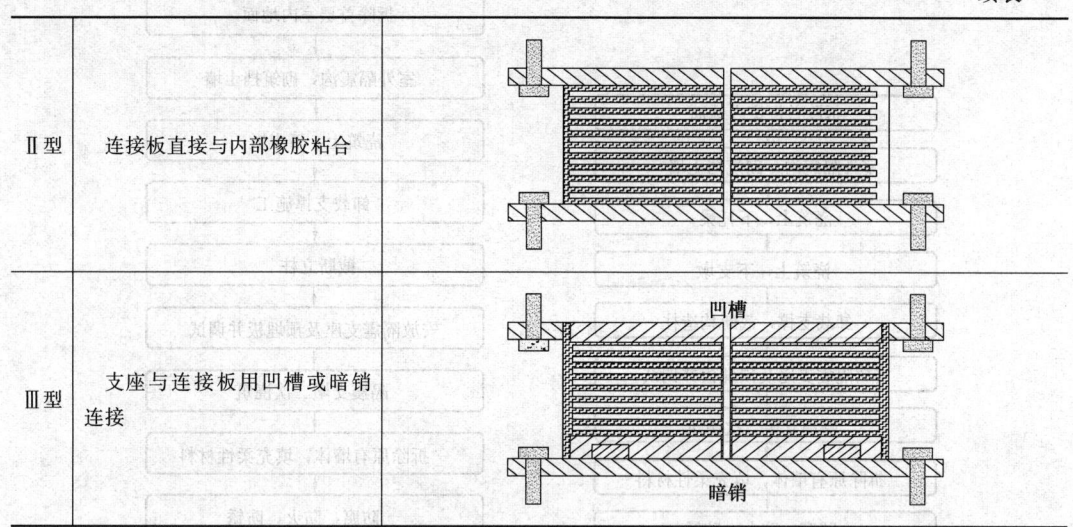

叠层橡胶隔震支座按材料可分为天然橡胶支座、铅芯橡胶支座、高阻尼橡胶支座三类。

叠层橡胶隔震支座的剪切性能应符合相关标准规定。

2. 施工要点

（1）隔震加固施工前，应制订详细可靠的顶升、卸载及托换施工组织方案，并应对施工组织方案进行专项论证。

（2）在隔震工程施工过程中，应进行自检、互检和交接检，前一工序经检验合格后，方可进行下一工序的施工；施工单位各专业间应协调配合，并配合相关单位进行阶段性检查和隐蔽工程验收。

（3）在隔震工程施工过程中，应对隐蔽工程应进行验收，对重要工序和关键部位应加强质量检查或进行测试，并应做出详细记录，同时应留存图像资料。

（4）在隔震工程施工过程中，可设置必要的临时支撑或连接，避免隔震层发生水平位移。

（5）隔震工程施工中的安全措施、劳动保护、防火要求等应符合国家现行有关规范的规定。

（6）卸载支撑应采用刚性支撑，不宜采用油压千斤顶卸载。

（7）安装隔震支座、浇筑混凝土以及拆除原承重墙时，应对称施工。

（8）卸载支撑本体、着力点相关构件、支撑点相关构件时，应专门验算受力及变形，应有充足的安全储备。

（9）在隔震工程施工过程中，对于各种设备管线，应有防堵塞、防断裂措施。

（10）在既有建筑隔震工程施工过程中，应对原结构进行检查和监测，由专人负责记录原结构的位移、变形、裂缝、主要受力构件及地基基础的变化情况，并满足相关规范规程要求。

（11）既有砖混建筑隔震工程施工应按图 34-40 所示的流程进行。

既有框架建筑隔震工程施工应按图 34-41 所示的流程进行。

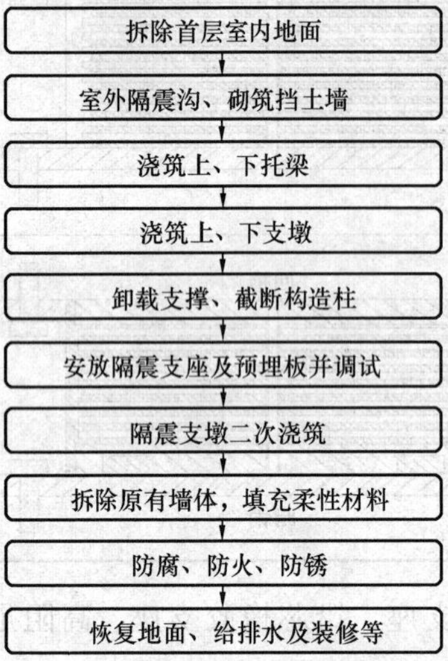


图 34-40　既有砖混建筑隔震工程施工工艺流程图

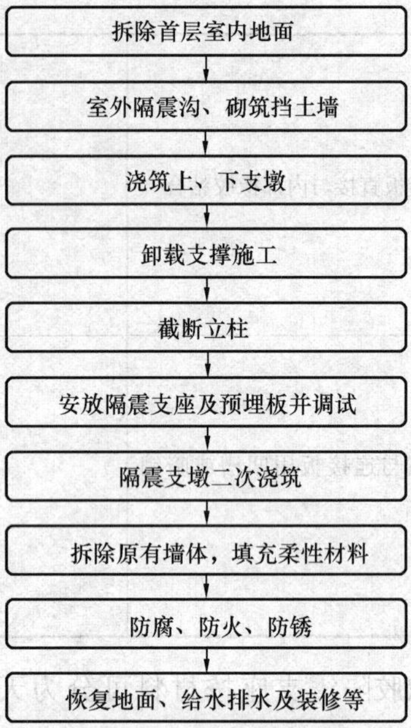


图 34-41　既有框架建筑隔震工程施工工艺流程图

（12）钢筋混凝土结构构件托换的顶撑，应符合下列规定：顶撑的方式可根据房屋高度和承载大小，选用钢管顶梁、钢架顶钢牛腿、钢架顶钢筋混凝土牛腿等方式。顶撑应具有可靠的稳定性。顶撑的承载力不应低于预期工程荷载量的 2 倍。施工期间应保证房屋的防震稳定。

（13）既有建筑隔震工程施工过程中应采取下列措施：应对隔震支座采取临时覆盖保护措施。对支墩顶面、隔震支座顶面的水平度、隔震支座中心的平面位置和标高进行精确测量校正。保证上部结构、隔震层构配件与周围固定物的最小允许间距。应在隔震层周边布置沉降观测点，各沉降观测点之间的距离不宜过大。伸缩缝两侧应各布置 1 个观测点，施工全过程及竣工后，均应进行沉降观测，直至竖向变形量稳定，并进行裂缝观测。应同时绑扎托换梁钢筋和支墩钢筋，且托换梁钢筋应深入支墩内并贯通。

**34.10.3.4　质量控制要点**

（1）在安装隔震支座产品及连接件前，应进行进场验收，验收合格后方可使用。

（2）在隔震建筑工程施工过程中，宜对隔震支座的变形进行监测，并做好记录。

（3）隔震支座下支墩的中心位置和标高应引自基准控制点。

（4）安装隔震支座及连接件前，应进行报验，并经监理、建设单位核准。

（5）隔震支座应在下支墩混凝土强度达到设计强度的 75%后进行安装。

（6）下支墩混凝土浇筑应符合下列要求：

浇筑下支墩混凝土前，应进行隐蔽工程验收，并应复核预埋件标高、平整度、垂直度和平面中心位置。

在下支墩混凝土浇筑过程中，应加强施工管理，避免扰动预埋件，确保预埋件位置准确。

浇筑下支墩混凝土时，应采取必要措施来保证预埋板下混凝土密实。

(7) 下预埋件定位与固定应符合下列规定。

在隔震支座下定位预埋件前，宜将下支墩所有预埋件的位置标记到下支墩上。预埋钢板上宜画出中心线。

在隔震支座下固定预埋件前，应调整好标高，预埋连接螺栓处的顶面标高与设计标高偏差不应大于5mm，预埋板顶面水平度误差不应大于8‰。预埋钢筋应垂直，且固定牢固；既有建筑隔震加固改造施工应有更严格的要求。

在安装隔震支座前，应将下支墩顶面清理干净，并测量和记录下支墩顶面水平度、中心标高、平面中心位置及平整度，隔震支座安装完成后，应检查支座平面中心位置、顶面中心标高、顶面水平度。

(8) 在安装隔震支座的过程中，宜采用机械设备吊装，并应保持隔震支座水平。

(9) 安装前，应对隔震支座进行检查，确保连接板漆面完整。隔震支座就位后，应对称拧紧连接螺栓。

(10) 在隔震支座吊装过程中，应注意保护隔震支座。

(11) 在隔震支座安装完毕后，上部结构施工应符合下列要求：上部结构施工应在上预埋件与隔震支座连接固定后进行。在施工过程中，应采取有效措施保护隔震支座。拆除模板后，应对连接板破损漆面进行修补。上支墩混凝土施工时，应一次性浇筑完成。

# 34.11 维 护

## 34.11.1 建 筑 维 护

建筑维护的目标是保障建筑的既有基本功能。

### 34.11.1.1 建筑维护的程序及工作内容

进行建筑维护时，应预先根据建筑使用功能要求、部位、各项功能设计使用年限等确定维护周期，制订检查计划，编制养护方案，并按计划和方案实施检查、养护工作。检查计划应包括建筑检查的重点、部位、检查标准、检查周期、频次等，养护方案应包括养护技术措施、工艺方法、材料技术性能指标、验收标准等内容。

1. 检查及评定工作

(1) 建筑方面日常检查时，主要应包括下列内容。

1) 屋面的渗漏和损坏状况如下。

① 瓦屋面的屋脊破损、饰件脱落、瓦片松动与破裂、灰皮剥落与酥裂、灰背破损、木基层腐朽与变形情况。

② 柔性防水屋面的裂缝、空鼓、龟裂、断离、破损、渗漏、防水层流淌情况。

③ 刚性防水屋面的表面风化、起砂、起壳、酥松、连接部位渗漏、损坏、防水层出现裂纹、排水不畅或积水情况。

2) 女儿墙、围护墙体等的变形和损坏情况如下。

① 女儿墙出现冻融和温度裂缝情况。

② 外围护墙或底层阳台围护墙体出现地基下沉和墙体开裂以及歪闪情况。

③ 外围护墙体渗漏、空鼓、开裂。

④ 围护墙体门窗框周围、窗台、穿墙管道根部，阳台、雨篷与墙体连接处、变形缝部位的渗漏情况。

3）外墙面的开裂、渗漏、空鼓和脱落等损伤状况如下。

① 装饰面层开裂、脱落、空鼓，伸缩缝处装饰板脱落，装饰构件脱开、下沉和坠落。

② 饰面砖脱落、空鼓、开裂，应重点检查位于人流出入口和通道处的外墙饰面砖。

③ 保温面层开裂、渗漏、脱落范围与损伤程度检查。

4）外墙门窗、幕墙等围护结构构件的密封性、破损状况以及与主体结构的连接的缺陷、变形、损伤情况如下。

① 检查门窗框和开启扇的牢固性，门窗与滑槽等的连接稳固性，安装牢靠度等。

② 检查玻璃出现裂缝、铝型材变形、结构胶和密封胶存在老化、龟裂、永久变形，密封条存在老化、断裂和脱落情况。

③ 检查石材破损、开裂，密封胶老化、断裂和脱落情况。

5）遮阳篷、雨篷、晾衣架、窗台花架、避雷装置等建筑外立面附加设施的损坏以及与主体结构连接的缺陷、变形、损伤情况如下。

① 检查与主体结构的连接部位出现松动、锚固件锈蚀、开裂等情况。

② 检查构件之间连接节点的牢固性，构件出现压屈变形和锈蚀以及油漆脱落等情况。

6）室内装饰装修的损坏状况以及与主体结构连接的缺陷、变形、损伤情况如下。

① 建筑内部抹灰开裂范围与裂缝情况。

② 建筑内部吊顶下垂、面板脱落、吊杆失效情况。

③ 建筑内部墙面砖开裂、空鼓范围与程度。

④ 建筑内部地面和楼地面开裂范围与程度。

（2）建筑方面特定检查时，主要应包括下列内容。

1）临近雨季时的防水和排水措施的状况。

2）临近供暖季时的外墙门窗、幕墙的密封性。

3）在遭受台风、暴雨和大雪等前后的外墙装饰装修部分、伸缩缝装饰板、外墙门窗、幕墙等的损坏及其连接的缺陷、变形、损伤状况。

4）临近雨季时的地下建筑出入口、窗井、风井等防雨水倒灌措施的状况。

（3）对建筑方面进行评定时，应主要评定外围护系统、室内装饰装修的安全性、使用性以及建筑消防安全等项目。在日常检查和特定检查内容的基础上，各项目评定应包括下列内容。

1）评定外围护系统的安全性和使用性时，检查屋面防水层和保温层的构造和损坏程度、外墙外保温系统的构造、损坏程度和防火性能、外墙门窗、幕墙等围护结构的热工、隔声、通风、采光、日照等物理性能指标。

2）评定室内装饰装修的安全性和使用性时，检查梁、柱、板、墙等构件饰面以及内部装修的防火措施等。

3）评定建筑消防安全时，应检查疏散通道、安全出口、消防通道、防火防烟分区、防火间距等重要消防要求。

4）评定地下建筑防汛安全时，检查地下建筑出入口、窗井、风井等防雨水倒灌措施的可靠性、有效性和安全性。

2. 养护及修缮工作

（1）建筑日常养护包括地基基础的养护、楼地面工程的养护、墙台面及吊顶工程的养护、门窗工程的养护、屋面工程维修养护等。

（2）经检查和评定确认存在建筑外饰面及保温存在脱落危险，屋面、外墙等外围护系统渗漏，地下建筑被雨水倒灌，外部环境因素影响造成建筑不能正常使用等情况时，应对建筑进行修缮。

1）发现房屋建筑装饰装修与防水存在局部开裂时，可由房屋建筑保修单位进行相应的维护。

2）发现房屋建筑装饰装修与防水出现较多处开裂或空鼓、脱落情况时，应请有资质的检查机构进行检查评估。

3）发现房屋建筑装饰装修与防水出现大面积的开裂或空鼓、脱落时，应请有资质的检测鉴定机构进行专项检测鉴定。

4）发现房屋建筑装饰装修存在坠落等安全隐患时，除请有资质的检测鉴定机构进行专项检测鉴定外，应及时采取应急处理措施。

**34.11.1.2　建筑维护的实施方法**

1. 地基基础维护

检查地基基础附近的用水设备，如上下水管、暖气管道等，检查其工作情况，防止漏水，同时应加强对房屋内部及四周排水设施的管理与维修。

2. 楼地面工程维护

应保证经常用水房间的有效防水。对于厨房、卫生间等房间，应注意保护楼地面的防水层免遭破坏，同时应加强对上、下水设施的检查与保养，防止管道漏水、堵塞。

3. 墙台面及吊顶工程维护

（1）定期检查、及时处理

定期检查一般不少于每年一次，应重点检查易出现问题的部位。

（2）加强保护，保持清洁

墙台面及吊顶工程经常与其他工程交叉，应注意相接处的防水、防腐、防裂、防胀，同时应做好经常性的清洁工作。

4. 门窗工程维护

（1）严格遵守使用常识与操作规程

门窗是房屋中使用频率较高的部分，应注意保护。在使用时，应轻开轻关；遇风雨天，应及时关闭并固定；开启后，应固定旋启式门窗扇；严禁撞击门窗或悬挂物品。避免门窗长期处于开启或关闭状态，以防门窗扇变形。

（2）经常清洁检查

门窗构造比较复杂，应经常清扫，防止积垢而影响正常使用，如关闭不严等。如发现门窗变形或构件短缺失效、松动、虫（锈）蚀、腐损、滚轴失灵等现象，应及时修理，防止对其他部分造成破坏，或发生意外事件。

（3）定期更换易损件

对于使用中损耗较大的部件，应定期检查和更换；对于需要润滑的轴心或摩擦部位，要经常采取相应的润滑措施，如有残垢，应定期清除。

5. 屋面工程维护

（1）定期清扫，定期检查记录

要定期清扫非上人屋面，防止堆积垃圾、杂物及非预期植物（如青苔、杂草）的生长，遇有积水或大量积雪时，应及时清除，秋季要防止大量落叶、枯枝堆积。要经常清扫上人屋面。使用与清扫屋面时，应注意保护重要排水设施，如落水口以及防水关键部位（如大型或体形较复杂建筑的变形缝）。

应定期组织专业技术人员对屋面情况、各种设施进行全面详查，并填写检查记录。

（2）建立大修、中修、小修制度

应定期检查、养护屋面，同时根据屋面综合工作状况进行全面的小修、中修、大修，保证其整体协调性，延长其整体使用寿命。

（3）加强屋面的使用管理

在屋面的使用过程中，应防止产生不合理荷载与破坏性操作。在上人屋面的使用过程中，要注意污染、腐蚀等常见病，在使用期间，应有专人管理。屋面增设各种设备，首先要保证不影响原有功能（包括上人屋面的景观要求），其次要符合整体技术要求，并采用合理的构造方法与必要的保护措施，避免对屋面产生破坏，或形成其他隐患。

6. 幕墙工程维护

（1）应保持幕墙表面整洁，避免锐器及腐蚀性气体和液体与幕墙表面接触。

（2）应保持幕墙排水系统的通畅，如发现堵塞，应及时疏通。

（3）在使用过程中发现门、窗启闭不灵或附件损坏现象时，应及时修理与更换。

（4）当发现密封胶或密封胶条脱落或损坏时，应及时进行修补与更换。

（5）当发现幕墙构件或附件的螺栓、螺钉松动或锈蚀时，应及时拧紧或更换。

（6）当发现幕墙构件锈蚀时，应及时除锈补漆，或采取其他防锈措施。

7. 建筑装饰装修与防水检查维护

（1）建筑装饰装修与防水存在局部开裂时，应对局部位置及时修补或拆除更新，并达到相关施工规范的规定要求。

（2）建筑装饰装修与防水出现较多处开裂或空鼓、脱落情况时，应请有资质的检查机构进行检查评估。

（3）房屋建筑装饰装修与防水出现大面积的开裂或空鼓、脱落时，应请有资质的检测鉴定机构进行专项检测鉴定。

（4）在发现房屋建筑装饰装修存在坠落等安全隐患时，除请有资质的检测鉴定机构进行专项检测鉴定外，应及时采取应急处理措施。

**34.11.1.3　建筑维护的技术要点**

（1）既有建筑渗漏修缮，应根据房屋防水等级、使用要求、渗漏现象、部位等查明原因，并制订修缮方案；修漏应同时检查其结构、基层和保温层的牢固、平整等情况，凡有缺陷，应先补强后修漏。

（2）既有建筑屋面修缮，应符合下列规定：

1）先对屋面结构构件进行查勘，如有损坏，应先对结构构件进行修缮。

2）对于突出屋面的建（构）筑物与屋面交接处的节点，采用防水材料或密封材料进行防水处理。

3）斜屋面瓦片应与结构构件有效连接且坚实牢固，屋脊、泛水、天沟、老虎窗、水落管等应修缮或拆换，确保无渗漏。

4）平屋面防水层裂缝、起壳，平台、雨棚开裂、起壳等应进行修缮，损坏的保温隔热层应进行修缮或更换。

5）金属屋面板材搭接缝处、采光板接缝处及固定螺栓处渗漏应进行修缮，修补折弯屋面板，紧固螺栓，重新铺贴防水卷材或涂刷防水涂料，确保无渗漏。

(3) 既有建筑外墙清洗维护，应符合下列规定：

1）清洗维护时，不得采用强酸或强碱的清洗剂以及有毒有害化学品。

2）清洗维护作业时，应采用专业清洗设备、工具和安防措施，不得在同一垂直方向的上、下面同时作业。

(4) 既有建筑外墙饰面修缮，应符合下列规定：

1）抹灰、涂装类外墙面修缮，应按基层、面层、涂层的表里关系，由里及表进行修缮；新旧抹灰之间、面层与基层之间应粘结牢固。

2）清水墙面风化、灰缝松动、断裂和漏嵌、接头不和顺，应修补完整，风化面积过大时，应进行全补全嵌。

3）饰面类外墙面饰面层及砂浆层出现松动、起壳、开裂时，应在局部凿除后重铺，如有坠落危险，应及时抢修。

(5) 既有建筑外墙外保温修缮，应符合下列规定：

1）对外墙外保温防护层破损开裂、脱落，未将保温材料完全包覆的，应及时修缮；

2）应制订施工防火专项方案；

3）修缮前，应对修缮区域内的外墙悬挂物进行安全检查，当外墙悬挂物强度不足或与墙体连接不牢固时，应采取加固措施或拆除、更换。

(6) 既有建筑玻璃、金属与石材等各类幕墙修缮，应符合下列规定：

1）应先对预埋和连接件进行防锈和紧固，确保幕墙与主体结构可靠连接。

2）密封胶或密封胶条脱落或损坏时，应进行修补或更换，修缮用密封胶必须在有效期内使用，并通过检测试验，严禁建筑密封胶作为硅酮结构密封胶使用。

3）幕墙门、窗启闭不灵或附件损坏时，应及时进行修缮或更换；玻璃面板破损时，应及时采取防护措施并更换。

4）既有建筑室内、外门窗或附件出现关启不便、变形、松动、虫（锈）蚀等影响正常使用时，应进行修缮、拆换或调换，门窗玻璃应符合厚度和安全要求。

(7) 既有建筑附墙管道、各类架设、招牌、雨篷等外墙悬挂物修缮应统筹规划，并应符合下列规定。

1）外墙悬挂物有因松动、严重锈蚀、缺损等而导致自身强度不足，或与墙体连接不牢固影响安全时，应进行修缮或更换。

2）雨水管、冷凝水管坡度不适、有逆水接头，接头处漏水、积水，吊托卡与管道连接松动等现象，应进行修缮。

3）轻质雨篷、披水与墙接触处漏水，应进行修缮。

4）外挑构件上的安全玻璃有破损，应使用安全玻璃进行修缮。

5）既有建筑室内装饰装修基层牢固程度不能满足安全要求时，应予加固；饰面砖、饰面板、吊顶出现开裂、脱落时，应进行修缮或拆换。

6）建筑室内防水工程不得使用溶剂型防水涂料。

(8) 既有建筑室内楼梯修缮，应符合下列规定：

1）楼梯、栏杆、扶手出现开裂、变形、残缺、松动、脱焊、锈蚀、腐朽时，应对受损部位进行局部修缮或整体拆换；

2）修缮后，各种栏杆的设置高度、立杆间距和整体抗侧向水平推力应符合设计安全要求；

3）修缮各种楼梯时，应采取必要的防潮、防蛀或防锈措施。

(9) 对于湿陷性黄土地区建（构）筑物和管道，应对防水措施进行维护，确保其功能有效，周边排水通道通畅，防止浸泡沉陷。

## 34.11.2　结 构 维 护

### 34.11.2.1　结构维护的程序及工作内容

1. 检查及评定工作

(1) 结构方面日常检查，主要包括下列内容。

1）结构的使用荷载变化情况；

2）建筑周围环境变化和结构沉降变化及整体倾斜变形；

3）结构构件及其连接的缺陷、变形、损伤等；

4）各类结构房屋的梁、板构件，应检查构件出现裂缝和下垂、混凝土梁、板的混凝土局部剥落、钢筋明显外露及钢筋严重锈蚀情况；对结构悬挑构件，应检查构件根部的裂缝、下垂变形等。

5）房屋建筑的地基基础的日常检查应包括下列内容。

① 房屋建筑室外散水与主体结构之间、主体结构或填充墙体中因地基基础不均匀沉降出现的裂缝以及建筑倾斜等；

② 有地下室房屋建筑肥槽回填土下沉和造成的建筑构件损伤情况。

6）砌体结构房屋建筑日常检查应包括下列部位。

① 承重墙、柱以及支承梁或屋架的墙、柱顶部的开裂情况。

② 底层墙、柱出现受压裂缝情况。

③ 墙体出现的温度或收缩引起的裂缝情况。

④ 墙体出现歪闪、倾斜情况。

⑤ 墙体出现严重的风化、粉化、酥碱和面层脱落情况。

7）混凝土结构房屋建筑日常检查应重点检查下列部位。

① 多、高层建筑的底层和空旷层的承重柱混凝土的压坏迹象情况；

② 结构构件出现钢筋主筋锈蚀裂缝情况；

③ 构件出现变形和裂缝情况。

8）钢结构房屋建筑日常检查应重点检查下列部位。

① 钢结构构件锈蚀后出现凹坑或掉皮。

② 受压构件因失稳出现的弯曲变形，或出现拉杆变为压杆的变形。

③ 构件截面因宽厚比不足出现局部屈曲。

④ 钢结构构件裂纹、表面缺陷、构件锈蚀与表面涂装脱落。

⑤ 焊缝的裂纹、未焊满、根部收缩、表面气孔、咬边、电弧擦伤、接头不良、表面夹渣等。

⑥ 螺栓断裂、松动、脱落、螺杆弯曲、连接板变形和锈蚀；连接板存在变形；预埋件出现变形或锈蚀。

⑦ 网架螺栓球节点螺栓断裂、锥头或封板裂纹、套筒松动和节点锈蚀等情况。

⑧ 网架焊接球节点球壳变形、两个半球对口错边、球壳裂纹、焊缝裂纹和节点锈蚀等情况。

⑨ 有防火要求的结构构件的防火措施出现局部损伤。

⑩ 有防腐要求的结构构件的防腐措施出现局部损伤。

9）砖木结构房屋建筑日常检查应包括以下内容。

① 结构墙体或柱承重构件出现受压裂缝。

② 结构墙体出现的温度或收缩引起的裂缝。

③ 砖木结构墙体风化、酥碱范围和程度。

④ 木柱、梁（柁）、屋架、檩、椽、穿枋、龙骨等受力构件的变形、歪扭、腐朽、虫蛀、蚁蚀，影响受力的裂缝和疵病。

⑤ 木构件节点的松动或拔榫及木构架倾斜或歪闪情况。

（2）结构方面特定检查主要包括下列内容。

1）在遭受台风、大雪前后，屋盖、支撑系统及其连接节点的缺陷、变形、损伤等。

2）在遭受暴雨前后，既有建筑周围地面变形、周围山体滑坡、地基下沉、结构倾斜变形等。

（3）对结构方面进行评定时，应主要评定既有建筑结构的安全性、适用性、耐久性等项目。在日常检查和特定检查内容的基础上，根据需要，项目评定应包括下列内容。

1）地基的承载能力和变形。

2）基础形式的合理性和地基的整体稳定性。

3）结构体系及其整体性。

4）结构构件及其连接节点的承载性能以及与安全性相关的构造措施。

5）结构变形。

6）结构构件的拆改和加固情况以及现阶段所处的工作状态。

7）处于高温、高湿、腐蚀等有害环境下的部位以及实际使用荷载大于允许荷载的部位的损伤情况。

8）对拟进行综合修缮和改造的既有建筑，应主要评定修缮和改造等对既有建筑结构安全性的影响程度以及后续使用的安全性。

9）对受到自然灾害、人为灾害较大影响的既有建筑，应主要评定上述灾害和事故对既有建筑结构正常使用状态的安全性、使用功能的影响程度。

10）对存在明显振动影响的既有建筑，应查明振源的类型和特性、场地情况，检测及评定振源所引起的结构位移、速度和加速度等；对需要进行长期监测的既有建筑，应主要查明既有建筑的周围场地情况，检测和评定结构沉降、倾斜等。

#### 34.11.2.2　结构维护的实施方法

1. 地基基础的维护

(1) 正确合理使用建筑

在建筑的使用过程中，不应随意改变其使用功能，上部荷载不应有较大幅度的增加，应杜绝产生不合理荷载。

房屋接层时，必须经过设计及鉴定单位许可。

房屋使用时，不得随意在建筑物基础周围堆放过重的物品。

(2) 保证地基基础的防水、排水功能

应经常检查、维护建筑四周排水设施、道路等，确保不出现管线渗漏水、建筑四周积水等现象，保证地基基础的防水、排水功能。

(3) 建筑地基基础检查发现的问题，应按下列规定处理：

1) 发现房屋建筑地基基础存在回填土局部下沉等一般缺陷时，可采取挖除局部下沉土体，重新夯实回填方式。

2) 发现房屋建筑地基基础存在较大面积回填土下沉等缺陷时，应请有资质的检查机构进行检查评估。

3) 发现房屋建筑地基基础存在结构构件下沉，造成结构损伤或基坑下沉造成建筑构件损伤时，应请有资质的检测鉴定机构进行专项检测鉴定。

4) 房屋建筑地基基础下沉仍在继续发展时，应请有资质的检测单位进行沉降观测。

5) 房屋建筑周围出现山体滑坡等迹象时，应采取应急处理措施。

2. 主体结构的维护

建筑结构的日常检查应重点关注主要承重构件、悬挑构件、外露构件、连接构造等损伤以及房屋装修变动结构主体引起的损伤等情况，并按以下规定处理。

(1) 发现房屋结构构件出现非受力裂缝、钢结构外露构件局部锈蚀等一般缺陷时，进行相应的维护。

1) 查清建筑结构的实际状况、裂缝现状和发展变化情况，确定裂缝性质。非受力裂缝一般为温度裂缝、收缩裂缝等。

2) 根据裂缝性质、大小、位置、环境、处理目的、使用情况等，确定处理方法。

针对非受力裂缝可采用表面修补、局部修复、化学灌浆等方法处理。混凝土裂缝宽度小于0.3mm时，可进行局部封闭处理；裂缝大于0.3mm时，应进行灌浆封闭。

(2) 发现房屋结构梁板构件出现裂缝和变形等情况时，应请有资质的检查机构进行检查评估，并应根据有关法律、法规和标准的规定由相关责任单位进行加固处理。

(3) 发现房屋结构墙、柱类构件出现裂缝和变形情况时，应请有资质的检测鉴定机构进行专项检测鉴定，并应根据检测鉴定结果进行加固处理。

3. 建筑使用期间，应进行沉降变形跟踪监测。变形监测数据异常时，必须立即报告委托单位，并及时采取相应的处理措施，提高观测频率或增加观测内容，获取更全面、更准确的变形信息，为采取安全的处置措施提供信息支持服务。

4. 建筑纠倾或地基处理施工过程可能对上部结构产生损伤或产生安全隐患，必须设置现场监测系统，监测纠倾变位和上部结构的变形，根据监测结果及时调整设计和施工方案，必要时启动应急预案，保证工程按设计完成施工。

5. 既有建筑进行纠倾或地基处理时，应做好沉降观测工作，它不仅是施工过程中进行监测的重要手段，也是对地基基础加固效果进行评价和工程验收的重要依据。

6. 在结构修缮过程中，应充分重视对结构构件劣化层的剔除和置换，避免其因耐久性降低而导致安全性隐患。

7. 修缮施工前，应对既有建筑暗埋的给排水管、电线管、煤气管等进行排摸，避免造成管线破裂产生安全事故。

8. 当发现混凝土构件存在影响结构耐久性的裂缝时，应及时进行处理。如裂缝属于受力引起的裂缝，应及时对构件进行加固处理。

**34.11.2.3 结构维护的技术要点**

对既有建筑纠倾或地基基础处理前，应对其地基基础及上部结构进行评定。

1）下列既有建筑应在使用期间进行沉降变形跟踪监测：

① 加层、扩建建筑或处理地基上的建筑。

② 受邻近工程施工影响或受场地地下水等环境因素变化影响的建筑。

③ 采用新型基础或新型结构的建筑。

④ 体型狭长且地基土变化明显的建筑。

2）既有建筑变形监测过程中发生下列情况之一时，应立即实施安全预案，同时应提高监测频率或增加监测内容：

① 变形量或变形速率出现异常变化。

② 变形量或变形速率达到或超过变形预警值。

③ 相邻影响范围内工程出现工程地质事故。

④ 建筑本身或其周边环境出现异常。

⑤ 由于地震、暴雨、冻融等自然灾害引起的其他变形异常情况。

3）当发现既有建筑整体倾斜率达到危险状态时，应进行纠倾处理或控制沉降。

4）地基纠倾施工应协调平稳、安全可控，位于边坡地段既有建筑，严禁采用浸水法和辐射井射水法进行纠倾。

5）在既有建筑纠倾、地基基础处理的施工中，应设置现场监测系统，并在施工过程中进行信息化管理。

6）既有建筑纠倾结束后，尚应进行变形跟踪监测，直至达到停测标准。

7）既有建筑结构修缮工程施工前，应查明和保护好预埋的管线，应评估剔凿作业对原结构承载能力的影响，不应损伤需保留的结构构件。

8）严禁结构修缮材料或施工器械的重力超过相应楼屋面的设计荷载，从原结构上拆除下的旧料和部件应及时清运离场，严禁任意堆积于楼屋面上。

9）混凝土构件修缮中，严禁采用预浸法生产的纤维织物，严禁使用不饱和聚酯树脂和醇酸树脂作为胶粘剂。

10）混凝土构件修缮中，应对影响其耐久性的缺陷、钢筋锈蚀及超过宽度限值的裂缝进行处理。对因承载力不足而引起的裂缝，尚应对构件进行及时加固。

11）在砌体构件修缮中，对承载力不满足要求的空斗墙体，应拆改为实砌墙体或进行加固。

12）在木构件修缮中，应严格控制置换或新增木材的含水率。支承于墙体中的木构件端部，以及与基础直接接触的木柱柱根，必须进行防腐防潮处理。

13）钢构件修缮中，应对锈蚀部位进行除锈及重做防锈措施。对于防火措施失效的部位，应补做防火措施。

## 34.11.3　设施设备维护

### 34.11.3.1　设施设备维护的程序及工作内容

1. 设施设备日常检查

设施设备方面日常检查时，应主要包括下列内容：设施设备所处的工作环境，设施设备、附属管线、管道、阀门及其连接的材料老化、渗漏、防护层损坏等情况，系统运行的异常振动和噪声等情况。

1）建筑给水排水系统的现状日常检查，包括下列内容：

① 设备及附属配件（包括水池、水泵、水箱、水处理设备等）的完好状况。

② 管道锈蚀、结垢情况，保温层的完好状况，阀门开启和滴漏状况等。

③ 设备基础和管道支吊架等完好状况。

④ 目前系统的负荷状况。

2）建筑供暖供热系统中现状日常检查宜包括下列内容：

① 建筑锅炉设备、压力容器设备、系统管道状况和系统安全性检查等。

② 建筑供暖供热管道保温层的完好状况。

③ 建筑供暖供热管道的锈蚀状况。

3）建筑通风与空调冷系统状况的日常检查，宜包括下列项目：

① 建筑通风与空调冷系统设备状况。

② 冷冻水管道和送回风风管保温层的完好状况。

③ 冷冻水和冷却水管道的锈蚀状况。

4）建筑电梯设备现场状况日常检查包括设施状况检查和运行维护情况检查等，应主要包括下列内容：

① 轿厢照明和应急对讲系统完好有效。

② 层门锁紧和自动关闭层门装置完好有效。

③ 防止门夹人的保护装置完好有效。

④ 层门门楣及门套上方相邻部位粘贴（镶嵌）的饰面材料应牢固，不应因材料松动脱落伤及人员。

⑤ 金属表面无明显老化、锈蚀和严重磨损。

⑥ 运行试验应能可靠制停，平层无明显振动和异常声响。

5）建筑自动扶梯和自动人行道设备现场状况日常检查应包括下列内容：

① 梳齿板梳齿或踏板面齿应完好，不得有缺损。

② 在扶手带入口处，手指和手的保护装置完好有效。

③ 扶手带无明显老化，金属表面无明显锈蚀和严重磨损。

④ 运行试验无明显振动和异常声响。

6）建筑供电系统日常检查应包括系统功能性、维护性和紧急情况或特殊情况检查等，宜包括下列内容：

① 内、外电源状况。

② 变、配电系统状况。

③ 变、配电设备状况。

④ 配电线路状况。

⑤ 安全接地状况。

7）建筑防雷设施的日常检查，应包括接闪器、引下线和地下接地装置。

8）建筑公共照明系统的日常检查，宜包括下列内容：

① 灯具及其保护罩应完整、固定可靠、光源发光稳定；开关插座面板应无碎裂现象，固定用部件齐全。

② 应急灯、安全疏散标志灯等专用灯具完好、运转正常。

③ 系统故障和维修记录应完整。

2. 设施设备特定检查

设施设备方面特定检查主要包括下列内容。

1）临近雨季时，屋面与室外排水设备、防雷装置等的完好性。

2）临近供暖季时，对供暖设备和系统的完好性和安全性以及供水、排水、供暖、消防管道与系统防冻措施的有效性进行检查。

3）在遭受台风、暴雨和大雪等前后，设施设备、附属管线、管道、阀门及其连接状况。

4）临近雨季时地下建筑挡水和排水设施设备的完好性。雨季前，应对雨、污水井、屋面漏水口等疏通情况进行检查，并对建筑物落水管锈蚀、开裂和折断情况进行检查。

3. 设施设备评定

对设施设备方面进行评定时，应主要评定下列项目：

1）设施设备负荷的计算校核。

2）各系统设备、附属管线、管道及其连接的材料耐久性。

3）各系统设备、附属管线、管道及其连接的保温、防冻、防电击、防高温、防辐射、防火、防雷、防电击、防污染、消毒等防护措施的有效性。

4）各系统正常运行的有效性和安全性。

5）对给水排水设备，还应进行供水排水能力、管道和阀门的渗漏和损坏状况等的评定。

6）对供暖设施设备，还应进行管道的保温措施、系统的供给能力、设备和管道的承压能力等的评定。

7）对通风和空调设备，还应进行风管和系统的风量、空调机组水流量和供热（冷）量等的评定。

8）对电气设施设备，还应进行（变）配电装置的完整性、电气故障发生时自动切断电源功能、防雷与接地装置等设施的评定。

9）对建筑智能化系统，还应定期进行信息设施系统、信息化应用系统、安全防范系统、智能化集成系统等各系统检测，保证系统的正常运行。

10）对消防设施设备，还应针对火灾自动报警系统、消火栓系统、自动喷水灭火系统、气体灭火系统、防排烟系统、应急照明疏散指示等进行每年至少一次的全面检查与评定，确保其完好有效。

11）对受到自然灾害、人为灾害影响较大的既有建筑，应重点评定设施设备运行的安全性和有效性。

12）对存在被雨水倒灌风险的既有地下建筑，应重点评定防汛设施设备运行的安全性和有效性。

**34.11.3.2　设施设备维护的实施方法**

（1）房屋建筑给水排水系统检查发现的问题，按下列规定处理：

1）发现房屋建筑给水出现个别原件损伤、排水系统出现局部渗漏情况时，应及时进行维护。

2）发现房屋建筑给水、排水系统出现功能性缺陷时，应请有资质的检查机构进行检查评估。

3）发现房屋建筑给水、排水系统出现卫生状况或安全性情况时，应请有资质的检测鉴定机构进行专项检测鉴定。

（2）房屋建筑锅炉、压力容器和供暖供热系统检查发现的问题，按下列规定处理：

1）发现房屋建筑锅炉、压力容器和供暖供热系统存在局部缺陷时，应及时进行维护。

2）发现房屋建筑锅炉、压力容器和供暖供热系统出现功能性问题时，应请有资质的检查机构进行检查评估或检测鉴定。

3）发现房屋建筑锅炉、压力容器和供暖供热系统出现安全性问题时，应请有资质的检测鉴定机构进行专项检测鉴定。

（3）建筑通风与空调系统检查发现的问题，应按下列规定处理：

1）发现房屋建筑通风与空调系统存在局部缺陷时，应及时进行维护。

2）发现建筑通风与空调系统出现能耗过高等功能性问题时，应及时组织检查，并请有资质的检查机构进行检查评估。

3）发现建筑通风与空调系统出现安全性隐患时，应及时组织检查，并请有资质的检测鉴定机构进行专项检测鉴定。

（4）建筑电梯系统检查发现的问题，应按下列规定处理：

1）发现电梯系统存在局部缺陷时，应及时进行维护。

2）发现电梯系统出现不正常时，应及时组织检查，并请有资质的检查机构进行检查评估。

3）发现电梯系统出现故障时，应及时组织检查，并请有资质的检测鉴定机构进行专项检测鉴定。

（5）建筑供电配电系统检查发现的问题，应按下列规定处理：

1）发现建筑供电配电系统存在局部缺陷时，应及时进行维护。

2）发现建筑供电配电系统出现功能性问题时，应及时组织检查，并请有资质的检查机构进行检查评估。

3）发现建筑供电配电系统出现大面积停电等情况时，应及时组织检查，并请有资质的检测鉴定机构进行专项检测鉴定。

(6) 建筑智能系统检查发现的问题，应按下列规定处理：

1) 发现建筑智能系统存在个别元件缺失时，应及时进行维修和更换。

2) 发现建筑智能系统出现个别功能性问题时，应及时组织检查，并请有资质的检查机构进行检查评估。

3) 发现建筑智能系统较多功能性问题时，应及时组织检查，并请有资质的检测鉴定机构进行专项检测鉴定。

(7) 建筑消防系统检查发现的问题，应按下列规定处理：

1) 发现建筑消防设施存在个别元件缺失时，应及时进行维修和更换。

2) 发现建筑消防系统出现个别功能性问题时，应及时组织检查，并请有资质的检查机构进行检查评估。

3) 发现建筑消防系统较多功能性问题时，应及时组织检查，并请有资质的检测鉴定机构进行专项检测鉴定。

(8) 建筑防雷设施检查发现的问题，应按下列规定处理：

1) 发现建筑防雷设施存在局部缺陷时，应及时进行维护。

2) 发现建筑防雷设施元件出现锈斑或移位等问题时，应及时组织检查，并请有资质的检查机构进行检查评估。

3) 发现建筑防雷设施出现测试结果满足设计要求时，应及时组织检查，并请有资质的检测鉴定机构进行专项检测鉴定。

(9) 建筑公共照明系统检查发现的问题，应按下列规定处理：

1) 发现建筑公共照明系统存在灯具损失时，应及时进行维修和更换。

2) 发现建筑公共照明系统出现局部不能运转问题时，应及时组织检查，并请有资质的检查机构进行检查评估。

3) 发现建筑公共照明系统存在较多功能性问题时，应及时组织检查，并请有资质的检测鉴定机构进行专项检测鉴定。

**34.11.3.3　设施设备维护的技术要点**

(1) 既有建筑的给排水设施应当由养护修缮责任单位按照各自职责进行日常维护，确保其正常、安全运行。

(2) 生活给水系统所涉及的材料必须达到饮用水卫生标准。

(3) 设置在民用建筑中的变压器修换，应选择干式、气体绝缘或非可燃性液体绝缘的变压器。

(4) 幼儿园、老年人和特殊功能要求的建筑的散热器必须加防护罩。

(5) 当制冷机组采用的制冷剂对人体有害时，应对制冷机组定期检查、检测和维护，应保证制冷剂泄漏报警装置工作正常。

## 34.12 改　造

建筑物通常包括工业建筑物、公用建筑物和住宅建筑物。建筑物建设时，都是根据某种目的和所要求的功能与标准为基础进行设计、施工的。但是，建设好的建筑物经过使用后，由于技术的进步和生活水准的提高，有时就不能满足人民生活和生产的需求；或者由于社会体制和生产工艺的变革，设计之初的标准和用途都不适应了；也有的由于建筑设备和生产设备的过时，建筑物使用荷载的变化，要求增加设备或负荷，改变建筑物某一部位的结构等。上述这些情况，只有按现行标准和规范对既有建筑物进行加固、改造、改建和扩建，才能满足人民生活和生产发展的需求。

## 34.12.1 建筑改造

### 34.12.1.1 建筑改造的程序及工作内容

建筑改造的程序是指建筑改造项目从规划到竣工交付使用全过程中各个环节的建筑活动。建筑改造程序虽然也是一种建筑程序，与新建工程程序有共同点，但它与新建工程的程序也有许多不同，具有自身的特点。其主要特点是在已有建筑物特定的环境中进行改造程序。因此，这种程序受到已有建筑环境的种种约束，它比新建更复杂、更困难。这些复杂性和困难性不仅表现在对已有建筑物进行调查、检查、鉴定上，也表现在建筑物改造的设计方面和施工方面。

建筑改造的工作程序如下：

（1）提出建筑改造的原因。

（2）对建筑进行调查、检查和鉴定。针对既有建筑改造前，应根据改造要求和目标，对场地环境、建筑历史、结构安全、消防安全、人身安全，围护结构热工、隔声、通风、采光、日照等物理性能，室内环境舒适度、污染状况、机电设备安全及效能等内容进行评定。

（3）根据建筑鉴定结果，确定建筑改造方案。进行既有建筑改造时，应编制改造项目设计方案，方案应明确改造项目的范围、建筑改造和环境改造内容和相关技术指标。

（4）改造设计。既有建筑改造如使改造范围内建筑与改造范围外建筑之间的建筑间距发生变化，其间距不应低于消防间距标准。既有建筑应结合改造，对原有消防设施进行增设、整改、修复，使其防火条件有所改善。

（5）改造施工。在既有建筑改造过程中，应避免对结构构件产生损伤，当发现结构构件存在损伤时，应对其进行有效处理。

（6）改造的验收和交付使用。

（7）改造工程保修。

### 34.12.1.2 建筑改造的实施方法

1. 平面空间拓展

（1）小柱网房间的空旷化改造

1）拆除分隔墙体。柱子对于空间的界定分隔远不如墙体那么强烈，应将原先分割成的小空间连成一片，从而实现空间扩大化。

2）局部拆除个别柱子。此项技术广泛应用于由于原柱网尺寸较小而不能适应现在建筑功能要求的房屋，由于人们对建筑空间多样化的追求以及功能扩展要求的变化，相对较大的空间范围更具有灵活性和适应性，因此小柱网房屋的空旷化改造为这种需要提供了技术上的保障。

（2）小开间房屋的空旷化改造

1）采用框架结构部分替换原有墙体，关键在于如何使原有建筑的上部荷载平稳顺利地转移到新的框架体系上。

2）在承重墙体上开允许范围内的洞口，使不同房间连通，形成横向扩大化的连续空间的方式。

3）拆除非承重墙体。

4）在维持开间不动的情况下，拆除或部分拆除横向构件，如由低矮小空间发展成高阔空间，或者在楼板局部开洞，竖向上形成扩大的连续空间。

2. 竖向空间拓展

(1) 直接增层

首先要求承重结构有一定的承载潜力。直接在旧建筑的主体结构上加高，增层荷载全部或部分由旧建筑的基础、墙、柱来承担，这项技术的关键在于将现代结构技术适当地应用于工程中，使得在原有建筑上向上增加的部分与原有部分良好结合。

直接增层的核心原则有“小在大上、空在密上、轻在重上、柔在刚上”。常用手法有“原砖混结构＋新增砖混结构”“原砖混结构＋新增钢结构”“原混凝土框架结构＋新增钢筋混凝土框架结构”“原钢结构＋新增钢结构”“原平面结构体系＋新增空间结构体系”。

(2) 套建增层

旧建筑的套建增层改造能够成倍地提高土地容积率，达到有效利用国土资源及对既有房屋进行现代化改造的目的，提升城市现代化的整体水平。

套建增层的方式分为分离式增层结构和协同式套建增层结构。在改造中，应进行多方案比较，选择最优方案。一般认为，砌体结构房屋套建增层应以分离式为主，钢筋混凝土结构房屋可采用协同式套建增层。

套建增层的核心原则是尽量减少对既有建筑的扰动，新、旧建筑结构体系尽量保持独立性，新结构体系轻质高强，新旧建筑形象充分协调。

(3) 室内增层

室内增层适用于原建筑室内层高较大的建筑，原功能为需要大尺度的空间，室内增层可充分利用原建筑的室内空间，挖掘原建筑的承载潜力，保持原建筑物的立面，无增层痕迹。

房屋室内增层的常用手法有如下几种：

1）整体式

整体式室内增层：指室内增层时将室内新增承重结构与旧房结构连在一起，共同承担房屋增层后的总竖向荷载和水平荷载，整体性好。

2）分离式

分离式室内增层：指室内增层部分的结构构架体系完全与原结构脱离的方式，新增加部分可以是砖混体系，也可以是框架体系。

3）吊挂式

吊挂式室内增层：指从屋顶或上层构件上利用钢缆、型钢、钢筋等材料悬挂的增层方式，其竖向荷载由屋顶或上层构件承担，在水平方向上仅需控制位移。

4）悬挑式

悬挑式室内增层：指从原有结构的一侧或相邻两侧利用悬挑的方式将增层部分的荷载

传递至整体结构的结构形式。

（4）地下增层

为充分利用地下空间，国内外均出现了向地下增层的实例，具体有以下几种形式：新增局部地下室；既有房屋地下室向四周扩建；后建防空洞式地下室；在旧地下室内增加夹层或设备楼层；将原基础回填土部分改造成地下室；将旧箱基向四周扩大。

**34.12.1.3　建筑改造的技术要点**

1. 原有功能的继承

在改造中，对旧建筑进行的功能、结构、形象、设备等鉴定属于改造工作的第一步，旧建筑中必然有可以继承的合理部分。旧建筑大约可以分为有历史保护价值的建筑和普通建筑两类。由于不同类型建筑功能的侧重点不同，因此需要在改造过程中区别对待。

（1）有历史保护价值的建筑

1）维持原有建筑的真实性。完整、真实地保留原有面貌和功能，有时是最好的保护和利用。例如，在恰当的部位利用钢骨架支撑以增强其抵御外力的能力，在古建屋檐下利用网罩避免鸟类毁坏木构架，同时保障其观赏性等，都属于在维护原有建筑观赏功能和历史记录功能的情况下对其进行修缮性的改造。

2）维护其外貌形象的前提下赋予新的功能。例如，上海新天地的旧民居在新时代被改造为咖啡屋、精品店等，街区兼具历史韵味和前卫气息，品位迅速提升，成为上海的高消费区域，其价值已经远远超过这些老房子作为普通民居时候的价值，可以说在继承中又向前迈进了一步。

（2）普通旧建筑

在建筑的功能改造中，如何在改动最小的情况下满足最新的要求，一直是大家所追求的目标。任何建筑在其设计之初总会有合理的地方，即使时代在变，完全不合理的建筑也是不存在的。对原有功能的继承分为以下五类。

1）寻找原有建筑中依然能够很好地适应当前需求的局部功能，对合理功能部分保持不动，继续发挥其效用。

2）其功能尚可以使用，继承原有功能的使用性质，通过改造原功能和增加新功能来提高其舒适性。

3）建筑的内部功能并未发生变化，只是由于建筑形象不能满足人们的审美要求、无法满足城市规划的风格形象要求。

4）建筑的使用性质虽已发生根本性变化，但是仍可保留不同建筑类型中共有的功能。

5）并非直接继承使用原有功能，而是对建筑功能的潜在性继承。

2. 新功能的融入

随着人们生活水平不断提高，对建筑功能发展也提出了更高的目标，改变原有功能或加建功能空间来满足新的需求是改造的核心部分。改造中新功能的融入方式分为以下四种。

（1）部分保持原有的功能，随着使用要求的提高，增加或局部改变使用性质，以满足使用者逐渐增加的功能要求。

（2）单体建筑或集群建筑的使用类型发生根本性改变。此时要求尽最大可能发挥建筑功能布局灵活性的特点，在不影响主体结构的情况下，拆除原有分割，进行新的分割。

(3) 在建筑中引进新的建筑设备，采用新的管理模式和经营理念等，以求提高原有建筑的舒适性。

(4) 随着建筑使用功能的扩展，原先的建筑空间已经不能容纳新的功能，需要通过扩建使新的功能融入整体建筑中。

3. 造型体系优化

原有体量未发生变化时，此时需要处理建筑表层。无论是单体建筑还是集群式改造，若立面具有保留价值，则应尽量维护其原有形象，以求得城市历史文化层面上的协调。若为普通立面，且形象不佳时，可从基地周围环境出发，采用较新的技术和理念，以使旧建筑在改造中完成由内到外的华丽转身。常见手法有以下三种，更换饰面材料、外包立面和更换立面。

当扩建部分体量发生变化时，如果扩建部分将旧建筑内包，则几乎重新设计其形象，与原建筑关系不大，更多地应考虑建筑与新功能及周边环境的关系；若二者并置时，要充分考虑新、旧体量的协调性。当重新处理旧立面与新立面两部分整体时，前边所讲的三种方法在结构允许的情况下均适用；当选择保留旧建筑的原有形象时，则加建部分需全盘考虑色彩、肌理、质感、灯光、比例等，使新、旧元素达到兼容和整合；究竟选择统一还是对比来形成协调的关系，则视具体情况而定。

## 34.12.2 结 构 改 造

随着社会的进步和人们功能需求的提高，结构改造也越来越广泛。结构改造必然引起结构的加固，结构改造主要是满足功能需求的结构整体体系改变，而结构加固往往是结构的承载能力补强，两者在改造过程中相辅相成、密不可分。

### 34.12.2.1 结构改造的程序及工作内容

结构改造的工作程序如下：可靠性鉴定→选择改造方案→改造设计→施工准备→改造施工→竣工验收。

1. 可靠性鉴定

根据《既有建筑鉴定与加固通用规范》GB 55021、《民用建筑可靠性鉴定标准》GB 50292、《工业建筑可靠性鉴定标准》GB 50144、《建筑抗震鉴定标准》GB 50023 等相关现行国家标准，对需进行改造的建筑物进行全面、细致的调查与检查，确定构件或房屋的可靠性等级，为建筑物进行改造设计提供科学、有效的依据。

2. 改造方案的选择

对既有建筑物改造方案的选择十分重要，改造方案不仅影响资金的投入，更重要的是方案会影响改造质量。例如，对于裂缝过大而承载力满足要求的构件，用增加纵筋的加固方法是不可取的，因为增加纵筋不会减少已有裂缝。有效的办法是外加预应力钢筋，或外加预应力支撑，或改变受力体系。又如，当结构构件的承载力足够但刚度不足时，宜优先采用增大梁板结构构件截面尺寸的方法，以提高其刚度。再如，对于承载力不足而实际配筋已达超筋的结构构件，若仍在受拉区增配钢筋或粘贴钢板，便起不到加固作用。合理的加固方案应该提升加固效果，对使用功能影响小，技术可取，施工简便，经济合理，不影响外观。

3. 改造设计

建筑物的改造设计包括被加固构件的承载力验算、处理构件、绘制施工图、对施工过程的指导四部分工作。

在承载力验算中，应特别注意新加部分与原结构构件的协同工作。一般来说，新加部分的应力滞后于原结构的应力，处理加固结构的构造时，不仅要满足新加部分自身的构造要求，还要考虑其与原结构构件的连接。加固施工比正常新建施工复杂，主要原因是不完全了解原结构，故设计对加固施工的指导显得尤为重要。

4. 施工准备

进行改造工程的施工组织设计时，应充分考虑下列情况：

(1) 施工现场狭窄、场地拥挤。

(2) 受生产设备、管道以及原有结构、构件的制约。

(3) 须在不停产或尽量少停产的条件下进行加固施工。

(4) 施工时，拆除和清除的工作量大，而施工需分段、分期进行。

由于大多数加固工程是在存在承载或部分承载的情况下进行的，因此，施工安全非常重要。其措施之一是，施工前对加固构件适当卸载，并施加预应力顶撑，以减小原结构构件中的应力。

5. 施工及验收

改造施工前期，在拆除原有失效构件或清理原构件表面时，应特别注意观察有无与原检测情况不相符合的地方。工程技术人员应亲临现场，随时观察有无意外情况出现。一旦有意外，应立即停止施工，并采取妥善的处理措施。在加固时，应注意新、旧构件结合部位的粘结或连接质量。

建筑物改造施工是具有一定危险性的工作，故应速战速决，以减少因施工给用户带来的不便，避免发生意外事故。

在改造的施工过程中，应采用相应的仪器设备对加固过程进行各种监测和控制，其监测、检验结论应作为改造工程竣工验收的依据。

### 34.12.2.2　结构改造的实施方法

1. 拆除技术

在房屋建筑改扩建，特别是老厂改造中，有相当数量的建（构）筑物需要拆除、搬迁和新建。尤其在城市人口稠密地区和工厂区，对拆除技术要求的精度和安全度都很高，这就需要选择科学的拆除方法。目前常用的方法有以下五种，分别是机械拆除法、控制爆破法、静态破碎法、热熔切割法及其综合拆除法。

(1) 机械拆除法

从历史发展来看，机械拆除法是应用最早的方法。从重要性来看，机械拆除法可单独作为一种拆除方法，又可作为其他拆除方法的辅助方法。可以说，一座建筑物的拆除，无论使用什么方法，都离不开机械拆除法。

1) 机械吊拆法。

机械吊拆法是指在切断构件后，用吊车进行吊拆的方法，需要注意的是：风速 10m 以上时，应停止吊拆；原则上雨天不进行吊拆，并且要配备有经验的吊拆人员；吊拆用具钢丝绳等要经常检查其静力强度、疲劳强度以及卡具质量。

屋面吊拆顺序如下：塔式起重机行车（在桥吊行车上安上塔吊顶部转动吊臂称为塔式起重机行车）和操作平台行车就位，凿开屋面板纵横缝及四角吊装空洞，绑扎钢丝绳，切断屋面板和屋架的连接，起吊屋面板，绑扎钢丝绳，切割气楼架与屋架的连接点。起吊气楼架，绑扎屋架钢丝绳，切割屋架与柱头的连接点，原则上应自上而下拆除起吊屋架，由中间向两边对称拆除屋面板，必须四角凿洞，穿好钢丝绳，再切开连接点，用撬杆浮动后再起吊。屋面板、气楼架和屋架均采用四点吊拆。

2）多米诺骨牌倒柱法。

所谓“多米诺骨牌”拆除法，其原理是像将麻将牌按一定的间距排列起来，当推倒第一块首牌后，后面排列着的骨牌便会被依次撞倒，如工业厂房中的大柱子都是一排一排的，就可以利用这种原理进行拆除。上钢一厂二转炉改造时，用这种方法拆除66根、高19m的钢筋混凝土柱子，质量达$36\times10^3$kg，效果很好。

在采用倒柱法施工前，每根混凝土柱子和外界没有任何形式的连接。应根据施工场地的实际情况，确定柱子的倾倒方法。在首倒柱子的上部缚一只开口定滑轮，在倒柱施工安全区域之外放一台卷扬机，卷扬机钢丝绳通过滑轮固定在其他建筑物上，并使首倒柱子上部的受力方向指向未倒柱。然后，在混凝土柱脚离地高约300mm处凿开一圈，呈水平状，使柱子的主钢筋全部裸露。除留下2对角4根钢筋外，其余钢筋全部割断。此时，柱子处于一级危险状态，施工区域不准任何非工作人员入内。在检查落实安全措施之后，从末倒柱开始向首倒柱方向按顺序割断背后倒柱方向一面的柱脚钢筋，这时整根柱子只有2根钢筋未割断，卷扬机钢丝绳所产生的力矩在柱脚处为最大，而柱脚处的强度是最薄弱的，并且切断了钢筋一面的混凝土是不抗拉的。因此，可以认定，卷扬机钢丝绳受力后所产生的力矩绕这2根已裸露而未割断的钢筋所组成的水平轴线转动。故这2根钢筋可以不割断。

当卷扬机启动钢丝绳尚未绷起来的情况下，首倒柱已倒下，第一根撞倒第二根，第二根撞倒第三根……，仅十几秒钟，十几根混凝土柱子便全部倒下。从凿柱脚到倒柱，前后共用1d。

（2）控制爆破拆除法

用控制爆破的方法进行拆除，成本低、工期短，效果好。对现浇混凝土结构，该方法的效果尤为显著。在各种拆除方法中，控制爆破拆除法占有重要的地位，所谓控制爆破，是指通过一定的技术措施，严格控制爆炸能量和爆炸规模，将爆破的声响、振动、破坏区域及破碎物的散坍范围控制在规定的限度以内进行控制爆破，一般要注意解决下列问题。

1）炸药的选择。

现在国内外拆除时所用炸药有两类：硝铵炸药和高能燃烧剂。

硝铵炸药的主要原料是硝酸铵、TNT、木粉等，把粉碎和干燥的这几种原料按一定比例混合，即为硝铵炸药。

用硝铵炸药进行微差定向爆破拆除在我国发展较快，湘潭钢铁厂炼钢车间厂房屋盖、鞍钢多座烟囱都是用这种方法完成拆除任务，三次采用定向爆破拆除烟囱取得成功的经验。

国外比较成熟的高能燃烧剂有CCRSLB1型（以铝和镁为主要成分）和SLB2型（以氧化铝为主要成分）SLB3型（以氧化钡为主要成分）等。我国的高能燃烧剂主要以金属氧化剂和金属还原剂组成，金属氧化剂有氧化铁（$Fe_2O_3$，$Fe_3O_4$）、氧化铜（CuO）、氧化铅（$PbO_2$）、氧化锰（$MnO_2$）、氧化钡（$BaO_2$）、氧化铬（$Cr_2O_3$）等，金属还原剂一般用铝粉或铝银粉等。

2）药量计算。

爆破作用极其复杂，即使在均匀的介质内，也难以应用力学的动态方程去描写它的作用。工程实践中，一般采用经验公式或经验的计算参数进行计算。

3）引爆和引燃。

电力引爆就是由电雷管对每个药包引爆。引爆电雷管的电源可以是直流电，也可以是交流电；可以是干电池，蓄电池，也可以是发电机或电力的动力线电源。但它们都必须大于电管的额定准电流。电力引爆时，要用专用仪表检查导线和电雷管，准确核算引爆的控制起爆时间和延迟间隔时间。

高能燃烧剂一般用电阻丝引燃，要选能保证引燃稳定的 600W 和 800W 电阻丝。每个电阻丝的电阻差要小于或等于 0.10Ω，阻差超过 0.19Ω，会造成有的已经起爆，有的还没有起爆，影响爆破效果。

4）控制爆破拆除法的工作顺序。

控制爆破拆除法的工作顺序如图 34-42 所示。

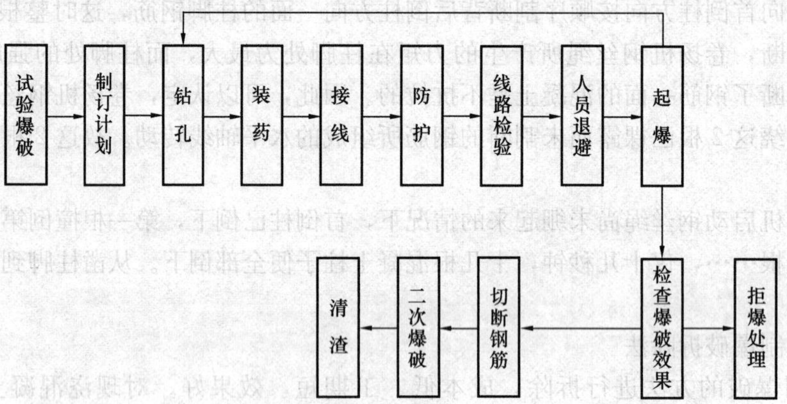


图 34-42　控制爆破拆除法的工作顺序

（3）膨胀破碎拆除法

膨胀破碎拆除法也称为静态碎剂法，是利用安放在建筑物中的膨胀破碎剂的膨胀破碎作用而促其裂解的方法。国外称之为静态解体法或无公害解体法。

1）膨胀破碎剂种类

膨胀破碎剂有复合膨胀破碎剂和水泥膨胀破碎剂等。

2）膨胀破碎机理如下：利用膨胀破碎剂的化学反应产生膨胀压力，膨胀压力作用于孔壁时，产生环向拉应力和径向压应力，因环向拉应力比径向压应力小，所以破碎体从环向裂开。

2. 托梁拔柱、换柱

建筑物改造中有很多涉及柱子改造的工程，如加柱、拔柱、换柱、接柱、增设牛腿、柱子加粗、加长、柱子纠偏、小柱位移等，可以增加建筑物的空间、平面承载能力。特别是工业厂房，由于生产工艺和设备的革新，生产能力的发展和生产环境的改善，都会引起柱子的变迁。有时住宅加层，也需要增加柱子的承载力和增设附加柱。“托梁换柱”的目的，是在不拆或少拆上部梁、架和屋面的情况下改造柱子。当然，有时也采用拆掉上部结构、大面积更换、改造柱子的技术。这种情况往往是属于工厂或建筑物改造量较大且工期又允许的情况。但这种情况的柱子改造，也往往是在改造整个建筑物的同时进行。

老工业厂房的柱距一般为6m，由于生产工艺的改变，有时需要拔去柱子，以增大柱距。托梁拔柱还要相应解决相邻构件的改造问题，如增设托架、傍柱、地基基础处理和增设牛腿、增加或改变水平支撑等。这样做虽然增加了工作量，但省去了拆除上部屋架、屋面板等工作，综合起来看还是有利的。

托梁拔柱要做好如下几项工作：

（1）对原有屋盖系统的屋面板及其搁置点、屋架及其端部、屋盖支撑系统进行全面质量检查，如有缺损者，均需先加固补强或加添完整。

（2）核算由于拔柱而引起各柱子和基础的应力变化，如有不符设计规定者，均应先加固补强。

（3）与拔除柱子处于同一轴线的相邻柱子的小柱顶部加做牛腿，以利搁置新增加的钢托架，并在设计中出具新增牛腿的施工详图。

（4）设计新增加的钢托梁，并出具施工详图。

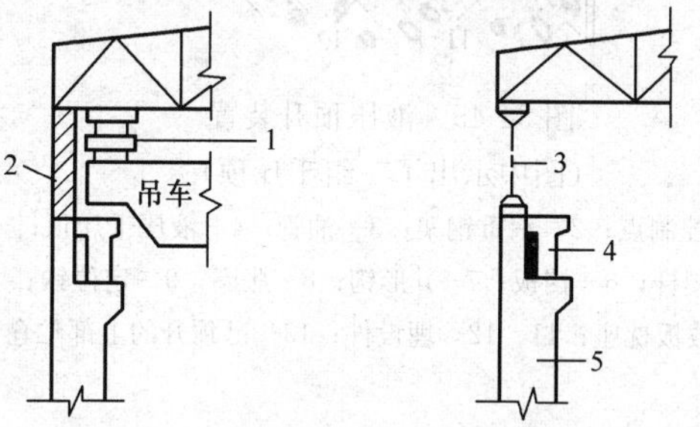

图 34-43 利用厂房吊车顶住屋架

1—千斤顶；2—切断短柱；3—安装钢托架；4—拆除吊车梁；5—拆除大柱

施工单位按设计图纸完成上述四项工程内容，并待加固措施到达一定强度后，方可进行拔柱工作。

拔柱的关键是顶住屋架，去掉一段短柱，安装托架，再把短柱托住，之后再拆吊车梁和大柱。拆除短柱一般有两种方法，一种是利用原厂房的吊车，在上面安装千斤顶，用其顶升屋架，切断短柱一段，换托架顶柱，具体见图 34-43；另一种是靠近柱侧安装井架，支承住屋架，再切断短柱，换上托架，托住屋架，之后再拆大柱，具体见图 34-44。

3. 建筑物屋盖顶升

为增加建筑物的空间，往往把建筑物的屋盖顶升一定的高度。例如，鞍钢钢绳厂把一低矮的老厂房（11800m$^2$）整体同时升 2.27m，比厂房拆除重建节约了大量的人力和物资，提前了工期。上钢五厂炼钢车间为提高炼钢产量、更新设备、改善劳动条件，进行了厂房整体屋盖顶升，将 3650m$^2$ 的屋盖顶升 1.2m 高。

建筑物屋盖的顶升是一项复杂的技术，尤其是整体屋盖的顶升，涉及的顶升技术比较复杂，主要是被顶升的建筑物的可靠性、顶升设备、顶升同步和顶升安全措施等。

（1）顶升设备

顶升设备有电动螺旋顶升器、液压千斤顶、捯链及卷扬机等。

用液压千斤顶作顶升设备，可根据不同情况使用不同吨位（如 10t、50t 或 100t）的千斤顶。在使用千斤顶时，必须与配套装置并用，或在千斤顶下搭好承柱、承台，或制作千斤顶配套设备。如某厂顶升 8000t 贮仓时，制作如图 34-45 所示的顶升装置。这种装置是在千斤顶下设置 n 形钩，用这种形式的钩将贮仓壁顶起来。

某厂采用链式起重器作顶升设备，这种链式起重器的门式架的两个框架固定在柱顶上，通过中间的捯链吊起屋架。

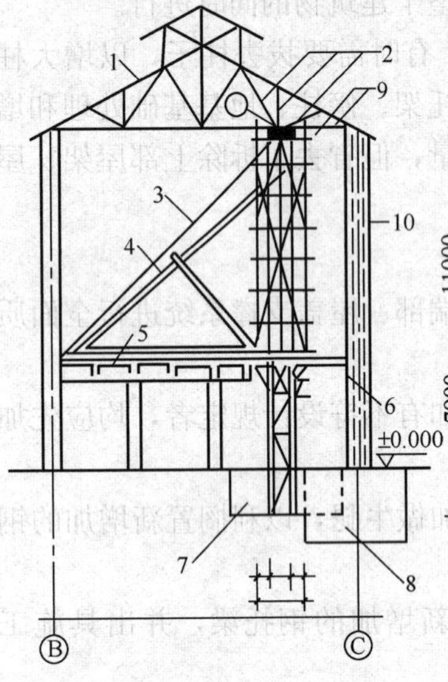


图 34-44　用井架和千斤顶支承屋架

1—钢屋架；2—75×8 角钢加固；3—缆风绳；4—斜撑；5—平炉楼层；6—新浇混凝土平台；7—沉渣室基础；8—钢柱基础；9—割断口；10—待拆旧柱

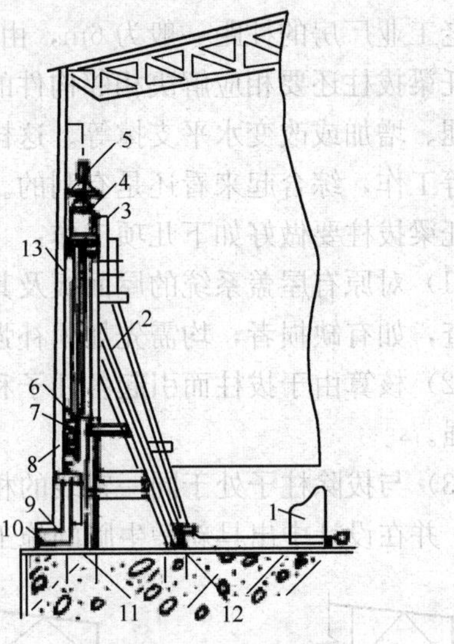


图 34-45　液压顶升装置

（图中示出了一组千斤顶）

1—控制点；2—承重钢架；3—油管；4—液压千斤顶；5—爬杆；6—挡板；7—n 形钩；8—胀圈；9—定位铁；10—敷板枕座；11、12—埋设件；13—已顶升的上部贮仓

（2）顶升前的准备

1）屋盖整体加固和检查：

厂房屋架采用预应力拱形屋架，因原支撑较少，为了增加屋面整体稳定性，顶升前，需对屋架头子（顶升受力处）上、下弦作适当加固，设置若干垂直支撑和水平支撑（此工作在吊车和吊车梁拆除前利用吊车进行）。加固后，需经有关部门进行认真检查，认可后方可作出可以顶升的决定。

2）登高脚手架的布置及标尺安装：

厂房两排柱子外侧脚手架搭到柱高度，形成一安全通道，各用一趟竹笆铺成“之”字形斜梯与地面相通。混凝土柱内侧脚手架搭到柱牛腿平面高度，从牛腿面到柱顶设有登高爬梯，以便工人安装小钢柱、加增柱顶及给顶升器加润滑油脂。具体搭法应视现场具体情况而定。

每个柱顶都要备一根 1m 长的标尺，其最小刻度为 1cm，用以测量屋架顶升的高度。

3）柱顶与屋架脱离及消除柱顶推力：

进行柱顶与屋架逐个脱离工作，首先用气割割去柱顶与屋架的连接缝。单个顶升器顶升 3s 左右（估计顶升 3mm），观察柱头与屋架是否脱离，有否裂缝，有无响声。此处焊缝是否割尽是关键。如已脱离，继续顶升 30mm，停止后用割具修平电焊疤，以利于安装小钢柱及与混凝土柱顶贴平。

有时厂房在安装屋架时就把屋架与柱顶焊牢，然后安装屋面板等。由于荷载增加，屋架下弦随之伸长，造成柱顶向外推力。另一方面，由于吊车动荷载作用，加之基础下沉等因素也会增加柱顶向外推力。由于上述原因，柱顶与屋架脱离后，一般都是略微内倾 2～4cm。为消除柱顶推力，可在柱顶板上放置 14mm 的圆钢 2～3 根。因圆钢滚动有方向性，因此圆钢要放正并与屋架轴线垂直。由于柱顶推力在柱顶与屋架脱离后即刻消除，柱顶随之内倾位移，使原来垂直安置的顶升器倾斜，因此必须再进行第二次垂直度找正。找正后，方可正式进行顶升。

（3）顶升过程及安全组织措施

以螺旋顶升器为例，在柱顶和屋架逐个脱离完毕并垫上圆钢后，即可开始整体顶升。顶升工作分两个阶段进行，以 50cm 为一个阶段。第一阶段后，在顶柱填一段 50cm 的小钢柱，并与混凝土柱顶焊牢。待第二阶段顶升完后，填上第二段 50cm 的小钢柱，并与屋架焊住。两个小钢柱间亦焊牢。然后在两根柱间加垂直支撑，并与小钢柱焊牢，以上两个阶段要求连续完成。顶升前，要得到气象条件的保证，初步要求在 8h 内风力不超过四级，阵风不超过五级，不下雨。

4. 移位技术

在建筑物改造工程中，经常需要变更建筑物的位置。最近几年，国内外位移技术的发展也很快，特别是大型建筑物的位移，难度很大，由于液压千斤顶和位移机具的发展，目前可以位移 2 万 t 重的大型建筑物。

（1）位移方法的种类

建筑物位移方法有多种，比如水平位移、旋转位移、垂直位移及其综合位移，具体情况见图 34-46。

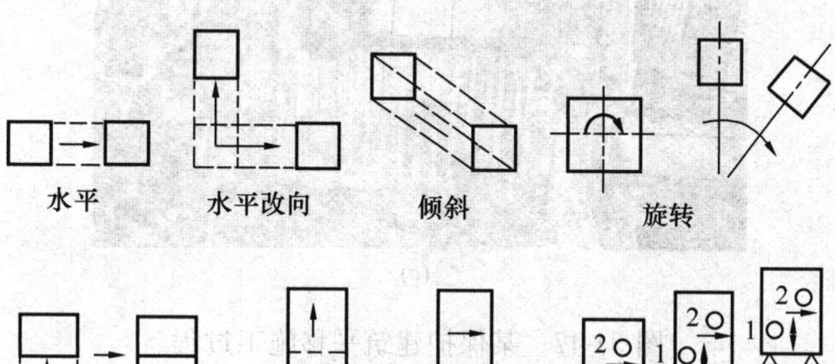

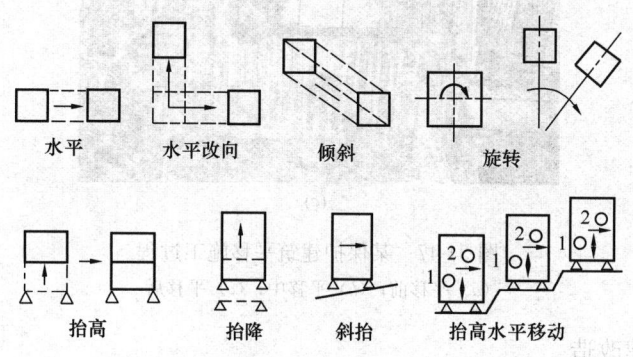

图 34-46 建筑物位移方式

（2）位移机具

位移需要支承建筑物或抬高建筑物的机具，如垫木、辊杠、千斤顶、楔子等。移动机具例如滑车、卷扬机等。辅助材料有钢筋混凝土块、螺栓、支撑等。

（3）位移实例

某保护建筑始建于 1954 年，占地面积约 2014m$^2$，建筑面积约 6564.8m$^2$；结构形式为砖混结构（架空层部分区域为砖柱框架结构），基础形式为砖砌大放脚条形基础和部分独立基础；房屋设置有少量构造柱，但未设置圈梁；承重墙体采用烧结黏土普通砖砌筑，承重墙厚 370mm、240mm。主楼三层、局部四层、附楼两层，主楼质量为 8000 多 t。现根据需要将主楼整体向北平移 35.56m，在目前国内保护建筑中实施平移的项目中占地面积、建筑面积和质量均为最大项目。

为确保平移过程中上部砌体结构安全可靠，对墙体采用高性能复合砂浆钢筋网进行加固。由于保护性建筑的特殊性，外墙必须尽量保持原有风格，因此，在墙体加固过程中对外墙只在内侧采用单层钢筋网加固。

在建筑四角变形敏感区域，局部采用角钢进行临时加强。通过前期的精心准备，完成了下轨道梁、上轨道梁、反力支墩及轨道平整等工序的施工。

在所有平移前置条件具备之后，半个月即完成墙体切割、牵引装置安装调试、试平移、正式平移等各项工作，高效、安全地完成了整体平移。平移过程见图 34-47。

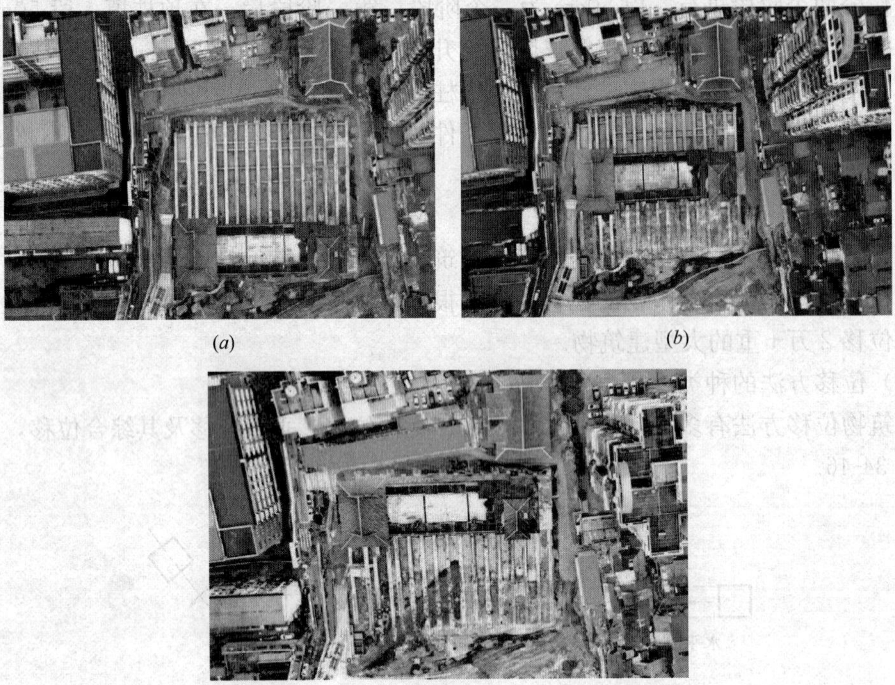

图 34-47　某保护建筑平移施工过程

（*a*）平移前；（*b*）平移中；（*c*）平移后

5. 增层与扩建改造

混凝土结构房屋增层改造主要包括直接增层和套建增层。其中，直接增层主要应保证新增结构与原结构有效可靠连接，可采用植筋（或钢套连接）等方法增高原竖向结构构件，直接增层的层数、原基础计算分析与加固、增层后结构整体分析等是需要解决的关键问题。

套建增层改造必须在充分论证的基础上进行，且原则上应能保证套建增层施工过程中原房屋的正常使用。对既有房屋进行套建增层改造，应尽可能实现结构受力与施工措施的一体化，经套建增层改造的房屋结构的安全性、耐久性和适用性原则上不低于现行设计标准。

套建增层方式可分为与既有房屋完全分离的分离式套建增层和新增竖向荷载与原结构分离、水平作用与原结构协同的协同式套建增层两类。应综合考虑结构合理性、既有房屋使用情况、经济性等多种因素，选用套建增层方式。

套建增层常用的结构形式主要有外套规则框架、外套巨型框架、外套新型预应力混凝土框架等。

套建增层预应力混凝土框架柱仍可采用普通钢筋混凝土框架柱。为使结构受力与施工过程一体化，套建增层结构一层顶框架梁采用内置钢桁架预应力混凝土组合框架梁，通过在（预应力）钢桁架下侧挂底模，并以底模为支承设置侧模，来实现在浇筑混凝土过程中由（预应力）钢桁架承担梁自重和施工荷载。待混凝土达到设计强度等级值的75%以上时，张拉梁体内曲线布置的预应力筋，形成预应力钢桁架-混凝土组合框架梁。套建增层结构层顶的次梁采用内置钢箱-混凝土组合梁，内置钢箱可由两槽钢对焊而成。通过在钢箱下侧挂底模，并以底模为支承设侧模，这样施工过程由钢箱承担次梁自重和施工荷载，在使用阶段内置钢箱与其外围钢筋混凝土以组合梁的形式开展工作。板为普通混凝土板，但垂直于次梁内置钢箱焊接槽钢作主楞，在主楞上布置木方作次楞，在次楞上铺放板底模，这样在施工过程中板的荷载直接传给次梁。除新增套建增层结构一层顶外，其他楼层同新建楼层一样对待。

6. 加装电梯

加装电梯设计除要满足常规电梯的基本参数、规格、井道尺寸、选用技术等要求外，还应考虑噪声控制。电梯噪声是指电梯在设计、安装、使用不合理等方面产生的声音。电梯噪声主要表现为低、中频振动，传播方式以振动为主，通过固体传递，穿透能力强，并且其发出的低频噪声会损害人的身体健康。电梯产生噪声的关键点有曳引机动作、门机动作、控制柜内接触器吸合等。

曳引机动作噪声主要包括曳引机起制动声音、曳引机运行过程中与钢丝绳产生的摩擦声音、曳引机在非正常条件下的嗡鸣声；门机动作噪声主要是指门在关闭、打开过程中摩擦或碰撞的声音；控制柜内接触器吸合、电梯运行肘导靴与导轨摩擦同样会产生噪声。

以现在的技术手段，很难从根本上解决电梯的噪声问题，只能通过以下三个方面入手来降低加装电梯的噪声：

（1）加装井道；

（2）针对机房噪声设置隔声（无机房电梯指曳引机所在处）；

（3）通过电梯门隔声。

### 34.12.2.3 结构改造的技术要点

1. 拆除技术

人工拆除施工应从上至下逐层拆除，并应分段进行，不得垂直交叉作业。当框架结构采用人工拆除施工时，应按楼板、次梁、主梁、结构柱的顺序依次进行。

当进行人工拆除作业时，水平构件上严禁人员聚集或集中堆放物料，作业人员应在稳定的结构或脚手架上操作。

当人工拆除建筑墙体时，严禁采用底部掏掘或推倒的方法。

当采用机械拆除建筑时，应从上至下逐层拆除，并应分段进行；应先拆除非承重结构，再拆除承重结构。

爆破拆除作业的分级和爆破器材的购买、运输、储存及爆破作业应按现行国家标准《爆破安全规程》GB 6722 执行。

对建（构）筑物的整体拆除或承重构件拆除，均不得采用静力破碎的方法拆除。

当采用静力破碎剂作业时，施工人员必须佩戴防护手套和防护眼镜。

孔内注入破碎剂后，作业人员应保持安全距离，严禁在注孔区域行走或停留。

严禁静力破碎剂与其他材料混放，应存放在干燥场所，不得受潮。

当静力破碎作业发生异常情况时，必须立即停止作业，查清原因，并应在采取相应安全措施后方可继续施工。

2. 托梁拔柱、换柱

托换梁或托换桁架的挠度变形应符合表 34-45 的规定。

托换梁、托换桁架的挠度允许值 表 34-45

| 托换梁或托换桁架 | 挠度容许值 |
|---|---|
| 钢桁架、钢托换梁 | $l/400^*$；$l/500^{**}$ |
| 钢筋混凝土托梁 | — |
| $l<7$m 时 | $l/250$ |
| 7m$\leqslant l\leqslant$9m 时 | $l/300$ |
| $l>9$m 时 | $l/400$ |

注：1. 表中“*”为永久荷载和可变荷载标准值组合后产生的挠度；“**”为可变荷载标准值产生的挠度；

2. $l$ 为托换梁或托换桁架的计算跨度（对悬臂梁和伸臂梁为悬伸长度的 2 倍）；

3. 如果构件制作时预先起拱，且使用上也允许，则在验算挠度时，可将计算所得的挠度值减去起拱值；对预应力混凝土构件，尚可减去预加力所产生的反拱值。

3. 建筑物屋盖顶升

顶升施工前，应编制施工技术方案和施工组织设计，并应对顶升过程可能出现的各种不利情况制订应急措施。

升降移位施工应符合下列规定：

(1) 应根据荷载情况在顶升点上、下部位设置托盘梁避免原结构局部裂损。

(2) 应按设计要求设置顶升设备，并应安装牢固、垂直。

(3) 顶升设备应保证同步顶升精度，避免托盘结构体系裂损、变形。

(4) 在顶升过程中，应采取有效措施，确保临时支撑的稳定。

(5) 顶升或下降应均匀同步、施力缓慢，且应标志明确。

4. 移位技术

移位工程施工前，应编制施工技术方案和施工组织设计，并应对移位过程可能出现的各种不利情况制订应急措施。

(1) 底盘结构体系施工应符合下列规定：

1) 施工前，应设置建筑物标高标志线。

2) 施工时，应严格按经过审定的移位工程技术方案和施工组织设计的要求，分段、分批施工。

3) 在建筑物原址施工底盘结构体系时，必须根据开挖、托换、桩基施工等对原建筑物造成的不利影响进行处理。

4) 底盘结构体系施工时，应按设计要求设置滚动或滑动装置，底盘梁的表面应平整、光滑，平整度用 2m 直尺检查时的允许偏差应为±2mm，且整体高差不宜超过 5mm。

5）移位路线和新址的地基基础施工时，应先检验槽底土质与勘察结果是否符合设计要求，并应遵守相关施工标准的规定。

（2）托盘结构体系施工应符合下列规定：

1）托盘结构体系施工应对称进行，使建筑结构受力均匀。每条梁宜一次浇筑完成，如需分段，接槎处应按施工缝处理。

2）托盘结构体系施工时，原结构与托盘结构体系相连接的界面应把表面凿毛、清理干净，并涂刷界面处理剂。

3）托盘梁主筋应采用焊接或机械连接，连接构造应符合现行国家有关标准的要求，托盘梁的施工缝宜避开剪力最大处。

4）在卸载支撑处，宜设测力装置，并加强对施工过程的监测。

5）对施工时开凿的墙洞，在建筑物就位后，应及时进行修复处理。

（3）水平移位施工应符合下列规定：

1）移位前，托盘和底盘结构体系应通过阶段性施工质量验收。

2）移位前，应对移动装置、反力装置、卸荷装置、动力系统、控制系统、应急措施等各方面进行检查，并消除一切移位障碍物。

3）应首先进行试验性移位，检测施力系统的工作状态和可靠性，检验相关参数和移位可行性。

4）移位施工应遵循均匀、缓慢、同步的原则，移动速度不宜大于 60mm/min，并应及时纠正前进中产生的偏移。

5）移动摩擦面应平、直、光洁，不应有凸起、弯曲和空鼓，并应选择摩擦系数较小的材料，移位时可在滑移面辅以润滑剂。

6）施力设备应有测力装置，并应保证同步平移精度。

7）平移到位后，应及时对建筑物的位置和倾斜度进行检测，并应做阶段验收。

（4）施工监测应符合下列规定：

1）应进行沉降和裂缝监测，对于特别重要的建筑物，还应对结构内力进行监测；

2）测点应布置在对移位较敏感或结构薄弱的部位，测点的数量和监测频率应根据设计要求确定。

3）应对建筑物各轴线移位的均匀性、方向性进行监测，如有偏移或倾斜，应及时调整处理。

4）应对托盘和底盘结构体系进行监测，如发现安全隐患，应及时处理。

5）根据具体情况规定预警值、报警值，并及时反馈监测结果。

6）现场应设专门人员监测整个移位过程，及时发现和排除影响移位正常进行的因素。

应将建筑物就位后的水平位置偏差控制在±40mm 以内；将建筑物就位的标高偏差控制在±30mm 以内。

建筑物就位后，不应存在影响安全的裂缝，对影响结构安全的裂缝，应及时采取修补或加固措施，亦应修补不影响结构安全的裂缝。

5. 增层与扩建改造

直接增层的墙、柱宜与原结构上下对应。

对于直接增层、室内和地下增层，首先应对增层建筑物加固部分进行验收，验收合格后方可进行增层施工，增层施工后应进行整体验收。

外套增层和对原建筑物结构的加固和增层同时施工的工程，应分别验收结构加固和增层部分，最后进行整体验收。

6. 加装电梯

既有多层住宅加装电梯改造时，应符合下列规定：

（1）拟加装电梯的既有多层住宅应在正常使用条件处于安全状态，加装电梯不应降低原房屋的结构安全性能，并确保加装部分的结构安全和正常使用。

（2）加装电梯需对原结构墙体作局部开洞处理时，开洞位置应设置在原结构外墙门窗洞口处，并应对原房屋结构的相关部位进行承载能力验算，必要时尚应进行整体验算，根据计算分析结果采取相应的补强加固措施。

（3）加装部分应进行抗震设计。

（4）当加装部分结构与既有结构采用脱开的形式时，除进行地基承载力、地基变形验算外，还应验算加装部分结构的抗倾覆稳定性，以确保加装部分的结构安全和正常使用。

（5）当加装部分结构与既有结构采用连接的形式时，应遵循变形协调、共同受力原则，从基础到上部结构均应采取可靠措施以加强既有结构与新增结构的整体性连接，避免沉降差对既有结构和加装电梯的不利影响，以确保既有结构和加装电梯的安全。

## 34.12.3　设施设备改造

### 34.12.3.1　设施设备改造的程序及工作内容

建筑设施设备改造的工作程序如下：设备系统鉴定→设备系统改造→设备系统改造验收。

1. 设备系统鉴定

既有建筑设备系统的鉴定应由有资质的机构承担。鉴定应保证建筑物现有工作、生活的安全。

既有建筑设备按照系统分为以下八类：

（1）给水排水系统。

（2）供暖供热系统。

（3）通风空调系统。

（4）电气系统。

（5）监控与控制系统。

（6）燃气系统。

（7）电梯系统。

（8）防火系统。

具备下列情形之一时，应进行既有建筑设备系统的鉴定：

（1）系统接近使用寿命时。

（2）某一设备系统需进行改造时。

（3）进行建筑改造，设备系统功能需求发生较大变化时。

（4）设备系统发生重大事故，需进行功能修复时。

（5）因建筑功能改善的需求，需要对设备系统性能、功能进行重新评估时。

既有建筑设备系统的鉴定分为专项鉴定和综合鉴定：

（1）专项鉴定是对系统中的某项功能或单个设备系统进行的鉴定。

（2）综合鉴定是对系统进行全面的鉴定，或对几个相关功能系统进行鉴定。

（3）专项鉴定应按照设备系统的功能要求进行。综合鉴定除按照设备系统的功能要求外，还应按照有关安全、卫生、节能、环保的要求进行鉴定。

既有建筑设备系统的鉴定同时采用专家评审法和现场测试法进行。

针对既有建筑设备鉴定前，应收集设备系统的相关技术资料，制订鉴定方案，鉴定方案应经委托方确认。

既有建筑设备系统的鉴定应包括以下内容：

（1）使用功能。

（2）安全性。

（3）环保、卫生要求。

（4）系统效能。

既有建筑设施设备系统的鉴定应符合下列要求：

（1）当以质量评定、功能恢复为目的而进行的鉴定时，应采用设计时依据的标准和设计文件。

（2）当以设备系统改造、建筑综合性能评估为目的而进行的鉴定时，应采用现行标准。

鉴定报告应对系统的使用功能、安全性、环保卫生、系统效能等作出评价，并提出改造的意见。

经鉴定符合下列条件之一的既有建筑设备系统应进行报废或更新：

（1）设备能耗过大，或者对环境污染严重，属于国家规定应淘汰的产品。

（2）已超过使用寿命，损坏严重，改造费昂贵，或改造后设备系统性能仍无法满足要求或无法恢复的单台设备系统。

（3）设备发生故障或事故，存在较严重的不安全因素，且在经济上不宜大修。

（4）因受自然灾害或事故损坏，而修理费用接近或超过原设备价值的设备。

（5）功能已无法满足建筑使用功能要求的系统。

2. 设备系统改造

设备系统的改造应根据设备的鉴定结果来进行。

既有建筑设备系统的改造，应在保证安全、环保、卫生、节能，注重保证和完善既有建筑设备系统使用功能的前提下，做到经济、简朴、实用。

按改造程度的不同，既有建筑设备宜分为系统全面改造、设备系统单项功能改造。

既有建筑设备系统改造前应制订改造方案。改造方案至少应包括以下内容：鉴定结果、改造内容、经济性分析、改造后的预期效果、具体实施方案。

既有建筑设备系统鉴定后的改造应由有相关资质的单位进行设计，并由有相关资质的单位施工。

3. 设备系统改造验收

设备系统的改造部分应按照现行相应验收标准进行验收。

验收应在施工单位自行检查评定的基础上，由建筑业主单位组织相关单位进行，参加质量评定的人员应具有规定的资格。

验收时，应提供设备改造的设计文件，产品、设备的质量保证文件，现场检查测试的报告，以及各分项的验收记录等文件和记录。

设备系统改造验收合格应符合以下规定：

（1）各个子分项均应合格。

（2）质量控制资料完整。

（3）现场检查、测试结果符合设计要求和相关标准的规定。

**34.12.3.2　设施设备改造的实施方法**

1. 给水系统改造

（1）给水水质保障

保障给水水质主要有以下三种方法。

1）选用优质的管材及配件。在改造中，要优先选用质量好且安全的管材及设备。许多新型管道材料，如铝塑复合管、钢塑复合管、P-R 管、PE 管等已被广泛使用，效果良好；很多管材具有无毒、卫生、保温节能、耐热良好、管壁光滑、水头损失小、不结垢、质量轻、安装方便、连接可靠、使用寿命长、可回收利用等特点。这些新型管材能很好弥补传统管材的缺陷。阀门方面，一般截止阀比闸阀密闭性好，闸阀比蝶阀密闭性好。在同等条件下，应优先选用更能节水的阀门，并尽量采用阀门自动控制技术。

2）对于水箱的布置及材质，生活水箱与消防水箱应分开设置，建筑内的生活水箱应放在专用房间内，其上方的房间不应有厕所、浴室、盥洗室、厨房、污水处理间等。水箱需要进行防腐处理，应采用环保、食品级材料。溢流管、泄空管不能与污水管直接连接，应设有空气隔断装置。通气管与溢流口设铜丝或钢丝网罩，以防污物和蚊蝇进入。在传统的给水系统中，大多数都是生活水箱和消防水箱合用，容易造成容积过大、生活饮用水水质恶化的情况。所以，将生活水箱与消防水箱分开设置，可以确保生活饮用水的水质。

3）防止回流污染。从生活用水管道上接出其他用水管道时，应注意设置倒流防止器。从城市给水管网的不同管段接出引入管向小区供水，当小区供水管与城市供水管形成环状管网时，应接倒流防止器，饮用水管与大便器连接时，为防止给水管道水压降低，也应加设倒流防止器，防止污水回流造成污染。饮用水管不应直接与大便器连接，应采用有防回流污染的冲洗阀或通过水箱连接。还应增加设置防回流污染的部位。

（2）给水系统节水

给水系统节水有以下四种方法：

1）节水器具主要分为以下几种类型。

陶瓷阀芯节水龙头：目前节水型水龙头大多采用陶瓷阀芯水龙头。这种水龙头与普通水龙头相比，一般可节水 20%～30%；与其他类型节水龙头相比，价格较便宜，因此适合在居民楼等建筑中大力推广使用。

延时自闭式水龙头：会在出水一定时间后自动关闭，避免长流水现象。可在一定范围内调节出水时间，既方便卫生，又符合节水要求，适合公共场所使用。

光电控制式水龙头：延时自闭式水龙头虽然节水，但出水时间固定后不易满足不同使用对象的要求。而光电控制式水龙头就可以克服上述缺点，安装时可以自行检查该器下方或前方的固定反射体（比如洗手盆），并根据反射体的距离调整自己的工作距离，避免了过去的自动给水器因前方障碍较近而出现的长流水现象。不仅如此，这种智能化的洗手器可以做到尽管你的手在下面，若没有洗手动作也不给水，并且洗手时间过长会自动停水；长期不用还可以定时冲水，水封失灵、供电不足会提前报警。

2）防止超压出流。解决超压出流造成隐形浪费问题的办法，一是合理限定配水点的水压，二是采取减压措施，将水压控制在限值要求范围内，以减少超压出流现象的发生。可采取的具体措施有安装减压阀、设置减压孔板或节流塞等，以使各用水点处供水压力不大于0.2MPa。

3）减少“无效冷水”的排放。既有建筑集中热水系统中未设置循环系统的应进行改造，增设热水回水管，保证立管干管或支管的循环。减少局部热水供应系统管线的长度，并采取严格的管道保温措施，严格执行有关设计、施工规范，建立健全管理制度。

循环管道应采取同程布置的方式，即在高层建筑中，冷、热水系统的分区应一致，各区水加热器、贮水罐的进水均应由同区的给水系统专管供应，以保证冷、热水压力相同等。

4）配套安装中水回用系统。城市供水的80%转化为污水，如经再生处理，70%可成为安全利用的中水，这相当于增加了50%的城市供水量，中水因此被称为第二水源。建筑中水工程是节约用水的重要措施，不仅可极大地提高水资源的利用效率，还能减少污水排放量、保护环境，有较好的社会效益和环境效益。

在既有建筑改造时，增设中水处理设施时一般应重点考虑以下几点：①建筑面积大于30000m$^2$或回收水量大于等于100m$^3$/d的宾馆、饭店；②建筑面积大于50000m$^2$或回收水量大于等于150m$^3$/d的机关、科研单位、大专院校和大型文化体育建筑、公寓；③建筑面积大于50000m$^2$或回收水量大于等于150m$^3$/d的居住小区（包括别墅、公寓等）和集中建筑区。

（3）给水系统节能

给水系统节能主要体现在供水系统的节能，表现在合理分区和选择供水方式。供水方式的选择可以参考以下方法。

1）低层住宅楼，应充分利用直接供水方式。若顶层用水在每天的高峰时段不能满足需求，但大部分时间都能满足，则应优先选用仅设屋顶水箱的供水方式，这样既能让市政水在用水低峰时段贮在屋顶水箱，又能保证用水高峰时的流量和压力。

2）对小高层建筑来说，城市水压仅能保证n层及以下用水，那么可分区供水，n层及以下由市政管网直接供水，n层以上采用市政给水管网→无负压变频给水设备→用水点（要征得当地自来水公司的许可）供水方式、市政给水管网→水池→水泵→水箱一用水点供水方式或市政给水管网→水池→变频给水设备→用水点供水方式等，充分利用市政给水管网的可用水头，达到节能的效果。

3）高层建筑宜采用并联给水分区的方式，尽量减少减压阀的设置；推荐采用支管减压技术作为节能节水的有效措施。每个分区应选用2台或2台以上工作水泵，不同级配工作泵的流量宜以1/2的流量递变，宜采用大小水泵搭配的形式，并设气压罐给水。

4）当市政供水条件允许时，宜采用无负压供水设备。在不设调节水箱的供水方式中，应选用高效、节能的变频水泵。

还可以开发利用各种可再生的清洁能源，例如常用的有太阳能，在热水供应系统中，太阳能热利用具有很好的性价比。另外，还可利用空调系统的余热、废热等加（预）热生活热水。

(4) 准确计量用水量

要准确计量用水量，一是提高水表计量的准确度；二是严格按照规范要求选择和安装水表；三是发展IC卡水表和远传水表等。水表不仅起计量收费的作用，还可用于检测分析水量是否平衡，从而便于查找漏水管段，减少水量浪费。

近年来对于新型水表的研究，重点在两方面：其一是重点解决水表水资源损失问题，实现滴水计量，主要专利产品有防滴漏水、防空转水表或隔膜式节水型水表。其二是对IC卡水表改进研究，实现抗冲击性强、稳定性好、灵敏度高的计量，主要专利有多点采样、非接触式IC卡智能水表等。

(5) 给水噪声的防治及解决措施

住宅楼内的噪声问题一直是近年来商品房纠纷的焦点，如何防止噪声、减小噪声，不仅是建筑专业所要注意的问题，也是给排水专业所要强调的问题。通常泵房设在地下室或底层，但由于隔振性能不好，可能会影响居民正常生活。因此，在既有建筑改造时，应采取下列措施，以减小噪声。

1）水泵房应布置在商业用房、架空层等下方的地下室内，不得布置在住宅下方。选用低噪声水泵，水泵基础采用柔性基础，如加装减振器、橡胶垫圈等；水泵吸水管和出水管上，应装设可曲挠橡胶接头、可曲挠橡胶异径管等隔振管件；与水泵连接的管道，其管道吊架采用弹性吊架；水泵出水管上设缓闭式止回阀，以消除水锤；在水泵进出管上装设柔性接头，防止和水泵产生共振。选用合适的减压阀，采用低噪声的液位控制阀；水泵出水管道穿墙或楼板时，洞口与管外壁间应填充弹性材料，以防固体传声。

2）减小水池的进水噪声。地下水池的进水管进水，当压力过高时，进入水箱的水流会产生很大的跌落水头，水流撞击水池可能产生噪声。因此，当进水压力大于0.15MPa时，宜在出水口加设短管，使之淹没在开阀水位下150mm，并在管顶设置真空破坏器。当产品不便加设短管时，宜在出水口处安装消能筒。

3）控制配水点的静水压力不超过0.35MPa，控制给水管流速：干管不宜大于1.5 m/s，支管不宜大于1.0m/s。

2. 排水系统改造

(1) 排水系统节水

1）分质排水：既有建筑如采用中水回用系统，应采用分质排水，分质排水即污废分流，有利于使用建筑中水回用系统，其优点是能将优质排水与其他污水分开。优质排水作为中水水源，进入小区的中水处理系统经处理后回用，而粪便污水和厨房废水则直接排放。盥洗废水、淋浴废水、洗衣废水等废水，人们在以前也直接用来冲洗厕所，现在作为中水水源，经处理后再回用于厕所的冲洗，能有效保障用水水质安全，在感官和观念上都较容易被人们接受。

2）节水便器：使用小容积水箱以及带有两档水箱的大便器。目前我国正在推广使用6L水箱节水型大便器，并已有一次冲水量为4.5L甚至更少水量的大便器问世。但也应注意，要在保证排水系统正常工作的情况下使用小容积水箱大便器，否则会带来管道堵塞、冲洗不净等问题。使用两档水箱，不仅节水效果明显，而且不需要更换便器及对排水管道系统进行改造，因而尤其适用于既有建筑大便器的节水改造。

延时自闭式冲洗阀：利用先导式工作原理，直接与水管相连，在给水压力足够高的情况下，可以保障大便器瞬时冲水的需要，用来代替水箱，具有安装简洁、使用方便卫生、价格较低、节水效果明显等特点。

免冲洗小便器：美国推出的免冲洗小便器是一种不用水、无臭味的冲厕器具，其实仅仅是在小便器一端加个特殊的"存水弯"装置，不光经济、卫生，而且节水有效。

3）空调冷凝水的收集利用：改造建筑排水时，应充分考虑多数住户的生活习惯，增加空调冷凝水排水管，可在空调外机位置旁设置冷凝水排水管，排水管应设专用管道并散流至附近雨水口，不宜直接接入雨水井，设有中水系统时，可接入中水系统水源。

（2）防止噪声问题

控制排水管道噪声有如下措施：减小立管与横支管的连接角度，或者采用立横支管连接的上部特制配件；排水横管连接采用 45 或 60 三通、四通和曲率半径大的弯头；加大横干管管径和立管与横干管连接弯头的曲率半径，或装设具有减小水跃高度、稳定排水管内气压功能的下部特制配件，以改善横干管的排水工况；保证水封高度，降低排水管内的正、负压绝对值，避免水封冒气、涌动噪声；设置环形通气管或器具通气管，减小横支管的长度和流速。

为了降低出水撞击受水器产生的噪声，可采取以下措施：在满足规范要求的前提下，尽量降低龙头等出水设备的安装高度，并且调整出水设备的安装位置，使流出水流不垂直射在受水器上；选用制作材料较光洁的陶瓷，受水表面是弧形的受水器，以避免水流与受水器的剧烈撞击。

（3）合理规划排水管道

保证水利条件良好，排水畅通，排水支管不宜过长，尽量减少转弯，连接的卫生器具不宜过多，立管宜靠近外墙或靠近排水量大、水中杂质多的卫生器具；立管不应布置在卧室内及与卧室相邻的内墙。排出管以最短的距离排出室外，尽量避免转弯。保证设有排水管道的房间或场所正常使用；保证排水管道不受损等。

（4）选择合适的地漏

地漏是排除室内地面积水的卫生设备。地漏的选择原则归纳有以下几点，即结构简单，水力条件好，任何时候都应该保证有不小于 50mm 的水封，且该水封不能被人为破坏。规范中规定：构造内无水封的卫生器具和工业废水受水器与生活污水管道或其他可能产生有害气体的排水管道连接时，应在排水口以下设有存水弯，存水弯的水封深度不得小于 50mm。应阻隔有毒、有害气体通过排水管道进入室内，推荐采用有防涸功能的地漏。

（5）合理选择排水管材

随着塑料管材的日益推广，传统的排水管材铸铁排水管已经被各种各样的塑料管材取代。塑料排水管的优点在于内壁光滑，质量轻，外表美观，排水通畅，易于粘结，而且不会生锈。但是，由于普通排水塑料管管壁薄，隔声性能差，管内有水流动时，会产生哗哗声响，直接影响人们的正常生活。为避免塑料管材的以上缺点，设计立管时，选择中空内壁带螺旋的塑料管、芯层发泡管或者隔声空壁管等隔声塑料排水管材，可在一定程度上降低噪声。

3. 供暖系统改造

（1）改垂直式系统

1）加设温控装置的垂直单管顺流供暖系统：

在单管顺流系统的热力入口处或是在每根立管上加设温控装置，整体不改变原有垂直顺流的形式。改造后，系统局部可调，也满足了温控的条件，在热力入口计量总热量。这种形式的优点就是最大限度地利用原有系统，改造工程量极小；基本对室内的装修无影响；在每个立管或热力入口设置高流通能力的恒温阀或通断阀，系统可达到局部可调的特性。缺点是该系统的改造并没有改变原有供暖系统中立管的水流量全部顺次流入每个散热器的特点，所以造成改造后调节能力很局限。如果原系统存在垂直水力失调的情况，改造后系统不会对垂直失调有所改善。因此，该改造形式适用于水力平衡性好、对温控要求不严格的情况。

2）垂直单管加跨越管供暖系统：

垂直单管加跨越管的改造形式是在散热器的水平支管之间增设一个跨越管，跨越管通常比立管管径小一号或与立管管径相同，与散热器并联、并在散热器一侧安装适用于单管系统的二通散热器恒温阀，或是直接安装三通散热器恒温阀，使之根据室内负荷变化自动调节散热器的热水流量，维持用户设定的室温，从而达到节能的目的。在住宅建筑和归属不统一的公共建筑中，可在每组散热器上加装蒸发式或电子式热分配表来实现热量计量，同时在室外热力入口设置热量计量装置，用来计量系统的总热量。但在归属统一的公共建筑中，可直接在室外热力入口设置热计量装置，计量系统总热量。

这种形式的优点是充分利用原有系统的管道，改造的工程量小，对室内装修的影响也很小，用户较容易接受，而且改造后的系统节能效果明显。由于每组散热器均加设了温控阀，因此可充分利用太阳能、家电及人体散发的热，节能可达到15%～25%；同时由于温控阀可以调节室内设定温度，一方面可避免室温偏高或偏低，另一方面也可满足用户对室温的不同要求，便于分室按用途设定室内供暖温度。

该系统缺点是由于每组散热器均设温控阀和热分配表，改造费用相对较高，同时蒸发式热表的标定和抄表十分烦琐。并且，在许多公共建筑中，由于使用统一，而且房间面积大，散热器数量多，每组散热器都设置温控阀的必要性不强。因此，该改造形式适用于不改造系统原有的干管和立管，并且对用户装修影响不大的情况。

3）垂直双管供暖系统：

垂直双管的改造形式是指拆除原有的立管，增设供、回水两个立管，在散热器的入口设置调节阀或温控阀控制散热器的流量，达到分户调节的目的。或者也可以沿用原有的立管，同时增设一根立管，并在散热器入口设置温控阀，以完成双管系统的改造。

双管系统的优点是它比单管系统更易于和恒温阀配套使用，并且双管系统的水力平衡性比较好，散热器有较大的进出口温差，调节特性优于单管系统。缺点是这种形式的改造需要在建筑里增设一个立管，既有建筑往往难以满足这个施工条件，而且增设立管需要穿越楼板，施工比较困难，改造费用也较高。因此该系统适用于施工条件允许，且施工方便，或对系统平衡性或温控调节要求比较高的情况。一般在新建建筑中多采用这种形式的系统。

(2) 改水平式系统

1) 下分式双管并联系统：

下分式双管并联系统的供回水水平支管均位于本层地面上，管道采取明装方式，即沿踢脚板敷设，管线可采用金属或非金属管材，热计量表等设在楼梯间，散热器进口设温控阀。

该形式在每组散热器上均可安装恒温阀对室内温度进行分别调节，因此适合实现分室温控。但由于所用形式为下分式水平双管的同程式系统，因此所需管材较多，并且可能遇到过门的处理问题。

2) 上分式双管并联系统：

上分式双管并联系统的供回水水平支管均位于本层楼板下，管道采取明装方式，即沿楼板下墙体四周敷设，管线可采用金属或非金属管材，热计量表等设在楼梯间，散热器进口设温控阀。

上分式双管并联系统与下分式双管并联系统的特点基本相同，但此系统能解决下分式系统供回水管走地面的过门问题，其缺点是不利于装修隐蔽，影响美观。

3) 下分式水平单管跨越式系统：

下分式水平单管跨越式系统的供水管位于本层地面上，管道采取明装方式，即沿踢脚板敷设，管线可采用金属或非金属管材，热计量表等设置在楼梯间，散热器进口设温控阀。

此系统的温控特点与前两种水平式的系统相似，都能实现分室温控。由于其为单管系统，比前两种形式更为节省管材，但温控能力及效果要差些。

4) 下分式水平单管串联系统：

下分式水平单管串联系统的供水管位于本层地面上，管道采取明装方式，即沿踢脚板敷设，管线可采用金属或非金属管材，热计量表等设在楼梯间，散热器进口设温控阀。

此系统由于是水平单管串联，安装温控阀只能实现各散热器统一调节，不能实现单室温控。此形式的优点在于结构简单，管材耗量少，所需温控阀少（只需一个），能实现各散热器的整体调节，调节方便简单。

供暖系统形式采用双管系统和单管跨越式系统时，均可以实现分户热计量及分室调控。但是从变流量特性角度分析，户内系统采用双管形式要优于单管跨越式系统，主要体现在以下两个方面：

1) 双管系统具有良好的变流量特性，即户内系统的瞬时流量总是等于各组散热器瞬时流量之和，系统变流量程度为100%；而对于单管跨越式系统，即使每组散热器流量均为零，户内系统仍有一定的流量，而且流量较大。

2) 双管系统中散热器具有较好的调节特性。进入双管系统中散热器的流量明显小于进入单管跨越式系统中散热器的流量，相对而言更接近或处于散热器调节敏感区。

4. 空调系统改造

(1) 空调冷热源的节能改造

1) 选用能量利用效率高的冷热源设备与系统。

选择空调冷热源形式时，应综合考虑能耗指标、初投资和运行费用、使用寿命、安全和可靠性、维护管理难易程度、对环境的影响、当地能源结构、建筑特点等因素。从节能角度考虑，在设计中应遵循现行国家标准《公共建筑节能设计标准》GB 50189 中的有关规定。

① 具有城市、区域供热或工厂余热时，宜作为供暖或空调的热源；

② 具有热电厂的地区，宜推广利用电厂余热的供热技术、供冷技术；

③ 具有充足的天然气供应的地区，宜推广应用分布式热电冷联供和燃气空气调节技术，实现电力和天然气的削峰填谷，提高能源的综合利用率；

④ 具有多种能源（热、电、燃气等）的地区，宜采用复合式能源供冷、供热技术。

⑤ 具有天然水资源或地热源可利用时，宜采用水（地）源热泵供冷、供热技术。

另外，还应注意各类冷水机组的能效大小差异很大，即使同一类型的机组，不同厂家生产的机组能效比也相差很大，因此，选用机组时应进行比较，从中选优。冷水机组能源效率等级见现行国家标准《冷水机组能效限定值及能效等级》GB 19577。另外，还应注意，近年来冷水机组变频驱动装置已投入使用，已有变频螺杆式冷水机组和机载变频离心式冷水机组问世，变频配机组特性使其制冷量与建筑物负荷匹配，机组可在任何运行工况下达到最佳效率，极大地减少了用电量，获得节能效果。

2）改造时，优先考虑采用天然冷热源。

空调冷热源中可采用的天然冷热源主要有寒冷地区和严寒地区的天然冰、蒸发冷却技术、地下水等。

① 天然冰。

天然冰是一种古老的天然冷源。早在秦汉时，我国就有了以天然冰作为冷源，为夏季房间降温消暑的记载（“大秦国有五宫殿，以水晶为柱拱，称水晶宫，内实以冰，遇夏开放”）。中华人民共和国成立之初，全国各地，尤其在寒冷的北方，天然冰厂建设获得迅速恢复和发展，在冬天采集天然冰存在冰窖里，以供夏天食品保鲜，高温车间、医院降温，铁路冷藏运输、冰镇冷饮之用。1956 年北京市天然冰产量达 15 万 t；1958 年上海天然冰贮存量达 8 万 t；到 20 世纪 60 年代末，由于人工冷源的兴起与发展，以及天然冰受到时间、地区、气候等因素的制约，天然冰的发展受到限制而逐渐走向衰落。1967 年上海等南方城市停止天然冰的采集，1983 年北京也停止了天然冰的采集。

但是，当前节能减排已经被作为我国的基本国策，提高到国家发展的战略高度。暖通空调正面临诸如全球变暖、部分制冷剂禁用、能源消耗过大、室内空气品质要求愈来愈高等难题。为此，在寒冷地区和严寒地区如何利用天然冰作为冷源又重新引起人们的关注。将它作为空调冷源的节能技术之一，其应用前景是乐观的。

② 蒸发冷却技术。

蒸发冷却技术是利用自然环境和水之间的热质交换原理，对空气进行降温冷却，从自然环境中获取冷量的一种技术。蒸发冷却技术可分为直接蒸发冷却技术（Direct Evaporative Cooling，简称 DEC）和间接蒸发冷却技术（Indirect Evaporative Cooling，简称 IEC）。

直接蒸发冷却技术（DEC）是利用循环水在填料中直接与空气充分接触，填料中水膜表面的水蒸气分压力高于空气中的水蒸气分压力，这种自然的压力差成为水蒸发的动力。水的蒸发使得空气和水的温度都降低，而空气的含湿量增加，空气的显热转化为潜热，是等热降温过程。由于空气经过 DEC 的状态变化是降温加湿过程，因此直接蒸发冷却技术适用于相对湿度较低的地区，如我国的西北部地区。

间接蒸发冷却技术（IEC）是利用直接蒸发冷却后的空气（称为“二次空气”）或水，通过换热器与另外一股空气（称为“一次空气”）进行热交换，实现冷却。由于一次空气不与水直接接触，其含湿量保持不变，是一个等湿降温过程。间接蒸发冷却技术克服了DEC使空气湿度增加的问题。IEC有两种形式：一是二次空气去冷却一次空气，一次空气送入房中，二次空气排出（减湿冷却）；二是将水直接喷淋在间壁式换热器的二次空气侧，使之直接蒸发吸热，需要处理的一次空气流经间壁式换热器的另一侧，实现等湿降温。

经过单级间接蒸发冷却降温也有限，更进一步改进，利用一部分送风空气作为二次空气直接蒸发制取冷水，用冷水反过来冷却室外空气，这种蒸发冷却的方法，就是再循环蒸发冷却（Re-circulation Evaporative Cooling，简称REC）。

蒸发冷却技术已在美国、英国、澳大利亚、印度、俄罗斯、科威特、韩国及中国等国家得到应用。尤其是近10年来，该技术已在我国西北地区的工业与民用建筑中推广应用，收到良好的节能效果和经济效益。蒸发冷却技术在空调冷源中的利用形式为冷却塔供冷和蒸发冷却空调机组。

③ 地下水。

地下水的温度与同层地温相同。深井水的水温比当地年平均气温高1～2℃。因此，我国东北地区、华北部分地区可用地下水直接作冷源用。例如，北京深井水温为15～16℃，这对于一般舒适性空调降温而言是理想的冷源。在北京用这样的井水喷雾降温，一般可以保持室内温度为28～30℃。此外，地下水又是热泵良好的低位热源，目前地下水源热泵在我国的应用十分普遍。但是，我国由于地下水超采引发的地质灾害问题越来越严重，因此在使用地下水天然冷源时，不得引发地下水超采现象。保护好地下水资源是应用地下水天然冷源的前提条件。

3）热泵技术应用

“热泵”是一种能从自然界的空气、水或土壤中获取低品位热能，经过电力或热能驱动，提供可被人们所用的高品位热能的装置。根据热源的不同，热泵可以分为空气源热泵、土壤源热泵、污水源热泵、余热源热泵和地下水源热泵等。这里主要介绍空气源热泵、污水源热泵系统和余热源热泵。

① 空气源热泵。

空气源热泵由热泵机组与空气进行热交换来制冷、供热。空气源热泵按照蒸发器和冷凝器介质的不同，可以分为空气-空气热泵机组和空气-水热泵机组。

② 应用范围

由于空气源热泵结霜对压缩机以及热泵整体的性能影响，以及除霜带来的额外费用还将降低空气源热泵的经济性，因此空气源热泵在寒冷、潮湿地区的应用受到限制。这也是空气源热泵目前仅在我国黄河以南地区得到广泛应用的主要原因。而在黄河以北地区，应用空气源热泵则根据所处地区不同有其特殊要求。

③ 改造中的设计要求

空气源热泵的制冷系数比水冷式冷水机组中央空调系统低，产生同样的冷量时，需要更多的电耗。对空调面积大，同时使用系数较高的出租办公楼、政府办公楼来说，会增加许多全年能耗，空调系统的电气安装容量也会比较大。因此，在大型公共建筑中，应对风冷机组有所限制。

变制冷剂流量多联机的制冷性能系数随负荷变化有很大不同。

热泵的安装位置主要有下列四种：一是裙楼顶，二是塔楼顶，三是窗台，四是净空较高的室内。考虑到吊装及日后更换的方便，热泵常常被安置于裙楼顶。当热泵安置于裙楼顶时，要评估其对主楼及周围环境的影响。较大的热泵机组（≥200RT），单机噪声为75～85dB（A），必要时可加隔声屏障，或在主楼靠热泵侧避免开门，采用隔声效果较好的双层窗或高质量中空玻璃取代普通单层玻璃窗。布置于窗台的热泵往往是每层要求独立配置、单独计量的场所，只限于较小容量的热源，宜采用侧进风、上排风的形式。采用上排风热泵时，应安装导流风管，改成侧排风，即使房间有较高净空，热泵置于室内也是不可取的。受条件限制必须置于室内时，室内应有穿堂风可利用，要有足够的进风面积，排风应通过风道有组织地排至室外，防止气流短路。

水泵的数量宜与热泵的台数相对应。热泵与水泵宜采用一对一串联的连接方式，热泵与水泵联动。热泵数量较多时，水泵可贴近热泵布置，水泵应具有防水功能，并加上挡雨吸声罩。热泵数量较少时，水泵宜集中于室内。备用水泵可采用先不安装临时替换的方法。如果水泵采用先水泵组并联，再与并联的热泵组串联的方式，则并联的热泵数量不宜超过6台，并应有可靠的水力平衡措施。这种连接方式应将水泵布置于临近热泵的室内，也可以布置于地下室。水泵的台数应考虑1～2台的备用泵。在选择水泵规格时，尽可能选低转速泵，以减低噪声。

(2) 空调系统形式的节能改造

不同空调系统形式的能耗有所不同，对于既有建筑，应根据建筑的功能、负荷特点、运行特性、改造的经济性等方面综合考虑，选择合适的空调系统形式。如变风量（VAV）空调系统、辐射板供冷与供热系统、变水量系统、水环热泵空调系统、变制冷剂流量（VRV）系统、工位空调系统等都具有节能的优点，但并不是所有具有节能特点的系统都适用于各种场合。例如，会议厅、剧场、影院并不适合采用VAV系统，因为这些场合各小区域并没有不同温度的调节要求，而只需对整个空间的温、湿度进行统一调节即可，采用VAV系统反而会因风量下降而导致区域内温度不均匀，且增加了设备费用。因此，在选择系统形式时，应当分析要求进行环境控制的场合的特点（负荷特性、使用特点、调节要求、管理要求、建筑特点等）和各种系统具有的特点，使系统与被控制的环境达到最佳的配合，达到在有良好的环境控制质量条件下既经济又节能的目的。

所谓的水环热泵空调系统是指小型的水/空气热泵机组的一种应用方式，即用水环路将小型的水/空气热泵机组（水源热泵机组）并联在一起，构成一个以回收建筑物内部余热为主要特征的热泵供暖、供冷的空调系统。

(3) 水环热泵空调系统的特点

1) 水环热泵空调系统具有回收建筑内余热的特有功能。

对于有余热、大部分时间有同时供热与供冷要求的场合，采用水环热泵空调系统将把能量从有余热的地方（如建筑物内区、朝南房间等）转移到需要热量的地方（如建筑物周边区、朝北房间等），实现建筑物内部的热回收，节约能源，从而相应地带来环保效益。

2) 水环热泵空调系统具有灵活性。

① 水环热泵空调系统具有灵活性。随着建筑环境要求的不断提高和建筑功能的日益复杂，对空调系统的灵活性和性能的要求越来越高。水环热泵空调系统是一种灵活多变的空调系统，其灵活性主要表现在室内水/空气热泵机组独立运行的灵活，系统的扩展能力灵活，系统布置紧凑、简洁灵活，运行管理的方便与灵活，调节的灵活，该系统特别适用于改造工程。

② 水环热泵空调系统的水环路虽然是双管系统，但与四管制风机盘管系统一样，可达到同时供冷供热的效果。

③ 设计简单、安装方便。水环热泵空调系统的组成简单，仅有水/空气热泵机组、水环路和少量的风管系统，没有制冷机房和复杂的冷冻水等系统，大大简化了设计，只要布置好水/空气热泵机组和计算水环路系统即可，且设计周期短，一般只有常规空调系统的一半。而且水/空气热泵机组可在工厂里组装，现场没有制冷剂管路的安装，减小了工地的安装工作量，项目完工快。

④ 小型的水/空气热泵机组的性能系数不如大型的冷水机组。

⑤ 由于水环热泵空调系统采用单元式水/空气热泵机组，小型制冷压缩机设置在室内(除屋顶机组外)，其噪声一般来说会高于风机盘管机组。若选用分体式水/空气热泵机组，并采取有效的消声减振技术措施时，其噪声可控制在 35dB（A）以内。

3）变制冷剂流量热泵式多联机空调系统

变制冷剂流量热泵式多联机空调系统是指由一台或数台室外机（风冷或水冷）连接数台不同或相同形式、容量的直接蒸发式室内机构成的热泵式空调系统，简称为热泵式多联机空调系统。它可以向一个或数个区域供冷与供热。按低位热源的种类不同，可分为风冷热泵多联机空调系统和水冷热泵多联机空调系统两种形式。与传统的集中空调和传统的一拖多产品相比，它具有如下特点。

① 部分负荷特性良好。

② 系统灵活。其灵活性主要表现在下列方面：室内、外机可根据建筑物的负荷进行自由组合；系统具有灵活扩展能力；在运行中，容易实现分区运行，对不需要空调的区域可以完全停机，最大程度上实现节能运行；室内机形式多样，可根据建筑装饰的要求选用不同类型的室内机。

③ 多联机空调系统具有优异的控制系统。其表现在室内机独立控制，可以根据室内的不同负荷进行连续调节；室外机采用变频压缩机或数码涡旋压缩机，改变压缩机的容量；负荷的调节范围宽；可按照用户的要求，实现各种控制方式；工作温度范围宽广。

④ 多联机空调系统还具有安装和维护简单、占建筑空间小、不需要专门的机房等优点。但是多联机空调系统由于管路过长、落差大，也会带来管路流动阻力大的问题。在制冷工况时，配管过长使吸气压力降低，严重影响其制冷能力；吸气压力下降，过热增加，系统的 EER 相应也下降；配管长度影响室内、外机工作点，致使其能力降低。另外，也不能忽略多联机空调系统的回油困难问题。

4）工位空调系统

所谓工位空调，就是将空调末端装于工作区，使用人员可以根据自己的需要进行调节，选择自己需要的风速、风向，甚至送风温度，可以方便地消除工作区的局部热负荷，从而为每位使用者创造舒适的工作区环境。由于工位空调直接将室外新鲜空气送至人体附近，因而可以极大地提高工作区的空气品质，并节省能源消耗。工位空调系统适用范围较广，尤其适用于已考虑采用架空地板的建筑。需要架空地板的建筑大部分是有大量台式计算机、通信设备和工作位照明的开放式办公建筑。智能建筑（即数据、控制、通信设备集成的建筑）需要合理的空间设置数据线路，也很可能采用架空地板，也具备采用工位空调的条件。工位空调也适用于有多种用途的空间以及对灵活性要求较高的建筑。对具有经常变更、需要频繁重组的室内空间，以及布局固定但均匀分布的散流器不能满足要求的室内空间，工位空调就更加适合了。

工位空调系统分成工作区、背景区和空气集中处理三部分。工作区系统即工位空调在工作空间内的部分，包括末端装置、送风排风通道及附属设备。末端设备主要有两类：一类具有小型变速风机和可旋转叶片；另一类采用可以调节风阀开度的散流器。送风通道通常利用高架地板下的空间作为送风静压箱。按照送风末端安装位置的不同，工作区系统可以分为地板送风系统、桌面送风系统、隔板送风系统和顶棚送风系统。背景区系统是为了平衡整个空间内的工位空调末端的负荷而设置的，常与桌面式和隔断式系统配合出现。如果由微环境特征比较突出的桌面式和隔断式系统来承担室内全部负荷，每个工作位所承担的负荷过大，而且工作位末端之间的运行状况不一，很难在全空间内形成舒适的环境，所以这两种系统常需要背景空调。工作位系统提供的新风承担室内潜热负荷时，背景区系统负责消除显热负荷，常用的方式为辐射或对流。空气集中处理系统与传统空调系统相同，包括冷热源、空气处理设备及辅助设备。

传统空调系统是将整个房间作为调节对象，系统能耗比较大，而采用工位空调方式，使调节范围控制在工作区域内，可以相对放宽非工作区的环境参数要求，从而可以节约大量能源。随着中国经济的飞速发展，人们对舒适、节能和环保要求的提高，工位空调这种全新的空气调节策略以其舒适、健康和节能的优点越来越受到人们的关注。

(4) 空调风管系统的节能改造

风管系统是空调系统的重要组成部分之一，它具有将空调系统中的空气输送与分配到各空调房间或区域内的功能。为了克服空气输送与分配过程中的流动阻力，空调风管系统中的风机需要消耗大量的电能。因此，在既有建筑空调系统节能改造中，如何减少空调风管系统的能耗，是不可忽视的问题。

1) 合理布置风管系统。

布置风管系统要考虑的因素（如系统的造价、运行的经济性及运行效果、建筑结构与功能、防火要求等）繁多。现仅从节能角度考虑风管系统的布置，应注意以下几点。

① 对称布置：对称布置干管尺寸通常比较小，设计管路较短，比非对称布置更容易保持系统的水力平衡。

② 多路并联布置：多路并联布置可使风管尽可能地短，在降低每路风管的流动阻力的同时，也使风管断面尺寸变小。

③ 在风管系统的最不利环路上，应尽量避免设置高局部阻力系数的管路附件，以减小最不利环路中空气流动的总阻力。

2) 减少风管系统流动阻力的方法。

风管系统的流动总阻力由风管系统摩擦阻力和局部阻力组成。一般来说，减少风管系统的摩擦阻力主要有以下措施。

①尽量采用表面光滑的材料制造风管。②在允许范围内尽量降低风管内的风速。从限制风管内阻力的角度，干管内的允许风速为7～10m/s，支管内的允许风速为5～8m/s。③应及时做好风管内的清扫，以减小壁面的粗糙度。目前，国内已开始重视风管内的清扫工作，并在大城市出现清扫风管的服务队伍。

减少风管系统局部阻力主要有以下措施：

①尽量减少或避免风管转弯和风管断面突然变化。②要选用阻力小的风管附件。③减少空调系统中设备阻力，定期清洗或更换空气过滤器，定期清扫表面式换热器风机盘管等外表面的积灰。

3）风管保温

风管保温用来降低风管得、失热量和防止风管表面的结露。但是空调系统运行多年后，随着使用时间的延长，渗入保温材料内部水汽不断积累，水的热导率[0.56W/(m·K)]数倍于保温材料的初始热导率，保温层内材料的热导率可能会逐渐增高。如湿阻因子为450的隔热材料，使用4年后，热导率增加幅度为9.4%，而湿阻因子为3000的隔热材料，使用4年后，热导率增加幅度为14.2%。因此，在空调风管系统的节能改造中，不能忽视风管保温。做好风管保温时，应注意以下几点：

①选用技术性能优良的保温材料。通常保温材料应具有下列性质：

a. 热导率小，平均工作温度下的热导率值小于0.12W/(m·K)。

b. 质量轻，密度小于400kg/$m^3$。

c. 有一定的机械强度，如制成硬质成型制品，其抗压强度不应小于300kPa，半硬质的保温材料压缩10%时的抗压强度不应小于200kPa。

d. 吸水率小，不腐蚀钢材等。

② 根据《设备及管道绝热技术通则》GB/T 4272、《设备及管道绝热设计导则》GB/T 8175等标准中的规定来确定保温层的经济厚度、节能要求的保温层厚度或控制最大热量（冷量）损失。

③ 做好保护层，以防止保温层受到机械碰撞时破坏，并防止水分浸入保温层降低其性能。

4）杜绝风管漏风

为了保证空调系统运行中漏风量不超过规范中的规定值，应做好以下几点。

① 选择好接头和接缝处的密封材料，风管的无法兰连接形式应符合规范的要求。

② 现场组装的空气处理设备（组合式空调器等）应做漏风量测试。空调机组静压力为700Pa时，漏风率不应大于3%；用于空气净化系统的机组，静压力应为100Pa，当室内洁净度低于100级时，漏风率不应大于2%；洁净度高于或等于1000级时，漏风率不应大于1%。

③ 风管及附件安装完毕后，应按系统压力等级进行严密性检验。低压系统的严密性检验宜采用抽检，抽检率为5%，且抽检不得少于一个系统。

（5）空调水系统的节能改造

空调水系统是指空调冷冻水系统和冷却水系统，是空调管路系统中的重要组成部分，其运行年电耗量是十分惊人的。清华大学早在1996年就开始了空调系统运行调试与调查，调查与研究表明：北京市公共建筑空调系统中水泵（冷冻水泵、冷却水泵）空调总耗电量的比例如下：政府办公建筑中冷冻水水泵占 10.0%，冷却水水泵占 20%；商场中冷冻水水泵占 45%，冷却水水泵占 5.6%；写字楼中冷冻水水泵占 8.0%，冷却水水泵占 62%，供暖泵占 4.1%；星级酒店中冷冻水水泵占 59%，冷却水水泵占 2.7%，供暖泵占 4.9%。

由此可见，水泵电耗在空调电耗中占很大的比例，实际工程中冷冻水水泵、冷却水水泵等选型普遍偏大，其节能潜力也很大，在空调系统节能中是节能的重点之一。

(6) 空调系统运行的节能改造

空调系统的节能，主要体现在良好的设计和运行上，而在空调系统能耗中，也有很大部分是由于设计和运行过程中的管理不善而引起的。因此，加强系统的运行管理对节能有重要意义。

1) 采用合理的运行方案和控制系统。

运行方案对机组的节能运行有重要的意义。对于既有建筑，应首先根据建筑的实际负荷分布规律、当地的气象条件、系统形式等确定合理的运行方案，如对于某些系统，可采用分阶段变水温运行方案，以获得良好的节能效果。在部分负荷时段，实行分阶段变水温运行，可以有效地提高制冷机组运行效率，降低运行能耗。虽然冷水温度的提高会使空气处理设备的去湿能力降低，造成室内相对湿度增大，但人体可以在较大的湿度范围内感到热舒适。因此，对于一般的舒适性空调，提高冷水温度不会产生严重的影响。

空调系统采用先进的自控策略，不仅可以保证空调房间温、湿度控制精度要求，节约人力，而且可以防止空调系统多余能量损失，节约能耗。随着电子技术、计算机和网络技术的提高，空调系统的控制技术在软、硬件方面都有了迅猛发展。通过采用先进软件体系的空调中央监控系统，可以实现系统的实时监控及长时间的统计分析（如绘制运行趋势图、编制并完善故障库等），保证系统的节能运行。通过在线检测回风的 $CO_2$ 浓度来控制最小必要新风量，既能满足通风卫生要求，又能达到节能的目的。据有关资料表明，国外在高层办公建筑中所采用的利用空气质量传感器控制卫生间、走廊等公共区域的空调和通风系统可节能 10%。

另外，可靠、精确、具有智能功能的计算机检测与控制系统，可以依据室外气象条件与室内热湿负荷，在满足使用要求的前提下，确定最佳节能温、湿度控制方案和最节能的空气处理过程，使空调系统自动运行在最节能工况下。采用先进的控制设备，也可以大大提高空调系统的运行效率。空调系统使用者可根据个人需要设置每月至每天的控制程序，使空调系统按规定的要求工作，在保证热舒适的前提下节能 10%。

2) 加强系统清洗维护工作。

应定期处理空调系统水质。冷却水系统是开式系统，大气中的尘埃、水分、细菌、氧气及某些有害酸性气体不断地由冷却塔进入冷却水系统中，造成冷却水水质较差。冷冻系统虽较为密闭，但水中溶解氧也会对冷冻管材产生腐蚀作用，管路及设备产生的污垢、锈蚀锈渣和微生物不断繁殖所产生的生物污泥，使制冷量下降。冷凝器的污垢每增加 0.1mm，热交换效率就降低 30%，耗电量则增加 5%～8%。要尽量减少这一现象，可定期对冷却水、冷冻水管道排污，定期全部更换冷却水；还要定期在冷却水和冷冻水中添加化学制剂（除藻剂、除垢剂等），并进行水质化验，保证水质清洁，从而保证换热效果。增加空气滤网的清洁频率，必要时要对空调箱的表冷器定期清洁，保证表冷器的换热效率。

3）提高管理人员素质，避免各种误操作。

各项调节和节能措施的实施，都与操作人员的技术素质直接相关。要落实各项运行节能措施，应加强对管理人员、空调操作人员的培训，加强空调制冷理论学习和丰富实际操作经验，提高管理人员素质，实行空调操作人员操作证制度，保证机组的正常运行和设备的使用效率，才能在节能中有所作为。特别是对于国外进口的中央空调设备，由于自动化程度高，容易使人产生错觉，似乎有微电脑控制中心控制，只要按电钮就可顺利操作，从而忽视了对节能操作技术的学习和提高，这应引起人们充分的重视。只有正确操作，才能减少电和设备的消耗，达到节省运行费用的目的，一般可节约电费10%左右。

**34.12.3.3 设施设备改造的技术要点**

1. 给水系统改造

给水系统改造的目的是保证水质、水量，节约水资源，节约能源。其原则主要有以下几点：

(1) 安全性原则

对于给水系统，无论是进行节水，还是节能改造，首先都要保证在供水量及水质达到国家标准，满足居民正常生活用水的前提下进行，否则就会影响居民的正常生活，本末倒置，得不偿失。

(2) 规范化原则

改造过程要根据既有建筑中存在的问题，对不符合现行规范的部分进行重新设计和施工。设计和施工过程要严格遵守现行国家标准《建筑给水排水设计标准》GB 50015、《建筑与小区雨水控制及利用工程技术规范》GB 50400、《民用建筑节水设计标准》GB 50555等。

(3) 经济性原则

在确定改造中的工程措施和方案前，要进行经济评价，确定合理的投资回收期，并以此对系统产生的经济效益和投资情况进行评估。改造过程最好综合考虑给水系统的已有条件，尽量在原有的基础上进行设计，以保证既达到目的，又可以减少工程量。

(4) 可行性原则

在对既有建筑进行改造时，要对改造工程进行技术、经济评估，确定切实可行的方案。

2. 排水系统改造

排水系统改造的目的就是减少水资源的浪费，防止漏水冒气，防止噪声污染等，主要有以下原则。

(1) 安全性原则：排水系统能迅速畅通地把污废水排到室外，保持气压稳定，杜绝有毒有害气体进入室内，并保持良好的室内环境。

(2) 规范化原则：改造工程与新建工程一样，设计时，务必严格执行现行国家标准《建筑给水排水设计标准》GB 50015、《建筑中水设计标准》GB 50336、《建筑与小区雨水控制及利用工程技术规范》GB 50400等规范，通过整改系统、更换管材附件、增加污水处理设施等方式达到节水环保的目的。

(3) 经济性原则：管线布置合理，简短顺畅，工程造价低。

3. 供暖系统改造

在市场经济条件下，当热量成为商品后，人们对供暖系统提出了要可计量、可调节和可关闭的要求。其目的是给用户提供在居住单元内根据自己的情况对室温进行控制的手段，实现节能和合理收费，并可对不交费的用户实行制裁。计量、收费和调节是三个既相互独立又相互联系的问题，是供热部门要达到的三个目标，也是供暖系统设计和改造的最终目标。

既有供暖系统改造一般是指将不能满足当今温控计量要求的既有民用建筑的供暖系统改建为能适应计量温控的供暖系统。适合热计量的供暖系统应具备调节功能、与调节功能相适应的控制功能以及热计量功能。

系统形式改造有以下原则：

(1) 技术原则：改造后的系统应该满足热计量温控的要求。

(2) 可行性原则：改造过程中宜尽量保持原有系统的部件，控制施工难度，并尽量减少给用户带来的不便。

(3) 经济原则：改造后的收益应大于改造的投资。即热用户通过温控计量所节约的费用必须大于用户在改造过程中的投入。

4. 空调系统改造

2009年颁布的《公共建筑节能改造技术规范》JGJ 176—2009给出了供暖通风空调系统的改造原则。通风空调系统的改造应当在节能诊断的基础上，确定改造内容，并采取对应改造措施。

(1) 公共建筑节能诊断前，宜提供下列资料：工程竣工图和技术文件，历年房屋修缮及设备改造记录，相关设备技术参数和近1～2年的运行记录，室内温湿度状况，近1～2年的燃气、油、电、水、蒸汽等能源消费账单。

(2) 对于供暖通风空调及生活热水供应系统，应根据系统设置情况，对下列内容进行选择性节能诊断：

1) 建筑物室内的平均温度、湿度。

2) 冷水机组、热泵机组的实际性能系数。

3) 锅炉运行效率。

4) 水系统回水温度一致性。

5) 水系统供回水温差。

6) 水泵效率。

7) 水系统补水率。

8) 冷却塔冷却性能。

9) 冷源系统能效系数。

10) 风机单位风量耗功率。

11) 系统新风量。

12) 风系统平衡度。

13) 能量回收装置的性能。

14) 空气过滤器的积尘情况。

15) 管道保温性能。

(3) 供暖通风空调及生活热水供应系统节能诊断应按下列步骤进行：

1）通过查阅竣工图和现场调查，了解供暖通风空调及生活热水供应系统的冷热源形式、系统划分形式、设备配置及系统调节控制方法等信息；

2）查阅运行记录，了解供暖通风空调及生活热水供应系统的运行状况及运行控制策略等信息；

3）对确定的节能诊断项目进行现场检测；

4）依据诊断结果，确定供暖通风空调及生活热水供应系统的节能环节和节能潜力，编写节能诊断报告。

## 参 考 文 献


[1] 周园，何国平，邢爱国．上海市某教学楼综合纠倾[J]．工业建筑，2007，37(12)：119-121.

[2] 中国建筑标准设计研究院．混凝土结构加固构造：08SG 311-2—2008[S]．北京：中国计划出版社，2008.

[3] 卜良桃，王济川．建筑结构加固改造设计与施工[M]．长沙：湖南大学出版社，2002.

[4] 陈森．基于桩式托换的既有建筑掏土纠偏技术研究[D]．西安：西安建筑科技大学，2017.

[5] 高涛，尚军．灰土挤密桩加固基底的应用[J]．民营科技，2008(8)：126-126.

[6] 孙建龙．灰土挤密桩加固湿陷性黄土地基机理与施工[J]．山西建筑，2008(29)：145-147.

[7] 王宏林，经明．灰土挤密桩加固湿陷性黄土地基的工程应用[J]．山西建筑，2004(7)：34-35.

[8] 宁宝宽，陈四利，刘斌．水泥土搅拌桩的加固机理及其应用[J]．西部探矿工程，2005，17(6)：26-28.

[9] 何开胜．水泥土搅拌桩的施工质量问题和解决方法[J]．岩土力学，2002(6)：778-781.

[10] 夏云．水泥土搅拌桩的加固机理及在软土地基中的应用[J]．安徽建筑，2014(3)：86.

[11] 段红芳．静压排水固结法在软土地基处理中的应用[J]．山西建筑，2014，40(18)：89-90.

[12] 戚永双．静动力排水固结法在软土地基中的应用实例[J]．中国新技术新产品，2013(12)：62.

[13] 刘旭．浅谈上海地区河滩软土地基处理及施工技术[J]．建筑·建材·装饰，2016，12(8)：79-82.

[14] 罗苓隆，熊柱红，詹森，等．不透水土层地下室排水卸压抗浮技术研究及应用[J]．四川建筑科学研究，2014，40(5)：138-141.

[15] 郑涌林．木结构建筑的 FRP 加固法[J]．福建建材，2011(07)：1920.

[16] 于毅，夏宗发，张博，等．纤维增强复合材料加固木结构研究[J]．科技资讯，2015，13(21)：49-50+52.

[17] 张风亮．中国古建筑木结构加固及其性能研究[D]．西安：西安建筑科技大学，2013.

[18] 陈小兵．高性能纤维复合材料土木工程应用技术指南[M]．北京：中国建筑工业出版社，2009：190-203.

[19] 蒙乃庆．藏式传统建筑保护维修中木构件加固的应用研究[D]．西安：西安建筑科技大学，2010.

[20] 曾宪成，罗如田．应用化学灌浆材料加固木结构房屋的新试验[J]．住宅科技，1981，04(5)：9-10.

[21] 李爱群，周坤朋，王崇臣，等．中国古建筑木结构修复加固技术分析与展望[J]．东南大学学报（自然科学版），2019，49(1)：195-206.

[22] 杨茹元，孙友富，张晓凤，等．木结构古建筑加固技术的应用及进展[J]．林产工业，2018，45(6)：3-7.

[23] 周乾，闫维明，李振宝，等．古建筑木结构加固方法研究[J]．工程抗震与加固改造，2009，31(1)：84-90.

[24]　段春辉，郭小东，吴洋．基于残损特点的古建筑木结构修复加固[J]．工程抗震与加固改造，2014，36(01)：126-130.
[25]　宋彧，来春景．工程结构检测与加固[M]．3 版．北京：科学出版社，2016：143-154.
[26]　吕西林．建筑结构加固设计[M]．北京：科学出版社，2001：122-139.
[27]　刘成伟．村镇木结构住宅结构构件加固技术研究[D]．武汉：华中科技大学，2011.
[28]　樊承谋，王林安，潘景龙．应县木塔修缮用木材的防裂措施[J]．北京林业大学学报，2006(1)：98-102.
[29]　李海英．高含水率木材用胶粘剂与胶结技术的研究[D]．哈尔滨：东北林业大学，2004.
[30]　潘毅，杨成，赵世春，等．基于 Pushover 方法的既有建筑结构安全性鉴定[J]．西南交通大学学报，2010. 45(2)：174-178.
[31]　潘毅，张蓬勃，杨琼，等．我国建筑抗震鉴定与加固的历史、现状及展望[J]．工程建设标准化，2011. 26(7)：23-26.
[32]　魏智辉，潘毅，邱洪兴，等．安庆市某基督教堂加固改造设计方案[J]．土木建筑与环境工程．2011. 33(S1)：209-211.
[33]　郭瑞，蔡联亨，潘毅，等．聚合物水泥砂浆碳纤维网格加固层与混凝土界面的粘结性能试验研究[J]．建筑结构学报，2018，39(9)：167-174.
[34]　赵世春，潘毅，高永昭，等．《四川省建筑抗震鉴定与加固技术规程》编制要点[C]//第八届全国地震工程学术会议论文集(第 2 卷)．重庆：重庆大学出版社，2010：310-312.
[35]　程绍革．建筑抗震鉴定技术手册[M]．北京：中国建筑工业出版社，2012. 15-18.
[36]　王珮云．建筑施工手册[M]．北京：中国建筑工业出版社，1997：860-862.
[37]　姚继涛，马永欣，董振平，等．建筑物检测鉴定和加固[M]．北京：科学出版社，2011：103-118.
[38]　刘琛，刘洁平，张令心，等．钢筋网水泥砂浆面层加固砖砌体结构振动台模型设计[J]．结构工程师，2012. 12.
[39]　丁绍祥．砌体结构加固工程技术手册[M]．武汉：华中科技大学出版社，2008.
[40]　王济川，卜良桃．建筑物的检测与抗震鉴定[M]．长沙：湖南大学出版社，2002.
[41]　卜良桃，梁爽，黎红兵．混凝土结构加固设计规范算例[M]．北京：中国建筑工业出版社，2015.
[42]　中国建筑设计院有限公司．结构设计统一技术措施[M]．北京：中国建筑工业出版社，2018.
[43]　卜良桃，陈大川，毛晶晶．建筑结构加固改造设计与施工(续)[M]．长沙：湖南大学出版社，2004.
[44]　傅温．建筑工程常用术语详解[M]．北京：中国电力出版社，2014.
[45]　宁宝宽，陈四利，刘斌．水泥土搅拌桩的加固机理及其应用[J]．西部探矿工程，2005，17(6)：26-28.
[46]　王清勤，唐曹明．既有建筑改造技术指南[M]．北京：中国建筑工业出版社，2012.
[47]　王济川，卜良桃．建筑工程结构鉴定、改造与加固[M]．长沙：湖南科学技术出版社，1999.
[48]　张富春．建筑物的鉴定加固与改造[M]．北京：中国建筑工业出版社，1992.
[49]　唐念兹．建筑物增层改造基础托换技术应用[M]．南京：南京大学出版社，1992.

# 35 古建筑与园林工程

## 35.1 古建筑概述

中国古建筑具有三千多年的发展史，成为世界独树一帜的独立体系，台基柱础、木构架及斗栱、墙体、屋顶、木装修、油饰彩画，作法讲究、巧夺天工，尤其东方独有的木构法登峰造极，整个建筑无不是技术和艺术的完美结合，将建筑学和美学科学地融为一体，既抗震（榫卯木结构），又美观而实用。

一座中国古建筑是这样构成的：在建筑的下面用砖石砌出一个基座即台基。在台基之上用柱、梁、檩、椽等组成木构架，作为建筑的主体结构。有时还会在木构架体系中使用斗栱。在台基上围绕木构架砌墙用于围护保温和分隔空间等。用木料做成隔扇，作为门窗或室内空间的分隔。在木构架木基层之上用灰泥、瓦料做出屋面。用木装修、抹灰、粉饰、砖雕、木雕、石雕、脊饰等作为上述各部位的装饰，或本身就具有使用功能。在木构架和隔扇及其他木装修的表面常常还要涂饰油漆，这既增加了色彩也能保护木料。在木构架、木装修或墙壁等处往往还要绘制彩画。

中国历史悠久、幅员辽阔，不同的历史时期、不同的地区、不同的民族，建筑形式都会有所不同。在各个历史时期的建筑中，以汉、唐、宋、明清这几代的建筑最有代表性。在各个地区的建筑中，以北京地区为代表的北方建筑（或称官式建筑）和以苏州地区为代表的江南建筑最有代表性。在各个民族建筑中，以汉民族的建筑最有代表性。若论中华民族各时期、各地区和各民族建筑的集大成者，或说最能代表中国建筑风格的，当属清代官式建筑。

本章以清代官式建筑为主要编写对象，按建筑的部位组成和专业分工，分别介绍常见的古建筑在构造做法和施工方面的一般知识。

### 35.1.1 台　基

台基造型的基本类型有两种，一种是直方式（或方整式），一种是须弥座式。这两种基本类型还可以演变出它们的叠加形式或组合形式，再加上台基的附属物栏杆和台阶的变化，就使得古建筑的台基式样变得十分丰富。中国建筑的台基尺度。明清时期，台基高度一般保持在檐柱高的1/7～1/4。江南园林住宅的台基高度一般不超过檐柱高的1/10。

稍讲究一点的古建筑，其基座必大部或全部使用石活，尤其是须弥座，多为通体石活。

## 35.1.2 大 木 构 架

在古建筑行业中，柱、梁、檩、枋、椽等总称“大木”，大木专业系统称“大木作”，斗栱专业系统则称“斗栱作”。

大木构架最基本的形式：单坡面的平台（平顶）形式，两坡面的硬山和悬山形式，以及四坡面的歇山、庑殿和攒尖形式。这六种基本形式及其变化形式再加上建筑的平面变化，以及多重檐的叠加，就可以组合出丰富多变的构架形式。

大木构架的基本受力连接形式是用柱、梁（柁）以搭接方式为主组成排架（今人称之为“抬梁式”），或用柱、穿（枋）相互穿插组成排架（今人称之为“穿斗式”）。排架间以檩（桁）、枋相连，形成房屋的基本单元“间”，并用以承托屋面木基层。在檩（桁）上以密集的木椽相连，并作为承托瓦屋面的基层。在中国建筑木构架形式中，除了抬梁式和穿斗式这两种形式外，还有被今人称为“井干式”和“干阑式”较简单的结构形式，但都没有成为木结构形式的主流。见图 35-1（三段式、抬梁式、穿斗式、井干式）。

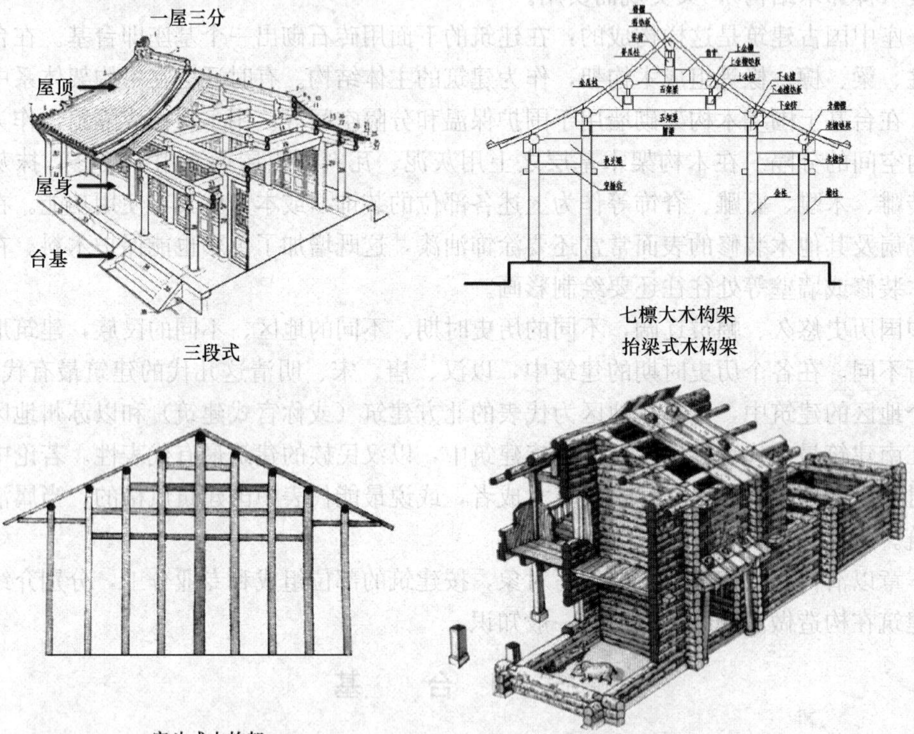


图 35-1　古建筑的三段式和木结构的形式

将建筑的外围柱子做成略向内倾斜是历代延续的做法，宋元以前称“侧脚”，明清时期称“掰升”。早期建筑的柱侧脚较大，可达到柱高的 3%左右，明清以后尤其是清代建筑，柱子掰升已变得较小，一般不超过 1%。宋代的建筑，柱子的高度自明间向两侧逐渐提升，至角柱最高，房脊也因此变成两端翘起的弧状，这种做法称“生起”。一间大殿最多可“生起”三十多厘米。元代以后，“生起”渐弱，明代“生起”更低，至清代已不再

“生起”。

坡屋面系由檩（桁）的高低不同形成，相邻两檩的高差称“举架”（早期称“举折”）。早期建筑的屋面坡度较缓，如唐代建筑梁架的中脊高度不到全长的五分之一，至清代至少占到三分之一。

屋架上用密集的木椽做成屋檐向外远远地伸出是中国木结构建筑的固定构造法，最初是为了承载厚重的瓦顶和保护土墙少受雨淋，后来成了中国建筑的一大特征。四周都出檐的建筑在转角处的出檐称“翼角”，翼角椽较普通椽子向上逐渐翘起，在水平方向上形成一优美的曲线。

### 35.1.3 斗 栱

斗栱原也承重，是木结构体系的组成部分。严格意义上讲，斗栱也是木构架的组成部分。典型的斗栱是梁架之上的具有结构之美的椽檐的承托构件，由数件向外支出的曲木以及夹隔其间的横向曲木重叠而成。

清官式斗栱的种类繁多，即使同一种斗栱也会因分类方法的不同而不同。例如以对应梁架的不同位置命名时，柱上的为柱头科，柱间的为平身科，转角处的为角科；侧重斗栱的分件组合情况时，有单翘单昂、单翘重昂、重翘重昂斗栱等名称；当强调形状特征时，又有麻叶斗栱、溜金斗栱、隔架斗栱、品字斗栱等名称。清官式斗栱以“斗口”为模数。斗口的直观字意是指斗栱最底层构件坐斗的开口宽度。这个宽度有着明确的规定，从1寸起按0.5寸递增至6寸，共有11种规格，选定其中一种规格后，所有构件即可按与斗口的倍数关系推算出具体的长宽厚尺寸。如正心瓜栱规定长6.2斗口，当斗口选定为2寸时，正心瓜栱长应为1尺2寸4分。清官式斗栱模数制的特征还表现在与大木构架的比例关系上，按清代实施的《工程做法则例》规定，有斗栱的建筑，一旦确定了斗口，大木构架的权衡尺度也随之确定。例如檐柱净高规定为60斗口，檐柱径为6斗口，当斗口选定为3寸时，檐柱净高应为18尺，檐柱径应为1.8尺。

斗栱逐层挑出称“出踊”，即今所称“出踩”（宋代称“出跳”）。确定出踩数目时先将斗栱中心算作“一”，如向内外各出一踩则称三踩，如此继续出挑则有五踩、七踩、九踩、十一踩等。典型的清官式斗栱在横向（与桁平行的方向）上主要由栱组成，纵向方面主要由翘、昂和耍头组成，纵横构件交会在斗上，升则位于翘的端头承托上层构件。

### 35.1.4 墙 体

古建筑的墙体则大多要向中心线方向倾斜砌筑，这种倾斜砌筑的做法称为“收分”，清代称为“升”。早期建筑的房屋墙体“收分”很大，一般在墙高的8%以上（指每侧墙面），明代以后逐渐变小，至清代晚期，“升”已很小，有时往往小到仅以调整视差为度。“升”的大小还因功能部位的不同而不同，如城墙、府墙较大，房屋墙体较小。有些墙面如山墙里皮、后檐墙里皮等，由于柱子向内倾斜的缘故，有时还需做出“倒升”，即偏离中心线向外倾斜。

官式建筑有经精细加工后砌筑的干摆、丝缝，简单加工后砌筑的淌白，以及不做加工直接砌筑的糙砌等多种做法。

“三平一竖（立砌）”或“一平一竖”等是常见的垒砌方法。明清时期，常见的摆砌式样官式建筑有十字缝、一顺一丁、三顺一丁等。用石料砌墙也是古建墙体的常见形式，有全部采用石料砌筑者，也有砖石混合砌筑者。中国古代砌墙大多要分出下碱（下肩）与上身两部分（江南古建筑称勒脚与墙身），上身较下碱（勒脚）要向内稍稍退进一些。下碱（勒脚）至上身（墙身）交接处，往往还要改砌石活，在墙体的转角处或端头处，也常常使用石活。

### 35.1.5 装 修

古建筑中的装修仅包含木活，按照《工程做法则例》的规定，装修是指门（板门和隔扇门）窗（隔扇窗）及其周边的槛框（江南古建筑称“宕子”），以及天花木顶槅。在近代的一些书籍中，也有将栏杆、楣子、花罩、博古架及护墙板等木制品列入古建装修的。在清官式建筑中装修专业称“装修作”，在宋式建筑中，称“小木作”。

装修的式样因所处时代或地域的不同而不同，也因使用功能的不同而不同。例如唐、宋、明清历代的式样不同，地方建筑与皇家建筑的式样不同，各地区的装修风格也不相同。即使在同一建筑中，内、外檐装修也不尽相同。

### 35.1.6 屋 面

屋面外形有硬山、悬山、歇山、庑殿（江南称“四合舍”）、攒尖、平顶六个基本形式及各种变化形式如重檐、多角、盝顶等。除了瓦屋面之外，中国历史上还曾创造出其他多种屋面材料做法，例如：茅草屋面、泥土屋面、灰泥屋面、灰屋面、焦渣灰屋面、石板屋面等等。在各种材料做法中，以瓦屋面取得的成就最高，瓦屋面中又有筒瓦、板瓦、琉璃瓦等多种形式。明清两代尤其是清代除仍以黄绿两色为主外，在园林建筑中还使用了其他多种颜色。为与琉璃瓦相区别，凡筒瓦、合瓦等灰瓦屋面通称“布瓦”或“黑活”。

瓦面做法还创造了只用底瓦垄不用盖瓦垄的“干槎瓦”屋面。瓦面垫层在古建筑中叫作“背”，其施工过程叫作“苫背”。在北方地区，凡做瓦屋面都要先苫背，清中期以后，屋面苫背发展为更加注重防水功能的施工技术。

### 35.1.7 地 面

古建筑地面的种类主要有：（1）砖地面。包括方砖和条砖地面，条砖包括城砖和小砖。经特殊工艺制作，质量极好的方砖或城砖称作“金砖”。（2）石地面。包括毛石、块石、条形石、卵石地面等。（3）焦渣地面。焦渣与白灰拌和后铺筑的地面。（4）土地面。以原生土筑打的地面，这是历史上最早的地面做法，直到近代仍有使用。（5）灰土地面。用黄土与白灰拌和后铺筑的地面。用砖、石所做的地面或用砖、石做地面这一过程，在清官式做法中都称作“墁地”，在江南古建筑中则称“铺地”。

中国建筑的庭院铺地由甬路、散水和海墁组成。散水铺在房子的前后或四周。甬路是院中的道路，在宫殿中称御路。海墁铺在甬路以外。

古建地面尤其是砖墁地面是很讲究拼缝形式的，在清官式做法中，趟与趟之间必须错半砖（称十字缝）。

官式建筑的地面无论室内还是庭院均以砖墁地居多，宫殿建筑在重点部位用方整石料铺墁。园林庭院除砖料外，也偶用青石板或鹅卵石等铺墁。

## 35.1.8 油 漆

油漆的历史在中国至少已有六千年以上。早期使用的油漆是天然材料，清晚期以后逐渐被现代化工材料所取代。对于传统油漆来说，可细分为两类，一类是油，以桐树籽榨出的油（桐油）为主要材料制成，称光油。另一类是漆，以漆树上流出的乳液（生漆）为主要材料制成，称大漆。

油漆不但能使木构件更有光泽，还可以保护木质，从而延长了建筑的寿命。作为木材表面的涂层，在历史上很长的一段时间内是将油漆直接涂在木材上，至今不少地区仍延续着这种做法。至迟在明代以后发明了先用砖灰等材料做成基底层（称“地仗”）再涂刷油漆的做法，明末清初又在地仗中增加了麻纤维层。地仗形成的壳层有助于防止木材开裂，其平整细腻的表面更提高了油漆的光洁度。地仗工艺的发明，使得明清官式建筑比历代建筑都更加光彩照人，同时也为彩画工艺水平的提高奠定了基础。

## 35.1.9 彩 画

清代彩画比起前代来说画题和工艺更加丰富，构图和纹饰更趋定型，并产生出了适用于不同建筑环境的多种类别的彩画。虽然在清代早期彩画类别已十分丰富，但那时是直接按工艺做法或纹饰命名，明确地将清官彩画按类别划分是清代晚期以后的事，如“旋子彩画”“和玺彩画”均出自 20 世纪 30 年代梁思成先生编著的《清式营造则例》一书。20 世纪 80 年代以前，一般认为清官式彩画可分为和玺彩画、旋子彩画和苏式彩画（简称苏画）三大类。以后又经一些研究者加以补充，形成了不同的分类方法。清官式彩画的装饰重点是檩（桁）、垫板、檩枋（额枋）、梁及柱头等部位，因此常称为梁枋彩画。所谓和玺、旋子、苏画及其他类别的分类主要是针对这些构件而言，各类彩画在构图、纹样等方面的规制也主要是针对这些部位而言的。与梁枋相关联的其他部位的彩画多集中在斗栱、天花、椽望、角梁等处。应该说，这些部位的彩画没有太明确的类别划分，只是图案纹样和工艺的选择与上述各类彩画是有着一定的对应关系。以椽头彩画为例，不能说椽头的旋子彩画应当怎么画，而是当梁枋画旋子彩画时，椽头应当怎么画。毋庸置疑，梁枋及斗栱、天花、椽望是明清官式彩画重点或首先应装饰的部位，但在园林建筑或寺庙建筑中，也往往在廊心墙、室内后檐墙及山墙、梁枋间的木板上绘制彩画，这些部位的彩画大多以较自由的壁画形式出现。

清官式彩画最能代表中国建筑彩画。以清官式彩画为代表的中国建筑彩画的艺术特征主要表现在以下几个方面：(1) 色彩以青（指群青蓝色）、绿色调为主，同时又非常艳丽华美、富丽堂皇，色相和明度反差都很大。中国建筑彩画与西方建筑绘画的一个重要区别是，中国建筑彩画敢于将原色不加调兑直接使用。由于有黑色、白色等中性色的协调，退晕的过渡，同时各种颜色又被统一在明度最高的金色（贴金）之下，这就获得了装饰性极强又十分协调的效果。(2) 图案形式多样，内容丰富。同一种图案又因工艺不同产生出多种效果，形成了千变万化的装饰手段。(3) 构图严密系统。不同的类别有不同的构图方式，种类又有许多等级，各类各等级都有相应的格式、内容、工艺要求和装饰对象。色彩的安排也有相应的规则。(4) 工艺独特。仅常见的绘制工艺就多达十几种，诸如退晕、沥粉贴金、切活等。相同的纹饰用不同的工艺绘制后，其装饰效果完全不同。

# 35.2　古建筑砌体、抹灰工程

## 35.2.1　古建筑常用砖料的种类

常见古建筑砖料的名称、用途及参考尺寸见表 35-1。

常见古建筑砖料一览表（mm）　表 35-1

<table>
<tr><th colspan="2">名称</th><th>主要用途</th><th>参考尺寸（糙砖规格）</th><th>说明</th></tr>
<tr><td rowspan="2">城砖</td><td>大城样（大城砖）</td><td>大式干摆、丝缝、糙砌、淌白墙面；小式干摆下碱；大式地面；檐料；杂料</td><td>480×240×130</td><td rowspan="4">如需砍磨加工，砍净尺寸按糙砖尺寸扣减 5～30mm 计算</td></tr>
<tr><td>二城样（二城砖）</td><td>同大城砖</td><td>440×220×110</td></tr>
<tr><td rowspan="2">停泥砖</td><td>大停泥</td><td>大、小式墙身干摆、丝缝；檐料；杂料</td><td>410×210×80<br>320×160×80</td></tr>
<tr><td>小停泥</td><td>小式墙身干摆、丝缝；小式地面；檐料；杂料</td><td>295×145×70<br>280×140×70</td></tr>
<tr><td colspan="2">四丁砖</td><td>仿古建筑淌白墙；糙砖墙；檐料；杂料；墁地</td><td>240×115×53</td><td>四丁砖有两种，即手工砖和机制砖，机制砖较难砍磨加工</td></tr>
<tr><td colspan="2">地趴砖</td><td>室外地面；杂料</td><td>420×210×85</td><td rowspan="6">如需砍磨加工，砍净尺寸按糙砖尺寸扣减 10～30mm</td></tr>
<tr><td rowspan="4">方砖</td><td>尺二方砖</td><td>小式墁地；博缝；檐料；杂料</td><td>400×400×60<br>360×360×60</td></tr>
<tr><td>尺四方砖</td><td>大、小式墁地；博缝；檐料；杂料</td><td>470×470×60<br>420×420×60</td></tr>
<tr><td>尺七方砖</td><td rowspan="2">大式墁地；博缝；檐料；杂料</td><td>570×570×80</td></tr>
<tr><td>二尺方砖</td><td>640×640×96</td></tr>
<tr><td colspan="2">金砖（尺七～二尺四）</td><td>宫殿室内墁地；宫殿建筑杂料</td><td>同尺七～二尺四方砖规</td></tr>
</table>

## 35.2.2　古建筑常用砌筑灰浆的种类

古建筑常用灰浆一览表见表 35-2。

古建筑常用灰浆一览表　表 35-2

<table>
<tr><th colspan="2">名称</th><th>主要用途</th><th>配比及制作要点</th><th>说明</th></tr>
<tr><td>按灰的调制方法分类</td><td>泼灰</td><td>制作各种灰浆的原材料</td><td>生石灰用水反复均匀泼洒成为粉状后过筛。现多以成品（袋装）灰粉代替，成品灰粉可直接使用</td><td>存放时间：用于灰土，不超过 3～4d，用于室外抹灰，不超过 3～6 月。成品灰粉掺水后至少应放置 8h 再使用，以免生灰起皮</td></tr>
</table>

续表

| 名称 | | | 主要用途 | 配比及制作要点 | 说明 |
|---|---|---|---|---|---|
| 按灰的调制方法分类 | | 泼浆灰 | 制作各种灰浆的原材料 | 泼灰过细筛后分层用青浆泼洒，放至20d后使用。白灰：青灰=100：13 | 超过半年后不宜用于室外抹灰 |
| 按灰的调制方法分类 | | 煮浆灰（灰膏） | 室内抹灰；配制各种打点勾缝用灰 | 生石灰加水搅成细浆，过细筛后发胀而成 | 不宜用于室外露明处，不宜用于苫背 |
| 按灰的调制方法分类 | | 老浆灰 | 丝缝墙、淌白墙勾缝 | 青灰、生石灰浆过细筛后发胀而成。青灰：生灰块=7：3或5：5（视颜色需要定） | 用于丝缝墙应呈灰黑色，用于淌白墙颜色可稍浅 |
| 按有无麻刀分类 | | 素灰 | 淌白墙、糙砖墙、琉璃砌筑 | 泼灰或泼浆灰加水调制。砌黄琉璃用泼灰加红土浆，其他颜色琉璃用泼浆灰 | 素灰是指灰内没有麻刀，但可掺颜色 |
| 按有无麻刀分类 | 麻刀灰 | 大麻刀灰 | 苫背；小式石活勾缝 | 泼浆灰加水，需要时以青浆代水，调匀后掺麻刀搅匀。灰：麻刀=100：5 | |
| 按有无麻刀分类 | 麻刀灰 | 中麻刀灰 | 调脊；瓦瓦；墙面抹灰；堆抹墙帽 | 各种灰浆调匀后掺入麻刀搅匀。灰：麻刀=100：4 | 用于抹灰面层，灰：麻刀=100：3 |
| 按有无麻刀分类 | 麻刀灰 | 小麻刀灰 | 打点勾缝 | 调制方法同大麻刀灰。灰：麻刀=100：3。麻刀剪短，长度不超过1.5mm | |
| 按颜色分类 | | 纯白灰 | 金砖墁地；砌糙砖墙、淌白墙；室内抹灰 | | 即泼灰（现多用成品灰粉），室内抹灰可用灰膏 |
| 按颜色分类 | 月白灰 | 浅月白灰 | 调脊；瓦瓦、砌糙砖墙、淌白墙；室外抹灰 | 泼浆灰加水搅匀。如需要可掺麻刀 | |
| 按颜色分类 | 月白灰 | 深月白灰 | 调脊；瓦瓦；琉璃勾缝（黄琉璃除外）；淌白墙勾缝；室外抹灰 | 泼浆灰加青浆搅匀。如需要可掺麻刀 | |
| 按颜色分类 | | 葡萄灰 | 抹饰红灰墙面；黄琉璃勾缝 | 泼灰加水后加氧化铁红加麻刀搅匀。白灰：氧化铁红：麻刀=100：3：4 | |
| 按颜色分类 | | 黄灰 | 抹饰黄灰墙面 | 泼灰加水后加土黄粉加麻刀搅匀。白灰：土黄粉：麻刀=100：5：4 | |
| 按专项用途分类 | | 扎缝灰 | 瓦时扎缝 | 月白大麻刀灰或中麻刀灰 | |
| 按专项用途分类 | | 抱头灰 | 调脊时抱头 | 月白大麻刀灰或中麻刀灰 | |
| 按专项用途分类 | | 节子灰 | 瓦瓦时勾抹瓦脸 | 素灰适量加水调稀 | |
| 按专项用途分类 | | 熊头灰 | 瓦瓦时挂抹熊头 | 小麻刀灰或素灰。瓦黄琉璃瓦掺红土粉，瓦其他琉璃瓦及布瓦掺青灰 | |

续表

| 名称 | | 主要用途 | 配比及制作要点 | 说明 |
| --- | --- | --- | --- | --- |
| 按专项用途分类 | 护板灰 | 苫背垫层中的第一层 | 较稀的月白麻刀灰。灰∶麻刀＝100∶2 | |
| | 夹垄灰 | 筒瓦夹垄；合瓦夹腮 | 泼浆灰、煮浆灰加适量水或青浆，调匀后掺入麻刀搅匀。泼浆灰∶煮浆灰＝5∶5。灰∶麻刀＝100∶3 | 黄琉璃瓦应将泼浆灰改为泼灰，青浆改为氧化铁红。白灰∶氧化铁红＝100∶6 |
| | 裹垄灰 | 筒瓦裹垄 | 泼浆灰加水调匀后掺入麻刀。灰∶麻刀＝100∶3 | |
| 添加其他材料的灰浆 | 油灰 | 细墁地面砖棱挂灰 | 细白灰粉（过箩）、面粉、烟子（用胶水搅成膏状），加桐油搅匀。白灰∶面粉∶烟子∶桐油＝1∶2∶0.7∶2.5 | 可用青灰面代替烟子，用量根据颜色定 |
| | 砖面灰（砖药） | 干摆、丝缝墙面、细墁地面打点 | 砖面经研磨后加灰膏。砖面与灰的比例根据砖色定 | |
| | 掺灰泥 | 瓦瓦；墁地 | 泼灰与黄土拌匀后加水，灰∶黄土＝3∶7 | 黄土以粉质黏土较好 |
| | 滑秸泥 | 苫泥背 | 与掺灰泥制作方法相同，但应掺入滑秸（麦秸或稻草）。灰∶滑秸＝10∶2（体积比） | 可用麻刀代替滑秸 |
| 白灰浆 | 生石灰浆 | 瓦瓦蘸浆；石活灌浆；砖砌体灌浆 | 生石灰块加水搅成浆状，过细筛除去灰渣 | 用于石活可不过筛 |
| | 熟石灰浆 | 砌筑灌浆；墁地坐浆 | 泼灰加水搅成浆状 | |
| 月白浆 | 浅月白浆 | 墙面刷浆 | 白灰浆加少量青浆，过箩后掺适量胶类物质。白灰∶青灰＝10∶1 | |
| | 深月白浆 | 墙面刷浆；布瓦屋面刷浆 | 白灰浆加青浆。白灰青∶灰＝100∶25 | 用于墙面刷浆应过箩，并应掺适量胶类物质 |
| 桃花浆 | | 砖石砌体灌浆 | 白灰浆加黏土浆。白灰浆∶黏土浆＝3∶7 | |
| 青浆 | | 青灰背、青灰墙面赶轧刷浆；布瓦屋面刷浆；琉璃瓦（黄琉璃除外）夹垄赶轧刷浆 | 青灰加水搅成浆状后过细筛 | 加水2次以上时，应补充青灰 |
| 烟子浆 | | 筒瓦檐头绞脖；眉子、当沟刷浆 | 黑烟子用胶水搅成膏状，加水搅成浆 | |

续表

| 名称 | 主要用途 | 配比及制作要点 | 说明 |
|---|---|---|---|
| 红土浆 | 抹饰红灰时的赶轧刷浆；黄琉璃瓦夹垄赶轧刷浆 | 红土粉兑水搅成浆状，加入适量胶水 | 可用氧化铁红兑水再加入适量胶水 |
| 包金土浆 | 抹饰黄灰时的赶轧刷浆 | 土黄粉兑水搅成浆状，加入适量胶水 | |

## 35.2.3 砖 料 加 工

### 35.2.3.1 砖料加工工艺

干摆墙和细墁地面应砍制五扒皮，丝缝墙应砍制膀子面。

1. 五扒皮工艺流程：选砖→铲看面、磨平→打直→打扁→过肋→磨肋→截头。

2. 膀子面工艺流程：选砖→铲、磨膀子面→铲看面、磨平→打直→打扁→过肋、磨肋→截头。

3. 淌白拉面工艺流程：选砖→铲面、磨面。

4. 淌白截头工艺流程：选砖→铲面、磨面→截头。

5. 杂料子工艺流程：选砖→夹打坯子→放样→砍磨成形。

### 35.2.3.2 墙面砖的加工技术要点

1. 五扒皮（干摆墙面用砖）

(1) 用刨子铲面并用磨头磨平。现多用大砂轮直接磨平。

(2) 用平尺和钉子顺条的方向在面的一侧画出一条直线来（即“打直”）。然后用扁子和木敲手沿直线将多余的部分凿掉（即“打扁”）。

(3) 在“打扁”的基础上用斧子进一步劈砍（即“过肋”），后口要多砍去一些，即应砍“包灰”。城砖包灰不超过 8mm，小砖不超过 7mm。过完肋后用磨头磨肋。

(4) 以砍磨过的肋为准，按“制子”（用木或竹片做成的尺寸标准）用平尺、钉子在“面”（露明面）的另一侧打直，然后打扁、过肋和磨肋，并在后口留出包灰。

(5) 顺着“头”（丁头）的方向在面的一端用方尺和钉子画出直线并用扁子和木敲手打去多余的部分，然后，然后用斧子劈砍并用磨头磨平，即“截头”。“头”的后口也要砍包灰。

(6) 以截好的这面“头”为准，用方尺在另一头打直、打扁和截头。后口仍要砍包灰。

丁头砖只砍磨一个头，另一头不砍。两肋和两面要砍包灰，但只需砍至砖长的 6/10 处。长短和薄厚均按制子。

“转头砖”（转角砖）砍磨一个面和一个头，两肋要砍包灰。“转头”可暂时不截长短，待砌筑时根据实际情况加工。

现代施工中常采用砂轮机、切割机等机械加工方式代替上述部分工序。机械加工的特点是可以提高效率，但精细程度稍差。

2. 膀子面（丝缝墙面用砖）

膀子面与五扒皮的砍磨方法大致相同，不同的是：先铲磨一个肋，这个肋要求与面互成直角或略小于直角，这个肋就叫膀子面。做完膀子面之后，再铲磨面或头。

3. 淌白砖（淌白墙面用砖）

（1）淌白截头（细淌白）：先铲磨露明“面”（或“头”），然后按制子截头。

（2）淌白拉面（糙淌白）：只铲磨“面”（或“头”），不截头。

4. 杂料子

（1）选砖后，进行初步加工，即夹打坯子，使其成为符合成品加工要求的坯子砖料。

（2）在坯子砖料上按成品尺寸画出进一步加工的形状，即放样，简单的杂料子可画一个侧面或上下面。形状复杂的可画两个侧面或上下面。放样，在砍磨过程，根据需要，可多次进行。数量多的应制作样板，使用样板将图形画在每一块砖上。

（3）按画好的形状进行加工制作成形，用磨头或砂纸将砖表面打磨平整。

### 35.2.3.3　地面砖的加工技术要点

墁地用的条砖有大面朝上和小面朝上两种。小面朝上时，砍磨方法与五扒皮的砍磨方法相同。大面朝上时要先铲磨大面，然后砍磨四个肋，四个肋应互成直角。

砍砖前要选择比较细致的一面—“水面”，作为砍磨的正面。地面砖的转头肋应大于墙面砖，其宽度不小于1cm。地面砖的包灰可小于墙面砖，一般不大于5mm。

### 35.2.3.4　砖加工的质量要求

（1）砖加工的质量是决定墙面外观质量的直接原因，如果砖加工的质量不好，砌墙时很难提高墙面的外观质量。因此，砖加工和砌砖最好能安排同一组人员完成，不但加强砖加工人员的工作自觉性，而且墙面外观出现问题时，也容易分清责任。

（2）事先选派技术好的工人精心砍制出“官砖”（样板砖）。以“官砖”为尺寸比作为标准。

（3）需制作多个“制子”时，每个“制子”都应以“官砖”为标准，而不应以制作好的前一个“制子”为标准。在加工过程中，要经常以“官砖”为标准校对复核“制子”，尺寸如有改变应重新制作“制子”。砍砖的人员较多时，专业质检员宜配备“官制子”，以便随时检查操作者的“制子”准确度。

（4）磨面应充分磨制，局部和整体都应平整。

（5）在搬运、加工、成品码放等过程中，自始至终都应尽量保护砖的棱角不受损坏。

（6）包灰尺寸不应过大，尤其是机械加工更应注意。

（7）砖肋不应砍成“棒槌肋”或“剪子股”，否则会造成砖缝不严。

（8）每块砖的规格尺寸都应尽量准确，尤其是不能小于官砖尺寸，否则会造成砖缝不严。

（9）转头、八字砖的角度应准确、一致。异形砖的角度、形状应准确。

（10）干摆、丝缝墙及细墁地面砖料允许偏差和检验方法见表35-3。

**干摆、丝缝墙及细墁地面砖料允许偏差和检验方法　　表35-3**

| 序号 | 项目 | 允许偏差（mm） | 检验方法 |
|---|---|---|---|
| 1 | 砖面平整度 | 0.5 | 在平面上用平尺进行任意方向搭尺检查和尺量检查 |
| 2 | 砖的看面长宽尺寸 | 0.5 | 用尺量，与“官砖”（样板砖）相比 |
| 3 | 砖的累加厚度（地面砖不检查） | +2<br>负值不允许 | 上小摞，与“官砖”（样板砖）的累加厚度相比，用尺量 |

续表

<table>
<tr><th>序号</th><th colspan="3">项目</th><th>允许偏差（mm）</th><th>检验方法</th></tr>
<tr><td>4</td><td colspan="3">砖棱平直</td><td>0.5</td><td>两块砖相摞，楔形塞尺检查</td></tr>
<tr><td rowspan="2">5</td><td colspan="2" rowspan="2">截头方正</td><td>墙身砖</td><td>0.5</td><td rowspan="2">方尺贴一面，尺量另一面缝隙</td></tr>
<tr><td>地面砖</td><td>1</td></tr>
<tr><td rowspan="4">6</td><td rowspan="4">包灰<br>（每面）</td><td rowspan="2">城砖</td><td>墙身砖 6mm</td><td rowspan="2">2</td><td rowspan="4">尺量和用包灰尺检查</td></tr>
<tr><td>地面砖 3mm</td></tr>
<tr><td rowspan="2">小砖<br>方砖</td><td>墙身砖 5mm</td><td rowspan="2">2</td></tr>
<tr><td>地面砖 3mm</td></tr>
<tr><td>7</td><td colspan="3">转头砖、八字砖角度</td><td>+0.5<br>负值不允许</td><td>方尺或八字尺搭靠，用尺量端头误差</td></tr>
</table>

## 35.2.4 石 料 加 工

### 35.2.4.1 石料表面做法种类、加工方法

常见的几种做法如下：

1. 打道

打道是用锤子和錾子在已基本凿平的石料表面上依次凿打，使表面显露出直顺且宽窄相同深浅一致的沟道。打道分打糙道与打细道两种做法，打细道又叫“刷道”。糙、细之分由道的密度决定，在一寸长的宽度内打 3 道叫“一寸三”，打 5 道叫“一寸五”，以此类推有“一寸七”“一寸九”等。“一寸三”和“一寸五”属糙道做法，是普通建筑石活中常见手法。少于“一寸三”的打道，大多是用在石料的初步加工阶段，作为表面的处理手法，仅用在井台、桥券底等少数部位。“一寸七”以上属细道做法，是比较讲究的石活常见手法，也常用于普通建筑的挑檐石、腰线石的侧面。一寸之内刷十一道以上的做法则属于非常讲究的做法，很少采用。

2. 砸花锤

锤顶表面带有网格状尖棱的锤子叫花锤，石料经凿打，已基本平整后，用花锤把表面砸平称砸花锤。经砸花锤处理的石料表面，类似现代装饰石材表面烧毛的效果。多用于铺墁地面，也常见于地方建筑中。

3. 剁斧

剁斧是在经过加工已基本平整的石料表面上，用斧子剁斩，使之更加平整，且表面显露出直顺、匀密的斧迹。剁斧是清代官式石活的一种较常见的表面处理方法，近年来已成为最常见的做法形式。

4. 扁光与磨光

扁光是用锤子和扁錾子将石料表面打平剔光。如改用“磨头”（砂轮）磨平磨光，则称磨光。经扁光的石料，表面平整光顺，但不如磨光的石料那样光亮。扁光或磨光多用于石雕或须弥座、陈设座等处。

5. 做细与做糙

做细与做糙都是指石活加工的基本要求。做细是将石料加工至表面平整、规格准确。

露明面应外观细致、美观。不露明的面也应较平整，不应有妨碍安装的多出部分。剁斧、砸花锤、打细道、扁光和磨光手法都属于做细的范围，例如，露明处采用剁斧，不露明处采用打细道即为做细。做糙是石料加工得较粗糙，规格基本准确。露明面的外观基本平整，但风格疏朗粗犷。用于不露明的面时，可以更粗糙，但也应符合安装要求。打糙道和一般的成形凿打都属于做糙的范围。

**35.2.4.2　石料加工的技术要点与质量要求**

（1）在加工时应保持石料表面原有的传统工艺特点。尤其是在文物建筑或有文物价值的建筑修缮工程中更应注意保持原做法不变。

（2）剁斧不细密是经常出现的质量通病，克服这一通病的方法是经常修磨斧刃，使斧刃保持锋利。剁斧时，不能光图快，也不能跳着行剁，应一斧紧挨着一斧剁。

（3）传统的手工加工方式已部分甚至大部分被机械加工方式取代。要注意保持原有的工艺特征。

（4）成品石活的质量要求

1）不得有明显的裂纹和隐残。石纹的走向应符合构件的受力要求。

2）用于重要建筑的主要部位时，石料外观应无明显缺陷。

3）石料加工后，规格尺寸必须符合要求，表面应洁净完整，无缺棱掉角。外观尚应符合下列规定：

① 表面剁斧的石料，斧印应直顺、均匀、深浅一致，刮边宽度一致。

② 表面磨光的石料，应平滑光亮，扁光后应平整光顺，无麻面，无砂沟，不露斧印等上道工序痕迹。

③ 表面打道的石料，道应直顺、均匀、深度相同，无明显乱道、断道等不美观现象，刮边宽度一致。道的密度：糙道做法的每10cm不少于10道，细道做法的每10cm不少于25道。

④ 表面砸花锤的石料，应不露錾印，无漏砸之处。

（5）石料加工允许偏差和检验方法见表35-4。

**石料加工的允许偏差和检验方法　　表35-4**

<table>
<tr><th>序号</th><th colspan="2">项目</th><th>允许偏差</th><th>检验方法</th></tr>
<tr><td>1</td><td>表面平整</td><td>砸花锤、打糙道<br>二遍斧<br>三遍斧、打细道、磨光</td><td>4mm<br>3mm<br>2mm</td><td>用1m靠尺和楔形塞尺检查</td></tr>
<tr><td>2</td><td>死坑数量<br>（坑径4mm、深3mm）</td><td>二遍斧<br>三遍斧、磨光、打细道</td><td>3个/m²<br>2个/m²</td><td>抽查3处，取平均值</td></tr>
<tr><td>3</td><td colspan="2">截头方正</td><td>2mm</td><td>用方尺套方（异形角度用活尺），尺量端头处偏差</td></tr>
<tr><td rowspan="2">4</td><td rowspan="2">打道密度</td><td>糙道（每100mm内）</td><td>±2道</td><td rowspan="2">尺量检查，抽查3处，取平均值</td></tr>
<tr><td>细道（每100mm内）</td><td>正值不限，−5道</td></tr>
<tr><td>5</td><td colspan="2">剁斧密度（45道/100mm宽）</td><td>正值不限，−10道</td><td>尺量检查，抽查3处，取平均值</td></tr>
</table>

注：表面做法为打糙道或砸花锤做法的，不检查死坑数量。

## 35.2.5 古建筑砖墙种类及砌筑方法

### 35.2.5.1 砌筑方法种类

根据不同的砌筑方法和不同材料墙体有：干摆、丝缝、淌白、糙砖墙、糙砖抹灰、碎砖抹灰、琉璃、石活、虎皮石墙等及其组合形式。两种以上的组合形式为多。

(1) 单一型

干摆到顶。

落地缝：落地缝子（指全为丝缝）、淌白“落地缝”（全用淌白）。

琉璃，一般只用于建筑小品及小型构筑物。

石活，一般只用于建筑小品及小型构筑物。

糙砖墙，带刀缝、灰砌糙砖。

碎砖墙。

(2) 组合型

1) 两种类型的组合：

干摆　丝缝。

干摆　淌白。

干摆　糙砖抹灰。

丝缝　淌白。

琉璃　糙砖抹灰。

石活　干摆。

石活　丝缝。

石活　淌白。

石活　琉璃。

淌白　碎砖抹灰。

淌白　带刀缝。

淌白　灰砌糙砖。

带刀缝　碎砖。

灰砌糙砖　碎砖。

2) 多种类型的组合：

石活　琉璃　干摆。

石活　干摆　糙砖抹灰。

石活　琉璃　糙砖抹灰。

琉璃　干摆　糙砖抹灰。

干摆　丝缝　淌白。

干摆　丝缝　糙砖。

干摆　淌白　糙砖。

虎皮石　淌白　碎砖。

虎皮石　带刀缝　碎砖。

### 35.2.5.2　墙体砌筑方法

（1）干摆墙的砌筑方法

通常采用的工艺流程：弹线、样活→拴线、衬脚→摆第一层砖、打站尺→背里、填馅→灌浆→刹趟→逐层摆砌→墁干活→打点→墁水活→冲水净面。

1）弹线、样活

先将基层清扫干净，然后用墨线弹出墙的厚度、长度及八字的位置、形状等。根据设计要求，按照砖缝的排列形式（如三顺一丁、十字缝等）进行试摆即“样活”。

2）拴线、衬脚

在两端拴两道立线，叫作“曳线”。在两道曳线之间拴两道横线，下面的叫“卧线”，上面的叫“罩线”（“打站尺”后拿掉）。砌第一层砖之前要先检查基层（如台明、土衬石等）是否凹凸不平，如有偏差，应以麻刀灰抹平，叫作“衬脚”。

3）摆第一层砖、打站尺

在抹好衬脚的基层（如台明）上按线码放“五扒皮”砖，砖的立缝和卧缝都不挂灰，即要“干摆”。砖的后口要用石片垫在下面，即“背撒”。背撒时应注意：石片不要长出砖外，即不应有“露头撒”；砖的接缝即“顶头缝”处一定要背好，即一定要有“别头撒”；不能用两块重叠起来背撒，即不能有“落落撒”。摆完砖后要用平尺板逐块“打站尺”，具体方法是，将平尺板的下面放在基层上弹出的砖墙外皮墨线处，尺边贴近卧线和罩线（站尺线），然后逐块检查砖的上、下棱是否也贴近了平尺板，如未贴近或顶尺，应予纠正。

4）背里、填馅

如果只在外皮干摆，里皮要用糙砖随外皮砌好，即为背里。如里、外皮均为干摆做法，中间的空隙要用碎砖砌实，即为填馅。背里或填馅时应注意与外皮砖不宜紧挨，应留有适当的“浆口”。

5）灌浆

灌浆要用白灰浆或桃花浆。宜分为三次灌入，第一次灌“半口浆”，即只灌 1/3，第三次为“点落窝”，即在两次灌浆的基础上弥补不足之处。灌浆既应注意不要有空虚之处，又要注意不要过量，否则易将墙面撑开。点完落窝后，刮去砖上的浮灰，然后用灰将灌过浆的地方抹住，即抹线（锁口）。抹线可不逐层进行，小砖不超过 7 层，城砖不超过 5 层至少应抹线一次。抹线可以防止上层灌浆往下流造成墙面鼓出。

6）刹趟

灌完浆后用磨头将砖的上棱高出的部分磨平，并随时用平尺板检查上棱的平整度。刹趟是为了摆砌下一层砖时能严丝合缝，故应同时注意不要刹成局部低洼，当高出的部分低于卧线标准时，则不宜再刹趟。

7）逐层摆砌：从第二层开始，除了不打站尺以外，摆砌方法都与上述方法相同，同时应注意以下几点：

① 摆砌时应做到“上跟绳，下跟棱”，即砖的上棱应以卧线为标准，下棱以底层砖的上棱为标准。

② 摆砌时，可将砍磨得比较好的棱朝下，有缺陷的棱朝上，因为缺陷有可能在刹趟时磨去。

③ 下碱的最后一层砖，应使用有一个大面没有包灰的砖，这个大面应朝上放置，以

保证下碱退“花碱”后棱角的垂直完整。

④ 如发现砖有明显缺陷，应重新砍磨或换砖。当发现砖的四个角与周围墙面不在同一个平面上时，应将一个角凸出墙外，即允许“扔活”，但不得凹入墙内，否则将不易修理。

⑤ 要“一层一灌，三层一抹，五层一蹾”，即每层都要灌浆，但可隔几层抹一次线，摆砌若干层以后，可适当搁置一段时间再继续摆砌。

8）墁干活

墙面砌完后，用磨头将砖与砖之间接缝处高出的部分磨平。

9）打点

用“砖药”（砖面灰）将砖表面的孔眼及砖缝不严之处填平补齐并磨平。砖药的颜色（指干后颜色）应近似砖色。

10）墁水活

用磨头蘸水将墁过干活和打点过的地方再细致地磨一次，并蘸水把整个墙面揉磨一遍，使得整个墙面色泽和质感的一致。

以上工序可随摆砌过程随时进行。

11）清洗

墁完水活后，用清水和软毛刷将墙面清扫、冲洗干净，使墙面显露出“真砖实缝”。清洗墙面应尽量安排在墙体全部完成后，拆脚手架之前进行，以免因施工弄脏墙面。

（2）丝缝墙的砌筑方法

通常采用的工艺流程：弹线、样活→拴线、衬脚→砌砖→背里、填馅→灌浆→逐层摆砌→打点→墁水活→耕缝。

丝缝墙与干摆墙的砌筑方法大略相同，不同之处如下：

1）丝缝墙的砖与砖之间要铺垫老浆灰。灰缝一般为 3～4mm。挂灰时一手拿砖，一手用瓦刀把砖的露明侧的棱上打上灰条，在朝里的棱上打上两个小灰墩，这样可以保证在灌浆时浆液能够流入。砖的顶头缝的外棱处也应打上灰条。砖的大面的两侧也要抹上灰条。为了确保灰缝严实，可以在已砌好的砖层外棱上也打上灰条（锁口灰）。

2）丝缝墙可以用“五扒皮”砖，也可以用“膀子面”砖。如用膀子面，习惯上应将砖的膀子面朝下放置。

3）丝缝墙一般不刹趟。

4）如果说干摆砌法的关键在于砍磨得精确，那么丝缝砌法还要注重灰缝的平直、宽度一致，并要注意砖不能“游丁走缝”。

5）丝缝墙砌好后要“耕缝”。耕缝所用的工具：将前端削成扁平的竹片或较硬的金属丝制成“溜子”。灰缝如有空虚不齐之处，事先应经打点补齐。耕缝要安排在墁水活、冲水之后进行。耕缝时要用平尺板对齐灰缝贴在墙上，然后用溜子顺着平尺板在灰缝上耕压出缝子来。耕完卧缝以后再把立缝耕出来。

（3）淌白墙的砌筑方法

通常采用的工艺流程：弹线、样活→拴线→砌砖→背里、填馅→灌浆、抹线→逐层摆砌→打点砖缝→清扫墙面。

1）淌白墙要用淌白砖，根据具体要求用淌白拉面（糙淌白）或淌白截头（细淌白）砖。

2）用月白灰打灰条（灰只抹在砖棱上），灰缝厚4～6mm。

3）每层砌完后要用白灰浆灌浆。

4）砖缝处理采用“打点缝子”的方法。淌白墙打点缝子要用深月白灰或老浆灰。先用瓦刀、小木棍儿或钉子等顺砖缝镂划，使灰凹进砖内，然后用专用工具“小鸭嘴儿”或小轧子将灰分两次“喂”进砖缝，第二次灰应与砖墙平，随后将灰轧平。然后用短毛刷子蘸少量清水（蘸后甩一下）顺砖缝刷一下，叫“打水茬子”。这样既可以使灰附着得更牢，又可使砖棱保持干净。轧活与打水茬子要交替进行几次，直至灰缝达到平整、无裂缝，既不低于也不高于砖表面的效果为止。

（4）砌糙砖墙操作工艺

通常采用的工艺流程：弹线、样活→拴线→砌砖→灌浆→勾缝→清扫墙面。

通常采用以下操作方法：

1）弹线、样活：操作方法和要求同干摆墙。

2）拴线：操作方法和要求同丝缝墙。

3）砌砖：带刀缝做法，砖料不需砍磨，灰缝应为5～8mm。使用月白灰或灰膏，在砖上打灰条进行砌筑，操作方法和要求同丝缝墙；灰砌做法，使用素灰或掺灰泥，满铺灰浆砌筑。灰缝应为8～10mm，泥缝不应大于25mm。

4）灌浆：带刀缝做法应灌浆。灰砌法通常不灌浆，也可灌浆加固，操作方法和要求同丝缝墙。灰浆种类应根据设计要求或原做法，使用白灰浆或桃花浆。

5）勾缝：用深月白小麻刀灰打点勾缝，操作方法同淌白墙砖缝处理方法。如文物建筑原做法为原浆勾缝做法，用小圆棍直接将砖缝划出凹缝，缝子应深浅一致。

6）清扫墙面：用扫帚将墙面清扫干净。

**35.2.5.3　墙体砌筑的技术要点与质量要求**

（1）整砖墙面外露砖的排列组砌应符合下列规定：

1）除廊心墙外，墙的下碱层数必须为单数。

2）同一墙面的两端若组砌形式相同，则同一层砖的两端转角砖的摆法应相同，如同为丁头或同为七分头摆法。

3）廊心墙、落膛槛墙、“五出五进”“圈三套五”、影壁等有固定传统做法的墙面艺术形式，以及砖檐、博缝、梢子、花砖、花瓦墙等有固定传统式样的部位，砖的形制或摆放应符合相应的传统规制。

4）砖的水平排列应符合传统的排砖规则，不得采用现代“满丁满条”（一层砌丁砖一层砌条砖）做法。以条砖卧砌的槛墙、象眼部位，应采用十字缝排砖方法，不应采用三顺一丁等其他方法。

5）墀头、象眼、砖砌墙帽、砖券等对砖的卧、立缝有特殊要求的，应符合相应的传统排砖规则。

6）山墙的山尖式样应与屋脊的正脊形式对应，有正吻的正脊和小式清水脊、皮条脊，应为尖山式样。过垄脊、鞍子脊，应为圆山式样。

（2）山墙、后檐墙外皮对应柱根的位置应放置砖透风，透风最低处应比台明高2层砖（城砖为1层）。透风至柱根的一段应留出空当，以使空气流通。

(3) 砌体内的组砌应符合下列规定:

1) 砌体内、外砖(包括砂浆)厚度相同时,每皮均应有内、外搭接措施。厚度不同时,平均每3皮砖应找平一次并应有内、外搭接措施。

2) 外皮砖遇丁砖时,必须使用整砖。与之相压接的里皮砖的长度应大于半砖。

3) 砌体的填馅砖应严实、平整,逐层进行,不得以灰浆填充,也不得采用只放砖不铺灰或先放砖后灌浆的操作方法。填馅砖水平灰缝最大于不超过12mm,掺灰泥最大不超过30mm。

(4) 砌体至梁底、檩底或檐口等部位时,应使里皮砖顶实上部,严禁外实里虚。

(5) 干摆、丝缝墙的摆砌"背撒",应于砖底两端各背一块石片;砖顶头缝处应背"别头撒";不得出现叠放的"落落撒"和长出砖外的"露头撒"。

(6) 墙面上需要陡置的砖、石构件,应使用必要的拉结措施(如"木仁""铁拉扯""铁银锭"等),拉结物应压入背里墙或采用其他方法固定。

(7) 含有白灰的传统灰浆,不得使用灰膏。不得使用失效(如冻结、脱水硬化)的熟石灰,生石灰必须调成浆状,并淀去沉渣后才能使用。袋装石灰粉要用水充分浸泡8h后使用。

(8) 砌体灰浆的填充以灌浆方法为主时,应分3次灌入,第一次和第三次应较稀。

(9) 掺灰泥、桃花浆等用白灰、黄土掺和的灰浆,白灰的用量不应少于总量的3/10。

(10) 里、外皮因做法不同存在通缝的砌体(如"五出五进"做法与背里墙、博缝砖与金刚墙、陡板石与金刚墙等),应在原有砌筑方法的基础上,在里、外皮交接部位灌浆,每3层至少灌一次,宜使用白灰浆或桃花浆。

(11) 下列情况下应"抹线"(用灰封盖住砖的接缝处,以防止水渗入砌体中):

1) 施工过程中砌体可能会受到雨淋,又无法苫盖时,操作间歇前应抹线。

2) 可能渗水的部位(如院墙顶部、硬山墙的顶部、封后檐墙的顶部等),砌砖完成后应使用麻刀灰或水泥砂浆抹线并适当赶轧。

3) 灰浆的填充以灌浆为主要方式的砌体,小砖至少每七层,城砖至少第五层宜抹线一次。

(12) 以灌浆为主要砌方式的砌体,每砌高1m应间隔1h后才能继续砌筑。

(13) 整砖墙的墙面应平整、洁净、棱角整齐。

(14) 琉璃砖的釉面应无破损。

(15) 干摆、丝缝墙面必须用清水刷洗,且必须冲净,露出砖的本色。墙面不得刷浆。

(16) 干摆墙面的砖缝应严密,无明显缝隙。

(17) 墙面灰缝应直顺、严实、光洁,无裂缝和野灰,宽窄深浅一致,接槎无明显搭痕,打点缝子做法的,应先划缝,划缝深度不少于5mm。打点前应将砖缝湿润。灰缝的材料做法应符合下列规定:

1) 丝缝墙的灰缝应使用老浆灰,并应在砌砖时抹在砖棱上,灰缝宽度应为2~4mm,深2~3mm。

2) 淌白墙的灰缝应使用专用工具"小鸭嘴儿"打点,材料应使用深月白灰或老浆灰,宽度为4~6mm(城砖为6~8mm)。灰缝应与砖表面打点平,不得凹进砖内。

3) 糙砖墙灰缝的材料做法应符合下列规定:

① 应采用原浆勾缝或打点缝子做法。

② 采用原浆勾缝时应使用月白灰（文物建筑原来使用白灰的应保持原做法）。直接用瓦刀或木棍儿划成凹缝，不得用现代勾缝工具勾成轧光的凹缝。

③ 采用打点缝子时应使用深月白灰。用“鸭嘴儿”打点成平缝，不得勾成凹缝。

④ 小砖的灰缝宽度应为5～8mm，城砖的灰缝宽度应为8～10mm。

4）黄色琉璃砖的灰缝应使用红麻刀灰打点，其他颜色的琉璃应使用深月白麻刀灰打点。卧砖墙的灰缝宽度应为8～10mm，面砖或花饰砖的灰缝宽度应为3～4mm。灰缝应与砖抹平，不得凹进砖内。

5）砖檐的灰缝应打点成平缝。不得凹进砖内，也不得采用现代清水墙勾缝做法，砖檐（不包括琉璃）灰缝应使用深月白灰，颜色以干后近似砖色为宜。

6）方正石、条石等石墙的灰缝应使用月白麻刀灰或油灰，仿古建筑可使用水泥砂浆。灰缝应为平缝，不得为凹缝。宽度为5～20mm。虎皮石墙应使用深月白灰或老浆灰。灰缝应勾成凸缝，不应勾成凹缝，宽度应为20～30mm。

（18）墙面质量的允许偏差和检验方法见表35-5、表35-6。

**干摆、丝缝墙允许偏差和检验方法**　　**表35-5**

<table>
<tr><th>序号</th><th colspan="4">项目</th><th>允许偏差（mm）</th><th>检验方法</th></tr>
<tr><td>1</td><td colspan="4">轴线位移</td><td>±5</td><td>与图示尺寸比较，用经纬仪或拉线和尺量检查</td></tr>
<tr><td>2</td><td colspan="4">顶面标高</td><td>±10</td><td>水准仪或拉线和尺量检查。设计无标高要求的，检查四个角或两端水平标高的偏差</td></tr>
<tr><td rowspan="4">3</td><td rowspan="4">垂直度</td><td colspan="3">要求“收分”的外墙</td><td>±5</td><td rowspan="4">用经纬仪或吊线和尺量方法检查</td></tr>
<tr><td rowspan="3">要求垂直的墙面</td><td colspan="2">5m以下或每层高</td><td>3</td></tr>
<tr><td rowspan="2">全高</td><td>10m以下</td><td>6</td></tr>
<tr><td>10m以上</td><td>10</td></tr>
<tr><td>4</td><td colspan="4">墙面平整度</td><td>3</td><td>用2m靠尺横、竖、斜搭均可，楔形塞尺检查</td></tr>
<tr><td rowspan="2">5</td><td rowspan="2" colspan="2">水平灰缝平直度</td><td colspan="2">2m以内</td><td>2</td><td>拉2m线，用尺量检查</td></tr>
<tr><td colspan="2">2m以外</td><td>3</td><td>拉5m线（不足5m拉通线），用尺量检查</td></tr>
<tr><td>6</td><td colspan="4">丝缝墙灰缝厚度（灰缝厚3～4mm）</td><td>1</td><td>抽查经观察测定的最大灰缝，用尺量检查</td></tr>
<tr><td rowspan="2">7</td><td rowspan="2" colspan="2">丝缝墙面游丁走缝</td><td colspan="2">2m以下</td><td>5</td><td rowspan="2">吊线和尺量方法检查，以底层第一层砖为准</td></tr>
<tr><td colspan="2">5m以下或每层高</td><td>10</td></tr>
<tr><td>8</td><td colspan="4">洞口宽度（后塞口）</td><td>±5</td><td>尺量检查，与设计尺寸比较</td></tr>
</table>

注：1. 轴线位移不包括柱顶石所造成的偏移。

2. 要求收分的墙面，如设计无规定者，收分按3‰～7‰墙高。

3. 仿丝缝做法的墙面（用淌白砖砌筑的），应按淌白墙标准进行检查验收。

**淌白墙允许偏差和检验方法　　表 35-6**

<table>
<tr><th>序号</th><th colspan="4">项目</th><th>允许偏差（mm）</th><th>检验方法</th></tr>
<tr><td>1</td><td colspan="4">轴线位移</td><td>±5</td><td>与图示尺寸比较，用经纬仪或拉线和尺量检查</td></tr>
<tr><td>2</td><td colspan="4">顶面标高</td><td>±10</td><td>水准仪或拉线和尺量检查。设计无标高要求的，检查四个角或两端水平标高的偏差</td></tr>
<tr><td rowspan="4">3</td><td rowspan="4">垂直度</td><td colspan="3">要求“收分”的外墙</td><td>±5</td><td rowspan="4">用经纬仪或吊线和尺量检查</td></tr>
<tr><td rowspan="3">要求垂直的墙面</td><td colspan="2">5m 以下或每层高</td><td>5</td></tr>
<tr><td rowspan="2">全高</td><td>10m 以下</td><td>10</td></tr>
<tr><td>10m 以上</td><td>20</td></tr>
<tr><td>4</td><td colspan="4">墙面平整度</td><td>5</td><td>用 2m 靠尺横、竖、斜搭均可，楔形塞尺检查</td></tr>
<tr><td rowspan="2">5</td><td colspan="2" rowspan="2">水平灰缝平直度</td><td colspan="2">2m 以内</td><td>3</td><td>拉 2m 线，用尺量检查</td></tr>
<tr><td colspan="2">2m 以外</td><td>4</td><td>拉 5m 线（不足 5m 拉通线），用尺量检查</td></tr>
<tr><td rowspan="2">6</td><td colspan="2" rowspan="2">水平灰缝厚度（10 层累计）</td><td colspan="2">淌白仿丝缝</td><td>±4</td><td rowspan="2">与皮数杆相比较，尺量检查</td></tr>
<tr><td colspan="2">普通淌白墙</td><td>±8</td></tr>
<tr><td rowspan="4">7</td><td rowspan="4">墙面游丁走缝</td><td rowspan="2">淌白截头</td><td colspan="2">2m 以下</td><td>6</td><td rowspan="4">吊线和尺量检查，以底层第一皮砖为准</td></tr>
<tr><td colspan="2">5m 以下或每层高</td><td>12</td></tr>
<tr><td rowspan="2">淌白拉面</td><td colspan="2">2m 以下</td><td>8</td></tr>
<tr><td colspan="2">5m 以下或每层高</td><td>15</td></tr>
<tr><td>8</td><td colspan="4">门窗洞口宽度（后塞口）</td><td>±5</td><td>尺量检查，与设计尺寸比较</td></tr>
</table>

注：1. 轴线位移不包括柱顶石所造成的偏移。
2. 要求收分的墙面，如设计无规定者，收分按 3‰～7‰墙高考虑。

## 35.2.6 砖的排列、组砌形式及艺术处理

### 35.2.6.1 古建筑墙面砖缝排列、组砌形式

古建筑墙面砖缝的排列形式有多种，其中最常见是十字缝和三七缝（三顺一丁）（图35-2）。

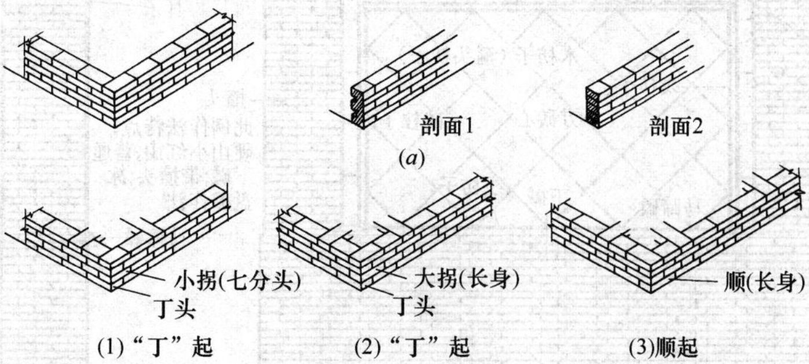


图 35-2　砖缝排列形式

(a) 十字缝；(b) 三顺一丁

### 35.2.6.2　古建筑墙体砌筑艺术处理

(1) 落膛

落膛心有硬心、软心（抹灰）、砖雕和陡砖装饰等做法。方砖硬心，整砖不抹灰的做法为多，偶做十字缝条砖硬心。

硬心影壁及影壁心分位方法见图 35-3。

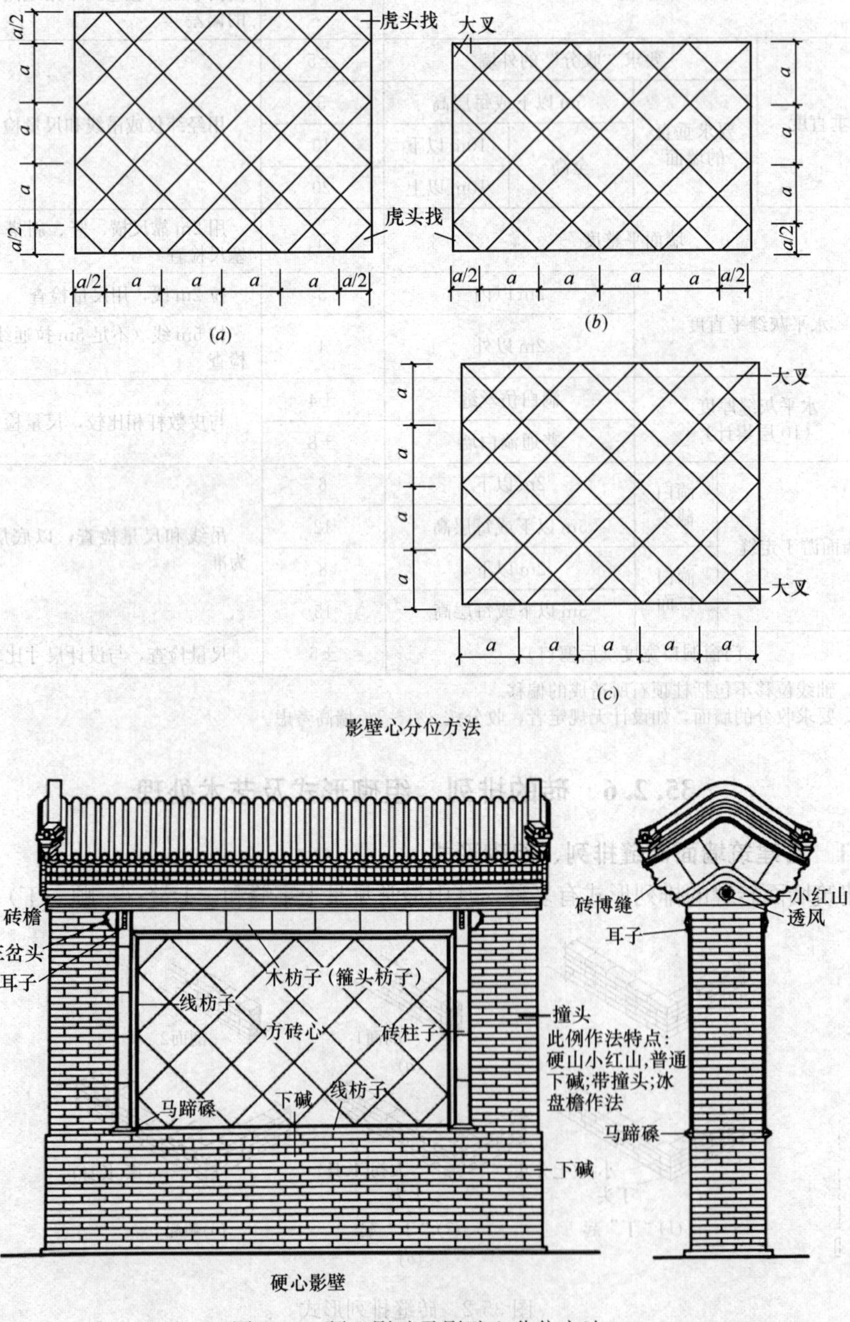


图 35-3　硬心影壁及影壁心分位方法

(2) 五出五进

“五出五进”与新建的“马牙楂”相近。将墙角与墙心之间的墙体砌成“马牙楂”状，“马牙楂”朝里，五层砖为一组，做突出、退进技术变化，要求自下至上，先出后进。

“马牙楂”形的墙角砌体长短按墙的总体长短而定。以整砖和半砖组砌整数长度确定，每一出五块砖，上下安排长砖，以半砖作为丁头组砌。有口诀“个半、一个”“个半、俩”“俩半、俩”“俩半、仨”“仨半、仨”，见图 35-4。

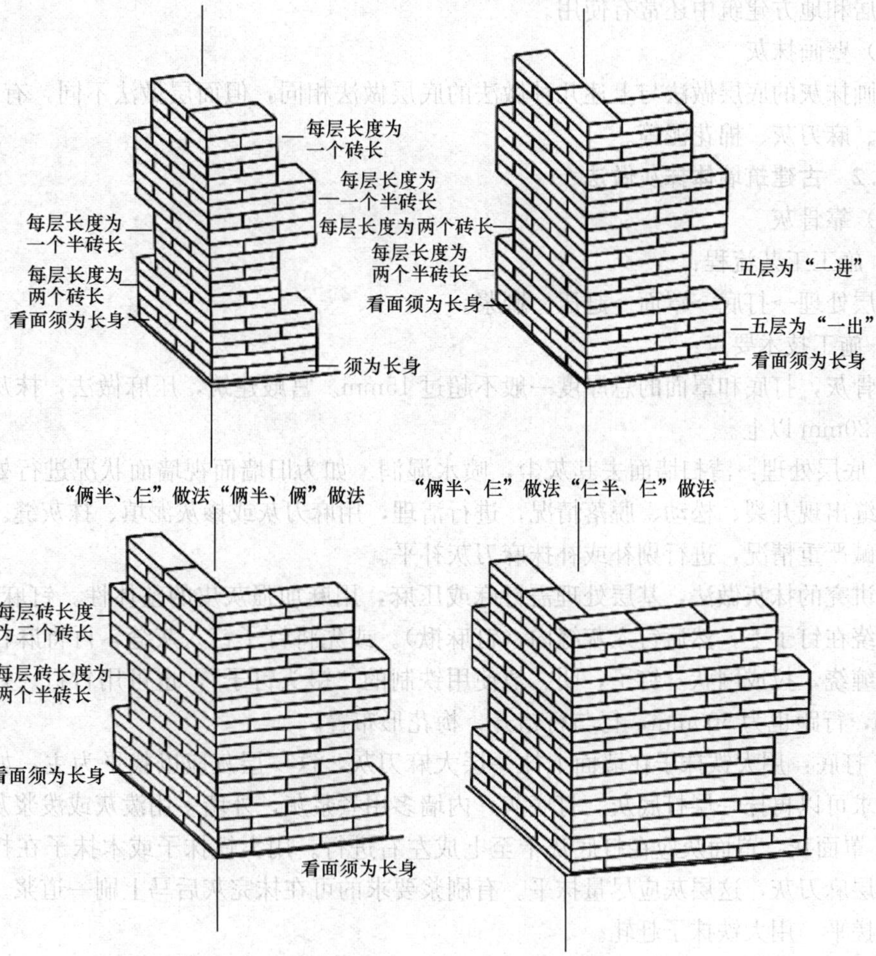


图 35-4　五出五进的几种摆法

## 35.2.7　古建筑墙体抹灰种类和做法

### 35.2.7.1　古建筑墙体抹灰种类

(1) 靠骨灰

靠骨灰又叫刮骨灰、刻骨灰。其特点是，底层和面层都是麻刀灰。按颜色分有白麻刀灰（或称白灰）、月白灰（浅灰色或深灰色）、青灰（月白灰刷青浆）、红灰（或称葡萄灰）、黄灰。

(2) 泥底灰

泥底灰，以泥做底层，灰作为面层。

底层泥可为素泥，可掺入白灰（掺灰泥）。为增强拉结力泥内可掺入麦余等材料。

面层所用的白灰内一般掺入麻刀，有特殊要求也可掺入棉花等其他纤维材料。

（3）滑秸泥

滑秸即为麦余，麦余即为小麦杆。也可用麦壳、大麦杆、荞麦杆、莜麦杆、稻草等。

滑秸泥中的泥料既可以是掺灰泥，也可以是素泥。

滑秸泥做法俗称“抹大泥”，多见于明代以前的建筑。在明、清官式建筑中已不多见，但在民居和地方建筑中还常有使用。

（4）壁画抹灰

壁画抹灰的底层做法与上述几种做法的底层做法相同，但面层做法不同，有蒲棒灰、棉花灰、麻刀灰、棉花泥等。

### 35.2.7.2 古建筑墙体抹灰做法

（1）靠骨灰

1）施工工艺流程：

底层处理→打底→罩面→赶压、刷浆。

2）施工技术要点：

靠骨灰，打底和罩面的总厚度一般不超过 15mm。宫殿建筑，压麻做法，抹灰厚度至少应在 20mm 以上。

① 底层处理：清扫墙面去其灰尘，喷水湿润。如为旧墙面视墙面状况进行处理。当墙面灰缝出现开裂、松动、脱落情况，进行清理，用麻刀灰或掺灰泥填、抹灰缝。如有缺砖、酥碱严重情况，进行剔补或补抹麻刀灰补平。

较讲究的抹灰做法，基层处理需钉麻或压麻，用麻加强灰皮的整体性。钉麻的做法：将麻缠绕在钉子上，然后钉入灰缝内（钉麻揪）。或先将钉子钉入灰缝，再将麻在钉子之间来回缠绕，拉成网状。钉子，明、清使用铁制的“镊头钉子”，也可用竹钉。钉子间距 500mm，行距也为 500mm，行与行错开，梅花形布置。

② 打底：用大铁抹子在墙面上抹一层大麻刀灰，这一层灰应以找平为主，如达不到平整要求可以再抹一层打底灰。打底灰，内墙多用煮浆灰，外墙多用泼灰或泼浆灰。

③ 罩面灰：罩面灰应在打底灰干至七成左右进行。用大铁抹子或木抹子在打底灰上再抹一层麻刀灰，这层灰应尽量抹平。有刷浆要求的可在抹完灰后马上刷一道浆。然后用木抹子搓平。用大铁抹子赶轧。

④ 赶压、刷浆：罩面灰全部抹完后，用小轧子反复赶轧。红灰、黄灰墙面应横向赶轧。讲究的青灰墙面应竖向轧出“小抹子花”，小抹子花的长度不超过 350mm。每行抹子花应直顺整齐。室外抹灰有三浆三轧，其实不限于三轧，根据情况，赶光轧实。青浆墙面，每赶轧一次，事先应刷一道浆，最后以赶轧出亮交活。

（2）滑秸泥

1）施工工艺流程

滑秸制备→底层处理→打底→罩面→赶压、刷浆。

2）施工技术要点

① 先将滑秸剪短，用斧子将麦秆砸劈，用白灰浆将滑秸“烧”软，再把泥拌匀。

② 底层处理同靠骨灰。

③ 打底灰使用麦秆为主，罩面灰以麦壳为主。做法同靠骨灰。罩面灰赶轧出亮后，根据需要涂刷不同颜色的浆，如涂刷白灰浆等。

### 35.2.8　古建筑石作

(1) 普通台基石活

1) 普通台基石活组成

古建筑的普通台基由下列石活组成：土衬石（土衬）、陡板石（陡板）、埋头角柱（埋头）、阶条石（阶条）、柱顶石（柱顶）（图 35-5）。

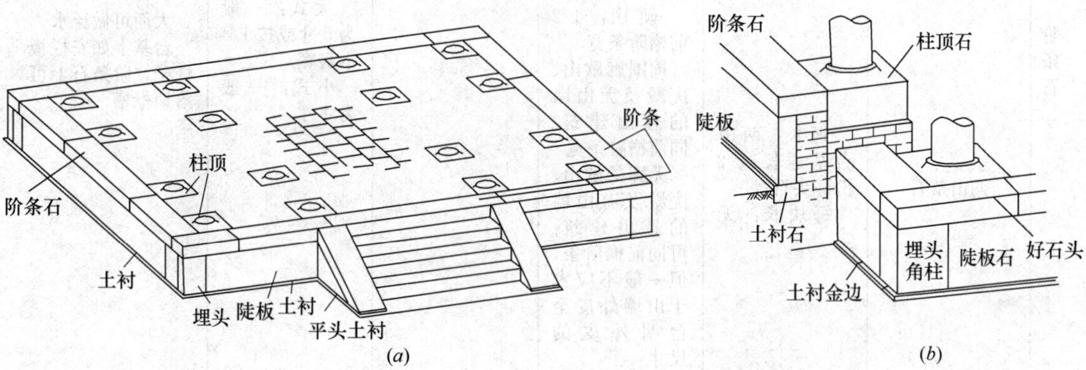


图 35-5　普通台基上的石活

(a) 普通台基示意；(b) 普通台基石活组合

2) 普通台基石活尺寸

普通台基石活尺寸见表 35-7。

**普通台基石活尺寸表　　　表 35-7**

| 项目 | 长 | 宽 | 高 | 厚 | 其他 |
| --- | --- | --- | --- | --- | --- |
| 土衬石 | 通长：台基通长加 2 倍土衬金边宽<br>每块长：无定 | 陡板厚加 2 倍金边宽<br>金边宽：大式宽约 2 寸，小式宽约 1.5 寸 | | 同阶条厚<br>大式不小于 5 寸，小式不小于 4 寸<br>土衬露明：1～2 寸，或与室外地坪齐，必要时也可全部露出 | 如落槽（落仔口），槽深 1/10 本身厚，槽宽稍大于陡板厚 |
| 陡板石 | 通长：台基通长减 2 倍角柱石宽，如无角柱石，等于台基通长<br>每块长：无定 | | 台明高（土衬上皮至阶条上皮）减阶条厚，土衬落槽者，应加落槽尺寸 | 1/3 本身高，或按阶条厚 | 与阶条石、角柱石相接的部位可做榫头，榫长 0.5 寸 |
| 埋头角柱（埋头） | | 同阶条石宽，或按墀头角柱减 2 寸 | 台明高减阶条厚。土衬落槽者，应再加落槽尺寸 | 同本身宽 | 侧面可做榫或榫窝，与陡板连接 |

续表

| 项目 | | 长 | 宽 | 高 | 厚 | 其他 |
|---|---|---|---|---|---|---|
| 阶条石 | 好头石 | 尽间面阔加山出，2/10～3/10定长 | 最小不小于1尺，最宽不超过下檐出尺寸（柱中至台明外皮），以柱顶石外皮至台明外皮尺寸为宜 | | 大式：一般为5寸或按1/4本身宽<br>小式：一般为4寸 | 大面可做泛水。<br>台基上如安栏板柱子，阶条石上可落地栿槽 |
| | 落心（好头石之间的阶条石） | 等于各间面阔，尽间落心等于柱中至好头石之间的距离 | | | | |
| | 两山条石 | 通长：两山台基通长减2份好头石宽<br>每块长：无定 | 硬山：1/2前檐阶条宽<br>周围廊歇山、庑殿及无山墙的悬山建筑：同前檐阶条宽<br>无廊的歇山、庑殿及有山墙的悬山建筑：可同前檐阶条，但一般不应大于山墙外皮至台明外皮的尺寸 | | | |
| 柱顶石 | | 大式：2倍柱径，见方<br>小式：2倍柱径减2寸，见方<br>鼓镜宽：约1.2倍柱径 | | | 大式：1/2本身宽<br>小式：1/3本身宽，但不小于4寸<br>鼓镜高：1/10～2/10檐柱径 | 檐柱顶、金柱顶及山柱顶虽宽度不同，但厚度宜相同 |

（2）须弥座式台基石活

1）须弥座式台基的基本组成

典型的清官式石须弥座由下列石活组成：土衬、圭角、下枋、下枭、束腰、上枭、上枋（图35-6）。

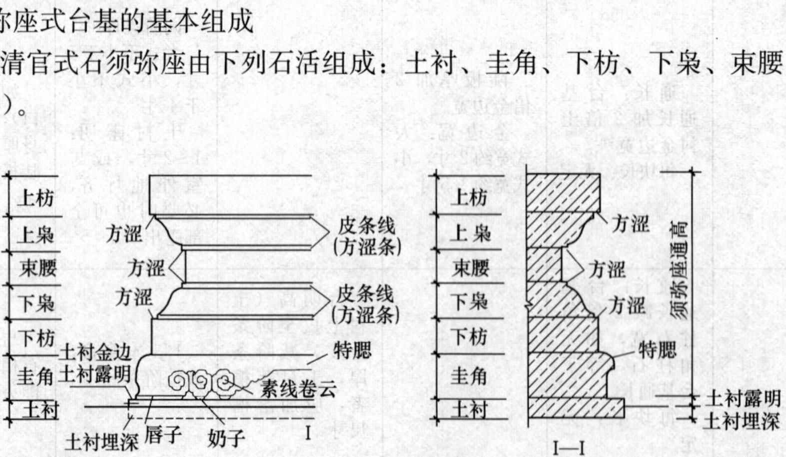


图35-6　清官式石须弥座的组成及各部名称

2）石须弥座的尺度确定

清官式石须弥座的高度权衡及各层之间的比例关系如图35-7所示。

(3) 石栏杆

1) 石栏杆组成

清官式石栏杆称栏板望柱或栏板柱子，由地袱、栏板和望柱（柱子）组成（图 35-8）。台阶上的栏板柱子由地栿、栏板、望柱（柱子）和抱鼓组成（图 35-9）。台阶上的栏板、柱子等因立在垂带之上，故称“垂带上栏板柱子”，分别有“垂带上柱子”“垂带上栏板”和“垂带上地栿”。

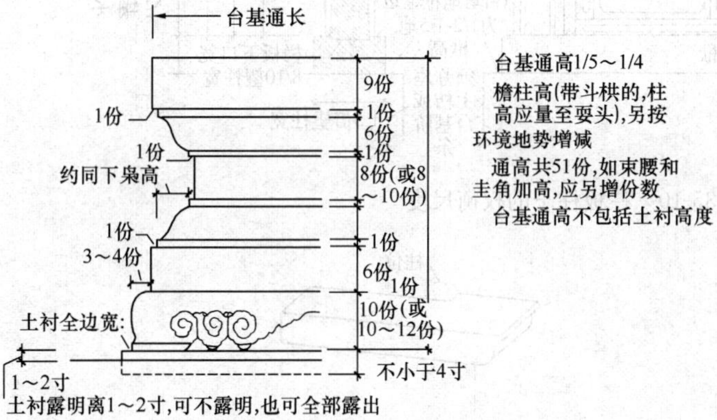


图 35-7 清官式石须弥座的高度权衡及各层之间的比例关系

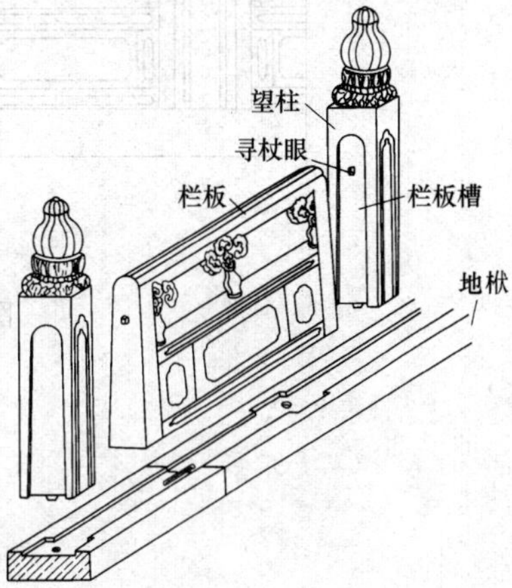


图 35-8 栏板柱子组合示意

2) 栏板望柱的尺度确定

栏板望柱的权衡尺度及各部比例关系如图 35-9、图 35-10 所示。

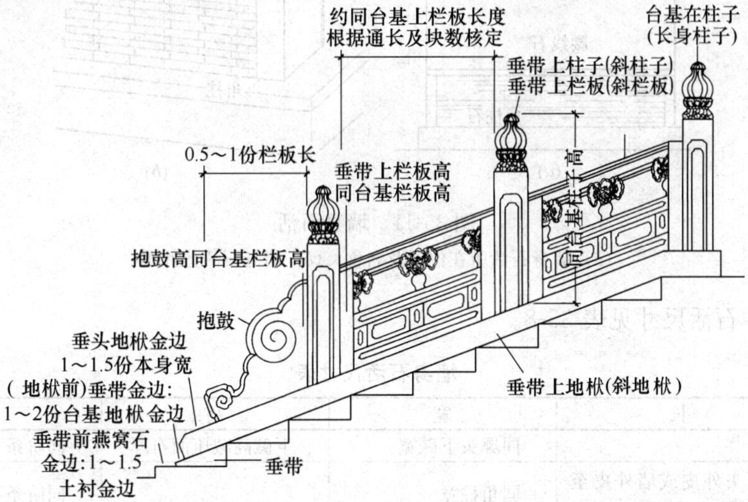


图 35-9 垂带上栏板柱子组成及权衡尺度

(4) 墙身石活

1) 墙身石活组成

常见的墙身石活有：角柱、压面石、腰线石、挑檐石（图 35-11）。

2) 墙身石活尺寸

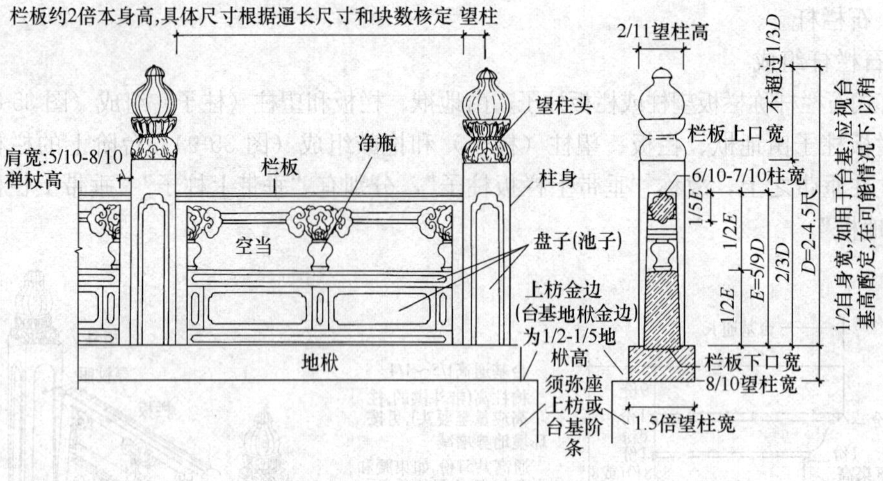

图 35-10　栏板柱子的权衡尺度

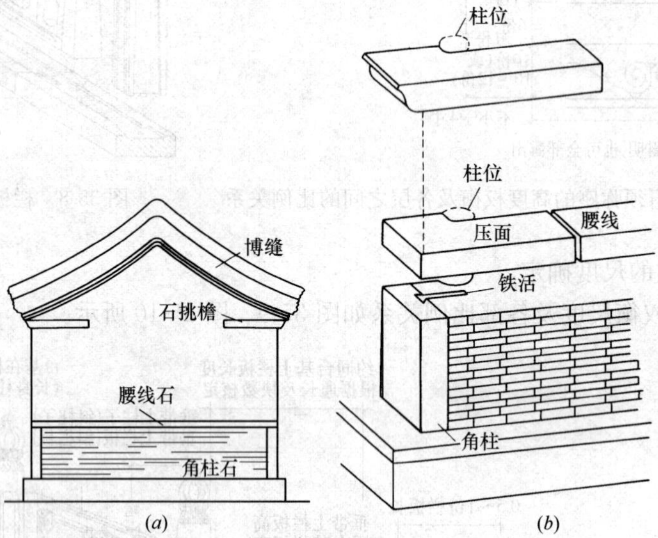

图 35-11　墙身石活

（a）墙身石活所在位置及名称；（b）墙身石活分件图

墙身各件石活尺寸见表 35-8。

墙身石活尺寸表　　表 35-8

| 项目 | 长 | 宽 | 高 | 厚 |
|---|---|---|---|---|
| 角柱石 | | 同墀头下碱宽 | 下碱高减压面石厚 | 同阶条石厚 |
| 压面石 | 墀头外皮或墙外皮至金檩中 | 同角柱宽 | | 同阶条石厚 |
| 腰线石 | 通长：在两端压面石之间<br>每块长：无定 | 1.5 倍本身厚<br>或按 1/2 压面石宽 | | 同阶条石厚 |
| 挑檐石 | 金檩中至墀头外皮，加梢子头层檐，再加本身出挑尺寸，本身出挑尺寸按 1.2～1.5 本身厚 | 同墀头上身宽 | | 约 4/10 本身宽，或按比阶条石稍厚算。大式一般可按 6 寸，小式一般可按 5 寸 |

（5）石活安装的一般方法

1）铺灰安装：现代常采用这种方法，分先铺灰和后塞灰两种做法。安装前，按古建常规做法或文物原状找好规矩，铺垫干硬性水泥砂浆，厚度 20～40mm。安好后，用夯、锤蹾实，且表面高度符合要求。由于石活不便随意拆安，一旦灰浆厚度不合适时很难调整，所以先铺灰的方法只适用于那些标高要求不高的石活。对于有准确标高要求的石活，可先用砖块或石块将石活垫平垫稳，再从侧面塞入干硬性水泥砂浆。砂浆应塞实塞严。

2）灌浆安装：传统做法多采用这种方法，基本方法如下：

① 垫稳找平：采用灌浆法安装的石构件，可先在石构件下适当铺坐灰浆，石构件就位后，用石片或铸铁片"背山"，按线把石构件找平、找正、垫稳，准备灌浆。

② 灌浆：灌浆前应先勾缝，以避免漏浆。宽缝用麻刀灰勾缝，细缝可用油灰或石膏浆勾缝。灌浆应在"浆口"处进行，"浆口"是在石活的某个侧面位置预留一个缺口，灌完浆后再把这个位置上的砖或石活安装好，为防止内部闭住气体而造成空虚，大面积灌浆时，可适当再留几个出气口。灌浆应使用桃花浆或生石灰浆，灌浆前宜适量灌入清水，干净的石面有利于灰浆的结合，湿润的内部有利于灰浆的流动，从而确保灌浆的饱满。长度在 1.5m 以上的石活、陡板等立置的石活以及柱顶等重要的受力构件，灌浆至少应分三次进行，第一次应较稀，以后逐渐加稠，每次间隔应在 4h 以上。

③ 铁件的使用：易受到振动的石活（如石桥），立置的石活（如陡板、角柱），不易用灰浆稳固的石活（如地栿、石牌楼），灰浆易受到水浸的石活（如驳岸）以及其他需要增加稳定性的石活（如石券），应使用连接铁件，如使用"银锭""扒锔""拉扯"等。

④ 修活、打点：石构件安装后，对石构件的接槎、水平缝等要进行适当的修活、打点。局部凸起不平处，可通过打道或剁斧等手段将石面"洗平"。

⑤ 勾缝：石构件安装完成后，应将石活与砖砌体接缝处用月白麻刀灰或油灰勾抹严实。

（6）石活安装的技术要点与质量要求

1）石活背山的材料宜使用硬度不低于原石料的石块或生铁，不宜以砖块背山。

2）采用灌浆方法安装的，宜选用生石灰浆，不应选用水泥砂浆，以避免因其收缩而造成内部空虚。

3）石活勾缝宜选用深月白灰，不宜使用水泥砂浆（仿古建筑除外）。灰缝应与石活勾平，不得勾成凹缝。灰缝应刷青浆并应赶轧出亮。文物建筑应保持原做法不变。

4）安装柱顶石时，其鼓径宜略高于设计标高，待全部安装完成后再通过剁斧等手法将柱顶石打平。

5）安装阶条石、压面石、角柱石、挑檐石等时，应与台帮砖外皮或墙面外皮保持平。不得凸出在墙外。

6）石活安装允许偏差和检验方法见表 35-9。

**石活安装允许偏差和检验方法** **表 35-9**

| 序号 | 项目 | 允许偏差（mm） | 检验方法 |
|---|---|---|---|
| 1 | 截头方正 | 2 | 用方尺套方（异形角度用活尺），尺量端头偏差 |

续表

| 序号 | 项目 | 允许偏差（mm） | 检验方法 |
|---|---|---|---|
| 2 | 柱顶石水平程度 | 2 | 用水平尺和楔形塞尺检查 |
| 3 | 柱顶石标高 | ±5<br>负值不允许 | 用水准仪复查或检查施工记录 |
| | 台基标高 | ±8 | |
| 4 | 轴线位移（不包括掰升尺寸造成的偏差） | 3 | 与面阔、进深相比，用尺量或经纬仪检查 |
| 5 | 台阶、阶条、地面等大面平整度 | 5 | 拉3m线，不足3m拉通线，用尺量检查 |
| 6 | 外棱直顺 | 5 | |
| 7 | 相邻石高低差 | 2 | 用短平尺贴于高出的石料表面，用楔形塞尺检查相邻处 |
| 8 | 相邻石出进错缝 | 2 | |
| 9 | 石活与墙身进出错缝（只检查应在同一平面者） | 2 | |

# 35.3　古建筑砖墁地面工程

## 35.3.1　古建筑砖墁地面的种类

（1）按砖的规格划分的墁地形式

包括方砖和条砖两大类。方砖类包括尺二方砖地面、尺四方砖地面、尺七方砖地面等。条砖类包括城砖地面、地趴砖地面、停泥砖地面、四丁砖地面等。

（2）按做法划分的墁地形式

1）细墁地面

特点是：砖料应经过砍磨加工，灰缝细、平整、洁净，砖表面经桐油浸泡后色泽深沉、坚固耐磨。

2）糙墁地面特点是：砖料不需砍磨加工，接缝较宽，平整程度粗糙。

## 35.3.2　古建筑墁地的一般方法

（1）细墁地面

1）垫层（基层）处理。

2）按设计标高抄平。

3）冲趟。在两端拴好曳线并各墁一趟砖，即为“冲趟”。室内方砖地面，应在室内正中再冲一趟砖。

4）样趟。细墁地面的砖在墁好后要揭起来再墁一次，墁第一次就叫作“样趟”（墁第二次叫“上缝”）。样趟可以使砖更加稳固，并可提前得知赶至墙边等处时砖的形状尺寸，以便提前加工。样趟从已冲好的一趟砖处开始，例如，室内地面要从明间冲趟处开始，每趟从前檐起手，墁至后檐结束，逐趟墁砖，退至两山墙结束。在曳线间拴卧线，以卧线为标准铺泥墁砖，砖与砖之间应空出砖缝的宽度。

5）揭趟、浇浆。将墁好的砖揭下来，必要时可逐一打号，以便对号入座。泥的低洼之处可作必要的补垫，然后在泥上泼洒白灰浆。

6）上缝（第二次里墁砖）。将砖的里口刷湿，随后在砖的里口砖棱处抹上油灰，然后把砖重新墁好，并用蹾锤将砖“叫”平“叫”实。砖棱应跟线，砖缝应严实。

7）铲齿缝（墁干活）。用竹片将表面多余的油灰铲掉，然后用磨头将砖与砖接缝处凸起的部分（相邻砖高低差）磨平。

8）刹趟。以卧线为标准，检查砖棱，如有多出（相邻砖错缝），要用磨头磨齐。

以后每一趟都如此操作，全部墁好后，还要做以下工作：

9）打点。砖面上如有残缺或砂眼，要用“砖药”填平补齐。

10）墁水活并擦净。首先再次检查地面相邻砖的高低差情况，如有凹凸不平，要用磨头蘸水磨平。磨平之后将地面全部蘸水细致地揉磨一遍，最后擦拭干净。

11）钻生。待地面完全干透后，在地面上均匀地洒满生桐油，并持续一段时间使桐油充分渗入砖内。然后将浮在表面上的油皮刮掉。除不净的油的可用生石灰面（内掺青灰）铺撒在油皮上，两天后即可随灰面除净。最后将地面扫干净，用软布反复揉擦地面，直至地面光亮。

（2）糙墁地面

糙墁地面所用的砖是未经加工的砖，其操作方法与细墁地面大致相同，但不抹油灰，也可以不揭趟（称“坐浆墁”）、不刹趟、不墁水活，也不钻生，最后要用白灰将砖缝守严扫净。

## 35.3.3 古建筑地面排砖及做法通则

（1）排砖通则

清官式的地面砖缝应按“十字缝”方式排砖，不应按现代地面的分缝方式排砖。

（2）做法通则

1）室内地面

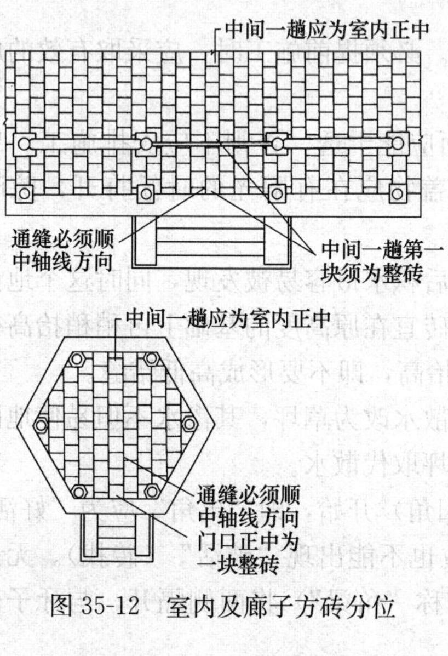

图 35-12 室内及廊子方砖分位

① 通缝的走向应与进深方向平行。中间的一趟应位于室内正中位置（图 35-12）。

② 门口位置正中一趟的第一块砖应放置整砖，即排砖应从门口开始向里赶排，从中间开始向两边赶排（图 35-12）。

2）散水

房屋周围的散水，其宽度应根据出檐的远近或建筑的体量决定，从屋檐流下的水最好能砸在散水上。

3）甬路

分大式与小式做法。小式建筑须用小式做法，大式建筑一般要用大式做法，但在园林中，也可采用小式做法。

① 甬路一般要用方砖铺墁，趟数应为单数，

一般不超过五趟。

② 大式甬路的牙子砖可改为石活。

③ 小式建筑中的甬路交叉转角处多采用“筛子底”和“龟背锦”做法。大式甬路的交叉转角处以“十字缝”做法为主（图 35-13），大式建筑的园林路面也可采用小式做法。

④ 甬路排砖从交叉、转角处开始，“破活”赶至甬路边端。

4）海墁

① 方砖甬路和海墁的关系是“竖墁甬路，横墁地”，即甬路砖通缝走向就与甬路平行，而海墁砖的通缝应与院内主要甬路相互垂直（图 35-14）。

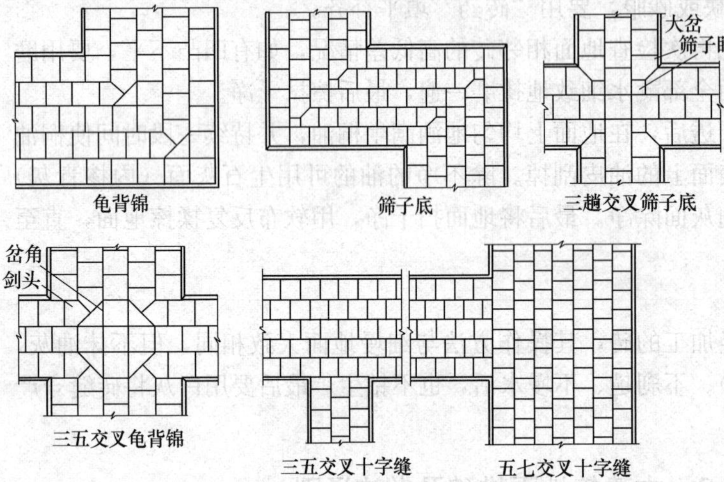


图 35-13　甬路交叉、转角处的排砖方法

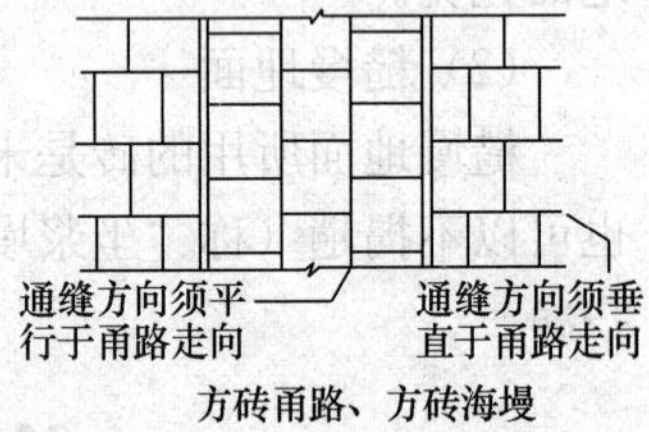


图 35-14　甬路与海墁砖的分位关系

② 庭院海墁排砖应从甬路处开始，“破活”应赶排到院内最不显眼的地方。

### 35.3.4　墁地的技术要点与质量要求

（1）地面施工应尽量安排在工程的最后阶段进行。必须提前施工时，应采取有效的成品保护措施。

（2）冬期严禁室外地面施工，进入冬期前，地面应能干透，否则不应安排施工。出现未干透的情况时应采取有效的覆盖保温措施。覆盖物应在有阳光的时候打开，晾晒地面。

（3）院内正中十字甬路处是全院显眼的地方，雨后积水最容易被发现，同时这个地方也是拴线时线最容易下垂的地方，因此坐中的一块方砖宜在原高度的基础上再稍稍抬高一些（如 3mm），与之相邻的砖在相邻的一侧也要随之抬高，即不要形成高低错缝。

（4）园林工程或仿古建筑往往将院墙或房屋的砖散水改为草坪，其渗水不但易使地面受到冻融破坏，对房屋地基也很不利，因此不应以草坪取代散水。

（5）砸散水应先“样活”，“样活”从“出角”（阳角）开始，即“出角”应为“好活”（整活），且“出角”两侧的砖应对称一致。中间部位也不能出现“破活”（砖找）。无论“出角”还是“窝角”（阴角）转角处都要用砖立栽（称“角梁”）将两侧隔开，与牙子砖及台明转折处相交时应砍成“剑头”和“燕尾”。栽牙子要从中间开始，“破活”应赶至两端。

（6）钻生必须在地面砖完全干透的情况下进行，提前钻生会造成颜色不均和“顶生”现象。

（7）钻生的时间不宜太短。桐油中不得兑入稀释剂。必须是“钻”生，不得“刷”生，即必须将生桐油倒在地上并保持一定厚度，不得采用刷子蘸油刷地的方法。在桐油中兑入稀释剂或刷生虽然能达到省油的目的，但地面的耐磨程度会差得多。

（8）为确保砖不出现浮摆松动现象，细墁地面坐浆应充足，糙墁地面也可以增加坐浆工序。细地或糙地还可以增加串浆（灌浆）工序。墁地时在适当的部位留出空当（浆口）暂不墁砖，然后灌白灰浆或桃花浆。

（9）打点砖药的颜色应与砖色一致，所打点的灰既应饱满又应磨平。

（10）墁干活应充分，相邻砖不得出现高低差。墁水活应全面磨到，不应有漏磨之处。墁完水活后应将地面刷洗干净，不应留有砖浆污渍。

（11）砖墁地面质量允许偏差和检验方法见表35-10。

**砖墁地面质量允许偏差和检验方法** **表35-10**

<table>
<tr><th rowspan="3">序号</th><th rowspan="3" colspan="2">项目</th><th colspan="4">允许偏差（mm）</th><th rowspan="3">检验方法</th></tr>
<tr><th rowspan="2" colspan="2">细墁地面</th><th colspan="2">糙墁地面</th></tr>
<tr><th>室内</th><th>室外</th></tr>
<tr><td rowspan="2">1</td><td rowspan="2" colspan="2">表面平整</td><td>青砖</td><td>2</td><td rowspan="2">4</td><td rowspan="2">7</td><td rowspan="2">用2m靠尺和楔形塞尺检查</td></tr>
<tr><td>水泥仿方砖</td><td>3</td></tr>
<tr><td>2</td><td colspan="2">砖缝直顺</td><td colspan="2">3</td><td>4</td><td>5</td><td>拉5m线，不足5拉通线，用尺量检查</td></tr>
<tr><td rowspan="2">3</td><td rowspan="2">灰缝宽度</td><td>细墁地 2mm</td><td colspan="2">±1</td><td>—</td><td>—</td><td rowspan="2">抽查经观察测定的最大偏差处，用尺量检查</td></tr>
<tr><td>糙墁地 5mm</td><td colspan="2">—</td><td>1<br>−2</td><td>5<br>−3</td></tr>
<tr><td rowspan="2">4</td><td rowspan="2" colspan="2">相邻砖高低差</td><td>青砖</td><td>0.5</td><td rowspan="2">2</td><td rowspan="2">3</td><td rowspan="2">用短平尺贴于高出的表面，用楔形塞尺检查相邻处</td></tr>
<tr><td>水泥仿方砖</td><td>1</td></tr>
</table>

# 35.4 古建筑屋面工程

## 35.4.1 常用瓦件的种类

### 35.4.1.1 常用黑活（布瓦）瓦件的种类

布瓦瓦件包括瓦件和脊件，是以黏土为主要原料，经成型、干燥、焙烧和窨窑工艺制成的青（灰）色瓦料和脊料。当区别于琉璃瓦时，常称为黑活。布瓦的规格按“号”划分，从大到小排列有头号（又称特号或大号）、1号、2号、3号和10号共五种规格。布瓦一览表见表35-11。

布瓦一览表（cm）　**表 35-11**

| 名称 | | 常见尺寸 | |
|---|---|---|---|
| | | 长 | 宽 |
| 筒瓦 | 头号筒瓦 | 30.5 | 16 |
| | 1号筒瓦 | 21 | 13 |
| | 2号筒瓦 | 19 | 11 |
| | 3号筒瓦 | 17 | 9 |
| | 10号筒瓦 | 9 | 7 |
| 板瓦 | 头号板瓦 | 22.5 | 22.5 |
| | 1号板瓦 | 20 | 20 |
| | 2号板瓦 | 18 | 18 |
| | 3号板瓦 | 16 | 16 |
| | 10号板瓦 | 11 | 11 |
| 勾头 | 头号勾头 | 33 | 16 |
| | 1号勾头 | 23 | 13 |
| | 2号勾头 | 21 | 11 |
| | 3号勾头 | 19 | 9 |
| | 10号勾头 | 11 | 7 |
| 滴水 | 头号滴水 | 25 | 22.5 |
| | 1号滴水 | 22 | 20 |
| | 2号滴水 | 20 | 18 |
| | 3号滴水 | 18 | 16 |
| | 10号滴水 | 13 | 11 |
| 花边瓦 | 头号花边瓦 | | 22.5 |
| | 1号花边瓦 | | 20 |
| | 2号花边瓦 | | 18 |
| | 3号花边瓦 | | 16 |
| | 10号花边瓦 | | 11 |

### 35.4.1.2　琉璃瓦件的种类

琉璃瓦件包括瓦件和脊件，是以陶土为原料，表面施釉料，经成型、干燥、焙烧制成的瓦料和脊料。琉璃瓦的釉色有多种，以黄、绿两种最常用。清代官式琉璃瓦件的规格尺寸按“样”划分，二样最大，九样最小。二样和三样极少使用。常见琉璃瓦件的种类及规格见表 35-12。

常见琉璃瓦件一览表（单位：cm）　**表 35-12**

| 名称 | | 样数（规格） | | | | | |
|---|---|---|---|---|---|---|---|
| | | 四样 | 五样 | 六样 | 七样 | 八样 | 九样 |
| 正吻 | 高 | 256～224 | 160～122 | 115～109 | 102～83 | 70～58 | 51～29 |
| | 宽 | 179～157 | 112～86 | 81～76 | 72～58 | 49～41 | 36～20 |
| | 厚 | 33 | 27.2 | 25 | 23 | 21 | 18.5 |

续表

| 名称 | 样数（规格） | | | | | | |
|---|---|---|---|---|---|---|---|
| | | 四样 | 五样 | 六样 | 七样 | 八样 | 九样 |
| 剑把 | 长 | 80 | 48 | 29.44 | 24.96 | 19.52 | 16 |
| | 宽 | 35.2 | 20.48 | 12.8 | 10.88 | 8.4 | 6.72 |
| | 厚 | 8.96 | 8.64 | 8.32 | 6.72 | 5.76 | 4.8 |
| 背兽（见表注） | 正方 | 25.6 | 16.64 | 11.52 | 8.32 | 6.56 | 6.08 |
| 吻座 | 长 | 33 | 27.2 | 25 | 23 | 21 | 18.5 |
| | 宽 | 25.6 | 16.64 | 11.52 | 8.32 | 6.72 | 6.08 |
| | 厚 | 29.44 | 19.84 | 14.72 | 11.52 | 9.28 | 8.64 |
| 赤脚通脊 | 长 | 76.8 | | | | | |
| | 宽 | 33 | | | | | |
| | 高 | 43 | | | | | |
| 黄道 | 高 | 76.8 | | | | | |
| | 宽 | 33 | 五样以下无 | | | | |
| | 厚 | 16 | | | | | |
| 大群色（相连群色条） | 长 | 76.8 | | | | | |
| | 宽 | 33 | | | | | |
| | 厚 | 16 | | | | | |
| 群色条 | 长 | | 41.6 | 38.4 | 35.2 | 34 | 31.5 |
| | 宽 | 无 | 12 | 12 | 10 | 10 | 8 |
| | 厚 | | 9 | 8 | 7.5 | 8 | 6 |
| 正通脊（正脊筒子） | 长 | | 73.2 | 70.4 | 67.4 | 64 | 60.8 |
| | 宽 | 无 | 27.2 | 25 | 23 | 21 | 18.5 |
| | 高 | | 32 | 28.4 | 25 | 20 | 17 |
| 垂兽（见表注） | 高 | 50.4 | 44 | 38.4 | 32 | 25.6 | 19.2 |
| | 宽 | 50.4 | 44 | 38.4 | 32 | 25.6 | 19.2 |
| | 厚 | 28.5 | 27 | 23.04 | 21.76 | 16 | 12.8 |
| 垂兽座 | 长 | 51.2 | 44 | 38.4 | 32 | 25.6 | 22.4 |
| | 宽 | 28.5 | 27 | 23.04 | 21.76 | 16 | 12.8 |
| | 高 | 5.76 | 5.12 | 4.48 | 3.84 | 3.2 | 2.56 |
| 联座（联办兽座） | 长 | 86.4 | 70.4 | 67.2 | 41.6 | 28.8 | 23.8 |
| | 宽 | 28.5 | 27 | 23.04 | 21.76 | 16 | 12.8 |
| | 高 | 36.8 | 28.6 | 23 | 21 | 17 | 15 |
| 承奉连砖（大连砖） | 长 | 44.8 | 41 | 39 | 37 | 33 | 31.5 |
| | 宽 | 28.5 | 26 | 25 | 21.5 | 20 | 17.5 |
| | 高 | 14 | 13 | 12 | 11 | 9 | 8 |
| 三连砖 | 长 | 43.5 | 41 | 39 | 35.2 | 33.6 | 31.5 |
| | 宽 | 29 | 26 | 23 | 21.76 | 20.8 | 19 |
| | 高 | 10 | 9 | 8 | 7.5 | 7 | 6.5 |
| 小连砖 | 长 | | | | | 32 | 28.8 |
| | 宽 | 七样以上无 | | | | 16 | 12.8 |
| | 高 | | | | | 6.4 | 5.76 |

续表

| 名称 | | 样数（规格） | | | | | |
|---|---|---|---|---|---|---|---|
| | | 四样 | 五样 | 六样 | 七样 | 八样 | 九样 |
| 垂通脊（垂脊筒子） | 长 | 83.2 | 76.8 | 70.4 | 64 | 60.8 | 54.4 |
| | 宽 | 28.5 | 27 | 23.04 | 21.76 | 20 | 17 |
| | 高 | 36.8 | 28.6 | 23 | 21 | 17 | 15 |
| 戗兽（见表注） | 高 | 44 | 38.4 | 32 | 25.6 | 19.2 | 16 |
| | 宽 | 44 | 38.4 | 32 | 25.6 | 19.2 | 16 |
| | 厚 | 27 | 23.04 | 21.76 | 20.08 | 12.8 | 9.6 |
| 戗兽座 | 长 | 44 | 38.4 | 32 | 25.6 | 19.2 | 12.8 |
| | 宽 | 27 | 23.04 | 21.76 | 20.8 | 12.8 | 9.6 |
| | 高 | 5.12 | 4.48 | 3.84 | 3.2 | 2.56 | 1.92 |
| 戗通脊（戗脊筒子） | 长 | 76.8 | 70.4 | 64 | 60.8 | 54.4 | 48 |
| | 宽 | 27 | 23.04 | 21.76 | 20.8 | 17 | 9.6 |
| | 高 | 28.6 | 23 | 21 | 17 | 15 | 13 |
| 撺头 | 长 | 44.8 | 41 | 39 | 36.8 | 33.6 | 31.5 |
| | 宽 | 28.5 | 26 | 23 | 21.76 | 20.8 | 19 |
| | 高 | 14 | 9 | 8 | 7.5 | 7 | 6.5 |
| 淌头 | 长 | 38.4 | 35.2 | 32 | 30.4 | 30.08 | 29.76 |
| | 宽 | 26 | 23 | 20 | 19 | 18 | 17 |
| | 高 | 7.68 | 7.36 | 7.04 | 6.72 | 6.4 | 6.08 |
| 咧角盘子 | 长 | — | — | 40 | 36.8 | 33.6 | 27.2 |
| | 宽 | — | — | 23.04 | 21.76 | 20.8 | 19.84 |
| | 高 | — | — | 6.72 | 6.4 | 6.08 | 5.76 |
| 三仙盘子 | 长 | — | — | 40 | 36.8 | 33.6 | 27.2 |
| | 宽 | — | — | 23.04 | 21.76 | 20.8 | 19.84 |
| | 高 | — | — | 6.72 | 6.4 | 6.08 | 5.76 |
| 仙人（见表注） | 长 | 33.6 | 30.4 | 27.2 | 24 | 20.8 | 17.6 |
| | 宽 | 5.9 | 5.3 | 4.8 | 4.3 | 3.7 | 3.2 |
| | 高 | 33.6 | 30.4 | 27.2 | 24 | 20.8 | 17.6 |
| 走兽（见表注） | 宽 | 18.24 | 16.32 | 14.4 | 12.48 | 10.56 | 8.64 |
| | 厚 | 9.12 | 8.16 | 7.2 | 6.24 | 5.28 | 4.32 |
| | 高 | 30.4 | 27.2 | 24 | 20.8 | 17.6 | 14.4 |
| 吻下当沟 | 长 | 33.6 | 28.3 | 26.7 | 24 | 22 | 20.4 |
| | 宽 | 21 | 16.5 | 15 | 14.5 | 13.5 | 13 |
| | 厚 | 2.24 | 2.24 | 1.92 | 19.2 | 1.6 | 1.6 |
| 托泥当沟 | 长 | 33.6 | 28.3 | 26.7 | 24 | 22 | 20.4 |
| | 宽 | 21 | 16.5 | 15 | 14.5 | 13.5 | 13 |
| | 厚 | 2.24 | 2.24 | 1.92 | 19.2 | 1.6 | 1.6 |
| 平口条 | 长 | 28.8 | 27.2 | 25.6 | 24 | 22.4 | 20.8 |
| | 宽 | 8.64 | 8 | 7.36 | 6.4 | 5.44 | 4.48 |
| | 厚 | 1.92 | 1.92 | 1.6 | 1.6 | 1.28 | 1.28 |

续表

| 名称 | | 样数（规格） | | | | | |
|---|---|---|---|---|---|---|---|
| | | 四样 | 五样 | 六样 | 七样 | 八样 | 九样 |
| 压当条 | 长<br>宽<br>厚 | 28.8<br>8.64<br>1.92 | 27.2<br>8<br>1.92 | 25.6<br>7.36<br>1.6 | 24<br>6.4<br>1.6 | 22.4<br>5.44<br>1.28 | 20.8<br>4.48<br>1.28 |
| 正当沟 | 长<br>宽<br>厚 | 33.6<br>21<br>2.24 | 28.3<br>16.5<br>2.24 | 26.7<br>15<br>1.92 | 24<br>14.5<br>1.92 | 22<br>13.5<br>1.6 | 20.4<br>13<br>1.6 |
| 斜当沟 | 长<br>宽<br>厚 | 46<br>21<br>2.24 | 39<br>16.5<br>2.24 | 37<br>15<br>1.92 | 32<br>14.5<br>1.92 | 30<br>13.5<br>1.6 | 28.8<br>13<br>1.6 |
| 套兽<br>（见表注） | 长<br>宽<br>高 | 25.2<br>25.2<br>25.2 | 23.6<br>23.6<br>23.6 | 22<br>22<br>22 | 17.3<br>17.3<br>17.3 | 16<br>16<br>16 | 12.6<br>12.6<br>12.6 |
| 博脊连砖 | 长<br>宽<br>高 | 五样以上无 | | 40<br>22.4<br>8 | 36.8<br>16.5<br>7.5 | 33.6<br>13<br>7 | 30.4<br>10<br>6.5 |
| 承奉博脊连砖 | 长<br>宽<br>高 | 46.4<br>23.68<br>14 | 43.2<br>23.36<br>13 | 六样以下无 | | | |
| 挂尖 | 长<br>宽<br>高 | 46.4<br>23.68<br>24 | 43.2<br>23.36<br>22 | 40<br>22.4<br>16.5 | 36.8<br>16.5<br>15 | 33.6<br>13<br>14 | 30.4<br>10<br>13 |
| 博脊瓦 | 长<br>宽<br>高 | 46.4<br>27.2<br>6.5 | 43.2<br>25.6<br>6 | 40<br>24<br>5.5 | 36.8<br>22.4<br>5 | 33.6<br>20.8<br>4.5 | 30.4<br>19.2<br>4 |
| 博通脊<br>（围脊筒子） | 长<br>宽<br>高 | 76.8<br>27.2<br>31.36 | 70.4<br>24<br>26.88 | 56<br>21.44<br>24 | 46.4<br>20.8<br>23.68 | 33.6<br>19.2<br>17 | 32<br>17.6<br>15 |
| 满面砖 | 长<br>宽<br>厚 | 44.8<br>44.8<br>5.44 | 41.6<br>41.6<br>5.12 | 38.4<br>38.4<br>4.8 | 35.2<br>35.2<br>4.48 | 32<br>32<br>4.16 | 28.8<br>28.8<br>3.84 |
| 蹬脚瓦 | 长<br>宽<br>高 | 35.2<br>17.6<br>8.8 | 33.6<br>16<br>8 | 30.4<br>14.4<br>7.2 | 27.2<br>12.8<br>6.4 | 24<br>11.2<br>5.6 | 20.8<br>9.6<br>4.8 |
| 勾头 | 长<br>宽<br>高 | 36.8<br>17.6<br>8.8 | 35.2<br>16<br>8 | 32<br>14.4<br>7.2 | 30.4<br>12.8<br>6.4 | 28.8<br>11.2<br>5.6 | 27.2<br>9.6<br>4.8 |
| 滴水<br>（滴子） | 长<br>宽<br>高 | 40<br>30.4<br>14.4 | 38.4<br>27.2<br>12.8 | 35.2<br>25.6<br>11.2 | 32<br>22.4<br>9.6 | 30.4<br>20.8<br>8 | 28.8<br>19.2<br>6.4 |

续表

| 名称 | | 样数（规格） | | | | | |
|---|---|---|---|---|---|---|---|
| | | 四样 | 五样 | 六样 | 七样 | 八样 | 九样 |
| 筒瓦 | 长 | 35.2 | 33.6 | 30.4 | 28.8 | 27.2 | 25.6 |
| | 宽 | 17.6 | 16 | 14.4 | 12.8 | 11.2 | 9.6 |
| | 高 | 8.8 | 8 | 7.2 | 6.4 | 5.6 | 4.8 |
| 板瓦 | 长 | 38.4 | 36.8 | 33.6 | 32 | 30.4 | 28.8 |
| | 宽 | 30.4 | 27.2 | *25.6 | 22.4 | 20.8 | 19.2 |
| | 高 | 6.08 | 5.44 | 4.8 | 4.16 | 3.2 | 2.88 |
| 合角吻 | 高 | 89.6 | 76.8 | 60.8 | 32 | 22.4 | 19.2 |
| | 宽 | 64 | 54.4 | 41.6 | 22.4 | 15.68 | 13.44 |
| | 长 | 64 | 54.4 | 41.6 | 22.4 | 15.68 | 13.44 |
| 合角剑把 | 长 | 25.6 | 22.4 | 19.2 | 9.6 | 6.4 | 5.44 |
| | 宽 | 5.44 | 5.12 | 4.8 | 4.48 | 4.16 | 3.84 |
| | 厚 | 1.92 | 1.76 | 1.6 | 1.6 | 1.28 | 0.96 |

注：1. 背兽长宽量至眉毛。
2. 垂兽、戗兽高量至眉毛；宽指身宽。
3. 仙人高量至鸡的眉毛；走兽高自筒瓦上皮量至眉毛。
4. 套兽长量至眉毛。
5. 清中期以前，六样板瓦宽为 24cm，与近代出入较大，文物建筑修缮时应注意。

## 35.4.2　古建筑屋面苫背

### 35.4.2.1　苫背施工的一般方法

1）在木望板上抹一层月白麻刀灰（护板灰），厚度一般为 1～2cm。护板灰应较稀软，灰中的麻刀也可少一些。

如基层为席箔或苇箔等其他做法，则不用护板灰。

2）在护板灰上苫 2～3 层泥背。普通建筑多用滑秸泥，宫殿建筑多用麻刀泥。每层泥背厚度不超过 5cm。每苫完一层泥背后，至七～八成干时要用铁制的圆形拍子“拍背”。拍背可以使泥背层变得更密实，是一道十分关键的工序。

3）在泥背上苫 2～4 层大麻刀灰或大麻刀月白灰。每层灰背的厚度不超过 3cm。每层苫完后要反复赶轧坚实后再开始苫下一层。

4）在最后一层月白灰背上开始苫青灰背。青灰背也用大麻刀月白灰，苫好后将事先择好的麻刀均匀地铺满灰背表面，并将麻刀层轧入灰背内（以上工序称“拍麻刀”），拍完麻刀后要用轧子反复轧背，每次赶轧前都要刷青浆。

为加强屋面的整体性，防止瓦面下滑，青灰背表面可采取以下措施：

① 打拐子与粘麻：在青灰背干至八成时，用“拐子”（梢端呈半圆状的木棍）在灰背上戳打出许多圆形的浅窝。“拐窝”间可用稀灰将成缕的长麻粘在灰背上，待瓦瓦时将麻翻铺在底瓦泥（灰）上。一般建筑也可只打拐子不粘麻。

② 搭麻辫：搭麻从脊上开始，每苫完一段青灰背，趁灰背较软时将麻匀散地搭在灰背上，然后将麻轧进灰背里。麻辫的下端应搭至屋面的中腰附近。搭麻辫做法多用于坡大

高陡的屋顶。

#### 35.4.2.2 古建筑屋面分层材料做法

常见的屋面分层材料做法如表 35-13～表 35-17 所示。

(1) 用于普通民宅 表 35-13

| 分层做法 | 参考厚度（cm） |
| --- | --- |
| 合瓦（影壁、小门楼可为 10 号筒瓦） | — |
| 瓦瓦泥 | 4 |
| 月白灰背或青灰背 1 层 | 2～3 |
| 滑秸泥背 1～2 层 | 5～8 |
| 木椽、上铺席箔或苇箔 | |

(2) 用于小式或大式建筑 表 35-14

| 分层做法 | 参考厚度（cm） |
| --- | --- |
| 小式用合瓦（影壁、小门楼为 10 号筒瓦）<br>大式用筒瓦或琉璃瓦 | — |
| 瓦瓦泥 | 4 |
| 青灰背 1 层 | 2～3 |
| 月白灰背 1 层 | 2～3 |
| 滑秸泥背 1～2 层 | 5～8 |
| 护板灰 | 1～1.5 |
| 木椽、上铺木望板 | — |

(3) 用于宫殿建筑 表 35-15

| 分层做法 | 参考厚度（cm） |
| --- | --- |
| 筒瓦或琉璃瓦 | — |
| 瓦瓦泥或瓦瓦灰 | 4 |
| 青灰背 1 层 | 2～3 |
| 月白灰背 2 层以上 | 2～3（每层） |
| 麻刀泥背 3 层以上 | 5（每层） |
| 护板灰 | 1～1.5 |
| 木椽、上铺木望板 | — |

(4) 用于仿古建筑 表 35-16

| 分层做法 | 参考厚度（cm） |
| --- | --- |
| 瓦面 | — |
| 瓦瓦灰浆（白灰砂浆、混合砂浆或水泥砂浆） | 4 |
| 水泥砂浆或细石混凝土找平层 | 3～6 |
| 防裂金属网（钢筋混凝土基层可不设） | — |
| 木望板或钢筋混凝土基层 | — |

（5）用于仿古建筑　表 35-17

| 分层做法 | 参考厚度（cm） |
|---|---|
| 瓦面 | — |
| 瓦瓦灰浆（白灰砂浆、混合砂浆或水泥砂浆） | 4 |
| 水泥砂浆保护层，表面粘粗砂或小石砾 | 2 |
| 防水层（新型防水材料） | — |
| 水泥砂浆或细石混凝土找平层 | 3～6 |
| 钢筋混凝土基层 | — |

### 35.4.2.3　苫背的技术要点与质量要求

（1）苫背施工应注意的几个共性问题

1）施工的季节性。深秋季节施工，至少要在上冻一个月前全部完成。未完全干透的灰背一旦冻结就会极大地降低灰背的强度，甚至造成彻底毁坏。夏季施工应避免雨水冲刷，一般不宜安排在雨期苫背，不得不在雨期施工时，应在大雨来临之前用苫布将灰背盖好。

2）苫背的总厚度不可太薄，否则防水和保温效果都不会太好。应分层苫抹，否则苫背的密实度将达不到要求，防水效果也会较差。

3）苫背时每层应尽量一次完成，尤其是最后一层灰背更要尽量一次苫完。如果屋面面积太大无法一次完成时，应对接槎部分（“槎子”）进行如下处理：①必须留“软槎子”（斜槎），不能留“硬槎子”（直槎）；②槎子宽度不小于 20cm；③槎子处不刷浆；④槎子必须为“毛槎”，以用木抹子剎出的毛槎效果最好，最忌将槎子赶轧光亮；⑤如果在接槎时感觉槎子“老”（干）了，要用水洇湿，并用木抹子将槎子搓毛。

（2）苫抹泥背的技术质量要点

1）泥背每层厚不应大于 5cm，总厚超过 5cm 时，应分层苫抹。

2）泥背所用泥应为掺灰泥，泥中应拌和相当数量的麦秸、稻草或麻刀等纤维物。

3）苫泥背所用的白灰应符合以下要求：①不得使用白灰膏；②泼灰中不得混入生石灰渣；③如使用生石灰和泥，应先将生石灰调成浆状并滤去沉渣后再兑入泥中；④袋装石灰粉应经水充分浸泡 8h 后再使用。

4）至七成干后，要用铁拍子拍背。拍背要逐层进行，每层拍背次数不少于 3 次。

5）最后一层泥背拍背后必须晾背，晾至泥背开裂充分后再开始苫抹灰背。

（3）苫抹灰背的技术质量要点

1）苫月白灰背或青灰背应使用泼浆灰，不应使用白灰膏。

2）灰背每层厚不应大于 3cm，厚度超过 3cm 时，必须分层苫抹。最后一层灰背宜为青灰背做法。

3）灰背中的麻刀含量应充足（不少于 5%），拌和前应将麻刀充分拆散，拌和应反复充分进行，直至麻刀均匀为止。苫抹时应将“麻刀蛋”（麻刀团）挑出。

4）灰背苫抹至最后一层时，宜在表面“拍麻刀”，拍麻刀应使用细软的麻刀绒。麻刀绒必须分布匀密。泼青浆后赶轧，使麻刀绒揉实入骨。

5）除护板灰外，每层灰背均应充分赶轧，七成干后赶轧要用小轧子，不得使用铁抹子。最后一层的赶轧遍数从七成干以后算起，不应少于5遍。每次均应先刷青浆。青浆的调制可随灰背的逐渐硬结由稠逐渐变稀。

6）瓦瓦前的最后一遍灰背苫完后必须晾背，晾背后发现的开裂处必须重新补抹，补抹前宜用小锤沿裂缝砸成小沟，补抹后确认不再发生开裂时才能开始瓦瓦

（4）屋面垫层使用水泥砂浆、新型防水材料时，应做到以下几点：

1）易被硬物碰破的防水材料，表面应抹水泥砂浆保护层。

2）表面光滑的防水材料，应采取粘砂砾等防滑措施。

3）采用水泥砂浆垫层，又无新型防水材料的屋面，应采取加设金属网、分层苫抹并反复赶轧等措施防止水泥砂浆的开裂。

4）坡面高陡的屋面应在找平层或保护层上采取防止瓦面滑坡的措施。可采取下列措施：①在表面抹出简单的礓䃰形式或防滑埂；②铺金属网（适用于非文物建筑）；③沿屋面纵向放置连通前后坡的钢筋，钢筋平均间距不大于1m。或在混凝土中预埋立置短钢筋，并露出保护层3cm。沿屋面横向放置钢筋，间距不大于1.5m，与纵向筋或预埋钢筋焊牢（适用于非文物建筑）。

## 35.4.3 古建筑屋面瓦瓦

### 35.4.3.1 瓦瓦施工流程

（1）琉璃屋面施工流程

1）琉璃硬、悬山屋面施工流程

① 圆山（卷棚）式硬、悬山屋面

苫背→分中号垄找规矩（瓦垄平面定位）→瓦边垄（瓦垄高度定位）→调排山脊（垂脊）→调过垄脊（正脊）→瓦面施工（瓦瓦）→屋面清垄、擦瓦

② 尖山式硬、悬山屋面

苫背→分中号垄找规矩（瓦垄平面定位）→瓦边垄（瓦垄高度定位）→调排山脊（垂脊）→瓦面施工（瓦瓦）→调大脊（正脊）→屋面清垄、擦瓦

2）琉璃庑殿屋面施工流程

苫背→分中号垄找规矩（瓦垄平面定位）→瓦边垄（瓦垄高度定位）→瓦面施工（瓦瓦）→调正脊→调垂脊→屋面清垄、擦瓦

3）琉璃歇山屋面施工流程

① 圆山（卷棚）式歇山屋面

苫背→分中号垄找规矩（瓦垄平面定位）→调过垄脊（正脊）→瓦边垄（瓦垄高度定位）→调排山脊（垂脊）→翼角瓦瓦→调戗脊（岔脊）→瓦面施工（瓦瓦）→调博脊→屋面清垄、擦瓦

② 尖山式歇山

苫背→分中号垄找规矩（瓦垄平面定位）→瓦边垄（瓦垄高度定位）→调排山脊（垂脊）→翼角瓦瓦→调戗脊（岔脊）→瓦面施工（瓦瓦）→调大脊（正脊）→调博脊→屋面清垄、擦瓦

4）琉璃攒尖屋面施工流程

苫背→分中号垄找规矩（瓦垄平面定位）→瓦边垄（瓦垄高度定位）→瓦面施工（瓦

瓦）→安宝顶→调垂脊→屋面清垄、擦瓦

5）琉璃重檐下层檐屋面施工流程

苫背→分中号垄找规矩（瓦垄平面定位）→瓦边垄（瓦垄高度定位）→瓦面施工（瓦瓦）→调围脊→调角脊→屋面清垄、擦瓦

（2）大式黑活屋面施工流程

1）大式硬、悬山筒瓦屋面施工流程

苫背→分中号垄找规矩（瓦垄平面定位）→瓦边垄（瓦垄高度定位）→调排山脊（垂脊）→调过垄脊、大脊等正脊→瓦面施工（瓦瓦）→屋面清垄→瓦面屋脊刷浆、檐头绞脖

2）大式庑殿筒瓦屋面施工流程

苫背→分中号垄找规矩（瓦垄平面定位）→调正脊→瓦边垄（瓦垄高度定位）→调垂脊→瓦面施工（瓦瓦）→屋面清垄→瓦面屋脊刷浆、檐头绞脖

3）大式歇山筒瓦屋面施工流程

① 圆山（卷棚）式歇山屋面

苫背→分中号垄找规矩（瓦垄平面定位）→调过垄脊（正脊）→瓦边垄（瓦垄高度定位）→调排山脊（垂脊）→调戗脊（岔脊）→调博脊→瓦面施工（瓦瓦）→屋面清垄→瓦面屋脊刷浆、檐头绞脖

② 尖山式歇山屋面

苫背→分中号垄找规矩（瓦垄平面定位）→瓦边垄（瓦垄高度定位）→调排山脊（垂脊）→调大脊（正脊）→调戗脊（岔脊）→调博脊→瓦面施工（瓦瓦）→屋面清垄→瓦面屋脊刷浆、檐头绞脖

4）大式攒尖筒瓦屋面施工流程

苫背→分中号垄找规矩（瓦垄平面定位）→调垂脊→安宝顶→瓦边垄（瓦垄高度定位）→瓦面施工（瓦瓦）→屋面清垄→瓦面屋脊刷浆、檐头绞脖

5）大式重檐筒瓦下层檐屋面施工流程

苫背→分中号垄找规矩（瓦垄平面定位）→调围脊→调角脊→边垄（瓦垄高度定位）→瓦面施工（瓦瓦）→屋面清垄→瓦面屋脊刷浆、檐头绞脖

（3）小式黑活屋面施工流程

1）小式筒瓦屋面施工流程

① 小式硬、悬山筒瓦屋面

苫背→分中号垄找规矩（瓦垄平面定位）→瓦边垄（瓦垄高度定位）→调排山脊（垂脊）→调过垄脊、清水脊等正脊→瓦面施工（瓦瓦）→屋面清垄→瓦面屋脊刷浆、檐头绞脖

② 小式歇山筒瓦屋面

苫背→分中号垄找规矩（瓦垄平面定位）→调过垄脊（正脊）→瓦边垄（瓦垄高度定位）→调排山脊（垂脊）→调戗脊（岔脊）→调博脊→瓦面施工（瓦瓦）→屋面清垄→瓦面屋脊刷浆、檐头绞脖

③ 小式攒尖筒瓦屋面

苫背→分中号垄找规矩（瓦垄平面定位）→调垂脊→安宝顶→瓦边垄（瓦垄高度定位）→瓦面施工（瓦瓦）→屋面清垄→瓦面屋脊刷浆、檐头绞脖

④ 小式重檐筒瓦下层檐屋面

苫背→分中号垄找规矩（瓦垄平面定位）→调围脊→调角脊→瓦边垄（瓦垄高度定位）→瓦面施工（瓦瓦）→屋面清垄→瓦面屋脊刷浆、檐头绞脖

2）合瓦（小式硬山）屋面施工流程

苫背→分中号垄找规矩（瓦垄平面定位）→瓦边垄（瓦垄高度定位）→调披水排山脊或披水梢垄→调合瓦过垄脊或鞍子脊或清水脊或皮条脊等正脊→瓦面施工（瓦瓦）→屋面清垄→瓦面、屋脊刷浆

**35.4.3.2 瓦瓦操作方法**

（1）瓦垄定位

1）平面定位—分中、号垄、排瓦当

这里所说的瓦当是指两垄底瓦之间的空当（间隙），瓦当太大或太小对质量都会产生不利影响，故须经核算确定。由于木瓦口的大小决定了瓦当的大小，因此在有木瓦口的情况下，排瓦当就是核算瓦口的尺寸。瓦口宽度的决定：琉璃瓦应按正当沟长加灰缝定瓦口尺寸；筒瓦按走水当略大于 1/2 底瓦宽；合瓦按走水当不小于 1/3 板瓦宽。

① 硬、悬山屋面

a. 在檐头找出整个房屋的横向中点并做出标记（图 35-15），这个中点就是屋顶中间一趟底瓦的中点。再从两山博缝外皮往里返大约两个瓦口的宽度，并做出标记。这两个瓦口就是两条边垄底瓦的位置（其中一垄只有一块割角滴子）。上述做法适用于铃铛排山做法，如为披水排山做法，应先定披水砖檐的位置，然后从砖檐里口往里返两个瓦口，这两个瓦口就是两条边垄底瓦的位置。

b. 排瓦当、钉瓦口

在已确定的中间一趟底瓦和两端瓦口之间赶排木瓦口，如不能排出整活，可对邻近边垄的几垄瓦口尺寸进行调整。排好后将瓦钉在连檐上。钉瓦口时应注意退雀台，即应比连檐略退进一些。瓦口钉好后，每垄底瓦的位置也就确定了。

c. 号垄

将各垄的盖瓦中点平移至屋脊位置，并在灰背上做出标记。

② 庑殿屋面

庑殿式屋面分为三个部分：前后坡、撒头和翼角（图 35-16）。

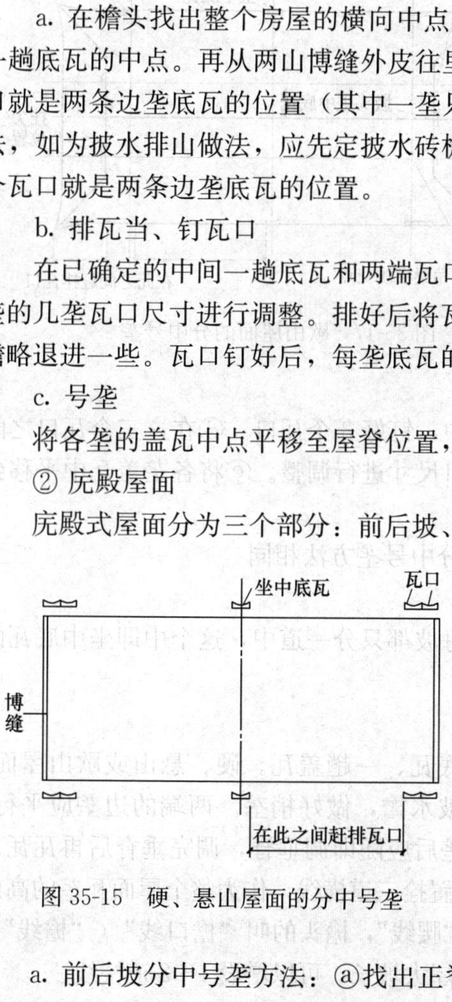


图 35-15 硬、悬山屋面的分中号垄

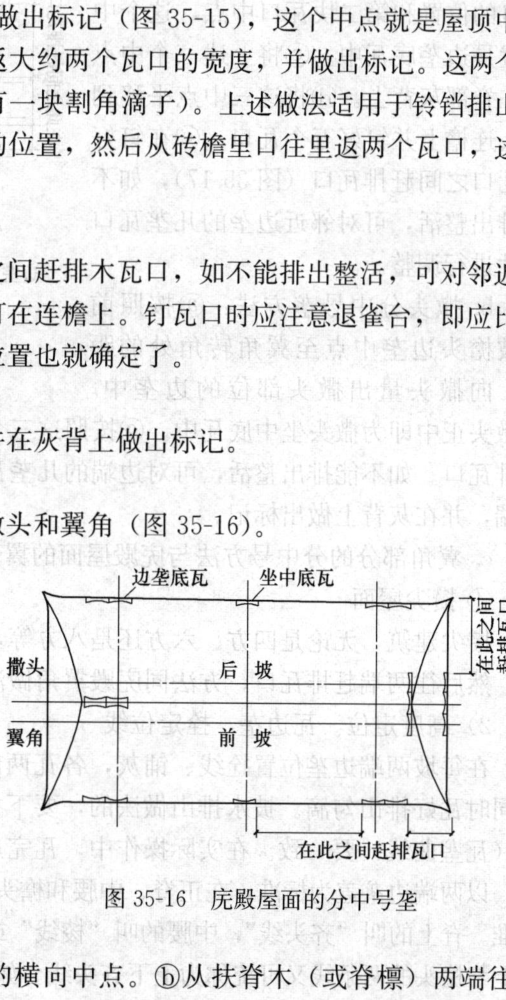


图 35-16 庑殿屋面的分中号垄

a. 前后坡分中号垄方法：ⓐ找出正脊的横向中点。ⓑ从扶脊木（或脊檩）两端往里

返两个瓦口并找出第二个瓦口的中点。ⓒ将三个中点平移到前、后坡檐头并按中点在每坡钉好5个瓦口（图35-16）。ⓓ在确定了的瓦口之间赶排瓦口，如不能排出整活，可对邻近边垄的几垄瓦口尺寸进行调整。排好后钉好瓦口。ⓔ号垄：将各垄的盖瓦中点在脊上做出标记。

b. 撒头分中号垄方法：ⓐ找出扶脊木（脊檩）正中，并在撒头灰背上做出标记。从扶脊木正中向檐头中正引线，这条中线就是撒头中间一趟底瓦的中线。ⓑ以这条中线为中心，放三个瓦口，找出另外两瓦口的中点，然后将三个中点号在灰背上。ⓒ将这三个中点平移到连檐上，按中点钉好3个瓦口（图35-16）。由于庑殿撒头只有一垄底瓦和两垄盖瓦，所以在分中的同时，就已将瓦当排好并已在脊上号出标记了。

以上前后坡和两撒头总共12道中线就是庑殿屋面瓦垄的平面定位线。

c. 翼角不分中，在前后坡和撒头钉好的瓦口与连檐合角处之间赶排瓦口，应注意前后坡与撒头相交处的两个瓦口应比其他瓦口短2/10～3/10，否则勾头可能压不住割角滴子的瓦翅。如不能排出整活，可对邻近连檐合角处的几垄瓦口尺寸进行调整。

③ 歇山屋面

a. 歇山前后坡分中号垄：ⓐ在屋脊部位找出横向中点，此点即为坐中底瓦的中点。ⓑ两端从博缝外皮往里返活，找出两个瓦口的位置和第二块瓦口中点，这个中点就是边垄底瓦中。ⓒ将上述三个中点号在脊部灰背上。ⓓ将这三中点平移到檐头连檐上并钉好五个瓦口。ⓔ在钉好的瓦口之间赶排瓦口（图35-17），如不能排出整活，可对邻近边垄的几垄瓦口尺寸进行调整。

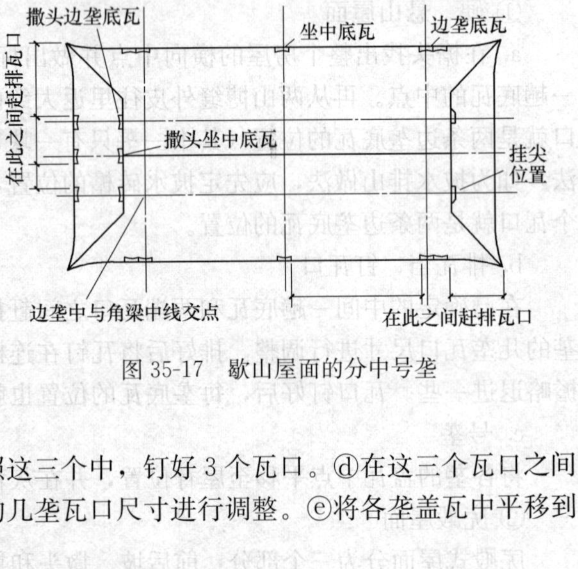

图35-17　歇山屋面的分中号垄

b. 撒头分中号垄方法：ⓐ按照前后坡檐头边垄中点至翼角转角处的距离，向撒头量出撒头部位的边垄中。ⓑ撒头正中即为撒头坐中底瓦中。ⓒ按照这三个中，钉好3个瓦口。ⓓ在这三个瓦口之间赶排瓦口。如不能排出整活，可对边端的几垄瓦口尺寸进行调整。ⓔ将各垄盖瓦中平移到上端，并在灰背上做出标记。

c. 翼角部分的分中号方法与庑殿屋面的翼角分中号垄方法相同。

④ 攒尖屋面

攒尖建筑，无论是四方、六方还是八方等，每坡都只分一道中，这个中即坐中底瓦的中，然后往两端赶排瓦口，方法同庑殿翼角做法。

2）高度定位—瓦边垄，拴定位线

在每坡两端边垄位置拴线、铺灰，各瓦两趟底瓦、一趟盖瓦。硬、悬山或歇山屋面，要同时瓦好排山勾滴。披水排山做法的，要下好披水檐，做好梢垄。两端的边垄应平行，囊（瓦垄曲线）要一致。在实际操作中，瓦完边垄后应随即调垂脊，调完垂脊后再瓦瓦。

以两端边垄盖为标准，在正脊、中腰和檐头位置拴三道横线，作为整个屋面瓦垄的高度标准。脊上的叫“齐头线”，中腰的叫“棱线”或“腰线”，檐头的叫“檐口线”（“檐线”）。脊上与檐头的两条线又可统称为上下齐头线。如果屋大坡长，可以增设1～2道棱线。

（2）瓦琉璃瓦

在瓦瓦之前应对瓦的质量逐块检查。这道工序叫作“审瓦”。

1）冲垄

冲垄是在大面积瓦瓦之前先瓦几垄瓦，实际上“瓦边垄”也可以看成是在屋面的两侧冲垄。边垄“冲”好后，按照边垄的曲线（“囊”）在屋面的中间将三趟底瓦和两趟盖瓦瓦好。如果瓦瓦的人员较多，可以再分段冲垄。这些瓦垄都必须以拴好的“齐头线”“棱线”和“檐口线”为高度标准。

2）瓦檐头勾滴瓦

勾滴即勾头瓦和滴子（滴水）瓦。瓦檐头勾头和滴子瓦要拴两道线，一道线拴在滴子尖的位置，滴子瓦的高低和出檐均以此为标准。第二道线即冲垄之前拴好的“檐口线”，勾头的高低和出檐均以此为标准。滴子瓦的出檐最多不超过本身长度的一半，一般在6～10cm之间。勾头出檐为瓦头（瓦当）的厚度，即勾头要紧靠着滴子。

两垄滴子瓦之间的空当处（“蚰蜒当”），要放一块遮心瓦（一般用碎瓦片代替，釉面朝下）。遮心瓦的作用是挡住勾头里的盖瓦灰。然后用钉子从勾头上的圆洞入钉入灰里，钉子上扣放钉帽，内用麻刀灰塞严。在实际操作中，为防止钉帽损坏，往往最后扣安。为操作方便，瓦檐头勾滴瓦可随瓦每垄瓦进行。

3）瓦底瓦

① 开线

先在齐头线、棱线和檐口线上各拴一根短铁丝（叫做“吊鱼”），“吊鱼”的长度根据线到边垄底瓦瓦翅的距离确定，然后“开线”：按照排好的瓦当和脊上号好垄的标记把线（一般用帘绳或“三股绳”）的一端固定在脊上，另一端拴一块瓦，吊在房檐下。这条瓦瓦用线叫作“瓦刀线”，瓦刀线的高低应以“吊鱼”的底端为准，如瓦刀线的囊与边垄的囊不一致时，可在瓦刀线的适当位置绑上几个钉子来进行调整。底瓦的瓦刀线应拴在瓦的左侧（瓦盖瓦时拴在右侧）。

② 瓦瓦

拴好瓦刀线后，铺灰（或泥）、瓦底瓦（图35-18）。如用泥（掺灰泥）瓦瓦，还可在铺泥（术语称“打泥”）后再泼上白灰浆（称“坐浆瓦”）。底瓦灰（泥）的厚度一般为4cm。底瓦应窄头朝下，从下往上依次摆放。底瓦的搭接密度应能做到“三搭头”，即每三块瓦中，第一块与第三块能做到首尾搭头。“三搭头”是指大部分瓦而言，檐头和脊部则应“稀瓦檐头密瓦脊”。底瓦灰（泥）应饱满，瓦要摆正，不得偏歪。底瓦垄的高低和直顺程度都应以瓦刀线为准。每块底瓦的“瓦翅”，宽头的上棱都要贴近瓦刀线。瓦底瓦时还应注意“喝风”与“不合蔓”的问题。“不合蔓”是指瓦的弧度不一致造成合缝不严，“喝风”是泛指合缝不严，既包括瓦的不合蔓，也包

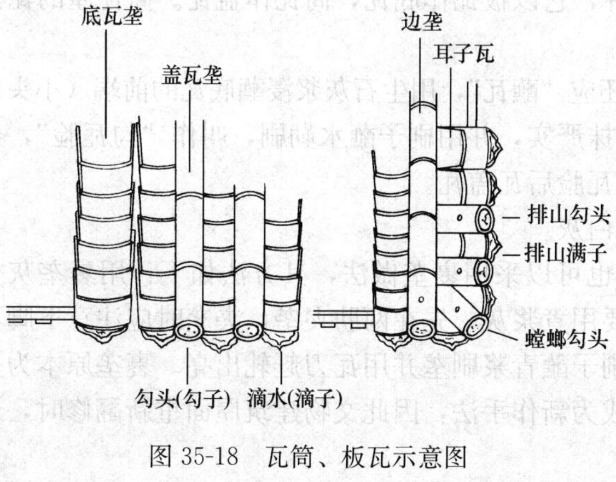


图35-18 瓦筒、板瓦示意图

括由于摆放不当造成的合缝不严。

③ 背瓦翅

摆好底瓦以后，要将底瓦两侧的灰（泥）用瓦刀向内抹足抹齐，不足之处要用灰（泥）补齐，“背瓦翅”一定要将灰（泥）“背”足、拍实。

④ 扎缝

“背”完瓦翅后，要在底瓦垄之间的缝隙处（“蛐蜒当”）用大麻刀灰塞严塞实。扎缝灰应能盖住两边底瓦垄的瓦翅。

按照传统做法，琉璃瓦不勾瓦脸（用素灰勾抹底瓦搭接处）。理由是为了有利于瓦下水分的蒸发，以防止望板糟朽，同时可以确保不弄脏釉面。但近年来发现不少屋面因雨水从搭接处回流造成漏雨。因此在混凝土板上所做的琉璃屋面，或檐头部分的琉璃瓦还是应勾瓦脸（做法参见瓦筒瓦）。

⑤ 瓦盖瓦

按棱线到边垄盖瓦瓦翅的距离调整好“吊鱼”的长短，然后以吊鱼为高低标准“开线”。瓦刀线两端以排好的盖瓦垄为准。盖瓦灰（泥）应比底瓦灰（泥）稍硬，盖瓦不要紧挨底瓦，它们之间的距离叫“睁眼”。睁眼不小于筒瓦高的1/3。盖瓦要熊头朝上，从下往上依次安放，上面的筒瓦应压住往下面筒瓦的熊头，熊头上要挂素灰即应抹“熊头灰”（又叫“节子灰”）。熊头灰应根据琉璃瓦的颜色掺色，黄色琉璃瓦掺红土粉，其他掺青灰。熊头灰一定要抹足挤严。盖瓦垄的高低、直顺都要以瓦刀线为准，每块盖瓦的瓦翅都应贴近瓦刀线。如果瓦的规格不一致，应特别注意不必每块都“跟线”，要“大瓦跟线，小瓦跟中”，否则会出现一侧齐一侧不齐的状况。

⑥ 捉节夹垄

将瓦垄清扫干净后用小麻刀灰（掺色）在筒瓦相接的地方勾抹（“捉节”），然后用夹垄灰（掺色）将睁眼抹平（“夹垄”）。夹垄应分糙细两次夹，操作时要用瓦刀把灰塞严拍实（“背瓦翅”）。上口与瓦翅外棱抹平。

⑦ 清垄擦瓦

将瓦垄内和盖瓦的余灰、脏物等除掉，全面彻底清扫瓦垄。用布将釉面擦净擦亮，最后用水将瓦垄冲洗一遍。

(3) 瓦筒瓦

筒瓦屋面是布瓦（黑活）屋面的一种，它以板瓦作底瓦，筒瓦作盖瓦。筒瓦屋的瓦瓦方法与琉璃瓦基本相同。不同之处是：

1）在瓦瓦之前除应“审瓦”之外，还应“蘸瓦”，用生石灰浆浸蘸底瓦的前端（小头）。

2）清垄后要用素灰将底瓦搭接处勾抹严实，并用刷子蘸水勒刷，叫作“勾瓦脸”，也叫“挂瓦脸”或“打点瓦脸”。应先打点瓦脸后瓦盖瓦。

3）捉节夹垄用灰及熊头灰等要用月白灰。

4）筒瓦既可以采用捉节夹垄做法，也可以采用裹垄做法，其方法如下：用裹垄灰分糙、细两次抹，打底要用泼浆灰，罩面要用煮浆灰。先在两肋夹垄，夹垄时应注意下脚不要大，然后在上面抹裹垄灰。最后用浆刷子蘸青浆刷垄并用瓦刀赶轧出亮。裹垄原本为查补雨漏时的修缮手法，近些年来才用于成为新作手法，因此文物建筑屋面重新翻修时，还应采用捉节夹垄做法。

5）瓦完瓦后，整个屋面应刷浆提色。瓦面刷深月白浆或青浆，檐头（包括排山勾滴）、眉子、当沟刷烟子浆。为保证滴子底部能刷严，可在蘸瓦时就用烟子浆把滴子蘸好。

（4）瓦合瓦

合瓦又称阴阳瓦。合瓦屋面的盖瓦多使用2号瓦或3号瓦。

合瓦屋面的底瓦做法与筒瓦屋面的底瓦做法基本相同，但檐头瓦的滴子瓦应改为“花边瓦”，花边瓦与花边瓦之间不放遮心瓦。

合瓦屋面的盖瓦垄做法：

合瓦屋面的盖瓦也应蘸浆，但应蘸大头（露明面），且应蘸有白浆。

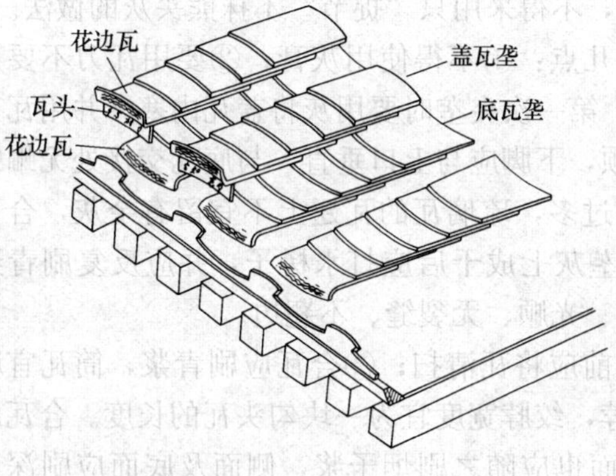

图 35-19 合瓦做法示意

1）拴好瓦刀线，在檐头打盖瓦泥，安放已粘好“瓦头”的花边瓦。瓦头可为成品，也可在现场预制，其作用是挡住盖瓦花边瓦内的灰泥（图 35-19）。

2）打盖瓦泥，开始瓦盖瓦。盖瓦底瓦相反，要凸面向上，大头朝下。瓦与瓦的搭接密度也应做到“三搭头”。盖瓦的“睁眼”不超过 6cm。瓦垄与脊根处的瓦要搭接严实。

3）盖瓦瓦完后在搭接处用素灰勾瓦脸，并用水刷子蘸水勒刷（“打水槎子”）。

4）夹腮。先用麻刀灰在盖瓦睁眼处糙夹一遍，然后再用夹垄灰细夹一遍，灰要堵严塞实，并用瓦刀拍实。夹腮灰要直顺，下脚应干净利落，无小孔洞（称“蛐蛐窝”），无多出的灰（称“嘟噜灰”）。下脚要与上口垂直，盖瓦上应尽量少沾灰，与瓦翅相交处要随瓦翅的形状用瓦刀背好，并“打水槎子”，最后反复刷青浆并用瓦刀轧实轧光。

5）屋面刷青浆。但檐头瓦不再“绞脖”（刷烟子浆），也刷青浆。

**35.4.3.3 瓦瓦的技术要点与质量要求**

（1）瓦件在运至屋面前应集中对瓦逐块“审瓦”。有裂缝、砂眼、残损、变形严重、釉色剥落的瓦不得使用。板瓦还必须用瓦刀（或铁器）敲击检查，发现微裂纹、隐残和瓦音不清的应及时挑出。

（2）筒瓦屋面的底瓦、合瓦屋面的底、盖瓦，在运至屋面前应集中逐块“蘸瓦”。蘸瓦应做到：①底瓦蘸浆必须用生石灰浆；②每块瓦的蘸浆长度不少于本身长的 4/10；③底瓦应蘸小（窄）头，盖瓦应蘸大（宽）头。

（3）合瓦屋面的底瓦规格宜盖瓦大一号。例如2号合瓦屋面宜使用1号板瓦作为底瓦。

（4）瓦垄应符合“底瓦坐中”的原则。瓦面分中时如发现与木工已钉好的椽当坐中有偏差时，应以椽中为准进行调整。

（5）板瓦的摆放应符合以下要求：①檐口部位的瓦不应出现倒喝水现象；②板瓦应无明显侧偏或喝风现象；③板瓦之间的搭接应能“压六露四”（三搭头）。

（6）瓦瓦泥中的白灰应为泼灰或生石灰浆。严禁混入生石灰渣。拌和后应放至8h后再使用。白灰与黄土的比例宜按 4∶6（体积比）。

（7）底瓦泥的厚度不宜超过 4cm。

（8）底瓦以及合瓦屋面的盖瓦必须“背瓦翅”，背瓦翅应使用瓦刀，不宜使用抹子。背瓦翅时应向内稍用力，不实之处应及时补足。

（9）底瓦以及合瓦屋面的盖瓦必须勾瓦脸，并应做到以下几点：①灰应较稀；②勾瓦脸应在瓦瓦之前进行，合瓦的盖瓦勾瓦脸应在夹垄之前进行；③勾瓦脸前应将瓦垄清扫干净，用水洇透；④要用“小鸭嘴儿”勾瓦脸，不要用瓦刀；⑤要向瓦内抠抹，将灰勾足，但瓦外不留多余灰；⑥用微湿的短毛刷子勒刷灰与瓦的交接处。应在灰七～八成干时进行，不应随勾随打水槎子。

（10）打盖瓦泥（灰）之前必须先在蛐蜒当处用灰（泥）扎缝，扎缝灰（泥）应严实。

（11）筒瓦、琉璃瓦的熊头灰应抹足挤严，不得采用只“捉节”不抹熊头灰的做法。

（12）捉节夹垄（合瓦夹腮）应做到以下几点：①不得使用灰膏；②要用瓦刀不要用铁抹子或轧子夹垄；③应分糙、细两次夹垄。第一次夹垄时要用灰将盖瓦内塞严并用瓦刀向内拍实；④第二次夹垄后，应做到瓦垄直顺，下脚应与上口垂直，与底瓦交接处无蛐蛐窝、嘟噜灰（野灰），筒瓦的瓦翅上余灰不宜过多，琉璃瓦的瓦翅上不宜留有余灰，合瓦的瓦翅上余灰不宜过多且应棱角分明；⑤夹垄灰七成干后应打水槎子，并应反复刷青浆（黄琉璃刷红土浆）赶轧。夹垄灰应赶轧坚实、光顺、无裂缝、不翘边。

（13）瓦面刷浆应注意以下问题：①刷浆前应将瓦清扫；②合瓦应刷青浆，筒瓦宜刷深月白浆；③筒瓦屋面应在檐头用烟子浆绞脖，绞脖宽度宜为一块勾头瓦的长度。合瓦屋面不绞脖；④梢垄应刷烟子浆，披水砖的上面也应随之刷烟子浆，侧面及底面应刷深月白浆。

（14）瓦面和屋脊施工质量的允许偏差和检验方法见表 35-18～表 35-20。

**琉璃屋面的允许偏差和检验方法**　　**表 35-18**

| 序号 | 项目 | | 允许偏差（mm） | 检验方法 |
|---|---|---|---|---|
| 1 | 底瓦泥厚 40mm | | ±10 | 与设计要求或本表各项规定值对照，用尺量检查，抽查 3 点，取平均值 |
| 2 | 睁眼高度（筒瓦翅至底瓦的高度） | 5 样以上高 40mm | +10<br>−5 | |
| | | 6～7 样高 30mm | +10<br>−5 | |
| | | 8～9 样高 20mm | +10<br>−5 | |
| 3 | 当沟灰缝 | 8mm | +7<br>−4 | |
| 4 | 瓦垄直顺度 | | 8 | 拉 2m 线，用尺量检查 |
| 5 | 走水当均匀度 | 4 样以上 | 16 | 用尺量检查相邻三垄瓦及每垄上、下部 |
| | | 5～6 样 | 12 | |
| | | 7～9 样 | 10 | |
| 6 | 瓦面平整度 | | 25 | 用 2m 靠尺横搭于瓦面，尺量盖瓦跳垄程度，檐头、中腰、上腰各抽查一点 |
| 7 | 正脊、围脊、博脊平直度 | 3m 以内 | 15 | 3m 以内拉通线，3m 以外拉 5m 线，用尺量检查 |
| | | 3m 以外 | 20 | |
| 8 | 垂脊、岔脊、角脊直顺度（庑殿带旁囊的垂脊不检查） | 2m 以内 | 10 | 3m 以内拉通线，3m 以外拉 5m 线用尺量检查 |
| | | 2m 以外 | 15 | |
| 9 | 滴水瓦出檐直顺度 | | 10 | 拉 3m 线，用尺量检查 |

筒瓦屋面的允许偏差和检验方法 表 35-19

<table>
<tr><th>序号</th><th colspan="2">项目</th><th>允许偏差(mm)</th><th>检验方法</th></tr>
<tr><td>1</td><td colspan="2">底瓦泥厚 40mm</td><td>±10</td><td rowspan="4">与设计要求或本表各项规定值对照，用尺量检查，抽查 3 点，取平均值</td></tr>
<tr><td rowspan="3">2</td><td rowspan="3">睁眼高度<br>(筒瓦至底瓦的高度)</td><td>头～1 号瓦高 35mm</td><td rowspan="3">+10<br>−5</td></tr>
<tr><td>2～3 号瓦高 30mm</td></tr>
<tr><td>10 号瓦高 20mm</td></tr>
<tr><td>3</td><td colspan="2">瓦垄直顺度</td><td>8</td><td>拉 2m 线，用尺量检查</td></tr>
<tr><td>4</td><td colspan="2">走水当均匀度</td><td>15</td><td>用尺量检查相邻的三垄瓦及每垄上、下部</td></tr>
<tr><td>5</td><td colspan="2">瓦面平整度</td><td>25</td><td>用 2m 靠尺横搭于瓦面，尺量盖瓦跳垄程度，檐头中腰，上腰各抽查一处</td></tr>
<tr><td rowspan="2">6</td><td rowspan="2">正脊、围脊、博脊平直度</td><td>3m 以内</td><td>15</td><td rowspan="2">3m 内拉通线。3m 以外拉 5m 线，用尺量检查</td></tr>
<tr><td>3m 以外</td><td>20</td></tr>
<tr><td rowspan="2">7</td><td rowspan="2">垂脊、岔脊、角脊直顺度<br>(庑殿带旁囊的垂脊不检查)</td><td>2m 以内</td><td>10</td><td rowspan="2">2m 以内拉通线，2m 以外拉 3m 线，用尺量检查</td></tr>
<tr><td>2m 以外</td><td>15</td></tr>
<tr><td>8</td><td colspan="2">滴水瓦出檐直顺度</td><td>10</td><td>拉 3m 线，用尺量检查</td></tr>
</table>

合瓦屋面的允许偏差和检验方法 表 35-20

<table>
<tr><th>序号</th><th colspan="2">项目</th><th>允许偏差(mm)</th><th>检验方法</th></tr>
<tr><td>1</td><td colspan="2">底瓦泥厚 40mm</td><td>±10</td><td rowspan="2">与设计要求或本表各项规定值对照，用尺量检查，抽查 3 点，取平均值</td></tr>
<tr><td>2</td><td colspan="2">盖瓦翘上棱至底瓦高 70mm</td><td>+20<br>−10</td></tr>
<tr><td>3</td><td colspan="2">瓦垄直顺度</td><td>8</td><td>拉 2m 线，用尺量检查</td></tr>
<tr><td>4</td><td colspan="2">走水当均匀度</td><td>15</td><td>用尺量检查相邻的三垄瓦及每垄上下部</td></tr>
<tr><td>5</td><td colspan="2">瓦面平整度</td><td>25</td><td>用 2m 靠尺横搭于瓦面，尺量盖瓦跳垄程度，檐头中腰，上腰各抽查一点</td></tr>
<tr><td rowspan="2">6</td><td rowspan="2">正脊平直度</td><td>3m 以内</td><td>15</td><td rowspan="2">3m 内拉通线。3m 以外拉 5m 线，用尺量检查</td></tr>
<tr><td>3m 以外</td><td>20</td></tr>
<tr><td rowspan="2">7</td><td rowspan="2">垂脊直顺度</td><td>2m 以内</td><td>10</td><td rowspan="2">2m 以内拉通线，2m 以外拉 3m 线，用尺量检查</td></tr>
<tr><td>2m 以外</td><td>15</td></tr>
<tr><td>8</td><td colspan="2">花边瓦出檐直顺度</td><td>10</td><td>拉 5m 线，用尺量检查</td></tr>
</table>

## 35.4.4 古建筑屋脊做法

### 35.4.4.1 调脊的技术要点与质量要求

（1）调脊不应使用掺灰泥。屋脊打点勾缝用灰的颜色为：黄色琉璃用红麻刀灰，其他颜色的琉璃以及黑活屋脊用一律用深月白灰。

（2）脊件的分层做法及屋脊的端头形式应符合古建常规做法或设计要求。

（3）吻兽、小跑及其他脊饰的位置、尺度、数量等应符合古建常规做法或设计要求。

（4）两坡铃铛排山脊交于脊尖处的勾头瓦或滴子瓦的确定：①正脊两端有正吻或端头脊饰，使山尖顶部形成“尖山”形式的，应“勾头坐中”；②正脊为过垄脊、鞍子脊等，使山尖的顶部形成“圆山”形式的，应“滴子坐中”。

（5）正脊排活应从屋面中点开始。坐中放置脊件后再向两边排活，破活应赶至两端。

（6）屋脊内（琉璃脊筒子内除外）应灰浆饱满，至少每 3 层用麻刀灰苫抹一次。

(7) 陡板等立置的脊件应采取拉结、灌浆等加固措施。

(8) 吻兽及高大的正脊内尖设置吻桩、兽桩、脊桩。琉璃脊筒子等大型脊件内宜加设铁筋，并应与脊桩连接。

(9) 垂脊、戗脊等斜脊，应在脊内设置防屋脊下滑的铁筋、铁丝等拉结物。

(10) 屋脊之间或屋脊与山花板、围脊板、屋脊与墙体等的交接处应严实。交接处的脊件应随形砍制，灰缝宽度不应超过 1cm。内部背里材料应饱满密实，并应采取灌浆措施。

(11) 黑活屋脊刷浆应符合以下要求：①屋脊的眉子、当沟应刷烟子浆，其余部分刷深月白浆；②铃铛排山脊：排山勾滴部分应刷烟子浆，其余部分刷深月白浆；③披水排山脊：披水砖的上面和侧面应刷烟子浆；④披水梢垄：梢垄及披水砖的上面应刷烟子浆，披水砖侧面和底面刷深月白浆。

**35.4.4.2　琉璃屋脊的构造做法**

(1) 硬、悬山屋面

卷棚式硬、悬山屋面琉璃屋脊的构造做法如图 35-20 所示。尖山式硬、悬山屋面琉璃屋脊的构造做法如图 35-21 所示。

(2) 庑殿屋面

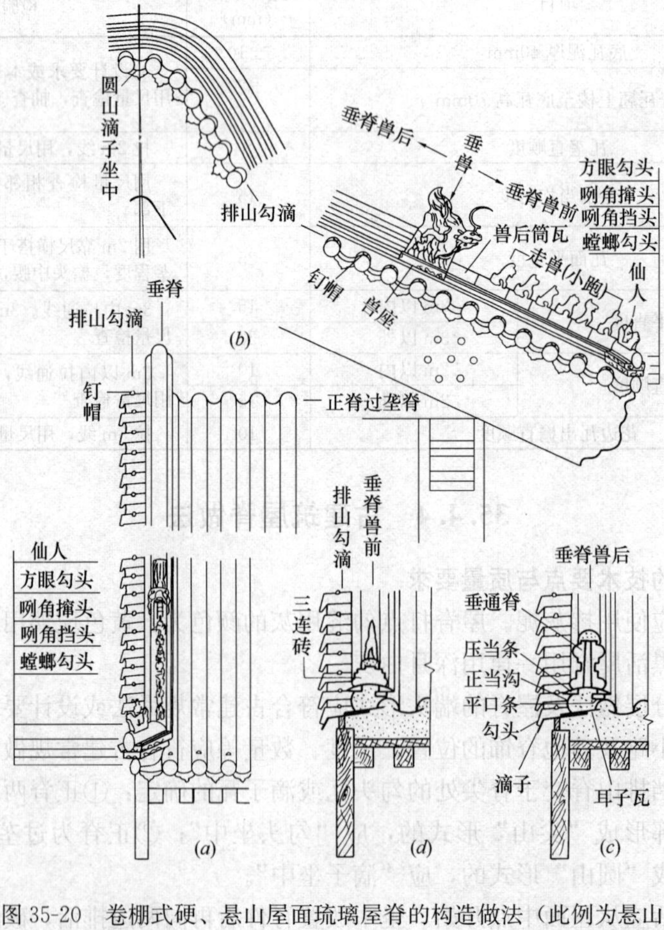


图 35-20　卷棚式硬、悬山屋面琉璃屋脊的构造做法（此例为悬山）

(*a*) 正立面；(*b*) 侧立面；(*c*) 垂脊兽后剖面；(*d*) 垂脊兽前剖面

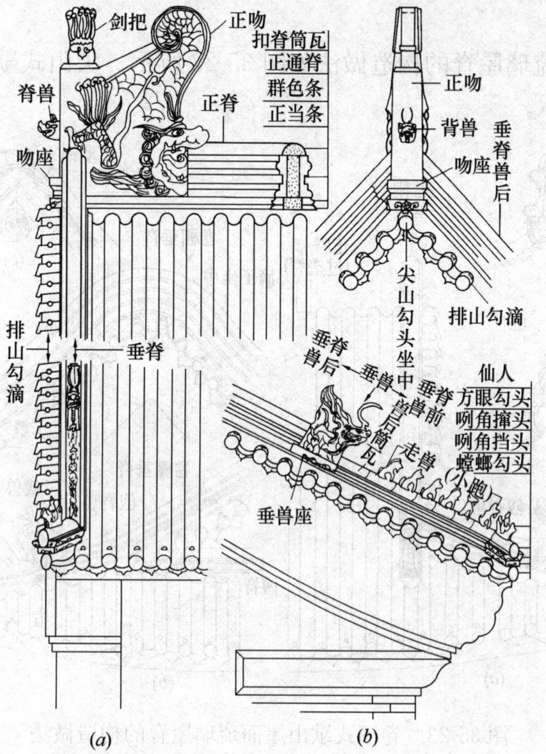


图 35-21 尖山式硬、悬山屋面琉璃屋脊的构造做法（此例为硬山）

（*a*）正立面；（*b*）侧立面

庑殿屋面琉璃屋脊的构造做法如图 35-22 所示。

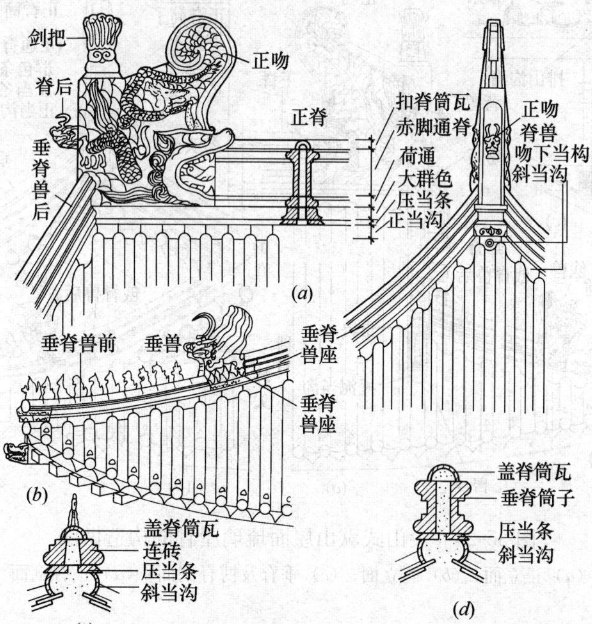


图 35-22 庑殿屋面琉璃屋脊的构造做法（以四样为例）

（*a*）正脊、正吻与垂脊兽后；（*b*）垂脊；（*c*）垂脊兽后剖面；（*d*）垂脊兽前剖面

(3) 歇山屋面

卷棚式歇山屋面琉璃屋脊的构造做法如图 35-23 所示。尖山式歇山屋面琉璃屋脊的构造做法如图 35-24 所示。

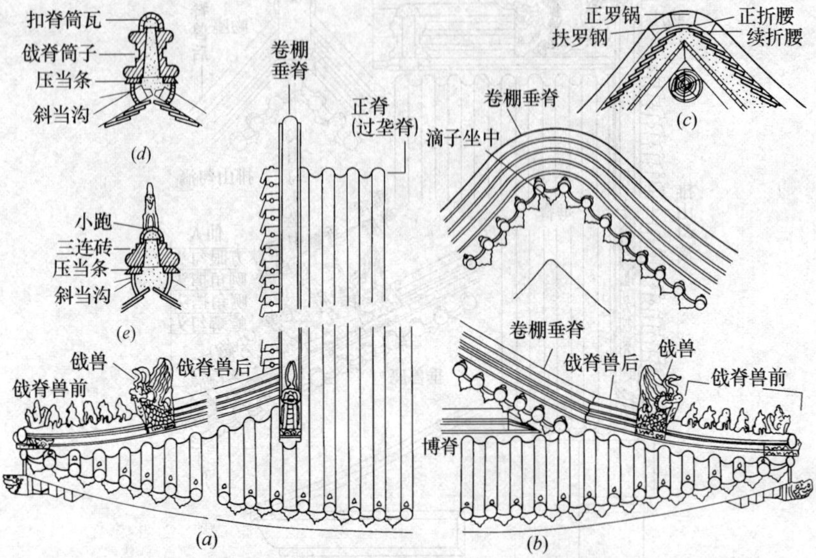


图 35-23 卷棚式歇山屋面琉璃屋脊的构造做法

(*a*) 正立面；(*b*) 侧立面；(*c*) 正脊剖面；(*d*) 戗脊兽后剖面；(*e*) 戗脊兽前剖面

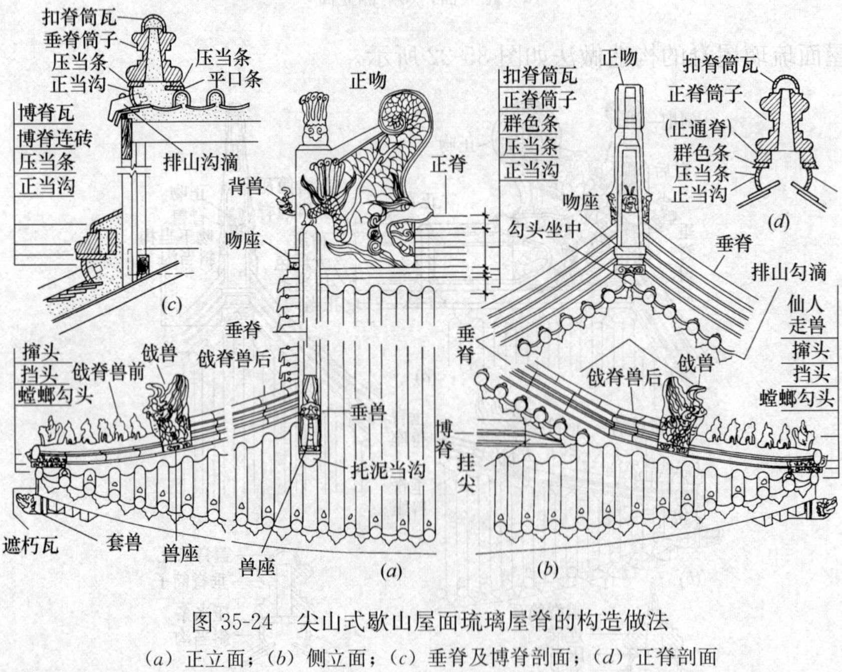


图 35-24 尖山式歇山屋面琉璃屋脊的构造做法

(*a*) 正立面；(*b*) 侧立面；(*c*) 垂脊及博脊剖面；(*d*) 正脊剖面

(4) 攒尖屋面

攒尖屋面琉璃垂脊的构造做法如图 35-25 所示。

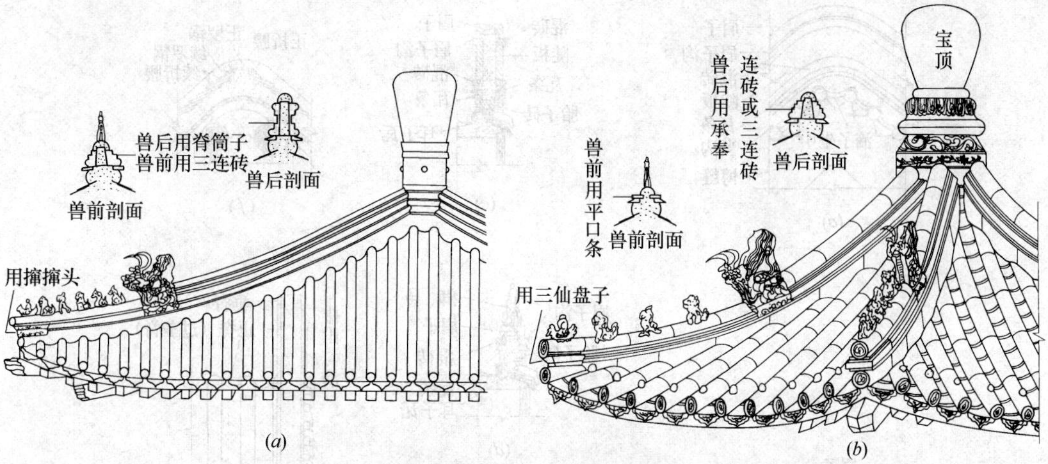


图 35-25　攒尖屋面琉璃垂脊的构造做法

(a) 使用脊筒子的做法；(b) 使用承奉连砖或三连砖的做法

(5) 重檐屋面

重檐屋面上层檐的屋脊，与庑殿、歇山或攒尖屋面上层檐的屋脊做法完全相同。无论上层檐是哪种屋面形式，下层檐的屋脊做法都是相同的，即都是采用围脊和角脊做法。其构造做法如图 35-26 所示。

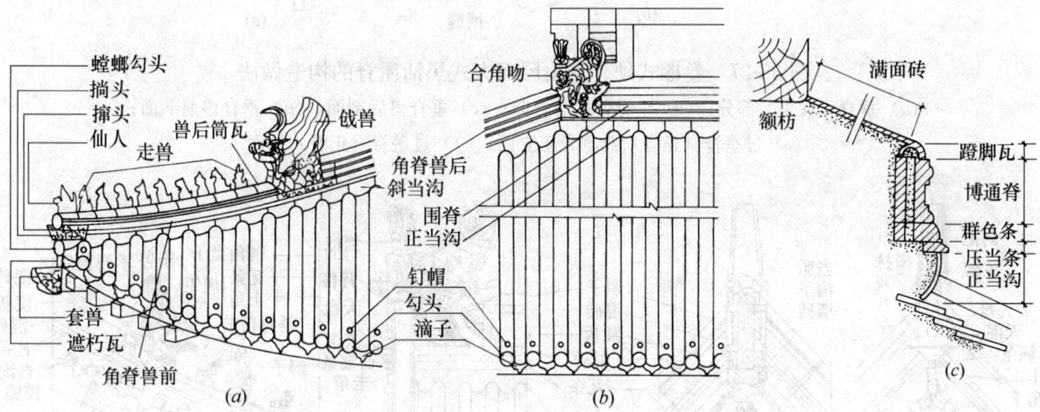


图 35-26　重檐屋面下层檐琉璃屋脊的构造做法

(a) 角脊立面；(b) 围脊立面；(c) 围脊剖面

### 35.4.4.3　大式黑活屋脊的构造做法

(1) 硬、悬山屋面

卷棚式硬、悬山屋面大式黑活屋脊的构造做法如图 35-27 所示。尖山式硬、悬山屋面大式黑活屋脊的构造做法如图 35-28 所示。

(2) 庑殿屋面

庑殿屋面大式黑活屋脊的构造做法如图 35-29 所示。

(3) 歇山屋面

歇山屋面大式黑活屋脊的构造做法如图 35-30 所示。

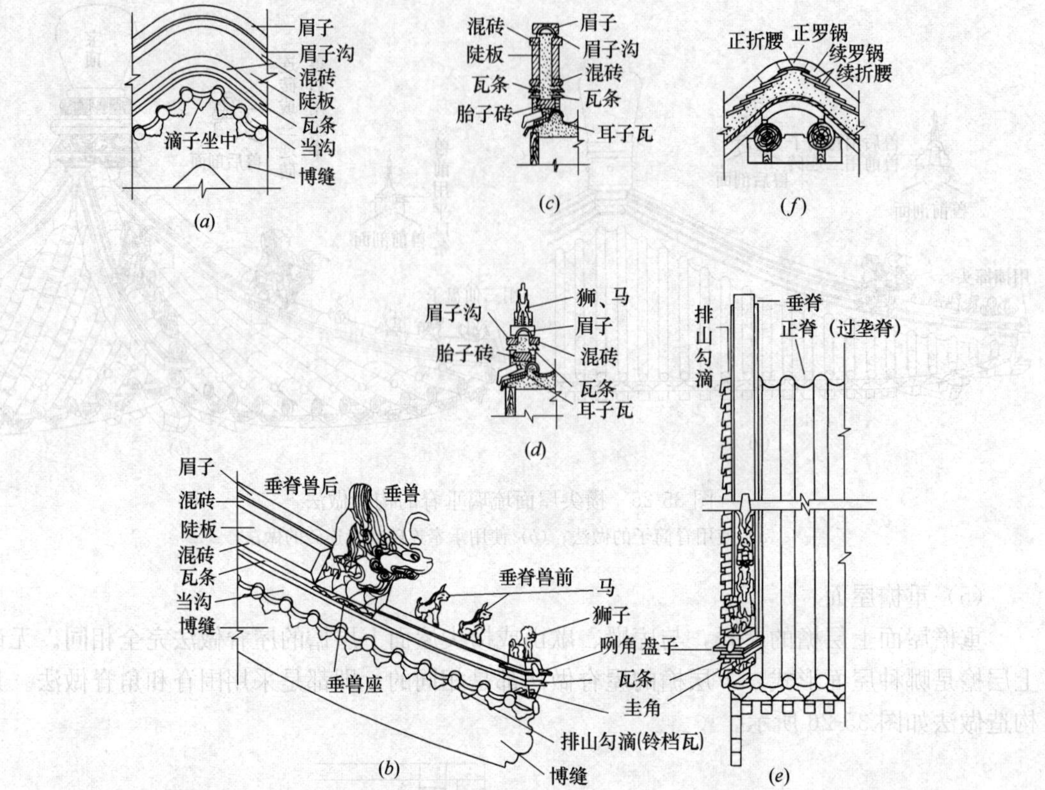


图 35-27　卷棚式硬、悬山屋面大式黑活屋脊的构造做法

（a）垂脊"箍头"部分；（b）垂脊兽后与兽前；（c）垂脊兽后剖面；（d）垂脊兽前剖面；（e）过垄脊（正脊）及垂脊正立面；（f）过垄脊（正脊）剖面

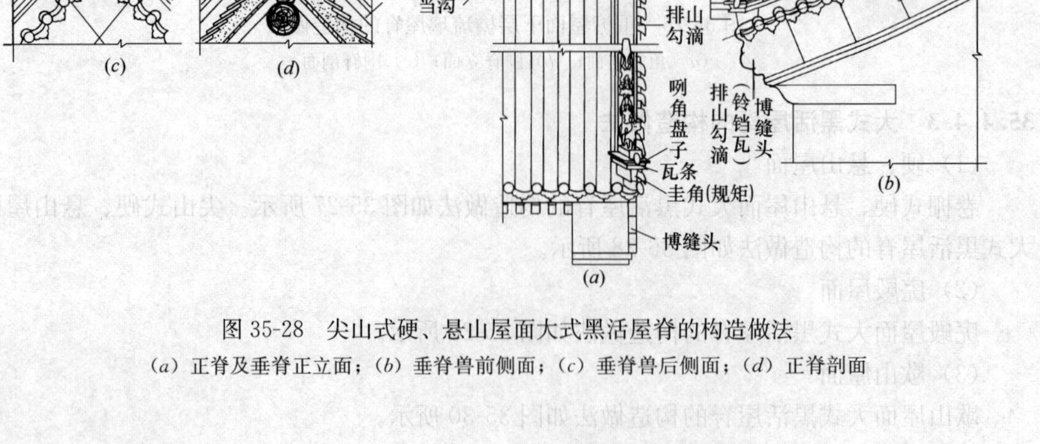

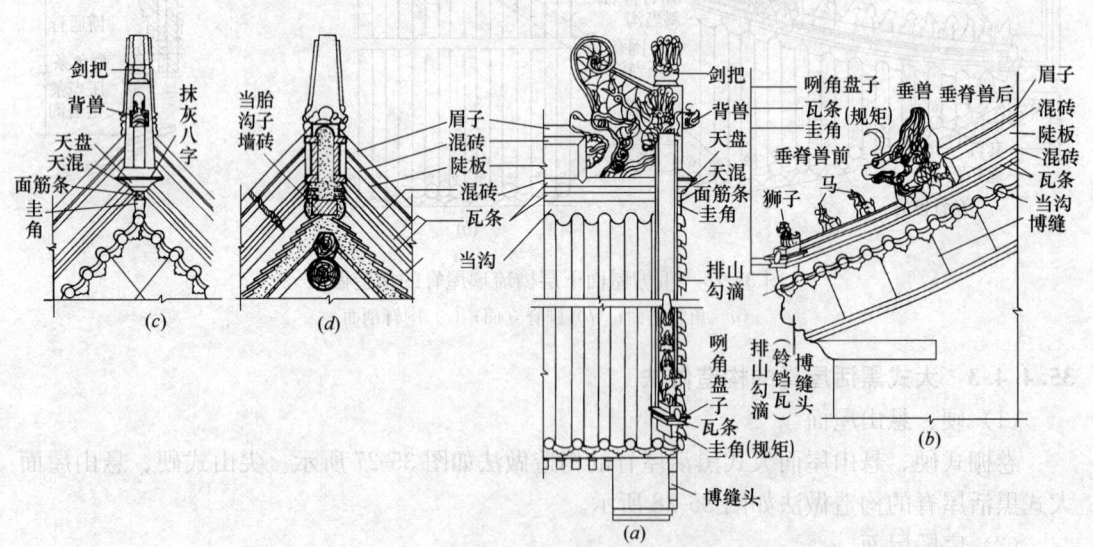


图 35-28　尖山式硬、悬山屋面大式黑活屋脊的构造做法

（a）正脊及垂脊正立面；（b）垂脊兽前侧面；（c）垂脊兽后侧面；（d）正脊剖面

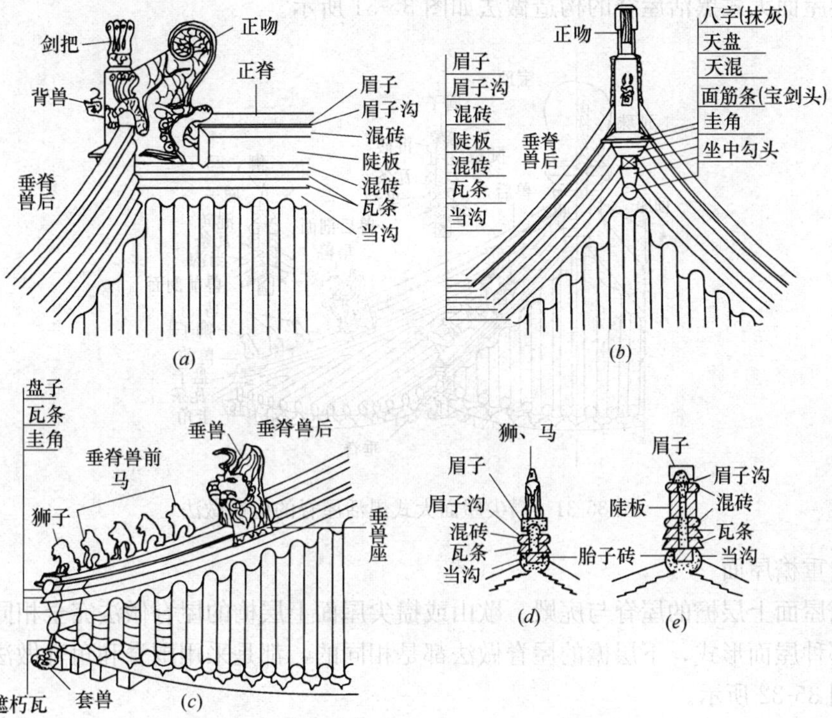


图 35-29 庑殿屋面大式黑活屋脊的构造做法

(a) 正脊和垂脊兽后；(b) 垂脊兽后与兽前；(c) 山面；(d) 垂脊兽前剖面；(e) 垂兽后剖面

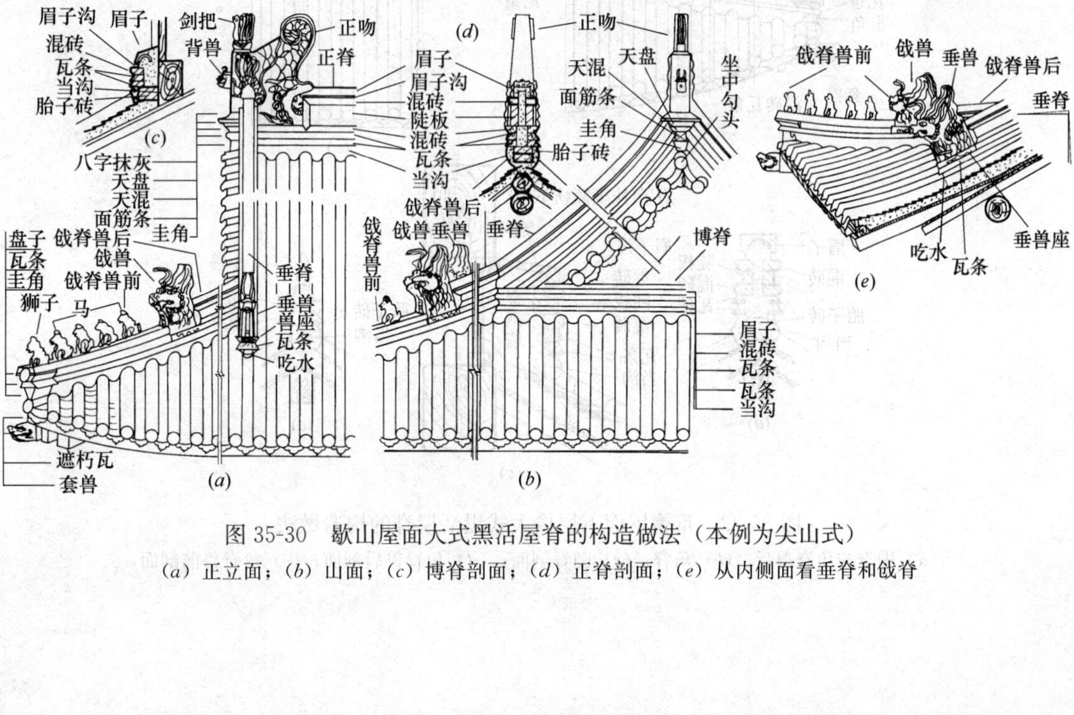


图 35-30 歇山屋面大式黑活屋脊的构造做法（本例为尖山式）

(a) 正立面；(b) 山面；(c) 博脊剖面；(d) 正脊剖面；(e) 从内侧面看垂脊和戗脊

(4) 攒尖屋面

攒尖屋面大式黑活屋脊的构造做法如图 35-31 所示。

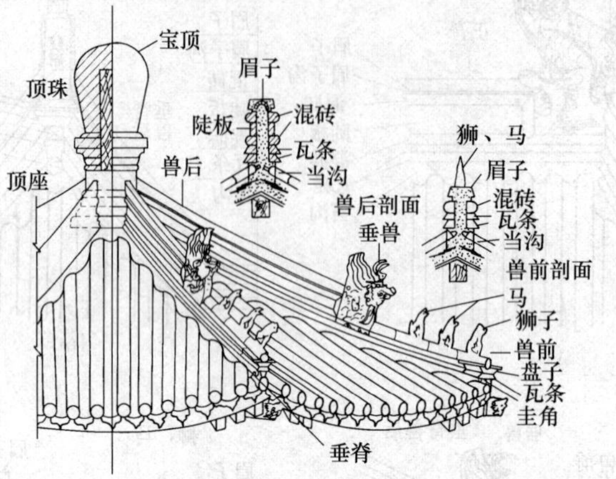


图 35-31　攒尖屋面大式黑活屋脊的构造做法

(5) 重檐屋面

重檐屋面上层檐的屋脊与庑殿、歇山或攒尖屋面上层檐的屋脊做法完全相同。无论上层檐是哪种屋面形式，下层檐的屋脊做法都是相同的，都是采用围脊和角脊做法。其构造做法如图 35-32 所示。

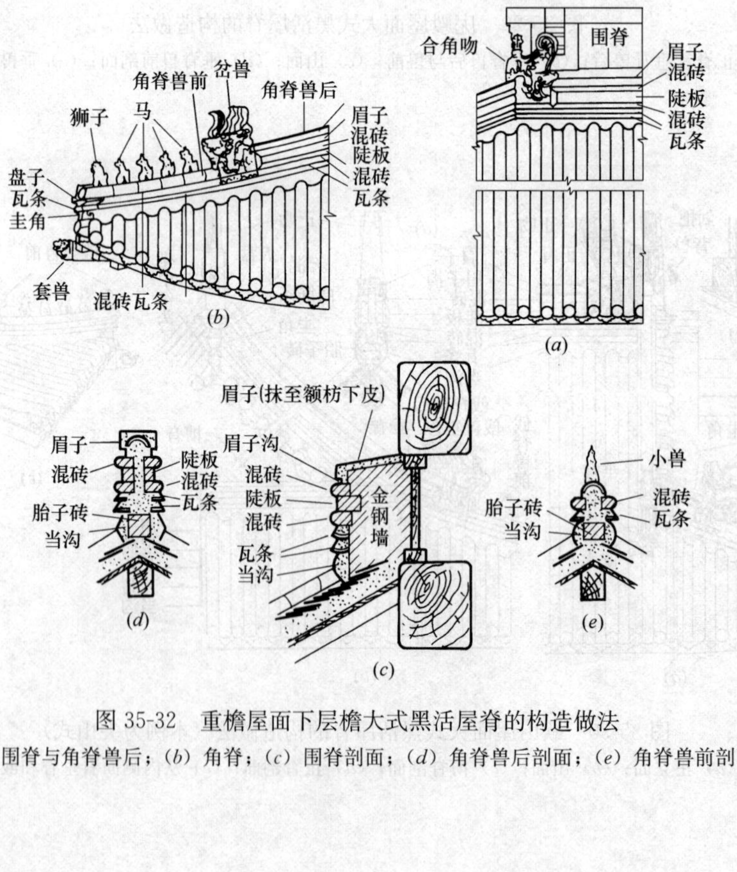


图 35-32　重檐屋面下层檐大式黑活屋脊的构造做法

(a) 围脊与角脊兽后；(b) 角脊；(c) 围脊剖面；(d) 角脊兽后剖面；(e) 角脊兽前剖面

### 35.4.4.4　小式黑活屋脊的构造做法

（1）硬、悬山屋面

1）正脊做法

小式黑活正脊的常见做法有：过垄脊、鞍子脊和清水脊。过垄脊用于筒瓦屋面，鞍子脊用于合瓦屋面，清水脊既用于合瓦屋面，也可用于筒瓦屋面。过垄脊的构造做法如图 35-27所示。鞍子脊的构造做法如图 35-33 所示。清水脊的构造做法如图 35-34 所示。

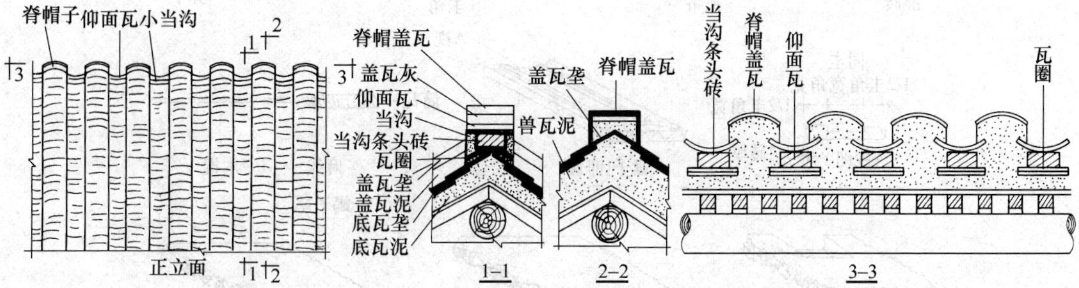


图 35-33　鞍子脊

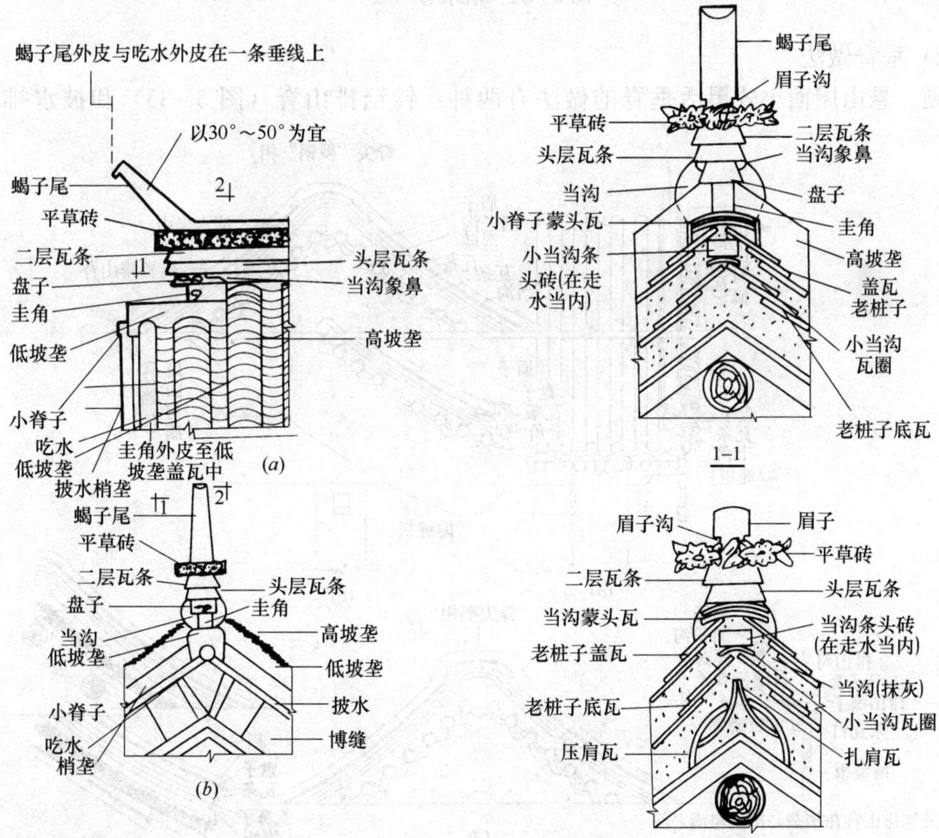


图 35-34　清水脊

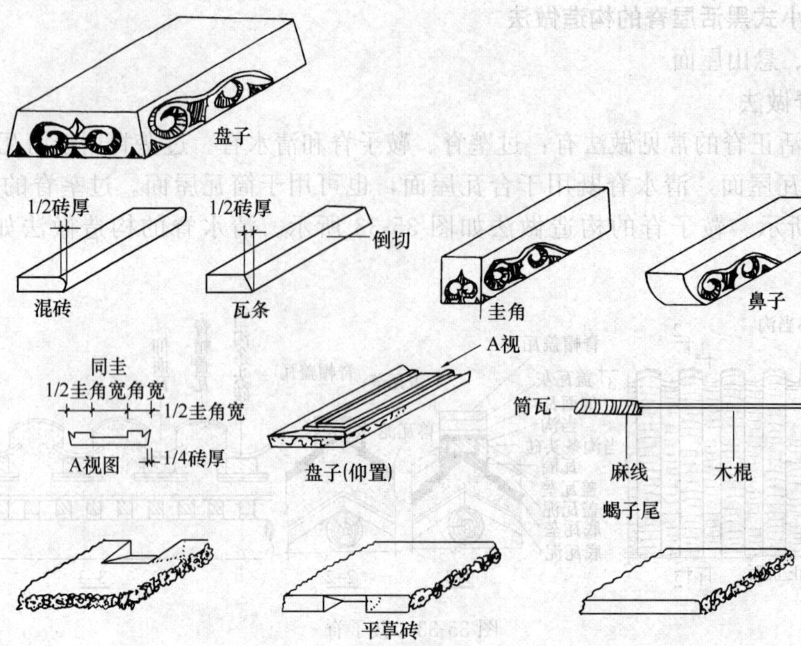


图 35-34　清水脊（续）

2）垂脊做法

硬、悬山屋面小式黑活垂脊的做法有两种：铃铛排山脊（图 35-35）和披水排山脊

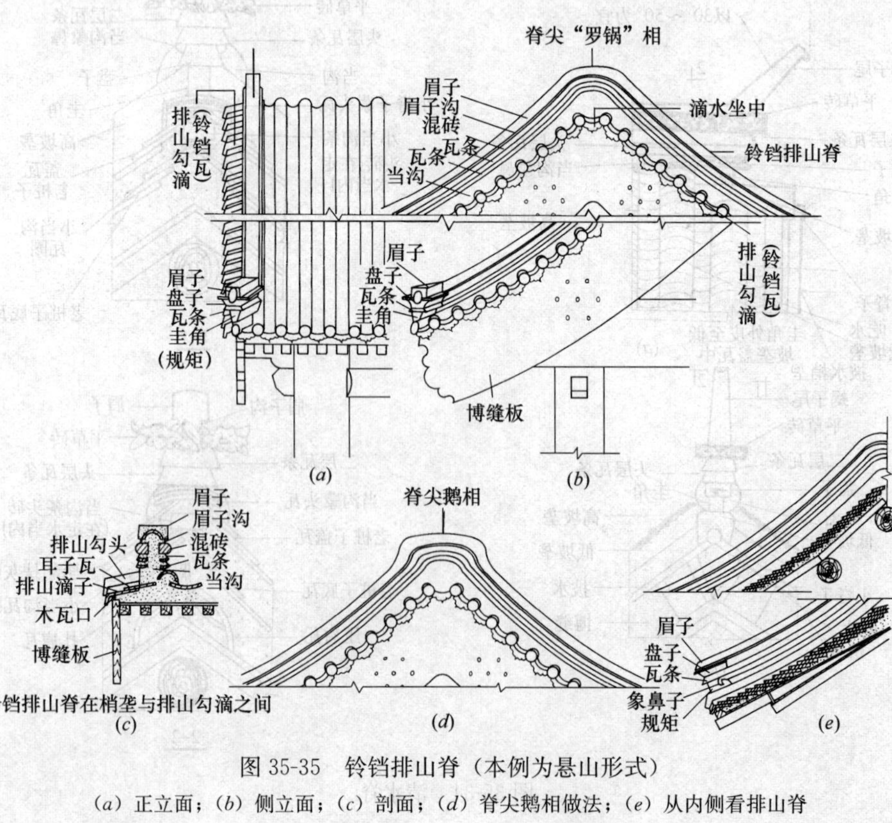


图 35-35　铃铛排山脊（本例为悬山形式）

（*a*）正立面；（*b*）侧立面；（*c*）剖面；（*d*）脊尖鹅相做法；（*e*）从内侧看排山脊

（图 35-36）。在垂脊的位置上如不做复杂的垂脊，应以披水砖和筒瓦做成“披水梢垄”形式，其构造做法如图 35-37 所示。

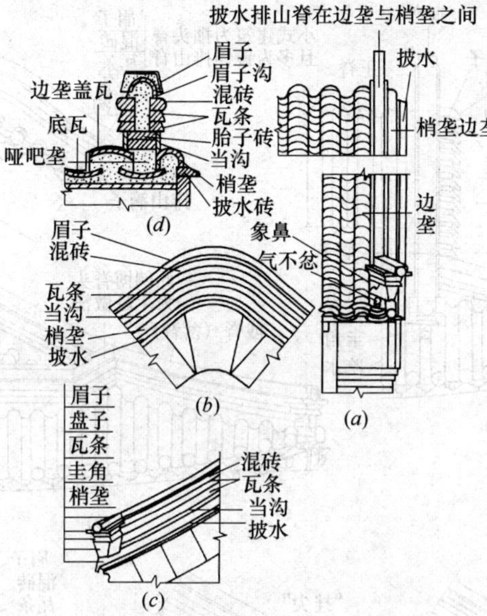


图 35-36　披水排山脊（本例为硬山形式）

（*a*）正立面；（*b*）脊尖侧立面；（*c*）垂脊下端侧立面；（*d*）剖面

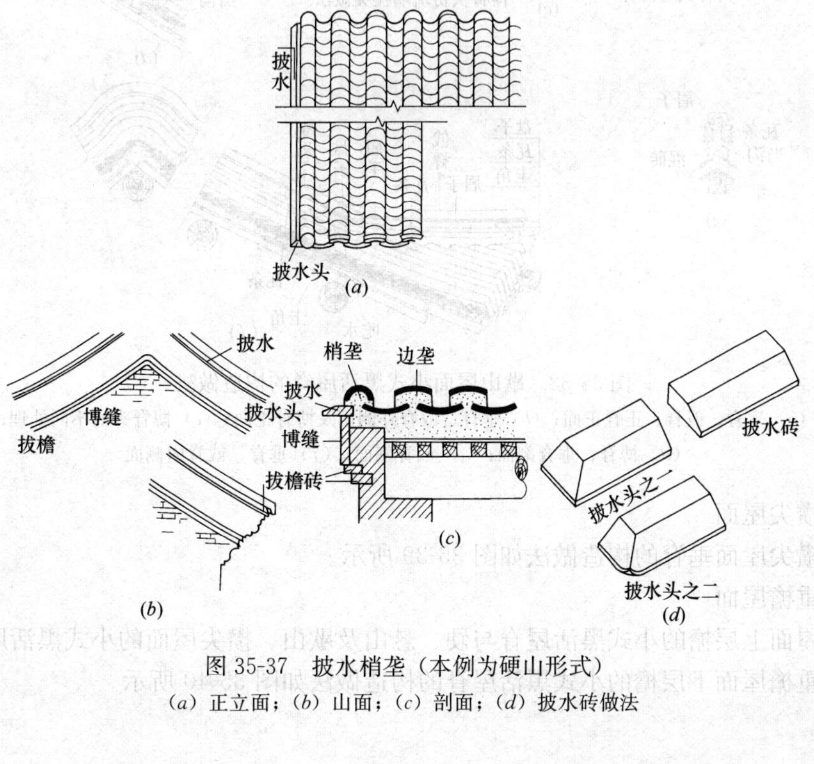


图 35-37　披水梢垄（本例为硬山形式）

（*a*）正立面；（*b*）山面；（*c*）剖面；（*d*）披水砖做法

（2）歇山屋面

歇山屋面小式黑活屋脊的构造做法如图 35-38 所示。

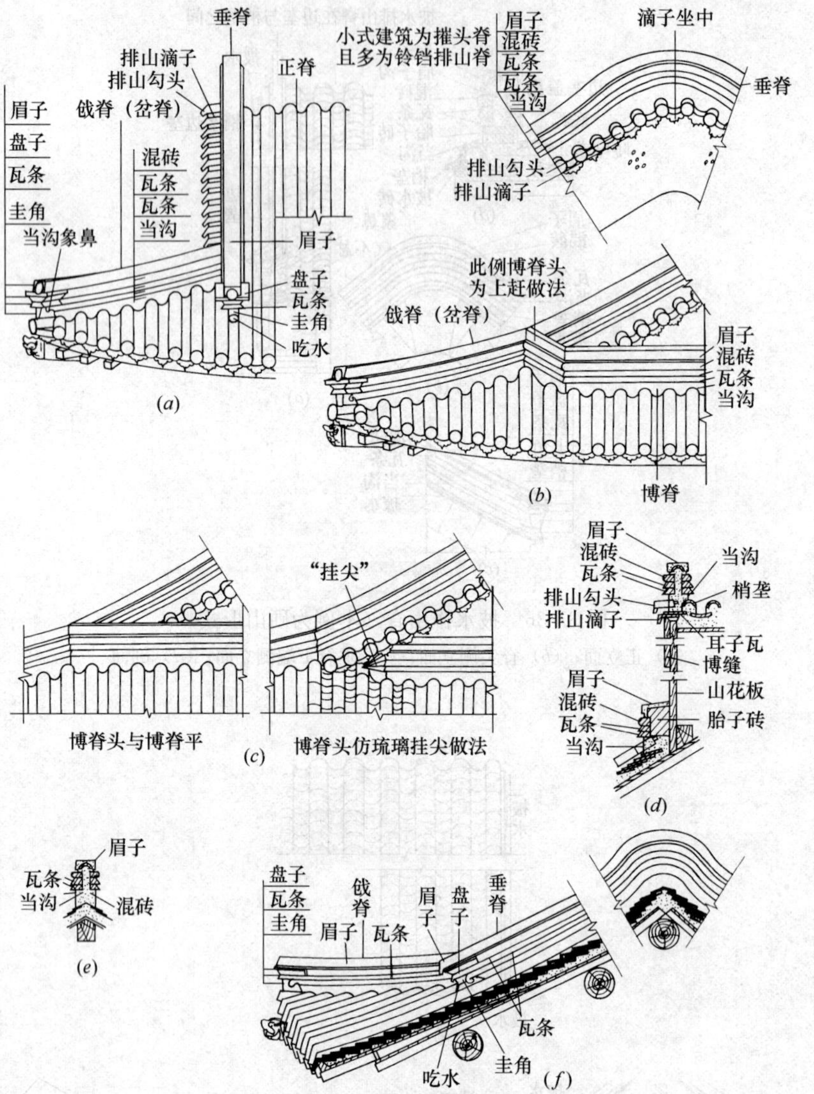


图 35-38　歇山屋面小式黑活屋脊的构造做法

(a) 垂脊、戗脊、正脊正面；(b) 垂脊、戗脊外侧面及博脊正面；(c) 博脊头的不同处理；(d) 博脊、垂脊剖面；(e) 戗脊剖面；(f) 垂脊、戗脊内侧面

（3）攒尖屋面

小式攒尖屋面垂脊的构造做法如图 35-39 所示。

（4）重檐屋面

重檐屋面上层檐的小式黑活屋脊与硬、悬山及歇山、攒尖屋面的小式黑活屋脊做法完全相同。重檐屋面下层檐的小式黑活屋脊的构造做法如图 35-40 所示。

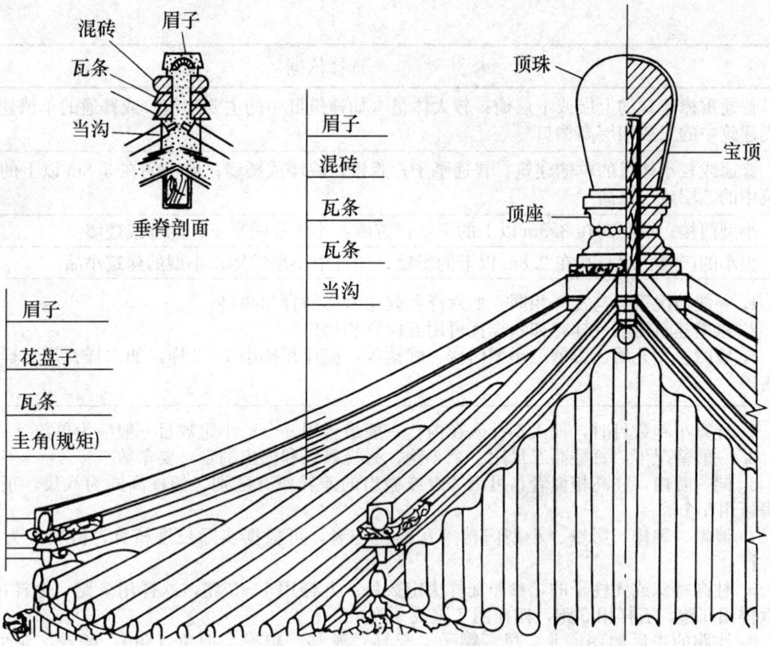


图 35-39 小式攒尖屋面的垂脊和宝顶

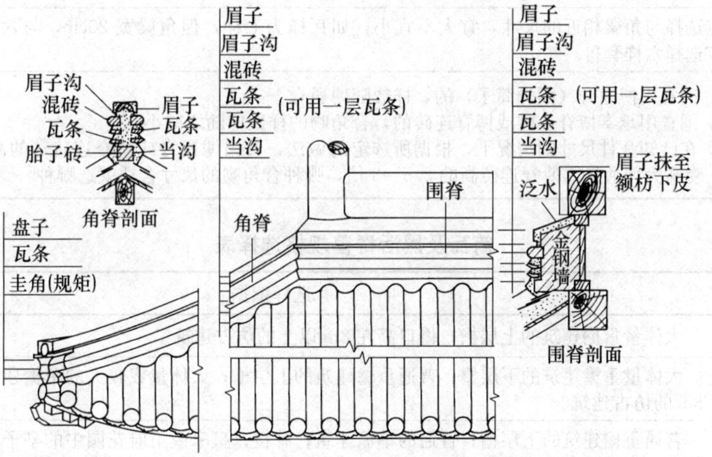


图 35-40 重檐屋面下层檐的小式黑活屋脊的构造做法

### 35.4.5 瓦面及屋脊规格的选择、确定

琉璃瓦及脊兽规格选择表见表 35-21，筒瓦及黑活脊兽规格选择表见表 35-22。合瓦规格的选择参见表 35-23。

琉璃瓦及脊兽规格选择表 表 35-21

| 项目 | 选择依据 |
|---|---|
| 四样瓦 | 大体量重檐建筑的上层檐；现代高层建筑的顶层 |
| 五样瓦 | 普通重檐建筑的上层檐；大体量重檐建筑的下层檐；大体量的单檐建筑；现代高层建筑及多层建筑中五层以上檐口 |

续表

| 项目 | 选择依据 |
|---|---|
| 六样瓦 | 普通重檐建筑的上层或下层檐；较大体量（如建筑群中的主要建筑）或普通的单檐建筑；牌楼；现代建筑中的三或四层高檐口 |
| 七样瓦 | 普通或较小体量的单檐建筑；普通亭子；牌楼；院墙或矮墙；墙身高在3.8m以上的影壁；现代建筑中的二层或三层高 |
| 八样瓦 | 小型门楼；墙身高在3.8m以上的影壁；游廊；小体量的亭子；院墙或矮墙 |
| 九样瓦 | 很小的门楼；墙身高在2.8m以下的影壁；园林中小型游廊；小型的建筑小品 |
| 屋脊与吻兽 | 1. 一般情况下，与瓦样相同。如六样瓦就用六样的脊和吻兽<br>2. 重檐建筑可大一样，如六样瓦可用五样脊和吻兽<br>3. 墙帽、女儿墙、影壁、小型门楼、牌楼等，应比瓦样小1～2样，如六样瓦用七样或八样的脊和吻兽 |
| 小跑（小兽）数目 | 1. 计算小跑数目时，仙人不计入在内；一般最多用9个；小跑数目一般应为单数<br>2. 一般情况下，每柱高二尺用一个小跑，另视等级和檐出酌定，要单数<br>3. 同一院内，柱高相似者，可因等级或檐出的差异而有区别，如柱高同为八尺，正房用7个，配房可用5个<br>4. 墙帽、牌楼、影壁、小型门楼等瓦面短小者，可根据实际长度核算，得数应为单数，但可为2个<br>5. 柱高特殊或无柱子的，参照瓦样决定数目：九样用1～3跑，八样用3跑，七样用3跑或5跑，六样用5跑，五样用5跑，四样用7跑或9跑<br>6. 小跑的先后顺序：龙、凤、狮子、天马、海马、狻猊、押鱼（鱼）、獬豸、斗牛（牛）、行什（猴），其中天马与海马、狻猊与押鱼的位置可以互换。数目达不到9个时，按先后顺序用在前者。小跑与垂（戗兽）之间要用一块筒瓦隔开，小跑下的坐瓦（筒瓦）与坐瓦之间的距离最多不超过一块筒瓦 |
| 套兽 | 应选择与角梁相近的尺寸，宜大不宜小，如瓦样为七样，但角梁宽20cm，与六样套兽宽度相近，就应选择六样套兽 |
| 合角吻（兽） | 1. 围脊用博通脊（围脊筒子）的，样数随博通脊<br>2. 围脊用承奉博脊连砖或博脊连砖的，合角吻的样数应随之减小<br>3. 在已知瓦件尺寸的情况下，根据所选定的做法，查出博通脊或博脊连砖等的高度，以此核算吻样，吻高为博通脊或博脊连砖高的2.5～3倍，哪种合角吻的尺寸合适就选哪种 |

**筒瓦及黑活脊兽规格选择表** **表35-22**

| 项目 | 选择依据 |
|---|---|
| 特号瓦 | 大体量重檐建筑的上层檐；檐口高在8m以上的仿古建筑 |
| 1号瓦 | 大体量重檐建筑的下层檐；普通重檐建筑的上层檐；大体量或较大的单檐建筑；檐口高在6～8m的仿古建筑 |
| 2号瓦 | 普通重檐建筑的下层檐；普通的单檐建筑；牌楼；皇家或王府花园中的亭子；檐口高在5m以下的王府院墙；墙身高在3.8m以上的影壁；檐口高在5m以下的仿古建筑 |
| 3号瓦 | 较小体量的单檐建筑；大式建筑群中的游廊；小体量的亭子；墙身高在3.8m以下的院墙、影壁或砖石结构的小型门楼（亦可用2号瓦）；牌楼；檐口高在4m以下的仿古建筑 |
| 10号瓦 | 大型建筑群中的小型建筑小品；小式建筑群中的影壁、亭子、看面墙和檐口高在3.2m以下的小型门楼；仿古院墙及檐口高在2.8m以下的仿古屋面 |
| 正脊高 | 1. 按檐柱高的1/6～1/5选用<br>2. 仿古建筑：10号瓦，脊高40cm以下。3号瓦，脊高55cm以下，2号瓦，脊高约65cm。1号瓦，脊高约70cm。特号瓦，脊高不低于85cm<br>3. 影壁、小型砖结构门楼：檐口高3m左右，脊高40cm以下。檐口高4m左右，脊高55cm以下。檐口高4m以上，脊高约65cm<br>4. 牌楼：3号瓦，脊高约65cm。2号瓦，脊高约70cm |
| 垂脊、围脊高 | 按8/10～9/10正脊高选用 |
| 戗脊高 | 按9/10垂脊高选用 |

续表

| 项目 | 选择依据 |
| --- | --- |
| 角脊高 | 按 9/10 围脊高选用 |
| 宝顶高 | 1. 一般情况下，按 2/5 檐柱高选用<br>2. 楼阁或柱子超高者，按 1/3 檐柱高选用<br>3. 山上建筑、高台建筑及重檐建筑，可按 2.5/5～3/5 檐柱高选用 |
| 正吻 | 1. 按脊高定吻高。先计算出正吻吞口（大嘴）中所含脊件陡板与一层混砖的总厚，稍大于这个厚度 3 倍的尺寸即是应有的正吻高度，如无合适者，可选择稍小的正吻。如为正脊兽做法，第一层混砖上皮至眉子上皮总高的 1.67 倍即为正脊兽的理想尺寸<br>2. 按柱高定吻高。吻高为柱高的 2/7～2/5，选择与此范围尺寸相近的正吻<br>3. 影壁、牌楼、墙帽上的正吻：①吞口尺寸宜小于陡板和一层混砖的厚度；②正吻全高不超过吞口高的 3 倍<br>4. 墙帽正脊不用陡板，正吻吞口尺寸按一层瓦条加一层混砖的厚度 |
| 垂兽、戗兽 | 兽高与其身后的垂脊或戗脊之比为 5：3 |
| 狮马 | 1. 第一个用狮子，从第二个开始，无论几个都要用马<br>2. 狮马高（量至脑门）约为兽高（量至眉）的 6.5/10<br>3. 数目确定：①狮马总数应为单数；②每柱高二尺放一个，要单数，另视等级和出檐定；③最多放 5 个；④同一院内，柱高相似者，可因等级、出檐之不同而有差异；⑤墙帽、牌楼、小型门楼等较短的坡面可放 2 个或 1 个 |
| 套兽 | 应选择与角梁宽度（两椽径）相近的尺寸，宜大不宜小。如角梁宽 20cm，可选用宽稍大于 20cm 的套兽 |
| 合角吻（兽） | 1. 核算出陡板和一层混砖的总厚度，选择吞口尺寸与此厚度相近的合角吻，宜小不宜大<br>2. 吞口尺寸合角吻高之比约为 1：2.5 或 1：3<br>3. 如不用陡板，吞口尺寸应等于一层瓦条和一层混砖的高度<br>4. 如因木构件高度所限，合角吻高度需要降低时，吞口尺寸可小于上述高度，相差的部分要用砖垫平，表面用灰抹平 |

**合瓦规格选择参考表** **表 35-23**

| 规格 | 瓦号适用范围 |
| --- | --- |
| 1 号合瓦 | 椽径 10cm 以上的建筑；檐口高 3.5m 以上的建筑 |
| 2 号合瓦 | 椽径 7～10cm 的建筑；檐口高 3.5m 以下的建筑 |
| 3 号合瓦 | 椽径 6～8cm 的建筑；檐口高 2.8m 以下的建筑；檐口高 2.8～3m 的建筑用 3 号瓦或 2 号瓦 |

### 35.4.6 古建筑屋面荷载及瓦件重量参考

古建筑各种屋面做法的荷载及瓦件重量见表 35-24～表 35-47。

总说明：①各种屋脊和吻兽都包括了灰浆的重量；②灰浆的种类考虑了多种做法，使用时只要确定了灰浆的种类和脊（或吻兽）的规格，就能查出相应的屋脊（或吻兽）的重量；③表 35-24 除可用于瓦下垫层的重量计算外，还可用于平台屋面及天沟等无瓦屋面的重量计算。使用时只要确定了苫背的种类及厚度，就能查出相应的重量；④表 35-46、表 35-47 可用作瓦件运输时的吨位计算依据；⑤各种瓦面重量表不包括苫背垫层的重量和屋木基层（如木椽、望板或混凝土板）的重量，也不包括屋脊所占重量，但包括瓦瓦所用的灰浆重量；⑥各种瓦面、屋脊及苫背垫层重量表中的数据均为湿重量；⑦各表均不包括施工荷载及风、雪荷载；⑧各表是以清官式做法为基础数据测算的。

**每平方米苫背垫层重量表（kg）　　表 35-24**

| 苫背种类 | 厚度 | | | | | | | | |
|---|---|---|---|---|---|---|---|---|---|
| | 1cm | 2cm | 3cm | 4cm | 6cm | 8cm | 10cm | 15cm | 20cm |
| 护板灰 | 21 | | | | | | | | |
| 滑秸泥背<br>麻刀泥背 | | | 60 | 80 | 120 | 160 | 200 | 300 | 400 |
| 纯白灰背 | | | 45 | 60 | 90 | 120 | 150 | 225 | 300 |
| 麻刀灰背<br>（月白灰背或青灰背） | | 34 | 51 | 68 | 102 | 136 | 170 | 255 | 340 |
| 水泥砂浆 | 20 | 40 | 60 | 80 | 120 | | | | |
| 水泥白灰焦渣 | | | | | 78 | 104 | 130 | 195 | |

**每平方米琉璃瓦屋面重量表（kg）　　表 35-25**

| 瓦样 | 瓦瓦所用灰浆 | | | |
|---|---|---|---|---|
| | 掺灰泥 | 混合砂浆、麻刀灰、白灰砂浆 | 白灰 | 水泥砂浆 |
| 二样 | 311 | 291 | 271 | 321 |
| 三样 | 298 | 279 | 260 | 307 |
| 四样 | 283 | 265 | 247 | 292 |
| 五样 | 306 | 287 | 267 | 316 |
| 六样 | 274 | 257 | 239 | 283 |
| 七样 | 249 | 234 | 218 | 257 |
| 八样 | 230 | 215 | 201 | 237 |
| 九样 | 240 | 226 | 212 | 247 |

**每平方米筒瓦与屋面重量表（kg）　　表 35-26**

| 瓦面规格 | 瓦瓦所用灰浆 | | | | | | | |
|---|---|---|---|---|---|---|---|---|
| | 掺灰泥 | | 混合砂浆<br>白灰砂浆 | | 白灰 | | 水泥砂浆 | |
| 特号瓦<br>（头号） | 裹垄 | 捉节<br>夹垄 | 裹垄 | 捉节<br>夹垄 | 裹垄 | 捉节<br>夹垄 | 裹垄 | 捉节<br>夹垄 |
| | 306 | 278 | 287 | 264 | 269 | 248 | 315 | 287 |
| 1 号瓦 | 264 | 237 | 246 | 222 | 227 | 206 | 273 | 245 |
| 2 号瓦 | 248 | 222 | 231 | 207 | 214 | 193 | 257 | 229 |
| 3 号瓦 | 254 | 229 | 237 | 215 | 220 | 200 | 262 | 236 |
| 10 号瓦 | 331 | 307 | 314 | 292 | 298 | 278 | 340 | 314 |

**每平方米合瓦屋面重量表（kg）　　表 35-27**

| 瓦面规格 | 瓦瓦所用灰浆 | | | |
|---|---|---|---|---|
| | 掺灰泥 | 混合砂浆、白灰砂浆 | 白灰 | 水泥砂浆 |
| 1 号瓦 | 370 | 350 | 331 | 380 |
| 2 号瓦 | 350 | 331 | 313 | 359 |
| 3 号瓦 | 360 | 342 | 324 | 369 |

**每米琉璃正脊重量表（kg）** **表 35-28**

| 正脊规格 | 脊内灰浆品种 | | |
|---|---|---|---|
| | 混合砂浆、麻刀灰、白灰砂浆 | 白灰 | 水泥砂浆 |
| 四样 | 439 | 419 | 469 |
| 五样 | 294 | 276 | 321 |
| 六样 | 231 | 217 | 252 |
| 七样 | 187 | 175 | 205 |
| 八样 | 163 | 154 | 177 |
| 九样 | 144 | 136 | 155 |

注：不包括正吻重量

**每米琉璃垂脊重量表（kg）** **表 35-29**

| 垂脊规格 | 脊内灰浆品种 | | |
|---|---|---|---|
| | 混合砂浆、麻刀灰、白灰砂浆 | 白灰 | 水泥砂浆 |
| 四样 | 215 | 200 | 237 |
| 五样 | 189 | 176 | 209 |
| 六样 | 156 | 145 | 173 |
| 七样 | 135 | 126 | 150 |
| 八样 | 114 | 106 | 126 |
| 九样 | 79 | 73 | 88 |

注：不包括垂兽重量。

**每米琉璃戗（岔）脊及下檐角脊重量表（kg）** **表 35-30**

| 戗脊、角脊规格 | 脊内灰浆品种 | | |
|---|---|---|---|
| | 混合砂浆、麻刀灰、白灰砂浆 | 白灰 | 水泥砂浆 |
| 四样 | 189 | 176 | 209 |
| 五样 | 156 | 145 | 173 |
| 六样 | 135 | 126 | 150 |
| 七样 | 114 | 106 | 126 |
| 八样 | 79 | 73 | 88 |
| 九样 | 71 | 66 | 80 |

注：不包括戗（岔）兽重量。

**每米琉璃博脊重量表（kg）** **表 35-31**

| 博脊规格 | 脊内灰浆品种 | | |
|---|---|---|---|
| | 混合砂浆、麻刀灰、白灰砂浆 | 白灰 | 水泥砂浆 |
| 四样 | 200 | 185 | 222 |
| 五样 | 173 | 159 | 193 |
| 六样 | 142 | 131 | 158 |
| 七样 | 118 | 110 | 131 |
| 八样 | 97 | 90 | 108 |
| 九样 | 75 | 69 | 85 |

**每米琉璃围脊重量表（kg）** **表 35-32**

| 围脊规格 | 脊内灰浆品种 | | |
|---|---|---|---|
| | 混合砂浆、麻刀灰、白灰砂浆 | 白灰 | 水泥砂浆 |
| 四样 | 213 | 199 | 236 |
| 五样 | 190 | 176 | 210 |
| 六样 | 159 | 148 | 175 |
| 七样 | 121 | 112 | 134 |

续表

| 围脊规格 | 脊内灰浆品种 | | |
|---|---|---|---|
| | 混合砂浆、麻刀灰、白灰砂浆 | 白灰 | 水泥砂浆 |
| 八样 | 102 | 95 | 113 |
| 九样 | 90 | 83 | 99 |

注：不包括合角吻的重量。

琉璃正吻重量表（kg）　表 35-33

| 规格 | 所用灰浆 | | |
|---|---|---|---|
| | 白灰 | 混合砂浆、麻刀灰、白灰砂浆 | 水泥砂浆 |
| 四样 | 2065 | 2156 | 2292 |
| 五样 | 696 | 727 | 774 |
| 六样 | 434 | 448 | 468 |
| 七样 | 169 | 175 | 185 |
| 八样 | 64 | 67 | 73 |
| 九样 | 53 | 56 | 60 |

琉璃垂兽重量表（kg）　表 35-34

| 规格 | 所用灰浆 | | |
|---|---|---|---|
| | 白灰 | 混合砂浆、麻刀灰、白灰砂浆 | 水泥砂浆 |
| 四样 | 256 | 274 | 301 |
| 五样 | 214 | 231 | 256 |
| 六样 | 121 | 130 | 143 |
| 七样 | 96 | 103 | 114 |
| 八样 | 66 | 72 | 81 |
| 九样 | 53 | 58 | 65 |

琉璃戗兽（岔兽）、角兽重量表（kg）　表 35-35

| 规格 | 所用灰浆 | | |
|---|---|---|---|
| | 白灰 | 混合砂浆、麻刀灰、白灰砂浆 | 水泥砂浆 |
| 四样 | 214 | 231 | 256 |
| 五样 | 121 | 130 | 143 |
| 六样 | 96 | 103 | 114 |
| 七样 | 66 | 72 | 81 |
| 八样 | 53 | 58 | 65 |
| 九样 | 40 | 44 | 50 |

琉璃合角吻重量表（kg）　表 35-36

| 规格 | 所用灰浆 | | |
|---|---|---|---|
| | 白灰 | 混合砂浆、麻刀灰、白灰砂浆 | 水泥砂浆 |
| 四样 | 304 | 315 | 333 |
| 五样 | 254 | 263 | 278 |
| 六样 | 122 | 127 | 139 |
| 七样 | 106 | 112 | 120 |
| 八样 | 101 | 106 | 114 |
| 九样 | 90 | 95 | 102 |

注：合角吻按份（对）算，每个转角处用一份。

琉璃宝顶重量表（kg） 表 35-37

| 宝顶全高 | 脊内灰浆品种 | | |
|---|---|---|---|
| | 混合砂浆、麻刀灰、白灰砂浆 | 白灰 | 水泥砂浆 |
| 高度在 0.8～1.1m<br>（可对应于九或八样瓦） | 254 | 247 | 266 |
| 高度在 1.2～1.5m<br>（可对应于八或七样瓦） | 933 | 904 | 975 |
| 高度在 1.6～1.8m<br>（可对应于六或五样瓦） | 1931 | 1864 | 2031 |

注：宝顶座与宝顶珠均以琉璃制品为准。如为金属制品，重量应另行计算。

每米黑活正脊重量表（kg） 表 35-38

| 正脊种类 | | 脊内灰浆 | | |
|---|---|---|---|---|
| | | 白灰 | 混合砂浆、麻刀灰、白灰砂浆 | 水泥砂浆 |
| 大式正脊 | 高在 50cm 以下<br>（可对应于 3 号瓦） | 223 | 230 | 238 |
| | 高在 70cm 以下<br>（可对应于 2 号瓦） | 245 | 253 | 261 |
| | 高在 70cm 以上<br>（可对应于 1 号瓦） | 267 | 276 | 286 |
| 皮条脊、清水脊 | | 98 | 104 | 110 |

注：1. 不包括正吻重量。
2. 筒瓦过垄脊的重量按普通瓦面重量计算。
3. 合瓦鞍子脊的重量按普通瓦面重量乘 1.95 系数计算。

每米黑活垂脊、戗（岔）脊重量表（kg） 表 35-39

| 脊的规格种类 | | 脊内灰浆 | | |
|---|---|---|---|---|
| | | 白灰 | 混合砂浆、麻刀灰、白灰砂浆 | 水泥砂浆 |
| 大式 | 兽后高在 40cm 以下<br>（可对应 2 号瓦） | 133 | 139 | 145 |
| | 兽后高在 40cm 以上<br>（可对应 1 号瓦） | 130 | 136 | 142 |
| 小式（无陡板）<br>（可对应 3 号瓦） | | 64 | 68 | 70 |

注：不包括垂兽、戗（岔）兽的重量。

**每米黑活博脊与围脊重量表（kg）**　　表 35-40

| 脊的种类 | | 脊内灰浆 | | |
|---|---|---|---|---|
| | | 白灰 | 混合砂浆、麻刀灰、白灰砂浆 | 水泥砂浆 |
| 围脊 | 高在 40cm 以下（可对应 2 号瓦） | 129 | 135 | 141 |
| 围脊 | 高在 40cm 以上（可对应 1 号瓦） | 131 | 138 | 144 |
| 围脊 | 无陡板做法（可对应 3 号瓦） | 57 | 60 | 64 |
| 博脊 | | 57 | 60 | 64 |

注：不包括合角吻的重量。

**黑活正吻重量表（kg）**　　表 35-41

| 规格 | 所用灰浆 | | |
|---|---|---|---|
| | 白灰 | 混合砂浆、麻刀灰、白灰砂浆 | 水泥砂浆 |
| 高在 70cm 以内（可对应 3 号瓦） | 61 | 64 | 70 |
| 高在 110cm 以内（可对应 2 号瓦） | 157 | 163 | 173 |
| 高在 150cm 以内（可对应 1 号瓦或特号瓦） | 221 | 235 | 255 |

**黑活垂兽重量表（kg）**　　表 35-42

| 规格 | 所用灰浆 | | |
|---|---|---|---|
| | 白灰 | 混合砂浆、麻刀灰、白灰砂浆 | 水泥砂浆 |
| 高在 40cm 以下（可对应 1 号或特号瓦） | 116 | 125 | 138 |
| 高在 32cm 以下（可对应 2 号瓦） | 92 | 99 | 110 |
| 高在 26cm 以下（可对应 3 号瓦） | 64 | 70 | 79 |

注：兽高指眉高。

**黑活戗（岔）兽及角兽重量表（kg）**　　表 35-43

| 规格 | 所用灰浆 | | |
|---|---|---|---|
| | 白灰 | 混合砂浆、麻刀灰、白灰砂浆 | 水泥砂浆 |
| 高在 32cm 以内（可对应于 1 号或特号瓦） | 92 | 99 | 110 |
| 高在 26cm 以内（可对应于 2 号瓦） | 64 | 70 | 79 |
| 高在 20cm 以内（可对应于 3 号瓦） | 52 | 57 | 64 |

注：兽高指眉高。

黑活合角吻重量表（kg） **表 35-44**

| 规格 | 所用灰浆 | | |
|---|---|---|---|
| | 白灰 | 混合砂浆、麻刀灰、白灰砂浆 | 水泥砂浆 |
| 高在 25cm 以内<br>（可对应 3 号瓦） | 81 | 86 | 92 |
| 高在 35cm 以内<br>（可对应 2 号瓦） | 95 | 101 | 108 |
| 高在 80cm 以内<br>（可对应 1 号或特号瓦） | 229 | 237 | 250 |

注：合角吻按份（对）算，每个转角处用一份。

黑活宝顶重量表（kg） **表 35-45**

| 脊的规格 | 脊内灰浆 | | |
|---|---|---|---|
| | 白灰 | 混合砂浆、麻刀灰、白灰砂浆 | 水泥砂浆 |
| 高在 0.8～1.2m<br>（可对应于 3 号或 10 号瓦） | 354 | 367 | 386 |
| 高在 1.3～1.6m<br>（可对应于 3 号或 2 号瓦） | 1106 | 1148 | 1211 |
| 高在 1.7～2m<br>（可对应于 1 号或特号瓦） | 2222 | 2305 | 2430 |

琉璃瓦单件重量参考表（kg/块） **表 35-46**

| 名称 | 规格 | | | | | |
|---|---|---|---|---|---|---|
| | 四样 | 五样 | 六样 | 七样 | 八样 | 九样 |
| 板瓦（机制） | 4.0 | 3.6 | 2.2 | 1.8 | 1.4 | 1.2 |
| 板瓦（手工） | 4.6 | 4.0 | 3.0 | 2.6 | 2.0 | 1.8 |
| 滴水（机制） | 4.6 | 4.0 | 2.8 | 2.0 | 1.6 | 1.4 |
| 滴水（手工） | 5.2 | 4.6 | 3.3 | 2.4 | 1.8 | 1.6 |
| 割角滴水（机制） | 2.6 | 1.4 | 1.2 | 1.0 | 1.0 | 1.0 |
| 割角滴水（手工） | 3.7 | 2.3 | 2.1 | 1.4 | 1.2 | 1.2 |
| 筒瓦 | 3.0 | 2.6 | 2.0 | 1.7 | 1.2 | 1.0 |
| 钉帽 | 0.2 | 0.2 | 0.1 | 0.1 | 0.1 | 0.1 |
| 满面砖 | $\frac{32\times32}{5.2}$ | $\frac{30\times30}{5.0}$ | | | | |
| 博脊瓦 | 15.2 | 12.4 | 9.9 | 7.8 | 5.6 | |
| 勾头 | 4.0 | 3.0 | 2.4 | 2.0 | 1.4 | 1.0 |
| 方眼勾头 | 3.6 | 2.8 | 2.3 | 2.0 | 1.5 | 1.3 |
| 镜面勾头 | 2.8 | 2.6 | 2.0 | 1.6 | 1.4 | 1.0 |
| 斜当沟 | 2.6 | 1.2 | 1.0 | 0.8 | 0.7 | 0.6 |
| 螳螂勾头 | 4.1 | 3.0 | 2.2 | 1.8 | 1.5 | 1.2 |
| 正当沟 | 1.5 | 1.1 | 1.0 | 0.8 | 0.6 | 0.4 |
| 托泥当沟 | 8.4 | 7.4 | 5.8 | 4.6 | 4.2 | 3.6 |
| 吻下当沟 | 11.0 | 9.0 | 6.2 | 5.4 | 4.0 | 3.0 |
| 元宝当沟 | 1.2 | 0.8 | 0.6 | | | |
| 遮朽瓦 | 2.0 | 1.4 | 1.2 | 1.0 | 0.8 | 0.5 |

续表

| 名称 | 规格 | | | | | |
|---|---|---|---|---|---|---|
| | 四样 | 五样 | 六样 | 七样 | 八样 | 九样 |
| 斜房檐 | 3.0 | 2.5 | 2.0 | 1.8 | 1.6 | 1.4 |
| 水沟头 | 7.6 | | | | | |
| 水沟筒 | 6.6 | | | | | |
| 赤脚通脊 | 101 | | | | | |
| 黄道 | 31 | | | | | |
| 大群色 | 40 | | | | | |
| 群色条 | | 4.6 | 3.6 | 3.0 | 3.0 | 2.6 |
| 正脊筒 | | 68 | 50 | 31.2 | 28.4 | 24 |
| 压当条 | 1.1 | 0.7 | 0.6 | 0.5 | 0.4 | 0.4 |
| 平口条 | 1.5 | 0.7 | 0.6 | 0.5 | 0.4 | 0.4 |
| 垂脊筒 | 40 | 32.7 | 25 | 20 | 16.5 | 13.4 |
| 岔脊筒 | 35 | 30 | 21 | 18 | 15 | 11 |
| 割角岔脊筒 | 27 | 22 | 19 | 15 | 12 | 9 |
| 燕尾垂脊筒 | 28 | 23.2 | 21 | 17.5 | 13.5 | 10 |
| 博通脊（围脊筒） | 40 | 30 | 22.4 | | | |
| 承奉博脊连砖 | 15 | 13.4 | 12 | 10.5 | 8.9 | 6.0 |
| 博脊连砖 | 12.2 | 10 | 8.2 | 6 | 5.4 | 4.5 |
| 承奉连砖 | 18 | 15.6 | 13 | 11 | 9 | 7.5 |
| 三连砖 | 13.5 | 10 | 8.5 | 7 | 5.9 | 3.2 |
| 燕尾三连砖 | 10.2 | 8.7 | 7 | 5.4 | 3.3 | 2.8 |
| 正通脊（单片） | 19 | 12.8 | 10 | 6.4 | 6 | 5.5 |
| 黄道（单片） | 6.5 | | | | | |
| 大群色（单片） | 8.3 | | | | | |
| 垂脊筒（单片） | 16.2 | 12 | 8 | 6.7 | 6.2 | 6 |
| 岔脊筒（单片） | 12 | 8 | 6.5 | 6.2 | 5.8 | 5.5 |
| 承奉连挂尖 | 16 | 14.9 | 12.6 | 12 | 9 | 8 |
| 三连砖挂尖 | 15.6 | 14 | 12.8 | 9 | 7.5 | 6.5 |
| 垂兽座 | 27 | 15 | 11.6 | 5.4 | 3.8 | 3.8 |
| 垂兽 | 76 | 61 | 25 | 22 | 9.4 | 6.6 |
| 垂兽角（每对） | 1.6 | 1.2 | 0.8 | 0.6 | 0.4 | 0.2 |
| 背兽 | 4 | 2.8 | 1 | 0.8 | 0.6 | 0.2 |
| 吻座 | 12 | 9.2 | 6 | 5.2 | 2.8 | 2.4 |
| 正吻 | 1384 | 462 | 332 | 119 | 35 | 32 |
| 剑把 | 9.2 | 5.5 | 4.2 | 2.4 | 1.6 | 0.8 |
| 套兽 | 17.4 | 11.6 | 10.2 | 4.2 | 3.4 | 3.0 |
| 走兽 | 6.2 | 5.0 | 3.4 | 3.0 | 2.1 | 1.2 |
| 撺头 | 12.8 | 10.2 | 8.0 | 7.0 | 6.0 | 5.0 |
| 捎头 | 8.6 | 6.6 | 5.6 | 4.2 | 2.6 | 2.0 |
| 唎角撺头 | 15 | 12.4 | 10.0 | 9.0 | 8.0 | 6.5 |
| 唎角捎头 | 6.9 | 5.6 | 4.8 | 3.2 | 2.0 | 1.8 |

续表

| 名称 | 规格 | | | | | |
|---|---|---|---|---|---|---|
| | 四样 | 五样 | 六样 | 七样 | 八样 | 九样 |
| 三仙盘子 | | | | 5.5 | 4.5 | 4.0 |
| 批水砖 | | 2.5 | 1.8 | 1.7 | | |
| 批水头 | | 2.4 | 1.7 | 1.6 | | |
| 宝顶座 | | 166 | 85.2 | 40 | | |
| 宝顶珠 | | 145 | 78.2 | 44.5 | | |

**布瓦（黏土瓦）单件重量参考表（kg/块）** **表 35-47**

| 名称 | 规格 | | | | |
|---|---|---|---|---|---|
| | 特号瓦 | 1号瓦 | 2号瓦 | 3号瓦 | 10号瓦 |
| 筒瓦 | 2.62 | 1.24 | 1.00 | 0.75 | 0.60 |
| 板瓦 | 2.27 | 1.20 | 0.90 | 0.80 | 0.65 |
| 勾头 | 3.49 | 1.65 | 1.25 | 0.95 | 0.75 |
| 滴子 | 3.02 | 1.70 | 1.15 | 0.95 | 0.80 |
| 花边瓦 | | 1.70 | 1.20 | 1.05 | |

# 35.5 古建筑木结构工程

## 35.5.1 常见建筑木构架构造

硬山、悬山、歇山、庑殿、攒尖见图 35-41～图 35-45。

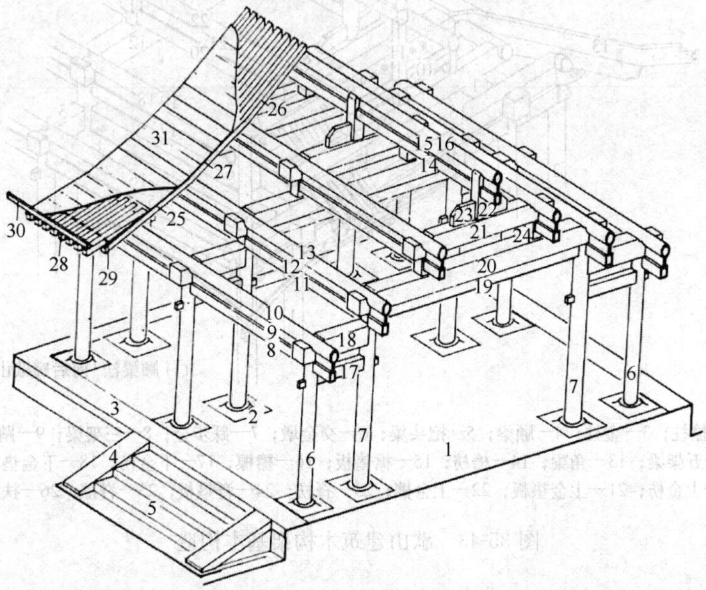


图 35-41 硬山建筑木构架基本构造

1—台明；2—柱顶石；3—阶条；4—垂条；5—踏跺；6—檐柱；7—金柱；8—檐枋；9—檐垫板；10—檐檩；11—金坊；12—金垫板；13—金檩；14—脊枋；15—脊垫板；16—脊檩；17—穿插枋；18—抱头梁；19—随梁枋；20—五架梁；21—三架梁；22—脊瓜柱；23—脊角背；24—金瓜柱；25—檐椽；26—脑椽；27—花架椽；28—飞椽；29—小连檐；30—大连檐；31—望板

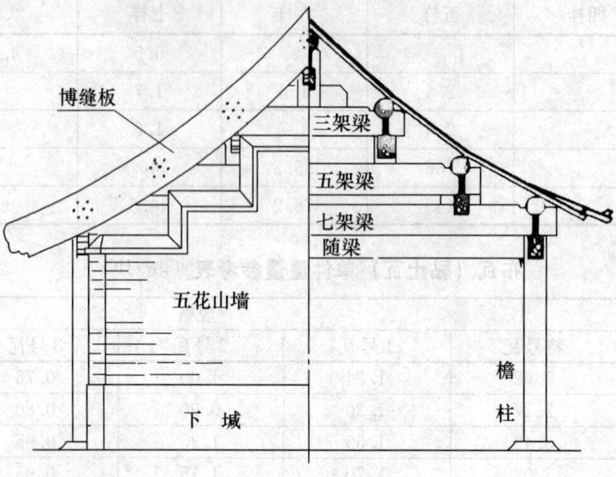


图 35-42　悬建筑木构架基本构造

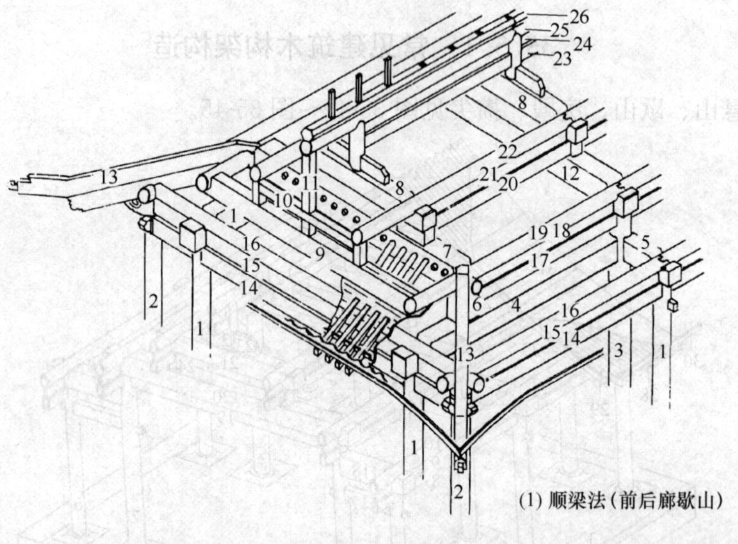


1—檐柱；2—角檐柱；3—金柱；4—顺梁；5—抱头梁；6—交金墩；7—踩步金；8—三架梁；9—踏脚木；10—穿；11—草架柱；12—五架梁；13—角梁；14—檐枋；15—檐垫板；16—檐檩；17—下金枋；18—下金垫板；19—下金檩；20—上金枋；21—上金垫板；22—上金檩；23—脊枋；24—脊垫板；25—脊檩；26—扶脊木

图 35-43　歇山建筑木构架基本构造

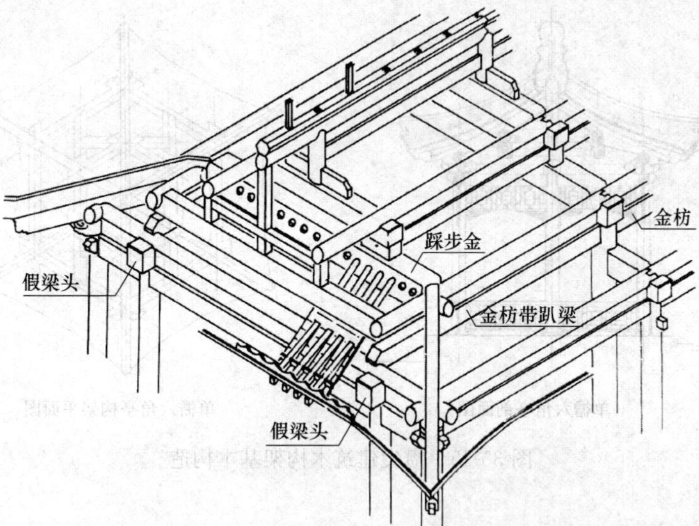

(2) 趴梁法(前后廊歇山)

图 35-43 歇山建筑木构架基本构造（续）

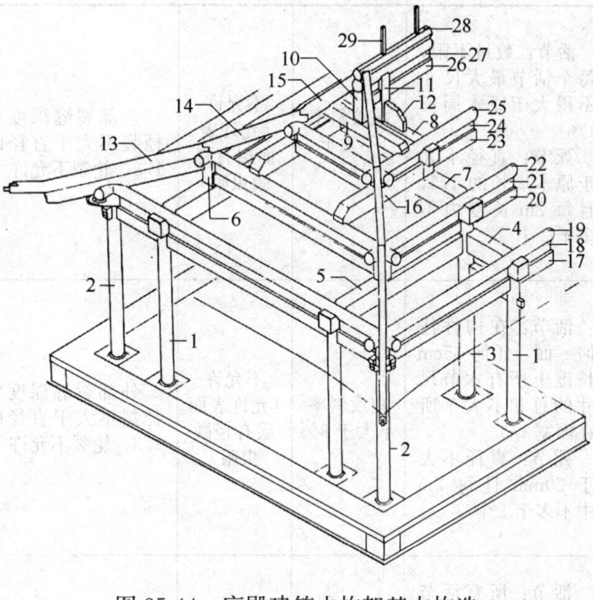


图 35-44 庑殿建筑木构架基本构造

1—檐柱；2—角檐柱；3—金柱；4—抱头梁；5—顺梁；6—交金瓜柱；7—五架梁；8—三架梁；9—太平梁；10—雷公柱；11—脊瓜柱；12—角背；13—角梁；14—由戗；15—脊由戗；16—趴梁；17—檐枋；18—檐垫板；19—檐檩；20—下金枋；21—下金垫板；22—下金檩；23—上金枋 24—上金垫板；25—上金檩 26—脊枋；27—脊垫板；28—扶脊木；29—脊桩

单檐六角亭剖面图

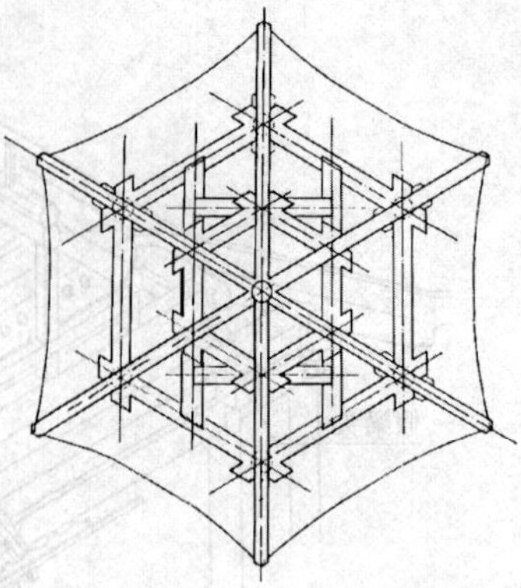

单檐六角亭构架平面图

图 35-45　攒尖建筑木构架基本构造

## 35.5.2 常用木料

古建筑大木构件用料应符合表 35-48 的规定。

大木选材标准　　表 35-48

| 构件类别 | 腐朽 | 木节 | 斜率 | 虫蛀 | 裂缝 | 髓心 | 含水率 |
|---|---|---|---|---|---|---|---|
| 柱类构件 | 不允许 | 活节：数量不限，每个活节最大尺寸不得大于原木周长 1/6<br>死节：直径不大于原木周长的 1/5，且每 2m 长度内不多于 2 个 | 扭纹斜率不大于 12% | 不允许（允许表面层有轻微虫眼） | 外部裂缝深度和径裂不大于直径的 1/3，轮裂不允许 | 不限 | 不大于 25% |
| 梁类构件 | 不允许 | 活节：在构件任何一面，任何 15cm 长度上所有木节尺寸的总和不大于所在面宽 1/3<br>死节：直径不大于 20mm 且每 2m 中不多于 1 个 | 扭纹斜率不大于 8% | 不允许（允许表面层有轻微虫眼） | 外部裂缝深度和径裂不大于直径的 1/3，轮裂不允许 | 不限 | 不大于 25% |
| 枋类构件 | 不允许 | 活节：所有活节构件任何一面，任何 15cm 内的尺寸的总和不大于所在面的 1/3，榫卯部分不大于 1/4<br>死节：直径不大于 20mm 且每延长米中不多于 1 个，榫卯处不允许有节疤 | 扭纹斜率不大于 8% | 不允许 | 榫卯不允许其他部位外部裂缝和径裂不大于木材宽厚的 1/3，轮裂不允许 | 不限 | 不大于 25% |

续表

| 构件类别 | 腐朽 | 木节 | 斜率 | 虫蛀 | 裂缝 | 髓心 | 含水率 |
|---|---|---|---|---|---|---|---|
| 板类构件 | 不允许 | 任何15cm长度内木节尺寸的总和，不大于所在面宽的1/3 | 扭纹斜率不大于10% | 不允许 | 不超过后的1/4，轮裂不允许 | 不限 | 不大于10% |
| 桁檩构件 | 不允许 | 任何15cm长度上所有活节尺寸的总和不大于圆周长的1/3，每个木节的最大尺寸不大于周长的1/6。死节不允许 | 扭纹斜率不大于8% | 不允许 | 榫卯处不允许，其他部位裂缝深度不大于檩径1/3（在对面裂缝时用两者之和） | 不限 | 不大于20% |
| 椽类构件（重点建筑圆椽尽量使用扁圆） | 不允许 | 任何15cm长度上所有活节尺寸的总和不大于圆周长的1/3，每个木节的最大尺寸不大于圆周长的1/6。死节不允许 | 扭纹斜率不大于8% | 不允许 | 外部裂缝不大于直径的1/4，轮裂不允许 | 不限 | 不大于10% |
| 连檐类 | 不允许 | 正身连檐任一面15cm长度上所有木节尺寸的总和不大于面宽的1/3，翼角连檐活节尺寸总和不大于面宽1/5 | 不允许 | 不允许 | 正身连檐裂缝深度不大于1/4，翼角连檐不允许 | 不允许 | 不限（制作时） |

### 35.5.3 大木构件尺寸权衡表

大、小式建筑各部构件尺寸，见表35-49、表35-50。

**清式带斗栱大式建筑木构件权衡表**（单位：斗口） **表35-49**

| 类别 | 构件名称 | 长 | 宽 | 高 | 厚 | 径 | 备注 |
|---|---|---|---|---|---|---|---|
| 柱类 | 檐柱 | — | — | 70（至挑檐桁下皮） | — | 6 | 包含斗栱高在内 |
| | 金柱 | — | — | 檐柱加廊步五举 | — | 6.6 | — |
| | 重檐金柱 | — | — | 按实计 | — | 7.2 | — |
| | 中柱 | — | — | 按实计 | — | 7 | — |
| | 山柱 | — | — | 按实计 | — | 7 | — |
| | 童柱 | — | — | 按实计 | — | 5.2或6 | — |
| 梁类 | 桃尖梁 | 廊步架加斗栱出踩加6斗口 | — | 正心桁中至要头下皮 | 6 | — | — |
| | 桃尖假梁头 | 平身科斗栱全长加3斗栱 | — | 正心桁中至要头下皮 | 6 | — | — |
| | 桃尖顺梁 | 梢间面宽加斗栱出踩加6斗口 | — | 正心桁中至要头下皮 | 6 | — | — |

续表

| 类别 | 构件名称 | 长 | 宽 | 高 | 厚 | 径 | 备注 |
|---|---|---|---|---|---|---|---|
| 梁类 | 随梁 | — | — | 4斗口＋1/100长 | 3.5斗口＋1/100长 | — | — |
| | 趴梁 | — | — | 6.5 | 5.2 | — | — |
| | 踩步金 | — | — | 7斗口＋1/100长或同五、七架梁高 | 6 | — | 断面与对应正身梁相等 |
| | 踩步金枋（踩步随梁枋） | — | — | 4 | 3.5 | — | — |
| | 递角梁 | 对应正身梁加斜 | — | 同对应正身梁 | 同对应正身梁 | — | 建筑转折处之斜梁 |
| | 递角随梁 | — | — | 4斗口＋1/100长 | 3.5斗口＋1/100长 | — | 递角梁下之辅助梁 |
| | 抹角梁 | — | — | 6.5斗口＋1/100长 | 5.2斗口＋1/100长 | — | — |
| | 七架梁 | 六步架加2檩径 | — | 8.4或1.25倍厚 | 7斗口 | — | 六架梁同此宽厚 |
| | 五架梁 | 四步架加2檩径 | — | 7斗口或七架梁高的5/6 | 5.6斗口或4/5七架梁厚 | — | 四架梁同此宽厚 |
| | 三架梁 | 二步架加2檩径 | — | 5/6五架梁高 | 4/5五架梁厚 | — | 月梁同此宽厚 |
| | 三步梁 | 三步架加1檩径 | — | 同七架梁 | 同七架梁 | — | — |
| | 双步梁 | 二步架加1檩径 | — | 同五架梁 | 同五架梁 | — | — |
| | 单步梁 | 一步架加1檩径 | — | 同三架梁 | 同三架梁 | — | — |
| | 顶梁（月梁） | 顶步架加2檩径 | — | 同三架梁 | 同三架梁 | — | — |
| | 太平梁 | 二步架加檩金盘一份 | — | 同三架梁 | 同三架梁 | — | — |
| | 踏脚木 | — | — | 4.5 | 3.6 | — | 用于歇山 |
| | 穿 | — | — | 2.3 | 1.8 | — | 用于歇山 |
| | 天花梁 | — | — | 6.5斗口＋2/100长 | 4/5高 | — | — |
| | 承重梁 | — | — | 6斗口＋2寸 | 4.2斗口＋2寸 | — | — |
| | 帽儿梁 | — | — | — | — | 4＋2/100长 | 天花骨干构件 |
| | 贴梁 | — | 2 | — | 1.5 | — | 天花边框 |

续表

| 类别 | 构件名称 | 长 | 宽 | 高 | 厚 | 径 | 备注 |
| --- | --- | --- | --- | --- | --- | --- | --- |
| 枋类 | 大额枋 | 按面宽 | — | 6 | 4.8 | — | — |
| | 小额枋 | 按面宽 | — | 4 | 3.2 | — | — |
| | 重檐上大额枋 | 按面宽 | — | 6.6 | 5.4 | — | — |
| | 单额枋 | 按面宽 | — | 6 | 4.8 | — | — |
| | 平板枋 | 按面宽 | 3.5 | 2 | — | — | — |
| | 金、脊枋 | 按面宽 | — | 3.6 | 3 | — | — |
| | 燕尾枋 | 按出稍 | — | 同垫板 | 1 | — | — |
| | 承椽枋 | 按面宽 | — | 5～6 | 4～4.8 | — | — |
| | 天花枋 | 按面宽 | — | 6 | 4.8 | — | — |
| | 穿插枋 | — | — | 4 | 3.2 | — | 《清式营造则例》称随梁 |
| | 跨空枋 | — | — | 4 | 3.2 | — | — |
| | 棋枋 | — | — | 4.8 | 4 | — | — |
| | 间枋 | 同面宽 | — | 5.2 | 4.2 | — | 同于楼房 |
| 桁檩 | 挑檐桁 | — | — | — | — | 3 | — |
| | 正心桁 | 按面宽 | — | — | — | 4～4.5 | — |
| | 金桁 | 按面宽 | — | — | — | 4～4.5 | — |
| | 脊桁 | 按面宽 | — | — | — | 4～4.5 | — |
| | 扶脊木 | 按面宽 | — | — | — | 4 | — |
| 瓜柱 | 柁墩 | 2檩径 | 按上层梁厚收2寸 | — | 按实际 | — | — |
| | 金瓜柱 | — | 厚加1寸 | 按实际 | 按上一层梁收2寸 | — | — |
| | 脊瓜柱 | — | 同三架梁 | 按举架 | 三架梁厚收2寸 | — | — |
| | 交金墩 | — | 4.5 | — | 按上层柁厚收2寸 | — | — |
| | 雷公柱 | — | 同三梁架厚 | — | 三架梁厚收2寸 | — | 庑殿用 |
| | 角背 | 一步架 | — | 1/3～1/2脊瓜柱高 | 1/3高 | — | — |
| 垫板角梁 | 由额垫板 | 按面宽 | — | 2 | 1 | — | — |
| | 金、脊垫板 | 按面宽 | 4 | — | 1 | — | 金脊垫板也可随梁高酌减 |
| | 燕尾枋 | — | 4 | — | 1 | — | — |
| | 老角梁 | — | — | 4.5 | 3 | — | — |

续表

| 类别 | 构件名称 | 长 | 宽 | 高 | 厚 | 径 | 备注 |
| --- | --- | --- | --- | --- | --- | --- | --- |
| 垫板角梁 | 仔角梁 | — | — | 4.5 | 3 | — | — |
| | 由戗 | — | — | 4～4.5 | 3 | — | — |
| | 凹角老角梁 | — | — | 3 | 3 | — | — |
| | 凹角梁盖 | — | — | 3 | 3 | — | — |
| 椽飞连檐望板瓦口衬头木 | 方椽、飞椽 | — | 1.5 | — | 1.5 | — | — |
| | 圆椽 | — | — | — | — | 1.5 | — |
| | 大连檐 | — | 1.8 | 1.5 | — | — | 里口木同此 |
| | 小连檐 | — | 1 | — | 1.5 望板厚 | — | — |
| | 顺望板 | — | — | — | 0.5 | — | — |
| | 横望板 | — | — | — | 0.3 | — | — |
| | 瓦口 | — | — | — | 同望板 | — | — |
| | 衬头木 | — | — | 3 | 1.5 | — | — |

**小式（或无斗栱大式）建筑木构件权衡表（单位：斗口）　　表 35-50**

| 类别 | 构件名称 | 长 | 宽 | 高 | 厚 | 径 | 备注 |
| --- | --- | --- | --- | --- | --- | --- | --- |
| 歇山悬山楼房各部 | 踏脚木 | — | — | 4.5 | 3.6 | — | — |
| | 穿 | — | — | 2.3 | 1.8 | — | — |
| | 草架柱 | — | — | 2.3 | 1.8 | — | — |
| | 燕尾枋 | — | — | 4 | 1 | — | — |
| | 山花板 | — | — | — | 1 | — | — |
| | 博缝板 | — | 8 | — | 1.2 | — | — |
| | 挂落板 | — | — | — | 1 | — | — |
| | 滴珠板 | — | — | — | 1 | — | — |
| | 沿边木 | — | — | 同楞木或加 1 寸 | 同楞木 | — | — |
| | 楼板 | — | — | — | 2 寸 | — | — |
| | 楞木 | 按面宽 | — | 1/2 承重高 | 2/3 自身高 | — | — |
| 柱类 | 檐柱（小檐柱） | — | — | 11$D$ 或 8/10 明间面宽 | — | $D$ | — |
| | 金柱（老檐柱） | — | — | 檐柱高加廊步五举 | — | $D$＋1 寸 | — |
| | 中柱 | — | — | 按实计 | — | $D$＋2 寸 | — |
| | 山柱 | — | — | 按实计 | — | $D$＋2 寸 | — |
| | 重檐金柱 | — | — | 按实计 | — | $D$＋2 寸 | — |
| 梁类 | 抱头梁 | 廊步架加柱径一份 | — | 1.4$D$ | 1.1$D$ 或 $D$＋1 寸 | — | — |
| | 五架梁 | 四步架加 2$D$ | — | 1.5$D$ | 1.2$D$ 或金柱径＋1 寸 | — | — |

续表

| 类别 | 构件名称 | 长 | 宽 | 高 | 厚 | 径 | 备注 |
| --- | --- | --- | --- | --- | --- | --- | --- |
| 梁类 | 三架梁 | 二步架加 2$D$ | — | 1.25$D$ | 0.95$D$ 或 4/5 五架梁厚 | — | — |
| | 递角梁 | 正身梁加斜 | — | 1.5$D$ | 1.2$D$ | — | — |
| | 随梁 | — | — | $D$ | 0.8$D$ | — | — |
| | 双步梁 | 二步架加 $D$ | — | 1.5$D$ | 1.2$D$ | — | — |
| | 单步梁 | 一步架加 $D$ | — | 1.25$D$ | 4/5 双步梁厚 | — | — |
| | 六架梁 | — | — | 1.5$D$ | 1.2$D$ | — | — |
| | 四架梁 | — | — | 5/6 六架梁高或 1.4$D$ | 4/5 六架梁高或 1.1$D$ | — | — |
| | 月梁（顶梁） | 顶步架加 2$D$ | — | 5/6 四架梁高 | 4/5 四架梁厚 | — | — |
| | 长趴梁 | — | — | 1.5$D$ | 1.2$D$ | — | — |
| | 短趴梁 | — | — | 1.2$D$ | $D$ | — | — |
| | 末角梁 | — | — | 1.2$D$～1.4$D$ | $D$～1.2$D$ | — | — |
| | 承重梁 | — | — | $D$+2 寸 | $D$ | — | — |
| | 踩步梁 | — | — | 1.5$D$ | 1.2$D$ | — | 用于歇山 |
| | 踩步金 | — | — | 1.5$D$ | 1.2$D$ | — | 用于歇山 |
| | 太平梁 | — | — | 1.2$D$ | $D$ | — | — |
| 枋类 | 穿插枋 | 廊步架+2$D$ | — | $D$ | 0.8$D$ | — | — |
| | 檐枋 | 随面宽 | — | $D$ | 0.8$D$ | — | — |
| | 金枋 | 随面宽 | — | $D$ 或 0.8$D$ | 0.8 或 0.65$D$ | — | — |
| | 上金、脊枋 | 随面宽 | — | 0.8$D$ | 0.65$D$ | — | — |
| | 燕尾枋 | 随檩出梢 | — | 同垫板 | 0.25$D$ | — | — |
| 檩类 | 檐、金、脊檩 | — | — | — | — | $D$ 或 0.9$D$ | — |
| | 抹脊木 | — | — | — | — | 0.8$D$ | — |
| 垫板类柱瓜类 | 檐垫板 老檐垫板 | — | — | 0.8$D$ | 0.25$D$ | — | — |
| | 金、脊垫板 | — | — | 0.65$D$ | 0.25$D$ | — | — |
| | 柁墩 | 2$D$ | 0.8 上架梁厚 | 按实际 | — | — | — |
| | 金瓜柱 | — | $D$ | 按实际 | 上架梁厚的 0.8 | — | — |
| | 脊瓜柱 | — | 0.8$D$～$D$ | 按举架 | 0.8 三架梁厚 | — | — |
| | 角背 | 一步架 | — | 1/3～1/2 脊瓜柱高 | 1/3 自身高 | — | — |
| 角梁类 | 老角梁 | — | — | $D$ | 2/3$D$ | — | — |
| | 仔角梁 | — | — | $D$ | 2/3$D$ | — | — |
| | 由戗 | — | — | $D$ | 2/3$D$ | — | — |
| | 凹角老角梁 | — | — | 2/3$D$ | 2/3$D$ | — | — |
| | 凹角梁盖 | — | — | 2/3$D$ | 2/3$D$ | — | — |

续表

| 类别 | 构件名称 | 长 | 宽 | 高 | 厚 | 径 | 备注 |
| --- | --- | --- | --- | --- | --- | --- | --- |
| 椽望连檐瓦口衬头木 | 圆椽 | — | — | — | — | 1/3*D* | — |
| | 方、飞椽 | — | 1/3*D* | — | 1/3*D* | — | — |
| | 花架椽 | — | 1/3*D* | — | 1/3*D* | — | — |
| | 罗锅椽 | — | 1/3*D* | — | 1/3*D* | — | — |
| | 大连檐 | — | 0.4*D* 或 1.2 椽径 | — | 1/3*D* | — | — |
| | 小连檐 | — | 1/3*D* | — | 1.5 望板厚 | — | — |
| | 横望板 | — | — | — | 1/15*D* 或 1/5*D* 椽径 | — | — |
| | 顺望板 | — | — | — | 1/9*D* 或 1/3*D* 椽径 | — | — |
| | 瓦口 | — | — | — | 同横望板 | — | — |
| | 衬头木 | — | — | — | 1/3*D* | — | — |
| 歇山悬山楼房各部 | 踏脚木 | — | — | *D* | 0.8*D* | — | — |
| | 草架柱 | — | 0.5*D* | — | 0.5*D* | — | — |
| | 穿 | — | 0.5*D* | — | 0.5*D* | — | — |
| | 山花板 | — | — | — | 1/3～1/4*D* | — | — |
| | 博缝板 | — | 2～2.3*D* 或 6～7 椽径 | — | 1/3～1/4*D* 或 0.8～1 椽径 | — | — |
| | 挂落板 | — | — | — | 0.8 椽径 | — | — |
| | 沿边木 | — | — | — | 0.5*D*+1 寸 | — | — |
| | 楼板 | — | — | — | 1.5～2 寸 | — | — |
| | 楞木 | — | — | — | 0.5*D*+1 寸 | — | — |

注：*D* 为檐柱径。

## 35.5.4　主要大木构件制作方法

### 35.5.4.1　柱类构件制作

柱类构件指各种檐柱、金柱、中柱、山柱、通柱、童柱、擎檐柱等各种圆形、方形、八角、六角形截面的木柱。

(1) 基本要求

1) 柱类构件制作之前，应按设计图纸给定的尺寸和总丈杆（或原构件尺寸）排出柱高分丈杆，并在分丈杆上标明各面榫卯位置、尺寸，作为柱子制作的依据，按丈杆进行画线。

2) 檐柱或最外圈的柱子必须按设计要求做出侧脚，侧脚大小应符合各朝代有关营造法则或设计要求的规定。如早期古建筑包括檐柱在内的所有柱子均有侧脚时，应按时代做法做出侧脚。

3）柱子制作完成后，其上之中线、升线、大木位置号的标写必须清晰齐全，不得缺线、缺号，以备安装。

4）文物古建筑柱子的榫卯尺寸、规格及做法必须符合法式要求或按原做法不变。

（2）在通常情况下柱子榫卯的规格尺寸及做法须符合以下规定：

1）柱子上、下端馒头榫、管脚榫的长度不应小于柱径的1/4，不应大于柱径的3/10，榫子直径（或宽度）与长度相同。

2）柱头上端之枋子口，其深度不应小于柱直径的1/4，不应大于柱直径的3/10。枋子口最宽处不大于柱直径的3/10，不应小于柱直径的1/4。

3）柱身上面半眼的深度不应大于柱径的1/2，不应小于柱径的1/3。

4）凡柱身透眼均应采用大进小出做法。大进小出卯眼的半眼部分，其深度要求同半眼。

5）柱子上各种半眼、透眼的宽度，圆柱不应超过柱径的1/4，方柱不应超过柱径的3/10。

柱身卯眼上端应留胀眼，胀眼尺寸一般为卯眼高度的1/10。

（3）檐柱制作

1）在已经砍刨好的柱料两端画上迎头十字中线。

2）把迎头中线弹在柱子长身上。

3）用柱高丈杆在一个侧面的中线上点出柱头、柱脚、馒头榫、管脚榫的位置线和枋子口线。

4）根据柱头、柱脚位置线，弹出柱子的升线。

5）升线弹出后，要以升线为准，用方尺画扦围画柱头和柱根线。

6）画柱子的卯眼线。小式檐柱两侧有檐枋枋子口，进深方向有穿插枋眼，画枋子口时以垂直地面的升线为口子画线，以保证枋子与地面垂直。画完线以后，要在柱子内侧下端写位置号（位置号的最后一个字距柱根30cm左右），然后交制作人员制作（图35-46）。

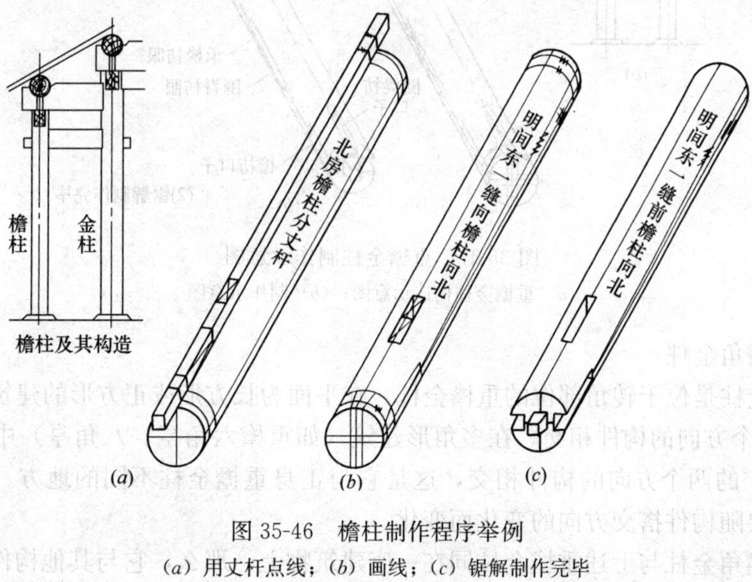


图35-46　檐柱制作程序举例

（a）用丈杆点线；（b）画线；（c）锯解制作完毕

（4）金柱制作

1）画迎头十字中线，并在柱长身弹出四面中线。

2）按金柱丈杆上面所标注的尺寸，在中线上点出柱头、柱脚、上下榫以及枋子口、抱头梁、穿插枋卯眼的位置。

3）按所点各线，分别围画上下柱脖线，上下榫外端截线，枋子口，抱头梁及穿插枋卯眼等线，要注意卯眼方向。

4）画完以后，在柱内侧标写大木位置号，进行加工制作。

金柱仅有收分，无侧脚，所以只需弹四面中线，画枋子口、卯眼时要按中线搭尺，以保证卯眼垂直于地面。

（5）重檐金柱制作

重檐金柱的画线和制作方法与檐柱金柱相同。但重檐金柱贯穿于两重檐之间，与它相交的构件比檐柱、金柱要多。因此，制作重檐柱，首先要清楚这根柱子在建筑物中的位置，它与其他构件之间是什么关系，有哪些构件与它交在一起？交在什么部位？是什么方向？这些构件与柱子如何安装？节点处应该做什么榫卯才能既符合结构要求，又便于进行组装？只有将这些问题都搞清楚，才能进行准确地画线和制作。

重檐金柱制作示意图见图35-47。

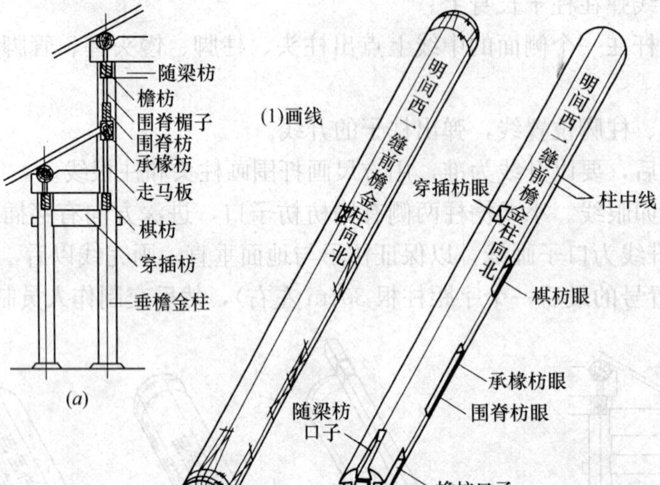


图35-47　重檐金柱制作示意图
（*a*）重檐金柱构造示意图；（*b*）制作示意图

（6）重檐角金柱

重檐角金柱是位于转角部位的重檐金柱。在平面为长方形或正方形的建筑中，它与交角呈90°的两个方向的构件相交。在多角形建筑（如重檐六角亭、八角亭）中，它与夹角为120°或135°的两个方向的构件相交，这是它与正身重檐金柱不同的地方。因此，柱上卯口的方向要随构件搭交方向的变化而变化。

假定重檐角金柱与上述重檐金柱同在一座建筑物上，那么，它与其他构件的关系即如图35-48所示，在建筑物的面宽和进深方向，由上向下，分别有上层檐枋、围脊枋、承椽

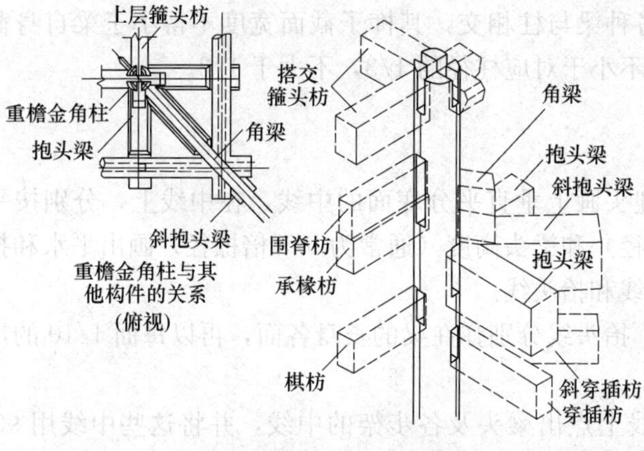


图 35-48　重檐角金柱的构造和制作

枋、棋枋与该柱子成 90°角相交。在与面宽进深各成 45°的方向，有斜抱头梁、斜穿插枋与它相交。在斜抱头梁和斜穿插枋的两侧，还有面宽和进深两个方向的正抱头梁和正穿插枋与它相交。此外，在斜抱头梁方向，还有插金角梁穿入这根柱子，构件间的空间关系比较复杂。要将这种卯口错综复杂的构件各部位的线画得准确无误，必须熟悉建筑构造，了解各构件之间的位置关系和尺寸。

### 35.5.4.2　梁构件制作

梁构件系指二、三、四、五、六、七、八、九架梁，单步梁，双步梁，三步梁，天花梁，斜梁，递角梁，抱头梁，挑尖梁，接尾梁，抹角梁，踩步金梁，承重梁，踩步梁等各种受弯承重构件。

（1）基本要求

1）梁构件制作之前，应按设计图纸给定的各种梁的尺寸和总丈杆，排出各种梁的分丈杆，在分丈杆上标出梁头、梁身、侧面各部位榫卯位置、尺寸，作为梁类构件制作的依据，并按丈杆进行画线制作。

2）梁丈杆排出后，须经两人以上查对校核，不得有任何差错。

3）梁类构件制作四角须做滚棱，滚棱尺寸为各面自身宽度的 1/10，滚棱形状应为浑圆。

4）梁类构件制作完成后，其上的上下中线、迎头中线、平水线、抬头线、熊背线、滚棱线均应齐全清晰，大木位置号按规定标写清楚，以备安装。

5）文物古建筑梁的规格及做法必须符合法式要求或按原文物建筑做法不变。

（2）在通常情况下，梁的榫卯、规格、做法必须符合以下规定：

1）二、三、四、五、六、七、八、九架梁，抱头梁，斜抱头梁，递角梁，双步梁，三步梁等，其梁头檩碗深度不得大于 1/2 檩径，不得小于 1/3 檩径。

2）梁头垫板口子，深度不得大于垫板自身厚度。垫板口子刻出后，先不要剔除口内木质，待安装时再行剔除。

3）凡正身部位之梁，其梁头两侧檩碗之间必须有鼻子榫，鼻子榫宽为梁头宽的 1/2。承接梢檩的梁头做小鼻子榫，榫子高、宽不应小于檩径的 1/6，不应大于 1/5。

4）承接转角搭交檩的梁头，做搭交檩碗，搭交檩碗内不做鼻子榫。

5）趴梁、抹角梁与桁檩相交，梁头外端必须压过中线，过中线的长度不应小于 1.5/10 径（即半金盘）。梁端上皮必须按椽子上皮抹角。大式建筑抹角梁端头如压在斗栱正心枋上，其搭置长度由正心枋中至梁外端头不应小于 3 斗口。

6）趴梁、抹角梁与桁檩扣搭，其端头必须做阶梯榫，榫头与桁檩咬合部分，面积不得大于檩子截面积的 1/5。短趴梁做榫搭置于长趴梁时，其搭置长度不小于 1/2 趴梁宽。榫卯咬合部分面积不大于趴梁自身截面积的 1/5。

7）挑尖梁、抱头梁、接尾梁等各种梁与柱相交，其榫子截面宽度不得小于梁自身截面宽的1/5，不大于3/10，半榫长度不小于对应柱径的1/3，不大于1/2。

（3）五架梁制作

画线

1）将已初步加工完毕的木料在迎头画上垂直平分底面的中线，在中线上，分别按平水高度（即垫板高，通常为0.8倍檩径）和梁头高度（通常为0.5倍檩径）画出平水和抬头线位置，过这些点画出迎头的平水线和抬头线。

2）将两端头的中线以及平水线、抬头线分别弹在梁的长身各面，再以每面1/10的尺寸弹出梁底面和侧面的滚棱线。

3）用分丈杆在梁底面或背面中线上点出梁头及各步架的中线，并将这些中线用90°方尺勾画到梁的各面，同时画出梁头外端线。梁头长一檩径，剩余的部分截去。

4）画各部分的榫卯。

制作

梁制作包括凿海眼、凿瓜柱眼、锯掉梁头抬头以上部分、剔凿檩碗、刻垫板口子、制作四面滚棱、截头等各道工序。梁头的多余部分截去后，还要将迎头原有中线、平水线、抬头线复上，并用刨子在梁头的抬头及两边刮出一个小八字棱，称为“描眉”。梁制作完成后，按类码放待安（图35-49）。

（4）三架梁及其附属构件角背和脊瓜柱制作

三架梁放置在五架梁的瓜柱上，三架梁上安装脊瓜柱，辅助脊瓜柱的构件有脊角背。

三架梁制作程序同五架梁，包括画迎头中线、平水线、梁头、海眼、瓜柱眼等，然后按线制作，见图35-50。

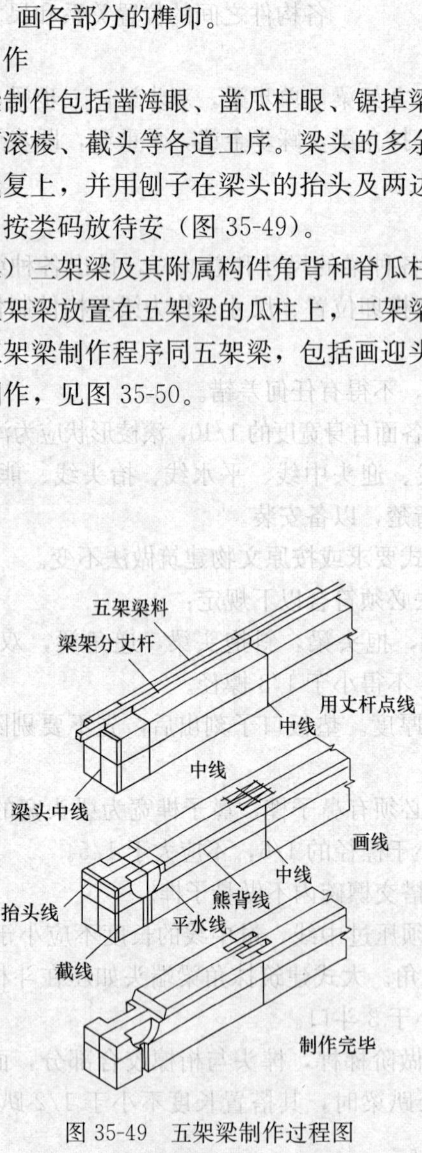


图35-49　五架梁制作过程图

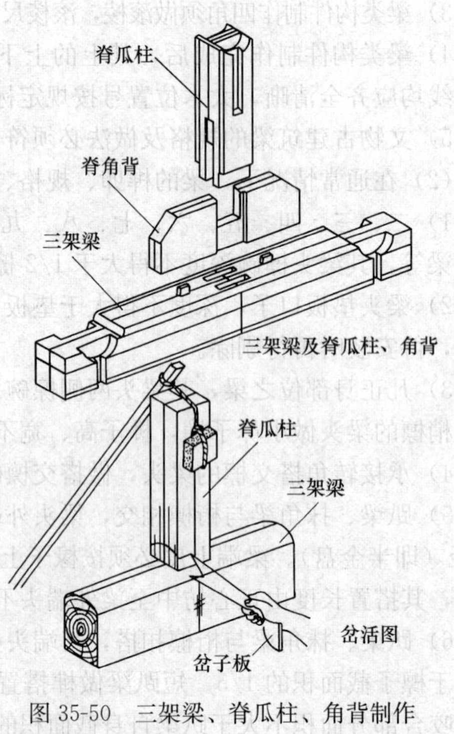


图35-50　三架梁、脊瓜柱、角背制作

三架梁、角背和脊瓜柱做好以后，要将它们组装起来，并且与同组的五架梁、瓜柱装在一起，拼成一组梁架待安。

### 35.5.4.3 枋类构件制作

枋类构件指檐枋、金枋、脊枋、大额枋、小额枋、单额枋、随梁枋、穿插枋、跨空枋、承椽枋、天花枋、棋枋、关门枋等起拉接作用的构件。

(1) 基本要求

1) 枋类构件制作之前，应先按设计图纸给定的尺寸和总丈杆，排出枋子的分丈杆；在丈杆上标出枋子榫卯位置及尺寸，以作为枋类构件画线制作的依据，并按丈杆画线制作。

2) 枋类丈杆排出后，须经二人以上查对校验，不得有任何差错。

3) 枋类构件制作，四角须做滚棱，滚棱尺寸为各面自身宽的 1/10，滚棱形状为浑圆。

4) 枋类构件制作完成后，其上下、端头中线，滚棱线均应齐全清晰，大木位置按规定标写清楚，以备安装。

5) 文物古建筑的枋类构件榫卯规格，构造做法必须符合法式要求或按原文物建筑做法不变。

(2) 在通常情况下，枋各部节点、榫卯规格做法必须符合以下规定：

1) 檐枋、额枋、金枋、脊枋、随梁枋等端头做燕尾榫的枋子，其燕尾榫长度，不应小于对应柱径的 1/4，不应大于对应柱径的 3/10，榫子截面宽度要求同长度。燕尾榫的“乍”和“溜”都应按榫长或宽的 1/10 收溜（每面各收 1/10)。

2) 穿插枋、跨空枋等拉结枋，端头做透榫时，必须做大进小出榫，榫厚为檐柱径的 1/5～1/4，其半样部分的长度不得大于 1/2 柱径，不得小于 1/3 柱径。

3) 起拉结作用的枋（或随梁），如端头只能做半榫时，其下所施的辅助拉结构件雀替或替木必须是通雀替或通替木。

4) 用于庑殿、歇山，多角亭等转角建筑的枋在转角处相交时，必须做箍头榫，不得做燕尾榫和假箍头榫，其榫厚不小于柱径的 1/4，不大于柱径的 3/10。

5) 承椽枋、棋枋等榫的截面宽度不应小于枋自身宽的 1/4 或柱径的 1/3，榫长不小于 1/3 柱径。承椽枋侧面椽碗深度不应小于 1/2 椽径。

6) 圆形、扇形建筑物的檐枋、金枋等弧形物件，在制作时必须放实样、套样板，枋子弧度必须符合样板。端头榫卯做法要求同上。

(3) 额枋（檐枋）制作

额枋（或檐枋）的画线制作程序如下：

1) 将已备好的额枋规格料两端迎头画好中线，并将中线弹在枋子长身的上下两面，四角弹出滚棱线。

2) 用面宽分丈杆上所标的面宽（柱子中—中）尺寸，减去檐柱直径 1 份（每端各减半份）作为柱间净宽尺寸，点在枋子中线上，再向两端分别加出枋子榫长度（按柱径 1/4)，为枋子满外尺寸，将剩余部分截去。

3) 用柱子断面样板（系直径与柱头相等的圆，上面有十字中线、枋子卯口，可供柱头及枋子头画线用）或柱头半径画杆，画出柱头外缘与枋相交的弧线（即枋子肩膀线）这种以柱中心为圆心，以柱半径为半径，向枋身方向确定枋子肩膀线的方法称为“退活”。以枋中线为准，居中画出燕尾榫宽度。燕尾榫头部宽度可与榫长相等（1/4 柱径），根部每面按宽度的 1/10 收分，使榫呈大头状。

4）将燕尾榫侧面肩膀分为 3 等份，1 份为撞肩，与柱外缘相抵；2 份为回肩，向反向画弧。并将肩膀线用方尺过画到枋子侧面，画上断肩符号。

5）将枋子翻转使底面朝上，画出底面燕尾榫，方法同上面画法。枋子底面的燕尾榫头部、根部都要比上面每面收分 1/10，使榫子上面略大、下面略小，称为“收溜”。榫画完后，画出肩膀线，画法与枋子上面相同。最后，在枋子上面注写大木位置号（图 35-51）。

额枋榫有带袖肩和不带袖肩两种不同做法，采用哪种做法，可根据具体情况决定。

额枋制作包括截头、开榫、断肩、砍刨滚棱等工序。

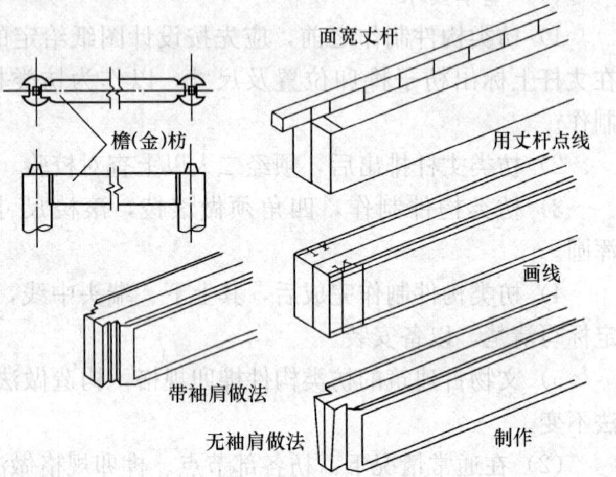

图 35-51　枋的构造与制作

（4）金、脊枋

位于檐枋和脊枋之间的所有枋子都称金枋，它们依位置不同可分别称为下金、中金、上金枋。处于正脊位置的枋子称为脊枋。这些金枋或脊枋，它的两端或交于金柱或瓜柱（包括金瓜柱或脊瓜柱），或交于梁架的侧面（一檩两件无垫板做法，枋子直接交于梁侧，占垫板位置）。

金、脊枋的做法与额枋、檐枋基本相同。两端如与瓜柱柁墩或梁架相交时，肩膀不做弧形抱肩，改做直肩，两侧照旧做回肩。

（5）箍头枋制作

用于梢间或山面转角处，做箍头榫与角柱相交的檐枋或额枋称为箍头枋。多角亭与角柱相交的檐枋都是箍头枋，而且两端都做箍头榫。箍头枋有单面箍头枋和搭交箍头枋两种，用于悬山建筑梢间的箍头枋为单面箍头枋；用于庑殿、歇山转角或多角形建筑转角的箍头枋为搭交箍头枋。箍头枋也分大式小式两种，带斗栱的大式建筑箍头枋的头饰常做成“霸王拳”形状，无斗栱小式建筑则做成“三岔头”形状。

箍头枋画线与制作程序如下：

1）在已初步加工好的枋料迎头画中线，并将中线弹在长身上下两面，同时弹上四面滚棱线。

2）用梢间面宽分丈杆，在长身中线上点线画线，内一端做燕尾榫与正身檐柱相交，榫长度与肩膀画法同额枋或檐枋。外一端点出檐角柱中心位置，并由柱中心向外留出箍头榫长度，将其余部分截去。箍头榫长度，大式霸王拳做法由柱中向外加长 1 柱径，小式三岔头做法由柱中向外加长 1.25 柱径。

3）用柱头画线样板或柱头半径画扦，以柱中心点为准，画出柱头圆弧（退活）。在圆弧范围内，以中线为准，画出榫厚（箍头榫厚应同燕尾榫，为柱径的1/4～3/10）。箍头枋的头饰（带装饰性的霸王拳或三岔头）宽窄高低均为枋子正身部分的8/10，因此，先应画出扒腮线，将箍头两侧按原枋厚各去掉1/10，高度由底面去掉枋高的2/10。箍头与柱外缘相抵处也按撞一回二的要求画出撞肩和回肩。

4）将肩膀线、榫子线以及扒腮线均过画到枋子底面。全部线画完后，在枋子上面标写大木位置号。

5）按线制作，可遵循如下程序：先扒腮，将箍头两侧面及底面多余部分锯掉，两侧扒至外肩膀线即可，下面可扒至减榫线。扒腮完成后在箍头侧面画出霸王拳或三岔头形状，并按线制作。做好箍头后，再制作通榫：可先将榫子侧面刻掉一部分，刻口宽度略宽于锯条宽度，然后，将刻口剔平，将锯条平放在刻口内，按通榫外边线锯解，两面同样制作，最后断肩。对已做出的箍头及榫刮刨修饰，枋身制作滚棱，箍头枋制作即告完成。如果所做箍头枋为搭交箍头枋，那么，在箍头榫做好后，要将中线画到榫侧面，按线做出搭交刻半口子，两根箍头枋在角柱十字口内相搭交，刻口时注意，檐面一根做等口，山面一根做盖口，安装时先装檐面等口枋子，再装山面盖口枋子，使山面压檐面（图35-52）。

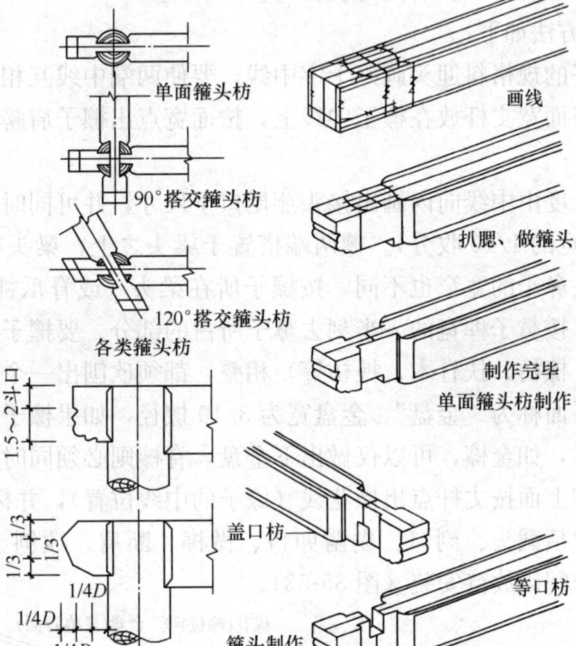


图35-52　箍头枋的构造与制作

#### 35.5.4.4　檩（桁）类构件制作

桁、檩类构件指檐檩、金檩、脊檩、正心桁、挑檐桁、金桁、脊桁、扶脊木等构件。

（1）基本要求

1）桁、檩类构件在制作之前，应先按设计图纸给定的尺寸和总丈杆，排出檩子分丈杆，在丈杆上标出檩子榫卯及椽花等榫卯位置，以作为檩子制作的依据，并按丈杆画线制作。

2）檩类构件制作完成后，其上下、两侧中线、椽花线必须齐全清晰，大木位置按规定标写清楚准确，以备安装。

3）文物古建筑桁、檩的榫卯规格及做法必须符合法式要求或按原做法不变。

（2）在通常情况下，檩（桁）的节点、榫卯规格、做法应符合以下规定：

1）桁檩延续连接，接头处燕尾榫的长、宽均不小于桁檩直径的1/4，不大于3/10。

2）两檩（桁）以90°或其他角度扣搭相交时，凡能做搭交榫者，均须做搭交榫。榫截面积不小于檩（桁）径截面积的1/3。

3）檩（桁）与其他构件（如枋、垫板、扶脊木、衬头木）相叠时，必须在叠置面（底面或上面）做出金盘，金盘宽度不大于檩径的3/10，不小于檩径的1/4。

4）圆形、扇形建筑的弧形檩，在制作前必须放实样，套样板，按样板制作。檩子弧度必须符合样板。

5）扶脊木两侧椽碗深度不小于椽径的1/3，不大于椽径的1/2。

（3）正身桁檩（檐檩、金檩、脊檩）制作

搭置于正身梁架的桁檩均为正身桁檩，正身桁檩包括檐、金、脊檩（桁）以及正身挑檐桁。

1）正身檩长按面宽，一端加榫长按自身直径3/10。

2）画线及制作方法如下：

将已初步加工好的规格料迎头画好十字中线，要使两端中线互相平行，并将中线弹在檩子长身的四面。将面宽丈杆放在檩子中线上，按面宽点出檩子肩膀尺寸，并在一端留出燕尾榫长。

另一端按榫的长度由中线向内画出接头燕尾口子尺寸，并可同时画出燕尾榫及卯口线（榫宽同长，根部按宽的1/10收分）。檩两端搭置于梁头之上，梁头有鼻子榫。由于各层梁架宽厚不同，梁头鼻子的宽窄也不同，按檩子所在梁头（或脊瓜柱头）上鼻子的大小，在檩子两端的下口，按鼻子榫宽的一半刻去鼻子所占的部分。要檩子的底面或背面，凡与其他构件（如垫板、檩枋、扶脊木、拽枋等）相叠，都须砍刨出一个平面，目的在于使叠置构件稳定。这个平面称为“金盘”。金盘宽为3/10檩径，如果檩子的上面或下面无构件相叠，则可不做金盘，如金檩，可以仅做出下金盘，脊檩则必须同时做出上下金盘。檩子榫卯画完后，还要在上面按丈杆点出椽花线（椽子的中线位置），并标写大木位置号。

正身檩子制作包括截头、刻口、剔凿卯口、做榫、断肩、砍刨上下金盘，复线等工序。做完后，分幢分间码放待安装（图35-53）。

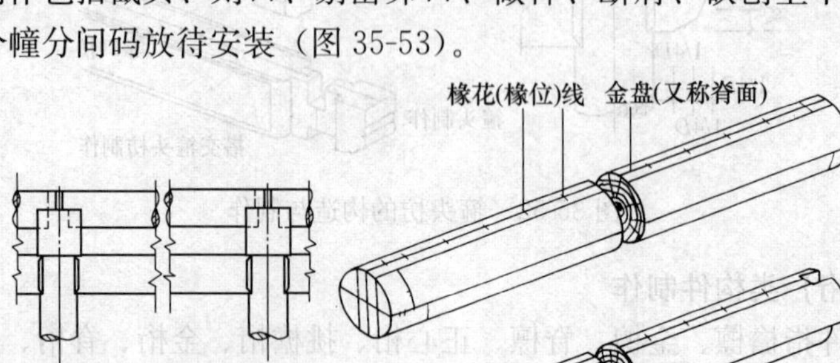

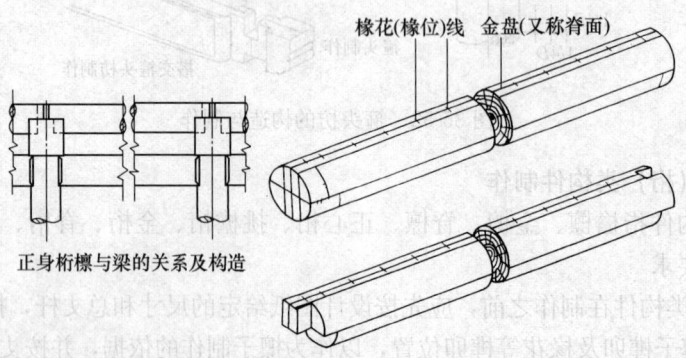


图35-53　正身桁檩的构造与制作

（4）正搭交桁檩制作

所谓正搭交桁檩，指按 90°搭交的檩子。歇山、庑殿及四角攒尖建筑转角处，两个方向的檩子作榫成 90°互相扣搭相交，称为搭交檩。

搭交檩头做法如下：

以面宽中与檩中线交点为准，分别沿檩子长身方向和横向，将檩径宽度分为四等份，中间二份为卡腰榫。用 45°角尺，过两中线交点画对角线，此线为两檩卡腰榫的交线。两檩卡腰，按山面压檐面的规定，檐面一根做等口，刻去上半部分；山面一根做盖口，刻去下半部分。榫卯锯解顺序，先在刻口面，沿对角线下锯，锯至檩中；再沿中线两侧的刻口或刻出口子，深锯檩径的一半；最后，沿对角线将搭交榫两腮部分刻透，锯解之后用扁铲或凿子将无用部分剔去，所留即为卡腰榫（图 35-54）。

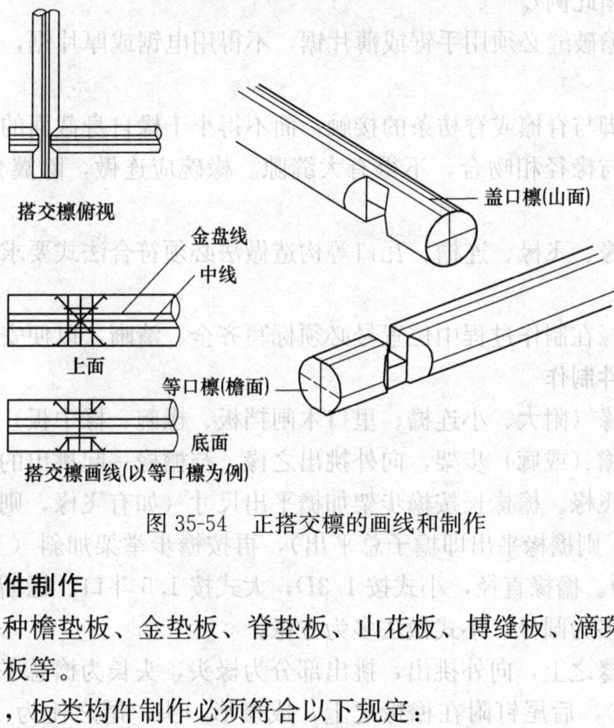


图 35-54 正搭交檩的画线和制作

### 35.5.4.5 板类构件制作

板类构件指各种檐垫板、金垫板、脊垫板、山花板、博缝板、滴珠板、挂檐板、由额垫板、木楼板、榻板等。

在通常情况下，板类构件制作必须符合以下规定：

（1）板类构件必须在背面（或小面）穿带或镶嵌银锭榫，穿带（或银锭榫）间距不大于板自身宽的 1～2 倍，穿带深度为板厚的 1/3。

（2）立闸滴珠板、挂檐板拼接，立缝须做企口榫；水平穿带不得少于二道。

（3）立闸山花板拼接，立缝必须做企口榫或龙凤榫。木楼板拼接，缝间必须做企口榫或龙凤榫。

（4）博缝板按一定举架（角度）延续对接，其接缝必须在檩头中线上；接头部分必须做龙凤榫，下口做托舌，托舌高不应小于一椽径。

（5）圆形、弧形建筑的垫板，由额垫板在制作前必须放实样、套样板，板的弧度必须合乎样板。

文物古建筑的板类制作必须符合法式要求或按原文物建筑做法不变。

板类构件制作完成后，其位置必须按规定标写齐全、清晰，以备安装。

#### 35.5.4.6　屋面木基层部件制作

屋面木基层部件包括檐椽、飞椽、罗锅椽、翼角椽、翘飞椽、连瓣椽以及大连檐、小连檐、椽碗、椽中板、望板等。

屋面木基层檐椽、飞檐及翼角椽、翘飞椽、罗锅椽等制作之前，应放置实样、套样板或排丈杆，按样板和丈杆进行制作。

在通常情况下，屋面木基层部件制作必须符合以下规定。

(1) 飞椽制作必须符合一头二五尾或一头三尾的比例（即尾部长度是头部长度的 2.5 倍或 3 倍），不得小于这个比例。

(2) 飞椽制作须头尾套裁，以节约用料。

(3) 明清官式建筑的翼角椽制作必须符合第一根撇 1/3 椽径，翘飞椽撇 1/2 椽径的要求（地方做法可不循此例）。

(4) 翼角大连檐破缝必须用手锯或薄片锯，不得用电锯或厚片锯，以确保起翘部分连檐的厚度。

(5) 罗锅椽下脚与脊檩或脊枋条的接触，面不得小于椽自身截面的 1/2。

(6) 椽碗必须与椽径相吻合，不得有大缝隙。椽碗应连做，除翼角部分外不得做单椽碗。

文物古建筑的椽、飞椽、连檐、瓦口等构造做法必须符合法式要求或按文物建筑原做法不变。

翼角椽、翘飞椽在制作过程中位置号必须标写齐全、清晰，以便安装。

#### 35.5.4.7　椽类构件制作

(1) 檐椽、飞椽（附大、小连檐、里口木闸挡板、椽碗、椽中板）

檐椽即钉置于檐（或廊）步架，向外挑出之椽。与檐椽一起挑出的，还有附在檐椽之上的飞檐椽，简称飞椽。檐椽长按檐步架加檐平出尺寸（如有飞椽，则檐椽平出占总平出的 2/3，如无飞椽，则檐椽平出即檐子总平出），再按檐步举架加斜（五举乘 1.12，或按实际举架系数加斜）。檐椽直径，小式按 $1/3D$，大式按 1.5 斗口。椽断面有圆形和方形两种，通常大式做法多为圆椽，小式做法多为方椽。

飞椽附着于檐椽之上，向外挑出，挑出部分为椽头，头长为檐总平出的 1/3 乘举架系数（通常按三五举），后尾钉附在檐椽之上，成楔形，头、尾之比为 1∶2.5。飞椽径同檐椽。

与檐椽、飞椽相关联的构件还有大连檐、小连檐（或里口木）、闸挡板、椽碗、椽中板等。

大连檐是钉附在飞檐椽椽头的横木，断面呈直角梯形，长随通面宽，高同椽径，宽为 1.1～1.2 倍椽径。它的作用在于联系檐口所有飞檐椽，使之成为整体。

小连檐是钉附在檐椽椽头的横木，断面呈直角梯形或矩形。当檐椽之上钉横望板时，由于望板做柳叶缝，小连檐后端亦应随之做出柳叶缝。如檐椽之上钉顺望板，则不做柳叶缝口。小连檐长随通面宽，宽同椽径，厚为望板厚的 1.5 倍。

闸挡板是用以堵飞椽之间空当的闸板。闸挡板厚同望板，宽同飞椽高。长按净椽当加两头入槽尺寸。闸挡板垂直于小连檐，它与小连檐是配套使用的，如安装里口木时，则不用小连檐和闸挡板。

里口木可以看作是小连檐和闸挡板二者的结合体，里口木长随通面宽，高（厚）为小连檐一份加飞椽高一份（约1.3椽径），宽同椽径。里口木按飞椽位置刻口，飞椽头从口内向外挑出，空隙由未刻掉的木块堵严。里口木在宋代称之为大连檐，明代称之为里口木，清代演变为小连檐。

椽碗是封堵圆椽之间椽当的挡板，长随面宽，厚同望板，宽为1.5椽径或按实际需要。椽碗是在檐里安装修（装修安在檐柱间，以檐柱为界划分室内外）时，用于檐檩之上的构件，它的作用与闸挡板近似，有封堵椽间空隙，分隔室内外，防寒保温，防止鸟雀钻入室内等作用。椽碗碗口的位置由面宽丈杆的椽花线定，碗口高低位置及角度通过放实样确定。椽碗垂直钉在檐檩中线内侧，其外皮与檩中线齐。先钉好椽碗，再钉檐椽，椽从碗洞内穿过，明早期椽碗做法，沿板宽的中线分为上下两半，先安装下面一半，再安檐椽，最后安上面一半，上下接缝处做龙凤榫，做工相当考究。金里安装修时，不用此板。

椽中板，是在金里安装修时，安装在金檩之上的长条板，作用与椽碗相同，但做法不同。椽中板夹在檐椽与下花架椽之间，故名“椽中”，它位于檩中线外侧的金盘上，里皮与檩中线齐。板厚同望板，宽1.5椽径或根据实际要求定，长随面宽（图35-55）。

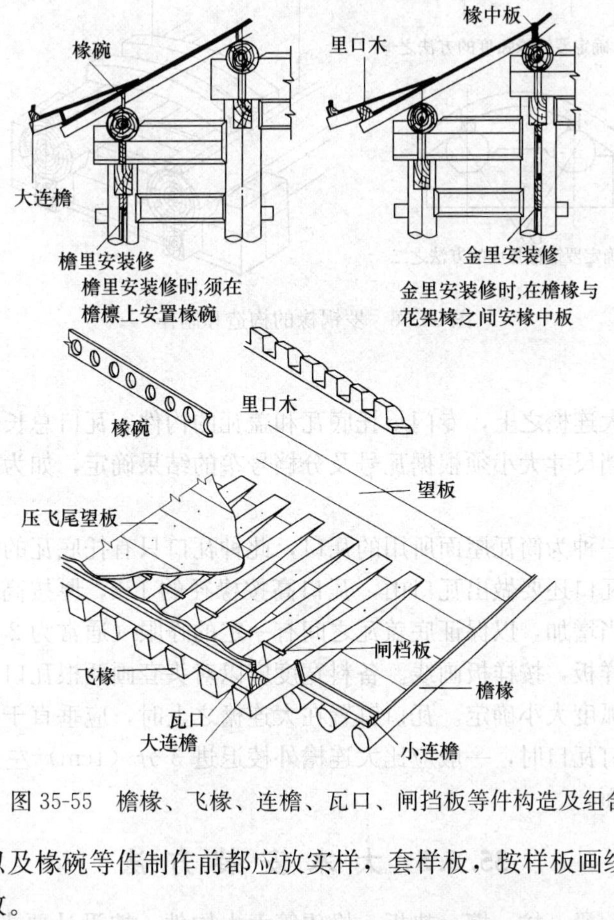


图35-55 檐椽、飞椽、连檐、瓦口、闸挡板等件构造及组合

檐椽、飞椽以及椽碗等件制作前都应放实样，套样板，按样板画线，以保证做出来的所有构件尺寸一致。

(2) 罗锅椽

用于双檩卷棚屋面顶步架侧面呈弧形的椽子称罗锅椽。罗锅椽长按顶步架（2～3 倍檩径）加檩金盘一份，断面尺寸同檐椽。罗锅椽制作之前须放实样套样板，按样板制作。放实样程序如下：

按顶步架大小及檩径尺寸画出双脊檩实样尺寸，在十字中线定出檩中心点。按举架画出脑椽（或檐椽），交于脊檩外金盘、过檩中心，分别作脑椽下皮线的垂直线，两线共同交于 $O$ 点，以 $O$ 为圆心，$O$ 点至脑椽下皮和上皮的垂直距离为半径，画弧，所得即为罗锅椽图样。另一方法为，以檩上皮线向上一椽径，定作罗锅椽底皮线，再以此底皮线，按椽径确定上皮线。两种方法均可。

罗锅椽与脑椽接茬处上皮应平，不应有错茬。为避免造成罗锅椽脚部分过高，常在脊檩金盘上置脊枋条作为衬垫。脊枋条宽 0.3 倍檩径，厚为宽的 1/3。先将脊枋条钉置在檩脊背上，再钉罗锅椽。如使用脊枋条，在放实样时应一同放出来，套罗锅椽样板时将它所占高度减去（图 35-56）。

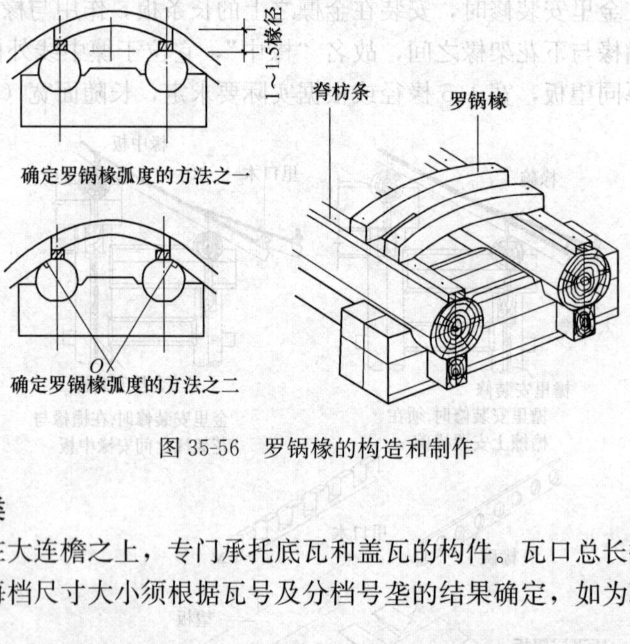


图 35-56　罗锅椽的构造和制作

**35.5.4.8　瓦口类**

瓦口是钉附在大连檐之上，专门承托底瓦和盖瓦的构件。瓦口总长按通面宽，明间正中以底瓦座中，每档尺寸大小须根据瓦号及分档号垄的结果确定，如为琉璃瓦，垄宽可按正当沟定。

瓦口有两种，一种为筒瓦屋面所用的瓦口，此种瓦口只有托底瓦的弧形口面，无瓦口山，板瓦屋面所用瓦口还要做出瓦口山，瓦口高按椽径的 1/2，厚按高的 1/2，带瓦口山的瓦口，高度应适当增加，以保证底盖瓦之间有一定的睁眼（通常为 2 寸左右）。

瓦口制作要套样板，按样板画线。备料宽度应以对头套画两根瓦口为准。瓦口口面弧度应根据底瓦口面弧度大小确定。瓦口钉置在大连檐之上时，应垂直于地面，不应随大连檐外口向外倾斜，钉瓦口时，一般应比大连檐外棱退进 3 分（1cm）左右，瓦口底面应随连檐上口刮刨成斜面。

## 35.5.5　大木安装方法

将制作完的柱、梁、枋、檩、垫板、椽望等大木构件，按设计要求组装起来的工作，叫大木安装，又称“立架”。

大木安装是一项非常严谨的工作，事前要有充分准备，要有严密的组织，并由几个工种密切配合来共同完成。

大木安装的一般程序和规律，可概括为这样几句话，叫作：对号入座，切记勿忘。先内后外，先下后上。下架装齐，验核丈量，吊直拨正，牢固支戗。上架构件，顺序安装，中线相对，勤校勤量。大木装齐，再装椽望。瓦作完工，方可撤戗。

其中，"对号入座，切记勿忘"，是要求必须按木构件上标写的位置号来进行安装。构件上注写的什么位置，就要安装在什么位置，不要以任何理由调换构件位置。

"先内后外，先下后上"，是讲大木安装的一般顺序应先从里面的构件安起，再由里至外；先从下面的构件安起，再由下至上。如一座四排柱（内两排金柱，外两排檐柱）建筑，首先要先立里边的金柱以及金柱间的联系构件，如棋枋承椽枋，金枋，进深方向的随梁枋等。面宽方向若干间，也要从明间开始安装，再依次安装次间、梢间。

遇有平面为丁字、十字、拐角形状的建筑物时，应先从丁字或十字的交点或中心部分开始，依次安装。

"下架装齐，验核丈量，吊直拨正，牢固支戗"。在大木构架中，柱头以下构件称为"下架"，柱头以上构件称为"上架"。当大木安装至下架构件齐全（檐枋、金枋，随梁枋等构件都安齐）以后，就不要再继续安装了，此时要用丈杆认真核对各部面宽、进深尺寸，看看有无闯退中线的现象。

上述柱头一端检验尺寸的工作完成后，要进行吊直拨正和支戗的工作。先拨正，从明间里围柱开始，用撬棍或"推磨"的方法，使柱根四面中线与柱顶石中线相对，拨完里面的金柱，接着拨外围的檐柱，使柱中线对准柱顶石中线。明间柱子拨正后，就可以用戗，戗分"迎门戗"和"龙门戗"两种，用于进深方向的戗为"迎门戗"，用于面宽方向的戗为"龙门戗"。支戗和吊直是同时进行的。

"上架构件，顺序安装，中线相对，勤校勤量"指安装上架构件也是由内向外，由下向上顺序进行。

待大木构件完全装齐之后，即可开始安装椽望、连檐等构件。首先安装檐椽，在建筑物的一面，两尽端各钉上1根檐椽，椽子的平出尺寸要符合设计要求。在椽头尽端棱钉钉子、挂线，作为钉其他檐椽的标准。线要拉紧，为防止线长下垂，还可在线中间适当位置再钉2～3根檐椽，椽头栽上钉子，挑住线中段。将线调直后，就可以钉檐椽了。钉椽要严格按檩子上面的椽花线，两人一档进行，1人在上，钉椽子后尾，1人在下，扶住椽头，掌握高低出进。先钉后尾1个钉子，待所有椽尾都钉住以后，将小连檐拿来，放在檐椽椽头，将椽子调正，将小连檐钉在椽头上，小连檐外皮要距椽头外皮1/5～1/4椽径，叫作"雀台"。待全部钉完后，再将所有檐椽与檐檩搭置处钉上钉子，叫作"牢檐"。至此，檐椽已钉好，其余花架椽、脑椽，皆按椽花线钉好。椽子钉完后即可铺钉檐头望板。望板的顺缝要严，顶头缝应在椽背中线。每铺钉50～60cm宽，望板接头要错过几当椽子，称作"窜当"。檐头望板钉置一定宽度（超过飞头尾长即可）后就可以钉飞椽，方法略同于钉檐椽。先在檐口两尽端按飞椽平出尺寸的要求各临时钉上1根飞椽，然后在飞椽迎头上棱钉钉子挂线。为避免垂线，中间可以再挑上1～2根，将线调直，即可钉其他飞椽，仍旧两人一档，上面1人在飞尾钉钉，下面1人掌握飞椽头的高低、出进。钉飞椽要注意对准下面的檐椽，为使上下椽对齐，有时需在檐头望板上事先弹出檐椽的一侧边线，然后按线定飞椽。待飞椽全部钉完，即可安装大连檐。大连檐外皮与飞椽头外皮也要留出雀台，约1/4椽径即可。将所有飞椽当子调匀，与檐椽对齐，与大连檐钉在一起，然后再在飞椽中部加钉，与望板和檐椽钉牢，每根加2个钉即可，也称为“牢檐”。飞椽钉完后，接着安闸挡板，然后再铺钉飞头望板和压飞尾望板。

该建筑如为檐里安装修，则应在钉檐椽之前先将椽碗钉置在檐檩中线内一侧，然后再安檐椽。如为金里安装修，则应在檐椽钉齐后，在椽尾先安椽中板，再钉花架椽。如建筑物为凉亭一类，无须分隔室内外的话，则不必安椽碗或椽中板。

如为四面出檐的建筑，转角部分要安装角梁，钉翼角椽和翘飞椽。如为硬山建筑，大连檐要挑出于边椽之外。挑出长度要略大于山墙墀头的厚度，待瓦工安装戗檐以后，再齐戗檐外皮截去多余部分。

木工全部立架安装工作完成以后，戗杆仍不要撤掉，待瓦工的屋面工程、墙身工程等全部完成以后，再卸掉戗杆。如个别戗杆有碍瓦工作业时，可与有关人员商议，得到允许后撤去个别戗杆或变换支戗位置。

## 35.6 斗栱制作与安装工程

关于各类斗栱分件的权衡尺寸，清《工程做法则例》卷二十八做了极其详细的规定。为了便于查找，现将这些构件尺寸列成表35-51。

**清式斗栱各件权衡尺寸表（单位：斗口）** **表35-51**

| 斗栱类别 | 构件名称 | 长 | 宽 | 高 | 厚（进深） | 备注 |
|---|---|---|---|---|---|---|
| 平身科斗栱 | 大斗 | — | 3 | 2 | 3 | — |
| | 单翘 | 7.1（7） | 1 | 2 | — | — |
| | 重翘 | 13.1（13） | 1 | 2 | — | 用于重翘九踩斗栱 |
| | 正心瓜栱 | 6.2 | — | 2 | 1.24 | — |
| | 正心万栱 | 9.2 | — | 2 | 1.24 | — |
| | 头昂 | 长度根据不同斗栱定 | 1 | 前3后2 | — | — |
| | 二昂 | 长度根据不同斗栱定 | 1 | 前3后2 | — | — |
| | 三昂 | 长度根据不同斗栱定 | 1 | 前3后2 | — | — |
| | 蚂蚱头（要头） | 长度根据不同斗栱定 | 1 | 2 | — | — |
| | 撑头木 | 长度根据不同斗栱定 | 1 | 2 | — | — |
| | 单才瓜栱 | 6.2 | — | 1.4 | 1 | — |
| | 单才万栱 | 9.2 | — | 1.4 | 1 | — |

续表

| 斗栱类别 | 构件名称 | 长 | 宽 | 高 | 厚（进深） | 备注 |
| --- | --- | --- | --- | --- | --- | --- |
| 平身科斗栱 | 厢栱 | 7.2 | — | 1.4 | 1 | — |
| | 桁碗 | 根据不同斗栱定 | 1 | 按拽架加举 | — | — |
| | 十八斗 | 1.8 | — | 1 | 1.48（1.4） | — |
| | 三才升 | 1.3（1.4） | — | 1 | 1.48（1.4） | — |
| | 槽升 | 1.3（1.4） | — | 1 | 1.72 | — |
| 柱头科斗栱 | 大斗 | — | 4 | 2 | 3 | 用于柱科斗栱，下同 |
| | 单翘 | 7.1（7.0） | 2 | 2 | — | — |
| | 重翘 | 13.1（13.0） | * | 2 | — | * 柱头科斗栱昂翘宽度的确定按如下公式：以桃尖梁头之宽减去柱头坐斗斗口之宽，所得之数，除以桃尖梁之下昂翘的层数（单翘单昂或重昂五踩者除 2，单翘重昂七踩者除 3，九踩者除 4）所得为一份，除头翘（如无头翘即为头昂）按 2 斗口不加外，其上每层递加一份，所得即为各层昂翘宽度尺寸 |
| | 头昂 | 长度根据不同斗栱定 | * | 前 3 后 2 | — | |
| | 二昂 | 长度根据不同斗栱定 | * | 前 3 后 2 | — | |
| | 筒子十八斗 | 按其上一层构件宽度再加 0.8 斗口为长 | — | 1 | 1.48（1.4） | |
| | 正心瓜栱、正心万栱、单才瓜栱、单才万栱、厢栱、槽升、三才升诸件尺寸见平身科斗栱 | — | — | | — | |
| 角科斗栱 | 大斗 | — | 3 | 2 | 3 | — |
| | 斜头翘 | 按平身科头翘长度加斜 | 1.5 | 2 | — | 计算斜昂翘实际长度之法：应按拽架尺寸加斜后再加自身宽度一份为实长 |
| | 搭交正头翘后带正心瓜栱 | 翘 3.55 | 1 | 2 | — | |
| | | 栱 3.1 | 1.24 | 2 | | |
| | 斜二翘 | 按计算斜昂翘实际长度之法定 | * | 2 | — | * 确定各层斜昂翘宽度之法与确定柱头科斗栱各层翘昂宽度之法同，以老角梁之宽减去斜头翘之宽，按斜昂翘层数除之，每层递增一份即是 |
| | 搭交正二翘后带正心万栱 | 翘 6.55 | 1 | 2 | — | |
| | | 栱 4.6 | 1.24 | 2 | | |

续表

| 斗栱类别 | 构件名称 | 长 | 宽 | 高 | 厚（进深） | 备注 |
| --- | --- | --- | --- | --- | --- | --- |
| 角科斗栱 | 搭交闹翘后带单才瓜栱 | 翘 3.55 | 1 | 2 | — | 用于重翘重昂角科斗栱 |
| | | 栱 6.1 | 1 | 1.4 | | |
| | 斜头昂 | 按对应正昂加斜，具体方法同前 | 宽度定法见斜二翘 | 前 3 后 2 | — | — |
| | 搭交正头昂后带正心瓜栱或正心万栱或正心枋 | 根据不同斗栱定 | 昂 1 栱枋 1.24 | 前 3 后 2 | — | 搭交正头昂后带正心瓜栱用于单昂三踩或重昂五踩；搭交正头昂后带正心万栱用于单翘单昂五踩或单翘重昂七踩；搭交正头昂后带正心枋用于重翘重昂九踩 |
| | 搭交闹头昂后带单才瓜栱或万栱 | 根据不同斗栱定 | 昂 1 栱 1 | 前 3 后 2 | — | |
| | 斜二昂后带菊花头 | 根据不同斗栱定 | 宽度定法见斜二翘 | 前 3 后 2 | — | |
| | 搭交正二昂后带正心万栱或带正心枋 | 根据不同斗栱定 | 昂 1 栱、枋 1.24 | 前 3 后 2 | — | 正二昂后带正心万栱用于重昂五踩斗栱；后带正心枋用于单翘重昂七踩斗栱 |
| | 搭交闹二昂后带单才瓜栱或单才万栱 | 根据不同斗栱定 | 昂 1 栱 1 | 前 3 后 2 | — | — |
| | 由昂上带斜撑头木 | 根据不同斗栱定 | 宽度定法见斜二翘 | 前 5 后 4 | — | 由昂与斜撑头木连做 |
| | 斜桁碗 | 根据不同斗栱定 | 同由昂 | 按拽架加举 | — | — |
| | 搭交正蚂蚱头后带正心万栱或正心枋 | 根据不同斗栱定 | 蚂蚱头 1 栱或枋 1.24 | 2 | — | 搭交正蚂蚱头后带正心枋用于三踩斗栱 |
| | 搭交闹蚂蚱头后带单才万栱或拽枋 | 根据不同斗栱定 | 1 | 2 | — | — |
| | 搭交正撑头木后带正心枋 | 根据不同斗栱定 | 前 1 后 1.24 | 2 | — | — |
| | 搭交闹撑头木后带拽枋 | 根据不同斗栱定 | 1 | 2 | — | — |
| | 里连头合角单才瓜栱 | 根据不同斗栱定 | — | 1.4 | 1 | 用于正心内一侧 |
| | 里连头合角单才万栱 | 根据不同斗栱定 | — | 1.4 | 1 | 用于正心内一侧 |

续表

| 斗栱类别 | 构件名称 | 长 | 宽 | 高 | 厚（进深） | 备注 |
|---|---|---|---|---|---|---|
| 角科斗栱 | 里连头合角厢栱 | 根据不同斗栱定 | — | 1.4 | 1 | 用于正心内一侧 |
| | 搭交把臂厢栱 | 根据不同斗栱定 | — | 1.4 | 1 | 用于搭交挑檐枋之下 |
| | 盖斗板、斜盖斗板、斗槽板（垫栱板） | — | — | — | 0.24 | — |
| | 正心枋 | 根据开间定 | 1.24 | 2 | — | — |
| | 拽枋、挑檐枋、井口枋、机枋 | 根据开间定 | 1 | 2 | — | 井口枋高万斗口 |
| | 宝瓶 | — | — | 3.5 | 径同由昂宽 | — |
| 溜金斗栱 | 麻叶云栱 | 7.6 | — | 2 | 1 | — |
| | 三幅云栱 | 8.0 | — | 3 | 1 | — |
| | 伏莲销 | 头长1.6 | — | — | 见方1 | 溜金后尾各层之穿销 |
| | 菊花头 | — | — | — | 1 | — |
| | 正心栱、单才栱、十八斗、三才升诸件 | — | — | — | — | 俱同平身科斗栱 |
| 一斗二升交麻叶一斗三升斗栱 | 麻叶云 | 12 | 1 | 5.33 | — | 用于一斗二升交麻叶平身科斗栱 |
| | 正心瓜栱 | 6.2 | — | 2 | 1.24 | — |
| | 柱头坐斗 | — | 5 | 2 | 3 | 用于柱头科斗栱 |
| | 翘头系抱头梁或与柁头连做 | 8（由正心枋中至梁头外皮） | 4 | 同梁高 | — | 用于一斗二升交麻叶柱头科斗栱 |
| | 翘头系抱头梁或与柁头连做 | 6（由正心枋中至梁头外皮） | 4 | 同梁高 | — | 用于一斗三升柱头科斗栱 |
| | 斜昂后带麻叶云子 | 16.8 | 1.5 | 6.3 | — | — |
| | 搭交翘带正心瓜栱 | 6.7 | — | 2 | 1.24 | — |
| | 槽升、三才升等 | — | — | — | — | 均同平身科 |
| | 攒当 | — | 8 | — | — | 指大斗中-中尺寸 |

续表

| 斗栱类别 | 构件名称 | 长 | 宽 | 高 | 厚（进深） | 备注 |
|---|---|---|---|---|---|---|
| 三滴水品字斗栱（平座斗栱） | 大斗 | — | 3 | 2 | 3 | 用于平身科 |
| | 头翘 | 7.1（7.0） | 1 | 2 | — | 用于平身科 |
| | 二翘 | 13.1（13.0） | 1 | 2 | — | 用于平身科 |
| | 撑头木后带麻叶云 | 15 | 1 | 2 | — | 用于平身科 |
| | 正心瓜栱 | 6.2 | — | 2 | 1.24 | 用于平身科 |
| | 正心万栱 | 9.2 | — | 2 | 1.24 | 用于平身科 |
| | 单才瓜栱 | 6.2 | — | 1.4 | 1 | 用于平身科 |
| | 单才万栱 | 9.2 | — | 1.4 | 1 | 用于平身科 |
| | 厢栱 | 7.2 | — | 1.4 | 1 | 用于平身科 |
| | 十八斗 | — | 1.8 | 1 | 1.48（1.4） | 用于平身科 |
| | 槽升子 | — | 1.3（1.4） | 1 | 1.72（1.64） | 用于平身科 |
| | 三才升 | — | 1.3（1.4） | 1 | 1.48（1.4） | — |
| | 大斗 | — | 4 | 2 | 3 | 柱头科 |
| | 头翘 | 7.1（7.0） | 2 | 2 | — | 柱头科 |
| | 二翘及撑头木（与踩步梁连做） | — | — | — | — | 柱头科 |
| | 角科大斗 | — | 3 | 2 | 3 | 用于角科 |
| | 斜头翘 | — | 1.5 | 2 | — | 用于角科 |
| | 搭交正头翘后带正心瓜栱 | 翘 3.55（3.5）<br>栱 3.1 | 1<br>1.24 | 2 | — | 用于角科 |
| | 斜二翘（与踩步梁连做） | — | — | — | — | 用于角科 |
| | 搭交正二翘后带正心万栱 | 翘 6.55（6.5）<br>栱 4.6 | 1<br>1.24 | 2 | — | 用于角科 |
| | 搭交闹二翘后带单才瓜栱 | 翘 6.55（6.5）<br>栱 3.1 | 1 | 2 | — | 用于角科 |
| | 里连头合角单才瓜栱 | 5.4 | — | 1.4 | 1 | 用于角科 |
| | 里连头合角厢栱 | — | — | 1.4 | 1 | 用于角科 |
| 内里棋盘板上安装品字科斗栱 | 大斗 | — | 3 | 2 | 1.5 | 系半面做法 |
| | 头翘 | 3.55（3.5） | 1 | 2 | — | 系半面做法 |
| | 二翘 | 6.55（6.5） | 1 | 2 | — | 系半面做法 |
| | 撑头木带麻叶云 | 9.55（9.5） | 1 | 2 | — | 系半面做法 |
| | 正心瓜栱 | 6.2 | — | 2 | 0.62 | 系半面做法 |
| | 正心万栱 | 9.2 | — | 2 | 0.62 | 系半面做法 |
| | 麻叶云 | 8.2 | — | 2 | 1 | — |
| | 槽升 | — | 1.3（1.4） | 1 | 0.86 | — |
| | 其余栱子 | — | — | — | — | 同平身科 |

续表

| 斗栱类别 | 构件名称 | 长 | 宽 | 高 | 厚（进深） | 备注 |
|---|---|---|---|---|---|---|
| 隔架斗栱 | 隔架科荷叶 | 9 | — | 2 | 2 | — |
| | 栱 | 6.2 | — | 2 | 2 | 按瓜栱 |
| | 雀替 | 20 | — | 4 | 2 | — |
| | 贴大斗耳 | 3 | — | 2 | 0.88 | — |
| | 贴槽升耳 | 1.3（1.4） | 1 | 0.24 | — | — |

注：本表根据清工部《工程做法则例》卷二十八开列。

## 35.6.1 平身科斗栱及其构造

尽管清式斗栱种类繁多，构造复杂，但各类构件之间的组合是有一定规律的。了解斗栱的基本构造和构件间的组合规律，是掌握斗栱技术的关键。

现以单翘单昂五踩平身科斗栱为例，将斗栱的基本构造和构件组合规律简要介绍如下：

单翘单昂平身科斗栱，最下面一层为大斗，大斗又名坐斗，是斗栱最下层的承重构件，方形，斗状，长（面宽）宽（进深）各3斗口，高2斗口，立面分为斗底、斗腰、斗耳三部分，各占大斗全高的2/5、1/5、2/5（分别为0.8、0.4、0.8斗口）。大斗的上面，居中刻十字口，以安装翘和正心瓜栱之用。垂直于面宽方向的刻口，即通常所讲的“斗口”，宽度为1斗口，深0.8斗口，是安装翘的刻口（如单昂三踩斗栱或重昂五踩斗栱，则安装头昂）。平行于面宽的刻口，是安装正心栱的刻口，刻口宽1.24（或1.25）斗口，深0.8斗口。在进深方向的刻口内，通常还要做出鼻子（宋称“隔口包耳”），作用类似于梁头的鼻子。在坐斗的两侧，安装垫栱板的位置，还要剔出垫栱板槽，槽宽0.24斗口，深0.24斗口。

第二层，平行于面宽方向安装正心瓜栱一件，垂直于面宽方向扣头翘一件，两件在大斗刻口内呈十字形相交。斗栱的所有横向和纵向构件，都是刻十字口相交在一起的。纵横构件相交有一个原则，为“山面压檐面”，所有平行于面宽方向的构件，都做等口卯（在构件上面刻口），垂直于面宽方向的构件，做盖口卯（在构件底面刻口），安装时先安面宽方向构件，再安进深方向的构件。

正心瓜栱长6.2斗口，高2斗口（足材），厚1.24斗口，两端各置槽升一个。为制作和安装方便，正心瓜栱和两端的槽升常由1根木材连做，在侧面贴升耳。升耳按槽升尺寸，长1.3（或1.4）斗口，高1斗口，厚0.2斗口。正心瓜栱（包括槽升）与垫栱板相交处，要刻剔垫栱板槽。

头翘长7.1（7）斗口，这个长度是按2拽架加十八斗斗底一份而定的。翘高2斗口，厚1斗口。

头翘两端各置十八斗一件，以承其上的横栱和昂。十八斗在宋《营造法式》中称交互斗，说明它的作用在于承接来自面宽和进深两个方向的构件。十八斗长1.8斗口，这个尺寸是十八斗名称的来源，即斗长十八分之意。由于它的特殊构造和作用，十八斗不能与翘头连做，需单独制作安装。

栱和翘的端头需做出栱瓣，栱瓣画线的方法称为卷杀法。瓜栱、万栱、厢栱分瓣的数量不等，有“万三、瓜四、厢五”的规定。翘关分瓣同瓜栱，具体做法可见图 35-57。

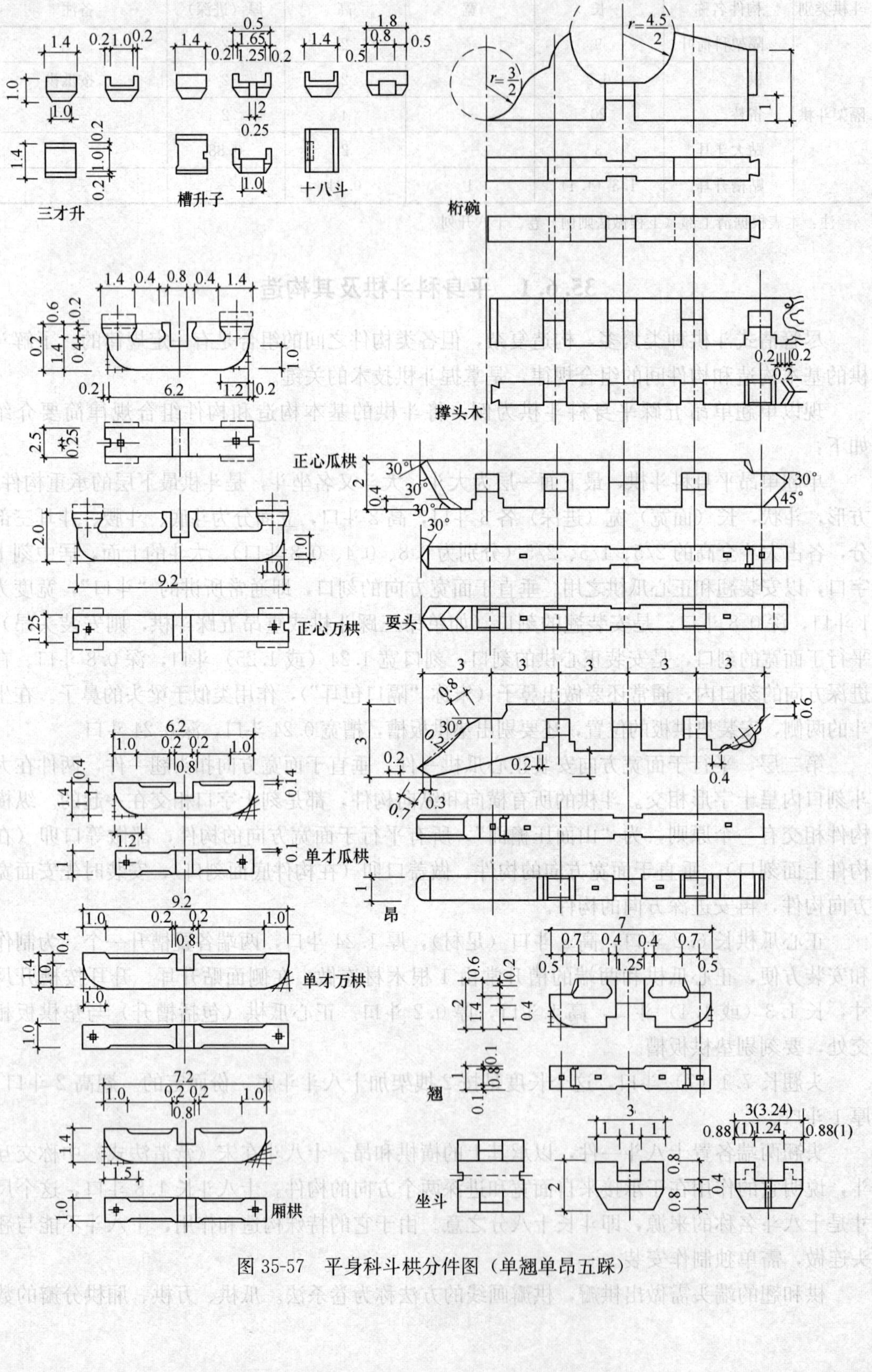


图 35-57　平身科斗栱分件图（单翘单昂五踩）

第三层，面宽方向在正心瓜栱之上，置正心万栱一件，头翘两端十八斗之上，各置单才瓜栱一件，单才瓜栱两端各置三才升一件。正心万栱两端带做出槽升子，不再另装槽升。进深方向，扣昂后带菊花头一件，昂头之上置十八斗一件，以承其上层栱子和蚂蚱头。

第四层，面宽方向，在正心万栱之上安装正心枋，在单才瓜栱之上，安装单才万栱。单才万栱两端头各置三才升一件，以承其上之拽枋，在昂头十八斗之上安装厢栱一件，厢栱两端各置三才升一件。进深方向，扣蚂蚱头后代六分头一件。

第五层，面宽方向，在正心枋之上，叠置正心枋一层，在里外拽万栱之上各置里外拽枋一件，在外拽厢栱之上置挑檐枋一件，在耍头后尾六分头之上，置里拽厢栱一件，厢栱两端头各置三才升一件。进深方向，扣撑头木后带麻叶头一件。在各拽枋、挑檐枋上端分别置斜斗板、盖斗板。斜斗板、盖斗板有遮挡拽枋以上部分及分隔室内外空间、防寒保温、防止鸟雀进入斗栱空隙内等作用。

第六层，面宽方向，在正心枋之上，续叠正心枋至正心桁底皮，枋高由举架定。在内拽厢栱之上，安置井口枋。井口枋高 3 斗口，厚 1 斗口，高于内外拽枋，为安装室内井口天花之用。进深方向安桁碗。

从以上单翘单昂五踩斗栱及其他出踩斗栱的构造可以看出，进深方向构件的头饰，由下至上分别为翘、昂和蚂蚱头。斗栱层增加时，可适当增加昂的数量（如单翘重昂七踩）或同时增加昂翘的数量（重翘重昂九踩），蚂蚱头的数量不增加，进深方向杆件的后尾，由下至上依次为：翘、菊花头、六分头、麻叶头。其中，麻叶头、六分头、菊花头各一件，如斗栱层数增加时，只增加翘的数量。面宽方向横栱的排列也有其规律性。由正心开始，每向外（或向内）出一踩均挑出瓜栱一件、万栱一件，最外侧或最内侧一为厢栱一件。正心枋是一层层叠落，直达正心桁下皮。其余里、外拽枋每出一踩用 1 根，作为各攒斗栱间的联络构件。挑檐枋、井口枋亦各用 1 根。

斗栱昂翘的头饰、尾饰的尺度，清工部《工程做法则例》也有明确规定，现择录如下："凡头昂后带翘头，每斗口一寸，从十八斗底中线以外加长五分四厘。唯单翘单昂者后带菊花头，不加十八斗底。"

"凡二昂后带菊花头，每斗口一寸，其菊花头应长三寸。"

"凡蚂蚱头后带六分头，每斗口一寸，从十八斗外皮以后再加长六分。唯斗口单昂者后带麻叶头，其加长照撑头木上麻叶头之法。"

"凡撑头木后带麻叶头，其麻叶头除一拽架分位外，每斗口一寸，再加长五分四厘，唯斗口单昂者后不带麻叶头。"

"凡昂，每斗口一寸，具从昂嘴中线以外再加昂嘴长三分。"

### 35.6.2 柱头科斗栱及其构造

柱头科斗栱位于梁架和柱头之间，由梁架传导的屋面荷载，直接通过柱头科斗栱传至柱子、基础，因此，柱头科斗栱较之平身科斗栱，更具承重作用。它的构件断面较之平身科也要大得多。

现以单翘单昂五踩柱头科为例，将柱头科斗栱的构造及特点简述如下。

柱头科斗栱第一层为大斗。大斗长 4 斗口，宽 3 斗口，高 2 斗口，构造同平身科大斗。

第二层，面宽方向，置正心瓜栱一件，瓜栱尺寸构造同平身科斗栱，进深方向扣头翘一件，翘宽 2 斗口，翘两端各置筒子十八斗一件。

第三层，面宽方向，在正心瓜栱上面叠置正心万栱一件，在翘头十八斗上安置单才瓜栱各一件。柱头科头翘两端所用的单才瓜栱，由于要同昂相交，因此，栱子刻口的宽度要按昂的宽度而定，一般为昂宽减去两侧包掩（包掩一般按 1/10 斗口）各一份，即为瓜栱刻口的宽度。单才瓜栱两端各置三才升一件。在进深方向，扣昂一件。单翘单昂五踩柱头科昂尾做成雀替形状，其长度要比对应的平身科昂长一拽架（3 斗口）。

第四层，面宽方向，在正心万栱之上，安装正心枋。在内外拽单才瓜栱之上，叠置内外拽单才万栱，安装在昂上面的单才万栱要与其上的桃尖梁相交，故栱子刻口宽度要由桃尖梁对应部位的宽度减去包掩 2 份而定。内、外拽单才万栱分别与桃尖梁（宽 4 斗口）和桃尖梁身（宽 6 斗口）相交，刻口宽度也不相同。在昂头之上，安置筒子十八斗一只，上置外拽厢栱一件，厢栱两端各安装三才升一只。

进深方向安装桃尖梁。桃尖梁的底面与蚂蚱头下皮平，上面与平身科斗栱桁碗上皮平。因此，它相当于蚂蚱头、撑头木和桁碗三件连做在一起，既有梁的功能，又有斗栱的功能。

在桃尖梁两侧安装栱和枋时，为了保持桃尖梁的完整性和结构功能，仅在梁的侧面剔凿半眼栽做假栱头，两侧的拽枋、正心枋、井口枋、挑檐枋等件也通过半榫或刻槽与梁的侧面交在一起。

柱头科斗栱分件图见图 35-58。

以上为单翘单昂五踩柱头科斗栱的构造，如果斗栱踩数增加，桃尖梁以下的昂翘层数也随之增加，昂翘后尾的尾饰，除贴桃尖梁一层为雀替外，其余各层均为翘的形状。

### 35.6.3　角科斗栱及其构造

角科斗栱位于庑殿、歇山或多角形建筑转角部位的柱头之上，具有转折、挑檐、承重等多种功能。由于角科斗栱处在转角位置，来自两个方向的构件以 90°（或 120°或 135°）搭置在一起，同时还要同沿角平分线挑出的斜栱和斜昂交在一起，因此，它的构造要比平身科、柱头科斗栱复杂得多。

角科斗栱构造复杂，还因为它所处的位置特殊。按 90°搭置在一起的构件，其前端如果是檐面的进深构件（翘、昂、耍头等），后尾就变成了山面的面宽构件（栱和枋）；同理，在山面是进深构件的翘和昂，其后尾则成了檐面的栱或枋。因此，角科斗栱的正交构件，前端具有进深杆件翘昂的形态和特点，后尾具有面宽构件栱或枋的形态和特点。而每根构件前边是什么，后边是什么，都是由与它相对应的平身科斗栱的构造决定的。

现以单翘单昂五踩为例，将角科斗栱的基本构造简述如下：

角科斗栱第一层为大斗，大斗见方 3 斗口，高 2 斗口（连瓣斗做法除外。角科斗栱若用于多角形建筑时，大斗的形状随建筑平面的变化而变化）。角科大斗刻口要满足翘（或昂）、斜翘搭置的要求，除沿面宽、进深方向刻十字口外，还要沿角平分线方向刻斜口子，以备安装斜翘或昂。斜口的宽度为 1.5 斗口。此外，由于角科斗栱落在大斗刻口内的正搭交构件前端为翘，后端为栱，故每个刻口两端的宽度不同，与翘头相交的部位刻口宽为 1 斗口，与正心瓜栱相交的部位，刻口宽度为 1.24 斗口，而且要在栱子所在的一侧的斗腰和斗底上面刻出垫栱板槽（图 35-59）。

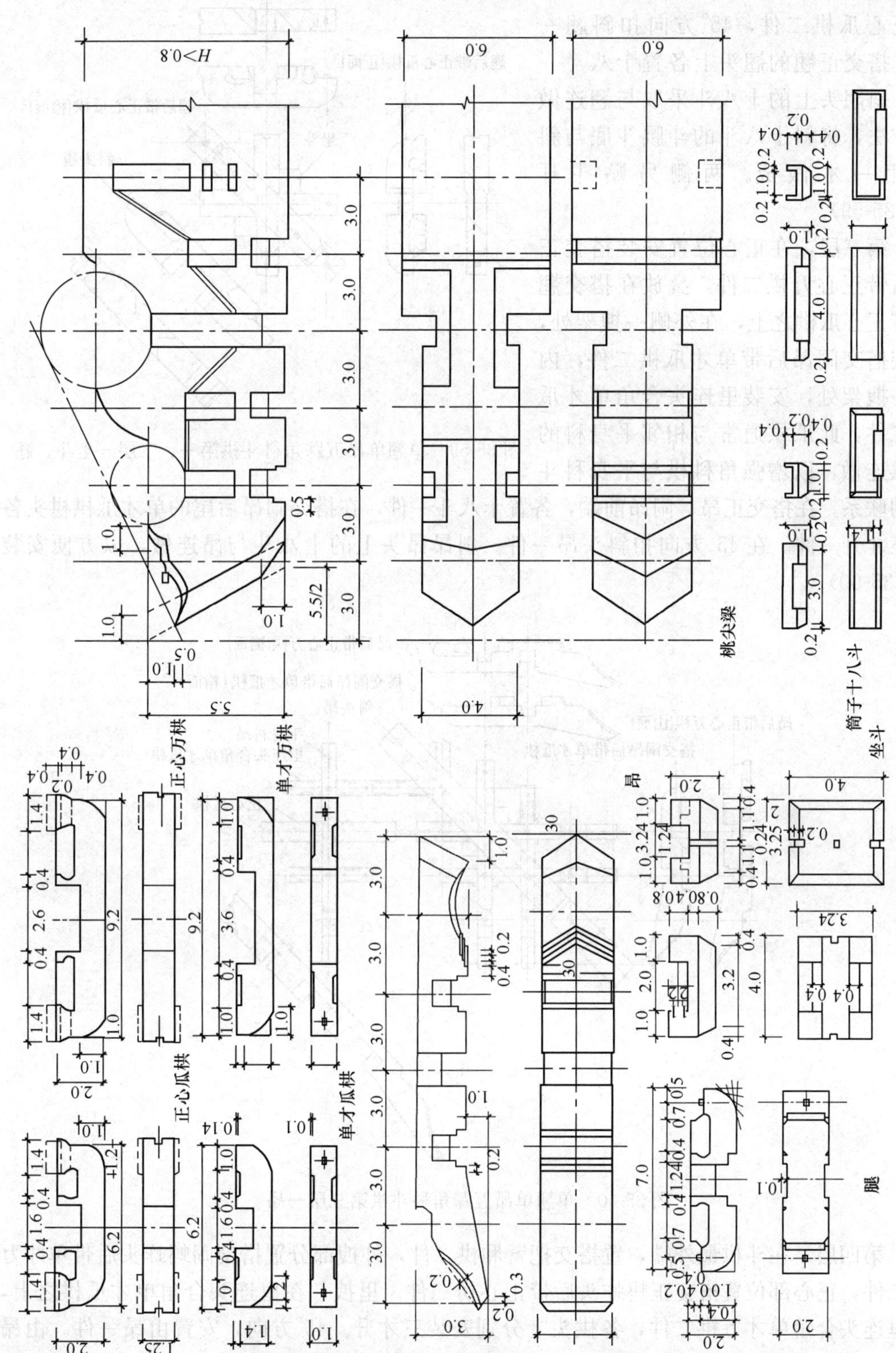


图 35-58 柱头科斗栱分件（单翘单昂五踩）

第二层，正十字口内置搭交翘后带正心瓜栱二件，45°方向扣斜翘一件。搭交正翘的翘头上各置十八斗一件，斜翘头上的十八斗采取与翘连做的方法，将斜十八斗的斗腰斗底与斜翘用一木做成。两侧另贴斗耳（图 35-59）。

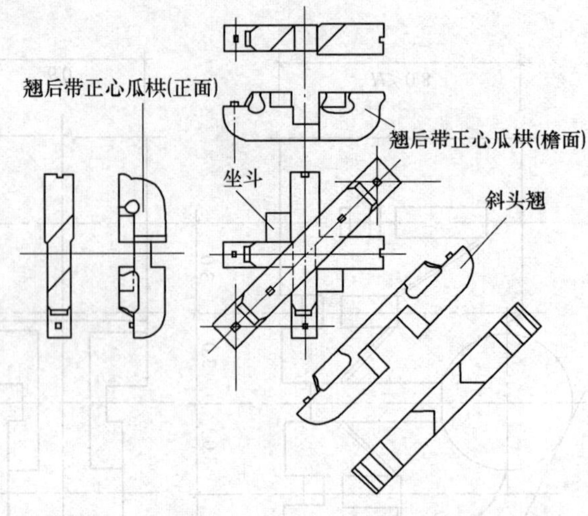


图 35-59　单翘单昂五踩角科斗栱第一、二层—坐斗、翘

第三层，在正心位置安装搭交正昂后带正心万栱二件，叠放在搭交翘后带正心瓜栱之上，在外侧一拽架处，安装搭交闹昂后带单才瓜栱二件，内侧一拽架处，安装里连头合角单才瓜栱二件，此瓜栱通常与相邻平身科的瓜栱连做，以增强角科栱与平身科斗栱的联系。在搭交正昂、闹昂前端，各置十八斗一件，在搭交闹昂后尾的单才瓜栱栱头各置三才升一件。在 45°方向扣斜头昂一件。斜昂昂头上的十八斗与昂连做，以方便安装（图 35-60）。

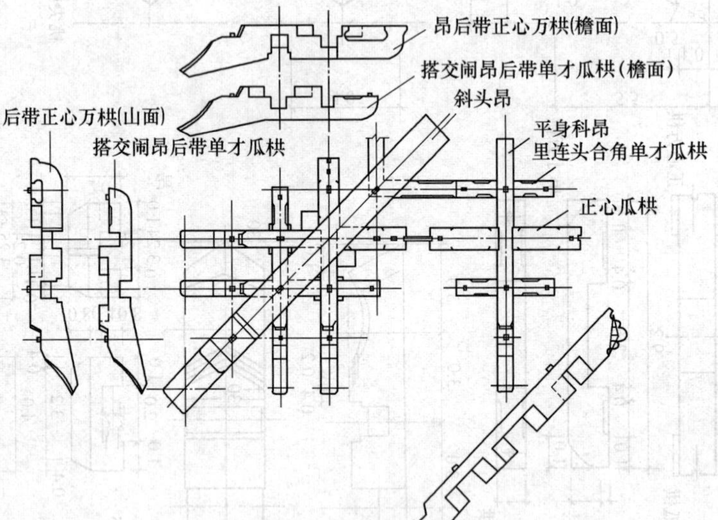


图 35-60　单翘单昂五踩角科斗栱第三层—昂

第四层，在斗栱最外端，置搭交把臂厢栱二件，外拽部分置搭交闹蚂蚱头后带单才万栱二件，正心部位置搭交正蚂蚱头后带正心枋二件。里拽，在里连头合角单才瓜栱之上，置里连头合角单才万栱二件，各栱头上分别安装三才升。45°方向，安置由昂一件。由昂是角科斗栱斜向构件最上面一层昂，它与平身科的耍头处在同一水平位置。由昂常与其上面的斜撑头木连做。采用两层构件由一木连做，可加强由昂的结构功能，是实际施工中经

常采用的方法（图 35-61）。

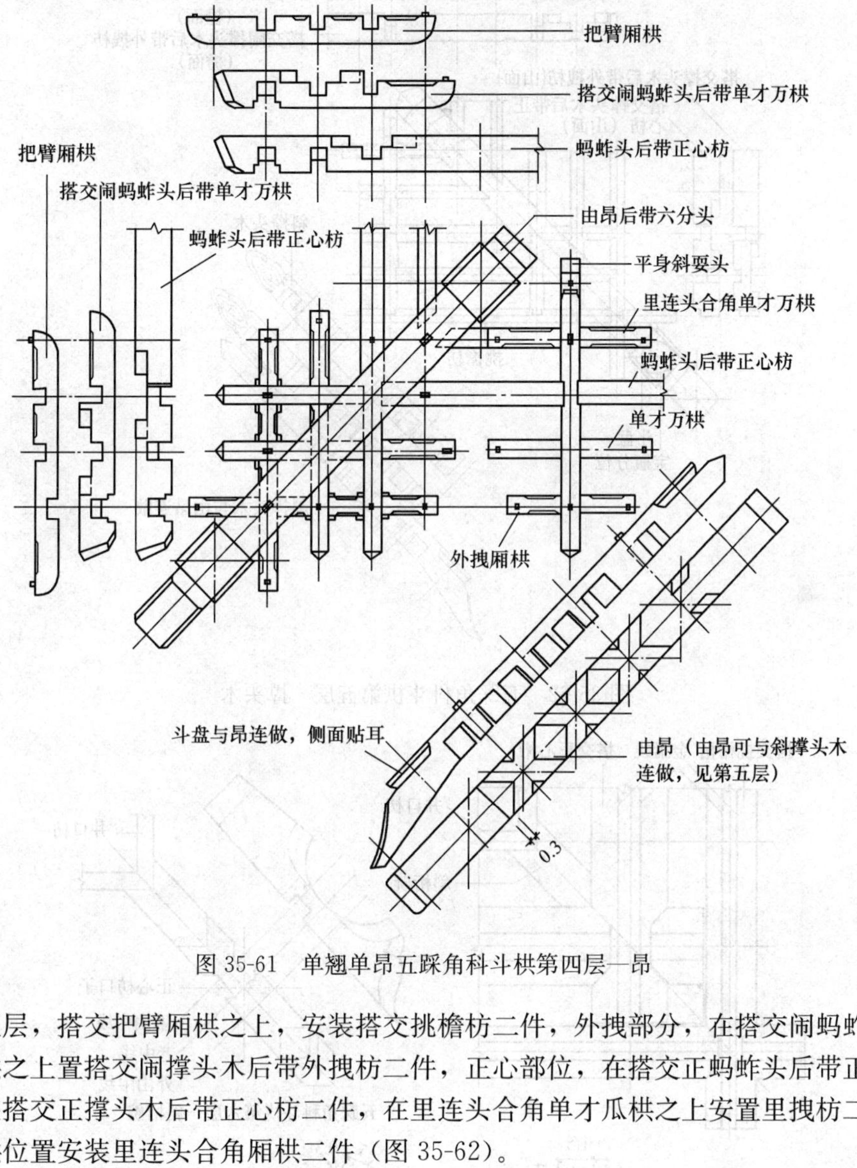


图 35-61 单翘单昂五踩角科斗栱第四层—昂

第五层，搭交把臂厢栱之上，安装搭交挑檐枋二件，外拽部分，在搭交闹蚂蚱头后带单才万栱之上置搭交闹撑头木后带外拽枋二件，正心部位，在搭交正蚂蚱头后带正心枋之上，安装搭交正撑头木后带正心枋二件，在里连头合角单才瓜栱之上安置里拽枋二件，在里拽厢栱位置安装里连头合角厢栱二件（图 35-62）。

这里需要特别提到，角科斗栱中，三个方向的构件相交在一起时，一律按照山面压檐面（即进深方向构件压面宽方向构件），斜构件压正构件的构造方式进行构件的加工制作和安装（详细构造及榫卯见图）。由昂以下构件（包括由昂），都按这个构造方式。当由昂与斜撑头木连做时，需要将斜撑头木的刻口改在上面，这是例外的特殊处理。

第六层，在 45°方向置斜桁碗，正心枋做榫交于斜桁碗侧面，内侧井口枋做合角榫交于斜桁碗尾部（图 35-63）。

以上为单翘单昂角科斗栱的一般构造。

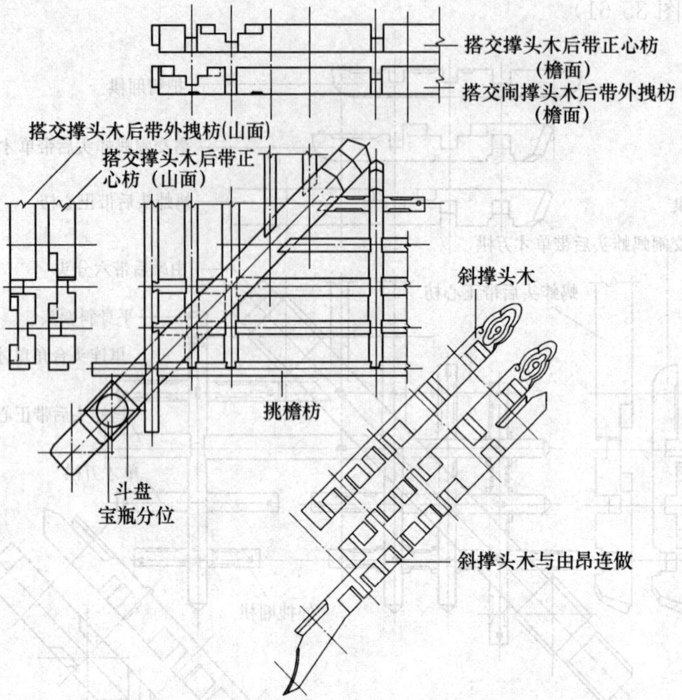


图 35-62 五踩角科斗栱第五层—撑头木

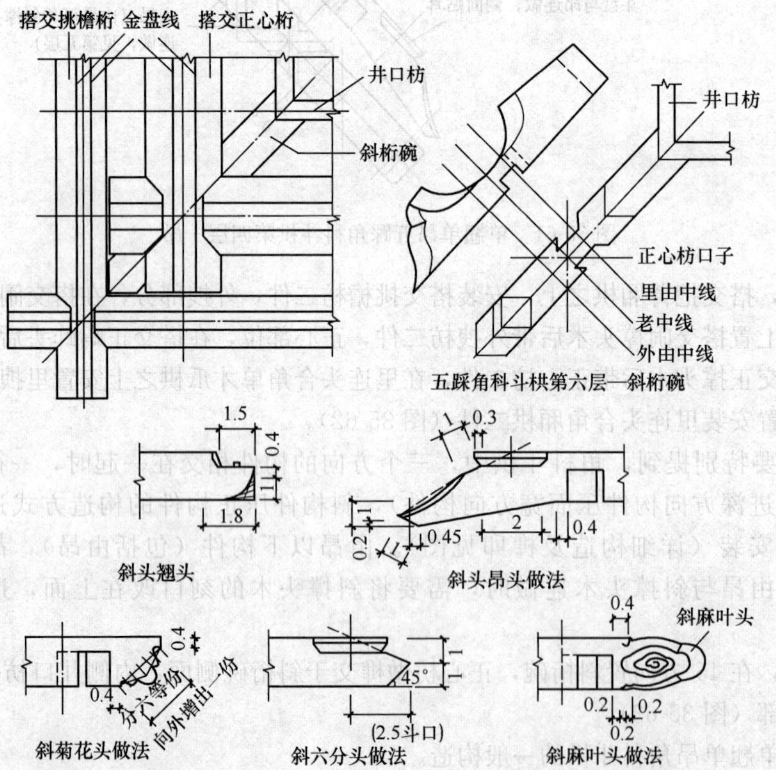


图 35-63 单翘单昂五踩角科斗栱第六层—斜桁碗及斗栱分件图

### 35.6.4 斗栱的制作与安装

斗栱制作，关键在于熟悉和掌握构造，了解斗栱构件间榫卯的组合规律。

斗栱纵横构件十字搭交节点部分都要刻十字卯口，按山面压檐面的原则扣搭相交。角科斗栱三交构件的节点卯口，也可按单体建筑物的面宽进深方位，采用斜构件压纵横构件，纵横构件按进深压面宽的原则扣搭相交。斗栱纵横构件十字相交，卯口处都应有包掩（俗称“袖”），包掩尺寸为0.1斗口。

斗栱各层构件水平叠落时，须凭暗销固定。每两层构件叠合，至少有两个固定的暗销。

坐斗、十八斗、三才升等件与其他构件叠落时，也要凭暗销固定，每个斗（或升）栽销子1个。

1. 斗栱制作

斗栱制作，首先需要放实样、套样板。放实样是按设计尺寸在三合板上画出1：1的足尺大样，然后分别将坐斗、翘、昂、耍头，撑头木及桁碗、瓜、万、厢栱、十八斗、三才升等，逐个套出样板，作为斗栱单件画线制作的依据，然后按样板在加工好的规格料上画线并进行制作。样板要忠实地反映每个构件，构件的每个部位，榫卯的尺寸、形状、大小、深浅，以保证成批制作出来的构件能顺利地、严实地按构造要求组装在一起。

斗栱按样板画线的工作完成以后，即可进行制作，制作必须严格按线，锯解剔凿都不能走线。卯口内壁要求平整方正，以保证安装顺利。

2. 斗栱安装

为保证斗栱组装顺利，在正式安装之前要进行“草验”，即试装。试装时，如果榫卯结合不严，要进行修理，使之符合榫卯结合的质量要求。试装好的斗栱一攒一攒地打上记号，用绳临时捆起来，防止与其他斗栱混杂。正式安装时，将组装在一起的斗栱成攒地运抵安装现场，摆在对应位置。各间的平身科、柱头科、角科斗栱都运齐之后，即可进行安装。斗栱安装，要以幢号为单位，平身、柱头、角科一起逐层进行。先安装第一层大斗，以及与大斗有关的垫栱板，然后再按照山面压檐面的构件组合规律逐层安装。安装时注意，草验过的斗栱拆开后，要按原来的组合程序重新组装，不要掉换构件的位置。安装斗栱每层都要挂线，保证各攒、各层构件平、齐，有毛病要及时进行修理。正心枋、内外拽枋、斜斗板、盖斗板等件要同斗栱其他构件一起安装。安至耍头一层时，柱头科要安装桃尖梁。

斗栱安装，要保证翘、昂、耍头出入平齐，高低一致，各层构件结合严实，确保工程质量。

## 35.7 木装修制作与安装工程

古建筑木装修包括大门、隔扇、槛窗、支摘窗、风门、帘架、栏杆、楣子、什锦窗、花罩、碧纱厨、板壁、楼梯、天花、藻井等施工。选取部分内容举例如下：

### 35.7.1 槛框制作与安装

槛框指古建筑门、窗的外框，这些外框附着在柱、枋等大木构件上，相似于现代建筑的门窗口。古建筑的槛框由垂直和水平构件组成，其中水平构件为槛，垂直构件为框。

槛框名称见图 35-64。

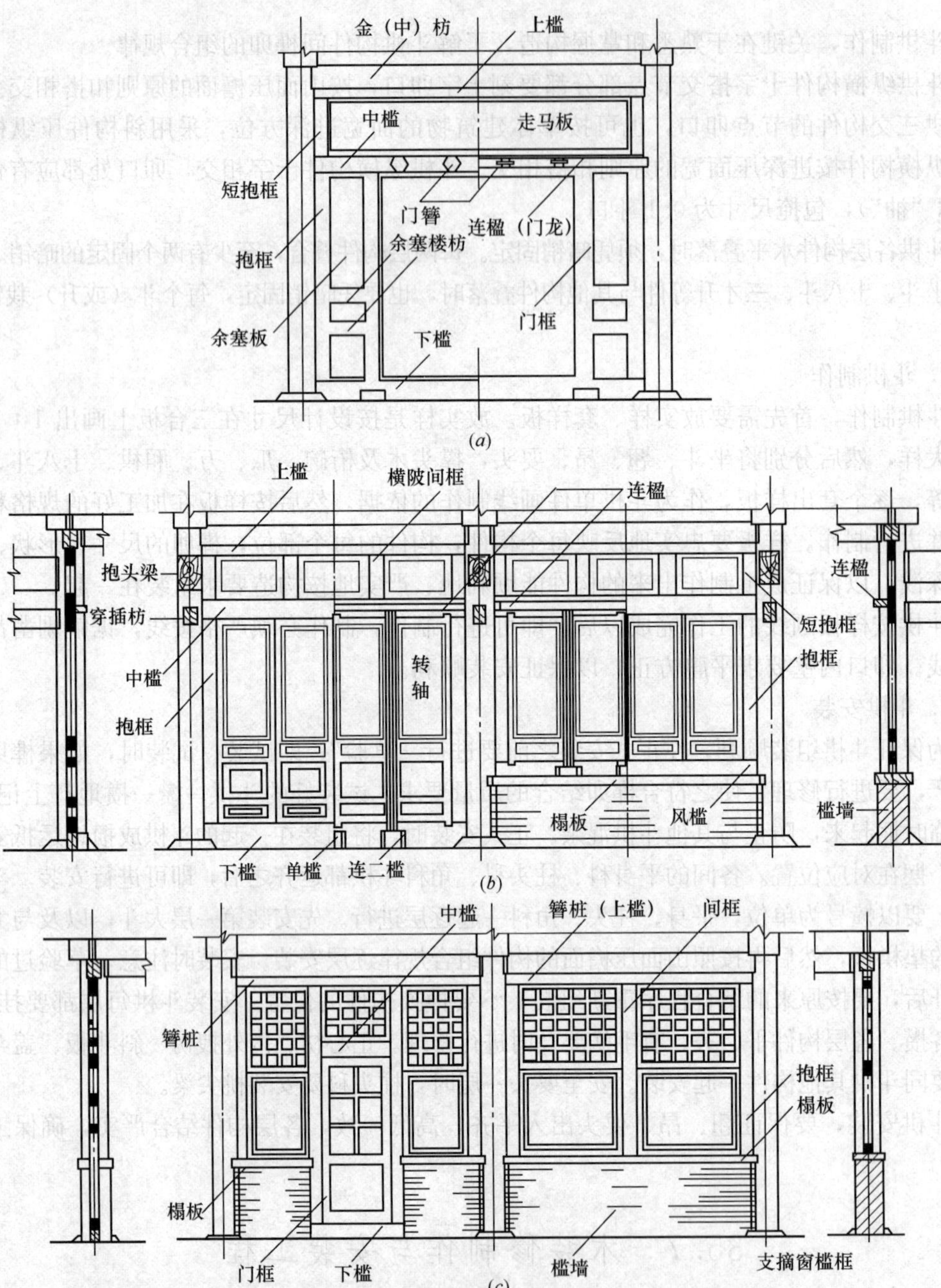


图 35-64　槛框名称

(*a*) 大门槛框名称；(*b*) 隔扇槛窗框名称；(*c*) 夹门窗槛框名称

槛框制作主要是画线和制作榫卯，在正式制作槛框之前，要对建筑物的明、次、梢各间尺寸进行一次实量。由于大木安装中难免出现误差，因此，各间的实际尺寸与设计尺寸不一定完全相符，实量各间的实际尺寸可以准确掌握误差情况，在画线时适当调整。

装修槛框的制作和安装，往往是交错进行的。一般是在槛框画线工作完成之后，先做出一端的榫卯，另一端将榫锯解出来，先不断肩，安装时，视误差情况再断肩。

槛框的安装程序一般是先安装下槛（包括安装门枕石在内），再安装门框和抱框。安装抱框时，要进行岔活，方法是将已备好的抱框半成品贴柱子就位、立直，用线坠将抱框吊直（要沿进深和面宽两个方向吊线）。然后，将岔子板一叉蘸墨，另一叉抵住柱子外皮，由上向下在抱框上画墨线。内外两面都岔完之后，取下抱框，按墨线砍出抱豁（与柱外皮弧形面相吻合的弧形凹面）。岔活的目的是使抱框与柱子贴紧贴实，不留缝隙。同时由于柱子自身有收分（柱根粗、柱头细），柱外皮与地面不垂直，在岔活之前，应先将抱框里口吊直，然后再抵住柱外皮岔活，既可保证抱框里口与地面垂直，又可使外口与柱子吻合，这就是岔活的作用。抱框岔活以后，在相应位置剔凿出溜销卯口，即可安装。岔活时应注意保证槛框里口的尺寸。在安装抱框、门框的同时安装腰枋。然后，依次安装中槛、上槛、短抱框、横陂间框等件。槛框安装完毕后，可接着安装连楹、门簪。装隔扇的槛框下面还可安装单楹、连二楹等件。

其余走马板、余塞板等件的安装依次进行。

槛墙上榻板的安装须在槛框安装之前进行。

## 35.7.2 板 门 制 作

1）实榻门

实榻门是用厚木板拼装起来的实心镜面大门，是各种板门中形制最高、体量最大、防卫性最强的大门，专门用于宫殿、坛庙、府邸及城垣建筑。门板厚者可达 5 寸（约 15cm）以上，薄的也要 3 寸上下，门扇宽度根据门口尺寸定，一般都在 5 尺以上，见图 35-65（*a*）。

实榻门的构造及各部分尺寸见图 35-66～图 35-68。

2）攒边门（棋盘门）

攒边门是用于一般府邸民宅的大门，四边用较厚的边抹攒起外框，门心装薄板穿带，

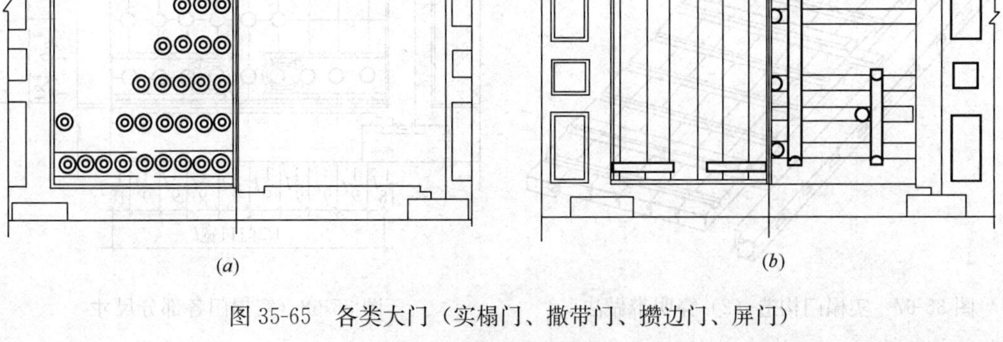

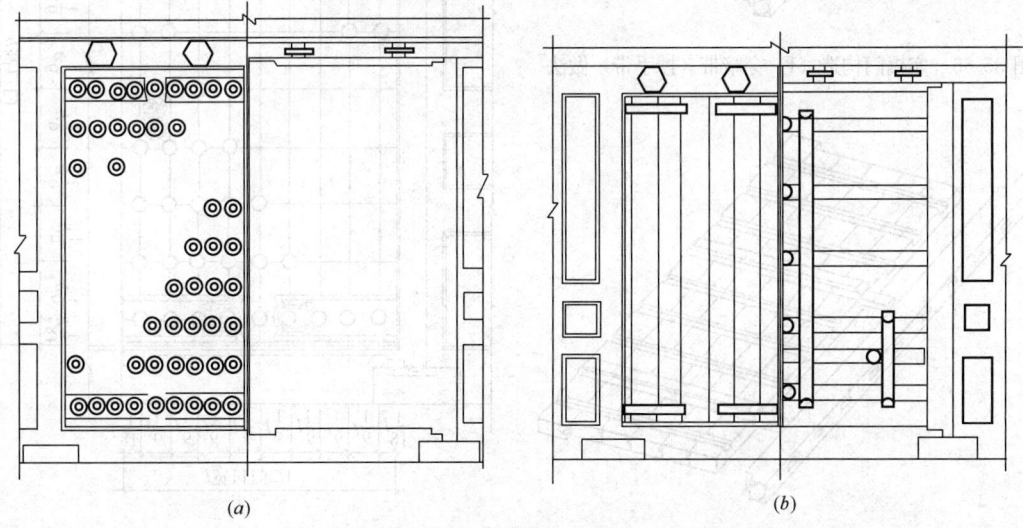

图 35-65 各类大门（实榻门、撒带门、攒边门、屏门）

（*a*）实榻门；（*b*）撒带门

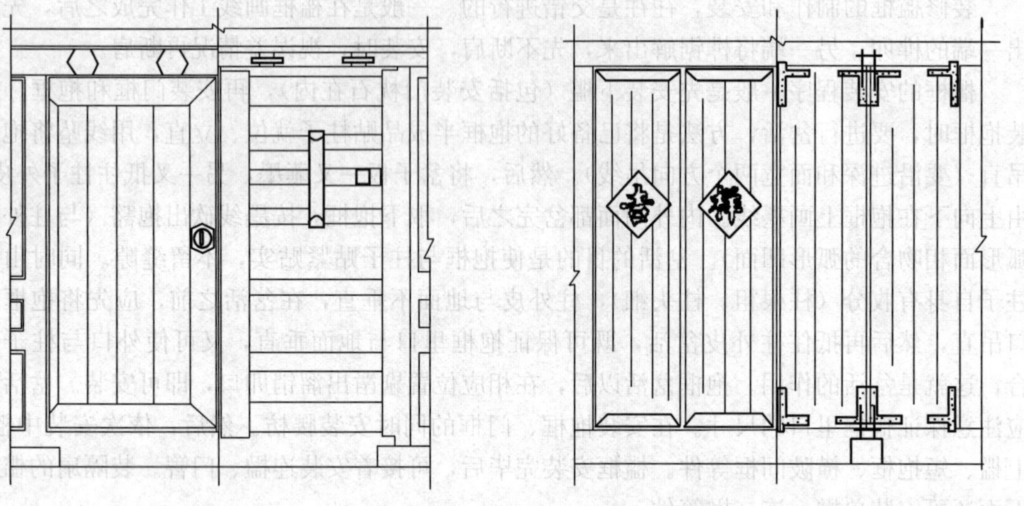

(c)　　(d)

图 35-65　各类大门（实榻门、撒带门、攒边门、屏门）（续）

(c) 攒边门；(d) 屏门

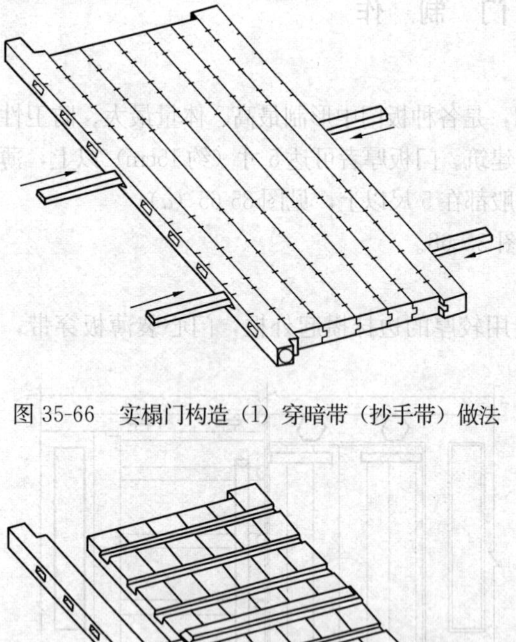

图 35-66　实榻门构造（1）穿暗带（抄手带）做法

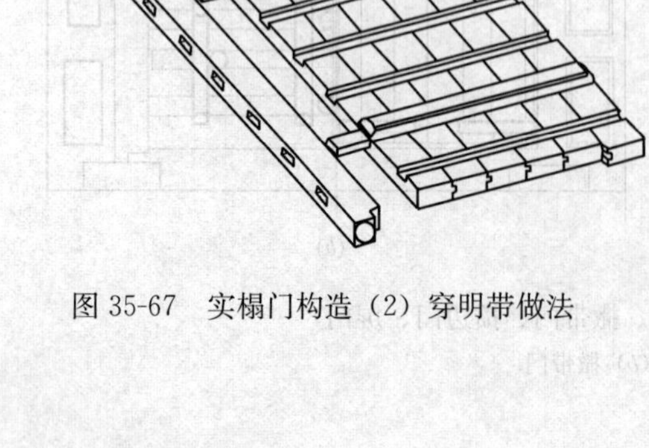

图 35-67　实榻门构造（2）穿明带做法

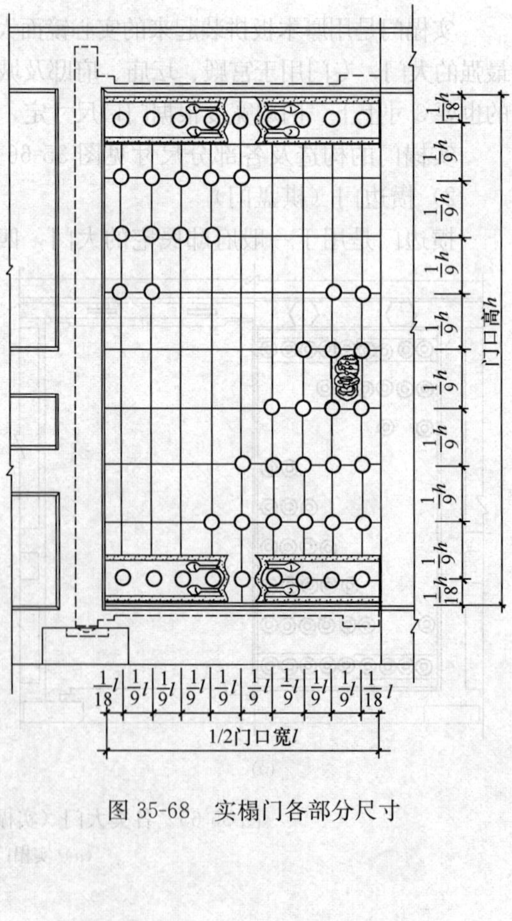


图 35-68　实榻门各部分尺寸

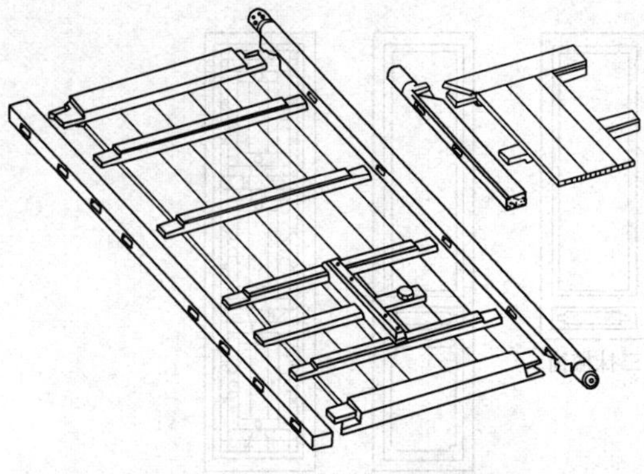

图 35-69 攒边大门构造榫卯图

故称攒边门。因其形如棋盘，又称棋盘门。这种门的门心板与外框一般都是平的，但也有门心板略凹于外框的做法。攒边门比起实榻门，要小得多，轻得多。攒边门的尺寸，也是按门口尺寸定。攒边大门构造见图 35-69。

3）撒带门

撒带门与攒边门类似，也由两部分组成：门心板和门边带门轴。它的安装方法同攒边门，须留出上下掩缝及侧面掩缝，按尺寸统一画线后，先将门心板拼攒起来，与门边相交的一端穿带做出透榫，门边对应位置凿做透眼，分别做好后一次拼攒成活（图 35-70）。

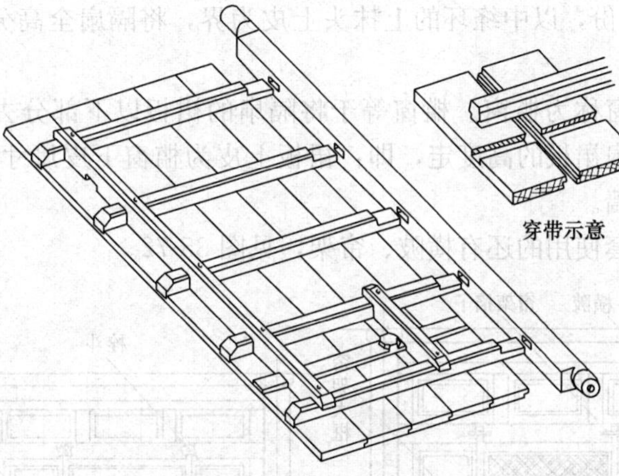


图 35-70 撒带大门构造示意

4）屏门

屏门通常是用一寸半厚的木板拼攒起来的，板缝拼接除应裁做企口缝外，还应辅以穿带。屏门一般穿明带，穿带与门板平。屏门没有边框，为使拼在一起的门板不致散落，上下两端要贯穿横带，称为“拍抹头”。

屏门的安装方式与前三种门不同，是在门口内安装，因此上下左右都不加掩缝，门扇尺寸按门口宽分为四等份，门扇高同门口高。

### 35.7.3 隔扇、槛窗

隔扇、槛窗权衡尺度

明清隔扇自身的宽、高比例大致为 1∶4～1∶3，用于室内的壁纱厨，宽、高比有的可达 1∶6～1∶5。每间安装隔扇的数量，要由建筑物开间大小来定，一般为 4～8 扇（偶数）。

明清建筑的隔扇，有六抹（即 6 根横抹头，下同）、五抹、四抹，以及三抹、二抹等，依功能及体量大小而异，见图 35-71。

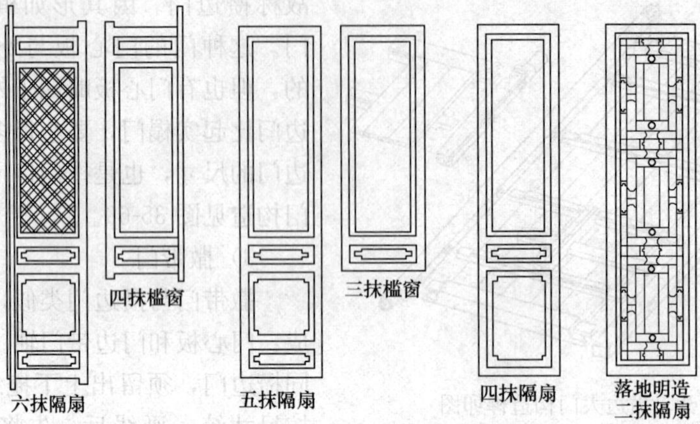


图 35-71　隔扇、槛窗形式举例

明清隔扇上段（棂条花心部分）与下段（裙板绦环部分）的比例，有六、四分之说，即假定隔扇全高为 10 份，以中绦环的上抹头上皮为界，将隔扇全高分成两部分，其上占六份，其下占四份。

与隔扇门共用的窗称为槛窗。槛窗等于将隔扇的裙板以下部分去掉，安装于槛墙之上，槛墙的高矮由隔扇裙板的高度定，即：裙板上皮为槛窗下皮尺寸，槛窗以下为风槛，风槛之下为榻板、槛墙。

与隔扇、槛窗配套使用的还有横陂、帘架，见图 35-72。

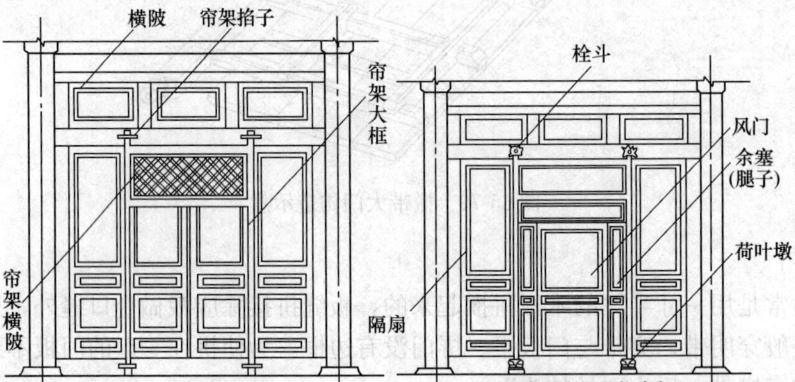


图 35-72　帘架及横陂

关于隔扇边梃的断面尺寸，清式则例规定，隔扇边梃看面宽为隔扇宽的 1/11～1/10，边梃厚（进深）为宽的 1.4 倍，槛窗、帘架、横陂的边梃尺寸与隔扇相同。

清式木装修各件权衡见表 35-52。

**清式木装修各件权衡表**　　**表 35-52**

| 构件名称 | 宽（看面） | 厚（进深） | 长 | 备注 |
|---|---|---|---|---|
| 下槛 | 0.8$D$ | 0.3$D$ | 面宽减柱径 | — |
| 中槛挂空槛 | 0.66$D$ | 0.3$D$ | 面宽减柱径 | — |

续表

| 构件名称 | 宽（看面） | 厚（进深） | 长 | 备注 |
|---|---|---|---|---|
| 上槛 | 0.5$D$ | 0.3$D$ | 面宽减柱径 | — |
| 风槛 | 0.5$D$ | 0.3$D$ | 面宽减柱径 | — |
| 抱槛 | 0.66$D$ | 0.3$D$ | 面宽减柱径 | — |
| 门框 | 0.66～0.8$D$ | 0.3$D$ | — | — |
| 间框 | 0.66$D$ | 0.3$D$ | — | 支摘窗间框 |
| 门头枋 | 0.5$D$ | 0.3$D$ | — | — |
| 门头板 | — | 0.1$D$ | — | — |
| 榻板 | 1.5$D$ | 3/8$D$ | 随面宽 | — |
| 连楹 | 0.4$D$ | 0.2$D$ | — | — |
| 门簪 | 径按4/5中槛宽 | 头长为1/7门口窗 | 头长＋中槛厚＋连楹宽＋出榫长 | — |
| 门枕 | 0.8$D$ | 0.4$D$ | 2$D$ | — |
| 荷叶墩 | 3倍隔扇边梃宽 | 1.5倍边梃进深厚 | 2倍边梃看面 | — |
| 隔扇边梃 | 1/10隔扇宽或1/5$D$ | 1.5倍看面或3/10$D$ | — | — |
| 隔扇抹头 | 1/10隔扇宽或1/5$D$ | 1.5倍看面或3/10$D$ | — | — |
| 仔边 | 2/3边梃看面 | 2/3边梃进深 | — | — |
| 棂条 | 4/5仔边看面<br>6分（1.8cm） | 9/10仔边进深<br>8分（2.4cm） | — | 指菱花棂<br>指普通棂条 |
| 绦环板 | 2倍边抹宽 | 1/3边梃宽 | — | — |
| 裙板 | 0.8扇宽 | 1/3边梃宽 | — | — |
| 花（隔）心 | — | — | 3/5隔扇高 | — |
| 帘架心 | — | — | 4/5隔扇高 | — |
| 大门边抹 | 0.4$D$ | 0.7看面宽 | — | 用于实榻门、攒边门 |

注：$D$为柱径。

## 35.8 古建筑油漆工程

古建传统（清晚期）油饰工程适用于北方地区清官式文物建筑和仿古建筑的室内外地仗工程、油漆（油皮）工程、饰金工程、烫蜡擦软蜡工程、一般大漆工程、粉刷工程等。

### 35.8.1 地仗材料的加工、配制方法

(1) 发血料的方法

先用碎藤瓤子或干稻草揉搓鲜生猪血，将血块、血丝揉搓成稀粥状血浆后，加入适量的清水搅动均匀基本同原血浆稠度，另过箩于干净铁桶内去掉杂质。在稀稠适度的血浆内，点温度和稠度适宜的石灰水，随点随用木棍再顺一个方向轻轻搅动均匀，待2h凝聚成微有弹性的及黏性的熟血料，即可使用。

发血料注意事项：①初次发血料先试验，根据血浆稀稠度掌握调整石灰水的温度和稠度及石灰水的加入量，试验成熟再批量发血料，并根据使用要求发制调粗灰的血料和调细灰的血料。②发血料不得使用加过水（由深红色变浅红色）的和加盐（有咸味）的鲜生猪血，经加工（搓好）的血浆加入清水控制在15%～20%，血浆起泡沫时可滴入适量的豆油作消泡剂。③目前鲜生猪血可用机械加工，在其他地区发血料应具备卫生条件及废弃物的处理条件。如在室内或搭棚封闭加工操作，废血水血渣可排入污水池。

（2）梳理线麻的方法

1）初截麻：梳麻前先打开麻捲，剁掉麻根部分，顺序拧紧，剁成肘麻（肘麻是指一肘长，即用手攥住麻头绕过肘部至肩膀的长度）为700mm长。

2）梳麻：经初截麻后，在架子的合适高度拴个绳套，将肘麻搭在绳套上，用左手攥住绳套部分的麻，右手拿麻梳子梳麻，将麻梳成细软的麻丝存放。

3）截麻：梳麻后，需根据部位的具体情况（如柱、枋、隔扇）再进行截麻，部位面积较大时按原尺寸使用，部位面积较小时，可截短些。

4）择麻：截麻后进行择麻，就是将梳麻中漏梳的大麻披和麻中的麻秸、麻疙瘩以及杂草等择掉，使麻达到干净无杂物。

5）掸麻：麻择干净后，使用两根掸麻杆进行掸麻，用未挑麻的麻杆掸打挑麻的麻杆和麻，使麻达到干净无杂物和尘土，再将麻摊顺成铺顺序码放在席上，足席卷捆待用。

梳麻注意事项：梳理线麻时应通风良好，并戴双层口罩，注意麻梳子扎手。

（3）打油满的方法及要求

1）地仗工程施工的油满油水比为一个半油一水，作为地仗工程施工油满配合比固定模式的依据，设计另有要求应符合文物和设计要求，不得随意减油增水或增油减水，不得用反，不得胡掺乱兑。打油满材料配合比见表35-53。

**打油满材料配合比**　　　　**表 35-53**

| 灰油 | | 石灰水 | | 白面 | |
|---|---|---|---|---|---|
| 重量比 | 容量比 | 重量比 | 容量比 | 重量比 | 容量比 |
| 150 | 1.5 | 100 | 1 | 67～75 | 1 |

注：1. 打油满的底水和盖水应使用配合比之内的石灰水，不得用配合比之外的石灰水。
2. 人工或机械打油满时，每150kg灰油其白面用量应控制在67～75kg。

2）配制油满：

① 调制石灰水：按每用150kg灰油，不少于20kg石灰块，将生石灰块放入半截铁桶内，泼入清水，粉化后再加入清水搅匀，过40/目铁纱箩即可。石灰水的稠度以木棍搅动石灰水提出全覆盖木棍为实白色为宜，石灰水的温度40℃左右或以手指试蘸石灰水略高于手指温度为宜，避免打的油满面油分离。

② 打油满：先将底水倒入容器内，放入定量的白面粉，陆续加入稠度、温度适宜的石灰水，搅拌为糊状，无面疙瘩，颜色为淡黄色（即为白坯满）时，再加入定量的灰油搅拌均匀即成“油满”，随之将油满表面倒入盖水待用。底水和盖水约各占配合比的10%，打白坯满的石灰水约占配合比的80%。

③ 打油满注意事项：

a. 打油满应专人负责，严格按配比统一计量配制，不得随意减油增水或增油减水。用成品灰油或熬制的灰油在打油满前要搅匀过20/目铁筛，并将桶底沉淀的灰油中的土籽章丹收刮干净过筛，用于油满中。过筛的灰油皮子在阳光暴晒及夏季闷热高温天气受热易自燃，不得随便乱扔，必须随时清除并妥善处理，防止因发热自燃。

b. 打油满的底水和盖水，不得使用配合比之外的石灰水。并要控制石灰水的温度和稠度防止油满面油分离。打油满要随用随打，特别是夏季要控制，防止油满结皮、长毛、发酵、发霉。

c. 灰油有皮头大小和老嫩之分，皮头大（老）的灰油虽不影响地仗质量，但在打油满时费时费力甚至难以打成油满，如用此油满调地仗灰，入不进灰或不易入灰影响砖灰加入量，操作时达不到使用的要求而影响地仗质量。应在打油满前将10%～20%皮头大的和80%～90%皮头适宜的灰油掺和调均匀后再打油满，根据调匀的灰油情况还可适量减少白面的加入量，使油满的黏稠度满足调地仗灰的要求。皮头较小或没有皮头（嫩）的灰油，打成的油满调地仗灰粘结力差、干燥慢，操作时油灰发散、粘铁板、不起棱、掉灰粒等，直接影响到地仗的质量，应退回或回锅熬炼再使用。

(4) 砖灰规格、级配和加工方法

砖灰用青砖、瓦经粉碎分别过箩后，达到不同规格的颗粒及粉末，使用砖灰前同种规格的砖灰如有杂质或粒径不一致时，油料房要按目数过筛分类再用。砖灰的使用，即根据基层表面的缺陷大小来选用砖灰粒径，又依据部位的地仗做法和工序进行砖灰级配，不可忽视。选用砖灰的规格和级配见表35-54、表35-55。

**砖灰规格　表35-54**

| 规格 | 类别 | | | | | | |
|---|---|---|---|---|---|---|---|
| | 细灰 | 中灰 | 粗灰 | | | | |
| | | | 鱼籽 | 小籽 | 中籽 | 大籽 | 棱籽孔径（mm） |
| 目数 | 80 | 40 | 24 | 20 | 16 | 12～10 | |
| 粒径（mm） | | | 0.6～0.8 | 1.2 | 1.6 | 2.2～2.4 | 3～5 |

注：1. 目数为平方英寸的数。
2. 粒径约控制在表内范围（参考数）。

**砖灰级配　表35-55**

| 灰遍 | | 砖灰级配 | | | |
|---|---|---|---|---|---|
| 1 | 捉缝灰、衬垫灰、通灰 | 大籽45% | 小籽15% | 鱼籽10% | 中灰30% |
| 2 | 第一道压麻灰 | 中籽50% | 小籽10% | 鱼籽10% | 中灰30% |
| 3 | 第二道压麻灰、填槽灰 | 小籽30% | | 鱼籽40% | 中灰30% |
| 4 | 压布灰、填槽灰 | 鱼籽60% | | | 中灰40% |
| 5 | 轧鱼籽中灰线 | 鱼籽40% | | | 中灰60% |
| 6 | 中灰 | 鱼籽20% | | | 中灰80% |

注：此表为两麻一布七灰做法的砖灰级配参考数。一麻五灰做法的捉缝灰、衬垫灰、通灰的级配参考表中第一道压麻灰的数据，一麻五灰做法的压麻灰和填槽灰的级配及三道灰做法的捉缝灰级配参考表中第二道压麻灰的数据。在地仗工程施工中应根据基层面的实际情况和各部位地仗做法及工序，掌握好砖灰级配，使地仗灰层收缩率小、避免灰面粗糙和龟裂纹、增强密实度。

## 35.8.2　古建筑地仗材料调配、配合比

(1) 地仗油水比

1) 传统地仗常用油水比：有两油一水、一个半油一水、一油一水等配合比，是地仗施工的主要胶粘剂即“油满”。油满的油水比是以灰油与石灰水比（曾以灰油与白坯满比），古建和仿古建常用地仗材料，油满的油水比见表35-53。

以前在古建筑地仗工程施工中曾用两种油水比，为平衡上下架大木油漆彩画的使用周期性，上架大木、椽望、斗栱等部位用一油一水，下架大木因易受风吹雨打、日晒的侵蚀则用一个半油一水，但上架的山花、博缝、连檐瓦口、椽头、挂檐板等部位同样易受侵蚀，因此油水比按下架大木油水比要求。这是以前地仗施工曾分上下架的原因之一。

2) 地仗工程施工油水比的要求：油灰地仗做法确定之后，依据国家定额（北京地区）、施工规范、文物工程要求，地仗施工的油水比确定为一个半油一水，能满足地仗工程施工进度和质量的要求，因此作为地仗工程施工的固定油水比（打油满）模式。做净满地仗和其他地区地仗工程施工的油水比应以设计要求为准或符合地区的要求。

3) 清代中早期净满地仗做法的油水比参考：北京地区清代官式建筑地仗施工的主要材料油满，其“满”为全，是指材料已齐全，在粗灰、使麻和糊布中只用油满，即为“净满”，其“净”为纯，指不掺血料，是新木构件地仗前不做斧迹处理和旧地仗油皮上通过斧痕处理继续做地仗的依据。为逐层减缓各遍灰层的不同强度，采用了不固定打油满的模式，从增油减水到减油增水的配比进行逐层减缓，而在（清晚期的中灰）细灰时，由于工艺的要求掺入了血料（官书初制不用血料）。确定了早期地仗的坚固耐久（明代无麻层）。清代油水比的使用，随做法的工序而定，即为不固定油水比，参考如下：

① 两麻一布七灰的油水比：捉缝灰、通灰、使麻、压麻灰为两油一水，使二道麻、压麻灰为一个半油一水，糊布、压布灰为一油一水，中灰、细灰为一油两水、细灰掺入血料，拨浆灰以血料为主，为打油满4种。

② 一麻一布六灰的油水比：捉缝灰、通灰、使麻、压麻灰为一个半油一水，糊布、压布灰为一油一水，中灰、细灰为一油两水，细灰掺入血料，拨浆灰以血料为主，为打油满3种。

③ 两麻六灰的油水比：捉缝灰、通灰、使麻、压麻灰为一个半油一水，使二道麻、压麻灰为一油一水，中灰、细灰为一油两水，细灰掺入血料，拨浆灰以血料为主，为打油满3种。

④ 一麻五灰的油水比：捉缝灰、通灰为一个半油一水，使麻、压麻灰为一油一水，中灰、细灰为一油两水，细灰掺入血料，拨浆灰以血料为主，为打油满3种。

⑤ 一麻三灰的油水比（可用于连檐瓦口）是：捉缝灰、使麻为一油一水，中灰、细灰为一油两水，细灰掺入血料，为打油满2种。

⑥ 三道灰的油水比：捉缝灰为一油一水，中灰、细灰为一油两水，中灰不掺或少掺血料，细灰掺入血料，为打油满2种。二道灰的油水比为打油满1种。

4) 恢复清代的净满地仗做法时，应采用传统不固定的油水比（打油满）模式。

(2) 地仗材料配合比

1) 古建、仿古建木基层面麻布油灰地仗材料配合比，见表35-56。

**古建仿古建木基层面麻布油灰地仗材料配合比** **表 35-56**

| 序号 | 类别 | 材料 | | | | | | | | | | | | | |
|---|---|---|---|---|---|---|---|---|---|---|---|---|---|---|---|
| | | 油满 | | 血料 | | 砖灰 | | 光油 | | 清水 | | 生桐油 | | 汽油 | |
| | | 容量 | 重量 | 容量 | 重量 | 容量 | 重量 | 容量 | 重量 | 容量 | 重量 | 容量 | 重量 | 容量 | 重量 |
| 1 | 支油浆 | 1 | 0.88 | 1 | — | — | — | — | — | 8～12 | 8～12 | — | — | — | — |
| 2 | 木质风化水锈操油 | — | — | — | — | — | — | — | — | — | — | 1 | 1 | 2～4 | 1.5～3 |
| 3 | 捉缝灰 | 1 | 0.88 | 1 | 1 | 1.5 | 1.3 | — | — | — | — | — | — | — | — |
| 4 | 衬垫 | 1 | 0.88 | 1 | 1 | 1.5 | 1.3 | — | — | — | — | — | — | — | — |
| 5 | 通灰 | 1 | 0.88 | 1 | 1 | 1.5 | 1.3 | — | — | — | — | — | — | — | — |
| 6 | 使麻浆 | 1 | 0.88 | 1.2 | 1.2 | — | — | — | — | — | — | — | — | — | — |
| 7 | 压麻灰 | 1 | 0.88 | 1.2 | 1.2 | 2.3 | 2.0 | — | — | — | — | — | — | — | — |
| 8 | 使麻浆 | 1 | 0.88 | 1.2 | 1.2 | — | — | — | — | — | — | — | — | — | — |
| 9 | 压麻灰 | 1 | 0.88 | 1.2 | 1.2 | 2.3 | 2.0 | — | — | — | — | — | — | — | — |
| 10 | 糊布浆 | 1 | 0.88 | 1.2 | 1.2 | — | — | — | — | — | — | — | — | — | — |
| 11 | 压布灰 | 1 | 0.88 | 1.5 | 1.5 | 2.3 | 2.1 | — | — | — | — | — | — | — | — |
| 12 | 轧中灰线 | 1 | 0.88 | 1.5 | 1.5 | 2.5 | 2.3 | — | — | — | — | — | — | — | — |
| 13 | 槛框填槽灰 | 1 | 0.88 | 1.5 | 1.5 | 2.3 | 2.1 | — | — | — | — | — | — | — | — |
| 14 | 中灰 | 1 | 0.88 | 1.8 | 1.8 | 3.2 | 2.9 | — | — | — | — | — | — | — | — |
| 15 | 轧细灰线 | 1 | 0.88 | 10 | 10 | 40 | 37.8 | 2 | 2 | 2～3 | 2～3 | — | — | — | — |
| 16 | 细灰 | 1 | 0.88 | 10 | 10 | 39 | 36.9 | 2 | 2 | 3～4 | 3～4 | — | — | — | — |
| 17 | 潲生 | 1 | 0.88 | — | — | — | — | — | — | 1.2 | 1.2 | — | — | — | — |

注：1. 此表以传统二麻一布七灰地仗做法材料配合比安排，其中第15、16项的油满比例不少于表中数据的10%时，其光油的比例改成3～4。
2. 凡一布五灰地仗做法均可不执行表中第6、7、8、9项的配合比。如一麻五灰地仗做法均可不执行表中第6、7、10、11项的配合比。如一麻一布六灰地仗做法均可不执行表中第6、7项的配合比，如二麻六灰地仗做法均可不执行表中第10、11项的配合比。
3. 木构件表面有木质风化现象挠净松散木质后操油，应根据木质风化程度调整生桐油的稀稠度。
4. 凡一布四灰或四道灰糊布条地仗做法用中灰压布的配合比须减少血料0.3的配比。压麻灰、压布灰、中灰在强度上为预防龟裂纹隐患，可减少血料0.2的配比。

2）古建筑木基层面单披灰油灰地仗材料配合比，见表35-57。

**古建筑木基层面单披灰油灰地仗材料配合比** **表 35-57**

| 序号 | 类别 | 材料 | | | | | | | | | | | | | |
|---|---|---|---|---|---|---|---|---|---|---|---|---|---|---|---|
| | | 油满 | | 血料 | | 砖灰 | | 光油 | | 清水 | | 生桐油 | | 汽油 | |
| | | 容量 | 重量 | 容量 | 重量 | 容量 | 重量 | 容量 | 重量 | 容量 | 重量 | 容量 | 重量 | 容量 | 重量 |
| 1 | 支油浆 | 1 | 0.88 | 1 | 1 | — | — | — | — | 20 | 20 | — | — | — | — |
| 2 | 木质风化水锈操油 | — | — | — | — | — | — | — | — | — | — | 1 | 1 | 2～4 | 1.5～3.5 |
| 3 | 混凝土面操油 | — | — | — | — | — | — | 1 | 1 | — | — | — | — | 3～4 | 2.5～4 |

续表

| 序号 | 类别 | 材料 | | | | | | | | | | | | | |
|---|---|---|---|---|---|---|---|---|---|---|---|---|---|---|---|
| | | 油满 | | 血料 | | 砖灰 | | 光油 | | 清水 | | 生桐油 | | 汽油 | |
| | | 容量 | 重量 | 容量 | 重量 | 容量 | 重量 | 容量 | 重量 | 容量 | 重量 | 容量 | 重量 | 容量 | 重量 |
| 4 | 捉缝灰 | 1 | 0.88 | 1 | 1 | 1.5 | 1.3 | — | — | — | — | — | — | — | — |
| 5 | 衬垫 | 1 | 0.88 | 1 | 1 | 1.5 | 1.3 | — | — | — | — | — | — | — | — |
| 6 | 通灰 | 1 | 0.88 | 1 | 1 | 1.5 | 1.3 | — | — | — | — | — | — | — | — |
| 7 | 轧中灰线 | 1 | 0.88 | 1.5 | 1.5 | 2.5 | 2.3 | — | — | — | — | — | — | — | — |
| 8 | 槛框填槽灰 | 1 | 0.88 | 1.5 | 1.5 | 2.3 | 2.1 | — | — | — | — | — | — | — | — |
| 9 | 中灰 | 1 | 0.88 | 1.8 | 1.8 | 3.2 | 2.9 | — | — | — | — | — | — | — | — |
| 10 | 轧细灰线 | 1 | 0.88 | 10 | 10 | 40 | 37.8 | 2 | 2 | 2～3 | 2～3 | — | — | — | — |
| 11 | 细灰 | 1 | 0.88 | 10 | 10 | 39 | 36.9 | 2 | 2 | 3～4 | 3～4 | — | — | — | — |

注：1. 此表以传统四道灰地仗做法材料配合比安排，其中第 10、11 项的油满比例在上下架大木、门窗和连檐瓦口、椽头及风吹日晒雨淋的部位不少于表中数据的 10%时，其光油的比例改成 3～4。

2. 凡三道灰地仗做法的配合比执行表中第 8、9、11 项的配合比，其三道灰的捉缝灰执行表第 8 项配合比。凡二道灰地仗做法的配合比执行表中第 9、11 项的配合比。

3. 凡椽望、斗栱、栩子、花活、窗屉等部位的细灰中均可不加入油满，其光油的比例不宜少于 3，肘细灰时所用的细灰不得用使用中剩余的细灰做肘灰用。

4. 四道灰做法支油浆应符合表 35-56 的规定，其中灰可减少血料 0.2 的配比。

3）清真地仗工程油灰参考配合比

① 麻布地仗油灰配合比：

汁浆＝油满∶牛血料∶清水＝1.2∶1∶10

捉缝灰＝油满∶牛血料∶砖灰＝1.2∶1∶1.7

通灰＝油满∶牛血料∶砖灰＝1.2∶1∶1.7

头浆＝油满∶牛血料＝1∶1

压麻灰＝油满∶牛血料∶砖灰＝1∶1.2∶1.8（含填槽灰、压布灰）

中灰线＝油满∶牛血料∶砖灰＝1∶1.2∶2

中灰＝油满∶牛血料∶砖灰＝1∶1.5∶2.5

细灰＝油满∶牛血料∶砖灰∶光油∶清水＝1∶10∶39∶4∶适量

潲生＝油满∶清水＝1∶1

② 四道灰地仗油灰配合比：

汁浆＝油满∶牛血料∶清水＝1.2∶1∶10

捉缝灰＝油满∶牛血料∶砖灰＝1.2∶1∶1.7

通灰＝油满∶牛血料∶砖灰＝1.2∶1∶1.7

中灰＝油满∶牛血料∶砖灰＝1∶1.5∶2.5

细灰＝油满∶牛血料∶砖灰∶光油∶清水＝1∶10∶39∶4∶适量

③ 三道灰地仗油灰配合比：

汁浆＝油满∶牛血料∶清水＝1∶1∶10

捉缝灰＝油满∶牛血料∶砖灰＝1∶1.2∶1.8

中灰＝油满∶牛血料∶砖灰＝1∶1.5∶2.5

细灰＝油满：牛血料：砖灰：光油：清水＝1：10：39：4：适量

④ 二道灰地仗油灰配合比：

汁浆＝油满：牛血料：清水＝1：1：15

捉中灰＝油满：牛血料：砖灰＝1：1.5：2.5

细灰＝油满：牛血料：砖灰：光油：清水＝1：10：39：4：适量

注：① 凡细灰配合比中的油满不得少于数据的10%。

② 木件表面水锈、糟朽（风化）操油配比为生桐油：汽油＝1：1.5～3，操油的浓度（应根据木质水锈及糟朽（风化）程度调整）以干燥后，其表面既不结膜起亮，又要起到增加木质强度为准。

4）地仗灰的（油灰和胶溶性灰）配制要求：油料房专职人员对进场材料应严格控制，不合格的材料不得进入材料房。严格按各部位的地仗做法进行配比调制，并符合各表中材料配比的要求，地仗灰料配制时要根据工程进度随用随调配，用多少调配多少。调配油灰时先将定量的油满和定量的血料倒入容器内搅拌均匀，然后按定量的砖灰级配分别加入，随加随搅拌均匀，无疙瘩灰即可。调配细灰应选用调细灰的血料（细灰料）和有黏稠度的光油。调配各种灰应满足和易性、可塑性和工艺质量的要求。在油料房存放的油灰表面要用湿麻袋片遮盖掩实，做好标识并按标识认真收发。

5）地仗灰的调配及使用注意事项：

① 配制地仗灰严禁使用长毛、发酵、发霉、结块的油满，不得使用和掺用血料渣、硬血料块、血料汤及其他不合格的材料。

② 材料房要保持整齐清洁，容器具要干净并备有灭火器材等。

③ 操作者未经允许不得进入材料房随意材料调配，作业现场剩余的灰料应按标识及时送回材料房。

④ 调配的材料运放在作业现场时，应做好标识，由使用者负责存放适当位置避免暴晒、雨淋、坠杂物，油灰表面要盖湿麻袋片并保持湿度。用灰者应按标识随用随平整并随时遮盖掩实，保持灰桶内无杂物、洁净。操作者不得胡掺乱兑。

## 35.8.3 各种地仗施工

### 35.8.3.1 麻布地仗施工

（1）麻布地仗工程施工主要工序见表35-58。

麻布地仗施工工序　　表35-58

<table>
<tr><th rowspan="2">起线阶段</th><th rowspan="2" colspan="2">主要工序（名称）</th><th rowspan="2">顺序号</th><th rowspan="2">工艺流程（内容名称）</th><th colspan="7">工程做法</th></tr>
<tr><th>两麻一布七灰</th><th>两麻六灰</th><th>一麻五灰</th><th>一麻一布六灰</th><th>一布五灰</th><th>一布四灰</th><th>糊布条四道灰</th></tr>
<tr><td rowspan="5">砍修八字基础线</td><td rowspan="5">基层处理</td><td>斩砍见木</td><td>1</td><td>旧地仗清除、砍修线口，新木基层剁斧迹、砍线口</td><td>＋</td><td>＋</td><td>＋</td><td>＋</td><td>＋</td><td>＋</td><td>＋</td></tr>
<tr><td>撕缝</td><td>2</td><td>撕缝</td><td>＋</td><td>＋</td><td>＋</td><td>＋</td><td>＋</td><td>＋</td><td>＋</td></tr>
<tr><td>下竹钉</td><td>3</td><td>下竹钉、楦缝（木件修整）、铁件除锈、刷防锈漆</td><td>＋</td><td>＋</td><td>＋</td><td>＋</td><td>＋</td><td>＋</td><td>＋</td></tr>
<tr><td rowspan="2">支油浆</td><td>4</td><td>相邻土建的成品保护工作，木件表面水锈、糟朽操油</td><td>＋</td><td>＋</td><td>＋</td><td>＋</td><td>＋</td><td>＋</td><td>＋</td></tr>
<tr><td>5</td><td>清扫、支油浆</td><td>＋</td><td>＋</td><td>＋</td><td>＋</td><td>＋</td><td>＋</td><td>＋</td></tr>
</table>

续表

| 起线阶段 | 主要工序（名称） | 顺序号 | 工艺流程（内容名称） | 工程做法 | | | | | | |
|---|---|---|---|---|---|---|---|---|---|---|
| | | | | 两麻一布七灰 | 两麻六灰 | 一麻五灰 | 一麻一布六灰 | 一布五灰 | 一布四灰 | 糊布条四道灰 |
| 捉裹掐轧基础线 | 捉缝灰 | 6 | 横掖竖划、补缺、衬平，灰棱、灰线口 | ＋ | ＋ | ＋ | ＋ | ＋ | ＋ | ＋ |
| | | 7 | 局部磨粗灰清扫湿布掸净、衬垫灰 | ＋ | ＋ | ＋ | ＋ | ＋ | ＋ | ＋ |
| | 通灰 | 8 | 磨粗灰、清扫、湿布掸净 | ＋ | ＋ | ＋ | ＋ | ＋ | ＋ | ＋ |
| | | 9 | 通灰、（过板子）、拣灰 | ＋ | ＋ | ＋ | ＋ | ＋ | ＋ | ＋ |
| | 使麻 | 10 | 磨粗灰、清扫、湿布掸净 | ＋ | ＋ | ＋ | ＋ | ＋ | ＋ | ＋ |
| | | 11 | 开头浆、粘麻、砸干轧、潲生、水翻轧、整理活 | ＋ | ＋ | ＋ | ＋ | — | — | — |
| | 磨麻 | 12 | 磨麻、清扫掸净 | ＋ | ＋ | ＋ | ＋ | — | — | — |
| | 压麻灰 | 13 | 压麻灰、（过板子）、拣灰 | ＋ | ＋ | ＋ | ＋ | — | — | — |
| | 使麻 | 14 | 磨压麻灰、清扫、湿布掸净 | ＋ | ＋ | ＋ | ＋ | — | — | — |
| | | 15 | 开头浆、粘麻、砸干轧、潲生、水翻轧、整理活 | ＋ | ＋ | — | — | — | — | — |
| | 磨麻 | 16 | 磨麻、清扫掸净 | ＋ | ＋ | — | — | — | — | — |
| | 压麻灰 | 17 | 压麻灰、（过板子）、拣灰 | ＋ | ＋ | — | — | — | — | — |
| | 糊布 | 18 | 磨压麻灰、清扫、湿布掸净 | ＋ | ＋ | — | — | — | — | — |
| | | 19 | 开头浆、糊布、整理活 | ＋ | — | — | ＋ | ＋ | ＋ | ＋ |
| | 压布灰 | 20 | 磨布、清扫掸净 | ＋ | — | — | ＋ | ＋ | ＋ | ＋ |
| | | 21 | 压布灰、（过板子）、拣灰 | ＋ | — | — | ＋ | ＋ | — | — |
| 轧中灰线胎 | 中灰 | 22 | 磨压布灰、清扫、湿布掸净 | ＋ | — | — | ＋ | ＋ | — | — |
| | | 23 | 抹鱼籽中灰、闸线、拣灰 | ＋ | ＋ | ＋ | ＋ | ＋ | — | — |
| | | 24 | 磨线路、湿布擦净、刮填槽灰 | ＋ | ＋ | ＋ | ＋ | ＋ | — | — |
| | | 25 | 磨填槽灰、湿布掸净、刮中灰 | ＋ | ＋ | ＋ | ＋ | ＋ | ＋ | ＋ |
| 轧修细灰定型线 | 细灰 | 26 | 磨中灰、清扫、潮布掸净 | ＋ | ＋ | ＋ | ＋ | ＋ | ＋ | ＋ |
| | | 27 | 找细灰、轧细灰线、溜细灰、细灰填槽 | ＋ | ＋ | ＋ | ＋ | ＋ | ＋ | ＋ |
| | 磨细灰 | 28 | 磨细灰、磨线路 | ＋ | ＋ | ＋ | ＋ | ＋ | ＋ | ＋ |
| | 钻生桐油 | 29 | 钻生桐油、擦浮油 | ＋ | ＋ | ＋ | ＋ | ＋ | ＋ | ＋ |
| | | 30 | 修线角、找补钻生桐油 | ＋ | ＋ | ＋ | ＋ | ＋ | — | — |
| | | 31 | 闷水起纸、清理 | ＋ | ＋ | ＋ | ＋ | ＋ | ＋ | ＋ |

注：1. 表中“＋”号表示应进行的工序。
2. 本表均以下架大木槛框麻布地仗起线所进行的工艺流程设计，上架大木或不轧线的部位应依据实际情况进行相应的工艺流程。
3. 一布四布地仗做法和四道灰溜布条做法进行轧线时，可参照一布五灰做法的工序。
4. 支条、天花、隔扇、槛窗、栏杆、垫栱板等木装修不进行第 3 项的下竹钉。

(2) 木基层处理的施工要点

1) 斩砍见木

① 旧地仗清除，在砍活时要掌握“横砍、竖挠”的操作技术要领。用专用锋利的小斧子横着（垂直）木纹将旧油灰皮全部砍掉，砍时用力不得忽大忽小，不得将斧刃顺木纹砍，以斧刃触木为度。挠活时用专用锋利的挠子顺着构件木纹挠，将所遗留的旧油灰皮挠净，不易挠掉的灰垢灰迹刷水闷透湿挠干净，但刷水不得过量，必要时可采取顺木茬斜挠，并将灰迹（污垢）挠至见新木茬，平光面应留有斧迹、无木毛、木茬，挠活不得横着（垂直）木纹挠。楠木构件挠活时，应随凹就凸掏着挠净灰垢见新木即可，不得超平找圆挠。旧木疖疤应砍深 3～5mm。应掌握“砍净挠白，不伤木骨”的质量要求。挠活时采用角磨机代替挠子除垢不损伤木骨，有利于文物建筑保护，大木构件光滑平整处应剁斧迹。

水锈、木质风化：木件表面及木筋内凡有水锈、糟朽的木质部位。应挠净见新木茬，水锈处木筋深时尽力挠净，木质风化现象应将松散及木毛挠净。凡水锈的部位有木质糟朽需进行剔凿挖补。

麻布地仗部位的雕刻花活基层处理：旧灰皮清除可采取干挠法或湿挠法，用精细的锋利的工具进行挠、剔、刻、刮，不得损伤纹饰的原形状。

② 砍修线口：槛框原混线的线口尺寸及锓口不符合文物要求及传统规则时，应进行砍修，遇有不宜砍修时，应待轧八字基础线时纠正。需砍修线口或八字基础线口尺寸同“砍线口”尺寸。

③ 剁斧迹：新木件表面用专用锋利的小斧子横着（垂直）木纹剁出斧迹，剁斧迹的间距 10～18mm，木筋粗硬时间距 15～20mm，深度 2～3mm。凡疖子 20mm（直径）以上者，应砍深 3～5mm。有木疖疤 20mm 直径以上者，应砍深 3～5mm，木疖疤的树脂用铲刀或挠子清除干净。并将木构件表面的表皮、沥青、泥浆、泥点、灰渣、泥水雨水的锈迹及防火涂料等污垢、杂物应清除干净。

④ 砍线口：槛框凡起混线时，砍线口的线口宽度，为混线规格的 1.3 倍，正视面（大面）为混线规格的 1.2 倍，侧视面（小面）为混线规格的二分之一，槛框交接处的线角应方正、交圈。

2) 撕缝：木结构缝隙内的旧灰迹及缝口应清除干净，新旧木构件 3mm 以上宽度的缝隙，应撕全撕到并撕出缝口为“V”字形，以扩大缝口宽度 1 倍为宜。

3) 下竹钉

① 下竹钉凡下架柱框、上架大木构件、博缝等新旧木件的裂缝 3mm 以上宽度应下竹钉，其中旧木件为补下竹钉，缺多少补多少。竹钉用毛竹制成，分单钉、靠背钉、公母钉，竹钉厚度不少于 7mm，长度为 25～40mm，宽度为 3～12mm，呈宝剑头状，一般常用单钉。要求一道缝隙下竹钉先下两头再下中间数钉同时下击，如缝隙 300mm 长竹钉应下 3 枚，并列缝隙下竹钉应错位下，基本呈梅花形，竹钉应严实、平整、牢固，间距（间距 150mm±20mm）均匀。严禁漏下、松动，新旧木构件不得下母活（又称母钉）；竹钉形状和下法见图 35-73。对于矩形构件（如梅花柱子、板面、槛框、踏板等）宽度、厚度小于 200mm×100mm 时，表面的裂缝 150mm 左右需下扒锔子，似“Π”形（扒锔钉长为 15mm 左右，宽为缝隙的 1～1.5 倍），两个扒锔子之间的缝隙下一个竹钉。下竹钉不得下硬钉（如 3mm 缝隙下 4mm 竹钉为佳，下 5mm 以上宽度的竹钉为硬下，易撑裂构件），

所下竹钉依不松动能防止木材收缩为宜，但竹钉帽或扒锔子不得高于木材表面。

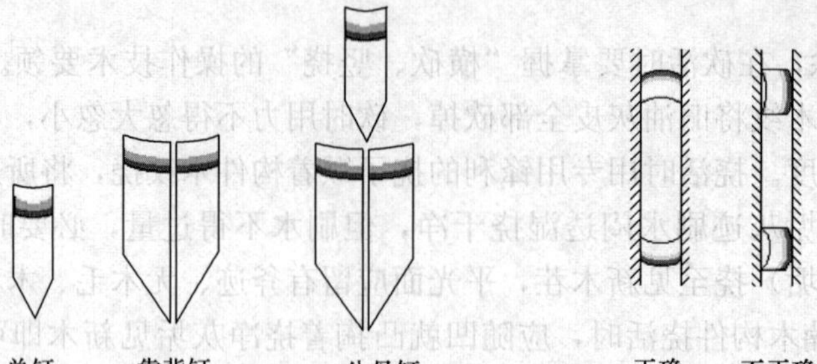


图 35-73　竹钉形状和下法

② 揎缝：木件缝隙 10mm 宽度以上的竹钉与竹钉之间，新木件用竹扁或干木条揎实，旧木件用干木条揎实，不得高于木材表面。并将结构缝和构件松动残缺部分及纹饰残缺部分按原状修配成形。

③ 铁件除锈防锈：应将松动的高于木材面的铁箍恢复原位，箍紧钉牢，帽钉应低于木材面 5mm 为佳。凡预埋加固铁件（如铁箍、扒锔等）的锈蚀物进行除锈，除污垢，应清除干净。涂刷防锈漆两道应按金属面配套使用。要求涂膜均匀，不得遗漏。

4）地仗灰施操前的准备工作

① 砍下的旧灰皮及污垢杂物应及时清理干净。

② 操油、支油浆前，凡与地仗灰施操构件相邻的成品部位进行保护。应对砖墙腿子、砖坎墙、砖墙心、柱顶石等砖石活应糊纸，台明、踏步等刷泥，以防地仗灰污染（有条件时铺垫编织布）。

③ 木构件表面凡有水锈、糟朽处和木质风化、松散现象，施涂操油要刷严、刷到，刷均匀，操油比例见表 35-56。但操油的浓度应根据木质现状而调整配比以涂刷不结膜、增加木质强度为宜。

5）支油浆

支油浆前先将木件表面的浮尘杂物清扫干净，汁浆比例见表 35-56。支油浆用糊刷或刷子涂刷均匀，要求支严刷到、不遗漏、不起亮等缺陷；除异型构件外，不得使用机器喷涂汁浆。

（3）麻布地仗施工技术要点

1）捉缝灰

支油浆干燥后，用小笤帚将表面清扫干净。油灰配比见表 35-56。以铁板捉灰，遇缝要掌握“横掖竖划”的操作要领，并掖满捉实，5mm 以上缝隙和缺陷处应先捉灰随后揎入干木条再捉规矩，并捉成整铁板灰，不得捉蒙头灰，不能捉鸡毛灰。除捉缝隙外还要补缺、衬平、借圆，裹灰线口，檩背、枋肩及合棱、柱头、柱根要裹贴整齐，柱秧、柱边、框边要贴整齐，找出规矩（含构件和纹饰残缺部分按原状捉齐），斧痕、木筋深而多时要刮平，要刮净野灰、飞翅。严禁连捉带扫荡，不得遗漏。凡新旧隔扇槛窗及门窗肩角节点缝处，除捉缝隙外捉成整铁板灰，棂子心和海棠盒的心地初步捉平。捉缝灰厚度要根据木件现状掌握，捉缝灰遇竖由下至上捉，遇横从左至右捉，捉好一部件再捉另一部件，捉好一步架再捉另一步架直至捉完。

2）衬垫灰

捉缝灰干燥后，凡需衬垫灰处用金刚石打磨平整、光洁，有野灰、余灰、残存灰及飞翅用铲刀铲掉，并扫净浮灰粉尘后，湿布掸净。

① 用靠尺板检测木构件表面残损及微有变形等缺陷，油灰配比同捉缝灰。应用皮子、灰板和铁板分次衬平、找直、借圆、补齐成形。分次衬垫灰应在捉缝灰工序中完成，如缺陷稍大均可在通灰后再分次垫找，为使灰层干燥快每次衬垫灰层的厚度宜薄不宜厚，根据缺陷选用籽灰粒径。

② 凡木件的局部缺陷在楦活、捉缝灰、衬垫灰时，要达到随木件原形的要求，但不能影响木件整体外观形状，更不能影响相邻木件外观的形状。

③ 捉缝灰时各种线形的灰线口捉裹掐基本规矩干燥后，对不规矩的八字线口不能砍修时，为避免麻层以上灰层过厚，以专人先轧混线的八字基础线和梅花线的基础线及合棱，八字基础线的线口尺寸同砍线口尺寸。旧隔扇槛窗橙子心（裙板）云盘线地和海棠盒（绦环板）绦环线地，用铁板将心地填灰刮平，拣净野灰、飞翅，秧角干净利落。凡新隔扇、槛窗的云盘线、绦环线，可先用毛竹轧子轧好。凡是新旧隔扇、槛窗轧云盘线、绦环线应注意风路的均称一致和线肚高为线底宽的43%。

3）通灰（扫荡灰）

① 衬垫灰干燥后，磨捉缝灰用金刚石打磨光洁平整，有野灰、余灰、残存灰及飞翅用铲刀铲掉，并将打磨不能到位的浮籽铲掉，通灰前扫净浮灰粉尘后用湿布逐步掸净，不得随磨随通灰。

② 通灰以搽灰者、过板者、拣灰者三人操作。掌握“竖扫荡”和“右板子”及“俊粗灰”的操作要领。搽灰者先上后下，由左至右用皮子搽灰，并掌握抹横先竖后横，抹竖先横后竖，抹严造实复灰抹匀的操作方法。过板者由左向右将灰让均匀，由右向左一板刮灰成活，手持灰板要垂直、脚步稳，倒手不停板。拣灰者应掌握“粗拣低的技术要点，用铁板拣平划痕、接头及野灰。要求凡新木件过板灰层厚度以滚籽灰为度，凡旧木构件过板灰层厚度基本以滚籽灰为宜，表面要光洁应衬平、借圆、掐直，阴阳角直顺、整齐，不得出现漏板和喇叭口及籽粒粗糙、龟裂、划痕、脱层。

③ 新旧隔扇、槛窗通灰轧泥鳅背或两炷香或皮条线时（包含使麻做法的支条通灰轧八字基础线），第一步通灰先轧大边、抹头的基础线，轧线前用小皮子抹灰要来回通造严实，覆灰要均匀。轧线应横平、竖直、饱满，拣灰不得拣高，湿拣或干拣线角处要交圈方正，不走线形，线路两侧的野灰、飞翅要拣净。轧线时不宜用马口铁轧子抹灰造灰，以防轧子磨损快、易变形。第二步宜用毛竹挖修成云盘线和绦环线轧子轧基础线，轧线前用小皮子抹灰要来回通造严实，覆灰要均匀，轧线时轧直线要直，轧弧线要流畅，线路宽窄一致，肩角和风路要均称，线肚高为线底宽的43%，拣净野灰、飞翅。前两步程序完成干燥后，应打磨清扫湿布掸净进行第三步用铁板将边抹的五分、口、碰头、门肘及新隔扇、槛窗的云盘线、绦环线的地刮平，裹圆，秧角、棱角整齐，拣净野灰、飞翅。支条用铁板通灰填槽。

4）使麻

① 通灰干燥后，局部有龟裂应用铁板刮平。磨通灰用金刚石打磨平整、光洁，无浮籽，金刚石不能到位的浮籽用铲刀铲掉，有野灰、余灰、残存灰及飞翅用铲刀铲掉，打磨后使麻前由上至下扫净浮灰粉尘，用湿布逐步掸净，不得随磨随使麻。

② 使麻步骤为开头浆、粘麻、砸干轧、潲生、水翻轧、整理活。分当人员组合一般有五人、七人、九人、十一人、十三人，使麻应按施工面大小及步骤分配人员进行流水配合作业，如十三人的分当组合，开头浆一人、粘麻一人、砸干轧四人、潲生一人、水翻轧四人、整理活二人，不得使完节点缝的麻干后再使大面的麻。

a. 开浆者掌握要点是先开节点多秧处，少开先拉当，浆匀浸麻面，便轧实整理，然后开大面。开头浆时，刷子正兜反甩要均匀，不宜开浆过多（以防封皮），并与粘麻者配合操作。

b. 粘麻的麻丝应与木构件的木丝纹理交叉垂直，麻丝与构件的节点缝（如连接缝、拼接缝、交接缝、肩角对接缝）交叉垂直，木件的断面（柁头、檩头等）可交叉粘或粘乱麻，木构件使麻的麻丝与混凝土构件连接缝拉接宽度不少于 50mm。

c. 砸干轧者在粘好的麻上用麻轧子砸横木件的麻时，横着麻丝由右向左先顺秧砸，后顺边砸，再砸大面。砸竖木件的麻时横着麻丝由下向上顺秧砸，砸好秧和边，后砸大面，逐次砸实以挤出底浆为度。砸干轧切忌先砸大面，后砸秧。遇边口、墙身、柱根等用手拢着麻须往里砸，随砸随拢不要窝边砸，砸干轧时遇有麻披、麻秸、麻梗、麻疙瘩等杂物要择出。刮风时，应紧跟粘麻者，快速砸秧、砸边棱、砸中间。

d. 潲生者在砸干轧后有干麻处潲生并做好配合操作，潲生配合比为油满：清水＝1：1.2。用刷子蘸生顺麻刷在砸干轧未浸透麻层的干麻上，以不露干麻为宜，使之洇湿闷软浸透干麻与底浆结合，便于水翻轧整理活。潲生且不可过大，否则不利于轧实轧平，如底浆薄潲生大麻层干缩后易脱层。不宜用头浆潲生，不利于浸透干麻与底浆结合，不得用头浆加水代替生使用。

e. 水翻轧者应掌握“横翻顺轧”的技术要领。水翻轧者用麻轧子尖或麻针横着麻丝拨动将麻翻虚，有干麻、干麻包随时补浆浸透，并将麻丝拨均匀，有麻薄漏籽处要补浆补麻再轧实，随后用麻轧子将翻虚的麻，从秧角着手轧实后，顺着麻丝来回擀轧至大面，挤净余浆逐步轧实、轧平。有轧不倒的麻披、麻梗用麻针挑起抻出。局部囊麻层和秧角窝浆处可补干麻或用干麻蘸出余浆再擀轧、挤净，严禁不翻麻而用铁板将麻刮平。

f. 整理或者在水翻轧后用麻压子逐步复轧（擀轧）过程中检查、整理麻层中的缺陷，秧角线棱有浮翘麻要整理轧实，有囊麻层处、秧角有窝浆处要整理挤净、轧实轧平，有露籽、脱截处要抻补、找平、轧实，有麻疙瘩、麻梗、麻缕要整理、轧平，有抽筋麻要抻起落实，再轧实，麻层要密实、平整、粘结牢固，麻层厚度不少于 1.5～2mm。凡使麻的麻丝应距离瓦砖石 20～30mm，麻层整理好后要擦净多余的浆。麻层不得有麻疙瘩、抽筋麻、干麻、露籽、干麻包、空鼓、崩秧、窝浆、囊麻等缺陷。

5）磨麻

使麻后不宜放置时间过长否则磨麻不易出绒。一般使麻后放置一两天即可磨麻，七、八月阴雨时，可放置两三天再磨麻，不得磨湿麻。麻层九成干时磨麻易出麻绒，磨麻应掌握“短磨麻”的操作要领，磨麻时用瓦片或金刚石的棱横着麻丝磨、磨寸麻，基本不磨断表面麻丝为宜。

6）糊布（如做糊布）

糊布按开头浆、糊布、整理活进行，混凝土构件与木构件的连接缝糊布拉接宽度不少于 30mm。操作时由上至下，从左至右。开浆者与糊布者配合操作，开头浆要均匀一致，糊布者应先将布的折边剪掉成毛边，糊布应拉结构的连接缝、交接缝、肩角节点缝（含溜布条做法），明圆柱应缠绕糊布，糊上架大木布时，先小件后大件（先柁头柱头后糊檩垫枋），用硬皮子把浆挤压干净，要求布面密实平整、对接严紧牢固、不露籽，秧角严实，不得顺木件木纹对接缝，栏杆的扶手和包裹的对接缝不得放在明显面，阴阳角处不得有对接缝和搭接缝，不得有窝浆、崩秧、干布、死折、空鼓等缺陷。凡下架大木糊布应裹槛框口和拉横披窗及拉死隔扇的边抹秧。隔扇糊布时，先糊边框布再糊抹头布，应裹口和拉仔屉秧及绦环板和裙板秧，再糊绦环板和裙板布时线路和心地一起糊，线路的肩角拐弯死角等处有死折时，用锋利的铲刀将死折拉开再压实。

7）压麻灰（含压布灰）

① 磨布用11/2号砂布或砂纸磨，要求断斑（磨破浆皮），不得磨断布丝或漏磨，有翘边用铲刀铲掉，磨布后由上至下扫净浮绒粉尘。

② 压麻灰以搽灰者、过板者、拣灰者三人操作，掌握"横压麻"和"右板子"及"傻粗灰"的操作要领。压麻灰一般是先上后下，由左至右横排进行。搽灰者用皮子搽灰，依据灰板长度并掌握抹横先竖后横，抹竖先横后竖，抹严造实与麻绒充分结合，复灰薄厚要抹均匀。过板者手持灰板要与通灰的板口位置错开，灰让均匀垂直构件顺麻丝滚籽刮灰厚度，过板遇秧角稍停错口切直、棱角掐直，拣灰者用铁板将板口及下不去地方的余灰拣净，并将划痕、漏板飘浮刮平，并掌握"粗拣低"的技术要点。表面光洁要平、圆、直，秧角和棱角直顺、整齐，不得有脱层、空鼓、龟裂纹等缺陷。

8）中灰（按下架分三个步骤进行）

压麻灰或压布灰干燥后，用金刚石（见工具要求）打磨平整、光洁，棱角穿磨直顺、整齐，有野灰、余灰、残存灰及飞翅用铲刀铲掉，并将金刚石打磨不能到位的残存灰、浮籽铲掉。凡属轧线部位由轧线者细心穿磨，磨完后中灰前扫净浮灰、粉尘后，逐步用湿布掸净。

第一步：轧线以搽灰者、轧线者、拣灰者三人完成，轧混线操作方法见轧细灰线，要求灰线与压麻灰（压布灰）粘结牢固，轧混线的鱼籽中灰线轧子（线胎宽度）要小于细灰轧子（定型线）1～2mm。凡隔扇边抹轧线应先轧竖后轧横，即先轧竖两柱香或皮条线，后轧横两炷香或皮条线。表面光洁、直顺、整齐、不显接头，不得有错位、断裂纹、线角倾斜等缺陷。轧线拣灰用小铁板将线路两侧的野灰和飞翅拣净，不得碰伤线膀并掌握"粗拣低"的操作要领。

第二步：轧混线、梅花线、支条的眼珠子线等干后磨去飞翅，填槽灰、刮口。轧皮条线、两炷香干后磨去飞翅，进行刮口和五分。轧云盘线、绦环线干后磨去飞翅，进行填地。使用灰板刮灰或铁板刮灰，表面要平整、秧角直顺，不得有空鼓、脱层、龟裂纹等。填槽灰干燥后将其表面和线纹用金刚石块穿磨平整，扫净浮灰后，用湿布擦净。

第三步：中灰时，油灰配比见表35-56，平面构件应使用铁板刮中灰，圆构件可用硬皮子攒刮中灰，灰层厚度以中灰粒径为准，不得有空鼓、脱层、龟裂纹等。

9）细灰（按下架分四个步骤进行）

① 中灰干燥后，磨中灰带铲刀，用金刚石（见工具要求）块穿磨平整、光洁、秧棱角穿磨直顺、整齐，无接头、野灰、余灰、残存灰，凡属线路由轧线者细心穿磨。磨完后，上细灰前由上至下逐步将浮灰粉尘清扫干净，需支水浆一遍或用湿布将上细灰的部位逐步湿润，清理干净。

② 细灰不宜细得过多，应根据天气细多少磨多少，控制在半日内或一日内磨细钻生完成，再细为宜，细灰不得晾晒时间过长。细灰配比见材料配比表。

第一步：轧各种线时以搽灰者、轧线者、拣灰者三人完成，搽灰者用皮子搽灰，应抹严造实、复灰要饱满均匀，轧线者手持轧子让灰均匀后，用清水清洗轧子，再稳住手腕轧灰线，拣灰者用铁板拣净两侧余灰，拣线处要随线形，可拣高不得拣低。轧云盘线要使用竹轧子。

第二步：找细灰，应使用铁板操作。所找细灰的构件为秧角、边角、墙柱边、檩背、柱头、柱根、板口等处要求找细灰，应平整、直顺、薄厚均匀、不得有龟裂纹等缺陷。

第三步：溜细灰，圆构件使用细灰皮子分段、分部操作，掌握"左皮子和细灰两头跑"的操作要领。溜明圆柱细灰时，先溜膝盖以上至手抬高处，抹灰从右里向左抹灰，上下打围脖（上过顶下过膝），抹严抹实抹匀，竖收灰，要蹲膝、坐腰、腕子稳、皮口直。待此段细灰干时，分别溜柱子的上段（上步架子）细灰和柱根处（膝盖以下）的细灰。溜上桁条（檩）细灰时，从左插手，根据开间大小分一皮子活、两皮子活、三皮子活，所留接头不宜多，溜细灰不得拽灰。所溜细灰应与中灰结合牢固，无蜂窝、扫道；不得出现龟裂纹、空鼓、脱层等缺陷。

第四步：细灰填槽部位和构件平面宽时，用灰板细灰，构件平面窄时用铁板细灰，凡矩形构件（如霸王拳、将出头、踏板、坐凳面等）掌握"隔一面细一面"的技术要领。

③ 细灰质量要求：所细的细灰应与中灰结合牢固，表面平整，细灰厚度约 2mm，薄厚一致以磨细灰达到平圆直不漏籽为宜，无蜂窝麻面、扫道，不得出现龟裂纹、空鼓、脱层等缺陷。

10）磨细灰

细灰干后应及时进行磨细灰，应根据部位选用大小适宜的细金刚石块，要棱直面平，由下而上将金刚石块放平磨，磨好一段，再磨另一段，并掌握"长磨细灰"的操作要领。磨细灰时先穿后磨，大面可竖穿横磨或横穿竖磨，先穿平凸面至全部磨破浆皮，断斑后随即透磨平直，圆柱应随磨随用手摸，以手感找磨圆、平、直，凡平圆大面可用大张对折细砂纸顺木件，将穿磨的缕痕轻磨、蹚平、蹚圆，秧角、棱角要穿磨直顺、整齐。线路的线口处由专人（轧线者）磨，先磨好线口两侧，线口用麻头磨好，各种线形、线口尺寸、线肚和山花结带及大小樘子心地、纹饰应细心磨平磨规矩，不走样。表面要平、直、圆、光洁，不得碰伤棱角、线帮，不得有漏磨、不断斑、龟裂纹、空鼓、脱层、裂纹、接头、露籽等缺陷。注意大风天不宜磨细灰。凡磨细灰前后发现有成片的龟裂纹、风裂纹应及时铲除细灰层，不留后患。

11）钻生桐油

细灰磨好一段，钻生者应及时钻好一段，磨好的细灰不能晾放，以防出风裂纹（激炸纹）。钻生前应将表面的浮粉末清扫干净，柱根处的细灰粉末围柱划沟。钻生时，以丝头或刷子蘸原生桐油搓刷，要肥而均匀，应连续地、不间断地钻透细灰层，钻生桐油的表面应色泽一致。遇细灰未干处和未磨的细灰交接处及线口，要闪开 10～20mm。不得采取喷涂法，不得有漏刷、龟裂纹、风裂纹、裂纹、污染等缺陷。仿古建筑钻头遍生桐油内可兑5%的汽油，便于渗入更深的灰层。所磨细灰生桐油钻完渗足后，在当日内用麻头将表面的浮油和流痕通擦干净，不得漏擦防止挂甲。室内钻生后应通风良好，凡擦过生桐油的麻头应及时收回妥善处理。钻生后严禁用细灰粉面擦饰浮生油及风裂纹（为掩蔽风裂纹，即治标不治本)。

12）修整线角与线形

地仗全部钻生七八成干时，派专人用斜刻刀对所轧线形的肩角、拐角、线角、线脚等处进行修整；特别是对槛框交接处的线角修整，应带斜刻刀和铁板其规格不小于2寸半并要求直顺、方正。修线角时先将铁板的90°角对准槛框交接处横竖线路的外线膀肩角，用斜刻刀轻划90°白线印。再用斜刻刀在方形的白线印内按线型修整。先修外线膀找准坡度和45°角，再修内线膀坡度和45°角，最后修线肚圆，接通45°角。线角的线型按轧线的线路线型修整成型接通后，要交圈方正平直，将全部修整的线角找补生油。古建槛框混线规格与八字基础线口尺寸见表35-59。

**古建槛框混线规格与八字基础线口尺寸**（mm） **表35-59**

| 线口名称<br>线口尺寸<br>框面尺寸 | | 混线宽度与铩口的要求 | | | 八字基础线口宽度与铩口的要求 | | |
|---|---|---|---|---|---|---|---|
| | | 框线规格 | 正视面（看面） | 侧视面（进深） | 基础线规格 | 正视面（看面） | 侧视面（进深） |
| 古建筑明间抱框宽度 | 128 | 20 | 18 | 7 | 26 | 24 | 10 |
| | 157 | 23 | 21 | 9 | 30 | 27 | 12 |
| | 176 | 25 | 23 | 10 | 33 | 30 | 13 |
| | 205 | 28 | 25 | 11 | 36 | 33 | 14 |
| | 224 | 30 | 27 | 12 | 39 | 36 | 15 |
| | 253 | 33 | 30 | 13 | 43 | 40 | 17 |
| | 272 | 35 | 32 | 14 | 46 | 42 | 18 |
| | 301 | 38 | 35 | 15 | 49 | 45 | 19 |
| | 320 | 40 | 37 | 16 | 52 | 48 | 20 |
| | 349 | 43 | 40 | 17 | 56 | 52 | 22 |
| | 368 | 45 | 42 | 18 | 59 | 54 | 23 |

注：1. 表中抱框宽度尺寸，以清营造尺（折320mm）为推算单位。线型正视面尺寸为看面尺寸，侧视面尺寸为进深的小面尺寸。

2. 凡设计和营建施工混凝土或木框架结构的仿古建筑混线规格尺寸时，参考和运用表中尺寸，既能避免大量的剔凿或斩砍，又能确保结构和油饰质量。

### 35.8.3.2 单披灰地仗施工

（1）木材面单披灰地仗施工主要工序见表35-60。

**木材面单披灰地仗施工主要工序** **表35-60**

| 起线阶段 | 主要工序（名称） | 顺序号 | 工艺流程 | 工程做法 | | |
|---|---|---|---|---|---|---|
| | | | | 四道灰 | 三道灰 | 二道灰 |
| 砍修八字基础线 | 斩砍见木 | 1 | 旧木构件斩砍见木、砍修线口、除铲等 | + | + | + |
| | | | 新木构件剁斧迹、砍线口 | + | — | — |
| | 撕缝 | 2 | 撕缝 | + | + | + |
| | 下竹钉 | 3 | 下竹钉、揎缝 | + | — | — |
| | 支油浆 | 4 | 清扫、成品保护（糊纸、刷泥）、支浆 | + | + | + |
| 捉裹掐轧基础线 | 捉缝灰 | 5 | 捉缝灰、掖、补缺、衬平、找规矩、捉轧灰线口 | + | + | — |
| | | 6 | 衬垫 | + | — | — |
| | | 7 | 磨粗灰、清扫、湿布掸净 | + | — | — |
| | 通灰 | 8 | 抹通灰、过板子、拣灰 | + | — | — |
| | | 9 | 磨粗灰、清扫、湿布掸净 | + | — | — |

续表

| 起线阶段 | 主要工序（名称） | 顺序号 | 工艺流程 | 工程做法 | | |
|---|---|---|---|---|---|---|
| | | | | 四道灰 | 三道灰 | 二道灰 |
| 扎中灰线胎 | 中灰 | 10 | 抹鱼籽中灰、轧线、拣灰 | ＋ | — | — |
| | | 11 | 磨线路、湿布擦净、填槽鱼籽灰 | ＋ | — | — |
| | | 12 | 刮中灰 | ＋ | ＋ | ＋ |
| | | 13 | 磨中灰、清扫掸净 | ＋ | ＋ | ＋ |
| 轧修细灰定型线 | 细灰 | 14 | 轧细灰线、填刮细灰 | ＋ | — | — |
| | | | 找细灰、溜细灰 | ＋ | ＋ | ＋ |
| | 磨细灰 | 15 | 磨细灰 | ＋ | ＋ | ＋ |
| | | | 磨线路 | ＋ | — | — |
| | 钻生油 | 16 | 钻生桐油、擦浮油 | ＋ | ＋ | ＋ |
| | | 17 | 修线角、找补钻生桐油 | ＋ | — | — |
| | | 18 | 闷水、起纸、清理 | ＋ | ＋ | ＋ |

注：1. 表中“＋”号表示应进行的工序。

2. 表中二道灰、三道灰、四道灰地仗做法中，连檐瓦口椽头、椽望、斗栱、花活等部位不进行剁斧迹、下竹钉工序。

（2）木材面四道油灰地仗施工技术要点

1）新旧木材面基层处理

新旧木基层处理的施工要点同麻布地仗施工木基层处理的施工要点。

2）凡与地仗灰施操构件相邻的成品部位进行保护。应对砖墙腿子、砖坎墙、砖墙心柱顶石，台明及踏步等应糊纸、刷泥以防地仗灰污染（有条件铺垫编织布）。

3）木材面四道灰地仗的施工要点同麻布地仗除使麻外的施工工艺要点。做传统油灰地仗新木材面基层含水率不宜大于12%。

## 35.8.4　地仗施工质量要求

### 35.8.4.1　麻布地仗、四道灰地仗质量要求

（1）麻布地仗、四道灰地仗主控项目质量要求

1）麻布地仗、四道灰（大木及装修）地仗的做法、工艺及所选用材料的品种、规格、质量、配合比、加工计量应符合设计要求和古建操作规程要求及现行材料标准的规定。

2）麻布地仗、四道灰（大木及装修）地仗的各遍灰层之间和麻或布之间与基层必须粘结牢固；修补新旧麻布地仗、四道灰（大木及装修）地仗的各遍灰层之间与基层及接槎处必须粘结牢固。

3）地仗表面严禁出现漏籽、干麻、干麻包、崩秧、窝浆、脱层、空鼓、崩秧、翘皮、漏刷、挂甲、裂缝等缺陷。

（2）麻布地仗、四道灰地仗（大木及装修）一般项目表面质量要求

1）表面平整，光洁，色泽一致，接头平整，棱角、秧角整齐，合棱大小与木件协调一致，圆面手感无凹凸缺陷，无龟裂纹，彩画部位无麻面、砂眼、划痕，表面洁净。

2）线口表面规矩光洁，色泽一致，线肚饱满匀称，线秧清晰，秧角、棱角整齐，线

角交圈方正、规矩，曲线圆润自然流畅，风路均匀对称，肩角匀称、规矩；两炷香线、云盘线肚高为线底宽的43%，允许偏差±2%；框线三停三平，正视面宽度不小于线口宽度的90%，不大于94%；梅花线、两炷香线的线肚凸凹一致；皮条线的凸凹线面等分匀称、中间凹面允许窄1mm、两侧卧角线宽窄一致；无接头、龟裂纹、断裂，表面洁净、美观。

3）山花结带表面平整光洁，色泽一致，秧角、棱角整齐，纹饰层次清晰、阴阳分明、自然流畅，无龟裂纹、窝灰等缺陷，表面美观、洁净，纹饰忠于原样、不走形。

（3）允许偏差项目质量要求见表35-61。

**四道灰、麻布地仗允许偏差项目　　表35-61**

| 项次 | 项目 | 允许偏差（mm） | | | 检验方法 |
|---|---|---|---|---|---|
| 1 | 大面平整度（每延长米） | 下架大木和木装修 | | ±1 | 用1m靠尺和楔形塞尺检查 |
| | | 上架大木 | | ±2 | |
| 2 | 棱角、秧角平直合棱平直 | 下架大木和木装修 | 2m以内 | ±2 | 拉通线和尺量检查 |
| | | | 2m以上 | ±3 | |
| | | 上架大木 | | ±3 | |
| 3 | 五分宽窄度 | ±2 | | | 尺量检查 |
| 4 | 线路平直 | 2m以内 | | ±1 | 拉通线和尺量检查 |
| | | 2m以上 | | ±2 | |
| | | 4m以上 | | ±3 | |
| 5 | 线口宽窄度 | ±1 | | | 尺量检查 |

注：1. 框线线口宽度允许正偏差不允许负偏差。
2. 原木件有明显弯曲、变形缺陷者，地仗表面平整度应平顺，棱角、秧角、合棱平直度应顺平、顺直。

### 35.8.4.2 单披灰地仗（二道灰、三道灰、四道灰地仗）质量要求

（1）单披灰地仗（二道灰、三道灰、四道灰地仗）主控项目质量要求

1）单披灰地仗的做法、工艺及所选用材料的品种、规格、质量、配合比、加工计量应符合设计要求和古建操作规程要求及现行材料标准的规定。

2）单披灰地仗的各遍灰层之间与基层必须粘结牢固；修补新旧单披灰地仗的各遍灰层之间与基层及接槎处必须粘接牢固。

3）地仗表面严禁出现脱层、空鼓、翘皮、黑缝、漏刷、挂甲、裂缝等缺陷。

（2）单披灰地仗（二道灰、三道灰、四道灰地仗）一般项目质量要求

1）连檐瓦口地仗表面质量要求

表面平整、光洁，接头平整，色泽一致，水缝坡度一致，棱角直顺、整齐，无裂缝、龟裂纹，无明显麻面、露籽、划痕、砂眼等缺陷，表面洁净。

2）椽头地仗表面质量要求

表面平整、光洁，色泽一致，方椽头四棱四角平直、方正、整齐，圆椽头成圆规矩、棱角整齐，不得出现喇叭口；新椽头大小一致、旧椽头大小均匀，无裂缝、龟裂纹、露籽、砂眼、麻面、划痕等缺陷，表面洁净。

3）椽望地仗表面质量要求

表面平整、光洁，色泽均匀，望板平整、柳叶缝卷翘处顺平，椽秧严实直顺，盘椽根严实规矩整齐，闸档板、小连檐、燕窝处严实光滑，方椽棱角直顺、整齐，翼角椽档错台规矩其长短允许偏差10mm，凹面规矩深度不低于椽径1/2位置、四个翼角基本一致，无裂缝、龟裂纹、黑缝，无明显麻面、露籽、砂眼、划痕，表面洁净。

4）斗栱地仗表面质量要求

表面平整，光洁，色泽一致，棱角直顺整齐、秧角整齐，无裂缝、龟裂纹、黑缝、露籽、砂眼、麻面、划痕等缺陷，表面洁净。

5）花活地仗表面质量要求

表面色泽一致，边框平整，光洁，棱角线直顺、整齐，纹饰层次、阴阳清晰，棱角、秧角整齐，纹饰随形不走样，无裂缝、龟裂纹、露籽、麻面、砂眼、划痕，表面洁净。

6）仔屉、楣子地仗表面质量要求

表面色泽均匀，边框平整，菱花、棂条基本平，光洁，棱角线和秧角直顺、整齐。无裂缝、龟裂纹，无明显麻面、露籽、砂眼、划痕，表面洁净。

7）单皮灰（二道灰）地仗表面质量要求

大面光滑平整，小面光滑，色泽均匀，棱角直顺、整齐，秧角通顺、整齐，无龟裂纹、接头、麻面、砂眼、划痕。

8）修补地仗表面质量见麻布地仗和单皮灰地仗及众霸胶溶性单皮灰地仗相应的质量要求。

### 35.8.5 传统油漆的加工方法及配制

（1）颜料串油，传统多用无机矿物颜料串油，根据颜料颗粒粗细、轻重等原因进行分别串油，方法有出水串油、干串油、酒水串油等。出水串油的颜料如巴黎绿、鸡牌绿、章丹、银硃、黄丹及定粉，因矿物质颜料颗粒粗内含硝和杂质，并有毒。必须通过开水漂洗去除硝和杂质，水研磨罗细，再出水串油。定粉颗粒虽细因质重有黏度成块状，需水研磨罗细，进行出水串油。干串油的颜料如广红土、佛青，因颗粒细腻与油溶合可直接串油。上海银朱虽细腻、质轻飘浮力略差、与水与油难于溶合，可用精煤油闷透，或研细，再串油。酒水串油的颜料如黑烟子，因细腻、质轻飘浮、与水与油难于溶合，因此需先用酒闷透，再用热水浇沏，再串油。颜料串油应达到使用质量要求，其方法如下：

1）洋绿、章丹、银珠出水串油

洋绿、章丹、银珠等，串油前需分别先用开水多次浇沏，直至水面无泡沫，使盐、碱、硝等杂质除净。再用小磨研细，待其颜料沉淀后将浮水倒出。出水串油时，在一处逐次加浓度光油，用木棒搅拌，当颜料与油黏合一起时，水被逐步分离挤出，用毛巾将水吸净，陆续加油搅沚使水出净，再根据虚实串油，待油适度盖好掩纸，在日光下晾晒出净油内水分后待用。

2）干串广红油及用途

将广红土颜料放入锅内焙炒，使潮气出净，再将炒干的广红土过箩倒入缸盆内，加入适量光油搅拌均匀，用牛皮纸掩头盖好，放在阳光下暴晒，使其颜料颗粒沉淀时间越长越好，不得随用随配。油层分净、实、粗三种油，分别按上、中、下三层使用在不同部位和不同的工序上。上层的净油为"油漂"，做末道油出亮用，中层的油实做下架头、二道油用，下层的油微粗多用于上架檐头。

3）黑烟子酒水串油

将烟子轻轻倒入箩内，盖纸放进盆中，用干刷子轻揉，使烟子落在盆内，筛后去箩。用高力纸盖好，在高力纸上倒白酒或温白酒，使白酒逐渐渗透烟子，再用开水浇沏，闷透烟子为止，揭纸渐渐倒出浮水。并在一处逐次加浓度光油，用木棒搅拌，当烟子与油黏合一起时，水被逐步挤出，用毛巾将水吸净，再陆续加油使水出净，然后根据虚实串油，待油适度后盖好掩纸，在日光下晾晒出净油内水分后待用。

（2）古建仿古建油漆工程调配色时，应在天气较好，光线充足的条件下进行。所用的油漆类型批量必须相同。配色时，应掌握"油要浅、浆要深"，"有余而不多、先浅而后深、少加而次多"的操作要点，按照各种色漆的配合比依次称取其数量，再依次将次色、副色调入主色，搅拌均匀，而不得相反，并符合样板和设计要求后，还应掌握催干剂、稀释剂等的加入量。由于多种颜料密度不同，成品色漆或调成的色漆，常常发生"浮色"弊病，因此，在调色时，一般应添加入微量（千分之一）的硅油溶液加以调整，以免发生"浮色"。在油饰工程中用的干颜料，不但要鲜艳，而且要经久耐用。

## 35.8.6 浆灰、血料腻子、石膏油腻子材料配合比

油漆工程的浆灰、血料腻子、石膏油腻子材料配合比（重量比）见表35-62。

油漆工程的浆灰、血料腻子、石膏油腻子材料配合比（重量比） 表35-62

| 类别/材料 | 血料 | 细灰 | 土粉子 | 光油 | 调和漆 | 石膏粉 | 清水 |
|---|---|---|---|---|---|---|---|
| 浆灰 | 1 | 1 | — | — | — | — | |
| 血料腻子 | 1 | — | 1.5 | — | — | — | 0.3 |
| 石膏油腻子 | — | — | — | 6 | 1 | 10 | 6 |

注：1. 调配浆灰，应以调配细灰的血料（行话细灰料）调配浆灰，不得行龙。
2. 调配血料腻子时，施工中应使用土粉子，可用大白粉代替，且不得使用滑石粉，外檐墙面用血料腻子要滴入适量光油。
3. 调制帚活的血料腻子，强度不足时可加入血料或滴入适量光油，不得用剩余的腻子做代用品。
4. 调制石膏油腻子，用石膏粉加光油、色调和漆调匀，逐步加清水及微量石膏粉或大白粉调至上劲，速加清水调成挑丝不倒即可。
5. 调制大白油腻子用大白粉加色调漆调匀，逐步加清水及大白粉调至有可塑性即可。

## 35.8.7 油漆施工方法

### 35.8.7.1 古建油漆色彩及常规做法

清《工程做法则例》中记载油作设色做法较多，仅朱红一色就有多种细目，因此仅以常规油饰色彩做法为例。古建油饰色彩和色彩分配及绿椽肚的长度应符合文物要求和设计要求，无文物、设计要求时应符合传统规则或建设（甲）方的要求。

1. 大式建筑

（1）下架大木（柱子、槛框、踏板）装修：依据建筑等级常做二朱红油（朱红油饰）

三道，罩油一道。或做三道广红土油，均可罩油一道或不做罩油。

（2）隔扇、帘架、菱花屉（花园式建筑的棂条心屉均可饰绿色）、山花、博缝、围脊板等部位：随下架大木油漆色彩及做法。

（3）椽望：红帮绿底做法的红帮三道油漆，色彩随下架大木，椽肚做一道绿油，均可罩油一道。绿椽帮高为椽高（径）的45%，绿椽肚长为椽长的4/5，大门内檐和室内的绿椽肚无红椽根，廊步一般依据檐檩有无燕窝，有燕窝（里口木）者外留内无红椽根，无燕窝者外无内留红椽根，椽望沥粉贴金应符合设计要求。

（4）连檐、瓦口和雀台做樟丹油打底、二道朱红油、均可罩油一道。

（5）彩画部位的油漆色彩及做法：斗栱部位的盖斗板或趟斗板随下架大木油漆色彩及做法；斗栱部位的烂眼边、荷包、灶火门做三道朱红油；垫板除苏画和旋子彩画等级低者不做油漆外，一般做三道朱红油；花活地一般做三道朱红油；飞檐椽头做三道绿油；牌楼上架大木彩画部位做罩油一道。

（6）面叶：随下架大木油漆色彩为两道油做法，面油表面多做贴金。

（7）实榻大门、棋盘门、挂檐板、罗汉墙常规做三道二朱红油或做三道红土油，罩油一道。

（8）霸王杠：做三道朱红油。

（9）巡杖扶手栏杆：常规做三道二朱红或红土子油。裙板、荷叶净瓶一般做彩画。

（10）山花、博缝部位：随下架大木油漆色彩，常规三道油做法、均可罩油一道。

（11）额：俗称斗子匾，如斗边云龙雕刻使油贴金（龙、宝珠火焰、斗边库金，做彩云）斗边侧面及雕刻地常规做三道朱红油（贴金处一道樟丹油，一道朱红油，打金胶油贴金，地扣一道朱红油），匾心（字堂）筛扫大青，铜字贴金或镏金。

2. 小式建筑

（1）下架大木（柱子、槛框、踏板）：常规油饰色彩做法同大式下架大木油饰色彩做法。

1）传统有黑红镜做法：柱子、檩垫枋及门窗做三道黑烟子油，槛框的做三道红土子油；柱子、檩垫枋及槛框做三道黑烟子油，门窗做三道红土子油或黑烟子油其凹面（如裙板、鱼鳃板）做红土油点缀。

2）柱子与坐凳楣子色彩及常规做法：圆柱子与坐凳面做三道红土子油，楣子大边做三道朱红油，棂条做三道绿油；梅花柱子与坐凳面做三道绿油，仿古建可做三道墨绿油，楣子大边做三道朱红油，棂条做三道红土油；美人靠色彩多随柱子，有靠背的棂条与柱子红绿岔色之分；垂花门大面全绿凹面做红点缀。

3）各部位或窗屉做斑竹纹彩画时，绿斑竹部位做二道浅绿油，老斑竹部位做二道米色油。

（2）隔扇、菱花窗屉：随下架大木油漆色彩及做法，仔屉棂条随园林做三道绿油。

（3）椽望：红帮绿底做法的油漆色彩、绿椽帮高度和绿椽肚长度要求同大式建筑的要求，廊子的红椽根一般檐檩外有内无，皇家园林的（如颐和园）长廊只限于飞檐椽有红椽根。

（4）连檐、瓦口和雀台樟丹油（仿古建涂娃娃油）打底、二道朱红油、均可罩油一道。仿古建屋面为合瓦可做三道铁红醇酸调和漆或三道二朱红醇酸调和漆，均可罩光油一道。

（5）彩画部位的油漆色彩及做法：檩、垫、枋做掐箍头搭包袱彩画时，找头和聚锦部位做三道红土（铁红）油；檩、垫、枋做掐箍头彩画时，搭包袱和找头及聚锦部位做三道红土子油；花活地一般做三道朱红油；飞檐椽头做三道绿油；吊挂楣子的棂条做彩画时，大边做三道朱红油。

（6）屏门、月亮门：常规做三道绿油，仿古建可做三道墨绿油。

（7）巡杖扶手栏杆、花栏杆：做三道二朱红或红土子油。裙板、荷叶净瓶一般做彩画或饰绿油。

（8）牖窗、什锦窗：贴脸常规做三道红土子油，边框做三道朱红油，仔屉及棂条做三道绿油；做黑红镜做法时，贴脸常规做三道黑烟子油，边框做三道朱红油，仔屉或棂条做三道绿油。

（9）门簪：大小式建筑的门簪油饰色彩同下架大木，正面边线及图案饰金同混线，心做刷青或无青。

（10）椽头：飞檐椽头做三道绿油（沥粉后拍二道绿油，贴金后扣绿油一道），做无金彩画时拍二道破色绿油；老檐椽头无彩画时刷群青色。

### 35.8.7.2 古建油漆施工要点

（1）传统油漆施工主要工序

溶剂型混色油漆施工要点除涂刷工具使用刷子，涂刷朱红油、二朱油的头道油用娃娃油漆打底和不呛粉及水砂纸打磨外，其他基本同传统油漆施工要点。主要工序见表35-63。

**大木、门窗及椽望指搓颜料光油施工主要工序** **表35-63**

| 序号 | 主要工序 | 工艺流程 | 大木门窗 | 椽望 |
|---|---|---|---|---|
| 1 | 磨生 | 磨生油地、除净粉尘 | ＋ | ＋ |
| | 找刮浆灰 | 找刮浆灰 | ＋ | — |
| 2 | 攒刮腻子 | 刮血腻子 | ＋ | ＋ |
| 3 | 磨腻子 | 磨腻子，除净粉尘 | ＋ | ＋ |
| 4 | 头道油（垫光油） | 垫光头道油，理顺 | ＋ | ＋ |
| 5 | 找腻子 | 复找石膏油腻子 | ＋ | ＋ |
| 6 | 磨垫光 | 呛粉，磨垫光，除净粉尘 | ＋ | ＋ |
| 7 | 光二道油 | 搓刷二道油 | ＋ | ＋ |
| 8 | 磨二道油 | 呛粉，磨二道油，除净粉尘 | ＋ | ＋ |
| | 装饰线等贴金 | 打金胶油，贴金 | ＋ | — |
| 9 | 光三道油（扣油） | 装饰线和纹饰齐金、搓刷三道光油、理顺 | ＋ | — |
| | | 椽望弹线、搓刷绿椽肚 | — | ＋ |
| 10 | 罩光油 | 呛粉、打磨、罩清光油 | ＋ | ＋ |

注：1. 表中“＋”表示应进行的工序。

2. 如设计做法，椽望沥粉贴金时，沥粉应在第1道工序磨生、弹线后进行，贴金在第9道工序搓刷绿椽肚之后进行，其他工序相同。

3. 椽望搓刷绿椽肚指常规建筑，故宫三大殿为青、绿椽肚（望板和椽肚沥粉贴金）。

(2) 磨生油及找刮浆灰

1) 磨生油：地仗表面钻生桐油干燥后，提前用11/2号砂纸将油漆部位打磨光滑、进行晾生（预防地仗钻生外干内不干出现顶生现象）期间闷水起纸，将墙腿子、槛墙、柱门子等糊纸处及柱顶石清理干净，踏板下棱不整齐处，用铲刀和金刚石铲修穿磨直顺、整齐。

2) 未晾生而确认钻生干透后，用11/2号砂纸将油漆部位打磨光滑，并将浮尘清扫掸净，不得遗漏，除椽望、椽花、椽条外，其他部位需用湿布掸净。

3) 找刮浆灰：生油地有砂眼、划痕、接头及柱根、边柱等处以铁板进行找刮浆灰。生油地蜂窝麻面粗糙处以铁板满刮浆灰。找刮或满刮浆灰时，应克骨刮浆灰，要一去一回操作，不得有接头。凡彩画部位和找刮浆灰毛病大处或满刮浆灰的部位，待浆灰干燥，磨浆灰后，需刷稀生油一遍，配合比为生桐油：汽油＝1：2.5，涂刷应均匀，干后不得有亮光，操油处打磨光滑，浆灰配比见表35-62。

(3) 攒刮血料腻子

1) 平面用铁板刮血料腻子，圆面用皮子攒血料腻子。要与细灰接头错开，应刮严、刮到，平整光洁，不得刮攒厚腻子和接头，不得污染相邻成品部位。椽花、椽条帚血料腻子要有遮盖力（要起弥补细微砂眼作用），不得遗漏。所攒、刮、帚的血料腻子应有强度，手擦不得掉粉，彩画施工部位或顶生处不得攒刮血料腻子。腻子配合比见表35-62。

2) 椽望攒刮血腻子以三人操作，两人对脸操作，平面以铁板进行刮血腻子，圆面以皮子攒血腻子，要一去一回并一气贯通不得留横接头，不得刮攒厚腻子，帚血料腻子者用小刷子将椽秧、燕窝、闸档板秧等处帚匀、帚到，并将野腻子帚开，无黑缝，不得遗漏。不得污染成品部位和画活部位。

3) 磨血料腻子，用11/2号砂纸或砂布打磨腻子，掌握"长磨腻子"的技术要领，表面光滑，大面平整，秧角干净利落，不得有划痕、野腻子、接头、漏磨，并除净粉尘。

(4) 头道油（垫光油）

头道油，搓油者用生丝团蘸颜料光油搓，要干、到、匀，顺油者用牛尾栓"横登、竖顺"将油理均匀、理顺；操作（椽望成品油漆）时两人一挡，一人搓一人顺，由上至下从左至右操作。搓柱子油时，每步架应有一挡操作。要求表面薄厚均匀一致，栓路通顺，基本无皱纹、流坠，不得有超亮、透底、漏刷、污染等缺陷；搓刷朱红油、二朱油的部位应垫光章丹油（成品油漆可垫光娃娃颜色油漆）。

(5) 复找石膏油腻子

头道油干燥后，用铁板或开刀找刮石膏油腻子或大白油腻子，应细致地按顺序将接头、砂眼、划痕等缺陷找平补齐；应避免出现因地仗及磨细灰造成表面不平，而在头道油后或局部满刮腻子。

(6) 磨垫光

腻子干后，油皮表面呛粉，磨腻子并用废旧砂纸磨油皮表面缺陷，应光滑平整，并用布擦净油皮表面浮物（成品油漆不呛粉）。

(7) 光二道油

操作方法同头道油，搓刷均匀到位，不得遗漏；表面基本饱满、光亮，颜色均匀，栓路通顺，分色处平直、整齐，基本无皱纹、流坠，不得有超亮、透底、漏刷、污染等缺陷。

(8) 磨二道油、装饰线等贴金

1) 二道油干燥后，满呛粉，用废旧砂纸通磨油痱子等缺陷（成品油漆不呛粉，可用260～320号水砂纸细磨缺陷），表面平整、光滑、不得磨露底。磨砂纸后将脚手板和地面的粉尘、杂物清扫干净，泼水湿润地面。

2) 凡有装饰线、门钉、梅花钉、面叶、桹花扣等贴金部位均可刷浅黄油一道，干燥用废旧砂纸细后，擦净浮物，在贴金部位的边缘进行呛粉，随后打金胶油，贴金，其方法见饰金工程。

(9) 光三道油（贴金部位此道油称扣油）

1) 椽望搓刷绿椽肚前，应先弹椽根通线及椽帮分界线；绿椽肚高为椽高（径）4/9。绿椽肚长为椽长的4/5，翼角通线弧度应与小连椽弧度取得一致。搓刷分色界线应直顺整齐，颜色一致，栓路通顺、翼角处绿椽肚红椽档界限分明，大面无皱纹、流坠，不得有顶生、超亮、透底、漏刷、污染等缺陷。

2) 搓刷三道油

① 搓刷三道油前，彩画（贴金）部位完成后，将脚手板和地面的粉尘、杂物、纸屑清扫干净，泼水湿润地面，用布擦净油皮表面浮物。进行下架三道油施涂，柱槛框与隔扇门窗应分别施涂。

② 搓刷三道油操作方法同头道油，贴金装饰线和纹饰的分色界线应先齐平直、流畅、整齐，随后搓刷大面。油皮表面要求平整光滑，无明显油痱子，饱满光亮，栓路通顺不明显，颜色一致，分色界线平直，曲线流畅，整齐，大小面无明显皱纹、流坠，不得有顶生、超亮、透底、漏刷、污染等缺陷。

(10) 罩光油（罩清光油）

罩光油前需呛粉、满磨废旧砂纸，并用布擦净油皮表面浮物和纸屑，不得损伤贴金面。罩光油操作方法同头道油，油皮表面要求平整，饱满光亮一致，栓路通顺不明显，无明显油痱子。大面无小面无明显皱纹、流坠，不得有顶生、超亮、透底、漏刷、污染等缺陷。

#### 35.8.7.3 古建油漆质量要求

(1) 大木门窗及椽望、地仗基层面搓刷光油及涂饰油漆主控项目质量要求，见表35-64。

**一般项目表面质量要求　　表35-64**

| 项次 | 项目 | 表面质量要求 | | |
|---|---|---|---|---|
| | | 中级油漆 | 高级油漆 | 传统光油 |
| 1 | 流坠、皱皮 | 大小面无明显流坠、皱皮 | 大面无，小面无明显流坠、皱皮 | 大面无，小面无明显流坠、皱皮 |
| 2 | 光亮、光滑 | 大面光亮、光滑，小面光亮、光滑基本无缺陷 | 光亮均匀一致、光滑无挡手感 | 大小面光亮，光滑基本无缺陷（基本无油痱子） |

续表

| 项次 | 项目 | 表面质量要求 | | |
|---|---|---|---|---|
| | | 中级油漆 | 高级油漆 | 传统光油 |
| 3 | 分色、裹棱、分色线平直、流畅、整齐 | 大面无裹棱，小面明显处无裹棱，分色线无明显偏差、整齐 | 大小面无裹棱，分色线平直、流畅无偏差、整齐 | 大面无裹棱，小面无明显裹棱，分色线无明显偏差、整齐 |
| 4 | 绿椽帮高4/9，绿椽肚长4/5，椽帮肩角与弧线 | 高、长无明显偏差，椽帮肩角、弧线无明显缺陷 | 高、长基本无偏差，弧线与小连檐一致、椽帮肩角无明显缺陷 | 高、长无明显偏差，椽帮肩角、弧线无明显缺陷 |
| 5 | 颜色、刷纹（拴路） | 颜色一致、基本不显刷纹 | 颜色一致、无刷纹 | 颜色一致、基本不显刷纹（暗拴路通顺） |
| 6 | 相邻部位洁净度 | 基本洁净 | 洁净 | 基本洁净 |

注：1. 大面指隔扇、门窗关闭后的表面及大木构件的表面，其他指小面。
2. 小面明显处指装修扇开启后，除大面外及上下架大木视线所能见到的地方。
3. 中级做法指：二道醇酸调和及一道醇酸磁漆成活或三道醇酸调和（含罩光油一道）成活的工程。高级做法指三道醇酸磁漆（含罩光油一道）成活的工程。
4. 弧线或弧度指翼角处的绿椽肚通线，应与小连檐的弧度取得一致。

1）油漆工程的工艺做法及所用材料（颜料光油、罩光油和混色油漆及血料腻子等）品种、质量、性能、颜色和色彩分配等必须符合设计要求及文物要求。

2）油漆工程的地仗饰面应平整，油膜均匀、饱满，粘结牢固，严禁出现脱层、空鼓、脱皮、裂缝、龟裂纹、反锈、顶生、漏刷、透底、超亮等缺陷。

检验方法：观察检查，手击检查并检查材料出厂合格证书和现场材料验收记录。

（2）大木门窗及椽望地仗基层面搓刷光油及涂饰油漆

1）凡隔扇门的上下口和栏杆坐凳楣的下抹反手面要求不少于一道油漆。

2）超亮：又称倒光、失光，俗称冷超、热超。光油、金胶油、成品油漆刷后在短时间内，光泽逐渐消失或局部消失或有一层白雾凝聚在油漆面上，呈半透明乳色或浑浊乳色胶状物。搓颜料光油、罩光油和打金胶油严禁超亮，呈半透明乳色或浑浊乳色胶状物时，应用砂纸打磨干净或用稀释剂擦洗干净，重新搓刷光油或打金胶油。

检验方法：观察、手触感检查和尺量检查。

## 35.8.8　饰　金　工　程

### 35.8.8.1　贴金施工要点

（1）油漆饰金部位及彩画饰金部位表面贴金（铜）箔施工主要工序见表35-65。

**油漆饰金部位及彩画饰金部位贴金（铜）箔施工主要工序　　表35-65**

| 序号 | 主要工序 | 工艺流程 | 彩画基层面饰金（铜） | 油漆基层面饰金（铜） |
|---|---|---|---|---|
| 1 | 磨砂纸 | 油漆表面细磨，擦净粉尘，彩画沥粉细磨，掸净粉尘 | + | + |
| 2 | 包黄胶 | 沿施贴部位及纹饰包黄胶 | + | + |

续表

| 序号 | 主要工序 | 工艺流程 | 彩画基层面饰金（铜） | 油漆基层面饰金（铜） |
|---|---|---|---|---|
| 3 | 呛粉 | 施贴相邻部位呛粉 | — | + |
| 4 | 打金胶 | 沿贴金部位打金胶油 | + | + |
| 5 | 拆金 | 拆金、打捆 | + | + |
| 6 | 贴金 | 按施贴部位纹饰撕金、划金、贴金 | + | + |
| 7 | 帚金整理 | 对贴金面按金、拢金、帚金、理顺 | + | + |
| 8 | 扣油 | 装饰线和纹饰齐金、搓刷三道光油、理顺 | — | + |
| 9 | 罩油 | 赤金箔、铜箔等罩油封闭 | + | + |

注：1. 表中“+”表示应进行的工序。

2. 黄胶：指与金（铜）箔近似的颜料和油漆。

3. 彩画部位的油漆基层面或银朱颜色底贴金，均应呛粉。

4. 金胶油、罩油材料不得稀释，但牌楼彩画罩油一般要求无光泽，须有光泽应符合设计要求。

(2) 基层处理

1）油漆表面饰金部位如槛框的混线、隔扇的云盘线、套环线，牌匾字、博缝山花的梅花钉、绶带面叶、菱花扣等应在二道或三道油漆充分干燥后，对贴金部位及相邻部位的颜料光油表面用废旧砂纸磨光滑，成品油漆表面用水砂纸蘸水磨光滑、擦净浮物，贴金的基层面要平整光滑、不得有刷痕、流坠、皱纹等缺陷。

2）彩画部位饰金，沥粉工序完成后，并对沥粉加强自检或交接验收合格后，方可进行刷色、包（码）黄胶、打金胶工序；要求沥粉不得出现粉条变形、断条、瘪粉、疙瘩粉、刀子粉等缺陷，沥粉的粉条缺陷应在沥粉时随时纠正（铲掉重沥和修整及细磨）。

(3) 包（码）黄胶

油漆基层面用浅黄色油漆，（即调制与金或铜箔相似颜色的油漆）沿贴金部位涂刷一遍，要求表面颜色一致、漆膜饱满，薄厚均匀，到位、整齐，无裹棱、流坠、刷纹、接头、漏刷、污染等缺陷。干燥后应用细砂纸满轻磨，并擦净浮物。

(4) 打金胶（油）

1）室内外作业粉尘较多的施工环境，风力较大的天气，应采取遮挡封闭措施，所用金胶油和工具应洁净，方可进行打金胶油工序。打金胶油严禁超亮（失光），出现后打磨后重新打金胶。

2）油漆基层面饰金部位，除撒金做法外，在打金胶前必须对贴金的相邻范围进行呛粉，防止吸（咬）金造成贴金部位边缘的不整齐。

3）彩画部位的两色金或三色金和柱子浑金做法中的两色金，即贴库（红与黄）、赤两色金。在打金胶油时应分开进行打贴，不得同时打、同时贴，也不得同时打、两次贴。

4）打金胶掌握操作要点是：先打上后打下，先打里后打外，先打左后打右，先打难后打易。

5）打金胶油表面光亮饱满，均匀一致，到位（含线路、沥粉条两侧，绶带、老金边的五分等打到位），整齐，无痱子、微小颗粒，不得裹棱、流坠、洇色、接头、串秧、皱纹、超亮、漏打、污染等缺陷。

（5）折金箔

折金（铜）箔，打开包装进一步检查金（铜）箔材质、密实度、有无糊边变质、砂眼、数量是否符合要求。折金时，应将每贴金的整边放在左边再折叠金箔，折金不得从中对齐折叠，应错开 5～10mm，再按每 10 贴一把打捆存放罗内，满足两小时以上至半天贴金用量即可，有糊边变质金摘除。

（6）贴金（铜）箔

1）要掌握好贴金的最佳时间（金胶油未结膜前不可过早贴金，否则造成金木或金胶油脱滑前不宜再贴金，否则易造成金花），应以手指背触感有粘指感不粘油，似漆膜回黏，既不过劲，也不脱滑，还拢瓤子吸金，贴金后金面饱满光亮足，不易产生绽口和花。

2）贴金时，应掌握“真的不能剪、假的不能撕”的要领，从左手拿整贴金，先从破边处撕，不得先撕夹金纸的折边处，不得撕窄，允许大于 1mm，整条金撕好后右手拿金夹子贴金。掌握贴金的操作要领是：撕金宽窄度要准，划金的劲头要准，夹子插金口要准，贴金时不偏要准，金纸绷直紧跟手，一去一回无绽口，风时贴顶不贴顺，刮风贴金必挡帐。

3）掌握熟记贴金的操作要点是：先贴下后贴上，先贴外后贴里，先贴左后贴右，先贴直后贴弯，先贴宽后贴窄，先贴整后贴破，贴条不贴豆金，先贴难后贴易。

（7）帚金整理

贴金后帚金时，用新棉花团在贴金的表面轻按金、轻拢金、轻帚金、理顺金。轻按金即为将金逐步按实，不抬手随之轻拢金将浮金、飞金、重叠金揉拢在金面，不抬手随之轻帚金顺一个方向移动（既能将细微漏贴的金弥补上有能使金厚实饱满）帚好，帚完一个局部或一个图案边缘飞金时，随之就将金面理顺理平无缕纹即可，透雕纹饰内用毛笔帚好。贴金表面应与金胶油粘接牢固，光亮足实，线路纹饰整齐、直顺流畅、到位（含线路、沥粉条两侧，绶带、老金边的五分贴到位），色泽一致，两色金界线准确，距 2m 处无金胶痱子，不得出现绽口、崩秧、飞金、漏贴、木、花等缺陷。

（8）扣油

油漆部位贴金后，应满扣油一道（面漆），先对装饰线和纹饰进行齐金，直线扣油应直顺，曲线扣油应流畅，拐角处应整齐方正。不得出现越位或不到位及污染现象，确保贴金的规则度，扣油方法见油漆（油皮）工艺。

（9）罩油

所贴赤金箔、铜箔必须罩油（丙烯酸清漆或清光油）封闭不少于一道。库金箔一般不罩油，如牌楼彩画为防雨淋需罩油连库金箔一起罩，如框线、云盘线、绦环线、门钉、面叶等贴库金部位为防游人触摸需罩油，但要符合文物或设计要求，罩油应待贴金后的金胶油充分干燥后进行，罩油内不得掺入稀释剂。罩油表面应光亮，饱满，色泽一致，整齐，不得有咬花、流坠、污染及漏罩油等缺陷，严禁超亮。

（10）罩漆

传统金箔罩漆如佛像、佛龛、法器等均罩透明金漆，根据罩漆颜色要求浅时罩漆一道，颜色要求深时罩漆两道。现多采用腰果酚醛清漆、腰果醇酸清漆，金箔罩漆效果同金漆，质量要求同罩油。

### 35.8.8.2 油漆彩画饰金质量要求

1）贴金工程的工艺做法和所用材料的品种、质量、颜色、性能及金胶油配兑、图案式样、两色金分配、金箔罩油、罩漆必须符合设计要求和文物要求及有关材料标准的规定。

2）贴金工程的基层饰面应平滑，金胶油膜均匀、饱满、光亮、光洁、到位，严禁裂缝、漏刷（打）、超亮、洇、顶生。

3）贴金工程的金（铜）箔必须与金胶油粘结牢固，严禁裂缝、顶生、脱层、空鼓、崩秧、氧化变质（含糊边糊心）、漏贴、金木等缺陷。金箔罩油、罩漆应色泽一致，严禁咬底、咬花、超亮、漏罩。

4）油漆彩画饰金质量要求见表 35-66。

油漆彩画饰金质量要求　　表 35-66

| 项次 | 项目 | 表面质量要求 |
|---|---|---|
| 1 | 饱满、流坠、皱皮、串秧 | 饱满，大面无流坠、皱皮、串秧，小面明显处无流坠、皱皮 |
| 2 | 光亮、金胶痱子微小颗粒 | 光亮足，距离 1.5m 正斜视无明显痱子及微小颗粒 |
| 3 | 平直、流畅、裹棱、整齐 | 线条平直、宽窄一致，流畅、到位、分界线整齐；大面无裹棱，小面明显处无裹棱 |
| 4 | 色泽、纹理、刷纹 | 金箔色泽一致，铜箔色泽基本一致，明显处无纹理、刷纹 |
| 5 | 绽口、花 | 大面无绽口、花，小面明显处无绽口、花 |
| 6 | 飞金、洁净度 | 大面洁净，无污染、飞金，小面无明显脏活、飞金 |

注：1. 大小面明显处指视线看到的位置。在检验时，未罩油的饰金面严禁用手触摸。
2. 纹理：是指贴金时金箔与金箔重叠的缕纹未理平。
3. 錾口：是指贴金时的金箔因金胶油黏度不够所形成的不规则离缝。
4. 洇：指金胶油内掺入稀释剂造成金面不亮，渗透扩散彩画颜色变深，不整齐等。
5. 金木：俗称金面发木，是指贴金箔、铜箔等，表面无光泽或微有光泽，甚至既无光泽，又有折皱（贴金时被金胶油淹没）缺陷。

## 35.8.9 一般大漆工程

### 35.8.9.1 大漆施工基本条件要求

大漆施工在自然条件下，当温度在常温 20～35℃，相对湿度在 80%以上时，如不具备温度、湿度两个条件时，应采取升温保暖和墙面挂湿草席及地面经常浇水保湿的措施，否则不宜施工。

### 35.8.9.2 漆灰地仗操作要点

（1）漆灰地仗材料要求

1）抄生漆用原生漆。头道抄生漆均可加汽油 10%，最后一道抄生漆不得加汽油。

2）捉缝灰、通灰、压布灰、细灰应用生漆加土籽灰或生漆加瓷粉，比例为 1∶1。如使用土籽灰，在调细灰时应用碾细的土籽面。如使用瓷粉，在调压布灰和细灰时，应用碾细的瓷粉。

3）溜缝、糊布所用的漆灰，应用三份原生漆和一份土籽灰调匀即可。

（2）漆灰地仗主要工序见表 35-67。

漆灰地仗主要工序　　表 35-67

| 项次 | 主要工序 | 工艺流程 |
|---|---|---|
| 1 | 基层处理 | 旧活斩砍见木、挠、新活剁斧迹、撕缝、清扫、成品保护 |
| 2 | 抄生油 | 刷生漆、磨平、清扫掸净 |
| 3 | 捉缝灰 | 捉缝灰、磨平、清扫掸净 |
| 4 | 溜缝 | 缝子溜布条、磨平、清扫掸净 |
| 5 | 通灰 | 抹灰、刮灰、拣灰、磨平、清扫掸净 |
| 6 | 糊布 | 满糊夏布、磨平、清扫掸净 |
| 7 | 压布灰 | 抹灰、刮灰、拣灰、磨平、清扫掸净 |
| 8 | 细灰 | 找细灰、轧线、溜细灰、刮细灰、磨平、洗净 |
| 9 | 抄生油 | 刷生漆、理栓路 |

注：1. 基层处理时，大木构件均应下竹钉。
2. 凡做漆灰不糊布粘麻时，则不进行第 6 项工序改使麻工序。

（3）漆灰地仗施工操作要点

1）基层处理参照实行麻布地仗基层处理施工要点。

2）抄生漆：用漆栓蘸生漆满刷一道，应刷均匀，无流坠、漏刷。生漆干后，用 11/2 号砂纸或砂布通磨光洁，平整，应清扫掸净。

3）捉缝灰：用铁板将缝隙横掖竖划捉饱满，缺棱补齐，捉规矩，遇缝以整铁板灰捉出布口，以使布与灰缝结合牢固。灰缝干后，用金刚石通磨平整，无飞翘、野灰等缺陷，并清扫掸净。

4）溜缝：先剪去夏布边，再将夏布斜剪成布条，宽度可窄于铁板提出的缝隙布口。按缝隙（含结构缝）布口刷糊布漆，应薄厚均匀，可用轧子将布条轧实贴牢，不得出现崩秧、窝浆。干后用金刚石磨平，无疙瘩为止，随后清扫掸净。

5）通灰：用铁板通灰一道，圆面用皮子，面积大用板子，应衬平、刮直、找圆，干后用金刚石磨平，清扫水布掸净。

6）糊布：先剪去夏布边，满横糊夏布，不得漏糊，应将夏布轧实贴牢，糊圆柱时应缠绕糊。干后用金刚石磨平，清扫水布掸净。（糊布或使麻遍数根据做法而定），如糊两道布应一横一竖为宜。

7）压布灰：用皮子、板子、铁板横压布一道，应刮平，衬圆，找直。干透后以铲刀修整，金刚石磨平，清扫，水布掸净。

8）细灰：以铁板找漆灰，将棱角找出规矩（贴秧找棱），过线用轧子轧成形。圆面用皮子溜、接头位置应与压布灰错开。大平面用板子过平、小面以铁板细平。接头应平整，细漆灰厚度约 2mm，细瓷粉漆灰由压布灰至细灰需刮二、三道为宜。

9）磨细漆灰：细漆灰干透后，用细金刚石蘸水磨平、直、圆，棱角整齐，清水洗净。

10）抄生漆：生漆应刷均匀，无流坠、漏刷。该道抄生漆应随刷随用皮子或水布理开栓路。

#### 35.8.9.3　大漆操作要点及质量要求

涂饰大漆做油灰麻布地仗、单披灰油灰地仗的施工主要工序见表 35-58 和表 35-60，材料配比见表35-56和表35-57。

涂饰大漆主要工序见表35-68。

**涂饰大漆主要工序** **表35-68**

| 序号 | 主要工序 | 工艺流程 | 中级 | 高级 | 地仗 | |
|---|---|---|---|---|---|---|
| | | | | | 中级 | 高级 |
| 1 | 地仗浆灰 | 地仗打磨、浆漆灰 | | | + | + |
| 2 | 底层处理 | 起钉子、除铲灰砂污垢等 | + | + | + | — |
| 3 | 打磨 | 磨砂纸、清扫掸净 | + | + | + | + |
| 4 | 满刮腻子 | 刮腻子 | + | + | + | + |
| 5 | 打磨 | 磨砂纸、清扫掸净 | + | + | + | + |
| 6 | 找补腻子 | 找补腻子、磨砂纸、掸净 | + | + | + | + |
| 7 | 抄漆面 | 涂第一遍漆 | + | + | + | + |
| 8 | 打磨 | 磨水砂纸 | + | + | + | + |
| 9 | 垫光漆 | 涂第二遍漆 | + | + | + | + |
| 10 | 打磨 | 磨水砂纸 | + | + | + | + |
| 11 | 罩面漆 | 涂第三遍漆 | + | + | + | + |
| 12 | 水磨 | 磨水砂纸 | | + | | + |
| 13 | 退光 | 磨瓦灰浆 | | + | | + |
| 14 | 打蜡 | 打上光蜡、擦理上光 | | + | | + |

大漆质量要求

1）大漆工程所用大漆和半成品材料的种类、颜色、性能必须符合设计要求和现行材料标准的规定。

2）大漆工程的工艺做法应符合设计要求和有关标准的规定。

3）大漆工程严禁出现脱皮、空鼓、裂缝、漏刷等缺陷。

检验方法：观察、鼻闻、手试并检查产品出厂日期、合格证。

4）大漆质量要求见表35-69。

**大漆质量要求** **表35-69**

| 项次 | 项目 | 表面质量要求 | |
|---|---|---|---|
| | | 中级 | 高级 |
| 1 | 流坠、皱皮 | 大面无，小面无皱皮、无明显流坠 | 大、小面无 |
| 2 | 光亮、光滑 | 大面光亮光滑，小面有轻微缺陷 | 光亮均匀一致，光滑无挡手感 |
| 3 | 颜色、刷纹 | 颜色一致，无明显刷纹 | 颜色一致，无刷纹 |
| 4 | 划痕、针孔 | 大面无，小面不超过3处 | 大面无，小面不超过2处 |
| 5 | 相邻部位洁净度 | 基本洁净 | 洁净 |

注：1. 中级指罩面漆成活，高级指罩面漆后磨退成活。
2. 大面指上、下架大木表面、隔扇、木器、家具、牌匾、化验台及装修的里外面，其他为小面。小面明显处，指视线所见到的地方。
3. 划痕是指打磨时留下的痕迹。
4. 针孔在工艺设备、化验台及防护功能的物体大漆涂饰中不得出现。

### 35.8.9.4　擦漆技术质量要点

榆木擦漆是大漆工艺中的一种工程做法，将榆木制品通过上色、刷生猪血、刮漆腻子、擦漆、揩漆、罩面漆、撑平等工序做成红中透黑、黑中透红的木器制品。

(1) 榆木擦（楷）漆的主要工序应符合以下要求。

基层处理→磨白茬→第一遍刷色→刷生猪血→第一遍满刮漆腻子→通磨→第二遍刷色→第二遍满刮漆腻子→通磨→第三遍刷色或修色→擦漆→细磨→擦漆（2～4遍）及细磨。

(2) 基层处理，有钉子应起掉，用锋利的快刀或玻璃片将油污、墨线等刮掉，有的木材需用热水擦，使木毛刺、棕眼膨胀，以利于砂纸打磨。如有胶迹应用温热水浸胀，刮磨干净。

(3) 用11/2号砂纸或砂布顺木纹打磨，平面包裹木块打磨平整光滑。表面无木刺、刨迹、绒毛，棱角无尖棱，无铅笔印、水锈痕迹等缺陷。

(4) 刷色，用酸性大红加水煮搅动溶解，如用酸性品红染料上色可加入微量品绿及墨汁，刷色用羊毛刷涂刷均匀，不宜裹棱，应颜色一致，不得有漏刷、流坠等缺陷，干后严禁溅水点。

(5) 刷生猪血不可稠，要求同刷色。干后用废旧细砂纸轻磨一遍，并用擦布揩擦干净。干后严禁溅水点，否则使颜色发花。

(6) 满刮漆腻子前掸净粉尘应将木缝、钉眼、凹坑、缺棱等缺陷处嵌补找平，待干后经打磨清理干净后再进行满刮腻子。刮时应将牛角刮翘压紧一去一回，腻子应收净，表面无残余腻子，无半棕眼现象，线脚花纹干净利落，无漏刮现象，如有缺陷直至找平为止。

漆腻子，用生漆加石膏粉和适量颜料水色与适量剩余的水色，基本比例＝4∶3∶0.5∶1.6，调漆腻子时生漆不宜少，刮时腻子发散还易卷皮，使颜色发花。

(7) 腻子干燥后，用1号砂纸仔细地打磨腻子，表面光滑平整，无残余腻子，木纹要清晰，不得磨掉底色及磨露棱角，腻子磨好后应掸净粉尘，如有不平整和缺陷处，则应进行复补腻子直至无缺陷，再用砂纸打磨平整光滑为止。

(8) 第二遍刷色，可在第一遍刷色的基础上加入适量黑纳粉，方法同第一遍刷色。刷色时不得重刷子，色浅的部件可再刷，使整体颜色达到一致。

(9) 第二遍满刮漆腻子及打磨腻子同第一遍满刮漆腻子，打磨可用0号砂纸。

(10) 第三遍刷色或修色同第二遍刷色，修色的水色可略淡些，也可用酒色进行修色，但不宜使用碱性染料，颜色达到设计要求和整体颜色一致的效果。

(11) 如两遍满刮漆腻子，棕眼饱满平整，可不刮第三遍漆腻子，如满刮漆腻子，漆腻子可稀些，满刮应干净利落，无漏刮，干后磨腻子要用0号砂纸，腻子磨好后应掸净粉尘。

(12) 擦漆的生漆应事先过滤，小面擦漆用漆刷逐面上漆，刷理要均匀。平面大时用丝棉团擦漆，可用牛角刮翘批漆（开漆）。然后用丝棉团揩擦，擦漆、揩漆（同清喷漆擦理方法），生漆干燥快时可掺入适量豆油，揩擦的漆膜要薄而均匀一致，雕刻花活及各种线秧不得有窝漆、流坠，皱纹。

(13) 擦漆入阴（入窨）干后，用废旧细砂纸磨光滑，不得磨露底层，磨好后擦净。

(14) 擦漆不少于两遍多则四遍，一般三遍，第二遍擦漆入阴（入窨）干后，可用

380号水砂纸蘸水细磨、擦净，擦面漆经漆刷理漆后，再用鬃板刷进一步理顺，可用手掌肌肉紧压漆面，顺木纹将漆来回揩抹均匀平整，雕刻花活及各种线秧处用手指肚揩抹平，达到无栓路，漆面光滑平整，光亮如镜，漆面干透后黑中透红、红中透黑。

（15）擦漆质量要求：棕眼饱满，光亮柔和一致，光滑细腻，无挡手感，严禁有漏刷、脱皮、斑迹，不得有裹棱、流坠、皱皮，相邻部位洁净。

## 35.8.10 古建筑油漆工程质量通病防治

1. 地仗裂缝

（1）现象：地仗磨细钻生干燥后，在地仗上涂饰油漆，绘制彩画、饰金后，其表面出现裂纹、裂缝。轻微的细如发丝，严重的宽度几毫米，其长度不等。

（2）原因分析

1）木基层含水率高，材质变形、劈裂、脱层，及结构缝松动、拼缝开胶等造成裂缝。

2）柱、枋等部位的预埋件卧槽浅，受气候、阳光热胀冷缩的影响产生裂缝。

3）木基层处理时，对木基层缝隙进行撕缝、下竹钉，或楦缝的木条、竹扁及下竹钉不牢固，易造成裂缝。

4）地仗施工时，在捉缝灰工序中捉蒙头或缝内旧灰、浮尘未清理干净，造成油灰不生根，易产生裂缝。

5）使麻、糊布工序中，使用了质量较差的麻，或使麻的麻层过薄、漏籽，结构缝为拉麻、拉布，或麻面不密实，易造成裂缝。

6）在磨麻、磨布时，遇有阴角绷秧、窝浆的麻或布割断后，未作补麻、糊布处理，就进行下道工序，造成裂缝。

（3）预防措施

1）地仗工程施工的基层含水率要求：木基层面做传统油灰地仗含水率不宜大于12%；抹灰面做传统油灰地仗含水率不宜大于8%，做胶溶性地仗含水率不宜大于10%。

2）木基层处理时，遇有劈裂、戗槎、脱层，应用钉子钉牢，遇有膘皮应铲掉。接缝开胶或结构缝松动应与木作协调处理后，再进行下道工序。

3）木基层表面的缝隙应用铲刀撕成“V”字形，并撕全撕到，缝内遇有旧油灰应剔净。撕缝后应下竹钉，竹钉间距15cm左右一个，例如一尺缝隙应下三个竹钉，缝隙的两头和中间各下一个，竹钉应钉牢固。如遇并排缝时，竹钉应呈梅花形，竹钉之间应楦竹扁或干木条，并楦牢固。

4）木基层表面铁箍等预埋件的卧槽深度应距木基层面3～5mm。

5）捉缝灰工序时，对于木基层面的缝隙和结构缝，应用铁板横掖竖划，将油灰填实捉饱满，严禁捉蒙头灰。

6）使麻时不使用糟朽的，拉力差的线麻，操作时应横着（垂直）木纹方向粘麻，遇横竖木纹交接处（结构缝）应先粘拉缝麻。如柱头与额枋的交接缝，应先使柱头，麻丝搭在额枋不少于10cm，在使额枋麻时，可垂直于木纹压过来的麻丝。麻层应密实，厚度均匀一致。

7）木基层面使麻时，对于木结构缝的麻搭接，其宽度不得小于30mm。

8）磨麻时，将崩秧、窝浆的麻割断后，应做补浆粘麻处理，然后进行下道工序。

2. 地仗空鼓

（1）现象：个别处或局部地仗与基层之间，或灰层与灰层之间，或灰层与麻布之间剥离不实，产生地仗空鼓。

（2）原因分析

1）木基层的包镶部位或拼帮部位松动不实，使地仗空鼓。

2）木基层劈裂、轮裂及膘皮未进行处理，地仗施工后，易造成空鼓，甚至开裂翘皮。

3）使麻时，由于操作不当，产生干麻包、窝浆现象，造成地仗空鼓。

（3）预防措施

1）木基层处理时，对包镶或拼帮的构件，有松动处用钉子钉牢，戗槎和劈裂处同时钉牢，膘皮应铲掉，轮裂的构件与木作协调解决后，再进行地仗施工。

2）使麻时，开头浆应均匀，粘麻应厚度一致。砸干轧后于干麻处进行潲生，水轧应使底浆充分浸透麻，用麻针翻麻确无干麻、干麻包后，再用麻轧子将阴阳角和大面赶轧密实、平整。

3. 油漆顶生

（1）现象：地仗涂饰油漆后，其表面局部出现成片的小鼓包，呈鸡皮状，严重时呈橘皮状或疥蛤蟆皮状。地仗彩画后其表面出现局部咬色变深，称顶生。

（2）原因分析：

1）生桐油的油质不合格，钻生时形成外焦里嫩，未进行磨生晾干，就涂饰油漆，易产生顶生缺陷。

2）地仗表面钻生后未彻底干透，涂刷油漆后易产生顶生。

3）有的建设单位要求的工期越来越短，而施工单位为保证工期，违背地仗施工客观规律，在地仗磨细钻生后，局部未干，就进行油漆彩画，易产生油膜不干及顶生或彩画颜色不一致的缺陷。

（3）预防措施：

1）地仗工程施工应使用合格的生桐油，钻生桐油中不宜掺加光油或其他干性快的油料，否则防止了顶生但缩短了工程使用寿命。

2）地仗钻生桐油干后（用指甲划出白印即为干）再用1.5号砂纸进行全面磨生，确无溢油现象时，清扫过水布后再油漆彩画。如全面磨生后出现溢油现象，应晾干后再进行油饰彩画。

4. 超亮

（1）现象：光油、金胶油、成品油漆刷后在短时间内，光泽逐渐消失或局部消失或有一层白雾聚在油漆面上，呈半透明乳色或浑浊乳色胶状物。

（2）原因分析：

1）搓颜料光油、罩光油、打金胶油和涂刷油漆后，遇雾气、寒霜、水蒸气、冷或热空气及烟气的侵袭，在油漆上面凝聚造成超亮、失光。

2）油漆内掺入了不干性溶剂，刷后油漆表面有油雾。颜料光油、光油、金胶油内掺入了稀释剂，搓后表面造成失光。

3）物面吸油或物面不平；底层油漆未干透，面漆中含有较强的溶剂，容易使底层回软；水泥面上有碱会使油漆膜皂化。

(3) 防治措施

1）在有雾气、水蒸气、寒霜、烟气和湿度大的环境中，不宜搓光油、打金胶油、涂刷成品油漆和虫胶清漆。必须涂刷时，应在每天上午9时以后和下午4时以前施涂（水蒸气、烟气、湿度大的环境不宜施涂）。

2）搓光油和打金胶油出现超亮（呈半透明乳色或浑浊乳色胶状物）时，用砂纸打磨干净或用稀释剂擦洗干净，重新搓油或打金胶油。

3）成品油漆产生失光时，用软布蘸清水擦洗或用胡麻油、醋和甲醇的混合液揩擦，再用清水擦净，干后再涂刷一遍面漆。成品油漆因空气湿度大或水蒸气产生的失光，可用远红外线照射，促使漆膜干燥，失光也可自行消失。

4）油料房内应由专人负责配料，成品油漆不得掺入干性溶剂，颜料光油、光油、金胶油不得掺入稀释剂，并控制他人胡掺乱兑。

# 35.9 古建筑彩画工程

## 35.9.1 古建筑彩画种类、等级、使用场所和做法特点

清代官式彩画做法，其法式规矩是非常严密规范的，等级层次及其适用建筑的范围是非常清晰严明的。如果具体到某种具体彩画做法，无论其对纹饰的运用及画法、设色、工艺等，也是有其许多各自特点的，见表35-70，图35-74～图35-76。

**清代官式彩画基本做法分类表　　表35-70**

<table>
<tr><th>类别名称</th><th>做法等级顺序名称</th><th>概述</th><th>做法特点及基本要求</th></tr>
<tr><td rowspan="4">和玺彩画</td><td>龙和玺</td><td>用在皇帝登基、理政、居住的殿宇及重要坛庙</td><td>大木彩画按分三停规矩构图，设箍头（大开间加画盒子）、找头、方心。凡方心、岔口线、皮条线、圭线光等线造型，采用“Σ”形斜线<br>细部主题纹饰，主要使用象征皇权的龙纹，并沥粉贴以两色金或贴一色金<br>按纹饰部位做青、绿相间式设色。早中期和玺，主要运用国产矿质颜料；晚期和玺逐渐主要改用了进口化工颜料<br>彩画主体框架大线（包括斗栱、角梁等部位的造型轮廓线）一律为片金做法（其中斗栱多为不沥粉的平贴金做法）</td></tr>
<tr><td>龙凤和玺</td><td>用在帝后寝宫及祭天坛庙</td><td>梁枋大木的方心、找头、盒子及平板枋等部位的细部主题纹饰，相匹配地绘以龙纹、凤纹为特征。其他基本同于上述龙和玺</td></tr>
<tr><td>龙凤方心西蕃莲灵芝找头和玺</td><td>帝后寝宫</td><td>梁枋大木的西部主题纹饰，其中，方心及盒子绘龙纹盒凤纹，找头分别绘西番莲盒灵芝为特征。</td></tr>
<tr><td>龙草和玺</td><td>皇宫的重要宫门及其主轴线上的配殿和重要的寺庙殿堂</td><td>梁枋大木的方心、找头及盒子、平板枋等构件，主题绘龙纹与吉祥草纹，并采用互换排列方式为特征</td></tr>
</table>

续表

| 类别名称 | 做法等级顺序名称 | 概述 | 做法特点及基本要求 |
|---|---|---|---|
| 和玺彩画 | 凤和玺 | 皇后寝宫、祭祀后土神坛的主要建筑 | 梁枋大木的方心、找头、盒子及平板枋等部位的细部主题纹饰，主要绘以凤纹为特征。其他基本同龙和玺 |
| | 梵纹龙和玺 | 敕建藏传佛教庙宇的主要建筑 | 梁枋大木的方心、找头、盒子及平板枋等部位的细部主题纹饰，主要绘以梵纹、龙纹为特征。其他基本同龙和玺 |
| 旋子彩画 | 浑金旋子彩画 | 清式旋子彩画类中一种极为特殊、等级排位最高的彩画。从清代彩画遗存实例中看，大面积地作于梁枋大木彩画，仅见北京故宫奉先殿内檐彩画 | 大木彩画的构图设箍头（大开间者，加画盒子）、找头、方心（方心内不设细部纹饰），找头等部位的细部主体纹饰画旋花等类纹饰。凡彩画的主体框架线、旋花等全部纹饰均沥粉，整个画面不施用其他颜料色，全部贴金箔 |
| | 金琢墨石碾玉旋子彩画 | 清代作为一类彩画，其中包括各个等级做法的旋子彩画，用于皇宫、皇家园囿中次要建筑、皇宫内外祭祀祖先的殿堂、重要祭祀坛庙的次要建筑及一般庙宇和王府等建筑。 | 大木彩画分三停规矩构图，设箍头（大开间加画盒子）、找头、方心。细部主体具有旋转感的旋花等类纹饰<br>主体框架线及旋花等类纹饰的轮廓线，均沥粉贴金，全部纹饰为青色、绿色叠晕做法<br>凡青色、绿色主色设色，均按彩画的部位做青色、绿色相间式设色<br>不同建筑的彩画，细部主题纹饰的使用有多种，但各种使用方式、原则都与具体建筑的功能作用协调、统一 |
| | 烟琢墨石碾玉旋子彩画 | 在组群建筑彩画的等级排序中，相对适用在低于金琢墨石碾玉，高于金线大点金旋子彩画的建筑 | 彩画的主体框架线及细部主体旋花等类纹饰的旋眼、菱角地、栀花心、宝剑头沥粉贴金。旋花等类花纹的外轮廓线都为墨线，靠墨线以画以白粉线。主体框架线及旋花等类细部主体花纹全部为青、绿叠晕做法。其他如大木彩画的分三停构图，青、绿主色的设色，细部主题纹饰的运用原则方法等，基本同金琢墨石碾玉旋子彩画 |
| | 金线大点金旋子彩画 | 在组群建筑彩画的等级排序中，相对适用在低于烟琢墨石碾玉，高于墨线大点金旋子彩画的建筑 | 彩画的主体框架线及细部主体旋花等类纹饰的旋眼、菱角地、栀花心、宝剑头沥粉贴金。旋花等类细部主体花纹的外轮廓线都为墨线，靠墨线以里画白粉线。主体框架线（包括箍头线、盒子线、皮条线、岔口线、方心线等大线）一般为青色、绿色叠晕做法。其他如大木彩画的分三停构图、青绿主色的设色、细主题纹饰的运用原则方法等，基本同烟琢墨石碾玉旋子彩画 |
| | 墨线大点金旋子彩画 | 在组群建筑彩画的等级排序中，相对适用在低于金线大点金，高于小点金旋子彩画的建筑 | 彩画的主体框架线及细部主体旋花等纹饰的外轮廓都为墨线，靠墨线以里饰白粉线，所用盒子一般多为死盒子，旋花的旋眼、菱角地、宝剑头及栀花心沥粉贴金。其他如大木彩画的分三停构图方式、青绿主色的设色方法、细部主题纹饰的运用原则方法等，基本同金线大点金旋子彩画 |

续表

| 类别名称 | 做法等级顺序名称 | 概述 | 做法特点及基本要求 |
| --- | --- | --- | --- |
| 旋子彩画 | 小点金旋子彩画 | 清代作为一类彩画而使用<br>等级在建筑彩画的等级排序中，用在低于墨线大点金，高于雅五墨旋子彩画的建筑 | 彩画的细部主体旋花等类纹饰，用于旋眼及栀花心粉贴金。其他基本同于墨线大点金旋子彩画 |
| | 雅五墨旋子彩画 | 清代作为一类彩画而使用<br>雅五墨做法等级最低，相对适用在低于小点金旋子彩画的建筑 | 彩画的全部纹饰做法，不做沥粉贴金，全部由颜料色素做。其他基本同小点金旋子彩画 |
| | 雄黄玉旋子彩画 | 清代作为一类彩画而使用<br>具体本雄黄玉旋子新画做法，是一种特殊的专用彩画，主要用在炮制祭品的建筑装饰，如帝后陵寝及坛庙的神厨、神库等。其彩画等级相当于雅五墨旋子彩画 | 大木彩画的基底色，一律涂刷雄黄色（或土黄色）。主体框架线及细部主体旋花等类纹饰造型，由浅青色及浅绿色体现，无沥粉贴金，其他基本同雅五墨旋子彩画 |
| 苏式彩画（苏画） | 金琢墨苏画 | 运用于皇家园林的主要建筑 | 1. 大木彩画分为方心式、包袱式、海墁式三种基本构图形式<br>2. 早中期苏画，细部主题纹饰主要以龙纹、吉祥图案纹为特点，晚期苏画主要以写实性绘画为特点<br>3. 彩画基底设色，在运用青、绿主色的同时，还兼用各种中间色<br>4. 金琢墨苏画主体线路为金线。细部的各种纹饰，如活箍头、卡子等图案为金琢墨攒退做法。 |
| | 金线苏式彩画 | 主要用在皇家园林的主要建筑<br>具体到金线苏画，在组群建筑的等级排序中，相对适用于低于金琢墨苏画做法的建筑 | 大木彩画构图形式、彩画基底设色，同金琢墨苏画<br>金线苏画的主体线路为金线，活箍头、卡子多为片金或玉做，无论各部位的规矩活及白活绘画做法，就整体彩画而言，相对较低于金琢墨苏画 |
| | 墨线（或黄线）苏画 | 主要运用在皇家园林的次要建筑。墨线（或黄线）苏画，相对适用于低于金线苏画做法的建筑 | 大木彩画构图形式、彩画基底设色同于金线苏画<br>早、中期墨线、苏画、细部主题纹饰一般多运用龙纹、吉祥图案纹等到晚期墨线（或黄线）苏画，主要以定实性绘画为特点<br>墨线（或黄线）苏画主体线路为墨线（或黄线），箍头多为死箍头，卡子等细部图案为玉做（指攒退活）。各部位的无论规矩活及写实性绘画做法就整体彩画而言，相对都低于金线苏画。大多彩画做法全由颜料色做 |

续表

| 类别名称 | 做法等级顺序名称 | 概述 | 做法特点及基本要求 |
|---|---|---|---|
| 吉祥草彩画 | 金琢墨吉祥草彩画（亦称西番草三宝珠金琢墨） | 彩画遗存实例仅见用于皇宫城门和皇帝陵寝建筑 | 构图在梁枋两端设箍头，在构件中部绘三宝珠，周围绘硕大卷草，共同构成大型团花，由枋底向两侧展开。侧面在箍头以里的上端各绘一个由卷草组合的岔角形纹饰。其他短、窄构件，宝珠及吉祥草画法，可相应作彩画找到内的基底设色，统一为朱红色素卷草包瓣沥粉贴金，大草做青色、绿色、香色、紫色攒退；三宝珠外框沥粉贴金，内心做青色、绿色相间设色攒退。整体彩画以效果简洁粗犷、色彩热烈为突出特点 |
| | 烟琢墨吉祥草彩画（亦称烟琢墨西番草三宝珠伍墨） | 同金琢墨吉祥草彩画 | 其他均同金琢墨吉祥草彩画，不同点只是彩画不沥粉贴金，全部由颜料色作 |
| 海墁彩画 | | 皇家园林的个别建筑及王公大臣府第花园中的个别建筑 | 常见有如下三种做法：<br>1. 在建筑的上下架构件，遍绘斑竹纹，以彩画装饰艺术，创造出一种天然质朴美<br>2. 在建筑内檐所有构件，分别涂刷浅黄或青绿底色，在底色上遍绘各种藤蔓类花卉，创造出一种写实的自然环境美<br>3. 在建筑的上架大木构件或某些部位，遍大青底色，全部绘以彩色流云 |

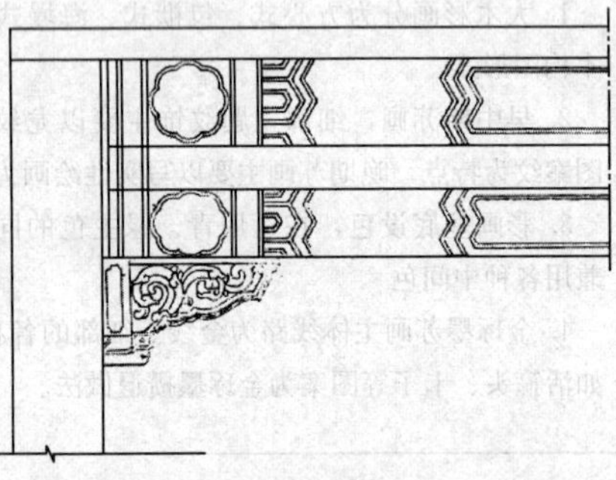

图 35-74　和玺彩画基本特征

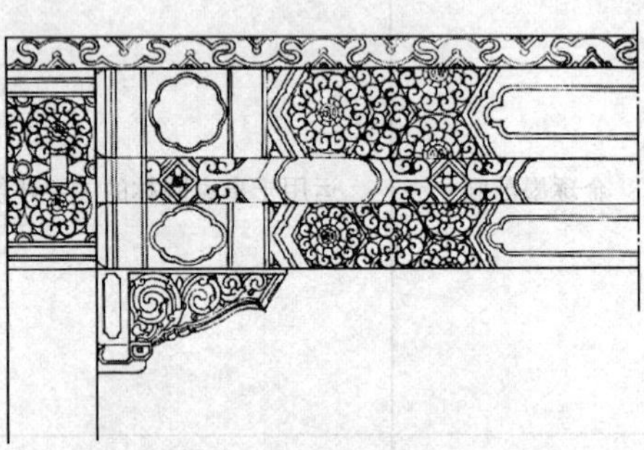

图 35-75　旋子彩画基本特征

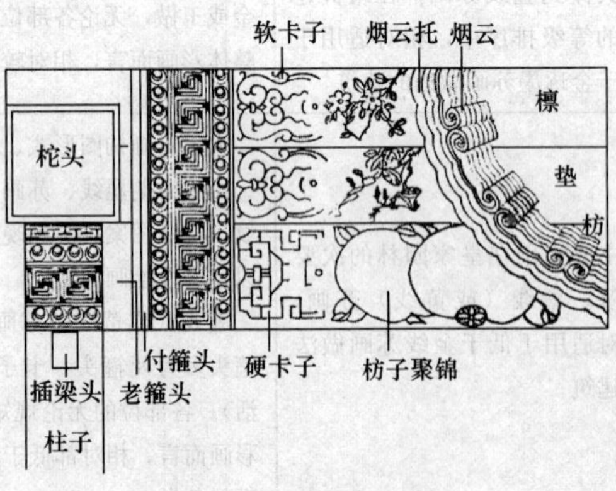


图 35-76　苏画基本特征

## 35.9.2 古建筑彩画颜料及配置方法

### 35.9.2.1 常用颜料种类、规格及用途

古建筑彩画常用颜料种类、规格及用途见表 35-71。

古建筑彩画常用颜料种类、规格及用途表 表 35-71

| 系列 | 颜料名称 | 产地、质量及性质等 | 在彩画的主要用途 | 约在彩画中使用的时期 |
|---|---|---|---|---|
| 青色蓝色系列 | 群青 | 现代国产化工颜料 | 作为青色颜料被大量广泛使用 | 从 20 世纪 60 年代初至今 |
| | 石青 | 国产天然矿物颜料，天然铜化物。因人工研制加工颗粒大小的区别，颜色明度各有不同，颗粒大者称头青，其次称二青，次称三青或石三青，再次称四青或青华，但统称为石青 | 涂刷于彩画某些特定部位的小片地子色及绘白活用色 | 使用在各时期彩画 |
| | 普蓝（彩画行业中亦称毛蓝） | 国产化工无机颜料，深蓝色粉末，不溶于水和乙醇。色泽鲜艳，着色力强，半透明，遮盖力较差，耐光、耐气候、耐酸，极不耐碱，颜色持久不易褪色 | 用在彩画绘制白活及用其颜色配兑小色 | 多使用在清晚期以来的彩画 |
| 绿色系列 | 巴黎牌洋绿 | 由德国进口，近代化工颜料（有毒） | 代替传统大绿以及以后所用的其他洋绿，主要用作彩画的绿大色及调配有关晕色、小色 | 从 20 世纪 60 年代起使用至今 |
| | 砂绿 | 近代国产化工颜料。成细颗粒状，明度较深，色彩不耐久，较易褪色（有毒） | 一般仅用作绿色墙边刷饰等 | 从 20 世纪 50 年代至今有少量使用 |
| | 石绿 | 国产天然矿物颜料，天然铜化物。因人工研制颗粒大小的不同颜色明度各有不同，其中颗粒大者称为头绿或首绿，其次称二绿，再次称三绿，再次称绿华或四绿，但都统称为石绿。颜色明度及彩度都较低，颜色柔和，与其他颜色相混合或相重叠涂刷不易产生化学变化，不易褪色，覆盖力较强（有毒） | 仅用涂刷彩画某些特定部位的小片地子色及绘制白活用色 | 使用在各时期彩画 |
| 红褚色系列 | 上海牌银朱 | 现代国产化工颜料，学名硫化汞，粉末状，颜色明度较高，色彩鲜艳，半透明，有较强着色力，耐酸碱，颜色较持久（有毒） | 用作彩画大色及配兑各种小色（用做大色时，应由丹色垫底，罩刷银朱色。本色不能入漆） | 从 20 世纪 60 年代代替其他银朱，一直运用至今 |

续表

| 系列 | 颜料名称 | 产地、质量及性质等 | 在彩画的主要用途 | 约在彩画中使用的时期 |
|---|---|---|---|---|
| 红褚色系列 | 南片红土 | 国产天然氧化铁红。因清代彩画崇尚我国南方地区生产红土，故称为南片红土。细颗粒状、颜色明度较低、色彩柔和、有耐高温、耐光等优良特性，颜色经久不褪色 | 用作某些彩画特定部位基地色，有时代替紫色用 | 清代彩画 |
| | 氧化铁红 | 现代国产化工颜料，色彩较鲜艳，明度深于广红土，其他基本同上 | 同上 | 自 20 世纪 70 年代初，代替广红土较大量地运用至今 |
| | 赭石 | 国产天然赤铁矿物，块状，须经手工研制后使用。颜色半透明，与其他颜色重叠使用不起化学反应，颜色经久不变色 | 用在彩画白活绘画等 | 清代彩画 |
| | 胭脂 | 国产植质颜料，颜色透明鲜艳，不耐日晒、不耐大气影响、不耐久 | 用在彩画白活绘画等 | |
| | 西洋红 | 由国外进口，植物质颜料，颜色透明鲜艳，不耐晒，颜色不耐久 | 用作白活绘画 | 从清晚期一直用至 20 世纪 70 年代末，后逐渐被国产曙红取代 |
| | 章丹 | 国产化工颜料，橘红色粉末，颜色遮盖力强，耐高温、耐腐蚀、不耐酸、易于硫化氢作用变为硫化铅、若暴露于空气中，有生成碳酸铅变白现象 | 主要用作彩画朱红色的垫刷底色，及某些彩画特定部位地子色等 | 各时期彩画 |
| 黄色系列 | 石黄 | 国产天然颜料，古人称颜色发红结晶者为雄黄，其色正黄，不结晶者为雌黄。颜色的明度高、彩度中、色彩柔和，与其他颜色重叠或混合涂刷不易起化学变化，颜色经久不易褪色（有毒） | 用作某些彩画的轮廓线、图案攒退及白活绘画等 | |
| | 铬黄 | 国产现代化工颜料。细粉末状，色彩鲜艳，颜色明度略深于石黄（有毒） | 多用作低级彩画的主体大线、斗栱轮廓边框线的黄线条 | 从 20 世纪 60 年代延续运用至今 |
| | 土黄 | 国产天然颜料。细颗粒状，色彩柔和，遮盖力强，与其他颜色相重叠或相混合运用，不易起化学变化。耐日晒、耐大气影响，颜色经久不易变色（有毒） | 用在某些彩画的基底色等 | 各时期彩画 |
| | 藤黄 | 从印度、泰国等国进口，是植物质颜料，颜色透明不耐久、不耐日光（有毒） | 主要用于彩画白活绘画 | |

续表

| 系列 | 颜料名称 | 产地、质量及性质等 | 在彩画的主要用途 | 约在彩画中使用的时期 |
|---|---|---|---|---|
| 黑色系列 | 黑烟子（亦名南烟子） | 国产，因清代彩画崇尚运用我国南方地区生产的烟子，因而当时称作“南烟子”，系由木材经燃烧后而产生的无机黑色颜料。细粉末状、质量很轻、覆盖力强、与其他任何颜料相混合或相重叠运用不起化学变化、颜色经久不褪色不变色 | 运用于彩画某些特定部位的基底色及某些等级做法的轮廓线等 | 各时期彩画 |
| | 香墨 | 国产，系由松烟、油烟子经深加工入胶做成块状，颜色性质与上述黑烟子基本相同 | 经研磨后用于彩画白活绘画 | |
| 白色系列 | 中国铅粉（亦名定粉、白铅粉、铅白粉） | 国产化工颜料，学名碱式碳酸铅。古建彩画最基本的白色颜料。颗粒状、质量较重、覆盖力强、有毒、与其他颜色相重叠或相混合运用不易变色、颜色耐久 | 用作某些彩画某些特定部位的底子色、调配各种晕色、拉饰粗细白色线等 | |
| | 立德粉 | 早期由国外进口，20世纪50年代后国产现代化工颜料，白色细粉末状，重量较轻，与洋绿相混合或相重叠涂刷，极易产生化学反应而变色 | 作为白色颜料于彩画某些特定部有所运用 | 自20世纪50年代后一直延续有所使用，至今 |
| | 钛白粉 | 现代产化工颜料，白色细粉末状，质量较轻 | 作为白色颜料于彩画有所运用（多用作白活） | |
| 金属光泽色系列 | 库金箔（指九八库金箔） | 国产，古建彩画一般多用南京金箔厂或南京江宁金箔厂出产的金箔，该金箔含金98%，含银2%，长宽为93.3mm×93.3mm。金箔色彩黄中透红，明度偏深，经久不易褪失光泽色 | 按古代彩画法式，贴饰于中、高等级彩画 | 自清代三寸红金箔断档后，作为替代金箔一直使用至今 |
| | 赤金箔（指七四赤金箔） | 国产，古建彩画一般多用南京金箔厂或南京江宁金箔厂出产的金箔，该金箔含金74%，含银26%，长宽为83.3mm×83.3mm，金箔色彩黄中透青白，与库金箔比较，明度偏浅，暴露于自然环境中易褪光泽色 | 按古代彩画法式做法，贴饰于中、高等级彩画。现金，因该金箔易氧化变色，因而凡于彩画中贴饰赤金箔的部位，均须罩净光油加以保护 | |

续表

| 系列 | 颜料名称 | 产地、质量及性质等 | 在彩画的主要用途 | 约在彩画中使用的时期 |
|---|---|---|---|---|
| 其他材料系列 | 土粉 | 国产天然材料。颗粒状、质量较重、不与其他任何颜色相互起化学变化 | 彩画施工以土粉为主（约占70%），以青粉（或大白粉）为辅（约占30%）作为沥粉的干粉填充料 | 各时期彩画 |
| | 大白粉 | 国产 | 代替青粉，用作调制彩画沥粉的部分干粉填充料 | 于20世纪60年代后，代替青粉，用于调制沥粉 |
| | 水胶（亦名广胶、骨胶等） | 国产，是用动物的皮骨熬制而成的粘结胶。水胶经加水熬制后，成较透明的浅褚黄色 | 传统古建彩画工程中用于调制沥粉、颜色的基本粘结胶 | 各时期彩画 |
| | 光油（特指净光油） | 国产，以桐树籽榨取的生桐油作为基本油料，再加入一定量的苏子油及助干材料，是经人工熬制的一种树脂油。该油颜色深黄透明，具有较强的黏性，干燥结膜后具有一定韧性光泽亮度，油膜耐久 | 作为古建彩画一种调制颜色用油及调制沥粉时为防起翘的少量用油 | |
| | 油满 | 由古建专业人员自行调制，主要由一定比例的灰油、白面、生石灰水合成，成较黏稠的糊状 | 在气候偏冷的季节用作彩画施工，也有用其代替水胶，调制沥粉 | 自清初一直延续使用至今 |
| | 聚醋酸乙烯乳液 | 现代国产化工胶。该胶未干燥时成乳白色，干燥后坚固结实透明，具有一定韧性。对该胶的保存或运用，必须做到防冻，否则经冰点会失去胶性而变质 | 作为一种新型粘结胶，较广泛地用在调制各种古建彩画颜色及沥粉 | 自20世纪70年代以来一直延续使用，至今 |
| | 白矾（亦名明矾、明矾石） | 国产，天然矾石，六角结晶体，溶于水，透明 | 用作调配胶矾水，用以矾纸（使生纸转变成熟纸）、矾已涂刷的地子色，使之便于做渲染色 | |
| | 牛皮纸 | 国产，褚黄色，具有较强拉力韧性，古建彩画施工一般采用薄厚适中、拉力较强的品种 | 用作各种彩画起扎谱子用纸 | 各时期彩画 |
| | 高丽纸 | 早期从国外进口，后国产。产品分手工造及机器造，古建彩画施工崇尚用手工造高丽纸。该纸手感绵软，具有较强拉力韧性，纸色洁白 | 用作软天花彩画、朽样、刮擦老彩画纹饰等用纸 | |
| | 靠背纸 | 国产，非常薄而半透明 | 用于过描老彩画纹样 | 近现代彩画 |

#### 35.9.2.2 颜料加工与调配

(1) 水胶溶液的熬制法及运用

固体干水胶，在熬制前须先用净凉水浸泡发开。熬制水胶的器具，传统用砂锅，不宜用铁制及其他金属器具。熬制水胶时，宜用微火，忌用急火。水胶应熬至沸点，使胶质充分地溶解于水，成为水胶溶液，过箩，滤去杂质后使用。

天气炎热时，水胶溶液极易发霉变质丧失胶性，为防腐变，每天须将水胶重新熬沸一至两次。

(2) 运用水胶调制沥粉及各种颜色方法

1) 颜料入胶量的合理运用及控制

因为很多部位的彩画做法是由多道工序的含胶颜色重叠构成，历来彩画施工调制沥粉及各种颜色，其入胶量的总体控制原则是：沥粉的用胶量必须大于各种大色，各种大色的用胶量必须大于各种小色。

入胶调制沥粉及各种颜色，必须做到用胶量适度，否则必然会因为用胶量过大或偏小而出现各种不良质量问题。

热季无论调制成的沥粉及各种颜色，因放置时间稍长，易自行走胶，失去部分胶力作用，故此时施工，每天应由专职人员适度向已调制成的颜材料内补加胶液。

2) 调制沥粉

凡运用水胶作为粘结胶的，称为“胶砸沥粉”，凡运用油满作为粘结胶的，称为“满砸沥粉”。

调制沥粉时，必须用加热化开的水胶液，首先把干粉材料、水胶液、光油及少许水倒于一起，用木棒先做缓缓搅合，使几种材料成分初步合拢成膏状，然后用木棒挑着膏状沥粉在容器内借着其内所含胶的黏力，用力反复多次地做捣砸动作，使胶、油、水与干粉材料相互浸透并充分地结合于一体后，再陆续加水调和到适宜运用的稀稠度，经实际试沥合格后待用。

3) 几种主要大色的调制方法

大色，指彩画运用量较大的颜色。包括天大青、大绿、洋青（群青）、洋绿、定粉、银朱、黑烟子等色。

调制颜色，术语还通称为“跐色”。调制彩画颜色盛色用的器皿，为防止颜色与器皿间产生化学反应而变色，传统崇尚运用瓷盆、瓷碗或瓦盆等类制品。

① 调制群青

将群青干粉置于容器，应由少渐多、陆续地边搅拌边加入胶液，使群青、胶液首先粘结成较硬的团状，之后借颜色内已含胶的黏度，用力反复地搅动，最后加足胶液及适量的清水调拌均匀。

② 调制洋绿

洋绿密度较大涂刷时极易沉淀，为缓解涂刷时的沉淀现象及颜色的牢固耐久，调制时一般还要加入约2%～3%重量的清油或光油；因洋绿色覆盖力相对较弱，为涂刷该大色美观及达到刷色标准，一般要涂刷两遍色成活，因此调制洋绿色的浓度，一般都特意地略调得稀些。

③ 调制定粉

因定粉相对比其他颜料较重，涂刷该色时不但有涩皱感，而且色面还极易刷厚，从而使之产生龟裂、爆皮等不良现象，因此调制定粉的用胶量应特别注意不要过大。

入胶跐制定粉过程中，当胶量已基本加足且已经过充分跐制过程并拧结成硬团后，一般还需经手工反复地搓成条状，然后浸泡于清水中 2～3d，用时捞出并再略加些水胶及适量清水，经加热化开调匀后即可使用。

④ 调制黑烟子

黑烟子具有体轻、不易与水胶相结合的特点。调制黑烟子时，最忌一下子入胶量过急、过多，否则非常容易跐泡而达不到调色要求。正确调制法的关键是，最初入胶必须少量缓慢，渐进式地入胶，并同时做到随入胶，随轻轻搅拌，直至结成硬团，然后再加力反复搅，使硬团内的烟子全部被胶液浸透后，再加足水胶量及适量清水调成。

⑤ 调制银朱

调制银朱的方法要求基本与调制黑烟子相同。另外，因调制银朱用胶量的多少，直接关系到银朱色彩的体现，因而传统调制银朱，为使该颜色达到稳重艳丽的效果，相对于调制其他大色而言，一般特意地使其用胶量要略大些。行业中长期口头流传的“若使银朱红，务必用胶浓”的谚语口诀。

⑥ 几种常用小色的调配及用途

彩画作所称的小色是相对所运用色中的大色而言，通常泛指运用量较小、明度较浅的各种颜色。

a. 由两种原色调配成的复合色作为小色，例如由银朱色加一定量的定粉所调配成的粉红（亦称硝红）等类小色。

b. 由多种原色调配成的复合色作为小色，例如香色、紫色等类小色。

c. 粉三青：由洋青（群青）加一定量的定粉（白色）调成。

d. 粉三绿：由洋绿加一定量的定粉调成。

e. 粉紫：由银朱加一定量的群青加一定量的定粉调成。主要用做细部攒退活的晕色等。

f. 浅香色：由石黄或其他等黄色加适量群青、黑色、银朱或丹色等色调成。

(3) 入胶颜色的出胶方法

已入胶调制的颜色料，不可能一下用完，为不浪费这些已入胶颜色料，对已入胶颜色料做出胶工作。

方法是首先用沸水将含胶颜色料浸泡，并充分地搅开。再倒入沸水，用木棍将颜色料搅荡多遍，然后静放一段时间由颜色自然沉淀，待颜色沉淀后，慢慢澄出漂于颜色上端的浮水胶色，之后再次向剩余的颜色内重新注入开水，再搅荡、静放沉淀澄出浮水，如此重复 3～4 遍，当见到上端浮水已基本成清水时，则说明颜色料内的胶质已基本出完，然后将湿颜色料晾干，备再次重复使用。

(4) 配制胶矾水

胶矾水系由水胶、白矾及清水配制的，配制方法为：由于矾一般成块状，须先砸碎并用开水化开，水胶亦须加热化开，再按具体做法所需要胶矾水的浓度，加入适量的清水，将三者相混合调制均匀即成。

### 35.9.3 彩画施工基本工艺和绘画技法

(1) 丈量

运用长度计量器具，对要施工彩画构件的长度、宽度做实际测量记录。

(2) 配纸

即为彩画施工用的起扎谱子，按实际需要的各具体尺寸面积，运用拉力较强的牛皮纸，经剪裁、粘接进行备纸。

配纸要求做到粘结牢固、平整、位置适当、尺寸适度，在配纸的端头标有明确显著不易磨损掉的（一般要求用墨迹）具体构件或构件部位的名称、尺寸等。

(3) 起、扎谱子

起谱子，清代早中期时称为“朽样”，后渐统称为起谱子。它是一项相对独立的工作，即在相关的配纸上，画施工时所依据的标准样式线描图。起谱子在彩画工程中是一项技术要求非常高并具有决定性的关键性工艺，为历来的彩画施工所重视。

扎谱子，即用针严格地按照起谱子的纹饰，扎成均匀的孔洞，通过拍谱子工序体现出谱子的纹饰。扎谱子的针孔不得偏离谱子纹饰，针孔端正，孔距均匀，一般要求主体轮廓大线孔距不超过 6mm，细部花纹孔距不超过 2mm。

(4) 磨生、过水

磨生俗称磨生油地，用砂纸打磨油作所钻过生桐油的，已充分干透的油灰地仗表层的浮灰、生油流痕或生油挂甲，使地仗形成细微的麻面，从而利于彩画施工沥粉、着色。

过水，即用净水布擦拭磨过生油地的施工面，使之彻底去掉浮尘。

(5) 合操

是油灰地仗经磨生过水后的一道相继工序做法。由较稀的胶矾水加少许深色（一般为黑色或深蓝色）合成，均匀涂刷于地仗面。

(6) 分中

分中，亦称在构件上面标画出中分线。彩画施工中，一般多用作横向大木构件。

分中线必须做到准确、端正、直顺、对称无偏差。

(7) 拍谱子

亦名打谱子，即将谱子纸铺实于构件面，用能透漏土粉颗粒的布，包裹土粉和大白粉，经手工对谱子的反复拍打，使粉包中的土粉透过谱子的针孔，将谱子的纹饰成细粉点样的，投放于构件面上去的一项工作。

对拍谱子的要求是，使用谱子正确无差错，纹饰放置端正，主体线路衔接直顺连贯，花纹粉迹清晰。

(8) 描红墨与摊找活

描红墨是清早（中）期彩画做法拍谱子以后的一项工序工艺。该工艺通过运用小捻子醮入胶的红土子色，一是描画校正、补画、拍于构件上的不端正、不清晰及少量漏拍谱子粉迹的不良现象纹饰，二是描画出如桃尖梁头、穿插坊头、三岔头、霸王拳、宝瓶、角梁等构件彩画的纹饰。但其从清代晚期以来逐渐地被“摊找活”工艺所取代。

摊找活是清晚期以来彩画做法，是拍谱子以后的一项工序工艺，其方法及作用与上述的描红墨基本相同，不同的是改描红墨为用白色粉笔描绘纹饰。

（9）号色

是古建彩画施工涂刷色前，按彩画色彩的做法制度预先对设计图或对彩画谱子或对大木彩画的各个具体部位用彩画颜色作为代号，做出具体颜色的标色，指导彩画施工刷色。

（10）沥粉

沥粉是运用沥粉工具，经人手挤压操作，使粉袋内的含胶液的流体状沥粉经过粉尖子出口，按着谱子的粉迹纹饰，沥粘于彩画作业面上的一种特殊纹饰表现方式。

就一座建筑彩画沥粉的粗细度而言，依据粉尖口径的不同，可分为沥大粉、沥二路粉和沥小粉。

沥大小粉的程序规矩是，先沥大粉，后沥二路粉及小粉。

（11）刷色

平涂各种颜色。刷色包括刷大色、二色、抹小色、剔填色、掏刷色。

刷色程序应先深刷各种大色，后刷各种小色。涂刷主大色青、绿色，应先刷绿色后刷青色。

因洋绿色性质呈细颗粒状，入胶后易沉淀，又因其遮盖力稍差，用作涂刷基底大色时，一般要求涂刷两遍色成活。

刷色应做到涂刷均匀平整，严到饱满，不透地虚花，无刷痕及颜色流坠痕，无漏刷，颜色干后结实，手角摸不落色粉，于刷色面上（颜色干燥后）再重叠涂刷它色时，两色之间不混色。刷色的直线直顺、曲线圆润、衔接处自然美观。

（12）包黄胶

简称包胶，用料包括黄色色胶和黄色油胶两种黄胶。

包黄胶应做到用色纯正，包得位置准确，包得严（要求包至沥粉的外缘）、涂刷整齐平整，无流坠，无起皱，无漏包，不沾污其他画面。

（13）拉大黑、拉晕色、拉大粉

1）拉大黑

在彩画施工中，以较粗的画刷运用黑烟子色画较粗的直、曲形线条。这些粗黑色线，主要用作中、低等级彩画的主体轮廓大线及部分构件彩画的边框大线。

2）拉晕色

泛指在彩画中画各种晕色，主要指大木彩画主体大线旁侧或部位构件造形边框以里的与大青色、大绿色相关连的三青色（或粉三青色）及三绿色（或粉三绿色）的浅色带。

3）拉大粉

用画刷在彩画施工中画较粗的曲、直白色线条。这些白色线条，被广泛的施拉于彩画的黑色、金色、黄色的主体轮廓大线的一侧或两侧。

4）掏黑

主要指在旋子彩画施工中，以中、小型捻子，运用黑烟子色，按清式旋子彩画纹饰的法式规矩圈画出彩画细部旋花等的黑色轮廓线。

（14）拉黑绦

简单地说，是指在某些等级彩画的某些特定部位拉饰较细的黑色线。

（15）压黑老

“老”亦称随形老，包括彩画的方心、箍头、角梁、斗栱、挑尖梁头、霸王拳、穿插枋头等部位，按照这些部位的外形在中央缩画与其外形基本相同的各种图形。凡用黑色画的称为黑老，凡用沥粉贴金表现的称为金老。

压黑老即用黑色画黑老，由于其所运用的颜色为黑色，该项工艺多在彩画基本完成以后施工。

(16) 平金开墨

泛指在平贴金的地子面上，使用黑色或朱红色以色线方式，描画出各种具有一定讲究的花纹。

(17) 切活

亦称为“反切”，在三青色或三绿色或丹色的地子上，运用黑色进行有章法的勾线、平填，使得原先涂刷的三青等地子色，转变成花纹图形色，而后所勾填的黑色却转变成了地子色的一种单纯独特表现纹饰的做法。

(18) 吃小晕

亦名吃小月。运用细毛笔或较细软的捻子，用白色在旋子彩画旋花瓣等纹饰靠其拘黑线或金色的轮廓线以里，依照其纹饰走向，画出细白色线纹。

吃小晕应具体做到线条宽度一致，直线平正，曲线圆润自然，颜色洁白饱满，无明显接头、毛刺。

(19) 行粉

亦名开白粉。泛指于彩画细部图案各种攒退活做法中的画较细白色线道工艺，其用笔、用色、作用、要求等，基本与上述“吃小晕”相同，参见上述吃小晕。

(20) 纠粉

在已涂刷某种深色基底色花纹上用白色做渲染的一种彩画做法。该做法多运用在建筑木雕刻构件部位，如包括花板、雀替、花牙子、三福云、垂头、荷叶垫、净瓶等的低等级彩画的做法。

(21) 浑金、片金、平金、点金、描金

1) 浑金

是在某种彩画的全部或某种彩画的某些特定部位的全部贴金箔的一种彩画做法。古建彩画中有：大木沥粉浑金彩画、柱子沥粉浑金彩画、木雕花板及雀替浑金彩画、斗栱浑金彩画、宝瓶沥粉浑金彩画等。

2) 片金

该做法是清式各类彩画纹饰表现的基本做法之一，如片金龙、凤，片金卡子，片金西番莲等。

纹饰的片金做法由沥粉、包黄胶、打金胶贴金完成。

3) 平金

亦称平贴金，多用在斗栱各种部件彩画的边框轮廓贴金及雀替彩画的老金边贴金。

4) 点金

是对彩画中某些少量花纹分散撒花式的贴金方法。

5) 描金

以细毛笔，运用泥金做颜色，在某些重彩画法的人物画或彩画的某些特殊需要的图案，在已涂刷了或渲染了其他各种颜色的基础上，勾画较细的如衣纹、图案轮廓等金色线条的操作。

(22) 彩画贴两色金

即彩画贴金，分贴以红金箔（相当于当今的库金箔，以下简称为库金），及黄金箔（相当于当今的赤金箔，以下简称为赤金）的一种贴金做法，多运用于清代早（中）期高等级的和玺彩画、旋子彩画、苏画等彩画。

(23) 攒退活

攒退活是古建彩画细部图案，包括金琢墨攒退、烟琢墨攒退、烟琢墨攒退间点金、玉做、玉做间点金等类具体做法的统称。

(24) 接天地

是彩画某些白活（写实性绘画）做法涂刷基底色，包括“接天”与“接地”项目工艺的统称。

另外，还有一种不大常见接天地做法，其浅蓝色置于画面的上下两端，白色置于画面的中部，此种较特殊接天地做法，仅见用于某些方心、池子画花卉的少量做法。

(25) 过胶矾水

是彩画渲染绘画做法中在已涂刷某种颜色的地子表面，运用柔软排笔或板刷涂刷由动物质胶、白矾及清水合成的透明溶液，使之充分地浸透并饱和地子色的一项工艺。

渲染绘画做法的过胶矾水，要求每涂刷一遍颜色（或每渲染一遍颜色）后，只要该着色遍以后相继仍需要再次地重复做渲染着色时，则其上下两遍的着色之间，都须通过胶矾水一遍。

(26) 硬抹实开

1) 硬抹实开的表现特点

运用硬抹实开绘法具有如下几个基本的共同表现特点：

① 为达到较写实的白活绘画效果，从作画开始涂刷基底色时，一般普遍地要做以接天地的技术处理。

② 对所摊稿的各种形象，按表现形象色彩的实际需要，先满做平涂各种颜色，即所谓“硬抹”色式的成形着色。

③ 对各种题材的轮廓线，绝大部分要通过勾线加以肯定，如按所绘物的实际需要，有的要勾墨线，有的要勾其他色线。

④ 体现各种形象的着色，是经过如平涂色、垫染色、分染色、着色、嵌浅色等多道工序做法完成的。

2) 硬抹实开花卉绘法程序

①涂刷基底色时并做接天地；②摊活（描绘画稿）；③垛抹花卉等底色造形之后并过以头道胶矾水；④垫染花头或果实色；⑤按所绘物各部位的实际需要，开勾墨线或其他色线的轮廓线；⑥在过第二道胶矾水基础上，对花卉的各个部分做以渲染、着色、嵌浅色；⑦点花蕊或果实斑点色完成。

3) 硬抹实开线法绘法程序

①涂刷基底色时并做接天地；②摊活；③从远景至近景对景物造形抹色；④对造形形象分别开勾墨线或其他色线轮廓线；⑤在过胶矾水基础上按所绘物各部位的实际需要，分

别进行渲染、着色、嵌浅色完成。

注：若于硬抹实开线法中做加画人物者，其人物亦做硬抹实开绘法。方法为，在画面的建筑等景物基本绘完成以后，对人物须先垫抹以白色，尔后按人物各部色彩的需要，分别抹以各种小色，再经开墨色等轮廓线、过矾水、渲染、着色、嵌浅色、开眉眼至完成。

(27) 作染

是画作对包括无论绘于何种基底色上的花卉、流云、博古、人物等各种写实性题材形象的表现，其绘法是涉及渲染技法的一种泛称。古建彩画通常多用来画作染花卉、作染流云、作染博古等类绘画。

以基本常见的作染花卉绘法为例，一般又多指绘于某些彩画（主要是苏画）某些特定部位的大青、大绿及三绿、石三青、紫色、朱红等色地上的花卉，这些地上花卉的绘法，基本同于上述硬抹实开花卉的绘法程序，所不同处只是，其基底色中做平涂刷饰，不强调花卉的轮廓普遍要做勾线。

以常见的五彩流云绘法为例，一般多绘于某些彩画（主要是苏画）某些特定部位的大青、深香、朱红色地上。

(28) 落墨搭色

是彩画写实性白活的一种绘法，一般多用在画山水、异兽、翎毛花卉、人物、博古等。

至于对各种形象在落墨基础上的着染其他色彩，一般只着染以较透明清淡的色彩，故名为“搭色”，其所搭染之色效果，是以既达到了着色目的，又能以目测直观仍显现底层之墨骨墨气为度。

落墨搭色绘法是经涂刷白色基底色、摊活、落墨、过胶矾水、着染其他各种清淡彩色几个主要绘法内容程序完成的。

(29) 洋抹

顾名思义，为外国抹法，但它是我国古建彩画白活写实性绘画的表现吸收国外绘画技法而逐渐形成的一种新绘法。兴起于清代中期，盛行于清代晚期，多用来画洋抹山水、洋抹花卉、洋抹金鱼、洋抹博古。

(30) 拆垛

是彩画纹饰表现的一种绘法，运用此绘法，于苏画特定部位的各种特定彩色地子上，多绘散点式构图图案，如落地梅、桃花、百蝶梅、皮裘花，以及于某些低等级苏画的某些特定部位的各种特定彩色地子上，绘藤萝花、葫芦、牵牛花、香瓜、葡萄等较小型的花卉。另外，某些低等级苏画的白活中，有时也绘做一些较大型的花鸟画。

(31) 退烟云

退烟云，先统一垫刷白色，之后当退第二道色阶时（关于退硬烟云方法，另外讨论），首先留出白色阶，再按从浅至深色的退法顺序。每退下道色时，必须留出前道色阶的适宜宽度，并又叠压着前道色阶填色时特意多填出的颜色部分，按色阶道循序渐进地退成。

(32) 捻连珠

所谓捻连珠，即运用无笔锋的圆头毛笔或适宜的捻子实际操作连珠。捻连珠操作虽然比较简单，但都是按着一定的操作规范完成的。下以苏画箍头联珠带捻联珠的规范画法体现为例做些集中说明：

1）连珠带的基底设色

凡各种颜色珠子之连珠带的基底色者一律设为黑色

2）单个珠子退晕的色彩层次构成

就单个珠子的色彩构成而言，一般由白色高光点、圆形晕色及圆形老色三退晕形式构成。

3）连珠带珠子的设色与其相靠连主箍头设色间的关系

凡某构件的主箍头为青色的，则其旁侧连珠带的珠子必须做成香色退晕；凡某构件的主箍头为绿色的，则其旁侧连珠带珠子必须做成紫色退晕。

4）连珠子构件连珠带的放置方法及画法体现

捻连珠对珠子方向的放置方法为，无论件为横向或竖向，其连珠带的珠子，（含枋底连珠带画法），对连珠带全部长度，要准确规划、设计珠子数量，枋底宽度若置单数珠子的法者，于枋底连珠带的正中处，必须置一个坐中珠子，所谓坐中珠子，即珠子的白色光点、晕色、老色圆形成俯视正投影式的画法。枋底若置双数珠子法者，应于枋底中，向相反两侧方向按序排列。

5）要求捻连珠达到的基本标准

凡珠子要求捻圆，珠子的直径及珠子间的间距一致，相同长度宽度的联珠带，其珠子的数量一致对称，珠子不吃压旁侧的大线，颜色足实，色度层次清晰。

（33）阴阳倒切或金琢墨倒里倒切万字箍头或回纹箍头

1）阴阳倒切万字箍头或回纹箍头做法

纹饰的轮廓线用白粉线勾勒，纹饰的着色不做里与面的区分，无论纹饰的基底色及其晕色，统一运用同一色相，但明度不同的颜色表现，后经切黑、拉白粉完成。

2）金琢墨倒里倒切万字箍头或回纹箍头做法

自沥粉起，须经沥粉、涂刷基底色、包黄胶贴金、切黑、拉白粉完成，一般只用于最高等级的金琢墨苏画做法。

阴阳倒切的万字或回纹箍头、金琢墨倒里倒切万字或回纹箍头要做到：写纹饰的晕色深浅适度，花纹宽度一致，纹饰端正对称，棱角齐整，万字、回纹的切黑法正确，方向正确，线条宽度适度、直顺，切角斜度一致、对称，拉白粉线的方向正确、宽度一致、线条平直、棱角齐整、颜色足实。

（34）软作天花用纸的上墙及其过胶矾水

一般采用具有一定厚度、拉力较强的手抄高丽纸，施工时，不能直接使用，须对该用纸做过胶矾水。

对高丽纸过胶矾水，应将纸张上墙或上板，先用胶水粘实一面纸口，然后，用排笔在纸张通刷胶矾水，待纸张约干至七八成时，再用胶水封粘纸张的其余三面纸口，待充分干透后即可施工彩画。

（35）裱糊软天花

是把做在纸上的天花彩画粘贴到顶棚上去的工作。粘贴方法一般为：既要于天花的背面涂刷胶，亦要于被粘贴天花的实画面上涂刷胶，涂刷要严到，但刷胶不宜过厚。裱糊天花要求做到端正、接缝一致、老金边宽度一致、不脏污画面、严实牢固。

（36）打点活

打点活，即收拾或料理彩画已基本完成的已做之活。打点活是各种彩画绘制工程的诸多工序已经完成以后的最后一道必不可少的重要工序。

### 35.9.4 古建筑彩画质量通病防治

(1) 绽口

1) 现象：贴金时金箔条之间未叠压（有离缝），形成不规则的离缝，露出底色的现象，俗称錾口。

2) 以下原因可以产生绽口：

① 金胶油黏度小，配制时光油多，或掺色油漆多，帚金时，由于金胶油不拢瓤子（金胶油不返黏，吸金差）产生绽口、花的问题。

② 采用成品油漆代替金胶油，易造成绽口、花、木的现象。

③ 金胶油样板试验与实际贴金环境、条件不同，易造成绽口、花、木现象。

④ 贴金环境不洁净，或打金胶，贴金的操作方法、时间不当，易造成绽口、花。

3) 预防措施：

① 贴金工程应使用熬制试验合格的金胶油，不宜使用成品油漆代替金胶油。为了防止打金胶漏刷，依据色差标识打金胶油时，允许掺入微量（0.5%～1%）成品酚醛色油漆。

② 配兑金胶油时，用稠度或黏度适宜的光油与豆油坯或糊粉配兑，应根据季节按隔夜金胶油试验配兑，从第一年的 9 月到第二年的 4 月，使用曝打曝贴金胶油，样板试验要与贴金地点、部位、气候环境相同的为准。

③ 打金胶时，现场环境应无尘、架木洁净，打多少贴多少，不宜多打，否则贴金时易产生绽口和花的现象。

④ 有风的环境不宜打金胶、贴金，如进行施工应做围挡（风帐子）。

⑤ 打金胶、贴金操作要点口诀：先打里后打外，先打上后打下，先贴外后贴里，先贴下后贴上，绷直金紧跟手，不易出现绽口。

⑥ 贴金中，金胶油快到预定时间时，应进行帚金，发现有明显绽口时，应立即停止贴金。

(2) 地仗生油顶生咬色

1) 现象：彩画颜色涂刷于地仗面后不久，颜色面呈现出大小不同的油迹斑点。

2) 原因

① 在地仗生油未充分干透时，即开始彩画刷色，彩画颜色受到地仗未干的生油的浸蚀（生油从颜色的下面浸透出来），使彩画颜色表面出现油迹斑点，这种现象称为顶生咬色。

② 地仗生油只是表面假干，施工人员判断错误，将彩画刷色施工提前，所致。

3) 预防措施

① 彩画刷色前，应对油作地仗生油是否干透进行检查，做出准确判断。有经验的师傅，可凭经验以指甲在地仗生油面上划试，以手感利落干脆，所画线道发白色，一般为生油已干，否则手感涩滞，所画线道发黄白色，一般为生油未干。没有经验掌握不好的，也可在地仗面上做小面积的刷色试验，进行观察。

② 有时是工期紧所致，应合理安排施工工期，给地仗钻生油工序留有较宽松的干燥时间。为加快进度，油作可配合画作，钻生油选用含蜡质低的优质生油缩短干燥时间。

# 35.10　古建筑裱糊工程

适用白堂箅子裱糊，墙面、顶棚均可按照此做法。

## 35.10.1　工　艺　流　程

木基层处理→熬椒化矾→制浆熬糊→裁布裁纸→盘布→鱼鳞→片一道→盖面。

## 35.10.2　操 作 技 术 要 点

（1）白堂箅子木基层处理：木件如有 3mm 以上劈裂和虫眼，须用石膏腻子嵌补，干好后打磨平整。如有钉帽外露，将钉帽钉入木件内 2mm 深，点上防锈漆。用石膏腻子找补，干好后打磨平整。

（2）熬椒化矾：将锅洗刷干净，放入所需水量的二～三成川椒、矾下锅，即可点火，水开锅 5～10min 后，取净川椒。

（3）制浆熬糊：白面入水桶中，用所需水量的七、八成凉水冲泡，搅拌均匀，无面疙瘩后倒入锅中，开锅后取出装桶备用。温度降至 20～30℃时，表层洒上清水，防止结皮，使用时将清水倒出。

另一种制浆方法是冲泡法，白面入桶，清水渐入搅拌均匀，用沸水冲泡，快速搅拌成浆。再倒入已经化好的矾水。温度降至 20～30℃时，表面洒清水备用，用时倒出清水。

现一般采用 108 胶为胶粘剂，108 胶使用前加水稀释，以防黏性大，干燥后将纸绷裂。108 胶对水的比例为 8∶1.5～2，108 胶较浆糊防霉性好，使用方便，但成本较高。

浆糊配合比（重量比）见表 35-72。

浆糊配合比（重量比）　　表 35-72

| 水 | 面 | 矾 | 川椒 |
|---|---|---|---|
| 10 | 4 | 0.2 | 0.1 |

（4）裁布裁纸：测量白堂箅子的长度、档距，根据布和纸的幅宽，接缝应在木条的中心位置，须裁布裁纸以满足粘贴要求。裁时用方尺找方正，用尺板压稳，用壁纸刀切割，不应有毛茬，裁好后平整码放。注意首层纸和二层纸的方向、位置不同，尺寸肯定有变，裁剪时根据实际需要适时裁剪。

（5）刷浆裱糊

1）裱糊白堂蓖子墙面，用糊盘布鱼鳞头层底，浆糊中加入防霉剂和防虫剂；二号高丽纸横、顺糊两层（浆糊中加入防霉剂和防虫剂）。裱糊（团寿蜡花纸盖面）浆糊中加入防霉剂和防虫剂。

2）官式做法在白堂蓖子上糊纸共分四道工序：

第一道工序为盘布（盘音搬）："梅花盘布"。二纸一布做法，就是两层纸中间夹一层大眼麻布，纸用高丽纸。盘纸就是先将两层纸夹一层苎布用浆糊裱在一起，压实成为一体备用，裱糊时分格糊纸，四格一糊（或六格、八格），将纸糊到白堂蓖子上，四边翻卷到格眼以内，每四格糊完，再糊其余的空格，称为填空，糊完在木格十字处钉小铁钉、钉眼用小块高丽纸糊上，以免钉锈过裱糊面。

第二道工序为鱼鳞：将高丽纸裁成条状，每条抹浆糊，一条一条地糊，糊时要破缝，纸压在纸中，如同瓦作砌墙十字缝一样。

第三道工序为片一道：鱼鳞以上通糊高丽纸一道。

第四道工艺为盖面：片完以后，糊最后一道纸，称为盖面。

糊完在木格十字处钉小铁钉，钉眼用小块高丽纸糊上。

鱼鳞：每条鱼鳞抹浆糊，一条一条地糊，糊时要破缝，压向宽窄一致。

盖面：要整洁。

3）刷浆糊布操作方法：用护刷或毛刷将浆均匀地涂抹于木件上，应涂抹两遍，以防漏涂缺浆。糊布沿进深方向，由前檐往后檐从一侧向另一侧逐趟糊起。糊布 3 人操作，1 人把布卷成卷，双手交举在前面缓慢放布，1 人持布的两角绷紧贴于木件上，另 1 人持滚刷或板刷赶轧，使布粘贴住。赶出的余浆用擦布擦净。布较硬、挺实、较难贴住。必要时用板条或图钉固定，干燥后去掉板条、图钉。检查有无空鼓缺浆现象，及时整修。

4）糊首层纸操作方法：沿面宽方向，由前檐向后檐逐趟糊起。略加水稀释糨糊，在布上直接刷浆。糊纸由三人操作，两人各持纸的两角高举贴于木件上，另一人用板刷平、粘牢。不能反复赶轧，防止位移和褶皱并缝操作，尽量做到不亏纸和重叠。干好后进行下道工序。

5）糊两层纸操作方法：沿进深方向，由前檐向后檐逐趟糊起。如拼接花纹、先糊中间后糊两侧，操作方法同糊首层纸。缝隙搭接方法：①并缝搭接：纸边与纸边紧贴。横缝、竖缝都要照顾到。②重叠裁切：糊的时候，纸边与纸边重叠，用尺板、壁纸刀沿中心线切割，拿掉表层余纸，翘起纸边去掉底层余纸，重新轻轧。缝隙搭接严紧，几乎无缝隙。

## 35.11 古建筑绿色安全施工

### 35.11.1 古建筑绿色施工

（1）古建筑工程施工的特点

古建筑施工主要是古建筑修缮，非木结构的仿古建筑参考新建绿色施工要求。古建筑修缮在绿色施工“四节一环保”的要求下，即节地、节能、节水、节材和环保，有以下特点：

1）节地，占用土地资源方面，对于古建筑修缮没有占用土地问题，可以从施工用地方面理解，对施工现场做好勘察，合理进行施工现场平面布置，尽量不占绿地、自然环境和公共场地等，减少对周边自然生态环境和生活干扰。

2）节能方面，在古建筑合理利用节能设计方面应充分考虑，在保温、节约用电等方面进行节能设计。施工期间应减少能耗，合理使用机械设备、电动工具，使用节能灯。

3）节水方面，古建筑修缮用水量比较小，对地下水资源影响小，但在降尘、冲洗墙面、墁水活等方面需有合理方法，避免浪费水资源。

4）节材方面，对于古建筑修缮工程，在“最少干预”修缮原则的把控下，约束了材料使用量，但应在避免大材小用、因质量问题损耗而浪费。

5）环境保护方面，施工污染（扬尘污染、有害气体排放、水土污染、噪声污染、光污染等）虽然较小，但确有这些污染源，需要制定有效措施。

(2) 古建筑工程绿色施工管理

1）节地措施：

合理占用施工场地。比如，施工场地周围有办公场所，或是绿地，或是庄稼地等，堆放材料、搭建施工用棚（房）、办公用房、生活用房等，要合理用地。少占地，因施工带来的影响越小越好，这就是节地的意义。

2）节能措施

① 用电系统：施工用电，电缆电线敷设路径、方式，电箱配置等，应根据现场实际尽可能优化方案合理布置；照明使用节能灯。合理选择电动设备。生活用电，照明、风扇、空调、冰箱冰柜（食堂）等绿色配置和使用。

② 节约原材料消耗：计划用料，避免浪费。实行限额领料，剩余原材料回库。施工用材、设施用材、食堂节约燃气等。

③ 保证施工质量一次合格，避免返修或返工带来的资源消耗。

④ 提高工人的操作熟练程度，提高劳动生产率，按照技术标准，实行考核制度，有利于促进操作熟练程度的提高。

⑤ 合理安排用工，合理组织，减少窝工、人力消耗：现在施工组织的科学性、计划程度还有很大空间，浪费人工很常见。不善于进行方案策划，不接受制定施工方案进行精细化管理，习惯粗枝大叶。

⑥ 加强计划性和精细化管理，提高能源利用效率：有无计划，计划的可行性，精细化的程度都关系到能源利用的效率。

⑦ 尽量避免冬期施工带来能耗：须营造一个常温时期施工的条件，满足施工环境的温度、湿度及可操作的空间、作业条件，必然要消耗大量的能源。

(3) 节水

古建筑施工虽用水量不大，但绿色施工没有例外。应考虑施工用水、环境保护用水、生活用水（如设立生活区）及消防用水的设计。环境保护用水，如道路喷洒降尘，绿化用水等，合理利用、避免浪费。

(4) 节材

提高提料、配料的水平，避免浪费。加强操作技术水平，避免做错、粗糙返工重来。加强管理，避免配置好的颜材料的倾洒。制度化管理，实行领用料、剩料退料制度。做好雨期、大风天施工颜材料的管理，避免保存不当造成损失。

(5) 环境保护

对于仿古建设项目，环境保护同现代建筑施工要求，防止扬尘、污染，保护好自然环境、生态环境和人文景观、生产生活环境。

对于古建筑施工，环境保护要满足三个方面的要求：一是对自然环境的保护，二是对文物保护，三是对历史风貌的保护。

1）对自然环境的保护措施是防与治，重点在防止污染，应采取有效措施：

① 防止对地面（土壤）的污染。施工中要避免将颜料倾洒到土壤裸露的地面，渗入地下造成土体污染。

② 防止对大气的污染。施工中对运输道路洒水降尘，防止扬尘。在工地裸露土地的地方采取栽花、种草或采取覆盖措施。修缮工程拆除工程、木材及砖石现场加工、墁干活、油漆地仗及油皮砍除、抹灰及粉刷饰面拆除、彩画除尘应有有效降尘、压尘、吸尘措施避免尘埃飞扬。裸露土地、砂石堆场应覆盖。水泥、白灰、青灰等易产生粉尘的物资应入库保存。

对施工工艺全程实施管理，采取有效措施：

各种有毒干粉颜料过箩筛时，应轻缓操作，勿大幅度施力，防止干粉飞扬。

发血料（加工生猪血）的场所，需具备卫生条件和废弃物的处理条件。如在室内或搭棚封闭加工操作，废血水、血渣应排入污水池。

杀虫、灭菌、防腐等化学制剂的废弃物以及其他各种有毒有害固体废弃物应分类存放、有效管理，应进行无害化处理并正确回收。

施工现场的木工操作间应做封闭处理，控制锯末粉尘排放，对刨花、锯末按规定消纳。

建筑垃圾与生活垃圾应分类放置和处理。各种垃圾均应正确回收，不得随意消纳。

在瓦石作业过程中，应对机械噪声采取遮挡、限时等措施。

③ 防止对水体水域的污染。施工中不能将剩余画颜料倒入或撒入施工环境中的河流、湖泊等水体。

④ 防止对周围生活的污染（影响）。声、光、气味污染，即施工的噪声、强光、刺激气味给周围人群造成的不良影响。进行施工噪声控制，避免扰民。合理安排施工时间，实施封闭式施工，采用低噪声、低振动的设备等。仿古建筑等新建筑建设施工，彩画（含油漆）施工，使用化学颜料、稀料等更应加强防止空气污染措施，特别是有挥发性、有毒有害的化学材料，应限制使用场所。

⑤ 防止对古建筑物、历史建筑（特别是文物建筑）的污染：施工前对建筑相邻部位（墙体、地面等）应进行保护（防护），防止污染。室内神、佛像等做保护覆盖或移出。

2）对文物的保护

① 对文物建筑保护环境进行封闭管理，设置围挡。

② 对彩画、油饰、雕刻等容易造成污染，不易清除的应设置遮蔽、覆盖、防护措施。

③ 对于需要挑顶的修缮过程，需要搭设防雨大棚。

④ 对能够产生粉尘的施工内容，如木、砖、石材加工尽量安排到场外固定加工、生产点进行。

3）对历史风貌的保护

重在不破坏、不损坏、不改变、不污染历史地貌和遗迹、遗址、遗存（建筑、构筑物、古树）等，处于施工范围内的，应采取保护措施：

① 修缮工程，彩画（含油漆）施工，做施工围挡、搭设施工设施，对周围环境（遗迹、遗址、遗存）不能造成任何影响。

② 对于遗址保护、遗址展示工程，施工方案应进行严格审批，掌握重点：划定施工活动区域，施工总平面布置，施工方法等，确保对历史风貌环境不造成影响。

## 35.11.2　古建筑安全施工

### 35.11.2.1　古建筑施工安全

（1）特点

古建筑施工在安全管理方面具有与现代建筑相同的特点，但也不尽相同。相同之处在于古建筑施工同样具有建筑施工的一般特性，不同点在于一般规模不大、高度不高等特点。

（2）管理内容及措施

古建筑施工安全管理涉及到的内容有：材料管理、安全防护、施工安全管控等。

1）材料管理

① 油漆、木材等易燃、易爆材料应入库或安全地点存放，明确负责人，落实管理制度。

② 材料堆放，码放高度应符合规定要求，不得超高码放。工程施工材料堆放地点应符合施工组织设计现场平面图的布置要求。

2）安全防护

① 电气系统、施工临时用电系统应符合国家有关安全用电规范标准的规定要求。施工现场应按施工用电专项方案落实施工临时用电系统，保证安全用电。

② 高处作业防护，工程施工脚手架搭应按专项方案搭设，并通过验收后，方可使用。护身栏、安全网等防护措施应符合规定要求。

搭设脚手架，其他与现代建筑施工要求基本相同，作业面满铺脚手板、两道护身栏，挂密目网。

特殊情况，在搭设方案和安全防护上进行特殊考虑，采取措施。在行人密集或车辆通过区施工，脚手架施工作业面的防护要进行加强设防。除铺设脚手板外，立面密目网连续铺到脚手板上面，再铺设防水布之类致密材料，防止漏、掉灰块、工具等任何杂物。

③ 洞口、临边防护，洞口、临边等处应按规定和专项防护方案做好防护措施，防护措施应牢固可靠，能够保证防止高坠事故发生。

④ 高压线防护，施工现场遇有高压线情况，应制定高压线专项防护方案，保证施工安全。

⑤ 电气设备应按规定做好保护接地、作业安全防护措施，防止触电、机械伤害事故发生。

⑥ 防雷避雷，高大施工脚手架应做好施工防雷避雷措施，应制定避雷专项方案，保证施工安全。

⑦ 做好个人安全防护，高空作业、使用电气设备及电动工具、电工作业等应按规范规定佩戴安全劳动用品，防止触电事故发生。

⑧ 暑期和雨期应做好防止中暑和遭受大风暴雨袭击措施，落实防暑劳动保护，制定防雨防汛安全施工预案。

⑨ 防滑坡、防倒塌，无论施工现场或其他场所，应就现实状况进行危险源辨识，制定危险防控措施，防止意外发生。

3）施工安全

① 吊装

古建筑施工大木立架或吊装体量较大的木构件、石构件，应制定专项施工方案，避免盲目施工造成高空坠物、物体打击、倒塌等安全事故。

吊装设备：早先常用井字架高车，动力设备使用卷扬机。现在也经常使用现代机械设备，如汽车式起重机、塔式起重机。

机械设备的管理同现代建筑施工对机械设备的管理办法。但具体使用、操作要求应编制吊装专项方案。文物建筑施工，特别是在文物建筑群内施工，是否可以使用现代大型机械设备要根据实际情况，要报批，也就是要一事一议、一地一议、一时一议，没有统一的可行性，具体问题具体分析。

② 运输

古建筑施工，常遇到施工地点在山上的情况，道路崎岖，材料运输困难，应制定专项施工方案，避免盲目施工造成滑坡、翻车，车辆伤害、物体打击等安全事故。

③ 打夯

使用电动夯实机，应按规范、规程的要求安全使用，做好绝缘防护，防止造成触电的安全事故。

④ 电焊

仿古建筑施工也经常用到电焊。应按电焊安全技术操作规程安全使用，不得违章操作，以防造成触电安全事故。

电焊还要注意操作环境安全，不得在周围有易燃、可燃物的环境电焊，防止发生火灾。

⑤ 明火施工

古建筑修缮经常增加卷材防水，仿古建筑经常使用防水卷材，如采用热熔法施工，应有防火措施，防止酿成火灾事故。

木结构建筑应避免使用热熔法施工。

⑥ 拆除施工

古建筑修缮经常有拆除施工，拆除施工应编制专项施工方案，防止随意进行拆除发生高坠、机械伤害、物体打击、倒塌等安全事故。

⑦ 挖掘

土方开挖有人工和机械人工配合两种。机械开挖、人工配合方法要编制专项施工方案，防止发生坍塌、机械伤害安全事故。

⑧ 和灰

古建筑修缮常用的施工机械有麻刀机和灰机。应防止机械伤害和触电。

⑨ 加工制作、安装

木加工、砖加工、钢筋加工等，古建筑修缮、仿古建筑施工现代机械设备比较多，相应的机械操作规程都适用。

#### 35.11.2.2　古建筑施工消防管理

（1）杜绝火源

1）施工现场不得使用明火，如防水卷材热熔法、使用明火工艺烫蜡、熬制灰油、光油等。

2）施工现场不得吸烟，工人进场不得带入烟火。设置吸烟室或吸烟区。

3）临时用电系统必须编制专项方案，经审批、验收，合格方可使用，施工中加强制度管理。

（2）管好易燃材料

1）易燃材料：木材、线麻、桐油、灰油、油灰、涂料、彩画颜料等。

2）管理措施：设置专库、专区管理。

3）制度管控：如：木工操作间、油工配料间严禁吸烟或明火作业，必须设置消防设施；凡使用脱漆剂、稀料、桐油、光油、灰油、油漆时，附近不得有易燃物；地仗施工中凡浸擦过桐油、灰油、汽油的棉纱、丝团、麻布和麻头以及灰油皮子等易燃物，不得随意乱扔，必须随时清除或及时清运出现场，并妥善处理，防止发热自燃或太阳照射引起火灾；冬期施工保温覆盖时，应选择阻燃保温材料；安全防护密目网应使用阻燃型；现场取暖，应采用符合防火要求的热源。

#### 35.11.2.3　职业健康安全

古建筑施工在职业健康安全方面除首先要解决环境污染源问题外还应做好个人防护，注意以下方面：

（1）有毒有害材料

1）脱漆剂：化学脱漆剂、碱液（火碱水）脱漆剂或水制酸性、碱性脱漆剂。

2）有毒颜材料：巴黎绿、洋绿、砂绿、石黄、藤黄、中国铅粉、银朱等。

3）粉尘：石灰、水泥、青灰、砖灰、石粉等。

4）油漆、涂料：大漆、有刺激性的稀料、涂料。

（2）防护措施

1）做好劳动防护

从事砖石、木料切割作业人员应佩戴口罩等防尘防护用具。

使用化学脱漆剂、碱液（火碱水）脱漆剂或水制酸性、碱性脱漆剂清除油漆膜时，操作人员应戴好橡皮手套、防护眼镜和防护鞋。

彩画施工有巴黎绿和含铅颜料的，操作人员要戴口罩以防中毒。

进行有毒彩画颜料过箩筛、捣砸、筛细、入胶调制、涂刷等操作，作业人员须戴口罩，甚至防毒面具。

大漆施工时需预先戴上医用薄膜手套，无医用薄膜手套时，可用豆油、香油等不干性油涂抹于暴露的皮肤表面。

2）操作中注意防范

使用巴黎绿、藤黄绘画时，严禁口中抿笔。

预防生漆过敏。发生过敏的情况，一是直接污染皮肤引起过敏反应，二是由呼吸道吸入生漆中的挥发物质引起皮肤过敏反应。

3）配料、施工场所保持空气畅通

古建筑彩画毒性颜料有：洋绿、砂绿、石黄、藤黄、中国铅粉、银朱等，在储存、加工、调配和使用操作接触中，应保持场所空气畅通。

大漆施工期间必须加强施工现场的通风，或采取更换空气措施加强通风。

4）及时洗手、洗澡

接触有毒颜材料后，在完成工艺操作或下班后应将手洗干净，然后再进行饮食等活动。

大漆施工后洗手时，应先用煤油将生漆及漆迹擦净，然后用肥皂洗手，清水冲洗干净。如手上仍有生漆的黑色斑迹一定要清洗干净，还可用1%的硝酸酒精擦净，再用肥皂洗手，清水冲洗干净。每日工作前后，用2%～5%的食盐溶液或1∶500的高锰酸钾溶液待冷却后擦洗全身一遍，起到预防生漆过敏的作用。

# 35.12 园林工程概述

## 35.12.1 总述

园林工程是以园林艺术为指导，以造园技艺为核心，创造出赏心悦目的艺术景观。园林工程主要由园林铺装、绿化种植、景观小品、假山理水等部分组成，各部分在园林造景中分别发挥着不同的作用。

园林工程与项目管理、工程测量、园林艺术、园林植物、建筑结构、工程造价等密切相关，综合性很强。园林工程也是一门技术与艺术相融合的工程，具有明显的艺术性，必须深入理解、领会设计理念，才能创造出经济适用、美观有内涵的园林作品。

## 35.12.2 园林铺装

园林铺装是建设在公园或绿地内，起到组织交通、引导游览、划分空间、构成园景、聚集人流等作用的硬质地面。园林铺装通常采用不同材料、不同色彩、不同面层和花纹组合进行铺装，创造出不同的景观效果来表达设计意图。常见园林铺装主要有石质板材铺装、透水混凝土铺装、砖类铺装、竹木铺装、卵石铺装等。

园林铺装主要包括园路、广场、活动场地等。园路在满足园区交通疏导功能的前提下，提供游览导行功能，兼具功能性和艺术性。园林广场及活动场地铺装主要给游客提供集散场地、休憩及活动空间，与植物、建筑、景石等相搭配，营造出别致的景观效果。

## 35.12.3 绿化种植

绿化种植是园林工程的主要组成部分，是按照植物种植设计的要求，进行乔木、灌木以及地被、草坪的栽植，达到预期设计效果。植物是绿化种植的主体，种类丰富、姿态优美，具有丰富的色彩和四季的变化，植物造景是造园的主要手段。绿化种植分为乔灌木栽植、草坪栽植、花卉栽植、反季节栽植、坡面绿化栽植。

由于园林植物品种繁多，习性差异较大，具有不同的景观特性。而植物本身又具有萌芽、开花、结果等生理周期，在绿化设计及工程施工中，需要充分了解植物材料生长发育变化规律，合理应用植物品种及规格。在施工过程中，为保证其成活和生长，达到设计效果，栽植施工时必须遵守规范的操作规程，保证工程质量。

## 35.12.4 景观小品

景观小品是指园林绿地中提供休息、装饰、景观照明、展示和为园林管理及方便游人使用的小型设施。景观小品可分为观赏型小品和实用型小品。

古典园林中的牌楼、照壁、华表、石狮等，以及现代园林中的雕塑都可归纳为观赏型小品。在园林景观中，景墙、园桥、花架、景观灯、座椅、垃圾桶等实用型小品，在给游人提供必要使用功能的同时，兼具景观装饰作用，在一定程度上对园林景观起到了画龙点睛的作用。

## 35.12.5 假山理水

### 35.12.5.1 园林假山

假山是以造景为目的，用土、石等材料对自然山石进行艺术摹写。假山营造师法自然，是中国古典园林中不可缺少的构成要素。

假山主要分为石包土山、土包石山、掇山小品。

假山在古典园林中的作用十分重要，可以通过假山石景在庭院中再现自然山峦的造型，可以利用假山形成庭院的地形骨架，可以利用假山对庭院空间进行分隔和划分，假山石也可作为驳岸、挡土墙阻挡和分散地面径流，降低地面径流的流速，从而减少水土流失。

### 35.12.5.2 园林理水

理水，即中国传统园林的水景处理，是古典园林重要景观元素，现泛指各类园林中的水景处理。

园林理水可利用瀑布、跌水、静水、湍流、缓流、水雾等水的形态形成湖、塘、池、泉等景观。水景可分为动态水景与静态水景，以天然或人工湖泊类水体所形成的景观为静态水景，天然或人工河道重力产生的水流和机械提升流动的水体所形成的景观为动态水景。

按水体的形态划分可分为平静型、流动型、喷涌型和跌落型。

按水体的来源和存在状态分为天然型、引入型和人工型。

# 35.13 园林铺装

## 35.13.1 石质板材铺装

### 35.13.1.1 石质板材铺装种类

1. 石质板材常用种类

园林铺装常用的石质板材种类主要为花岗岩类、人造石类和大理石类。

2. 石质板材面层处理方式

在园林景观中常用的石质板材面层有：光面、拉丝面、机切面、烧面、荔枝面、龙眼面、菠萝面、自然面等。

其中，拉丝面在设计过程中一定要有大样图，断面图。在材料使用方面，自然面要求最厚，一般要 40mm 以上可加工成自然面。

3. 石质板材面层常用规格

常用规格：300mm×300mm；300mm×600mm；600mm×600m；600mm×900mm；900mm×900mm。

厚度要求：

根据不同的使用部位，承重或加工工艺有一定的差异，对石材厚度有不同的要求。车行一般不小于 50mm，人行一般不小于 30mm；立板一般 20mm 厚，干挂大于 30mm 厚，压顶厚度要根据整体立面效果确定。

**35.13.1.2 石质板材铺装施工流程**

1. 基层清理

检查基层平整情况，偏差较大的应事先凿平和修补。基层应清洁，不能有污染，清理干净后洒水润湿。基层表面凹凸不平、遗留砂浆，将容易产生面层下陷。

2. 弹线

测量铺装完成面标高，做好标记，在地上弹出控制线，弹在基层上。弹线后应先铺若干条干线作为基线，起标筋作用。

3. 选料

避免尺差：采用红外或水刀切割，石材对角线允许偏差为±2mm。

避免色差：如材料色差大，需针对不同铺装块进行挑板铺装。

4. 试铺

在面层板材落定之前，需要在干基层上进行预铺，用以控制对缝、排版、平整度等细节。从纵、横两个方向排好尺寸，当尺寸不足整砖模数时可裁割用于边角处，但直线段不应出现小于整砖面积 1/2 的砖块，尺寸相差较小时，可调整缝宽，但不应超出设计要求。

5. 大面积铺贴

石质板材多以干硬性水泥砂浆作为结合层。结合层厚度应符合设计要求，设计无要求时，园路、广场结合层厚度 20～30mm。

铺贴前确认板块间隙、标高等都符合要求后，端起板块，为增加粘结度，可在干硬性砂浆基层上进行素水泥浆浇浆，或在板块背面抹水泥砂浆，安放板块时四角同时下落，落稳后，用橡皮锤敲实至完成面标高，利用靠尺控制平整度。大面积铺贴时，可拉十字控制线，纵横各铺一行，并根据编号及试排时的缝隙，在十字控制线交点开始铺贴，向两侧或后退方向顺序铺贴。

6. 勾缝

填缝前清理缝隙，缝隙无油和浮灰。勾缝可选用勾缝剂或 1∶4～1∶3 水泥砂浆，干湿度控制标准是“手捏成团、手松不散、落地开花”。用专用勾缝工具进行压实填缝。

7. 清洁

勾缝完成后 1h，待填缝剂稍收浆后，用海绵擦净，清理铺装面污染，海绵略带水分，使水自然渗入缝中。

8. 成品保护

石材成品保护意识贯穿整个施工过程，石材铺装养护期为 3～5d（养护期满后可上人行走，7～10d 后可上手推车)，期间禁止上人上车，覆盖保护。

### 35.13.1.3　石质板材铺装的技术要点与质量要求

1. 石质板材铺装细部技术要点

(1) 自然和精细

碎拼石材面层要做到接缝通直无错缝，碎拼部分做到自然排列有序，材料大小反差不要太大，缝道均匀，规格铺装部分整齐划一，弧线收边流畅，美观，不允许出现明显的凹凸感，石材的切割要标准，不允许出现石材的缝隙大小不均匀现象。

(2) 转角收边的处理

转角收边石材根据弧线的长度及角度，现场放样排列后切割（大规格，可提供弧线的半径及角度，定制加工)，每块材料按大小等分，等腰梯形状加工，不允许出现单边切割形式，弧线段内不允许出现小边、小料的现象。

(3) 多种形式组合铺处理

以同心圆类形式铺装为例：

1) 按设计要求，石材按半径弧长等分加工，保持相同半径内的石材大小规格一致，做到弧线流畅、美观；放射形铺装缝对齐，并且缝的大小均匀一致。

2) 组合材料的拼接按设计要求留缝控制，保持结合流畅、自然。

(4) 铺装面收水口的处理

地面铺装排水的顺畅是涉及工程质量和使用功能的关键部位，根据地面的排水坡度和标高设置地表排水口，排水位置设置在最低点，盖板相对于周边的铺装低 5mm 左右。地面的排水口作为整体铺装的统一，施工的工艺和要求非常高：收边处理要求精细，材料切割的对称和周边材料的拼接，都可作为施工的细部重点对待。

2. 石质板材铺装其他质量要求

(1) 石质板材面层的外观质量应满足设计要求，表面应洁净，平整，无磨痕，且应图案清晰、色泽一致、接缝均匀、周边顺直、镶嵌正确、板块无裂纹、掉角、缺棱等现象。

(2) 石质板材面层所用板块的品种、规格、材质应符合设计要求。

(3) 结合层与面层应分段同时铺设，面层与下一层应结合牢固，无空鼓。

(4) 石质板材面层表面坡度应符合设计要求，不倒泛水，无积水。

(5) 石质板材面层允许偏差应符合表 35-73 的要求。

**石质板材面层允许偏差** (mm)　　**表 35-73**

| 序号 | 项目 | 允许偏差 | | 检验方法 |
|---|---|---|---|---|
| | | 板材 | 自然面碎拼 | |
| 1 | 表面平整度 | 2mm | 10mm | 2m 靠尺和楔形塞尺检查 |
| 2 | 缝格平直 | 5mm | — | 拉 20m 线和用钢尺检查 |
| 3 | 接缝高低差 | 1.5mm | 5mm | 用钢尺和楔形塞尺检查 |
| 4 | 板块间隙宽度 | ±1mm | | 用钢尺检查 |
| 5 | 坡度 | ±0.3% | ±0.3% | 用水准仪检查 |

检查数量：每 200m² 检查 3 处，不足 200m² 的不少于 3 处；非自然面碎拼的允许偏差应符合板材允许偏差的规定。

## 35.13.2　透水混凝土铺装

### 35.13.2.1　透水混凝土铺装种类

1. 透水混凝土特点

透水混凝土又称多孔混凝土，无砂混凝土，透水地坪。是由骨料、水泥、增强剂和水拌制而成的一种多孔轻质混凝土，它不含细骨料。

透水混凝土由粗骨料表面包覆一薄层水泥浆相互粘结而形成孔穴均匀分布的蜂窝状结构，故具有透气、透水和重量轻的特点。

透水混凝土具有普通混凝土所不同的特点：容量小、水的毛细现象不显著、透水性大（≥1mm/s）、水泥用量小、施工简单等。作为环境负荷减少性混凝土，它能够增加渗入地表的雨水，缓解城市的地下水位急剧下降等的一些城市环境问题。

2. 透水混凝土材料组成

（1）水泥：采用P·O42.5级水泥，严禁不同等级、不同品种水泥混用。

（2）碎石：透水混凝土必须使用质地坚硬、耐久、洁净的碎石料。基层宜用粒径10～25mm，面料宜选用粒径3～6mm或5～10mm，石子含粉量不得大于2%，质量应符合《透水水泥混凝土路面技术规程》CJJ/T 135—2009。

（3）水：水质应符合国家现行标准。

（4）透水混凝土增强剂：应有合格证和出厂检验报告，质量应符合要求。

（5）面层保护剂：应有产品合格证和出厂检验报告，质量符合要求。

3. 透水混凝土的品种

（1）普通素色透水混凝土：为普通水泥本色的透水混凝土。

（2）标准色透水混凝土：以普通水泥本色掺加无机耐候颜料组成的透水混凝土，色彩属一般。

（3）艳丽色透水混凝土：以高要求的水泥掺加添加剂及无机耐候颜料组成的透水混凝土，色彩艳丽。

（4）组合压模工艺的透水混凝土：由彩色混凝土压模工艺和透水混凝土相间组合成的混凝土。

（5）组合喷涂工艺的透水混凝土：由彩色混凝土喷涂工艺和透水混凝土相间组合成的混凝土。

### 35.13.2.2　透水混凝土铺装施工流程

1. 基层处理

透水混凝土摊铺前应将基层素土压实，土层上面再铺设一层过滤用土工布，作用是防止下雨时基层泥浆上泛堵塞透水混凝土孔隙。土工布铺完后应再铺设10～15cm厚的碎石垫层，碎石粒径可以采用10～25mm的级配碎石。考虑大暴雨季节来临时，基层积水过多来不及渗透，一般在基层碎石垫层中间，间隔6m设置一根专用透水盲管排水（$\phi$75mm），低端通向道路的排水系统，及时排除过量的雨水。

2. 立模

施工人员首先须按设计要求进行分隔立模及区域立模工作，立模中须注意高度、垂直度、泛水坡度等问题。

3. 搅拌

透水混凝土不能采用人工搅拌，采用普通混凝土搅拌机械进行搅拌，先将胶结料和碎石搅拌约 30s 后，使其初步混合，再将规定量的水分 2～3 次加入，继续进行搅拌约1.5～2min。视搅拌均匀程度，可适当延长机械搅拌的时间，但不宜过长时间的搅拌。

4. 运输

透水混凝土属干性混凝土料，其初凝快，一般根据气候条件控制混合物的运输时间，运输时间一般控制在 10min 以内，运输过程中不要停留，手推车必须平稳。

5. 摊铺、浇筑成型

对于人行道面，大面积施工采用分块隔仓方式进行摊铺物料，其松铺系数为 1.1。将混合物均匀摊铺在工作面上，用括尺找准平整度和控制一定的泛水度，平板振动器（厚度厚的用平板振动器）或人工捣实。捣实不宜采用高频振动器，用抹合拍平，抹合不能有明水。

6. 养护

透水混凝土与水泥混凝土属性类似，因此铺摊结束后，为减少水分的蒸发，宜立即覆盖塑料薄膜，以保持水分。也可在浇注后 1 天开始洒水养护，高温时在 8h 后开始养护，但淋水时不宜用压力水直接冲淋混凝土表面，应直接从上往下淋水。透水混凝土湿养时间不少于 7d，具体根据施工温度而定，高温时养护不少于 14d。待表面混凝土成型干燥后在 3～7d，涂刷透明封闭剂，增强耐久性和美观性，防止时间过久会使透水混凝土孔隙受污而堵塞孔隙。

#### 35.13.2.3　透水混凝土铺装的技术要点与质量要求

1. 彩色面层的透水混凝土路面摊铺

一般做法是先用普通水泥掺加 3%～5%的彩色颜料拌制，铺装完成后再通过喷涂彩色涂料的方法进行面层色彩的强化和补充。为提高面层的美观效果，延长彩色面层的使用寿命，往往还要在面层涂料表面喷涂一层透明树脂类保护剂。也有直接将彩色涂料与氟碳类保护剂进行复合，配制成耐候性和耐磨性俱佳的彩色树脂漆进行喷涂，效果一样优良。

2. 透水混凝土伸缩缝和灌缝

为防止透水混凝土道路因温度应力而开裂，摊铺施工结束后 3d 就应进行切割伸缩缝施工。根据施工面积情况，缩缝间距≤6m，缝宽 5～8mm，缝深不小于混凝土厚的 1/3；胀缝间距≤12m，缝宽 15～20mm，缝深贯穿混凝土；与其他工作面（基础不同）、建筑立体交接处，设置沉降缝，缝宽 15～20mm，缝深贯穿混凝土。切到胀缝时保持结构层与面层的缝口上下一致，不得错缝。切缝后必须用水及时冲洗缝内的石粉积浆，保证缝内干净无粉尘，并将切缝时造成的混凝土表面的泥浆冲洗干净，然后采用发泡塑胶进行镶缝处理，也可以采用与路面颜色接近的彩色树脂或沥青材料进行灌缝填充。

### 35.13.3　砖 类 铺 装

#### 35.13.3.1　砖类铺装种类

砖的品种非常丰富，有水泥面砖、烧结砖、透水砖等，还有停车场常用的植草砖。由于每块砖的大小、形状统一，很容易铺出花样，常用的有人字铺，工字铺，席纹铺等。砖材本身就是为了铺路而造，无论砖的新旧，在寒冷环境下都是最结实耐用的材质，也是经济的选择。

**35.13.3.2　水泥砖铺装**

水泥砖是利用粉煤灰、煤渣、煤矸石、尾矿渣、化工渣或者天然砂、海涂泥等（以上原料的一种或数种）作为主要原料，用水泥做凝固剂，不经高温煅烧而制造的一种新型材料（图 35-77）。

图 35-77　水泥砖

具有古朴自然的外观，可做清水墙也可以做其他外装饰用。

1. 施工材料

水泥砖及混凝土预制块：抗压、抗折强度符合设计要求，其规格、品种按设计要求选配，外观边角整齐方正，表面光滑、平整，无扭曲、缺角、掉边现象，进场时应有出厂合格证。

砂：粗砂、中砂。

水泥：普通硅酸盐水泥或矿渣硅酸盐水泥。

磨细生石灰粉：提前 48h 熟化后再用。

2. 施工流程

（1）基层清理

在清理好的地面上，找到规矩和泛水，扫好水泥浆，再按地面标高留出水泥面砖厚度做灰饼，用 1∶3 干硬砂浆冲筋、刮平，厚度为 20～30mm，刮平时砂浆要拍实、刮毛并浇水养护。

（2）找标高、拉线

根据板块分块情况，挂线找中，在铺装区取中点，拉十字线，根据水平基准线，再标出面层标高线和水泥砂浆结合层线，同时还需弹出流水坡度线。

（3）预铺

正式铺设前，应按图案，颜色，纹理试拼，试拼后按编号排列，堆放整齐。有碎角的边缘按设计图形要求先对砖块边角进行切割加工，保证符合设计要求。根据大样图进行横竖排砖，以保证砖缝均匀符合设计图纸要求，如设计无要求时，缝宽不大于 1mm，非整砖应排在次要部位，但注意对称。

（4）铺砂浆结合层

将基层清干净，用喷壶洒水湿润，再铺设干硬性水泥砂浆结合层（砂浆比例符合设计要求，干硬程度以手捏成团，落地即散为宜），厚度控制在放上砖块时，宜高出面层水平线 3～4mm，铺好用大杠刮平，再用抹子拍实找平。

（5）铺贴

砖块应先用水浸湿，待表面晾干后方可铺设，根据十字控制线，依据试排时缝隙铺砌，用橡皮锤敲击垫板，振实砂浆至铺设高度后，将砖块掀起检查砂浆表面与砖块之间是否相吻合，如发现有空鼓处，应用砂浆填补。安放时，四角同时着落，再用橡皮锤用力敲击至平整。

(6) 灌缝

水泥面砖在铺贴 1～2d 后，用 1∶1 稀水泥砂浆填缝。面层上溢出的水泥砂浆在凝结前予以清除，待缝隙内的水泥砂浆凝结后，再将面层清洗干净。

(7) 养护

砖铺完 24h 洒水养护，时间不应少于 7d。

3. 质量标准

(1) 主控项目

1) 砖的品种、规格、颜色、图案、强度、结合层厚度、砂浆配合比应符合设计要求。

2) 面层与下一层结合（粘结）应牢固、无空鼓。

3) 面层表面坡度应符合设计要求，不反坡。

(2) 一般项目

1) 砖面层应表面洁净，接缝平整，深浅一致，周边顺直。砖块无裂缝、掉角和缺棱等现象。

2) 面层镶边用料尺寸应符合设计要求，边角整齐、光滑。

3) 扫缝（或勾缝）应采用同品种、同强度等级、同颜色的水泥。

4) 水泥砖及混凝土预制块面层允许偏差应符合表 35-74 的要求。

**水泥砖及混凝土预制块面层允许偏差**（mm）　　**表 35-74**

| 序号 | 项目 | 允许偏差 | | 检验方法 |
|---|---|---|---|---|
| | | 水泥砖 | 混凝土预制块 | |
| 1 | 表面平整度 | 3 | 4 | 2m 靠尺和楔形塞尺检查 |
| 2 | 缝格平直 | 5 | 5 | 拉 20m 线和用钢尺检查 |
| 3 | 接缝高低差 | 2 | 2 | 用钢尺和楔形塞尺检查 |
| 4 | 板块间隙宽度 | ±1 | ±1 | 用钢尺检查 |
| 5 | 坡度 | ±0.3% | ±0.3% | 用水准仪检查 |

注：每 $200m^2$ 检查 3 处，不足 $200m^2$ 的不少于 3 处。

**35.13.3.3　陶土砖铺装**

凡以黏土、页岩、煤矸石或粉煤灰为原料，经成型和高温焙烧而制得的用于砌筑承重和非承重墙体的砖统称为烧结砖。根据原料不同分为烧结黏土砖、烧结粉煤灰砖、烧结页岩砖等。

陶土砖通常采用优质黏土甚至紫砂陶土高温烧制而成，质感更细腻、色泽更均匀，线条流畅、能耐高温高寒、耐腐蚀，不仅具有自然美，更具有浓厚的文化气息和时代感。是广场、庭园、街道及休闲场所等非常理想的硬质地面铺设材料。

**35.13.3.4　透水砖铺装**

1. 施工材料

从材料和生产工艺角度考虑，主要有两种类型，陶瓷透水砖是以固体工业废料、生活垃圾、建筑垃圾为原料，通过粉碎、高温烧制制成，也称为烧结性透水砖。非陶瓷透水砖以无机非金属材料为主要材料，利用有机或无机粘结剂，通过成形、固化制成，由于原材料成型后不经高温烧制，也称为免烧透水砖。

2. 施工流程

(1) 垫层铺设

素土夯实后进行垫层铺设，垫层材料的选材要求应保证其功能性，即具有一定的强度、一定的透水性、一定的蓄水性以及耐久性。选材上可以采用无砂混凝土或天然级配砂砾料等。

(2) 基层铺设

铺设压实的级配碎石 100～200mm 厚，(粒径 5～60mm) 压实系数达 93%以上。

基层中可增加一道反渗土工布，使透水砖的透水、保水性能能够充分地发挥出来。

(3) 找平层铺设

找平层用中砂，30mm 厚，中砂要求具有一定的级配，即粒径 0.3～5mm 的级配砂找平。

(4) 试铺

铺设前对每一块透水砖，按方位、角度进行试拼。试拼后按两个方向编号排列，然后按编号排放整齐。

(5) 铺砂浆

按水平线定出干硬性砂浆虚铺厚度（经试验确定）拉好十字线，即可铺筑干硬性砂浆。铺好后刮大杠，拍实、用抹子找平，厚度适当高出水平线 2～3mm。

(6) 透水砖铺装

铺砖时应尽量轻轻平放，并用胶锤缓和地敲稳以防止砖体边角的损伤。透水砖表面的缝隙填补应采用细砂填补缝隙。铺设完毕后应对面层进行稳固度和平整性检查，如不平整应立即调整修复。

(7) 养护

透水砖的养护工作很重要，特别是早期的养护，因为其存在大量的孔洞，易失水，很快便干燥，为保证湿度和水泥充分的水化，应采用塑料薄膜和彩布条及时覆盖路面和侧面，养护时间不少于 7d。

3. 质量标准

(1) 透水砖由于是机制砖，色彩品种要比花岗石多，因此在铺装前应按照颜色和花纹分类，有裂缝、掉角、表面缺陷的面砖，应剔除。

(2) 透水砖的彩色面层厚度不宜小于 8mm，且宜采用耐候性好、不易褪色的颜料。

(3) 透水砖路面（地面）渗水、蓄水施工应根据设计要求，结合基层施工并在找平层（结合层）施工前进行。可采取加厚基层或设置渗水沟，填级配砂石等方式，提高基层的渗水和蓄水能力。

### 35.13.3.5 植草砖铺装

植草砖将植草区域变为可承重表面，尤其适合于设在各类居住小区、办公楼、开发区的停车场和车辆出入通道，也可用于运动场周围、露营场所和草坪上建造临时停车场。

1. 施工材料

(1) 砂子：不能采用海砂，海砂含盐量高对植物有损伤作用。

(2) 水：不用带有油污和酸碱性强的水。

(3) 水泥：避免受潮、结块。

(4) 砖：颜色，尺寸及强度符合规定。

(5) 种植土：理化性能好，结构疏松、通气，保水、保肥能力强。

2. 施工流程

(1) 基层清理：基层表面杂物应清除干净。

(2) 铺结合层砂浆

铺结合层砂浆前，基层应浇水湿润，刷一道水灰比为 0.4～0.5 的水泥素浆，随刷随铺干硬性砂浆。

(3) 弹线

根据标高控制基准线，按大样图要求弹控制线。

(4) 铺砖

将选配好的板块清洗干净后，铺砖时，应抹水泥砂浆，将地面砖按控制线铺贴平整密实。

(5) 压平、拨缝

每铺完一个施工段，略洒水，用木锤锤拍一遍，不遗漏。边压实边用直尺向坡度找平。压实后，拉通线进行拨缝调直，使缝口平直、贯通。调缝后，再用木锤、拍板砸平。从铺砂浆到压平拨缝，要连续作业，常温下必须 5～6h 完成。

(6) 嵌缝

铺完面砖 2d 后，将缝口清洁干净，洒水湿润，用 1∶1 水砂按设计要求抹缝，嵌实压光。

(7) 铺培植土

在砖孔口内铺设筛过的培植土，压实，以便播入草籽或栽草。

(8) 养护

嵌缝砂浆终凝后，浇水养护不得少于 7d。铺贴完后，用棉纱将地面擦拭干净。

3. 质量标准

(1) 植草砖在搬运过程中，要轻拿轻放，防止边角损坏和破裂。

(2) 植草砖应对规格、色泽进行挑选，不得有歪斜、翘曲、空鼓、缺棱、掉角、裂缝等缺陷。砖面应平整，边缘棱角整齐，不得缺损，并且表面不得有变色、起碱、污点、砂浆流痕和显著光泽受损处。

(3) 植草砖面层允许偏差应符合表 35-75 的要求。

**植草砖面层允许偏差（mm）　　表 35-75**

| 序号 | 项目 | 植草砖面层允许偏差 | 检验方法 |
|---|---|---|---|
| 1 | 表面平整度 | 3 | 2m 靠尺和楔形塞尺检查 |
| 2 | 缝格平直 | 10 | 拉 20m 线和用钢尺检查 |
| 3 | 接缝高低差 | 3 | 用钢尺和楔形塞尺检查 |
| 4 | 板块间隙宽度 | ±1 | 用钢尺检查 |
| 5 | 坡度 | ±0.3% | 用水准仪检查 |

注：每 $200m^2$ 检查 3 处，不足 $200m^2$ 的不少于 3 处。

## 35.13.4 竹 木 铺 装

### 35.13.4.1 竹木铺装种类

常用的园林竹木铺装材料有户外高耐竹板、塑木地板、菠萝格、炭化木、樟子松等。

户外高耐竹地板主要采用可再生资源毛竹为原料，硬度高、防火、绿色环保，是室外地面木铺装的首选产品之一。塑木地板是一种新型木塑复合材料，常用于别墅的户外平台。菠萝格作为天然的防腐木材，含有天然油，可以安全地用于室内家具及户外花园、儿童游乐区等场所。炭化木是应用高温对木材进行同质炭化处理，使木材表面具有深棕色的美观效果，其防腐烂，抗虫蛀、抗变形开裂，耐高温性能也成为户外泳池景观的理想材料。樟子松在木栈道、亭院平台等项目也较常见。

图 35-78 木栈道

竹木铺装在园林木栈道（图 35-78）、庭院平台、亭台楼阁、水榭回廊、步道码头等景观中较为常见。

### 35.13.4.2 竹木铺装施工流程

1. 基层施工

基层铺设时竖向排水坡度在 0.3%～2%，1%最合适，大的木平台需设置排水沟。

钢筋混凝土基层适用于较大面积的木饰面；素混凝土基层适用于一般的木栈道。

2. 现场定位放线

在基层上根据设计的龙骨间距，拉控制线确定龙骨位置。设计无要求时龙骨间距宜为 300～400mm。

3. 面板试拼

根据龙骨控制线位置，进行排版试拼，以确定收口大小。试拼调好缝宽后，在面板上画出龙骨位置线。面板留缝间距在 5～8mm 为宜。

4. 龙骨安装

常用龙骨材质为木龙骨和轻钢龙骨。

安装垫木，用膨胀螺栓和镀锌角码把龙骨固定在地面上，与地面保持 3～5cm 的距离，有利于排水。龙骨安装完成后，用细石混凝土将龙骨与地面连接处的膨胀螺栓和镀锌角码覆盖。

5. 面层安装（有钉眼工艺）

在面板上沿着龙骨位置线钻孔，先钻半孔深，后拧入沉头螺丝钉与板面齐平，严禁将螺丝钉直接钉入木板。钻孔位置应纵横对齐。若设计无特殊要求，钻孔的深度应保证上螺丝后螺丝头下沉到板面下 5～7mm 处。

6. 面层安装（无钉眼工艺）

预先在龙骨上钻孔，采用沉头螺丝反面钉接，将木地板与龙骨连接，或用卡件从侧面或背面将面板固定到龙骨上，控制木地板接缝在同一条直线上。

7. 成品保护

将板面的杂物清理干净后，进行打磨和补漆，并及时覆盖塑料薄膜，未完全干燥前避免人员走动。

**35.13.4.3 竹木铺装的技术要点与质量要求**

（1）木材应通风存放，防止暴晒。木铺装面层及龙骨等应做防腐、防蛀处理。严控木材含水率，应小于15%，北方一般在10%以内。

（2）避免在阴雨天进行施工。

（3）当采用易锈蚀的五金件时应对外露部分进行防锈蚀处理。

（4）铺装面板的平整度、缝隙、间距应符合设计要求。密铺时，缝隙应直顺；疏铺时间距应一致、通顺。

（5）打钉时，木板面宽＜100mm，用单排钉，板面宽≥100mm，用双排钉。钉眼需整齐成线，钉眼的大小、深度需保持一致。

## 35.13.5 卵 石 铺 装

**35.13.5.1 卵石铺装种类**

1. 卵石材料分类

雨花石、沉江石和普通卵石等。

2. 卵石铺装应用

卵石的应用比较具有特色，可用于健身步道、水池驳岸、树池、图案铺贴等。常见做法有平铺、竖铺、嵌缝、拼花、干垒墙、散铺等。卵石铺装见图35-79。

**35.13.5.2 卵石铺装施工流程**

1. 选材及清洗

按设计的品种和颜色挑选卵石，卵石表面杂质冲洗干净并晒干。

2. 基层处理

冲洗干净并铲除浮灰，检查地面不得有空鼓、开裂及起砂等现象，核实基层标高，基层高差大部位用细石混凝土找平，在正式施工前用少许清水湿润地面。

图35-79 卵石铺装

3. 弹线

在施工前要按要求弹出标高控制线，作出标高控制。清理完毕后，在地面弹出十字线，并根据卵石分格图在地面弹出石材分格线并冲筋。

4. 预铺

按设计要求的图案、色彩和纹理要求预铺。对于预铺中可能出现的误差进行调整、交换，直至达到最佳效果。

5. 安装分隔带

在卵石大面铺贴前，粘贴收边石、限位材料或分隔条，并养护3d以上。

6. 铺砂浆

根据道路面积大小可分段、分块进行铺设。砂浆的铺设厚度应超过卵石高度 2/3 以上，砂浆表面标高宜略低于卵石面层设计标高 10～15mm，并用抹子抹平。

7. 卵石铺设

将卵石垂直压入水泥砂浆中，石子上表面略高于设计高程 3～5mm，相邻卵石粒径大小应搭配合适，卵石镶嵌深度应大于竖向粒径的 2/3。卵石应选择光滑圆润面向上。卵石排列间隙的线条要呈不规则的形状，不应码成十字形或直线形。卵石的疏密也应保持均衡。

8. 找平

每铺完一排石子（长度不宜大于 1m），将木杠尺平放在石子上，用橡皮锤敲击木杠尺，振实砂浆并使卵石表面达到设计高程。栽卵石应边铺浆、边栽卵石、边找平。

9. 灌浆

水泥砂浆结合层初凝前在卵石面层均匀撒布 5mm 厚干水泥，用喷雾器将卵石表面喷洗干净，并确保干水泥喷透喷匀。

10. 养护

卵石地面铺设完毕应立即用湿抹布轻轻擦拭其表面的灰泥，使卵石保持干净，并注意施工现场的成品保护。

已完工的卵石面层应立即封闭交通并覆盖，洒水养护不少于 7d。

**35.13.5.3 卵石铺装的技术要点与质量要求**

（1）卵石整体面层坡度、厚度、图案、石子粒径、色泽应符合设计要求。

（2）结合层厚度和强度应符合设计要求。设计无明确要求时，厚度不应低于 40mm，水泥砂浆强度等级不应低于 M10。

（3）带状卵石铺装长度大于 6m 时应设伸缩缝。

（4）卵石整体面层无明显坑洼、隆起、积水现象。平整度允许偏差不大于 5mm，坡度允许偏差±0.3%。与相邻铺装面、路缘石衔接平顺自然。

（5）栽卵石过程中，应注意不要扰动已栽好的卵石。栽好的卵石被挤出后，应立即修复，做到随栽随找平。

# 35.14 绿 化 种 植

## 35.14.1 乔 灌 木 栽 植

**35.14.1.1 苗木的选择**

选苗时要根据设计规格、数量以及结合设计意图和现场情况选择苗木，逐株选定的苗木要做出明显标记（栓绳、挂牌、涂标记、铅封等），以确保选定苗与到场苗的一致性。

选苗应达到以下质量标准：

（1）苗木质量满足设计及合同要求。

（2）苗木目测生长健壮、枝叶繁茂、冠型完整、色泽正常、根系发达。

（3）病虫害及苗木所受损伤不影响苗木正常生长、观赏和安全。

（4）野生苗和山地苗需在苗圃养护培育 3 年以上，且生长发育正常。

(5) 用作行道树种植的苗木，分枝点不低于2.8m。

(6) 雨期栽植竹类不得选用当年生未完全木质化的苗。

### 35.14.1.2　栽植前定点放线

1. 测量放线基本做法

(1) 基准线定位法

选择道路交叉点、中心线、建筑外墙角、构筑物及建筑物的边线。利用简单的直线丈量方法和三角形角度交会法即可将设计的每一行树木栽植点的中心连线和每一株树的栽植点测设到绿化地面上。

(2) GPS-RTK定点放线

适用有卫星信号的区域皆可采用此法，架设基准站，连接手薄和移动站后，创建工程文件，采集控制点坐标，进行点校正，在控制点布设完成后，移动站可以处于静止或运动状态，进行测量。在保持至少4颗卫星相位观测值跟踪的情况下，移动站可以实时给出待测点的厘米级三维坐标。

(3) 交会法

适用于范围较小、现场内建筑物或其他标记与设计图相符的绿地，以建筑物的两个固定位置为依据，根据设计图上与该两点的距离相交会，定出植树位置。

(4) 支距法

适于范围更小、就近具有明显标志物的现场。是一种常用的简单易行的方法。如树木中心点到道路中心线或路牙线的垂直距离，用皮尺拉直角即可完成。在要求精度不高的施工及较粗放的作业中都可用此法。

2. 测设技术要求

(1) 平面位置确定后必须作明显标志，孤立树可钉木桩、写明树种、种植穴规格（坑号）。树丛界限要用白灰线画清范围，线圈内钉一个木桩写明树种、数量、坑号，然后用目测的方法决定单株小点位置，并用灰点标明。目测定点必须注意以下几点：

1) 树种、数量符合设计图。

2) 树种位置注意层次，中心高、边缘低或由高渐低的倾斜树冠线。

3) 树林内注意配置自然，切忌呆板，尤应避免平均分布，距离相等、邻近的几棵不要呈机械的几何图形或一条直线。

(2) 需要标高的测点应在木桩上标上高程。

3. 几种放线作业做法

(1) 独植乔木栽植定点放线

放线时首先选一些已知基线或基点为依据，用交会法或支距法确定独植树中心点，即为独植树种植点。

(2) 丛植乔木栽植定点放线

根据树木配置的疏密程度，先按一定比例相应地在设计图及现场画出方格，作为控制点和线，在现场按相应的方格用支距法分别定出丛植树的诸点位置，用钉桩或白灰标明。

(3) 行道树栽植定点放线

在已完成路基、路牙的施工现场，即已有明确的标定物条件下采用支距法进行行道树定点。一般是按设计断面定点，在有路牙的道路上以路牙为依据，没有路牙的则应找出准确的道路中心线，并以之为定点的依据，然后用钢尺定出行位，大约每10株钉一木桩（注意不要钉在刨坑的位置之内）作为行位控制标记，然后用白灰点标出单株位置。若道路和栽植树为一弧线，如道路交叉口，放线时则应从弧线的开始至末尾以路牙或中心线为准在实地画弧，在弧上按株距定点。

由于道路绿化与市政、交通、沿途单位、居民等关系密切，植树位置除依据规划设计部门的配合协议外，定点后还应请设计人员验点。在定点时需注意以下事项：

1）乔木种植点距路缘应大于0.75m。

2）车辆通行范围内不应有低于4m高度的枝条。

3）车道的弯道内侧及交叉口视距三角形范围内，不应种植高于车道中线处路面标高1.2m的植物。

4）交叉路口处应保证行车视线通透。

5）另外如遇交通标志牌、出入口、涵洞、控井、电线杆、车站、消火栓、下水口等，定点都应留出适当距离，并尽量注意左、右对称，定点应留出的距离视需要而定，如交通标志牌以不影响视线为宜，出入口定点则根据人、车流量而定。

（4）绿篱、色块、灌丛、地被种植定点放线

先按设计指定位置在地面放出种植沟挖掘线。若绿篱位于路边、墙体边，则在靠近建筑物一侧画出边线，向外展出设计宽度，放出另一面挖掘线。如是色带或片状不规则栽植则可用方格法进行放线，规划出栽植范围。

（5）花坛施工的定点放线

花坛的放线是根据设计的形状（几何图形）和比例，运用画法几何知识分别确定轴心点、轴心线、圆心、半径、弧长、弦长等要素，用常规放线工具将其测放在施工现场，用灰线圈出范围。

（6）土方工程及微地形放线

堆山测设：用竹竿立于山形平面位置，勾出山体轮廓线，确定山形变化识别点。在此基础上用水准仪把已知水准点的高程标在竹竿上，作为堆山时掌握堆高的依据。山体复杂时可分层进行。堆完第一层后依同法测设第二层各点标高，依次进行至坡顶。其坡度可用坡度样板来控制。在复杂地形测放时应及时复查标高，避免出现差错而返工。

### 35.14.1.3 掘苗与包装

1. 土球苗

带土球移植苗木，移植时随带原生长处土壤，保护根系。土球用蒲包、草绳或其他软材料进行包装，称“带土球移植”。目前移植常绿树、珍贵落叶树、竹类等应采用带土球移植方法。

带土球移植另一条件限制是土壤质地，松散的沙质土不适宜带土球移植。

带土球苗木掘苗的土球直径：

（1）乔木为苗木胸径（落叶）或地径（常绿）的8～10倍，土球高度应为土球直径的2/3～4/5，土球底部直径为球直径的1/3，形似苹果状。

（2）灌木，包括绿篱土球苗，土球直径为其高的1/4～1/3，厚度为球径的2/3～4/5。

（3）常绿树土球苗规格见表35-76。

常绿树土球苗规格（cm） 表 35-76

| 苗木高度 | 土球直径 | 土球高 | 备注 |
|---|---|---|---|
| 苗高 80～120 | 25～30 | 20 | 主要为绿篱 |
| 苗高 120～150 | 30～35 | 25～30 | 柏类及绿篱 |
| | 40～50 | 25～40 | 松类 |
| 苗高 150～200 | 40～45 | 40 | 柏类 |
| | 50～60 | 40 | 松类 |
| 苗高 200～250 | 50～60 | 45 | 柏类 |
| | 60～70 | 45 | 松类 |
| 苗高 250～300 | 70～80 | 50 | 夏季大一个规格 |
| 苗高＞300 | 100 | 70 | 夏季大一个规格 |

2. 裸根苗

裸根掘苗适用于休眠状态的落叶乔、灌木以及易成活的乡土树种，由于根部裸露，容易失水干燥，且易损伤弱小的须根，其树根恢复生长需较长时间。最好的掘苗时期是春季根系刚刚活动、枝条萌芽之前。当地乡土树种也可秋季掘苗栽植。

（1）掘苗前的准备工作

1）灌水

苗木生长处的土壤过于干燥应先浇水，反之土质过湿则应设法排水，以利操作。

2）捆拢

对于冠丛庞大的灌木，特别是带刺的灌木（如花椒、玫瑰、黄刺玫等），为方便操作，应先用草绳将树冠捆拢起来，但应注意松紧适度，不要损伤枝条。捆拢树冠可与号苗结合进行。

3）试掘

因不同苗木、不同规格根系分布规律不同，为保证挖掘的苗木根系规格合理，特别是对一些不明情况地区所生长的苗木，在正式掘苗之前，最好先试掘几棵。

（2）掘苗方法及技术要求

1）裸根苗木掘苗的根系幅度

落叶乔木应为胸径的 8～10 倍，落叶灌木可按苗木高度的 1/4～1/3。注意尽量保留护心土。

2）操作规范

挖苗工具要锋利，从四周垂直挖掘，侧根全部挖断后再向内掏底，将下部根系铲断，轻轻放倒，留适量护心土。遇粗大树根用锯锯断，要保护大根不劈不裂，尽量多保留须根。

3）包装保护

掘后如长途运输，根系应作保湿处理，如沾泥浆、沾保水剂等，也可用湿麻袋、塑料膜等进行保湿外包装。

4）假植

苗木掘出后如一时不能运走，或到工地后不能立即栽植，应进行假植处理。假植时间过长，应适量灌水保持土壤湿度。

**35.14.1.4 苗木运输及假植**

1. 土球苗

苗木的运输与假植也是影响植树成活的重要环节，实践证明"随掘、随运、随栽、随灌水"，可以减少土球在空气中暴露的时间，对树木成活大有益处。

(1) 装车前的检验

运苗装车前须仔细核对苗木的品种、规格、数量、质量等。待运苗的质量要求是：主枝、树干无明显损伤，造成偏冠或影响苗木成活；土球完整，包装紧实，草绳不松脱。

(2) 带土球苗的装车技术要求

1) 苗高 1.5m 以下的带土球苗木可以立装，高大的苗木必须放倒，土球靠车厢前部，树梢向后并用木架将树头架稳，支架和树干接合部加垫蒲包。

2) 土球直径大于 60cm 的苗木只装一层，土球小于 60cm 的土球苗可以码放 2～3 层，土球之间必须排码紧密以防摇摆。

3) 土球上不准站人和放置重物。

4) 较大土球，防止滚动，两侧应加以固定。

(3) 卸车

卸车时要保证土球安全，不得提拉土球苗树干，小土球苗应双手抱起，轻轻放下。较大的土球苗卸车时，可借用长木板从车厢上将土球顺势慢慢滑下，土球搬运只准抬起，不准滚动。

(4) 假植

土球苗木运到施工现场如不能在 1～2d 及时栽完，应选择不影响施工的地方，将土球苗木码放整齐，土球四周培土，保持土球湿润、不失水。假植时间较长者，可遮苫布防风、防晒。树冠及土球喷水保湿。雨季假植，尤其是南方，防止被水浸泡散坨。

2. 裸根苗

(1) 装苗

1) 装车前的检验

运苗装车前须仔细核对苗木的品种、规格、数量、质量等。

2) 装运裸根苗技术要求

① 装运乔木时树根应在车厢前部，树梢朝后，顺序排列。

② 车后厢板和枝干接触部位应铺垫蒲包等物，以防碰伤树皮。

③ 树梢不得拖地，必要时要用绳子围拢吊起来，捆绳子的地方需用蒲包垫上。

④ 装车不要超高，压得不要太紧。如超高装苗，应设明显标志，并与交通管理部门进行协调。

⑤ 装完后用苫布将树根部位盖严并捆好，以防树根失水。

(2) 运输途中

1) 押运人员在运输途中要和司机配合好，检查苫布是否漏风。长途行车必要时应洒水浸湿树根，休息时防止风吹日晒。

2) 卸车：卸车时要轻拿轻放。要从上向下顺序拿取，不准乱抽，更不能整车推下。

(3) 假植

苗木运到施工现场，如在 2～4h 以内不能栽植者，应先用湿土将树根埋严，称“假植”。

1）裸根苗木短期假植法：在栽植处附近选择合适地点挖假植沟，沟宽、沟深应适合根冠大小。然后在沟中立排一行苗木，紧靠树根再挖一同样的横沟，并用挖出来的潮湿的细土，将第一行树根埋严，如此循环直至将全部苗木假植完。要求每排假植苗木数相同，以便取苗时心中有数。枝条细小苗木可采取全埋法。

2）如假植时间较长，可在四周设围堰，并灌水。根系一定要用湿土埋严，不透风，保证根系不失水。枝干粗大、树冠大的苗木应在假植期间加盖苫布。小型花灌木应适时喷水。

**35.14.1.5　新植修剪**

1. 新植修剪的目的

（1）平衡树势，保证成活

移植树木，不可避免地会损伤一些树根，为使新植苗木成活，迅速恢复树势，必须对地上部分树冠适当剪去一些，以减少水分供应的不平衡。非季节移植尤其如此。

（2）培养树势、树形

通过修剪可以使移植后的树木形成理想的树冠形态。

（3）减少病虫害

剪除带病虫枝条，可防病虫。

（4）防止树木倒伏

通过修剪，减轻树梢重量，在春季多风沙及夏秋季多台风地区的新植树尤为重要。

2. 新植修剪的常用方法及技术要求

（1）疏枝

目的是剪除树冠的一部分枝条，减少地上部分耗水量。主要用于丛生灌木和主轴明显顶端优势强的乔木，如银杏。灌木疏枝剪口应与地面平齐；落叶乔木疏枝剪口应与树干平齐不留桩；针叶常绿树疏枝留短桩。

（2）短截

目的是剪除枝条的一部分，减少树冠整体耗水量。分轻（留 2/3）、中（留 1/2）、重（留 1/3）短截三种手法。短截位置应选在枝条叶芽上方的 0.3～0.5cm 的适宜之处，剪口应稍斜向背芽的一面。根据树冠发展趋势，可选留适合方向的芽。

丛生（地表多分枝）灌木短截留苗高度、乔木短截保留枝长度，应以原苗生长势及养护条件为前提，生长势弱、根系损伤严重应重剪。

（3）摘叶、摘心

摘叶常用于阔叶常绿树在非正常季节进行移植作业时，为控制蒸腾量、保存完好的冠形不进行枝条短截修剪而采取的应急措施。摘叶时应保护腋芽不受损伤。摘心指剪除顶端的嫩芽，迫使其停止延长生长。

（4）修根

多用于裸根移植作业时，对过多、过长的根、劈裂损伤的根进行修剪。剪口一定要平滑。

（5）新植修剪注意事项

1）修剪时先将枯干、带病、破皮、劈、裂的根和枝条剪除，过长的枝条应加以控制。

2）直径 2cm 以上的剪口、伤口应涂抹防腐剂。

3）使用花枝剪时必须注意上、下口垂直用力，切忌左右扭剪，以免损伤剪口。

4）粗大的枝条最好用手锯锯断，然后再修平锯口，修除大枝要保护皮脊。

5）大乔木宜在栽植前修剪，灌木可在栽植后修剪。

3. 落叶乔木的新植修剪

（1）凡属具有中央领导干、主轴明显的树种（如银杏、杨树类），应尽量保护主轴的顶芽，保证中央领导干直立生长，不可抹头。

（2）主轴不明显的树种（如槐、柳类、栾树），通过修剪控制与主枝竞争的侧枝，对侧枝进行重短截。

（3）对于分枝点高度的要求：行道树一般应保持 2.8m 以上的分枝高度；同一条道路上相邻树木分枝点高度应基本一致；绿地景观树木的分枝点一般为树高的 1/3～1/2。

（4）一些常用乔木新植修剪具体要求：

1）疏枝为主短截为辅，如玉兰、银杏。

2）疏枝短截并重，如杨树、槐树、栾树、白蜡、臭椿、元宝枫。

3）短截为主，如合欢、悬铃木、柿树、楸树、青桐。

4. 常绿树新植修剪的方法及技术要求

（1）松类树新植修剪法

以疏枝为主，一是剪去每轮中过多主枝，留 3～4 枝主枝；二是剪除上下两层中重叠枝及过密枝；三是剪除下垂枝及内膛斜生枝、枯枝、机械损伤枝等。

（2）柏类树新植修剪法

柏树的大苗一般不进行修剪，发现双头或竞争枝应及时剪除。

（3）阔叶常绿树新植修剪常用技术

1）江南地区常用手法

阔叶常绿树常见移植修剪分为短截、疏枝和摘叶三种方法。

① 对于移栽成活率较高的阔叶常绿树，如桂花、乐昌含笑、女贞等，移植修剪以疏枝为主。修剪重点是保留树冠外形，对树冠内膛适当修空。在起掘后、移栽前应剪去疏枝量的 1/2～2/3，剩下的栽后再修剪；疏枝时剪口紧贴枝干，不留残桩，剪口平滑，无树皮撕裂、残伤。

② 对于移栽成活率较低的阔叶常绿树，如香樟、木荷、楠树、杨梅等，在移栽时就必须对树冠进行中度或强度修剪。修剪手法以短截为主，首先确定需要保留的冠范围，然后用桑剪将保留范围以外的枝条剪去，剪口选在叶芽以上 0.3～0.5cm 的部位，斜口应向芽背，剪口不伤芽，一般要保留外侧芽。如遇有粗枝，则可采用手锯进行短截，锯枝后要用快刀将截口修平，同时涂刷抗菌防腐剂或用薄膜包扎，防止雨水浸入。

③ 对于萌发能力较差的阔叶常绿树如广玉兰，应扩大泥球直径，尽量安排在正常季节移植；在移栽时应以修剪枯枝、病枝、伤枝、徒长枝、内膛枝和重叠枝为主，然后摘去大部分树叶。

④ 阔叶常绿树的修剪量由以下因素决定。

a. 树种：对于比较容易成活的品种，在移栽时可以少剪，如桂花、女贞、杜英、珊瑚树、厚皮香等；但对于比较难成活的移栽品种就要多剪或重剪，如香樟、楠树、木荷、杨梅等。

b. 树龄：树龄和移栽成活率成反比。

c. 移栽季节：在正常季节移栽可轻剪，非正常季节移栽就要适当重剪。

d. 移栽方法及技术：移栽时带的泥球大、种植过程规范、种植养护及时可少剪，反之要多剪。

e. 树木的生长状况：已预先断根处理过的和近期迁移过的树木因为须根较多可以少剪，而实生苗和多年未移栽的树木，因主根发达须根稀少，必须重度修剪。

f. 移栽后的功能要求：作为行道树需要形态、高度基本一致，修剪时就要兼顾整条路的一致性。骨架大的要多剪，骨架小的要少剪；要求树势挺拔的就只能修分叉枝，绝对不能修剪主轴领导枝。

2）岭南地区阔叶常绿树的新植修剪常用技术

① 根据不同季节及环境条件对树木进行适度的修剪。

a. 在湿度适宜且环境条件较好的场合栽植，可进行轻度修剪，以保留较为完整的树冠。

b. 在夏季的炎热天气和深秋至初冬的干燥天气条件下栽植，修剪量应加大，以达到保持树木地上部分与地下部分水分代谢平衡的效果。

② 不同栽培方式的苗木，应采用不同的修剪量。

a. 容器栽培的苗木，可以不修剪，或仅剪去树冠的嫩梢、疏去过密的叶片。

b. 应用的是地栽苗木，则要采取收缩树冠的方法，截去外围的枝条，并适当剪除树冠内部的弱枝和重叠枝，均匀地抽疏树冠，修剪量可达1/3～3/5。

5. 灌木新植修剪的方法及技术要求

对花灌木小苗移植一般都采用重短截方式，辅以疏枝的做法。

（1）单干圆头型灌木，如榆叶梅类的应进行短截修剪，一般应保持树冠内高外低，呈半球形。

（2）从生或地表多干型，如黄刺玫、连翘类灌木进行疏枝修剪，多疏剪老枝，促使其更新。原则是外密内稀，以利通风透光。

（3）常用灌木新植修剪具体要求：

1）疏枝为主短截为辅，如黄刺玫、太平花、连翘、玫瑰、金银木。

2）短截为主，如紫薇、月季、蔷薇、白玉棠、木槿、锦带花、榆叶梅、碧桃。

3）只疏不截，如丁香、杜鹃、红花檵木等大苗移植，为保证移植后当年还能开花而采取的措施。

6. 新植绿篱苗的修剪

桧柏、侧柏绿篱苗按绿篱设计高度和篱形，为保成活率，栽植浇足第一水并扶正后立即进行抹头修剪（粗剪）。浇完三遍水确定成活后进行细致修剪，要求棱角清晰，形面平整，线条流畅美观。

### 35.14.1.6　苗木栽植

1. 裸根苗

（1）挖种植穴

1）树木种植穴（坑）规格要求

要按设计规定位置挖坑，坑的大小应根据根系和土质情况确定，一般应比根系直径大40～60cm，坑的深度一般是坑径的3/4～4/5，坑壁要上下垂直，即坑的上口下底一样大小。相关数据见表35-77、表35-78。

裸根乔木挖种植穴规格（cm） 表 35-77

| 乔木胸径 | 种植穴直径 | 种植穴深度 | 乔木胸径 | 种植穴直径 | 种植穴深度 |
|---|---|---|---|---|---|
| 3～4 | 60～70 | 40～50 | 6～8 | 90～100 | 70～80 |
| 4～5 | 70～80 | 50～60 | 8～10 | 100～110 | 80～90 |
| 5～6 | 80～90 | 60～70 | — | — | — |

裸根花灌木类挖种植穴规格 表 35-78

| 灌木高度 | 种植穴直径 | 种植穴深度 | 灌木高度 | 种植穴直径 | 种植穴深度 |
|---|---|---|---|---|---|
| 120～150 | 60 | 40 | 180～200 | 80 | 60 |
| 150～180 | 70 | 50 | — | — | — |

2）人工挖掘种植穴操作程序

主要工具：锹和十字镐。

操作方法：以定点标记为圆心，以规定的坑径为直径，先在地上画圆，沿圆的四周向内向下直挖，掘到规定的深度，然后将坑底刨松后铲平。栽植裸根苗木的坑底刨松后，要堆一个小土丘以使栽树时树根舒展。如果是原有耕作土，上层熟土放在一侧，下层生土放另一侧，为栽植时分别备用。

刨完后将定点用的木桩仍应放在坑内，以备散苗时核对。作业时要注意地下各种管线的安全。

3）挖掘机挖种植穴操作

挖坑机的种类很多，必须选择规格对路的，操作时轴心一定要对准点位，挖至规定深度，最后人工辅助修整坑内面及坑底。

4）挖种植穴作业的技术要求

① 位置、高程准确，种植穴规格准确。在新填土方处刨坑，将坑底夯实。在斜坡挖坑，先铲一个小平台，然后在平台上挖坑。

② 绿地内自然式栽植的树木，如发现地下障碍物，严重妨碍操作时可与设计人员协商，适当移动位置，而行列树则不能移位，可在株距上调整。

③ 耕作层明显的场地，挖出的表土与底土分开堆在坑边，还土时，将表土先填入坑底，而底土做开堰用。如土质不好，应把好土与次土分开堆置。行道树刨坑时堆土应与道路平行，不要把土堆在树行间，以免栽树时影响测量。

④ 遇路肩、河堤等三合灰土时，应加大规格，并将渣土清除，置换好土。

⑤ 刨坑时如发现电缆、管道等，应停止操作，及时找有关部门解决。

（2）栽苗

苗放入坑内然后填土、踩实的过程称“栽苗”。

1）栽苗的操作程序

将苗放入坑中扶直，将坑边的好土填入，填土到坑的一半时，将苗木轻轻往上提起，使根颈部分与地面相平，让根系自然地向下舒展开来，然后踏实土壤，继续填入好土，直到填满后再用力踏实或夯实一次，用土在坑的外缘做好浇水堰。

2）栽苗的技术要求

① 平面位置和高程必须符合设计规定。

② 树身上下垂直，如果树干有弯曲，弯应朝当地主风向。行列式栽植必须保持横平竖直，左右相差最多不超过半个树干。

③ 栽植深度：裸根栽植的乔木应比原土痕深5～10cm，灌木应与原土痕齐平。

④ 行道树等行列树栽植要求：每隔20棵事先栽好“标杆树”，然后以两棵标杆树为瞄准依据，栽中间的树。

⑤ 浇水堰做好后，将捆绕树冠的草绳解开，以便枝条舒展。

2. 土球苗

按设计规定的平面位置及高程挖坑，坑的大小应根据土球直径和土质情况确定。注意地下各种管线的安全。

(1) 规格要求

1) 一般乔木坑穴应比土球直径放大40～60cm，坑的深度一般是坑径的3/4～4/5，坑的上口下底一样大小。

2) 花灌木及绿篱坑穴规格见表35-79、表35-80。

**花灌木类土球苗挖种植穴规格**（cm）　　**表35-79**

| 灌木高度 | 种植穴直径 | 种植穴深度 | 灌木高度 | 种植穴直径 | 种植穴深度 |
|---|---|---|---|---|---|
| 120～150 | 60 | 40 | 180～200 | 80 | 60 |
| 150～180 | 70 | 50 | — | — | — |

**绿篱苗挖种植穴规格表**　　**表35-80**

| 绿篱苗高度（m） | 单行式宽（cm）×深（cm） | 双行式宽（cm）×深（cm） |
|---|---|---|
| 1.0～1.2 | 50×30 | 80×40 |
| 1.2～1.5 | 60×40 | 100×40 |
| 1.5～1.8 | 100×40 | 120×50 |

(2) 乔木土球苗栽植程序

1) 调整种植穴深度

预先量好土球高度，看与坑的深度是否一致，如有差别应及时挖深或填土，绝不可盲目入坑，造成土球来回搬动。土球苗栽植深度应略低于地面5cm。松树类土球苗应高出地面5cm，忌讳栽深，影响根系发育。

2) 调整树体正直和观赏面朝向

土球入坑后，应先在土球底部四周垫少量土，将土球加以固定，注意将树干立直，并将树形最好的一面朝向主要的观赏面。

3) 去包装、夯实

将包装剪开取出，随即填好土至坑的一半，用木棍夯实，再继续填满、夯实，注意夯实不要砸碎土球，随后开堰。在夯实之前严禁栽植人员踩踏苗木土球。

4) 栽苗的注意事项和要求

除栽植深度外，其他同裸根苗栽植技术要求。

(3) 绿篱及色块苗栽植程序及技术要求

1) 掌握好栽植深度，土球和地面持平。

2）选择绿篱苗按苗木高度顺序排列，相差不超过20cm，三行以上绿篱选苗一般可以外高内低些。

3）解脱包装物，逐排填土夯实，土球间切勿漏空。及时筑堰浇水，扶直。

4）粗剪：按设计高度抹头，进行粗剪。缓苗后进行篱形和篱侧面的细剪。

5）色块、色带宽度超过2m的，中间应留20～30cm作业道。

**35.14.1.7 养护**

1. 立支柱

较大苗木为了防止被风吹倒或浇水后发生倾斜，应在浇水前立支柱进行固定支撑，北方春季多风地区及南方台风多发区更应注意。

（1）双支柱

用两根支柱垂直立于树干两侧与树干平齐，支柱顶部捆一横担，用草绳将树干与横担捆紧，捆前先用草绳将树干与横担隔开，以免擦伤树皮。行道树立支柱不要影响交通。

（2）三支柱

将三根支柱组成三角形，将树干围在中间，用草绳或麻绳把树和支柱隔开，然后用麻绳捆紧。

（3）井字撑

将苗木主干固定在井字固定架中心，井字架用草绳、麻绳或铁丝绑扎牢固，井字架与树干之间设置衬垫材料，将四根支柱分别用铁丝固定在井字架的四个角，绑扎牢固、不松动。

2. 灌水

水是保证树木成活的关键，栽后必须连灌三次水，栽植灌水不仅为保证根区湿度，还有夯实栽植土壤的作用。

（1）开堰

苗木栽好后灌水之前，先用土在种植穴的外沿培起高15～20cm圆形土堰，并用铁锹将土堰拍打牢固，以防跑水。

（2）灌水

苗木栽好后24h之内必须浇上水，栽植密度较大树丛，可开片堰进行大水漫灌。

三天后浇第二水，苗木栽植后7～10d之内必须灌第三遍水，三遍水应浇足透，目的主要是使土壤填实，与树根紧密结合。

3. 扶直封堰

（1）扶直

第一遍水渗透后的次日，应检查树苗是否有歪倒现象，发现后及时扶直，并用细土将堰内缝隙填严，将苗木稳定好。

（2）封堰

三遍水浇完，待水分渗透后，用细土将灌水堰填平。封堰土堆应稍高于地面。南方封堰防止积水，北方地区封堰为了保墒。秋季植树应在树干基部堆成30cm高的土堆，有保墒、防寒、防风作用。

4. 其他栽后的养护管理工作

（1）对受伤枝条和栽前修剪不够理想枝条的复剪。

（2）病虫害的防治。

（3）巡查、维护、看管，防止人为损坏。

（4）场地清理，做到工完场清、文明施工。

## 35.14.2　草　坪　栽　植

### 35.14.2.1　选种或选苗

1. 根据生态环境不同选择草种

（1）温度条件：根据当地的气候因子，选择适应当地的具有耐寒、耐热习性的草种。

（2）光照条件：根据草坪建植立地光照条件选择阳性或耐阴习性的草种或耐阴品种。

（3）环境湿度条件：根据当地全年降雨量多少，栽植地潮湿、排水是否困难以及养护供水条件，选择耐旱或者耐水湿的草种。

（4）土壤条件：根据当地土壤化学性质，选择耐酸性土壤草种、耐盐碱草种，还是土壤适应性强的草种；选择喜肥草种还是耐土壤瘠薄的草种。

2. 园林绿化功能要求

园林观赏草坪：北方选绿色期长的、色彩翠绿的冷季型草；南方选草叶细腻、坪面整齐的草种。

运动场草坪：选择耐践踏，恢复力强的草种。

环保草坪：主要目的为防风固沙、防水土流失；应选对当地环境适应性强，可粗放管理，根系发达，地上匍匐茎和地下根茎发达，扩展性、覆盖能力强的草种，选择病虫害少的草种。

3. 养护管理条件不同，要求标准不同

养护条件充分，投入高，可选择档次高的观赏草坪。缺乏养护条件，水、肥、修剪、防病等管理跟不上，养护投入低的场所选择可粗放管理的草坪。

### 35.14.2.2　用地准备

1. 排灌系统的设置

（1）草坪地供水

草坪灌溉形式一般有漫灌、浇灌、喷灌几种。目前应用较多的是浇灌和喷灌。一般用于灌溉的水源有河湖、池塘、贮水池、水井、自来水等，浇灌水水质应达到《地表水环境质量标准》GB 3838—2002规定的Ⅴ类水标准，用自然水源要注意是否受环境污染，不符合质量标准的要进行净化。

（2）草坪地排水一般要求

草坪用地最忌涝洼积水，草坪用地在设计和施工中必须满足防涝要求，能顺畅排水。对相对平坦的小片草坪用地应整理出0.1%～0.3%坡度，雨水通过地面径流排出。对面积较大的绿地采用微地形排水方法，通过地形引导地面径流至园路及市政排水口排出。

1）草坪地微地形的坡度要求

为避免水土流失、坡岸塌方、崩落等现象的发生，任何类型草坪的地面坡度设计，都不能超出所处地形土壤的自然安息角（一般角度为30°左右）。如果地形坡度一旦超过了这一角度，就必须采取工程措施进行护坡处理，否则会导致水土流失，影响草坪效果。

草坪设计的最小允许坡度，还应该从地面的排水要求来考虑。例如，规则式的游憩草坪，除必须确保最小排水坡度以外，其设计的地形坡度不能超过5%（如体育运动草坪，除确保排水所需最小坡度外，越平整越安全）；自然式游憩草坪设计的地形坡度最大不要超过15%。当坡度大于15%时，就会形成陡坡，不能保证游憩活动的安全，并且也不利于草坪机械进行养护作业。

2）运动场地排水设施

对运动场地等需要相对平坦的运动草坪，单纯利用地上坡度排水较困难，则采用沙沟和盲管的配套排水设施。雨水进入沙沟，沙沟宽度可为20～30cm，深30～40cm，底部填砾石并设置透水塑料管，透水管管径5～8cm（市售规格），沟内填沙，每条沙沟的间隔按当地降水量及土壤质地设计，常为3～10m。

2. 草坪用地整理

（1）坪床的清理

草坪用途和档次不同，如各种运动场地草坪和档次高的观赏草坪所需土壤及基质要求较高，有专业要求。这里只介绍一般的园林绿地草坪。

植草的土壤要求疏松、肥沃、表面平整；对于妨碍草坪建植和影响草坪养护的各种杂物，如建筑垃圾、生活垃圾、园林垃圾原则上要采取过筛处理。土壤处理厚度为20～30cm。

坪床上的许多多年生杂草（如茅草等）对新建植的草坪会带来严重危害，控制杂草最有效的方法是在草坪建植前两周使用熏蒸剂和非选择性、内吸型除草剂除草，被毒杀的杂草应及时清理干净。

（2）坪床的压实及平整

局部的“动土”即“活方”的地段必须用水夯（灌大水）或机械夯实，防止地面塌陷。对进行过深翻的地表耕作土层要用压滚压实。在苗床基础和地表压实的基础上进行整平，做到地表面平展、无凸凹不平情况。有利于播种或铺草作业及后期养护管理。

（3）坪床土壤的改良

草坪土壤应具备良好的物理、化学性质，对土质较差的土壤应加以改良。

1）物理性质改良

对过黏、过沙性土壤进行客土改良。一般的园林绿地草坪土质和肥力应达到农田耕作土标准即可。

常用的改良土壤肥力的办法是增加土壤有机质含量。掺加适量的草碳、松林土或腐叶土，均匀施入腐熟的有机肥，如家禽粪、各种饼肥等。无论施用何种肥料，都必须先粉碎、撒匀翻入土中，否则会使同一地块草坪生长势不一致，高矮、颜色不均，影响景观效果。施用的肥料不能选用牛、羊或马的粪便，因其中含有大量杂草种子，会造成草坪中杂草丛生，严重破坏草坪的纯净度，给后期养护工作带来极大困难。施入未被腐熟的有机肥，会招致地下害虫严重危害。为防止土壤中潜伏的害虫危害草坪，在施有机肥的同时，应同时施以适量的农药杀虫。

2）土壤化学性质改良

不良的土壤化学性质严重影响草坪小草出土和草坪后期存活，酸性土和盐碱较重的土壤必须进行改良。在播种建植草坪中常遇此难题。

① 酸性土壤改良。我国南方草坪建植中改良酸性土壤是必要措施。常用的方法是施

用 20～100 目细粒石灰粉。应撒播均匀无死角。根据土壤酸度和质地，一般施用量平均 200g/m²，强酸性可施用 300～400g/m²，间隔数月可再施一次。可在几周内将土壤 pH 提高一个单位。

② 碱性土壤改良。北方土壤表层盐分浓度较大，会严重影响种子发芽和小苗存活。常采用施用石膏、磷石膏方法，去除地表盐渍，保护草籽发芽。常用表施 120g/m² 磷酸石膏粉，然后旋耕入 10cm 土壤中效果快，播种前施用能保护草籽出全苗。施用硫磺粉改良作用较慢。施用硫酸亚铁一般碱性土施 30～50g/m²，重盐碱的可分批分次施入。应该指出的是化学方法改良土壤只能是局部（表层）的和短期的。一旦草苗出土成坪后，表层盐害会自动减轻。

**35.14.2.3　草坪建植**

1. 种子建植

（1）草坪种子建植时机

冷季型草坪草种在北方地区应掌握在春秋两季进行播种。早春指 3～4 月，最好在 4 月中旬以前完成播种。因为地温上升对冷季型草种发芽不利，尤其是早熟禾种子对温度较为敏感，在 28～34℃下明显比 18～25℃下发芽少。冷季型草最低在 10℃可发芽，但一般多在 15℃时出土，20～30℃是发芽盛期，而在 35℃以上则妨碍发芽，受到抑制。如果进入 5 月份必须进行播种作业，应该使用苇帘或遮阳网进行床面遮阳降温保湿处理。早熟禾出土小苗在盛夏一般处于休眠状，展叶困难，生长缓慢，高温高湿下容易受病，如果早春播种，盛夏已经育成壮苗，则有利于草坪的夏季养护。另外进入 5 月份，野草、野菜（双子叶杂草）会随播种苗一起蜂拥而至，增加了清除杂草的工作量。

最好时机是在 8～9 月进行播种，此时气温、地温正适合冷季型草发芽生长，而当地野生草则不再出土，减少了清除杂草的工作量。当年入冬前能很快成坪。

暖季型草在华北地区 3～4 月因地温低暖季型草种子不能发芽。应在 5～6 月播种最好，晚些可持续至 7 月，南方暖季型草播种可持续到 8 月。初夏播种，最大矛盾是出土的目的草小苗和当地杂草的竞争，需投入大量人力物力清除杂草。

（2）草坪种子建植播种量

1）播种量的依据

播种量可以根据千粒重、纯净度、发芽率、单位面积留苗量等条件及指标用数学公式进行计算。除此之外还应考虑影响种子出苗的播种工艺、水分条件等人为因素。应当认识到，过大播种量会造成草坪草生长质量下降、生长势弱、易受病虫危害、寿命缩短。

2）发芽率试验

批种子发芽率、纯净率的资料必须由草种经销商提供，并由施工单位自己通过试验进行核实，施工前交给监理单位验证进行备案。试验应在草坪播种作业前进行，要求快速准确。

常规方法是在室内进行，采用发芽皿或浅盆，基质可放脱脂棉、纱布、沙、蛭石、草炭等无土基质。试验前对器皿、基质及种子进行消毒，常用药剂为 0.15%福尔马林。试验规模小、基质量小，也可用高温进行基质和器具的消毒。温度控制在 20～25℃，基质湿度为饱和含水量的 60%～70%，空气湿度为 80%～90%。供试草籽随机抽取 100 粒，均匀撒布、不要互相接触，避免发霉互相感染。按试验规则做四组重复。记录种子发芽始期、发芽高峰期、发芽末期。发芽末期是指连续 5d 发芽数不足供试种子总数 1%时结束试验。此间可测算出种子发芽势。

发芽势＝种子发芽高峰期发芽粒数÷供试总数×100%。

发芽势反映种子品质，发芽势高的种子出苗迅速、整齐。发芽率代表批种子总体质量，发芽个数取四组平均数，计算公式：

发芽率＝发芽粒数÷供试总数×100%。

此法可在较短时间内掌握种子质量并决定播种量。通过发芽势试验可掌握该草品种的发芽规律，采取相应的播后管理措施。

3）常用草坪草种播种量，见表 35-81。

**常用草坪草种播种量** **表 35-81**

| 播种量 | 精细播种（$g/m^2$） | 粗放播种（$g/m^2$） | 播种量 | 精细播种（$g/m^2$） | 粗放播种（$g/m^2$） |
|---|---|---|---|---|---|
| 剪股颖 | 3～5 | 5～8 | 羊胡子草 | 7～10 | 10～15 |
| 早熟禾 | 8～10 | 10～15 | 结缕草 | 8～10 | 10～15 |
| 多年生黑麦草 | 25～30 | 30～40 | 地毯草 | — | 10～12 |
| 高羊茅 | 20～25 | 25～35 | 假俭草 | — | 18～20 |
| 狗牙草 | 8～10 | 10～15 | 百慕大草 | — | 5～7 |

（3）草种的混播原则及具体做法

1）草坪禾草混播原理

混播是指包括两种以上生态习性互补的草坪草种或相同草坪草种内不同生态特性的品种按一定比例混合播种，混播可适应差异较大的环境条件，更快地形成草坪，并可使草坪寿命延长。

2）草坪禾草进行混合播种的常用做法

用草坪禾草种子混播进行建植，在冷季型草中应用较多。在欧美，混播采用种数已由 8～10 种逐渐改为 2～3 种。理论上设计的各种互补的混播方案，因受气候、土壤、养护条件多因子制约，实践操作非常复杂和困难。特殊草坪（高尔夫、运动场）用种子混播建植草坪经验很多，这里仅介绍绿地常用草坪禾草种子混合播种常用技术。

（4）草坪种子预处理

1）草坪种子消毒

草坪种子消毒的主要目的是预防因种子带菌传播的病害。通常应用 50%多菌灵可湿性粉剂配制成种子重量 0.3%～0.5%的溶液或 70%百菌清可湿性粉剂配制成种子重量 0.3%的溶液，翻拌浸泡种子 24h。如因药量少，不易搅拌均匀，可以增加翻拌时间，或将药先与细土拌匀后再与种子拌匀。托布津、代森锌、敌克松、萎锈灵等农药也可用于药剂拌种。

2）种子催芽

大多数草坪种子很容易发芽，尤其是冷季型草种，不用催芽处理可直接播种。但对一些发芽困难的（如结缕草种子）草种，或为了加快草坪建植进度，则需于播种前进行种子催芽处理。种子经过催芽，出苗快，质量好。常用做法如下：

① 冷水浸种法

此法适用于比较容易发芽的草种。可在播种前，将种子浸泡于冷水中数小时，捞出晾干，随即播种，目的是让干燥的种子吸到水分，这样播后容易出苗。

② 积沙催芽法

此法适用于发芽比较困难的草种，如结缕草的种子。可将种子装入布袋内，投入冷水中浸泡 48h 或 72h 左右，然后用两倍于种子的河沙拌和均匀，再将它置入铺有 8cm 厚度河沙的木箱内摊平，最后在木箱上口处，覆盖厚 8cm 的湿河沙。移至室外用草帘覆盖，5d 后再移至室内（室温控制在 24℃）。木箱内沙子保持一定湿度，12～20d 积沙催芽，湿沙内的结缕草种子大部分开始破口，或显露出嫩芽，此时即可连同拌和的河沙一起播种。技术关键是环境温度必须达到 20℃以上。此法缩短了土壤中发芽时间，避免了杂草竞争，减少了播后管理工作量。

③ 堆放催芽法

此法适用于进口的冷季型草籽，如早熟禾、黑麦草、高羊茅等草籽。将种子掺入 5～10 倍的湿河沙中，堆放在室外全日照下，沙堆上覆盖塑料薄膜，以防止水分蒸发及适当保温。堆放催芽的时间一般 1～2d，每天翻倒 1 次。冷季型草籽一般干播也能出苗，但采用堆放催芽以后，可以大大提高它的出苗率。

④ 化学药物催芽法

此法针对个别草籽，如结缕草种子的外皮具有一层附着物，水分和空气不易进入，直接播入土中，发芽率很低。为提高其发芽率，一般用 0.5%烧碱浸泡 24h，漂洗干净，然后再用清水浸泡 6～10h，捞出略晒干，即可播种。

2. 营养体建植

（1）草坪营养体法建植简述

1）适合营养体法建植的草种

由于某些草坪草的种子缺乏或取得成本较高，在草坪建植时常采用营养体法繁殖技术工艺。采用营养体法建植草坪的草种的另一大特点是本身具有地上或地下横走茎。营养体法建植草坪工艺主要有分栽建植、埋蔓建植、草块（砌块）建植、草坪卷建植。比种子建植简便快捷、可靠。有些草种可用多种方法建植草坪的，则权衡经济效益、建植速度、建植效果等取其一。

2）营养体法建植的时机

营养体法建植最好的时机是草坪旺盛生长时，冷季型草在春秋冷凉季节，暖季型草在盛夏高温季节。发芽、展叶、抽条（爬蔓）时都可以进行。休眠期因为草株地上部分枯萎导致（分株、埋蔓）繁殖系数变小，成本加大。草块和草坪卷建植全年都可进行。

（2）分栽建植草坪方法及技术要求

1）坪床的要求与播种建植相同

2）分株栽植程序

将原草坪块状铲起，3～5 株一撮拉开，连同匍匐茎一起挖坑栽下，栽种可采用条栽或穴栽。条栽可按 30cm 的距离开沟，沟深 4～6cm；每隔 20cm 左右分栽一撮（3～5 株）。穴栽则可按 5～10cm 见方挖穴，穴深约 5cm，将预先分好的植株栽入穴中，埋土踏实。

3）栽植密度要求

栽植密度、即行株距可根据施工要求自行调整，株行距可以 10cm×10cm、也可以 15cm×15cm。密植成坪快，费工、费料加大成本。稀植成坪慢，省工、省料成本降低。按 15cm×15cm 行距的经验数字进行施工，繁殖系数可达 1∶10，即买 $1m^2$ 密度较大的母草可分铺建植 $10m^2$ 草坪。

4）栽后整理

栽植后地面随即平整，利用压滚进行镇压。目的是使草根茎与土壤密切接触，同时使地面平整无凹凸便于后期养护管理。如灌水后出现坑洼、空洞等现象应及时覆土，再次滚压。

（3）埋蔓建植草坪技术要领

适用于具发达的匍匐茎草种。江南地区狗牙根草坪建植常用此方法，只要先将草坪成片铲起，冲洗掉根部泥土，将匍匐茎切成 3～5cm 长短的草段，上面覆盖耕作土即可，具体做法如下：

1）条植埋蔓法

利用人工开沟，深 3～5cm，将草蔓捋于沟中，行距 20～30cm，再挖第二道沟，将挖出土填到前一沟中，草蔓外露 1/4～1/3，如此往复。

2）坪床埋蔓法

准备好坪床后，将草蔓均匀撒铺在已经整理好的坪床上，掌握适宜的密度，一般 $1m^2$ 原草可铺 $5m^2$。为方便覆土作业，可将成卷的铁纱网铺展开压在草蔓上，覆土厚度 1cm 左右。覆土耙平后撤出铁纱网，进行下一单元作业。覆土不必将草蔓全部埋严。

覆土并压实后，可覆盖较薄的无纺布或规格较稀的遮阳网，降温保湿，然后浇透水，保持土壤湿润，一般 20d 左右就可以滋生新的匍匐茎。用草茎繁殖要注意苗期的肥水管理，在草坪覆盖度达 70%时，再进行适度的碾压，以利于草坪平整和草茎扎根，提高草坪质量。

（4）草块建植

1）简述

将圃地草坪按照 30cm×30cm、25cm×30cm、20cm×20cm 等不同的大小规格切割成草皮块，捆扎装车运至绿地，在整平的场地上铺设，使之迅速形成新草坪。对匍匐茎发达的草种，也可采用间铺的方法，留下的空间让草蔓自行覆盖。

2）草块法建植草坪的程序及技术要求

① 铲运草块

铲草块前应修剪，提前三天灌水，保证草块湿度。将选定的优良草坪，一般取 30cm×30cm 的方块状，使用薄形平板状的钢质铲（平锹），先向下垂直切 3cm 深，然后再用横切，草块的厚度约 2～3cm，草块带土应厚度一致。

② 密铺法

采用密铺法铺栽草块时，块与块之间应保留 1～2cm 的间隙，以防形成边缘重叠或翘起。草块之间的隙缝应填入耕作土，用木板拍实后进行滚压，浇水后检查，如有漏空、或低洼处，填土找平。一般浇水 3～5d 后要再次滚压，以促进草块与土壤的密切结合及提高块与块之间的平整度。

③ 间铺法

草块铺设时各块间间距适当留大些，总体上讲，所铺草皮约占总面积的 1/2。一般爬蔓分生能力较强的暖季型草种可选择采用。注意草块应适当向下栽，和地面找平，铺后滚压。

④ 点铺法

将草皮割成约 3cm×3cm 小块状，按点状铺设，一般点铺草皮约占铺设总面积的 1/5～2/5。点铺也需选择爬蔓分生能力较强的草种，对于草源不足、经费紧张或不急于成坪的工程可选用此法。小草块应适当深栽和坪面一致，铺后滚压。

(5) 草坪卷建植技术

1) 简述

草坪卷和草块只是形状不同，草块多是手工用平锹或专用工具铲取，而草坪卷则必须用专用大型铲草机（进口）或小型铲草机（有国产）铲取。铲草机的制式宽度为 30cm 或加宽到 35cm，长度控制在 100cm，卷成草坪卷。北方冷季型草种草坪、结缕草等常用草卷建植，因产品规格、质量较规范，建植技术工艺日趋成熟。现存问题是，为追求缩短生产成品周期，不采用加尼龙丝网工艺，而采用加大播种量的手法，导致草密度过大，草坪生长势减弱，易感染病害，寿命缩短。

2) 草坪卷建植方法及技术要求

① 草坪卷生产者应选择优良品种，应严格规范播种量，生产周期 6～8 个月。

② 草坪卷应薄厚一致，起卷厚度要求为 1.8～2.5cm。运距长、掘草到铺设间隔时间长时，可适当加厚。要求草卷基质（带土）及根系致密不散。沙质土壤不适合生产草坪卷。

③ 草坪卷出圃前要求应进行一次修剪。铲取草卷之前 2～3d 应灌水，保证草卷带土湿润。草坪卷应健康，无病虫害、无杂草。

④ 草坪建植用地按规范进行平整、压实，喷水湿润土壤，待铺。

⑤ 铺设时应准备大号裁纸刀，对不整齐的边沿截平，长短需求不要用手撕扯，应用裁纸刀裁断。草卷应铺设平坦，草卷接缝间隙应留 1cm 严防边沿重叠。用板将接缝处拍严实，清场后进行滚压，使卷间缝隙挤严，根系与土壤密切接触。灌水后出现漏空低洼处填土找平。

#### 35.14.2.4　草坪养护

1. 草坪养护管理的质量标准

草坪质量主要表现在四个方面：一是颜色，健康的叶色为绿色（不同草种深浅不同），色泽不够鲜亮，偏黄色说明缺肥水或有病虫害发生。二是质地，是指叶片宽度和手感柔软度，主要和选择的草种有关。三是密度，是草坪质量最主要指标，草株过密会影响草坪的正常发育，养护管理缺失或不到位会导致草坪稀疏斑秃。四是均匀度，是以上三个指标的综合。高质量的草坪外形（高矮）整齐、色泽一致、质地和密度一致。杂草、斑秃、不同色泽、不同质地都会影响其均匀度。以上除草坪草种选择因素外，都和养护有直接关系。

(1) 特级标准

1) 草坪地被植物整齐，覆盖度达到 99%。

2) 草坪内无杂草。

3) 生长茂盛，颜色正常。冷季型草绿色期达 300d，暖季型草绿色期达 210d。

(2) 一级标准

1）草坪地被植物整齐一致，覆盖率达95%以上。

2）草坪内杂草率不超过2%。

3）冷季型草坪绿色期不少于270d，暖季型草坪不少于180d。

（3）二级标准

1）草坪地被植物整齐一致，覆盖率达90%以上。

2）杂草率不超过5%。

3）冷季型草坪绿色期不少于240d，暖季型草不少于160d。

以上标准为北京地区绿地草坪养护质量等级标准。而上海市草坪建植和草坪养护管理的技术规程中也有明确规定，如草坪覆盖率不得小于95%，全年绿色期不得少于220～250d。江南、岭南地区草种不同，气候条件不同，绿色期不同，可根据本地特点另定，对草坪养护质量进行量化控制。

2. 水分规定管理

（1）草坪水分管理的指导思想

应明确草坪灌水和农作物、花卉灌水目的不同。农作物、花卉如果在生长的任何环节缺失水分则将严重地影响其开花结果，影响产量，造成经济损失。草坪则不同，水分只要保障其存活、保证有健康的绿叶就达到了养护的目的。各种草耐旱能力差异很大，应该根据草种的需水特点区别对待（表35-82）。

**草坪草种耐寒能力** **表35-82**

| 抗旱能力区别 | 草坪草种 |
|---|---|
| 极好 | 野牛草、结缕草、羊胡子、狗牙根、美洲雀稗 |
| 很好 | 高羊茅、细羊茅 |
| 较好 | 草地早熟禾、加拿大早熟禾 |
| 一般 | 多年生黑麦草、纯叶草 |
| 较差 | 剪股颖类、多花黑麦草、粗糙早熟禾、假俭草、地毯草 |

长时间缺水会导致草种萎蔫，一旦给水补充就能恢复饱满。干旱时间过长，叶子可能受害，但根茎生长点、根状茎、匍匐茎上的芽幸免于死，一旦补水将开始新的顶端生长，但我们养护中不希望看到这个结果。见湿见干是灌水的原则，过量灌水将降低草坪抗病能力，还将引发病害。

（2）季节性水分管理

1）春季浇好返青水

冷季型草坪在土壤解冻时开始代谢活动，经过干旱的冬季，为了尽快、尽早萌芽，应及时灌好返青水。在干旱的春季，要保证地表1cm以下潮湿，这样会引导根系向纵深发育，增强其该生长季的抗旱能力。不要求地表总保持水湿状态。

2）夏季尽量控水

夏季雨水多，空气湿度较大，此阶段又值冷季型草休眠期，对水、肥的需求不如春季强烈。控水是指见干见湿，能不浇就不浇，因为水分过多对休眠草坪生长不利。夏季应注意，冷季型草坪不要在阴天和傍晚浇灌水，这样非常容易引发病害。大雨过后，低洼地积水应在2～3h内及时排出。

3）秋季浇好冻水

秋季较干旱，应保证根系部土壤湿度，看墒情浇水。北京地区为了草坪安全越冬应浇灌好冻水。每年，在土壤水昼化夜冻的 11 月底至 12 月初普遍浇灌一次透水。

4）冬季注意补水

草坪根系分布浅，如秋冬雨雪过少、表层土壤失水严重时，应在每年 1～2 月份进行补水。主要是针对冷季型草，尤其是多年生黑麦草，北京地区冬季必须补充一次水。土壤质地疏松的、持水量小的沙性土也应该在冬季适量补水。

(3) 灌水作业的技术要求

国内最常用的灌水方式有以下两种。

1）浇灌：多指用人工浇淋，其特点是灵活性强，但工作效率低，浇灌不均匀。

2）喷灌：通过加压，由喷头把水喷射到草坪上。其特点是工作效率高，但有可能因喷头的设置不合理及风向等因素导致喷洒不均匀。不管何种方式都要求不留死角，应一次性浇透。

3. 草坪养分管理

(1) 施肥时机

冷季型草坪应在每年 3～4 月和 9～10 月，生长旺盛时施肥。暖季型草坪应在当年 6～8月施肥。暖季型草坪生长旺季阶段也正是其需要养分最多的时期。进入养护期的草坪可根据生长旺盛期草坪营养色泽，及时追肥以保持翠绿色。

(2) 追肥施肥量

施肥量和施肥次数由多种因素决定，如要求草坪的质量水平、生长规律、年生长量、土壤质地（保肥能力）、提供的灌溉量（包括雨水）等。更重要的是栽植土壤本身能提供养分的水平，如果坪床土很肥沃就没必要过分地追加养分。应该明确的是施肥是补充土壤每年供给植物生长不足的那部分养分，施肥量就是指不足的那部分量，原则上应测土施肥。

我们可以根据国外通过试验提供的各种草坪草种年生物量（一年生长季）所推算出的所需氮素的数量作为施肥量的基本依据（表 35-83）。最常用的氮素施用量是 4.8g/m²。

**草坪草种所需氮素数量**　　**表 35-83**

| 草种 | 年所需氮素量（g/m²） | 草种 | 年所需氮素量（g/m²） |
|---|---|---|---|
| 匍匐剪股颖 | 2.5～6.3 | 普通狗牙根 | 2.5～4.8 |
| 早熟禾 | 2.5～4.8 | 改良狗牙根 | 3.4～6.9 |
| 高羊茅 | 1.9～4.8 | 假俭草 | 0.5～1.5 |
| 多年生黑麦草 | 1.9～4.8 | 钝叶草 | 2.5～4.8 |
| 野牛草 | 0.5～1.9 | 地毯草 | 0.5～1.9 |
| 结缕草类 | 2.5～3.9 | 美洲雀稗 | 0.5～1.9 |

有了这个基数就可以计算出含氮量不同的肥料（如硫胺含氮 21%、尿素含氮 48%）的全年单位面积用量。有了全年用量就可以计算出全年分几次及每次施用量。施用复合肥和专用草坪肥或缓施肥等更为科学合理，以氮素为主体进行计算施用量，在总量基础上略减。这里要强调指出，必须重视原坪床土壤的养分状况：比较肥沃的土壤施肥量，在理论

数字基础上还要进行削减；对需氮量少的野牛草、地毯草等没必要施过多的肥，甚至不施肥，从而降低养护成本。高尔夫球场、运动场等比较特殊的草坪另有施肥量的技术要求。

(3) 施肥方式方法

1) 撒施

不同于其他园林植物施肥在株行间，直接施到根区，草坪施肥只能用撒施。而撒施的技术关键是单位面积要适量，要撒施均匀，否则局部施肥量过大，一是刺激猛烈生长造成坪面景观不一致，二是造成肥害灼伤草坪、形成斑秃。撒肥常用撒播机，有滴式和旋转式（离心式）两种，各有所长应根据具体情况选择使用。

2) 随水施

有条件的可以通过喷灌系统随水施肥。还可以用喷雾器等工具进行叶面喷肥，注意喷洒浓度为 0.1%～0.5%，不可过浓。

3) 随土施

结合草坪复壮、梳草、打孔，给草坪覆沙、覆肥土时加入腐熟打碎均匀的有机肥或化肥。

(4) 施肥和其他养护作业的衔接

常用做法是先进行修剪，然后进行施肥作业，施肥后浇水冲肥入土，需要防病情况下进行喷洒农药，形成药膜不被破坏，起到杀菌防护作用。其中任何两项顺序最好不要颠倒。

4. 草坪修剪

(1) 草坪修剪目的和作用

修剪是建植高质量草坪的一个重要管理措施，通过修剪结束其繁殖生长进程，不让其抽穗、扬花、结籽。修剪还可以促进植株分蘖，增加草坪的密集度、平整度和弹性，增强草坪的耐磨性，延长草坪的使用寿命。及时的修剪还可以改善草坪密度和通气性，减少病虫害发生；修剪抑制草坪杂草开花结籽，失去繁衍后代的机会，而逐渐使之从草坪中消失。秋后合理修剪草坪，还可以延长暖季型草坪草的绿色期。在冬季草坪休眠、枯黄期之前的修剪是冬季绿地防火的必要措施。

(2) 草坪修剪的时机、次数及控制高度

1) 修剪时机、次数

总原则是控制高生长，修剪整形以提高景观效果。草种不同，环境条件不同，生长季节不同，长势不同，一般不宜提出修剪次数的量化指标。冷季型草修剪频率会高些，暖季型草相对要少些。高尔夫球场、运动场草坪修剪有其特殊要求。

① 暖季型草坪修剪。暖季型草坪，开始返青后一个月左右，若草坪生长旺盛，影响景观，可进行第一次修剪。7、8 月份生长旺盛期视草的高生长定修剪频率。立秋过后生长进入缓慢期，适当降低修剪频率，可结合水肥管理延长绿色期。草叶枯黄前可修剪一次，减少枯叶带来的火患。用于护坡、环保的暖季型草坪生长季可不修剪，秋季枯黄前必须为防火修剪一次。南方暖季型草生长势旺的粗草类（如假俭草）修剪次数要多于细草类（如马尼拉草、百慕大草、细叶结缕草等）。

② 冷季型草坪修剪。冷季型草坪在每年 3 月上、中旬返青，开始旺盛生长，4 月中旬结合整理返青后草坪长势不均情况对其进行一次修剪。5 月上旬开始进入早熟禾抽穗期，掌握时机控制草坪抽穗扬花，进行适时修剪。进入 6 月下旬进行一次修剪，为越夏做好准备。盛夏休眠期视长势掌握修剪时机，因高温、高湿气候，加上修剪造成伤口容易染病，

最好减少修剪次数。立秋过后，冷季型草开始旺盛生长，直至冬季休眠前，可酌情控制高度，掌握修剪频率。

2）修剪高度

草坪禾草的根茎生长点靠近土壤表面，是重要的分生组织。保护根茎生长点极为重要。只要根茎生长点保持活力，即使禾草的叶子和根系受到损害也会很快恢复生长。另一个是禾草的叶片生长点即“中间层分生组织”，其存在于叶子基部与叶鞘结合部。叶子被修剪后，切去的是老化的叶子，下边的新叶部分仍在存活并有更新的部分长出来。明白了禾草的生长特点，在修剪时就应注意保护根茎生长点和中间层生长点，根据不同草种的生长点高低决定限制修剪高度，千万不要伤害生长点，并适量保留叶片为植株提供营养。每次只能修剪草高的 1/3 的原则就是根据这个道理规定的。见表 35-84。

**剪草高度**　　**表 35-84**

| 草种 | 剪草高度范围（cm） | 草种 | 剪草高度范围（cm） |
|---|---|---|---|
| 匍匐剪股颖 | 0.8～1.5 | 狗牙根 | 2～3.5 |
| 细弱剪股颖 | 1～2 | 杂交狗牙根 | 0.5～2.5 |
| 早熟禾 | 3.5～5.5 | 地毯草 | 2.5～5 |
| 高羊茅 | 3～6 | 假俭草 | 2.5～5 |
| 多年生黑麦草 | 3.5～5 | 钝叶草 | 3.5～7 |
| 野牛草 | 2.5～7.5 | 美洲雀稗 | 5～7 |
| 结缕草类 | 1.5～5 | — | — |

根据不同草种试验得出以上修剪高度范围的结论，只提供参考。可根据禾草生长环境、生长势、肥力状况、管理水平、修剪机械（旋刀式、滚筒式）性能、修剪目的等因素酌情处理。取修剪高度的上线或再高些，管理粗放些，投入少些。但下线不要突破，关系到禾草的生长点不被伤害。

修剪作业的程序及技术要求：

3）修剪应选择晴天草坪干燥时进行，严禁在雨天或有露水时修剪草坪，安排在施肥、灌水作业之前。

4）修剪机具必须运行完好，刀片锋利。

5）进场前进行场地清理，清除垃圾异物。

6）剪草方式应经常变换，一是不要总朝向一个方向，二是不要重复同一车辙。

7）修剪作业完毕后应清理现场，修剪废弃物等全部清出。

8）遇病害区作业，应对机具进行药物消毒，清理出的带病草末集中销毁。

9）冷季型草坪夏季管理，修剪作业后应按顺序安排打药防病、施肥、灌水。

(3) 剪草机具安全使用规定

1）草机操作员安全操作要求

① 剪草机分为后推步行式剪草机和坐式剪草机，操作员必须熟悉指导手册，熟练掌握驾驭技术。

② 旋转型剪草机必须总是向前推进，不许往后拉。

③ 草坪斜面作业时，步行式剪草机应横向作业，坐式机应纵向作业。

④ 操作员离机，必须关闭发动机，即使离开 1min。

⑤ 检修、清理刀片时必须关闭发动机，严禁待机操作。

⑥ 剪草机转动时，不要移动集草袋。

2）剪草机具应设专人管理使用，旁人严禁操作。

3）添加燃料安全规定：发动机冷却后加油，不允许在草坪作业面加油。

4）剪草作业时注意周围人员的安全，注意对相邻树木、花卉的保护。

5. 草坪杂草的防治

建植所选用的草坪草种称为目的草。目的草之外生长的草（包括单子叶、双子叶）统称为杂草。杂草的存在影响草坪外观的均匀一致性，有碍景观，还会导致目的草的生存、生长受到危害，造成死亡，形成斑秃。目的草建植的草坪很稠密，足以抑制多数杂草的生存和发展。选择适宜的草种和规范的养护管理是防治杂草的关键。

（1）选择草坪建植时机

1）冷季型草春播赶早进行，不能迟于 4 月下旬。随着地温升高，当地的暖季型野草会大量萌生，给除草造成困难。最好时机在 8～9 月份，地温下降，野草不再萌生，冷季型草能很快郁闭。

2）暖季型草播种在 5～6 月份，这时野草也随之而来，为解决这个矛盾应采取种子预先处理的措施，抢先提前发芽出苗，可以抑制一部分杂草滋生。如结缕草、狗牙根等可用此工艺。

（2）选择草坪建植工艺

采用草坪卷建植草坪可有效地控制原有野草种子，将其压在草皮卷下面不得萌发。

（3）新建植草坪以人工为主

新建草坪尤其是冷季型草坪赶在当地野草大量萌生前完成郁闭，对少量的野草应按“除早、除小、除了”的原则进行人工清除，不留后患。比较难解决的是暖季型草坪中的野草，因为是同时萌生，所以在建植初期尚未郁闭前应全力以赴清除杂草。

（4）养护阶段以机械除草为主

养护阶段的冷季型草坪除个别大草利用人工拔除外，主要利用机械修剪，坚持剪到立秋以后，野草花序被清除，避免了种子生成。野生的暖季型草进入秋季会自然转入休眠，而冷季型的目的草正进入旺盛生长期，直至第二年春季冷季型目的草会始终处于优势，野生草受到彻底抑制。

（5）慎用化学除草

园林绿地草坪为避免伤害其他园林植物，原则上应禁用化学除草。为减少环境污染，纯大面积专用草坪应控制少用化学除草。南方杂草猖獗，用人工控制很困难，常应用化学除草。为安全使用特提出以下技术要求。

1）草坪化除施用原则：使用化学除草要针对防除杂草的生长特点、发生规律，确定适当的除草剂和使用剂量。生长中的绿化草坪多采用芽后除草剂，一般选用选择性强、对草坪草及目标植物影响不大的除草剂，如草坪阔叶净除草剂等。除草剂在杂草 2～3 叶期使用效果最佳，用量为 0.225～0.3ml/m$^2$，稀释 500～600 倍喷洒。灭生性的非选择性除草剂，因其对任何植物均具有杀伤作用，所以主要用于建坪前的坪床杂草防除处理。对于这类药剂的使用，一定要根据除草剂的残效期，确定建植草坪的时间，确保新建植草坪不受其残留药性的药害。

2）江南地区，对混在暖季型草坪中的当地冷季型禾本科杂草的化除，可在暖季型草坪草进入休眠期、茎叶已枯死、不能吸收任何农药时喷洒草甘膦、百草枯等非选择性除草剂（用量为 0.1～0.5g/m²）。此时冷季型杂草尚未休眠，叶片和根系仍可吸收农药，可杀死杂草而不影响暖季型草坪草翌年返青。

3）草坪化除技术要求：喷施除草剂必须在无风天气时进行。喷除草剂时喷枪要压低，以免飘到周围灌木、花卉及农作物上造成药害。靠近花草、灌木、小苗的草坪除草，应采取人工除草方法，严禁使用除草剂。

6. 草坪病虫害防治

（1）草坪病害生理

草坪发生的病害大多数是真菌病害，很少是病毒或细菌引发的，如南方的钝叶草衰退病毒病和狗牙根的疑似细菌引发的病。线虫不直接危害草坪，是被线虫危害的伤口引发真菌病害。病害有的危害叶、形成叶斑，有的危害茎和根，造成其枯萎。

1）不同菌种及其危害

不同菌种及其所危害见表 35-85。

不同菌种及其所危害　　表 35-85

| 病原体 | 主要危害草种 |
|---|---|
| 棉桃腐烂病 | 多年生黑麦草、狗牙根、草地早熟禾、剪股颖、假俭草 |
| 褐斑病 | 剪股颖、多年生黑麦草、钝叶草 |
| 银元斑病 | 剪股颖、多年生黑麦草、钝叶草 |
| 镰孢霉枯萎病 | 早熟禾、假位草 |
| 灰叶斑病 | 钝叶草 |
| 长孺孢属病 | 冷季型草、狗牙根、结缕草 |
| 蛇孢壳菌属斑病 | 剪股颖 |
| 粉状霉病 | 草地早熟禾、细羊茅、狗牙根 |
| 腐霉枯萎病（脂肪斑、棉花状枯萎病） | 剪股颖、多年生黑麦草、狗牙根 |
| 锈病 | 冷季型草、结缕草、狗牙根 |

2）针对性防治

不同病害发生的外部条件不同，从中可有针对性进行防治（表 35-86）。

草坪草病害发生的外部条件表　　表 35-86

| 病原体 | 温度（℃） | 湿度 | 营养条件 | 管理缺陷 |
|---|---|---|---|---|
| 褐斑病 | 15.5～32 | 湿潮 | 氮过量 | 排水不良 |
| 银元斑病 | 21～27 | 干旱 | 少肥 | 枯草层厚 |
| 镰孢霉枯萎病 | 27～35 | 干旱 | 高氮 | 线虫、昆虫防治不良 |
| 灰叶斑病 | 21～29.5 | 湿潮 | 氮过量 | 排水不良 |
| 长孺孢属病 | 春秋 | 湿潮 | 高氮 | 低剪 |
| 蛇孢壳菌属斑病 | 4～21 | 湿潮 | 低氮 | 盐碱地、枯草层厚 |
| 腐霉枯萎病 | 26～35 | 阴雨潮湿 | 高氮 | 排水不良 |
| 锈病 | 春秋 | 干旱 | 贫瘠 | 遮荫 |

3）病害防治的主要途径

以上是常见真菌病害的发生条件及所危害的主要草种情况。通过病害表现去鉴定病害菌种，有时很难，甚至要请植保专家在实验室条件下进行。我们要做的是，通过致病条件分析，找到解决问题的办法。城市绿地条件下，按照养护规范一般不会缺肥、缺水，所以很少会发生缺肥、缺水引发的病害。从气候条件看，引发病害的高温和高湿是养护中难以操控的，需要通过养护管理努力化解，最后防线是药物防治。其中高氮引发病害要通过养分管理解决，厚的枯草层要通过复壮去处理。

（2）预防为主、综合防治的技术措施

1）选择抗病草种及品种

① 华北地区，选择抗病性较强的暖季型草，如野牛草、结缕草和当地乡土草种冷季型的羊胡子草，在北方地区很少生病。冷季型草的抗病表现顺序为：羊胡子草（大、小）＞高羊茅＞多年生黑麦草＞草地早熟禾＞剪股颖。在购买冷季型草籽时应选择抗病性强的品种。选择多个抗病性品种进行组合混播也是很好的措施，单一品种草会毁掉整个草坪。

② 江南，应选择抗病性较强的结缕草、地毯草、假俭草及黑麦草、高羊茅。最常用的选择是采用黑麦草和结缕草混播建植，既可达到冬夏常绿的效果，又能提高整体草坪的抗性。

③ 岭南，应选择假俭草、地毯草、竹节草、双穗雀稗等。

2）改善草坪营养环境

健壮的草坪可以抵御任何草坪病害，合理的养护措施是病害防治的关键。

① 规范播种量、控制草坪密度。播种量过大，草坪过于稠密，争肥争水，不通风透光，草苗瘦弱，抵御病害能力下降。过厚的枯草层消弱了草坪生长势，应及时打孔覆土复壮。

② 规范修剪、通风透光。通过适时修剪，尤其是匍匐茎发达的草种的修剪，可使草坪通风降湿、透光杀菌。

3）控制致病环境

高温和高湿两者结合是真菌繁衍的必要条件，在高温难以操控的条件下，严格控制环境湿度是防病的技术关键。对于冷季型草，进入夏季，在夜间气温超过 20℃情况下，严格控制环境湿度。严禁在阴天和傍晚进行草坪灌水作业，尤其是喷灌，叶子、茎干及地面水湿是真菌蔓延的最佳途径。

（3）草坪病害的药物防治

1）药物防治机理

草坪养护中，药物防治病害是必要手段。杀菌剂按功能机理可分为保护剂和治疗剂。保护剂在草坪未发病前施用，消灭病菌或阻止病菌侵染。治疗剂在草坪染病后施用，以内吸形式进入植物体内，起到杀菌作用。

杀菌剂又可分为触杀型和内吸型两种。触杀型杀菌剂常作为保护剂，防治病的初发，阻止病菌蔓延。可有效地防治叶、茎表面真菌，不能杀灭组织内部真菌。触杀型杀菌剂有效期较短，通常为几天到两周。雨水可破坏其杀菌作用，剪草也会破坏其作用的发挥。内吸型杀菌剂有效期较长，多为 3～6 周，原理是，药剂可被根吸收，通过组织转移到全株，阻止病原体蔓延，可治愈有病的植株。

2）药物防治的技术要求

① 以预防性施药为主。药物防治应从草坪建植开始。草籽经常会携带病原，播种前应进行种子消毒。种子消毒常用0.01%～0.03%纯粉锈宁拌种。土壤和肥料消毒常用50%多菌灵、70%敌克松、50%五氮硝基苯，每亩1.5～2.5kg。幼苗的保护：小苗出土后10d左右施药一次，遇高温、高湿季节5～7d开始打药，成苗后恢复常规养护。按草坪病害发生的规律，提前施药，进行主动预防。注意观察疫情发生，在病害初期防治，控制疫情蔓延，把损失减到最小。

② 农药剂型选择。按防治目的选择内吸型或触杀型农药。不能确定病原时，应选择适用范围广的杀菌剂或使用两种杀菌剂。

③ 按药剂使用说明实施，药液浓度、施用量要规范。喷洒雾化好，喷布均匀，叶正反面尽可能都要喷到。施药应遵循先低浓度、后高浓度的原则。

④ 当夜间温度超过20℃，为控制真菌蔓延，开始保护性施药。用作保护剂的触杀型杀菌剂一般干燥天气10～15d施药一次；中到大雨后立即施药；连续大雾4d施药一次。

⑤ 内吸型杀菌剂多数是经过根进入植株的，施药后须灌水，有助于根对药剂的吸收。对已经生病的草坪进行抢救，4～5d施一次内吸型农药。

3）常用药剂

① 以预防为主的保护剂：也称为接触型（触杀型），如百菌清、代森锰锌、福美双、克菌丹、敌菌灵。常用75%百菌清可湿性粉剂500～1000倍，80%代森锰锌可湿性粉剂400～600倍。

② 治疗剂：属内吸型，如敌克松、苯菌灵、代森锌、甲基托布津、乙基托布津、粉锈宁。常用50%多菌灵可湿性粉剂800～1000倍，70%托布津可湿粉剂500～800倍，25%粉锈宁可湿性粉剂1200～1500倍。

4）药物防治和其他作业合理安排

先修剪，清除病叶后，进行施药作业。叶面喷药后不能紧跟着浇水，尤其不能用喷灌。

在开放草坪喷洒农药时，要注意做好有效的安全措施，防止发生游人中毒事件。

(4) 草坪虫害防治

1）虫害防治原则

草坪植物的虫害，相对于草坪病害来讲，对于草坪的危害较轻，也比较容易防治，但如果防治不及时，亦会对草坪造成大面积的危害。按其危害部分的不同，草坪害虫可分为危害草坪草根部及根茎部的地下害虫和危害草坪草茎叶部的地上害虫两大类。叶部害虫通过修剪结合喷洒杀虫剂进行处理，防治相对简单。比较难的是地下害虫，如蛴螬、线虫、蝼蛄的防治。地下害虫常用局部（危害区）灌药方法解决。

虫害对草坪的威胁关键在于虫口密度，小的虫口密度对草坪不会产生危害，常被人们忽视。园林绿地草坪治理虫害的原则是尽可能不用农药治虫，尽可能地减少农药对环境的污染、对游人的伤害。在非常有必要使用农药治虫时，应选择游人稀少的时候，采取有效的安全措施。

2）各地主要虫害

① 岭南地区草坪常见的虫害：

地下害虫：蛴螬类、蝼蛄、蚯蚓、线虫。

地上害虫：地老虎类、黏虫类、斜纹夜蛾。

② 江南地区草坪常见的虫害：蛴螬、象鼻虫、金针虫、地珠、蝼蛄、地老虎、蟋蟀、蚂蚁、蚯蚓、细毛蝽、稻绿蝽、赤须蝽、绿盲蝽、斜纹夜蛾、淡剑纹夜蛾、甜菜夜蛾、草地螟、黏虫、蝗虫、蚜虫、蜗牛、螨类等。

③ 华北地区草坪常见的虫害：蛴螬、象鼻虫、蝼蛄、地老虎、黏虫等。

7. 草坪更新复壮

草坪复壮

草坪建植养护多年后会出现老化现象，表现为生长势下降，管理难度加大，景观效果降低。原因主要是草坪禾草自身生长过程使根部形成较厚的枯草层，俗称草垫层，一旦厚度超过 1～3cm 就会影响草坪的正常生长会使根系和土壤隔离，致使草坪根系分布过浅而影响根对水肥的吸收，导致草坪草的生长质量下降。外部原因是人为践踏使土层板结，导致土壤透气性差。草坪复壮与更新的主要措施有打孔、疏草和覆土（沙）。冷季型草最好在夏末秋初进行，暖季型草在春末夏初进行。复壮就像动手术，对草坪有较大破坏作用，为使草坪很快恢复生机，应加强水肥管理。

（1）打孔

当草坪土壤出现板结，土壤的通透性下降时，应该进行土壤的打孔作业。打孔作业是通过打孔机来完成，打孔的直径为 6～18mm，深度为 5～8cm，其间距为 8～10cm。打孔的草坪应湿润，有利于打孔机工作，打孔后立即覆肥土并灌水。

（2）疏草

疏草又叫垂直切割，一般通过疏草机来完成。疏草的程度可根据草坪草的密度和枯草层的厚度来确定。通过疏草，从一定程度上改善土壤的保水和透气性能。垂直修剪应在土壤和枯草层相对干燥时进行，可减少破坏性和便于操作。

（3）覆土

在打孔和疏草作业的基础上进行覆土会有效改善土壤的透气透水性，增加土壤肥力。盖的基质一般要求具有良好的通透性和保水性，含丰富的有机质和肥分，覆土厚度约 1cm。覆土作业一般在秋末和春末或疏草后进行。

## 35.14.3 花 卉 栽 植

### 35.14.3.1 花卉种类

1. 一二年生花卉

在一二年内完成全部生活史的花卉，称为一二年生花卉。即从播种、营养生长，到开花、结实、死亡，都在一二年内完成一个生命周期，下一个生命周期仍从种子萌芽开始。

（1）一年生花卉生长习性和用法

一年生花卉喜温暖，不耐冬季严寒，大多不能忍受 0℃以下的低温，生长发育主要在无霜期进行。通常情况下，春播秋实，又叫春播花卉。一年生花卉的原产地大多数在热带、亚热带地区，性喜高温，遇霜冻即枯死，如常见的鸡冠花、百日草、中国凤仙、翠菊等。

(2) 二年生花卉生长习性和用法

在跨度两年内完成其生活史的花卉，称为二年生花卉。通常二年生花卉在秋季播种，当年只进行营养生长，第二年春夏季开花、结实、死亡。因其在秋季播种，次年夏季来临之前开花结实，因此二年生花卉又称为秋播花卉。如金盏菊、金鱼草等。这类花卉大多原产于温带，在生长发育阶段喜欢较低的温度，幼苗能够忍耐－4℃或－5℃的低温，对夏季高温的抵抗力却很差。

(3) 多年生代替一年生使用

一些原产于热带、亚热带的花卉，在原产地能够存活两年以上，但在温带、寒带则不能露地越冬，因此常常作为一二年生花卉栽培。如雏菊、矮牵牛、一串红、三色堇等。

一二年生花卉大多以种子繁殖，栽培管理简单，对土壤要求不严，在排水良好的土壤上生长更为健壮。因为一二年生花卉只在生长季节应用，所以一般可以不考虑其抗寒性。

2. 宿根花卉

宿根花卉为多年生草本花卉，是指植物体能够存活两年以上，地下部分根茎发育正常、无变态的草本花卉。宿根花卉一般表现有较强的耐寒性，可以多年开花。宿根花卉的主要生长特点：

(1) 生命力强，多年生。一次栽植后可以多年观赏，管理简单，成本低。

(2) 种类多，品种多，园林用途广泛。宿根花卉种类繁多，形态各异，可以用作花境、花坛、花带、花丛，用于美化环境。

(3) 生态类型多。依据宿根花卉对不同生态环境的适应，可以将其分为多种类型，如耐旱型、耐湿型、耐阴型及耐瘠薄型等，因此可以有选择地用于不同环境的美化和绿化。

(4) 有白播繁衍的生长特点。许多宿根花卉能利用自身种子自行繁衍，可以省去人工繁殖成本。

(5) 由于在原地宿根生长时间较长，蘖芽分生过多，影响了单株的生存空间，应适时分株，进行更新复壮。有些花卉存在重茬问题，如小菊类宿根花卉应在1～2年后进行移栽换土。

3. 球根花卉

球根花卉与宿根花卉的区别在于球根花卉地下部分有各种变态根茎。这些变态根茎根据形态不同，可以分为五种类型：球茎、块茎、根茎、鳞茎、块根。前四者为茎变态，后者为根变态。

鳞茎：茎部短呈圆盘状，上部有肥厚的鳞片状的变态叶，鳞片叶内贮藏着丰富的养分供植物初期生长用。其圆盘茎的下部发生多数须根，由鳞片间萌生叶及花茎。

球茎：为变形的地下茎，呈扁球状，较大，其上有节，节上有芽，由芽萌生新植株。当植株开花后，球茎的养分耗尽逐渐枯萎，新植株增生新球茎。

块茎：为变形的地下茎，外形不整齐，块茎内贮藏着大量养分，其顶端存在的芽于翌年萌生新苗。

根茎：稍带水平发育的膨大的地下茎，其内贮藏着养分。在地下茎的先端或节间生芽，翌年萌生出叶及花茎，其下方则生根。根茎上有节及节间，每节上也可以发生侧芽，如此可以分生出更多的植株，而原有的老根茎逐渐萎缩死亡。

块根：地下部为肥大的根，无芽，繁殖时必须保留旧的茎基部分，又称根冠。次年春天在根冠四周萌发出许多嫩芽，利用新萌生的嫩芽，用掰取的芽进行扦插繁殖。

4. 水生花卉

根据其生长特点，可以将水生花卉分为：①挺水植物，其根生植于泥土中，茎叶挺出水面，如荷花、水生鸢尾等；②浮水植物，其根生于泥土中，叶片浮于水中或略高于水面，如睡莲、王莲等；③沉水植物，根生于泥土中，茎叶全部生长在水中；④漂浮植物，根生长在水中，叶片漂浮在水面，可以随水流动。沉水的及漂浮类不能作为园林植物应用。

5. 木本花卉

具有木质化的茎、干，且株形低矮、枝条瘦弱，可以作为盆栽观赏的花灌木类，在花卉行业称为木本花卉。木本花卉为多年生花卉，寿命很长，可以用作庭院绿化及盆栽观赏，如牡丹、月季、腊梅、丁香等。

木本花卉可以采用播种、扦插、嫁接、压条等方法繁殖。露地木本花卉的耐寒性通常较强，一些热带、暖温带引种到华北寒冷地区的木本花卉耐寒性较差。尤其是小苗和刚移植 2～3 年的苗木，冬季必须进行防寒处理，或栽植到楼前区小气候好的环境中。

#### 35.14.3.2 栽植方法

1. 种子直播

(1) 在预先深翻、粉碎和耙平的种植地面上铺设 8～10cm 厚的配制营养土或成品泥炭土，然后稍压实，用板刮平。

(2) 用细喷壶在播种床面浇水，要一次性浇透。

(3) 小粒种子可撒播，大、中粒种子可采取点播。如果种子较贵或较少应点播，这样出苗后花苗长势好。点播要先横竖画线，在线交叉处播种。也可以条播，条播可控制草花猝倒病的蔓延。此外，在斜坡上大面积播花种也可采取喷播的方法。

(4) 精细播种，用细沙性土或草碳土将种子覆盖。覆土的厚度原则上是种子粒径的 2～3 倍。为掌握厚度，可用适宜粗细的小棒放置于床面上，覆土厚度只要和小棒平齐即能达到均匀、合适的覆土厚度。覆好后拣出木棒，轻轻刮平即可。

(5) 秋播花种，应注意采取保湿保温措施，在播种床上覆盖地膜。如晚春或夏季播种，为了降温和保温，应薄薄盖上一层稻草，或者用竹帘、苇帘等架空，进行遮荫。待出苗后撤掉覆盖物和遮挡物。

(6) 对床面撒播的花苗，为培养壮苗，应对密植苗进行间苗处理，间密留稀，间小留大，间弱留强。

2. 裸根移植

(1) 在移植前两天应先将花苗充分灌水一次，让土壤有一定湿度，以便起苗时容易带土、不致伤根。

(2) 花卉裸根移植应选择阴天或傍晚时间进行，便于移植缓苗，并随起随栽。

(3) 起苗时应尽量保持花苗的根系完整，用花铲尽可能带土坨掘出。应选择花色纯正、长势旺盛、高度相对一致的花苗移栽。

(4) 对于模纹式花坛，栽种时应先栽中心部分，然后向四周退栽。如属于倾斜式花坛，可按照先上后下的顺序栽植。宿根、球根花卉与一、二年生草花混栽者，应先栽培宿根、球根花卉，后栽种一、二年草花。对大型花坛可分区、分块栽植，尽量做到栽种高矮一致，自然匀称。

(5) 栽植后应稍镇压花苗根际，使根部与土壤充分密合，浇透水使基质沉降至实。

(6) 如遇高温炎热天气，遮荫并适时喷水，保湿降温。

3. 钵苗移植

钵苗移植方法与裸根苗相似，具体移栽时还应注意以下几点：

(1) 成品苗栽植前要选择规格统一、生长健壮、花蕾已经吐色的营养钵培育苗，运输必须采用专用的钵苗架。

(2) 栽植可采用点植，也可选择条植；挖穴（沟）深度应比花钵略深；栽植距离则视不同种类植株的大小及用途而定。钵苗移栽时，要小心脱去营养钵，植入预先挖好的种植穴内，尽量保持土坨不散；用细土堆于根部，轻轻压实。

(3) 栽植完毕后，应以细孔喷壶浇透定根水。保持栽植基质湿度，进行正常养护。

4. 球根花卉种植

(1) 球根类花卉培育基质应松散而有较好的持水性，常用加有 1/3 以上草碳土的沙土或沙壤土，提前施好有机肥。可适量加施钾、磷肥。栽植密度可按设计要求实施，按成苗叶冠大小决定种球的间隔。按点种的方式挖穴，深度宜为球茎的 1～2 倍。

(2) 种球埋入土中，围土压实，种球芽口必须朝上，覆土为种球直径的 1～2 倍。然后喷透水，使土壤和种球充分接触。

(3) 球根类花卉种植后水分的控制必须适中，因生根部位于种球底部，控制栽植基质水分不能过湿。

(4) 如属秋栽品种，在寒冬季节，还应覆盖地膜、稻草等物保温防冻。嫩芽刚出土展叶时，可施一次腐熟的稀薄饼肥水或复合肥料，现蕾初期至开花前应施 1～2 次肥料，这样，可使花苗生长健壮、花大色艳。

## 35.14.4 反季节栽植

### 35.14.4.1 保护根系的技术措施

为了保护移栽苗的根系完整，使移栽后的植株在短期内迅速恢复根系吸收水分和营养的功能，在非正常季节进行树木移植，移栽苗木必须采用带土球移植或箱板移植。在正常季节移植的规范基础上，再放大一个规格。原则上根系保留得越多越好。

### 35.14.4.2 抑制蒸发量的技术措施

抑制树木地上部分蒸发量的主要手段有以下几种：

1. 枝条修剪

(1) 非正常季节的苗木移植前应加大修剪量，抑制叶面的呼吸和蒸腾作用。对落叶树的侧枝进行疏枝或短截处理，留部分营养枝和萌生力强的枝条，修剪量可达树冠生物量的 1/2 以上。常绿阔叶树可采取收缩树冠的方法，截去外围的枝条，适当疏剪树冠内部不必要的弱枝和交叉枝，多留强壮的萌生枝，修剪量可达 1/3 以上。针叶树以疏枝为主，如松类可对轮生枝进行疏除，但必须尽量保持树形。柏类最好不进行移植修剪。

江南地区对移栽成活率较低的香樟、榧树、杨梅、木荷、青冈栎、楠树等阔叶常绿树和一些落叶树种，修剪以短截为主，以大幅度降低树冠的水分蒸发量。短截应以尽量保持树冠的基本形状为原则，非不得已，不应采取截干措施。

(2) 对易挥发芳香油和树脂的针叶树、香樟等，应在移植前一周修剪，凡直径 2cm 以上的大伤口应光滑平整，消毒，涂刷保护剂。

(3) 珍贵树种的树冠宜作少量疏剪。

(4) 带土球灌木或湿润地区带宿土裸根苗木、上年花芽分化的开花灌木不宜修剪，可仅将枯枝、伤残枝和病虫枝剪除；对嫁接灌木，应将接口以下砧木萌生枝条剪除；当年花芽分化的灌木，应顺其树势适当强剪，可促生新枝，更新老枝。

(5) 苗木修剪的质量要求：剪口应平滑，不得劈裂；留芽位置规范；剪（锯）口必须削平并涂刷消毒防腐剂。

2. 摘叶

对于枝条再生萌发能力较弱的阔叶树种及针叶类树种，不宜采用大幅度修枝的操作。为减少叶面水分蒸腾量，可在修剪病（枯）枝、伤枝及徒长枝的同时，摘除部分（针叶树）或大部分（阔叶树）叶子抑制水分蒸发。摘叶，可摘全叶和剪去叶的一部分，摘全叶时，应留下叶柄，保护腋芽。

3. 喷洒药剂

用稀释 500～600 倍的抑制蒸发剂对移栽树木的叶面实施喷雾，可有效抑制移栽植物在运输途中和移栽初期叶面水分的过度蒸发，提高植物移栽成活率。

4. 喷雾

控制蒸腾作用的另一措施是采取喷淋方式，增加树冠局部湿度。根据空气湿度情况掌握喷雾频率。喷淋可采用高压水枪或手动或机动喷雾器，为避免造成根际积水烂根，要求雾化程度要高，或在移植树冠下临时以薄膜覆盖。

5. 遮荫

搭棚遮荫，降低叶表温度，可有效地抑制蒸腾强度。在搭设的井字架上盖上遮荫度为 60%～70%的遮阳网，在夕阳（西北）方向应置立向遮阳网。荫棚遮阳网应与树冠有 50cm 以上的距离空间，以利于棚内的空气流通。一般的花灌木，则可以按一定间距打小木桩，在其上覆盖遮阳网。

6. 树干保湿

常用的树干保湿方法有两种：

(1) 绑膜保湿：用草绳将树干包扎好，将草绳喷湿，然后用塑料薄膜包于草绳之外捆扎在树干上。树干下部靠近地面，让薄膜铺展开，薄膜周边用土压好，此做法对树干和土壤保墒都有好处。为防止夏季薄膜内温度和湿度过高引起树皮霉变受损，可在薄膜上适当扎些小孔透气；也可采用麻布代替塑料薄膜包扎，但其保水性能稍差，必须适当增加树干的喷水次数。

(2) 封泥保湿：对于非开放性绿化种植，可以在草绳外部抹上 2～3cm 厚的泥糊，由于草绳的拉结作用，土层不会脱落。当土层干燥时，喷雾保湿。用封泥的方法投资很少，既可保湿，又能透气，是一种比较经济实惠的保湿手段。

## 35.14.5　坡面绿化栽植

### 35.14.5.1　植物的选择

（1）目的植物的选择应符合下列规定：

1）应选择抗性强、耐干旱、耐瘠薄、根系发达的植物。

2）应选择种子易于采摘、储存、发芽的植物。

3）应依据种子生理特性和形态特征，选择适于喷播工艺的植物。

4）不应选用可导致生态危害的外来入侵种、植物绞杀种。

（2）目的植物群落设计应依据边坡立地条件、岩土性质、气候条件和养护管理方式等多种条件。

（3）立地条件恶劣、粗放型管理或不进行管理的边坡宜选择乔灌草型或灌草型植物群落设计。

（4）当边坡坡脚与人行道水平距离小于 3m 或边坡垂直高度小于 2m 时，宜选择灌草型或草本型植物群落设计。

（5）道路边坡的植物应选择树冠不遮挡驾驶员视线的植物。

### 35.14.5.2　边坡修整

（1）边坡修整设计内容应主要包括坡率设计、坡形设计、危岩体处理。

（2）边坡修整设计应综合考虑边坡安全性、工程经济性、保持山体自然形态和植物生长条件等因素。

（3）坡率大于 1∶1 的稳定边坡，如条件允许，宜放缓坡度。

（4）修整后的边坡坡面应有利于喷播基质的附着。

（5）边坡位于人、车活动频繁区域时，应设置防落石的安全防护网等设施。

### 35.14.5.3　截排水系统设计

（1）截排水系统设计应综合考虑区域降雨情况、地形条件、地表径流量、坡面涌水量等因素。

（2）截水沟与排水沟的设置不应影响边坡稳定和植物生长。

（3）边坡涌水排水设计应符合下列规定：

1）对有涌水特征的边坡，应根据水文地质资料中关于涌水量的预测结果进行排水设计；

2）涌水出水点处应设计引排设施，引排设施可选择排水垫、排水管和排水暗渠等。

### 35.14.5.4　铺网设计

（1）当边坡坡率大于 1∶1.2 时，应铺网；当边坡坡率小于 1∶1.2，但边坡表面非常平滑或有冻土层时，应铺网；当边坡坡率小于 1∶1.2，且不存在积雪或冻土层时，可不铺网。

（2）铺网材料可采用镀锌金属网、树脂网、塑料网等，网孔直径宜为 30～60mm。且宜采用可降解材料。

（3）边坡顶部铺网时，应向坡顶上部延展一定距离，岩质边坡延展长度宜大于 1.5m。土质边坡延展长度应大于 3.0m。

（4）网钉材质、规格及数量应综合边坡岩土性质、坡率、网及喷播基质的荷载等因素确定。

# 35.15 景 观 小 品

## 35.15.1 景 墙 施 工

### 35.15.1.1 景墙的定义及功能

景墙是指园林中的墙垣，通常是界定和分隔空间的设施，包括园内划分空间、组织景色、安排导游而布置的围墙，兼有美观、隔断、通透作用的景观墙体，在园林中主要功能是造景。

1. 实用功能

景墙的实用功能首先表现在其空间分隔与空间连接方面，景墙不但能通过自己自身来分割或连接空间，还可以通过景墙的组合，分割或连接不同类型的空间。另外，其实用功能表现在引导人流动线及视觉导览方面。景墙的存在有利于将空间依次排序，凸显观赏性强的部分而有意遮挡视觉感较差的部分，从而引导人流步入景观的核心节点，利用景墙的延续性和方向性引导人流有秩序地进行观赏或活动。除此之外，可以通过景墙的存在促进人景的交互，形成良好的景观体验，这样的交互式景墙时常出现在儿童游乐空间当中。

2. 美学功能

现代的景墙自身常是以考究的造型、独特的材质、巧妙的构思、宜人的色彩而存在于环境之中，这样的形式本身可谓自成一景，其较高的观赏功能也是独特的一面，创造美感，使使用者体验到精神的满足是景墙美学功能的最终体现。

### 35.15.1.2 景墙的基本构造及常见类型

1. 景墙的基本构造

景墙一般由基础、墙身和压顶组成。

（1）基础

传统景墙的墙体厚度都在330mm以上，一般墙基埋深约500mm，厚700～800mm。可用条石、毛石或砖墙砌筑。现代园林景墙使用较多的为“一砖”墙，厚240mm，其墙基厚度可以酌减，有些特色景墙则直接采用钢筋混凝土结构将墙基及墙身作为一个整体施工。

（2）墙身

直接在基础之上砌筑墙身，或砌筑一段高800mm的墙裙。墙裙可用条石、毛石、清水砖或清水砖贴面等，砌筑的平整度及砖缝较为讲究。直接砌筑的墙体或墙裙之上的墙体通常用砖砌，也有追求自然野趣而通体采用毛石砌筑的。有些现代景墙在钢筋混凝土墙身结构上使用石材干挂或湿贴方式，甚至是整体石材作为墙身饰面。

（3）压顶

传统景墙的墙体之上通常都用墙檐压顶。墙檐是一条狭窄的两坡屋顶，中间还筑有屋脊。北方的压顶墙檐直接在墙顶用砖逐层挑出，上加小青瓦或琉璃瓦，做成墙帽。江南则往往在压顶墙檐之下做“抛枋”，也就是一条宽300～400mm的装饰带。有些现代景墙采用钢筋混凝土墙身结构，将压顶造型与墙身结构作为整体浇筑而成，但压顶大多作简化处理，不再有墙檐，景墙的整体高度一般在3.6m左右。

2. 景墙的常见类型

景墙的分类见表 35-87。

**景墙的分类　　表 35-87**

| 分类方法 | 类型及特点 |
|---|---|
| 按功能分类 | 连续性景墙：大多位于园林内部景区的分界线上，起到分隔、组织和引导游览的作用，或者位于园界的位置对园地进行围合，构成明显的园林环境范围。园界上的景墙除了要符合园林本身的要求以外，还要与城市道路融为一体，为城市街景添色。有的连续式景墙运用植物材料表现可取得良好的环境效果 |
| | 独立式景墙：独立式园林景墙一般多出现在古典园林或仿古园林的入口形成第一印象、纪念性园林的前部传递纪念主题、私家园林或庭院园林的入口后方用以障景、园林内部某一景区入口进行点题等 |
| 按材质分类 | 硬质材质景墙：常指以天然或石材类材质、陶瓷类材质、亦或者金属类材质的形式出现于景观园林当中 |
| | 软质材质景墙：常指植物元素、水景元素、白粉墙、夯土版筑墙等视觉体验较为温和的材质类型与景墙造型的结合而塑造的景观形式 |

### 35.15.1.3　施工方法

施工流程

由于景墙的种类及材质组合方式变化较多，在此主要叙述较为常规的传统青砖景墙施工流程。

定点放线→开挖基槽，基槽夯实→基础砌筑→墙身砌筑→清洗墙面。

(1) 定点放线

根据现场景墙平面位置测量放出基准点，按照网格图放置尺度适宜的网格控制线，根据图纸尺寸放线景墙位置尺寸及基槽开挖控制线。

(2) 开挖基槽，基槽夯实

根据景墙尺寸，采用机械或人工开挖土方，开挖同时进行余土清理，完成开挖后采用压路机或打夯机对基槽严格按照设计夯实度进行整平夯实。

(3) 基础砌筑

根据设计要求，采用条石或砖砌块进行基础砌筑，砖砌块宜采用一铲灰、一块砖、一挤揉的“三一”砌砖法，条石宜采用铺浆法分层砌筑，按设计尺寸完成基础砌筑。

(4) 墙身砌筑

先将基层清扫干净，然后用墨线弹出墙的厚度、长度及位置形状等，根据设计要求，按照砖缝排列形式进行试摆，调整适宜后完成首层砌筑，严格控制墙体垂直度，逐层完成砌筑。

(5) 清洗墙面

用清水和软毛刷将墙面清扫、冲洗干净，使墙面显露出“真实砖缝”。清洗墙面应尽量安排在景墙全部完成后，拆除脚手架之前进行，以免因施工弄脏墙面，结束后应采取成品保护措施避免景墙遭受破坏。

### 35.15.1.4 质量控制要点

(1) 砖的品种、规格质量必须符合设计要求或相关规范要求。

(2) 加工尺寸规格与样板砖一致，表面完整，砖棱平直，无明显缺棱掉角，截头角度准确。

(3) 砌筑砂浆应符合设计要求或相关规范要求。

(4) 青砖砌筑施工质量允许偏差和检查方法见表 35-88。

青砖砌筑施工质量允许偏差和检查方法 表 35-88

| 项目 | 允许偏差（mm） | 检验方法 |
| --- | --- | --- |
| 青砖平面尺寸 | 0.5 | 用尺量，与样板砖对比 |
| 单块对角线（方正） | 1 | 尺量检查 |
| 砖缝平直 | 3 | 拉线，尺量检查 |
| 平整度 | 2 | 平面上用平尺进行任意方向搭尺检查和尺量检查 |
| 垂直度 | 3 | 用经纬仪、吊线和尺量检查 |
| 阴阳角方正 | 2 | 用阴阳角尺检查 |
| 灰缝宽度 | 1.5 | 拉线，尺量检查 |

## 35.15.2 花坛、树池施工

### 35.15.2.1 花坛、树池的定义及功能

1. 花坛

花坛是按照设计意图在一定形体范围内栽培观赏植物，以表现群体美的一类设施的统称。

花坛由于具有丰富的色彩，作为园林中的重要景观，往往布置于最显眼的地方，起着主景的作用，如布置在广场出入口、公园出入口、主要交叉路口、建筑物前及风景视线集中的地方等，在城市绿化中起到了比较好的景观效果。

2. 树池

当在有铺装的地面栽种树木时，应在树木的周围保留一块没有铺装的土地，通常把它叫作树池或树穴。它是种植树木的人工构筑物，是城市道路广场生长所需的最基本空间。

树池可以明确出一个保护区，既可以保护树木根部免受践踏，也可以防止主根附近的土壤被压实。经过处理的护树面层可以看成是一个集水区，有利于灌溉且避免扬尘污染道路。随着现代城市景观的发展，树池还被赋予了观赏功能及其他功能，如在园林中起到分割空间、引导视线、划分园区、组织交通、供人休息等作用。

### 35.15.2.2 花坛、树池的常见类型

1. 花坛的常见类型

花坛的分类见表 35-89。

2. 树池的常见类型

树池按形状分类可分为方形树池、圆形树池、弧形树池、椭圆形树池、带状树池等。按使用环境分类可分为行道树树池、坐凳树池、临水树池、水中树池、跌水树池等。按树池与周围地面的高差大小可分为平树池和高树池。按树池的填充材料可分为植物填充型、

卵石砾石填充型、预制构件覆盖型。

花坛的分类　　表 35-89

| 分类方法 | 类型及特点 |
|---|---|
| 按空间位置分类 | 平面花坛：平面花坛就是以平面为观赏面的花坛。平常见到的绝大多数花坛都属于平面花坛 |
| | 立体花坛：立体花坛是指可以从四面观赏，向空间构建的花坛。如造型、造景花坛多属于立体花坛 |
| | 斜面花坛：斜面花坛是以斜面为观赏面，经常设置在斜坡处或者搭架构建。多数模纹花坛也可以称为斜面花坛 |
| 按植物材料分类 | 一、二年生草花花坛：如万寿菊、一串红、鸡冠花、长春花等 |
| | 球根花坛：如风信子、水仙花、郁金香等 |
| | 水生花坛：如睡莲、王莲、荷花、唐菖蒲等 |
| 按构图形式分类 | 规则式花坛：将花坛配置成规则几何图形的一种布置 |
| | 自然式花坛：是相对规则式布置来说的，以不规则构造布置的花坛 |
| | 混合式花坛：部分布置是规则的，从地面整体构图形式来说又呈自然式的，称之为混合式花坛 |

### 35.15.2.3　施工方法

施工流程

（1）平面式花坛施工流程：定点放线→结构施工→整地翻耕→定点放线→起苗栽植→修剪养护。

1）定点放线

根据花坛设计图纸将花坛测设到施工现场，根据坐标点放出中心线及边线位置，确定其标高。

2）结构施工

根据现场测量位置标高，进行土方开挖或原地形平整，按照设计图纸进行结构施工，常见做法为砖砌筑、条石砌筑、钢筋混凝土等。

3）整地翻耕

花卉栽培的土壤必须深厚、肥沃、疏松，在种植前，要先进行整地。一般应深翻30～40cm，除去草根、石头及其他杂物。

4）起苗栽植

根据现场施工计划，合理安排花卉、苗木起苗运输至现场，按照《园林绿化工程施工及验收规范》CJJ 82—2012 要求栽植。

5）修剪养护

栽植完成后，根据不同种植材料要求进行对应的修剪及养护。

（2）立体花坛施工流程：图纸设计→立架造型→植物栽植→修剪养护。

1）图纸设计

包括立体花坛外观形象尺寸、骨架结构、灌溉系统布置等，确保花坛达到理想效果。

2）立架造型

根据设计图纸，使用建筑材料制作大体相似的骨架外形，包裹填充栽培基质（如草炭土等）。

3）植物栽植

根据现场施工计划，合理安排植物运输至现场，按照《园林绿化工程施工及验收规范》CJJ 82—2012 要求栽植。

4）修剪养护

栽植完成后，根据不同种植材料要求进行对应的修剪及养护。

#### 35.15.2.4 质量控制要点

(1) 定点放线时，按照图纸规定量好实际距离，根据图纸花纹色块精确放线，用白色细沙洒在花纹轮廓上，做出明显标记。当花坛面积较大时，应采用方格网放线。注意放线的先后顺序，避免踩坏已放做好的标志。

(2) 植物材料种类、品种名称及规定、栽植放样、栽植密度、栽植图案应符合设计要求，自外省市及国外引进的植物材料应有植物检疫证。

(3) 进行栽植或播种前，应对土壤理化性质进行化验分析，采取相应的土壤改良、施肥和置换客土等措施，符合《园林绿化工程施工及验收规范》CJJ 82—2012 第 4.1.3 条和 4.1.6 条的规定。

(4) 运输植物的机具、车辆，必须满足吊装、运输的需要，宜当天运到当天种植，不能栽植的应及时进行假植。

(5) 花卉栽植的顺序应符合下列规定：

1）大型花坛，宜分区、分规格、分块栽植。

2）独立花坛，应由中心向外顺序栽植。

3）应先栽植设计图案的轮廓线，后栽植内部填充部分。

4）高矮品种不同的花苗混植时，应先高后矮的顺序栽植。

5）宿根花卉与一、二年生花卉混植时，应先栽植宿根花卉，后栽植一、二年生花卉。

### 35.15.3 园 桥 施 工

#### 35.15.3.1 园桥的定义及功能

园桥是园林中的风景桥（图 35-80），常结合其自身多变的艺术造型应用在园林水景中作为风景景观的一个重要组成部分。

图 35-80 园桥

园桥最基本的功能是连接园林水体两岸上的道路，使园路不至于被水体阻断，起到导游作用，并满足交通功能。园桥常与水中堤、岛一起对水面空间进行分隔，增加水景的层次，增强水面形状的变化和对比，使水景效果更为丰富多彩。园桥具有运行空间及停留空间的双重特性，它的存在连接了两翼的运行空间，可使游客在其所连接的两侧往返，同时它又是园林中的特殊节点，形成的特定氛围能吸引游人。

#### 35.15.3.2 园桥的常见类型

园桥分类见表 35-90。

园桥分类　表 35-90

| 类型 | 特点 |
| --- | --- |
| 汀步 | 汀步的形式来自民间，我国南方乡村常在溪涧、浅滩设石汀步以代替桥架 |
| 梁桥 | 梁桥也称平桥，在江南私家园林中最常见，最小的只用一块石条或木板横跨水面即可。梁桥在园林中应用形式很多，按结构可分为单跨、多跨；从平面布置上分为一折、二折最多到九折，“九曲桥”便是对此的形容 |
| 拱桥 | 拱桥是传统园林中常见的一种桥梁形式。拱桥造型优美，曲线圆润，能充分发挥拱圈结构的力学性能，具有较大的跨度，坚固性也相当好 |
| 亭桥 | 亭桥即在桥上建亭，是亭与桥的结合体，兼具二者的特性。桥上置亭可供游人驻足休息、纳凉赏景，还使桥的形象更为丰富 |
| 廊桥 | 廊桥即在桥上建廊，是廊与桥的结合体，兼具二者的特性。既是水上通道、游览路径，又分隔了水面空间。通常有两种形式，一种是作为游廊的一部分与两岸建筑或游廊相连接，一种是单独作为景观独立体，不与两岸其他建筑连接 |
| 栈桥 | 栈桥是中国古代桥梁的一种巧妙形式，基本做法是“其梁一头入山腹，一头立柱水中”，“上施板阁”搭架成木结构的道路 |
| 索桥 | 索桥，又称绳桥。索桥结构巧妙简单，易于架设，但变形及振动较大，易随行人起伏、摇摆 |
| 浮桥 | 浮桥古时称为舟梁。利用木排或铁桶或船只，排列于水面作为浮动的桥墩使用，在水面下系索以固定，属于临时性桥梁 |

### 35.15.3.3　施工方法

小桥涵施工流程：定点放线→结构基础施工→桥基、桥身施工→桥面施工。

（1）定点放线

对业主移交的基点桩、水准点桩及其他测量资料进行检查核对，补充施工需要的桥涵中线桩、墩台位置桩、水准基点桩及必要的护桩等。当地下有电缆、管道或构造物靠近开挖的桥涵基础时，对这些构造物设置标桩。

（2）结构基础施工

基础根据埋置深度分为浅基础和深基础，小桥涵常用的类型是天然地基上的浅基础，当设置深基础时常采用桩基础。

首先，进行基础开挖。其次，结合现场情况，对基坑进行排水。再次，根据基坑基底情况，参照设计要求进行相应的基底处理。最后，在基坑中进行砌筑基础圬工。

（3）桥基、桥身施工

结构基础完成后，依次进行桥基、桥身施工。桥基是介于墩身与地基之间的传力结构。桥身是指桥的上部结构。

首先，依照施工方案进行模板支架安装，安装完成经验收合格后，进行桥基钢筋混凝土结构施工或其他圬工材料砌筑。其次，进行桥身结构施工，通常采用现浇混凝土、预制混凝土构件安装、钢结构安装、圬工砌筑等形式。

（4）桥面施工

结构完成后，依次进行桥面铺装、防水和排水设施、伸缩缝、栏杆及照明安装等施工。

**35.15.3.4　质量控制要点**

(1) 结构基础采用排水砌筑时，禁止带水作业及用混凝土将水赶出模板外的灌注方法。基础边缘部分应严密隔水，水下部分圬工必须待水泥砂浆或混凝土终凝后方可允许浸水。

(2) 结构基础采用水下灌筑时，使用垂直移动导管法。导管应试拼装，充水加压，检查导管有无漏水现象；必须确保混凝土灌注工作的连续性，在灌注过程中正确掌握导管的提升量，埋入深度一般不应小于0.5m。

(3) 桥基、桥身施工时，模板支架应满足强度、刚度、稳定性的要求，模板安装要接缝严密不漏浆；拆模时应确保混凝土达到必要强度，按照后支先拆、先支后拆的顺序依次拆除，特别重大复杂的模板应预先制定方案；当混凝土构件的高度（或厚度）较大时，应采用分层浇筑法确保混凝土振捣密实；混凝土终凝后，在构件上覆盖草袋、麻袋、稻草、砂子或薄膜等，经常洒水保持构件湿润，保障混凝土养护达到要求。

(4) 桥面排水当桥面纵坡度大于2%，桥长大于50m时，应沿桥长方向每隔12～15m设置一个泄水管，若纵坡度小于2%，可将泄水管距离减小至6～8m。

## 35.15.4　园林设施安装

**35.15.4.1　常用园林设施**

园林设施是指在园林景观中，为满足游人观赏或休憩等需要而设立的一些功能性建筑、设备的统称。根据不同的功能，常用园林设施分类见表35-91。

常用园林设施分类　　表35-91

| 类型 | 定义 |
|---|---|
| 标识标牌 | 是设置在园林绿地中，具有导游指导功能和观赏效果的园林简易设施。包括单一平面、立体多面、有支柱、无支柱等多种类型 |
| 果皮箱 | 是设置在园区中具有垃圾收集功能和观赏效果的园林简易设施 |
| 园林护栏 | 是用于维护绿地、具有一定观赏效果的隔栏 |
| 座椅（凳） | 是设置在园区中供游客休息并具有一定观赏效果的园林简易设施 |
| 花钵、花箱 | 是设置在园区主要用于不同景观节点观赏效果的园林简易设施 |
| 装饰小品 | 是园区内园林环境作为组景的一部分要用来点景、赏景、添景的雕刻或雕塑等 |
| 游乐健身设施 | 是园区内用来满足游人健身、亲子游乐等需要设立的器材或设备 |

**35.15.4.2　施工方法**

园林设施通常采用加工成品或半成品后安装的方式进行施工，施工流程如下：设施加工→设施基础施工及预埋件安装→设施安装。

1. 设施加工

经过招标选定具备合格资质的厂家，根据设计图纸要求进行设施加工，部分设施还需进行深化设计。

2. 设施基础施工及预埋件安装

根据设计图纸，在设施安装位置进行基础结构施工，需要预埋件连接的在结构施工时进行埋设。

3. 设施安装

依照设计要求及设施安装说明，现场进行设施安装。

#### 35.15.4.3　质量控制要点

（1）设施加工完成后，应通过产品检验合格后方可使用。

（2）金属材质设施及其连接件应做防锈处理，设施安装时与基础的连接应牢固且无松动。

（3）设施的规格、色彩、安装位置及观赏效果应符合设计要求，并与周围景观相协调。

## 35.16　假　山　理　水

### 35.16.1　假　山　工　程

#### 35.16.1.1　假山种类

1. 假山的概念

假山是以土、石等为材料，体量大而集中，以造景和游览为主要目的，可观赏游览，同时充分结合其他多方面的功能作用，以自然山水为参照，加以艺术提炼和夸张，使人有置身于自然山林之感。

2. 假山的种类

依据假山组成材料的不同，分为以下几种：

（1）土山

以土为材料，在满足土壤自然安息角及造景等要求的基础上堆成山体，构成园林地形骨架，一般占地面积较大。

（2）石山

以自然山石为堆山材料堆砌而成，体量相对较小，多用于庭院空间，作为庭院的主景或点缀，既可以观赏，又可以游览。

（3）土石山

带土石山大多先以叠石为山的骨架，进而覆土进行植物栽植，突出山体的自然山石外观，营造自然山地景观。

（4）GRC人工塑山

GRC是玻璃纤维强化水泥的英文简称，与传统水泥、玻璃钢造山相比，GRC具有自重轻、强度高、可塑性强、抗老化、耐腐蚀、易施工等特点。

3. 假山石的种类

从一般掇山所用材料来看，假山的材料可以概括为以下几大类，每一类又因各地地质条件不一而又细分为多种。

（1）湖石

湖石即经过熔融的石灰岩，在我国分布面很广，只不过在色泽、纹理和形态方面有些差别，湖石主要分以下几种：

1）太湖石（图35-81）

太湖石原产于洞庭西山，质地坚硬而脆，由于风浪或地下水的溶蚀作用，其纹理纵横，脉络显隐，扣之有微声，很自然地形成沟、缝、穴、洞，玲珑剔透。

2）房山石（图 35-82）

房山石产于北京房山大灰石一带山上，因之为名。新开采的颜色呈土红色、橘红色或更淡一些的土黄色，日久后呈现灰黑色。密度比太湖石大，扣之无共鸣声，外观比较沉实、浑厚、雄壮。

图 35-81　太湖石

图 35-82　房山石

3）英石（图 35-83）

英石原产于广东省英德县一带，分白英石、灰英石和黑英石三种，质坚且脆，用手指弹扣有较响的共鸣声。岭南园林中常用英石掇山，多为中、小形体，很少见大块。

4）灵璧石（图 35-84）

灵璧石原产于安徽省灵璧县。石产于土中，需要刮洗后使用，质地较脆，用手弹亦有共鸣声。灵璧石形状千变万化，石面有坳坎变化，但其眼少有宛转回折之势，须藉人工以全其美。

图 35-83　英石

图 35-84　灵璧石

(2) 黄石（图 35-85）

黄石是一种带橙黄颜色的细砂岩，苏州、常州、镇江等地皆有所产，以常熟虞山较为著名。黄石形体平正大方，见棱见角，立体感强，节理面近乎垂直，雄浑沉实具有强烈的光影效果。上海豫园大家山、扬州个园的秋山均为黄石掇成的佳品。

(3) 青石（图 35-86）

青石是一种青灰色的细砂岩。青石的节理面不像黄石那样规整，有交叉互织的斜纹。就形体而言多呈片状。青石在北京运用较多，如圆明园“武陵春色”的桃花洞、北海和颐和园某些局部都运用青石为山。

图 35-85　黄石

图 35-86　青石

（4）石笋（图 35-87）

石笋是外形修长如竹笋的一类山石的总称，分为白果笋、乌炭笋、慧剑、钟乳石笋等。这类山石产地颇广，皆卧于山土中，采出后直立地上。园林中常作独立小景布置。

**35.16.1.2　假山施工流程**

图 35-87　石笋

假山的基本结构由下而上可分为基础、拉底、中层、收顶四大部分。

1. 假山基础施工

假山基础必须能够承受假山的荷载，才能保证假山的稳固。不同规模和不同重量的假山，对基础的抗压强度有不同的要求。土山与高度 2m 以下的置石一般不需要基础，可直接在素土上堆砌。

常见假山基础有如下几种：

（1）桩基

桩基是一种比较古老的基础做法，至今仍在使用，在山石驳岸等中广泛使用。木桩多选用杉木桩或柏木桩，直径 10～15cm。平面布置按梅花形排列，桩边间距离约为 20cm，其宽度视假山底脚宽度而定。大面积假山即在基础范围内均匀分布。桩的长度或足以打到持力层，称为“支撑桩”；或用其挤实土壤，增加承载力，称为“摩擦桩”。

（2）灰土基础

灰土基础适用于地下水位一般不高，雨季比较集中的区域，使灰土基础有比较好的凝固条件。灰土经凝固便不易透水，可以减少土壤冻胀的破坏。北京古典园林中位于陆地上的假山多采用灰土基础。

灰土基础的宽度应比假山底面积的宽度宽 0.5m 左右。保证假山的压力沿压力分布的角度均匀地传递到素土层。灰槽深度一般为 50～60cm。2m 以下的假山一般是打一步素土，打一步灰土。2～4m 高的假山打一步素土，打两步灰土。

(3) 混凝土基础

混凝土基础有耐压强度大，施工速度快的特点，多在近代假山施工中采用。素土坚实的情况下可直接在素土槽浇筑。混凝土的厚度：陆地 10～20cm（不低于 C15），水中 50cm（不低于 C20），具体视假山高度及重量而定。

2. 假山山脚施工

假山山脚是指直接在基础之上的山体底层，假山山脚施工包括拉底、起脚和做脚等内容。

拉底

在基础上铺设的最底层自然山石，称为拉底。这层山石大部分在地面以下，对形态要求不高、受压最大。拉底的石材要求块大、坚实、抗压强度大。

(1) 拉底的方式

假山拉底的方式有满拉底和周边拉底两种。满拉底即在假山的基础上、山脚线范围内用山石满铺一层，适宜规模较小、山底面积也较小的假山，或有冻胀破坏的北方地区的假山拉底施工；周边拉底即按山脚线的周边砌筑底石，内部用乱石、碎砖、泥土等填心，适用于底面积较大的大型山石假山，南方一带常用此法。

(2) 拉底的布置要点及技术要求

1) 统筹向背

根据造景要求确定假山间的关系，根据主次安排各个假山的位置。同时，对假山的主要朝向进行构思，并重点处理主要朝向的假山景致，同时顾及次要朝向，扬长避短。

2) 曲折错落

在平面上形成不同间距、不同转折半径、不同宽度、不同角度和支脉的变化，为假山的曲折伸缩、虚实、明暗的变化打下基础。

3) 断续相间

假山底石按照皴纹延展特点以不规则的相间关系安置山石的大小和方向，为断续相间的自然变化做好准备。

4) 紧连互咬

假山结构必须一块紧连一块，接口紧密互相咬住。假山必须要保证重心稳定、整体性强。山石水平向之间很难完全自然紧密连接，必要时借助小块石头打入石间空隙，使石互相咬住共同制约，提高整体性。

5) 垫平安稳

基石大多要求以大而水平的面向上，便于继续向上垒接。为了保持山石上面水平，常需要在石之底部用“捶”垫平以保持重心稳定。

北京假山营造多采用“满拉底”，南方多采用“周边拉底”的方法。

3. 假山的中层施工和山体的堆叠技法

(1) 假山中层施工

拉底以上、收顶以下的部分为假山的中层。其所占体量最大，单元组合和结构变化多样，是假山造型的主要部分。

(2) 假山的堆叠技法

我国的假山结合技法是从自然山石景观中归纳总结出来，可概括为一些基本形式，常见的有如下几种：

1）安：将一块山石平放在一块或几块山石之上的叠石方法，要求安放平稳，分单安、双安和三安，见图 35-88。

2）连：山石之间水平向衔接的叠石方法，要求既符合假山空间形象要求，又符合山石纹路的分布，见图 35-89。

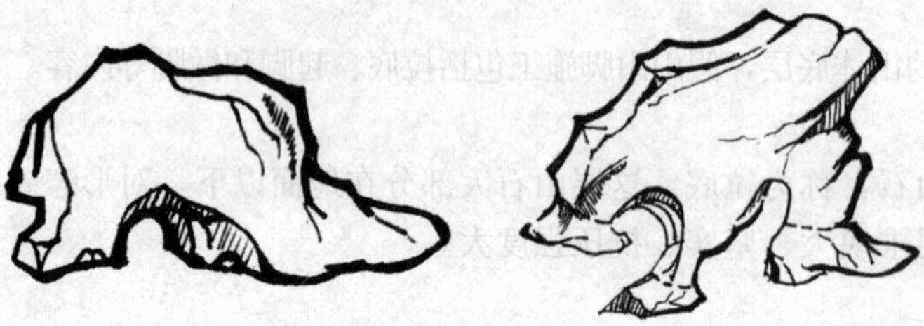

双安　　三安

图 35-88　安

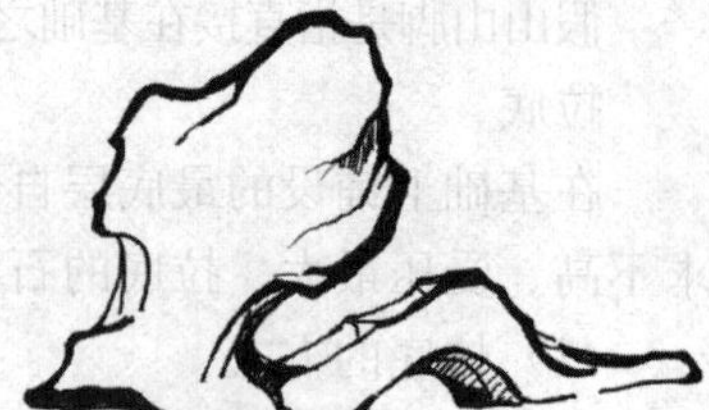

图 35-89　连

3）接：山石之间竖向衔接的叠石方法，要求既符合山体的空间关系，又与纹路结合，上下茬口衔接自然，顺势咬口，见图 35-90。

4）斗：置石呈向上拱状，两端架于两石之间，就像自然岩石形成的环洞，见图 35-91。

5）挎：在过于平直的山石侧面挎一石，以求变化，要求挎石要稳定，见图 35-92。

6）拼：将数块小山石拼成一整块山石的形象，见图 35-93。

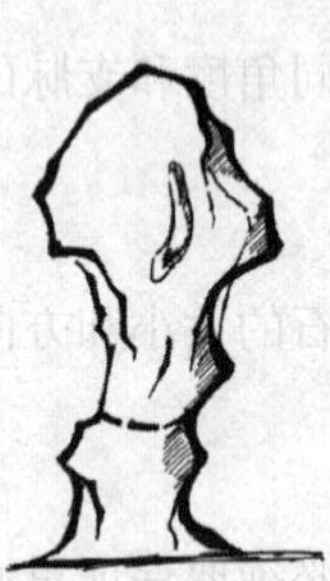

图 35-90　接

图 35-91　斗

图 35-92　挎

7）悬：在山石内倾环拱形成的竖向洞口下，插入一块上大下小的长条形山石，上端被洞口卡住，下端倒悬当空的叠石方法，见图 35-94。

8）剑：以竖长形象取胜的山石直立如剑的叠石方法，见图 35-95。

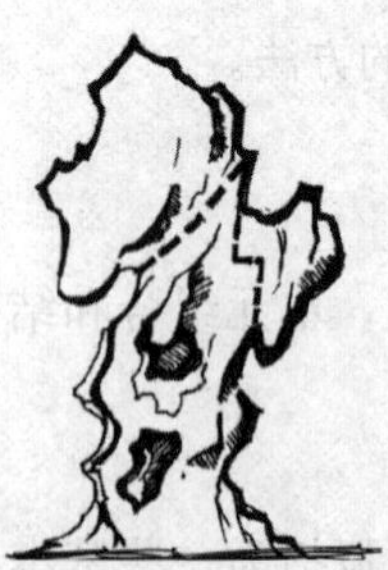

图 35-93　拼

图 35-94　悬

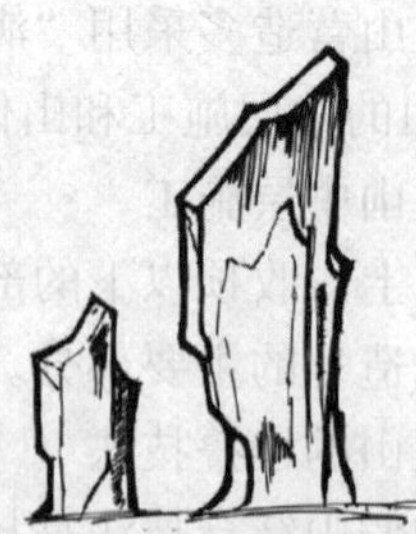

图 35-95　剑

9）卡：由两块山石对峙形成上大下小的楔口，在楔口中插入上大下小的山石的叠石方法，见图 35-96。

10）垂：即在一块山石的顶面偏侧部位的企口处，用另一块山石倒垂下来的做法，见图 35-97。

11）挑：即上石借助下石的支撑而挑伸于下石外侧、并用数倍重力压于石山内侧的做法，见图 35-98。

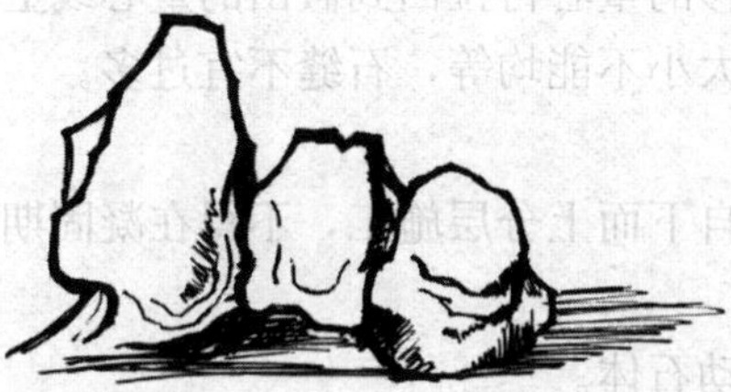

图 35-96　卡

图 35-97　垂

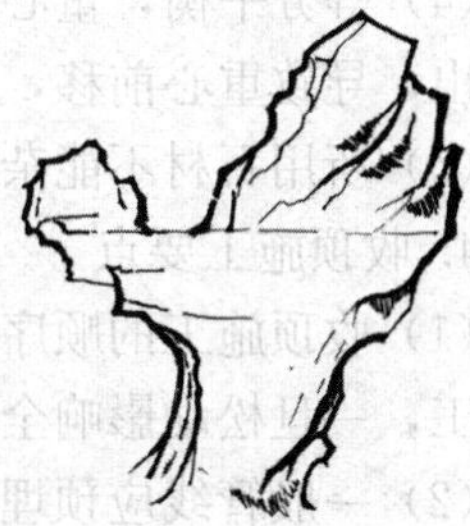

图 35-98　挑

4. 收顶

处理假山最顶层的山石即为“收顶”。从结构上讲，收顶的山石要求体量较大，同时能起到画龙点睛的作用。要选用轮廓和体态都富有特征的山石，收顶一般分峰顶、峦顶和平顶三种类型。

（1）峰顶

常见的假山山峰收顶形式有分峰式、合峰式、剑立式、斧立式、流云式和斜立式。

（2）峦顶

常见峦顶形式有圆丘式峦顶、梯台式峦顶、玲珑式峦顶等。

（3）平顶

有盖梁式山洞的庭园假山，其洞顶之上多是平山顶。平山顶常见有以下几种形式：

平台式山顶。将假山的山顶作为观景场地称为平台式的山顶。其平面形状一般为自然式，平台边缘多用小块山石砌筑成不规则的矮石墙，以代替栏杆；也有规则的方形或长方形，其平台边缘布置整齐的石雕栏杆，而平台上则设置石桌石凳，作为休息观景的地方。

亭台式山顶。设置亭子的平台式山顶即为亭台式山顶。

草坪式山顶。在大型土假山山脉的中段，山顶和山脊上水土条件比较差时可种植草坪而成。

### 35.16.1.3　假山施工技术要点与质量要求

1. 基础施工要点：

（1）基础类型选用应满足设计承重及防水等要求。

（2）基础宽度应比假山底面积宽出 0.5m 左右。

（3）如做驳岸采用桩基，少则三排、多则五排，以确保稳定性。

2. 拉底施工要点：

（1）统筹好山石的位置、朝向，拉底为假山的虚实、明暗变化创造条件。

（2）假山结构接口力求紧密，互相咬住，尽可能争取做到“严丝合缝”。

（3）拉底完成后要确保平整，以保持重心稳定。

3. 中层施工要点

假山中层施工的布置要点及基本要求如下：

（1）接石压茬，山石上下衔接严密。

（2）偏侧措安，避免对称形体。

（3）仄立避“闸”，避免像直立的闸门板。

（4）等分平衡，重心稳定；掇到中层之后，平衡问题显得更加重要。例如置石造型向外挑出，导致重心前移，因此必须稳压内侧，把前移的重心再拉回到假山的重心线上。

（5）所用石材不能杂，山石皴纹不能乱，山石大小不能均等，石缝不宜过多。

4. 收顶施工要点

（1）收顶施工的顺序应自后向前、由主及次、自下而上分层施工，不得在凝固期间强行施工，一旦松动影响全局。

（2）一般管线应预埋、预留，忌事后穿凿，松动石体。

（3）对于结构承重受力用石必须小心挑选，保证有足够强度。

（4）山石就位应争取一次成功，避免反复。

（5）掇山应注意安全。

（6）掇山完毕应结合设计图纸和模型，检查各道工序，进行必要的调整补漏，冲洗石面，清理场地。

（7）有水景的地方应开闸试水，检查调整水型并进行防水试验。

（8）假山叠石施工，应有一定数量的种植穴，留有出水口，同时应做好填土、施底肥工作。

## 35.16.2　水　景　工　程

### 35.16.2.1　水景种类

1. 按水景的形式分

（1）自然水景

指利用天然水面略加人工改造，或依地势模仿自然水体的水景。主要有河流、湖泊、溪泉、瀑布等。

（2）人工水景

一般为人工开凿成规则形状的水体，如人工水池、喷泉等。

2. 按水景的使用功能分

（1）观赏水景

其功能主要是构成园林景观，一般面积较小。

（2）供开展水上活动的水体

这种水体一般面积较大，水深适当。供游泳的水体，水质要清洁，在水底和岸线最好有一层砂土，岸坡应和缓。

### 35.16.2.2　水景施工流程

一般水景工程施工主要涉及如下施工内容：

1. 土方工程

(1) 确定土方量

对施工场地原地貌进行测绘，与设计的竖向图对比，经过计算确定土方量。

(2) 测量放线

详细勘察现场，按设计线形定点放线。放线可用石灰撒线。打桩时，沿水系外缘15～30cm 打一圈木桩，第一根桩为基准桩，其他桩皆以此为准。注意保护好放线桩，并预先计划好开挖方向及土方堆积方法。

(3) 考察基址渗漏状况

良好的湖底全年水量损失 5%～10%；中等湖底全年水量损失 10%～20%；不好的湖底全年水量损失 20%～40%，以此来定制施工方法及工程措施。

(4) 湖体施工时排水

如果水位过高，土方施工时可用多台水泵排水，也可通过梯级排水沟排水。由于水位过高会使湖底受地下水的挤压而被抬高，因此，必须特别注意地下水的排放。同时，要注意开挖岸线的稳定，必要时用支撑稳固。

2. 驳岸工程

(1) 放线

依据设计图纸进行放线，根据驳岸形状确定是否对控制点进行加密。

(2) 挖槽

依据设计墙体厚度进行挖槽，两侧各留出 30cm 操作面，多采用挖掘机进行挖槽施工。施工前做好专项方案，对过深、过陡的基槽相应进行放坡或支撑处理。

(3) 素土夯实

基槽开挖完成后，对槽底进行夯实，若遇松软土层按设计要求做相应换填处理。

(4) 浇筑基础

驳岸基础类型中，混凝土和块石比较常用，具体做法按设计要求进行。

(5) 驳岸墙体施工

驳岸墙体大多采用钢筋混凝土结构和块石砌筑结构，墙体墙面应平整美观。浆砌块石采用 M5 水泥砂浆，要求砂浆饱满勾缝严密。钢筋混凝土的钢筋及混凝土标号根据设计要求而定，钢筋绑扎、支模、浇筑符合相应规范要求，饰面多采用天然石材贴面。驳岸墙体伸缩缝的表面应略低于墙面，用砂浆勾缝掩饰。

(6) 砌筑压顶

施工方法应按设计要求和压顶方式确定，大多采用天然石材压顶，也有部分采用天然景观石压顶。

3. 人工湖底施工

人工湖的基址应选择在土壤性质和地质条件有利于保水的地段。对于基址土壤抗渗性好、有天然水源保障条件的湖体，湖底一般不需特殊处理，只要充分压实。湖底需要进行抗渗处理，驳岸、护坡施工时宜采用防渗材料和施工工艺。

(1) 清除杂物、压实基土。

(2) 根据基底土质和渗漏情况，制定湖底施工方法及工程措施。

(3) 湖底防渗：湖底防渗最常用的方式主要有两种：一是铺设一定厚度（通常为 50cm 左右）的黏土层作为防渗层；二是铺设防渗复合材料，常用的防渗复合材料有复合土工膜、膨润土防水毯等。

4. 喷泉施工

喷泉主要涉及喷水池施工及管线施工。

（1）喷水池施工

1）地基基础

喷水池施工时应将基础底部素土夯实。喷水池的地基若承载力不足或位于地下构筑物上，则应经过设计院结构师进行验算后确认做法。

2）防水层

防水材料种类较多，按材料分，主要有沥青类、塑料类、橡胶类、金属类、砂浆、混凝土、有机复合材料等；按施工方法分，有防水卷材、防水涂料、防水嵌缝油膏、防水薄膜等。

3）池底、池壁

池底直接承受水的压力，要求坚固耐久，多用钢筋混凝土池底，厚度一般大于 20cm，若水池容积大，应配双层钢筋网。每隔 20m 选择最小断面处设变形缝，变形缝用止水带或沥青麻丝填充；变形缝应从池底、池壁整体设置，每层施工应由变形缝开始。

池壁承受池水的水平压力，水池容积越大，压力越大，根据水池的大小和要求确定池壁的结构，一般有砖砌池壁、块石池壁和钢筋混凝土池壁三种。砖砌池壁施工方便，造价低，但易渗漏，不耐风化，使用寿命短，多用于临时性水池；块石池壁自然朴素，要求垒砌严密，勾缝紧密；钢筋混凝土池壁，一般壁厚为 150～200mm，无特殊要求时常配 $\phi$8、$\phi$12 钢筋，间距多为 200mm，具体配筋应依据工程设计图纸确定。

（2）喷泉管线施工

喷泉管网主要由吸水管、供水管、补给水管、溢水管、泄水管及供电线路等组成。

1）喷泉管线布置基本要求

喷泉管道要根据实际情况布置。装饰性小型喷泉，其管道可直接埋入土中，或用山石、矮灌木遮住。大型喷泉，分主管和次管，主要敷设于可人行的地沟中，为了便于维修应设置检查井；次管直接置于水池内，管网布置应排列有序，整齐美观。

环形管道最好采用十字形供水，组合式配水管宜用分水箱供水，其目的是获得稳定、等高的喷流。

为了保持喷水池正常水位，水池要设溢水口；为弥补池水蒸发和喷射的损耗，以保证水池正常水位应设置补给水管，且与供水管相连，并安装阀门控制；用于检修和定期换水时的排水，水池应设泄水口。水池的进水口、溢水口、泵坑等要设置在池内较隐蔽的地方，泵坑位置、穿管的位置宜靠近电源、水源。在冬季冰冻地区，各种池底、池壁的做法都要求考虑冬季排水，故水池的排水设施一定要便于人工控制。

连接喷头的水管不能有急剧变化，要求连接管至少有 20 倍其管径的长度，若不足，需安装整流器。

所有管道均要进行防腐处理。管道接头要严密，安装必须牢固。施工中所有预埋件和外露金属材料，必须认真做好防腐防锈处理。如埋入地下的铸铁管等一律刷沥青防腐，明露部分可刷防锈漆。

穿过池底或池壁的管网，必须安装止水环，以防漏水。

管道安装完毕后，应认真检查并进行水压试验，保证管道安全，一切正常后再安装喷头。为了便于水型的调整，每个喷头都应安装阀门控制。

喷泉照明多为内侧给光，给光位置一般为喷射高度的 2/3 处，照明线路采用防水电缆，以保证供电安全。

2）管线安装技术与试喷

① 管道安装不得使用木垫、砖垫或其他垫块。

② 管道安装分期进行或因故中断时，应用堵头将敞口封闭。

③ 安装带有法兰的阀门和管件时，法兰应保持同轴、平行，保证螺栓自由穿入，不得用强紧螺栓的方法消除歪斜。

④ 直联机组安装时，水泵与动力机必须同轴，联轴器的端面间隙应符合要求；非直联卧式机组安装时，动力机和水泵轴心线必须平行，皮带轮应在同一平面，且中心距符合设计要求。

⑤ 在设备安装过程中，应随时进行质量检查，不得将杂物遗留在设备内；电气设备应按接线图进行安装，安装后应进行对线检查和试运行，并由专门技术人员组织实施；机械设备安装的有关具体质量要求，应符合《机械设备安装工程施工及验收通用规范》GB 50231—2009 的规定。

⑥ 喷头安装前应核对喷头的型号、规格，检查喷头各转动部位动作是否灵活，弹簧是否有锈蚀等。

管线喷头安装完毕并检查合格后，进行试喷，试喷过程中应随时观察管线、喷头各方面情况，做好记录，发现问题及时处理。

3）喷泉的日常管理

通常喷泉日常管理应注意以下几方面：

喷水池清污。需要定期对喷水池进行清理，经常喷水的喷泉，要求 20～30d 清洗一次，以保证水池的清洁。在对池底排污时，要注意对各种管口和喷头的保护，应避免污物堵塞管道口。水池泄完水后，一般要保持 1～2d 干爽时间，最好对管道进行 1 次检查，看连接是否牢固，表面是否脱漆等，并做防锈处理。

喷头检测。喷头的完好性是保证喷水质量的基础，有时经一段时间喷水后，一些喷头出现喷水高度、喷水形等与设计不一致，原因是运行过程中喷嘴受损或喷嘴受堵，必须定期检查，对堵塞喷头视情况进行疏通或更换。

动力系统维护。在泄水清理水池期间，要对水泵、阀门、电路进行全面检查与维护，重点检查线路的接头与连接是否安全，设备、电缆等是否磨损，水泵转动部件是否涂油润滑，各种阀门关闭是否正常，喷泉照明灯具是否完好等。

冬季温度过低，应及时将管网系统的水排空，避免积水结冰，冻裂水管。

维护和检测过程中，做好记录并备案保存。

### 35.16.2.3 水景工程施工技术要点与质量要求

（1）需遵守钢筋混凝土工程、砌体工程及其他相关工程验收规范的要求。

（2）结构主体按材料区分为钢筋混凝土主体、砌筑主体和其他结构主体，其基础土层承载力标准值应在 60kPa 以上，土壤密实度应大于 0.90。土质应均匀，当土质不均匀时应进行技术处理。

(3) 砌筑和混凝土施工应按照相应的规范、标准要求施工。做防水处理时，防水卷材应顺叠水方向搭接，搭接长度应大于200mm。并用专业胶结材料胶结牢固；所使用的防水、胶结等材料应满足使用条件及环境的要求。

(4) 给排水系统施工应符合相关规范、标准的要求；构筑物及叠水的景观效果应符合设计要求。

(5) 自然水景防水卷材上应铺设40mm以上厚的级配石。叠水瀑布直接冲击部位应用垫石处理。

(6) 园林驳岸地基要相对稳定，土质应均匀一致，防止出现不均匀沉降。持力层标高应低于水体最低水位标高500mm。基础垫层按设计要求施工，设计未提出明确要求时，基础垫层应为100mm厚C15混凝土。其宽度应大于基础底宽度100mm。

(7) 园林驳岸基础的宽度应符合设计要求，设计未提出明确要求的，基础宽度应是驳岸主体高度的0.6～0.8倍，压顶宽度最低不小于360mm，砌筑砂浆应采用1∶3水泥砂浆。

(8) 园林驳岸视其砌筑材料不同，应执行不同的砌筑施工规范。采用石材为砌筑主体的石材应配重合理、砌筑牢固，防止水托浮力使石材产生位移。

(9) 驳岸后侧回填土不得采用黏性土，并按要求设置排水盲沟与雨排系统相连。

(10) 较长的园林驳岸或其他水景构筑物，应每隔20～30m设置变形缝，变形缝宽度应为10～20mm；园林驳岸顶部标高出现较大高程差时，应设置变形缝。

(11) 以石材为主体材料的自然式园林驳岸，其砌筑应曲折蜿蜒，错落有致，纹理统一，景观艺术效果符合设计要求。

(12) 规则式园林驳岸压顶标高距水体最高水位标高不宜小于0.5m。

(13) 园林驳岸溢水口的艺术处理，应与驳岸主体风格一致。

## 参考文献

[1] 何国生. 园林树木学[M]. 北京：中国林业出版社，2014.
[2] 张东林. 园林苗圃育苗手册[M]. 北京：中国农业出版社，2003.
[3] 董钧锋. 园林植物保护学[M]. 北京：中国林业出版社，2008.
[4] 崔晓阳. 城市绿地土壤及其管理[M]. 北京：中国林业出版社，2001.
[5] 黄复瑞，刘祖祺. 现代草坪建植与管理技术[M]. 北京：中国农业出版社，2000.
[6] 宁荣荣，李娜. 庭园工程设计与施工从入门到精通[M]. 北京：化学工业出版社，2016.